现代夹具设计手册

主　编　朱耀祥　浦林祥
副主编　廖海明　王　玫　孙厚芳　刘利成
　　　　唐善洲　刘贵宝　吴耀宇

机械工业出版社

本手册全面总结了我国半个世纪来的工业化过程中机械制造业内设计制造各类夹具的丰富经验，绝大部分资料都通过生产实践的考验，包括从国外引进后消化、吸收和改进的内容，也包含作者以往亲历的研发项目的成果。

本手册内容主要包括：夹具总论；夹具功能部件的典型结构；夹具设计计算；专用夹具常用零件及其标准或规范；气动、液压、电力、电磁、真空夹具传动系统及其元件和夹具案例；机床专用夹具设计方法；机床专用夹具设计及典型图例；可调夹具和成组夹具；组合夹具，数控机床、加工中心、柔性制造系统用夹具；检验夹具；焊接夹具；计算机辅助夹具设计等。

本手册主要适用于各种机床夹具、焊接夹具、检验夹具等的设计、制作、使用人员，管理人员，相关专业在校师生。

图书在版编目（CIP）数据

现代夹具设计手册/朱耀祥，浦林祥主编. —北京：机械工业出版社，2009.10（2023.7重印）
ISBN 978-7-111-28402-4

Ⅰ. 现… Ⅱ.①朱…②浦… Ⅲ. 夹具-设计-手册 Ⅳ. TG702-62

中国版本图书馆 CIP 数据核字（2009）第 173314 号

机械工业出版社（北京市百万庄大街 22 号　邮政编码 100037）
策划编辑：李万宇　责任编辑：庞　晖　王春雨　版式设计：霍永明
封面设计：姚　毅　责任校对：程俊巧　吴美英　责任印制：张　博
三河市宏达印刷有限公司印刷
2023 年 7 月第 1 版第 12 次印刷
184mm×260mm·65 印张·3 插页·1615 千字
标准书号：ISBN 978-7-111-28402-4
定价：195.00 元

电话服务　　　　　　　　　　网络服务
客服电话：010-88361066　　　机　工　官　网：www.cmpbook.com
　　　　　010-88379833　　　机　工　官　博：weibo.com/cmp1952
　　　　　010-68326294　　　金　书　网：www.golden-book.com
封底无防伪标均为盗版　　　　机工教育服务网：www.cmpedu.com

序

　　夹具作为传统机械制造业中最重要的工艺装备之一已有了一百余年的历史，其在机械制造业的发展过程中发挥了巨大的作用。但从20世纪80年代以后由于"信息技术"和产业的飞速发展引起了一部分人的错觉，认为机械等在内的传统产业是"夕阳工业"，已经发展到头了。我国改革开放以后在市场经济驱动下的第二次工业化是在珠三角从轻工业、日用消费品工业、家电工业和信息产业开始的，经过近三十年的发展不仅东南沿海地区实现了工业化，同时深刻影响到我国对产业结构的调整，也推动了世界上传统产业继续发展和繁荣。我国"国民经济和社会发展第十一个五年规划"指出，振兴装备制造业是推进工业结构优化升级的主要内容。2006年国务院8号文件发布了《关于加快振兴装备制造业的若干意见》，所谓"装备制造业"就是传统机械制造业中的主体。因为装备制造业的发展水平是国家工业化、现代化水平和综合国力的重要标志，这意味着我国的工业将在不太长的时间内逐步赶上并达到当今世界上发达国家的先进水平。

　　随着装备制造业的发展，作为装备制造业的必不可少组成部分的工艺装备（夹具）也必然会得到相应的重视。再从现代化的实际生活中来看，衣、食、住、行哪一项的背后都需要强大的机械工业，即装备工业的支持，更何况国家的安全和国防如果没有强大有力的装备工业也是不能想象的。五十多年前我国曾在第一个五年计划中在前苏联技术援助下兴建了256家企业，其中相当一部分是机械制造工厂，至今仍是我国装备制造业中的骨干企业，夹具的设计制造技术早在那时就已奠定了基础。

　　近年来我国国民经济的飞速发展推动了机床和工具行业从低谷中走出，从21世纪开始以来我国已连续8年保持世界上机床最大消费市场和世界机床第一大进口国，到2007年中国机床市场的消费额已达166亿美元，2008年更达194亿美元之巨，是年进口机床和工具金额达123亿美元，其中机床附件和夹具进口约3.8亿美元，出口为1.8亿美元，两者相抵净进口约2亿美元。第十个五年计划内我国的汽车工业发展速度也是惊人的，2008年生产汽车达930万辆成为世界上第二汽车生产国，汽车制造业已成为机械装备的最大用户，数年来引进零部件生产线数十余条，价值达百亿美元以上，其中约十分之一为购置夹具的费用，实际上这些夹具我们完全有能力自行设计和制造。

　　以上所述主要是指机床上使用的机械加工用夹具或称之为机床夹具，这是夹具中的主流。从20世纪80年代以后夹具在制造业中的应用不仅是传统的机械加工领域，更在横向扩大到检验、焊接等多种生产过程，有了更大的发展。从夹具结构来看除专用夹具外，为了节约成本，开发出了各种模块化组合和可调整结构。从数字化和信息化层面上更是为了缩短产品生产准备周期，夹具的计算机辅助设计（CAFD）的研究和系统的开发也有了相当的进展。

　　半个多世纪以来我国也出版了为数不少的夹具教科书、专著和手册，其中浦林祥主编的《金属切削机床夹具设计手册》以其资料丰富、切合实用，出版以来受到广大工厂夹具设计技术人员以及大、专院校机械制造专业师生的普遍欢迎；林文焕、陈本通编著的《机床夹具设计》一书汇集了较多的生产中实用夹具结构、紧密联系实际对夹具设计人员和学生有较大参考价值；朱耀祥主编的《组合夹具…组装．应用．理论》总结了我国研发组合夹具和使用组合夹具的独特经验，归纳出科学的组装结构和方法，不仅符合生产实用成为从事组合夹具组装和开发的工人、科技人员必备的手册，也发展了夹具的一些理论问题，受到国内外生产，教学和研发人员的关注。融亦鸣、朱耀祥等人的专著《计算机辅助夹具设计》更是先进制造技术领域国际上领先的一项开创性研究工作的总结，为CAFD软件的开发奠定了基础，备受国际上相关专家的重视。

在机械工业出版社领导和编辑的倡导和帮助下为适应我国当前装备制造业蓬勃快速飞跃发展，不仅汇集了量大面广的传统的专用夹具设计方面的资料，还包括了可调、成组、组合、检验、焊接等各种夹具，以及计算机辅助夹具设计等方面的全新内容。用以满足夹具设计、生产、使用和研发的需要，并作为大学、专科、职业技术学院等教学中相关课程的参考。本手册在编写过程中得到了第一汽车厂、东风汽车公司、上海柴油机厂、天津泽尔公司（原天津组合夹具厂）、北京理工大学等单位的大力支持，参考了国内外有关的书籍和手册，编辑出版了这本门类比较齐全、内容丰富的大型工具书"现代夹具设计手册"。此手册的基础和专用夹具部分即第二章至第七章不少沿袭原"金属切削机床夹具设计手册"（第二版）相应章节并以此为基础修改而成。谨向以上各单位致以深切的谢意。

此手册注重总结了我国工业化过程中半个多世纪以来机械制造业中设计制造各类夹具的丰富经验，其特点是大部分资料都通过生产实践的考验，包括引进后消化、吸收和改进的内容，也含有当前国际市场上新的夹具结构和夹具设计的最新动向和趋势，能够满足我国当前生产和教学的需要。

本手册包括12章，第1章由朱耀祥编写，第5章由朱耀祥、吴耀宇编写，第2、4两章由浦林祥编写，第3、8两章分别由北京理工大学孙厚芳、张发平、焦黎编写，第6、7两章由东风汽车公司唐善洲、周培明、王为民、李志祥等编写，第9章由天津组合夹具厂刘贵宝、张俊峰等编写，第10、11章由第一汽车厂工装设计公司王玫、王俊伟、刘瑞、张威编写，第12章由易博软件公司袁娜、高晓兵编写，新迪软件公司李升杰补充新迪fixturework夹具软件系统案例。全书由朱耀祥教授、浦林祥高工主编、修改和定稿，廖海明高工、王玫高工、孙厚芳教授、刘利成高工、唐善洲高工、刘贵宝高工、吴耀宇副教授为副主编。全书的编写得到了本书专任编辑李万宇女士的操劳，适时的规划和协调，以及庞晖、王春雨两位编辑仔细认真的审阅，对她（他）们辛勤的工作致以深切的感谢。

我俩均已年逾古稀，之所以愿意承担本手册的主编工作，主要是欣逢盛世愿将一得之见供后进参考而已。尽管我们作出努力总还有诸多不尽人意之处或存在疏忽和不当，如蒙读者不吝指出定当感激不尽。

朱耀祥　浦林祥　谨识

目 录

序
第1章 夹具总论 1
1.1 夹具产生和发展的背景 1
1.1.1 夹具和机床附件 1
1.1.2 机床专用夹具催生了现代大批大量生产 1
1.1.3 夹具是现代制造系统的重要组成部分 1
1.2 夹具的功能、组成和设计要求 1
1.2.1 夹具的基本结构和组成 1
1.2.2 夹具的各种功能 1
1.2.3 设计夹具的基本要求 2
1.3 夹具和机械零件的分类 2
1.3.1 夹具的各种分类方法 2
1.3.2 根据生产规模或品种和批量的分类最重要 2
1.3.3 机械零件和夹具分类编码系统 3
1.4 夹具系统的选择和技术经济指标 5
1.4.1 选择夹具系统的基本原则 5
1.4.2 选择夹具系统的步骤 5
1.4.3 常用夹具系统的技术经济指标 5
1.4.4 夹具设计制作成本的估算 6
1.4.5 使用专用夹具的简易经济分析 7
1.4.6 夹具系统的经济分析 7
1.5 现代夹具发展趋势 9
1.5.1 夹具柔性化 9
1.5.2 夹具自动化和智能化 10
1.5.3 计算机辅助夹具设计（CAD） 10
1.5.4 应对"寻位—加工"的挑战 11
1.5.5 结语 11

第2章 夹具功能部件的典型结构 12
2.1 定位装置典型结构 12
2.1.1 插销定位装置 12
2.1.2 V形块定位装置 14
2.1.3 齿轮齿形定位装置 16
2.1.4 其他特殊定位装置 18
2.2 定位支承装置典型结构 19
2.2.1 可调支承典型结构 19
2.2.2 辅助支承典型结构 21
2.3 夹紧装置典型结构 26
2.3.1 螺旋夹紧典型结构 26
2.3.2 快速螺旋夹紧典型结构 30
2.3.3 斜楔夹紧典型结构 35
2.3.4 偏心（凸轮）夹紧典型结构 38
2.3.5 端面凸轮夹紧典型结构 43
2.3.6 铰链夹紧典型结构 45
2.3.7 联动夹紧典型结构 47
2.3.8 可移动位置的典型夹紧结构 54
2.3.9 气（液）动自动夹紧装置典型结构 55
2.3.10 自动定心夹紧典型结构 63
2.3.11 肘节式快速夹紧装置 84
2.3.12 其他特种类型夹紧装置 91
2.4 分度装置典型结构 103
2.4.1 分度定位销 103
2.4.2 典型分度装置 108
2.4.3 精密分度装置 118

第3章 夹具设计计算 125
3.1 定位尺寸的相关计算 125
3.1.1 V形块的计算 125
3.1.2 夹具上两定位销的尺寸及定位误差的计算 125
3.1.3 夹具上定位销的尺寸及定位误差的计算 126
3.1.4 定位销高度的计算 127
3.1.5 小锥度心轴尺寸的计算 128
3.1.6 带圆柱部分的锥度心轴尺寸的计算 130
3.1.7 压入配合光滑心轴尺寸的计算 130
3.1.8 滚柱心轴的尺寸及有关计算 131
3.1.9 齿轮按渐开线齿形定位时的计算 132
3.1.10 三圆弧自定心夹紧机构偏心圆弧尺寸的计算 137
3.1.11 钻斜孔钻模工艺基准孔中心至钻套孔轴线间的距离 x 的计算 137
3.1.12 弹簧夹头结构尺寸的计算 138
3.2 定位误差的计算 140
3.2.1 常见定位形式的定位精度计算 140
3.2.2 钻模的钻孔精度计算 143

3.2.3 用定位销定位的分度装置的分度概率
精度 …………………………… 144
3.3 典型夹紧形式的夹紧力计算 ………… 145
3.3.1 计算时的计算系数 ……………… 145
3.3.2 常见典型夹紧形式所需夹紧力的
计算 …………………………… 145
3.4 典型夹紧机构的作用力计算 ………… 150
3.4.1 螺旋夹紧机构 …………………… 150
3.4.2 圆偏心夹紧机构 ………………… 157
3.4.3 复合圆偏心轮夹紧机构 ………… 158
3.4.4 端面凸轮夹紧机构 ……………… 160
3.4.5 复合端面凸轮夹紧机构 ………… 161
3.4.6 斜锲夹紧机构 …………………… 162
3.4.7 压板夹紧机构 …………………… 167
3.4.8 切向夹紧机构 …………………… 172
3.4.9 齿条滑柱钻模圆锥锁紧机构 …… 172
3.4.10 铰链杠杆增力机构 ……………… 172
3.4.11 离心式夹紧机构 ………………… 175
3.4.12 楔槽式夹紧机构 ………………… 175
3.4.13 复合气（液）动夹紧机构 ……… 175
3.5 自定心夹紧机构的相关计算 ………… 179
3.5.1 碗形弹簧片定心夹具的设计
计算 …………………………… 179
3.5.2 碟形弹簧片定心夹具的设计
计算 …………………………… 181
3.5.3 V形弹性夹盘定心夹具的设计
计算 …………………………… 182
3.5.4 弹性薄壁膜片卡盘的设计计算 … 185
3.5.5 薄壁波纹套定心夹具的设计与
计算 …………………………… 189
3.5.6 自定心夹紧装置的定心精度 …… 193
3.5.7 液性塑料薄壁套筒夹具的设计与
计算 …………………………… 194
3.6 端齿分度盘的相关计算 ……………… 198
3.6.1 直齿端齿分度盘的结构及其参数
的确定 ………………………… 198
3.6.2 端齿分度盘的锁紧力计算 ……… 199
3.6.3 YX—DZ系列直齿端齿盘的规格、
主要尺寸及精度 ……………… 199
3.6.4 差动端齿分度装置的设计与计算 … 201
3.7 夹具夹紧误差的估算 ………………… 202
3.8 多轴传动头的齿轮系几何尺寸计算 … 203
3.8.1 外啮合标准直齿圆柱齿轮的几何
尺寸计算 ……………………… 203
3.8.2 外啮合高变位直齿圆柱齿轮的几何

尺寸计算 ……………………… 204
3.8.3 外啮合标准斜齿圆柱齿轮的几何尺寸
计算 …………………………… 206
3.8.4 外啮合高变位斜齿圆柱齿轮的几何
尺寸计算 ……………………… 207
3.8.5 内啮合高变位直齿圆柱齿轮的几何
尺寸计算 ……………………… 208
3.8.6 内齿直齿圆柱齿轮测量尺寸的
计算 …………………………… 208
3.9 典型加工方法切削力的计算 ………… 214
3.9.1 车削力的计算 …………………… 214
3.9.2 钻削力的计算 …………………… 215
3.9.3 铣削力的计算 …………………… 216

第4章 专用夹具常用零部件及其标准或规范 …………………… 218

4.1 概述 …………………………………… 218
4.2 夹具常用紧固件与连接件国家标准
索引 …………………………………… 218
  4.2.1 螺栓 ……………………………… 218
  4.2.2 螺柱 ……………………………… 218
  4.2.3 螺钉 ……………………………… 218
  4.2.4 螺母 ……………………………… 218
  4.2.5 垫圈 ……………………………… 218
  4.2.6 销 ………………………………… 218
  4.2.7 挡圈 ……………………………… 218
  4.2.8 键 ………………………………… 218
4.3 定位件 ………………………………… 225
  4.3.1 定位销及定位插销 ……………… 225
  4.3.2 定位轴 …………………………… 231
  4.3.3 键 ………………………………… 244
  4.3.4 V形块及挡块 …………………… 246
  4.3.5 定位器 …………………………… 252
4.4 支承件 ………………………………… 269
  4.4.1 标准支承件 ……………………… 269
  4.4.2 非标准支承件 …………………… 281
  4.4.3 辅助支承 ………………………… 283
4.5 夹紧件 ………………………………… 291
  4.5.1 压块、压板 ……………………… 291
  4.5.2 偏心轮 …………………………… 329
  4.5.3 支座、支柱 ……………………… 333
  4.5.4 夹具专用螺钉和螺栓 …………… 343
  4.5.5 夹具专用螺母 …………………… 362
  4.5.6 夹具专用垫圈 …………………… 376
4.6 导向件 ………………………………… 381
  4.6.1 钻套 ……………………………… 381

4.6.2 其他导向件 …………………… 386
4.7 对刀块及塞尺 ………………………… 396
　4.7.1 对刀块 …………………………… 396
　4.7.2 塞尺 ……………………………… 397
4.8 操作件 ………………………………… 398
　4.8.1 夹具常用操作件 ………………… 398
　4.8.2 其他操作件 ……………………… 405
4.9 与夹具相关的机床附件 ……………… 418
　4.9.1 顶尖 ……………………………… 418
　4.9.2 卡夹件 …………………………… 421
　4.9.3 拨盘、花盘及过渡盘 …………… 424
　4.9.4 活铁爪 …………………………… 430
　4.9.5 角铁 ……………………………… 431
4.10 其他件 ……………………………… 433
　4.10.1 圆柱螺旋压缩弹簧 …………… 433
　4.10.2 圆柱螺旋拉伸弹簧 …………… 436
　4.10.3 弹簧用螺钉 …………………… 437
　4.10.4 弹簧用吊环螺钉 ……………… 438
　4.10.5 切向夹紧套 …………………… 439
　4.10.6 焊接环首螺钉 ………………… 440
　4.10.7 带锁紧槽圆螺母 ……………… 440
　4.10.8 带扳手孔圆螺母 ……………… 442
　4.10.9 堵片 …………………………… 442
　4.10.10 螺塞 …………………………… 444
　4.10.11 锁口 …………………………… 445
4.11 夹具体 ……………………………… 446
　4.11.1 夹具体的毛坯种类及基本要求 …… 446
　4.11.2 夹具体座耳尺寸 ……………… 446
　4.11.3 夹具体的排屑结构 …………… 447
　4.11.4 夹具体的标准毛坯和零件 …… 448
　4.11.5 标准毛坯件和零件组合的夹具体图例 …………………………… 453
　4.11.6 夹具体结构的正误分析 ……… 455
4.12 机床夹具零部件标准件应用图例 …… 456
　4.12.1 定位件及辅助支承应用图例 … 456
　4.12.2 夹紧件应用图例 ……………… 460
　4.12.3 导向件应用图例 ……………… 481
　4.12.4 其他零部件应用图例 ………… 482
4.13 夹具元件公差配合的选择及机床夹具零部件通用技术条件 ……………… 485
　4.13.1 夹具中常用元件间的配合及公差 …………………………… 485
　4.13.2 常用夹具元件的配合图例 …… 485
　4.13.3 机床夹具零件及部件通用技术条件 …………………………… 491

第5章 气动、液压、电力、电磁、真空夹具传动系统及其元件和夹具图例 …… 493
5.1 夹具夹紧动力源概述 ………………… 493
　5.1.1 手动夹紧和动力夹紧 …………… 493
　5.1.2 动力夹紧的各种动力源 ………… 493
5.2 气动夹具 ……………………………… 493
　5.2.1 气动夹具优缺点和应用场合 …… 493
　5.2.2 气源和气压系统 ………………… 493
　5.2.3 气压传动夹紧系统的设计计算及其元件 …………………………… 494
　5.2.4 气动夹具应用图例 ……………… 503
5.3 液压夹具和液压夹紧的动力源 ……… 506
　5.3.1 夹具用液压系统的特点 ………… 506
　5.3.2 基本液压夹紧系统、结构及其元件 …………………………… 506
　5.3.3 液压夹具常用典型液压回路 …… 506
　5.3.4 夹具液压夹紧系统的相关计算 … 506
　5.3.5 液压夹具用液压缸结构和尺寸 … 512
　5.3.6 液压夹紧的各种动力源 ………… 522
　5.3.7 液压夹紧机构和液压夹具应用示例 ……………………………… 530
5.4 电力传动夹具 ………………………… 540
　5.4.1 电力传动夹紧装置 ……………… 540
　5.4.2 偏心式电动卡盘 ………………… 540
　5.4.3 电磁铁夹紧装置 ………………… 542
5.5 电磁夹具及其应用 …………………… 542
　5.5.1 电磁夹具工作原理 ……………… 542
　5.5.2 各种电磁吸盘结构形式和设计要点 ……………………………… 543
　5.5.3 强力电磁夹具 …………………… 544
　5.5.4 电磁无心夹具 …………………… 550
5.6 真空夹具及其应用 …………………… 552
　5.6.1 真空系统工作原理及夹紧力计算 ……………………………… 552
　5.6.2 真空发生装置 …………………… 552
　5.6.3 真空夹具及典型结构 …………… 553
　5.6.4 真空夹具的设计要点 …………… 553

第6章 机床专用夹具设计方法 ……… 556
6.1 机床专用夹具设计步骤 ……………… 556
6.2 设计前期准备 ………………………… 556
　6.2.1 信息资料收集与研究 …………… 556
　6.2.2 加工精度和工艺性分析 ………… 557
　6.2.3 切削力、夹紧力综合平衡计算 …… 557

6.3 夹具结构方案选择 …………… 557
  6.3.1 定位原则及方案选择 ……… 557
  6.3.2 辅助支承方式选择 ………… 567
  6.3.3 对刀与引导方式选择 ……… 570
  6.3.4 夹紧原则及方案选择 ……… 578
  6.3.5 其他组成部分结构形式选择 …… 581
6.4 夹具总装配图绘制 …………… 585
  6.4.1 总体结构确定 ……………… 585
  6.4.2 定位元件结构绘制 ………… 585
  6.4.3 辅助支承结构绘制 ………… 585
  6.4.4 对刀与引导装置结构绘制 …… 586
  6.4.5 夹紧元件结构绘制 ………… 586
  6.4.6 夹具体结构绘制 …………… 586
  6.4.7 其他部分结构绘制 ………… 588
  6.4.8 夹具总图标注和技术条件给定 …… 588
  6.4.9 夹具设计普遍应注意的问题 …… 590
  6.4.10 夹具总装配图绘制示例 …… 592
6.5 夹具零件图绘制 ……………… 594
  6.5.1 零件结构确定 ……………… 594
  6.5.2 材料选择与工艺性分析 …… 596
  6.5.3 技术要求确定 ……………… 597
  6.5.4 工艺孔在夹具设计中的应用 …… 597
6.6 夹具设计与制造中的信息处理 …… 597

第7章 机床专用夹具设计及典型图例 …… 599

7.1 车床专用夹具 ………………… 599
  7.1.1 车床专用夹具的主要类型 …… 599
  7.1.2 车床夹具设计要则 ………… 599
  7.1.3 车床（圆磨床）夹具的技术要求 …… 601
  7.1.4 车床（圆磨床）夹具的磨损极限 …… 604
  7.1.5 车床专用夹具典型图例 …… 604
  7.1.6 车床通用可调夹具典型图例 …… 623
7.2 钻床、镗床专用夹具 ………… 628
  7.2.1 钻床、镗床专用夹具的主要类型 …… 628
  7.2.2 钻床夹具（钻模）设计要则 …… 629
  7.2.3 镗床夹具设计要则 ………… 633
  7.2.4 钻床（镗床）夹具的技术要求 …… 637
  7.2.5 钻床（镗床）夹具的磨损极限 …… 640
  7.2.6 钻模通用部件 ……………… 650
  7.2.7 钻床专用夹具（钻模）典型图例 …… 655
  7.2.8 钻床通用可调夹具典型图例 …… 678

7.2.9 钻床多轴头 ………………… 682
  7.2.10 镗床专用夹具典型图例 …… 698
7.3 铣床专用夹具 ………………… 713
  7.3.1 铣床专用夹具的主要类型 …… 713
  7.3.2 铣床专用夹具设计要则 …… 713
  7.3.3 铣床夹具的技术要求 ……… 714
  7.3.4 铣床夹具的磨损极限 ……… 717
  7.3.5 铣床专用夹具典型图例 …… 717
  7.3.6 铣床通用可调夹具典型图例 …… 735
7.4 拉床专用夹具 ………………… 737
  7.4.1 拉床专用夹具主要类型 …… 737
  7.4.2 拉床专用夹具设计要则 …… 737
  7.4.3 拉床专用夹具典型图例 …… 737
7.5 齿轮机床专用夹具 …………… 745
  7.5.1 齿轮机床专用夹具主要类型 …… 745
  7.5.2 齿轮机床专用夹具设计要则 …… 745
  7.5.3 齿轮机床专用夹具技术要求 …… 745
  7.5.4 齿轮机床专用夹具典型图例 …… 745
7.6 磨床专用夹具 ………………… 752
  7.6.1 圆磨床专用夹具 …………… 752
  7.6.2 平面磨床专用夹具 ………… 753
7.7 组合机床及其自动线专用夹具 …… 760
  7.7.1 概述 ………………………… 760
  7.7.2 组合机床及其自动线夹具设计要则 …… 761
  7.7.3 定位、夹紧及刀具导向的结构 …… 765
  7.7.4 组合机床及其自动线专用夹具典型图例 …… 785
7.8 数控机床和加工中心夹具 …… 799
  7.8.1 数控机床和加工中心夹具设计要则 …… 799
  7.8.2 数控机床与加工中心夹具典型图例 …… 801

第8章 可调夹具和成组夹具 …… 810

8.1 概述 …………………………… 810
  8.1.1 可调夹具和成组夹具的定义和分类 …… 810
  8.1.2 可调夹具和成组夹具的结构特点及适用场合 …… 810
  8.1.3 可调夹具和成组夹具的标识方法 …… 810
  8.1.4 可调夹具和成组夹具的应用效果 …… 811
8.2 成组夹具的设计与应用 ……… 811
  8.2.1 成组夹具的设计依据、原则和

附加说明 ……………………… 811
　8.2.2　成组夹具的应用与管理 ……… 815
8.3　可调夹具示例 …………………………… 815
　8.3.1　回转体类零件用可调夹具示例 … 815
　8.3.2　非回转体类零件用可调夹具
　　　示例 …………………………… 818
8.4　成组夹具示例 …………………………… 823
　8.4.1　回转体零件用成组夹具示例 …… 823
　8.4.2　非回转体零件用成组夹具 ……… 831

第 9 章　组合夹具，数控机床、加工中心、柔性制造系统用夹具 ……… 835

9.1　组合夹具使用特点和发展概况 ………… 835
　9.1.1　组合夹具概述 ……………………… 835
　9.1.2　我国组合夹具的发展概况 ……… 835
　9.1.3　使用组合夹具的实际经济效益 …… 836
　9.1.4　组合夹具的分类 ……………………… 837
9.2　槽系列组合夹具系统 …………………… 838
　9.2.1　槽系列组合夹具元件 ……………… 838
　9.2.2　槽系列组合夹具元件的结构要素和
　　　技术条件 …………………………… 857
　9.2.3　槽系列组合夹具的组装和组装
　　　守则 ………………………………… 859
　9.2.4　槽系列组合夹具的基本结构 ……… 860
　9.2.5　槽系列组合夹具在机械加工
　　　中应用示例 ………………………… 868
9.3　孔系列组合夹具系统 …………………… 879
　9.3.1　孔系列组合夹具的特点与发展
　　　概况 ………………………………… 879
　9.3.2　孔系列组合夹具元件的主要技术
　　　参数 ………………………………… 880
　9.3.3　孔系列组合夹具元件 ……………… 880
　9.3.4　孔系列组合夹具的基本结构 ……… 892
　9.3.5　孔系列组合夹具的组装步骤和
　　　注意事项 …………………………… 897
　9.3.6　孔系列组合夹具在机械加工中
　　　应用示例 …………………………… 899
　9.3.7　带有销键和键槽结合定位结构的蓝新
　　　特孔系组合夹具系统（LXT）…… 902
9.4　组合夹具在数控机床、加工中心和
　　柔性制造系统中的应用 ………………… 906
　9.4.1　组合夹具适用于数控机床、加工中心
　　　和柔性制造系统的基本考量 ……… 906
　9.4.2　组合夹具在数控机床、加工中心上
　　　安装应用的各种示例 ……………… 908

第 10 章　检验夹具 ……………………… 911

10.1　概述 ……………………………………… 911
10.2　检验夹具的组成和分类 ………………… 911
　10.2.1　检验夹具的概念和适用范围 …… 911
　10.2.2　检验夹具的分类 ………………… 911
　10.2.3　检验夹具的主要组成部分 ……… 911
10.3　检验夹具主要组成部分的结构和
　　　应用 ……………………………………… 912
　10.3.1　检验夹具定位部分的原理和
　　　　结构 …………………………… 912
　10.3.2　检验夹具测量部分的原理和
　　　　结构 …………………………… 918
　10.3.3　检验夹具辅助部分的原理和
　　　　结构 …………………………… 919
10.4　机械加工和装配过程中检验夹具的
　　　典型应用 ……………………………… 932
　10.4.1　检验夹具的设计基础 …………… 932
　10.4.2　检验夹具的典型应用 …………… 933
10.5　毛坯检测用的检验夹具 ………………… 936
　10.5.1　毛坯检验夹具的使用要求 ……… 936
　10.5.2　毛坯检验夹具中的定位和测量
　　　　装置 …………………………… 937
10.6　检验夹具的调整和周期检定 …………… 938
　10.6.1　检验夹具的调整 ………………… 938
　10.6.2　检验夹具的周期检定 …………… 938
10.7　组合检验夹具 …………………………… 939
　10.7.1　组合检验夹具概述及示例 ……… 939
　10.7.2　三坐标测量机组合检验夹具 …… 941

第 11 章　焊接夹具 ……………………… 944

11.1　概述 ……………………………………… 944
11.2　焊接夹具的特点、分类与组成 ………… 944
　11.2.1　焊接夹具的特点 ………………… 944
　11.2.2　焊接夹具的分类 ………………… 946
　11.2.3　焊接夹具的组成 ………………… 951
11.3　焊接夹具功能部件及典型结构 ………… 951
　11.3.1　定位功能部件及典型结构 ……… 951
　11.3.2　夹紧功能部件及典型结构 ……… 957
　11.3.3　夹具体及典型结构 ……………… 961
　11.3.4　特种功能部件及典型结构 ……… 963
11.4　焊接夹具设计及典型图例 ……………… 966
　11.4.1　焊接夹具设计原则 ……………… 966
　11.4.2　焊接夹具设计方法 ……………… 967
　11.4.3　焊接夹具设计步骤 ……………… 970
　11.4.4　焊接夹具设计典型图例 ………… 987
11.5　焊接夹具的制造技术与调整 …………… 989
　11.5.1　焊接夹具的制造技术 …………… 989

11.5.2 焊接夹具调试 …………… 990
11.6 焊接组合夹具 ……………… 992
　11.6.1 概述 …………………… 992
　11.6.2 俄罗斯（前苏联）焊接组合夹具
　　　　 系统简介 ………………… 992
　11.6.3 德国焊接组合夹具系统 …… 994

第12章 计算机辅助夹具设计（CAFD） …………………… 997

12.1 CAFD 在现代制造业中的作用 …… 997
　12.1.1 概述 …………………… 997
　12.1.2 发展背景 ………………… 997
　12.1.3 CAFD 在现代制造业中的地位和
　　　　 作用 …………………… 1000
　12.1.4 CAFD 的发展趋势 ………… 1001
12.2 CAFD 发展的不同阶段和所研究
　　 系统 ……………………… 1002
　12.2.1 第一代交互式系统 ………… 1002
　12.2.2 基于 GT 的 CAFD 系统 …… 1004
　12.2.3 夹具设计的专家系统 ……… 1008
　12.2.4 基于实例推理的 CAFD 系统 …… 1010
　12.2.5 智能式夹具 CAFD 系统 …… 1012
　12.2.6 基于图论方法的自动夹具
　　　　 结构生成 ……………… 1014
12.3 CAFD 中夹具设计的验证 ……… 1015
　12.3.1 CAFD 中夹具设计验证的
　　　　 必要性 ………………… 1015
　12.3.2 CAFD 中夹具设计验证的
　　　　 项目 …………………… 1016
　12.3.3 夹具刚度与变形的验证 …… 1016
12.4 CAPP 与 CAFD 并行设计集成系统 …… 1017
　12.4.1 重要性、必要性 …………… 1018
　12.4.2 总体结构 ………………… 1018
12.5 已开发并在企业中试用的 CAFD
　　 系统示例 ………………… 1018
　12.5.1 易博三维 CAFD 系统 ……… 1018
　12.5.2 新迪孔系组合夹具 CAFD 组装
　　　　 设计系统 ……………… 1022

参考文献 ……………………… 1027

第1章 夹具总论

1.1 夹具产生和发展的背景

1.1.1 夹具和机床附件

早在19世纪后期欧美工场中出现天轴传动的车床时，同时就有了夹持工件的卡盘，因为两者不可分割，这是最早出现的夹具。现在我国习惯称为机床附件的是指除机床主机外，用于扩大机床加工功能和使用范围的附属装置，主要包括：分度头、回转工作台、卡盘、虎钳、顶尖、吸盘、夹头、铣头、镗头、刀架、刀杆、扳手和垫铁等。机床夹具则指在机床上实施机械加工过程中按照工艺要求，迅速实现工件的定位与夹紧，并在加工过程中保持工件和机床之间正确的相对位置。不仅是机床和机械加工，其他工艺过程和生产过程中也需要保持工件和设备之间的相对位置，就出现了焊接夹具、检测夹具、装配夹具等，因此现在已泛称之为"夹具"。由于机床附件中既包含了与工件相关的附件如从分度头到夹头，这就使机床附件中与工件相关的附件和夹具形成了一个交集，或者说出现了一些重叠。生产和实际中机床附件内与工件相关的附件只是一些通用的、标准化程度高的、结构较为普通的，如三爪自定心卡盘、四爪卡盘、铣床分度头等，其余就归在夹具中了，当然这中间的界限是模糊的。

1.1.2 机床专用夹具催生了现代大批大量生产

20世纪之初美国只能生产汽车数千辆。福特汽车公司推出T型轿车后订单激增，为了保证零件的互换性在当时精度较差的机床上如何保证孔距精度成为提高生产率的瓶颈。钻模和随后镗模的出现有效地解决了这一问题，迅速提高了生产率。到了20世纪20年代初美国汽车工业的年产量已超过百万辆以上的规模。"普通通用机床+专用夹具"这一生产方式拉开了近现代大批大量生产的帷幕。

1.1.3 夹具是现代制造系统的重要组成部分

产品、制造系统和经营管理是运作制造企业的三个基本要素。在当代买方市场条件下制造系统经常成为新产品快速上市、按订单进行产品变换生产和运作管理的瓶颈所在。就现代制造系统而言主要应该解决以下问题：

①客户订单要求快速变换产品时，制造系统如何快速响应变换产品的生产。

②订制产品频繁变换时如何既能快速重构所变换产品生产要求的制造系统，又能通过重构与重复利用现有制造系统的各组成要素，降低系统投资，提高投资回报率。

③如何保证多次重构/重组的制造系统运行质量与产量的可靠性和稳定性。

从系统工程的观点按系统结构而言，日本制造系统著名学者人见胜人将制造系统的静态结构定义为：制造系统是由硬件（生产设施、机床、夹具等）、物料传送装置、工人和其他附属装置组成的统一集合体，由生产信息/知识、技术、方法和软件支持它。它实现从生产对象（原材料与零配件）转变成有规定功能与适合顾客需要的产品，从而满足市场的需求。

由此可见夹具是制造系统中与工件直接接触部分，因此为了解决制造系统的快速重组、快速响应以及质量、可靠性等各种问题，夹具起到很重要的作用。

1.2 夹具的功能、组成和设计要求

1.2.1 夹具的基本结构和组成

图1-1a、b所示分别为法兰工件上钻孔的分度钻模，和轴类工件上铣小平面的液压传动的铣床夹具。由图可见机床夹具分别由夹具体、工件定位件（简称定位件）、夹紧件、导向件、对刀件、分度组件、夹具在机床工作台上定位件、动力组件（液压油缸）等所组成。其中重要的是夹具体、定位件、夹紧件、导向件、对刀件以及夹具在机床工作台上定位件。夹具体、定位件、夹紧件则是夹具的基本组成部分。

1.2.2 夹具的各种功能

夹具的功能包括：
①保证工件在该工序内的精度要求和质量。
②在缩短辅助时间的基础上提高生产率，降低加工成本。
③扩大机床工艺范围。
④减轻工人劳动强度，改善工人劳动条件。
⑤保障操作安全和便于工人掌握复杂或精密工件的操作。

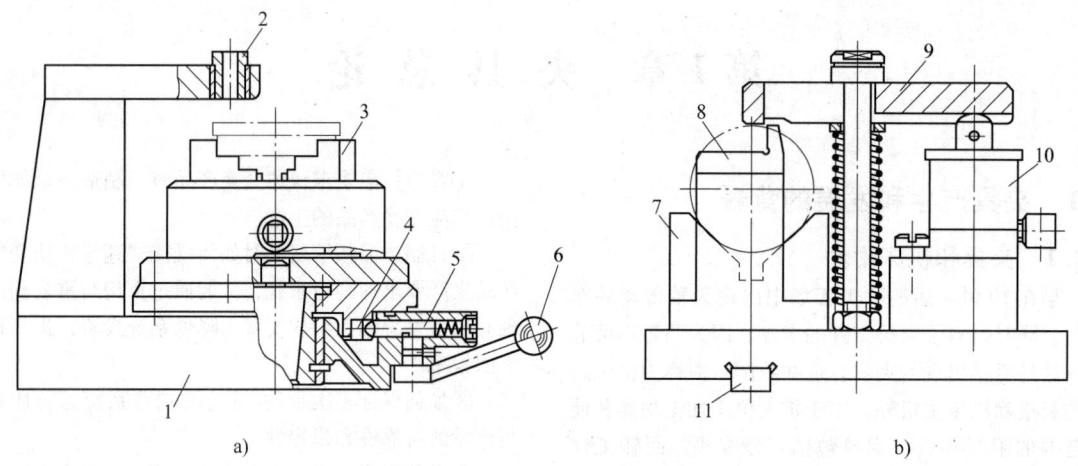

图 1-1 机床夹具基本结构和组成图
a) 法兰工件上钻孔的分度钻模 b) 轴类工件上铣小平面的液压传动的铣床夹具
1—夹具体 2—导向件 3—定位、夹紧件 4—对定件 5—对定件的定位销 6—操作件
7—工件定位件 8—对刀件 9—夹紧件 10—液压油缸 11—夹具定位件

1.2.3 设计夹具的基本要求

机械加工中在"机床—刀具—夹具—工件"这一工艺系统内,四要素构成了静态/动态的几何关系。图 1-2a 所示为夹具和机床、刀具、工件之间的联系关系,由于夹具由各元件和组件构成,图中点划线框内即为夹具的各元组件和其他三要素的联系关系。图 1-2b 为四要素之间相互直接联系的尺寸/几何关系。因此设计夹具时最基本的要求,就是保证图 1-2b 中工件加工尺寸在工序完成后,达到工序尺寸/几何精度要求。过去只考虑简单的一维精度,随着零件设计精度的提高今后必须要分析和研究二维,少数情况下甚至三维的尺寸和形状位置精度。在此基础上再考虑如何提高生产率和降低成本等其他问题。

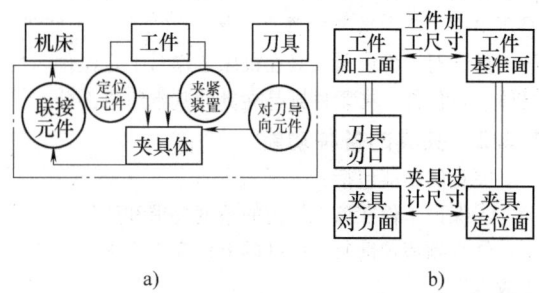

图 1-2 "机床—刀具—夹具—工件"工艺系统内四要素间的相互联系关系
a) 工艺系统四要素间的相互联系关系 b) 工艺系统四要素之间相互直接联系的尺寸/几何关系

1.3 夹具和机械零件的分类

1.3.1 夹具的各种分类方法

①按夹具所适用的工艺过程分为:机床夹具,装配夹具,焊接夹具,检测夹具等。

②机床夹具按所适用的机床类型又可分为:车床夹具,铣床夹具,钻模,磨床夹具,拉床夹具等。

③按夹具的通用程度和特点分为:通用夹具,一次性使用夹具,多次重复使用夹具,独立的传动装置等。

④按夹具的结构特点分为:专用夹具,组合夹具,可调整夹具等。

⑤按夹紧装置的动力源分为:手动夹具,气动夹具,液压夹具,电磁夹具,真空夹具等。

图 1-3 所示为夹具的分类图,也表示各种分类之间的关系。

1.3.2 根据生产规模或品种和批量的分类最重要

由于夹具是工艺装备并非产品,因此为了有效降低成本,设计夹具时考虑最多的因素就是经济因素。因为生产产品的品种多少和批量大小代表了不同的生产模式,不同的生产模式下经济性较好的夹具系统已有定论。在各种夹具分类中通常根据夹具结构上的特点也参考品种和批量将夹具分为:专用夹具,组合夹具,可调整夹具,这种分类,作为粗略选用夹具系统是十分方便和有效的。其中可调整夹具又可分为通用和专业化两类,有关机床夹具系统主要类型的特点及适用范围见表1-1。用经济分析方法详细选择夹具系统,以后将进一步详细讨论。

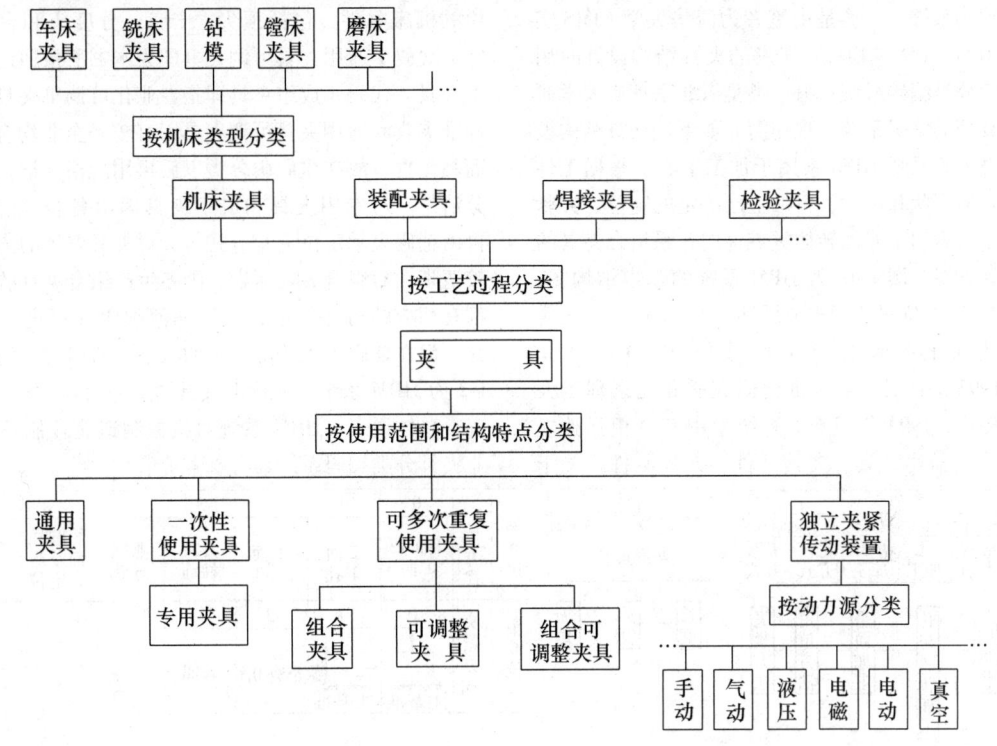

图1-3 夹具分类图

表1-1 机床夹具主要类型的特点及适用范围

名　　称	特　　点	适用范围
通用可调整夹具	通用性强,工件定位基准面形状较简单,生产效率较低	单件、小批量生产。部分通用可调整夹具已专业化生产,作为机床附件,如三爪自定心卡盘、分度头、平口钳等
专用夹具	针对某一工件的某一工序专门设计,结构紧凑,操作简便,生产效率高,设计制造周期长。当产品更新或改进时,只要该零件尺寸形状变化,夹具即报废	大批量生产
专业化可调整夹具	针对形状、尺寸、工艺要求相似的一组工件设计	多品种成批生产,尤其适用于成组生产,也称成组夹具
组合夹具	由预先制造好的一套标准元件、合件组装成专用夹具,使用后即行拆开,元件、合件又可用于组装新的夹具	新产品试制,单件小批量生产,也可用于成批生产

1.3.3 机械零件和夹具分类编码系统

约50年前,计算机还在襁褓之中,成组技术(GT)传到德国之时,为了使零件分类方法系统化和科学化,奥匹茨(Opitz)教授"以数代形"创建了以机床零件为主要对象的第一个零件分类编码系统,此后三四十年中随着计算机技术的飞速发展,数以百计的零件分类编码系统在世界各工业发达国家如雨后春笋般被开发出来,既促进了成组技术的推广和应用,也推动了计算机辅助工艺设计(CAPP)技术的大步前进。总结三四十年全球GT在机械制造业中的作用和意义,可以用以下三句话来概括:相似原理、重用原则、柔性原由。这样一套系统化和科学化的分类编码方法在其他工程中也得到了仿效和应用。有关零件分类编码系统与成组技术相关的书刊中已有详细介绍,不再赘述。在夹具设计中也仿效采用了这种分类编码系统,迄今为止已研究和开发过两类夹具设计的分类编码系统:一类是由笔者为清华大学 CIMS 实验研究中心(CIMS/ERC)研发的夹具结构设计时用作检索的分类编码系统;另一类是由北京理工大学研发的夹具分类编码系统。现作简介如下。夹具结构设计的分类编码系统 JJBM 系用于加工中心上根据工件的主要几何形状和尺寸,再加上已决定的定位、夹紧方案用以检索加工非回转体类零件的孔系组合夹具的结构设计方案。图 1-4a 为 JJBM 系统的基本结构图,图 b 为第 5、6 位码的标志或属性。

机械加工夹具分类编码系统(JJDM)WJ/Z319—1993 由兵器工业标准化研究所和北京理工大学共同提出,1993 年发布。系统采用三个相互独立的层次分别描述夹具、夹具部件、夹具零件。关于 JJDM 系统的总体结构见图 1-5。其第 1 位码为夹具系统的分类和夹具零部件,其中代码 0 标准夹具即为常说的机床附件,包括顶尖、卡盘、分度头和台虎钳等,代码 1 通用夹具可调夹具即为本书所指通用可调整夹具。代码 4 成组夹具即指专业化可调整夹具。对标准夹具和通用夹具可调夹具因有较多企业均有市售商品出售,故在主码中分类以后再用规格标记,就十分清楚。对专用夹具和成组夹具因由各企业自制,再由辅码表示定位夹紧方式等,对夹具整体的描述比较清楚。对组合夹具而言,因各生产组合夹具的工厂都有相应的行业标准,主码如何编码尚可进一步研究,但在辅码中表述应用中的状态是值得肯定的。表 1-2 为 JJDM 系统中非标准夹具第 1~6 位码分类代码表。总体说来,JJBM 系统对机械制造企业制订本企业夹具分类编码系统具有参考价值。

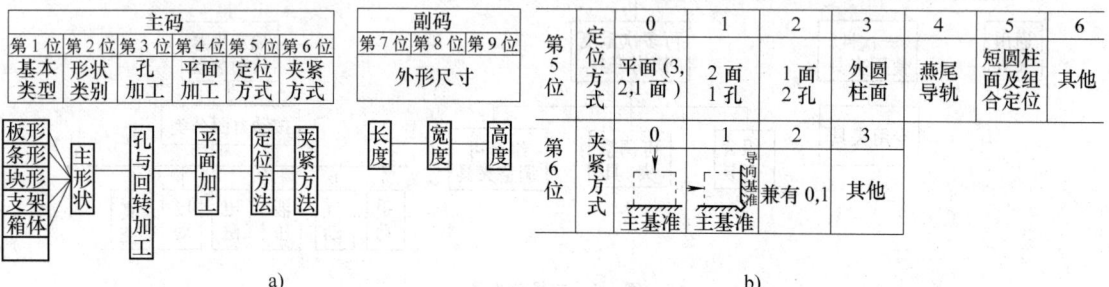

图 1-4 夹具结构设计的分类编码系统
a)JJBM 系统的基本结构图 b)第 5、6 位码的标志或属性

图 1-5 JJDM 机械加工夹具分类编码系统

表 1-2 JJDM 系统中非标准夹具第 1~6 位码分类代码表

第1位		第2位		第3位										第4~6位
代码	夹具类别	代码	设备类别	夹具结构类型及代码										顺序号
				0	1	2	3	4	5	6	7	8	9	
1	通用夹具可调夹具	C	车床	不可调顶尖心轴夹具	可调顶尖心轴	不可调尾锥心轴	可调尾锥心轴	弯板类夹具	夹头类夹具	花盘类夹具	靠模类夹具	分度类夹具		
2	专用夹具	Z	钻床	覆盖式钻模	铰链式钻模	悬吊式钻模	固定式钻模	移动式钻模	翻转式钻模	斜孔式钻模		分度式钻模		
3	组合夹具	M	磨床	外圆磨夹具	内圆磨夹具	万能磨夹具	平面磨夹具	端面磨夹具	无心磨夹具	珩磨夹具		分度式夹具		
4	成组夹具	X	铣床	立铣夹具	卧铣夹具	万能铣夹具	工具铣夹具	靠模类夹具				分度式夹具		
		T	镗床	立式镗床夹具	卧式镗床夹具									
		Y	齿轮机床	滚齿类夹具	插齿类夹具	刨齿类夹具	剃齿类夹具	磨齿类夹具	珩齿类夹具	研齿类夹具	铣齿类夹具	齿轮倒角夹具		
		N	数控机床	数控车床类夹具	数控铣床类夹具	数控钻床类夹具	数控镗床类夹具		线切割电加工机床	加工中心类夹具		柔性制造系统用夹具		
		L	拉、刨、插锯机床	立式拉床类夹具	卧式拉床类夹具		刨床类夹具		插床类夹具			锯床类夹具		
		Q	其他机床	专用车床类夹具	专用铣床类夹具	专用钻床类夹具	专用镗床类夹具	专用磨床类夹具	专用拉床类夹具		电加工机床类夹具	多功能机床类夹具		
代码	夹具类别	代码	设备类别	0	1	2	3	4	5	6	7	8	9	顺序号
				夹具结构类型及代码										

1.4 夹具系统的选择和技术经济指标

1.4.1 选择夹具系统的基本原则

1）所选用的夹具系统应保证满足该零件的工艺过程要求和相应的技术条件，同时还要保证生产准备工作的时限要求。

2）应遵守所选用的夹具系统符合通用化、典型化、组合化、标准化的原则。一般情况下：大批大量生产可以允许采用专用夹具系统；单件小批生产尽量采用组合夹具系统和通用可调整夹具系统；成批生产条件下可采用专业化可调整夹具系统；样品试制阶段尽量采用组合夹具系统。

3）当批量界限不够明确而产量、批量不小时，应按夹具系统经济分析的方法对夹具的工艺工序费用进行分析，缩短其投资回收期，提高经济效益。

4）尽量采用商品化的夹具系统和夹具零部件。

1.4.2 选择夹具系统的步骤

1）了解和熟悉待设计夹具的工件

①工件几何和结构特征（轮廓尺寸、外观形状、材料、相关精度、结构特点、各表面形状特征）。

②加工工件的生产组织形式和工艺条件（基准和定位原理图、工艺工序类型、生产组织形式、加工批量）。

2）决定此夹具的原始技术要求

3）根据选择夹具系统的基本原则，确定适合于工艺要求的夹具系统（专用、可调整、组合夹具系统）

4）根据现有商品化夹具及零部件，尽量选用及采购，力求减少企业自制夹具的数量。

5）决定设计和制造自制夹具的原始数据。

6）编制自制夹具的设计任务书。

1.4.3 常用夹具系统的技术经济指标

（1）专用夹具系数 K_z 和专用夹具成本系数 K_c

专用夹具系数 K_z 是机械行业内长期以来衡量企业工艺装备水平的传统方法

$$K_z = N_z/N_k \tag{1-1}$$

式中　N_z——专用夹具种数；
　　　N_k——专用零件种数。

专用夹具系数过大，则夹具设计制造工作量大，生产准备周期长，成本高；此系数如太小，可能会影响零件加工质量及生产率。在大批量生产条件下一般根据产品生产类型、生产批量、寿命周期、设备自动化程度以及企业设计制造夹具的能力，合理选择专用夹具系数。生产实际中常将各种产品和行业的现有企业的专用夹具系数进行统计，用作投入新产品或建设同类型新工厂时作参照。

专用夹具成本系数 K_c

$$K_c = C_z/C \tag{1-2}$$

式中　C_z——单台产品专用夹具成本（元）；
　　　C——单台产品成本（元）。

专用夹具成本系数常用作控制工艺装备成本不致过高，从而降低总成本。

(2) 夹具复杂系数 K 和夹具复杂等级

$$K = C_F/T_bC_n + N_j/N_{jb} + G_b/G + N_c/N_{cb} + L/L_b \tag{1-3}$$

式中　C_F——夹具的设计、制造、使用及维护费用（元）；
　　　T_b——企业的月工时（h）；
　　　C_n——企业的夹具设计、制造、使用及维护费平均值（元/h）；
　　　N_j——夹具专用件件数；
　　　N_{jb}——企业夹具专用件件数的平均值；
　　　G_b——企业夹具精度等级的平均值；
　　　G——夹具最高精度等级；
　　　N_c——保证产品尺寸要求的夹具计算尺寸数量；
　　　N_{cb}——企业夹具计算尺寸数量的平均值；
　　　L——夹具最大尺寸；
　　　L_b——企业中夹具最大尺寸的平均值。

企业可根据夹具复杂系数 K 将夹具划分为 A、B、C 三级，夹具复杂等级作为夹具划分成本的界限，并确定各级技术领导的审批权限。

(3) 单套夹具负荷系数 K_n

$$K_n = tN_d/T \tag{1-4}$$

式中　t——完成工序所需的工时（h）；
　　　N_d——单套夹具每月执行工序的重复次数（次/月）；
　　　T——夹具每月有效工作时间（h/月）。

通过这一系数的数值可以决定此套夹具是否需要制作两套或多套才能满足生产要求。

1.4.4 夹具设计制作成本的估算

1. 专用夹具

专用夹具年度支出成本费用为 C_{sy}（元），则

$$C_{sy} = (t_dS_d + t_pS_p + GS_{mt})\eta_s\varepsilon \tag{1-5}$$

式中　t_d——一套专用夹具设计工时（h）；
　　　S_d——专用夹具设计费用（元/h）；
　　　t_p——一套专用夹具制造工时（h）；
　　　S_p——一套专用夹具制造费用（元/h）；
　　　G——一套专用夹具消耗的原材料（kg）；
　　　S_{mt}——材料费（包括毛坯和热处理）（元/kg）；
　　　η_s——专用夹具年折旧系数；
　　　ε——夹具复杂程度等级系数。

在一定条件下用工厂具体数字代入后，式 (1-5) 变为

$$C_{sy} = K\varepsilon \tag{1-6}$$

式中 K 为一常数，对某一具体夹具其复杂程度等级系数确定后，C_{sy} 亦为一常数。

2. 可调整夹具

可调整夹具年度支出成本费用为 C_{gy}

$$C_{gy} = C_{bj}\eta_{bj} + C_d\eta_d \tag{1-7}$$

式中　C_{bj}——可调整夹具基本部分成本（元）；
　　　C_d——调整件成本（元）；
　　　η_{bj}——可调整夹具基本部分年折旧率（%）；
　　　η_d——调整件年折旧率（%）。

而

$$C_{bj} = C_{bd} + C_{bm} + C_{bu} \tag{1-8}$$

$$C_d = C_{dd} + C_{dm} + C_{du} \tag{1-9}$$

式中　C_{bd}、C_{dd}——基体和调整件的设计费用（元）；
　　　C_{bm}、C_{dm}——基体和调整件的材料费用（元）；
　　　C_{bu}、C_{du}——基体和调整件的制造费用（元）。

故式 (1-7) 可改写为

$$C_{gy} = (C_{bd}\eta_{bj} + C_{dm}\eta_d) + (C_{bm}\eta_{bj} + C_{dm}\eta_d) + (C_{bu}\eta_{bj} + C_{du}\eta_d) \tag{1-10}$$

3. 组合夹具

使用组合夹具年度支出成本费用为 C_{zy}。

$$C_{zy} = S_c/M + S_v n_s \tag{1-11}$$

式中　M——一年内组装的组合夹具总套数，包括备用套数在内；
　　　S_c、S_v——具体生产条件决定的固定开支费用和可变开支费用（元）；
　　　n_s——一套夹具一年内重复组装次数，决定于同一零件一年内投产的批次数，即

$$n_s = N/n \tag{1-12}$$

式中　N——零件年产量（件数）；

n——投产批量（件数）。

当产品生产规模和拥有的成套组合夹具元件数量不变时，S_c、S_v 可用下式计算：

$$S_c = S_z \eta_z + W_e (1 + k_{ew}) \quad (1\text{-}13)$$

式中 S_z——全套组合夹具元件及有关技术设施成本（元）；

η_z——全套组合夹具元件及有关设施的年折旧率（%）；

W_e——组装站、室技术人员、管理人员和辅助人员的全部年工资和补助（元）；

k_{ew}——附加工资系数。

$$S_v = W_z t_z (1 + k_{ez}) \quad (1\text{-}14)$$

式中 W_z——组装工每小时工资率（元/h）；

t_z——组装和调试时间（h）；

k_{ez}——组装工附加工资系数（%）。

1.4.5 使用专用夹具的简易经济分析

专用夹具通常被认为是增加成本的因素，因此设计人员在递交某项夹具方案请管理部门批准时，如附有简易实用的下述经济数据就更具说服力：

1) 建议采用夹具的设计制作成本。
2) 用此夹具加工零件时的小时生产率。
3) 用此夹具时成本的节约额。

当估算出用此夹具的设计制作成本和小时生产率后可用下述各公式估算出成本的节约额或经济效益：

$$A = C/D \times F \quad (1\text{-}15)$$
$$B = C/E \times G \quad (1\text{-}16)$$
$$H = A/C \quad (1\text{-}17)$$
$$J = (B + K)/C \quad (1\text{-}18)$$
$$L = C(H - J) \quad (1\text{-}19)$$
$$M = K/(H - J) \quad (1\text{-}20)$$

式中 A——现用工装工人工资；

B——建议用夹具工人工资；

C——批量；

D——现用工装加工零件时的小时生产率；

E——建议用夹具加工零件时的小时生产率；

F——现用工装小时工资率；

G——建议用夹具小时工资率；

H——现用工装每一零件的估算成本；

J——建议用夹具每一零件的估算成本；

K——建议用夹具的估算成本；

L——采用建议用夹具，估算节约的全部费用；

M——平衡点（采纳建议用夹具的最小批量）。

1.4.6 夹具系统的经济分析

当需要准确界定工件在某一产量或批量条件下用何种夹具系统是经济的，就需要进行经济分析。这类经济分析主要是在：用或不用夹具；以及专用夹具、可调整夹具和组合夹具这三个主要夹具系统之间来进行。

(1) 用钳工划线还是用组合夹具 小批生产条件下用组合夹具代替钳工划线的经济合理条件为：

$$n_{f\min}[t_f S_f + \Delta t_{fm}(S_{mh} + W_m)] \geq S_{za} \quad (1\text{-}21)$$

式中 $n_{f\min}$——用组合夹具代替钳工划线的最小批量；

t_f——钳工划线工时；

S_f——划线钳工工资率；

Δt_{fm}——用组合夹具代替钳工划线后所节省的机加工工序的单件时间；

S_{mh}、W_m——机加工工序机床单位工时费用和工人工资率；

S_{za}——每套组合夹具的平均组装成本。

(2) 成批生产条件下用组合夹具代替专用夹具的经济分析

1) 按产品零件投产批次的初步分析。专用夹具成本是一次性的，组合夹具每投产一次需组装一次，有一次组装费用。因此当产品零件投产的批次数（或用批量表示）达一定数量时前者成本和后者费用相等。成批生产时用组合夹具代替专用夹具的合理批次 n_{sr} 的条件为

$$s_{za} n_{sr} \leq s_{sa} \quad (1\text{-}22)$$

式中 s_{za}——组装一套组合夹具的平均组装费用；

s_{sa}——一套专用夹具的平均成本。

从公式和分析说明：

①产品生产年限短、每年投产批次愈少，用组合夹具代替专用夹具的经济效益愈显著。故组合夹具用于新产品试制和单件小批最合适，但只要满足式（1-22）用于各种批量生产经济上也是合理的。

②只要降低组装成本 s_{za}，如提高组装效率、加速元件周转、确定零件合理的投产规模，即使是成批生产条件下扩大组合夹具应用也是经济合理的有效措施。

2) 在零件年产量、投产批次和不同复杂程度结构的夹具情况下使用组合夹具的分析。

使用组合夹具的年度成本费用为 C_{zy}，式（1-23）为式（1-11）的另一形式

$$C_{zy} = S_{sp} + n_s S_a + (t_m N/h) S_r \quad (1\text{-}23)$$

式中 S_{sp}——组合夹具中专用件设计、制造和材料费；

n_s——组合夹具年组装次数，即为零件一年内投产批次；

S_a——组合夹具组装费;
t_m——零件加工单件时间定额;
S_r——以日计的组合夹具出租费;
N——零件每年总产量;
h——每天工作时数。

在式(1-23)中由于组装前可以予先确定夹具复杂等级,故 S_r 和 S_a 为常值,在一定的生产条件下,专用件的设计、制造费也为常值,因此 C_{zy} 根据不同的批次 n_s 和零件年产量 N 而变化,故式(1-23)可变为

$$C_{zy} = K_1' + n_s K_2' + N/K_3' \qquad (1-24)$$

式中 K_1'、K_2'、K_3' 皆为常数。

(3) 成批生产条件下用可调整夹具代替专用夹具的经济分析

1) 一个零件组原先不用夹具,现采用可调整夹具的经济效益分析。经济效益来自采用可调整夹具后劳动生产率提高所获收益超过了可调整夹具成本而得益。

此时经济收益为

$$n \sum_{i=1}^{m} (C_i - C_i') \geq C_{bj} + \sum_{i=1}^{m} C_{di} \qquad (1-25)$$

因为对每种零件

$$C_i = S_i T_i ; C_i' = S_i' T_i' \qquad (1-26)$$

此时实际经济收益为 C

$$C = n \sum_{i=1}^{m} (S_i T_i - S_i' T_i') - \left(C_{bj} + \sum_{i=1}^{m} C_{di} \right) \qquad (1-27)$$

式中 C_i——不用夹具时的单件成本(元/件);
T_i——不用夹具时该工序单件时间(min);
S_i——不用夹具时包括工人工资在内的机床每分钟成本(元/min);
C_i'——用可调整夹具时的单件成本(元/件);
T_i'——用可调整夹具时该工序单件时间(min);
S_i'——用可调整夹具时包括工人工资在内的机床每分钟成本(元/min);
m——一组内零件名目数;
n——每种零件平均批量(件数);
C_{bj}——可调整夹具基本部分成本;
C_{di}——第 i 个调整件成本。

2) 对一组零件原先采用专用夹具,现改用成组夹具的经济收益。原先一组内 m 种零件采用 m 个专用夹具,改用一个带 i 个调整件的较复杂的成组夹具。此时假定专用夹具和成组夹具加工零件的单件时间相同。

设一组零件使用 m 个专用夹具,年使用成本为 C_s 元。

一组零件使用使用一套成组夹具时年支付费用为两部分:一部分是基体年使用成本 C_B;另一部分为一组零件全部调整件年使用成本 C_D。

只有当 $C_s - (C_B + C_D) \geq 0$ 时,使用成组夹具经济上才有利,设此时年经济收益为 C_P(元)。
即
$$C_P = C_s - (C_B + C_D) \qquad (1-28)$$

其中 $C_s = \sum_{i=1}^{m} C_{ji}(1+K_1)\alpha_1 = (1+K_1)\alpha_1 \sum_{i=1}^{m} C_{ji}$

$$(1-29)$$

式中 C_{ji}——每个专用夹具成本(元);
α_1——年折旧百分数;
K_1——年维修费用系数。

$$C_B = C_{bj}(1+K_2)\alpha_2 \qquad (1-30)$$

式中 C_{bj}——成组夹具基体成本(元);
α_2——成组夹具基体年折旧百分数;
K_2——成组夹具基体年维修费用系数。

$$C_D = \sum_{i=1}^{l} C_{di}(K_3 + \alpha_3) \qquad (1-31)$$

式中 C_{di}——每个调整件成本;
α_3——调整件年折旧百分数;
K_3——年调整费用系数。

$$K_3 = (t_d S_d r)/C_{di} \qquad (1-32)$$

式中 t_d——调整工时;
S_d——每分钟调整成本;
r——每年调整次数。

实际上,由于 C_{di} 很小,$C_{di}\alpha_3$ 更小,故

$$C_D \approx \sum_{i=1}^{l} C_{di} K_3 \qquad (1-33)$$

所以年经济收益 C_P 为

$$C_P = \sum_{i=1}^{m} C_{ji}(1+K_1)\alpha_1 - C_{bj}(1+K_2)\alpha_2 - \sum_{i=1}^{l} C_{di} K_3$$

$$(1-34)$$

式(1-34)反映了用一套带 l 个调整件的成组夹具代替 m 套专用夹具时的年经济收益。从上式可见,如增加零件种类 m,因为 C_{ji}、C_{bj} 不变,故式中前二项不变,第三项较小,故随 m 增加时经济收益 C_P 也相应增加。

现每组零件有 m 种,每种零件平均年产量为 n 件,故零件总年产量为 $m \times n = N$ 件。

当在专用夹具上加工时,每一工件成本为 C_s',

$$C_s' = C_s/N \quad C_s = \sum_{i=1}^{m} C_{ji}(1+K_1)\alpha_1 \qquad (1-35)$$

改在成组夹具上加工时,每一工件分摊到成组夹

具的成本费为 C'_{bd}

$$C'_{bd} = (C_B + C_D)/N \quad (1-36)$$

式中 $C_B = C_{bj}(1 + K_2)\alpha_2$

$C_D = \sum_{i=1}^{l} C_{di} K_3$

1.5 现代夹具发展趋势

夹具结构和设计未来进一步的发展主要受生产模式、制造工艺和机床或设备的发展的影响。从机械制造业来看多品种小批量的柔性生产的方向无疑是确定的。U形生产线的布置,且生产线的缩短已经不言而喻。例如一条气缸盖的生产线过去需要数十台机床和工位,如今只要八台、十台或多一点的机床和工位就够了。因为从机械加工工艺原则来看,已从过去分散迈向今天高度的集中。数控机床的研发也正往这个方向走。今后从发动机生产来看,无疑希望将一条生产线变成一台或数台多工序的数控机床,其他产品也都有类似的趋向。因此,对今后夹具的主流,即数控机床用夹具以及其他工艺过程应用的夹具都将会按以下方向发展:柔性化、自动化、智能化以及设计过程的计算机辅助夹具设计等。

1.5.1 夹具柔性化

夹具设计主流在这一方向上已经经过了三十余年,但目前仍没有彻底的、理想化的方法。今后还将继续在这个方向走下去。因此回顾一下过去的道路对今后的探索仍将得益。早期柔性化是在原有专用夹具基础上的扩展,这就是可调整夹具和组合夹具,由于成熟、可靠和富有使用经验,至今仍为使用最广泛和普遍的柔性夹具,将在本书内重点介绍。最近二十余年来有关学者继续探索从结构到原理都有新意和创新的柔性夹具,其中主要成果可参见表1-3。

表1-3 从结构或原理都有新意和创新的柔性夹具

分类和名称	简 图	柔性原理	子 分 类	应用说明
模块化程序控制式夹具	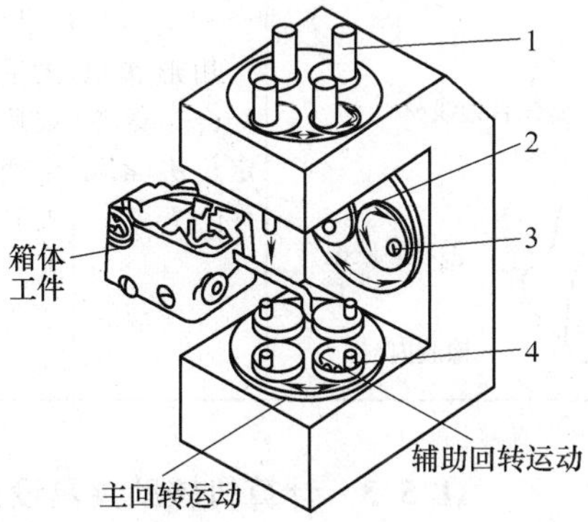 ① 箱体工件,主回转运动,辅助回转运动 1—液压夹紧液压缸 2—夹紧元件 3—侧向定位元件 4—定位元件 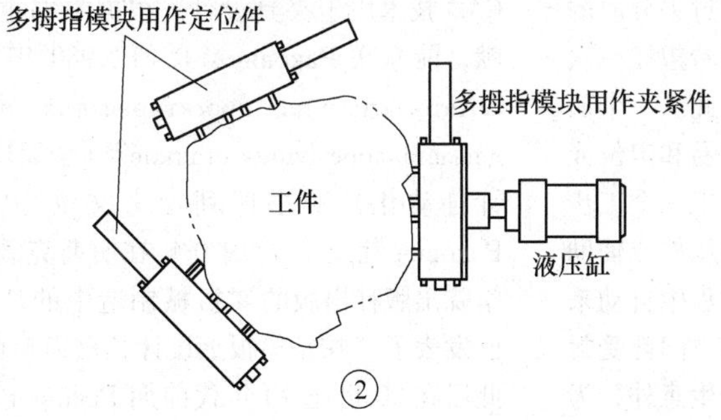 ② 多拇指模块用作定位件,多拇指模块用作夹紧件,工件,液压缸	用伺服控制机构改变定位夹紧元件位置	双转台位移式 可移动拇指式	数控机床或加工中心上仅用于同一族零件

(续)

分类和名称	简图	柔性原理	子分类	应用说明
适应性夹具	③ 工作扭簧	将定位或夹紧元件分解为更小的元素以适应工件形状的连续变化	涡轮叶片式；弯曲长轴式	仅用于汽涡轮机叶片或某一类适用的零件上
相变材料夹具	④ 压板、液压压紧、工件、定位件、进气口、伪相变材料	相变材料在热效应或电磁效应下的双相性质（液相和固相）	真相变材料夹具；伪相变材料流态床夹具	尚在试验研究中
仿生抓夹式夹具	⑤ 温控旋钮、钛镍合金线材、波状硬胶把、橡胶内衬	用形状记忆合金改变定位夹紧元件位置	用于机器人手终端器或用于夹具中变换定位夹紧元件位置	试验用于机器人手终端器，用于夹具尚在研究中

1.5.2 夹具自动化和智能化

随着蓝领工人工资的不断提高和减轻操作夹具的体力劳动，以及批量不断减少的情况下夹具向自动化方向发展是需要的，用于机械加工的夹具尤其必要。特别是数控机床和加工中心的生产线中，过去分散的工序越来越集中，五面加工中心的出现更希望在一次安装下将中等复杂零件全部加工完毕。因此从一个面的加工改换到加工另一个面时，刀具很容易和定位或夹紧装置发生冲突和干涉，就有必要在加工一个工步后将压板或定位支承自动移开，而另一些压板或辅助支承压紧和定位，这都需要夹具在加工过程中自动来完成。此外数控机床和加工中心的工作台空间都受封闭加工的限制，复杂的加工过程中容易产生意外，为了保证安全生产也需要夹具有智慧，在紧急情况下能够感知而避免事故，这就需要智能化夹具。

1.5.3 计算机辅助夹具设计（CAFD）

早在20世纪70年代后期随着计算机应用的日渐普及、CAD的出现，由于夹具的图形不大、结构和一般机械设备相比也比较简单，因此自然而然地想到将CAD技术用于夹具设计。根据本书主编所看到的文献，前苏联 РаковичА. Г. 于1980年在莫斯科出版"Автоматизация проектирования приспособлений дляметаллорежущих станков"（金属切削机床夹具设计自动化）一书所列参考文献中，有白俄罗斯 Ракович 院士早于1970年在明斯克载于白俄罗斯科学院出版社出版的"机械制造中的计算技术"书中已发表了"在钻模板上设计长槽窗口的算法"一文，此后在20世纪70年代前期 Ракович 院士发表了10篇有关在工艺装备和夹具设计中应用计算机的文章。20世纪80年代中期前后在美国也出现了有关"计算机辅助夹具设计"的文章，其作者包括美国普渡大学（Purdue University）的刘中鸿教授、国立新加坡大学（National Singapore University）的倪以靖教授等人。从20世纪80年代中期开始朱耀祥在我国第七个五年计划所列课题中，在过去多年研究组合夹具的基础上着手对"计算机辅助组合夹具设计"系统及其技术进行了研究，到20世纪90年代初清华大学为CIMS实验研究中心（CIMS/ERC）开发了一个组合夹具结构设计的计算机辅助组合夹具设计实验系统。嗣后从20世纪90年代前期开始，融亦鸣博士先后在美国南伊利诺伊大学（SIUC）和吴士脱理工学院（WPI）在美国自然科学基金会NSF、美国制造工程师学会SMF以及INGERSOLL机床公司、GM汽车公司、CATERPILLAR工程机械公司、BLUCO组合夹具公司等企业的大力支持下，至今长达十余年的系统地、理论与实践并行地研究，已为"计算机辅助夹具设计（CAFD）"系统的建立奠定了理论和算法的基础。但是，由于计算机技术发展迅速，不论是硬件还是软件、或语言、图形、支持软件以及数据库等更新换代太快，刚研发完的系统还来不及测试或考核就已经落伍了。这就是CAFD系统开发长期停留在研究室中，未能实现商品化软件出现在市场上的主要原因之一。虽然夹具结构较为简单但要半自动或自动生成合理的夹具结构决非易事，尽管从理论上已经完成应用图论原理，通过建立组合夹具元件装配关系数据库实现夹具结构的自动化设计，但因缺乏在生产实际中应用成熟的夹具结构作为验证示例，在商品化软件的前进道路上尚未获得突破性进展。当前电脑及其相关的软、硬件已经成熟并已相当普及，同时在"甩图板"基础上要求进一步提高白领设计人员的劳动生产率的呼声十分强烈，因此应该加速其研究和开发使其早日出现在商品化软件的市场上。

CAFD的意义不仅限于夹具本身，因为任何类型机械的设计和夹具一样都摆脱不了经验设计的影响，诸如机床、汽车乃至农业机械、工程机械等，但因尺寸大、结构复杂、系统综合，如何建立专业CAD系统使设计人员能够高效、快速和符合现代设计要求进行设计，既是当代机械行业的迫切需求，也是CAD软件业发展的必然方向。CAFD的成功开发当为之提供十分有益和有效的宝贵经验。

1.5.4 应对"寻位—加工"的挑战

20世纪90年代以来提出了"寻位定位"的设想，所谓"寻位—加工"方式的操作过程大体上是先由安装在机床上的CCD摄像头对准自由安放在工作台上的工件，然后将所摄工件图像在寻位工作站中进行图像处理，凭借工作站中的各种功能测量出当前工件表面和实际位置信息，然后根据工件实际状态实时生成刀具运动路径和轨迹，然后控制机床各轴运动加工出合格的零件。从概念上说"寻位—加工"是利用图像和传感技术、人工智能的大范围工件寻位算法以及计算机手段，求解出工件的实际姿态和位置，再用无须预设严格程序的以工件寻位后反馈信息作为基础，实时生成刀具运动路径和轨迹实现工件的加工。

任何用夹具的定位就当前技术水平而言，达到亚微米级甚而更高的定位精度是不成问题的。而"寻位定位"如仅用图像处理要达到如此高的分辨精度，在生产现场目前很难做到。从现在生产中已经试验的型材轧制的图像处理系统来看，其精度是数毫米，要在现场生产中达到现时夹具那样高的定位精度，路程还较遥远。此外，还有一个成本和经济性的问题，现代可多次重复使用的夹具，其成本还是较低的，系统复杂的寻位工作系统其成本和夹具比较不言自明。何况"寻位—加工"只是不需定位，而夹紧仍是无法省略。诚然"寻位—加工"的提出也是对夹具技术发展进一步的促进和推动。

1.5.5 结语

纵观夹具发展的历史以及推动夹具技术发展的主要因素看来，在过去的基础上各种工艺过程中应用的夹具硬件其总的发展趋势是：

①在功能组件标准化的基础上，专用、可调整和组合夹具将逐步统一成模块化组合可调整夹具。

②研究和开发更多应用新原理的柔性夹具。

③更多采用微小型液压器件组成的动力夹紧系统。

④机构简单、布局简洁的定位夹紧系统。

⑤在夹具上应用传感器使定位夹紧更加准确可靠，更能感知外界环境的变化并与之相适应。

⑥夹具要适应多工序的数控机床，发展自动化和智能化的夹具，夹具上的定位夹紧装置将随着工序的更替自动变更定位元件，或自动松开或压紧工件。

各种工艺过程中应用的夹具软件在21世纪15~20年内将以较快的速度在市场上出现，将和夹具硬件一起极大提高夹具设计师的脑力劳动生产率，显著缩短生产准备时间，加速新产品上市面世。

第 2 章　夹具功能部件的典型结构

2.1　定位装置典型结构

2.1.1　插销定位装置（表 2-1）

表 2-1　插销定位装置

类型及名称	结构图形	结构说明
	a)　　　　　b)	图 a 为手拉式定位结构 图 b 为偏心轮拉出式定位结构
定位插销	a)　　　　　b) 1—拉杆　2—定位销	图 a 为弹性伸缩定位结构 图 b 为转动拉杆 2 使定位销 1 插入或退出（在结构上必须防止定位销自动脱出）的定位结构
		转动摇臂使两定位销同时上下伸缩的定位结构

（续）

类型及名称	结 构 图 形	结 构 说 明
定位插销		齿轮齿条定位结构
定位插销座		手动枪栓式定位销座
		齿轮齿条式定位销座

2.1.2 V形块定位装置（表2-2）

表2-2 V形块定位装置

类型及名称	结 构 图 形	结 构 说 明
夹紧式辅助定位V形块		用螺钉调节的V形定位块
		用螺钉推动V形块,使工件定心并压紧
		用螺钉推动V形块,使工件定心并压紧的V形顶压座
		用偏心轮推动V形块,使工件定心并夹紧

(续)

类型及名称	结构图形	结构说明
可调式辅助定位V形块	a) b)	用调节螺钉调整好V形块位置后,再用顶部的紧定螺钉拧紧于V形块的斜面上固定(图a)
		用两侧的紧定螺钉调整好V形块位置后,再用顶部的螺栓将V形块固定在夹具体上(图b)
弹力式辅助定位V形块		靠弹簧力将V形块压向工件,达到定位的目的
		靠弹簧力将V形块压向工件,达到定位的目的,但可用手拉螺钉使V形面脱离工件。便于装拆工件

(续)

类型及名称	结构图形	结构说明
弹力式辅助定位V形块		靠弹簧力将V形块压向工件定位面。扳动手柄,靠端面的斜块拉回V形块,便于装卸工件
	1、2—手把 3—挡块	用手把1将V形块拉回,并用手把2转动挡块3,将挡块卡在V形块的A槽中,便于装卸工件

2.1.3 齿轮齿形定位装置（表2-3）

表2-3 齿轮齿形定位装置

类型及名称	结构图形	结构说明
用于圆柱正齿轮的圆柱定位件	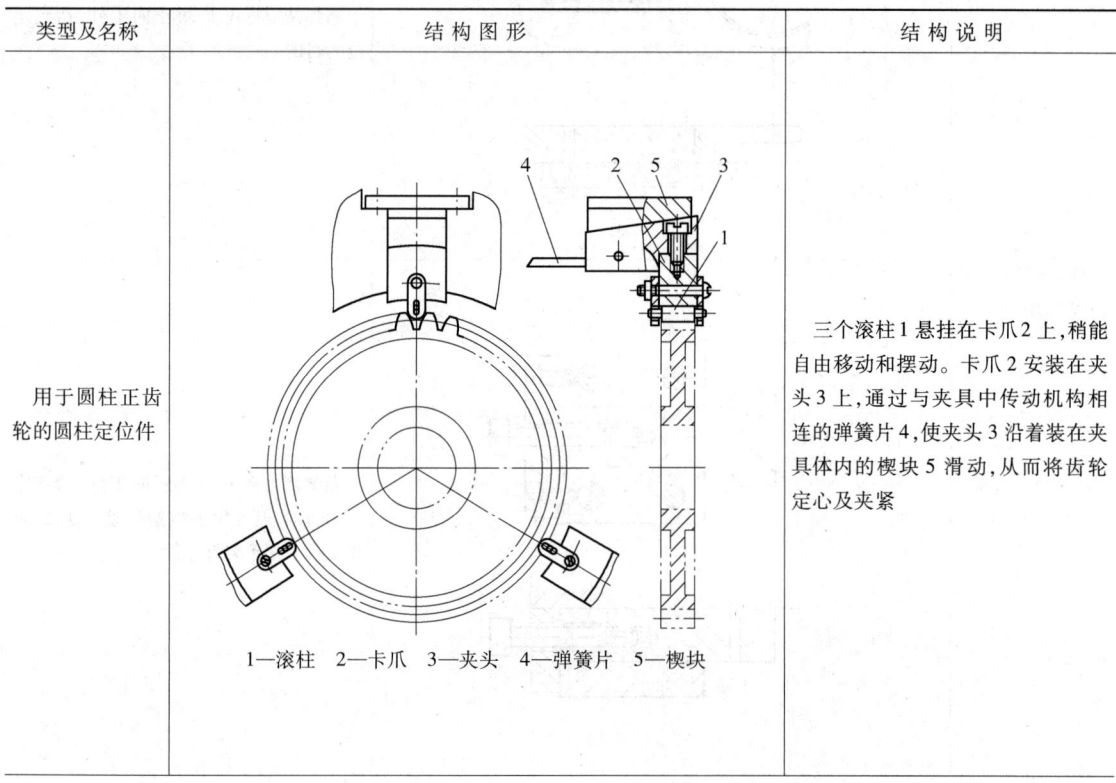 1—滚柱 2—卡爪 3—夹头 4—弹簧片 5—楔块	三个滚柱1悬挂在卡爪2上,稍能自由移动和摆动。卡爪2安装在夹头3上,通过与夹具中传动机构相连的弹簧片4,使夹头3沿着装在夹具体内的楔块5滑动,从而将齿轮定心及夹紧

(续)

类型及名称	结构图形	结构说明
用于圆柱正齿轮的圆柱定位件	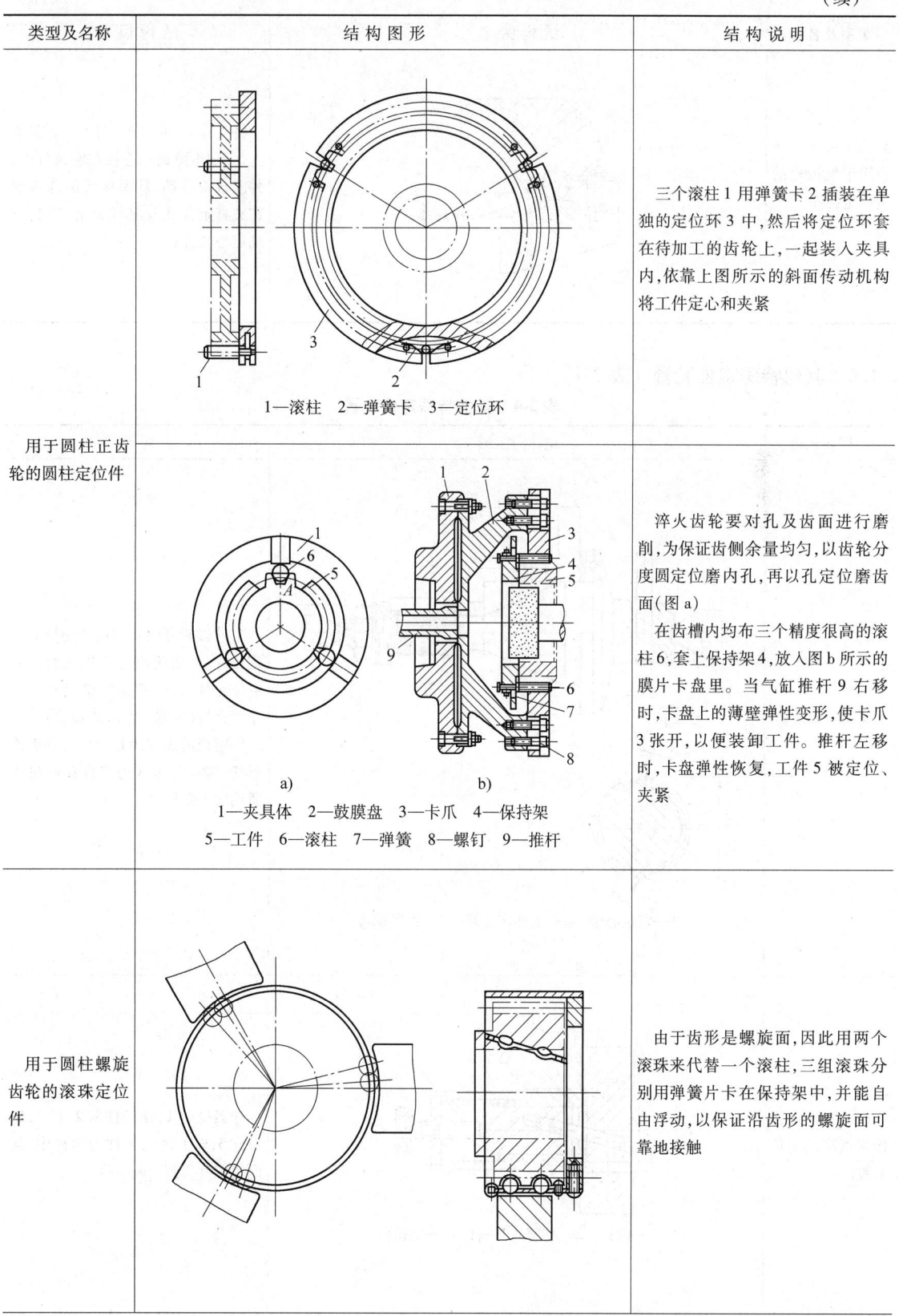 1—滚柱 2—弹簧卡 3—定位环	三个滚柱1用弹簧卡2插装在单独的定位环3中,然后将定位环套在待加工的齿轮上,一起装入夹具内,依靠上图所示的斜面传动机构将工件定心和夹紧
	1—夹具体 2—鼓膜盘 3—卡爪 4—保持架 5—工件 6—滚柱 7—弹簧 8—螺钉 9—推杆	淬火齿轮要对孔及齿面进行磨削,为保证齿侧余量均匀,以齿轮分度圆定位磨内孔,再以孔定位磨齿面(图a) 在齿槽内均布三个精度很高的滚柱6,套上保持架4,放入图b所示的膜片卡盘里。当气缸推杆9右移时,卡盘上的薄壁弹性变形,使卡爪3张开,以便装卸工件。推杆左移时,卡盘弹性恢复,工件5被定位、夹紧
用于圆柱螺旋齿轮的滚珠定位件		由于齿形是螺旋面,因此用两个滚珠来代替一个滚柱,三组滚珠分别用弹簧片卡在保持架中,并能自由浮动,以保证沿齿形的螺旋面可靠地接触

类型及名称	结构图形	结构说明
用于锥齿轮的滚珠定位件	（6个滚珠）	将6个滚珠均布在同一个圆周上，分别用弹簧片连接在定位件上，并能自由浮动，从而保证滚珠接触在夹具定位孔及其底面上，达到准确定心、定位

2.1.4 其他特殊定位装置（表2-4）

表2-4 其他特殊定位装置

类型及名称	结构图形	结构说明
花键定位装置	1—定位心轴 2—工件定位环 3—夹紧螺母	工件以渐开线花键或三角形花键定位时，采用两根直径相同的圆柱定位元件，并计算出测量尺寸"M"作为夹具（心轴）齿形的检验尺寸。心轴定位的表面为相应的花键表面形状，其精度通常为综合花键量规通端的下限尺寸
以圆孔及内沟槽为基准的定位装置	1—螺钉 2—柱塞 3—杆 4—定位件	拧紧螺钉1，推动柱塞2，杆3，定位件5，向上进入工件内沟槽中，从而使工件得到正确定位

(续)

类型及名称	结 构 图 形	结 构 说 明
燕尾导轨面定位装置	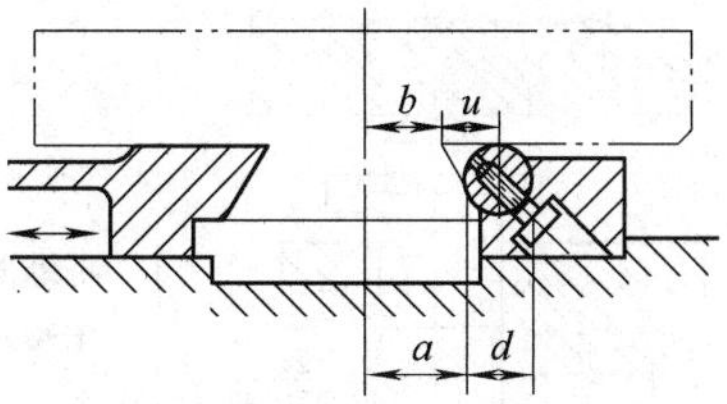	采用圆棒或两个短圆柱,以支座与一平面作为定位元件,并计算出相应的尺寸
	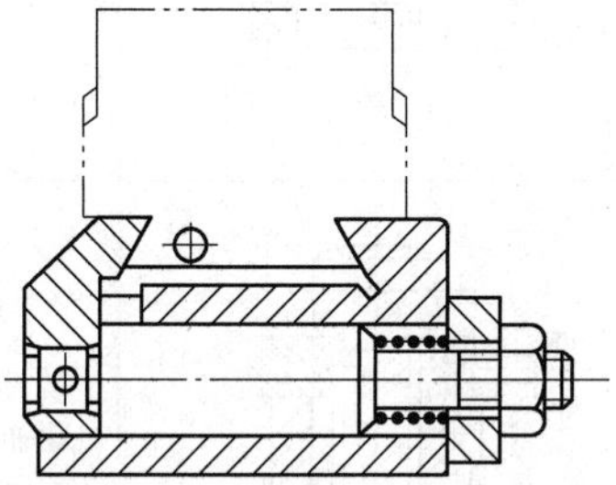	以对应的燕尾定位装置定位,其中一个燕尾座设计成可移动的

2.2 定位支承装置典型结构

2.2.1 可调支承典型结构（表2-5）

可调支承典型结构也可用作辅助支承。

表2-5 可调支承典型结构

类型及名称	结 构 图 形	结 构 说 明
螺旋式可调支承装置	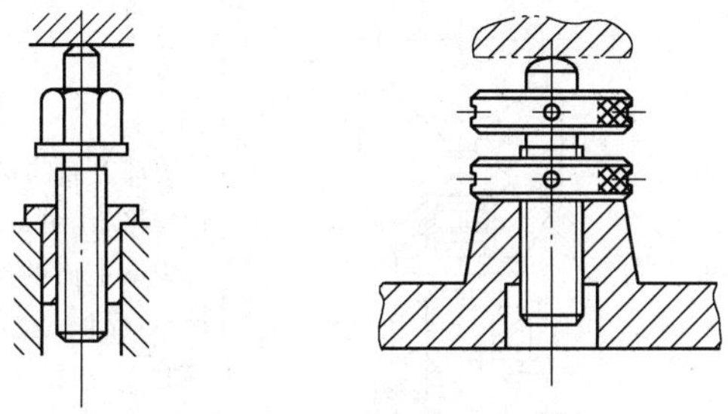 a) b)	不带锁紧的简单螺旋式支承,但与工件接触时易产生旋转和摩擦（图a） 带锁紧螺母的滚花螺母支座,用于加工较轻的和不太大的工件（图b）
	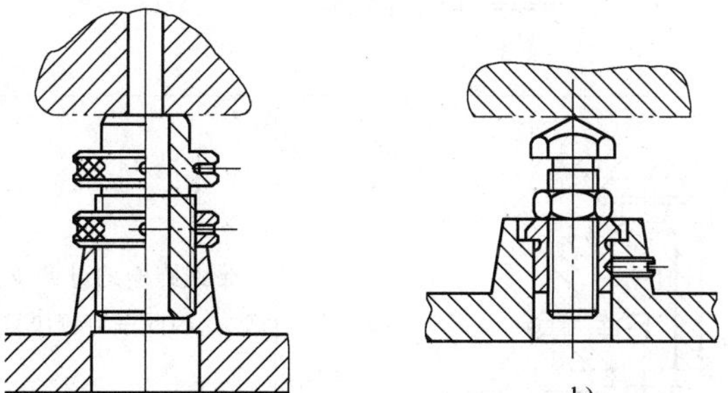 a) b)	加工通孔时,使用的具有中间孔的千斤顶（图a） 用于加工重型工件的支座,可根据加工要求的高度进行调节（图b）

（续）

类型及名称	结构图形	结构说明
	a)　　　b)	带轴向移动导向槽的定位支承(图a) 用滚花螺母调节支柱作直线伸缩的圆头支承(图b)
螺旋式可调支承装置	a)　　　b)	带轴向移动导向槽的支承，可承受较大载荷，上部有防尘罩(图a) 转动螺母，使支承钉上下移动，并用滚花螺钉锁紧。圆柱头螺钉作限位用(图b)
	a)　　　b)	旋动上面的螺母后，圆柱支承销可作轴向移动(图a) 旋动上面的螺母，V形块可作轴向移动，V形块是浮动的，具有自定心作用(图b)
螺旋槽式可调支承装置		带螺旋槽的可调支座，由于螺旋角度较大，因此调节较快且具有自锁作用

2.2.2 辅助支承典型结构(表2-6)

表2-6 辅助支承典型结构

类型及名称	结构图形	结构说明
斜楔式辅助支承装置	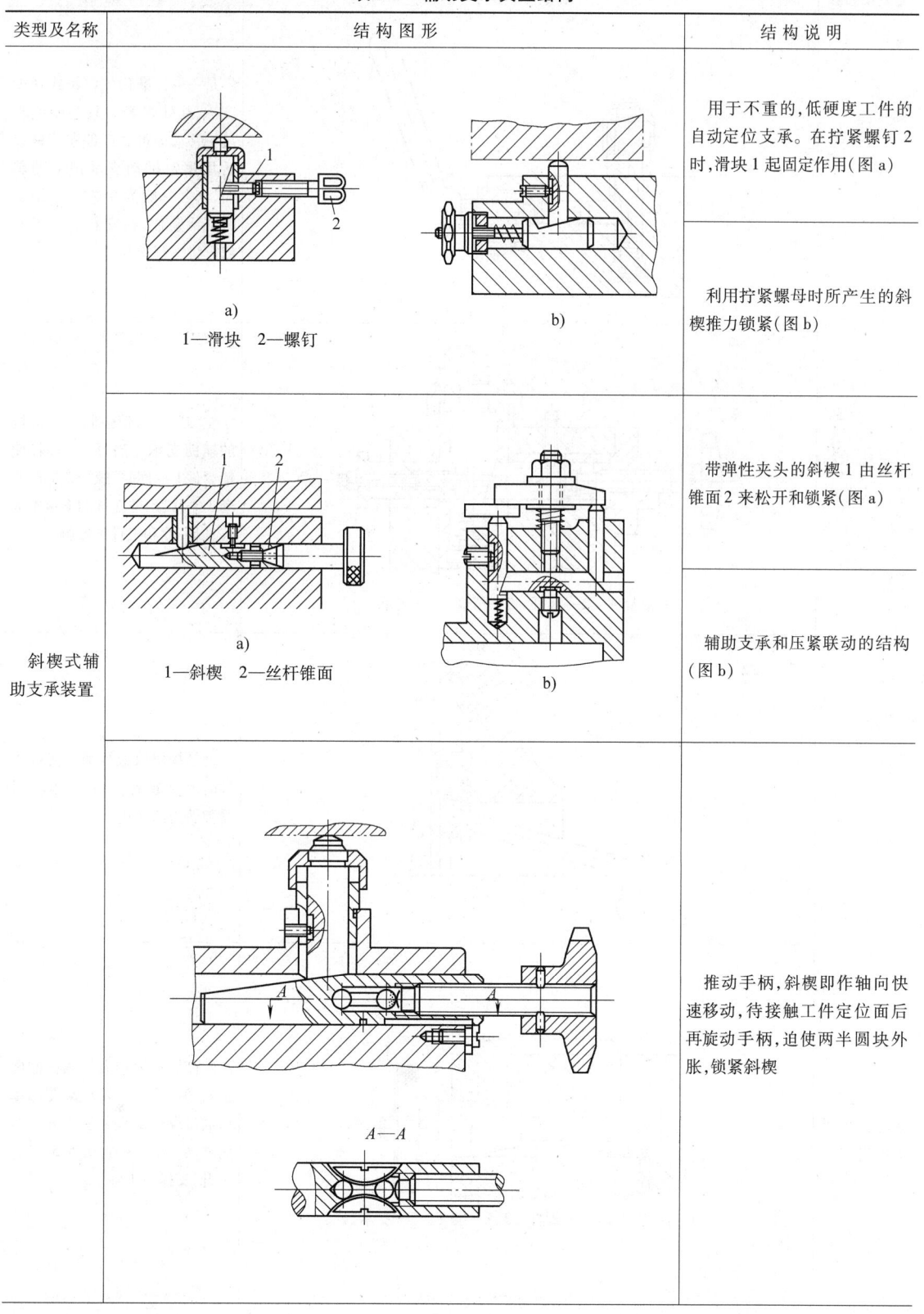 a) 1—滑块 2—螺钉　　b) a) 1—斜楔 2—丝杆锥面　　b) A—A	用于不重的,低硬度工件的自动定位支承。在拧紧螺钉2时,滑块1起固定作用(图a) 利用拧紧螺母时所产生的斜楔推力锁紧(图b) 带弹性夹头的斜楔1由丝杆锥面2来松开和锁紧(图a) 辅助支承和压紧联动的结构(图b) 推动手柄,斜楔即作轴向快速移动,待接触工件定位面后再旋动手柄,迫使两半圆块外胀,锁紧斜楔

类型及名称	结构图形	结构说明
弹簧式辅助支承装置	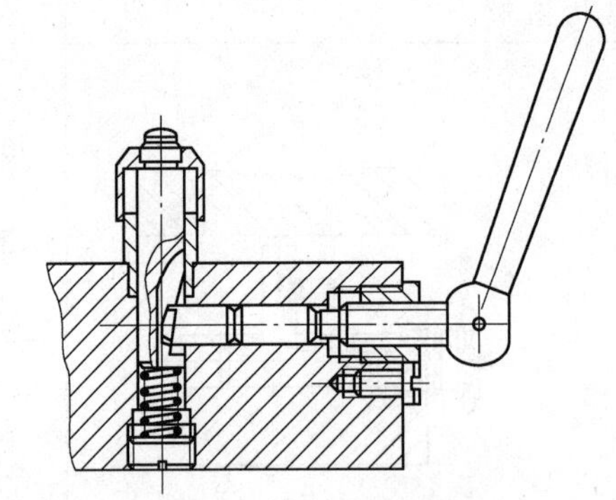	是一种标准化的弹簧式辅助支承,此处弹簧力只要能使支承销移动即可。工件安装好以后用螺钉推动支承销上的斜面,斜度一般为6°左右。销子将支承锁住,在安装下一工件前需将螺钉松开
	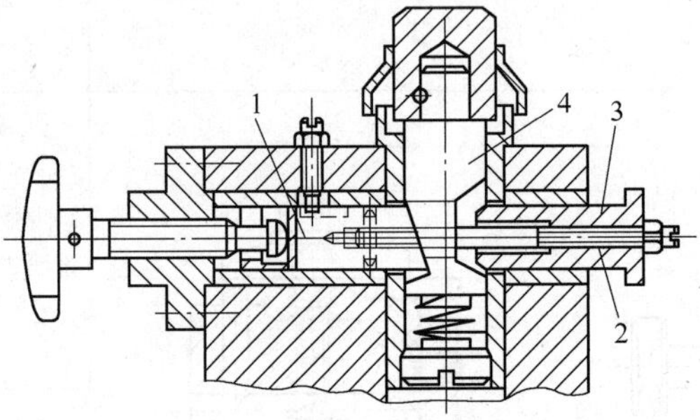 1—锁紧件 2—螺杆 3—滑套 4—支承	左图所示为带强制退回机构的辅助支承。当反转手柄,使锁紧件1退回时,螺杆2带动滑套3左移,用锥面推动支承4下移,以解除和工件的接触
	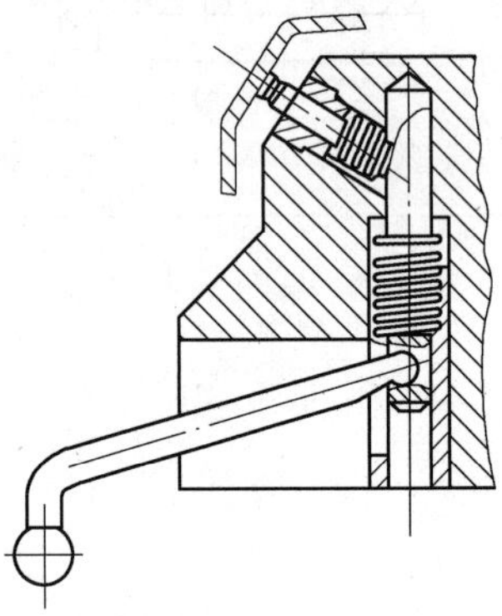	此结构用以减少加工薄壁工件时所引起的振动,支承销只受弹簧力的作用
两点式及多点式辅助支承装置	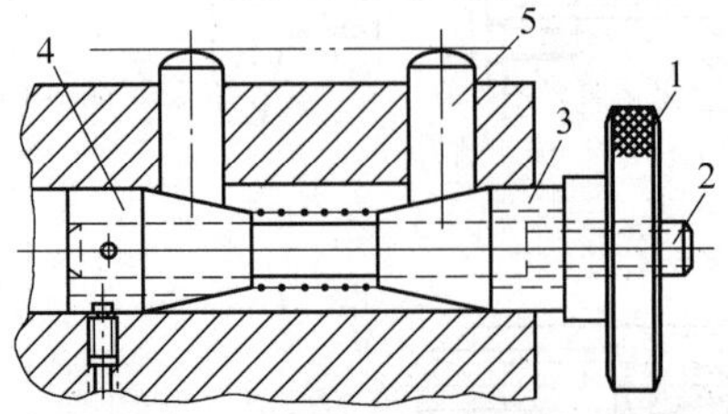 1—滚花螺母 2—螺杆 3、4—锥套 5—支承	左图所示为带夹紧螺杆的两点式辅助支承。转动滚花螺母1,通过螺杆2,使锥套3和4对向移动,推动两个支承5同时上升,支撑住工件

(续)

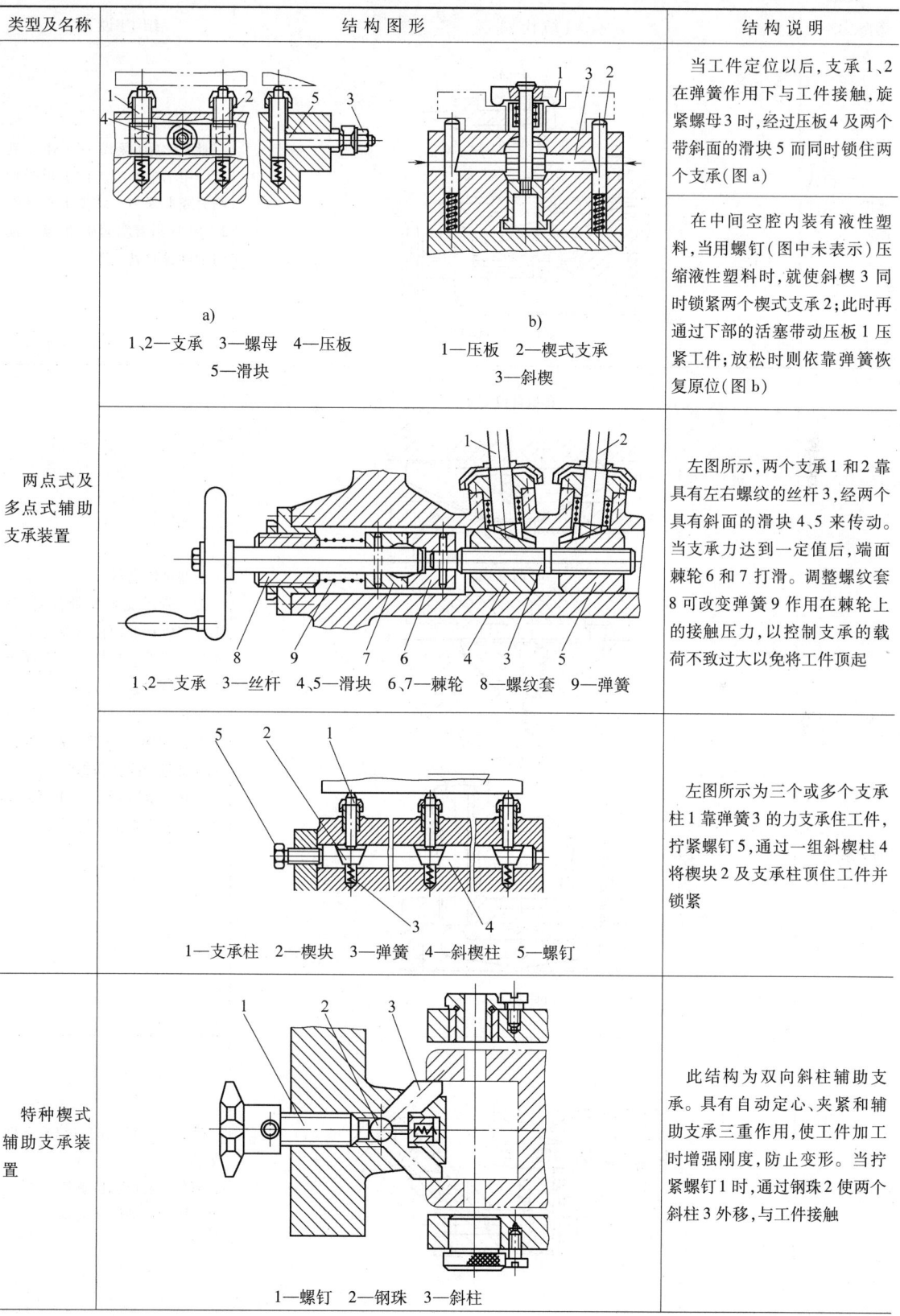

（续）

类型及名称	结构图形	结构说明
特种楔式辅助支承装置	A—A 1—斜楔 2—螺钉	此结构为楔式平面辅助支承。用于中小型工件上承受切削力或夹紧力。斜楔1靠螺钉2的作用沿着斜面移动，使之顶向工件或退离工件
自位式辅助支承装置	典型自位支承 a) 两点式 b) 三点式 c) 阶梯式	典型自位支承 图a所示支承所处位置，随工件定位基准面位置变化而自动与之适应，相当于一个固定支承，只限制一个自由度 图b所示由于增加了与定位基准面接触的点数，故可提高工件安装的刚性和稳定性 图c所示适用于工件以粗基准定位或刚性不足的场合
		带浮动V形块的自位式辅助支承 两个接触点的位置靠V形块的位移和摆动而自动就位

(续)

类型及名称	结构图形	结构说明
自位式辅助支承装置	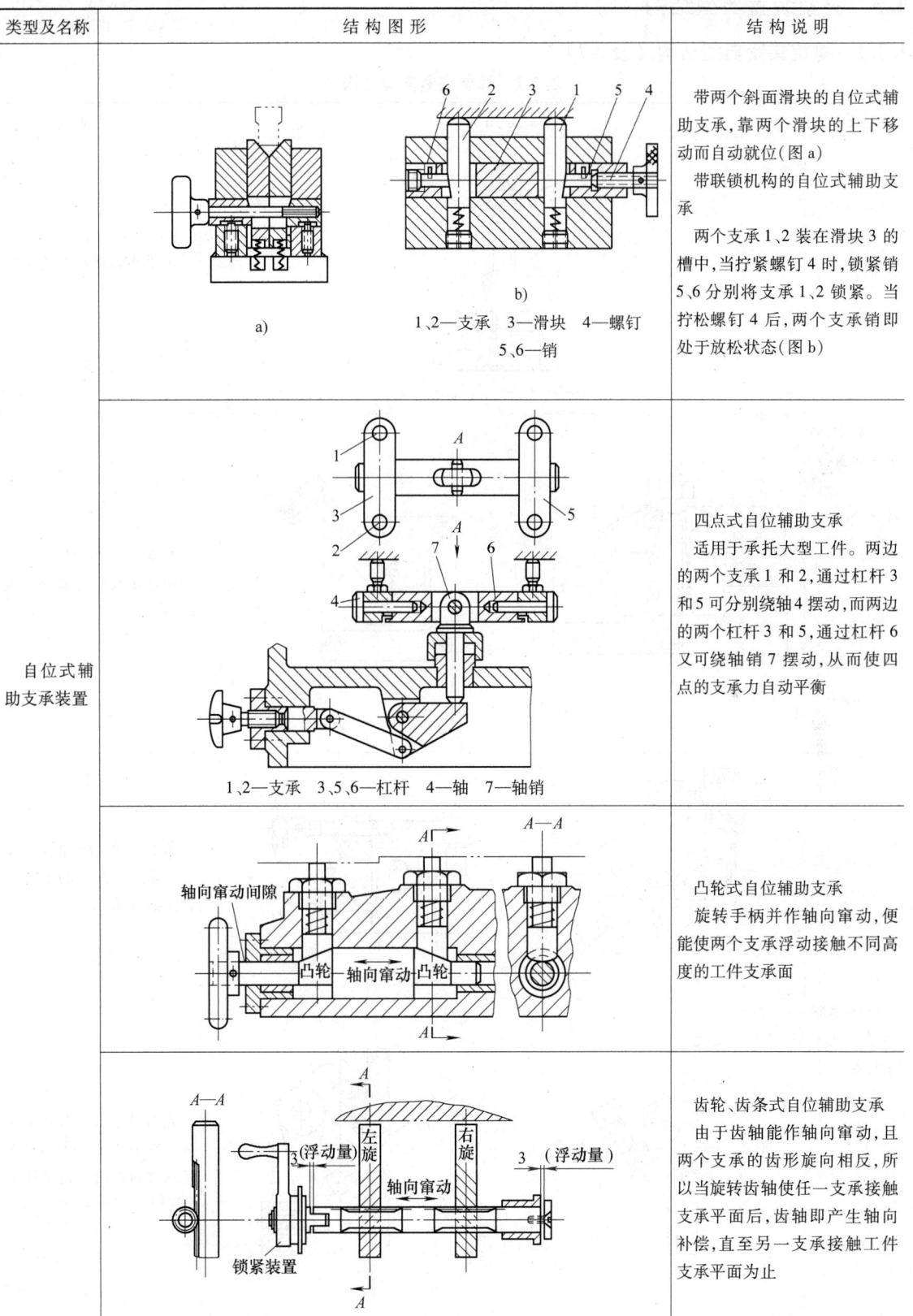	带两个斜面滑块的自位式辅助支承,靠两个滑块的上下移动而自动就位(图a) 带联锁机构的自位式辅助支承 两个支承1、2装在滑块3的槽中,当拧紧螺钉4时,锁紧销5、6分别将支承1、2锁紧。当拧松螺钉4后,两个支承销即处于放松状态(图b) 四点式自位辅助支承 适用于承托大型工件。两边的两个支承1和2,通过杠杆3和5可分别绕轴4摆动,而两边的两个杠杆3和5,通过杠杆6又可绕轴销7摆动,从而使四点的支承力自动平衡 凸轮式自位辅助支承 旋转手柄并作轴向窜动,便能使两个支承浮动接触不同高度的工件支承面 齿轮、齿条式自位辅助支承 由于齿轴能作轴向窜动,且两个支承的齿形旋向相反,所以当旋转齿轴使任一支承接触支承平面后,齿轴即产生轴向补偿,直至另一支承接触工件支承平面为止

2.3 夹紧装置典型结构

2.3.1 螺旋夹紧典型结构（表2-7）

表2-7 螺旋夹紧典型结构

类型及名称	结构图形	结构说明
螺旋-压块夹紧装置		用手柄旋动螺钉的定向压块
	a)　　　b)	两点式浮动压块（图a） 两点式双向夹紧浮动压块（图b）
螺旋-肘状转动压块夹紧装置	a)　　　b)	角形转动压块（图a） 夹紧未经加工的毛坯表面用的转动压块（图b）
	a)　　　b)	此结构适用于夹紧未经加工的毛坯表面（图a） 从背面控制的转动压块（图b）

类型及名称	结构图形	结构说明
螺旋-肘状转动压块夹紧装置	a) b)	从工件下部夹紧的转动压块(图a)
		双向夹紧工件的转动压块(图b)
螺旋-移动、转动式平压板夹紧装置		可移动的平压板
	a) b)	可移动的平压板(图a)
		带球柄操作杆的可移动的平压板(图b)
	A—A	既可移动又可转动的平压板
		具有过渡弹簧销钉压紧工件的移动式平压板,能起到保护工件不受压板损伤其表面的作用

(续)

类型及名称	结构图形	结构说明
钩形压板夹紧装置	a) b)	用以紧固难以夹紧工件的回转式钩形拉杆(图a) 标准化型的钩形压板(图b)
		带钩形爪的可左、右移动的压板,用于夹紧铸件有凸缘的工件
		用于从后面进行操作的带有钩形爪的旋转式压板
铰链式压板夹紧装置		带有浮动压块的螺旋式铰链压板,调节螺钉可以调节压块的高低,调节妥当后用螺母锁定

(续)

类型及名称	结构图形	结构说明
铰链式压板夹紧装置		铰链压板上开有长槽,因此压板可左、右移动,便于装卸工件
		带有回转压板的螺旋夹紧装置。旋转螺母,回转板通过球面压块夹紧工件。此夹紧装置结构简单,清除夹具上的切屑和装卸工件较为方便
		带有回转垫圈的立式螺旋铰链压板夹紧装置。螺母的作用力由螺栓作用于杠杆上,通过固定在杠杆上的调整螺钉和压块将工件夹紧。拧松螺母,转开垫圈,弹簧使杠杆退离工件
		带转动式压板的螺旋夹紧装置。装卸工件时,压板可转开,以便于操作,压紧螺钉下面有支承,并可使压板定向

(续)

类型及名称	结构图形	结构说明
其他类型螺旋夹紧装置	a) b)	可移动的平压板，双头螺柱的一端为两点式压板，旋紧螺母时，两端的压板对应地作用于夹具体，因此夹具体不会产生变形（图a）
		高脚支承螺旋压板用于高大的工件（图b）
	a) b) A—A	转动压块的压紧端伸入夹具体内的工件，当旋动扳手柄时起夹紧作用（图a）
		快卸式螺旋压板。压板上开有一个与中间相通的大孔，装卸压板时，将夹紧螺母从大孔中穿入，然后将压板移到中间位置。压紧、松开只要略旋螺母即可（图b）

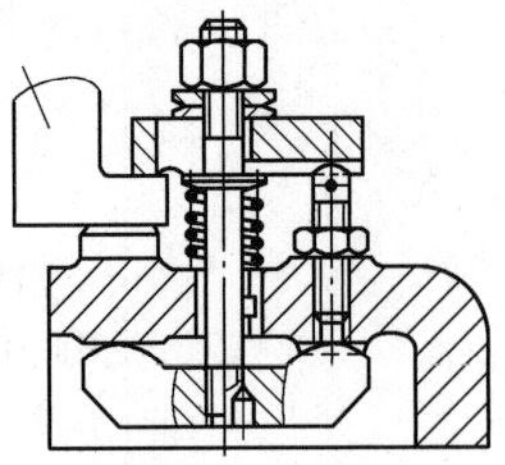

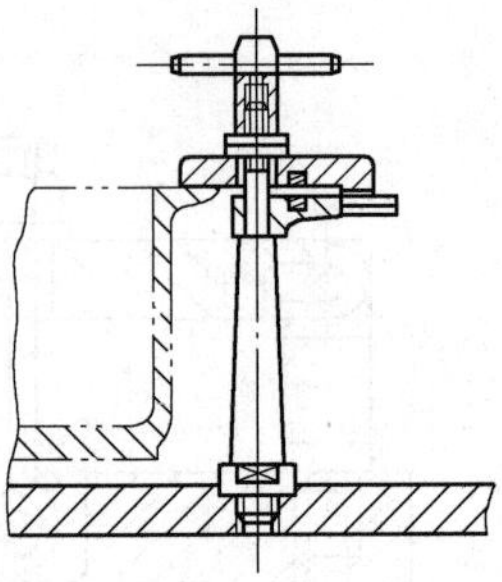

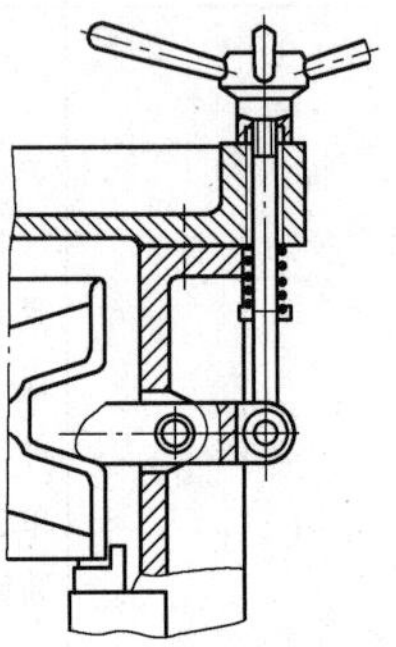

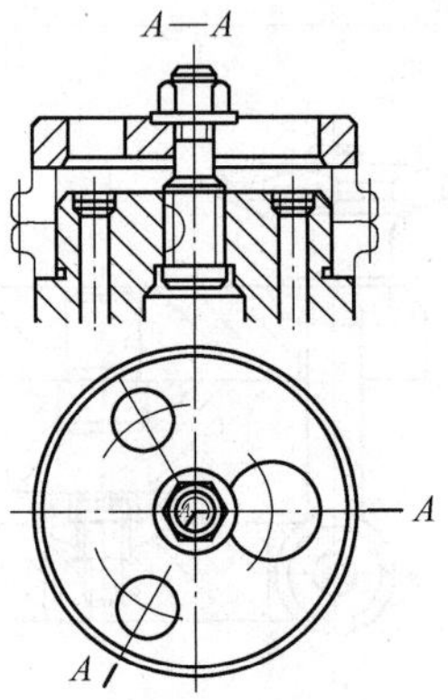

2.3.2 快速螺旋夹紧典型结构（表2-8）

表2-8 快速螺旋夹紧典型结构

序号	结构图形	结构说明
1	用开口垫圈快速夹紧工件 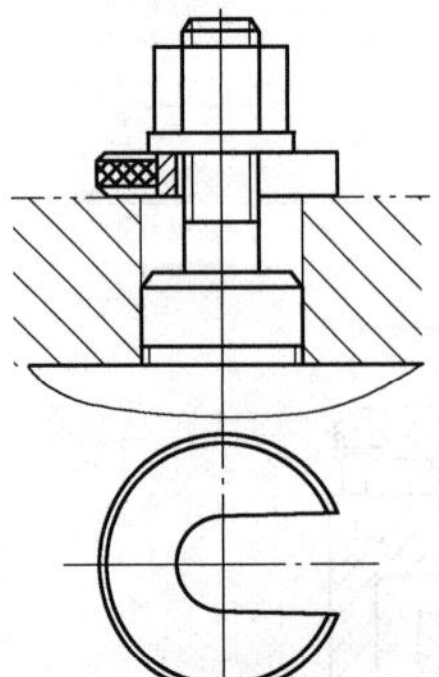	带有开口垫圈的螺母夹紧，螺母外径小于工件孔径。稍松螺母，取下开口垫圈，工件即可穿过螺母取出

(续)

序号	结构图形	结构说明
2	用斜孔螺母快速夹紧工件	在螺母螺孔 M 内又斜钻了一个 ϕD 孔,其孔径略大于螺纹外径 M。螺母斜向沿着光孔套入螺杆,然后将螺母摆正,使螺母的螺纹与螺杆啮合,再略为拧动螺母,便可夹紧工件
3	用间断螺纹快速夹紧工件	手柄螺母盖中的螺纹只保留1、2两处,心轴上的螺纹端面中间铣通。螺母盖上保留螺纹处从心轴端面缺口处插入,旋转90°左右即可将工件夹紧
4	用螺旋斜面快速夹紧工件 1—压盖 2—短销 3—夹具	压盖1上开有螺旋斜面和纵向槽,夹具3上装有短销2,安装工件后,将压盖纵向槽对准短销插入,然后旋转压盖、1通过螺旋斜面的作用将工件夹紧

（续）

序号	结构图形	结构说明
5	用压座长槽快速夹紧工件 1—压座　2—拉杆	拉杆2与气缸连接，压座1中开有略大于拉杆端部长形头的长槽。拉杆向上时，旋转压座使中间长槽与拉杆端面对正，取下压座，工件即可通过端部取出
6	用撤转压板快速夹紧工件	松开螺栓后，撤压板并回转，达到快速装卸工件的目的
7	用左右螺纹快速夹紧工件	手柄螺杆上为左右螺纹，转动螺杆可使左右两钳口同时接近或离开，达到快速装卸工件的目的

（续）

序号	结构图形	结构说明
8	用垫块快速夹紧工件 1—螺母　2—手柄　3—压块　4—垫块	装上工件后，推动手柄螺母1，使螺杆连同压块3快速接近工件。然后摆动手柄2，使垫块4进入图示的工作位置，只要略为转动手柄螺母1，便可将工件夹紧。放松时动作顺序相反。并设有挡销限位，确定手柄2的工作位置
9	用螺母套快速夹紧工件 1—手柄　2—横销　3—螺母套　4—压块	装上工件后，推动手柄1，连同压块4快速接近工件，同时使横销2进入螺母套3的纵向槽内。然后转动手柄，通过横销带动螺母套转动，同时螺母套又推动横销连同手柄杆移动，将工件夹紧
10	用螺杆直槽快速夹紧工件 1—螺杆　2—螺钉	在螺杆1上开有直槽，转动手柄松开工件，再将直槽转至螺钉2处，即可迅速拉出螺杆，以便装卸工件

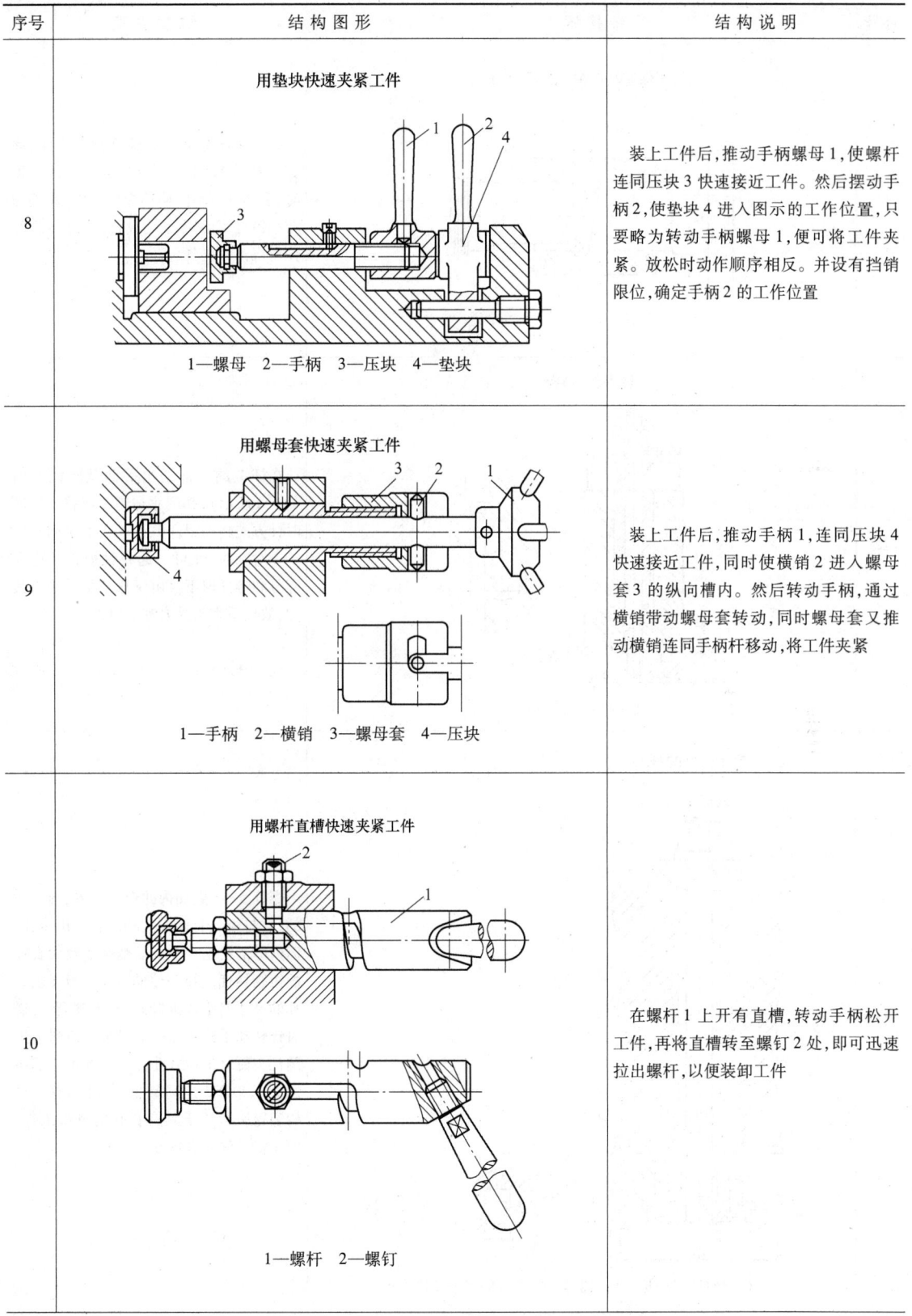

序号	结构图形	结构说明
11	用螺旋槽小销快速夹紧工件 1—手柄杆 2—小销 3—导套	在手柄杆1上铣有螺旋槽和平面,导套3内镶有小销2。当扁面与小销对正时,手柄杆可轴向移动接近工件,螺旋槽与小销对正后,旋转手柄杆通过斜面的作用将工件夹紧
12	轻型快卸螺杆 1—螺杆 2—销	在杆1的下部切出平面及圆弧凹槽($A—A$所示),其尺寸与销2相符。当逆时针方向转动螺杆1,使切出的平面与销子2对准时,便可一起将钻模盖板连同螺母和螺杆取下。由于靠销子承受夹紧力,故仅适宜于受力较小的场合
13	重型快卸螺杆 1—螺杆 2—板 3—螺母 4—手柄 5—垫圈	螺杆$A—A$断面内的形状是方、圆交替的,它与板2的长方孔相配合。$B—B$断面内的形状是一个双面削平的较大直径的短圆柱面。短圆柱的直径比板2长方孔的尺寸略小。拆卸时,松开螺母3,逆时针转动手柄4,$B—B$剖面内的削边短圆柱头便对正长方孔,此时,即可一起将螺母3、垫圈5连同螺杆1卸下。这种结构装置通常用于具有长孔的重型工件,便于将工件从水平方向移走

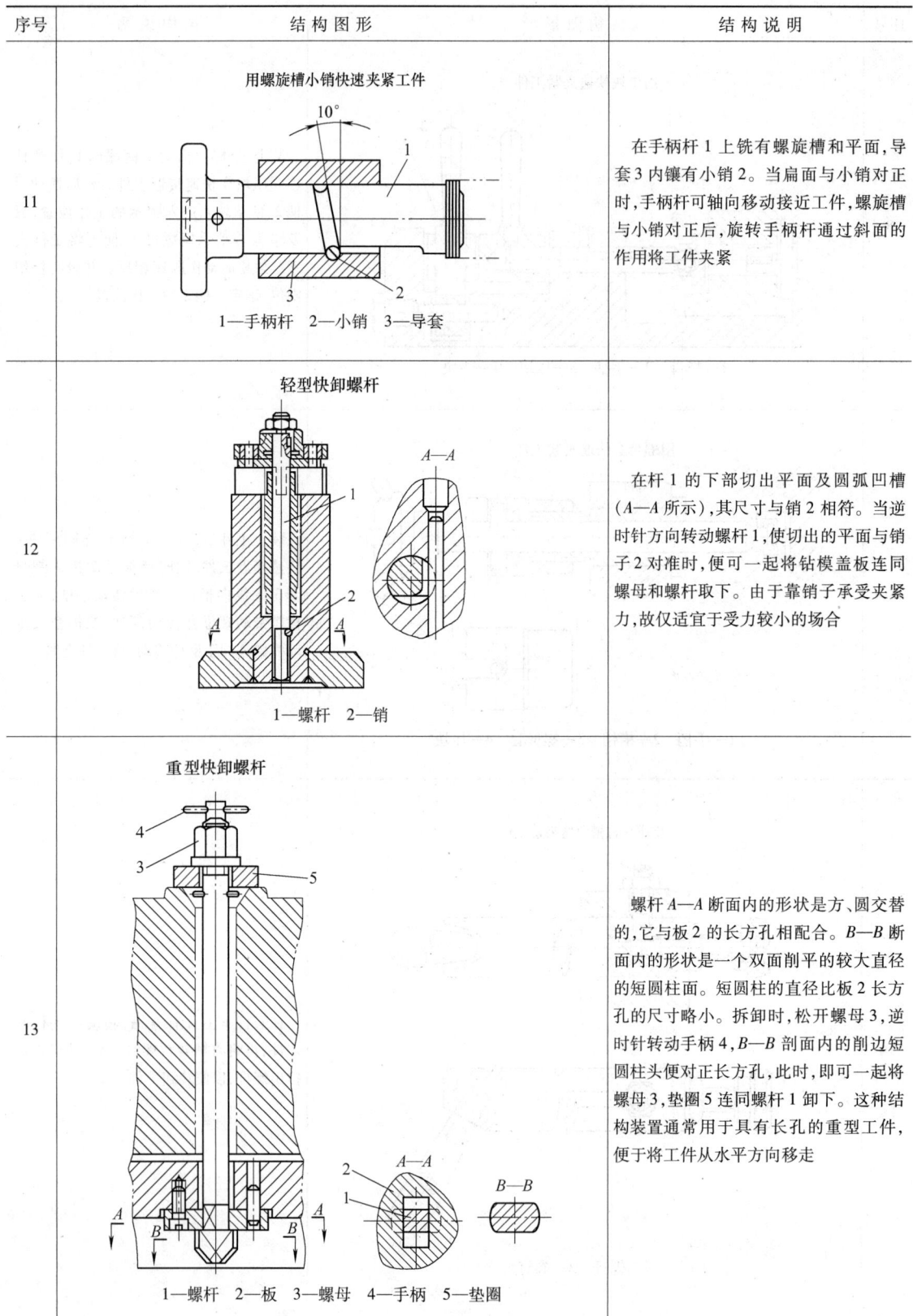

2.3.3 斜楔夹紧典型结构（表2-9）

表2-9 斜楔夹紧典型结构

类型及名称	结 构 图 形	结 构 说 明
螺旋、楔式夹紧装置	1—螺钉 2—楔块	螺旋楔式夹紧装置 拧紧螺钉1，使楔块2移动，利用平面A将工件定向并夹紧
	1—螺母 2—螺杆 3—拉杆 4—快卸垫圈 5—弹簧	螺旋楔式轴向夹紧装置 拧紧螺母1，使螺杆2右移，带动垂直拉杆3下移，通过快卸垫圈4夹紧工件。松开螺母时，依靠弹簧5使拉杆上移，即可装卸工件
	1—螺母 2—螺杆 3—套筒 4—柱塞 5—压板	螺旋、楔、杠杆式夹紧装置 夹紧时，拧紧螺母1，通过螺杆2使两个套筒3相互靠拢，并以各自的斜面，推动两个柱塞4上移，依靠两个压板5，同时压紧工件的两边
	1—手柄 2—螺杆 3—斜楔 4—杠杆 5—弹簧	螺旋、斜楔、转动压块夹紧装置 夹紧时，顺时针转动手柄1，通过具有左旋螺纹的螺杆2，使斜楔3左移，推动杠杆4回转，以双向分力将工件夹紧在互相垂直的定位面上。松开时，反转手柄，斜楔后退，弹簧5则使转动压块脱离工件

(续)

类型及名称	结构图形	结构说明
螺旋、楔式夹紧装置	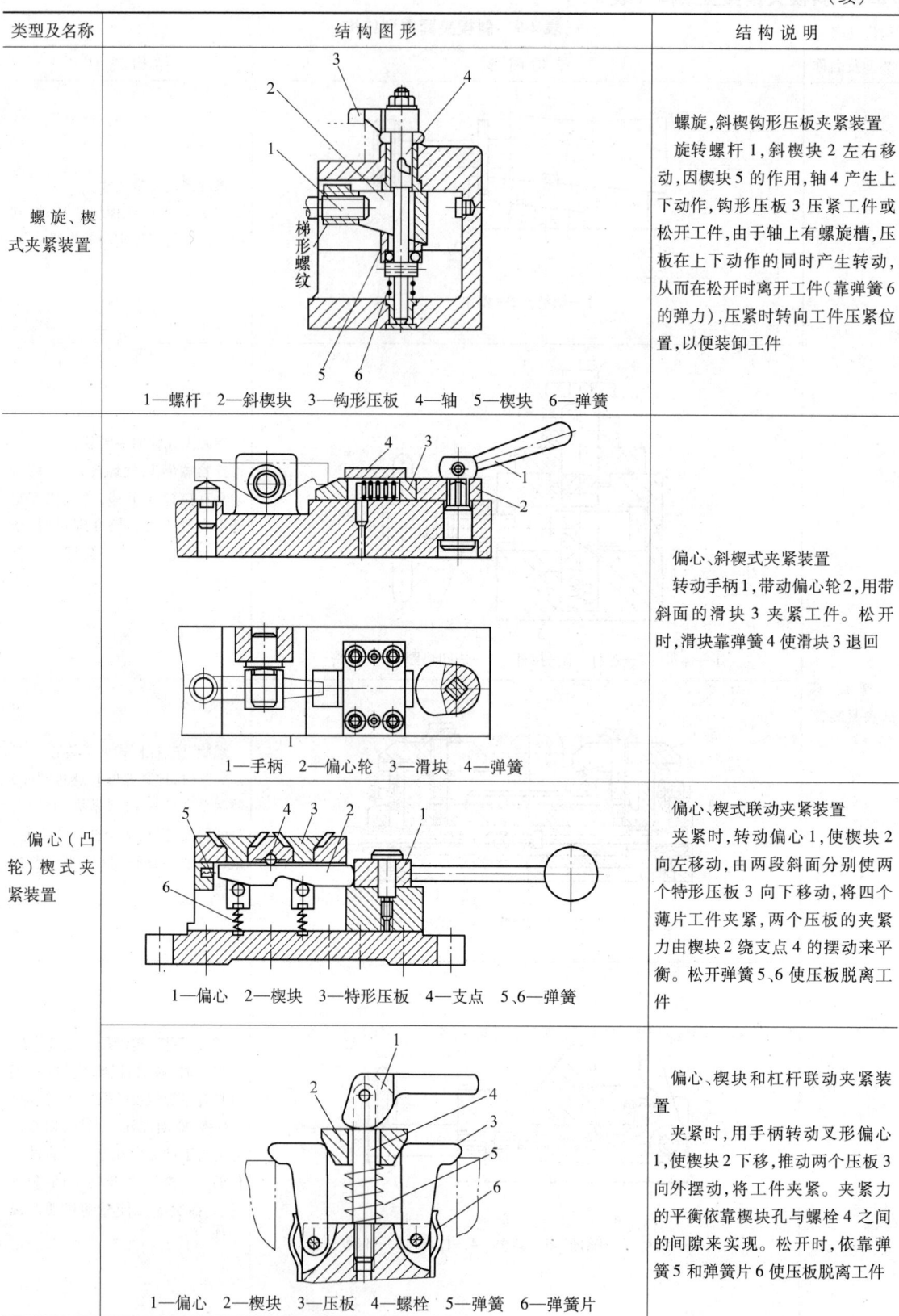　　1—螺杆　2—斜楔块　3—钩形压板　4—轴　5—楔块　6—弹簧	螺旋、斜楔钩形压板夹紧装置 旋转螺杆1,斜楔块2左右移动,因楔块5的作用,轴4产生上下动作,钩形压板3压紧工件或松开工件,由于轴上有螺旋槽,压板在上下动作的同时产生转动,从而在松开时离开工件(靠弹簧6的弹力),压紧时转向工件压紧位置,以便装卸工件
偏心(凸轮)楔式夹紧装置	1—手柄　2—偏心轮　3—滑块　4—弹簧	偏心、斜楔式夹紧装置 转动手柄1,带动偏心轮2,用带斜面的滑块3夹紧工件。松开时,滑块靠弹簧4使滑块3退回
	1—偏心　2—楔块　3—特形压板　4—支点　5、6—弹簧	偏心、楔式联动夹紧装置 夹紧时,转动偏心1,使楔块2向左移动,由两段斜面分别使两个特形压板3向下移动,将四个薄片工件夹紧,两个压板的夹紧力由楔块2绕支点4的摆动来平衡。松开弹簧5、6使压板脱离工件
	1—偏心　2—楔块　3—压板　4—螺栓　5—弹簧　6—弹簧片	偏心、楔块和杠杆联动夹紧装置 夹紧时,用手柄转动叉形偏心1,使楔块2下移,推动两个压板3向外摆动,将工件夹紧。夹紧力的平衡依靠楔块孔与螺栓4之间的间隙来实现。松开时,依靠弹簧5和弹簧片6使压板脱离工件

（续）

类型及名称	结构图形	结构说明
带滚轮的楔式扩力机构	a) 1—斜楔 2、3—套筒 4—滚轮 5—滑柱 6—弹簧 b) 1—斜楔 2、5—滚轮 3—压板 4—弹簧	**单滚轮楔式扩力机构**（图a） 斜楔1由套筒2、3引导，斜楔左移时，通过滚轮4使滑柱5下移而夹紧工件。当斜楔右移时，依靠弹簧6使滑柱上移而松开工件 **楔式杠杆压板扩力机构**（图b） 当斜楔1左移时，经滚轮2，用压板3夹紧工件，当压板右移时，依靠弹簧4松开工件，装在夹具体上的滚轮5，用以支承斜楔
	a) 1—活塞杆接头 2—斜楔 3、4—滚轮 5—滑柱 6—弹簧 b) 1—下滚轮 2—滑柱 3—上滚轮 4—轴 5—斜楔 6—弹簧	**三滚轮楔式扩力机构**（图a） 活塞杆接头1与斜楔2相连，当斜楔2沿滚轮3向左移动时，使装在滑柱5上的滚轮4向下移动而压紧工件。当斜楔右移时，依靠弹簧6使滑柱5上升而松开工件 **双滚轮楔式扩力机构**（图b） 下滚轮1装在滑柱2中，上滚轮3的轴4则装在夹具体中，滑柱2上开有长槽以安装滚轮。当斜楔5左移时夹紧工件，当斜楔右移时，靠弹簧6使滑柱上升而松开工件
带滚轮的楔式气动夹紧装置	1—管接头 2—气缸 3—活塞杆 4—弹簧 5—滑柱 6—滚轮	**单滚轮楔式气动夹紧装置** 夹紧时，压缩空气经由管接头1通入气缸2，推动活塞杆3右移，再由活塞杆上的斜楔推动装在滑柱5中的滚轮6，使滑柱下移，从而压紧工件。松开时，压缩空气由另一气管接头通入气缸，活塞杆左移，此时滑柱靠弹簧力上移，从而松开工件

(续)

类型及名称	结构图形	结构说明
带滚轮的楔式气动夹紧装置	滑柱	双滚轮楔式气动夹紧装置 斜楔靠活塞推动,当活塞右移时通过装在滑柱上的滚轮迫使滑柱上升,顶起压板,从而夹紧工件。而当活塞杆左移时,靠装在滑柱上的弹簧拉压板尾部下降,从而松开工件
	工件 1 2 3 1—压板 2—压块 3—滚轮	三滚轮斜楔、杠杆压块气动夹紧装置 装在夹具体上的下面两个滚轮托住带斜楔的活塞杆。上面的滚轮3安装在装有带斜楔的并开有斜槽的座上,滚轮轴固定在杠杆压块2尾部的孔内。夹紧时,活塞杆向右移动,座上的斜槽迫使滚轮3向上,从而通过杠杆压块的圆弧面端将压板1向左推动,使压板1压紧工件。松开时,活塞杆左移,杠杆压块2将压板1拨离工件

2.3.4 偏心（凸轮）夹紧典型结构（表2-10）

表2-10 偏心（凸轮）夹紧典型结构

类型及名称	结构图形	结构说明
移动压板式偏心夹紧装置	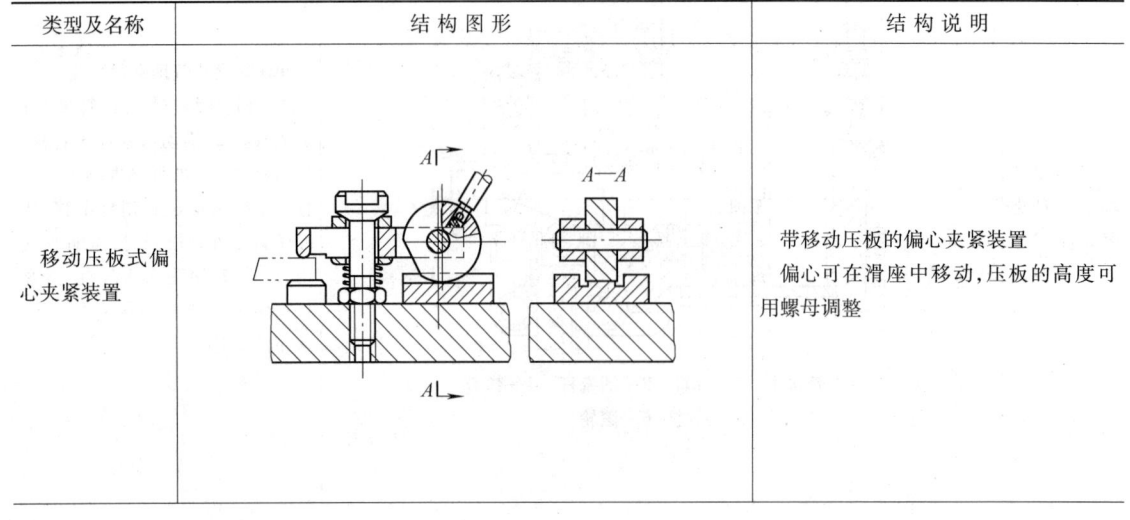	带移动压板的偏心夹紧装置 偏心可在滑座中移动,压板的高度可用螺母调整

(续)

类型及名称	结构图形	结构说明
移动压板式偏心夹紧装置		带移动压板的偏心夹紧装置 偏心在拉紧螺杆的底部,并与螺杆的铰链孔相连。压板的高度可由压板支承的螺钉、螺母调整
		移动压板带撤离机构的偏心轮夹紧结构
		移动压板带自撤离机构的偏心轮夹紧结构,移距由压板上的螺钉调整
转动压板式偏心夹紧装置		压板可转动的偏心轮夹紧结构
		压板可转动的中间压紧式偏心轮夹紧结构

(续)

类型及名称	结构图形	结构说明
移动滑块式偏心夹紧装置		由偏心轮推动V形滑块的偏心轮夹紧结构
顶压式偏心夹紧装置		偏心轮推动顶压销的偏心轮夹紧结构
摆动式压块(压板)的偏心轮夹紧装置		带钩形摆动压板的偏心轮夹紧装置。偏心装在压板的上方,松开压板时靠弹簧力使压板抬起
		带直角压板的偏心夹紧装置。偏心直接装于压板的下方,可降低操作高度;压板通过一个可调螺钉夹紧工件
		偏心装于压板上的夹紧装置。偏心作成手柄式,通过下面的可调螺钉以保证夹紧时偏心有适当的位置

(续)

类型及名称	结构图形	结构说明
摆动式压块（压板）的偏心轮夹紧装置		下拉式的偏心杠杆夹紧装置。偏心轮通过螺旋杠杆机构使拉杆下移，用快卸垫圈压紧工件。在拉杆下端装有两个螺母，用来调整压紧位置
		带有斜向压板的双分力偏心夹紧装置。夹紧时，压板对定位表面产生水平和垂直分力，在压板上装有螺钉，可调整合适的夹紧位置
		用偏心轮操作的压板夹紧结构
		不需要退出压板时使用该装置，通过更换垫圈来调整夹压工件的高度
		用楔块调整的偏心轮夹紧结构
		偏心轮装在夹具体上的摆动杠杆式夹紧装置

（续）

类型及名称	结构图形	结构说明
钩形压板用偏心夹紧装置		从背面操作的钩形压板偏心轮夹紧结构
联动式偏心轮夹紧装置		双联压板的偏心轮夹紧结构
		双偏心轮的钩形压板夹紧结构
		双偏心轮的双面钩形压板夹紧结构
		用偏心轮传动的双向压板夹紧结构

(续)

类型及名称	结构图形	结构说明
联动式偏心轮夹紧装置	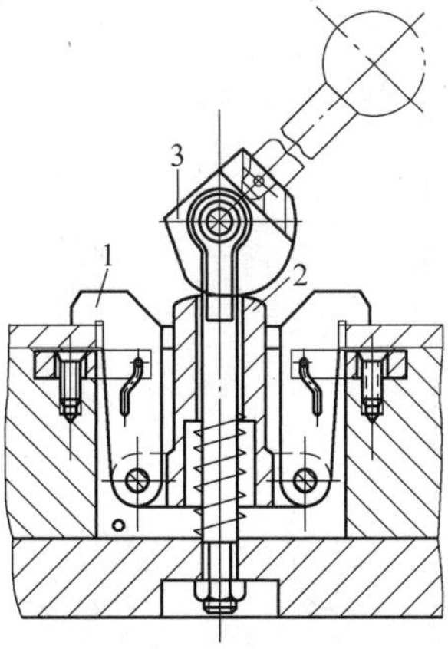 1—夹爪 2—轴套 3—偏心轮	工件由夹爪1来夹紧,该夹爪与轴套2联接在一起,当偏心轮3回转时移动轴套,夹爪上的导槽保证夹爪接连不断地落下和回转至夹紧位置
	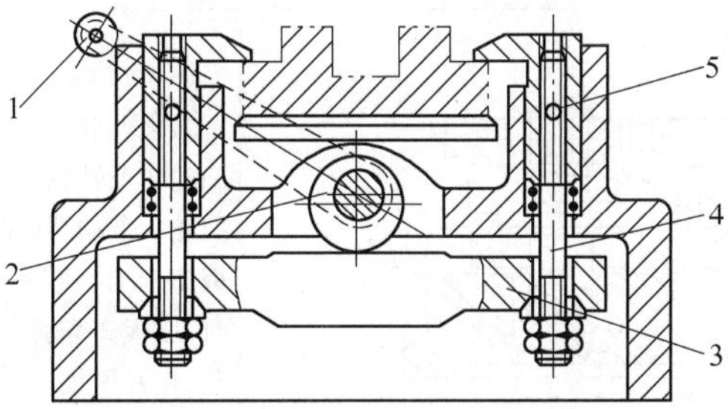 1—手柄 2—偏心轴 3—杠杆 4—螺栓 5—钩形压板	带有平衡杠杆的联动式偏心夹紧装置。转动手柄1,带动偏心轴2,通过杠杆3和两个螺栓4,分别由钩形压板5把工件压向基面。这里工件两处的夹紧力由杠杆3进行平衡。在螺栓下部设有一对螺母,以调整工件的夹紧位置
	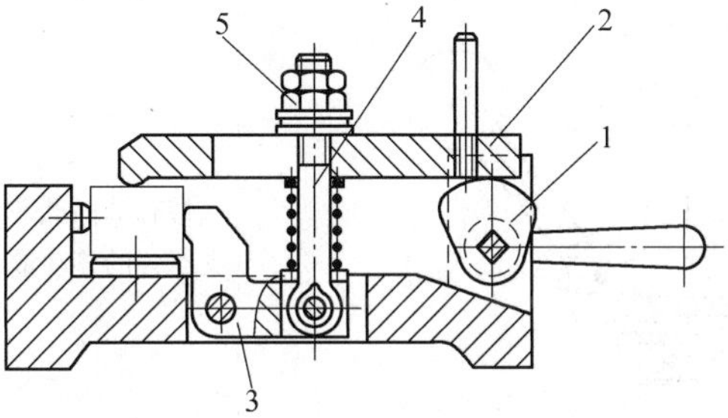 1—偏心轮 2、3—压板 4—螺栓 5—螺母	带移动压板和摆动压板的联动式偏心夹紧装置。转动偏心轮1,通过移动式压板2和摆动式直角压板3,在相互垂直的方向同时压紧工件。此处两个压板的夹紧位置可用螺栓4上端的一对螺母5进行调整

2.3.5 端面凸轮夹紧典型结构(表2-11)

表2-11 端面凸轮夹紧典型结构

类型及名称	结构图形	结构说明
直接夹紧的端面凸轮夹紧装置	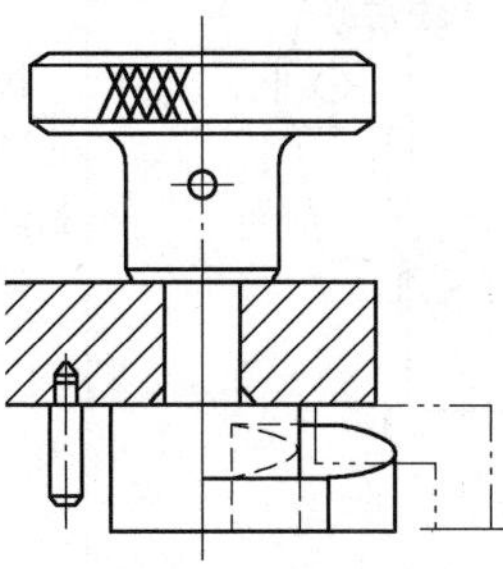	转动捏手,端面凸轮旋转,借螺旋面将工件夹紧。反转时松开工件

(续)

类型及名称	结构图形	结构说明
带手柄压板的端面凸轮夹紧装置		压板有操纵手柄的端面螺旋夹紧结构
带手柄凸轮的端面凸轮夹紧装置	1—手柄 2—压板 3—凸轮座 4—端面凸轮 5—转轴	端面凸轮4装在凸轮座3内,手柄1与凸轮4及转轴5相连,扳动手柄1,端面凸轮4带动端面凸轮4旋转,顶住杠杆压板2上升,夹紧工件。反方向旋转凸轮时,压板2靠弹簧力使压板绕小轴及长孔,松开压板
带有端面凸轮的靴式端面凸轮夹紧装置		带有端面凸轮的靴式夹紧结构,钩形支撑杆的移动量由端面轮升角来决定
双端面凸轮夹紧装置		操纵轴上装有背对背的一对端面凸轮,操纵杆拨动端面凸轮,驱使两相对的摆动压板双面夹紧工件

2.3.6 铰链夹紧典型结构（表2-12）

表2-12 铰链夹紧典型结构

类型及名称	结构图形	结构说明
简单铰链压板式夹紧装置	a) b)	带可调节压块的铰链压板（图a）
		压板可移开工件的铰链压板（图b）
	a) b)	铰链螺栓转动方向垂直于压板的铰链压板结构（图a）
		带配重和浮动压块的铰链压板（图b）
	a) b)	更换工件时，把压板退向另一边；回转时，必须把螺钉的端面部分移开支承座（图a）
		翻转式铰链压板（图b）
	a) b)	旋松螺母后可使螺钉转到下面，便于取工件（图a）
		压板及铰链螺栓、螺母均在工件大孔中。旋松螺母后可将它们转到工件孔中，便可取下工件（图b）

（续）

类型及名称	结构图形	结构说明
单臂单作用铰链夹紧装置	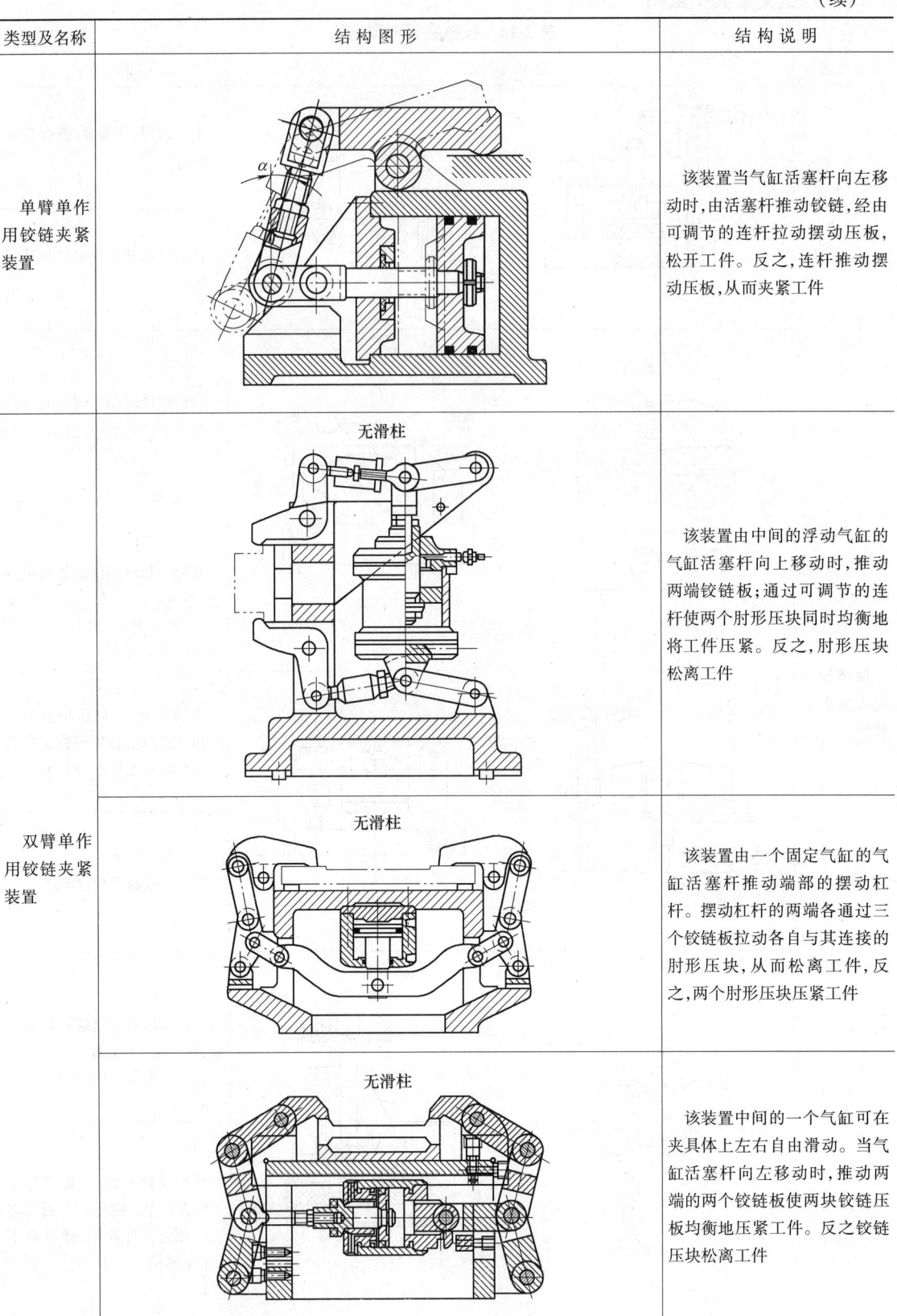	该装置当气缸活塞杆向左移动时，由活塞杆推动铰链，经由可调节的连杆拉动摆动压板，松开工件。反之，连杆推动摆动压板，从而夹紧工件
	无滑柱	该装置由中间的浮动气缸的气缸活塞杆向上移动时，推动两端铰链板；通过可调节的连杆使两个肘形压块同时均衡地将工件压紧。反之，肘形压块松离工件
双臂单作用铰链夹紧装置	无滑柱	该装置由一个固定气缸的气缸活塞杆推动端部的摆动杠杆。摆动杠杆的两端各通过三个铰链板拉动各自与其连接的肘形压块，从而松离工件，反之，两个肘形压块压紧工件
	无滑柱	该装置中间的一个气缸可在夹具体上左右自由滑动。当气缸活塞杆向左移动时，推动两端的两个铰链板使两块铰链压板均衡地压紧工件。反之铰链压块松离工件

类型及名称	结 构 图 形	结 构 说 明
双臂单作用铰链夹紧装置	有滑柱 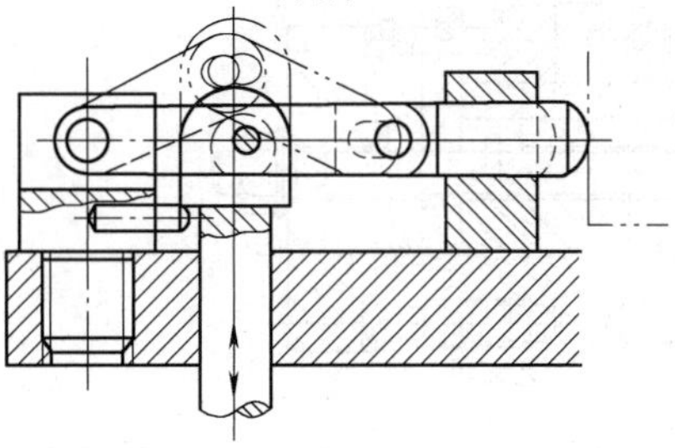	当气缸活塞杆向下拉动与活塞杆端部连接的两个铰链板时,使压柱向右压紧工件。反之压柱向左,松离工件
双臂双作用铰链夹紧装置	无滑柱 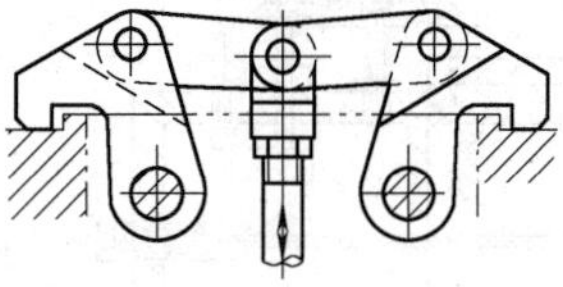	气缸活塞杆装在中间,当活塞杆向上时,通过两边的铰链各自推动肘形压块压紧工件。反之,肘形压块则松离工件
	有滑柱 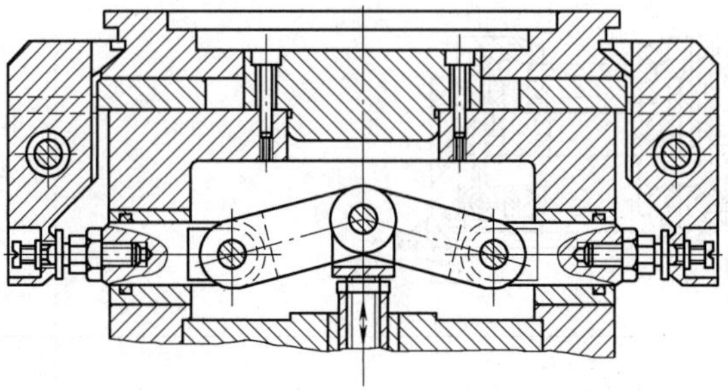	设置在夹具中部的气缸,当活塞杆向下拉动其上的两个铰链时,通过滑柱推动左右的爪形摆动压板,均衡地压紧工件的斜面。反之爪形压板便松离工件

2.3.7 联动夹紧典型结构

1. 多点联动夹紧装置（表2-13）

表2-13 多点联动夹紧装置

类型及名称	结 构 图 形	结 构 说 明
摆块式联动夹紧装置	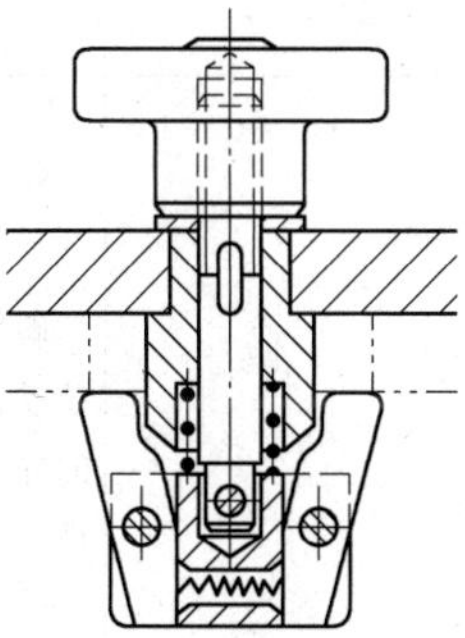 a) 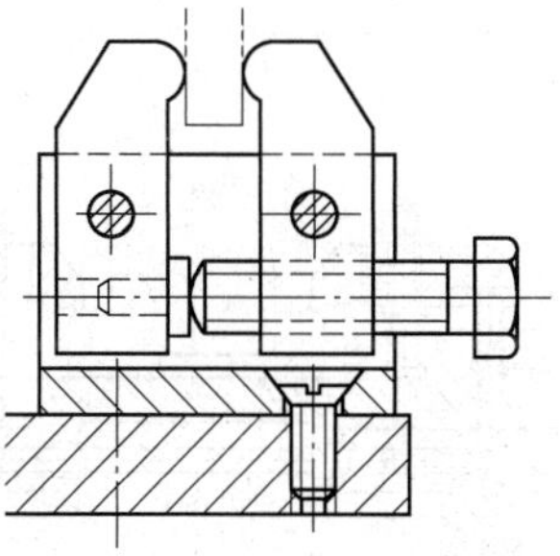	通过压紧螺杆端部的圆柱及两个具有斜楔面的摆块压紧工件(图a)
钳口式联动夹紧装置	b)	通过一个具有螺孔的摆块及另一个没有螺孔的摆块起浮动压紧作用(图b)

（续）

类型及名称	结构图形	结构说明
平行压紧联动夹紧装置		用圆柱销压紧工件的联动转动压板
		角块联动双面压紧结构
		用角形铰链块扩力联动的钩形压板
	（右螺纹 左螺纹）	该机构采用带有左右螺纹的螺母，调节该螺母改变螺杆的长度，通过两个三角形杠杆以适应不同的工件厚度
		斜楔套筒由下部长螺杆拉动，推动两个压板尾部的柱销，通过压板压紧工件

（续）

类型及名称	结构图形	结构说明
螺旋与钩形压块联动夹紧装置	a) b) 1—爪 2—压板	旋紧带手柄螺钉,螺钉和摆动压块同时压紧工件的两个垂直面(图a)
		当放置工件时,压板上部可翻转,爪1作为压板2在翻转时可移去的支点。双向夹紧工件(图b)
移动压板和摆动压块联动夹紧装置	a) b)	拧紧螺母,压板右端压紧工件,左端压向导柱,导柱通过斜面使水平导柱右移压向杠杆,杠杆从侧面夹紧工件(图a)
		当拧紧螺母时,大铰链压板把工件压向底面,小铰链压板把工件压向右侧面,则工件被夹紧(图b)
两个铰链压板联动夹紧装置	a) b)	当拧紧螺母时,球面垫圈压向三角形的铰链压板,将工件压向底面,同时左边摆杆上有一铰链压板将工件压向右面,使工件夹紧(图a)
		双铰链压板同时夹紧工件相互垂直的平面(图b)
	a) b)	用铰链杠杆传动带活动压块的铰链联动压板(图a)
		带球面活动压块的铰链联动压板(图b)

2. 多件联动夹紧结构（表2-14）

表2-14　多件联动夹紧结构

类型及名称	结 构 图 形	结 构 说 明
螺旋压板(压块)式多件联动夹紧装置	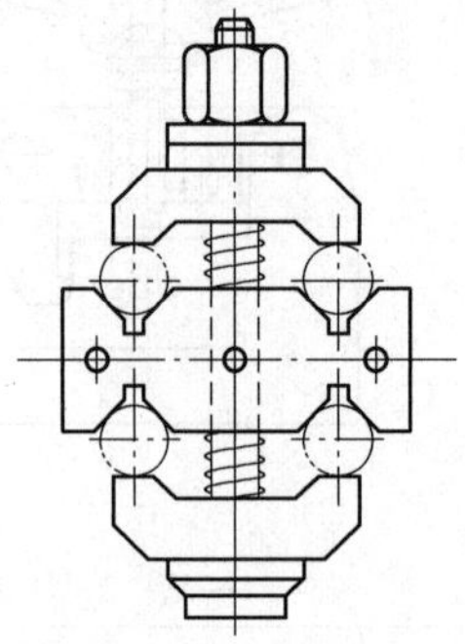	利用双面压板将圆柱形工件压紧在V形块上
	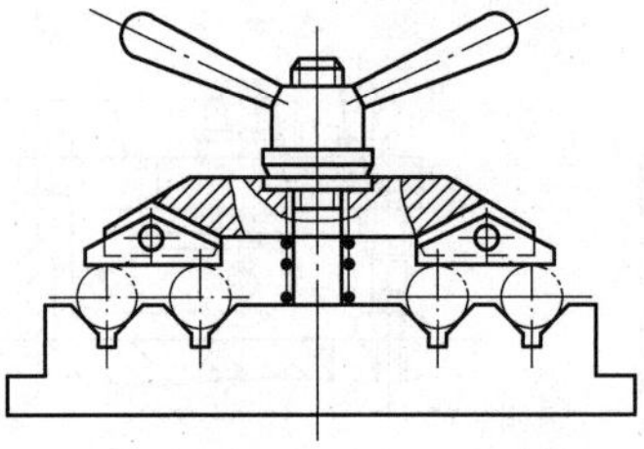	该机构中压板两端有浮动式压块,当夹紧带柄的螺母时,可以同时夹紧四个工件
	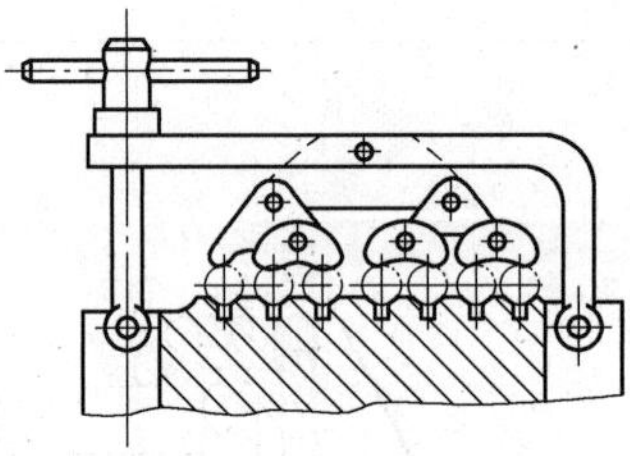	带联动活动压块的铰链压板同时压紧几个工件
	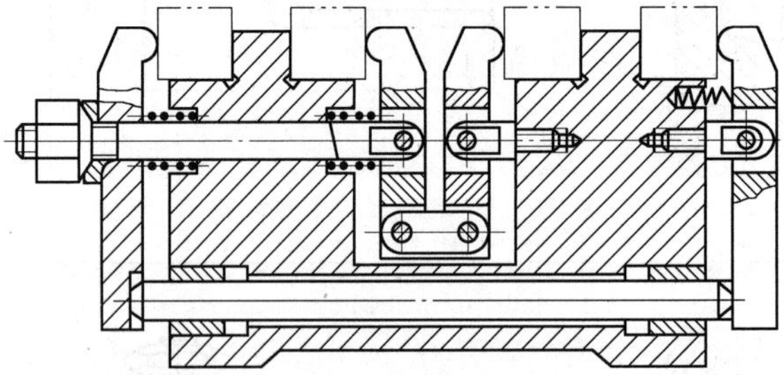	操作时拧紧螺母,通过螺杆、顶杆、连杆作为浮动元件,对工件进行夹紧,螺母端面有球面垫圈
	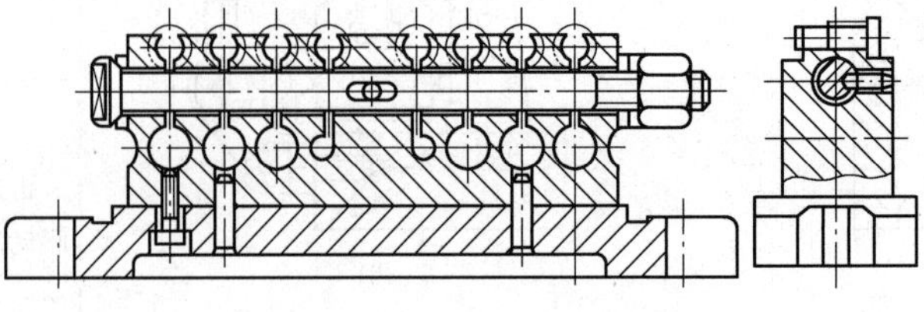	操作时拧紧螺母,靠夹紧弹性变形来夹紧工件,并依靠下部的弹性变形来补偿工件的直接偏差,既定位又夹紧

(续)

类型及名称	结构图形	结构说明
偏心轮式多件联动夹紧装置	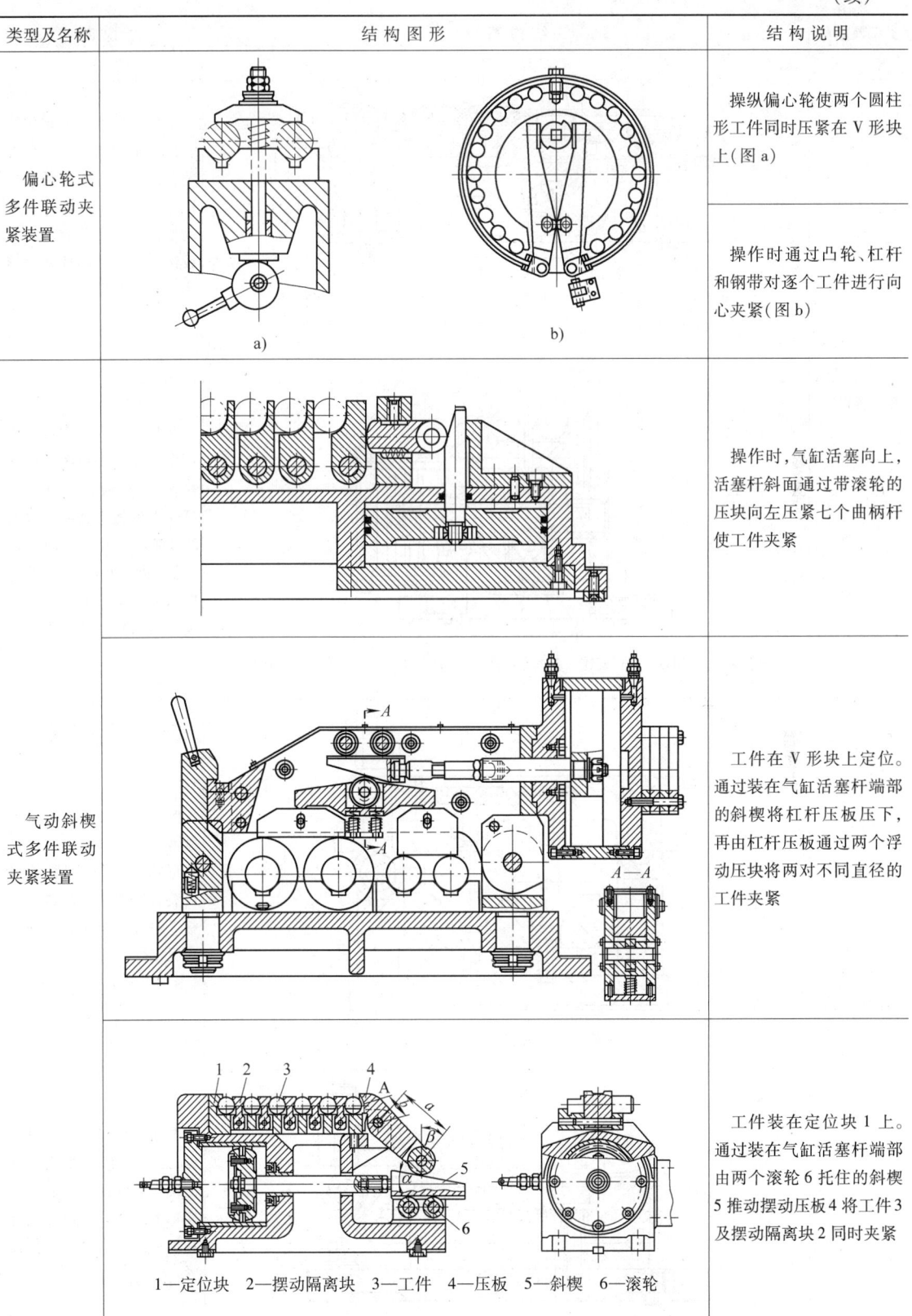 a) b)	操纵偏心轮使两个圆柱形工件同时压紧在V形块上（图a）
		操作时通过凸轮、杠杆和钢带对逐个工件进行向心夹紧（图b）
气动斜楔式多件联动夹紧装置		操作时，气缸活塞向上，活塞杆斜面通过带滚轮的压块向左压紧七个曲柄杆使工件夹紧
		工件在V形块上定位。通过装在气缸活塞杆端部的斜楔将杠杆压板压下，再由杠杆压板通过两个浮动压块将两对不同直径的工件夹紧
	1—定位块 2—摆动隔离块 3—工件 4—压板 5—斜楔 6—滚轮	工件装在定位块1上。通过装在气缸活塞杆端部由两个滚轮6托住的斜楔5推动摆动压板4将工件3及摆动隔离块2同时夹紧

类型及名称	结构图形	结构说明
气动斜楔式多件联动夹紧装置	1—活塞杆 2—铰链轴 3—杠杆 4—推杆 5—螺母 6—铰链压板 7—摆动隔离块 8—工件 9—底面定位块 10—定位块	工件8装在底面定位块9上，侧面由定位块10上的斜面定位。通过活塞杆1及铰链轴2及杠杆3推动推杆4及调节螺母5使铰链压板6压向摆动隔离块7同时夹紧
	1—弹簧 2—滑块 3—滚轮 4—活塞杆 5—压紧块 6—工件 7—定位块	两排工件6装在定位块7及具有两个斜面的压紧块5之间，通过气缸活塞杆4上的斜楔面经由滚轮3将滑块2及压紧块5往下拉，从而将两排工件同时夹紧。弹簧1当活塞杆退回时，起压块松开作用
由液性塑料传递夹紧力的多件联动夹紧装置	1—螺母 2—铰链压板 3—柱塞	圆柱形工件多件双排夹紧液性塑料夹具。工件在V形槽中定位，拧紧螺母1，装有液性塑料的铰链压板2通过四个柱塞3，同时夹紧工件
		拧紧铰链螺栓上的螺母，通过装有液性塑料铰链压板上的柱塞及装在螺栓轴上的摆动压块在垂直和水平方向同时将工件夹紧

3. 其他动作联动夹紧结构（表2-15）

表2-15 其他动作联动夹紧结构

类型及名称	结构图形	结构说明
齿轮杠杆夹紧机构	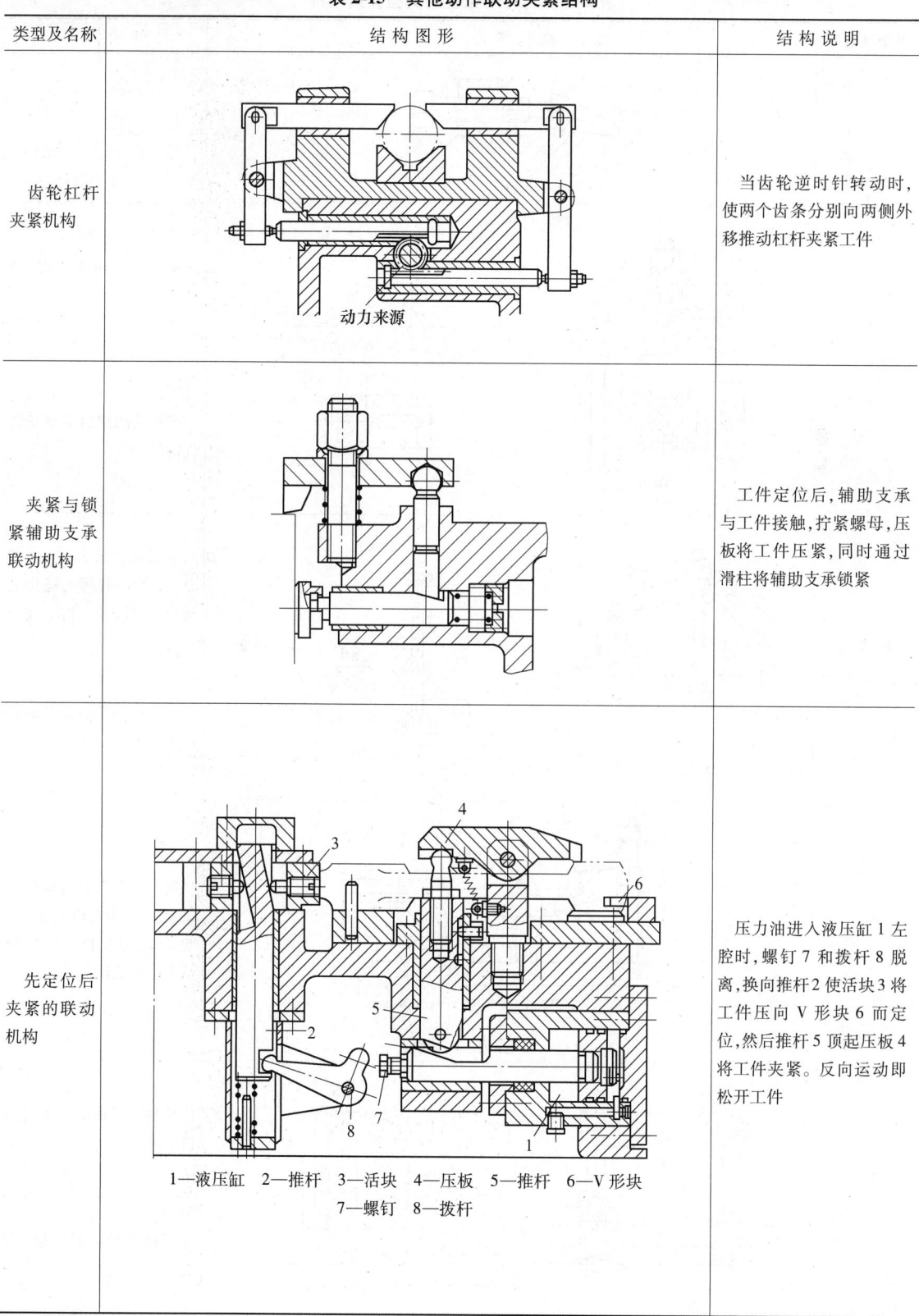	当齿轮逆时针转动时，使两个齿条分别向两侧外移推动杠杆夹紧工件
夹紧与锁紧辅助支承联动机构		工件定位后，辅助支承与工件接触，拧紧螺母，压板将工件压紧，同时通过滑柱将辅助支承锁紧
先定位后夹紧的联动机构	1—液压缸 2—推杆 3—活块 4—压板 5—推杆 6—V形块 7—螺钉 8—拨杆	压力油进入液压缸1左腔时，螺钉7和拨杆8脱离，换向推杆2使活块3将工件压向V形块6而定位，然后推杆5顶起压板4将工件夹紧。反向运动即松开工件

2.3.8 可移动位置的典型夹紧结构（表2-16）

表2-16 可移动位置的典型夹紧结构

类型及名称	结构图形	结构说明
压块（板）式可移动位置的夹紧装置		万能支柱
		楔形斜块压紧结构（图a）
		可移动的螺钉滑动压紧机构（图b）
	1—液压缸 2—压板	液压通用转动压板（图a）。1为可装拆的通用液压缸，压板2可调节高低
		可调整夹压高度的端面凸轮压板（图b）
	1—夹爪 2—螺母 3—弹簧	用于夹紧垂直方向的毛坯表面，拧紧螺母2，夹爪1起紧固作用，松开时由弹簧3把夹爪顶开
		带翻转压板的夹紧结构（图a）
		可移动的钩形压板（图b）

(续)

类型及名称	结构图形	结构说明
可调整压板高度并可移动位置的夹紧装置		通用曲线压板
		可调整夹压高度的通用压板
	a) b)	可调整高度的通用压板（图 a） 通用的弓形压板（图 b）
	a) b)	带有可调整支承的回转压板（图 a） 带翻转压板和可调整支承的夹紧结构（图 b）

2.3.9 气（液）动自动夹紧装置典型结构（表 2-17）

表 2-17 气（液）动自动夹紧装置典型结构

类型及结构	结构图形	结构说明
普通自动压板夹紧装置		普通自动压板。采用弹簧顶压板，以保证没有工件时能使压板抬起

类型及结构	结构图形	结构说明
	a) b) 支点轴	具有压板返回连杆的自动压板(图a)。在压板的交点处设有压板返回连杆,弹簧顶在连杆上,压板平时处在后退位置上,当活塞缩回时,压板返回连杆,向右倾斜,压板后退,活塞把压板尾部顶起时,压板将工件夹紧 凸轮使压板进退和夹紧的压板(图b)。通过设在凸轮上的突起和与之相衔接的压板槽实现压板的前进和后退。压板应穿过支点轴的中心
压板能自动返回的自动夹紧装置		压板松开时压板可同时撤离的夹紧结构。当活塞杆向上时其端部的圆环带动摆杆将压板左移并压紧工件。反之,压板由弹簧抬起,并向右退回
	a) b)	平行连杆自动压板(图a)。采用平行连杆使压板前进、后退,压板在前后移动时保持与夹具本体平行。若采用双作用气缸,可不必用压板返回弹簧 压板退回球使压板前后移动的自动压板(图b)。依靠单向作用的气压或液压使压板夹紧工件。压板与装在进退杠杆一端的球相衔接,气缸带动进退杠杆摆动,可转换为压板的夹紧和前进、后退的运动

(续)

类型及结构	结构图形	结构说明
斜楔、杠杆式压板自动夹紧装置	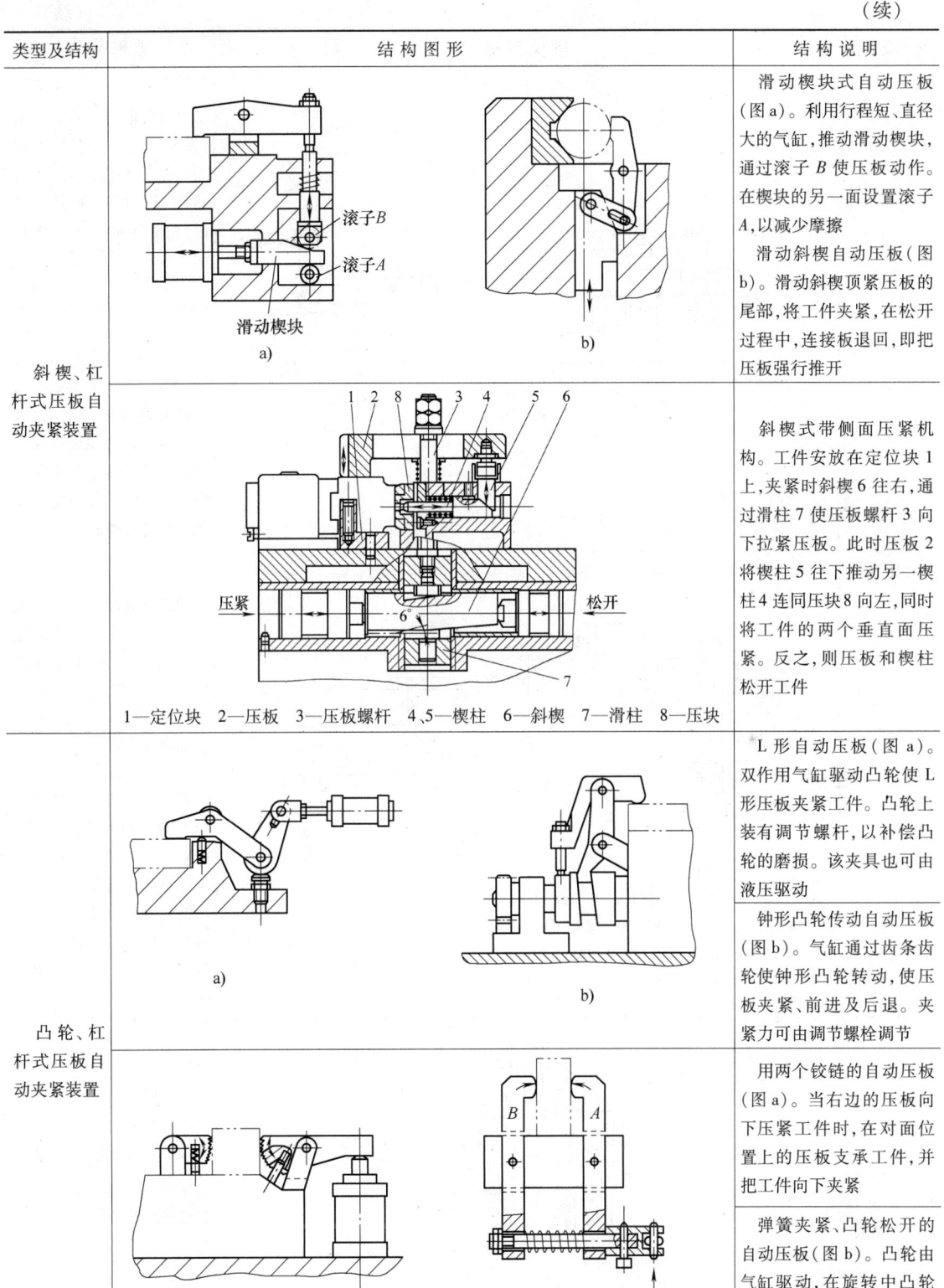 a) 滚子B 滚子A 滑动楔块 b) 1—定位块 2—压板 3—压板螺杆 4,5—楔柱 6—斜楔 7—滑柱 8—压块	滑动楔块式自动压板（图a）。利用行程短、直径大的气缸，推动滑动楔块，通过滚子B使压板动作。在楔块的另一面设置滚子A，以减少摩擦 滑动斜楔自动压板（图b）。滑动斜楔顶紧压板的尾部，将工件夹紧，在松开过程中，连接板退回，即把压板强行推开 斜楔式带侧面压紧机构。工件安放在定位块1上，夹紧时斜楔6往右，通过滑柱7使压板螺杆3向下拉紧压板。此时压板2将楔柱5往下推动另一楔柱4连同压块8向左，同时将工件的两个垂直面压紧。反之，则压板和楔柱松开工件
凸轮、杠杆式压板自动夹紧装置		L形自动压板（图a）。双作用气缸驱动凸轮使L形压板夹紧工件。凸轮上装有调节螺杆，以补偿凸轮的磨损。该夹具也可由液压驱动 钟形凸轮传动自动压板（图b）。气缸通过齿条齿轮使钟形凸轮转动，使压板夹紧、前进及后退。夹紧力可由调节螺栓调节 用两个铰链的自动压板（图a）。当右边的压板向下压紧工件时，在对面位置上的压板支承工件，并把工件向下夹紧 弹簧夹紧、凸轮松开的自动压板（图b）。凸轮由气缸驱动，在旋转中凸轮不必自锁，仅在气缸两端位置上自锁即可，凸轮轮廓曲线较简单

(续)

类型及结构	结构图形	结构说明
凸轮、杠杆式压板自动夹紧装置	a) b) 1—压板 2—中心轴螺杆 3—气缸 4—凸轮座 5—凸轮 6—螺母 7—压块 8—螺母套 9—销轴 10—工件	复合偏心凸轮自动压板(图a)。在一个凸轮上制成两个偏心面,当凸轮旋转使压板向下夹紧工件时,把工件向前顶紧,实现两个方向同时夹紧
		支点架自动压板(图b)。当转动夹紧偏心凸轮进行夹紧或松开时,通过支点架结构就能使压板自动前进或后退。调节楔铁螺钉可补偿工件厚度的变化和凸轮的磨损
		可调节高度的自动压板(图a)。若在凸轮死点范围内夹紧并调节压板高度,则在工作过程中不会因松开而发生事故,但中心轴螺杆直径不宜太小
		钟形凸轮快速自动压板(图b)。旋转钟形凸轮,夹紧工件,凸轮反转,借助于顶销使压板复位。凸轮斜面的升角做成15°和5°两种角度,用5°的斜面夹紧工件,用15°的斜面快速接近工件
齿条和齿轮传动的自动夹紧装置		用齿条和齿轮传动的自动压板。弹簧用以消除夹具滑动部分垂直方向的间隙

类型及结构	结构图形	结构说明
齿条和齿轮传动的自动夹紧装置	a) b)	齿轮齿条自动滑动压板(图a)
		气动回转自动压板(图b)。齿轮是压板的一部分,转动齿轮即可实现压板夹紧或松开
带有螺旋槽的钩形压板式自动夹紧装置		回转自动压板。气缸的活塞杆上开有螺旋槽,导向销与其配合,当活塞杆直线运动时,压板可转动,并夹紧或松开工件
		能回转90°的钩形压板自动夹紧结构
具有压板返回功能的自动夹紧装置	a) b)	具有压板返回连杆的L形自动压板(图a)
		气动自动压板(图b)。力从活塞、连杆、三点板、连杆板传递给压板,活塞、压板靠返回弹簧自动复位

(续)

类型及结构	结构图形	结构说明
具有压板返回功能的自动夹紧装置		利用导向销和长孔的自动压板。在压板上制有与各种压板形状相对应的长孔,导向销在其中通过,在松开过程中压板离开夹紧位置。可用气缸或凸轮作为夹紧动力源
	a)　　　　b)	带有返程装置的自动压板(图a)。压板尾部为双叉形,夹具体的突出部分配合于双叉形之间,与夹具的夹紧,松开过程相对应,压板头部自动地进行张开和闭合
		利用返回连杆的自动压板(图b)。在压板的支点部位使用返回连杆,由气缸活塞杆的直线运动实现压板松开和后退
	a)　　　　b)	利用螺旋弹簧后退的自动压板(图a)。在压板的松开过程中,弹簧拉压板后退
		可后退的自动压板(图b)。当夹紧用拉杆向上滑动时,压板靠卷在压板轴上的弹簧力回转,并自动后退
	行程补偿销	滑动自动压板。将活塞杆的上端做成T形,用以压紧压板并便于压板滑动,移开工件。滑动杠杆的头部做成圆形,以便补偿杠杆多余的运动,在和圆形部分连接的压板上装有行程补偿销。该夹具可用气缸或液压缸驱动

(续)

类型及结构	结构图形	结构说明
气动联动的自动夹紧装置	a) 滚子 气缸 b)	曲面夹紧自动压板（图a）。两个压板相对而置，其中一个的背面带有夹紧曲面，该曲面与滚子相配合进行夹紧。夹紧曲面的角度约为5°
		气动联动的压板夹紧结构（图b）
	a) b)	回转式外夹紧压板（图a）
		回转式外部摆动夹紧压板（图b）
	A B 三点板	采用异型气缸（或液压缸）的自动压板。夹紧力由具有双重活塞杆的气缸（或液压缸）经三点板和拉杆传至压板，将工件夹紧，调节压板上的锁紧螺母，可微量调节两压板的夹紧力
	a) 顶出销 b)	滑动块自动压板（图a）。压板上开有长孔，滑动块在其中滑动，利用滑动块座的往复运动实现夹紧或松开
		带有工件顶出装置的自动压板（图b）。在压板下面设工件顶出装置，夹紧时工件将顶出销压下，松开时即可将工件顶出

类型及结构	结构图形	结构说明
气动联动的自动夹紧装置	a) 三点板 b)	联动钩形自动压板（图a）。压板拉杆上制有螺旋槽，由气缸活塞杆使联动杠杆上下动作。向下时，压板压紧工件；向上时，压板在螺旋槽的作用下旋转90°，离开工件
		自动让开工件的压板（图b）。该结构为双联动，活塞杆经联动杠杆、拉杆、三点板使压板在压紧时自动移至工件，在松开时自动移开工件，便于装卸工件
	（推杆）	双向活塞自动压板。当气缸两端进气时，左右活塞杆拉动杠杆压板压紧工件，当气缸中间进气时松开工件。行程由左右调节螺钉调节
	推杆	利用滚柱和斜面的自动压板。在气缸推动的滑动杆上制出L形槽，并在其上嵌入滚柱，通过滚柱将垂直方向的运动传给推杆。推杆向上压板夹紧，向下压板松开。借助推杆上的调节螺纹调节压板的夹紧力
	滚轮 斜面	双活塞联动自动压板。当气缸两端进气时，左右活塞推动杠杆，使压板压紧工件；当气缸中间进气时，左右活塞推动杠杆，经滚轮及斜面，使压板松开

2.3.10 自动定心夹紧典型结构

1. 螺旋式自定心夹紧结构（表2-18）

表2-18 螺旋式自定心夹紧结构

类型及名称	结 构 图 形	结 构 说 明
钳口式螺旋自定心夹紧装置	（图a：利用U形结构，右旋与左旋螺纹带动两滑座；图b）1、2—钳口 3—丝杠 4—中间挡块	该机构利用等螺距的左右螺旋带动两个滑座等速移动向中间夹紧工件。向外分开时，则松开工件 用于带有平面定位基准的工件。由左、右螺纹的钳口1、2组成，旋转丝杠3，将工件定心并夹紧。中间挡块4用于限制丝杠的轴向移动 图a用于夹紧较长的表面，而图b则用于夹紧较短的表面
两爪自动定心通用卡盘	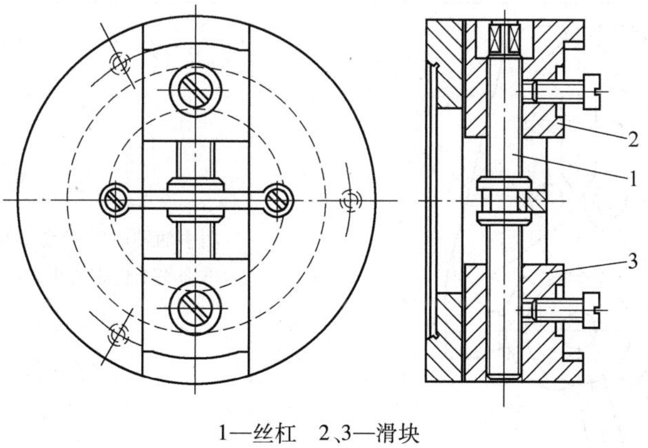 1—丝杠 2、3—滑块	丝杠1带有左、右螺纹，转动丝杠两滑块2、3即可分开或合拢，从而夹紧或松开工件。滑块可根据工件形状来配置

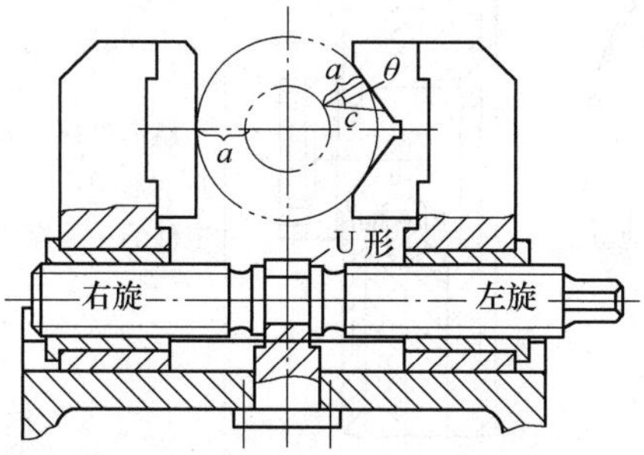

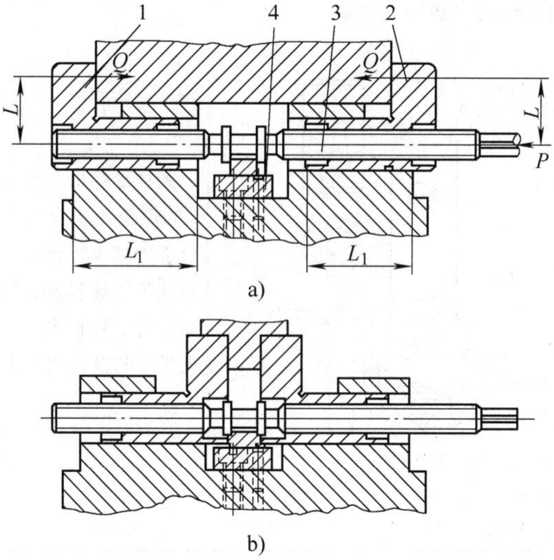

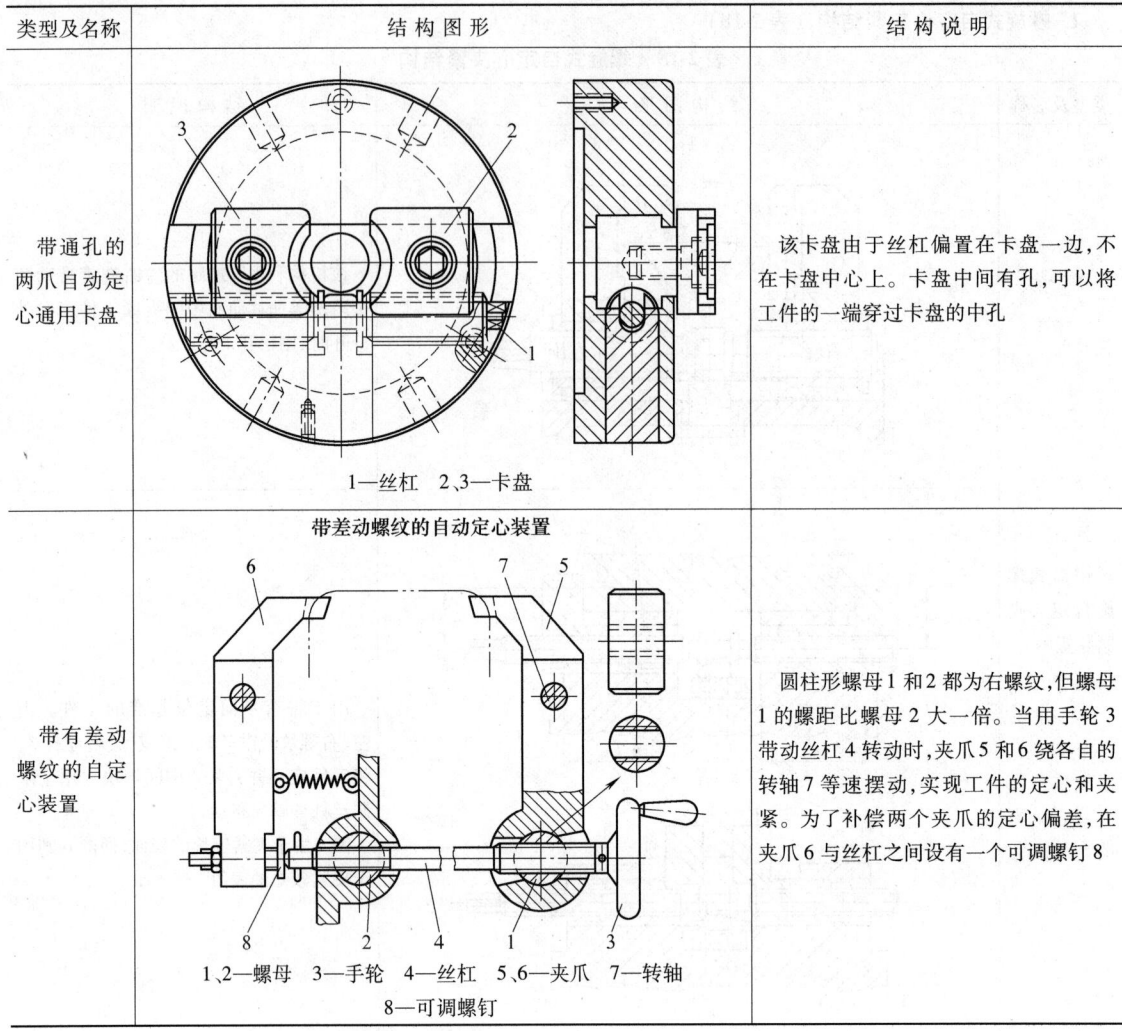

类型及名称	结 构 图 形	结 构 说 明
带通孔的两爪自动定心通用卡盘	1—丝杠 2、3—卡盘	该卡盘由于丝杠偏置在卡盘一边,不在卡盘中心上。卡盘中间有孔,可以将工件的一端穿过卡盘的中孔
带有差动螺纹的自定心装置	带差动螺纹的自动定心装置 1、2—螺母 3—手轮 4—丝杠 5、6—夹爪 7—转轴 8—可调螺钉	圆柱形螺母1和2都为右螺纹,但螺母1的螺距比螺母2大一倍。当用手轮3带动丝杠4转动时,夹爪5和6绕各自的转轴7等速摆动,实现工件的定心和夹紧。为了补偿两个夹爪的定心偏差,在夹爪6与丝杠之间设有一个可调螺钉8

2. 偏心(凸轮)式自定心夹紧结构(表2-19)

表2-19 偏心(凸轮)式自定心夹紧结构

类型及名称	结 构 图 形	结 构 说 明
利用凸轮操纵的自定心夹紧装置		用手柄顺时针转动双面凸轮时,两个卡爪即将工件定心夹紧

(续)

类型及名称	结构图形	结构说明
用双面偏心轮操纵的自动定心夹紧装置	1—偏心轮 2—杠杆 3—可换卡爪 4—弹簧	手柄顺时针转动偏心轮1时，装于两个杠杆2上的可换卡爪3即将工件定心及夹紧。反转偏心轮靠弹簧4将两爪松开
用双面偏心轮操纵的V形块自定心夹紧装置	1—偏心轮 2、3—顶杆 4—杠杆 5、6—V形块 7—弹簧 8—螺钉	逆时针转动偏心轮1时，经由不同长度的顶杆2、3和两个杠杆4，使V形块5、6相对移动，将工件定心并夹紧，反转偏心轮时，靠两个弹簧7使V形块退离工件。调整螺钉8用以调节两V形块的对中位置
带平面的三滚棒自动定心心轴	1—心轴体 2—套筒 3—滚棒 4—钢球 5—压环 6—调整环 7—弹簧	该机构为带平面的三滚棒自动定心心轴。工件内孔及后端面作为定位基准用于加工外圆及前部两端面。在心轴体1上滑套着套筒2，并有三个对称分布的平面，套筒2上开有三个长槽，并放着三根滚棒3。在安装工件之前，先转动套筒使滚棒处于缩回的位置。工件安装后，借弹簧7(装于心轴体1中)的作用，使套筒旋转，由于心轴体上三个平面的作用，同时将三个滚棒挤出从而使工件定心及夹紧

3. 斜楔式自定心夹紧结构（表2-20）

表2-20 斜楔式自定心夹紧结构

类型及名称	结 构 图 形	结构说明
螺旋斜楔式三爪自定心夹紧装置	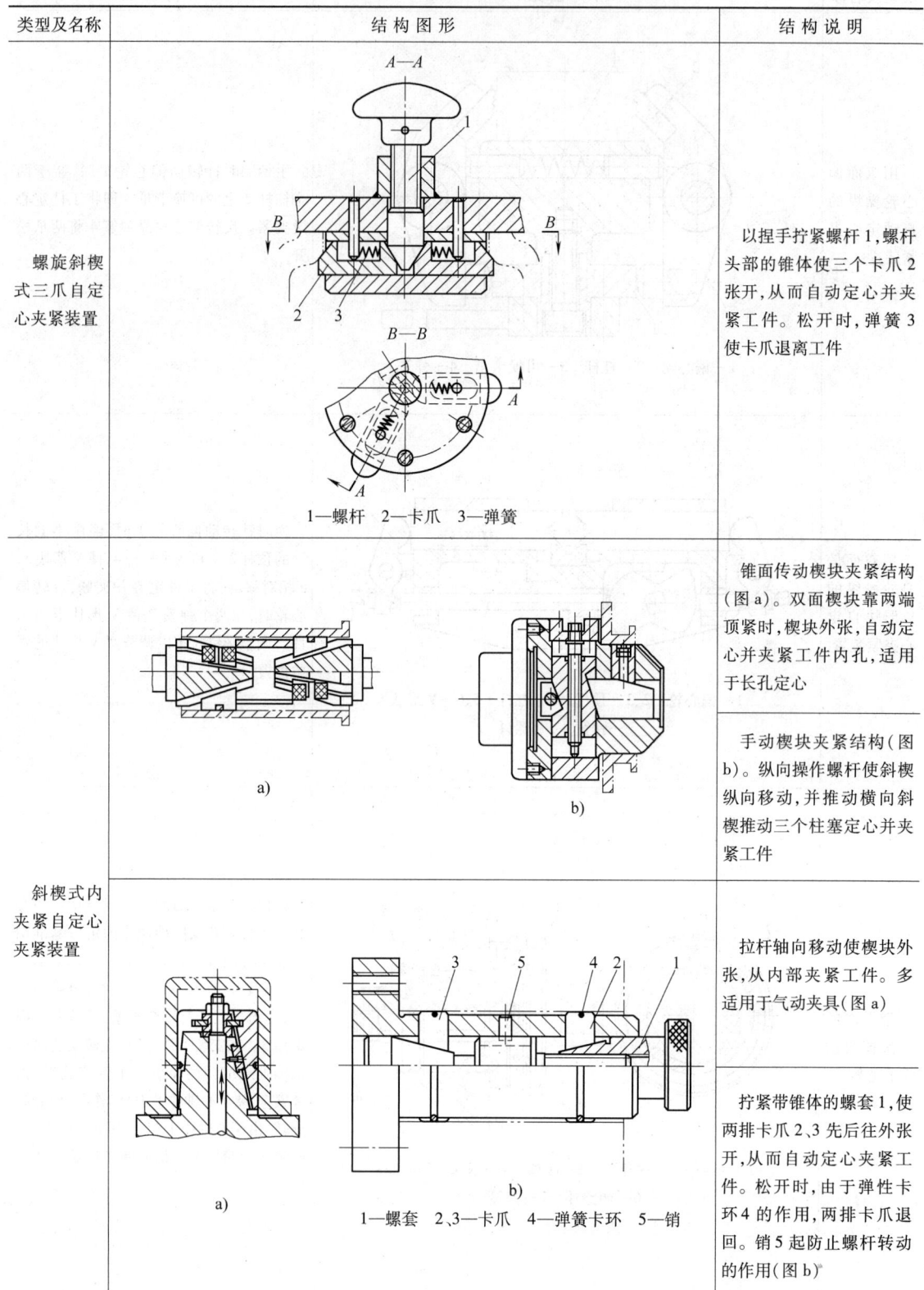 1—螺杆 2—卡爪 3—弹簧	以捏手拧紧螺杆1，螺杆头部的锥体使三个卡爪2张开，从而自动定心并夹紧工件。松开时，弹簧3使卡爪退离工件
斜楔式内夹紧自定心夹紧装置	（见上图 a)、b)） 1—螺套 2、3—卡爪 4—弹簧卡环 5—销	锥面传动楔块夹紧结构（图a）。双面楔块靠两端顶紧时，楔块外张，自动定心并夹紧工件内孔，适用于长孔定心 手动楔块夹紧结构（图b）。纵向操作螺杆使斜楔纵向移动，并推动横向斜楔推动三个柱塞定心并夹紧工件 拉杆轴向移动使楔块外张，从内部夹紧工件。多适用于气动夹具（图a） 拧紧带锥体的螺套1，使两排卡爪2、3先后往外张开，从而自动定心夹紧工件。松开时，由于弹性卡环4的作用，两排卡爪退回。销5起防止螺杆转动的作用（图b）

(续)

类型及名称	结构图形	结构说明
斜楔式内夹紧自定心夹紧装置	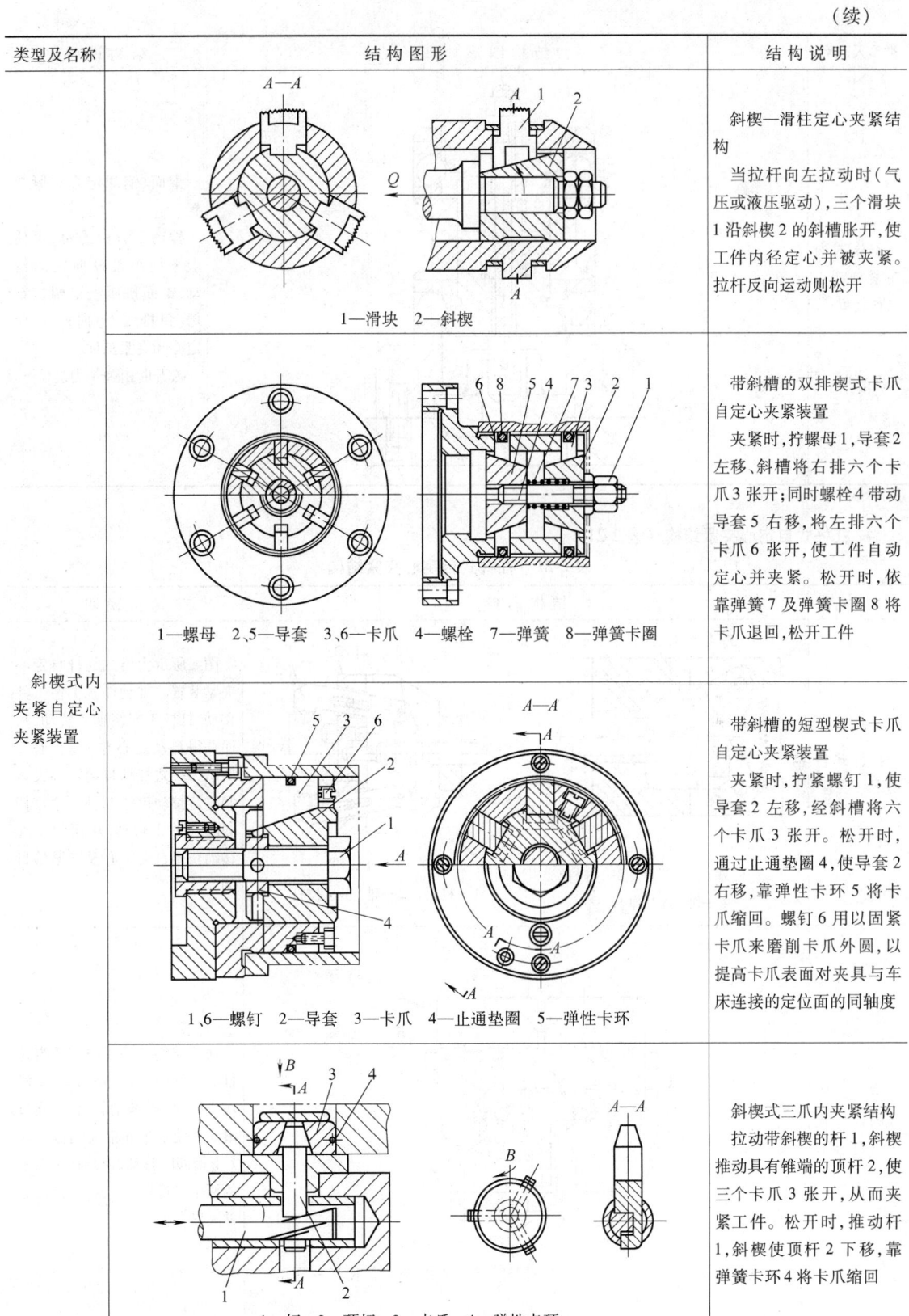 1—滑块　2—斜楔	斜楔—滑柱定心夹紧结构 当拉杆向左拉动时(气压或液压驱动),三个滑块1沿斜楔2的斜槽胀开,使工件内径定心并被夹紧。拉杆反向运动则松开
	1—螺母　2、5—导套　3、6—卡爪　4—螺栓　7—弹簧　8—弹簧卡圈	带斜槽的双排楔式卡爪自定心夹紧装置 夹紧时,拧螺母1,导套2左移、斜槽将右排六个卡爪3张开;同时螺栓4带动导套5右移,将左排六个卡爪6张开,使工件自动定心并夹紧。松开时,依靠弹簧7及弹簧卡圈8将卡爪退回,松开工件
	1、6—螺钉　2—导套　3—卡爪　4—止通垫圈　5—弹性卡环	带斜槽的短型楔式卡爪自定心夹紧装置 夹紧时,拧紧螺钉1,使导套2左移,经斜槽将六个卡爪3张开。松开时,通过止通垫圈4,使导套2右移,靠弹性卡环5将卡爪缩回。螺钉6用以固紧卡爪来磨削卡爪外圆,以提高卡爪表面对夹具与车床连接的定位面的同轴度
	1—杆　2—顶杆　3—卡爪　4—弹性卡环	斜楔式三爪内夹紧结构 拉动带斜楔的杆1,斜楔推动具有锥端的顶杆2,使三个卡爪3张开,从而夹紧工件。松开时,推动杆1,斜楔使顶杆2下移,靠弹簧卡环4将卡爪缩回

类型及名称	结构图形	结构说明
斜楔式内夹紧自定心夹紧装置		锥面、钢球定心夹紧装置 拧动上方的螺母，可使上下两个锥柱向中间滑动，锥面挤压上下两排钢球(每排六个)向外，从而定心和夹紧工件 松开时由弹簧力复位

4. 杠杆式自定心夹紧结构（表 2-21）

表 2-21 杠杆式自定心夹紧结构

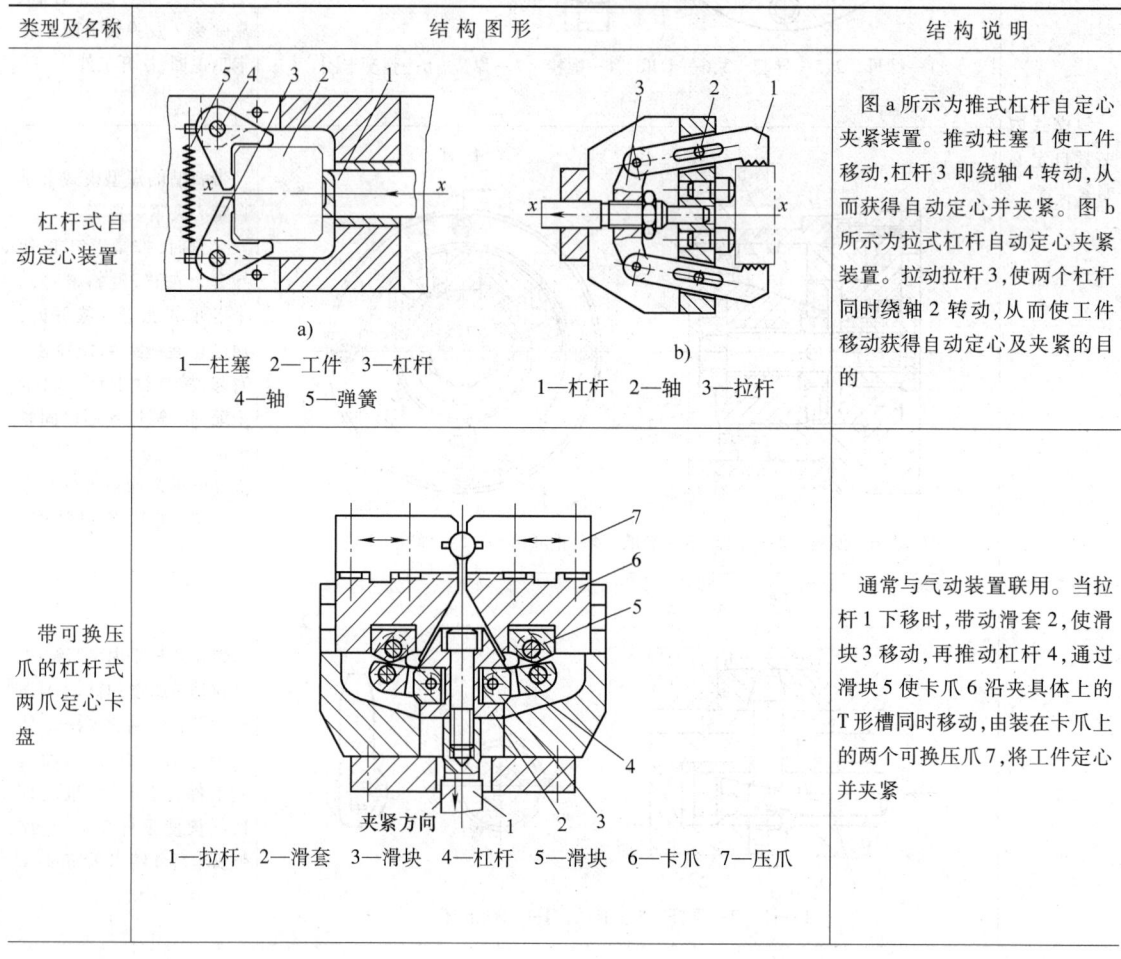

类型及名称	结构图形	结构说明
杠杆式自动定心装置	a) 1—柱塞 2—工件 3—杠杆 4—轴 5—弹簧　　b) 1—杠杆 2—轴 3—拉杆	图 a 所示为推式杠杆自定心夹紧装置。推动柱塞 1 使工件移动，杠杆 3 即绕轴 4 转动，从而获得自动定心并夹紧。图 b 所示为拉式杠杆自动定心夹紧装置。拉动拉杆 3，使两个杠杆同时绕轴 2 转动，从而使工件移动获得自动定心及夹紧的目的
带可换压爪的杠杆式两爪定心卡盘	1—拉杆 2—滑套 3—滑块 4—杠杆 5—滑块 6—卡爪 7—压爪	通常与气动装置联用。当拉杆 1 下移时，带动滑套 2，使滑块 3 移动，再推动杠杆 4，通过滑块 5 使卡爪 6 沿夹具体上的 T 形槽同时移动，由装在卡爪上的两个可换压爪 7，将工件定心并夹紧

(续)

类型及名称	结 构 图 形	结 构 说 明
与气动装置联用的可调杠杆式两爪定心装置	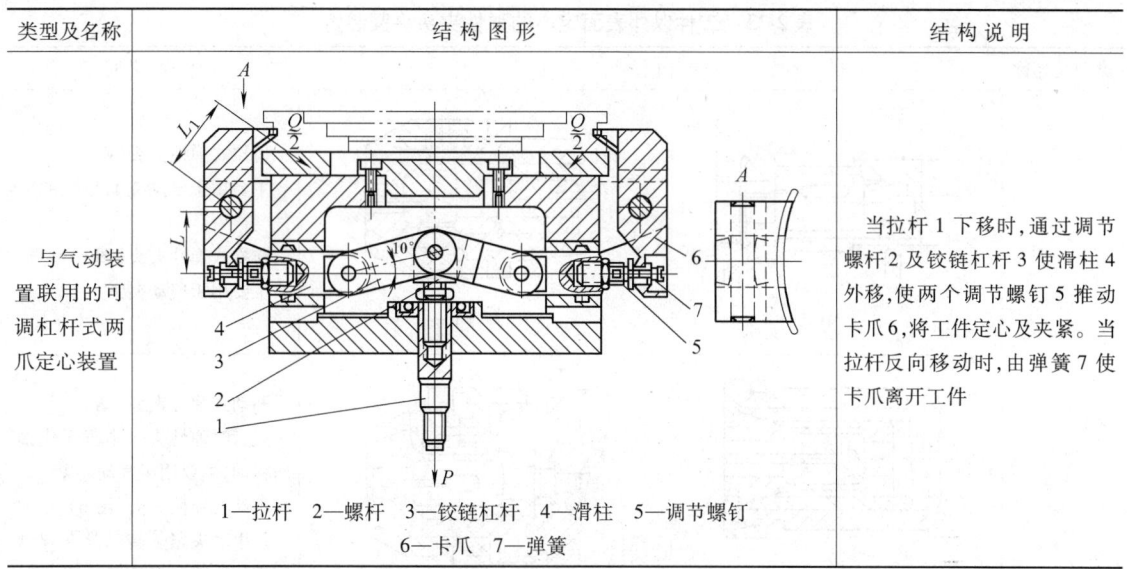 1—拉杆 2—螺杆 3—铰链杠杆 4—滑柱 5—调节螺钉 6—卡爪 7—弹簧	当拉杆1下移时，通过调节螺杆2及铰链杠杆3使滑柱4外移，使两个调节螺钉5推动卡爪6，将工件定心及夹紧。当拉杆反向移动时，由弹簧7使卡爪离开工件

5. 弹性夹头自定心夹紧结构

（1）常用弹性夹头的结构形式（表2-22）

表2-22 常用弹性夹头的结构形式

类型及名称	结 构 图 形	结 构 说 明
用于工件以外圆定心的弹性夹头的形式	a) b) c) d)	图a、b适用于气动后拉式夹紧装置 图c适用于短形工件 图d适用于大型工件
用于工件以内孔定心的弹性夹头的形式	a) b) c) d)	图a标准型 图b锥度较小，适用于较高精度定心 图c适用于孔较长的工件，双面用弹性夹头 图d适用于大型工件

(2) 工件以外表面定心的弹性夹头夹紧装置（表 2-23）

表 2-23　工件以外表面定心的弹性夹头夹紧装置

类型及名称	结 构 图 形	结 构 说 明
几种常用的弹性夹紧定心夹紧装置	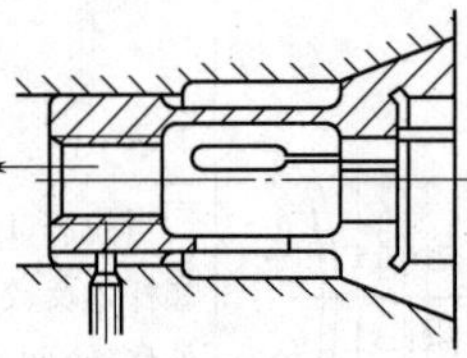 a) 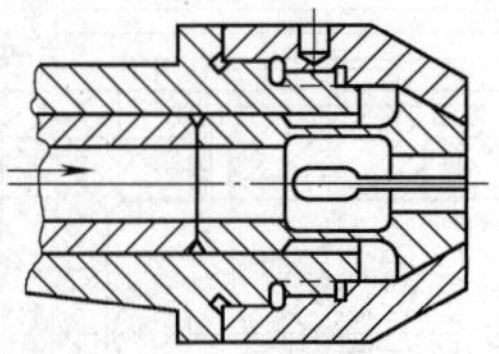 b)	后拉式弹性夹头(图 a) 主要用于气动夹紧较短的工件 前推式弹性夹头(图 b) 主要用于气动夹紧
	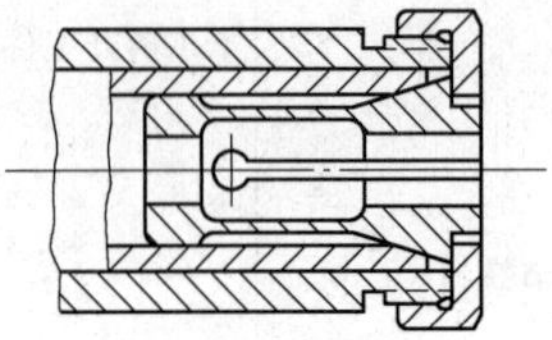 a) 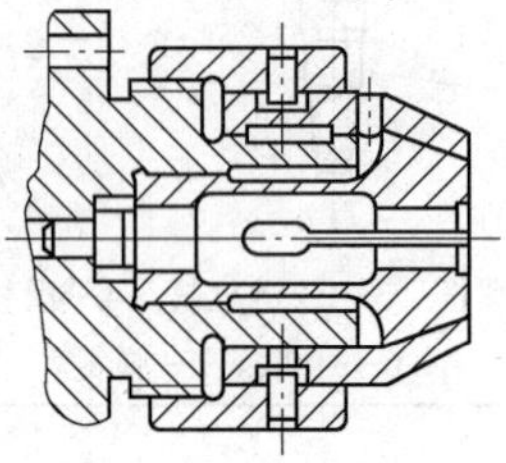 b)	不动式弹性夹头(图 a) 夹紧时弹性夹头本身不作轴向移动，主要用于气动夹紧 不动式弹性夹头(图 b) 系手动夹紧。转动外套螺母使锥套后移夹紧工件。夹紧时弹性夹头无轴向移动
	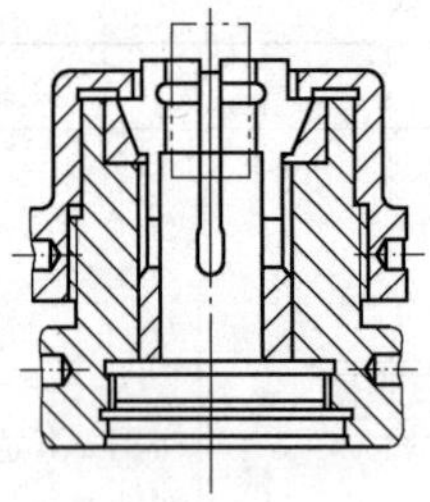 a) 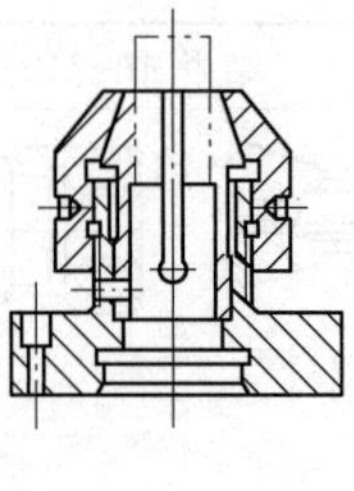 b)	螺母内具有导向柱的内外锥夹紧装置(图 a) 手动螺母的内外锥定心夹紧装置(图 b)
	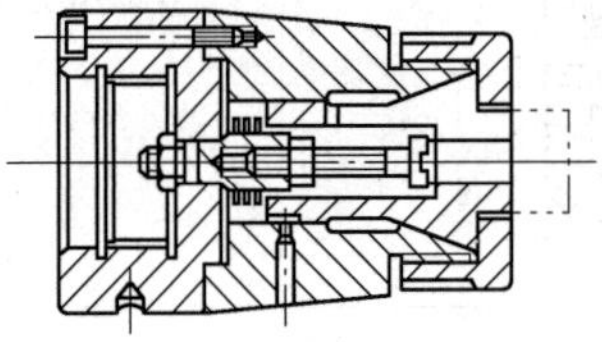 a) 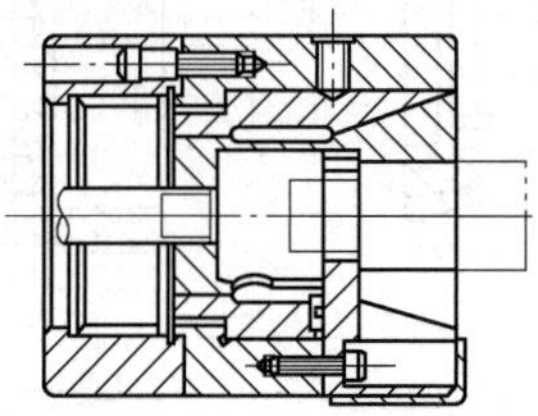 b)	手动螺母的内外锥定心夹紧装置(图 a)。可借弹簧力松开工件 具有定位环的气动内外锥弹性夹紧装置(图 b)
	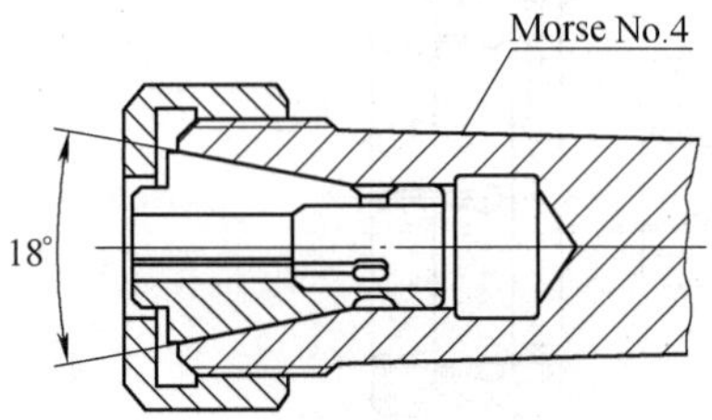 Morse No.4　18°	小锥角长锥面弹性夹头 由于锥角略大于摩擦自锁角($\phi=15°$)，所以尚不能自锁，较易松开。此外长锥面与本体的配合好，因此定心精度较高

(续)

类型及名称	结 构 图 形	结 构 说 明
带有轴向定位件的后移式弹性夹紧装置	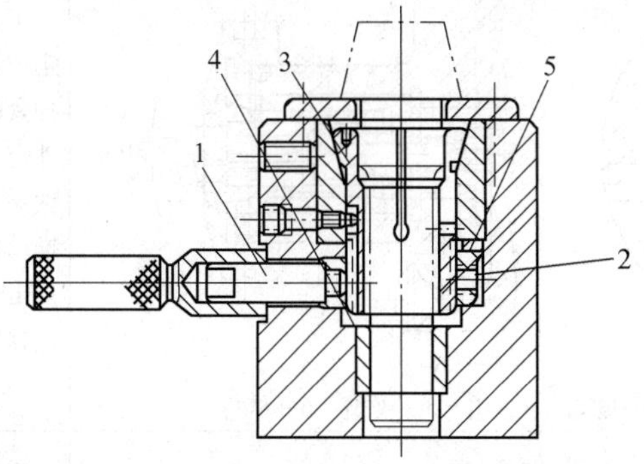 1—手柄 2—螺母 3—夹簧 4—定位套 5—垫圈	图示的结构是用盖板的端面对工件实现轴向定位。拧动手柄1,依靠螺母2使夹簧3后移夹紧工件。此处因工件较长,故在下面另设定位套4进行定位。为了减小磨损,在螺母上面装有淬硬的垫圈5
	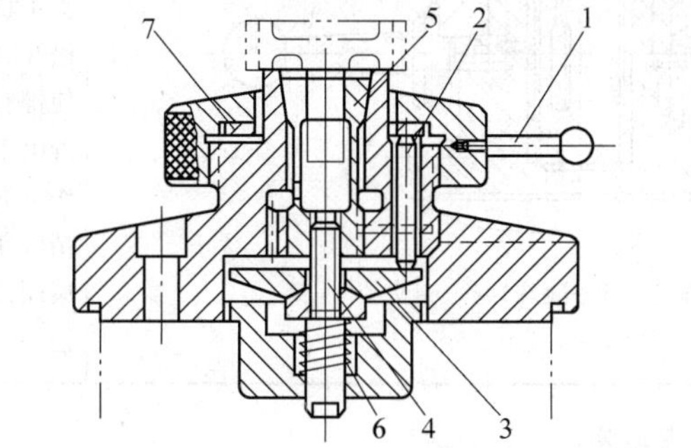 1—手柄 2—销 3—自位垫圈 4—拉杆 5—弹性夹 6—弹簧 7—垫圈	图示结构用本体的上端面对工件实现轴向定位,拧动手柄1,通过三个销2及自位垫圈3,使拉杆4连同弹性夹5一起下移,从而夹紧工件。由于夹头的锥角小,故定心比较准确,松开时,反旋螺母,由于弹簧6的弹力,松开夹头、垫圈7起减小磨损作用
利用螺旋杠杆机构进行操纵的弹性夹紧装置	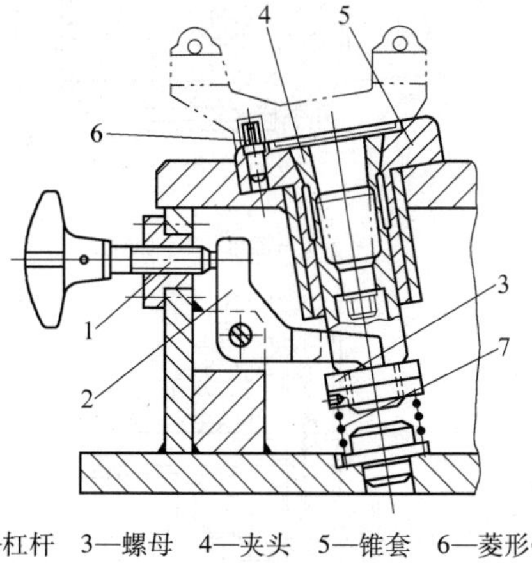 1—螺钉 2—杠杆 3—螺母 4—夹头 5—锥套 6—菱形销 7—弹簧	拧紧螺钉1,经杠杆2及一对螺母3,使夹头4往下而夹紧工件。由于工件较长,因此在夹头的下面一段设计与工件相配的定位孔,上面靠锥套5的端面及菱形销6定位。由于弹性夹头的锥角比较小,因此松开时要靠下面的弹簧7的力夹头与锥套脱开,但此装置的定心定位比较精确

类型及名称	结构图形	结构说明
带有推出器的弹性夹紧装置	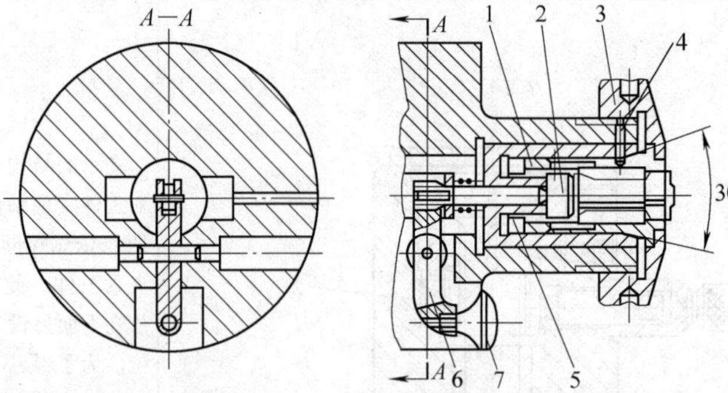 1—弹性夹头 2—定位销 3—螺母 4—销 5—弹簧 6—杠杆 7—把手	工件装在弹性夹头1内,以定位销2的端面作轴向定位,拧紧螺母3,使夹头后移,将工件定心并夹紧。拧松螺母3,弹性夹头1靠弹簧5推动后松开。推动把手7和杠杆6,经中间的顶出轴将工件顶出销4,防止弹性夹头转动
不动式弹性夹紧装置	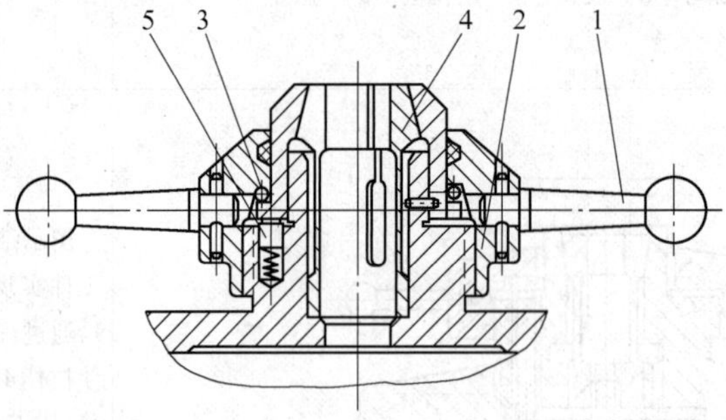 1—手柄 2—螺母 3—滚珠 4—夹头 5—销	用于铣床夹具中的不动式弹性夹紧装置。夹紧时,转动手柄1,经螺母2及一圈滚珠3使锥套下移,夹头4收缩,将工件定心并夹紧,松开时,由三个弹簧推动销5,使锥套上移,松开夹头。该装置由于锥套有销子挡住,只能作上下移动,因此磨损小,定心精度高。另外由于安装了一圈滚珠,因此螺母2转动比较轻松

(3) 工件以内表面定心的弹性夹头夹紧装置（表2-24）

表2-24 工件以内表面定心的弹性夹头夹紧装置

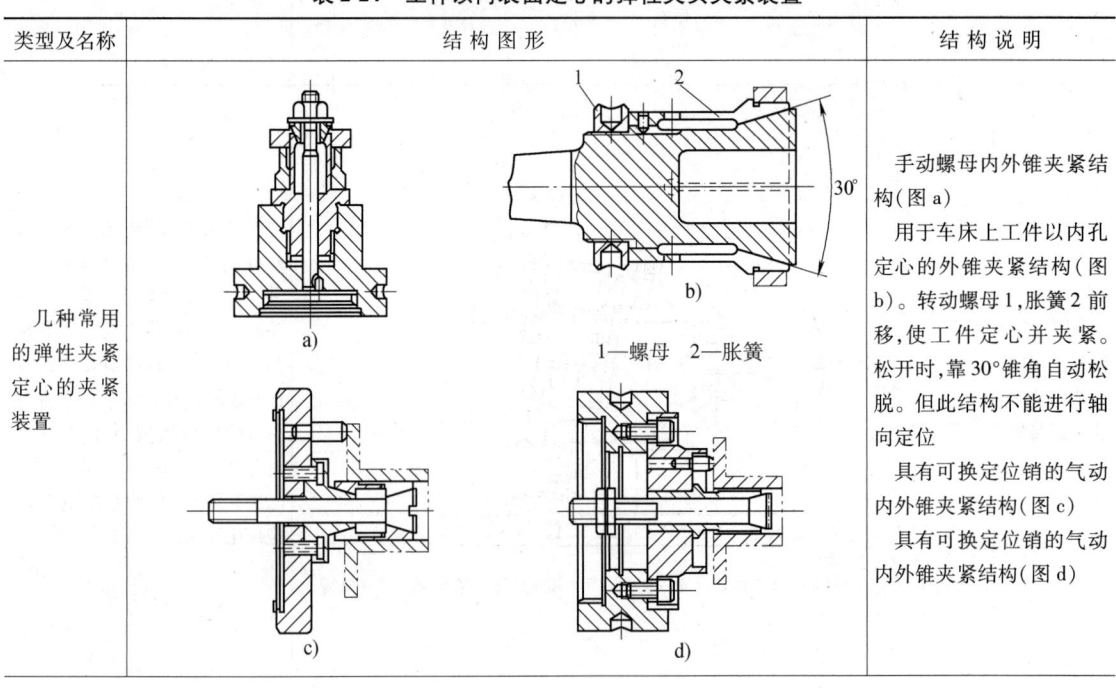

类型及名称	结构图形	结构说明
几种常用的弹性夹紧定心的夹紧装置	a) b) 1—螺母 2—胀簧 c) d)	手动螺母内外锥夹紧结构(图a) 用于车床上工件以内孔定心的外锥夹紧结构(图b)。转动螺母1,胀簧2前移,使工件定心并夹紧。松开时,靠30°锥角自动松脱。但此结构不能进行轴向定位 具有可换定位销的气动内外锥夹紧结构(图c) 具有可换定位销的气动内外锥夹紧结构(图d)

(续)

类型及名称	结构图形	结构说明
几种常用的弹性夹紧定心的夹紧装置	1—螺母 2—滑条 3—锥体拉杆	此装置用于车床上加工带有不通孔定位基准的工件。转动螺母1,推动滑条2后移,使锥体拉杆3移动,将工件定心并夹紧,反转螺母,胀簧松开
	1—螺母 2—销 3—锥体拉杆 4—胀簧 5—本体 6—销	拧紧螺母1,依靠其环槽推动销2,带动锥体拉杆3后移,使胀簧4胀开,将工件定心并夹紧。反转螺母,胀簧松开。本体5的端面A起轴向定位作用。销6起防止胀簧移动和转动的作用
两端夹紧的弹性定心夹紧装置		该装置用于以较长内孔定位的工件。夹紧时,由螺母推动右边的锥套后移,并使弹性夹头沿着左边的锥体表面滑动,而使两端同时撑开。松开时,靠弹簧使锥套退回。为防止锥套转动,心轴上装有一个销子
		该装置用于以较长的内孔作为定位基准的工件。夹紧时,由螺母推动右边的锥套后移,并使胀簧沿着左边的锥体表面滑动而使两端同时撑开。松开时,靠锥套上的凸块强制退回心轴上的销子防止锥套转动
	1、2—心轴体 3—锥套 4、6—胀簧 5—螺母	心轴体1和2分别置于车床主轴和尾座的锥孔中,锥套3撑开胀簧4,使工件右端定心并夹紧。转动螺母5,使胀簧6移动,靠心轴1的30°锥体将工件另一端定心并夹紧,为减小磨损,在尾部心轴2上装有两个径向推力轴承

(续)

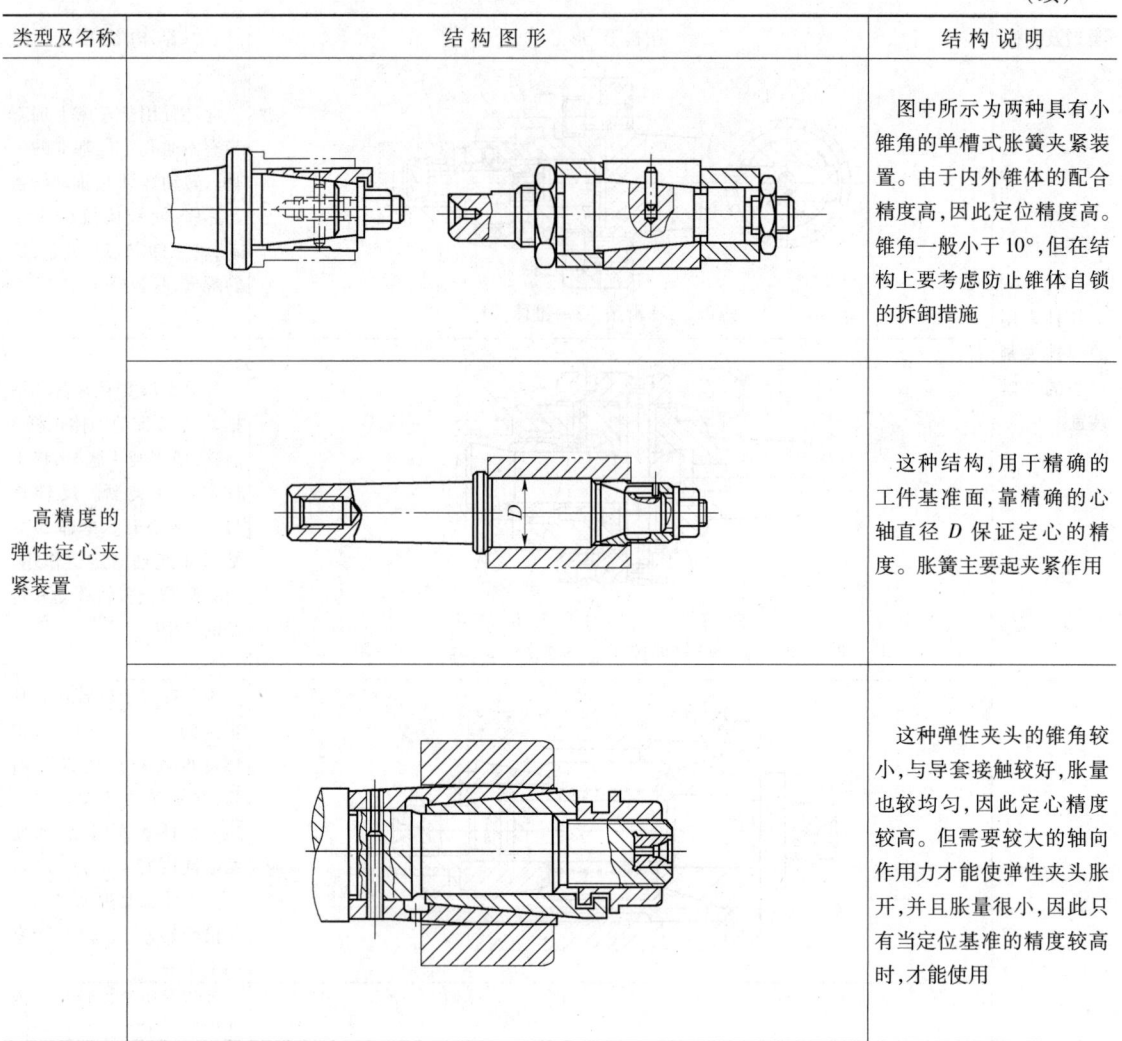

类型及名称	结构说明
高精度的弹性定心夹紧装置	图中所示为两种具有小锥角的单槽式胀簧夹紧装置。由于内外锥体的配合精度高，因此定位精度高。锥角一般小于10°，但在结构上要考虑防止锥体自锁的拆卸措施
	这种结构，用于精确的工件基准面，靠精确的心轴直径 D 保证定心的精度。胀簧主要起夹紧作用
	这种弹性夹头的锥角较小，与导套接触较好，胀量也较均匀，因此定心精度较高。但需要较大的轴向作用力才能使弹性夹头胀开，并且胀量很小，因此只有当定位基准的精度较高时，才能使用

6. 其他类型弹性自定心夹紧结构

（1）碟形弹簧片自定心夹紧结构（表2-25）

表2-25 碟形弹簧片自定心夹紧结构

类型及名称	结构图形	结构说明
单组外径自定心夹紧装置		夹紧时，弹簧片变形使工件左移靠紧支承面。松开时，弹簧片自松

（续）

类型及名称	结构图形	结构说明
单组外径自定心夹紧装置	1—螺母 2—滑套 3—弹簧片	外定心碟形弹簧片圆盘式夹具 该结构用于磨削工件内孔。拧紧螺母1，推动滑套2，压缩弹簧片3，使工件定心并夹紧
双组外径自定心夹紧装置		旋紧螺母，工件夹紧。松开螺母，两组弹簧片自松
单组内孔自定心夹紧装置	1—螺母 2—螺杆 3—工件	夹紧时，弹簧片变形使工件紧靠支承面。松开时，弹簧片自松 内定心碟形弹簧片覆式钻模 拧紧螺母1，经由螺杆2压缩弹簧片使工件3定心并夹紧
双组内孔自定心夹紧装置	1—心轴 2、3—垫圈 4、5—滑套 6、7—弹簧片 8—螺母	用两组弹簧片定心并夹紧的心轴 该装置用于加工零件的外圆及右端面。工件以心轴1，垫圈2、3，滑套4、5的外圆作为初定位面。拧紧螺母8，经由滑套5和垫圈3推动右组弹簧片6。当其尚未夹紧时，就推动滑套4及左组弹簧片7，同时夹紧工件

(续)

类型及名称	结构图形	结构说明
双组内孔自定心夹紧装置		以工件两台阶孔定心的碟形弹簧片夹具 该装置用于加工工件台肩及端面。拧紧螺钉时,通过滑套使两组直径不同的弹簧片同时受压,外径涨大,从而将工件定心并夹紧
		用两组弹簧片定心并夹紧的心轴 该装置适用于车、磨工件的外圆及台肩平面。工件以外圆 D 作初定位,心轴安装在车头及尾座的顶尖之间,靠尾座的顶紧力将滑套向左移动从而压缩两组弹簧片,胀大其外径,于是工件初定心并夹紧。松开时,尾座顶尖松开,此时滑套中的弹簧使滑套右移,从而使弹簧片恢复原状,取下工件
	1—拉杆 2—滑套 3—弹簧片 4—外套	带薄壁外套的碟形弹簧定心夹紧装置 该装置主要用于定位基准表面粗糙度较低而不允许擦伤的工件。弹簧片起中间传力元件的作用。当气动装置的拉杆 1 左移时,靠拉杆的锥面传力给一圈钢球,推动两个滑套 2,靠弹簧片 3 变形使外套 4 的外径胀大,从而将工件定心并夹紧

(2) 碗形弹簧片自定心夹紧结构（表 2-26）

表 2-26 碗形弹簧片自定心夹紧结构

类型及名称	结构图形	结构说明
碗形弹簧片自定心装置	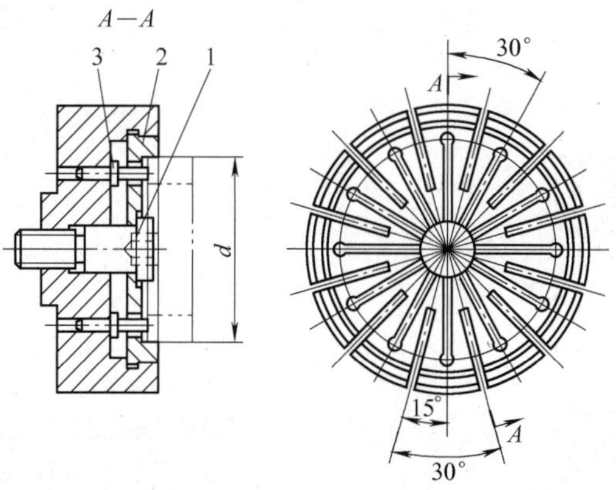 1—螺钉　2—弹簧片　3—支柱	该装置主要用于夹持工件的外圆。拧紧螺钉 1，使碗形弹簧片 2 的中部向左变形，使定位面 d 缩小，将工件定心及夹紧。其中四个支柱 3 用以对工件实现轴向定位，并在碗形弹簧片上开有交错排列的径向槽，以增加弹性
大直径碗形弹簧片自定心装置	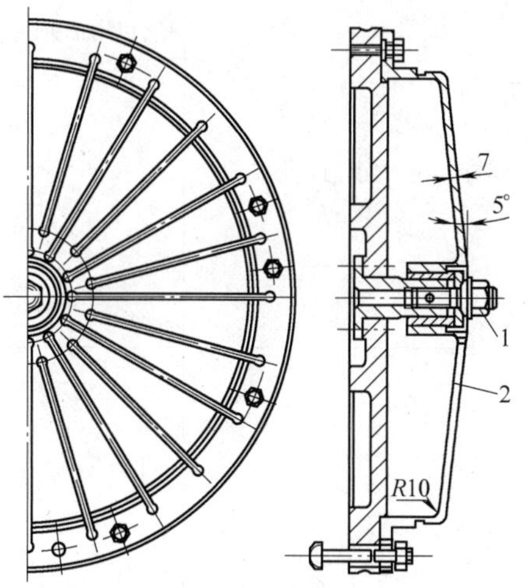 1—螺母　2—弹簧片	该装置用于工件以大直径内孔作为定位基准的定心和夹紧，拧紧螺母 1，弹簧片 2 的外圆胀大，使工件得到自动定心和夹紧
与气动装置联用的碗形弹簧片定心装置	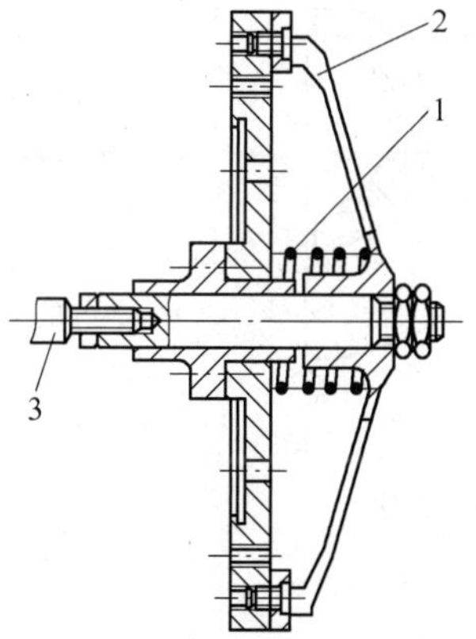 1—弹簧　2—碗形弹簧片　3—气缸活塞杆	该装置的结构原理与上例相似。夹紧时靠气缸活塞杆 3 向左拉碗形弹簧 2，使其变形，外圆胀大，从而夹紧工件。松开时，靠弹簧 1 使碗形弹簧恢复原状，从而松开工件

(3) 弹性膜片自动定心夹紧结构（表 2-27）

表 2-27　弹性膜片自动定心夹紧结构

类型及名称	结 构 图 形	结 构 说 明
开式弹性膜片自定心夹紧装置	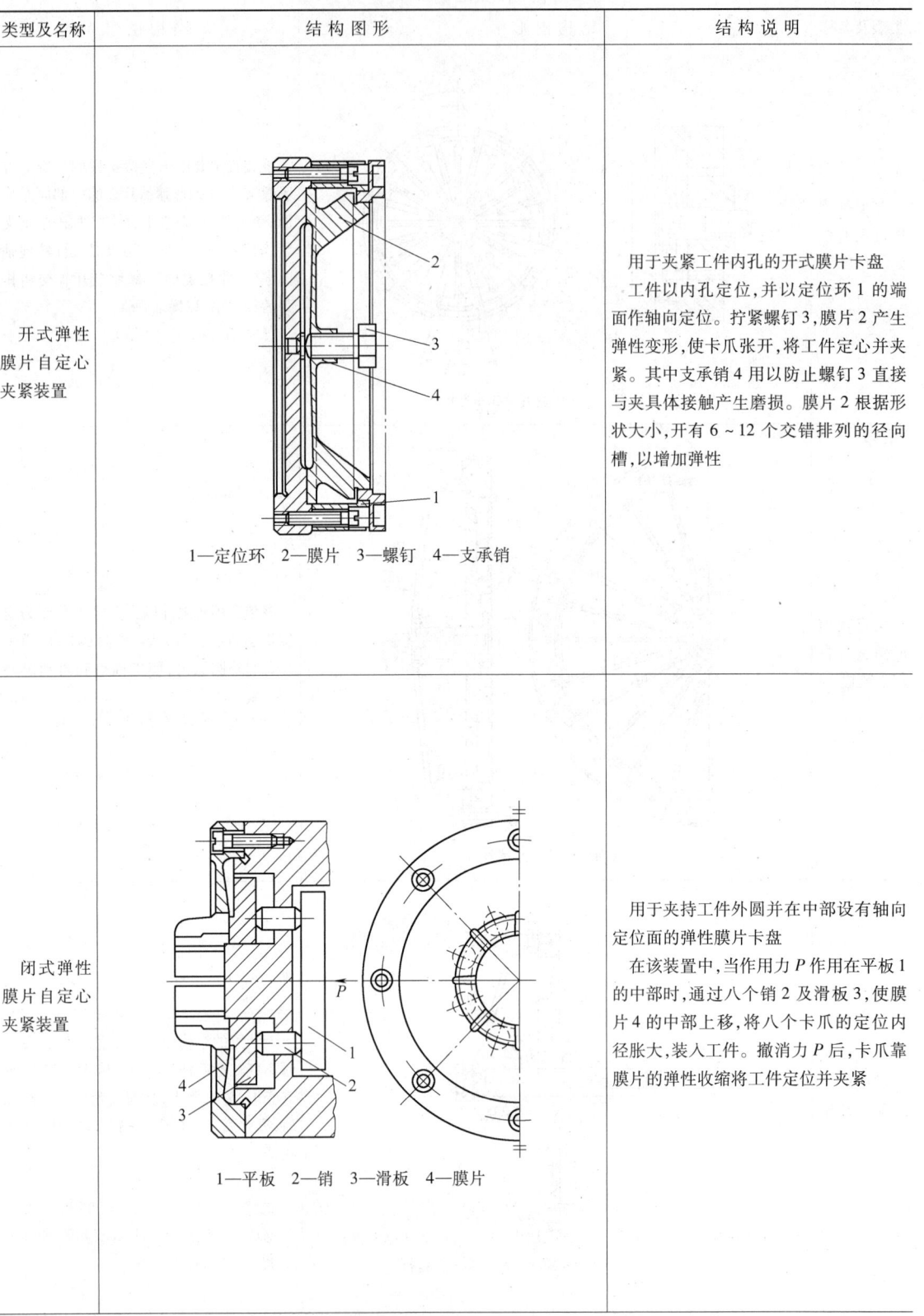 1—定位环　2—膜片　3—螺钉　4—支承销	用于夹紧工件内孔的开式膜片卡盘 　工件以内孔定位，并以定位环 1 的端面作轴向定位。拧紧螺钉 3，膜片 2 产生弹性变形，使卡爪张开，将工件定心并夹紧。其中支承销 4 用以防止螺钉 3 直接与夹具体接触产生磨损。膜片 2 根据形状大小，开有 6～12 个交错排列的径向槽，以增加弹性
闭式弹性膜片自定心夹紧装置	1—平板　2—销　3—滑板　4—膜片	用于夹持工件外圆并在中部设有轴向定位面的弹性膜片卡盘 　在该装置中，当作用力 P 作用在平板 1 的中部时，通过八个销 2 及滑板 3，使膜片 4 的中部上移，将八个卡爪的定位内径胀大，装入工件。撤消力 P 后，卡爪靠膜片的弹性收缩将工件定位并夹紧

(续)

类型及名称	结 构 图 形	结 构 说 明
闭式弹性膜片自定心夹紧装置	a) 1—膜片 2—调节螺钉	该机构为调节螺钉式膜片卡盘。图 a 结构的膜片 1 上有 12 个卡爪,用推杆从后面推膜片 1 时,即可放入工件,然后靠膜片的弹性变形夹紧工件。螺钉 2 可以调节并用螺母锁紧,以适应不同尺寸的工件。调节完毕后,螺钉的夹紧端面应于有一定预变形的状态下,在所用的机床上磨成与机床主轴同轴的弧面
	b) 1—螺钉 2—膜片	图 b 所示的型式与上一种型式稍有不同,即在卡爪的自由状态时,工件即可放入卡爪。然后旋紧螺钉 1,迫使膜片 2 变形,卡爪收缩将工件定心并夹紧。卸工件时应松开螺钉 1,使膜片复原
	1—弹性盘 2—螺钉 3—螺母 4—夹具体 5—可调螺钉 6—推杆	用于磨削环形件内孔的弹性膜片卡盘 弹性盘 1 为定心和夹紧的元件,用螺钉 2 和螺母 3 紧固在夹具体 4 上。弹性盘有 6~12 个卡爪,爪上装有可调螺钉 5,用作对工件定心和夹紧,螺钉位置调整好后用螺母锁紧,然后装在车头上磨削螺钉头部的定位表面,保证与机床主轴同心。装工件时,弹性盘在外力 Q 通过推杆 6 的作用下产生弹性变形,使卡爪张开,放入工件后去掉外力 Q,靠弹性盘的弹性恢复力对工件进行定心和夹紧 该装置定心精度高结构紧凑,用于高精度的车削和磨削加工

(4) 波纹薄壁套自定心夹紧结构（表2-28）

表2-28 波纹薄壁套自定心夹紧结构

类型及名称	结构图形	结构说明
波纹薄壁套自定心夹紧装置	（图示） 1—螺母 2—波纹套 3、4—垫圈	波纹薄壁套定心夹具 该装置以波纹薄壁套作为工件的定心夹紧元件，套装在夹具的心轴上。工件内孔套装在波纹套2上，并以工件的端面紧贴在垫圈4的端面作轴向定位。夹紧时，拧紧螺母1，通过垫圈3使波纹套轴向压缩，套筒外径变形增大，使工件得到精确的定心并夹紧

(5) 液性塑料自定心夹紧结构（表2-29）

表2-29 液性塑料自定心夹紧结构

类型及名称	结构图形	结构说明
外胀式液性塑料自定心夹紧装置	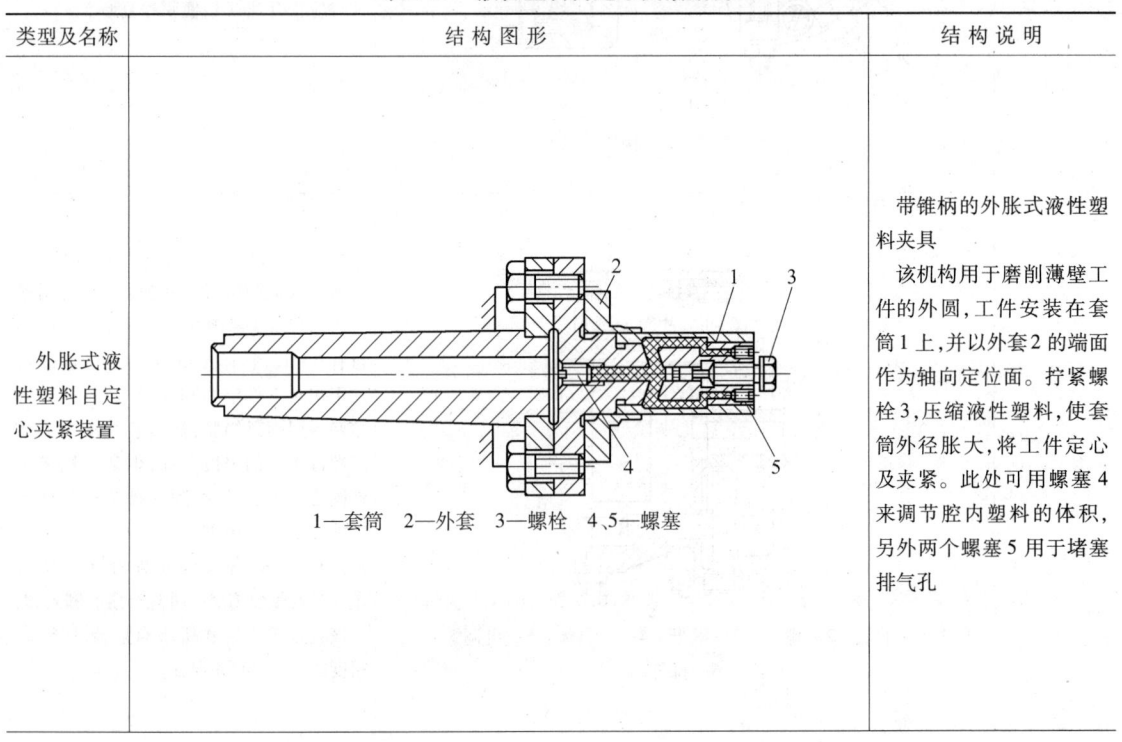 1—套筒 2—外套 3—螺栓 4、5—螺塞	带锥柄的外胀式液性塑料夹具 该机构用于磨削薄壁工件的外圆，工件安装在套筒1上，并以外套2的端面作为轴向定位面。拧紧螺栓3，压缩液性塑料，使套筒外径胀大，将工件定心及夹紧。此处可用螺塞4来调节腔内塑料的体积，另外两个螺塞5用于堵塞排气孔

(续)

类型及名称	结 构 图 形	结构说明
外胀式液性塑料自定心夹紧装置	a) 1—薄壁套 2—圆盘 3—液性塑料 4—柱塞 5—放气螺塞 6—螺钉　　b) 1—套筒 2—螺栓 3—心轴 4—圆盘	圆盘型外胀式液性塑料车夹具(图a) 薄壁套1装在与车床连接的圆盘2上,旋紧柱塞4,压缩液性塑料3,使薄壁套外圆往外胀大,从而定位并夹紧工件。螺钉6起柱塞4的限位作用
		磨孔用的外胀式液性塑料夹具(图b) 工件安装在套筒1上,拧紧螺柱2,压缩塑料,使套筒外径胀大,将工作定心并夹紧。心轴3使套筒1的前端与本体同心。圆盘4与机床连接
	1—套筒 2—支承圈 3—螺柱 4、5—螺塞	磨孔用的外胀式液性塑料夹具 工件安装在套筒1上,以支承圈2对工件进行轴向定位。拧紧螺柱3,压缩塑料,使套筒1的外径胀大,将工件定心并夹紧。螺塞4用于封住塑料浇口,螺塞5用于堵塞排气孔
	通气孔 1—薄壁套筒 2—夹具体 3—螺钉 4—柱塞	带有辅助定位面的液性塑料夹具 该结构由于工件较长,故除了用薄壁套筒1作为主要定位基准外,还用夹具体2上的前、后两段圆柱面作为辅助基准,并以端面作为轴向定位面。拧紧螺钉3,推动柱塞4,压缩塑料,使套筒外胀,将工件定心并夹紧

类型及名称	结构图形	结构说明
内缩式液性塑料自定心夹紧装置	a) 1—薄壁套 2—液性塑料 3—柱塞 b) 1—薄壁套 2—衬套 3—螺母 4—柱塞	以工件外圆定心的内缩式液性塑料夹具(图a) 旋进加压螺钉,带动其内部的柱塞3,压缩液性塑料2,使薄壁套1的内孔产生变形,从而使工件定心并夹紧。反之,则松开工件 磨孔用的轴向加压内缩式液性塑料夹具(图b) 工件安装在薄壁套1中,以衬套2的端面作轴向定位,拧紧螺母3,经三个柱塞4压缩塑料,使套筒变形内缩,将工件定心并夹紧
	a) 1—薄壁套 2—衬套 3—螺柱 b) 1—套筒 2—垫圈 3—螺柱	用于加工阶形长工件内孔的液性塑料夹具(图a) 工件安装在薄壁套1中,并以其前端面作轴向定位面。另以衬套2的内孔作为后端的辅助定位面。拧紧螺柱3,压缩塑料,使套筒内缩,将工件定心并夹紧 用于工件定位基准带有凹槽的液性塑料夹具(图b) 工件安装在套筒1中,并以垫圈2的端面作轴向定位。拧紧螺柱3压缩塑料,使套筒内缩,将工件定心并夹紧。由于工件定位基准有凹槽,因此为防止夹紧时局部变形过大,套筒在工件凹槽的部位做出加强肋

(续)

类型及名称	结构图形	结构说明
内缩式液性塑料自定心夹紧装置	1—套筒　2—螺柱	插齿用的液性塑料夹具 工件安装在套筒1中，并以其端面作为轴向定位面。拧紧螺柱2，压缩塑料，使套筒内缩，将工件定心并夹紧。为提高定心精度，因此在套筒中部做出加强肋，使其具有两段定心的作用
内缩式液性塑料自定心夹紧装置	1、2—套筒　3、4—螺柱　5、6—调节螺钉　7、8—螺塞	以两个薄壁套筒定心的液性塑料夹具 该夹具用于磨削工件的两个台阶内孔。将工件的两个外圆柱面安装在套筒1和2中，并以大套筒的端面作轴向定位面。分别拧紧两个切向布置的加压螺柱3和4，压缩塑料，使套筒内缩，将工件定心并夹紧。调节螺钉5和6用以限制加压螺柱的移动量，以免夹紧力过大，用螺塞7和8堵塞排气孔。切向布置的加压螺柱可使套筒变形均匀，提高定心精度
气动液性塑料夹紧装置	1—薄壁套筒　2—垫圈　3—弹簧　4—柱塞　5—调节螺钉	气动液性塑料夹具 该结构采用压缩空气作为动力源。工件安装在薄壁套筒1上，并以垫圈2的端面作为工件的轴向定位面。夹紧时，与气缸活塞杆相连的柱塞4右移，压缩塑料，套筒外胀，将工件定心并夹紧。松开时，柱塞左移，套筒恢复原状。其中弹簧3在夹紧时起缓冲作用，调节螺钉5起限位作用，防止塑料压缩过大，致使套筒过度变形

2.3.11 肘节式快速夹紧装置

1. 概述

肘节式快速夹紧装置是一种结构简单、安装简便、被夹紧工件装卸快捷、操作方便、安全高效的夹紧功能部件。它已广泛应用于机械、电子、食品、轻工以及其他各种行业中，用于加工生产、焊接、装配、测试以及包装等各种领域中。由于结构简单、用途繁多，商品化程度高，用户不用自制，需要时可方便从市场上采购。深圳天凌高实业（TIPTOP）、台湾强手工具（STRUNG HAND TOOLS）等公司均生产品种规格较为齐全的该类夹紧装置。

2. 夹紧原理

此夹紧装置根据平面四连杆机构原理设计制作，其基本结构是由连杆、机架及两连架杆等四构件组成。当连杆与连架杆的两铰接点和其中一连架杆与机架的铰接点，三点同在一直线时，机构处于死点位置。这时被压紧的工件，无论有多大的反力（除了破坏性反力），也无法使机构变动。于是压头也就不会松开，这就是机械力学中的死点夹紧原理。

为了避免在使用中，因外力负载变化和机械振动的影响，设计时，将中间铰接点，略偏于其他两铰接点连线的内侧，以确保在最大夹紧力的情况下，始终保持夹具机构锁定在稳定状态而不松脱。

3. 夹紧力

夹紧力是指夹具在锁定位置，不产生机械变形的情况下，压头对工件的最大压紧力。此压紧力产生于压头在力臂上调至距离安装座最近的位置。压头对工件的压紧力随压头在力臂上的位置不同而改变，当远离安装座时，压紧力减少。

4. 肘杆快速夹紧典型结构

肘杆快速夹紧装置为适应不同需要，品种系列不少，规格尺寸更多。现常见的有六类典型结构：垂直式、水平式、推拉式、拉扣式、焊接夹钳式、气动肘节式。表 2-30 ~ 表 2-35 分别简单举例介绍其典型结构，可供选用参考。

表 2-30 垂直式快速肘节夹紧装置实例

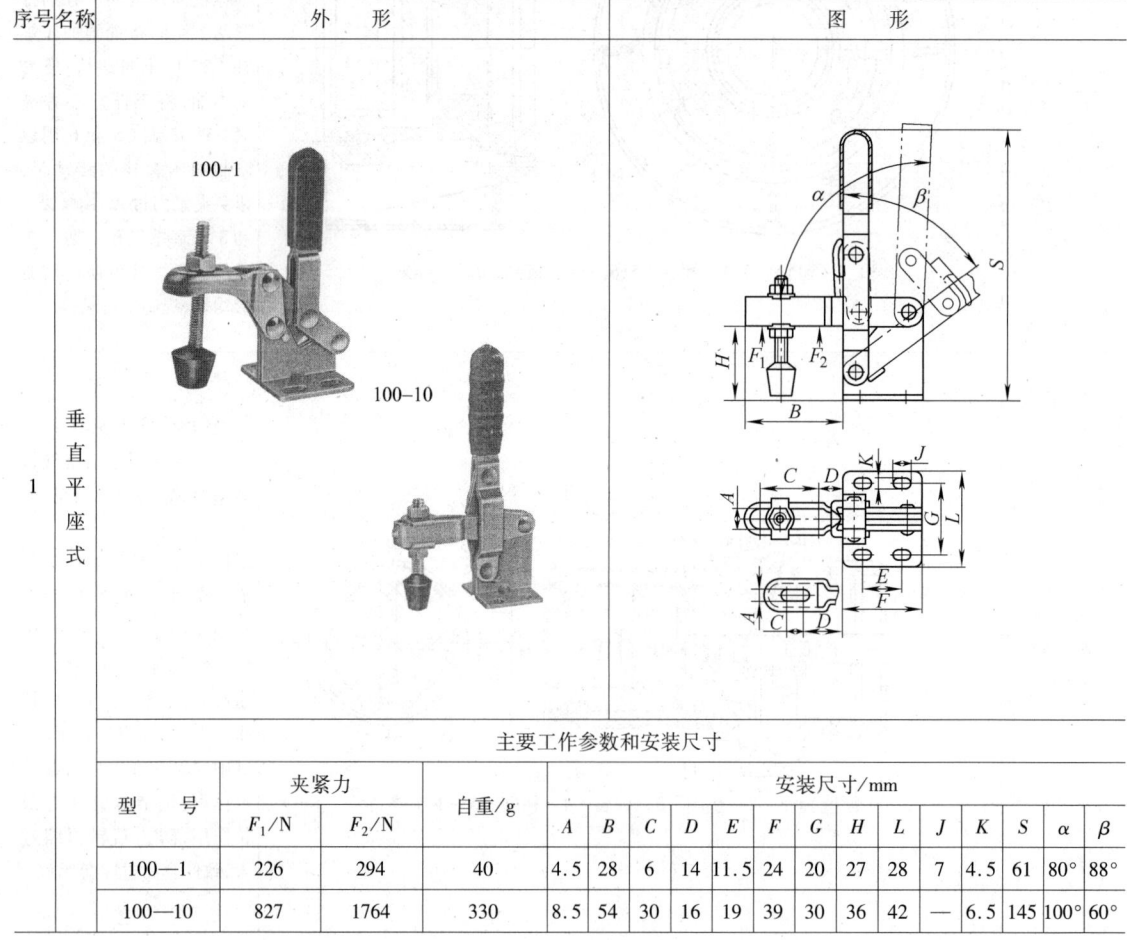

序号	名称	外形	图形
1	垂直平座式	100-1, 100-10	（见图）

主要工作参数和安装尺寸

型号	夹紧力 F_1/N	夹紧力 F_2/N	自重/g	A	B	C	D	E	F	G	H	L	J	K	S	α	β
100—1	226	294	40	4.5	28	6	14	11.5	24	20	27	28	7	4.5	61	80°	88°
100—10	827	1764	330	8.5	54	30	16	19	39	30	36	42	—	6.5	145	100°	60°

（续）

序号	名称	外形	图形
2	垂直直座式	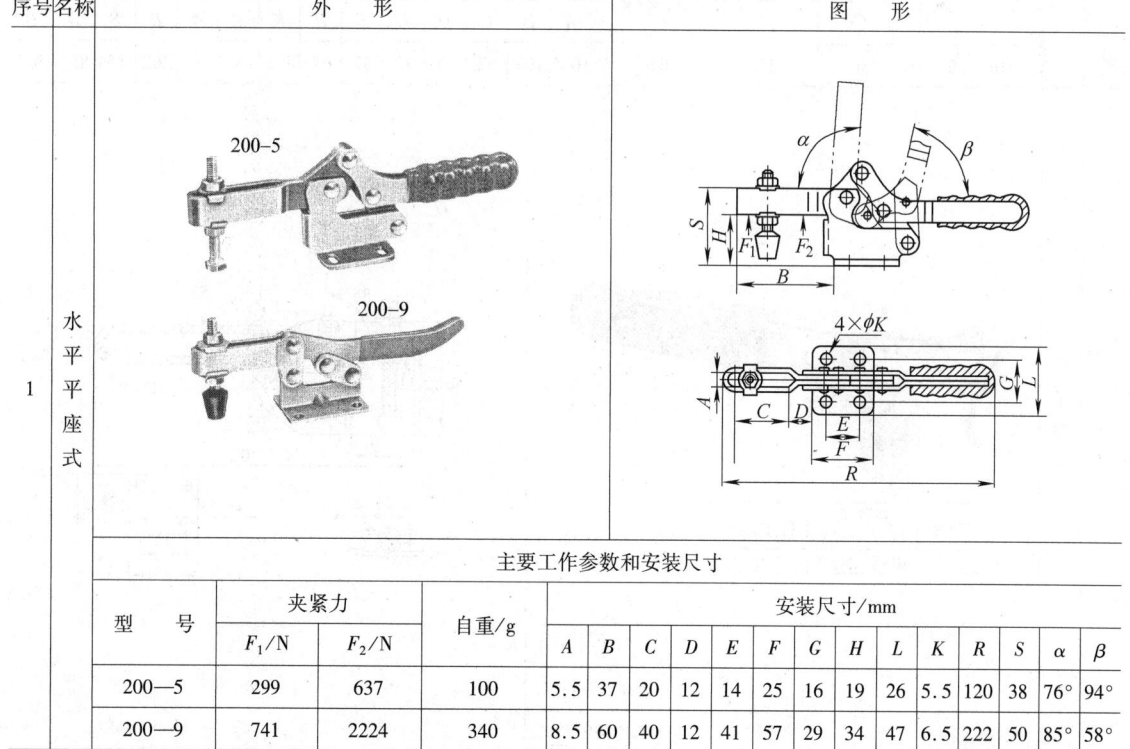	

主要工作参数和安装尺寸

型号	夹紧力		自重/g	安装尺寸/mm												
	F_1/N	F_2/N		A	B	C	D	E	F	H	K	M	N	S	α	β
110—1	226	294	40	4.5	28	6	14	11.5	24	38.5	4.5	0	4	74	80°	88°
110—10	827	1764	330	8.5	54	30	16	19	39	50	6.5	0	5.5	159	100°	60°

表2-31 水平式快速肘节夹紧装置实例

序号	名称	外形	图形
1	水平平座式		

主要工作参数和安装尺寸

型号	夹紧力		自重/g	安装尺寸/mm												
	F_1/N	F_2/N		A	B	C	D	E	F	G	H	L	K	R	S	α	β
200—5	299	637	100	5.5	37	20	12	14	25	16	19	26	5.5	120	38	76°	94°
200—9	741	2224	340	8.5	60	40	12	41	57	29	34	47	6.5	222	50	85°	58°

(续)

序号	名称	外 形	图 形
2	水平直座式	210—16 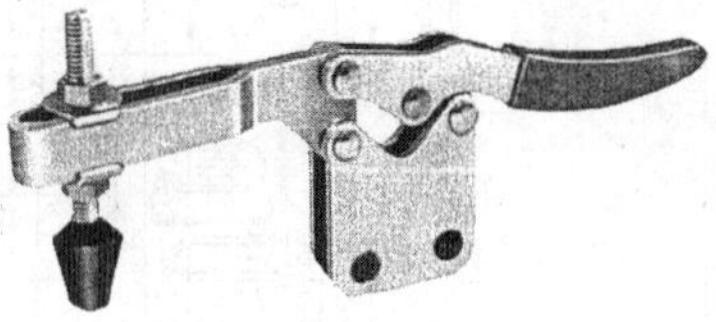	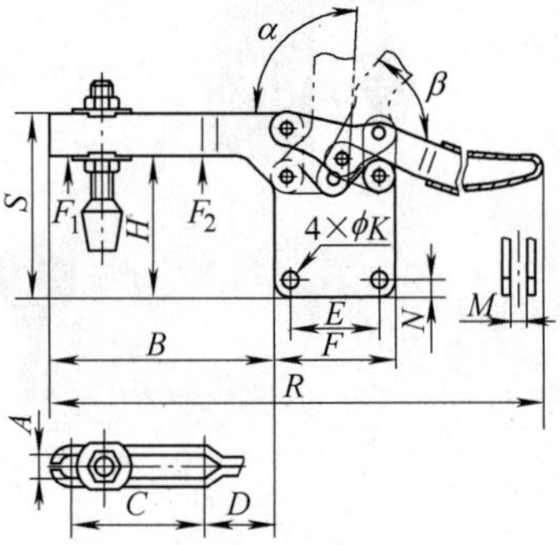

主要工作参数和安装尺寸

型号	夹紧力		自重/g	安装尺寸/mm												
	F_1/N	F_2/N		A	B	C	D	E	F	H	K	M	N	R	S	α	β
210—16	1336	3332	640	10.5	107	62	35	42	57	67	8.5	8	8	262	85	85°	50°

序号	名称	外 形	图 形
3	水平侧座式	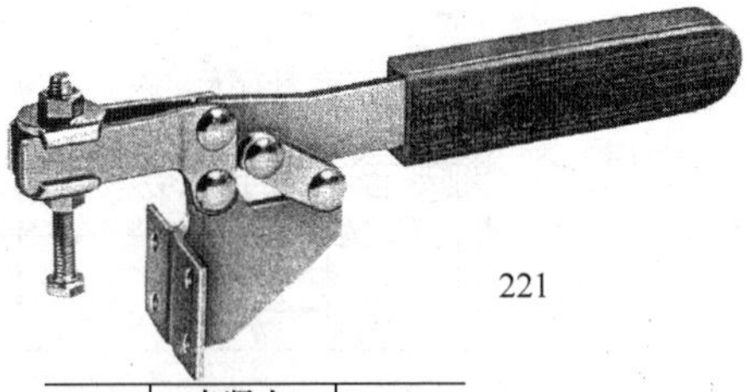 221	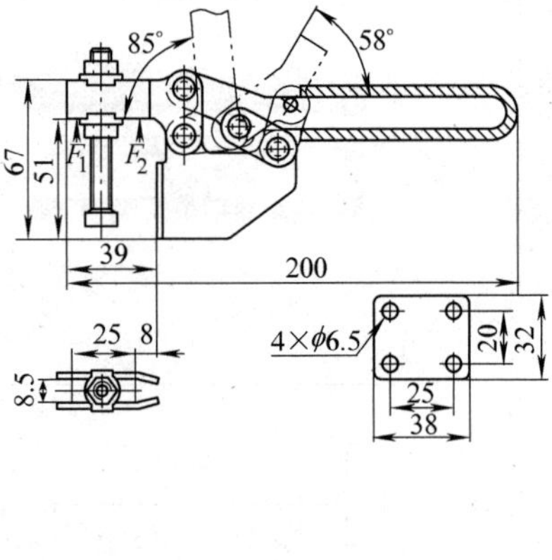

型号	夹紧力		自重/g
	F_1/N	F_2/N	
221	1088	2450	210

表 2-32 推拉式快速肘节夹紧装置实例

序号	名称	外形	图形
1	推拉平座式	300-1 | 型号	夹紧力 F_1/N	行程/mm	自重/g
300-1	441	16	38		
2	推拉直座式	317 | 型号	夹紧力 F_1/N	行程/mm	自重/g
317	3567	41	800		

表 2-33 拉扣式快速肘节夹紧装置实例

序号	名称	外形	图形
1	套式	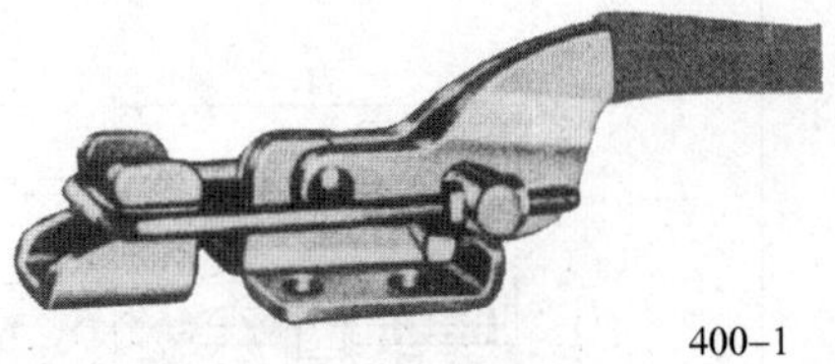 400-1	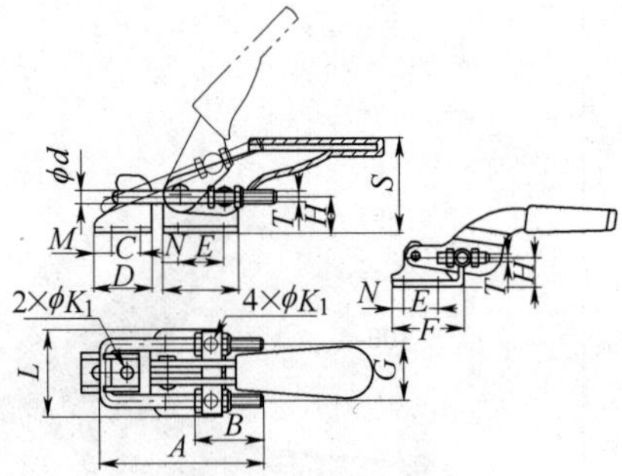

主要工作参数和安装尺寸

型号	夹紧力 F_1/N	自重/g	安装尺寸/mm													
			A	B	C	D	E	F	G	L	M	N	K	K_1	d	H	T	S
400—1	1600	74	57	24	10	20	16	26	19	29	6	5	4.5	4.5	4	12	M4	30
400—2	3116	234	92	40	12	26	19	40	28	45	7	6.5	6.5	6.5	6	16	M5	51

序号	名称	外形	图形
2	钩式	 403-1	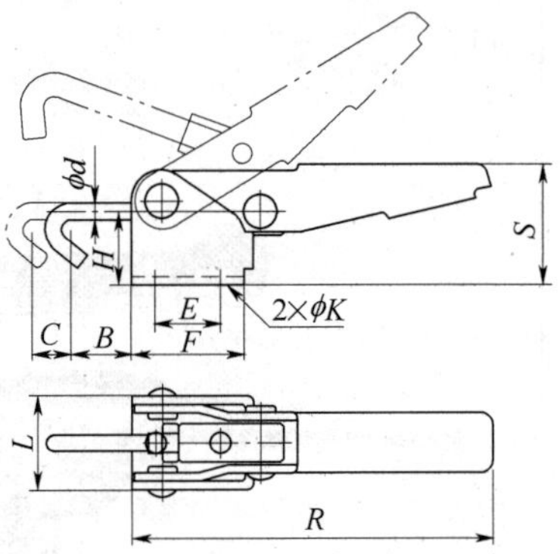

主要工作参数和安装尺寸

型号	夹紧力 F_1/N	自重/g	安装尺寸/mm								
			d	T	B	C	E	F	H	L	K	R	S
403—1	1666	185	5	—	21	12	20	35	22	28	6.5	110	40
403—2	1666	180	—	M6	21	12	20	35	22	28	6.5	110	40

表 2-34 焊接夹钳式快速肘节夹紧装置实例

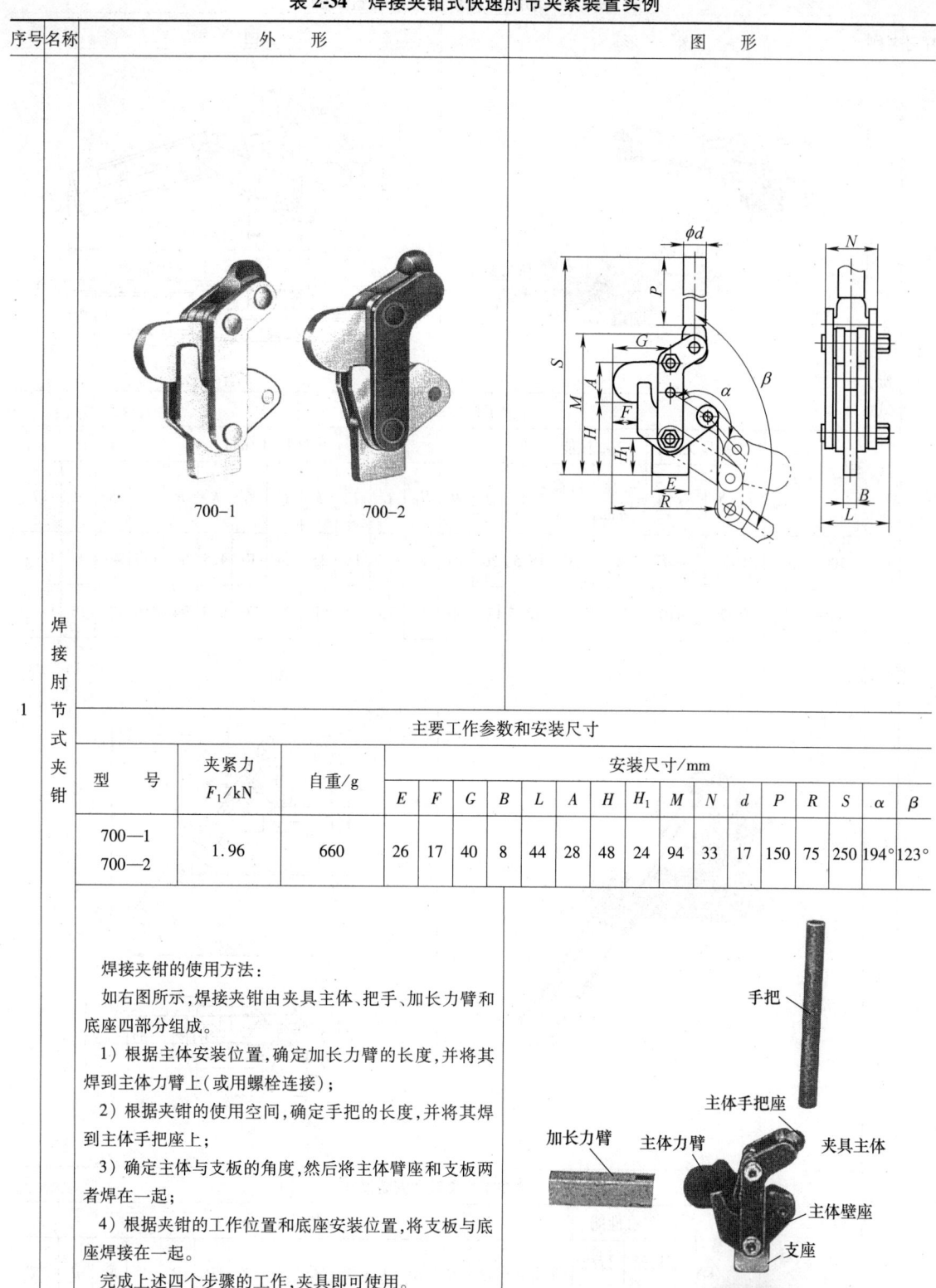

序号	名称																
1	焊接肘节式夹钳																

主要工作参数和安装尺寸

型号	夹紧力 F_1/kN	自重/g	安装尺寸/mm													
			E	F	G	B	L	A	H	H_1	M	N	d	P	R	S	α	β
700—1 700—2	1.96	660	26	17	40	8	44	28	48	24	94	33	17	150	75	250	194°	123°

焊接夹钳的使用方法:

如右图所示,焊接夹钳由夹具主体、把手、加长力臂和底座四部分组成。

1) 根据主体安装位置,确定加长力臂的长度,并将其焊到主体力臂上(或用螺栓连接);
2) 根据夹钳的使用空间,确定手把的长度,并将其焊到主体手把座上;
3) 确定主体与支板的角度,然后将主体臂座和支板两者焊在一起;
4) 根据夹钳的工作位置和底座安装位置,将支板与底座焊接在一起。

完成上述四个步骤的工作,夹具即可使用。

表 2-35 气动肘节式快速夹紧装置实例

序号	名称																	
1	水平气缸式																	

主要工作参数和安装尺寸

型号	夹紧力		气缸性能		安装尺寸/mm													
	F_1/N	F_2/N	缸径/mm	行程/mm	A	B	H	H_1	C	E	F	G	L	K	P	R	S	d	T
100—2A	160	490	20	35	5.5	26	16	8	4.5	16	35	24	40	4.5	54	175	40	8	G$\frac{1}{8}$
100—21A	1577	4410	50	75	12.5	125	50	22	10	32	149	45	76	8.5	94	416	127	16	G$\frac{1}{4}$

| 2 | 斜置气缸式 |

主要工作参数和安装尺寸

型号	夹紧力	气缸性能		安装尺寸/mm														
	F_1/kN	缸径/mm	行程/mm	A	B	H	C	D	E	F	G	L	K	P	R	S	S_1	d	T
700—3A	4.9	50	125	39	27	80	13	173	54	80	44	70	8.5	110	303	365	141	20	G$\frac{1}{8}$

2.3.12 其他特种类型夹紧装置

1. 离心力夹紧装置（表2-36）

表2-36 离心力夹紧装置

序号	图示及结构说明
1	（1）装在机床主轴前端的离心力夹紧装置 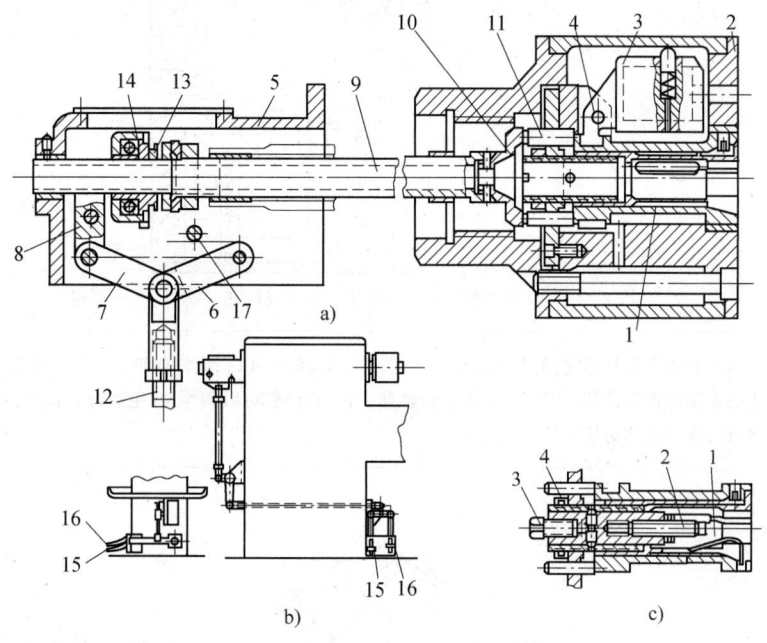 1—锥套 2—本体 3—重块 4—销轴 5—外壳 6、7—链板 8—压板 9—顶杆 10—浮动套 11—滑销 12—操作杆 13—弹簧片 14—推力轴承 15、16—踏脚板 17—限位销 　　1—弹簧钢丝 2、3—螺钉 4—定距轴 该装置当机床主轴转动时,重块3(内部灌铅)因离心力绕销轴4转动,推动内锥套1右移,即可使弹性夹头收缩而夹紧工件 　　为了防止停车测量工件尺寸时,工件发生松动,在机床主轴后端装有停车锁紧机构,将锁紧机构的外壳5固定在机床主轴的后端 　　锁紧机构与安装在机床床身边上的踏脚板15、16及杠杆系统相连接(如图b)。当要停车测量时,踩下踏脚板17,操纵杆12就向上顶起,使压板8向右摆动,通过推力轴承14和弹簧片13使顶杆9右移,推动浮动套10及滑销11顶紧内锥套1,不使工件松开即可停机测量工件。铰链杠杆机构具有扩力和自锁作用,当杠杆6碰到限位销17后,链板6和7合成一体,此时即使放松踏脚板15,机构亦不会自松 　　当放松工件时,踩下踏脚板16,操纵杆12借碟形弹簧片13向下移近,于是传动机构反向移动,即可使弹性夹头松开 　　为了使工件装在弹性夹头内有一个比较准确的初定位,可采用图c所示的机构。利用弹簧钢丝1装在弹性夹头的槽中,使工作有一个预紧力。螺钉2用于对工件进行轴向定位,并用螺钉3通过钢球和两个销子,将定距轴4锁紧在螺纹套中 　　图a所示的装置中,弹簧夹头轴向位置的调整比较困难,因为必须将本体2从法兰盘上卸下来,才能进行调整

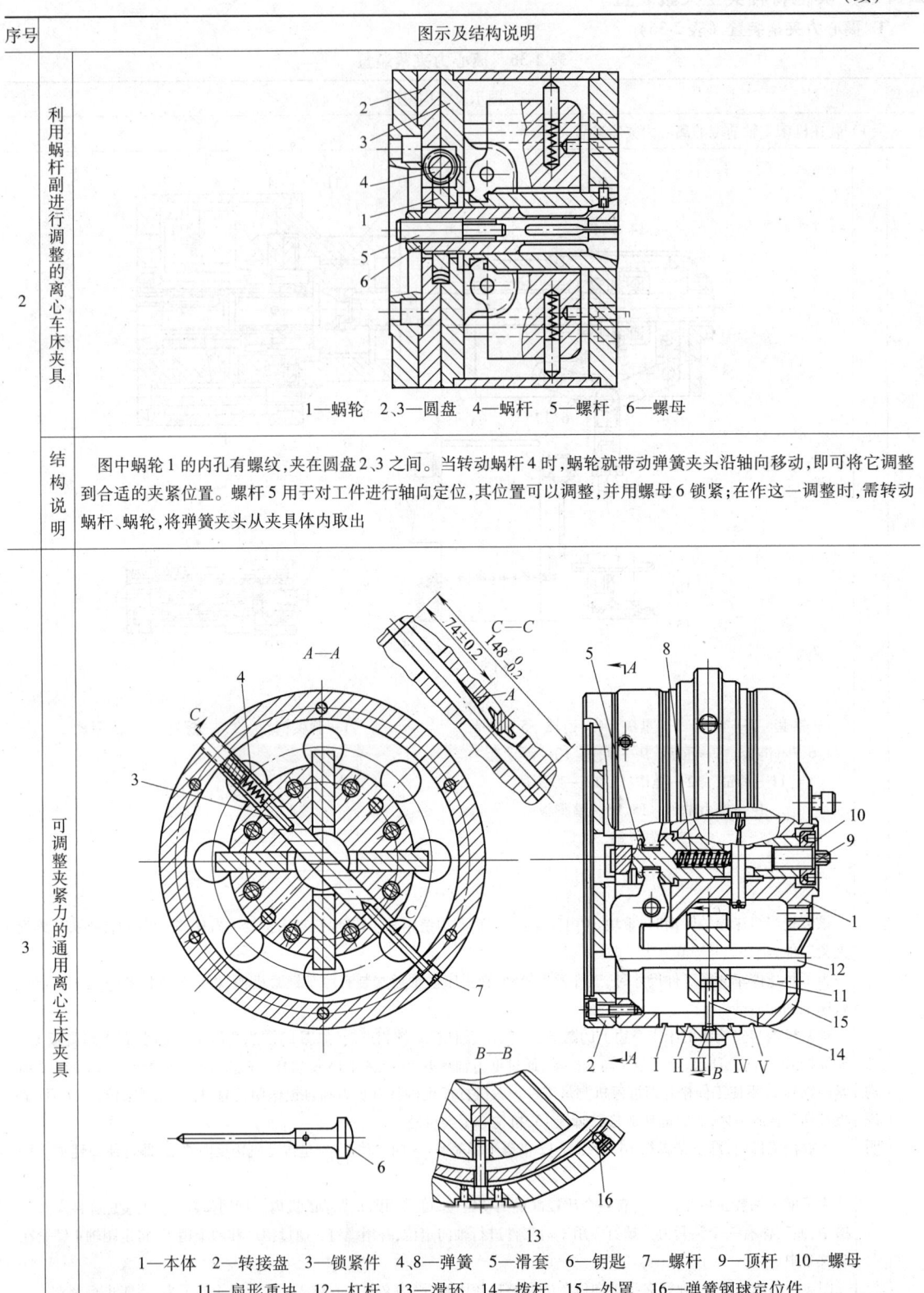

序号	图示及结构说明
2 利用蜗杆副进行调整的离心车床夹具	1—蜗轮 2、3—圆盘 4—蜗杆 5—螺杆 6—螺母
结构说明	图中蜗轮 1 的内孔有螺纹,夹在圆盘 2、3 之间。当转动蜗杆 4 时,蜗轮就带动弹簧夹头沿轴向移动,即可将它调整到合适的夹紧位置。螺杆 5 用于对工件进行轴向定位,其位置可以调整,并用螺母 6 锁紧;在作这一调整时,需转动蜗杆、蜗轮,将弹簧夹头从夹具体内取出
3 可调整夹紧力的通用离心车床夹具	1—本体 2—转接件 3—锁紧件 4、8—弹簧 5—滑套 6—钥匙 7—螺杆 9—顶杆 10—螺母 11—扇形重块 12—杠杆 13—滑环 14—拨杆 15—外罩 16—弹簧钢球定位件

(续)

序号		图示及结构说明
3	结构说明	结构比较完善的装置。本体1用其右端的圆台和端面作为定位面安装专用夹具，并用四个螺钉固定。用转接盘2与机床法兰盘连接。由于锁紧件3的纵向具有自锁性能的斜面，在弹簧4的作用下，经常与滑套5左端的球头相接触(图示位置为锁紧件3后退到极端的状态)；因此停车后，仍可使工件处于夹紧状态而进行加工过程中的测量。钥匙6用于停车后解除工件的夹紧状态。使用时，拧下螺杆7，钥匙即可从螺孔中插入，推动锁紧件3，于是滑套5在弹簧8的作用下向左移动，使顶杆9后退而松开工件。此处顶杆9的伸出长度可以调节，并用螺母10锁紧，用以推动专用夹具中的夹紧机构。四个扇形重块11用以产生离心力，它在杠杆12上的位置可用滑环13及拨杆14调整 在外罩15上有五条V形环槽(图中用代号Ⅰ～Ⅴ表示)，滑环13中的弹簧钢球定位件16可卡在其中一条V形环槽中。当滑环移动到不同的V形环槽上时，重块11在杠杆12上的位置即可改变。因此，当机床主轴旋转时，重块11所产生的离心力，即可通过不同的杠杆比得到放大
		(2) 装在机床主轴后端的离心力夹紧装置
1	摇臂式离心力夹紧装置	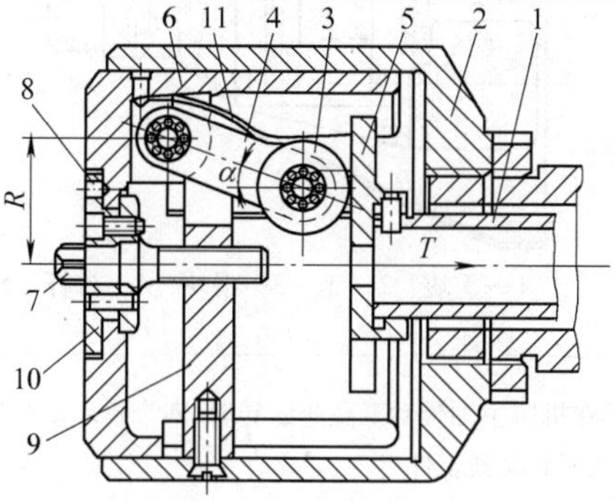 1—推杆　2—本体　3—重块　4—摇臂　5—推力盘　6—滑座　7—调节螺钉　8—紧定螺钉 9—支架　10—调整数值指示盘　11—弹簧片
	结构说明	工作时，根据加工情况，转动螺钉7，控制滑座6与本体2之间的相对位置，改变摇臂的张角α，即可调整离心力的大小
2	杠杆式离心力夹紧装置	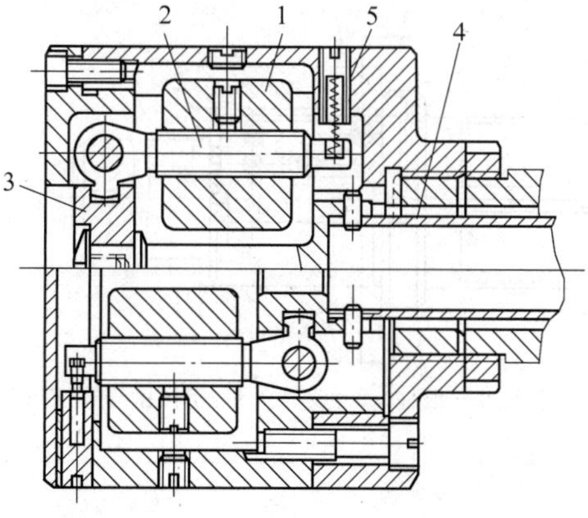 1—重块　2—杠杆　3—滑套　4—推杆　5—弹簧
	结构说明	图中上半部所示为推式传动的结构，重块1在主轴回转时所产生的离心力，经杠杆2和滑套3推动推杆4右移，通过装在主轴前端专用夹具中的夹紧机构将工件夹紧。工件的松开是依靠弹簧5使重块复位来实现的。杠杆2上制有螺纹，调节重块1在杠杆上的位置，即可改变作用力臂而调节夹紧力的大小 图的下半部所示为拉式传动的结构，这里重块1在主轴旋转时所产生的离心力，可使拉杆3向左拉动而夹紧工件

(续)

序号	图示及结构说明
	(3) 常用的离心力夹紧装置
1	常用的离心力夹紧装置 1—重块　2—销　3—滑块　4—拉杆　5—弹簧夹头
结构说明	离心力夹紧装置。夹具在机床主轴带动下高速回转时,四个重块1产生了离心力,绕销2转动,拨动滑块3带动拉杆4左移,使弹簧夹头5张开而夹紧工件

2. 切削力夹紧装置（表2-37）

该装置中的带平面的三滚柱内定心心轴可参见表2-19。

表2-37　切削力夹紧装置

序号	切削力夹紧装置
1	利用切削力夹紧的单滚柱心轴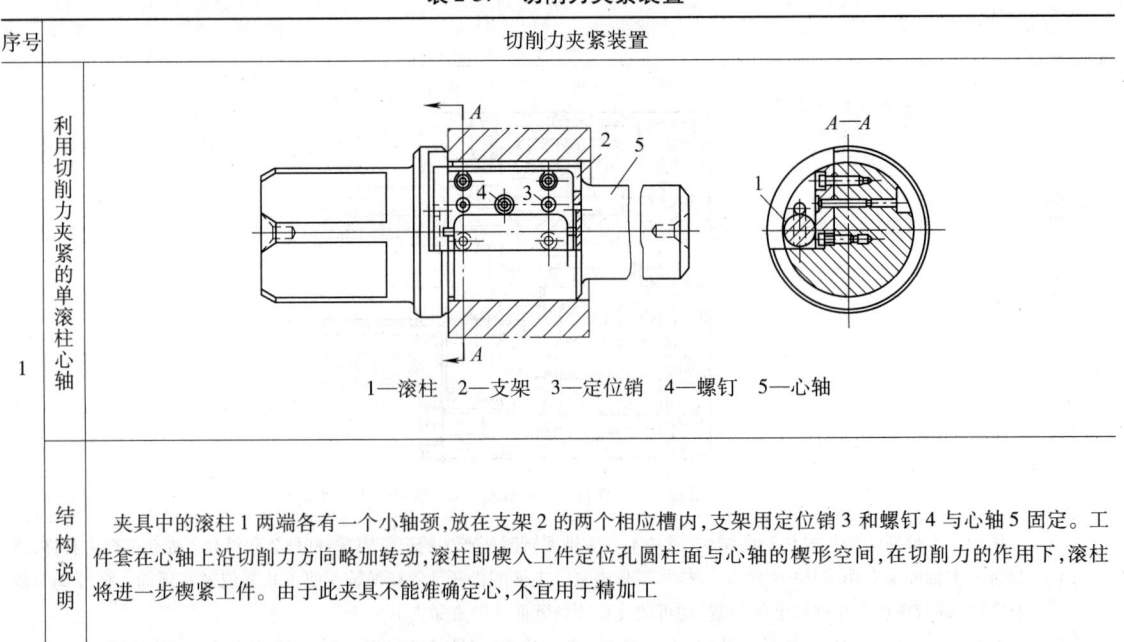 1—滚柱　2—支架　3—定位销　4—螺钉　5—心轴
结构说明	夹具中的滚柱1两端各有一个小轴颈,放在支架2的两个相应槽内,支架用定位销3和螺钉4与心轴5固定。工件套在心轴上沿切削力方向略加转动,滚柱即楔入工件定位孔圆柱面与心轴的楔形空间,在切削力的作用下,滚柱将进一步楔紧工件。由于此夹具不能准确定心,不宜用于精加工

序号	切削力夹紧装置
2 靠切削力和离心力夹紧的心轴	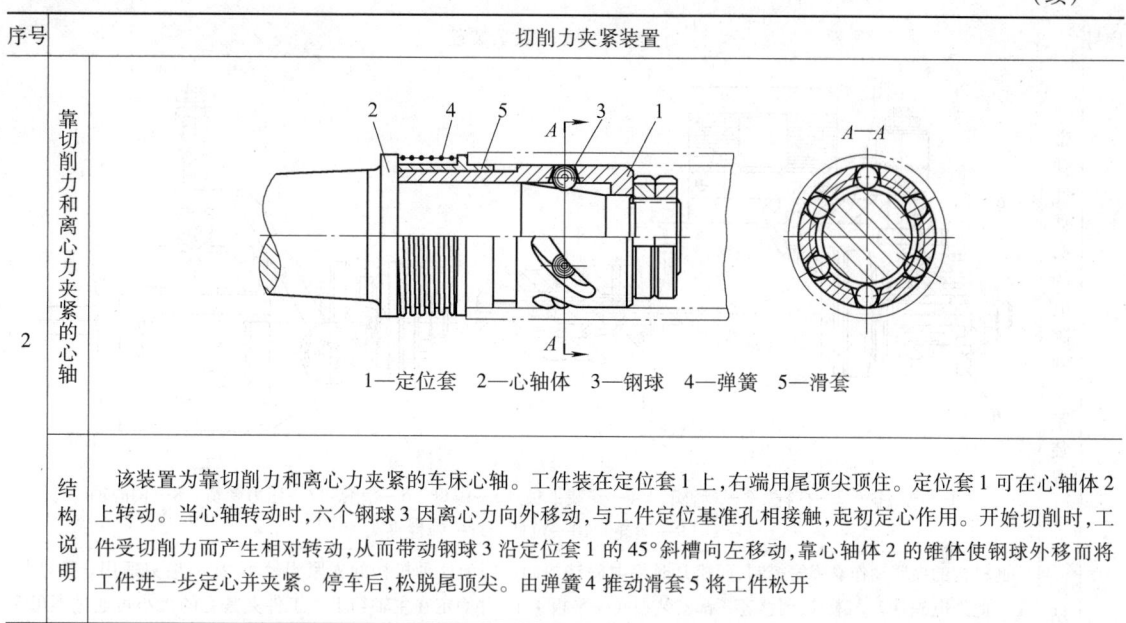 1—定位套　2—心轴体　3—钢球　4—弹簧　5—滑套
结构说明	该装置为靠切削力和离心力夹紧的车床心轴。工件装在定位套1上，右端用尾顶尖顶住。定位套1可在心轴体2上转动。当心轴转动时，六个钢球3因离心力向外移动，与工件定位基准孔相接触，起初定心作用。开始切削时，工件受切削力而产生相对转动，从而带动钢球3沿定位套1的45°斜槽向左移动，靠心轴体2的锥体使钢球外移而将工件进一步定心并夹紧。停车后，松脱尾顶尖。由弹簧4推动滑套5将工件松开

3. 电动、电磁铁夹紧装置（表2-38）

表2-38　电动、电磁铁夹紧装置

序号	电动、电磁铁夹紧装置
1 电动夹紧装置	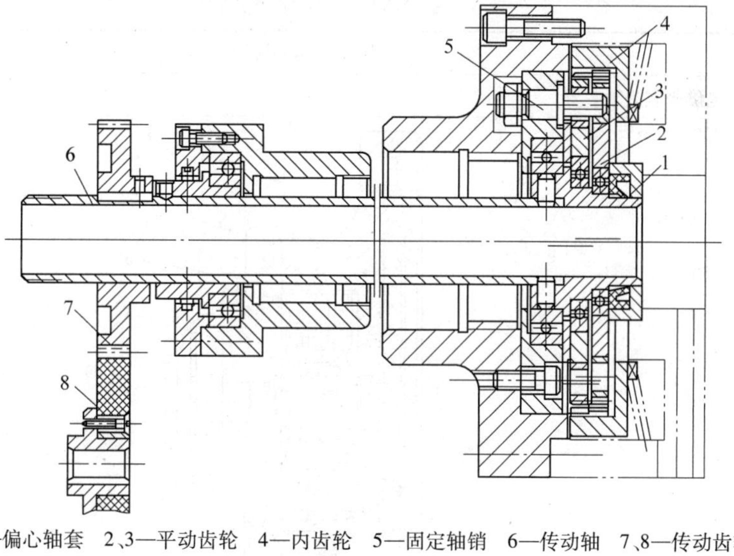 1—偏心轴套　2、3—平动齿轮　4—内齿轮　5—固定轴销　6—传动轴　7、8—传动齿轮
结构说明	图示为电动卡盘的结构图，它是通过少齿差减速器进行减速和增力的自动定心夹紧机构，电动机动力由传动齿轮8、7传至传动轴6，其前端的偏心轴套1上装有平动齿轮2、3，平动齿轮上的八个孔套在八根固定轴销5上。因此，齿轮2、3只能作高速行星摆动，而不能自转。从而使内齿轮4得到低速大转矩的旋转摆动运动。齿轮6的端面齿与三爪自定心卡盘的锥齿轮啮合，使卡爪实现对工件的夹紧和松开

电动、电磁铁夹紧装置

序号		
2	带弹性夹头的电磁铁夹紧装置	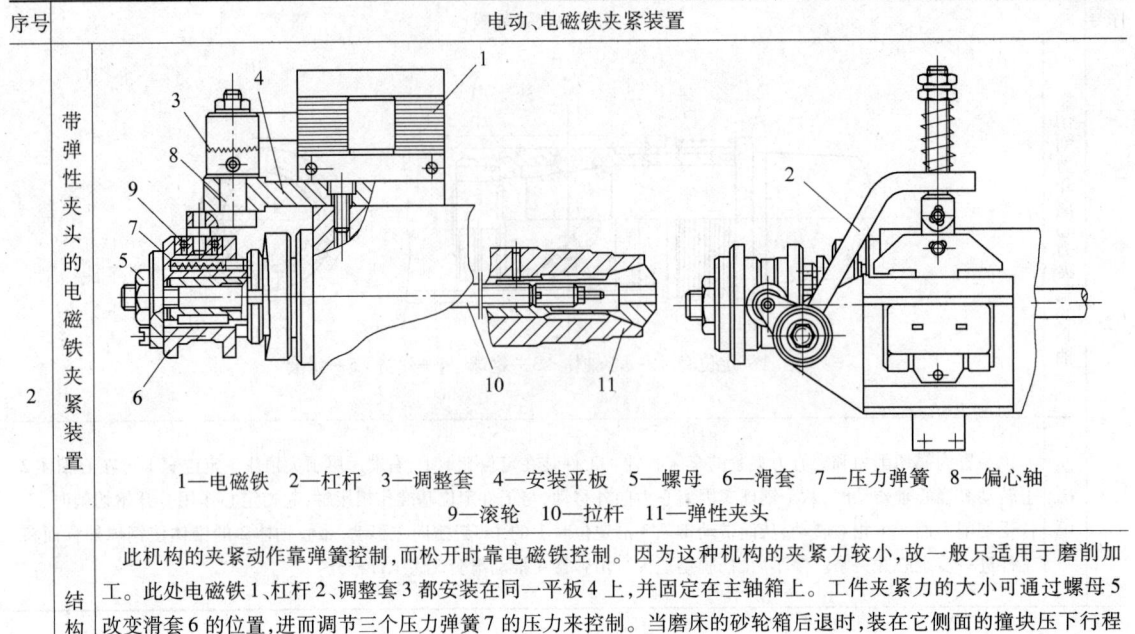 1—电磁铁 2—杠杆 3—调整套 4—安装平板 5—螺母 6—滑套 7—压力弹簧 8—偏心轴 9—滚轮 10—拉杆 11—弹性夹头
	结构说明	此机构的夹紧动作靠弹簧控制,而松开时靠电磁铁控制。因为这种机构的夹紧力较小,故一般只适用于磨削加工。此处电磁铁1、杠杆2、调整套3都安装在同一平板4上,并固定在主轴箱上。工件夹紧力的大小可通过螺母5改变滑套6的位置,进而调节三个压力弹簧7的压力来控制。当磨床的砂轮箱后退时,装在它侧面的撞块压下行程开关,使电磁铁通电吸合,带动杠杆2,使偏心轴8转动,通过滚轮9把滑套6与拉杆10同时向右移动,于是放松弹性夹头11,便可装卸工件。当砂轮座向工件靠近时,撞块脱离行程开关,切断电磁铁的电源,此时由三个压力弹簧7的压力迫使滑套6与拉杆10向左移动,使弹性夹头收缩而夹紧工件

4. 电磁夹紧装置(表2-39)

表2-39 电磁夹紧装置

序号	图示及结构说明
	(1) 普通单电磁极式夹紧装置
1	车床用电磁卡盘 1—线圈 2—铁心 3—工件 4—磁力线 5—隔磁套 6—吸盘 7—底盘 8—连接盘
	结构说明:当线圈1通入电流后,在铁心2上产生一定数量的磁通,磁力线绕过隔磁套5、通过工件3形成闭合回路(如图中虚线所示),因而吸盘6能将导磁的工件吸紧。断开电流,则磁力线消失,便可取下工件

(续)

序号	图示及结构说明
2 外圆磨床上用的电磁卡盘	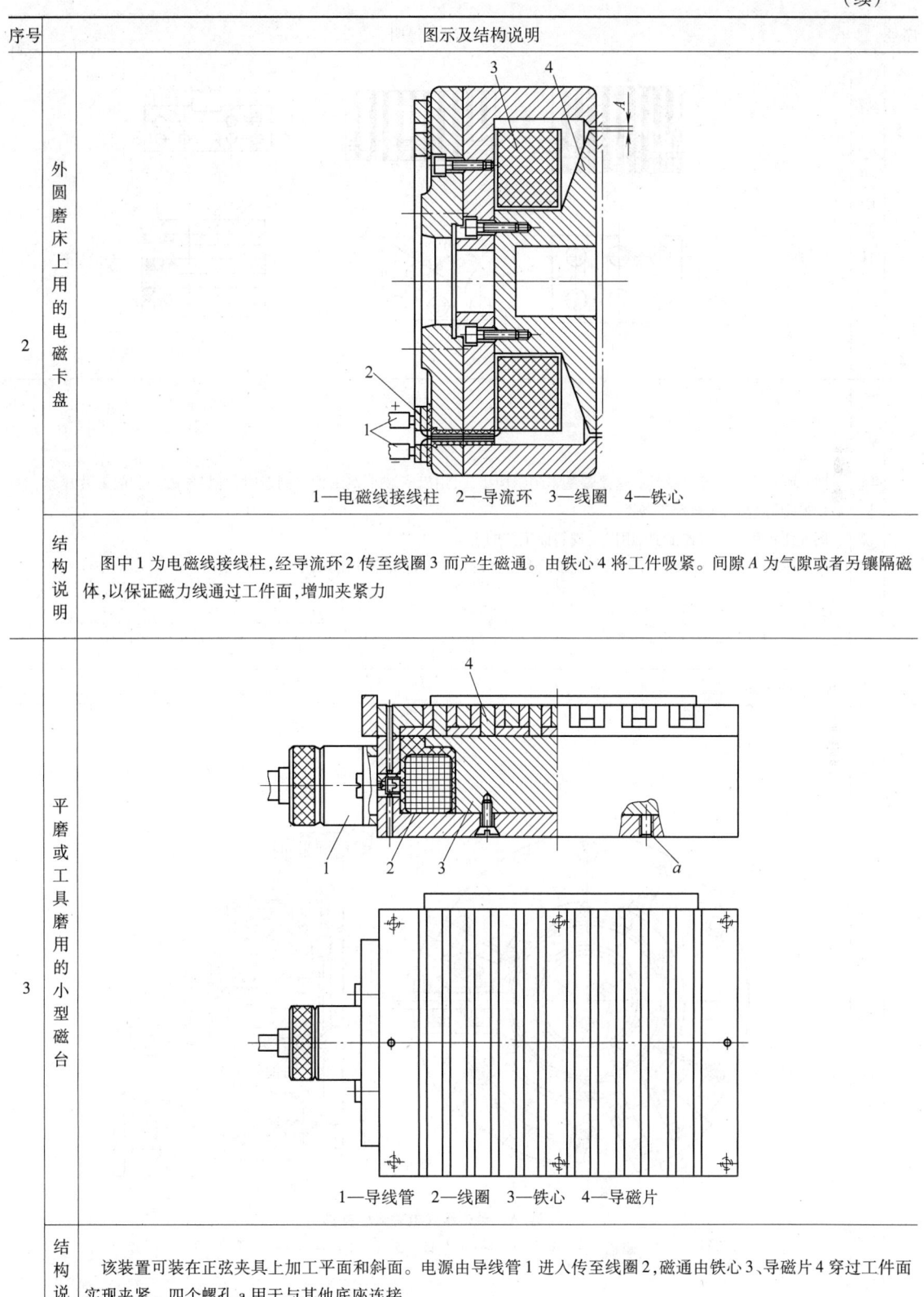 1—电磁线接线柱　2—导流环　3—线圈　4—铁心
结构说明	图中1为电磁线接线柱,经导流环2传至线圈3而产生磁通。由铁心4将工件吸紧。间隙A为气隙或者另镶隔磁体,以保证磁力线通过工件面,增加夹紧力
3 平磨或工具磨用的小型磁台	1—导线管　2—线圈　3—铁心　4—导磁片
结构说明	该装置可装在正弦夹具上加工平面和斜面。电源由导线管1进入传至线圈2,磁通由铁心3、导磁片4穿过工件面实现夹紧。四个螺孔a用于与其他底座连接

序号	图示及结构说明
4	导磁胎具 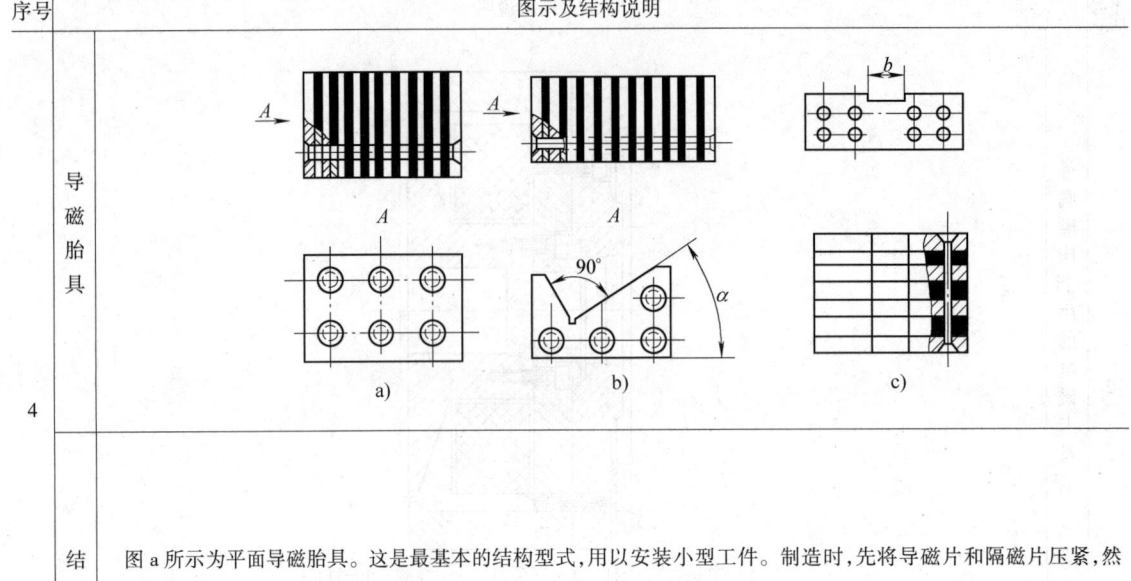
	结构说明：图 a 所示为平面导磁胎具。这是最基本的结构型式，用以安装小型工件。制造时，先将导磁片和隔磁片压紧，然后用铜铆钉铆住，组合磨平各面 图 b 所示为角度导磁胎具，用以实现斜面工件的定位 图 c 所示为带槽导磁胎具，用以实现带凸台工件的定位。此处槽 b 用以让开工件的台阶

(2) 电磁无心夹紧装置

序号	
1	单磁极式无心夹紧装置 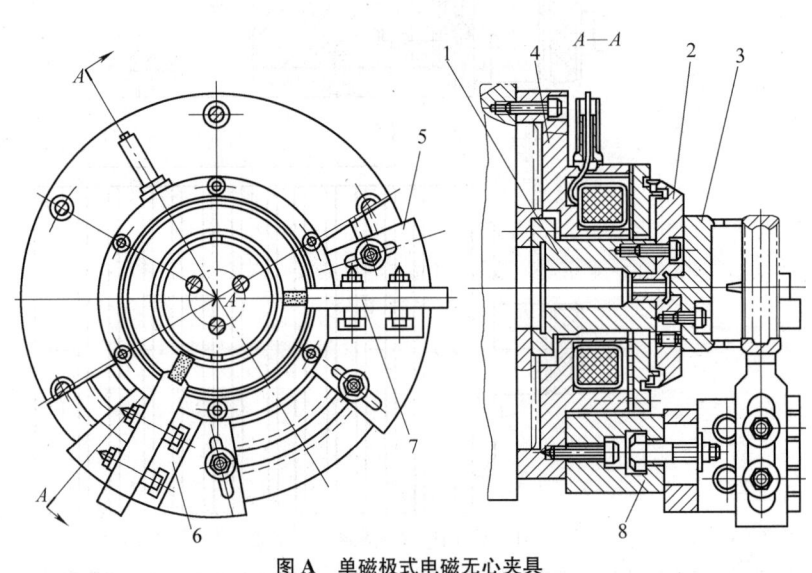 图 A　单磁极式电磁无心夹具 1—铁心　2—磁盘　3—单磁极　4—夹具体　5、6—支承座　7—支承块　8—半圆盘

序号	图示及结构说明
1 单磁极式无心夹紧装置	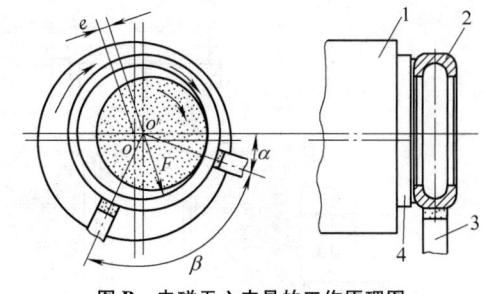 图 B 电磁无心夹具的工作原理图 1—主轴 2—工件 3—支承 4—磁极 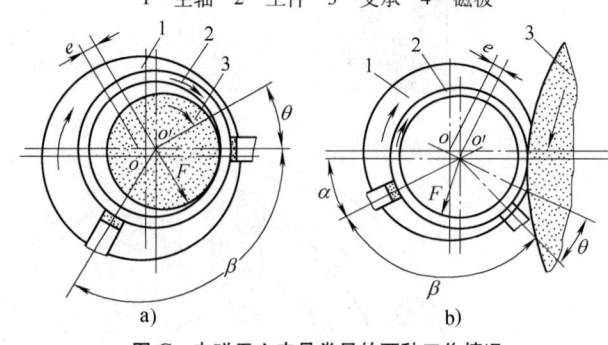 图 C 电磁无心夹具常见的两种工作情况 a) 以外圆定位加工内孔 b) 以外圆定位加工外圆 1—磁极 2—工件 3—砂轮
结构说明	图 A 为电磁无心磨夹具,可以磨削工件的内、外圆及端面。常用来磨削轴承环,安装迅速方便,加工精度高。其工作原理如图 B 所示。工件 2 的外圆面置于两个支承 3 上,端面靠在随主轴 1 一起转动的磁极 4 上。支承 3 的位置,预先调整到工件中心 O' 与主轴回转中心 O 有一个很小的偏心量 $e(0.2 \sim 0.8 \mathrm{mm})$,其方向如图 B 所示。当主轴通过磁极的吸力带动工件旋转时,由于偏心量 e 的存在,两者旋转的速度不同,工件端面和磁极间产生了相对滑动,使工件端面受到与滑动方向相反的摩擦力,摩擦力的合力 F 把工件压向支承,从而保证工件在磨削过程中其外圆表面与支承的可靠接触 由图 A 可见,工件在两支承块 7 和单极极 3 上定位和吸紧,两支承块 7 可在支承座 5、6 上作径向和轴向调整,支承座可在半圆盘 8 的 T 形槽内作圆周调整,使支承的径向尺寸和支承夹角可以调整到任意数值 电磁无心夹具常用的是以外圆定位加工内孔、加工外圆两种工作情况(见图 C)。其主要调整参数为偏心量 e、偏心方向角 θ、支承角 α 以及两支承间的夹角 β,参见下表

电磁无心夹具的调整参数

加工情况	加工方法	调 整 参 数			
		偏心量 e/mm	支承角 α	两支承间夹角 β	偏心方向角 θ
以外圆定位 加工内孔	粗磨	0.2~0.35	0~15°	105°~120°	5°~15°
	细磨	0.15~0.25			
以外圆定位 加工外圆	粗磨	0.25~0.45	15°~32°	90°~115°	15°~30°
	细磨	0.15~0.25			

(续)

序号	图示及结构说明
2 多磁极式无心夹紧装置	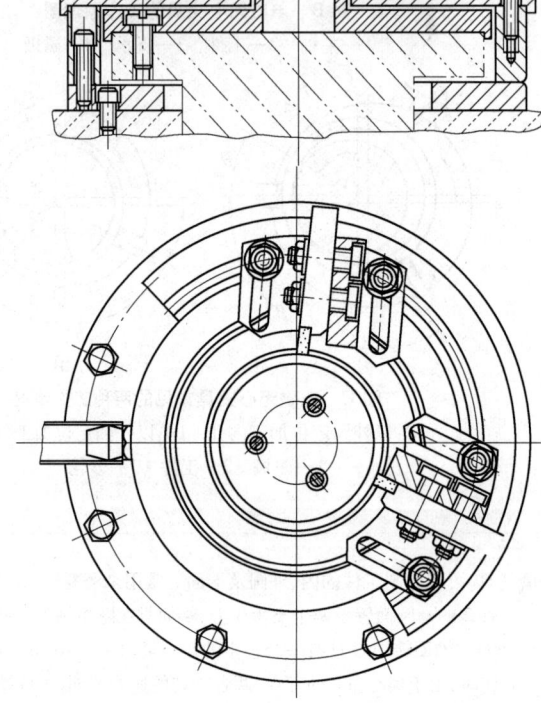
结构说明	该装置是一种新型的电磁无心夹具。其主要组成部分基本上与单磁极式电磁无心夹紧装置相似,调整方法也基本相同。而它采用了三个串联线圈。与单磁极式电磁无心夹具相比具有以下优点: 1)密封性好,防水能力强 2)冷却有改善,因此延长了线圈的使用寿命 3)采用三个线圈串联,因此如果需要更换,只需将其中不能用的换下来即可,缩短了维修时间 该夹具的线圈选用的线径为0.86mm,每组线圈的匝数为1100。线圈端面用绝缘板隔开,线圈与壳体之间也用绝缘板条。磁极端面开有四条槽,以排除铁屑。磁极材料为耐磨的 GCr15 钢,支承材料根据工件及加工条件选用硬质合金 YT5、高锰钢 Mn13、夹布胶木或聚四氟乙烯塑料

5. 真空夹紧装置（表2-40）

表2-40 真空夹紧装置

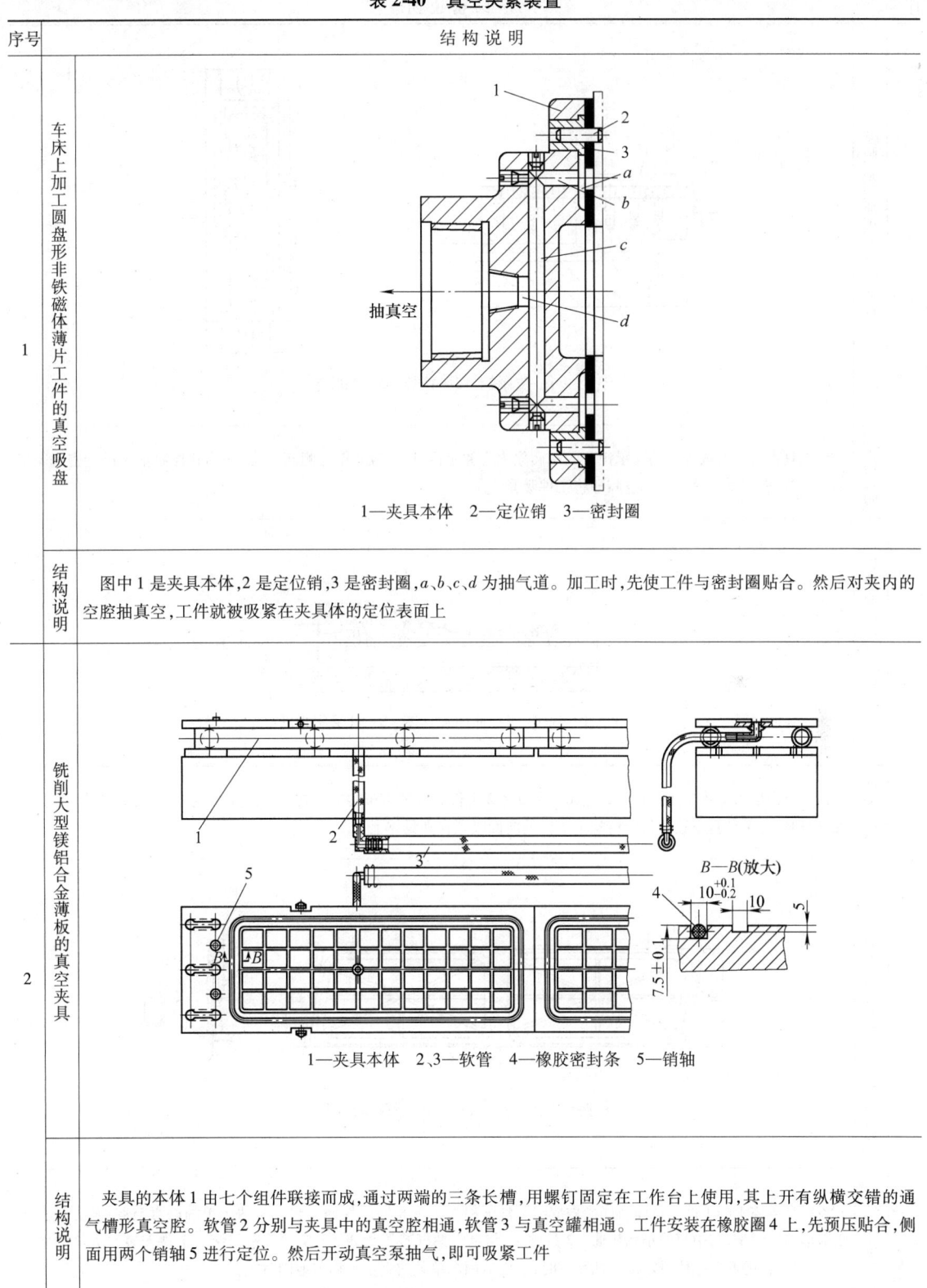

序号		结 构 说 明
1	车床上加工圆盘形非铁磁体薄片工件的真空吸盘	1—夹具本体　2—定位销　3—密封圈
	结构说明	图中1是夹具本体，2是定位销，3是密封圈，a、b、c、d为抽气道。加工时，先使工件与密封圈贴合，然后对夹内的空腔抽真空，工件就被吸紧在夹具体的定位表面上
2	铣削大型镁铝合金薄板的真空夹具	1—夹具本体　2、3—软管　4—橡胶密封条　5—销轴
	结构说明	夹具的本体1由七个组件联接而成，通过两端的三条长槽，用螺钉固定在工作台上使用，其上开有纵横交错的通气槽形真空腔。软管2分别与夹具中的真空腔相通，软管3与真空罐相通。工件安装在橡胶圈4上，先预压贴合，侧面用两个销轴5进行定位。然后开动真空泵抽气，即可吸紧工件

（续）

序号		结构说明
3	铣削铝制薄板的真空夹具	1—支承销　2—挡板　3—橡胶垫
	结构说明	该夹具由许多磨成等高的支承销1的端面作为主要定位、用挡板2作为侧面定位，并用软橡胶垫3进行密封。当抽真空时，密布支承销1的真空腔即将工件吸紧
4	以曲面定位的真空夹具	1—底板　2—曲面夹具体　3—O形密封圈
	结构说明	该夹具由底板1及曲面夹具体2组成。夹具体2上做成分散密布的单独真空腔，并用O形密封圈3密封腔口。当抽真空时，各单独真空腔均匀地将整个工件的曲面吸紧在夹具体上
5	加工带斜面的大型板件的真空夹具	1—夹具本体　2—软管　3—橡胶密封圈　4—挡块
	结构说明	该夹具本体1的工件定位面与底面做成与工件的斜面角度相同的斜面。它具有两个单独的真空腔，其上开有呈辐射形的通气槽，与中部的小孔相通。2是软管，与真空抽气装置相通。3是橡胶密封圈。工件安装在本体的斜面上，并以侧面的两个挡块4定位。抽真空时，工件被两个单独的真空腔均匀地同时吸紧

2.4 分度装置典型结构

2.4.1 分度定位销（表2-41）

表2-41 分度定位销

类型及名称	结构图形	结构说明
手拉式分度销		通常用于中、小型分度夹具，拉出分度销后，转90°可停留在导套端部的端面上
手拉式分度销		套筒带有斜面，转动手柄拉出对定销，即可停在端部
手拉式分度销		拉出后转90°，可停在导套端部，对定销为菱形，可补偿距离偏差
手拉式分度销		拉动手柄可使定位销退出，完成分度后，定位销在弹簧作用下重新插入分度孔内
手动杠杆式分度销		用杠杆操纵分度销进行径向分度

(续)

类型及名称	结构图形	结构说明
手动杠杆式分度销		用曲臂杠杆操纵分度销进行径向分度
		用摆动杠杆式分度销进行径向分度。用弹簧保证分度销与槽紧密接触
脚踏式分度销	1—定位销 2—踏板 3—座梁	带齿条的定位销 1 是靠踏板 2 使之从定位孔中退出。松开踏板靠弹簧力复位,定位销重新插入定位孔中。定位销装在分度装置的座梁 3 中。适用于大型分度装置
钢球式分度销		用弹簧及钢球作为自动定位的分度销。用于预分度或精度要求不高而切削力小的工序

(续)

类型及名称	结构图形	结构说明
偏心（凸轮）式分度销		手柄头部带有偏心圆弧
		手柄下部带有偏心圆弧，分度销头部为菱形
		手柄转轴头部为偏心圆柱，可自锁
		用端面凸轮操纵锥形分度销
		手柄转轴上装有偏心式圆盘，与径向槽式分度盘联用

（续）

类型及名称	结构图形	结构说明
枪栓式分度销	1—定位销 2—销 3—轴 4—弹簧 5—手柄 6—定位螺钉	转动手柄5时，轴3一起回转，通过销2带动定位销1回转。由于定位销外圆柱面上有曲线槽，定位螺钉6圆柱头嵌在曲线槽中，故定位销回转时便向右移动，压缩弹簧4而退出定位孔。完成分度后，重新反向转动手柄，定位销在弹簧的作用下沿曲线槽重新插入定位孔内
		枪栓槽直接加工在定位销上，用转动衬套来操纵定位销
齿轮齿条式分度销		用齿轮齿条操纵菱形定位销
		用齿轮齿条操纵圆锥形定位销

(续)

类型及名称	结构图形	结构说明
齿轮齿条式分度销		用齿轮齿条操纵锥形定位销
可胀式分度销		用螺钉压缩油脂或液性塑料来胀紧分度销
可胀式分度销		用齿轮齿条操纵带V形槽的可胀式分度销,并进行锁紧

类型及名称	结构图形	结构说明
可胀式分度销	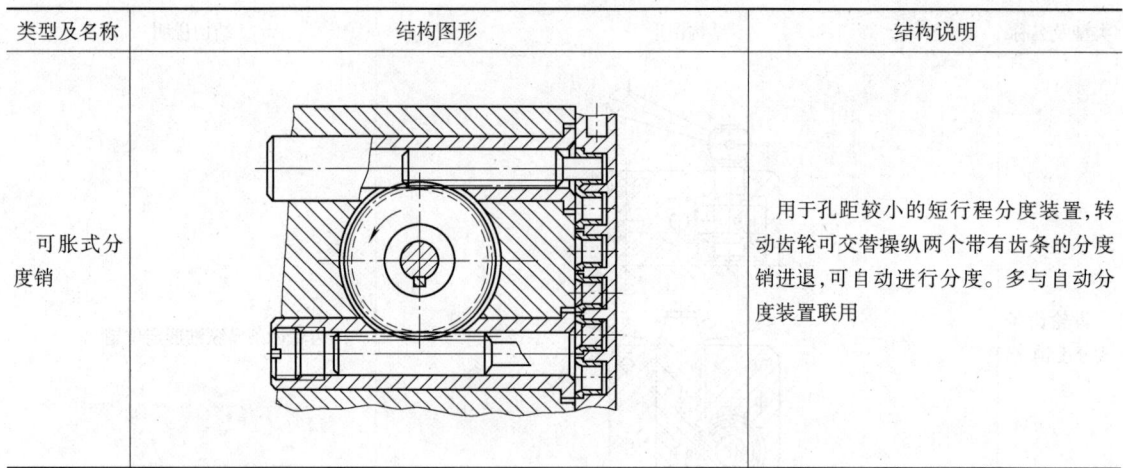	用于孔距较小的短行程分度装置,转动齿轮可交替操纵两个带有齿条的分度销进退,可自动进行分度。多与自动分度装置联用

2.4.2 典型分度装置

1. 圆周分度装置（表2-42）

表2-42 圆周分度装置

序号	图示及结构说明
	（1）多边形分度装置
1	三等分多边形分度装置 1—手柄 2—心轴 3—转轴 4—钢球 结构说明：利用转轴上均匀分布的三个小平面来作分度盘。当逆时针方向转动手柄1时,偏心轴2上的外圆工作表面就与转轴3上的分度平面接触,即可实现分度定位并锁紧。此处钢球4以及转轴3上与它相对应的三个浅锥孔是作为初步定位用。当反转手柄1,至偏心轴2上的小平面与分度平面相对时(两平面间有间隙),即可转动转轴3。这种装置一般适用于小型轴类零件

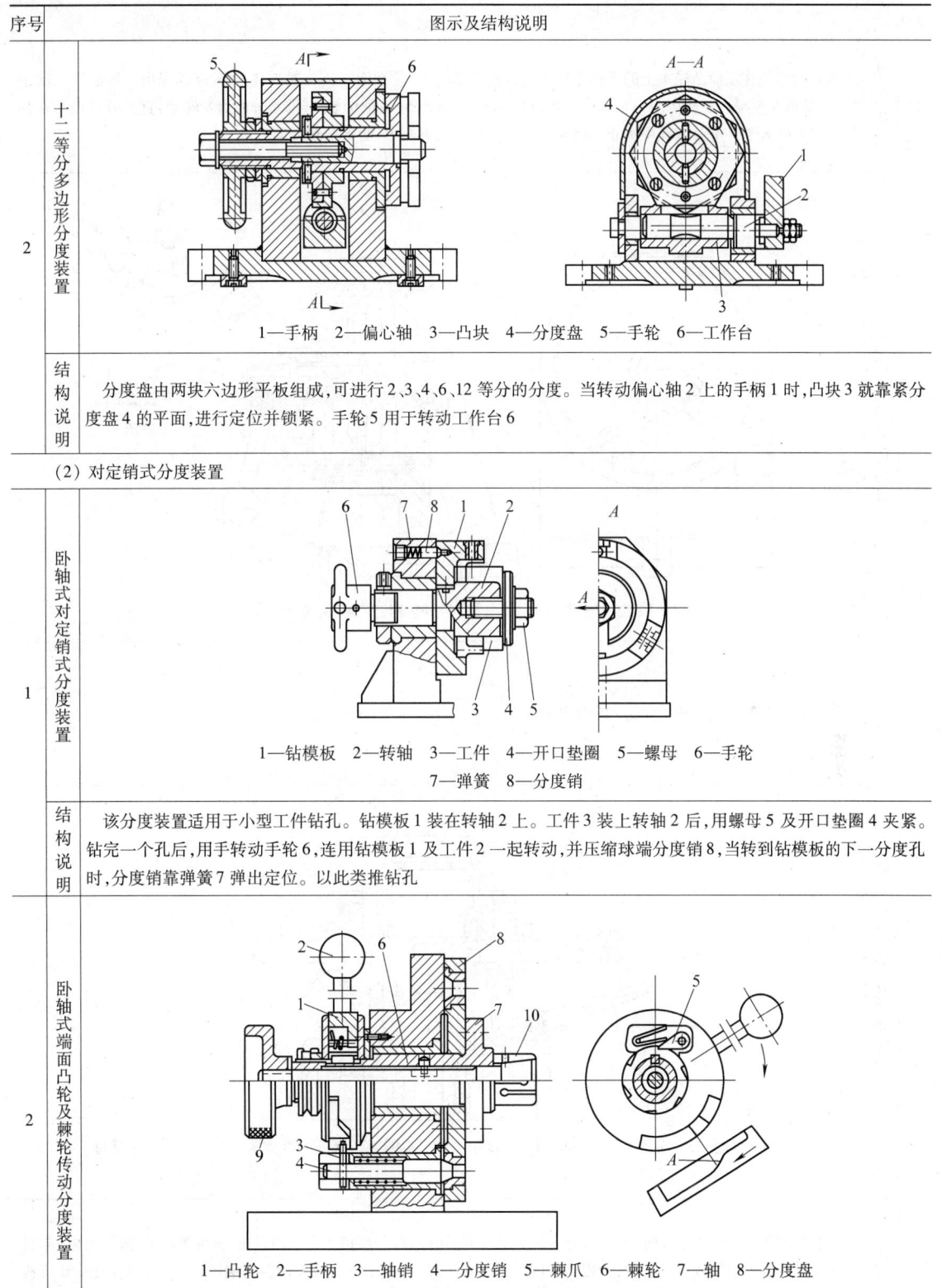

序号		图示及结构说明
2	十二等分多边形分度装置	1—手柄 2—偏心轴 3—凸块 4—分度盘 5—手轮 6—工作台
	结构说明	分度盘由两块六边形平板组成,可进行2、3、4、6、12等分的分度。当转动偏心轴2上的手柄1时,凸块3就靠紧分度盘4的平面,进行定位并锁紧。手轮5用于转动工作台6
(2) 对定销式分度装置		
1	卧轴式对定销式分度装置	1—钻模板 2—转轴 3—工件 4—开口垫圈 5—螺母 6—手轮 7—弹簧 8—分度销
	结构说明	该分度装置适用于小型工件钻孔。钻模板1装在转轴2上。工件3装上转轴2后,用螺母5及开口垫圈4夹紧。钻完一个孔后,用手转动手轮6,连用钻模板1及工件2一起转动,并压缩球端分度销8,当转到钻模板的下一分度孔时,分度销靠弹簧7弹出定位。以此类推钻孔
2	卧轴式端面凸轮及棘轮传动分度装置	1—凸轮 2—手柄 3—轴销 4—分度销 5—棘爪 6—棘轮 7—轴 8—分度盘 9—螺母 10—弹簧夹头

(续)

序号		图示及结构说明
2	结构说明	该装置当装在端面凸轮1上的手柄2顺时针方向转动时,凸轮型面A撞击轴销3,使分度销退出。当继续转动手柄时,棘爪5便滑入棘轮的下一个槽中。再反转手柄,经棘爪5、棘轮6、轴7,带动分度盘8转动,直至分度销4在弹簧作用下落入下一个分度孔中为止。螺母9用以操纵弹簧夹头10的胀开和收缩
3	卧轴式定位销式分度装置	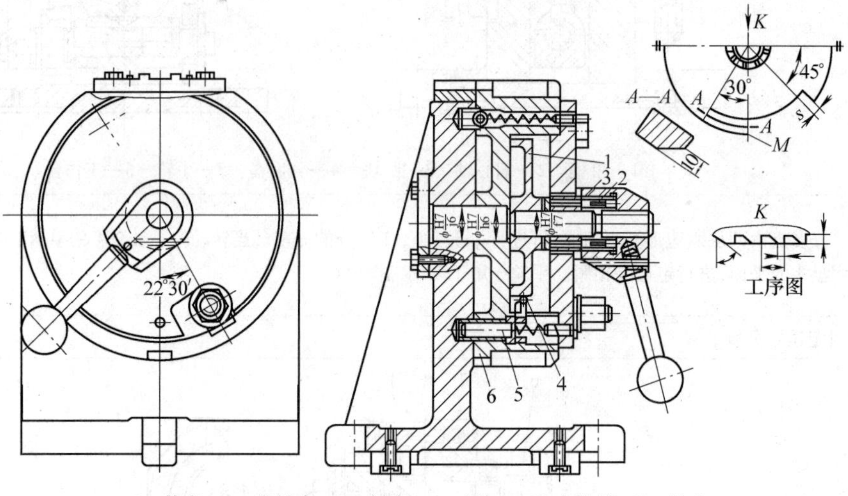 1—拨盘 2—花键套 3—衬套 4—销钉 5—定位销 6—转盘
	结构说明	该分度装置为通用性的定位销式分度装置
4	带弹性夹头的立轴式对定分度装置	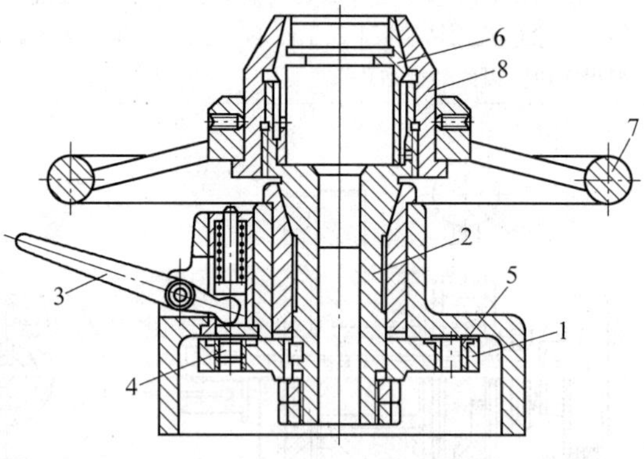 1—分度盘 2—转轴 3—手柄 4—分度销 5—钢质衬套 6—弹性夹头 7—手轮 8—螺母
	结构说明	图中分度盘1用键固定在转轴2上,分度时用手按下手柄3,将分度销4自孔内拔出,分度盘即可连同工件一起转位。这种分度盘用钢或铸铁制造,为提高分度孔的耐磨性,在每一孔座中压入耐磨的钢质衬套5。弹性夹头6可按工件进行更换,并用手轮7通过螺母8将其夹紧或松开

序号	图示及结构说明
5 具有莫氏锥孔的立轴式对定分度装置	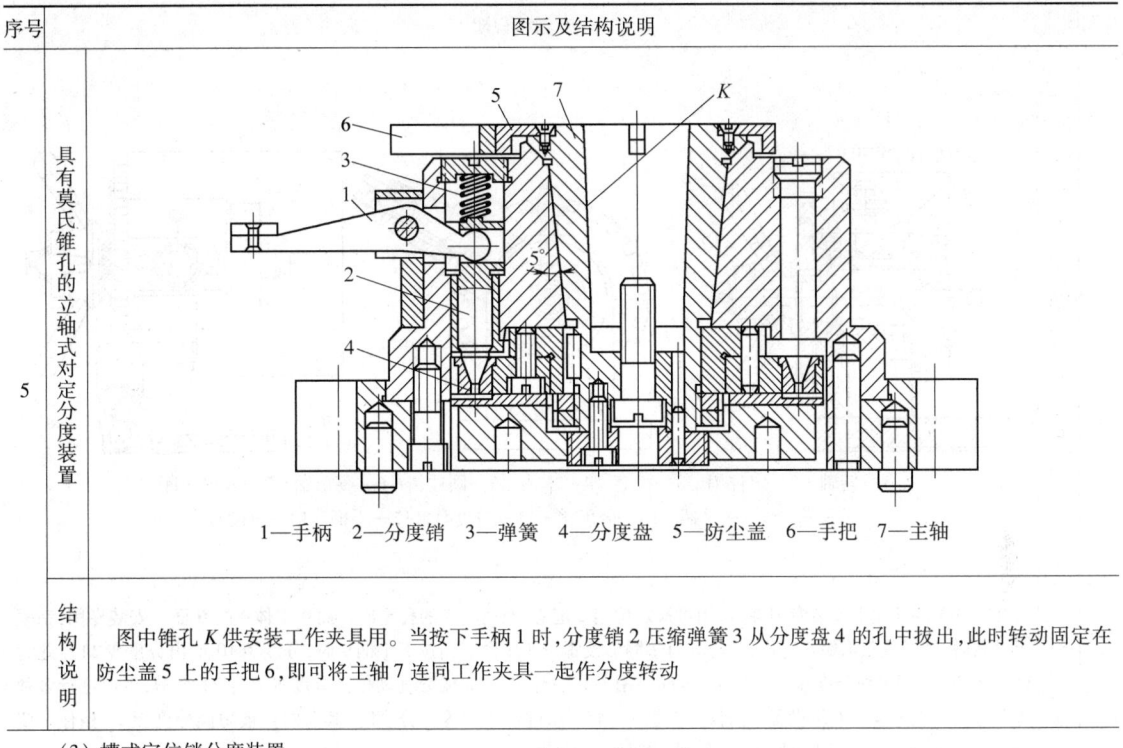 1—手柄 2—分度销 3—弹簧 4—分度盘 5—防尘盖 6—手把 7—主轴
结构说明	图中锥孔 K 供安装工作夹具用。当按下手柄 1 时，分度销 2 压缩弹簧 3 从分度盘 4 的孔中拔出，此时转动固定在防尘盖 5 上的手把 6，即可将主轴 7 连同工作夹具一起作分度转动

(3) 槽式定位销分度装置

序号	图示及结构说明
1 棘轮传动的卧轴式分度装置	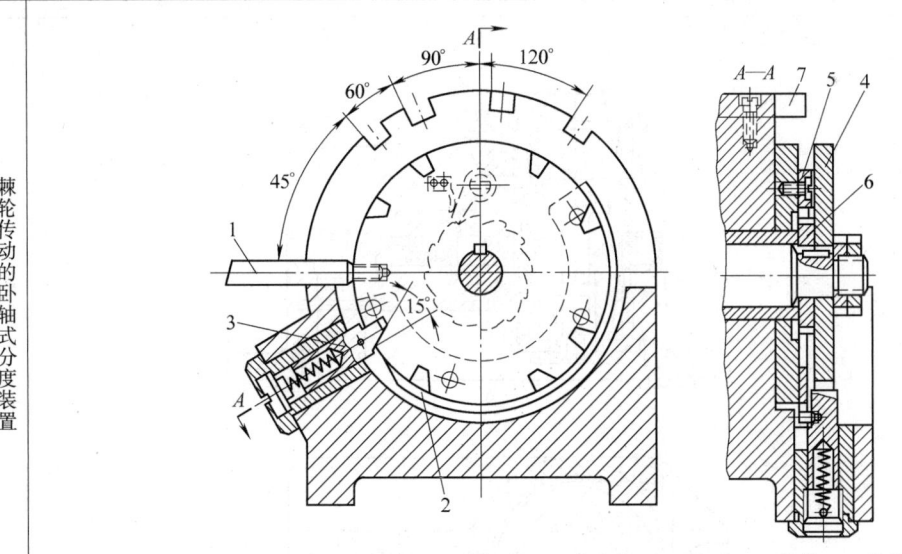 1—手柄 2—半环形凸轮 3—分度销 4—分度盘 5—棘爪 6—棘轮 7—挡块
结构说明	当顺时针转动手柄 1 时，用半环形凸轮 2 的斜面通过销将分度销 3 从分度盘 4 的槽中退出，此时棘爪 5 在棘轮 6 上滑过几齿，当手柄碰到挡块 7 时，表示已退到合适的角度。然后反转手柄 1，于是棘爪 5 就推动棘轮 6 及分度盘 4 一起进行分度转动，直止分度销 3 靠弹簧推入下一分度槽中为止。此处挡块 7 的安装位置有四个角度，以便按分度要求进行选择

序号	图示及结构说明
2 通用型卧轴式分度装置	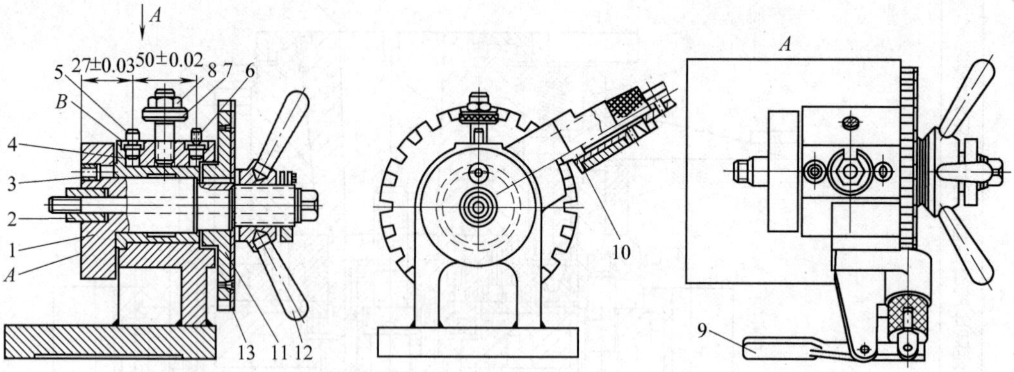 1—转轴 2—定位销 3—衬套 4—本体 5—圆柱销 6—菱形销 7—开口垫圈 8—螺母 9—手柄 10—分度销 11—分度盘 12—手柄 13—分度板
结构说明	在转轴1的A面上安装专用夹具,用可换定位销2定心,及衬套3的孔定向。而在本体4的B面上安装专用,钻模板,用圆柱销5及菱形销6定位,并用开口垫圈7及螺母8压紧。当按下手柄9时,分度销10退出分度盘11。此时转动手柄12,即可使分度盘11,转轴1连同专用夹具一起转动,完成分度动作。分度盘上有24个槽,可以进行多种等分分度。在分度盘右端设置了防误分度板,如图示进行十二等分分度时,其余的槽被防误分度板13挡住。使分度销不能插入。当用于不同等分时,则应换防误分度板
3 四等分立轴式分度装置	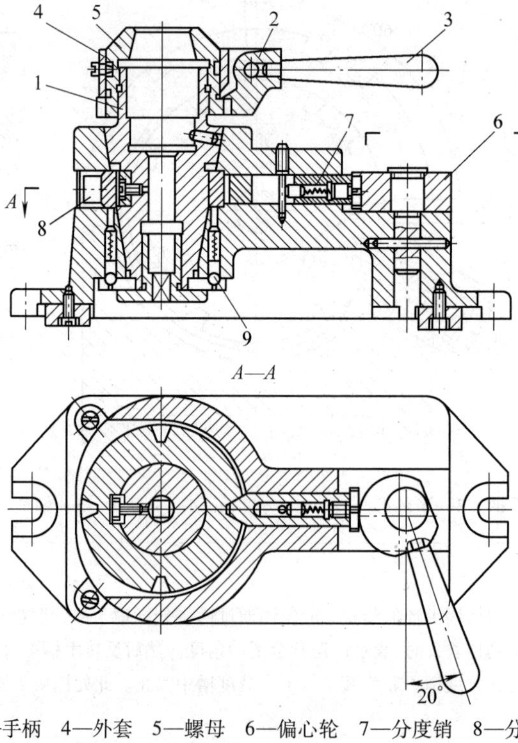 1—轴 2—爪子 3—手柄 4—外套 5—螺母 6—偏心轮 7—分度销 8—分度盘 9—钢球定位装置

(续)

序号		图示及结构说明
3	结构说明	将夹持工件用的不动式弹簧夹头安装在轴1的孔内,带有爪子2和手柄3的外套4活套在螺母5上。当提起手柄3时,爪子2就与槽脱开,便可使爪子在螺帽上后退一个角度。当压下手柄3时,爪子就与槽啮合,即可使螺母转动,从而使弹簧夹头夹紧或松开工件 当逆时针转动偏心轮6时,分度销7在弹簧的作用下退出分度盘8,即可进行分度。反向转动偏心轮6时,分度销7便将分度盘定位并使轴1径向锁紧在本体的锥孔中。四个钢球定位装置9用于预定位。最终分度则靠槽式分度盘8完成
4	手拉式槽式分度装置	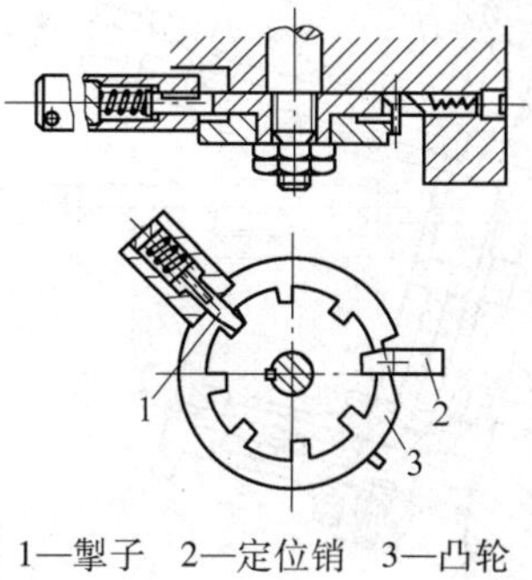 1—掣子 2—定位销 3—凸轮
	结构说明	手柄作逆时针转动时,掣子1脱出定位槽,同时脱开定位销2;手柄顺时针转动时,则凸轮3使定位销抵在分度板外圆上直到它落入下一个槽里,完成分度动作
5	立轴式通用槽式分度装置	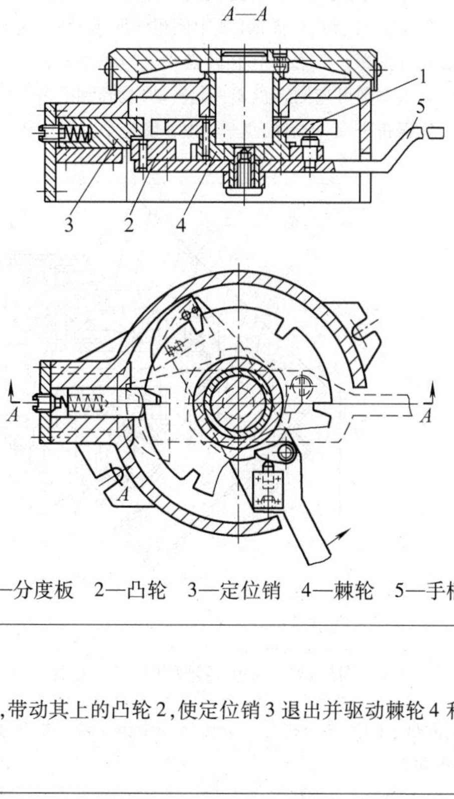 1—分度板 2—凸轮 3—定位销 4—棘轮 5—手柄
	结构说明	手柄6作正反方向转动,带动其上的凸轮2,使定位销3退出并驱动棘轮4和分度板1,完成分度动作

序号	图示及结构说明
(4) 斜轴式分度装置	
1 斜轴式镗孔分度夹具	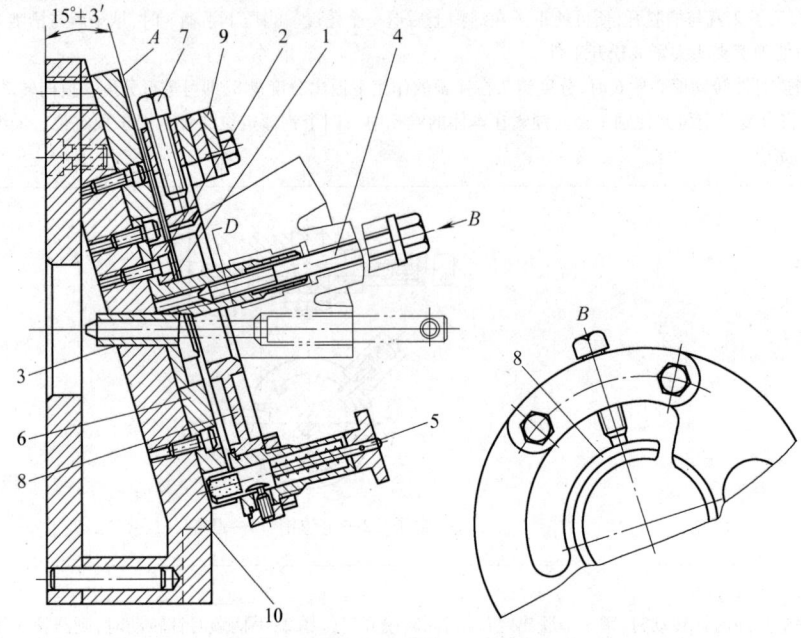

1—定位销　2—支承板　3—衬套　4—螺杆　5—分度销　6—分度盘　7—螺钉
8—转盘　9—配重　10—本体 |
结构说明	如图所示是加工 7 等分 15°斜孔用的车床分度夹具。此夹具采用分度盘不动而分度销转动的结构。工件用定位销 1 的 D 及支承板 2 的 A 面进行定位,用插销(图中假想线所示)与衬套 3 定向,用螺杆 4 压紧。当分度销 5 插入分度盘 6 的第一个槽中以后,拧紧螺钉 7,依靠作在转盘 8 上的弹性卡箍,把工件固紧在转盘上。当加工下一工位时,拔出分度销 5,拧松螺杆 4,工件则可连同转盘 8 一起转动,当转到下一分度位置后,再重新夹紧工件。此处转盘 8 可随工件一起取下,为了使它保持平衡,设有配重 9。为了使整个夹具平衡,在本体 10 的最厚部位可适当削去一些金属(见图中虚线所示)
2 斜轴式端齿盘分度装置	1—端齿盘　2—齿条液压缸　3—杠杆　4—轴向液压缸
结构说明	轴向液压缸 4 控制端齿盘 1 的压紧与松开。分度运动由齿条液压缸 2 动作而获得。定位后,杠杆 3 控制端齿盘发出信号,齿条液压缸停止动作

2. 直线分度装置（表2-43）

表 2-43　直线分度装置

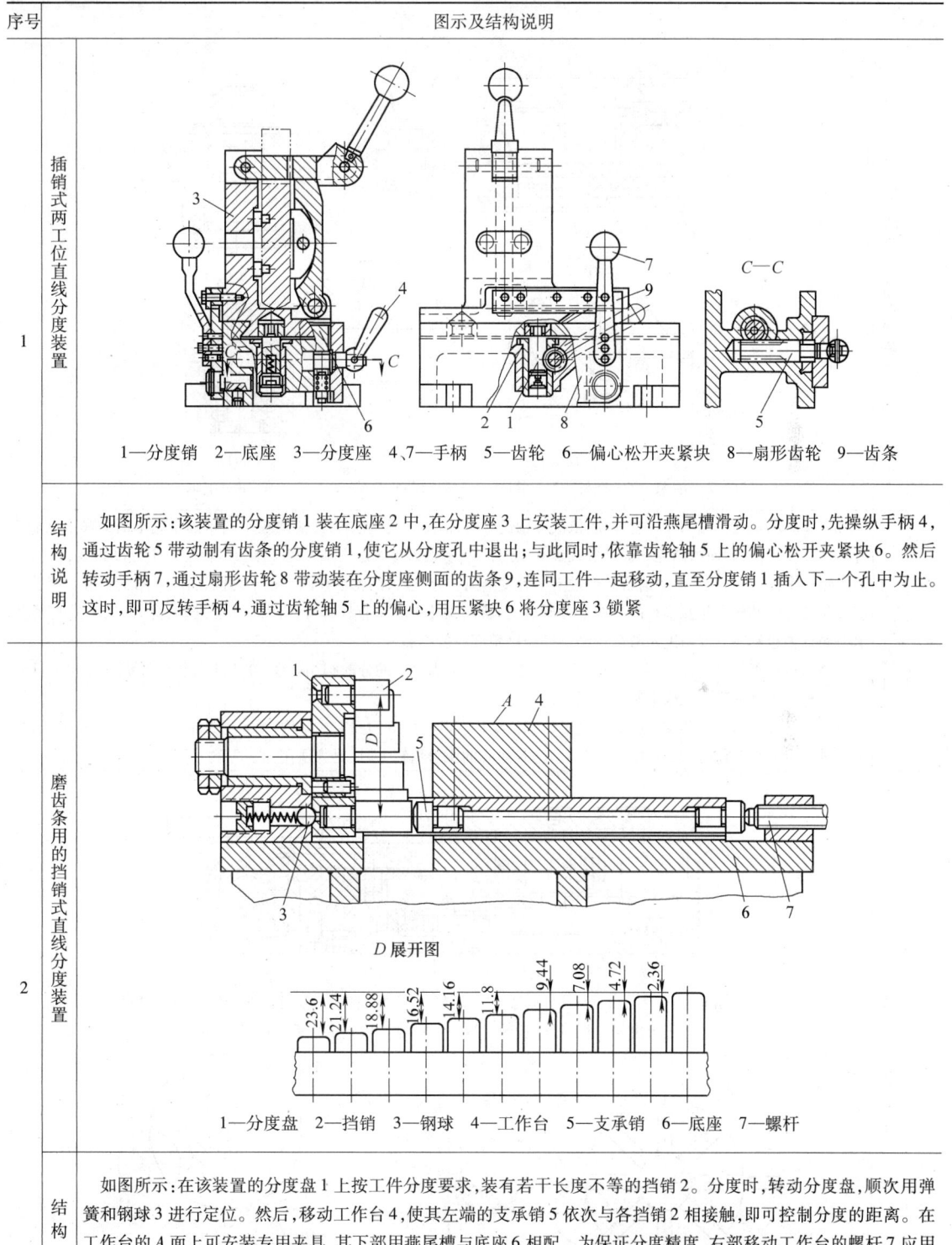

序号	图示及结构说明
1　插销式两工位直线分度装置	1—分度销　2—底座　3—分度座　4、7—手柄　5—齿轮　6—偏心松开夹紧块　8—扇形齿轮　9—齿条
结构说明	如图所示：该装置的分度销1装在底座2中，在分度座3上安装工件，并可沿燕尾槽滑动。分度时，先操纵手柄4，通过齿轮5带动制有齿条的分度销1，使它从分度孔中退出；与此同时，依靠齿轮轴5上的偏心松开夹紧块6。然后转动手柄7，通过扇形齿轮8带动装在分度座侧面的齿条9，连同工件一起移动，直至分度销1插入下一个孔中为止。这时，即可反转手柄4，通过齿轮轴5上的偏心，用压紧块6将分度座3锁紧
2　磨齿条用的挡销式直线分度装置	1—分度盘　2—挡销　3—钢球　4—工作台　5—支承销　6—底座　7—螺杆
结构说明	如图所示：在该装置的分度盘1上按工件分度要求，装有若干长度不等的挡销2。分度时，转动分度盘，顺次用弹簧和钢球3进行定位。然后，移动工作台4，使其左端的支承销5依次与各挡销2相接触，即可控制分度的距离。在工作台的A面上可安装专用夹具，其下部用燕尾槽与底座6相配。为保证分度精度，右部移动工作台的螺杆7应用限力扳手（图中未示出）来推动，以保持支承销5与各个挡销之间接触压力不变。图中所示各挡销端面之间的尺寸是按齿条的节距 $t=\pi m$（此处齿条模数 $m=0.75$ mm）的整倍数设计的

3. 自动分度装置（表2-44）

表2-44 自动分度装置

序号		图示及结构说明
1	楔形凸轮式自动分度装置	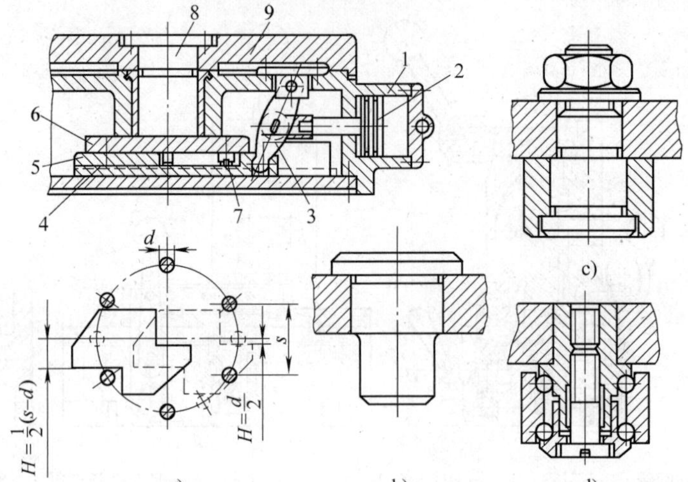 1—气缸 2—活塞 3—杠杆 4—滑块 5—楔形凸轮 6—盘 7—销 8—主轴 9—工作台 $H=\frac{1}{2}(s-d)$ $H=\frac{d}{2}$
	结构说明	如图 a 所示是：当气缸 1 的左右两腔依次分别进气时，活塞 2 通过杠杆 3，使滑块 4 及紧固于它上面的楔形凸轮 5 作一次往复运动，因而由凸轮 5 拨动装在盘 6 上的销 7，于是盘 6 通过主轴 8 使工作台 9 转动一个分度角度；而当凸轮 5 走一个行程时，盘 6 上的销子只走过半个分度圆弧。分度后，凸轮卡在两个销子之间，将盘 6 固定。由于销子的分度位置是由凸轮上相互平行的直线部分确定的，所以旋转中心至直线部分的距离 H 要准确；此外，销子的直径及其分布误差也影响分度精度。故此种结构的分度精度一般不高 实现这种装置的自动分度，可以将机床的送进部分与操纵气缸的分配阀相联系，在退出行程中操纵分配阀进行分度。这种装置在钻床或铣床上都可应用 图中 b、c、d 所示为这种装置中所用销子的三种结构。其中图 b 为固定式结构；图 c 为滚轮式；图 d 为滚动轴承式；后两种可以减少工作时的摩擦阻力，特别当凸轮曲线的压力角较大时，更为适用
2	摆杆式自动分度装置	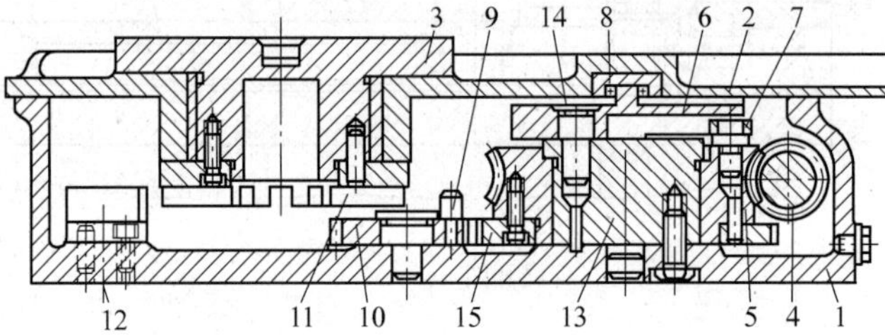 1—本体 2—滑动台 3—工作台 4—蜗杆 5—蜗轮 6—摆杆 7—滑块 8—滚轮 9—分度销 10、15—齿轮 11—分度盘 12—定位键 13、14—轴 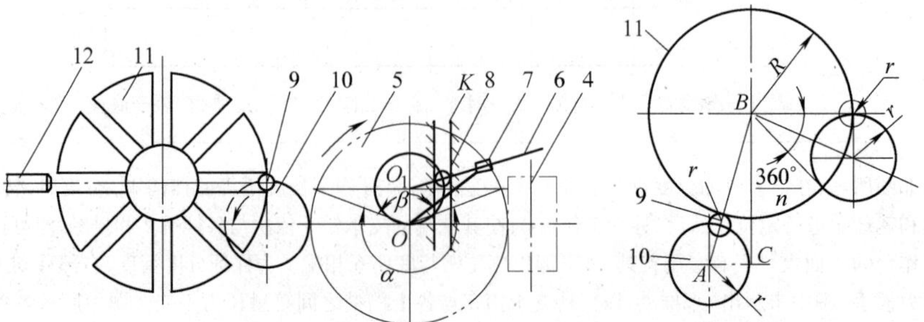

（续）

序号		图示及结构说明
2	结构说明	该装置主要是由本体1，装在滑动台2上的圆形工作台3，以及进给传动部分和分度机构等组成。进给传动部分包括蜗杆4、蜗轮5、摆杆6、滑块7及滚轮8等。分度机构包括带分度销9的齿轮10、分度盘11及定位键12等 如图 a 所示，当蜗杆4转动时，蜗轮5及滑块7绕轴13的中心 O 旋转，于是摆杆6、滑块7及滚轮8绕轴14的中心 O_1 作旋转运动。因滚轮8是装于滑动台2的横向槽 K 中，故整个工作台(2及3)就被它带动而作往复运动。由图中可以看出，工作台往复运动的行程为偏心距 OO_1 的两倍 当蜗轮5旋转时，通过齿轮15使带有分度销9的齿轮10转动。齿轮10每转一周时，分度销进入分度盘11的槽中各一次，因而使工作台3作一次分度转动。分度完毕后，工作台向左移动时，左端的分度槽即嵌入定位键12而得到固定 蜗轮5等速转动的角度 α 相当于工作行程，角度 β 相当于空行程，而 $\alpha>180°$，$\beta<180°$，故可知空行程比工作行程的速度要快，其速比为 α/β；α 越大，则空行程的速度越快，生产效率也就越高，但 OO_1 的距离将变大，因而使整个机构变得相当庞大，所以在一般的情况下可取 $\alpha/\beta \leq 2$。
3	手动进给半自动分度装置	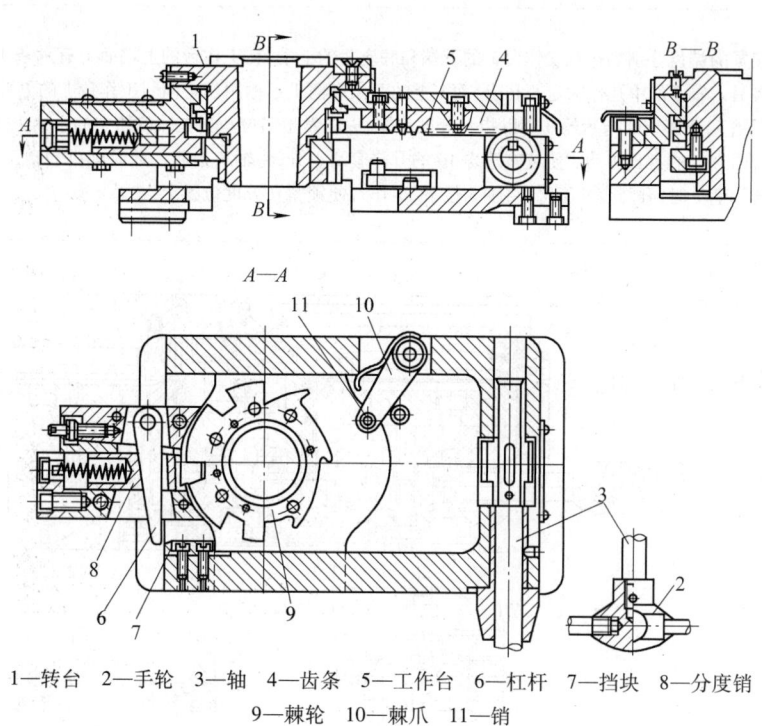 1—转台　2—手轮　3—轴　4—齿条　5—工作台　6—杠杆　7—挡块　8—分度销 9—棘轮　10—棘爪　11—销
	结构说明	本装置适用于加工小型工件，在图示结构中，可在转台1的锥孔中或在端面上安装专用夹具。当转动手轮2，使轴3上的齿轮带动齿条4及工作台5向右移动时，杠杆6和挡块7相碰，拉出分度销8，工作台继续右移时，棘轮9的齿与棘爪10上的销相碰，迫使棘轮带动转台1转过一个角度。当工作台5返回时，销11与棘轮9的齿脱开，接着杠杆6也与挡铁7离开，于是分度销8被弹簧推入分度盘的槽中，即完成一次分度动作。此后，工作台5继续左移时，即为工件加工的工作行程

2.4.3 精密分度装置

1. 端齿盘分度装置（表 2-45）

表 2-45 端齿盘分度装置

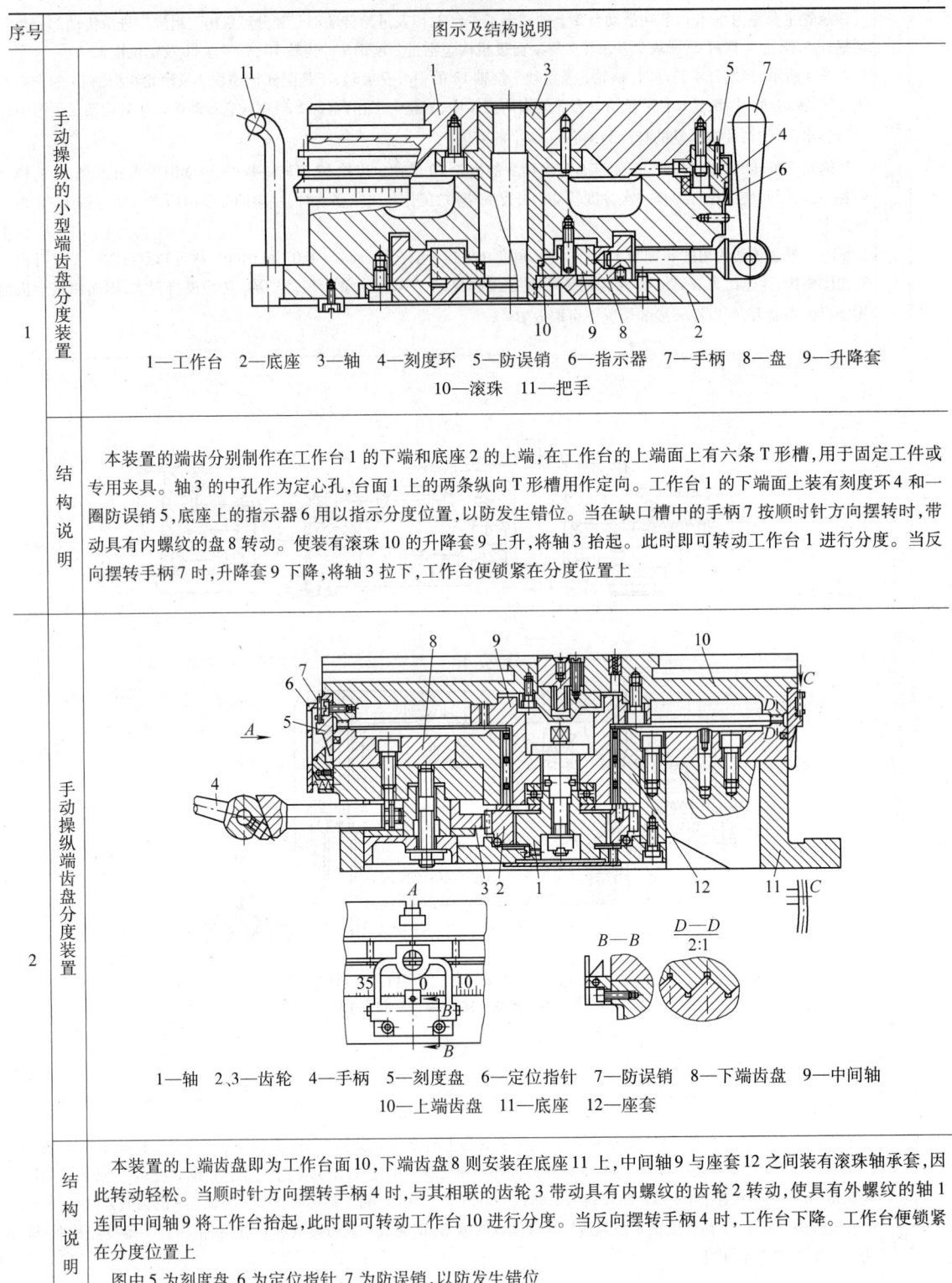

序号	图示及结构说明
1	**手动操纵的小型端齿盘分度装置** 1—工作台 2—底座 3—轴 4—刻度环 5—防误销 6—指示器 7—手柄 8—盘 9—升降套 10—滚珠 11—把手 **结构说明**：本装置的端齿分别制作在工作台1的下端和底座2的上端,在工作台的上端面上有六条T形槽,用于固定工件或专用夹具。轴3的中孔作为定心孔,台面1上的两条纵向T形槽用作定向。工作台1的下端面上装有刻度环4和一圈防误销5,底座上的指示器6用以指示分度位置,以防发生错位。当在缺口槽中的手柄7按顺时针方向摆转时,带动具有内螺纹的盘8转动。使装有滚珠10的升降套9上升,将轴3抬起。此时即可转动工作台1进行分度。当反向摆转手柄7时,升降套9下降,将轴3拉下,工作台便锁紧在分度位置上
2	**手动操纵端齿盘分度装置** 1—轴 2、3—齿轮 4—手柄 5—刻度盘 6—定位指针 7—防误销 8—下端齿盘 9—中间轴 10—上端齿盘 11—底座 12—座套 **结构说明**：本装置的上端齿盘即为工作台面10,下端齿盘8则安装在底座11上,中间轴9与座套12之间装有滚珠轴承套,因此转动轻松。当顺时针方向摆转手柄4时,与其相联的齿轮3带动具有内螺纹的齿轮2转动,使具有外螺纹的轴1连同中间轴9将工作台抬起,此时即可转动工作台10进行分度。当反向摆转手柄4时,工作台下降。工作台便锁紧在分度位置上 图中5为刻度盘,6为定位指针,7为防误销,以防发生错位

(续)

序号		图示及结构说明
3	两用手动端齿盘分度装置	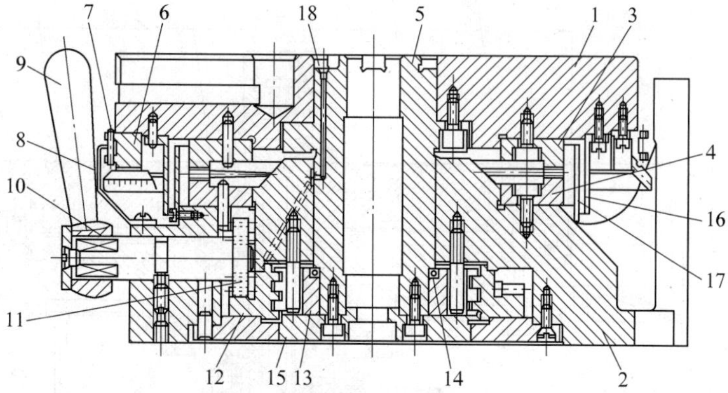 1—工作台　2—底座　3、4—上、下端齿盘　5—轴　6—刻度环　7—防误销　8—分度指示器　9—手柄　10—操纵轴　11、12—齿轮　13—升降套　14—滚珠　15—挡板　16、17—防尘罩　18—油孔螺塞
	结构说明	本装置在底座2上设有两个相互垂直的安装平面，因此可以将该装置水平放置或垂直放置。在工作台1的下端和底座2的上端分别装有一对端齿盘3和4，台面上开有六条T形槽供安装工件或夹具。轴5的中孔或凸台供定心用，轴端键槽作定向用，工作台下端装有刻度环6和一圈防误销7以及分度指示器8，以防止发生错位。当用手柄9顺时针方向转动操纵轴10时，通过齿轮11，带动具有方形内螺纹的齿轮12转动，使升降套13上升，通过装在套内的一圈滚珠14把轴5抬起，于是即可转动工作台1进行分度。当反向摆转手柄9时，就使升降套13下降，通过挡板15把轴5拉下，于是即可将工作台1锁紧在分度位置上。为了防止脏物进入端齿啮合部位，设有迷宫式防尘罩16和17。为了润滑摩擦部位，设有油孔螺塞18，通过作在轴5和底座2中的油孔使油进入运动部位
4	气压传动工作台的端齿盘分度装置	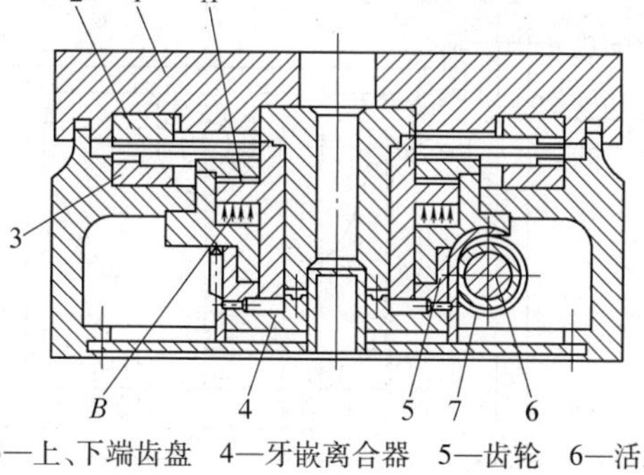 1—工作台　2、3—上、下端齿盘　4—牙嵌离合器　5—齿轮　6—活塞杆　7—齿条
	结构说明	当压缩空气进入气缸B腔时，将工作台1抬起，使上、下端齿盘2、3脱开，同时牙嵌离合器4与齿轮5啮合，由气缸传来的动力，通过活塞杆6及齿条7带动齿轮5，即可使工作台回转。操纵气阀，当压缩空气进入A腔时，即可使工作台1下降，将上、下齿盘啮合及锁紧，并将牙嵌离合器4脱开。这时操纵活塞杆6的气缸复位，分度运动即告完成

序号	图示及结构说明
5 液压传动端齿盘分度装置	1—花盘 2—工作台本体 3、4—端齿盘 5、9—液压缸 6—信号杆 7、8、13、14—行程开关 10—离合器 11—齿轮 12—半齿轮

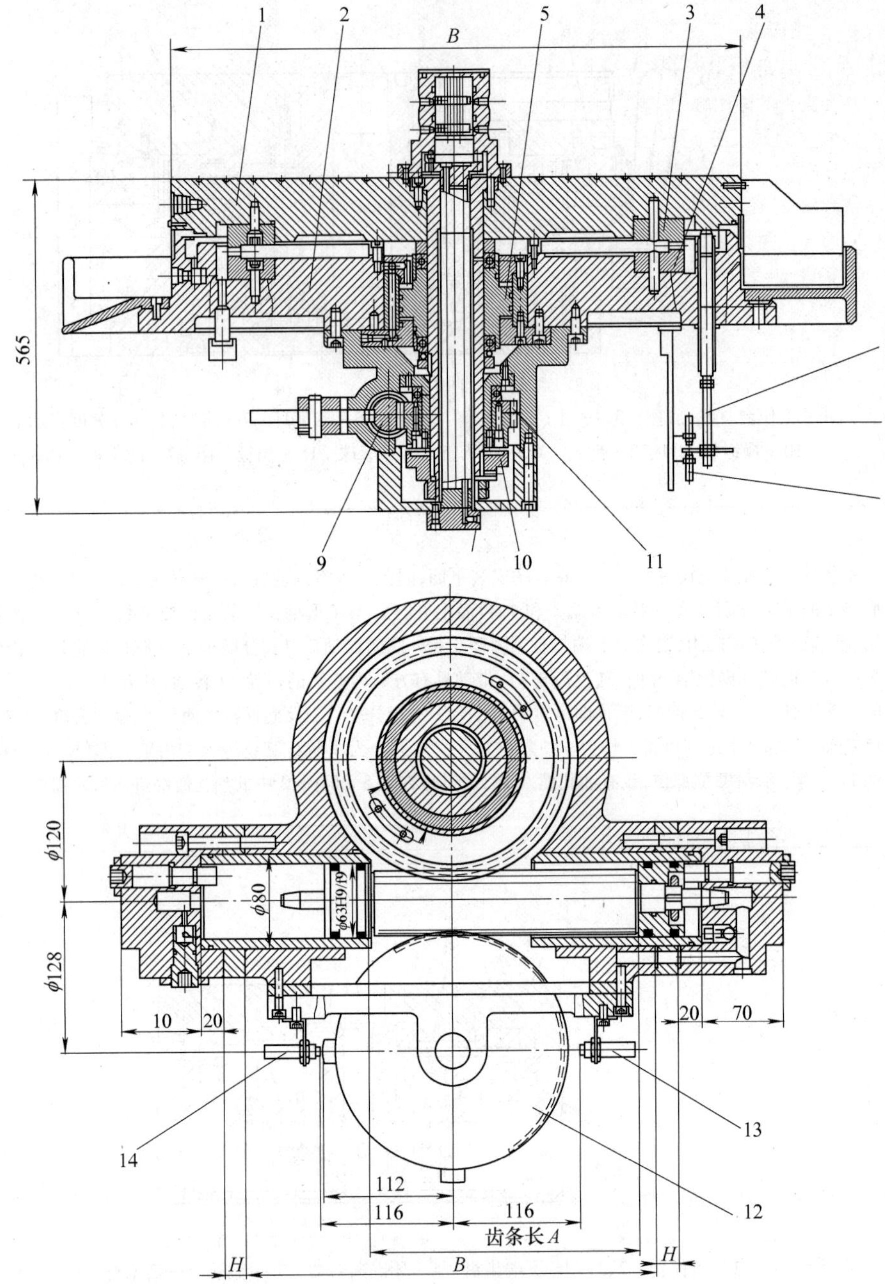

尺寸参数表

工位数	A	B	H	S	工位数	A	B	H	S
Ⅳ	310	460	30	157	Ⅷ	230	360	0	78.54
Ⅴ	280	460	0	125.6	Ⅹ	220	320	10	62.83
Ⅵ	260	360	30	104.7	Ⅻ	210	320	0	52.36

(续)

序号		图示及结构说明
5	结构说明	图中1是花盘，其上安装加工工件的夹具，2是工作台本体，3和4是分度定位用的端齿盘，5是工作台花盘抬起、回转和夹紧的液压缸，并驱动回转工作台的离合器10，当液压缸活塞向下移动时，使花盘定位夹紧，并使离合器脱开。6是信号杆，当工作台抬起或落下时，讯号杆通过挡铁压下行程开关7、8发出信号。9是驱动工作台回转分度的液压缸，它推动活塞杆齿条，经齿轮11和离合器10带动工作台回转。12是装有挡铁的半齿轮，当工作台转位完毕或液压缸返回原位时，挡铁压下行程开关13、14发出信号 本回转分度装置分度定位精度高，其精度可达 ±3″。分度节拍时间一般仅需6s 本装置应与液压控制系统和电气控制系统配套使用，实现手动和自动循环动作
6	用步进气缸控制的端齿盘分度装置	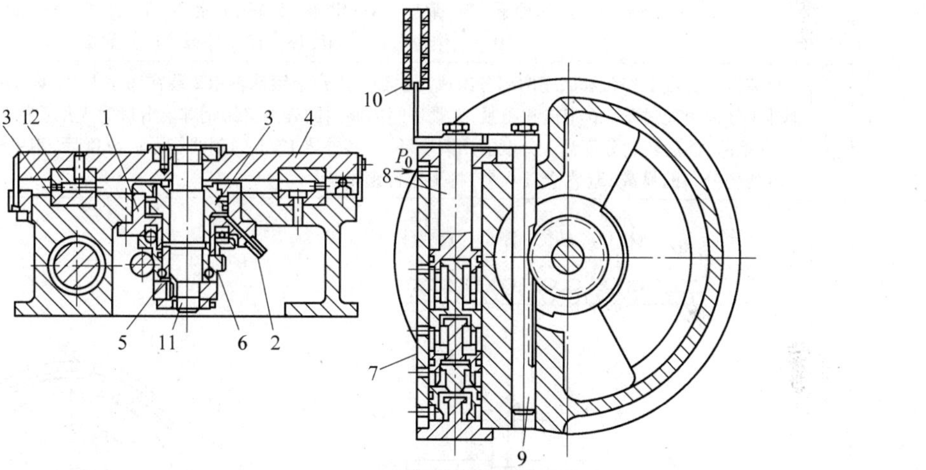 1—气缸　2—管嘴　3—活塞　4—工作台　5—离合器　6—齿轮　7—步进气缸　8—活塞杆 9—齿条　10—发信器　11—主轴　12、13—端齿盘
	结构说明	此工作台分度时，由管嘴2使气缸1的下腔进气，活塞3通过平面止推轴承将工作台4抬起，这时装在工作台下端的端齿盘12和13脱开，同时离合器5和齿轮6上的离合器啮合，完成转位准备。然后使步进气缸7中相应的一级或数级活塞气缸充气，于是活塞杆8带动齿条9移动，使齿轮6按活塞杆8的行程转过相应的角度，这时就带动工作台完成相应的转动动作。当工作台转到预定的位置时，由发信器10发出信号，使气缸1的下腔断气，上腔通气，于是通过主轴11使工作台4下降，端齿盘12和13相啮合，使之得到准确的定位并锁紧。而后各级气缸同时断气，活塞杆8在低压气 p_0 的作用下，退回原位。因为此时离合器5已下降，与齿轮6脱开，因此活塞杆8在退回原位的过程中，齿轮6仅作空转，这样便完成了整个自动分度循环

2. 钢球式分度装置（表2-46）

表2-46 钢球式分度装置

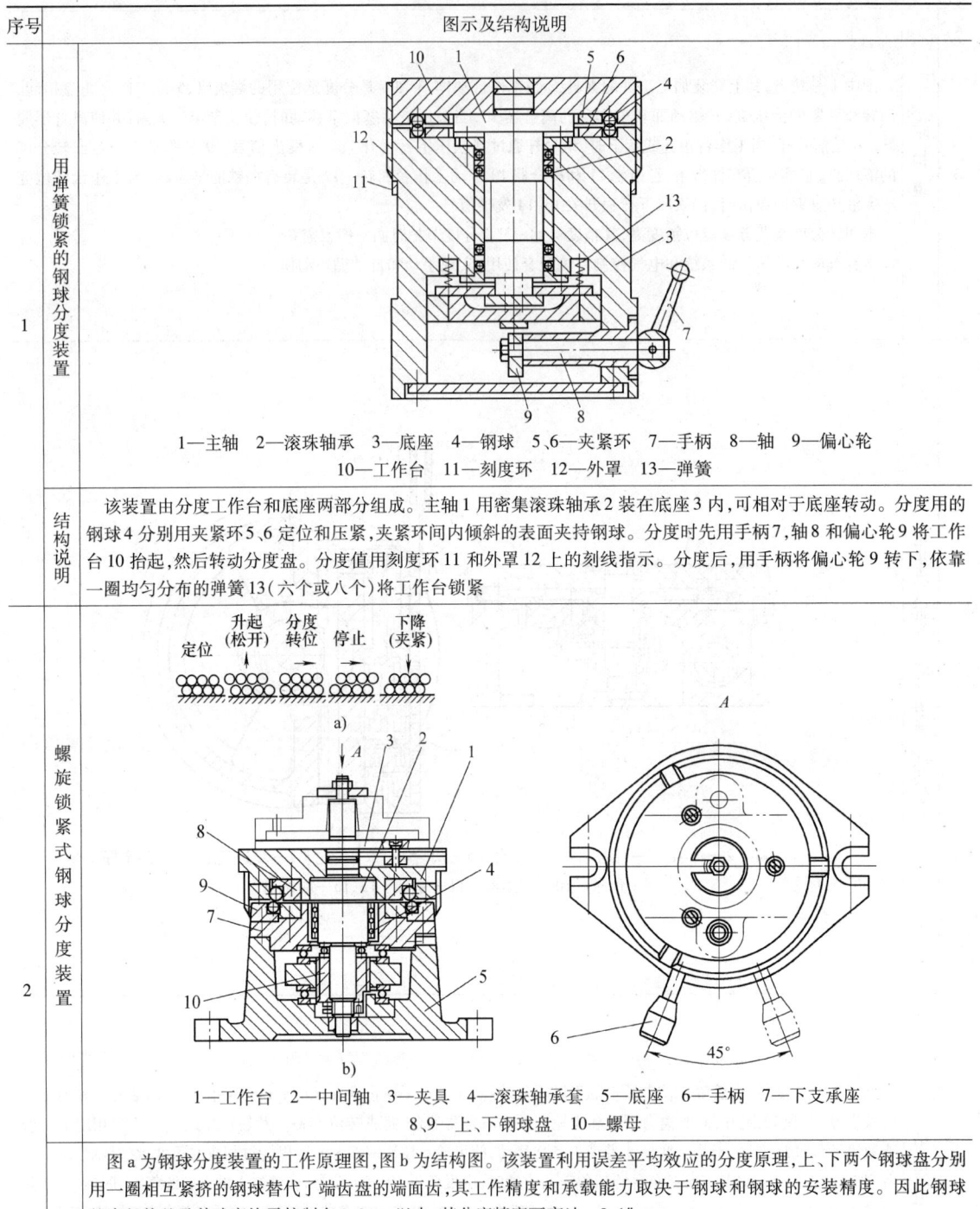

序号	图示及结构说明
1	**用弹簧锁紧的钢球分度装置** 1—主轴 2—滚珠轴承 3—底座 4—钢球 5、6—夹紧环 7—手柄 8—轴 9—偏心轮 10—工作台 11—刻度环 12—外罩 13—弹簧 **结构说明**：该装置由分度工作台和底座两部分组成。主轴1用密集滚珠轴承2装在底座3内，可相对于底座转动。分度用的钢球4分别用夹紧环5、6定位和压紧，夹紧环内倾斜的表面夹持钢球。分度时先用手柄7、轴8和偏心轮9将工作台10抬起，然后转动分度盘。分度值用刻度环11和外罩12上的刻线指示。分度后，用手柄将偏心轮9转下，依靠一圈均匀分布的弹簧13（六个或八个）将工作台锁紧
2	**螺旋锁紧式钢球分度装置** 1—工作台 2—中间轴 3—夹具 4—滚珠轴承套 5—底座 6—手柄 7—下支承座 8、9—上、下钢球盘 10—螺母 **结构说明**：图a为钢球分度装置的工作原理图，图b为结构图。该装置利用误差平均效应的分度原理，上、下两个钢球盘分别用一圈相互紧挤的钢球替代了端齿盘的端面齿，其工作精度和承载能力取决于钢球和钢球的安装精度。因此钢球的直径偏差及其球度均需控制在0.3μm以内，其分度精度可高达±0.1″ 工作台1的上端面开有T形槽，用于安装专用夹具，上、下钢球盘8和9分别安装在工作台1及下支承座7上，中间轴2与下支承座7之间装有滚珠轴承套4。当顺时针方向摆转手柄6时，与手柄6连接的螺母套顺着转动，使装在中间轴2上的螺母10连同工作台一起上升，此时即可转动工作台进行分度。然后逆时针方向摆转手柄6，工作台下降并锁紧 图中5为底座，开有缺口，可使手柄6左右摆转。夹具3安装在工作台面上，由其轴颈定心，夹具的键与工作台上的T形槽定位

3. 滚柱式分度装置（表2-47）

表2-47 滚柱式分度装置

序号	图示及结构说明
立轴式滚柱分度装置 1	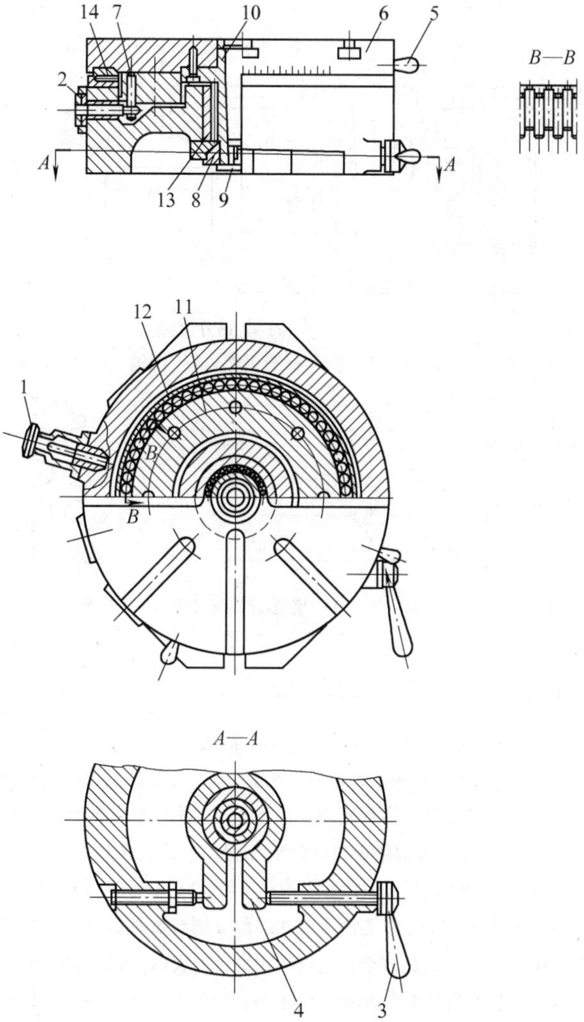 1、3、5—手柄 2—分度销 4—卡箍 6—工作台 7—滚柱 8—锥套 9—螺钉 10—主轴 11—分度盘 12—环套 13—滚动轴承 14—滚珠盘
结构说明	上图所示是一种立式滚柱分度装置。工作时，用手柄1拔出分度销2，然后转动手柄3，松开卡箍4，再推动手柄5，即可转动带有刻度的工作台6至需要分度的位置；此时，分度销2在弹簧的作用下插入间隔排列的两个滚柱7之间进行准确的分度。接着反转手柄3，通过螺钉和卡箍4、锥套8、螺钉9（内有六方孔），将主轴10向下拉紧，即可把工作台6锁紧，至此完成一次分度操作。此处各个滚柱7用胶粘结在分度盘11及环套12之间进行固定；为保证分度精度，这里各个滚柱的母线应保持接触。为了使工作台6转动轻便，主轴10采用滚动轴承13，并在工作台6的下面装有滚珠盘14

4. 电感分度装置（表2-48）

表2-48 电感分度装置

序号	图示及结构说明
1	**立轴式电感分度装置** a) 电感分度装置 1—转台 2、3—齿轮 4—轴 5—衬套 6—青铜垫 7—插销 8—调整螺钉 9—插销座 10—调整螺钉 b) 电感分度装置电气原理图 **结构说明** 图 a 为立轴式电感分度装置。其核心部分是转台 1 的内齿圈和两个嵌有线圈的齿轮 2、3 所组成的电感发讯系统——分度对定装置。转台 1 的内齿圈与齿轮 2、3 的齿数 z 相等（z 根据分度要求来确定），模数也相同。内齿用正变位，外齿用负变位。齿轮 2、3 装在转台底座上固定不动，每个齿轮都开有环形槽，内装有线圈 L_1 和 L_2（圈数 100 匝，线径 0.2mm），两个齿轮均以青铜垫 6 和衬套 5 隔磁。安装时，齿轮 2、3 的齿错开半个齿距，转台内齿圈和齿轮的齿顶间留有 0.10~0.15mm 间隙，以便转台 1 顺利回转。线圈 L_1、L_2 分别接入图 b 的电路中。交流电源经过磁饱和稳压器 T_1。接变压器 T_2 一次侧，T_2 有两个二次线圈分别与线圈 L_1、L_2 连接，二次电压各为 46V。L_1 和 L_2 内的电流大小与其电感量有关，此电流经桥式全波整流后用直流电表（示值范围 ±150μA）测量。经整流后的 L_1 的电流 i_1 和 L_2 的电流 i_2 方向相反，因此电流表的示值为两个电流差值 i_1-i_2。分度时转台的内齿圈转动，L_1 和 L_2 的电感量将随齿轮 2、3 与转台内齿圈的相对位置不同而变化。如图 b 所示。齿顶对齿顶时，电感量最大；齿顶对齿谷时，电感量最小，即 L_1 和 L_2 的电感量将会周期性变化。由于两个绕线齿轮在安装时相错半个齿距，故一个线圈的电感量增加，另一个的电感量必然减少，反之亦然。因而时而 i_1 增加，i_2 减少；时而 i_1 减少，i_2 增加。在某一中间位置时，两个线圈电感量相等，此时电流指示值为零。显然，转台每转过一转，电流表指针回零一次。分度时，通常以电流表示值为零时作为起点。分度时拔出插销 7，按等分需要转动转台 1 到所需位置，再将插销插入转台的外齿圈内（其齿数与内齿圈相同），实现初对定之后，再利用上述电感发信原理，拧动调整螺钉 8 或 10，通过插销座 9 和插销 7，带动转台一起回转，进行微调。当电流表示值重新指在零位时，表示转台已精确定位，分度完毕

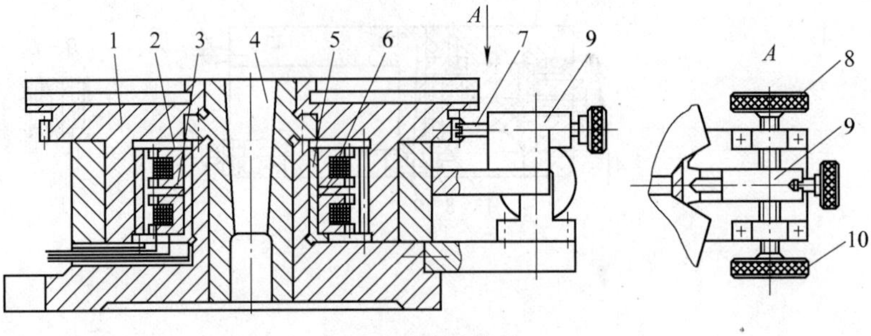

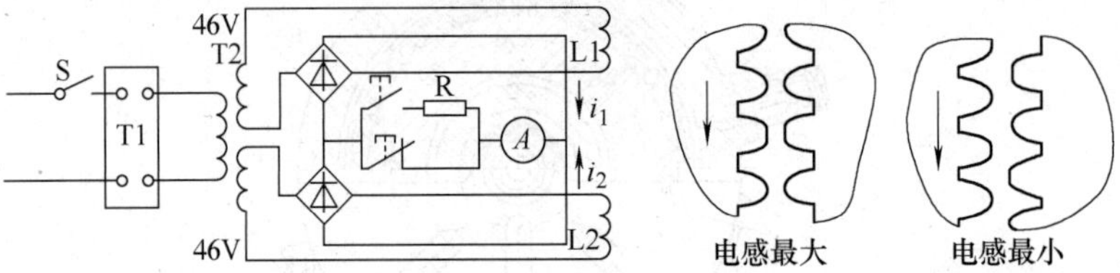

第 3 章 夹具设计计算

3.1 定位尺寸的相关计算

3.1.1 V形块的计算（表3-1）

3.1.2 夹具上两定位销的尺寸及定位误差的计算

当工件以一面及两圆孔为定位基准时，为补偿工件两定位孔的孔径和孔距误差及夹具两定位销的直径和距离误差，避免工件不能套入定位销，夹具两定位销应采用一圆柱销和一菱形销。定位销尺寸及定位误差的计算见表3-2。

表 3-1　V形块的尺寸及定位误差的计算

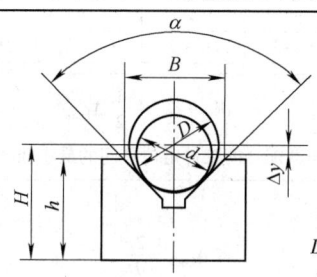

D—定位圆直径的最大值
d—定位圆直径的最小值

计算项目	符号	计算公式			
V形块的工作角度	α	α	60°	90°	120°
V形块基面到定位圆中心的距离	H	$H = h + \dfrac{D}{2\sin\dfrac{\alpha}{2}} - \dfrac{B}{2\tan\dfrac{\alpha}{2}}$	$H = h + D - 0.866B$	$H = h + 0.707D - 0.5B$	$H = h + 0.577D - 0.289B$
V形块的开口尺寸	B	$B = 2\tan\dfrac{\alpha}{2} \times \left(h + \dfrac{D}{2\sin\dfrac{\alpha}{2}} - H \right)$	$B = 1.155(h + D - H)$	$B = 2(h + 0.707D - H)$	$B = 3.464(h + 0.577D - H)$
定位误差	Δy	$\Delta y = \dfrac{D - d}{2\sin\dfrac{\alpha}{2}}$	$\Delta y = D - d$	$\Delta y = 0.707(D - d)$	$\Delta y = 0.577(D - d)$

注：1. 为使定位误差对称分布，在计算V形块尺寸 H 和 B 时，公式中的 D 值可取定位面的中间尺寸，即 $\dfrac{1}{2}(D+d)$，此时定位误差：$\Delta y = \pm \dfrac{1}{2} \dfrac{D-d}{2\sin\dfrac{\alpha}{2}}$。

2. V形块的工作角度 α 越大，定位误差越小，但工作角度 α 越大，定位稳定性越差。所以一般常用的工作角度为90°。

表 3-2　定位销尺寸及定位误差的计算　　　　　　　　　　（单位：mm）

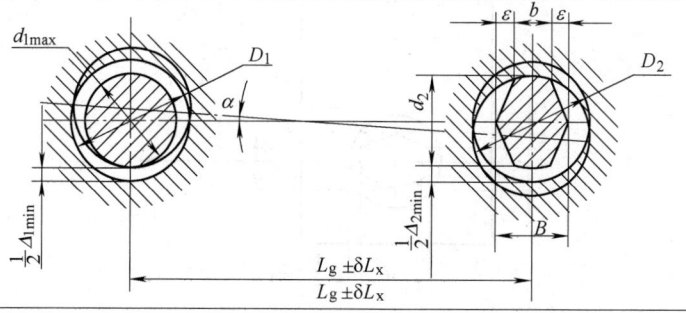

(续)

序号	计算项目	符号	计算公式						
1	两定位销中心距	L_x	$L_x = L_g$ 式中 L_g——工件两定位孔的中心距						
2	两定位销中心距的公差	$\pm \delta L_x$	$\pm \delta L_x = \pm \left(\dfrac{1}{5} \sim \dfrac{1}{3}\right)\delta L_g$ 式中 $\pm \delta L_g$——工件两定位孔的中心距公差						
3	圆柱销直径公称值	d_1	$d_1 = D_1$ 式中 D_1——与圆柱销相配合的工件定位孔的最小直径,公差选取:g5、g6 或 f7						
4	菱形销宽度	$b、B$	b 及 B 的推荐值						
			定位孔直径 D_2	3~6	>6~8	>8~20	>20~25	>25~32	>32~40	>40~50
			b	2	3	4	5		6	8
			B	$D_2 - 0.5$	$D_2 - 1$	$D_2 - 2$	$D_2 - 3$	$D_2 - 4$	$D_2 - 5$
5	补偿距离	ε	$\varepsilon = \delta L_x + \delta L_g - \dfrac{1}{2}\Delta_{1min}$ 式中 Δ_{1min}——夹具圆柱销与其配合的工件定位孔间的最小间隙						
6	菱形销圆弧部分与其配合的工件定位孔间的最小间隙	Δ_{2min}	$\Delta_{2min} = \dfrac{2\varepsilon b}{D_2}$ 式中 D_2——与菱形销相配合的工件定位孔的最小直径						
7	菱形销最大直径	d_2	$d_2 = D_2 - \Delta_{2min}$ 公差选取:h5 或 h6						
8	两定位销所产生的最大角度定位误差	α	$\tan\alpha = \dfrac{\Delta_{1max} + \Delta_{2max}}{2L}$ 式中 Δ_{1max}——夹具圆柱销与其相配合的工件定位孔间的最大间隙 Δ_{2max}——夹具菱形销与其配合的工件定位孔间的最大间隙应保证 $\alpha \leq [\alpha]$ 式中 $[\alpha]$——工件允许的最大倾斜角度						

3.1.3 夹具上定位销的尺寸及定位误差的计算

当工件以一圆孔及两垂直平面为定位基准,并且以两垂直平面为准确定位时,为补偿工件定位孔径和定位孔到定位端面的距离误差及夹具定位销的直径和定位销到定位端面的距离误差,避免工件不能套入定位销,夹具定位销应采用菱形销。菱形销的尺寸及定位误差的计算见表3-3。

表3-3 菱形销的尺寸及定位误差的计算 (单位:mm)

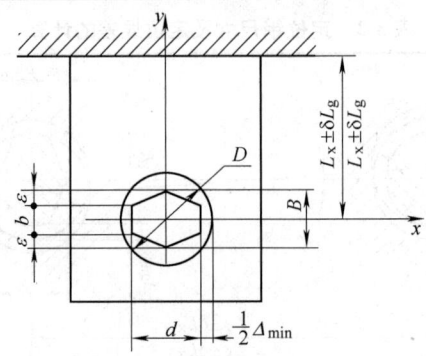

(续)

序号	计算项目	符号	计算公式
1	定位销到定位端面的距离	L_x	$L_x = L_g$ 式中 L_g——工件定位孔到定位端面的距离
2	定位销到定位端面的距离公差	$\pm \delta L_x$	$\pm \delta L_x = \pm \left(\dfrac{1}{5} \sim \dfrac{1}{3}\right) \delta L_g$ 式中 $\pm \delta L_g$——工件定位孔到定位端面的距离公差
3	菱形销宽度	b、B	b 及 B 的推荐值
4	补偿距离	ε	$\varepsilon = \delta L_x + \delta L_g$
5	菱形销圆弧部分与其配合的工件定位孔间的最小间隙	$\Delta_{\min}$	$\Delta_{\min} = \dfrac{2\varepsilon b}{D}$ 式中 D——与菱形销相配合的工件定位孔的最小直径
6	菱形销最大直径	d	$d = D - \Delta_{\min}$ 公差选取 h5 或 h6
7	菱形销所产生的定位误差	Δx Δy	在 x 方向上的最大定位误差: $\Delta x = \Delta_{\max}$ 式中 $\Delta_{\max}$——菱形销与其配合的工件定位孔间的最大间隙在 y 方向上的最大定位误差: $\Delta y = 0$

序号 3 的 b 及 B 推荐值表：

定位孔直径 D	3~6	>6~8	>8~20	>20~25	>25~32	>32~46	>40~50
b	2	3	4	5	5	6	8
B	$D-0.5$	$D-1$	$D-2$	$D-3$	$D-3$	$D-4$	$D-5$

3.1.4 定位销高度的计算

当工件以定位销定位，而且工件的重量又很重，为了方便工件的装卸，必须校核定位销的高度，其计算见表3-4。

表 3-4 定位销高度的计算 （单位：mm）

定位方式	简图	计算公式
以一个定位销定位		$H = \dfrac{l + 0.5D}{D}\sqrt{2D - \Delta_{\min}}$
以两个定位销定位		右定位销计算高度: $H_1 = \dfrac{L + l + 0.5D}{L + D}\sqrt{2(L+D)\Delta_{\min}}$ 左定位销计算高度: $H_2 = \dfrac{l + 0.5D}{D}\sqrt{2D\Delta_{\min}}$ 实际定位销的高度 H 应选 H_1 和 H_2 中较小的值

表中 L——工件两定位孔间的距离；
l——工件定位孔到端面间的距离；
D——工件定位孔的最小直径；
$\Delta_{\min}$——工件定位孔与定位销间的最小间隙；
H——定位销的最大允许高度。

3.1.5 小锥度心轴尺寸的计算

小锥度心轴是高精度定心的磨削工具,锥度越小,定心精度越高,但长度过长将影响心轴的刚度。为避免心轴过长,可进行分组。此种心轴适合于定位孔长度与孔径之比为 0.25~1.5 的短工件。小锥度心轴尺寸的计算见表 3-5。

表 3-5 小锥度心轴尺寸的计算　　　　　　（单位：mm）

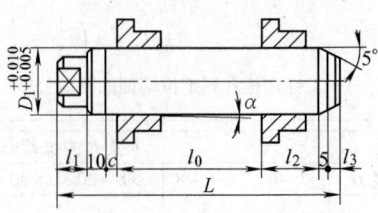

序号	计算项目	符号	计算公式
1	工件安装在心轴上所允许的端面跳动量	ΔB	$\Delta B \leq 0.25 \Delta A$ 式中 ΔA——工艺上所允许的端面跳动量
2	心轴的锥度	C	$C = 2\tan\alpha = \dfrac{\Delta B}{M}$ C 值取 $\dfrac{1}{5000}$ 的整数倍,一般取 $\dfrac{1}{5000} \sim \dfrac{1}{1000}$

(续)

序号	计算项目	符号	计算公式
3	心轴锥体的大端直径	D_1	$D_1 = D_{max} + \delta_1$ 式中 D_{max}——工件定位孔的最大直径 δ_1——储备量,一般取 $\delta_1 = 0.01 \sim 0.02$ 考虑到使用后的修磨及测量,大端具有10mm的圆柱部分
4	考虑储备量的锥体长度	c	$c = \dfrac{\delta_1}{C}$
5	考虑工件定位孔直径公差的锥体长度	l_0	$l_0 = \dfrac{\delta}{C}$ 式中 δ——工件定位孔的直径公差
6	考虑到工件定位孔的长度及适当的储备量的锥体长度	l_2	$l_2 = l + (0.3 \sim 0.5)D$ 式中 l——工件定位孔的长度 D——工件定位孔的公称直径
7	心轴锥体的前段长度	l_3	$l_3 = 10 \sim 15$
8	心轴锥体的后段长度	l_1	l_1 按心轴拨动装置的结构而定,一般 $l_1 = 20 \sim 40$
9	心轴的总长度	L	$L = l_1 + 10 + c + l_0 + l_2 + 5 + l_3$ 心轴最大长度推荐值 | 心轴直径 D | ≤10 | 10~15 | 15~20 | 20~25 | 25~35 | 35~45 | 45~55 | 55~65 | 65~80 | >80 | |---|---|---|---|---|---|---|---|---|---|---| | 心轴最大长度 | 80 | 100 | 150 | 200 | 250 | 350 | 410 | 480 | 530 | 580 | 注:当心轴长度超过上表值时,应采用分组心轴。
10	心轴端面对轴心线的允许跳动量	A	$A \leq 0.1 \Delta A$ 但 A 值不小于0.003mm
11	分组心轴的尺寸计算 — 考虑到每一根分组心轴的储备量及定位孔直径偏差的锥体长度	L_2	$L_2 = (c + l_0)/N$ 式中 N——分组数
	每一根分组心轴的大端直径	D_2 D_3 ⋮	$D_2 = D_1 - ZL_2$ $D_3 = D_2 - ZL_2$ ⋮ $D_2, D_3, \cdots$ 的偏差与 D_1 相同
	每一根分组心轴的长度 L'	L'	$L' = l_1 + 10 + L_2 + l_2 + 5 + l_3$

3.1.6 带圆柱部分的锥度心轴尺寸的计算

当工件的定位孔长度与孔径的比大于 1.5 时,应采用带圆柱部分的锥度心轴,其尺寸计算见表 3-6。

3.1.7 压入配合光滑心轴尺寸的计算

压入配合光滑心轴与工件有过盈配合,定心精度高,能传递一定转矩,常用于多刀机床的加工。其配合的最大过盈量不应该大于 H7/r6 配合的过盈量,以免压入压出的力过大而使工件过分的变形。当工件定位孔的精度较低时,应将定位直径分组,设计成套心轴。心轴尺寸的计算见表 3-7。

表 3-6 带圆柱部分的锥度心轴尺寸的计算 （单位：mm）

序号	计算项目	符号	计算公式
1	心轴的锥度	C	$C = 2\tan\alpha = \dfrac{1}{100} \sim \dfrac{1}{300}$
2	心轴锥体的大端直径	D_1	$D_1 = D_{max} + \delta_1$ 式中 D_{max}——工件定位孔的最大直径 δ_1——储备量,一般取 $\delta_1 = 0.02 \sim 0.05$
3	考虑储备量的锥体长度	c	$c = \dfrac{\delta_1}{C}$
4	考虑工件定位孔直径公差的锥体长度	l_0	$l_0 = \dfrac{\delta}{C}$ 式中 δ——工件定位孔的直径公差
5	考虑到工件定位孔的长度及适当的储备量的锥体长度	l_2	$l_2 = l + (0.3 \sim 0.5)D$ 式中 l——工件定位孔的长度 D——工件定位孔的公称直径
6	心轴锥体的前段长度	l_3	$l_3 = 10 \sim 15$
7	心轴锥体的后段长度	l_1	l_1 按心轴拨动装置的结构而定,一般 $l_1 = 20 \sim 40$
8	心轴的总长度	L	$L = l_1 + 10 + c + l_0 + l_2 + l_3$
9	心轴圆柱部分的直径	D_3	$D_3 = D_{min}$ 式中 D_{min}——工件定位孔的最小直径 D_3 的公差取 h6 或 g6
10	心轴锥体的小端直径	D_2	$D_2 = D_3 - (0.05 \sim 0.1)$

表 3-7 压入配合光滑心轴尺寸的计算 （单位：mm）

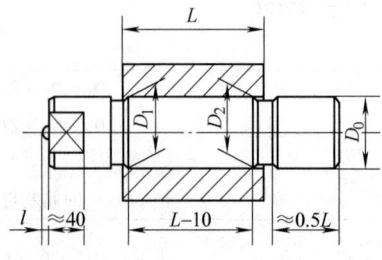

(续)

序号	计算项目	符号	计算公式
1	心轴导向部分的直径	D_0	$D_0 = D_{\min}$ 式中 $D_{\min}$——工件定位孔的最小直径 D_0 的公差取 e8
2	心轴工作部分的直径: 大端直径 小端直径	D_1 D_2	1) 当工件定位孔的长度大于孔径时,心轴工作部分应略带一些锥度,其大端和小端直径分别为 $$D_1 = D_{\max} + \delta_1 + \delta_2$$ 式中 $D_{\max}$——工件定位孔的最大直径 δ_1——$\dfrac{H7}{r6}$ 配合的最小过盈量 δ_2——IT6 的标准公差值 D_1 的公差取 h5 $D_2 = D_{\min}$ D_2 的公差取 h6 2) 当工件定位孔的长度等于或小于孔径时,心轴工作部分为圆柱形,即 $$D_1 = D_2 = D_{\max} + \delta_1 + \delta_2 \quad D_2 \text{ 的公差取 h5}$$
3	校验最大过盈量	$\delta_{\max}$	$$\delta_{\max} = D_{1\max} - D_{\min}$$ 当 $\delta_{\max}$ 大于 $\dfrac{H7}{r6}$ 配合的最大过盈量时,应将定位直径分组,设计成套心轴,一般精度低于 H7 的定位孔应进行分组
4	心轴中心孔测量球顶点到心轴定位基面的距离	l	$l = 1.5d_1 - 0.866D - a$ 标准中心孔的 l 值 中心孔尺寸: | d	0.7	1	1.5	2	2.5	3	4	5	6	8	12
---	---	---	---	---	---	---	---	---	---	---	---
$D_{\max}$	2	2.5	4	5	6	7.5	10	12.5	15	20	30
D_1	—	—	6	8	10	12	18	25	—	—	—
a	0.3	0.4	0.6	0.8	0.8	1	1.2	1.5	1.8	2	2.5
L_0	2.3	2.9	4.6	5.8	6.8	8.5	11.2	14	16.8	22	32.5
d_1	2	2.5	3	4	5	6	8	10	12	15	22.225
l	0.968	1.185	0.436	0.87	1.504	1.505	2.140	2.675	3.210	3.180	4.858
$D_0$①	4.5	6	9	11	14	16	22	30	36	42	52	

① 心轴端部最小直径。

3.1.8 滚柱心轴的尺寸及有关计算

滚柱心轴可利用切削力使工件得到自动定心和夹紧,切削力越大,夹紧力也越大。滚柱心轴尺寸及有关计算见表 3-8。

表 3-8 滚柱心轴的尺寸及有关计算

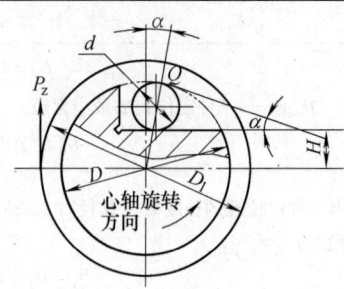

序号	计算项目	符号	计算公式
1	接触点升角	α	为保证在工件及心轴间的滚柱能自锁,则必须保证接触点升角为 $$\alpha \leqslant \phi_1 + \phi_2$$ 式中 ϕ_1——滚柱与工件间的摩擦角(°) ϕ_1——滚柱与心轴间的摩擦角(°) α 值取 4°~7°,一般取 7°。接触表面润滑条件好时,取小值
2	滚柱直径 滚柱长度	d l	$$d = (0.25 \sim 0.3)D$$ 式中 D——滚柱心轴的直径(mm) $$l \geqslant 1.5d \text{(mm)}$$ 对滚柱应进行两方面的验算: 1)接触应力验算 $$d \geqslant \frac{0.35QB}{l[\sigma]^2}\text{(mm)}$$ 式中 Q——滚柱承受的作用力(夹紧力)(N) E——滚柱的弹性模量,$E = 21 \text{kN/mm}^2$ $[\sigma]$——滚柱的许用接触应力,一般取 $[\sigma] = 2 \text{kN/mm}^2$ 2)在无切削力时,不希望滚柱在工件与心轴间产生自锁,而希望滚柱能自动滚开,以便取下工件。这时应保证滚柱反作用力所产生的滑动摩擦力矩大于或等于滚动摩擦力矩,即 $$\tan\frac{\alpha}{2} \geqslant \frac{2f}{d}$$ 式中 f——滚动摩擦因数
3	心轴切平面到中心的距离	H	$$H = 0.5D\cos\alpha - 0.5d(1 + \cos\alpha)\text{(mm)}$$ 当 $\alpha = 7°$时,$H = 0.496D - 0.996d\text{(mm)}$
4	每一个滚柱所能产生的夹紧力	Q	$$Q = \frac{P_z D_1}{nD\tan\dfrac{\alpha}{2}}\text{(N)}$$ 式中 P_z——切削力(N) D_1——工件承受切削力处的直径(mm) n——滚柱数量

注:D、H、d 的制造精度不应低于 IT6,否则会因实际 α 角增大而不能自动锁紧。

3.1.9 齿轮按渐开线齿形定位时的计算

利用爪形弹性卡盘或三圆弧自定心夹具磨削齿轮内孔时,通过滚柱或钢球用齿轮的渐开线齿形面定位。由于上述两种夹具的有效夹紧行程较小,所以应对滚柱直径及其外公切圆的直径作比较精确的计算。

1. 直齿圆柱齿轮(表 3-9)

表 3-9　直齿圆柱齿轮的定位滚柱直径及其最小外公切圆直径的计算　　（单位：mm）

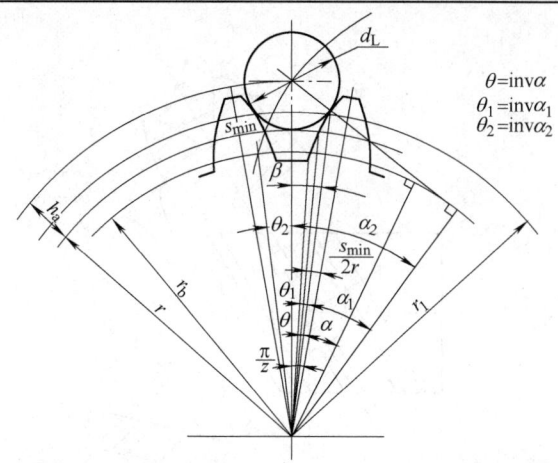

序号	计算项目	序号	计算公式
1	分度圆半径	r	$r = \dfrac{1}{2}mz$ 式中　m——模数 　　　z——齿数
2	基圆半径	r_b	$r_b = r\cos\alpha$ 式中　α——分度圆上的压力角
3	滚柱与齿形面接触点的向量半径	r_1	滚柱与齿形面接触点一般取分度圆到顶圆间的位置，此位置可按经验公式确定： $r_1 = r + (0.5 \sim 0.7)h_a$ 式中　h_a——齿顶高
4	滚柱计算直径	d_L	$d_L = 2[r_b\tan(\alpha_1 + \beta) - r_1\sin\alpha_1]$ $\alpha_1 = \arccos\dfrac{r_b}{r_1}$ $\beta = \dfrac{180°}{\pi}\left[\dfrac{\pi}{2} - \left(\dfrac{S_{min}}{2r} + \mathrm{inv}\alpha\right) + \mathrm{inv}\alpha_1\right]$ 式中　S_{min}——分度圆上最小弧齿厚 　　　$\mathrm{inv}\alpha$——α 的渐开线函数值 　　　$\mathrm{inv}\alpha_1$——α_1 的渐开线函数值
5	选择滚柱实际直径	d	按 d_L 选择相近的标准滚柱 d，一般：$d < d_L$
6	滚柱 d 与齿轮接触时的最小中心距	A_{min}	$A_{min} = \dfrac{r_O}{\cos\alpha_2}$ 式中　α_2 值可按 $\mathrm{inv}\alpha_2$ 从渐开线函数表中查出 $\mathrm{inv}\alpha_2 = \dfrac{S_{min}}{2r} + \mathrm{inv}\alpha + \dfrac{d}{2r_b} - \dfrac{\pi}{z}$
7	滚柱 d 与齿轮接触时的最小外公切圆直径	D_{min}	$D_{min} = 2A_{min} + d$

2. 斜齿圆柱齿轮

对于斜齿圆柱齿轮，以其渐开线齿形面定位时，定位滚柱直径及其最小外公切圆直径的计算（表 3-10），可先将斜齿圆柱齿轮的法向齿形参数换算成端面齿形参数，然后按照直齿圆柱齿轮的计算方法计算。

表 3-10 斜齿圆柱齿轮的定位滚柱直径及其最小外公切圆直径的计算　　（单位：mm）

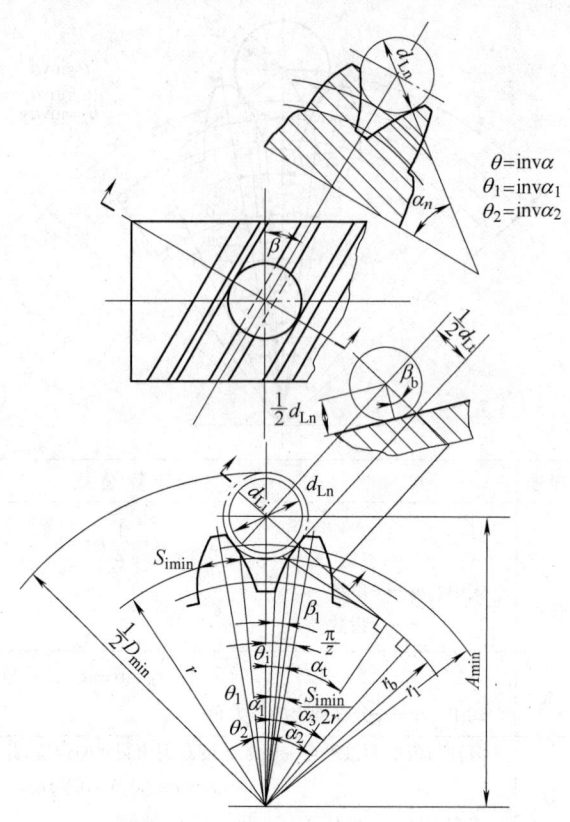

序号	计算项目	符号	计算公式
1	端面模数	m_i	$m_i = \dfrac{m_n}{\cos\beta}$ 式中　m_n——法向模数 　　　β——分度圆上的螺旋角
2	端面压力角	α_i	$\alpha_i = \arctan\dfrac{\tan\alpha_n}{\cos\beta}$ 式中　α_n——分度圆上的法向压力角
3	分度圆上端面最小弧齿厚	$S_{i\min}$	$S_{i\min} = \dfrac{S_{n\min}}{\cos\beta}$ 式中　$S_{n\min}$——分度圆上法向最小弧齿厚
4	分度圆半径	r	$r = \dfrac{1}{2}m_i z$ 式中　z——齿数
5	基圆半径	r_b	$r_b = r\cos\alpha_i$
6	滚柱与端面齿形接触点的向量半径	r_1	滚柱与齿形面的接触点一般取分度圆到顶圆间的位置，此位置可按经验公式确定： $r_1 = r + (0.5 \sim 0.7)h_a$ 式中　h_a——齿顶高

(续)

序号	计算项目	符号	计算公式
7	端面滚柱的计算直径	d_{Lt}	$d_{Lt} = 2[r_b \tan(\alpha_1 + \beta_1) - r_r \sin\alpha_1]$ $\alpha_1 = \arccos \dfrac{r_b}{r_1}$ $\beta_1 = \dfrac{180°}{\pi}\left[\dfrac{\pi}{Z} - \left(\dfrac{S_{imin}}{2r} + inv\alpha_t\right) + inv\alpha_1\right]$ 式中 $inv\alpha_t$——α_t 的渐开线函数值 $inv\alpha_1$——α_1 的渐开线函数值
8	按 d_{Lt} 求出同中心位置与法向齿形接触的滚柱计算直径	d_{Ln}	$d_{Ln} = d_{Lt}\cos\beta_b$ 式中 $\cos\beta_b = \dfrac{\sin\alpha_n}{\sin\alpha_i}$
9	选择滚柱的实际直径	d_n	按 d_{Ln} 选择相近的标准滚柱,一般: $d_n < d_{Ln}$
10	按 d_n 求出同中心位置与端面齿形接触的滚柱直径	d_t①	$d_t = \dfrac{d_n}{\cos\beta_b}$
11	按齿形端面参数求出直径为 d_t 的滚柱与齿轮端面齿形接触后的最小中心距	A_{min}	$A_{min} = \dfrac{r_b}{\cos\alpha_2}$ 式中 α_2 值可按 $inv\alpha_2$ 从渐开线函数表中查出: $inv\alpha_2 = \dfrac{S_{imin}}{2r} + inv\alpha_t + \dfrac{d_t}{2r} - \dfrac{\pi}{z}$
12	直径为 d_n 的滚柱与法向齿形接触时最小外公切圆的直径	D_{min}	$D_{min} = 2A_{min} + d_n$

① 实际上,为了定位稳定,对于斜齿圆柱齿轮以其渐开线齿形面定位时,仍用直径为 d_n 的滚柱,但这种滚柱应是柔性的,以保证有良好的接触,它一般用直径为 2~3mm 的钢丝绕成螺旋弹簧,将外圆磨削到所需尺寸即可。滚柱直径的偏差取 h5 或 -0.005mm。

3. 直齿圆锥齿轮

直齿圆锥齿轮的齿形应该是一球面渐开线。而实际上我们是从背锥展开面得到的齿轮齿形,近似地作为圆锥齿轮的齿形。所有齿形参数均以背锥展开齿形为标准。直齿圆锥齿轮的模数、齿高、齿厚等参数均不是定值。只要我们平行于背锥,亦即在垂直于分度圆母线的锥截面上,展开的齿形均是沿着锥顶的方向逐渐减小,最大的模数则在背锥展开截面上。

对于直齿圆锥齿轮以其渐开线齿形面定位时的定位钢球直径及其外公切圆直径的计算(表 3-11),可先将背锥的齿形参数换算成计算锥截面的齿形参数,然后按直齿圆柱齿轮的计算方法计算。

表 3-11 直齿圆锥齿轮的定位钢球直径及其外公切圆直径的计算　　　(单位: mm)

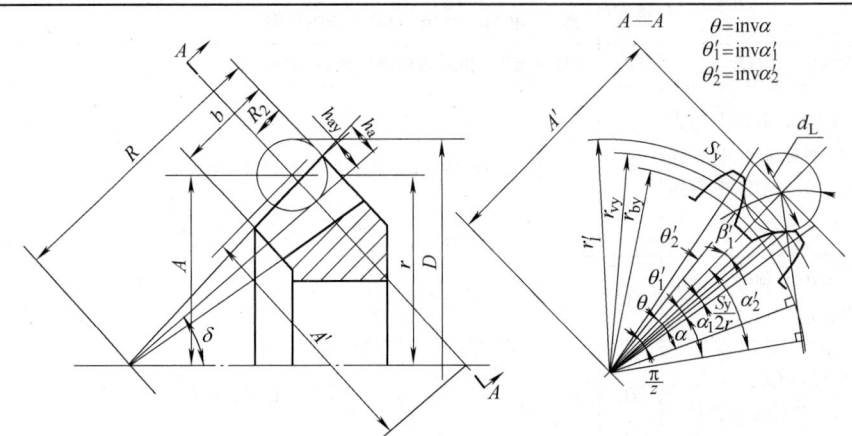

(续)

序号	计算项目	符号	计算公式
1	计算截面 A—A 离背锥的距离	R_2	$R_2 = \left(\dfrac{1}{3} \sim \dfrac{1}{2}\right)b$ 一般取偏小值 式中 b——齿宽
2	计算齿形与背锥齿形的缩小比值	i	$i = \dfrac{R - R_2}{R}$ 式中 R——节锥锥距
3	分度圆半径	r	$r = \dfrac{1}{2}mz$ 式中 m——模数 z——齿数
4	背锥齿形假想分度圆半径	r_v	$r_v = \dfrac{r}{\cos\delta}$ 式中 δ——分锥角
5	计算截面假想分度圆半径	r_{vy}	$r_{vy} = r_v i$
6	计算截面假想基圆半径	r_{by}	$r_{by} = r_{vy} \cos\alpha$ 式中 α——分度圆上的压力角
7	计算截面齿形的齿顶高	h_{ay}	$h_{ay} = h_a i$ 式中 h_a——齿顶高
8	计算截面齿形的分度圆上弧齿厚	S_y	$S_y = Si$ 式中 S——分度圆上弧齿厚
9	在计算截面上,钢球与齿面接触点的向量半径	r_1'	钢球与齿面的接触点一般取分度圆到顶圆之间位置,此位置可按经验公式确定: $r_1' = r' + (0.5 \sim 0.7)h_{ay}$ 一般取小值
10	钢球的计算直径	d_L	$d_L = 2[r_{by}\tan(\alpha_1' + \beta') - r_1'\sin\alpha_1']$ $\alpha_1' = \arccos\dfrac{r_{by}}{r_1'}$ $\beta' = \dfrac{180°}{\pi}\left[\dfrac{\pi}{z} - \left(\dfrac{r_y}{2r_{vy}} + \text{inv}\alpha\right) + \text{inv}\alpha_1'\right]$ 式中 $\text{inv}\alpha$——α 的渐开线函数值 $\text{inv}\alpha_1'$——α_1' 的渐开线函数值
11	选择钢球实际直径	d	按 d_L 选择相近的标准钢球,一般 $d < d_L$
12	钢球 d 在计算截面上与齿轮接触时,钢球 d 的中心到计算截面假想分度圆中心的中心距	A'	$A' = \dfrac{r_{by}}{\cos\alpha_2'}$ 式中 α_2' 值可按 $\text{inv}\alpha_2'$ 从渐开线函数表中查出: $\text{inv}\alpha_2' = \dfrac{S_y}{2r_{vy}} + \text{inv}\alpha + \dfrac{d}{2r_{by}} - \dfrac{\pi}{z}$
13	钢球 d 的中心到锥齿轮中心线的中心距	A	$A = A'\cos\delta$
14	钢球 d 在计算截面上与齿轮接触时,其外公切圆直径	D	$D = 2A + d$

3.1.10 三圆弧自定心夹紧机构偏心圆弧尺寸的计算

三圆弧自定心夹紧机构是利用三段具有自锁性的偏心圆弧，对工件实现定心夹紧的机构，它广泛地用于以齿形定位的齿轮磨孔工序。偏心圆弧尺寸的计算见表3-12。

表3-12 三圆弧自定心夹紧机构偏心圆弧尺寸的计算（单位：mm）

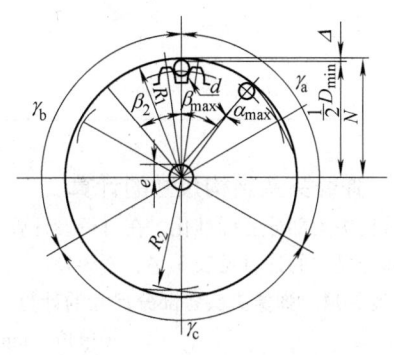

序号	计算项目	符号	计算公式
1	定位滚柱直径 定位滚柱的最小外公切圆直径	d D_{min}	按表3-9～表3-11所述齿轮以渐开线齿形定位时，定位滚柱直径及其外公切圆直径的计算方法求得
2	偏心圆弧与滚柱间的最大间隙	Δ	最大间隙Δ推荐值（不应小于0.4） 齿顶圆直径 d_a | Δ ≤100 | ≈$0.006d_a$ >100～200 | $(0.006～0.0055)d_a$ >200～300 | $(0.0055～0.005)d_a$ >300 | $(0.005～0.0045)d_a$
3	齿轮中心到偏心圆弧最高点的距离	N	$N=\frac{1}{2}D_{min}+\Delta$
4	装夹最小齿轮时，定位滚柱与偏心圆弧接触点的最大偏角	β_{max}	一般取$\beta_{max}=30°～35°$
5	偏心距	e	$e\approx\dfrac{N^2+\left(\dfrac{D_{min}}{2}\right)^2}{2N-D_{min}\cos\beta_{max}}$ 根据计算所得e值，取近似整数值，再用上式求出实际接触点的最大偏角β_{max}
6	偏心圆弧半径	R_1	$R_1=N-e$ R_1的偏差取+0.050
7	验算β_{max}处的夹紧角	α_{max}	$\alpha_{max}=\arcsin\left(\dfrac{e\sin\beta_{max}}{R_1}\right)$ α_{max}应在2°～3°范围内，如α_{max}过大，应对有关参数进行调整
8	三偏心圆弧分布角	γ_a γ_b γ_c	当齿数恰好为3的倍数时，$\gamma_a=\gamma_b=\gamma_c=120°$，否则可按齿槽位置求得，$\gamma$角应尽量接近120°，各夹角公差为±1′
9	齿轮安装孔半径	R_2	$R_2=\dfrac{1}{2}[D_{min}+(0.2～0.5)]$ R_2的偏差取+0.050
10	偏心圆弧有效半角	β_2	$\beta_2=\arccos\left[\dfrac{e^2+R_2^2-R_1^2}{2eR_2}\right]$ β_2应大于β_{max}

3.1.11 钻斜孔钻模工艺基准孔中心至钻套孔轴线间的距离x的计算（表3-13）

表3-13 工艺基准孔中心至钻套孔轴线间的距离x的计算

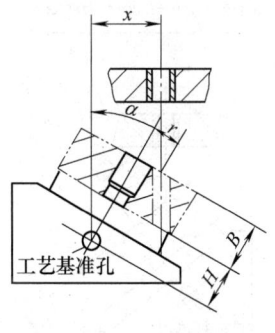

$x=B\sin\alpha+H\sin\alpha+r\cos\alpha$

（续）

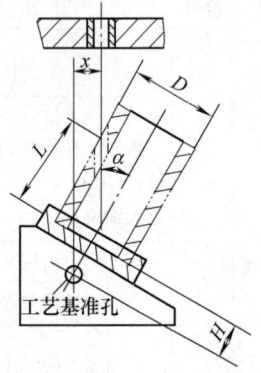

$$x = L\sin\alpha - \frac{D}{2}\cos\alpha + H\sin\alpha$$

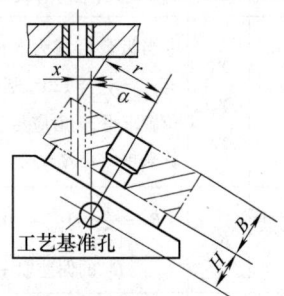

$$x = r\cos\alpha - H\sin\alpha - B\sin\alpha$$

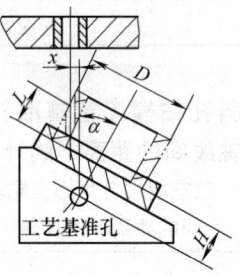

$$x = \frac{D}{2}\cos\alpha - L\sin\alpha - H\sin\alpha$$

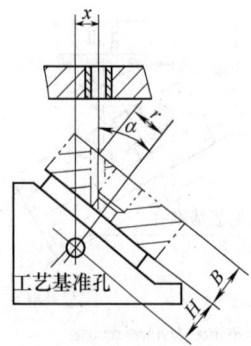

$$x = H\sin\alpha + B\sin\alpha - r\cos\alpha$$

（续）

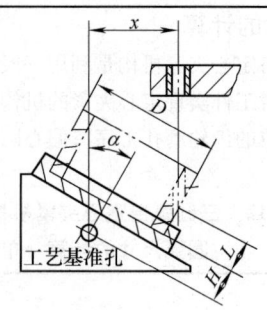

$$x = L\sin\alpha + \frac{D}{2}\cos\alpha + H\sin\alpha$$

3.1.12 弹簧夹头结构尺寸的计算

弹簧夹头大部分已标准化。在自行设计弹簧夹头时，各部分尺寸的计算见表3-14、表3-15。

表3-14 弹簧夹头各部分尺寸的计算

（单位：mm）

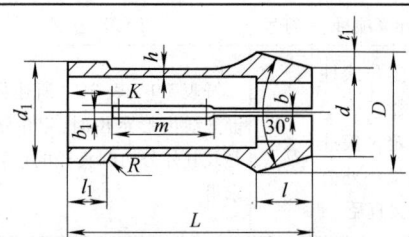

符 号	计 算 公 式		
D	$D = d + 2t_1$		
l	$l = 1.67 \sqrt[4]{d_1^3}$		
h	$h = 0.37 \sqrt{d_1}$（常取 1.5~3）		
b	$b = 0.6 \sqrt[3]{d_1}$		
K	$K = 2.9 \sqrt{d_1} + 0.5$		
R	$R = (0.1 \sim 0.2) d_1$		
L	$L = \dfrac{3.3 d_1}{\sqrt[6]{d_1}} + 13$		
l_1	$l_1 = 2.72 \sqrt{d_1}$		
t_1	$t_1 = 0.75 \sqrt{d_1}$		
b_1	$b_1 = \dfrac{0.88(d_1 + 2) - 1}{\sqrt{d_1}}$		
m	$m = 4.5 \sqrt{d_1}$		
d	≤35	>35~95	>95
i（槽数）	3	4	6

注：1. 公式适用于：$D/d_1 = 0.8 \sim 1.0$。
  2. d_1 为弹簧夹头配合直径。

表 3-15 弹簧夹头的推荐尺寸　　　　　　　　　　　　　　　　（单位：mm）

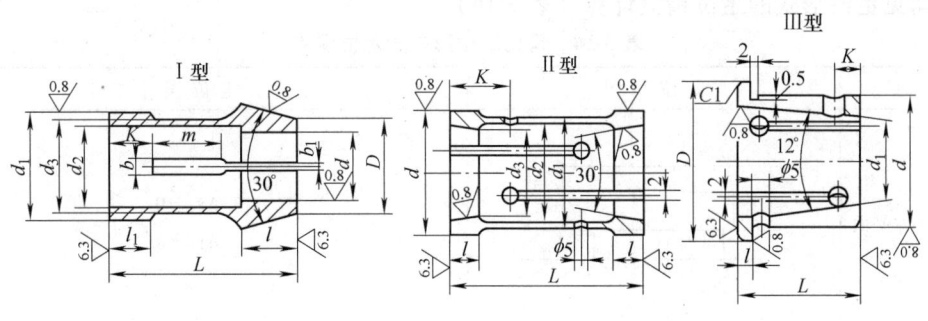

d	d_1			d_2		d_3		D		L			l			l_1			b	b_1	m	K			每端的槽数
	Ⅰ	Ⅱ	Ⅲ	Ⅰ	Ⅱ	Ⅰ	Ⅱ	Ⅰ	Ⅱ	Ⅰ	Ⅱ	Ⅲ	Ⅰ	Ⅱ	Ⅲ	Ⅰ	Ⅱ	Ⅲ	Ⅰ	Ⅰ	Ⅰ	Ⅰ	Ⅱ	Ⅲ	
5~10	14	—	—	11.0	—	13.0	—	17	—	30	—	—	8	—	—	7	—	—	2.0	1.0	12	8	—	—	3
11~15	19	—	—	15.5	—	18.0	—	23	—	40	—	—	11	—	—	9	—	—	2.5	1.5	16	10	—	—	3
16~20	25	—	—	21.0	—	23.0	—	31	—	50	—	—	13	—	—	10	—	—	3.0	1.5	19	13	—	—	3
21~25	31	—	9.5	26.0	—	29.5	—	40	30	58	—	28	17	—	5	13	3.5	1.5	22	14	—	8	3
26~30	37	—	16.5	31.0	—	35.0	—	47	35	65	—	28	20	—	5	14	4.0	1.5	23	15	—	8	3
31~35	44	—	19.5	37.0	—	41.0	—	56	40	75	—	32	23	—	5	15	4.5	2.0	26	17	—	8	3
36~40	49	—	26.5	42.0	—	46.5	—	62	45	83	—	32	25	—	5	16	4.5	2.0	28	18	—	8	4
41~45	56	30	30.0	47.0	34	52.0	38	70	50	90	62	38	29	10	5	18	5.0	2.0	30	20	20	8	4
46~50	60	32	34.5	52.0	37	57.0	42	77	55	98	70	38	30	15	5	19	5.5	2.0	32	21	23	8	4
51~60	73	36	38.0	63.0	43	69.0	49	87	63	110	80	48	35	15	5	20	6.0	2.0	34	22	23	8	4
61~70	83	45	47.0	73.0	52	79.0	58	99	76	123	100	52	38	20	8	22	6.5	2.5	37	23	30	11	4
71~80	95	53	57.0	83.0	61	90.0	70	112	88	132	120	52	42	20	8	23	6.5	2.5	39	25	35	11	4
81~90	105	—	—	93.0	—	100.0	—	126	—	145	—	—	47	—	—	25	—	—	7.0	2.5	42	27	—	—	4
91~100	116	—	—	104.0	—	111.0	—	140	—	162	—	—	52	—	—	27	—	—	7.5	3.0	44	28	—	—	6
101~110	126	—	—	114.0	—	121.0	—	153	—	175	—	—	56	—	—	28	—	—	8.0	3.0	47	30	—	—	6
111~125	143	—	—	129.0	—	137.0	—	166	—	190	—	—	60	—	—	30	—	—	8.5	3.0	49	32	—	—	6

注：1. 材料：一般用 T7A、T8A、T10A、65Mn，薄壁弹性夹头用 4SiCrV、9SiCr。
　　2. 热处理：工作部分 T7A 43~52HRC；T8A 55~60HRC；T10A 52~56HRC；4SiCrV 57~60HRC；9SiCr 56~62HRC；65Mn 57~62HRC。
　　　尾部 T7A 30~32HRC；T8A 32~35HRC；T10A 40~45HRC；4SiCrV 47~50HRC；9SiCr 40~45HRC；65Mn 40~45HRC。

3.2 定位误差的计算

3.2.1 常见定位形式的定位精度计算（表 3-16）

表 3-16 常见定位形式的定位误差

定位形式		定位简图	定位误差
定位基准为平面	一个水平面		$\Delta y_A = 0$ $\Delta y_B = \delta$
	二个垂直平面		$\Delta y_A = h[\cot(\alpha \pm \gamma) - \cot\alpha]$ 当 $\alpha = 90°$ 时， $\Delta y_A = h\cot\gamma$
	二个平行平面		工件与水平面的最大角度定位误差为 $\alpha = \pm \arctan\dfrac{\delta}{L}$ 式中　δ——两定位基面间的距离误差
定位基准为一孔及一平面	圆柱销垂直安装		$\Delta y_{径向} = \delta_D + \delta_d + \Delta_{min}$ 式中　Δ_{min}——定位孔与定位销之间的最小间隙
	圆柱销水平安装		$\Delta y_x = 0$ $\Delta y_z = \dfrac{1}{2}(\delta_D + \delta_d)$

(续)

定位形式		定位简图	定位误差
定位基准为一圆孔及两个垂直平面	工件以侧面定位		$\Delta y_y = 0$ $\Delta y_x = \Delta_{max}$ 式中 Δ_{max}——菱形销与工件定位孔之间的最大间隙
	用自动定心或胀开式定位销使工件准确定位 — 侧面以平面定位		工件所能产生的最大角度定位误差：$\alpha \approx \arctan\dfrac{2\delta L_g + \delta L_x}{L_1}$ 式中 δL_g——工件定位孔中心到侧面定位基准间的距离 (L_g) 公差的一半（$\pm \delta L_g$） δL_x——夹具定位销中心到侧面定位面间的距离（$L_x = L_g + \delta L_g$）偏差（$\pm \delta L_x$）
	用自动定心或胀开式定位销使工件准确定位 — 侧面以定位钉定位		工件所能产生的最大角度定位误差：$\alpha \approx \arctan\dfrac{\delta L_g + \delta L_x}{L_2}$ 式中 δL_x——夹具定位销中心到定位钉端的距离（$L_x = L_g$）的偏差（$\pm \delta L_x$）
定位基准为一平面及两圆孔			两定位销所产生的最大角度定位误差： $\alpha = \arctan\dfrac{\Delta_{1max} + \Delta_{2max}}{2L}$ 式中 Δ_{1max}——圆柱销与工件定位孔间的最大间隙 Δ_{2max}——菱形销与工件定位孔间的最大间隙
定位基准为圆柱面	两垂直平面定位		$\Delta y_A = 0.5\delta_d$ $\Delta y_B = 0.5\delta_d$ $\Delta y_C = \delta_d$ $\Delta y_D = 0$
	平面定位，V形块定心		$\Delta y_A = 0.5\delta_d$ $\Delta y_B = 0$ $\Delta y_C = 0.5\delta_d \cos\gamma$

(续)

定位形式	定位简图	定位误差
平面定位，V形块定心		$\Delta y_A = 0$ $\Delta y_B = 0.5\delta_d$ $\Delta y_C = 0.5\delta_d\cos\gamma - 0.5\delta_d$
		$\Delta y_A = \delta_d$ $\Delta y_B = 0.5\delta_d$ $\Delta y_C = 0.5\delta_d\cos\gamma + 0.5\delta_d$
定位基准为圆柱面　V形块定位		$\Delta y_A = \dfrac{\delta_d}{2\sin\dfrac{\alpha}{2}}$ $\Delta y_B = 0$ $\Delta y_C = \dfrac{\delta_d}{2\sin\dfrac{\alpha}{2}}\cos\gamma$
		$\Delta y_A = \dfrac{\delta_d}{2\sin\dfrac{\alpha}{2}} - 0.5\delta_d$ $\Delta y_B = 0.5\delta_d$ $\Delta y_C = \dfrac{\delta_d}{2\sin\dfrac{\alpha}{2}}\cos\gamma - 0.5\delta_d$
		$\Delta y_A = \dfrac{\delta_d}{2\sin\dfrac{\alpha}{2}} + 0.5\delta_d$ $\Delta y_B = 0.5\delta_d$ $\Delta y_C = \dfrac{\delta_d}{2\sin\dfrac{\alpha}{2}}\cos\gamma + 0.5\delta_d$

(续)

定位形式	定位简图	定位误差
定位基准为两个不同直径的外圆柱表面,定位元件为两个短V形块	(见图)	工件中心线 $O_1 - O_2$ 沿 z 轴方向的定位误差是两个短V形块在 z 轴方向定位误差的综合反应 设 $DE = \Delta y_{z1}$(第一个定位基准在 z 轴方向的定位误差),$FP = \Delta y_{z2}$(第二个定位基准在 z 轴方向的定位误差)。根据加工尺寸所处的不同位置,综合定位误差可分为三种情况来计算: 1)当加工尺寸在Ⅰ-Ⅰ外侧,并距Ⅰ-Ⅰ为 l_1 时的综合定位误差为 $\Delta y_z = \Delta y_{z1} + 2l_1 \tan\alpha$ 2)当加工尺寸在Ⅰ-Ⅰ和Ⅱ-Ⅱ之间,并距Ⅱ-Ⅱ为 l_2 时的综合定位误差为 $\Delta y_z = \Delta y_{z2} - 2l_2 \tan\alpha_1$ 3)当加工尺寸在Ⅱ-Ⅱ外侧,并距Ⅱ-Ⅱ为 l_3 时的综合定位误差为:$\Delta y_z = \Delta y_{z2} + 2l_3 \tan\alpha$ 式中 $\tan\alpha = \dfrac{1}{2L}(\Delta y_{z1} + \Delta y_{z2})$ $\tan\alpha_1 = \dfrac{1}{2L}(\Delta y_{z2} - \Delta y_{z1})$

3.2.2 钻模的钻孔精度计算(表3-17)

表3-17 钻模的钻孔精度计算

(单位:mm)

简 图	简 图 (续)
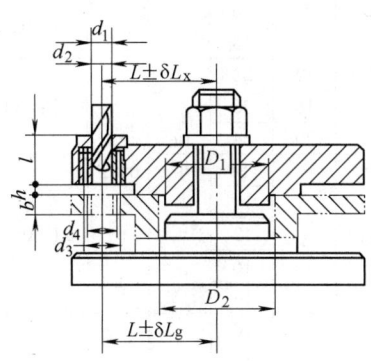	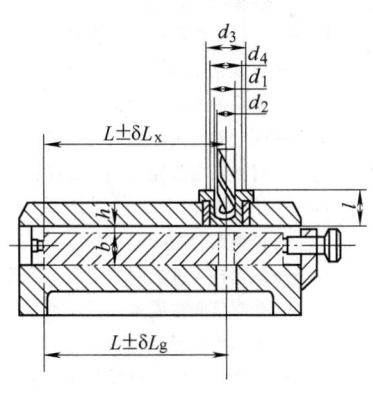
计算公式	计算公式
$\pm \delta L_g \geqslant \pm F\delta L_x \pm K\dfrac{D_2 - D_1}{2} \pm K\dfrac{d_3 - d_4}{2} \pm K\dfrac{d_1 - d_2}{2} \pm me \pm p(d_1 - d_2)\dfrac{h+b}{l}$	$\pm \delta L_g \geqslant \pm F\delta L_x \pm K\dfrac{d_3 - d_4}{2} \pm K\dfrac{d_1 - d_2}{2} \pm me \pm p(d_1 - d_2)\dfrac{h+b}{l}$

3.2.3 用定位销定位的分度装置的分度概率精度（表3-18）

表3-18 用定位销定位的分度装置的分度概率精度（单位：mm）

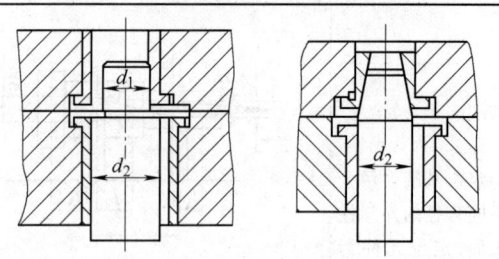

（续）

简　图
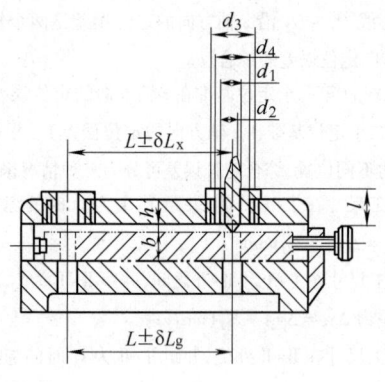

计算公式
$\pm \delta L_g \geq \pm F\delta L_x \pm 2\left[K\dfrac{d_3-d_4}{2} \pm K\dfrac{d_1-d_2}{2} \pm me \pm p(d_1-d_2)\dfrac{h+b}{l}\right]$

表中　$\pm \delta L_g$——工件孔距尺寸（L）的极限偏差；
　　　$\pm \delta L_x$——钻模上固定衬套中心位置尺寸（L）的极限偏差，普通精度的钻模板取 ± 0.05mm，高精度的钻模板取 ± 0.02mm；
　　　D_1——钻模板定位凸台的最小直径；
　　　D_2——工件定位孔的最大直径；
　　　d_1——可换钻套内孔的最大直径；
　　　d_2——钻头的最小直径；
　　　d_3——固定衬套内孔的最大直径；
　　　d_4——可换钻套外径的最小直径；
　　　b——钻孔深度；
　　　l——可换钻套的导向长度；
　　　h——钻套与工件之间的距离，h 值决定于钻孔深度和排屑条件，一般取 $(0.3 \sim 1)$ 的钻头直径；
　　　e——可换钻套内外径轴线的同轴度偏差；
　　　F——钻模板上固定衬套孔中心位置可能产生最大极限偏差的系数，$F=0.8$；
　　　K——相配合件间可能产生最大极限间隙的系数，普通精度的钻模板：$K=0.5$，高精度的钻模板：$K=0.35$；
　　　m——可换钻套可能产生同轴度最大极限偏差的系数，$m=0.4$；
　　　p——钻头可能产生最大极限倾斜的系数，普通精度的钻模板：$p=0.35$，高精度的钻模板：$p=0.2$。

分度装置精度等级	定位销形式	定位销直径		制造精度	定位套和导向套轴线的同轴度	分度装置的概率精度
		定位部分 d_1	导向部分 d_2	d_1、d_2 的配合		
普通精度	圆柱	8	10	H7 g6	≤ 0.03	$\pm(0.045 \sim 0.050)$
		10	18			
		12	22			
		16	26			$\pm(0.055 \sim 0.060)$
		20	34			
	圆锥	—	8			$\pm(0.030 \sim 0.035)$
			10			
			12			$\pm(0.035 \sim 0.040)$
			16			
			18			
中等精度	圆柱	8	10	H6 h5	≤ 0.02	$\pm(0.020 \sim 0.030)$
		10	18			
		12	22			
		16	26			$\pm(0.030 \sim 0.035)$
		20	34			
	圆锥	—	8			$\pm(0.015 \sim 0.020)$
			10			
			12			
			16			
			18			
高精度	圆柱	8	10	配合最大间隙 ≤ 0.01	≤ 0.015	$\pm(0.015 \sim 0.020)$
		10	18			
		12	22			
		16	26			
		20	34			
	圆锥	—	8			$\pm(0.010 \sim 0.015)$
			10			
			12			
			16			
			18			

注：各种衬套的内外圆的同轴度不大于 0.003mm。

3.3 典型夹紧形式的夹紧力计算

3.3.1 计算时的计算系数

1. 摩擦因数（表3-19）

表3-19 各种不同接触表面之间的摩擦因数

接触表面的形式	摩擦因数 f
接触表面均为加工过的光滑表面	0.15~0.25
工件表面为毛坯，夹具的支承面为球面	0.2~0.3
夹具夹紧元件的淬硬表面在沿主切削力方向有齿纹	0.3
夹具夹紧元件的淬硬表面在垂直于主切削力方向有齿纹	0.4
夹具夹紧元件在淬硬表面有相互垂直齿纹	0.4~0.5
夹具夹紧元件的淬硬表面有网状齿纹	0.7~0.8

2. 安全系数

总的安全系数由考虑各种因素所需的安全系数来决定，可按下式确定：

$$K = K_0 K_1 K_2 K_3 K_4 K_5 K_6$$

式中 K_0——基本安全系数，一般均取1.5；

K_1——加工状态系数（考虑到加工特点的系数），粗加工：$K_1 = 1.2$，精加工：$K_1 = 1$；

K_2——刀具钝化系数（考虑刀具磨损的系数），一般 $K_2 = 1.0 \sim 1.9$，具体数值可按表3-20选取；

K_3——切削特点系数（考虑切削情况的系数），连续：$K_3 = 1.0$，断续 $K_3 = 1.2$；

K_4——考虑夹紧动力稳定性系数，手动夹紧：$K_4 = 1.3$，机动夹紧：$K_4 = 1.0$；

K_5——考虑手动夹紧时手柄位置的系数，若手柄位置操作方便，手柄偏转角度范围小时，$K_5 = 1.0$；若手柄位置操作不方便，手柄转动角度范围大（>90°）时，$K_5 = 1.2$；

K_6——仅在有力矩企图使工件回转时，才应考虑支承面接触情况的系数，若工件是安装在支承钉上，接触面积小时，$K_6 = 1.0$；若工件是安装在支承板或其他接触面积较大元件上时，$K_6 = 1.5$。

总的安全系数选择范围较大，一般 $K = 1.5 \sim 2.5$，若夹紧力和切削力方向相反时，为保证工件的可靠夹紧，K 值不应小于2.5。

表3-20 K_2

加工方法	切削分力情况	K_2 铸铁	钢
钻削	M_k	1.5	
	P_z	1.10	
粗扩（毛坯）	M_k	1.3	
	P_z	1.2	
精扩	M_k	1.2	
	P_z	1.2	
粗车或粗镗	P_z	1.0	1.0
	P_y	1.2	1.4
	P_x	1.25	1.6
精车或精镗	P_z	1.05	0.95
	P_y	1.75	1.05
	P_x	1.5	1.0
平铣（粗、精）	P_z	1.2~1.4	1.75~1.90（软钢）1.2~1.4（硬钢）
端铣（粗、精）	P_z	1.2~1.4	1.75~1.90（软钢）1.2~1.4（硬钢）
磨削	P_z	—	1.15~1.20
拉削	P		1.55

3.3.2 常见典型夹紧形式所需夹紧力的计算（表3-21）

表3-21 常见典型夹紧形式所需夹紧力的计算公式

夹紧形式	计算简图	计算公式
工件以一平面及两圆孔定位	夹紧力与切削力方向一致	由于主切削力起着帮助夹紧工件的作用，所以当其他切削分力较小时，通常可以不必计算，仅需较小的夹紧力来防止工件在加工时产生的振动和转动

(续)

夹紧形式		计算简图	计算公式
工件以一平面及两圆孔定位	夹紧力与切削力方向相反		$Q = KP$ 式中 Q——夹紧力(N) P——切削力(N) K——安全系数
	夹紧力与切削力方向相互垂直		为防止工件在切削力 P 作用下平移所需夹紧力: $$Q_1 = \frac{K(P - P_0)}{f_1 + f_2}(\text{N})$$ 式中 P_0——定位销上允许承受的一部分切削力 　　f_1——夹紧元件与工件间的摩擦因数 　　f_2——工件与夹具支承面间的摩擦因数 对于精加工机床,定位销不允许受力,即 $P_0 = 0$;对于粗加工机床,定位销允许承受一部分切削力,通常可按挤压强度来确定: $$P_0 = dh[\sigma]_{挤}(\text{N})$$ 式中 d——定位销直径(m) 　　h——定位销接触长度(m) 　　$[\sigma]_{挤}$——许用挤压应力,取定位销和工件中较小者(Pa) 在特殊情况下,还应按照悬臂情况来计算定位销受力后变形的大小,并验证其变形量是否在保证加工精度所允许的范围内
		圆柱销 菱形销	为防止工件在切削力 P 的作用下绕圆柱销轴线转动所需的夹紧力 $$Q_2 = \frac{K(Pl - P_0' l_1)}{P(f_1 + f_2)}(\text{N})$$ 式中 P_0'——菱形销上允许承受的一部分切削力(N)。对精加工:$P_0' = 0$,对粗加工: $$P_0' = bh[\sigma]_{挤}$$ 式中 b——菱形销的宽度(m) 　　h——菱形销的接触长度(m) 　　$[\sigma]_{挤}$——许用挤压应力。取定位销和工件较小者(Pa) 式中 $l、l_1$ 单位为 m
			为防止工件在颠覆力矩 PL 的作用下绕 A 点倾斜,使工件离开基面所需的夹紧力为 $$Q_3 = \frac{KPL}{f_1 H + l}(\text{N})$$ 式中 $L、H、l$ 的单位为 m

（续）

夹紧形式	计算简图	计算公式
工件以一平面及两圆孔定位：夹紧力与切削力方向相互垂直	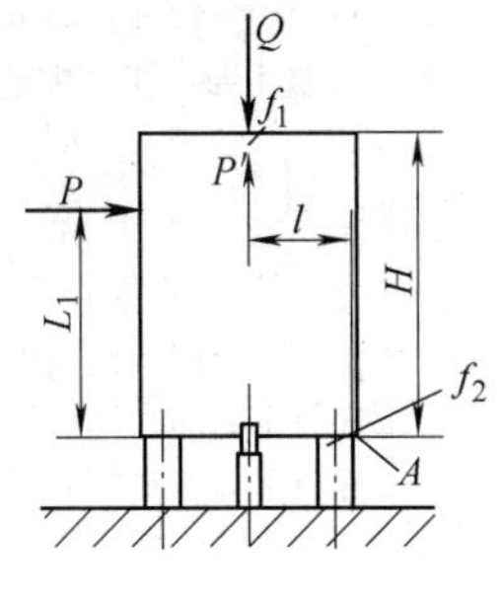	夹紧力 Q 取 Q_1、Q_2、Q_3 之中的较大值。在切削过程中，作用于工件的平移力、转动和颠覆力矩都是同时起作用和相互影响的，因而在计算夹紧力时应综合地考虑。例如，当颠覆力矩 PL_1 较大时，产生对夹紧机构的反作用力 P'，这时用于防止工件产生平移所需的夹紧力为 $Q=\frac{K(P+P'f_2)}{f_1+f_2}=\frac{KP\left(1+\frac{L_1}{l}f_2\right)}{f_1+f_2}$（N） 式中　P'——由颠覆力矩 PL_1 而产生对夹紧机构的反作用力（$P'l=PL_1$）
工件以一平面及两圆孔定位：工件多面同时受力，按单面受力情况来确定	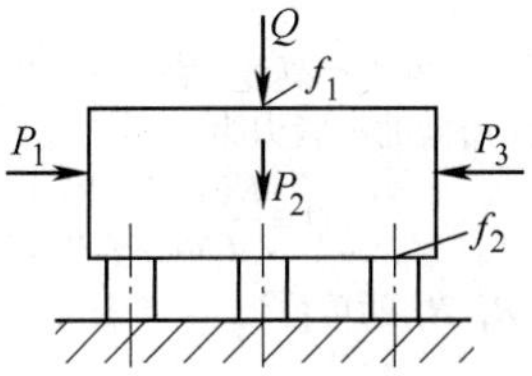	当工件如图中所示三面同时加工，并且各面的切削力为 $P_1>P_2>P_3$，考虑到各面加工不能同步，可按只有切削力 P_1 单独作用的最坏情况来考虑
工件以一平面及两圆孔定位：工件多面同时受力，按各面同时受力情况来确定	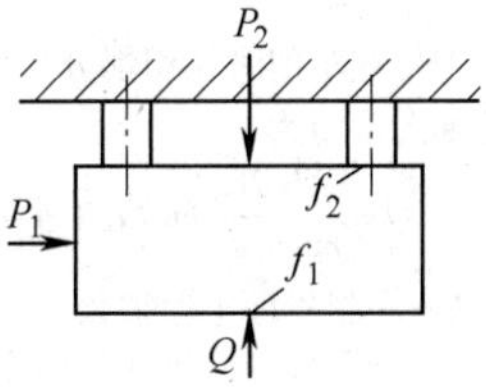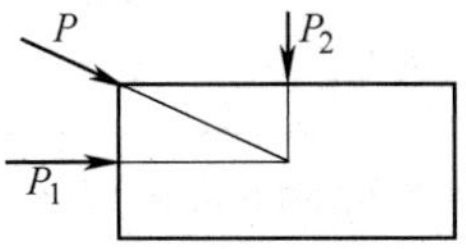	工件三面同时被加工，并由下向上夹紧工件，此时应按切削力 P_1、P_2、P_3 均同时作用在工件上的最坏情况来考虑。为防止工件产生位移所需的夹紧力 $Q=\frac{K(P+P_2f_2)}{f_1+f_2}=\frac{K(\sqrt{P_1^2+P_3^2}+P_2'f_2)}{f_1+f_2}$（N）
工件以两垂直面定位，侧向夹紧	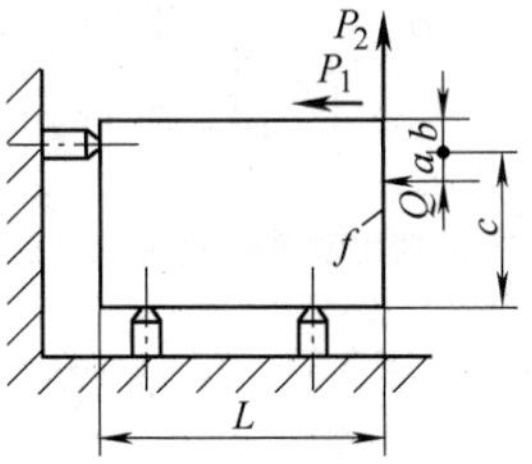	当工件承受水平和垂直切削分力时（如逆铣），所需夹紧力为 $Q=\frac{K[P_2(L+cf)+P_1b]}{cf^2+Lf+a}$（N） 式中　f——夹紧元件与工件间的摩擦因数 L、a、b、c 的单位为 m
轴向夹紧套类零件	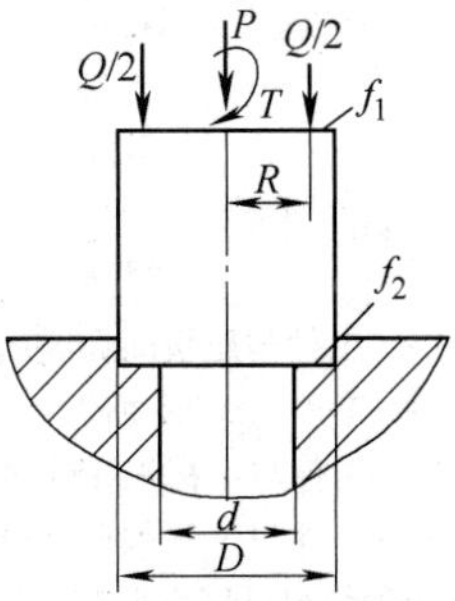	为防止工件在切削转矩 T（N · m）和轴向力 P（N）的作用下打滑而转动所需夹紧力为 $Q=\frac{K\left[T-\frac{1}{3}Pf_2\frac{D^3-d^3}{D^2-d^2}\right]}{f_1R+\frac{1}{3}f_2\frac{D^3-d^3}{D^2-d^2}}$（N） 式中　D、d、R 的单位为 m

（续）

夹紧形式	计算简图	计算公式
卡盘夹紧		为防止工件在切削转矩 $T(\text{N}\cdot\text{m})$ 和轴向力 $P(\text{N})$ 的作用下打滑而转动，三爪夹盘上每一爪所需的夹紧力[①]为 $$Q=\dfrac{K\left[T-\dfrac{2}{3}Pf_2\dfrac{R^3-r^3}{R^2-r^2}\right]}{3fR-2f_1f_2\dfrac{R^3-r^3}{R^2-r^2}}(\text{N})$$ 式中 f——工件与爪之间在圆周方向上的摩擦因数 f_1——工件与爪之间在轴线方向上的摩擦因数 f_2——工件与卡盘在端面方向上的摩擦因数 R、r 单位为 m
工件以内孔定心，用夹板夹紧在三支承点上		为防止工件在切削转矩 $T(\text{N}\cdot\text{m})$ 和轴向力 $P(\text{N})$ 作用下打滑而转动，所需的夹紧力为 $$Q=\dfrac{K(T-f_2PR_1)}{f_1R_2+f_2R_1}(\text{N})$$ 式中 R_1、R_2 的单位为 m
工件以内孔定心及夹紧		为防止工件在车削时在切削分力 $P_z(\text{N})$ 的作用下打滑而转动所需的轴向拉力为 $$Q=\dfrac{KP_zD}{\tan\phi_2 d}[\tan(\alpha+\phi)+\tan\phi_1](\text{N})$$ 式中 ϕ——斜楔面上摩擦角 $\tan\phi_1$——工件与心轴在轴向方向的摩擦因数 $\tan\phi_2$——工件与心轴在圆周方向的摩擦因数 D、d 的单位为 m
工件以内孔定心，端面夹紧		为防止工件在车削时在切削分力 $P_z(\text{N})$ 的作用下打滑而转动所需的轴向拉力为 $$Q=\dfrac{3KP_zD}{2\left(f_1\dfrac{D_1^3-d^3}{D_1^2-d^2}+f_2\dfrac{D_2^3-d^3}{D_2^2-d^2}\right)}(\text{N})$$
工件以V形块定位，压板夹紧（工件承受切削转矩及轴向力）		为防止工件在切削转矩 $T(\text{N}\cdot\text{m})$ 的作用下打滑而转动所需的夹紧力为 $$Q_1=\dfrac{KT\sin\dfrac{\alpha}{2}}{f_1R\sin\dfrac{\alpha}{2}+f_2R}(\text{N})$$ 为防止工件在轴向力 $P(\text{N})$ 的作用下打滑而轴向移动所需的夹紧力为 $$Q_2=\dfrac{KP\sin\dfrac{\alpha}{2}}{f_3\sin\dfrac{\alpha}{2}+f_4}(\text{N})$$ 式中 f_1——工件与压板间在圆周方向的摩擦因数 f_2——工件与V形块间在圆周方向的摩擦因数 f_3——工件与压板间在轴向方向的摩擦因数 f_4——工件与V形块间在轴向方向的摩擦因数 Q 按上述两种情况计算后取其中较大值

(续)

夹紧形式		计算简图	计算公式
工件以V形块定位，压板夹紧	工件承受侧向切削力		在侧向切削力 $P(\mathrm{N})$ 的作用下，为防止工件从V形块斜面滑出所需的夹紧力为 $$Q = \frac{2KP}{2f_1 + f_2 + \cot\frac{\alpha}{2}}(\mathrm{N})$$
	工件以V形块，V形块夹紧		为防止工件在切削转矩 $T(\mathrm{N\cdot m})$ 的作用下打滑而转动所需的夹紧力为 $$Q_1 = \frac{KT\sin\frac{\alpha}{2}}{2Rf_1}(\mathrm{N})$$ 为防止工件在轴向里 P 的作用下打滑而轴向移动所需的夹紧力为 $$Q_1 = \frac{KP\sin\frac{\alpha}{2}}{2f_2}(\mathrm{N})$$ 式中 f_1——工件与V形块间在圆周方向的摩擦因数； f_2——工件与V形块间在轴向方向的摩擦因数 Q 按上述两种情况计算后，取其中较大值
弹簧夹头夹紧	无轴向定位		为防止工件在切削转矩 $T(\mathrm{N\cdot m})$ 和轴向切削力 $P(\mathrm{N})$ 的作用下打滑而转动或轴向移动所需夹紧力为 当工件无轴向定位时： $$Q = K\left[\frac{\sqrt{\left(\frac{2T}{D}\right)^2 + P^2}}{\tan\phi_2} + Q'\right]\tan(\alpha + \phi_1)(\mathrm{N})$$ 当工件有轴向定位时： $$Q = K\left[\frac{\sqrt{\left(\frac{2T}{D}\right)^2 + P^2}}{\tan\phi_2} + Q'\right][\tan(\alpha + \phi_1) + \tan\phi_2](\mathrm{N})$$ 式中 ϕ_1——弹簧夹头与锥套间的摩擦角 ϕ_2——弹簧夹头与工件间的摩擦角 α——弹簧夹头的半锥角 D——工件直径(m) Q'——消耗于弹簧夹头的弹性变形力(N) 弹性变形力的大小可按下式计算 $$Q' = F\frac{d^3}{l^3}t\Delta$$ 式中 F——弹簧夹头的弹性变形系数。当夹头瓣数为3、4、6时，其值分别为600、200、40 d——弹簧夹头弯曲部分外径(m) l——弹簧夹头锥面中部到根部的距离(m) t——弹簧夹头弯曲部分的厚度(m) Δ——弹簧夹头与工件的径向间隙(直径上)(m)
	有轴向定位		

① 当轴向力 P 较小时，P 略去不计，则三爪夹盘上每一爪所需的夹紧力为 $Q = \frac{KT}{3fR}(\mathrm{N})$；当轴向力 P 的方向相反，则 Q 仍按 $Q = \frac{KT}{3fR}$ 公式求得，但为防止工件的轴向移动，所得的 Q 值需按 $KP \leq 3f_1 Q$ 公式演算。

3.4 典型夹紧机构的作用力计算

3.4.1 螺旋夹紧机构

1. 所需夹紧转矩的计算公式

$$T = Q[r\tan(\psi+\phi) + \tau f_1]$$

式中 T——应加在螺旋夹紧机构上的夹紧转矩（N·m）；

Q——夹紧力（N）；

r——螺纹的平均半径（m）；

ψ——螺纹升角，$\tan\psi = \dfrac{nP}{2\pi r}$；

n——螺纹线数；

P——螺纹螺距（m）；

ϕ——螺纹摩擦角，$\tan\varphi = f$，一般取 $f = 0.178$，则 $\phi = 10°$；

f_1——支承表面的摩擦因数，一般取 $f_1 = 0.15 \sim 0.3$；

τ——支承表面摩擦力矩的计算力臂（m），随支承表面的形式而改变，其值按表 3-22 选取。

为计算方便，令 $K = r\tan(\psi+\phi) + \tau f_1$，则

$$T = KQ$$

当采用公制螺纹的螺旋夹紧机构时，各种不同夹紧情况的 K 值见表 3-23。

表 3-22 τ 的数值表

型式	A	B	C	D
简图				
τ 值	0	$\dfrac{1}{3}d_0$	$R\cot\dfrac{\beta}{2}$	$\dfrac{1}{3}\dfrac{D_2^3 - D_1^3}{D_2^2 - D_1^2}$

注：采用有滚动轴承支承的螺母夹紧时，$\tau = 0$。

表 3-23 K 的数值表（$\phi = 10°$，$f_1 = 0.2$，$\beta = 120°$）

螺纹大径 d/mm			4	5	6	8	10	12	16	20	24	30	36
螺纹螺距 P/mm			0.7	0.8	1	1.25	1.5	1.75	2	2.5	3	3.5	4
螺纹平均半径 r/mm			1.77	2.24	2.675	3.59	4.51	5.43	7.35	9.19	11.03	13.86	16.70
螺纹升角 ψ			3°36′	3°15′	3°24′	3°10′	3°02′	2°56′	2°29′	2°29′	2°29′	2°18′	2°11′
型式	夹紧螺钉代号												
A	JB/T 8006.1 ~ 8006.4 GB/T 83, GB/T 830, GB/T 834	K	0.428	0.527	0.637	0.840	1.044	1.247	1.627	2.035	2.442	3.022	3.606
B	GB/T 75, GB/T 79, GB 85	d_0/mm		3	4.5	6	7	9	12	15	18		
		K		0.727	0.937	1.240	1.511	1.847	2.427	3.035	3.642		
C	JB/T 8006.1 ~ 8006.4(B)	R/mm	3	4	5	6	7	9	12	16	18	18	18
		K	0.775	0.898	1.215	1.533	1.852	2.286	3.013	3.882	4.520	5.100	5.684
C	JB/T 8006.1 ~ 8006.4(C)	R/mm	4	5	6	8	10	12	16	20	25	25	25
		K	0.890	1.105	1.330	1.764	2.199	2.633	3.475	4.344	5.329	5.909	6.492
	GB/T 804, JB/T 8004.2	R/mm			10	12	16	20	25	32	36	40	50
		K			1.792	2.225	2.891	3.556	4.514	5.730	6.599	7.641	9.379

(续)

螺纹大径 d/mm			4	5	6	8	10	12	16	20	24	30	36
螺纹螺距 P/mm			0.7	0.8	1	1.25	1.5	1.75	2	2.5	3	3.5	4
螺纹平均半径 r/mm			1.77	2.24	2.675	3.59	4.51	5.43	7.35	9.19	11.03	13.86	16.70
螺纹升角 ψ			30°36′	3°15′	3°24′	3°10′	3°02′	2°56′	2°29′	2°29′	2°29′	2°18′	2°11′
型式	夹紧螺钉代号												
D	GB/T 6170	D_1/D_2	4.8/6.65	5.8/7.6	7/9.5	9/13.3	11/16.15	13/18.05	17/22.8	22/28.5	26/34.2	33/43.7	39/52.25
		K	1.006	1.201	1.469	1.969	2.418	2.813	3.631	4.573	5.470	6.882	8.200
	GB/T 62.1~62.4	D_1/D_2	4.8/8	5.8/10	7/12	9/15	11/18	13/22	17/30	—	—	—	—
		K	1.081	1.336	1.609	2.065	2.522	3.035	4.037	—	—	—	—
	JB/T 8004.1	D_1/D_2	—	5.8/10	7/12.5	9/17	11/21	13/24	17/30	22/37	26/44	33/56	39/66
		K	—	1.336	1.638	2.181	2.696	3.151	4.037	5.048	6.019	7.571	8.971
	JB 1336	D_1/D_2	—	5.8/8	7/10	9/12.5	11/15	13/18	17/25	22/30	26/36	—	—
		K	—	1.223	1.496	1.924	2.354	2.810	3.753	4.655	5.569	—	—

2. 各种螺钉、螺母的夹紧力（表3-24，表3-25）

表3-24　各种螺钉的夹紧力（$\Phi = 10°$，$f = 0.178$，$f_1 = 0.2$，$\beta = 120°$）

型式	简　图	螺纹大径 d/mm	螺距 P/mm	扳手长度 L/mm	加在扳手上的力 P_1/N	R 或 d_0 /mm	夹紧力 Q/N
螺杆端面为点接触		10	1.5	120	30	—	3450
		12	1.75	140	45	—	5050
		16	2	190	80	—	9350
		20	2.5	240	100	—	11800
		24	3	310	150	—	19070
螺杆端面为平面接触		10	1.5	120	30	7	2380
		12	1.75	140	45	9	3410
		16	2	190	80	12	6260
		20	2.5	240	100	15	7920
		24	3	310	150	18	12790
螺杆端面为圆肩接触		10	1.5	120	30	10	1640
		12	1.75	140	45	12	2390
		16	2	190	80	16	4380
		20	2.5	240	100	20	5540
		24	3	310	150	25	8740

表 3-25　各种螺母的夹紧力（$\Phi = 10°$，$f = 0.178$，$f_1 = 0.2$）

形式	简图	螺纹大径 D/mm	螺距 P/mm	扳手长度 L/mm	加在扳手上的力 P_1/N	夹紧力 Q/N
带柄螺母		8	1.25	50	50	1300
		10	1.5	50		1280
		12	1.75	80	80	2280
		16	2	100	100	2660
		20	2.5	140		3010
用扳手的六角螺母（GB/T 6170）		10	1.5	120	45	2240
		12	1.75	140	70	3480
		16	2	190	100	5230
		20	2.5	240		5260
		24	3	310	150	8510
蝶形螺母（GB/T 62.1~62.4）		4	0.7	8.5	10	157
		5	0.8	9.5	15	210
		6	1	11	20	270
		8	1.25	14	30	407
		10	1.5	17	40	539

3. 许用夹紧力

当采用螺母夹紧方式时，螺栓一般均同时承受拉力和扭力，但为了简化计算，在计算螺栓强度时，可用只承受拉力的简单情况来代替复杂的受力情况。许用夹紧力及夹紧转矩的计算见表 3-26。

4. 复合螺旋夹紧机构（表 3-27）

表 3-26　各种直径螺栓的许用夹紧力及夹紧转矩（$\Phi = 100°$，$f = 0.178$，$f_1 = 0.2$）

螺栓公称直径 d/mm		4	5	6	8	10	12	16	20	24	30	36
许用夹紧力 $Q_{许}$/N		640	1000	1450	2570	4020	5790	10290	16080	23160	36190	52110
加在螺母（GB/T 6170）上的夹紧转矩	螺母支承面有滚动轴承	0.27	0.53	0.92	2.16	4.20	7.22	16.74	32.72	56.56	109.37	187.91
	螺母支承面无滚动轴承	0.64	1.20	2.13	5.06	9.72	16.29	37.36	73.53	126.68	249.06	427.30

注：$Q_{许} = 6.4 \dfrac{\pi d^2}{4} [\sigma]_{拉}$

式中　$Q_{许}$——螺栓的许用夹紧力（N）；

　　　d——螺栓公称直径（m）；

　　　$[\sigma]_{拉}$——许用拉应力，$[\sigma]_{拉} = 80$MPa。

表 3-27 复合螺旋夹紧机构所需要作用力 P（或转矩 T）的计算公式

夹紧形式	简 图	计算公式
螺旋压板夹紧		$T = P\dfrac{d_2}{2}\tan(\psi+\phi)$ 或 $T = Q\dfrac{d_2}{2}\tan(\psi+\phi)\dfrac{l}{l_1}\dfrac{1}{\eta}$ $Q_1 = \dfrac{Q}{\cos\alpha_1}$
螺旋压板夹紧		$T = P_1\dfrac{d_2}{2}\tan(\psi+\phi)$ 或 $T = P\dfrac{d_2}{2}\tan(\psi+\phi)\dfrac{1}{\cos\alpha_1}$ 或 $T = Q\dfrac{d_2}{2}\tan(\psi+\phi)\dfrac{l}{l_1}\dfrac{1}{\cos\alpha_1}\dfrac{1}{\eta}$
螺旋压板夹紧		$T = P\dfrac{d_2}{2}\tan(\psi+\phi)$ 或 $T = Q\dfrac{d_2}{2}\tan(\psi+\phi)\dfrac{1}{l_1}\dfrac{1}{\eta}$ $Q_0 = Q\tan\alpha_1$ $Q_1 = \dfrac{Q}{\cos\alpha_1}$

(续)

夹紧形式	简图	计算公式
螺旋压板夹紧		$T = P\left[\dfrac{d_2}{2}\tan(\psi+\phi) + \dfrac{2}{3}\dfrac{R^3-r^3}{R^2-r^2}f\right]$ 或 $T = \left(Q\dfrac{l}{l_1}\dfrac{1}{\eta}+q\right)\left[\dfrac{d_2}{2}\tan(\phi+\varphi) + \dfrac{2}{3}\dfrac{R^3-r^3}{R^2-r^2}f\right]$ $Q = Q_1\cos\alpha_1$
		$T = P\left[\dfrac{d_2}{2}\tan(\psi+\phi) + \dfrac{2}{3}\dfrac{R^3-r^3}{R^2-r^2}f\right]$ 或 $T = Q\left[\dfrac{d_2}{2}\tan(\psi+\phi) + \dfrac{2}{3}\dfrac{R^3-r^3}{R^2-r^2}f\right]\dfrac{l_2}{l+l_1}\dfrac{1}{\eta}$ 或 $T = Q_1\left[\dfrac{d_2}{2}\tan(\psi+\phi) + \dfrac{2}{3}\dfrac{R^3-r^3}{R^2-r^2}f\right]\dfrac{l_3}{l_2}\dfrac{1}{\eta}$
螺旋压板夹紧		$T = P\dfrac{d_2}{2}\tan(\psi+\phi)$ 或 $T = Q\dfrac{d_2}{2}\tan(\psi+\phi)\dfrac{l_1}{l+l_1}\dfrac{1}{\eta}$ （弹簧阻力略去不计）
		$T = P\left[\dfrac{d_2}{2}\tan(\psi+\phi) + R_1\cot\dfrac{\beta}{2}f\right]$ 或 $T = \left(Q\dfrac{l}{l_1}\dfrac{1}{\eta}+q\right)\left[\dfrac{d_2}{2}\tan(\psi+\phi) + R_1\cot\dfrac{\beta}{2}f\right]$
		$T = P\left[\dfrac{d_2}{2}\tan(\psi+\phi) + R_1\cot\dfrac{\beta}{2}f\right]$ 或 $T = \left[Q\left(1+\dfrac{3l_0}{H}f_2\right)+q\right]\dfrac{l}{l_1}\dfrac{1}{\eta}\times\left[\dfrac{d_2}{2}\tan(\psi+\phi) + R_1\cot\dfrac{\beta}{2}f\right]$

(续)

夹紧形式	简 图	计 算 公 式
螺旋压板夹紧		$T = P \dfrac{d_2}{2}\tan(\psi+\phi)$ 或 $T = Q \dfrac{d_2}{2}\tan(\psi+\phi)\dfrac{l+l_1}{l_1}\dfrac{1}{\eta}$
		$T = P\left[\dfrac{d_2}{2}\tan(\psi+\phi) + \dfrac{2}{3}\dfrac{R^3-r^3}{R^2-r^2}f\right]$ 或 $T = Q\left[\dfrac{d_2}{2}\tan(\psi+\phi) + \dfrac{2}{3}\dfrac{R^3-r^3}{R^2-r^2}f\right]\dfrac{l+l_1}{l_1}\dfrac{1}{\eta}$
		$T = P\left[\dfrac{d_2}{2}\tan(\psi+\phi) + R_1\cot\dfrac{\beta}{2}f\right]$
		$T = \left(Q\dfrac{l+l_1}{l_1}\dfrac{1}{\eta} + q\right) \times \left[\dfrac{d_2}{2}\tan(\psi+\phi) + R_1\cot\dfrac{\beta}{2}f\right]$ 或 $Q_1 = \dfrac{Q}{\cos\alpha_1}$

(续)

夹紧形式	简 图	计 算 公 式
		$T = P\left[\dfrac{d_2}{2}\tan(\psi+\phi) + R_1\cot\dfrac{\beta}{2}f\right]$ 或 $T = \left(Q\dfrac{l+l_1}{l_1}\dfrac{1}{\eta}+q\right)\times\left[\dfrac{d_2}{2}\tan(\psi+\phi)+R_1\cot\dfrac{\beta}{2}f\right]$ $Q_1 = (P_1-q)\dfrac{l_1}{l+l_1}\dfrac{1}{\eta}$ $P_1 = P\eta_1 \quad \eta_1 = 0.70\sim0.80$
		$T = P\left[\dfrac{d_2}{2}\tan(\psi+\phi) + \dfrac{2}{3}\dfrac{R^3-r^3}{R^2-r^2}f\right]$ 或 $T = Q\left[\dfrac{d_2}{2}\tan(\psi+\phi) + \dfrac{2}{3}\dfrac{R^3-r^3}{R^2-r^2}f\right]\times$ $\left[\tan(\alpha_1+\phi_1)+\tan\phi_2\right]\cot(\alpha_1+\phi_1)\times$ $\dfrac{1}{l_1\cot(\alpha_1+\phi_1)-l_1}\dfrac{1}{\eta}$ $Q_1 = \dfrac{Q}{\cos\alpha_2}$
		$T = P\left[\dfrac{d_2}{2}\tan(\psi+\phi) + \dfrac{2}{3}\dfrac{R^3-r^3}{R^2-r^2}f\right]$ 或 $T = \left[Q\dfrac{\tan(\alpha_1+\phi_1)+\tan\phi_2}{1-\tan(\alpha_1+\phi_1)\tan\phi_3'}+q\right]\times$ $\left[\dfrac{d_2}{2}\tan(\psi+\phi)+\dfrac{2}{3}\dfrac{R^3-r^3}{R^2-r^2}f\right]$

表中 d_2——螺纹中径；

ψ——螺纹升角；

β——压板螺栓孔口锥坑夹角；

ϕ——螺纹摩擦角；

ϕ_1——作用在斜楔面上的摩擦角；

ϕ_2——作用在斜楔基面上的摩擦角；

ϕ_3'——移动柱塞单导向时与导向孔间的摩擦角；

$$\tan\phi_3' = \dfrac{3l}{h}\tan\phi_3$$

ϕ_3——移动柱塞双导向时，导向孔与移动柱塞间的摩擦角；

r, R——螺母支承面的内外半径；

R_1——球面螺母球半径；

f——螺母支承面的摩擦因数；

f_2——钩形压板导向处的摩擦因数；

q——弹簧的阻力（N）；

η——考虑传动机构回转轴的摩擦损失的传动效率，一般取 $0.95\sim0.8$。

3.4.2 圆偏心夹紧机构（表3-28~表3-31）

表3-28　圆偏心夹紧机构所需夹紧转矩和夹紧行程的计算公式

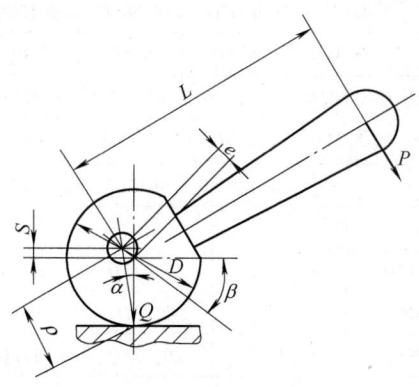

计算项目	符号	计算公式
偏心轮上夹紧点的升角	α	$\tan\alpha = \dfrac{e\cos\beta}{0.5D + e\sin\beta}$ 式中　e——偏心轮的偏心距(mm) 　　　β——偏心轮的转角 　　　D——偏心轮的直径(mm)
回转半径（由回转中心到夹紧点的距离）	ρ	$\rho = \dfrac{0.5D + e\sin\beta}{\cos\alpha}$
夹紧转矩	T	$T = PL = Q\rho[\tan(\alpha+\phi_1) + \tan\phi_2]$ (N·m) 式中　P——加在手柄上的外力(N) 　　　L——手柄上的作用力至回转轴心的距离(m) 　　　Q——夹紧力(N) 　　　ϕ_1——偏心轮与夹紧表面间的摩擦角
夹紧行程	S	$S = e\sin\beta$ (mm)

表3-29　T_{max}与T_{min}的计算公式

偏心特性系数 $\dfrac{D}{e}$	T_{max}	T_{min}	$\tan\phi_1$ (= $\tan\phi_2$)
	N·m		
20	0.152DQ	0.11DQ	0.1
14	0.175DQ	0.114DQ	
20	0.203DQ	0.165DQ	0.15
14	0.227DQ	0.171DQ	

注：D的单位为m；Q的单位为N。

表 3-30 标准圆偏心轮（JB/T 8011.1、JB/T 8011.2、JB/T 8011.4）的 T_{max} 与 T_{min} 的计算公式

$\tan\phi_1(=\tan\phi_2)$		D/mm	25	32	40	50	60	61.8	65	70
		e/mm	1.3	1.7	2	2.5	3		3.5	
0.1	T_{max}	10^{-3}N·m	3.847Q	4.963Q	6.07Q	7.588Q	9.106Q	9.283Q	10.132Q	10.623Q
	T_{min}		2.76Q	3.54Q	4.4Q	5.5Q	6.6Q	6.78Q	7.2Q	7.7Q
0.15	T_{max}	10^{-3}N·m	5.128Q	6.603Q	8.116Q	10.145Q	12.175Q	12.441Q	13.465Q	14.204Q
	T_{min}		4.14Q	5.31Q	6.6Q	8.25Q	9.9Q	10.17Q	10.8Q	11.55Q
$\tan\phi_1(=\tan\phi_2)$		D/mm	82.4	80		103	100		123.6	144.2
		e/mm	4	5			6			7
0.1	T_{max}	10^{-3}N·m	12.377Q	13.216Q		15.472Q	16.249Q		18.566Q	21.661Q
	T_{min}		9.04Q	9Q		11.3Q	11.2Q		13.56Q	15.82Q
0.15	T_{max}	10^{-3}N·m	16.588Q	17.344Q		20.735Q	21.34Q		24.882Q	29.029Q
	T_{min}		13.56Q	13.5Q		16.95Q	16.8Q		20.34Q	23.73Q

注：表中 Q 的单位为 N。

表 3-31 标准圆偏心轮的 S 值   （单位：mm）

e	S						
	$\beta=30°$	$\beta=40°$	$\beta=50°$	$\beta=60°$	$\beta=70°$	$\beta=80°$	$\beta=90°$
1.7	0.85	1.09	1.30	1.47	1.60	1.67	1.7
2	1.0	1.29	1.53	1.73	1.88	1.97	2
2.5	1.25	1.61	1.91	2.16	2.35	2.45	2.5
3	1.5	1.93	2.30	2.60	2.82	2.95	3
3.5	1.75	2.25	2.68	3.03	3.29	3.45	3.5
4	2	2.57	3.06	3.46	3.76	3.94	4
5	2.5	3.21	3.83	4.83	4.70	4.92	5
6	3	3.86	4.60	5.20	5.64	5.91	6
7	3.5	4.50	5.36	6.06	6.58	6.89	7

3.4.3 复合圆偏心轮夹紧机构（表3-32）

表 3-32 复合圆偏心轮夹紧机构所需作用力（或转矩）的计算公式

夹紧形式	简图	计算公式
圆偏心杠杆夹紧		$T = P\rho[\tan(\alpha+\phi_1)+\tan\phi_2]$ 或 $T = Q\rho[\tan(\alpha+\phi_1)+\tan\phi_2]\dfrac{l}{l_1}\dfrac{1}{\eta}$ $Q_1 = \dfrac{Q}{\cos\alpha_1}$

(续)

夹紧形式	简 图	计算公式
圆偏心杠杆夹紧		$T = P\rho[\tan(\alpha+\phi_1)+\tan\phi_2]$ 或 $T = Q\rho[\tan(\alpha+\phi_1)+\tan\phi_2] \times \dfrac{\cos\alpha_1 l + \sin\alpha_1 h}{l_1+\rho\sin\alpha} \dfrac{1}{\eta}$
		$T = 2Q\rho \dfrac{\tan(\alpha+\phi_1)+\tan\phi_2}{1-\tan(\alpha+\phi_1)\dfrac{3l_0}{h}\tan\phi_3} \dfrac{l}{l_1} \dfrac{1}{\eta}$
		$T = P\rho[\tan(\alpha+\phi_1)+\tan\phi_2]$ 或 $T = Q\rho[\tan(\alpha+\phi_1)+\tan\phi_2]\dfrac{l+l_1}{l_1}\dfrac{1}{\eta}$ $Q_1 = Q\cos\alpha_1$
		$T = P\rho[\tan(\alpha+\phi_1)+\tan\phi_2]$ 或 $T = \left(Q\dfrac{l_1+l}{l_1}\dfrac{1}{\eta}+q\right)\rho[\tan(\alpha+\phi_1)+\tan\phi_2]$
圆偏心钩形压板夹紧		$T = P\rho[\tan(\alpha+\phi_1)+\tan\phi_2]$ 或 $T = \left[Q\left(1+\dfrac{3l}{H}f\right)+q\right] \times [\tan(\alpha+\phi_1)+\tan\phi_2]\rho$

夹紧形式	简 图	计算公式
圆偏心钩形压板夹紧		$T = P\rho[\tan(\alpha+\phi_1)+\tan\phi_2]$ 或 $T = 2\rho\left[Q\left(1+\dfrac{3l}{H}f\right)+q\right] \times [\tan(\alpha+\phi_1)+\tan\phi_2]\dfrac{1}{\eta}$

表中 ρ——偏心轮回转半径,即由回转中心到夹紧点距离:

$$\rho = \frac{0.5D + e\sin\beta}{\cos\alpha}$$

D——偏心轮直径（m）;
e——偏心轮的偏心距（m）;
β——偏心轮的转角;
α——偏心轮上夹紧点升角;

$$\tan\alpha = \frac{e\cos\beta}{0.5D + e\sin\beta}$$

ϕ_1——偏心轮与夹紧表面间的摩擦角;
ϕ_2——偏心轮回转轴间的摩擦角;
ϕ_3——移动柱塞双导向时,导向孔与移动柱塞间的摩擦角;
f——钩形压板导向部分的摩擦因数;
q——弹簧的阻力（N）;
η——考虑传动机构回转轴的摩擦损失的传动效率,一般取 0.95~0.8。

3.4.4 端面凸轮夹紧机构（表3-33）

表3-33 端面凸轮夹紧机构所需夹紧转矩及夹紧行程的计算公式

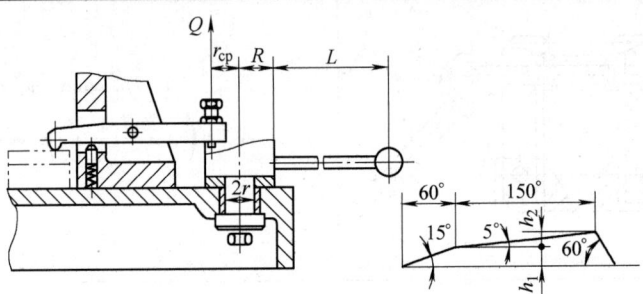

计算项目	符 号	计算公式
夹紧转矩	T	$T = P(L+R) = Q\left[r_{cp}\tan(\alpha+\phi_1)+\dfrac{2(R^3-r^3)}{3(R^2-r^2)}\tan\phi_2\right]$ (N·m) 式中 P——加在手柄上的外力（N） Q——夹紧力（N） L——手柄长度（m） R——端面凸轮半径（m） r_{cp}——端面凸轮作用半径（m） r——端面凸轮定心圆柱半径（m） α——端面凸轮升角 ϕ_1——端面凸轮与移动压头间的摩擦角 ϕ_2——端面凸轮与固定面间的摩擦角

计算项目	符号	计算公式
夹紧行程	S	$S = r_{cp}\dfrac{\pi}{180°}(\beta_1\tan\alpha_1 + \beta_2\tan\alpha_2)$ (mm) 式中 β_1——端面凸轮快速行程所占的夹角，一般 $\beta_1 = 60°$ β_2——端面凸轮工作升程所占的夹角，一般 $\beta_2 = 150°$ α_1——端面凸轮快速升程的升角，一般 $\alpha_1 = 15°$ α_2——端面凸轮工作升程的升角，一般 $\alpha_2 = 5°$

3.4.5 复合端面凸轮夹紧机构（表3-34）

表3-34 复合端面凸轮夹紧机构所需夹紧力 P（或转矩 T）的计算公式

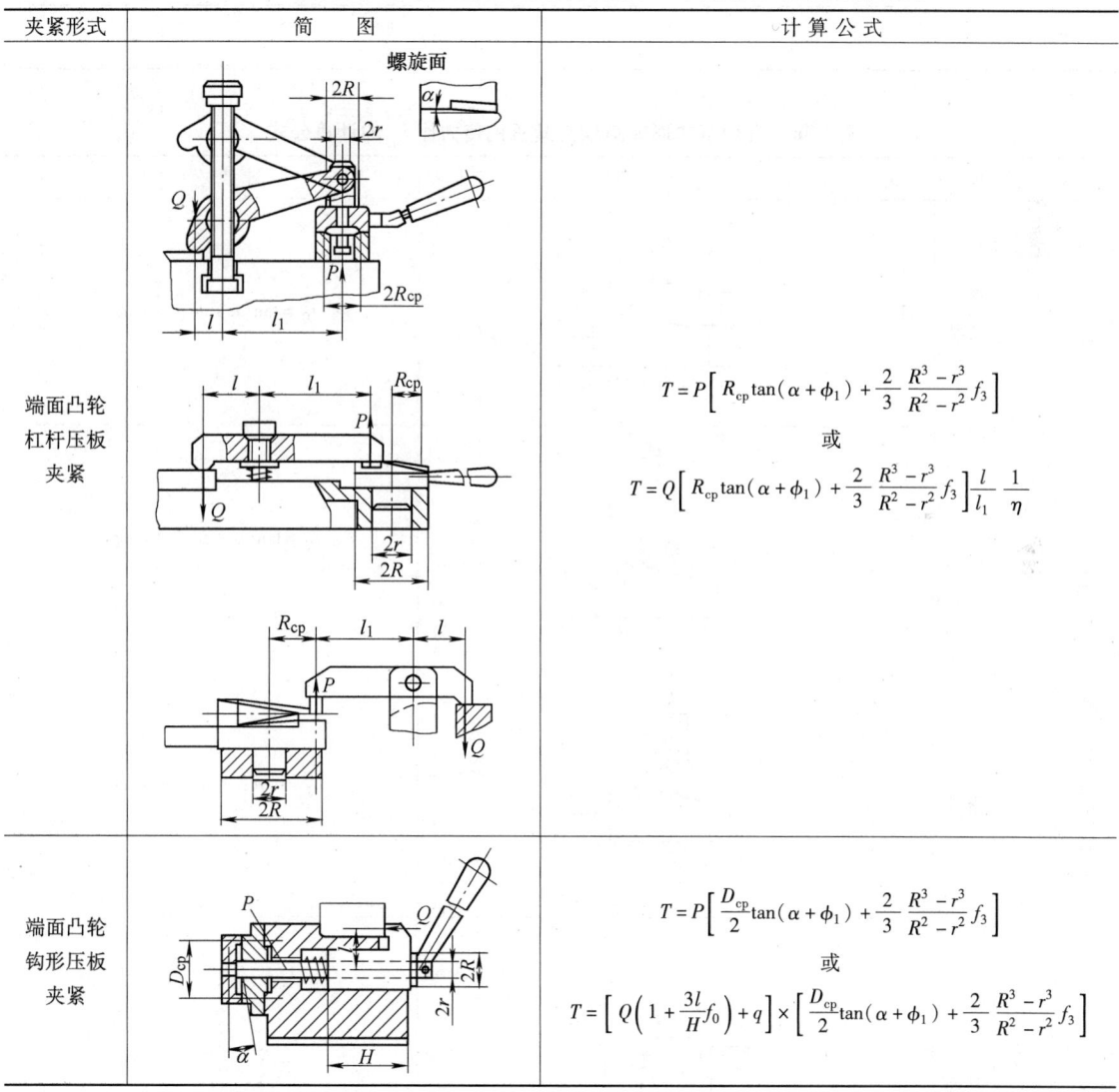

夹紧形式	简图	计算公式
端面凸轮 杠杆压板 夹紧		$T = P\left[R_{cp}\tan(\alpha+\phi_1) + \dfrac{2}{3}\dfrac{R^3-r^3}{R^2-r^2}f_3\right]$ 或 $T = Q\left[R_{cp}\tan(\alpha+\phi_1) + \dfrac{2}{3}\dfrac{R^3-r^3}{R^2-r^2}f_3\right]\dfrac{l}{l_1}\dfrac{1}{\eta}$
端面凸轮 钩形压板 夹紧		$T = P\left[\dfrac{D_{cp}}{2}\tan(\alpha+\phi_1) + \dfrac{2}{3}\dfrac{R^3-r^3}{R^2-r^2}f_3\right]$ 或 $T = \left[Q\left(1+\dfrac{3l}{H}f_0\right)+q\right]\times\left[\dfrac{D_{cp}}{2}\tan(\alpha+\phi_1) + \dfrac{2}{3}\dfrac{R^3-r^3}{R^2-r^2}f_3\right]$

表中 α——端面凸轮升角；
ϕ_1——移动压头与端面凸轮表面间的摩擦角；
f_3——端面凸轮旋转面与固定面间的摩擦因数；
f_0——钩形压板导向部分的摩擦因数；
q——弹簧的阻力（N）；
η——考虑传动机构回转轴的摩擦损失的传动效率，一般取0.8~0.95。

3.4.6 斜锲夹紧机构（表 3-35 ~ 表 3-38）

表 3-35 斜楔夹紧机构所需推力、夹紧行程及传动效率的计算公式

计算项目	符号	计算公式
所需推力	P	$P = i_Q Q(\text{N})$ 式中 i_Q——传力比（各种基本形式斜楔夹紧机构的 i_Q 见表 3-36 或表 3-38） Q——夹紧力（N）
夹紧行程	S	$S = e\tan\alpha(\text{mm})$ 式中 e——斜楔在外力作用下的位移（mm） α——斜楔在夹紧机构的斜楔角
传动效率	η	$\eta = \dfrac{\tan\alpha}{i_Q}$

表 3-36 各种基本形式斜楔夹紧机构传力比 i_Q 的计算公式

斜楔夹紧机构		形式	简 图	计算公式
无移动柱塞式斜楔夹紧机构	单斜楔面	两面滑动 I		$i_Q = \tan(\alpha + \phi_1) + \tan\phi_2$
		斜面滚动 II		$i_Q = \tan(\alpha + \phi_{1d}) + \tan\phi_2$
		两面滚动 III		$i_Q = \tan(\alpha + \phi_{1d}) + \tan\phi_{2d}$
	多斜楔面	斜面滑动 IV		$i_Q = \tan(\alpha + \phi_1)$

(续)

斜楔夹紧机构		形式	简 图	计算公式
无移动柱塞式斜楔夹紧机构	多斜楔面	斜面滚动 V		$i_Q = \tan(\alpha + \phi_{1d})$
带移动柱塞式斜楔夹紧机构	移动柱塞双头导向	两面滑动 VI		$i_Q = \dfrac{\tan(\alpha + \phi_1) + \tan\phi_2}{1 - \tan(\alpha + \phi_1)\tan\phi_3}$
		斜面滚动 VII		$i_Q = \dfrac{\tan(\alpha + \phi_{1d}) + \tan\phi_2}{1 - \tan(\alpha + \phi_{1d})\tan\phi_3}$
	单斜楔面	双面滚动 VIII		$i_Q = \dfrac{\tan(\alpha + \phi_{1d}) + \tan\phi_{2d}}{1 - \tan(\alpha + \phi_{1d})\tan\phi_3}$
	移动柱塞单头导向	双面滑动 IX		$i_Q = \dfrac{\tan(\alpha + \phi_1) + \tan\phi_2}{1 - \tan(\alpha + \phi_1)\tan\phi_3'}$

(续)

斜楔夹紧机构		形式		简 图	计算公式
带移动柱塞式斜楔夹紧机构	单斜楔面	移动柱塞单头导向	斜面滚动 X		$i_Q = \dfrac{\tan(\alpha+\phi_{1d}) + \tan\phi_2}{1 - \tan(\alpha+\phi_{1d})\tan\phi_3'}$
			双面滚动 XI		$i_Q = \dfrac{\tan(\alpha+\phi_{1d}) + \tan\phi_{2d}}{1 - \tan(\alpha+\phi_{1d})\tan\phi_3'}$
	多楔斜面		斜面滑动 XII		$i_Q = \dfrac{\tan(\alpha+\phi_1)}{1 - \tan(\alpha+\phi_1)\tan\phi_3'}$
			斜面滚动 XIII		$i_Q = \dfrac{\tan(\alpha+\phi_{1d})}{1 - \tan(\alpha+\phi_{1d})\tan\phi_3'}$

表中 P——作用在斜楔夹紧机构上的外力（N）；
Q——斜楔面上所产生的夹紧力（N）；
Q_1——多斜楔面夹紧机构上，每一斜楔面上所产生的夹紧力（N）；
$$Q_1 = Q/n$$
n——多斜楔面夹紧机构的斜楔作用面数；
α——斜楔夹紧机构的斜楔角；
ϕ_1——平面摩擦时，作用在斜楔面上的摩擦角；
ϕ_2——平面摩擦时，作用在斜楔基面上的摩擦角；
ϕ_3——移动柱塞双头导向时，导向孔与移动柱塞间的摩擦角；
ϕ_{1d}——滚子作用在斜楔面上的当量摩擦角；
$$\tan\phi_{1d} = \frac{d}{D}\tan\phi_1$$
d——滚子转轴直径（mm）；
D——滚子外径（mm）；
ϕ_{2d}——滚子作用在斜楔面上的当量摩擦角；
$$\tan\phi_{2d} = \frac{d}{D}\tan\phi_2$$
ϕ_3'——移动柱塞单头导向时，导向孔与移动柱塞间的摩擦角；
$$\tan\phi_3' = \frac{3l}{h}\tan\phi_3$$
h——移动柱塞导向孔长度（mm）；
l——移动柱塞导向孔中点到斜楔面的距离（mm）

第3章 夹具设计计算

表 3-37　各种斜楔机构的 i_s、i、η、$\alpha_{自锁}$ 计算公式

计算项目	符号	计算公式
每个斜楔面的行程比	i_s	$i_s = \dfrac{斜楔的夹紧行程}{斜楔在外力作用下的位移} = \tan\alpha$
斜楔夹紧机构理想传动比	i	$i = \dfrac{1}{\tan\alpha}$
传动效率	η	$\eta = \dfrac{\tan\alpha}{i_Q}$
斜楔的自锁角	$\alpha_{自锁}$	$\alpha_{自锁} \leq \phi_1(\phi_{1d}) + \phi_2(\phi_{2d})$

表 3-38　各种基本形式斜楔夹紧机构的 i_Q、i_s、i、η 及 $\alpha_{自锁}$

$$\left(\tan\phi_1 = \tan\phi_2 = \tan\phi_3 = 0.1,\ \frac{d}{D} = 0.5,\ \frac{L}{h} = 0.7\right)$$

斜楔角	i_s	i	i_Q 及 η	斜楔夹紧机构形式												
				Ⅰ	Ⅱ	Ⅲ	Ⅳ	Ⅴ	Ⅵ	Ⅶ	Ⅷ	Ⅸ	Ⅹ	Ⅺ	Ⅻ	ⅩⅢ
2°	0.035	28.636	i_Q	0.235	0.185	0.135	0.135	0.085	0.239	0.187	0.136	0.242	0.188	0.137	0.139	0.087
			η	0.15	0.19	0.26	0.26	0.41	0.15	0.19	0.26	0.14	0.18	0.25	0.25	0.40
2°30′	0.044	22.903	i_Q	0.244	0.194	0.144	0.144	0.094	0.248	0.196	0.145	0.252	0.198	0.147	0.149	0.096
			η	0.18	0.22	0.30	0.30	0.46	0.18	0.22	0.30	0.17	0.22	0.30	0.29	0.46
3°	0.052	19.081	i_Q	0.253	0.203	0.153	0.153	0.103	0.257	0.205	0.154	0.262	0.207	0.156	0.158	0.105
			η	0.21	0.26	0.34	0.34	0.51	0.20	0.26	0.34	0.20	0.25	0.34	0.33	0.50
3°30′	0.061	16.350	i_Q	0.262	0.211	0.161	0.162	0.111	0.266	0.214	0.163	0.271	0.217	0.165	0.168	0.114
			η	0.23	0.29	0.38	0.38	0.55	0.23	0.29	0.37	0.22	0.28	0.37	0.36	0.54
4°	0.070	14.301	i_Q	0.271	0.22	0.17	0.171	0.120	0.276	0.223	0.172	0.281	0.220	0.175	0.177	0.123
			η	2.26	0.32	0.41	0.41	0.58	0.25	0.31	0.40	0.31	0.40	0.39	0.57	
4°30′	0.079	12.70	i_Q	0.28	0.229	0.179	0.18	0.129	0.285	0.232	0.182	0.291	0.236	0.184	0.187	0.133
			η	0.28	0.34	0.44	0.44	0.61	0.28	0.34	0.43	0.27	0.33	0.43	0.42	0.59
5°	0.087	11.430	i_Q	0.289	0.238	0.188	0.189	0.138	0.295	0.241	0.191	0.301	0.245	0.194	0.197	0.142
			η	0.30	0.37	0.46	0.46	0.63	0.30	0.36	0.46	0.29	0.36	0.45	0.44	0.61
5°30′	0.096	10.385	i_Q	0.298	0.247	0.197	0.198	0.147	0.304	0.251	0.2	0.311	0.255	0.203	0.207	0.152
			η	0.32	0.39	0.49	0.49	0.62	0.32	0.38	0.48	0.31	0.38	0.47	0.47	0.63
6°	0.105	9.514	i_Q	0.307	0.256	0.206	0.207	0.156	0.314	0.26	0.209	0.321	0.265	0.213	0.217	0.161
			η	0.34	0.41	0.51	0.51	0.67	0.33	0.40	0.50	0.33	0.40	0.49	0.48	0.65
6°30′	0.114	8.777	i_Q	0.316	0.265	0.215	0.216	0.165	0.323	0.269	0.218	0.331	0.274	0.223	0.227	0.171
			η	0.36	0.43	0.53	0.53	0.69	0.35	0.42	0.52	0.34	0.41	5.51	0.50	0.67
7°	0.123	8.144	i_Q	0.325	0.274	0.224	0.225	0.174	0.333	0.279	0.228	0.342	0.284	0.232	0.237	0.18
			η	0.38	0.45	0.55	0.54	0.71	0.37	0.44	0.54	0.36	0.43	0.53	0.52	0.68

(续)

斜楔角	i_s	i	i_Q 及 η	斜楔夹紧机构形式												
				Ⅰ	Ⅱ	Ⅲ	Ⅳ	Ⅴ	Ⅵ	Ⅶ	Ⅷ	Ⅸ	Ⅹ	Ⅺ	Ⅻ	ⅩⅢ
7°30′	0.132	7.596	i_Q	0.335	0.283	0.233	0.235	0.183	0.343	0.288	0.237	0.352	0.294	0.242	0.247	0.19
			η	0.39	0.46	0.56	0.56	0.72	0.38	0.46	0.55	0.37	0.45	0.54	0.53	0.69
8°	0.140	7.115	i_Q	0.344	0.292	0.242	0.244	0.192	0.353	0.298	0.247	0.362	0.304	0.252	0.257	0.2
			η	0.41	0.48	0.58	0.58	0.73	0.40	0.47	0.57	0.39	0.46	0.56	0.55	0.70
8°30′	0.149	6.691	i_Q	0.353	0.301	0.251	0.253	0.201	0.362	0.307	0.256	0.373	0.314	0.262	0.267	0.21
			η	0.42	0.50	0.59	0.59	0.74	0.41	0.49	0.58	0.40	0.48	0.57	0.56	0.71
9°	0.158	6.314	i_Q	0.362	0.31	0.26	0.262	0.21	0.372	0.317	0.266	0.384	0.324	0.272	0.278	0.22
			η	0.44	0.51	0.61	0.60	0.75	0.42	0.50	0.60	0.41	0.49	0.58	0.57	0.72
9°30′	0.167	5.976	i_Q	0.372	0.319	0.269	0.272	0.219	0.382	0.326	0.275	0.394	0.335	0.282	0.288	0.23
			η	0.45	0.52	0.62	0.61	0.76	0.44	0.51	0.61	0.42	0.50	0.59	0.58	0.73
10°	0.176	5.671	i_Q	0.381	0.328	0.278	0.281	0.228	0.392	0.336	0.285	0.405	0.345	0.292	0.298	0.21
			η	0.46	0.54	0.63	0.63	0.77	0.45	0.52	0.62	0.43	0.51	0.60	0.59	0.73
11°	0.194	5.144	i_Q	0.400	0.347	0.297	0.3	0.247	0.413	0.355	0.304	0.427	0.366	0.313	0.32	0.26
			η	0.49	0.56	0.65	0.65	0.79	0.47	0.55	0.64	0.45	0.63	0.62	0.61	0.75
12°	0.213	4.705	i_Q	0.419	0.365	0.315	0.319	0.265	0.433	0.375	0.326	0.449	0.387	0.334	0.342	0.281
			η	0.51	0.58	0.67	0.67	0.80	0.49	0.57	0.66	0.47	0.55	0.64	0.62	0.76
13°	0.231	4.331	i_Q	0.439	0.384	0.334	0.339	0.284	0.454	0.395	0.344	0.472	0.408	0.355	0.365	0.302
			η	0.53	0.60	0.69	0.68	0.81	0.51	0.58	0.67	0.49	0.55	0.65	0.63	0.76
14°	0.249	4.011	i_Q	0.458	0.403	0.353	0.358	0.303	0.475	0.416	0.364	0.495	0.43	0.377	0.387	0.324
			η	0.54	0.62	0.71	0.70	0.82	0.52	0.60	0.68	0.50	0.58	0.66	0.84	0.77
15°	0.268	3.732	i_Q	0.478	0.422	0.372	0.378	0.322	0.497	0.436	0.385	0.519	0.453	0.399	0.411	0.346
			η	0.56	0.63	0.72	0.71	0.83	0.54	0.61	0.70	0.52	0.59	0.67	0.65	0.77
20°	0.364	2.747	i_Q	0.581	0.522	0.472	0.481	0.422	0.611	0.545	0.492	0.647	0.572	0.517	0.536	0.463
			η	0.63	0.70	0.77	0.76	0.86	0.60	0.67	0.74	0.58	0.64	0.70	0.68	0.79
25°	0.466	2.144	i_Q	0.694	0.629	0.579	0.594	0.529	0.378	0.664	0.611	0.793	0.707	0.65	0.679	0.595
			η	0.67	0.74	0.81	0.78	0.68	0.63	0.70	0.76	0.59	0.66	0.72	0.69	0.78
30°	0.577	1.732	i_Q	0.816	0.746	0.608	0.719	0.646	0.882	0.797	0.744	0.964	0.863	0.805	0.847	0.747
			η	0.70	0.77	0.83	0.50	0.89	0.65	0.72	0.78	0.60	0.67	0.72	0.68	0.77
35°	0.700	1.428	i_Q	0.96	0.877	0.827	0.86	0.777	1.05	0.951	0.897	1.172	1.049	0.989	1.05	0.929
			η	0.73	0.80	0.85	0.81	0.90	0.67	0.74	0.78	0.60	0.67	0.71	0.67	0.75
40°	0.839	1.192	i_Q	1.125	1.028	0.978	1.025	0.928	1.254	1.133	1.078	1.434	1.277	1.216	1.386	1.153
			η	0.75	0.82	0.86	0.82	0.90	0.67	0.74	0.78	0.58	0.68	0.69	0.64	0.73

（续）

斜楔角	i_s	i	i_Q 及 η	斜楔夹紧机构形式												
				Ⅰ	Ⅱ	Ⅲ	Ⅳ	Ⅴ	Ⅵ	Ⅶ	Ⅷ	Ⅸ	Ⅹ	Ⅺ	Ⅻ	ⅩⅢ
45°	1	1	i_Q	1.322	1.205	1.155	1.222	1.105	1.506	1.355	1.299	1.779	1.57	1.504	1.644	1.439
			η	0.76	0.83	0.87	0.82	0.90	0.66	0.74	0.77	0.56	0.64	0.66	0.61	0.69
自锁角	$\alpha_{自锁}$			11°25′	8°34′	5°43′	5°43′	2°52′	11°25′	8°34′	5°43′	11°25′	8°34′	5°43′	5°43′	2°52′

3.4.7 压板夹紧机构

1. 杠杆压板夹紧机构（表 3-39）

表 3-39 各种杠杆压板夹紧机构所需作用力的计算

简　图	计算公式
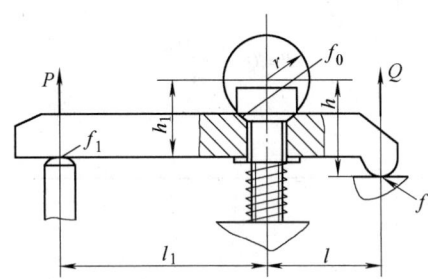	$P = Q \dfrac{l + rf_0}{l_1 - rf_0}$ 式中　P——所需作用力（N） 　　　Q——夹紧力（N）
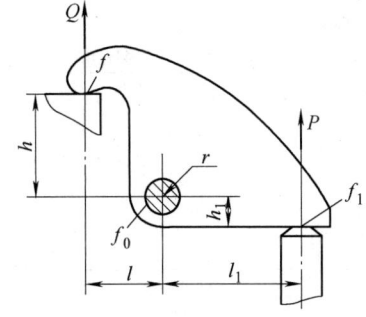	$P = Q \dfrac{l + hf + rf_0}{l_1 - h_1 f_1 - rf_0}$

(续)

简　图	计算公式
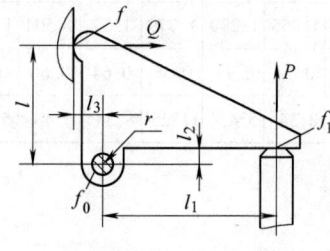	当 $l_1 > l$ 时， $$P = Q\frac{l + l_3 f + 0.96 rf_0}{l_1 - l_2 f_1 - 0.4 rf_0}$$ 当 $l_1 = l$ 时， $$P = Q\frac{l + l_3 f + 1.4 rf_0}{l_1 - l_2 f_1}$$
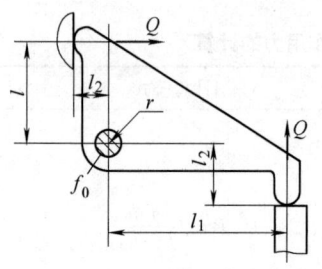	
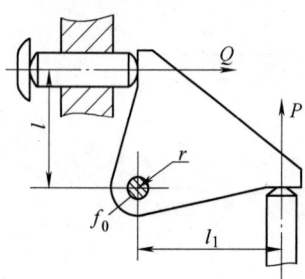	当 $l_1 > l$ 时， $$P = Q\frac{l + 0.96 rf_0}{l_1 - 0.4 rf_0}$$ 当 $l_1 = l$ 时， $$P = Q\frac{l + 1.41 rf_0}{l_1}$$
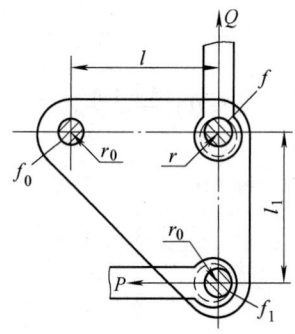	当 $l_1 = l$ 时， $$P = Q\frac{l + rf + 1.41 r_0 f_0}{l_1 - r_1 f_1}$$

上述各种机构均可近似地按下式计算：$P = QK_1$

式中　$K_1 = \dfrac{l}{l_1} \times \dfrac{1}{\eta}$

　　　η——各种摩擦损失的系数

	K_1 值表													
η	$\dfrac{l}{l_1}$													
	1.2	1.4	1.6	1.8	2.0	2.2	2.4	2.6	2.8	3.0	3.2	3.4	3.6	3.8	4.0
0.95	0.877	0.752	0.658	0.585	0.526	0.478	0.439	0.405	0.376	0.351	0.329	0.31	0.292	0.277	0.263
0.90	0.926	0.794	0.694	0.617	0.555	0.505	0.463	0.427	0.397	0.37	0.347	0.327	0.309	0.292	0.278
0.85	0.98	0.84	0.735	0.654	0.588	0.535	0.49	0.452	0.42	0.392	0.368	0.346	0.327	0.31	0.294
0.80	1.04	0.893	0.781	0.694	0.625	0.568	0.521	0.481	0.446	0.417	0.391	0.368	0.347	0.329	0.312

简 图	计算公式
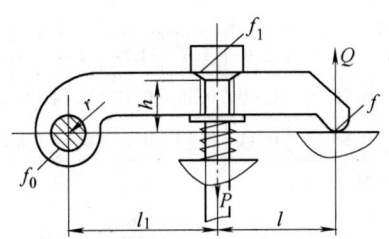	$P = Q \dfrac{(l+l_1) + \left(\dfrac{l+l_1}{l_1} - 1\right) f_0 r}{l_1 - h f_1}$
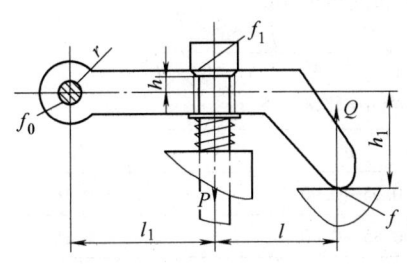	$P = Q \dfrac{(l+l_1) + \left(\dfrac{l+l_1}{l_1} - 1\right) f_0 r + h_1 f}{l_1 - h f_1}$

上述各种机构均可近似地按下式计算:$P = QK_2$

式中 $K_2 = \dfrac{l+l_1}{l_1} \times \dfrac{1}{\eta}$;

	K_2 值表										
η	$\dfrac{l_1}{l}$										
	3.0	2.8	2.6	2.4	2.2	2.0	1.8	1.6	1.4	1.2	1.0
0.95	1.40	1.43	1.46	1.49	1.53	1.58	1.63	1.71	1.80	1.93	2.10
0.90	1.48	1.51	1.54	1.57	1.62	1.67	1.73	1.80	1.90	2.04	2.22
0.85	1.57	1.60	1.63	1.67	1.71	1.76	1.83	1.91	2.02	2.16	2.35
0.80	1.67	1.70	1.73	1.77	1.82	1.88	1.94	2.03	2.14	2.29	2.50

（续）

简　图	计算公式
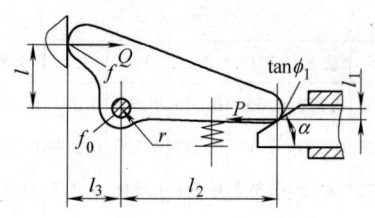 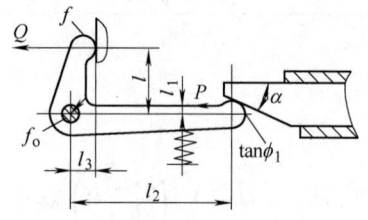	当 $l_2 > l$ 时， $$P = Q\frac{l + l_3 f + 0.96 r f_0}{\cot(\alpha + \phi_1)(l_2 - 0.4 r f_0) - l_1}$$ 当 $l_2 = l$ 时， $$P = Q\frac{l + l_3 f + 1.41 r f_0}{l_2 \cot(\alpha + \phi_1) - l_1}$$ 近似计算公式：$P = QK_3$ 式中　$K_3 = \dfrac{l}{l_2 \cot(\alpha + \phi_1) - l_1} \times \dfrac{1}{\eta}$ K_3 值表（$\alpha = 5°, \phi_1 = 5°, l_1 = 0.2l$） | η	l_2/l					| |---|---|---|---|---|---|---| | | 2.0 | 1.8 | 1.6 | 1.4 | 1.2 | 1.0 | | 0.95~0.90 | 0.10 | 0.11 | 0.12 | 0.14 | 0.16 | 0.20 | | 0.85~0.80 | 0.11 | 0.12 | 0.14 | 0.16 | 0.18 | 0.22 |
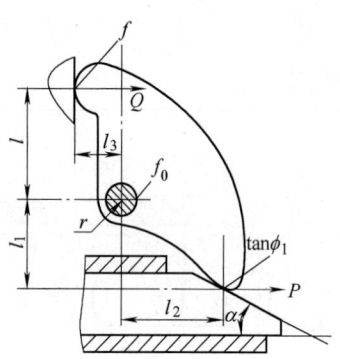	当 $l_2 > l$ 时， $$P = Q\frac{l + l_3 f + 0.96 r f_0}{\cot(\alpha + \phi_1)(l_2 - 0.4 r f_0) + l_1}$$ 当 $l_2 = l$ 时， $$P = Q\frac{l + l_3 f + 1.41 r f_0}{l_2 \cot(\alpha + \phi_1) + l_1}$$ 近似计算公式：$P = QK_4$ 式中　$K_4 = \dfrac{l}{l_2 \cot(\alpha + \phi_1) + l_1} \times \dfrac{1}{\eta}$ K_4 值表（$\alpha = 5°, \phi_1 = 5°$） | η | $l = l_1 = l_2$ | |---|---| | 0.95~0.90 | 0.16 | | 0.85~0.80 | 0.18 |
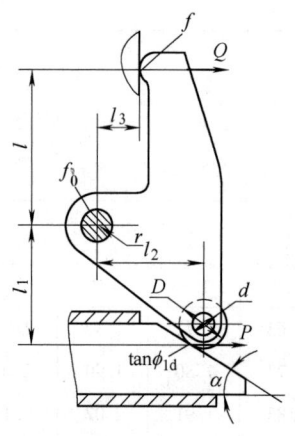	当 $l_2 > l$ 时， $$P = Q\frac{l + l_3 f + 0.96 r f_0}{\cot(\alpha + \phi_{1d})(l_2 - 0.4 r f_0) + l_1}$$ 当 $l_2 = l$ 时， $$P = Q\frac{l + l_3 f + 1.41 r f_0}{l_2 \cot(\alpha + \phi_{1d}) + l_1}$$ 近似计算公式：$P = QK_5$ 式中　$K_5 = \dfrac{l}{l_2 \cot(\alpha + \phi_{1d}) + l_1} \times \dfrac{1}{\eta}$ K_5 值表（$l = l_1 = l_2, \alpha = 5°, \phi_1 = 5°, \tan(\phi_{1d}) = 0.5\tan\phi_1$） | η | K_5 | |---|---| | 0.95~0.90 | 0.13 | | 0.85~0.80 | 0.14 |

(续)

简 图	计算公式
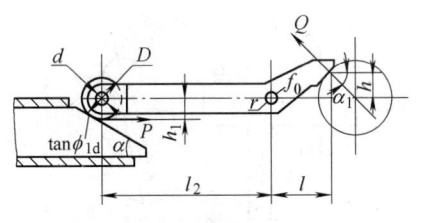	$P = Q \dfrac{(l + rf_0)\sin\alpha_1 + h\cos\alpha_1}{\cot(\alpha + \phi_{1d})(l_2 - rf_0) - h_1}$ 近似计算公式：$P = QK_6$ 式中 $K_6 = \dfrac{l\sin\alpha_1 + h\cos\alpha_1}{l_2\cot(\alpha + \phi_{1d}) - h_1} \times \dfrac{1}{\eta}$ K_6 值表 $\left(h = h_1 = \dfrac{1}{2}l, \alpha = 5°, \alpha_1 = 30°, \phi_1 = 5°, \tan(\phi_{1d}) = 0.5\tan\phi_1\right)$

| η | \multicolumn{6}{c}{$\dfrac{l_2}{l}$} |

η	2.0	1.8	1.6	1.4	1.2	1.0
0.95～0.90	0.07	0.08	0.09	0.10	0.12	0.14
0.85～0.80	0.08	0.09	0.10	0.11	0.13	0.16

2. 钩形压板夹紧机构（表 3-40）

表 3-40　回转式钩形压板的有关计算公式

(续)

计算项目	符号	计算公式
钩形压板回转时，沿圆周转过的行程	S	$S = \dfrac{\pi d\alpha}{360°}(\text{mm})$ 式中　d——钩形压板导向部分直径(m) 　　　α——钩形压板的回转角
钩形压板升程	h	$h = S\cot\beta = \dfrac{\pi\alpha}{360°}\cot\beta_d(\text{mm})$ 令 $\dfrac{\pi\alpha}{360°}\cot\beta = C$，则 $h = Cd$ 式中　β——钩形压板上螺旋槽的螺旋角，推荐 $\beta = 30°\sim40°$ C 值表

| 螺旋角 β | \multicolumn{4}{c}{回转角 α} |

螺旋角 β	30°	45°	60°	90°
30°	0.46	0.68	0.91	1.36
35°	0.37	0.56	0.75	1.12
40°	0.31	0.47	0.62	0.94

计算项目	符号	计算公式
所需拉力	P	$P = Q\left(1 + \dfrac{3lf}{H}\right) + q(\text{N})$ 式中　Q——夹紧力(N) 　　　l——钩形压板的夹压点到轴心线的距离(m) 　　　H——钩形压板的导向长度(m) 　　　f——摩擦因数 　　　q——弹簧作用力(N)

3.4.8 切向夹紧机构（表3-41）

表3-41 切向夹紧机构所需夹紧力的计算

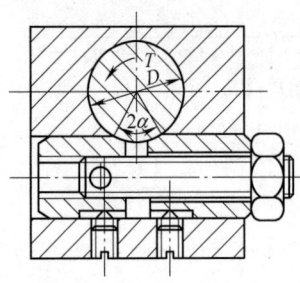

为防止导杆在转矩 T 作用下回转所需作用于切向夹紧套的夹紧力为

$$P = T\frac{\sin\frac{\alpha}{2} + 1.07f\cos\frac{\alpha}{2}}{\left(1 + 1.07\cos\frac{\alpha}{2}\right)Df}$$

令 $\dfrac{\sin\frac{\alpha}{2} + 1.07f\cos\frac{\alpha}{2}}{\left(1 + 1.07\cos\frac{\alpha}{2}\right)Df} = C_1$，则 $P = TC_1$

式中 P——作用于切向夹紧套的拉力(N)
T——导杆上的转矩(N·m)
2α——导杆上两夹紧点之间的夹角
f——夹紧套与导杆之间的摩擦因数
D——导杆的直径(m)

JB/T 8039 切向夹紧套的 C_1 值	
D	C_1
10	0.277
12	0.213
14	0.171
16	0.142
18	0.12
20	0.104
25	0.089
30	0.069
35	0.065
40	0.0543
45	0.046
50	0.044
55	0.039
60	0.034
65	0.025(0.031)
70	0.028
75	0.24(0.028)
80	0.026
85	0.021(0.024)
90	0.022
95	0.018(0.02)
100	0.019
105	0.012(0.019)
110	0.014(0.018)
115	0.015(0.017)
120	0.016

注：此表建立在 $f=0.1$，括号中的值是按照标准中的 A' 计算的。

3.4.9 齿条滑柱钻模圆锥锁紧机构（表3-42）

表3-42 齿条滑柱钻模圆锥锁紧机构所需要的夹紧力计算

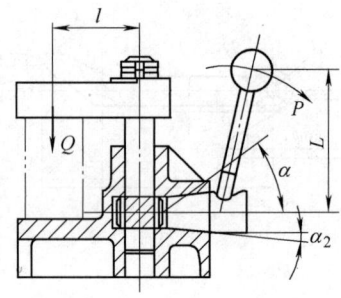

所需作用在手柄上的力为

$$P = \frac{Qr\left(1 + \dfrac{3lf_2}{H}\right)}{L\left[1 - \dfrac{R_{cp}}{r} - \dfrac{f}{\sin(\alpha_2+\phi)}(\tan\alpha - \tan\alpha_1 f_1)\right]}$$

式中 P——作用于在手柄上的外力(N)
Q——夹紧力(N)
L——手柄上着力点到回转轴线的距离(m)
R_{cp}——圆锥体的平均半径(m)
r——小齿轮分度圆半径(m)
l——导柱轴线到压板中心的距离(m)
H——导柱的导向长度(m)
α——齿条的倾斜角
α_1——小齿轮分度圆上的压力角
α_2——圆锥体的半锥角
f——圆锥体表面与本体间的摩擦因数，$\tan\phi = f$
f_1——小齿轮轴与本体间的摩擦因数
f_2——导柱与本体间的摩擦因数

当 $\alpha = 45°$，$\alpha_1 = 20°$，$\alpha_2 = 5°$，$f = f_1 = f_2 = 0.1$，$\dfrac{R_{cp}}{r} = 1.27$，$\dfrac{l}{H} = 0.75$ 时：$P = 3.587\dfrac{r}{L}Q(\text{N})$

3.4.10 铰链杠杆增力机构（表3-43）

表 3-43 各种铰链杠杆增力机构主要参数的计算

类型		机构简图	计算公式
单杠杆	I		$\alpha_c = 5° \sim 10°$ $S_c = L(1 - \cos\alpha_c)$ $\alpha_j = \arccos \dfrac{L\cos\alpha_c - (S_2 + S_3)}{L}$ $i_Q = \tan(\alpha_j + \beta) + \tan\phi_{1d}$ $P = i_Q Q$ $\alpha_0 = \arccos \dfrac{L\cos\alpha_j - S_1}{L}$ $S_0 = L(\sin\alpha_0 - \sin\alpha_c)$ $X_0 = S_0$ $\eta = \dfrac{\tan\alpha}{\tan(\alpha_j + \beta) + \tan\phi_{1d}}$
双杠杆单作用	无滑柱 II		$\alpha_c = 5° \sim 10°$ $S_c = 2L(1 - \cos\alpha_c)$ $\alpha_j = \arccos \dfrac{2L\cos\alpha_c - (S_2 + S_3)}{2L}$ $i_Q = 2\tan(\alpha_j + \beta)$ $P = i_Q Q$ $\alpha_0 = \arccos \dfrac{2L\cos\alpha_j - S_1}{2L}$ $S_0 = L(\sin\alpha_0 - \sin\alpha_c)$ $X_0 = \sqrt{S_0^2 + \left(\dfrac{S_1 + S_2 + S_3}{2}\right)^2}$ $\eta = \dfrac{\tan\alpha}{\tan(\alpha_j + \beta)}$
	有滑柱 III		$\alpha_c = 5° \sim 10°$ $S_c = 2L(1 - \cos\alpha_c)$ $\alpha_j = \arccos \dfrac{2L\cos\alpha_c - (S_2 + S_3)}{2L}$ $i_Q = \dfrac{2\tan(\alpha_j + \beta)}{1 - \tan(\alpha_j + \beta) + \tan\phi_2'}$ $P = i_Q Q$ $\alpha_0 = \arccos \dfrac{2L\cos\alpha_j - S_1}{2L}$ $S_0 = L(\sin\alpha_0 - \sin\alpha_c)$ $X_0 = \sqrt{S_0^2 + \left(\dfrac{S_1 + S_2 + S_3}{2}\right)^2}$ $\eta = \dfrac{\tan\alpha[1 - \tan(\alpha_j + \beta)\tan\phi_2']}{\tan(\alpha_j + \beta)}$

（续）

类型		机构简图	计算公式
双杠杆双作用	无滑柱 Ⅳ		$\alpha_c = 5° \sim 10°$ $S_c = L(1 - \cos\alpha_c)$ $\alpha_j = \arccos\dfrac{L\cos\alpha_c - (S_2 + S_3)}{L}$ $i_Q = 2\tan(\alpha_j + \beta)$ $P = i_Q Q$ $\alpha_0 = \arccos\dfrac{L\cos\alpha_j - S_1}{L}$ $S_0 = L(\sin\alpha_0 - \sin\alpha_c)$ $X_0 = S_0$ $\eta = \dfrac{\tan\alpha}{\tan(\alpha_j + \beta)}$
	有滑柱 Ⅴ		$\alpha_c = 5° \sim 10°$ $S_c = L(1 - \cos\alpha_c)$ $\alpha_j = \arccos\dfrac{L\cos\alpha_c - (S_2 + S_3)}{L}$ $i_Q = \dfrac{\tan(\alpha_j + \beta)}{1 - \tan(\alpha_j + \beta) + \tan\phi_2'}$ $P = i_Q Q$ $\alpha_0 = \arccos\dfrac{L\cos\alpha_j - S_1}{L}$ $S_0 = L(\sin\alpha_0 - \sin\alpha_c)$ $X_0 = S_0$ $\eta = \dfrac{\tan\alpha[1 - \tan(\alpha_j + \beta)\tan\phi_2']}{\tan(\alpha_j + \beta)}$

表中　Q——铰链杠杆机构的夹紧力（N）；
　　　P——所需气缸的作用力（N）；
　　　α_c——夹紧储备角；
　　　α_j——计算夹紧角（杠杆倾斜角）；
　　　α_0——开始状态杠杆倾斜角；
　　　S_c——夹紧端的储备行程（m）；
　　　S_0——受力点的行程（m）；
　　　S_1——空行程（m）；
　　　S_2——工件公差（m）；
　　　S_3——系统变形量（m）。一般取 $(5 \sim 15) \times 10^{-5}$ m；
　　　L——杠杆两头铰链点间的距离（m）；
　　　i_Q——传力比；
　　　β——铰链杠杆的摩擦角：$\beta = \arcsin\dfrac{d}{L}\tan\phi_1$；
　　　d——铰链孔直径（m）；
　　　D——滚子直径（m）；
　　$\tan\phi_1$——平面摩擦时，支撑面的摩擦因数；
　　$\tan\phi_{1d}$——滚子作用于支撑面上的当量摩擦因数：$\tan\phi_{1d} = \dfrac{d}{D}\tan\phi_1$，一般 $\dfrac{d}{D} = 0.5$；
　　$\tan\phi_2'$——移动柱塞单头导向时，柱塞与夹具导向孔之间的摩擦因数：$\tan\phi_2' = \dfrac{3L}{h}\tan\phi_2$，一般 $\dfrac{l}{h} = 0.7$；
　　　l——柱塞导向孔中点到铰链中心的距离（m）；
　　　h——柱塞导向孔长度（m）；
　　$\tan\phi_2$——移动柱塞双头导向时，柱塞与柱塞导向孔间的摩擦因数；
　　　X_0——气缸行程（m）；
　　　η——传动效率。

3.4.11 离心式夹紧机构（表3-44）

表3-44 离心式夹紧机构所需离心力的计算

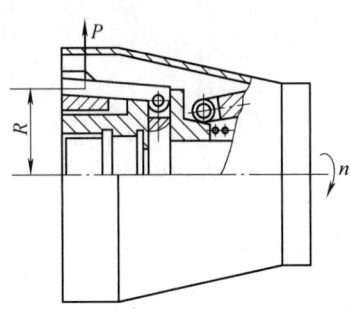

每个回转重块产生的离心力为

$$P = mR\omega^2 = GR\frac{\omega^2}{g} \approx 0.01 GR \frac{n^2}{g}$$

式中 P——每个回转重块的离心力(N)

m——重块的质量(kg)

R——由重块的质量重心到回转中心的距离(m)

ω——重块的质量重心对回转中心的角速度(rad/s)

G——重块的重力(N)

g——重力加速度(m/s^2)

n——重块转速(r/min)

3.4.12 楔槽式夹紧机构（表3-45）

表3-45 楔槽式夹紧机构夹紧转矩的计算

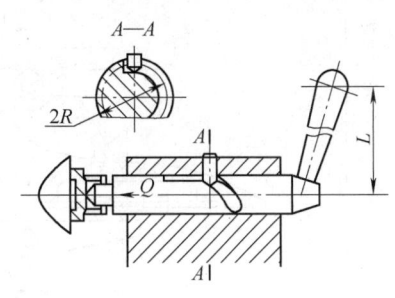

所需夹紧转矩的计算公式：

$$T = PL = QR\tan(\alpha + \phi)$$

式中 T——加在楔槽式夹紧机构上的夹紧转矩(N·m)

L——手柄上力的作用点到回转轴间的距离(m)

P——加在手柄上的外力(N)

Q——夹紧力(N)

R——螺旋槽的作用半径(m)

α——螺旋槽升角

ϕ——螺旋槽与定位销间的摩擦角

3.4.13 复合气（液）动夹紧机构（表3-46）

表3-46 复合气（液）动夹紧机构所需夹紧力（或转矩）的计算公式

夹紧形式	简　图	计算公式
气（液）动杠杆夹紧	（图）	$P = \left(Q\dfrac{l_1+l}{l_1\eta} + q\right)\dfrac{l_2}{l_3}\dfrac{1}{\eta}$
	（图）	$P = Q\dfrac{l}{l_1}\dfrac{1}{\eta} + 2q$ $Q_1 = Q/\cos\alpha_1$

（续）

夹紧形式	简 图	计算公式
气（液）动杠杆夹紧		$P = \left(Q \dfrac{l}{l_1 \eta} + q \right) \dfrac{l_3}{l_2} \dfrac{1}{\eta}$ $Q_1 = Q/\cos\alpha_1$
		$P = \left(Q \dfrac{l+l_1}{l_1 \eta} + q \right) \dfrac{l_3}{l_2} \dfrac{1}{\eta}$
		$P = Q \dfrac{l}{l_1} \dfrac{l_2}{l_3} \dfrac{1}{\eta^2}$
		$P = 2\left[Q\left(1 + \dfrac{3l_0}{H}f\right) + q \right] \dfrac{l}{l_1} \dfrac{1}{\eta}$
		$P = Q \dfrac{l+l_1}{l_1} \dfrac{1}{\eta} + q$

(续)

夹紧形式	简 图	计算公式
气（液）动铰链杠杆夹紧	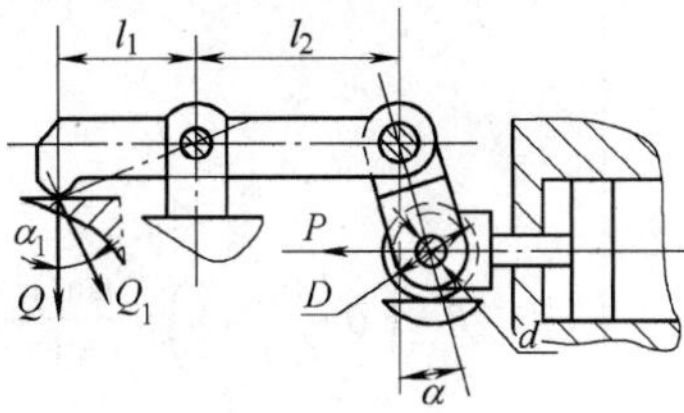 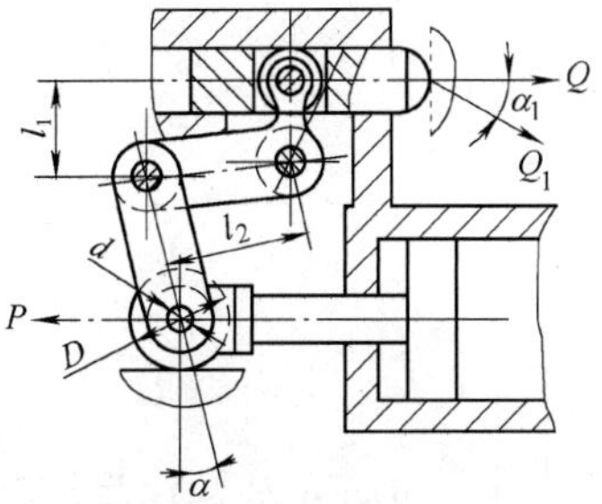	$P = Q[\tan(\alpha+\beta) + \tan\phi_{1d}]\dfrac{l_1}{l_2}\dfrac{1}{\eta}$ $Q_1 = Q/\cos\alpha_1$
	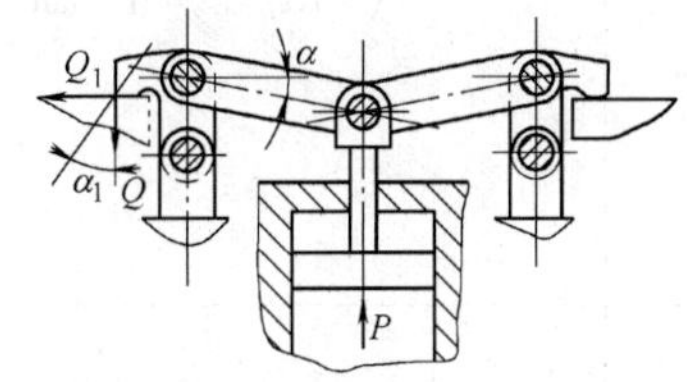	$P = 2Q\tan(\alpha+\beta)\tan\alpha_1$
	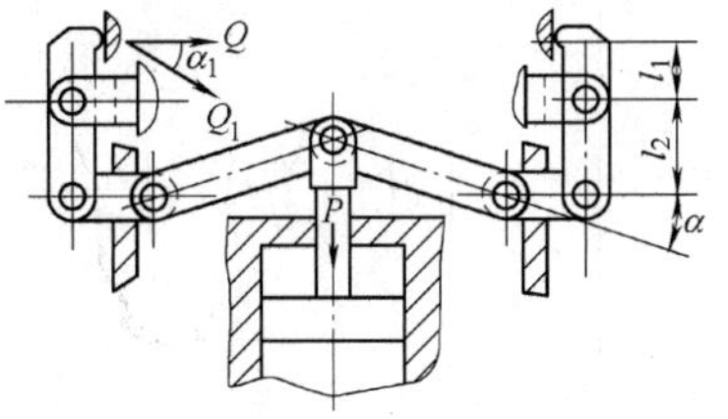	$P = 2Q\dfrac{l_1}{l_2}\dfrac{\tan(\alpha+\beta)}{1-\tan(\alpha+\beta)\tan\phi_2'}\dfrac{1}{\eta}$ $Q_1 = \dfrac{Q}{\cos\alpha_1}$
	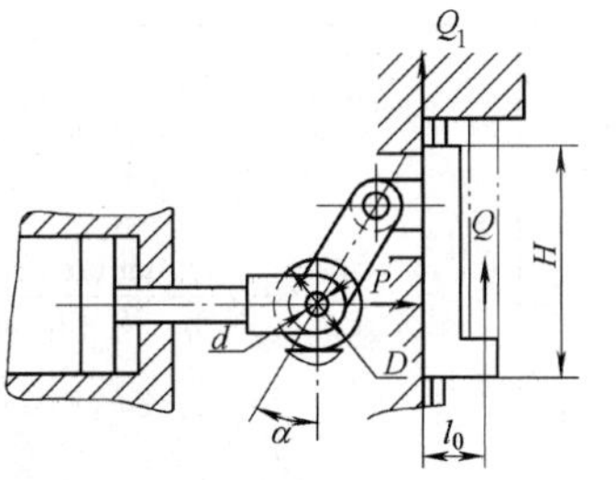	$P = Q[\tan(\alpha+\beta) + \tan\phi_{1d}] \times \left(1 + \dfrac{3l_0}{H}f\right)$

表中　α——杠杆倾斜角；

β——铰链杠杆的摩擦角 $\beta = \arcsin\left(\dfrac{d}{L}\tan\phi_1\right)$；

d——铰链孔直径；

L——杠杆两头铰接点间的距离；

$\tan\phi_1$——平面摩擦时滚子支承面的摩擦因数；

$\tan\phi_{1d}$——滚子作用于支承面上的当量摩擦因数：

$$\tan\phi_{1d} = \dfrac{d}{D}\tan\phi_1$$

$\tan\phi_2'$——移动柱塞单头导向时，柱塞与柱塞导向孔的摩擦因数：

$$\tan\phi_2' = \dfrac{3l}{h}\tan\phi_2$$

l——柱塞导向孔中点到铰链中心的距离；

h——柱塞导向孔的长度；

$\tan\phi_2$——移动柱塞双头导向时，柱塞与导向孔间的摩擦因数；

f——钩形压板导向部分的摩擦因数。

（续）

夹紧形式	简 图	计算公式
气（液）动斜楔杠杆夹紧		$P = \left(Q \dfrac{l+l_1}{l_1 \eta} + q \right) \times \dfrac{\tan(\alpha + \phi_{1d}) + \tan\phi_2}{1 - \tan(\alpha + \phi_{1d})\tan\phi_3}$
		$P = \left(Q \dfrac{l}{l_1 \eta} + q \right) \times \dfrac{\tan(\alpha + \phi_{1d}) + \tan\phi_{2d}}{1 - \tan(\alpha + \phi_{1d})\tan\phi_3'}$
		$P = \left[Q \left(1 + \dfrac{3l_0}{H}f\right) + q \right] \dfrac{l}{\eta} \times \dfrac{\tan(\alpha + \phi_{1d}) + \tan\phi_2}{l_1 - l_2 \tan(\alpha + \phi_{1d})}$
		$P = Q \dfrac{l}{\eta} \dfrac{\tan(\alpha + \phi_{1d}) + \tan\phi_{2d}}{l_2 + l_1 \tan(\alpha + \phi_{1d})}$
		$P = Q_1 \left(1 + \dfrac{3l_0}{H}f\right)$ 或 $P = Q \dfrac{\tan(\alpha + \phi_1) + \tan\phi_2}{1 - \tan(\alpha + \phi_1)\tan\phi_3'} \dfrac{l}{l_1} \dfrac{1}{\eta}$

(续)

夹紧形式	简图	计算公式
气（液）动斜楔杠杆夹紧	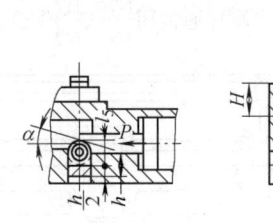	$P = 2\left[Q\left(1+\dfrac{3l_0}{H}f\right)+q\right] \times \dfrac{\tan(\alpha+\phi_{1d})+\tan\phi_2}{1-\tan(\alpha+\phi_{1d})\tan\phi_3'} \dfrac{1}{\eta}$

表中　α——斜楔角；
　　　ϕ_1——平面摩擦时作用在斜楔面上的摩擦角；
　　　ϕ_2——平面摩擦时作用在斜楔基面上的摩擦角；
　　　ϕ_3——移动柱塞双导向时，导向孔与移动柱塞间的摩擦角；
　　　ϕ_{1d}——滚子作用在斜楔面上的当量摩擦角：

$$\tan\phi_{1d} = \dfrac{d}{D}\tan\phi_1$$

　　　d——滚子轴直径；
　　　D——滚轮外径；
　　　ϕ_{2d}——滚子作用在斜楔基面上的当量摩擦角：

$$\tan\phi_{2d} = \dfrac{d}{D}\tan\phi_2$$

　　　ϕ_3'——移动柱塞单导向时，导向孔与移动柱塞的摩擦角：

$$\tan\phi_3' = \dfrac{3l_5}{h}$$

　　　h——移动柱塞导向孔的长度；
　　　l_5——移动柱塞导向孔中点到斜楔面的距离；
　　　f——钩形压板导向部分的摩擦因数；
　　　q——弹簧的阻力（N）；
　　　η——考虑传动机构回转轴的摩擦损失的传动效率，一般取 0.95～0.8。

3.5　自定心夹紧机构的相关计算

3.5.1　碗形弹簧片定心夹具的设计计算

1) 图 3-1a 所示为碗形弹簧片定心装置的结构简图。它用于夹持工件的外圆。拧紧螺钉 1，使碗形弹簧片 2 的中部向左变形，于是定位面 d 缩小，将工件定心并夹紧。这里四个支柱 3 用以对工件实现轴向定位。为增加弹性，在碗形弹簧片上开有许多交错排列的径向槽，见图 3-1b。

2) 图 3-2 所示为用于工件以大直径内孔作为定位基准的碗形弹簧片定心装置。拧紧螺母 1，簧片 2 的外圆胀大，使工件定心并夹紧。

3) 图 3-3 所示为与气动装置联用的碗形弹簧片定心装置。其工作原理与图 3-2 相似，但要靠弹簧 1 使碗形弹簧片 2 松开。这里碗形弹簧片用螺钉和销子固定在夹具体上，在装配后磨削定位面。

4) 图 3-4 所示为用偏心杠杆机构操纵的碗形弹簧片定心装置，用于以外圆定心的工件。顺时针转动手柄 1，偏心轴 2 推动杠杆 3 向下摆动，拉杆 4 下移，使碗形弹簧片 5 变形，定位表面的内径缩小，将工件定心并夹紧。

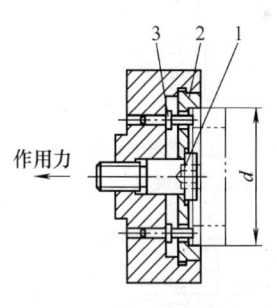

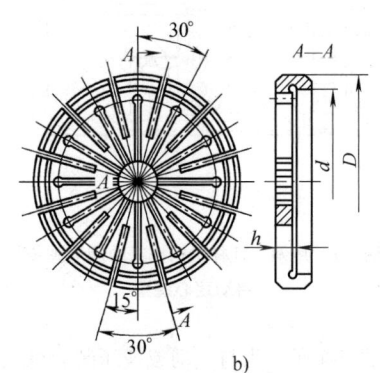

图 3-1　碗形弹簧片自动定心装置简图

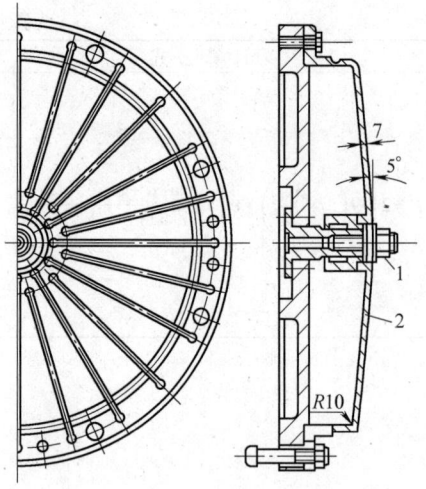

图 3-2 大直径碗形弹簧片自动定心装置

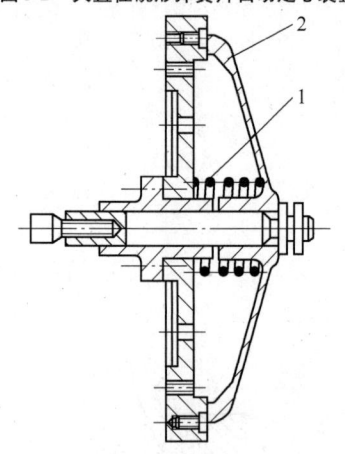

图 3-3 与气动装置联用的碗形弹簧片
自动定心装置

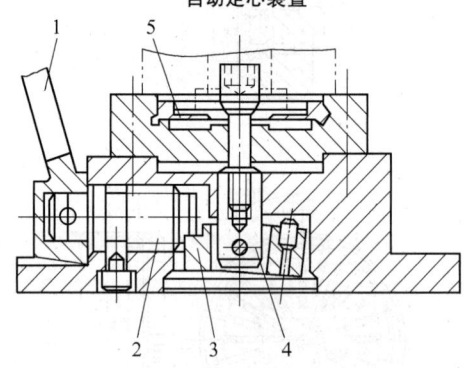

图 3-4 用偏心杠杆机构操纵的碗形弹簧片
自动定心装置

5）图 3-5 所示为与气动或液压装置联用的碗形弹簧片定心装置，用于以外圆定心的工件。当拉杆 1 下移时，其球面台阶拉动碗形弹簧片 2 的薄壁部分向下变形，使其上部定位表面的内径缩小，将工件定心并夹紧。

碗形弹簧片通常用 $\dfrac{H7}{n6}$ 或 $\dfrac{H7}{m6}$ 配合，装在夹具体上。

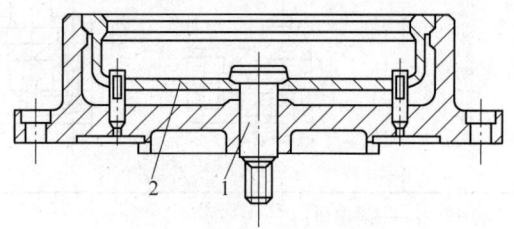

图 3-5 与气动或液压装置联用的
碗形弹簧片自动定心装置

弹簧片材料可选用 65Mn，T7A 或 GCr15 等，在大型夹具中也可用 45 钢，硬度热处理至 40～45HRC。

弹簧片的结构主要参数可参照表 3-47 选用，表中尺寸代号见图 3-1。

碗形弹簧片装置的优点是定心精度高，最高可达 0.01mm，制造容易，夹紧力大。例如，外径 130mm 的碗形弹簧片可传递转矩 $T=9.5$ N·m（见表 3-47），此转矩相当于 6 个同样直径的碟形弹簧片所能传递的转矩。

表 3-47 弹簧片的主要结构参数及
所传递的转矩

定心直径 /mm		内径可增大到，或外径可减小到以下尺寸/mm	厚度 h /mm	能传递的最大转矩 T/(N·m)
内径 d	外径 D			
35	47	41	3	0.6
40	52	46	3	1.1
46	62	52	4	1.4
52	70	62	4	2.0
62	80	70	4	2.5
72	90	80	4	3.2
80	100	90	5	5.5
90	110	100	5	6.2
100	120	110	5	7.8
110	130	120	5	9.5
120	140	130	5	11.3
130	155	140	6	16.0
140	170	155	6	19.0
155	185	170	6	23.0
170	200	185	6	28.0
185	220	200	6	32.5

这种装置的缺点为夹紧时原始力较大，用手动夹紧时，往往要用加长柄的扳手，用较大的力来拧紧螺旋机构；用气动夹紧时，往往要用较大的轴向力。另

外,这种装置只能用于定位基准直径较大而短的工件。

3.5.2 碟形弹簧片定心夹具的设计计算

1. 碟形弹簧片定心夹具的工作原理

图3-6为碟形弹簧片夹紧心轴的结构图。心轴4通过锥柄与机床主轴相连接,工件5安装在心轴上,旋转螺母1通过垫圈8和压紧套2将轴向力加在碟形弹簧片3上,使弹簧片径向胀大,从而将工件定心并夹紧,碟形弹簧片的径向胀开量约为0.1~0.4mm,定心精度可达$\phi 0.01 \sim \phi 0.002$mm。

当用一片碟形弹簧时,为了传递所需的转矩T,需要施加的轴向力Q(N)为

$$Q = K \frac{2T}{Df} \tan(\beta - 2°)$$

式中 T——所需传递的转矩(N·m);
D——工件定位基准的直径(m);
f——装夹表面的摩擦因数;
β——碟形弹簧片锥面半角(°);
K——安全系数。

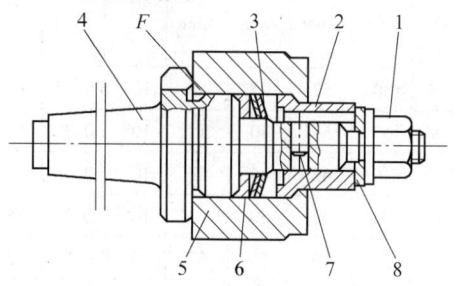

图3-6 碟形弹簧片夹紧心轴
1—压紧螺母 2—压紧套 3—碟形弹簧片
4—心轴体 5—工件 6—支承环
7—销 8—垫圈 F—定位端面

2. 碟形弹簧的规格和性能参数(表3-48)

表3-48 碟形弹簧片的规格和性能参数

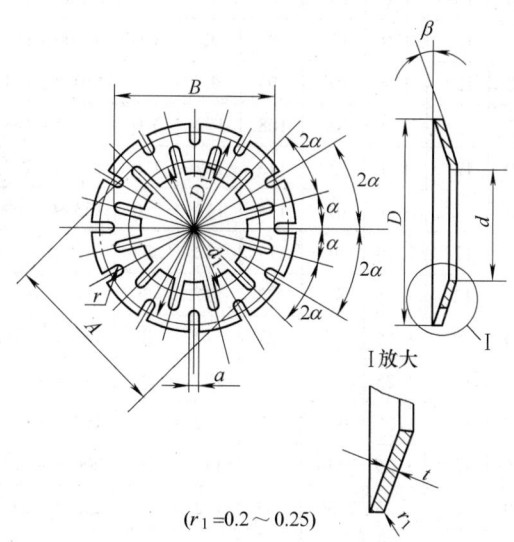

($r_1 = 0.2 \sim 0.25$)

型式和序号		d/mm	D/mm	d_1/mm	D_1/mm	β	t/mm	α	A/mm	B/mm	a	每片弹簧能传递的最大转矩/(N·m)	每片所要求的轴向力/N	工作定位表面最大公差/mm
窄型	1	4	18	7	14	9°	0.5	30°	11	11	1	0.13~0.38	127.4~215.6	0.12
	2	7	22	11	18	9°	0.5	30°	15	14	1	0.38~0.93	215.6~343	
	3	10	27	15	22	9°	0.5	20°	19	18	1.5	0.78~1.76	313.6~460.5	
	4	10	32	15	27	10°	0.75	20°	23	19	1.5	1.18~2.65	460.5~686	0.18
	5	15	37	20	32	10°	0.75	20°	28	24	1.5	2.65~4.70	686~980	
	6	20	42	25	37	10°	0.75	15°	33	29	2.0	4.70~7.35	980~1176	
	7	25	47	30	42	10°	0.75	15°	38	34	2.0	7.35~10.55	1176~1372	

(续)

型式和序号		d/mm	D/mm	d_1/mm	D_1/mm	β	t/mm	α	A/mm	B/mm	a	每片弹簧能传递的最大转矩/(N·m)	每片所要求的轴向力/N	工作定位表面最大公差/mm
窄型	8	30	52	35	47	10°	0.75	15°	43	39	2.0	10.55~14.41	1372~1666	
	9	35	57	40	52	10°	0.75	15°	48	44	2.0	14.41~18.62	1666~1862	
	10	40	62	45	57	10°	0.75	15°	53	49	2.0	18.62~23.52	1862~2058	0.18
	11	45	67	50	62	10°	0.75	15°	58	54	2.0	23.52~29.4	2058~2352	
	12	50	70	55	67	10°	0.75	12°	62	58	2.0	29.4~35.28	2352~2548	
宽型	13	45	75	50	70	12°	1.0	12°	63	57	2.0	30.77~38.22	2793~3087	
	14	50	80	55	75	12°	1.0	12°	68	62	2.0	38.22~46.06	3087~3381	
	15	55	85	60	80	12°	1.0	12°	73	67	2.0	46.06~54.88	3381~3724	
	16	60	90	65	85	12°	1.0	12°	78	72	2.0	54.88~64.19	3724~4018	
	17	65	95	70	90	12°	1.0	12°	83	77	2.0	64.19~73.5	4018~4312	
	18	70	100	75	95	12°	1.0	12°	88	82	2.0	73.5~85.26	4312~4655	0.25
	19	75	105	80	100	12°	1.0	10°	93	87	3.0	85.26~98.00	4655~4949	
	20	80	110	85	105	12°	1.0	10°	98	92	3.0	98.00~110.8	4949~5243	
	21	85	115	90	110	12°	1.0	10°	103	97	3.0	110.8~124.5	5243~5537	
	22	90	120	95	115	12°	1.0	10°	108	102	3.0	124.5~138.2	5537~5880	
	23	95	125	100	120	12°	1.0	10°	113	107	3.0	138.2~153.9	5880~6174	
	24	100	130	105	125	12°	1.0	10°	118	112	3.0	153.9~169.5	6174~6468	
特宽型	25	95	135	100	130	12°	1.25	9°	117	112	3	135.2~149	5880~6125	
	26	100	140	105	135	12°	1.25	9°	122	117	3	149~162.7	6125~6370	
	27	105	145	110	140	12°	1.25	9°	127	122	3	162.7~176.4	6370~6615	
	28	110	150	115	145	12°	1.25	9°	132	127	3	176.4~192.1	6615~6860	
	29	115	155	120	150	12°	1.25	9°	137	132	3	192.1~206.8	6860~7105	
	30	120	160	125	155	12°	1.25	7°30′	142	137	3	206.8~223.4	7105~7350	
	31	125	165	130	160	12°	1.25	7°30′	147	142	3	223.4~240.1	7350~7399	0.30
	32	130	170	135	165	12°	1.25	7°30′	152	147	4	240.1~256.8	7399~7840	
	33	135	175	140	170	12°	1.25	7°30′	157	152	4	256.8~274.4	7840~8085	
	34	140	180	145	175	12°	1.25	7°30′	162	157	4	274.4~293	8085~8330	
	35	145	185	150	180	12°	1.25	7°30′	167	162	4	293~312.6	8330~8575	
	36	150	190	155	185	12°	1.25	7°30′	172	167	4	312.6~332.2	8575~8820	
	37	155	195	160	190	12°	1.25	7°30′	177	172	4	332.2~352.8	8820~9065	
	38	160	200	165	195	12°	1.25	7°30′	182	177	4	352.8~373.4	9065~9310	

3.5.3 V形弹性夹盘定心夹具的设计计算

(1) V形弹簧片盘定心夹具的工作原理 V形弹性盘在结构上和碟形弹簧片很相似。图 3-7 为 V形弹性盘夹紧心轴的结构图。该夹具通过法兰盘 1 与机床主轴相连接，V形弹性盘 6 安装在心轴 2 上并用隔套 4 隔开，工件 8 安装在 V形弹性盘上，轴向用端面垫板 3 定位。旋转螺母 5 通过隔套将轴向力加在 V形弹性盘上，使其径向胀大从而将工件定心并夹紧。限位盘 7 起轴向限位作用,防止V形弹性盘变形超过弹性极限。

(2) V形弹性盘的结构　V形弹性盘的剖面为正V形和反V形两种,见图3-8。弹形盘有两个相对的倾斜面,斜面2与3之间的夹角为α,两侧有凸台4和5,中间是定心凸台1。为了提高弹性盘的弹性,在斜面上加工有辐射状的径向槽6(槽口可以向外,也可以向内或不开槽)。

V形弹性盘的结构尺寸见表3-49。

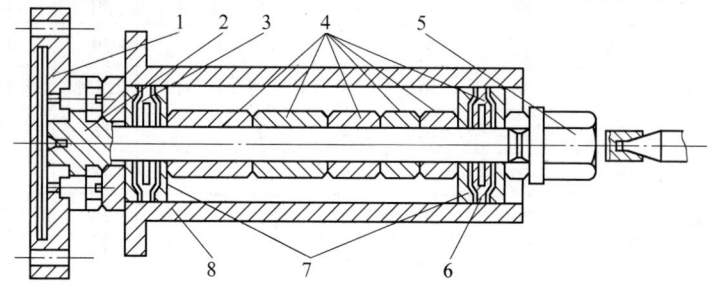

图 3-7　V形弹性盘夹紧心轴

1—法兰盘　2—心轴　3—端面垫板　4—隔套　5—螺母　6—V形弹性盘
7—限位盘　8—工件

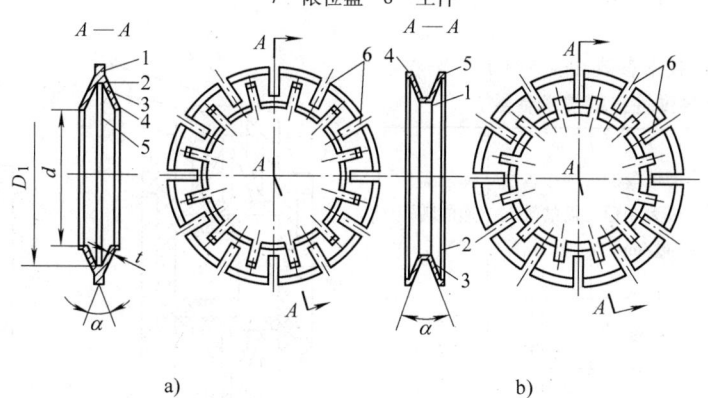

图 3-8　V形弹性盘

a) 用于套类零件　b) 用于轴类零件

1—定心凸台　2、3—斜面　4、5—凸台　6—径向槽

表 3-49　V形弹性盘的结构尺寸　　　　　　　　　　　　　　　　（单位：mm）

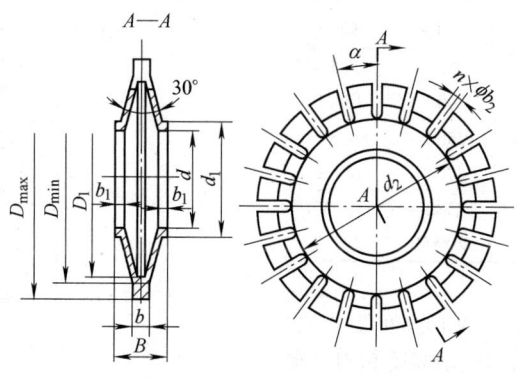

（续）

$D_{min} \sim D_{max}$ (17)	D_1	d (H7)	d_1	d_2 (±0.1)	B (h11)	b	b_1	b_2	α (±2°)	（模数）n	重量 /kg
25~32	23.4	12	15	22	6	2.5	1	1	30°	12	0.005~0.006
32~40	30.4	16	20	28	8	2.5	1.2	1	30°	12	0.006~0.009
40~50	38.4	20	25	36	10	3	1.6	1	22°31′	16	0.011~0.016
50~63	48.4	25	30	45	12	4	2	2	18°	20	0.018~0.027
63~80	61	32	38	50	16	5	2.5	2	18°	20	0.030~0.042
80~100	77.6	40	46	70	20	6	3	2	18°	20	0.059~0.082
100~125	96.8	50	58	90	25	8	4	2	18°	20	0.122~0.366
125~160	121	63	68	110	32	10	5	2	15°	24	0.421~0.758
160~200	155	80	90	140	40	12	6	2	12°	30	0.820~1.850

注：弹性盘材料为65Mn，热处理48~53HRC。

（3）V形弹性盘的技术参数（表3-50）

表3-50 V形弹性盘的技术参数

$D_{min} \sim D_{max}$ /mm	弹性盘和工件间的最大间隙 /mm	弹性盘的最大变形量 /mm	弹性盘所需的轴向压力/N	弹性盘传递的转矩 /(N·m)
26~32	0.18	0.392	2500~6000	3.5~10.0
32~40	0.22	0.490	3200~6000	5.7~12.7
40~50	0.22	0.475	4000~7000	9.0~18.7
50~63	0.26	0.544	4000~8000	11.0~20.5
63~80	0.26	0.530	5000~10000	17.5~41.5
80~100	0.305	0.636	8000~16000	35.6~84.0
100~125	0.305	0.613	10000~20000	55.5~133.0
125~160	0.350	0.699	12500~20000	86.5~167.0
160~200	0.350	0.666	12500~20000	112.0~222.0

（4）V形弹性盘的安装形式 V形弹性盘的安装形式见图3-9。1、3为安全盘，2为弹性盘由聚乙烯制成的安装套4、5，用于成套保存弹性盘2，使用时将其取出。安装套的主要尺寸见表3-51。

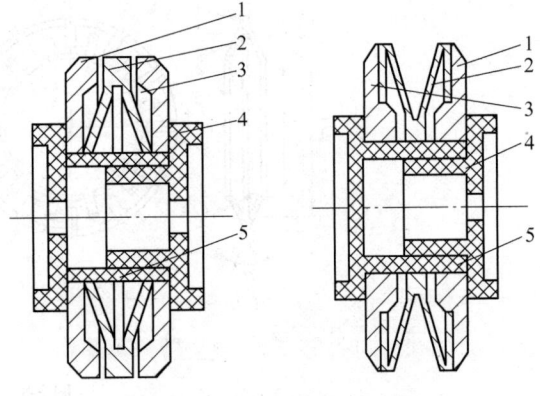

图3-9 V形弹性盘的安装形式
1、3—安全盘 2—弹性盘 4、5—安装套

表3-51 安装套的尺寸

（单位：mm）

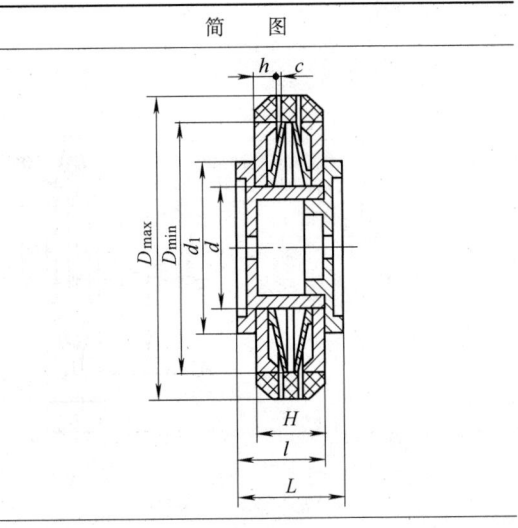

（续）

$D_{min} \sim D_{max}$	d (H7)	d_1	L	l	H	h	c
25~32	12	16	16	13	10	3.25	0.6
32~40	16	20	18	15	12	4.15	0.6
40~50	20	25	22	19	16	5.80	0.8
50~63	25	32	28	24	20	7.20	0.8
63~80	32	40	34	30	25	9.10	1.0
80~100	40	50	40	35	32	12.00	1.0
100~125	50	60	52	46	40	14.90	1.2
125~160	63	80	62	56	50	18.80	1.2
160~200	80	100	72	66	60	22.60	1.6

3.5.4 弹性薄壁膜片卡盘的设计计算

1. 弹性薄壁膜片卡盘

弹性薄壁膜片卡盘现广泛用于滚动轴承套圈的磨削加工。

（1）弹性薄壁膜片卡盘结构（图3-10）

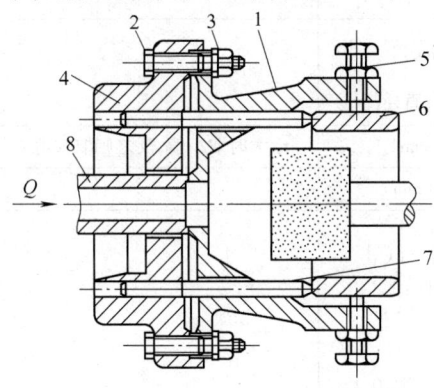

图3-10 弹性薄壁膜片卡盘结构
1—弹性盘 2—螺钉 3—螺母 4—夹具体
5—可调螺钉 6—工件 7—顶杆 8—推杆

（2）弹性薄壁膜片卡盘工作原理（图3-11）

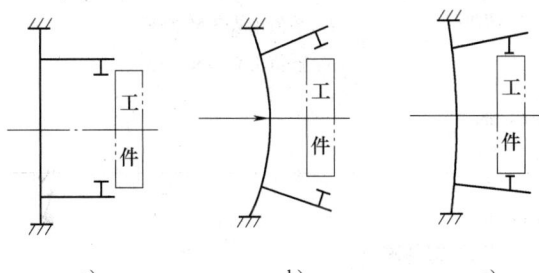

图3-11 弹性薄壁膜片卡盘工作原理
a) 膜片非工作状态 b) 膜片受力夹爪张开
c) 外力撤销工件被夹紧

（3）膜片卡盘结构参数的确定 图3-12所示为用于夹持工件外圆的一种带调节螺钉的弯爪膜片卡盘，工件的定心精度可达0.005~0.01mm，其重要结构参数可按表3-52确定。其余结构参数，推荐按下列经验关系式（以螺钉式弯爪膜片卡盘为例）确定：

1) 卡爪高度H，根据工件宽度B决定，应使夹持点在工件宽度的1/2~2/3处。

2) $D_1 = D - 2[d_1 + (5 \sim 15) mm]$；$D_4 = D_1 - (20 \sim 40) mm$；$D_3 = d + (6 \sim 10) mm$；$D_2 = D_3 + (24 \sim 40) mm$；$D_5$根据结构确定。

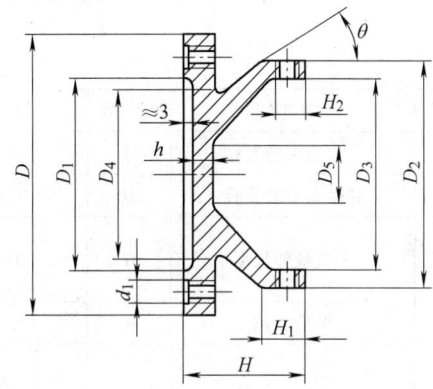

图3-12 弯爪膜片卡盘

表3-52 膜片卡盘的主要结构参数

工作外径d /mm	膜片外径D /mm	膜片厚度h /mm	卡爪数目n
10~35	105	6	8
30~52	125	7	8
55~100	155	8	8
80~140	220	11	10
140~200	280	11	10
200~260	320	12	10
260~320	380	14	16
380~420	480	15	16

注：以上数据适用于夹紧工件外圆的膜片卡盘，对内卡式膜片卡盘，亦可参考决定。

（4）弹性盘的材料及热处理规范（表3-53）

表3-53 弹性盘的材料及热处理规范

材 料	硬度 HRC	
	工作部分	尾部
T7A	43~52	30~32
T8A	55~60	32~35
T10A	52~56	40~45
4SiCrV	57~60	47~50
9SiCr	56~62	40~45
65Mn	56~62	40~45

2. 弹性盘的设计计算（表3-54）

表3-54 弹性盘的设计计算

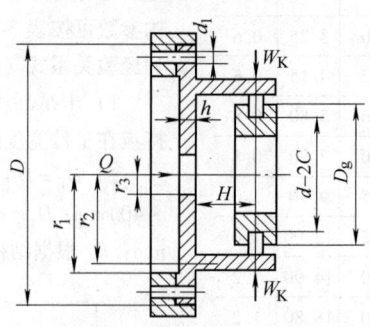

序号	计算项目	符号	计算公式	设计说明
1	弹性盘夹持直径	d	$d = D_g \text{(mm)}$	D_g 为工件夹持表面直径
2	弹性盘安装直径	D	$D = (1.3 \sim 3)d \text{(mm)}$	
3	卡爪悬伸长度	H	$H = (0.25 \sim 0.5)D \text{(mm)}$	在保证砂轮越程位置时，H小一些对结构有利
4	卡爪斜角	α	$\alpha = 0° \sim 45°$	
5	弹性盘有效变形半径	r_1	$r_1 = \dfrac{D}{2} - 1.8d_1 \text{(mm)}$ 式中 d_1——螺栓安装孔直径(mm)	
6	卡爪位置直径	r_2	$r_2 = (0.4 \sim 0.6)r_1 \text{(mm)}$	r_1大时取小值，反之则取大值
7	弹性盘厚度	h	$h = (0.05 \sim 0.08)r_2 \text{(mm)}$	
8	每个卡爪所需径向夹紧力	W_K	$W_K = \dfrac{KT_p}{nfR} = \dfrac{2KT_p}{nfd} \times 10^{-3} \text{(N)}$ 式中 T_p——切削转矩(N·m) n——卡爪数 f——摩擦因数，取 $0.1 \sim 0.15$ K——安全系数，取1.5	
9	根据径向夹紧力卡爪所需张量	c	无中心孔($r_3 = 0$) $2c = \dfrac{W_k n H^2}{10^5 h^3} K_1 \text{(mm)}$ 有中心孔 $2c = \dfrac{W_k n H^2}{10^5 h^3} K_2 \text{(mm)}$	K_1数值由表3-55查得 K_2数值由表3-56查得
10	卡爪实际所需张量	S	$2S = 2c + \Delta + \delta \text{(mm)}$ 式中 Δ——放入工件时所需间隙，取$0.03 \sim 0.05$mm δ——工件夹持表面直径公差	

(续)

序号	计算项目	符号	计算公式	设计说明
11	薄壁盘所需推(拉)力	Q	无中心孔($r_3=0$) $$Q=\frac{4\pi K_e S 10^3}{r_2 H \ln\frac{r_2}{r_1}}(\text{N})$$ 有中心孔 $$Q=\frac{4\pi K_e S 10^3}{r_3 H \ln\frac{r_2}{r_1}}K_3(\text{N})$$ 式中 K_e——抗弯刚度 $$K_e=\frac{Eh^3}{12(1-\mu^2)}(\text{N}\cdot\text{m})$$ $E=2.1\times10^5\text{MPa}=2.1\times10^{11}(\text{N/m}^2)$ μ——泊松比,取0.3 h——弹性盘厚度(m)	K_3 数值由表3-57查得
12	验算弹性盘厚度	h	无中心孔($r_3=0$) $$h^2\geqslant\frac{3Q(1+\mu)}{2\pi[\sigma]}\left(\ln\frac{r_1}{r_0}+\frac{r_0^2}{4r_1^2}\right)(\text{mm})$$ 式中 r_0——推杆头部与弹性板接触面的半径,取 $r_0=3\sim5\text{mm}$ $[\sigma]$——材料的许用应力(MPa) 有中心孔 $$h^2\geqslant\frac{Q}{[\sigma]}K_4(\text{mm})$$	K_4 数值由表3-58查得

表3-55 系数 K_1

r_1/r_2	1.20	1.25	1.30	1.35	1.40	1.45	1.50	1.55	1.60	1.65
K_1	0.253	0.298	0.338	0.374	0.405	0.434	0.460	0.483	0.504	0.524
r_1/r_2	1.70	1.75	1.80	1.85	1.90	1.95	2.00	2.05	2.10	2.15
K_1	0.541	0.557	0.572	0.586	0.598	0.610	0.621	0.631	0.640	0.649
r_1/r_2	2.20	2.25	2.30	2.35	2.40	2.45	2.50	2.55	2.60	2.65
K_1	0.657	0.664	0.671	0.678	0.684	0.690	0.695	0.700	0.705	0.710
r_1/r_2	2.70	2.75	2.80	2.85	2.90	2.95	3.00	3.05	3.10	3.15
K_1	0.714	0.718	0.722	0.726	0.729	0.733	0.736	0.739	0.741	0.744
r_1/r_2	3.20	3.25	3.30	3.35	3.40	3.45	3.50	3.55	3.60	3.65
K_1	0.747	0.749	0.752	0.754	0.756	0.758	0.760	0.762	0.764	0.765
r_1/r_2	3.70	3.75	3.80	3.85	3.90	3.95	4.00	5	6	7
K_1	0.767	0.769	0.770	0.772	0.773	0.775	0.776	0.795	0.805	0.811

备注:
$$K_1=\frac{2.6}{\pi}\left(1-\frac{1}{m^2}\right), m=\frac{r_1}{r_2}$$

计算条件:
$$E=2.1\times10^5(\text{MPa})=2.1\times10^{11}(\text{N/m}^2), K_0=\frac{Eh^3}{12(1-\mu^2)}(\text{N}\cdot\text{m}), \mu=0.3$$

式中 h——弹性盘厚度(m)

表 3-56 系 数 K_2

r_1/r_2 \ r_2/r_3	1.5	1.7	1.8	1.9	2.0	2.1	2.2	2.3	2.4	2.5	2.75	3
2	0.558	0.683	0.733	0.775	0.814	0.848	0.877	0.903	0.927	0.948	0.991	1.024
2.2	0.544	0.661	0.708	0.748	0.784	0.815	0.842	0.866	0.887	0.906	0.946	0.976
2.5	0.527	0.637	0.680	0.717	0.749	0.778	0.802	0.824	0.844	0.861	0.896	0.924
2.8	0.515	0.619	0.659	0.695	0.725	0.751	0.774	0.795	0.813	0.828	0.861	0.887
3	0.508	0.609	0.649	0.683	0.712	0.737	0.760	0.779	0.797	0.812	0.843	0.868
3.2	0.503	0.602	0.649	0.673	0.701	0.726	0.748	0.767	0.783	0.798	0.829	0.852
3.5	0.496	0.592	0.629	0.661	0.689	0.712	0.733	0.751	0.767	0.782	0.811	0.833
3.8	0.491	0.585	0.621	0.652	0.679	0.702	0.722	0.739	0.755	0.769	0.797	0.819
4	0.488	0.581	0.616	0.647	0.673	0.690	0.716	0.733	0.748	0.762	0.789	0.811
4.2	0.485	0.577	0.613	0.643	0.668	0.690	0.710	0.727	0.742	0.756	0.783	0.804
4.5	0.482	0.573	0.607	0.637	0.662	0.684	0.704	0.720	0.735	0.748	0.775	0.795
4.8	0.480	0.569	0.603	0.632	0.657	0.679	0.698	0.714	0.729	0.742	0.768	0.788
5	0.478	0.563	0.601	0.630	0.655	0.676	0.695	0.711	0.725	0.738	0.764	0.784
5.2	0.477	0.565	0.599	0.628	0.652	0.673	0.692	0.708	0.722	0.735	0.761	0.780
5.5	0.475	0.563	0.596	0.624	0.649	0.670	0.688	0.704	0.718	0.731	0.755	0.776
5.8	0.474	0.560	0.594	0.621	0.646	0.667	0.685	0.701	0.715	0.727	0.752	0.772
6	0.473	0.559	0.592	0.620	0.644	0.665	0.683	0.699	0.713	0.725	0.750	0.769
6.2	0.472	0.558	0.591	0.619	0.643	0.664	0.682	0.697	0.711	0.723	0.748	0.767
6.5	0.471	0.557	0.589	0.617	0.641	0.661	0.679	0.695	0.709	0.721	0.745	0.764
6.8	0.470	0.555	0.588	0.616	0.639	0.660	0.677	0.693	0.706	0.718	0.743	0.762
7	0.469	0.554	0.587	0.615	0.638	0.659	0.676	0.692	0.705	0.717	0.742	0.769

备注：

$$K_2 = \frac{5.2(1-m^2)(1.3+0.7y^2)}{\pi(1.3+0.7y^2)(1.3+0.7m^2)+0.91(1-y^2)(1-m^2)}$$

式中 $m = \dfrac{r_1}{r_2}, y = \dfrac{r_2}{r_3}$ 计算条件同表 3-55

表 3-57 系 数 K_3

r_1/r_2 \ r_1/r_3	1.25	1.5	1.75	2.0	2.25	2.5	2.75	3.0
10	0.93	0.92	0.90	0.89	0.87	0.86	0.84	0.83
5	0.87	0.84	0.82	0.80	0.78	0.75	0.67	0.60
4	0.87	0.83	0.80	0.79	0.77	0.74	0.65	
3	0.88	0.85	0.83	0.81	0.79			
2.5	0.92	0.90	0.88					

表 3-58 系 数 K_4

r_1/r_3	2	2.1	2.2	2.3	2.4	2.5	2.6	2.7	2.8	2.9
K_4	0.270	0.310	0.351	0.393	0.434	0.475	0.516	0.556	0.596	0.635
r_1/r_3	3	3.1	3.2	3.3	3.4	3.5	3.6	3.7	3.8	3.9
K_4	0.673	0.711	0.748	0.785	0.820	0.855	0.890	0.924	0.957	0.989
r_1/r_3	4	4.1	4.2	4.3	4.4	4.5	4.6	4.7	4.8	4.9
K_4	1.020	1.052	1.082	1.112	1.141	1.170	1.198	1.226	1.253	1.279
r_1/r_3	5	5.1	5.2	5.3	5.4	5.5	5.6	5.7	5.8	5.9
K_4	1.305	1.331	1.356	1.380	1.405	1.428	1.452	1.475	1.497	1.520
r_1/r_3	6	6.1	6.2	6.3	6.4	6.5	6.6	6.7	6.8	6.9
K_4	1.541	1.563	1.584	1.605	1.625	1.645	1.665	1.685	1.704	1.723
r_1/r_3	7	7.1	7.2	7.3	7.4	7.5	7.6	7.7	7.8	7.9
K_4	1.742	1.760	1.778	1.796	1.814	1.831	1.848	1.865	1.882	1.899
r_1/r_3	8	8.1	8.2	8.3	8.4	8.5	8.6	8.7	8.8	8.9
K_4	1.915	1.931	1.947	1.963	1.978	1.993	2.008	2.023	2.038	2.052
r_1/r_3	9	9.1	9.2	9.3	9.4	9.5	9.6	9.7	9.8	9.9
K_4	2.067	2.081	2.096	2.110	2.123	2.137	2.150	2.163	2.177	2.190
r_1/r_3	10									
K_4	2.203									

$$K_4 = \frac{3}{2\pi}\left[\mu + \frac{(1-\mu)\alpha^2 - (1+\mu) - 2(1-\mu^2)\alpha^2\ln\alpha}{(1+\mu)+(1-\mu)\alpha^2}\right]$$

式中 μ——泊松比,取 0.3;
α——$\alpha = r_1/r_3$,K_4 取绝对值

3.5.5 薄壁波纹套定心夹具的设计与计算

1. 薄壁波纹套定心夹具

(1) 波纹套定心夹具的工作原理 波纹套定心夹具的结构见图 3-13。图 3-13a 为松开状态,拧动螺母 1 通过垫圈 3 使波纹薄壁套 2 轴向压缩,同时套筒外径因变形而增大,从而使工件得到精确定心并夹紧(图 3-13b)。

此种定心夹具多用与齿轮、环、套筒等类零件的精加工。其特点是夹紧力均匀、定心精度高,可达 ϕ0.01mm,一般可稳定在 ϕ0.02mm 以内。并且结构简单,使用寿命也较长(每装夹 10000 次后定心精度只降低 ϕ0.001mm)。

(2) 波纹薄壁套的结构尺寸(表 3-59、表 3-60)

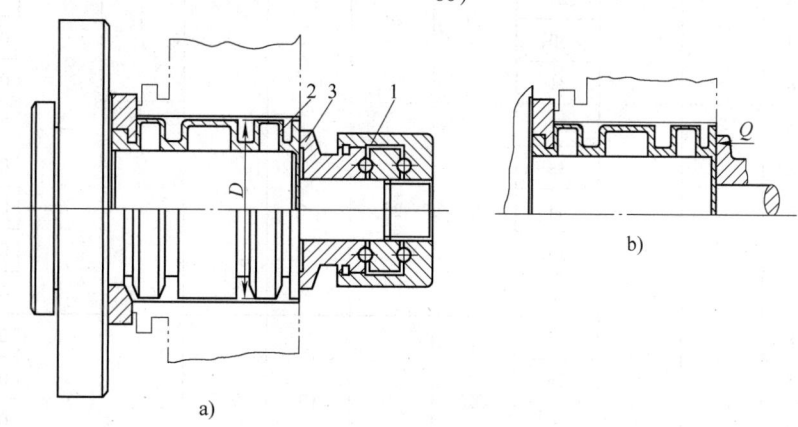

图 3-13 波纹套定心夹具的结构
1—螺母 2—波纹薄壁套 3—垫圈

表 3-59 波纹薄壁套的结构尺寸　　　　　　　　（单位：mm）

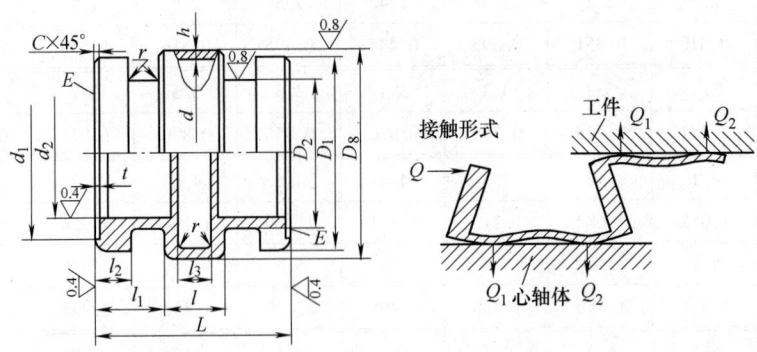

工件定位基准直径 D_g		D_1(h9)	D_2(h9)	h	d_1(H9)	d_2(H9)	L	l	l_1	l_2	l_3	计算系数	
自	至											x (μm/N)	ψ (1/mm²)
20	21	19.8	12.8	0.4	16	12	19.4	6.5	6.5	3.5	4	0.0162	0.767
21	22	20.8			17							0.0180	0.841
22	23	21.8			18							0.0211	0.917
23	24	22.8			19							0.0236	0.989
24	25	23.8	15.8	0.45	20	12	19.4	6.5		3.5	4	0.0200	0.714
25	26	24.8			21							0.0240	0.779
26	27	25.8			22							0.0248	0.841
27	28	26.8			23							0.0272	0.900
28	29	27.8			24							0.0296	0.952
29	30	28.8			25							0.0319	0.986
30	31	29.8	18.9	0.45	26	18	21	6.4				0.0210	0.629
31	32	30.8			27							0.0229	0.648
32	33	31.8	21		28	20	24				4	0.0204	0.552
33	34	32.8			29							0.0223	0.588
34	35	33.8			30							0.0240	0.623
35	36	34.8			31							0.0260	0.665
36	37	35.8	26		32	25	25	8			5	0.0133	0.280
37	38	36.8			33							0.0144	0.302
38	39	37.8			34							0.0155	0.321
39	40	38.8			35							0.0167	0.343
40	41	39.8		0.5	36					4.5		0.0178	0.354
41	42	40.8	32.2		37	32	29	10	9.5		5.5	0.0082	0.122
42	43	41.8			38							0.0088	0.134
43	44	42.8			39							0.0097	0.148
44	45	43.8			40							0.0105	0.160

(续)

工件定位基准直径 D_g 自	工件定位基准直径 D_g 至	D_1(h9)	D_2(h9)	h	d_1(H9)	d_2(H9)	L	l	l_1	l_2	l_3	计算系数 x (μm/N)	计算系数 ψ (1/mm²)
45	46	44.8			41							0.0059	0.081
46	47	45.8			42							0.0067	0.0090
47	48	46.8	35.5	0.75	43	34	29.5	10.5	9.5	4.5	6.0	0.0075	0.100
48	49	47.8			44							0.0083	0.109
49	50	48.8			45							0.0092	0.117
50	51	49.8			46							0.0090	0.115
51	52	50.8	29.5	0.77	47	38			10.9			0.0098	0.124
52	53	51.8			48		30.5	10.5		4.5	6.0	0.0106	0.134
53	55	52.8			49							0.0083	0.118
55	57	54.8	41.6	0.8	51	40			10			0.0109	0.131
57	59	56.8			53							0.0121	0.145
59	61	58.5			54.7							0.0080	0.091
61	63	60.5	46.6	0.9	56.7	45	31.5	10.5		4.5	6.0	0.0091	0.101
63	65	62.5			58.7							0.0101	0.112
65	67	64.5			60.7				10.5			0.0057	0.060
67	69	66.5			62.7							0.0063	0.068
69	71	68.5	51.7	1.0	64.7	50	34	13		5.5		0.0077	0.082
71	73	70.5			66.7							0.0084	0.089
73	75	72.5			68.7							0.0092	0.097
75	77	74.5			70.5						7	0.0072	0.072
77	79	76.5	54.7	1.1	72.5	53	37	14	11.6	6.5		0.0080	0.080
79	80	78.5			74.5							0.0088	0.090
80	82	79.5			75.5							0.0088	0.060
82	84	81.5			77.5	56	40	15	13.5	7.5		0.0095	0.065
84	86	83.5	57.7	1.2	79.5							0.0098	0.071
86	88	85.5			81.5							0.0104	0.076
88	90	87.5			83.5	56	42	15	13.5	7.5	7	0.0109	0.082
90	92	89.5			84.5							0.0087	0.072
92	94	91.5			86.5							0.0092	0.076
94	96	93.5	61.8	1.3	88.5	60	51	18	16.5	8.5	10	0.0097	0.081
96	98	95.5			90.5							0.0101	0.086
98	100	97.5			92.5							0.0106	0.090
100	105	99.5	73	1.5	93.5	71	54	21			11	0.0093	0.078
105	110	104.5			98.5							0.0100	0.088

工件定位基准直径 D_g		D_1(h9)	D_2(h9)	h	d_1(H9)	d_2(H9)	L	l	l_1	l_2	l_3	计算系数	
自	至											x (μm/N)	ψ (1/mm²)
110	115	109.5	73	1.5	103.5	71	54	21	16.5	8.5	11	0.0108	0.098
115	120	114.5			108.5							0.0114	0.109
120	125	119.5			113.5							0.0086	0.048
125	130	124.5	82.5	1.6	118.5	80	55	22			12	0.0074	0.053
130	135	129.5			123.5							0.0081	0.057
135	140	134.5	103	1.75	128.5	100	64	25	19.5	9.5	15	0.0043	0.026
140	145	139.5			133.5							0.0049	0.029
145	150	144.5	113.5	2.0	137.5	110	77	32			18	0.0032	0.018
150	155	149.5			142.5							0.0037	0.020
155	160	154.5			147.5							0.0042	0.030
160	165	159.5	123.5	2.25	152.5	120	79	34	22.5	10.5	20	0.0033	0.017
165	170	164.5			157.5							0.0037	0.019
170	175	169.5			162.5							0.0041	0.021
175	180	174.5			167.5							0.0046	0.023
180	185	179.5	134	2.5	169.5	130	97	36	30.5	15.5	22	0.0034	0.015
185	190	184.5			174.5							0.0037	0.017
190	195	189.5			179.5							0.0041	0.018
195	200	194.5			184.5							0.0044	0.020

注：1. D_p 相对于 d_2 径向跳动按 2 级精度。
　　　 D_2 相对于 d_2 径向跳动按 5 级精度。
　2. d 相对于 D_p 径向跳动按 7 级精度。
　3. 端面 E 相对于 d_2 端面跳动按 4 级精度。

表 3-60　波纹薄壁套的结构尺寸　　　　　　　　　　（单位：mm）

D_g	50 以下	>50 ~ 100	>100 ~ 200	D_g	50 以下	>60 ~ 90	>90 ~ 105	>105 ~ 145	>145 ~ 200
$t = c$	0.3	0.5	1.0	r	0.15	0.75	1.0	2.5	5.0

2. 波纹套的设计与计算

波纹套的设计与计算，可按表 3-61 中的步骤进行，波纹套与心轴的间隙按表 3-61 选取。

加压套外径与 D_1 相同，公差为 h9，与轴的间隙取 0.03 ~ 0.05mm，内径与端面粗糙度为 $Ra0.32\mu$m，端面圆跳动 3 ~ 4 级。

波纹套的材料通常可采用 T10A、65Mn 等，热处理至 46 ~ 50HRC。

表 3-61　波纹套的设计与计算

序号	计算项目	符号	计算公式				
1	波纹套结构尺寸		按工件定位基准直径 D_g 由表 3-59 确定				
2	波纹套外径	D_p	$D_p = D_g - \Delta$ (mm) 式中　Δ——工件定位基准与波纹套的配合间隙 (μm)，由下表确定：				
			D_g/mm	>20 ~ 30	>30 ~ 53	>53 ~ 80	>80 ~ 100	>100
			Δ/μm	10	20	30	40	50

(续)

序号	计算项目	符号	计算公式
3	波纹套内径	d	$d = D_p - 2h \text{(mm)}$ 式中 h——波纹套壁厚(mm)
4	波纹套直径的扩张量	ΔD_p	$\Delta D_p = \delta D_g + \delta D_p + \Delta \text{(mm)}$ 式中 δD_g——工件定位直径公差 δD_p——波纹套外径公差(μm),由下表确定: <table><tr><td>D_p/mm</td><td><22</td><td>>22~50</td><td>>50~80</td><td>>80~120</td><td>>120~180</td><td>>180</td></tr><tr><td>$\delta D_p/\mu m$</td><td>2.5</td><td>4</td><td>5</td><td>6</td><td>12</td><td>20</td></tr></table>
5	夹紧工件所需轴向力	Q	$Q = \dfrac{D_p}{x} \text{(N)}$ 式中 x——计算系数。按表3-57确定
6	波纹套受轴向力后的最大应力	σ_{max}	$\sigma_{max} = Q \times \psi \text{(MPa)}$ 式中 ψ——计算系数。按表3-57确定
7	确定波纹套材料及许用应力	$[\sigma]$	$\sigma_{max} < [\sigma] \text{(MPa)}$ 式中 $[\sigma]$——波纹套材料的许用应力
8	波纹套数量	n	$l_g > 2L \quad n = 2$ $l_g > 2L \quad n = 1$ 式中 l_g——工件定位基准长度(mm)
9	波纹套能传递的转矩	T	$T = 1.5\pi D_g Q n 10^{-4} \text{(N·mm)}$ 应保证 $T \geqslant KT_p$ 式中 T——切削转矩(N·mm) K——安全系数,$K \geqslant 2.5$
10	波纹套与心轴的间隙	Δ_s	<table><tr><td>$D_g < 30\text{mm}$</td><td>$D_g > 30~100\text{mm}$</td><td>$D_g > 100\text{mm}$</td></tr><tr><td>10μm</td><td>20μm</td><td>30~50μm</td></tr></table>

3.5.6 自定心夹紧装置的定心精度(表3-62)

表3-62 自定义夹紧装置的定心精度

(单位:mm)

夹具类型	工件直径	工件所能保证的跳动量	测量长度范围
V形、碟形弹簧片夹具	18~40	0.02~0.10	100
碗形弹簧片夹具	>100	0.02~0.03	20
弹性膜片卡盘	>100	0.005~0.05	20
塑料夹具	60	0.01	20
塑料夹具	60	0.03	150

(续)

3.5.7 液性塑料薄壁套筒夹具的设计与计算

1. 工作原理

由图3-14可见,工件以孔和端面定位,套在薄壁套筒3上,端面由三个支承钉1顶住,拧动螺钉5推动柱塞4,挤压液性塑料2,由于液性塑料不可压缩,迫使薄壁套筒3径向胀大,压紧工件孔壁,使工件实现定心夹紧。

2. 薄壁套筒的设计与计算

薄壁套筒的设计与计算,可按表3-63的步骤进行。

3. 滑柱的设计与计算

滑柱直径与推力计算,可按表3-64进行。

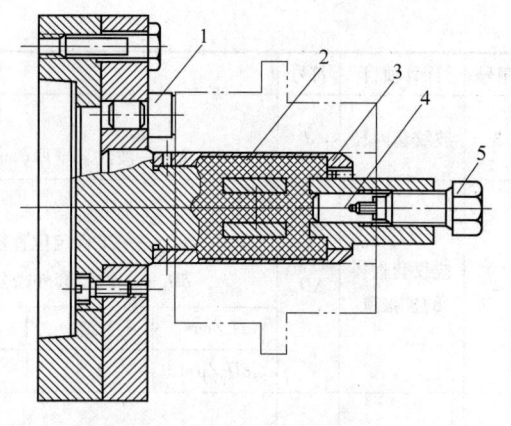

图3-14 液性塑料薄壁套筒夹具
1—支承钉 2—液性塑料 3—薄壁套筒 4—柱塞 5—螺钉

表3-63 薄壁套筒主要结构参数及夹紧力的计算

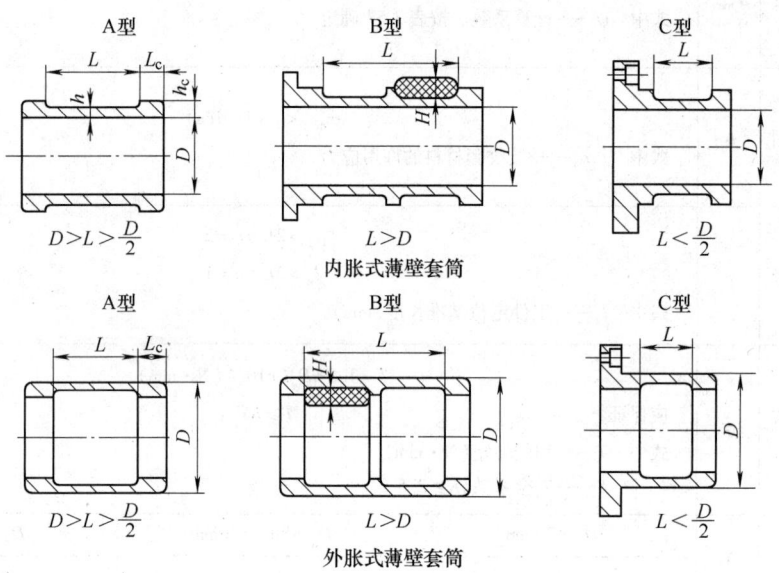

符号	计算项目	符号	计算公式
1	薄壁套筒直径	D	$D = D_k \text{(mm)}$ 式中 D_k——工件定位面直径(mm),公差按 g6 或 f7 制造
2	套筒薄壁部分长度	L	一般情况:$L = (1 \sim 1.3)l \text{(mm)}$ 式中 l——工件定位面长度(mm) l 较长时,$L = (0.7 \sim 0.8)l \text{(mm)}$
3	套筒结构形式		$D > l > \dfrac{D}{2}$ 时,选用 A 型 $l > D$ 时,选用 B 型,或采用两个薄壁套筒 $l < \dfrac{D}{2}$ 时,选用 C 型

(续)

符号	计算项目	符号	计算公式
4	工件与套筒定位面间在未夹紧时的最大配合间隙	Δ_{max}	当工件以内孔定位时： $$\Delta_{max} = D_{kmax} - D_{min} (\text{mm})$$ 式中 D_{kmax}——工件内孔的最大直径(mm) D_{min}——套筒定位面最小直径(mm) 当工件以外圆定位时： $$\Delta_{max} = D_{max} - D_{kmin} (\text{mm})$$ 式中 D_{max}——套筒定位面最大直径(mm) D_{kmin}——工件外圆的最小直径(mm)
5	套筒最大允许径向变形量	ΔD_{max}	$$\Delta D_{max} = \frac{\sigma_s}{EK} D (\text{mm})$$ 式中 σ_s——套筒材料的屈服极限(Pa) E——套筒材料的弹性模量，一般钢为 2.1×10^{11} Pa K——安全系数，一般取 1.2~1.5 对于铬锰钢材：$\Delta D_{max} = (0.003 \sim 0.002) D$
6	套筒壁厚	h	（单位：mm） $D < 150$ 	L	套筒壁厚 h	
	$D = 10 \sim 50$	$D = 50 \sim 150$
$L > \frac{D}{2}$	$h = 0.015D + 0.5$	$h = 0.025D$
$\frac{D}{2} > L \geq \frac{D}{4}$	$h = 0.01D + 0.5$	$h = 0.02D$
$\frac{D}{4} > L \geq \frac{D}{8}$	$h = 0.01D + 0.25$	$h = 0.015D$	 $D > 150$ $L > 0.3D$: $h = \frac{pD^2}{2E\Delta D_{max}} = \frac{pD}{2[\sigma]}$ $L < 0.3D$: $h = 1.6 \frac{pDL}{E\Delta D_{max}} = 1.6 \frac{pL}{[\sigma]}$ 表中符号： p——液性塑料工作压力，一般 $p = 30$ MPa $[\sigma]$——套筒材料的许用应力，$[\sigma] = \frac{\sigma_s}{K}$ (MPa) 表中经验公式适用于钢材，$E = 2.1 \times 10^{11}$ Pa，套筒与工件之间摩擦因数 $\mu = 0.2$
7	套筒固定部分长度 套筒固定部分厚度 套筒槽高	L_c h_c H	（单位：mm） | D	≤30	>30~50	>50~80	>80~120	>120~160	>160~200	>200~250
---	---	---	---	---	---	---	---
L_c	6	8	11	16	22	28	36
h_c	5	6	9	12	16	18	26
H				$H = 2\sqrt[3]{D}$				

（续）

符号	计算项目	符号	计算公式
8	套筒与夹具体的配合过盈量	δ_c	（单位：mm） | D | ≤50 | >50~80 | >80~120 | >120~180 | >180~250 | | δ_c | 0.03 | 0.05 | 0.07 | 0.10 | 0.15 | 当切削力较大而套筒与夹具体之间无销钉固定时，取 $\delta_c = 0.0012D$
9	套筒产生的夹紧力矩	M	$M = 5 \times 10^3 m \sqrt{m} \Delta_g D^2 (\text{N·mm})$ 式中 $m = \dfrac{2h}{D}$ $\Delta_g = \Delta D_{max} - \Delta_{max}$
10	套筒产生的轴向夹紧力	W_0	$W_0 = \dfrac{2M}{D} = 10^5 m \sqrt{m} \Delta_g D (\text{N})$
11	套筒与工件定位面的实际接触长度	L_K	$L < \dfrac{1}{2}\varepsilon D$ 时 $L_K = L\sqrt{\dfrac{\Delta_g}{\Delta_g + \delta_{max}}}$ (mm) $L > \dfrac{1}{2}\varepsilon D$ 时 $L_K = \dfrac{1}{2}\varepsilon D \sqrt{\dfrac{\Delta_g}{\Delta_g + \delta_{max}}} + \left(L - \dfrac{1}{2}\varepsilon D\right)$ 式中 ε ——套筒薄壁部分的最小长度系数，其值如下表： | $\dfrac{2h}{D}$ | 0.01 | 0.02 | 0.03 | 0.04 | 0.05 | 0.06 | 0.07 | 0.08 | 0.08 | 0.10 | | ε | 0.35 | 0.5 | 0.6 | 0.7 | 0.75 | 0.85 | 0.90 | 1.05 | 1.1 | 1.15 | 应保证 $\dfrac{L_K}{L} > (0.5 \sim 0.8)$
12	工件夹紧时，套筒内工作容积的最大增大量	ΔV	$\Delta V = \dfrac{\pi}{2} L_K \delta_{max} + cV (\text{mm}^3)$ 式中 c——液性塑料中气泡体积的压缩系数，$c = 0.001 \sim 0.003$ V——在自由状态下液性塑料的体积（mm^3）

表 3-64 滑柱直径与推力计算

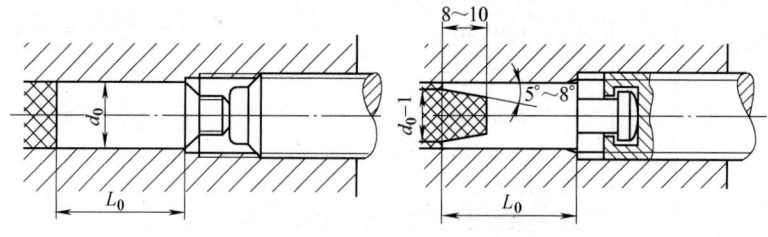

序号	计算项目	符号	计算公式	
			L (mm)	d_0 (mm)
1	滑柱直径	d_0	$\dfrac{1}{8}D < L < \dfrac{1}{4}D$	$d_0 = 1.2\sqrt{D}$
			$\dfrac{1}{4}D < L < \dfrac{1}{2}D$	$d_0 = 1.5\sqrt{D}$
			$\dfrac{1}{2}D < L < D$	$d_0 = 1.8\sqrt{D}$
			式中 L——套筒薄壁部分长度；D——套筒薄壁部分直径	

(续)

序号	计算项目	符号	计算公式
2	滑柱长度	L_0	$L_0 = (1.8 \sim 2)d_0 \text{(mm)}$
3	工件夹紧时,柱塞的最大移动量	S	$S = \dfrac{4\Delta V}{\pi d_0}\text{(mm)}$ 式中 ΔV——在工件夹紧时,薄壁套筒工作容积的最大增大量(mm^3)
4	滑柱所需推力	Q	$Q = \dfrac{\pi d_0^2}{4}p\text{(N)}$ 式中 p——液性塑料工作压力,一般为30MPa

4. 套筒材料

套筒材料一般用合金钢65Mn、40Cr、30CrMnSi,或用T7A、45,淬火硬度为35~40HRC。

5. 薄壁套筒的推荐尺寸及有关参数(表3-65)

表3-65 薄壁套筒的推荐尺寸及有关参数

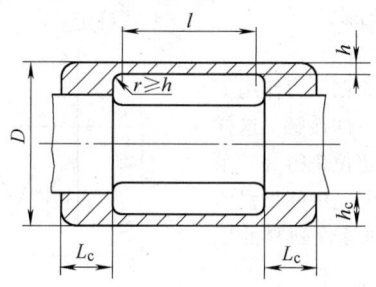

D	$l = 0.5D$									$l = 0.75D$									$l = D$									$l = 1.5D$								
	T	ΔD	p	h	h_c	L_c				T	ΔD	p	h	h_c	L_c				T	ΔD	p	h	h_c	L_c				T	ΔD	p	h	h_c	L_c		

D	T	ΔD	p	h	h_c	L_c	T	ΔD	p	h	h_c	L_c	T	ΔD	p	h	h_c	L_c	T	ΔD	p	h	h_c	L_c
20	25	0.02	350	0.5	2.5	4	25	0.04	350	0.7	3	3.5	25	0.05	400	1.0	3	5	85	0.03	250	0.5	2.5	2.5
	50	0.01	450	0.8	2.5	5	60	0.03	450	0.9	3	4.5	250	0.01	450	0.6	2	6	270	0.02	450	0.8	2.5	5
30	90	0.03	350	0.8	3.5	5	90	0.06	300	1.0	4	6	85	0.07	450	1.5	4.5	7	250	0.05	250	0.8	4	5
	200	0.02	450	1.3	3.5	7	200	0.05	450	1.4	5	7	800	0.02	450	0.9	3	8	900	0.03	450	1.2	4.5	7
40	200	0.04	250	1.0	5	6	200	0.08	300	1.4	5.5	8	200	0.09	450	2.0	6	9	650	0.07	250	1.0	5	8
	450	0.02	450	1.7	6	8.5	450	0.06	450	1.8	6.0	10	2000	0.03	450	1.2	4.5	10	2000	0.05	450	1.6	6.5	9
60	700	0.05	250	1.5	7	8	750	0.11	350	2.0	8	10	670	0.13	450	3.0	8	13	2000	0.1	250	1.5	8	10
	1500	0.04	450	2.5	8.5	11	1500	0.09	450	2.7	10	12	7000	0.04	450	1.8	7	13	7000	0.07	450	2.4	10	12
80	300	0.10	150	1.2	6	10	300	0.19	200	2.0	10	13	—						750	0.16	150	1.3	10	15
	1600	0.07	250	2.0	7	10	1700	0.15	300	2.8	12	15	1600	0.18	450	4.0	12	18	5000	0.13	250	2.0	10	15
100	600	0.15	150	1.5	7.5	14	600	0.23	200	2.5	10	15	3100	0.2	450	5.0	15	22	1500	0.22	150	1.6	8	15
	3000	0.10	250	2.6	10	15	3400	0.18	300	3.5	14	17	—						9500	0.17	250	2.5	11	13

表中 T——切削力产生的转矩($0.1\text{N}\cdot\text{m}$);

ΔD——薄套筒的变形量(mm)(在 p 压力下);

p——液性塑料的单位压力(10^5Pa)。

D、h、h_c、L_c 单位为 mm。

注:1. 当 $D\leqslant 40\text{mm}$ 时,材料用40Cr,35~40HRC;当 $D>40\text{mm}$ 时,材料用T7A,33~36HRC。

2. 薄壁套筒定心部分的直径按 H7(夹紧轴类)和 g6(夹紧套类)。

3. 定心表面粗糙度 $Ra0.8\mu\text{m}$,内腔表面粗糙度 $Ra3.2\mu\text{m}$。

4. 薄壁部分的壁厚偏差:当 $D<40\text{mm}$ 时,为 $\pm 0.03\text{mm}$;当 $40\text{mm}<D<100\text{mm}$ 时,为 $\pm 0.05\text{mm}$;当 $D>100\text{mm}$ 时,为 $\pm 0.75\text{mm}$;对于定心精度要求高者,其壁厚偏差均为 $\pm 0.025\text{mm}$ 以下。

5. 定心表面相对于基准面的跳动不大于0.01mm。

6. 薄壁套筒中间加强肋尺寸的计算

对于基准面较长的工件，当套筒总长 $L_0 > D$ 时，可制成具有中间加强肋的形式，见图3-15。图3-15a 用于对工件的内孔实现定心，图3-15b 用于对工件的外圆实现定心。

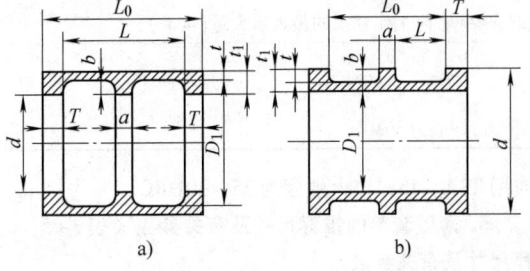

图3-15 薄壁套筒中间加强肋的形式

中间加强肋的尺寸，应该能使套筒在压力作用下变形时，先在两段薄壁部分的中间与工件接触，这样的定位情况，要比只在套筒中间一处定位来得好。采用这种形式的套筒，其刚度也较好。但是中间加强肋的尺寸也不应太大，否则会过分增加液性塑料的压力。

一般可使加强肋的凸出厚度 $b \approx 2t$ （t 为套筒薄壁厚度）。如果包括薄壁厚度 t 在内，通常中间加强肋的厚度（即 $b+t$）可取为套筒固定部分厚度 t_1 的 75%~90%。中间加强肋的宽度 a、一般可取为两端固定部分宽度 T 的 70%~80%。

3.6 端齿分度盘的相关计算

3.6.1 直齿端齿分度盘的结构及其参数的确定

图3-16 所示为成对的直齿分度盘，它相当于一对速比为1的平面向心直齿轮的啮合，图中 $\frac{\alpha_0}{2}$ 为压力角，一般按加工刀具规定为30°或45°。图3-17为端齿盘的结构及齿形，图中结构要素除内孔 D 按结构需要可自行确定外，其余均可按表3-66所列的关系式确定。

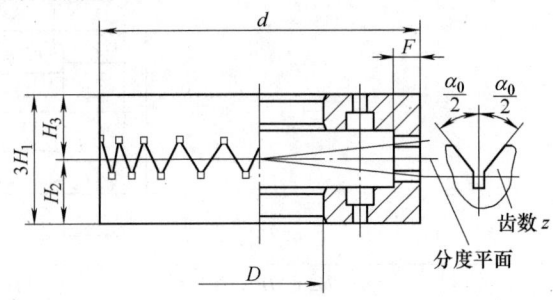

图3-16 直齿端齿分度盘

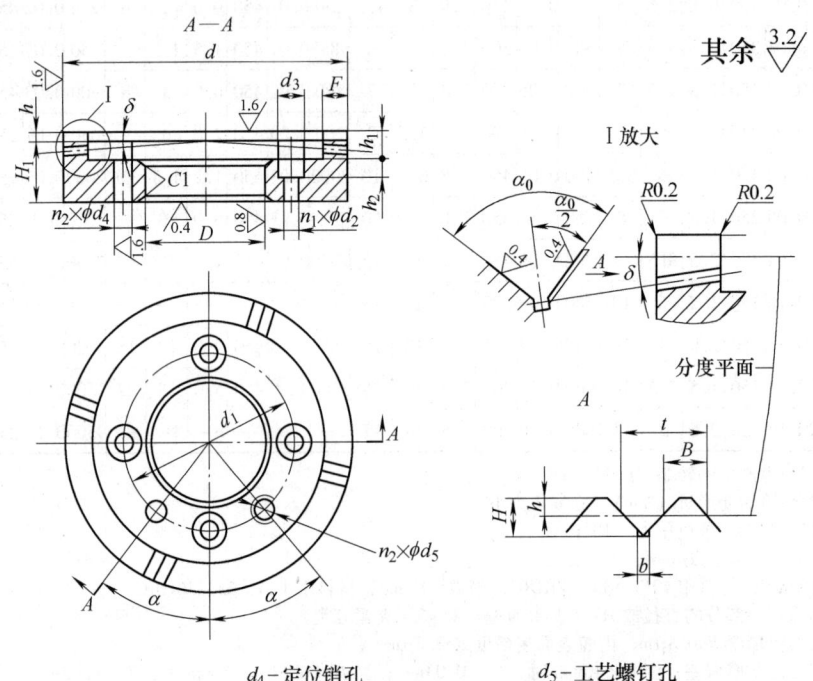

d_4-定位销孔 d_5-工艺螺钉孔

图3-17 端齿分度盘的结构及齿形

表 3-66 端齿分度盘的结构要素及齿形参数

名称	代号	数值与关系式	刀具角 σ_p	
			90°	60°
直径	d	按设计需要		
齿数	z	按设计需要		
周节(弧长)	t	$t = \pi m = \dfrac{\pi d}{z}$		
齿厚(弧长)	B	$B = \dfrac{1}{2}t$		
齿顶高	h	$h = \dfrac{t}{5\tan\dfrac{\alpha_0}{2}}$	$h = 0.2t$	$h = 0.35t$
全齿高	H	$H = \dfrac{9t}{20\tan\dfrac{\alpha_0}{2}}$	$H = 0.45t$	$H = 0.78t$
齿根角	δ	$\sin\delta = \cot\dfrac{\alpha_0}{2}\tan\dfrac{90°}{z}$	$\sin\delta = \tan\dfrac{90°}{z}$	$\sin\delta = \sqrt{3}\tan\dfrac{90°}{z}$
齿宽	F	$F = (2t \sim 3t) \leq 20\text{mm}$		
槽宽	b	$b \leq 0.2t$		
分度平面至基面厚	H_1	$H_1 \geq 10\text{mm}$		
啮合厚	$2H_1$			

注：表中未列出的尺寸及数据按设计需要确定。

3.6.2 端齿分度盘的锁紧力计算（表 3-67）

表 3-67 端齿分度盘的锁紧力计算

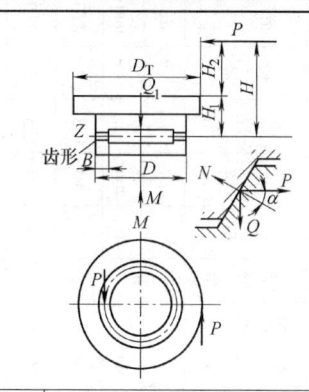

受力形式	计算公式
受切削力 P 作用	$Q_1 = \dfrac{PH}{R_N}(\text{N})$ 式中 H——P 力与 Z 点间距离 $H = H_1 + H_2 (\text{mm})$ R_N——齿盘啮合圆半径， $R_N = \dfrac{D - B}{2}(\text{mm})$
受切削力 P 的力矩作用	$Q = \dfrac{PD_T}{2R_N}\tan\dfrac{\beta}{2}(\text{N})$ 式中 D_T——分度台台面直径（mm） β——齿形角（°）

3.6.3 YX—DZ 系列直齿端齿盘的规格、主要尺寸及精度（图 3-18，表 3-68，表 3-69）

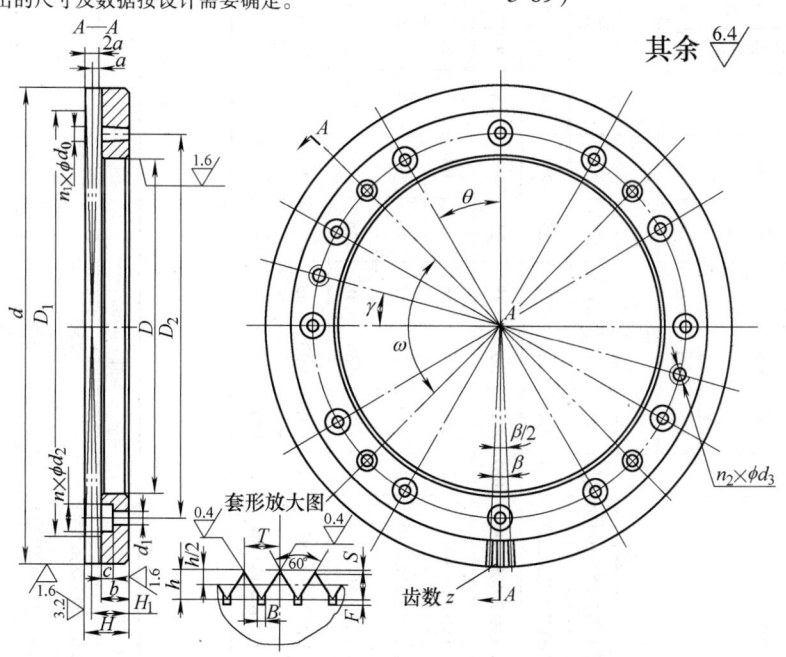

图 3-18 YX—DZ 系列直齿端齿盘

表 3-68 YX-DZ 系列端齿盘主要规格尺寸

序号	型号	齿数 z	外径(公差d9) d	内径(公差H7) D	盘厚 H	齿中径高度 H_1	齿内圆直径 D_1 /mm	齿盘座高度 b	齿顶高度 S	齿空刀深度 F	齿分度圆直径 D_2	齿空刀宽度 B	全齿高 h	齿节距 T	齿分度角 β	齿面倾斜角 α	螺钉孔 数量 n	沉孔径 d_2 /mm	沉孔深 c	过孔径 d_1	等分角 θ	销子孔 数量 n_1	孔径 d_0 /mm	等分角 ω	拆卸螺孔 数量 n_2	孔径 d_3 /mm	定位角 γ
1	YX-DZI2-250-160	120	250	160	24.5	22.5	220	17	2	2.82	190	2	5.67	6.54	3°	1°17′56″	8	17	10	11	45°	3	10	135°	2	M10	30°
2	YX-DZI2-320-220	120	320	220	27	25	280	18	2	5	250	2	7.25	8.37	3°	1°17′56″	8	17	10	11	45°	3	10	135°	2	M10	30°
3	YX-DZI2-400-300	120	400	300	28	25	360	18	3	4.5	340	2	9.06	10.47	3°	1°17′56″	8	17	10	11	45°	3	10	135°	2	M10	30°
4	YX-DZI2-500-350	120	500	350	38	35	450	25	3	5.25	400	4	11.33	13.08	3°	1°17′56″	12	20	12	13	30°	3	13	120°	2	M12	15°
5	YX-DZI2-630-450	120	630	450	43	40	580	30	3	4.74	520	5	14.27	16.49	3°	1°17′56″	12	20	12	13	30°	3	13	120°	2	M12	15°
6	YX-DZI2-800-630	120	800	630	48	45	750	35	3	8	700	8	18.13	20.94	3°	1°17′56″	12	26	16	17	30°	4	16	90°	2	M16	15°
7	YX-DZI8-1000-800	180	1000	800	53	50	940	33	3	7.5	900	5	15.1	17.44	2°	0°51′57″	12	26	16	17	30°	4	16	90°	2	M16	15°
8	YX-DZ36-1000-800	360	1000	800	53	50	940	38	3	3.77	900	2	7.55	8.72	1°	0°25′59″	12	26	16	17	30°	4	16	90°	2	M16	15°

表 3-69 YX-DZ 系列直齿端齿盘精度

型号	外径/mm	内径/mm	啮合高度/mm	精度等级	分度精度	齿数	工位数
YX-DZI2-256-150	250	160	45	0	4″	120	2,3,4,5 6,8,10,12 15,20,30
YX-DZI2-320-220	320	220	50	0	4″	120	
YX-DZ-12-400-300	400	300	60	I	6″	120	
YX-DZI2-500-350	500	350	70	II	10″	120	
YX-DZI2-630-450	630	450	80	II	10″	120	
YX-DZI3-800-630	800	630	90	III	20″	120	

3.6.4 差动端齿分度装置的设计与计算

端齿分度装置的最小等分值取决于齿数的多少。为了获得更小的等分值而又不使端齿盘的直径太大,就需采用差动分度装置。

(1) 差动分度原理 差动端齿分度装置是利用两副齿数不同的端齿盘叠置在一起并作相对分度运动的一种装置,见图3-19。一般而言,设下齿盘齿数为 z_1,上齿盘齿数为 z_2,则当盘Ⅰ单独转过 j 齿,然后再与盘Ⅱ一起退回 i 齿时,则盘Ⅰ相对与盘Ⅲ转过:

$$\frac{1}{z_d} = \frac{i}{z_1} - \frac{j}{z_2} \text{ 圈}$$

z_d 称为差动端齿盘的等效齿数。$\frac{1}{z_d}$ 称为最小等分角。

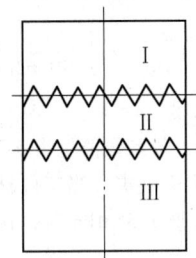

图 3-19 差动分度示意图

(2) 差动端齿分度装置的设计与计算

1) 将给定的等效齿数 z_d 分解为质因数的乘积:

$$z_d = P_1^{a_1} \cdot P_2^{a_2} \cdot \cdots \cdot P_n^{a_n}$$

式中 P_n——质数;
a_n——正整数。

2) 将各互质数进行不同组合,使之成为两个互质的整数的乘积,并选出齿数和为最小的一组组合作为 z_1 与 z_2。

3) 利用辗转相除法求出 i 与 j。

表3-70 为部分差动端齿盘齿数与最小等分角度的关系。

表3-70 部分差动端齿盘齿数与最小等分角度的关系

$1/z_d$	z_1	z_2	i	j
25′	96	108	1	1
20′	108	120	1	1
18′	75	80	1	1
	200	240	1	1
16′	100	108	1	1
15′	90	96	1	1
	144	160	1	1
	160	180	1	1

(续)

$1/z_d$	z_1	z_2	i	j
12′	72	75	1	1
	200	225	1	1
	180	200	1	1
10′	135	144	1	1
	216	240	1	1
	240	270	1	1
	360	432	1	1
9′	96	100	1	1
	150	160	1	1
8′	200	216	1	1
	270	300	1	1
6′	144	150	1	1
	225	240	1	1
	360	400	1	1
	400	450	1	1
5′	270	288	1	1
	432	480	1	1
	720	864	1	1
4′	216	225	1	1
	400	432	1	1
	540	600	1	1
	480	540	1	1
3′	288	300	1	1
	450	480	1	1
	720	800	1	1
2′30″	540	576	1	1
2′	432	450	1	1
	675	720	1	1
	800	864	1	1
1′30″	600	576	1	1
1′	900	864	1	1
50″	320	344	1	1
40″	400	405	1	1
30″	675	64	116	11
25″	640	648	1	1
22.5″	225	256	29	33
20″	800	810	1	1
18″	576	125	235	51
15″	675	128	58	11
10″	360	361	1	1
	1600	1620	1	1
7.5″	675	256	29	11
3.6″	576	625	47	51
2.5″	720	721	1	1
1″	$z_1 = 162$		$i = 98$	
	$z_3 = 125$(中)		$h = 18$	
	$z_2 = 128$		$j = 59$	
0.625″	1440	1441	1	1

注:$1/z_d$——最小等分角度;
z_1——下齿盘齿数;
z_2——上齿盘齿数;
i——下齿盘转过的齿数;
j——上齿盘转过的齿数。

3.7 夹具夹紧误差的估算

(1) 夹紧误差的概念 工件在夹紧过程中，由于弹性变形、位移或偏转，以及工件定位基准面与定位元件支承面之间的接触变形，将造成工序基准的位移。对一批工件而言，由于夹紧所造成的工序基准位移均相同，一般可通过调整对刀尺寸和夹具在机床上的安装位置来消除它对加工精度的影响。当由于夹紧所造成的工序基准位移不稳定时，其工序基准的最大位移值与最小位移值之差，在工序尺寸方向上的投影即为夹紧误差。可用下式表示：

$$\Delta_{j \cdot j} = (y_{\max} - y_{\min})\cos\alpha$$

式中 $y_{\max}$——在夹紧力作用下，同批工件中工序基准的最大位移；

$y_{\min}$——在夹紧力作用下，同批工件中工序基准的最小位移；

α——工序基准位移方向与工序尺寸方向之间的夹角。

工序基准的最大位移与最小位移，是由于夹紧力的波动引起的，故可按最大夹紧力与最小夹紧力分别计算。

(2) 弹性变形的计算 可按有关力学公式进行。在设计夹紧机构时，应正确选择夹紧力的方向和作用点，合理设置定位元件，尽量减小工件的弹性变形。

(3) 接触变形的计算

1) 工件在固定支承上定位：当工件在固定支承钉或支承板上定位并夹紧时，接触变形位移值 y_j 按下式计算：

$$y_j = \left[(k_{Rz}Rz + k_{HB}HB) + c_1\right]\frac{N_z^n}{9.81S^m}(\mu m)$$

式中 N_z——作用在支承元件上的法向力 (N)；

S——支承元件与工件的接触面积 (cm^2)；

Rz——工件定位基准面的粗糙度 (μm)；

HB——工件材料硬度；

k_{Rz}、k_{HB}、c_1、n、m——系数，其值见表3-71。

2) 工件在V形块上定位 当工件在V形块上定位并夹紧时，接触变形位移值 y_j 按下式计算：

$$y_j = \left[k_{Bz}Rz + \frac{k_{HB}}{HB} + c_1\right]\left(\frac{N_z}{19.62l}\right)^n(\mu m)$$

式中 l——接触长度 (cm)；

其他符号同前，各系数值见表3-72。

3) 工件在顶尖上装夹 当工件材料为45钢，接触部分的压强不大于7.85MPa时，接触变形位移值 y_j 按下式计算：

$$y_j = c\left(\frac{P}{9.81}\right)^{0.5}(\mu m)$$

式中 P——在位移方向上的切削分力 (N)；

c——系数，随顶尖孔直径大小而异，见表3-73。

表3-71 工件在固定支承上的接触变形计算系数

支承元件	工件材料	k_{Rz}	k_{HB}	c_1	n	m
球头支承钉 球面半径 r/mm	钢	0	-0.003	$0.67 + \frac{6.23}{r}$	0.8	0
	铸铁	0	-0.008	$2.70 + \frac{9.28}{r}$	0.6	0
有齿纹的平头支承钉（直径为 D/mm）	钢	0	-0.004	$0.38 + 0.0034D$	0.6	0
	铸件	0	-0.008	$1.76 - 0.03D$	0.6	0
平头支承钉支承板	钢	0.004	-0.0016	$0.40 + 0.012F$	0.7	0.7
	铸铁	0.016	-0.0045	$0.776 + 0.053F$	0.6	0.6

表3-72 工件在V形块中的接触变形计算系数

支承元件	k_{Rz}	k_{HB}	c_1	n
V形块夹角 $\alpha = 90°$	0.005	15	$0.086 + \frac{8.4}{D_g}$	0.7

注：D_g——工件定位基准直径 (mm)。

表 3-73 工件在顶尖间的接触变形计算系数 c 值

位移方向	顶尖孔直径/mm										
	1	2	2.5	4	5	6	7.5	10	12.5	15	20	30
径　向	15.7	11.8	8.6	5.8	3.8	3.2	2.9	2.1	1.7	1.4	1.0	0.7
轴　向	12.1	8.6	6.6	4.1	2.9	2.5	2.2	1.6	1.3	1.1	0.8	0.55

3.8 多轴传动头的齿轮系几何尺寸计算

在多轴传动头（以下简称多轴头）传动系统中，一般采用标准齿轮。但如果齿轮的实际中心距 a 与理论中心距 a_0 不相等（即 $a \neq a_0$），则需要采用变位齿轮。

在多轴头传动系统中，如果工作轴之间的距离较近，其中相互啮合的齿轮齿数少于允许的最少齿数（17 齿），为避免根切现象，也需要采用变位齿轮。

在内啮合齿轮传动系统中，如果实际中心距 a 与理论中心距 a_0 不相等（即 $a \neq a_0$），则应尽可能使 $a_0 > a$，设计计算时使内齿轮进行负变位，而小齿轮进行正变位，以有利于增加齿的强度。

变位齿轮还应检查其变位后的根切和齿顶变尖情况。检查图见图 3-20。设计选取的变位系数 ξ 应满足下式条件：

$$\xi_{max} \geq \xi \geq \xi_{min}$$

3.8.1 外啮合标准直齿圆柱齿轮的几何尺寸计算（表 3-74）

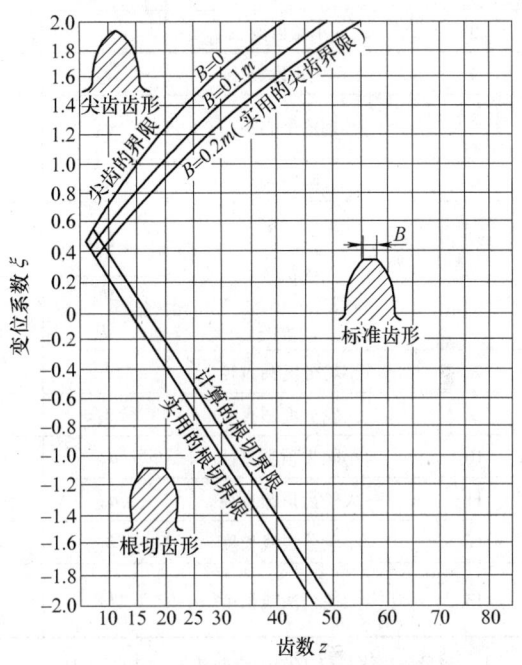

图 3-20 齿轮根切、齿顶变尖界限检查图

注：1. $B \geq 0.2m$ 的曲线是尖齿的实用界限（其中 m 为模数）。
2. 变位量，$\Delta h = \xi m$。

表 3-74 标准直齿圆柱齿轮的几何尺寸计算　　（单位：mm）

序　号	参数名称	符　号	计算公式	计算示例
1	模数	m	已知	3
2	齿形角	α	20°	20°
3	小轮齿数	z_1	已知	25
4	大轮齿数	z_2	已知	30
5	中心距	a_0	$a_0 = \dfrac{z_1 + z_2}{2} m$	$a_0 = \dfrac{25 + 30}{2} \times 3 = 82.5$
6	小轮分度圆直径	d_1	$d_1 = m z_1$	$d_1 = 3 \times 25 = 75$
7	大轮分度圆直径	d_2	$d_2 = m z_2$	$d_2 = 3 \times 30 = 90$
8	小轮齿顶圆直径	d_{a1}	$d_{a1} = d_1 + 2m$	$d_{a1} = 75 + 2 \times 3 = 81$
9	大轮齿顶圆直径	d_{a2}	$d_{a2} = d_2 + 2m$	$d_{a2} = 90 + 2 \times 3 = 96$
10	公法线长度	L	L（按 m, z_1, z_2 查表 3-76）	$L_1 = 23.191$ $L_2 = 32.258$

3.8.2 外啮合高变位直齿圆柱齿轮的几何尺寸计算（表3-75）

表3-75 高变位直齿圆柱齿轮的几何尺寸计算 （单位：mm）

序号	参数名称	符号	计算公式	计算示例
1	模数	m	已知	3
2	齿形角	α	$20°$	$20°$
3	小轮齿数	z_1	已知	25
4	大轮齿数	z_2	已知	30
5	理论中心距	a_0	$a_0 = \dfrac{z_1+z_2}{2}m$	$a_0 = \dfrac{25+30}{2}\times 3 = 82.5$
6	实际中心距	a	已知	81.7
7	修正量	Δh Δh_1 Δh_2	当其中一个为修正齿轮时 $\pm\Delta h = a - a_0$ 当两个均为修正齿轮时 $\pm\Delta h_1 \pm \Delta h_2 = a - a_0$	$\Delta h = 81.7 - 82.5 = -0.8$ $\pm\Delta h_1 \pm \Delta h_2 = 81.7 - 82.5 = -0.8$ 取 $\Delta h_1 = -0.3, \Delta h_2 = -0.5$
8	小轮分度圆直径	d_1	$d_1 = mz_1$	$d_1 = 3\times 25 = 75$
9	大轮分度圆直径	d_2	$d_2 = mz_2$	$d_2 = 3\times 30 = 90$
10	小轮齿顶圆直径	d_{a1}	$d_{a1} = d_1 + 2m \pm 2\Delta h_1$	$d_{a1} = 75 + 2\times 3 - 2\times 0.3 = 80.4$
11	大轮齿顶圆直径	d_{a2}	$d_{a2} = d_2 + 2m \pm 2\Delta h_2$	$d_{a2} = 90 + 2\times 3 - 2\times 0.5 = 95$
12	小轮公法线长度	L_1'	$L_1' = L_1 \pm 0.684\Delta h_1$	$L_1' = 23.191 - 0.684\times 0.3 = 22.086$
13	大轮公法线长度	L_2'	$L_2' = L_2 \pm 0.684\Delta h_2$ L_2 (m、z_2 查表3-76)	$L_2' = 32.258 - 0.684\times 0.5 = 31.918$

注：测量公法线长度 L' 跨越齿数按 z，ξ 查图3-21。

表3-76 直齿圆柱齿轮公法线长度（L）及公差

齿数	\multicolumn{4}{c}{$m=1.5\mathrm{mm},\alpha=20°$}					\multicolumn{4}{c}{$m=2\mathrm{mm},\alpha=20°$}					\multicolumn{4}{c}{$m=2.5\mathrm{mm},\alpha=20°$}					\multicolumn{4}{c}{$m=3\mathrm{mm},\alpha=20°$}			
齿数	跨越齿数	d/mm	d_a/mm	L/mm	L允差/mm	跨越齿数	d/mm	d_a/mm	L/mm	L允差/mm	跨越齿数	d/mm	d_a/mm	L/mm	L允差/mm	跨越齿数	d/mm	d_a/mm	L/mm	L允差/mm
16	2	24	27	6.978		2	32	36	9.305		2	40	45	11.631	-0.075 -0.115	2	48	54	13.957	-0.075 -0.115
17		25.5	28.5	6.999			34	38	9.333			42.5	47.5	11.666			51	57	13.999	
18		27	30	11.449			36	40	15.265			45	50	19.081			54	60	22.897	
19		28.5	31.5	11.470			38	42	15.298			47.5	52.5	19.110			57	63	22.939	
20		30	33	11.491	-0.075 -0.115		40	44	15.321	-0.075 -0.115		50	55	19.151			60	66	22.981	
21		31.5	34.5	11.512			42	46	15.349			52.5	57.5	19.186			63	69	23.023	-0.09 -0.13
22	3	33	36	11.533		3	44	48	15.377		3	55	60	19.221		3	66	72	23.065	
23		34.5	37.5	11.554			46	50	15.405			57.5	62.5	19.256	-0.09 -0.13		69	75	23.107	
24		36	39	11.575			48	52	15.433			60	65	19.291			72	78	23.149	
25		37.5	40.5	11.596			50	54	15.461			62.5	67.5	19.326			75	81	23.191	
26		39	42	11.617			52	56	15.480	-0.9 -0.13		65	70	19.361			78	84	23.233	

(续)

齿数	跨越齿数	m=1.5mm,α=20°				跨越齿数	m=2mm,α=20°				跨越齿数	m=2.5mm,α=20°				跨越齿数	m=3mm,α=20°			
		d/mm	d_a/mm	L/mm	L允差/mm		d/mm	d_a/mm	L/mm	L允差/mm		d/mm	d_a/mm	L/mm	L允差/mm		d/mm	d_a/mm	L/mm	L允差/mm
27		40.5	43.5	16.066			54	58	21.421			67.5	72.5	26.777			81	87	32.132	
28		42	45	16.087			56	60	21.449			70	75	26.812			84	90	32.174	
29		43.5	46.5	16.108			58	62	21.477			72.5	77.5	26.847	−0.09 −0.13		87	93	32.216	
30		45	48	16.129	−0.075 −0.115		60	64	21.505			75	80	26.882			90	96	32.258	
31	4	46.5	49.5	16.150		4	62	66	21.533		4	77.5	82.5	26.917		4	93	99	32.300	
32		48	51	16.171			64	68	21.561			80	85	26.952			96	102	32.342	
33		49.5	52.5	16.192			66	70	21.589	−0.9 −0.13		82.5	87.5	26.987			99	105	32.384	−0.105 −0.150
34		51	54	16.213			68	72	21.617			85	90	27.022			102	108	32.426	
35		52.5	55.5	16.234			70	74	21.645			87.5	92.5	27.057			105	111	32.468	
36		54	57	20.683			72	76	27.578			90	95	34.472			108	114	41.366	
37		55.5	58.5	20.704			74	78	27.606			92.5	97.5	34.507	−0.105 −0.150		111	117	41.408	
38		57	60	20.725	−0.09 −0.13		76	80	27.634			95	100	34.542			114	120	41.450	
39	5	58.5	61.5	20.746		5	78	82	27.662		5	97.5	102	34.577		5	117	123	41.492	
40		60	63	20.767			80	84	27.690			100	105	34.612			120	126	41.534	
41		61.5	64.5	20.788			82	88	27.718	−0.105 −0.150		102.5	107	34.647			123	129	41.576	−0.125 −0.170
42		63	68	20.809			84	88	27.746			105	110	34.682			126	132	41.618	

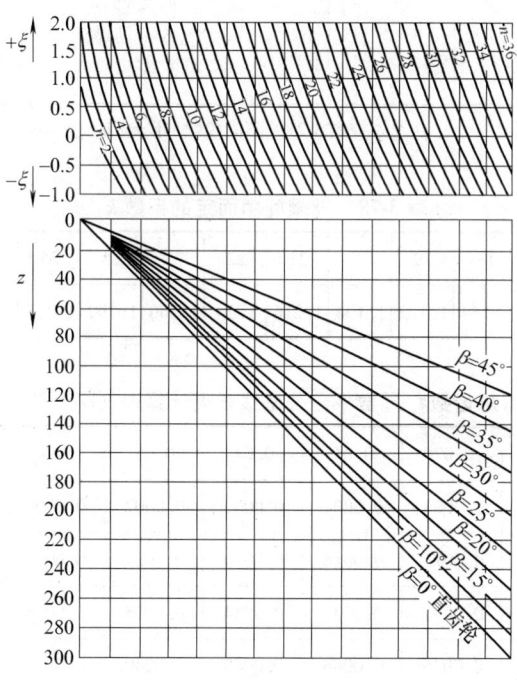

图 3-21 变位齿轮的跨越齿数

3.8.3 外啮合标准斜齿圆柱齿轮的几何尺寸计算（表3-77）

表3-77 外啮合标准斜齿圆柱齿轮的几何尺寸计算　　　　　　　（单位：mm）

序号	参数名称	符号	计算公式	计算示例
1	法向模数	m_n	已知	2
2	法向齿形角	α_n	20°	20°
3	螺旋角	β	已知	23°
4	小轮齿数	z_1	已知	20
5	大轮齿数	z_2	已知	40
6	中心距	a_0	$a_0 = \dfrac{m_n}{\cos\beta}\left(\dfrac{z_1+z_2}{2}\right)$	$a_0 = \dfrac{2}{\cos 23°}\left(\dfrac{20+40}{2}\right) = 65.182$
7	小轮分度圆直径	d_1	$d_1 = m_n z_1 / \cos\beta$	$d_1 = 2 \times 20/\cos 23° = 43.46$
8	大轮分度圆直径	d_2	$d_2 = m_n z_2 / \cos\beta$	$d_1 = 2 \times 40/\cos 23° = 86.91$
9	小轮齿顶圆直径	d_{a1}	$d_{a1} = d_1 + 2m_n$	$d_{a1} = 43.46 + 2 \times 2 = 47.46$
10	大轮齿顶圆直径	d_{a2}	$d_{a2} = d_2 + 2m_n$	$d_{a2} = 86.91 + 2 \times 2 = 90.91$
11	公法线长度	L_k	L_k 按假想齿数查表3-76及表3-79 假想齿数 $z_v = kz$ 式中 k——随螺旋角而定的系数（见表3-78）	$z_{v1} = kz_1 = 1.266 \times 20 = 25.32$ 查表3-76及表3-79 $L_{k1} = 15.461 + 0.009 = 15.470$ $z_{v2} = kz_2 = 1.266 \times 40 = 50.64$ 查表3-76及表3-79 $L_{k2} = 33.874 + 0.0178 = 33.8918$

注：测量公法线长度 L_k 跨越齿数 n，z，β 及 ξ 查图3-21。不同模数的跨越齿数为 nm。

表3-78 随螺旋角而定的系数 k

$\beta(°)$	15	16	17	18	19	20	21	22	23	24	25	26	27	28	29	30
k	1.104	1.119	1.136	1.154	1.172	1.194	1.216	1.24	1.266	1.292	1.323	1.354	1.387	1.424	1.463	1.504

表3-79 假想齿数 z_v 尾数部分公法线长度计算表（$\alpha_n = 20°$，$m_n = 1$）

z_v 尾数	0.00	0.01	0.02	0.03	0.04	0.05	0.06	0.07	0.08	0.09
0.0	0.0000	0.0001	0.0003	0.0004	0.0006	0.0007	0.0008	0.0010	0.0011	0.0013
0.1	0.0014	0.0015	0.0017	0.0018	0.0020	0.0021	0.0022	0.0024	0.0025	0.0027
0.2	0.0028	0.0029	0.0031	0.0032	0.0034	0.0035	0.0036	0.0038	0.0039	0.0041
0.3	0.0042	0.0043	0.0045	0.0046	0.0048	0.0049	0.0051	0.0052	0.0053	0.0055
0.4	0.0056	0.0057	0.0059	0.0060	0.0061	0.0063	0.0064	0.0066	0.0067	0.0069

(续)

z_v 尾数	0.00	0.01	0.02	0.03	0.04	0.05	0.06	0.07	0.08	0.09
0.5	0.0070	0.0071	0.0073	0.0074	0.0076	0.0077	0.0079	0.0080	0.0081	0.0083
0.6	0.0084	0.0085	0.0087	0.0088	0.0089	0.0091	0.0092	0.0094	0.0095	0.0097
0.7	0.0098	0.0099	0.0101	0.0102	0.0104	0.0105	0.0106	0.0108	0.0109	0.0111
0.8	0.0112	0.0114	0.0115	0.0116	0.0118	0.0119	0.0120	0.0122	0.0123	0.0124
0.9	0.0126	0.0127	0.0129	0.0130	0.0132	0.0133	0.0135	0.0136	0.0137	0.0139

注：如果计算中的 z_v 带有小数，按小数查出表中附加量加入 L_k 中，当 $m_n \neq 1$ 时应乘 m_n。

3.8.4 外啮合高变位斜齿圆柱齿轮的几何尺寸计算（表3-80）

表 3-80 外啮合高变位斜齿圆柱齿轮的几何尺寸计算　　　　　（单位：mm）

序号	参数名称	符号	计算公式	计算示例
1	法向模数	m_n	已知	2
2	法向齿形角	α_n	20°	20°
3	螺旋角	β	已知	23°
4	小轮齿数	z_1	已知	20
5	大轮齿数	z_2	已知	40
6	理论中心距	a_0	$a_0 = \dfrac{m_n}{\cos\beta}\left(\dfrac{z_1+z_2}{2}\right)$	$a_0 = \dfrac{23}{\cos 23°}\left(\dfrac{20+40}{2}\right) = 65.182$
7	实际中心距	a	已知	64.682
8	修正量	Δh	当其中一个为修正齿轮时 $\pm \Delta h = a - a_0$	$\Delta h = 64.682 - 65.182 = -0.5$
		Δh_1 Δh_2	当两个均为修正齿轮时 $\pm \Delta h_1 \pm \Delta h_2 = a - a_0$	$\pm \Delta h_1 \pm \Delta h_2 = 64.682 - 65.182 = -0.5$ 取 $\Delta h_1 = -0.2, \Delta h_2 = -0.3$
9	小轮分度圆直径	d_1	$d_1 = m_n z_1 / \cos\beta$	$d_1 = 2 \times 20 / \cos 23° = 43.46$
10	大轮分度圆直径	d_2	$d_2 = m_n z_2 / \cos\beta$	$d_2 = 2 \times 40 / \cos 23° = 86.91$
11	小轮齿顶圆直径	d_{a1}	$d_{a1} = d_1 + 2m_n + 2\Delta h_1$	$d_{a1} = 43.46 + 2 \times 2 - 2 \times 0.2 = 47.06$
12	大轮齿顶圆直径	d_{a2}	$d_{a2} = d_2 + 2m_n + 2\Delta h_2$	$d_{a2} = 86.91 + 2 \times 2 - 2 \times 0.2 = 90.31$
13	小轮公法线长度	L'_{k1}	$L'_{k1} = L_{k1}$[①] $+ 0.684\Delta h_1$	$L'_{k1} = 15.470 - 0.684 \times 2 = 15.3332$
14	大轮公法线长度	L'_{k2}	$L'_{k2} = L_{k2}$[①] $+ 0.684\Delta h_2$	$L'_{k2} = 33.8918 - 0.684 \times 3 = 33.6866$

① L_{k1} 及 L_{k2} 见表 3-76。

3.8.5 内啮合高变位直齿圆柱齿轮的几何尺寸计算（表 3-81）

表 3-81 内啮合高变位直齿圆柱齿轮的几何尺寸计算 （单位：mm）

序号	参数名称	符号	计算公式	计算示例
1	模数	m	已知	1.5
2	齿形角	α	20°	20°
3	小齿轮数	z_1	已知	19
4	内齿轮数	z_2	已知	68
5	理论中心距	a_0	$a_0 = \dfrac{z_1 + z_2}{2}m$	$a_0 = \dfrac{68-19}{2} \times 1.5 = 36.75$
6	实际中心距	a	已知	36.895
7	修正量	Δh	当其中一个为修正齿轮时 $\pm\Delta h = a - a_0$	$\pm\Delta h = 36.895 - 36.75 = 0.145$
		Δh_1 Δh_2	当两个均为修正齿轮时 $\pm\Delta h_1 \pm \Delta h_2 = a - a_0$	
8	内齿轮分度圆直径	d_2	$d_2 = mz_2$	$d_2 = 1.5 \times 68 = 102$
9	内齿轮全齿高	h_2	$h_2 = 2.25m$	$h_2 = 2.25 \times 1.5 = 3.375$
10	内齿轮齿根圆直径	d_{f2}	$d_{f2} = d_2 + 2(1.25m \pm \Delta h)$	$d_{f2} = 102 + 2(1.25 \times 1.5 + 0.145) = 103.04$
11	内齿轮齿顶圆直径	d_{a2}	$d_{a2} = d_{f2} - 2h_2$	$d_{a2} = 166.04 - 2 \times 2.25 \times 1.5 = 99.29$

3.8.6 内齿直齿圆柱齿轮测量尺寸的计算

内齿直齿圆柱齿轮采用两个直径相同的滚子进行测量。测量时将两个滚子放置在内齿轮相互对应的齿间且与分度圆接触。滚子直径的大小与被测内齿轮的齿数、模数、齿形角及变位系数等参数有关。对于多轴头传动系统中的内齿直齿圆柱齿轮可采用表 3-82 的公式进行计算。

表 3-82 内齿直齿圆柱齿轮测量尺寸的计算 （单位：mm）

序号	参数名称	符号	计算公式	计算示例
1	模数	m	已知	2
2	齿形角	α	20°	20°
3	齿数	z	已知	45
4	修正量	$\pm\Delta h$	已知	$\Delta h = 0.2$
5	滚子直径	d_0	$d_0 = 1.68m$（近似计算直径）	$d_0 = 1.68 \times 2 = 3.36$
6	两滚子内侧测量尺寸	M	对于奇数齿 $M_{奇} = mz\rho D - d_0$ 对于偶数齿 $M_{偶} = mz\rho - d_0$ 式中 ρ——计算系数，可根据 ΔQ 从表 3-83 中查得； $D = \cos\dfrac{90°}{z}$ 可由表 3-84 查得 $\Delta Q = K_2 - C\xi$，计算系数 K_2 及 C 可由表 3-84 查得 $\xi = \pm\Delta h/m$	$M_{奇} = 2 \times 45 \times 0.98080 \times 0.9993908 - 3.36$ $= 84.3199$ $D = 0.9993908$ $\rho = 0.98080$ $\xi = \dfrac{0.2}{2} = 0.1$ $\Delta Q = -0.0048227 - 0.0161765 \times 0.1$ $= -0.00644$

表 3-83 计算系数 ρ (续)

ρ	ΔQ	差 值	ρ	ΔQ	差 值
0.95000	-0.0138266		0.95925	-0.0120997	
		393			536
0.95025	-0.0137873		0.95950	-0.0120461	
		397			539
0.95050	-0.0137476		0.95975	-0.0119922	
		403			543
0.95075	-0.0137073		0.96000	-0.0119379	
		407			546
0.95100	-0.0136666		0.96025	-0.0118833	
		411			549
0.95125	-0.136255		0.96050	-0.0118284	
		416			552
0.095150	-0.0135839		0.96075	-0.0117732	
		420			556
0.95175	-0.0135419		0.96100	-0.0117176	
		424			559
0.95200	-0.0134995		0.96125	-0.0116617	
		428			561
0.95225	-0.0134567		0.96150	-0.0116065	
		434			566
0.95250	-0.0134133		0.96175	-0.0115490	
		436			568
0.95275	-0.0133697		0.96200	-0.0114922	
		441			571
0.95300	-0.0133256		0.96225	-0.0114351	
		445			574
0.95325	-0.0132811		0.96250	-0.0113777	
		450			577
0.95350	-0.0132361		0.96275	-0.0113200	
		453			580
0.95375	-0.0131908		0.96300	-0.0112620	
		457			583
0.95400	-0.0131451		0.96325	-0.0112037	
		460			587
0.95425	-0.0130991		0.96350	-0.0111450	
		465			589
0.95450	-0.0130526		0.96375	-0.0110861	
		469			593
0.95475	-0.0130057		0.96400	-0.0110268	
		472			595
0.95500	-0.0129585		0.96425	-0.0109673	
		477			598
0.95525	-0.0129108		0.96450	-0.0109075	
		480			600
0.95550	-0.0128628		0.96475	-0.0108475	
		484			604
0.95575	-0.0128144		0.96500	-0.0107871	
		487			607
0.95600	-0.0127657		0.96525	-0.0107264	
		491			609
0.95625	-0.0127166		0.096550	-0.0106655	
		495			613
0.95650	-0.0126671		0.96575	-0.0106042	
		499			615
0.95675	-0.0126172		0.96600	-0.0105427	
		501			618
0.95700	-0.0125671		0.96625	-0.0104809	
		506			622
0.95725	-0.0125156		0.96650	-0.0104187	
		509			623
0.95750	-0.0124656		0.96675	-0.0103564	
		512			627
0.95775	-0.0124144		0.96700	-0.0102937	
		517			628
0.95800	-0.0123628		0.96725	-0.0102309	
		518			632
0.95825	-0.0123109		0.96750	-0.0101677	
		523			635
0.95850	-0.0122586		0.96775	-0.0101042	
		526			637
0.95875	-0.0122060		0.96800	-0.0100405	
		530			641
0.95900	-0.0121530		0.96825	-0.0099764	
		533			642

(续)

ρ	ΔQ	差 值
0.96850	-0.0099122	
		646
0.96875	-0.0098476	
		647
0.96900	-0.0097829	
		651
0.96925	-0.0097178	
		653
0.96950	-0.0096525	
		656
0.96975	-0.0095869	
		659
0.97000	-0.0095210	
		661
0.97025	-0.0094549	
		664
0.97050	-0.0093885	
		666
0.97075	-0.0093219	
		669
0.97100	-0.0092550	
		671
0.97125	-0.0091879	
		674
0.97150	-0.0091205	
		677
0.97175	-0.0090528	
		679
0.97200	-0.0089849	
		681
0.97225	-0.0089168	
		684
0.97250	-0.0088484	
		687
0.97275	-0.0087797	
		689
0.97300	-0.0087108	
		691
0.97325	-0.0086417	
		694
0.97350	-0.0085723	
		696
0.97375	-0.0085027	
		699
0.97400	-0.0084328	
		701
0.97425	-0.0083627	
		704
0.97450	-0.0082923	
		704
0.97475	-0.0082219	
		709
0.97500	-0.0081510	
		711
0.97525	-0.0080799	
		713
0.97550	-0.0080086	
		715
0.97575	-0.0079371	
		718
0.97600	-0.0078653	
		720
0.97625	-0.0077933	
		722
0.97650	-0.0077211	
		726
0.97675	-0.0076485	
		727
0.97700	-0.0075758	
		728
0.97725	-0.0075030	
		732
0.97750	-0.0074298	
		732

(续)

ρ	ΔQ	差 值
0.97775	-0.0073564	
		736
0.97800	-0.0072828	
		739
0.97825	-0.0072089	
		741
0.97850	-0.0071348	
		742
0.97875	-0.0070606	
		746
0.97900	-0.0069860	
		746
0.97925	-0.0069114	
		750
0.97950	-0.0068364	
		752
0.97975	-0.0067612	
		756
0.98000	-0.0066857	
		756
0.98025	-0.0066101	
		758
0.98050	-0.0065343	
		761
0.98075	-0.0064582	
		762
0.98100	-0.0063820	
		766
0.98125	-0.0063054	
		767
0.98150	-0.90062287	
		769
0.98175	-0.0061518	
		771
0.98200	-0.0060747	
		774
0.98225	-0.0059973	
		776
0.98250	-0.0059197	
		777
0.98275	-0.0058420	
		780
0.98300	-0.0057640	
		782
0.98325	-0.0056858	
		784
0.98350	-0.0056074	
		786
0.98375	-0.0055288	
		789
0.98400	-0.0054499	
		791
0.98425	-0.0053708	
		792
0.98450	-0.0052916	
		794
0.98475	-0.0052122	
		797
0.98500	-0.0051325	
		798
0.98525	-0.0050527	
		801
0.98550	-0.0049726	
		803
0.98575	-0.0048923	
		804
0.98600	-0.0048119	
		807
0.98625	-0.0047312	
		809
0.98650	-0.0046503	
		811
0.98675	-0.0045692	
		813

(续)

ρ	ΔQ	差 值
0.98700	-0.0044879	
		814
0.98725	-0.0044065	
		817
0.98750	-0.0043248	
		819
0.98775	-0.0042429	
		820
0.98800	-0.0041609	
		823
0.98825	-0.0040786	
		825
0.98850	-0.0039961	
		827
0.98875	-0.0039134	
		828
0.98900	-0.0038306	
		830
0.98925	-0.0037476	
		833
0.98950	-0.0036643	
		835
0.98975	-0.0035808	
		836
0.99000	-0.0034972	
		838
0.99025	-0.0034134	
		841
0.99050	-0.0033293	
		842
0.99075	-0.0032451	
		843
0.99100	-0.0031608	
		847
0.99125	-0.0030761	
		847
0.99150	-0.0029914	
		850
0.99175	-0.0029064	
		852
0.99200	-0.0028212	
		853
0.99225	-0.0027359	
		855
0.99250	-0.0026504	
		858
0.99275	-0.0025646	
		858
0.99300	-0.0024788	
		861
0.99325	-0.0023927	
		863
0.99350	-0.0023064	
		865
0.99375	-0.0022199	
		866
0.99400	-0.0021333	
		868
0.99425	-0.0020465	
		870
0.99450	-0.0019595	
		873
0.99475	-0.0013722	
		873
0.99500	-0.0017849	
		876
0.99525	-0.0016973	
		877
0.99550	-0.0016096	
		879
0.99575	-0.0015217	
		881
0.99600	-0.0014336	
		883

(续)

ρ	ΔQ	差 值
0.99625	-0.0013453	
		884
0.99650	-0.0012569	
		886
0.99675	-0.0011683	
		889
0.99700	-0.0010794	
		889
0.99725	-0.0009905	
		892
0.99750	-0.0009013	
		894
0.99775	-0.0008119	
		895
0.99800	-0.0007224	
		897
0.99825	-0.0006327	
		898
0.99850	-0.0005429	
		901
0.99875	-0.0004528	
		902
0.99900	-0.0003626	
		904
0.99925	-0.0002722	
		906
0.99950	-0.0001816	
		907
0.99975	-0.0000909	
		909
1.00000	-0.0000000	
		911
1.00025	0.0000911	
		913
1.00050	0.0001824	
		913
1.00075	0.0002737	
		916
1.00100	0.0003653	
		918
1.00125	0.0004571	
		919
1.00150	0.0005490	
		922
1.00175	0.0006412	
		922
1.00200	0.0007334	
		924
1.00255	0.0008258	
		927
1.00250	0.0009185	
		927
1.00275	0.0010112	
		929
1.00300	0.0011041	
		932
1.00325	0.0011973	
		932
1.00350	0.0012950	
		935
1.00375	0.0013840	
		935
1.00400	0.0014775	
		938
1.00425	0.0015713	
		939
1.00450	0.0016652	
		941
1.00475	0.0017593	
		943
1.00500	0.0018536	
		944
1.00525	0.0019480	
		945

(续)

ρ	ΔQ	差 值
1.00550	0.0020425	
		948
1.00575	0.0021373	
		949
1.00600	0.0022322	
		951
1.00625	0.0023273	
		953
1.00650	0.0024226	
		954
1.00675	0.0025180	
		955
1.00700	0.0026135	
		957
1.00725	0.0027092	
		959
1.00750	0.0028051	
		960
1.00775	0.0029011	
		962
1.00800	0.0029973	
		964
1.00825	0.0030937	
		965
1.00850	0.0031902	
		967
1.00875	0.0032869	
		968
1.00900	0.0033837	
		970
1.00925	0.0034807	
		971
1.00950	0.0035778	
		973
1.00975	0.0036751	

表 3-84 C、D、K_2 值

z	C $\dfrac{2\tan\alpha_0}{z}$	D $\cos\dfrac{90°}{z}$	K_2 $\dfrac{\pi}{2z}-\dfrac{1.68}{z\cos\alpha_0}$
41	0.0179546	0.9992662	-0.0052933
42	0.0173319		-0.0051673
43	0.0169288	0.9993328	-0.0050470
44	0.0165441		-0.0049324
45	0.0161765	0.9993908	-0.0048227
46	0.0158248		-0.0047179
47	0.0154881	0.9994416	-0.0046175
48	0.0151654		-0.0045214
49	0.0148559	0.9994860	-0.0044290
50	0.0145588		-0.0043405
51	0.0142733	0.9995257	-0.0042553
52	0.0139989		-0.0041736
53	0.0137347	0.9995608	-0.0040947
54	0.0134804		-0.0040190

(续)

z	C $\dfrac{2\tan\alpha_0}{z}$	D $\cos\dfrac{90°}{z}$	K_2 $\dfrac{\pi}{2z}-\dfrac{1.68}{z\cos\alpha_0}$
55	0.0132353	0.9995922	-0.0039459
56	0.0129989		-0.0038755
57	0.0127709	0.9996203	-0.0038075
58	0.0125507		-0.0037418
59	0.0123380	0.9996456	-0.0036783
60	0.0121323		-0.0036171
61	0.0119335	0.9996685	-0.0035576
62	0.0117410		-0.0035005
63	0.0115546	0.9996892	-0.0034448
64	0.0113741		-0.0033910
65	0.0111991	0.9997080	-0.0033389
66	0.0110294		-0.0032883
67	0.0108468	0.9997252	-0.0032392
68	0.0107050		-0.0031916
69	0.0105499	0.9997409	-0.0031453
70	0.0103991		-0.0031003
71	0.0102527	0.9997553	-0.0030566
72	0.0101103		-0.0030141
73	0.0099718	0.9997685	-0.0029729
74	0.0098370		-0.0029327
75	0.0097059	0.99997807	-0.0028935
76	0.0095782		-0.0028555
77	0.0094538	0.9997919	-0.0028184
78	0.0093326		-0.0027823
79	0.0092144	0.9998023	-0.0027471
80	0.0090993		-0.0027127
81	0.0089869	0.9998120	-0.0026793
82	0.0088773		-0.0026466
83	0.0087704	0.9998209	-0.0026147
84	0.0086660		-0.0025836
85	0.0085640	0.9998293	-0.0025531
86	0.0084644		-0.0025236
87	0.0083671	0.9998370	-0.0024945
88	0.0082721		-0.0024661
89	0.0081791	0.9998443	-0.0024385

(续)

z	C $\dfrac{2\tan\alpha_0}{z}$	D $\cos\dfrac{90°}{z}$	K_2 $\dfrac{\pi}{2z}-\dfrac{1.68}{z\cos\alpha_0}$
90	0.0080882		-0.0024114
91	0.0079993	0.9998510	-0.0023849
92	0.0079124		-0.0023588
93	0.0078273	0.9998574	-0.0023336
94	0.0077440		-0.0023087
95	0.0076625	0.9998633	-0.0022845
96	0.0075827		-0.0022606
97	0.0075045	0.9998689	-0.0022373
98	0.0074280		-0.0022146
99	0.0073528	0.9998741	-0.0021922
100	0.0072794		-0.0021702
101	0.0072073	0.9998791	-0.0021488
102	0.0071367		-0.0021276
103	0.0070674	0.9998837	-0.0021070
104	0.0069994		-0.0020868
105	0.0069328	0.9998881	-0.0020668
106	0.0068674		-0.0020474
107	0.0068032	0.9998922	-0.0020283
108	0.0067402		-0.0020095
109	0.0066784	0.9998962	-0.0019910
110	0.0066176		-0.0019728
111	0.0065580	0.9998999	-0.0019552
112	0.0064995		-0.0019377
113	0.0064420	0.9999034	-0.0019205
114	0.0063854		-0.0019037
115	0.0063299	0.9999067	-0.0018871
116	0.0062754		-0.0018709
117	0.0062217	0.9999099	-0.0018548
118	0.0061690		-0.0018393
119	0.0061171	0.9999129	-0.0018237
120	0.0060662		-0.0018084
121	0.0060160	0.9999157	-0.0017936
122	0.0059667		-0.0017789
123	0.0059182	0.9999185	-0.0017645
124	0.0058705		-0.0017502

(续)

z	C $\dfrac{2\tan\alpha_0}{z}$	D $\cos\dfrac{90°}{z}$	K_2 $\dfrac{\pi}{2z}-\dfrac{1.68}{z\cos\alpha_0}$
125	0.0058235	0.9999210	-0.0017361
126	0.0057773		-0.0017225
127	0.0057318	0.9999235	-0.0017089
128	0.0056870		-0.0016956
129	0.0056429	0.9999259	-0.0016823
130	0.0055995		-0.0016695
131	0.0055568	0.9999281	-0.0016567
132	0.0055147		-0.0016442
133	0.0054732	0.9999303	-0.0016317
134	0.0054324		-0.0016195
135	0.0053922	0.9999323	-0.0016076
136	0.0053525		-0.0015957
137	0.0053134	0.9999343	-0.0015840
138	0.0052749		-0.0015726
139	0.0052370	0.0009361	-0.0015614
140	0.0051996		-0.0015502
141	0.0051627	0.9999379	-0.0015392
142	0.0051263		-0.0015284
143	0.0050905	0.9999397	-0.0015176
144	0.0050551		-0.0015071
145	0.0050203	0.9999413	-0.0014968
146	0.0049859		-0.0014865
147	0.0049520	0.9999429	-0.0014763
148	0.0049185		-0.0014664
149	0.0048855	0.9999494	-0.0014564
150	0.0048529		-0.0014468
151	0.0048208	0.9999459	-0.0014372
152	0.0047891		-0.0014278
153	0.0047578	0.9999473	-0.0014185
154	0.0047269		-0.0014091
155	0.0046964	0.9999486	-0.0014002
156	0.0046663		-0.0013913
157	0.0046366	0.9999499	-0.0013823
158	0.0046072		-0.0013736
159	0.0045782	0.9999512	-0.0013649
160	0.0045496		-0.0013563

3.9 典型加工方法切削力的计算

3.9.1 车削力的计算（表3-85）

表3-85 车削力的计算公式

工件材料	刀具材料	加工方式	计算公式 P_z	P_y	P_x
结构钢和铸钢 ($\sigma_b=750$MPa)	硬质合金	纵向和横向车、镗	$300a_p f^{0.75} v^{-0.15} K_p$	$243a_p^{0.9} f^{0.6} v^{-0.3} K_p$	$339a_p f^{0.5} v^{-0.4} K_p$
		带修光刃车刀纵向车削	$384a_p^{0.9} f^{0.9} v^{-0.15} K_p$	$355a_p^{0.6} f^{0.8} v^{-0.3} K_p$	$241a_p^{1.05} f^{0.2} v^{-0.4} K_p$
		切断和割槽	$408a_p^{0.72} f^{0.8} K_p$	$173a_p^{0.73} f^{0.67} K_p$	
		车螺纹	$148f^{1.7} i^{-0.71} K_p$		
	高速钢	纵向和横向车、镗	$200a_p f^{0.75} K_p$	$125a_p^{0.9} f^{0.7} K_p$	$67a_p^{1.2} f^{0.6} K_p$
		切断和割槽	$247a_p f K_p$		
		成形车削	$212a_p f^{0.75} K_p$（当背吃刀量较浅、形状简单时，切削力可减少10%~15%）		
耐热钢 (1Cr18Ni9Ti, 141HB)	硬质合金	纵向和横向车、镗	$204a_p f^{0.75} K_p$		
灰铸铁 (190HB)	硬质合金	纵向和横向车、镗	$92a_p f^{0.75} K_p$	$54a_p^{0.9} f^{0.75} K_p$	$46a_p f^{0.4} K_p$
		带修光刃车刀纵向车削	$123a_p f^{0.85} K_p$	$61a_p^{0.6} f^{0.5} K_p$	$24a_p^{1.05} f^{0.2} K_p$
		车螺纹	$103f^{1.8} i^{-0.82} K_p$		
	高速钢	切断和割槽	$158a_p f K_p$		
可锻铸铁 (150HB)	硬质合金	纵向和横向车、镗	$81a_p f^{0.75} K_p$	$43a_p^{0.9} f^{0.75} K_p$	$38a_p f^{0.4} K_p$
	高速钢	纵向和横向车、镗	$100a_p f^{0.75} K_p$	$88a_p^{0.9} f^{0.75} K_p$	$40a_p^{1.2} f^{0.65} K_p$
		切断和割槽	$139a_p f K_p$		
铜合金 (120HB)	高速钢	纵向和横向车、镗	$55a_p f^{0.66} K_p$		
		切断和割槽	$75a_p f K_p$		
铝、硅铝合金		纵向和横向车、镗	$40a_p f^{0.75} K_p$		
		切断和割槽	$50a_p f K_p$		

表中
P_z——圆周切削分力（N）；
P_y——径向切削分力（N）；
P_x——轴向切削分力（N）；
f——每转进给量（mm）；
a_p——背吃刀量（mm）（在切断、割槽和成形车削时，f指切削刃的长度）；
v——切削速度（m/min）；
K_p——修正系数：
$$K_p = 10 K_{mp} K_{\varphi p} K_{\gamma p} K_{\lambda p} K_{rp}（对车螺纹 K_p = 10 K_{mp}）$$
K_{mp}——考虑工件材料力学性能的系数，按表3-86选取；
$K_{\varphi p}$、$K_{\gamma p}$、$K_{\lambda p}$、K_{rp}——考虑刀具几何参数的系数，按表3-88选取；
i——螺纹车削的次数；

表 3-86 K_{mp} 值

工件材料	结构钢、铸钢	灰铸铁	可锻铸铁	铜合金						铝合金			
				多相金相组织		基本金相组织是多相铜铅合金的及基本金相组织是单相的含铅<10%的铜铅合金	单相金相组织	含铅量>15%的铜铅合金	铜	铝、硅铝合金	硬铝（杜拉铝）		
				平均硬度 HB=120	平均硬度 HB>120						σ_b=250MPa	σ_b=350MPa	σ_b>250MPa
K_{mp}	$\left(\dfrac{\sigma_b}{75}\right)^n$	$\left(\dfrac{HB}{150}\right)^n$	$\left(\dfrac{HB}{150}\right)^n$	1.0	0.75	0.65~0.70	1.8~2.2	0.25~0.45	1.7~2.1	1.0	1.5	2.0	2.75

注：指数 n 的值见表 3-87。

表 3-87 指数 n 值

工件材料		指数 n 值					
		P_z		P_y		P_x	
		硬质合金	高速钢	硬质合金	高速钢	硬质合金	高速钢
结构钢、铸钢	$\sigma_b \leq 600$MPa	0.75	0.35	1.35	2.0	1.0	1.5
	$\sigma_b > 600$MPa		0.75				
灰铸铁、可锻铸铁		0.4	0.55	1.0	1.3	0.8	1.1

表 3-88 系数 $K_{\varphi p}$，$K_{\gamma p}$，$K_{\lambda p}$，K_{rp} 值

刀具的参数		刀具材料	符号	系数数值		
名称	数值			P_z	P_y	P_x
主偏角 φ (°)	30	硬质合金	$K_{\varphi p}$	1.08	1.30	0.78
	45			1.0	1.0	1.0
	60			0.94	0.77	1.11
	90			0.89	0.50	1.17
	30	高速钢		1.08	1.63	0.70
	45			1.0	1.0	1.0
	60			0.98	0.71	1.27
	90			1.08	0.44	1.82

（续）

刀具的参数		刀具材料	符号	系数数值		
名称	数值			P_z	P_y	P_x
前角 γ (°)	-15	硬质合金	$K_{\gamma p}$	1.25	2.0	2.0
	0			1.1	1.4	1.4
	10			1.0	1.0	1.0
	12~15	高速钢		1.15	1.6	1.7
	20~25			1.0	1.0	1.0
刃倾角 λ (°)	-5	硬质合金	$K_{\lambda p}$	1.0	0.75	1.07
	0				1.0	1.0
	5				1.25	0.85
	15				1.7	0.65
刀尖圆弧半径 r/mm	0.5	高速钢	K_{rp}	0.87	0.66	1.0
	1.0			0.93	0.82	
	2.0			1.0	1.0	
	3.0			1.04	1.14	
	5.0			1.10	1.33	

3.9.2 钻削力的计算（表 3-89）

表 3-89 钻削力的计算公式

工件材料	加工方式	刀具材料	切削转矩计算公式	切削力计算公式
结构钢和铸钢 (σ_b=750MPa)	钻	高速钢	$T = 345D^2 f^{0.8} K_p$	$P_x = 680Df^{0.7} K_p$
	扩、钻		$T = 900Da_p^{0.9} f^{0.8} K_p$	$P_x = 378a_p^{1.3} f^{0.7} K_p$

(续)

工件材料	加工方式	刀具材料	切削转矩计算公式	切削力计算公式
耐热钢 (1Cr18Ni9Ti,141HB)	钻	高速钢	$T = 410D^2 f^{0.7} K_p$	$P_x = 1430 D f^{0.7} K_p$
灰铸铁 190HB	钻	高速钢	$T = 210D^2 f^{0.8} K_p$	$P_x = 427 D f^{0.8} K_p$
灰铸铁 190HB	钻	硬质合金	$T = 120D^{2.2} f^{0.8} K_p$	$P_x = 420 D^{1.2} f^{0.75} K_p$
灰铸铁 190HB	扩、钻	高速钢	$T = 850D^2 a_p^{0.75} f^{0.8} K_p$	$P_x = 235 a_p^{0.4} f^{0.4} K_p$
可锻铸铁 150HB	钻	高速钢	$T = 210D^2 f^{0.8} K_p$	$P_x = 433 D f^{0.8} K_p$
可锻铸铁 150HB	钻	硬质合金	$T = 100D^{2.2} f^{0.8} K_p$	$P_x = 325 D^{1.2} f^{0.75} K_p$
多相金相组织铜合金：120HB	钻	高速钢	$T = 120D^2 f^{0.8} K_p$	$P_x = 315 D f^{0.8} K_p$

表中 T——切削转矩（N·mm）；
　　　D——钻头直径（mm）；
　　　a_p——背吃刀量（mm），对扩钻：$a_p = 0.5(D - d)$；
　　　d——扩孔前的孔径（mm）；
　　　P_x——轴向切削力（N）；
　　　f——每转进给量（mm）；
　　　K_p——修正系数，按表 3-90 选取。

注：1. 当钻头的横刃未经刃磨，则钻孔轴向力要比上述公式的计算值大 33%。
　　2. 无扩孔钻扩孔及铰孔的切削力计算公式，但它可以近似地按镗孔的圆周切削力 P_x 的计算公式求出每齿的圆周切削力，然后再求出总的圆周切削力及切削转矩，此时，公式中的进给量 f 应为每齿进给量 C_f（即 f/z，z——刀具的齿数）。

表 3-90　修正系数 K_p

材料	结构钢、铸钢	灰铸铁	可锻铸铁	多相金相组织 平均硬度 =120HB	多相金相组织 平均硬度 >120HB	铜合金 基本金相组织是多相的铜铅合金及基本金相组织是单相的，含铅量 <10% 的铜铅合金	单相金相组织	含铅量 >15% 的铜铅合金	铜
K_p	$\left(\dfrac{\sigma_b}{750}\right)^{0.75}$	$\left(\dfrac{HB}{190}\right)^{0.6}$	$\left(\dfrac{HB}{150}\right)^{0.6}$	1.0	0.75	0.65~0.7	1.8~2.2	0.25~0.45	1.7~2.1

3.9.3　铣削力的计算（表 3-91）

表 3-91　铣削力的计算公式

刀具材料	工件材料	铣刀类型	计算公式
高速钢	碳钢、青铜、铝合金、可锻铸铁等	圆柱铣刀、立铣刀、盘铣刀、锯片铣刀、角度铣刀、半圆成形铣刀	$P = 10C_p a_p^{0.86} a_f^{0.72} D^{-0.86} a_w z K_p$
高速钢	碳钢、青铜、铝合金、可锻铸铁等	端铣刀	$P = 10C_p a_p^{1.1} a_f^{0.80} D^{-1.1} a_w^{0.95} z K_p$

(续)

刀具材料	工件材料	铣刀类型	计算公式
高速钢	灰铸钢	圆柱铣刀、立铣刀、盘铣刀、锯片铣刀	$P = 10C_p a_p^{0.83} a_f^{0.65} D^{-0.83} a_w z K_p$
		端铣刀	$P = 10C_p a_p^{1.1} a_f^{0.72} D^{-1.1} a_w^{0.9} z K_p$
硬质合金	碳钢	圆柱铣刀	$P = 930 a_p^{0.88} a_f^{0.75} D^{-0.87} a_w z$
		三面刃铣刀	$P = 2380 a_p^{0.90} a_f^{0.80} D^{-1.1} a_w^{1.1} n^{-0.1} z$
		两面刃铣刀	$P = 2500 a_p^{0.80} a_f^{0.70} D^{-1.1} a_w^{0.85} z$
		立铣刀	$P = 120 a_p^{0.85} a_f^{0.75} D^{-0.73} a_w n^{0.13}$
		端铣刀	$P = 11500 a_p^{1.06} a_f^{0.88} D^{-1.3} a_w^{0.90} n^{-0.18} z$
	可锻铸铁	端铣刀	$P = 4520 a_p^{1.1} a_f^{0.7} D^{-1.3} a_w n^{-0.20} z$
	灰铸钢	圆柱铣刀	$P = 520 a_p^{0.90} a_f^{0.80} D^{-0.90} a_w z$
		端铣刀	$P = 500 a_p^{1.0} a_f^{0.74} D^{-1.0} a_w^{0.90} z$

表中 P——铣削力（N）；

C_p——在用高速钢（W18Cr4V）铣刀铣削时，考虑工件材料及铣刀类型的系数，其值按表3-92选取；

a_p——背吃刀量（mm）（指铣刀刀齿切入和切出工件过程中，接触弧在垂直走刀方向平面中测得的投影长度）；

a_f——每齿进给量（mm）；

D——铣刀直径（mm）；

a_w——铣削宽度（mm）（指平行于铣刀轴线方向测得的切削层尺寸）；

n——铣刀每分种转速；

z——铣刀的齿数；

K_p——用高速钢（W18Cr4V）铣削时，考虑工件材料力学性能不同的修正系数，对于结构钢、铸钢：$K_p = \left(\dfrac{\sigma_b}{750}\right)^{0.3}$；对于灰铸铁：$K_p = \left(\dfrac{HB}{190}\right)^{0.55}$；

σ_b——工件材料的抗拉强度（MPa）；

HB——工件材料的布氏硬度值（取最大值）。

表 3-92 C_p 值

铣刀类型	C_p 值				
	碳钢	可锻铸铁	灰铸铁	青铜	镁合金
圆柱铣刀、立铣刀等	68.2	30	30	22.6	17
圆盘铣刀、锯片铣刀	82.4	52	52	37.5	18
端铣刀	68.3	30	30	22.5	17
角度铣刀	38.9	—	—	—	—
半圆成形铣刀	47.0	—	—	—	—

第4章 专用夹具常用零部件及其标准或规范

4.1 概述

机床夹具主要由工件的定位件、支承件、夹紧件、刀具导向件、对刀块、分度装置、操作件、与夹具相关的机床附件,以及连接这些零部件的紧固件与连接件等组成。

本章所列夹具、常用的零件及部件均参考最新的国家标准、行业标准。夹具设计人员在设计夹具时应尽可能地优先采用最新的标准中规定的标准零件及部件,以提高夹具的标准化系数,从而缩短夹具的设计和制造周期。

鉴于其中的紧固件与连接件在大量的设计手册中可以方便查得,同时为减少本手册的篇幅,本手册将夹具常用的紧固件与连接件汇编成了索引,夹具设计人员在设计夹具时可以按照索引中的图形、标准编号在相应的手册或计算机夹具辅助设计软件的相应元件图形库中方便地查取其详细的结构尺寸。而其他夹具常用的零件及部件均详列了完整的规格及尺寸,及其应用图例,为夹具设计人员提供了详尽的资料,这将有助于提高夹具设计人员的设计效率。

4.2 夹具常用紧固件与连接件国家标准索引

4.2.1 螺栓(表4-1)
4.2.2 螺柱(表4-2)
4.2.3 螺钉(表4-3)
4.2.4 螺母(表4-4)
4.2.5 垫圈(表4-5)
4.2.6 销(表4-6)
4.2.7 挡圈(表4-7)
4.2.8 键(表4-8)

表4-1 螺 栓

序号	名 称	标准号及规格范围	图 形
1	六角头螺栓	GB/T 5782—2000 M5～M24	
2	六角头螺栓 细牙	GB/T 5785—2000 M8×1～M24×2	
3	六角头螺栓 全螺纹	GB/T 5783—2000 M5～M24	
4	六角头螺栓 细牙 全螺纹	GB/T 5786—2000 M8×1～M24×2	
5	六角头螺杆带孔螺栓 A和B级	GB/T 31.1—1988 M6～M24	
6	六角头螺杆带孔螺栓细牙 A和B级	GB/T 31.3—1988 M8×1～M24×2	
7	六角头铰制孔用螺栓 A和B级	GB/T 27—1988 M6～M24	
8	六角头螺杆带孔铰制孔用螺栓 A和B级	GB/T 28—1988 M6～M24	
9	T形槽用螺栓	GB/T 37—1988 M20～M24	
10	活节螺栓	GB/T 798—1988	

表 4-2 螺　柱

序号	名　称	标准号及规格范围	图　形
1	双头螺柱 $b_m = 1d$	GB/T 897—1988 M6 ~ M24	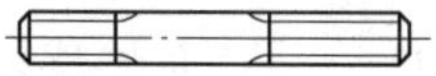
2	双头螺柱 $b_m = 1.25d$	GB/T 898—1988 M6 ~ M24	
3	双头螺柱 $b_m = 1.5d$	GB/T 899—1988 M6 ~ M24	
4	双头螺柱 $b_m = 2d$	GB/T 900—1988 M6 ~ M24	

表 4-3 螺　钉

序号	名　称	标准号及规格范围	图　形
1	开槽圆柱头螺钉	GB/T 65—2000 M3 ~ M10	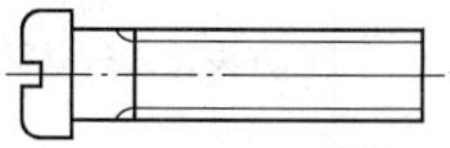
2	开槽盘头螺钉	GB/T 67—2008 M3 ~ M10	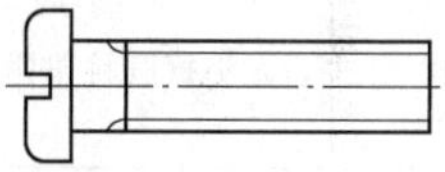
3	开槽沉头螺钉	GB/T 68—2000 M3 ~ M10	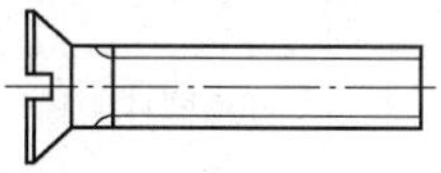
4	开槽半沉头螺钉	GB/T 69—2000 M3 ~ M10	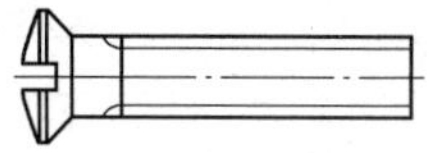
5	十字槽盘头螺钉	GB/T 818—2000 M3 ~ M10	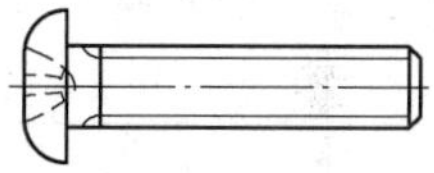
6	十字槽沉头螺钉	GB/T 819.1—2000 M3 ~ M10	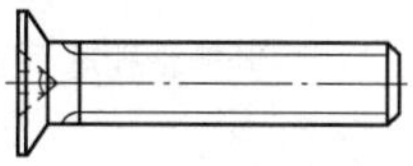
7	十字半沉头螺钉	GB/T 820—2000 M3 ~ M10	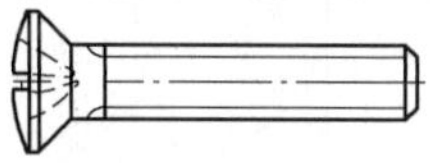
8	十字槽圆柱头螺钉	GB/T 822—2000 M3 ~ M10	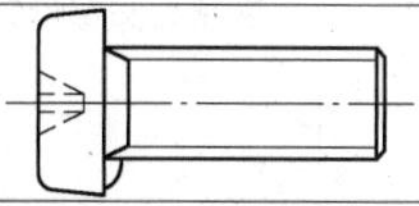
9	内六角圆柱头螺钉	GB/T 70.1—2008 M3 ~ M24	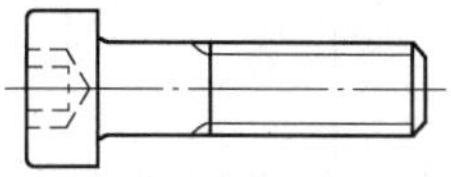
10	开槽锥端紧定螺钉	GB/T 71—1985 M3 ~ M12	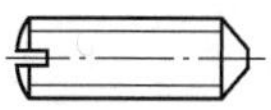
11	开槽平端紧定螺钉	GB/T 73—1985 M3 ~ M12	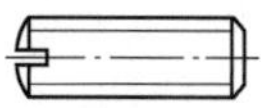
12	开槽长圆柱端紧钉螺钉	GB/T 75—1985 M3 ~ M10	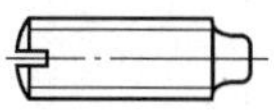

(续)

序号	名称	标准号及规格范围	图形
13	内六角平端紧定螺钉	GB/T 77—2007 M3～M24	
14	内六角锥端紧定螺钉	GB/T 78—2007 M3～M24	
15	内六角圆柱端紧定螺钉	GB/T 79—2007 M3～M24	
16	方头长圆柱球面端紧定螺钉	GB/T 83—1988 M8～M20	
17	方头长圆柱端紧定螺钉	GB/T 85—1988 M5～M20	
18	方头短圆柱锥端紧定螺钉	GB/T 86—1988 M5～M20	
19	开槽圆柱头轴位螺钉	GB/T 830—1988 M5～M10	
20	开槽球面圆柱头轴位螺钉	GB/T 946—1988 M5～M10	
21	开槽带孔球面圆柱头螺钉	GB/T 832—1988 M3～M10	
22	滚花高头螺母钉	GB/T 834—1988	
23	滚花平头螺钉	GB/T 835—1988	
24	吊环螺钉	GB/T 825—1988	

表 4-4 螺 母

序号	名 称	标准号及规格范围	图 形
1	六角螺母 C级	GB/T 41—2000 M5~M24	
2	Ⅰ型六角螺母 A 和 B 级	GB/T 6170—2000 M5~M24	
3	Ⅰ型六角螺母细牙 A 和 B 级	GB/T 6171—2000 M8×1~M24×2	
4	六角薄螺母	GB/T 6172.1—2000	
5	六角薄螺母 细牙 A 和 B 级	GB/T 6173—2000 M8×1~M24×2	
6	六角厚螺母	GB/T 56—1988 M16~M48	
7	球面六角螺母	GB/T 804—1988 M6~M24	
8	六角法兰面螺母	GB/T 6177.1—2000 M5~M20	
9	六角法兰面细牙螺母	GB/T 6177.2—2000	
10	蝶形螺母	GB/T 62.1~4—2004 M3~M16	
11	环形螺母	GB/T 63—1988 M12~M24	
12	吊环螺母	GB/T 825—1988 M5~M24	
13	盖形螺母	GB/T 923—1988 M5~M24	
14	圆螺母	GB/T 812—1988 M10~M36	

(续)

序号	名称	标准号及规格范围	图形
15	小圆螺母	GB/T 810—1988 M10～M36	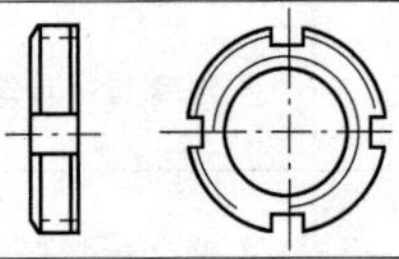
16	端面带孔圆螺母	GB/T 815—1988 M5～M10	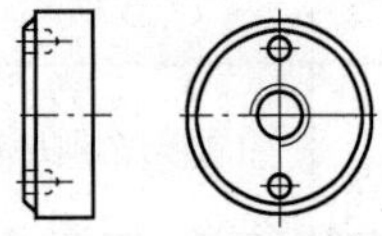
17	侧面带孔圆螺母	GB/T 816—1988 M5～M10	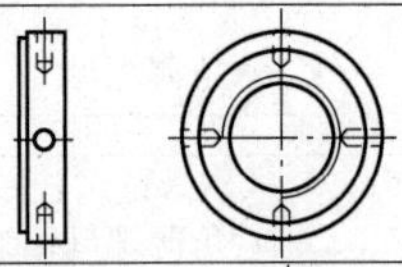
18	滚花高螺母	GB/T 806—1988 M5～M10	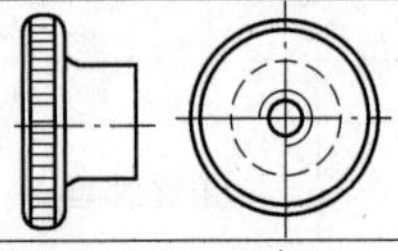
19	滚花薄螺母	GB/T 807—1988 M5～M10	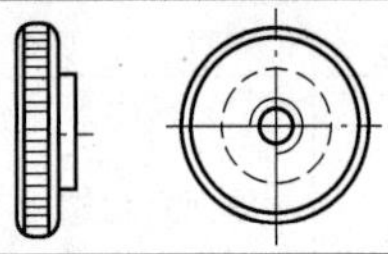

表 4-5 垫 圈

序号	名称	标准号及规格范围	图形
1	平垫圈　A级	GB/T 97.1—2002 3～36	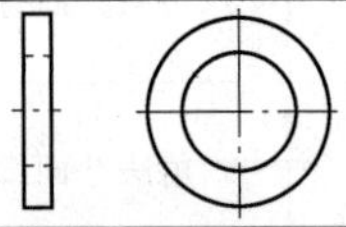
2	平垫圈　倒角型　A级	GB/T 97.2—2002 5～36	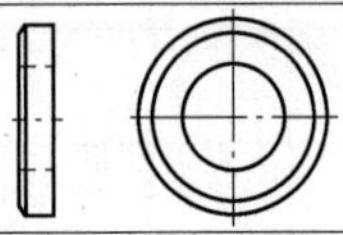
3	标准型弹簧垫圈	GB/T 93—1987 3～36	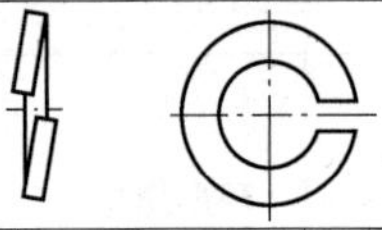
4	球面垫圈	GB/T 849—1988 6～24	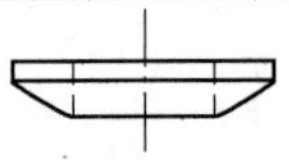
5	锥面垫圈	GB/T 850—1988 6～24	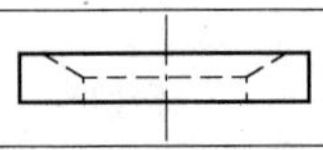
6	开口垫圈	GB/T 851—1988 5～24	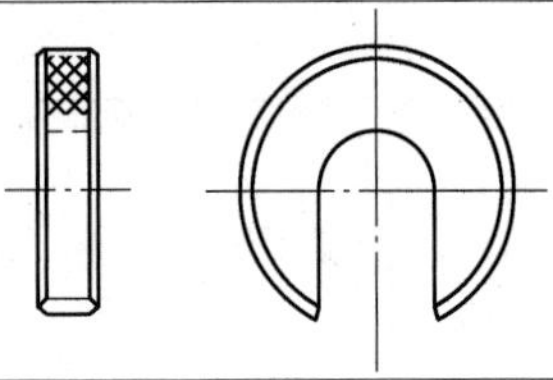
7	圆螺母用止动垫圈	GB/T 858—1988	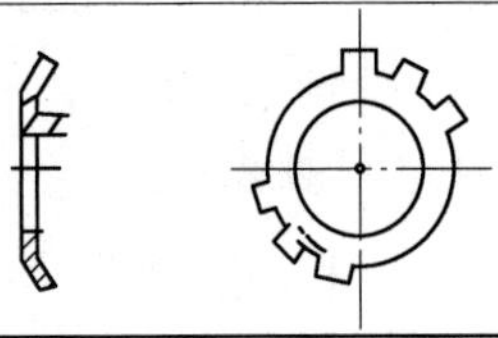

表 4-6　销

序号	名　　称	标准号及规格范围	图　　形
1	开口销	GB/T 91—2000 $d_0=0.6\sim20$	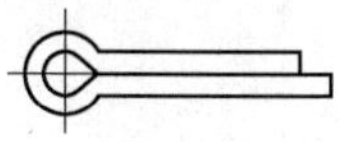
2	圆锥销	GB/T 117—2000 $d=0.6\sim20$	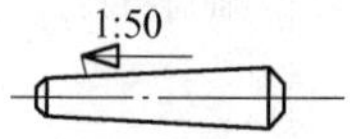1:50
3	内螺纹圆锥销	GB/T 118—2000 $d=6\sim20$	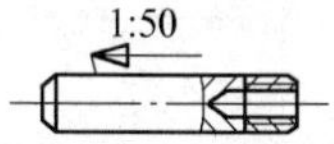1:50
4	圆柱销	GB/T 119.1～2—2000 $d=3\sim20$	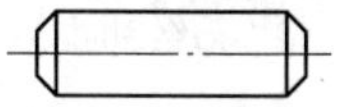
5	内螺纹圆柱销	GB/T 120.1～2—2000 $d=6\sim20$	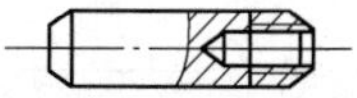
6	开槽无头螺钉(螺纹圆柱销)	GB/T 878—2007 $d=$ M1～M10(螺纹规格)	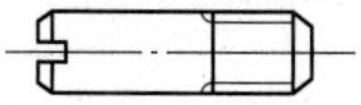
7	开尾圆锥销	GB/T 877—1986 $d=3\sim20$	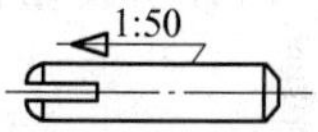1:50
8	螺尾锥销	GB/T 881—2000 $d=5\sim20$	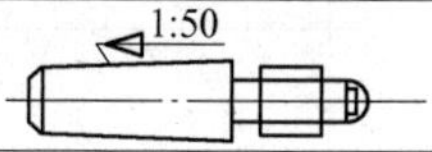1:50
9	销轴　A 型、B 型	GB/T 882—2008 $d=3\sim100$	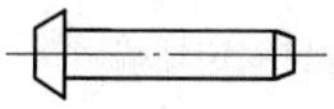(无开口销孔) 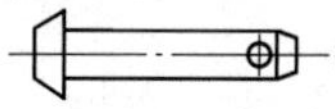(带开口销)
10	无头销轴	GB/T 880—2008 $d=3\sim100$	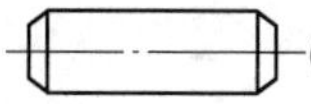(无开口销孔) 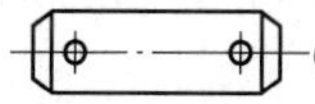(带开口销)

表 4-7　挡　　圈

序号	名　　称	标准号及规格范围	图　　形
1	锥销锁紧挡圈	GB/T 883—1986 $d=8\sim36$	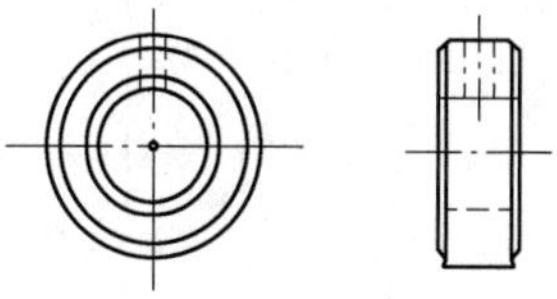
2	螺钉锁紧挡圈	GB/T 884—1986 $d=8\sim36$	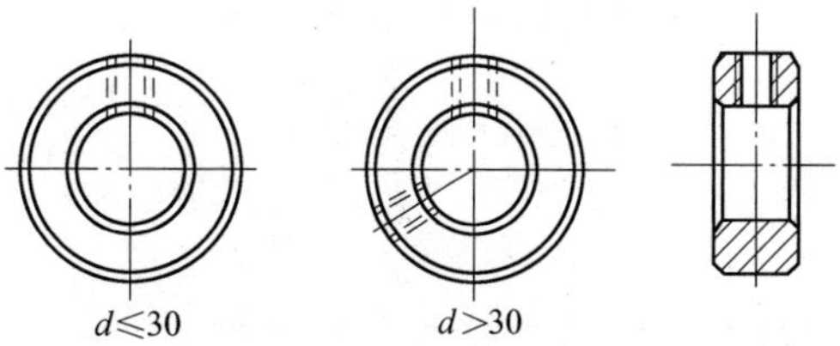d≤30 d>30
3	带锁圈的螺钉锁紧挡圈	GB/T 885—1986 $d=8\sim36$	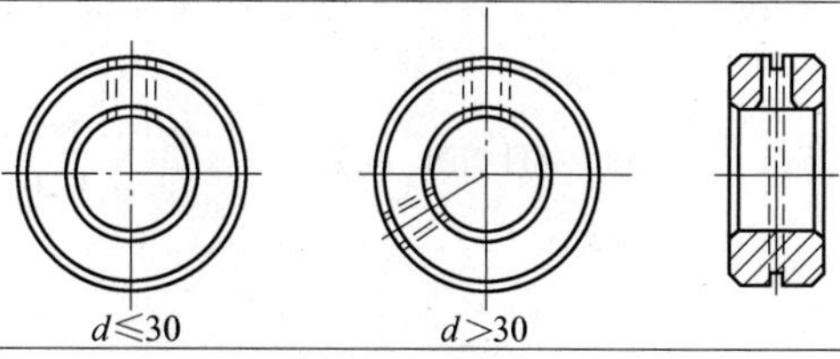d≤30 d>30

（续）

序号	名　　称	标准号及规格范围	图　形
4	轴肩挡圈	GB/T 886—1986 $d = 30 \sim 100$	
5	钢丝挡圈	GB/T 921—1986 $D = 15 \sim 100$	
6	螺钉固定轴端挡圈	GB/T 891—1986 $D = 20 \sim 100$	A型　B型
7	螺钉固定轴端挡圈	GB/T 892—1986 $D = 20 \sim 100$	A型　B型
8	孔用弹性挡圈　A型	GB/T 893.1—1986 $d_0 = 8 \sim 100$	A型
9	孔用弹性挡圈　B型	GB/T 893.2—1986 $d_0 = 20 \sim 100$	
10	轴用弹性挡圈　A型	GB/T 894.1—1986 $d_0 = 3 \sim 100$	$d_0 \leqslant 9$　$d_0 \geqslant 10$
11	轴用弹性挡圈　B型	GB/T 894.2—1986 $d_0 = 20 \sim 100$	

(续)

序号	名称	标准号及规格范围	图形
12	孔用钢丝挡圈	GB/T 895.1—1986 $d_0 = 7 \sim 100$	
13	轴用钢丝挡圈	GB/T 895.2—1986 $d_0 = 4 \sim 100$	

表4-8 键

序号	名称	标准号及规格范围	图形
1	普通平键 A型、B型、C型	GB/T 1096—2003	
2	导向平键 A型、B型	GB/T 1097—2003	
3	半圆键	GB/T 1099.1—2003	

4.3 定位件

4.3.1 定位销及定位插销

1. 小定位销（JB/T 8014.1—1999）

(1) 技术条件

1) 材料：T8 按 GB/T 1298 的规定。

2) 热处理：55~60HRC。

3) 其他技术条件按 JB/T 8044 的规定。

(2) 标记示例 $D = 2.5$mm，公差带为 f7 的 A 型小定位销：

定位销 A2.5f7 JB/T 8014.1—1999

(3) 规格尺寸（表4-9）

2. 固定式定位销（JB/T 8014.2—1999）

(1) 技术条件

1) 材料：$D \leqslant 18$mm，T8 按 GB/T 1298 的规定；$D > 18$mm，20 钢按 GB/T 699 的规定。

2) 热处理：T8 为 55~60HRC；20 钢渗碳深度 0.8~1.2mm，55~60HRC。

3) 其他技术条件按 JB/T 8044 的规定。

(2) 标记示例 $D = 11.5$mm、公差带为 f7、$H = 14$mm 的 A 型固定式定位销：

定位销 A11.5f7×14 JB/T 8014.2—1999

(3) 规格尺寸（表4-10）

3. 可换定位销（JB/T 8014.3—1999）

(1) 技术条件.

1) 材料：$D \leqslant 18$mm，T8 按 GB/T 1298 的规定，$D > 18$mm，20 钢按 GB/T 699 的规定。

2) 热处理：T8 为 55~60HRC；20 钢渗碳深度 0.8~1.2mm，55~60HRC。

3) 其他技术条件按 JB/T 8044 的规定。

(2) 标记示例 $D = 12.5$mm、公差带为 f7、$H = 14$mm 的 A 型可换定位销：

定位销 A12.5f7×14 JB/T 8014.3—1999

(3) 规格尺寸（表4-11）

表 4-9　小定位销的规格尺寸　　　　　　　　　　　　（单位：mm）

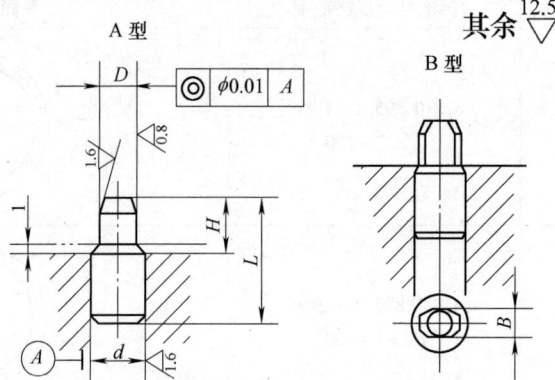

D	H	d 基本尺寸	d 极限偏差 r6	L	B
1~2	4	3	+0.016 +0.010	10	D−0.3
>2~3	5	5	+0.023 +0.015	12	D−0.6

注：D 的公差带按设计要求决定。

表 4-10　固定式定位销的规格尺寸　　　　　　　　　　（单位：mm）

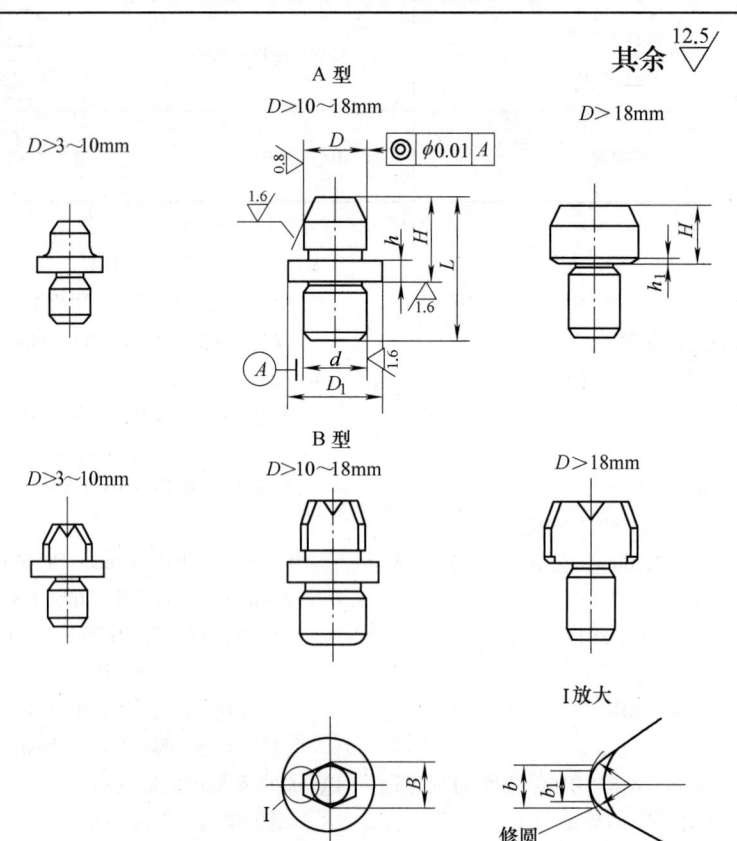

(续)

D	H	d 基本尺寸	d 极限偏差 r6	D_1	L	h	h_1	B	b	b_1
>3~6	8	6	+0.023 +0.015	12	16	3		$D-0.5$	2	1
	14				22	7				
>6~8	10	8	+0.028 +0.019	14	20	3		$D-1$	3	2
	18				28	7				
>8~10	22	10		16	24	4	—			
	22				34	8				
>10~14	14	12		18	26	4		$D-2$	4	3
	24				36	9				
>14~18	16	15		22	30	5				
	26				40	10				
>18~20	12	12	+0.034 +0.023		26		1			
	18				32					
	28				42					
>20~24	14	15		—	30		2	$D-3$	5	
	22				38					
	32				48					
>24~30	16				36	—		$D-4$		
	25				45					
	34				54					
>30~40	18	18	+0.041 +0.028		42		3	$D-5$	6	4
	30				54					
	38				62					
>40~50	20	22			50				8	5
	35				65					
	45				75					

注：D 的公差带按设计要求决定。

表 4-11　可换定位销的规格尺寸　　　　　　　　　　　（单位：mm）

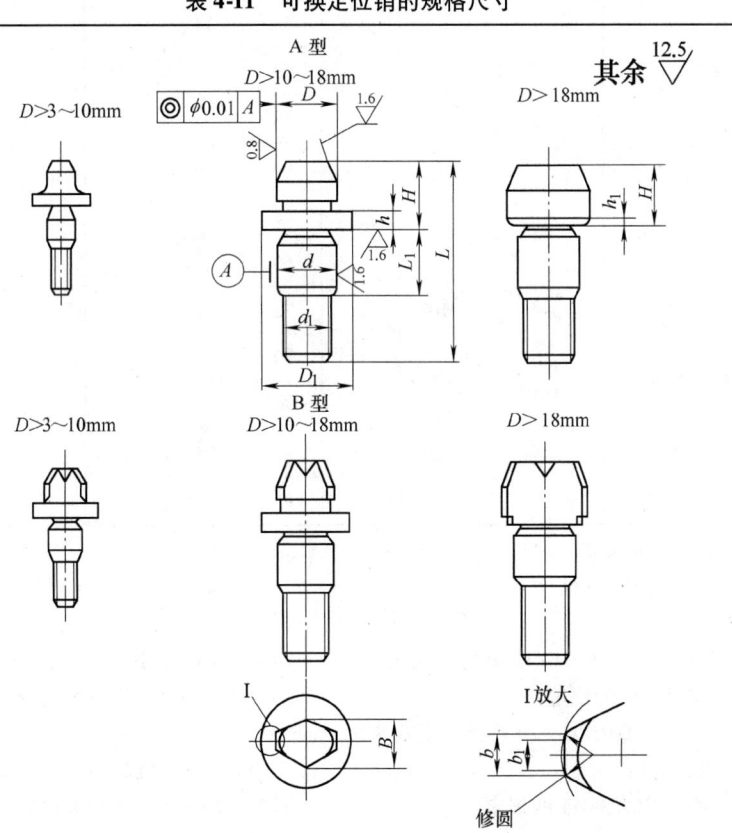

（续）

D	H	d 基本尺寸	d 极限偏差 h6	d_1	D_1	L	L_1	h	h_1	B	b	b_1
>3~6	8	6	0 -0.008	M5	12	26	8	3		D-0.5	2	1
	14					32		7				
>6~8	10	8	0 -0.009	M6	14	28		3		D-1	3	2
	18					36		7				
>8~10	12	10		M8	16	35	10	4	—			
	22					45		8				
>10~14	14	12		M10	18	40	12	4				
	24					50		9				
>14~18	10	15		M12	22	46	14	5		D-2	4	
	26					56		10				
>18~20	12	12	0 -0.011	M10		40	12		1			3
	18					46						
	28					55						
>20~24	14					45	14			D-3		
	22					53						
	32					63					5	
>24~30	16	15		M12	—	50	16	—	2	D-4		
	25					60						
	34					68						
>30~40	13	18		M16		60	20			D-5	6	4
	30					72						
	38					80						
>40~50	20	22	0 -0.013	M20		70	25		3		8	5
	35					85						
	45					95						

注：D 的公差带按设计要求决定。

4. 定位插销（JB/T 8015—1999）

（1）技术条件

1）材料：$d \leqslant 10$mm，T8 按 GB/T 1298 的规定；$d > 10$mm，20 钢按 GB/T 699 的规定。

2）热处理：T8 为 55~60HRC；20 渗碳深度 0.8~1.2mm，55~60HRC。

3）其他技术条件按 JB/T 8044 的规定。

（2）标记示例　$d = 10$mm、$l = 40$mm 的 A 型定位插销；

定位插销　A10×40　JB/T 8015—1999

$d' = 12.5$mm、公差带为 h6、$l = 50$mm 的 A 型定位插销；

定位插销　A12.5h6×50　JB/T 8015—1999

（3）规格尺寸（表 4-12）

表 4-12 定位插销的规格尺寸 (单位：mm)

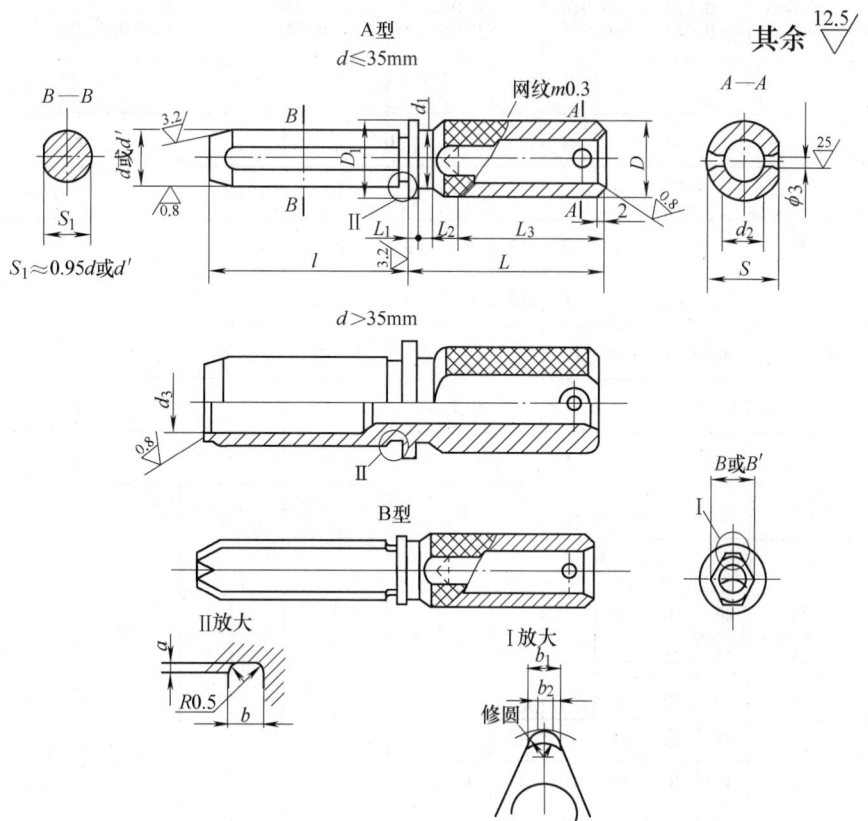

d	基本尺寸	3	4	6	8	10	12	15	18	22	26	30	35	42	48	55	62	70	78
	极限偏差 f7	−0.006 −0.016	−0.010 −0.022	−0.010 −0.022	−0.013 −0.028	−0.013 −0.028	−0.016 −0.034	−0.016 −0.034	−0.016 −0.034	−0.020 −0.041	−0.020 −0.041	−0.020 −0.041	−0.025 −0.050	−0.025 −0.050	−0.025 −0.050	−0.030 −0.060	−0.030 −0.060	−0.030 −0.060	−0.030 −0.060
d'		2~3	>3 ~4	>4 ~6	>6 ~8	>8 ~10	>10 ~12	>12 ~15	>15 ~18	>18 ~22	>22 ~26	>26 ~30	>30 ~35	>35 ~42	>42 ~48	>48 ~55	>55 ~62	>62 ~70	>70 ~78
D(滚花前)		6	8	10	12	14	16	19	22	36	36	36	40	40	40	40	40	40	40
D_1		6	8	10	12	14	16	19	22	30	36	40	47	53	60	67	75	$d+5$ $d'+5$	
d_1		5	6	7	8	10	12	15	18	26	32	36	36	36	36	36	36	36	36
d_2		—	—	—	—	—	—	—	14	20	25	28	28	28	28	28	28	28	28
d_3		—	—	—	—	—	—	—	—	—	—	—	25	30	35	40	45	50	
L		30	30	30	40	40	50	50	60	60	80	80	90	90	90	90	90	90	90

(续)

	基本尺寸	3	4	6	8	10	12	15	18	22	26	30	35	42	48	55	62	70	78
d	极限偏差 f7	−0.006 −0.016	−0.010 −0.022	−0.010 −0.022	−0.013 −0.028	−0.013 −0.028	−0.016 −0.034	−0.016 −0.034	−0.016 −0.034	−0.020 −0.041	−0.020 −0.041	−0.020 −0.041	−0.025 −0.050	−0.025 −0.050	−0.025 −0.050	−0.030 −0.060	−0.030 −0.060	−0.030 −0.060	−0.030 −0.060
L_1		2	2	2	2	2	3	3	3	4	4	4	5	5	6	6	6	6	6
L_2		3	3	3	4	4	4	6	6	6	6	6	3	3	3	3	3	3	3
L_3		—	—	—	—	—	—	35	35	45	45	45	60	60	—	—	—	—	—
S		5	7	9	11	13	15	18	21	29	29	35	39	39	39	39	39	39	39
B		2.7	3.5	5.5	7	9	10	13	16	19	23	26	30	—	—	—	—	—	—
B'		$d'-0.3$	$d'-0.5$	$d'-0.5$	$d'-1$	$d'-1$	$d'-2$	$d'-2$	$d'-2$	$d'-3$	$d'-3$	$d'-4$	$d'-5$						
a		0.25	0.25	0.25	0.5	0.5	0.5	0.5	0.5	0.5	0.5	0.5	1	1	1	1	1	1	1
b		2	2	2	2	2	2	2	2	2	2	2	3	3	3	4	4	4	4
b_1		1.5	2	2	3	3	4	4	5	5	5	5	—	—	—	—	—	—	—
b_2		1	1	1	2	2	3	3	3	3	3	3							
l			20	20	20	20													
			25	25	25	25													
			30	30	30	30													
			35	35	35	35	35	35											
			40	40	40	40	40	40	40										
			45	45	45	45	45	45	45										
				50	50	50	50	50	50	50									
				60	60	60	60	60	60	60	60	60							
					70	70	70	70	70	70	70	70	70						
						80	80	80	80	80	80	80	80						
						90	90	90	90	90	90	90	90						
							100	100	100	100	100	100	100	100					
							120	120	120	120	120	120	120	120					
								140	140	140	140	140	140	140	140				
									160	160	160	160	160	160	160	160			
										180	180	180	180	180	180	180	180	180	180
											200	200	200	200	200	200	200	200	200
											220	220	220	220	220	220	220	220	220
												250	250	250	250	250	250	250	250
													280	280	280	280	280	280	280
														320	320	320	320	320	320

注：d' 的公差带按设计要求确定。

4.3.2 定位轴

1. 车床用定位轴（JB/T 10115—1999）

（1）技术条件

1）材料：T8 按 GB/T 1298 的规定。

2）热处理：58～64HRC，柄部 40～45HRC。

3）其他技术条件按 JB/T 8044 的规定。

（2）标记示例　莫氏圆锥 5 号、$d = 35$mm 的车床用定位轴：

　　定位轴　5～35　JB/T 10115—1999

（3）规格尺寸（表 4-13）

表 4-13　车床用定位轴的规格尺寸　　　　　　　　　　　　　（mm）

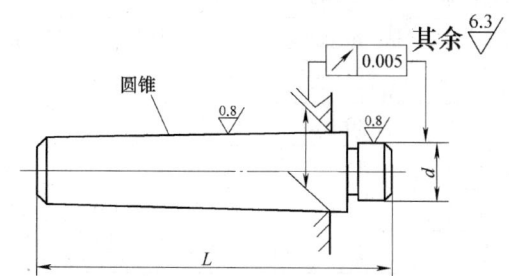

名　　称	莫氏圆锥	2	3	4	5	6	—	—
	米制圆锥			—			80	100
d	基本尺寸	12	18	26	35	48	62	78
	极限偏差 g6	-0.006 -0.017		-0.007 -0.020		-0.009 -0.025	-0.010 -0.029	
L		104	125	152	186	244	270	320

2. 锥度心轴（JB/T 10116—1999）

（1）技术条件

1）材料：公称直径为 ≤50mm 时，T10A。
　　　　　公称直径为 >50mm 时，20 无缝钢管。

2）热处理：T10A 为 58～64HRC。
　　　　　20 无缝钢管，渗碳深度 0.8～1.2mm，55～60HRC。

3）根据需要心轴表面可采用镀铬处理。

4）当公称直径为 ≥52mm 时，心轴采用空心焊接结构，焊接后作中心孔，热处理后研磨中心孔，并按"（4）锥度心轴使用说明"要求精加工。

5）心轴可成组制造成组使用，也可按"（4）锥度心轴使用说明"以工件孔公差带分布及心轴尺寸分布图单根制造，单根使用。

（2）标记示例　公称直径为 52mm、锥度 $K^{\ominus}$ = 1：3000，支号 Ⅰ 的锥度心轴：

　　心轴　52-1：3000-Ⅰ　JB/T 10116—1999

（3）规格尺寸（表 4-14）

表 4-14　锥度心轴的规格尺寸　　　　　　　　　　　　　（单位：mm）

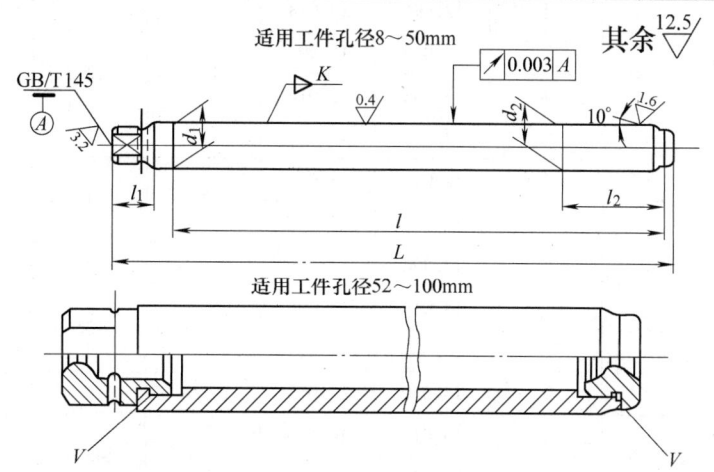

㊀ 在 GB/T 157—2001 中，锥度用符号 C 表示。

(续)

公称直径 (适用工件孔径)	K	支号	d_1	d_2	L	l	l_1	l_2
8	1:3000	Ⅰ	8.002	7.982	95	80	10	20
		Ⅱ	8.022	8.002				
		Ⅲ	8.042	8.022				
10	1:3000	Ⅰ	10.002	9.982	105	85	12	25
		Ⅱ	10.022	10.002				
		Ⅲ	10.042	10.022				
11	1:3000	Ⅰ	11.002	10.978	125	99.5		27.5
		Ⅱ	11.026	11.002				
		Ⅲ	11.050	11.026				
	1:5000	Ⅰ	10.996	10.978	140	117.5		
		Ⅱ	11.014	10.996				
		Ⅲ	11.032	11.014				
		Ⅳ	11.050	11.032				
12	1:3000	Ⅰ	12.002	11.978	125	102		30
		Ⅱ	12.026	12.002				
		Ⅲ	12.050	12.026				
	1:5000	Ⅰ	11.996	11.978	145	120	14	
		Ⅱ	12.014	11.996				
		Ⅲ	12.032	12.014				
		Ⅳ	12.050	12.032				
13	1:3000	Ⅰ	13.002	12.978	130	104.5		32.5
		Ⅱ	13.026	13.002				
		Ⅲ	13.050	13.023				
	1:5000	Ⅰ	12.996	12.978	145	122.5		
		Ⅱ	13.014	12.996				
		Ⅲ	13.032	13.014				
		Ⅳ	13.050	13.032				
14	1:3000	Ⅰ	14.013	13.976	170	146		35
		Ⅱ	14.050	14.013				
	1:5000	Ⅰ	13.996	13.978	150	125		
		Ⅱ	14.014	13.996				
		Ⅲ	14.032	14.014				
		Ⅳ	14.050	14.032				
15	1:3000	Ⅰ	15.013	14.976	175	143.5	16	37.5
		Ⅱ	15.050	15.013				

（续）

公称直径 （适用工件孔径）	K	支号	d_1	d_2	L	l	l_1	l_2
15	1:5000	Ⅰ	14.996	14.978	155	127.5	16	37.5
		Ⅱ	15.014	14.996				
		Ⅲ	15.032	15.014				
		Ⅳ	15.050	15.032				
16	1:3000	Ⅰ	16.013	15.976	175	151		40
		Ⅱ	16.050	16.013				
	1:5000	Ⅰ	15.996	15.978	155	130		
		Ⅱ	16.014	15.996				
		Ⅲ	16.032	16.014				
		Ⅳ	16.050	16.032				
17	1:3000	Ⅰ	17.013	16.976	180	153.5	16	42.5
		Ⅱ	17.050	17.013				
	1:5000	Ⅰ	16.996	16.978	160	132.5		
		Ⅱ	17.014	16.996				
		Ⅲ	17.032	17.014				
		Ⅳ	17.050	17.032				
18	1:3000	Ⅰ	18.013	17.976	185	156		45
		Ⅱ	18.050	18.013				
	1:5000	Ⅰ	17.996	17.978	160	135		
		Ⅱ	18.014	17.996				
		Ⅲ	18.032	18.014				
		Ⅳ	18.050	18.032				
19	1:3000	Ⅰ	19.017	18.972	210	182.5		47.5
		Ⅱ	19.062	19.017				
	1:5000	Ⅰ	19.002	18.972	225	197.5		
		Ⅱ	19.032	19.002				
		Ⅲ	19.062	19.032				
20	1:3000	Ⅰ	20.017	19.972	215	185	18	50
		Ⅱ	20.062	20.017				
	1:5000	Ⅰ	20.002	19.972	230	200		
		Ⅱ	20.032	20.002				
		Ⅲ	20.062	20.032				
21	1:3000	Ⅰ	21.017	20.972	215	187.5		52.5
		Ⅱ	21.062	21.017				
	1:5000	Ⅰ	21.002	20.972	230	202.5		
		Ⅱ	21.032	21.002				
		Ⅱ	21.062	21.032				

(续)

公称直径（适用工件孔径）	K	支号	d_1	d_2	L	l	l_1	l_2
22	1:3000	Ⅰ	22.017	21.972	220	190	18	55
		Ⅱ	22.062	22.017				
	1:5000	Ⅰ	22.002	21.972	235	205		
		Ⅱ	22.032	22.002				
		Ⅲ	22.062	22.032				
24	1:3000	Ⅰ	24.017	23.972	225	195		60
		Ⅱ	24.062	24.017				
	1:5000	Ⅰ	24.002	23.972	240	210		
		Ⅱ	24.032	24.002				
		Ⅲ	24.062	24.032				
25	1:3000	Ⅰ	25.017	24.972	225	197.5		62.5
		Ⅱ	25.062	25.017				
	1:5000	Ⅰ	25.002	24.972	240	212.5		
		Ⅱ	25.032	25.002				
		Ⅲ	25.062	25.032				
26	1:3000	Ⅰ	26.017	25.972	215	187		52
		Ⅱ	26.062	26.017				
	1:5000	Ⅰ	26.002	25.972	230	202		
		Ⅱ	26.032	26.002				
		Ⅲ	26.062	26.032				
28	1:3000	Ⅰ	28.017	27.972	225	191		56
		Ⅱ	28.062	28.017				
	1:5000	Ⅰ	28.002	27.972	240	206		
		Ⅱ	28.032	28.002				
		Ⅲ	28.062	28.032				
30	1:3000	Ⅰ	30.017	29.972	230	195	22	60
		Ⅱ	30.062	30.017				
	1:5000	Ⅰ	30.002	29.972	245	210		
		Ⅱ	30.032	30.002				
		Ⅲ	30.062	30.032				
32	1:3000	Ⅰ	32.020	31.966	260	226		64
		Ⅱ	32.074	32.020				
	1:5000	Ⅰ	32.002	31.966	275	244		
		Ⅱ	32.038	32.002				
		Ⅲ	32.074	32.038				

（续）

公称直径 （适用工件孔径）	K	支号	d_1	d_2	L	l	l_1	l_2
32	1:8000	I	31.993	31.966	315	280	22	64
		II	32.020	31.993				
		III	32.047	32.020				
		IV	32.074	32.047				
34	1:3000	I	34.020	33.966	265	230	22	68
		II	34.074	34.020				
	1:5000	I	34.002	33.966	280	248		
		II	34.038	34.002				
		III	34.074	34.038				
	1:8000	I	33.993	33.966	315	284		
		II	34.020	33.993				
		III	34.047	34.020				
		IV	34.074	34.047				
35	1:3000	I	35.020	34.966	270	232	22	70
		II	35.074	35.020				
	1:5000	I	35.002	34.966	285	250		
		II	35.038	35.002				
		III	35.074	35.038				
	1:8000	I	34.993	34.966	320	286		
		II	35.020	34.993				
		III	35.047	33.020				
		IV	35.074	35.047				
37	1:3000	I	37.020	36.966	275	236	25	74
		II	37.074	37.020				
	1:5000	I	37.002	36.966	290	254		
		II	37.038	37.002				
		III	37.074	37.038				
	1:8000	I	36.993	36.966	325	290		
		II	37.020	36.993				
		III	37.047	37.020				
		IV	37.074	37.047				
38	1:3000	I	38.020	37.966	275	238	25	76
		II	38.074	38.020				
	1:5000	I	38.002	37.966	290	256		
		II	38.038	38.002				
		III	38.074	38.038				

（续）

公称直径（适用工件孔径）	K	支号	d_1	d_2	L	l	l_1	l_2
38	1:8000	Ⅰ	37.993	37.966	330	292	25	76
		Ⅱ	38.020	37.993				
		Ⅲ	38.047	38.020				
		Ⅳ	38.074	38.047				
40	1:3000	Ⅰ	40.020	39.966	280	242	28	80
		Ⅱ	40.074	40.020				
	1:5000	Ⅰ	40.002	39.966	300	260		
		Ⅱ	40.038	40.002				
		Ⅲ	40.074	40.038				
	1:8000	Ⅰ	39.993	39.966	335	296		
		Ⅱ	40.020	39.993				
		Ⅲ	40.047	40.020				
		Ⅳ	40.074	40.047				
42	1:3000	Ⅰ	42.020	41.966	285	246	28	84
		Ⅱ	42.074	42.020				
	1:5000	Ⅰ	42.002	41.966	305	264		
		Ⅱ	42.038	42.002				
		Ⅲ	42.074	42.038				
	1:8000	Ⅰ	41.993	41.966	340	300		
		Ⅱ	42.020	41.993				
		Ⅲ	42.047	42.020				
		Ⅳ	42.074	42.047				
45	1:3000	Ⅰ	45.020	44.966	295	252	32	90
		Ⅱ	45.074	45.020				
	1:5000	Ⅰ	45.002	44.966	315	270		
		Ⅱ	45.038	45.002				
		Ⅲ	45.074	45.038				
	1:8000	Ⅰ	44.993	44.966	350	306		
		Ⅱ	45.020	44.993				
		Ⅲ	45.047	45.020				
		Ⅳ	45.074	45.047				
47	1:3000	Ⅰ	47.020	46.966	300	256		94
		Ⅱ	47.074	47.020				
	1:5000	Ⅰ	47.002	46.966	320	274		
		Ⅱ	47.038	47.002				
		Ⅲ	47.074	47.038				

(续)

公称直径（适用工件孔径）	K	支号	d_1	d_2	L	l	l_1	l_2
47	1:8000	Ⅰ	46.993	46.966	355	310	32	94
		Ⅱ	47.020	46.993				
		Ⅲ	47.047	47.020				
		Ⅳ	47.074	47.047				
50	1:3000	Ⅰ	50.020	49.966	305	262	32	100
		Ⅱ	50.074	50.020				
	1:5000	Ⅰ	50.002	49.966	325	280		
		Ⅱ	50.038	50.002				
		Ⅲ	50.074	50.038				
	1:8000	Ⅰ	49.993	49.966	360	316		
		Ⅱ	50.020	49.993				
		Ⅲ	50.047	50.020				
		Ⅳ	50.074	50.047				
52	1:3000	Ⅰ	52.024	51.960	325	270		78
		Ⅱ	52.088	52.024				
	1:5000	Ⅰ	52.024	51.960	450	398		
		Ⅱ	52.088	52.024				
	1:8000	Ⅰ	52.004	51.962	465	414		
		Ⅱ	52.046	52.004				
		Ⅲ	52.088	52.046				
55	1:3000	Ⅰ	55.024	54.960	330	274.5	36	82.5
		Ⅱ	55.088	55.024				
	1:5000	Ⅰ	55.024	54.960	455	402.5		
		Ⅱ	55.088	55.024				
	1:8000	Ⅰ	55.004	54.962	470	418.5		
		Ⅱ	55.046	55.004				
		Ⅲ	55.088	55.046				
58	1:3000	Ⅰ	58.024	57.960	335	279		87
		Ⅱ	58.088	58.024				
	1:5000	Ⅰ	58.024	57.960	460	407		
		Ⅱ	58.088	58.024				
	1:8000	Ⅰ	58.004	57.962	475	423		
		Ⅱ	58.046	58.004				
		Ⅲ	58.088	58.046				

（续）

公称直径 （适用工件孔径）	K	支号	d_1	d_2	L	l	l_1	l_2
60	1:3000	Ⅰ	60.024	59.960	340	282	36	90
		Ⅱ	60.088	60.024				
	1:5000	Ⅰ	60.024	59.960	465	410		
		Ⅱ	60.088	60.024				
	1:8000	Ⅰ	60.004	59.962	480	426		
		Ⅱ	60.046	60.004				
		Ⅲ	60.088	60.046				
62	1:3000	Ⅰ	62.024	61.960	345	285		93
		Ⅱ	62.088	62.024				
	1:5000	Ⅰ	62.024	61.960	470	413		
		Ⅱ	62.088	62.024				
	1:8000	Ⅰ	62.004	61.962	485	429		
		Ⅱ	62.046	62.004				
		Ⅲ	62.088	62.046				
65	1:3000	Ⅰ	65.024	64.960	350	289.5		97.5
		Ⅱ	65.088	65.024				
	1:5000	Ⅰ	65.024	64.960	475	417.5		
		Ⅱ	65.088	65.024				
	1:8000	Ⅰ	65.004	64.962	490	433.5		
		Ⅱ	65.046	65.004				
		Ⅲ	65.088	65.046				
68	1:3000	Ⅰ	68.024	67.960	355	294	40	102
		Ⅱ	68.088	68.024				
	1:5000	Ⅰ	68.024	67.960	480	422		
		Ⅱ	68.088	68.024				
	1:8000	Ⅰ	68.004	67.962	495	438		
		Ⅱ	68.046	68.004				
		Ⅲ	68.088	68.046				
70	1:3000	Ⅰ	70.024	69.960	360	297		105
		Ⅱ	70.088	70.024				
	1:5000	Ⅰ	70.024	69.960	485	425		
		Ⅱ	70.088	70.024				
	1:8000	Ⅰ	70.004	69.962	500	441		
		Ⅱ	70.046	70.004				
		Ⅲ	70.088	70.046				

（续）

公称直径 （适用工件孔径）	K	支号	d_1	d_2	L	l	l_1	l_2
72	1:3000	Ⅰ	72.024	71.960	340	282	40	90
		Ⅱ	72.088	72.024				
	1:5000	Ⅰ	72.024	71.960	470	410		
		Ⅱ	72.088	72.924				
	1:8000	Ⅰ	72.004	71.962	485	426		
		Ⅱ	72.046	72.004				
		Ⅲ	72.088	72.046				
75	1:3000	Ⅰ	75.024	74.960	350	285.75		93.75
		Ⅱ	75.088	75.024				
	1:5000	Ⅰ	75.024	74.960	475	413.75		
		Ⅱ	75.088	75.024				
	1:8000	Ⅰ	75.004	74.962	490	429.75		
		Ⅱ	75.046	75.004				
		Ⅲ	75.088	75.046				
78	1:3000	Ⅰ	76.024	77.960	355	289.5	45	97.5
		Ⅱ	78.088	78.024				
	1:5000	Ⅰ	78.024	77.960	420	417.5		
		Ⅱ	78.088	78.024				
	1:8000	Ⅰ	78.004	77.962	495	433.5		
		Ⅱ	78.046	78.004				
		Ⅲ	78.088	78.046				
80	1:3000	Ⅰ	80.024	79.960	360	292		100
		Ⅱ	80.088	80.024				
	1:5000	Ⅰ	80.024	79.960	485	420		
		Ⅱ	80.088	80.024				
	1:8000	Ⅰ	80.004	79.962	500	436		
		Ⅱ	80.046	80.004				
		Ⅲ	80.088	80.046				
85	1:3000	Ⅰ	85.029	84.954	380	310	50	85
		Ⅱ	85.104	85.029				
	1:5000	Ⅰ	85.029	84.954	530	460		
		Ⅱ	85.104	85.029				
	1:8000	Ⅰ	85.004	84.954	555	485		
		Ⅱ	85.054	85.004				
		Ⅲ	85.104	85.054				

(续)

公称直径（适用工件孔径）	K	支号	d_1	d_2	L	l	l_1	l_2
90	1:3000	I	90.029	89.954	385	315	50	90
		II	90.104	90.029				
	1:5000	I	90.029	89.954	535	465		
		II	90.104	90.029				
	1:8000	I	90.004	89.954	560	490		
		II	89.054	90.004				
		III	90.104	90.054				
95	1:3000	I	90.029	94.954	395	320	55	95
		II	95.104	95.029				
	1:5000	I	95.029	94.954	545	470		
		II	95.104	95.029				
	1:8000	I	95.004	94.954	570	495		
		II	95.054	95.004				
		III	95.104	95.054				
100	1:3000	I	100.029	99.954	400	325	55	100
		II	100.104	100.029				
	1:5000	I	100.029	99.954	550	475		
		II	100.104	100.029				
	1:8000	I	100.004	99.954	575	500		
		II	100.054	100.004				
		III	100.104	100.054				

(4) 锥度心轴使用说明

1) 心轴安装长度 l_2 的确定按表4-15。

2) 心轴 K 值应根据工件孔的直径、长度 L_0 及同轴度要求的公差等级来选用（表4-16）。

表4-15　心轴安装长度 l_2　　（单位：mm）

适用工件孔径	8~25	>25~50	>50~70	>70~80	>80~100
安装长度 l_2	2.5d	2d	1.5d	1.25d	d

表 4-16　心轴 K 值的选用

K	适用工件孔径/mm					同轴度公差等级 GB1184
	3~10	>10~18	>18~30	>30~50	>50~100	
	L_{max}/mm					
1:3000	18	24	30	36	45	6
	30	36	45	60	75	7
	45	60	75	90	120	8
1:5000		25	30	40	50	5
		40	50	60	75	6
		60	75	100	125	7
		100	125	150	200	8
1:8000				64	80	5
				96	120	6
				160	200	7

例：1. 工件孔 $\phi 45$，长 60mm，同轴度 5 级，根据本表可选用 $K=1:8000$ 心轴来加工。

2. 工件孔 $\phi 45$，长 30mm，同轴度 5 级，根据本表可选用 $K=1:5000$ 心轴来加工。

3）不同偏差的工件孔对心轴、支号的选用，可按图 4-1~图 4-6 所示不同工件孔公差带分布及心轴尺寸分布图对应选用心轴。

例：$\phi 10F8$ 孔　可选用 10-1:3000-Ⅱ 及 10-1:3000-Ⅲ 两根。

$\phi 10K8$ 孔　可选用 10-1:3000-Ⅰ 及 10-1:3000-Ⅱ 两根。

$\phi 10N6$ 孔　可选用 10-1:3000-Ⅰ 一根。

适用工件孔径 8~10mm
工件孔公差带分布及心轴尺寸分布图

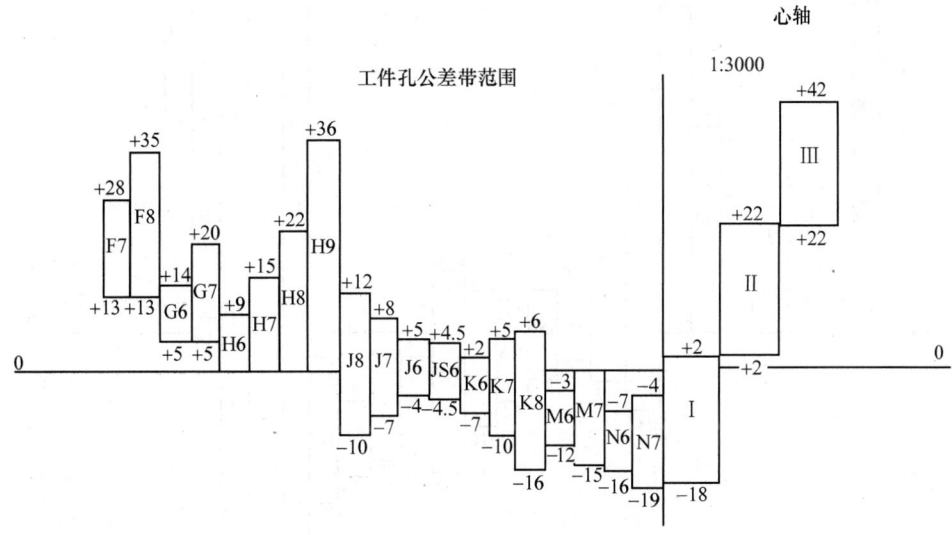

图 4-1

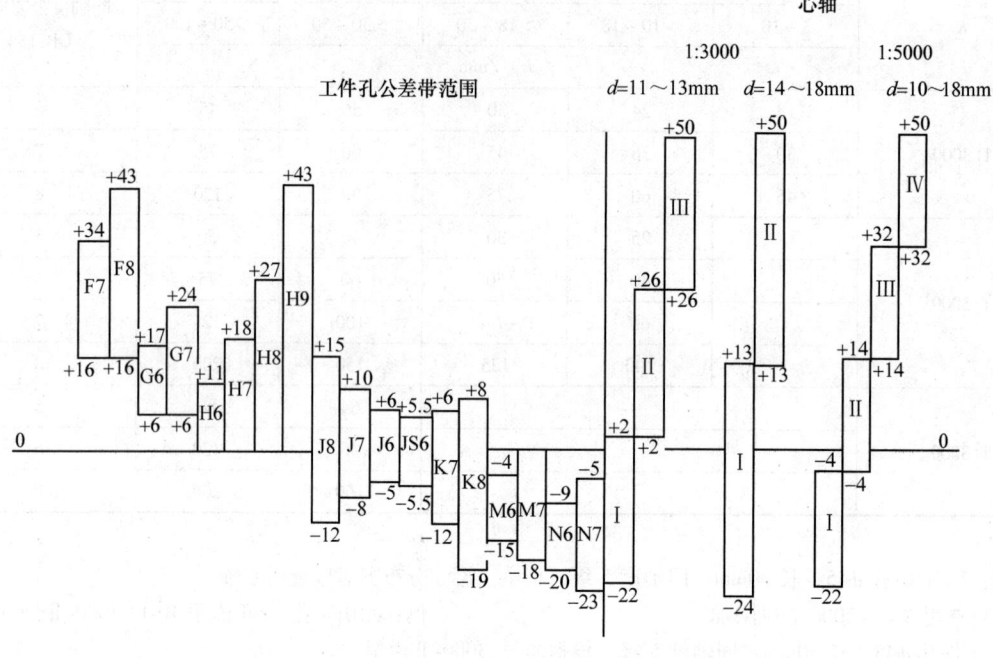

图 4-2

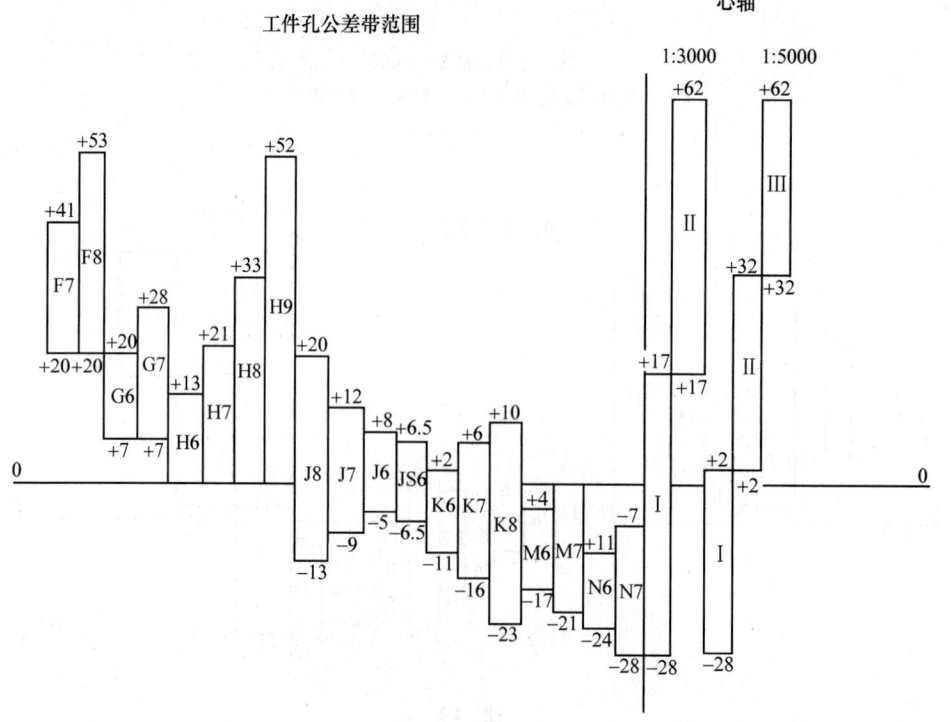

图 4-3

适用工件孔径 30~50mm
工件孔公差带分布及心轴尺寸分布图

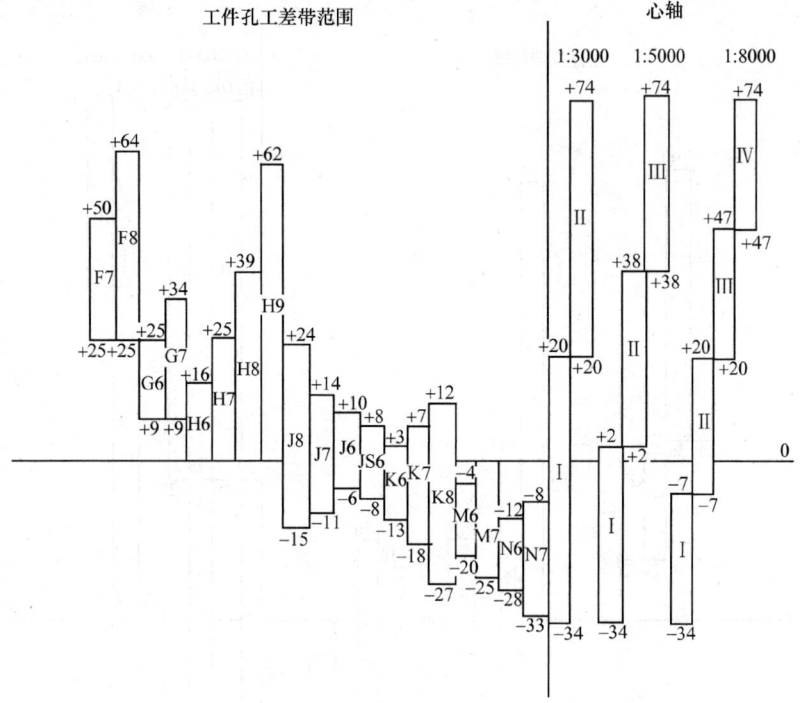

图 4-4

适用工件孔径 50~80mm
工件孔公差带分布及心轴尺寸分布图

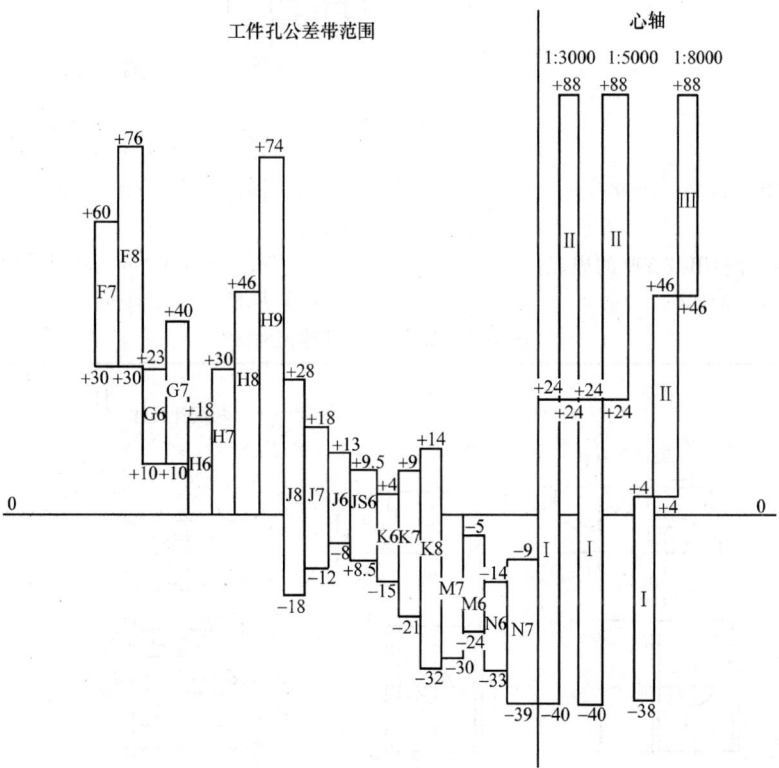

图 4-5

适用工件孔径 80～100mm
工件孔公差带分布及心轴尺寸分布图

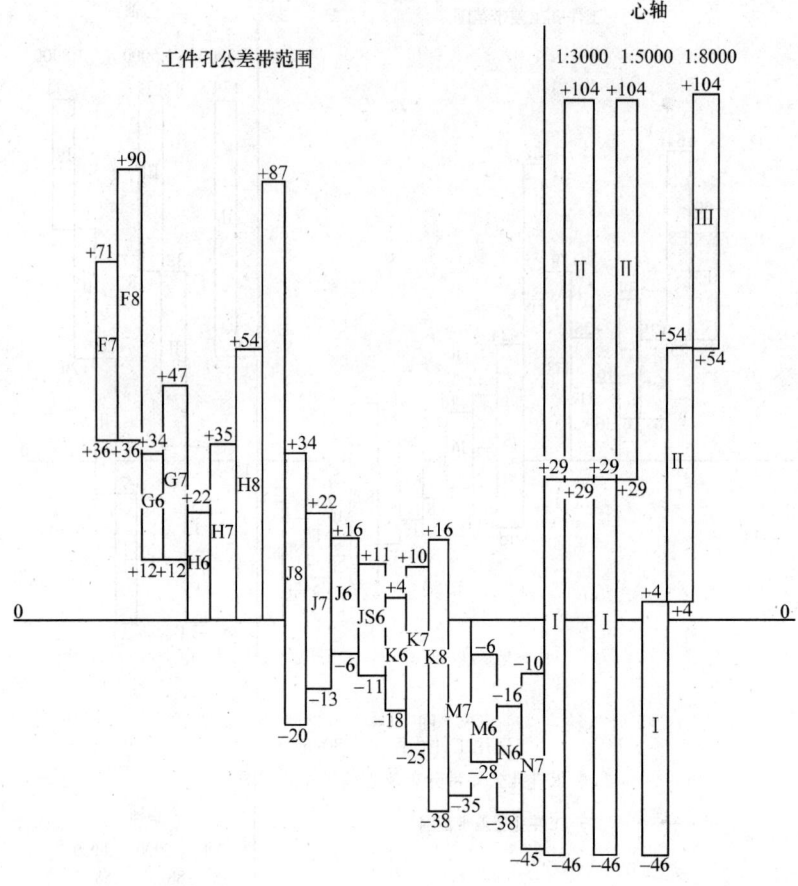

图 4-6

4.3.3 键

1. 定位键（JB/T 8016—1999）

（1）技术条件

1）材料：45 钢按 GB/T 699 的规定。

2）热处理：40～45HRC。

3）其他技术条件按 JB/T 8044 的规定。

（2）标记示例 $B = 18$mm、公差带为 h6 的 A 型定位键：

定位键 A18h6 JB/T 8016—1999

（3）规格尺寸（表 4-17）

表 4-17 定位键的规格尺寸 （单位：mm）

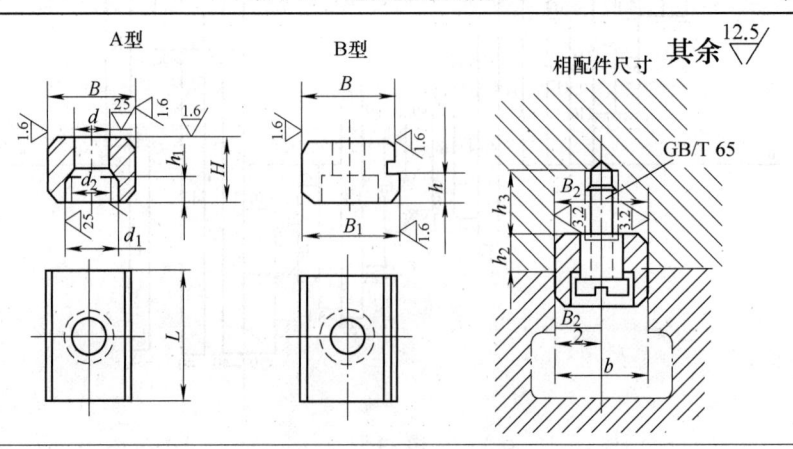

(续)

B			B_1	L	H	h	h_1	d	d_1	d_2	相配件				h_2	h_3	螺钉 GB/T 65 —2000
基本尺寸	极限偏差 h6	极限偏差 h8									T形槽宽度	B_2					
											b	基本尺寸	极限偏差 H7	极限偏差 Js6			
8	0 −0.009	0 −0.022	8	14	8	3	3.4	3.4	6		8	8	+0.015 0	±0.0045	4	8	M3×10
10			10	16			4.6	4.5	8		10	10					M4×10
12			12	20			5.7	5.5	10		12	12	+0.018 0	±0.0055		10	M5×12
14	0 −0.011	0 −0.027	14								14	14					
16			16	25	10	4					(16)	16			5		
18			18				6.8	6.6	11		18	18				13	M6×16
20			20	32	12	5					(20)	20			6		
22	0 −0.013	0 −0.033	22								22	22	+0.021 0	±0.0065			
24			24	40	14	6	9	9	15		(24)	24			7	15	M8×20
28			28		16	7					28	28			8		
36			36	50	20	9	13	13.5	20	16	36	36	+0.025 0	±0.008	10	18	M12×25
42	0 −0.016	0 −0.039	42	60	24	10					42	42			12		M12×30
48			48	70	28	12					48	48			14		M16×35
54	0 −0.019	0 −0.046	54	80	32	14	17.5	17.5	26	18	54	54	+0.030 0	±0.0095	16	22	M16×40

注：1. 尺寸 B_1 留磨量 0.5mm 按机床T形槽宽度配作，公差带为 h6 或 h8。
2. 括弧内尺寸尽量不采用。

2. 定向键（JB/T 8017—1999）

（1）技术条件

1）材料：45 钢按 GB/T 699 的规定。

2）热处理：40～45HRC。

3）其他技术条件按 JB/T 8044 的规定。

（2）标记示例 $B = 24$mm、$B_1 = 18$mm、公差带为 h6 的定向键：

定向键 24×18h6 JB/T 8017—1999

（3）规格尺寸（表 4-18）

表 4-18 定向键的规格尺寸 （单位：mm）

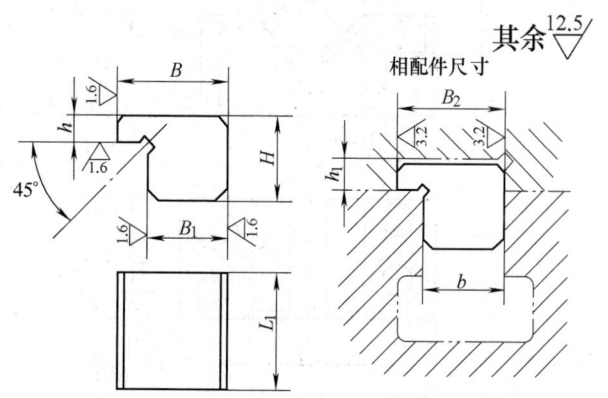

（续）

B		B_1	L_1	H	h	T形槽宽度 b	相配件		h_1
基本尺寸	极限偏差 h6						B_2		
							基本尺寸	极限偏差 H7	
18	0 −0.011	8 10 12 14	20	12	4	8 10 12 14	18	+0.018 0	6
24	0 −0.013	16 18 20	25	18	5	(16) 18 (20)	24	+0.021 0	7
28		22 24	40	22	7	22 (24)	28		9
36		28				28	36		
48	0 −0.016	36 42	50	35	10	36 42	48	+0.025 0	12
60	0 −0.019	48 54	65	50	12	48 54	60	+0.030 0	14

注：1. 尺寸 B_1 留磨量 0.5mm 按机床T形槽宽度配作，公差带为 h6 或 h8。
　　2. 括弧内尺寸尽量不采用。

4.3.4 V形块及挡块

1. V形块（JB/T 8018.1—1999）

（1）技术条件

1）材料：20 钢按 GB/T 699 的规定。

2）热处理：渗碳深度 0.8~1.2mm，58~64HRC。

3）其他技术条件按 JB/T 8044 的规定。

（2）标记示例　$N=24$mm 的 V 形块：

　　V 形块　24　JB/T 8018.1—1999

（3）规格尺寸（表 4-19）

表 4-19　V 形块的规格尺寸　　　　（单位：mm）

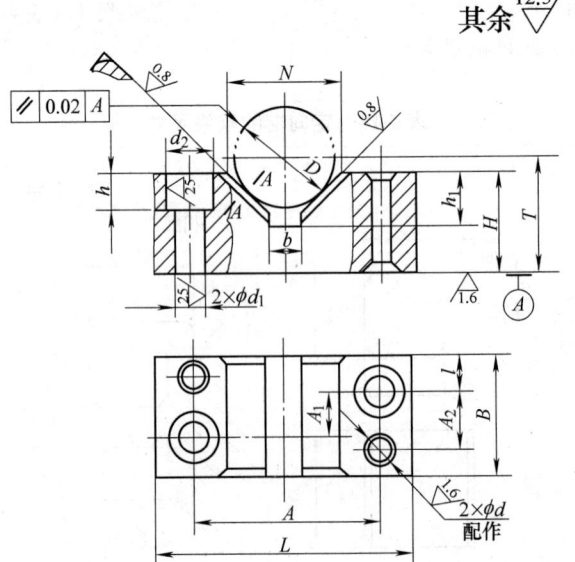

(续)

N	D	L	B	H	A	A_1	A_2	b	l	d 基本尺寸	d 极限偏差 H7	d_1	d_2	h	h_1
9	5~10	32	16	10	20	5	7	2	5.5	4	+0.012 0	4.5	8	4	5
14	>10~15	38	20	12	26	6	9	4	7			5.5	10	5	7
18	>15~20	46	25	16	32	9	12	6	5			6.6	11	6	9
24	>20~25	55		20	40			8							11
32	>25~35	70	32	25	50	12	15	12	10	6		9	15	8	14
42	>35~45	85	40	32	64	16	19	16	12	8	+0.015 0	11	18	10	18
55	>45~60	100		35	76			20							22
70	>60~80	125	50	42	96	20	25	30	15	10		13.5	20	12	25
85	>80~100	140		50	110			40							30

注：尺寸 T 按公式计算：$T = H + 0.707D - 0.5N$。

2. 固定 V 形块（JB/T 8018.2—1999）

（1）技术条件

1）材料：20 钢按 GB/T 699 的规定。

2）热处理：渗碳深度 0.8~1.2mm，58~64HRC。

3）其他技术条件按 JB/T 8044 的规定。

（2）标记示例 $N = 18$mm 的 A 型固定 V 形块：

V 形块 A18 JB/T 8018.2—1999

（3）规格尺寸（表 4-20）

表 4-20 固定 V 形块的规格尺寸 （单位：mm）

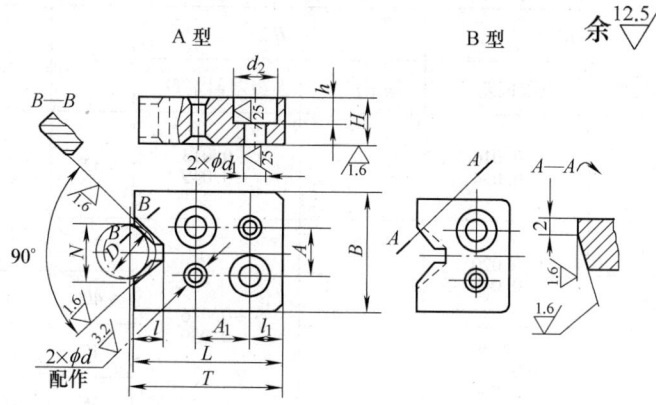

N	D	B	H	L	l	l_1	A	A_1	d 基本尺寸	d 极限偏差 H7	d_1	d_2	h
9	5~10	22	10	32	5	6	10	13	4	+0.012 0	4.5	8	4
14	>10~15	24	12	35	7	7		14	5		5.5	10	5
18	>15~20	28	14	40	10	8	12				6.6	11	6
24	>20~25	34	16	45	12	10	15	15	6				
32	>25~35	42		55	16	12	20	18	8	+0.015 0	9	15	8
42	>35~45	52	20	68	20	14	26	22	10		11	18	10
55	>45~60	65		80	25	15	35	28					
70	>60~80	80	25	90	32	18	45	35	12	+0.018 0	13.5	20	12

注：尺寸 T 按公式计算：$T = L + 0.707D - 0.5N$。

3. 调整V形块 (JB/T 8018.3—1999)

(1) 技术条件

1) 材料：20钢按GB/T 699的规定。

2) 热处理：渗碳深度0.8~1.2mm，58~64HRC。

3) 其他技术条件按JB/T 8044的规定。

(2) 标记示例　$N=18$mm的A型调整V形块：

　　V形块　A18　JB/T 8018.3—1999

(3) 规格尺寸（表4-21）

表4-21　调整V形块的规格尺寸　　　　　　　（单位：mm）

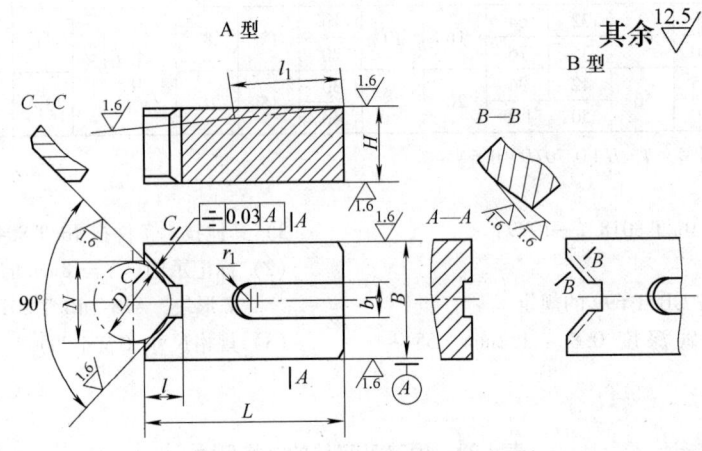

N	D	B		H		L	l	l_1	r_1
		基本尺寸	极限偏差f7	基本尺寸	极限偏差f9				
9	5~10	18	-0.016 -0.034	10	-0.013 -0.049	32	5	22	4.5
14	>10~15	20	-0.020 -0.041	12	-0.016 -0.059	35	7		
18	>15~20	25		14		40	10	26	
24	>20~25	34	-0.025 -0.050	16		45	12	28	5.5
32	>25~35	42				55	16	32	
42	>35~45	52	-0.030 -0.060	20	-0.020 -0.072	70	20	40	
55	>45~60	65				85	25	46	6.5
70	>60~80	80		25		105	32	60	

4. 活动V形块 (JB/T 8018.4—1999)

(1) 技术条件

1) 材料：20钢按GB/T 699的规定。

2) 热处理：渗碳深度0.8~1.2mm，58~64HRC。

3) 其他技术条件按JB/T 8044的规定。

(2) 标记示例　$N=18$mm的A型活动V形块：

　　V形块　A18　JB/T 8018.4—1999

(3) 规格尺寸（表4-22）

表 4-22 活动 V 形块的规格尺寸　　　　　　　　　　　　　（单位：mm）

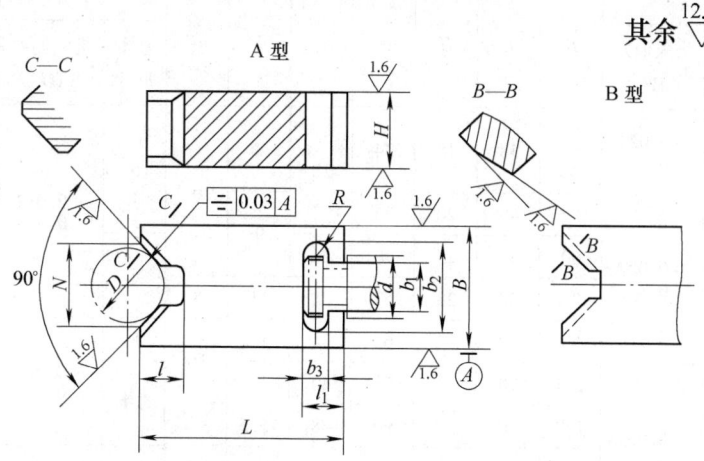

N	D	B		H		L	l	l_1	b_1	b_2	b_3	相配件 d
		基本尺寸	极限偏差 f7	基本尺寸	极限偏差 f9							
9	5~10	18	-0.016 -0.034	10	-0.013 -0.049	32	5	6	5	10	4	M6
14	>10~15	20	-0.020 -0.041	12	-0.016 -0.059	35	7	8	6.5	12	5	M8
18	>15~20	25		14		40	10	10	8	15	6	M10
24	>20~25	34	-0.025 -0.030	16		45	12	12	10	18	8	M12
32	>25~35	42				55	16	13	13	24	10	M16
42	>35~45	52		20	-0.020 -0.072	70	20					
55	>45~60	65	-0.030 -0.060			85	25	15	17	28	11	M20
70	>60~80	80		25		105	32					

5. 导板（JB/T 8019—1999）

（1）技术条件

1）材料：20 钢按 GB/T 699 的规定。

2）热处理：渗碳深度 0.8~1.2mm，58~64HRC。

3）其他技术条件按 JB/T 8044 的规定。

（2）标记示例　$b=20$mm 的 A 型导板：

　　　导板　A20　JB/T 8019—1999

（3）规格尺寸（表 4-23）

表 4-23 导板的规格尺寸　　　　　　　　　　　　　（单位：mm）

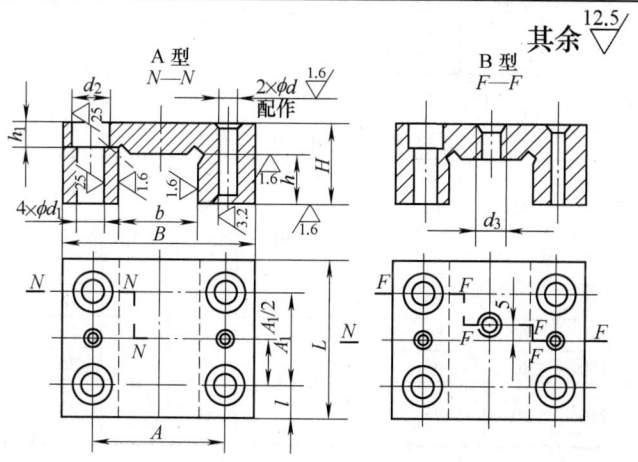

(续)

b 基本尺寸	b 极限偏差 H7	h 基本尺寸	h 极限偏差 H8	B	L	H	A	A_1	l	h_1	d 基本尺寸	d 极限偏差 H7	d_1	d_2	d_3
18	+0.018 0	10	+0.022 0	50	38	18	34	22	8	6	5	+0.012 0	6.6	11	M8
20	+0.021 0	12		52	40	20	35		9						
25		14	+0.027 0	60	42	25	42	24			6				
34	+0.025 0	16		72	50	28	52	28	11	8			9	15	M10
42				90	60	32	65	34	13		8	+0.015 0	11	18	
52		20		104	70	35	78	40	15	10					
65	+0.030 0		+0.033 0	120	80		90	48	15.5		10				M12
80		25		140	100	40	110	66	17	12	12	+0.018 0	13.5	20	

6. 薄挡板（JB/T 8020.1—1999）

(1) 技术条件

1) 材料：45 钢按 GB/T 699 的规定。

2) 热处理：40~45HRC。

3) 其他技术条件按 JB/T 8044 的规定。

(2) 标记示例 $b=18$mm 的薄挡块：

挡板 18 JB/T 8020.1—1999

(3) 规格尺寸（表 4-24）

表 4-24 薄挡板的规格尺寸　　　　　　　　　　　　　（单位：mm）

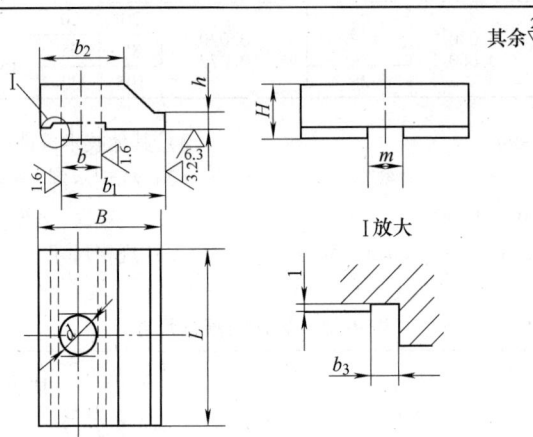

b 基本尺寸	b 极限偏差 b12	L	B	b_1 基本尺寸	b_1 极限偏差 JS11	b_2	b_3	d	H	h	m	配用螺钉
10	-0.150 -0.300	70	50	40	±0.080	35	3	10	20	3	10	M8
12								12		4	12	M10
14	-0.150 -0.330	80	60	45		40		14	25	6	14	M12
18				50				18			18	M16
22	-0.160 -0.370	90	70	55		45		22	30	8	22	M20
28		100	80	65	±0.095	50	4	26			26	M24
36	-0.170 -0.420	110	90	75		60		33	35	10	33	M30

7. 厚挡板（JB/T 8020.2—1999）

(1) 技术条件

1) 材料：45 钢按 GB/T 699 的规定。

2) 热处理：40~45HRC。

3) 其他技术条件按 JB/T 8044 的规定。

(2) 标记示例　$b=18$mm 的厚挡块：

　　挡板　18　JB/T 8020.2—1999

(3) 规格尺寸（表 4-25）

表 4-25　厚挡板的规格尺寸　　　　　　　　　　　　（单位：mm）

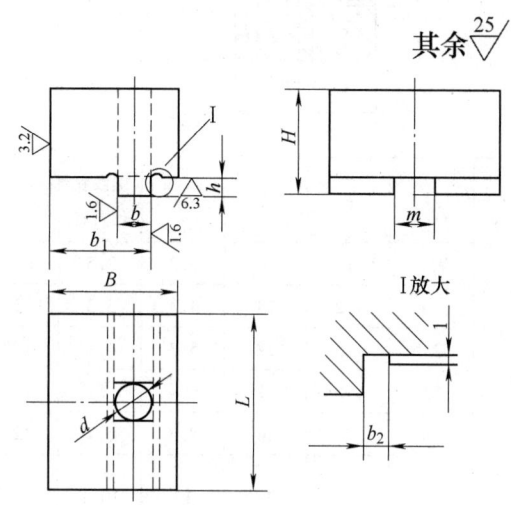

b		d	L	B	b_1		b_2	H	h	m	配用螺钉
基本尺寸	极限偏差 b12				基本尺寸	极限偏差 JS11					
10	-0.150 -0.300	10	70	50	40	±0.080	3	35	5	10	M8
12		12						40		12	M10
14	-0.150 -0.330	14	80	60	45					14	M12
18		18			50			48	8	18	M16
22	-0.160 -0.370	22	90	70	55					22	M20
28		26	100	80	65	±0.095	4	60		26	M24
36	-0.170 -0.420	33	110	90	75			70	10	33	M30

8. 中心孔块

(1) 技术条件

1) 材料：W18Cr4V。

2) 热处理：63~66HRC。

(2) 规格尺寸（表 4-26）

表 4-26 中心孔块的规格尺寸　　　　　　　　　　（单位：mm）

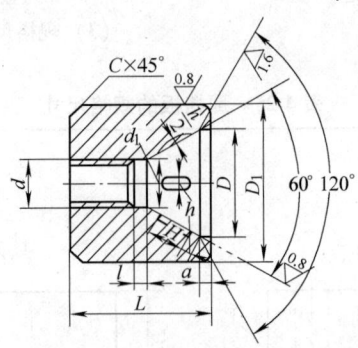

d	D_1		D	a	L	d_1	螺纹钻孔直径	l	C	H	h
	基本尺寸	极限偏差 r6									
M3	12	+0.034 +0.023	7.5	1	10	3.2	2.5	0.8	1	2	1
M4	17		10	1.2	13	4.3	3.3	1	1	3	1
M5	20	+0.041 +0.028	12.5	1.5	17	5.3	4.2	1.2	1.5	4	1.5
M6	25		15	1.8	21	6.4	5	1.5	1.5	5	1.5
M8	30		20	2	26	8.4	6.7	2	2	7	2
M12	42	+0.050 +0.034	30	2.5	38	13	10.1	3	2	10	2

注：60°锥孔对 D_1 的同轴度允差 0.005mm。

4.3.5 定位器

1. 手拉式定位器（JB/T 8021.1—1999）

（1）标记示例

$d=15$mm 的手拉式定位器：

定位器 15　JB/T 8021.1—1999

（2）规格尺寸（表 4-27）

表 4-27　手拉式定位器　　　　　　　　　　（单位：mm）

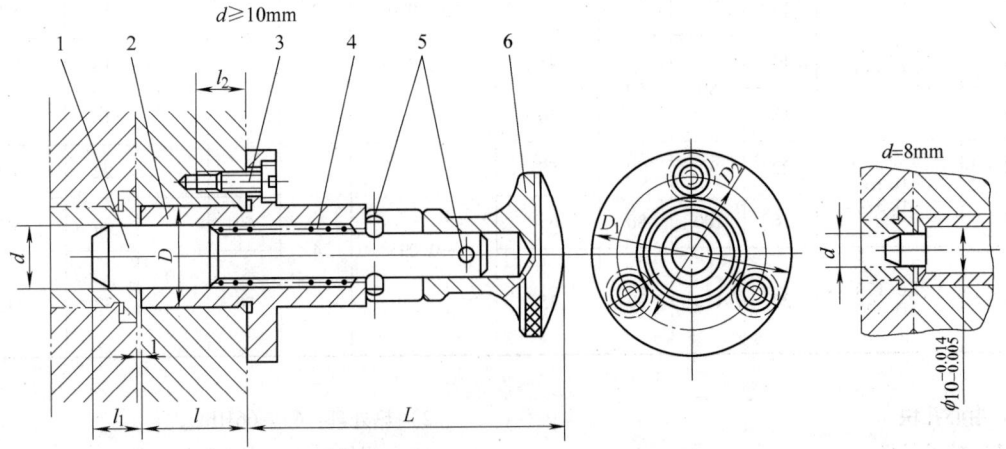

（续）

主要尺寸								件号	1	2	3	4	5	6
d	D	D_1	D_2	L≈	l	l_1≈	l_2	名称	定位销	导套	螺钉	弹簧	销	把手
								材料	T8	45 钢	35 钢	碳素弹簧钢丝Ⅱ	45 钢	A3
								数量	1	1	3	1	2	1
								标准	JB/T 8021.1—1999	JB/T 8021.1—1999	GB/T 65—2000		GB/T 119—2000	GB/T 2218—1991
8	16	40	28	57	20	9	9	规格	8	10	M4×10	0.8×8×32	2n6×12	6
10									10					
12	18	45	32	63	24	11	10.5		12	12	M5×12	1×10×35	3n6×16	8
15	24	50	36	79	28	13			15	15		1.2×12×42	3n6×20	10

件1 定位销（JB/T 8021.1—1999）
（1）技术条件
1）材料：T8；
2）热处理：在 l_3 长度上 55～60HRC；
3）其他技术条件按 JB/T 8044。
（2）标记示例 $d=15$mm 的定位销：
定位销15 JB/T 8021.1—1999
（3）规格尺寸（表4-28）

表4-28 手拉式定位器的定位销的规格尺寸　　　　　　　　　　（单位：mm）

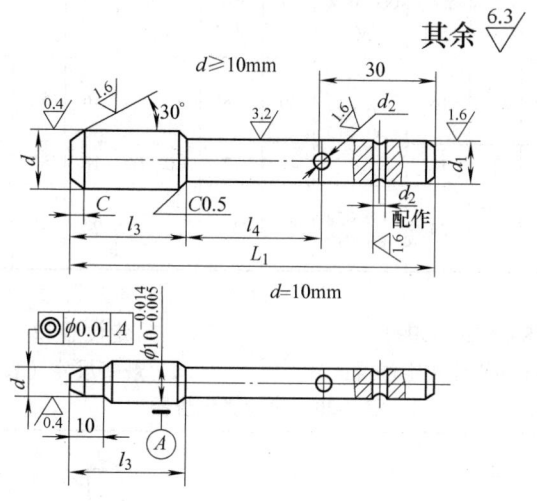

d		d_1		L_1	l_3	l_4	d_2		C
基本尺寸	极限偏差 g6	基本尺寸	极限偏差 h8				基本尺寸	极限偏差 H7	
8	−0.005 −0.014	6	0 −0.018	75	24	28	2	+0.010 0	3
10									
12	−0.006 −0.017	8	0 −0.022	85	26	31.5	3		4
15		10		100	32	38.5			

件2 导套（JB/T 8021.1—1999）

（1）技术条件

1）材料：45钢；

2）热处理：35～40HRC；

3）其他技术条件按 JB/T 8044。

（2）标记示例 $d=15$mm 的导套：

导套15 JB/T 8021.1—1999

（3）规格尺寸（表4-29）

表4-29 手拉式定位器导套的规格尺寸　　　　　　　　　　　　　　　　（单位：mm）

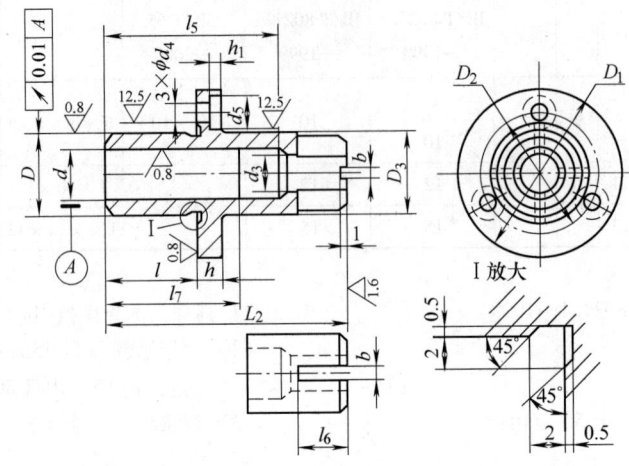

d		d_3	d_4	d_5	b	D		D_1	D_2		D_3	L_2	l	l_5	l_6	l_7	h	h_1
基本尺寸	极限偏差 H7					基本尺寸	极限偏差 n6		基本尺寸	极限偏差								
10	+0.015 0	6.2	4.5	8.5	2.5	16	+0.023 +0.012	40	28	±0.200	16	52	20	38	10	30	6	3
12	+0.018 0	8.2		10	3.6	18		45	32		18	57	24	42	12	35	7	3.5
15		10.2	5.5			24	+0.028 +0.015	50	36		24	72	28	53	14	40		

2. 枪栓式定位器（JB/T 8021.2—1999）

（1）标记示例 $d=12$mm 的枪栓式定位器：

定位器12 JB/T 8021.2—1999

（2）规格尺寸（表4-30）

表4-30 枪栓式定位器　　　　　　　　　　　　　　　　　　　　　　　（单位：mm）

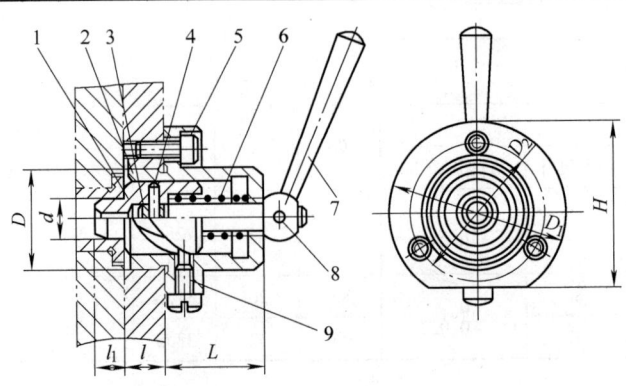

（续）

主要尺寸								件号	1	2	3	4	5	6	7	8	9
d	D	L	l	l_1	D_1	D_2	H	名称	定位销	壳体	轴	销	螺钉	弹簧	手柄	销	螺钉
								材料	20钢	45钢	45钢	45钢	35钢	碳素弹簧钢丝Ⅱ	35钢	45钢	35钢
								数量	1	1	1	1	3	1	1	1	1
								标准	JB/T 8021.2—1999	JB/T 8021.2—1999	JB/T 8021.2—1999	GB/T 119—2000	GB/T 70—2000			GB/T 119—2000	GB 828—1988
12	32	33	12.5	10	60	46	54		12	24	8×53	3n6×22		1.2×12×35	8-8×65	3n6×16	
15	38	40	15.5	12	68	52	60	规格	15	28	10×66	3n6×25	M6×14				M6×10
18	40	42	18.5	15	70	55	62		18	30	10×73	3n6×28		1.6×16×38	8-10×80	3n6×18	

件1 定位销（JB/T 8021.2—1999）
（1）技术条件
1）材料：20钢；
2）热处理：渗碳深度 0.8～1.2mm 58～64HRC；
3）其他技术条件按 JB/T 8044。
（2）标记示例 $d=15$mm 的定位销：
　　定位销 15 JB/T 8021.2—1999
（3）规格尺寸（表4-31）

表4-31 枪栓式定位器的定位销的规格尺寸　　　　　　（单位：mm）

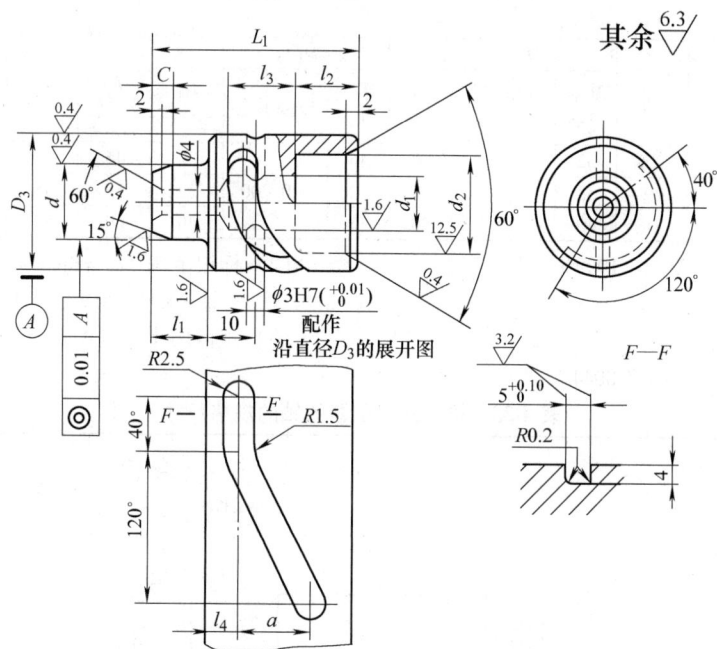

d		D_3		L_1	l_1	d_1		d_2	l_2	l_3	l_4	a	C
基本尺寸	极限偏差 g6	基本尺寸	极限偏差 g6			基本尺寸	极限偏差 H9						
12	-0.006 -0.017	24	-0.007 -0.020	35	10	8	+0.036 0	15	10	12	6	13	4
15		28		42	12	10		20	13	14	7	15	
18		30		45	15				15			18	5

件2 壳体（JB/T 8021.2—1999）

（1）技术条件

1）材料：45钢；

2）热处理：35~40HRC；

3）其他技术条件按 JB/T 8044。

（2）标记示例 $D_3 = 28$mm 的壳体 壳体 28 JB/T 8021.2—1999

（3）规格尺寸（表4-32）

表4-32　枪栓式定位器的壳体的规格尺寸　　　　　　　　（单位：mm）

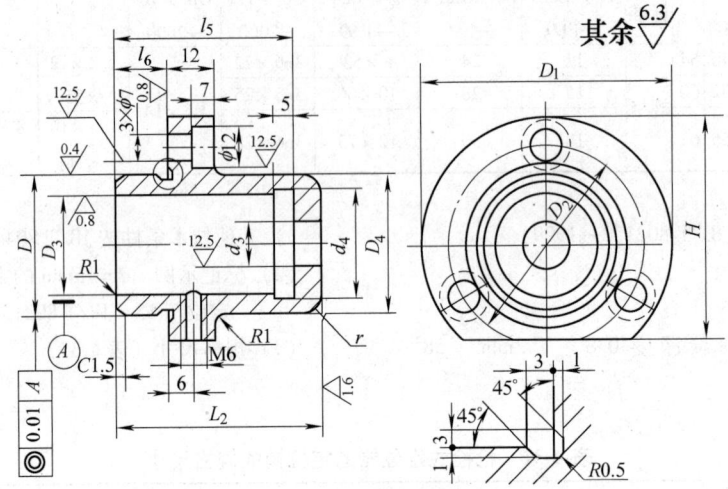

D_3		d_3	d_4	D		D_1	D_2		D_4	L_2	l_5	l_6	H	r
基本尺寸	极限偏差 H7			基本尺寸	极限偏差 n6		基本尺寸	极限偏差						
24	+0.021 0	9	25	32	+0.033 +0.017	60	46	±0.200	32	45	40	12	54	3
28		12	29	38		68	52		38	55	48	15	60	4
30			31	40		70	55		40	60	52	18	62	

件3　轴（JB/T 8021.2—1999）

（1）技术条件

1）材料：45钢；

2）其他技术条件按 JB/T 8044。

（2）标记示例 $d_1 = 8$mm，$L_3 = 53$mm 的轴：

轴 8×53 JB/T 8021.2—1999

（3）规格尺寸（表4-33）

表4-33　枪栓式定位器的轴的规格尺寸　　　　　　　　（单位：mm）

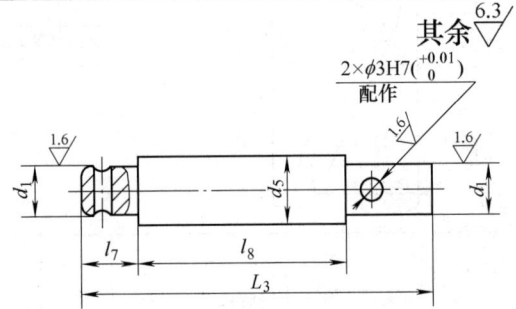

d_1		L_3	d_5	l_7	l_8
基本尺寸	极限偏差 h8				
8	0 −0.022	53	8.5	10	29
10		66	11.5	12	37
		73			44

3. 齿条式定位器（表4-34）

表4-34 齿条式定位器 （单位：mm）

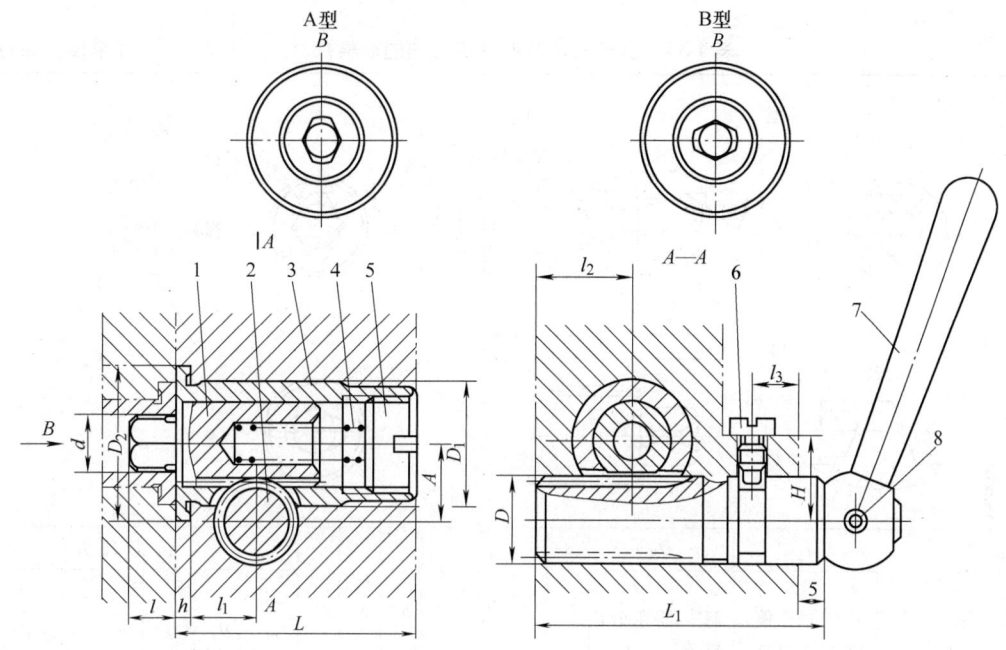

主要尺寸													件号	1	2	3	4	5	6	7	8
													名称	定位销	轴	销套	弹簧	螺塞	螺钉	手柄	销
													数量	1	1	1	1	1	1	1	1
d (H7/g6)	D (H9/f9)	D (H7/n6)	D_2	h	$A^{+0.05}_{+0.15}$	H	L	L_1	l	l_1	l_2	l_3	标准					JB/T 8037—1999			GB/T 117—2000
12	18	25	32	3.5	16	17	50.5	60	10	17	20	8		A12	B12	25	1×8 ×40	AM20 ×1.5	M6 ×10	80	3×18
								85													
								110							18×75						
								135							18×100						
								160							18×125						
															18×150						
															18×175						
16	25	30	36	3.5	21	20	62.5	70	12	22	22	8	尺寸	A16	B16	30	1.2×12 ×60	AM24 ×1.5	M6 ×10	100	4×26
								95							25×90						
								120							25×115						
								145							25×140						
								170							25×165						
															25×190						
20	30	35	42	4.5	24.5	24	78.5	80	15	30	25	10		A20	B20	35	1.6×12 ×60	AM27 ×1.5	M8 ×12	125	5×30
								105							30×105						
								130							30×130						
								155							30×155						
								180							30×180						
															30×205						
25	36	42	50	4.5	30	27	92.5	95	18	40	30	10		A25	B25	42	2×16 ×65	AM33 ×1.5	M8 ×12	125	5×30
								120							36×120						
								145							36×145						
								170							36×175						
								195							36×195						
															36×220						
32	40	50	60	5.5	35	31	108.5	110	22	48	35	12		A32	B32	50	2×18 ×90	AM42 ×2	M10 ×15	160	6×40
								135							40×140						
								160							40×165						
								185							40×190						
								210							40×215						
															40×240						

件1 定位销（表4-35）

技术条件：

1）材料：T7A；

2）d 对 D_3 的径向圆跳动不大于0.01mm；

3）齿形压力角为20°，与件2啮合；

4）热处理：淬火55~60HRC。

表 4-35 齿条式定位器的定位销的规格尺寸　　　　　　　　　　（单位：mm）

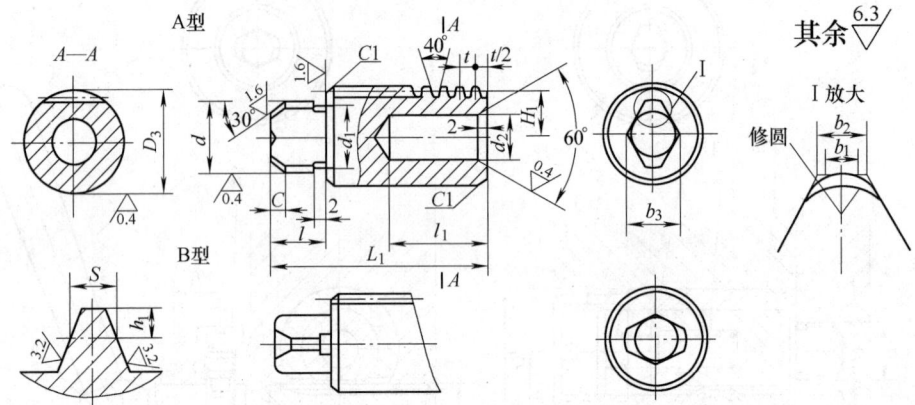

d		d_1	d_2		D_3		L_1	l	l_1	C	b_1	b_2	b_3	齿形尺寸				S	
基本尺寸	极限偏差 g6		基本尺寸	极限偏差 H12	基本尺寸	极限偏差 g6								m	H_1	t	h_1	基本尺寸	极限偏差
12	-0.006 -0.017	11.5	9	+0.159 0	18	-0.006 -0.017	40	10	18	4			10	1	8	3.14	1	1.57	-0.06 -0.12
16		15.5	13		22		50	12	25		4		14	1.25	9.75	3.93	1.25	1.96	
20	-0.007 -0.020	19.5		+0.180 0	25	-0.007 -0.020	65	15	30	3			18	1.5	11	4.71	1.5	2.36	
25		24.5	17		30		78	18	35			5	22		13.5				
32	-0.009 -0.025	31.5	20	+0.210 0	38	-0.009 -0.025	92	22	45	5			28	2	17	6.28	2	3.14	-0.08 -0.16

件2 轴（表4-36）

技术条件：

1）材料：45钢；

2）齿形压力角为20°与件1啮合；

3）锐边倒钝；

4）热处理：淬火43~48HRC；l_8 长度上不淬火。

表 4-36 齿条式定位器的轴的规格尺寸　　　　　　　　　　（单位：mm）

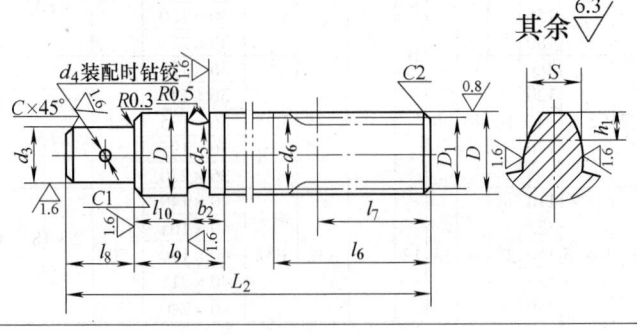

(续)

D		d_3		d_4		d_5	d_6	l_6	l_7	l_8	l_9	l_{10}	b_2	C	L_2	齿部尺寸				S	
基本尺寸	极限偏差 f9	基本尺寸	极限偏差 h8	基本尺寸	极限偏差 H7											m	D_1	齿数 Z	h_1	基本尺寸	极限偏差
18	-0.016 -0.059	10	0 -0.022	3	+0.010 0	13	16	35	25	15	25		12	5	75 100 125 150 175	1	16	16	1.04	1.57	—
25	-0.020 -0.072	12	0 -0.027	4	+0.010 0	18	23	45	30	20	25			5	90 115 140 165 190	1.25	22.5	18	1.29	1.96	-0.060 -0.120
30						22	28	50	35		30		12	1	105 130 155 180 205		27		1.55		
36	-0.025 -0.087	16		5	+0.012 0	28	34	60	40		35	25		7	120 145 170 195 220	1.5	33	22	1.54	2.36	
40		20	0 -0.033	6		30	38	70	45	30	40	15	8	1.5	140 165 190 215 240	2	36	18	2.07	3.14	-0.080 -0.160

件3 销套（表4-37）

技术条件：

1) 材料：20钢；
2) 螺纹按3级精度制造；
3) D_1 对 D_4 的径向圆跳动不大于0.01mm；
4) 热处理：渗碳深度 0.8~1.2mm，螺纹 d_7 处去碳层，淬火 55~60HRC。

表 4-37 齿条式定位器的销套的规格尺寸　　　　　　　　　　（单位：mm）

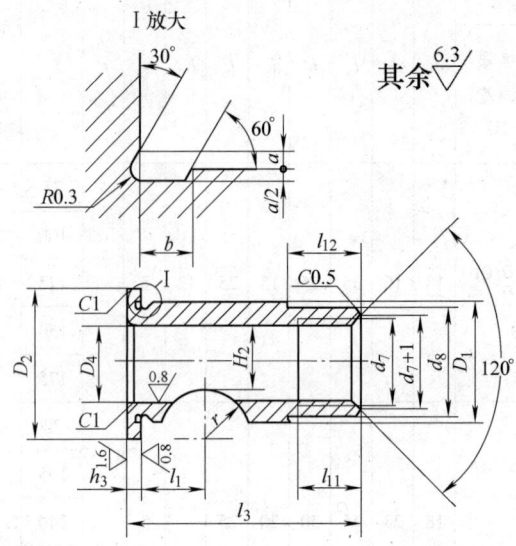

D_1 基本尺寸	D_1 极限偏差 n6	D_2	D_4 基本尺寸	D_4 极限偏差 H7	d_7	d_8	H_2	h_3	l_3	l_1	l_{11}	l_{12}	r	b	a
25	+0.028 +0.015	32	18	+0.018 0	M20×1.5	24	18	3	50	17	15	15	10	2	0.5
30		36	22		M24×1.5	29	22		62	22			14		
35		42	25	+0.021 0	M27×1.5	34	25	4	78	30		20	16		
42	+0.033 +0.017	50	30		M33×1.5	41	31		92	40	18	25	20	3	1
50		60	38	+0.025 0	M42×2	49	38	5	108	48	20	35	22.5		

4. 内胀器（JB/T 8022.1—1999）

（1）标记示例　$D=90$mm 的内胀器：

内胀器 90JB/T 8022.1—1999

（2）规格尺寸（表 4-38）

表 4-38 内胀器的规格尺寸　　　　　　　　　　（单位：mm）

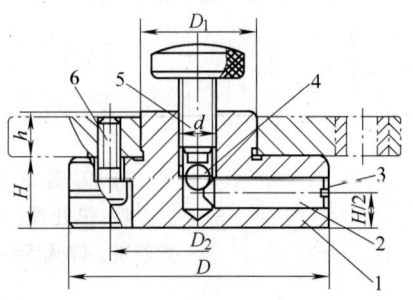

(续)

主要尺寸						件号	1	2	3	4	5	6
D	D_1	D_2	H	h	d	名称	本体	滑柱	锁圈	钢球	螺钉	螺钉
						材料	45钢	45钢	弹簧钢丝	GCr15	头部塑料 杆部35钢	35钢
						数量	1	3	1	1	1	3
						标准	JB/T 8022.1—1999	JB/T 8022.1—1999	GB/T 4357—1989	GB/T 308—2002	GB/T 840—1988	GB/T 70—2000
24~30	20		14	12	M8	规格	24~30	$D \times 6$	根据需要选用	6	BM8×25	M6×20
>30~40	25						>30~40					
>40~50	35		18	14	M10		>40~50	$D \times 8$		7	BM10×25	
>50~65	20	34					>50~65					
>65~80	32	48	20				>65~80					
>80~100	40	60	24	16	M12		>80~100	$D \times 10$		9	BM12×30	M8×22
>100~120	45	65					>100~120					
>120~180	50	80	30	20	M16		>120~180	$D \times 12$		12	BM16×35	M10×28
>180~250	100	140					>180~250					

件1 本体（JB/T 8022.1—1999）
(1) 技术条件
1) 材料：45钢；
2) 热处理：调质 225~255HB；
3) 其他技术条件按 JB/T 8044。
(2) 标记示例 $D=90\text{mm}$ 的内胀器本体；
本体 90 JB/T 8022.1—1999
(3) 规格尺寸（表4-39）

表 4-39 内胀器的本体的规格尺寸 （单位：mm）

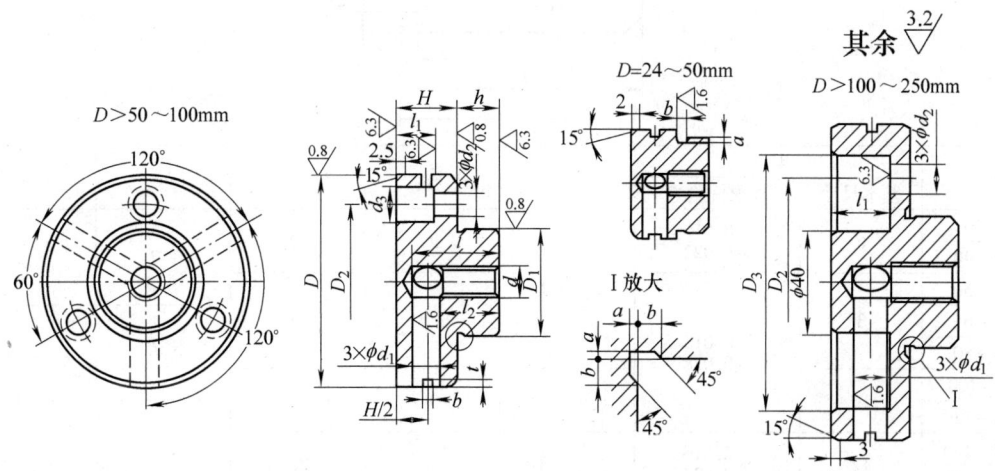

(续)

D		D_1			D_2	D_3	H	h	d	d_1		d_2	d_3	l	l_1	l_2	a	b	t
基本尺寸	极限偏差 f9	基本尺寸	极限偏差 p6	极限偏差 h6						基本尺寸	极限偏差 H7								
24~30	-0.020 -0.072	20	+0.035 +0.022				14		M8	6	+0.012 0			23		16			2
>30~40		25						12											
>40~50	-0.025 -0.087	35	+0.042 +0.026				18		M10	8	+0.015 0			26			0.5	2	
>50~65	-0.030 -0.104	20		0 -0.013	34			14					7	12	28	12 14	18 20			2.5
>65~80		32			48		20													
>80~100	-0.036 -0.123	40			60		24	16	M12	10		9	15 34	16 18	22					
>100~120		45			65															
>120~180	-0.043 -0.143	50		0 -0.016	80	D-20	30	20	M16	12	+0.018 0	11	42	22	28	1	3	3.6		
>180~250	-0.050 -0.165	100			140															

注：$D < 50$ mm 的本体，必要时可在 D_1 压配合处增加骑缝螺钉。

件2 滑柱（JB/T 8022.1—1999）
（1）技术条件
1）材料：45 钢；
2）热处理：40~45HRC；
3）其他技术条件按 JB/T 8044。
（2）标记示例 $D = 130$ mm，$d_1 = 12$ mm 的滑柱：
滑柱 130×12 JB/T 8022.1—1999
（3）规格尺寸（表4-40）

表4-40 内胀器的滑柱的规格尺寸 （单位：mm）

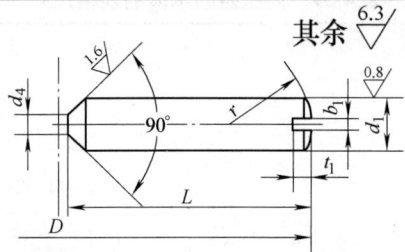

D	d_1		L	d_4	r	b_1	t_1
	基本尺寸	极限偏差 f7					
24~30	6	-0.010 -0.022	$\frac{D}{2}-1$	2	12	1.2	2
>30~40							
>40~50	8	-0.013 -0.028		2.5	15	1.6	2.5
>50~65							
>65~80							
>80~100	10		$\frac{D}{2}-1.5$	3	18		
>100~120							
>120~180	12	-0.016 -0.034	$\frac{D}{2}-2$	4	22	2.2	3.6
>180~250							

5. 可调定心内胀器（JB/T 8022.2—1999）
（1）标记示例 $D = 300~540$ mm 的可调定心内胀器：
内胀器 300~540 JB/T 8022.2—1999
（2）规格尺寸（表4-41）

表 4-41 可调定心内胀器的规格尺寸　（单位：mm）

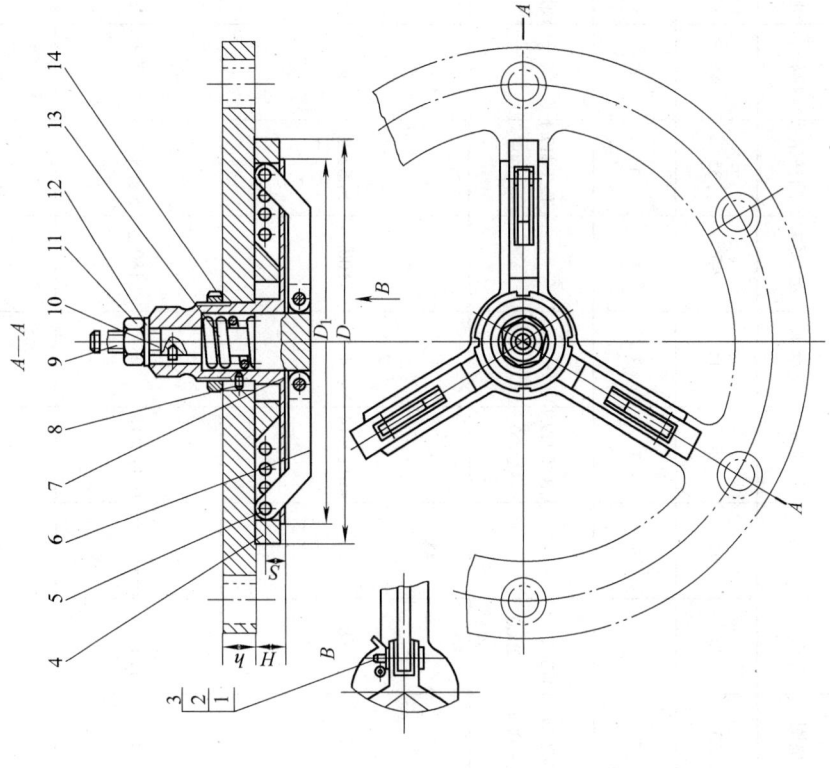

(续)

件号	名称	材料	数量	标准号	规格 (D=100~180)	规格 (D>180~300)	规格 (D>300~540)
1	带孔销	35	3	GB/T 880—1986	4d11×25	6d11×36	8d11×50
2	垫圈	A3	3	GB/T 97.3—2000	4	6	8
3	开口销	35	3	GB/T 91—2000	1×8	1.5×8	2×10
4	滑块	45	6		33, 43, 54	63, 93	115, 175
5	圆柱销	35	3	GB/T 119.1—2000	4n11×14	6n11×18	8n11×24
6	支承爪	45	3		4	6	8
7	定心体	45	1		100	180	300
8	圆柱销	35	1	GB/T 119.1—2000	5n6×8	5n6×11	6n6×13
9	拉杆	45	1		40	52	87
10	圆柱销	35	1	GB/T 119.1—2000	3n6×6	3n6×8	4n6×8
11	六角螺母	45	1	GB/T 6170—2000	M10	M16	M22
12	垫圈	A3	1	GB/T 848—2002	10	16	22
13	弹簧	65Mn	1		19	28	32
14	圆螺母	45	1	GB/T 812—1988	M30×1.5	M48×1.5	M55×1.5

主要尺寸

D	D_1	H	h	S
100~180	100	15	12	10
>180~300	180	20	17	12.5
>300~540	300	28	20	18

件4 滑块
(1) 技术条件
1) 材料：45钢；
2) 热处理：调质T215；
3) 其他技术条件按JB/T 8044。
(2) 标记示例 $L=33\text{mm}$ 的滑块：
滑块 33 JB/T 8022.2—1999
(3) 规格尺寸（表4-42）

表 4-42 可调定心内胀器的滑块的规格尺寸 （单位：mm）

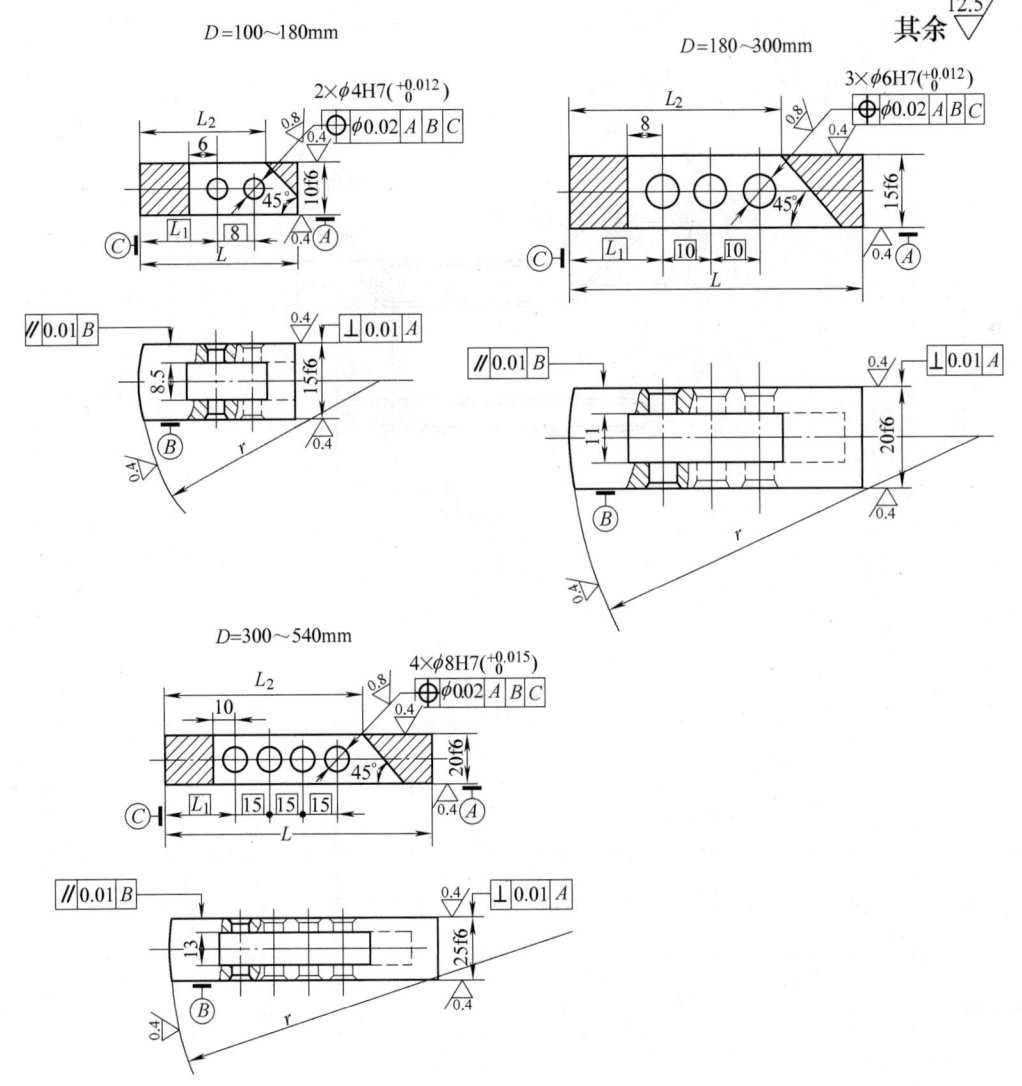

可调范围 D	L	L_1	L_2	r	数量
100~180	33	16	25	50	
	43	26	35	60	
	54	37	46	70	
180~300	63	20	44	90	3
	93	50	74	120	
300~540	115	30	84	150	
	175	90	144	210	

件6 支承爪（JB/T 8022.2—1999）

（1）技术条件

1）材料：45钢；

2）热处理：调质T215；

3）三件一起镗 d 孔，保证尺寸 L、H 一致。

（2）标记示例 $d=4$mm 的支承爪：

  支承爪 4 JB/T 8022.2—1999

（3）规格尺寸（表4-43）

表4-43 可调定心内胀器的支承爪的规格尺寸　　　　　　　（单位：mm）

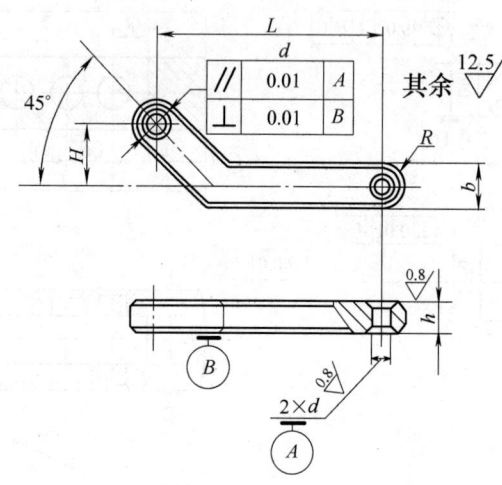

可调范围	d		L	H	h	b	数量
	基本尺寸	极限偏差 H7					
100~180	4	+0.012 0	30.5	9.2	8	8	3
180~300	6	+0.012 0	63	20	10	13	
300~540	8	+0.015 0	107	29	12	18	

件7 定心体（JB/T 8022.2—1999）

（1）技术条件

1）材料：45；

2）热处理：调质T215。

（2）标记示例 $D_0=100$mm 的定心体：

  定心体 100 JB/T 8022.2—1999

（3）规格尺寸（表4-44）

表 4-44　可调定心内胀器的定心体的规格尺寸　　　　　　　　（单位：mm）

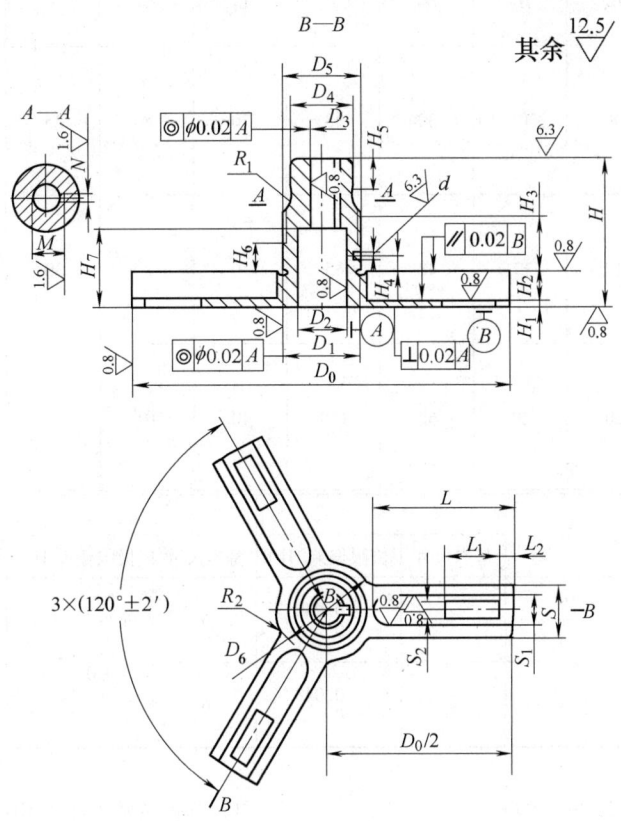

可调范围	D_0		D_1		D_2		D_3	
	基本尺寸	极限偏差 h11	基本尺寸	极限偏差 f7	基本尺寸	极限偏差 H7	基本尺寸	极限偏差 H7
100~180	100	0 −0.220	30	−0.020 −0.041	20	+0.021 0	12	+0.018 0
180~300	180	0 −0.250	48	−0.025 −0.050	30	+0.021 0	20	+0.021 0
300~540	300	0 −0.320	55	−0.030 −0.060	34	+0.025 0	24	+0.021 0

可调范围	D_4	D_5	D_6	H	H_1	H_2		H_3
						基本尺寸	极限偏差 H7	
100~180	24	M30×1.5 −8h	46	60	5	10	+0.015 0	25
180~300	45	M48×1.5 −8h	70	85	5	15	+0.018 0	35
300~540	50	M55×1.5 −8h	87	115	8	20	+0.021 0	40

(续)

可调范围	H_4	H_5	H_6	H_7	L	L_1	L_2	S	S_1 基本尺寸	S_1 极限偏差 H7
100~180	6	8	12	30	33	20	8	25	15	+0.018 / 0
180~300	10	12	17	48	65	30	8	30	20	+0.021 / 0
300~540	12.5	20	20	62	118	40	10	41	25	+0.021 / 0

可调范围	S_2	M	N 基本尺寸	N 极限偏差 H10	d 基本尺寸	d 极限偏差 H7	R_1	R_2
100~180	9	14	3	+0.040 / 0	5	+0.012 / 0	6	3
180~300	11	24	3	+0.040 / 0	5	+0.012 / 0	8	4
300~540	12.5	28	4	+0.048 / 0	6	+0.012 / 0	18	8

件9 拉杆（JB/T 8022.2—1999）

(1) 技术条件

1) 材料：45 钢；
2) 热处理：调质 T215；
3) $3 \times \phi d_1$ 孔与 S_3 尺寸保持一致；
4) 其他技术条件按 JB/T 8044。

(2) 标记示例 $D_0 = 40$mm 的拉杆：
   拉杆 40 JB/T 8022.2—1999

(3) 规格尺寸（表4-45）

表4-45 可调定心内胀器的拉杆的规格尺寸　　　　（单位：mm）

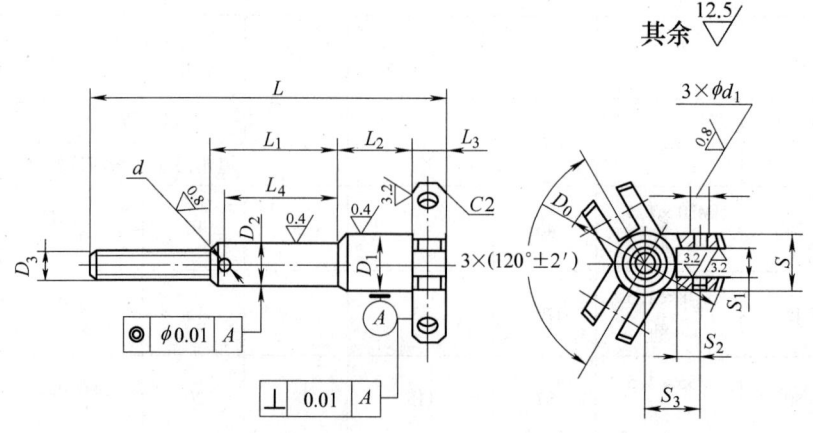

(续)

可调范围	D_0	D_1		D_2		D_3	L	L_1	L_2	L_3	L_4	S	S_1	S_2	S_3	d		d_1	
		基本尺寸	极限偏差 f7	基本尺寸	极限偏差 f7											基本尺寸	极限偏差 H7	基本尺寸	极限偏差 H7
100~180	40	20	-0.016 -0.034	12	-0.016 -0.034	M10 -8h	96	50	12	8	35	18	8.5	4.5	14.5	3	+0.010 0	4	+0.012 0
180~300	52	30	-0.020 -0.041	20	-0.016 -0.034	M16 -8h	145	58	22	16	50	26	10.5	9	17	3	+0.010 0	6	+0.012 0
300~540	87	34	-0.025 -0.050	24	-0.020 -0.041	M22 -8h	201	73	37	18	67	30	12.5	11	28	4	+0.012 0	8	+0.015 0

件13 弹簧（JB/T 8022.2—1999）

(1) 技术条件

1) 材料：65Mn；

2) 热处理：淬火 45~50HRC；

3) 其他技术条件按 JB/T 8044。

(2) 标记示例 D_0 = 19mm 的弹簧：

弹簧 19 JB/T 8022.2—1999

(3) 规格尺寸（表 4-46）

表 4-46 可调定心内胀器的弹簧的规格尺寸 （单位：mm）

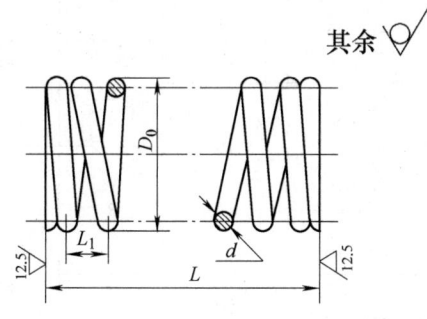

可调范围	L	L_1	D_0	d	有效圈数 n	总圈数 n
100~180	28.5	6	19	2.5	4	6
180~300	56	8	28	3	7	8
300~540	59	8	32	3	7	8.5

4.4 支承件

4.4.1 标准支承件

1. 支承钉（JB/T 8029.2—1999）

(1) 技术条件

1) 材料：T8 按 GB/T 1298 的规定。

2) 热处理：55~60HRC。

3) 其他技术条件按 JB/T 8044 的规定。

(2) 标记示例 D = 16mm、H = 8mm 的 A 型支承钉：

支承钉 A16×8 JB/T 8029.2—1999

(3) 规格尺寸（表 4-47）

表 4-47　支承件的规格尺寸　　　　　　　　　　（单位：mm）

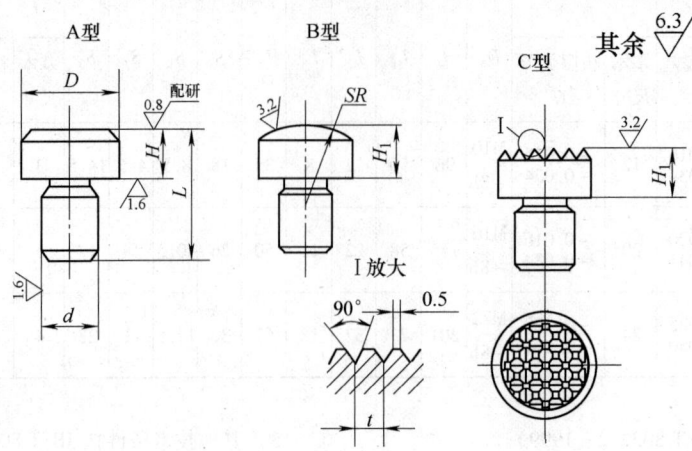

D	H	H_1 基本尺寸	H_1 极限偏差 h11	L	d 基本尺寸	d 极限偏差 r6	SR	t
5	2	2	0 −0.060	6	3	+0.016 +0.010	5	1
	5	5	0 −0.075	9				
6	3	3	0 −0.075	8	4	+0.023 +0.015	6	1
	6	6		11				
8	4	4		12	6		8	
	8	8	0 −0.090	16				
12	6	6	0 −0.075		8	+0.028 +0.019	12	1.2
	12	12	0 −0.110	22				
16	8	8	0 −0.090	20	10		16	
	16	16	0 −0.110	28				
20	10	10	0 −0.090	25	12	+0.034 +0.023	20	1.5
	20	20	0 −0.130	35				
25	12	12	0 −0.110	32	16		25	
	25	25	0 −0.130	45				
30	16	16	0 −0.110	42	20	+0.041 +0.028	32	2
	30	30	0 −0.130	55				
40	20	20		50	24		40	
	40	40	0 −0.160	70				

2. 六角头支承（JB/T 8026.1—1999）

（1）技术条件

1）材料：45 钢按 GB/T 699 的规定。

2）热处理：$L \leqslant 50$mm 全部 40~55HRC；$L >$ 50mm 头部 40~50HRC。

3）其他技术条件按 JB/T 8044 的规定。

（2）标记示例 $d=$M10、$L=25$mm 的六角头支承：

支承 M10×25 JB/T 8026.1—1999

（3）规格尺寸（表 4-48）

表 4-48 六角头支承的规格尺寸 （单位：mm）

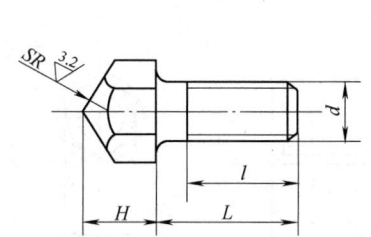
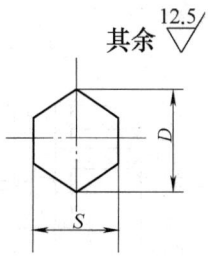

d		M5	M6	M8	M10	M12	M16	M20	M24	M30	M36
$D \approx$		8.63	10.89	12.7	14.2	17.59	23.35	31.2	37.29	47.3	57.7
H		8	8	10	12	14	16	20	24	30	36
SR		5						12			
S	基本尺寸	8	10	11	13	17	21	27	34	41	50
	极限偏差	0 −0.220			0 −0.270			0 −0.330		0 −0.620	
L		l									
15		12	12								
20		15	15	15							
25		20	20	20	20						
30			25	25	25	25					
35				30	30	30	30				
40				35				30			
45					35	35	35		30		
50				40	40	40		35	35		
60					45	45	40	40	35		
70					50	50	50	45	45		
80						60	55	50		50	
90						60	60	60			
100							70	70		60	
120							80	70			
140								100	90		
160									100		

3. 顶压支承（JB/T 8026.2—1999）

（1）技术条件

1）材料：45 钢按 GB/T 699 的规定。

2）热处理：40～45HRC。

3）其他技术条件按 JB/T 8044 的规定。

（2）标记示例　$d = $ Tr16×4 左，$L = 65$mm 的顶压支承：

支承　Tr16×4 左×65　JB/T 8026.2—1999

（3）规格尺寸（表4-49）

表4-49　顶压支承的规格尺寸　　　　　　　　　　（单位：mm）

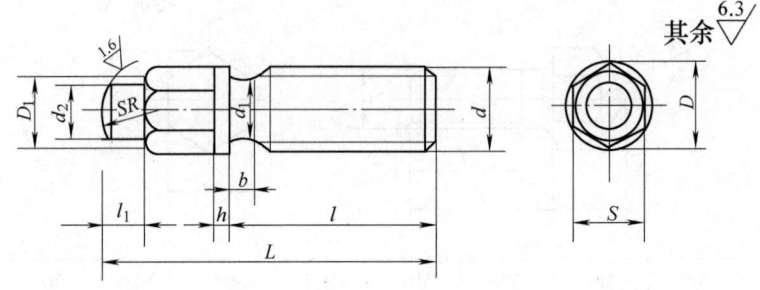

d	$D\approx$	L	S 基本尺寸	S 极限偏差	l	l_1	$D_1\approx$	d_1	d_2	b	h	SR
Tr16×4 左	16.2	55	13	0 -0.270	30	8	13.5	10.9	10	5	3	10
		65			40							
		80			55							
Tr20×4 左	19.6	70	17		40	10	16.5	14.9	12			12
		85			55							
		100			70							
Tr24×5 左	25.4	85	21	0 -0.330	50	12	21	17.4	16	6.5	4	16
		100			65							
		120			85							
Tr30×6 左	31.2	100	27		65	15	26	22.2	20	7.5	5	20
		120			75							
		140			95							
Tr36×6 左	36.9	120	34	0 -0.620	65	18	31	28.2	24			24
		140			85							
		160			105							

4. 圆柱头调节支承（JB/T 8026.3—1999）

（1）技术条件

1）材料：45 钢按 GB/T 699 的规定。

2）热处理：$L \leqslant 50$mm 全部 40～45HRC；$L > 50$mm 头部 40～45HRC。

3）其他技术条件按 JB/T 8044 的规定。

（2）标记示例　$d = $ M10、$L = 45$mm 的圆柱头调节支承：

支承　M10×45　JB/T 8026.3—1999

（3）规格尺寸（表4-50）

表 4-50 圆柱头调节支承的规格尺寸　　（单位：mm）

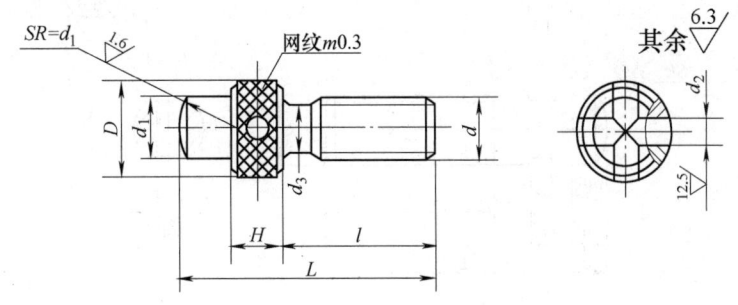

d	M5	M6	M8	M10	M12	M16	M20
D(滚花前)	10	12	14	16	18	22	28
d_1	5	6	8	10	12	16	20
d_2		3		4	5	6	8
d_3	3.7	4.4	6	7.7	9.4	13	16.4
H		6		8	10	12	14
L				l			
25	15						
30	20	20					
35	25	25	25				
40	30	30	30	25			
45	35	35	35	30			
50		40	40	35	30		
60			50	45	40		
70				55	50	45	
80					60	55	50
90						65	60
100						75	70
120							90

5. 调节支承（JB/T 8026.4—1999）

(1) 技术条件

1）材料：45 钢按 GB/T 699 的规定。

2）热处理：$L \leqslant 50$mm 全部 40~45HRC；$L > 50$ 头部 40~45HRC。

3）其他技术条件按 JB/T 8044 的规定。

(2) 标记示例　d = M12、L = 50mm 的调节支承：

支承　M12×50　JB/T 8026.4—1999

(3) 规格尺寸（表 4-51）

表 4-51 调节支承的规格尺寸　　（单位：mm）

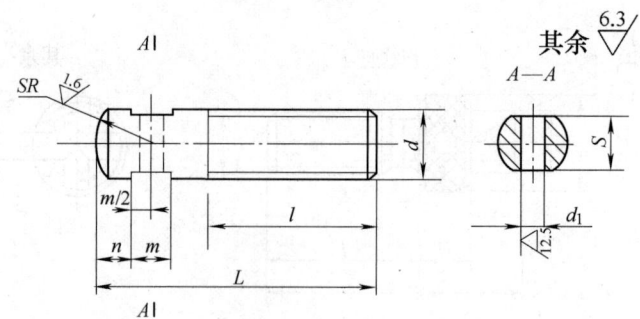

d		M5	M6	M8	M10	M12	M16	M20	M24	M30	M36
n		2	3	3	4	5	6	8	10	12	18
m		4	4	5	5	8	10	12	14	16	18
S	基本尺寸	3.2	4	5.5	8	10	13	16	18	24	30
	极限偏差	0 −0.180			0 −0.220		0 −0.27		0 −0.330		
d_1		2	2.5	3	3.5	4	5	—			
SR		5	6	8	10	12	16	20	24	30	36
L		l									
20		10	10								
25		12	12	12							
30		16	16	16	14						
35			18	18	16						
40			18	20	20	18					
45				25	25	20					
50				30	30	25	25				
60					30	30	30				
70						35	40	35			
80						35	45	40			
100							50	50	50		
120							50	60	70	60	
140								80	90	80	
160								80	90	90	
180									90	100	
200										100	
220										100	
250											150
280											150
320											150

6. **球头支承**（JB/T 8026.5—1999）

（1）技术条件

1）材料：45 钢按 GB/T 699 的规定。

2）热处理：40～45HRC。

3）其他技术条件按 JB/T 8044 的规定。

（2）标记示例 $D=20\text{mm}$ 的球头支承：

支承 20 JB/T 8026.5—1999

（3）规格尺寸（表 4-52）

表 4-52 球头支承的规格尺寸 （单位：mm）

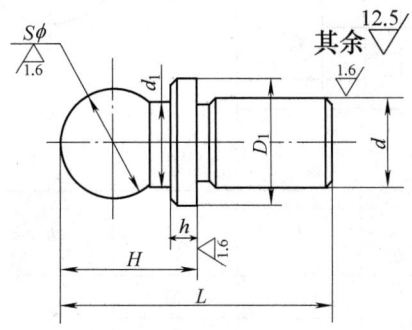

$S\phi$		D_1	d		d_1	L	H	h
基本尺寸	极限偏差 h11		基本尺寸	极限偏差 r6				
8	0 −0.090	10	6	+0.023 +0.015	6	20	12	2
10		12	8	+0.028 +0.019	8	25	15	3
12	0 −0.110	15	10		10	30	16	4
16		18	12	+0.034 +0.023	12	40	20	5
20	0 −0.130	22	16		16	50	25	
25		28	20		20	60	30	
32	0 −0.160	36	25	+0.041 +0.028	25	70	38	6

7. **螺钉支承**（JB/T 8026.6—1999）

（1）技术条件

1）材料：45 钢按 GB/T 699 的规定。

2）热处理：40～45HRC。

3）其他技术条件按 JB/T 8044 的规定。

（2）标记示例 $D=30\text{mm}$ 的螺钉支承：

支承 30 JB/T 8026.6—1999

（3）规格尺寸（表 4-53）

表 4-53 螺钉支承的规格尺寸　　　　　　　　　　　　　　　（单位：mm）

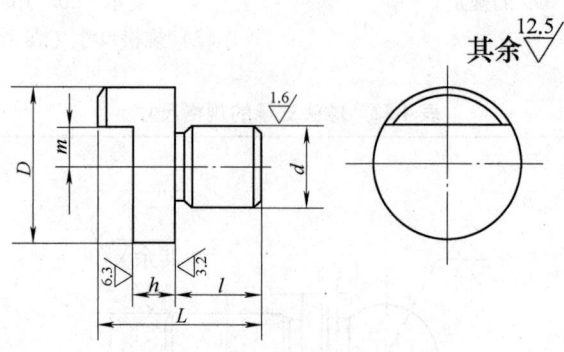

D	d 基本尺寸	d 极限偏差 r6	L	l	h	m	配用螺钉
14	8	+0.028 +0.019	18	10	5	3	M6
16	10		20	12		4	M8
18	10		22	12	6	5	M10
20	12	+0.034 +0.023	25	15	6	6	M12
25	12		30	15	9	7	M16
30	16		35	18	9	8	M20
35	16		38	18	10	10	M24
40	20	+0.041 +0.028	42	22	10	12	M30
50	25		50	25	15	14	M36

8. 支柱（JB/T 8027.1—1999）

（1）技术条件

1）材料：45 钢按 GB/T 699 的规定。

2）热处理：35～40HRC。

3）其他技术条件按 JB/T 8044 的规定。

（2）标记示例　　$d = M5$、$L = 40mm$ 的支柱：

支柱　M5×40　JB/T 8027.1—1999

（3）规格尺寸（表 4-54）

表 4-54 支柱的规格尺寸　　　　　　　　　　　　　　　（单位：mm）

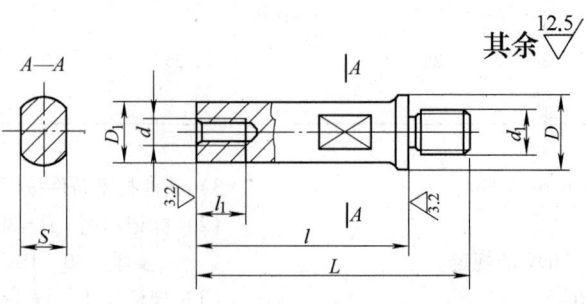

（续）

d	L	d_1	D	D_1	S 基本尺寸	S 极限偏差	l	l_1
M5	35	M6	12	10	8	0 -0.220	25	10
M5	40	M6	12	10	8	0 -0.220	23	10
M6	45	M8	14	12	10	0 -0.220	32	12
M6	60	M8	14	12	10	0 -0.220	45	12
M6	75	M10	16	14	11	0 -0.220	58	12
M8	90	M12	22	16	13	0 -0.270	70	16
M8	110	M12	22	16	13	0 -0.270	90	16
M10	140	M16	30	20	16	0 -0.270	115	20

9. 低支脚（JB/T 8028.1—1999）

（1）技术条件

1）材料：45 钢按 GB/T 699 的规定。

2）热处理：40～45HRC。

3）其他技术条件按 JB/T 8044 的规定。

（2）标记示例　$d = M8$、$H = 20mm$ 的低支脚：

支脚　M8×20　JB/T 8028.1—1999

（3）规格尺寸（表4-55）

表 4-55　低支脚的规格尺寸　　　　　　　　　　　　　　（单位：mm）

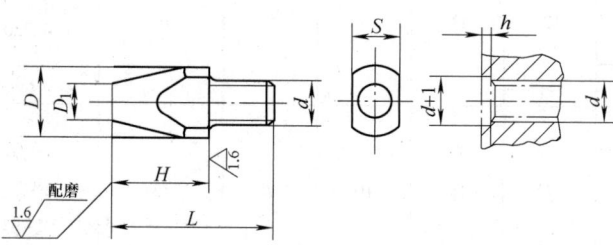

d	H	L	D	D_1	S 基本尺寸	S 极限偏差	相配件 h
M4	10	18	6	4	4	0 -0.180	0.5
M4	20	28	6	4	4	0 -0.180	0.5
M5	12	20	8	5	5.5	0 -0.180	1
M5	25	34	8	5	5.5	0 -0.180	1
M6	16	25	10	6	8	0 -0.220	1.5
M6	32	42	10	6	8	0 -0.220	1.5
M8	20	32	12	8	10	0 -0.220	2
M8	40	52	12	8	10	0 -0.220	2
M10	25	40	16	10	13	0 -0.270	2.5
M10	50	65	16	10	13	0 -0.270	2.5
M12	30	50	20	12	16	0 -0.270	3
M12	60	80	20	12	16	0 -0.270	3
M16	40	60	25	16	21	0 -0.330	3.5
M20	50	80	32	20	27	0 -0.330	4

10. 高支脚（JB/T 8028.2—1999）

（1）技术条件

1）材料：45 钢按 GB/T 699 的规定。

2）热处理：40~45HRC。

3）其他技术条件按 JB/T 8044 的规定。

（2）标记示例　$d = M10$、$H = 55$mm 的高支脚：

高支脚　M10×55　JB/T 8028.2—1999

（3）规格尺寸（表 4-56）

表 4-56　高支脚的规格尺寸　　　　　　　　　　　（单位：mm）

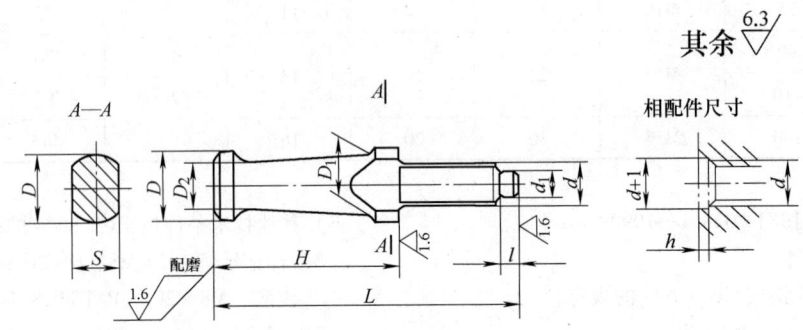

d	H	L	D	D_1	D_2	d_1	S 基本尺寸	S 极限偏差	l	相配件 h
M8	35	60	12	11	8	5	10	0 −0.220	4	2
	45	70								
	55	80								
	65	90								
M10	45	75	16	14	10	7	13		5	2.5
	55	85								
	65	95								
	75	105						0 −0.270		
M12	55	90	20	16	13	9	16		6	3
	70	105								
	85	120								
	100	135								
M16	65	110	25	22	16	12	21		8	3.5
	85	130								
	105	150								
	130	175						0 −0.330		
M20	100	155	32	26	20	15	27		10	4
	125	180								
	150	205								
	180	235								

11. 支承板（JB/T 8029.1—1999）

（1）技术条件
1）材料：T8 按 GB/T 1298 的规定。
2）热处理：55~60HRC。
3）其他技术条件按 JB/T 8044 的规定。

（2）标记示例　$H=16$mm、$L=100$mm 的 A 型支承板：
　　支承板　A16×100　JB/T 8029.1—1999

（3）规格尺寸（表4-57）

表4-57　支承板的规格尺寸　　　　　　　　（单位：mm）

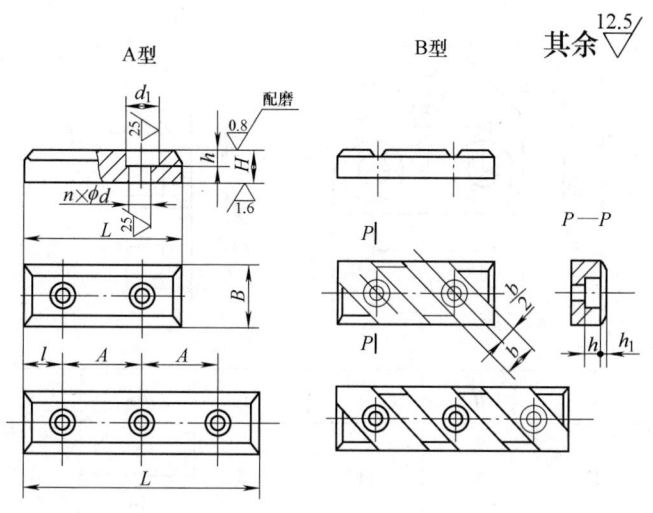

H	L	B	d	l	A	d	d_1	h	h_1	孔数 n
6	30	12	—	7.5	15	4.5	8	3	—	2
	45									3
8	40	14		10	20	5.5	10	3.5		2
	60									3
10	60	16	14	15	30	6.6	11	4.5		2
	90									3
12	80	20			40				1.5	2
	120		17	20		9	15	6		3
16	100	25								2
	160				60					3
20	120	32								2
	180		20	30		11	18	7	2.5	3
25	140	40			80					2
	220									3

12. 支板（JB/T 8030—1999）

（1）技术条件

1）材料：45 钢按 GB/T 699 的规定。

2）热处理：35~40HRC。

3）其他技术条件按 JB/T 8044 的规定。

（2）标记示例　d = M8、L = 30mm 的支板：

　　支板　M8×30　JB/T 8030—1999

（3）规格尺寸（表4-58）

表 4-58　支板的规格尺寸　　　　　　　　　　　（单位：mm）

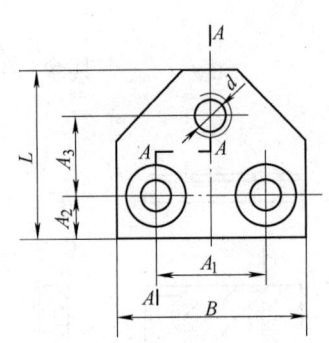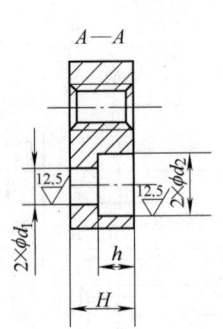

d	L	B	H	A_1	A_2	A_3	d_1	d_2	h
M5	18	22	8	11	5.5	8	4.5	8	5
M5	24	22	8	11	5.5	14	4.5	8	5
M6	24	28	10	15	6.5	12	5.5	10	6
M6	30	28	10	15	6.5	18	5.5	10	6
M8	30	35	12	20	8	14	6.6	11	7
M8	38	35	12	20	8	22	6.6	11	7
M10	38	45	15	25	10	18	6	15	9
M10	48	45	15	25	10	28	6	15	9
M12	44	55	18	32	12	18	11	18	11
M12	58	55	18	32	12	32	11	18	11
M16	52	75	22	48	14	22	13.5	20	13
M16	68	75	22	48	14	38	13.5	20	13

13. 螺钉用垫板（JB/T 8042—1999）

（1）技术条件

1）材料：45 钢按 GB/T 699 的规定。

2）热处理：40~45HRC。

3）其他技术条件按 JB/T 8044 的规定。

（2）标记示例　b = 13mm、L = 40mm 的螺钉用垫板：

　　垫板　13×40　JB/T 8042—1999

（3）规格尺寸（表4-59）

表 4-59 螺钉用垫板的规格尺寸　　（单位：mm）

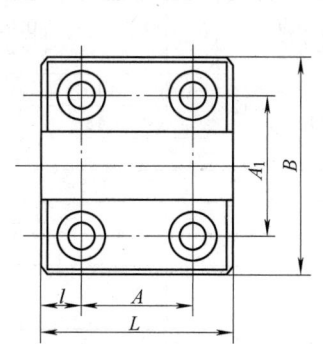 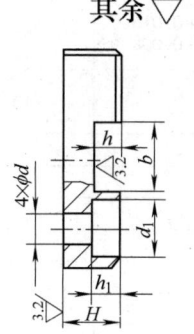

其余 $\sqrt{12.5}$

b	L	B	H	A	A_1	l	d	d_1	h	h_1	配用螺钉
5.5	24	28	8	12	16	6	4.5	8	2	4	M6
7	30	34	10	16	20	7	5.5	10	3	5	M8
8	34	40	12	18	24	8	6.6	11	4	6	M10
10	54	42	12	34	26	10	6.6	11	5	6	M12
13	40	45	12	24	29	8	6.6	11	5	6	M16
13	70	45	12	42	29	14	6.6	11	5	6	M16
16	50	56	16	30	36	10	9	15	6	8	M20
16	90	56	16	54	36	18	9	15	6	8	M20
19	60	58	16	40	38	10	9	15	8	8	M24~M36
19	90	58	16	54	38	18	9	15	8	8	M24~M36
19	130	58	16	80	38	25	9	15	8	8	M24~M36

4.4.2 非标准支承件

1. 长圆头支承钉

（1）技术条件

1）材料：45钢。
2）热处理：38~43HRC。
（2）规格尺寸（表4-60）

表 4-60 长圆头支承钉的规格尺寸　　（单位：mm）

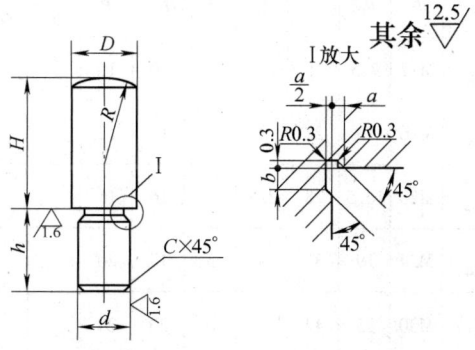

其余 $\sqrt{12.5}$

（续）

d	D	8	10	12	16	20	24
	基本尺寸	6	8		12	16	20
	极限偏差 n6	+0.016 +0.008	+0.019 +0.010		+0.023 +0.012		+0.028 +0.015
R		8	10	12	16	20	25
h					18	25	30
a		1			1.5		
b		1			1.5		2
C		0.8	1			2	2.5
H	10						
	12						
	15						
	18						
	20						
	25						
	30						
	35						
	40						
	45						
	50						

2. 锥体支承钉

(1) 技术条件

1) 材料：45 钢。

2) 热处理：38~43HRC。

(2) 规格尺寸（表 4-61）

表 4-61 锥体支承钉的规格尺寸　　　　　　　　　　（单位：mm）

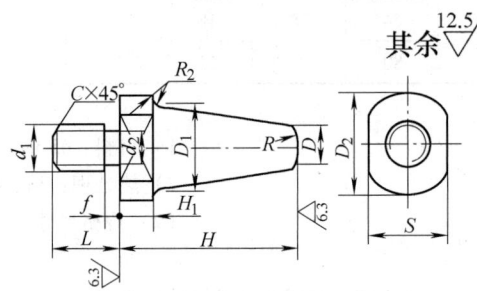

D	D_1	D_2	S		d_1	d_2	L	C	f	H_1	R	H						
			基本尺寸	极限偏差								50	60	70	80	90	100	110	120
10	22	28	22	0 −0.28	M12	9.5	18	1.8	3	10	10								
12	27	35	27	0 −0.28	M16	13	22	2	3	13	12								
16	32	40	32	0 −0.34	M20	16.5	28	2.5	4	16	16								
20	36	48	36	0 −0.34	M24	19	35	3	5	18	20								
24	46	52	46	0 −0.34	M30	25	42	4	6	20	24								

4.4.3 辅助支承

1. 自动调节支承（JB/T 8026.7—1999）

（1）标记示例 $d=12$mm、$H=45$mm 的自动调节支承：

支承 12×45 JB/T 8026.7—1999

（2）规格尺寸（表4-62）

表4-62 自动调节支承的规格尺寸　　　　　　　　（单位：mm）

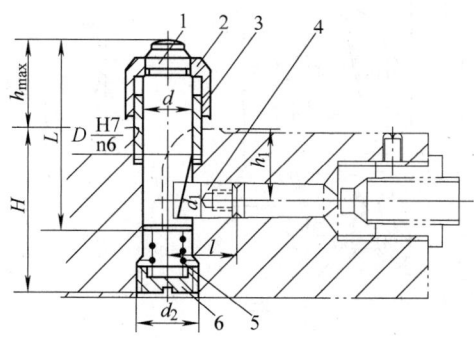

主要尺寸									件号	1	2	3	4	5	6
^									名称	支承	挡盖	衬套	顶销	弹簧	螺塞
^									材料	45	A3	45	45	碳素弹簧钢丝Ⅱ	A3
^									数量	1	1	1	1	1	1
d	$H\approx$	h_{max}	L	D	d_1	d_2	h_1	l	标准	JB/T 8026.7—1999	JB/T 8026.7—1999	JB/T 8026.7—1999	JB/T 8026.7—1999	GB/T 2089—1994	JB/T 8037—1999
12	45	32	58	16	10	M18×1.5	16	18.2	规格	12×58	18×18	12	10	1.2×9×18	BM18×1.5
	49		62				20			12×62					
	55		68				26			12×68					
16	56	36	65	22	12	M22×1.5	18	22.3		16×65	24×20	16	12	1.6×12×25	BM22×1.5
	66		75				28			16×75					
	76		85				38			16×85					
20	72	45	85	26	16	M27×1.5	25	30.6		20×85	28×24	20	16	2×14×38	BM27×1.5
	82		95				35			20×95					
	92		115				45			20×115	28×35				

件1 支承（JB/T 8026.7—1999）

（1）技术条件

1）材料：45钢；

2）热处理：40~45HRC；

3）其他技术条件按 JB/T 8044。

（2）标记示例 $d=16$mm，$L=65$mm 的支承：

支承 16×65 JB/T 8026.7—1999

（3）规格尺寸（表4-63）

表 4-63 自动调节支承的规格尺寸　　　　　　　　（单位：mm）

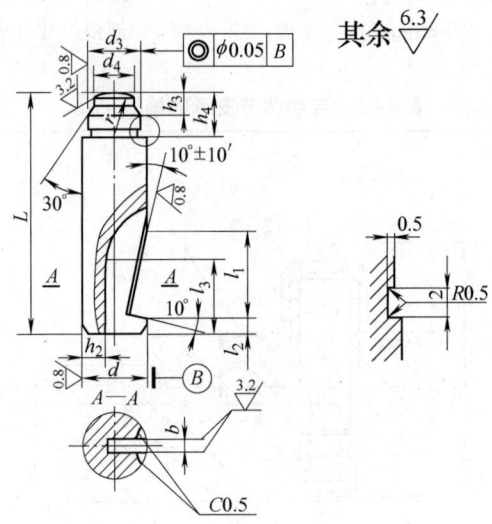

d 基本尺寸	d 极限偏差 f9	L	d₃ 基本尺寸	d₃ 极限偏差 n6	d_4	l_1	l_2	l_3	b	h_2	h_3	h_4	r
12	−0.016 −0.059	58	11	+0.023 +0.012	9	22	3	15	3	5	5	10	10
		62											
		68											
16		65	15		12	24	4	20	4	7	6	12	12
		75											
		85											
20	−0.020 −0.072	95	18		15	28	5	24	5	9	8	16	16
		115											

件 2　挡盖（JB/T 8026.7—1999）

(1) 技术条件

1) 材料：A3。

2) 其他技术条件按 JB/T 8044。

(2) 标记示例　$D_1 = 28$mm，$H_1 = 28$mm 的挡盖：

　　挡盖　28×28　JB/T 8026.7—1999

(3) 规格尺寸（表 4-64）

表 4-64 自动调节支承挡盖的规格尺寸　　　　　　（单位：mm）

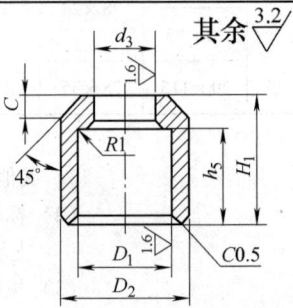

(续)

D_1		H_1	D_2	d_3		h_5	C
基本尺寸	极限偏差 H11			基本尺寸	极限偏差 H7		
18	+0.110 0	18	22	11	+0.180 0	13	3
24	+0.130 0	20	30	15		14	4
28		24	35	18		16	5
		35				27	

件3 衬套（JB/T 8026.7—1999）

（1）技术条件

1）材料：45钢；

2）热处理：40~45HRC；

3）其他技术条件按 JB/T 8044。

（2）标记示例　$d = 20$mm 的衬套：

衬套　20　JB/T 8026.7—1999

（3）规格尺寸（表4-65）

表4-65　自动调节支承的衬套的规格尺寸　　　　　　　　　（单位：mm）

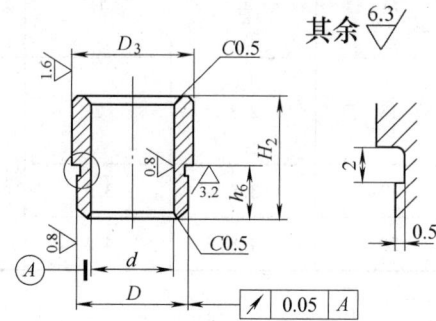

d		D		D_3		H_2	h_6
基本尺寸	极限偏差 H9	基本尺寸	极限偏差 n6	基本尺寸	极限偏差 b11		
12	+0.043 0	16	+0.023 +0.012	18	-0.150 -0.260	20	8
16		22		24		22	10
20	+0.052 0	26	+0.028 +0.015	28	-0.160 -0.290	28	12

件4 顶销（JB/T 8026.7—1999）

（1）技术条件

1）材料：45钢；

2）热处理：40~45HRC；

3）两斜面 10°±10′须在同一平面上；

4）其他技术条件按 JB/T 8044。

（2）标记示例　$d_1 = 16$mm 的顶销：

顶销　16　JB/T 8026.7—1999

（3）规格尺寸（表4-66）

表 4-66 自动调节支承的顶销的规格尺寸　　　　　　　（单位：mm）

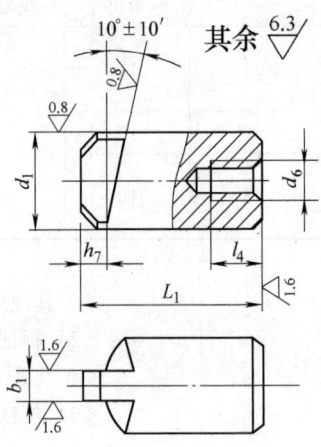

d_1		L_1	b_1	h_7	d_6	l_4
基本尺寸	极限偏差 f9					
10	−0.013 −0.049	18	2.8	2	M5	6
12	−0.016 −0.059	22	3.8	3.5	M6	8
16		30	4.8	4.5		

2. 推引式辅助支承（表 4-67）

表 4-67 推引式辅助支承的规格尺寸　　　　　　　（单位：mm）

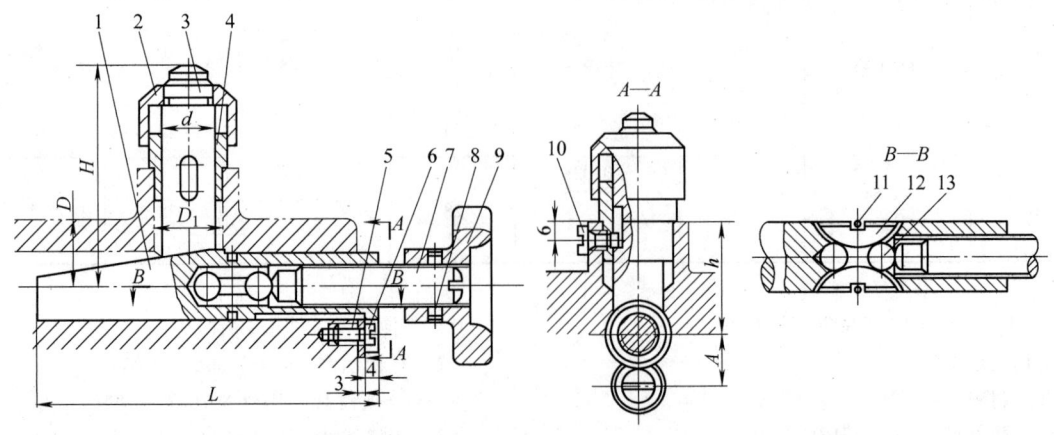

（续）

主要尺寸	d(H8/f9)			16			20			
	D(H8/f9)			20			30			
	H	min	54	59	64	65	70	75	80
		max	58	63	68	72	77	82	87
	D_1(H7/h6)			22			26			
	L			110			140			
	h		25	30	35	30	35	40	45
	A			15			22			
	每件质量≈/kg		0.696	0.700	0.704	1.397	1.402	1.412	1.432

件号	名称	数量	标准	尺寸						
1	调节楔	1		20			30			
2	挡盖	1		24×20			28×24			
3	支承	1		16×50	16×55	16×60	20×60	20×65	20×70	20×75
4	衬套	1		16			20			
5	挡圈	1		7			9			
6	螺钉	1	GB/T 65—2000	M6×12			M8×14			
7	螺钉	1		AM12×60			AM16×80			
8	销	1	GB/T 117—2000	3×26			4×30			
9	把手	1		65			80			
10	螺钉	1		M6×10			M6×12			
11	钢丝挡圈	1	GB/T 921—1986	15			25			
12	半圆键	2		5			6			
13	钢球	2	GB/T 308—2002	9			13			

件1 调节楔（表4-68）

技术条件：

1) 材料：20钢；

2) b 对 D 的对称度不大于 0.1mm；

3) 螺纹按 3 级精度制造；

4) 锐边倒钝；

5) 表面发蓝或其他防锈处理；

6) 热处理：渗碳深度 0.8～1.2mm，淬火 60～64HRC，螺纹及半圆槽不渗碳。

表4-68 推引式辅助支承调节楔的规格尺寸　　　　　　　　　　（单位：mm）

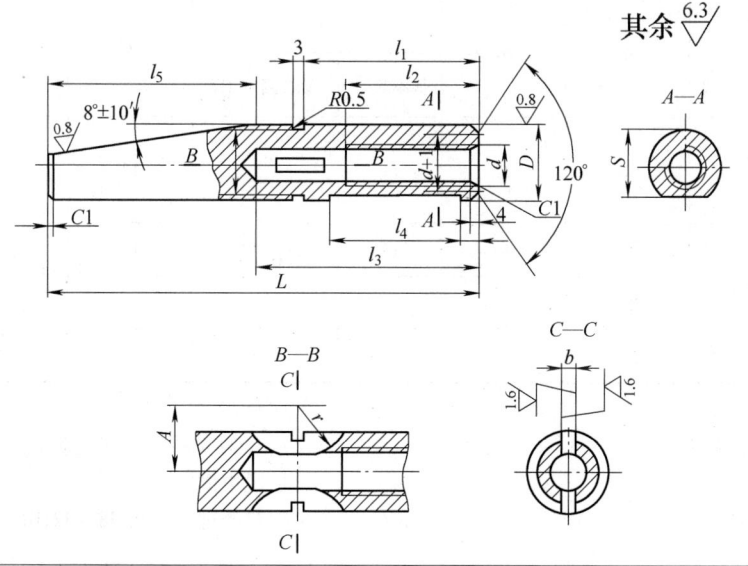

（续）

D		d	d_1		L	$l_1 \pm 0.2$	l_2	$l_3 + 0.2$	l_4	l_5	b		$A \pm 0.2$	r	S		每件质量 ≈ /kg
基本尺寸	极限偏差 f9		基本尺寸	极限偏差 h12							基本尺寸	极限偏差 H8			基本尺寸	极限偏差 h11	
20	−0.020 −0.072	M12	15	0 −0.210	110	45	35	57.5	35	58	5	+0.018 0	18	15	18.5	0 −0.130	0.170
30		M16	25	0 −0.250	140	60	45	75	50	75	6		22	19	28		0.495

件2 挡盖（表4-69）
技术条件：
1）材料：A3；
2）锐边倒钝；
3）表面发蓝或其他防锈处理。

表4-69 推引式辅助支承的挡盖的规格尺寸　　　（单位：mm）

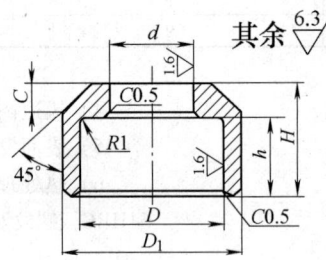

D		H	D_1	d		h	C	每件质量 ≈ /kg
基本尺寸	极限偏差 H12			基本尺寸	极限偏差 H7			
18	+0.018 0	18	22	11	+0.180 0	13	3	0.020
24	+0.210 0	20	30	15		14	4	0.050
28		24	35	18		16	5	0.060
		35				27		0.110

件3 支承（表4-70）
技术条件：
1）材料：45钢；
2）d_1 对 d 的径向圆跳动不大于0.05mm；
3）锐边倒钝；
4）热处理：淬火38~42HRC。

表 4-70 推引式辅助支承的支承的规格尺寸

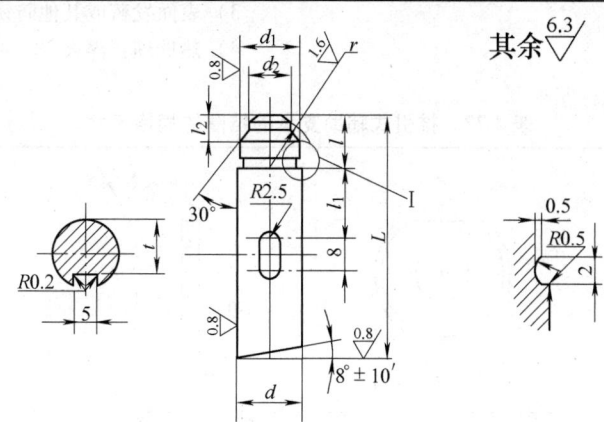

d		d_1		d_2	L	l	l_1	l_2	r	t	每件质量 ≈ /kg
基本尺寸	极限偏差 f9	基本尺寸	极限偏差 n6								
16	-0.016 -0.059	15	+0.032 +0.012	12	50	12	18	6	12	13	0.070
					55						0.075
					60						0.085
20	-0.020 -0.072	18	+0.028 +0.015	15	65	16	23	8	16	17	0.135
											0.145
					70						0.155
					75						0.170

件 4　衬套（表 4-71）

技术条件：

1）材料：45 钢；

2）表面发蓝或其他防锈处理；

3）D 对 d 的径向跳动不大于 0.05mm；

4）热处理：淬火 38～42HRC。

表 4-71 推引式辅助支承的衬套的规格尺寸　　　　　　　　　　（单位：mm）

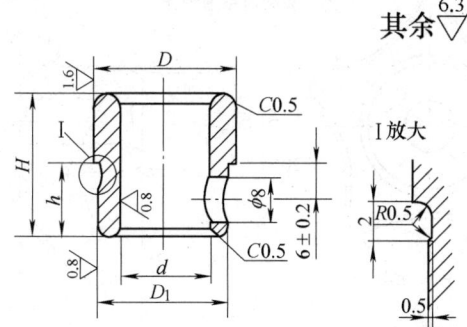

d		D		D_1		H	h	每件质量 ≈ /kg
基本尺寸	极限偏差 H8	基本尺寸	极限偏差 b12	基本尺寸	极限偏差 n6			
16	+0.027 0	24	-0.150 -0.330	22	+0.028 +0.015	24	12	0.035
20	+0.032 0	28		26		27		0.50

件5 挡圈（表4-72）

技术条件：

1）材料：45钢；

2）锐边倒钝；

3）表面发蓝或其他防锈处理；

4）热处理：淬火38～42HRC。

表4-72 推引式辅助支承的挡圈的规格尺寸　　（单位：mm）

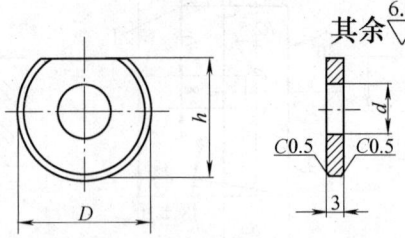

d	D		h	每件质量≈/kg
	基本尺寸	极限偏差 h11		
7	16	0 -0.110	14.5	0.0035
9	22	0 -0.130	20	0.0065

件9 星形把手（表4-73）

技术条件：

1）材料：HT150；

2）锐边倒钝；

3）非加工表面涂漆。

表4-73 推引式辅助支承星形把手的规格尺寸　　（单位：mm）

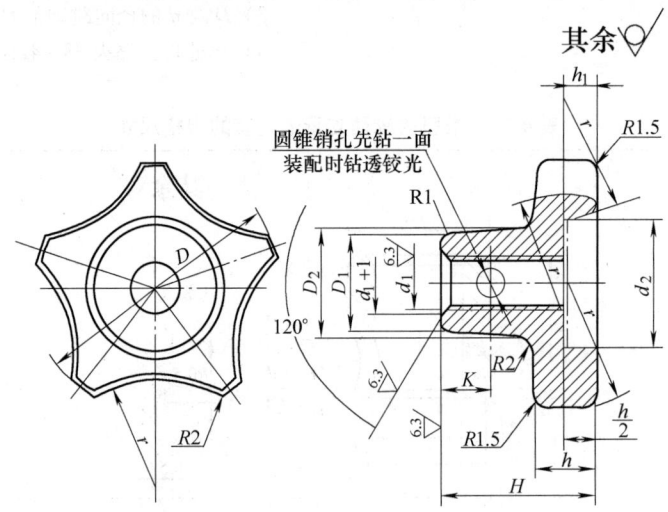

D	D_1	D_2	d_1	d_2	H	h	h_1	K	r	每件质量≈/kg	圆锥销 GB/T 117—2000 $d \times l$
65	25	27	M12	32	36	16	8	12	32.5	0.266	3×26
80	30	32	M16	40	50	20	14	16	40	0.626	4×30

件12 半圆键（表4-74）

技术条件：

1）材料：45钢；

2）锐边倒钝；

3）表面发蓝或其他防锈处理；

4）热处理：淬火38~42HRC。

表4-74 推引式辅助支承半圆键的规格尺寸 （单位：mm）

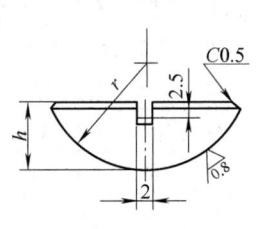
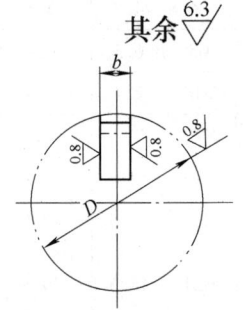

b		h		r		D		每件质量≈ /kg
基本尺寸	极限偏差 f9	基本尺寸	极限偏差 h12	基本尺寸	极限偏差 h12	基本尺寸	极限偏差 h12	
5	-0.010 -0.040	7	0 -0.150	14	0 -0.180	20	0 -0.210	0.0045
6		11	0 -0.180	18		30		0.0120

4.5 夹紧件

4.5.1 压块、压板

1. 光面压块（GB/T 2171—2008）

（1）技术条件

1）材料：45钢按GB/T 699的规定。

2）热处理：35~40HRC。

3）其他技术条件按JB/T 8044的规定。

（2）标记示例 公称直径=12mm的A型光面压块：

压块 A12 GB/T 2171—2008

（3）规格尺寸（表4-75）

表4-75 光面压块的规格尺寸 （单位：mm）

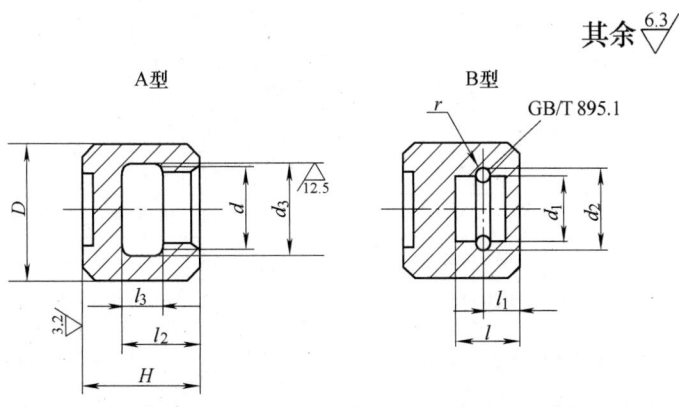

(续)

公称直径(螺纹直径)	D	H	d	d_1	d_2 基本尺寸	d_2 极限偏差	d_3	l	l_1	l_2	l_3	r	挡圈(GB/T 895.1)
4	8	7	M4	—	—	—	4.5	—	—	4.5	2.5	—	—
5	10	9	M5	—	—	—	6	6	3.5	—	—
6	12		M6	4.8	5.3		7	6	2.4				5
8	16	12	M8	6.3	6.9	+0.100 / 0	10	7.5	3.1	8	5	0.4	6
10	18	15	M10	7.4	7.9		12	8.5	3.5	9	6		7
12	20	18	M12	9.5	10		14	10.5	4.2	11.5	7.5		9
16	25	20	M16	12.5	13.1	+0.120 / 0	18	13	4.4	13	9	0.6	12
20	30	25	M20	16.5	17.5		22	16	5.4	15	10.5		16
24	36	28	M24	18.5	19.5	+0.280 / 0	26	18	6.4	17.5	12.5	1	18

2. 槽面压块（JB/T 8009.2—1999）

（1）技术条件

1）材料：45 钢按 GB/T 699 的规定。
2）热处理：35~40HRC。
3）其他技术条件按 JB/T 8044 的规定。

（2）标记示例　公称直径＝12mm 的 A 型槽面压块：

压块　A12　JB/T 8009.2—1999

（3）规格尺寸（表 4-76）

表 4-76　槽面压块的规格尺寸　　　　（单位：mm）

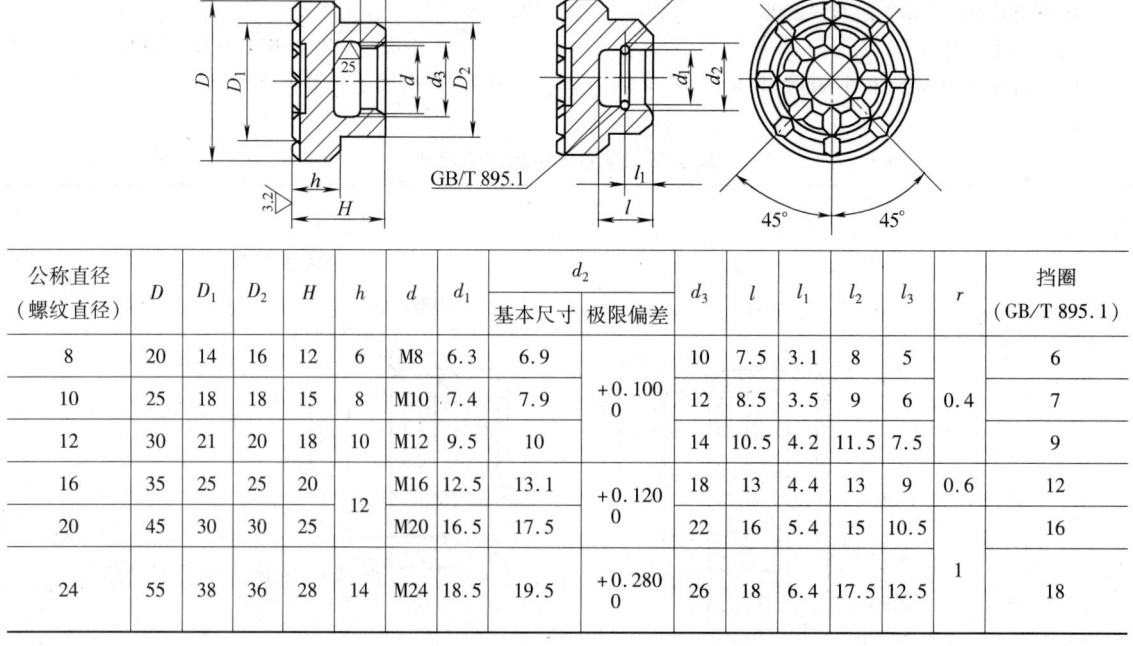

公称直径(螺纹直径)	D	D_1	D_2	H	h	d	d_1	d_2 基本尺寸	d_2 极限偏差	d_3	l	l_1	l_2	l_3	r	挡圈(GB/T 895.1)
8	20	14	16	12	6	M8	6.3	6.9	+0.100 / 0	10	7.5	3.1	8	5	0.4	6
10	25	18	18	15	8	M10	7.4	7.9		12	8.5	3.5	9	6		7
12	30	21	20	18	10	M12	9.5	10		14	10.5	4.2	11.5	7.5		9
16	35	25	25	20	12	M16	12.5	13.1	+0.120 / 0	18	13	4.4	13	9	0.6	12
20	45	30	30	25		M20	16.5	17.5		22	16	5.4	15	10.5	1	16
24	55	38	36	28	14	M24	18.5	19.5	+0.280 / 0	26	18	6.4	17.5	12.5		18

3. 圆压块（JB/T 8009.3—1999）

(1) 技术条件

1) 材料：45 钢按 GB/T 699 的规定。

2) 热处理：35~40HRC。

3) 其他技术条件按 JB/T 8044 的规定。

(2) 标记示例　$D=32$mm 的圆压块：

　　压块　32　JB/T 8009.3—1999

(3) 规格尺寸（表 4-77）

表 4-77　圆压块的规格尺寸　　　　　　　　　　　　　（单位：mm）

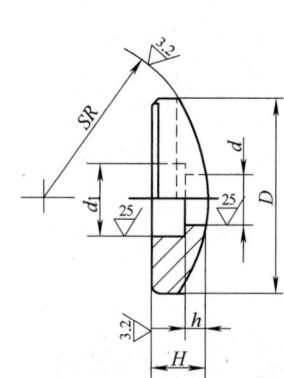 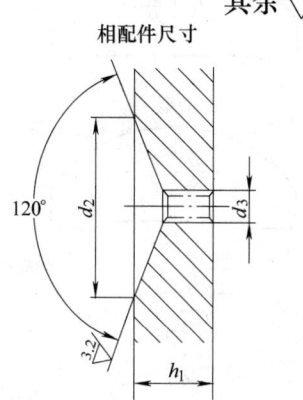

D	H	SR	d	d_1	h	相配件		
						d_2	d_3	h_{1min}
20	7	16	6	10	3	18	M4	10
25	8	20	7	12		23	M5	12
32	10	25	9	15	4	30	M6	15
40	12	32			5	35		18
50	15	36	11	18	7	45	M8	22
60	18	40			11	55		25

4. 弧形压块（JB/T 8009.4—1999）

(1) 技术条件

1) 材料：45 钢按 GB/T 699 的规定。

2) 热处理：35~40HRC。

3) 其他技术条件按 JB/T 8044 的规定。

(2) 标记示例　$L=60$mm、$B=14$mm 的 A 型弧形压块：

　　压块　A60×14　JB/T 8009.4—1999

(3) 规格尺寸（表 4-78）

表 4-78 弧形压块的规格尺寸　　　　　　　　　　（单位：mm）

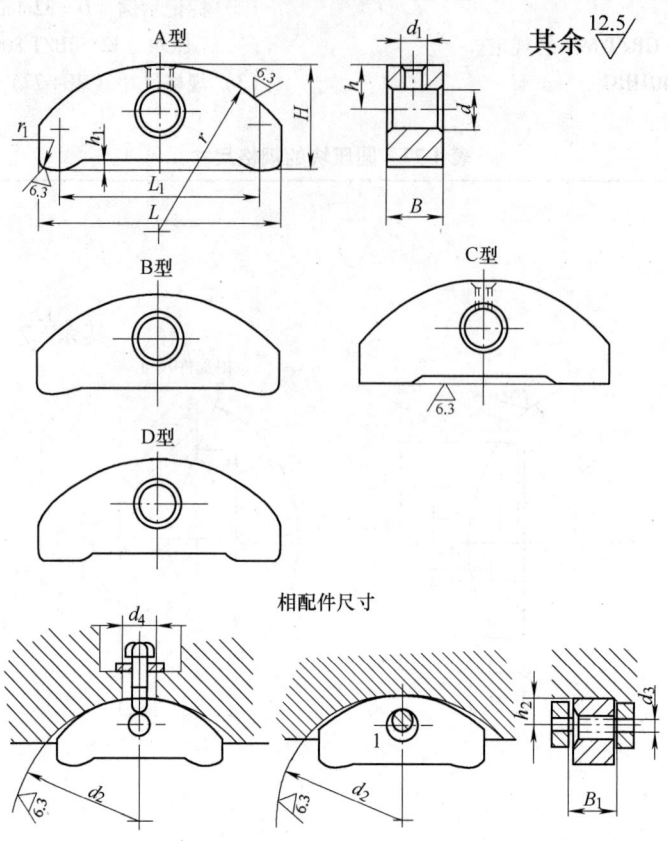

L	B		H	h	d	d_1	L_1	r	r_1	相　配　件				
	基本尺寸	极限偏差 a11								d_2	d_3	d_4	h_2	B_1
30	10		14	6.5	6	M4	25	25	5	63	4	7	6.2	10
	14													14
40	10		16				32		6					10
	14													14
50	10	−0.290 −0.400	20	8.2	8	M5	40	32	8	80	4	8	7.5	10
	14													14
	18													18
60	10		25	10.5	10	M6	50	40	10	100	5	10	9.5	10
	14													14
	18													18
80	14		32	11.5	12	M8	60	50	12	125	6	13	10.5	14
	16													16
	20	−0.300 −0.430												20
100	14	−0.290 −0.400	40	14	16		80	60	16	160			12.5	14
	16													16
	20	−0.300 −0.430												20
125	16	−0.290 −0.400	50	16.5		M10	100	80	18	200	8	16	14.5	16
	20	−0.300 −0.430												20

5. 移动压板（JB/T 8010.1—1999）

（1）技术条件

1）材料：45 钢按 GB/T 699 的规定。

2）热处理：35~40HRC。

3）其他技术条件按 JB/T 8044 的规定。

（2）标记示例　公称直径 = 6mm、L = 45mm 的 A 型移动压板：

　　压板　A6×45　JB/T 8010.1—1999

（3）规格尺寸（表4-79）

表4-79　移动压板的规格尺寸　　　　　　　　（单位：mm）

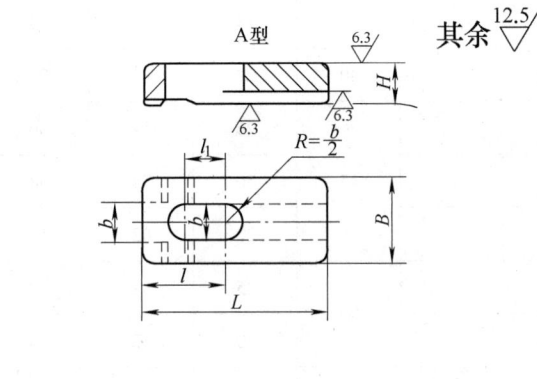

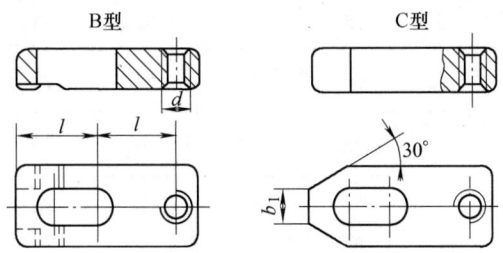

公称直径（螺纹直径）	L			B	H	l	l_1	b	b_1	d
	A型	B型	C型							
6	40	—	40	18	6	17	9	6.6	7	M6
	45		—	20	8	19	11			
			50	22	12	22	14			
8	45	—	—	20	8	18	8	9	9	M8
		50		22	10	22	12			
	60		60	25	14	27	17			
10	60	—	—	25	10	27	14	11	10	M10
		70		28	12	30	17			
			80	30	16	36	23			

（续）

公称直径	L			B	H	l	l_1	b	b_1	d
（螺纹直径）	A 型	B 型	C 型							
12	70	—	—	32	14	30	15	14	12	M12
	80				16	35	20			
	100				18	45	30			
	120			36	22	55	43			
16	80		—	40	18	35	15	18	16	M16
	100				22	44	24			
	120				25	54	36			
	160			45	30	74	54			
20	100	—	—	50	22	42	18	22	20	M20
	120				25	52	30			
	160				30	72	48			
	200			55	35	92	68			
24	120	—	—	50	28	52	22	26	24	M24
	160			55	30	70	40			
	200				35	90	60			
	250			60	40	115	85			
30	160	—		65	35	70	35	33		M30
	200					90	55			
	250					115	80			
36	200		—	75	40	85	45	39	—	
	250				45	110	70			
	320			80	50	145	105			

6. 转动压板（JB/T 8010.2—1999）

（1）技术条件

1）材料：45 钢按 GB/T 699 的规定。

2）热处理：35～40HRC。

3）其他技术条件按 JB/T 8044 的规定。

（2）标记示例 公称直径 = 6m、L = 45mm 的 A 型转动压板：

压板 A6×45 JB/T 8010.2—1999

（3）规格尺寸（表 4-80）

表 4-80 转动压板的规格尺寸　　　　　　　　　　（单位：mm）

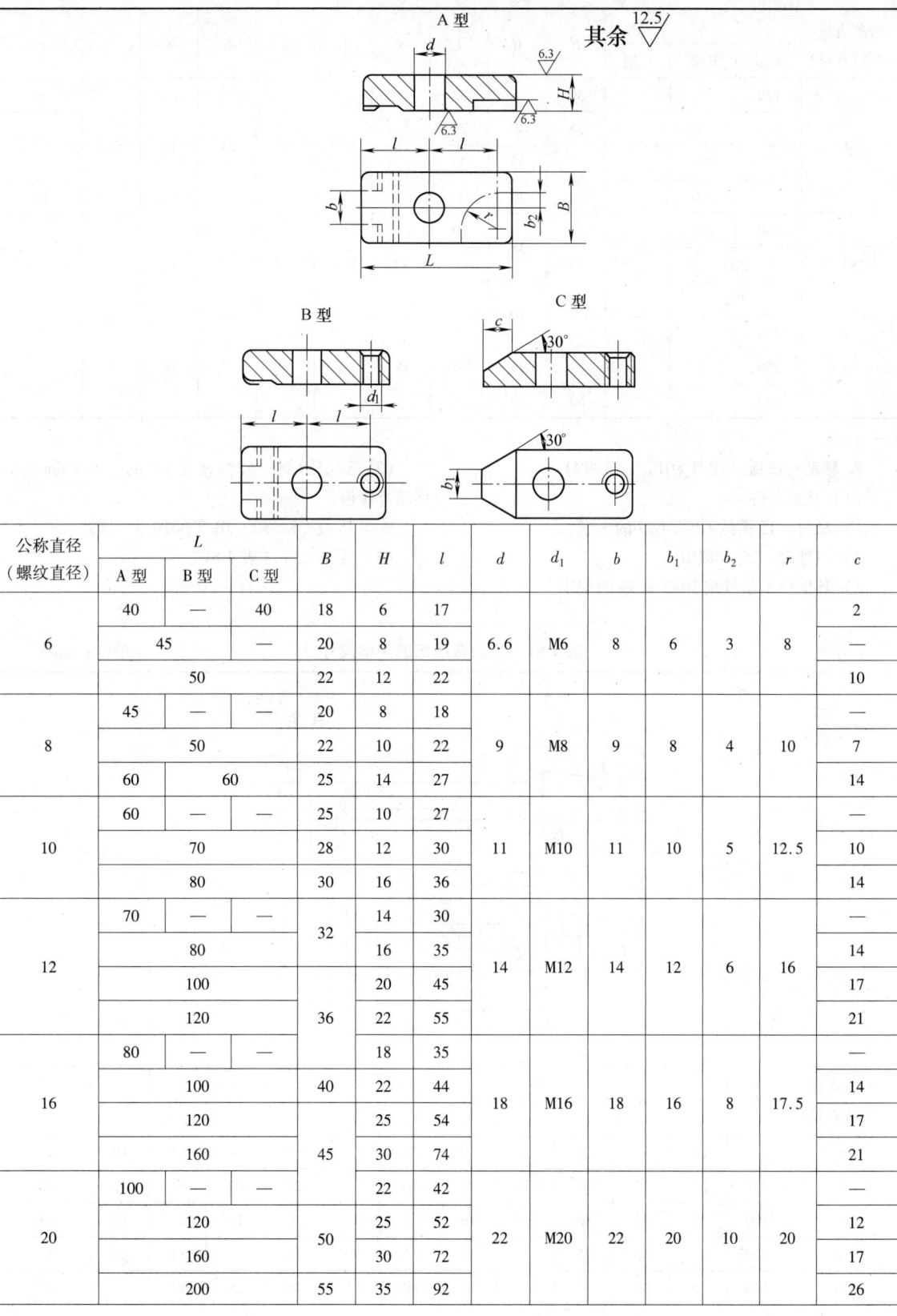

公称直径（螺纹直径）	L			B	H	l	d	d_1	b	b_1	b_2	r	c
	A 型	B 型	C 型										
6	40	—	40	18	6	17	6.6	M6	8	6	3	8	2
	45		—	20	8	19							—
			50	22	12	22							10
8	45	—	—	20	8	18	9	M8	9	8	4	10	—
	50			22	10	22							7
	60		60	25	14	27							14
10	60	—	—	25	10	27	11	M10	11	10	5	12.5	—
		70		28	12	30							10
		80		30	16	36							14
12	70	—	—	32	14	30	14	M12	14	12	6	16	—
		80			16	35							14
		100			20	45							17
		120		36	22	55							21
16	80	—	—	40	18	35	18	M16	18	16	8	17.5	—
		100			22	44							14
		120			25	54							17
		160		45	30	74							21
20	100	—	—	50	22	42	22	M20	22	20	10	20	—
		120			25	52							12
		160			30	72							17
		200		55	35	92							26

（续）

公称直径（螺纹直径）	L A型	L B型	L C型	B	H	l	d	d_1	b	b_1	b_2	r	c
24	120	—	—	50	28	52	26	M24	26	24	12	22.5	17
		160		55	30	70							
		200		60	35	90							
		250			40	115							26
30	160	—		65	35	70	33	M30	33		15	30	—
		200				90							
		250			40	115							
36		200		75		85	39	—	39		18		
		250	—		45	110							
		320		80	50	145							

7. 移动弯压板（JB/T 8010.3—1999）

（1）技术条件

1）材料：45 钢按 GB/T 699 的规定。

2）热处理：35～40HRC。

3）其他技术条件按 JB/T 8044 的规定。

（2）标记示例　公称直径 = 8mm、L = 80mm 的移动弯压板：

压板　8×80　JB/T 8010.3—1999

（3）规格尺寸（表 4-81）

表 4-81　移动弯压板的规格尺寸　　　　　（单位：mm）

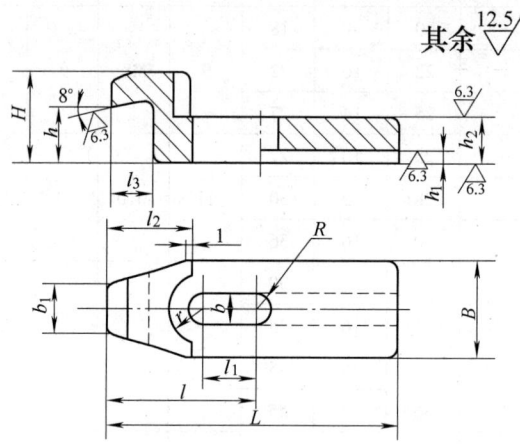

公称直径（螺纹直径）	L	B	H	h	h_1	h_2	l	l_1	l_2	l_3	b	b_1	r
6	60	20	20	12	3	10	32	12	18	8	6.6	10	8
8	80	25	25	15		12	40		22	12	9	12	10
10	100	32	32	20		16	52	16	30	16	11	15	13
12	120	40	40	25	5	18	65	20	38	20	14	20	15
16	160	45	50	30		23	80	25	45	25	18	22	18

（续）

公称直径（螺纹直径）	L	B	H	h	h_1	h_2	l	l_1	l_2	l_3	b	b_1	r
20	200	55	60	36	6	30	100	30	56	30	22	25	22
24	250	65	70	44	8	32	125	35	75	35	26	28	26
30	320	75	100	60	8	40	160	45	90	45	33	32	30
36	360	90	115	65	10	45	180	50	100	50	39	40	36
42	400	105	130	75	10	50	200	60	115	60	45	45	42

8. 转动弯压板（JB/T 8010.4—1999）

（1）技术条件

1）材料：45 钢按 GB/T 699 的规定。

2）热处理：35～40HRC。

3）其他技术条件按 JB/T 8044 的规定。

（2）标记示例　公称直径 = 8mm、L = 80mm 的转动弯压板：

压板　8×80　JB/T 8010.4—1999

（3）规格尺寸（表 4-82）

表 4-82　转动弯压板的规格尺寸　　　　　　　　（单位：mm）

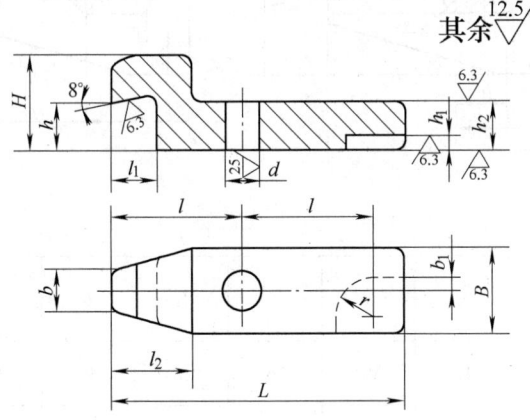

公称直径（螺纹直径）	L	B	H	h	h_1	h_2	d	l	l_1	l_2	b	b_1	r
6	60	20	20	12	3	10	6.6	27	8	18	10	3	8
8	80	25	25	15	3	12	9	36	12	22	12	4	10
10	100	32	32	18	3	16	11	45	16	30	15	5	12.5
12	120	40	40	23	5	18	14	55	20	38	20	6	16
16	160	45	50	30	5	23	18	74	25	45	22	8	17.5
20	200	55	60	34	6	30	22	92	30	56	25	10	20
24	250	65	70	42	8	32	26	115	35	65	28	12	22.5
30	320	75	100	60	8	40	33	145	45	80	32	15	30
36	360	90	115	65	10	45	39	165	50	90	40	18	30
42	400	105	130	75	10	50	45	185	60	110	45	21	30

9. 移动宽头压板 (JB/T 8010.5—1999)

(1) 技术条件

1) 材料：45 钢按 GB/T 699 的规定。
2) 热处理：35~40HRC。
3) 其他技术条件按 JB/T 8044 的规定。

(2) 标记示例　公称直径 = 10mm、L = 100mm 的 A 型移动宽头压板：

　　压板　A10×100　JB/T 8010.5—1999

(3) 规格尺寸（表 4-83）

表 4-83　移动宽头压板的规格尺寸　　　　　　（单位：mm）

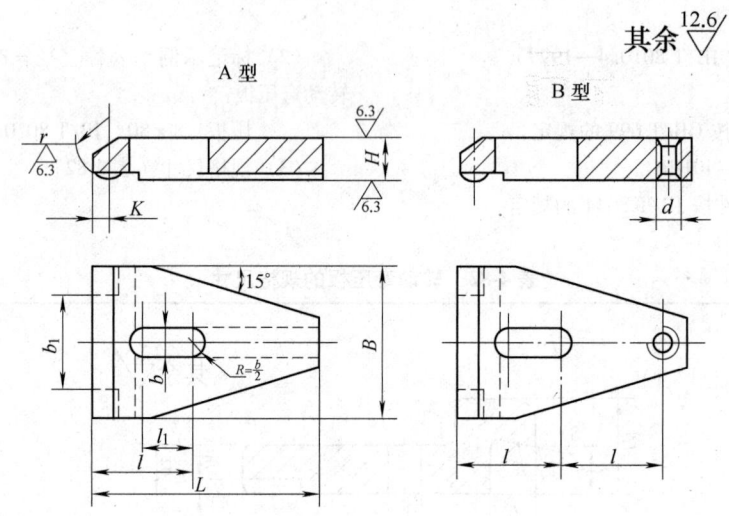

公称尺寸 (螺纹直径)	L	B	H	d	l	l_1	b	b_1	r	K
8	80	50	12	M8	36	18	9	30	15	6
10	100	60	16	M10	45	22	11	40	15	6
12	120	80	20	M12	54	28	14	50	15	6
16	160	100	25	M16	74	36	18	60	25	10
20	200	120	32	M20	92	45	22	70	25	10
24	250	160	32	M24	115	56	26	90	25	10

10. 转动宽头压板 (JB/T 8010.6—1999)

(1) 技术条件

1) 材料：45 钢按 GB/T 699 的规定。
2) 热处理：35~40HRC。
3) 其他技术条件按 JB/T 8044 的规定。

(2) 标记示例　公称直径 = 10mm、L = 100mm 的 A 型转动宽头压板：

　　压板　A10×100　JB/T 8010.6—1999

(3) 规格尺寸（表 4-84）

表 4-84 转动宽头压板的规格尺寸　　　　　　　　　　　　　　　　（单位：mm）

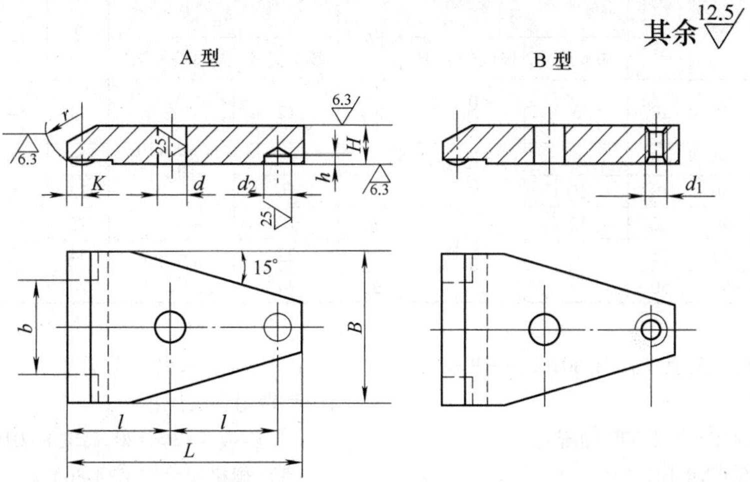

公称直径（螺纹直径）	L	B	H	d	d_1	d_2	l	h	b	r	K
8	80	50	12	9	M8	9	36	3	30	15	6
10	100	60	16	11	M10	11	45	3	40	15	6
12	120	80	20	14	M12	13	54	4	50	15	6
16	160	100	25	18	M16	17	74	5	60	25	10
20	200	120	32	22	M20	21	90	6	70	25	10
24	250	160	32	26	M24	25	110	6	90	25	10

11. 偏心轮用压板（JB/T 8010.7—1999）

（1）技术条件

1）材料：45 钢按 GB/T 699 的规定。

2）热处理：35~40HRC。

3）其他技术条件按 JB/T 8044 的规定。

（2）标记示例　公称直径 = 8mm、L = 70mm 的偏心轮用压板：

　　压板　8×70　JB/T 8010.7—1999

（3）规格尺寸（表 4-85）

表 4-85 偏心轮用压板的规格尺寸　　　　　　　　　　　　　　　　（单位：mm）

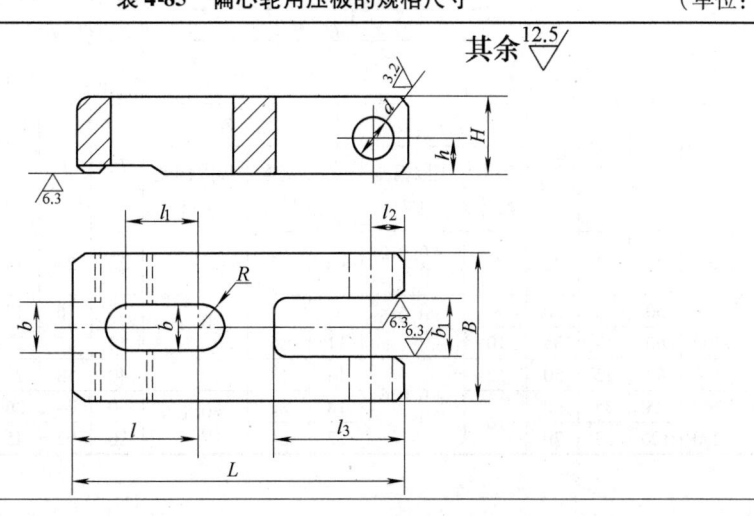

(续)

公称直径（螺纹直径）	L	B	H	d 基本尺寸	d 极限偏差 H7	b	b_1 基本尺寸	b_1 极限偏差 H11	l	l_1	l_2	l_3	h
6	60	25	12	6	+0.012 0	6.6	12	+0.110 0	24	14	6	24	5
8	70	30	16	8	+0.015 0	9	14		28	16	8	28	7
10	80	36	18	10		11	16		32	18	10	32	8
12	100	40	22	12	+0.018 0	14	18		42	24	12	38	10
16	120	45	25	16		18	22	+0.130 0	54	32	14	45	12
20	160	50	50			22	24		70	45	15	52	14

12. 偏心轮用宽头压板（JB/T 8010.8—1999）

（1）技术条件

1）材料：45 钢按 GB/T 699 的规定。

2）热处理：35～40HRC。

3）其他技术条件按 JB/T 8044 的规定。

（2）标记示例　公称直径 = 12mm、L = 120mm 的偏心轮用宽头压板：

　　压板　12 × 120　JB/T 8010.8—1999

（3）规格尺寸（表 4-86）

表 4-86　偏心轮用宽头压板的规格尺寸　　　　　　　　（单位：mm）

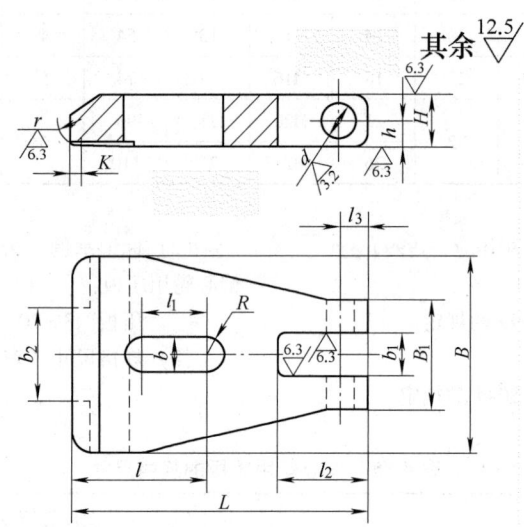

公称直径（螺纹直径）	L	B	H	B_1	d 基本尺寸	d 极限偏差 H7	b	b_1 基本尺寸	b_1 极限偏差 H11	b_2	l	l_1	l_2	l_3	h	K	r
6	60	40	12	25	6	+0.012 0	6.6	12	+0.110 0	20	24	14	24	6	5	3	7
8	80	50	16	30	8	+0.015 0	9	14		25	36	18	28	8	7		
10	100	60	18	35	10		11	16		32	45	22	32	10	8	6	15
12	120	80	22	50	12	+0.018 0	14	18		40	58	28	38	12	10		
16	160	100	25	60	16		18	22	+0.130 0	50	74	36	45	14	12	10	25
20	200	120	30	70			22	24		60	92	45	52	15	14		

13. 平压板（JB/T 8010.9—1999）

(1) 技术条件

1) 材料：45 钢按 GB/T 699 的规定。
2) 热处理：35～40HRC。
3) 其他技术条件按 JB/T 8044 的规定。

(2) 标记示例 公称直径 = 20mm、L = 200mm 的 A 型平压板：

压板 A20×200 JB/T 8010.9—1999

(3) 规格尺寸（表 4-87）

表 4-87 平压板的规格尺寸 （单位：mm）

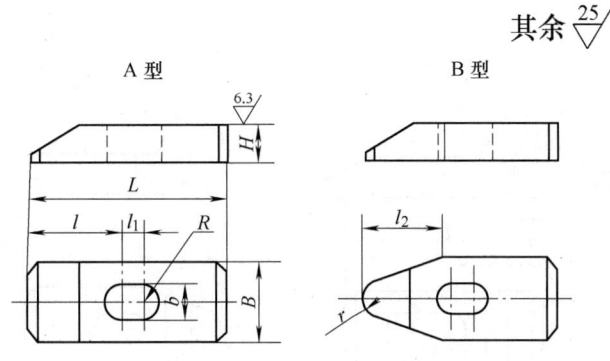

公称直径（螺纹直径）	L	B	H	b	l	l_1	l_2	r
6	40	18	8	7	18		16	4
	50	22	12		23		21	
8	45		10	10	21		19	5
	60	25	12		28	7	26	
10	80	30	16	12	38		35	6
12		32		15				8
	100	40	20		48		45	
16	120	50	25	19	52	15	55	10
	160				70		60	
20	200	60	28	24	90	20	75	12
	250	70	32		110		85	
24		80	35	28		30	100	16
	320				130		110	
30	360		40	35	150	40	130	20
36	320	100	45	42	130	50	110	
	360				150		130	

14. 弯头压板（JB/T 8010.10—1999）

（1）技术条件

1）材料：45 钢按 GB/T 699 的规定。

2）热处理：35～40HRC。

3）其他技术条件按 JB/T 8044 的规定。

（2）标记示例　公称直径 = 20mm、L = 200mm 的 A 型弯头压板：

　　　压板　A20×200　JB/T 8010.10—1999

（3）规格尺寸（表 4-88）

表 4-88　弯头压板的规格尺寸　　　　　　　　　　（单位：mm）

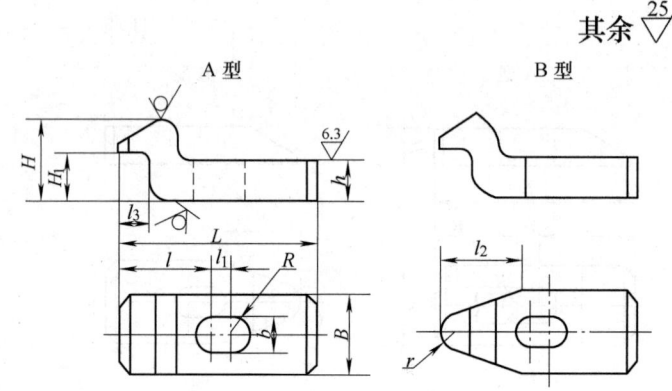

公称直径 （螺纹直径）	L	B	h	b	l	l_1	l_2	l_3	H	H_1	r
12	80	32	16	15	38	7	35	12	32	20	8
	100	40	20		48		45	16	40	25	
16	120	50	25	19	52	15	55	20	50	32	10
	160				70		60				
20	200	60	28	24	90	20	75	25	60	40	12
	250	70	32		110		85		70	45	
24	250	80	35	28	110	30	100	32	80	50	16
	320				130		110				
30	320	100	40	35	130	40	110	40	100	60	20
	360				150		130				
36	320		45	42	130	50	110				
	360				150		130				

15. U 形压板（JB/T 8010.11—1999）

（1）技术条件

1）材料：45 钢按 GB/T 699 的规定。

2）热处理：35～40HRC。

3）其他技术条件按 JB/T 8044 的规定。

（2）标记示例　公称直径 = 24mm、L = 250mm 的 A 型 U 形压板：

　　　压板　A24×250　JB/T 8010.11—1999

（3）规格尺寸（表 4-89）

表 4-89　U 形压板的规格尺寸　　　　　　　　　　　　　　　　（单位：mm）

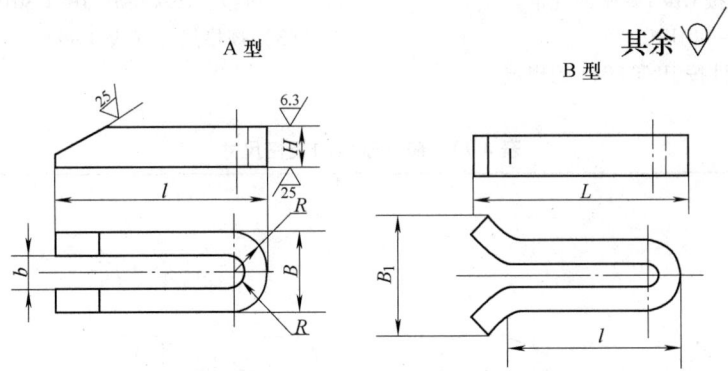

公称直径（螺纹直径）	L	B	H	b	l	$B_1 \approx$	展开长 $L_1 \approx$ A 型	展开长 $L_1 \approx$ B 型
12	100	42	22	14	65	93	202	221
12	120	42	22	14	70	117	242	265
16	160	54	28	18	105	138	323	351
16	200	54	28	18	130	168	403	444
20		66	35	22		177		
20	250	66	35	22	170	197	503	553
20	320	66	35	22	220	237	643	709
24	250	84	42	28	170	198	504	534
24	320	84	42	28	220	238	644	690
24	400	84	42	28	270	303	804	872
30	320	105	50	35	220	260	645	696
30	400	105	50	35	265	325	805	878
30	500	105	50	35	335	390	1005	1110
36	400	120	60	40			846	
36	500	120	60	40			1046	
36	630	120	60	40			1306	
42	500	138	70	46	—	—	1007	—
42	630	138	70	46	—	—	1267	—
42	800	138	70	46	—	—	1607	—
48	630	156	80	52			1268	
48	800	156	80	52			1608	
48	1000	156	80	52			2008	

16. 鞍形压板（JB/T 8010.12—1999）

(1) 技术条件

1) 材料：45 钢按 GB/T 699 的规定。
2) 热处理：35~40HRC。
3) 其他技术条件按 JB/T 8044 的规定。

(2) 标记示例 公称直径 = 16mm、L = 180mm 的鞍形压板：

压板 16×180 JB/T 8010.12—1999

(3) 规格尺寸（表4-90）

表 4-90 鞍形压板的规格尺寸　　　　　　（单位：mm）

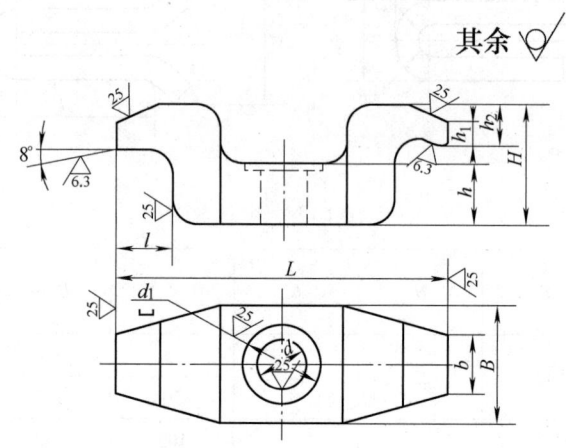

公称直径（螺纹直径）	L	B	H	b	d	d_1	h	h_1	h_2	l
8	70	25	25	13	10	18	12	6	10	12
10	90	32	32	16	12	22	15	8	12	16
12	120	40	40	20	15	25	20	10	15	20
16	140	50	50	25	19	32	25	12	20	25
16	180	60	50	30	19	32	25	12	20	25
20	200	70	60	35	24	40	30	16	25	35
20	250	80	60	40	24	40	30	16	25	35
24	250	90	70	45	28	48	35	20	30	40
24	300	100	70	50	28	48	35	20	30	40

17. 直压板（JB/T 8010.13—1999）

(1) 技术条件

1) 材料：45 钢按 GB/T 699 的规定。
2) 热处理：35~40HRC。
3) 其他技术条件按 JB/T 8044 的规定。

(2) 标记示例 公称直径 = 8mm、L = 80mm 的直压板：

压板 8×80 JB/T 8010.13—1999

(3) 规格尺寸（表4-91）

表 4-91 直压板的规格尺寸　　　　　　　　　　　　（单位：mm）

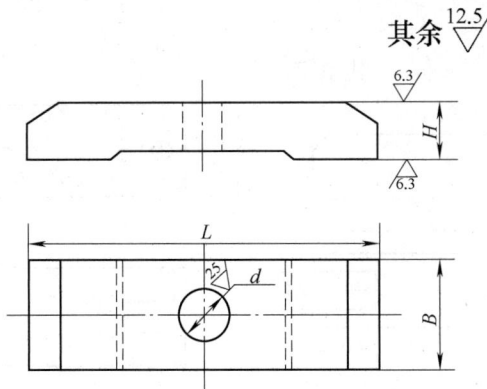

公称直径 （螺纹直径）	L	B	H	d
8	50	25	12	9
	60			
	80			
10	60	32	16	11
	80			
	100			
12	80		20	14
	100			
	120			
16	100	40	25	18
	120			
	160			
20	120	50	32	22
	160			
	200			

18. 铰链压板（JB/T 8010.14—1999）

(1) 技术条件

1) 材料：45 钢按 GB/T 699 的规定。

2) 热处理：A 型 T215，B 型 35~40HRC。

3) 其他技术条件按 JB/T 8044 的规定。

(2) 标记示例　$b=8$mm、$L=100$mm 的 A 型铰链压板：

压板　A8×100　JB/T 8010.14—1999

(3) 规格尺寸（表 4-92）

表 4-92 铰链压板的规格尺寸 （单位：mm）

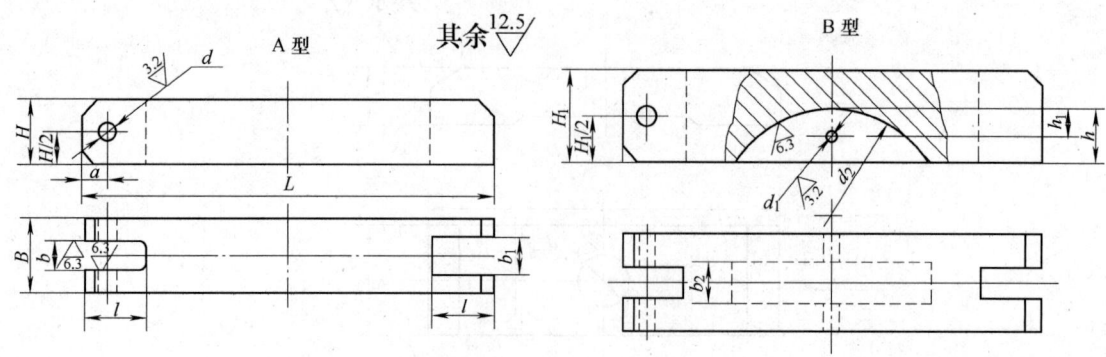

b 基本尺寸	b 极限偏差 H11	L	B	H	H_1	b_1	b_2	d 基本尺寸	d 极限偏差 H7	d_1 基本尺寸	d_1 极限偏差 H7	d_2	a	l	h	h_1
6	+0.075 0	70	16	12	—	6	—	4	+0.012 0	—	+0.010 0	—	5	12	—	—
		90														
8	+0.090 0	100	18	15	20	8	10	5	+0.012 0	3	+0.010 0	63	6	15	10	6.2
		120					14									
10			24	18		10	10	6					7	18		
		140					14									
12	+0.110 0	160	32	22	26	12	10	8	+0.015 0	4	+0.012 0	80	9	22	14	7.5
							14									
		180					18									
14		200		26	32	14	10	10		5		100	10	25	18	9.5
							14									
		220					18									
18		250	40	32	38	18	14	12	+0.018 0	6		125	14	32	22	10.5
		280					16									
							20									
22	+0.130 0	250	50	40	45	22	14	16			+0.015 0	160	18	40	26	12.5
		280					16									
		300					20			8						
26		320	60	45		26	16	20	+0.021 0			200	22	48		14.5
		360					20									

19. 回转压板（JB/T 8010.15—1999）

(1) 技术条件
1) 材料：45 钢按 GB/T 699 的规定。
2) 热处理：35~40HRC。
3) 其他技术条件按 JB/T 8044 的规定。

(2) 标记示例 $d=M10$ $r=50mm$ 的 A 型回转压板：

压板 AM10×50 JB/T 8010.15—1999

(3) 规格尺寸（表4-93）

表 4-93 回转压板的规格尺寸 （单位：mm）

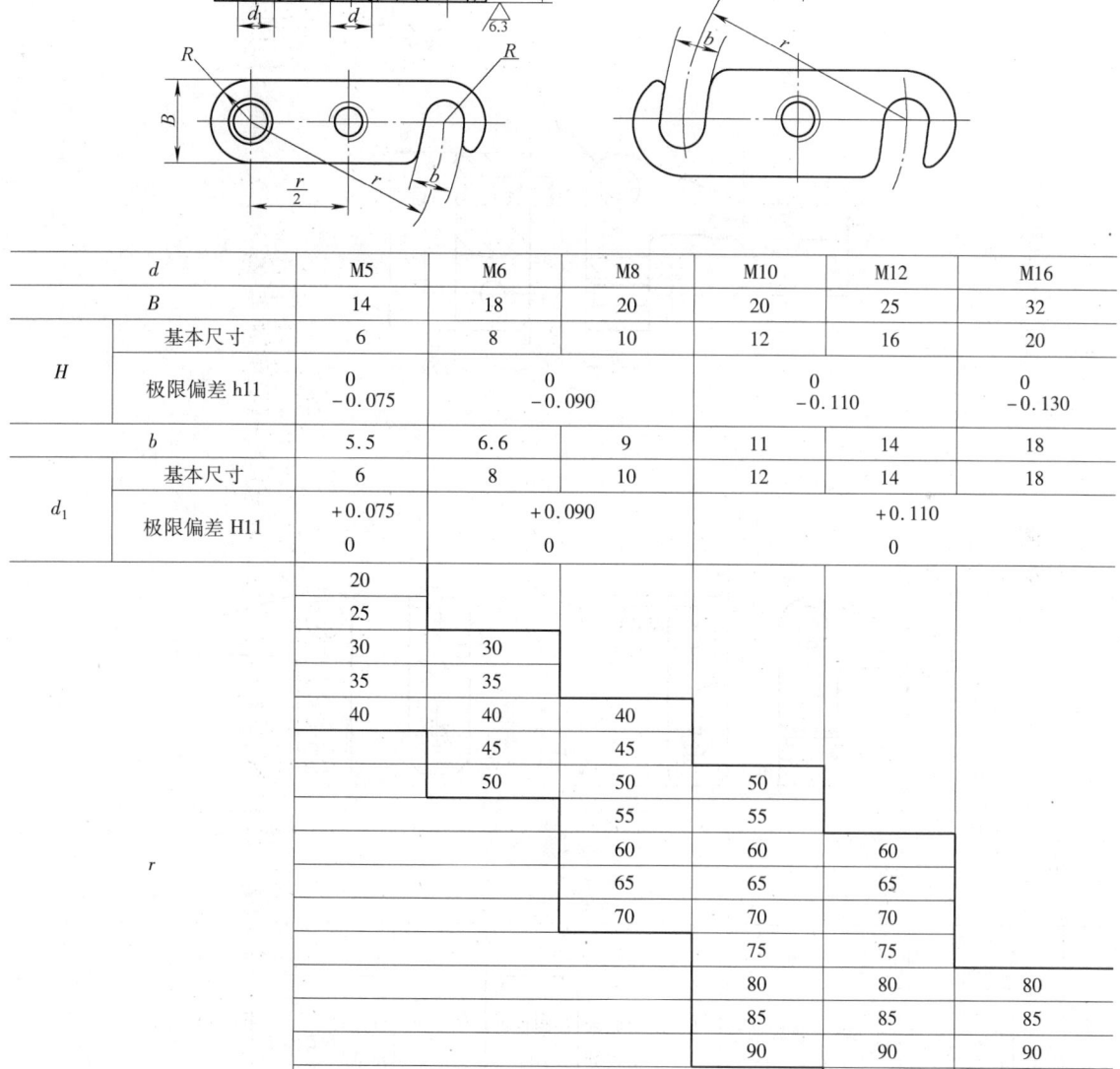

	d	M5	M6	M8	M10	M12	M16
	B	14	18	20	20	25	32
H	基本尺寸	6	8	10	12	16	20
	极限偏差 h11	0 -0.075	0 -0.090	0 -0.090	0 -0.110	0 -0.110	0 -0.130
	b	5.5	6.6	9	11	14	18
d_1	基本尺寸	6	8	10	12	14	18
	极限偏差 H11	+0.075 0	+0.090 0	+0.090 0	+0.110 0	+0.110 0	+0.110 0
r		20					
		25					
		30	30				
		35	35				
		40	40	40			
			45	45			
			50	50	50		
				55	55		
				60	60	60	
				65	65	65	
				70	70	70	
					75	75	
					80	80	80
					85	85	85
					90	90	90
						100	100
							110
							120
配用螺钉（GB/T 830）		M5×6	M6×8	M8×10	M10×12	M12×16[①]	M16×20[①]

① 按使用需要自行设计。

20. 双向压板（JB/T 8010.16—1999）

(1) 技术条件

1) 材料：45 钢按 GB/T 699 的规定。
2) 热处理：35~40HRC。
3) 其他技术条件按 JB/T 8044 的规定。

(2) 标记示例　d = M12　L = 48mm 的 A 型双向压板：

　　压板　AM12×48　JB/T 8010.16—1999

(3) 规格尺寸（表4-94）

表4-94　双向压板的规格尺寸　　　　　　　　　　（单位：mm）

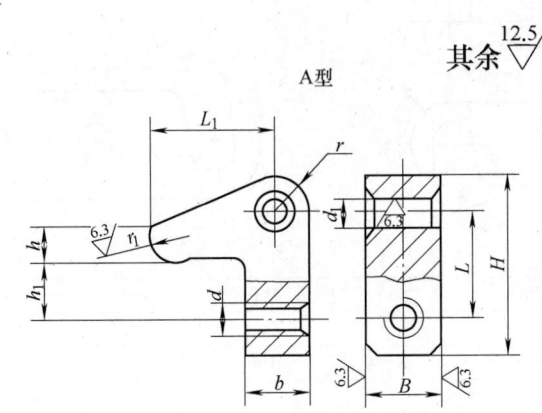

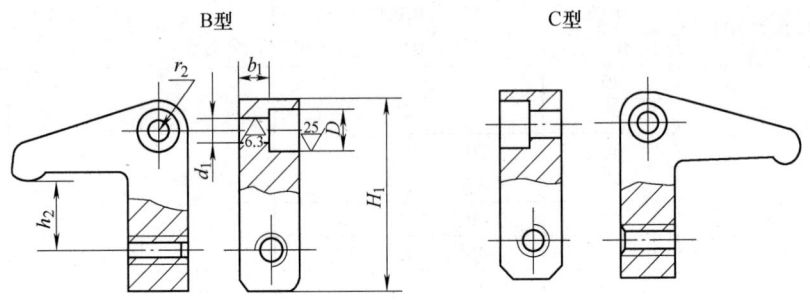

d	L		L_1		B		H	H_1	d_1		D	b	b_1		h	h_1	h_2	r	r_1	r_2
	A型	B型C型	A型	B型C型	基本尺寸	极限偏差 b12			基本尺寸	极限偏差 B11			基本尺寸	极限偏差						
M4	12	—	14	—	8	−0.150 −0.300	20	—	4	+0.215 +0.140	—	7	—	−0.100 −0.200	4	5	—	4	2	—

(续)

d	L A型	L B型 C型	L_1 A型	L_1 B型 C型	B 基本尺寸	B 极限偏差 b12	H	H_1	d_1 基本尺寸	d_1 极限偏差 B11	D	b	b_1 基本尺寸	b_1 极限偏差	h	h_1	h_2	r	r_1	r_2
M5	15	15	18	22	10	-0.150 -0.300	25	27	5	+0.215 +0.140	10	9	6		5	6	8	5	2	7
	20	20	25	30			30	32									12			
	—	25	—	38			—	37									16			
M6	18	22	22	30	12		30	36	6		12	11	8		7	8	12	6	3	8
	24	30	30	45			36	44									20			
	—	40	—	60			—	54									30			
M8	24	25	28	38	15	-0.150 -0.330	39	42	8		15	14	10		9	10	15	7.5		9.5
	30	35	38	52			45	52									25			
	—	45	—	68			—	62		+0.240 +0.150							35			
M10	30	30	35	45	18		48	50	10		18	18	12	-0.100 -0.200	12	12	20	9		11
	38	45	45	68			56	65									35			
	—	60	—	90			—	80									50		4	
M12	38	40	42	60	22		60	64	12		22	22			15	15	28	11		13
	48	55	52	82			70	79									42			
	—	70	—	105		-0.160 -0.370	—	94		+0.260 +0.150	16						57			
M16	48	45	52	68	26		74	74	16		28	28			18	20	32	13		16
	60	60	65	90			86	89									47			
	—	75	—	112			—	104									62			
M20	60	—	65	—	32	-0.170 -0.420	92	—	20	+0.290 +0.160	—	34			22	25		16	5	
M24	76	—	80	—	38		115	—				40			26	30		19		

21. 自调式压板 (JB/T 8010.17—1999)

(1) 标记示例 调节范围为 0~70mm 的自调式压板:

压板 0~70 JB/T 8010.17—1999

(2) 规格尺寸 (表 4-95)

表 4-95 自调式压板的规格尺寸　　　　　　　　　　　　（单位：mm）

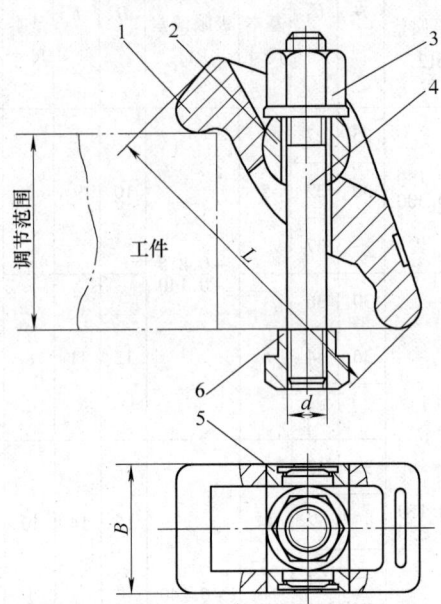

主要尺寸				件号	1	2	3	4	5	6
				名称	压板	转轴	螺母	双头螺柱	套盖	螺母
				材料	ZG45	45	45	A3	45	45
				数量	1	1	1	1	2	1
调节范围	d	L	B	标准号	JB/T 8010.17—1999	JB/T 8010.17—1999	JB/T 8004.1—1999	GB/T 898—1988	JB/T 8010.17—1999	JB/T 8004.11—1999
0~70	M12	115	40	规格	0~70	24	M12	M12×l	18	M12
0~100	M16	160	50		0~100	32	M16	M16×l	22	M16
0~140	M20	210	63		0~140	40	M20	M20×l	28	M20
0~200	M24	292	80		0~200	48	M24	M24×l	32	M24

注：双头螺柱的长度 l 可根据其调节范围按 GB/T 898 选取。

件 1　压板（JB/T 8010.17—1999）
(1) 技术条件
1) 材料：ZG45。
2) 热处理：局部 35~40HRC。
3) 其他技术条件按 JB/T 8044 的规定。

(2) 标记示例　调节范围为 0~70mm 的自调式压板：

　　压板　0~70　JB/T 8010.17—1999

(3) 规格尺寸（表 4-96）

表 4-96 自调式压板的规格尺寸　　　　　　　　　　　（单位：mm）

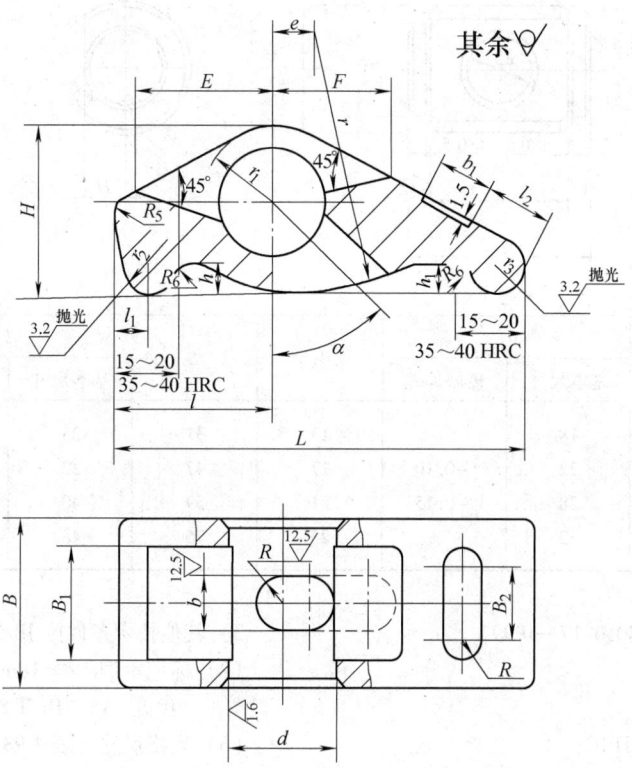

调节范围	d 基本尺寸	d 极限偏差 H7	L	l	l_1	l_2	B	B_1	B_2	b	b_1	H	e	h	h_1	E	F	r	r_1	r_2	r_3	α
0~70	24	+0.021 0	115	36	8	15	40	25	12	13	10	38	7.5	6	6	31	30	48	18	6	6	45°
0~100	32		160	52	9	38	50	32	15	17	15	50		8		43	37	70	24		8	
0~140	40	+0.025 0	210	72	11	55	63	40	19	21	20	62	9	10	7	59	48	100	30	8	10	48°
0~200	48		292	96	13	80	80	48	23	25	25	76		12	9	72	56	140	36	10	12	

件 2　转轴（JB/T 8010.17—1999）

（1）技术条件

1）材料：45 钢。

2）热处理：40~45HRC。

3）其他技术条件按 JB/T 8044 的规定。

（2）标记示例　d = 24mm 的转轴：

　　转轴　24　JB/T 8010.17—1999

（3）规格尺寸（表 4-97）

表4-97 自调式压板的转轴的规格尺寸 （单位：mm）

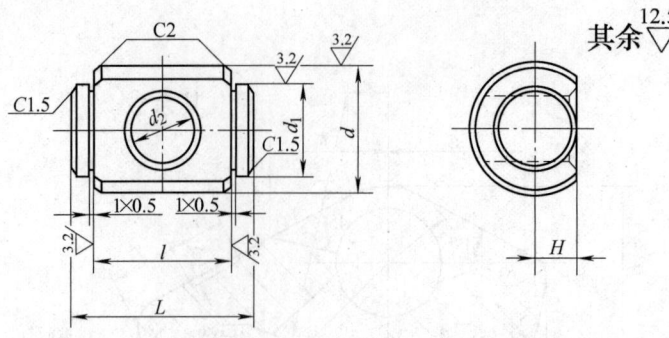

d		d_1		d_2	L	l		H
基本尺寸	极限偏差	基本尺寸	极限偏差			基本尺寸	极限偏差	
24		18		13	37	25		8
32	0	22	-0.10	17	47	32	0	11
40	-0.1	28	-0.15	21	59	40	-0.5	13
48		32		25	76	48		15

件5 套盖（JB/T 8010.17—1999）

(1) 技术条件

1) 材料：45；

2) 热处理：40~45HRC；

3) 其他技术条件按JB/T 8044的规定。

(2) 标记示例 $d=18$mm 的套盖：

套盖 18 JB/T 8010.17—1999

(3) 规格尺寸（表4-98）

表4-98 自调式压板的套盖的规格尺寸 （单位：mm）

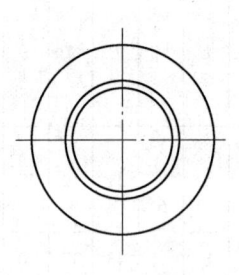 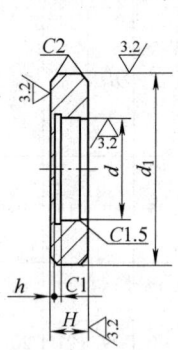

标记示例：
$d=18$mm 的套盖：
套盖 18

d		d_1		H	h
基本尺寸	极限偏差	基本尺寸	极限偏差		
18		24		7.5	1.0
22	+0.03	32	+0.05	9.0	
28	0	40	+0.07	11.5	1.5
32		48		16.0	

22. 钩形压板（JB/T 8012.1—1999）

（1）技术条件
1）材料：45 钢按 GB/T 699 的规定。
2）热处理：35~40HRC。
3）其他技术条件按 JB/T 8044 的规定。
（2）标记示例　公称直径 = 12mm、A = 35mm 的 A 型钩形压板：

压板　A12×35　JB/T 8012.1—1999

d = M12、A = 35mm 的 B 型钩形压板：

压板　BM12×35　JB/T 8012.1—1999

（3）规格尺寸（表4-99）

表 4-99　钩形压板的规格尺寸　　　　　（单位：mm）

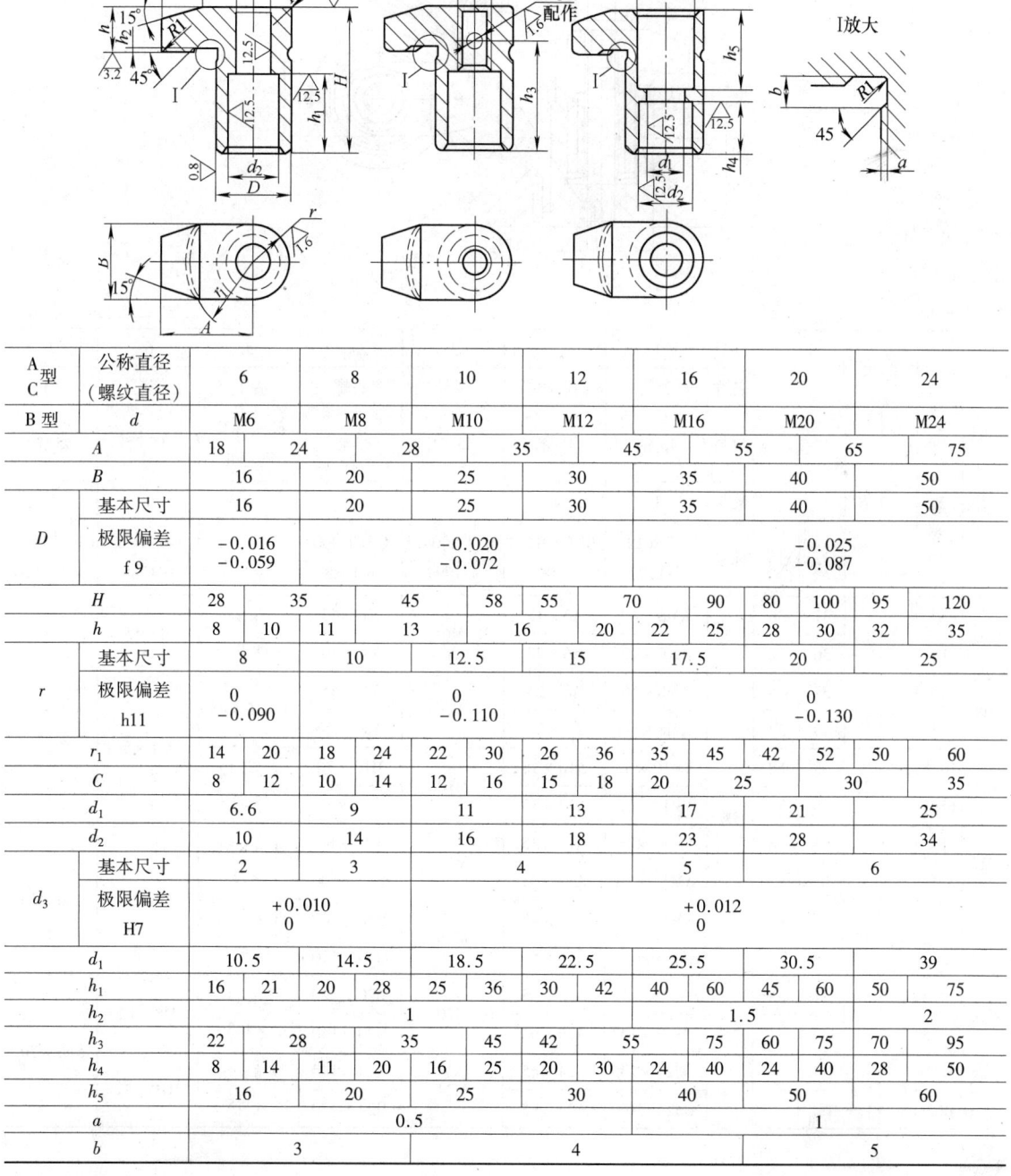

A型C型	公称直径（螺纹直径）	6	8	10	12	16	20	24
B型	d	M6	M8	M10	M12	M16	M20	M24
	A	18	24	28	35	45	55	65	75
	B	16	20	25	30	35	40	50
D	基本尺寸	16	20	25	30	35	40	50
	极限偏差 f9	−0.016 −0.059		−0.020 −0.072			−0.025 −0.087	
	H	28	35	45	58	55	70	90	80	100	95	120
	h	8	10	11	13	16	20	22	25	28	30	32	35
r	基本尺寸	8	10	12.5	15	17.5	20	25
	极限偏差 h11	0 −0.090		0 −0.110			0 −0.130	
	r_1	14	20	18	24	22	30	26	36	35	45	42	52	50	60
	C	8	12	10	14	12	16	15	18	20	25	30	35
	d_1	6.6	9	11	13	17	21	25
	d_2	10	14	16	18	23	28	34
d_3	基本尺寸	2	3	4	5	6		
	极限偏差 H7	+0.010 0			+0.012 0			
	d_4	10.5	14.5	18.5	22.5	25.5	30.5	39
	h_1	16	21	20	28	25	36	30	42	40	60	45	60	50	75
	h_2	1				1.5		2
	h_3	22	28	35	45	42	55	75	60	75	70	95
	h_4	8	14	11	20	16	25	20	30	24	40	24	40	28	50
	h_5	16	20	25	30	40	50	60
	a	0.5				1		
	b	3			4		5	

23. 钩形压板（组合）(JB/T 8012.2—1999)

（1）标记示例 $d = M12$、$K = 14mm$ 的 A 型钩形压板：

压板 AM12×14 JB/T 8012.2—1999

（2）规格尺寸（表4-100）、（表4-101）、（表4-102）、（表4-103）

表4-100 钩形压板（组合）（一）的规格尺寸 （单位：mm）

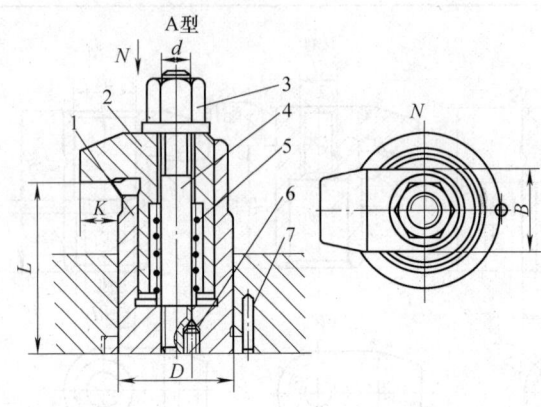

主要尺寸					件号	1	2	3	4	5	6	7
					名称	套筒	钩形压板	螺母	双头螺柱	弹簧	螺钉	销
				L	材料	45钢	45钢	45钢	35钢	碳素弹簧钢丝Ⅱ	35钢	45钢
d	K	D	B		数量	1	1	1	1	1	1	1
				最小 最大	标准	JB/T 8012.2 —1999	JB/T 8012.1 —1999	JB/T 8004.1 —1999	GB/T 900 —1988		GB/T 71 —1985	GB/T 119.1 ~2—2000
M6	7	22	16	31 36	规格	AM6×40	A6×18	M6	M6×45	0.8×8 ×38	M3×5	3n6×12
	13			36 42		AM6×48	A6×24		M6×50			
M8	10	28	20	37 44		AM8×50	A8×24	M8	M8×55	1×10×45	M4×6	3n6×12
	14			45 52		AM8×60	A8×28		M8×65			
M10	10.5	35	25	48 58		AM10×62	A10×28	M10	M10×70	1.2×12 ×52	M4×6	3n6×12
	17.5			58 70		AM10×75	A10×35		M10×85			
M12	14	42	30	57 68		AM12×75	A12×35	M12	M12×80	1.4×14 ×75	M6×8	4n6×16
	24			70 82		AM12×90	A12×45		M12×100			
M16	21	48	35	70 86		AM16×95	A16×45	M16	M16×100	1.6×20 ×95	M6×8	4n6×16
	31			87 105		AM16×115	A16×55		M16×120			
M20	27.5	55	40	81 100		AM20×112	A20×55	M20	M20×120	2×25 ×105	M8×10	5n6×20
	37.5			99 120		AM20×132	A20×65		M20×140			
M24	32.5	65	50	100 125		AM24×135	A24×65	M24	M24×140	2.5×28 ×115	M10×12	5n6×20
	42.5			125 145		AM24×160	A24×75		M24×170			

表 4-101 钩形压板（组合）(二) 的规格尺寸　　　　　　　　　　（单位：mm）

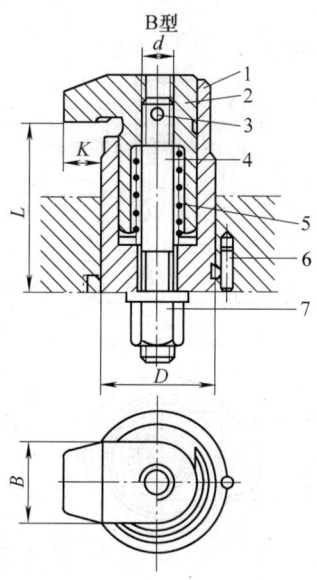

主要尺寸						件号	1	2	3	4	5	6	7
						名称	套筒	钩形压板	销	双头螺柱	弹簧	销	螺母
						材料	45钢	45钢	35钢	35钢	碳素弹簧钢丝Ⅱ	35钢	35钢
				L		数量	1	1	1	1	1	1	1
d	K	D	B	最小	最大	标准	JB/T 8012.2—1999	JB/T 8012.1—1999	GB/T 119.1~2—2000	GB/T 900—1988		GB/T 119.1~2—2000	JB/T 8004.1—1999
M6	7	22	16	31	36	规格	B6×40	BM6×18	2n6×14	M6×45	0.8×8×38	3n6×12	M6
	13			36	42		B6×48	BM6×24		M6×50			
M8	10	28	20	37	44		B8×50	BM8×24	3n6×18	M8×55	1×10×45		M8
	14			45	52		B8×60	BM8×28		M8×65			
M10	10.5	35	25	48	58		B10×62	BM10×28	4n6×22	M10×70	1.2×12×52		M10
	17.5			58	70		B10×75	BM10×35		M10×85			
M12	14	42	30	57	68		B12×75	BM12×35	4n6×28	M12×80	1.4×14×75	4n6×16	M12
	24			70	82		B12×90	BM12×45		M12×100			
M16	21	48	35	70	86		B16×95	BM16×45	5n6×32	M16×100	1.6×20×95		M16
	31			87	105		B16×115	BM16×55		M16×120			
M20	27.5	55	40	81	100		B20×112	BM20×55	6n6×35	M20×120	2×25×105	5n6×20	M20
	37.5			99	120		B20×132	BM20×65		M20×140			
M24	32.5	65	50	100	120		B24×135	BM24×65	6n6×45	M24×140	2.5×28×115		M24
	42.5			125	145		B24×160	BM24×75		M24×170			

表 4-102 钩形压板（组合）（三）的规格尺寸　　　　　　（单位：mm）

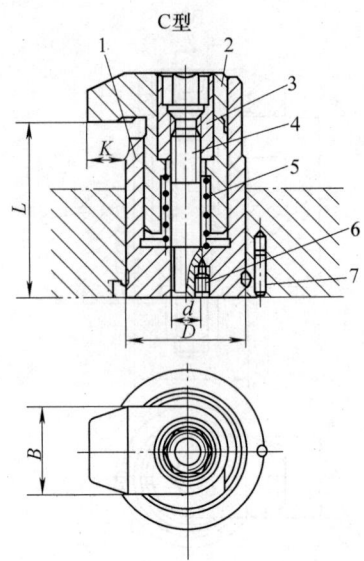

主要尺寸						件号	1	2	3	4	5	6	7
						名称	套筒	钩形压板	螺母	双头螺柱	弹簧	螺钉	销
				L		材料	45钢	45钢	45钢	35钢	碳素弹簧钢丝Ⅱ	35钢	45钢
d	K	D	B	最小	最大	数量	1	1	1	1	1	1	1
						标准	JB/T 8012.2—1999	JB/T 8012.1—1999	JB/T 8004.7—1999	GB/T 900—1988		GB/T 71—1985	GB/T 119.1~2—2000
M6	7	22	16	31	36	规格	AM6×40	C6×18	M6	M6×25	0.8×8×20	M3×5	3n6×12
	13			36	42		AM6×48	C6×24		M6×30	0.8×8×32		
M8	10	28	20	37	44		AM8×50	C8×24	M8	M8×25	1×10×25	M4×6	
	14			45	52		AM8×60	C8×28		M8×35	1×10×30		
M10	10.5	35	25	48	58		AM10×62	C10×28	M10	M10×30	1.2×12×40		
	17.5			58	70		AM10×75	C10×35		M10×45			
M12	14	42	30	57	68		AM12×75	C12×35	M12	M12×40	1.4×14×52	M6×8	4n6×16
	24			70	82		AM12×90	C12×45		M12×55			
M16	21	48	35	70	86		AM16×95	C16×45	M16	M16×45	1.6×20×52		
	31			87	105		AM16×115	C16×55		M16×65			
M20	27.5	55	40	81	100		AM20×112	C20×55	M20	M20×55	2×25×28	M8×10	5n6×20
	37.5			99	120		AM20×132	C20×65		M20×75	2×25×75		
M24	32.5	65	50	100			AM24×135	C24×65	M24	M24×65	2.5×28×65	M10×12	
	42.5			125	145		AM24×160	C24×75		M24×90	2.5×28×100		

件1 套筒（JB/T 8012.2—1999）

(1) 技术条件

1) 材料：45钢；

2) 热处理：调质 225～255HB；

3) 其他技术条件按 JB/T 8044 的规定。

(2) 标记示例 d = M12，H = 75mm 的 A 型套筒：

套筒 AM12×75 JB/T 8012.2—1999

d = 12，H = 75mm 的 B 型套筒：

套筒 B12×75 JB/T 8012.2—1999

(3) 规格尺寸（表4-103）

表4-103 钩形压板（组合）的套筒的规格尺寸 （单位：mm）

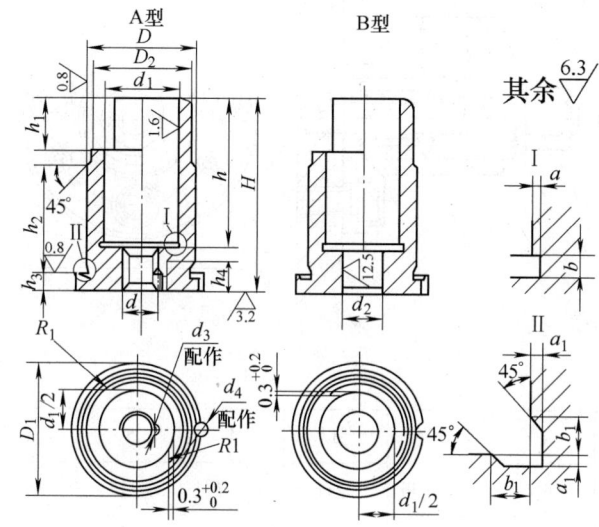

A型 d	B型 公称直径	H	d_1 基本尺寸	d_1 极限偏差 H9	D 基本尺寸	D 极限偏差 n6	D_1	D_2	d_2	d_3	d_1 基本尺寸	d_1 极限偏差 H7	h	h_1	h_2	h_3	h_4	b	b_1	a	a_1
M6	6	40	16	+0.043 0	22	+0.028 +0.015	28	21.4	6.6	M3	3	+0.010 0	30	10	22	3	7	2	2	0.5	0.5
		48											38	12							
M8	8	50	20		28		35	27.4	9					14	28	4					
		60								M4			48	16			10	2		0.5	
M10	10	62	25	+0.052 0	35		45	34.4	11						35	5					
		75											60	18							
M12	12	80	30		42	+0.033 +0.017	52	41.4	13				58	20	42				3		1
		90								M6	4		72	22		6	12				
M16	16	95	35		48		58	47.4	17				75	26	50						
		115										+0.012 0	95	30							
M20	20	112	40	+0.062 0	55		65	54.4	21	M8			85	32	60		15	3		1	
		132				+0.039 +0.020							105	34		8		4			
M24	24	135	50		65		75	64.4	25	M10	5		100	38	70		18				
		160											125	40							

24. 立式钩形压板（组合）（JB/T 8012.3—1999）

（1）标记示例 d = M12，K = 15mm 的立式钩形压板：

压板 M12×15 JB/T 8012.3—1999

（2）规格尺寸（表4-104）

表4-104 立式钢形压板（组合）的规格尺寸 （单位：mm）

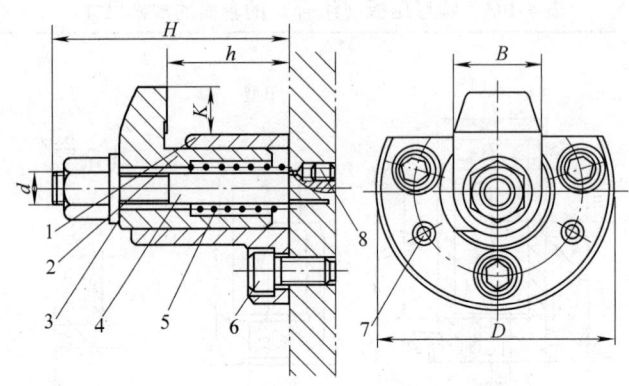

主要尺寸							件号	1	2	3	4	5	6	7	8
							名称	基座	钩形压板	螺母	双头螺柱	弹簧	螺钉	销	螺钉
						h	材料	45钢	45钢	45钢	35钢	碳素弹簧钢丝Ⅱ	35钢	35钢	35钢
d	K	D	B	H			数量	1	1	1	1	1	3	2	1
					最小	最大	标准	JB/T 8012.3 —1999	JB/T 8012.1 —1999	JB/T 8004.1 —1999	GB/T 900 —1988		GB/T 70.1 —2000	GB/T 119.1~2—1986	GB/T 71 —1985
M6	7	48	16	45	21	26	规格	16×30	A6×18	M6	M6×45	0.8×8 ×38	M5×16	4n6×20	M3×5
	13			50	24	30		16×38	A6×24		M6×50				
M8	10	58	20	55	25	32		20×38	A8×24	M8	M8×55	1×10 ×45	M6×16	5n6×20	M4×6
	14			65		40		20×48	A8×28		M8×65				
M10	11	70	25	70	33	42		25×48	A10×28	M10	M10×70	1.2×12 ×52	M8×20	6n6×25	
	18			85	45	54		25×60	A10×35		M10×85				
M12	15	82	30	85	40	50		30×58	A12×35	M12	M12×85	1.4×14 ×75	M10×20	8n6×32	M6×8
	25			100	51	64		30×72	A12×45		M12×100				
M16	21	98	35	110	49			35×75	A16×45	M16	M16×110	1.6×20 ×95	M12×20	10n6×38	
	31			130	66	82		35×95	A16×55		M16×130				M8×10
M20	27	106	40	130	54	72		40×85	A20×55	M20	M20×130	2×25 ×105			
	37			150	72	92		40×105	A20×65		M20×150				

件1 基底（JB/T 8012.3—1999）

（1）技术条件

1）材料：45钢；

2）热处理：调质225~255HB；

3）其他技术条件按JB/T 8044的规定。

（2）标记示例 $d_1 = 30$mm，$H_1 = 58$mm 的基座：

基座 30×58 JB/T 8012.3—1999

（3）规格尺寸（表4-105）

表4-105 立式钩形压板（组合）基底的规格尺寸 （单位：mm）

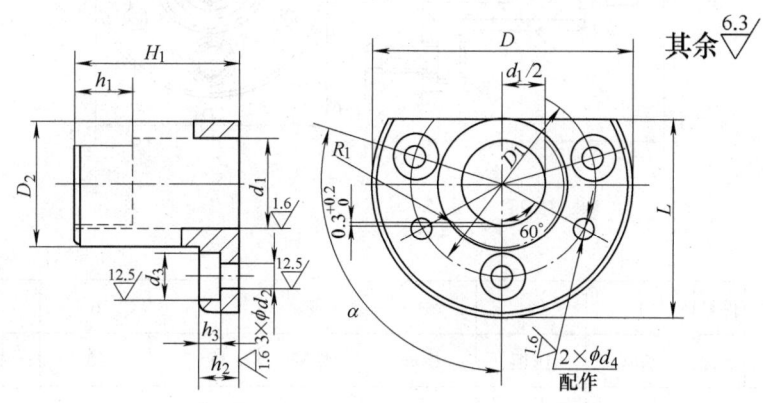

d_1 基本尺寸	d_1 极限偏差 H9	H_1	L	D	D_1	D_2	d_2	d_3	d_4 基本尺寸	d_4 极限偏差 H7	h_1	h_2	h_3	$α$
16	+0.043 0	30	34	48	33	22	5.5	10	4	+0.012 0	10	10	5	100°
		38									12			
20			42	58	41	28	6.6	12	5		14		6	
		48									16			
25	+0.052 0		52	70	50	34	9	15	6		18	12	8	105°
		60												
30		58	60	82	60	40	11	18	8		20	15	10	
		72									22			
35		75	74	98	72	48				+0.015 0	26			
	+0.062 0	95					14	22	10		30	18	12	110°
40		85	80	106	80	56					32			
		105									34			

25. 端面钩形压板（组合）（JB/T 8012.4—1999）

（1）标记示例 $d = M12$，$K = 16$mm 的端面钩形压板：

压板 M12×16 JB/T 8012.4—1999

（2）规格尺寸（表4-106）

表 4-106 端面钩形压板（组合）的规格尺寸 （单位：mm）

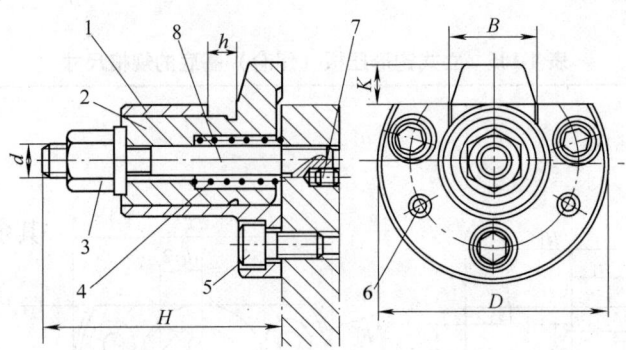

主要尺寸						件号	1	2	3	4	5	6	7	8
						名称	基座	压板	螺母	弹簧	螺钉	销	螺钉	双头螺柱
						材料	45钢	45钢	45钢	碳素弹簧钢丝Ⅱ	35钢	35钢	35钢	35钢
						数量	1	1	1	3	2	1	1	1
d	K	D	B	H	h	标准	JB/T 8012.4—1999	JB/T 8012.4—1999	JB/T 8004.1—1999		GB/T 70.1—2000	GB/T 119.1~2—2000	GB/T 71—1985	GB/T 900—1988
M6	8	48	16	45	5	规格	16×30	6×18	M6	0.8×8×38	M5×15	4n6×20	M3×5	M6×45
	14			50			16×38	6×24						M6×50
M8	11	58	20	55	6		20×38	8×24	M8	1×10×45	M6×16	5n6×20	M4×6	M8×55
	15			65			20×48	8×28						M8×65
M10	10	68	25	70	8		25×48	10×28	M10	1.2×12×52	M8×20	6n6×25		M10×70
	17			85			25×60	10×35						M10×85
M12	16	82	30	85	10		30×58	12×35	M12	1.4×14×75	M10×20	8n6×32	M6×8	M12×85
	26			100			30×72	12×45						M12×100
M16	20	98	35	110	12		35×75	16×45	M16	1.6×20×95	M12×20	10n6×38		M16×110
	30			130			35×95	16×55						M16×130
M20	28	106	40	130	14		40×85	20×55	M20	2×25×105			M8×10	M20×130
	38			150			40×105	20×65						M20×150

件1 基底（JB/T 8012.4—1999）

（1）技术条件

1）材料：45钢；

2）热处理：调质225~255HB；

3）其他技术条件按JB/T 8044的规定。

（2）标记示例 $d_1=30$mm，$H_1=58$mm的基座：

基座30×58 JB/T 8012.4—1999

（3）规格尺寸（表4-107）

表 4-107 端面钩形压板（组合）的基底的规格尺寸　　　（单位：mm）

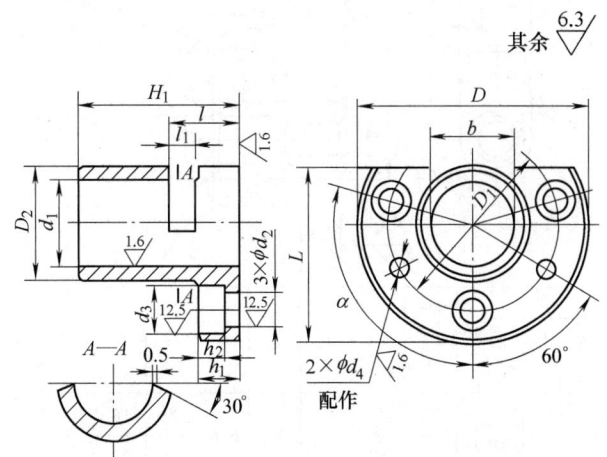

d_1 基本尺寸	d_1 极限偏差 H9	H_1	D	D_1	D_2	b	d_2	d_3	d_4 基本尺寸	d_4 极限偏差 H7	h_1	h_2	L	l	l_1	α
16	+0.043 0	30	48	33	22	16.1	5.5	10	4	+0.012 0	5	10	34	13	5	100°
		38												15		
20		48	58	42	28	20.1	6.6	12	5		6		42	17	6	
														19		
25	+0.052 0	48	68	50	34	25.1	9	15	6		12	8	52	21	8	105°
		60												24		
30		58	82	60	40	30.1	11	18	8		15	10	60	26	10	
		72												30		
35	+0.062 0	75	98	72	48	35.1	14	22	10	+0.015 0	18	12	74	34	12	110°
		95												37		
40		85	106	80	56	40.1							80	42	14	
		105												44		

件 2　压板（JB/T 8012.4—1999）

(1) 技术条件

1) 材料：45 钢；

2) 热处理：35～40HRC；

3) 其他技术条件按 JB/T 8044 的规定。

(2) 标记示例　公称直径 = 12mm，A = 35mm 的压板：

压板 12×35　JB/T 8012.4—1999

(3) 规格尺寸（表 4-108）

表 4-108 端面钩形压板（组合）的压板的规格尺寸 （单位：mm）

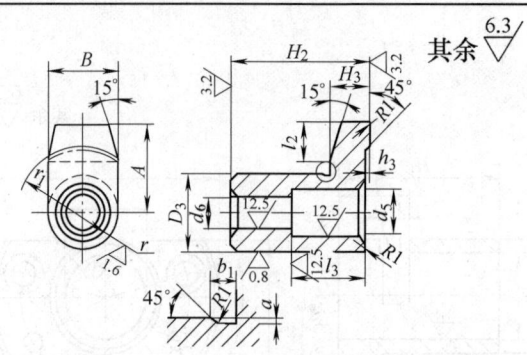

公称直径（螺纹直径）	A	B	D_3 基本尺寸	D_3 极限偏差 f9	H_2	H_3	h_3	d_5	d_6	l_2	l_3	a	b_1	r 基本尺寸	r 极限偏差 h11	r_1
6	18	16	16	-0.016/-0.059	28	8	1	10	6.6	8	16	0.5	2	8	0/-0.090	14
	24				35	10				12	21					20
8	24	20	20	-0.020/-0.072	35	11	1	14	9	10	20	0.5	2	10	0/-0.090	18
	28				45	13				14	28					24
10	28	25	25	-0.020/-0.072	45	13	1	16	11	12	25	0.5	2	12.5	0/-0.110	22
	35				58	16				16	36					30
12	35	30	30	-0.020/-0.072	55	16	1	18	13	15	30	0.5	2	15	0/-0.110	26
	45				70	20				18	42					36
16	45	35	35	-0.025/-0.087	70	22	1.5	24	17	20	40	1	3	17.5	0/-0.130	35
	55				90	25				25	60					45
20	55	40	40	-0.025/-0.087	80	28	1.5	30	21	25	45	1	3	20	0/-0.130	42
	65				100	30				30	60					52

26. 侧面钩形压板（组合）（JB/T 8012.5—1999）

（1）标记示例　$d = M12$、$K = 15\text{mm}$ 的侧面钩形压板：

压板 M15×15 JB/T 8012.5—1999

（2）规格尺寸（表 4-109）

表 4-109 侧面钩形压板（组合）的规格尺寸 （单位：mm）

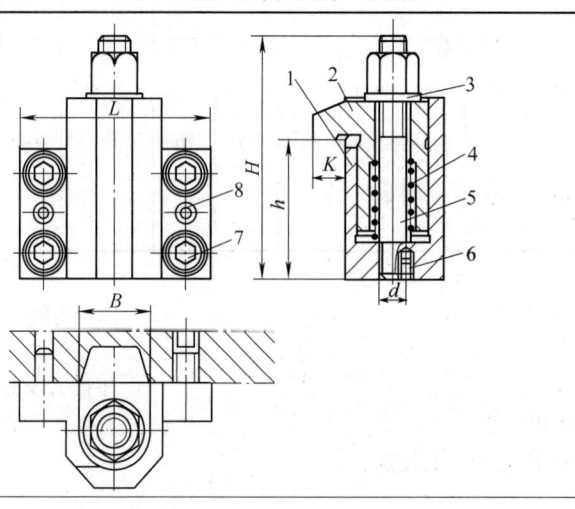

（续）

主要尺寸							件号	1	2	3	4	5	6	7	8
d	K	B	L	H	h		名称	基座	钩形压板	螺母	弹簧	双头螺柱	螺钉	螺钉	销
					最小	最大	材料	45钢	45钢	45钢	碳素弹簧钢丝Ⅱ	35钢	35钢	35钢	35钢
							数量	1	1	1	1	1	1	4	2
							标准	JB/T 8012.5—1999	JB/T 8012.1—1999	JB/T 8004.1—1999		GB/T 900—1988	GB/T 71—1985	GB/T 70.1—2000	GB/T 119.1~2—2000
M6	7	16	50	57	31	35	规格	M6×42	A6×18	M6	0.8×8×38	M6×45	M3×5	M5×16	4n6×20
	13			62	36	42		M6×50	A6×24			M6×50			
M8	11	20	60	71	37	44		M8×50	A8×24	M8	1×10×45	M8×55	M4×6	M6×16	5n6×20
	15			81	45	52		M8×60	A8×28			M8×65			
M10	11.5	25	72	90	48	58		M10×62	A10×28	M10	1.2×12×52	M10×75		M8×20	6n6×25
	18.5			105	58	70		M10×75	A10×35			M10×85			
M12	15	30	84	104	57	68		M12×75	A12×35	M12	1.4×14×75	M12×85	M6×8	M10×20	8n6×32
	25			124	70	82		M12×90	A12×45			M12×100			
M16	21.5	35	100	132	70	85		M16×95	A16×45	M16	1.6×20×95	M16×110		M12×20	10n6×38
	31.5			152	87	105		M16×115	A16×55			M16×130			
M20	27	40	108	160	81	100		M20×112	A20×55	M20	2×28×115	M20×130	M8×10		
	37			180	99	120		M20×132	A20×65			M20×150			

件1 基座（JB/T 8012.5—1999）
（1）技术条件
1）材料：45钢；
2）热处理：调质225~255HB；
3）其他技术条件按JB/T 8044的规定。
（2）标记示例 d = M12，H_1 = 75mm 的基座：
基座 M12×75 JB/T 8012.5—1999
（3）规格尺寸（表4-110）

表4-110 侧面钩形压板（组合）的基座的规格尺寸　　　　　　　（单位：mm）

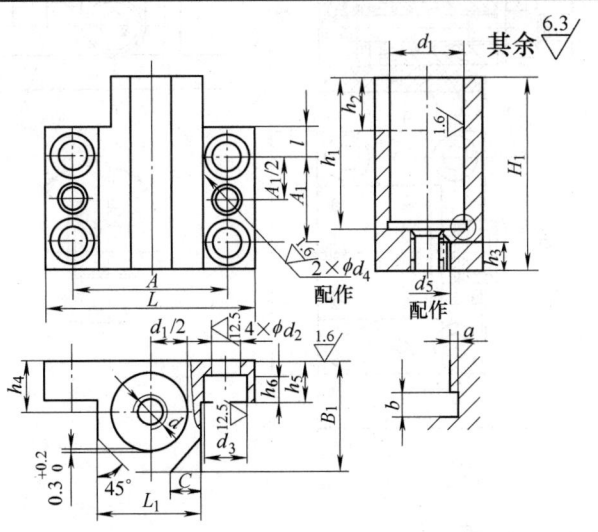

（续）

d	H_1	L	A	A_1	B_1	L_1	d_1 基本尺寸	d_1 极限偏差 H9	d_2	d_3	d_4 基本尺寸	d_4 极限偏差 H7	d_5	h_1	h_2	h_3	h_4	h_5	h_6	l	C	a	b
M6	42 50	50	35	18 24	22	22	16	+0.043 0	5.5	10	4	+0.012 0	M3	30 38	10 12	7	11	10	5	7	5	0.5	2
M8	50 60	60	43	20 28	28	28	20		6.6	12	5		M4	48 60	16 18	10	13		6	8	7		
M10	62 75	72	52	28 38	34	35	25	+0.052 0	9	15	6						16.5	12	8	9	10		
M12	75 90	84	62	33 45	42	42	30		11	18	8		M6	58 72	20 22	12	20	15	10	11	12		
M16	95 115	100	73	42 58	50	50	35	+0.062 0	13	22	10	+0.015 0		75 95	26 30		23.5	18	12	13	14	1	3
M20	112 132	108	82	52 70	56	58	40						M8	85 105	32 34	15	28		14	18			

27. 卧式钩形压板（组合）（表4-111）

表4-111　卧式钩形压板（组合）的规格尺寸　　　　　　　　（单位：mm）

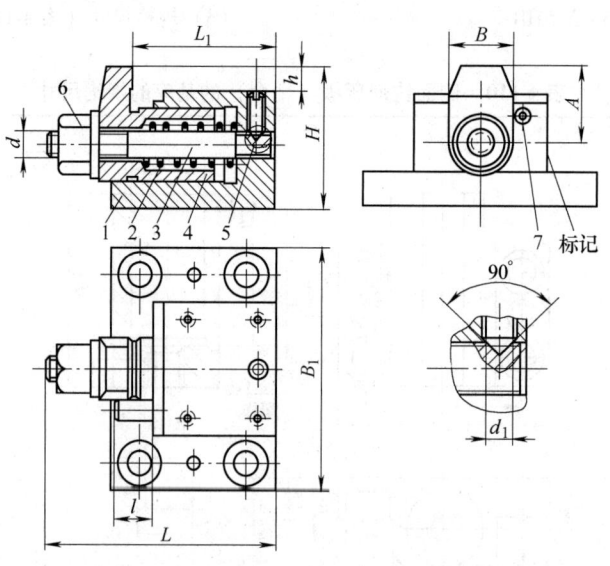

(续)

主要尺寸										
d	A	B	B_1	H	L	L_1 min	L_1 max	d_1	h	l
M6	18	16	58	33	57	31	36	3.1	7	9
	24			39	62	36	42		13	10
M8		20	68	42	71	37	44	4.0	10	11
	28			46	81	45	52		14	12
M10		25	84	51	90	48	58	4.8	11	15
	38			58	105	58	70		18	16
M12		30	96	65	104	57	68		15	
	45			75	124	70	82	6.5	25	18
M16		35	110	78	132		86		20	20
	55			88	152	87	105		30	22
M20		40	120	92	160	81	100	8.2	28	24
	65			102	180	99	120		38	25

件号	1	2	3	4	5	6	7
名称	基座	弹簧	双头螺柱	钩形压板	螺钉	螺母	销
数量 (d)	1	1	1	1	1	1	1
标准			GB/T 900—1988①	JB/T 8012.1—1999	GB/T 71—1985	JB/T 8004.1—1999	GB/T 119.1~2—2000
M6		M6×40	0.8×8×40	M6×45	A6×18	M4×8	M6	3n6×15
		M6×48		M6×50	A6×24			
M8		M8×50	1×12×5	M8×55	A8×24	M5×10	M8	4n6×18
		M8×60		M8×65	A8×28			
M10	尺寸	M10×62	1.2×14×60	M10×70	A10×28	M6×12	M10	5n6×22
		M10×75		M10×85	A10×35			
M12		M12×75	1.6×16×75	M12×85	A12×35	M8×15	M12	5n6×26
		M12×90		M12×100	A12×45			
M16		M16×95	2×22×100	M16×110	A16×45	M8×18	M16	6n6×32
		M16×115		M16×130	A16×55			
M20		M20×112	2.5×28×110	M20×130	A20×55	M10×18	M20	8n6×40
		M20×132		M20×150	A20×65			

① 螺纹长度按需要加长;材料:45钢,淬火33~38HRC。

件1 基座(表4-112)
技术条件:
1) 材料:45钢;
2) 螺纹按3级精度制造;
3) 锐边倒钝;
4) 表面发蓝或其他防锈处理;
5) 热处理:淬火33~38HRC。
6) 其他技术条件按JB/T 8044的规定。

表 4-112 卧式钢形压板（组合）的基座的规格尺寸　　　　　　（单位：mm）

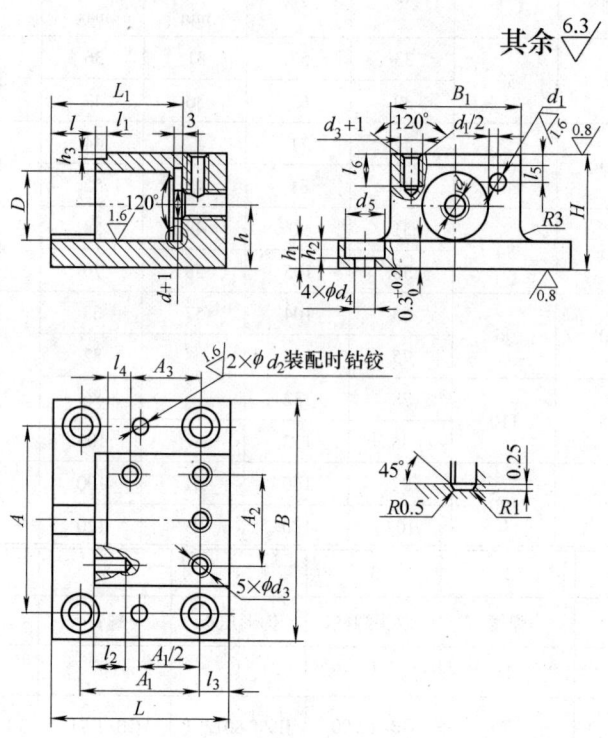

d	L	D 基本尺寸	D 极限偏差 H9	H	A	A_1	A_2	A_3	B	B_1	L_1	d_1 基本尺寸	d_1 极限偏差 H7	d_2 基本尺寸	d_2 极限偏差 H7
M6	40	16	+0.043 0	26	44	26	22	16 22	58	32	30	3	+0.010 0	4	+0.012 0
	48										38				
M8	50	20		32	52	34	26	20 28	68	38	38	4		5	
	60										48				
M10	62	25	+0.052 0	40	64	44 56	32	24 34	84	46	48 60	5	+0.012 0	6	
	75														
M12	90	30		50	74	52	40	30 44	96	54	58 72			8	
M16	95	35		58	84	68 88	46	44 60	110	60	75 94	6		10	+0.015 0
	115		+0.062 0												
M20	112	40		64	94	86 106	52	48 66	120	70	85 105	8	+0.015 0		
	132														

(续)

d	d_3	d_4	d_5	h	h_1	h_2	h_3	l	l_1	l_2	l_3	l_4	l_5	l_6	每件质量≈/kg
M6	M4	5.5	10	15	7.5	5	2	10	3	8	7	6	4	8	0.212
								12							0.265
M8	M5	6.6	12	18	8.5	6	2.5	14	3	10	8	7	6	10	0.378
								16							0.460
M10	M6	9	15	23	11	8	3	16	4	10	9	8	8	12	0.710
								18							0.875
M12		11	18	30	15.5	10	3.5	20	5	12	11	10	10	16	1.367
	M8							22							1.701
M16				33	16			26		15					2.060
		13	22			12	4	30			13				2.528
M20	M10			37	17.5			32	6	18		14	12	20	3.030
								34							3.640

4.5.2 偏心轮

1. 圆偏心轮（JB/T 8011.1—1999）

（1）技术条件

1）材料：20 钢按 GB/T 699 的规定。

2）热处理：渗碳深度 0.8~1.2mm，58~64HRC。

3）其他技术条件按 JB/T 8044 的规定。

（2）标记示例 $D=32$mm 的圆偏心轮：

偏心轮 32 JB/T 8011.1—1999

（3）规格尺寸（表 4-113）

表 4-113 圆偏心轮的规格尺寸　　　　　　　　（单位：mm）

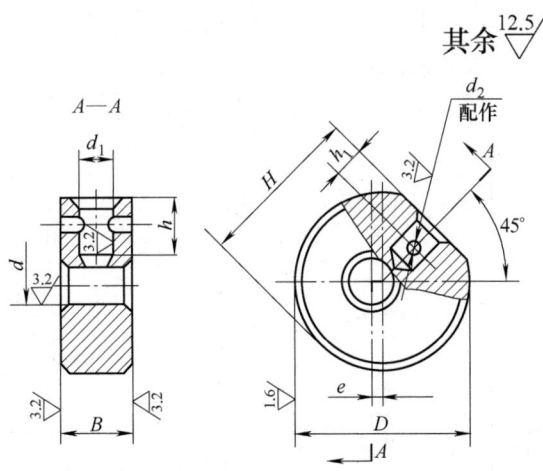

（续）

D	e 基本尺寸	e 极限偏差	B 基本尺寸	B 极限偏差 d11	d 基本尺寸	d 极限偏差 D9	d_1 基本尺寸	d_1 极限偏差 H7	d_2 基本尺寸	d_2 极限偏差 H7	H	h	h_1
25	1.3	±0.200	12	−0.050 −0.160	6	+0.060 +0.030	6	+0.012 0	2	+0.010 0	24	9	4
32	1.7		14		8	+0.076 +0.040	8	+0.015 0	3		31	11	5
40	2		16		10		10				38.5	14	6
50	2.5		18		12	+0.092 +0.050	12	+0.018 0	4	+0.012 0	48	18	8
60	3		22	−0.065 −0.195	16		16		5		58	22	10
70	3.5		24								68	24	

2. 叉形偏心轮（JB/T 8011.2—1999）

（1）技术条件

1）材料：20 钢按 GB/T 699 的规定。

2）热处理：渗碳深度 0.8～1.2mm，58～64HRC。

3）其他技术条件按 JB/T 8044 的规定。

（2）标记示例 $D=50$mm 的叉形偏心轮：

偏心轮 50 JB/T 8011.2—1999

（3）规格尺寸（表 4-114）

表 4-114 叉形偏心轮的规格尺寸　　　　　　　　　　　（单位：mm）

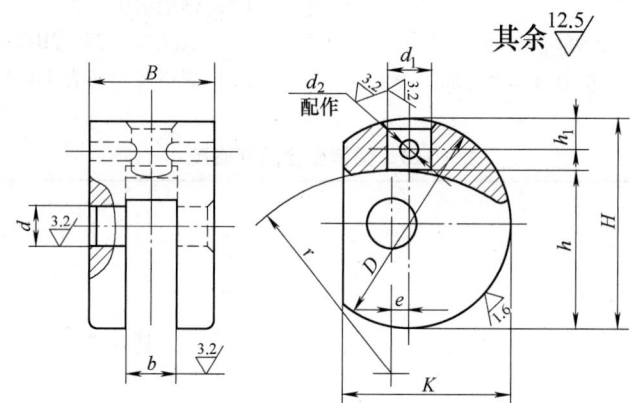

D	e 基本尺寸	e 极限偏差	B	b	d 基本尺寸	d 极限偏差 H7	d_1 基本尺寸	d_1 极限偏差 H7	d_2 基本尺寸	d_2 极限偏差 H7	H	h	h_1	K	r
25	1.3	±0.200	14	6	4	+0.012 0	5	+0.012 0	1.5	+0.010 0	24	18	3	20	32
32	1.7		18	8	5		6		2		31	24	4	27	45
40	2		25	10	6	+0.015 0	8	+0.015 0	3		39	30	5	34	50
50	2.5		32	12	8		10				49	36	6	42	62
65	3.5		38	14	10		12	+0.018 0	4	+0.012 0	64	47	8	55	70
80	5		45	18	12	+0.018 0	16		5		78	58	10	65	88
100	6		52	22	16		20	+0.021 0	6		98	72	12	80	100

3. 单面偏心轮（JB/T 8011.3—1999）

（1）技术条件

1）材料：20 钢按 GB/T 699 的规定。

2）热处理：渗碳深度 0.8~1.2mm，58~64HRC。

3）其他技术条件按 JB/T 8044 的规定。

（2）标记示例 $r=30$mm 的单面偏心轮：

偏心轮 30 JB/T 8011.3—1999

（3）规格尺寸（表4-115）

表 4-115 单面偏心轮的规格尺寸 （单位：mm）

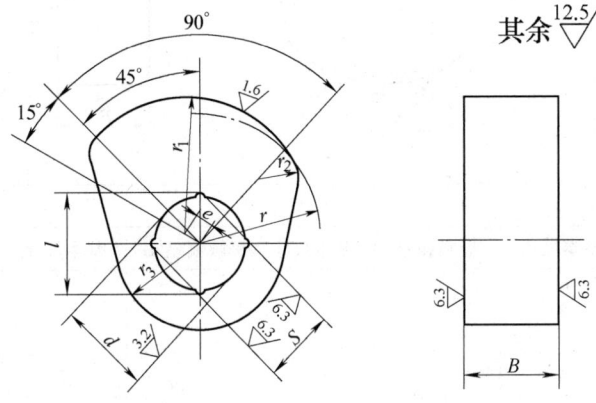

r	r_1	r_2	r_3	e 基本尺寸	e 极限偏差	B 基本尺寸	B 极限偏差 d11	d 基本尺寸	d 极限偏差 H9	S 基本尺寸	S 极限偏差 H11	l
30	30.9	10	20	3	±0.200	22	-0.065 -0.195	20	+0.052 0	17	+0.110 0	24
40	41.2	15	25	4				25		22		31.1
50	51.5	18	30	5		24		27		24	+0.130 0	33.9
60	61.8	22	35	6								
70	72.1	25	38	7		29		30		27		38.1

4. 双面偏心轮（JB/T 8011.4—1999）

（1）技术条件

1）材料：20 钢按 GB/T 699 的规定。

2）热处理：渗碳深度 0.8~1.2mm，58~64HRC。

3）其他技术条件按 JB/T 8044 的规定。

（2）标记示例 $r=30$mm 的双面偏心轮：

偏心轮 30 JB/T 8011.4—1999

（3）规格尺寸（表4-116）

表 4-116　双面偏心轮的规格尺寸　　　　　　　　　　（单位：mm）

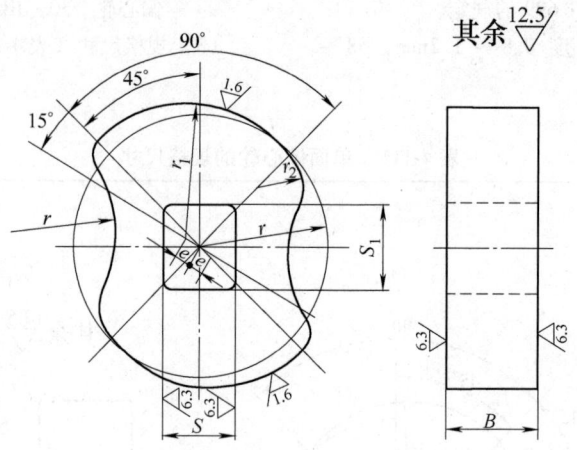

r	r_1	r_2	e		B		S		S_1
			基本尺寸	极限偏差	基本尺寸	极限偏差 d11	基本尺寸	极限偏差 H11	
30	30.9	10	3	±0.200	22	-0.065 -0.195	17	+0.110 0	20
40	41.2	15	4				22		25
50	51.5	18	5		24		24	+0.130 0	28
60	61.8	22	6						
70	72.1	25	7		29		27		32

5. 偏心轮用垫板（JB/T 8011.5—1999）

（1）技术条件

1）材料：20 钢按 GB/T 699 的规定。

2）热处理：渗碳深度 0.8 ~ 1.2mm，58 ~ 64HRC。

3）其他技术条件按 JB/T 8044 的规定。

（2）标记示例　$b = 15$mm 的偏心轮用垫板：
　　垫板　15　JB/T 8011.5—1999

（3）规格尺寸（表 4-117）

表 4-117　偏心轮用垫板的规格尺寸　　　　　　　　　（单位：mm）

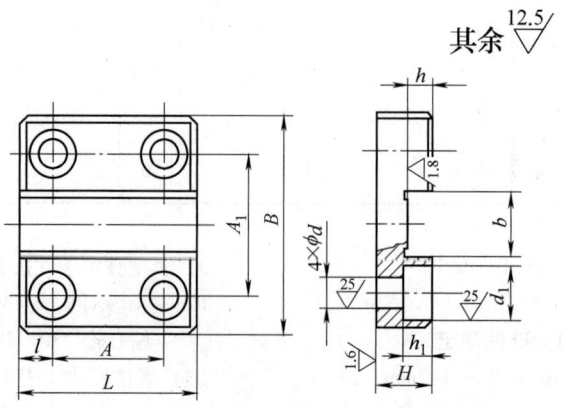

（续）

b	L	B	H	A	A_1	l	d	d_1	h	h_1
13	35	42	12	19	26	8	6.6	12	5	6
15	40	45	12	24	29	8	6.6	12	5	6
17	45	56	16	25	36	10	9	15	6	8
19	50	58	16	30	38	10	9	15	6	8
23	60	62	20	36	42	12	9	15	8	8
25	70	64	20	46	44	12	9	15	10	8

6. 偏心轮

(1) 技术条件

1) 材料：20。

2) 热处理：A 面渗碳 0.8~1.2mm，淬硬 58~64HRC。

(2) 规格尺寸（表 4-118）

表 4-118 偏心轮的规格尺寸 （单位：mm）

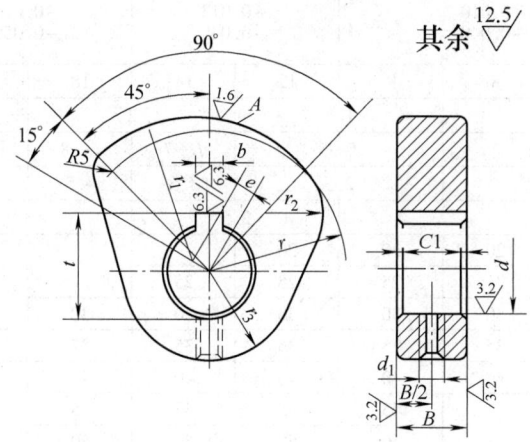

r	r_1	r_2	r_3	e ±0.2	d 基本尺寸	极限偏差 H7	b 基本尺寸	极限偏差 D10	t 基本尺寸	极限偏差	B 基本尺寸	极限偏差 d11	d_1
30	30.9	15	20	3	20		6		21.2		22		M6
40	41.2	18	25	4	25				26.2		22		M6
50	51.5	22	30	5	27	+0.021 0	8	+0.060 +0.020	28.2	+0.1 0	24	-0.065 -0.195	M8
60	61.8	25	35	6									M8
70	72.1	30	38	7	30				31.2		29		M8

4.5.3 支座、支柱

1. 铰链轴（JB/T 8033—1999）

(1) 技术条件

1) 材料：45 钢按 GB/T 699 的规定。

2) 热处理：35~40HRC。

3) 其他技术条件按 JB/T 8044 的规定。

(2) 标记示例 $d=10$mm、偏差为 f9、$L=45$mm 的铰链轴：

铰链轴　10f 9×45　JB/T 8033—1999

(3) 规格尺寸（表 4-119）

表 4-119 铰链轴的规格尺寸　　（单位：mm）

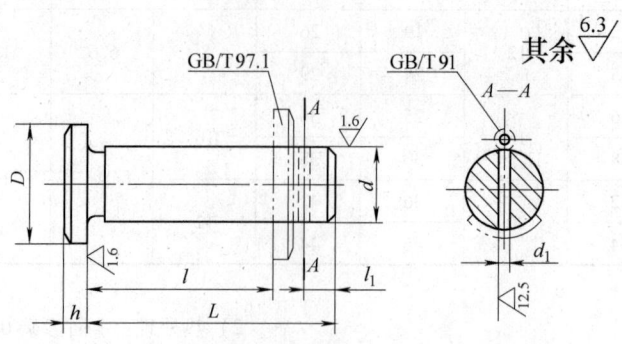

	基本尺寸	4	5	6	8	10	12	16	20	25
d	极限偏差 h6	0 −0.008			0 −0.009		0 −0.011		0 −0.013	
	极限偏差 f9	−0.010 −0.040			−0.013 −0.049		−0.016 −0.059		−0.020 −0.072	
D		6	8	9	12	14	18	21	26	32
d_1		1			1.5		2		2.5	3	4
l		L−4			L−5		L−7	L−8	L−10	L−12	L−15
l_1		2			2.5		3.5	4.5	5.5	6	8.5
h		1.5		2			2.5		3		5
L			20	20	20	20					
			25	25	25	25	25				
			30	30	30	30	30	30			
				35	35	35	35	35	35		
				40	40	40	40	40	40		
					45	45	45	45	45		
					50	50	50	50	50	50	
					55	55	55	55	55	55	
						60	60	60	60	60	60
						65	65	65	65	65	65
							70	70	70	70	70
							75	75	75	75	75
							80	80	80	80	80
								90	90	90	90
								100	100	100	100
									110	110	110
									120	120	120
									140	140	140
										160	160
										180	180
										200	200
											220
											240
相配件	垫圈 GB/T 97.1	B4	B5	B6	B8	B10	B12	B16	B20	B24
	开口销 GB/T 91	1×8			1.5×10	1.5×16	2×20		2.5×25	3×30	4×35

2. 铰链支座 (JB/T 8034—1999)

(1) 技术条件
1) 材料: 45 钢按 GB/T 699 的规定。
2) 热处理: 35～40HRC。
3) 其他技术条件按 JB/T 8044 的规定。

(2) 标记示例 $b=12$mm 的铰链支座:
支座 12 JB/T 8034—1999

(3) 规格尺寸 (表 4-120)

表 4-120 铰链支座的规格尺寸 (单位: mm)

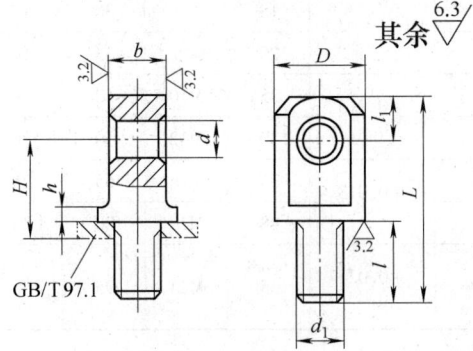

b 基本尺寸	b 极限偏差 d11	D	d	d_1	L	l	l_1	$H\approx$	h
6	-0.030 -0.105	10	4.1	M5	25	10	5	11	2
8	-0.040 -0.130	12	5.2	M6	30	12	6	13.5	
10		14	6.2	M8	35	14	7	15.5	
12	-0.050 -0.160	18	8.2	M10	42	16	9	19	3
14		20	10.2	M12	50	20	10	22	4
18		28	12.2	M16	65	25	14	29	5
22	-0.065 -0.195	34	16.2	M20	80	33	17	33	
26		42	20.2	M24	95	38	21	40	7

3. 铰链叉座 (JB/T 8035—1999)

(1) 技术条件
1) 材料: 45 钢按 GB/T 699 的规定。
2) 热处理: 35～40HRC。
3) 其他技术条件按 JB/T 8044 的规定。

(2) 标记示例 $b=12$mm 的铰链叉座:
叉座 12 JB/T 8035—1999

(3) 规格尺寸 (表 4-121)

表 4-121 铰链叉座的规格尺寸 (单位: mm)

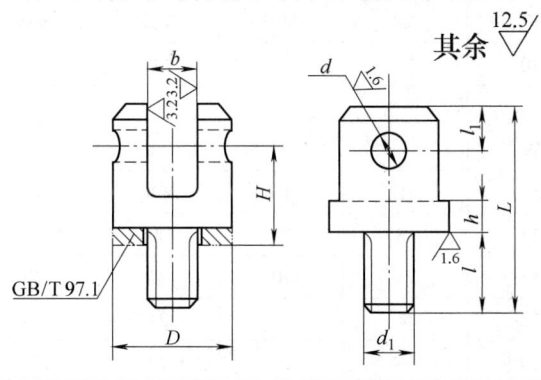

(续)

b		d		D	d_1	L	l	l_1	$H\approx$	h
基本尺寸	极限偏差 H11	基本尺寸	极限偏差 H7							
6	+0.075 0	4	+0.012 0	14	M5	25	10	5	11	3
8	+0.090 0	5		18	M6	30	12	6	13.5	4
10		6		20	M8	35	14	7	13.5	5
12	+0.110 0	8	+0.015 0	25	M10	42	16	9	19	6
14		10		30	M12	50	20	10	22	7
18		12	+0.018 0	38	M16	65	25	14	29	9
22		16		48	M20	80	33	17	33	10
26	+0.130 0	20	+0.021 0	55	M24	95	38	21	40	12

4. 螺钉支座（JB/T 8036.1—1999）

(1) 技术条件

1) 材料：45 钢按 GB/T 699 的规定。
2) 热处理：35～40HRC。
3) 其他技术条件按 JB/T 8044 的规定。

(2) 标记示例 d = M8、l = 10mm 的 A 型螺钉支座：

支座 AM8×10 JB/T 8036.1—1999

(3) 规格尺寸（表 4-122）

表 4-122 螺钉支座的规格尺寸 （单位：mm）

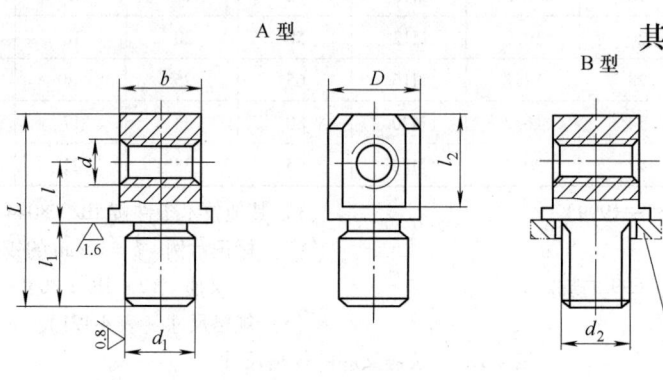

	d	M6	M8	M10	M12	M16	M20	M24
d_1	基本尺寸	10	12	16	20	25	30	36
	极限偏差 n6	+0.019 +0.010	+0.023 +0.012		+0.028 +0.015		+0.033 +0.017	
	d_2	M10	M12	M16	M20	M24	M30	M36
	D	15	18	24	30	35	40	50
	l_1	12	15	20	24	30	36	45
	l_2	12	16	18	24	30	40	50
	b	10	14	17	22	24	30	35

（续）

l	d						
	M6	M8	M10	M12	M16	M20	M24
	L						
10	28	32	40				
15	32	38	45				
20	38	42	50	55			
25	42	48	55	60			
30	48	52	60	65	75		
40		62	70	75	85	95	
50			80	85	95	105	
60				95	105	115	130
70				105	115	125	140
80					125	135	150
100						155	170
120							190
140							210

5. 可调支座（JB/T 8036.2—1999）

（1）标记示例 $H > 85 \sim 105$mm 的可调支座：

支座 $> 85 \sim 105$（JB/T 8036.2—1999）

（2）规格尺寸（表4-123）

表4-123 可调支座的规格尺寸 （单位：mm）

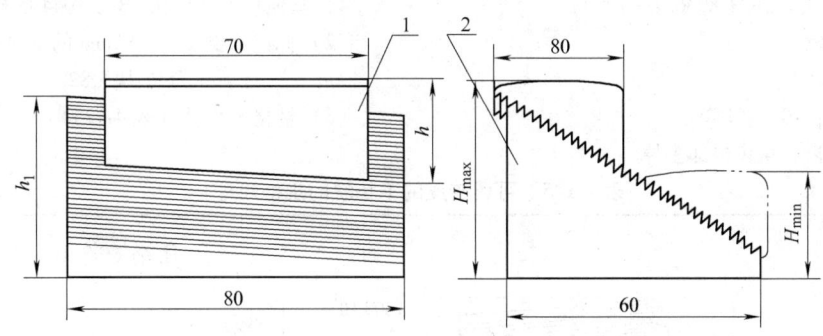

主要尺寸			件号	1	2
调整高度 H	h_1	h	名称	上垫块	下垫块
			材料	45	45
			数量	1	1
			标准号		
25~45	42	24	规格	24	42
>45~65		44		44	
>65~85	82	24		24	82
>85~105		44		44	
>105~125	122	24		24	122
>125~145		44		44	

件1 上垫块（JB/T 8036.2—1999）

（1）技术条件

1）材料：45钢。

2）热处理：40~45HRC。

3）不完整齿，从齿根部去掉。

4）其他技术条件按 JB/T 8044 的规定。

（2）标记示例 $h = 44$mm 的上垫块：

上垫块 44 JB/T 8036.2—1999

（3）规格尺寸（表4-124）

表 4-124 可调支座的上垫块的规格尺寸　　　　　　（单位：mm）

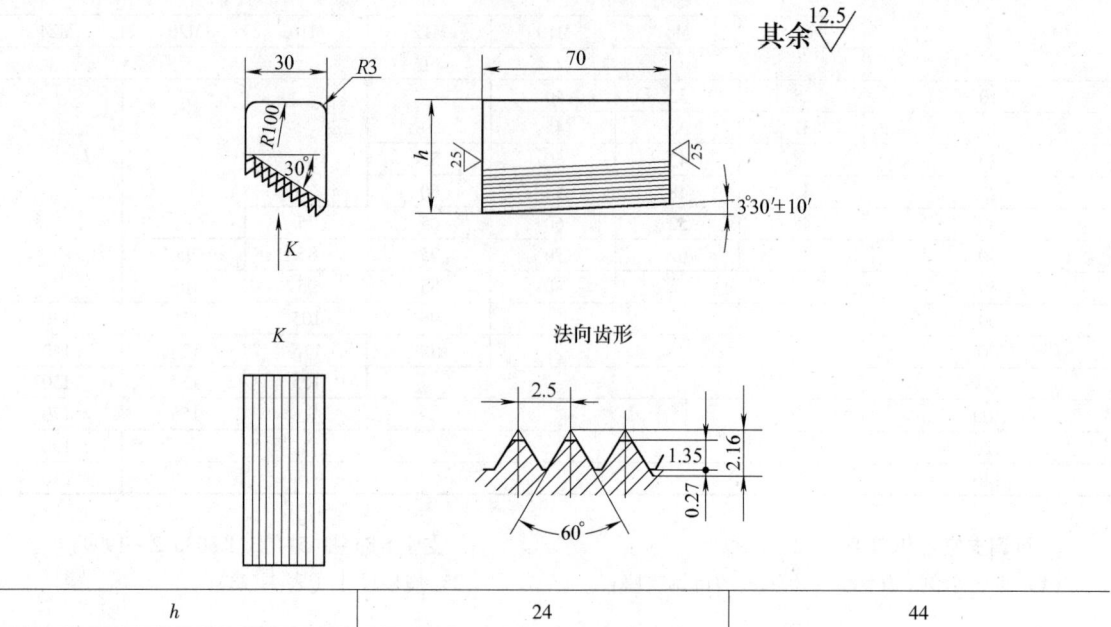

h	24	44

件 2　下垫块（JB/T 8036.2—1999）

(1) 技术条件

1) 材料：45 钢。

2) 热处理：40~45HRC。

3) 不完整齿，从齿根部去掉。

4) 其他技术条件按 JB/T 8044 的规定。

(2) 标记示例　h_1 = 82mm 的下垫块：

　　　　　　下垫块　82

(3) 规格及尺寸（表 4-125）

表 4-125 可调支座的下垫块的规格尺寸　　　　　　（单位：mm）

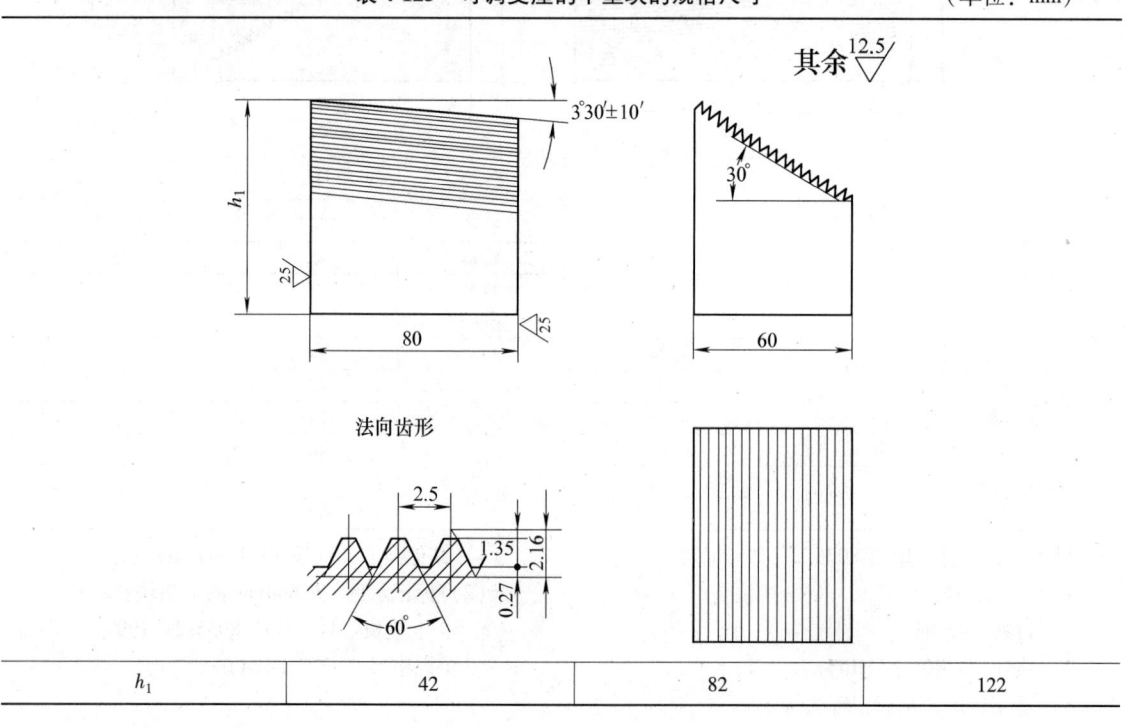

h_1	42	82	122

6. 万能支柱（JB/T 8027.2—1999）

（1）标记示例 $a=22\text{mm}$，$h=20\text{mm}$，$H=18\text{mm}$ 的万能支柱：

万能支柱 22×20×18 JB/T 8027.2—1999

（2）规格尺寸（表4-126）

表 4-126 万能支柱的规格尺寸 （单位：mm）

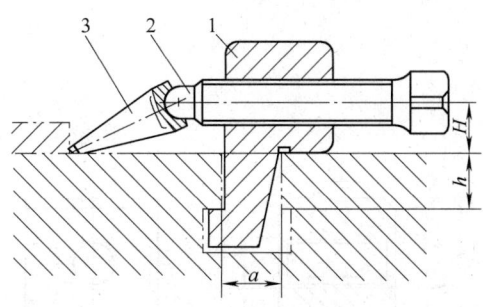

主要尺寸			件号	1	2	3
T形槽宽 a	h	H	名称	支柱体	螺钉	楔铁
			材料	45钢	45钢	45钢
			数量	1	1	1
			标准	JB/T 8027.2—1999	JB/T 8027.2—1999	JB/T 8027.2—1999
10	6~13	13	规格	10×h×13	M12×60	40
		16		10×h×16		60
12	8~15	13		12×h×13	M12×70	40
		16		12×h×16		60
14	10~18	13		14×h×13	M12×80	40
		16		14×h×16		60
18	13~23	13		18×h×13		
		16		18×h×16		80
22	16~28			22×h×16		
		18		22×h×18	M16×90	100
		22		22×h×22		120
28	21~36	18		28×h×18		100
		22		28×h×22	M16×100	120
		26		28×h×26		140
36	27~46			36×h×26		
		32		36×h×32	M20×120	160
		35		36×h×35		180

件1 支柱体

(1) 技术条件：
1) 材料：45钢；
2) 其他技术条件按 JB/T 8044 的规定。

(2) 标记示例 $a = 22$mm，$h = 20$mm，$H = 18$mm 的支柱体：

支柱体 $22 \times 20 \times 18$ JB/T 8027.2—1999

(3) 规格尺寸（表 4-127）

表 4-127 万能支柱的支柱体的规格尺寸　　　　　　　　　　（单位：mm）

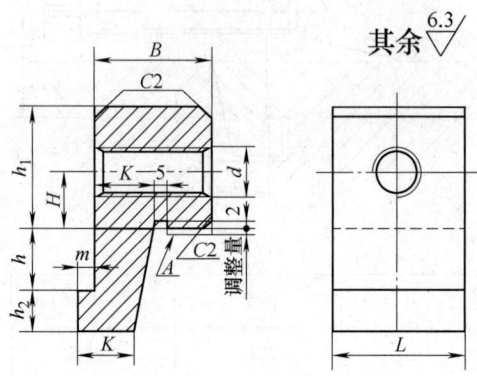

T形槽宽 a	h	H	h_1	h_2	L	d	B	K	m
10	6~13	13		6	30		25	9	2.8
		16							
12	8~15	13	30	7	35		28	11	3.5
		16				M12			
14	10~18	13		8			30	13	4
		16			40				
18	13~23	13	32	10			35	17	5
		16							
22	16~28	18	40	14	45		40	20	6
		22							
		18				M16			
28	21~36	22	42	18	50		48	26	8
		26							
36	27~46	32	55	22	55	M20	55	34	11
		35							

注：高度 h 尺寸由设计决定，并留有调整量，通过修整 A 面满足使用要求。

件2 螺钉（JB/T 8027.2—1999）

(1) 技术条件

1) 材料：45 钢；

2) 热处理：40~45HRC；

3) 其他技术条件按 JB/T 8044 的规定。

(2) 标记示例 $d = M16$，$L_1 = 90$mm 的螺钉：

螺钉 M16×90 JB/T 8027.2—1999

(3) 规格尺寸（表4-128）

表4-128 万能支柱的螺钉的规格尺寸 （单位：mm）

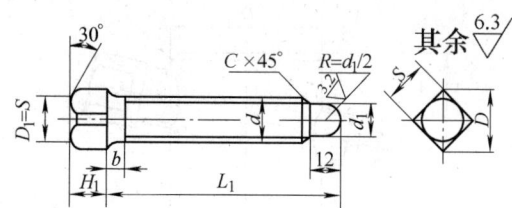

d	L_1	d_1	S 基本尺寸	S 极限偏差	H_1	D	C	b
M12	60	10	12	0 −0.240	10	16	1	5.3
M12	70	10	12	0 −0.240	10	16	1	5.3
M12	80	10	12	0 −0.240	10	16	1	5.3
M16	90	12	17	0 −0.240	14	22	2	6
M16	100	12	17	0 −0.240	14	22	2	6
M20	120	12	22	0 −0.280	18	28	2.5	7.5

件3 楔铁（JB/T 8027.2—1999）

(1) 技术条件

1) 材料：45 钢；

2) 热处理：40~45HRC；

3) 其他技术条件按 JB/T 8044 的规定。

(2) 标记示例 $L_2 = 60$mm 的楔铁：

楔铁 60 JB/T 8027.2—1999

(3) 规格尺寸（表4-129）

表4-129 万能支柱的楔铁的规格尺寸 （单位：mm）

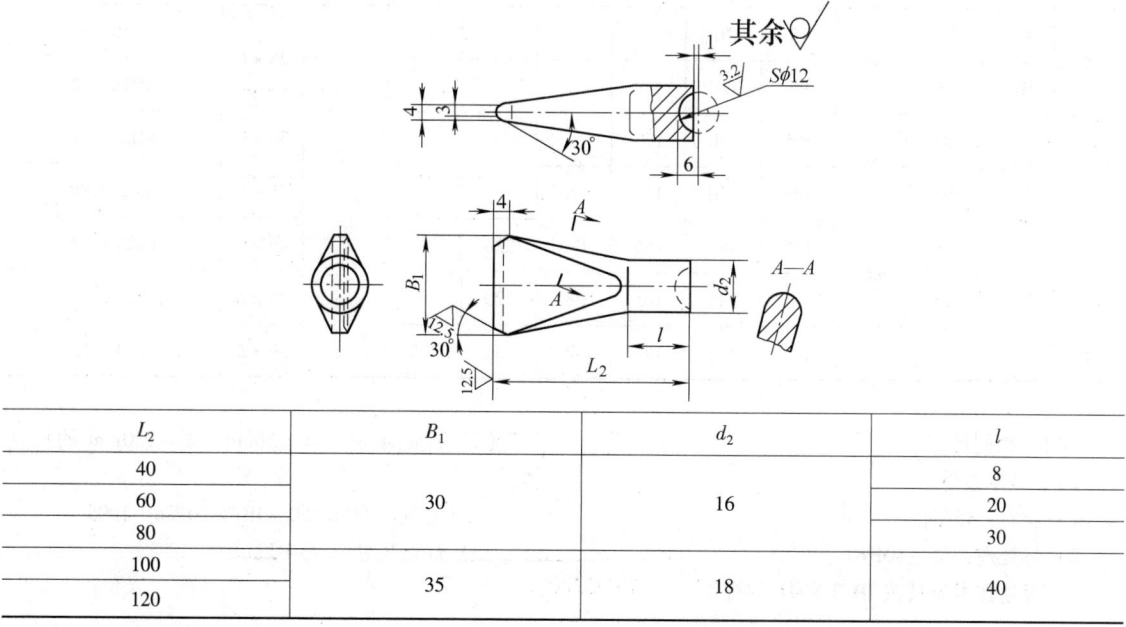

L_2	B_1	d_2	l
40	30	16	8
60	30	16	20
80	30	16	30
100	35	18	40
120	35	18	40

7. 挡柱（JB/T 10128—1999）

（1）标记示例 $d=50$mm、$L=150$mm 的挡柱：

挡柱 50×150 JB/T 10128—1999

（2）规格尺寸（表 4-130）

表 4-130 挡柱的规格尺寸　　　　　　　　　　　　　　　　　　（单位：mm）

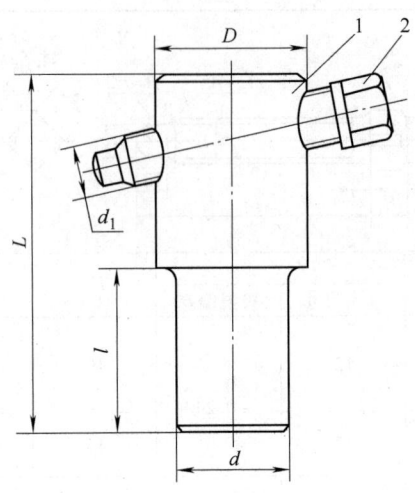

d	d_1	D	l	L					件号	1	2
									名称	挡柱体	螺钉
									材料	45	45
									数量	1	1
									标准号		JB/T 8006.2—1999
25	M10	30	40	60	70				规格	$25\times L$	AM10×50
	M16	35		95	120						AM16×70
30	M20	40	50	105	130	155				$30\times L$	AM20×80
36		50		105	130	155	180			$36\times L$	AM20×90
40	M24	55	60	115	140	165	190	220		$40\times L$	AM24×100
45		60		115	140	165	190	220		$45\times L$	AM24×110
50		65	70	125	150	175	200	230	260	$50\times L$	AM24×120

件 1 挡柱体

（1）技术条件

1）材料：45 钢。

2）热处理：35~40HRC。

3）其他技术条件按 JB/T 8044 的规定。

（2）标记示例 $d=50$mm、$L=150$mm 的挡柱体：

挡柱体 50×150 JB/T 10128—1999

（3）规格尺寸（表 4-131）

表 4-131 挡柱的挡柱体的规格尺寸　（单位：mm）

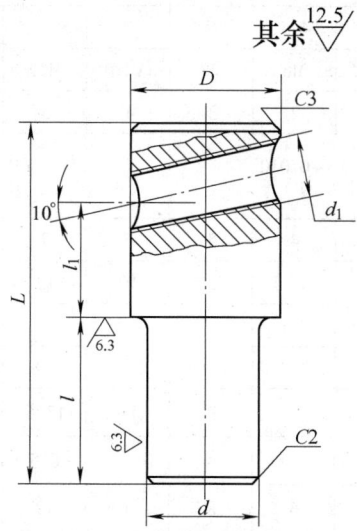

d	25		30			36			40				45				50				
d_1	M10	M16	M20						M24												
D	30	35	40			50			55				60				65				
L	60	70	95	120	105	130	155	105	130	155	180	115	140	165	190	280	115	140	165	190	220	125	150	175	200	230	260
l	40				50							60									70	
l_1	8	15	25	50	25	50	75	25	50	75	100	25	50	75	100	130	25	50	75	100	130	25	50	75	100	130	160

4.5.4 夹具专用螺钉和螺栓

1. 压紧螺钉（JB/T 8006.1—1999）

（1）技术条件

1）材料：45 钢按 GB/T 699 的规定。

2）热处理：30～35HRC。

3）其他技术条件按 JB/T 8044 的规定。

（2）标记示例　d = M16、L = 60mm 的 A 型压紧螺钉：

螺钉　AM16×60　JB/T 8006.1—1999

（3）规格尺寸（表 4-132）

表 4-132 压紧螺钉的规格尺寸　（单位：mm）

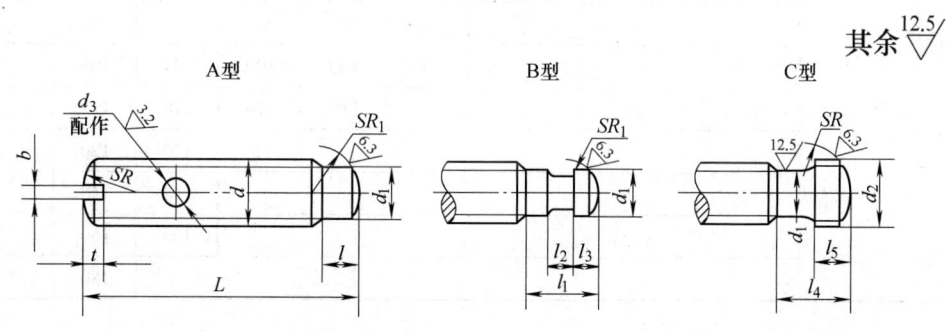

（续）

d		M4	M5	M6	M8	M10	M12	M16	M20	M24	M30
d_1		2.8	3.5	4.5	6	7	9	12	16	18	
d_2		M4	M5	M6	M8	M10	M12	M16	M20	M24	
d_3	基本尺寸	—	1.5	2	3	4	5	6		8	
	极限偏差 H7	—	+0.010 / 0			+0.012 / 0				+0.015 / 0	
l		3		4	5	6	7	8	10	12	
l_1				7	8.5	10	13	15	18	20	
l_2		—		2.1		2.5		3.4		5	
l_3				2.2	2.6	3.2	4.8	6.3	7.5	8.5	
l_4		5	6.5		9	11	13.5	15	17	20	
l_5		2	3		4	5	6.5	8	9	11	
SR		4	5	6	8	10	12	16	20	25	
SR_1		3	4	5	6	7	9	12	16	18	
b		0.6	0.8		1.2	1.5	2		3	4	
t		1.4	1.8	2	2.5	3	3.5	4.5	6	7	
L		18									
		20									
		22	22								
		25	25								
		28	28	28							
		30	30	30							
		35	35	35	35						
		40	40	40	40	40					
			45	45	45	45					
			50	50	50	50	50				
				60	60	60	60	60			
					70	70	70	70	70		
					80	80	80	80	80	80	80
						90	90	90	90	90	90
						100	100	100	100	100	100
							110	110	110	110	110
							120	120	120	120	120
								140	140	140	140
									160	160	160
										180	180

2. 六角头压紧螺钉（JB/T 8006.2—1999）

(1) 技术条件

1) 材料：45 钢按 GB/T 699 的规定。

2) 热处理：35~40HRC。

3) 其他技术条件按 JB/T 8044 的规定。

(2) 标记示例 $d=M16$、$L=60mm$ 的 A 型六角压紧螺钉：

　　螺钉 AM16×60 JB/T 8006.2—1999

(3) 规格尺寸（表4-133）

表4-133 六角头压紧螺钉的规格尺寸　　　　　　　　（单位：mm）

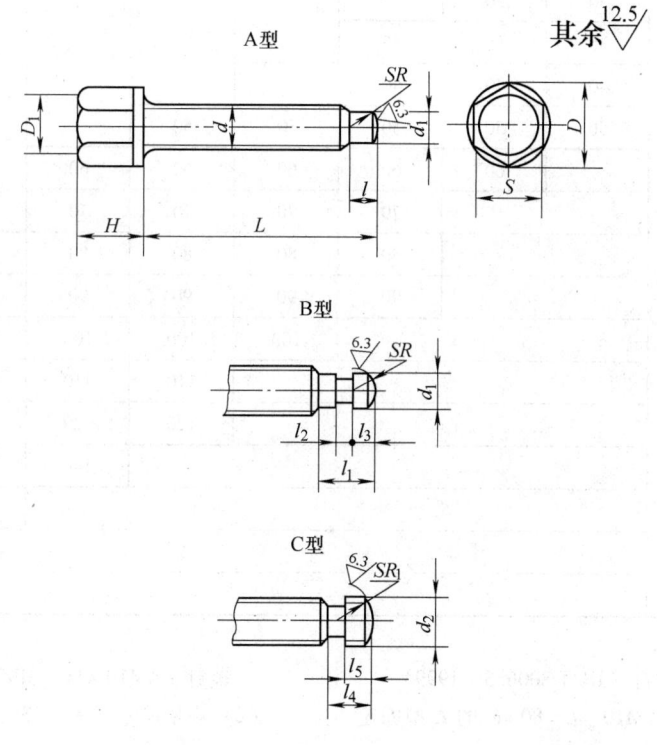

d		M8	M10	M12	M16	M20	M24	M30	M36
$D\approx$		12.7	14.2	17.59	23.35	31.2	37.29	47.3	57.7
$D_1\approx$		11.5	13.5	16.5	21	26	31	39	47.5
H		10	12	16	18	24	30	36	40
S	基本尺寸	11	13	16	21	27	34	41	50
	极限偏差	\multicolumn{4}{c}{0 −0.240}	\multicolumn{2}{c}{0 −0.280}	\multicolumn{2}{c}{0 −0.340}	
d_1		6	7	9	12	16		18	
d_2		M8	M10	M12	M16	M20		M24	
l		5	6	7	8	10		12	
l_1		8.5	10	13	15	18		20	
l_2		\multicolumn{3}{c}{2.5}	\multicolumn{2}{c}{3.4}	\multicolumn{3}{c}{5}		
l_3		2.6	3.2	4.8	6.3	7.5		8.5	

(续)

d	M8	M10	M12	M16	M20	M24	M30	M36
l_4	9	11	13.5	15	17		20	
l_5	4	5	6.5	8	9		11	
SR_1	8	10	12	16	20		25	
SR	6	7	9	12	16		18	
L	25							
	30	30						
	35	35	35					
	40	40	40	40				
	50	50	50	50	50			
		60	60	60	60	60		
			70	70	70	70		
			80	80	80	80	80	
			90	90	90	90	90	
				100	100	100	100	100
				110	110	110	110	110
				120	120	120	120	120
					140	140	140	140
						160	160	160
							180	
							200	

3. 固定手柄压紧螺钉（JB/T 8006.3—1999）

（1）标记示例 d = M10、L = 80mm 的 A 型固定手柄压紧螺钉：

螺钉 AM10 × 80 JB/T 8006.3—1999

（2）规格尺寸（表 4-134）

表 4-134 固定手柄压紧螺钉的规格尺寸 （单位：mm）

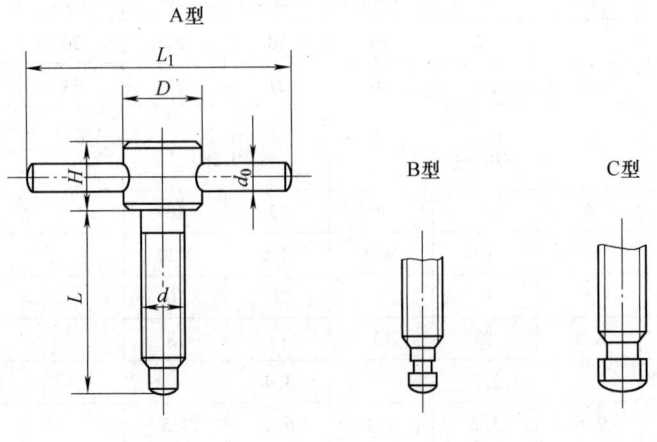

（续）

d	d_0	D	H	L_1	L										
M6	5	12	10	50	30	35	40								
M8	6	15	12	60	30	35	40								
M10	8	18	14	80		35	40	50	60						
M12	10	20	16	100			40	50	60	70					
M16	12	24	20	120				50	60	70	80	90	100	120	140
M20	16	30	25	160						70	80	90	100	120	140

4. 活动手柄压紧螺钉（JB/T 8006.4—1999）

（1）标记示例 d = M12、L = 60mm 的 A 型活动手柄压紧螺钉：

螺钉 AM12×60 JB/T 8006.4—1999

（2）规格尺寸（表4-135）

表4-135 活动手柄压紧螺钉的规格尺寸　　　　　（单位：mm）

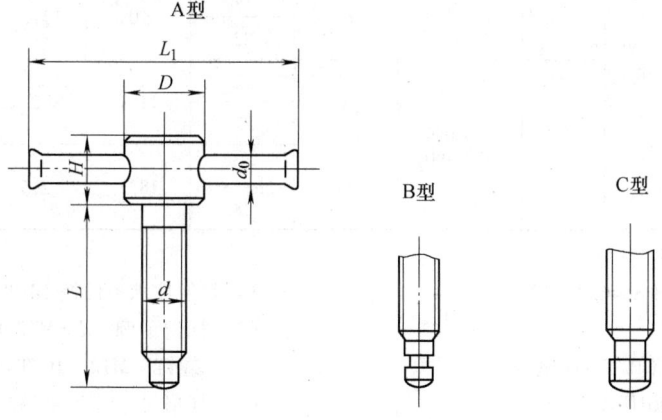

d	d_0	D	H	L_1	L										
M6	5	12	10	50	30	35	40	50							
M8	6	15	12	60	30	35	40	50	60						
M10	8	18	14	80		35	40	50	60	70					
M12	10	20	16	100			40	50	60	70	80				
M16	12	24	20	120					60	70	80	90	100		
M20	16	30	25	160							80	90	100	140	160
M24	16	30	25	200								90	100	140	160	180

5. 钻套螺钉（JB/T 8045.5—1999）

（1）技术条件

1）材料：45 钢按 GB/T 699 的规定。

2）热处理：35～40HRC。

3）其他技术条件按 JB/T 8044 的规定。

（2）标记示例 d = M10、L_1 = 13mm 的钻套螺钉：

螺钉 M10×13 JB/T 8045.5—1999

（3）规格尺寸（表4-136）

表 4-136 钻套螺钉的规格尺寸 (单位: mm)

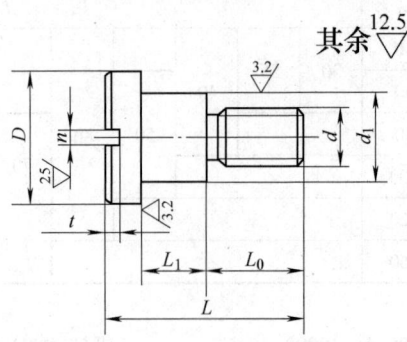

d	L_1 基本尺寸	L_1 极限偏差	d_1 基本尺寸	d_1 极限偏差 d11	D	L	L_0	n	t	钻套内径
M5	3	+0.200 +0.050	7.5	-0.040 -0.130	13	15	9	1.2	1.7	>0~6
M5	6	+0.200 +0.050	7.5	-0.040 -0.130	13	18	9	1.2	1.7	>0~6
M6	4	+0.200 +0.050	9.5	-0.040 -0.130	16	18	10	1.5	2	>6~12
M6	8	+0.200 +0.050	9.5	-0.040 -0.130	16	22	10	1.5	2	>6~12
M8	5.5	+0.200 +0.050	12	-0.050 -0.160	20	22	11.5	2	2.5	>12~30
M8	10.5	+0.200 +0.050	12	-0.050 -0.160	20	27	11.5	2	2.5	>12~30
M10	7	+0.200 +0.050	15	-0.050 -0.160	24	32	18.5	2.5	8	>30~85
M10	13	+0.200 +0.050	15	-0.050 -0.160	24	38	18.5	2.5	8	>30~85

6. 镗套螺钉（JB/T 8046.3—1999）

(1) 技术条件

1) 材料: 45 钢按 GB/T 699 的规定。

2) 热处理: 35~40HRC。

3) 其他技术条件按 JB/T 8044 的规定。

(2) 标记示例 d = M12 的镗套螺钉:

螺钉 M12 JB/T 8046.3—1999

(3) 规格尺寸（表 4-137）

表 4-137 镗套螺钉的规格尺寸 (单位: mm)

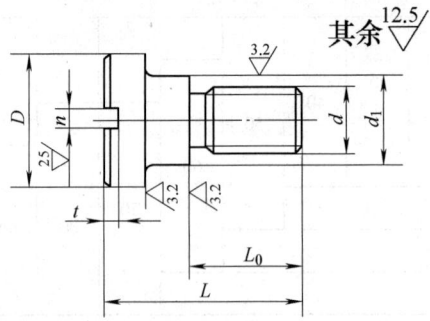

d	d_1 基本尺寸	d_1 极限偏差 d11	D	L	L_0	n	t	镗套内径
M12	16	-0.050 -0.160	24	30	15	3	3.5	>45~80
M16	20	-0.065 -0.195	28	37	20	3.5	4	>80~160

7. 球头螺栓 (JB/T 8007.1—1999)

(1) 技术条件

1) 材料：45 钢按 GB/T 699 的规定。
2) 热处理：头部 H 长度上及螺纹 l_0 长度上 35 ~ 40HRC。
3) 其他技术条件按 JB/T 8044 的规定。

(2) 标记示例　d = M20、L = 120mm 的 A 型球头螺栓：

　　螺栓　AM20 × 120　JB/T 8007.1—1999

d = M20、l = 120mm、l_1 = 30 的 B 型球头螺栓：

　　螺栓　BM20 × 120 × 30　JB/T 8007.1—1999

(3) 规格尺寸（表 4-138）

表 4-138　球头螺栓的规格尺寸　　　　　　　　　（单位：mm）

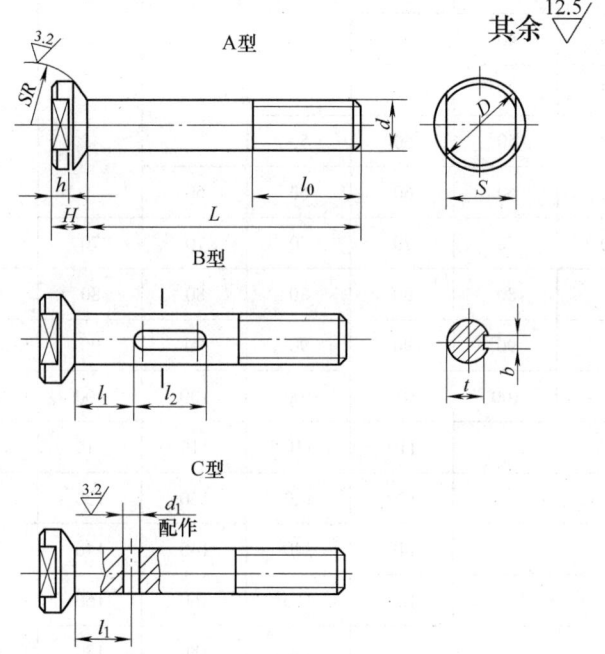

	d	M6	M8	M10	M12	M16	M20	M24	M30	M36
	D	12.5	17	21	24	30	37	44	56	66
S	基本尺寸	10	13	16	18	24	30	36	46	55
	极限偏差	0 −0.220	0 −0.270			0 −0.330			0 −0.620	0 −0.740
	H	7	9	10	12	14	16	20	22	26
	h	4	5	6	7	8	9	10	12	14
	SR	10	12	16	20	25	32	36	40	50
d_1	基本尺寸	2	3		4	5	6		8	10
	极限偏差 H7	+0.010 0			+0.012 0				+0.015 0	
	b	2	3		4	5	6.5		8	10
	t	4.9	6	8	9.5	13	16.5	20.5	25.5	31.5
	l_0	16	20	25	30	40	50	60	70	80

（续）

d	M6	M8	M10	M12	M16	M20	M24	M30	M36
l_1	根据设计需要决定								
l_2	8	10	15		20			30	
L	25								
	30	30							
	35	35							
	40	40	40						
	45	45	45						
	50	50	50	50					
	60	60	60	60	60				
	70	70	70	70	70	70			
		80	80	80	80	80	80		
		90	90	90	90	90	90		
		100	100	100	100	100	100	100	
			110	110	110	110	110	110	
			120	120	120	120	120	120	120
			140	140	140	140	140	140	140
			160	160	160	160	160	160	160
				180	180	180	180	180	180
				200	200	200	200	200	200
					220	220	220	220	220
						250	250	250	250
							280	280	280
							320	320	320
								360	360
									400

8. T形槽快卸螺栓（JB/T 8007.2—1999）

（1）技术条件

1）材料：45 钢按 GB/T 699 的规定。

2）热处理：$L \leqslant 100$mm 全部 35~40HRC；$L > 100$mm 两端 35~40HRC。

3）其他技术条件按 JB/T 8044 的规定。

（2）标记示例 d = M10、L = 40mm 的 T形槽快卸螺栓：

螺栓 M10×40 JB/T 8007.2—1999

（3）规格尺寸（表 4-139）

表 4-139 T形槽快卸螺栓的规格尺寸　　　　　　　　（单位：mm）

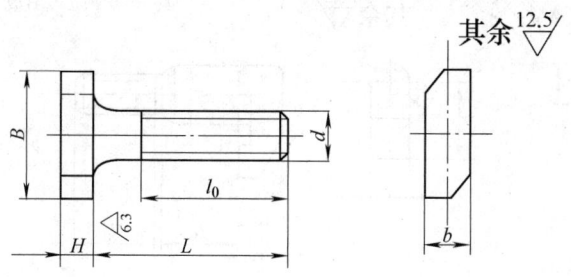

T形槽宽度	10	12	14	18	22	28	36
d	M8	M10	M12	M16	M20	M24	M30
B	20	25	30	36	46	58	74
H	6	7	9	12	14	16	20
l_0	25	30	40	50	60	75	90
b	8	10	12	16	20	24	30
L	30						
	40	40					
	50	50					
	60	60	60				
		80	80				
			100	100	100		
			120	120	120	120	
			160	160	160	160	160
				200	200	200	200
					250	250	250
						320	320
							400

9. 钩形螺栓（JB/T 8007.3—1999）

（1）技术条件

1）材料：45 钢按 GB/T 699 的规定。

2）热处理：35～40HRC。

3）其他技术条件按 JB/T 8044 的规定。

（2）标记示例　d = M6、A = 12mm、L = 30mm 的

A 形钩形螺栓：

　　螺栓　AM6×12×30　JB/T 8007.3—1999

d = M6、A_1 = 15mm、L = 30mm 的 B 型钩形螺栓：

　　螺栓　BM6×15×30　JB/T 8007.3—1999

（3）规格尺寸（表 4-140）

表 4-140 钩形螺栓的规格尺寸　　（单位：mm）

	d	M6	M8	M10	M12	M16	M20	M24
d_1	基本尺寸	10	12	16	18	22	28	34
	极限偏差 f9	−0.013 −0.049		−0.016 −0.059		−0.020 −0.072		−0.025 −0.087
	A	12	16	20	25	32	40	50
	A_1	15	20	24	30	38	46	60
	b	6	8	10	12	16	20	24
	b_1	10	12	16	18	22	28	34
	l_0	14	18	25	30	40	45	
	l_1			22	25	32	40	48
	r	12			14	18	22	26
r_1	基本尺寸	5	6	8	9	11	14	17
	极限偏差 h11	0 −0.075		0 −0.090		0 −0.110		
	r_2	7	10	12	15	20	24	30
	r_3	10	14	16	20	26	30	40
	H	8	10	12	14	18	22	26
	h	5	6	7	8	10	12	14
L		30						
		40	40					
		50	50	50				
			60	60	60			
				70	70			
					80	80		
					90	90	90	
						100	100	100
						110	110	110
							120	120
								140
								160

10. 起重螺栓（JB/T 8025—1999）

（1）技术条件

1）材料：45 钢按 GB/T 699 的规定。

2）热处理：T215。

3）其他技术条件按 JB/T 8044 的规定。

（2）标记示例 d = M12 的 A 型起重螺栓：

螺栓 AM12 JB/T 8025—1999

（3）规格尺寸（表 4-141）

表 4-141　起重螺栓的规格尺寸　　　　　　　　　　（单位：mm）

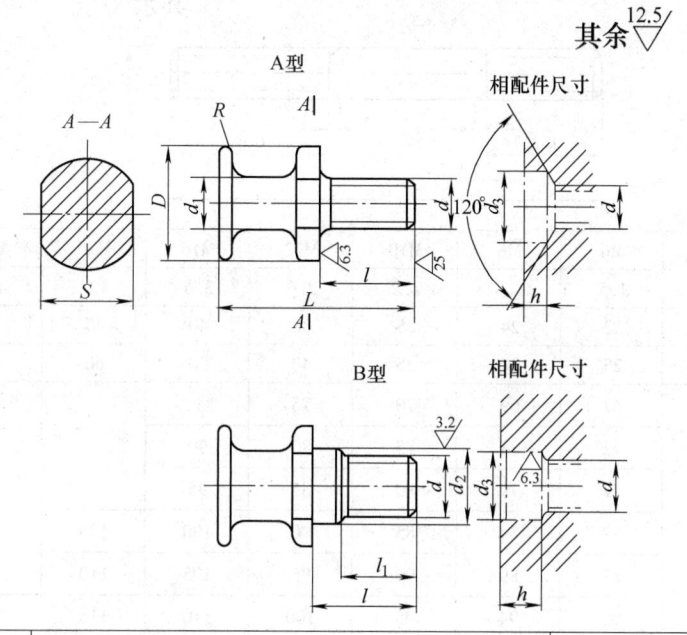

型式		A					B		
d		M12	M16	M20	M24	M30	M36	M42	M48
D		28	35	42	50	65	75	85	95
L		52	62	75	90	110	140	160	185
S	基本尺寸	24	27	32	36	50	55	65	75
	极限偏差	0 −0.280		0 −0.340			0 −0.400		
d_1		12	16	20	24	30	36	42	48
d_2	基本尺寸	—					45	50	55
	极限偏差 h6	—					0 −0.016		0 −0.019
l		25	32	38	45	54	72	84	96
l_1		—					50	60	70
允许负荷 N≈		1300	1900	2600	3900	6500	9000	13000	17000
相配件	基本尺寸	17	22	28	32	39	45	50	55
d_3	极限偏差 H7	—					+0.025 0		+0.030 0
h		6		8	9	10	28	32	36

11. 双头螺栓（JB/T 8007.4—1999）

(1) 技术条件

1) 材料：35 钢按 GB/T 699 的规定。
2) 热处理：螺纹部分 35~40HRC。
3) 其他技术条件按 JB/T 8044 的规定。

(2) 标记示例 d = M12、L = 75mm 的双头螺栓：
螺栓 M12×75 JB/T 8007.4—1999

(3) 规格尺寸（表 4-142）

表 4-142 双头螺栓的规格尺寸 （单位：mm）

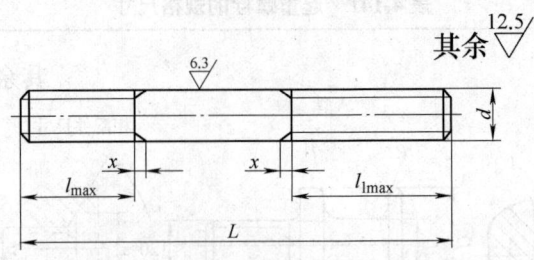

d	M6	M8	M10	M12	M16	M20	M24	M30
x	1.5	1.8	2.2	2.6	3.0	3.7	4.5	5.0
l_{max}	22	24	25	30	40	45	55	65
l_{1max}	25	30	35	40	50	60	80	95
	67	69	70	75				
	72	74	75	80	90			
	77	79	80	85	95			
	82	84	85	90	100	105		
	87	89	90	95	105	110		
	92	94	95	100	110	115	125	
	97	99	100	105	115	120	130	
	102	104	105	110	120	125	135	145
		109	110	115	125	130	140	150
		114	115	120	130	135	145	155
			120	125	135	140	150	160
			125	130	140	145	155	165
			135	140	150	155	165	175
			145	150	160	165	175	185
			155	160	170	175	185	195
			165	170	180	185	195	205
				180	190	195	205	215
				190	200	205	215	225
					210	215	225	235
					220	225	235	245
					240	245	255	265
						265	275	285
						295	305	315
							335	345

12. 槽用螺栓（JB/T 8007.5—1999）

(1) 技术条件

1) 材料：45 钢按 GB/T 699 的规定。

2) 热处理：35～40HRC。

3) 其他技术条件按 JB/T 8044 的规定。

(2) 标记示例　$d = M10$、$L = 40$mm 的槽用螺栓：

螺栓　M10×40　JB/T 8007.5—1999

(3) 规格尺寸（表 4-143）

表 4-143　槽用螺栓的规格尺寸　　　　　　　　　　　　（单位：mm）

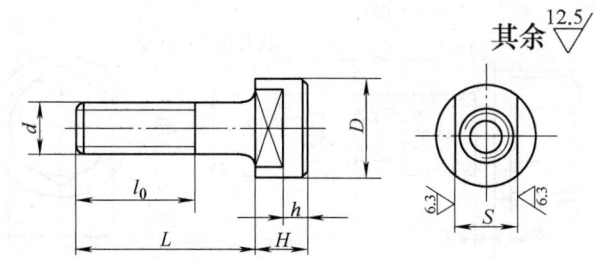

d	M6	M8	M10	M12	M16	M20	M24
D	14	18	22	26	34	42	52
S	8	10	11	13	18	21	27
H	8	10	12	16	22	26	34
h	4	5	6	8	11	13	17
L				l_0			
30	14						
40	14						
50		20					
60		20	25				
70			25	30			
80			25	30			
100				30	40		
120					40	50	
160						50	60
200							60

13. 塑料夹具用六角头螺钉（JB/T 8043.1—1999）

(1) 技术条件

1) 材料：45 钢按 GB/T 699 的规定。

2) 热处理：35~40HRC。
3) 其他技术条件按 JB/T 8044 的规定。
（2）标记示例　$d = M16 \times 1.5$，$L = 30mm$ 的塑料夹具用六角头螺钉：

螺钉　$M16 \times 1.5 \times 30$　JB/T 8043.1—1999

（3）规格尺寸（表 4-144）

表 4-144　塑料夹具用六角头螺钉的规格尺寸　　　　　　　　（单位：mm）

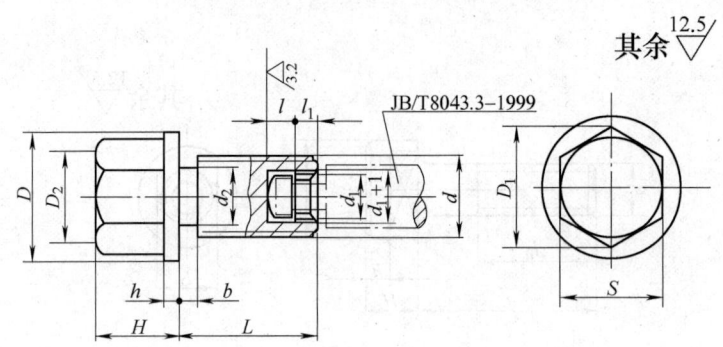

d	L	D	$D_1 \approx$	$D_2 \approx$	H	S 基本尺寸	S 极限偏差	d_1	d_2	h	b	l	l_1
M12×1.25	25 / 30 / 35	20	19.6	16.5	16	16	0 / −0.270	M6 左	10	2	3	5	4
M16×1.5	30 / 35 / 40	26	25.4	21	18	21	0 / −0.330	M10 左	13	3	4	6	5
M20×1.5	35 / 40 / 45							M12 左	15				
M24×1.5	40 / 45 / 50	38	37.29	31	30	34	0 / −0.620	M16 左	20	5	5	8	6

14. 塑料夹具用内六角螺钉（JB/T 8043.2—1999）

（1）技术条件

1) 材料：45 钢按 GB/T 699 的规定。
2) 热处理：35~40HRC。
3) 其他技术条件按 JB/T 8044 的规定。

（2）标记示例　$d = M16 \times 1.5$、$L = 35mm$ 的塑料夹具用内六角螺钉：

螺钉　$M16 \times 1.5 \times 35$　JB/T 8043.2—1999

（3）规格尺寸（表 4-145）

表 4-145　塑料夹具用内六角螺钉　　　　　　　　　　　　　　　　（单位：mm）

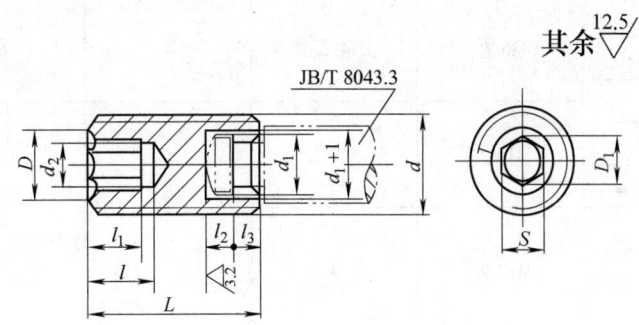

d	L	D	$D_1\approx$	S 基本尺寸	S 极限偏差	d_1	d_2	l	l_1	l_2	l_3
M12×1.25	25	7.2	6.86	6	+0.095 +0.020	M6 左	5.5	10	8	5	4
	30										
M16×1.5		9.5	9.15	8	+0.115 +0.025	M10 左	7.5	1.2	10	6	5
	35										
M20×1.5	40	12	11.43	10		M12 左	10	14	12		
M24×1.5	45	14	13.72	12	+0.142 +0.032	M16 左	11	18	16	8	6
	50										

15. 塑料夹具用柱塞（JB/T 8043.3—1999）

（1）技术条件

1）材料：45 钢按 GB/T 699 的规定。

2）热处理：35~40HRC。

3）其他技术条件按 JB/T 8044 的规定。

（2）标记示例　$D=15$mm、$L=40$mm 的塑料夹具用柱塞：

柱塞 15×40　JB/T 8043.3—1999

（3）规格尺寸（表 4-146）

表 4-146　塑料夹具用柱塞的规格尺寸　　　　　　　　　　　　　（单位：mm）

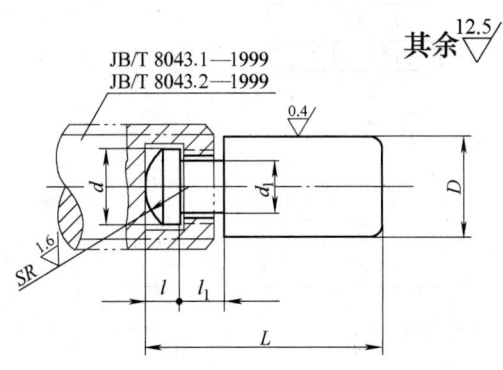

（续）

D	L	d	d_1	l	l_1	SR
10	20	M6 左	4.2	4	6	6
	25					
	30					
13	35	M10 左	7			10
	40					
15	35	M12 左	9	5	7	12
	40					
	45					
18	40	M16 左	13	7	8	16
	45					
	50					
20	45					
	50					
	55					

注：D 的偏差在装配图上注明。

16. 锁紧螺钉

（1）技术条件

1）材料：45 钢。

2）热处理：38~43HRC。

3）表面处理：发蓝。

（2）规格尺寸（表 4-147）

表 4-147 锁紧螺钉的规格尺寸　　　　　　　　　　（单位：mm）

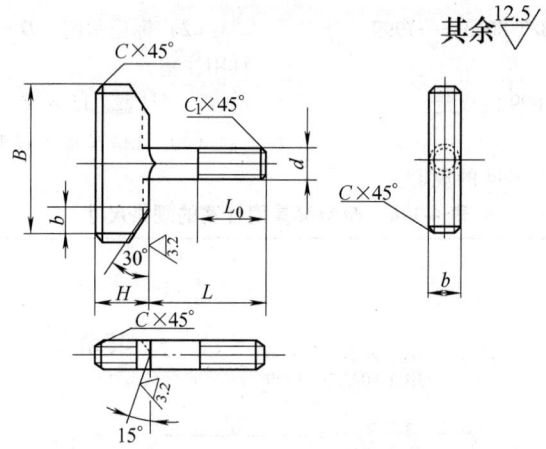

d	M6	M8	M10	M12	M16
B	30	35	40	50	
H	12	15	18	22	30
b	6	8	10	12	16
L_0	15	20	25	30	40

（续）

d	M6	M8	M10	M12	M16
C	1	1	1	1.5	1.5
C_1	1	1.2	1.5	1.8	2
L					
20					
25					
30					
40					
50					
60					
70					
80					
100					

17. 止动螺钉

(1) 技术条件

1) 材料：45 钢。

2) 热处理：38～43HRC。

3) 表面处理：发蓝。

(2) 规格尺寸（表 4-148）

表 4-148 止动螺钉的规格尺寸 （单位：mm）

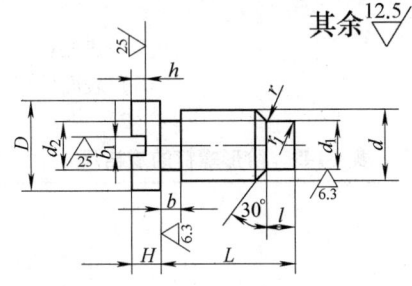

	d	M4	M5	M6	M8	M10	M12	M16
D	基本尺寸	7	8.5	10	12.5	15	18	24
	极限偏差 h12	0 -0.15	0 -0.15	0 -0.15	0 -0.18	0 -0.18	0 -0.18	0 -0.21
d_1	基本尺寸	2.5	3.5	4.5	6	7	9	12
	极限偏差 h12	0 -0.1	0 -0.12	0 -0.12	0 -0.12	0 -0.15	0 -0.15	0 -0.18
	d_2	3	3.8	4.5	6.2	7.8	9.5	13
	b	1.5	1.5	2	2	3	3	4
	b_1	1	1.2	1.5	2	2.5	3	4
	H	2.5	3	3.5	5	6	7	9
	h	1.4	1.7	2	2.5	3	3.5	4

（续）

d	M4	M5	M6	M8	M10	M12	M16
l	3	3	4	5	6	7	8
r	0.3	0.3	0.4	0.4	0.5	0.6	0.6
r_1	0.5	0.5	0.5	0.5	1	1	1
L							
8							
10							
12							
15							
18							
20							
22							
25							
30							
35							
40							
45							
50							

18. 阶形螺钉

（1）技术条件

1）材料：45钢。

2）热处理：38~43HRC。

3）表面处理：发蓝。

（2）规格尺寸（表4-149）

表4-149 阶形螺钉的规格尺寸　　　　　　　　　　　　　　　（单位：mm）

其余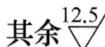

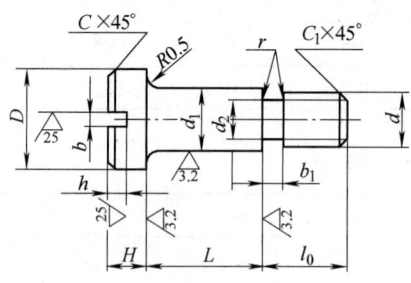

d	M4	M5	M6	M8	M10	M12	M16	M20
D	8	10	13	16	20	24	28	35
H	3	4	5	6	7	8	10	10
b	1	1.2	1.5	2	2.5	3	4	4
h	1.4	1.7	2	2.5	3	3.5	4	4.5

（续）

d		M4	M5	M6	M8	M10	M12	M16	M20
d_1	基本尺寸	6	7	8	10	13	16	20	24
	极限偏差 d11	-0.030 -0.105		-0.040 -0.130		-0.050 -0.160		-0.065 -0.195	
	d_2	3	3.8	4.5	6.2	7.8	9.5	13	16.4
	b_1	1.5		2		3		4	5
	l_0	6	8	10	12	15	18	24	30
	C	0.5				1		1.5	
	r	0.5			1			1.5	
	C_1	0.7	0.8	1	1.2	1.5	1.8	2	2.5

L									
基本尺寸	极限偏差 A11								
3	+0.330 +0.270								
4	+0.345 +0.270								
5									
6									
8	+0.370 +0.280								
10									
12	+0.400 +0.290								
16									
18									
20	+0.430 +0.300								
25									
30									
35	+0.470 +0.310								
40									
45	+0.480 +0.320								
50									
55	+0.530 +0.240								
60									

4.5.5 夹具专用螺母

1. 带肩六角螺母（JB/T 8004.1—1999）

（1）技术条件

1）材料：45 钢按 GB/T 699 的规定。

2）热处理：35~40HRC。

3）公差：细牙螺母的支承面对螺纹轴心线的垂直度按 GB/T 1184—1996 表 B-3 规定的 9 级公差。

4）其他技术条件按 JB/T 8044 的规定。

（2）标记示例 d = M16 的带肩六角螺母：

  螺母 M16 JB/T 8004.1—1999

d = M16×1.5 的带肩六角螺母：

  螺母 M16×1.5 JB/T 8004.1—1999

（3）规格尺寸（表 4-150）

表 4-150 带肩六角螺母的规格尺寸　　　　　　（单位：mm）

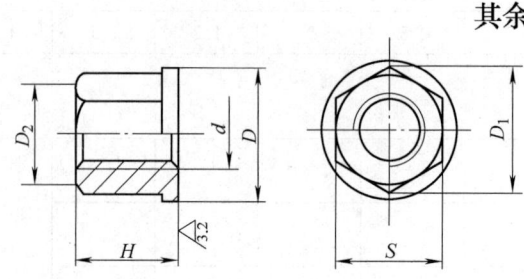

d		D	H	S		$D_1 \approx$	$D_2 \approx$
普通螺纹	细牙螺纹			基本尺寸	极限偏差		
M5	—	10	8	8	$\begin{matrix}0\\-0.220\end{matrix}$	9.2	7.5
M6	—	12.5	10	10		11.5	9.5
M8	M8×1	17	12	13	$\begin{matrix}0\\-0.270\end{matrix}$	14.2	13.5
M10	M10×1	21	16	16		17.59	16.5
M12	M12×1.25	24	20	18		19.85	17
M16	M16×1.5	30	25	24	$\begin{matrix}0\\-0.330\end{matrix}$	27.7	23
M20	M20×1.5	37	32	30		34.6	29
M24	M24×1.5	44	38	36	$\begin{matrix}0\\-0.620\end{matrix}$	41.6	34
M30	M30×1.5	56	48	46		53.1	44
M36	M36×1.5	66	55	55		63.5	53
M42	M42×1.5	78	65	65	$\begin{matrix}0\\-0.740\end{matrix}$	75	62
M48	M48×1.5	92	75	75		86.5	72

2. 球面带肩螺母（JB/T 8004.2—1999）

（1）技术条件

1）材料：45 钢按 GB/T 699 的规定。

2）热处理：35~40HRC。

3）其他技术条件按 JB/T 8044 的规定。

（2）标记示例 d = M16 的 A 型球面带肩螺母：

  螺母 AM16 JB/T 8004.2—1999

（3）规格尺寸（表 4-151）

3. 连接螺母（JB/T 8004.3—1999）

（1）技术条件

1）材料：45 钢按 GB/T 699 的规定。

2）热处理：35~40HRC。

3）其他技术条件按 JB/T 8044 的规定。

（2）标记示例 d = M12 的连接螺母：

  螺母 M12 JB/T 8004.3—1999

（3）规格尺寸（表 4-152）

表 4-151 球面带肩螺母的规格尺寸　　　　　　（单位：mm）

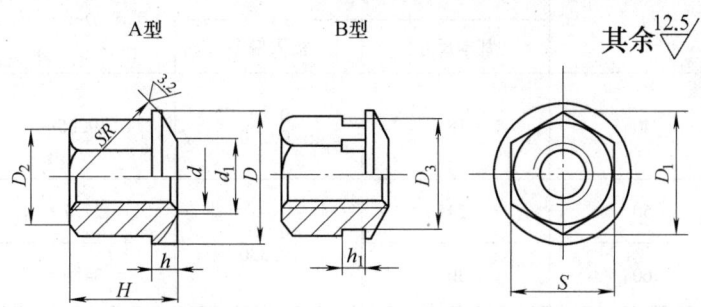

d	D	H	SR	S 基本尺寸	S 极限偏差	$D_1 \approx$	$D_2 \approx$	D_3	d_1	h	h_1
M6	12.5	10	10	10	0 −0.220	11.5	9.5	10	6.4	3	2.5
M8	17	12	12	13		14.2	13.5	14	8.4	4	3
M10	21	16	16	16	0 −0.270	17.59	16.5	18	10.5		3.5
M12	24	20	20	18		19.85	17	20	13	5	4
M16	30	25	25	24	0 −0.330	27.7	23	26	17	6	5
M20	37	32	32	30		34.6	29	32	21	6.6	
M24	44	38	36	36	0 −0.620	41.6	34	38	25	9.6	6
M30	56	48	40	46		53.1	44	48	31	9.8	7
M36	66	55	50	55		63.5	53	58	37	12	8
M42	78	65	63	65	0 −0.740	75	62	68	43	16	9
M48	92	75	70	75		86.5	72	78	50	20	10

表 4-152 连接螺母的规格尺寸　　　　　　（单位：mm）

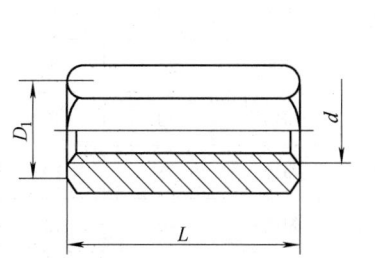
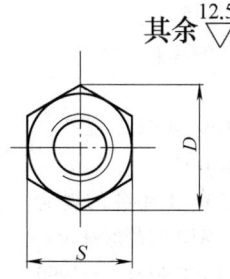

(续)

d	L	S 基本尺寸	S 极限偏差	$D\approx$	$D_1\approx$
M12	40	18	0 −0.270	19.85	18
M16	50	24	0 −0.330	27.7	22.8
M20	60	30		34.6	28.5
M24	75	36	0 −0.620	41.6	34.2
M30	90	46		53.1	43.7
M36	110	55		63.5	52.3
M42	130	65	0 −0.740	75	61.8
M48	160	75		86.5	71.3

4. 调节螺母（JB/T 8004.4—1999）

(1) 技术条件

1) 材料：45 钢按 GB/T 699 的规定。
2) 热处理：35~40HRC。
3) 其他技术条件按 JB/T 8044 的规定。

(2) 标记示例 d = M16 的调节螺母：

螺母 M16 JB/T 8004.4—1999

(3) 规格尺寸（表 4-153）

5. 带孔滚花螺母（JB/T 8004.5—1999）

(1) 技术条件

1) 材料：45 钢按 GB/T 699 的规定。
2) 热处理：A 型 35~40HRC。
3) 其他技术条件按 JB/T 8044 的规定。

(2) 标记示例 d = M5 的 A 型带孔滚花螺母：

螺母 AM5 JB/T 8004.5—1999

(3) 规格尺寸（表 4-154）

6. 菱形螺母（JB/T 8004.6—1999）

(1) 技术条件

1) 材料：45 钢按 GB/T 699 的规定。
2) 热处理：35~40HRC。
3) 其他技术条件按 JB/T 8044 的规定。

(2) 标记示例 d = M10 的菱形螺母：

螺母 M10 JB/T 8004.6—1999

(3) 规格尺寸（表 4-155）

表 4-153 调节螺母的规格尺寸

（单位：mm）

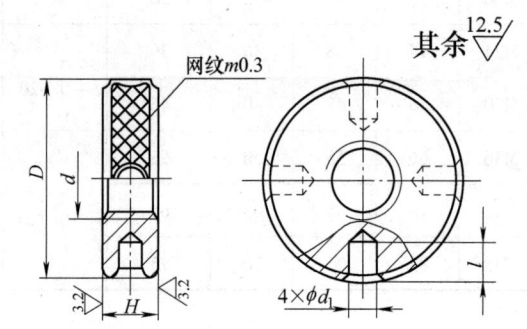

d	D（滚花前）	H	d_1	l
M6	20	6	3	4.5
M8	24	7	3.5	5
M10	30	8	4	6
M12	35	10	5	7
M16	40	12	6	8
M20	50	14		10

表 4-154 带孔滚花螺母的规格尺寸　　　　　　　　　　（单位：mm）

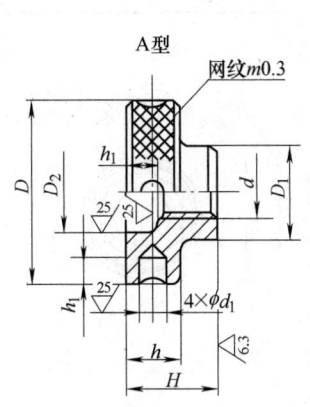
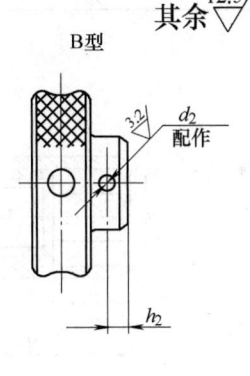

d	D(滚花前)	D_1	D_2	H	h	d_1	d_2 基本尺寸	d_2 极限偏差 H7	h_1	h_2
M3	12	8	5	8	5	—	—	—	2	—
M4	18	10	6	10	6	—	—	—	2	—
M5	20	12	7	12	7	—	1.5	+0.010 / 0	3	2.5
M6	25	12	8	14	8	—	2	+0.010 / 0	4	3
M8	30	16	10	16	10	5	3	+0.010 / 0	5	3
M10	35	20	14	20	12	5	4	+0.012 / 0	7	4
M12	40	20	18	20	12	6	5	+0.012 / 0	7	4
M16	50	25	20	25	15	8	6	+0.012 / 0	8	5
M20	60	30	25	30	15	8	6	+0.012 / 0	10	7

表 4-155 菱形螺母的规格尺寸　（单位：mm）

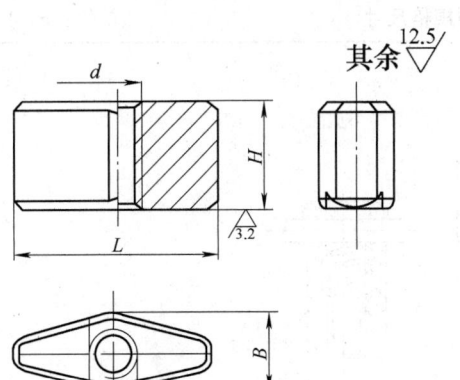

d	L	B	H	l
M4	20	7	8	4
M5	25	8	10	5
M6	30	10	12	6
M8	35	12	16	8
M10	40	14	20	10
M12	50	16	22	12
M16	60	22	25	16

7. 内六角螺母（JB/T 8004.7—1999）

(1) 技术条件

1) 材料：45 钢；

2) 热处理：35~40HRC；

3) 其他技术条件按 JB/T 8044 的规定。

(2) 标记示例 $d=M12$ 的内六角螺母：

螺母 M12 JB/T 8004.7—1999

(3) 规格尺寸（表4-156）

表 4-156 内六角螺母的规格尺寸　　　　　　　　　　（单位：mm）

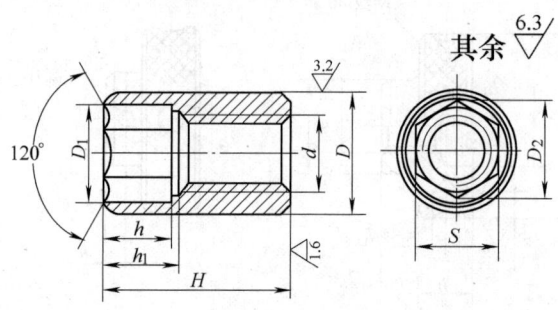

d	D	H	S 基本尺寸	S 极限偏差	D_2	$D_1 \approx$	h	h_1
M6	10	16	6	+0.160 +0.030	7.5	6.9	5	6
M8	14	20	8	+0.200 +0.040	9.5	9.2	7	8
M10	18	25	10	+0.200 +0.040	12	11.5	9	10
M12	22	30	14	+0.240 +0.050	17	16.2	11	13
M16	25	40	17	+0.240 +0.050	20	19.6	13	15
M20	30	50	22	+0.280 +0.060	26	25.4	16	18
M24	38	60	27	+0.280 +0.060	32	31.2	22	24

8. 手柄螺母（JB/T 8004.8—1999）

(1) 标记示例 $d=M12$，$H=50mm$ 的 A 型手柄螺母：

手柄螺母 AM12×50 JB/T 8004.8—1999

(2) 规格尺寸（表4-157）

表 4-157 手柄螺母的规格尺寸　　　　　　　　　　（单位：mm）

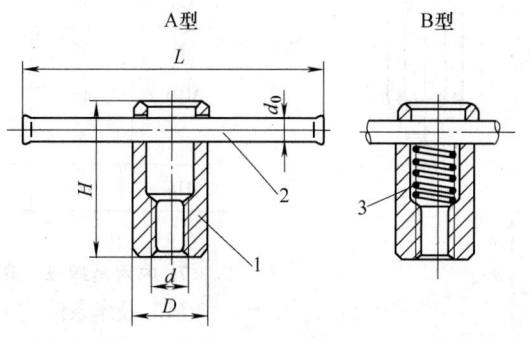

（续）

主要尺寸					件号	1	2	3
					名称	螺母	手柄	弹簧
					材料	45	A3	碳素弹簧钢丝Ⅱ
d	D	H	L	d_0	数量	1	1	1
					标准	GB 2155(1)—1991	GB 2220—1991	GB 2089—1991
M6	15	28	50	5	规格	M6×H	5×50	0.8×7×13
		50						0.8×7×38
M8	18	32	60	6		M8×H	6×60	0.8×9×17
		60						0.8×9×45
M10	22	45	80	8		M10×H	8×80	1.2×12×22
		80						1.2×12×65
M12	25	50	100	10		M12×H	10×100	1.6×14×20
		100						1.6×14×80
M16	32	60	120	12		M16×H	12×120	1.6×18×25
		110						1.6×18×80
M20	36	70	200	16		M20×H	16×200	2×22×30
		120						2×22×85

件1 螺母
（1）技术条件
1）材料：45钢；
2）热处理：35~40HRC；
3）其他技术条件按 JB/T 8044 的规定。
（2）标记示例　d = M12，H = 50mm 的螺母：
　　　螺母　M12×50　JB/T 8004.8—1999
（3）规格尺寸（表4-158）

表 4-158　手柄螺母的螺母的规格尺寸　　　　　　（单位：mm）

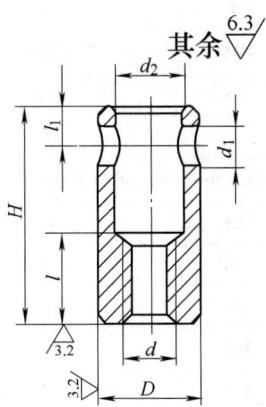

d	D	H	d_1	d_2	l	l_1
M6	15	28	5.1	9	10	6
		50				

（续）

d	D	H	d_1	d_2	l	l_1
M8	18	32	6.1	11	12	7
M8	18	60	6.1	11	12	7
M10	22	45	8.2	15	16	8
M10	22	80	8.2	15	16	8
M12	25	50	10.2	17	20	9
M12	25	100	10.2	17	20	9
M16	32	60	12.2	21	25	11
M16	32	110	12.2	21	25	11
M20	36	70	16.2	25	32	13
M20	36	120	16.2	25	32	13

9. 回转手柄螺母（JB/T 8004.9—1999）

（1）标记示例 d = M16 的回转手柄螺母：

手柄螺母 M16 JB/T 8004.9—1999

（2）规格尺寸（表 4-159）

表 4-159 回转手柄螺母的规格尺寸 （单位：mm）

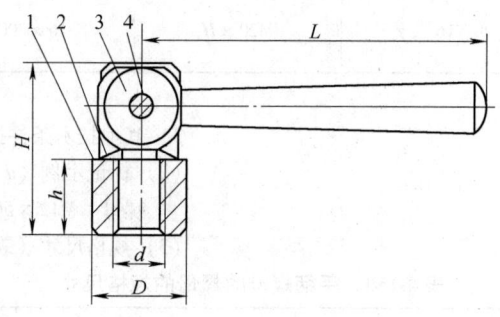

主要尺寸					件号	1	2	3	4
					名称	螺母	弹簧片	手柄	销
					材料	45	65Mn	45	45
					数量	1	1	1	1
					标准	JB/T 8004.9—1999	JB/T 8004.9—1999	JB/T 8004.9—1999	GB/T 119.1~2—2000
d	D	L	H	h	规格				
M8	18	65	30	14		M8	10	65	5n6×16
M10	22	80	36	16		M10	12	80	6n6×20
M12	25	100	45	20		M12	14	100	6n6×22
M16	32	120	58	26		M16	18	120	8n6×30
M20	40	160	72	32		M20	22	160	10n6×35

件1 螺母

（1）技术条件

1）材料：45 钢；

2）热处理：35~40HRC；

3）其他技术条件按 JB/T 8044 的规定。

（2）标记示例 d = M16 的螺母：

螺母 M16 JB/T 8004.9—1999

（3）规格尺寸（表 4-160）

表 4-160 回转手柄螺母的螺母的规格尺寸　　　　　　　　（单位：mm）

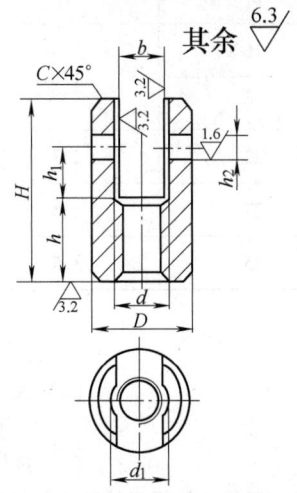

d	D	h	b		d_1	d_2		h	h_1		C
			基本尺寸	极限偏差 H11		基本尺寸	极限偏差 H9		基本尺寸	极限偏差	
M8	18	30	8	+0.090 0	10.2	5	+0.030 0	14	8.6	0 -0.100	2
M10	22	36	10		12.2	6		16	10.6		3
M12	25	45	12	+0.110 0	14.2			20	13.3		
M16	32	58	16		18.2	8	+0.036 0	26	17		4
M20	40	72	20	+0.130 0	22.2	10		32	21.5		5

件 2　弹簧片

(1) 技术条件

1) 材料：65Mn；

2) 热处理：43~48HRC；

3) 其他技术条件按 JB/T 8044 的规定。

(2) 标记示例　D_1 = 22mm 的弹簧片：

弹簧片 22　JB/T 8004.9—1999

(3) 规格尺寸（表 4-161）

表 4-161 回转手柄螺母的弹簧片的规格尺寸　　　　　　　（单位：mm）

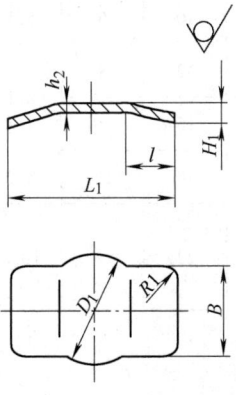

（续）

D_1	B	L_1	H_1	l	h_2
10	7.8	16	1.6	4	0.4
12	9.8	19		5	
14	11.8	22	2.3	6	0.5
18	15.8	27	2.5	7	0.6
22	19.8	35	3.5	10	0.8

件3 手柄

(1) 技术条件

1) 材料：45 钢；

2) 热处理：35～40HRC；

3) 其他技术条件按 JB/T 8044 的规定。

(2) 标记示例 $L = 120\mathrm{mm}$ 的手柄：

手柄 120 JB/T 8004.9—1999

(3) 规格尺寸（表4-162）

表 4-162 回转手柄螺母的手柄的规格尺寸　　　　（单位：mm）

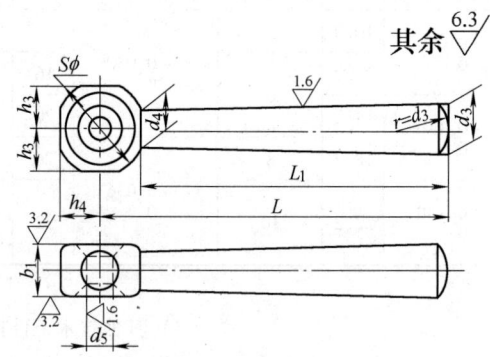

L	$S\phi$	b_1		d_3	d_4	d_5	L_1	h_3	h_4	
		基本尺寸	极限偏差 d11						基本尺寸	极限偏差
65	16	8	−0.040 −0.150	10	6	5.1	57.6	7	7.2	0 −0.100
80	20	10		12	8	6.1	70.8	9	9.2	
100	25	12	−0.050 −0.160	15	10		88.6	11	11.2	
120	32	16		18	12	8.2	105.1	14.5	14.8	
160	40	20	−0.065 −0.195	22	16	10.2	141.7	18	18.3	

10. 多手柄螺母（JB/T 8004.10—1999）

(1) 标记示例 $d = M16$ 的 A 型多手柄螺母：

螺母 AM16 JB/T 8004.10—1999

(2) 规格尺寸（表4-163）

表 4-163 多手柄螺母的规格尺寸　　　　　　　　　　（单位：mm）

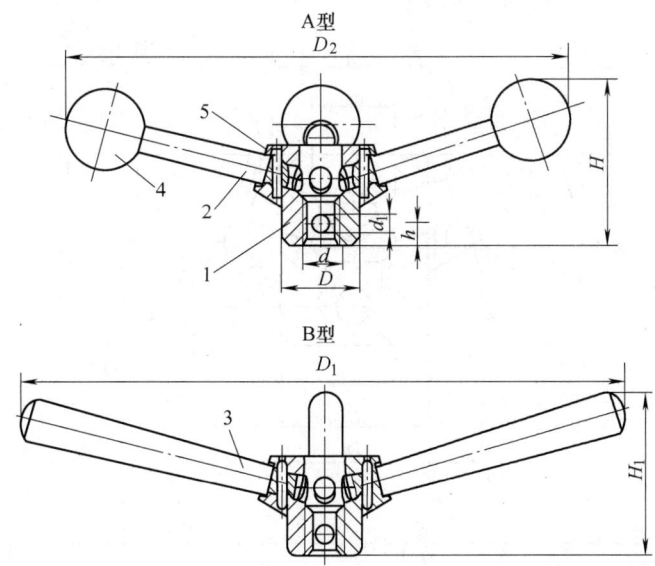

主要尺寸										件号	1	2	3	4	5
										名称	螺母	手柄杆	直手柄	手柄球	销
						d_1				材料	45	35	35	尼龙6	45
										数量	1	4	4	4	4
d	D	$D_1\approx$	$D_2\approx$	$H\approx$	$H_1\approx$	基本尺寸	极限偏差 H7	h		标准	JB/T 8004.10—1999				GB/T 119.1~2—2000
M12	25	234	196	59	59	4	+0.012 0	6	规格	M12		10×50×12	10×100×12	M10×32	3n6×22
M16	32	241	204	63	65	6		8		M16					
M20	38	298	255	80	80			10		M20		12×65×16	12×125×16	M12×40	4n6×25
M24	45	308	265	85	85	8	+0.015 0	12		M24					
M30	52	385	350	105	104			16		M30		16×100×20	16×160×20	M16×45	5n6×30

件1　螺母
(1) 技术条件
1) 材料：45 钢；
2) 其他技术条件按 JB/T 8044 的规定。
(2) 标记示例　d = M16 的螺母：
　　螺母 M16　JB/T 8004.10—1999
(3) 规格尺寸（表 4-164）

11. T 形槽用螺母（JB/T 8004.11—1999）

(1) 技术条件
1) 材料：45 钢按 GB/T 699 的规定。
2) 热处理：35~40HRC。
3) 其他技术条件按 JB/T 8044 的规定。
(2) 标记示例　d = M20 的 T 形槽用螺母：
　　螺母 M20　JB/T 8004.11—1999
(3) 规格尺寸（表 4-165）

表 4-164　多手柄螺母的螺母的规格尺寸　　　　　　　　　　（单位：mm）

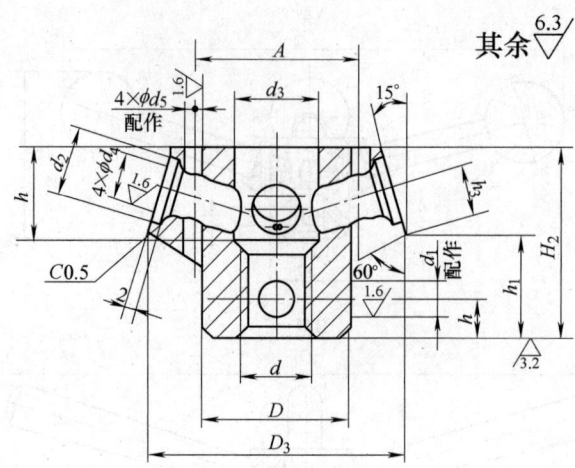

d	D	H_2	D_3	A	d_1 基本尺寸	d_1 极限偏差 H7	d_2	d_3	d_4 基本尺寸	d_4 极限偏差 H7	d_5 基本尺寸	d_5 极限偏差 H7	h	h_1	h_2	h_3
M12	25	35	48	29	4	+0.012 0	14	14	10	+0.015 0	3	+0.010 0	6	18	18	9
M16	32	40	55	36	6		14	18	10		3		8	22	20	9
M20	38	50	65	43	6		17	22	12	+0.018 0	4	+0.012 0	10	27	25	12
M24	45	55	75	50	8	+0.015 0	17	26	12		4		12	32	25	12
M30	52	65	85	58	8		21	32	16		5		16	38	30	14

表 4-165　T 形槽用螺母的规格尺寸　　　　　　　　　　（单位：mm）

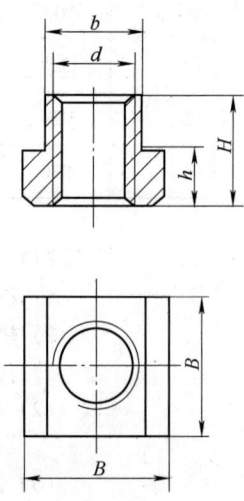

(续)

d	b		B		h		H	适用宽度
	基本尺寸	极限偏差	基本尺寸	极限偏差	基本尺寸	极限偏差		
M4	5	-0.3 -0.5	9	0 -0.5	2.5	0 -0.3	6.5	5
M5	6		10		4	0 -0.5	8	6
M6	8		13		6		10	8
M8	10		15				12	10
M10	12		18		7		14	12
M12	14		22		8		16	14
M16	18	-0.3 -0.6	28		10		20	18
M20	22		34		14		28	22
M24	28		43		18		36	28
M30	36		53		23		44	36
M36	42	-0.4 -0.7	64	0 -1.0	28	0 -1.0	52	42
M42	48		75		32		60	48
M48	54	-0.4 -0.8	85		36		70	54

12. 压入式螺纹衬套（JB/T 8005.1—1999）

(1) 技术条件

1) 材料：45 钢按 GB/T 699 的规定。
2) 热处理：35~40HRC。
3) 其他技术条件按 JB/T 8044 的规定。

(2) 标记示例 d = M16、H = 32mm 的压入式螺纹衬套：

衬套 M16×32 JB/T 8005.1—1999

d = T_r16×4 左、H = 32mm 的压入式螺纹衬套：

衬套 T_r16×4 左×32 JB/T 8005.1—1999

(3) 规格尺寸（表4-166）

表4-166 压入式螺纹衬套的规格尺寸　　　　　（单位：mm）

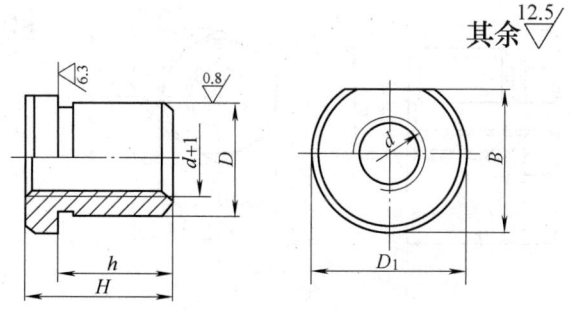

(续)

d		D		D_1	H	h	B
普通螺纹	梯形螺纹	基本尺寸	极限偏差 r6				
M6 –		12	+0.034 +0.023	18	10	8	16
M6	—	14		20	12	10	18
M10		16		22	16	12	20
M12		20	+0.041 +0.028	26	20	16	24
M16	$T_r16×4$ 左	25		32	25	20	30
M20	$T_r20×4$ 左	30		38	32	25	36
					40	32	
M24	$T_r24×5$ 左	35	+0.050 +0.034	42	50	40	40
M30	$T_r30×6$ 左	42		50	60	50	48
M30	$T_r36×6$ 左	50		60	72	60	56

13. 旋入式螺纹衬套（JB/T 8005.2—1999）

(1) 技术条件

1) 材料：45 钢按 GB/T 699 的规定。
2) 热处理：35~40HRC。
3) 其他技术条件按 JB/T 8044 的规定。

(2) 标记示例 d = M16、H = 32mm 的旋入式螺纹衬套：

    衬套 M16×32 JB/T 8005.2—1999

$d = T_r16×4$ 左、H = 32mm 的旋入式螺纹衬套：

    衬套 $T_r16×4$ 左×32 JB/T 8005.2—1999

(3) 规格尺寸（表 4-167）

表 4-167 旋入式螺纹衬套的规格尺寸　　　　　（单位：mm）

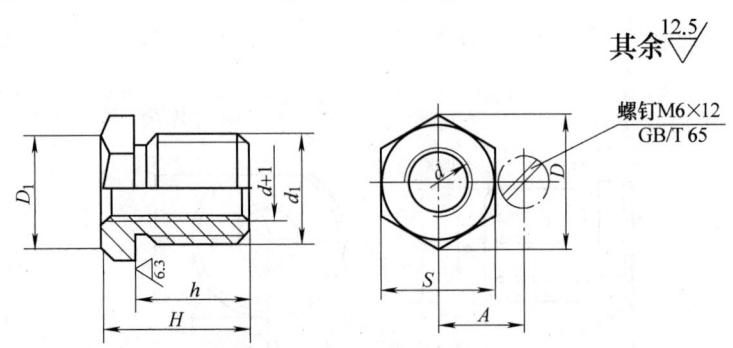

(续)

d		d_1	H	h	S		$D\approx$	$D_1\approx$	A
普通螺纹	梯形螺纹				基本尺寸	极限偏差			
M8		M16×1.5	14	10	16	0 -0.240	17.59	16.5	14
M10	—	M18×1.5	16	12	18		19.85	18	15
M12		M20×1.5	20	16	21	0 -0.280	23.35	21	16.5
			25	20					
M16	Tr16×4左	M24×2	32	25	27		31.2	26	19
M20	Tr20×4左	M30×2	40	35	36		41.6	34	23.5
M24	Tr24×5左	M36×3	35	28	41	0 -0.340	47.3	39	26
			50	40					
M30	Tr30×6左	M42×3	45	35	46		53.1	44	28.5
			60	50					
M36	Tr36×6左	M48×3	52	40	55	0 -0.400	63.5	53	33
			72	60					

14. 捏手螺母

（1）技术条件

1）材料：45钢。

2）热处理：33~38HRC。

3）表面处理：发蓝。

（2）规格尺寸（表4-168）

15. 滚花六角头圆螺母

（1）技术条件

1）材料：45钢。

2）表面处理：发蓝。

（2）规格尺寸（表4-169）

表4-168　捏手螺母的规格尺寸　　　　　　　　　　　（单位：mm）

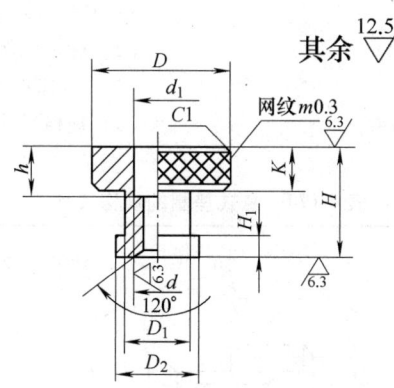

d	D	H	K	D_1	D_2	H_1	d_1	h
M6	22	15	6	10	12	2.8	7	7
M8	30	20	8	14	16	3.7	10	10
M10	36	25	10	17	20	5	13	12
M12	42	35	12	20	24	6	16	18

表 4-169　滚花六角头圆螺母的规格尺寸　　　（单位：mm）

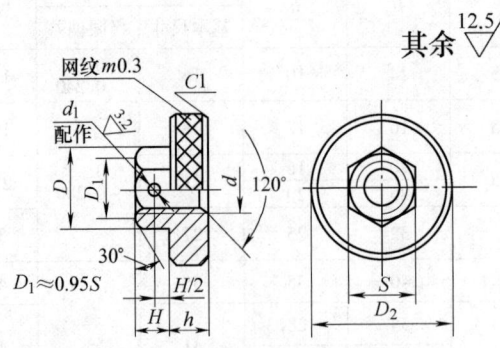

d	$D \approx$		D_2	S		d_1		H	h
	基本尺寸	极限偏差		基本尺寸	极限偏差	基本尺寸	极限偏差 H7		
M5	9.2	0 / −0.3	20	8	0 / −0.20	1.5	+0.01 / 0	5	5
M6	11.5	0 / −0.4	24	10	0 / −0.20	2	+0.01 / 0	5	6
M8	16.2	0 / −0.5	30	14	0 / −0.24	2.5	+0.01 / 0	7	7
M10	19.6	0 / −0.5	36	17	0 / −0.24	3	+0.01 / 0	8	8
M12	21.9	0 / −0.6	40	19	0 / −0.28	3	+0.01 / 0	10	10
M16	27.7	0 / −0.7	42	24	0 / −0.28	4	+0.012 / 0	14	12

4.5.6　夹具专用垫圈

1. 悬式垫圈（JB/T 8008.1—1999）

（1）技术条件

1）材料：45 钢按 GB/T 699 的规定。

2）热处理：35～40HRC。

3）其他技术条件按 JB/T 8044 的规定。

（2）标记示例　公称直径 = 16mm 的悬式垫圈：

垫圈　16　JB/T 8008.1—1999

（3）规格尺寸（表 4-170）

表 4-170　悬式垫圈的规格尺寸　　　（单位：mm）

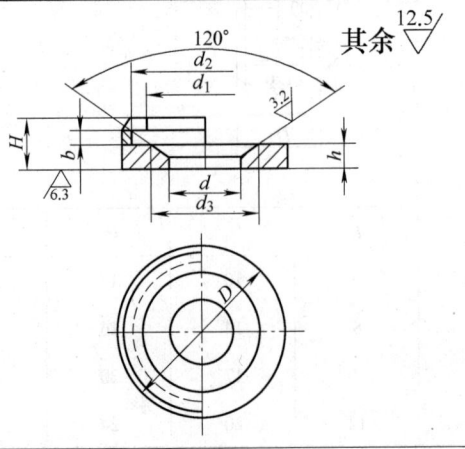

(续)

公称直径(螺纹直径)	D	H	d	d_1	d_2	d_3	b	h
6	17	6.5	8	11	14	12	2.3	2.6
8	22	7.5	10	15	18.5	16	2.7	3.2
10	26	8.5	12.5	19.5	22.5	18	3	4
12	30	9.5	16	22	26	23.5	3.2	4.7
16	38	11	20	28	32	29	4	5.1
20	48	13.5	25	35	40	34	4.4	6.6
24	55	16.5	30	42	48	38.5		6.8
30	63	20.5	36	52	60	45.2	7.5	9.9
36	80	24	43	62	72	64		14.3
42	94	30	50	72	85	69	12.5	14.4
48	110	37	60	82	100	78.6	15	17.4

2. 十字垫圈（JB/T 8008.2—1999）

（1）技术条件

1）材料：45 钢按 GB/T 699 的规定。

2）热处理：40~45HRC。

3）其他技术条件按 JB/T 8044 的规定。

（2）标记示例　公称直径 =16mm 的十字垫圈：

　　垫圈　16　JB/T 8008.2—1999

（3）规格尺寸（表 4-171）

表 4-171　十字垫圈的规格尺寸

（单位：mm）

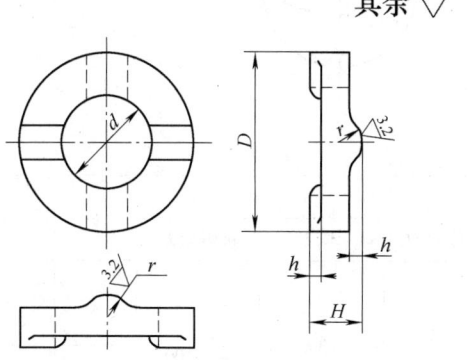

(续)

公称直径(螺纹直径)	d	D	H	h	r
6	7	14	6	1	3
8	9	18	8	1	3
10	11.5	21	10	1	3
12	14	25	10	1	3
16	18	32	12	1.5	5
20	22.5	38	12	1.5	5
24	26.5	45	16	1.5	5
30	33	55	16	1.5	5
36	40	68	20	2	5
42	46	80	20	2	5
48	52	90	20	2	5

3. 十字垫圈用垫圈（JB/T 8008.3—1999）

（1）技术条件

1）材料：45 钢按 GB/T 699 的规定。

2）热处理：40~45HRC。

3）其他技术条件按 JB/T 8044 的规定。

（2）标记示例　公称直径 =16mm 的十字垫圈用垫圈：

　　垫圈　16　JB/T 8008.3—1999

(3) 规格尺寸（表 4-172）

表 4-172 十字垫圈用垫圈的规格尺寸

（单位：mm）

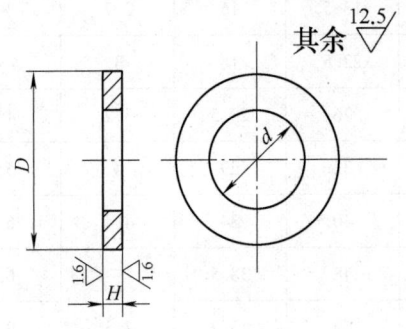

公称直径(螺纹直径)	d	D	H
6	7	14	2
8	9	18	2
10	11.5	21	2.5
12	14	25	2.5
16	18	32	3
20	22.5	38	4
24	26.5	45	4
30	33	55	5
36	40	68	6
42	46	80	6
48	52	90	8

4. 转动垫圈（JB/T 8008.4—1999）

(1) 技术条件

1) 材料：45 钢按 GB/T 699 的规定。

2) 热处理：35～40HRC。

3) 其他技术条件按 JB/T 8044 的规定。

(2) 标记示例　公称直径 = 8、r = 22mm 的 A 型转动垫圈：

　　垫圈　A8×22　JB/T 8008.4—1999

(3) 规格尺寸（表 4-173）

表 4-173 转动垫圈的规格尺寸　　　　　（单位：mm）

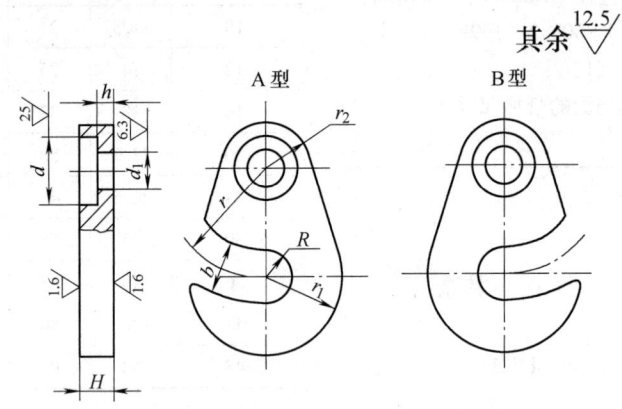

公称直径(螺纹直径)	r	r_1	H	d	d_1		h		b	r_2
					基本尺寸	极限偏差 H11	基本尺寸	极限偏差		
5	15	11	6	9	5	+0.075 0	3	0 -0.100	7	7
5	20	14	6	9	5	+0.075 0	3	0 -0.100	7	7
6	18	13	7	11	6	+0.075 0	3	0 -0.100	8	8
6	25	18	7	11	6	+0.075 0	3	0 -0.100	8	8

（续）

公称直径（螺纹直径）	r	r_1	H	d	d_1 基本尺寸	极限偏差 H11	h 基本尺寸	极限偏差	b	r_2
8	22	16	8	14	8	+0.090 0	4	0 -0.100	10	10
	30	22								
10	26	20	10	18	10				12	13
	35	26								
12	32	25							14	
	45	32								
16	38	28	12	22	12		5		18	15
	50	36								
20	45	32	14				6		22	
	60	42								
24	50	38	16			+0.110 0			26	
	70	50					8			18
30	60	45	18	26	16				32	
	80	58								
36	70	55	20				10		38	
	95	70								

5. 快换垫圈（JB/T 8008.5—1999）

（1）技术条件

1）材料：45 钢按 GB/T 699 的规定。

2）热处理：35 ~ 40HRC。

3）其他技术条件按 JB/T 8044 的规定。

（2）标记示例　公称直径 = 6mm、D = 30mm 的 A 型快换垫圈：

　　垫圈　A6 × 30　JB/T 8008.5—1999

（3）规格尺寸（表 4-174）

表 4-174　快换垫圈的规格尺寸　　　　　　　　　　　（单位：mm）

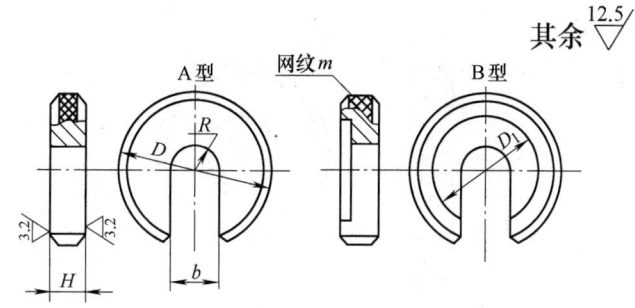

公称直径（螺纹直径）	5	6	8	10	12	16	20	24	30	36
b	6	7	9	11	13	17	21	25	31	37
D_1	13	15	19	23	26	32	42	50	60	72
m	0.3					0.4				
D	H									

（续）

公称直径(螺纹直径)	5	6	8	10	12	16	20	24	30	36
16	4									
20	4									
25	4	5								
30		5	6							
35		6	6							
40		6	7							
50			7	7						
60				7	8					
70				8	10					
80					10	10				
90					10	10				
100						12	12			
110						12	12	14		
120							14	14	16	
130								16	16	—
140								16	—	16
160								18	18	20

6. 拆卸垫（JB/T 8040—1999）

（1）技术条件

1）材料：45 钢按 GB/T 699 的规定。

2）热处理：30～35HRC。

3）其他技术条件按 JB/T 8044 的规定。

（2）标记示例 $D=25$mm 的拆卸垫：

拆卸垫 25 JB/T 8040—1999

（3）规格尺寸（表 4-175）

表 4-175 拆卸垫的规格尺寸　　　　　　　　　　（单位：mm）

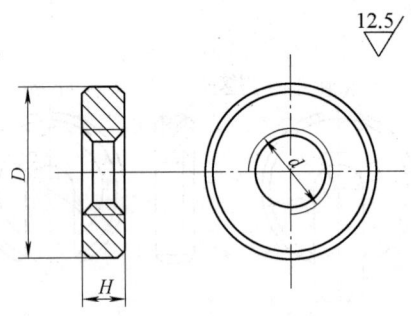

D	7.5	9	11	14	17	21	25	29	34	40	46	53	60	68	76	83	93
H	3		4			5			6			8			10		
d	M4	M5	M6		M8		M10		M12				M16				

4.6 导向件

4.6.1 钻套

1. 固定钻套（JB/T 8045.1—1999）

（1）技术条件

1）材料：$d \leqslant 26$mm，T10A 按 GB/T 1298 的规定；$d > 26$mm，20 钢按 GB/T 699 的规定。

2）热处理：T10A 为 58～64HRC；20 钢渗碳深度 0.8～1.2mm，58～64HRC。

3）其他技术条件按 JB/T 8044 的规定。

（2）标记示例 $d = 18$mm、$H = 16$mm 的 A 型固定钻套：

钻套 A18×16 JB/T 8045.1—1999

（3）规格尺寸（表 4-176）

表 4-176 固定钻套的规格尺寸　　　　　　　　　　　　　　　　（单位：mm）

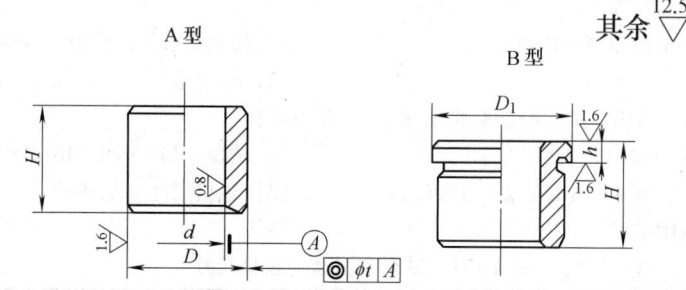

d		D		D_1	H		t
基本尺寸	极限偏差 F7	基本尺寸	极限偏差 D6				
>0~1	+0.016 +0.006	3	+0.010 +0.004	6	6	9	—
>1~1.8		4		7			
>1.8~2.6		5	+0.016 +0.008	8			
>2.6~3		6		9	8	12	16	0.008
>3~3.3	+0.022 +0.010	7		10			
>3.3~4		8	+0.019 +0.010	11			
>4~5		10		13	10	16	20	
>5~6								
>6~8	+0.028 +0.013	12		15			
>8~10		15	+0.023 +0.012	18	12	20	25	
>10~12		18		22			
>12~15	+0.034 +0.016	22		26	16	28	36	
>15~18		26	+0.028 +0.015	30			
>18~22		30		34	20	36	45	
>22~26	+0.041 +0.020	35		39			
>26~30		42	+0.033 +0.017	46	25	45	56	0.012
>30~35		48		52			
>35~42	+0.050 +0.025	55		59	30	56	67	
>42~48		62		66			
>48~50		70	+0.039 +0.020	74				0.040
>50~55	+0.060 +0.030				35	67	78	
>55~62		78		82			

（续）

d		D		D_1	H			t
基本尺寸	极限偏差 F7	基本尺寸	极限偏差 D6					
>62~70	+0.060 +0.030	85	+0.045 +0.023	90	35	67	78	0.040
>70~78		95		100	40	78	105	
>78~80		105		110				
>80~85	+0.071 +0.036							

2. 钻套用衬套（JB/T 8045.4—1999）

（1）技术条件

1）材料：$d \leqslant 26$mm，T10A 按 GB1298 的规定；$d > 26$mm，20 钢按 GB699 的规定。

2）热处理：T10A 为 58~64HRC；20 钢渗碳深度 0.8~1.2mm，58~64HRC。

3）其他技术条件按 JB/T 8044 的规定。

（2）标记示例 $d = 18$mm、$H = 28$mm 的 A 型钻套用衬套：

衬套　A18×28　JB/T 8045.4—1999

（3）规格尺寸（表 4-177）

表 4-177　钻套用衬套的规格尺寸　　　　（单位：mm）

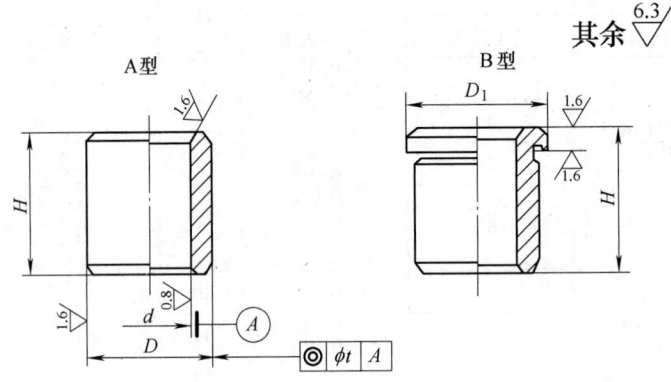

d		D		D_1	H			t
基本尺寸	极限偏差 F7	基本尺寸	极限偏差 n6					
8	+0.028 +0.013	12	+0.023 +0.012	15	10	16	—	0.008
10		15		18	12	20	25	
12		18		22				
(15)	+0.034 +0.016	22	+0.028 +0.015	26	16	28	36	
18		26		30				
22		30		34	20	36	45	
(26)	+0.041 +0.020	35		39				
30		42	+0.033 +0.017	46	25	45	56	0.012
35		48		52				
(42)	+0.050 +0.025	55	+0.039 +0.020	59	30	56	67	
(48)		62		66				

(续)

d		D		D_1	H		t
基本尺寸	极限偏差 F7	基本尺寸	极限偏差 n6				
55	+0.060 +0.030	70	+0.039 +0.020	74	30	56	67	0.040
62		78		82	35	67	78
70		85		90			
78		95	+0.045 +0.023	100	40	78	105
(85)		105		110			
95	+0.071 +0.036	115		120	45	89	112
105		125	+0.052 +0.027	130			

注：因 F7 为装配后公差带，零件加工尺寸需由工艺决定（需要预留收缩量时，推荐为 0.006 ~ 0.012mm）。

3. 可换钻套（JB/T 8045.2—1999）

（1）技术条件

1）材料：$d \leqslant 26$mm，T10A 按 GB/T 1298 的规定；$d > 26$mm，20 钢按 GB/T 699 的规定。

2）热处理：T10A 为 58 ~ 64HRC；20 钢渗碳深度为 0.8 ~ 1.2mm，58 ~ 64HRC。

3）其他技术条件按 JB/T 8044 的规定。

（2）标记示例　$d = 12$mm、公差带为 F7、$D = 18$mm、公差带为 k6、$H = 16$mm 的可换钻套：

钻套　12F7 × 18k6 × 16　JB/T 8045.2—1999

（3）规格尺寸（表 4-178）

表 4-178　可换钻套的规格尺寸　　　　　　　　　　（单位：mm）

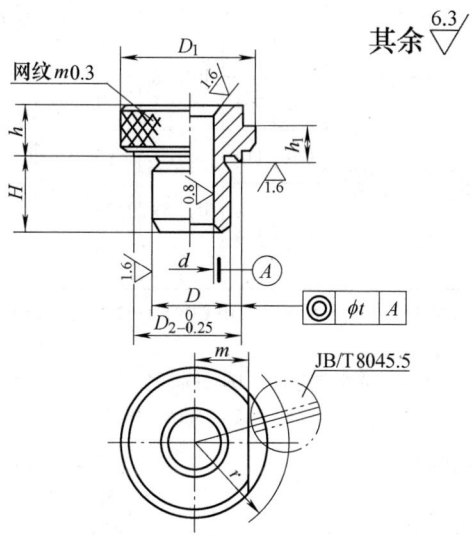

(续)

d 基本尺寸	d 极限偏差 F7	D 基本尺寸	D 极限偏差 m6	D 极限偏差 k6	滚花前 D_1	D_2	H	h	h_1	r	m	t	配用螺钉 JB/T 8045.5
>0~3	+0.016 +0.006	8	+0.015 +0.006	+0.010 +0.001	15	12	10	16	—	8	3	11.5	4.2		M5
>3~4	+0.022 +0.010													
>4~6		10			18	15				13	5.5		
>6~8	+0.028 +0.013	12			22	18	12	20	25			16	7	0.008	
>8~10		15	+0.018 +0.007	+0.012 +0.001	26	22				10	4	18	9		M6
>10~12		18			30	26	16	28	36			20	11		
>12~15	+0.034 +0.016	22			34	30	20	36	45			23.5	12		
>15~18		26	+0.021 +0.008	+0.015 +0.002	39	35						26	14.5		
>18~22		30			46	42	25	45	56	12	5.5	29.5	18		M8
>22~26	+0.041 +0.020	35			52	46						32.5	21		
>26~30		42	+0.025 +0.009	+0.018 +0.002	59	53						36	24.5	0.012	
>30~35		48			66	60	30	56	67			41	27		
>35~42	+0.050 +0.025	55			74	68						45	31		
>42~48		62			82	76						49	35		
>48~50		70	+0.030 +0.011	+0.021 +0.002	90	84	35	67	78			53	39		
>50~55										16	7				M10
>55~62		78			100	94	40	78	105			58	44		
>62~70	+0.060 +0.030	85			110	104						63	49	0.040	
>70~78		95	+0.035 +0.013	+0.025 +0.003	120	114						68	54		
>78~80					130	124	45	89	112			73	59		
>80~85	+0.071 +0.036	105													

注：1. 当作铰（扩）套使用时，d 的公差带推荐如下：采用 GB/T 1132 铰刀，铰 H7 孔时，取 F7；铰 H9 孔时，取 E7。铰（扩）其他精度孔时，公差带由设计选定。

2. 铰（扩）套的标记示例：$d = 12$mm 公差带为 E7、$D = 18$mm 公差带为 m6、$H = 16$mm 的可换铰（扩）套：

铰（扩）套　12E7 × 18m6 × 16　JB/T 8045.2

4. 快换钻套（JB/T 8045.3—1999）

（1）技术条件

1）材料：$d \leq 26$mm，T10A 按 GB/T 1298 的规定；$d > 26$mm，20 钢按 GB/T 699 的规定。

2）热处理：T10A 为 58~64HRC；20 钢渗碳深度 0.8~1.2mm，58~64HRC。

3）其他技术条件按 JB/T 8044 的规定。

（2）标记示例　$d = 12$mm、公差带为 F7、$D = 18$mm、公差带为 k6、$H = 16$mm 的快换钻套：

钻套　12F7 × 18k6 × 16　JB/T 8045.3—1999

（3）规格尺寸（表 4-179）

表 4-179 快换钻套的规格尺寸 （单位：mm）

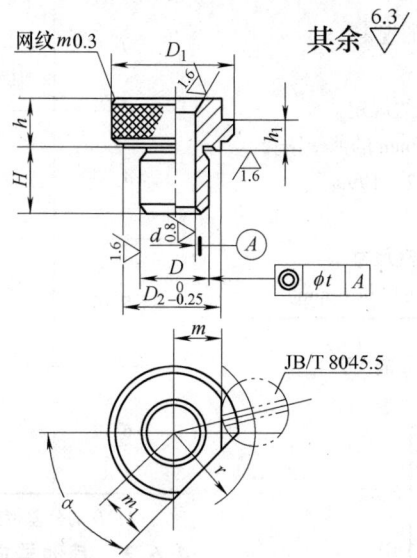

d 基本尺寸	d 极限偏差 F7	D 基本尺寸	D 极限偏差 m6	D 极限偏差 k6	D_1（滚花前）	D_2	H	h	h_1	r	m	m_1	α	t	配用螺钉 JB/T 8045.5—1999
>0~3	+0.016 +0.006	8	+0.015 +0.006	+0.010 +0.001	15	12	10	16	—	8	3	11.5	4.2	4.2	50°	0.008	M5
>3~4	+0.022 +0.010															
>4~6		10			18	15	12	20	25			13	5.5	5.5			
>6~8	+0.028 +0.013	12	+0.018 +0.007	+0.012 +0.001	22	18				10	4	16	7	7			M6
>8~10		15			26	22	16	28	56			18	9	9			
>10~12		18			30	26						20	11	11			
>12~15	+0.034 +0.016	22	+0.021 +0.008	+0.016 +0.002	34	30	20	36	45			23.5	12	12	55°		
>15~18		26			39	35						26	14.5	14.5			
>18~22	+0.041 +0.020	30			46	42	25	45	56	12	5.5	29.5	18	18			M8
>22~26		35			52	46						32.5	21	21			
>26~30		42	+0.025 +0.009	+0.018 +0.002	59	53						36	24.5	25		0.012	
>30~35		48			66	60	30	56	67			41	27	28	65°		
>35~42	+0.050 +0.025	55			74	68						45	31	32			
>42~48		62	+0.030 +0.011	+0.021 +0.002	82	76						49	35	36			
>48~50		70			90	84	35	67	78			53	39	40	70°		
>50~55																	
>55~62	+0.060 +0.030	78			100	94	40	78	105	16	7	58	44	45			M10
>62~70		85			110	104						63	49	50			
>70~78		95	+0.035 +0.013	+0.025 +0.003	120	114						68	54	55		0.040	
>78~80							45	89	112						75°		
>80~85	+0.071 +0.036	105			130	124						73	59	60			

注：1. 当作铰（扩）套使用时，d 的公差带推荐如下：采用 GB/T 1132 铰刀，铰 H7 孔时取 F7；铰 H9 孔时取 E7。铰（扩）其他精度孔时，公差带由设计选定。

2. 铰（扩）套标记示例：$d=12$mm 公差带为 E7、$D=18$mm、公差带为 m6、$H=16$mm 的快换铰（扩）套：
  铰（扩）套 12E7×18m6×16JB/T 8045.3—1999

5. 薄壁钻套（JB/T 8013.2—1999）

(1) 技术条件

1) 材料：CrMn 按 GB/T 1299 的规定。
2) 热处理：58~62HRC。
3) 其他技术条件按 JB/T 8044 的规定。

(2) 标记示例 $D = 6$mm、$H = 12$mm 的薄壁钻套：

钻套 6×12 JB/T 8013.2—1999

(3) 规格尺寸（表4-180）

表 4-180 薄壁钻套的规格尺寸

（单位：mm）

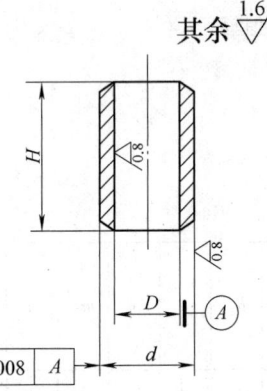

D	d 基本尺寸	极限偏差 n6	H
≥0.5~1	2	+0.010 +0.004	6
			8
>1~1.2	2.5		6
			8
>1.2~1.5	3		6
			8
>1.5~2	3.5		6
			8
>2~2.5	4	+0.016 +0.008	6
			8
>2.5~3	5		6
			8
>3~4	6		8
			12
>4~5	7	+0.019 +0.010	8
			12
>5~6	8		8
			12
>6~7	9		8
			12

注：D 的公差带按设计要求决定。

4.6.2 其他导向件

1. 镗套（JB/T 8046.1—1999）

(1) 技术条件

1) 材料：20 钢按 GB/T 699 的规定；HT200 按 GB/T 9439 的规定。
2) 热处理：20 钢渗碳深度 0.8~1.2mm，55~60HRC；HT200 粗加工后进行时效处理。
3) 同轴度：d 的公差带为 H7 时，$t = 0.010$；d 的公差带为 H6 时，当 $D < 85$，$t = 0.005$；$D \geq 85$，$t = 0.010$。
4) 油槽锐角磨后倒钝。
5) 其他技术条件按 JB/T 8044 的规定。

(2) 标记示例 $d = 40$mm、公差带为 H7、$D = 50$mm、公差带为 g5、$H = 60$mm 的 A 型镗套：

镗套 A40H7×50g5×60 JB/T 8046.1—1999

(3) 规格尺寸（表4-181）

2. 镗套用衬套（JB/T 8046.2—1999）

(1) 技术条件

1) 材料：20 钢按 GB/T 699 的规定。
2) 热处理：渗碳深度 0.8~1.2mm，58~64HRC。
3) 同轴度：d 的公差带为 H7 时，$t = 0.010$；d 的公差带为 H6 时，当 $D < 52$，$t = 0.005$；当 $D \geq 52$，$t = 0.010$。
4) 其他技术条件按 JB/T 8044 的规定。

(2) 标记示例 $d = 32$mm、公差带为 H6、$H = 25$mm 的镗套用衬套：

衬套 32H6×25 JB/T 8046.2—1999

(3) 规格尺寸（表4-182）

表 4-181　镗套的规格尺寸　　　　　　　　　　　（单位：mm）

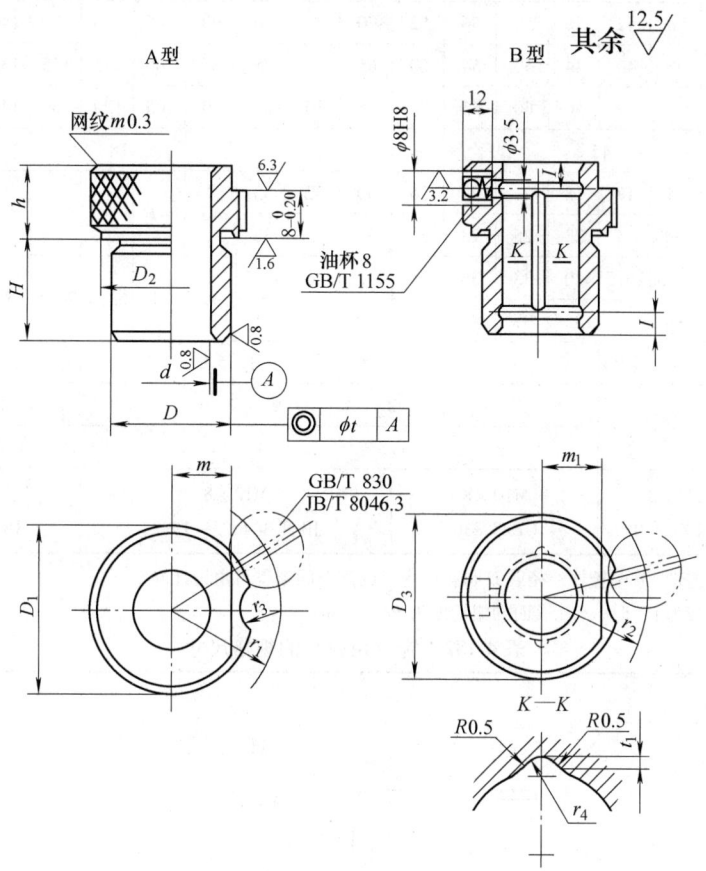

	基本尺寸	20	22	25	28	32	35	40	45	50	55	60	70	80	90	100	120	160
d	极限偏差 H6	+0.013 0				+0.016 0				+0.019 0				+0.022 0			+0.025 0	
	极限偏差 H7	+0.021 0				+0.025 0				+0.030 0				+0.035 0			+0.040 0	
	基本尺寸	25	28	32	35	40	45	50	55	60	65	75	85	100	110	120	145	185
D	极限偏差 g5	−0.007 −0.016				−0.009 −0.020				−0.010 −0.023				−0.012 −0.027			−0.014 −0.032	−0.015 −0.035
	极限偏差 g6	−0.007 −0.020				−0.008 −0.025				−0.010 −0.029				−0.012 −0.054			−0.014 −0.039	−0.015 −0.044
H		20		25		35			45			60		80		100	125	
		25		35		45			60			80		100		125	160	
		35		45		55			60			80		100		125	160	200

(续)

l	—	6								8					
D_1 滚花前	34	38	42	46	52	56	62	70	75	80	90	105	120	130	140	165	220
D_2	32	36	40	44	50	54	60	65	70	75	85	100	115	125	135	160	210
D_3(滚花前)	—			56	60	65	70	75	80	85	90	105	120	130	140	165	220
h	15									18							
m	13	15	17	18	21	23	26	30	32	35	40	47	54	58	65	75	105
m_1	—			23	25	28	30	33	35	38							
r_1	22.5	24.5	26.5	30	33	35	38	45.5	46	48.5	53.5	61	68.5	75.5	81	93	121
r_2	—			35	37	39.5	42	46	48.5	51							
r_3	9			11							12.5				16		
r_4	2										2.5						
t_1	1.5										2						
配用螺钉	M8×8 GB/T 830			M10×8 GB/T 830			M12×8 JB/T 8046.3—1999				M16×8 JB/T 8046.3—1999						

注：1. d 或 D 的公差带，d 与镗杆外径或 D 与衬套内径的配合间隙也可由设计确定。
  2. 当 d 的公差带为 H7 时，d 孔表面的粗糙度为 $Ra0.8\mu m$。

表 4-182 镗套用衬套的规格尺寸 （单位：mm）

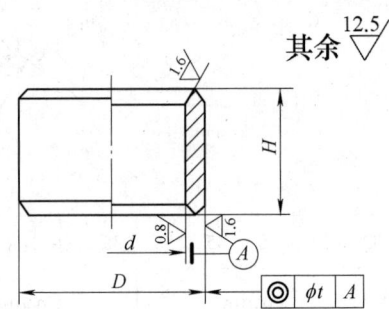

	基本尺寸	25	28	32	35	40	45	50	55	60	65	75	85	100	110	120	145	185
d	极限偏差 H6	+0.013 0			+0.016 0				+0.019 0				+0.022 0			+0.025 0	+0.029 0
	极限偏差 H7	+0.021 0			+0.025 0				+0.030 0				+0.035 0			+0.040 0	+0.046 0
D	基本尺寸	30	34	38	42	48	52	58	65	70	75	85	100	115	125	135	160	210
	极限偏差 n6	+0.028 +0.015			+0.033 +0.017				+0.039 +0.020				+0.045 +0.023			+0.052 +0.027	+0.060 +0.031
H		20		25		35			45				60	80		100	125	
		25		35		45			60				80	100		125	160	
		35		45		55		60			80		100	125		160	200	

注：因 H6 或 H7 为装配后公差带，零件加工尺寸需由工艺决定。

3. 定位衬套（JB/T 8013.1—1999）

(1) 技术条件

1) 材料：$d \leq 25$mm，T8 按 GB/T 1298 的规定；$d > 25$mm，20 钢按 GB/T 699 的规定。

2) 热处理：T8 为 55~60HRC；20 渗碳深度 0.8~1.2mm，55~60HRC。

3) 其他技术条件按 JB/T 8044 的规定。

(2) 标记示例 $d = 22$mm、公差带为 H6、$H = 20$mm 的 A 型定位衬套：

定位衬套　A22H6×20　JB/T 8013.1—1999

(3) 规格尺寸（表 4-183）

表 4-183　定位衬套的规格尺寸　　　　　　　　　　（单位：mm）

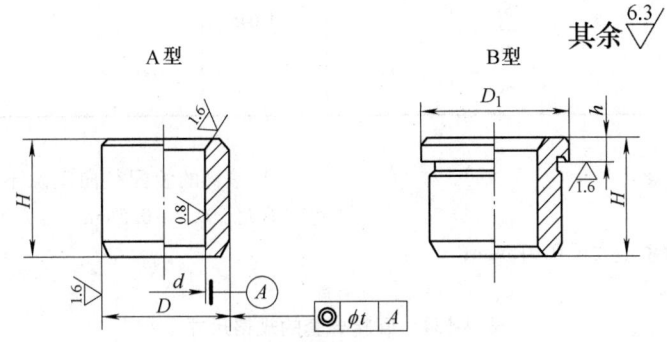

d 基本尺寸	极限偏差 H6	极限偏差 H7	H	D 基本尺寸	极限偏差 n6	D_1	h	t 用于 H6	t 用于 H7
3	+0.006 / 0	+0.010 / 0	8	8	+0.019 / +0.010	11	3	0.005	0.008
4	+0.008 / 0	+0.012 / 0	10	10		13			
6									
8	+0.009 / 0	+0.015 / 0		12	+0.023 / +0.012	15			
10				15		18			
12			12	18		22	4		
15	+0.011 / 0	+0.018 / 0	16	22	+0.028 / +0.015	26			
18				26		30			
22			20	30		34			
26	+0.013 / 0	+0.021 / 0		35		39			
30			25 / 45	42	+0.033 / +0.017	46	5	0.008	0.012
35			25 / 45	48		52			
42	+0.016 / 0	+0.025 / 0	30 / 56	55	+0.039 / +0.020	59			
48			30 / 56	62		66	6		

(续)

d			H	D		D_1	h	t	
基本尺寸	极限偏差 H6	极限偏差 H7		基本尺寸	极限偏差 n6			用于 H6	用于 H7
55	+0.019 0	+0.030 0	30	70	+0.039 +0.020	74	6	0.025	0.040
			56						
62			35	78		82			
			67						
70			35	85	+0.045 +0.023	90			
			67						
78			40	95		100			
			78						

4. 回转导套（表4-184）

技术条件：

1) D 对 d 的径向跳动不大于 0.015mm；

2) 滚针的装配径向间隙不大于 0.015mm，轴向间隙不大于 0.2~0.5mm。

表 4-184 回转导套的规格尺寸　　　　　　　　　（单位：mm）

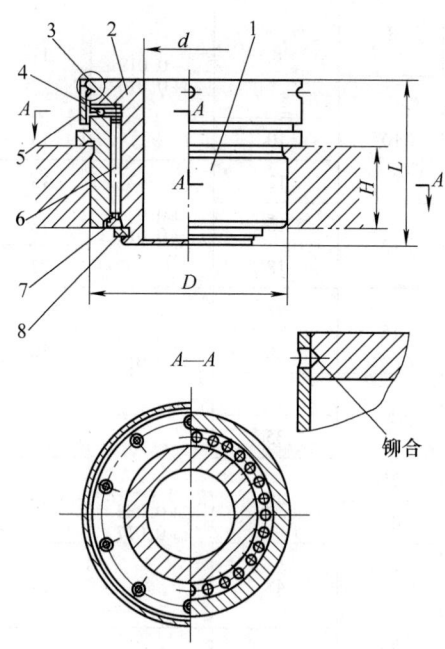

铆合

(续)

主要尺寸				L	H	每件质量≈/kg	件号	1	2	3	4	5	6	7	8
d		D					名称	衬套	导套	隔离环	钢球	环	滚针	挡环	卡环
基本尺寸	极限偏差 H7	基本尺寸	极限偏差 r6				数量	1	1	1	1套	1	1套	1	1
							标准				GB/T 308—2000				
10	+0.015 0	30	+0.041 +0.028	28	12	0.141	尺寸	22	10	17	数量 2	32	数量 15.5 24	17	15
12	+0.018 0	35	+0.050 +0.034	31.5	15	0.189		25	12	20	10	37	27	20	17.5
16		40				0.261		30	16	25		42	17.5 34	25	22.5
20	+0.021 0	45		35.5	18	0.348		35	20	30		47	21.5 40	30	27
25		50		46	25	0.502		40	25	35		52	29.5 46	35	32
32		58	+0.060 +0.041			0.597		47	32	42		60	55	42	39
40	+0.025 0	65		50	30	0.802		55	40	50	15	66	32.5 65	50	47
50		75	+0.062 +0.043	55	35	1.002		65	50	60		76	37.5 78	60	57
60	+0.030 0	85	+0.073 +0.051	65	45	1.335		75	60	70	20	86	47 90	70	67
75		104	+0.076 +0.054	80	55	2.286		92	75	87		105	59 112	87	83

件1 衬套（表4-185）

技术条件：

1) 材料：CrMn；

2) d_1 对 D 的径向跳动不大于 0.005mm；

3) A 端面对 d_1 的跳动不大于 0.015mm；

4) 锐边倒钝；

5) 热处理：淬火 60～64HRC。

表4-185 回转导套的衬套的规格尺寸　　　　　（单位：mm）

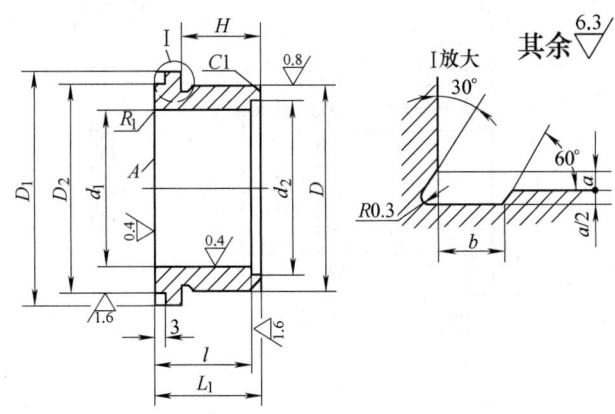

（续）

d_1 基本尺寸	d_1 极限偏差 H7	D 基本尺寸	D 极限偏差 r6	D_1	D_2 基本尺寸	D_2 极限偏差 h12	$l-0.1$	L_1	H	d_2 基本尺寸	d_2 极限偏差 H12	b	a	每件质量 ≈/kg
22	+0.021 0	30	+0.041 +0.028	36	31	0 −0.25	16	18	12	26	+0.21 0	2	0.5	0.050
25		35		41	36					29				0.075
30		40	+0.050 +0.034	46	41		18.5	20.5	15	34		3		0.100
35		45		51	46		22.5	24.5	18	39	+0.25 0			0.130
40	+0.025 0	50		56	51		30.5	33	25	44			1	0.170
47		58	+0.060 +0.041	64	59	0 −0.30				52				0.215
55		65		71	65		33.5	36	30	60	+0.30 0			0.217
65	+0.030 0	75	+0.062 +0.043	81	75		38.5	41	35	70		4		0.360
75		85	+0.073 +0.051	91	85		48	51	45	80				0.510
92	+0.035 0	104	+0.076 +0.054	110	104	0 −0.35	60	63	55	97	+0.35 0			0.790

件2 导套（表4-186）

技术条件：

1）材料：CrMn；

2）B 端面对 d 的跳动不大于 0.015mm；

3）d 对 D_3 的径向跳动不大于 0.005mm；

4）锐边倒钝；

5）热处理：淬火 60~64HRC。

表4-186　回转导套的导套的规格尺寸　　　　　　　　　（单位：mm）

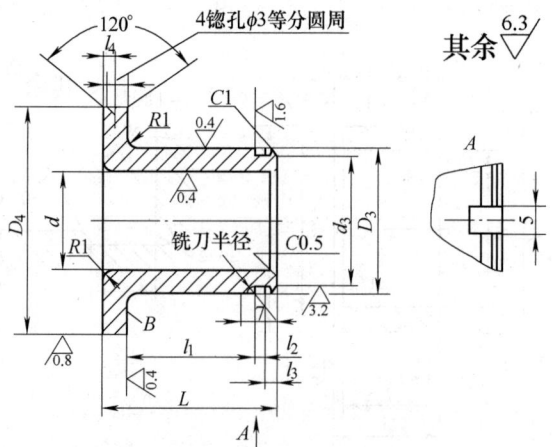

（续）

d		D_3		D_4		L	$l_1+0.1$	l_2		l_3	l_4	d_3		每件质量≈/kg
基本尺寸	极限偏差 H7	基本尺寸	极限偏差 g6	基本尺寸	极限偏差 u8			基本尺寸	极限偏差 H11			基本尺寸	极限偏差 h11	
10	+0.015 0	17	−0.006 −0.017	32	+0.099 +0.060	28	20	2	+0.060	2	2	15	0 −0.11	0.05
12	+0.018 0	20	−0.007 −0.020	37	+0.109 +0.070	31.5	22.5				2.5	17	0 −0.13	0.07
16		25		42								22.5		0.105
20	+0.021 0	30		47		35.5	26.5					27		0.145
25		35	−0.009 −0.025	52	+0.133 +0.087	46	35				3	32	0 −0.16	0.230
32		42		60								39		0.260
40	+0.025 0	50		66	+0.148 +0.102	50	38	2.5		2.5		47		0.375
50		60		76		55	43				3.5	57		0.460
60	+0.030 0	70	−0.010 −0.025	86	+0.178 +0.124	65	53					67	0 −0.19	0.520
75		87	−0.012 −0.034	105	+0.198 +0.124	80	65	3		3	4.5	83	0 −0.22	1.115

件3 隔离环（表4-187）

技术条件：

1）材料：45钢；

2）脱边倒钝；

3）热处理：淬火38~42HRC。

表4-187 回转导套的隔离环的规格尺寸　　　　　　　　　　（单位：mm）

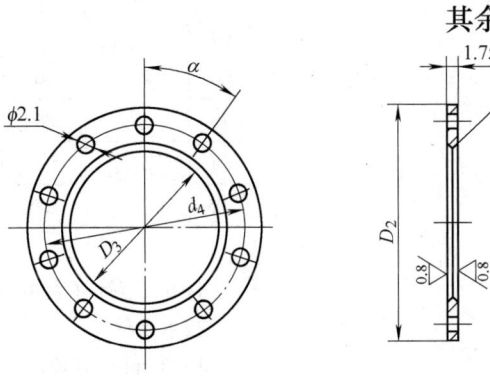

(续)

D_3		d_4		D_2		$\alpha \pm 1°$	每件质量 ≈ /kg
基本尺寸	极限偏差 H11	基本尺寸	极限偏差 H11	基本尺寸	极限偏差 h12		
17	+0.11 0	26	+0.13 0	31	0 -0.25	36°	0.010
20		30		36			
25	+0.13 0	34		41			
30		40	+0.16 0	46			0.015
35		45		51			
42	+0.16 0	53		59	0 -0.30	24°	0.020
50		59	+0.19 0	65			
60	+0.19 0	69		75			0.025
70		79		85			0.030
87	+0.22 0	98	+0.22 0	104	0 -0.35	18°	0.040

件5 环（表4-188）

技术条件：

1) 材料：A3；
2) 锐边倒钝；
3) 表面发蓝或其他防锈处理。

表4-188 回转导套的环的规格尺寸

（单位：mm）

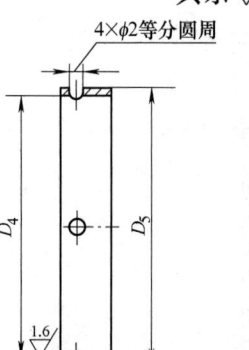

(续)

D_4		D_5	$l_4 - 0.2$	l_5	每件质量 ≈ /kg
基本尺寸	极限偏差 H8				
32	+0.039 0	35	2	8	0.010
37		40			
42		45	2.5	9	0.015
47		50			
52	+0.046 0	55	3	10	0.020
60		63	3		0.020
66		70			0.040
76		80	3.5	11	0.045
86	+0.054 0	90			
105		100	4.5	13	0.070

件6 滚针（表4-189）

技术条件：

1) 材料：GCr6；
2) l 为 15.5、17.5、21.5、29.5mm 的滚针坯件按圆头滚针选用；

3) 热处理：淬火 60~64HRC。

表 4-189 回转导套的滚针的规格尺寸

（单位：mm）

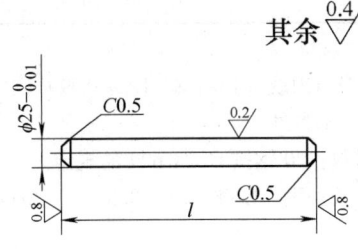

l/mm	每件质量≈ /kg
15.5	0.0006
17.5	0.0008
21.5	0.0010
29.5	0.0012
32.5	0.0014
37.5	0.0016
47	0.0018
59	0.0020

件7 挡环（表4-190）

技术条件：

1) 材料：45钢；
2) 锐边倒钝；
3) 表面发蓝或其他防锈处理；
4) 热处理：淬火 43~48HRC。

表 4-190 回转导套的挡环的规格尺寸

（单位：mm）

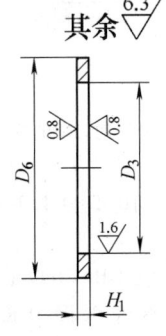

（续）

D_3		D_6		H_1		每件质量≈ /kg
基本尺寸	极限偏差 H11	基本尺寸	极限偏差 h12	基本尺寸	极限偏差 h11	
17	+0.110 0	25	0 −0.210	2	0 −0.060	0.003
20		28				0.004
25	+0.130 0	33				0.005
30		38	0 −0.250			0.006
35		43		2.5		0.008
42	+0.160 0	51				0.010
50		59	0 −0.300			0.015
60	+0.190 0	69				0.020
70		79		3		0.025
87	+0.220 0	96	0 −0.35			0.030

件8 卡环（表4-191）

技术条件：

1) 材料：T8A；
2) 锐边倒钝；
3) 表面发蓝或其他防锈处理；
4) 热处理：淬火 40~45HRC。

表 4-191 回转导套的卡环的规格尺寸

（单位：mm）

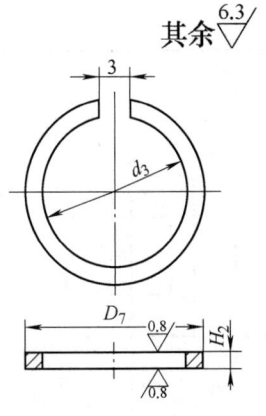

（续）

d_3		D_7		H_2		每件质量 ≈ /kg
基本尺寸	极限偏差 H11	基本尺寸	极限偏差 h12	基本尺寸	极限偏差 h11	
15	+0.110 0	20	0 −0.210	2	0 −0.060	0.0020
17.5		23				0.0025
22.5	+0.130 0	28				0.0030
27		33				0.0040
32	+0.160 0	38	0 −0.250	2.5		0.0070
39		46				0.0090
47		54				0.0100
57	+0.190 0	64	0 −0.300			0.0130
67		74				0.0150
83	+0.220 0	91	0 −0.350	3		0.0160

4.7 对刀块及塞尺

4.7.1 对刀块

1. 圆形对刀块（JB/T 8031.1—1999）

（1）技术条件

1）材料：20 钢按 GB/T 699 的规定。

2）热处理：渗碳深度 0.8～1.2mm，58～64HRC。

3）其他技术条件按 JB/T 8044 的规定。

（2）标记示例　$D=25$mm 的圆形对刀块：

　　　对刀块　25　JB/T 8031.1—1999

（3）规格尺寸（表 4-192）

表 4-192　圆形对刀块的规格尺寸

（单位：mm）

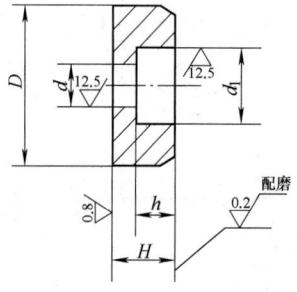

（续）

D	H	h	d	d_1
16	10	6	5.5	10
25		7	6.6	11

2. 方形对刀块（JB/T 8031.2—1999）

（1）技术条件

1）材料：20 钢按 GB/T 699 的规定。

2）热处理：渗碳深度 0.8～1.2mm，58～64HRC。

3）其他技术条件按 JB/T 8044 的规定。

（2）标记示例　方形对刀块：

　　　对刀块　JB/T 8031.2—1999

（3）规格尺寸（图 4-7）

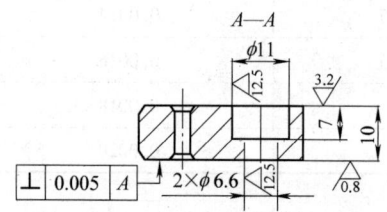

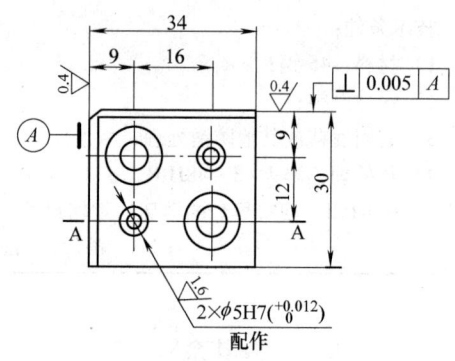

图 4-7　方形对刀块的规格尺寸

3. 直角对刀块（JB/T 8031.3—1999）

（1）技术条件

1）材料：20 钢按 GB/T 699 的规定。

2）热处理：渗碳深度 0.8～1.2mm，58～64HRC。

3）其他技术条件按 JB/T 8044 的规定。

（2）标记示例　直角对刀块：

对刀块　JB/T 8031.3—1999

（3）规格尺寸（图 4-8）

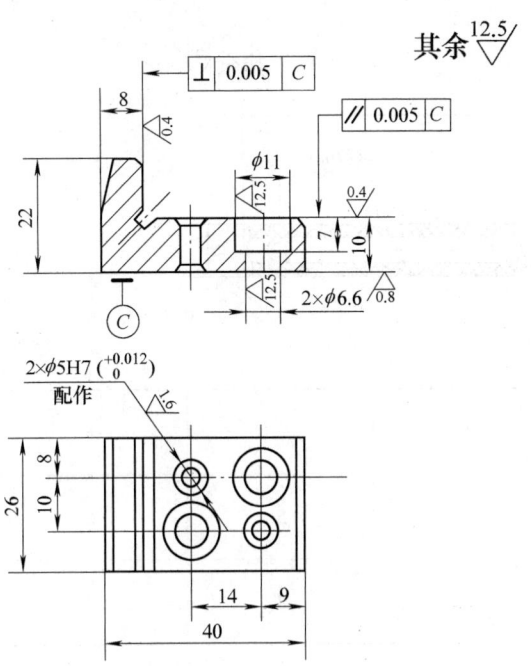

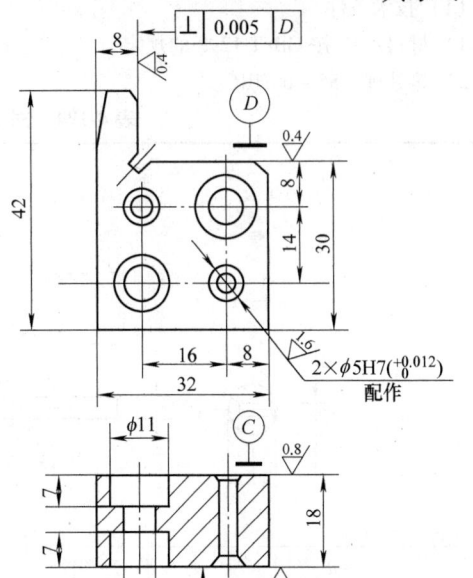

图 4-9　侧装对刀块的规格尺寸

图 4-8　直角对刀块的规格尺寸

4. 侧装对刀块（JB/T 8031.4—1999）

（1）技术条件

1）材料：20 钢按 GB/T 699 的规定。

2）热处理：渗碳深度 0.8～1.2mm，58～64HRC。

3）其他技术条件按 JB/T 8044 的规定。

（2）标记示例　侧装对刀块：

对刀块　JB/T 8031.4—1999

（3）规格尺寸（图 4-9）

4.7.2　塞尺

1. 对刀平塞尺（JB/T 8032.1—1999）

（1）技术条件

1）材料：T8 按 GB/T 1298 的规定。

2）热处理：55～60HRC。

3）其他技术条件按 JB/T 8044 的规定。

（2）标记示例　H = 5mm 的对刀平塞尺：

塞尺　5　JB/T 8032.1—1999

（3）规格尺寸（表 4-193）

表 4-193　对刀平塞尺的规格尺寸

（单位：mm）

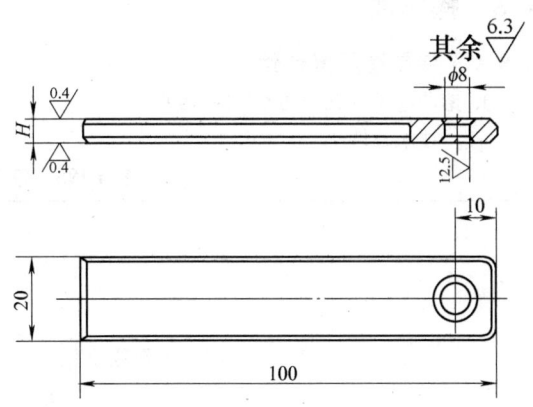

H	
基本尺寸	极限偏差 h8
1	
2	0
3	−0.014
4	0
5	−0.018

2. 对刀圆柱塞尺(JB/T 8032.2—1999)

(1) 技术条件

1) 材料：T8 按 GB/T 1298 的规定。

2) 热处理：55~60HRC。

3) 其他技术条件按 JB/T 8044 的规定。

(2) 标记示例　$d=5mm$ 的对刀圆柱塞尺：

　　塞尺　5　JB/T 8032.2—1999

(3) 规格尺寸（表 4-194）

表 4-194　对刀圆柱塞尺的规格尺寸　　　　（单位：mm）

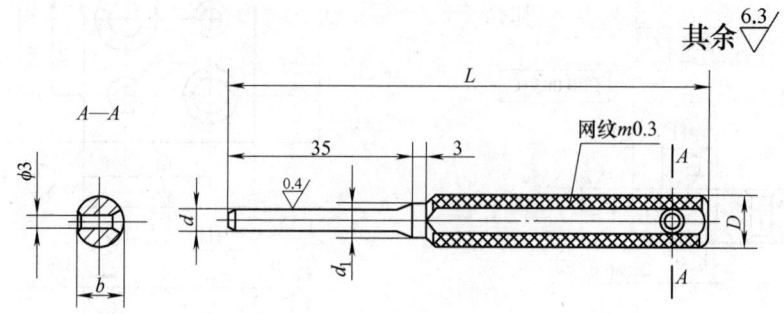

d		D(滚花前)	L	d_1	b
基本尺寸	极限偏差 h8				
3	$0 \atop -0.014$	7	90	5	6
5	$0 \atop -0.018$	10	100	8	9

4.8　操作件

4.8.1　夹具常用操作件

1. 滚花把手（JB/T 8023.1—1999）

(1) 技术条件

1) 材料：Q235A 按 GB/T 700 的规定。

2) 其他技术条件按 JB/T 8044 的规定。

(2) 标记示例　$d=8mm$ 的滚花把手：

　　把手　8　JB/T 8023.1—1999

(3) 规格尺寸（表 4-195）

表 4-195　滚花把手的规格尺寸　　　　（单位：mm）

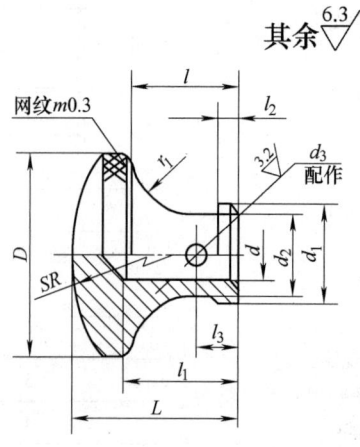

(续)

d		D	L	SR	r_1	d_1	d_2	d_3		l	l_1	l_2	l_3
基本尺寸	极限偏差 H9	(滚花前)						基本尺寸	极限偏差 H7				
6	+0.030 0	30	25	30	8	15	12	2	+0.010 0	17	18	3	6
8	+0.036 0	35	30	35		18	15	3		20	20		8
10		40	35	40	10	22	18			24	25	5	10

2. 星形把手（JB/T 8023.2—1999）

(1) 技术条件

1) 材料：ZG45 按 GB/T 11352 的规定。
2) 表面处理：喷砂处理。
3) 其他技术条件按 JB/T 8044 的规定。

(2) 标记示例　$d=10$mm 的 A 型星形把手：
　　把手　A10　JB/T 8023.2—1999
　　$d_1=$M10 的 B 型星形把手：
　　把手　BM10　JB/T 8023.2—1999

(3) 规格尺寸（表4-196）

表 4-196　星形把手的规格尺寸　　　　　　（单位：mm）

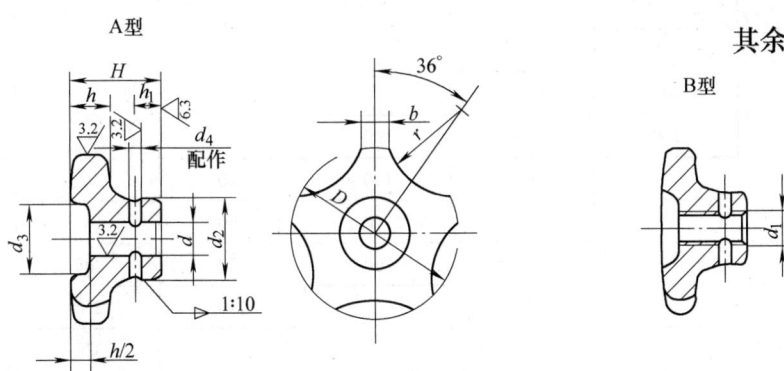

d		d_1	D	H	d_2	d_3	d_4		h	h_1	b	r
基本尺寸	极限偏差 H9						基本尺寸	极限偏差 H7				
6	+0.030 0	M6	32	18	14	14	2	+0.010 0	8	5	6	16
8	+0.036 0	M8	40	22	18	16			10	6	8	20
10		M10	50	26	22	25	3		12	7	10	25
12		M12	65	35	24	32			16	9	12	32
16	+0.043 0	M16	80	45	30	40	4	+0.012 0	20	11	15	40

3. 活动手柄（JB/T 8024.1—1999）

(1) 技术条件

1) 材料：Q235A 按 GB/T 700 的规定。
2) 其他技术条件按 JB/T 8044 的规定。

(2) 标记示例　$D=8$mm、$L=80$mm 的活动手柄：
　　手柄　8×80　JB/T 8024.1—1999

(3) 规格尺寸（表4-197）

表 4-197 活动手柄的规格尺寸 （单位：mm）

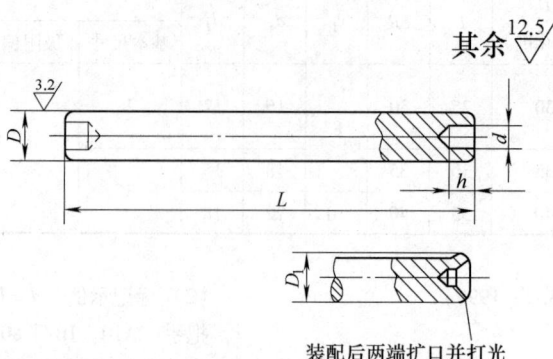

装配后两端扩口并打光

D	5	6	8	10	12	16	20
$D_1 \approx$	6.5	7.5	9.5	12	14	18	22
d	2.8	3.5	5	7	9	12	16
h	3	4	5	6	8	10	14
L	50						
	60	60					
		80	80				
		100	100	100			
			120	120	120		
			160	160	160	160	
				200	200	200	200
					250	250	250
						320	320
							360

4. 固定手柄（JB/T 8024.2—1999）

（1）技术条件

1）材料：Q235A 按 GB/T 700 的规定。

2）其他技术条件按 JB/T 8044 的规定。

（2）标记示例　$D = 8$mm、$L = 80$mm 的固定手柄：

手柄　8×80　JB/T 8024.2—1999

（3）规定尺寸（表 4-198）

表 4-198 固定手柄的规格尺寸 （单位：mm）

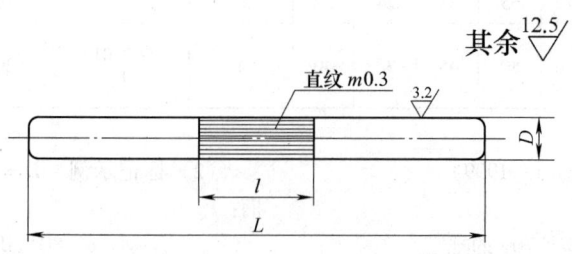

（续）

D	5	6	8	10	12	16	20
l	15	18	20	22	26	32	32
L		50					
		60	60				
			80	80			
			100	100	100		
				120	120	120	
				160	160	160	160
					200	200	200	200
						250	250	250
							320	320
								360

5. 握柄（JB/T 8024.3—1999）

（1）技术条件

1）材料：Q235A 按 GB/T 700 的规定。

2）其他技术条件按 JB/T 8044 的规定。

（2）标记示例　$d=6$mm、$L=160$mm 的 A 型握柄：

握柄　A6×160　JB/T 8024.3—1999

（3）规格尺寸（表 4-199）

表 4-199　握柄的规格尺寸　　　　　（单位：mm）

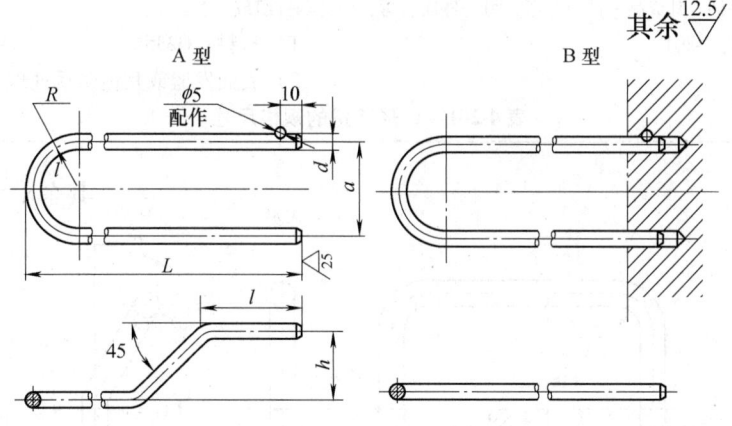

d	a	L	l	h	展开长度≈	
					A 型	B 型
6	30	120	—	—	—	250
		160	40	20	348	330
8	40	180	45	30	400	375

注：允许与基体焊接。

6. 焊接手柄（JB/T 8024.4—1999）

（1）技术条件

1）材料：Q235A 按 GB/T 700 的规定。

2）其他技术条件按 JB/T 8044 的规定。

（2）标记示例　$d=M10$ 的 A 型焊接手柄：

手柄　AM10　JB/T 8024.4—1999

（3）规格尺寸（表 4-200）

表 4-200　焊接手柄的规格尺寸　　　　　　　　　　　　　　　（单位：mm）

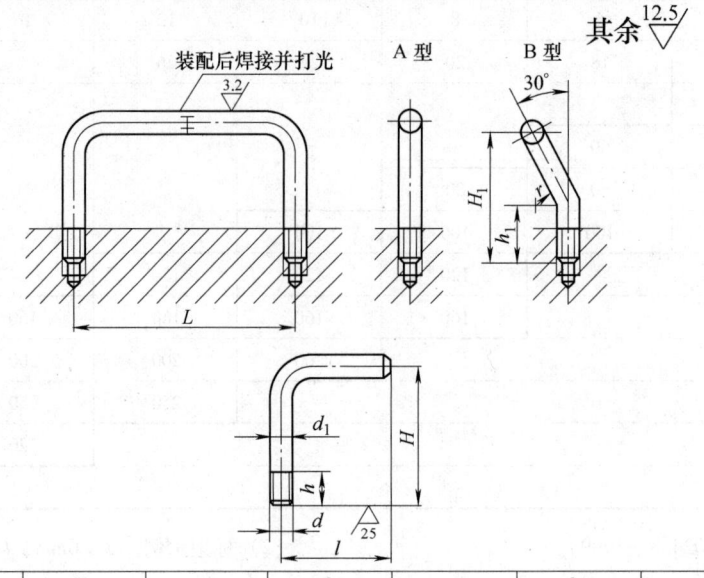

d	H	H_1	L	d_1	h	h_1	l	展开长度≈
M6	40	37	65	6	10	15	32	68
M8	50	46	80	8	12	18	39.5	85
M10	60	55	100	10	15	22	49.5	103
M12	70	65	120	12	18	25	59.5	122

注：B 型的焊接手柄，其成品一件向左弯，另一件向右弯，由此两件组成一套。

7. U 形手把（表 4-201）

技术条件

1）材料：Q235。

2）表面发蓝或其他防锈处理。

表 4-201　U 形手把的规格尺寸　　　　　　　　　　　　　　　（单位：mm）

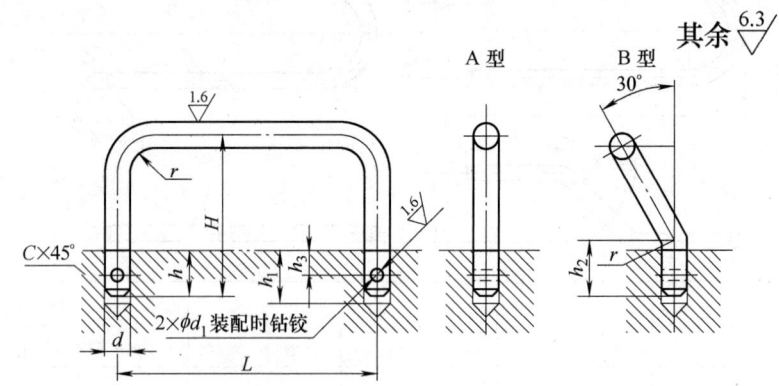

型式	d	L	H	h	h_1	h_2	h_3	d_1 基本尺寸	d_1 极限偏差 H7	r	C	展形长度≈	每件质量≈/kg
A	8	80	50	12	18	—	7	2	+0.010 / 0	8	0.6	170	0.067
B						18							
A	12	120	70	18	25	—	9	4	+0.012 / 0	12	1	245	0.216
B						25							

注：手把与夹具基体的连接，允许采用焊接结构。

8. 装配手把（图 4-10）

技术条件：
1) 材料：Q235；
2) 表面发蓝或其他防锈处理。

注：展开长度≈257mm，每件质量≈0.238kg。

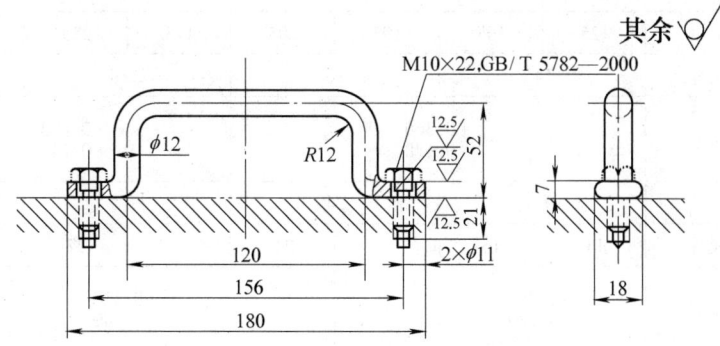

图 4-10 装配手把的规格尺寸

9. 杠杆式手柄（JB/T 8024.5—1999）

（1）技术条件
1) 材料：45 钢按 GB/T 699 的规定。
2) 热处理：头部 35~40HRC。
3) 其他技术条件按 JB/T 8044 的规定。
(2) 标记示例 $L=220$mm、$S=14$mm 的 A-Ⅰ型杠杆式手柄：

手柄 AⅠ220×14 JB/T 8024.5—1999

$L=220$mm、$S_1=14$mm 的 A-Ⅱ型杠杆式手柄：

手柄 AⅡ220×14 JB/T 8024.5—1999

$L=220$mm、$d=15$mm 的 A-Ⅲ型杠杆式手柄：

手柄 AⅢ220×15 JB/T 8024.5—1999

(3) 规格尺寸（表 4-202）

表 4-202 杠杆式手柄的规格尺寸 （单位：mm）

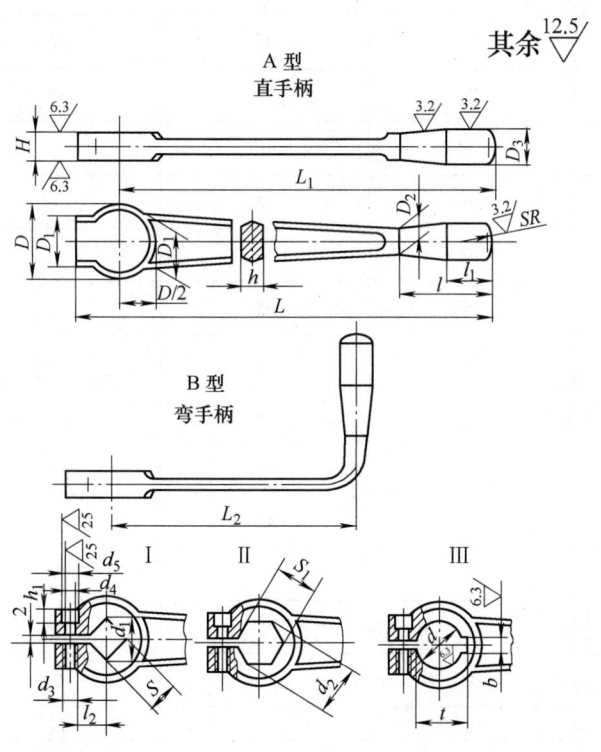

(续)

	L		220	270		320	370		410
	L_1		195	245		295	285	335	370
	L_2		125	165	155	205	175	225	260
头部类型	Ⅰ	基本尺寸	14		16		22.4		28
		S 极限偏差	+0.360 +0.120				+0.420 +0.140		—
		$d_1 \approx$	19.7		24		31.1		38.1
	Ⅱ	基本尺寸	13	16		21	27		34
		S_1 极限偏差	+0.360 +0.120			+0.420 +0.140			+0.500 +0.170
		$d_2 \approx$	16.1	19.6		25.4	31.1		36.9
	Ⅲ	基本尺寸 d	15	20		25	—		
		极限偏差 H11	+0.110 0	+0.130 0		+0.130 0			
		基本尺寸 b	5	6		8	—		
		极限偏差 H9	+0.030 0			+0.036 0			
		基本尺寸 t	17.1	22.6		28.1	—		
		极限偏差 H11	+0.110 0	+0.130 0		+0.130 0			
	D		35		42		52		60
	D_1		25		28		35		40
	D_2		12		16		20		
	D_3		16		22		25		
	l		49		67		85		
	l_1		25		35		40		
	l_2		16		18		24		27
	SR		20		28		36		
	H		14		16		18		20
	h		10		12		14		
	h_1		4.5				6		7
	d_3		M6				M8		M10
	d_4		6.6				9		11
	d_5		12				15		18

4.8.2 其他操作件

1. 手柄（JB/T 7270.1—1994）

（1）技术条件

1）材料：35 钢，Q235A。

2）表面处理：喷砂镀铬（PS/D·Cr）；镀铬抛光（D·L₃Cr）；氧化（H·Y）。

3）其他技术条件按 JB/T 7277—1994。

（2）标记示例 $d=6$mm、$L=50$mm、$l=10$mm、材料 35 钢的喷砂镀铬 A 型手柄：

手柄 6×50×10 JB/T 7270.1—1994

$d_1=$M6、$L=50$mm、材料 35 钢的喷砂镀铬 B 型手柄：

手柄 BM6×50 JB/T 7270.1—1994

（3）规格尺寸（表4-203）

表 4-203 手柄的规格尺寸 （单位：mm）

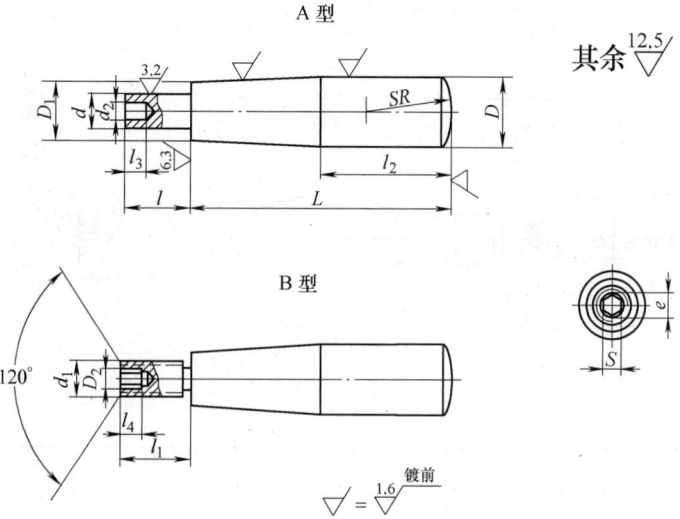

d		d_1	L	l	l_1	D	D_1	D_2	d_2	l_2	l_3	l_4	e	S	SR	每件重量/kg
基本尺寸	极限偏差 js7															
4		M4	32		6	8	10	8	9	7	2.5	2.5	16	3	2	2.3	2	12	0.015
5	±0.006	M5	40	—	8	10	12	10	11	3	3.1	3.5	20		2.5	2.9	2.5	14	0.025
6		M6	50	10	12	14	16	12	13	10	4	4	25	4	3	3.5	3	16	0.047
8		M8	63	12	14	16	18	20	14	16	12	5	5.5	32		4	4.6	4	20	0.087
10	±0.007	M10	80	16	18	20	22	25	16	20	15	6.3	7	40	5	5	5.8	5	25	0.175
12		M12	100	20	22	25	28	32	18	25	18	7.5	9	50	6	6	6.9	6	32	0.262
16	±0.009	M16	112	22	25	28	32	36	20	32	22	9.8	12	56	8	8	9.2	8	40	0.492

2. 曲面手柄（JB/T 7270.2—1994）

（1）技术条件

1）材料：35、Q235A。

2）表面处理：喷砂镀铬（PS/D·Cr）；镀铬抛光（D·L₃Cr）；氧化（H·Y）。

3）其他技术条件按 JB/T 7277—1994。

（2）标记示例 $d=6$mm、$L=50$mm、$l=12$mm、材料 35 钢的喷砂镀铬 A 型曲面手柄：

手柄 6×50×12JB/T 7270.2—1994

d_1 = M6、L=50mm、材料35钢的喷砂镀铬B型曲面手柄：

手柄 BM6×50JB/T 7270.2—1994

(3) 规格尺寸（表4-204）

表4-204 曲面手柄的规格尺寸　　　　　　　　　　　（单位：mm）

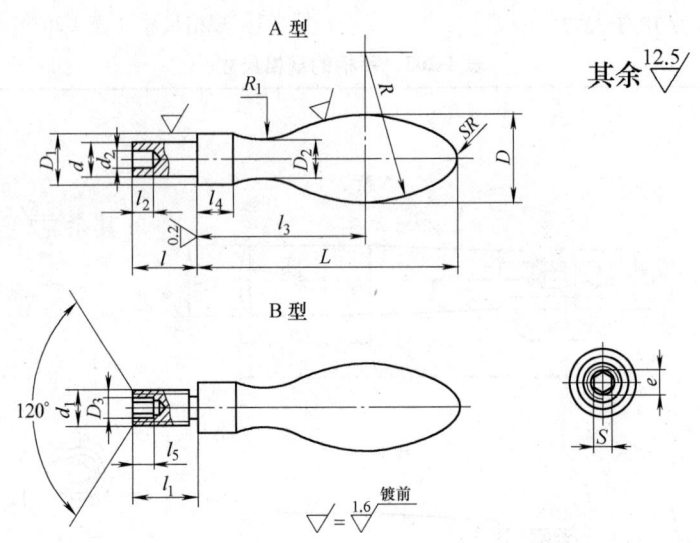

d 基本尺寸	d 极限偏差 js7	d_1	L	l	l_1	D	D_1	D_2	D_3	d_2	l_2	l_3 ≈	l_4	l_5	e	S	R	R_1 ≈	SR	每件重量 ≈ /kg
4	±0.006	M4	32		6	8	10	8	10	7	5	2.5	2.5	3	20	4	2	2.3	2	20	9.5	2	0.012
5		M5	40	—	8	10	12	10	13	8	6.5	3.1	3.5		26	5	2.5	2.9	2.5	24	14.5	2.5	0.027
6		M6	50	10	10	12	14	16	12	16	10	8	4	4	4	32	7	3	3.5	3	28	19	3	0.049
8	±0.007	M8	63	12	14	16	18	20	14	20	12	10	5	5.5		39	8	4	4.6	4	40.5	21	3	0.085
10		M10	80	16	18	20	25	16	25	15	13	6.3	7		49	10	5	5.8	5	50	29	4	0.18
12	±0.009	M12	100	20	22	25	28	32	16	32	20	16	7.5	9	6	63	13	6	6.9	6	55	40.5	4.5	0.36
16		M16	112	22	25	28	32	36	20	36	22	18	9.8	12	8	70	14	8	9.2	8	68	41	7	0.51

3. 直手柄（JB/T 7270.3—1999）

(1) 技术条件

1) 材料：35、Q235A。

2) 表面处理：喷砂镀铬（PS/D·Cr）；镀铬抛光（D·L_3Cr）；氧化（H·Y）。

3) 其他技术条件按 JB/T 7277—1994。

(2) 标记示例 d=6mm、L=63mm、l=10mm、材料35钢的喷砂镀铬A型直手柄：

手柄 6×63×10JB/T 7270.3—1999

d_1 = M6、L=63mm、材料35钢的喷砂镀铬B型直手柄：

手柄 BM6×63JB/T 7270.3—1999

(3) 规格尺寸（表4-205）

表 4-205 直手柄的规格尺寸　　　　　　　　　　（单位：mm）

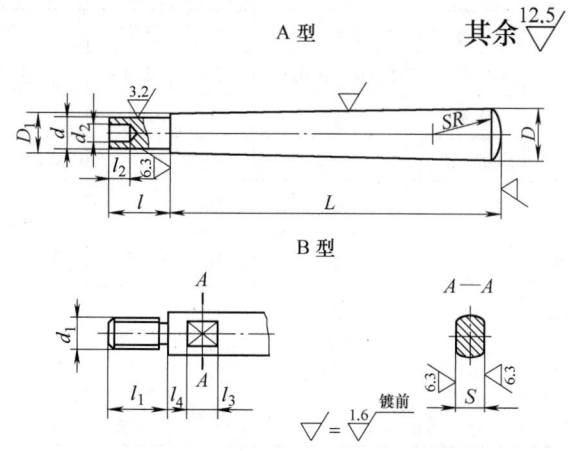

d 基本尺寸	d 极限偏差 js7	d_1	L	l	l_1	D	D_1	d_2	l_2	l_3	l_4	SR	S 基本尺寸	S 极限偏差 h13	每件重量 ≈ /kg
4	±0.006	M4	40	5	6	8	7	5	2.5	3		10	4	0 −0.180	0.010
5		M5	50	6	8	10	8	6	3.5		6	4		5		0.015
6		M6	63	8	10	12	10	8	4	4			12	6		0.032
8	±0.007	M8	80	10	12	16	14	13	10	5.5		8	16	6	8	0 −0.220	0.065
10		M10	100	12	16	20	16	16	12	7	5		20	10		0.125
12	±0.009	M12	125	16	20	25	18	20	9	6		10	8	25	13	0 −0.270	0.260
16		M16	160	20	25	32	25	25	20	12	8		32	16		0.510
20	±0.010	M20	200	25	32	40	25	32	25	16	10	12	10	40	21	0 −0.330	1.078

4. 转动手柄（JB/T 7270.5—1994）

（1）标记示例

d = M6、L = 50mm、材料 35 钢的喷砂镀铬转动手柄：

手柄 M6×50 JB/T 7270.5—1994

d = M6、L = 50mm、材料为塑料的转动手柄：

手柄 M6×50·塑 JB/T 7270.5—1994

（2）组件尺寸（表 4-206）

表 4-206 转动手柄的组件尺寸　　　　　　　　　　（单位：mm）

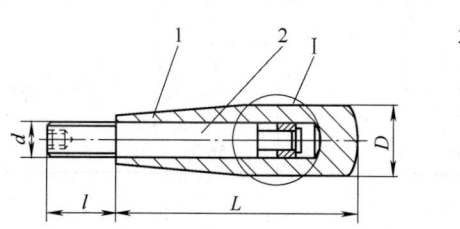
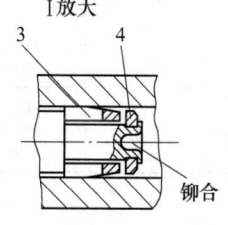

(续)

主要尺寸				件号	1	2	3	4	每套重量≈/kg	
				名称	手柄套	手柄杆	弹性套	垫圈		
				材料	35、Q235A 塑料	35	65Mn	Q235A		
d	L	l	D	数量	1	1	1	1	钢	塑料
				标准号	—	—	—	GB/T 97.2—2002		
M6	50	12	16	规格	50	M6	4	2.2	0.069	0.020
M8	63	14	18		63	M8	5	2.7	0.113	0.036
M10	80	16	22		80	M10	6	3.2	0.205	0.067
M12	100	18	25		100	M12	8	4.2	0.269	0.102
M16	112	20	32		112	M16	10	6.4	0.505	0.184

(3) 手柄套（件号1）

1）技术条件

a) 材料：35、Q235A、塑料。

b) 表面处理：喷砂镀铬（PS/D·Cr）；镀铬抛光（D·L$_3$Cr）；氧化（H·Y）。

c) 其他技术条件按 JB/T 7277—1994。

2）规格尺寸（表 4-207）

表 4-207 转动手柄的手柄套的规格尺寸　　　（单位：mm）

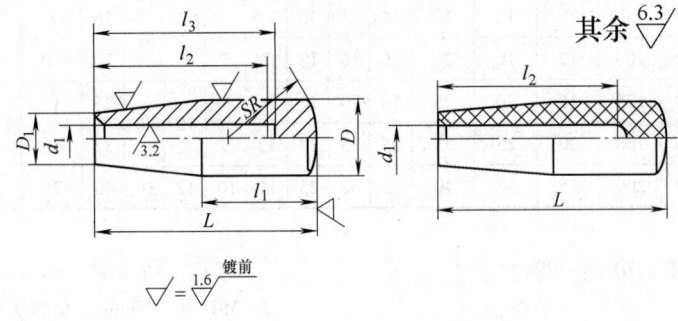

L	D	D_1	d_1		l_1	l_2	l_3	SR
			基本尺寸	极限偏差 F11				
50	16	12	6	+0.075 0	25	40	42	20
63	18	14	8	+0.090 0	32	50	52	25
80	22	16	10		40	60	65	28
100	25	18	12	+0.110 0	50	75	80	32
112	32	22	16		56	85	90	40

(4) 手柄杆（件号2）

1）技术条件

a) 材料：35钢。

b) 表面处理：氧化（H·Y）。

c) 其他技术条件按 JB/T 7277—1994。

2) 规格尺寸（表 4-208）

表 4-208　转动手柄的手柄杆的规格尺寸　　　　（单位：mm）

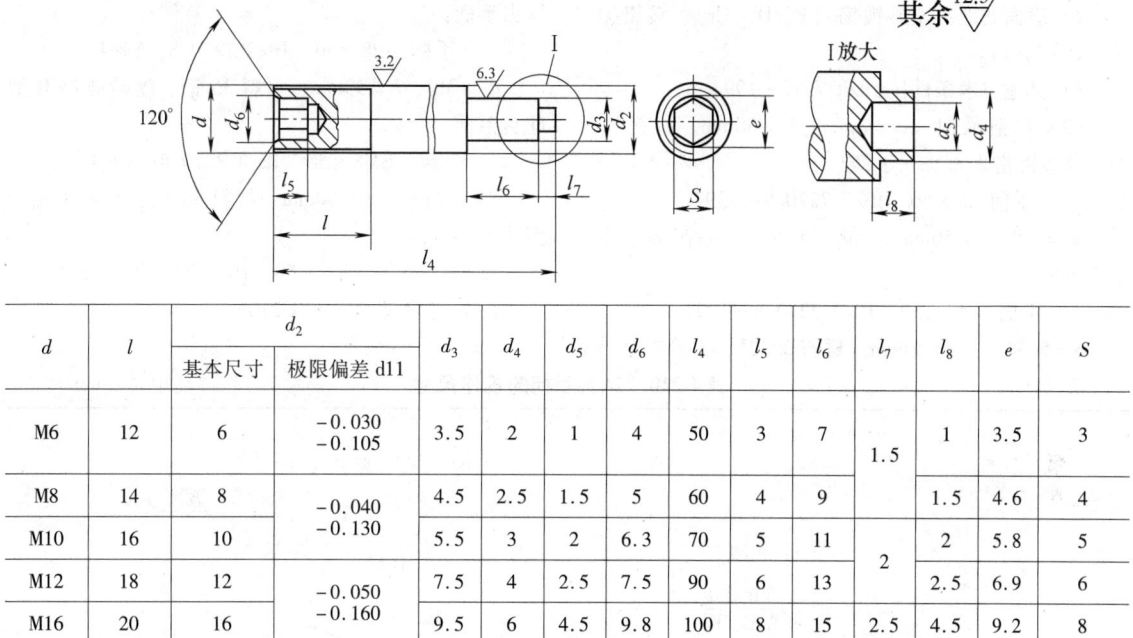

d	l	d_2		d_3	d_4	d_5	d_6	l_4	l_5	l_6	l_7	l_8	e	S
		基本尺寸	极限偏差 d11											
M6	12	6	−0.030 −0.105	3.5	2	1	4	50	3	7	1.5	1	3.5	3
M8	14	8	−0.040 −0.130	4.5	2.5	1.5	5	60	4	9		1.5	4.6	4
M10	16	10		5.5	3	2	6.3	70	5	11	2	2	5.8	5
M12	18	12	−0.050 −0.160	7.5	4	2.5	7.5	90	6	13		2.5	6.9	6
M16	20	16		9.5	6	4.5	9.8	100	8	15	2.5	4.5	9.2	8

(5) 弹性套（件号 3）

1) 技术条件

a) 材料：65Mn。

b) 热处理：42HRC。

c) 其他技术条件按 JB/T 7277—1994。

2) 规格尺寸（表 4-209）

表 4-209　转动手柄的弹性套的规格尺寸　　　　（单位：mm）

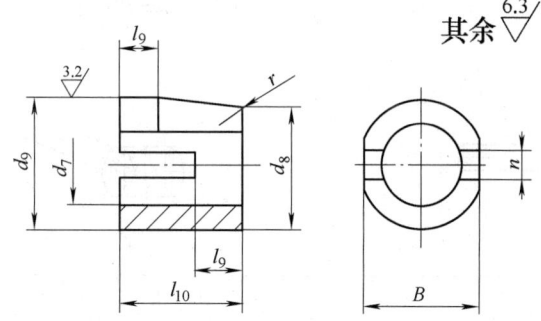

d_7	d_8	d_9		B	l_9	l_{10}	n	r
		基本尺寸	极限偏差 h11					
4	6	6.20	0 −0.090	5.5	2	6	1	0.5
5	8	8.25		7.5		8		
6	10	10.25		9.5	3	10	1.2	1
8	12	12.30	0 −0.110	11.5		12		
10	16	16.30		14.5		14	1.5	

5. 球头手柄（JB/T 7270.8—1994）

(1) 技术条件

1) 材料：35、Q235A。

2) 表面处理：喷砂镀铬（PS/D·Cr）；镀铬抛光（D·L₃Cr）。

3) 其他技术条件按 JB/T 7277—1994。

(2) 标记示例　$d=8$mm、$L=50$mm、材料 35 钢、喷砂镀铬 A 型球头手柄：

手柄　8×50　JB/T 7270.8—1994

$d_1 =$ M8、$L=50$mm、材料 35 钢、喷砂镀铬 A 型球头手柄：

手柄　M8×50　JB/T 7270.8—1994

$S=5.5$mm、$L=50$mm、材料 35 钢、喷砂镀铬 A 型球头手柄：

手柄　5.5×5.5×50　JB/T 7270.8—1994

$d=8$mm、$L=50$mm、材料 35 钢、喷砂镀铬 B 型球头手柄：

手柄　B8×50　JB/T 7270.8—1994

$d_1 =$ M8、$L=50$mm、材料 35 钢、喷砂镀铬 B 型球头手柄：

手柄　BM8×50　JB/T 7270.8—1994

$S=5.5$mm、$L=50$mm、材料 35 钢、喷砂镀铬 B 型球头手柄：

手柄　B5.5×5.5×50　JB/T 7270.8—1994

(3) 规格尺寸（表 4-210）

表 4-210　球头手柄的规格尺寸　　　　　　　　　　（单位：mm）

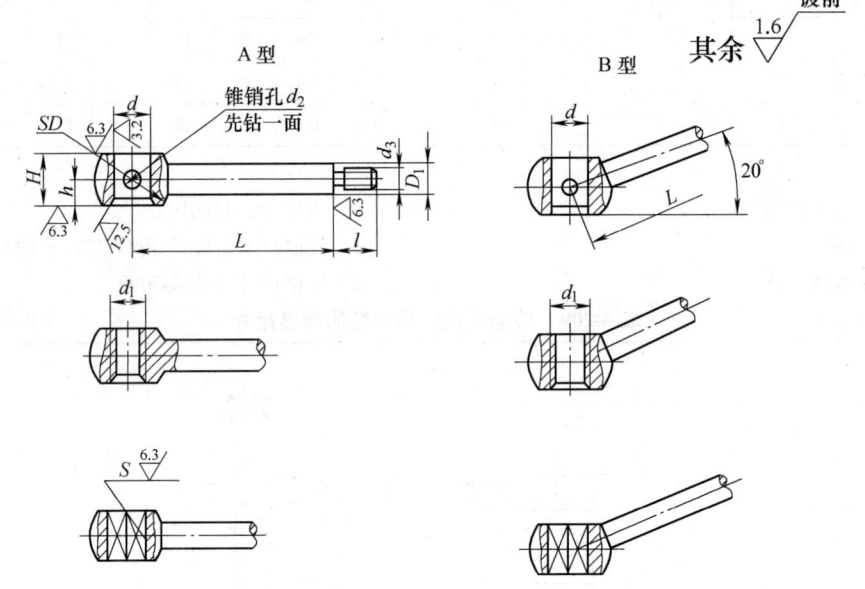

d 基本尺寸	d 极限偏差 H8	d_1	S 基本尺寸	S 极限偏差 H13	L	SD	D_1	d_2	d_3	l	H	h	每件重量 ≈ /kg	圆锥销 (GB/T 117)
8	+0.022 0	M8	5.5	+0.18 0	50	16	6	3	M5	8	11	5	0.022	3×16
10		M10	7	+0.22 0	63	20	8		M6	10	14	6.5	0.046	3×20
12	+0.027 0	M12	8		80	25	10	4	M8	12	18	8.5	0.091	4×25
16		M16	10		100	32	12	5	M10	14	22	10	0.170	5×32
20	+0.033 0	M20	13	+0.27 0	125	40	16	6	M12	16	28	13	0.353	6×40
25		M24	18		160	50	20	8	M16	20	36	17	0.742	8×50

6. 单柄对重手柄（JB/T 7270.9—1994）

(1) 标记示例 $d=8$mm、$A=25$mm、材料 35 钢喷砂镀铬 A 型单柄对重手柄：

手柄 8×25 JB/T 7270.9—1994

$d=8$mm、$A=25$mm、材料 35 钢喷砂镀铬 B 型单柄对重手柄：

手柄 B8×25 JB/T 7270.9—1994

(2) 组件尺寸（表4-211）

表 4-211 单柄对重手柄的组件尺寸 （单位：mm）

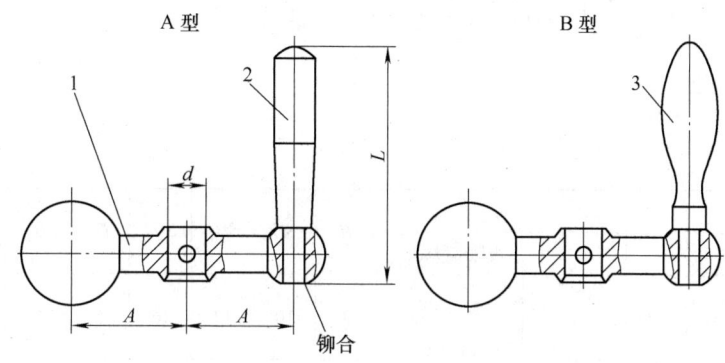

主要尺寸			件号	1	2	3	每套重量 ≈ /kg		圆锥销
			名称	手柄体	手柄	曲面手柄			
			材料	35；Q235A	35；Q235A	35；Q235A			
d	A	L	数量	1	1	1	A 型	B 型	GB/T 117
			标准号	—	JB/T 7270.1—1994	JB/T 7270.2—1994			
6	20	40	规格	6×20	4×32×10		0.041	0.039	2×12
8	25	50		8×25	5×40×12		0.080	0.082	3×16
10	32	63		10×32	6×50×16		0.155	0.157	3×20
12	40	80		12×40	8×63×20		0.294	0.292	4×25
12	50	80		12×50			0.344	0.342	4×25
14	63	102		14×63	10×80×25		0.630	0.632	5×32
16	80	102		16×80			0.692	0.698	5×32
18	100	130		18×100	12×100×32		1.230	1.231	6×38

(3) 手柄体（件号1）

1) 技术条件

a) 材料：35、Q235A。

b) 表面处理：喷砂镀铬（PS/D·Cr）；镀铬抛光（D·L₃Cr）。

c) 其他技术条件按 JB/T 7277—1994 的规定。

2) 规格尺寸（表4-212）

表 4-212　单柄对重手柄的手柄体的规格尺寸　　　　　　　　（单位：mm）

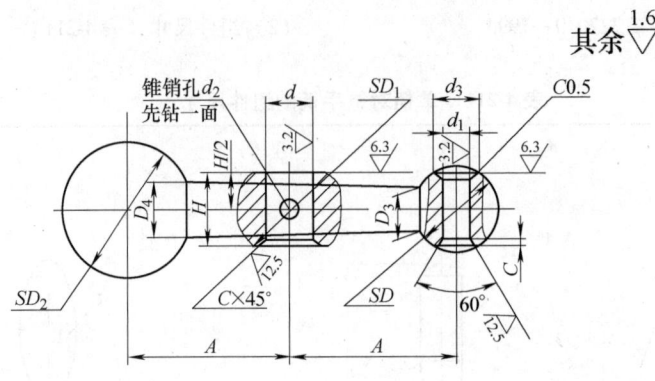

d 基本尺寸	d 极限偏差 H8	A	d_1 基本尺寸	d_1 极限偏差 H8	H	SD	SD_1	SD_2	D_3	D_4	d_2	d_3	C
6	+0.018 0	20	4	+0.018 0	9	10	12	16	5	7	2	7	1
8	+0.022 0	25	5		11	12	16	20	6	9	3	8	1
10		32	6		14	16	20	25	8	11	3	10	1
12		40	8	+0.022 0	18	20	25	32	10	14	4	12	1.5
12		50	8		18	20	25	32	10	15	4	12	1.5
14	+0.027 0	63	10		22	25	32	38	12	19	5	15	1.5
16		80	10		22	25	32	38	12	21	5	15	1.5
18		100	12	+0.027 0	28	32	38	45	14	25	6	18	1.5

7. 手柄球（JB/T 7271.1—1994）

（1）技术条件

1）材料：塑料。

2）其他技术条件按 JB/T 7277—1994 的规定。

（2）标记示例　d = M10、D = 32mm、黑色：

　　手柄球　M10×32　JB/T 7271.1—1994

d = M10、D = 32mm、红色：

　　手柄球（红）　BM10×32　JB/T 7271.1—1994

（3）规格尺寸（表4-213）

8. 手柄杆（JB/T 7271.6—1994）

（1）技术条件

1）材料：35、Q235A。

2）表面处理：喷砂镀铬（PS/D·Cr）；镀铬抛光（D·L$_3$Cr）或氧化处理（H·Y）。

3）其他技术条件按 JB/T 7277—1994。

表 4-213　手柄球的规格尺寸　　（单位：mm）

d	SD	H	l	嵌套 JB/T 7275—1994	每件重量≈/kg A 型	每件重量≈/kg B 型
M5	16	14	12	BM5×12	0.003	0.006
M6	20	18	14	BM6×14	0.006	0.012
M8	25	22.5	16	BM8×16	0.012	0.020

(续)

d	SD	H	l	嵌套 JB/T 7275—1994	每件重量≈ /kg A 型	B 型
M10	32	29	20	BM10×20	0.024	0.043
M12	40	36	25	BM12×25	0.046	0.086
M16	50	45	32	BM16×32	0.063	0.135
M20	63	56	40	BM20×36	0.092	0.198

(2)标记示例 $d=8$mm、$L=50$mm、$l=12$mm、材料35钢喷砂镀铬 A 型手柄杆:

手柄杆 8×50×12 JB/T 7271.6—1994

$d_1=$M8、$L=50$mm、材料35钢喷砂镀铬 B 型手柄杆:

手柄杆 BM8×50 JB/T 7271.6—1994

(3)规格尺寸(表4-214、表4-215)

表 4-214 手柄杆的规格尺寸(一)　　　　　　(单位:mm)

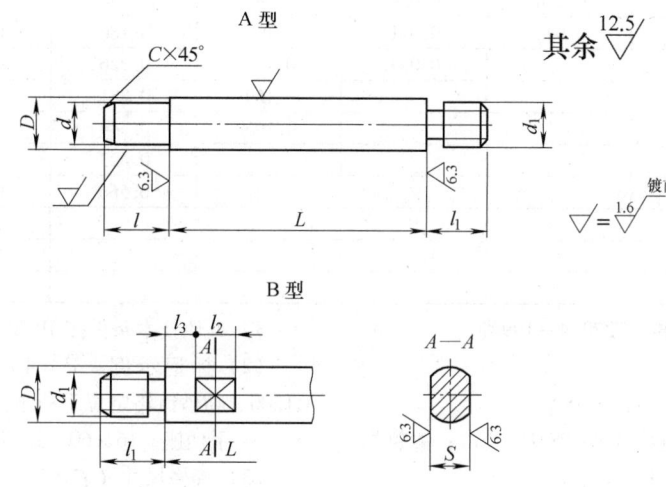

d		d_1	l	l_1	D	l_2	l_3	S		C
基本尺寸	极限偏差 k7							基本尺寸	极限偏差 h13	
5	+0.013 +0.001	M5	6	8	10	8	6	5	0 −0.180	0.5
6		M6	8	10	12	6	4	6		
8	+0.016 +0.001	M8	10	12	16	12	10	8	0 −0.220	
10		M10	12	16	20	14	12	8	6	10	
12	+0.019 +0.001	M12	16	20	25	16	16	13	0 −0.270	1
16		M16	20	25	32	20	20	10	8	16	
20	+0.023 +0.002	M20	25	32	40	25	25	12	10	21	0 −0.330	

表 4-215 手柄杆的规格尺寸（二）　　　　　　　　　　　　（单位：mm）

L	d、d_1						
	5	6	8	10	12	16	20
	M5	M6	M8	M10	M12	M16	M20
	每件重量≈ /kg						
12	0.005	0.009					
16	0.006	0.011					
20	0.007	0.012	0.022	0.035			
25	0.008	0.014	0.025	0.040	0.068	0.125	
32	0.010	0.017	0.029	0.046	0.079	0.142	0.246
40	0.011	0.020	0.034	0.053	0.092	0.162	0.278
50	0.014	0.024	0.040	0.062	0.107	0.187	0.316
63	0.017	0.030	0.050	0.075	0.131	0.224	0.374
80	0.020	0.036	0.059	0.088	0.155	0.261	0.432
100		0.044	0.071	0.106	0.186	0.310	0.509
125			0.087	0.128	0.226	0.409	0.605
160				0.159	0.281	0.458	0.740
200				0.195	0.344	0.557	0.894
250					0.423	0.681	1.086
320					0.566	0.854	1.336
400						1.051	1.664
500						1.298	2.049
630						1.619	2.549

9. 定位手柄座（JB/T 7272.4—1994）

（1）技术条件

1）材料：HT200、35、Q235A。

2）表面处理、喷砂镀铬（PS/D·Cr）；镀铬抛光（D·L_3Cr）；氧化（H·Y）。

3）其他技术条件按 JB/T 7277—1994。

（2）标记示例　$d = 16$mm、$D = 60$mm、材料 HT200、喷砂镀铬定位手柄座：

手柄座　16×60　JB/T 7272.4—1994

（3）规格尺寸（表 4-216）

表 4-216 定位手柄座的规格尺寸　　　　　　　　　　　　（单位：mm）

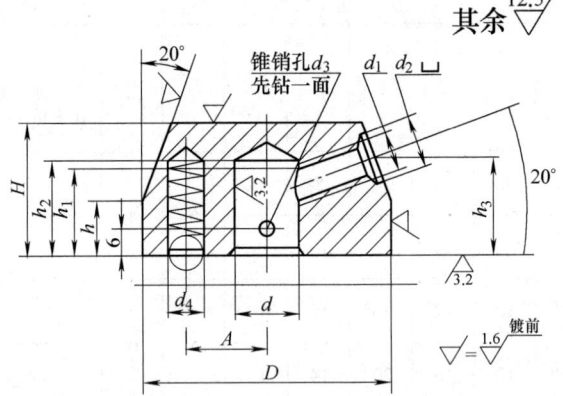

d		D	A	H	d_1	d_2	d_3	d_4	h	h_1	h_2	h_3	每件重量≈/kg	钢球(GB/T 308)	压缩弹簧(GB2089)	圆锥销(GB/T 117)
基本尺寸	极限偏差 H8															
12	+0.027 0	50	16	26	M8	11	5	6.7	11	18	20	19	0.326	6.5	0.8×5×25	5×50
16		60	20										0.570			5×60
18		70	25	32	M10	13		8.5	13	21	23	23	0.713	8	1.2×7×35	6×70
22	+0.033 0	80	30	36	M12	17	6					25	1.070			6×80

10. 手轮（JB/T 7273.3—1994）

(1) 技术条件

1) 材料：HT200。

2) 表面处理：喷砂镀铬（PS/D·Cr）；镀铬抛光（D·L₃Cr）。

3) 其他技术条件按 JB/T 7277—1994 的规定。

(2) 标记示例 $d=16$mm、$D=160$mm、喷砂镀铬 A 型手轮：

手轮 16×160 JB/T 7273.3—1994

$d=16$mm、$D=160$mm、喷砂镀铬 B 型手轮：

手轮 B16×160 JB/T 7273.3—1994

$d=16$mm、$D=160$mm、喷砂镀铬 C 型手轮：

手轮 C16×160 JB/T 7273.3—1994

(3) 规格尺寸（表 4-217）

表 4-217 手轮的规格尺寸　　　　　　　　　　　（单位：mm）

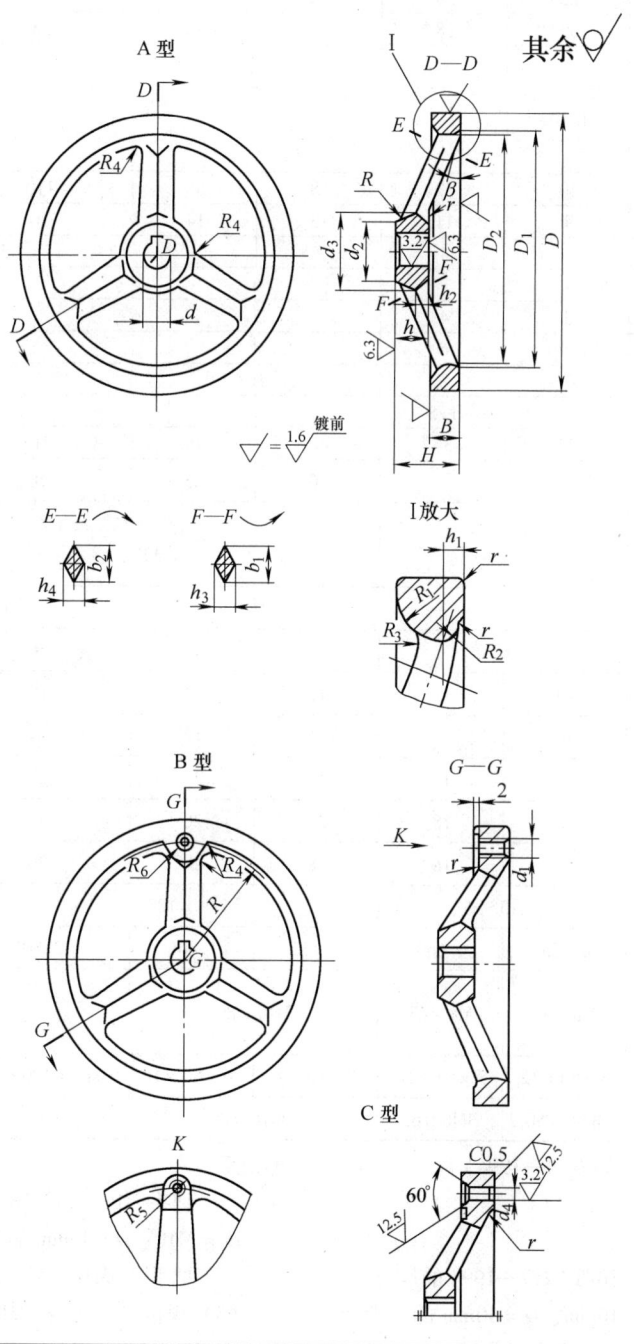

（续）

	基本尺寸	12	14	16	18	22	25	28
d	极限偏差 H8	+0.027 0				+0.033 0		
	D	100	125	160	200	250		320
	D_1	86	107	188	176	222		288
	D_2	76	97	128	164	210		276
	d_1	M6	M8	M10		M12		
	d_2	22	28	32	36	45		55
	d_3	30	38	42	48	58		72
d_4	基本尺寸	6	8	10		12		
	极限偏差 H8	+0.018 0		+0.022 0		+0.027 0		
	R	40	52	68	88	110		145
	R_1	9	11	13	14	16		18
	R_2	4				5		
	R_3	5		6		8		10
	R_4	3	4	5		6		
	R_5	5	6	8		10		
	R_6	7	8	10		12		
	r	1.6				2		
	H	22	36	40	45	50		55
h	基本尺寸	18		20	25	28		32
	极限偏差 h13	0 −0.270		0 −0.330		0 −0.390		
	h_1	5				6		
	h_2	6		7	8	9		10
	h_3	10	11	12	14	18		20
	h_4	9	10	11	12	14		16
	B	14	16	18	20	22		24
	b_1	16	18	22	26	30		35
	b_2	14	16	18	20	24		28
	β	15°		10°				5°
	每件重量≈ /kg	0.425	0.660	1.160	1.806	2.805		5.730
	转动手柄 （JB/T 7270.5—1994）	M6×50	M8×63	M10×80		M12×100		
	手柄 JB/T 7270.1—1994	6×50×12	8×63×14	10×80×16	10×80×18	12×100×20		12×100×22
		BM6×50	BM8×63	BM10×80		BM12×100		

11. 星形把手（JB/T 7274.4—1994）

（1）技术条件

1）材料：塑料。

2）其他技术条件按 JB/T 7277—1994 的规定。

（2）标记示例 d = 10mm、D = 40mm 的 A 型星形把手：

把手 10×40 JB/T 7274.4—1994

d_1 = M10、D = 40mm 的 B 型星形把手：

把手 BM10×40 JB/T 7274.4—1994

（3）规格尺寸（表4-218）

表 4-218 星形把手的规格尺寸　　　　　　　　　　　　（单位：mm）

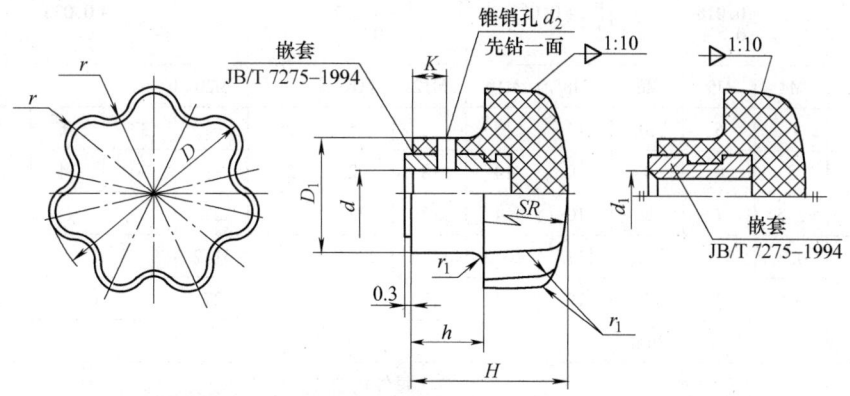

d 基本尺寸	d 极限偏差 H8	d_1	D	D_1	d_2	H	h	SR	r	r_1	K	嵌套(JB/T 7275—1994) A型	嵌套(JB/T 7275—1994) B型	每件重量 ≈ /kg	圆锥销 (GB/T 117)
6	+0.018 0	M6	25	16	2	20	10	32	4	1.6	5	6×12	BM6×12	0.015	2×16
8	+0.022 0	M8	32	18		25	12	40	5		6	8×16	BM8×16	0.024	3×18
10		M10	40	22	3	30	14	50	6	2	7	10×20	BM10×20	0.035	3×22
12	+0.027 0	M12	50	28		35	16	60	8		8	12×25	BM12×25	0.069	3×28
16		M16	63	32	4	40	18	80	10	2.5	10	16×30	BM16×30	0.111	4×32

12. 嵌套（JB/T 7275—1994）

（1）技术条件

1）材料：Q235A。

2）其他技术条件按 JB/T 7277—1994 的规定。

（2）标记示例　$d=12$mm、$H=20$mm 的 A 型嵌套：

嵌套　12×20　JB/T 7275—1994

$d_1=$M12、$H=20$mm 的 B 型嵌套：

嵌套　BM12×20　JB/T 7275—1994

$d=12$mm、$H=20$mm 的 C 型嵌套：

嵌套　C12×20　JB/T 7275—1994

（3）规格尺寸（表 4-219）

表 4-219 嵌套的规格尺寸　　　　　　　　　　　　（单位：mm）

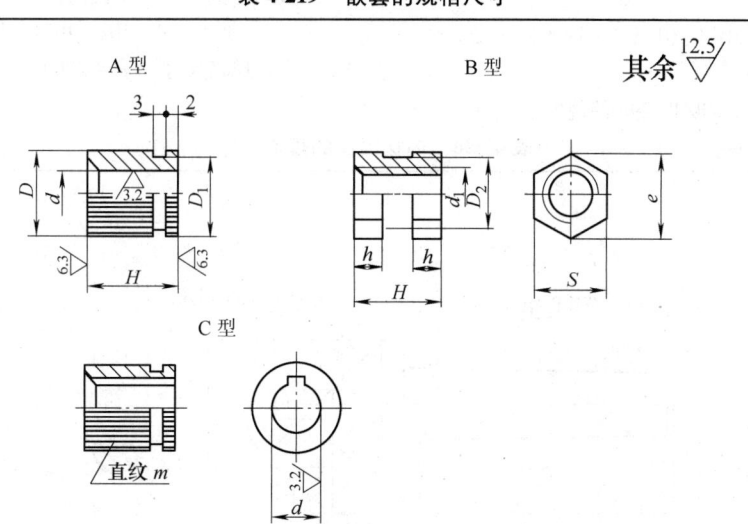

(续)

	基本尺寸	4	5	6	8	10	12	16	18	—	22	25	28	32
d	极限偏差 H8	+0.018 0			+0.022 0		+0.027 0			—	+0.033 0		+0.039 0	
	d_1	M4	M5	M6	M8	M10	M12	M16	—		M20			
	D	6	6	10	12	16	20	25	28	—	32	36	40	45
	D_1	5	8	9	10	14	18	22	25	—	30	34	38	42
	D_2	5.5	7	8	10	14	17	22	—		27	—		
	e	6.3	8.1	9.2	11.5	16.2	19.6	25.4	—		31.2	—		
	S	5.5	7	8	10	14	17	22	—		27	—		
	m	0.8					1.2							
H	h	每件重量/kg≈												
10	3	0.001	0.002											
12	4		0.003	0.005										
14	4.5			0.006	0.007									
16	5				0.008	0.015								
18	6				0.017	0.028								
20	6.5				0.019	0.032	0.045	0.057	0.062		0.067	0.083	0.101	0.124
25	8					0.040	0.057	0.071	0.077		0.083	0.104	0.126	0.155
28	9						0.064	0.079	0.086		0.093	0.116	0.141	0.173
30	10						0.068	0.085	0.094		0.100	0.124	0.151	0.186
32	11						0.070	0.087	0.096		0.105	0.129	0.157	0.191
36	12							0.098	0.108		0.118	0.145	0.177	0.216

4.9 与夹具相关的机床附件

4.9.1 顶尖

1. 内拨顶尖（JB/T 10117.1—1999）

（1）技术条件

1）材料：T8 按 GB/T 1298 的规定。

2）热处理：55~60HRC，锥柄部 40~45HRC。

3）其他技术条件按 JB/T 8044 的规定。

（2）标记示例　莫氏圆锥 4 号的内拨顶尖：

顶尖　4　JB/T 10117.1—1999

（3）规格尺寸（表 4-220）

表 4-220　内拨顶尖的规格尺寸　　　　　　（单位：mm）

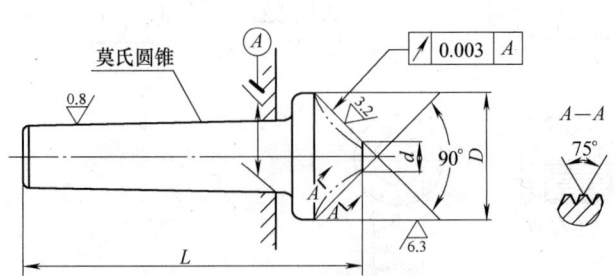

（续）

顶　　格	莫 氏 圆 锥				
	2	3	4	5	6
D	30	50	75	95	120
L	85	110	150	190	250
d	6	15	20	30	50

2. 夹持式内拨顶尖（JB/T 10117.2—1999）

（1）技术条件

1）材料：T8 按 GB/T 1298 的规定。

2）热处理：55~60HRC。

3）其他技术条件按 JB/T 8044 的规定。

（2）标记示例　$d=12$mm 的夹持式内拨顶尖：

顶尖　12　JB/T 10117.2—1999

（3）规格尺寸（表4-221）

表 4-221　夹持式内拨顶尖的规格尺寸　　　　　　　　　　（单位：mm）

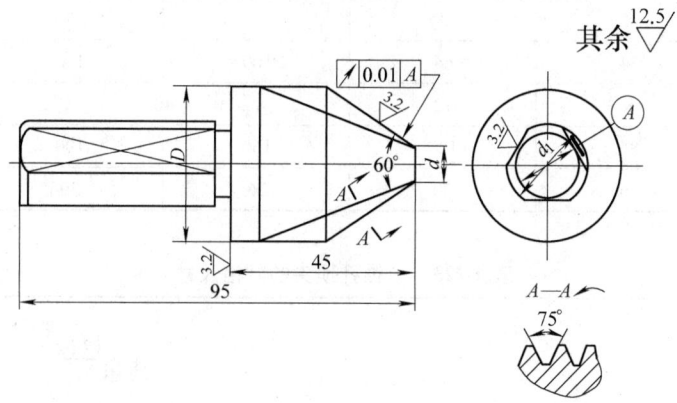

	基本尺寸	12	16	20	25	32	40	50	63	80	100
d	极限偏差	\multicolumn{10}{c}{0 −0.5}									
	D	35	40	45	50	55	63	75	90	110	125
	d_1	20		25		30		45		50	60

3. 外拨顶尖（JB/T 10117.3—1999）

（1）技术条件

1）材料：T8 按 GB/T 1298 的规定。

2）热处理：55~60HRC，锥柄部 40~45HRC。

3）其他技术条件按 JB/T 8044 的规定。

（2）标记示例　莫氏圆锥 4 号的外拨顶尖：

顶尖　4　JB/T 10117.3—1999

（3）规格尺寸（表4-222）

4. 内锥孔顶尖（JB/T 10117.4—1999）

（1）技术条件

1）材料：T8 按 GB/T 1298 的规定。

2）热处理：55~60HRC，锥柄部 40~45HRC。

3）其他技术条件按 JB/T 8044 的规定。

（2）标记示例　莫氏圆锥 5 号、公称直径为 38~48mm 的内锥孔顶尖：

顶尖　5-38~48　JB/T 10117.4—1999

（3）规格尺寸（表4-223）

表 4-222　外拨顶尖的规格尺寸　　　　　　　　　　　　（单位：mm）

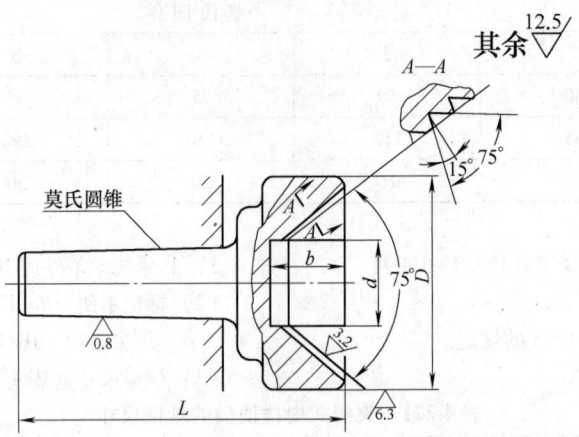

规　格	莫氏圆锥				
	2	3	4	5	6
D	34	64	100	110	140
d	8	12	40		70
L	86	120	160	190	250
b	16	30	36	39	42

表 4-223　内锥孔顶尖的规格尺寸　　　　　　　　　　　（单位：mm）

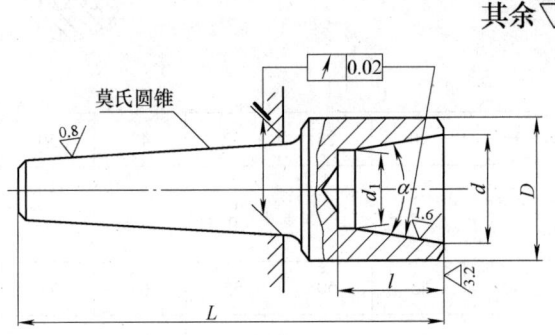

公称直径(适用工件直径)	莫氏圆锥	d	D	d_1	α	L	l
8~16	4	18	30	6	16°	140	48
14~24		26	39	12		160	55
22~32		34	48	20			
30~40		42	56	28		200	
38~48		50	65	36			
46~56	5	58	74	44		210	
50~65		67	84	48	24°		60
60~75		77	95	58		220	
70~85		87	105	68			
80~95		97	116	78			

5. 夹持式内锥孔顶尖（JB/T 10117.5—1999）

(1) 技术条件
1) 材料：T8 按 GB/T 1298 的规定。
2) 热处理：55~60HRC。
3) 其他技术条件按 JB/T 8044 的规定。

(2) 标记示例　公称直径为 22~40mm 的夹持式内锥孔顶尖：

　　顶尖　22~40　JB/T 10117.5—1999

(3) 规格尺寸（表 4-224）

表 4-224　夹持式内锥孔顶尖的规格尺寸　　　　　　　　　　　　　　　（单位：mm）

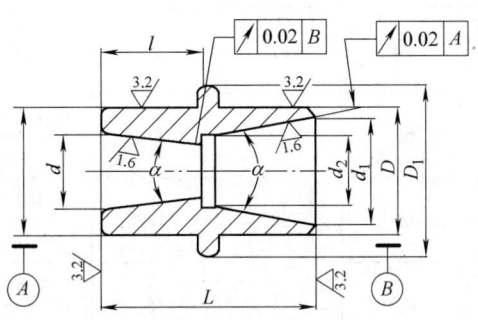

公称直径(适用工件直径)	d	d_1	d_2	D	D_1	L	l	α
4~10	10	12	4	24	34	60	28.5	16°
8~24	18	26	12	38	48	96	43	
22~40	34	42	28	54	64	104	50	
38~56	50	58	44	70	80			
50~75	67	77	58	90	100	96	45	24°
70~95	87	97	78	110	120			

4.9.2　卡夹件

1. 鸡心卡头（JB/T 10118—1999）

(1) 标记示例　公称直径为 12~18mmA 型的鸡心卡头：

　　卡头　A12~18　JB/T 10118—1999

(2) 规格尺寸（表 4-225）

表 4-225　鸡心卡头的规格尺寸　　　　　　　　　　　　　　　（单位：mm）

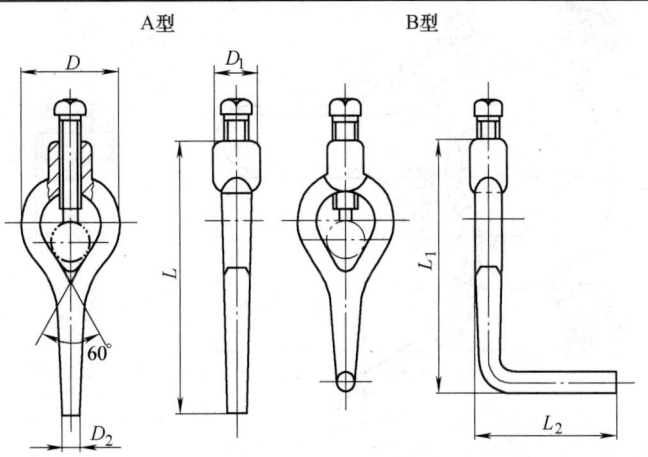

（续）

公称直径(适用工件直径)	型号	D	D_1	D_2	L	L_1	L_2
3~6	A	22	12	6	75	—	—
	B				—	70	40
>6~12	A	28	16	8	95	—	—
	B				—	90	50
>12~18	A	36	18		115	—	—
	B				—	110	60
>18~25	A	50	22	10	135	—	—
	B				—	130	70
>25~35	A	65		12	155	—	—
	B				—	150	75
>35~50	A	85	28	14	180	—	—
	B				—	170	80
>50~65	A	100		16	205	—	—
	B				—	190	35
>65~80	A	120		18	230	—	—
	B		34		—	210	90
>80~100	A	150		22	260	—	—
	B				—	240	95
>100~130	A	180	40	25	290	—	—
	B				—	270	100

2. 车床用快换卡头（JB/T 10121—1999）

（1）标记示例 公称直径为 14~18mm 的车床用快换卡头：

卡头 14~18 JB/T 10121—1999

（2）规格尺寸（表4-226）

表 4-226 车床用快换卡头的尺寸　　（单位：mm）

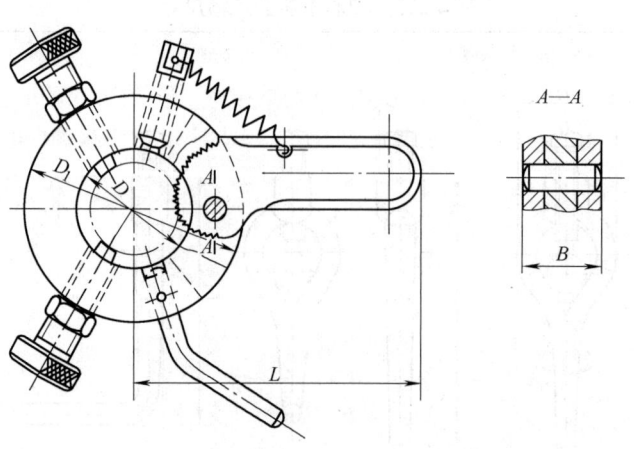

公称直径(适用工件直径)	8~14	>14~18	>18~25	>25~35	>35~50	>50~65	>65~80	>80~100
D	22	25	32	45	60	75	90	110
D_1	45	50	65	80	95	115	140	170
B	15	18	20			24		28
L	77	79	85	91	120	130	138	150

3. 磨床用快换卡头（JB/T 10122—1999）

（1）标记示例 公称直径为 12~18mm 的磨床快换卡头：

卡头 12~18 JB/T 10122—1999

（2）规格尺寸（表4-227）

表 4-227 磨床用快换卡头的规格尺寸 （单位：mm）

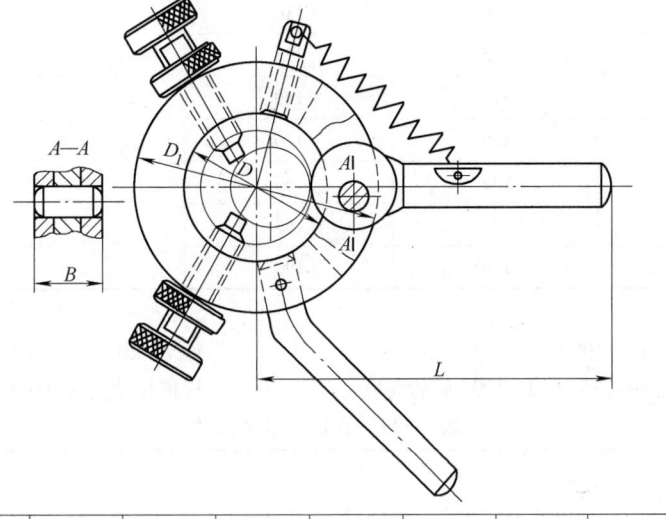

公称直径(适用工件直径)	6~12	>12~18	>18~25	>25~35	>35~50	>50~65	>65~80	>80~100	>100~130
D	20	25	32	45	60	75	90	110	140
D_1	35	45	55	70	85	100	120	140	170
B	12			15			18		20
L	76	82	86	93	101	108	120	130	145

4. 卡环（JB/T 10119—1999）

（1）标记示例 公称直径为 10~15 的卡环：

卡环 10~15 JB/T 10119—1999

（2）规格尺寸（表4-228）

表 4-228 卡环的规格尺寸 （单位：mm）

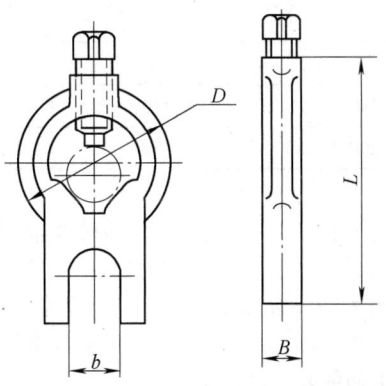

(续)

公称直径(适用工件直径)	D	L	B	b
5~10	26	40	10	12
>10~15	30	50	10	12
>15~20	45	60	13	12
>20~25	50	67	13	12
>25~32	56	71	13	12
>32~40	67	90	18	16
>40~50	80	100	18	16
>50~60	95	110	18	16
>60~70	105	125	18	16
>70~80	115	140	18	16
>80~90	125	150	18	16
>90~100	135	160	20	16
>100~110	150	165	20	16
>110~125	170	190	20	16

5. 夹板（JB/T 10120—1999）

(1) 标记示例　公称直径为 20~100mm 的夹板：

夹板　20~100　JB/T 10120—1999

(2) 规格尺寸（表4-229）

表 4-229　夹板的规格尺寸　　　　　　　　　　（单位：mm）

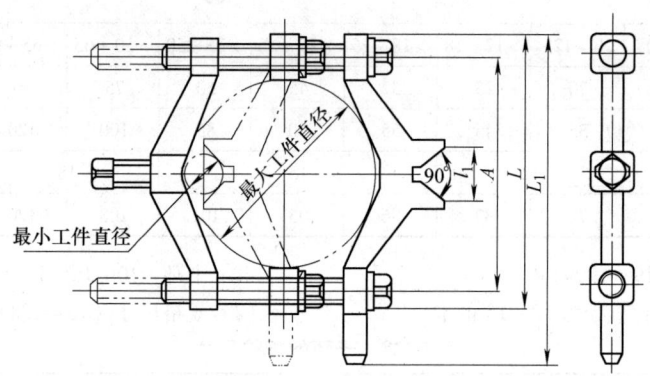

公称直径(适用工件直径)	L	L_1	A	l_1
20~100	140	170	120	30
30~150	200	270	172	42

4.9.3　拨盘、花盘及过渡盘

1. 拨盘（JB/T 10124—1999）

(1) 标记示例　主轴端部代号为5、$D=200$mm 的 C 型连接方式的拨盘：

拨盘　C5×200　JB/T 10124—1999

主轴端部代号为6、$D=250$mm 的 D 型连接方式的拨盘：

拨盘　D6×250　JB/T 10124—1999

(2) 规格尺寸（表4-230、表4-231）

表 4-230　拨盘的规格尺寸（C 型）　　　　　　　　　　　　（单位：mm）

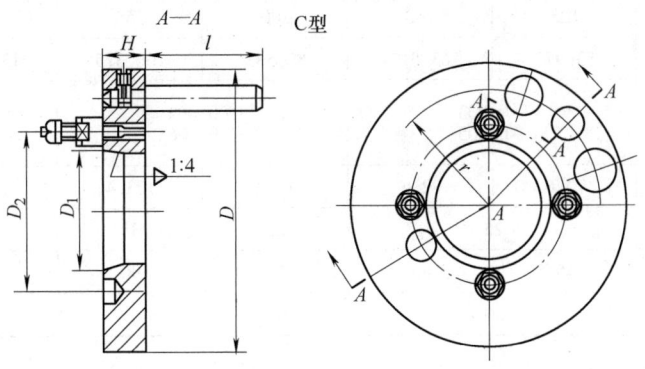

主轴端部代号		3	4	5	6	8	11
D		125	160	200	250	315	400
D_1	基本尺寸	53.975	63.513	82.563	106.375	139.719	196.869
	极限偏差	+0.008 0	+0.008 0	+0.010 0	+0.010 0	+0.012 0	+0.014 0
D_2		75.0	85.0	104.8	133.4	171.4	235.0
H		20	20	25	30	30	35
r		45	60	72	90	125	165
l		60	60	75	85	85	90

表 4-231　拨盘的规格尺寸（D 型）　　　　　　　　　　　　（单位：mm）

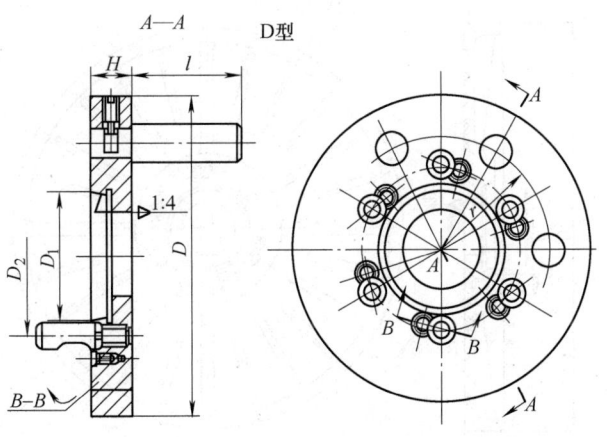

（续）

主轴端部代号	3	4	5	6	8	11
D	125	160	200	250	315	400
D_1 基本尺寸	53.975	63.513	82.563	106.375	139.719	196.869
D_1 极限偏差	+0.003 −0.005	+0.003 −0.005	+0.004 −0.006	+0.004 −0.006	+0.004 −0.008	+0.004 −0.010
D_2	70.6	82.6	104.8	133.4	171.4	235.0
H	25	25	28	35	38	45
r	45	60	72	90	125	165
l	50	50	65	80	80	90

2. 花盘（JB/T 10125—1999）

（1）标记示例　主轴端部代号为5、$D=500$mm 的 C 型连接方式的花盘：

　　花盘　C5×500　JB/T 10125—1999

主轴端部代号为6、$D=630$mm 的 D 型连接方式的花盘：

　　花盘　D6×630　JB/T 10125—1999

（2）规格尺寸（表4-232）

表4-232　花盘的规格尺寸　　　　　　　　（单位：mm）

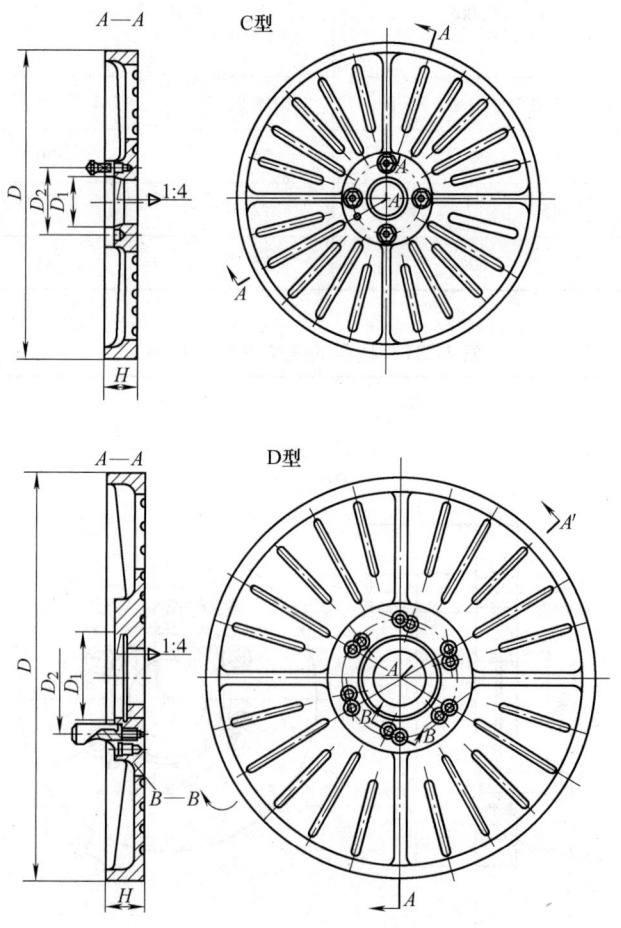

（续）

车床		D	D_1			D_2	H
规格	主轴端部代号		基本尺寸	极限偏差			
				C 型	D 型		
320	5	500	82.563	+0.010 0	+0.004 -0.006	104.8	50
400	6	630	106.375			133.4	60
500	8	710	139.719	+0.012 0	+0.004 -0.008	171.4	70
630	11	800	196.869	+0.014 0	+0.004 -0.010	235.0	80

注：车床规格为床身上最大工件回转直径。

3. 三爪卡盘用过渡盘（JB/T 10126.1—1999）

（1）标记示例　主轴端部代号为 6、$D = 250$ mm 的 C 型连接方式的三爪卡盘用过渡盘：

过渡盘　$C6 \times 250$　JB/T 10126.1—1999

主轴端部代号为 6、$D = 250$ mm 的 D 型连接方式的三爪卡盘用过渡盘：

过渡盘　$D6 \times 250$　JB/T 10126.1—1999

（2）规格尺寸（表 4-233、表 4-234）

表 4-233　三爪卡盘用过渡盘的规格尺寸（C 型）　　　　（单位：mm）

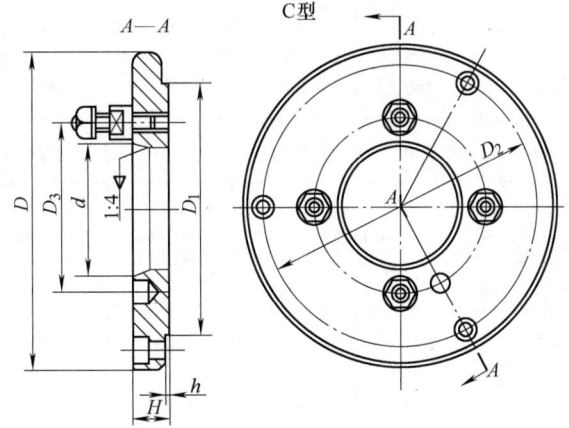

	主轴端部代号	3	4	5	6	8	11	
	D	125	160	200	250	315	400	500
D_1	基本尺寸	95	130	165	206	260	340	440
	极限偏差 n6	+0.045 +0.023	+0.052 +0.027	+0.060 +0.031	+0.066 +0.034	+0.073 +0.037	+0.080 +0.040	
	D_2	108	142	180	226	290	368	465
	D_3	75.0	85.0	104.8	133.4	171.4	235.0	
d	基本尺寸	53.975	63.513	82.563	106.375	139.719	196.869	
	极限偏差	+0.003 0		+0.010 0	+0.012 0		+0.014 0	
	H	20	25	30		38	40	
	h_{max}	2.5		4.0			5.0	

表 4-234　三爪卡盘用过渡盘的规格尺寸（D 型）　　　　（单位：mm）

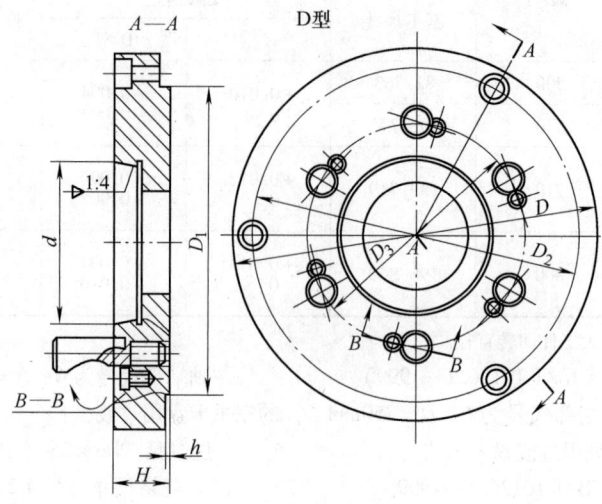

主轴端部代号		3	4	5	6	8	11
D		125	160	200	250	315	400	500
D_1	基本尺寸	95	130	165	206	260	340	440
	极限偏差 n6	+0.045 +0.023	+0.052 +0.027	+0.060 +0.031	+0.066 +0.034	+0.073 +0.037	+0.080 +0.040
D_2		108	142	180	226	290	368	465
D_3		70.6	82.6	104.8	133.4	171.4	235.0	
d	基本尺寸	53.975	63.513	82.563	106.375	139.719	196.869	
	极限偏差	+0.003 −0.005		+0.004 −0.006	+0.004 −0.008	+0.004 −0.010		
H		25		30	35	38	45	
h_{max}		2.5		4.0			5.0	

4. 四爪卡盘用过渡盘（JB/T 10126.2—1999）

（1）标记示例　主轴端部代号为 6、$D=200$ mm 的 C 型连接方式的四爪卡盘用过渡盘：

　　过渡盘　C6×200　JB/T 10126.2—1999

主轴端部代号为 6、$D=200$ mm 的 D 型连接方式的四爪卡盘用过渡盘：

　　过渡盘　D6×200　JB/T 10126.2—1999

（2）规格尺寸（表 4-235、表 4-236）

表4-235 四爪卡盘用过渡盘的规格尺寸（C型） （单位：mm）

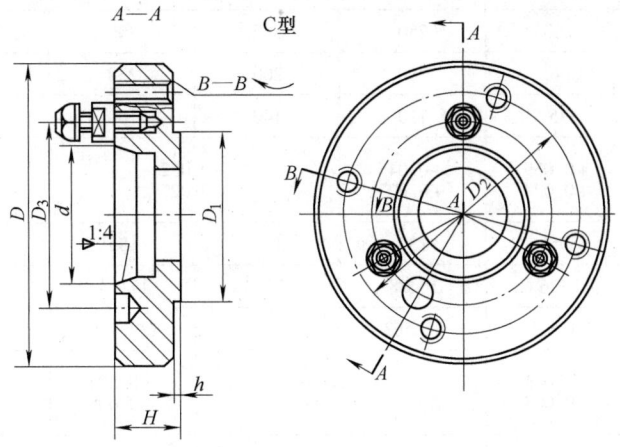

主轴端部代号		4	5	6	8	11	
卡盘直径		200	250	315	400	500	630
D		140	160	200	230	280	320
D_1	基本尺寸	75	110	140	160	200	220
	极限偏差 n6	+0.039 +0.020	+0.045 +0.023	+0.052 +0.027		+0.060 +0.031	
D_2		95	130	165	185	236	258
D_3		85.0	104.8	133.4	171.4	235.0	
d	基本尺寸	63.513	82.563	106.375	139.719	196.869	
	极限偏差	+0.008 0	+0.010 0		+0.012 0	+0.014 0	
H		30	35		45	50	60
h_{max}			5		7		9

表4-236 四爪卡盘用过渡盘的规格尺寸（D）型 （单位：mm）

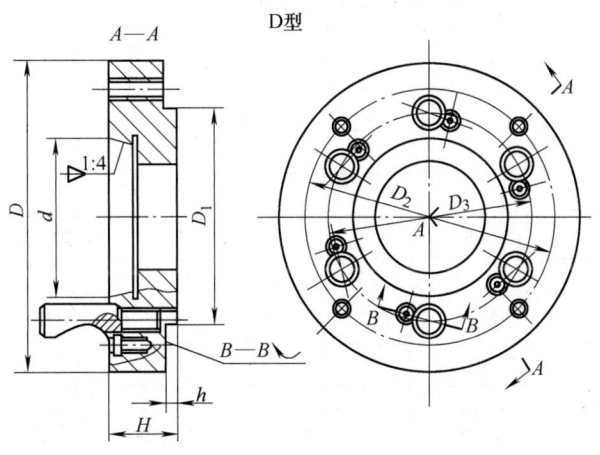

（续）

主轴端部代号		4	5	6	8	11	
卡盘直径		200	250	315	400	500	630
D		140	160	200	230	280	320
D_1	基本尺寸	75	110	140	160	200	220
	极限偏差 n6	+0.039 +0.020	+0.045 +0.023	+0.052 +0.027		+0.060 +0.031	
D_2		95	130	165	185	236	258
D_3		82.6	104.8	133.4	171.4	235.0	
d	基本尺寸	63.513	82.563	106.375	139.719	196.869	
	极限偏差	+0.003 −0.005	+0.004 −0.006		+0.004 −0.008	+0.004 −0.010	
H		30	35		45	50	60
h_{max}		5			7		9

4.9.4 活铁爪（JB/T 10123—1999）

（1）标记示例　卡盘直径为200mm的活铁爪：

活铁爪　200　JB/T 10123—1999

（2）规格尺寸（表4-237）

表4-237　活铁爪的规格尺寸　（单位：mm）

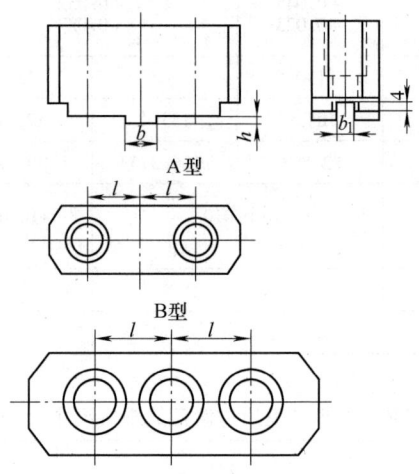

卡盘直径			200	250	315	400	500
型式			A		B		
l	基本尺寸		22.2	27	31.75	38.1	
	极限偏差		±0.15				
b	基本尺寸		12.675		19.025		
	极限偏差 h8		0 −0.027		0 −0.033		
b_1	基本尺寸		7.94		12.7		
	极限偏差 E9		+0.061 +0.025		+0.075 +0.032		

(续)

卡盘直径		200	250	315	400	500
h			3			6
配用螺钉 (GB/T 70.1)	手动	M10	M12		M16	M20
	机动	M12	M16		M20	

4.9.5 角铁

1. 等边角铁（JB/T 10127.1—1999）

（1）技术条件

1）材料：HT200 按 GB/T 9439 的规定。

2）机械加工前进行时效处理。

3）凡未注明的铸造圆角半径为 $R5 \sim R10$。

4）刮面每 25mm×25mm 面积上不少于 16 个刮点。

5）其他技术条件按 JB/T 8044 的规定。

（2）标记示例 $L=800$mm 的等边角铁：

角铁 800 JB/T 10127.1—1999

（3）规格尺寸（表 4-238）

表 4-238 等边角铁的规格尺寸　　　　　　（单位：mm）

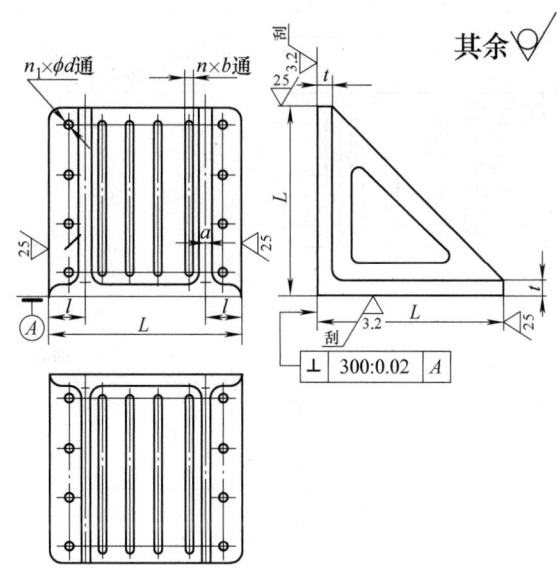

L	t	l	a	b	槽数 n	孔数 n_1	d
200	20	35	15	18	4	—	—
250	25	45	20				
320	30	60	25	22	6	16	22
400	35	80	30				
500	40	90	35				
630	45	105	40	28	8		26
800	55	148	45				

注：1. $n \times \phi b$ 槽及 $n_1 \times \phi d$ 孔的结构及数量，可按使用需要自行设计。

2. 刮面每 25mm×25mm 面积上不少于 16 个刮点。

2. 等腰角铁（JB/T 10127.2—1999）

（1）技术条件
1）材料：HT200 按 GB/T 9439 的规定。
2）机械加工前进行时效处理。
3）凡未注明的铸造圆角半径为 $R5 \sim R10$。
4）▽³·² 刮面每 25mm×25mm 面积上不少于 16 个刮点。
5）其他技术条件按 JB/T 8044 的规定。

（2）标记示例 $L=800$mm、$B=500$mm 的等腰角铁：

角铁 800×500 JB/T 10127.2—1999

（3）规格尺寸（表 4-239）

表 4-239 等腰角铁的规格尺寸 （单位：mm）

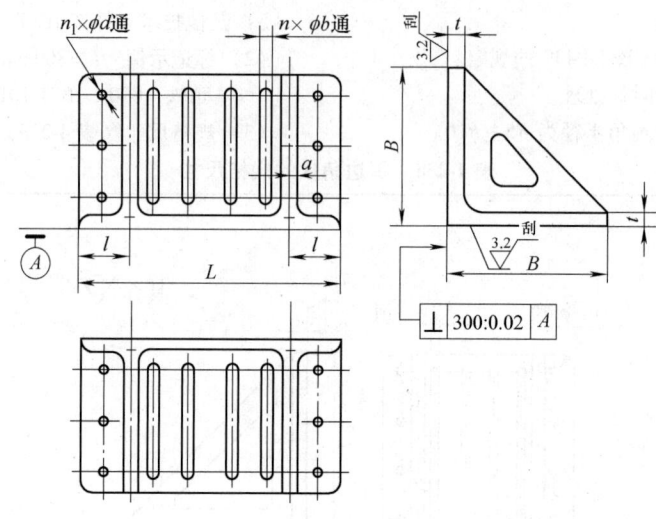

L	B	t	l	a	b	槽数 n	孔数 n_1	d
200	125	20	35	15	18	4	—	—
250	160	25	45	20	18	4	—	—
320	200	30	60	25	22	6	8	22
400	250	35	80	30	22	6	8	22
500	300	40	90	35	22	6	8	22
630	400	45	105	40	28	8	12	26
800	500	55	148	45	28	8	12	26

注：1. $n \times \phi b$ 槽及 $n_1 \times \phi d$ 孔的结构及数量可按使用需要自行设计。
2. ▽³·² 刮面每 25mm×25mm 面积上不少于 16 个刮点。

3. 不等边角铁（JB/T 10127.3—1999）

（1）技术条件
1）材料：HT200 按 GB/T 9439 的规定。
2）机械加工前进行时效处理。
3）凡未注明的铸造圆角半径为 $R5 \sim R10$。
4）▽³·² 刮面每 25mm×25mm 面积上不少于 16 个刮点。
5）其他技术条件按 JB/T 8044 的规定。

（2）标记示例 $L=800$mm、$B=500$mm 的不等边角铁：

角铁 800×500 JB/T 10127.3—1999

（3）规格尺寸（表 4-240）

表 4-240 不等边角铁的规格尺寸　　　　　　（单位：mm）

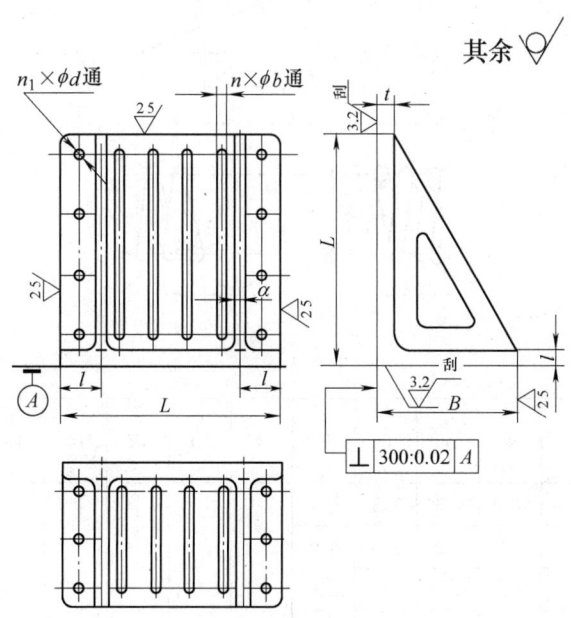

L	B	t	l	a	b	槽数 n	孔数 n_1	d
200	125	20	35	15	18	4	—	—
250	60	25	45	20	18	4	—	—
320	200	30	60	25	22	6	12	22
400	250	35	80	30	22	6	12	22
500	300	40	90	35	22	6	12	22
630	400	45	105	40	28	8	14	26
800	500	55	148	45	28	8	14	26

注：1. $n \times \phi b$ 槽及 $n_1 \times \phi d$ 孔的结构及数量可按使用需要自行设计。

2. $\overset{3.2}{\triangledown}$ 刮面每 25mm×25mm 面积上不少于 16 个刮点。

4.10 其他件

4.10.1 圆柱螺旋压缩弹簧（表 4-241）、（表 4-242）、（表 4-243）

1）材料：弹簧钢丝 65Mn。
2）热处理：回火。
3）标记示例：弹簧 $d \times D \times H$

表 4-241　圆柱螺旋压缩弹簧的规格尺寸

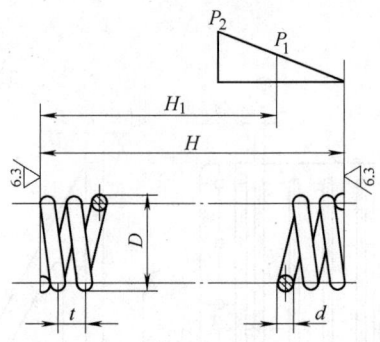

d	参数＼D	4	5	6	7	8	10	12	14	16	18	20	22	25
0.5	P_1	11.4	9.3	7.8	6.7									
	t	1.5	2.2	3.0	4.0									
	f	0.78	1.35	2.07	2.94									
	P_2	14.5	11.7	9.4	8.0									
0.8	P_1		27.6	27.6	24.0	21.2	17.1							
	t		1.5	2.0	2.5	3.2	4.5							
	f		0.5	0.95	1.4	1.92	3.2							
	P_2		38.7	34.9	29.2	26.3	19.5							
1.0	P_1			44	34.6	36.4	30	27.2	23.4					
	t			1.8	2.0	2.5	3.5	5.5	7.0					
	f			0.55	0.75	1.25	2.25	3.62	5.2					
	P_2			64	46.3	43.7	34.3	33.8	27					
1.2	P_1				58	56	54	45	39	34.7				
	t				2.0	2.3	3.5	4.5	6.0	7.5				
	f				0.55	0.85	1.8	2.74	4.0	5.5				
	P_2				85	73	70	54	47	40				
1.6	P_1					102	111	87	86	78	70	63		
	t					2.4	3.0	3.5	4.5	6.0	7.0	9.0		
	f					0.4	1.0	1.5	2.5	3.55	4.69	6.0		
	P_2					203	155	111	100	97	80	78		
2.0	P_1						93	160	138	142	128	116	106	94
	t						2.8	3.5	4.0	5.0	6.0	7.0	8.5	10.5
	f						0.3	1.0	1.5	2.43	3.28	4.2	5.3	7.1
	P_2						250	240	185	175	156	137	130	112

(续)

d	参数＼D	12	14	16	18	20	22	25	28	32	36	40	45	50
2.5	P_1	190	257	238	210	210	193	172	154	135				
	t	3.5	4.0	4.5	5.0	6.0	7.0	8.5	10.5	13.0				
	f	0.56	1.0	1.5	2.0	2.9	3.7	5.0	6.5	8.9				
	P_2	338	385	317	262	255	237	207	188	159				
3.0	P_1		120	221	288	314	283	273	246	211	193	175		
	t		3.8	4.2	4.8	5.5	6.0	7.5	8.5	11.0	13.0	16.0		
	f		0.2	0.6	1.2	1.9	2.4	3.6	4.7	6.5	8.6	10.9		
	P_2		480	442	432	412	354	342	285	265	225	208		
3.5	P_1				295	267	426	416	378	338	297	264	229	
	t				4.8	5	6	7.0	8.0	10.0	12.0	13.0	16.0	
	f				0.6	0.8	1.8	2.76	3.7	5.2	6.8	8.6	10.9	
	P_2				638	500	592	526	460	420	370	290	262	
4.0	P_1						530	470	497	475	425	385	344	311
	t						6.0	6.5	7.5	9	10.5	12	15	18
	f						1.2	1.7	2.7	4.07	5.4	7.0	9.3	11.8
	P_2						880	600	650	580	510	440	410	370

d	参数＼D	25	28	32	36	40	45	50	55	60	70
4.5	P_1	286	516	612	572	512	456	415	370		
	t	6	7	8.5	10.0	11.5	13	16	18		
	f	0.6	1.6	3.1	4.4	5.6	6.6	9.6	11.6		
	P_2	715	792	790	718	640	587	496	430		
5.0	P_1		515	635	630	660	590	540	490	451	
	t		7	8	9	10.5	12	14	17	19	
	f		1	2	3	4.5	6.0	7.8	9.8	12	
	P_2		1030	950	840	800	680	620	600	530	
6.0	P_1			960	1100	1080	1040	950	870	800	690
	t			8.5	9.5	10.5	12	14	16	18	24
	f			1.3	2.3	3.3	4.8	6.2	7.9	9.7	14
	P_2			1840	1680	1480	1310	1220	1100	990	890

注：D——弹簧外径（mm）；d——钢丝直径（mm）；t——节距（mm）；P_1——允许工作负荷（N）；P_2——极限工作负荷（N）；弹簧长度 $H = nt + d$（mm）；圈数 $n = \dfrac{H_1}{t-f}$，H_1——弹簧在工作时长度（mm）；f——在允许工作负荷 P_1 时一个弹簧圈的变形量（mm）。

表 4-242　弹簧自由长度 H 的尺寸范围　　　　　　　　　　　　（单位：mm）

d \ D	4	5	6	7	8	10	12	14	16	18	20	22	25	28	32	36	40	45	50	55	60	70
0.5	5~20	7~25	10~32	12~36																		
0.8		5~25	7~32	8~36	10~40	14~50																
1.0			6~32	7~36	8~40	12~50	18~60	22~70														
1.2				7~36	8~40	12~50	14~70	18~70	25~80													
1.6					8~40	10~50	12~60	14~70	18~80	22~90	28~100											
2.0						10~50	12~60	14~70	16~80	18~90	22~100	25~110	32~125									
2.5							12~60	12~70	14~80	16~90	18~100	22~110	28~125	32~140	40~160							
3.0							12~70	14~80	16~90	16~100	18~110	25~125	28~140	35~160	40~180	50~200						
3.5									16~90	16~100	18~110	22~125	25~140	32~160	36~180	40~200	50~220					
4.0										18~110	20~125	22~140	28~160	32~180	36~200	45~220	55~250					
4.5											20~125	22~140	28~160	32~180	36~200	45~220	55~250	60~280				
5.0												18~140	25~160	28~180	32~200	36~220	45~250	55~280	60~300			
6.0													25~160	28~180	32~200	36~220	45~250	50~280	55~300	75~340		

表 4-243　自由状态下弹簧长度 H 的总系列　　　　　　　　　　（单位：mm）

H	5	6	7	8	10	12	14	16	18	20	22	25	28	32	36	40	45
	50	55	60	65	70	75	80	85	90	95	100	105	110	115	120	125	130	135
	140	150	160	170	180	190	200	210	220	230	240	250	260	280	300	320	340	

4.10.2　圆柱螺旋拉伸弹簧（表 4-244）

1）材料：弹簧钢丝 65Mn。

2）热处理：回火。

3）标记示例：弹簧（A 型或 B 型）$d \times D \times H$

表 4-244 圆柱螺旋拉伸弹簧的规格尺寸

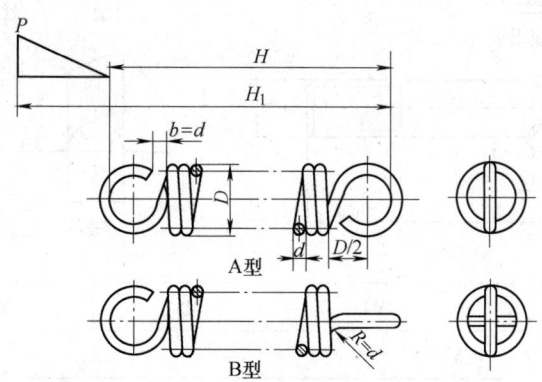

d \ 参数 \ D		4	6	8	10	12	14	16	18	20	22	25	28	32
0.5	P	11.4	7.8											
	f	0.78	2.07											
0.8	P		27.6	21.2	17.1									
	f		0.95	1.92	3.2									
1.0	P		52	40	32.3	27.2	23.4							
	f		0.65	1.37	2.35	3.62	5.20							
1.2	P			66	54	45	39	35						
	f			1.00	1.80	2.74	4.00	5.50						
1.6	P				120	103	88	78	70	63				
	f				1.08	1.76	2.57	3.55	4.69	6.00				
2.0	P					185	161	142	128	116	106	94		
	f					1.96	1.74	2.43	3.28	4.20	5.30	7.10		
2.5	P						291	259	233	210	193	172	154	135
	f						1.1	1.6	2.2	2.9	3.7	5.0	6.5	8.5
3.0	P							406	368	331	307	273	246	217
	f							1.1	1.5	2.0	2.6	3.6	4.7	6.5

注：D——弹簧外径（mm）；d——钢丝直径（mm）；P——允许工作负荷（N）；f——负荷为 P 时一个弹簧圈的变形量（mm）；弹簧长度 $H = nd + 2D$（mm）；圈数 $n = \dfrac{H_1 - 2D}{d + f}$，其中 H_1——弹簧工作状态下的长度（mm）。

4.10.3 弹簧用螺钉

(1) 技术条件

1) 材料：35 钢。
2) 热处理：30～40HRC。
3) 表面处理：氧化。

(2) 标记示例 粗牙普通螺纹，直径 8mm、长 L 为 18mm 的弹簧用螺钉：

　　　　　　螺钉 M8×18

(3) 规格尺寸（表 4-245）

表 4-245 弹簧用螺钉的规格尺寸 （单位：mm）

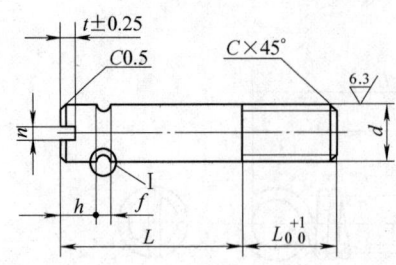
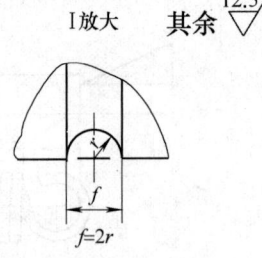

d		M3	M4	M5	M6	M8
r		0.6	0.6	1	1	1.5
h		2.0	2.5	3	3	4
n	基本尺寸	0.5	0.6	0.8	0.8	1.2
	偏差	+0.14 / 0	+0.14 / 0	+0.16 / 0	+0.16 / 0	+0.25 / 0
t		1.2	1.4	1.8	2.0	2.5
C		0.5	0.7	0.8	1	1.2
槽与螺钉中心线间的公差		0.2	0.3	0.3	0.4	0.4
L_0		5	6	7.5	9	12

L 基本尺寸	偏差	M3	M4	M5	M6	M8
5	±0.3					
6	±0.4					
8	±0.4					
10	±0.4					
12	±0.5					
15	±0.5					
18	±0.5					
22	±0.7					
25	±0.7					

4.10.4 弹簧用吊环螺钉

(1) 技术条件
1) 材料：35。
2) 热处理：30~40HRC。
3) 表面处理：氧化。

(2) 标记示例 粗牙普通螺纹，直径 4mm 的 A 型弹簧用吊环螺钉：

螺钉 AM4

粗牙普通螺纹，直径 4mm 的 B 型弹簧用吊环螺钉：

螺钉 BM4

(3) 规格尺寸（表 4-246）

表 4-246 弹簧用吊环螺钉　　　　　　　　　　　　（单位：mm）

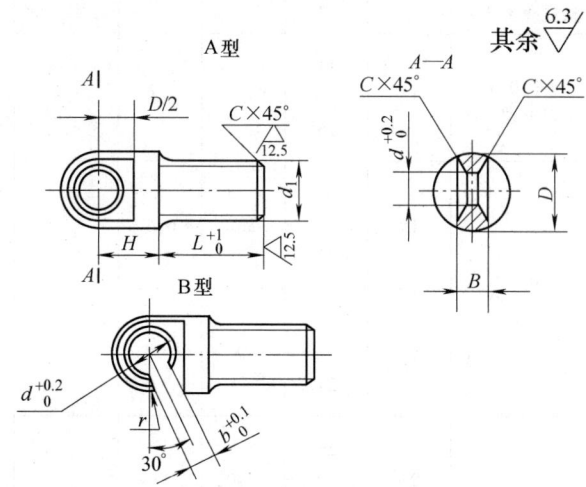

d_1	M3	M4	M5	M6	M8	M10	M12
d	1.5	2	2.5	3	4	5	6
D	5	6	7	8	10	12	14
B	1.5	2	2.5	3	4	5	6
H	3.5	4	5	6	8	10	12
b	1.2	1.5	2	2.5	3	4	5
C	0.5	0.7	0.8	1	1.2	1.5	8
r	1			1.5		2	
L	5	6	7.5	9	12	15	

4.10.5 切向夹紧套（JB/T 8039—1999）

（1）技术条件

1) 材料：45 钢按 GB/T 699 的规定。
2) 热处理：T215。
3) 其他技术条件按 JB/T 8044 的规定。

（2）标记示例　$D=35$ mm 的切向夹紧套：

夹紧套　35　JB/T 8039—1999

（3）规格尺寸（表 4-247）

表 4-247 切向夹紧套的规格尺寸　　　　　　　　（单位：mm）

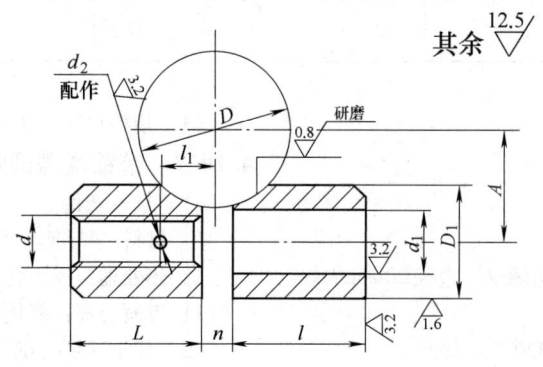

（续）

D	A	D_1		L	l	d	d_1	d_2		l_1	n
		基本尺寸	极限偏差 f9					基本尺寸	极限偏差 H7		
10	8	10	−0.013 −0.049	12	14	M5	5.5	1.5	+0.010 0	4	2
12	9				16						
14	11	12	−0.016 −0.059	15	18	M6	6.6	2		5	3
16	12				20						
18	15	16		18	22	M8	9			6	
20	16				24						
25	19.5	20	−0.020 −0.072	22	26	M10	11	3		7	5
30	22				28						
35	25.5	25		30	32						7
40	28				36						
45	30.5				40						
50	35	32		38	44	M12	14			9	
55	37.5				48						10
60	40				52						
70	45		−0.025 −0.087		56			4	+0.012 0		
80	52				62						
90	57	40		50	70	M16	18			11	15
100	62				75						
120	75	50		62	90	M20	22	5		14	20

4.10.6 焊接环首螺钉

（1）技术条件

1）材料：15 钢。

2）热处理：正火。

（2）标记示例 粗牙普通螺纹，直径 20mm 的焊接环首螺钉：

　　　　　螺钉 M20

（3）规格尺寸（表 4-248）

4.10.7 带锁紧槽圆螺母

（1）技术条件

1）材料：45 钢。

2）热处理：扳手孔 d_1 40～45HRC。

3）表面处理：氧化。

（2）标记示例 细牙普通螺纹，直径 24mm、螺距 1.5mm 的带锁紧槽圆螺母：

圆螺母 M24×1.5

(3) 规格尺寸（表 4-249）

表 4-248 焊接环首螺钉的规格尺寸 （单位：mm）

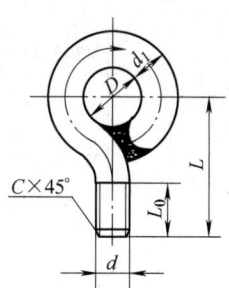

d	d_1	D	L 基本尺寸	L 偏差	L_0	C	承受载荷 ≈ /kg
M8	8	16	50	±2	12	1.2	100
M10	10	20	60	±3	14	1.5	190
M12	12	24	70		20	1.8	285
M16	16	32	85		25	2	515
M20	20	40	100	±4	30	2.5	800
M24	24	50	120		35	3	1100

表 4-249 带锁紧槽圆螺母的规格尺寸 （单位：mm）

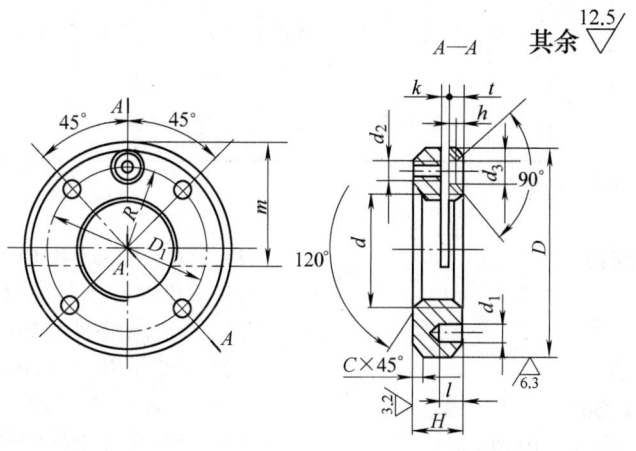

(续)

d	D	D_1 基本尺寸	D_1 偏差	H 基本尺寸	H 偏差	d_1 基本尺寸	d_1 偏差	d_2	d_3	R	l	h 基本尺寸	h 偏差	t	k	m	c	螺钉 GB/T 68—2000
M10×1	22	16	+0.12	6	-0.30	3	+0.25	M2	2.6	8	3	1.2		1.2		15	0.2	M2×4
M12×1.25	25	18								9								
M16×1.5	30	22	+0.14	8		3.5		M3	3.6	11.5	4	1.5	-0.3	1.5		20	0.5	M3×6
M18×1.5	32	24								12.5								
M20×1.5	35	27								13.5								
(M22×1.5)	38	30								15						25		
M24×1.5	42	34			-0.36	4	+0.30	M4	4.8	16.5	5	2		2				M4×8
(M27×1.5)	45									18						30		
M30×1.5	48	38	+0.17	10						19.5					2			
(M33×1.5)	55	42				4.5				22	6					35		
M36×1.5	58	48								23.5								
(M39×1.5)	62							M5	5.8	25		2.5		3		40		M5×8
M42×1.5	65	56								27			-0.4				1	
(M45×1.5)	68									28.5						45		
M48×1.5	75	64				5.5				30.5	7							
(M52×1.5)	78									32.5						50		
M56×2	85	72	+0.20	12		6.5		M6	7	35.5		3		4				M6×10
M60×2	90									38						55		
M64×2	95	80				7.5				40	8							
(M68×2)	100									42						60		
M72×2	105	90			-0.43					44					3			M6×12
(M76×2)	110			15			+0.36			46.5				5		65		
M80×2	115	100								49								M8×12
(M85×2)	120		+0.23			9		M8	9	51	10	4	-0.5				1.5	
M90×2	125	110								54								
(M95×2)	130			18						56.5					6	70		M8×15
M100×2	135	120								59								

注：括号内的尺寸，尽可能不采用。

4.10.8 带扳手孔圆螺母

（1）技术条件
1）材料：45钢。
2）热处理：26~31HRC。
（2）规格尺寸（表4-250）

4.10.9 堵片（JB/T 8041—1999）

（1）技术条件
1）材料：Q235A按GB/T 700的规定。
2）堵片装入孔后，敲挤堵片使与孔配合紧密。
3）其他技术条件按JB/T 8044的规定。
（2）标记示例　$D=20$mm的堵片：
　　堵片　20　JB/T 8041—1999
（3）规格尺寸（表4-251）

表 4-250 带扳手孔圆螺母的规格尺寸　　　　　　　　　　（单位：mm）

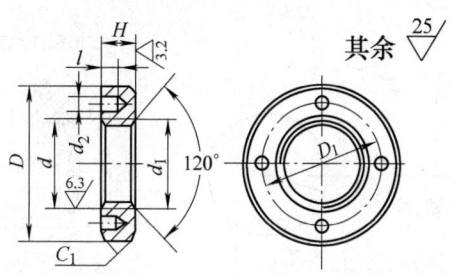

d	d_1	D		D_1		H		螺纹轴线与螺母支承面的垂直度	d_2		l
		基本尺寸	极限偏差	基本尺寸	极限偏差	基本尺寸	极限偏差		基本尺寸	极限偏差	
M12×1.25	13	26	−0.28	19	+0.15	10	+0.5	0.04	4	+0.16	5
M14×1.5	15	30		23	+0.15						
M16×1.5	17	32	−0.34								
M18×1.5	19	34		27	+0.15						
M20×1.5	21	36	−0.34								
M22×1.5	23	40		32	+0.2						
M24×1.5	25	42									
M27×1.5	28	45	−0.34	38	+0.2						
M30×1.5	31	48									
M33×1.5	34	52	−0.4	44	+0.2						
M36×1.5	37	55									
M39×1.5	40	58	−0.4	50	+0.2	12					
M42×1.5	43	62									
M45×1.5	46	68	−0.4	58	+0.2			0.06			
M48×1.5	49	72									
M52×1.5	53	78	−0.46	68	+0.2						
M56×1.5	57	85									
M60×1.5	61	90	−0.46	78	+0.2				6	+0.16	7
M64×1.5	65	95									
M68×1.5	69	100									
M72×1.5	73	105	−0.46	88	+0.25	15					
M76×1.5	77	110									
M80×1.5	81	115	−0.46	100	+0.25			0.08			
M85×1.5	86	120									
M90×1.5	91	130	−0.53	115	+0.25				8	+0.2	10
M95×1.5	96	135									
M100×1.5	101	145									

表 4-251 堵片的规格尺寸　　　　　　　　　　（单位：mm）

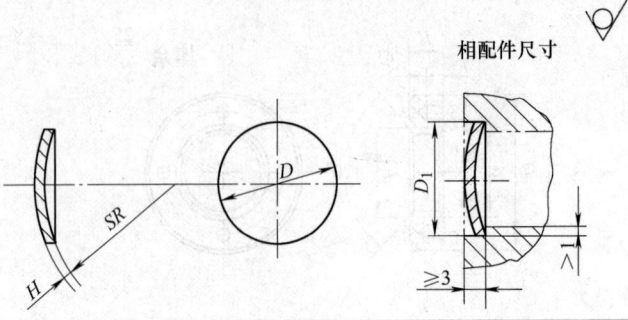

D		SR	H	相配件 D_1	
基本尺寸	极限偏差 h11			基本尺寸	极限偏差 H11
10	0 −0.090	11	1.5	10	+0.090 0
12		13		12	
14	0 −0.110	17		14	+0.110 0
16		20		16	
18		23		18	
20		26		20	
22	0 −0.130	28		22	+0.130 0
25		30		25	
28		36		28	
32		45	2	32	+0.160 0
35	0 −0.160	50		35	
40		60		40	
45		70		45	
50		80		50	

4.10.10　螺塞（JB/T 8037—1999）

(1) 技术条件

1) 材料：Q235 按 GB/T 700 的规定。

2) 其他技术条件按 JB/T 8044 的规定。

(2) 标记示例　$d = M24 \times 1.5$ 的 A 型螺塞：

　　螺塞　AM24×1.5　JB/T 8037

(3) 规格尺寸（表 4-252）

表 4-252 螺塞的规格尺寸　　　　　　　　　　（单位：mm）

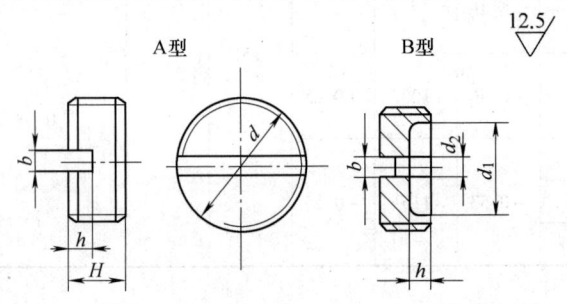

(续)

d	H	d_1	d_2	h	h_1	b
M6×0.75	4	—	—	1.7	—	1.2
M8×1	4	—	—	1.7	—	1.2
M10×1	6	5	1.5	2	2	1.5
M12×1.25	6	7	1.5	2	2	1.5
M14×1.5	8	9	2	2.5	3	2
M16×1.5	8	11	2	2.5	3	2
M18×1.5	8	12	2	2.5	3	2
M20×1.5	10	14			4	
M22×1.5	10	16			4	
M24×1.5	10	18			4	
M27×1.5	10	21			4	
M30×1.5	12	24	3	3.5		3
M33×1.5	12	27	3	3.5		3
M36×1.5	12	30	3	3.5	5	3
M39×1.5	12	32	3	3.5	5	3
M42×1.5	12	35	3	3.5	5	3

4.10.11 锁扣（JB/T 8038—1999）

（1）技术条件
1）材料：45 钢按 GB/T 699 的规定。
2）热处理：35～40HRC。
3）其他技术条件按 JB/T 8044 的规定。
（2）标记示例 $L=50$mm 的锁扣：
锁扣 50 JB/T 8038—1999
（3）规格尺寸（表4-253）

表 4-253 锁扣的规格尺寸（单位：mm）

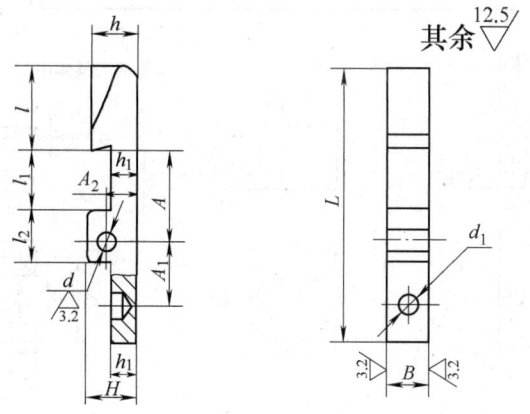

L	B	H	A 基本尺寸	A 极限偏差	A_1	A_2	d 基本尺寸	d 极限偏差 D9	d_1	l	l_1	l_2	h	h_1
50	8	10	18	0 −0.200	12	6	4	+0.060 +0.030	6	16	12	10	9	5
65	10	12	25		16	7	5		7	18	18	12	11	6
80	12	15	32		20	9	6		9	22	24	14	13	7

4.11 夹具体

4.11.1 夹具体的毛坯种类及基本要求（表4-254）

表4-254 夹具体的毛坯种类及基本要求

夹具体毛坯种类	特　点	有关结构的数据和要求	对夹具体的基本要求
铸造结构	1. 可铸出形状复杂的结构 2. 抗压强度大，耐振性好，能承受较大切削负荷和夹紧力 3. 易加工，成本低 4. 材料：HT150、HT200 应用广泛，但生产周期较长	1. 壁厚一般为15~30mm，并尽可能均匀，过厚或面积大处应挖空 2. 加强肋取壁厚的0.7~0.9倍，其高度不大于壁厚的5倍 3. 转角处应为圆角 4. 一般应时效处理或退火，以消除内应力，防止变形	1. 应有足够的刚度和强度及防振性 2. 力求结构简单，尺寸稳定，在保证上述要求下尽量重量轻。移动夹具或翻转夹具的重量应不大于10kg 3. 有良好的结构工艺性和使用性。本体安装基面，安装定位件，对刀和导向件的表面要便于加工；本体的毛面与工件表面应留间隙，一般取为4~15mm，笨重的夹具要有吊装装置；便于装配等 4. 便于排屑 5. 在机床上的安装要正确、可靠、稳定 6. 在适当部位设置找正基准
焊接结构	与铸造相比： 1. 易制造，生产周期短 2. 采用钢板、型材组成，如结构合理，可减轻夹具重量 3. 适用于产品试制及结构简单的小批量生产 4. 材料：Q235、10或20钢	1. 一般壁厚取为6~20mm 2. 刚度不足可增设加强肋 3. 主要缺点是焊接的热变形和有残余应力，故需退火处理，以防止变形	
组合式结构	由标准毛坯件组合成夹具毛坯，或由标准零件组合成夹具体	详见表4-261	

4.11.2 夹具体座耳尺寸（表4-255）

表4-255 夹具体座耳尺寸　　　　　　　　　　　　　　　　　　（单位：mm）

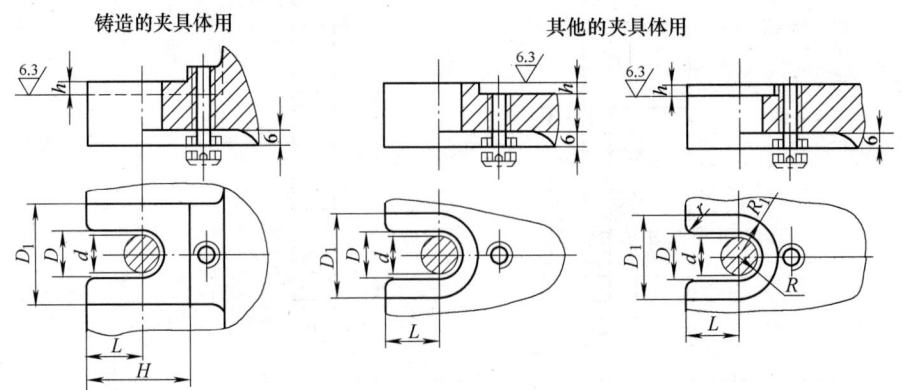

螺栓直径 d	D	D_1	h，不小于	L	H	r	螺栓直径 d	D	D_1	h，不小于	L	H	r
8	10	20	3	16	28	1.5	18	20	40	5	26	50	2
10	12	24		18	32		20	22	44		—	—	
12	14	30		20	36		24	28	50				
16	18	38	5	25	46	2	30	36	62	6			3

4.11.3 夹具体的排屑结构（表4-256）

表4-256 夹具体的排屑结构

排屑方式	结构示例	结构说明
增加容纳切屑的空间		在夹具体上增设容屑沟或增大定位元件工作表面与夹具体之间的距离。适用于加工时产生的切屑不多的场合
		夹具体有一定容积的空腔，以便容屑至一定数量后再加以清除
采用切屑自动排除结构		在钻床夹具体上开出斜面或斜沟槽，使切屑流出夹具外，不致影响定位精度
		夹具体上增设斜板，导引切屑自动流出
		铣削加工切屑量多，在夹具体周围做出与工作台T形槽相适应的排屑槽，引导切屑流入槽内，然后再清扫

（续）

排屑方式	结构示例	结构说明
采用切屑自动排除结构	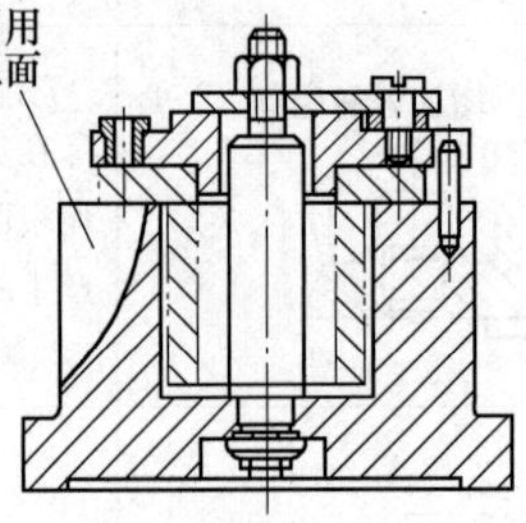	在夹具体上开设排屑用的斜弧面，使钻孔的切屑沿斜弧面排出夹具体外
	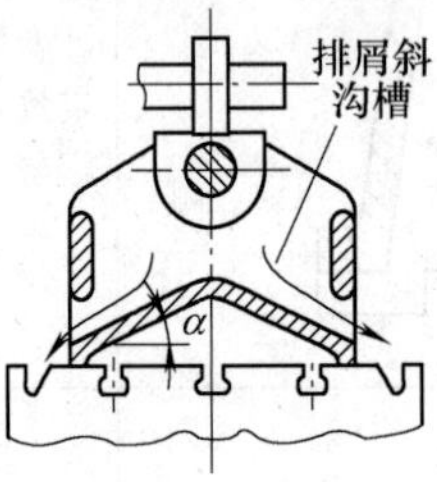	在铣床夹具的夹具体内开设排屑腔，切屑落入腔内后，沿斜面排出夹具体外，适用于切屑较多的场合

4.11.4 夹具体的标准毛坯件和零件

1. 角铁、槽铁、法兰盘等毛坯件（表4-257）

表4-257 角铁、槽铁和法兰盘的结构尺寸　　　　　（单位：mm）

简　图	材料及结构尺寸
槽铁 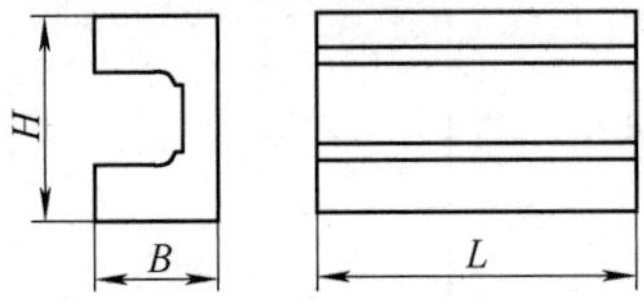	HT150 $B = 40 \sim 250$ $H = 60 \sim 400$ $L = 40 \sim 400$
角铁 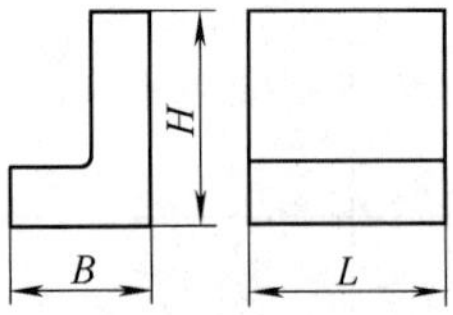	HT150 $B = 28 \sim 140$ $H = 40 \sim 400$ $L = 25 \sim 400$
等边角铁 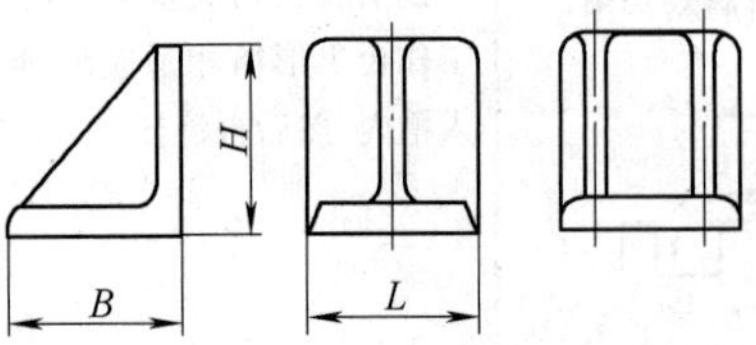	HT150 $B = 80 \sim 800$ $H = 80 \sim 800$ $L = 125 \sim 800$

（续）

简　图	材料及结构尺寸
不等边角铁	HT150 $B = 70 \sim 500$ $H = 100 \sim 800$ $L = 70 \sim 800$
方形加强筋角铁	HT150 $B = 40 \sim 180$ $H = 60 \sim 500$ $L = 50 \sim 630$
T 型铁	HT150 $B = 250 \sim 400$ $H = 160 \sim 300$ $b = 40 \sim 50$ $L = 1000$
长角形座	HT150 $B = 200 \sim 400$ $H = 125 \sim 360$ $b = 30 \sim 70$ $L = 1000$
长槽铁	HT150 $B = 70 \sim 220$ $H = 70 \sim 320$ $L = 800 \sim 1000$

角形座

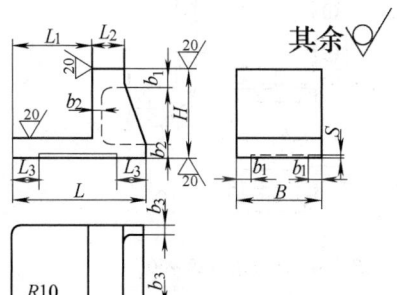

H	B	L	L_1	L_2	L_3	h	b_1	b_2	b_3
125	125	200	125	50	50	32	25	20	15
160	160	250	150	60	60	35	25	25	15
200	200	300	200	70	60	35	32	25	15
250	250	350	200	80	70	40	32	32	15
300	300	400	250	90	70	45	40	40	20

未注明铸造圆角半径为 $R5 \sim R8$　　材料为 HT150

（续）

简 图	材料及结构尺寸
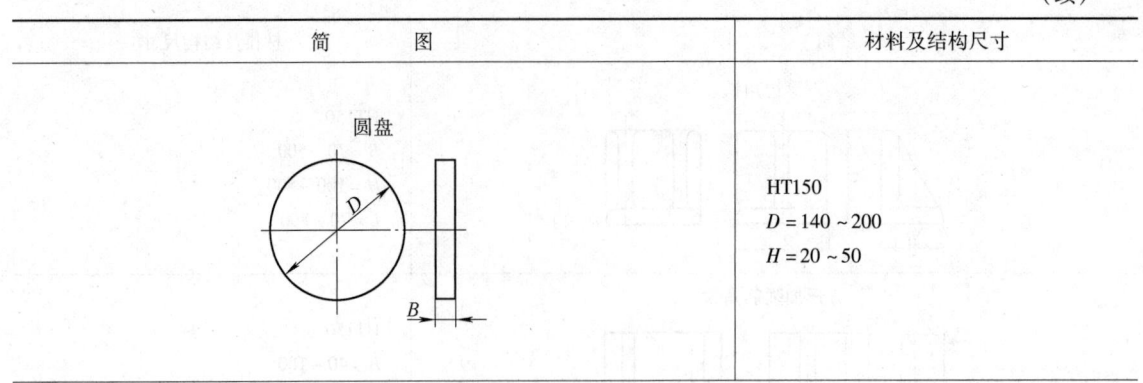 圆盘	HT150 $D = 140 \sim 200$ $H = 20 \sim 50$
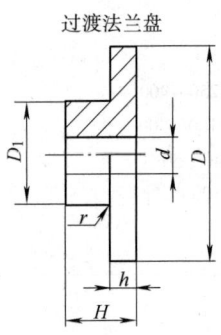 过渡法兰盘	见下表

D	D_1	d	H	h	r
210	125	35	70	35	10
260		45	90		
330	150	50	100	40	
360					
410	190	55	120	45	15
510	200	60			
640	230	100	130	50	

材料：HT150

2. 筋板、支脚等标准零件（表4-258）

表4-258 筋板、支脚等标准零件的结构尺寸　　　　（单位：mm）

左肋板	右肋板
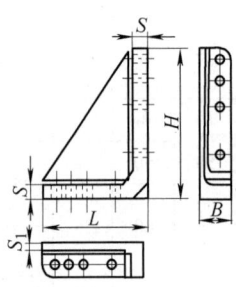	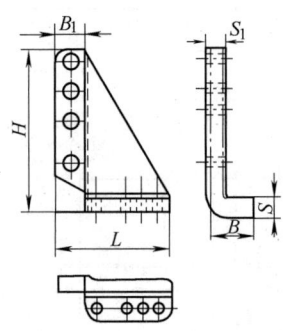
$B = 30 \sim 75$　$S = 12 \sim 25$ $H = 125 \sim 480$　$S_1 = 8 \sim 20$ $L = 90 \sim 320$	$B = 40 \sim 80$　$B_1 = 28 \sim 50$ $H = 125 \sim 480$　$S = 11$ 及 20 $L = 90 \sim 320$　$S_1 = 8 \sim 20$

(续)

耳座肋板	不对称双向肋
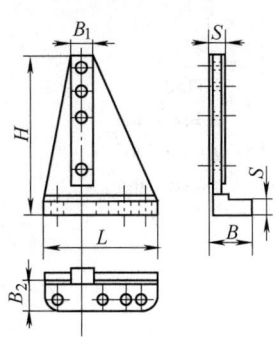 $B=40\sim75 \quad B_1=24\sim40$ $H=125\sim480 \quad B_2=25\sim50$ $L=90\sim320 \quad S=12\sim25$	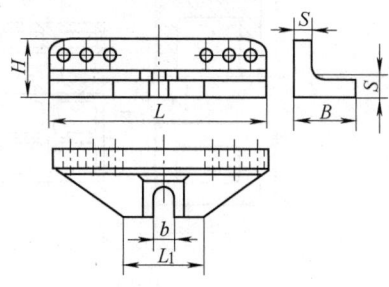 $B=52\sim70 \quad L_1=60\sim80$ $H=48$ 及 $55 \quad S=12\sim20$ $L=80\sim190 \quad b=18\sim20$
支脚	手把
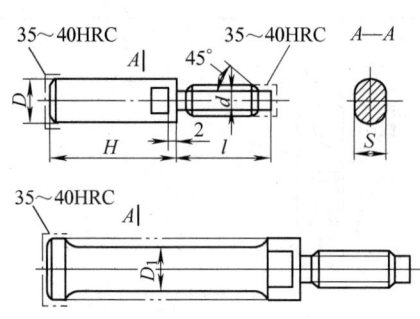 $d=M10\sim M20 \quad D=16\sim32$ $H=45\sim160 \quad l=25\sim55$	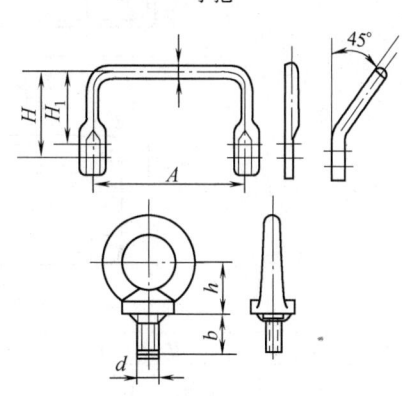 $d=10、12、16 \quad H_1=55、70、82$ $H=65、85、100 \quad b=16、20、25$ $A=100、125、160 \quad h=22、30、34$

3. 底座和支架（表4-259）

表4-259 底座、支架的结构尺寸　　　　　　　　　　　（单位：mm）

名 称 简 图	材料、结构尺寸
平板	HT150 $B=125\sim400$ $H=20\sim40$ $L=150\sim800$

(续)

名称简图	材料、结构尺寸
方形底座 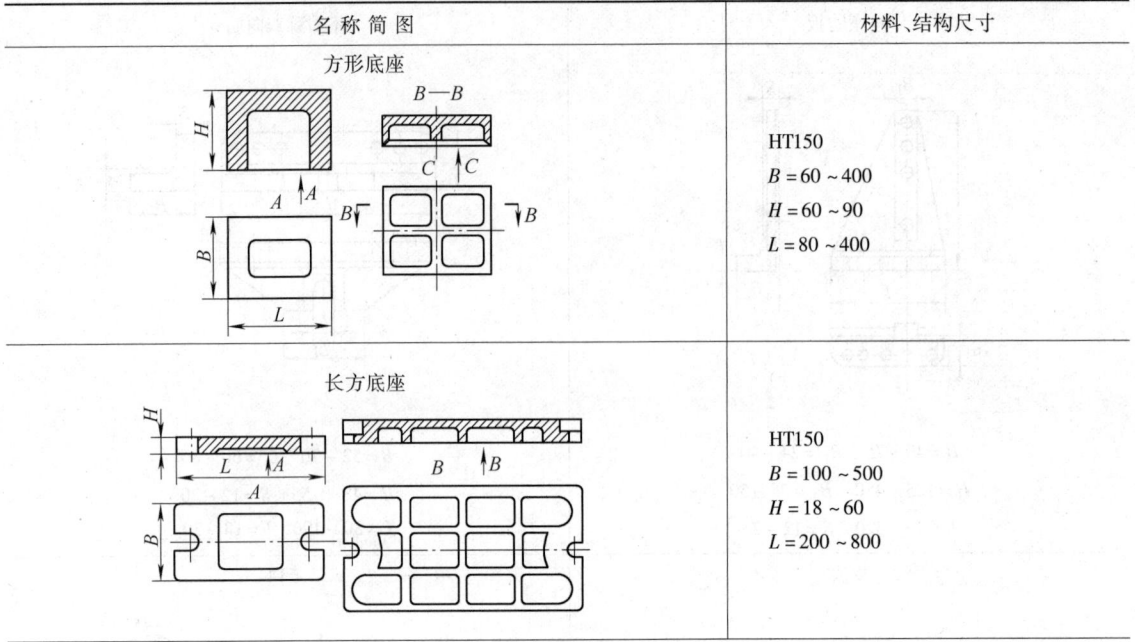	HT150 $B = 60 \sim 400$ $H = 60 \sim 90$ $L = 80 \sim 400$
长方底座	HT150 $B = 100 \sim 500$ $H = 18 \sim 60$ $L = 200 \sim 800$

镗模底座典型结构推荐尺寸

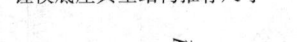

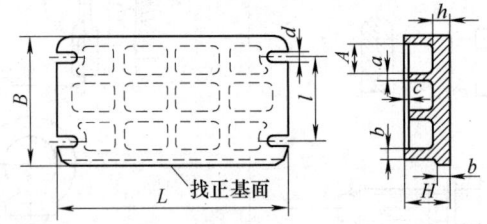

L	B	H	A	a	b	c	h
按工件大小而定		$\left(\dfrac{1}{6} \sim \dfrac{1}{8}\right)L$	$(1 \sim 1.5)H$	$10 \sim 20$	$20 \sim 30$	$5 \sim 8$	$20 \sim 30$

镗模典型支架结构推荐尺寸

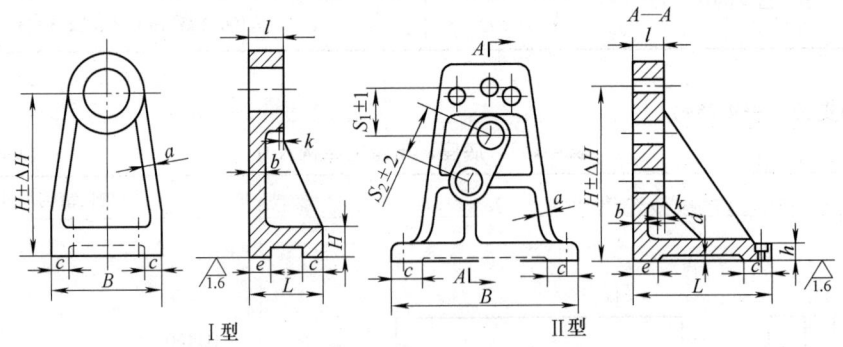

Ⅰ型　　　　Ⅱ型

型式	H	B	L	S_1, S_2	a	b	c	d	e	h	k	l
Ⅰ	按工件尺寸取	$\left(\dfrac{1}{2} \sim \dfrac{3}{5}\right)H$	$\left(\dfrac{1}{3} \sim \dfrac{1}{2}\right)H$	按工件尺寸取	$10 \sim 20$	$15 \sim 25$	$30 \sim 40$	$3 \sim 5$	$20 \sim 30$	$20 \sim 30$	$3 \sim 5$	按镗套尺寸取
Ⅱ		$\left(\dfrac{2}{3} \sim 1\right)H$	$\left(\dfrac{1}{3} \sim \dfrac{2}{3}\right)H$									

注：材料为铸铁。若为铸钢，厚度可减薄。

4. 箱形底座及支座（表4-260）

表4-260　箱形底座及支座的结构尺寸

（单位：mm）

简　　图	材料、结构尺寸
箱形底座之一	HT150 $B = 60 \sim 400$ $H = 70 \sim 180$ $L = 110 \sim 500$
箱形底座之二	HT150 $B = 80 \sim 200$ $H = 90 \sim 140$ $L = 110 \sim 230$

（续）

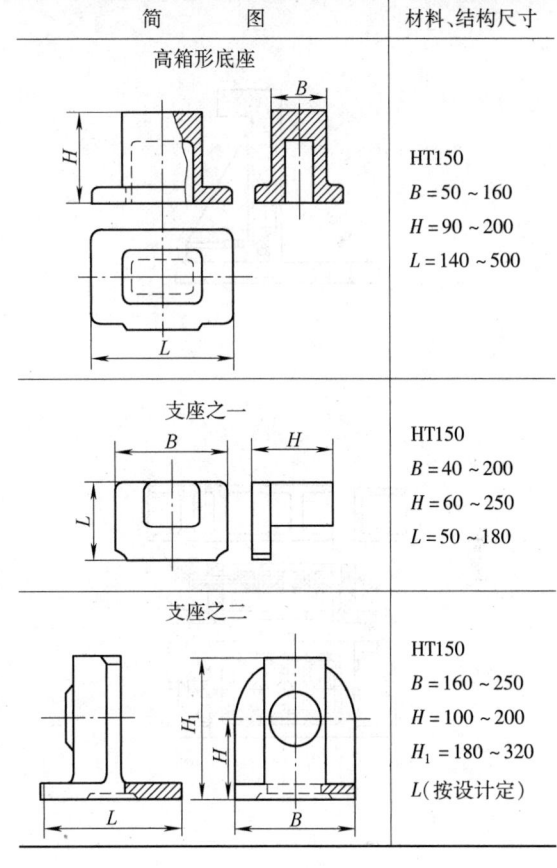

简　　图	材料、结构尺寸
高箱形底座	HT150 $B = 50 \sim 160$ $H = 90 \sim 200$ $L = 140 \sim 500$
支座之一	HT150 $B = 40 \sim 200$ $H = 60 \sim 250$ $L = 50 \sim 180$
支座之二	HT150 $B = 160 \sim 250$ $H = 100 \sim 200$ $H_1 = 180 \sim 320$ L（按设计定）

4.11.5　标准毛坯件和零件组合的夹具体图例（表4-261）

表4-261　标准毛坯件和零件组合的夹具体图例

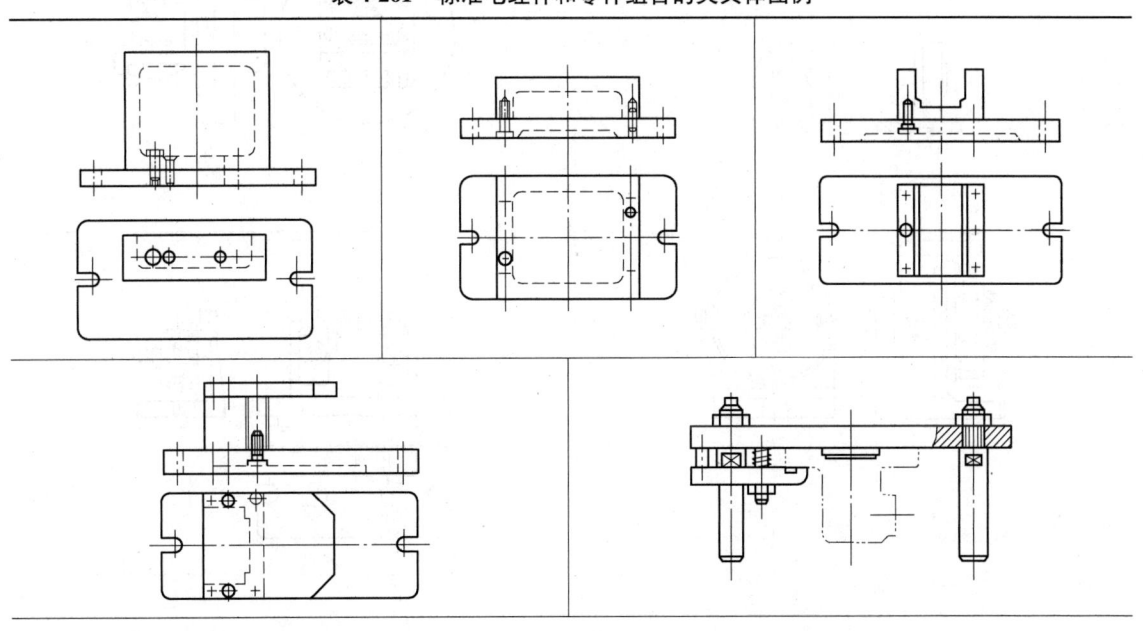

（续）

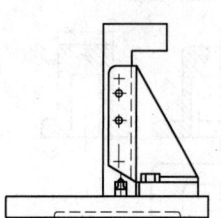

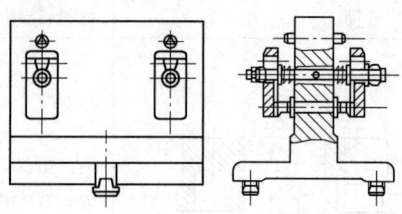

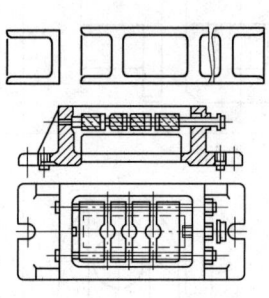

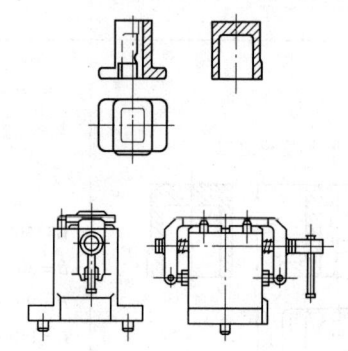

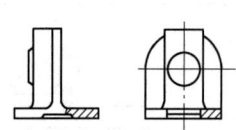

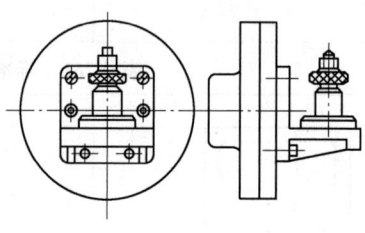

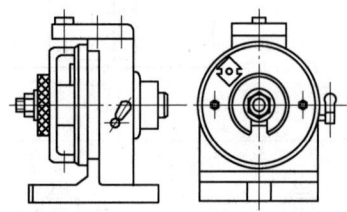

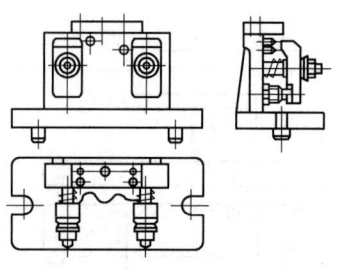

4.11.6 夹具体结构的正误分析（表4-262）

表4-262 夹具体结构的正误分析

不 合 理		合 理	
	A处边狭,不易刮平,定位差		A处增加向内或向外的底边
	B处强度不好		B处两侧增加侧边,强度增加
	销钉受力后,C处易裂		C处外壁增加搭子
	D处壁厚,笨重,T型槽强度差		D处增搭子,壁厚减薄,强度好
	E处壁过厚,浪费材料		E处增搭子,壁厚减薄
	G处太厚,铸件不易冷却,造成缩孔和大内应力		G处厚薄均匀,铸件冷却一致
	H处全加工,费料、费时		顶面做成3~5mm凸台,底面挖空,减少加工面积,提高加工精度

4.12 机床夹具零部件标准件应用图例

本节所列的机床夹具零、部件应用图例,供夹具设计人员参考。其中,夹具标准零件和部件以及其他的标准件用粗实线绘制,并注以标准代号;其余零、部件用细实线表示;被加工零件及刀具用双点画线绘出。

4.12.1 定位件及辅助支承应用图例

1. 固定式定位销组合(图 4-11)
2. 可换定位销与定位衬套组合(图 4-12)
3. 定位插销与定位衬套组合(图 4-13)
4. 支承钉(图 4-14)
5. 支承板(图 4-15)
6. 调节支承组合(图 4-16)
7. V 形块(图 4-17)

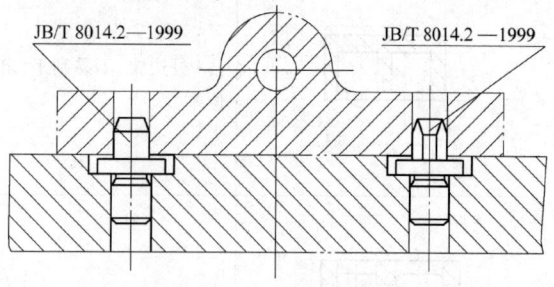

图 4-11 固定式定位销组合

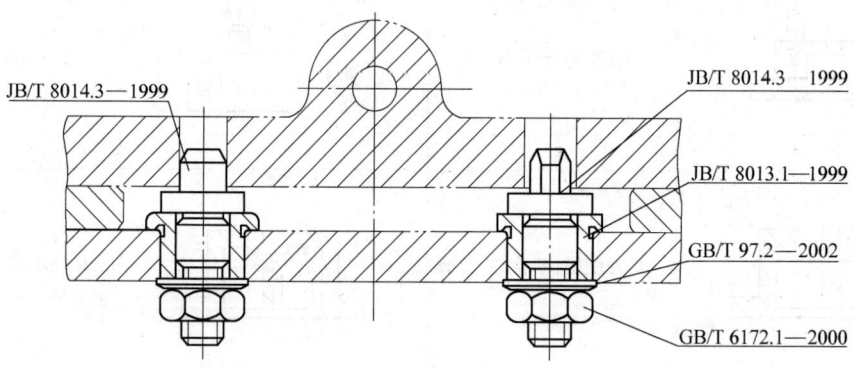

图 4-12 可换定位销与定位衬套组合

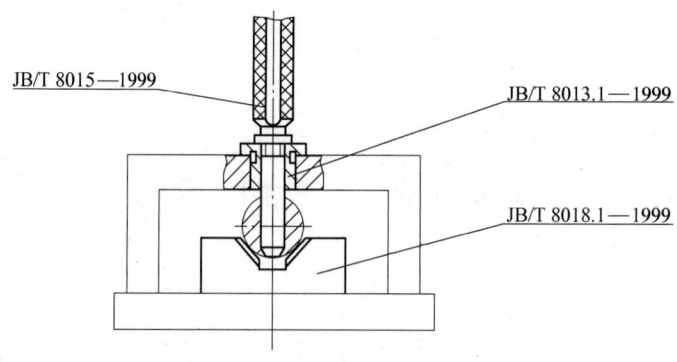

图 4-13 定位插销与定位衬套组合

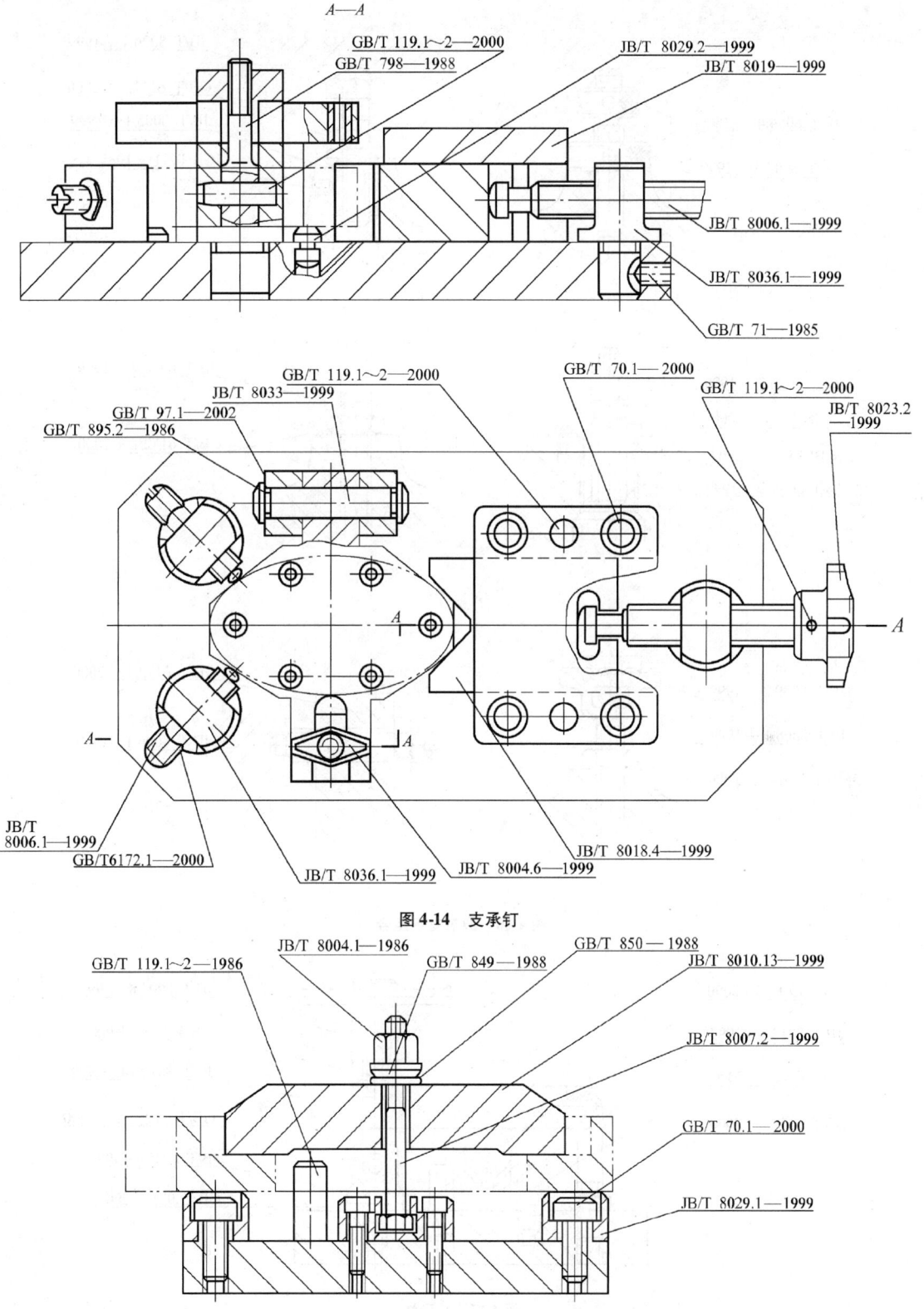

图 4-14 支承钉

图 4-15 支承板

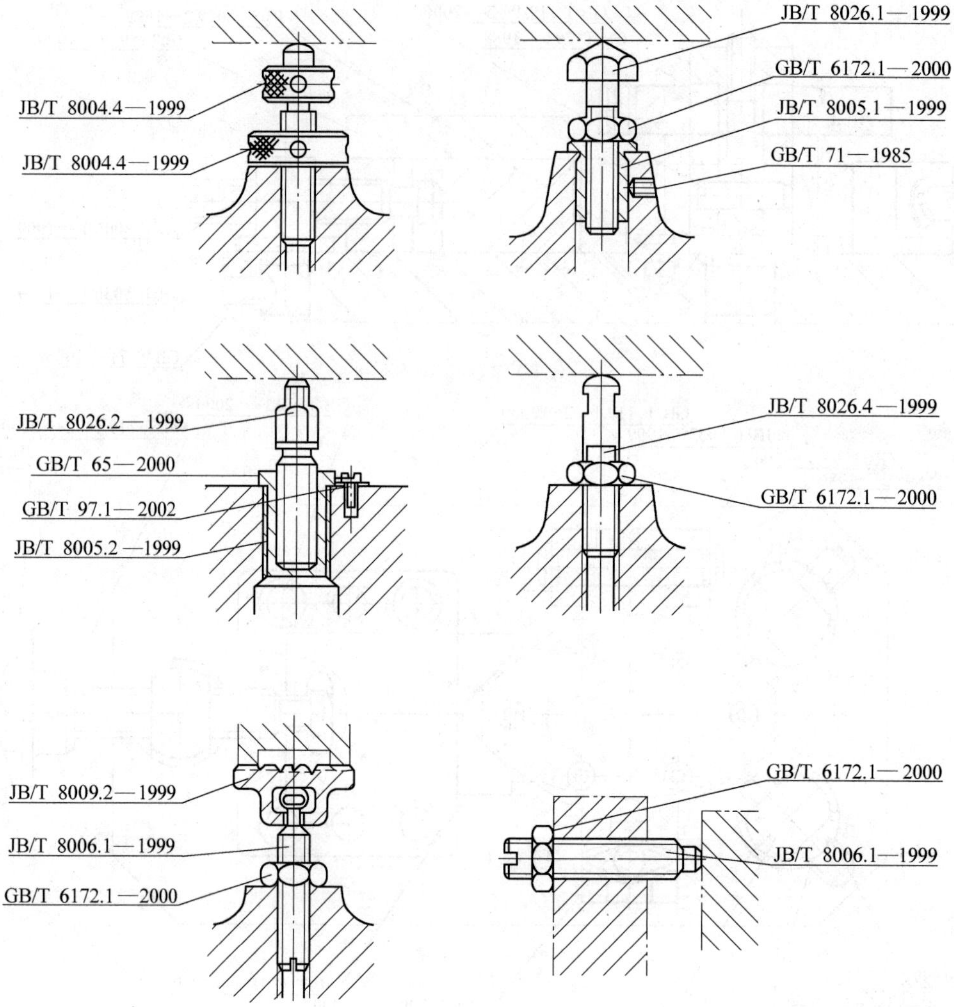

图 4-16 调节支承组合

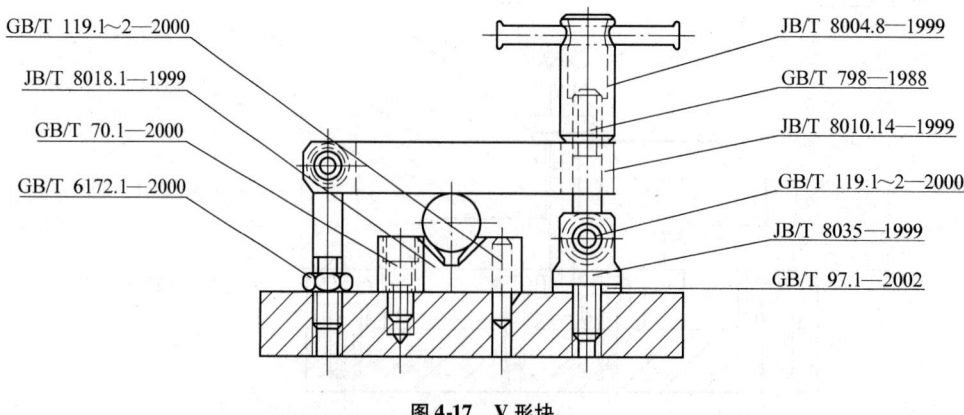

图 4-17 V形块

8. 固定 V 形块（图 4-18）

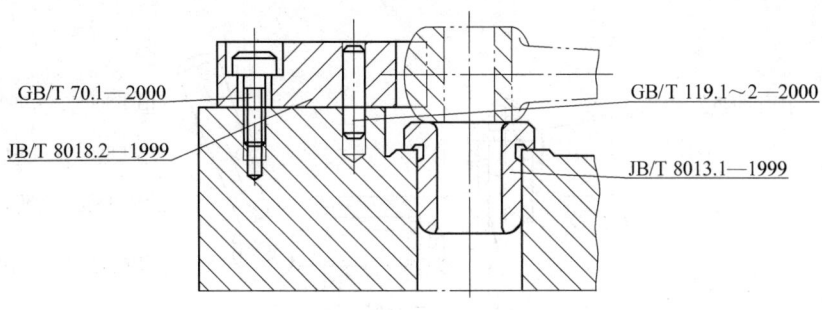

图 4-18 固定 V 形块

9. 调整 V 形块（图 4-19）

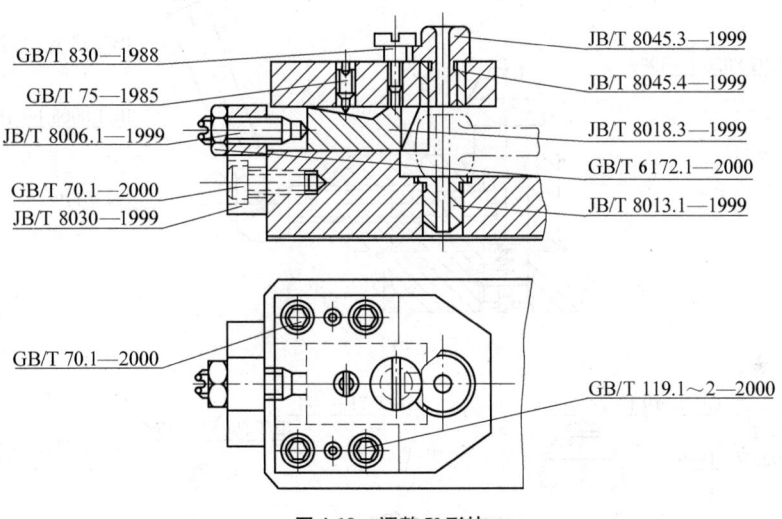

图 4-19 调整 V 形块

10. 活动 V 形块和导板（图 4-20）

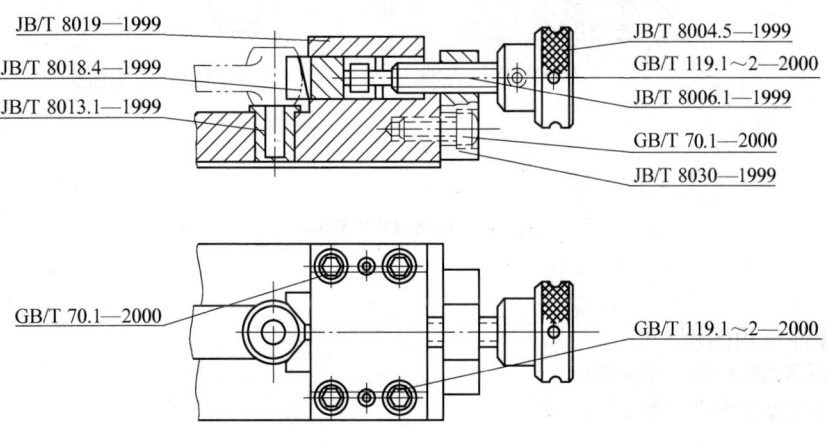

图 4-20 活动 V 形块和导板

11. 自动调节支承组合（图4-21a、b、c）

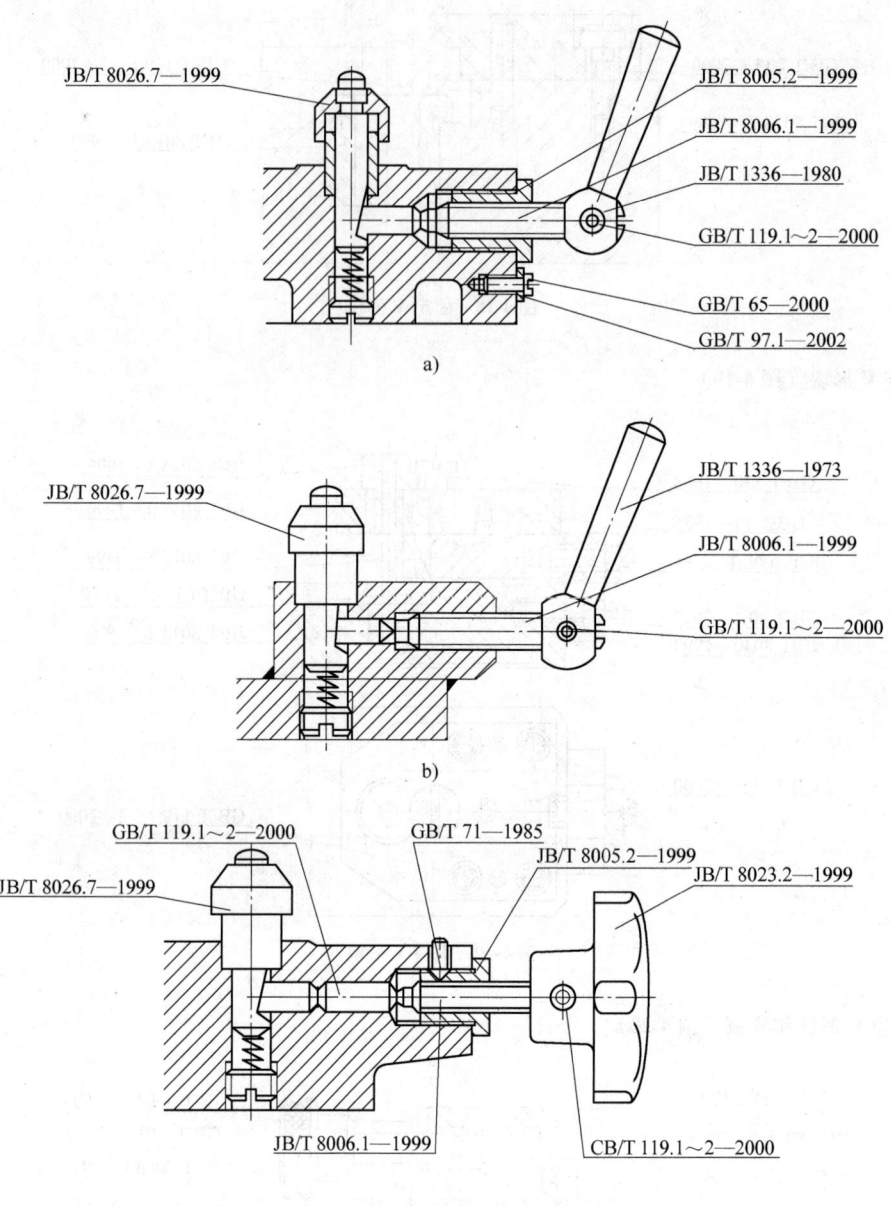

图 4-21 自动调节支承组合

4.12.2 夹紧件应用图例

1. 螺母与压紧螺钉组合（图 4-22）
2. 螺母与十字垫圈组合（图 4-23）

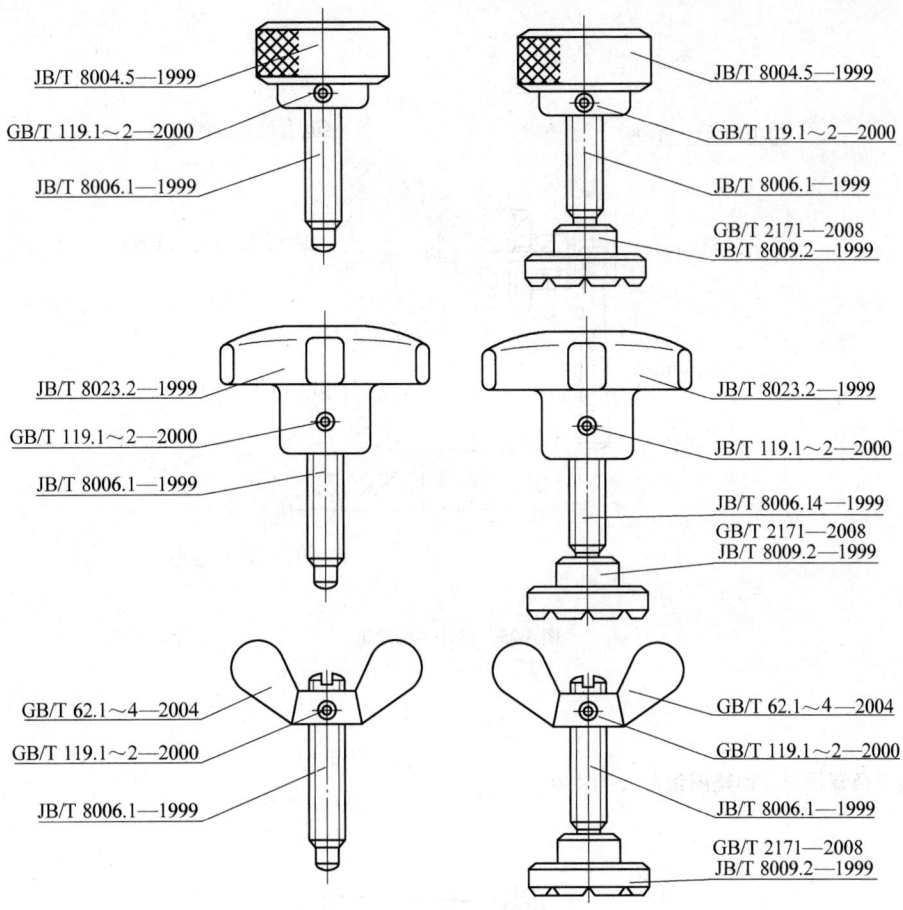

图 4-22 螺母与压紧螺钉组合

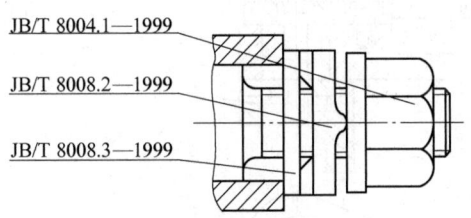

图 4-23 螺母与十字垫圈组合

3. 球面螺母与悬式垫圈组合（图 4-24）

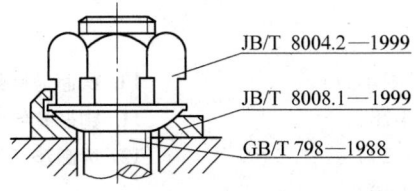

图 4-24 球面螺母与悬式垫圈组合

4. 回转手柄螺母组合（图 4-25）

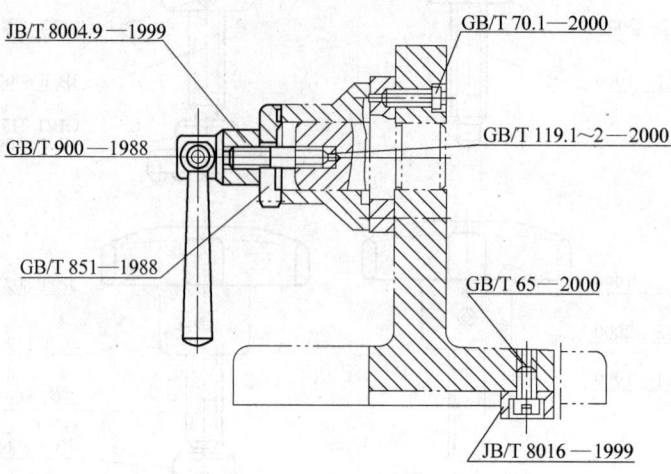

图 4-25　回转手柄螺母

5. 回转手柄螺母与转动垫圈组合（图 4-26）

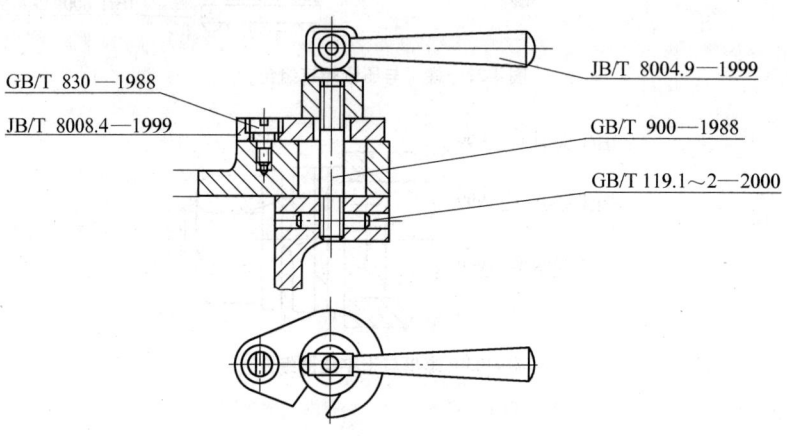

图 4-26　回转手柄螺母与转动垫圈

6. 手柄与压紧螺钉、压块组合（图 4-27）
7. 带光面压块的压紧螺钉（图 4-28）
8. 塑料夹具用六角头螺钉（图 4-29）
9. 塑料夹具用内六角螺钉（图 4-30）
10. 球面带肩螺母及悬式垫圈（图 4-31）
11. 钩形螺栓与螺母结合组（图 4-32）
12. 拆卸垫（图 4-33）

第4章 专用夹具常用零部件及其标准或规范 · 463 ·

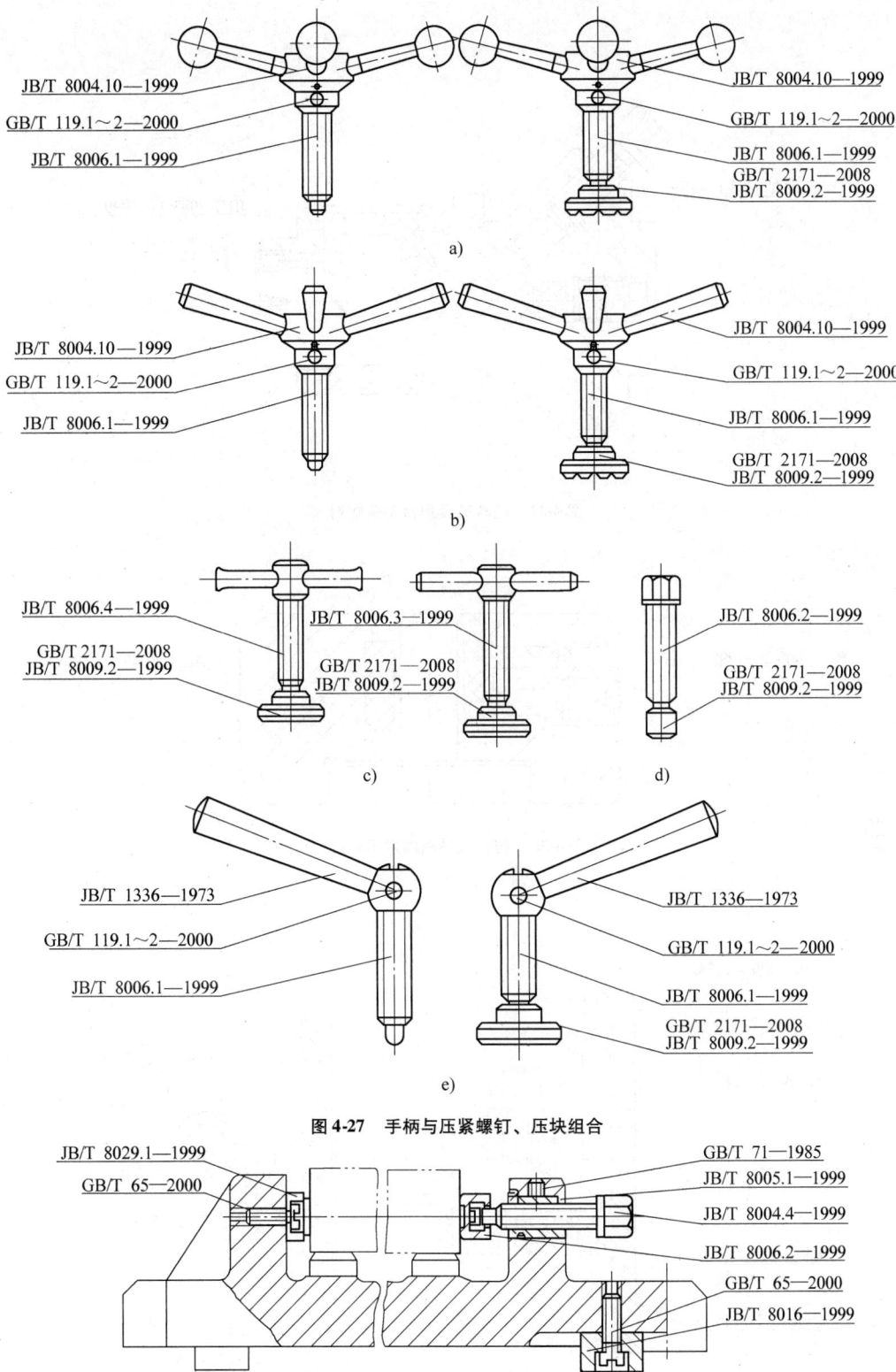

图 4-27 手柄与压紧螺钉、压块组合

图 4-28 带光面压块的压紧螺钉

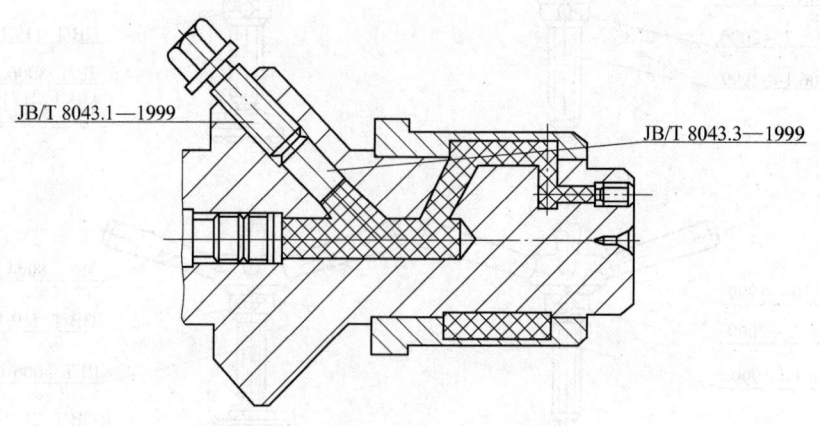

图 4-29 塑料夹具用六角头螺钉

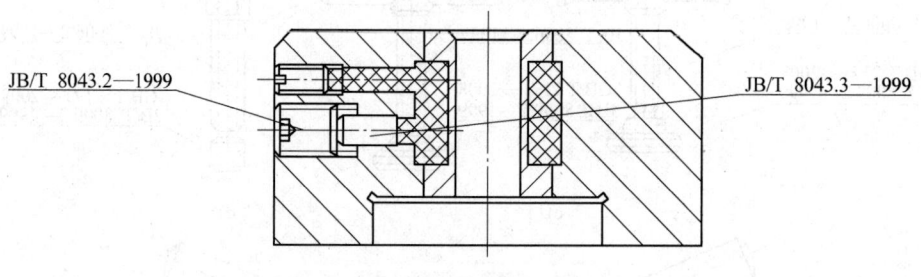

图 4-30 塑料夹具用内六角螺钉

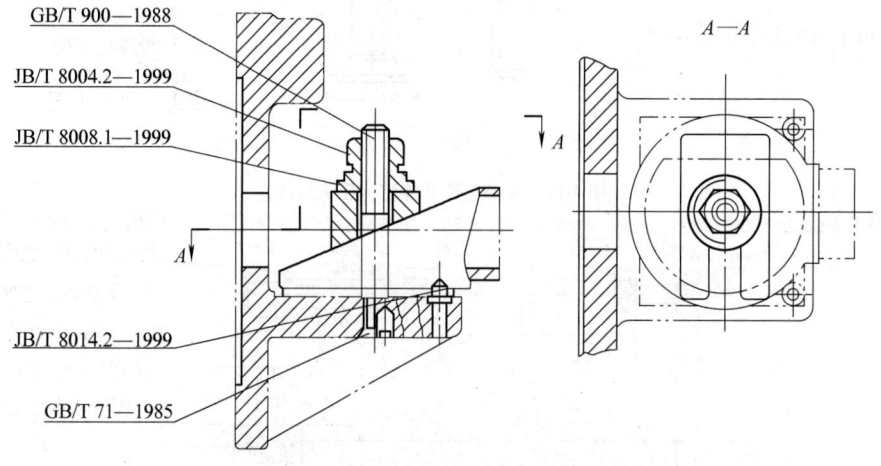

图 4-31 球面带肩螺母及悬式垫圈

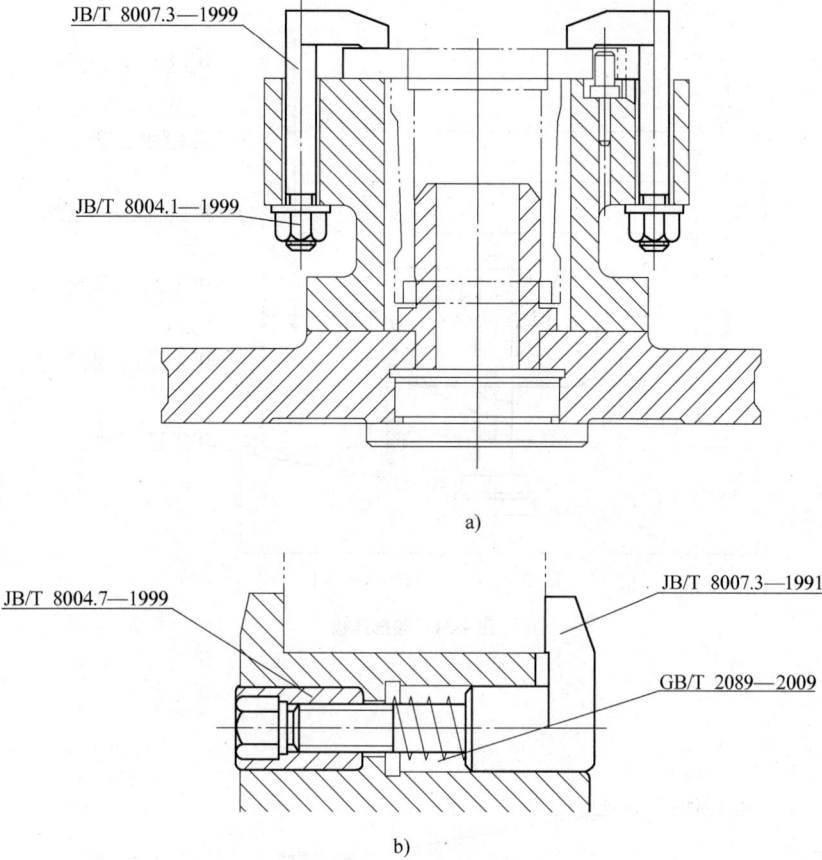

图 4-32 钩形螺栓与螺母组合

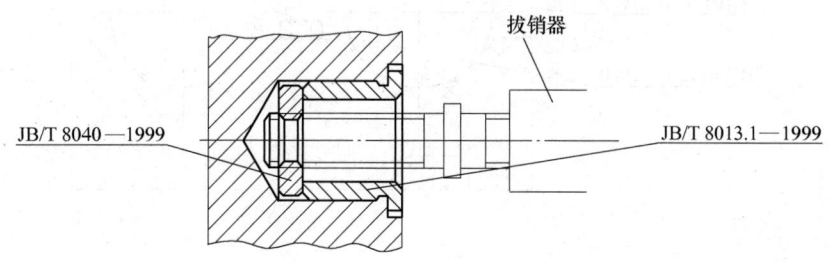

图 4-33 拆卸垫

13. 鞍形压板（图 4-34）

14. 直压板（图 4-35）

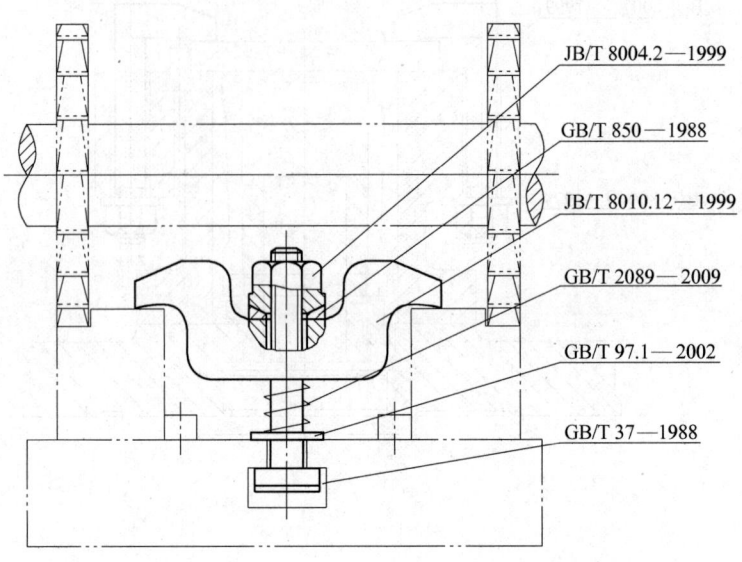

图 4-34 鞍形压板

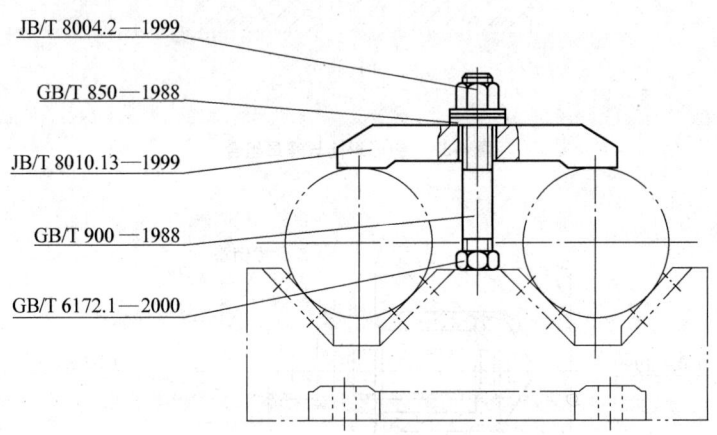

图 4-35 直压板

15. 移动压板（图 4-36）

16. 顶压支承的移动压板（图 4-37）

17. 塑料夹紧的移动压板（图 4-38）

18. 用压紧螺钉的移动压板（图 4-39）

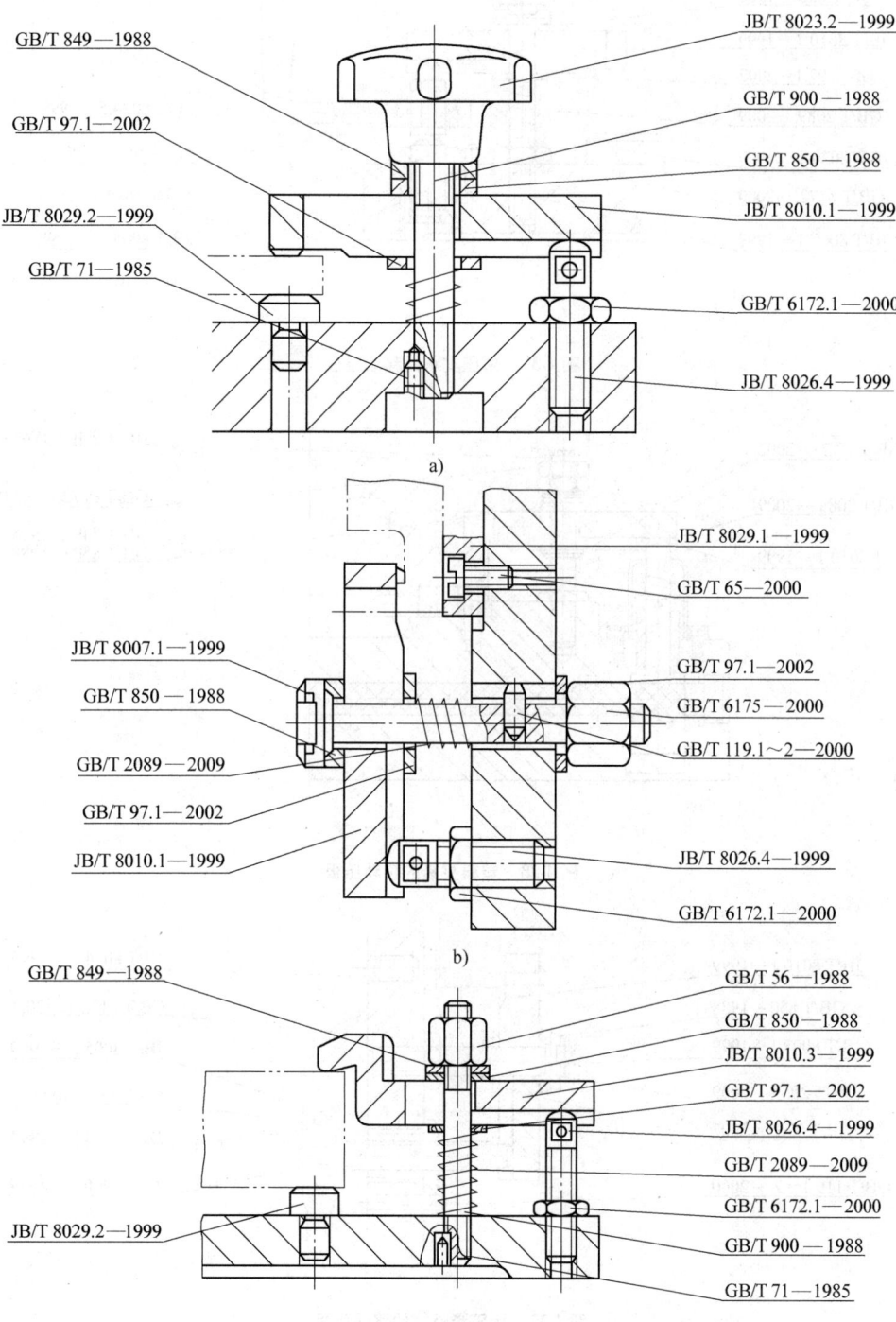

图 4-36 移动压板

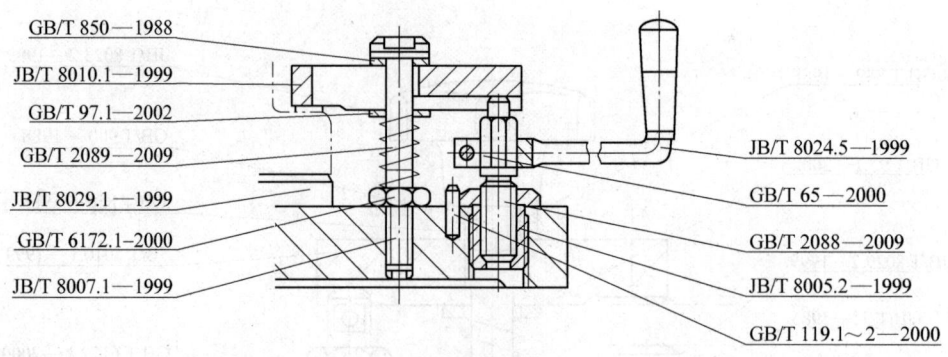

图 4-37 顶压支承的移动压板

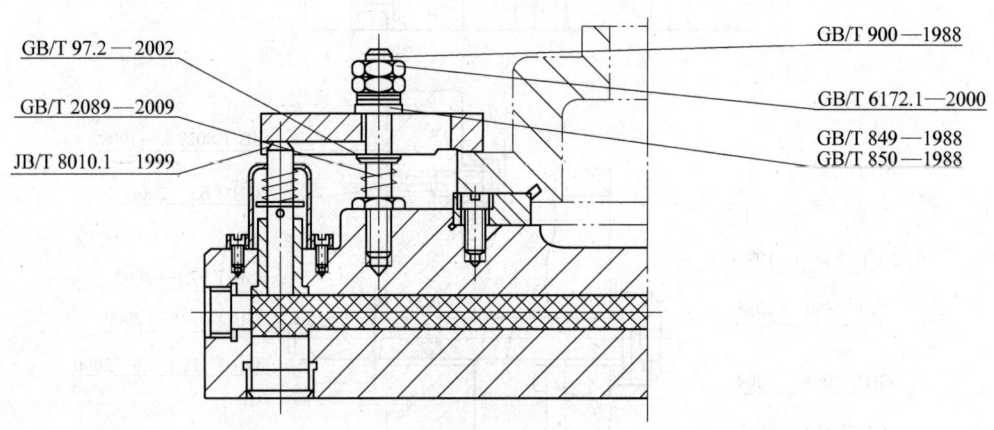

图 4-38 塑料夹紧的移动压板

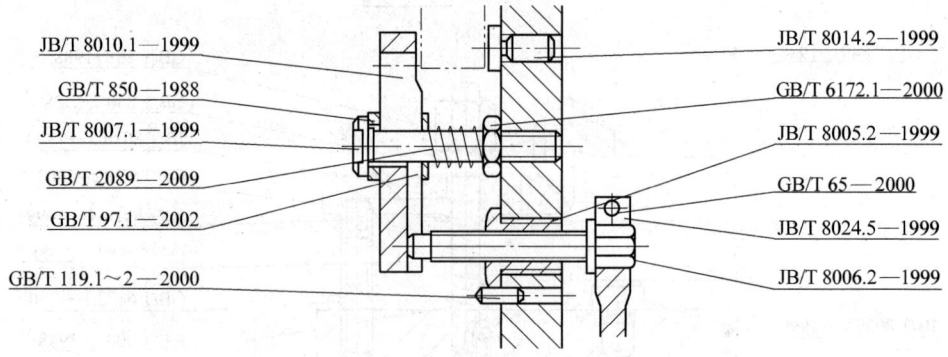

图 4-39 用压紧螺钉的移动压板

19. 转动压板（图 4-40）

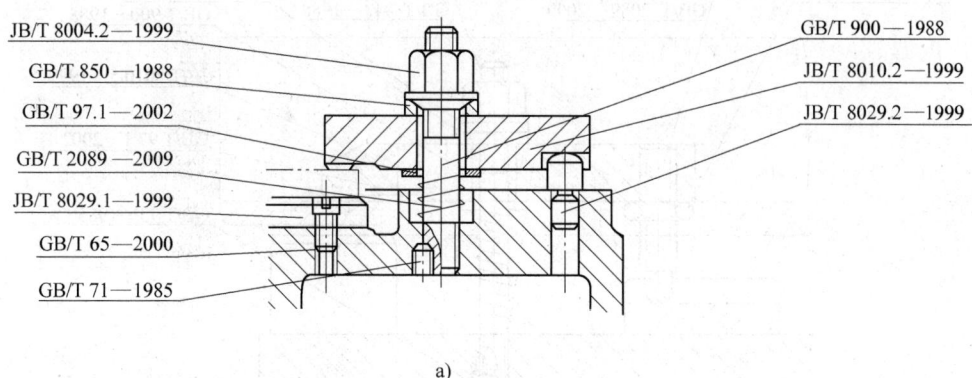

a)

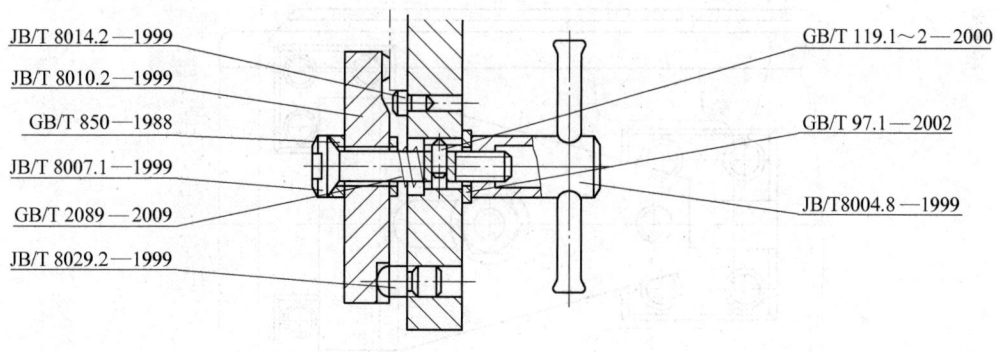

b)

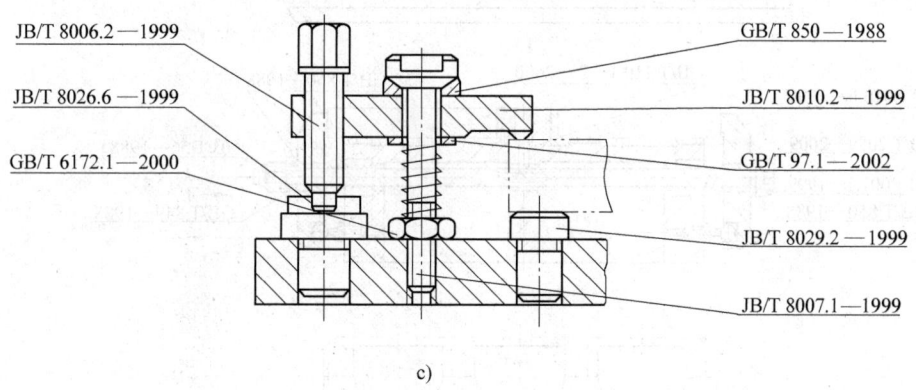

c)

图 4-40 转动压板

20. 移动、转动宽头压板（图 4-41）

21. 铰链压板（图 4-42）

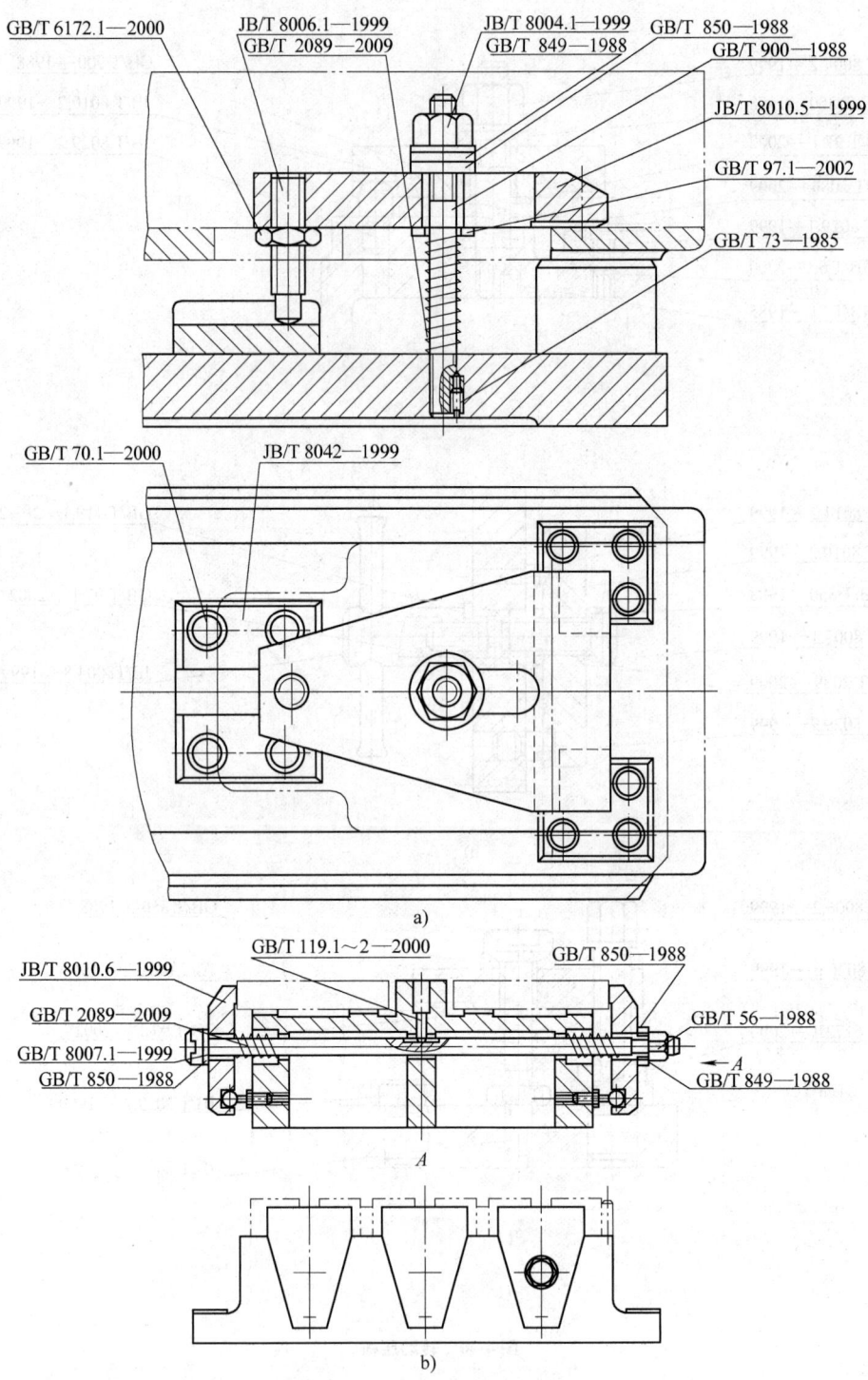

图 4-41 移动、转动宽头压板

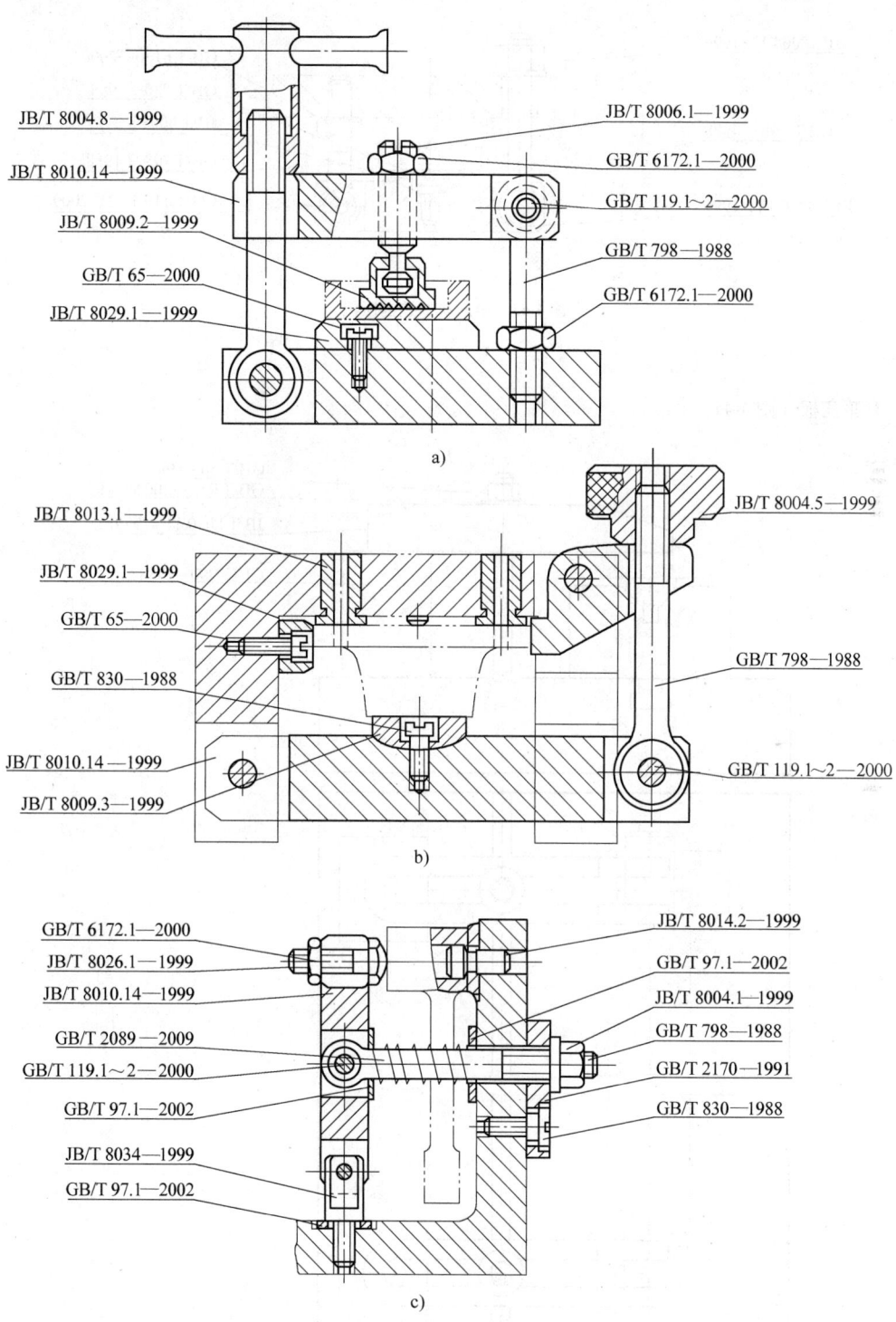

图 4-42 铰链压板

22. 带压块的铰链压板（图4-43）

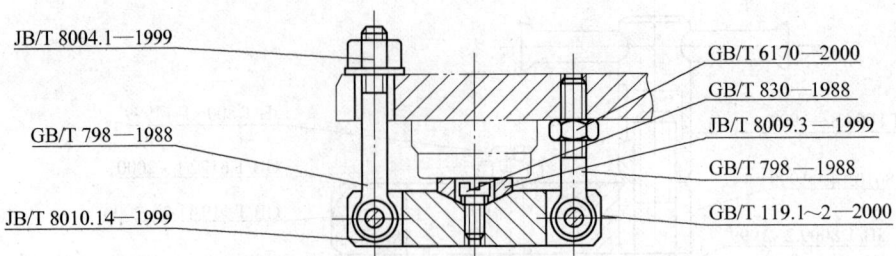

图 4-43 带压块的铰链压板

23. U形压板（图4-44）

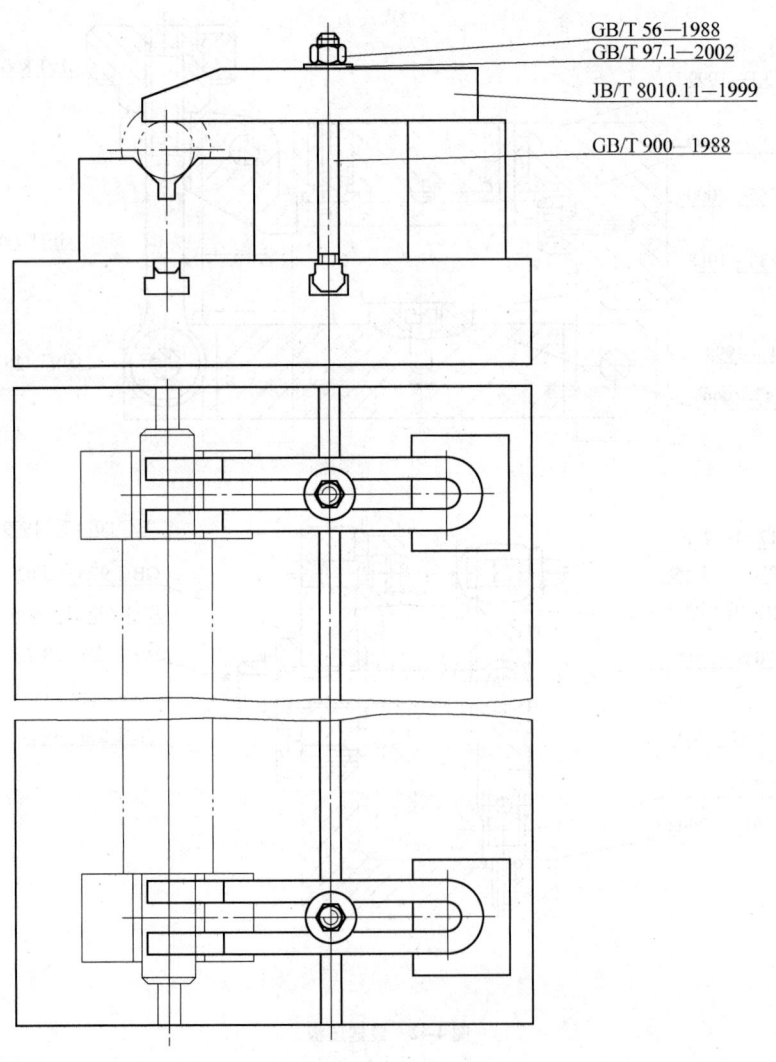

图 4-44 U形压板

24. 回转压板（图 4-45）

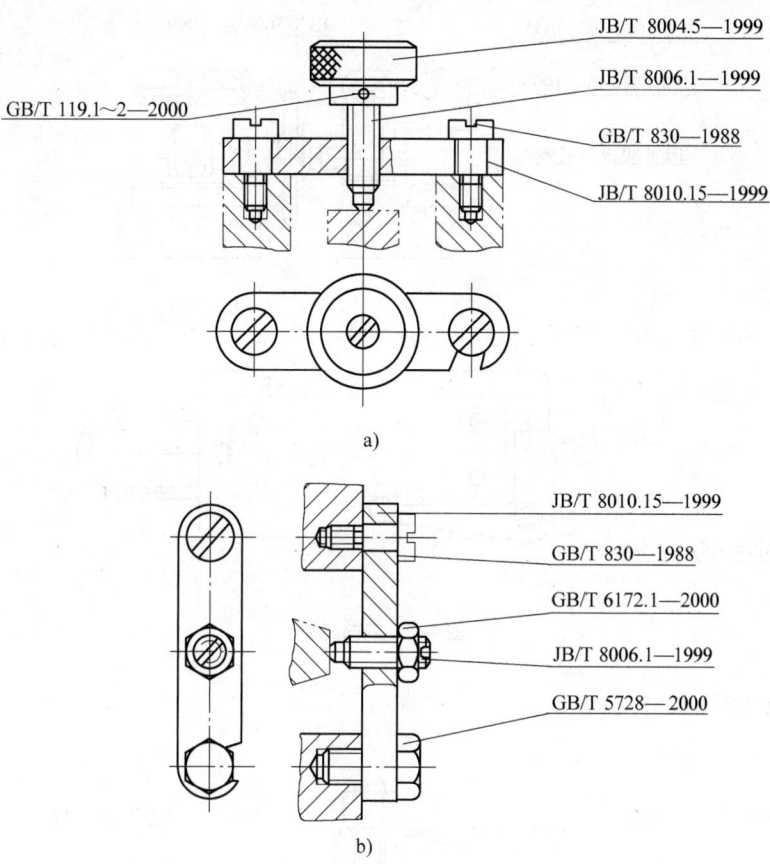

图 4-45 回转压板

25. 支柱和回转压板（图 4-46）

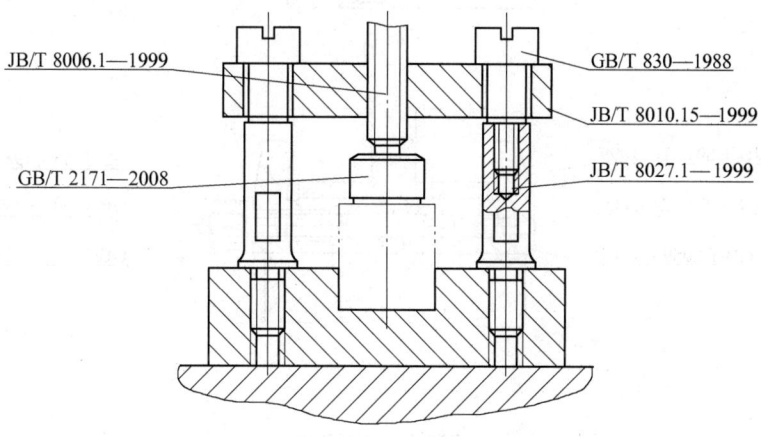

图 4-46 支柱和回转压板

26. 双向压板（图4-47）

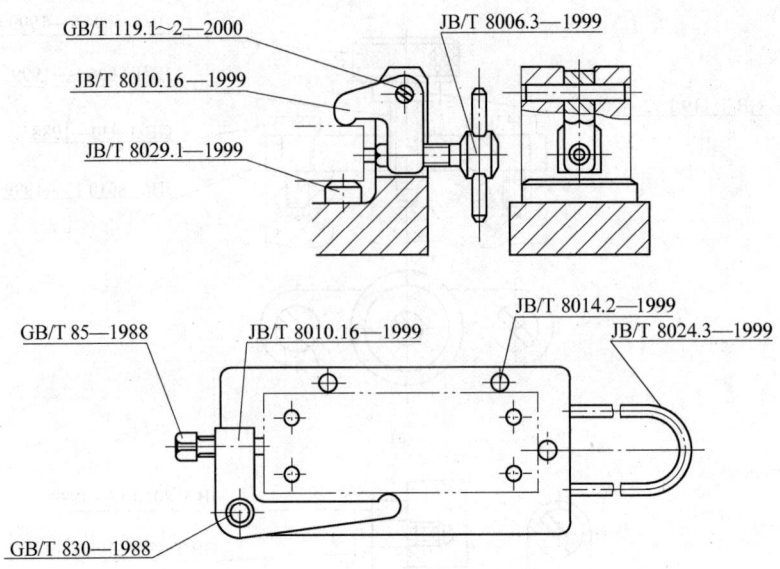

图4-47 双向压板

27. 钩形压板（图4-48）

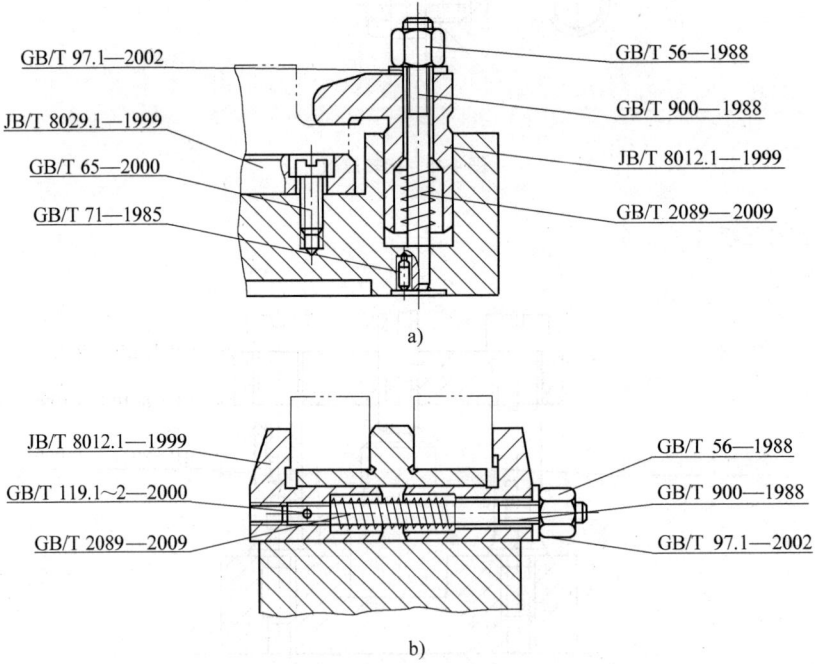

图4-48 钩形压板

28. 侧面钩形压板（图 4-49）

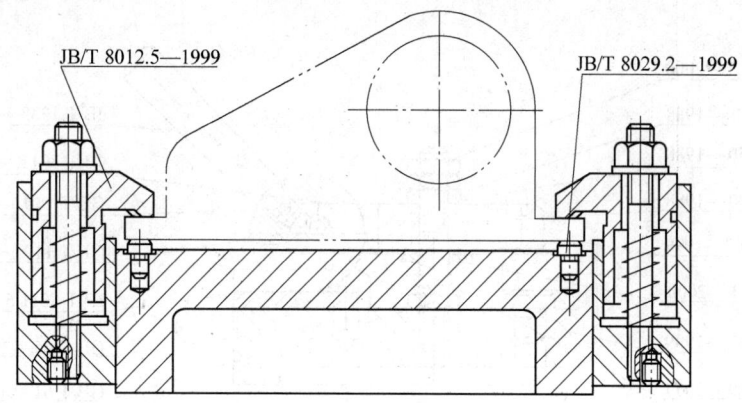

图 4-49　侧面钩形压板

29. 立式钩形压板（图 4-50）

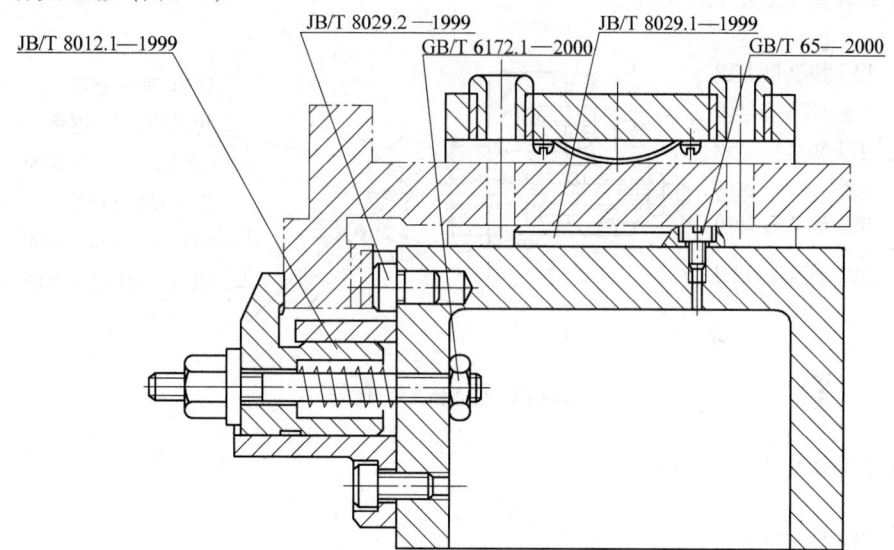

图 4-50　立式钩形压板

30. 端面钩形压板（图 4-51）

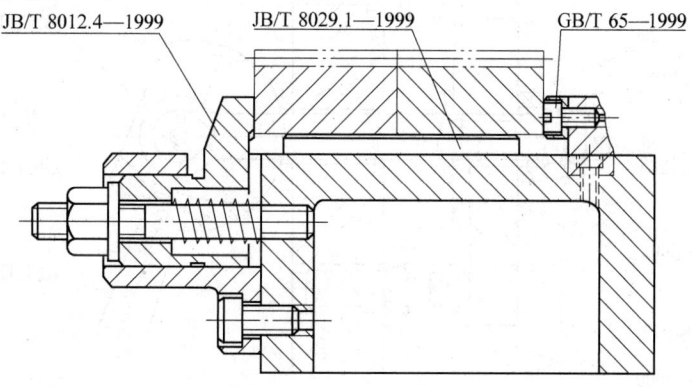

图 4-51　端面钩形压板

31. 偏心轮用压板（图 4-52）

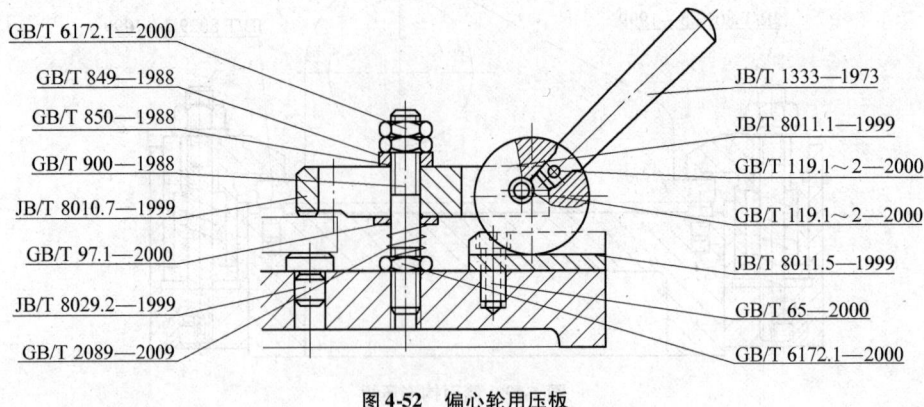

图 4-52　偏心轮用压板

32. 偏心轮和钩形压板（图 4-53）

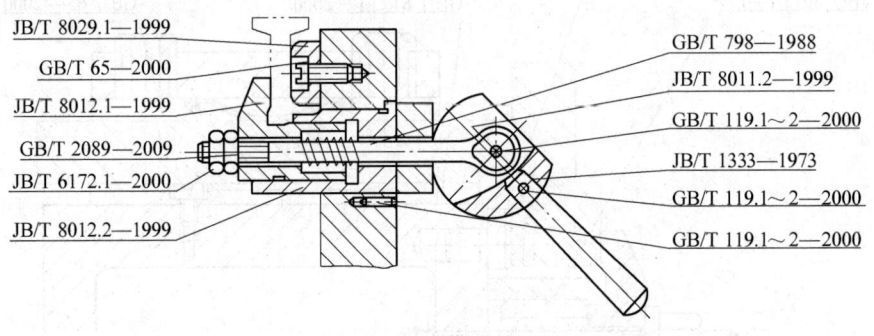

图 4-53　偏心轮和钩形压板

33. 偏心轮和移动压板（图 4-54）

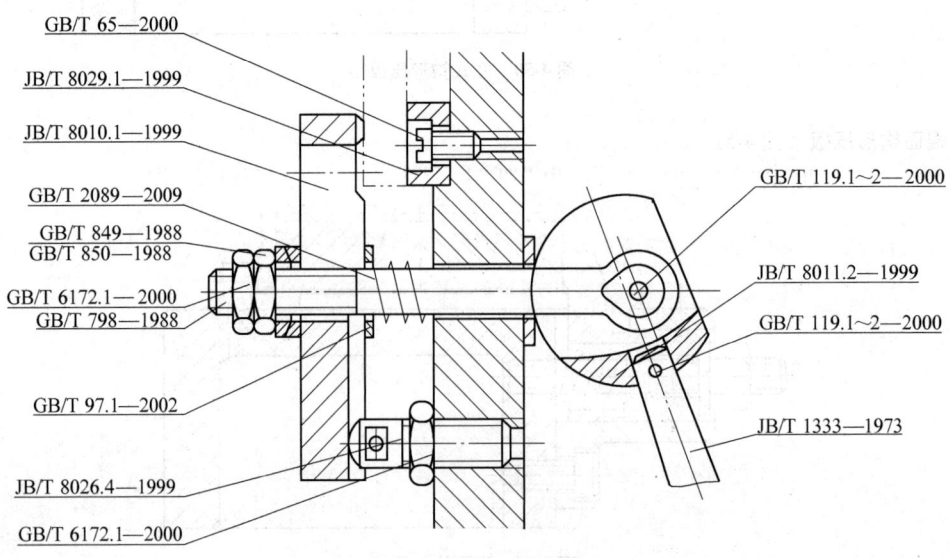

图 4-54　偏心轮和移动压板

34. 偏心轮和转动压板（图4-55）

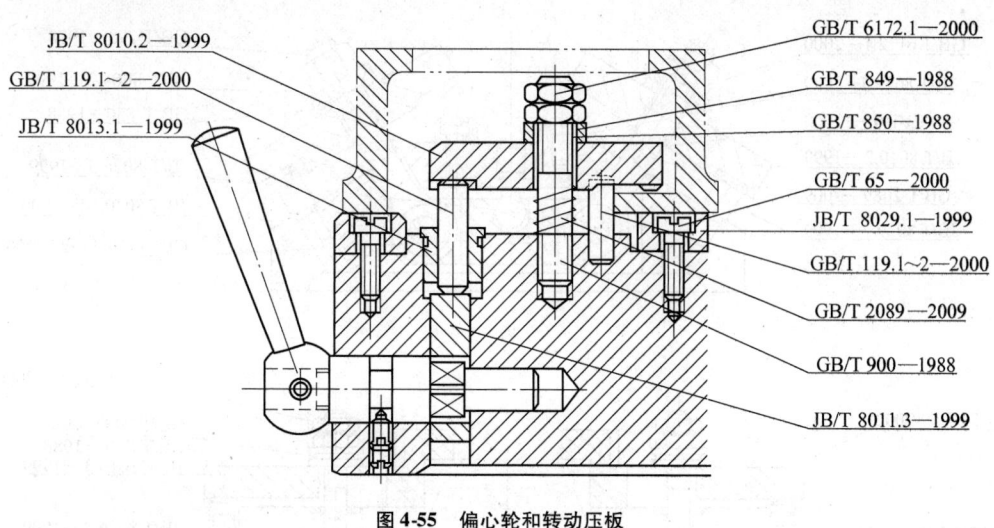

图 4-55　偏心轮和转动压板

35. 双面偏心轮（图4-56）

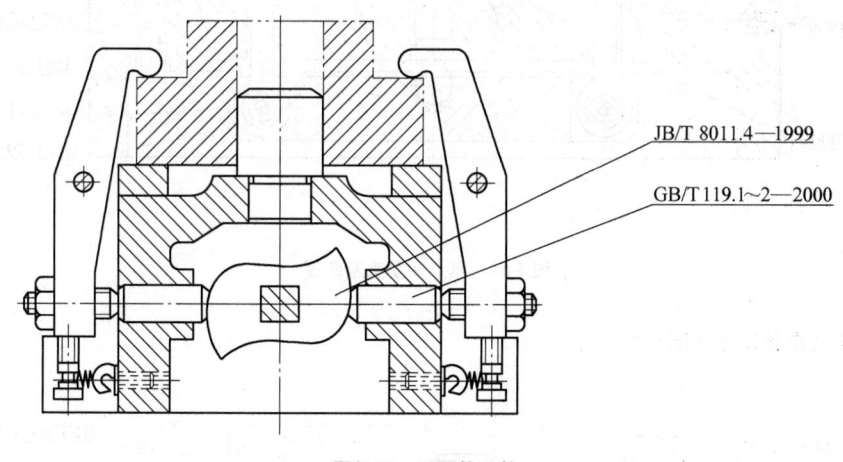

图 4-56　双面偏心轮

36. 弧形压板（图4-57）

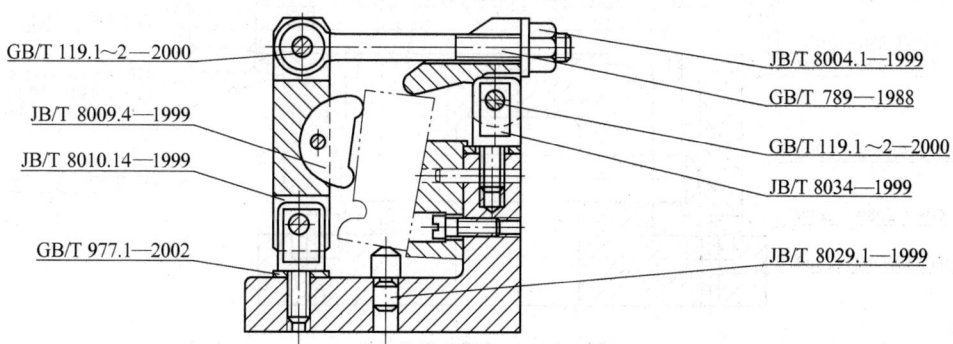

图 4-57　弧形压板

37. 双点联动夹紧装置（图4-58）

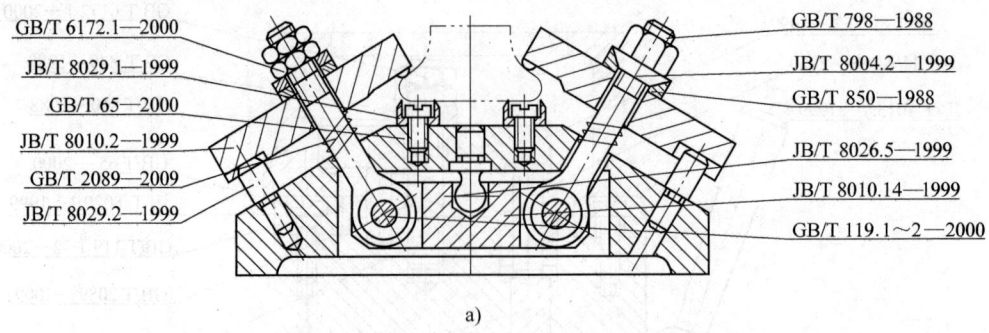

a)

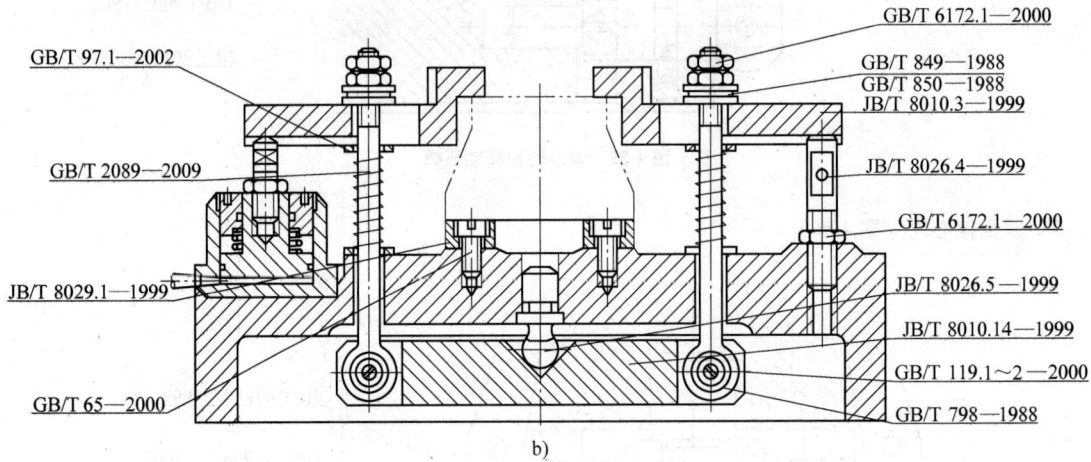

b)

图4-58 两点联动夹紧装置

38. 压板浮动夹紧装置（图4-59）

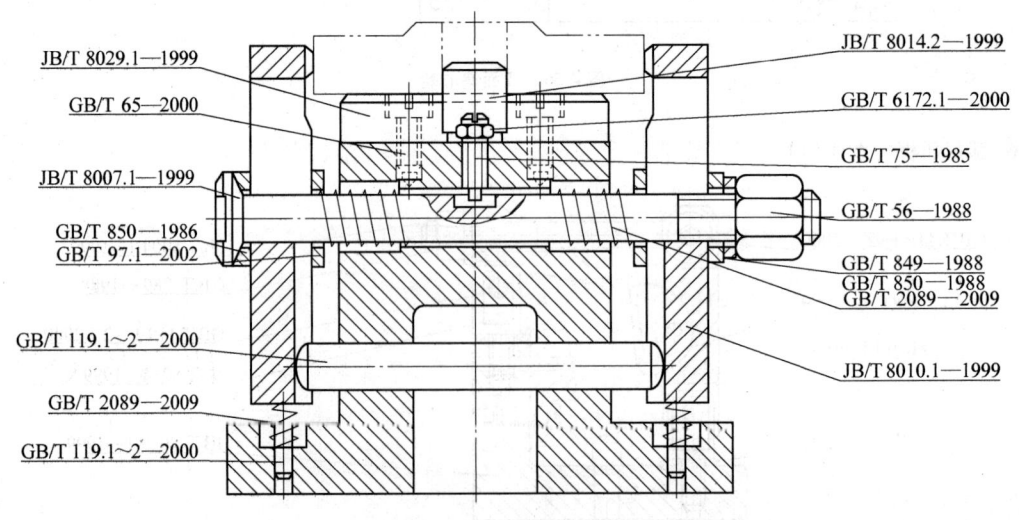

图4-59 压板浮动夹紧装置

39. 联动夹紧钩形压板（图 4-60）

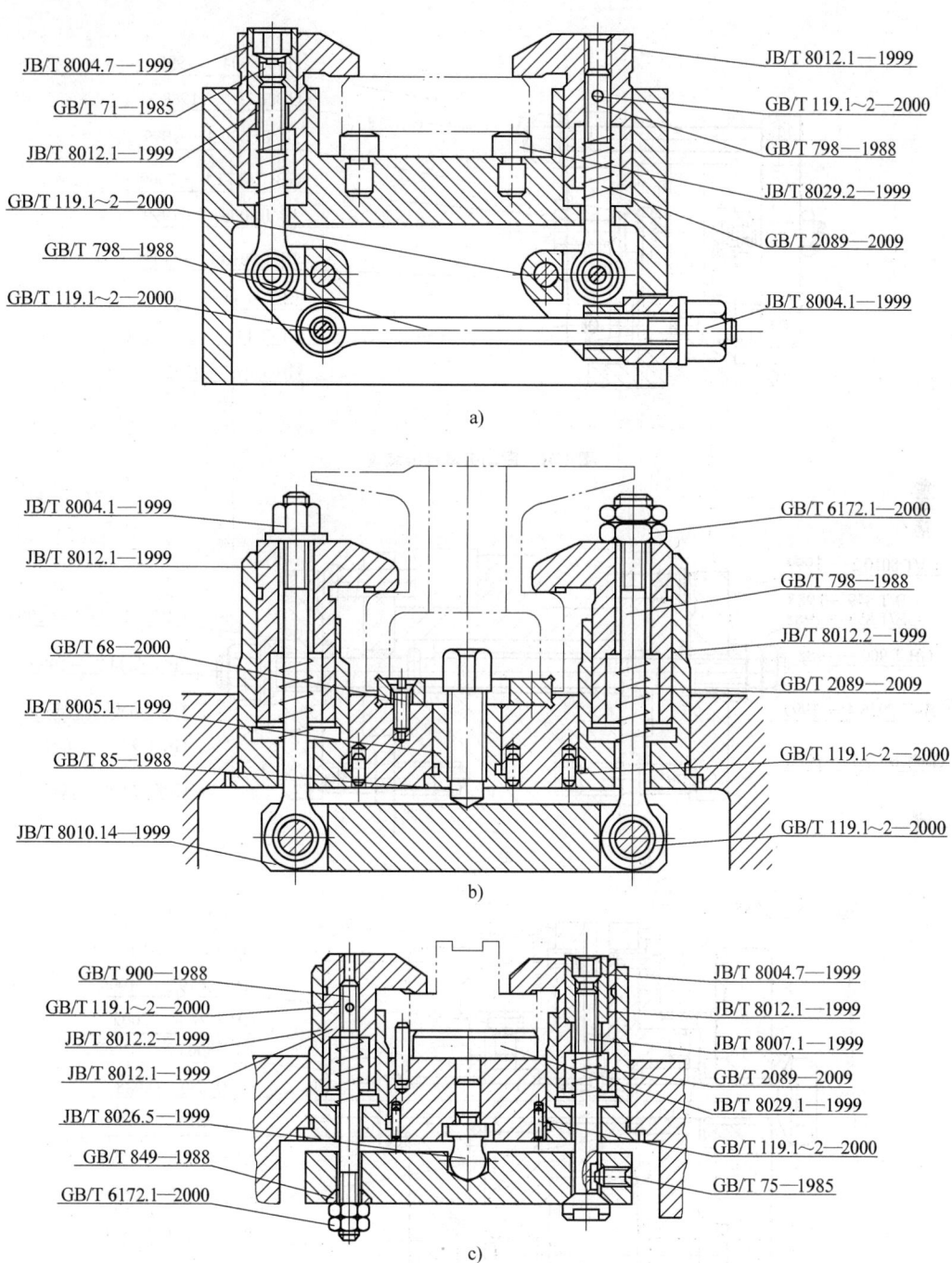

图 4-60 联动夹紧钩形压板

40. 联动夹紧铰链装置（图 4-61）
41. 多件联动夹紧装置（图 4-62）

图 4-61　联动夹紧铰链装置

a)

b)

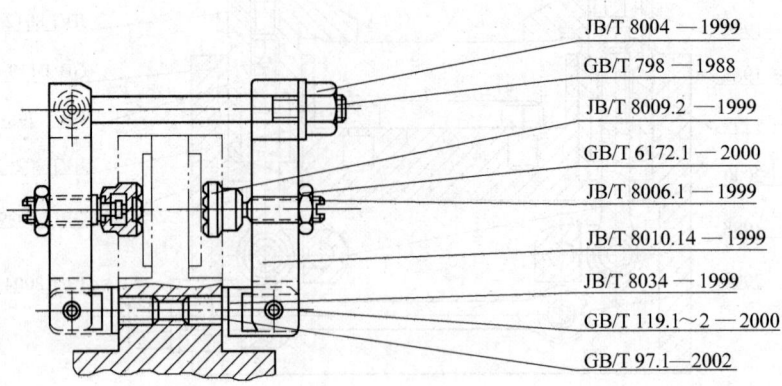

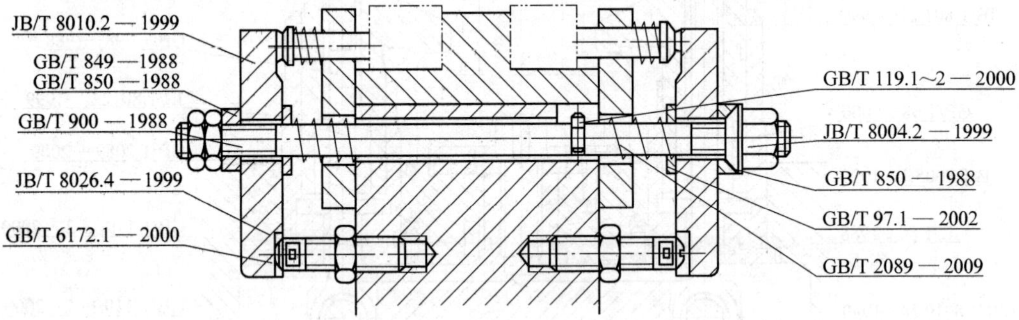

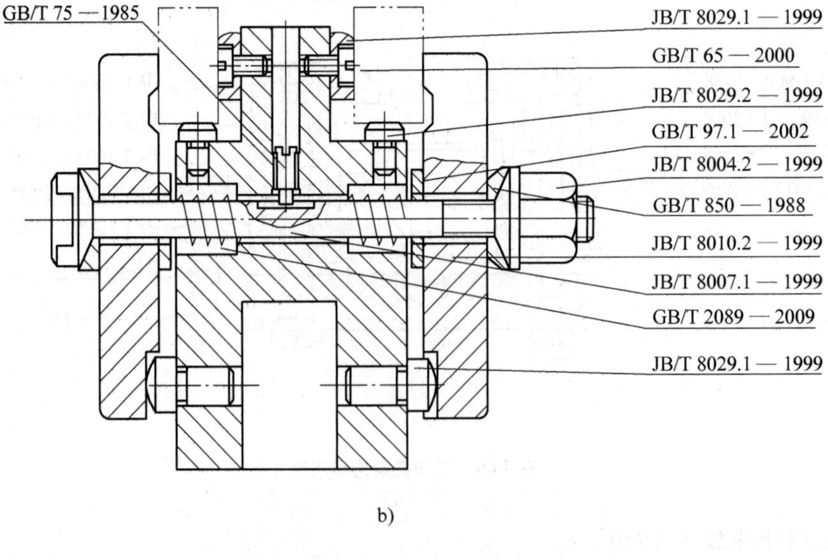

图 4-62　多件联动夹紧装置

4.12.3 导向件应用图例

1. 钻套、衬套组合（图 4-63）

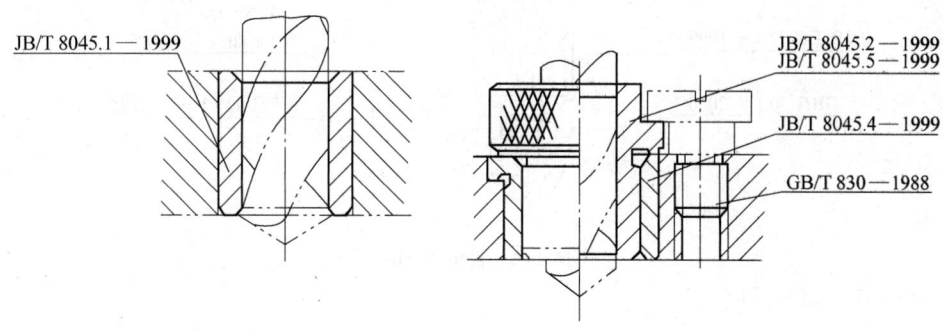

图 4-63 钻套、衬套组合

2. 圆形对刀块（图 4-64）

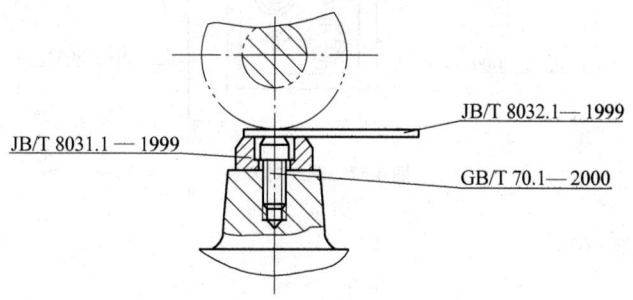

图 4-64 圆形对刀块

3. 方形对刀块（图 4-65）

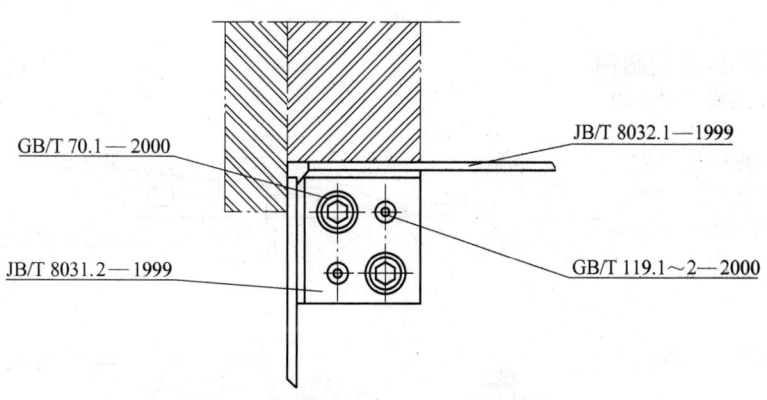

图 4-65 方形对刀块

4. 直角对刀块（图4-66）

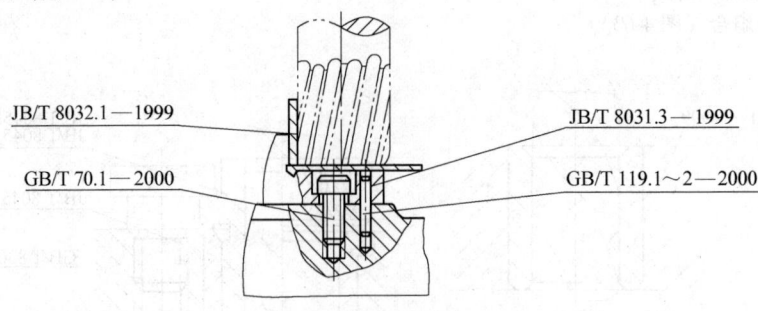

图 4-66　直角对刀块

5. 侧装对刀块（图4-67）

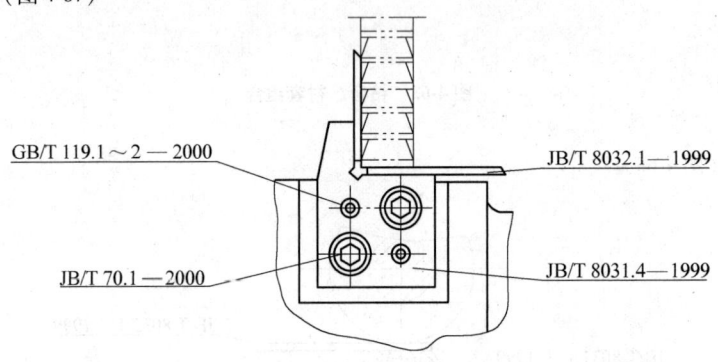

图 4-67　侧装对刀块

6. 对刀圆柱塞尺（图4-68）

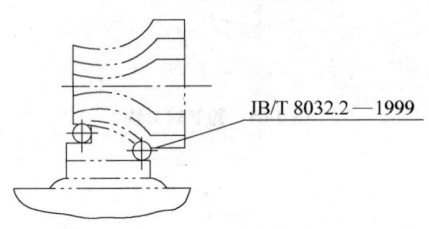

图 4-68　对刀圆柱塞尺

4.12.4　其他零部件应用图例

1. 万能支柱和挡块（图4-69）

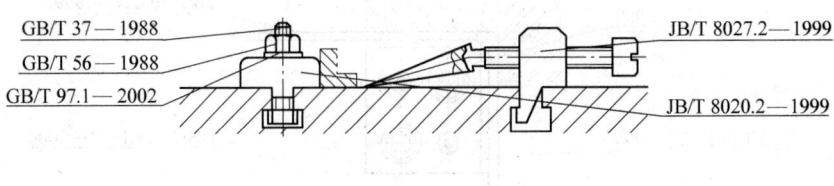

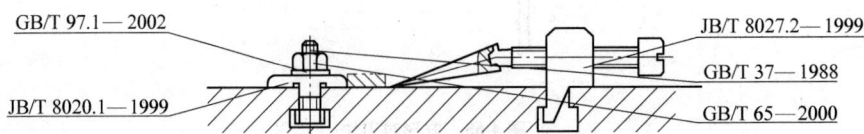

图 4-69　万能支柱和挡块

2. 螺钉支座（图 4-70）

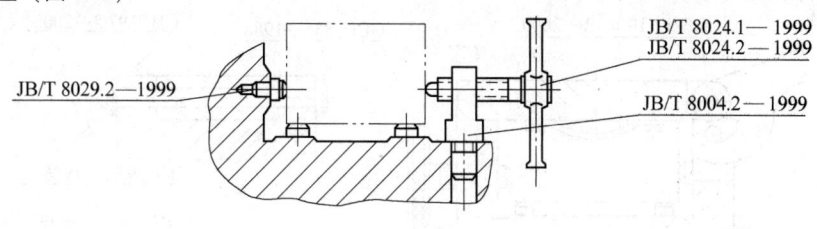

图 4-70 螺钉支座

3. 低支脚（图 4-71）

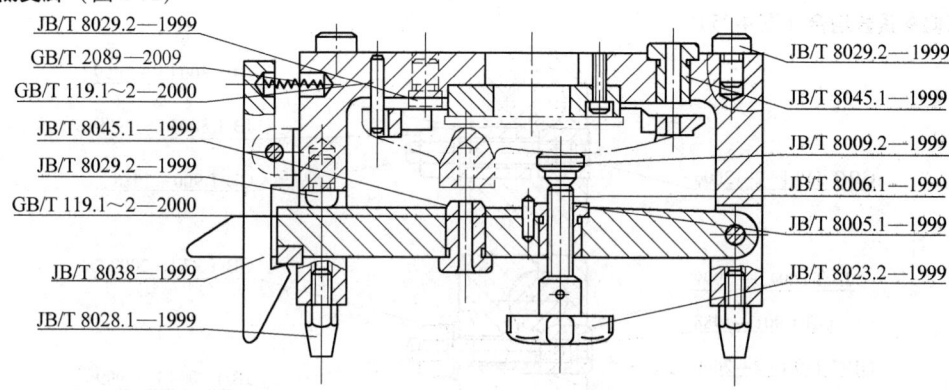

图 4-71 低支脚

4. 高支脚（图 4-72）

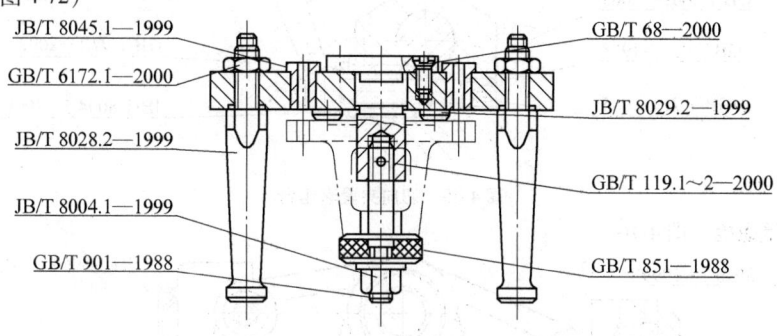

图 4-72 高支脚

5. 锁扣（图 4-73）

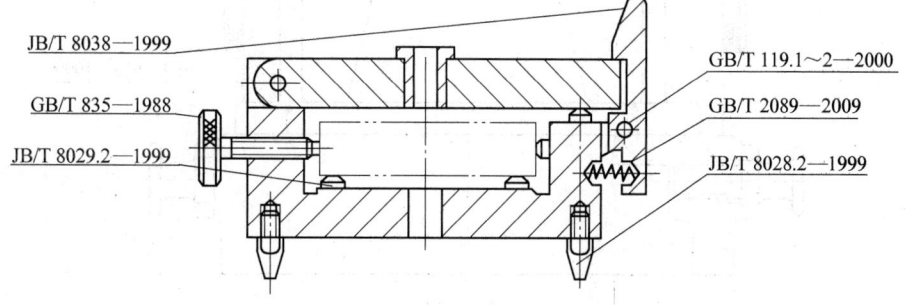

图 4-73 锁扣

6. 铰链轴（图 4-74）

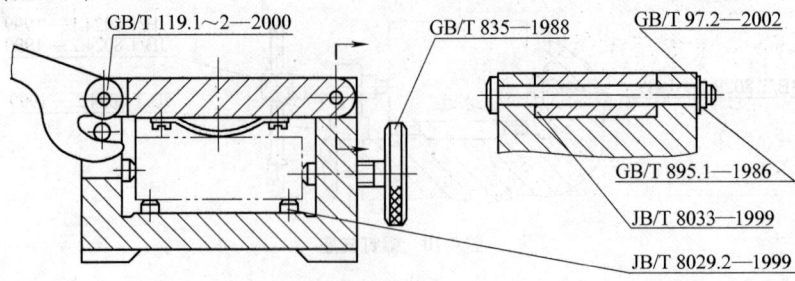

图 4-74　铰链轴

7. 切向夹紧套组合（图 4-75）

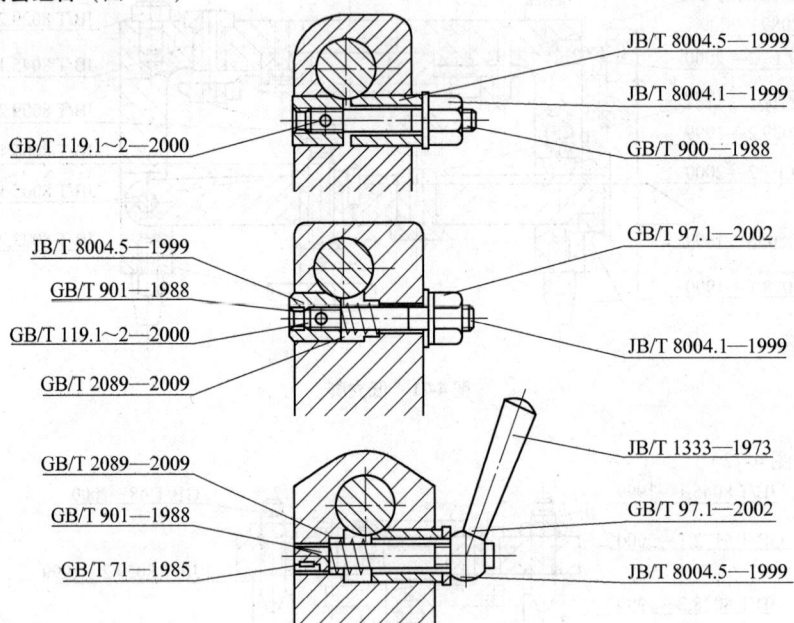

图 4-75　切向夹紧套组合

8. 镗套及起重螺栓（图 4-76）

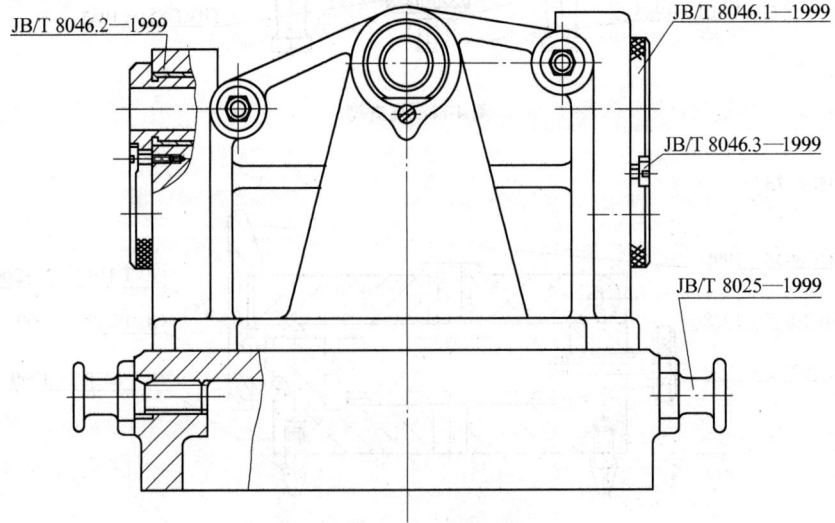

图 4-76　镗套及起重螺栓

4.13 夹具元件公差配合的选择及机床夹具零部件通用技术条件

4.13.1 夹具中常用元件间的配合及公差
（表 4-263）

表 4-263 夹具中常用元件间的配合及公差

配合部位	配合精度		示　例
	一般精度	较高精度	
定位元件与工件定位基准间	$\dfrac{H7}{h6}, \dfrac{H7}{g6}, \dfrac{H7}{f7}$	$\dfrac{H6}{h5}, \dfrac{H6}{g5}, \dfrac{H6}{f5}$	定位销与工件基准孔
有引导作用并有相对运动的元件间	$\dfrac{H7}{h6}, \dfrac{H7}{g6}, \dfrac{H7}{f7}$	$\dfrac{H6}{h5}, \dfrac{H6}{g5}, \dfrac{H6}{f6}$	滑动定位件、刀具与导套
	$\dfrac{H7}{h6}, \dfrac{G7}{h6}, \dfrac{F7}{h6}$	$\dfrac{H6}{h5}, \dfrac{G6}{h5}, \dfrac{F6}{h5}$	
无引导作用但有相对运动的元件间	$\dfrac{H7}{f9}, \dfrac{H9}{d9}$	$\dfrac{H7}{d8}$	滑动夹具底座板
没有相对运动的元件间	$\dfrac{H7}{n6}, \dfrac{H7}{p6}, \dfrac{H7}{r6}, \dfrac{H7}{s6}, \dfrac{H7}{u6}, \dfrac{H8}{t7}$（无紧固件）$\dfrac{H7}{m6}, \dfrac{H7}{k6}, \dfrac{H7}{js6}, \dfrac{H7}{m7}, \dfrac{H8}{k7}$（有紧固件）		固定支承钉定位销

4.13.2 常用夹具元件的配合图例
1. 夹具中常用的配合（表 4-264）

表 4-264 夹具中常用的配合

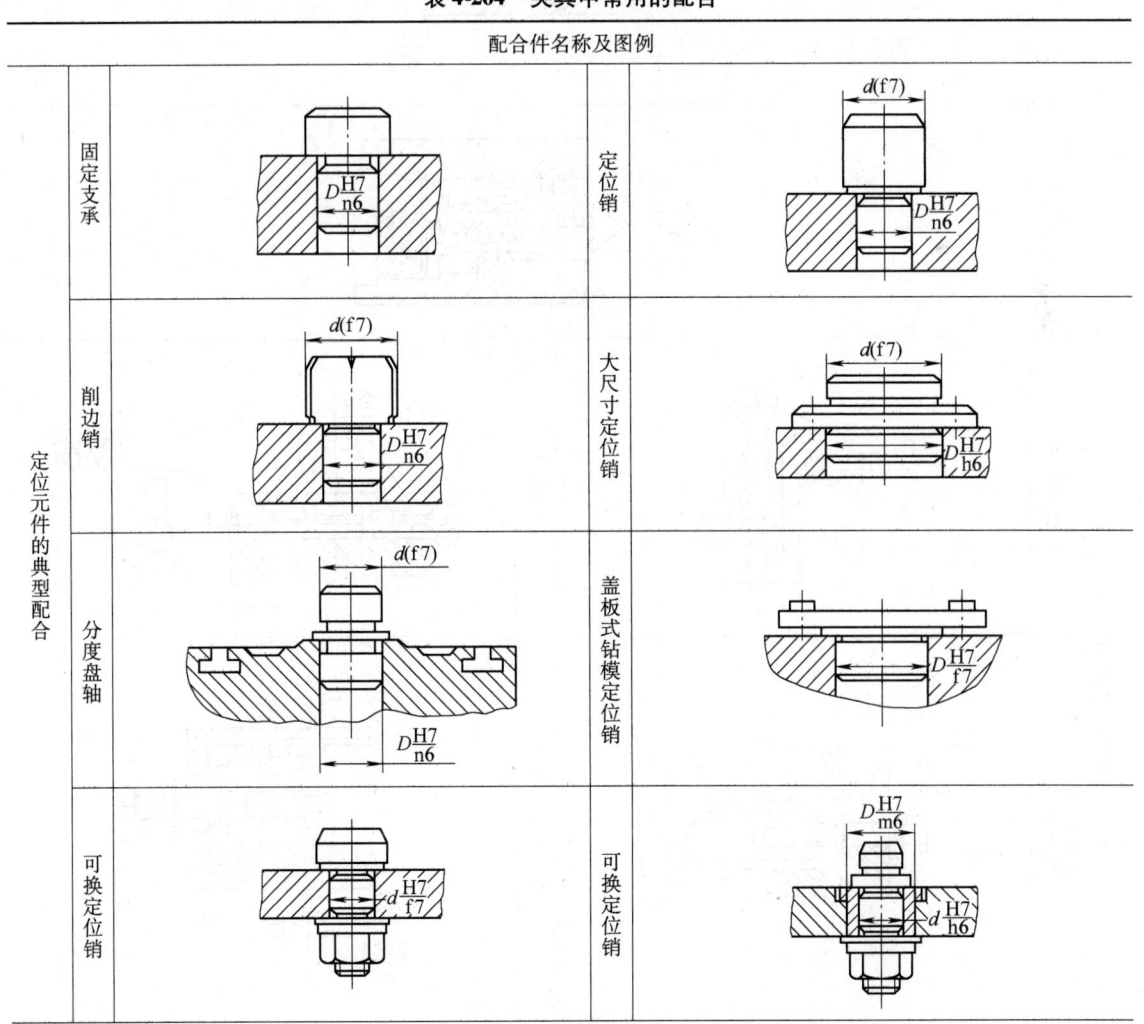

（续）

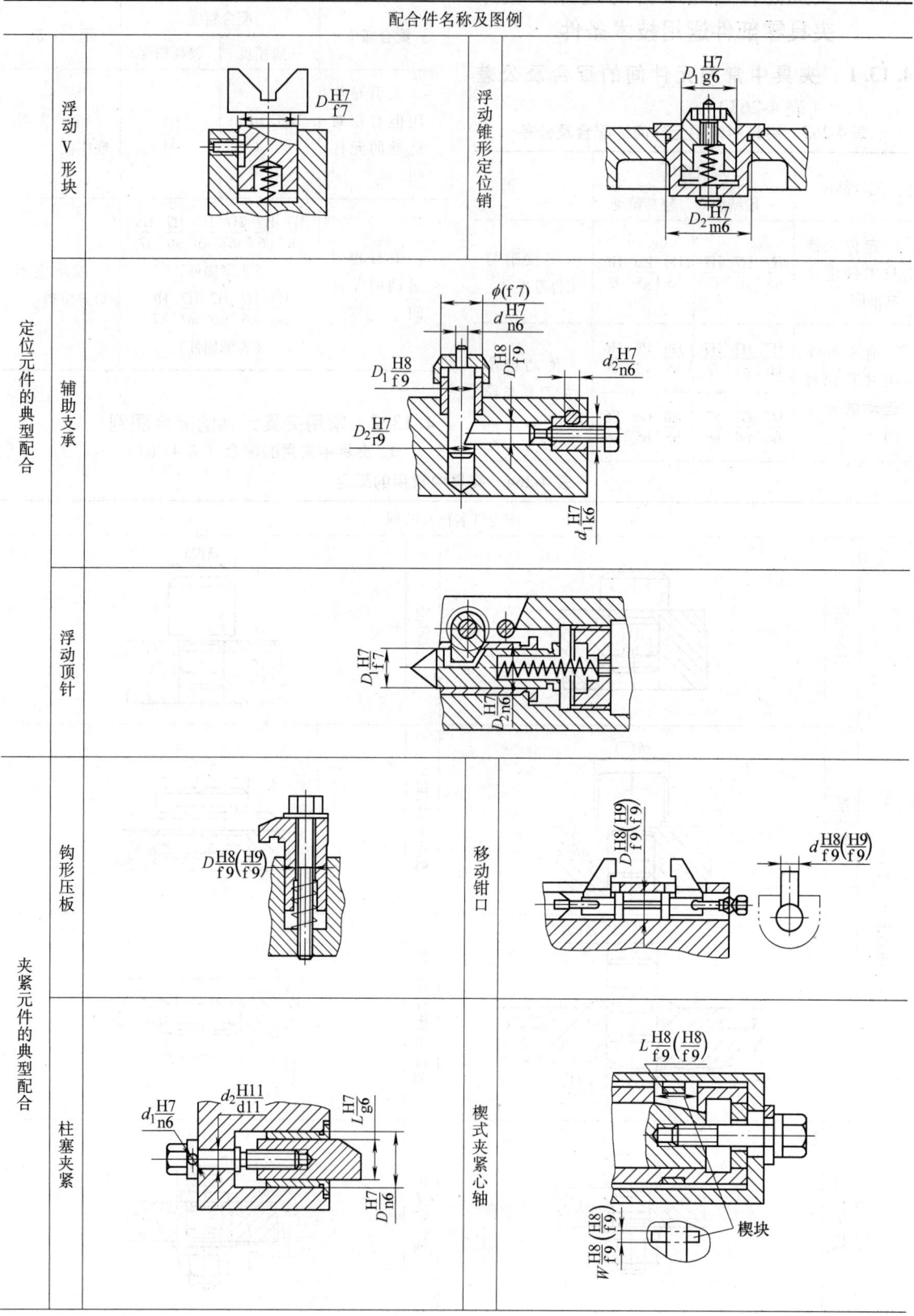

（续）

配合件名称及图例

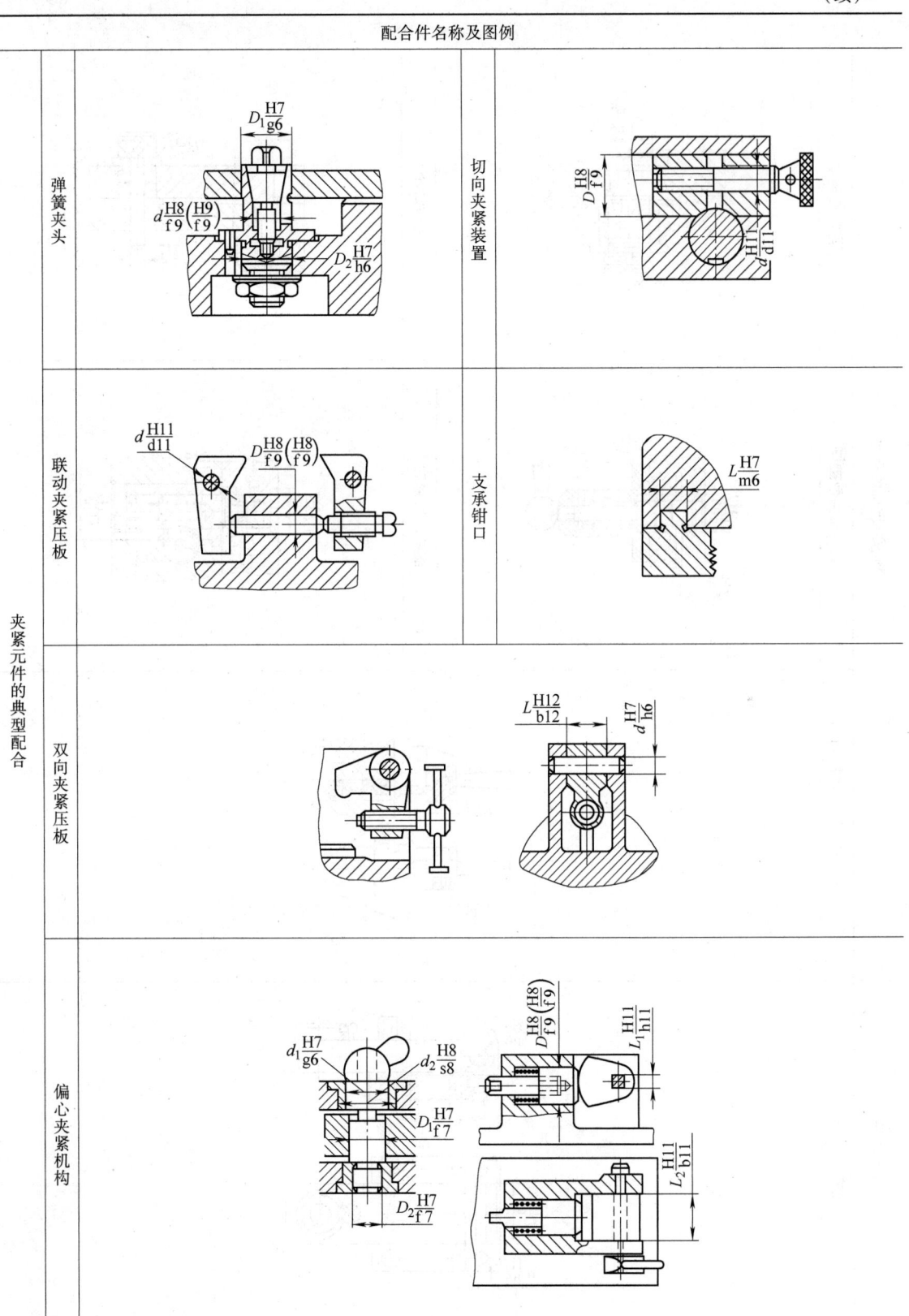

(续)

配合件名称及图例		
分度装置的典型配合	分度用转轴	分度插销
	偏心式定位器	齿条式定位器
	杠杆式定位器	
其他机构	铰链式钻模板	

（续）

配合件名称及图例			
可滑动棱柱体零件的典型配合	滑动钳口	$L\dfrac{H7}{f7}$, $H\dfrac{H7}{h6}$	滑动V形块 $H\dfrac{H7}{f7}$, $L\dfrac{H7}{h6}$
	滑动夹具底板	$L\dfrac{H9}{d9}$, $H\dfrac{H7}{f7}$	$\dfrac{H7}{f7}$, $L\dfrac{H9}{d9}$
固定棱体零件的典型配合	对刀块	$d\dfrac{H7}{n6}$, $L_2\dfrac{H7}{m6}$	钻模板 $L\dfrac{H7}{m6}$, $D\dfrac{H7}{n6}$, $d\dfrac{H7}{n6}$
	固定V形块	$L_1\dfrac{H7}{m6}$	$L_2\dfrac{H7}{m6}$
定位键与工作台T形槽的配合		$L_1\dfrac{H7}{js6}\left(\dfrac{H7}{k6},\dfrac{H7}{n6}\right)$ 铣床夹具体 定位键 铣床工作台 工作台T形槽 $L_2\dfrac{H7}{h6}$	

2. 固定式导套的配合（表 4-265）

表 4-265 固定式导套的配合

结构简图	工艺方法		配合尺寸		
			d	D	D_1
	钻孔	刀具切削部分引导	$\dfrac{F8}{h6}, \dfrac{G7}{h6}$	$\dfrac{H7}{g6}, \dfrac{H7}{f7}$	$\dfrac{H7}{r6}, \dfrac{H7}{s6}, \dfrac{H7}{n6}$
		刀具柄部或刀杆引导	$\dfrac{H7}{f7}, \dfrac{H7}{g6}$		
	铰孔	粗铰	$\dfrac{G7}{h6}, \dfrac{H7}{h6}$	$\dfrac{H7}{g6}, \dfrac{H7}{h6}$	$\dfrac{H7}{r6}, \dfrac{H7}{n6}$
		精铰	$\dfrac{G6}{h5}, \dfrac{H6}{h5}$	$\dfrac{H6}{g5}, \dfrac{H6}{h5}$	
	镗孔	粗镗	$\dfrac{H7}{h6}$	$\dfrac{H7}{g6}, \dfrac{H7}{h6}$	
		精镗	$\dfrac{H6}{h5}$	$\dfrac{H6}{g5}, \dfrac{H6}{h5}$	

3. 外滚式导套的配合（表 4-266）

表 4-266 外滚式导套的配合

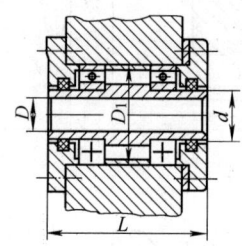

加工要求	导向长度 L	轴承形式	轴承精度	导向的配合			
				D	D_1	d	镗杆导向部分的外径
粗加工	$(2.5\sim3.5)D$	单列向心球轴承 单列圆锥滚子轴承 滚针轴承	F, G	H7	J7	K6	g6 或 h6
半精加工		单列向心球轴承 向心推力球轴承	D, E	H7	J7	K6	g5 或 h6
精加工		向心推力球轴承	C, D	H6	K6	j5 或 K5	h5

注：1. 当精镗孔的位置精度要求很高时，建议镗杆导向外径的公差取为 0.4h5，导套内孔直径的公差取为 1/3H6，或配研至其间隙不大于 0.01mm。
2. 精加工时，导套内孔的圆度公差取为镗孔圆度公差的 1/5~1/6。

4. 内滚式导套的配合（表4-267）

表4-267 内滚式导套的配合

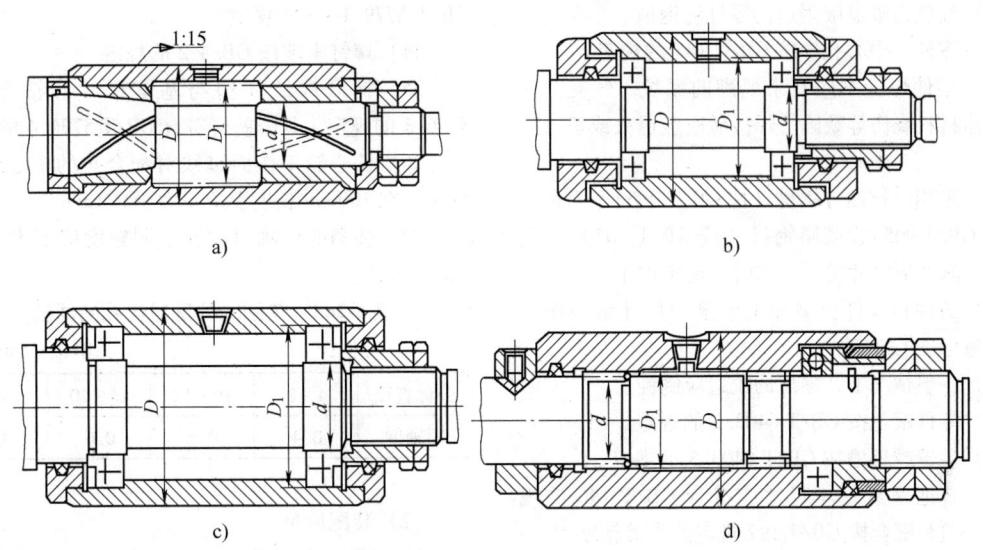

结构		a		b			c			d	
常用于		精镗、铰		半精镗	半精、精扩		精、半精镗	粗、半精扩		扩锪	
D	基本尺寸/mm	≈80	>80~120	>80~120	>120~180	>180~260	>80~120	>120~180	>180~260	≈80	>80~120
	公差/mm	-0.003 -0.016	-0.003 -0.018	-0.007 -0.030	-0.008 -0.035	-0.01 -0.04	-0.007 -0.030	-0.008 -0.035	-0.01 -0.04	-0.006 -0.026	-0.007 -0.030
D_1	配合	H7/k6		K7			K7			H7	
d	配合	H6/g5		js6			js6			h6	
装配后,固定滑动套、刀杆的径向跳动/mm		0.015~0.025		0.025~0.04			—			—	

注：1. 结构a前端1:15圆锥部分铜套应与刀杆配研。
2. 结构b用于精镗时，配合精度可适当提高。
3. D的公差应保证滑动套与夹具导套有间隙，其上限尺寸略小于基本尺寸，其公差值分别等于h5或h6。

4.13.3 机床夹具零件及部件通用技术条件
（JB/T 8044—1999）

（1）一般要求

1）制造零件及部件采用的材料应符合相应的国家标准或行业标准的规定。允许采用力学性能不低于规定牌号的其他材料制造。

2）铸件不允许有裂纹、气孔、砂眼、缩松、夹渣、浇口、冒口、飞边，毛刺应铲平。结疤、粘砂应清除干净。

3）锻件不允许有裂纹、皱折、飞边、毛刺等缺陷。

4）铸件和锻件，机械加工前应经时效处理或退火、正火处理。

5）零件加工表面不应有锈蚀或机械损伤。

6）热处理后的零件，应清除氧化皮、脏物和油污，不允许有裂纹或龟裂等缺陷。

7）零件的内外螺纹均不得渗碳。

8）加工面未注公差的尺寸，其尺寸公差按GB/

T 1804 中 IT13 的规定。

9）未注形位公差的加工面应按 GB/T 1184 中 B 级精度的规定。

10）经磁力吸盘吸附过的零件应退磁。

11）零件的中心孔应按 GB/T 145 的规定。

12）零件焊缝不应有未填满的弧坑、气孔、夹渣、基体材料烧伤等缺陷。焊接后应经退火或正火处理。

13）采用冷拉四方钢材（按 GB/T 905）、六角钢材（按 GB/T 905）、圆钢材（按 GB/T 905）制造的零件，其外形尺寸符合要求时，可不加工。

14）铸件和锻件机械加工余量和尺寸偏差按各行业相应标准的规定。

15）一般情况下，零件的锐边应倒钝。

16）零件滚花按 GB/T 6403.3 的规定。

17）砂轮越程槽按 GB/T 6403.5 的规定。

18）普通螺纹基本尺寸应符合 GB/T 196 的规定，其公差和配合按 GB/T 197 规定的中等精度。

19）非配合的锥度和角度的自由公差按 GB/T 1804 中 C 级的规定。

20）图面上未注明的螺纹精度一般选 6H/6g 精度等级。未注明的粗糙度 $Ra3.2$。

21）螺纹的通孔及沉头座尺寸按 GB/T 152.2 ~ 152.4 的规定。

22）普通螺纹收尾及倒角按 GB/T 3 的规定。

23）螺钉、螺母的技术要求按 GB/T 3098.2~4、GB/T 5779.1~3 的规定。

24）螺钉末端按 GB/T 2 的规定。

25）梯形螺纹牙型与基本尺寸应符合 GB/T 5796.3 的规定，其公差应符合 GB/T 5796.4 的规定。

26）偏心轮工作面母线对配合孔的中心线的平行度，在 100mm 长度上应不大于 0.1mm。

27）垫圈的外廓对内孔的同轴度应不大于表 4-268 的规定。

表 4-268　垫圈的外廓对内孔的同轴度

（单位：mm）

公称直径	4~8	10~12	16~20	≥24
同轴度	0.4	0.5	0.6	0.7

（2）装配质量

1）装配时各零件均应清洗干净，不得残留有铁屑和其他各种杂物，移动和转动部位应加油润滑。

2）固定连接部位，不得松动、脱落；活动连接部位中的各种运动部件应动作灵活、平稳、无阻塞现象。

第5章 气动、液压、电力、电磁、真空夹具传动系统及其元件和夹具图例

5.1 夹具夹紧动力源概述

5.1.1 手动夹紧和动力夹紧

工件在夹具上辅助时间的主要部分是装卸时间。为了提高加工的生产率,在大批量生产时减少工件在夹具上的装卸时间是夹具设计中一个重要的问题。通常手动拧紧螺钉需要较长的时间,而凸轮夹紧受到一定的限制,所以可以实现多点同时夹紧的机动夹紧是理想方法。它不仅实现了快速夹紧,还大大减轻了工人的劳动强度。

5.1.2 动力夹紧的各种动力源

气压、液压、电磁、电力、真空是已经用于夹具动力夹紧的主要动力源,其中前三种的应用普遍,真空夹具主要用于非磁性材料工件的夹紧,而电动夹具应用较少。气压、液压是夹具中使用最多最广泛的动力源。电磁夹具主要用于各种磨削加工中,近年来由于强磁力磁性单元的开发已扩大到切削加工的夹具上,应用范围日渐扩大。气压夹紧因为压强较低、动力装置体积尺寸较大,加上排气噪声污染环境的使用而有所减少。

5.2 气动夹具

5.2.1 气动夹具优缺点和应用场合

气动夹具如与液压夹具相比,其优缺点如表5-1所示。

所以气动夹具当前主要用于:
1) 有集中供气的压缩空气机站的生产工场;
2) 不需较大夹紧力的夹具;
3) 有降低和消除排气噪声的措施和保障。

表5-1 气动夹具的主要优缺点

优 点	缺 点
1. 与液压传动相比,气压传动反应快、动作迅速(活塞或气缸的平均动作速度,一般为0.5~1m/s,高速时可达到10m/s),因此,在生产中,辅助时间短,生产效率高	1. 由于空气具有可压缩性,当载荷变化时,传递运动和动力不够平稳;用于夹紧时,刚度较低
2. 传动回路简单,操作方便,系统便于维修	
3. 工作环境适应性较强,可在易燃、易爆、强磁、辐射、潮湿、振动及温度变化较大的环境中可靠地工作,使用安全	2. 由于压缩空气的工作压力较低,因而执行元件(气缸)的结构尺寸较大,从而夹具体积也大
4. 以空气为介质,能源供应方便。用后排入大气,不需管道和回收装置	
5. 由于采用便于集中供应和远距离输送压缩空气,所以便于集中控制、程序控制及过载保护	3. 有较大的排气噪声
6. 介质清洁,泄漏不致造成污染	

5.2.2 气源和气压系统

气压夹具首先需要气源和气压系统,一个完整的气压系统是从气压发生的气源到作为执行元件的夹具气缸,如图5-1所示。气动夹具中,气压传动系统的组成则简单得多。

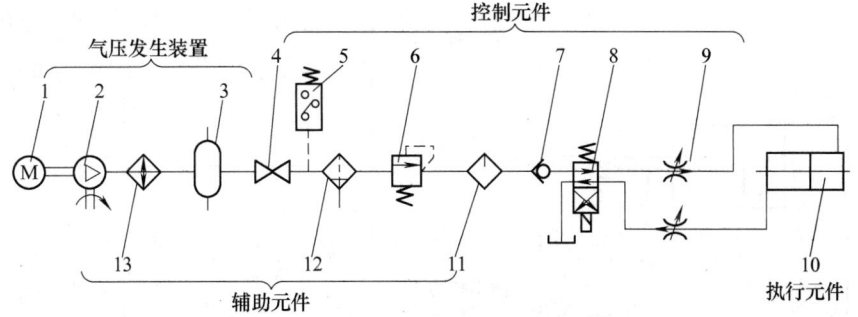

图5-1 完整的气压传动系统组成的原理图
1—电动机 2—空气压缩机 3—气罐 4—截止阀 5—压力继电器 6—减压阀 7—单向阀
8—换向阀 9—调节阀 10—活塞气缸 11—油雾器 12—空气过滤器 13—冷却器

5.2.3 气压传动夹紧系统的设计计算及其元件

1. 夹具气压传动夹紧系统的组成

气动夹具中气压传动夹紧系统（见图5-2）包括以下4个部分：

1) 气源处理部分：包括分水滤气器、调压阀和油雾器，俗称气动三大件。其目的是将由空气压缩机站通过管道传来的压缩空气，进行过滤、调整压力、加入油雾，以使气缸润滑。气动三大件由专业的气动元件厂生产，设计中选用即可。

2) 气动控制部分：夹具上有多个气缸（如各气缸有顺序、压力或换向等要求）时，才需要各种控制阀。如夹具上只有1、2个气缸，则不需要此部分或结构也极为简单。各种控制阀选用后均可到专业的气动元件厂采购。

3) 执行元件部分：气动夹具执行元件即气缸，是气动夹具设计中的核心部分，也是气动夹具设计的重点。

4) 辅助部分：包括管路、接头、压力表及消声器等，主要起连接、测量、消声等作用。由于气动夹具的气压传动较为简单，且上述元件均能由市场采购或公司订购，所以设计和安装上都不会有什么不易解决的问题。

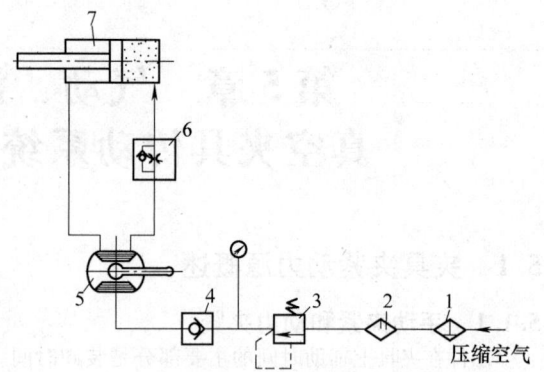

图5-2 夹具气压传动夹紧系统的组成
1—分水滤气器 2—油雾器 3—调压阀
4—单向阀 5—分配阀 6—节流阀 7—气缸

2. 气缸和气动夹紧的设计计算

由于气压直接用于压紧，或仅通过机械传动装置压紧工件，所以，一般气缸就不需要长的行程。夹具用气缸有活塞式和膜片式两种类型。

（1）活塞式气缸计算 活塞式气缸的活塞推力（即输出轴向力）、以及气缸内径计算公式可见表5-2。

在不同气压，缸筒直径和活塞杆直径下活塞杆推力或拉力的计算值可查表5-3。

表5-2 气缸内径和输出轴向力计算公式

气缸类型	简 图	工作情况	气缸内径/m	输出轴向力/N
单向作用气缸		输出推力 P	$D = \sqrt{\dfrac{4(P+R)}{\pi p \eta}}$ $\approx 1.26\sqrt{\dfrac{P+R}{p}}$	$P = \dfrac{\pi}{4}D^2 p\eta - R$ $\approx 0.63 D^2 p - R$
双向作用气缸		输出推力 P	$D = \sqrt{\dfrac{4P}{\pi p \eta}}$ $\approx 1.26\sqrt{\dfrac{P}{p}}$	$P = \dfrac{\pi}{4} D^2 p \eta$ $\approx 0.63 D^2 p$
		输出拉力 P'	$D = \sqrt{\dfrac{4P'}{\pi p \eta} + d^2}$ $\approx 1.3 \sqrt{\dfrac{P'}{p}}$	$P' = \dfrac{\pi}{4}(D^2 - d^2) p \eta$

第5章 气动、液压、电力、电磁、真空夹具传动系统及其元件和夹具图例

(续)

气缸类型	简 图	工作情况	气缸内径/m	输出轴向力/N
双活塞串联气缸		输出推力 P	$D = \sqrt{\dfrac{2P}{\pi p \eta} + \dfrac{d^2}{2}}$ $\approx 0.9\sqrt{\dfrac{P}{p}}$	$P = \dfrac{\pi}{4}(2D^2 - d^2)p\eta$
		输出拉力 P'	$D = \sqrt{\dfrac{2P'}{\pi p \eta} + \dfrac{d^2 + d_1^2}{2}}$ $\approx 0.94\sqrt{\dfrac{P'}{p}}$	$P' = \dfrac{\pi}{4}(2D^2 - d^2 - d_1^2)p\eta$

表中 p——气缸工作压力(Pa,表压),一般取 0.4MPa;

  η——气缸的机械效率,$D \geq 0.1$m 时,$\eta = 0.8 \sim 0.9$;

  $D < 0.1$m 时,$\eta = 0.65 \sim 0.8$;

  d——活塞杆直径(m);

  R——弹簧阻力(N),$R = C(L+S)$;

  L——弹簧顶压缩量(cm);

  S——活塞行程(cm);

  C——弹簧刚度(N/cm),$C = \dfrac{G d_1^4}{8 D_1^3 n} \times 10^{-4}$(粗算可取 $C = 1.76 \sim 3.43$);

  G——弹簧材料的切变模量(Pa);

  d_1——弹簧钢丝直径(cm);

  D_1——弹簧平均直径(cm),$D_1 = D_0 - d_1$;

  D_0——弹簧外圆直径(cm);

  n——弹簧有效圈数。

注:1. 计算 D 值时,如 d 和 d_1 值尚未确定,可以用下式估算

$d = \left(\dfrac{1}{4} \sim \dfrac{1}{5}\right) D$

$d_1 = \sqrt{2} d = \left(\dfrac{1}{4} \sim \dfrac{1}{5}\right) \sqrt{2} D$

2. 表5-2中数字系数是按

$\eta = 0.8, d = \dfrac{D}{4}, d_1 = \dfrac{\sqrt{2}}{4} D$

3. 按表中公式计算所得缸径 D 值要根据表5-3中标准化气缸系列值进行圆整。

表5-3 不同气压下活塞杆推力或拉力的计算值

直径/mm		工作压力/MPa								
缸筒 D	活塞杆 d	0.3	0.4	0.5	0.63	1.0	0.3	0.4	0.5	0.63	1.0
		活塞杆上的推力(不计 η)/N					活塞杆上的拉力(不计 η)/N				
63	16	930	1240	1550	1960	3110	870	1170	1460	1830	2910
80	25	1510	2010	2510	3170	5030	1360	1810	2270	2860	4540
100	25	2350	3140	3920	4950	7850	2210	2950	3680	4640	7360
125	32	3680	4910	6130	7730	12270	3440	4590	5730	7230	11470
160	40	6030	8040	10050	12670	20110	5650	7540	9420	11870	18850
200	50	9430	12560	15710	19790	31420	8830	11770	14720	18560	29460
250	63	14720	19640	24530	30920	49090	13780	18390	22970	28960	45970

(2) 膜片式气缸计算　膜片有效直径 D、厚度 t 与托盘直径 D_0 可按需要的输出轴向力、膜片材料与行程，查表 5-4 决定。

(3) 输出轴向力计算　膜片式气缸的行程越大，膜片变形越大，变形阻力也越大。故输出轴向力因行程大小而不同，计算公式见表 5-5。

表 5-4　膜片有效直径、厚度与托盘直径

膜片有效直径 D /mm	膜片厚度 t /mm	托盘直径 D_0 /mm		活塞杆输出推力/N			
				夹布橡胶膜片		耐油橡胶膜片	
		夹布橡胶膜片	耐油橡胶膜片	$S=0$	碟形膜片 $S=0.3D$ 板形膜片 $S=0.07D$	$S=0$	$S=0.22D$
125	2~3	90	115	3500	2700	4750	3750
160	3~4	115	150	5700	4350	7200	6150
200	4~5	140	180	9000	6800	11000	8750
250	5~6	175	235	14000	11000	17300	15500
320	6~8	225	300	23000	17500	29000	25000
400	8~10	280	375	36000	27000	46500	42000

注：1. 表中输出推力系工作压力 $P=0.4$ MPa 时的数值。

2. S—活塞杆行程。$S=0$ 系膜片起始位置；$S=0.3D$ 与 $S=0.07D$ 分别为碟形与板形夹布橡胶膜片接近终端时的行程；$S=0.22D$ 为耐油橡胶膜片接近终端时的行程。

表 5-5　膜片式气缸作用力计算公式

膜片形状	材料	推杆行程范围	推杆位置	作用力 P 计算公式
碟形膜片	夹布橡胶 耐油橡胶		起始位置 $S=0$	$P = \dfrac{\pi}{4}D_p^2 p = \dfrac{\pi p}{16}(D+D_0)^2$ $P' = \dfrac{\pi p}{16}[(D+D_0)^2 - 4d^2]$
	夹布橡胶	$(0.22~0.35)D$	接近终端位置 $S=0.3D$	$P = \dfrac{0.75\pi p}{16}(D+D_0)^2$ $P' = \dfrac{0.75\pi p}{16}[(D+D_0)^2 - 4d^2]$
圆板形膜片	夹布橡胶	$(0.06~0.07)D$ （单面）	$S=0.07D$	$P = \dfrac{0.75\pi p}{16}(D+D_0)^2$ $P' = \dfrac{0.75\pi p}{16}[(D+D_0)^2 - 4d^2]$
	耐油橡胶 夹布橡胶		$S=0$	$P = \dfrac{\pi}{4}D_0^2 p$ $P' = \dfrac{\pi}{4}(D_0^2 - d^2)p$
	膜片上下均有托盘时	$(0.17~0.22)D$ （单面）	$S=0.22D$	$P = \dfrac{0.9\pi}{4}D_0^2 p$ $P' = \dfrac{0.9\pi}{4}(D_0^2 - d^2)p$

注：1. 表中　P——活塞杆输出的推力（N）；

　　　P'——活塞杆输出的拉力（N）；

　　　p——工作压力（Pa）；

　　　D——膜片有效直径（m）；

　　　D_0——托盘直径（m）；

　　　D_p——膜片环形部分的平均直径（m），$D_p = \dfrac{D+D_0}{2}$；

　　　d——活塞杆直径（m）。

2. 表中公式适用于双向作用气缸；若为单向作用气缸，作用力中应减去弹簧阻力 R（见单向作用活塞式气缸部分）。

3. 夹具空气消耗量计算

夹具空气消耗量计算见表 5-6。

4. 夹具常用气缸的类型和标准

(1) 夹具常用气缸的类型及其应用场合

夹具常用气缸的类型及其应用场合见表 5-7。

(2) 标准气缸选用

1) 直线运动活塞式气缸：我国制订有直线运动活塞式气缸标准系列，用"QG"符号表示，共有 A、B、C、D、H 五个系列，其中 QGB 系列是带有缓冲的标准杆（细杆）气缸，较为适合在夹具中应用，QGA 系列是无缓冲的普通气缸也可采用。此外，也可选用其他行业用的气缸，如 JB 系列冶金设备用气缸，但因缸径较大，只在需要输出较大轴向力时才选用。通常，标准气缸分为轻型、中型、重型三类，轻型气缸缸径范围在 32~63mm 范围内，带有缓冲并可调节，适合工件夹紧使用。表 5-8 为 QGA、QGB、JB 系列基本型气缸技术规格。表 5-9 为 QGA、QGB、JB 系列基本型气缸外形及安装尺寸。

表 5-6 夹具空气消耗量的计算

序号	计算项目	计算条件		公 式	参 数
1	压缩空气消耗量	单向作用气缸		$Q = \frac{\pi}{4}D^2 Ln \times 10^{-6} (\mathrm{m^3/h})$	D——气缸内径(cm) d——活塞杆直径(cm) L——活塞行程(cm) n——活塞往复速度，$n = \frac{v}{2L}(1/\mathrm{h})$ v——活塞平均速度 $D > 60\mathrm{mm}$ 时，$v \approx 1.0\mathrm{m/s}$ $D < 60\mathrm{mm}$ 时，$v \approx 1.5\mathrm{m/s}$
		双向作用气缸		$Q = \frac{\pi}{4}(2D^2 - d^2)Ln \times 10^{-6}(\mathrm{m^3/h})$	
		全部气动设备	同时动作	$Q_1 = K_1 K_2 \sum Q (\mathrm{m^3/h})$	
			不同时动作	$Q_2 = \frac{K_1 K_2}{2} \sum Q (\mathrm{m^3/h})$	
2	标准空气消耗量	一个气缸		$Q_s = \frac{p_1 T_1}{p_A T_0} \sum Q (\mathrm{m^3/h})$	p_1——某气缸的绝对压力(MPa) p_A——标准状态的压力，$p_A = 0.1\mathrm{MPa}$ T_1——某气缸工作状态的温度(K) T_a——标准状态的温度，$T_a = 273\mathrm{K}$ Q——某气缸的压缩空气消耗量($\mathrm{m^3/h}$) K_1——安全系数，取决于系统的泄漏与压力损失，$K_1 = 1.25 \sim 1.50$ K_2——考虑气动设备增加的储备系数 $K_2 = 1.1 \sim 1.5$ p_0——全部气动设备的平均绝对压力(MPa) T_0——全部气动设备的平均工作温度(K)
		全部气动设备	同时动作	$Q_1 = K_1 K_2 \frac{p_0 T_a}{p_A T_0} \sum Q_v (\mathrm{m^3/h})$	
			不同时动作	$Q_2 = \frac{K_1 K_2}{2} \times \frac{p_0 T_a}{p_A T_0} \sum Q_v (\mathrm{m^3/h})$	

表 5-7 夹具气缸类型及其应用场合

类 型		活塞式	膜片式	应 用
按气缸安装方式分	固定式	嵌入式（基体式）		中小型夹具及气缸数量不多处

（续)

类型			活塞式	膜片式	应用
按气缸安装方式分	固定式	耳座式（地脚式）			各种机床夹具
		法兰式（凸缘式）			
	摆动式	轴销式			多用于铰链夹紧机构
	回转式	装在主轴尾部			车床夹具圆磨床夹具等回转夹具
按作用力方向分	单向作用	弹簧复位			简单、耗气量少，可用于各类夹具
		外力（重力）复位			
	双向作用	单面活塞杆	单活塞		可用于各类夹具
			双活塞		用于先定位后夹紧或与夹紧动作有联动要求的机构

第5章 气动、液压、电力、电磁、真空夹具传动系统及其元件和夹具图例

(续)

类型			活塞式	膜片式	应用
按作用力方向分	双向作用	单活塞			活塞杆一端连夹紧机构,另一端装撞块以控制行程
		双面活塞杆			
		缸体固定			用于定心夹紧机构或联动夹紧机构
按增力方式分	活塞串联式	双活塞			在压力、缸径尺寸一定的条件下,多个活塞承受压力,故气缸出力增大,用于夹紧力大处
		三活塞			
	活塞与杠杆组合式	单活塞			用杠杆进一步扩力,或扩大夹紧行程,或得到所需要的夹紧力方向
		双活塞			

表 5-8 QGA、QGB、JB 系列基本型气缸技术规格

缸径/mm			40	50	63	80	100	125	160	180	200	250	320	400
工作压力/MPa			0.4~0.6											
周围介质温度/℃			-10~+80											
输出力/daN（在压力为 0.4MPa 时）	推力	QGA	50	78	124	200	314	490	803		1256	1962		
		QGB	50	78	124	200	314	490	803		1256	1962		
		JB				200	314	490	803	1017	1256	1962	3215	5030
	拉力	QGA	42	65	112	181	294	462	775		1205	1912		
		QGB	42	70	105	181	273	449	753		1024	1884		
		JB				172	285	440	753	938	1177	1808	2960	4770
行程范围/mm		QGA	≤300	≤300	≤800	≤800	≤1500	≤2000	≤2500		≤2500	≤2500		
		QGB	40~300	40~300	63~800	63~800	100~1500	100~2000	160~2500		160~2500	250~2500		
		JB				60~800	60~1500	80~2000	80~2500	100~2500	100~2500	125~2500	160~2500	160~2500
工作寿命/km			≥50											

注：表中输出压力未考虑摩擦力和管路压力损失。

表 5-9 QGA、QGB、JB 系列基本型气缸外形及安装尺寸　　（单位：mm）

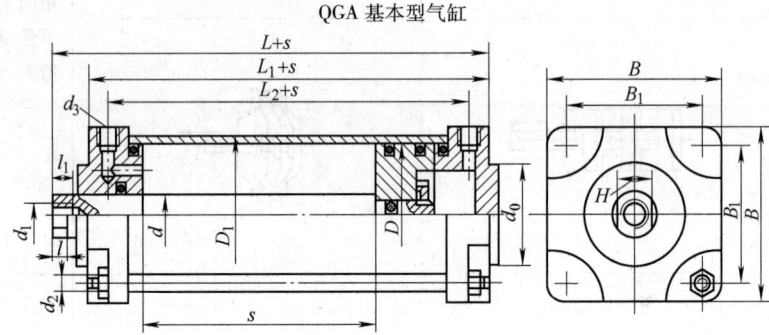

QGA 基本型气缸

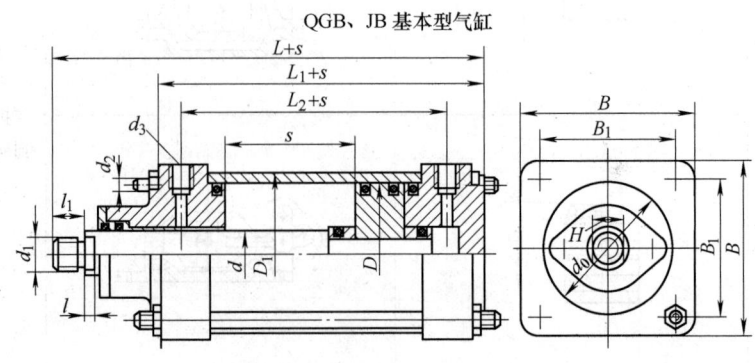

QGB、JB 基本型气缸

(续)

型号	D	d	d_0	d_1	d_2	d_3	D_1	l	l_1	H	B	B_1	L	L_1	L_2
QGA 40	40	16	30	M10×1	M6	M10×1	48	10	15	14	54	40	115	95	70
QGB 40	40	16	50	M12×1.25	M8	M10×1	48	10	30	14	70	50	200	125	95
QGA 50	50	20	30	M12×1.25	M6	M10×1	57	10	20	19	66	48	120	100	75
QGB 50	50	16	50	M12×1.25	M8	M10×1	57	10	30	14	75	55	200	125	95
QGA 63	63	20	30	M12×1.25	M8	M10×1	70	10	20	19	80	60	120	100	75
QGB 63	63	25	63	M20×1.5	M10	M14×1.5	70	10	35	22	90	65	235	145	115
QGA 80	80	25	40	M20×1.5	M10	M14×1.5	89	10	25	24	100	75	128	108	83
QGB 80	80	25	63	M20×1.5	M10	M14×1.5	89	10	35	22	110	80	235	145	115
JB 80	80	30	95	M20×1.5	M12	M14×1.5	89	13	35	24	115	85	240	135	105
QGA 100	100	25	62	M20×1.5	M10	M14×1.5	112	10	25	24	115	90	128	108	83
QGB 100	100	32	80	M27×1.5	M12	M18×1.5	112	15	40	27	130	100	285	175	135
JB 100	100	30	95	M20×1.5	M12	M14×1.5	112	13	35	24	130	100	240	135	105
QGA 125	125	30	75	M24×1.5	M12	M14×1.5	140	10	30	27	150	110	164	144	106
QGB 125	125	32	100	M27×1.5	M12	M18×1.5	140	15	40	27	150	120	285	175	135
JB 125	125	40	130	M24×2	M16	M18×1.5	140	15	40	36	160	120	310	180	140
QGA 160	160	30	75	M24×1.5	M16	M18×1.5	180	10	30	27	190	144	164	144	109
QGB 160	160	40	125	M30×1.5	M16	M22×1.5	180	15	50	32	190	150	343	205	165
JB 160	160	40	130	M24×2	M16	M18×1.5	180	15	40	36	190	150	310	180	140
JB 180	180	50	170	M30×2	M20	M18×1.5	194	18	50	41	220	170	350	190	150
QGA 200	200	40	80	M30×1.5	M20	M18×1.5	219	10	35	36	230	180	212	192	138
QGB 200	200	40	160	M30×1.5	M16	M22×1.5	219	15	50	32	230	190	343	205	165
JB 200	200	50	170	M30×2	M20	M18×1.5	219	18	50	41	240	190	350	190	150
QGA 250	250	40	80	M30×1.5	M20	M22×1.5	273	10	35	36	280	224	212	192	138
QGB 250	250	50	200	M39×1.5	M20	M27×2	273	15	60	41	280	230	410	250	200
JB 250	250	70	200	M42×3	M24	M27×2	273	35	60	65	290	230	450	240	180
JB 320	320	90	240	M56×4	M30	M33×2	350	35	70	75	350	280	520	260	200
JB 400	400	90	240	M56×4	M30	M33×2	426	35	70	75	430	350	520	260	200

2) QGV膜片式气缸，表5-10为国内生产过的QGV系列膜片式气缸规格。

3) 回转式气缸：表5-11为国内生产过的双活塞回转式气缸规格，主要用于车床气动夹具，因为车床夹具需要较大的夹紧力，所以采用双活塞。

表 5-10 QGV 系列膜片气缸　　　　　　　　　　（单位：mm）

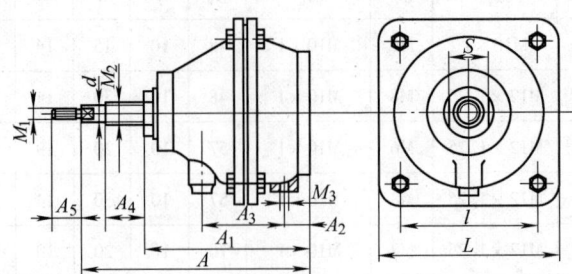

内径	d	S	A	A_1	A_2	A_3	A_4	A_5	L	l	M_1-6g	M_2-6g	M_3-6g	推力/N（压力 0.4MPa）
80	16	40	206	130	20	65	30	24	115	90	M12×1.25	M24×2	M10×1	968
100	16	40	206	130	20	65	30	24	135	105	M12×1.25	M24×2	M10×1	1389
125	16	40	206	130	20	65	30	24	160	125	M12×1.25	M24×2	M10×1	2011

注：1. 工作压力：0.15～1MPa。
　　2. 环境温度：-10～80℃。
　　3. 本气缸为单作用气缸，如拆去复位弹簧，可改为双作用气缸使用。

表 5-11 双活塞回转式气缸的主要规格　　　　　　　（单位：mm）

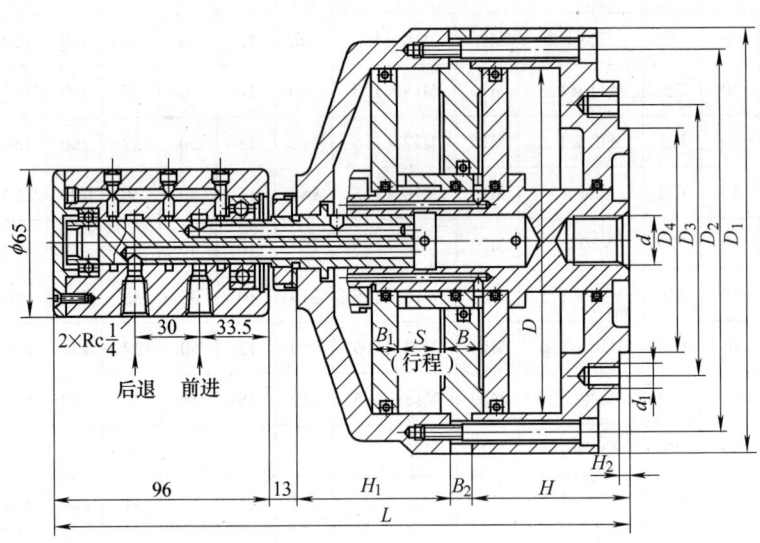

D	S	D_1	D_2	D_3	D_4	B	B_1	B_2	H	H_1	H_2	L	d	d_1	$P^①$/N
125	20	160	140	100	80	16	10	8	60	68	5	249	M16	M10	9500
160	25	195	175	125	100	18	12	10	74	74	5	271	M20	M10	16500
200	30	235	215	160	125	20	14	12	80	82	5	287	M22	M12	26500
250	35	285	265	200	160	24	16	11	98	90	5	315	M24	M14	42500
320	40	355	335	250	200	26	18	16	105	96	6	330	M27	M16	70000
400	52	435	415	320	250	28	20	18	120	112	6	363	M30	M18	110000

① 在气压为 0.5MPa 时活塞杆上的拉力。

5.2.4 气动夹具应用图例

1. 气动车削夹具

（1）缸体深孔车双爪气动卡盘　图 5-3 是用于加工风动工具缸体的车床夹具。在转塔车床上用套料刀加工 φ75.4mm 工件，以前端的 φ94mm 外圆、后端 φ96mm 外圆及端面为基准定位，限制 5 个自由度。安装时，要使毛坯中部突出部分位于活动夹爪 8 内侧。工件后端以三爪锥面定位，前端用双爪卡盘定心夹紧。安装工件时，操纵气门使拉杆 11 及连接头 10 右移，经连杆 3、压杆 4 使上下滑块 6、7 分开，用手扳开活动夹爪 8，将工件后端放在定位座 5 的三爪锥面上，前端外圆架在固定夹爪 9 上，用手放下活动夹爪 8，操纵气门，使拉杆 11 向左拉，便可使夹爪 8、9 将工件定心夹紧。卸工件时，操纵气门夹爪松开，用手扳开活动夹爪 8 便可取出工件。夹具体 2 通过联接盘 1 与机床主轴相联。拉杆 11 与表 5-10 所示回转式气缸中的活塞杆相连接，气缸的轴向力就可操作卡盘上的夹爪。

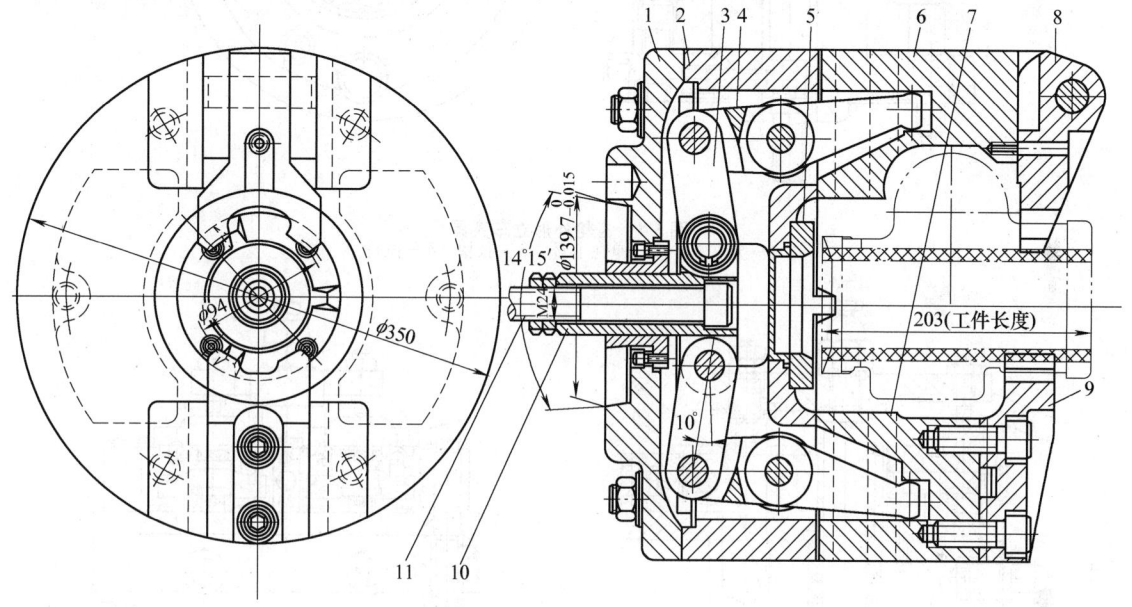

技术要求

在机床上夹持检验用样棒，其外圆全跳动公差0.05mm。

图 5-3　缸体深孔车双爪气动卡盘
1—联接盘　2—夹具体　3—连杆　4—压杆　5—定位座　6、7—上下滑块　8—活动夹爪
9—固定夹爪　10—连接头　11—拉杆

2）齿轮外形车夹具　图 5-4 用于立式多工位车床上车削齿轮外形。工件以内孔及端面为基准在胀块 3 和定位座 1 上定位。拉杆 4 带动胀块 3 下移时，在两端锥面的作用下三块胀块外胀定心并夹紧工件。拉杆 4 向上时，胀块 3 在弹性卡环 2 的作用下同时收缩，松开工件。拉杆 4 和安装在旋转工作台下的活塞杆（见表 5-11）相连接，气缸的轴向力就可操作夹具上胀块的松紧。

2. 气动钻模

图 5-5 是滚轮体径向孔气动钻模，用于多工位卧式组合钻床，钻滚轮体上径向孔，一次安装 4 件。工件以外圆、盲孔的内端面和槽口在定位块 1 和定位板 12 组成的 V 形槽及支承钉 4 和压板 7 上定位。工件安装后，将压板 7 放入工件的槽内，然后活塞 3 带动叉形板 6 和斜楔 8 向下，通过滚轮 9 推连接板 10 向右，带动螺杆 11 和压板 7 将工件压紧在 V 槽内。活塞 3 继续向下，斜楔 8 不动，叉形板 6 和可调螺钉 5 绕斜楔 8 上的垫圈球面作微量摆动，通过压板 7 从顶端压紧工件。

3. 气动铣床夹具

图 5-6 是制动蹄片端面气动铣夹具，在立铣上铣削前、后制动蹄片端面。工件以销孔、被铣削部位的侧面和凸缘面在圆柱销 2、钳口 5 和支承杆 6 上定位。工件先放在支承板 7 上预定位，接通气源，气缸 1 的活塞推动圆柱销 2 插入工件定位孔，然后气缸 3 工作，活塞杆 4 推动楔块 10，通过杠杆 9 使压板 8 夹紧工件。

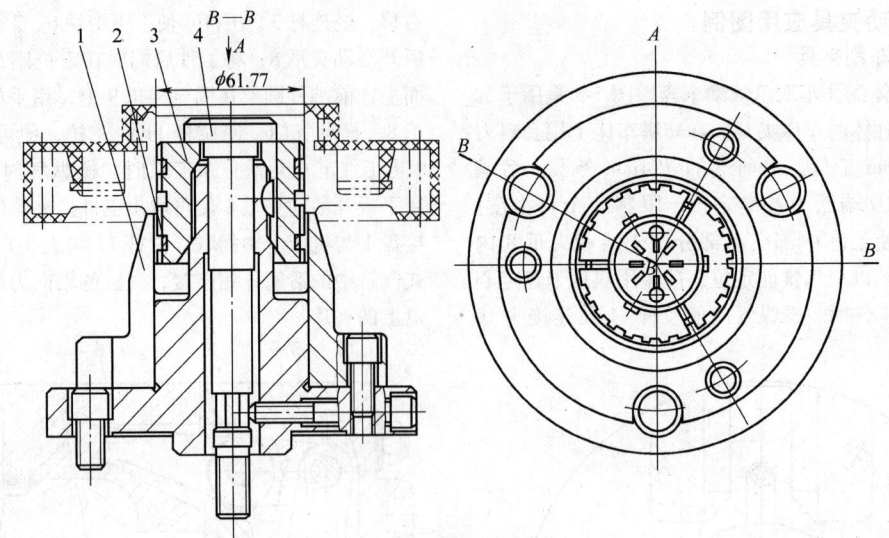

图 5-4 齿轮外形立车夹具
1—定位座 2—弹性卡环 3—胀块 4—拉杆

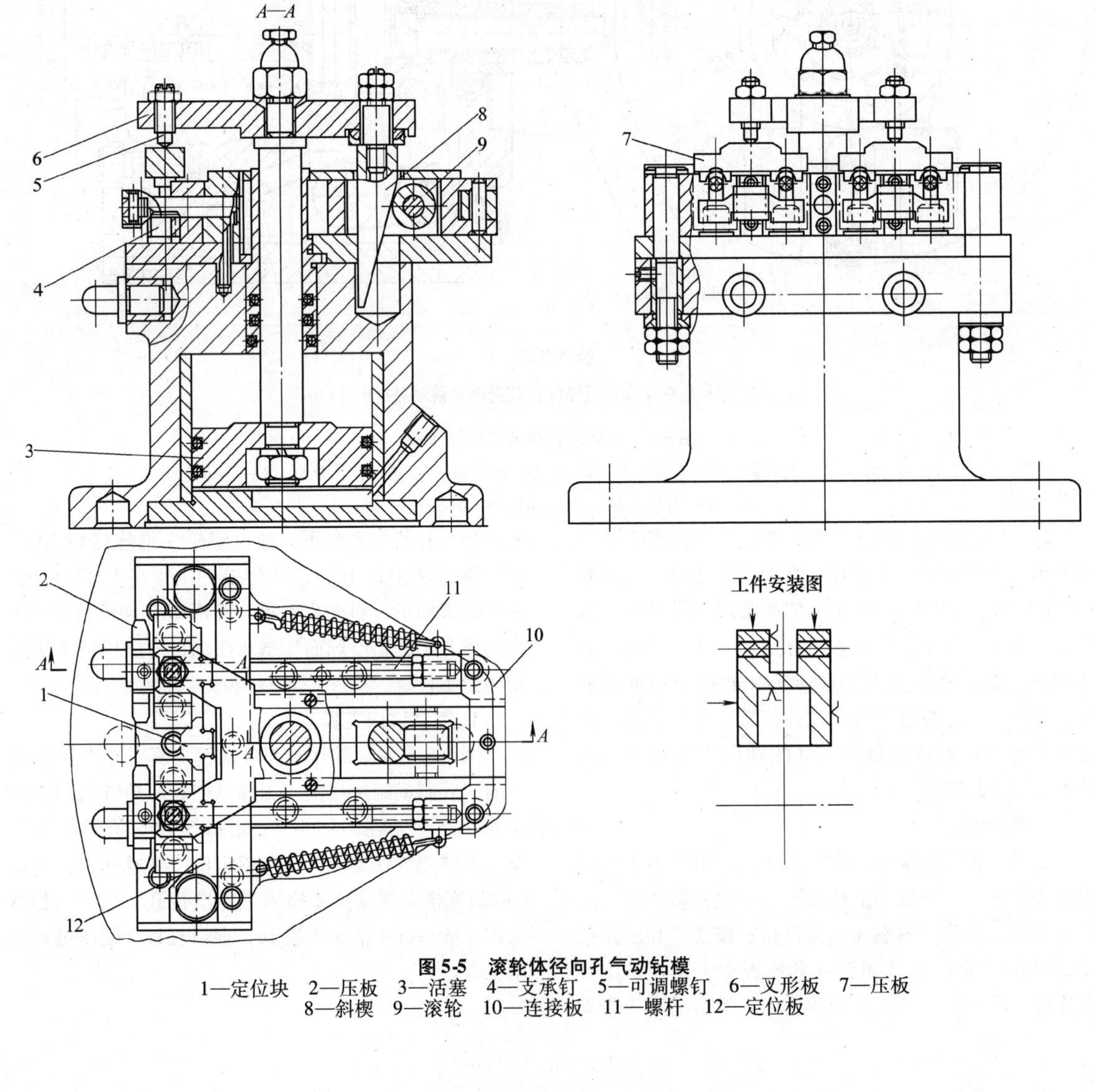

图 5-5 滚轮体径向孔气动钻模
1—定位块 2—压板 3—活塞 4—支承钉 5—可调螺钉 6—叉形板 7—压板
8—斜楔 9—滚轮 10—连接板 11—螺杆 12—定位板

第5章 气动、液压、电力、电磁、真空夹具传动系统及其元件和夹具图例

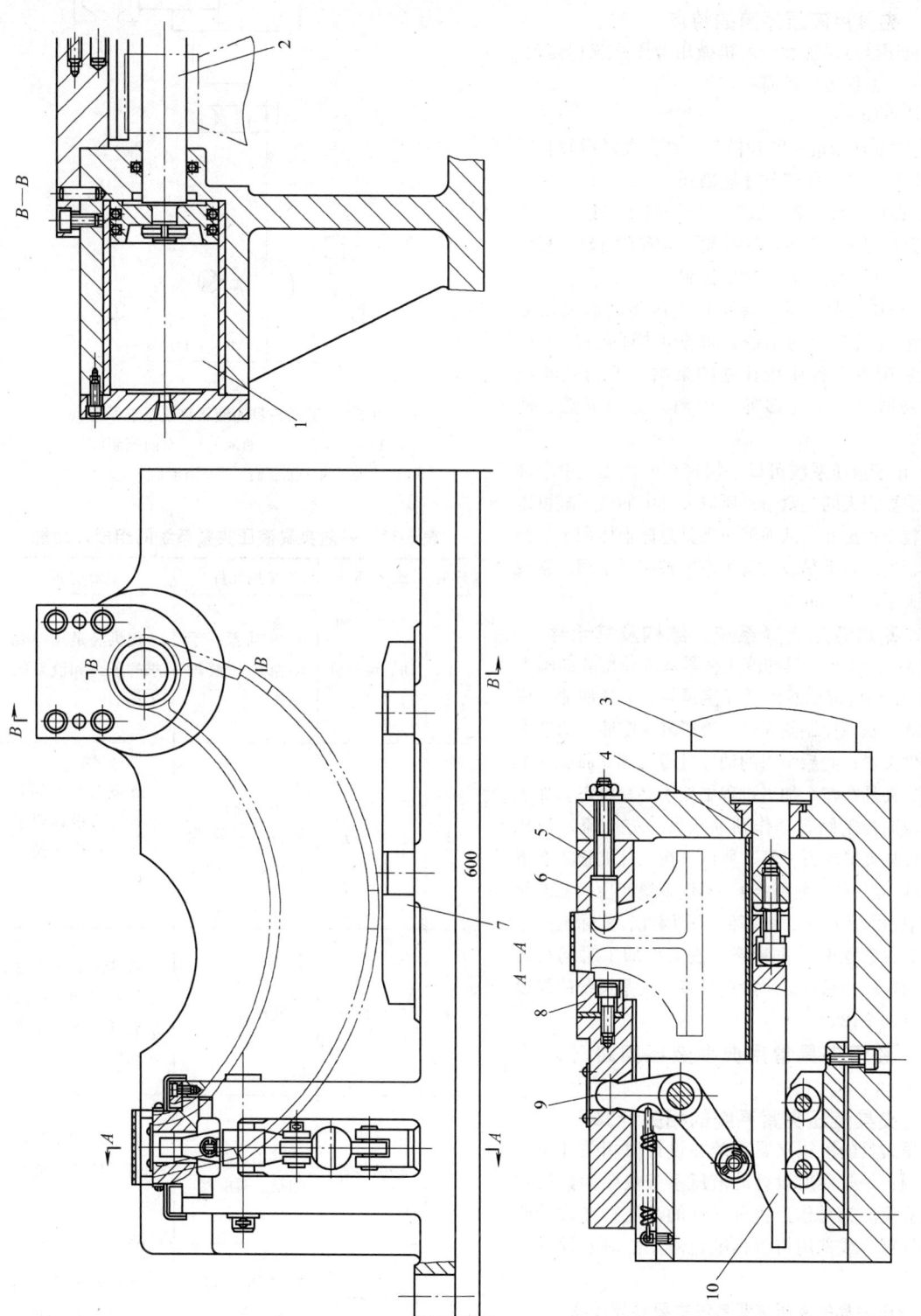

图 5-6 制动蹄片端面气动铣夹具

1—气缸 2—圆柱销 3—气缸 4—活塞杆 5—钳口 6—支承杆 7—支承板 8—压板 9—杠杆 10—楔块

5.3 液压夹具和液压夹紧的动力源

5.3.1 夹具用液压系统的特点

夹具用液压系统和一般机械用液压系统相比较，功能单一、系统也比较简单。

其特点如下：

1) 主要功能是夹紧和松开工件，夹紧后较长时间保持油压，加工完工件才能松开。

2) 夹具上有数个油缸时，可同时工作或顺序工作，多数情况下只需要顺序控制，只有在自动化程度较高的夹具中才需要较复杂的控制。

3) 液压夹紧的动力源不像气压传动需要依赖空气压缩机站和管网系统，根据不同的情况可以为单台机床或设备使用独立的泵站、手动式液压泵、气液增力装置等多种动力源，机动灵活、使用方便。

4) 由于液压系统可以采用较高的油压，单个油缸并不需要很大的夹紧力，所以夹具中的液压缸可以制作成较小的尺寸，从而液压夹具总体上体积小、结构紧凑，所以在批量较大的生产中被广泛采用，常成为夹具夹紧动力源的首选。

5.3.2 基本液压夹紧系统、结构及其元件

图 5-7 为液压夹具的液压夹紧系统原型。如图 5-7 所示，电动机带动液压泵（定量泵）1 从油池 2 中吸油，通过双向控制阀 3 进入液压缸 4 空腔，活塞右移将工件夹紧；此后泵出的油经过溢流阀 5 回流入油池 2 中，夹具在整个加工过程中处于夹紧状态。加工完毕，双向控制阀 3 动作则油从另一方向流入液压缸，工件从夹紧状态松开。所以，在工件夹紧状态下泵出的油不经做功就回油池，不仅系统产生大量的热量，还浪费大量电能，效率低下；因此，实际生产中只有夹具夹紧松开动作频繁下或工件加工时间很短时，才用这样的系统。一般夹具液压夹紧系统的组成及功能见表 5-12。

5.3.3 液压夹具常用典型液压回路（表 5-13）

5.3.4 夹具液压夹紧系统的相关计算

液压夹具的液压夹紧系统在设计时相关计算主要有两项：一是对所设计的液压系统主要参数进行计算或验算。二是作为执行元件的液压缸在设计时所作的计算，或选用市售标准化液压缸时必须进行的验算。

1. 液压夹具的液压夹紧系统主要参数计算

设计夹具时，应该计算夹具的液压夹紧系统主要参数项目、公式及说明见表 5-14。

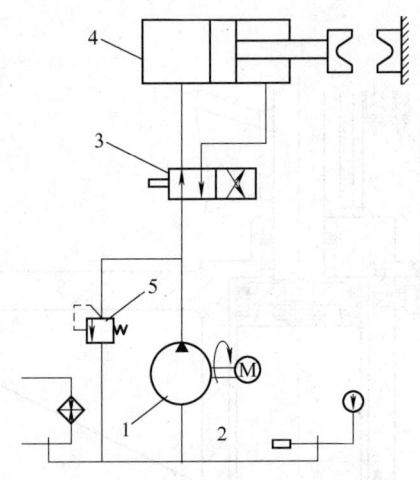

图 5-7 液压夹具的液压夹紧系统原型
1—液压泵 2—油池 3—双向控制阀
4—液压缸 5—溢流阀

表 5-12 一般夹具液压夹紧系统的组成及功能

序号	组成部分	常用元件	主要功能
1	动力源部分	电动泵、手动泵、气液增压器	提供满足预定要求的压力和流量的工作油
2	控制部分	方向阀、稳压阀、过载保护阀、压力表	保证系统各部分准确完成设计要求的各种动作和循环过程
3	执行部分	液压缸	将液压的压力能量转换为机械能，使夹紧机构产生夹紧动作
4	辅助装置	管道、接头、油箱、蓄能器	和一般液压系统同名附件的功能相同
5	定位夹紧部分	定位装置、夹紧装置	和夹具上同名装置功能完全等同

第5章　气动、液压、电力、电磁、真空夹具传动系统及其元件和夹具图例

表5-13　液压夹具常用典型液压回路

序号	回路类型	回路简图	组成元件	说　　明
1	变量泵回路		M—电动机 1—变量叶片泵 2—溢流阀 3—换向阀 4—液压缸	用变量液压泵供油，开始夹紧时泵为低压大流量状态；夹紧后压力升高并自动减小流量，避免了定量泵的缺点。它适用于无自锁机构的夹具。但购置变量泵成本较高
2	用软管作蓄能器的稳压回路		M—电动机 1—液压泵 2—溢流阀 3—单向阀 4—三位四通换向阀 5—软管 6—液压缸	工件夹紧后换向阀处于中间位置。此时在油压作用下软管膨胀、积蓄能量并有稳压作用，油温也不升高。它适用于无自锁机构的夹具。加工时间不宜太长，但软管作蓄能器成本较低
3	带蓄能器和联锁装置的稳压回路		M—电动机 1—液压泵 2—溢流阀 3—单向阀 4—压力表 5—压力继电器 6—气囊式蓄能器 7—换向阀 8—液压缸	由定量泵供油，当活塞向右夹紧工件后，蓄能器充油，油压增高，压力继电器动作切断电动机电路使液压泵停止工作。压力由蓄能器保持。当压力低于预定压力时压力继电器又接通电动机，使用泵供油，油压上升至原来预定压力。它用于加工时间较长的机床夹具。这样既可节省电能又可防止油温过高
4	两缸顺序动作回路（1）		M—电动机 1—液压泵 2—溢流阀 3—压力表 4—换向阀 5、6—顺序阀 A—定位或夹紧液压缸 B—夹紧或加工用液压缸	用顺序阀控制，顺序阀5控制液压缸A先动作（前进），液压缸B后动作（前进）；顺序阀6控制的动作（后退）恰好与上相反，液压缸B先动作，液压缸A后动作

(续)

序号	回路类型	回路简图	组成元件	说明
5	两缸顺序动作回路（2）		M—电动机 1—液压泵 2—溢流阀 3—换向阀 4—单向阀 A—定位或夹紧液压缸 B—夹紧或切削加工用液压缸	当先动作的液压缸 A 的活塞移动到一定距离后，就接通后动作的液压缸 B 的油路来进行控制
6	两缸同步动作回路		1—平移压板 2—齿轮 3—齿条 4—液压缸 5—换向阀 6—溢流阀	用齿轮齿条连接两活塞，也可用连接杆连接，可以获得两缸良好的同步动作。用于两处需要同时夹紧的夹具
7	顺序和同步综合控制回路		1—手动换向阀 2—定位液压缸 3、8—顺序阀 4、5—夹紧液压缸（要求同步） 6、7—单向节流阀	顺序动作由顺序阀 3 和 8 控制，同步动作由节流阀 6 和 7 控制

表 5-14 夹具液压系统主要参数计算

分类	计算项目	计算公式	参数及说明
活塞作用力 P 的确定	液压缸密封装置摩擦阻力 P_3	$P_3 = 0.003P$	适用于 O 形密封圈，油压 $P < 10\text{MPa}$，活塞杆与活塞直径比为 1/2；P_3 单位为 N
		$P_3 = \pi DHK$	适用于 V 形密封圈；D——密封处直径(m)；H——密封处有效宽度(m)；K——单位接触面的摩擦力，对于矿物油 $K = 0.22\text{MPa}$
		$P_3 = f\pi pDH$	适用于 Y 形密封圈；f——摩擦因数，取值为 $f = 0.06 \sim 0.08$；P——密封处的工作压力(MPa)；D——密封处直径(m)；H——密封处有效宽度(m)
	回油腔作用力 P_4	$P_4 = P_4' F$	F——液压缸回油腔有效面积(m^2)；P_4'——液压缸回油腔背压(MPa)，当用节流阀出口节流时，$P_4' = 0.2 \sim 0.4\text{MPa}$；当用调速阀出口节流时，$P_4' = 0.5\text{MPa}$；$P_4$ 单位为 N

(续)

分类	计算项目	计算公式	参数及说明
活塞作用力 P 的确定	活塞作用力 P	$P = \sum P_1 + \sum P_2 + \sum P_3 + P_4 + P_5$	$\sum P_1$——沿活塞运动方向的夹紧力（或力矩）所要求的作用力总和（N）；$\sum P_2$——夹紧部件运动部分的摩擦阻力总和（N）；P_5——运动部件惯性力，$\sum P_1$、$\sum P_2$、P_5 均按夹具具体结构进行计算，单位为 N；P 单位为 N
	活塞作用力 P 近似计算	$P = \dfrac{\sum P_1}{\eta}$	$\sum P_1$ 意义同上；η——考虑各种损失的有效系数，通常取 $\eta = 0.7 \sim 0.95$（液压缸偏小时取大值）；对于单作用液压缸，只考虑弹簧阻力
油管截面尺寸确定	油管内径 d	$d = 4.6\sqrt{\dfrac{Q}{v}}$	Q——通过油管流量（L/min）；v——油管中允许的流速（m/s）；对吸油管和回油管 $v = 1.5 \sim 2.5$ m/s（流量大时取大值）；对压油管 $v = 3 \sim 5$ m/s（压力高、流量大、管道短时取大值）；d 单位为 mm
	油管壁厚 δ	$\delta = \dfrac{pd}{2[\sigma]}$	p——油管内油的工作压力（MPa）；d——油管内径（mm）；$[\sigma]$——油管材料的许用应力（MPa）；δ 单位为 mm
	油管许用应力 $[\sigma]$	$[\sigma] = \dfrac{\sigma_b}{n}$	σ_b——抗拉强度（MPa）；n——安全系数；$p < 7$MPa，$n = 8$；$p < 17$MPa，$n = 6$；$p > 17$MPa，$n = 4$；$[\sigma]$ 的单位为 MPa，用铜管时取 $[\sigma] \leq 98$MPa；用铜管时取 $[\sigma] \leq 24.5$MPa
液压泵流量计算	单缸工作时液压缸（活塞）往复动作一次的流量	$Q_p = \dfrac{v_{max}F}{10}$	v_{max}——液压缸（活塞）最大移动速度（m/min）（按工作要求确定）；F——液压缸（活塞）有效工作面积（cm²）；Q_p 的单位为 L/min
	多缸同时工作时的流量 Q_P	$Q_P \geq K(\sum Q_{max})$ $= K\left(\sum \dfrac{Q_{max}F}{10}\right)$	K——考虑系统漏油和稳压的溢流量，取 $K = 1.1 \sim 1.3$；$\sum Q_{max}$——多个顺序动作液压缸同时动作的最大流量总和（L/min），按所需流量最大者确定其流量；Q_p 的单位为 L/min
液压泵电动机选择	电动机功率 P_m/kW	$P_m = \dfrac{1.02 p_b Q_b}{612 \times 10^5 \eta}$	p_b——液压泵的输出油压力（MPa）；Q_b——液压泵在压力为 p_b 时的流量（L/min）；η——液压泵总效率；包括容积效率与机械效率的乘积，一般取值为 $\eta = 0.5 \sim 0.8$（P_b 和 Q_b 较小时取小值）；P_m 的单位为 kW

2. 液压缸的主要设计参数计算或验算

1）液压缸本身的主要参数计算或验算

液压缸尽可能都为选用市售或向有关液压件工厂订购，少数情况下需要自行设计，但大部标准化液压缸行程长、体积大、推拉力大并不适合夹具上用。已有专门生产夹具液压缸和夹紧液压系统的专门工厂，有关液压缸结构及其标准将在下一节详细介绍。无论设计或选购都必须对液压缸尺寸等进行相关的计算或验算。

夹具中常用的三类液压缸的主要参数的计算项目、公式及说明见表5-15。

表5-15 夹具中液压缸的主要参数的计算与验算

(1) 液压缸主要参数计算			
油缸类型	计算简图	计算项目	计算公式	参数及说明

油缸类型	计算简图	计算项目	计算公式	参数及说明
往复活塞式液压缸	(图示)	推力工作时缸径 D	$D = 1.13\sqrt{\dfrac{P}{p}}$	P——活塞最大作用力（N）计算见表 5-14 p——液压缸工作压力（MPa），夹紧液压缸一般取 $1.5 \sim 5.0$MPa d——活塞杆直径（m），$p < 2$MPa，$d = (0.2 \sim 0.4)D$；$p = 2 \sim 5$MPa，$d = 0.5D$；$p = 5 \sim 10$MPa，$d = 0.7D$ D 的单位为 m
		拉力工作时缸径 D	$D = \sqrt{1.27\dfrac{P}{p} + d^2}$	

(续)

油缸类型	计算简图	计算项目	计算公式	参数及说明
往复活塞式液压缸		无杆腔最大流量 Q_1，有杆腔最大流量 Q_2	$Q_1 = \dfrac{\pi D^2}{40} v_1$ $Q_2 = \dfrac{\pi}{40}(D^2 - d^2) v_2$	D——油腔内径(cm) d——活塞杆直径(cm) v_1——无杆腔工作时活塞移动速度(m/min) v_2——有杆腔工作时活塞移动速度(m/min) (v_1，v_2 根据工作需要确定) Q_1、Q_2 单位为 L/min
齿条活塞式液压缸		齿轮输出转矩 T_0	$T_0 = \dfrac{\pi D^2}{8} p \eta D_g$ $\approx 0.4 p D^2 \eta D_g$	p——液压缸工作压力(MPa) D——液压缸内径(m) D_g——齿轮节圆直径(m) η——考虑摩擦的有效系数，一般 $\eta = 0.7 \sim 0.9$ T_0 单位为 N·m
		齿轮轴的角速度 ω	$\omega = \dfrac{8Q}{\pi D^2 D_g}$	Q——输入液压缸的流量(m³/min) ω 单位为 rad/s
叶片式液压缸（转子液压缸）		输出转矩 T_0	单叶片： $T_0 = T_1 - T_2 - \sum T_3$ 双叶片： $T_0 = T_1 - \sum T_3$	T_0——液压缸的输出转矩(N·m) T_1——输入转矩(N·m) P——叶片上的作用力(N) R——转轴中心到叶片中点的距离(m) Z——叶片数 p_1——油的工作压力(MPa) p_2——回路压力(MPa) b——叶片宽度(m) D——液压缸内径(m) d——叶片轴(转子)直径(m)
		输入转矩 T_1	$T_1 = ZPR$ $= \dfrac{Zb(D^2-d^2)\times(p_1-p_2)}{8}$	
		轴承摩擦阻力矩 T_2	$T_2 = p_1 f b d r \sin \dfrac{\theta}{2}$	T_2——油液作用于转子外圆柱面的作用力而形成的轴承中的摩擦阻力矩(N·m) f——轴承中的摩擦因数 滑动 $f = 0.1$ 滚动 $f = 0.08$ r——轴承中摩擦力作用半径(cm) θ——叶片(转子)回转角度(rad)
		密封圈摩擦阻力矩 T_3	$T_3 = P_1 r_1$	P_1——密封处的摩擦阻力(N) r_1——摩擦阻力的作用力臂(m) T_3 单位为 N·m

(续)

油缸类型	计算简图	计算项目	计算公式	参数及说明
叶片式液压缸(转子液压缸)		液压缸所需流量 Q	$Q = \dfrac{\pi}{4000}(D^2-d^2)bn$	D——液压缸内径(m) b——叶片宽度(m) n——输出轴(转子)转速(r/min) d——叶片轴(转子)直径(m) Q 的单位为 L/min
		输出轴的角速度 ω	$\omega = \dfrac{400Q}{3b(D^2-d^2)}$	D——液压缸内径(m) d——叶片轴(转子)直径(m) Q——输入液压缸的流量(m^3/min) ω 单位为 rad/s
		丝杠输出轴向力 F_a(输出轴连接丝杆)	$F_a = \dfrac{M}{r_2\tan(\alpha+\phi)}$ $= \dfrac{pbZ(D^2-d^2)f}{8r_2\tan(\alpha+\phi)}$	r_2——丝杠中径之半(m) α——螺纹升角 ϕ——螺旋副间诱导摩擦角,对于梯形螺纹 $\tan\phi = \dfrac{f}{\cos15°}$ f——材料的摩擦因数 F_a 单位为 N

2) 液压缸壁厚和端盖螺栓强度验算

由于液压缸中的油压比较高,也需要对液压缸壁厚和端盖螺栓强度进行验算,以确保安全。验算项目及公式见表5-16。

表5-16 液压缸壁厚和端盖螺栓强度验算

分类	计算项目	计算公式	参数及说明
液压缸壁厚验算	薄壁缸筒($h/D \leq 1/10$ 的无缝钢管)	$h \geq \dfrac{p_y D}{2[\sigma]}$(cm)	p_y——试验油压,$p_y = (1.2 \sim 1.3)p$ (MPa) p——工作油压(MPa) D——液压缸内径(cm) $[\sigma]$——缸体材料许用应力(MPa)
	厚壁缸筒($h/D > 1/10$ 的铸锻件液压缸)	$D_1 \geq D\sqrt{\dfrac{[\sigma]+0.4p_y}{[\sigma]-1.3p_y}}$(cm) $\sigma = \left(\dfrac{0.4D^2+1.3D_1^2}{D_1^2-D^2}\right)p_y \leq [\sigma]$	D_1——液压缸外径(cm) D——液压缸内径(cm) p_y——试验油压(MPa) $[\sigma]$——缸体材料许用应力(MPa) σ——液压缸压力为 p_y 时缸体上最大应力(MPa)
	缸体材料许用应力$[\sigma]$	锻钢:$p = 17.6 \sim 19.6$MPa,$[\sigma] = 98 \sim 117.6$MPa 铸钢:$p = 4.9$MPa, $[\sigma] = 98 \sim 107.8$MPa 铸铁:$p < 9.8$MPa, $[\sigma] = 58.4$MPa 钢管:$p < 19.6$MPa, $[\sigma] = 98 \sim 107.8$MPa	

(续)

分类	计算项目	计算公式	参数及说明
液压缸端盖螺栓验算	螺纹连接处拉应力 σ	$\sigma = \dfrac{4KP}{\pi d_1^2 Z}(\text{MPa})$	K——拧紧螺纹系数,$K=1.12\sim1.5$ K_1——螺旋副间摩擦因数,$K_1=0.12$ P——液压缸端盖的最大作用力(N) d_1——螺纹小径(m) d_2——螺纹中径(m) α——螺纹螺旋升角(°) ϕ——螺纹副间诱导摩擦角(°) Z——螺栓的个数
	螺纹连接处切应力 τ	$\tau = \dfrac{K_1 P d_2 (\alpha+\phi)}{0.4 d_1^3 Z}$ $\approx (0.55\sim0.6)\sigma(\text{MPa})$	

5.3.5 液压夹具用液压缸结构和尺寸

1. 夹具用液压液压缸概述

自20世纪80年代以后我国陆续制订了液压元件的国家标准,其中也包括液压缸的标准。

我国至今尚未制订出夹具专用的液压缸的结构标准。

夹具用液压缸的主要差异是安装方式和机械结构的不同。安装方式有端盖连接式、法兰连接式、耳环连接式和底座连接式等,对液压夹具来说,除上述安装方式外,由于小型化的结果,很多夹具采用螺纹旋入式。

2. 夹具用小型液压缸

1)表5-17~表5-22列出六种液压夹具用小型液压缸结构及其尺寸。

2)表5-23~表5-30为国内某厂生产的夹具液压缸、支承液压缸和转动压板液压缸。

表5-17 后部凸缘固定式单面动作液压缸　　　　(单位:mm)

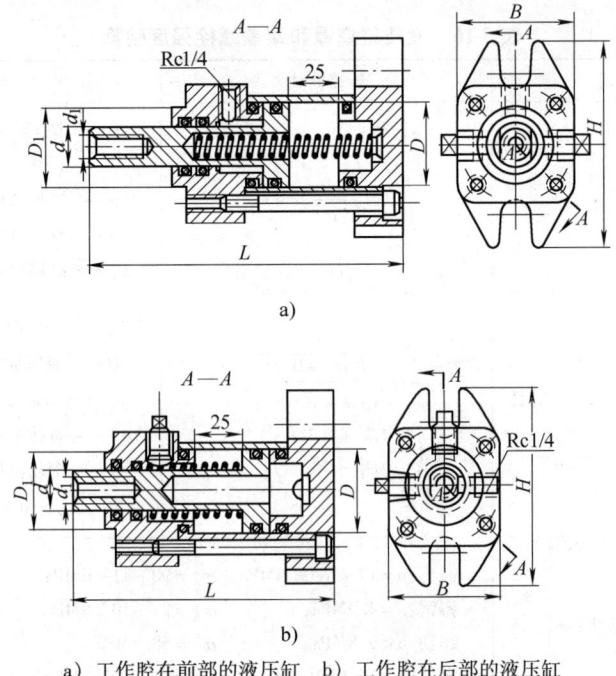

a) 工作腔在前部的液压缸　b) 工作腔在后部的液压缸

(续)

D	D_1	L	H	B	d	d_1	质量/kg	最大工作油压/MPa
40	40	137	105	60	20	M12	2.39	
50	45	140	115	70	25	M16	3.35	8
60	50	140	125	80	30	M20	4.34	

注：除单面动作液压缸之外，尚有相同规格的双面动作液压缸，不同之处为单面动作液压缸内腔的一端有弹簧（作活塞返回之用）。双面动作液压缸内腔中无弹簧。

表 5-18　前部凸缘固定式单面动作液压缸　　　　　　（单位：mm）

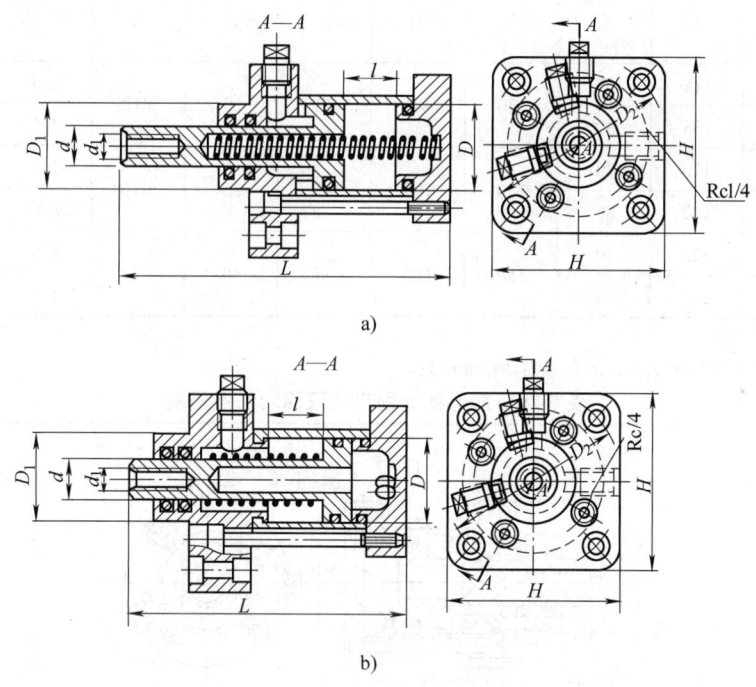

a) 工作腔在前部的液压缸　b) 工作腔在后部的液压缸

D	l	D_1	D_2	L	H	d	d_1	质量/kg	最大工作油压/MPa
40	25	40	85	155	80	20	M12	2.4	
40	50	40	85	215	80	20	M12	2.6	
50	25	45	95	153	88	25	M16	2.5	8
50	50	45	95	218	88	25	M16	3.0	
60	25	50	110	160	102	30	M20	4.3	
60	50	50	110	230	102	30	M20	4.7	

注：除单面动作液压缸之外，尚有相同规格的双面动作液压缸。

表 5-19 耳座固定式单面动作液压缸　　　　　　　　　　　　（单位：mm）

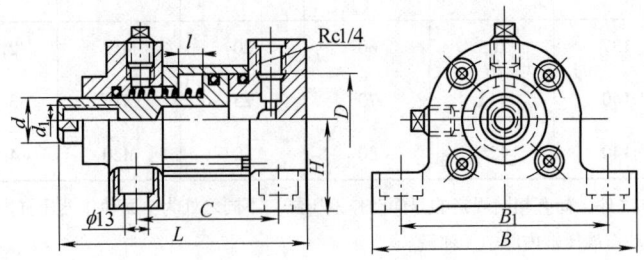

D	l	L	C	B	B_1	H	d	d_1	质量/kg	最大工作油压/MPa
40	10	118	65	120	95	40	20	M12	2.3	8
40	25	138	80	120	95	40	20	M12	2.6	8
50	10	120	70	130	105	45	25	M16	3.2	8
50	25	140	85	130	105	45	25	M16	3.35	8
60	10	125	70	150	125	55	30	M20	4.3	8
60	25	140	85	150	125	55	30	M20	4.5	8

注：1. 工作腔在后部。
2. 除单面动作液压缸之外，尚有双面动作液压缸。

表 5-20 前部螺纹固定式双面动作液压缸　　　　　　　　　　　　（单位：mm）

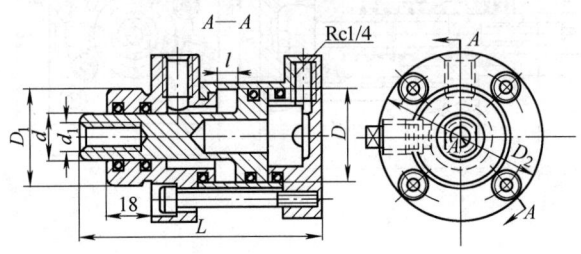

D	l	D_1	D_2	L	d	d_1	质量/kg	最大工作油压/MPa
40	10	M42×2	72	110	20	M12	1.67	8
40	25	M42×2	72	125	20	M12	1.75	8
40	50	M42×2	72	150	20	M12	1.91	8
50	10	M45×2	85	113	25	M16	2.35	8
50	25	M45×2	85	128	25	M16	2.44	8
50	50	M45×2	85	153	25	M16	2.67	8
60	10	M52×2	102	115	30	M20	3.25	8
60	25	M52×2	102	130	30	M20	3.45	8
60	50	M52×2	102	155	30	M20	3.82	8

表 5-21　铰接摆动式双面动作液压缸　　　　　　　　　　　（单位：mm）

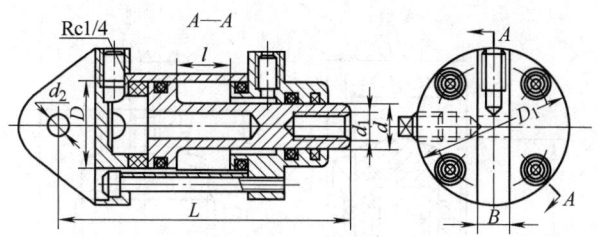

D	l	D_1	L	d	d_1	d_2	B	质量/kg	最大工作油压/MPa
40	25	72	144	20	M12	10.2	14	1.7	
	50		169					1.85	
50	25	85	148	25	M16	13.2	18	2.55	8
	50		173					2.80	
60	25	102	153	30	M20	16.2	22	3.5	
	50		178					3.8	

表 5-22　单面动作小液压缸　　　　　　　　　　　（单位：mm）

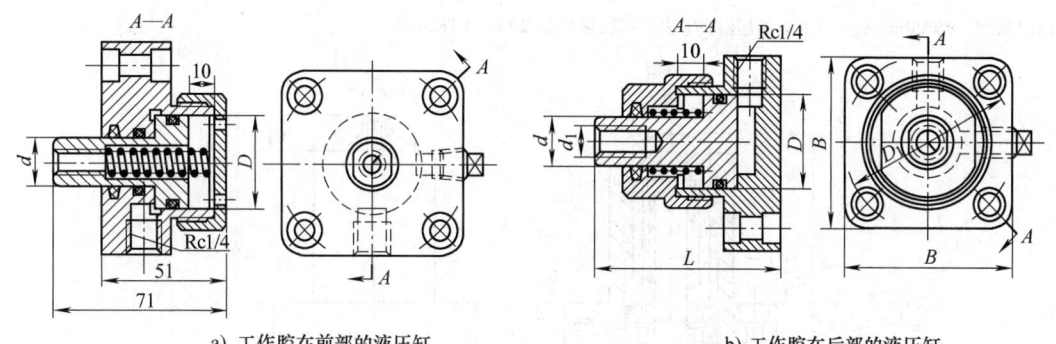

a) 工作腔在前部的液压缸　　　　　　　b) 工作腔在后部的液压缸

D	D_1	L	B	d	d_1	质量/kg	最大工作油压/MPa
40	70	78	70	20	M12	1.33	
50	80	80	75	25	M16	1.7	8
60	95	86	85	30	M20	2.22	

表 5-23　YTX10-88 推力液压缸（旋入式）技术参数　　（单位：mm）

标记示例　$d = 20\text{mm}$ 的 A 型推力液压缸（旋入式），液压缸 20A YTX10-88

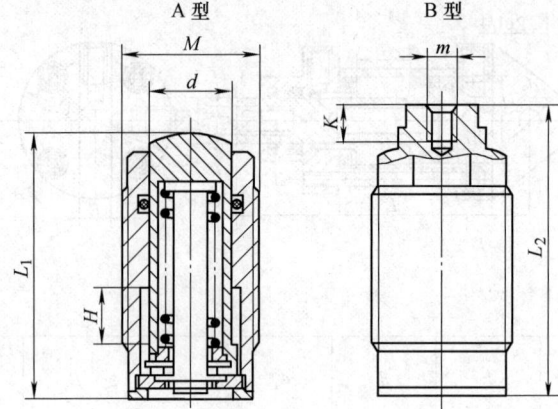

d	M	m	L_1	L_2	K	H	夹紧力/N（油压 20MPa）
6	M33×1.5	M8	67.5	73.5	12	15	4000
20	M36×1.5	M10	69.5	75.5	14	15	6280
25	M42×1.5	M12	71.5	77.5	14	15	9810
32	M48×1.5	M16	73.5	79.5	16	15	16070
40	M56×1.5	M16	75.5	81.5	16	15	25120

表 5-24　YTF20-88 推力液压缸（法兰式）技术参数　　（单位：mm）

标记示例　$d = 20\text{mm}$ A 型推力液压缸的（法兰式），液压缸 20A　YTF20-88

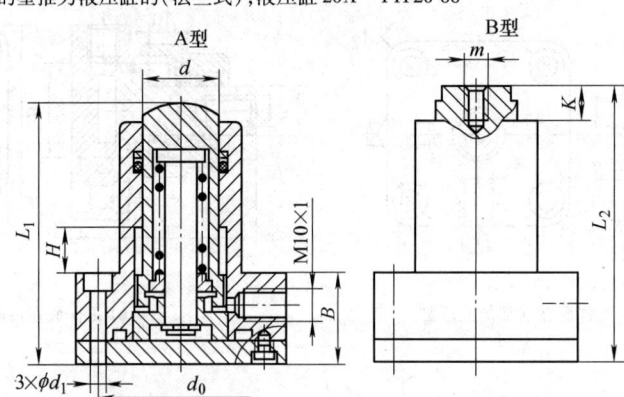

d	d_1	d_0	m	K	L_1	L_2	B	H	夹紧力/N（油压 20MPa）
16	5.5	45	M8	12	68	74	28	15	4000
20	6.5	52	M10	14	70	76	28	15	6280
25	6.5	56	M12	14	72	78	28	15	9810
32	8.5	66	M16	16	75	81	30	15	16070
40	8.5	72	M16	16	77	83	30	15	25120

表 5-25 YLX 10-88 拉力液压缸(旋入式)技术参数 (单位:mm)

标记示例 $d=40\text{mm}$ 拉力液压缸(旋入式):液压缸 40 YLX 10-88

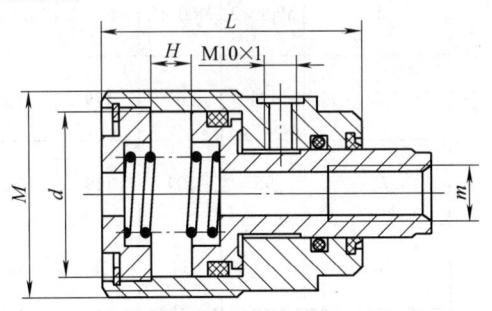

d	M	m	H	L	活塞面积/mm²	夹紧力/N (油压20MPa)
30	M48×2	M12	15	119	450	9000
40	M60×2	M16	15	119	875	17500
50	M68×2	M20	15	119	1345	26900

表 5-26 YLF 20-88 拉力液压缸(法兰式)技术参数 (单位:mm)

标记示例 $d=40\text{mm}$ 拉力液压缸(法兰式):液压缸 40 YLF20-88

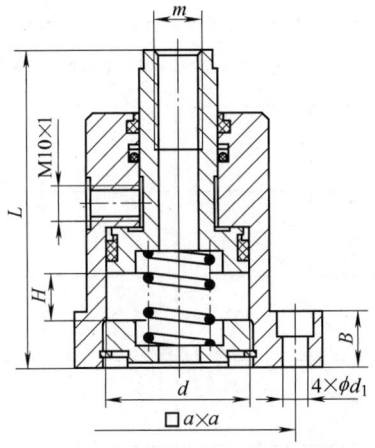

d	d_1	a	m	B	L	H	活塞面积/mm²	夹紧力/N (油压20MPa)
30	6.5	43.5	M12	20	119	15	450	9000
40	8.5	52	M16	20	119	15	875	17500
50	10.5	62	M20	20	119	15	1345	26900

表 5-27 YKX 10-88 空心液压缸(旋入式)技术参数 (单位:mm)

标记示例 $d=40\text{mm}$ 空心液压缸(旋入式):液压缸 40 YKX 10-88

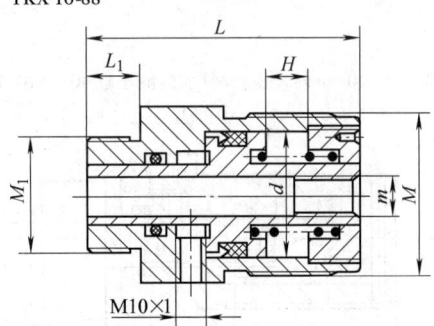

d	M	M_1	m	L	L_1	H	活塞面积/mm²	夹紧力/N (油压20MPa)
30	M42×1.5	M27×1.5	M10	95	14	15	505	10100
40	M56×2	M30×1.5	M16	97	14	15	875	17500
50	M68×2	M36×1.5	M20	99	14	15	1345	26900
60	M76×2	M42×1.5	M24	106	14	15	2020	40400

表 5-28 YKX 20-88 法兰式空心液压缸技术参数 (单位:mm)

标记示例 $d=40\text{mm}$ 法兰式空心液压缸:液压缸 40 YKX 20-88

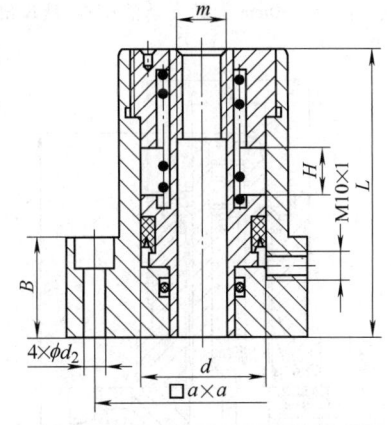

d	m	d_2	a	B	L	H	活塞面积/mm²	夹紧力/N (油压20MPa)
40	M16	6.5	49.5	32	87	12	875	17500
50	M20	8.5	58.5	32	87	12	1345	26900
60	M24	10.5	69.0	32	92	12	2020	40400

表 5-29　YBX 10-88 转动压板液压缸技术参数　　　　（单位：mm）

标记示例　$d = 40$mm 转动压板液压缸：液压缸 40　YBX 10-83

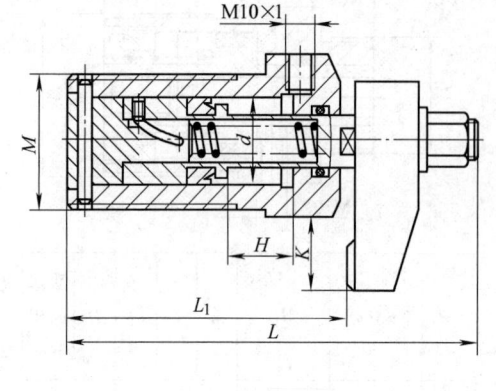

d	30	40	50	60
M	M48×2	M60×2	M68×2	M80×2
L	141	161	179	197
L_1	95	107	119	131
K	32	34	38	42
H	20	25	29	33
活塞面积 /mm²	325	450	1115	1790
夹紧力/N（油压 20MPa）	6500	9000	22300	35800

表 5-30　YFZ 10-88 辅助支承液压缸技术参数（单位：mm）

标记示例　$d = 20$mm 辅助支承液压缸：液压缸 20　YFZ10-88

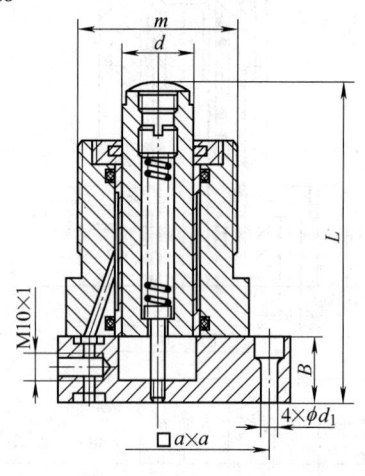

d	20	25	30
m	M39×1.5	M45×1.5	M48×1.5
a	48.5	52	56
d_1	7	7	7
B	20	20	20
L	103	108	113
支承力/N（油压 20MPa）	180	490	830

3）表 5-31 为前苏联某单位所设计的外形为圆形的夹具用小型标准化液压缸。表 5-32 为此类液压缸在夹具上的固定方法。

表 5-31 前苏联夹具用小型标准化液压缸　　　　　　　　　　　（单位：mm）

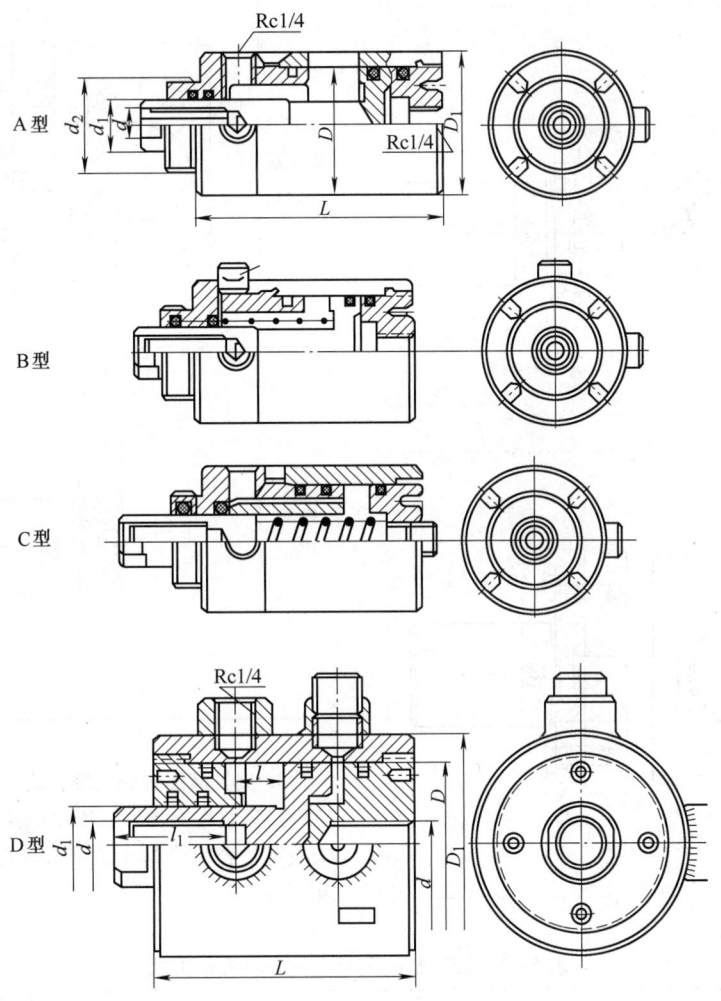

液压缸类型	A,B,C 型					D 型			
液压缸尺寸									
D	45	50	60	75	100	40	50	60	75
l	10,20,30	15,25,45	15,30,50	15,20,40,60	25,50,75	10,25,40	15,30,50	15,45,75	20,60,100
D_1	55	65	75	90	115	55	65	75	90
L	85,95,105	90,100,120	90,105,125	93,98,118,138	103,128,153	68,83,98	73,88,108	73,103,133	81,121,161
d	M12	M16	M16	M20	M24	M12	M16	M16	M20
d_1	20	25	25	30	35	20	25	25	30
d_2	M39×1.5	M45×1.5	M45×1.5	M52×1.5	M60×1.5	—	—	—	—
l_1	35	35	35	45	50	30	40	40	45

表 5-32　小型标准化液压缸固定方法（续）

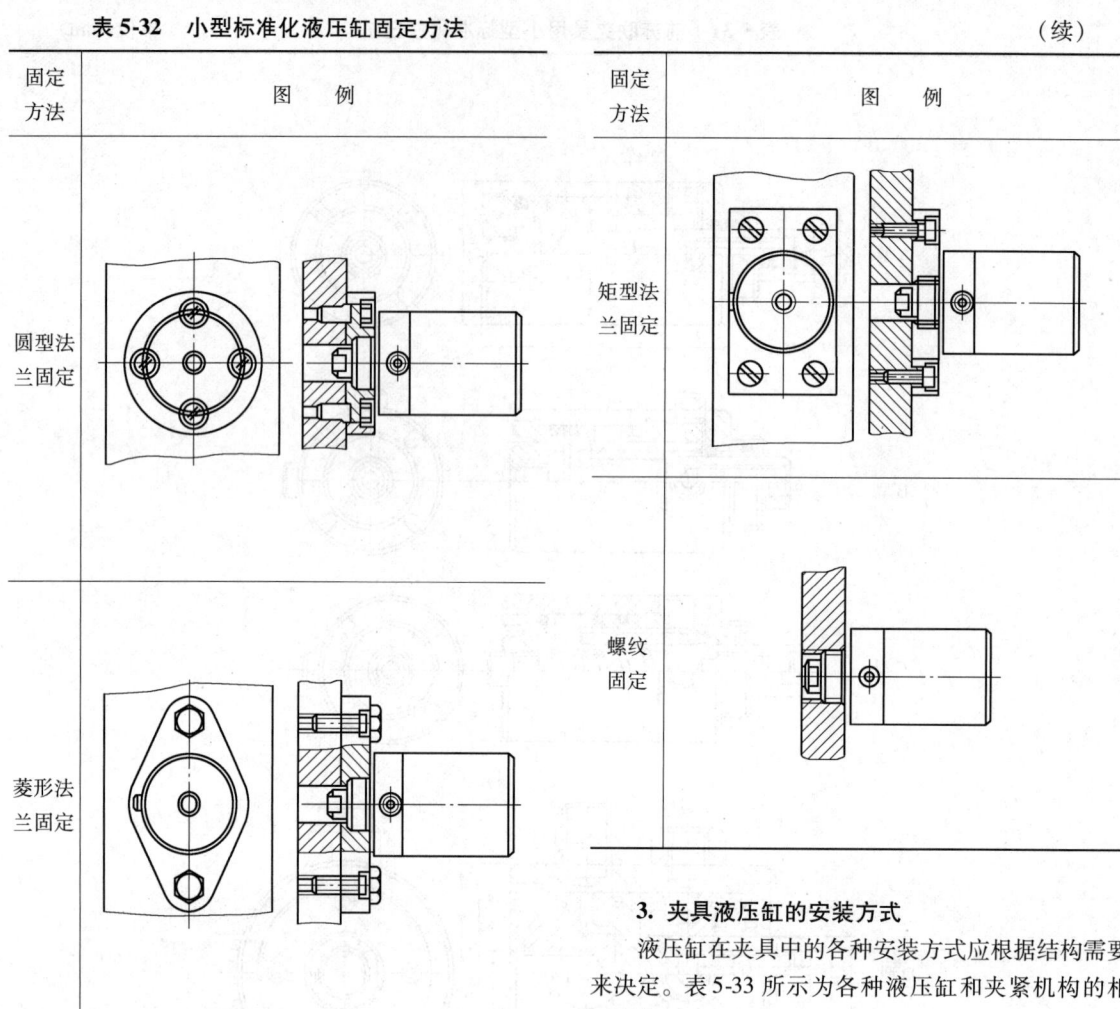

3. 夹具液压缸的安装方式

液压缸在夹具中的各种安装方式应根据结构需要来决定。表 5-33 所示为各种液压缸和夹紧机构的相互配合。

表 5-33　液压缸在夹具上的各种安装方式

液压缸安装方式	安装图	说明	备注
液压缸安装在压板上		1—缸体 2—压板 3—销轴支点 4—螺母	双向作用作夹紧或松开 活塞安装位置用螺母4调整

第5章　气动、液压、电力、电磁、真空夹具传动系统及其元件和夹具图例　·521·

（续）

液压缸安装方式	安 装 图	说　　明	备　　注
安装在夹具本体上		1—活塞 2—顶杆 3—压板 4—弹簧	单向作用液压缸弹簧4松开工件
安装在螺栓上		1—活塞 2—螺栓 3—缸体 4—垫圈 5—钩形压板	弹簧松开工件
液压缸安装成可以摆动		1—缸体 2—回转螺栓 3—回转螺栓 4—压板 5—压块	双向作用液压缸作夹紧或松开
安装在机床工作台上		1—压板 2—压块	双向作用液压缸作夹紧或松开

5.3.6 液压夹紧的各种动力源

液压夹具的夹紧根据不同的条件和环境,可以使用多种动力源如专门用于夹具的油泵站、手动泵、气液增压器等。

1. 手动泵

手动泵又可称为手动机械液压组合传动,是操作人员通过操纵机械液压泵的手柄,用人力获得高压油的一种传动装置,又常称为手动增压器。与其他液压动力源相比,具有结构简单、制作方便和成本较低的优点。从使用角度看不仅单台机床使用液压夹具方便,多台机床使用也很方便;而且从小批到成批生产都能适用。对于那些往复行程量较大的工作台或工作台回转的机床,特别适合使用这种手动泵,如在这些机床上使用气动、液压或电动传动则需要复杂的供气、供油或供电的管道和接头装置,同时传动安全性也不容易保证。但由于供油量的限制,通常手动泵只能为一台机床夹具供油,这是它使用的主要限制,也是与其他动力源相比的主要缺点。

手动泵可以作为一种单独的动力源,通常可以与夹紧液压缸分开,安装在工作台或夹具体上便于操作的部位。夹紧液压缸则和夹具的夹紧机构合在一起。

手动泵主要分杠杆式和螺旋式两大类。

(1) 杠杆式手动泵

杠杆式单级手动泵的原理和典型结构见图 5-8a。当提起带柱塞 7 的手柄 10 时,油箱 1 中的油通过单向阀 2 被吸入油腔 A,而处于柱塞上方油腔中的油通过单向阀 13 被压向夹具的夹紧液压缸。这时夹紧压板在液压缸活塞的推动下迅速压住工件。如继续压下手柄就使液压缸中的油压升高,压力值可从压力表 12 读出。松开工件时,可通过手柄 15 打开阀 14,液压缸中的油在弹簧的作用下被压回油箱。泵体的安装槽口或孔可以是垂直方向,也可以设计成水平方向。手柄 10 的方向也可根据工作的方便任意设计。图 5-8b 为此泵的液压原理图。表 5-34 为世界上部分国家生产的杠杆式单级手动泵的主要技术参数。

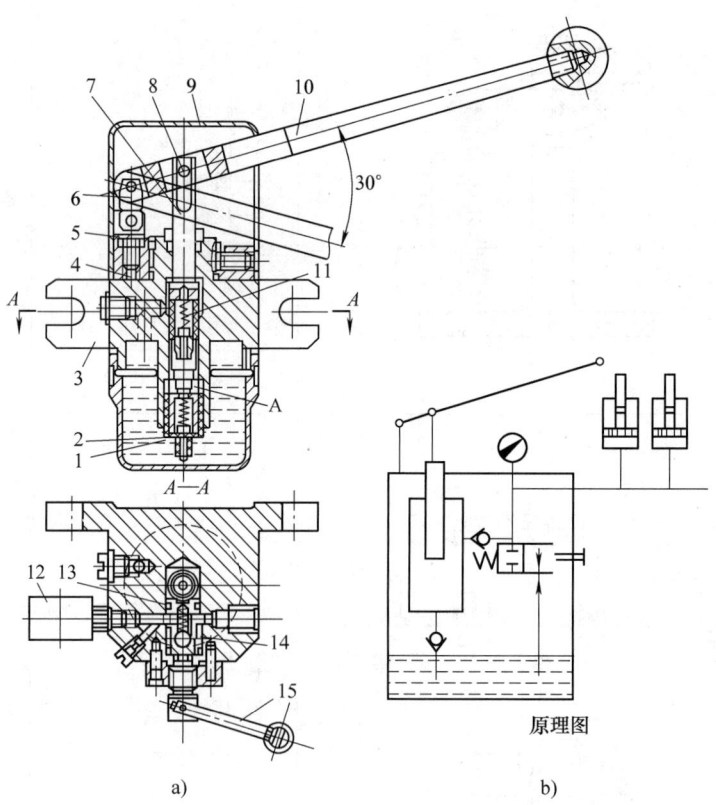

图 5-8 杠杆式单级手动泵

1—油箱 2、11、13—单向阀 3—基体 4—支座 5—耳环螺钉 6—铰链
7—柱塞 8—销 9—盖 10—手柄 12—压力表 14—钢球止通阀 15—卸荷手柄

表 5-34 世界上部分国家生产的杠杆式单级手动泵的主要技术参数

设计或生产厂	手柄用力 /N	供油压力 /MPa	供油量 /(cm³/往复)	油箱容量 /cm³	备注
陕西渭阳柴油机厂		15.6～17.6	3.64		单级
前苏联 C7027—4002 型	166.6	9.8	2	250	单级
英国鲍威尔—贾克斯公司		13.7	4.91	163.87 327.74	单级
捷克纳富克斯（Narex）公司		14.4		300	单级
美国英纳帕格（Enerpag）公司		1.96	4.1	868	单级
原民主德国夹具制造厂	156.8	低压 7.44 高压 15.6	低压 16 高压 1.6	900	双级

(2) 螺旋式手动泵

1) 图 5-9 为原始的也是最简单的螺旋式单级手动泵结构，用扳手按顺时针方向转动螺杆 1 时，活塞 2 就会向下移动，泵体 4 中的油通过孔与被压向夹具的夹紧液压缸，油压可达 50Pa。此种泵结构简单，但供油量小，只能用于夹紧行程小的多位或多点夹紧的夹具上。

2) 图 5-10a 为 I 型螺旋式双级手动泵结构。其工作原理为当顺时针转动手柄 16

而带动螺杆 9 转动时，通过螺杆中部的横向活动键 13 使内外都有螺纹的套筒 8 也随着转动，但结构使它不能轴向移动，再通过固定在活塞 6 右端的螺母 10 就能使活塞 6 向左移动，这时液压缸 17 中的油就被压向夹具的夹紧液压缸并迅速夹紧工件。由于此时油的压力不高（约 7.8×10^5 Pa），只能起预压作用。如再继续转动手柄及螺杆 9，由于活塞 6 因夹紧液压缸已充满油而不能移动，因此螺母套筒也就不动而相当于一个固定螺母，此时横向键被迫缩回，螺杆 9 带动推杆 5 继续前进使油压不断升高（达 9.8×10^6 Pa），直到最终将工件夹紧。松开工件时，手柄 16 向相反方向转动，油压下降，夹紧液压缸的活塞 6 在弹簧力作用下恢复到原位。

图 5-10b 为 II 型，与 I 型的区别是用端面接合子代替横向键的连接方式，工作时手柄 10 先与左端活塞接合子 9 啮合，转动手柄通过大螺杆使活塞 6 向左移动压油，当工件被预紧后手柄向后拉与右端端面接合子 11 相啮合，再继续转动手柄就能实现高压夹紧。

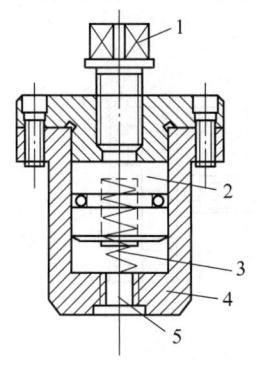

图 5-9 螺旋式单级手动泵
1—螺杆 2—活塞 3—弹簧
4—泵体 5—油孔

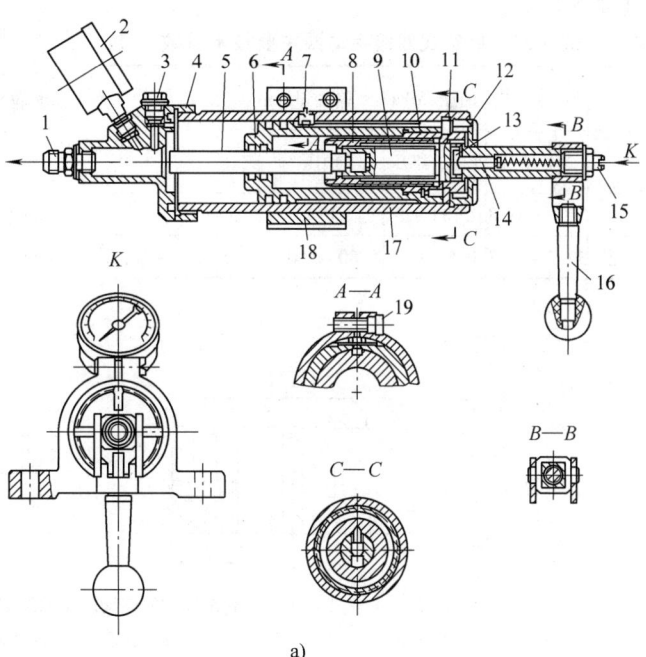

图 5-10 螺旋式双级手动泵
a) I 型
1—管接头 2—压力表 3—油塞 4—缸盖
5—推杆 6—活塞 7—键 8—螺纹套筒 9—螺杆 10—螺母
11—垫圈 12—端盖 13—键 14—滑柱 15、19—螺钉
16—手柄 17—液压缸 18—固定座

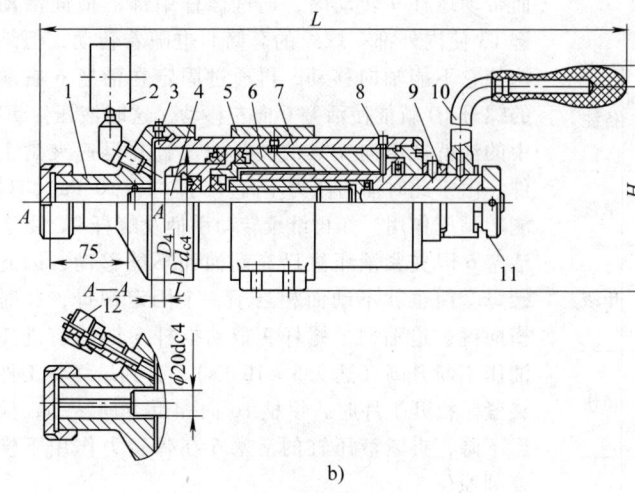

图 5-10 螺旋式双级手动泵（续）
b) Ⅱ型
1—高压液压缸 2—油压表 3—注油孔油塞 4—推杆
5—支座 6—活塞 7—低压液压缸 8—润滑油孔螺塞
9—活塞结合子 10—手柄 11—端面接合子
12—封闭阀管接头

由于螺旋式双级手动泵能产生较大的力，因此以往在生产中应用较多。表 5-35 为螺旋式双级手动泵主要技术参数。

表 5-35 螺旋式双级手动泵主要技术参数

型别	手柄最大作用力/N	油压/MPa		输油量/cm³		质量/kg
		预压	终压	预压	终压	
Ⅰ	39.2~58.8	0.78	9.8	170		15
Ⅱ	39.2~58.8	0.5	9.8	80~500		23.5	12.3~16.8

2. 气液增压传动装置

此装置以压缩空气作动力推动活塞杆压油使之增压，俗称"气顶油"，气液增压传动装置如按定容积和不定容积的循环供油，可分为两类。前者常称"气液增压器"，后者则称为"气液泵"。由于夹具处于夹紧状态工作时并不需要油的容积有变化，因此以应用气液增压器为主。

(1) 气液增压传动装置工作原理 如图 5-11 所示根据巴斯卡原理压缩空气进入 A 腔推动气缸的活塞 1，气缸 1 的活塞杆 d_1 作为增压液压缸 2 的活塞使 B 腔油压升高，经增压的压力油再经管道进入工作液压缸 2 推动夹紧机构夹紧工件。

设 B 腔油压为 p_2（MPa），A 腔气压为 p_1（MPa），可得

$$p_2 = \left(\frac{D_1}{d_2}\right)^2 p_1 \eta \qquad (5-1)$$

式中 D_1——活塞直径（mm）；

d_1——活塞杆直径（mm）；

η——传动效率，一般取 0.8~0.85。

(2) 气液增压传动装置作为夹具动力源的优点

1) 压力高，通常为 9.8~19.6MPa，驱动力约为普通液压传动的 4~8 倍，气压传动的 30~40 倍。

2) 当使用相同的驱动力时比普通的液压或气压传动所用的增压液压缸的尺寸大为减小，所以夹具的体积也大为减小，而使结构紧凑，特别适用于工作台面积受限制的封闭式的加工中心机床。

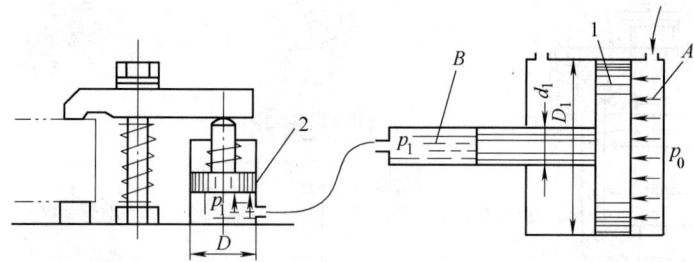

图 5-11 气液增压传动装置工作原理
1—活塞 2—液压缸

3) 由于驱动力大所以可以不用机械增力机构，夹具结构简化，传动效率高。

4) 增力装置可作为一个单独部件，装在夹具体或工作台上，或放在机床附近，便于组合夹具的使用。

5) 适用于多品种中小批生产，特别适合多点和多工位夹紧的夹具。

(3) 气液增压传动装置的结构

1) 单级气液增压器 有立式和卧式两类，分别如图 5-12 和图 5-13 所示。

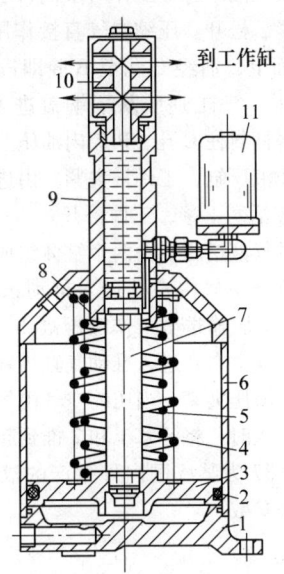

图 5-12 单级立式气液增压器
1—底座 2—密封圈 3—活塞 4、5—弹簧 6—气缸筒
7—活塞杆 8—密封圈 9—增压液压缸筒
10—分油接头 11—补充油箱

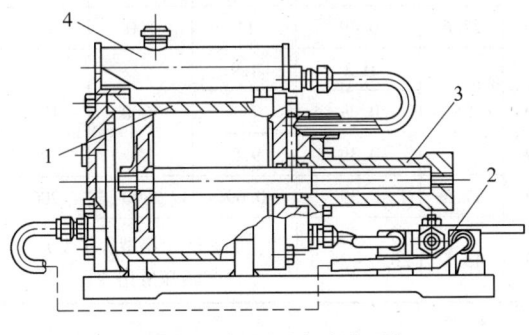

图 5-13 单级卧式气液增压器
1—气缸 2—换向阀 3—增压液压缸 4—补充油箱

表 5-36 为国内外生产的单级气液增压器的主要参数。

表 5-36 国内外生产的单级气液增压器的主要参数

生产单位	气压/MPa	增压系数	增压缸容积/cm³	主要尺寸/mm
重庆发动机厂	0.39	28.7	52.36	气缸直径 $D=150$ 液压缸直径 $d=28$
天水燎原风动工具厂	0.39	25	48	气缸直径 $D=150$ 液压缸直径 $d=30$
美 Enerpag 公司	0.49	20	29.17~148.6（四种）	—
英 Power-Jacks 公司	0.49	15	73.5	—
英 Spencer-Franklin 公司	0.49	30	65.5	外形 165×470 立式
英 Spencer-Franklin 公司	0.49	20	21.63	外形 114×206 卧式
前苏联 C7020-4006 型	0.49	20	100	—

2) 双级气液增压传动装置 也分立式和卧式两类，立式双级气液增压器如图 5-14 所示。卧式双级气液增压器如图 5-15 所示。

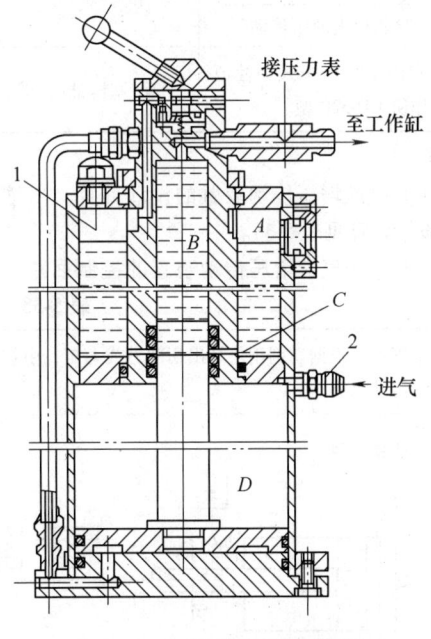

图 5-14 立式双级气液增压器图
1—预压缸 2—管接头

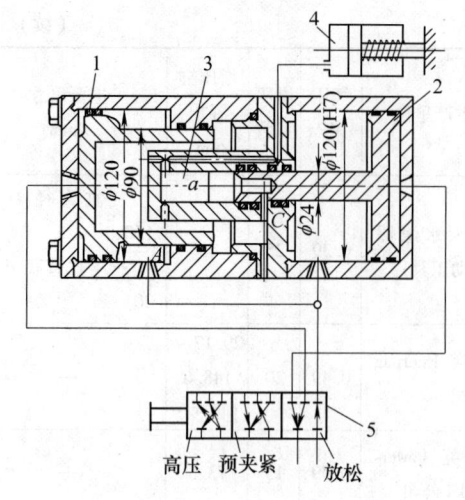

图 5-15　卧式双级气液增压器图
1—预压气缸活塞　2—气缸活塞　3—增压液压缸
4—工作液压缸　5—三位五通阀

立式双级气液增压器工作时手柄有三个位置：预压、增压夹紧、松开。压缩空气直接作用在预压缸 1 的 A 腔的油面上，油经 C 孔至 B 腔即进入工作液压缸，开始预压。气缸 D 腔从下端盖进入压缩空气，活塞上移活塞杆封住 C 孔，B 腔内油压上升，将高压油输送至工作液压缸，工件被夹紧。由进气口输入压缩空气入 B 腔活塞下移，工件松开。

卧式双级气液增压器由两个缸体组成，同样也有三个位置。压缩空气由左孔进入推动预压活塞 1 压油，低压油经 a 腔输送至工作液压缸 4，开始预压工件。当压缩空气由右孔进入推动气缸活塞 2 压油产生高压时，实现增压夹紧。当压缩空气由气液增压器底部两孔同时进入时，将活塞 1 和 2 推到起始位置，工件松开。表 5-37 为某些国内外生产的双级气液增压器的主要工作参数。

表 5-37　某些国内外生产的双级气液增压器的主要工作参数

生产或使用单位	预压部分结构特点	气压 MPa	增压系数	工作油压力/MPa		最大供油量/cm³	
				预压	增压	预压	增压
长春第一汽车厂 73-201(202)	活塞压油（卧式）	0.34	25	0.96	13.9	317.5	27
	膜片压油（卧式）	0.49	22.6	0.49	11	700	21
前苏联	红色无产者工厂	压缩空气直接压油（立式）	0.2	25	0.2	4.9	3000	175
			0.29		0.29	7.7		
			0.39		0.39	9.8		
	哈尔科夫液压传动厂		0.39	17.5	0.39	0.69	2800	200
日本山田兴产株式会社池田制作所 HD-320 型	活塞压油（卧式）	0.69	13.8	20.6～34.3		可供 43 个小型（s-1 型）液压缸用油	

(4) 气液增压传动装置的设计计算　气液增压器的设计计算见表 5-38。

(5) 常用气液增压传动装置的控制回路　常用单级气液增压器的典型控制回路见表 5-39。

常用双级气液增压器的典型控制回路见表 5-40。

表 5-38　气液增压器的设计计算

原始资料：根据切削用量算出切削力或力矩，由切削力（矩）算出要求的夹紧力或夹紧力矩、压板的夹紧行程及夹紧机构的传动比等

计算简图

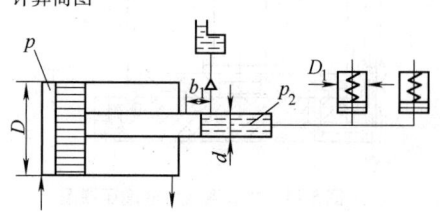

D——原动气缸直径
d——增压液压缸直径
D_1——工作液压缸直径
b_1——从增压缸活塞杆的起始位置到通油箱孔之间的距离

(续)

类别	计算项目	计算公式	参数及说明
工作液压缸的主要参数	液压缸直径 D_1 最大输入流量 Q 输出转矩 T_0 液压缸壁厚 h	参见表 5-15	
增压器参数	增压系数 i 气缸直径 D 增压缸直径 d	$i = \dfrac{p_2}{p_1} = \left(\dfrac{D}{d}\right)^2$ 取 $\dfrac{D}{d} = 3 \sim 5.5$ 或 $D = (3 \sim 5.5)d$	气缸直径 D 增大影响增压器的体积和重量；增压缸直径 d 过小对活塞杆的刚度和强度不利；通常取 $d = 30 \sim 50\mathrm{mm}$，再根据工作液压缸要求的油和 $D/d = 3 \sim 5.5$ 的范围调节，最后确定气缸直径 D（mm）
单级气液增压器	工作液压缸总容积 V_z	$V_z = \sum\limits_{i=1}^{n} V_{gi}$ $= \dfrac{\pi}{4}\sum\limits_{i=1}^{n} D_{1i}^2 S$ （cm^3）	V_{gi}——工件液压缸容积（cm^3） n——工作液压缸数量 D_1——工作液压缸直径（cm） S——工作液压缸的工作行程（cm）
单级气液增压器	增压液压缸容积 V	$V \geqslant V_z + \Delta V_1 + \Delta V_2$（$\mathrm{cm}^3$） $V \geqslant \dfrac{V_z}{\eta_0} = (1.05 \sim 1.1)V_z$	ΔV_1——由于压缩而引起油的容积变化（cm^3） ΔV_2——由于导管、液压缸膨胀，夹紧机构以及系统泄漏所消耗油的体积（cm^3）
	有效系数 η_0	$\eta_0 = \dfrac{V_z}{V} = \dfrac{V_z}{V_z + \Delta V_1 + \Delta V_2}$ $= 0.9 \sim 0.95$	
	气缸活塞或增压缸活塞行程 l	有油箱而无单向阀时： $l = \dfrac{4V_z}{\pi d^2 \eta_0} + b_1$ （cm） 油箱下有单向阀时： $l = \dfrac{4V_z}{\pi d^2 \eta_0} = \dfrac{\pi S D_1^2}{d^2 \eta_0}$ （cm）	b_1——从增压缸活塞杆的起始位置到通油孔（接油箱）之间的距离（cm） d——增压缸直径（cm） V_z、S、n 意义同前
双级气液增压器	双级增压器液压缸总容积 V	$V = V_1 + V_2$ $= (1.05 \sim 1.1)V_1$（cm^3）	V_1——预压缸容积 V_2——增压缸容积
	低压（预压）液压缸容积 V_1	$V_1 \geqslant V_z = \dfrac{\pi}{4}\sum\limits_{i=1}^{n} D_{1i}^2 S_i$（$\mathrm{cm}^3$）	式中符号意义同前
	增压液压缸容积 V_2	$V_2 = V_1\left(\dfrac{1}{\eta_0} - 1\right)$ $= (0.05 \sim 0.10)V_1$（cm^3）	
	预压时气缸活塞行程 l	用活塞预压： $l = nS\left(\dfrac{D_1}{d}\right)^2$（cm） 压缩空气直接预压：$l = 0$	d——预压液压缸直径（cm） b_1——增压活塞杆由起始位置到盖住通油孔（低压油与高压油通路）所需行程（cm） 其他符号意义同前
	增压活塞行程 l'	$l' = \dfrac{4V_2}{\pi d^2} + b_1$ $= \dfrac{(0.06 \sim 0.13)V_1}{d^2} + b_1$（cm）	

表 5-39 常用单级气液增压器的典型控制回路

回路类型	回路图	组成元件	说　明
单向作用的控制回路		1——气动三联件 2——换向阀 3——单级增压器（单向作用） 4——压力表 5——工作液压缸（单向作用） 6——消声器	用二位三通换向阀控制。特点：控制简单、耗气量小，但供油量小及泄漏油的补充不方便，用于一般增压夹紧机构
双向作用的控制回路		1——单向阀 2——油箱 3——单向节流阀	用二位四通阀控制。特点： 1) 有补充油箱可自动补油 2) 有单向节流阀，可保证夹紧动作平稳，用于一般增压夹紧机构 夹紧——液压 松开——气动
双向作用的控制回路		1——压力表 2——单向节流阀	用二位四通阀控制两个气液增压器异向动作，可使工作液压缸为全液压传动。特点： 1) 有节流阀（出口节流），可保证夹紧动作平稳 2) 工作液压缸有通用性，既可用拉力也可用推力来传动夹紧机构
气液增压器与一般气缸并用的顺序控制回路		1——顺序阀 2——气液增压器 3——夹紧工作液压缸 4——定位用气缸	用二位四通阀和顺序阀控制，保证定位气缸先动作，夹紧液压缸后动作（定位时作用力小，夹紧时作用力大，松开时两者同时返回原位）。用于定位夹紧动作有顺序要求的夹具

表 5-40 常用双级气液增压器典型控制回路

回路类型	回路图	组成元件	说 明
孔位控制顺序动作回路		1——双级气液增压器 2——节流阀	用二位四通阀和活塞杆上的孔位控制预压和增压顺序动作。特点：供油量增加；工作液压缸可调速保持动作平稳。可用于多个工作液压缸供油的夹具上
直接压油（整体式）的顺序控制回路		1——顺序阀 2——增压气缸 3——预压液压缸 4——节流阀	压缩空气直接作用于油面进行预压。用二位四通换向阀和顺序阀控制，保证预压和增压缸顺序动作 特点同孔位控制顺序动作回路
直接压油（分离式）的顺序控制回路		1——密封油箱（松开用） 2——密封油箱（预压用） 3——增压器 4——工作液压缸	工作原理同上 由于采用分离式结构（预压油箱与增压器分开），可为更多的夹具供油
间接压油的顺序控制回路		1——三位五通转阀 2——增压气缸及液压缸 3——工作液压缸 4——预压气缸及液压缸	用三位五通换向阀控制预压、增压和松开的顺序动作。左端气缸4也可以设计成膜片式气缸预压，右端气缸2增压 特点同上，但结构稍复杂

5.3.7 液压夹紧机构和液压夹具应用示例

1. 液压和机械组合夹紧机构

普通压力下的液压缸为了得到更大的夹紧力或将力传递到压板,常需要机械增力或传动机构配合才能达到目的。表5-41列出各种常用和液压缸配合的夹紧机构。

2. 通用和独立的液压夹紧系统美国 Vektek 系统

本节介绍德国 AMF 和美国的 VEKTEK 等专业化厂商可供应的整套液压夹具用的液压系统,包括液压泵站、液压泵附件、各式小型液压缸、各种油阀油管、蓄能器、快速接头,托盘分离器、截止阀分离器和耦合脱离块等,可广泛用于专用夹具、可调整夹具,加上专门的连接件后还可用于组合夹具。但售价昂贵,如果没有特殊需要,设计人员应尽量采用国产的同类型产品。

表 5-41 常用和油缸配合的夹紧机构

序号	机构名称	液压夹紧机构示例
1	卧式液压夹紧机构	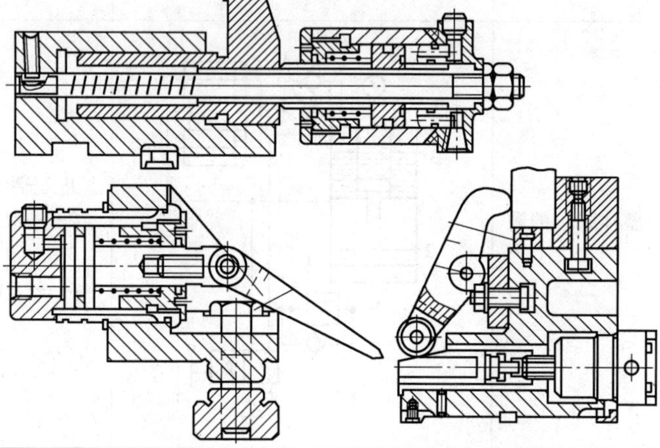
2	立式液压夹紧机构	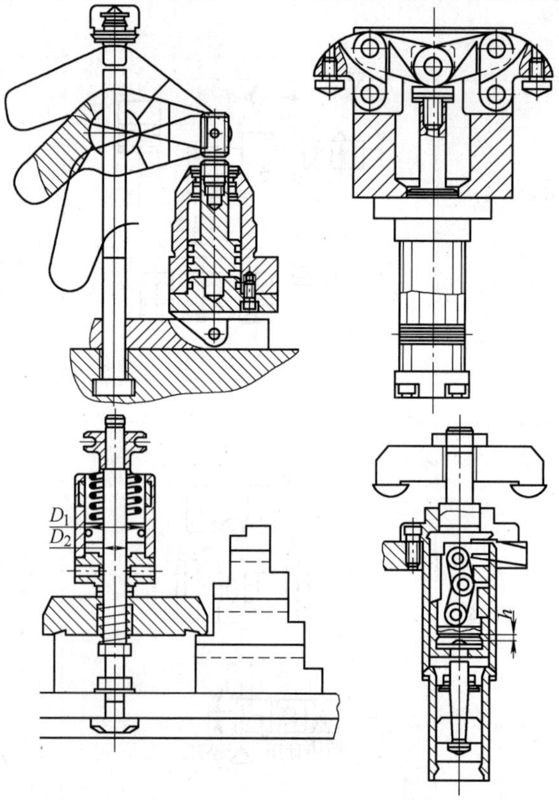

（续）

序号	机构名称	液压夹紧机构示例
3	液压辅助支承和压紧机构	
4	自动推进和松开压板的液压夹紧机构	
5	自动转动压板的液压夹紧机构	

(1) 手动泵和油泵站 液压夹具用液压泵站从原理和结构上看，和机床用液压泵站除参数有别外，没有原则上的差别。美国 VEKTEK、德国 AMF 专业液压夹具公司生产了专门用于液压夹具的液压泵站，分为单元泵站和模块式单元泵站两种。此外，也生产各种手动泵和气液泵。表 5-42 列出各类手动泵和泵站的主要情况。

表 5-42 VEKTEK 液压夹具用各类手动泵、气液泵和液压泵站

名称	外形	主要参数	备注
手动螺旋泵		工作压力 35MPa 流量 2.1cm³/转	单油路
手动杠杆泵		工作压力 70MPa 流量 $\frac{11.25}{2.47}$ cm³/行程	单油路
气液泵		工作压力 50MPa 流量 0.85L/min 气压 2.8~10bar (1bar = 10^5 Pa)	单位路 压力监控 自动压力补偿
模块化组合液压泵站液压	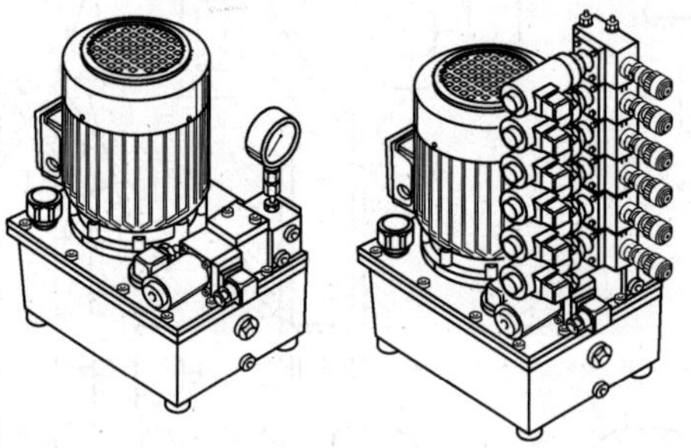	工作压力 40MPa 流量 2.5 或 5L/min	单、双油路恒压 监控压力 损失补偿

(2) 各种小型液压缸 美国 VEKTEK 公司生产整套的液压夹具用的液压缸、液压缸附件、小型液压缸，其结构和参数见表 5-43。

(3) 托盘分离器（截止阀分离器和耦合脱离蓄能块） 托盘分离器也称截止阀分离器或耦合脱离蓄能块，是对液压夹具系统十分有用的一类附件。托盘分离器是用于生产线中运送带有工件的夹具的托盘，因为托盘处于间歇运动之中，所以经常作为液压源的泵站始终处于不同的固定位置。当泵和夹具用软管连接实施液压夹紧后托盘开始运动，在夹具与泵站断开连接后，分离器提供运动中托盘上夹具夹紧回路所需压力油。托盘分离器由截止阀、蓄能器、快换接头、压力表等所组成，如图 5-16 所示。

表 5-43　VEKTEK 液压夹具系统各种类型液压缸和结构

名称	结构图形	工作参数
空心活塞液压缸		夹紧力 18～188kN 最高油压 50MPa 夹紧行程 6～25mm
块状座式液压缸		夹紧力 10～155.5kN 最高油压 50MPa 夹紧行程 6.5～51mm
螺纹内装式液压缸		夹紧力 4.4～70kN 最高油压 40MPa 夹紧行程 6～51mm
液压缸体带螺纹		夹紧力 2.4～40kN 最高油压 50MPa 夹紧行程 4～20mm
推拉式液压缸		拉力 2.2～40kN 最高油压 35MPa 夹紧行程 14.5～51mm

（续）

名称	结构图形	工作参数
转臂压紧液压缸		夹紧力 2～22kN 最高油压 35MPa 夹紧行程 6～47mm
内拉侧压式液压缸		夹紧力 3.5～50kN 最高油压 40MPa 扩张行程 1.4～1.7mm （内拉式） 夹紧行程 5～12mm （侧压式）
支撑液压缸		支撑力 4.4～55.6kN 最高油压 40MPa 支撑行程 6～12.5mm

图 5-16 托盘分离器

图 5-17 所示为截止阀分离器和双手操作手把，它们常用于固定在机床工作台上的夹具和可以移动的泵站之间的可拆卸连接。当移动泵站拉动到机床旁和夹具连接供油时实施液压夹紧，工件夹紧后装上此截止阀分离器就可和泵站断开，借此分离器上的蓄能器就可以在加工时保持油压夹紧工件。

(4) VEKTEK 液压夹具示例　图 5-18 所示为 VEKTEK 液压夹具的应用示例。此夹具用于立式加工中心，工件（如图 5-18b 所示）为一异形壳体铸件，有铣削分离平面、中央镗孔和钻各螺栓孔等需求。采用回转台式夹具，每次加工两件，如图 5-18a 所示。回转板的上面用定位元件和液压夹紧元件安装工件，下面则为截止阀分离器。开始安装工件前，先将泵站油管通过截止阀分离器和双手操作手把与各液压元件相连，然后将工件安装在定位元件上，开动液压泵站将工件夹紧。安装完毕后，通过双手操作手把将油管卸下与夹具分离，就可以开始加工。加工完毕后，再用双手操作手把连上油管，就可将夹具松开卸下工件。使用筒式回转台系方便截止阀分离器和各定位元件、液压元件的装拆，如图 5-18d 所示，图 5-18c 所示为各定位元件和液压元件在夹具上的布置。

第5章 气动、液压、电力、电磁、真空夹具传动系统及其元件和夹具图例

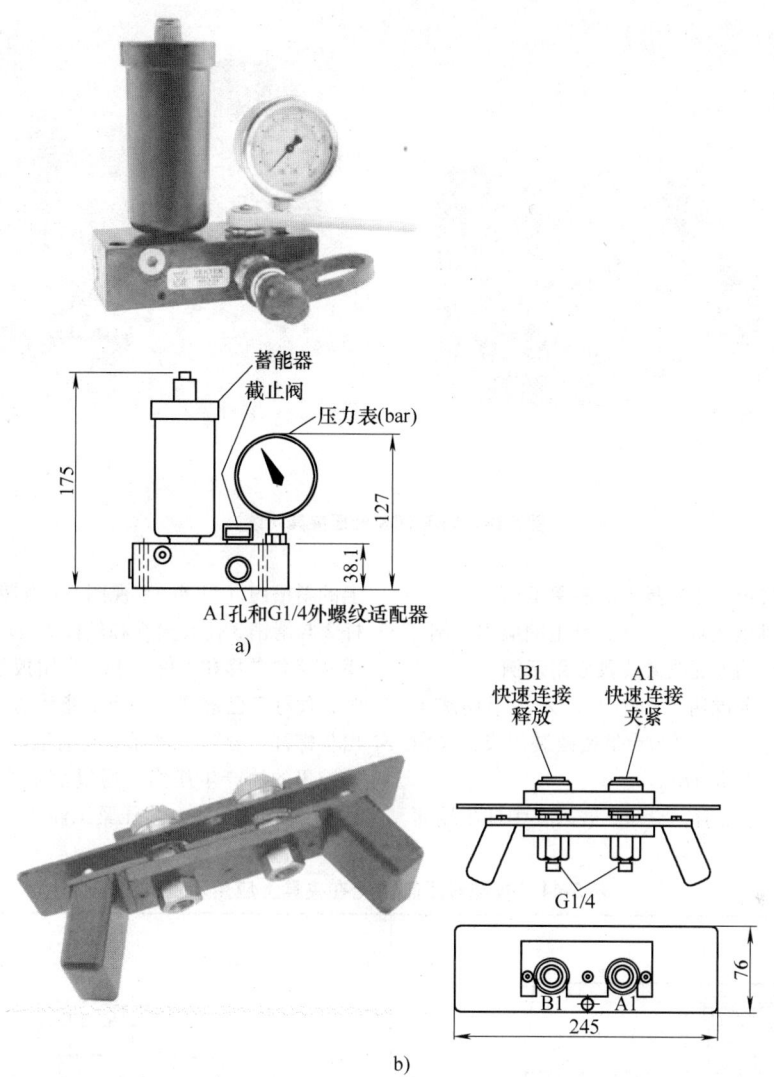

图 5-17 截止阀分离器和双手操作手把
a) 截止阀分离器　b) 双手操作手把（提供与分离器的快速直接连接）

图 5-18 VEKTEK 液压夹具

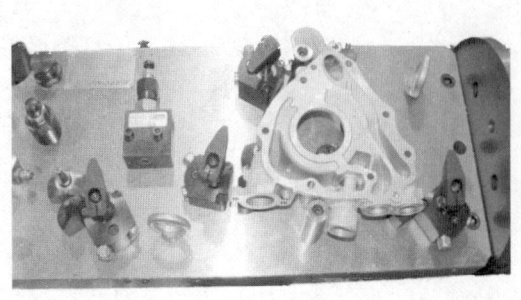
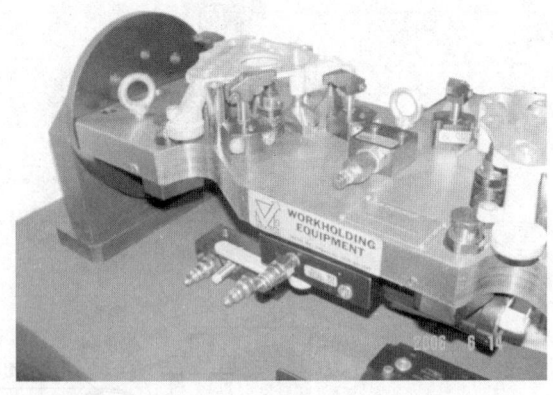

c)　　　　　　　　　　　　　　d)

图 5-18　VEKTEK 液压夹具（续）

3. 各种液压缸单元在夹具上的应用示例

表 5-44 为各种液压缸单元在夹具上的应用示例。

4. 机床上使用的液压夹紧夹具应用示例

（1）手动液压台虎钳　图 5-19 所示为手动液压台虎钳，此台虎钳用标准平口台虎钳改装而成，采用手动增压装置不需要动力源。

调节活动钳口位置时，滑销 3 嵌入在螺杆 2 端面上的斜槽内（见 A—A 视图）。当转动手把 1 通过螺杆 2 与滑销 3 使套筒 6 和丝杠 7 旋转，这样活动钳口座 9 就向左移和工件靠上。当用扳手继续转动螺杆 2 时，丝杠 7 已进到端头而不能转动，就迫使滑销 3 脱出与螺杆 2 分离，螺杆 2 向前推动柱塞 4，使活塞 5 空腔里的油产生压力，通过活塞 5 增压并推动推杆 8，从而使钳口进一步压紧工件。

表 5-44　各种液压缸单元在夹具上应用示例

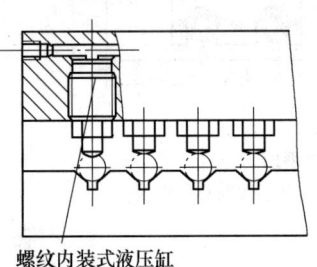 螺纹内装式液压缸	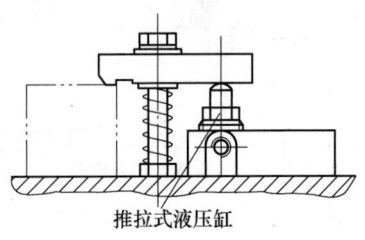 推拉式液压缸
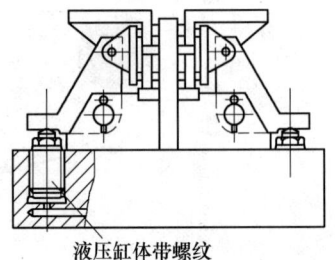 液压缸体带螺纹	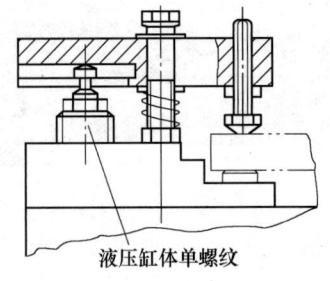 液压缸体单螺纹

(续)

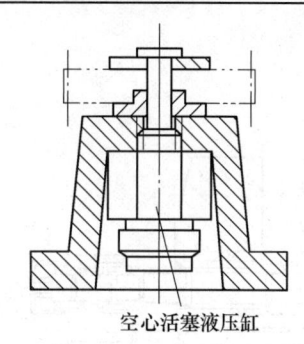
空心活塞液压缸

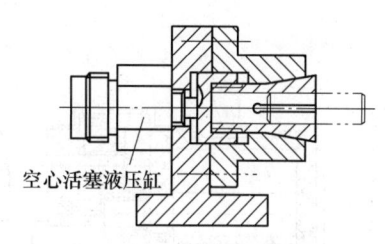
空心活塞液压缸

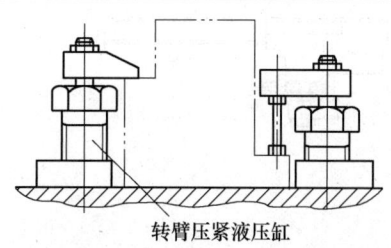
转臂压紧液压缸

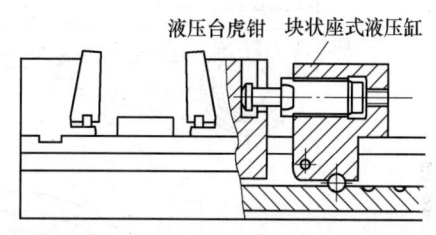
液压台虎钳　块状座式液压缸

(2) 液压定心台虎钳　图 5-20 所示的液压定心台虎钳用在铣端面打中心孔双工位机床上加工各种轴类工件，为其在两端面上铣端面打中心孔。通过叶片 1 在液压缸 4 内旋转，带动一组齿轮及左、右旋螺杆转动，使两个钳口自动定心和夹紧工件。

液压缸 2 运动时，使带齿条活塞杆 3 通过齿轮与花键丝杠，将台虎钳与工件移动到该机床的第二个工位上进行加工。

该台虎钳选用不同尺寸钳口，可加工各种直径的轴类工件。采用旋转液压缸可使夹具结构紧凑。

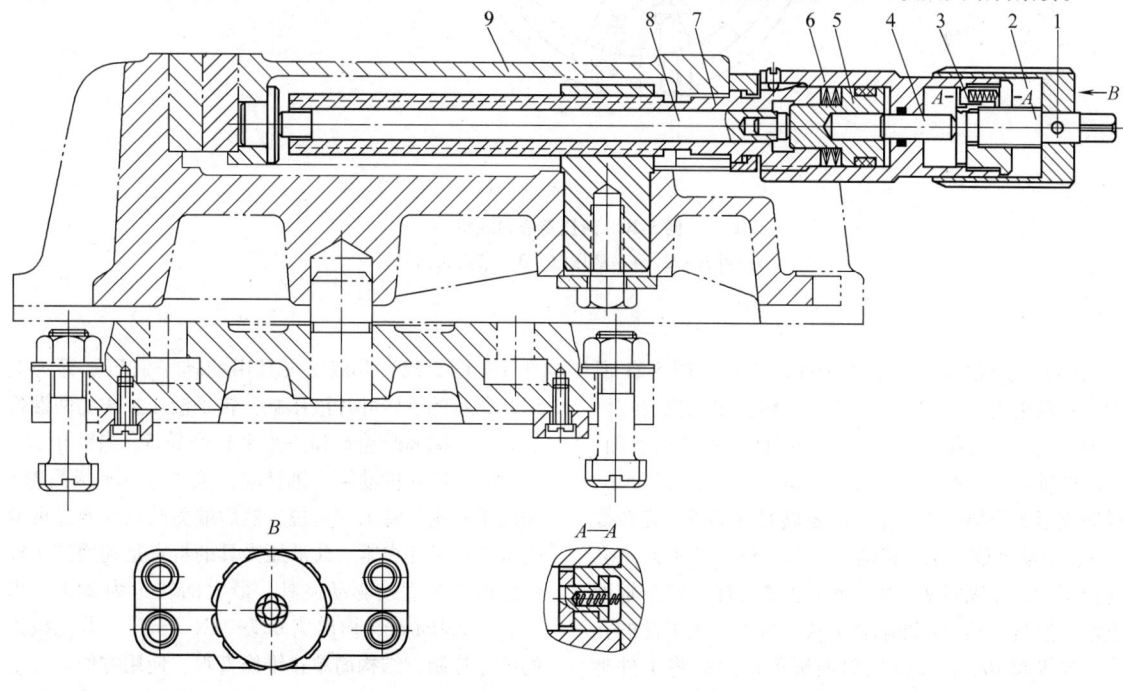

图 5-19　手动液压台虎钳

1—手把　2—螺杆　3—滑销　4—柱塞　5—活塞
6—套筒　7—丝杠　8—推杆　9—钳口座

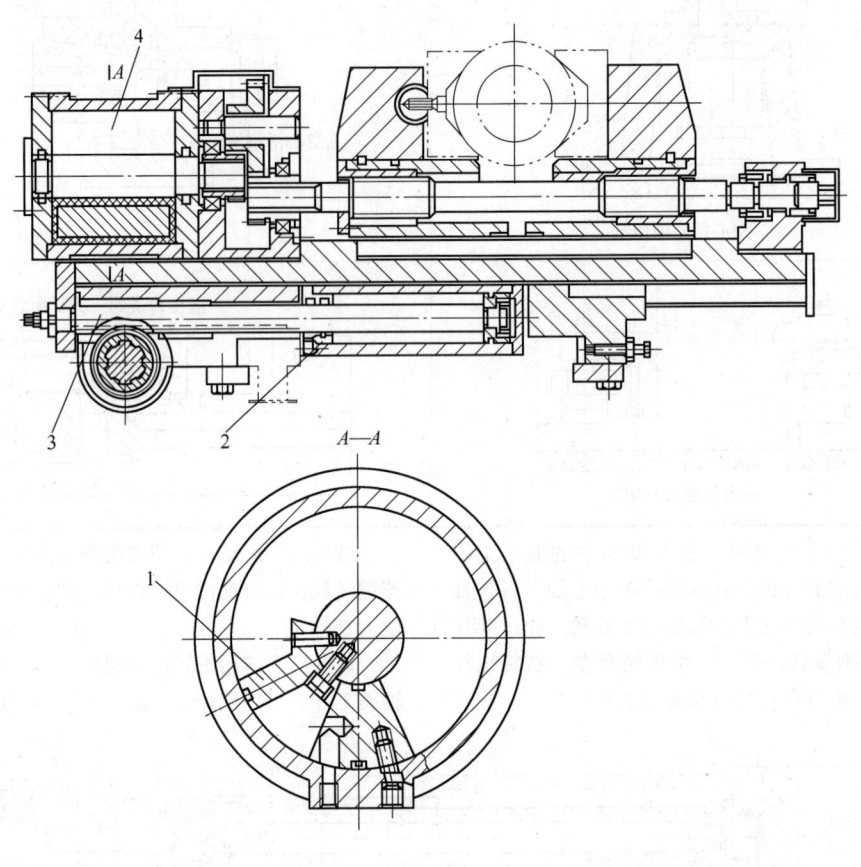

图 5-20 液压定心台虎钳
1—叶片 2、4—液压缸 3—带齿条活塞杆

(3) 铣气缸体上平面铣床液压夹具 图 5-21 所示的夹具用于立式双轴圆盘铣床,粗铣发动机气缸体上的平面。工件用曲轴箱内粗基准面、法兰边底面、两端曲轴轴承半圆孔及侧面在支承钉 7、可调支承 6、浮动支承 3 及挡销 2 上定位。翻转校正板 5,旋转螺钉 8,推动可调支承 6 移动,用塞尺校正两平面水套孔位置后,操纵阀 9,由小液压缸推滑柱将四个辅助支承 4 锁紧,然后将两端移动式压板 1 推入工件的孔中,操纵阀 10,液压缸经斜面滚子扩力后将工件夹紧。

(4) 加工缝纫机头壳体的转子液压缸传动的夹具(见图 5-22)此液压夹具用的转子液压缸即为图 5-20 所示的旋转叶片液压缸。转子液压缸 4 的两端各装有一个端面凸轮 6 和一个平板凸轮 5。当液压缸 4 进油时,叶片推动转子轴转动,首先通过平板凸轮 5 和插销机构 2 将工件定位,然后端面凸轮 6 通过夹紧机构 3 将工件夹紧。此液压夹具的特点是利用转子轴的输出力矩直接驱动夹具,最大回转角为 240°,当油压为 2MPa 时,输出力矩为 28N·m。这类机械式的顺序控制,结构简单,维修直观,使用方便。

有关液压夹具在其他工艺中的应用示例将在相应章节中介绍。

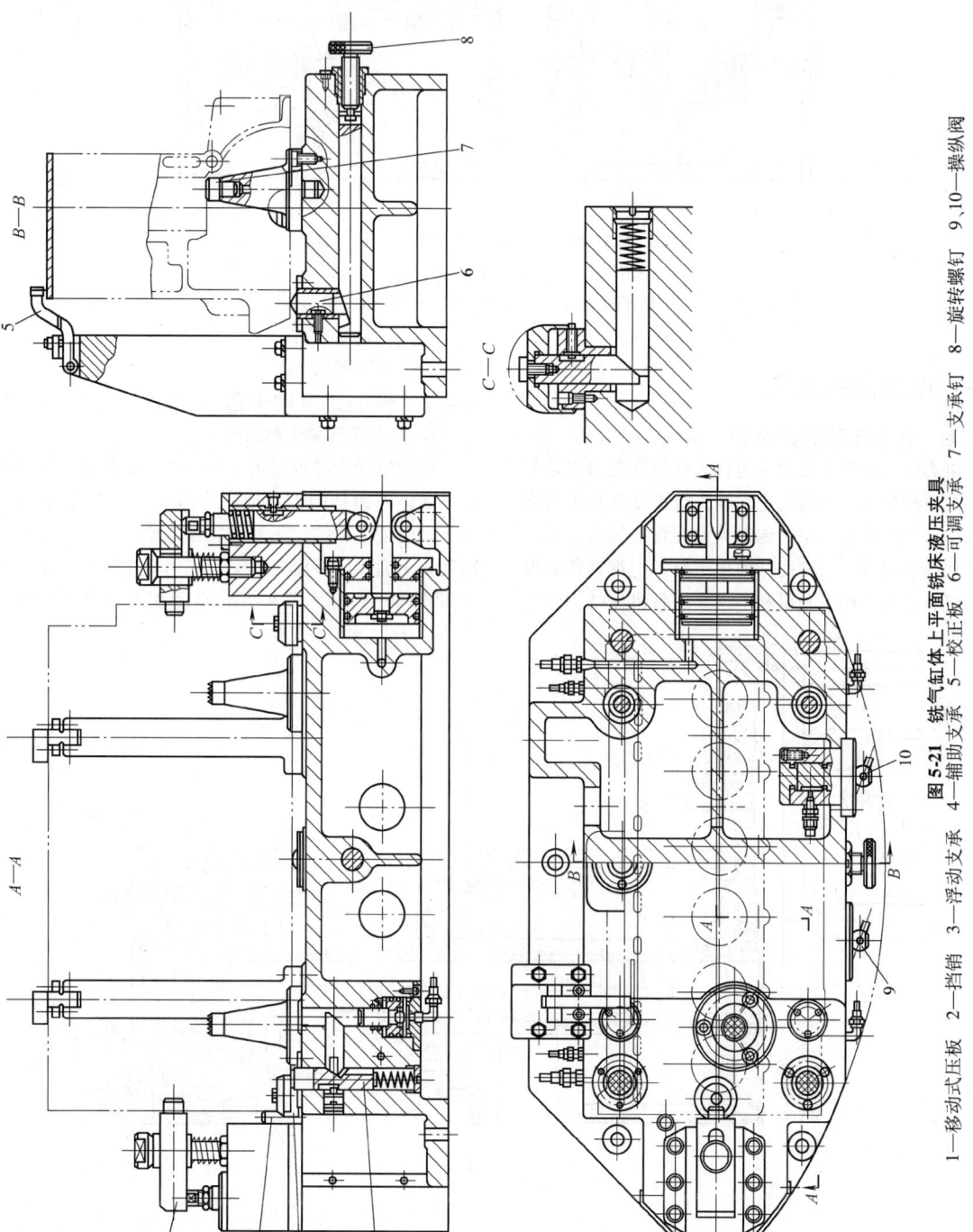

图 5-21 铣气缸体上平面铣床液压夹具

1—移动式压板 2—挡销 3—浮动支承 4—辅助支承 5—校正板 6—可调支承 7—支承钉 8—旋转螺钉 9、10—操纵阀

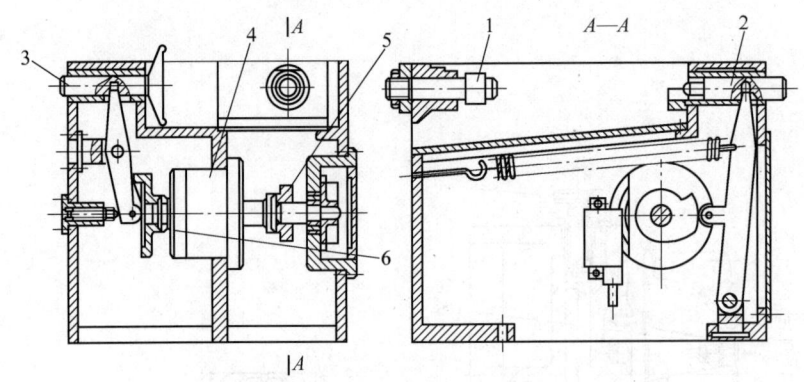

图 5-22　加工缝纫机头壳体的转子液压缸传动夹具
1—定位销　2—插销机构　3—夹紧机构
4—转子液压缸　5—平板凸轮　6—端面凸轮

5.4　电力传动夹具

5.4.1　电力传动夹紧装置

电力传动夹紧装置通常也称为推拉式电力夹紧装置，其原理是用电动机或电磁铁直接带动夹具中的夹紧机构将工件夹紧。电力传动夹紧装置的优点是不需要单独的动力源，只使用任何生产设备上都具备的电源，但有时在采用电动机和电气线路且机械结构较复杂时，使成本增高。

5.4.2　偏心式电动卡盘

1. 偏心式电动卡盘结构

这类电动卡盘也可由手动三爪卡盘改制，从而减轻工人体力劳动强度，提高生产率。图 5-23 所示为偏心式电动卡盘结构图。安装在电动机座 2 上的三相电动机 1 通过连接法兰 3 安装在车床主轴箱后端。电动机转动时，经齿轮 4、5 减速带动联轴器 6 以及空

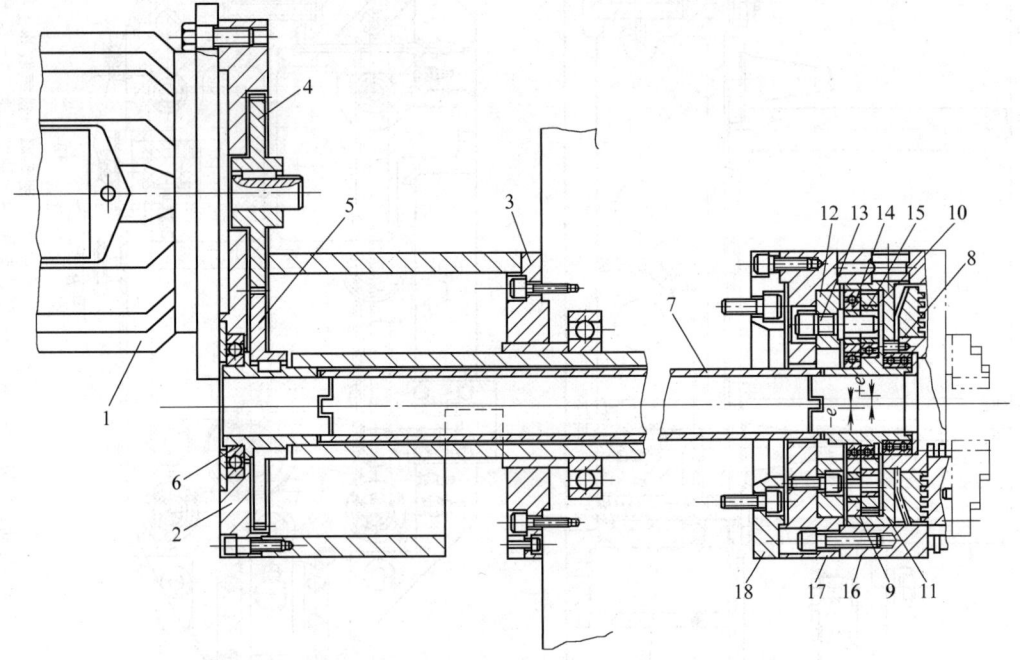

图 5-23　偏心式电动卡盘结构图
1—电动机　2—电动机座　3—连接法兰　4、5—齿轮副　6—联轴器
7—空心轴　8—偏心轴　9、10—正齿轮副　11—内齿轮　12—定位板
13—定位轴　14、15—定位衬套　16—三爪卡盘　17—卡盘体　18—机床主轴法兰

第 5 章 气动、液压、电力、电磁、真空夹具传动系统及其元件和夹具图例 · 541 ·

心轴 7，从而使偏心轴 8 转动。在偏心轴上装有两个正齿轮 9、10，它们分别装在轴线与主轴成 +e 和 -e 偏心距的两个滚动轴承上，使两个正齿轮在相隔 180°的位置上分别与内齿轮 11 啮合，而且齿数相差两齿。由于装在定位板 12 上的定位轴 13 及定位衬套 14 和 15 的作用，所以当偏心轴转动时，正齿轮 9、10 按一定的偏心距作平面平行运动。当电动机按顺时针方向正转时，内齿轮就按顺时针方向作缓慢减速转动，此时偏心轴旋转一周，内齿轮只转过两齿，通过内齿轮端面上的端齿，带动三爪卡盘中的平面螺旋盘转动，从而使卡爪向心内移夹紧工件。当电动机反转时，内齿轮按逆时针方向反转，从而卡爪向外移动而松开工件。三爪卡盘 16 通过卡盘体 17 与机床主轴法兰 18 连接，故工件直接由机床主轴带动旋转。

2. 偏心式电动卡盘电气原理

图 5-24 为偏心式电动卡盘电气原理图。夹紧工件时，电动机转向由转换开关 SC1 来控制。当按下按钮 SB1 或 SB2 时，接触器 KM1 或 KM2 吸合，使电动机 M 正转或反转，从而使工件夹紧或松开。工件夹紧力的大小由电流继电器 KA 和热继电器 KR 来控制。电流大小可调节瓷盘电阻 R 来控制。表 5-45 为图 5-24 中符号的说明。

表 5-45 图 5-24 中电器符号说明

符号	名称	型号	规格	数量
M	交流电动机	J02-12-4	380V 2.04A 1380r/min	1
SC1	转换开关	HZ$_1$-10P/3	10A	2
KM1、KM2	接触器	CJ0-10B	380V	1
FU	熔断器	RL1-15	10A	3
KR	热继电器	JR 10-10	2A	1
KA	电流继电器	DL-12	10~20A/b	1
R	瓷盘电阻		300W/100Ω	1
SB1、SB2	按钮	LA4-22H		1
	接线板	X5-1005		3

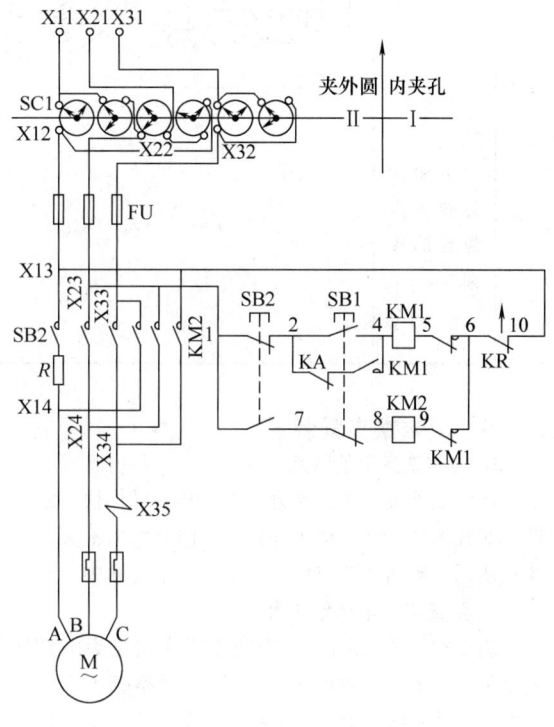

图 5-24 偏心式电动卡盘电气原理图

3. 偏心式电动卡盘设计要点

偏心式电动卡盘设计要点见表 5-46。

表 5-46 偏心式电动卡盘结构设计要点

序号	项目	公式	说明	备注
1	决定定位轴和定位衬套尺寸	$D = d + 2e + \Delta$	D——两个正齿轮上定位衬套孔径 d——定位轴直径 e——偏心轴对旋转中心的偏心距 Δ——定位轴与定位衬套孔的配合间隙（标准间隙配合）	保证两个正齿轮在任何位置可以与内齿轮保持良好的啮合

(续)

序号	项目	公式	说明	备注
2	选定偏心距	$e = m + 1/2\Delta_0$	e——偏心轴对旋转中心的偏心距 m——正齿轮模数,一般取 1～2mm Δ_0——正齿轮与内齿轮非啮合面之间最大间隙,通常为 0.5～1mm 之间	如图中偏心轴结构取正齿轮 $m=1$, $\Delta_0 = 0.52$, 则 $e = 1.26\text{mm} \pm 0.02\text{mm}$
3	选定正齿轮和内齿轮的传动比	$I = (Z_n - Z_w)/Z_n$	Z_n——内齿轮的齿数 Z_w——外齿轮的齿数	内外齿轮传动时,齿数越多,运动越平稳,噪声小,但结构尺寸增大,通常取 Z_w 为 175～185, Z_n 取为比外齿轮多 2～5 个齿

5.4.3 电磁铁夹紧装置

1. 电磁铁夹紧的特点

将电磁铁吸力作为夹紧动力,具有动作快、成本低、安装方便、易自动化等特点;但夹紧力不大,一般只适用于磨削加工或切削力小的其他工序中。

2. 弹簧夹头电磁铁夹具

表 2-32 中第二图所示为磨床用弹簧夹头电磁铁夹紧装置。图中电磁铁1、杠杆2、调整套3都安装在同一安装平板4上,固定在机床某一部件上,如主轴箱或床身上。工件夹紧力的大小可用螺母5改变滑套6的位置,调节3个压力弹簧7的压力来控制。当磨床砂轮座后退时装在它侧面的挡块压下行程开关,使电磁铁通电吸合,带动杠杆2,使偏心轴8转动,通过滚轮9把滑套6与拉杆10同时向右移动,于是放松弹簧夹头11,便可装卸工件。当磨床砂轮座向工件趋近时,挡块脱离行程开关,切断电磁铁电源,此时3个压力弹簧7的压力迫使滑套6与拉杆10向左移动,使弹簧夹头收缩而夹紧工件。需要较大夹紧力时,要选用较强的弹簧,但也要有较大的电磁铁或机械杠杆比。

5.5 电磁夹具及其应用

5.5.1 电磁夹具工作原理

电磁夹具具有两类:一类是利用永久磁铁的吸力将工件夹紧,当磁铁的磁力线被屏蔽后就将工件松开,常称为永磁夹具;另一类是线圈通电后产生磁力线和磁性将工件夹紧,断电后磁性消失就可释放工件,称之为电磁夹具。由于永久磁铁的磁力小,所以只用于钳工类和测量工具,夹具则都采用电磁夹具。此种夹紧具有动作迅速、安装方便、夹具结构简单等优点。

现以平面磨床电磁吸盘为例,简略说明工作原理,如图5-25所示,直流电通过线圈后在铁心2中产生磁通,磁力线避开隔磁体5,通过工件1形成虚线所示的闭合回路,从而工件被收在吸盘上,断电后磁力线消失,就可松开和卸下工件。由于工件上有剩磁,因此工件加工后必须进行退磁处理。普通的电磁夹紧所产生的夹紧力不大,约为 0.2～1.2MPa。

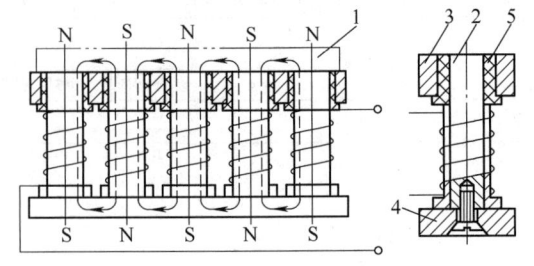

图 5-25 电磁吸盘工作原理
1—工件 2—铁心 3—磁力工作台
4—软铁环 5—隔磁体

5.5.2 各种电磁吸盘结构形式和设计要点

1. 电磁吸盘主要结构形式

电磁吸盘按其几何形状通常分为矩形、圆形和曲面三种，如表 5-47 所示。

2. 电磁吸盘设计要点

电磁吸盘设计要点见表 5-48。

3. 电磁吸盘设计步骤及公式

简便电磁吸盘设计步骤及公式见表 5-49。

表 5-47 电磁吸盘的主要结构形式

矩形吸盘  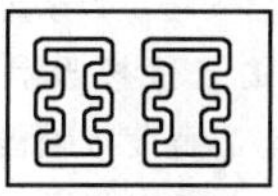 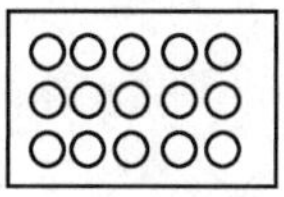	圆形吸盘  	球面吸盘 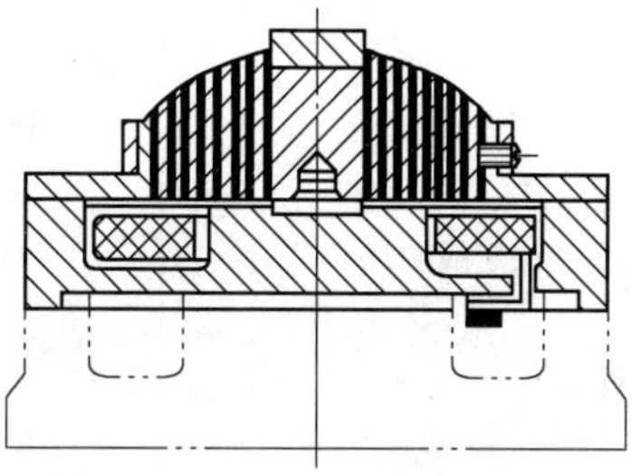

表 5-48 电磁吸盘设计要点

设计要求	材料选用	技术条件
吸盘各部位吸力均匀 保证吸盘刚度条件下厚度尽可能小 吸盘有良好防水性 减少励磁电流发热引起的热变形	所有导磁件（包括工作台面）均用 10F 钢 N 极和 S 极间隔磁材料用铜或巴氏合金	吸盘台面平面粗糙度 $Ra0.4\ \mu m$ 吸盘台面直线度小于 0.02mm/300mm 线圈用高强度漆包线并浸漆

表 5-49 电磁吸盘设计步骤及公式

步骤	工作内容	计算公式	备注
1	计算切削力或作用于工件上力的大小	见本书 3.9	需要更详细的计算可参考各种机械加工工艺手册
2	确定电磁吸力	保证电磁吸力大于工件吸盘间摩擦力 $$P_m \geq F/f$$ 式中 P_m——吸盘电磁吸力（N） F——摩擦力（N） f——摩擦因数 $$P_1 = P_m/A$$ P_1——磁盘单位面积吸力（N） A——磁极面积（cm^2）	

(续)

步骤	工作内容	计算公式	备注
3	选定磁性材料	吸盘磁极与工件单位接触面积(cm^2)吸力小于4kgf (1kgf = 9.807N)用铸钢,大于4kgf用软钢	
4	决定磁极面积	先求磁极数:吸盘面积决定磁极数,再定面积 $A = (25P_2 10^7)/B^2$ P_2——每个磁极吸力(kgf) B——磁心材料磁感应强度(10^{-4}T)(参见表5-50)	两磁极间距离大体等于磁心直径两倍
5	决定线圈尺寸	$IW = (S\phi)/(0.4\pi)$ 式中 I——电流(A) W——线圈匝数 S——磁阻(H^{-1}) ϕ——总磁通($\phi = BA$)(Wb) $S = l/(\mu A')$ 式中 l——决定磁阻的导磁体某一段长度(m) μ——该段材料磁导率(H/m) A'——该段的横截面积(m^2)	线圈尺寸根据产生相应磁通所需安培匝数来定 磁心长度按吸盘结构确定;磁心宽度按磁极面积确定;磁心高度按线圈匝数确定
6	校验线圈温升	该温度下允许$10cm^2$冷却面积承受1W功率 $R = \rho(L/q)$ 式中 R——绕线电阻(Ω) L——导线长度(m) q——导线横截面积(mm^2) ρ——铜电阻率(Ω)	根据电阻及电压求出电流和功率,然后求线圈的冷却表面积

表 5-50 磁感应强度及导磁率数值

磁场强度 H /(A/m)	材料磁感应强度 B/Gs			相对磁导率 μ		
	铸铁	软铁	空气	铸铁	软铁	空气
10	4900	13000	10	521	1150	
20	5900	14400	20	300	740	
30	6400	15200	30	228	530	
40	6850	15700	40	185	435	
50	7250	16000	50	155	350	1
100	8500	17000	100	145	246	
150	9500	17700	150	70	140	
200	10250	18200	200	50	91	
250	10800	18500	250	43	74	
290	11200	18750	290	40	64	

5.5.3 强力电磁夹具

传统的概念中,由于电磁吸力较小,电磁夹具只能用于切削力较小的磨削加工。但由于20世纪后半个世纪科技的飞速发展,情况已有变化。强力电磁夹具一从采用高磁感应强度的稀土类磁性材料入手,二从改进现有磁盘缺点着眼,使之具有强大的吸力、可变化磁力的作用点,并对吸力的大小、方向和作用点可加以控制,从而扩大了使用范围。目前在机械加工范围内,不仅可用于车、钻和铣削,还可用于注塑机上对模具的安装和固定,并可广泛用于材料的起重和搬运。

1. 强力电磁吸盘的工作原理

强力电磁吸盘的工作原理如下:

1) 采用高磁感应强度的稀土类磁性材料,如钕、铁、硼(Nd、Fe、B)等;

2) 在保证散热条件下,提高励磁线圈的总安匝数;

3) 机械结构合理有利于传热散热,便于加工中的使用;

4) 使用时通过导磁工具综合利用导磁、漏磁、气隙导磁等三种定位方式,保证达到大的夹紧力、高定位精度和高生产效率。

导磁定位是利用导磁元件(导磁工具)增加吸合面积,从而增大电磁吸力。图5-26a所示的中部工件依靠两侧导磁元件,改变磁力对工件作用力的方向,使其与磨削平面平行,从而消除磁力变形对加工精度的影响。漏磁定位是利用进磁截面积大于有效过磁截面积所形成的大量漏磁,依靠从漏磁胎具穿透出来的磁力线,经过工件而吸合在胎具上,通常用在胎具上钻孔的办法减少垂直截面积,易在达到磁饱和时产生漏磁,此种方法经常用于成批生产。图5-26b 为利用漏磁定位胎具的斜面对工件定位,来磨削平面。气隙导磁定位是利用励磁线圈的大安匝数,当工件与导磁元件以线或窄面接触时,由于接触处附近的气隙磁通密度很大,相应边缘磁场很强,通过导磁元件将工件紧紧吸住,图5-26c 所示为将钢球吸紧。

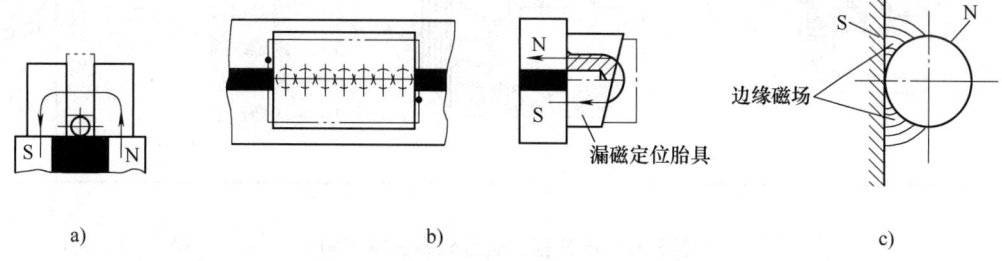

图5-26 导磁、漏磁、气隙导磁三种定位方式的示例
a) 导磁定位 b) 漏磁定位 c) 气隙导磁

2. 磨床强力电磁吸盘

(1) 磨床强力电磁吸盘结构　表 5-51 是一类我国研发的新型磨床强力电磁吸盘结构和外观。

(2) 磨床强力磁盘磁源结构　磁源结构都做成单元式,基本要求为:产生强力磁场,N、S极处磁场强度相等。表 5-52 为磁源基本结构。

表 5-51　新型磨床强力电磁吸盘结构和外观

序号	结构和外观	特点	适用场合
1	1—密磁面板 2—弹性支承钉 3—聚密磁面板 4—双向导磁面板 5—导磁面板 6—稀磁面板 7—聚磁面板 8—可卸引磁板 9—淬火垫板 10—支承板	多种磁面板、多方向磁回路	单件、小批、多品种生产的平面磨削
2	1—密磁面板 2—稀磁面板 3—聚磁面板 4—可卸引磁板 5—淬火垫板	三种磁面板结构,用于用切削液平磨	成批生产平面磨削
3	1—导磁定位板 2—淬火垫板 3—角度定位块	有纵横定位导磁板结构,适合干磨	普通工具磨适用

序号	结构和外观		特点	适用场合
4		1——胶木隔板 2——导磁定位板 3——导磁定位板 4——隔磁钢板 5——励磁线圈 6——胶木隔板 7——活动后支承	适合成型磨削	平面磨床适用

表 5-52 磨床强力磁盘磁源基本结构

序号	基本结构	说明	备注
1		1—励磁线圈 2—铁心 3—铝壳 4—铜板 5—侧极 6—密封圈 7—支承铜板 装入表 5-51 序号 1 或 2 磁盘中	用于一般平面磨床,铝壳 3 可断开机床工作台与磁极间磁回路,使磁力线集中通过磁源侧极 5 的上端
2		1—励磁线圈 2—铁心 3—胶木挡板 4—钢条 5—支承铜板 装入表 5-51 序号 4 磁盘中	用于成形磨削,要求体积小磁力大,磁路短磁损小,铁心与侧磁极用整体结构减少接缝磁耗
3		1—励磁线圈 2—支承铜板 3—铝壳 4—铜板 装入表 5-51 序号 3 磁盘中	用于工具磨床,铁心与侧磁极也用整体结构,吸力较大

(3) 磨床强力电磁吸盘设计要点 见表 5-53。

(4) 磨床导磁工具应用 表 5-54 为各种导磁工具应用的实例。与磨床强力电磁吸盘相配合,合理设计和选用导磁工具,对保证工件的技术要求和各种形位精度至关重要。

表 5-53　磨床强力电磁吸盘设计要点

机　械　结　构		电　气　部　分		
轮廓尺寸	面板结构	铁心尺寸	励磁线圈	内腔容积
应用机床工作台相关标准及工件大小来确定	要考虑生产特点和批量有聚磁、稀磁、导磁等多种布置方式	磁盘最大磁力与铁心截面成正比，铁心宽度一般取为磁盘宽度1/5，长度不宜过短	励磁线圈一般做两个以上以利散热，绕制总安匝数要达2000～3000安匝，线径 d 可按下式计算： 电压 $U=36\text{V}$ $d \approx 3\sqrt{Al_p 10^{-4}}$ 电压 $U=110\text{V}$ $d \approx \sqrt{3Al_p 10^{-4}}$ 式中　l_p——各匝线圈平均长度(m)； A——励磁线圈线包的横截面(mm^2)	为满足励磁线圈总安匝数要求，磁盘内腔容线截面积不应小于 1200～2000mm^2，还必须留出单边5mm的余地

表 5-54　各种导磁工具应用示例

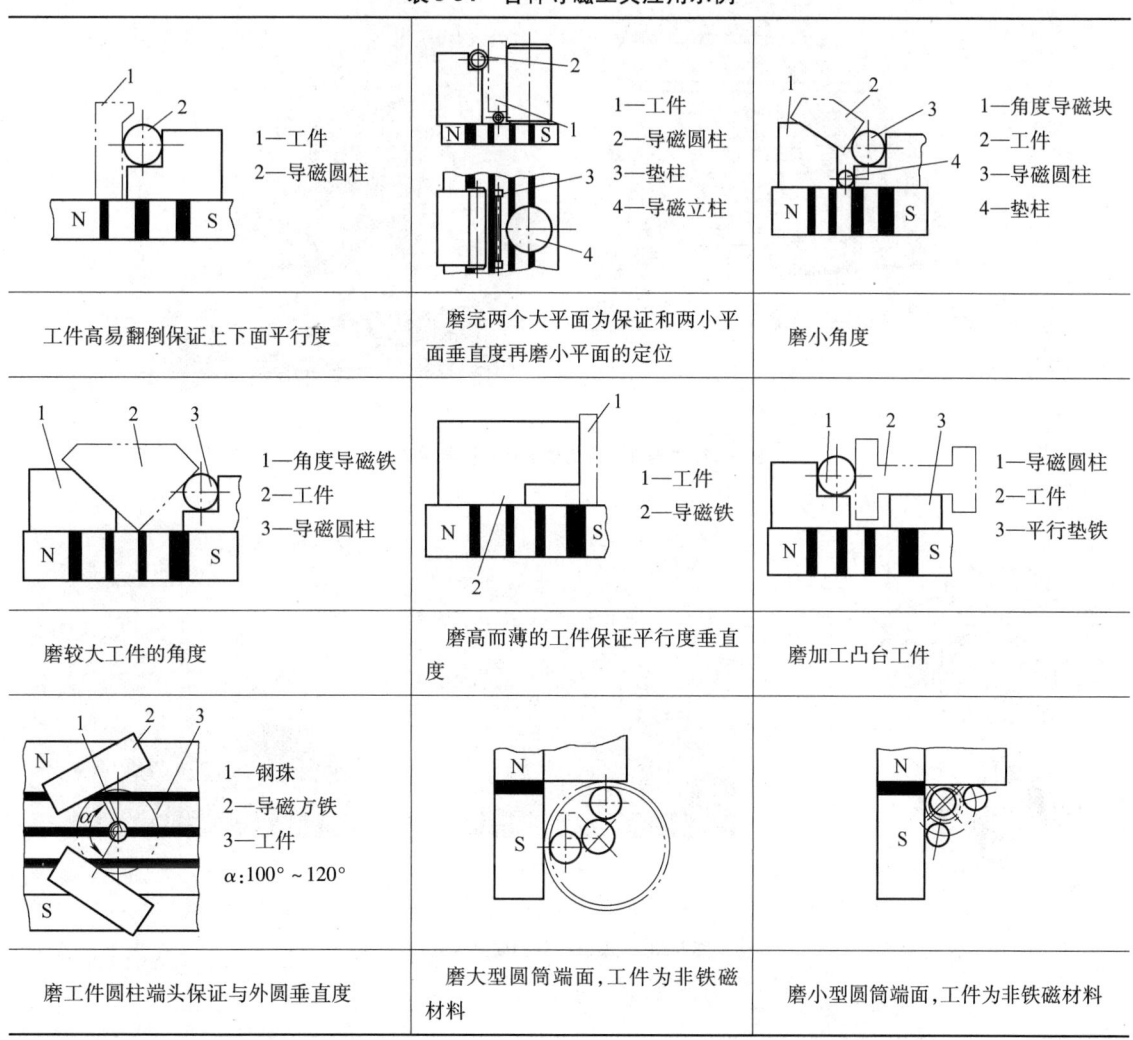

3. "泰磁"强力磁盘

意大利"泰磁"公司是一家专门生产磁性工艺装备的公司,已经开发销售了一套用作机床夹具的SUPER-QUAD电永磁磁力夹紧系统,图5-27a所示为强力磁盘外观,图5-27b则为磁盘和导磁工具。此强力磁盘不仅可用于磨床,也同样可用于铣床、立式车床和各种加工中心,并且用于切削加工而非磨削的工序中是此系统的主要特色。

此强力磁盘单元的结构如图5-28a所示。1为磁极,磁极中间底座放入一个可逆永磁体3,其周围又放置带线圈的电磁铁2,因此磁力强劲。这样的结构形成的工作表面可以成倍地产生磁性吸力,从而确保可靠地夹紧任何工件。当磁盘单元处于充磁(MAG)状态,即"开"的位置时,磁盘将把工件紧紧吸住并永不放开。在磁盘单元处于退磁(DEMAG)状态,即"闭"的位置时,磁力线在磁盘内部形成内循环,没有磁力线释放到磁盘表面,就将工件释放松开了,如图5-28b和c所示。无论充磁或退磁状态,均不消耗电能。两种状态的转换可采用专用的快速连接和控制单元,如图5-29所示。当工件安装完毕并被磁盘吸紧后,就可以迅速拔下电源插座,直至加工完毕再度连上插座进行退磁就可卸下工件。此强力磁盘单元磁力强劲,每个磁极吸力达35kN(350kgf),对高密度高能磁极的一些磁盘,每个磁极吸力甚至可达78~85kN(780~850kgf)。

表5-55为"泰磁"强力磁盘在各种切削工序中的应用实例。

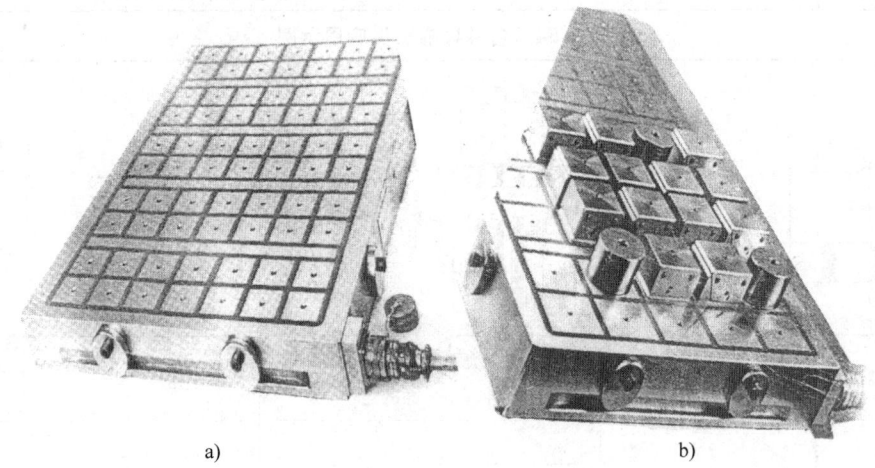

图5-27 "泰磁"强力磁盘外观和导磁工具

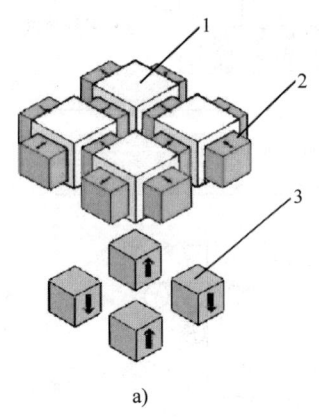

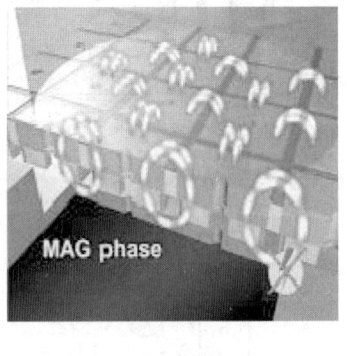

图5-28 "泰磁"强力磁盘单元
1—磁极 2—电磁铁 3—永磁体

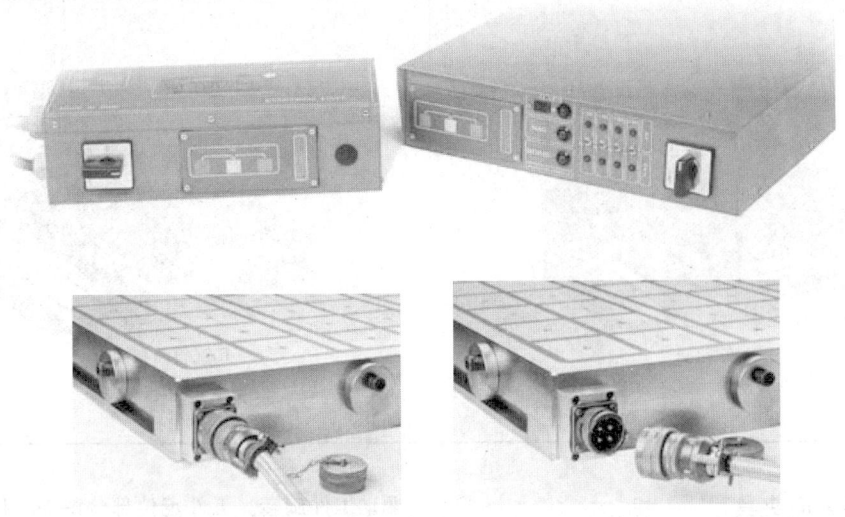

图 5-29 "泰磁"强力磁盘单元的快速连接和控制单元

表 5-55 "泰磁"强力磁盘在切削加工中的应用

 a) 端铣与侧面钻孔	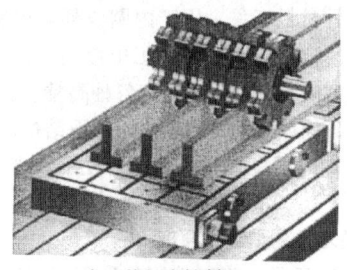 b) 多工件组合铣削
 c) 铣键槽和小平面	 d) 镗连杆大小头孔
 e) 铣平面和内腔以及钻孔	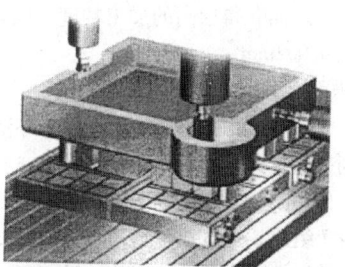 f) 加工外轮廓以及铣内孔

g) 铣曲面

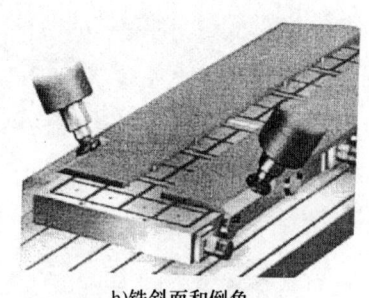

h) 铣斜面和倒角

5.5.4 电磁无心夹具

1. 电磁无心夹具的特点

电磁无心夹具是按工件定位基准进行仿形加工的一类特殊夹具。它只适用于内外圆同轴度、圆柱度要求较高的磁性材料工件，用于内圆或外圆的精加工，并在滚动轴承内外套圈的精加工中得到广泛的应用，也可用于类似的套圈类工件。与各种高精度自动定心装置相比，其优点为：在通用化条件下结构简单；制造成本低，加工精度高；装卸操作方便，容易自动化。

2. 电磁无心夹具工作原理

如图 5-30 所示，将工件用其端面通过磁力吸紧在磁极端面 1 上，磁力系由通电后的线圈产生；工件在安装时使其中心和机床中心 O' 重合并支承在两个径向支承 2 上；而磁极中心 O 与工件中心 O' 之间保持一定的偏心量 e（通常为 0.2~0.8mm）。加工时，磁极吸住工件一起转动，由于偏心量 e 的存在和两个径向支承的限制，工件就在磁极接触面上产生相对滑动，因而对工件产生相对摩擦力矩 M 和径向夹持力 F，M 带动工件转动，F 则通过工件中心 O' 与连心线 OO' 相垂直，并位于两支承夹角 β 之间，使工件在加工过程中与径向支承 2 稳定接触而不受机床主轴回转精度的影响，从而获得很高的加工精度，同轴度和圆度误差可达 0.002mm。

3. 电磁无心磨削滚动轴承套圈夹具

图 5-31 是用于磨削滚动轴承套圈内外滚道的电磁无心磨削夹具。夹具由工件驱动部分和工件定位部分组成。工件驱动部分由电刷 1、滑环 2、线圈 3、铁心 8 和磁极 7 组成。当电流经电刷 1、滑环 2 通入线圈 3 时，工件以端面在磁极上定位并被吸紧，由主轴驱动工件旋转。工件定位部分由夹具体 9、槽盘 6、滑板 5 和支承块 4 组成。夹具体安装在机床主轴箱上。加工时，夹具体 9、槽盘 6、滑板 5、支承块 4 和电刷 1 的组件不作旋转。

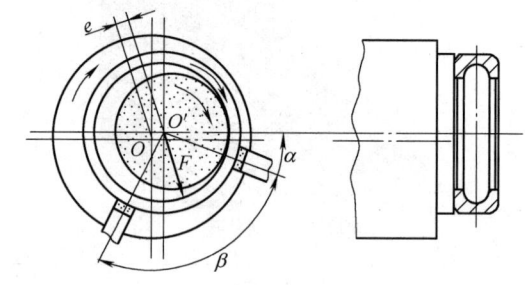

图 5-30 电磁无心夹具工作原理图

4. 电磁无心磨内圆夹具（图 5-32）

此夹具用于滚动轴承内圈精磨内圆工序。由于精密轴承内圈内孔轴心线对端面的垂直度公差不大于 0.3μm，所以对机床主轴旋转精度要求特别高。此夹具利用电磁无心原理，使主轴旋转的侧摆误差不传递给工件。图中端面磁极 5 由两平行簧片 2 支承，安装于接盘 7 中。平行簧片使端面磁极在轴向有浮动性能。主轴 6 通过柔性的平行簧片把旋转运动传递给工件 1。工件在电磁吸力和平行簧片的反力作用下，使轴向方向始终靠在三个可调整的固定支承 3 上，径向方向紧靠在两个可调整的固定支承 4 上。这样工件旋转完全由五个固定支承所决定，使工件绕垂直于自己端面的中心旋转，从而保证了磨削孔径对基准端面的高精度的垂直度要求。

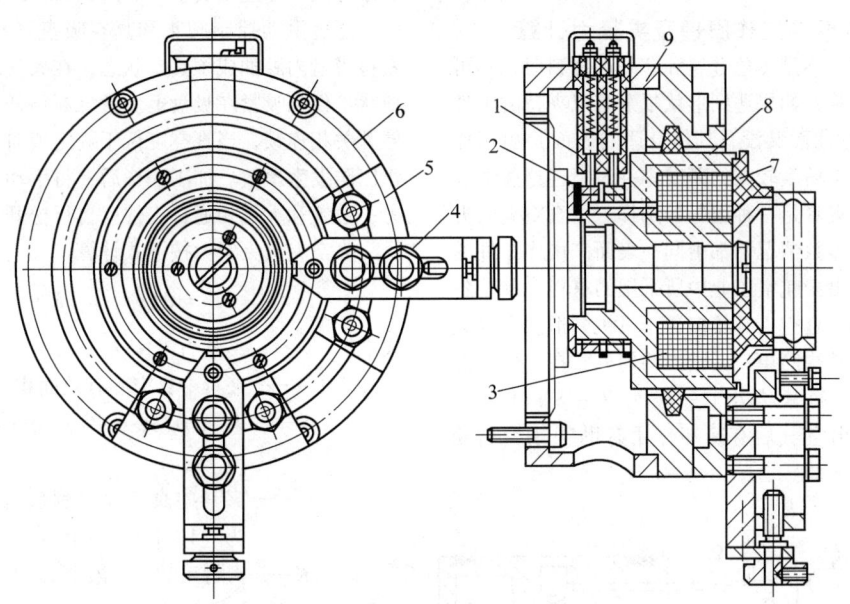

图 5-31 磨削滚动轴承套圈内外滚道的电磁无心磨削夹具
1—电刷 2—滑环 3—线圈 4—支承块 5—滑板
6—槽盘 7—磁极 8—铁心 9—夹具体

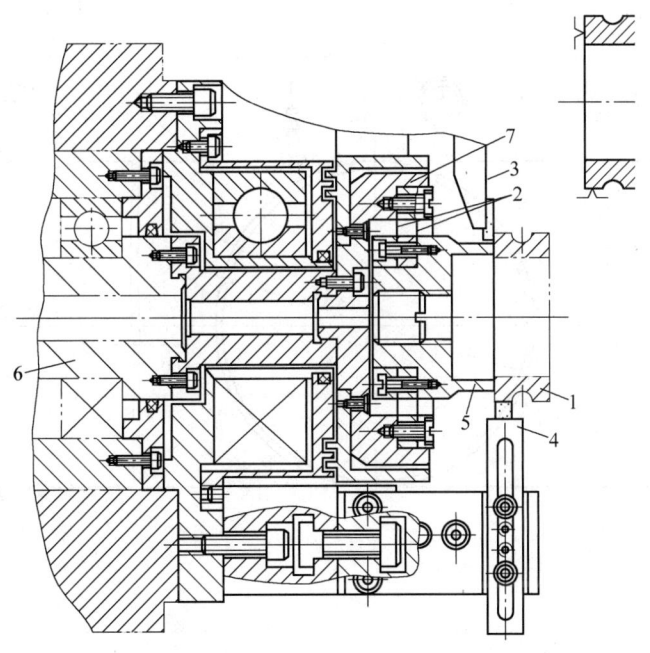

图 5-32 电磁无心磨内圆夹具
1—工件 2—平行簧片 3、4—固定支承 5—磁极 6—主轴 7—接盘

5.6 真空夹具及其应用

5.6.1 真空系统工作原理及夹紧力计算

当零件材料不是黑色金属和非磁性材料时,不可能采用磁力夹紧;如果遇到形状复杂难以夹持的工件(如各种复杂的曲面又没有其他合适的表面)可用作夹紧;需要加工精度较高的薄壁零件;上述这些情况下,采用真空夹具是一种很好的选择。用真空夹具夹持工件时,大多数情况下都由同一表面来用作工件的定位和夹紧。由于航空工业中所采用的材料大都是各种铝合金,因此真空夹具较多用于飞机制造。真空夹具的特点为:结构简单;夹紧力均匀分布在工件表面上;单位面积夹紧力小[一般为 7~8N(0.7~0.8kgf)];抽出空气后有冷却作用有助于减少热变形;使用维护方便。

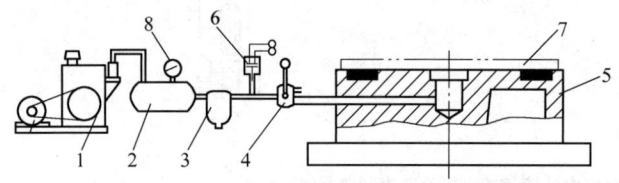

图 5-33 真空夹具的真空夹紧系统和工作原理图
1—真空泵 2—真空罐 3—空气滤清器 4—手动控制阀
5—真空吸盘(夹具) 6—紧急断路开关
7—板状工件 8—真空表

图 5-33 所示为真空夹具的真空夹紧系统及其工作原理图。当起动真空泵 1 时,真空罐 2 就被抽成真空,通过手动控制阀 4 和真空吸盘(夹具)相连通就将吸盘内腔抽成了真空状态,在大气压力作用下将板状工件 7 夹紧在吸盘上。紧急断路开关 6 与机床总停开关相连锁,当真空度低于规定值时,机床紧急停止以防发生事故。加工完毕后,将手动控制阀 4 扳向另一位置和大气相通,工件就自行松开。

真空夹具夹紧力按下式计算

$$F = A(p_a - p_o)K \qquad (5-2)$$

式中 F——夹紧力(N);
A——夹具中真空腔有效面积(m^2);
p_a——大气压强(Pa),$p_a = 9.80665 \times 10^4$Pa;
p_o——夹具中真空腔内剩余压(Pa),一般为 $(1~1.5) \times 10^4$Pa;
K——密封系数,一般取 $K = 0.8~0.85$。

5.6.2 真空发生装置

真空发生装置为真空泵和真空罐,真空泵可按需要选用标准市售产品。真空罐经常处于真空状态,用以迅速在真空夹具内腔中产生真空,其容积应为夹具内腔的 15~20 倍。真空罐的结构如图 5-34 所示。

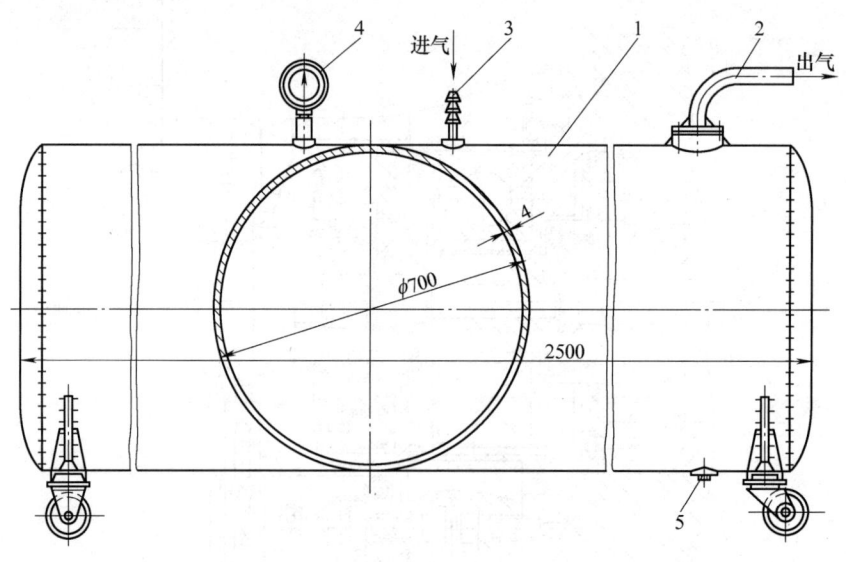

图 5-34 真空罐
1—本体 2—导管,与真空泵相连 3—管接头,与夹具相连 4—真空表 5—螺塞

当使用一台或数台真空夹具（即夹具中真空腔容积总量不大）时，也可不用真空泵，而用图5-35所示以压缩空气为动力的双活塞式气缸来代替。图中，两个活塞1共同装在活塞杆2上，管接头3、4与气源相通，管接头5与真空夹具相连。夹具开始工作前，压缩空气经分配阀（图中未表示）从管接头4进入气缸B腔，活塞向上移动，将C腔中空气压入大气中。真空夹具工作时，压缩空气由管接头3进入A腔，活塞向下移动，于是C腔抽成真空。这种装置真空度低，但可满足一般要求。

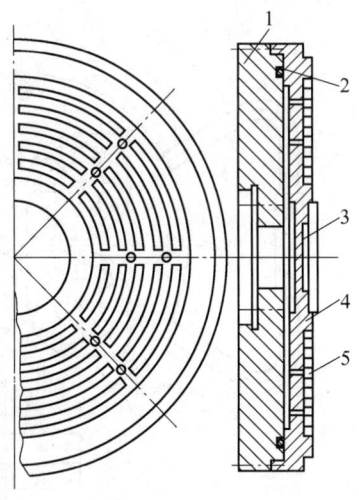

图5-36 精车磁盘片端面的真空夹具
1—连接盘 2—密封圈 3—挡板 4—吸盘 5—工件

3. 曲面定位的真空夹具（见表2-34图）

表2-34中的第四图所示为用于曲面定位的真空夹具。工件定位表面为曲面，为了适应曲面形状设计出分散的、单独的真空室吸紧工件，用O形橡胶密封圈密封，用以保证均匀的吸紧力。

4. 垫片平面真空吸盘磨夹具（图5-37）

工件以一平面及外形表面在吸盘1、挡板2上定位。扳动手柄3至"吸"字位置，真空泵抽气，吸盘气腔形成真空并吸紧工件。

磨削完毕后，手柄扳至"放"字位置，大气进入气腔，松开工件。该夹具结构简单，装夹方便，适用于磨削薄片工件。

5.6.4 真空夹具的设计要点

1) 真空夹紧时，单位面积压力不超过0.1MPa (1at)，所以总的夹紧力较小，但分布均匀。为防止切削力作用下工件移动，夹具上视需要应有侧面支承，用以阻止工件侧移。

2) 为保证真空夹具真空腔内真空度的稳定，密封的可靠性极其重要。为此，夹具上用作定位基准的表面必须有较低的表面粗糙度值。真空夹具上所用高级密封垫圈的形状如图5-38所示。

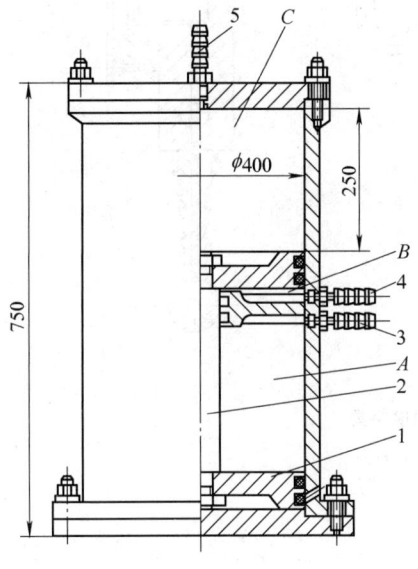

图5-35 真空传动用双活塞式气缸
1—两个活塞 2—活塞杆 3、4、5—管接头

5.6.3 真空夹具及典型结构

1. 精车磁盘片端面的真空夹具

图5-36所示为精车磁盘片端面的真空夹具。磁盘片材料为铝合金，外径为360mm，厚度为2mm。

2. 铣削大型铝合金薄板的真空夹具（见表2-34图）

表2-34中的第二图所示为铣削大型铝合金薄板用的真空夹具。因为薄板很长，故由7块吸台连接而成，通过两端三条长槽用螺钉固定在工作台上。台面上开有纵横交错的气槽形成真空腔。软管2分别与夹具中的真空腔相通，软管3与真空罐相通。工件安装在橡胶密封条4上，先预压贴合，侧面用两个销5进行定位。然后用真空装置抽气，就可以吸紧工件。

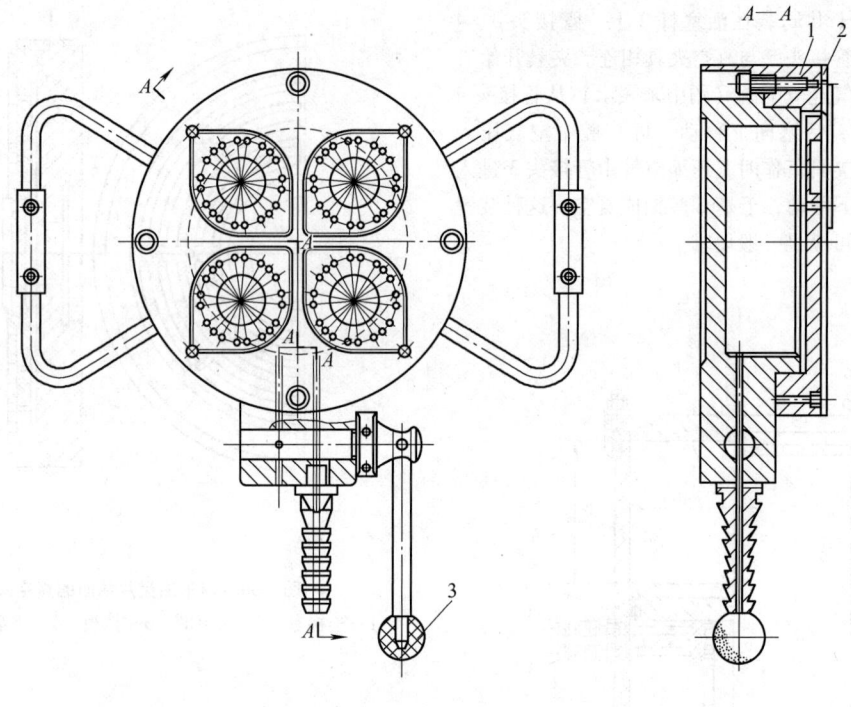

图 5-37 垫片平面真空吸盘磨夹具
1—吸盘　2—挡板　3—手柄

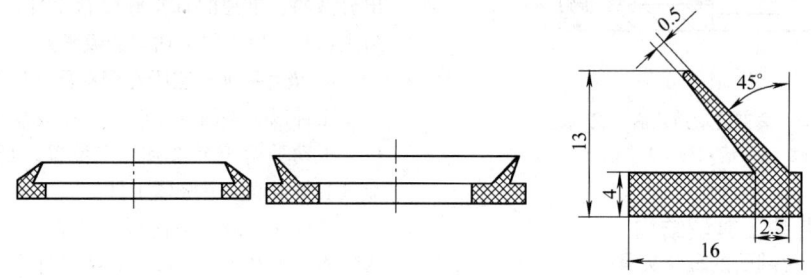

图 5-38 真空用密封垫圈的形状

3）通常对尺寸不大、刚度较低的工件可用直径不小于 5mm 圆形实心或空心截面的容易变形的密封圈；尺寸较大、刚度也较高的工件最好采用不小于 4mm×4mm 方形或矩形截面的密封衬垫。

4）为防止工件被压紧时产生变形，真空夹具上的吸附腔应开成窄槽，通常取槽宽 B 为 2～8mm，工件刚度较大时取大数，刚度小时取小数，与真空腔相通的抽气孔应对称布置。当工件与夹具贴合后的定位面较大时，要有较多和足够的抽气孔，如此抽真空后工件则能均匀夹紧。

5）密封圈或衬垫沟槽的几何尺寸如图 5-39 所示。

深度 $h = H(1-e)$；槽宽 $B = b + \Delta b$，Δb 是垫圈或衬垫宽度 b 的增大值，通常由试验决定或由生产厂给出数据。其根据是达到压缩量 e 的条件下，使密封衬垫或垫圈能充满整个沟槽。e 的取值根据夹具上与工件接触的定位面的表面粗糙度值来决定，见表 5-56。

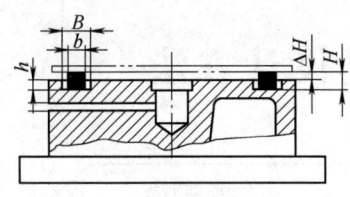

图 5-39 密封圈或衬垫沟槽的几何尺寸

表 5-56 e 的取值表

夹具上与工件接触的定位面的表面粗糙度 Ra	密封衬垫压缩量 e ($e = \Delta H/H$)
$Ra = 0.63 \sim 3.2 \mu m$	5%~7%
$Ra < 0.63 \mu m$	5%
$Ra > 3.2 \mu m$	10%~15%

第6章 机床专用夹具设计方法

6.1 机床专用夹具设计步骤

机床专用夹具是普通机床和专用机床的重要组成部件。它是根据加工工件的工艺要求和生产纲领以及机床结构而专门设计的工艺装备,以实现工件的准确定位、夹紧、刀具的导向等,从而达到可靠地保证工件的加工质量,提高劳动生产率及降低生产成本,减轻劳动强度,充分发挥和扩大机床工艺性能的目的。这类夹具适合在产品相对固定的中、大批量生产中使用。

专用夹具的组成元件及装置按其在夹具中的作用、地位及结构特点,分类如下:
1) 定位元件及装置;
2) 辅助支承元件及装置;
3) 对刀与引导元件及装置;
4) 夹紧元件及装置;
5) 分度、对定装置;
6) 夹具体;
7) 其他元件及装置。

专用夹具设计过程包括设计信息输入(即设计前期准备)、设计中的决策(即结构方案确定、总装配图绘制、零件图绘制)、工艺性分析和设计图的输出,如图6-1所示。

6.2 设计前期准备

开始进行夹具设计之前,需要收集相关信息资料并进行认真研究,明确设计任务,确定给定条件,进行工艺性分析,并计算出切削力和夹紧力。

6.2.1 信息资料收集与研究

信息资料的收集范围包括:设计任务书、被加工零件图、工序卡及工艺规程、适用机床及刀、辅具信息、制造及使用环境和相关标准及资料。

(1) 设计任务书 设计任务书是设计夹具的原始依据,它是由工艺编制人员向夹具设计人员提供的书面文本,其内容主要包括:本夹具要完成的工序、适用机床的类型及使用环境、生产纲领、推荐的夹具结构方案、设计进度及其他要求。任务书提出的设计要求必须准确、全面,有很强的专业性和针对性。

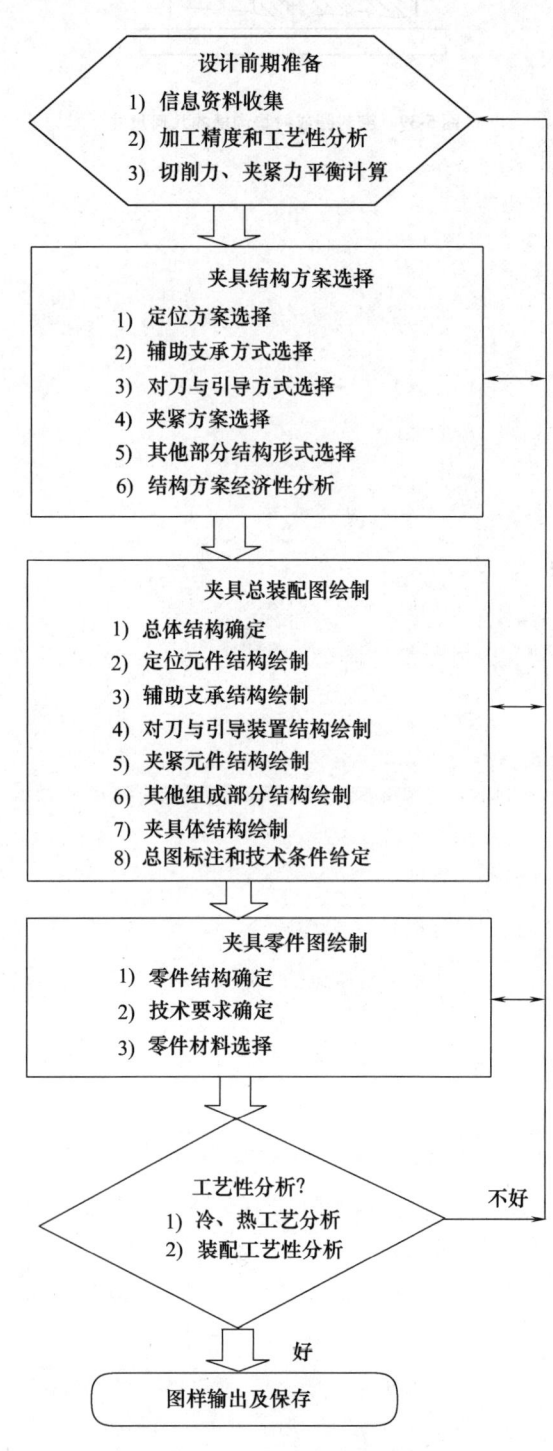

图6-1 专用夹具设计步骤

(2) 被加工零件图 被加工零件图包括待加工对象的毛坯图、半成品图或成品图。前者指零件的铸件图或锻件图，用于了解零件的毛坯结构情况，如毛坯材料、几何形状及尺寸公差、加工余量、热处理情况等；后者用于了解零件相关工序的结构信息，如零件的加工尺寸精度、几何形状要求、表面粗糙度、技术要求等。

(3) 工序卡及工艺规程 根据工序卡可以了解该工序应达到的工艺要求、推荐的定位及夹紧部位、使用的机床及刀辅具、加工余量及切削用量、测量工具及手段等信息。通过工艺规程可以了解本工序与前后工序之间的关联信息。

(4) 适用机床及刀、辅具信息 了解适用机床的规格、主要技术参数、夹具安装部位及相关联系尺寸，同时还需要了解该机床使用刀具及辅具的主要结构尺寸、制造精度、主要技术条件等信息，以便将来确定对刀方式和刀具引导部分的尺寸及公差，并避免刀、辅具在切削过程中与相邻零部件发生碰撞或干涉。

(5) 制造及使用环境 主要了解夹具制造者的工艺水平、冷加工及热处理能力、装配水平及手段、制造及装配环境条件、夹具使用环境等信息。

(6) 相关标准及资料 了解有关夹具零部件设计标准，如国家标准、行业标准、企业标准等信息，收集类似夹具设计案例、典型夹具结构图册、夹具设计手册及相关参考资料等，以便在接下来的设计过程中能够引入先进设计理念、采用经济而实用的结构、提高夹具标准化程度、缩短设计及制造周期，从而保证所设计的夹具具有可靠性和先进性。

6.2.2 加工精度和工艺性分析

分析被加工零件加工精度和工艺性的目的，是要决定工件需要加工的工步次数，以帮助确定工件的安装次数、工件在每次安装中的定位以及进行哪些工步的加工等。如发现和工艺规程或工序卡有矛盾时，还需要与工艺主要人员进行磋商协调。

加工误差是评价加工精度的重要指标。加工过程中，刀具—夹具之间的对刀误差、刀具磨损、机床运动误差、工件刚性、切削力与热变形以及振动等引起的加工误差是不可避免的，其后果是导致加工过程中形成的尺寸不可能准确地与设计图样上所要求的尺寸相等。

在夹具设计中，选择不同的定位基准将产生不同的加工误差，当定位基准与设计基准和测量基准不重合时，就形成了工艺尺寸链，需要通过分析来估计加工误差。

6.2.3 切削力、夹紧力综合平衡计算

机床切削加工时，由机床、刀具、夹具和工件构成的工艺系统，在切削力、夹紧力（大型零件还应考虑工件重量，运动的工件还应考虑惯性力等）的作用下，将产生相应的弹性变形和热变形，使刀具和工件在静态下调整好的相互位置，以及切削成形运动所需的正确几何关系发生变化，从而造成加工误差。为将这一加工误差控制在加工工艺允许的范围内，必须对切削力、夹紧力进行综合平衡计算。

计算时，以工序卡及工艺规程等信息资料提供的参数为原始依据，根据工件受切削力、夹紧力作用的情况，找出在加工过程中对夹紧最不利的瞬时状态，按静力平衡原理计算出理论夹紧力。

典型加工方法切削力的计算见3.9节，常见典型夹紧形式所需夹紧力的计算见3.3节。

为保证夹紧可靠，需将理论夹紧力乘以安全系数（见3.3节），作为实际所需的夹紧力。

6.3 夹具结构方案选择

确定夹具结构方案的主要依据是工件生产批量的大小、使用的机床类型以及工艺规程对本工序需要达到的加工要求和使用要求。

6.3.1 定位原则及方案选择

1. 定位原则

夹具的定位支承系统用以确定被加工零件与刀具及其导向的相对正确位置，承受被加工零件的重力和夹压力，有时还要承受切削力，其尺寸、结构、精度和布置方式直接影响被加工零件的精度。因此，设计时必须遵循以下原则：

1) 遵循工件定位的六点原则，防止出现欠定位或过定位的原则性错误。

2) 选择合理的定位基准，力求与工艺基准重合，并尽量与设计基准重合，以减小定位误差，获得最大加工允差，降低夹具制造精度。当定位基准和工艺基准或设计基准不重合时，需进行必要的加工尺寸及其允差的换算。

3) 合理布置定位支承元件，选择工件上最大的平面或最长的圆柱面或圆柱轴线为定位基准，力求提高定位精度，并使定位稳定、可靠。

4) 尽量使定位支承元件接近夹压力的作用线，并保证夹压力的合力中心处于定位支承面范围以内。

5) 确保定位支承元件的强度和刚性，减少定位系统的变形，力求使定位元件（如定位销）不受力。

6) 确保定位支承系统具有较高的尺寸精度、配合精度、硬度和适中的表面粗糙度，并具有良好的耐

磨性,以长期保持夹具的定位精度。

7) 确保定位支承部位的切屑能够可靠地排除,而不会堵塞或粘附在定位支承系统上,保证定位的准确性和工作的可靠性。

8) 在工件各加工工序中,力求采用同一基准,以避免因基准更换而降低工件各表面相互位置的准确度。

9) 当铸、锻件以毛坯面作为第一道工序的基准时,应选用比较光整的表面作基准面,避开冒口、浇口或分型面等凸起不平整的部位。

10) 在满足使用要求的前提下,定位元件结构应尽量简单。

2. 自由度的个数

1) 常用定位元件所能限制的自由度,见表6-1。

2) 影响表面相互位置误差的自由度数目,见表6-2。

表 6-1 常用定位元件所能限制的自由度

工件定位基准面	定位元件	定位方式简图	定位元件特点	限制的自由度
平面	支承钉			$1、2、3—\overleftrightarrow{x}、\overset{\frown}{y}、\overleftrightarrow{z}$ $4、5—\overleftrightarrow{x}、\overleftrightarrow{z}$ $6—\overleftrightarrow{y}$
	支承板		每个支承板也可设计为两个或两个以上小支承板	$1、2—\overleftrightarrow{z}、\overset{\frown}{x}、\overset{\frown}{y}$ $3—\overleftrightarrow{x}、\overleftrightarrow{z}$
	固定支承与浮动支承		1、3—固定支承 2—浮动支承	$1、2—\overleftrightarrow{z}、\overset{\frown}{x}、\overset{\frown}{y}$ $3—\overleftrightarrow{x}、\overleftrightarrow{z}$
	固定支承与辅助支承		1、2、3、4—固定支承 5—辅助支承	$1、2、3—\overleftrightarrow{z}、\overset{\frown}{x}、\overset{\frown}{y}$ $4—\overleftrightarrow{x}、\overleftrightarrow{z}$ 5—增加刚性,不限制自由度

(续)

工件定位基准面	定位元件	定位方式简图	定位元件特点	限制的自由度
圆孔	定位销（心轴）		短销（短心轴）	$\overleftrightarrow{x}$、$\overleftrightarrow{y}$
			长销（长心轴）	$\overleftrightarrow{x}$、$\overleftrightarrow{y}$ $\overset{\frown}{x}$、$\overset{\frown}{y}$
	锥销		单锥销	$\overleftrightarrow{x}$、$\overleftrightarrow{y}$、$\overleftrightarrow{z}$
			1—固定销 2—活动销	$\overleftrightarrow{x}$、$\overleftrightarrow{y}$、$\overleftrightarrow{z}$ $\overset{\frown}{x}$、$\overset{\frown}{y}$
外圆柱面	支承板与支承钉		短支承板或支承钉	$\overleftrightarrow{z}$（或 $\overset{\frown}{x}$）
			长支承板或两个支承钉	$\overleftrightarrow{z}$、$\overset{\frown}{x}$
	V形块		窄V形块	$\overleftrightarrow{x}$、$\overleftrightarrow{z}$
			宽V形块或两个窄V形块	$\overleftrightarrow{x}$、$\overleftrightarrow{z}$ $\overset{\frown}{x}$、$\overset{\frown}{z}$

（续）

工件定位基准面	定位元件	定位方式简图	定位元件特点	限制的自由度
外圆柱面	V形块		垂直运动的窄活动V形块	$\overleftrightarrow{x}$（或 $\overset{\frown}{z}$）
	圆柱孔		短套	$\overleftrightarrow{x}$、$\overleftrightarrow{z}$
			长套	$\overleftrightarrow{x}$、$\overleftrightarrow{z}$ $\overset{\frown}{x}$、$\overset{\frown}{z}$
	半圆孔		短半圆孔	$\overleftrightarrow{x}$、$\overleftrightarrow{z}$
			长半圆孔	$\overleftrightarrow{x}$、$\overleftrightarrow{z}$ $\overset{\frown}{x}$、$\overset{\frown}{z}$
	锥孔		单锥套	$\overleftrightarrow{x}$、$\overleftrightarrow{y}$、$\overleftrightarrow{z}$
			1—固定锥套 2—活动锥套	$\overleftrightarrow{x}$、$\overleftrightarrow{y}$、$\overleftrightarrow{z}$ $\overset{\frown}{x}$、$\overset{\frown}{z}$

表 6-2 影响表面相互位置误差的自由度数目

平 行 度	垂 直 度	对 称 度	同 轴 度	位 置 度
线对面 (加工面为一圆柱面，它的位置以轴线代表，基准为一平面)	面对面 (加工面为一平面，基准也是一个平面)	线对线 (加工面为一圆柱面，它的位置以轴线代表，基准为另一轴线)		当 y 轴即为加工孔轴线时 $\widehat{y}$ 不必限制

3) 常见加工形式中影响加工面形状或位置精度需要限制的自由度，见表 6-3。

表 6-3　常见加工形式中影响加工面形状或位置精度需要限制的自由度

工　序　简　图	位置要求	机床及刀具	需要限制的自由度
加工面宽为 W 的槽	1) 尺寸 B 2) 尺寸 H	立式铣床 立铣刀	$\leftrightarrow\leftrightarrow$ x z $\curvearrowleft\curvearrowleft\curvearrowleft$ x y z
加工面宽为 W 的槽	1) 尺寸 B 2) 尺寸 H 3) 尺寸 L		$\leftrightarrow\leftrightarrow\leftrightarrow$ x y z $\curvearrowleft\curvearrowleft\curvearrowleft$ x y z
加工面平面	1) 尺寸 H	卧式铣床 圆柱铣刀	$\leftrightarrow$ z $\curvearrowleft$ x
加工面宽为 W 的槽	1) 尺寸 H 2) W 中心对 ϕD 中心的对称度	立式铣床 立铣刀	$\leftrightarrow\leftrightarrow$ x z $\curvearrowleft\curvearrowleft$ x z
加工面宽为 W 的槽	1) 尺寸 H 2) 尺寸 L 3) W 中心对 ϕD 中心的对称度		$\leftrightarrow\leftrightarrow\leftrightarrow$ x y z $\curvearrowleft\curvearrowleft$ x z

(续)

工序简图		位置要求	机床及刀具	需要限制的自由度
加工面宽为 W 的槽，W_1，ϕD，H，L		1) 尺寸 H 2) 尺寸 L 3) W 中心对 ϕD 中心的对称度 4) W_1 中心对 ϕD 中心的对称度	立式铣床 立铣刀	$\overleftrightarrow{x}\ \overleftrightarrow{y}\ \overleftrightarrow{z}$ $\curvearrowright\curvearrowright\curvearrowright$ $x\ y\ z$
加工面 圆孔，B，L	通孔	1) 尺寸 B 2) 尺寸 L	立式钻床 钻头	$\overleftrightarrow{x}\ \overleftrightarrow{y}$ $\curvearrowright\curvearrowright\curvearrowright$ $x\ y\ z$
	不通孔			$\overleftrightarrow{x}\ \overleftrightarrow{y}\ \overleftrightarrow{z}$ $\curvearrowright\curvearrowright\curvearrowright$ $x\ y\ z$
加工面 圆孔，ϕD，L	通孔	1) 尺寸 L 2) 加工孔轴线对 ϕD 轴线的位置度		$\overleftrightarrow{x}\ \overleftrightarrow{y}$ $\curvearrowright\curvearrowright$ $x\ z$
	不通孔			$\overleftrightarrow{x}\ \overleftrightarrow{y}\ \overleftrightarrow{z}$ $\curvearrowright\curvearrowright$ $x\ z$
加工面 圆孔，ϕD，ϕd_1，L	通孔	1) 尺寸 L 2) 加工孔轴线对 ϕD 轴线的位置度 3) 加工孔轴线对 ϕd_1 的倾斜度		$\overleftrightarrow{x}\ \overleftrightarrow{y}$ $\curvearrowright\curvearrowright\curvearrowright$ $x\ y\ z$
	不通孔			$\overleftrightarrow{x}\ \overleftrightarrow{y}\ \overleftrightarrow{z}$ $\curvearrowright\curvearrowright\curvearrowright$ $x\ y\ z$
加工面 圆孔，ϕD	通孔	加工孔轴线对 ϕD 轴线的同轴度		$\overleftrightarrow{x}\ \overleftrightarrow{y}$ $\curvearrowright\curvearrowright$ $x\ y$
	不通孔			$\overleftrightarrow{x}\ \overleftrightarrow{y}\ \overleftrightarrow{z}$ $\curvearrowright\curvearrowright$ $x\ y$

（续）

工序简图	位置要求	机床及刀具	需要限制的自由度
加工面 圆孔 2×φd, φD, R	通孔: 1) 尺寸 R（加工孔与 φD 轴线的距离） 2) 加工孔轴线对 φd 的倾斜度 不通孔	立式钻床 钻头	↔x ↔y ↺x ↺y ↺z ; ↔x ↔y ↺x ↺y ↺z
加工面 φd 外圆柱	加工面轴线对 φd 轴线的同轴度	车床	↔x ↔z ↺x ↺z
加工面 外圆柱及凸肩 L, φD	1) 加工面轴线对 φD 轴线的同轴度 2) 尺寸 L	车床	↔x ↔y ↔z ↺x ↺z

3. 定位方案选择

机床专用夹具常用的定位方法及其定位元件如下：

1) 平面定位，如支承钉、支承板、可调节支承和自位支承等，见表 6-4。

表 6-4 以平面定位时定位元件的选择

元件类型与名称	工作特点及使用说明
支承钉 A 型 B 型 C 型 JB/T 8029.2—1999	A 型用于精基准，B 型用于粗基准，C 型用于侧面定位。支承钉与夹具体孔的配合为 H7/r6 或 H7/n6。若支承钉需经常更换时可加衬套，其外径与夹具体孔的配合亦为 H7/r6 或 H7/n6，内径与支承钉的配合为 H7/js6。使用几个 A 型支承钉时，装配后应一起磨平工作表面，以保证等高性
支承板 A 型 B 型 JB/T 8029.1—1999	适用于精基准。A 型用于侧面和顶面定位，B 型用于底面定位。支承板用螺钉紧固在夹具体上。若受力较大或支承板有移动趋势时，应增加圆锥销或将支承板嵌入夹具体槽内。采用两个以上支承板定位时，装配后应一起磨平工作表面，以保证等高性

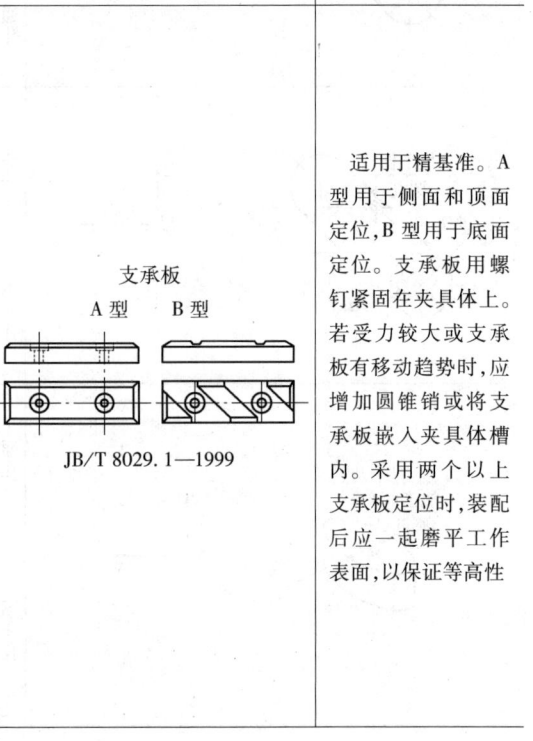

元件类型与名称	工作特点及使用说明	元件类型与名称	工作特点及使用说明
可调节支承 JB/T 8026.3—1999	适用于毛坯(如铸件)分批制造,其形状和尺寸变化较大的粗基准定位。亦可用于同一夹具加工形状相同而尺寸不同的工件,或用于专用可调整夹具和成组夹具中。在一批工件加工前调整一次,调整后用锁紧螺母锁紧	自位支承	支承本身在定位过程中所处的位置,随工件定位基准面位置的变化而自动与之适应,其作用相当于一个固定支承,只限制一个自由度。由于增加了与定位基准面接触的点数,故可提高工件的安装刚性和稳定性。适用于工件以粗基准定位或刚性不足的场合

2) 圆柱孔定位,如定位销、定位心轴、圆锥销和锥度心轴等,见表6-5。

表6-5 以圆柱孔定位时定位元件的选择

元件类型与名称	工作特点及使用说明
在圆柱体上定位 定位销 a) JB/T 8014.1—1999 b) JB/T 8014.2—1999 c) JB/T 8014.3—1999	当工作部分直径 $D \leq 3mm$ 时采用小定位销(JB/T 8014.1—1999),如图 a 所示。夹具体上应有沉孔,使定位销圆角部分沉入孔内而不影响定位。而当工作部分直径 $D > 3mm$ 时,则采用图 b 所示的定位销(JB/T 8014.2—1999)大批量生产时,应采用可换定位销(JB/T 8014.3—1999),如图 c 所示。工作部分的直径,可根据工件的加工要求和安装方便,按 g5、g6、f6、f7 制造,与夹具体配合为 H7/r6 或 H7/n6。衬套外径与夹具体配合为 H7/h6,其内径与定位销配合为 H7/h6 或 H7/h5。当采用工件上孔与端面组合定位时,应该加上支承垫板或支承垫圈,并均用螺母锁紧在夹具体上

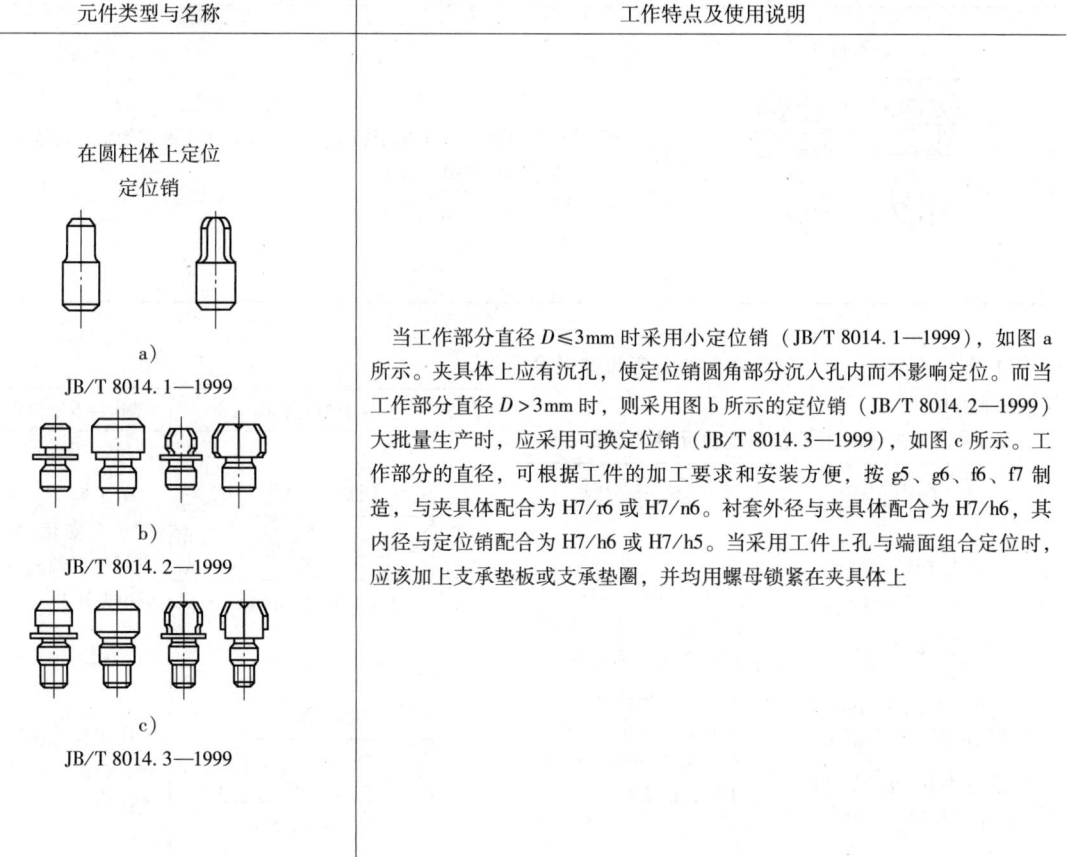

（续）

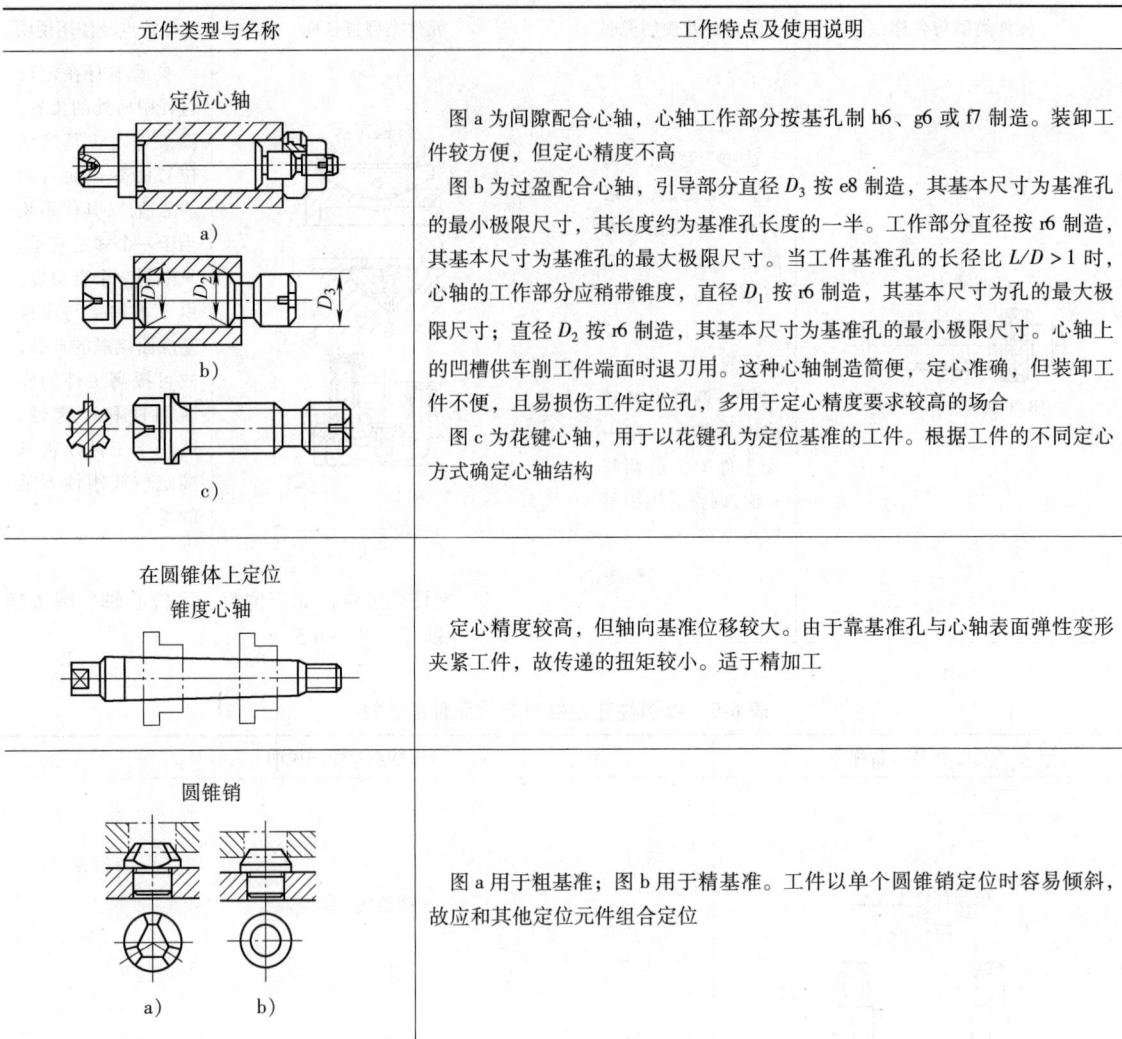

3）圆柱面定位，如V形块、定位套和锥形套等，见表6-6。

表6-6 以外圆柱面定位时定位元件的选择

元件类型与名称	工作特点及使用说明	元件类型与名称	工作特点及使用说明
在V形块上定位 固定V形块 JB/T 8018.1—1999 JB/T 8018.2—1999	对中性好，能使工件的定位基准轴线在V形块两斜面的对称平面上，而不受定位基准直径误差的影响，并且安装方便。可用于粗、精基准	调整V形块 JB/T 8018.3—1999	用于同一类型加工尺寸有变化的工件，或用于可调整夹具及成组夹具中
		活动V形块 JB/T 8018.4—1999	用于定位夹紧机构中，起消除一个自由度的作用

（续）

元件类型与名称	工作特点及使用说明
在圆柱孔中定位 定位套 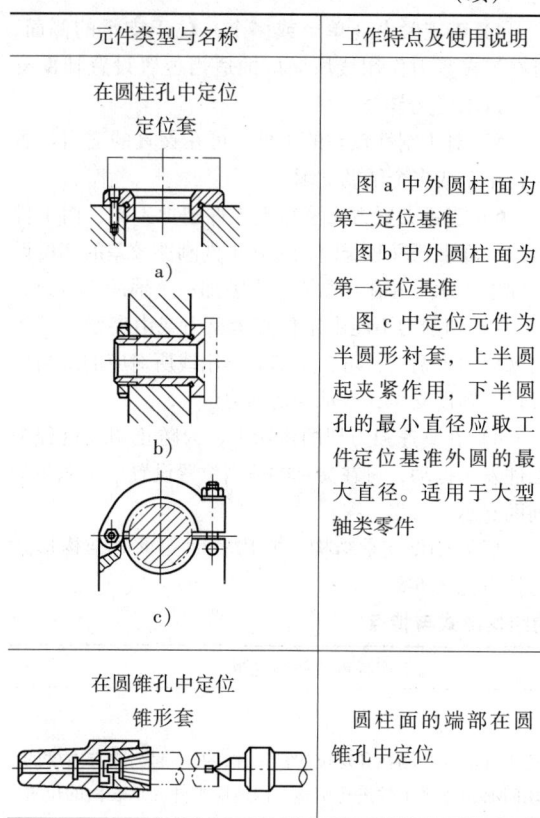	图 a 中外圆柱面为第二定位基准 图 b 中外圆柱面为第一定位基准 图 c 中定位元件为半圆形衬套，上半圆起夹紧作用，下半圆孔的最小直径应取工件定位基准外圆的最大直径。适用于大型轴类零件
在圆锥孔中定位 锥形套 	圆柱面的端部在圆锥孔中定位

4）特殊表面定位，如V形导轨槽、燕尾导轨面、齿形表面等，见表6-7。

表6-7 以特殊表面定位时定位元件的选择

元件类型与名称	工作特点及使用说明
滑板定位简图 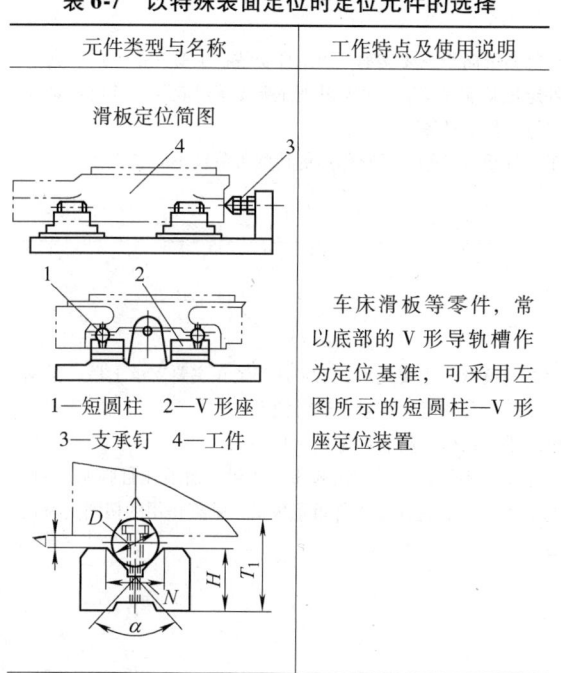 1—短圆柱 2—V形座 3—支承钉 4—工件	车床滑板等零件，常以底部的V形导轨槽作为定位基准，可采用左图所示的短圆柱—V形座定位装置

（续）

元件类型与名称	工作特点及使用说明
燕尾导轨面 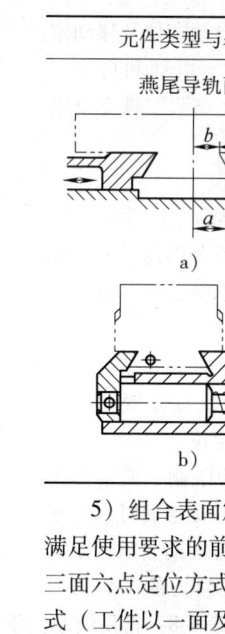	图 a 采用圆棒或两短圆柱，以支座与一平面作为定位元件，限制五个自由度 图 b 以对应的燕尾定位装置定位，其中一个燕尾座是可以移动的

5）组合表面定位。在遵循工件定位六点原则并满足使用要求的前提下，定位方法可以单一使用，如三面六点定位方式，也可以组合使用，如一面两销方式（工件以一面及两圆孔为定位基准）和两面一销方式（工件以一圆孔及两垂直平面为定位基准）等。

6.3.2 辅助支承方式选择

设计机床专用夹具过程中，经常会出现仅依靠固定支承板不能确保定位的精度要求和稳定性、切削力大到足以影响加工精度、工件刚性差及切削过程产生振动等情况。辅助支承能够用于增加定位稳定性，也可以用于增加工件的支承刚性或承受切削力，因此在批量生产的各阶段，尤其在粗加工和精加工阶段得到广泛运用。

1. 辅助支承设置原则

1）辅助支承的设置不许破坏工件的正确位置和已加工表面。

2）用于增加定位稳定性时，应当有足够的支承刚性，并具备自锁性能或采用外力（如液压）锁紧，避免夹紧力或切削力破坏工件的正确位置。

3）用于增加工件的支承刚性时，要求支承点的位置设置合理、数量适中，支承力不宜过大和过于集中，避免工件产生超出表面形状精度（如平行度、垂直度、圆柱度等）允许范围的变形。

4）用于承受切削力时，尽量使支承点接近切削力的作用线，应当有足够的支承刚性，并具备自锁性能或采用外力（如液压）锁紧，避免在切削过程中切削力破坏工件的正确位置。

5）应当具有适当的自动化程度，支承动作力求迅速、便捷，并与工件的产量和批量相适应。

6）在满足使用要求的前提下，力求辅助支承结构紧凑简单，操作方便，使用安全。

2. 辅助支承方式选择

按动作特点,辅助支承可分为自动定位及移动定位两种。按力源类型,可分为手动、机动和自位三种。按使用功能,可分为辅助定位、增强工件支承刚性及平衡切削力三种。

(1) 辅助支承使用功能的确定

1) 当工件重力与主基准或双导向基准垂直,但工件的重心位置不在各定位元件支承范围内时,可在夹具的适当位置设置辅助支承,以承受工件重力并实现工件粗定位。

2) 当工件重力与主基准或双导向基准平行且与止动基准垂直时,可在夹具的适当位置设置辅助支承,以承受工件重力并实现工件粗定位。

3) 若由于工件或加工等条件的限制,夹紧力无法通过或靠近定位基准与定位支承的接触面时,可在夹紧力作用线所对应的适当位置设置辅助支承,以承受夹紧力。此时,支承力应达到夹紧力的 1.5 倍以上。

4) 若夹紧力(单个或多个)位于支承的侧面,可在该夹紧力作用线所对应的适当位置设置辅助支承,以承受夹紧力。

5) 对于刚性较差的工件,可在夹具的适当位置设置单个或多个辅助支承。

6) 当主夹紧力无法靠近工件被加工面,而工件被加工面悬臂又较长时,可在工件刚性较差的部位设置辅助支承,并在辅助支承上另加一个辅助夹紧力。

7) 切削力不能由定位支承反力或由夹紧力产生的摩擦力平衡时,可在切削力作用线所对应的适当位置设置辅助支承,以承受切削力。

8) 在高速强力切削机床上,为防止切削过程中工件发生振动,可在夹具的适当位置设置单个或多个辅助支承。

(2) 辅助支承结构 常用辅助支承的结构形式与特点见表 6-8。

表 6-8 常用辅助支承的结构形式与特点

元件类型与名称	工作特点及使用说明
螺旋式辅助支承	旨在提高工件的安装刚性和定位的稳定性,并不起消除自由度的作用。使用时必须逐个工件进行调整,以适应工件支承表面的位置变化 结构简单,但效率较低
自位式辅助支承(又称自动调节支承) GB/T 2238—1991	支承销的高度高于主要支承,当工件安装在主要支承上后,支承销被工件定位基准面压下,并与其他主要支承一起与工件定位基准面保持接触,然后锁紧 适用于工件重量较轻,垂直作用的切削负荷较小的场合
推引式辅助支承(一) a) b)	支承销的高度低于主要支承,当工件安装在主要支承上后,推动支承销与工件定位基准面接触,然后锁紧 图 a 采用手动操作,斜面角为 8°~10° 图 b 采用机动操作,支承力由弹簧力提供,由液压缸强制返回,斜面角为 10°~12°,适用于工件重量较重,垂直作用的切削负荷较大的场合

（续）

元件类型与名称	工作特点及使用说明
推引式辅助支承（二）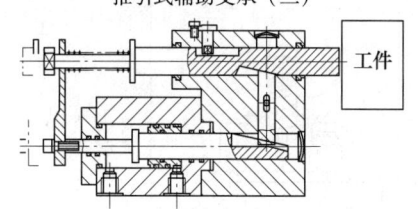	支承杆收缩在支承本体内，当工件定位并夹紧后，由差动液压缸通过弹簧推动支承杆与工件接触，然后液压缸继续向右推动斜楔锁紧支承杆，由液压缸强制返回。支承杆移动行程较大，可避让工件表面凸起 用于增强工件支承刚性，防止切削过程中工件发生振动
推引式辅助支承（三）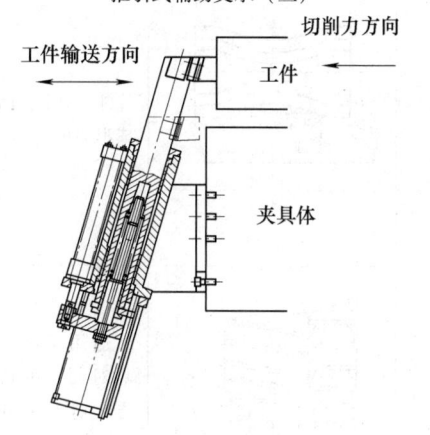	支承杆收缩在支承本体内，当工件定位并夹紧后，由液压缸通过弹簧推动支承杆与工件接触，利用与夹具体的安装角度形成自锁楔角。支承杆移动行程大，由液压缸强制缩回后可避开工件输送区 用于大行程并承受较大的切削分力的场合
复合式辅助支承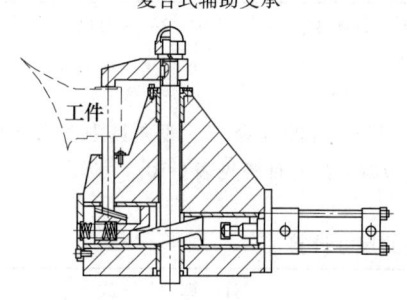	推引式辅助支承与压板夹紧装置的复合结构 当液压缸活塞杆向右移动，在弹簧力作用下，辅助支承杆伸出与工件接触，活塞杆继续右移，驱动钩形压板夹紧工件。松开与缩回由活塞杆左移实现 用于工件被加工面悬臂较长时的辅助支承及夹紧
液压锁紧的辅助支承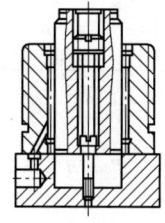	通过螺纹与夹具体连接，当工件安装在主要支承上后，靠弹簧力推动支承钉与工件定位基准面接触，然后通高压油锁紧支承钉 适用于安装位置受限的场合

6.3.3 对刀与引导方式选择

1. 对刀方式选择

对刀装置由对刀块和塞尺组成,用于迅速而准确地确定夹具与刀具间的相对位置。

(1) 对刀装置的基本类型　对刀装置的形式主要根据加工表面的情况来确定。常用对刀装置的基本类型见表 6-9。

常用对刀塞尺有平塞尺 JB/T 8032.1—1999,厚度为 1、3、5mm) 和圆柱塞尺 JB/T 8032.2—1999 两种。采用对刀塞尺的目的,是为了不使刀具与对刀块直接接触,以免损坏刀刃或造成对刀块过早磨损。使用时,将塞尺放在刀具与对刀块之间,凭抽动的松紧感觉来判断,以适度为宜。

表 6-9　常用对刀装置的基本类型

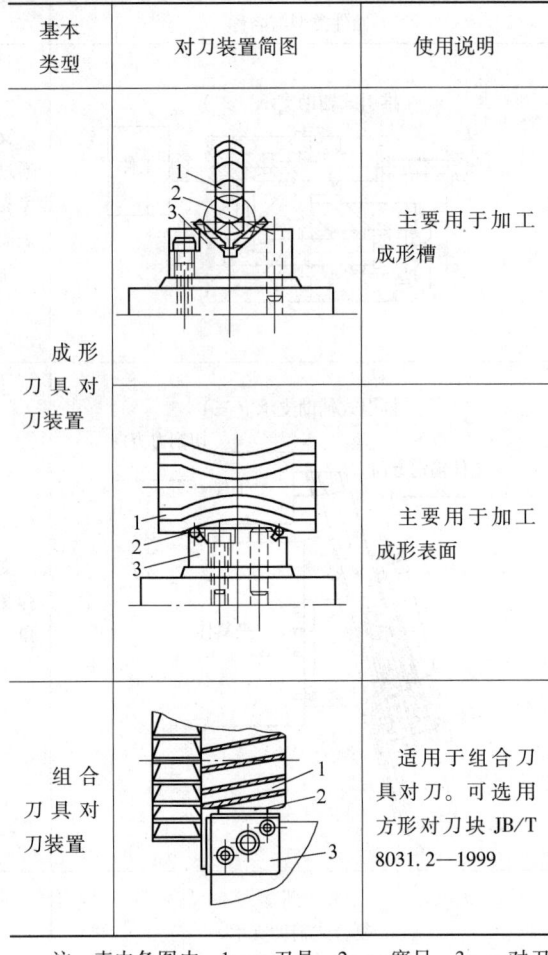

注:表内各图中:1——刀具　2——塞尺　3——对刀块。

(2) 对刀尺寸的计算　一般夹具中对刀元件到定位元件位置的尺寸计算见表 6-10。

表 6-10　对刀元件到定位元件位置的尺寸计算

加工简图	夹具简图	计算公式
(图：圆 D,高 H)	(图：V 形块,H',塞尺厚度 δ)	$H' = H - \delta$
(图：圆 D,高 H)		$H' = H - D/2 - \delta$

（续）

加 工 简 图	夹 具 简 图	计 算 公 式
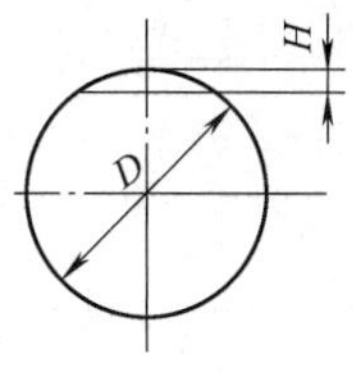	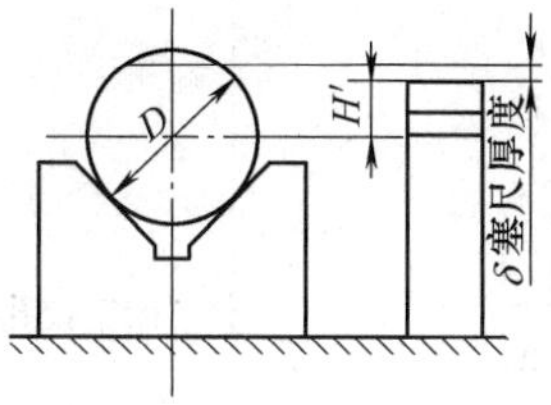	$H' = D/2 - H - \delta$
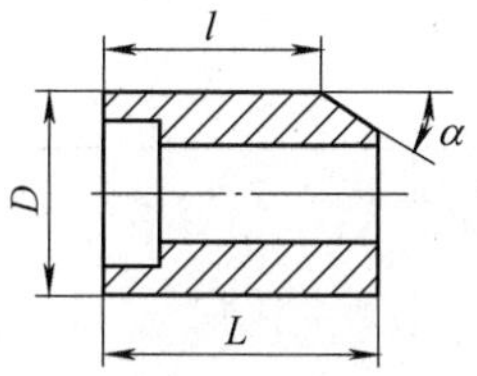	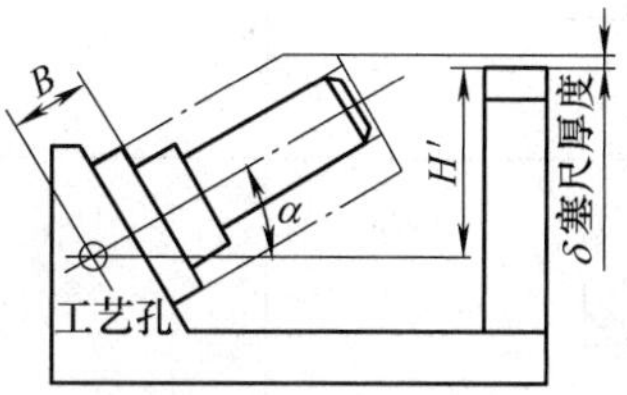	$H' = (l' + B)\sin\alpha + D/2\cos\alpha - \delta$

2. 刀具引导方式选择

在专用机床完成孔加工工序中，除采用"刚性主轴"加工方法外，为引导刀具在正确位置对工件进行切削加工，夹具大多设置有刀具引导装置，其主要作用是：保证刀具对于工件的正确位置、保证各刀具相互间的正确位置和提高刀具系统的支承刚性。因此，它对于保证加工精度和机床的可靠工作有着重要的影响。

（1）常用导向类型 刀具引导装置一般情况下都是固定地设置在夹具上，在某些特定的情况下，为了适应机床特殊的工作要求，也可以采用可移动结构（如所谓"活动钻模板"），两种方式都必须保证刀具引导装置与夹具定位基准之间保持精确的定位关系，以利于保证加工精度。

刀具引导装置可根据需要设计成多种不同的结构形式，按其运动形式的不同，可将其大致分为两类。

1）固定式导向装置。固定式导向装置的钻套安装在夹具的模架上，固定不动，刀具或刀杆在钻套内既作相对转动又作相对移动，例如大多数的钻孔、扩孔和铰孔的刀具导向。其特点是：导向部分旋转线速度较低，一般不超过20m/min，在防屑情况良好或有强制内冷冲洗时，线速度可适当提高。常见固定式导套的基本类型见表6-11。

表6-11 常见固定式导套的基本类型

导套名称	结 构 简 图	使 用 说 明
固定钻套	无肩 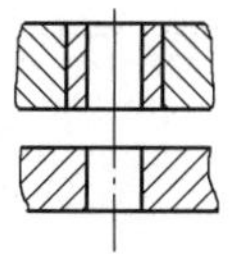 A 型　JB/T 8045.1—1999 带肩 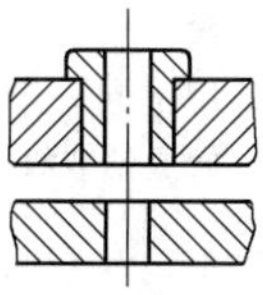 B 型　JB/T 8045.4—1999	钻套直接压入模板或夹具体上，其外圆与模板采用H7/n6或H7/r6配合。磨损后不易更换。适用于中、小批生产或用来加工孔距甚小以及孔距精度要求较高的孔。为了防止切屑进入钻套孔内，钻套上、下端，应以稍突出模板为宜，一般不能低于模板 带肩固定钻套主要用于模板较薄时，用以保持必要的引导长度，也可在主轴头进给时作为轴向定程挡块用

(续)

导套名称	结构简图	使用说明
回转钻套		用于铰孔时刀具的导向
		作为钻模轴向定位用
可换钻套	JB/T 8045.2—1999	钻套 1 装在衬套 2 中,而衬套则压配在夹具体或钻模板 3 中。钻套由螺钉 4 固定,以防止它转动。钻套与衬套间采用 F7/m6 或 F7/k6 配合,以便于钻套磨损后迅速更换 适于大批量生产
快换钻套	JB/T 8045.3—1999	当要取出钻套时,只要将钻套朝逆时针方向转动,使螺钉头部刚好对准钻套上的削边平面,即可迅速更换导套 适用于同一个孔需经多工步加工的工序(如钻、扩、铰或钻双级孔并攻螺纹)

（续）

导套名称	结 构 简 图	使 用 说 明
特殊导套		加工距离较近的两个孔时用的削边钻套
		加工距离甚近的两个孔时，可把两个孔做在一个套上，用定位销确定位置
		钻套下端做成斜面，与工件表面的距离小于0.5mm，以保证铁屑不会塞在工件和钻套之间，而是从导套中排出。用这种钻套钻孔时，应先在工件上刮出一个平面，使钻头在垂直平面上钻孔，以避免钻头折断 用于在斜面上钻孔
		用于凹形表面上钻孔
		在一个大孔附近加工几个小孔时，可采用双层钻套。上层是钻大孔的快换钻套，小钻套则直接安装在模板上

(续)

导套名称	结构简图	使用说明
特殊导套		利用钻套下端内（外）锥面定位并夹紧工件 钻套与衬套用螺纹连接，衬套的圆肩在下，这是因为这种结构必须承受夹紧力
	a) b)	用于钻削钢件孔时强迫切屑断裂，通常称作断屑钻套 图 a 为锯齿形断屑槽。图 b 为矩形断屑槽。槽深一般为 4~5mm，槽数 4~6 个，圆周均布 在开有断屑槽的端部，其外圆作有正锥度，锥长稍大于槽深，有利于断屑
		采用双金属层结构：外圈结构部分采用合金钢，内圈导向环采用硬质合金。导套通高压内冷。导套寿命长 适用于高速、高精密导向或因空间结构限制不能采用滚动导向的场合。刀杆线速度范围：40~500m/min

这类导向装置有两种使用方式：一种是刀具本身在钻套内工作（见图 6-2）；另一种是以刀杆部分作为导向在导套内工作（见图 6-3），其导向部分可以设计成带油沟的圆柱形、直齿铰刀齿形、螺旋扩孔钻齿形或镶有铜键等。

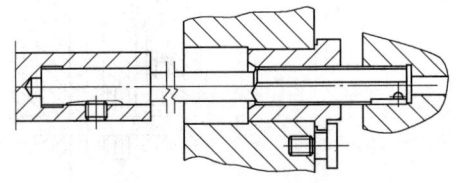

图 6-2 以刀具本身导向

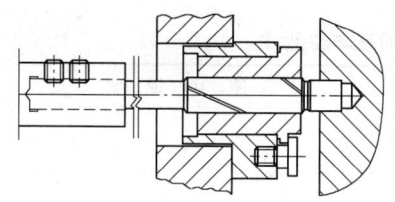

图 6-3　以刀杆导向

2) 旋转式导向装置。当导向直径较大，转速较高（线速度大于 20m/min）时，为了避免刀杆由于摩擦发热而变形，产生"别劲"现象；或因导向润滑不良和切屑进入，而使刀杆与导套"研死"，需要选用旋转导向。

旋转式导向装置采用可旋转结构，旋转部分可以设计在刀杆上，也可以设计在夹具的模架上。

① 旋转部分设计在刀杆上，并成为整个刀杆的一个组成部分，通常称为"内滚式"导向，如图 6-4 所示。此时其安装在夹具模架上的导套是固定不动的，其结构和固定式导向装置中的导套结构类似，一般导套直径都比较大。常见"内滚式"导向的基本类型见表 6-12。

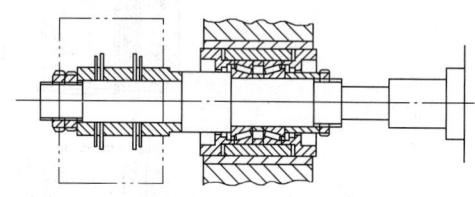

图 6-4　"内滚式"导向

表 6-12　常见"内滚式"导向的基本类型

导套名称	结构简图	使用说明
内滚式滑动导套		抗振性较好，一般用于铰孔、半精镗或精镗孔
内滚式滚动导套		适用于切削负荷较重的场合
		刚度和精度不高，只是在尺寸受到限制的情况下采用 （两直径 d 处为滚针）

② 旋转部分设计在夹具模架上，其内套本身可以作旋转运动，刀具则以其圆柱形刀杆作为导向，并且在导套内只作相对移动而无相对转动，通常称为"外滚式"导向，如图 6-5 所示。常见"外滚式"导向的基本类型见表 6-13。

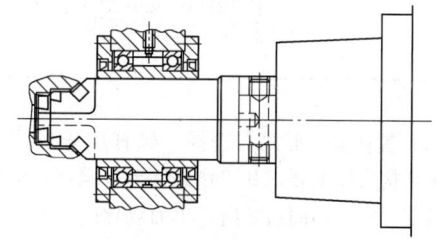

图 6-5　"外滚式"导向

表 6-13 常见"外滚式"导向的基本类型

导套名称	结构简图	使用说明
外滚式滑动镗套	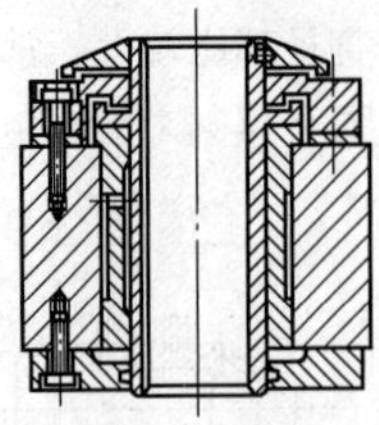 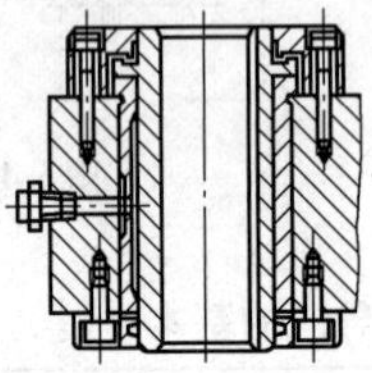	径向尺寸较小，抗振性好，承载能力大，回转线速度低于 0.4m/s，适用于精加工 右图用于立式镗孔
外滚式滚动镗套	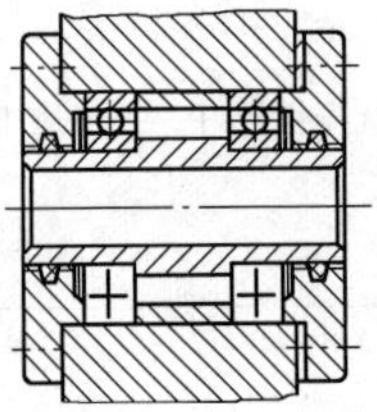 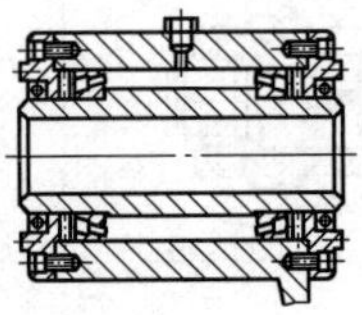 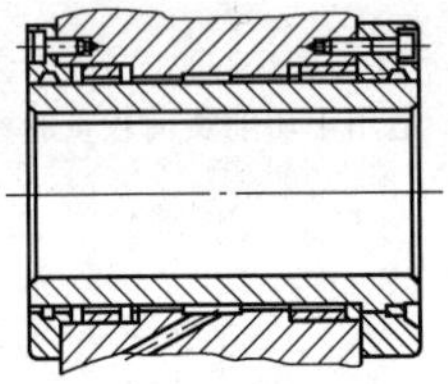 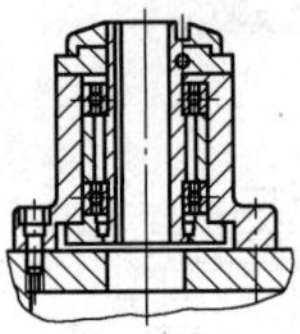	径向尺寸较大，回转精度不高，适用于粗加工或半精加工
	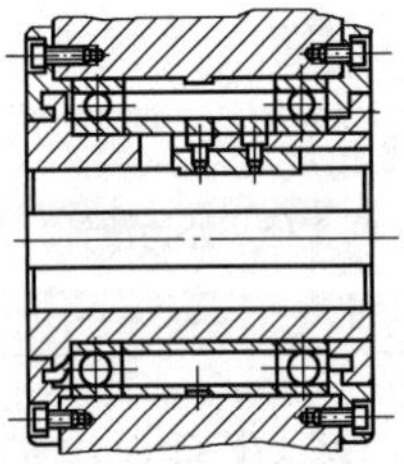 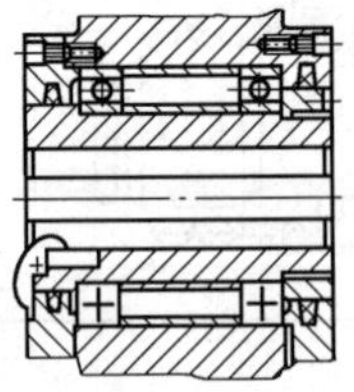	用于机床主轴有定位装置，以保证工作过程中镗刀与引刀槽的位置关系正确。左图为尖头定向键，右图为弹簧钩头键

(2) 镗杆引导形式与选择　镗杆引导形式需根据机床结构、加工要求和工作条件等来确定，常用的有单面前导向、单面后导向、单面双导向、双面单导向、双面双导向和多导向等。同一镗杆上，既可以采用相同结构形式的导向装置，也可以根据需要选用不同结构形式的导向装置，如图 6-6 所示。采用镗杆加工多层壁同心孔系时，采用三个导向：前、后导向为"外滚式"导向，中间导向为"内滚式"导向。

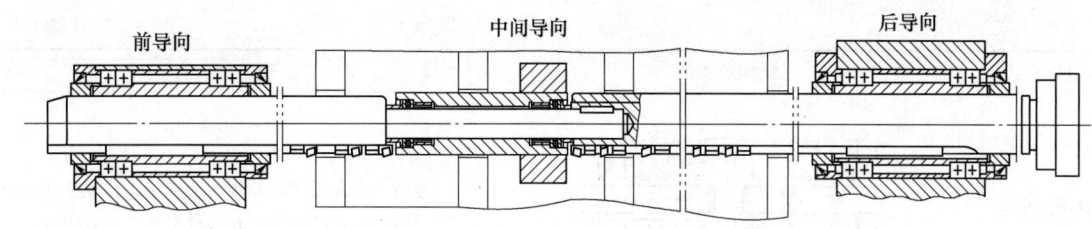

图 6-6 采用多导向结构的导向装置

常见镗杆引导形式见表 6-14。

表 6-14 常见镗杆引导形式

引导形式	结构示意图	使 用 说 明
单面前导向		导向支架布置在镗杆的前方，镗杆与机床主轴刚性连接 适用于加工 $D>60\text{mm}$，$l<D$ 的通孔。一般情况下 $h=(0.5\sim1)D$，但 h 不应小于 20mm。$H=(1.5\sim3)d$
单面后导向		导向支架布置在镗杆的后方，镗杆与机床主轴刚性连接 $l<D$ 时，镗杆导向部分直径可大于所加工孔的直径 D，镗杆刚度好，加工精度高 $l>D$ 时，镗杆导向部分直径应小于所加工孔的直径 D，镗杆能进入孔内，可以减小镗杆的悬伸量和利于缩短镗杆长度 $H=(1.5\sim3)d$
单面双导向		在工件的一侧装有两个导向支架。镗杆与机床主轴浮动连接 $L\geqslant(1.5\sim5)l$ $H_1=H_2=(1\sim2)d$
双面单导向		导向支架分别装在工件的两侧。镗杆与机床主轴浮动连接。适用于镗孔长度 $l>1.5D$ 的通孔，或同轴线孔，且孔间的中心距或同轴度要求较高时 当 $L>10d$ 时，应加中间导向支架。镗套宽度 H 一般取： 固定式镗套 $H_1=H_2=(1.5\sim2)d$ 滑动式镗套 $H_1=H_2=(1.5\sim3)d$ 滚动式镗套 $H_1=H_2=0.75d$

（续）

引导形式	结构示意图	使用说明
双面双导向	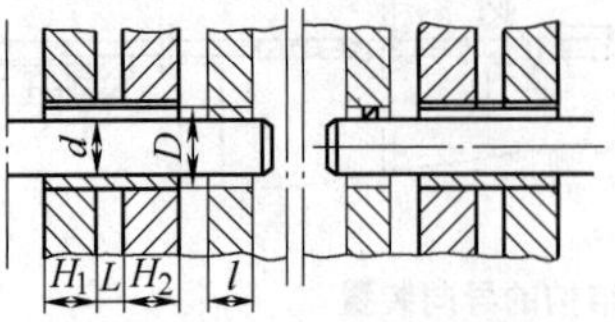	适用于在专用的联动镗床上或加工精度要求高而需要两面镗孔的情况。在大批量生产中应用较广
中间导向	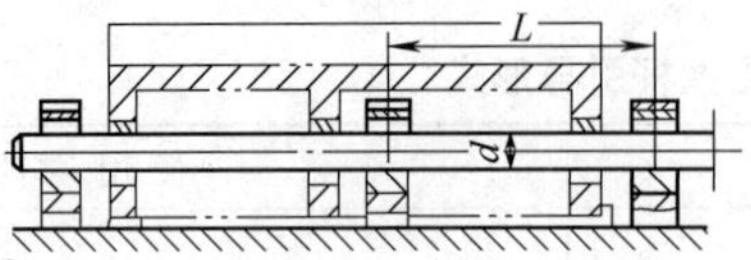	工件在同一轴线上有两个以上的孔，且镗杆支承距 $L > 10d$ 时，应考虑增加一个中间导向装置。图示装置为立置，适用于安装面敞开的工件
	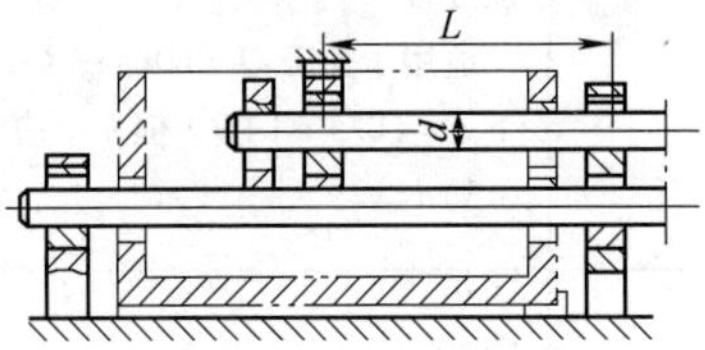	条件基本同上，图示装置为悬置，适用于安装面封闭的工件

(3) 镗杆引导方式选择时注意的问题

1) 镗杆引导方式与机床结构、刀具工作条件、工件加工精度及导向的旋转速度等密切相关，必须根据给定条件选择合适的导向类型、形式和结构，注意不同导向形式的导向精度、"研死"的难易程度、磨损的轻重和回复精度的方法等。

2) 导向装置各导套孔的位置精度，如中心距偏差、同轴度和平行度等，直接影响机床的加工精度，因此需要对导向装置的各组成元件提出较高的制造要求。对于粗加工机床，即使工件的加工要求不高，但仍然要对导向装置提出严格的制造要求，以便保证机床各主轴和各导向孔之间的同轴度要求，避免镗杆在工作时产生别劲而加剧导套的磨损，以利于保持机床的持久精度。

3) 对于精加工机床夹具，不应使夹紧力或其他外力作用到导向装置上，以避免使导向装置产生变形而破坏精度。

4) 导向数量要根据工件形状、镗杆的刚性及工作情况来确定。通常钻、扩、铰单层壁上的小孔，或用悬伸不大的镗杆镗、扩、铰深度不大的大孔时，采用一个导向。在采用长镗杆加工多层壁同心孔系时，如缸体曲轴孔、凸轮轴孔或变速器箱体轴承孔等工件，应根据情况采取两个或多个导向。

5) 导向参数要根据导向的形式、工件的形状、加工精度要求和镗杆的刚性等来确定。主要包括导向的直径和公差配合、导向长度、导向至工件端面的距离等。

6) 固定式导套通常都是易损件，需要经常更换，因此除了要设置中间套以防止更换导套时破坏模架体上的底孔以外，还要保证导套更换方便、镗杆进出导套顺利。

7) 合理制定旋转式导向装置的润滑方式、防尘和密封结构，以利于保持导向装置的持久精度和使用寿命。

6.3.4 夹紧原则及方案选择

1. 夹紧原则

工件依靠夹具上的定位支承系统获得对于刀具及其导向的正确相对位置后，还需要依靠夹具上的夹紧机构来消除工件因受切削力或工件自重的作用而产生的位移或振动，使工件在加工过程中能始终保持正确位置。因此，设计时必须遵循以下原则：

1) 保证工作可靠。夹紧机构应能保证工件可靠地接触相应的定位基面，夹紧过程中不至于因工件重力或夹紧力的影响而破坏正确的定位，夹紧后不许破坏工件定位后的正确位置和已加工表面。

2) 保证加工精度。夹紧机构应当能够产生足够的夹紧力，避免切削力在切削过程中破坏工件的正确位置，必要时还要求具备自锁性能。另一方面，夹紧力不宜过大和过于集中，避免工件产生超出表面形状精度（如平行度、垂直度、圆柱度等）允许范围的变形。

3）保证生产率。夹紧机构应当具有适当的自动化程度，夹紧动作力求迅速、便捷，并与工件的产量和批量相适应。

4）在满足使用要求的前提下，力求夹紧机构结构紧凑简单，操作方便，使用安全。

2. 夹紧装置组成及分类

（1）夹紧装置组成　典型夹紧装置主要由三个部分组成：

1）力源装置。力源装置是产生夹紧作用力的装置，如机动夹紧时所用的气动、液压、电动等动力装置。

2）中间递力机构。中间递力机构是介于力源和夹紧元件之间的传力机构，能够根据需要改变夹紧作用力的方向和大小或具有自锁性能（如斜楔、偏心轮等），它将力源装置产生的夹紧作用力传递给夹紧元件，然后由夹紧元件完成对工件的夹紧。

3）夹紧元件。夹紧元件是夹紧装置的最终执行元件，通过它和工件受压面的直接接触而完成夹紧动作，如平压板、钩形压板、浮动压板等。

夹紧装置三部分的相互关系见图6-7。

（2）夹紧装置分类　根据夹紧特性，夹紧装置可按夹紧机构的类型和夹紧装置的动力源分类，见图6-8。

3. 夹紧方案选择

（1）力源装置方案选择　力源装置有手动、机动和自夹紧三种。专用夹具常用机动力源装置的性能比较见表6-15。

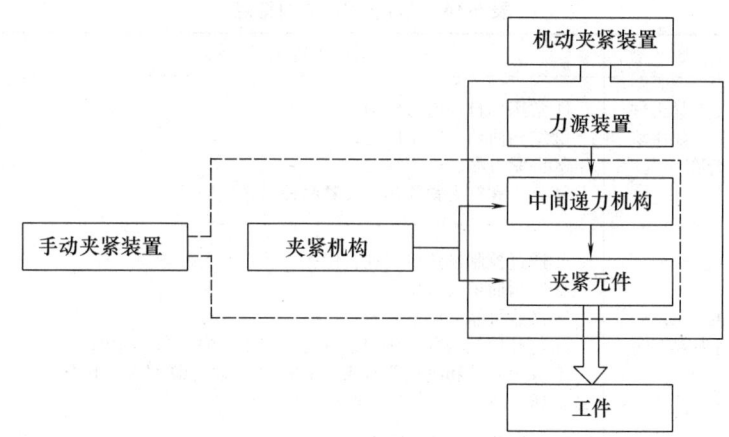

图6-7　夹紧装置组成及相互关系

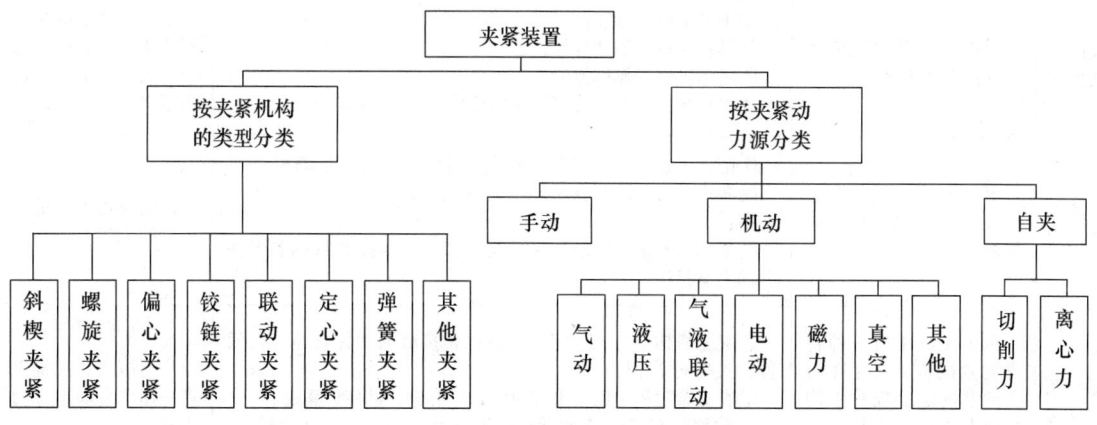

图6-8　夹紧装置分类

表 6-15　常用机动力源装置性能比较

项目		气动夹紧	液压夹紧	手动机械夹紧
操作力		稍大	大	较大
操作速度		快	较快	慢
负荷变化的影响		较大	小	很小
准确性		一般	较好	良好
构造		简单	稍复杂	一般
配管		稍复杂	复杂	无
环境	温度	推荐100℃以下	推荐70℃以下	一般
	腐蚀性	一般	一般	一般
	振动	不怕振动	不怕振动	一般
维护要求		简单	较高	简单
信号变换		较容易	较容易	较难
远距离操作		容易	容易	较难
发生故障时的情形		消耗残余气量后停止	有蓄能器时可持续保持	停止
无级调整		稍好	良好	较难
速度调节		容易	容易	较难
价格		一般	稍贵	一般

（2）夹紧机构方案选择　常用夹紧机构特点见表 6-16。

表 6-16　常用夹紧机构特点

类型	工作原理	结构特点	应用范围
螺旋夹紧机构	以螺旋直接夹紧工件，或与其他元件（如压块、垫圈等）组合在一起夹紧工件	①常用作自锁增力机构； ②结构简单、应用广泛； ③夹紧可靠、通用性大； ④分为螺钉夹紧和螺母夹紧两种形式	适用于手动夹紧或自动扳手夹紧。但因夹紧动作慢，在快速机动夹紧中应用较少
斜楔夹紧机构	利用斜楔的斜面移动所产生的压力夹紧工件	①通过控制楔角可实现自锁； ②结构简单、应用广泛； ③夹紧可靠、调整方便； ④与其他机构联合使用，可转变作用力的方向和大小； ⑤分为手动和机动两种形式，机动的动力源大多采用气动或液压	主要用于需要产生大的夹紧力和中、大批量生产
偏心夹紧机构	以偏心轮表面或凸轮型面直接或通过中间递力机构来夹紧工件	①夹紧行程增力比较小，自锁性能较差； ②结构简单、制造容易； ③夹紧迅速、操作方便； ④常用的三种偏心轮和凸轮：圆偏心轮、凸轮和端面凸轮	多用于手动夹紧，机动夹紧用得较少
铰链夹紧机构	利用铰链臂与杠杆原理直接夹紧工件	①不具有自锁性能； ②结构简单、制造容易； ③夹紧迅速、操作方便； ④摩擦损失较小，多用作增力机构，增力倍数较大	适用于切削负荷轻而切削过程平稳的中、大批量生产。常用于气压夹具
联动夹紧机构	由一个原始作用力来完成若干个夹紧动作的机构	①能保证在多点、多向或多件上同时均匀地夹紧工件； ②各点的夹紧动作在机构上是联动的，辅助工时短，生产率高； ③常用的有多点联动夹紧机构、多向联动夹紧机构和多件联动夹紧机构	广泛应用于大批量生产的夹具
定心夹紧机构	机床夹具中的一种特殊夹紧机构。它能在对工件准确定心或对中的同时并夹紧。亦称作自动定心夹紧机构	①夹紧机构中与工件定位基准面相接触的元件既是定位件，又是夹紧元件； ②在夹紧过程中能消除定位间隙，有较高的定位精度； ③常用的有定位-夹紧元件等速移动的刚性定心夹紧机构、斜楔式定心夹紧机构和杠杆作用的定心夹紧机构	广泛应用于批量生产中需要自动定心的夹具

(续)

类型	工作原理	结构特点	应用范围
弹性定心夹紧机构	利用弹性元件在轴向受力后产生的均匀弹性变形使其外径胀大或内径缩小来实现其对工件内、外圆柱面进行自动定心夹紧	①夹紧行程小； ②定心精度高； ③常用的有锥面弹性套筒式定心夹紧机构（通称弹簧夹头）、碟形弹簧片定心夹紧机构、碗形弹性膜片定心夹紧机构、膜片卡盘定心夹紧机构、弹性薄壁波形套定心夹紧机构和液性塑料定心夹紧机构	在精加工过程中得到广泛的应用，如批量生产中车削和磨削的半精加工和精加工

（3）夹紧装置典型结构　参见 2.3 节。

6.3.5 其他组成部分结构形式选择

1. 分度装置

（1）分度装置基本形式　分度装置的基本形式主要指由分度板（盘）和分度定位器所组成的分度副的形式，其工作精度也主要取决于分度副的结构形式和制造精度。

在分度副中，分度板可以绕一定的轴线回转，而分度定位器则是装在固定不动的分度装置底座上。常用分度装置的基本形式见表 6-17。精密分度装置，如端齿盘分度装置结构及其参数的确定见 3.6 节。用定位销定位的分度装置的分度概率精度见 3.2.3 节。

表 6-17　常用分度装置的基本形式

类型	对定形式	简图	工作特点及使用说明
轴向分度	钢球（球头销）对定		结构简单，操作方便。锥坑较浅，其深度不大于钢球的半径，因而定位不大可靠。仅适用于切削负荷很小而分度精度要求不高的场合，或作为精密分度装置的预定位
轴向分度	圆柱销对定		结构简单，制造容易。分度副间有污物时，不直接影响分度副的接触。缺点是无法补偿分度副间的配合间隙对分度精度的影响。分度板孔中一般压入耐磨衬套，与圆柱定位销采用 H7/g6 配合
轴向分度	圆锥销对定		圆锥销与分度孔接触时，能消除两者间配合间隙。但圆锥销锥面上有污物时，将影响分度精度。制造也较困难

(续)

类型	对定形式	简图	工作特点及使用说明
径向分度	钢球（球头销）对定		结构简单，操作方便。锥坑较浅，其深度不大于钢球的半径，因而定位不大可靠。仅适用于切削负荷很小而分度精度要求不高的场合，或作为精密分度装置的预定位
径向分度	单斜面对定		能将分度的转角误差始终分布在斜面一侧，分度槽的直边始终与楔的直边保持接触，故分度精度较高。多用于精度要求较高的分度装置中
径向分度	双斜面对定		双斜面与分度孔接触时，能消除两者间配合间隙。但斜面上有污物时，将影响分度精度。制造也较困难，在结构上应考虑必要的防屑和防尘装置
径向分度	正多边体对定		结构简单，制造容易。但分度精度不高，分度数目不宜过多

（2）分度对定操纵机构　分度对定的操纵机构形式有手动式、脚踏式、气动式、液压式和电动式等，常见的手动操纵机构见表 6-18。

（3）分度板（盘）锁紧机构　分度装置中的分度副仅供转位分度和定位用，为确保正确的分度位置，可设置分度板（或分度台面）锁紧机构。常用分度板（盘）锁紧机构见表 6-19。

表 6-18　常用分度对定的操纵机构

结构形式	结构简图	工作原理
手拉式		手柄 4 向外拉出时，定位销 1 从衬套中退出。导套 2 的右端铣有一狭槽，使横销 3 从狭槽中移出。手柄旋转 90°，令横销在弹簧作用下而搁在导套的顶端平面上。此时即可转动分度盘进行分度
枪栓式		转动手柄 5 时，轴 3 一起回转，通过销 2 带动定位销 1 回转。由于定位销外圆柱面上有曲线槽。定位螺钉 6 的圆柱头嵌在曲线槽中，故定位销回转时便向右移动，压缩弹簧 4 而退出定位孔。完成分度后，重新反向转动手柄，定位销在弹簧的作用下沿曲线槽重新插入定位孔内
齿条式		定位销 1 上铣有齿条，它与手柄转轴 2 上的齿轮相啮合。当向右转动手柄时，定位销向右移动而从定位孔中退出。完成分度后，松开手柄则定位销在弹簧 3 的作用下，重新插入定位孔中
杠杆式		定位销 4 在弹簧 2 的作用下被嵌入分度板 1 的分度槽中。压下手柄 3 可使定位销退出。完成分度后，定位销在弹簧作用下重新插入分度槽中
脚踏式		带齿条的定位销 1 是靠踏板 2 使之从定位孔中退出。松开踏板靠弹簧力复位，定位销重新插入定位孔中。定位销装在分度装置的座梁 3 中。适用于大型分度装置

表 6-19 常用分度板（盘）锁紧机构

类 型	结构简图
斜面锁紧	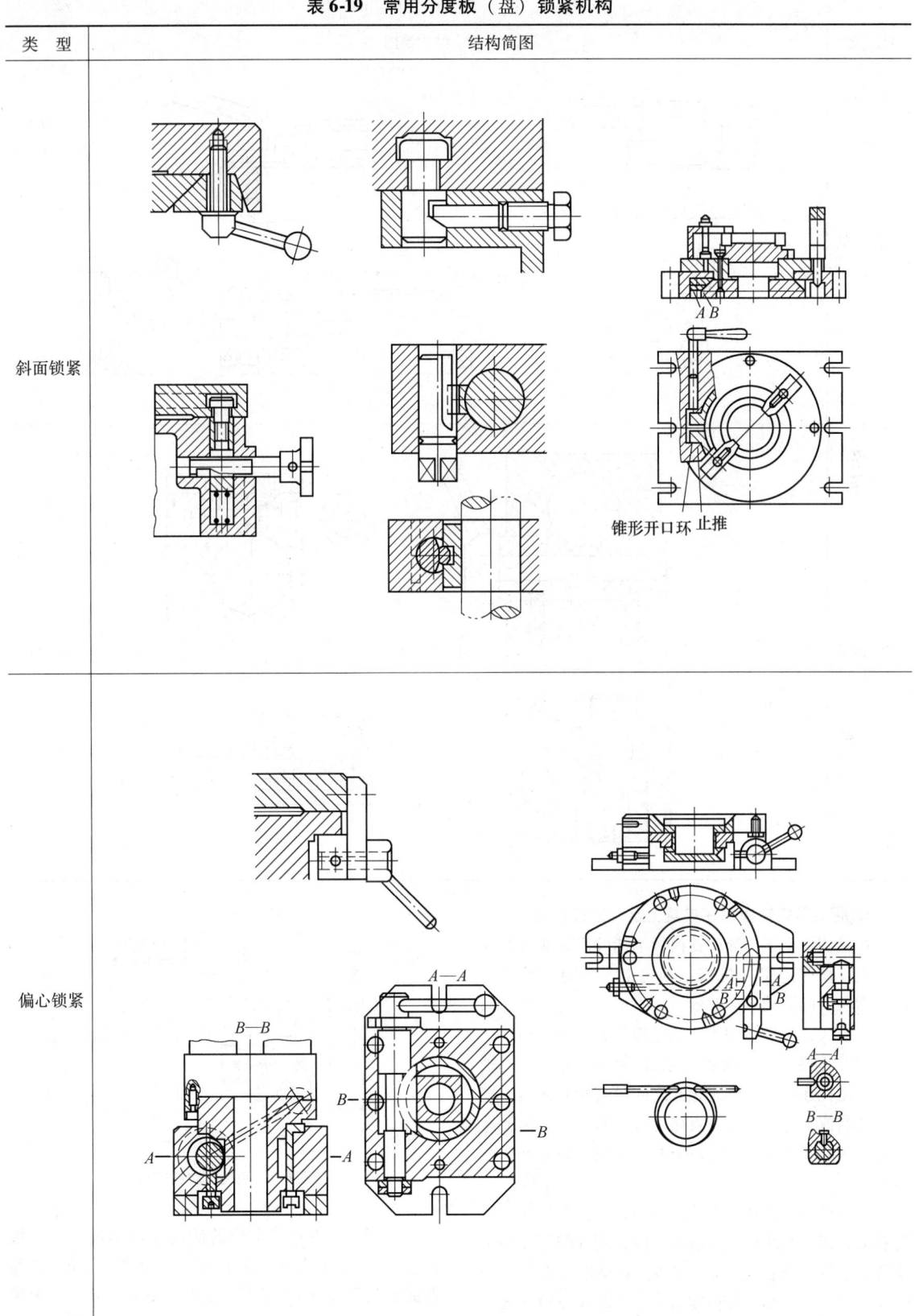
偏心锁紧	

锥形开口环 止推

(续)

类 型	结构简图
压板锁紧	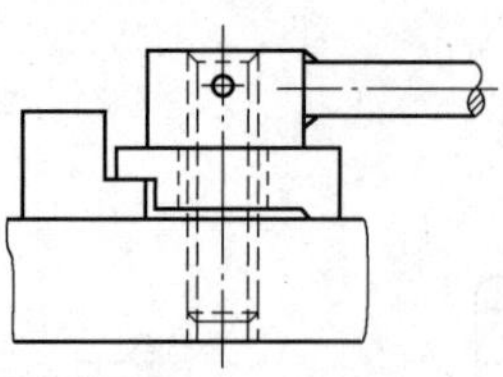 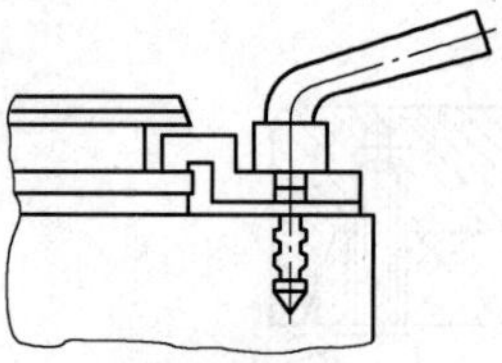 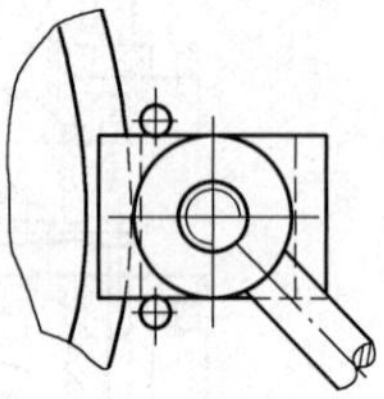 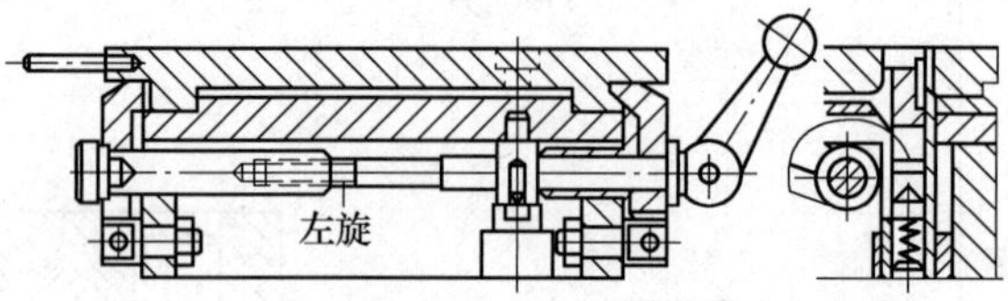
切向锁紧	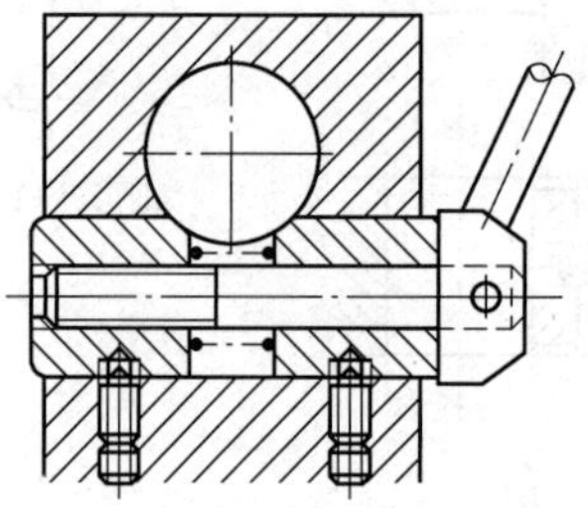 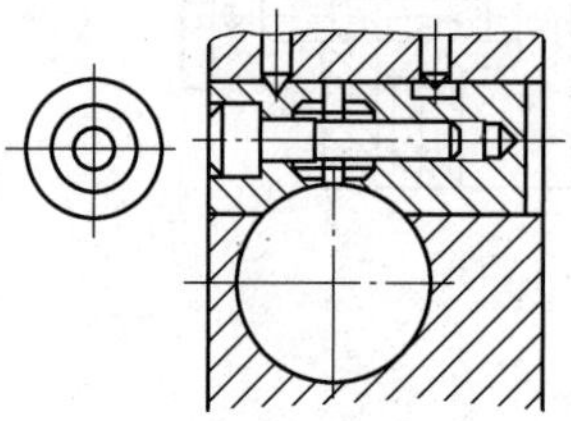 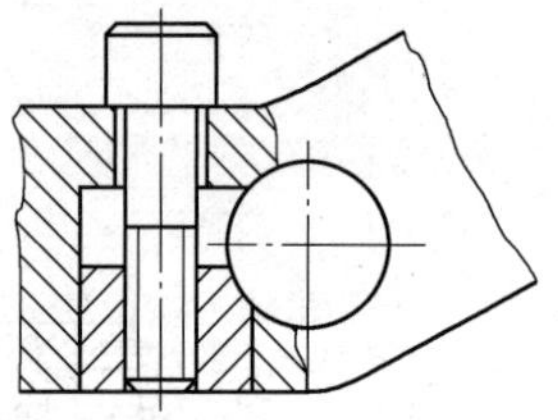 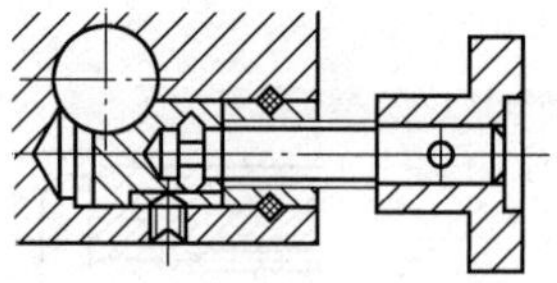

2. 活动导向钻模板在夹具上定位形式选择

在某些情况下，导向钻模板不能够固定地设置在夹具上，而是连接在机床主轴箱上，并随主轴箱运动，即所谓的活动导向钻模板。根据模板与工件之间的定位方式，可将活动导向钻模板分为以下三种：

（1）刚性导向钻模板 刚性导向钻模板与主轴箱之间刚性连接，工作时相互之间没有相对移动，模板与夹具或工件之间没有直接定位关系，加工精度靠动力头的运动精度和模板的刚性保证。如图 6-9 所示。

刚性导向模板特点是结构简单，但由于其导向精度较低，通常在结构受到限制、模板刚性较好和加工浅孔（孔深与孔径之比小于 2.5）且精度要求不高的情况下采用，一般位置精度为 ±（0.2~0.35）mm。

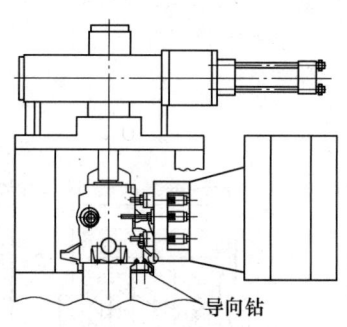

图 6-9 刚性导向钻模板

（2）与工件直接定位的活动导向钻模板 模板直接以工件上已加工好的孔和端面为基准定位，以便保证加工孔系与定位孔之间的位置精度。模板一般采用一面两销结构定位，为减小定位误差，定位销可采用带胀紧结构，以消除定位孔与定位销之间的间隙。

一般用于待加工孔系与工件上已加工好的某些孔和端面有特殊要求的场合。

(3) 与夹具定位的活动导向钻模板　模板以夹具上特定的孔（或销）和端面为基准定位，以保证加工孔系与工件定位基准之间的位置精度。模板一般采用一面两销结构定位。如图 6-10 所示。

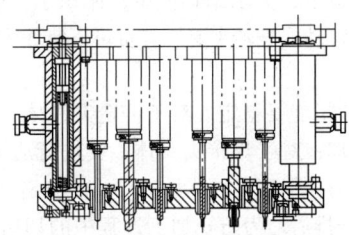

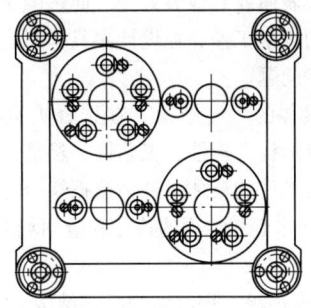

图 6-10　与夹具定位的活动导向钻模板

3. 刀杆托架结构形式选择

在卧式组合机床上，当刀具和主轴之间采用浮动卡头连接，在动力头退回原位，刀具又已退离夹具导套的情况下，必须采用托架来支承刀杆，以防止刀杆产生下垂，保证在下一循环中刀具能顺利地重新进入导套。

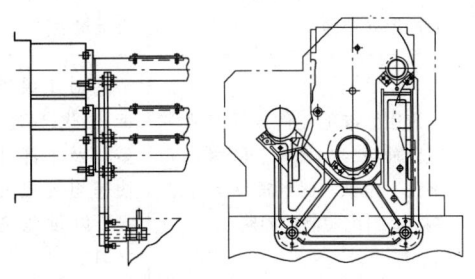

图 6-11　托架安装在夹具上

托架的结构形式与活动导向钻模板相似，但托架的作用仅在于承托刀杆而非刀具的导向装置。托架可以固定安装，也可以活动安装。当动力头退回原位后，刀杆退离夹具导套较远时，托架一般安装在主轴箱前端，并随主轴箱运动；如果动力头退回原位后，刀杆退离夹具导套距离不大时，托架一般安装在夹具上，如图 6-11 所示。

6.4　夹具总装配图绘制

6.4.1　总体结构确定

夹具总图应按国家制图标准绘制，图形大小尽量采用 1∶1 的比例，以具有良好的直观性。工件过大时可用 1∶2 或 1∶5 的比例，工件过小时可用 2∶1 的比例。主视图应选取面对操作者的工作位置。

绘制总装配图的顺序：

1）用双点画线或红色铅笔在主要视图中绘出工件的轮廓外形和主要表面（如定位基准面、夹紧表面、待加工表面等），用网纹线或粗实线表示被加工表面的加工余量。总装配图上所绘制的工件视为假想的透明体，它不影响夹具元件的绘制。

2）按定位元件、对刀-引导元件、夹紧机构、传动装置等顺序，画出各自的具体结构，最后画夹具体。总装配图上的视图配置和选择，应能完整地表达出整个夹具的各部分结构。

6.4.2　定位元件结构绘制

总装配图上定位支承系统主要由定位支承元件和限位元件组成，定位元件的绘制步骤如下：

1）根据工件的加工要求、定位基准和外力对工件的作用状况，以 6.3.1 节制定的原则和方案为依据，确定定位支承元件的结构、形状、尺寸及布置形式等。定位装置典型结构及定位支承装置典型结构见 2.1 节、2.2 节。

2）根据夹具结构形式，确定限位元件的结构、形状、尺寸及布置形式等，用以对工件进行初步定位或防止装卸工件时碰撞导向装置，保证夹具定位支承元件和导向装置的精度。

3）定位尺寸及定位误差的分析与计算。对所绘定位支承系统的定位尺寸及定位误差进行分析与计算，确保各项误差控制在允许的范围内。定位尺寸的相关计算及定位误差的计算见 3.1、3.2 节。

(4) 通用化程度评估。在保证定位精度的条件下，应尽可能选用通用定位元件，常用定位元件结构见 4.3 节、4.4 节。

6.4.3　辅助支承结构绘制

总装配图上辅助支承的绘制步骤如下：

1)根据工件的加工要求、定位元件结构和工件的受力作用状况,以6.3.2节制定的原则和方案为依据,确定辅助支承元件的结构、形状、尺寸及布置形式等。辅助支承典型结构见2.2节;

2)辅助支承力的分析与计算。辅助支承采用机动力源驱动时,必须进行支承力的分析及计算。当辅助支承用于承受工件重量时,一般支承力应小于工件重量;用于承受夹紧力或切削力时,一般支承力应达到承受力的1.5倍以上。

3)通用化程度评估。在保证辅助支承功能的前提下,应尽可能选用通用辅助支承元件。

6.4.4 对刀与引导装置结构绘制

总装配图上对刀与引导装置的绘制步骤如下:

1)根据机床结构、加工要求和工作条件,以6.3.3节选定的对刀与导引方式为依据,确定对刀与导引元件的结构、形状、尺寸及布置形式等。

2)确定导向数量和参数,分析所选导向形式的导向精度、"研死"的难易程度、磨损的轻重和回复精度的方法等。

3)通用化程度评估:在保证对刀与导引功能的前提下,应尽可能选用通用对刀与导引元件,常用对刀与导引元件结构见4.6节、4.7节。

6.4.5 夹紧元件结构绘制

设计夹具时,工件夹紧方法的确定,是在工件定位基准、夹具定位机构和导向装置的结构确定之后进行的,但这几个方面又是密切联系着的,需要兼顾考虑。机床专用夹具夹紧装置的设计内容及步骤如下:

1)根据工序图绘制夹紧力示意图,在示意图中应标明工件在夹具中的定位点,相应地标明夹紧力的作用点与方向及应考虑的其他力的作用情况;

2)根据夹紧示意图计算所需夹紧力;

3)以6.3.4节制定的原则和方案为依据,确定夹紧装置动力源及夹紧机构的类型、结构及布置形式等;

4)进行夹紧元件及夹紧机构的结构、形状和尺寸设计,夹紧装置典型结构见2.3节;

5)计算并确定夹紧装置所能产生的夹紧力,典型夹紧形式的夹紧力计算及典型夹紧机构的作用力计算见3.3节、3.4节;

6)估算工件在夹紧过程中所产生的夹紧误差,估算方法见3.7节;

7)通用化程度评估:在保证夹紧功能的前提下,应尽可能选用通用夹紧元件,常用夹紧元件结构见4.5节。

6.4.6 夹具体结构绘制

(1)夹具体的基本要求 夹具体是夹具的基础件,夹具所需的各种元件、机构和装置都安装在夹具体上。设计时应满足以下基本要求:

1)有足够的强度和刚度。保证在机床加工过程中,夹具体在夹紧力、切削力等外力的作用下,不至于产生不允许的变形和振动。

2)结构简单,具有良好的工艺性。在保证强度和刚度的条件下,力求结构简单,体积小,重量轻,特别是对于移动或翻转夹具,其重量不宜太大,以便于操作。

3)尺寸精度要稳定。对于铸造夹具体,要进行二次时效处理;对于焊接夹具体,要进行退火处理,以消除内应力,保证夹具体加工尺寸的稳定。

4)便于排屑。为防止加工过程中的切屑聚积在定位元件工作表面或其他装置中,而影响工件的正确定位和夹具的正常工作,在设计夹具体时,要充分考虑切屑的排除问题。

(2)夹具体的毛坯结构 在选择夹具体的毛坯结构时,应以结构合理性、工艺性、经济性、标准化的可能性以及工厂的具体条件为依据综合考虑。表6-20为各种夹具体毛坯结构的特点和应用场合。

表6-20 夹具体的毛坯结构

结构类型	特点	应用场合
铸造结构	可铸出复杂的结构形状。抗压强度大,抗振性好。易于加工,但制造周期长,易产生内应力,故应进行时效处理。材料多采用HT150或HT200	适用于切削负荷大、振动大的场合或批量生产
焊接结构	制造容易,生产周期较短,成本较低。热变形较大,焊接后需退火处理	适用于新产品试制或单件小批量生产
装配结构	选用标准毛坯件或标准部件组合而成,如圆棒、圆盘、工字钢、角铁、U形槽钢等标准钢材。可缩短制造周期	适应于采用标准化毛坯、型材及零部件快速组装成夹具,以供急需之用

(3)夹具体的外形尺寸 夹具制造属单件或小批量生产,为缩短设计和制造周期,减少设计和制造

费用，夹具体设计一般不作复杂的计算，通常都是参照类似的夹具结构，按经验类比法估计确定。实际上，在绘制夹具总图时，根据工件、定位元件、夹紧装置、刀具位置找正与引导元件以及其他辅助机构和装置在总体上的配置时，夹具体的外形尺寸便已大体确定。表6-21、表6-22列举了一些结构尺寸的经验数据，供设计时参考。

（4）夹具体的排屑结构　为了便于排除切屑，不使其聚积在定位元件工作表面上而影响工件正确定位，一般在设计夹具体时，应采取必要措施，见表6-23。

表6-21　夹具体结构尺寸的经验数据

夹具体结构部位	经验数据	
	铸造结构	焊接结构
夹具体壁厚 h	8～25mm	6～10mm
夹具体加强肋厚度	$(0.7～0.9)h$	
夹具体加强肋高度	$\leqslant 5h$	
夹具体上不加工的毛面与工件表面之间的间隙	夹具体是毛面，工件也是毛面时，取8～15mm；夹具体是毛面，工件是光面时，取4～10mm	

表6-22　夹具体座耳尺寸　　　　　　　　　　　　　　　（单位：mm）

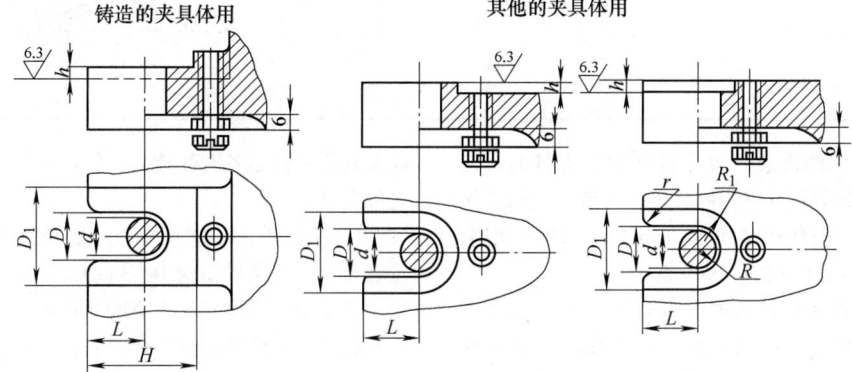

螺栓直径 d	D	D_1	$h\geqslant$	L	H	r	螺栓直径 d	D	D_1	$h\geqslant$	L	H	r
8	10	20	3	16	28	1.5	18	20	40	5	26	50	2
10	12	24		18	32		20	22	44		28	54	
12	14	30		20	36		24	28	50		30	60	
16	18	38	5	25	46	2	30	36	62	6	38	76	3

表6-23　夹具体上的排屑措施

排屑措施	结构说明和适用场合	结构举例
增加容纳切屑的空间	在夹具体上增设容屑沟或增大定位元件工作表面与夹具体之间的距离。适用于加工时产生的切屑不多的场合	容屑沟　增加容屑空间

（续）

排屑措施	结构说明和适用场合	结构举例
采用切屑自动排除结构	在夹具体上专门设计排屑用的斜面和缺口，使切屑自动由斜面处滑下而排至夹具体外。图 a 是在夹具体上开出排屑用的斜弧面，使钻孔的切屑沿斜弧面排出。图 b 是在铣床夹具的夹具体内，设计排屑腔，切屑落入腔内后沿斜面排出。适用于切屑较多的场合	

(5) 夹具体的吊装装置　设计大型夹具时，需要在夹具体上设置供起吊用的装置，一般采用吊环螺钉或起重螺栓。吊环螺钉可按 GB/T 825—1988 选用，起重螺栓可按 JB/T 8025—1999 选用。

(6) 夹具体的找正基准　有时为了夹具找正方便，可在夹具体上专门加工出找正用基准（如图 6-12 中平面 A），用以代替对元件定位面的直接测量，但元件定位面与找正基准间要有严格的相对位置要求。

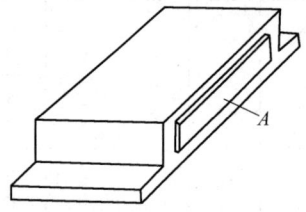

图 6-12　夹具体找正基准

6.4.7　其他部分结构绘制

夹具其他部分，如分度装置、活动导向钻模板定位连接、刀杆托架连接等，可按 6.3.5 节确定的方案为依据进行绘制。

分度装置典型结构见 2.4 节，相关计算见 3.6 节。

6.4.8　夹具总图标注和技术条件给定

1. 总图标注

(1) 尺寸标注　夹具总装配图上应标注的尺寸随夹具的不同而各有侧重，一般情况下，应标注下列五种最基本的尺寸：

1) 夹具外形轮廓尺寸：一般是指夹具的最大外轮廓尺寸。当夹具结构中有可动部分时，还应包括可动部分处于极限位置时在空间所占尺寸。例如，夹具上有超出夹具体外的旋转部分时，应标注最大旋转半径；有升降部分时，应标注最高、最低位置，以表明夹具的轮廓大小和运动范围，便于检查夹具与机床、刀具的相对位置有无干涉现象和在机床上安装的可能性。

2) 工件与定位元件间的联系尺寸：通常指工件定位基准与定位元件间的配合尺寸。例如，定位基准孔与定位销（或心轴）间的配合尺寸。不仅要标出基本尺寸，而且还要标注精度等级和配合种类。

3) 夹具与刀具的联系尺寸：用来确定夹具上对刀、引导元件的位置。例如，对刀元件与定位元件间的位置尺寸；引导元件与定位元件间的位置尺寸，以及导套与刀具导向部分的配合尺寸。

4) 夹具与机床连接部分的尺寸：用来表示夹具如何与机床有关部分连接，从而确定夹具在机床上的正确位置。例如，对于铣、刨夹具，应标注定位键与机床工作台的 T 形槽的配合尺寸。标注尺寸时，还应以夹具上的定位元件作为相互位置尺寸的基准。

5) 其他装配尺寸：主要指夹具内部的配合尺寸，以及某些夹具元件在装配后需要保持的相关尺寸。例如，定位元件与定位元件之间的尺寸，引导元件与引导元件之间的尺寸。

(2) 公差制定

1) 公差制定原则：

①应保证夹具的定位、制造和调整误差的总和满足误差计算不等式，一般不超过工件工序公差的1/3。

②综合考虑工厂现有设备条件和技术水平，在不增加制造技术难度的情况下，尽量将夹具公差定得小一些，以保证工件的加工精度，增大夹具的磨损公差，延长夹具的使用寿命。

③夹具中与工件尺寸有关的尺寸公差，不论其是单向的还是双向的，都应改写成对称分布的双向公差，并以此尺寸作为夹具的基本尺寸，制订该尺寸的制造公差（即夹具公差）。

④凡注有公差的部位，在夹具中必须设置相应的检验基准。

⑤为了减小夹具制造中的技术难度，同时又要保证夹具的精度，一些环节可采用调整、修配或就地加工等方法。这时，夹具零件的制造公差可以适当放宽。

2) 与工件被加工部位尺寸公差有直接关系的夹具公差有：

①定位元件规定表面（或中心线）与对刀块表面之间的尺寸公差；

②定位元件规定表面（或中心线）与导向元件轴线之间的尺寸公差；

③定位元件与定位元件之间的尺寸公差；

④导向元件与导向元件之间的尺寸公差；

⑤按工件公差选取夹具公差的参考值，见表6-24；

表 6-24　按工件公差选取夹具公差

夹具形式	工件被加工尺寸的公差/mm				
	0.03~0.10	0.10~0.20	0.20~0.30	0.30~0.50	自由尺寸
车床夹具	$\frac{1}{4}$	$\frac{1}{4}$	$\frac{1}{5}$	$\frac{1}{5}$	$\frac{1}{5}$
钻床夹具	$\frac{1}{3}$	$\frac{1}{3}$	$\frac{1}{4}$	$\frac{1}{4}$	$\frac{1}{5}$
镗床夹具	$\frac{1}{2}$	$\frac{1}{2}$	$\frac{1}{3}$	$\frac{1}{3}$	$\frac{1}{5}$

⑥按照工件的直线尺寸公差确定夹具相应尺寸公差的参考值，见表6-25；

⑦按照工件的角度公差确定夹具相应角度公差的参考值，见表6-26。

夹具元件公差配合的选择见4.13节。

表 6-25　按照工件的直线尺寸公差确定夹具相应尺寸公差的参考数据

（单位：mm）

工件尺寸公差	夹具尺寸公差
0.008~0.01	0.005
0.01~0.02	0.006
0.02~0.03	0.010
0.03~0.05	0.015
0.05~0.06	0.025
0.06~0.07	0.030
0.07~0.08	0.035
0.08~0.09	0.040
0.09~0.10	0.045
0.10~0.12	0.050
0.12~0.16	0.060
0.16~0.20	0.070
0.20~0.24	0.08
0.24~0.28	0.09
0.28~0.34	0.10
0.34~0.45	0.15
0.45~0.65	0.20
0.65~0.95	0.30
0.95~1.30	0.40
1.30~1.50	0.50
1.50~1.80	0.60
1.80~2.00	0.70
2.00~2.50	0.80
2.50~3.00	1.00

表 6-26　按照工件的角度公差确定夹具相应角度公差的参考数据

工件角度公差	夹具角度公差
0°00′50″~0°01′30″	0°00′30″
0°01′30″~0°02′30″	0°01′00″
0°02′30″~0°03′30″	0°01′30″
0°03′30″~0°04′30″	0°02′00″
0°04′30″~0°06′00″	0°02′30″
0°06′00″~0°08′00″	0°03′00″
0°08′00″~0°10′00″	0°04′00″
0°10′00″~0°15′00″	0°05′00″
0°15′00″~0°20′00″	0°08′00″
0°20′~0°25′	0°10′
0°25′~0°35′	0°12′
0°35′~0°50′	0°15′
0°50′~1°00′	0°20′

(续)

工件角度公差	夹具角度公差
1°00′~1°30′	0°30′
1°30′~2°00′	0°40′
2°00′~3°00′	1°00′
3°00′~4°00′	1°20′
4°00′~5°00′	1°40′

2. 技术条件给定

夹具技术条件是指除了夹具总图中标注的有关尺寸公差外，对各有关元件之间及各元件的有关表面之间相互位置的精度要求。这些要求与规定的有关尺寸公差同样作为夹具制造、验收、定期检查和检修的精度依据。

夹具技术条件一般用文字逐条阐述在夹具总图上，或以形位公差符号标注在图形的有关部位。通常标注的有：

1）定位元件之间或定位元件对夹具体底面之间的相互位置精度要求；

2）定位元件与连接元件（或找正基面）之间的相互位置精度要求；

3）对刀元件与连接元件（或找正基面）之间的相互位置精度要求；

4）定位元件与导向元件之间的相互位置精度要求；

5）其他要求，如需要特殊说明的装配要求以及材料的热处理要求、表面镀层或表面处理等要求。

凡与工件加工要求直接有关的元件之间的相互位置（如同轴度、垂直度、平行度等）公差，一般可按相应工件工序加工技术要求所规定的数值的 1/5~1/2 选取，通常选取 1/3。与工件加工要求无直接关系的元件位置公差可按表 6-27 选取。

表 6-27 夹具技术条件自由位置公差

技术条件	参考数值/mm
同一平面上的支承钉或支承板的等高公差	≤0.02
定位元件工作表面对定位键槽侧面的平行度或垂直度公差	≤0.02/100
定位元件工作表面对夹具体底面的平行度或垂直度公差	≤0.02/100
钻套轴线对夹具体底面的垂直度公差	≤0.05/100
镗模前后镗套的同轴度公差	≤0.02

(续)

技术条件	参考数值/mm
对刀块工作表面对定位元件工作表面的平行度或垂直度公差	≤0.03/100
对刀块工作表面对定位键槽侧面的平行度或垂直度公差	≤0.03/100
车、磨夹具的找正基面对其回转中心的径向圆跳动	≤0.02

6.4.9 夹具设计普遍应注意的问题

为了使夹具便于使用和容易制造，设计时必须注意下列问题：

（1）努力提高夹具的通用化程度　在设计专用夹具时，在保证加工精度的条件下，应尽可能选用通用夹具零件，如通用的定位、支承、夹压以及导向元件等。这不仅能提高设计速度，缩短设计周期，而且可以减少制造过程中的问题，并提高夹具工作的可靠性。

当设计成套机床夹具时，特别是一些箱体件同工序的粗精加工夹具，应尽可能设计为通用的，这样既减少了设计制造的劳动量，也便于从中选择精度好的夹具用于精加工机床，并便于将来的维护和修理。

（2）提高夹具的刚性　机床专用夹具一般都要承受较大的切削力，是保证加工精度的最主要部件之一，因而提高夹具的刚性就显得特别重要。为此，除认真考虑前面阐述的提高定位支承系统和导向装置的刚性，以及增加夹压元件刚性和减少夹压系统中的过渡杠杆等来提高夹压系统刚性外，还应考虑下列问题：

1）夹具主要零件的尺寸。如夹具底座的结构大小及其刚性、模架的结构大小及其刚性、夹压机构的螺杆及杠杆和压板的强度和刚性等。

2）提高夹压系统的刚性。设计时必须认真布置夹压结构，减少夹压环节（如连板、铰链等），以及采用自锁夹压结构等。应避免采用细长的夹压机构。

（3）装卸工件的方便性　专用机床的生产效率一般都比较高，装卸工件动作频繁，且要求时间短，因此设计夹具时对装卸工件的方便性要给予足够的重视。

1）对于高生产率的机床和大型工件的夹压，为了减轻工人的劳动强度，缩短辅助时间，一般可采用气动、液压或机械扳手等机构来实现夹压自动化，设计时应减少操作手柄的数量，且操作手柄的位置宜集中安排在便于操作的地方。

2）对于装夹大型工件或装卸不便的工件，夹具上应设置必要的机构,以提高装卸的方便性。当推拉装卸大型箱体件时,一般在夹具前方设置装卸料台,其伸出夹具的长度应大于工件长度的2/3。若用吊具将工件装入夹具时,除应设有限位板,使工件按规定位置吊进外,还应使工件与夹具之间有足够的距离,以便于装挂吊钩。而且吊具应使工件保持正确位置,不宜东倒西歪,必要时应设计专门的吊具。

3) 对一些狭窄的夹具,为了提高装卸工件的方便性,有时增加专门的推料机构。对于没有稳定输送基面的工件,可以采用小车或拖板来改善装卸条件。对带中间导向的夹具,工件又需要采用推拉装卸法时,可以考虑采用升降机构。对于一些中小零件,需要时亦可设置自动装卸料机构。

(4) 排屑和润滑问题

1) 实践证明,切屑排除不畅,往往会导致机构的工作不可靠,影响加工精度,甚至造成刀具的折断。有时也造成清理不便,影响机床生产率。因此,设计夹具时必须充分和认真考虑切屑从加工区的排除和从夹具底座上排除的问题。

2) 在模架与工件之间要有足够的排屑空间,对于加工钢件尤为重要。在夹具底座上,除在对应加工部位开排屑窗口外,在定位销、支承板附近都应有较大的容屑空间或排屑口,以免切屑堵塞而影响定位精度。夹具底座上开设排屑窗口时,要避免切屑落到底座内的操作机构上,以免影响机构工作的可靠性。

3) 充分润滑是保证夹具各运动机构,尤其是导向装置工作性能好、持久精度高和提高使用寿命的重要措施,设计时必须对其进行认真细致的考虑。

(5) 操作使用和维修的方便性

1) 机床专用夹具上通常都装有电气按钮盒、机械扳手和一些操作手柄及手轮等,它们的位置和高度都必须考虑到操作的方便性,一般高度在800~1600mm。手轮的旋转方向应符合一般操作习惯,即顺时针旋转时操作机构往前进,而逆时针旋转时则退回。

2) 当夹具上有电气元件(如限位开关、按钮)时,应考虑电气走线的通道,并保证拆装方便。对于采用气动或液压进行定位和夹紧的夹具,除考虑气动或液压的接管问题外,还要注意它们不与电气走线管道及冷却管路发生干涉。

3) 夹具敞开性要好,以便于调整和更换刀具,特别是当刀具行程较小,夹具又带有上盖时,应尽可能在上盖上开设窗口,以方便调整和更换刀具。

4) 设计夹具时,还必须为将来的维修创造条件。一般应做到在不拆卸夹具主要大件的条件下,能够拆修导向套、支承板、定位销及其操纵机构、夹压机构等,这样有利于长期的保持夹具精度。定位和夹紧液压缸一般不宜设置在夹具底座内,以便于维护和更换密封元件。对于立式机床夹具,当夹紧缸位于靠近立柱一边时,夹具与立柱之间应留有足够的空间,以便于拆装夹紧缸。对于有些夹具,设计时就应开有检修窗口,如回转鼓轮夹具上必须留有拆卸定位套、鼓轮与鼓轮轴连接用的定位销、装在鼓轮上的导向套用的孔。

(6) 改善加工和装配的工艺性

1) 在确定夹具的结构时,应同时对加工和装配的工艺性给予研究和分析,为制造和装配创造方便条件,特别要充分考虑制造单位的制造能力,使所确定的夹具结构不脱离制造单位的工艺技术水平。

2) 夹具上经常会有一些大件要在坐标镗床上加工,其外形尺寸和重量都必须适合已有设备的加工性能,有时甚至需要改变结构方案或采取增加必要工艺凸台等措施。

3) 夹具上应避免使用大直径的薄壁套、削弱得厉害的削边套及细长的精密套等。这类零件加工工艺复杂,易于变形,不易达到高的精度。

4) 整个夹具和一些大件都必须设有起吊用的孔或螺钉,以便在加工和装配时搬运。夹具在总装后吊运时,禁止吊在导向机构或模架之间的拉杆上,以免造成夹具变形或精度走失。

5) 当夹具的模架、中间导向等部件和零件采用锥销定位时,必须考虑装配时加工这些锥孔的可能性和方便性。

(7) 提高多品种加工用夹具的调整方便性

1) 当夹具要调整安装多种工件时,必须注意调整的方便性,应尽可能减少需要调整的零件,特别是一些保证加工精度的部位,应力求不调和少调,以免走失精度。有关多品种加工夹具设计及调整可参考第8章。

2) 对于一些小夹具,当采取局部调整方法不够方便,而又影响加工精度时,为了适应不同品种加工的需要,可以采取更换整个夹具的办法,但这时对夹具的定位基面要采取保护措施,以避免更换和储存夹具时碰伤定位基面。

(8) 提高夹具精度,拟定装配技术要求

1) 设计夹具时必须根据被加工零件的加工精度情况,正确制定夹具的精度要求,采取必要的措施提高精度,并创造持久保证精度的条件。除定位支承系统、导向装置的精度要求外,对于精加工夹具的关键部件(如夹具底座、镗模架等),必须重视其铸件的时效处理问题,在粗加工前和精加工前分别进行可靠的时效处理,以消除其内应力,减少以后因应力变形对夹具精度的影响。

2) 夹具上导向孔的位置精度、同轴度、平行度和垂直度等,一般是取被加工零件相应精度要求的1/3。即使是用于粗加工的夹具,也必须有一定的精度要求,主要是为了避免刀具工作时别劲,减少导向套的磨损和持久地保证夹具精度。

3) 夹具总装技术要求主要由被加工零件的加工精度、夹具的结构形式、制造水平和经济效果等诸因素决定。而由于被加工零件的结构、形状、材料等是多种多样的,因而夹具的装配技术要求也各有特点,无法确定一个统一的技术要求项目和标准,使之适用于各种情况。所以必须对夹具的具体结构和工件加工精度的要求进行具体的分析,拟定必要和合理的技术要求。本书将按各类机床夹具的特点,在第 7 章中对各类机床夹具的技术条件进一步加以叙述。

6.4.10 夹具总装配图绘制示例

(1) 压缩机气缸体孔加工夹具总装配图的绘制 该夹具用于立式组合机床上加工压缩机气缸体顶面孔系。首先根据被加工零件图和工序卡及工艺规程的要求,确定定位基准和定位基面,选定定位点位置和数量以及夹紧力作用方向,如图 6-13 所示。然后根据被加工零件的加工精度要求及机床刀辅具等信息计算切削力,确定刀辅具导向方式,如图 6-14 所示。以上过程同时也可以确定夹具的基本结构方案。

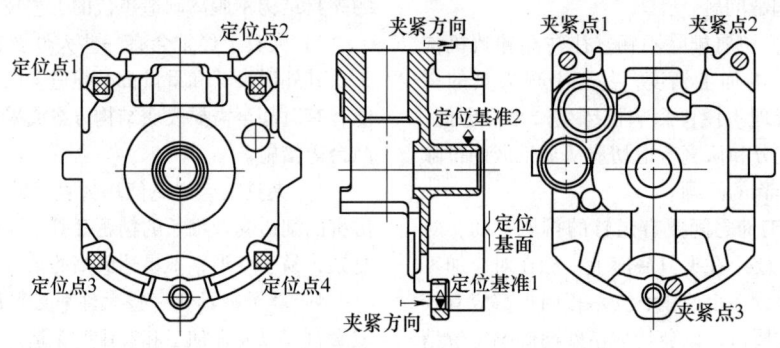

图 6-13 定位基准和定位基面、定位点位置和数量以及夹紧力作用方向

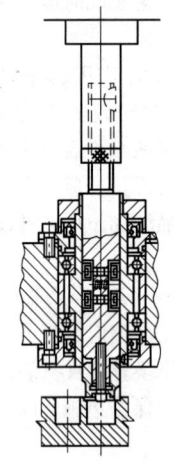

图 6-14 刀辅具导向方式

接着开始绘制总装配图,如图 6-15 所示。顺序如下:

1) 用双点画线或红色铅笔在主要视图中绘出工件的轮廓外形和主要表面,主要有定位基准面、夹紧表面、待加工表面等。总装配图上所绘制的工件视为假想的透明体,它不影响夹具元件的绘制。

2) 根据定位方案绘制定位元件:定位块 1、定位套 2 和菱形定位销 3。

3) 根据刀具引导方式绘制钻模板 4。

4) 根据夹紧方案绘制夹紧机构和夹紧元件:压爪 5、拉杆 6 和夹紧液压缸 7 等。

5) 根据机床工作台尺寸及机床主轴行程范围,确定夹具体 8 的外形及轮廓尺寸。

6) 最后进行尺寸标注和给定技术条件(图 6-15 中省略)。

(2) 曲轴端面铣削夹具总装配图的绘制 该夹具用于卧式双端面组合铣床上铣削曲轴端面。工件以中间轴颈端面 1 及两个最外端轴颈 2、3 定位,夹紧点 4、5 选择在外端轴颈 V 形定位块上方,采用液压缸驱动斜楔夹紧机构 6 夹紧,具有夹紧自锁功能,如图 6-16 所示。

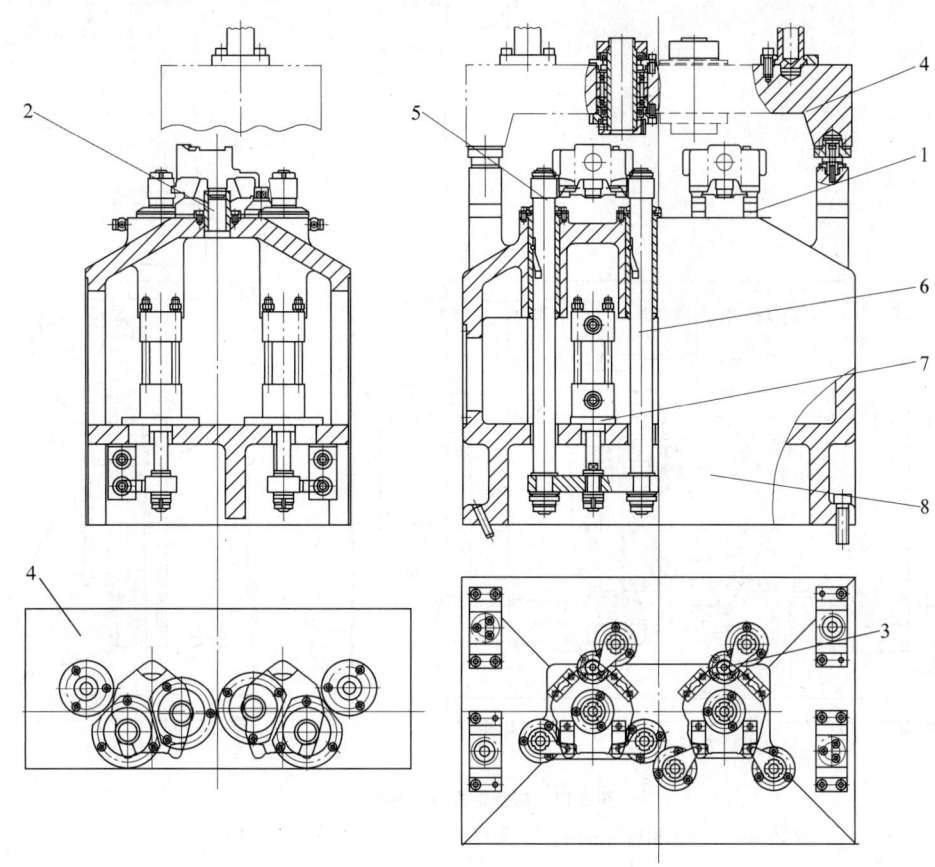

图 6-15 气缸体孔加工夹具
1—定位块 2—定位套 3—菱形定位销 4—模板 5—压爪 6—拉杆 7—夹紧液压缸 8—夹具体

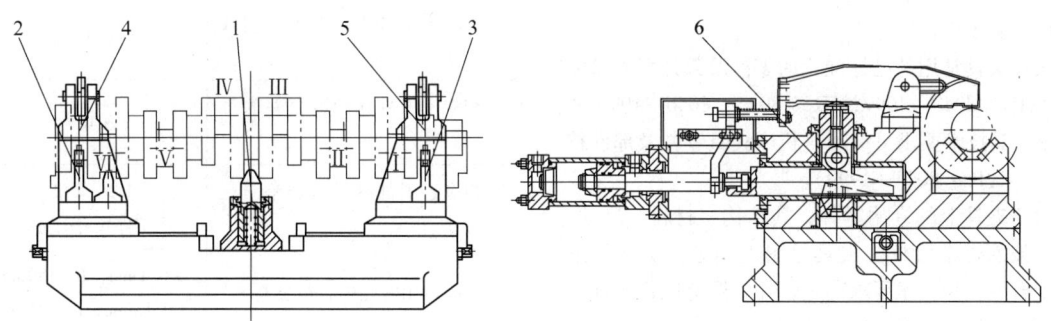

图 6-16 曲轴端面铣削夹具
1—中间轴颈端面 2、3—最外端轴颈 4、5—夹紧点 6—夹紧机构

(3) 制动底板镗车夹具总装配图的绘制 该夹具用于卧式双面组合机床上制动底板的镗孔、车端面。工件以制动底板外圆及端面定位,采用液压缸1驱动齿轮齿条机构2,通过螺旋丝杆副3带动V形块4、5夹紧工件,具有夹紧自锁功能,端面夹紧机构(图中未绘出)在工件接触端面定位块6及V形块4、5夹紧工件后退出加工区域,如图6-17所示。

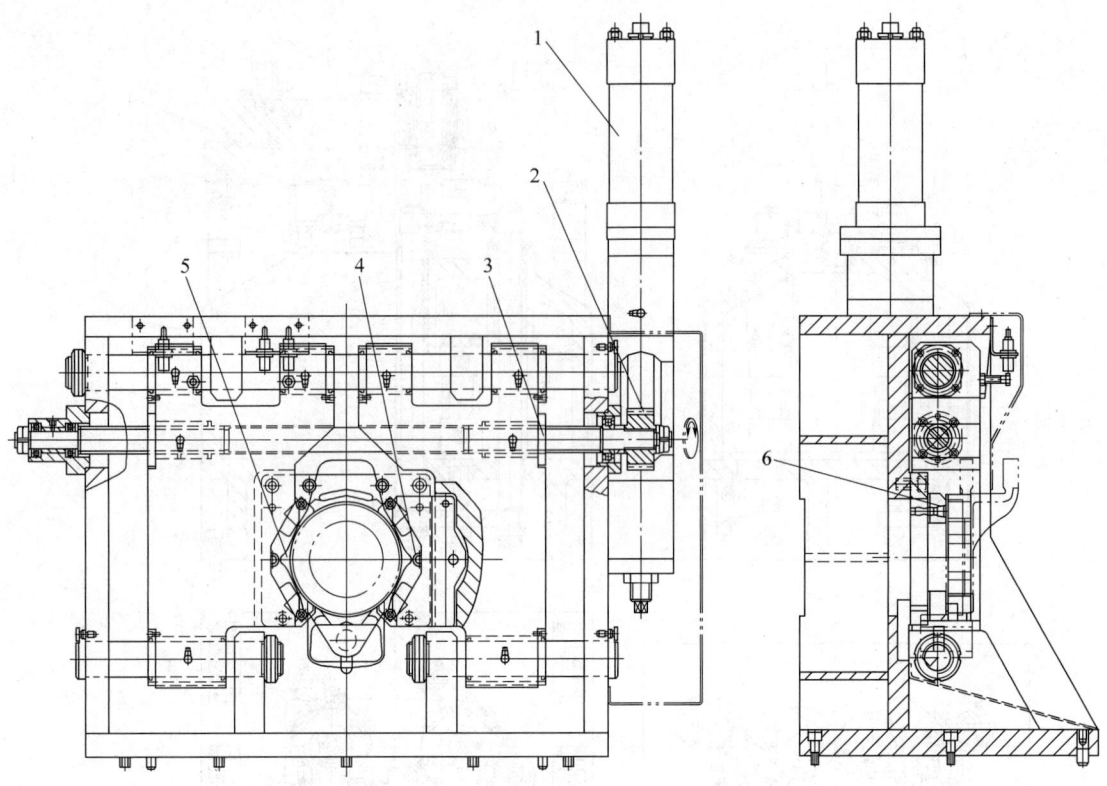

图 6-17 制动底板镗车夹具
1—液压缸 2—齿轮齿条机构 3—螺旋丝杆副 4、5—V 形块 6—定位块

6.5 夹具零件图绘制

按照最终确定的夹具结构总图,绘出除了标准件以外的夹具零件。

机床夹具常用的已标准化的零件及部件可以参阅 JB/T 8004~8043—1999、JB/T 8045、8046—1999 和第 4 章,其技术要求可参阅《机床夹具零件及部件技术条件》(JB/T 8044—1999)。

对于夹具上的专用零件,其结构、材料、尺寸、公差和技术要求可依据夹具总图上确定的大小、形状、配合性质和技术要求确定,并参照标准化零件及部件的各项标准和要求进行绘制。

6.5.1 零件结构确定

1) 根据夹具总图所确定各功能元件具体结构的大小和形状绘制夹具专用零件的结构和尺寸。专用零件的结构特点必须与其采用的材质、热处理要求和工厂的制造条件相适应。

2) 夹具专用零件的尺寸公差见表 6-28。

3) 夹具专用零件主要表面的表面粗糙度见表 6-29。

表 6-28 夹具专用零件的尺寸公差

夹具零件的尺寸(角度)	公差数值
相应于工件无尺寸公差的直线尺寸	±0.1mm
相应于工件无角度公差的角度	±10′
相应于工件有尺寸公差的直线尺寸	(1/5~1/2)工件尺寸公差
紧固件用的孔中心距公差	±0.1mm,$L<150$mm ±0.15mm,$L>150$mm
夹具体上找正基面与安装元件的平面间的垂直度	≤0.01mm
找正基面的直线度与平面度	0.005mm
夹具体、模板、立柱、角铁、定位心轴等零件的平面之间、平面与孔之间、孔与孔之间的平行度、垂直度、同轴度	取工件相应公差之半

表 6-29 夹具专用零件主要表面的表面粗糙度

表面形状	表面名称			精度等级	外圆和外侧面	内孔和内侧面	举例
					$Ra/\mu m$		
平面	有相对运动的配合表面	一般平面		7	0.4 (0.5, 0.63)		T形槽
				8, 9	0.8 (1.0, 1.25)		活动V形块、叉形偏心轮、铰链两侧面
				11	1.6 (2.0, 2.5)		叉头零件
		特殊配合		精确	0.4 (0.5, 0.63)		燕尾导轨
				一般	1.6 (2.0, 2.5)		燕尾导轨
	无相对运动的表面			8, 9	0.8 (1.0, 1.25)	1.6 (2.0, 2.5)	定位键侧面
				特殊配合	0.8 (1.0, 1.25)	1.6 (2.0, 2.5)	键两侧面
	有相对运动的导轨面			精确	0.4 (0.5, 0.63)		导轨面
				一般	1.6 (2.0, 2.5)		导轨面
	无相对运动	夹具体基面		精确	0.4 (0.5, 0.63)		夹具体安装面
				中等	0.8 (1.0, 1.25)		夹具体安装面
				一般	1.6 (2.0, 2.5)		夹具体安装面
		安装夹具零件的基面		精确	0.4 (0.5, 0.63)		安装元件的表面
				中等	1.6 (2.0, 2.5)		安装元件的表面
				一般	3.2 (4.0, 5.0)		安装元件的表面
圆柱面	有相对运动的配合表面			6	0.2 (0.25, 0.32)		快换钻套、手动定位销
				7	0.2 (0.25, 0.32)	0.4 (0.5, 0.63)	导向销
				8, 9	0.4 (0.5, 0.63)		衬套定位销
				11	1.6 (2.0, 2.5)	3.2 (4.0, 5.0)	转动轴颈
	无相对运动的配合表面			7	0.4 (0.5, 0.63)	0.8 (1.0, 1.25)	圆柱销
				8, 9	0.8 (4.0, 5.0)	1.6 (2.0, 2.5)	手柄
				自由尺寸	3.2 (4.0, 5.0)		活动手柄、压板
锥形表面	顶尖孔			精确	0.4 (0.5, 0.63)		顶尖、顶尖孔、铰链侧面
				一般	1.6 (2.0, 2.5)		导向定位件导向部分
	无相对运动	安装刀具的锥柄和锥孔		精确	0.2 (0.25, 0.32)	0.4 (0.5, 0.63)	工具圆锥
				一般	0.4 (0.5, 0.63)	0.8 (1.0, 1.25)	弹簧夹头、圆锥销、轴
		固定紧固用			0.4 (0.5, 0.63)	0.8 (1.0, 1.25)	锥面锁紧表面
紧固件表面	螺钉头部				3.2 (4.0, 5.0)		螺栓、螺钉
	穿过紧固件的内孔面				6.3 (8.0, 10.0)		压板孔
密封性配合面	有相对运动				0.1 (0.125, 0.16)		缸体内表面
	无相对运动	软垫圈			1.6 (2.0, 2.5)		缸盖端面
		金属垫圈			0.8 (1.0, 1.25)		缸盖端面
定位平面				精确	0.4 (0.5, 0.63)		定位件工作表面
				一般	1.6 (2.0, 2.5)		定位件工作表面
孔面	径向轴承			D、E	0.4 (0.5, 0.63)		安装轴承内孔
				G、F	0.8 (1.0, 1.25)		安装轴承内孔

(续)

表面形状	表面名称	精度等级	外圆和外侧面	内孔和内侧面	举 例
			Ra/μm		
端面	推力轴承		1.6 (2.0, 2.5)		安装推力轴承端面
孔面	滚针轴承		0.4 (0.5, 0.63)		安装轴承内孔
刮研平面	20~25 点/25mm×25mm		0.05 (0.063, 0.080)		结合面
	16~20 点/25mm×25mm		0.1 (0.125, 0.16)		结合面
	13~16 点/25mm×25mm		0.2 (0.25, 0.32)		结合面
	10~13 点/25mm×25mm		0.4 (0.5, 0.63)		结合面
	8~10 点/25mm×25mm		0.8 (1.0, 1.25)		结合面

注：括弧中的数值为第二系列。

6.5.2 材料选择与工艺性分析

1) 制造夹具专用零件的材料应符合相应国家标准的规定，但可以采用力学性能不低于原规定牌号的其他材料制造。

夹具专用零件常用材料见表6-30。

2) 工艺性分析即对夹具零件进行冷加工、热处理工艺性和装配工艺性进行分析。

①冷加工分析主要针对零件结构的工艺性而进行，如零件的尺寸与对应加工机床适应范围、零件的精度要求与对应加工机床的能力、零件加工与测量的方便性等。

②热处理工艺性分析主要针对零件的热处理要求而进行，包括改善机械加工性能和为达到要求的力学性能而提出的热处理要求。

③装配工艺性分析主要针对零件装配过程而进行，如零件的起吊、搬运、安装、调整和维修的方便性等。

表 6-30 夹具专用零件常用材料

零件种类	零件名称	材料	热处理要求
壳体零件	夹具的壳体及形状复杂的壳体	HT200	时效
	焊接壳体	Q235	时效
	花盘和车床夹具壳体	HT300	时效
定位元件	定位心轴	$D \leqslant 35$mm T8A	淬火 55~60HRC
		$D > 35$mm 45	淬火 43~48HRC
夹紧零件	斜楔	20	渗碳、淬火、回火 54~60HRC，渗碳深度 0.8~1.2mm
	各种形状的压板	45	淬火、回火 40~45HRC
	卡爪	20	渗碳、淬火、回火 54~60HRC，渗碳深度 0.8~1.2mm
	钳口	20	渗碳、淬火、回火 54~60HRC，渗碳深度 0.8~1.2mm
	台虎钳丝杆	45	淬火、回火 35~40HRC
	切向夹紧用螺栓和衬套	45	调质 225~255HB
	弹簧夹头心轴用螺母	45	淬火、回火 35~40HRC
	弹性夹头	65Mn	夹料部分淬火、回火 56~61HRC，弹性部分淬火 43~48HRC
其他零件	活动零件用导板	45	淬火、回火 35~40HRC
	靠模、凸轮	20	渗碳、淬火、回火 54~60HRC，渗碳深度 0.8~1.2mm
	分度盘	20	渗碳、淬火、回火 54~60HRC，渗碳深度 0.8~1.2mm
	低速运转的轴承衬套和轴瓦	ZQSn6-6-3	
	高速运动的轴承衬套和轴瓦	ZQPb12-8	

④对于工艺性欠佳的零件，可以采取对应工艺措施如增加工艺孔或工艺凸台，必要时需改变夹具零件结构，以保证零件加工过程能顺利进行，并能满足设计和使用要求。

6.5.3 技术要求确定

夹具零件常用技术要求主要有：

1）零件毛坯质量要求，如：

①铸件不许有裂纹、气孔、砂眼、缩松、夹渣等缺陷；

②锻件不许有裂纹、皱折、飞边、毛刺等缺陷；

③焊接件焊缝不应有未填满的弧坑、气孔、溶渣杂质、基体材料烧伤等缺陷。

2）零件热处理要求，如：

①需要机械加工的铸件或锻件，加工前应经时效处理或退火、正火处理；

②热处理后的零件不许有裂纹或龟裂等缺陷；

③零件上的内、外螺纹均不得渗碳；

④零件淬火后的表面，不应有氧化皮；

⑤经过精加工的配合表面不应有退火现象。

3）未注尺寸及公差要求，如：

①凡未注明尺寸的倒角均为 $C1$；

②凡未注明尺寸的倒圆半径均为 $R0.5$；

③凡加工表面未注公差的尺寸，其尺寸公差应按 GB/T 1804—2000 中 IT13 的规定。

4）其他技术要求，如：

①零件的锐边应倒钝；

②零件加工表面上，不应有沟痕、碰伤等损坏零件表面、降低零件强度及寿命的缺陷；

③经电磁工作台磨削的零件应作退磁处理；

④零件上有配合要求的表面应经防锈处理；钢制零件的其余表面，除有特殊要求外，应经发蓝处理；铸件、锻件和焊接件其余表面的油漆处理等。

6.5.4 工艺孔在夹具设计中的应用

夹具设计中常用工艺孔的场合主要有：

1）定位用工艺孔：用于夹具零件之间，常与定位平面组成一面两销定位基准，用以限定相互之间的位置关系。如钻模板、镗模架与夹具本体之间的定位、夹具本体与机床底座之间的定位等。

2）找正用工艺孔：用于机床与夹具之间位置关系的找正。如在一些加工中心专用夹具设计中，为方便、快速地确定主轴与夹具上被加工零件之间的位置关系，常常在夹具上设定一个工艺孔，它与被加工零件定位基准之间的位置关系可以事先由三坐标测出，待夹具安装好后，只需将主轴与该工艺孔之间位置关系找正，代入三坐标测量结果后即可确定主轴与夹具上被加工零件之间的位置关系。

3）测量用工艺孔：用于夹具上空间角度或曲面的工艺基准转换，以便于加工和检测。由于工艺孔可以在编制工艺时预先确定其位置，并完成工艺计算，能有效减少加工过程中的停机时间，提高生产率，因此在实际生产中得到广泛的应用。

6.6 夹具设计与制造中的信息处理

20 世纪 70 年代以来，随着电子信息技术、自动化技术的发展以及各种先进制造技术的进步，制造系统中许多以自动化为特征的单元技术得到了广泛应用，如 CAD、CAPP、CAM 等单元技术的应用，为企业带来显著效益。但是，若单凭这些自动化单元技术，各单元技术相互之间不实现信息的传递与共享，就会产生所谓"孤岛"现象，难以提高系统运行的整体效率，甚至造成资源浪费。夹具的设计、制造也是如此。如何将夹具生产周期中各类信息进行集成处理，有效实现人、机全局优化，提高企业综合效益和市场竞争力，将成为 21 世纪夹具设计与制造的重点发展方向，其目标主要是：

1）提高全过程（包括设计、工艺、制造、服务）的质量；

2）降低夹具全生命周期的成本（包括设计、制造、发送、支持、使用至报废等成本）；

3）缩短夹具研制开发周期（包括减少设计反复，降低设计时间、生产准备时间、制造时间、发送时间等）。

夹具设计与制造中的信息流构成如图 6-18 所示。

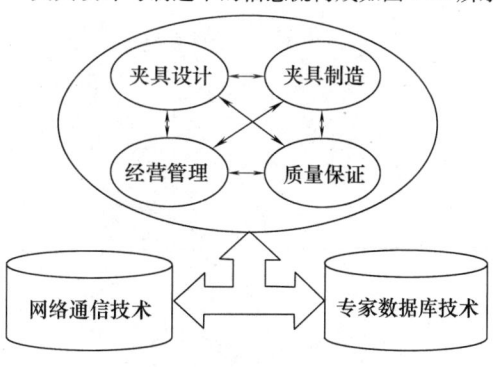

图 6-18 夹具设计与制造
中的信息流构成图

先进生产模式与制造系统的引入，将是实现以上目标的有效途径。计算机集成制造系统（CIMS-Computer Integrated Manufacturing System）中的计算机辅助夹具设计（CAFD-Computer Aided Fixture Design）

技术，并行工程（CE-Concurrent Engineering）中的计算机辅助工艺设计（CAPP-Computer Aided Process Planning）与CAFD并行设计技术，精益生产（LP-Lean Production）技术、敏捷制造（AM-Agile Manufacturing）技术、虚拟制造（VM-Virtual Manufacturing）技术的发展和日益广泛地使用，都将促进夹具设计与制造技术的发展。

采用串、并行工程设计夹具的时序比较如图6-19所示。

有关计算机辅助夹具设计（CAFD）技术在本书第12章中详细叙述。

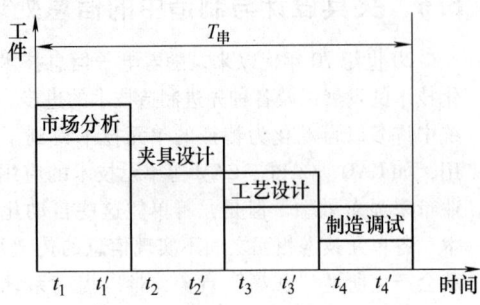 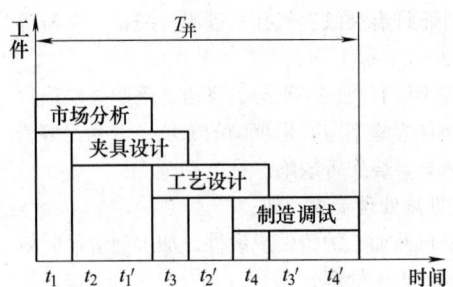

图6-19 采用串、并行工程设计夹具的时序比较

第 7 章　机床专用夹具设计及典型图例

7.1　车床专用夹具

7.1.1　车床专用夹具的主要类型

车床专用夹具可按其在机床上的安装形式及其结构的不同进行分类，如图 7-1 所示。

7.1.2　车床夹具设计要则

1. 对车床夹具的一般要求

车床及圆磨床夹具属于同一类型的加工夹具，其特点是工作时夹具和工件随机床主轴或花盘一起高速旋转，具有离心力和不平衡惯量。这类夹具多数是悬臂形式的，因此设计夹具时，除了保证工件达到工序的精度要求外，还应考虑：

1) 结构力求紧凑、简单，重量尽可能轻。

2) 夹具与机床主轴、花盘或法兰联接要安全可靠。

3) 夹具工作时应保持平衡，以免主轴轴承过早磨损而失去精度。因此夹具元件的重心应尽量接近回转中心，而平衡重的位置应远离回转中心，并可作径向调整。

4) 夹具在径向无突出和可能松脱的零件。如图 7-2 所示的结构则不符合这一要求，若需要采用这类结构，要加防护罩，以杜绝夹具回转时产生事故。

5) 夹紧机构应迅速可靠，尽可能选择离中心最远处压紧工件。夹紧元件在夹具回转时的惯性和离心力作用下不应松脱。

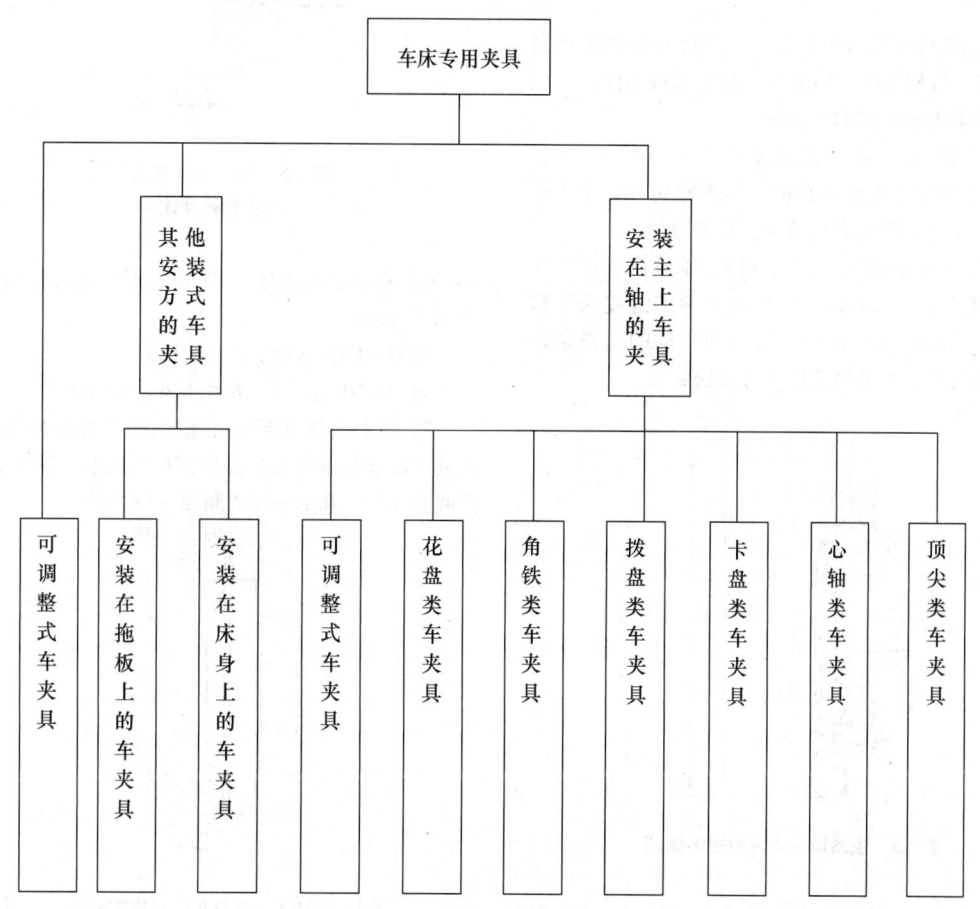

图 7-1　车床专用夹具的主要类型

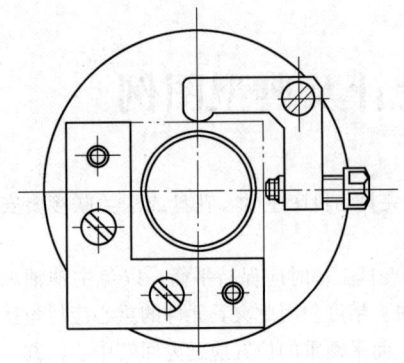

图 7-2 夹具结构示例

6) 在加工过程中,工件在夹具上能用万能量具进行测量。

7) 切屑能顺利地从夹具中排出和清除。

8) 夹具经调整(如换过渡法兰盘)后即可在另一种型号的机床上使用。为此,通常将夹具的最大外圆设计成校准回转中心的基准,供重新安装时校准中心。

9) 为适应小批量轮番生产,应优先考虑采用自定心卡盘,以便配换专用卡爪来加工多种零件。

2. 夹具与机床主轴的连接

1) 夹具与机床主轴的连接要安全可靠。

2) 带锥柄的夹头或心轴应用螺栓通过机床主轴孔拉紧(工件轻小或有后顶尖支承者除外)。

3) 在高速重切削时,应选用主轴轴肩有定心短锥轴颈的机床(图 7-3),用快速夹紧的过渡法兰盘将夹具与主轴连接。在常有反转和制动的工作条件下,夹具与机床主轴的连接应有防松装置。

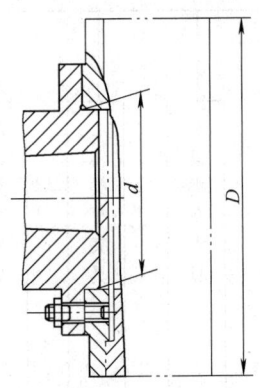

图 7-3 主轴轴肩有定心短锥轴颈

4) 夹具以锥体与机床主轴锥孔连接时,夹具外径 D 一般小于 140mm,或 $D \leq (2 \sim 3)d$(图 7-4)。

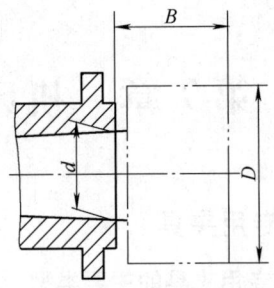

图 7-4 夹具以锥体与机床主轴锥孔连接

5) 夹具以过渡法兰盘与主轴轴颈连接时,夹具外径 $D \leq (2.5 \sim 3.8)d$,加工工件外径小于 $5d$(图 7-5)。

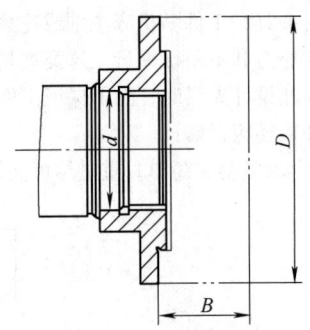

图 7-5 夹具以过渡法兰盘与主轴轴颈连接

6) 夹具悬伸长度(图 7-4、图 7-5),一般应符合以下要求:

当 $D < 150$mm 时,$B \leq 1.25D$

当 $D < 300$mm 时,$B \leq (0.6 \sim 0.8)D$

7) 夹具与带短锥定心轴颈的主轴轴肩连接时,夹具定心元件的配合公差应按标准选取,以保证两端面间有 0.05~0.10mm 的间隙(图 7-6)。

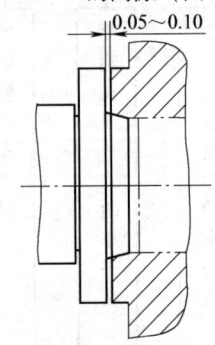

图 7-6 夹具与带短锥定心轴颈的主轴轴肩连接

8）为了保护机床主轴，连接法兰盘的材料应采用铸铁，与主轴锥孔配合的零件其硬度应小于45HRC。

3. 心轴

1）刚性心轴的材料一般采用低碳钢或低碳合金钢，如20、20Cr、18CrMnTi或18CrMnTiA，表面渗碳淬硬到58～62HRC。小直径的心轴可采用高碳工具钢直接淬硬。

2）顶尖心轴两端的顶尖孔应具有120°的保护锥，顶尖孔必须经过研磨。

3）顶尖心轴靠近机床心轴的一端应具有长度约20～30mm的扁尾，以供带动和装卸工件及退刀之用（图7-7）。

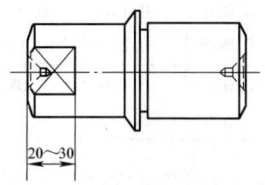

图7-7 顶尖心轴靠近机床心轴一端的扁尾长度

4）采用顶尖心轴加工工件，由于装卸工件不便，操作费时，所以不适用于大批量生产。

5）为了装卸工件轻便，直径较大的心轴的定位基面宜削扁数处，仅留4～6mm宽的圆柱面（加工薄壁工件除外，以免产生多边形）。

6）工件与心轴高精度配合时，导向端部宜作出预导向。

7）锥度心轴用于同轴度要求高的精确定位的加工，但不适用于长度大的或定位孔公差大的工件。

8）圆柱或锥度心轴因刚性差，不适用于粗加工。

9）圆柱或锥度心轴不适用于有距离要求的端面加工和端面与轴线垂直度要求较高的加工。

10）利用切向力自动夹紧的滚柱心轴，夹紧动作迅速，夹紧也很可靠。但因滚柱压向工件一边，因此不适用于同轴度要求高的定位孔或薄壁零件的加工（图7-8）。

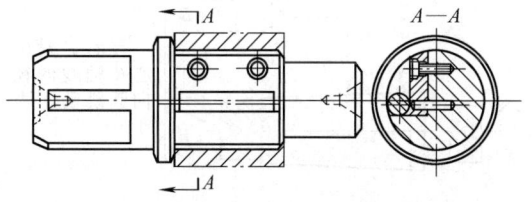

图7-8 利用切向力自动夹紧的滚柱心轴

11）具有与机床主轴锥孔相配合的锥柄心轴，适用于加工短小的工件，但因一端是悬伸的，在切削力作用下容易产生弯曲，因此这类心轴的悬伸长度不大于5倍的心轴直径，否则使用尾座顶尖。

12）当心轴悬伸长度大于12倍的心轴直径时，宜用中心架。

13）心轴在保证足够刚度的前提下，应尽量从结构上减轻其重量，直径大于50mm的心轴采用空心的或焊接的结构或沿轴向钻减轻孔。当心轴直径大于140mm时，宜采用镶钢的空心铸件以减轻重量。

14）用于多刀车床加工外圆及端面的心轴，其顶尖孔的深度应控制在一定范围内，通常测量置于顶尖孔内的钢球到心轴轴肩的尺寸（图7-9）。

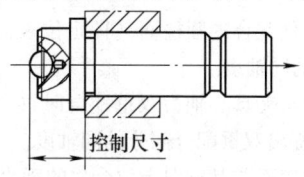

图7-9 用于多刀车床加工外圆及端面的心轴

15）带肩心轴一般采用球面螺母压紧（图7-10a），但因球面螺母热处理后有变形，拧紧螺母时工件会产生偏位，因此当工件端面对轴线的垂直度要求较高时，宜用平肩螺母。为预防发生事故和便于装卸，用两端面磨削过的带肩垫圈（图7-10b）。平肩螺母除由工艺保证其端面与螺纹垂直外，螺纹应是松动配合（即径向最小间隙取中径公差的1/3），以补偿螺纹的歪斜。心轴直径大于85mm时，一般不用一个螺母在中心压紧，以免心轴变形，推荐用图7-11所示的结构。

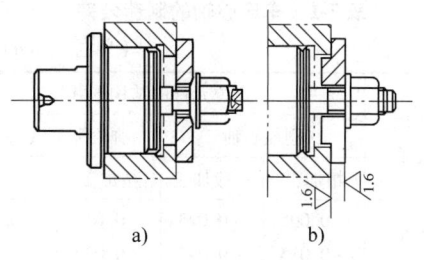

图7-10 带肩心轴的压紧（一）

7.1.3 车床（圆磨床）夹具的技术要求

1. 车床（圆磨床）夹具的主要技术要求

车床、圆磨床夹具多为心轴类与卡盘类夹具，常以工件的内孔或外圆表面作为定位基准。因此，在这

图 7-11 带肩心轴的压紧（二）

些夹具中，为确定工件基准孔或外圆的正确位置所采用的定位元件的尺寸及形位公差，必须标注这类夹具的主要技术条件。

1) 与工件配合的圆柱面（即定位表面）的轴线与工件轴线的同轴度。

2) 工件与夹具心轴为双重配合时（如阶梯圆柱面配合）应提出双重配合部分的同轴度。

3) 定位表面与其轴向定位台肩的垂直度。

4) 夹具定位表面对夹具在机床上安装定位基面的垂直度或平行度。

5) 定位表面的直线度和平面度或等高性。

6) 各定位表面间的垂直度或平行度。

心轴类夹具按其定位部分的结构形式分为刚性心轴和弹性心轴两种。刚性心轴与工件定位基准孔之间保持一定的配合间隙，配合间隙愈小，定位精度愈高。弹性心轴与工件基准孔之间的配合间隙，靠定位部分的均匀胀开消除。所以，这种心轴的制造公差可以适当放宽。

表 7-1 是车床心轴的制造公差。夹具上的基本尺寸是工件基准孔的最小尺寸。

表 7-1 车床心轴的制造公差

（单位：mm）

工件的定位直径	定位元件的结构形式			
	刚性心轴		弹性胀开式心轴	
	精加工	一般加工	精加工	一般加工
0~10	-0.005 -0.015	-0.023 -0.045	-0.013 -0.027	-0.035 -0.060
10~18	-0.006 -0.018	-0.030 -0.055	-0.016 -0.033	-0.045 -0.075
18~30	-0.008 -0.022	-0.040 -0.070	-0.020 -0.040	-0.060 -0.095
30~50	-0.010 -0.027	-0.050 -0.085	-0.025 -0.050	-0.075 -0.115

（续）

工件的定位直径	定位元件的结构形式			
	刚性心轴		弹性胀开式心轴	
	精加工	一般加工	精加工	一般加工
50~80	-0.012 -0.032	-0.060 -0.105	-0.030 -0.060	-0.095 -0.145
80~120	-0.015 -0.038	-0.080 -0.125	-0.040 -0.075	-0.120 -0.175
120~180	-0.018 -0.045	-0.100 -0.155	-0.050 -0.090	-0.150 -0.210
180~260	-0.022 -0.052	-0.120 -0.180	-0.060 -0.105	-0.180 -0.250
260~360	-0.026 -0.060	-0.140 -0.210	-0.070 -0.125	-0.210 -0.290
360~500	-0.030 -0.070	-0.170 -0.245	-0.080 -0.140	-0.250 -0.340

心轴可用其顶尖孔安装在机床上，也可用带锥度的尾柄直接插入机床主轴的锥孔内。因此，心轴的定位表面对回转轴线的径向全跳动公差应加以规定。表 7-2 是定位元件的定位表面对其回转轴线的径向全跳动公差。

表 7-2 车、磨夹具径向全跳动公差

（单位：mm）

工件径向全跳动公差	定位元件定位表面对回转轴线的径向全跳动公差	
	心轴类夹具	一般车磨夹具
0.05~0.10	0.005~0.01	0.01~0.02
0.10~0.20	0.01~0.015	0.02~0.04
0.20 以上	0.015~0.03	0.04~0.06

2. 典型车床（圆磨床）夹具技术要求示例（表 7-3）

表 7-3 典型车床、圆磨床夹具技术要求示例

符号表示	文字表示
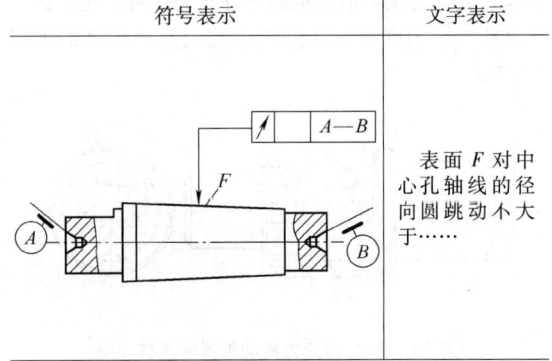	表面 F 对中心孔轴线的径向圆跳动不大于……

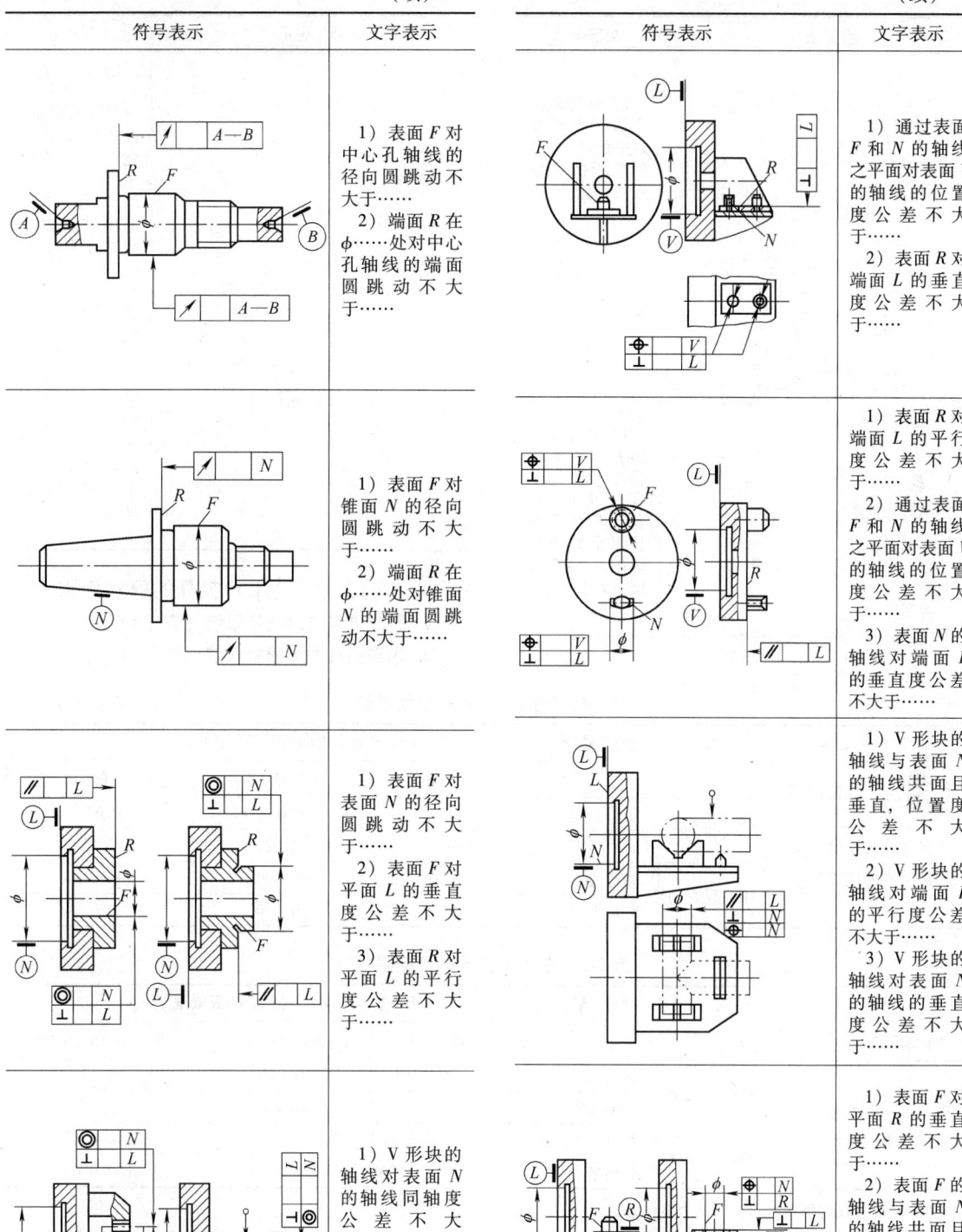

符号表示	文字表示	符号表示	文字表示
(见左图)	1) 通过表面 F 和 N 的轴线之平面对表面 V 的轴线的位置度公差不大于…… 2) 表面 F（表面 F 的轴线）对表面 R 的垂直度公差不大于…… 3) 表面 N 对表面 R 的垂直度公差不大于…… 4) 在通过表面 F 和 N 的轴线之平面相垂直的平面上，表面 R 和 L 与其相交的两直线的平行度公差不大于……	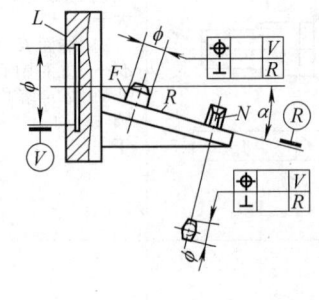	1) 通过表面 F 和 N 的轴线之平面对表面 V 的轴线的位置度公差不大于…… 2) 在通过表面 F 和 N 的轴线之平面相垂直的平面上，表面 R 和 L 与其相交的两直线的平行度公差不大于…… 3) 表面 F 对平面 R 的垂直度公差不大于…… 4) 表面 N 对平面 R 的垂直度公差不大于……

7.1.4 车床（圆磨床）夹具的磨损极限

1. 磨床夹具的磨损极限值（表7-4）

2. 车床夹具的磨损极限值（表7-5）

表7-4　磨床夹具的磨损极限值　　　　　　　　　　（单位：mm）

检查内容		加工精度	工件被加工表面对基准的极限偏差 δ_α		
			Ⅰ（<0.05）	Ⅱ（>0.05~0.08）	Ⅲ（>0.08~0.12）
夹具定位基准与夹具安装基准的位置公差	径向圆跳动	制造公差	0.005	0.012	0.020
		磨损极限	0.01	0.02	0.03
	端面圆跳动	制造公差	100:0.01	100:0.02	100:0.03
		磨损极限	100:0.02	100:0.03	100:0.04

表7-5　车床夹具的磨损极限值　　　　　　　　　　（单位：mm）

检查内容		加工精度	工件被加工表面对基准的极限偏差 δ_α		
			Ⅰ（>0.05~0.10）	Ⅱ（>0.10~0.15）	Ⅲ（>0.15~0.25）
夹具定位基准与夹具安装基准的位置公差	径向圆跳动	制造公差	0.01	0.015	0.03
		磨损极限	0.02	0.03	0.05
	端面圆跳动	制造公差	100:0.015		100:0.03
		磨损极限	100:0.03		100:0.05

注：其他夹具类似情况可参照此表数值制订。

3. 车外圆时定位凸缘直径 D 的磨损公差（表7-6）

7.1.5 车床专用夹具典型图例

1. 顶尖类车夹具

(1) 带端面齿的顶尖（图7-12）　顶尖的莫氏锥柄插入车床主轴孔内，工件以60°顶尖及车床尾座的活顶尖定心。工件在顶尖间顶紧时，顶尖可借弹簧的作用轴向伸缩，使工件端面紧靠顶尖的端面齿定位，并借以带动工件与主轴一起旋转，车削工件的外表面。

(2) 三顶尖拨动顶尖（图7-13）　顶尖的莫氏锥柄插入车床主轴孔内，工件以60°顶尖及车床尾座的活顶尖定心。工件在顶尖间顶紧时,三尖杆随着主轴的旋转拨动工件旋转。

表 7-6　车外圆时定位凸缘直径 D 的磨损偏差（$-\Delta_{损}$）

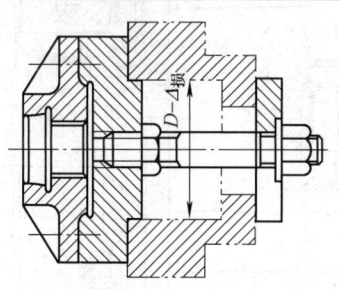

定位直径基本尺寸 D /mm	工件被加工表面对基准孔的径向圆跳动/mm				
	0.1	0.15		0.25	
	被加工表面对基准孔的加工精度（按基孔制）				
	H7	H7	H8、H9	H8、H9	H11
	磨损偏差（$=\Delta_{损}$）/μm				
小于 30	50	94	83	173	125
>30~50	48	92	80	170	110
>50~80	46	90	75	165	95
>80~120	44	87	70	160	80
>120~180	41	85	65	155	65
>180~260	38	83	60	150	35
>260~360	36	80	55	145	25

2. 心轴类车夹具

（1）薄壁管外圆弹性车用心轴（图 7-14）　工件以内孔在弹簧夹头 4 上定位。使用时,先拧动心轴 5 上的螺母 6,由于锥面的作用,弹簧夹头 7 胀开,它

与工件内孔有微量间隙,起预定心作用。装入工件后,分别拧两端的螺母 1,通过锥套 3 和弹簧夹头 4 从两端将工件定心、夹紧。

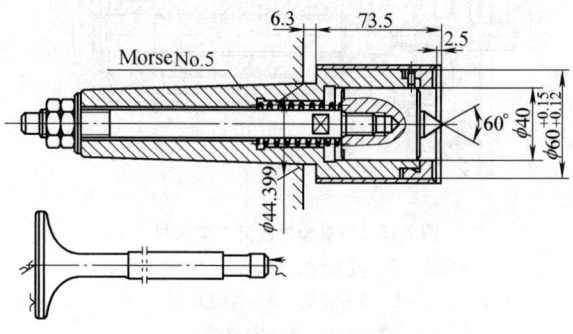

图 7-12　带端面齿的顶尖

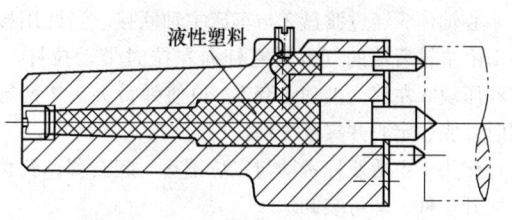

图 7-13　三顶尖拨动顶尖

拧紧螺母 1,通过销 2,带动圆锥套 3 左移,即可松开工件。

该心轴采用分段定位、两端夹紧,适用于薄壁细长管件的车削。

（2）气缸套外圆弹性车夹具（图 7-15）　该夹具用于多刀半自动车床,车削气缸套的外圆及端面。

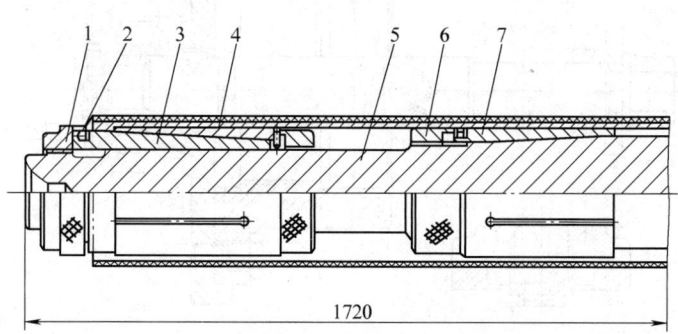

图 7-14　薄壁管外圆弹性车用心轴
1、6—螺母　2—销　3—圆锥套　4、7—弹簧夹头　5—心轴

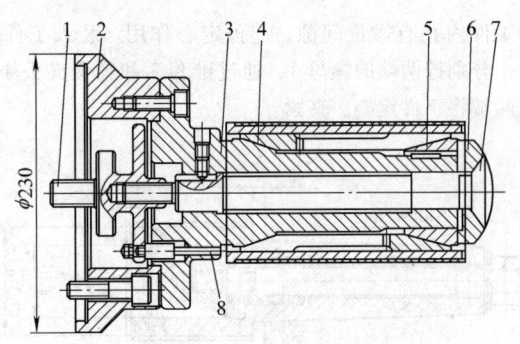

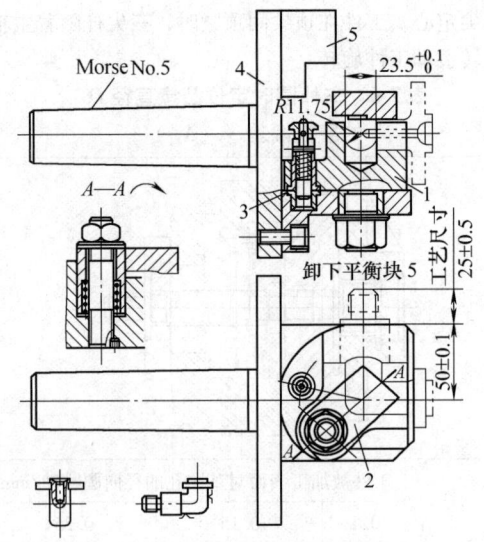

图7-15 气缸套外圆弹性车夹具
1—接头 2—过渡盘 3—心轴体 4—弹簧夹头 5—锥套 6—浮动压块 7—拉杆 8—定位销

工件以内孔及端面在弹簧夹头4和定位销8上定位。

心轴体3经过渡盘2与车床主轴联接。当两用接头1由主轴后端的气缸活塞杆向左拉时带动拉杆7，浮动压块6左移，推动锥套5，迫使弹簧夹头4两端同时外胀，定心并夹紧工件。

接头1由活塞杆带动与定位销6一起右移，到位后松开工件，即可装卸。

(3) 直角接头车夹具（图7-16） 夹具体4安装在车床主轴锥孔内，工件以呈90°的两圆柱面在夹持器1上定位，用钩形压板2压紧，夹持器可回转90°，由定位插销3定位。5为平衡块。

图7-16 直角接头车夹具
1—夹持器 2—钩形压板 3—定位插销 4—夹具体 5—平衡块

(4) 开关触头座车夹具（图7-17） 夹具座1安装在车床主轴上。工件以端面和内孔定位。夹具体2是弹簧夹头3的后锥体，当拉杆4通过装在上面的锥体5拉锥套向左时，使弹簧夹头3外胀夹紧工件。

(5) 套筒车夹具（图7-18） 夹具座1安装在车床主轴上。工件以端面和内孔定位。夹具体2的定位圆柱上有四块定位楔块3，当拉杆4通过装在上面的锥体5拉滑块向左时，使楔块外胀夹紧工件。

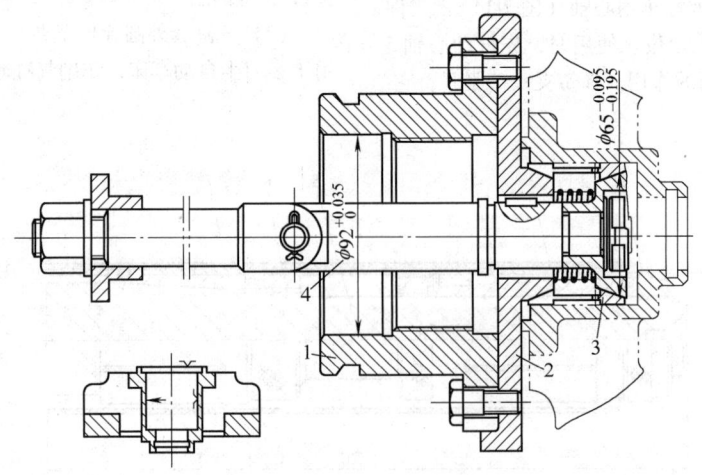

图7-17 开关触头座车夹具
1—夹具座 2—夹具体 3—弹簧夹头 4—拉杆

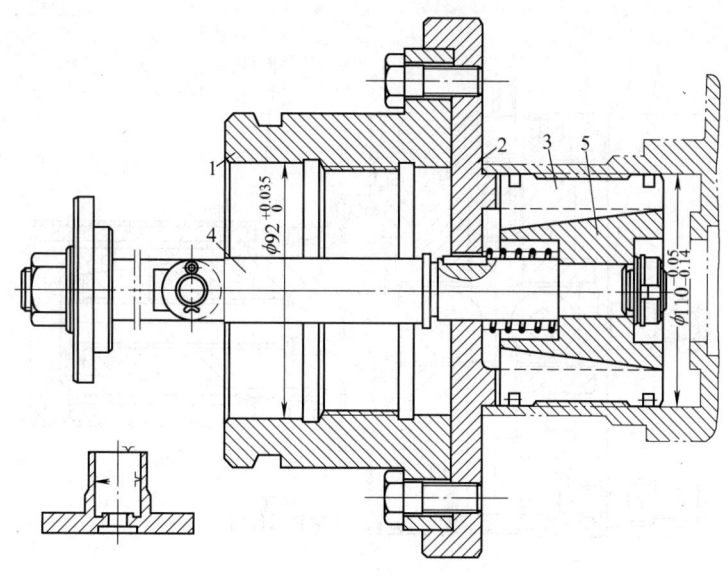

图 7-18 套筒车夹具
1—夹具座　2—夹具体　3—楔块　4—拉杆　5—锥体

(6) 弹簧夹头（图7-19） 夹头与车床主轴法兰盘连接，当转动带有内齿轮的手轮2时，经过两对中间齿轮3和4，转动与弹簧夹头尾部螺纹连接的有内螺纹的齿轮5，使弹簧夹头1产生轴向位移，完成弹簧夹头的夹紧和松开动作。为了减少摩擦，齿轮螺母端面装有平面止推轴承。这种弹簧夹头一般用于夹紧力要求不很大的场合。

(7) 缸套外螺纹弹性车夹具（图7-20） 工件以内孔在弹簧夹头的胀套10上定位。拧螺杆3，带动楔形拉杆4上移，左侧滚轮2使拉杆1左移，带动螺杆9，推动弹簧夹头11左移外胀，迫使胀套10外胀，定心、夹紧工件。

反拧螺杆3，带动楔形拉杆4下移，通过右侧滚轮2，使拉杆1右移，推动顶板6，顶出销7，使顶出套8、弹簧夹头11右移收缩，使胀套10收缩松开工件。

胀套10可根据孔径配用，夹具在车床上可通过螺钉5利用找正套精确找正。

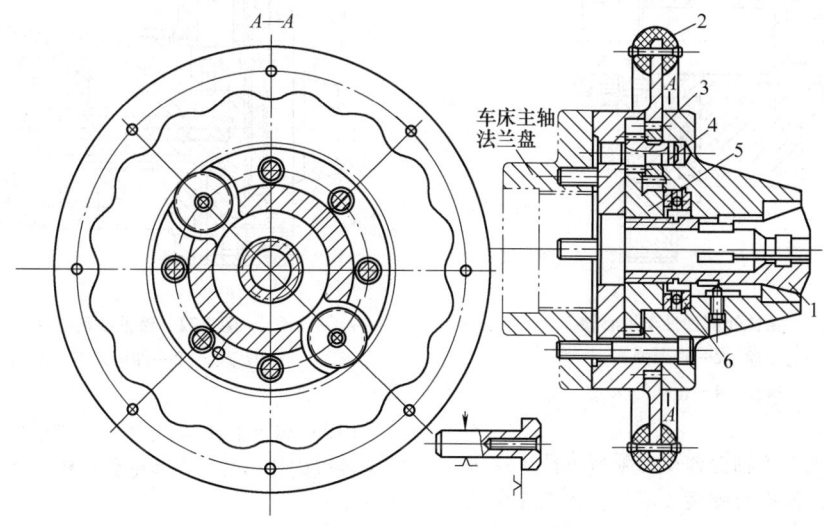

图 7-19 弹簧夹头
1—弹簧夹头　2—手轮　3、4、5、6—齿轮

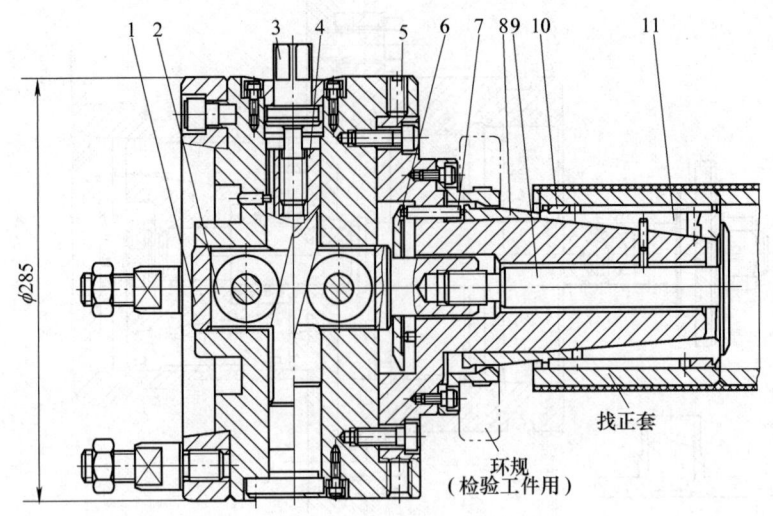

图 7-20 缸套外螺纹弹性车夹具
1—拉杆 2—滚轮 3、9—螺杆 4—楔形拉杆 5—螺钉
6—顶板 7—销 8—套 10—胀套 11—弹簧夹头

(8) 盘件外圆弹性车用心轴（图 7-21） 工件以内孔及端面在碟形弹簧2、定位盘1上定位。

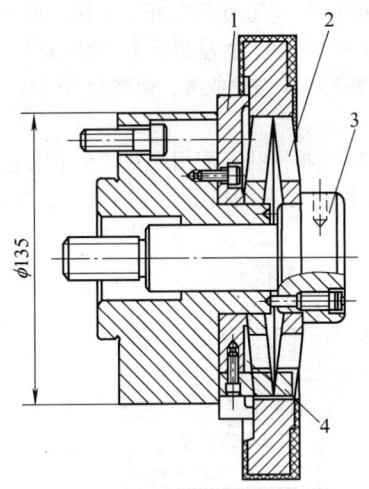

图 7-21 盘件外圆弹性车用心轴
1—定位盘 2—碟形弹簧
3—拉杆 4—止动件

夹具安装在机床主轴上，动力源与拉杆3连接。当拉杆3左移时，使碟形弹簧2变形，将工件夹紧。止动件4防止碟形弹簧2转动。拉杆3右移，工件松开。

该心轴精度高，夹紧力大，结构简单，制造容易，适用于加工内孔较大的盘类工件。

(9) 液性塑料心轴（图 7-22） 工件以内孔及端面在带薄壁套1的心轴上定位。转动有内六角的加压螺钉2，推动柱塞3使液性塑料加压，工件便自动定心夹紧。由于工件是盲孔，为了装卸工件方便，心轴上设计有通气孔。

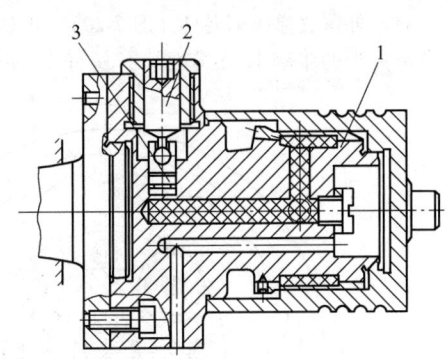

图 7-22 液性塑料心轴
1—薄壁套 2—加压螺钉 3—柱塞

(10) 离合器压盖外表面气动车夹具（图 7-23） 工件以内孔、端面在薄壁套4和三个定位销5上定位。

使用时，动力源使杆1右移，通过顶杆2，柱塞3使液性塑料受压，迫使薄壁套筒4变形胀紧工件，即可车削，反之则松开工件。

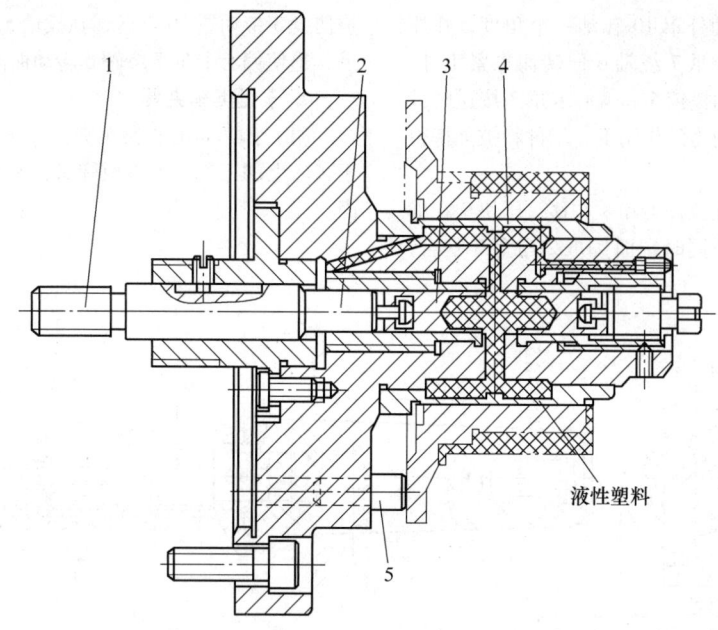

图 7-23 离合器压盖外表面气动车夹具
1—接杆 2—顶杆 3—柱塞 4—薄壁套 5—定位销

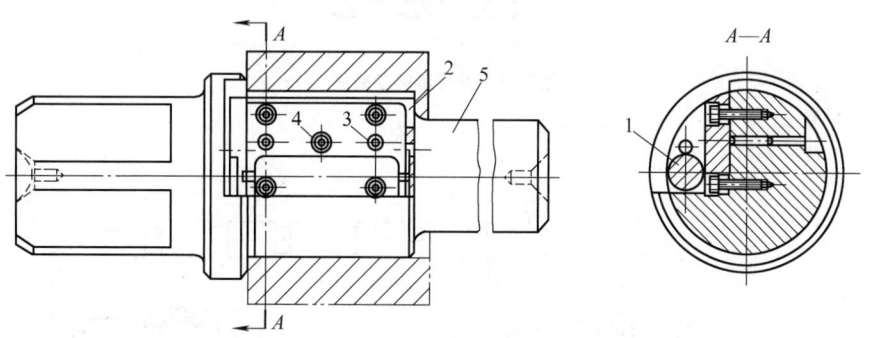

图 7-24 切向力夹紧车削心轴
1—滚柱 2—支架 3—定位销 4—螺钉 5—心轴

（11）切向力夹紧车削心轴（图 7-24） 该夹具利用切削力夹紧工件。夹具有一个滚柱 1，滚柱 1 两端各有一个小轴颈，滚柱以两个小轴颈放置在支架 2 的两个相应槽内。支架 2 则用定位销 3 和螺钉 4 固定在心轴 5 上。

（12）推杆套筒车夹具（图 7-25） 锥度心轴插入车床主轴孔内，工件套在滚柱上，利用加工时的车削力以及滚柱与工件和曲面心轴间的摩擦力，使滚柱沿心轴三个等升曲面向外张开。切削力越大，压得越紧。停车后用手稍使工件反向转动即能卸下。

3. 拨盘类车夹具

（1）三爪离心车夹具（图 7-26） 工件装入三个卡爪之间后，由于加工时机床主轴为逆时针旋转，卡爪因离心力将工件夹紧。加工结束停车后，由于弹簧的作用，使卡爪松开。

（2）齿轮齿圈外表面气动拨盘车夹具（图 7-27）工件以端面和内孔在心轴 11 上定位。

使用时接通动力源，拉杆 1 与 8 左移，由于拉杆 8 右端锥面的作用，三个均布的压块 9 外胀，将工件定心夹紧并使工件端面紧贴定位面，同时通过拉杆 1

上的斜槽迫使盘3带动外罩10转动一个角度,在拨销5的作用下,偏心卡爪7绕轴6回转而靠紧工件。起动机床,盘座4带动拨销5和偏心卡爪7按逆时针方向旋转,在垂直切削力的作用下,工件将被夹持得更紧。

停车后,动力源推拉杆1和8右移,压块9在弹簧作用下,松开工件,同时端面拨爪2与盘3啮合,迫使盘3带动罩10反转,在拨销5和拉簧12的作用下,迫使偏心卡爪7绕轴6转动而离开工件。

4. 卡盘类车夹具

(1) 四爪定心夹紧车夹具(图7-28) 该夹具用于车床上加工汽车前钢板弹簧支架的内孔、凸台和端面。

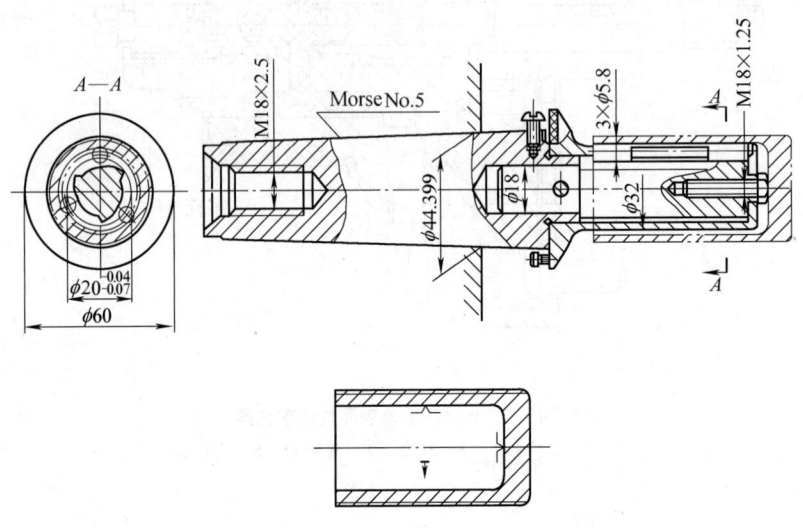

图 7-25 推杆套筒车夹具

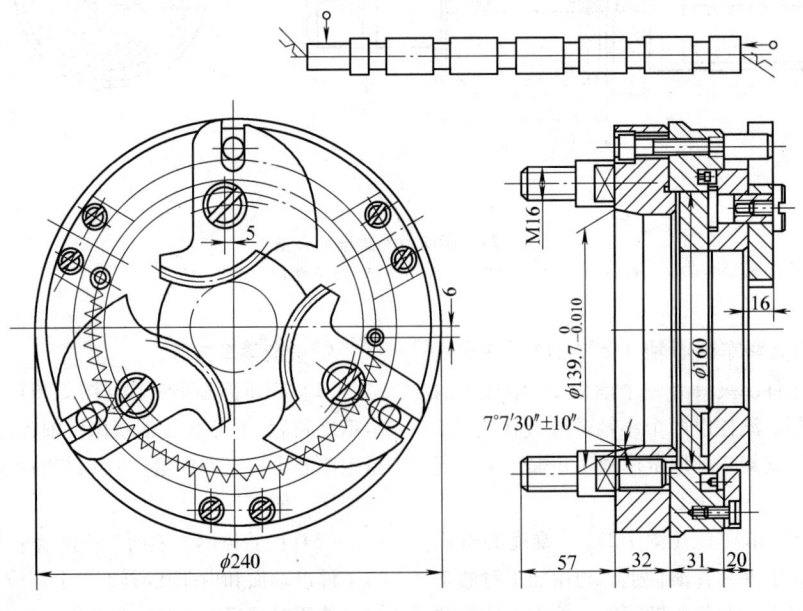

图 7-26 三爪离心车夹具

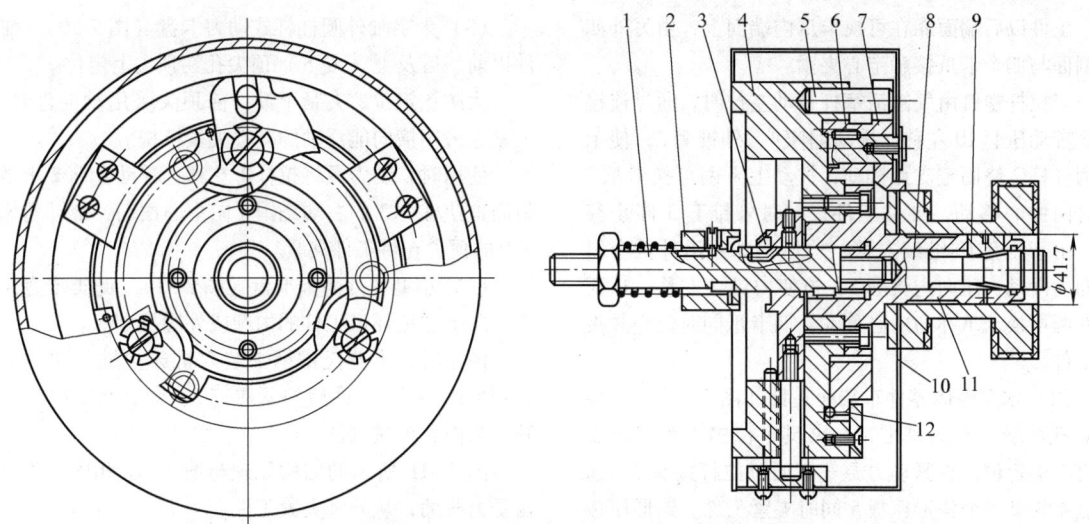

图 7-27 齿轮齿圈外表面气动拨盘车夹具
1、8—拉杆 2—拨爪 3—盘 4—盘座 5—拨销 6—轴 7—偏心卡爪
9—压块 10—外罩 11—心轴 12—拉簧

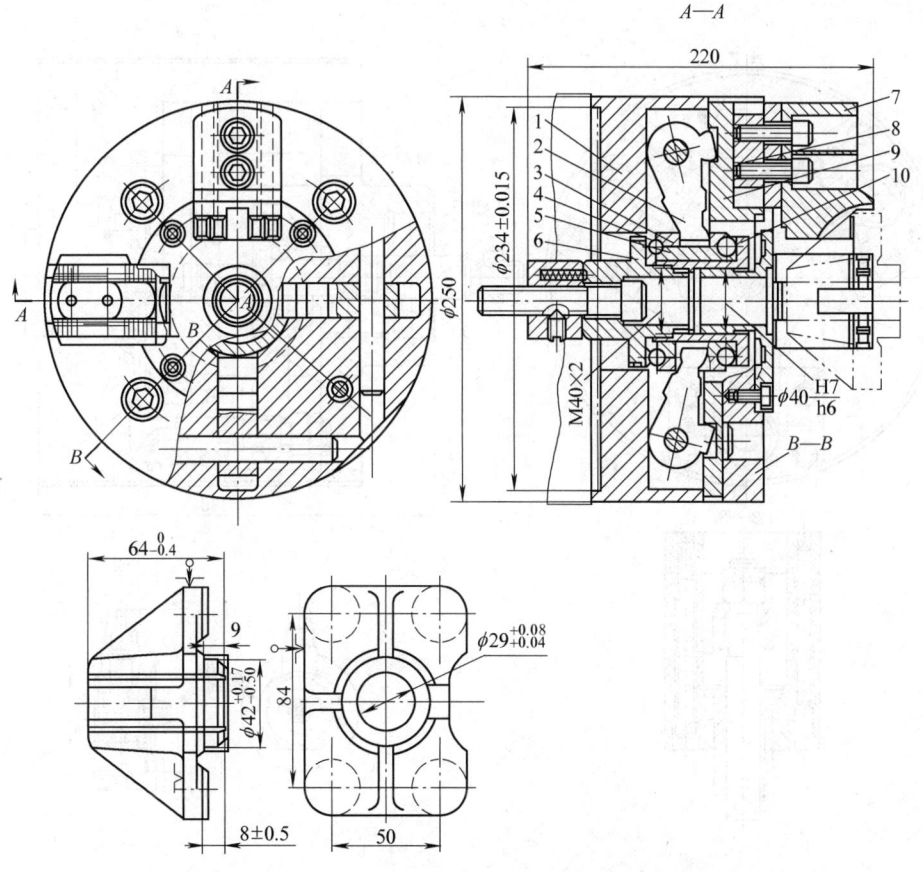

图 7-28 四爪定心夹紧车夹具
1—夹具体 2—杠杆 3—外锥套 4—钢球 5—内锥套 6—连接套
7—可换卡爪 8—调整块 9—卡爪滑座 10—压套

工件以后端面靠在可换卡爪内端面上，由另外四个侧面与四个卡爪接触定心夹紧。

当拉杆螺钉由气缸活塞杆带动左拉时，通过连接套6带动压套10左移，推动钢球4、外锥套3，使上下两杠杆2绕固定支点摆动，拨动上下两可换卡爪7同时向中心移动，夹住工件；此时外锥套3停止移动，由于压套10继续左移，迫使钢球4沿外锥套斜面向内滑动，压向内锥套5，迫使内锥套左移，从而左右两可换卡爪亦向中心移动，四卡爪同时定心并夹紧工件。

（2）水泵壳体零件车端面夹具（图7-29） 工件以C孔和端面D为基准，在夹具定位销1和三个支承钉2上定位。夹紧动力源气缸通过拉杆接头3、连接盘4带动三个钩形压板5同时夹紧工件。钩形压板开有导向螺旋槽。拉杆向右运动时，压板回转、松开，即可装卸工件，拉杆向左运动时，压板回转至工作位置，将工件夹紧。

（3）十字轴外圆杠杆式动力卡盘（图7-30） 工件以前、后及上（或下）顶尖孔在顶尖上定位。

为防止定位、夹紧干涉，前顶尖采用轴向浮动，夹紧也采用横向能浮动的空心夹紧机构。

使用时，动力源将拉杆1左移，浮动套筒2上的斜面迫使杠杆3的右端绕销4向中心摆动，带动滑座5上的顶尖6将工件夹紧。

（4）小型弹性薄板卡盘（图7-31） 此类卡盘用于车床上加工环形工件的内圆或外圆及端面。

使用时，将莫氏锥柄1装入机床主轴，如图7-31a所示，放入工件后拧紧螺钉3，弹性盘2受力张开，从内孔夹紧工件。

图7-31b所示的结构原理与图7-31a相同，弹性盘受力收缩，从外圆夹紧工件。

这种卡盘定心精度高，结构简单，重量轻，使用方便。

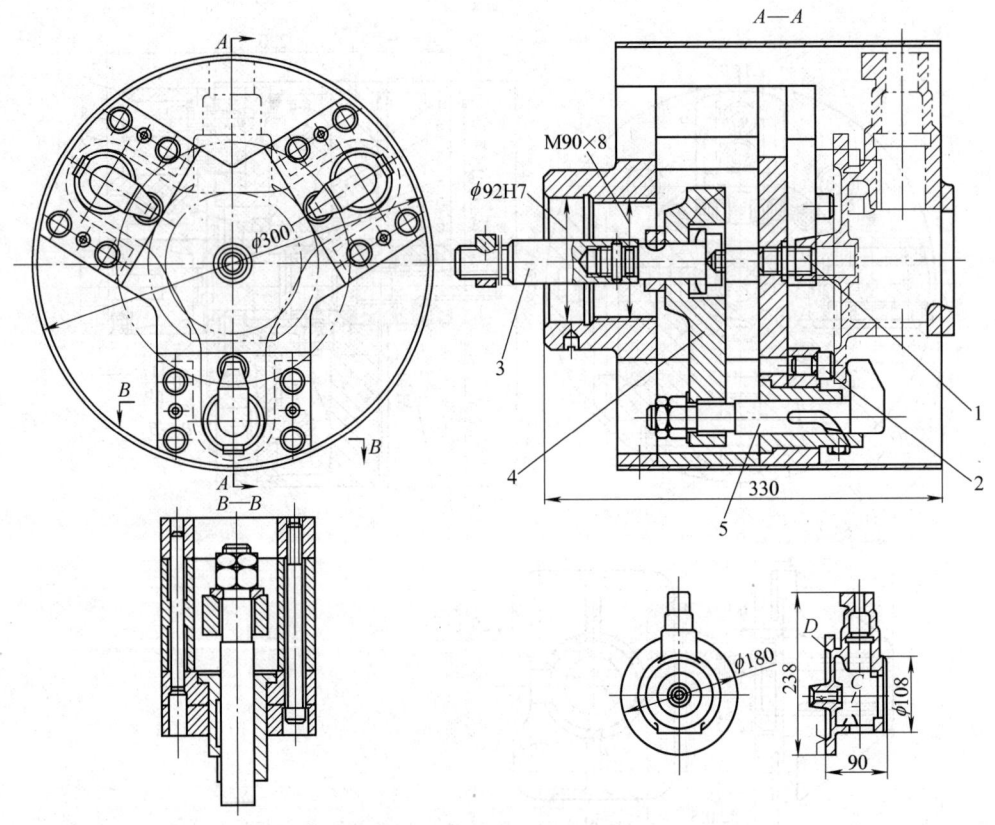

图7-29 水泵壳体零件车端面夹具
1—夹具定位销　2—支承钉　3—拉杆接头　4—连接盘　5—钩形压板

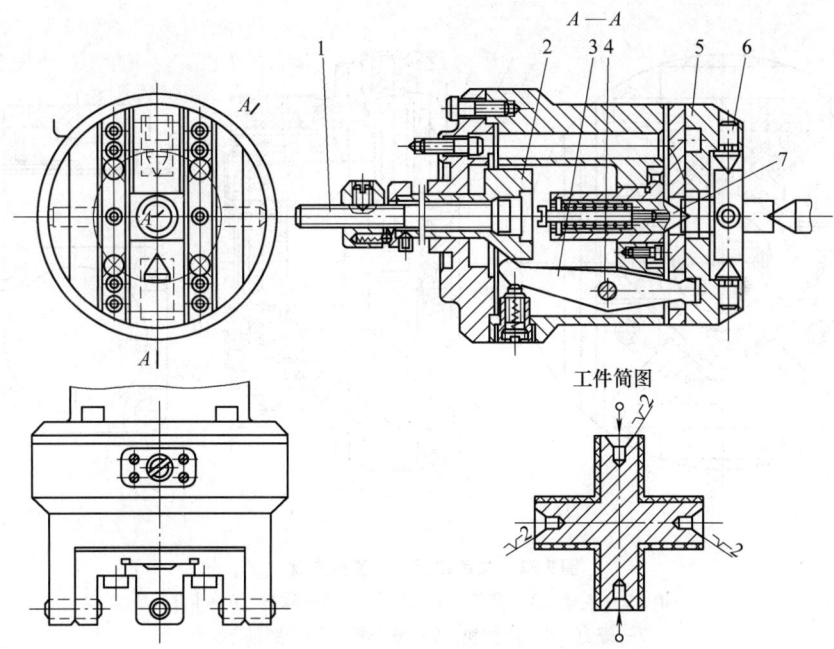

图7-30 十字轴外圆杠杆式动力卡盘
1—拉杆 2—浮动套筒 3—杠杆 4—销 5—滑座 6、7—顶尖

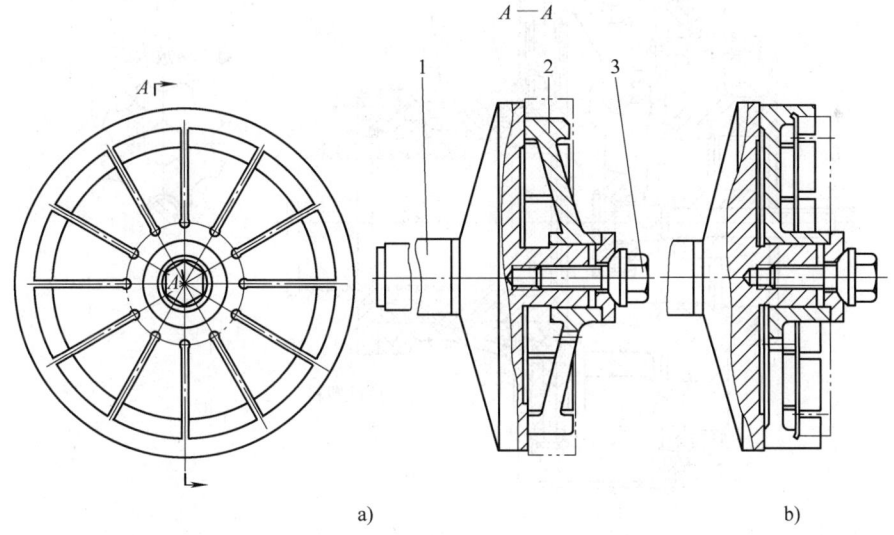

图7-31 小型弹性薄板卡盘
1—莫氏锥柄 2—弹性盘 3—螺钉

(5) 端盖端面液性塑料卡盘（图7-32） 工件以一面二孔在定位块8、菱形销9、圆柱销10上定位。

拧紧具有左右旋螺纹的螺杆5时，两卡爪6向中心移动，由每爪的两个销1使液性塑料产生压力（两个定位套4、弹簧3安装在支座2上，可上下浮动），以保证接触工件并均匀夹紧。

螺钉7可调整卡爪6内的液性塑料的压力。

(6) 轴瓦内孔气动液性塑料卡盘（图7-33） 工件以端面和外圆在薄壁套筒7和定位环6上定位。

动力源使拉杆1左移，通过拨杆2，使杠杆4绕销3摆动而压柱塞5和液性塑料，迫使薄壁套筒7变形，将工件定心、夹紧。

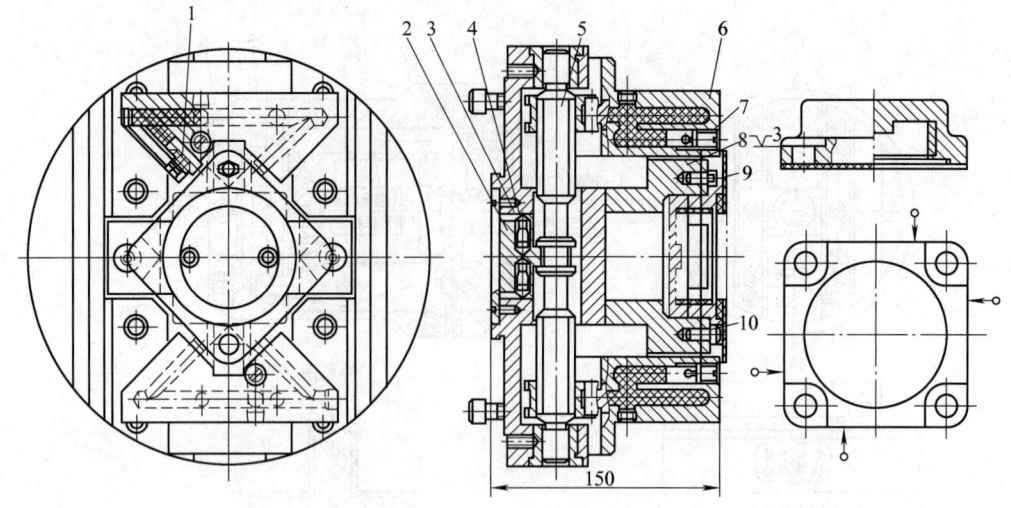

图 7-32 端盖端面液性塑料卡盘
1—销 2—支座 3—弹簧 4—定位套 5—螺杆 6—卡爪
7—螺钉 8—定位块 9—菱形销 10—圆柱销

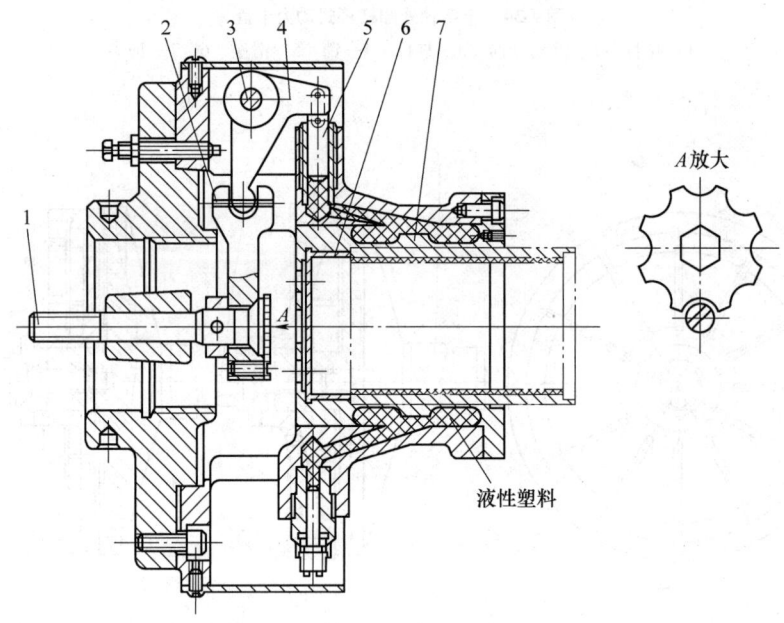

图 7-33 轴瓦内孔气动液性塑料卡盘
1—轴 2—拨杆 3—销 4—杠杆 5—柱塞 6—定位环 7—薄壁套筒

该夹具装卸方便，定心精度较高。

5. 角铁类车夹具

(1) 壳体零件镗孔车端面夹具（图 7-34） 工件以平面及两孔定位，用两个钩形压板夹紧。夹具上设有供检验和校正夹具用的检验（校正）孔以及供测量工件端面尺寸用的测量基准。

(2) 横拉杆接头内孔车夹具（图 7-35） 工件以内孔、端面和外圆在定位销 5、夹爪 4 上定位。

拧螺母 8，通过压板 6 将工件左端夹紧，同时连接块 9 随拉杆 7 上移，带动杠杆 2 绕销 1 摆动，由于楔块 3 两对称斜面的作用，使两夹爪 4 将工件定位于对称中心，并在右端夹紧工件。

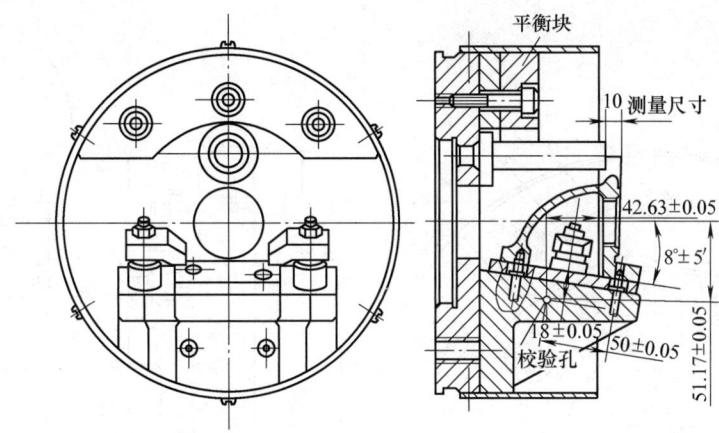

图 7-34 壳体零件镗孔车端面夹具

该夹具采用联动夹紧机构，装卸工件方便。

(3) 车端面和镗孔回转夹具（图7-36） 工件以平面和两定位销6定位，然后用两块移动压板1压紧。夹具回转中心为O_1，工件回转中心为O_2。为了加工等距离的两个孔，在第一个孔加工结束后松开环形槽上的T形螺钉，拉出定位插销5，将工件回转180°，待定位锁紧后，再进行第二个孔的加工。压块8防止分度回转盘7松脱。铁块2、3是平衡重。车削工件端面时，为保证工件尺寸29mm±0.15mm，用对刀柱4进行对刀。

6. 花盘类车夹具

(1) 回转分度车夹具（图7-37） 整个夹具装在车床主轴卡盘上，用基准圆N校正夹具回转轴线与主轴轴线同轴。工件以平面M、φ100圆凸台及φ24孔定位，菱形定位插销2在工件定位后取下。工件用压板4压紧。分度回转盘3的回转中心为O_1，工件的两镗孔中心为O_1和O_2，工件分度回转中心为O。当加工完第一个孔时，将分度回转盘回转180°，用插销5定位，并用螺母7及装在夹具回转盘1上的T形螺钉锁紧后再加工第二个孔。压块8限制分度回转盘松脱。平衡块6装在夹具回转盘上。

(2) 阀板斜面车夹具（图7-38） 工件装夹于可绕滚动轴承中心旋转的框架2内，以工件的底面和底面上的槽及两侧面的孔定位，顶面用螺钉3压紧。框架的两个定位平面A、B具有与工件相同的斜角α，且对称于轴承5的轴线，框架用两个铰链螺钉4压紧在定位块1上，即能使工件加工成与框架平面斜角相同的斜度。在加工另一面时，只要松开铰链螺钉将框架转过180°，重新压紧即可。如果需要调整工件的斜角，只需修正框架的斜面。

(3) 闸阀阀体回转车夹具（图7-39） 夹具体1和转盘2接触的基面与夹具体的底面倾斜2°52′（等于工件被加工面的斜度为1:20）。工件以一端面和内孔定位。由两块压板3压紧。当加工完一密封斜面后，松开螺母4，拔出定位销5，将转盘转动180°，插入插销并锁紧后，再加工另一密封斜面。

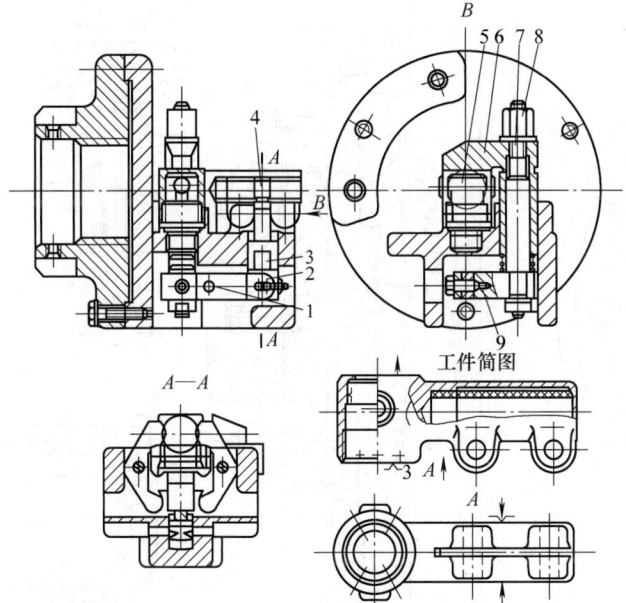

图 7-35 横拉杆接头内孔车夹具
1—销 2—杠杆 3—楔块 4—夹爪 5—定位销
6—压板 7—拉杆 8—螺母 9—连接块

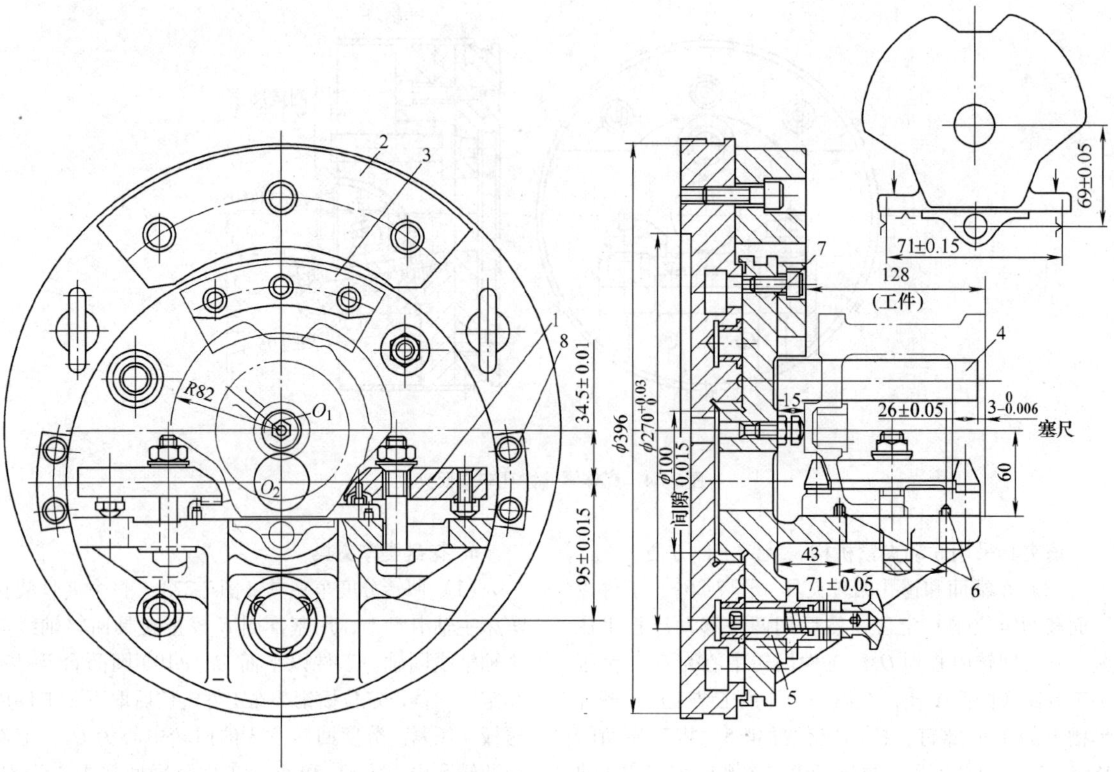

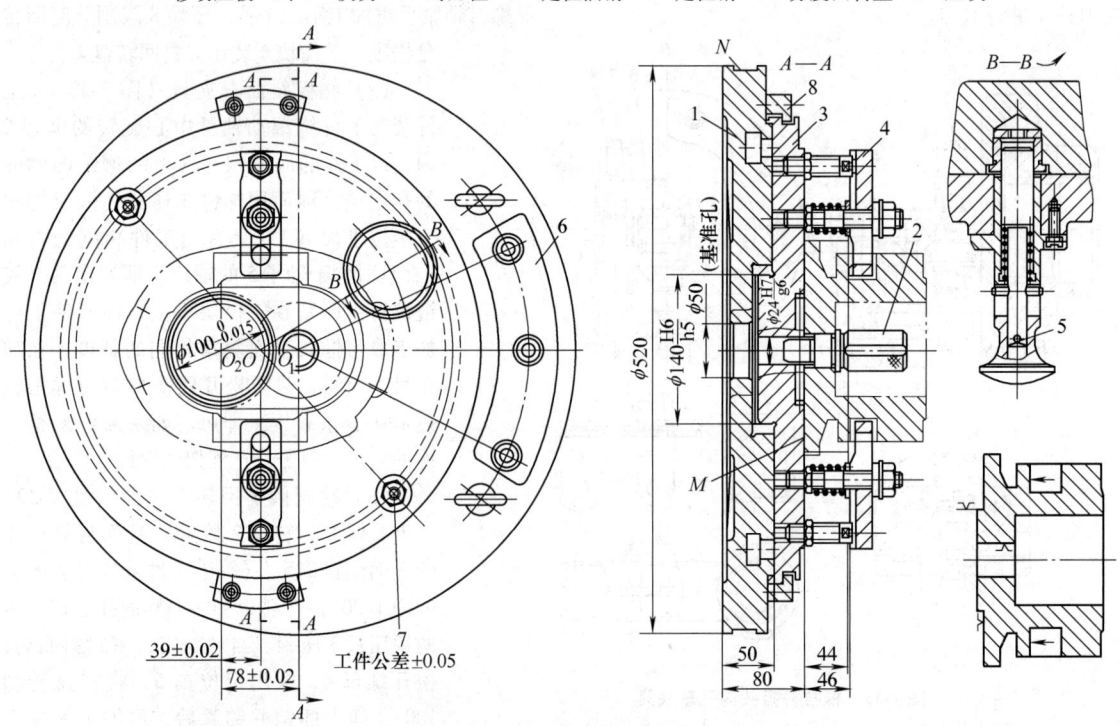

图 7-36　车端面和镗孔回转夹具
1—移动压板　2、3—铁块　4—对刀柱　5—定位插销　6—定位销　7—分度回转盘　8—压块

图 7-37　回转分度车夹具
1—夹具回转盘　2—菱形定位插销　3—分度回转盘　4—压板　5—插销　6—平衡块　7—螺母　8—压块

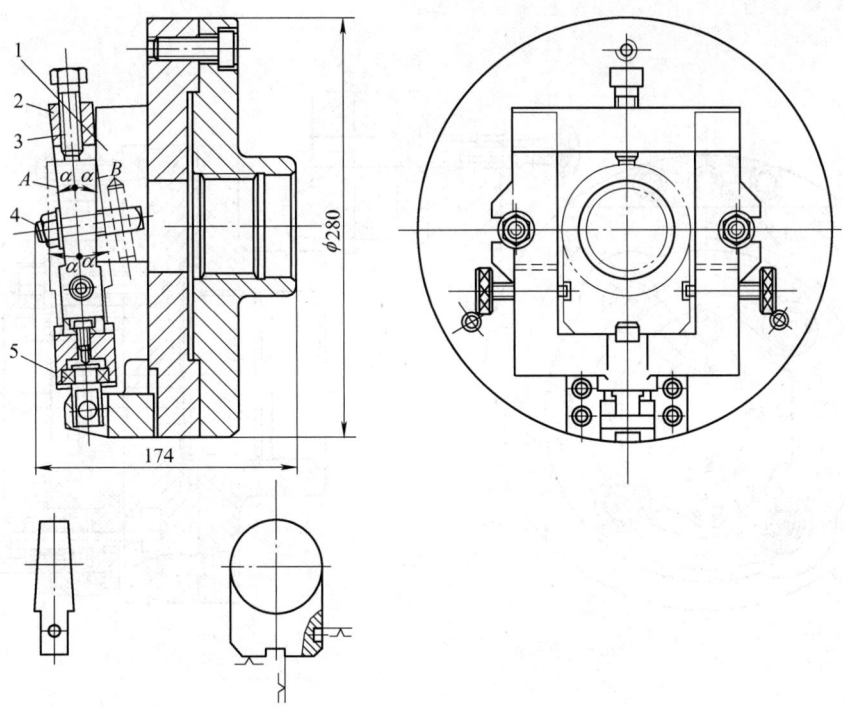

图 7-38 阀板斜面车夹具
1—定位块　2—框架　3—螺钉　4—铰链螺钉　5—轴承

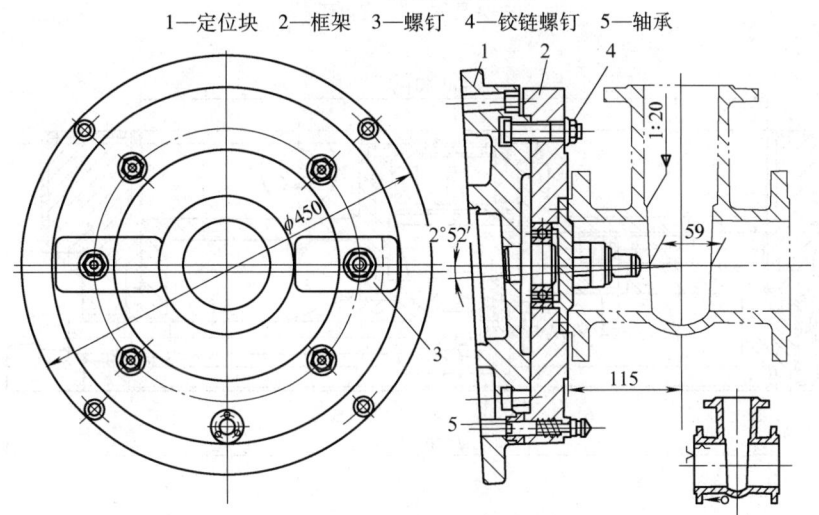

图 7-39 闸阀阀体回转车夹具
1—夹具体　2—转盘　3—压板　4—螺母　5—定位销

（4）输油泵两平行孔的车夹具（图7-40）　本夹具为在车床上加工输油泵两 $\phi 40^{+0.027}_{0}$ 孔的专用夹具。工件以端面和两销孔为基准在支承环2和两定位销上定位，采用钩形压板夹紧。为保证工件中心距尺寸，支承环2与夹具体1有 17.05±0.05 的偏心量。加工完一孔后将支承环旋转180°，再加工另一孔。

7. 立式车床夹具

（1）盘件外圆及端面自定心车夹具（图7-41）　

工件以内孔和端面在自定心圆柱1和定位环2上定位，拧紧螺钉3使带圆锥的轴4下移，其斜面推动三根圆柱1向外伸，使工件定位并夹紧。拧松螺钉3，在三根弹簧5及6的作用下松开工件。

三根圆柱1的工作端面可在与轴4的圆锥紧密接触的条件下一次磨出，故有较高的定心精度。

该夹具结构简单，操作方便。

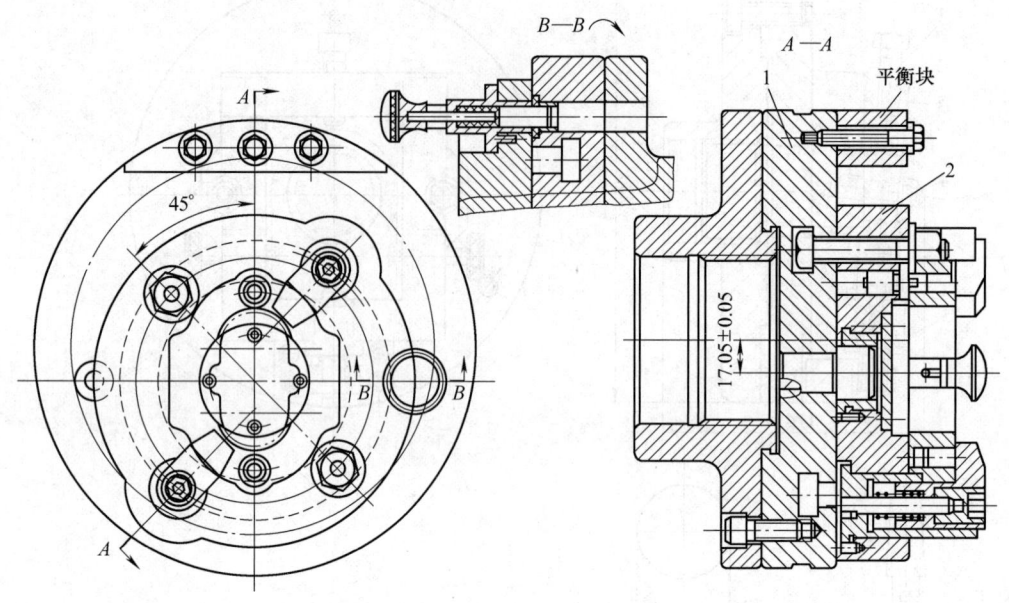

图 7-40 输油泵两平行孔的车夹具
1—夹具体 2—支承环

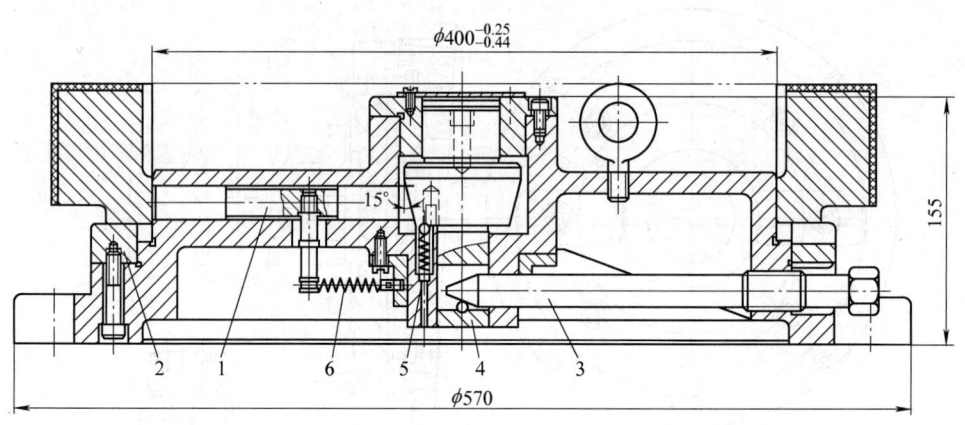

图 7-41 盘件外圆及端面自定心车夹具
1—自定心圆柱 2—定位环 3—螺钉 4—轴 5、6—弹簧

(2) 圆环外表面弹性动力卡盘（图7-42） 该夹具用于立式车床，车削汽车发动机飞轮齿环的端面及外圆。

工件以端面和内孔在支承环5和弹性盘1上定位。

接通动力源，使拉杆4下移，通过螺母3和垫圈2迫使弹性盘1胀开，将工件定心、夹紧。

(3) 弹性薄板卡盘（图7-43） 该卡盘用在立式车床上加工环形工件。

工件以内孔和端面定位。使用时，拧紧螺钉5，弹性薄板盘3变形使其八个卡爪2张开而夹紧工件。每个卡爪上开有长孔，可通过螺钉4的调节，以保证八个卡爪的夹持面位于同一圆周上。根据不同直径的工件，可以更换卡爪2和支承板1。

卡盘定心精度高，重量轻，操作简单。

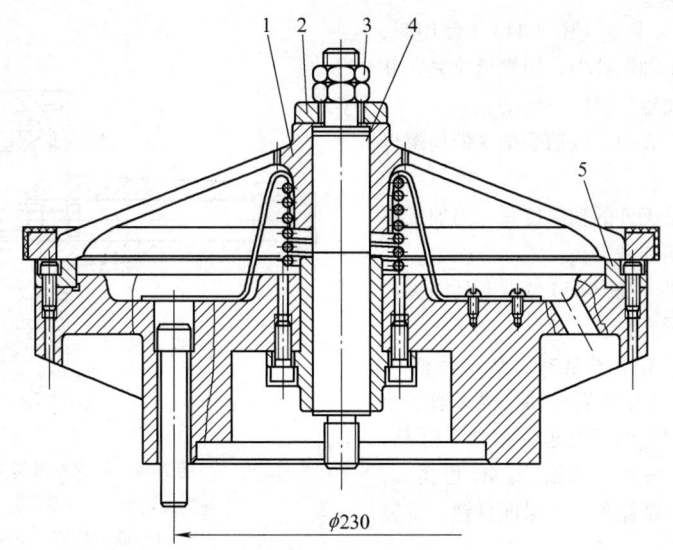

图 7-42 圆环外表面弹性动力卡盘
1—弹性盘 2—垫圈 3—螺母 4—拉杆 5—支承环

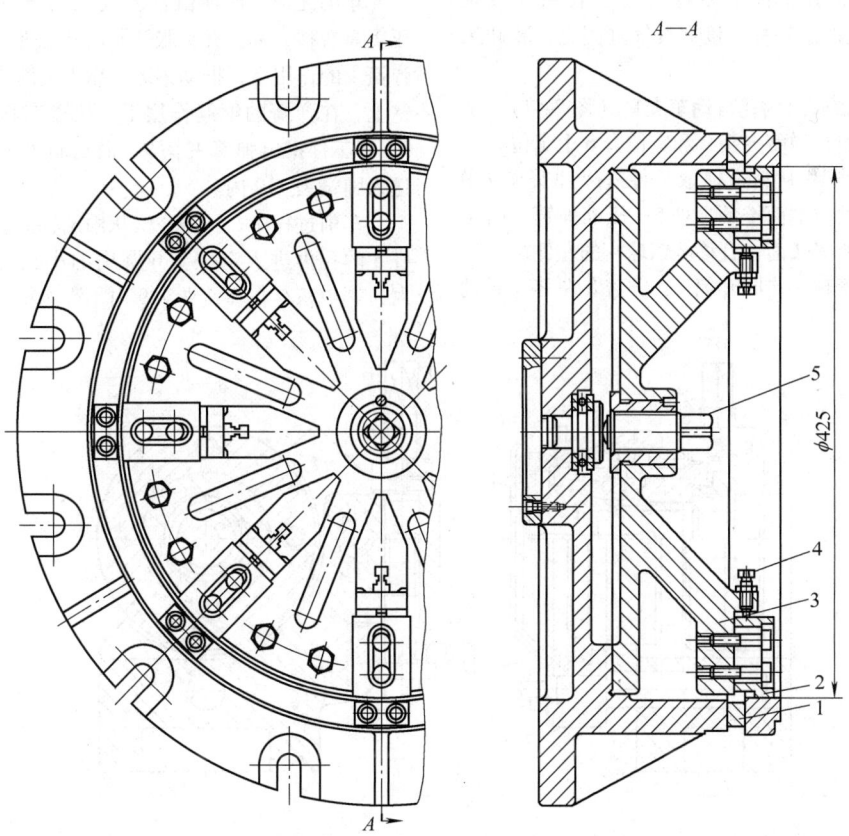

图 7-43 弹性薄板卡盘
1—支承板 2—卡爪 3—薄板盘 4、5—螺钉

8. 其他类型车床夹具

(1) 不停车弹簧夹头卡盘（图 7-44） 使用时，将莫氏锥柄 1 装入机床主轴锥孔内，用螺栓拉紧，并以挡杆 5 在床身上得到固定，以防止转动。

将工件装入弹簧夹头 2 中，扳动手把 3 带动螺母即可松开或夹紧工件。

调节螺钉 4 用于调整工件的轴向位置。当加工不同直径的工件时，可更换弹簧夹头。

(2) 手动不停车夹头（图 7-45） 本夹具因夹紧行程较小，故适用于夹紧光料。

拨叉 7 与齿条 8、导柱 6 相连接。转动转轴 9，齿轮带动齿条 8，使拨叉 7 作前后运动，拨叉通过镶块 5 拨动外滑套 1，滑套上的锥孔迫使滚珠 2 运动，带动内滑套 3，使弹性卡头压紧或松开。α_1 可稍大，一般取 10°～15°。α 小于摩擦角，以保证自锁。调整环 4 用以调整夹紧行程。

(3) 气动不停车弹簧夹头（图 7-46） 弹簧夹头 5 通过连接套 2 与机床主轴连接。滑套 4 通过一对推力轴承及锁紧环 6 固定在活塞 3 中。当滑套 4 随活塞作轴向移动时，其锥面迫使弹簧夹头收缩（或张开）。件 1 为工件定程杆。该夹具气缸固定，装卸工件方便。

(4) 气缸盖阀座内孔自动车夹具（图 7-47） 工件以外圆及端面在弹簧夹头 9 和定位套 6 上定位。

回转送料器 10 从料道抓取工件送入弹簧夹头 9 时，由送料器的前端面推动顶杆 5，压缩弹簧 1 向左移动，件 5 上的圆弧面一直移至钢球 4 的左侧。液压缸活塞带动套管轴 3 连同套筒 7、压盖 8 左移，通过

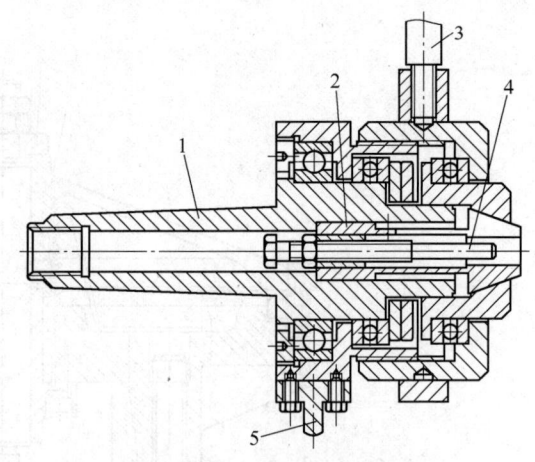

图 7-44 不停车弹簧夹头卡盘
1—莫氏锥柄 2—弹簧夹头 3—手把
4—调节螺钉 5—挡杆

弹簧夹头 9 将工件夹紧。此时，套筒 7 的孔壁圆弧面将钢球压在顶出杆 5 的圆弧面上，将顶杆 5 固定于图示位置，送料器 10 退出，即可进行车削。

车削完毕，液压缸活塞连同套管轴 3、套筒 7、压盖 8 右移，弹簧夹头胀开而松开工件。顶出杆 5 在弹簧 1 的作用下，推动钢球 4 靠至套筒 7 左端的大孔壁上，在弹簧的继续作用下，快速右移并推定位套 6，将工件推出弹簧夹头 9，而送料器又将另一工件送入弹簧夹头 9 内。

车削过程中，压缩空气从固定轴 2 的孔内经顶出杆 5 的孔再进入定位套 6 圆周的小孔流出，吹去切屑，避免积存在弹簧夹头 9 内，影响精度。

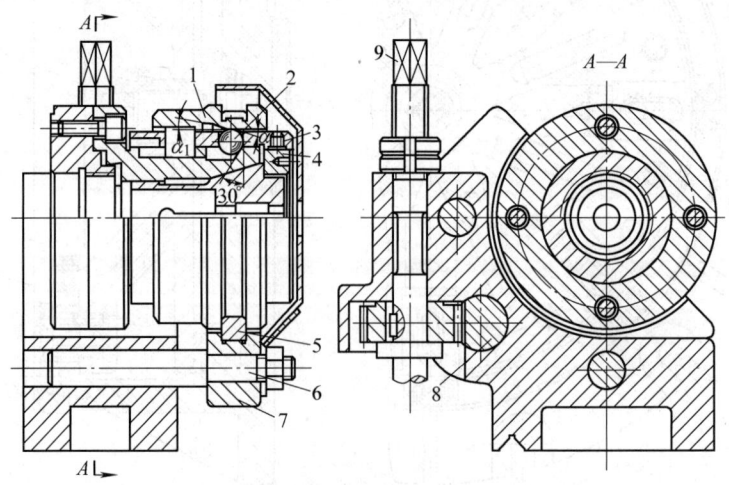

图 7-45 手动不停车夹头
1—外滑套 2—滚珠 3—内滑套 4—调整环 5—镶块
6—导柱 7—拨叉 8—齿条 9—转轴

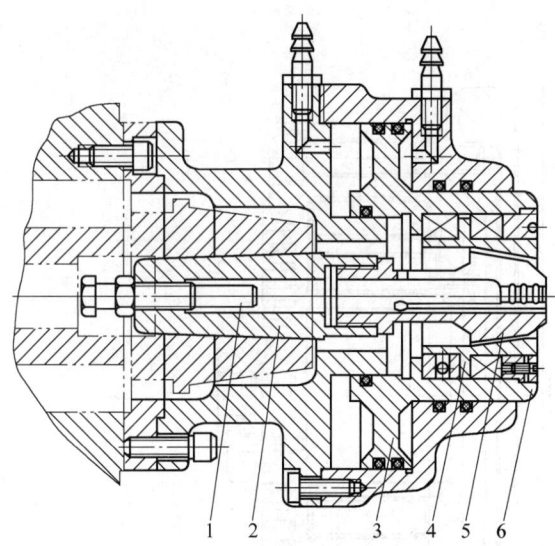

图 7-46 气动不停车弹簧夹头
1—工件定程杆 2—连接套 3—活塞
4—滑套 5—弹簧夹头 6—锁紧环

该夹具构思周密,结构合理,生产率高,适用于大批量生产。

(5) 车床用电磁吸盘(图 7-48) 电磁吸盘适用于薄壁盘类工件的夹紧与定位。

工件以内孔和端面在定心盘 2 和吸盘 1 上定位,接通电源,电磁吸盘产生吸力夹紧工件。

更换不同的定心盘 2 可以适应各种工件的定位。

(6) 环形零件真空车夹具(图 7-49) 定速段环(图 7-49a)和定速段拦片(图 7-49b)以端面和外圆定位。使用时,接通真空泵,抽出空气产生负压,通过吸盘,将工件吸牢。

切断真空泵,吸盘与大气相通,负压消失,即可将工件取下。

该夹具精度高,适用于金属及非金属的薄壁工件的精密加工。

(7) 螺杆球头杠杆式离心力夹紧车夹具(图 7-50) 工件以外圆和台肩端面在弹簧夹头 7 中定位。

开车后,杠杆 3 和重锤 1 随车床主轴旋转,产生离心力,迫使重锤 1 带动杠杆 3 绕销 4 摆动,使拉紧盘 5 和弹簧夹头 7 左移,在夹具体 6 与弹簧夹头 7 锥面的作用下,将工件自动定心、夹紧。

停车后离心力消失,在弹簧 2 的作用下,拉紧盘 5 和弹簧夹头 7 右移,松开工件。

(8) 离心力夹紧套筒外圆车夹具(图 7-51) 该夹具为利用离心力夹紧套筒类工件。工件以内孔在弹簧夹头 4 上定心、定位。当夹具在机床主轴带动下高速转动时,四个重块 1 在离心作用下,绕销钉 2 转动,拨动滑块 3,通过拉杆使弹簧夹头张开,夹紧工件。停车后离心力消失,在弹簧 5 的作用下,滑块 3 和拉杆 6 右移,弹簧夹头收缩,松开工件。

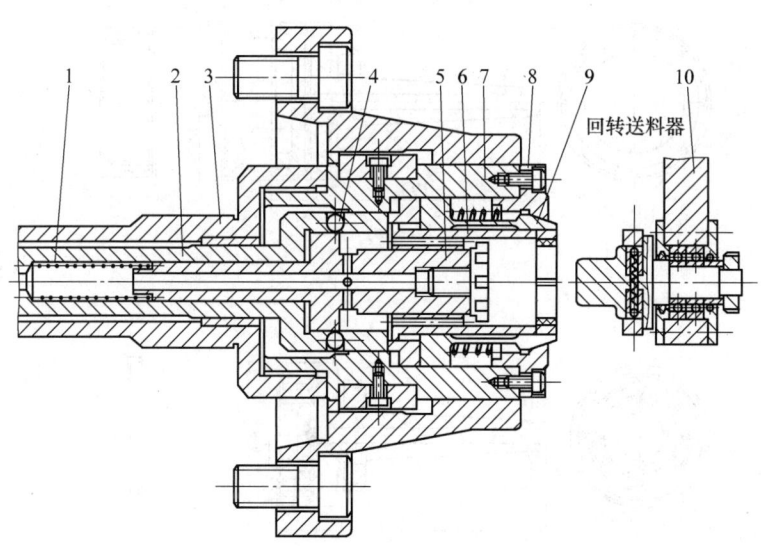

图 7-47 气缸盖阀座内孔自动车夹具
1—压缩弹簧 2—固定轴 3—套管轴 4—钢球 5—顶杆 6—定位套
7—套筒 8—压盖 9—弹簧夹头 10—回转送料器

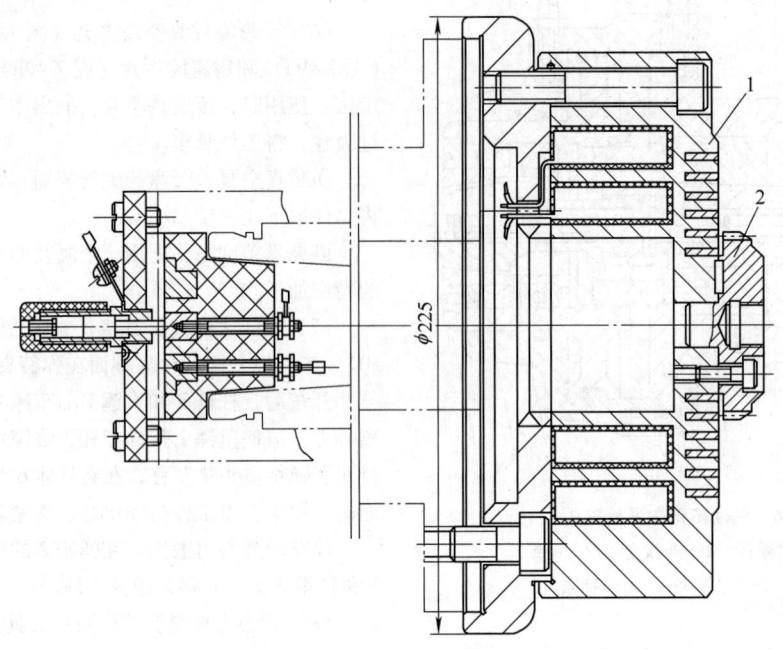

图 7-48 车床用电磁吸盘
1—吸盘 2—定心盘

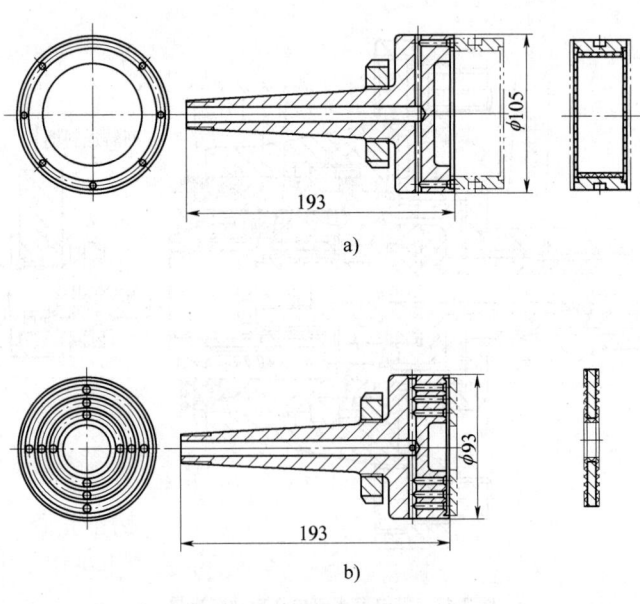

图 7-49 环形零件真空车夹具

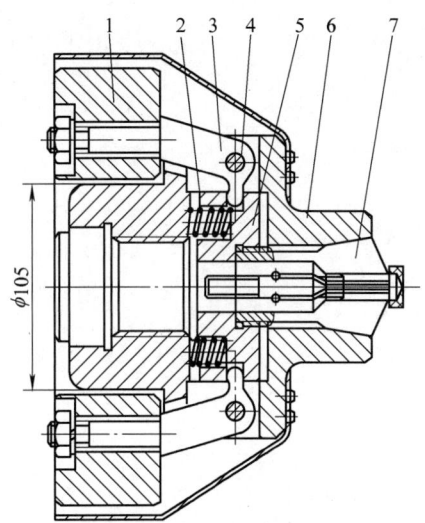

图 7-50 螺杆球头杠杆式离心力夹紧车夹具
1—重锤 2—弹簧 3—杠杆
4—销 5—拉紧盘 6—夹
具体 7—弹簧夹头

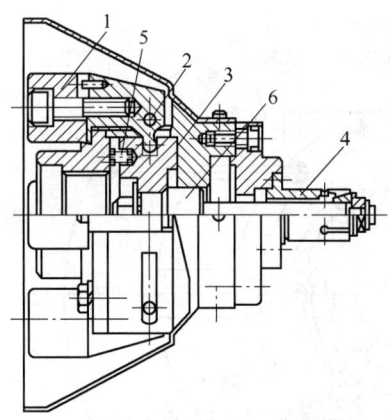

图 7-51 离心力夹紧套筒外圆车夹具
1—重块 2—销钉 3—滑块
4—弹簧夹头 5—弹簧 6—拉杆

(9) 大型曲轴轴颈及端面车夹具（图 7-52）工件以两端主轴颈外圆、曲臂侧面在两端衬套 6、螺钉 8 上定位，分别拧螺母 12，通过压板 11 将工件夹紧。

使用时，可分别拧丝杆 1，通过螺母 2，带动滑座 3 沿夹具体 10 的 T 形槽移动，在滑座 3 的定位台肩与定位块 13 之间可用标准垫块 7 而迅速调至所需的偏心距，然后拧螺母 9，滑座 3 与夹具体 10 锁紧，即可车削。

当一个轴颈车削完毕，拧松螺母 15，拔出分度销 4，弯板 5 相对滑座 3 转一个角度，分度销 4 插入滑座 3 的下一个定位孔中，拧紧螺母 15，即可车削另一个轴颈，以此方法，将其余的轴颈车削完。

拧松螺钉 12、翻转铰链压板 11，将工件取下。

该夹具装有滚动轴承，操作轻便。平衡块 14 的位置、数量可根据需要调节。

(10) 曲轴连杆轴颈及端面车夹具（图 7-53）工件以两端的主轴颈、曲臂侧面在前后两个夹紧片 14、定位块 13 上定位。

分别拧螺钉 5、7，通过铰链压板 4、6 压紧工件。即可车削。

当一侧轴颈车削完毕，转动齿轮轴 12，定位销 11 插入主体盘 1 的插孔内，主体盘 1 固定不动。右端拧松螺钉 7，扳动手柄 9，将定位键 8 插入盘 15 的槽内。拧松螺母 10，然后拔分度销 3，使前主体 2 带动工件相对于主体盘 1 转一个角度后，分度销 3 插入主体盘 1 的相应分度孔中，拧紧螺母 10 和螺钉 7，扳动手柄 9，拔出定位键 8，最后将定位销 11 由主体盘 1 的插孔内拔出，即可车削另一轴颈。

松开螺钉 5、7，翻转铰链压板 4、6，取下工件。

7.1.6 车床通用可调夹具典型图例

(1) 车外圆通用可调心轴（图 7-54）此心轴供阀片车外圆用。当更换胎体 2 和压盖 3 后，就可加工不同尺寸的阀片。心轴 1 装在车床的锥孔中，阀片由胎体 2 定位。气缸拉动拉杆 4 实现夹紧。

(2) 移动、回转通用可调车夹具（图 7-55）此夹具用于零件的多孔加工。夹具体 1 安装在车床主轴上。转动调节螺杆移动径向拖板 2，其移动量可从标尺 3 上读出。转盘 4 的分度值可在圆周刻度上读出。工件 5 以底面和两块可调整的定位块 6 定位，由四块压板 7 压紧。拖板和回转盘调定后，都由螺钉固紧。8 为可调平衡块。根据工件各加工孔的位置尺寸要求，通过调整径向拖板和回转盘可镗出图示工件的各个孔。

(3) 可调托架车夹具（图 7-56）工件以底面、端面和侧面定位。用移动压板 1 和压紧螺钉 2 压紧工件。丝杆 3 可调整定位垫板 4 与夹具中心的距离。7 为平衡块。更换定位套 5，调整定位钉 6，可以加工各种尺寸的托架。

(4) 立式车床用可调车夹具（图 7-57）夹具体是外径为 800mm 的花盘 1，上面有两对可调卡爪 2，一对卡爪装在花盘中心相对位置，另一对可装在花盘左右的不同位置上。卡爪用于平面定位和内外夹紧。φ100H7 为夹具基准孔。夹持外径最大尺寸为 650mm，内夹最大尺寸为 750mm。适用于加工不规则的矩形零件。

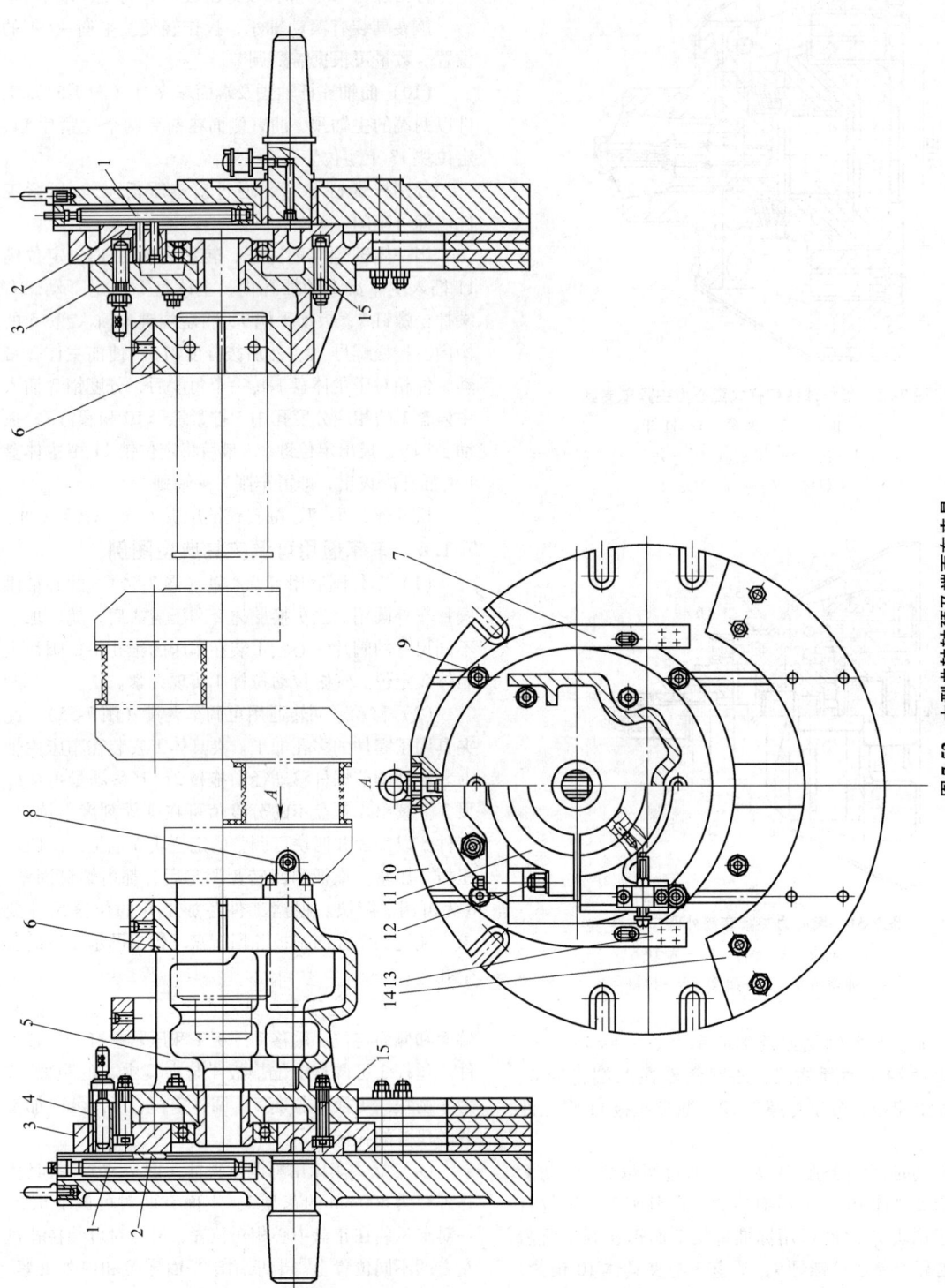

图 7-52 大型曲轴轴颈及端面车夹具

1—丝杆 2、9—螺母 3—滑座 4—分度销 5—弯板 6—衬套 7—垫块 8、12、15—螺钉 10—夹具体 11—铰链压板 13—定位块 14—平衡块

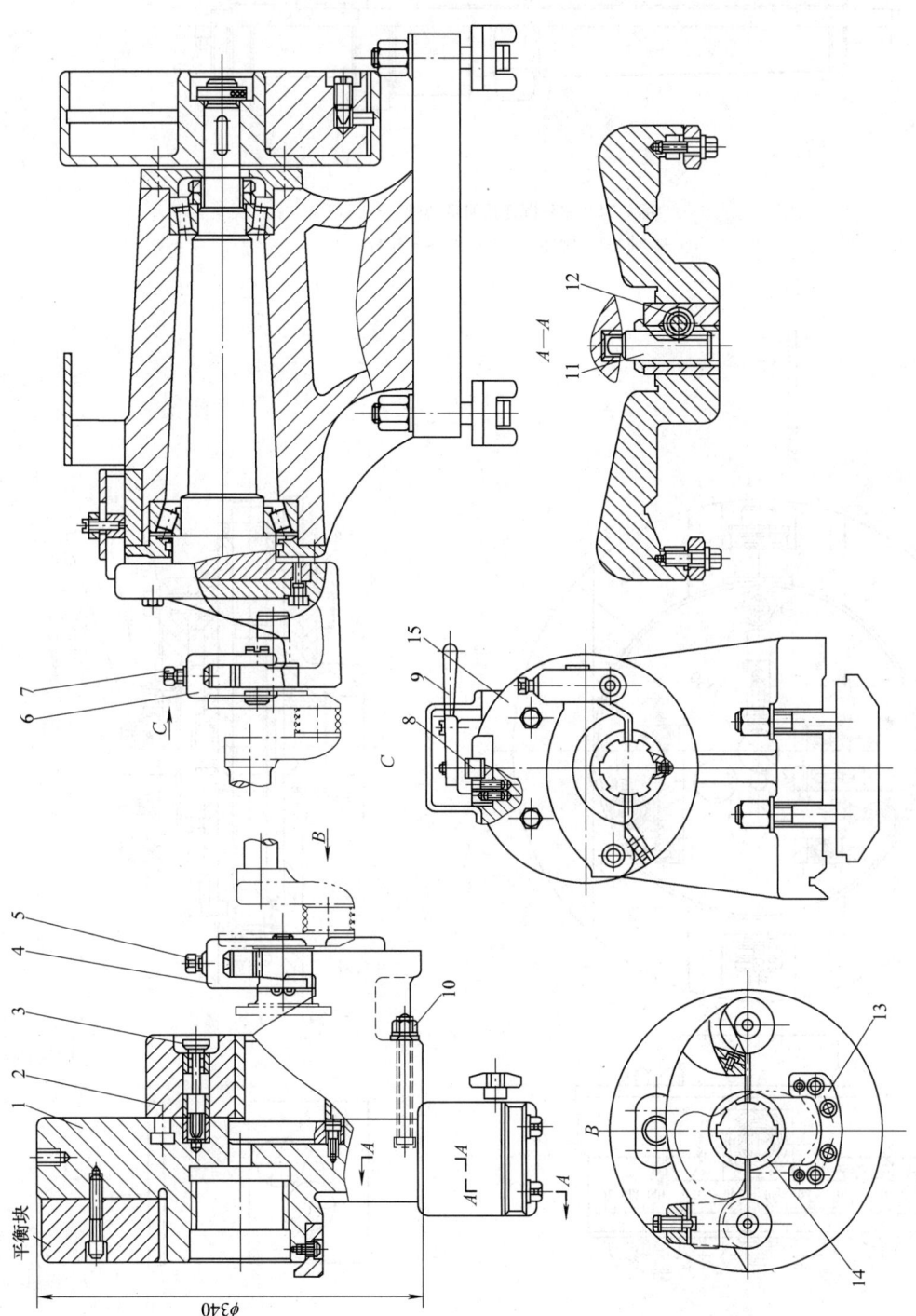

图 7-53 曲轴连杆轴颈及端面车夹具

1—主体盘 2—前主体 3—分度销 4、6—铰链压板 5、7—螺钉 8—定位键 9—手柄 10—螺母 11—定位销 12—齿轮轴 13—定位块 14—夹紧片 15—盘

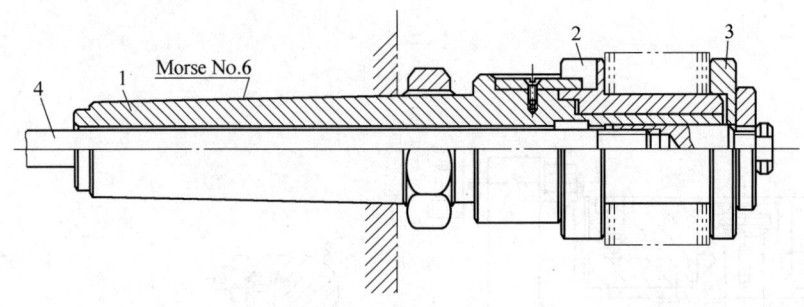

图 7-54　车外圆通用可调心轴
1—心轴　2—胎体　3—压盖　4—拉杆

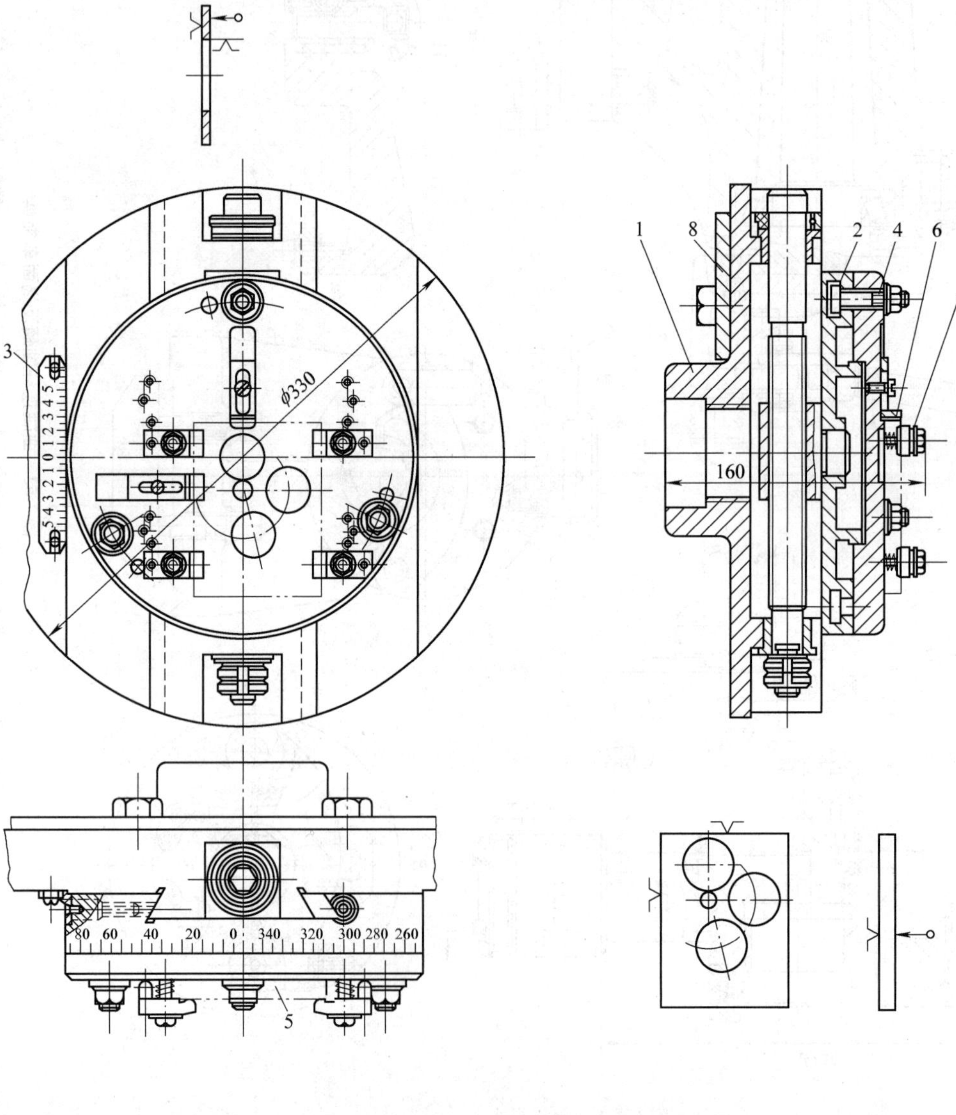

图 7-55　移动、回转通用可调车夹具
1—夹具体　2—径向拖板　3—标尺　4—转盘　5—工件　6—定位块　7—压板　8—可调平衡板

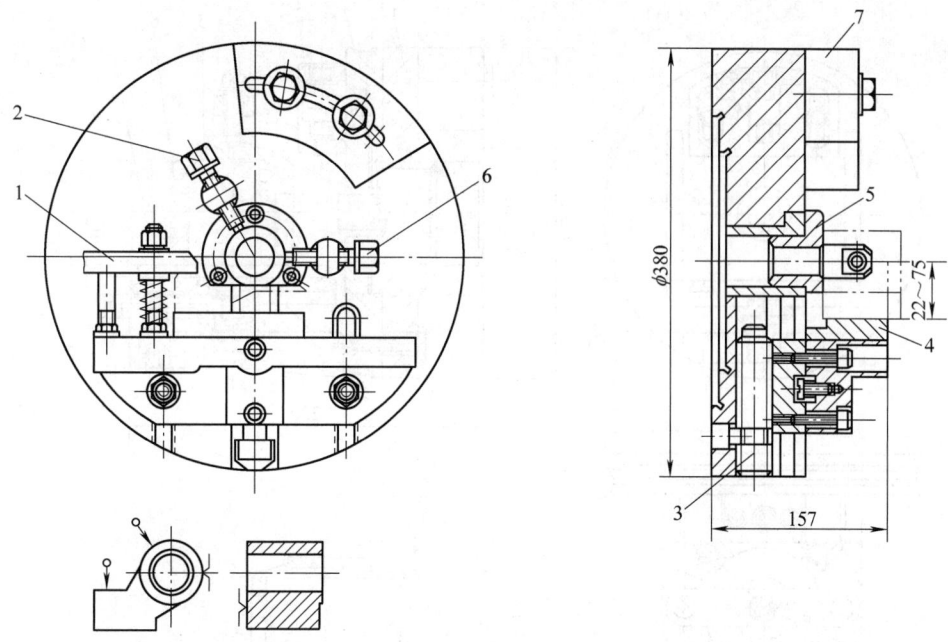

图 7-56 可调托架车夹具
1—移动压板 2—压紧螺钉 3—丝杆 4—定位垫板 5—定位套 6—定位钉 7—平衡块

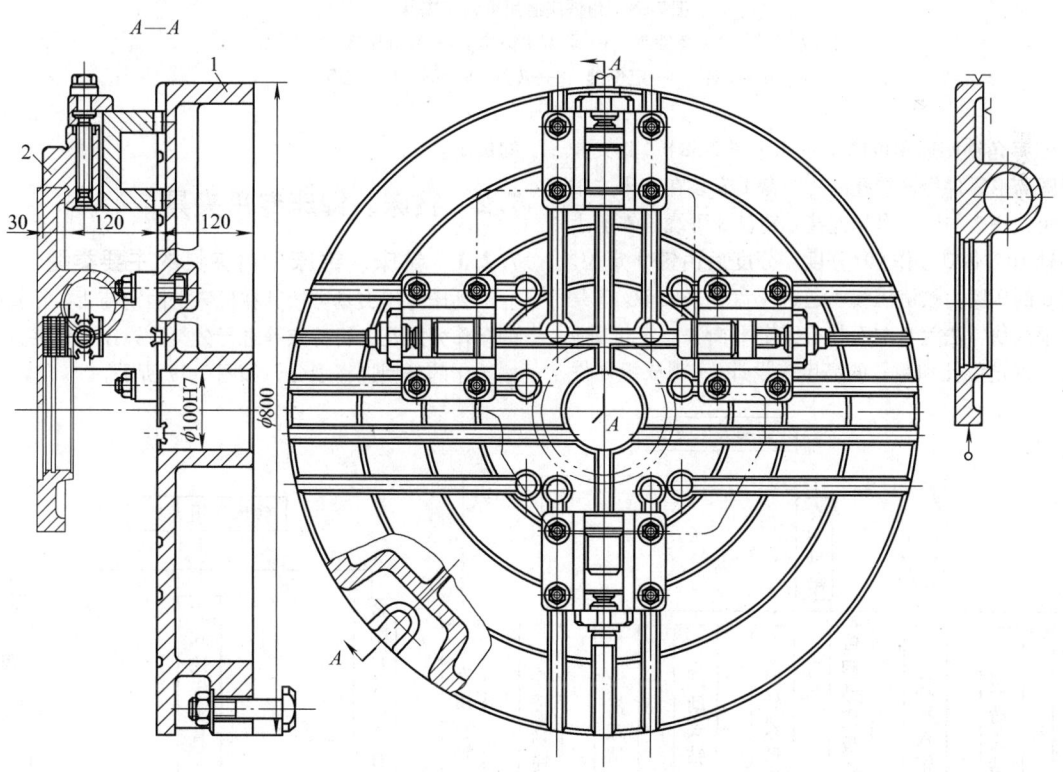

图 7-57 立式车床用可调车夹具
1—花盘 2—可调卡爪

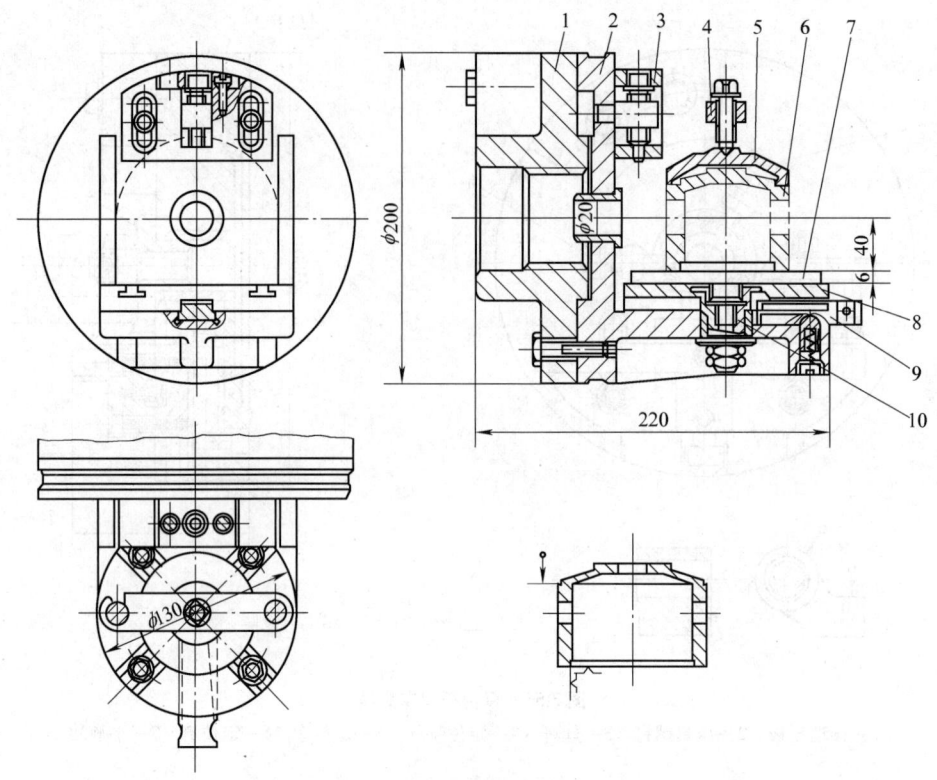

图 7-58 角铁座通用可调车夹具
1—法兰盘 2—角铁座 3—可调平衡块 4—铰链压板 5—压盘
6—工件 7—定位键 8—转盘 9—键 10—心轴

(5) 角铁座通用可调车夹具（图 7-58） 此夹具用于圆筒形零件径向镗孔。法兰盘 1 安装在车床主轴上，角铁座 2 与法兰盘相连接。转盘 8 可绕角铁座上的心轴 10（ϕ20）作 90°分度。分度后由键 9 定位。工件 6 的压紧由铰链压板 4 通过压盘 5 来实现。3 是可调平衡块，法兰盘左面装有固定平衡块。定位键 7 可按工件定位孔和镗孔的高度来设计，实现成组零件的加工。

7.2 钻床、镗床专用夹具

7.2.1 钻床、镗床专用夹具的主要类型

钻床专用夹具可按其在机床上固定与否、钻孔时的动作方式及结构特点等进行分类；镗床专用夹具可按镗床的类型进行划分，如图 7-59 所示。

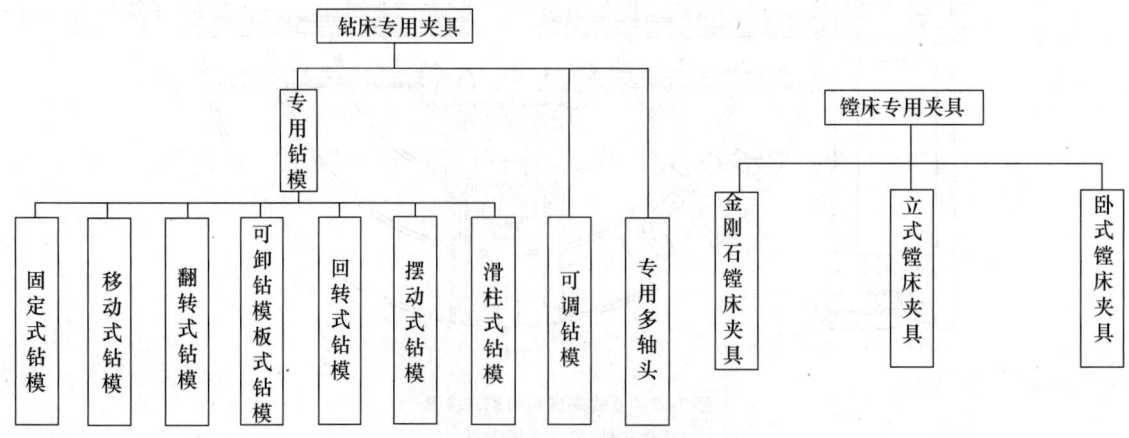

图 7-59 钻床、镗床专用夹具的主要类型

7.2.2 钻床夹具（钻模）设计要则

1. 钻模结构型式的选择

设计钻模时，应根据工件的加工要求、形状和大小，加工时使用的机床以及生产的批量，经济合理地选择钻模的结构型式。

（1）固定式钻模

1）在摇臂钻床、镗床和多轴钻床上进行多孔加工。

2）在单轴立式钻床上进行直径较大的一个孔或若干个同轴孔的加工。

3）钻模和工件的总重超过 15kg，人力搬动时费力。

4）钻直径大于 10mm 的孔，由于钻削转矩大，人力挡不住钻模。

（2）移动式钻模

1）在单轴立式钻床上，对小型工件进行单孔或多孔加工；钻孔直径小于 10mm，钻模和工件总重小于 15kg，可用手任意在工作台上移动。

2）在单轴立式钻床上，大批量加工重型工件的一组直线排列的孔；具有导向机构或设置传动装置分度和定位插销移动钻模。

（3）箱式钻模

1）要求钻模稳定性和刚性好，钻模板和钻模体做成一体或固定连接。这种结构要考虑装卸工件和清除切屑方便。

2）在稳定性和刚性要求不太高时，可采用装卸工件和清除切屑方便的半箱式钻模。

（4）翻转式钻模

1）由于效率较低，所以适用于中小批量生产中加工小型工件上几个面上的孔（一般两面至六面）。

2）由于使用费力，所以钻模和工件的总重不宜超过 8kg。

（5）覆盖式钻模 钻模板是可卸的，可以直接利用工件的定位基准定位并装夹在工件上。结构简单，装卸方便，比其他型式的夹具经济，适用于小批或成批生产。

（6）回转式钻模 回转式钻模适用于大批量生产，在任何形式的钻床上都能使用。回转式钻模用的通用立轴回转分度盘和卧轴回转分度盘均已有典型的结构和规格，根据工件的加工要求选用合适的回转分度盘，只要设计与之相配的专用部分，即可组成回转式钻模。

1）立轴式回转钻模：

①在立式钻床上，加工垂直于回转分度盘平面的与回转轴心同心的圆上的等分或不等分的孔。

②在卧式镗床上，加工平行于回转分度盘平面的径向排列的等分或不等分的孔。

③在摇臂钻床上，加工垂直于回转分度盘平面但不是与回转轴心同心的圆上的等分或不等分的孔。

2）卧式回转钻模：

①在摇臂钻床上，加工平行于回转分度盘平面的径向排列的或各方面的等分或不等分的孔。

②在立式钻床上，加工平行于回转分度盘平面且在同一平面内径向排列的等分或不等分的孔。

③如果在工件上所钻的孔的轴线离回转盘定位面的距离不是很大（一般小于回转盘的半径），或距离虽然较大，但钻孔直径较小，不致在钻孔时影响夹具的稳固时，宜选用单支承的回转钻模。

④在摇臂钻床上加工大型工件时，可采用挂在机床方箱工作台上的下垂式回转盘。

⑤对于在工件上所钻的孔的轴线离回转盘定位面的距离相当远或工件重量很大时，为保证夹具在加工过程中的稳固性，应选用双支承的回转钻模。采用这种夹具加工大型工件时，要注意平衡，以确保操作安全。

3）倾斜式回转钻模：倾斜式回转钻模主要是为加工某一工件上与回转盘有某一倾斜角度的孔而设计的专用钻模。这类钻模应在钻模体的适当位置加工出工艺基准孔，以便测量钻套中心位置。

（7）滑柱式钻模

1）滑柱式钻模夹紧工件时迅速，适用于大批量生产。

2）滑柱式钻模的钻模板和带有夹紧机构的夹具体已有典型的结构和规格，在钻模板、夹具体上都可以安装定位和夹紧元件。产品变更时易于改装，只要重新设计和更换定位、夹紧装置和钻模板即可。

3）若工件上孔轴线对其基面的垂直度要求不高时，宜优先采用标准的滑柱钻模。

2. 钻套型式的选择

（1）固定钻套

1）中小批量生产用的钻模应采用外径直接压入钻模的固定钻套（图 7-60）。

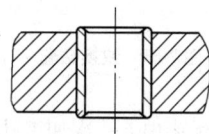

图 7-60 外径直接压入钻模的固定钻套

2）在下列情况下应采用带肩固定钻套（图 7-

61):

① 利用钻套端面作基面（如以钻套端面，控制锪孔深度 H）。

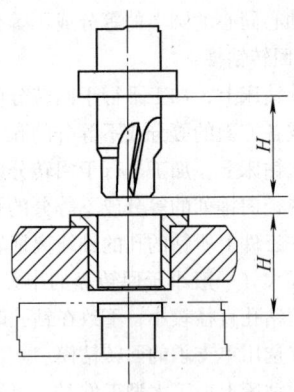

图 7-61　带肩固定钻套

② 钻模板较薄。
③ 要防止细碎切屑进入孔内。
(2) 可换钻套（图 7-62）

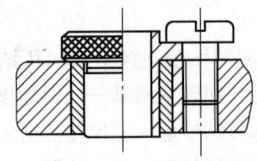

图 7-62　可换钻套

1) 钻套磨损后更换方便，因此适宜在大批量生产中采用。
2) 适宜在钻套外径很大，以致不容易压入钻模时采用；或因钻模壁较薄，压入钻套容易产生变形时采用。
(3) 快换钻套（图 7-63）

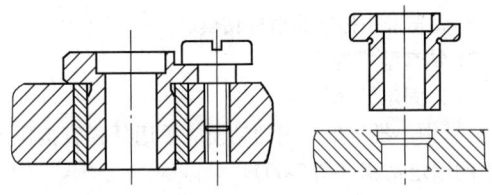

图 7-63　快换钻套

1) 在大批量生产中，一次加工孔用的钻模应采用外径与衬套或钻模板具有 H7/g5 配合的快换钻套，以便钻套孔磨损后很快地进行更换。
2) 在工件一次装夹后，一个被加工孔需要进行钻孔、扩孔、铰孔或钻双级孔并攻螺纹。

3) 多次加工时采用，以便迅速更换不同内径的钻套。

(4) 回转钻套（图 7-64）　在高转速下进行孔的加工时，为防止刀具与钻套因摩擦过热而咬住，宜采用回转钻套。这种钻套因顶面有轴向止推作用，在锪平面时，可用以控制钻锪孔的深度。

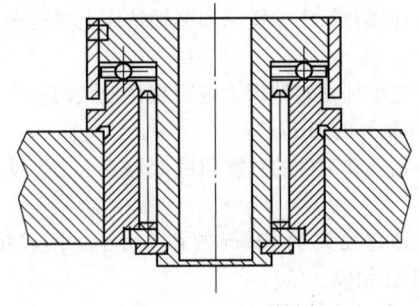

图 7-64　回转钻套

(5) 特种钻套

1) 图 7-65 为用于当夹具体壁或钻模板不可能有效地靠近工件表面时（如加工深坑或凹糟上的孔），以减小钻套与工件表面之间的距离的加长钻套。

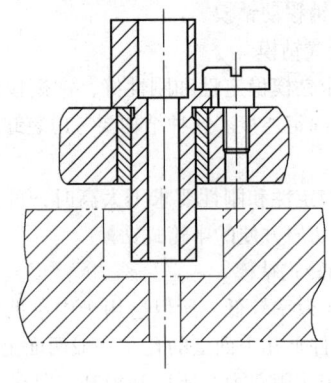

图 7-65　加长钻套

2) 图 7-66 为用于加工不是垂直于曲线表面上的孔或加工平面上的斜孔时，为防止钻头在切入工件时引偏或折断，而在端部制成圆弧面或斜面的钻套。

3) 图 7-67 为用于钻削中心距很短的孔而不能采用标准钻套时的特种钻套。

4) 图 7-68 为用于钻削中心距因小于标准钻套外径的孔，不能采用标准钻套，而又不够减薄钻套全部壁厚的削扁钻套。钻套削扁处的最小壁厚见表 7-7。

5) 图 7-69 为用于既作导向又可压紧工件的具有螺纹的专用钻套。

6) 图 7-70 为在一个方向上加工同一轴线上的间断孔时设置的中间钻套。

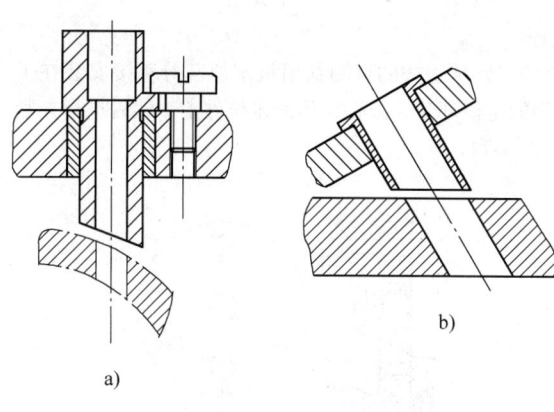

图 7-66　圆弧面、斜面的钻套
a) 圆弧面　b) 斜面

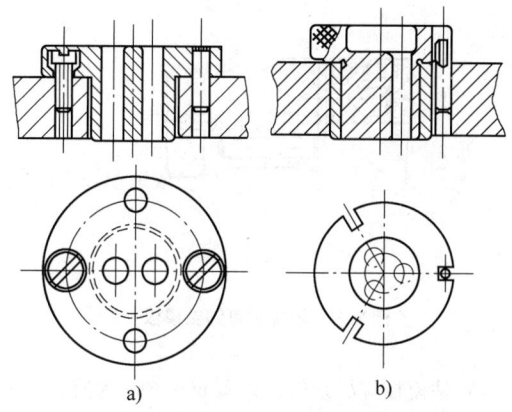

图 7-67　用于钻削中心距很短的特种钻套

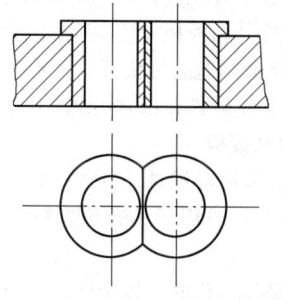

图 7-68　削扁钻套

表 7-7　为保证最小钻孔距离钻套削扁
处的最小壁厚　（单位：mm）

钻套直径	钻套削扁处的最小厚度	钻套直径	钻套削扁处的最小厚度
<3	0.5	10～18	1.5
3～6	0.75	18～30	2
6～10	1		

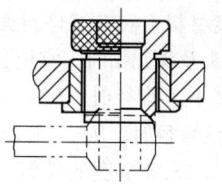

图 7-69　具有螺纹的专用钻套

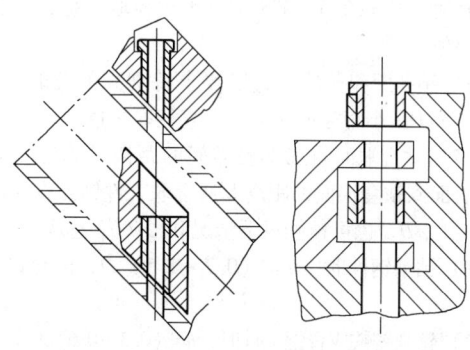

图 7-70　中间钻套

7）图 7-71 为不用钻模板时，为防止刀具在加工过程中产生偏移，保证孔中心位置而采用的装于工件下方的导套。

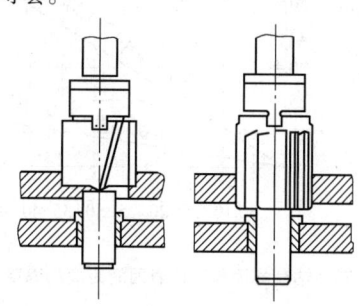

图 7-71　装于工件下方的导套

(6) 钻套导向长度的确定（图 7-72）

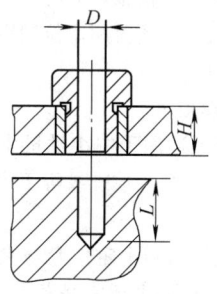

图 7-72　钻套导向长度的确定

1) 在高强度材料上和在工件斜面上钻孔或用刚度低的小直径钻头及深孔钻时，宜用长钻套。

2) 钻孔深度小于直径时，$H = (0.5 \sim 1.8)D$；钻孔深度大于2倍直径时，$H = (1.2 \sim 2.5)D$。

3) 钻 H12、H13 级精度的螺钉孔时，$H = 0.8D$ $(L/D < 1) \sim 2D(L/D > 2)$。

4) 钻孔距精度为 ±0.05mm 的 H7 和 H8、H9 精度的孔时，$H = (2.5 \sim 3.5)D$。小直径取大值，大直径取小值。

5) 钻孔距和孔的垂直度要求特别高的孔时，$H = (3 \sim 5)D$。小直径取大值，大直径取小值。

(7) 钻套端面与工件表面间的距离的确定　从工件表面到钻套端面的距离 h 通常取工件钻孔直径的 $(1/3 \sim 1)D$，也可根据以下情况和图 7-73 选取：

1) 钻削钢件时，$h = (0.7 \sim 1.5)D$，但允许 $h = 0$。

2) 钻削铸铁或青铜工件时，$h = (0.3 \sim 0.6)D$。

3) 钻深孔时，$h \approx 1.5D$。

4) 钻斜孔时，距离 h 应尽量小。

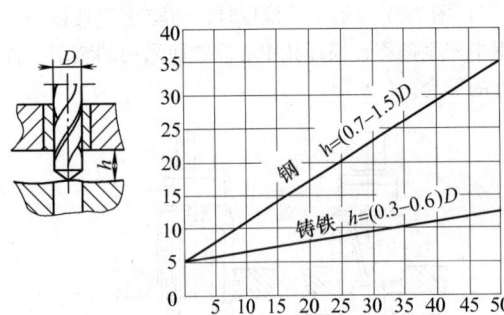

图 7-73　钻套端面与工件表面间距离的确定

3. 钻模板

(1) 固定钻模板　当钻套直接装在整体钻模上致使夹具体内部加工不方便时，应采用单独制造的安装在夹具体上的固定钻模板。为防止在使用过程中移动，除用螺钉连接外，还要用定位销以保持钻套对定位元件的准确位置。

(2) 可卸钻模板

1) 可卸钻模板适用于中小批量生产中，在钻孔后继续进行锪平、倒角、攻螺纹等工序或大型工件的局部加工。

2) 可卸钻模板由两个定位套与夹具体上相对应的两个定位销（其中一个通常是菱形的）准确定位，并在结构上采取措施，防止钻模板装错方向。为装拆方便，常用快动作的铰链螺钉将钻模板夹紧在夹具体上。

3) 覆盖式的可卸钻模板定位部分直接安装在工件的定位部分，或钻模体的定位件上，然后进行夹紧（图 7-74）。

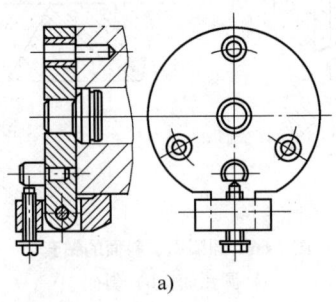

a)

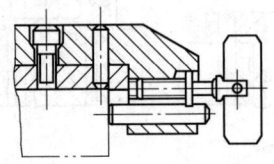

b)

图 7-74　覆盖式可卸钻模板

4) 钻模板应尽量轻，以不超过 8kg 为宜，主要是为了减轻操作者的劳动强度。对尺寸大的钻模板可用铝合金铸件，多开减轻孔，并用加强肋来增加其刚性。为装卸方便，钻模板应装有手柄或手把。

5) 用铝合金制造的钻模板，其定位部分应镶以具有一定硬度的钢制件，以防止磨损影响精度。

(3) 铰链钻模板

1) 由于铰链钻模板是悬臂的，而且铰链部分有活动间隙，因此不适用于钻孔位置精度要求高的场合。

2) 为了提高钻孔的位置精度，对于长度较大的铰链钻模板，其另一端应设置控制位置发生偏斜的导向件。

3) 为了防止铰链轴与孔间的磨损，必要时在与铰链轴活动配合的零件上镶淬硬的耐磨衬套。

4) 铰链钻模板上钻套的轴线必须与夹具底座的底面垂直，为此，通常采用修磨夹具上与钻模板贴合的平面，或在装配后加工与钻模板上钻套相配合的孔。

5) 为了防止铰链钻模板在松开翻转后不致倾倒，设计钻模板的尾部时，应设有搁置结构。

6) 铰链钻模板的尺寸不宜过大。

7.2.3 镗床夹具设计要则

镗床夹具是保证达到工件上孔的尺寸精度、几何精度、表面粗糙度以及多孔镗削时孔距和孔的位置精度的精密工艺装备。镗床夹具的主要加工对象是薄壳箱形铸件，因此在设计时，除了工件的正确定位和夹紧以及具有足够的刚性之外，主要考虑的问题是与镗孔刀具密切相关的刀具导向装置的合理选用，以保证达到产品的工艺要求。

镗床夹具可分为卧式镗床、立式镗床、金刚石镗床等三类。

1. 导向装置的布置要则

1) 镗削孔的直径 $D > 60\text{mm}$，且为 $L < D$（孔的长度小于直径）的通孔时，若刀具一端与机床主轴为刚性连接，则另一端可采用前（下）导向（图7-75）。这时导套可按以下原则考虑：

①在立式镗孔时，导套端部应有可靠的密封防尘装置，防止冷却液、微细的切屑或脏物进入导套内。例如在导套顶端做成防尘的圆锥面（图7-76 和图7-77）。

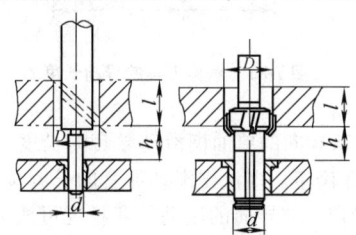

图 7-75 镗削 $D > 60\text{mm}$，且 $l > D$ 的通孔时的导套

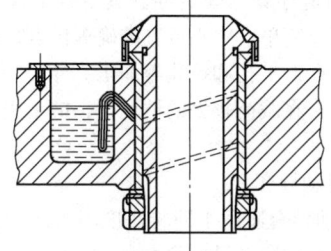

图 7-76 立式镗孔时，导套顶端做成防尘的圆锥面（一）

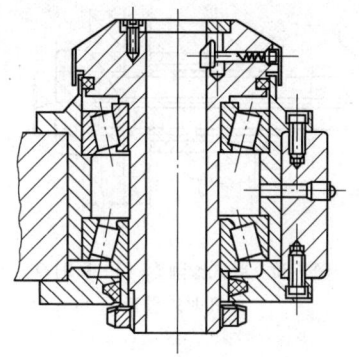

图 7-77 立式镗孔时，导套顶端做成防尘的圆锥面（二）

②工件至导套间的距离 h 一般亦取 $(0.5\sim1)D$，且不小于20mm。

③导套孔径 d 可大于镗孔直径 D，以增强刀杆刚性，刀具可在退出导套后进行更换。

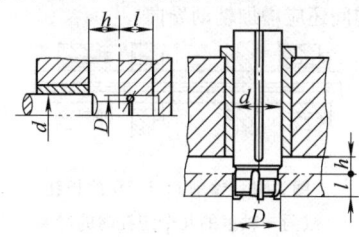

图 7-78 镗削 $D < 60\text{mm}$，且 $l < D$ 的通孔或短的盲孔时的导套

3) 在镗削长度 l 大于直径 D 的 $1\sim1.5$ 倍的孔时，所采用的悬伸的后（上）导向，其导向部分的直径 d 应小于镗孔直径 D（图7-79 和图7-80）。如 $d > D$，则因工作时刀具悬伸量 h 很大（至少等于 l），使刀具易产生引偏和咬住导套。

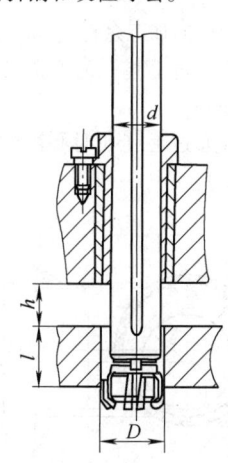

图 7-79 立式镗削 $l > (1\sim1.5)D$ 的孔时的导套

②尽量采用滚动的回转导套，以避免镗杆磨损。

③工件至导套间的距离 h 一般取 $(0.5\sim1)D$，且不小于20mm。

2) 镗削孔的直径 $D < 60\text{mm}$，且为 $l < D$ 的通孔或短的盲孔时，一般采用悬伸的后（上）导向（图7-78）。这时导套可按以下原则考虑：

①在卧式镗孔时，导套的端部应有可靠的密封防尘装置。

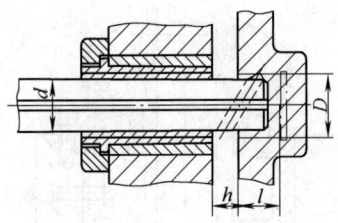

图 7-80 卧式镗削 $l>(1\sim1.5)D$ 的孔时的导套

h 值应能保证便于更换和调整刀具,便于装拆工件、排屑和测量工件。

4) 当镗削长度大于直径 1.5 倍的长孔或排列在同一轴线上的几个短孔,且孔的中心距和精度要求较高时,应采用双导向(图 7-81)。这时应考虑下列问题:

①若孔距较大(导向间距大于 10 倍镗杆直径),在双导向间还应增加辅助导向。

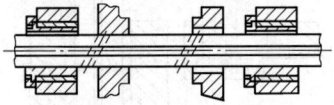

图 7-81 镗削 $l>1.5D$ 的长孔或同一轴线的几个短孔时的导套

②刀具与机床主轴应采用浮动连接,以避免加工时产生扩大孔径、拉毛导套或咬住刀具的现象。

③在镗削同一轴线上孔径相同的孔时,设计中应考虑借偏工件孔能使刀具通过的机构(图 7-82),工件的最小、最大偏移量为:

$$h_{\min} = \Delta + S_1$$
$$h_{\max} = D - 2(h + S_2)$$

式中 Δ——孔的径向加工余量(mm);
S_1——刀尖通过毛坯孔时必需的间隙(实测)(mm);
S_2——刀杆通过毛坯孔时必需的间隙(实测)(mm)。

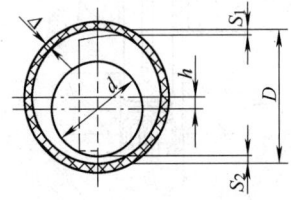

图 7-82 工件的偏移

④应按机床主轴和工作行程的实际情况和生产率的要求考虑镗杆输送机构,并保证在镗杆拉出工件时尚有足够的支承长度。

5) 金刚石镗床夹具一般均采用刚性镗杆,不设导向机构。

2. 导套尺寸的确定

1) 单导向导套的长度一般取刀具导向部分直径的 1.5~2 倍,加工孔距要求较高的 H8 级精度的孔时,取 2.5 倍。

2) 为保证导向精度,悬伸刀具的导向长度 L(图 7-83)一般应大于 (1.5~2)l(视工件要求而定)。

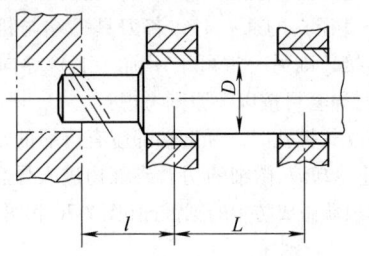

图 7-83 悬伸刀具的导向长度 L

3) 双导向的单油楔滑动导套的长度一般按 $L/D=1.5\sim3$ 确定。多油楔滑动导套的长度按 $L/D=0.3\sim0.8$ 确定,双导向的滚动导套长度可按 $L/D=0.75$ 确定。一般导套长度取配合处直径的 1.5~2 倍。

3. 导套结构的选择

(1) 固定导套 固定导套具有外形尺寸小、结构紧凑、制造简单、中心位置准确等优点,适用于低速回转的镗孔、扩孔和铰孔等加工。导套一般采用耐磨青铜制造,在载荷较大的情况下,应采用淬硬的钢制造。

(2) 滑动导套

1) 滑动导套适用于回转速度不太高的,孔间距较小又不能采用滚动导套的场合。

2) 具有良好润滑的滑动轴承适用于要求减振性好,发热低,精度高的镗孔。

3) 图 7-84 为用于卧轴镗孔的一般滑动导套。

4) 图 7-85 为用于卧轴镗孔,由镗杆上的键带动导套回转的滑动导套。

5) 图 7-86 为用于卧轴镗孔,导套内带有能使镗杆在旋入导套时自动进入镗杆键槽的键,从而带动导套回转的滑动导套。

6) 图 7-87 为用于立轴镗孔的一般滑动导套。

7) 图 7-88 为用于立轴镗孔,由镗杆上的键带动导套回转的滑动导套。

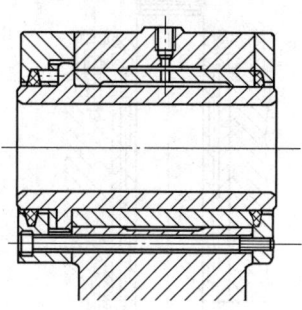

图 7-84 用于卧轴镗孔的一般滑动导套

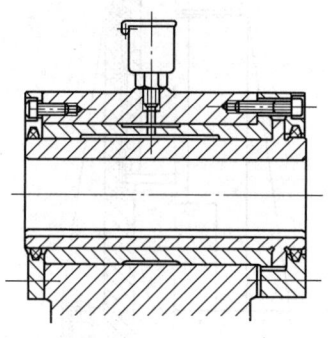

图 7-85 卧轴镗孔时,由镗杆上的键带动导套回转的滑动导套

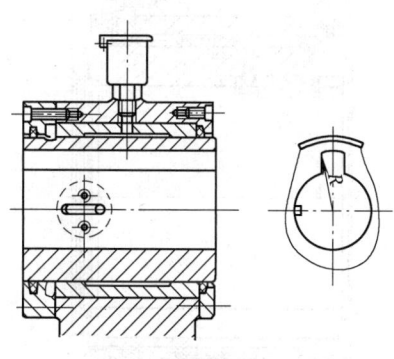

图 7-86 卧轴镗孔时,导套内带键的导套回转滑动导套

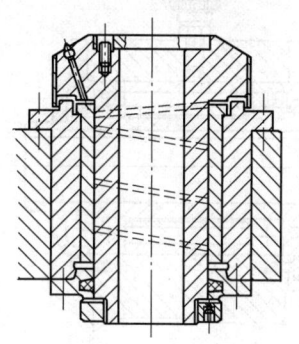

图 7-87 用于立轴镗孔的一般滑动导套

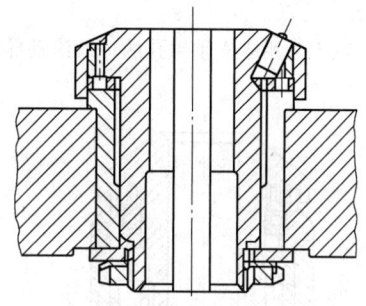

图 7-88 立轴镗孔时,由镗杆上的键带动导套回转的滑动导套

(3) 滚动导套

1) 滚动导套适用于滚动线速度大于 20m/min,镗孔时径向载荷不能平衡,具有轴向推力或不能保证滑动轴承获得充分润滑的场合。

2) 经过调整径向或轴向间隙或预加载荷的滚动导套适用于高精度的镗孔。

3) 图 7-89 为用于卧轴镗孔的一般滚动导套。

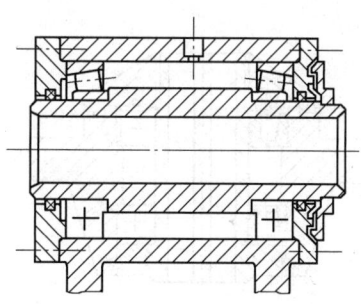

图 7-89 用于卧轴镗孔的一般滚动导套

4) 图 7-90 为用于卧轴镗孔,由镗杆上的键带动导套回转的滚动导套。

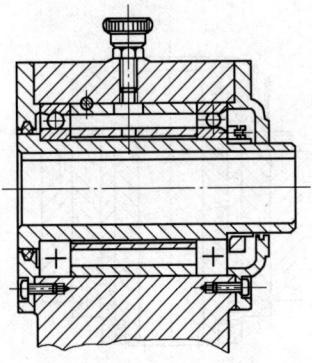

图 7-90 卧轴镗孔时,由镗杆上的键带动导套回转的滚动导套

5) 图 7-91 为用于立轴镗孔的一般滚动导套。

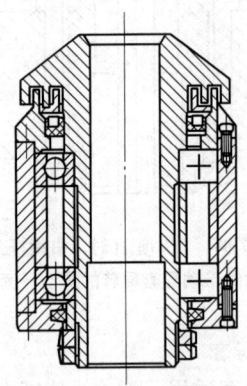

图 7-91 用于立轴镗孔的一般滚动导套

6) 图 7-92 为用于立轴镗孔,由镗杆上的键带动导套回转的滚动导套。

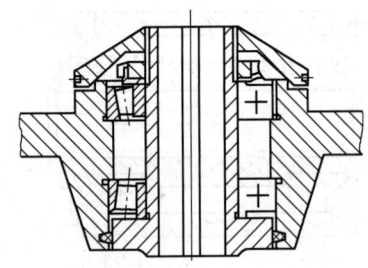

图 7-92 立轴镗孔时,由镗杆上的键带动导套回转的滚动导套

7) 图 7-93~图 7-95 为结构紧凑的采用滚针轴承的滚动导套。

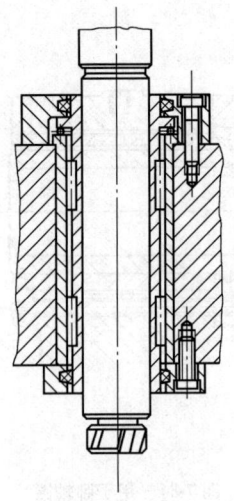

图 7-93 结构紧凑的采用滚针轴承的滚动导套(一)

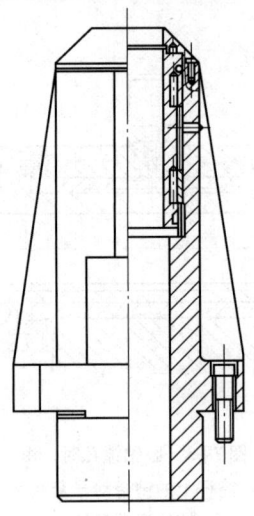

图 7-94 结构紧凑的采用滚针轴承的滚动导套(二)

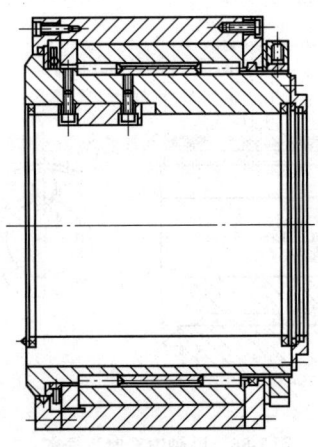

图 7-95 结构紧凑的采用滚针轴承的滚动导套(三)

7.2.4 钻床（镗床）夹具的技术要求

1. 钻床（镗床）夹具的主要技术要求

1）定位表面对夹具安装基面的垂直度或平行度。

2）导套轴线对定位表面和夹具的安装基面的垂直度或平行度（可参考表7-8）。

3）同轴线导套的同轴度。

4）定位表面的直线度和平面度或等高性。

5）定位表面和导套轴线对校正基面的垂直度或平行度。

6）各被加工表面间（即各导套间），被加工表面与定位表面间的尺寸要求及相互位置要求（可参考表7-9）。

表 7-8 导套轴线对夹具安装基面的相互位置要求（在100mm长度上） （单位：mm）

工件加工孔轴线对定位基面的垂直度要求	导套轴线对夹具安装基面的垂直度要求
0.05 ~ 0.10	0.01 ~ 0.02
0.10 ~ 0.25	0.02 ~ 0.05
0.25 以上	0.05

表 7-9 导套中心距或导套轴线到定位基面间的制造公差 （单位：mm）

工件孔中心距或孔中心到基面的公差	导套中心距或导套轴线到定位面的制造公差	
	平行或垂直时	不平行、不垂直时
±0.05 ~ ±0.10	±0.005 ~ ±0.02	±0.005 ~ ±0.015
±0.10 ~ ±0.25	±0.02 ~ ±0.05	±0.015 ~ ±0.035
±0.25 以上	±0.05 ~ ±0.10	±0.035 ~ ±0.08

2. 典型钻床（镗床）夹具技术要求示例（表7-10）

表 7-10 钻床（镗床）夹具的技术要求

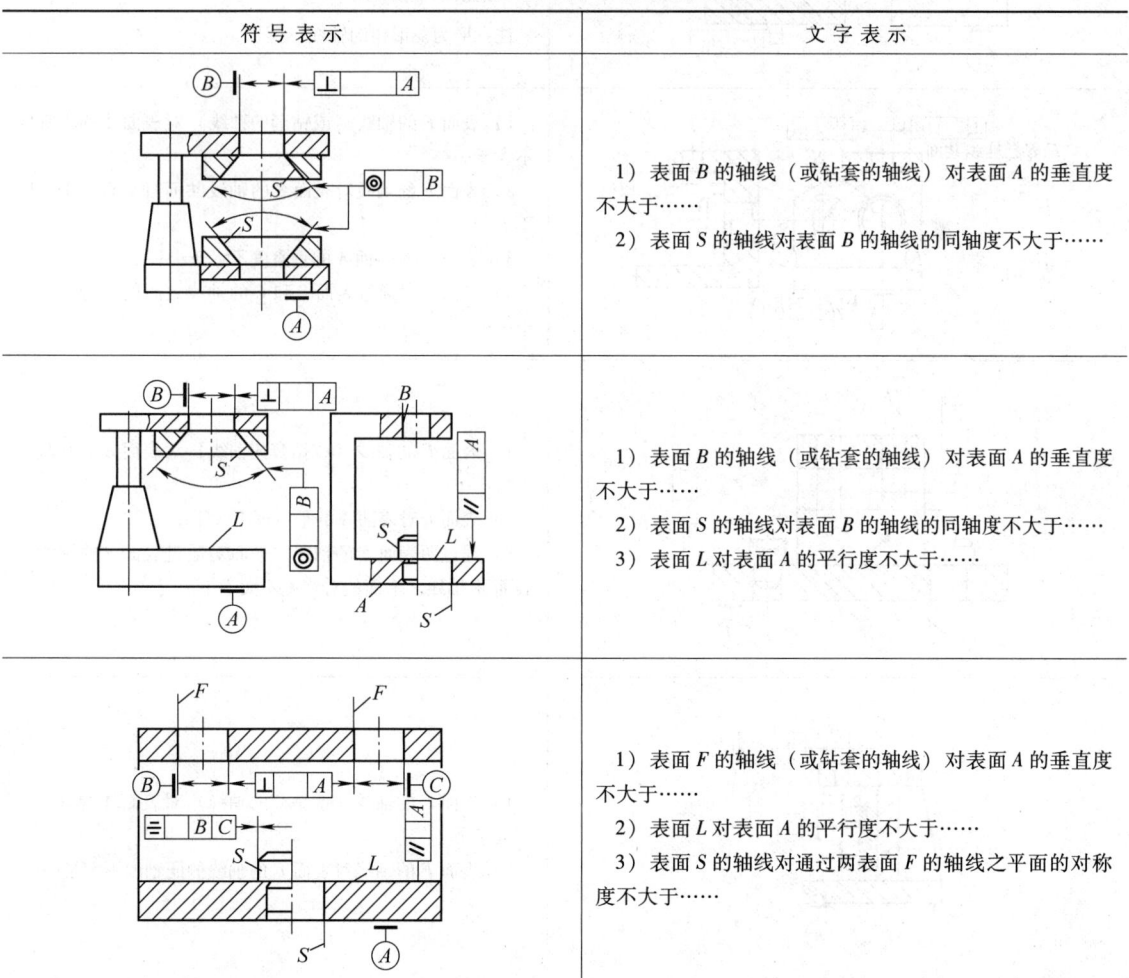

符号表示	文字表示
	1）表面 B 的轴线（或钻套的轴线）对表面 A 的垂直度不大于…… 2）表面 S 的轴线对表面 B 的轴线的同轴度不大于……
	1）表面 B 的轴线（或钻套的轴线）对表面 A 的垂直度不大于…… 2）表面 S 的轴线对表面 B 的轴线的同轴度不大于…… 3）表面 L 对表面 A 的平行度不大于……
	1）表面 F 的轴线（或钻套的轴线）对表面 A 的垂直度不大于…… 2）表面 L 对表面 A 的平行度不大于…… 3）表面 S 的轴线对通过两表面 F 的轴线之平面的对称度不大于……

（续）

符号表示	文字表示
	1）表面 F 的轴线（或钻套的轴线）对表面 A 的垂直度不大于…… 2）表面 F 的轴线对表面 S 的轴线的对称度与垂直度不大于…… 3）表面 N 对表面 A 的垂直度不大于……
F、S、W 三轴线共面	1）表面 F 的轴线（或钻套的轴线）对表面 A 的垂直度不大于…… 2）表面 F 的轴线对表面 S 和 C 的轴线共面且垂直，垂直度不大于…… 3）表面 N 对表面 A 的垂直度不大于…… 4）表面 A 对通过表面 S 和 C 的轴线之平面的垂直度不大于…… 注：W 为菱形销的轴线
F、S 二轴线共面	1）表面 F 的轴线（或钻套的轴线）对表面 A 的垂直度不大于…… 2）表面 F 的轴线对表面 S 的轴线共面且垂直。垂直度不大于…… 3）表面 N 对表面 A 的垂直度不大于…… 4）表面 A 对通过表面 S 和 C 的轴线之间的平行度不大于……
	1）表面 F 的轴线（或钻套的轴线）对表面 A 的垂直度不大于…… 2）表面 L 对表面 A 的平行度不大于…… 3）通过两表面 F 的轴线之平面对通过表面 S 的轴线和表面 W 轴线之平面的对称度不大于……
	1）表面 F 的轴线（或钻套的轴线）对表面 A 的垂直度不大于…… 2）表面 F 的轴线对表面 B 的轴线的同轴度不大于……

（续）

符号表示	文字表示
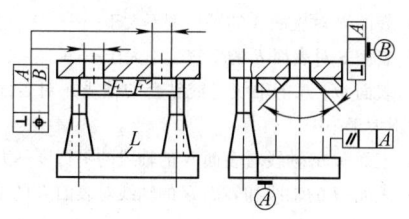	1) 表面 F 的轴线（或钻套的轴线）对表面 A 的垂直度不大于…… 2) 表面 F 的轴线与表面 B 的轴线共面且垂直，垂直度不大于…… 3) 表面 B 的轴线对表面 A 的平行度不大于……
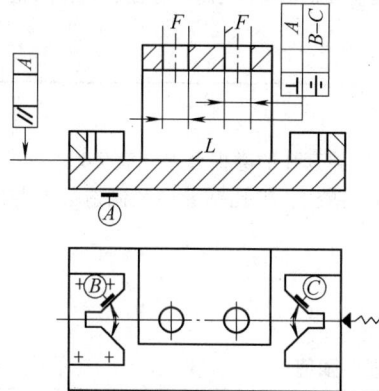	1) 表面 F 的轴线（或钻套的轴线）对表面 A 的垂直度不大于…… 2) 表面 L 对表面 A 的不平行度不大于…… 3) 表面 F 的轴线与V形块的对称面共面，位置度不大于…… 4) V形块的对称面对表面 A 的垂直度不大于……
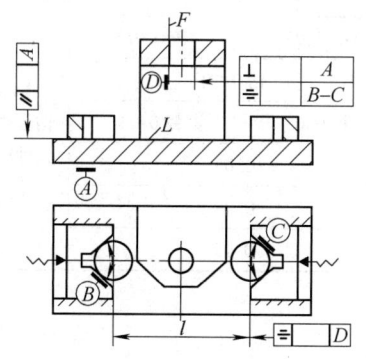	1) 表面 F 的轴线（或钻套的轴线）对表面 A 的垂直度不大于…… 2) 表面 L 对表面 A 的平行度不大于…… 3) 表面 F 的轴线（或钻套的轴线）对V形块对称面的对称度不大于……
	1) 表面 F 的轴线（或钻套的轴线）对表面 A 的垂直度不大于…… 2) 表面 L 对表面 A 的平行度不大于…… 3) 表面 F 的轴线（或钻套的轴线）对V形块对称面的对称度不大于…… 4) 两V形块的V形面（以测量圆柱轴线代表）对工件孔轴线的对称度值在V形块的行程长度 l 上不大于……

（续）

符号表示	文字表示
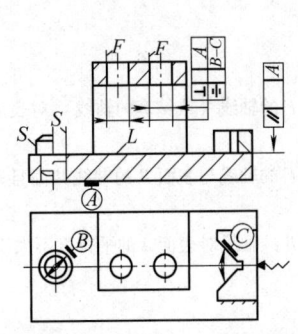	1) 表面 F 的轴线（或钻套的轴线）对表面 A 的垂直度不大于…… 2) 表面 L 对表面 A 的平行度不大于…… 3) 表面 F 的轴线（或各表面 F 的轴线）对通过表面 S 的轴线和 V 形块对称面之平面的对称度不大于……
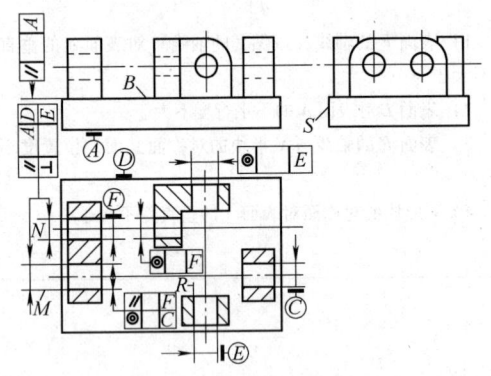	1) 表面 B 对表面 A 的平行度不大于…… 2) 表面 S 对表面 R 的垂直度不大于…… 3) 表面 M、N 的轴线（或钻套的轴线）对表面 A 的平行度不大于…… 4) 表面 M 的轴线对表面 N 的轴线的平行度不大于…… 5) 表面 M 的轴线和表面 N 的轴线对表面 R 的轴线的垂直度不大于…… 6) 同轴线的孔表面轴线的同轴度不大于…… 7) 表面 M 的轴线和表面 N 的轴线对表面 S 的平行度不大于……

注：表中"不大于……"表示其具体值要根据设计要求而定。

7.2.5 钻床（镗床）夹具的磨损极限

1. 钻套、导套孔径的磨损公差及形位要求的磨损极限值

（1）钻套孔距的磨损极限值（表 7-11）

（2）导套孔的磨损公差（表 7-12）

（3）钻孔、扩孔钻套内径制造公差与磨损极限（表 7-13）

表 7-11 钻套孔距综合磨损极限值　　（单位：mm）

序号	产品零件孔距公差	钻模孔距公差	磨损极限值 $\Delta_{损}$		影响因素
1	±0.05 ~ ±0.07	±0.015	钻 0.10		钻模板变形、钻套磨损、定位元件磨损
			扩 0.03	铰 0.015	
2	> ±0.07 ~ ±0.12	±0.03	钻 0.10		
			扩 0.05	铰 0.03	
3	> ±0.12 ~ ±0.22	±0.05	0.05		
4	> ±0.22 ~ ±0.40	±0.08	0.08		
5	大于 ±0.40	±0.15	0.15		

注：$\Delta_{损} = \delta_1 + \delta_2 + \delta_3$

式中　δ_1——钻套孔距超差值；

　　　δ_2——测量所得两钻套磨损的平均超差值，或单个钻套的磨损值；

　　　δ_3——铰链与夹具的磨损或铰链钻模板的变形造成的孔距变动（固定式钻模板无此值）。

表 7-12　导套孔的磨损公差　　　　　　　　　　　　　　　　　　（单位：mm）

导套名称	待加工工件孔距误差	模板导套孔距误差	导套孔基本尺寸					
			1~3	>3~6	>6~10	>10~18	>18~30	>30~50
铰 H6、H7、H8、H9 孔导套	<±0.05	±0.02	0.010	0.012	0.014	0.016	0.022	0.033
	<±0.10	±0.05	0.010	0.014	0.017	0.021	0.027	0.033
	<±0.20	±0.10	0.020	0.027	0.034	0.041	0.057	0.068
钻、扩 H11 孔导套	<±0.05	±0.02	0.010	0.014	0.017	0.021	0.027	0.033
	<±0.10	±0.05	0.022	0.031	0.038	0.051	0.062	0.073
	<±0.20	±0.10	0.050	0.067	0.084	0.101	0.117	0.133

采用本表的磨损量时，钻模应符合下列条件：
1) 导套长度　当 $d \leqslant \phi 18\mathrm{mm}$ 时，$H \geqslant 1.5d$；
　　　　　　　当 $d > \phi 18\mathrm{mm}$ 时，$H \geqslant d$。
2) 距离 $h \leqslant 1 \sim 0.5d$。
3) 表中"工件孔距公差"指工件结合面切入处孔距
4) 导套轴线对工件定位底面的垂直度（100mm 长度上）$\leqslant 0.05\mathrm{mm}$

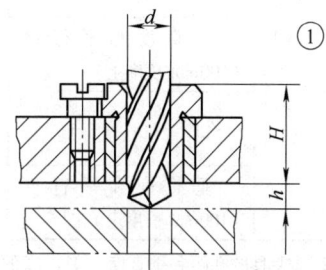

表 7-13　钻孔、扩孔钻套内径制造公差与磨损极限　　　　　　　（单位：mm）

钻套内径基本尺寸	钻头与钻套配合方式	钻套内径制造公差	钻套内径磨损极限			备　注
			待加工零件孔距偏差			
			±0.2	±0.1	±0.05	
≤3	F7	+0.016 +0.006	+0.066			1) 钻套内径制造误差是取基轴制 F7 或 G6 配合的上下偏差与刀具直径尺寸的上偏差相加，即得相当于 F7 或 G6 配合的钻套内孔直径的上下偏差 2) 钻套内径的磨损极限是取钻套内径制造误差之上偏差与表 7-12 导套孔的磨损公差相加即得
	G6	+0.008 +0.002		+0.030	+0.018	
>3~6	F7	+0.022 +0.010	+0.089			
	G6	+0.012 +0.004		+0.043	+0.026	
>6~10	F7	+0.028 +0.013	+0.112			
	G6	+0.014 +0.005		+0.052	+0.031	
>10~18	F7	+0.034 +0.016	+0.135			
	G6	+0.017 +0.006		+0.068	+0.038	
>18~30	F7	+0.041 +0.020	+0.158			
	G6	+0.020 +0.007		+0.082	+0.047	
>30~50	F7	+0.050 +0.025	+0.183			
	G6	+0.025 +0.009		+0.098	+0.058	

(4) 高速钢 HSS 铰刀的制造误差技术标准 参见 GB/T 1131、1132、1134、1135，GB/T 4243、4245。

(5) 硬质合金铰刀的制造误差技术标准 参见 GB/T 4251。

(6) 钻头的制造误差技术标准 参见 GB/T 1438.1~4、6135.1~4。

(7) 钻套位置的磨损极限值（表7-14）

2. 定位元件及定位尺寸的磨损极限

(1) 当定位表面和钻套磨损时，定位销的磨损偏差（表7-15）

表7-14 钻（镗）床夹具导套位置误差及磨损极限 （单位：mm）

检查内容		加工精度	工件孔距位置偏差 δ_G		
			Ⅰ	Ⅱ	Ⅲ
			>±0.05~±0.15	>±0.15~±0.3	>±0.3
立柱式钻模（包括回转式和铰链式）	孔距	制造偏差		±0.02	±0.05
		磨损极限		$1/3\delta_G$~±0.08	$1/3\delta_G$
	垂直度和平行度（100mm 长度上）	制造偏差		0.03	0.05
		磨损极限		0.05	0.08
其他类型钻模	孔距	制造偏差	±0.02	±0.05	±0.08
		磨损极限	$1/2\delta_G$~±0.05	$1/2\delta_G$~±0.008	±0.08
	垂直度和平行度（100mm 长度上）	制造偏差	0.03	0.05	0.08
		磨损极限	0.05	0.08	0.12

注：钻（套）夹具的孔距和垂直度、平行度的磨损极限，一般不予鉴定，只有当被加工零件质量不稳定、夹具不易制造、容易变形的情况下，才能确定鉴定与否。

表7-15 当定位表面、钻套磨损时，定位销直径 d 的磨损偏差（$\Delta_损$） （单位：mm）

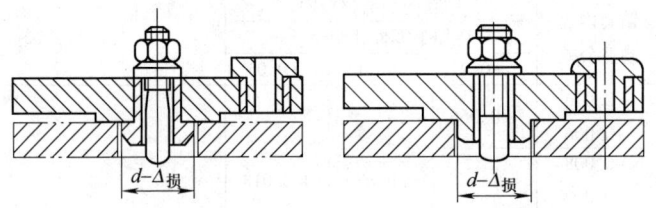

基本尺寸	钻孔深度	被加工零件孔轴线位置的精度等级															
		Ⅰ（>±0.05~±0.15）							Ⅱ（>±0.15~±0.3）						Ⅲ（>±0.3）			
		被加工零件基准孔的精度等级																
		H7							H9						H11			
		被加工零件基准孔的基本尺寸																
		≤6	>6~10	>10~18	>18~30	>30~50	>50~80	>80~120	至50	>50~80	>80~120	>120~180	>180~260	>260~360	至80	>80~120	>120~180	>180~260	>260~360
		磨损偏差（$-\Delta_损$）/μm																
≤6	6	85	84	83	82	81	79	78	76	234	229	224	219	214	209	318	303	288	268	248
	12	81	80	79	78	77	75	74	72	230	225	220	215	210	205	314	299	284	264	244
>6~8	8	77	76	75	74	73	71	70	68	224	219	214	206	204	199	302	287	272	252	232
	16	75	74	73	72	71	69	68	66	218	213	208	203	198	193	296	281	266	246	226
>8~10	10	69	68	67	66	65	63	62	60	216	211	206	201	196	191	298	283	268	248	228
	20	65	64	63	62	61	59	58	56	208	203	198	193	188	183	290	275	260	240	220
>10~12	12	63	62	61	60	59	57	56	54	198	193	188	183	178	173	274	259	244	224	204
	24	57	56	55	54	53	51	50	48	190	185	180	175	170	165	266	251	236	216	196

(续)

被加工孔		被加工零件孔轴线位置的精度等级															
		Ⅰ（>±0.05~±0.15）						Ⅱ（>±0.15~±0.3）					Ⅲ（>±0.3）				
		被加工零件基准孔的精度等级															
基本尺寸	钻孔深度	H7						H9					H11				
		被加工零件基准孔的基本尺寸															
		≤6	>6~10	>10~18	>18~30	>30~50	>50~80	>80~120	至50	>50~80	>80~120	>120~180	>180~260	至80	>80~120	>120~180	>180~260	>260~360
		磨损偏差（−Δ损）/μm															
>12~14	14	57	56	55	54	53	51	50	48	190	185	180	175	170	165	268	253	238	218	198
	28	51	50	49	48	47	45	44	42	178	173	168	163	158	153	256	241	226	206	186
>14~16	16	55	54	53	52	51	47	46	45	184	179	174	169	164	159	262	247	232	212	192
	32	49	48	47	46	45	43	42	40	174	169	164	159	154	149	252	237	222	202	182
>16~18	18	53	52	51	50	49	47	46	44	184	179	174	169	164	159	262	247	232	212	192
	36	47	46	45	44	43	41	40	38	172	167	162	157	152	147	250	235	220	200	180
>18~20	20	37	36	35	34	33	31	30	23	154	149	144	139	134	129	226	211	196	176	156
	40	29	28	27	26	25	23	22	20	142	137	132	127	122	117	214	199	184	164	144
>20~22	22	29	28	27	26	25	23	22	20	150	145	140	135	130	125	224	209	194	174	154
	44	21	20	19	18	17	15	14	12	132	127	122	117	112	107	204	189	174	154	134
>22~24	24	27	26	25	24	23	21	20	18	144	139	134	129	124	119	216	201	186	166	146
	48	15	14	13	12	11				126	121	116	111	106	101	198	183	168	148	128
>24~26	26	23	22	21	20					140	135	130	125	120	115	212	197	182	162	142
	52	13	12	11	10					122	117	112	107	102	97	194	179	164	144	124
>26~28	28	21	20							136	131	126	121	116	111	208	193	178	158	138
	56	11	10							116	111	106	101	96	91	188	173	158	138	118

（2）当定位表面（孔）和钻套磨损时，盖板钻模定位表面直径 D 的磨损偏差（$\Delta_{损}$）（表7-16~表7-18）。

表7-16 用于被加工孔的轴线位置为较高精度（±0.05~±0.15）mm 和采用 IT7 级精度的定位基面直径的零件 （单位：mm）

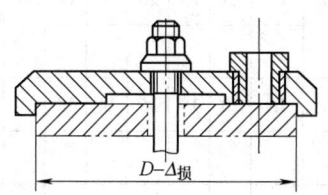

（续）

被加工孔		被加工零件基准轴的配合																		
		h6 和 g6						f7					e8					d8		
		被加工零件基准轴的基本尺寸																		
基本尺寸	钻孔深度	≤6	>6~10	>10~18	>18~30	>30~50	>50~80	>80~120	>120~180	到6	>6~10	>10~18	>18~30	>30~50	到6	>6~10	>10~18	>18~30	>30~50	到6	>6~10	>10~18	>18~30

被加工孔基本尺寸	钻孔深度	h6和g6 ≤6	>6~10	>10~18	>18~30	>30~50	>50~80	>80~120	>120~180	f7 到6	>6~10	>10~18	>18~30	>30~50	e8 到6	>6~10	>10~18	>18~30	>30~50	d8 到6	>6~10	>10~18	>18~30
≤6	6	86	85	85	84	82	81	79	77	82	81	78	76	72	78	74	71	65	60	74	69	64	57
≤6	12	82	81	81	80	78	77	75	73	78	77	74	72	68	74	70	67	61	56	70	65	60	53
>6~8	8	78	77	77	76	74	73	71	69	74	73	70	68	64	70	66	63	57	52	66	61	56	49
>6~8	16	76	75	75	74	72	71	69	67	72	71	68	66	62	59	68	64	61	55	50	64	59	54	47
>8~10	10	70	69	69	68	66	65	63	61	66	65	62	60	56	53	62	58	55	49	44	58	53	48	41
>8~10	20	66	65	65	64	62	61	59	57	62	61	58	56	52	49	58	54	51	45	40	54	49	44	37
>10~12	12	64	63	63	62	60	59	57	55	60	59	56	54	50	47	56	52	49	43	38	52	47	42	35
>10~12	24	58	57	57	56	54	53	51	49	54	53	50	48	44	41	50	46	43	37	32	46	41	36	26
>12~14	14	58	57	57	56	54	53	51	49	54	53	50	48	44	41	50	46	43	37	32	46	41	36	29
>12~14	28	52	51	51	50	48	47	45	43	48	47	44	42	38	35	44	40	37	31	26	40	35	30	23
>14~16	16	56	55	55	54	52	51	49	47	52	51	48	46	42	39	48	44	41	35	30	44	39	34	27
>14~16	32	50	49	49	48	40	45	43	41	46	45	42	40	36	33	42	38	35	29	24	38	33	28	21
>16~18	18	54	53	53	52	50	49	47	45	50	49	46	44	40	37	46	42	39	33	28	42	37	32	25
>16~18	36	48	47	47	46	44	43	41	39	44	43	40	38	34	31	40	36	33	27	22	36	31	26	19
>18~20	20	38	37	37	36	34	33	31	29	34	33	30	23	24	21	30	26	23	17	12	26	21	16	
>18~20	40	30	29	29	28	29	25	23	21	26	25	22	20	16	13	22	18	15	11					
>20~22	22	30	29	29	28	26	25	23	21	26	25	22	20	16	13	22	18	15						
>20~22	44	22	21	21	20	18	17	15	13	18	17	14	12											
>22~24	24	28	27	27	26	24	23	21	19	24	23	20	18	14	11	20	16	13						
>22~24	48	16	15	15	14	12	11																	
>24~26	26	24	23	23	22	20	19	17	15	20	19	16	14	10										
>24~26	52	14	13	13	12	10																		
>26~28	28	22	21	21	20	18	17	15	13	18	17	14	12											
>26~28	56	12	11																					

磨损偏差 $(+\Delta_{损})/\mu m$

表 7-17 盖板钻模定位表面（孔）直径 D 的磨损偏差（$\Delta_损$） （单位：mm）

被加工孔基本尺寸	钻孔深度	工件基准轴的配合 h8、h9								工件基准轴的配合 f9								磨损偏差（+$\Delta_损$）/μm d9、d10							
		≤50	>50~80	>80~120	>120~180	>180~260	>260~360	~10	>10~18	>18~30	>30~50	>50~80	>80~120	>120~180	>180~260	>260~360	>6	>6~10	>10~18	>18~30	>30~50	>50~80	>80~120	>120~180~220
≤6	6	234	229	224	219	214	209	231	224	216	209	199	189	176	161	146	226	216	206	194	179	161	141	116	94
	12	230	225	220	215	210	205	227	220	212	205	195	185	172	157	142	222	212	202	190	175	157	137	112	90
>6~8	8	224	219	214	209	204	199	221	214	206	199	189	179	166	151	136	216	206	196	184	169	151	131	106	84
	16	218	213	208	203	198	193	215	208	200	193	183	173	160	145	130	210	200	190	178	163	145	125	100	78
>8~10	10	216	211	206	201	196	191	213	206	198	191	181	171	158	143	128	208	198	188	176	161	143	123	98	76
	20	208	203	198	193	188	183	205	198	190	183	173	163	150	135	120	200	190	180	168	153	135	115	90	68
>10~12	12	198	193	188	183	178	173	195	188	180	173	163	153	140	125	110	190	180	170	158	143	125	105	80	58
>12~14	24	190	185	180	175	170	165	187	180	172	165	155	145	132	117	102	182	172	162	150	135	117	97	72	50
	14	190	185	180	175	170	165	187	180	172	165	155	145	132	117	107	182	172	162	150	135	117	97	72	50
>14~16	28	178	173	168	163	158	153	175	168	160	153	143	133	126	105	90	170	160	150	138	123	105	85	60	38
	16	184	179	174	169	164	159	181	174	166	159	149	139	126	111	96	176	166	156	144	129	111	91	66	44
>16~18	32	174	169	164	159	154	149	171	164	156	149	139	129	116	101	86	166	156	146	134	119	101	81	56	34
	18	184	179	174	169	164	159	181	174	166	159	149	139	126	111	96	176	166	156	144	129	111	91	66	44
>18~20	36	172	167	162	157	152	147	169	162	154	147	137	127	114	99	84	164	154	144	132	117	99	79	54	32
	20	154	149	144	139	134	129	151	144	136	129	119	109	96	81	66	146	136	126	114	99	81	61	56	14
>20~22	40	142	137	132	127	122	117	139	132	124	117	107	97	84	69	54	134	124	114	102	87	69	49	24	
	22	150	145	140	135	130	125	147	140	132	125	115	105	92	77	62	142	132	122	110	95	77	57		
>22~24	44	132	127	122	117	112	107	129	122	114	107	97	87	74	59	44	124	114	104	92	77	59	39		
	24	144	139	134	129	124	119	141	134	126	119	109	99	86	71	56	136	126	116	104	89	71	51		
>24~26	48	126	121	116	111	106	101	123	116	108	101	91	81	68	53	38	118	108	98	86	71	53	33		
	26	140	135	130	125	120	115	137	130	122	115	105	95	82	67	52	132	122	112	100	85	67	47		
>26~28	52	122	117	112	107	102	97	119	112	104	97	87	77	64	49	34	114	104	94	82	67	49	29		
	28	136	131	126	121	116	111	133	126	118	111	101	91	78	63	48	128	118	108	96	81	63	43		
~28	56	116	111	106	101	96	91	113	106	98	91	81	71	58	43	28	108	98	88	76	61	43	23		

注：本表用于被钻孔的轴线位置为一般精度（±0.15~0.3）mm 和定位基面直径按IT9级精度定位的零件（见表7-16图）。

表 7-18 盖板钻模定位表面（孔）直径 D 的磨损偏差（$\Delta_损$） （单位：mm）

被加工孔		工作基准轴的配合																		
		h11					d11					d11、c10、c11					a11、b11			
基本尺寸	钻孔深度	≤80	>80 ~120	>120 ~180	>180 ~260	>260 ~360	~30	>30 ~50	>50 ~80	>80 ~120	>120 ~180	>180 ~260	~18	>18 ~30	>30 ~50	>50 ~80	>80 ~120	>120 ~180	>6	>6 ~10	>10 ~18	>18 ~30	>30 ~50
							磨损偏差（$+\Delta_损$）/μm																
≤6	6	333	318	303	283	263	328	308	283	258	233	208	313	293	263	233	203	168	313	283	253	223	183
	12	329	314	299	279	259	324	304	279	254	229	204	309	289	259	229	199	164	309	279	249	219	179
>6~8	8	317	302	287	267	247	312	292	267	242	217	192	297	277	247	217	187	152	297	267	237	207	167
	16	311	296	281	261	241	306	286	261	236	211	186	291	271	241	211	181	146	291	261	231	201	161
>8~10	10	313	298	283	263	243	308	288	263	238	213	188	293	273	243	213	183	148	293	263	233	203	163
	20	305	290	275	255	235	300	280	255	230	205	180	285	265	235	205	175	140	285	255	225	195	155
>10~12	12	289	274	259	239	219	284	264	239	214	189	164	269	249	219	189	159	124	269	239	209	179	139
	24	281	266	251	231	211	276	256	231	206	181	156	261	241	211	181	151	116	261	231	201	171	131
>12~14	14	283	268	253	233	213	278	258	233	208	183	158	263	243	213	183	153	118	263	233	203	173	133
	28	271	256	241	221	201	266	246	221	196	171	146	251	231	201	171	141	106	251	221	191	161	121
>14~16	16	277	262	247	227	207	272	252	227	202	177	152	257	237	207	177	147	112	257	227	197	167	127
	32	267	252	237	217	197	262	242	217	192	167	142	247	227	197	167	147	102	247	217	187	157	117
>16~18	18	277	262	247	227	207	272	252	227	202	177	152	257	237	207	177	147	112	257	227	197	167	127
	36	265	250	235	215	195	260	240	215	190	165	140	245	225	195	165	135	100	245	215	185	155	115
>18~20	20	241	226	211	191	171	236	216	191	166	141	116	221	201	171	141	111	76	221	191	161	131	91
	40	229	214	199	179	159	224	204	179	154	129	104	209	189	159	129	99	64	209	179	149	119	79
>20~22	22	239	224	209	189	169	234	214	189	164	139	114	219	199	169	139	109	74	219	189	159	129	89
	44	219	204	189	169	149	214	164	169	144	119	94	199	179	149	119	89	54	199	169	139	109	69
>22~24	24	231	126	201	181	161	226	206	181	156	131	106	211	191	161	131	101	66	211	181	151	121	81
	48	213	198	183	163	143	208	188	163	138	113	88	193	173	143	113	83	48	193	163	133	103	63
>24~26	25	227	212	197	177	157	222	202	177	152	127	102	207	187	157	127	97	62	207	177	147	117	77
	52	209	194	179	159	139	204	184	159	134	109	84	189	169	139	109	79	44	189	159	129	99	59
>26~28	28	223	208	193	173	153	218	198	173	148	123	98	203	183	153	123	93	58	203	173	143	113	73
	56	203	188	173	153	133	198	178	153	128	103	78	183	163	133	103	73	38	183	153	123	93	53

注：本表用于被加工孔的轴线位置精度（>±0.3mm）的定位基面按IT11级精度定位的零件（见表7-16图）。

(3) 支承钉和钻套磨损时,定位尺寸的磨损偏差(表7-19)

表7-19 支承钉和钻套磨损时,支承钉端面到钻套轴线的距离尺寸（L）的磨损偏差（$\Delta_{损}$）

(单位：mm)

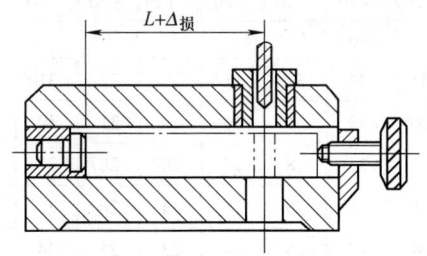

被加工孔		被加工孔轴线位置精度		
基本尺寸	钻孔深度	Ⅰ(±0.08~±0.15)	Ⅱ(±0.15~±0.30)	Ⅲ(>±0.30)
		磨损偏差（+$\Delta_{损}$）	/μm	
≤6	6	45	129	209
	12	43	127	207
>6~8	8	41	124	201
	16	40	121	198
>8~10	10	37	120	197
	20	35	116	195
>10~12	12	34	111	187
	24	31	107	183

(续)

被加工孔		被加工孔轴线位置精度		
基本尺寸	钻孔深度	Ⅰ(±0.08~±0.15)	Ⅱ(±0.15~±0.30)	Ⅲ(>±0.30)
		磨损偏差（+$\Delta_{损}$）	/μm	
>12~14	14	31	107	184
	28	28	101	178
>14~16	16	30	104	181
	32	27	99	176
>16~18	18	29	104	181
	36	26	98	175
>18~20	20	21	89	163
	40	17	83	157
>20~22	22	17	87	162
	44	13	78	152
>22~24	24	16	84	158
	48	10	75	149
>24~26	26	14	82	156
	52		73	147
>26~28	28		80	154
	56		70	144

(4) 当V形块和钻套磨损时,二者轴线的距离尺寸L的磨损偏差（$\Delta_{损}$）(表7-20、表7-21)

表7-20 用于被钻孔轴线位置为较高精度（±0.08~±0.15）mm 工件基准面为IT7级精度时

(单位：mm)

被加工孔		工件基准面的配合													
		h6、g6				f7				e8				d8	
		工件基准面的基本尺寸													
基本尺寸	钻孔深度	18~50	>50~80	>80~120	>120~180	>18~30	>30~50	>50~80	>80~120	>120~180	>18~30	>30~50	>50~80	>80~120	>18~30	>30~50	>50~80
		磨损偏差（-$\Delta_{损}$）/μm													
<6	6	41	40	39	38	40	39	38	36	35	38	36	35	34	36	35	33
	12	39	38	37	36	38	37	36	34	33	36	34	33	32	34	33	31

(续)

被加工孔		工件基准面的配合												
		h6、g6				f7				e8			d8	
基本尺寸	钻孔深度	工件基准面的基本尺寸												
		18~50	>50~80	>80~120	>120~180	>18~30	>30~50	>50~80	>80~120	>120~180	>18~30	>30~50	>50~80	>80~120	>18~30	>30~50	>50~80
		磨损偏差（$-\Delta_{损}$）/μm												

基本尺寸	钻孔深度	18~50	>50~80	>80~120	>120~180	>18~30	>30~50	>50~80	>80~120	>120~180	>18~30	>30~50	>50~80	>80~120	>18~30	>30~50	>50~80
>6~8	8	37	36	35	34	36	35	34	32	31	34	32	31	30	32	31	29
	16	36	35	34	33	35	34	33	31	30	33	31	30	29	31	30	28
>8~10	10	33	23	31	30	32	31	30	28	27	30	28	27	26	28	27	25
	20	31	30	29	28	30	29	28	26	25	28	26	25	24	26	25	23
>10~12	12	30	29	28	27	29	28	27	25	24	27	25	24	23	25	24	22
	24	27	26	25	24	26	25	24	22	21	24	22	21	20	22	21	19
>12~14	14	27	26	25	24	26	25	24	22	21	24	22	21	20	22	21	19
	28	24	23	22	21	23	22	21	19	18	21	19	18	17	19	18	16
>14~16	16	26	25	24	23	25	24	23	21	20	23	21	20	19	21	20	18
	32	23	22	21	20	22	21	20	18	17	20	18	17	16	18	17	15
>16~18	18	25	24	23	22	24	23	22	20	19	22	20	19	18	20	19	17
	36	22	21	20	19	21	20	19	17	16	19	17	16	15	17	16	14
>18~20	20	17	16	15	14	16	15	14									
	40	13	12	11	10	12	11	10									

表 7-21 钻模上 V 形块与钻套轴线的距离尺寸磨损偏差（$\Delta_{损}$） （单位：mm）

被加工孔		工件基准面的配合												
		h8、h9				f9				d9、d10				
基本尺寸	钻孔深度	工件基准面的基本尺寸												
		>18~30	>30~50	>50~80	>80~120	>120~180	>18~30	>30~50	>50~80	>80~120	>120~180	>18~30	>30~50	>50~80	>80~120	>120~180
		磨损偏差（$-\Delta_{损}$）/μm												
≤6	6	113	111	108	104	101	108	105	101	97	92	104	99	93	88	81
	12	111	109	106	102	99	106	103	99	95	90	102	97	91	86	79
>6~8	8	108	106	103	99	96	103	100	96	92	87	99	94	88	83	76
	16	105	103	100	96	93	100	97	93	89	84	96	91	85	80	73
>8~10	10	104	102	99	95	92	99	96	92	88	83	95	90	84	79	72
	20	100	98	95	91	88	95	92	88	84	79	91	86	80	75	68
>10~12	12	95	93	90	86	83	90	87	83	79	74	89	81	75	70	63
	24	91	89	86	82	79	86	83	79	75	70	82	77	71	66	59
>12~14	14	91	89	86	82	79	86	83	79	75	70	82	77	71	66	59
	28	85	83	80	76	73	80	77	73	69	64	76	71	65	60	53
>14~16	16	88	86	83	79	76	83	80	76	72	67	79	74	68	63	56
	32	83	81	78	74	71	78	75	71	67	62	74	69	63	58	51

(续)

被加工孔		工件基准面的配合													
		h8、h9					f9					d9、d10			
基本尺寸	钻孔深度	工件基准面的基本尺寸													
		>18~30	>30~50	>50~80	>80~120	>120~180	>18~30	>30~50	>50~80	>80~120	>120~180	>18~30	>30~50	>50~80	>80~120	>120~180
		磨损偏差 $(-\Delta_损)/\mu m$													
>16~18	18	88	86	83	79	76	83	80	76	72	67	79	74	68	63	56
	36	82	80	77	73	70	77	74	70	66	61	73	68	62	57	50
>18~20	20	73	71	68	64	61	68	65	61	57	52	64	59	53	48	41
	40	67	65	62	58	55	62	59	55	51	46	58	53	47	42	35
>20~22	22	71	69	66	62	59	66	63	59	55	50	62	57	51	49	39
	44	62	60	57	53	50	57	54	50	46	41	53	48	42	37	30
>22~24	24	68	66	63	59	56	63	60	56	52	47	60	55	49	44	37
	48	59	57	54	50	47	54	51	47	43	38	50	45	39	34	27
>24~26	26	66	64	61	57	54	58	54	50	45		57	52	46	41	34
	52	57	55	52	48	45	52	49	45	41	36	48	43	37	32	25
>26~28	28	64	62	59	55	52	59	56	52	48	43	55	50	44	39	32
	56	56	52	49	45	42	49	46	42	38	33	45	40	34	29	22

注：本表用于被钻孔轴线位置为一般精度（±0.15~±0.3）mm，工件基准面直径为IT8级精度时。

(5) 其他元件的磨损极限偏差（见表7-22、表7-23）

表7-22 铰链套筒的铰链轴直径 d 的磨损极限偏差（$\Delta_损$） （单位：μm）

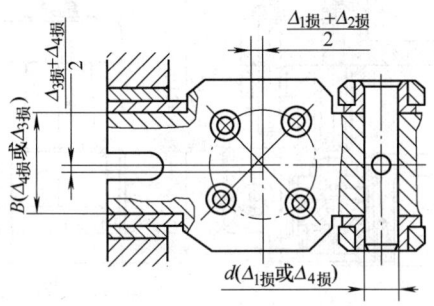

铰链接合基本尺寸 d/mm	铰链钻模板的铰链接合								
	套筒					轴			
	直径 d 的极限偏差 F8		制造公差	当套筒磨损（$\Delta_1损$）时加工孔轴线位置精度及夹具极限偏差		直径 d 的极限偏差 h6		制造公差	当轴磨损（$\Delta_2损$）时加工孔轴线位置精度及夹具极限偏差	
	上偏差	下偏差		一般的	较低的	上偏差	下偏差		一般的	较低的
6~10	33	13	20	40	60	20	10	10	0	-10
>10~18	40	16	24	48	72	24	12	12	0	-20
>18~30	50	20	30	60	90	30	15	15	0	-15

表 7-23 铰链板工作宽度及槽的磨损极限偏差（见表图 7-22）　　　　（单位：μm）

锁扣铰链基本尺寸 B/mm	铰链钻模板的锁扣								
	槽					模板工作宽度			
	尺寸 B 的极限偏差 H7		制造公差	当槽 B 磨损（$\Delta_{3损}$）时加工孔轴线位置精度及夹具极限偏差		尺寸 B 的极限偏差 h6		制造公差	当工作宽度 B 磨损（$\Delta_{4损}$）时加工孔轴线位置精度及夹具极限偏差
	上偏差	下偏差		一般的	较低的	上偏差	下偏差		一般的	较低的
30~50	27	0	27	54	81	0	-17	17	-34	-51
>50~80	30	0	30	60	90	0	-20	20	-40	-60
>80~120	35	0	35	70	105	0	-23	23	-51	-69

7.2.6 钻模通用部件

1. 滑柱钻模

滑柱钻模包括气动单滑柱钻模、气动双滑柱钻模、双气缸滑柱钻模、手动单滑柱钻模、手动双滑柱钻模等。

（1）气动单滑柱钻模（H = 70 ~ 95 mm）（图 7-96）

（2）气动双滑柱钻模（图 7-97）

（3）手动单滑柱钻模（图 7-98）

（4）手动双滑柱钻模（图 7-99）

2. 卧式回转工作台

（1）偏心轴压紧的回转工作台（图 7-100）

（2）偏心轴压紧、分度盘带手柄的回转工作台（图 7-101）

（3）带配重的回转工作台（图 7-102）

（4）压紧与定位联动的回转工作台（表 7-24）

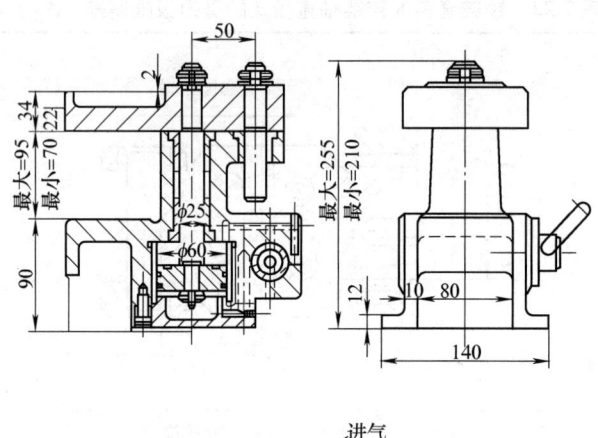

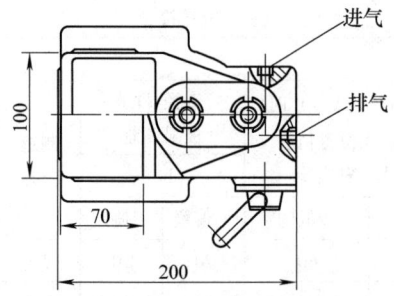

图 7-96　气动单滑柱钻模

资料来源：东风汽车有限公司工厂标准 BJ1-1。

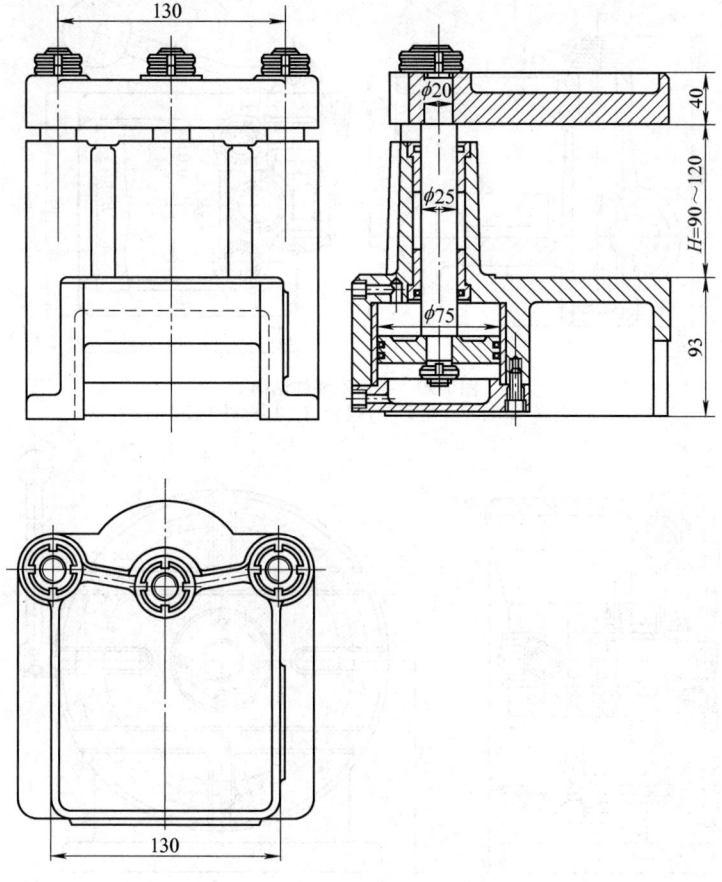

图 7-97　气动双滑柱钻模

资料来源：东风汽车有限公司工厂标准 BJ1-3。

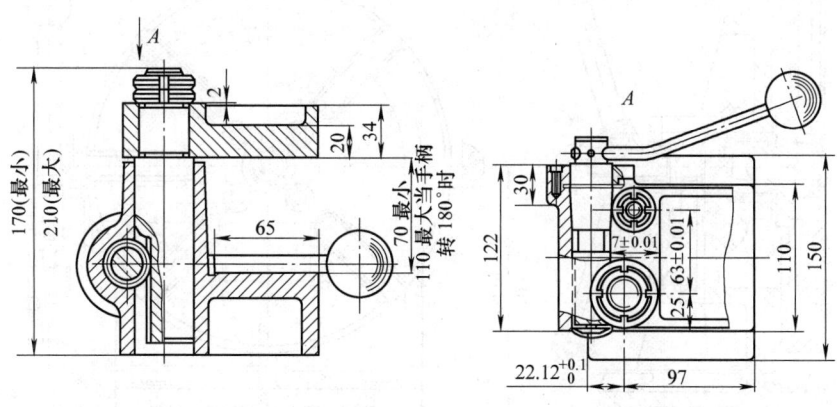

图 7-98　手动单滑柱钻模

资料来源：东风汽车有限公司工厂标准 BJ1-4。

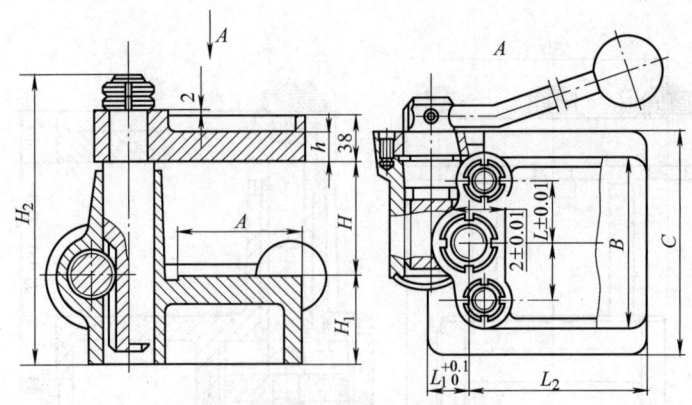

图 7-99 手动双滑柱钻模
资料来源：东风汽车有限公司工厂标准 BJ1-5。

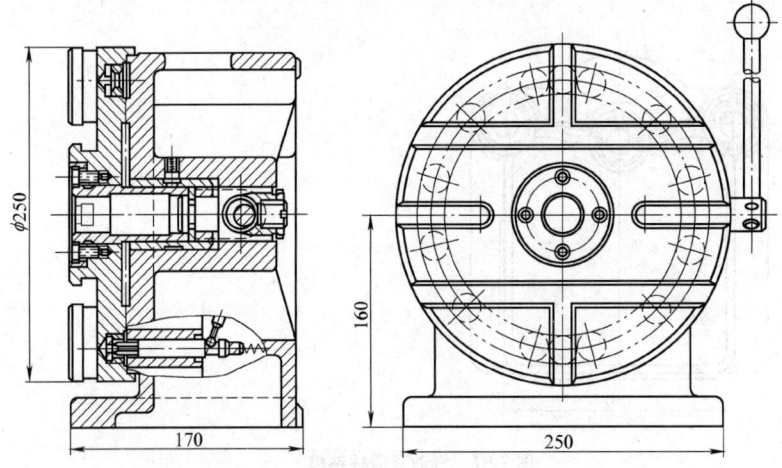

图 7-100 偏心轴压紧的回转工作台
资料来源：沈阳拖拉机厂。

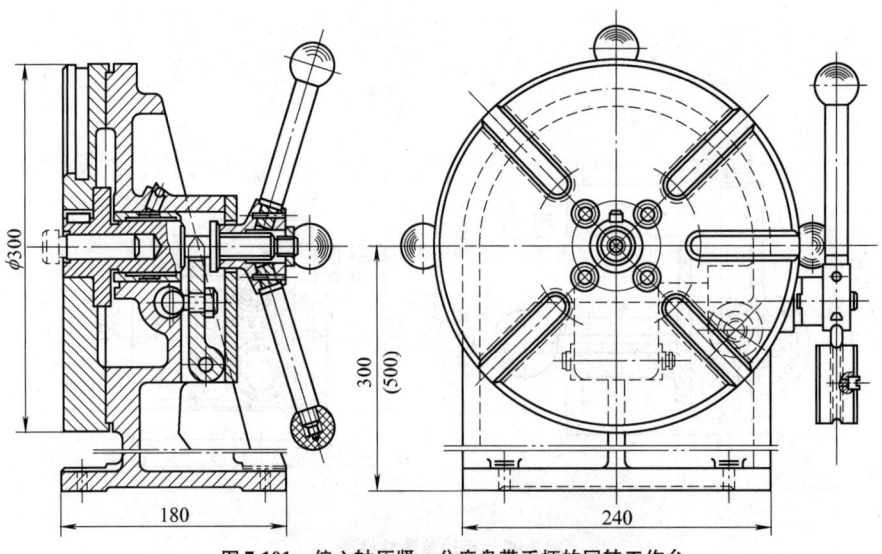

图 7-101 偏心轴压紧、分度盘带手柄的回转工作台
资料来源：沈阳拖拉机厂。

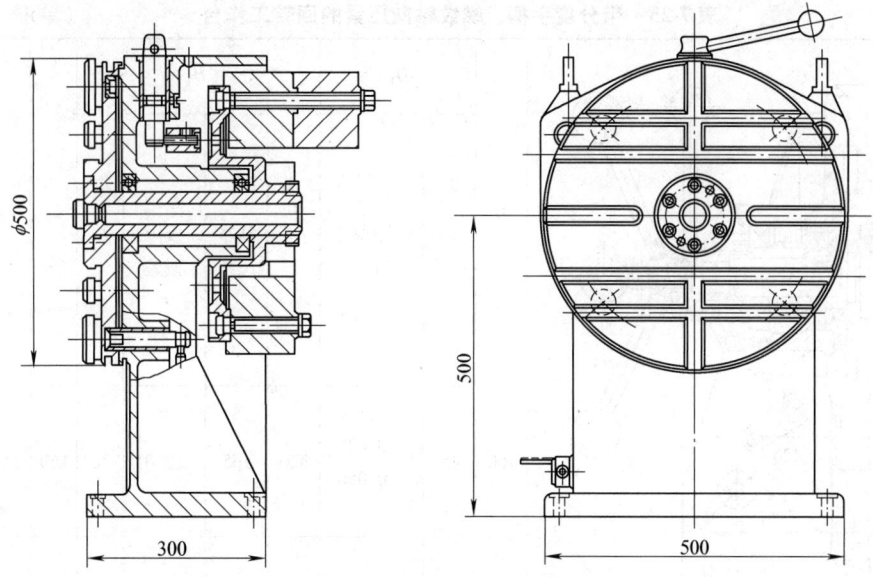

图 7-102 带配重的回转工作台
资料来源：沈阳拖拉机厂。

表 7-24 压紧与定位联动的回转工作台 （单位：mm）

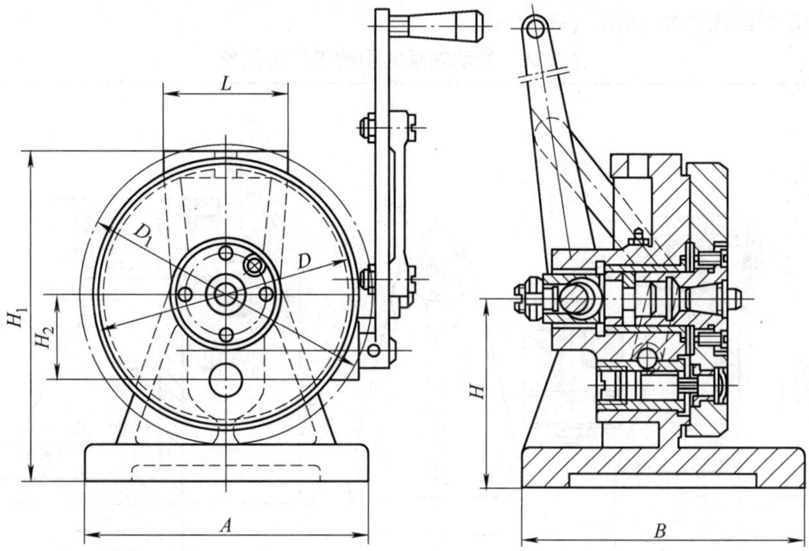

D	D_1	H	H_1	H_2	A	B	L
160	180	110	195	52	170	175	75
200	230	140	245	75	220	200	100
250	290	175	310	95	260	220	115
320	360	220	390	130	320	250	150

资料来源：东风汽车有限公司工厂标准。

(5) 带分度手柄、螺纹轴向压紧的回转工作台（表7-25）

表7-25 带分度手柄、螺纹轴向压紧的回转工作台 （单位：mm）

D	D_1 基本尺寸	D_1 极限偏差 (f7)	H	H_1 基本尺寸	H_1 极限偏差	L	L_1	L_2	A	B
400	45	−0.025 −0.050	320	165	±0.01	30	160	240	200	340
500	50	−0.025 −0.050	370	210	±0.01	25	210	320	260	430

资料来源：东风汽车有限公司工厂标准。

3. 卧轴式回转工作台尾座

(1) 滑动轴承的回转工作台尾座（表7-26）

表7-26 滑动轴承的回转工作台尾座 （单位：mm）

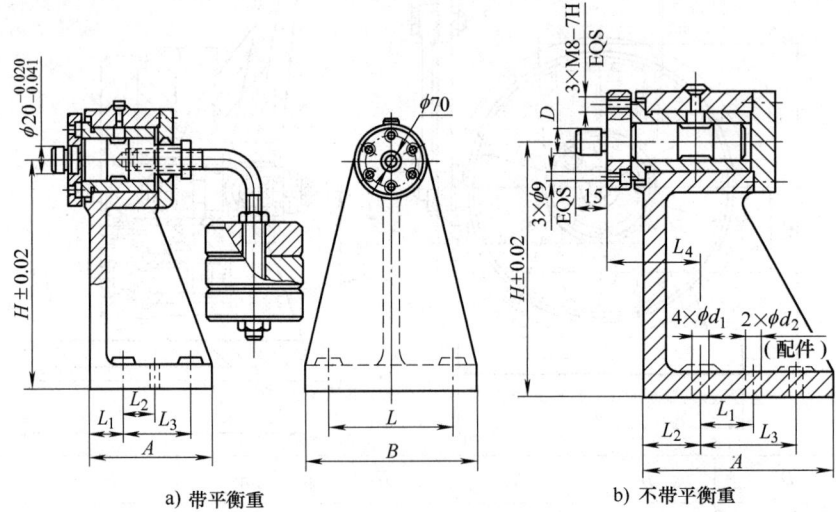

a) 带平衡重　　b) 不带平衡重

序号	H	A	B	L	L_1	L_2	L_3	L_4	D	d_1	d_2
1	175	130	180	130	35	35	70	56	20	17	12
2	220	140	200	150	35	40	80	56	20	17	12

资料来源：东风汽车有限公司工厂标准。

(2) 滚动轴承的回转工作台尾座（表7-27）

表7-27　滚动轴承的回转工作台尾座　　　　　　　　　　（单位：mm）

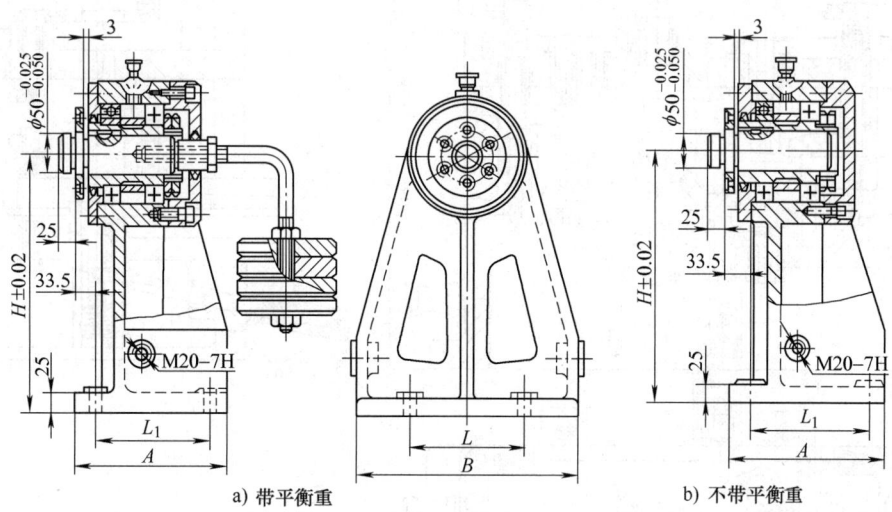

a) 带平衡重　　　　b) 不带平衡重

序号	H	A	B	L	L_1
1	320	220	340	220	160
2	370	250	430	300	190

资料来源：东风汽车有限公司工厂标准。

7.2.7　钻床专用夹具（钻模）典型图例

1. 固定式钻模

钻模在机床上安装固定，被加工的产品在夹具中定位夹紧后，钻模板不做任何移动。

(1) 挂脚多孔固定式钻模（图7-103）　该钻模用于摇臂钻床，钻铰挂脚孔及锪平面。工件以底面、锥孔和侧面在定位板1和2、定位销5及偏心轮6上定位。安装时，先将工件放在定位板1和2上，然后推入钻模体内，通过套3将插销4拔出，往下扳动插在另一个孔中定位，拨动拨杆9使定位销5在弹簧作用下插入工件锥孔中定位，再转动手柄7，使两个偏心轮6推动工件，以确定工件的角向位置。最后拧动螺母8夹紧工件。

该夹具采用上下导向铰孔，以保证孔的位置精度。

(2) 拨叉轴销孔钻模（图7-104）　安装工件前，先通过手柄1拨开顶杆12，将工件以轴孔、叉口端面及内侧在弹簧夹头7、定位板10和定位销2上定位。然后，放松手柄1和顶轴12，依靠弹簧力插入工件孔中并顶紧，以增强工件的刚性。

工件定位后，通过手柄13水平方向转动偏心轮8，经拉杆9将压板11旋转180°，至工件叉口的上方，接着压板再绕拉杆9的轴线转动，使压板11将工件夹紧在定位板10上，然后扳动手柄4，通过叉形偏心轮3带动联接头5和锥头螺钉6，使弹簧夹头7胀开而夹紧工件。

(3) 连杆大头螺纹底孔气动钻模（图7-105）　工件以小头孔、大头端面和侧面在定位销1、定位板2和圆柱销5上定位。

转动回转压板3，接通气源，压缩空气推动活塞7向左移动，经活塞杆6和压紧螺钉4使回转压板3压紧工件。

该夹具由于采用双活塞气缸，使夹紧力增大，能保证可靠地夹紧。钻模板上有喷射冷却液孔，以冷却钻头与工件。多轴钻孔头与夹具的相对位置由两导向柱保证。

(4) 支架销孔气动液性塑料钻模（图7-106）　工件以内孔、端面和侧面在套3、球面支承4及可调支承钉1上定位。销8插入工件一侧的槽中，以防止工件倒装。

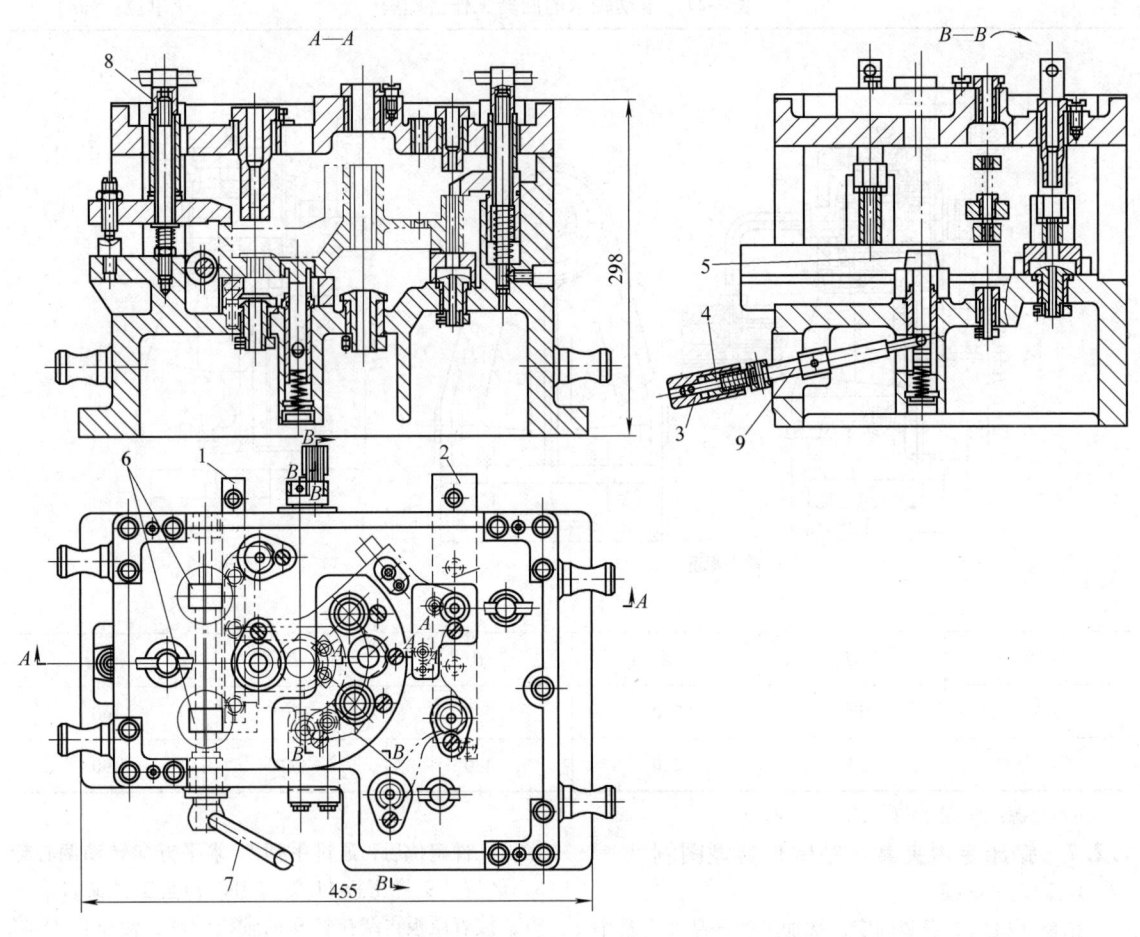

图 7-103 挂脚多孔固定式钻模
1、2—定位板 3—套 4—插销 5—定位销 6—偏心轮 7—手柄 8—螺母 9—拨杆

工件套入套中,并以其侧面靠于可调支承钉 1 上后,接通气源,压缩空气进入薄膜气室下部,薄膜 5 推动柱塞杆 7 向上运动,塑料心轴 2 通过套 3 将工件夹紧。

切断气源后,薄膜 5 恢复原位,柱塞杆 7 在弹簧 6 的作用下,向下运动,松开工件。

(5) 柱塞径向孔尖自动钻模(图 7-107) 工件以外圆和端面在夹具体 2 上的 V 形槽和挡板 3 上定位。

当一个工件加工完后,逆时针转动手柄 1,带动轴 9 转动,使杠杆 8 推动滑块 7 向左移动,使工件经过钻模板 6 上的缺口进入夹具体 2 的 V 形槽中。与此同时,杠杆 4 通过拉杆 5 使挡板 3 绕轴转动向上抬起。反向转动手柄 1,带动轴 9 通过杠杆 8 使滑块 7 向右移动,推动未加工过的工件,将已加工好的工件推出。同时,杠杆 4 使拉杆 5 向下,带动挡板 3 向下转动,正好挡住待加工的工件,这时滑块 7 继续向右运动,将工件压紧在挡板 3 的端面上,即可进行钻孔。

该夹具具有自动上、下料装置,生产率高。

2. 移动式钻模

(1) 拨块中心孔钻模(图 7-108) 该夹具由于体积小,重量轻,钻孔转矩小,用手即可移动。

工件以外圆和端面在弹簧夹头 3 中定位。转动手柄 1,带动螺母 4 使弹簧夹头 3 夹紧工件。为了便于装卸工件,采用了铰链式钻模板 2。

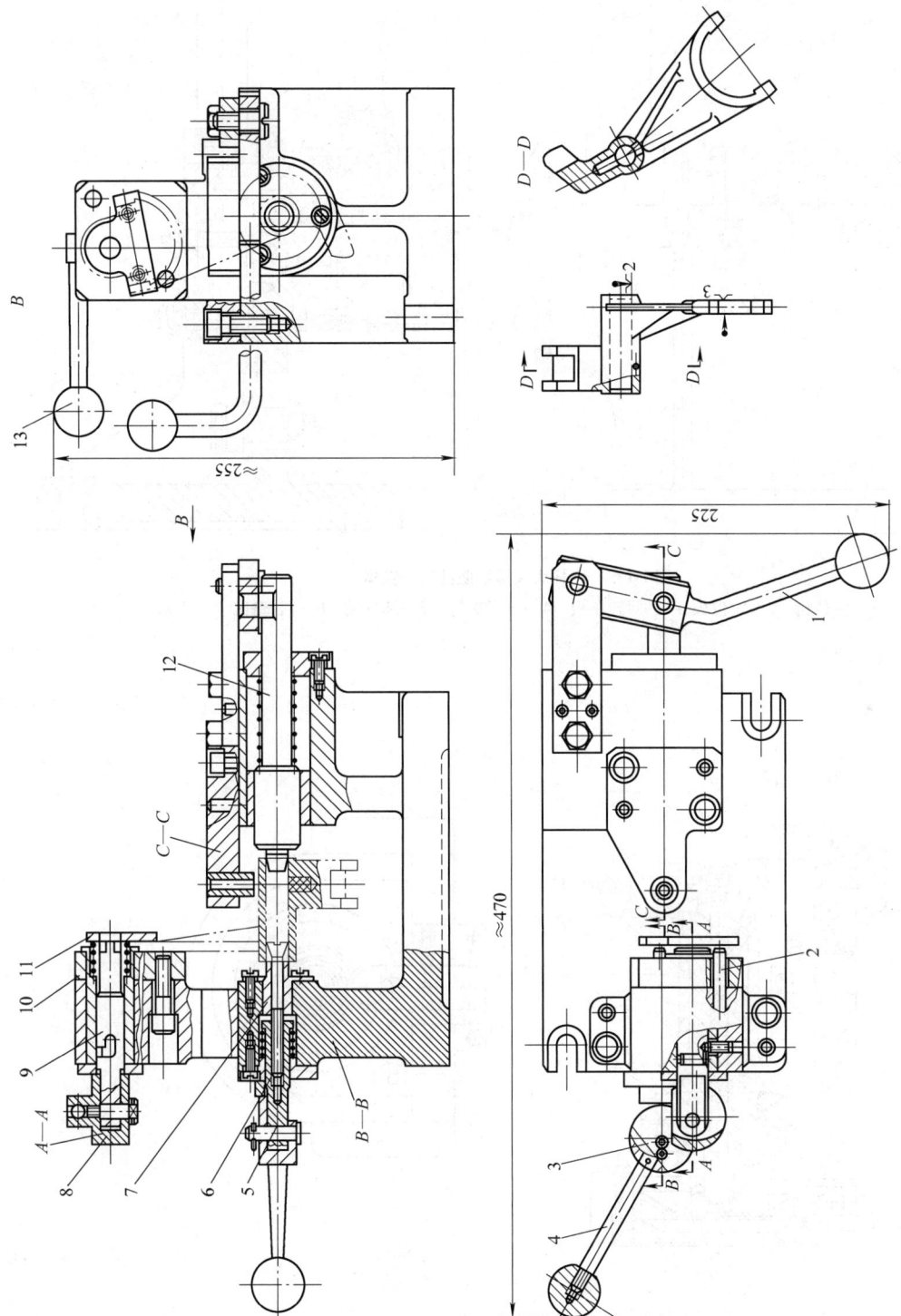

图 7-104 拨叉轴销孔钻模

1、4、13—手柄 2—定位销 3—叉形偏心轮 5—联接头 6—锥头螺钉 7—弹簧夹头 8—偏心轮 9—拉杆 10—定位板 11—压板 12—顶轴

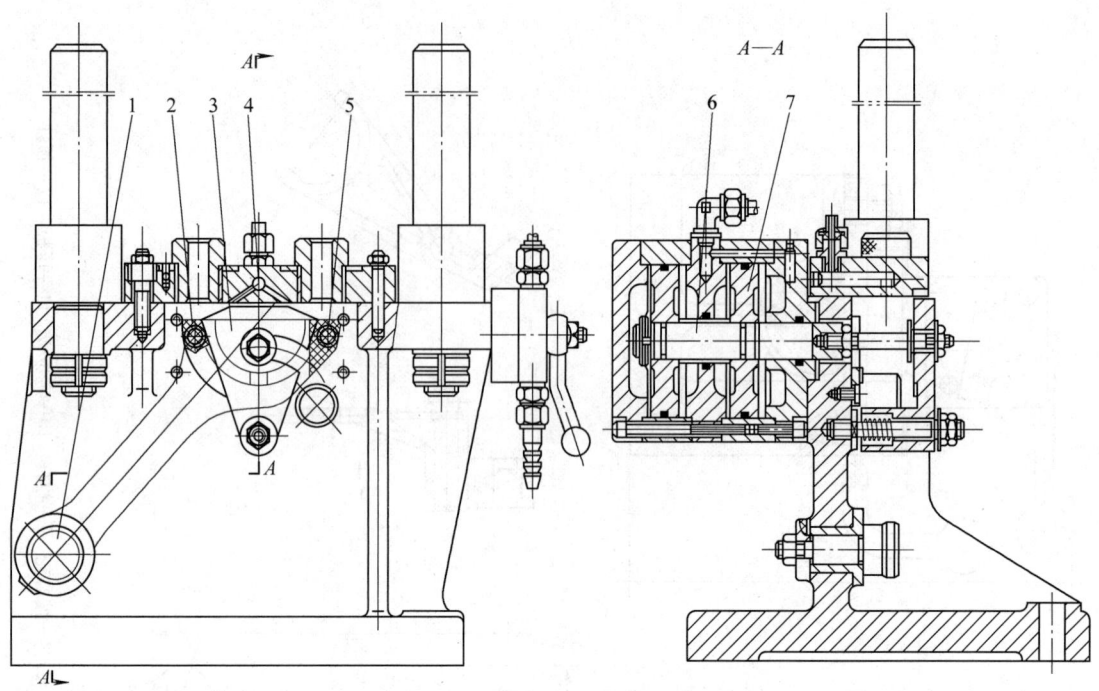

图 7-105 连杆大头螺纹底孔气动钻模

1—定位销 2—定位板 3—回转压板 4—压紧螺钉 5—圆柱销 6—活塞杆 7—活塞

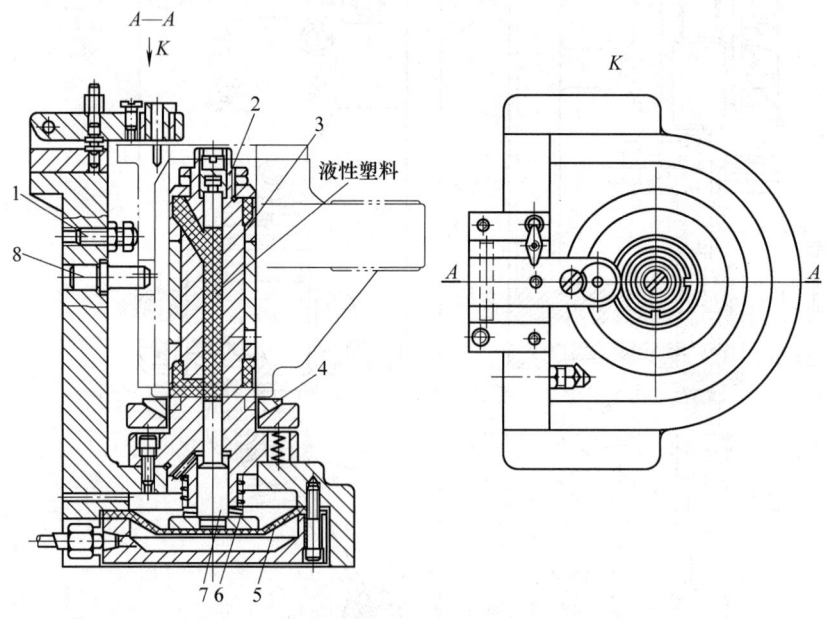

图 7-106 支架销孔气动液性塑料钻模

1—可调支承钉 2—心轴 3—套 4—球面支承
5—薄膜 6—弹簧 7—柱塞杆 8—销

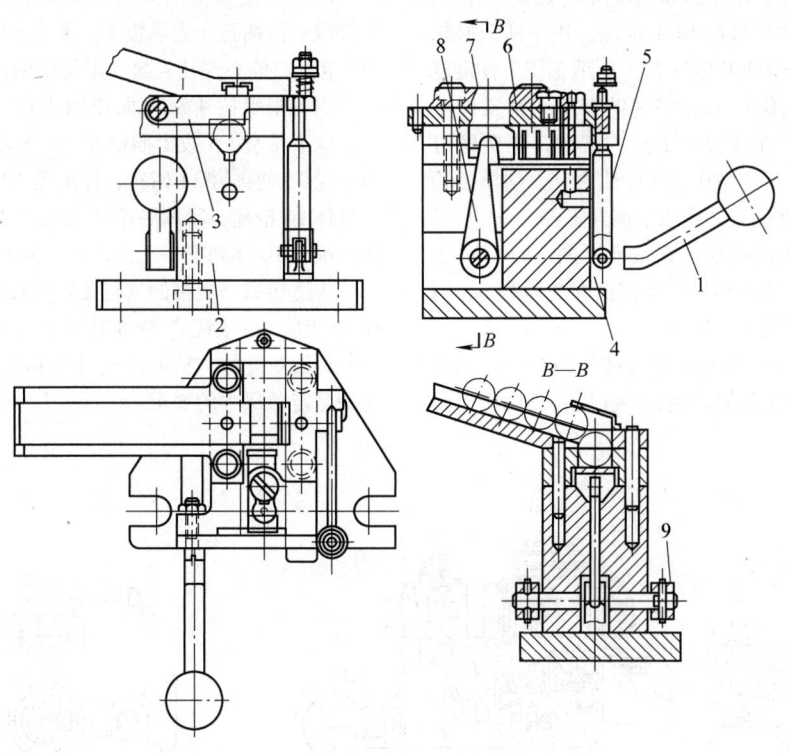

图 7-107 柱塞径向孔尖自动钻模
1—手柄 2—夹具体 3—挡板 4、8—杠杆 5—拉杆
6—钻模板 7—滑块 9—轴

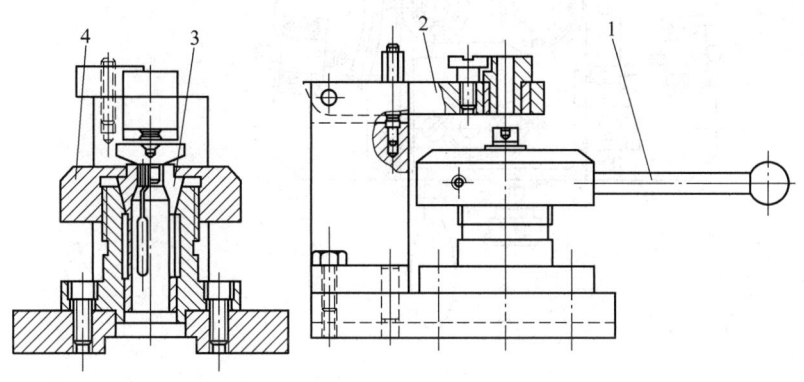

图 7-108 拨块中心孔钻模
1—手柄 2—铰链式钻模板 3—弹簧夹头 4—螺母

（2）操纵手柄两孔移动式滑柱钻模（图7-109）

工件以大端底面及其外圆和小端外圆在支承座5、两个挡销4和活动V形块10上定位。用手柄7操纵滑柱式钻模板6，带动V形块10、压爪3使工件定位并压紧。拧紧滚花螺母12，将辅助支承1锁紧即可钻孔。夹具体8可在底板9上左右摆动，调整螺钉11，使两孔轴线先后与钻床主轴轴线重合。钻模板抬起时，V形块10在斜铁2作用下离开工件。

（3）发动机罩两孔移动式钻模（图7-110） 工件以底平面、一端圆弧和另一端侧面在支承板3、两个圆柱销1和支承块2上定位。

拧动螺母4，通过螺栓6和铰链压板7由浮动压块5将工件由下向上压紧。钻完一孔后移动钻模至另一端钻第二个孔。

（4）气缸盖两油尖孔移动式钻模（图7-111）
工件以一面两孔在支承板5、活动定位销1和菱形销2上定位。偏心支柱7起预定位作用。

用三根螺柱4从顶面压紧工件。扩、铰一个孔后，取下钻套3，拔出插销8，向下转动手柄12，叉形凸轮13使摇臂14回转，经滚道10上的滚轮11将夹具体16抬起，脱离底座9上的支承板15，将夹具体沿滚道10移到下一工位，扩、铰另一孔。

为适应另一规格的气缸盖定位尺寸要求，在夹具体16上安装的偏心衬套6和偏心支柱7的内孔插有180°对称双键槽，从而改变件6和件7的安装方向，以满足定位尺寸的要求。

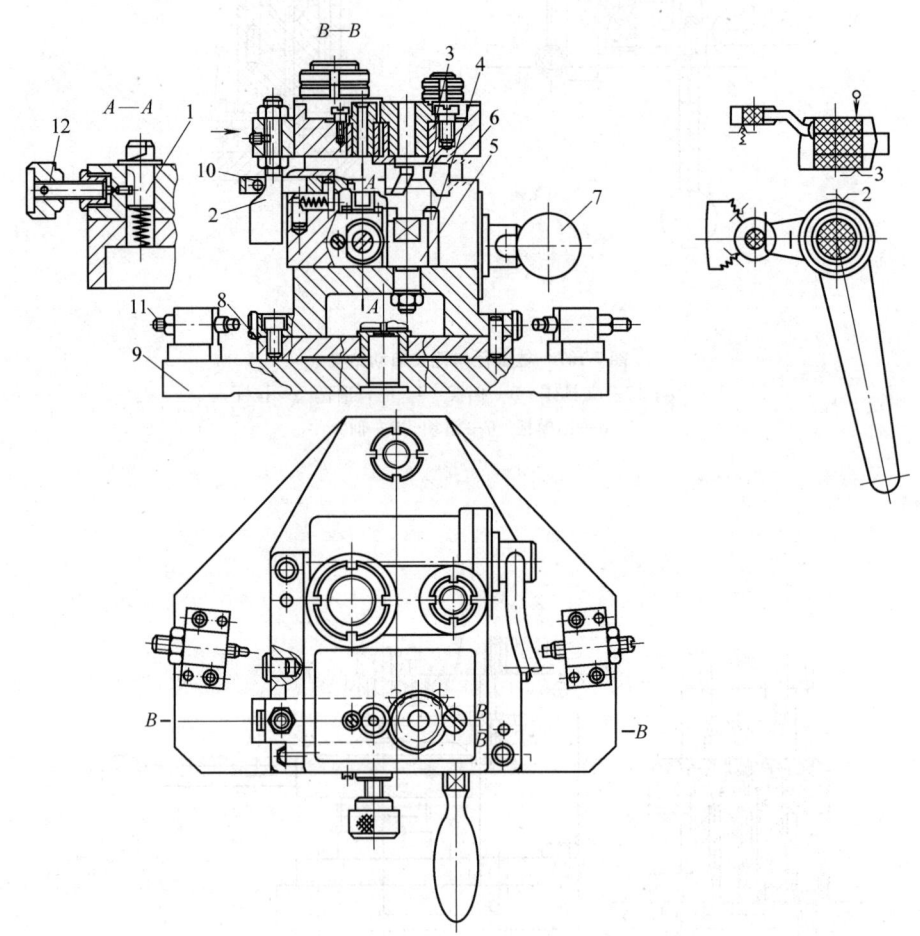

图7-109 操纵手柄两孔移动式滑柱钻模
1—辅助支承 2—斜铁 3—压爪 4—挡销 5—支承座 6—滑柱式钻模板
7—手柄 8—夹具体 9—底板 10—V形块 11—螺钉 12—滚花螺母

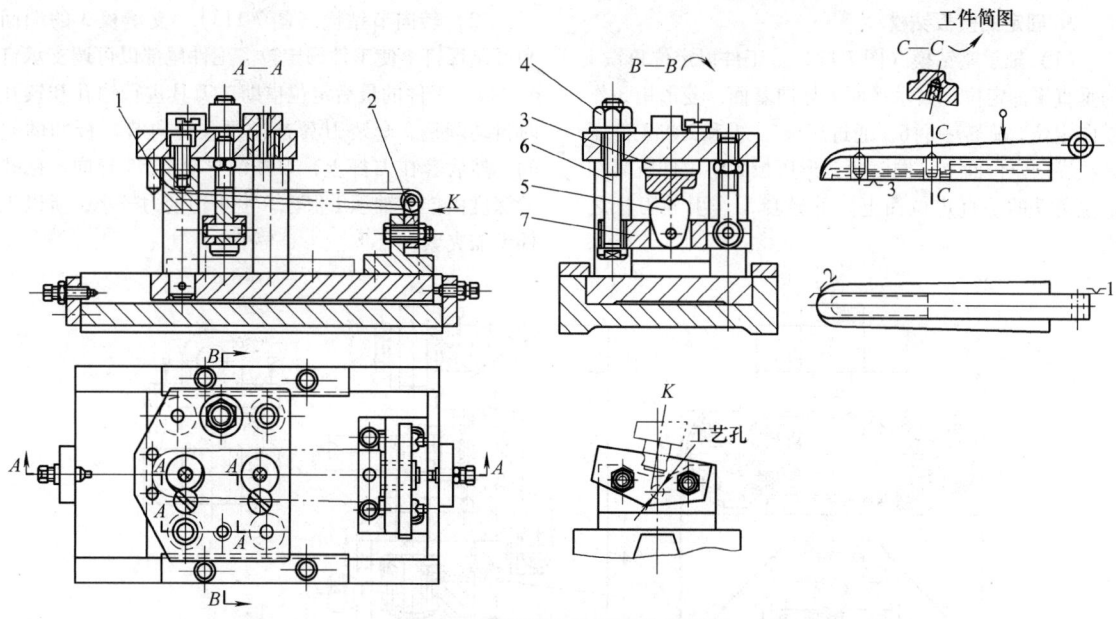

图 7-110 发动机罩两孔移动式钻模
1—圆柱销 2—支承块 3—支承板 4—螺母 5—浮动压块 6—螺栓 7—铰链压板

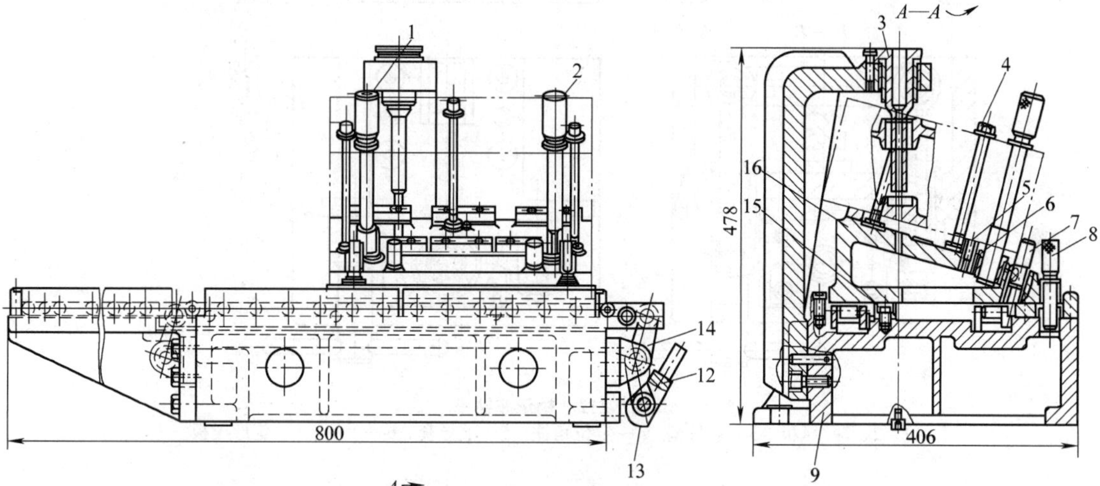

图 7-111 气缸盖两油尖孔移动式钻模
1—活动定位销 2—菱形销 3—钻套 4—螺柱 5—支承板 6—偏心衬套 7—偏心支柱 8—插销 9—底座
10—滚道 11—滚轮 12—手柄 13—叉形凸轮 14—摇臂 15—支承板 16—夹具体

3. 固定式模板钻模

（1）轴承座钻模（图7-112） 工件以定位角铁4的垂直平面定位，其水平面为导向基面。菱形销3作横向定位。旋转手柄6，通过压板7、1和2将工件压紧在导向定位面上，同时两钩形压板8将工件压紧在定位角铁的垂直定位面上。下导套5作引导刀杆之用。

（2）转向节钻模（图7-113） 支承板3的端面和可调螺钉4使工件预定位。工件尾部以可调支承钉6支持。工件的最后定位借助于刀具进行锪孔和铰孔时自动调整。套装刀具首先放入转向节耳板间的空间，然后套在刀杆上，刀杆由导套2、5导向。锪孔的深度由推力轴承1保证。由于切削力较小，所以工件无需夹紧。

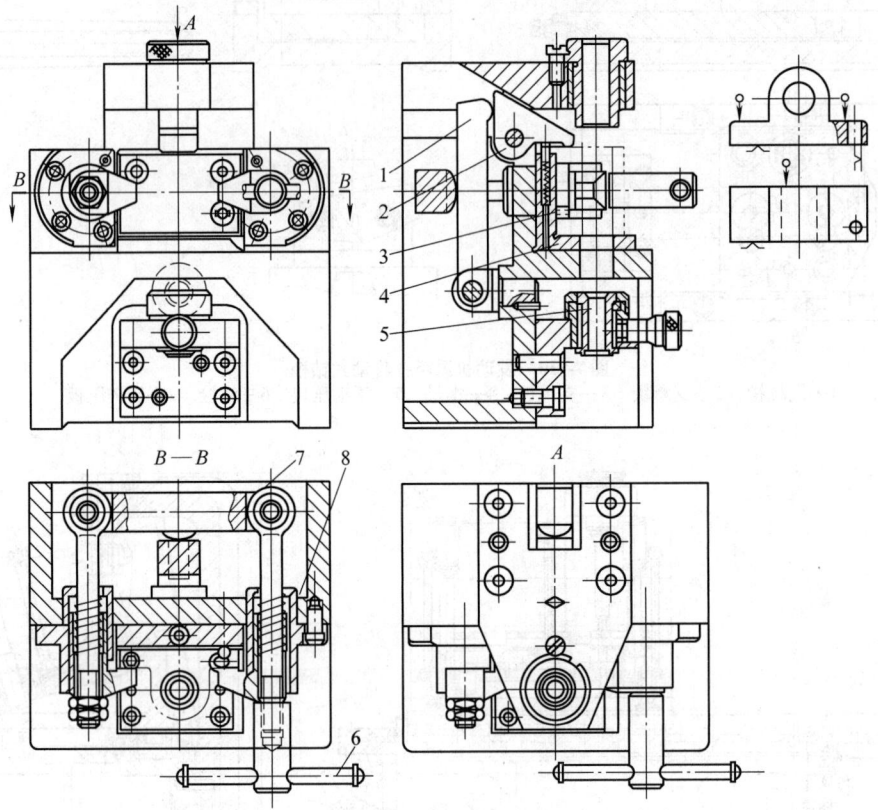

图 7-112 轴承座钻模
1、2、7—压板 3—菱形销 4—定位角铁 5—下导套 6—手柄 8—钩形压板

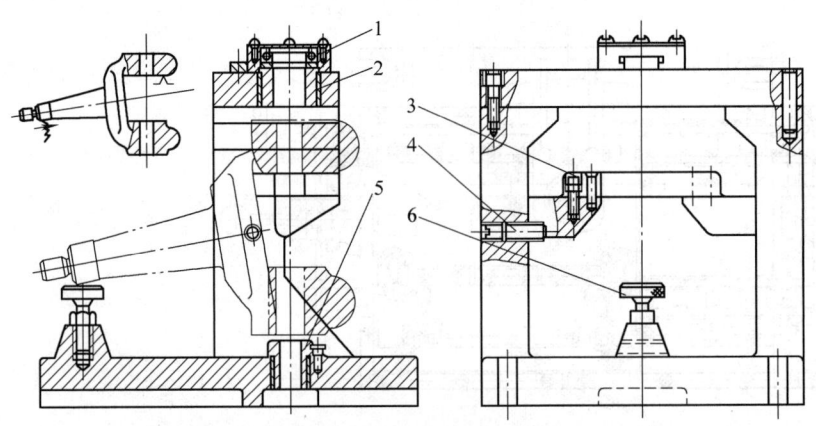

图 7-113 转向节钻模
1—推力轴承 2、5—导套 3—支承板 4—可调螺钉 6—可调支承钉

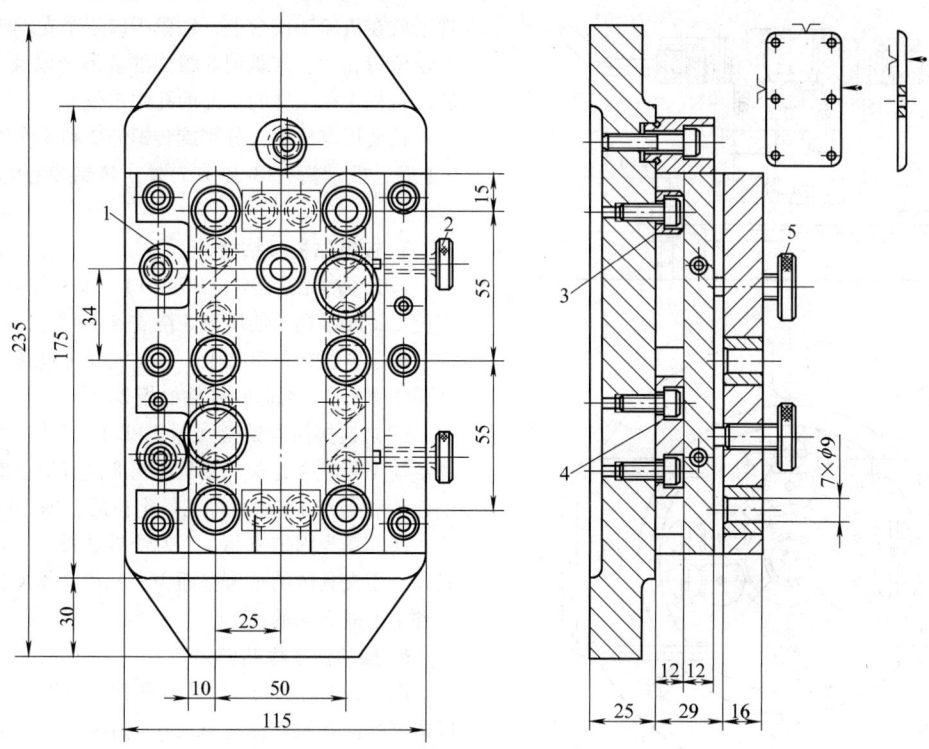

图 7-114 盖板钻模
1—偏心块 2—侧面螺钉 3、4—定位块 5—顶面螺钉

（3）盖板钻模（图 7-114） 工件插入钻模体内置于定位块 3 与 4 上。侧向由三个可调节的偏心块 1 定位。然后用侧面螺钉 2 和顶面螺钉 5 压紧。

4. 可卸式模板钻模

（1）分配盘盖钻模板（图 7-115） 将钻模板旋至工件端面即可在台钻上进行钻孔。

（2）筒状零件钻模板（图 7-116） 工件以底面、

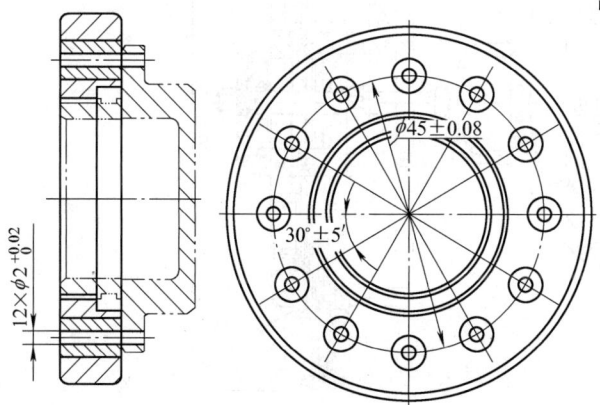

图 7-115 分配盘盖钻模板

台肩和一孔定位。钻模板以工件中孔、顶面和键槽定位。旋螺钉 1 压钢球 2 推动三只径向柱塞 3，使钻模板与工件固紧。

（3）齿轮壳钻模板（图 7-117） 钻模板直接放在工件上，工件由支承板 2 及六块径向定位块 1 来定位。当齿形定向插销 4 插入工件齿槽使工件无径向位移后，用 T 形螺钉 3 将钻模板和工件一起紧固在钻床台面上。

（4）下盖板钻模（图 7-118） 工件以三个可调节的偏心块 4 和底座 7 上的平面定位。用钩形压板 2 压紧工件。钻模板 1 是可卸的，它以两个定位销孔套在钻模底座上的定位销 5、6 上，然后用紧定螺钉 3 压紧。钻孔结束后，先取下钻模板，再取工件。

（5）主轴箱七孔盖板式钻模（图 7-119） 工件平放在机床工作台上，钻模板以四个支承钉 1 组成的平面及圆柱销 2 和菱形销 6 在工件的一面两孔中定位。

钻模板定位后，旋转螺杆 5，推动钢球 4，迫使三个柱塞 3 外移，将钻模板紧固于工件上。

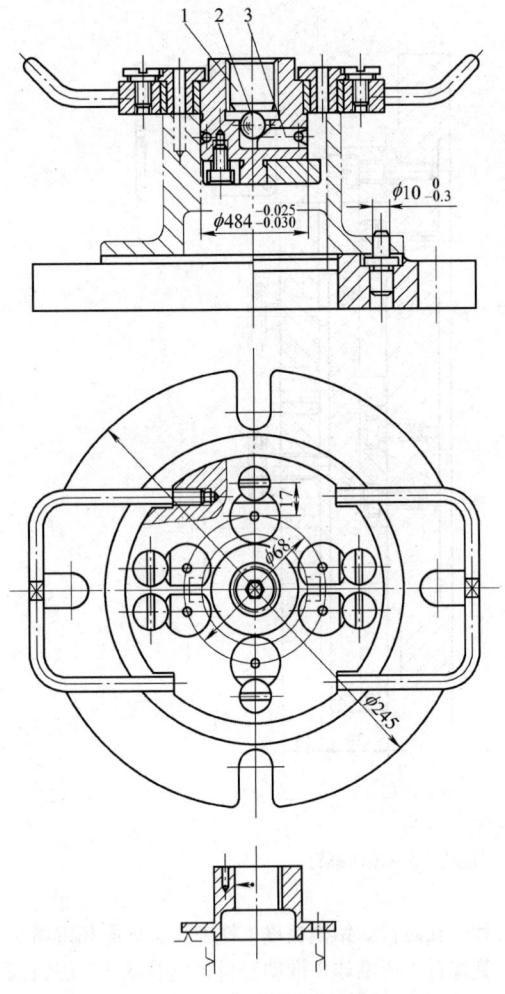

(6) 齿轮室两销孔盖板式钻模（图7-120） 工件平放在机床工作台上，钻模板以三个支承销7组成的定位销和两个支承销8组成的菱形销以及支承钉1和定位板4在工件的一面两孔中定位。

钻模板定位后，分别旋转螺母2和5使斜楔3和6上升，推动滑柱8和7向外，将钻模板与工件固定。

5. 铰链钻模板钻模

(1) 轴承盖钻模（图7-121） 工件孔以定位销1定位。旋转手柄6使压板5绕支点4回转，而将工件的下部压紧在定位钉7上。当钻完孔再攻螺纹时应松开锁紧螺钉3，翻起铰链钻模板2。

(2) 连接摇臂钻模（图7-122） 工件以定位销1和活动V形块4定位。借助螺母8经开口垫圈2压紧工件。5为浮动支承，待工件定位后，即用螺母7拉紧，使其变为固定支承。3为铰链钻模板，用螺钉6紧固。用夹具体的垂直基面M、N和P作夹具底面钻工件上不同方向的孔。

6. 摆动钻模板钻模

图7-123为制动带接头六孔摆动分度钻模，工件以内圆弧面和端面在支承块6、挡板1和挡销8上定位。

拧紧螺母3，通过压板4将工件压紧。翻转铰链式钻模板2，用菱形螺母9固定。钻完中间并列的两孔后，拔出定位销11，松开星形螺母5；左右摆动夹具体12，靠于挡销7，将对定销11分别插入底座10的另两个分度孔内，并拧紧螺母5，钻出其余四孔。

图7-116 筒状零件钻模板
1—螺钉 2—钢珠 3—径向柱塞

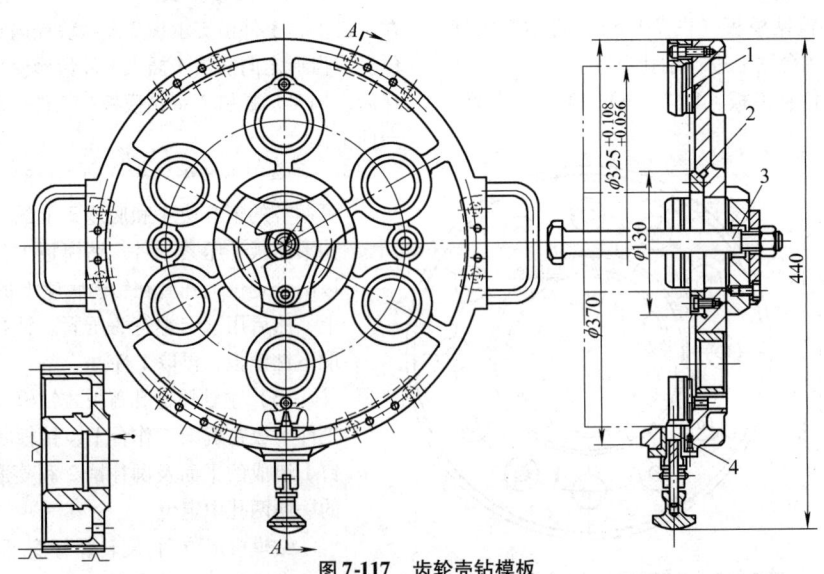

图7-117 齿轮壳钻模板
1—径向定位块 2—支承板 3—T形螺钉 4—定向插销

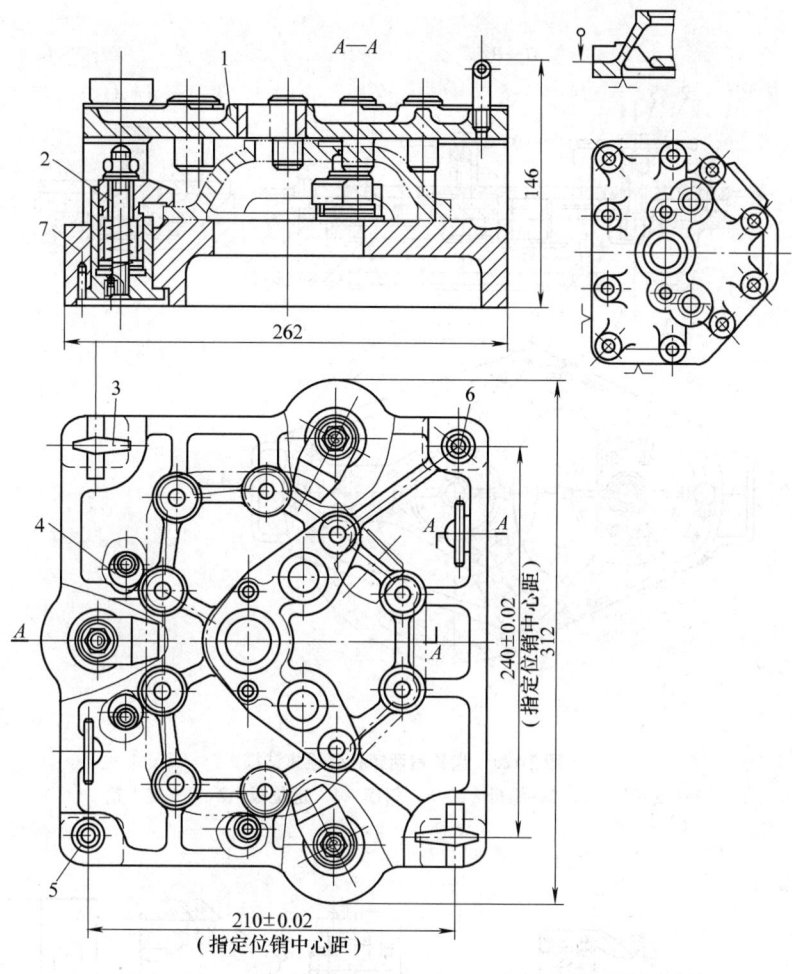

图 7-118 下盖板钻模
1—钻模板 2—钩形压板 3—紧定螺钉 4—偏心块 5、6—定位销 7—底座

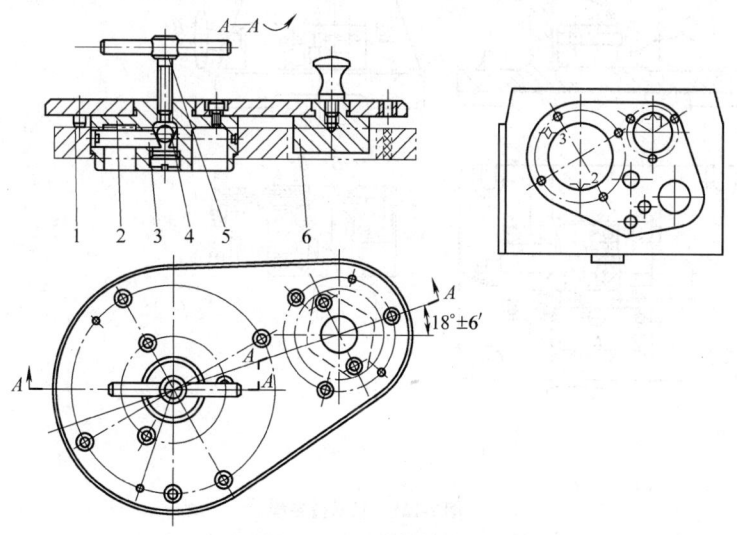

图 7-119 主轴箱七孔盖板式钻模
1—支承钉 2—圆柱销 3—柱塞 4—钢球 5—螺杆 6—菱形销

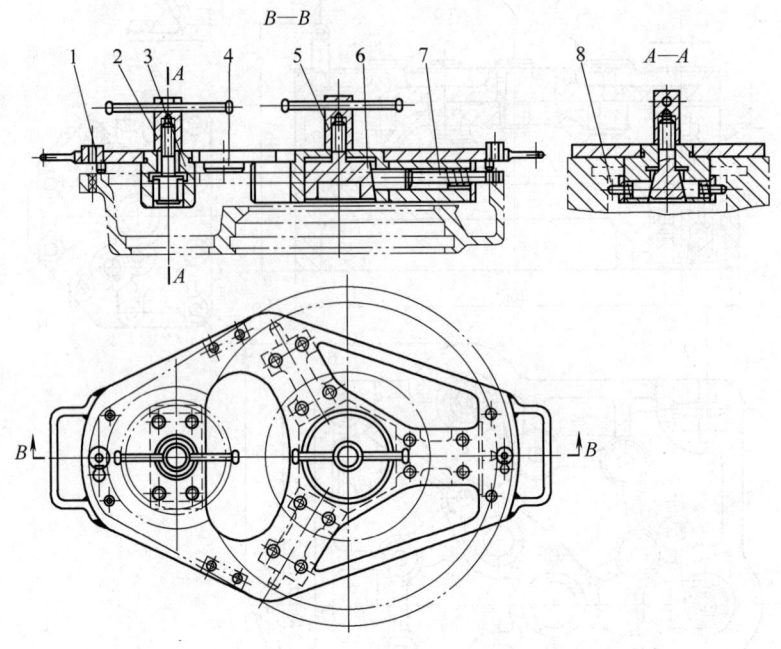

图 7-120 齿轮室两销孔盖板式钻模
1—支承钉 2、5—螺母 3、6—斜楔 4—定位板 7、8—支承销

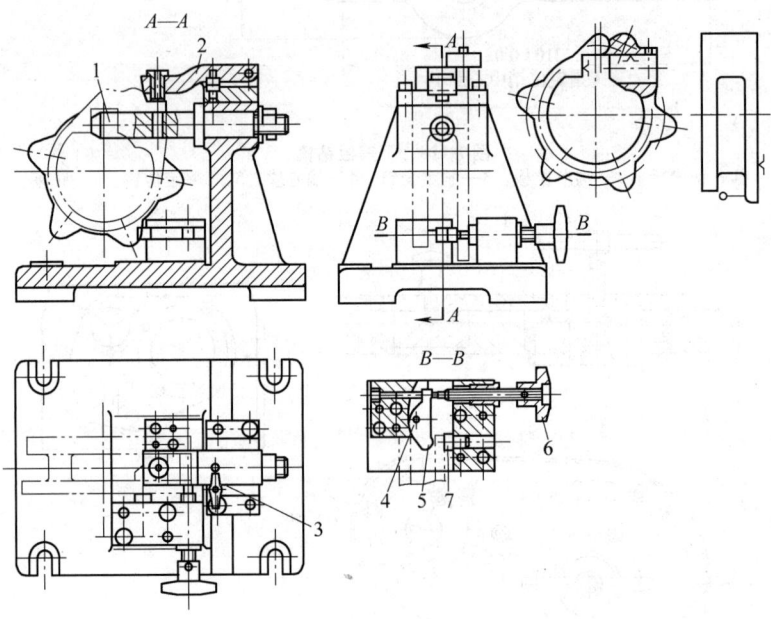

图 7-121 轴承盖钻模
1—定位销 2—铰链钻模板 3—锁紧螺钉 4—支点
5—压板 6—手柄 7—定位钉

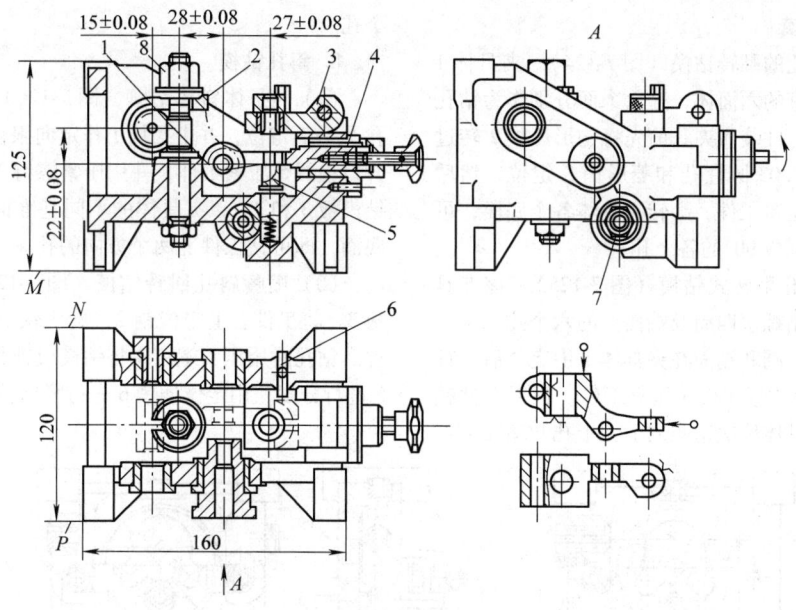

图 7-122 连接摇臂钻模
1—定位销 2—开口垫圈 3—铰链钻模板 4—活动V形块 5—浮动支承 6—螺钉 7、8—螺母

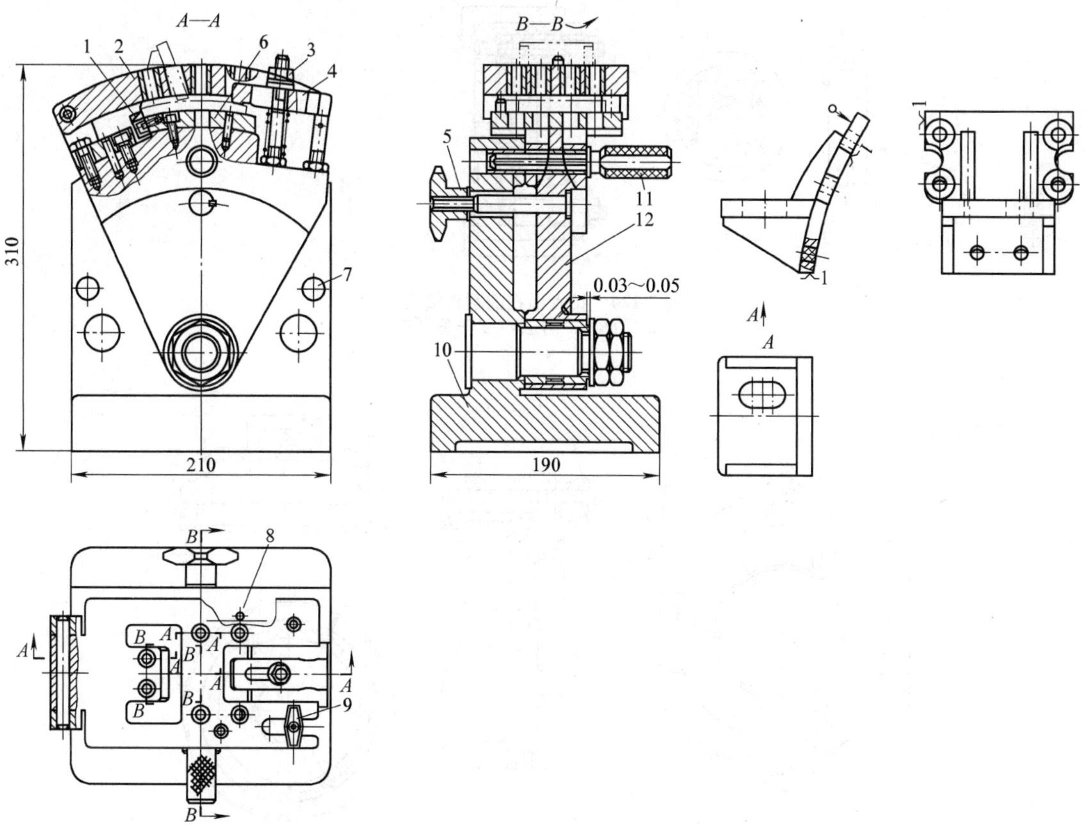

图 7-123 制动带接头六孔摆动分度钻模
1—挡板 2—铰链式钻模板 3—螺母 4—压板 5—星形螺母 6—支承块
7、8—挡销 9—菱形螺母 10—底座 11—定位销 12—夹具体

7. 翻转式钻模

（1）钻六面孔的翻转钻模（图7-124） 夹具体1的外形是相互垂直的六面体，这六个面分别作为钻孔时夹具的底面。工件装入夹具前先将钩形压板2转过90°，工件以 $\phi110.03$ 圆柱孔和菱形销3定位，然后将钩形压板回转压紧工件。翻转夹具各个底面，可钻工件圆柱面上互成90°的各个孔。

（2）主体六孔翻转式钻模（图7-125） 该夹具用于台式钻床，钻螺塞四周及端面上的六个孔。

工件以止口外圆和端面在夹具体1中定位后，拧紧两个螺母2，使钩形压板3压紧工件。根据工件钻孔位置，翻转夹具体依次钻圆周上三个孔和端面上三个孔。

8. 斜孔钻模

（1）转子体斜孔钻模（图7-126） 工件以 $\phi145$ 孔及P面定位，并由挡块1作定向限位。用螺母4和开口垫圈5压紧工件，并用压紧螺钉2和6锁紧铰链钻模板3和7。以夹具体的不同基准面M、N作夹具底面，即可钻工件上两个方向的孔。

（2）喷嘴斜孔回转钻模（图7-127） 翻转钻模板3，将工件套上定位销2，旋入快卸螺母1夹紧工件。钻孔时用压紧螺钉4将钻模板锁紧。拨动分度轴5进行分度，用定位插销6进行径向分度定位。

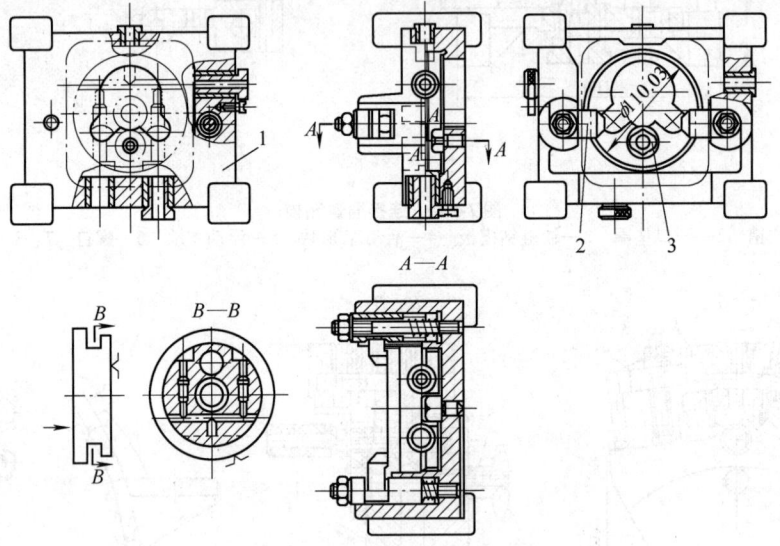

图7-124　钻六面孔的翻转钻模
1—夹具体　2—压板　3—菱形销

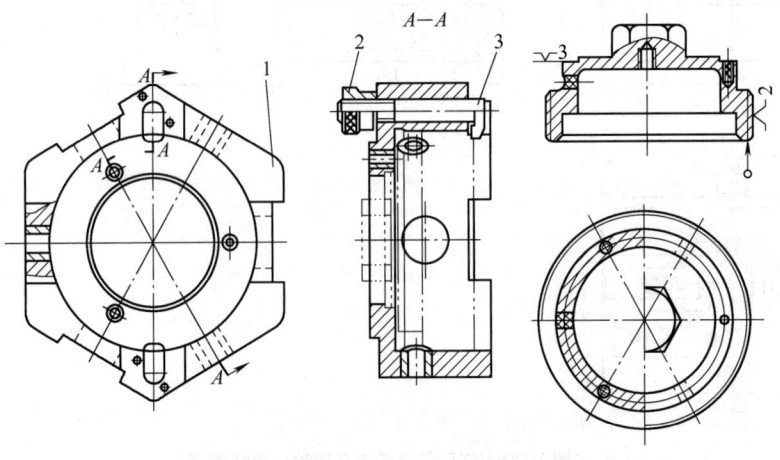

图7-125　主体六孔翻转式钻模
1—夹具体　2—螺母　3—钩形压板

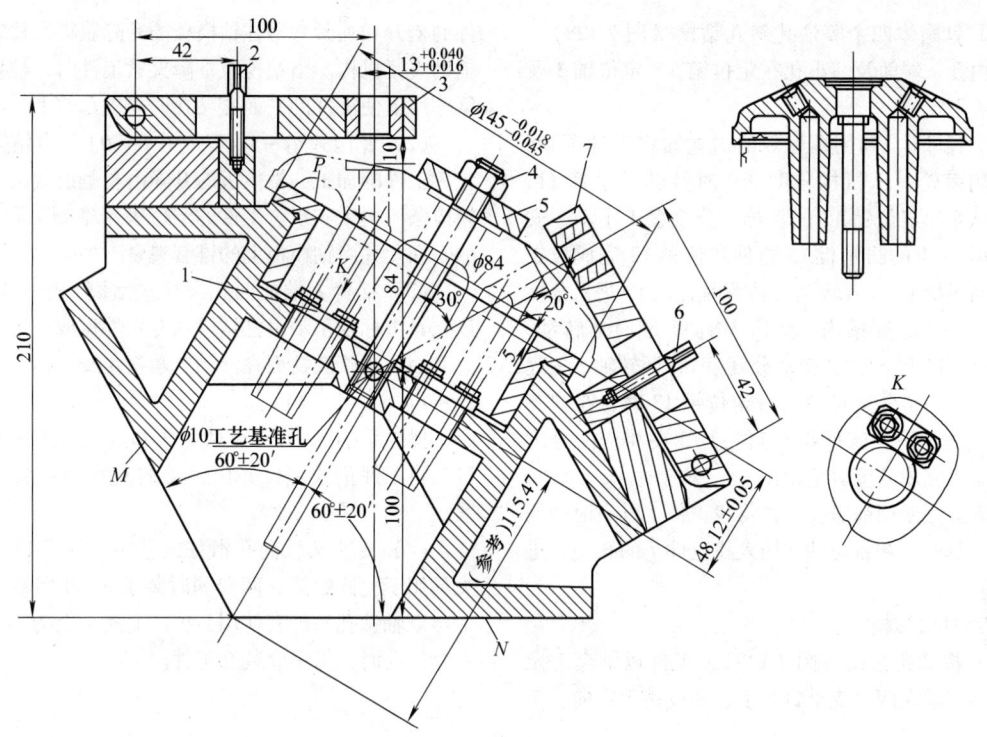

图 7-126 转子体斜孔钻模
1—挡块　2、6—压紧螺钉　3、7—铰链钻模板　4—螺母　5—开口垫圈

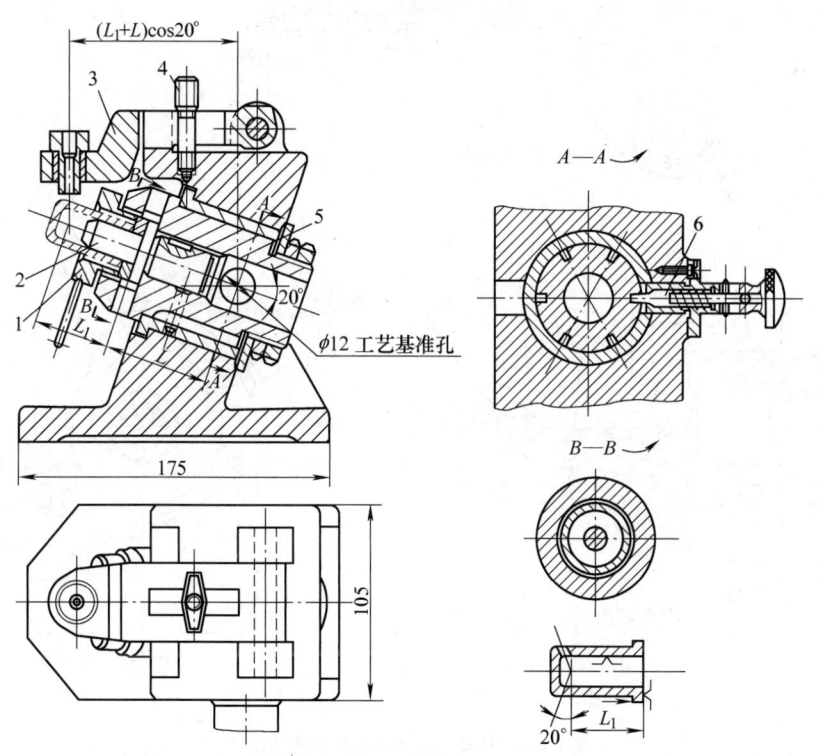

图 7-127 喷嘴斜孔回转钻模
1—快卸螺母　2—定位销　3—钻模板　4—压紧螺钉　5—分度轴　6—定位插销

(3) 针阀体四个喷油孔斜孔钻模（图7-128）工件以内孔、端面及一小孔在定位销5、定位轴3及菱形销4上定位。

拧上螺母6，利用螺母6的内端面将工件压紧。夹具采用棘轮棘爪机构分度。逆时针转动手柄11，由于棘爪8和定位销13的阻挡，分度盘1不动，安装在手柄11上的凸轮板15迫使定位销13完成拔销动作。当手柄11继续转至N位置时，爪12进入分度盘1的下一个分度槽内，然后手柄11顺时针转动，迫使棘爪3退出，爪12带动分度盘1、回转轴2一起旋转，当另一个分度槽口对准定位销13时，在弹簧10、14的作用下，棘爪8、定位销13在相应的分度槽中对定，完成分度对定动作。

本夹具在使用前需找正，将找正件7以一面两销安装在夹具上，并将心轴9插入找正件7的孔中，进行找正。

9. 滑柱式钻模

(1) 拨叉孔钻模（图7-129） 工件以锥套1定心，平面支承在两个支承钉4上，并以销3定向。工件的松开和夹紧靠滑柱钻模板的升降获得。柱塞2为辅助夹紧机构。当钻模板下降夹紧工件时，柱塞在弹簧作用下使工件的平面紧贴在两个支承钉上。

(2) 龙门式滑柱钻模（图7-130） 本钻模用于较大工件的加工。钻模板的升降由左侧的气缸经过齿轮齿条机构来实现。工件的定位采用锥套1和支承2的平面。并由钻模板上的锥套夹紧工件。

(3) 摇臂大端面四孔滑柱式钻模（图7-131）该夹具由标准手动滑柱钻模加专用件构成。工件以法兰底面和小端圆柱面在浮动支承板4及挡销1和5上预定位。

操纵手柄6，压下钻模板3并由其上的三个支承钉2将工件正式定位并由浮动的支承板4将工件夹紧。

(4) 变速叉轴向孔滑柱式钻模（图7-132） 该夹具用于立式钻床，两套同时装于φ450回转工作台上与双轴钻孔头配套使用，扩削变速叉上的轴孔。当一套扩孔时，另一套装卸工件。

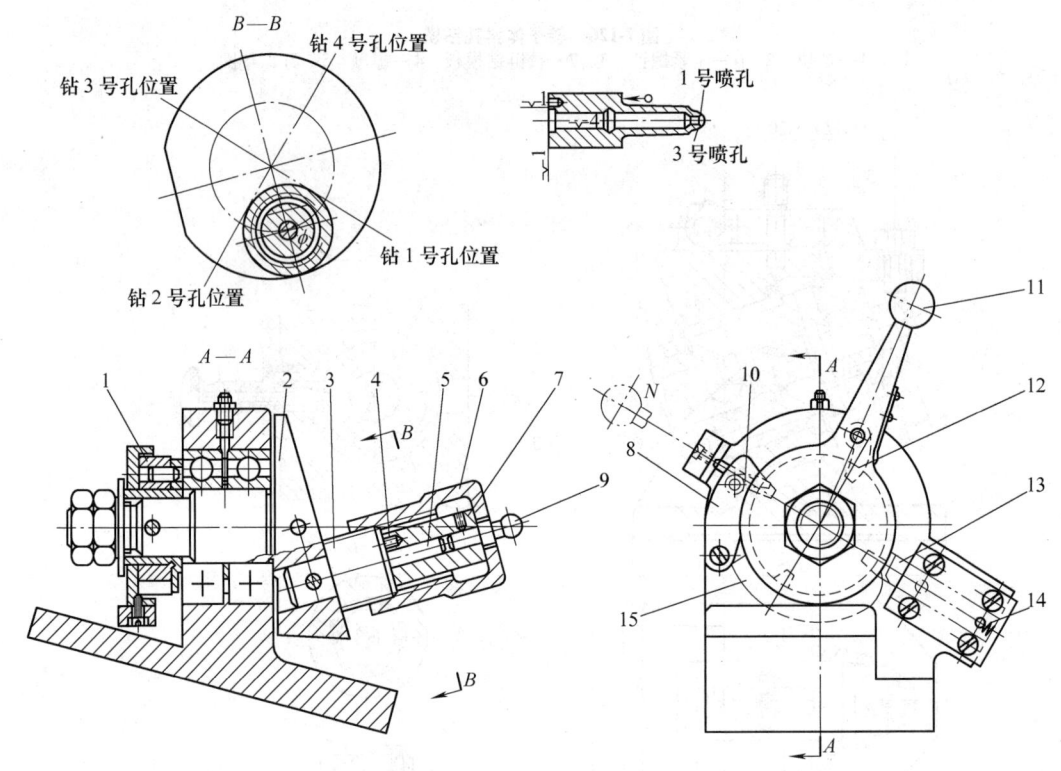

图7-128 针阀体四个喷油孔斜孔钻模
1—分度盘 2—回转轴 3—定位轴 4—菱形销 5—定位销 6—螺母 7—找正件 8—棘爪
9—心轴 10、14—弹簧 11—手柄 12—爪 13—定位销 15—凸轮板

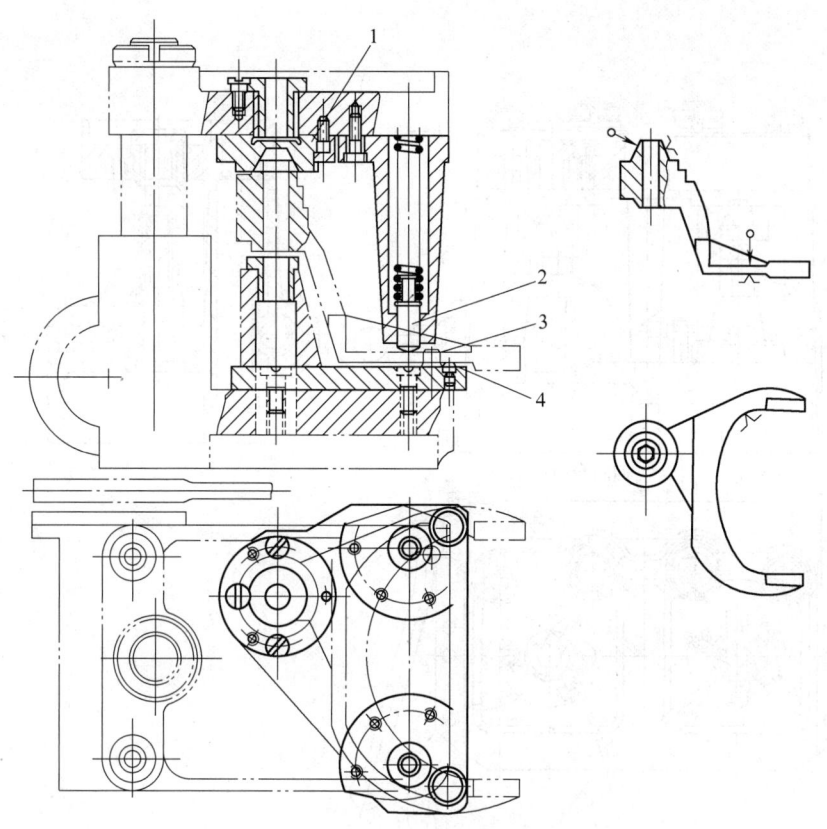

图 7-129 拨叉孔钻模
1—锥套 2—柱塞 3—销 4—支承钉

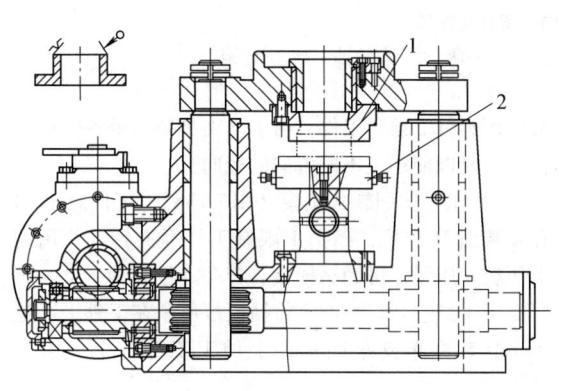

图 7-130 龙门式滑柱钻模
1—锥套 2—浮动支承

工件以端面和侧面在支座 1 和圆柱销 7 上预定位。转动左右手柄 5，通过齿轮轴 6，使升降杆 4 带动钻模板 3 下降，带内锥面的压爪 2 使工件定心并夹紧。当齿轮轴 6 转动时，其上的斜齿轮产生轴向分力，将轴锁紧在锥孔内，从而锁紧钻模板。

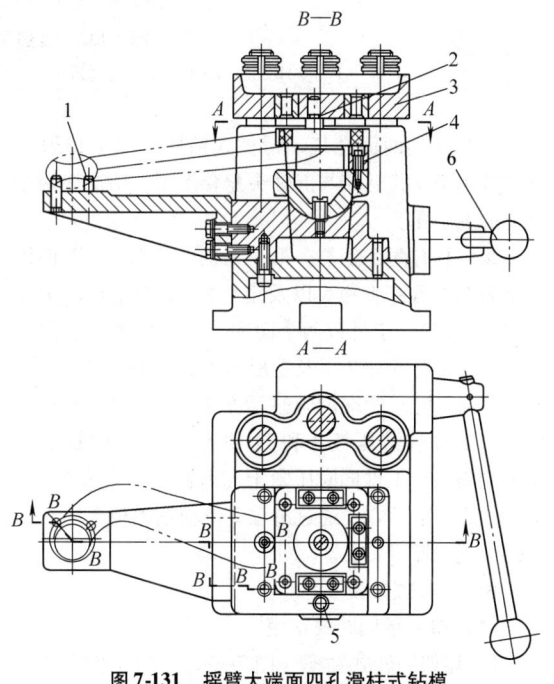

图 7-131 摇臂大端面四孔滑柱式钻模
1、5—挡销 2—支承钉 3—钻模板
4—浮动支承板 6—手柄

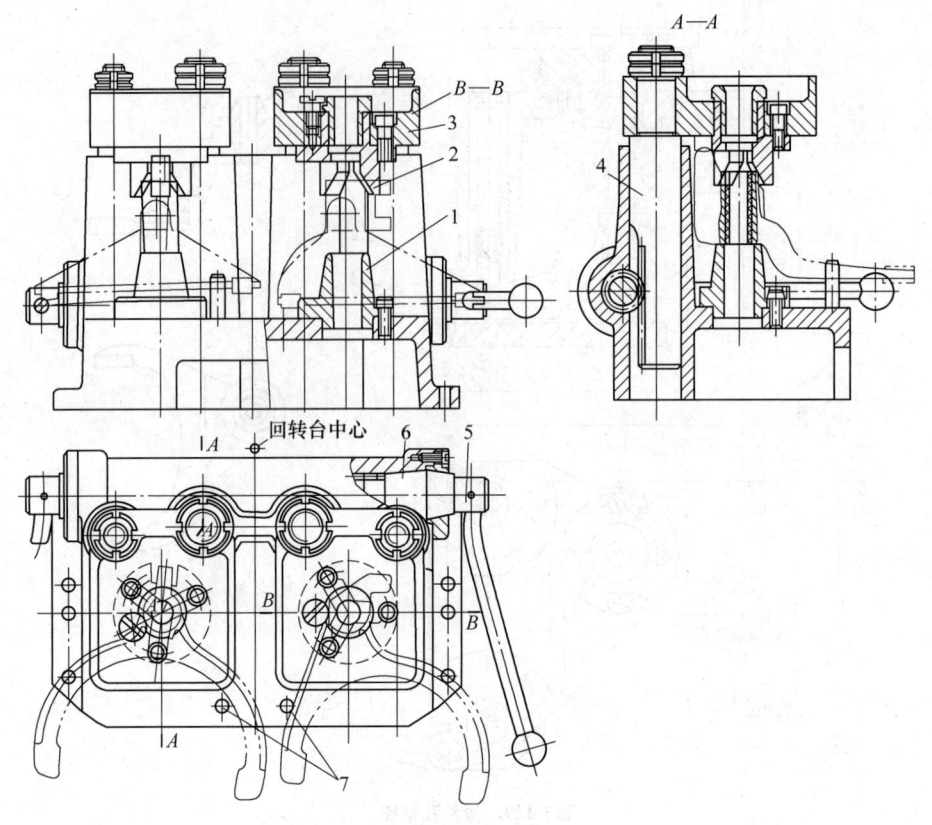

图7-132 变速叉轴向孔滑柱式钻模
1—支座 2—压爪 3—钻模板 4—升降杆 5—手柄 6—齿轮轴 7—圆柱销

(5) 支架两面孔气动滑柱式钻模（图7-133）该夹具用于立式钻床与五轴头配套使用，钻支架两面上的五个孔。

该夹具有两个工位。第一工位（左端），工件以两个面在支承钉4和5以及定位板12上定位。第二工位（右端），工件以两个面和上一工位加工过的一个孔在支承钉6和7以及菱形销8上定位。

接通气源，两端的气缸活塞10及中间气缸活塞13分别推动铰链压板9和11绕各自的回转轴摆动，从两侧将两个工件同时夹紧于支承钉4和5及6和7上，然后气缸活塞1通过滑柱2带动钻模板3下移到规定位置，即可钻孔。

10. 回转式钻模

(1) 单支承回转式钻模

1) 尾架回转式钻模（图7-134） 将工件置于底座3的燕尾导轨上。旋紧螺钉2和6使工件紧靠在75°的导轨和支承钉5上。并用C形夹4将工件夹紧。最后用螺钉1顶紧工件。由于本夹具装于卧轴分度转盘上，所以能加工不同方向的径向孔。

2) 水泵体回转式钻模（图7-135） 工件以φ124孔及端面M定位，挡销1限制工件径向转动。用钩形压板6压紧。可卸钻模板2套在定位心轴5上，旋紧螺母4经过开口垫圈3将钻模板压紧在工件上。整个夹具装在单支承回转盘上加工工件各个面上的孔。

3) 换挡齿套十二孔回转式钻模（图7-136） 工件以外圆、端面和内齿槽在夹具体8和定位销12上定位。

拧紧螺母11，由压板9将工件压紧。转动手柄6，带动轴3转动时，平面凸轮2将定位销1拔出，再转动手柄4，使转轴5松开，可将夹具体8转至下一个加工位置。然后继续转动手柄6，定位销1在弹簧的作用下插入对定孔中，再通过手柄4将夹具体锁紧，至此完成了工件的一次分度。

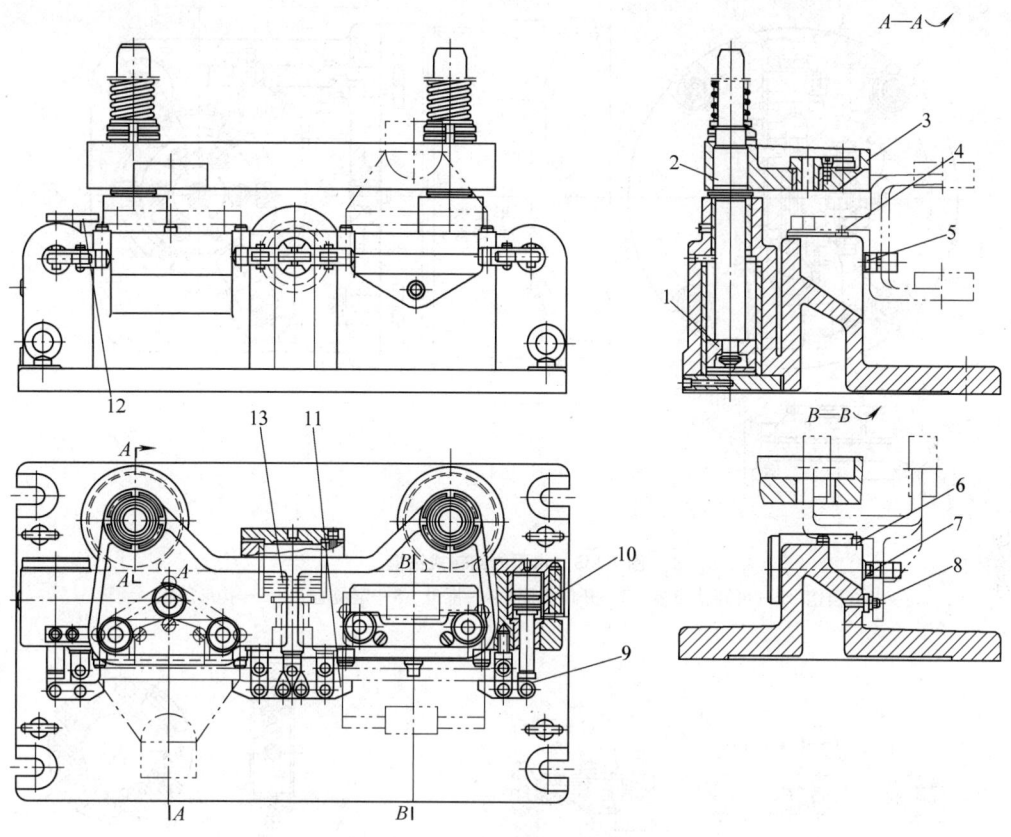

图 7-133 支架两面孔气动滑柱式钻模

1、10、13—气缸活塞 2—滑柱 3—钻模板 4~7—支承钉 8—菱形销
9、11—铰链压板 12—定位板

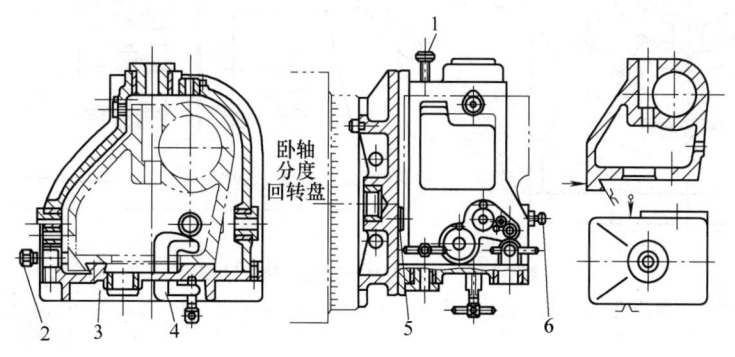

图 7-134 尾架回转式钻模

1、2、6—螺钉 3—底座 4—C形夹 5—支承钉

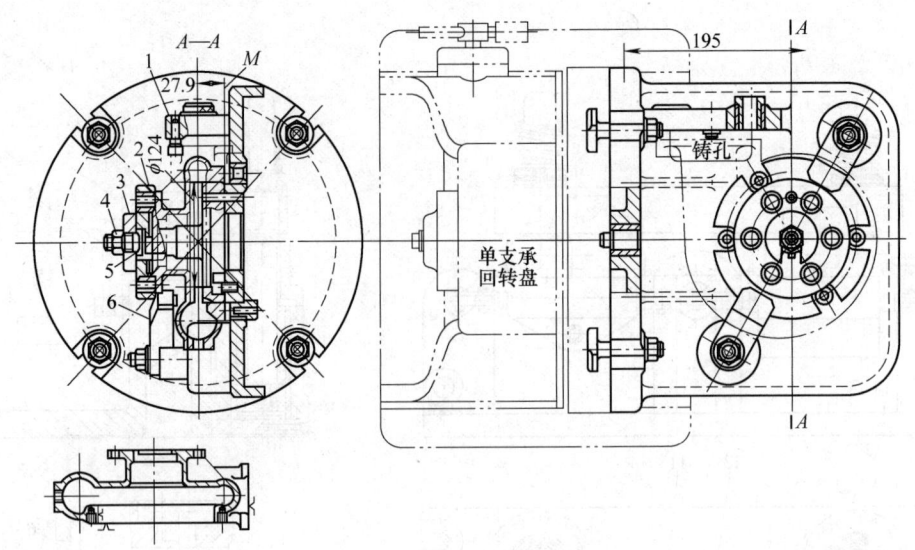

图 7-135 水泵体回转式钻模
1—挡销 2—可卸钻模板 3—开口垫圈 4—螺母 5—定位心轴 6—钩形压板

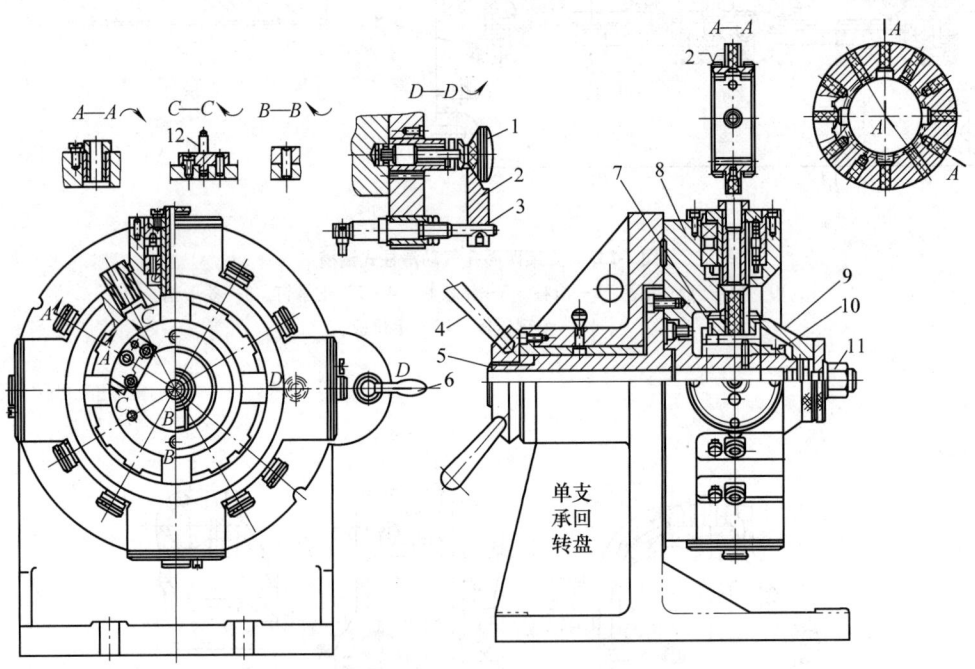

图 7-136 换挡齿套十二孔回转式钻模
1、12—定位销 2—平面凸轮 3—轴 4、6—手柄 5—转轴 7—起件器 8—夹具体 9—压板 10、11—螺母

钻铰完毕，取下压板 9，转动螺母 10，使起件器 7 连同工件一起向外移动，将工件卸下。

4) 差速器壳四孔回转式钻模（图 7-137）：工件以止口外圆、端面和一小孔在钻模架 4 和菱形销 6 上定位。

工件定位后，由装在心轴 7 上的螺钉 8 通过开口垫圈 9，从端面将工件预压在钻模架 4 上，再由钻模架上的四个钩形压板 5 将工件压紧。该夹具采用齿轮齿条式对定分度机构，定位销由手柄 12 控制，手柄 1 回转分度，手柄 2 将回转台锁紧。由于工件悬伸较长,故由装在座 14 上的两个滚轮 13 支承在回转夹具体 3 的下方,以增强其刚性。用斜楔套通过螺杆 11 和螺母 10 调整两滚轮 13 的高低,以使工件轴线处于水平位置。

5)活塞油孔棘轮分度回转钻模(图 7-138):工件(活塞)以裙部和端面为定位基准,装于分度盘 3 上,分度盘紧固于主轴 2 上。转动手柄 1 通过拉杆 5 和放在活塞销孔内的圆销 4 将工件拉紧。分度盘的圆周上具有角形分度槽,其槽和槽的位置与活塞油孔的数量和位置相一致。分度时以顺时针方向转动手轮 6,每次分度后由弹簧销 7 定位。

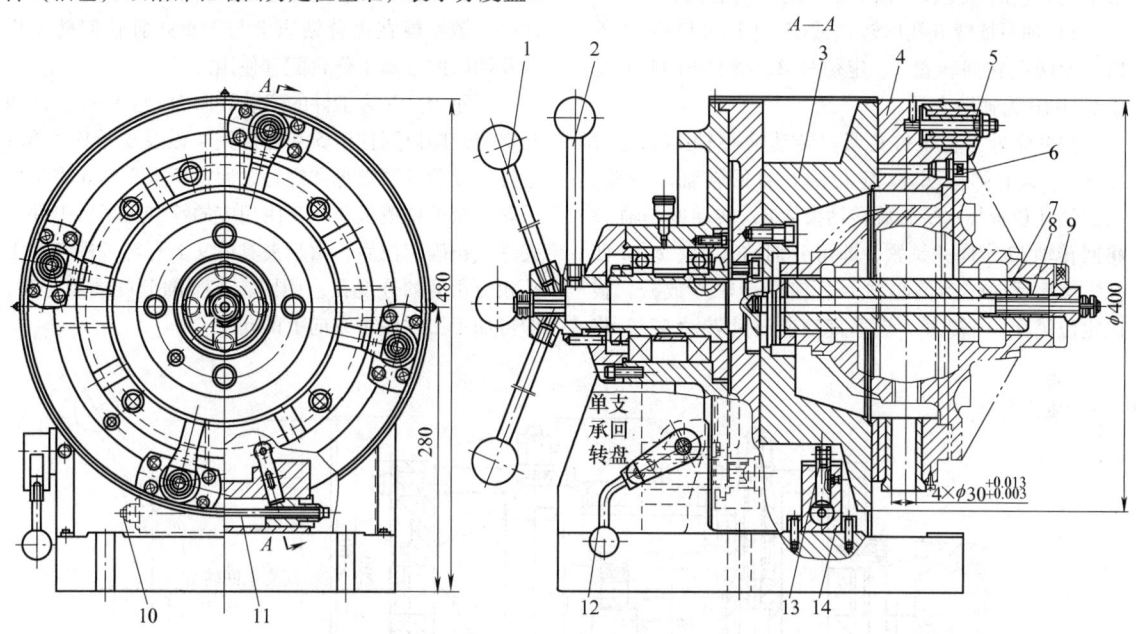

图 7-137 差速器壳四孔回转式钻模
1、2、12—手柄 3—回转夹具体 4—钻模架 5—钩形压板 6—菱形销 7—心轴
8—螺钉 9—开口垫圈 10—螺母 11—螺杆 13—滚轮 14—座

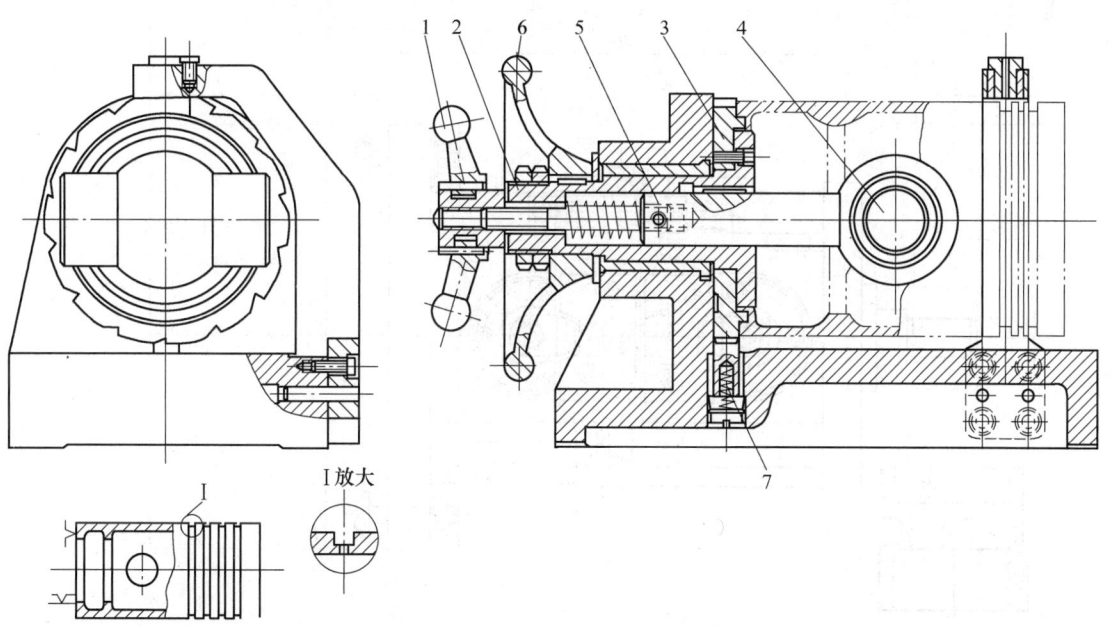

图 7-138 活塞油孔棘轮分度回转钻模
1—手柄 2—主轴 3—分度盘 4—圆销 5—拉杆 6—手轮 7—弹簧销

(2) 双支承回转式钻模

1) 机油泵体回转钻模（图7-139）：工件以两定位销2、3和端面 M 定位。端面紧靠在支承钉4上。用钩形压板1夹紧。铰链钻模板6用螺钉5锁紧。整个夹具装在卧轴双支承回转盘上。转盘按工件要求具有不同分度的分度孔，以加工不同方向的孔。

2) 油泵摇臂五孔回转式钻模（图7-140）：工件以一面两孔在回转盘1、定位柱2、菱形销11上定位。件10为辅助支承。

拧紧螺母3将工件夹紧。转动偏心轴14，通过顶杆7、偏心弹性圈4、定位圈5将回转轴6锁紧。根据钻孔位置绕水平轴旋转钻模体8，转动偏心轴13将回转轴12定向并锁紧，即可分别钻 a、b、c、d 四孔。然后反向转动偏心轴14，使回转轴6放松，拔出定位销9，回转盘1绕垂直轴逆时针转动67°，将定位销9插入另一个定位孔中，并锁紧回转轴6，再转动钻模体8使 e 孔处于垂直位置，锁紧后即可钻孔。（这时在 d 孔内要设置一个带斜孔的特殊钻套）。

该钻模装夹方便，生产率较高，适用于孔分布在不同面上的多孔钻削。

(3) 下垂式气缸盖斜孔卧轴回转式钻模（图7-141） 该钻模在摇臂钻床上与下垂式卧轴回转工作台及钻床的方箱工作台配套使用。

平面 M、N 为工件的安装导向面，工件以一面两孔定位，即以圆柱销5和菱形销4以及支承板1和2定位。然后拧紧螺母和螺钉，通过压板3和6将工件压紧，铰链钻模板7和8用相应的螺钉压紧。工件在夹具上正确定位后，由于夹具体9上有与工件各加工孔相应角度的分度孔，用回转支架的分度插销分度，即可加工工件各个方向上的孔。

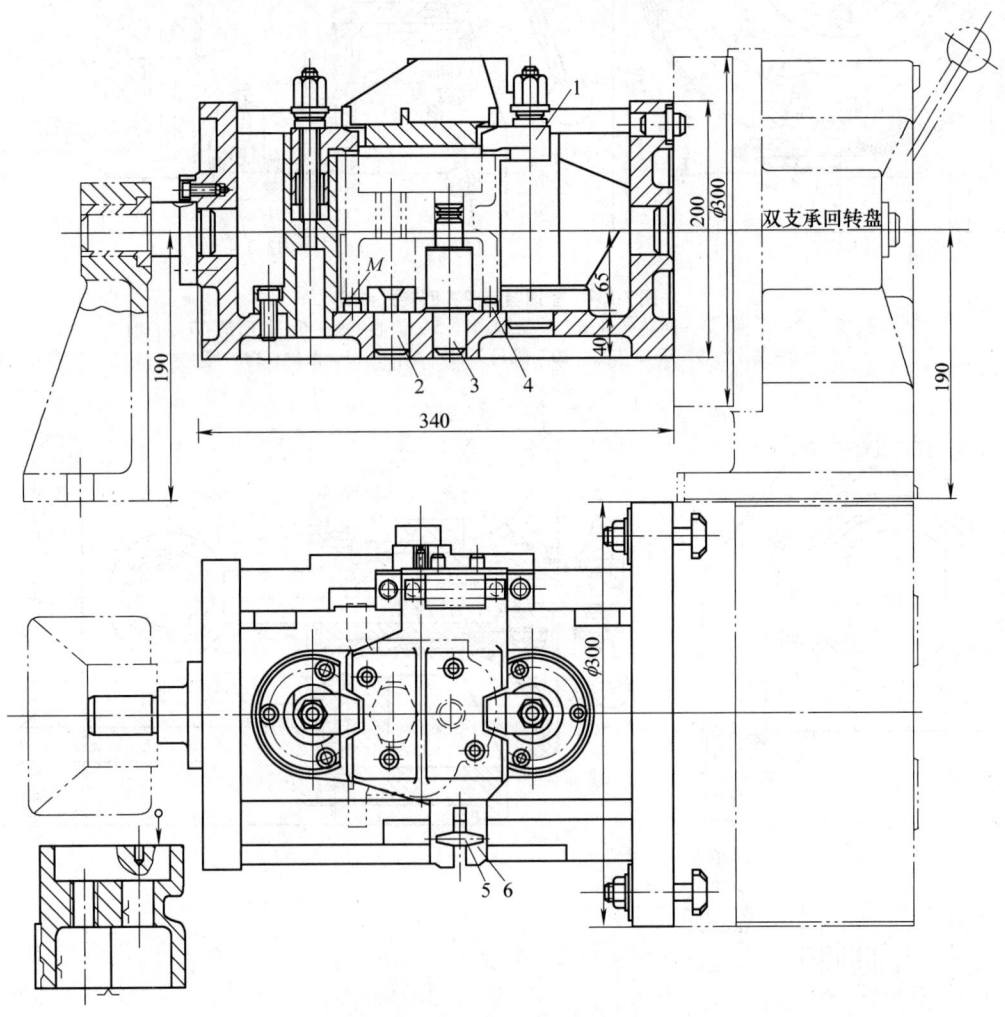

图7-139 机油泵体回转钻模

1—钩形压板 2、3—定位销 4—支承钉 5—螺钉 6—铰链钻模板

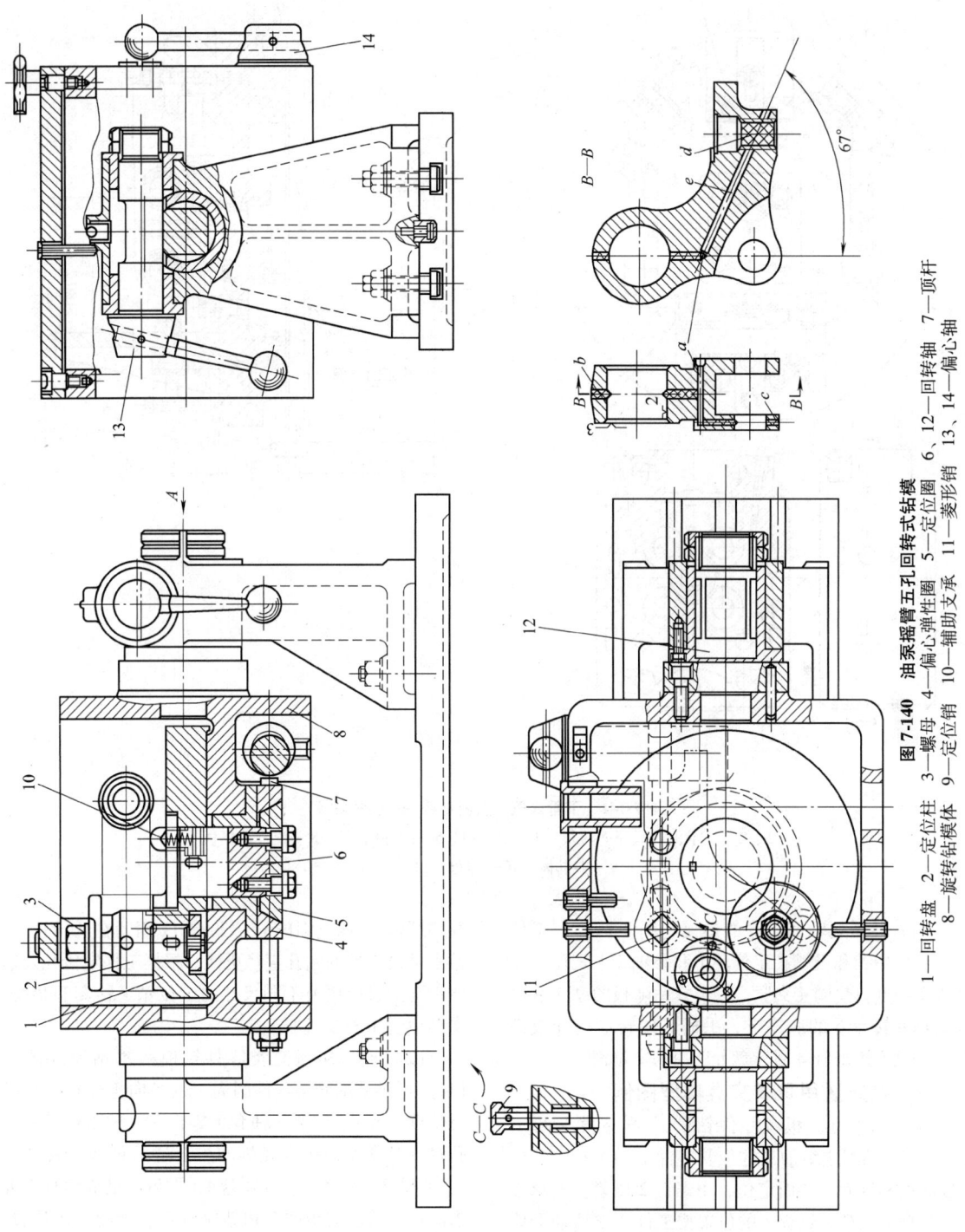

图 7-140 油泵摇臂五孔回转式钻模

1—回转盘 2—定位柱 3—螺母 4—偏心弹性圈 5—定位圈 6、12—回转轴 7—顶杆 8—旋转钻模体 9—定位销 10—辅助支承 11—菱形销 13、14—偏心轴

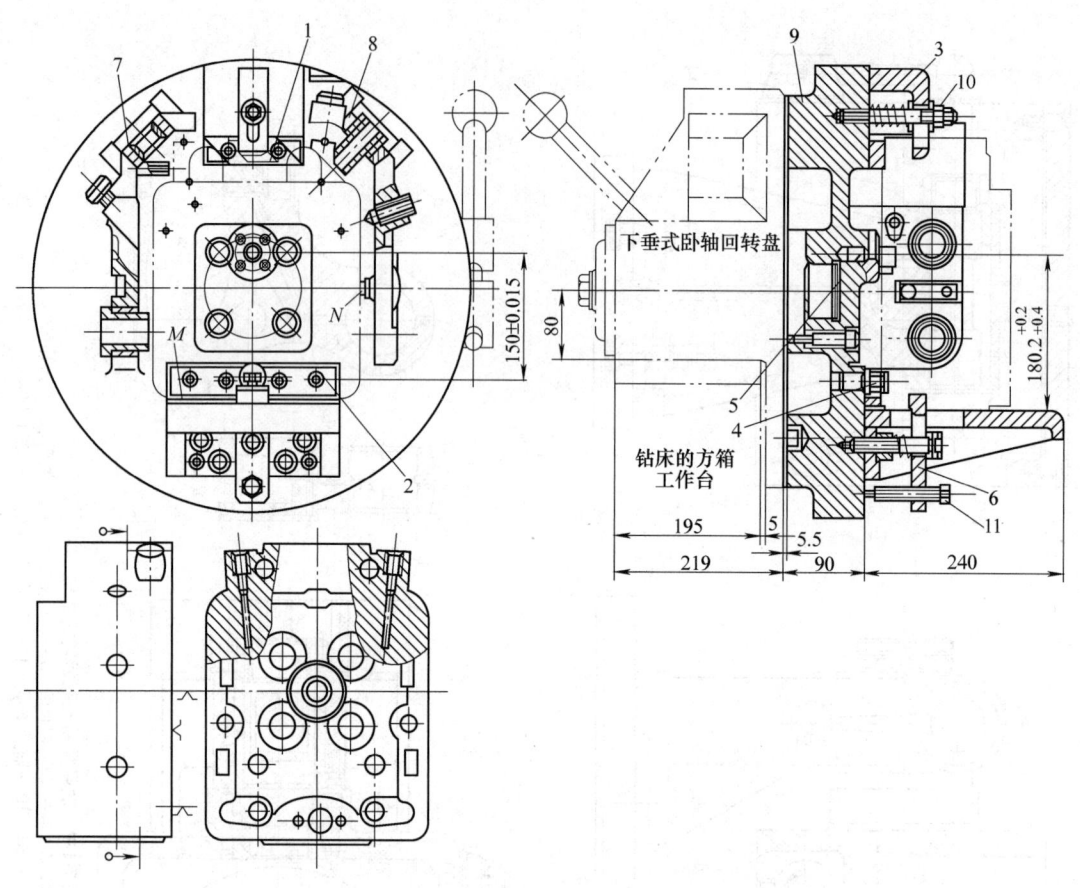

图7-141 下垂式气缸盖斜孔卧轴回转式钻模
1、2—支承板 3、6—压板 4—菱形销 5—圆柱销 7、8—铰链钻模板
9—夹具体 10—螺母 11—螺钉

(4) 装于立轴回转盘的钻模（图7-142） 工件以底面、中孔和键槽在定位环1和心轴2上定位，用螺母3经开口垫圈4夹紧。铰链式钻随板的座5紧固在立轴回转台6的底座上，手柄7使转盘松开或锁紧。手柄8用来升降回转盘分度用的定位销。

7.2.8 钻床通用可调夹具典型图例

(1) 通用可调板状零件钻模 本钻模（图7-143）用于钻削成组加工的板状零件上的各孔。工件4以底面和侧面、端面定位，用螺钉2压紧。支承板1可作横向调整。钻套3的位置按工件要求移动滑块5和钻模板6来进行纵、横向调整，其尺寸可从游标尺上读出。调整后旋紧螺钉7和8通过钢球9和10固定位置。钻模板6的高低位置可沿两导柱12调节，

并用螺钉13通过钢球14及圆销11固紧在两导柱上。钻套可按工件的钻孔直径更换。根据工件定位孔及需要钻孔的直径更换不同尺寸的定位销、钻套和垫套。本钻模适用于成组加工。

(2) 通用可调套类零件钻模 本钻模（图7-144）可供钻削套类零件圆周上的径向等分孔（或任意角度的孔）。钻削各种套类零件时，按工件的定位孔径、厚度和钻孔直径等选用合适的可换元件夹板1、心轴2、钻套3和分度盘4，即可满足成组加工要求。将可移动的角铁5和钻模板6调至所需的位置，用手分度后由插销7插入分度盘孔内并锁紧主轴8。转动手轮9产生轴向位移来夹紧工件。

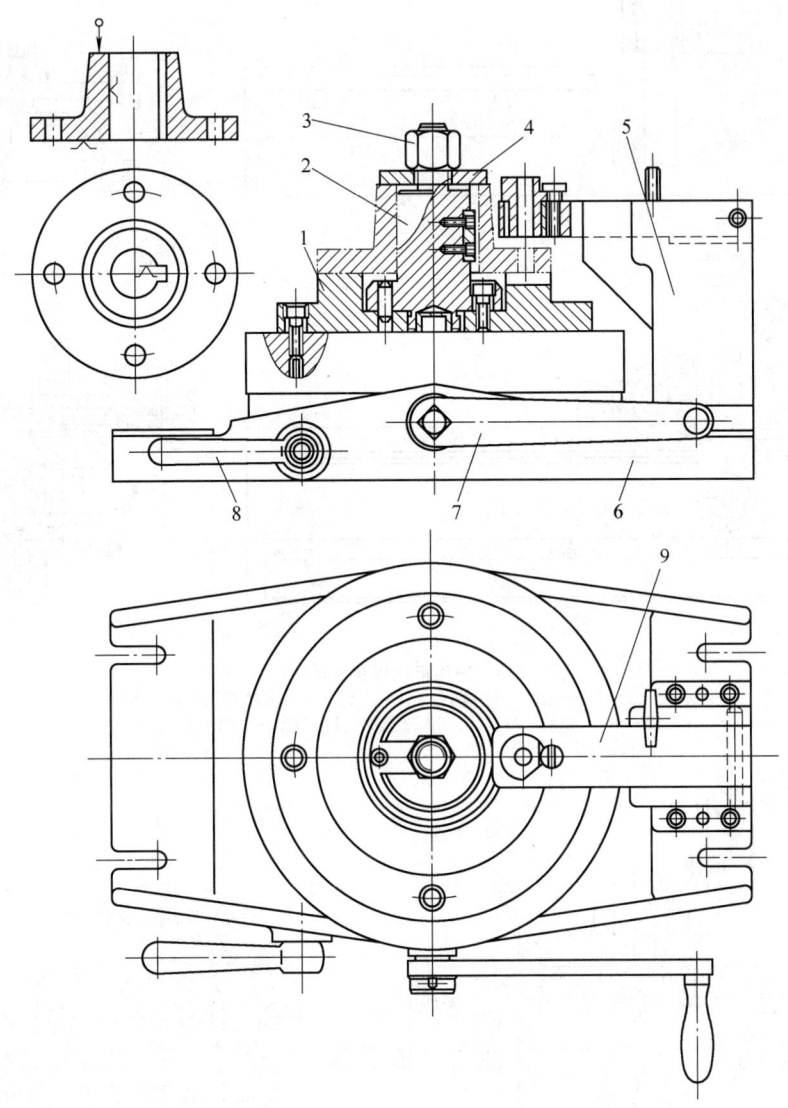

图 7-142 装于立轴回转盘的钻模
1—定位环 2—心轴 3—螺母 4—开口垫圈 5—座 6—立轴回转台
7、8—手柄 9—铰链式钻模板

(3) 通用可调轴类零件钻模 本钻模（图7-145）用于在轴类工件上钻径向孔。工件1在V形块2上定位。V形块可在钻模体8中调整纵向位置。端面定位块3至钻套中心的距离可由螺钉4调整，其尺寸可从游标卡尺5上读出。拧紧螺母6使钻模板7向下压紧工件。根据工件直径大小和钻孔直径，更换不同尺寸的V形块和钻套。

(4) 通用可调滑柱式钻模 本钻模（图7-146）适用于在杠杆类工件上钻孔。工件一端以定位销1定位，定位销与钻套间的纵向尺寸可在夹具体2中调整，数值在游标卡尺5上读出。垫块3、垫套4作平面定位。滑动V形块6按照工件的外形起横向定位作用。滑柱钻模板7兼起压紧工件的作用。

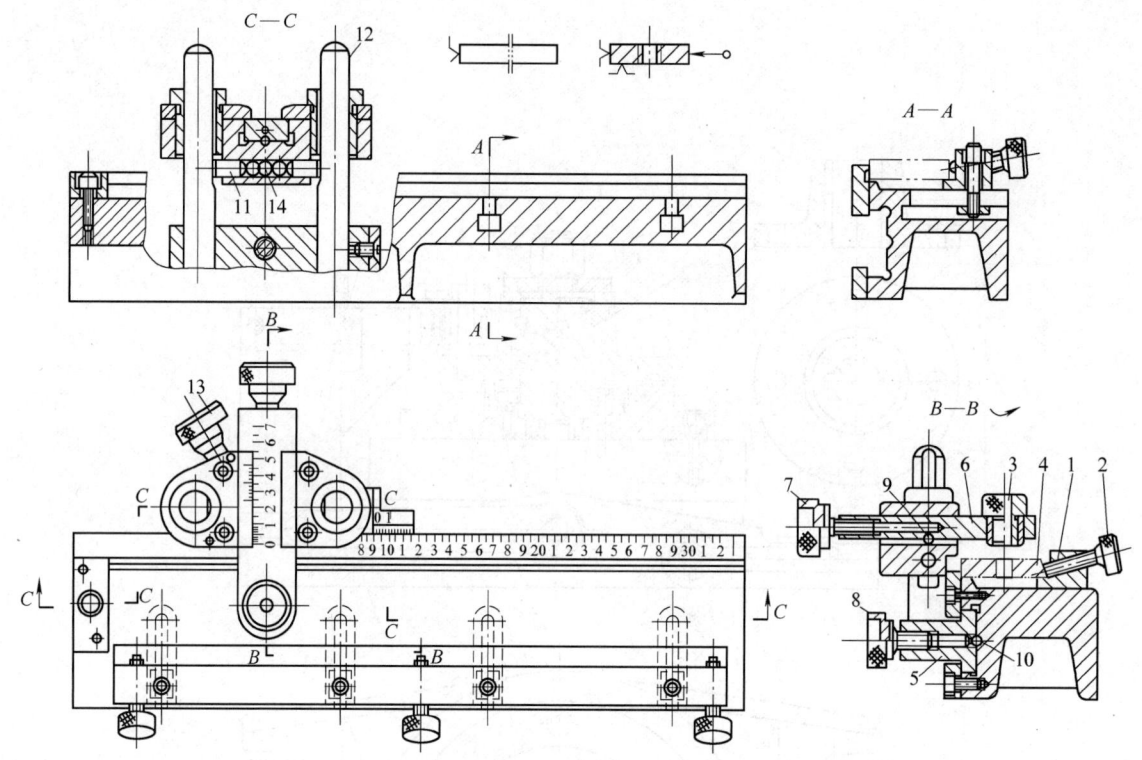

图 7-143 通用可调板状零件钻模
1—支承板 2、13—螺钉 3—钻套 4—工件 5—移动滑块 6—钻模板
7、8—旋紧螺钉 9、10、14—钢球 11—圆销 12—导柱

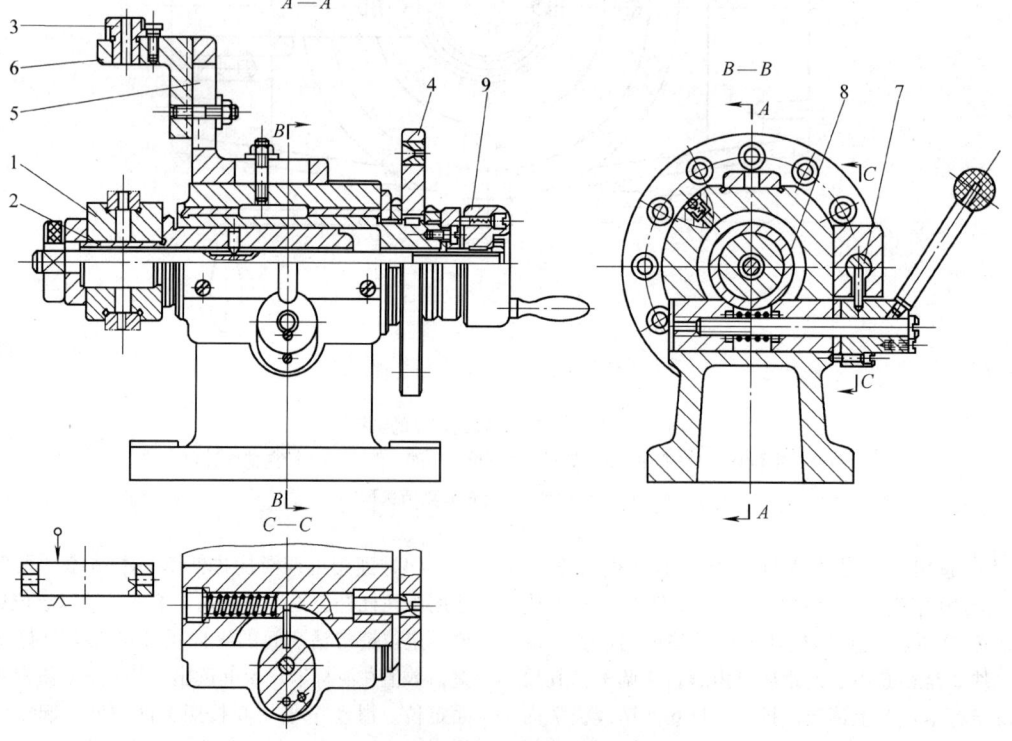

图 7-144 通用可调套类零件钻模
1—可换元件夹板 2—心轴 3—钻套 4—分度盘 5—角铁 6—钻模板 7—插销 8—主轴 9—手轮

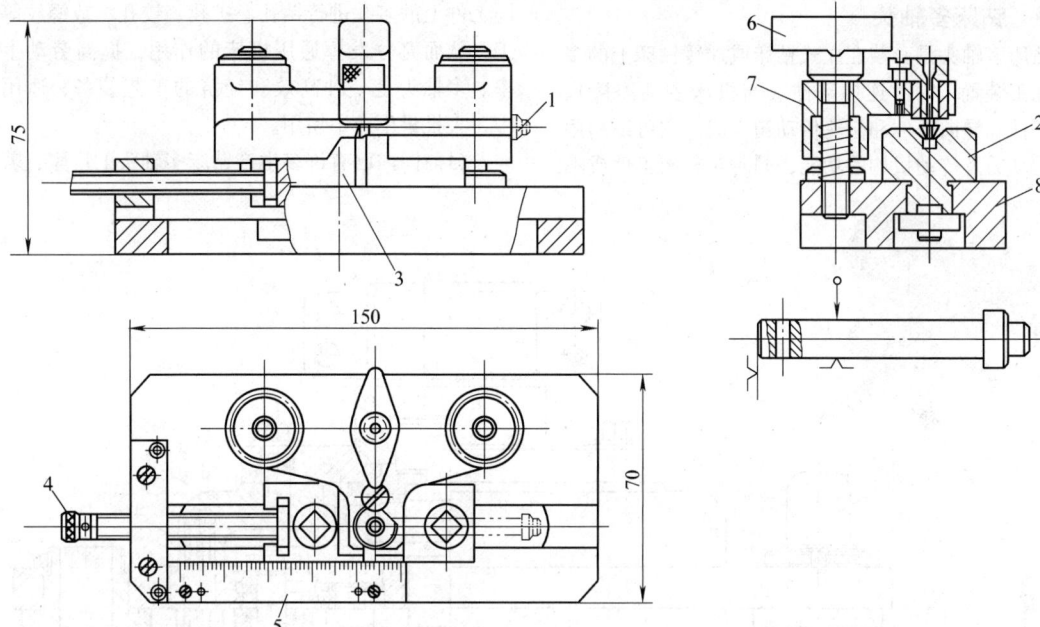

图7-145 通用可调轴类零件钻模
1—工件 2—V形块 3—端面定位块 4—螺钉 5—游标卡尺 6—螺母 7—钻模板 8—钻模体

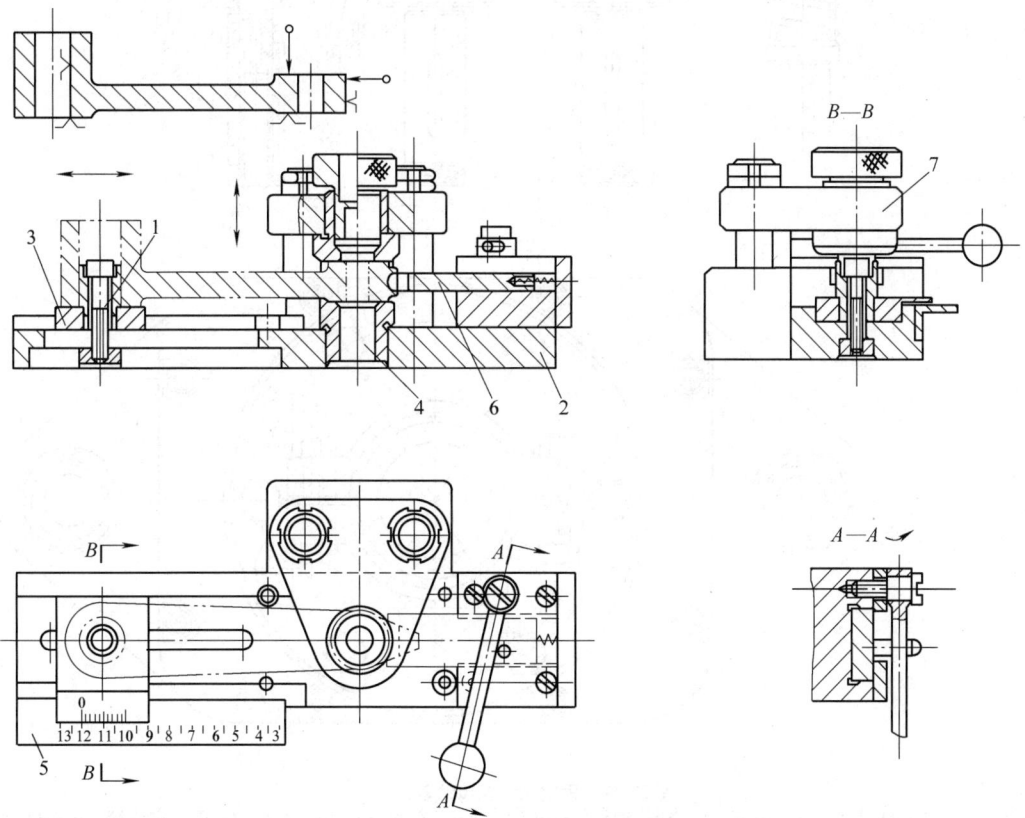

图7-146 通用可调滑柱类零件钻模
1—定位销 2—夹具体 3—垫块 4—垫套 5—游标卡尺 6—滑动V形块

7.2.9 钻床多轴头

钻床多轴头是套装在立式钻床或摇臂钻床上的多轴孔加工装置,它由连接部件(与机床主轴连接)、传动部件、导向部件和齿轮传动箱组成。它可以利用钻床的动力及传动机构的功能,同时对相同工件或不同工件上的多孔进行钻孔、扩孔、铰孔、攻螺纹等加工,从而充分发挥通用机床的作用,提高劳动生产率。多轴头是一种高效和经济的工艺装备,适用于中、大批量生产中使用。

目前国内已有许多生产钻床多轴头的厂家,若有

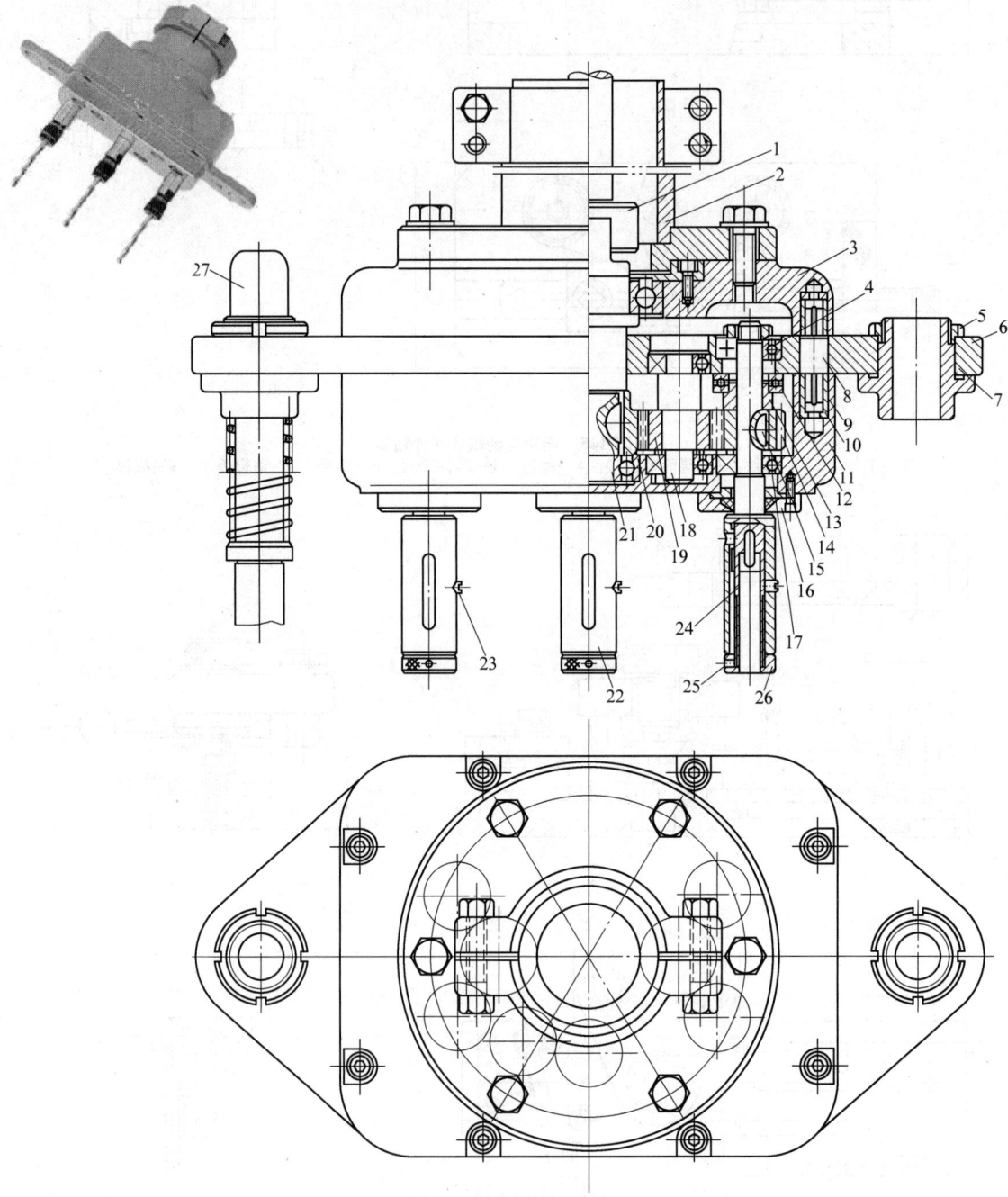

图 7-147 固定轴齿轮传动多轴头

1—传动杆 2—过渡法兰盘 3—盖 4、12—轴承 5—螺母 6—中间板 7、9—衬套 8—圆形定位销 10—垫圈 11—本体 13—轴承衬套工 14、19、20—齿轮 15—键 16—油封 17—支承环 18—惰轮轴 21—主动轴 22—工作轴 23、25—螺钉 24—接杆 26—调整螺母 27—导柱

需求可在网上检索。本文只对钻床多轴头作简要介绍。

1. 多轴头的主要类型

多轴头的类型主要有以下三种，而本手册主要阐述固定轴齿轮传动多轴头的设计及计算。

（1）固定轴齿轮传动多轴头（图7-147） 主要用于同时加工相同工件或不同工件上固定位置的孔。适用于大批量生产。

（2）可调轴齿轮传动多轴头（图7-148） 主要用于同时对加工不同工件上的数个任意位置上的孔，刀具位置则利用跨开式铰链伸缩轴进行改变。这类多轴头适用于中、小批量生产。

（3）偏心轴传动多轴头（图7-149） 主要用于孔距较小，不能采用滚动轴承结构的固定轴多孔加工。适用于中、大批量生产。

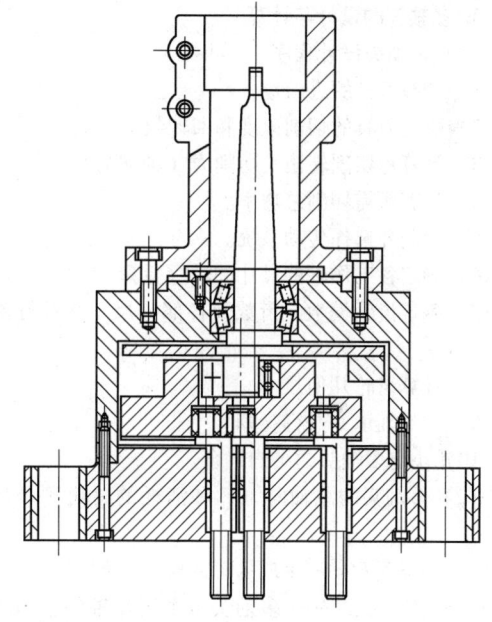

图7-149 偏心轴传动多轴头

2. 多轴头的设计任务书必须明确给定的技术参数

（1）产品要求

1）工件上各被加工孔的直径和深度、数目，分布情况、相互位置尺寸与精度。

2）工件的材料与热处理情况等。

（2）工艺参数

1）工序内容（如钻、扩、铰或攻螺纹）。

2）切削用量（刀具转速、切削速度及刀具进给量）。

3）单件工时或生产率（生产批量）等。

（3）机床参数

1）机床主轴回转方向。

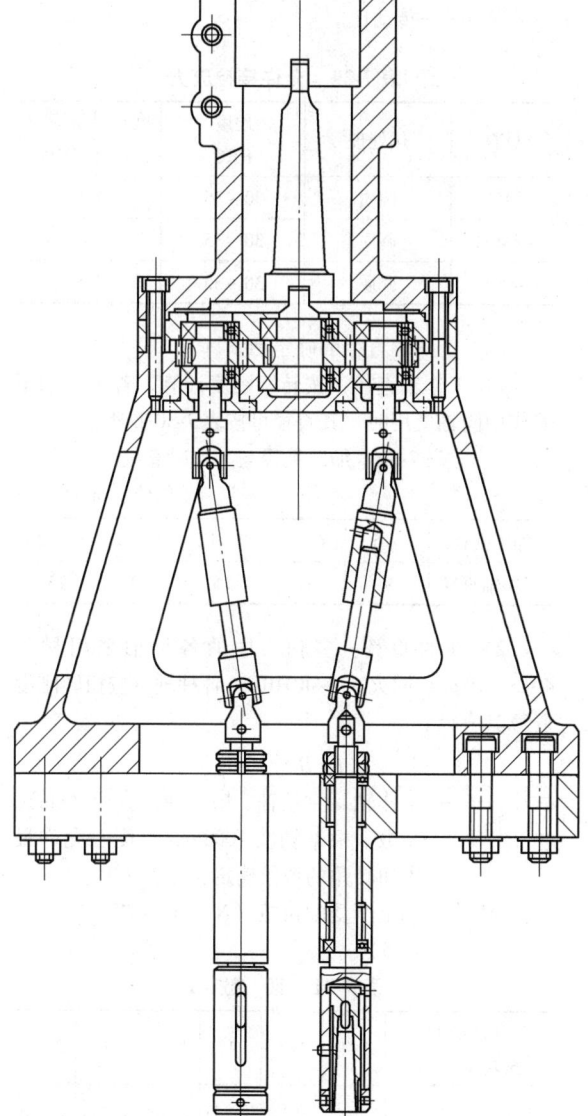

图7-148 可调轴齿轮传动多轴头

2）机床主轴各级转速。
3）机床主轴各级进给量。
4）机床电动机额定功率。
5）机床允许最大轴向进给力。
6）机床主轴端部的形状和尺寸。
7）机床主轴的伸出长度。
8）机床主轴端面至工作台面的最大及最小距离。

(4) 刀具参数 工件各被加工孔的刀具结构及尺寸（包括引导直径的尺寸）。

(5) 夹具
1）夹具的总体结构尺寸。
2）夹具上供多轴头导向的布置情况。

3. 多轴头的设计与计算

(1) 多轴头设计程序
1）选择刀具的进给量。
2）决定刀具的切削速度和回转数。
3）计算总切削转矩及切削力（轴向力）。
4）计算所需切削总功率。
5）绘制并选择传动系统。
6）确定各工作轴的尺寸并进行验算。
7）确定齿轮模数、齿数及各部分尺寸并进行验算。
8）计算齿轮几何尺寸。
9）选择轴承并进行验算。
10）决定多轴头的结构组合。

(2) 多轴头的总轴向力 F 和消耗的总功率 P 计算

$$F = \sum F_i = F_1 + F_2 + \cdots + F_n \leq [F]$$

式中 $F_1、F_2、\cdots、F_n$——多轴头每个工作轴的轴向力（N）；
$[F]$——机床允许的最大轴向力（N）。

$$P = \sum P_i = P_1 + P_2 + \cdots + P_n \leq [P]$$

式中 $P_1、P_2、\cdots、P_n$——多轴头每个工作轴消耗的功率（W）；
$[P]$——机床的额定功率（W）。

$$P_i = T_i n_i$$

式中 T_i——第 i 工作轴的切削转矩（N·m）；
n_i——第 i 工作轴的转速（r/s）。

(3) 齿轮模数的确定和验算
1）齿轮模数的确定 由于多轴头传动齿轮已经规范化，因此齿轮的模数可根据被加工孔径，按表7-28查得。表中的模数为主动齿轮的模数，每个主动齿轮可带动三个工作轴。

表7-28 齿轮模数

（单位：mm）

加工孔径	<8	8~15	15~20
模数	1.5~2	2~2.5	2.5~3

2）齿轮的验算：按齿面接触强度验算齿轮分度圆直径（当啮合角 $\alpha_n = 20°$ 时）

$$d_1 = \frac{64}{[\sigma_k]} \sqrt{\frac{T_1(1+i)}{10bi}}$$

式中 d_1——小齿轮分度圆直径（cm）；
$[\sigma_k]$——允许接触应力（MPa）（表7-29）；
T_1——小齿轮的转矩（N·m）；
b——小齿轮齿宽（m）；
i——传动比。

表7-29 允许接触应力

材料	热处理	硬度 HRC	允许接触应力 $[\sigma_k]$/MPa
45	调质	30~35	150
45Mn2	调质	30~35	162
40Cr	调质	30~35	218

(4) 工作轴直径的确定和验算
1）工作轴直径：按转矩刚度计算，若工作轴不兼作中间轴使用时，其直径可按表7-30查得。

表7-30 加工孔径与工作轴直径

（单位：mm）

加工孔径	<6	6~9	9~12	12~16	16~20
工作轴直径	9	12	15	20	25

2）轴的验算：多轴头中的各种轴采用材料40Cr，淬火、回火35~40HRC。各种轴可按扭转刚度验算其直径。

$$d = B \sqrt[4]{10 M_n}$$

式中 d——工作轴（主动轴、惰轮轴）直径（cm）；
B——系数。根据轴在1000mm长度上允许最大扭转角的数值确定，见表7-31。
M_n——轴上所受的扭矩（N·m）（表7-32~表7-35）。

表7-31 系数 B

允许最大扭转角（°）	1/4	1/2	1	$1\frac{1}{2}$	2	$2\frac{1}{2}$
B	0.73	0.62	0.52	0.47	0.44	0.42

表 7-32 钻削力（轴向力）F 和扭矩 M 数值表（加工 45 钢，170HB）

钻孔直径 D/mm	进给量 f/(mm/r)	高速钢 F/N	高速钢 M/(N·m)	硬质合金 F/N	硬质合金 M/(N·m)
6	0.09	700	1.95	700	2.37
6	0.12	850	2.45	880	3.15
7	0.10	840	2.87	940	3.58
7	0.12	950	3.34	1090	4.29
8	0.09	900	3.45	1050	4.21
8	0.12	1000	4.00	1320	5.61
9.5	0.12	1290	6.15	1680	7.88
9.5	0.15	1500	7.35	2000	9.85
11	0.12	1500	8.24	2050	10.60
11	0.15	1750	9.85	2450	13.25
12.5	0.12	1700	10.80	2460	13.80
12.5	0.15	1980	12.60	2940	17.20
14	0.12	1910	13.34	2870	17.17
14	0.15	2230	15.95	3420	21.46
15	0.15	2400	18.30	3800	28.69
15	0.20	2920	22.60	4800	32.85
16	0.15	2540	20.84	4150	28.03
16	0.20	3110	26.33	5250	37.38
17.6	0.15	2800	25.21	4800	33.92
17.6	0.20	3420	31.86	5500	45.22
18.5	0.14	2800	26.70	4850	31.66
18.5	0.20	3600	35.50	6480	49.97
20	0.14	3030	30.80	5350	34.98
20	0.20	3900	41.20	7150	58.30

（续）

钻孔直径 D/mm	进给量 f/(mm/r)	高速钢 F/N	高速钢 M/(N·m)	硬质合金 F/N	硬质合金 M/(N·m)
8	0.12	750	2.49	1010	3.14
8	0.19	1050	3.56	1610	4.84
9.5	0.19	1260	5.00	1870	6.85
9.5	0.25	1570	6.24	2460	8.78
11	0.20	1530	7.06	2260	9.58
11	0.25	1820	8.39	2820	11.85
12.5	0.19	1650	8.75	2400	11.80
12.5	0.25	2000	10.80	3150	15.60
14	0.20	1950	11.44	2620	15.52
14	0.25	2310	13.58	3270	19.19
15	0.25	2480	15.60	4120	22.00
15	0.32	3050	19.10	5270	27.80
16	0.25	2640	17.74	3930	25.6
16	0.35	3460	23.22	5510	34.38
17.6	0.25	2900	21.47	4340	30.33
17.6	0.32	3540	26.14	5550	38.40
18.5	0.25	3050	23.72	4490	33.51
18.5	0.32	3500	28.90	5740	42.26
20	0.25	3300	27.72	4840	39.16
20	0.32	4400	34.00	6200	49.30

表 7-33 钻削力（轴向力）F 和扭矩 M 数值表（加工灰铸铁，190HB）

钻孔直径 D/mm	进给量 f/(mm/r)	高速钢 F/N	高速钢 M/(N·m)	硬质合金 F/N	硬质合金 M/(N·m)
6	0.12	550	1.39	780	1.76
6	0.14	630	1.58	910	2.05
7	0.12	640	1.89	900	2.40
7	0.15	770	2.26	1120	2.97

表 7-34 攻螺纹扭矩数值表（加工铸铁，180~200HB）

公称直径 D/mm	螺距 P/mm	攻螺纹扭矩 M/(N·m)	螺距 P/mm	攻螺纹扭矩 M/(N·m)
6	1	2.42	0.75	1.57
8	1.25	5.00	1	3.59
10	1.5	8.96	1.25	6.80
12	1.75	14.77	1.5	11.65
14	2	22.13	1.5	14.37
16	2	26.77	1.5	17.38
18	2.5	41.62	2	29.75
20	2.5	46.89	2	32.12
推荐公式	$M = 0.195 D^{1.4} \cdot P^{1.5}$			

表 7-35 攻螺纹扭矩数值表
（加工 45 钢，$\sigma_b = 650\text{MPa}$）

公称直径 D/mm	螺距 P/mm	攻螺纹扭矩 $M/(\text{N}\cdot\text{m})$	螺距 P/mm	攻螺纹扭矩 $M/(\text{N}\cdot\text{m})$
6	1	3.35	0.75	2.17
8	1.25	6.93	1	4.97
10	1.5	12.41	1.25	9.41
12	1.75	20.45	1.5	16.13
14	2	30.64	1.5	19.90
16	2	37.06	1.5	24.07
18	2.5	57.63	2	41.19
20	2.5	64.93	2	44.47
推荐公式		$M = 0.27 D^{1.4} \cdot P^{1.5}$		

（5）轴承的验算 在多轴头设计中，首先根据轴颈的大小选择轴承，然后进行强度和寿命的校核。详细的轴承校核可参考机械工业出版社 2009 年出版的《机械设计师手册（第 2 版）》第 19 章《滚动轴承》。

4. 齿轮传动多轴头的典型传动系统

齿轮传动多轴头的传动系统由主动轴、工作轴和惰轮轴组成。由于工件被加工孔的布置有的规则、有的不规则，因此，传动系统的排列也相应有各种不同的形式。下列几种传动系统图是按照工作轴的布置和齿轮传动的方式组成的典型传动系统，供参考。

（1）外啮合传动

1）单层外啮合传动

① 工作轴呈"一"字形分布，如图 7-150 所示。

② 工作轴呈长方形分布，如图 7-151 所示。

③ 工作轴呈菱形分布，如图 7-152 所示。

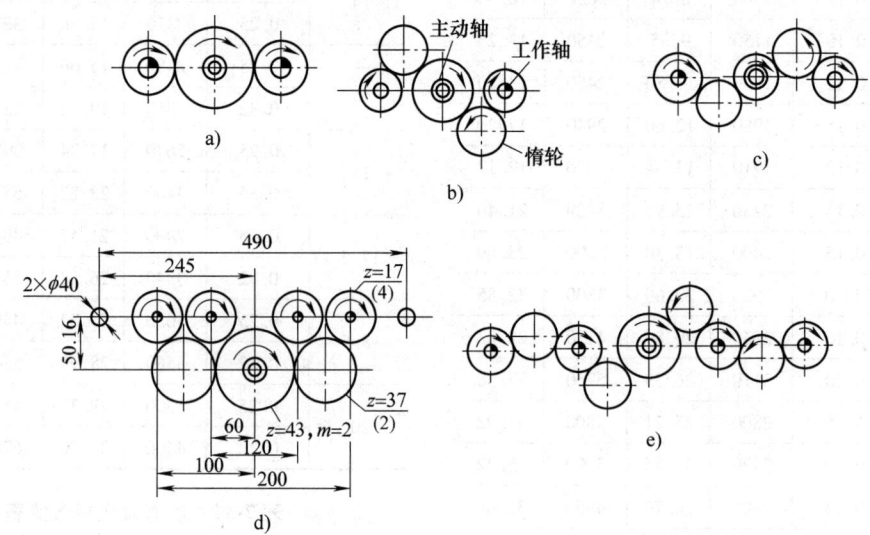

图 7-150 工作轴呈"一"字形的单层外啮合传动

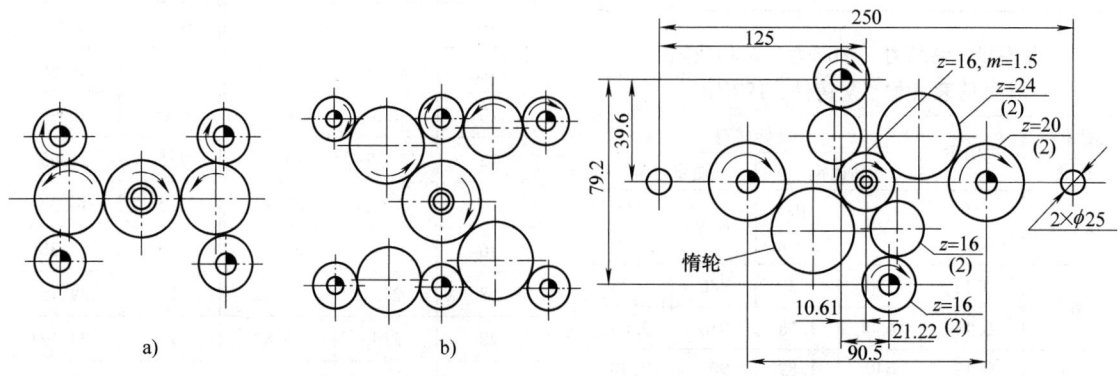

图 7-151 工作轴呈长方形的单层外啮合传动

图 7-152 工作轴呈菱形的单层外啮合传动

④工作轴呈"八"字形分布,如图7-153所示。
⑤工作轴呈圆周形分布,如图7-154所示。
⑥工作轴呈不规则分布,如图7-155所示。

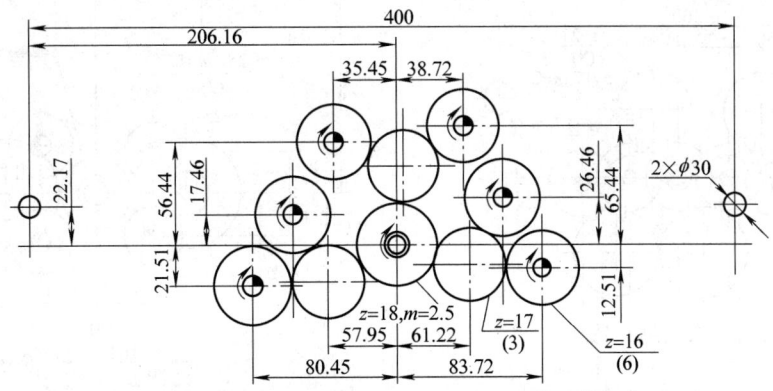

图7-153　工作轴呈"八"字形的单层外啮合传动

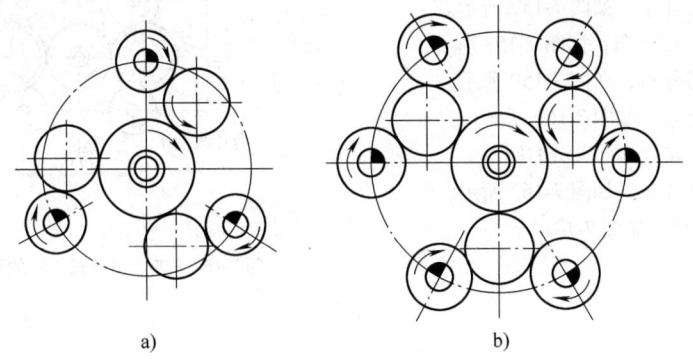

图7-154　工作轴呈圆周形的单层外啮合传动

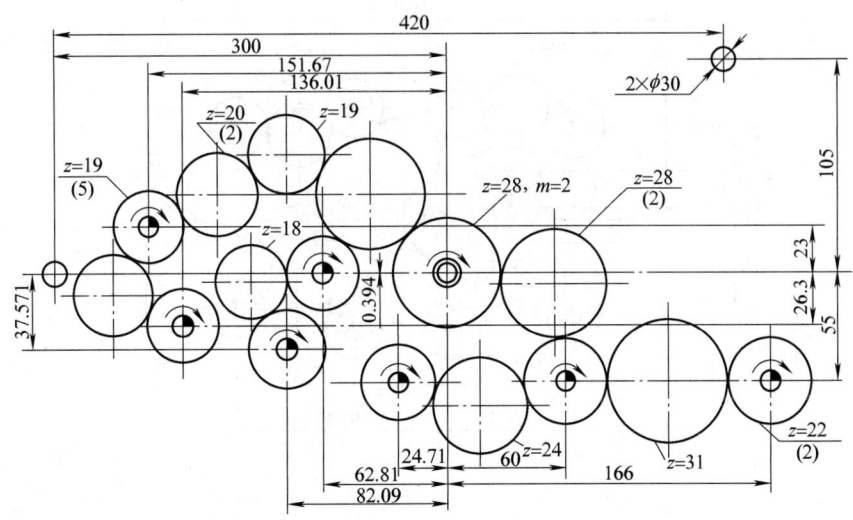

图7-155　工作轴呈不规则分布的单层外啮合传动

2）双层外啮合传动

①工作轴呈"一"字形分布，如图7-156所示。

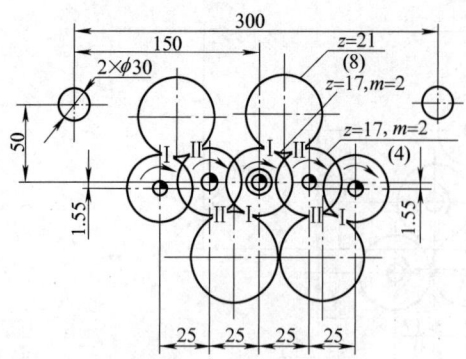

图 7-156 工作轴呈"一"字形的双层外啮合传动

②工作轴呈长方形分布，如图7-157所示。
③工作轴呈"匚"形分布，如图7-158所示。
④工作轴呈三角形分布，如图7-159所示。
⑤工作轴呈圆周分布，如图7-160所示。
⑥工作轴呈环形分布，如图7-161所示。
⑦工作轴呈不规则分布，如图7-162所示。

3）三层外啮合传动（见图7-171）。

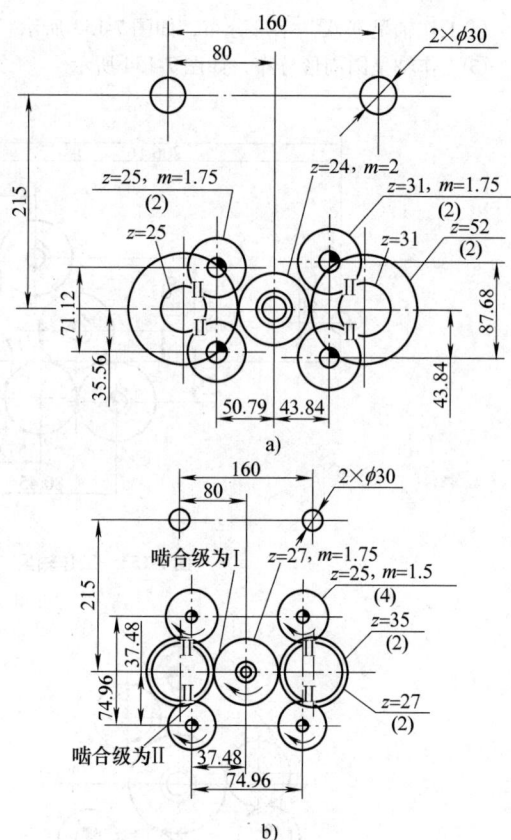

图 7-157 工作轴呈长方形的双层外啮合传动

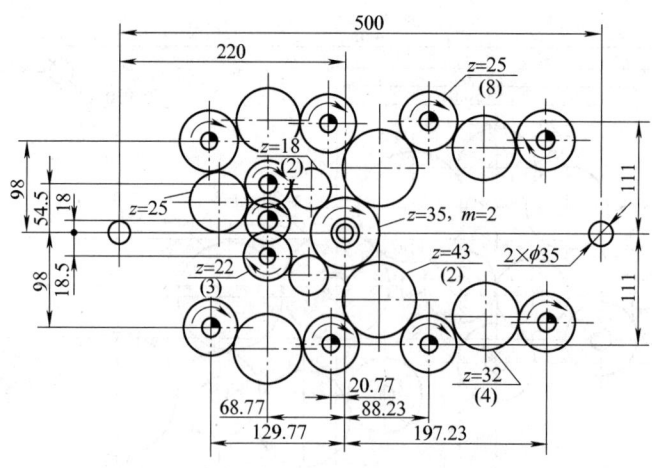

图 7-158 工作轴呈"匚"形的双层外啮合传动

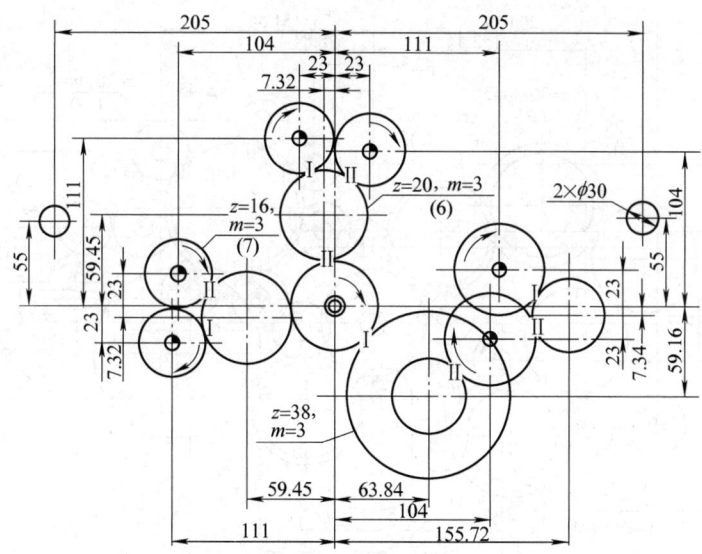

图 7-159 工作轴呈三角形的双层外啮合传动

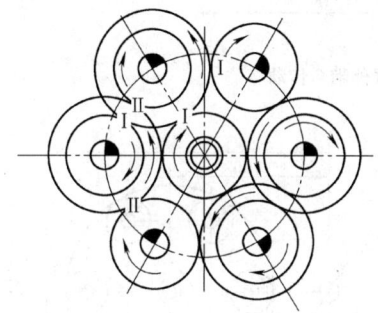

图 7-160 工作轴呈圆周分布的双层外啮合传动

（2）内啮合传动

1）单层内啮合传动

① 工作轴呈"一"字形分布，见图 7-163。

② 工作轴呈长方形分布，见图 7-164。

③ 工作轴呈圆周形分布，见图 7-165。

2）双层内啮合传动（见图 7-173）

（3）内外啮合联合传动

1）内外啮合单层联合传动，见图 7-166

2）内外啮合双层联合传动，见图 7-167

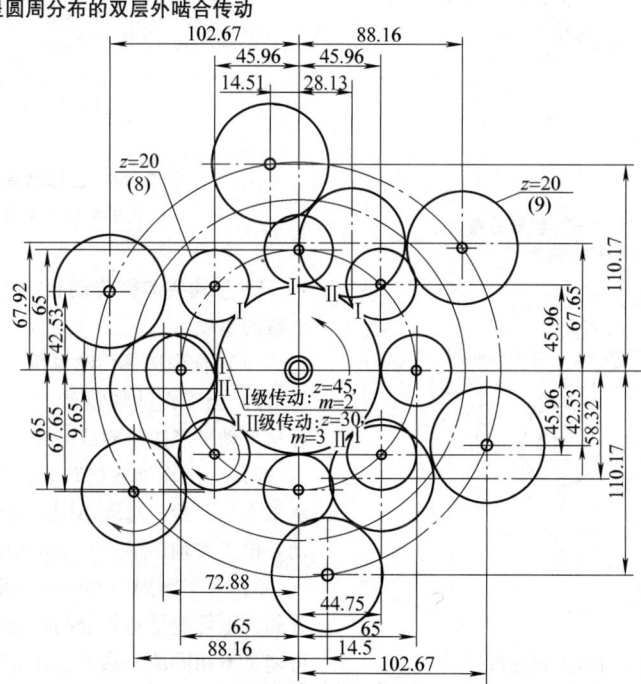

图 7-161 工作轴呈环形的双层外啮合传动

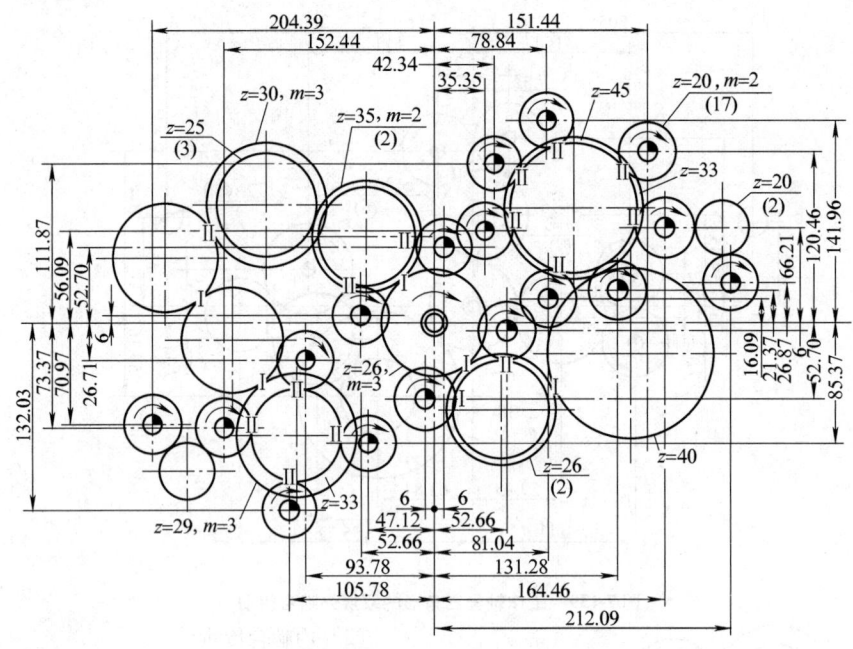

图 7-162 工作轴呈不规则分布的双层外啮合传动

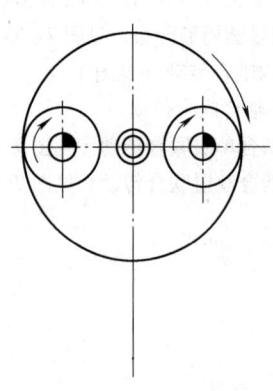

图 7-163 工作轴呈"一"字形分布的单层内啮合传动

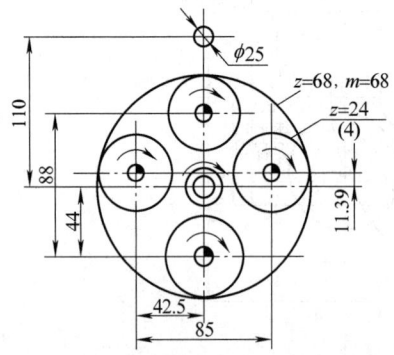

图 7-164 工作轴呈长方形分布的单层内啮合传动

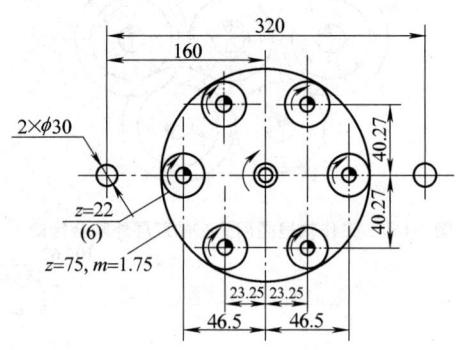

图 7-165 工作轴呈圆周形分布的单层内啮合传动

5. 多轴头齿轮传动系统的合理选择及设计时应注意的事项

(1) 合理选择传动系统

1) 当工作轴数量较少,而且分布空间较散时,可从主动轴经过一对或几对齿轮降速直接传动。

2) 当工作轴数量较多,而且分布密集时,应先从工作轴开始,选取不同的惰轮轴,以惰轮轴分别传动 n 根工作轴,最后与主动轴连接。

3) 对于圆周分布的工作轴,在圆周上可能是等分的,也可能是不等分的;其转速可能是相同的,也可能是不相同的。通常,在分布圆圆心的位置上布置惰轮轴同时,传动所有工作轴。但应考虑分布圆的直

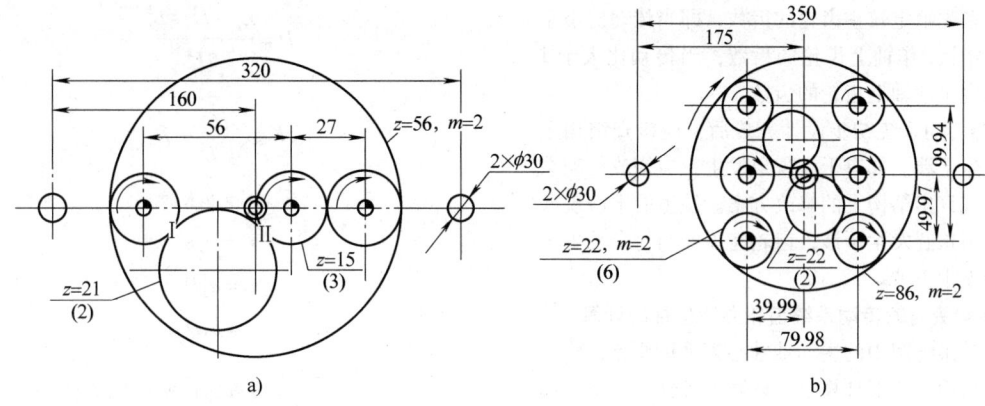

图 7-166 内外啮合单层联合传动

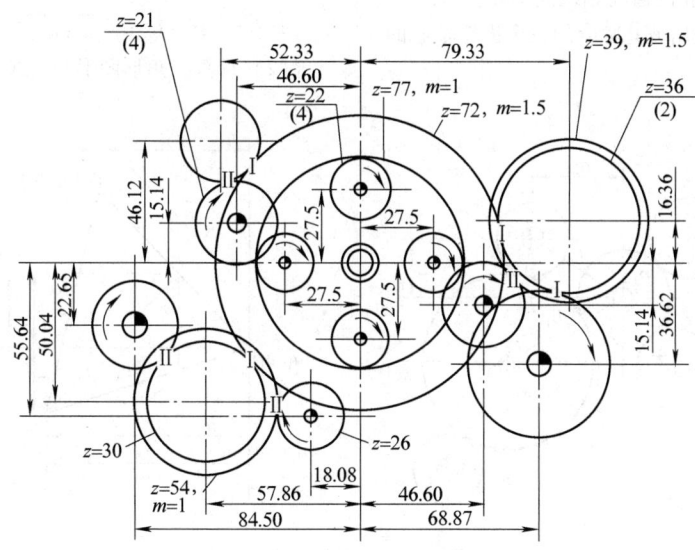

图 7-167 内外啮合双层联合传动

径大小和传动比的限制。

4) 对于直线分布的工作轴,可以采用一根惰轮轴同时传动几根工作轴;或者选择它们的近似圆的圆心,在圆心位置上布置惰轮轴同时传动几根工作轴。此时,齿轮实际中心距与理论中心距不一致,可采用修正齿轮的办法来解决。

5) 对于任意分布的工作轴,可以根据任意三点为一个圆的原则,在圆心位置上布置惰轮轴同时传动三根主轴;或者与直线分布的工作轴一样,用一根惰轮轴同时传动几根工作轴。

(2) 设计传动系统时应注意的事项

1) 齿轮齿数范围: $Z = 17 \sim 42$。

2) 外啮合传动比一般不应大于 1∶2.5。

3) 应尽量防止采用工作轴传动工作轴的结构,

以免增加工作轴的载荷。

4) 当多轴头中既有粗加工用工作轴,又有精加工用工作轴时,应尽量考虑运动由主动轴传出来之后,将粗、精加工用工作轴的齿轮传动路线分成两个传动系统,以免粗加工用工作轴影响精加工用工作轴,从而影响工件的加工精度。

5) 粗加工用多轴头的传动齿轮应尽量布置在工作轴的前支承处,而精加工用多轴头的传动齿轮则应布置在工作轴后支承处。

6) 多轴头的工作轴旋转方向应一致。

7) 齿轮在传动过程中应该尽量按降速布置,如果必须升速,则应布置在最后一级传动,以减少功率消耗。

8) 主动轴和工作轴上齿轮的齿数可按传动比进

行分配。首先给定较小齿轮的齿数，即当传动比小于1时，先给定工作轴上齿轮的齿数；当传动比大于1时，先给定主动轴上齿轮的齿数。

9) 当传动系统初步设计完成后，应检查结构上是否会发生干涉。如有干涉现象发生，应修改传动系统的设计或订出结构上的修改方案。发生的干涉现象主要有：齿顶圆发生干涉，齿轮齿顶圆与衬套发生干涉，轴承发生干涉。

6. 多轴头齿轮传动系统齿轮心轴坐标的计算

以传动系统图中的主动轴轴心为坐标原点，建立坐标系，采用三角形计算法，计算出各轴心的坐标尺寸（图7-168）。

(1) 轴心坐标计算通用公式 已知两轴心坐标 (a_1, b_1)、(a_2, b_2) 和两齿轮轴线间的距离 L、L_1、L_2，即可用以下公式求出彼此啮合的三个齿轮轴心的坐标。

$$D = \frac{L_1^2 + L^2 - L_2^2}{2L^2}$$

$$K = \sqrt{\frac{L_1^2}{L^2} - D}$$

$$x' = b_2 K$$

$$y' = a_2 K$$

$$u = a_2 D$$

$$v = b_2 D$$

$$\left. \begin{array}{l} x = u \pm x' \\ y = v \pm y' \end{array} \right\} \text{按具体情况选择符号}$$

最后必须按下面公式检查坐标计算结果的正确性，允差为 ±0.001mm。

$$\sqrt{x^2 + y^2} = L_1, \sqrt{(x \pm a_2)^2 + (y \pm b_2)^2} = L_2$$

(2) 计算三角形图形与公式（表7-36）

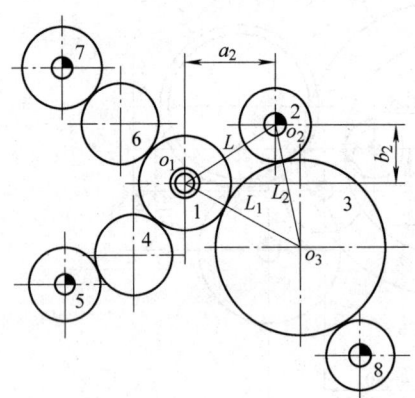

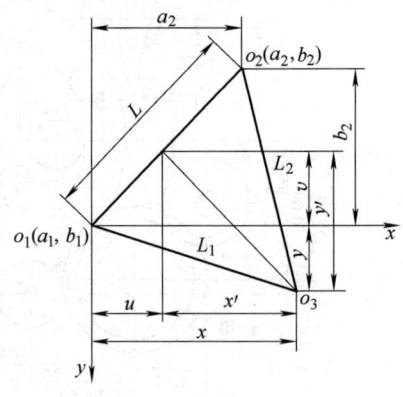

图7-168 三角形计算法

表7-36 计算三角形图形与公式

O_2点所在象限	组 别			
	I	II	III	IV
2				
$x = u - x', y = v + y', L_1 = \sqrt{x^2 + y^2}, L_2 = \sqrt{(a_2 - x)^2 + (b_2 - y)^2}$				

(续)

O_2 点所在象限	组 别			

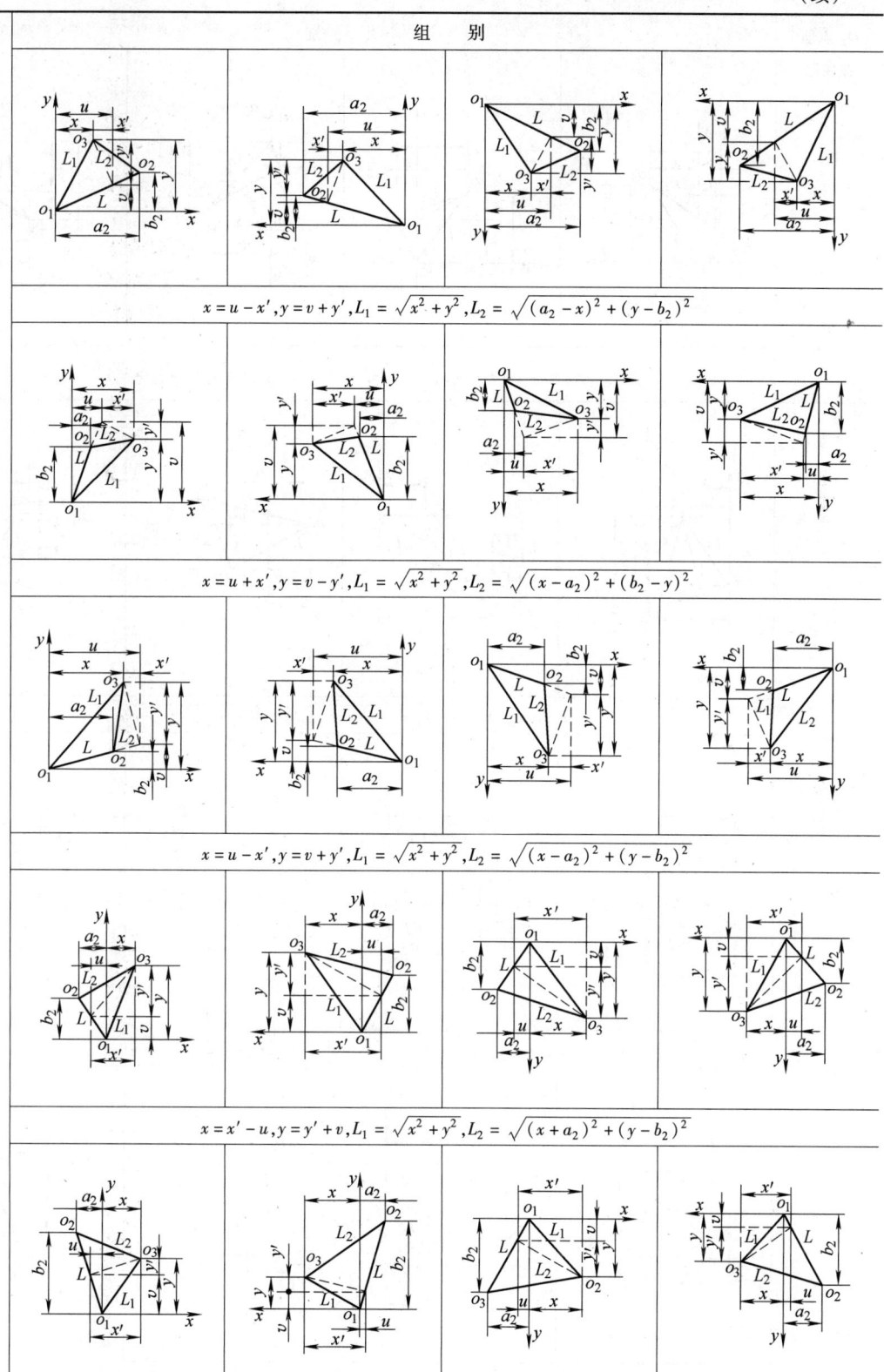

$$x = u - x', y = v + y', L_1 = \sqrt{x^2 + y^2}, L_2 = \sqrt{(a_2 - x)^2 + (y - b_2)^2}$$

$$x = u + x', y = v - y', L_1 = \sqrt{x^2 + y^2}, L_2 = \sqrt{(x - a_2)^2 + (b_2 - y)^2}$$

$$x = u - x', y = v + y', L_1 = \sqrt{x^2 + y^2}, L_2 = \sqrt{(x - a_2)^2 + (y - b_2)^2}$$

$$x = x' - u, y = y' + v, L_1 = \sqrt{x^2 + y^2}, L_2 = \sqrt{(x + a_2)^2 + (y - b_2)^2}$$

$$x = x' - u, y = y' + v, L_1 = \sqrt{x^2 + y^2}, L_2 = \sqrt{(x + a_2)^2 + (b_2 - y)^2}$$

(续)

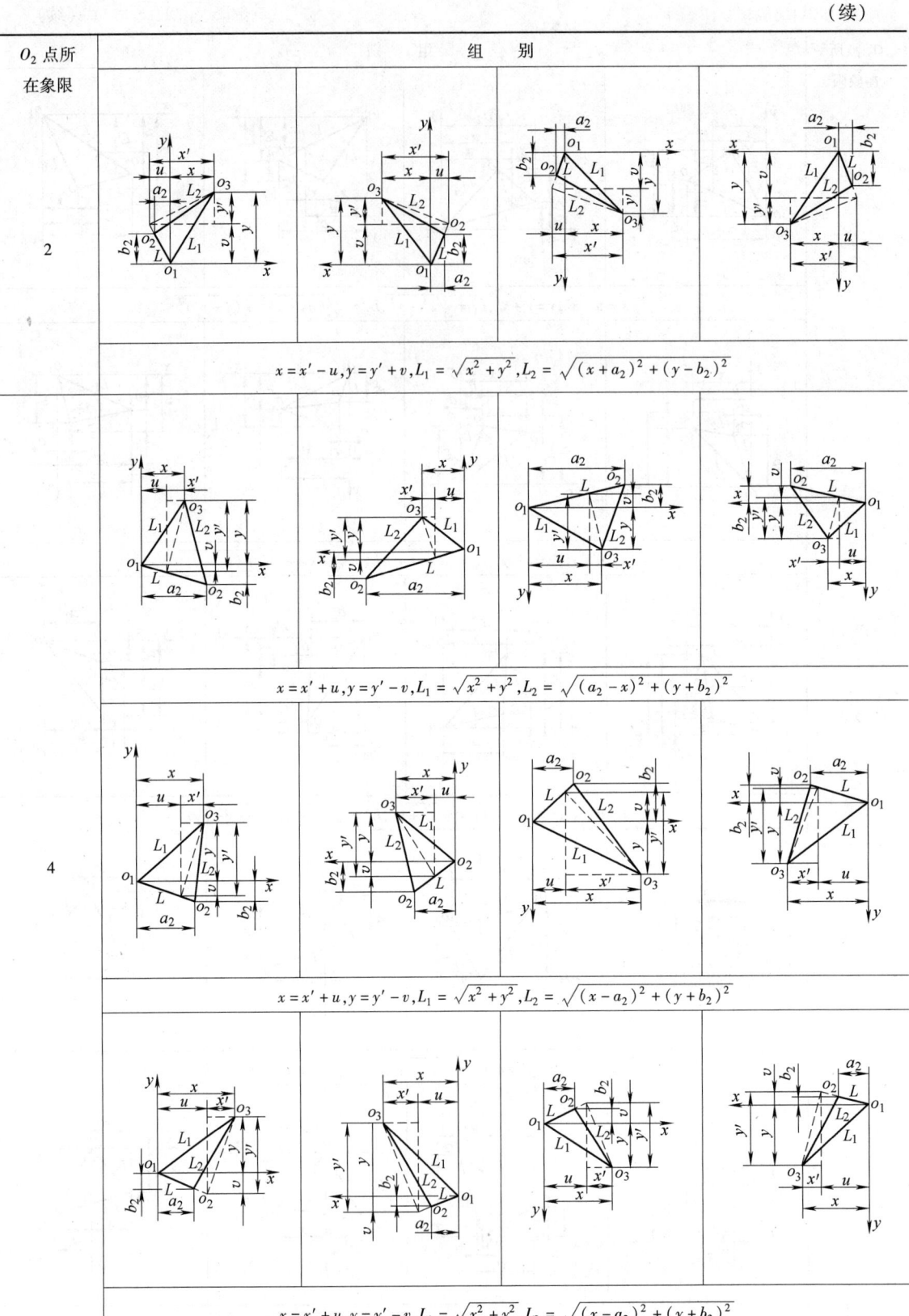

O_2 点所在象限	组别
2	$x = x' - u, y = y' + v, L_1 = \sqrt{x^2 + y^2}, L_2 = \sqrt{(x+a_2)^2 + (y-b_2)^2}$
3	$x = x' + u, y = y' - v, L_1 = \sqrt{x^2 + y^2}, L_2 = \sqrt{(a_2-x)^2 + (y+b_2)^2}$
4	$x = x' + u, y = y' - v, L_1 = \sqrt{x^2 + y^2}, L_2 = \sqrt{(x-a_2)^2 + (y+b_2)^2}$
	$x = x' + u, y = y' - v, L_1 = \sqrt{x^2 + y^2}, L_2 = \sqrt{(x-a_2)^2 + (y+b_2)^2}$

7. 多轴头结构典型图例

（1）外啮合单层传动（图 7-169）

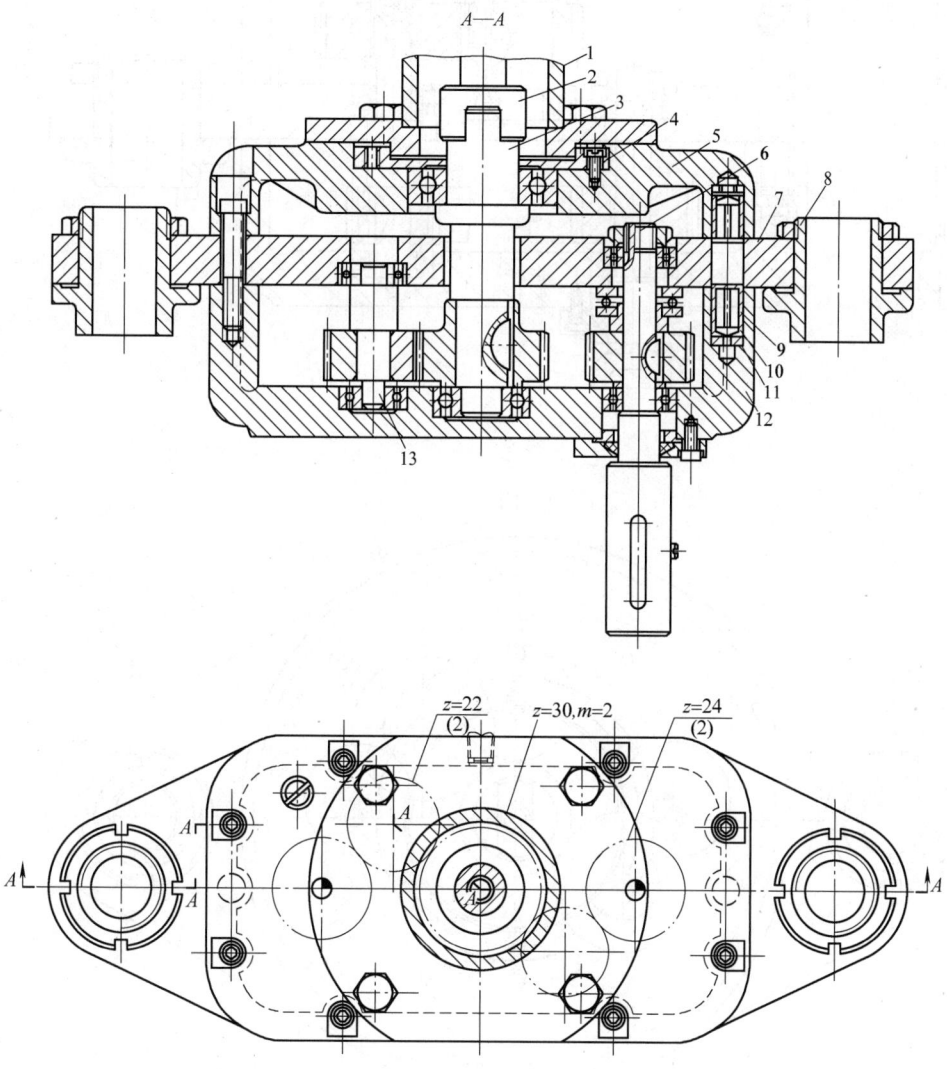

图 7-169 外啮合单层传动

1—连接法兰 2—传动杆 3—主动轴（低本体） 4—定心环 5—盖（长方形）
6—工作轴（低本体、单层） 7—中间板（长方形） 8—导柱衬套 9—定位销衬套
10—定位销 11—拆卸螺母 12—本体（长方形） 13—惰轮轴（低本体）

(2) 外啮合双层传动（图 7-170）

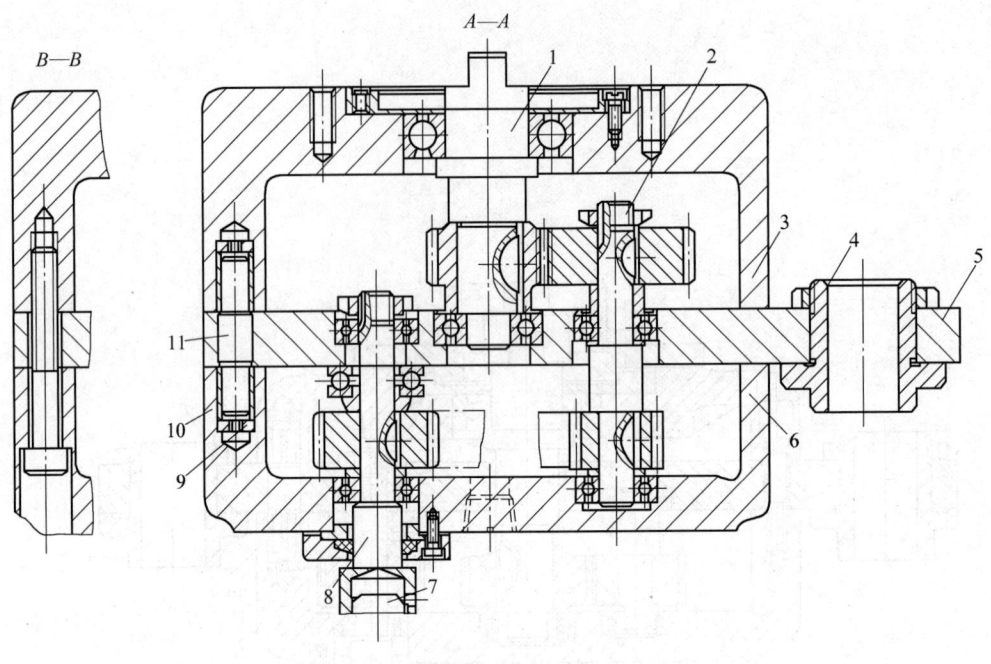

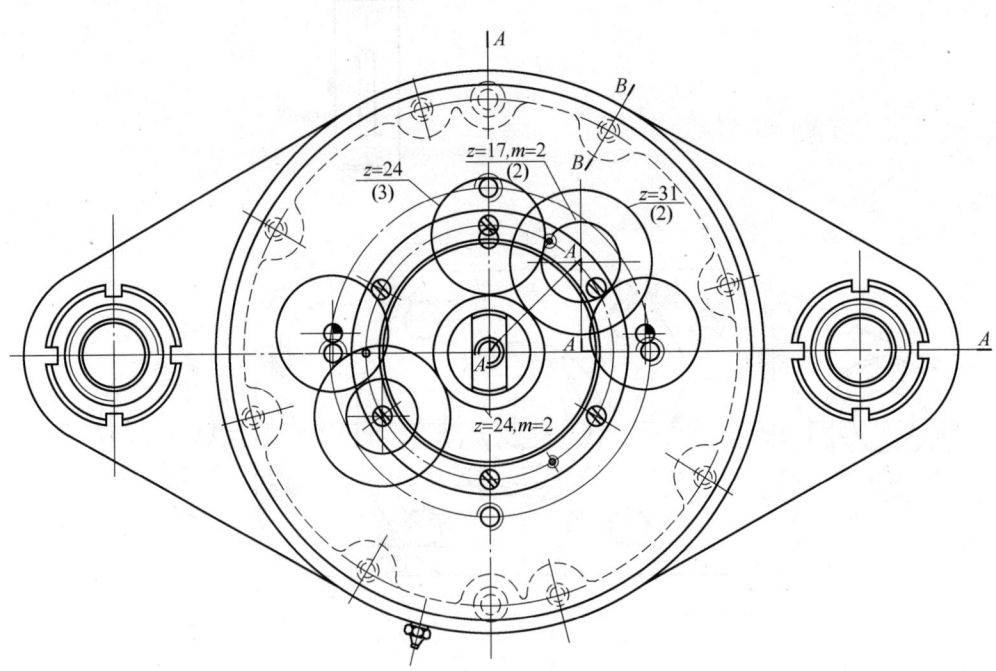

图 7-170 外啮合双层传动

1—主动轴（高盖 No.1） 2—惰轮轴（高本体，No.1） 3—高盖（圆形，No.2）
4—导柱衬套（No.1） 5—中间板（圆形，No.2） 6—本体（圆形，No.2）
7—调整套（No.1） 8—工作轴（低本体，No.5） 9—拆卸螺母
10—定位销衬套 11—定位销

(3) 外啮合三层传动（图7-171）

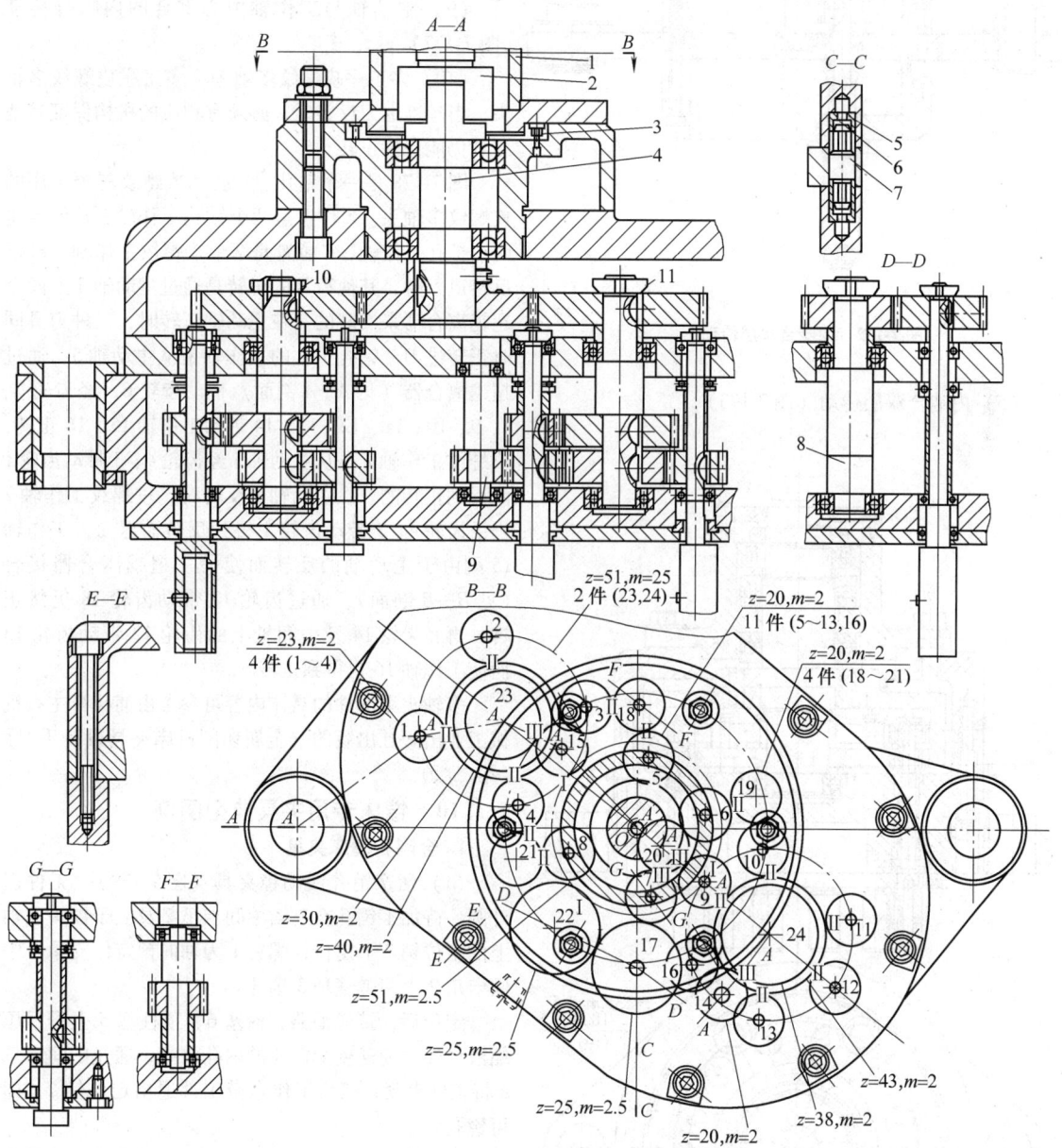

图7-171 外啮合三层传动
1—连接法兰（No.3） 2—传动杆 3—定心环（No.3） 4—主动轴（高盖悬挂式，No.3）
5—拆卸螺母 6—定位销衬套 7—定位销 8—惰轮轴（高本体Ⅳ No.24）
9—惰轮轴（高本体，Ⅱ No.3） 10、11—惰轮轴（高本体Ⅰ No.17）

(4) 内啮合单层传动（图7-172）

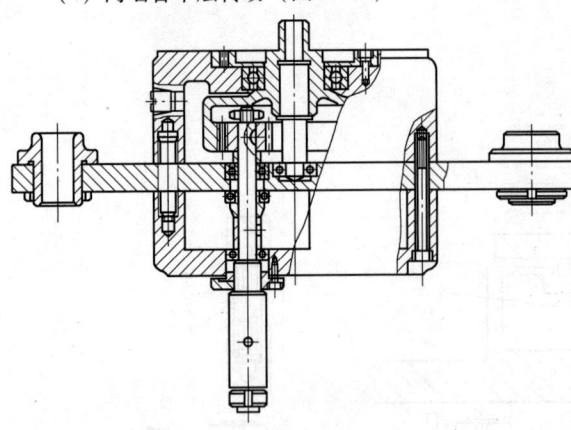

图 7-172 内啮合单层传动

(5) 内啮合双层传动（图7-173）

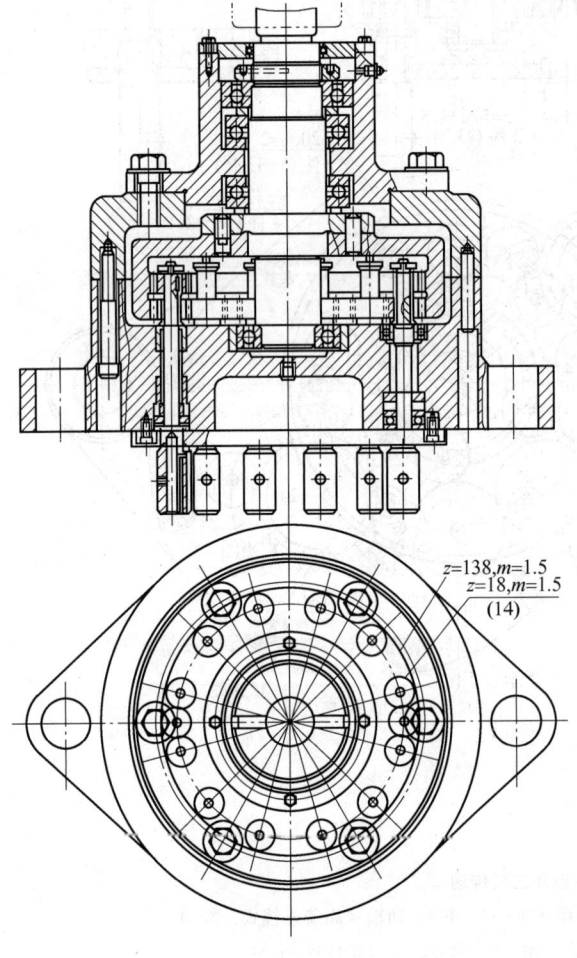

图 7-173 内啮合双层传动

(6) 内外啮合单层传动（图7-174）

(7) 内外啮合双层传动（图7-175）

(8) 主动轴与工作轴中心重合的外啮合传动（图7-176）

(9) 主动轴与工作轴中心重合的内啮合传动（图7-177）

(10) 多工序攻螺纹多轴头　多工序攻螺纹多轴头，当丝锥退刀反转时，必须有相应的机构保证其他刀具仍能保持正转。

图7-178是一个钻孔、扩孔和攻螺纹三个工序的攻螺纹多轴头。E位置是两个钻孔工作轴，F位置是两个扩孔工作轴，G位置是两个攻螺纹工作轴。丝锥反转退刀时，其他刀具的正转是通过主动轴5上两个超越离合器来实现的。在主动轴正转时，三种刀具同时正转进刀。钻孔扩孔的工作轴是从主动轴5，通过超越离合器（见A—A剖面）带动齿轮6，经齿轮7、8、9、10、11、12、13、14带动工作轴15、16正转，攻螺纹工作轴2是从主动轴5经齿轮4、3带动齿轮1而得到正转的。在主动轴5反转时，攻螺纹工作轴2仍由齿轮4、3带动齿轮1得到反转而退刀，工作轴15则由于主动轴的反转而使另一超越离合器接合（见B—B剖面），通过齿轮17带动齿轮18仍然正转。再经齿轮14及中间轴上的齿轮12带动齿轮13而使工作轴16也得到正转。

多轴头零部件的具体内容可参考由浦林祥主编机械工业出版社出版的《金属切削机床夹具设计手册》（第二版）。

7.2.10 镗床专用夹具典型图例

1. 金刚石镗床夹具

(1) 活塞销孔液动镗夹具（图7-179）　工件以外圆、待加工销孔在三瓣中间卡爪2及装于镗头主轴上的定位销7上定位，螺钉1为轴向预定位支承，中间卡爪2由两弹簧环3撑开。

定位后，接通油路，活塞6、顶柱塞5上升，压缩液性塑料使薄壁套筒4的内孔收缩，通过中间卡爪2将工件夹紧，然后工作台带工件退出定位销7，即可镗孔。

该夹具能保证销孔轴线与活塞轴线有较高的位置精度，更换中间卡爪可以加工不同直径的活塞。不加工时，应用塞规8插入薄壁套筒内。

(2) 连杆小头孔液动精镗夹具（图7-180）　工件以大头孔、端面和小头孔分别在液性塑料心轴3、定位环2的端面及装在机床上的菱形心轴1上定位。

定位后，接通油路，液压缸活塞5、6后退，斜楔套9在弹簧10的作用下移动，推动顶杆8及压块

7，从连杆小头附近的两侧自动夹紧。与此同时，大液压缸活塞2右移，推动柱塞4压缩液性塑料，使心轴3胀大将工件夹紧。不加工时，心轴3上应加保护套。

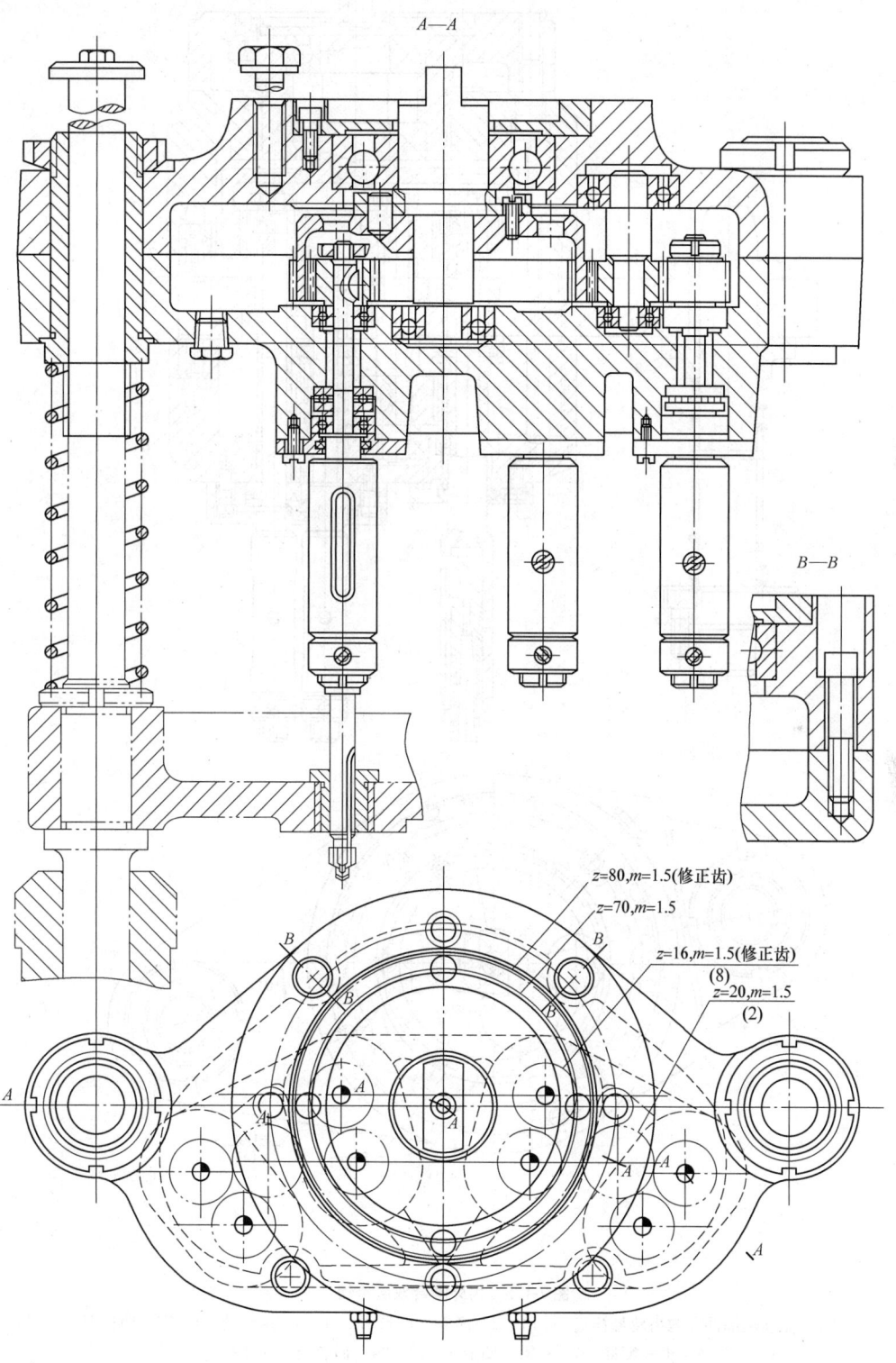

图7-174 内外啮合单层传动

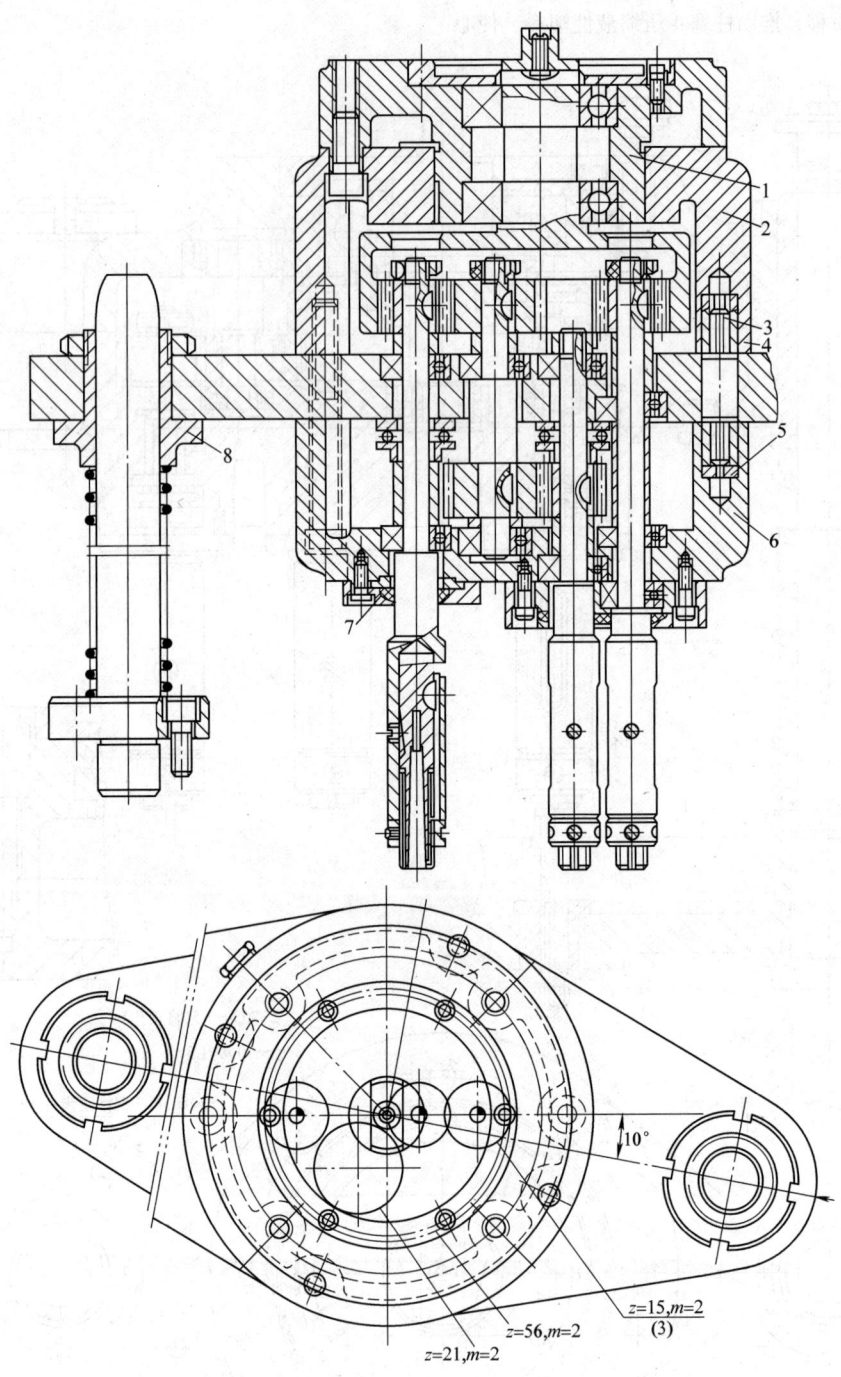

图 7-175　内外啮合双层传动
1—主动轴部件（内齿轮悬挂式 No.1）　2—高盖（圆形 No.1）　3—定位销　4—定位销衬套
5—拆卸螺母　6—本体（圆形 No.1）　7—油封　8—导柱衬套

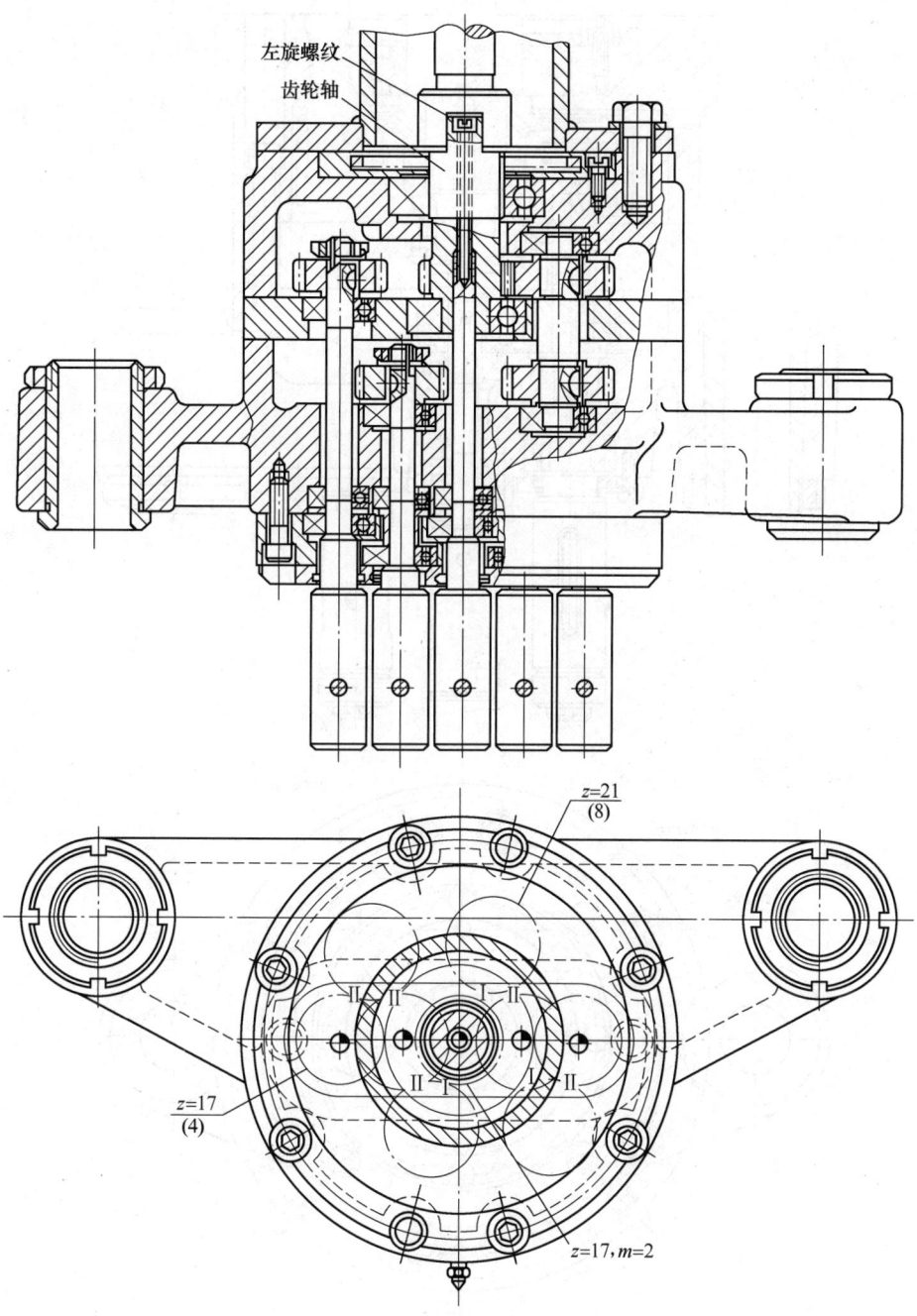

图 7-176　主动轴与工作轴中心重合的外啮合传动

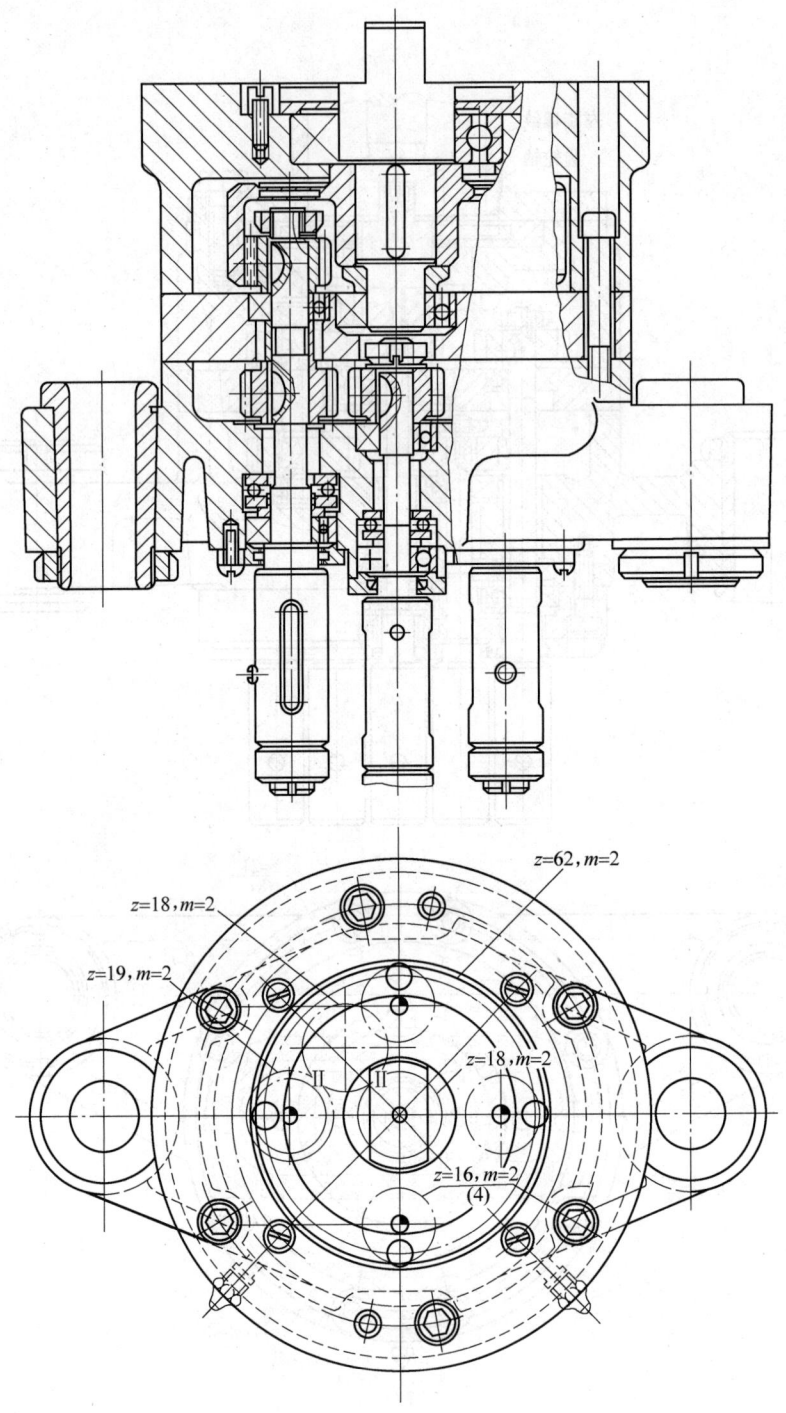

图 7-177 主动轴与工作轴中心重合的内啮合传动

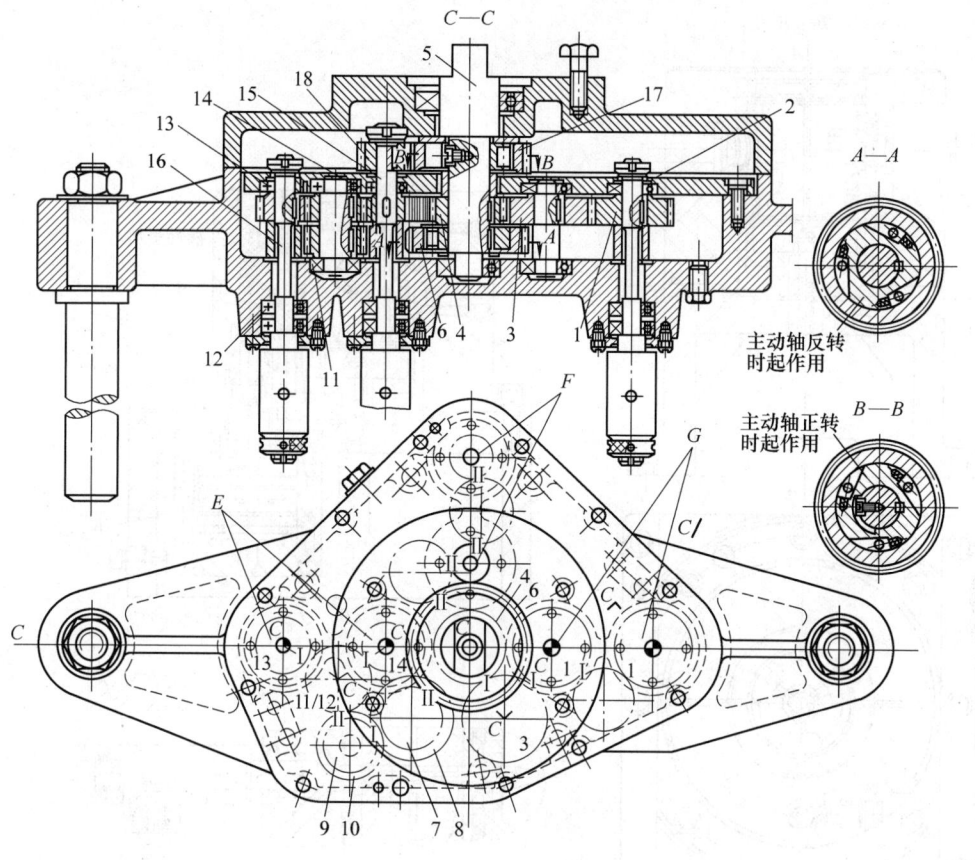

图 7-178 多工序攻螺纹多轴头
1、3、4、6、7～14、17、18—齿轮 2—攻螺纹工作轴 5—主动轴 15、16—工作轴

然后,工作台带动夹具与工件一起离开定位心轴1,移向镗杆,进行镗孔。

该夹具的特点是定位精度高,能保证大小头轴线有较高的位置精度。

(3) 摇臂孔滚动精镗夹具(图 7-181) 工件以内孔、端面及一侧面在定位轴 3、套 2 和挡销 5 上定位。

接通油路,液压缸活塞 1 带动压板 6 左移并回转,压板下端螺钉 7 进入支承块 8 的 V 形槽内,上端的浮动压套 4 将工件压紧。然后机床工作台带动夹具、工件一起右移,离开定位轴 3,即可镗孔。

该夹具结构简单,操作方便省力。

2. 卧式镗床夹具

(1) 滑座体两孔精镗夹具(图 7-182) 该夹具先装于机床滑座体上,然后一起装于卧式镗床或专用镗床上,精镗滑座体上两个支承孔。

工件以一山形导轨面和一平导轨面在两浮动半圆柱垫块 5 和浮动平垫块 1 上定位。

该夹具由两副横跨式镗模组成,在工件的山形和平导轨面上定位后,拧动螺母 7,经联动构件 3、4 和 6 同时带动两钩形压板 2,从导轨两侧的下方将工件夹紧。

该夹具由于采用了浮动定位块,可保证定位不发生干涉,并且结构轻巧,使用方便。

(2) 减速器壳总成轴承孔镗夹具(图 7-183) 工件以一面两孔在四块支承板 2、定位销 3 和菱形活动销 10 上定位。

安装工件时,先扳动手柄 11,经偏心轴 14、两托板 1 和四根顶杆 6 将工件顶起,以便安装镗杆时,使刀尖让开工件。然后,手柄 11 反转使工件落下,处于加工位置。分别拧紧两个球面螺母 8,通过浮动杠杆 13、支承钉 12 和四根螺栓 7,带动钩形压板 9 将工件压紧。

该夹具采用了前、中滚动式回转镗套。镗套 4 和 5 上带进退刀槽,与镗杆一起转动。镗刀杆上前后各带粗精镗刀,一次走刀即可完成工件两端轴承孔的加工。

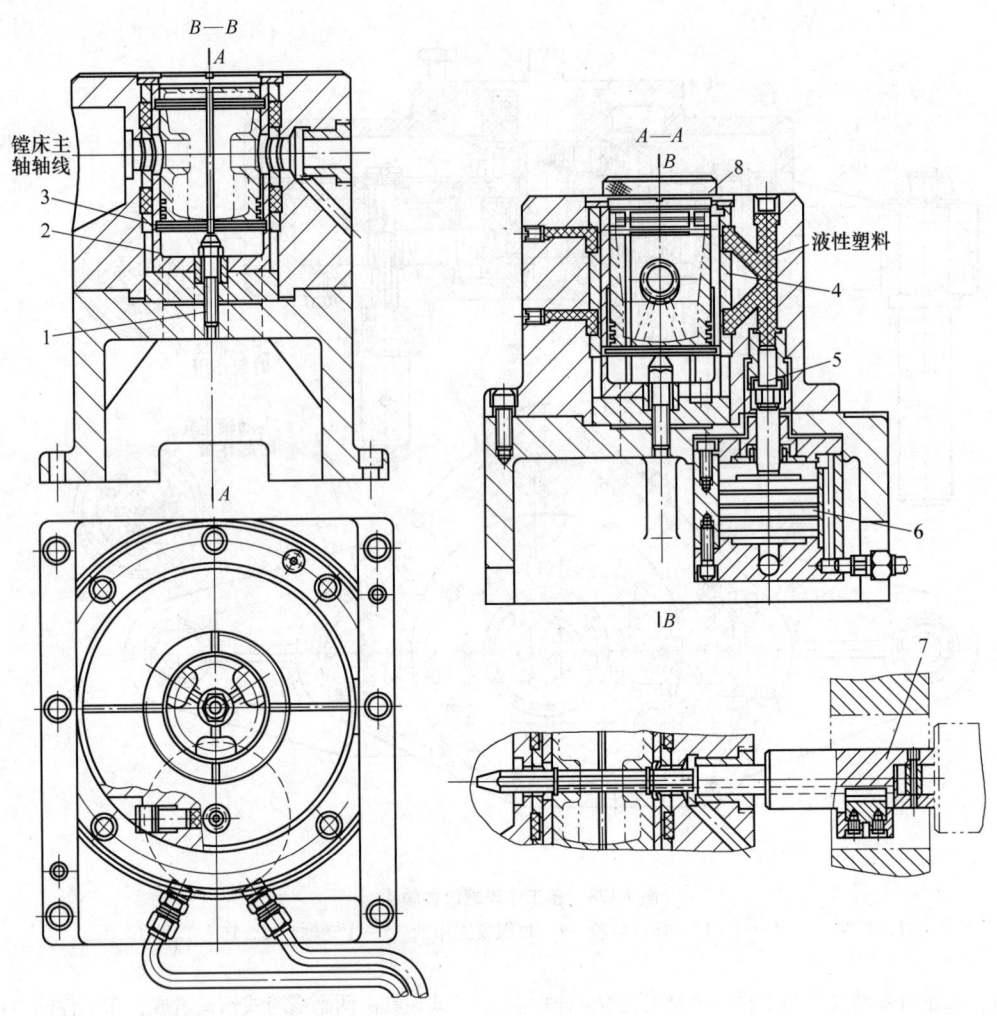

图 7-179 活塞销孔液动镗夹具
1—螺钉 2—中间卡爪 3—弹簧环 4—薄壁套筒 5—柱塞 6—活塞 7—定位销 8—塞规

(3) 锯床泵体垂直孔镗夹具（图 7-184） 工件以一个法兰安装面和两侧面在两支承板 4、下支承板 3 和滚轮 6 上定位。扳动手柄 7，旋转偏心轮 8，使工件紧靠于滚轮 6 上，拧紧四个螺母 11，通过钩形压板 12 将工件压紧于支承板 4 上。

夹具支架上的快换镗套 2 和 9 内镶有耐磨铜套 1 和 10。

该夹具结构简单，但如果后支承板 5 改成浮动或可调的辅助支承则更好。

两镗杆的两端均有导套支承，镗好一个孔后，镗床工作台回转 90°，再镗第二孔。

(4) 主轴箱三孔镗夹具（图 7-185） 工件以两条 90°V 形导轨槽和一端面在左、右四个圆柱 6 及支柱 7 上定位。两个定位圆柱安装在固定的 V 形座 4 上，另外两个安装在可移动的 V 形座 5 上，以适应工件两 V 形槽中心距误差。

工件定位后，拧紧螺母 1，通过铰链螺栓 2 和钩形压板 3 使工件紧靠于定位支柱 7 上。再拧紧左边两个螺母 9，通过铰链螺栓 13、联接板 12 及拉杆 11，使两对移动式压板 8 从两侧同时将工件压紧。

该夹具安装在镗床回转工作台上，镗 Ⅰ、Ⅱ 孔时，采用前后引导，镗 Ⅲ 孔的大孔时采用带有加长镗套的前双引导，镗套均为快换式，以便于退刀。镗 Ⅲ 孔的小孔时，在镗过的大孔里加装过渡镗套 10。

(5) 箱体四组孔液动镗夹具（图 7-186） 工件以一面两孔在两支承板 3 和可升降的圆柱销 1、菱形销 12 上定位。

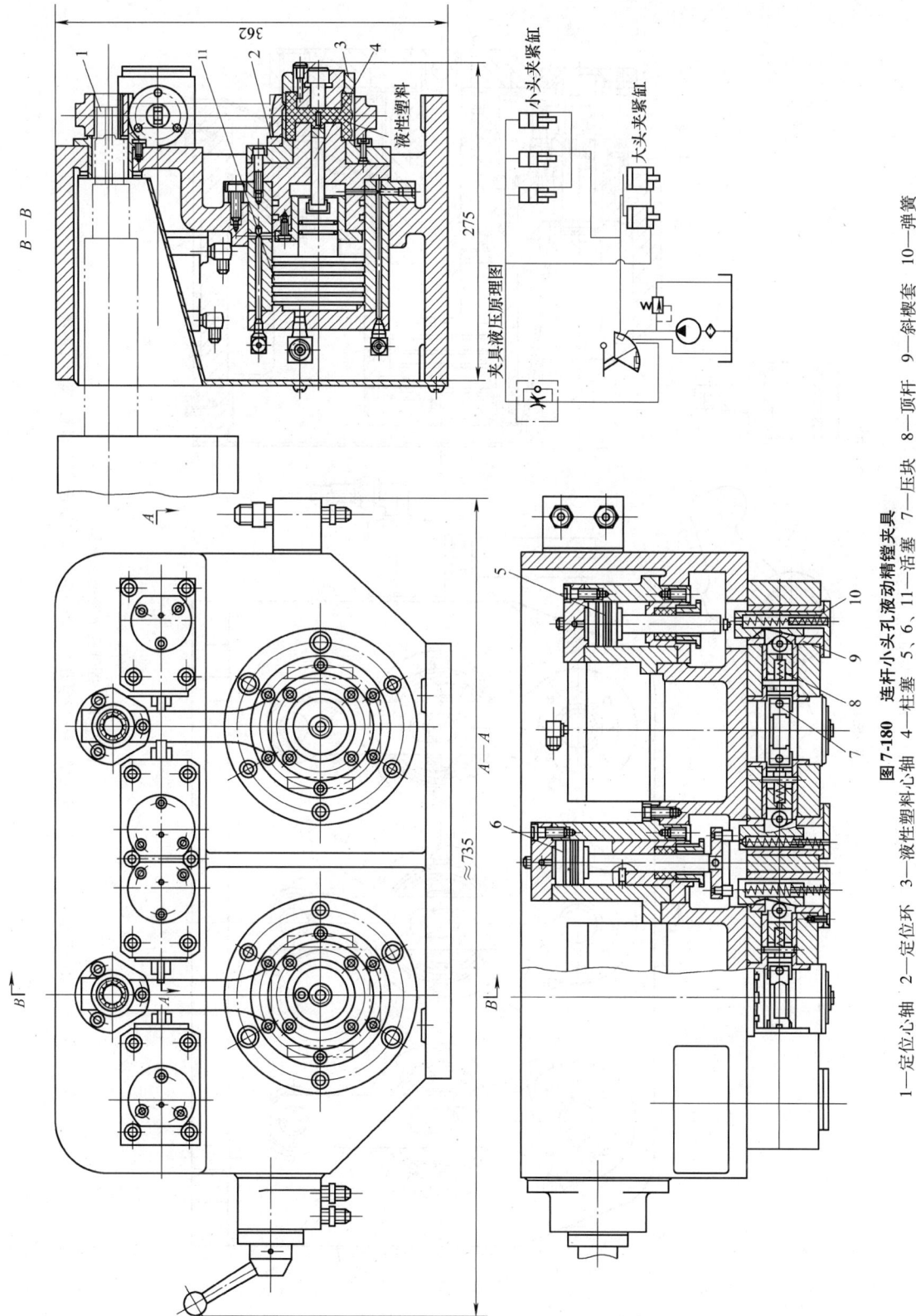

图7-180 连杆小头孔液动精镗夹具

1—定位心轴 2—定位环 3—液性塑料心轴 4—柱塞 5、6、11—活塞 7—压块 8—顶杆 9—斜楔套 10—弹簧

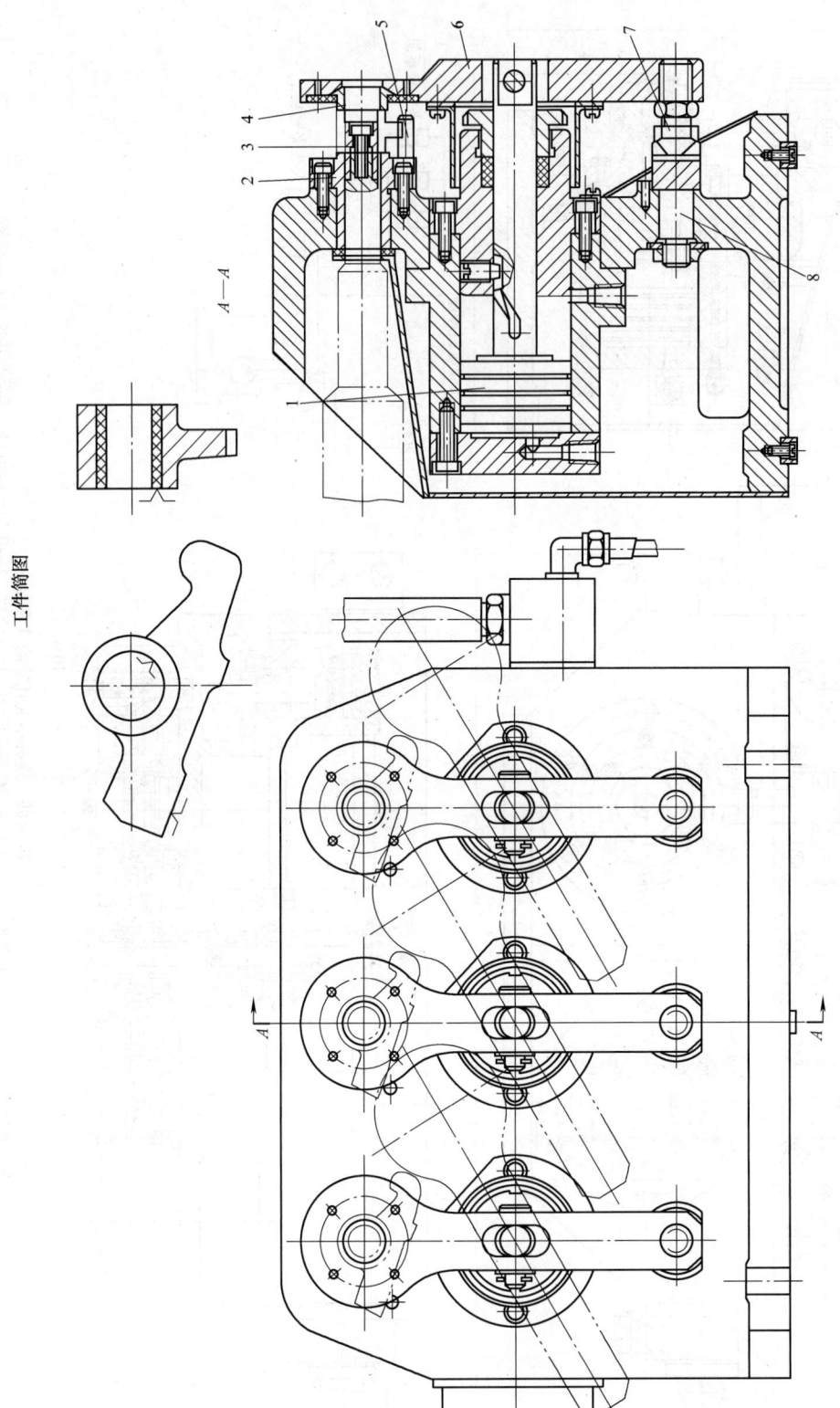

图7-181 摇臂孔滚动精镗夹具

1—活塞 2—套 3—定位轴 4—浮动压套 5—挡销 6—压板 7—螺钉 8—支承块

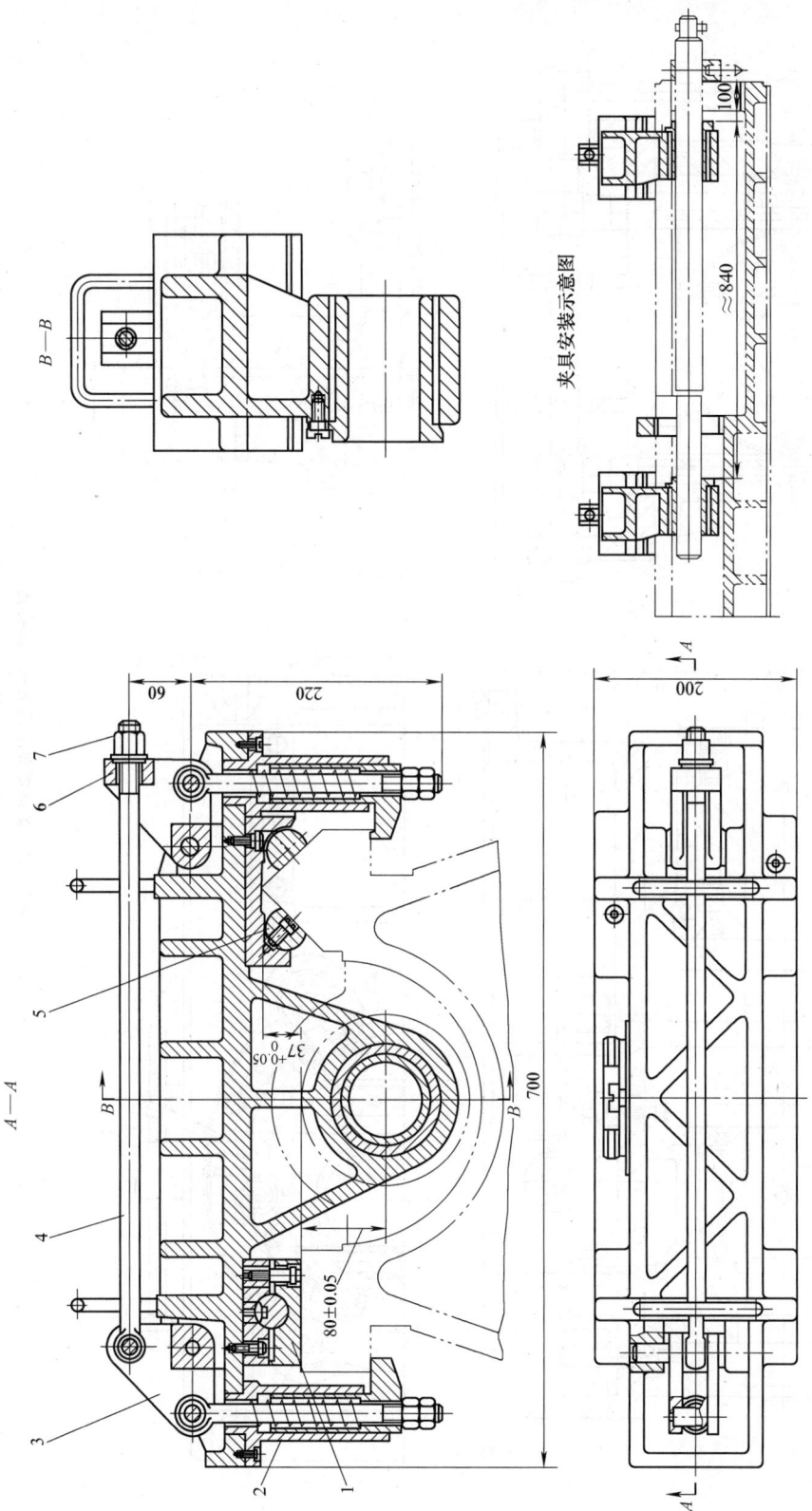

图 7-182 滑座体两孔精镗夹具
1—浮动平垫块 2—钩形压板 3、4、6—联动构件 5—浮动半圆柱垫块 7—螺母

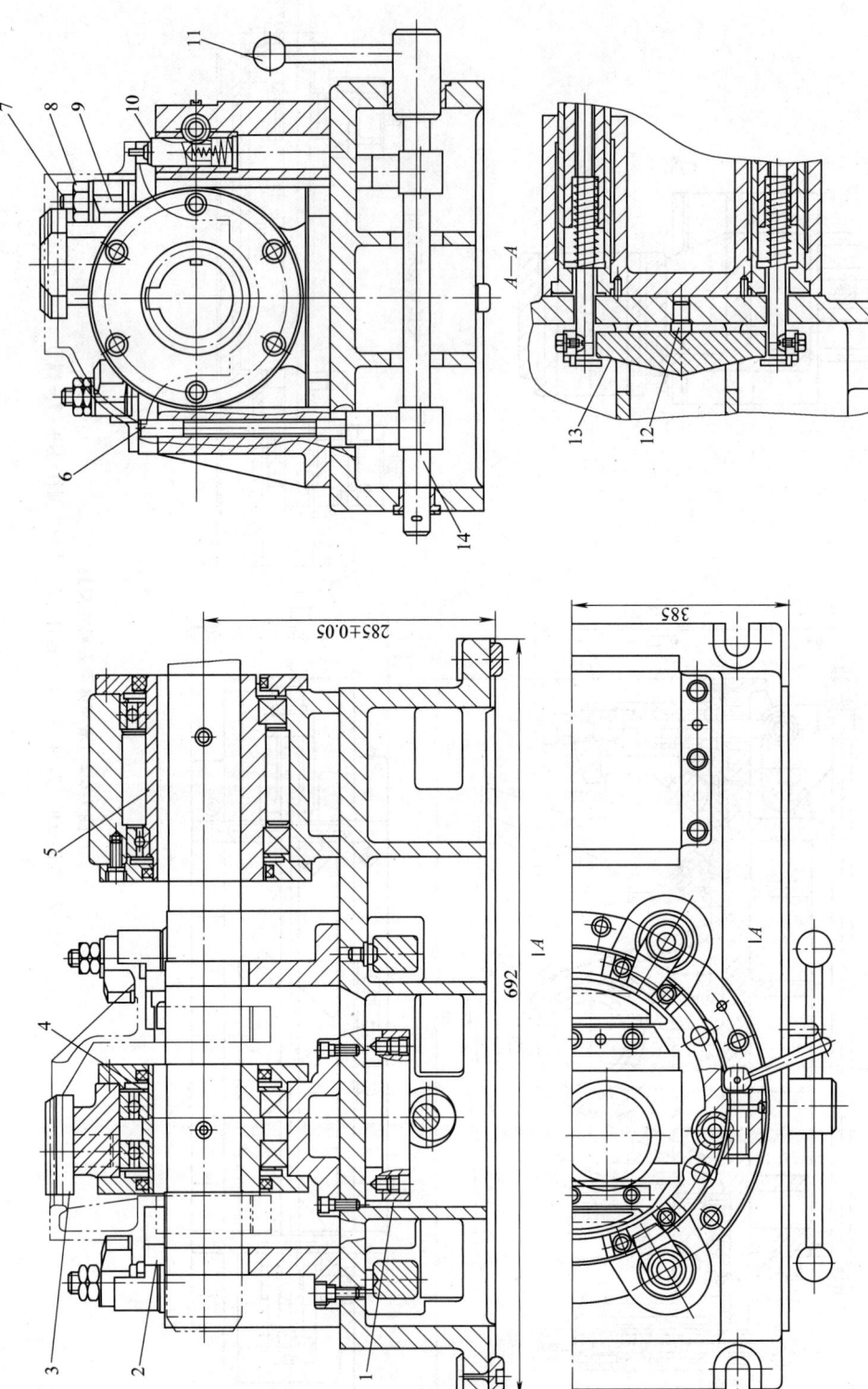

图 7-183 减速器壳总成轴承孔镗夹具

1—托板 2—支承板 3—定位销 4、5—锥套 6—顶杆 7—螺栓 8—球面螺母 9—钩形压板 10—菱形活动销 11—手柄 12—支承钉 13—浮动杠杆 14—偏心轴

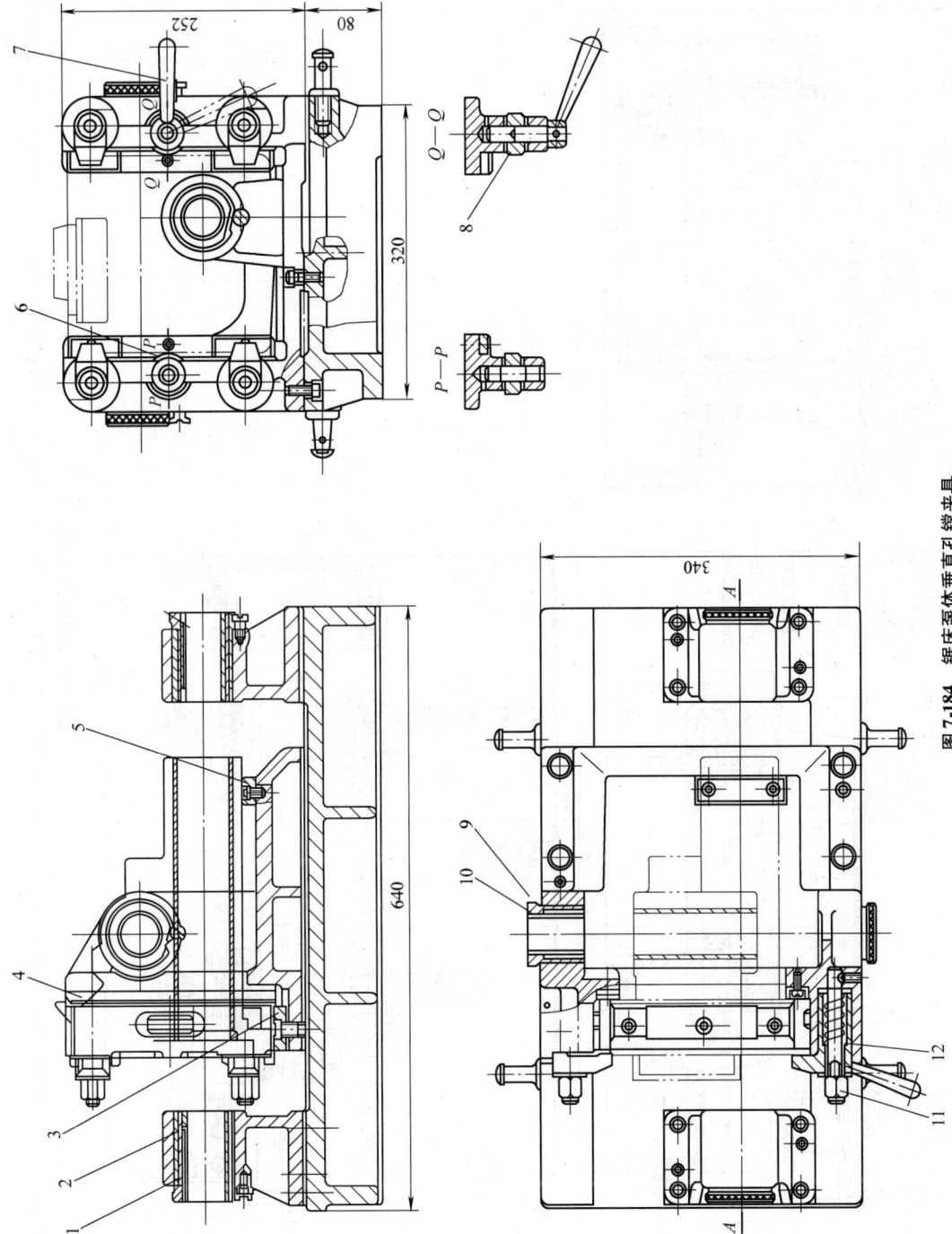

图7-184 锯床泵体垂直孔镗夹具

1、10—耐磨铜套 2、9—快换镗套 3—下支承板 4—支承板 5—后支承板 6—滚轮 7—手柄 8—偏心轮 11—螺母 12—钩形压板

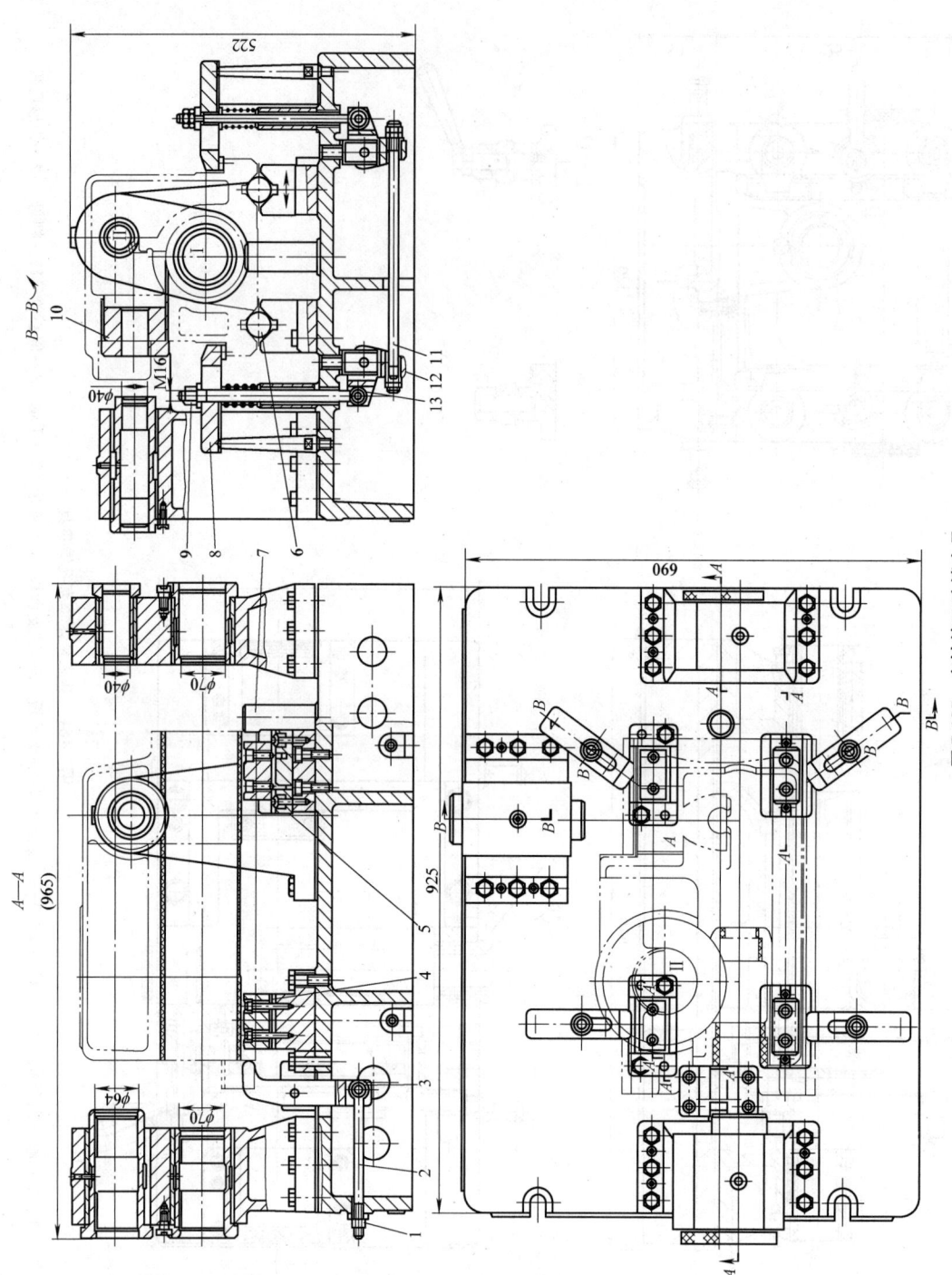

图 7-185 主轴箱三孔镗夹具

1—螺母 2—铰链螺栓 3—钩形压板 4、5—V形座 6—圆柱 7—支柱 8—压板 9—螺母 10—过渡镗套 11—拉杆 12—联接板 13—铰链螺栓

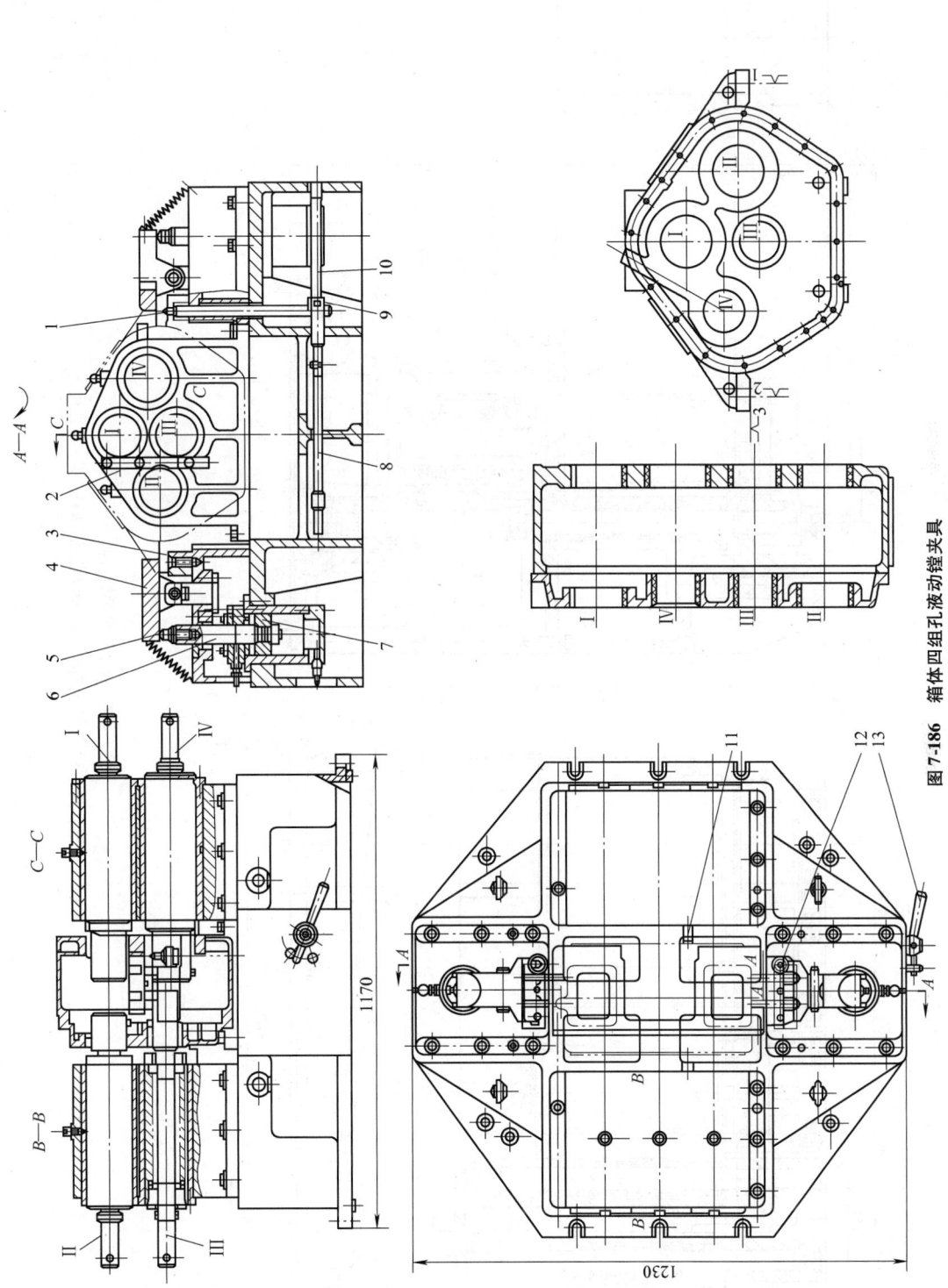

图 7-186 箱体四组孔液动镗夹具

1—圆柱销 2,11—定位板 3—支承板 4—摆动压板 5—顶杆 6—活塞杆 7—液压缸活塞 8—接杆 9—拨杆 10—拨杆轴 12—菱形销 13—手柄

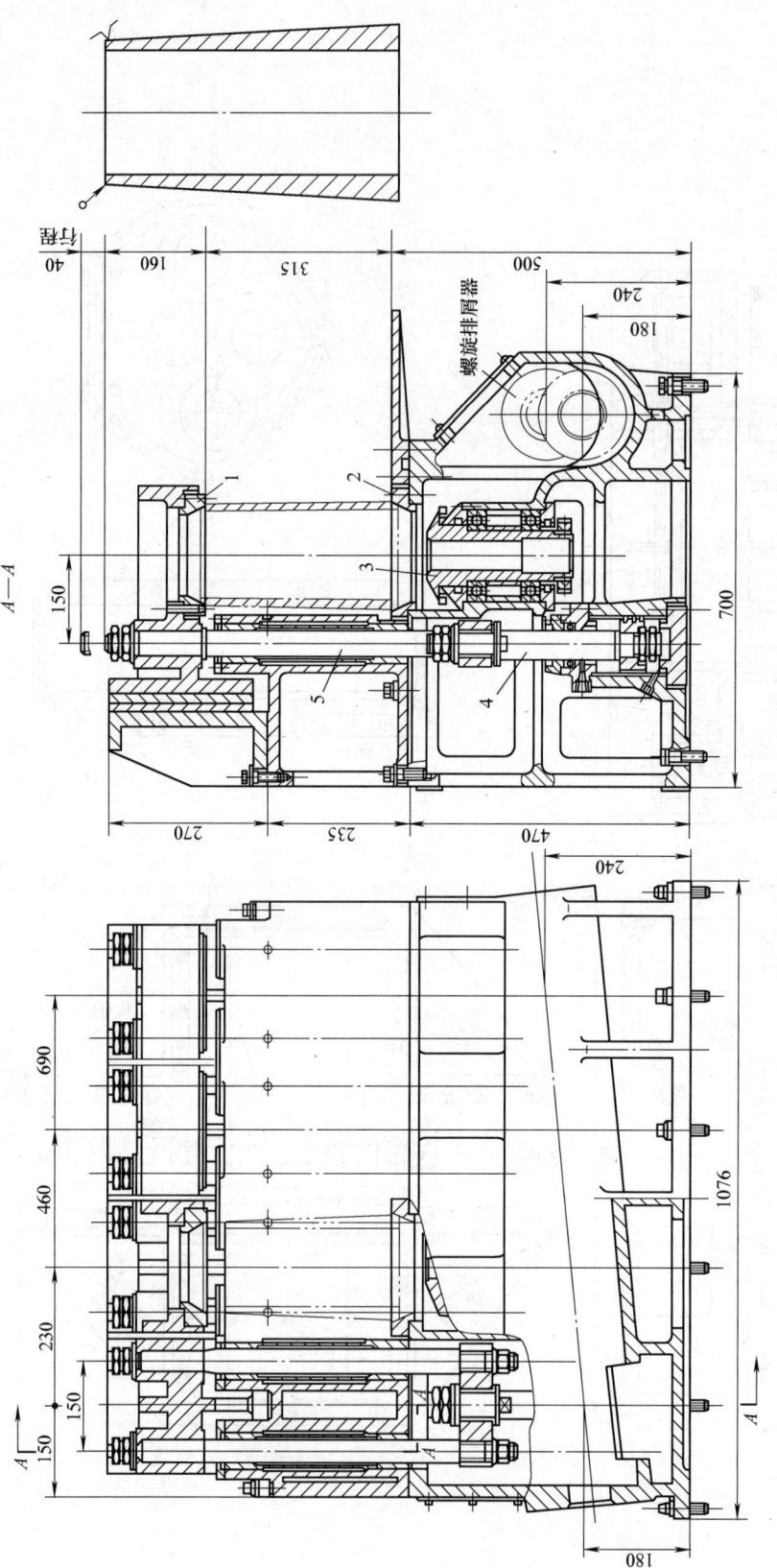

图7-187 有下引导的镗夹具
1、2—内锥孔块 3—滚动导向套 4—液压缸活塞杆 5—双导柱

安装工件时,先在两侧定位板 2 和 11 之间预定位,移动工件找正后,扳动手柄 13,经拨杆轴 10 和接杆 8 的传动,使两拨杆 9 带动圆柱销 1 和菱形销 12 升起,插入工件定位孔中。

定位后,接通油路,两液压缸活塞 7 经活塞杆 6 和顶杆 5、推摆动压板 4 从两侧压紧工件。

该夹具采用滑动导向镗套,夹具两边有镗头,每个镗头带动四根滚动镗杆,两把镗刀,同时从两边粗精镗孔,四组孔可一次镗出。

3. 立式镗床夹具

图 7-187 为有下引导的镗夹具。工件(发动机气缸套)以夹具上的上、下两个内锥孔块 1、2 定位,由液压缸活塞杆 4 带动双导柱 5 使上方的内锥孔块压紧工件。为不使镗刀杆在加工时产生挠度,下设滚动导向套 3 作为引导。为防止铁屑进入导向套的滚动轴承,导向套上部设有防尘装置。本夹具同时夹紧四个气缸套。切屑由夹具前侧的螺旋排屑器排出。

7.3 铣床专用夹具

7.3.1 铣床专用夹具的主要类型

铣床专用夹具的主要类型如图 7-188 所示。

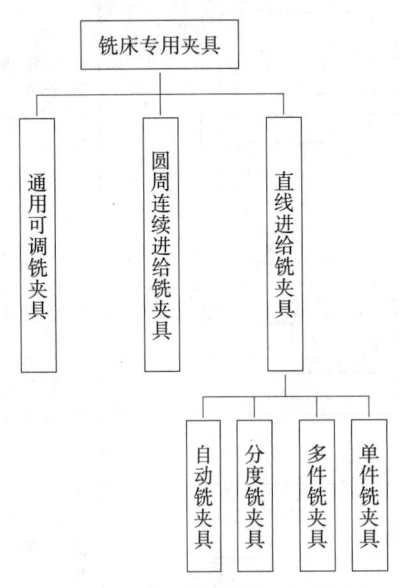

图 7-188 铣床专用夹具的主要类型

(1) 直线进给铣夹具 这类夹具安装在铣床工作台上,加工时工作台作直线进给运动。

(2) 圆周连续进给铣夹具 这类夹具多数安装在单轴或双轴圆盘铣床上的回转盘工作台上,而且同时安装几个夹具。加工时,夹具随回转盘旋转作连续的圆周进给运动。可以在不停机的情况下装卸工件,生产率高。适用于大批量生产。

7.3.2 铣床专用夹具设计要则

1. 铣床专用夹具选择原则

1)在小批或成批生产中,通常采用通用化和规格化的各种构造的铣床用台虎钳。根据工件的形状和尺寸以及工艺定位要求设计装配于台虎钳上的专用钳口。设计专用钳口时,应使切削力朝向固定钳口,并在夹紧时不致有抬起工件的趋势。

2)在小批或成批生产中,通常采用通用的带刻度回转盘进行工件的多面铣削或分度铣削加工。

3)在大批量生产中,应设计专用铣夹具完成各种不同要求的铣削加工,并尽量设计多件加工、联动夹紧或气动夹紧的夹具。

4)在大批量生产中,为了缩短设计和制造周期,往往采用通用化和规格化的立轴或卧轴回转分度盘,根据工件的形状及工艺定位夹紧要求,配以专门设计的专用夹具来完成工件的多面铣削或分度铣削加工。

2. 结构设计要则

1)由于铣削过程不是连续切削,且加工余量较大,所以不但所需的切削力较大,而且切削力的大小及方向随时都可能在变化,致使在铣削过程中产生振动。因此铣床夹具要有足够的夹紧力,夹具结构要有足够的刚性。

2)为了提高铣床夹具的刚性,工件待加工的表面应尽量不超出工作台,在确保夹具有足够排屑空间的前提下,尽量降低夹具的高度,一般夹具高与宽之比≤1~1.25。

3)对于以铸、锻件毛坯面定位的铣夹具,应以毛坯图作为设计夹具的依据,以免对工件毛坯余量尺寸和形状误差、分型面或浇冒口等问题因考虑不周而影响夹具的合理性和可靠性。

4)以工件毛坯面定位时,为避免毛坯误差,应多设置若干个辅助支承。

5)要特别注意在铣削过程中容易变形的部位,并设置必要的辅助支承。

6)为了获得较大的夹紧力,在铣床夹具中尽可能采用扩力机构。

7)为了防止工件在加工过程中因振动而使夹紧松脱,夹紧装置应具有足够的自锁能力。

8)从侧面压紧工件的着力点应低于工件侧面的支承点,并使其产生作用在支承上的合力 W(图 7-189)。为此,压板作用点 A 应位于工件对称(重心)轴线 I-I 上或略高于轴线 I-I,使作用力 W 在支承面内,且落在对称轴线附近。否则会由于作用力过高致使工件从主要支承基面抬起而造成脱位。压板 A 处宜做成有两个压紧点的 $R = 0.5 \sim 5\mathrm{mm}$ 的圆角或镶浮动自位压块。

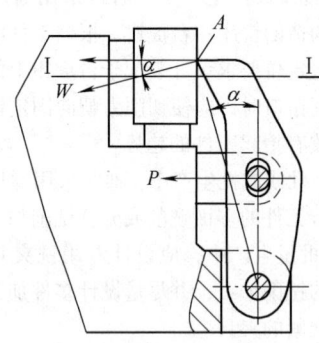

图 7-189 着力点与支承点的位置关系

9)为了调整和确定夹具与铣刀的相对位置,应正确选用对刀装置。常用对刀装置的基本类型,见第 6 章表 6-9。

10)对刀装置应设置在使用塞尺方便和易于观察的位置,并应在铣刀开始切入工件的一端。

11)为了调整和确定夹具与机床工作台轴线的相对位置,在夹具体的底面应具有两个距离尽量远一点的定向键,当夹具安装在工作台的 T 形槽时,为确保其纵向轴线和机床工作台的纵向行程方向一致,同时承受了由切削力所产生的转矩,减小夹具与机床连接螺栓的负荷,从而增加了夹具在加工过程中的稳固性。因此,即使在加工不一定要求与机床工作台轴线平行的工件平面时,也经常使用这种定向键。

12)由于铣削过程中产生大量切屑,因此要使排屑容易,并且要有足够的排屑和容屑空间。同时,根据需要考虑冷却液的排出。

7.3.3 铣床夹具的技术要求

1. 铣床夹具的主要技术要求

1)定位表面对夹具安装基面的垂直度或平行度。

2)定位表面(导向面)或轴线对定位键工作面(或找正基面)的平行度或垂直度。

3)定位表面的平面度和直线度或支承板的等高性。

4)定位表面间的垂直度或平行度。

5)对刀块工作表面到定位表面距离的制造公差(表 7-37、表 7-38)。

表 7-37 按工件公差确定夹具对刀块到定位表面的制造公差

(单位:mm)

工件的公差	对刀块对定位表面的相互位置	
	平行或垂直时	不平行或不垂直时
±0.1 以下	±0.02	±0.015
±0.1 ~ ±0.25	±0.05	±0.035
±0.25 以上	±0.10	±0.08

表 7-38 对刀块工作面、定位表面和定位键侧面间的技术要求

(单位:mm)

工件加工面对定位基准的技术要求	对刀块工作面及定位键侧面对定位表面的垂直度或平行度(在 100mm 长度上)
0.05 ~ 0.10	0.01 ~ 0.02
0.10 ~ 0.20	0.02 ~ 0.05
0.20 以上	0.05 ~ 0.10

2. 铣床夹具技术要求示例(表 7-39)

表 7-39 铣床夹具技术条件示例

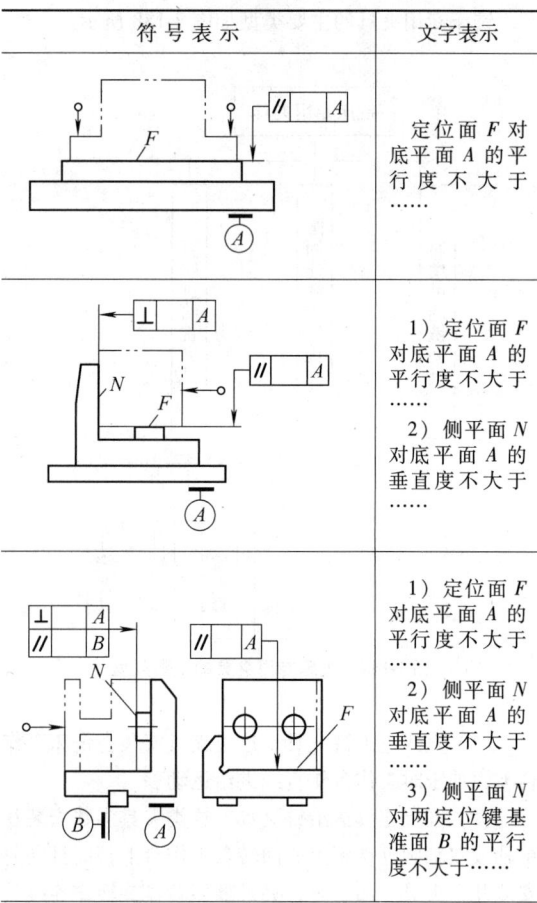

符号表示	文字表示
	定位面 F 对底平面 A 的平行度不大于……
	1)定位面 F 对底平面 A 的平行度不大于…… 2)侧平面 N 对底平面 A 的垂直度不大于……
	1)定位面 F 对底平面 A 的平行度不大于…… 2)侧平面 N 对底平面 A 的垂直度不大于…… 3)侧平面 N 对两定位键基准面 B 的平行度不大于……

符 号 表 示	文字表示	符 号 表 示	文字表示
	1) ϕd 的轴线对底平面 A 的平行度不大于…… 2) ϕd 的轴线对侧平面 C 的垂直度不大于…… 3) ϕd 的轴线对两定位键基准面 B 的平行度不大于……		1) 定位面 F 对底平面 A 的平行度不大于…… 2) 定位孔 ϕD（定位轴 ϕd）的母线对底平面 A 的跳动量不大于……
	1) ϕd 的轴线对底平面 A 的平行度不大于…… 2) ϕd 的轴线对侧平面 C 的垂直度不大于…… 3) ϕd 的轴线对两定位键基准面 B 的垂直度不大于……		1) 4V 形轴线的相互位置度不大于…… 2) 4V 形轴线所构成的平面对底平面 A 的平行度不大于…… 3) 4V 形轴线所构成的平面对两定位键基准面 B 的垂直度不大于……
	1) 定位面 F 对底平面 A 的垂直度不大于…… 2) 两定位销轴线所在平面对底平面 A 的平行度不大于…… 3) 定位面 F 对两定位键基准面 B 的平行度不大于……		1) 4V 形轴线的相互位置度不大于…… 2) 4V 形轴线所在平面对底平面 A 的垂直度不大于…… 3) 4V 形轴线所在平面对两定位键基准面 B 的平行度不大于……
	1) 定位面 F 对底平面 A 的垂直度不大于…… 2) 两定位销轴线所在平面对底平面 A 的垂直度不大于…… 3) 定位面 F 对两定位键基准面 B 的平行度不大于……		1) 定位面 F 对底平面 A 的平行度不大于…… 2) 两定位销轴线所在平面对底平面 A 的垂直度不大于…… 3) 两定位销轴线所在平面对两定位键基准面 B 的平行度不大于……

（续）

符 号 表 示	文字表示
	1）定位面 F 对底平面 A 的平行度不大于…… 2）两定位销轴线所在平面对两定位键基准面 B 的垂直度不大于……
	1）定位面 F 对底平面 A 的平行度不大于…… 2）侧平面 N 对底平面 A 的垂直度不大于…… 3）侧平面 N 对两定位键基准面 B 的垂直度不大于……
	1）V 形轴线对底平面 A 的平行度不大于…… 2）V 形轴线对两定位键基准面 B 的平行度不大于……
	1）V 形轴线对底平面 A 的平行度不大于…… 2）V 形轴线对两定位键基准面 B 的垂直度不大于……
	1）$4\times\phi d$（$4\times\phi D$）轴线的相互位置度不大于…… 2）$4\times\phi d$ 轴线所在平面对底平面 A 的垂直度不大于…… 3）$4\times\phi d$ 轴线对两定位键基准面 B 的平行度不大于……

（续）

符 号 表 示	文字表示
	1）斜面 N 对底平面 A 的倾斜度不大于…… 2）斜面 C 对斜面 N 的垂直度不大于…… 3）测棒 ϕd 的轴线对底平面 A、两定位键基准面 B 的平行度不大于……
	1）斜面 N 对底平面 A 的倾斜度不大于…… 2）斜面 C 对斜面 N 的垂直度不大于…… 3）测棒 ϕd 的轴线对底平面 A 的平行度不大于…… 4）测棒 ϕd 的轴线对两定位键基准面 B 的垂直度不大于……
	1）ϕd（ϕD）的轴线对底平面 A 的倾斜度不大于…… 2）ϕd（ϕD）的轴线对 C 面的垂直度不大于…… 3）ϕd（ϕD）的轴线（投影在 A 面上）对两定位键基准面 B 的垂直度不大于……
	1）ϕd（ϕD）的轴线对底平面 A 的倾斜度不大于…… 2）ϕd（ϕD）的轴线对 C 面的垂直度不大于…… 3）ϕd（ϕD）的轴线（投影在 A 面上）对两定位键基准面 B 的平行度不大于……

7.3.4 铣床夹具的磨损极限

1. 铣床夹具的位置偏差与磨损极限值（表7-40）

表7-40 铣床夹具的位置偏差与磨损极限值 （单位：mm）

检查内容	加工精度	工件被加工表面对基准面的极限偏差（δ_G）		
		Ⅰ（<±0.10）	Ⅱ（>±0.10~±0.20）	Ⅲ（>±0.20~±0.30）
塞尺表面（按该表面定位铣刀）对夹具定位表面的极限偏差	制造公差	±0.02	±0.05	±0.08
	磨损极限	±0.04	±0.08	±0.12
夹具定位面对夹具安装基准的平行度或垂直度（在100mm长度上）	制造公差	0.02	0.05	0.08
	磨损极限	0.04	0.08	0.12
夹具定位面与定向键侧面的平行度或垂直度（在100mm长度上）	制造公差	0.02	0.05	0.08
	磨损极限	0.04	0.08	0.12

2. 铣槽时定位凸缘的磨损偏差（表7-41）

表7-41 铣槽时定位凸缘的磨损偏差（$\Delta_{损}$）

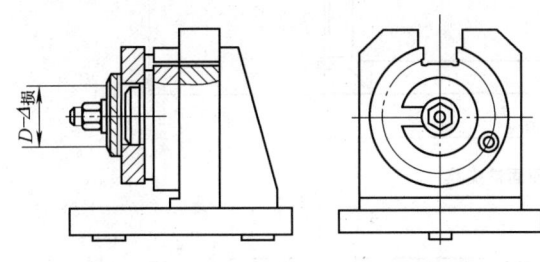

定位凸缘基本尺寸 D/mm	工件被加工表面对基准表面的极限偏差/mm		
	±0.1	±0.2	±0.3
	被加工工件基准孔的精度等级（按基孔制）		
	H7	H7、H8、H9	H8、H9、H11
	磨损偏差（$-\Delta_{损}$）/μm		
18	105	269 251	389 346
>18~30	103	256 246	383 336
>30~50	101	255 243	381 321
>50~80	99	253 238	376 306
>80~120	97	251 233	371 291
>120~180	94	248 228	366 276
>180~260	92	246 223	361 256
>260~360	89	243 218	356 236

当磨损时，塞尺尺寸 b 的磨损偏差/mm

b 的基本尺寸	$-\Delta_{损}$
1	−0.009
3	
5	−0.012

7.3.5 铣床专用夹具典型图例

1. 直线进给铣夹具

（1）单件铣夹具

1）气缸头顶面铣夹具（图7-190）：由于钩形压板位于斜槽中，所以当液压缸动作时，两钩形压板自动合拢压紧与张开松脱，压紧信号由尾部行程开关发出。本夹具用于加工自动线中。

2）盖板平面铣夹具（图7-191）：盖板置于夹具三只支承钉1上以周边定位。推进手柄5使浮动支承4上升接触工件。旋转手柄通过钢球锁紧斜楔，使浮动支承变为固定支承。然后旋紧螺母3使压板2压紧工件。为防止工件向上抬起，所以压板的压紧面均制成带齿槽的15°斜面。

3）发动机油底壳结合面铣夹具（图7-192）：工件为薄壳结构，以周边定位置于支承钉上，并在适当位置增加了可调节的支承点，侧面压板1采用斜式楔口，以免工件被压紧时向上抬起。右侧及前侧各两点为夹紧力作用点。为防止工件在夹紧时变形，工件中间由两根可调节的顶杆2撑紧。正中间设有一个浮动支承3，待旋紧螺母后即成为一固定支承，因此大大加强了工件在加工时的刚性。

4）转向拉杆臂气动铣夹具（图7-193）：工件的大头平面及外圆以定位环1和卡爪2定位，挡销3防止工件转动，弹簧销4作辅助支承。当活塞杆5左移时，经杠杆6拉滑块8连同卡爪7将工件夹紧。

5）发电机支架两个平行面铣夹具（图7-194）：工件以半圆柱面、侧面和一端面在半圆定位块4、螺钉1上定位。拧紧螺母6使两块自动定心压板3通过四个滚轮将工件夹紧。为使四个滚子同时夹紧工件，螺杆2在挡叉5内可以浮动。拧紧螺母8使联动压板7在工件的左端夹紧工件，增加工件在铣削时的稳定性。

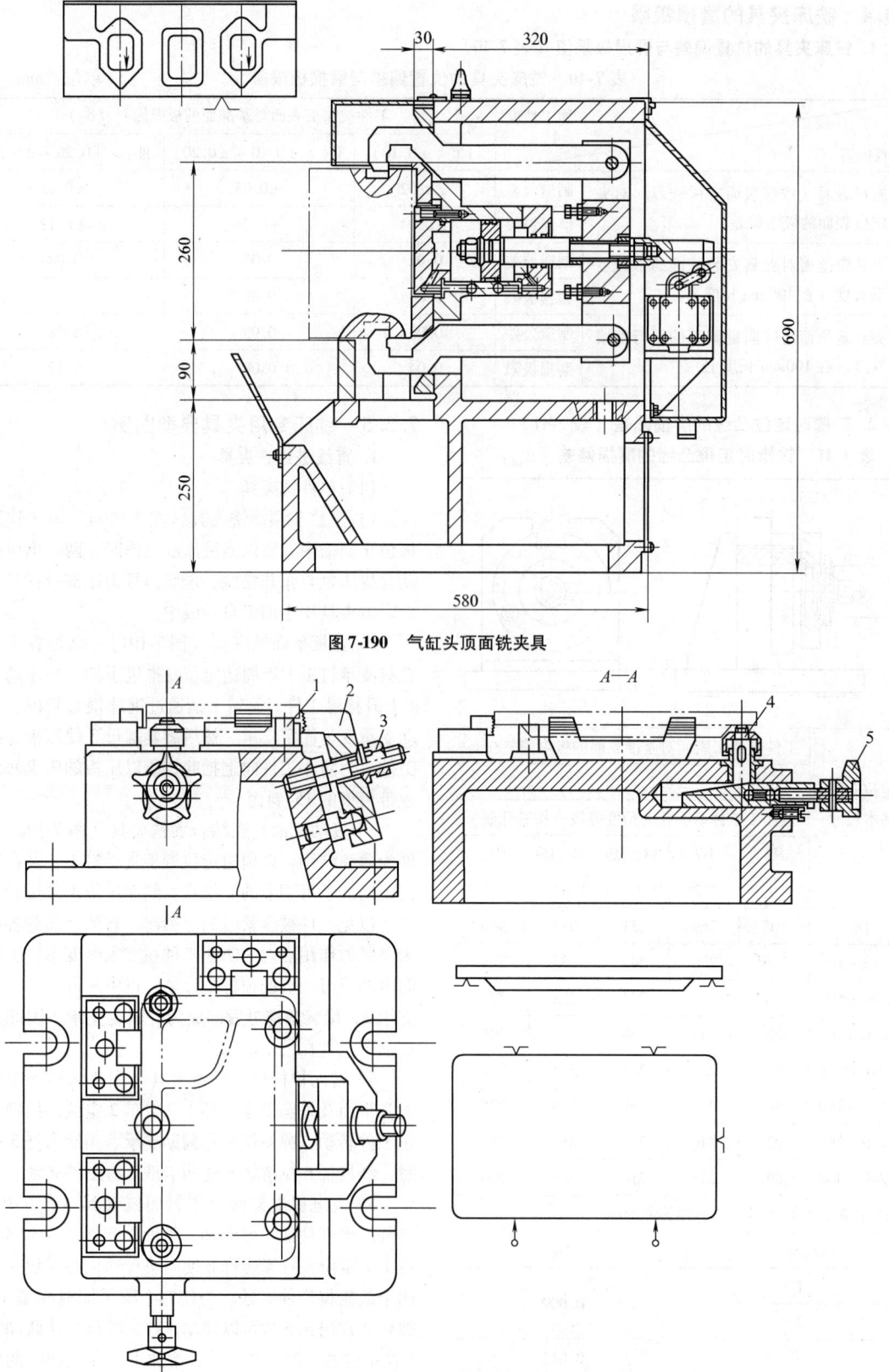

图 7-190 气缸头顶面铣夹具

图 7-191 盖板平面铣夹具

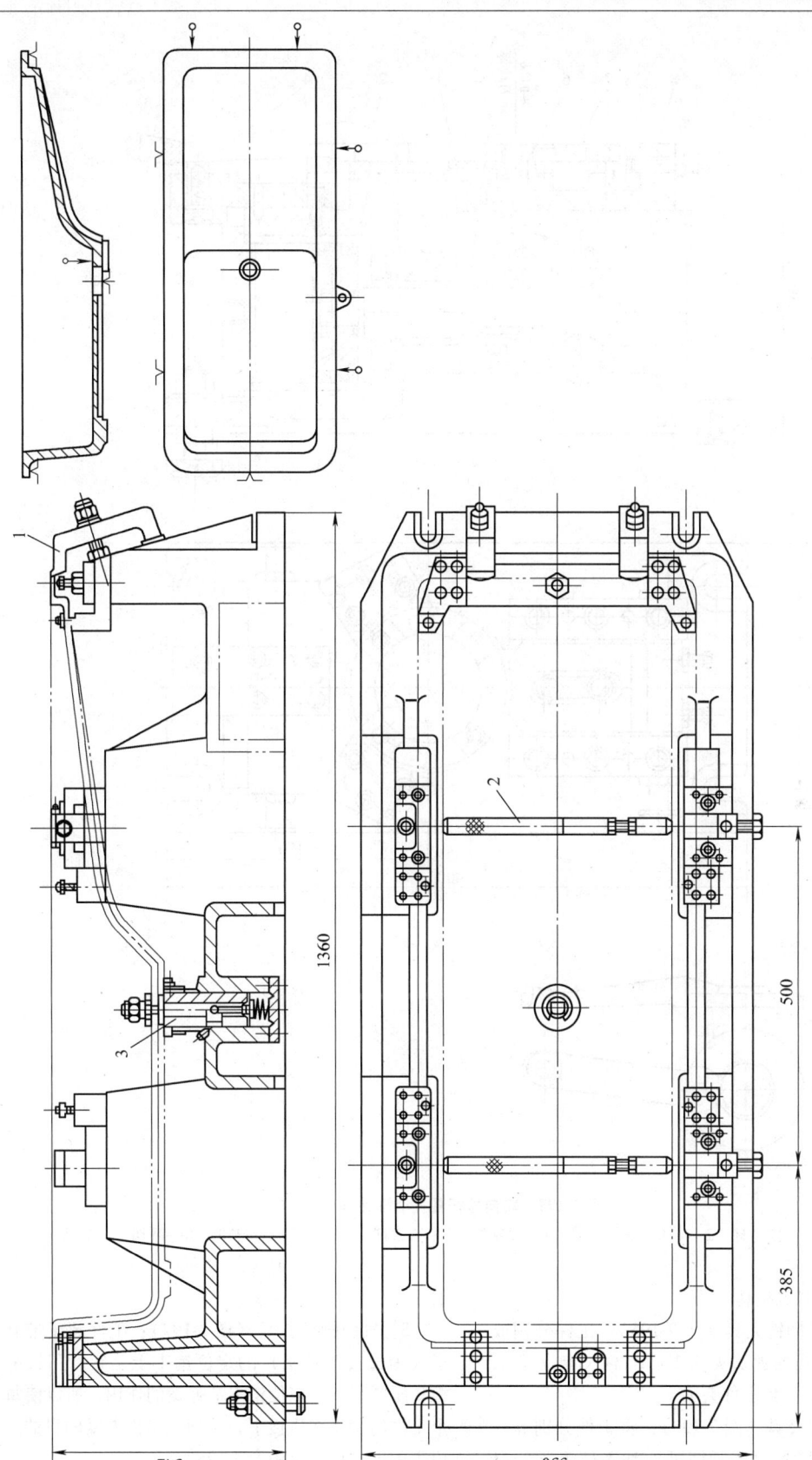

图 7-192 发动机油底壳结合面铣夹具
1—侧面压板 2—顶杆 3—浮动支承

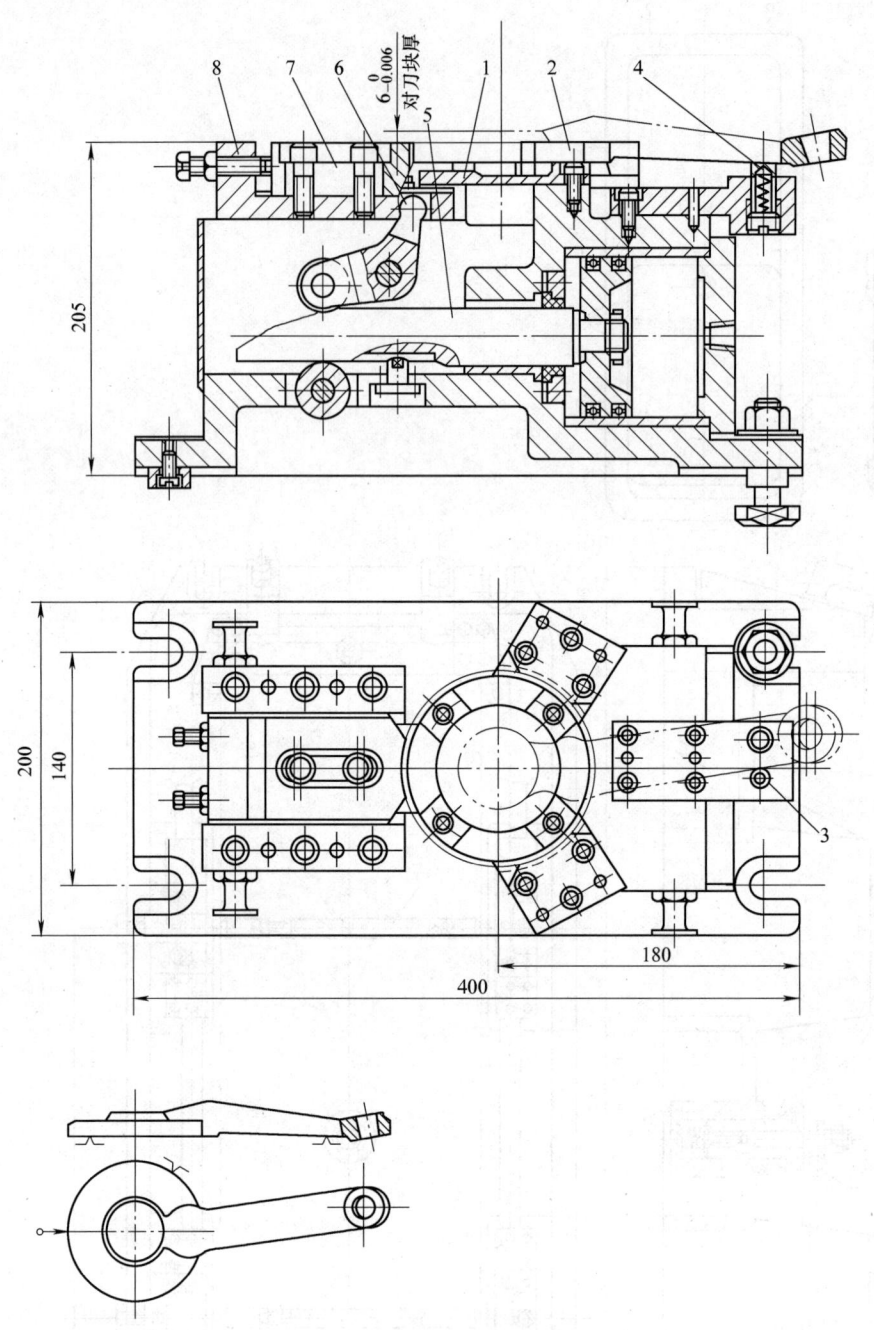

图 7-193 转向拉杆臂气动铣夹具
1—定位环 2—卡爪 3—挡销 4—弹簧销 5—活塞杆 6—杠杆 7—卡爪 8—滑块

(2) 多件夹紧铣夹具

1) 调速器手柄铣夹具（图 7-195）：工件分别放入具有六个定位孔的弹簧夹头 1 后，插入定位销 2，然后旋紧螺钉 3，达到多件夹紧。

2) 传动轴铣夹具（图 7-196）：将工件分别插入 V 形块后，用压紧螺钉压紧即可达到多件夹紧的目的。

3) 气门脚铣夹具（图 7-197）：工件装于带有槽子（为通过刀具用）的定位销 1 上。然后用铰链压板 2 压紧。由于定位销下端弹簧的作用，所以使每一个工件均紧压在压板下，达到了多件夹紧的目的。挡板 3 用于防止定位销产生转动。

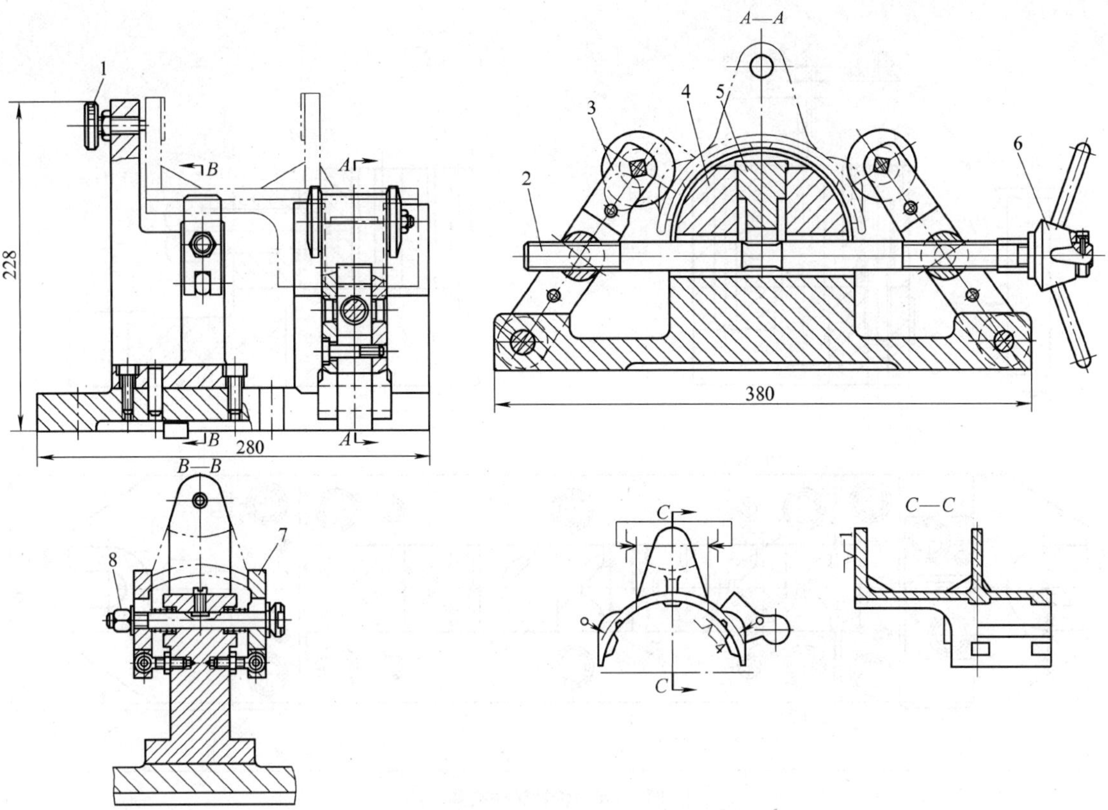

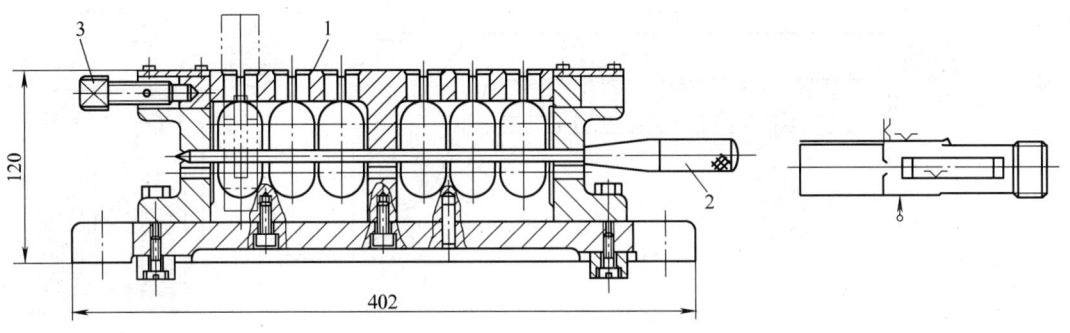

图 7-194　发动机支架两个平行面铣夹具
1—螺钉　2—螺杆　3—自动定心压板　4—半圆定位块　5—挡叉　6—螺母　7—联动压板　8—螺母

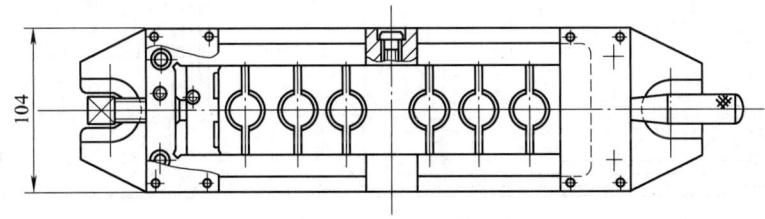

图 7-195　调速器手柄铣夹具
1—弹簧夹头　2—定位销　3—螺钉

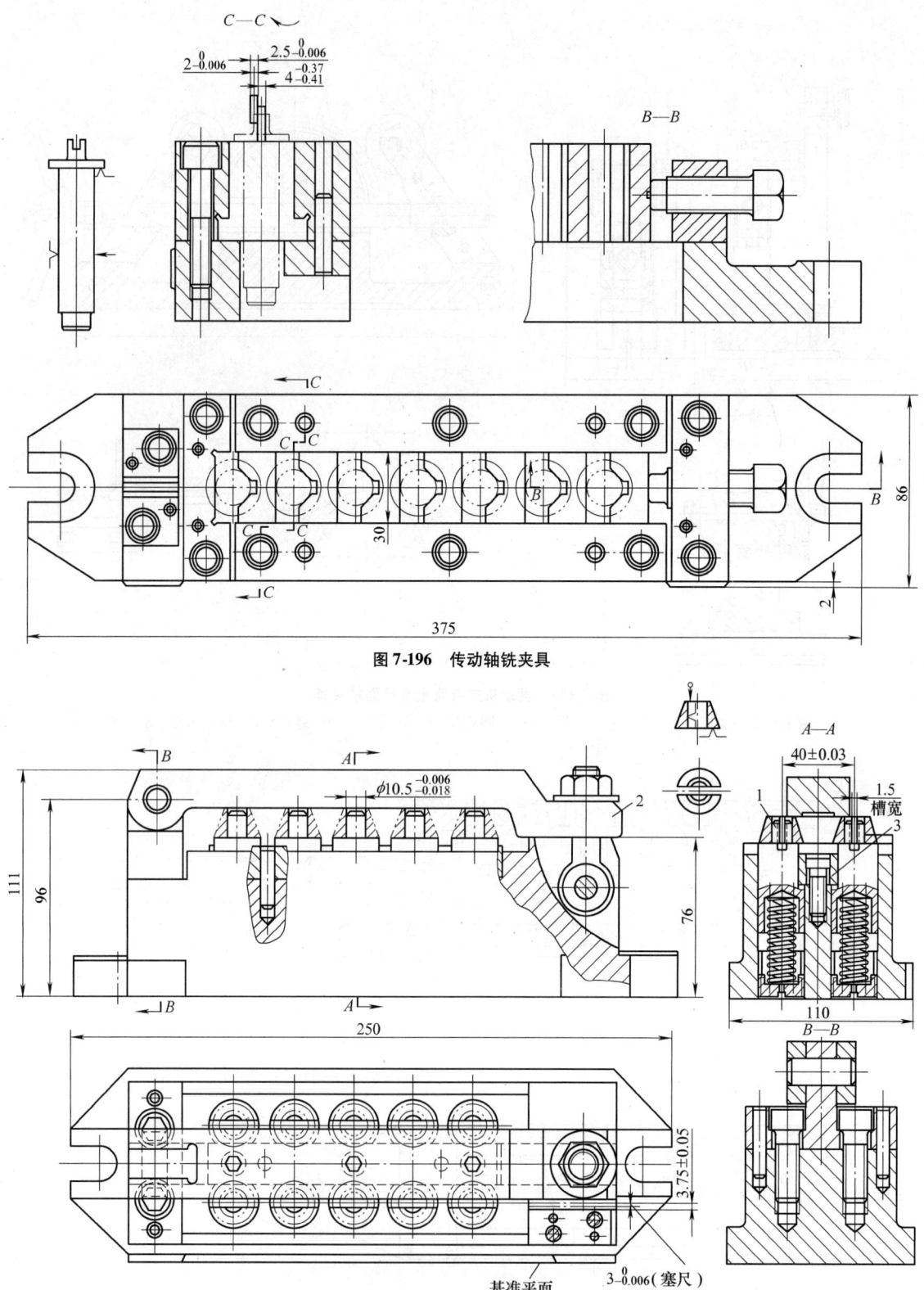

图 7-196 传动轴铣夹具

图 7-197 气门脚铣夹具
1—定位销 2—铰链压板 3—挡板

4）转向节臂铣键槽夹具（图7-198）：工件的一个端面和两侧面以支承钉1、挡板2、3和挡销4定位，小端以调节螺钉7定位。气缸活塞杆经杠杆5拨动浮动压板6夹紧工件。挡板2兼作对刀块。本夹具可同时加工四个工件。

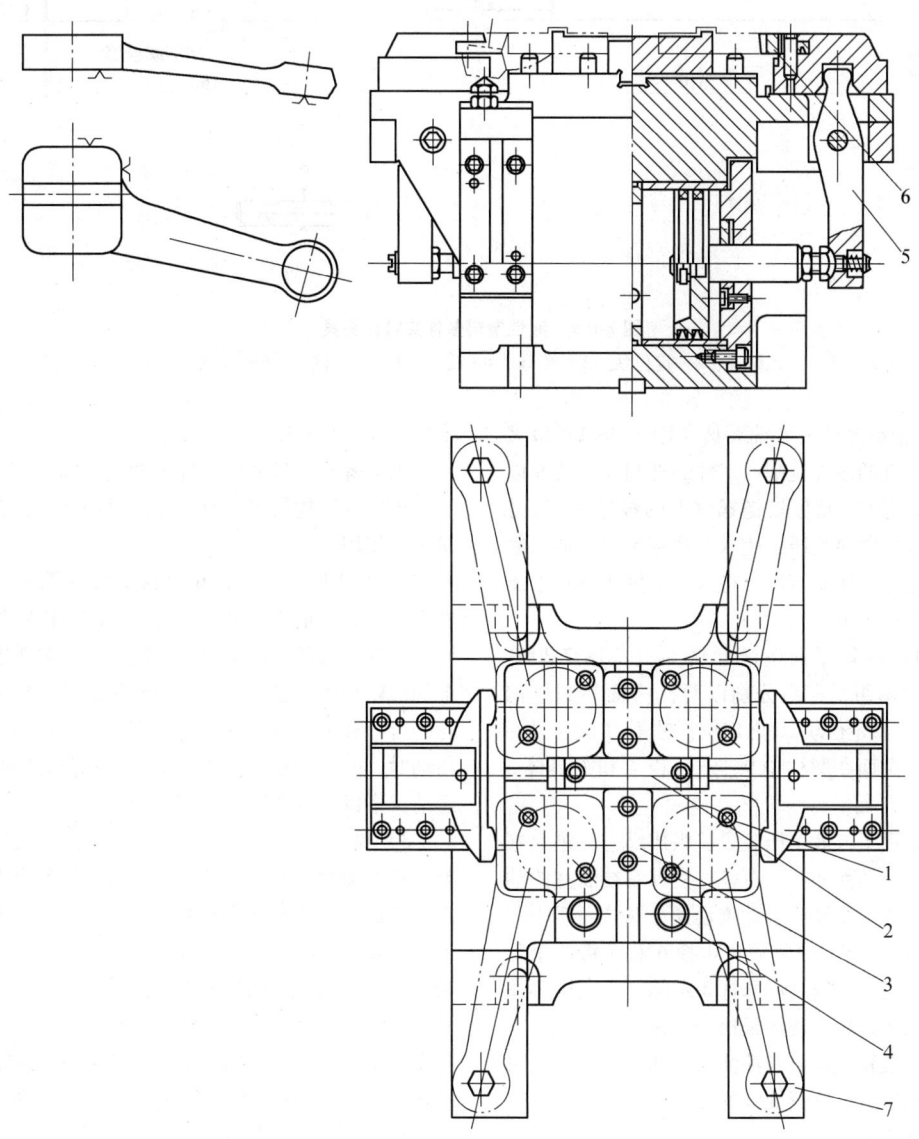

图7-198 转向节臂铣键槽夹具
1—支承钉 2、3—挡板 4—挡销 5—杠杆 6—浮动压板 7—螺钉

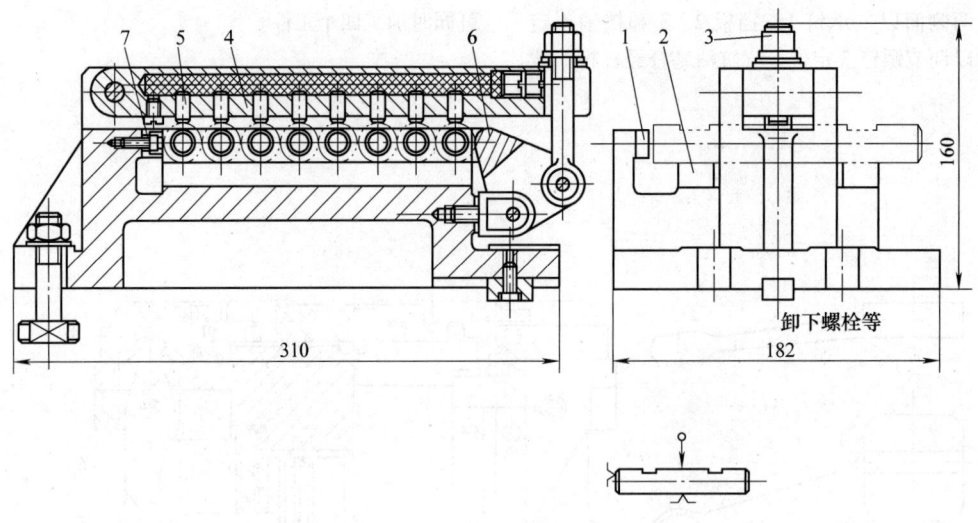

图 7-199 液性塑料多件夹紧铣夹具
1、2、7—定位块 3—螺母 4—铰链压板 5—柱塞 6—压块

5）液性塑料多件夹紧铣夹具（图 7-199）：该夹具用于棒状零件的多件铣削。工件的外圆和一端面以定位块 1 和 2 定位。旋紧铰链螺钉上的螺母 3，铰链压板 4 中的液性塑料受压，使八个柱塞 5 均匀地压紧工件，同时通过压块 6 施压，将八个工件相贴并紧压在侧面的定位块 7 上。

6）牵引钩锁块平面气液动铣夹具（图 7-200）四个工件分为两组，一组分别以两孔一面在圆柱销 11、菱形销 12 和定位块 10 上定位，铣削 M 面。另一组分别以一孔两面在圆柱销 9、定位板 4 和夹具体 3 上定位，铣削 N 面。

该夹具采用了气液增压装置，当压缩空气进入气缸 1 左腔时，推动活塞杆 2 右移，使其右端油室的油液同时进入三个夹紧液压缸，推动两个横向活塞杆 7 和一个纵向活塞杆 8，分别通过压板 6 和 5 将四个工件夹紧。铣削完毕，气缸活塞杆 2 左移，活塞杆 7、8 在弹簧力作用下复位，使压板松开工件。

气液增压装置上部设有油池，在活塞杆 2 复位时与右端油室相通，以补偿油液的漏损。

(3) 分度铣夹具

1）环形工件铣槽夹具（图 7-201）：工件以内孔在心轴 2 上定位，用螺母 4 和开口垫圈 3 夹紧。该心轴可以制造两件，轮换使用，提高工效。心轴在夹具底座 1 上依靠孔和顶尖固定，心轴的一端为法兰盘状，其上有分度孔，工件的分度定位通过手柄 5 操纵

定位销 6 进行对定。

不同等分和尺寸的工件可调换心轴。

该夹具结构简单，有一定的通用性，适合中小批量工厂使用。

2）车床四方刀架定位槽铣夹具（图 7-202）：工件 1 以中心孔定心，侧面由可调节的斜楔定位，底面压紧在具有四条圆周平面凸轮法兰的心轴 2 上。心轴上的凸轮与固定在夹具体上的凸轮法兰 3 相贴合，凸轮的行程和工件的升程相同，当心轴由手柄经蜗杆副传动时，由于凸轮的作用使主轴在旋转的同时作上下运动，借以完成弧形凸轮槽的加工。

3）铣六方形分度台（图 7-203）：该夹具是由立轴式锥面锁紧分度台改装而成，夹具的六个工位通过六个气缸拉动弹簧夹头夹紧工件，采用六把铣刀同时加工，转位三次，每次 120°，即完成加工。更换弹簧夹头，可加工不同尺寸的工件。

4）自动分度铣花键夹具（图 7-204）：工件以两顶尖孔定位夹紧，主顶尖 5 端面带尖齿，能带动工件回转，尾顶尖 4 靠气缸 12、连杆 1 推动拨杆 2，使滑块 3 与顶尖 4 一起向前，夹紧工件。

工件的分度由装在轴 7 上的分度盘 6 和分位拨盘 8 完成。当气缸 11 使分度销 13 退出分度盘 6 后，气缸 10 就顺序动作，带动其连杆上的拨爪 14 推动拨盘 8，使分度盘 6 一起回转进行分度，之后气缸 11 使分度销伸出对定。

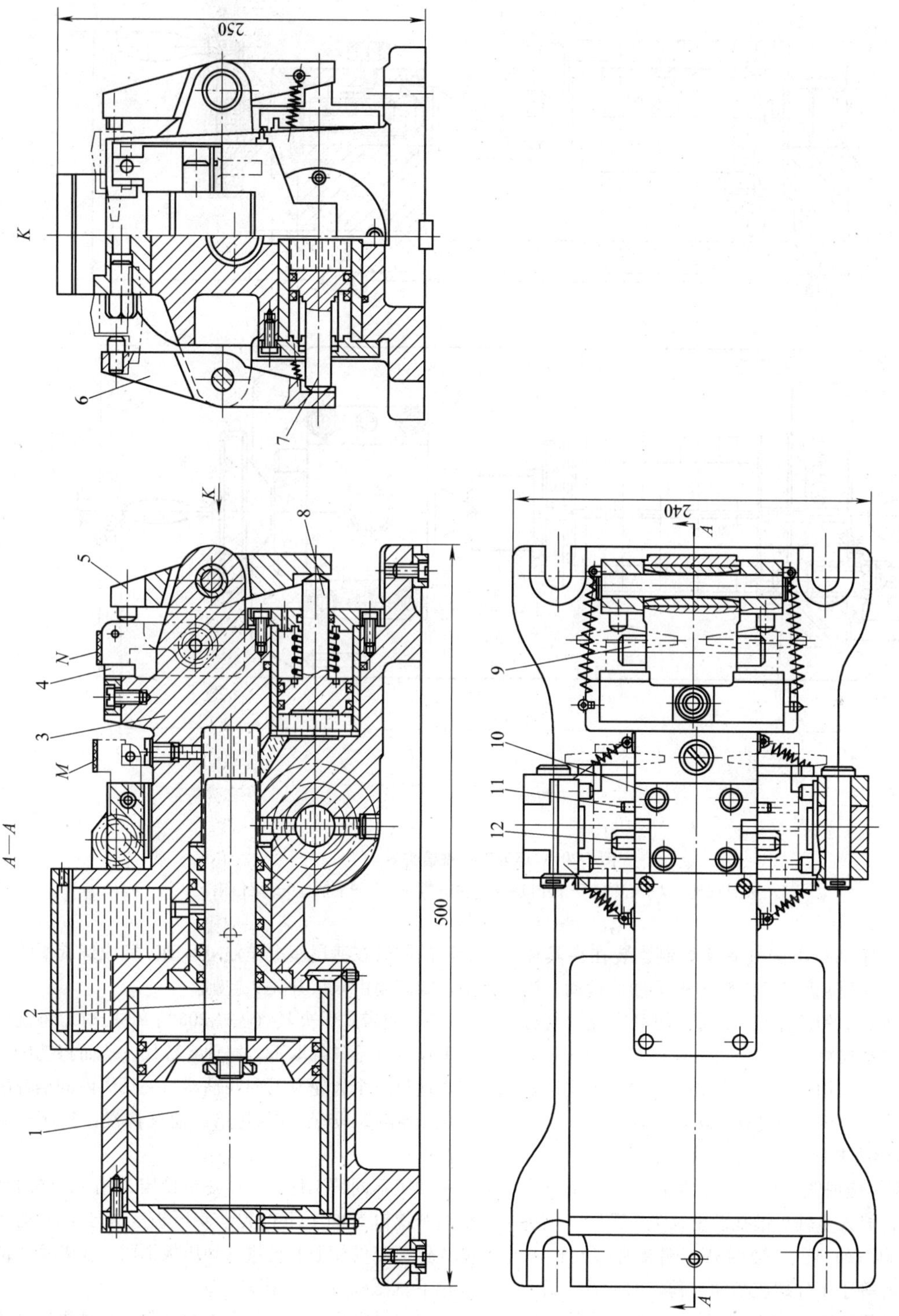

图 7-200 牵引钩锁平面气液动铣夹具

1—气缸 2、7、8—活塞杆 3—夹具体 4—定位板 5、6—压板 9—圆柱销 10—定位块 11—圆柱销 12—菱形销

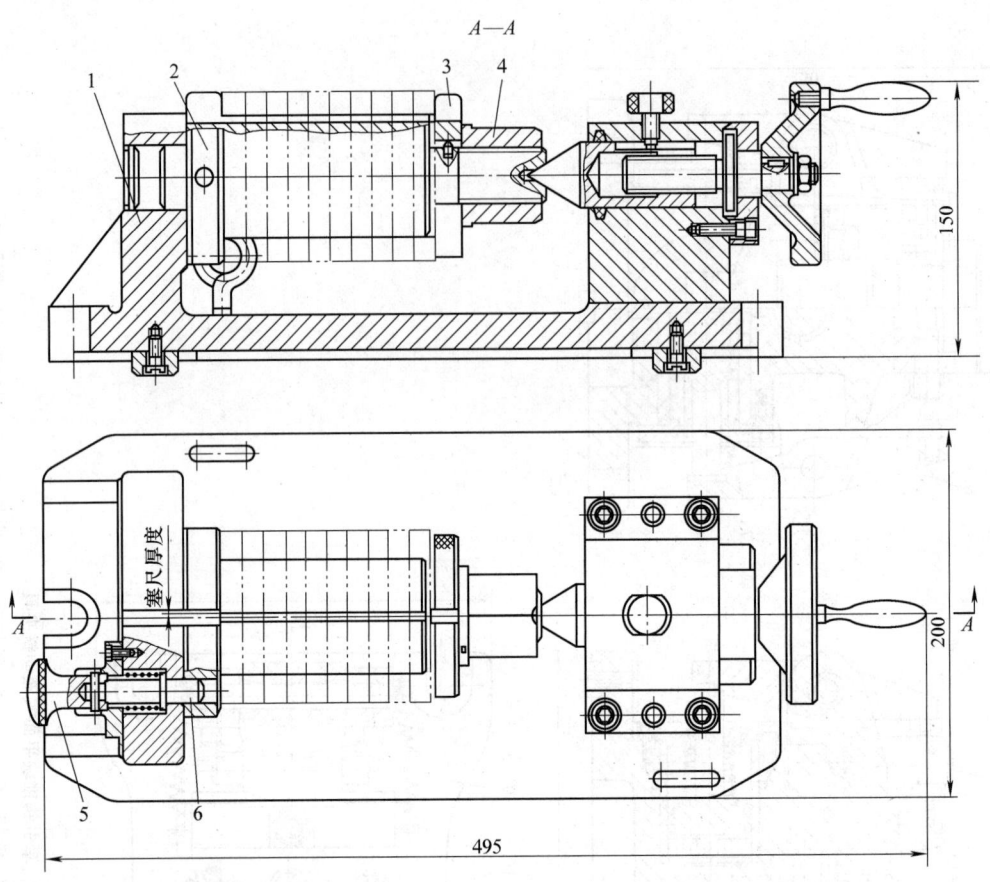

图 7-201　环形工件铣槽夹具
1—夹具底座　2—心轴　3—开口垫圈　4—螺母　5—手柄　6—定位销

气缸的顺序动作由配气阀 9 控制，装在夹具体 15 后壁的滚轮 17 随机床工作台进刀运动而运动，当碰到固定在床身上的控制板 16 时，便可实现对气缸顺序动作的自动操纵。

该夹具由于采用了气动夹紧和自动分度装置，效率较高，适用于一些没有花键铣床的中小厂。

(4) 自动铣夹具

1) 柱塞螺旋槽铣夹具（图 7-205）：主轴头装在滑台上。工件放入主轴头锥孔后由顶尖 3 顶紧。顶尖的压紧力来自气缸 4，主轴的另一端装有螺旋轮 1，其螺旋的导程等于工件螺旋槽的导程。加工时，微型电动机 6 驱动蜗杆副 5，使主轴旋转。因螺旋轮与固定在燕尾座 8 上的导块 2 相啮合，因此当螺旋轮在导块槽内转动时，通过螺旋轮带动主轴座 7 连同工件在旋转的同时在燕尾座上作轴向运动，完成螺旋槽的铣削。螺旋角由限位开关 9 控制。

2) 履带式铣夹具（图 7-206）：使用时，将铣床的工作台进给丝杠取下，用轴 6 替代，从而将铣床的动力通过三个齿轮及万向联轴器与夹具体内的蜗杆副 7 传给链轮 2，履带送料进给的速度快慢由铣床进给箱控制。

加工不同的工件，只需要更换定位销 1，同时调整四个螺钉 5 的上下位置，使压板 3 处于合适的高度，保证工件能顺利地进入到压板下面，在弹簧 4 的作用下，压板将工件压紧。

该夹具采用手动上料，连续铣削，自动落料，工作效率高，适用于大批量生产。

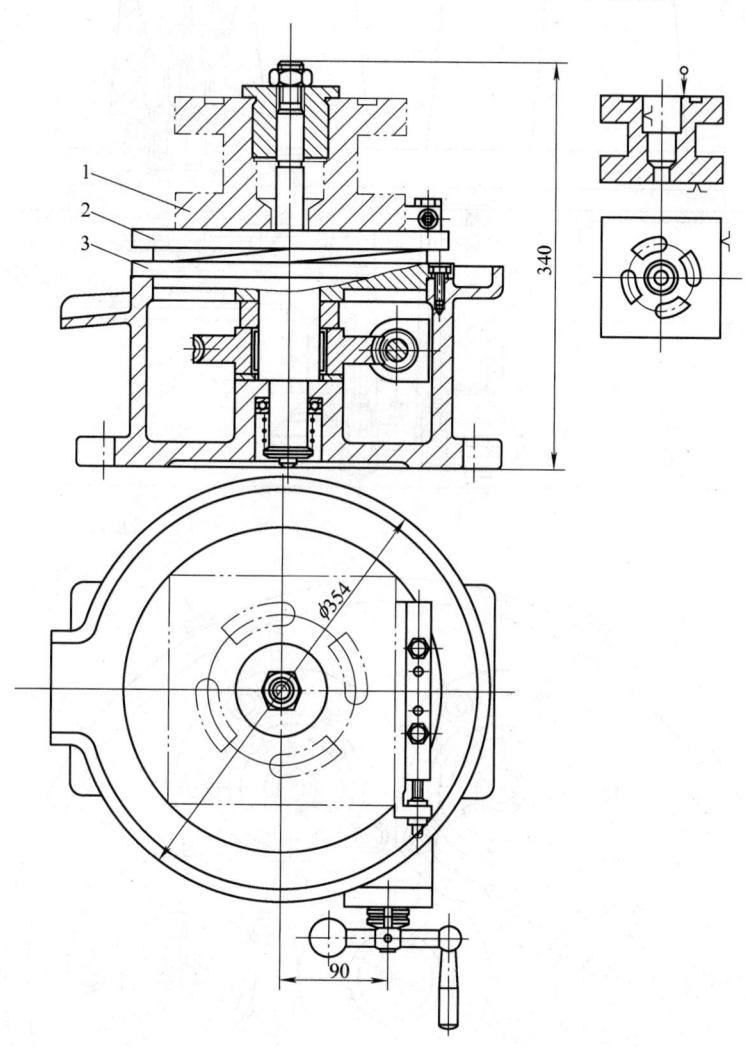

图 7-202 车床四方刀架定位槽铣夹具
1—工件 2—心轴 3—凸轮法兰

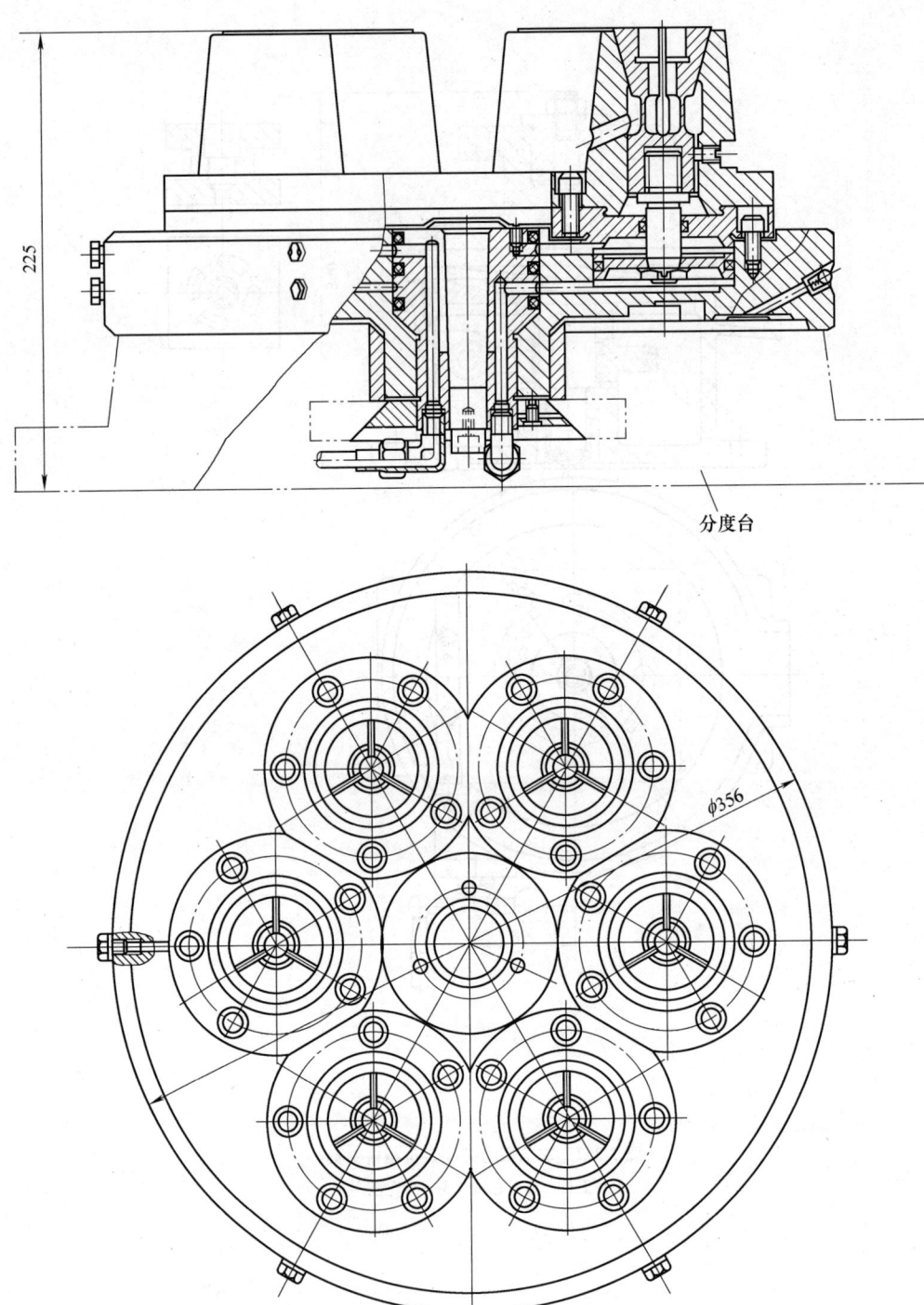

图 7-203　铣六方形分度台

第7章 机床专用夹具设计及典型图例

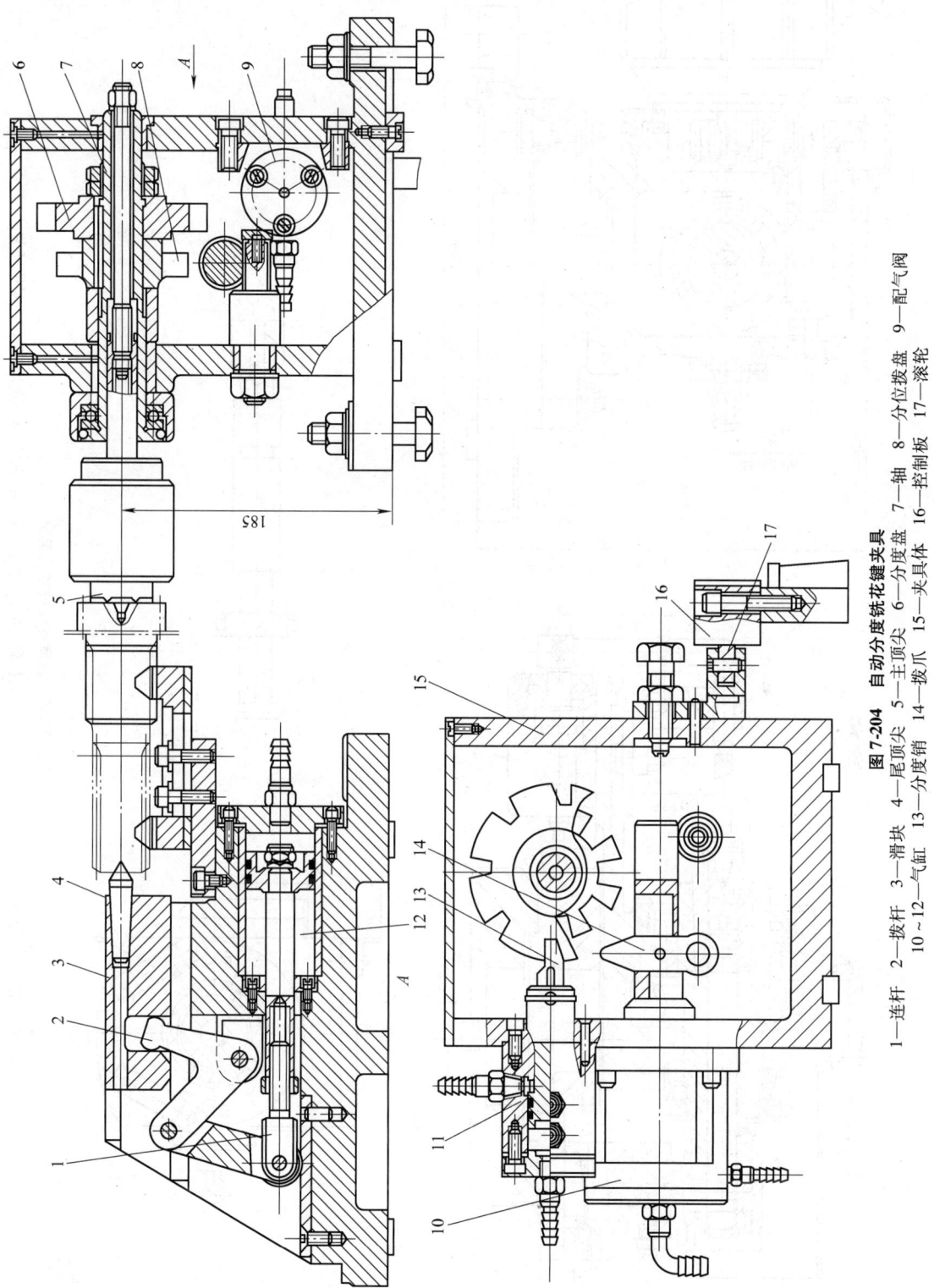

图7-204 自动分度铣花键夹具

1—连杆 2—拨杆 3—滑块 4—尾顶尖 5—主顶尖 6—分度盘 7—轴 8—分位拨盘 9—配气阀 10~12—气缸 13—分度销 14—拨爪 15—夹具体 16—控制板 17—滚轮

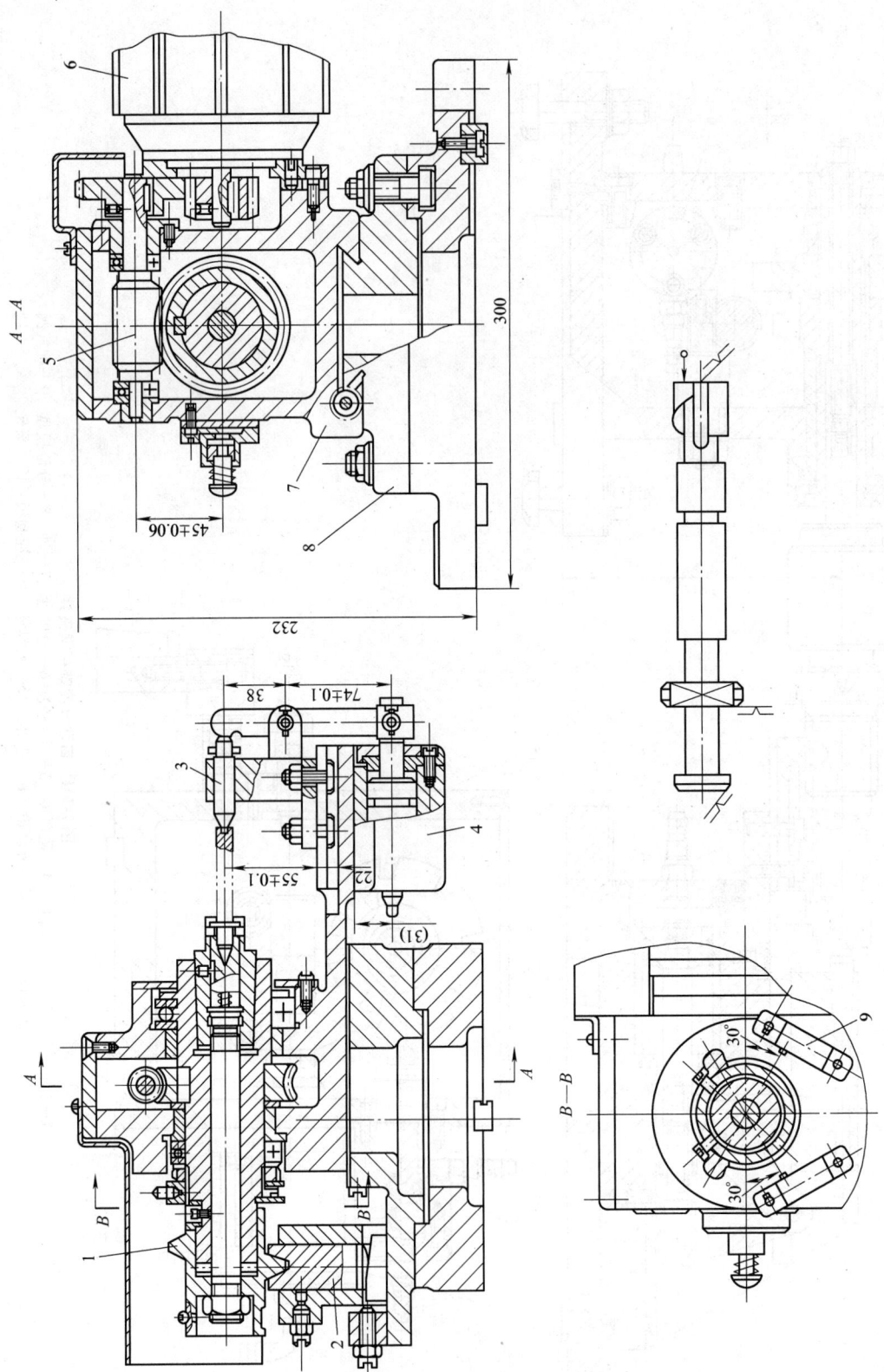

图 7-205 柱塞螺旋槽铣夹具

1—螺旋轮 2—导块 3—顶尖 4—气缸 5—蜗杆副 6—电动机 7—主轴座 8—燕尾座 9—限位开关

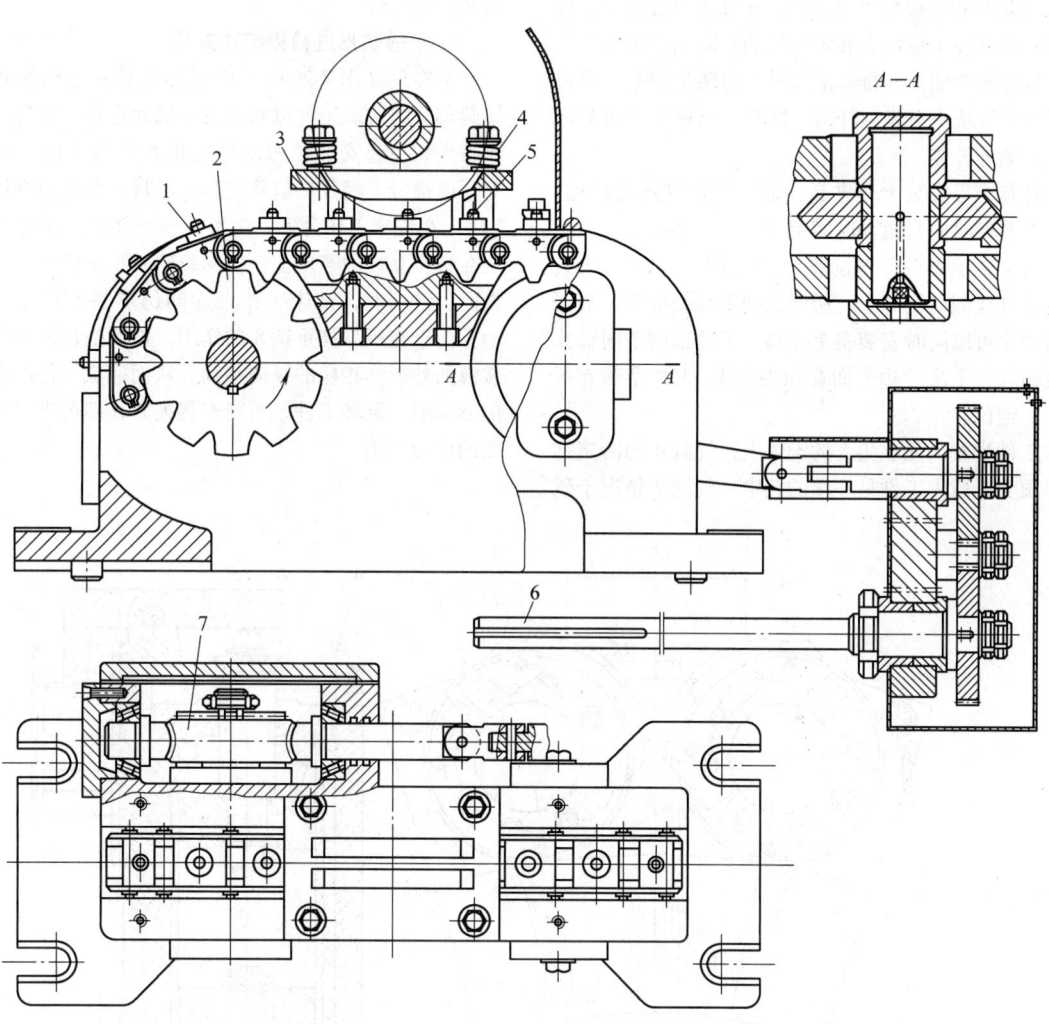

图 7-206 履带式铣夹具
1—定位销 2—链轮 3—压板 4—弹簧 5—螺钉 6—轴 7—蜗杆副

2. 圆周连续进给铣夹具

（1）连杆及连杆盖端面气动铣夹具（图7-207） 该夹具装于立式圆盘铣床上，用以铣削连杆体及盖的两平面。连杆体以小头外圆、大头内弧面及一端面在V形块8和定位柱3上定位。连杆盖以接合面、内弧面和端面在定位块2和定位柱的台阶面上定位。

液压缸双活塞4推动活塞杆5向两边撑开，通过压板6和压块1夹紧连杆盖，同时，压板7推动V形块8夹紧连杆体。

转盘上可安装十套夹具，加工时转盘连续转动，工件的装卸时间与机动时间重合，生产率高。

（2）轴承壳平面气动铣夹具（图7-208） 该夹具装于立式圆盘铣床上，用以铣削轴承壳底面，根据转盘大小可以同时安装多个夹具。工件以两个同轴孔的棱边和一个法兰边平面在顶尖销1、3和浮动支承板2上定位。

工件先放入死顶尖1的锥体上，气缸4的活塞推动活顶尖3插入工件另一端的孔中。气缸7稍迟于气缸4动作，其活塞带动斜楔使辅助支承6向上与工件接触，使工件绕顶尖中心回转，直到工件的底面与支承板2靠紧为止，斜楔自锁。接着气缸5开始工作，活塞通过楔和固定在顶尖上的滚子推动活顶尖3迅速夹紧工件。

3. 机械仿形进给靠模铣夹具

本夹具（图7-209） 由仿形夹具和仿形滚轮支架两部分组成。工件以两孔及其端面定位。工件与仿形靠模5一起安装在燕尾槽拖板6的两个定位圆柱上，由螺母1经开口垫圈2和3压紧。夹具的燕尾座7固定在铣床工作台上。仿形滚轮支架通过燕尾槽固定在铣床立柱的燕尾上。仿形滚轮4紧靠仿形靠模的表面。铣削时，铣床工作台连同仿形夹具作横向移动。由于拖板悬挂重锤8的作用，迫使拖板根据仿形靠模的外形作相应的纵向移动，从而完成工件的单面仿形铣削。翻转工件，重新安装夹紧，即可进行另一面的仿形铣削。

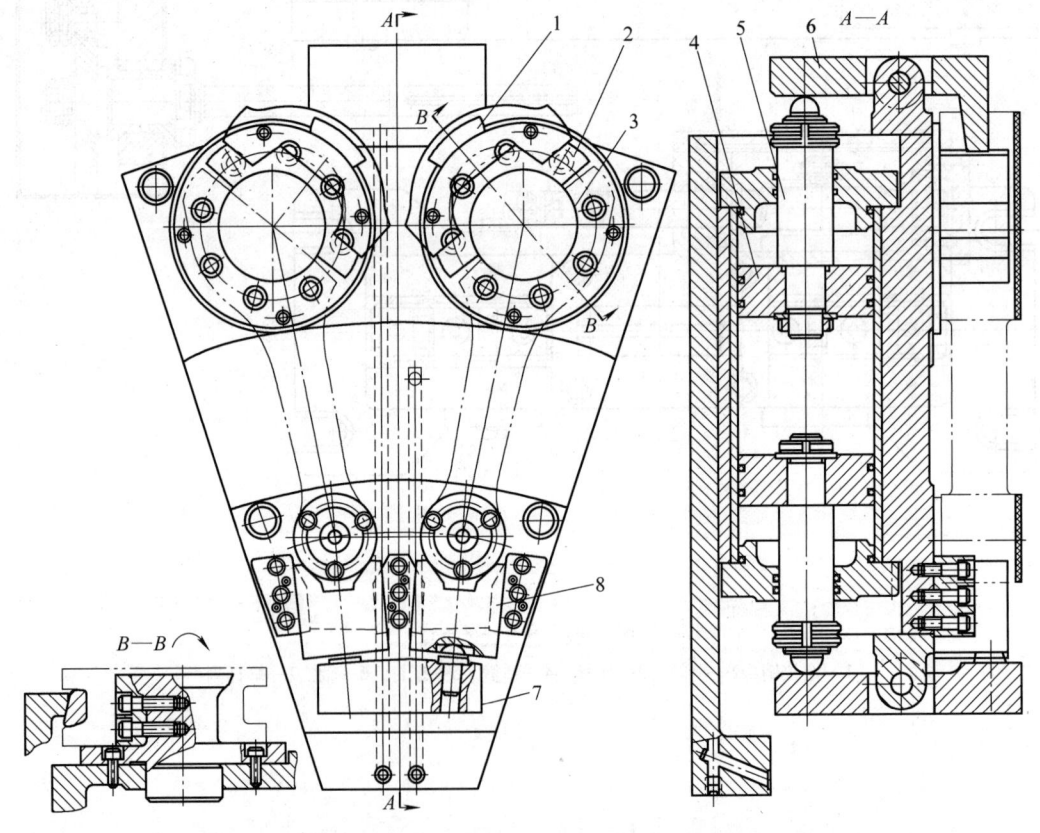

图7-207 连杆及连杆盖端面气动铣夹具
1、6、7—压块 2—定位块 3—定位柱 4—液压缸双活塞 5—活塞杆 8—V形块

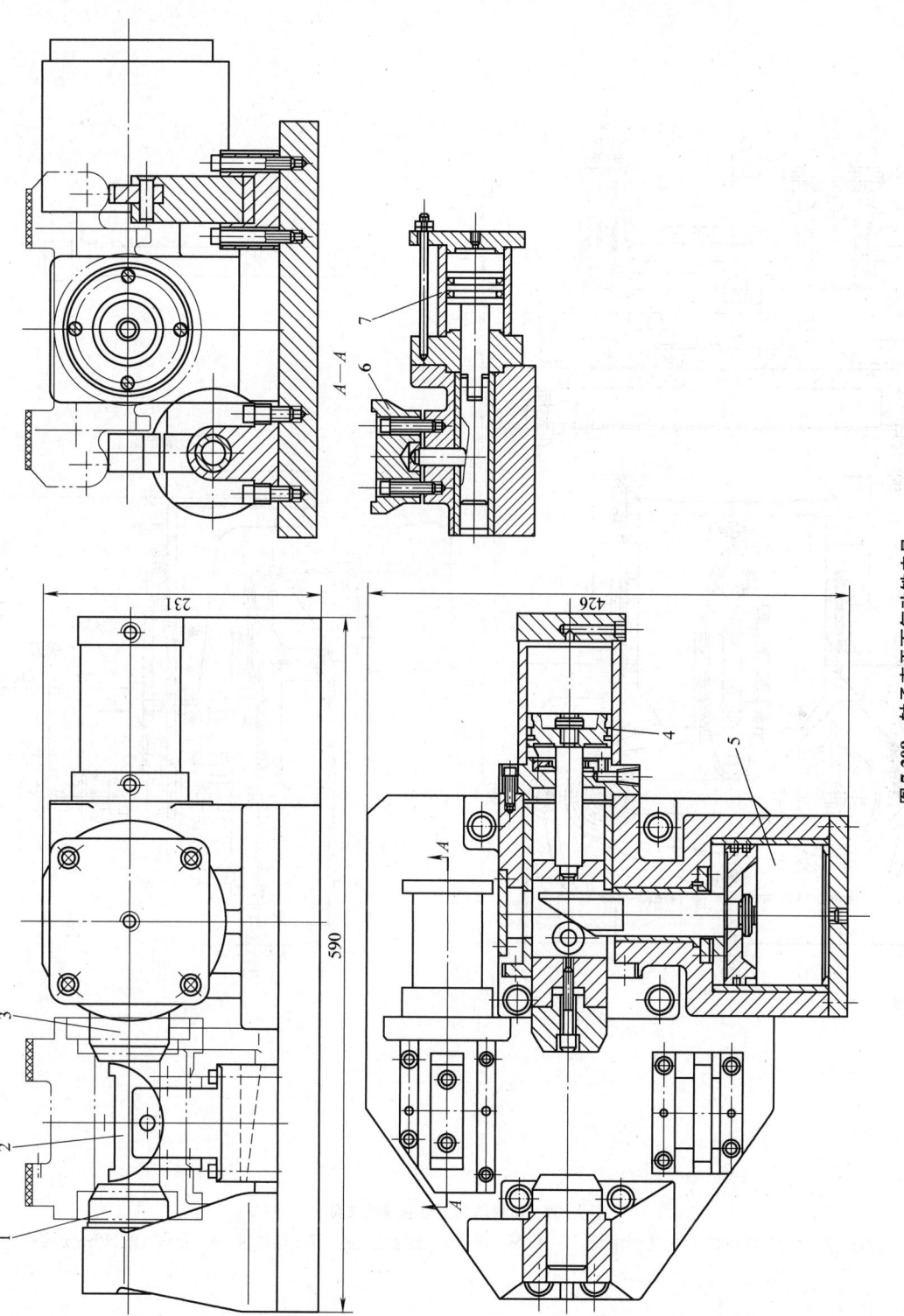

图7-208 轴承壳平面气动铣夹具
1、3—顶尖销 2—浮动支承板 4、5、7—气缸 6—辅助支承

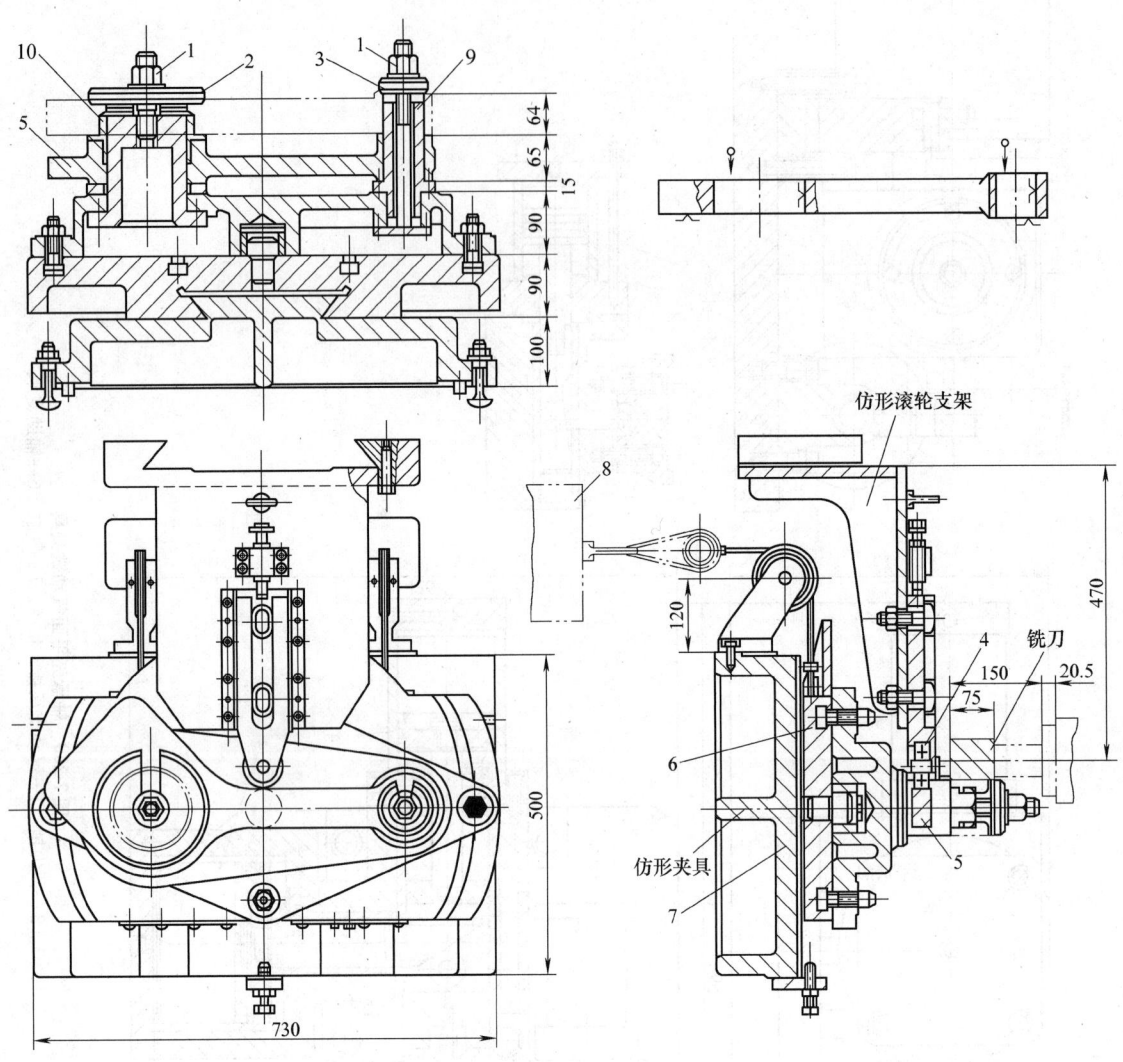

图 7-209　机械仿形进给靠模铣夹具
1—螺母　2、3—开口垫圈　4—仿形滚轮　5—仿形靠模　6—燕尾槽拖板　7—燕尾座　8—重锤　9、10—定位柱

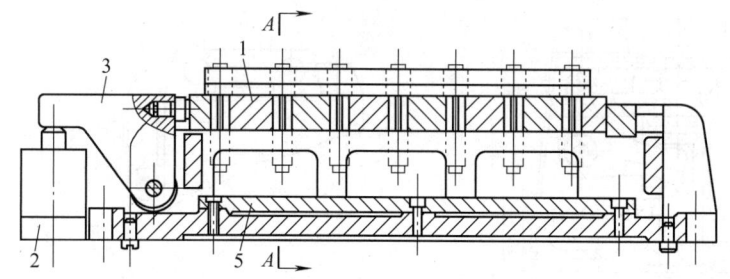
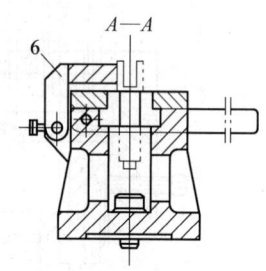

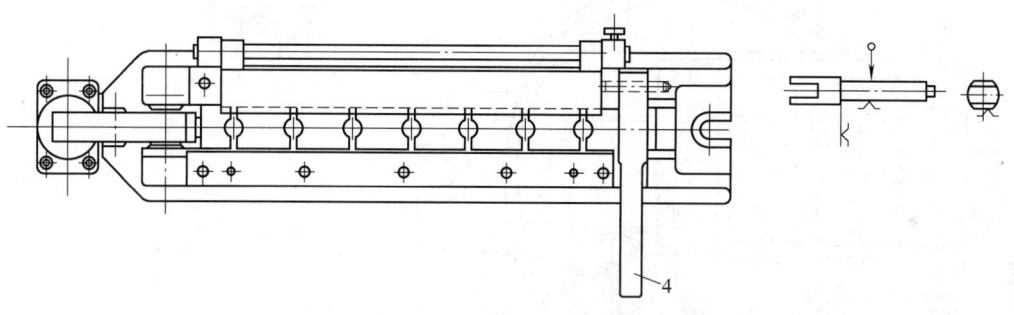

图 7-210　圆柱状工件的多件液压铣夹具
1—滑动T形压块组　2—液压缸　3—摆动压板　4—转动挡块　5—定位块　6—侧面定位块

7.3.6　铣床通用可调夹具典型图例

(1) 圆柱状工件的多件液压铣夹具（图 7-210）将工件置于滑动T形压块组1中。液压缸2的活塞杆经过摆动压板3将T形压块和工件一起压紧在转动挡块4上。有肩胛的工件轴向以T形压块的上平面定位，无肩胛的工件则以定位块5来定轴向位置。侧面定位块6用作工件圆周方向的定位。根据不同工件的要求更换滑动T形压块组、底部定位块和侧面定位块，即可加工各种圆柱状工件的平面或槽等。

(2) 圆柱状工件的多件气动铣夹具（图 7-211）将工件置于滑动定位压块组1中，其轴向位置由可调挡块2定位。压块由两根导柱3串成一组，两端由夹具体4侧面的两块摆动压板5压紧。当转动配气阀6，且气缸活塞杆7向下时，活塞杆经转动压板8压挺杆9、10，从而将工件定位夹紧。根据不同工件的要求，只要更换滑动定位压块组和调整挡块的高低，即可加工各种圆柱状工件的平面或槽等。

(3) 连杆成组铣夹具（图 7-212）工件的两端外圆以定位块1的V形面和平面定位，下面以调节螺钉2定位，旋紧螺母3，杠杆4经推杆5使摆动压块6将工件夹紧。由于V形定位块和摆动压块适合各类连杆，故只要调整螺钉2即可加工各种类似的连杆。

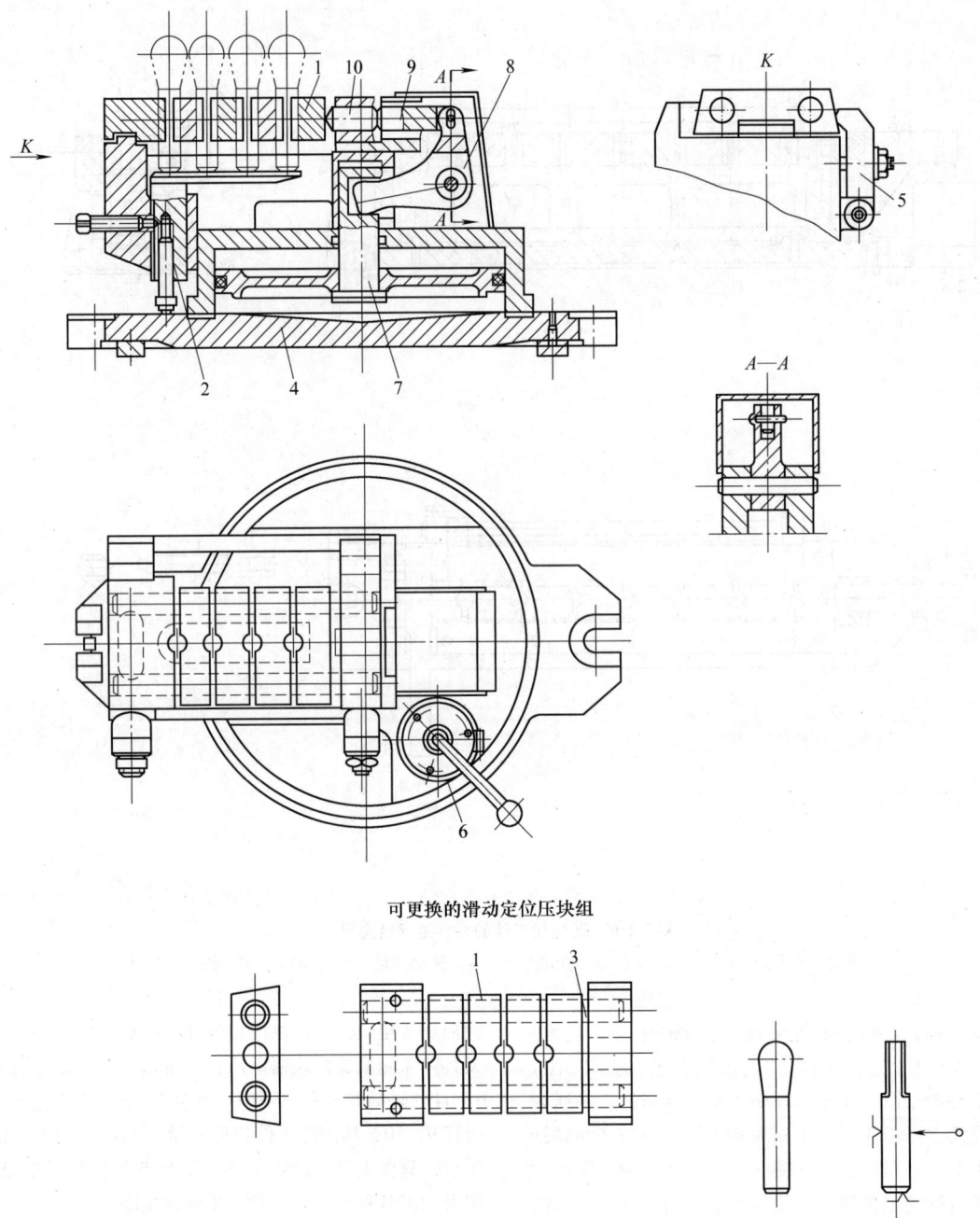

图 7-211　圆柱状工件的多件气动铣夹具
1—滑动定位压块组　2—可调挡块　3—导柱　4—夹具体　5—摆动压板
6—配气阀　7—气缸活塞杆　8—压板　9、10—挺杆

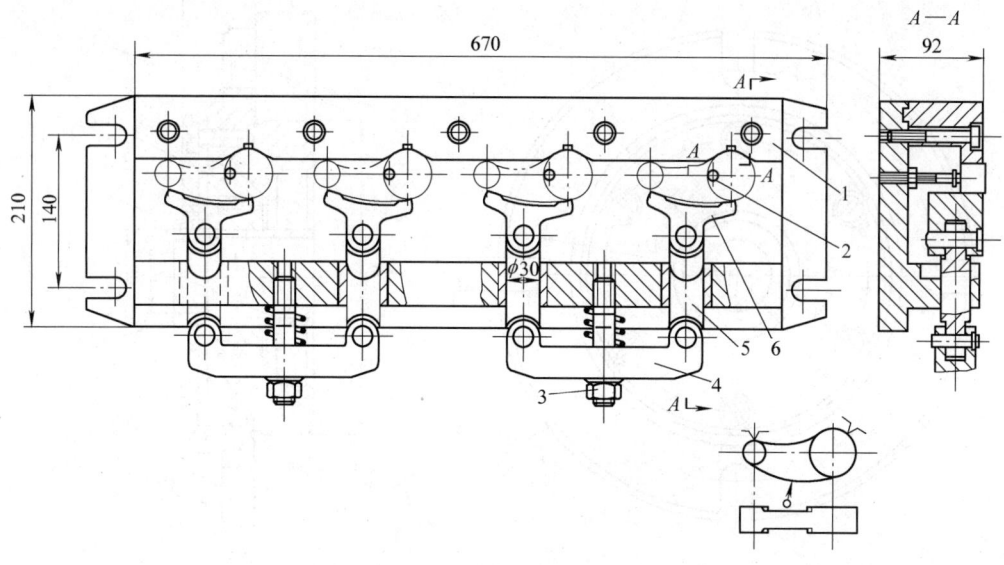

图 7-212　连杆成组铣夹具
1—定位块　2—调节螺钉　3—螺母　4—杠杆　5—推杆　6—摆动压块

7.4　拉床专用夹具

7.4.1　拉床专用夹具主要类型

拉床专用夹具主要类型如图 7-213 所示。

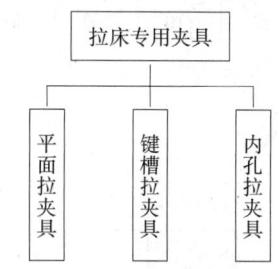

图 7-213　拉床专用夹具主要类型

7.4.2　拉床专用夹具设计要则

1) 夹具应与拉床和拉刀相协调。在设计拉床夹具时，应预先知道与夹具有关的机床数据和拉刀数据，如安装夹具的法兰盘孔径、外径及厚度，安装夹具的固定部分的结构和尺寸，安装刀具的滑座至法兰盘的最小距离，以及拉刀引导部分的尺寸等。

2) 内孔拉削时，由于工件一般以垂直于内孔轴线的端面作为定位基准，而使刀具对工件只产生沿刀具运动方向的力。因此只要将工件靠在套筒端面上即可进行加工，而夹具上则不必设置夹紧件，使加工时工件也能随着拉刀浮动，并靠拉削力自动定位，防止拉刀受弯矩而折断。

3) 如采用螺旋齿拉刀拉削内孔，工件除受轴向力外，还受扭转力矩，因此应将工件夹紧，防止工件在拉削过程中产生转动。

4) 拉削较重的工件或较深的孔时，由于工件重量较重或因孔的长度较长，易使拉刀发生弯曲。为消除这种现象，工件夹具上应采用浮动支承，或在工件两端同时定位。

5) 如拉削工件孔内螺旋角小于 45° 的螺旋槽时，夹具可以采用能使工件作相应转动或使拉刀能随着转动的结构型式。

6) 键槽拉夹具，由于工件套在导向心轴及其端面上定位，拉削过程中，拉刀则在导向心轴的导向槽内移动。为保证所拉键槽与孔轴线的对称性，应保证导向槽对导向心轴的对称度及拉刀与导向槽的正确配合。

7) 平面及成形面拉夹具，由于工件所受切削力较大，为保证拉削的平稳并防止拉削时产生振动，因此夹具要有足够的刚性和夹紧力。

7.4.3　拉床专用夹具典型图例

1. 内孔拉夹具

(1) 盘类工件孔用拉夹具（图 7-214）　拉削时，工件以一端面支承在导套 3 的 M 面上定位，并由拉刀自动找正定心，拉削力使工件紧靠于导套的 M 面上。

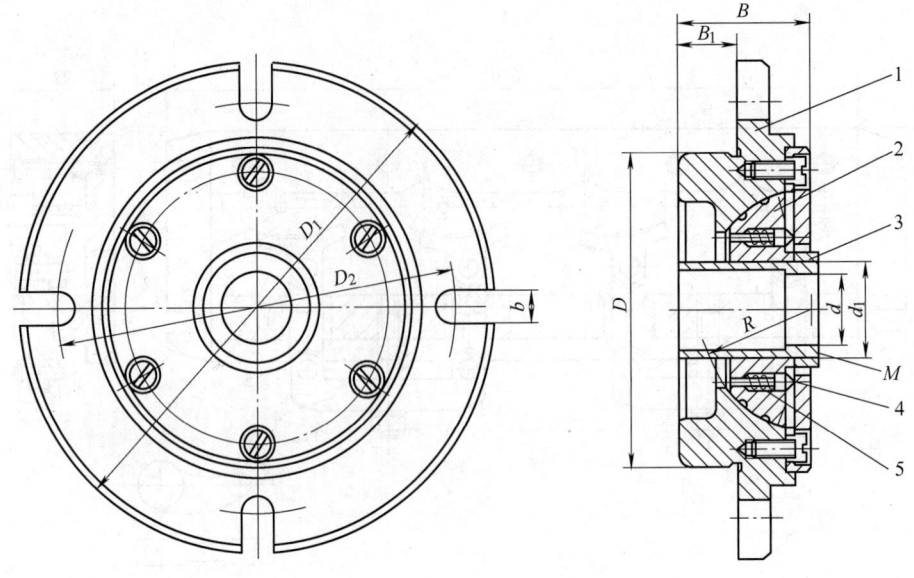

规格系列表

序号	拉刀直径		导套 d		主要尺寸/mm							
	最小	最大	最小	最大	d_1	R	D	B	D_1	D_2	B_1	b
1	10	18	—	24	36	40	100	55	170	145	25	12
2	19	27	—	33	44	50		61	210	175		
3	28	36	—	42	52	65	150	62	240	200	30	17
4	19	27	—	33	44	50	180	61	210	175	25	14
5	28	36	—	42	52	65		62	240	200	30	
6	37	72	51	78	90	90	200	82	310	260	40	22

图 7-214 盘类工件孔用拉夹具

联接盘 1 装于机床上，在六个弹簧 5 的作用下，通过顶销 4 使球面自位支承 2 的球面紧靠在联接盘 1 的球面上起浮动作用。

该夹具适用于拉削支承面为粗基准的工件。

（2）杠杆内孔拉夹具（图 7-215） 本夹具用于 7A510 拉床，工件支承面为毛基准，由夹具的球面支承保证与拉刀轴线的垂直度。

（3）转向节同轴孔拉夹具（图 7-216） 拉削时，工件内孔由拉刀圆柱部分自动找正定心，以一端面支承在支承套 2 的端面上定位。由拉削力实现夹紧。

由于工件较大，所以在滑块 5 上采用了四个弹簧浮动辅助支承销 4，支承在工件两内侧的槽底上，当工件的一侧端面靠在支承板 6 的 M 面上后，和滑块 5 一同沿两导杆 7 向左移动，并使工件定位端面可靠地支承在支承套 2 上，内装支承套的摇板 3 能上下摆动，工件在大球面板 1 上亦可左右摆动，当基准孔与支承端面不垂直时，就能自动调整。

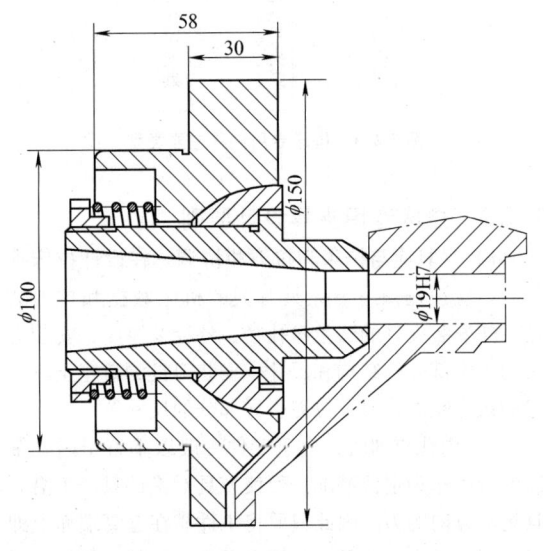

图 7-215 杠杆内孔拉夹具

第7章 机床专用夹具设计及典型图例

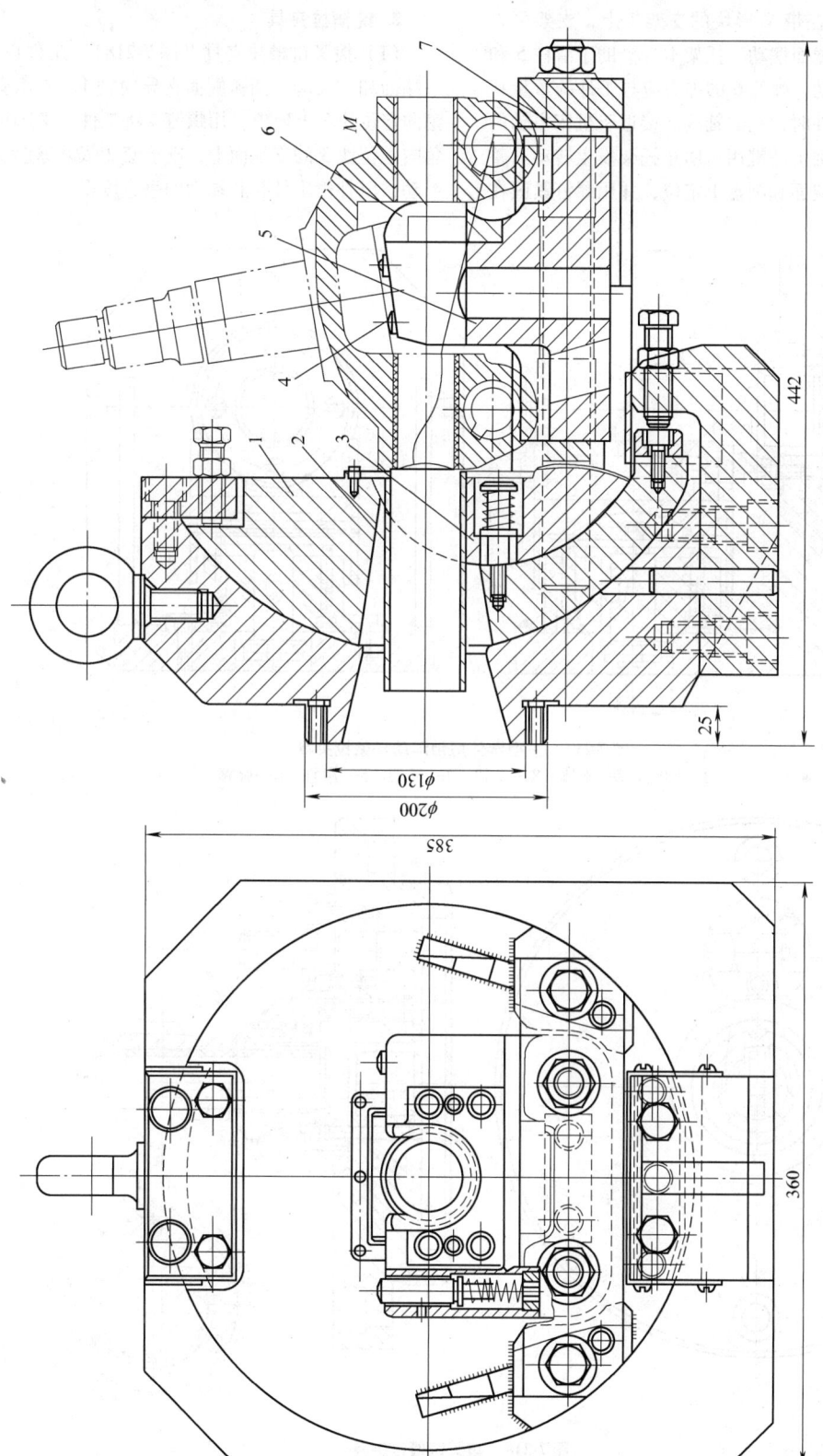

图7-216 转向节同轴孔拉夹具

1—大球面板 2—支承套 3—摇板 4—弹簧浮动辅助支承销 5—滑块 6—支承板 7—导杆

(4) 重型零件用带浮动托架拉夹具（图 7-217）

工件预先安放在带 V 形块的支架 3 上，支架可以沿着托架 4 上的球面摆动，托架本身借助于滑柱 5 和弹簧 6 能上下浮动。弹簧 6 的弹力应与工件的重量相适应，使安装工件时，孔的轴线能接近于机床主轴的中心位置，托架轴上的键用来防止托架发生转动。整个夹具用本体左端面和圆盘 1 定位，并用螺钉紧固在机床的花盘上。

2. 键槽拉夹具

（1）拨叉键槽拉夹具（图 7-218） 工件以内孔、一端面和一叉脚的圆弧侧面在导向轴 1、支承套 2 和角向定位块 3 上定位。用螺钉 4 将工件一叉脚顶紧在角向定位块 3 的支承面上，支承套 2 依靠球形支承面浮动，以补偿工件孔和端面的垂直度误差。

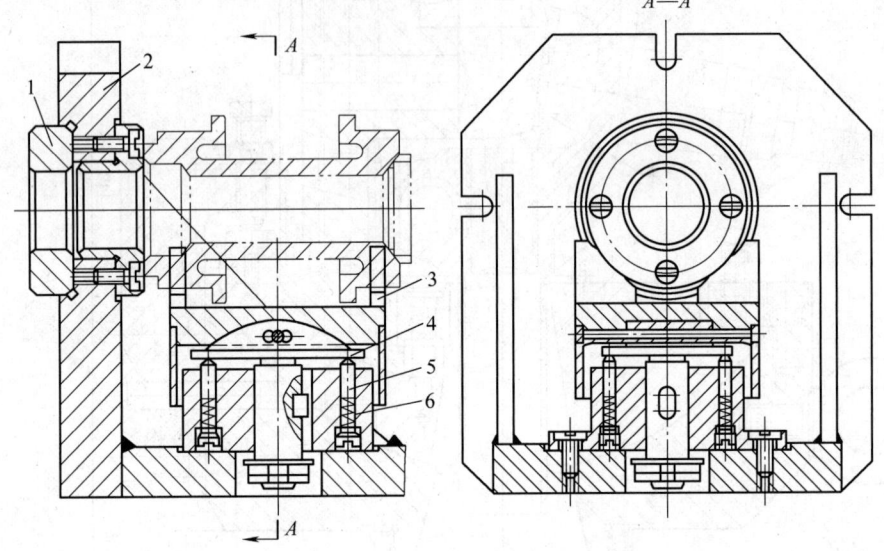

图 7-217 重型零件用带浮动托架拉夹具
1—圆盘 2—本体 3—支架 4—托架 5—滑柱 6—弹簧

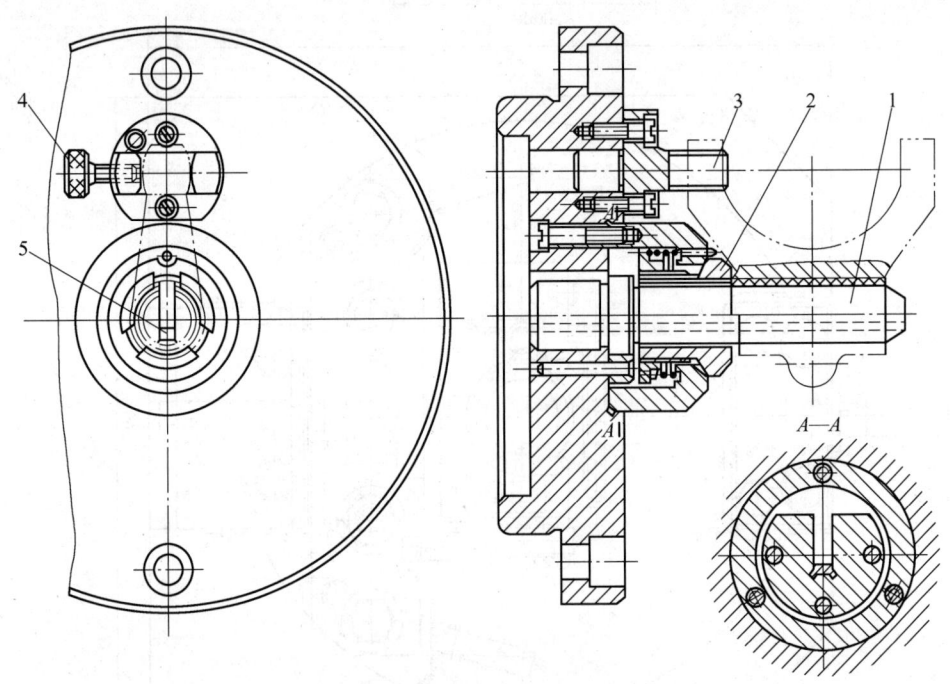

图 7-218 拨叉键槽拉夹具
1—导向轴 2—支承套 3—角向定位块 4—螺钉 5—垫片

拉削时，拉刀在导向轴1的导向槽内定向，用垫片5来保证工件键槽的深度和补偿拉刀的磨损。

（2）锥孔键槽拉夹具（图7-219）　本夹具用于7A510拉床，工件以圆锥1定位，螺母2为卸下工件用。

圈4将工件夹紧。装于拉刀卡头上的三把拉刀装在导板7的槽内定向，调整垫圈6以保证槽的拉削深度。拉完一处三道槽后，松开工件，退出定位销2，将工件转过所需的齿数，定位并夹紧后，即可拉削另外三道槽。

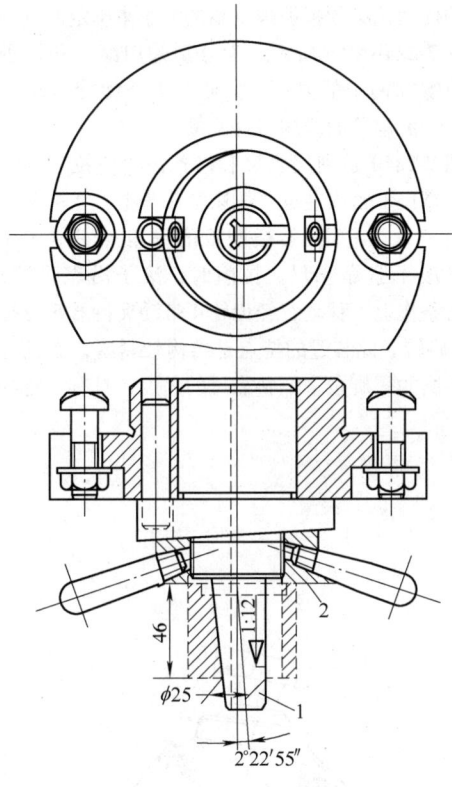

图7-219　锥孔键槽拉夹具
1—圆锥　2—螺母

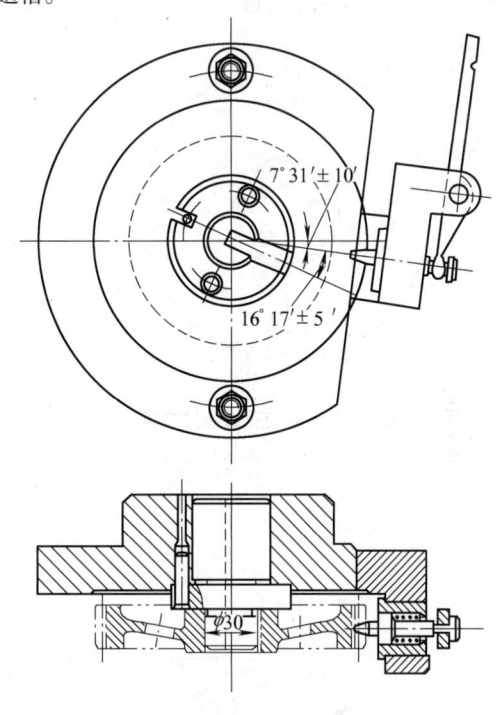

图7-220　齿轮键槽拉夹具

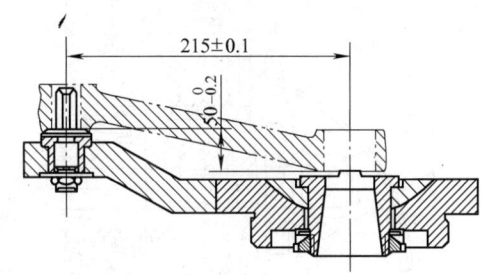

（3）齿轮键槽拉夹具（图7-220）　本夹具用于7520拉床，工件以中心孔定位，侧面齿槽定位插销用来控制键槽方向。

3. 花键孔拉夹具

（1）杠杆花键孔拉夹具（图7-221）　本夹具用于7A510拉床。工件以小端孔及端面定位，拉削大头孔的三角形花键孔。大端面由球面支承。

（2）轴套花键孔拉夹具（图7-222）　本夹具用于7A510拉床。工件的端面是光基准，所以用固定衬套支承。

（3）花键齿套多槽拉夹具（图7-223）　工件以花键内孔、一端面和一齿形表面在心轴3和齿槽定位销2上定位。

工件装入心轴3后，转动手轮1，将定位销2的梯形槽与工件上的齿对定。旋紧螺母5，通过开口垫

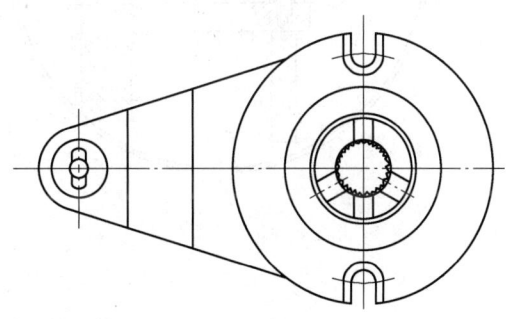

图7-221　杠杆花键孔拉夹具

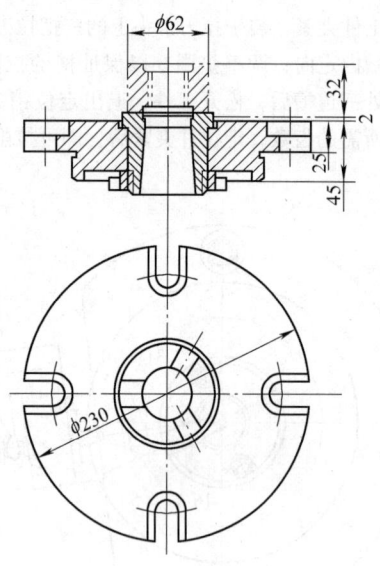

图 7-222 轴套花键孔拉夹具

该夹具一次可拉出三道成形槽,生产率较高。

(4) 螺旋花键槽拉夹具 在图 7-224a 所示结构中,工件用圆锥齿轮 4 的端面来定位,拉刀和齿条 8 都装在刀座 9 上。拉削时,拉刀作轴向移动的同时,由齿条 8 带动圆柱齿轮 7、锥齿轮 5 和 4 使工件旋转。齿轮的传动比必须根据螺旋角的大小来确定。

图 7-224b 和 c 所示,为分别采用滚子和销子嵌入拉刀螺旋槽中的方法,迫使拉刀作螺旋运动(滚子或销子的扁平面应顺着螺旋槽)。

图 7-224d 是利用靠尺和齿条齿轮使拉刀旋转的装置。靠尺 1 紧固在卧式拉床的床身上,在齿条 3 上装有滚子 2,由于弹簧或配重的作用(图中未表示出)使滚子紧靠靠尺。拉削时,滚子沿靠尺滚动,迫使齿条作上下移动,经齿轮 4 带动夹持器 5 及拉刀 6 一起旋转。此装置的特点是结构较紧凑,而且可以根据不同的螺旋角来调整靠尺的角度,具有一定的通用性。

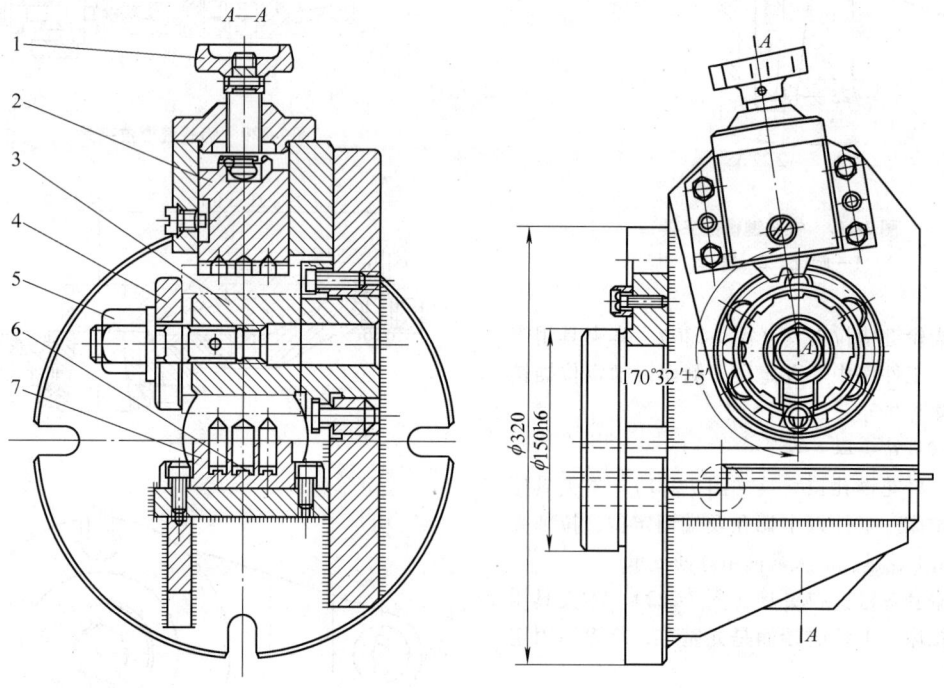

图 7-223 花键齿套多槽拉夹具
1—手轮 2—齿槽定位销 3—心轴 4—开口垫圈 5—螺母 6—垫圈 7—导板

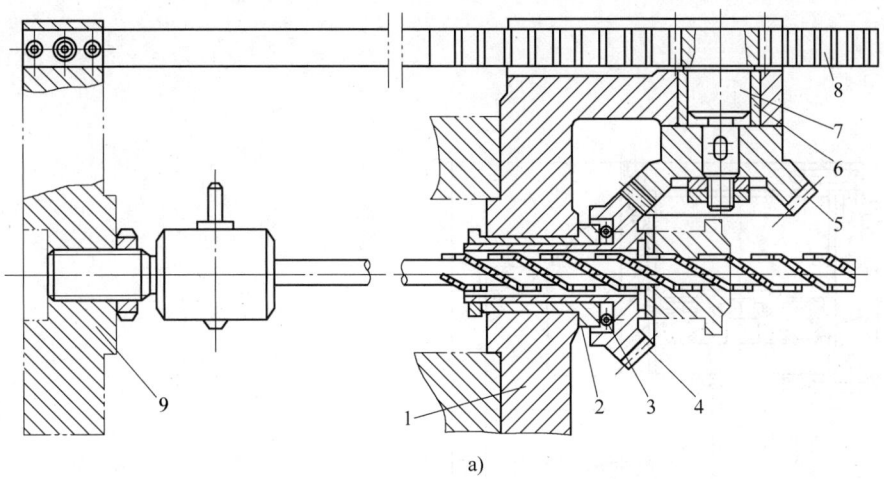

1—支架 2—轴承 3—滚动轴承 4、5—锥齿轮
6—轴承 7—圆柱齿轮 8—齿条 9—刀座

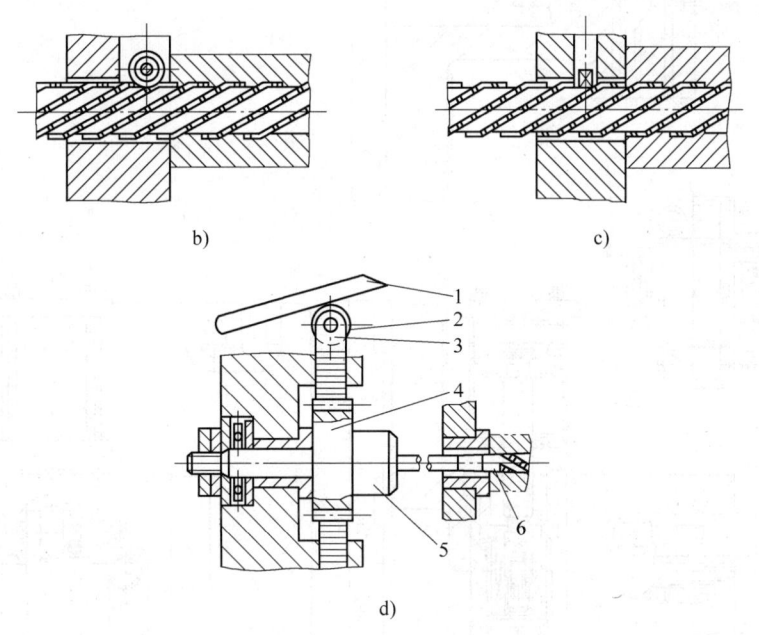

1—靠尺 2—滚子 3—齿条 4—齿轮 5—夹持器 6—拉刀

图 7-224 螺旋花键槽拉夹具

4. 平面拉夹具

（1）支架两侧面气动拉夹具（图 7-225） 工件以一个孔和两个互相垂直的平面在菱形销 4、支承板 5 和两个平头支承钉 6 上定位。

工件定位后，气缸活塞 18 经活塞杆 17 的斜面，推动滚轮 16 和顶杆 15 上升，使杠杆 1 摆动，由浮动压板 2 上的两个球头压紧钉 3 将工件压紧。同时，套筒 9 在弹簧 8 的作用下右移，其上的斜面推动辅助支承 7 上升与工件接触。这时，活塞 14 通过接杆 13、圆锥塞 11 使弹簧夹头 12 胀开，将套筒 9 在套 10 内锁紧，从而提高工件的加工刚性，使夹紧稳定可靠。

（2）连杆大头孔分离面拉夹具（图 7-226） 工件以小头孔和大小头端面及大端凸缘定位。借浮动定位块限制工件转动，用气缸进行夹紧。在压缩空气作用下，固定在杠杆 1 上的气缸体 2 使杠杆 1 绕轴销 4 回转，同时活塞 5 推动另一杠杆 3 夹紧工件。

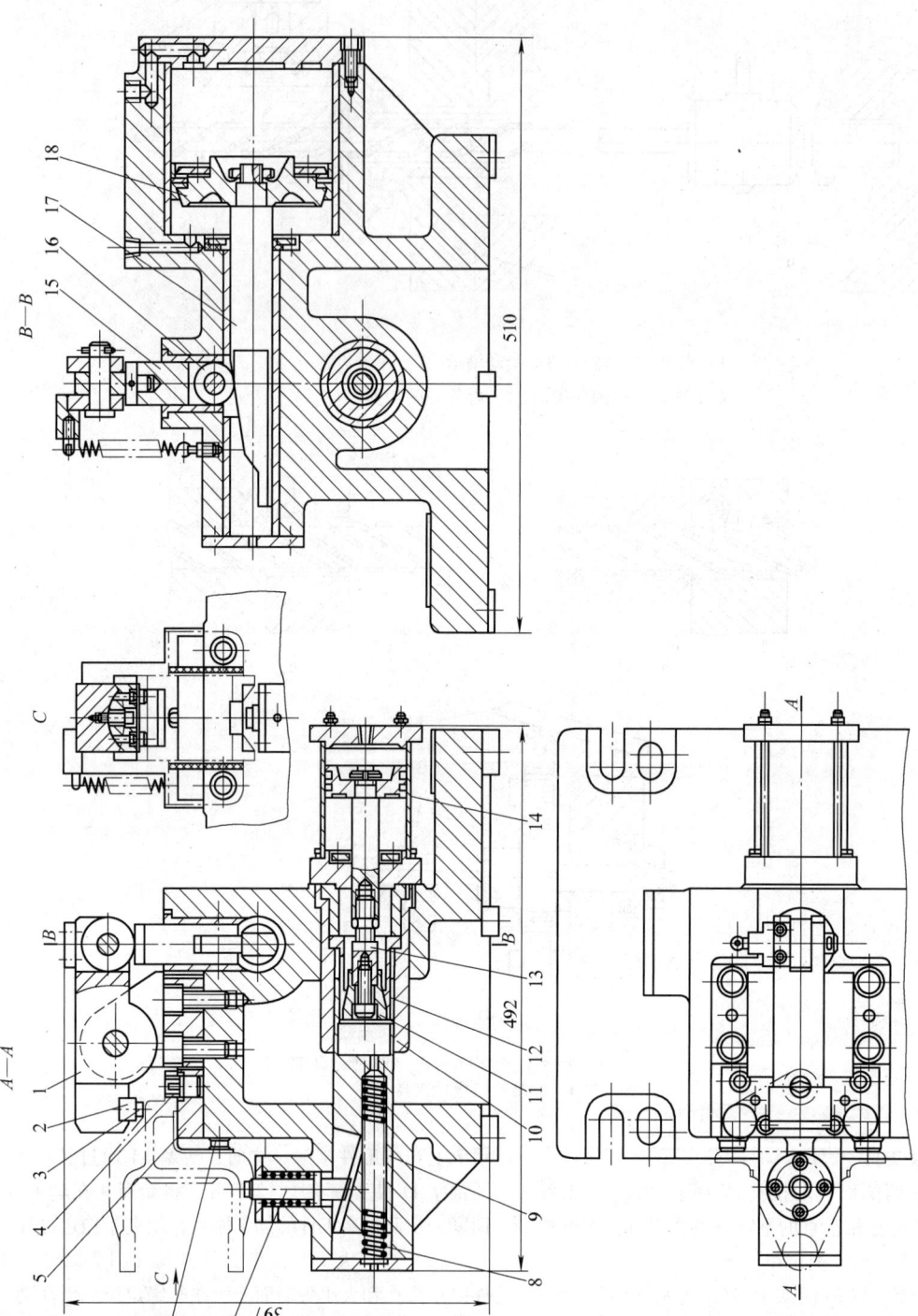

图 7-225 支架两侧面气动拉紧夹具

1—杠杆 2—浮动压板 3—球头压紧钉 4—菱形销 5—支承板 6—平头支承钉 7—辅助支承 8—弹簧 9—套筒 10—套 11—圆锥塞 12—弹簧夹头 13—接杆 14—活塞 15—活塞 16—滚轮 17—活塞杆 18—气缸活塞

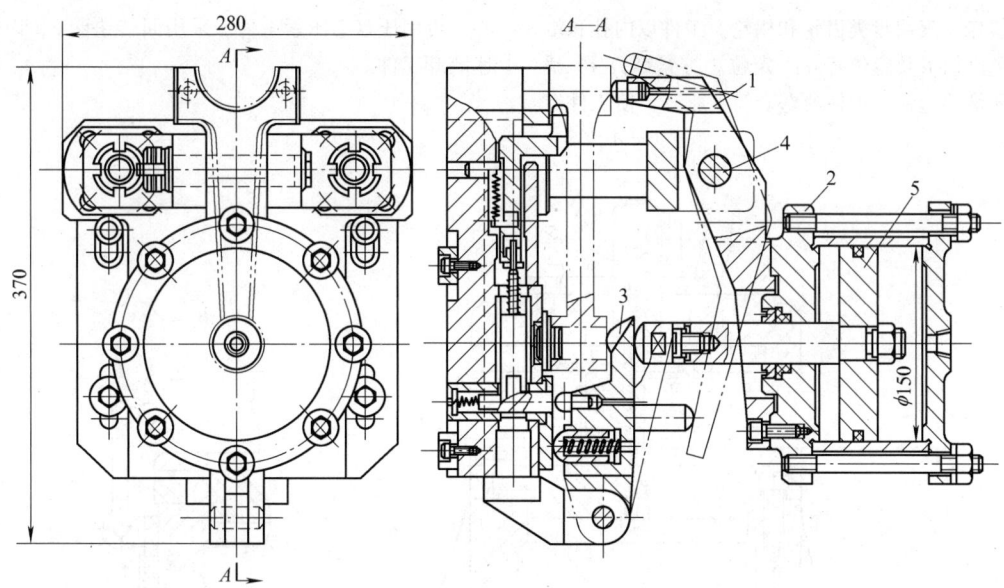

图 7-226 连杆大头孔分离面拉夹具
1、3—杠杆 2—气缸体 4—轴销 5—活塞

7.5 齿轮机床专用夹具

7.5.1 齿轮机床专用夹具主要类型

齿轮机床专用夹具的主要类型如图 7-227 所示。

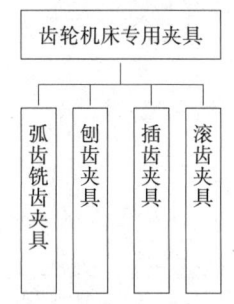

图 7-227 齿轮机床专用夹具的主要类型

7.5.2 齿轮机床专用夹具设计要则

1) 齿轮机床夹具主要以齿坯的内孔（或外圆）及端面定位，精加工齿轮齿形还要以齿形定位（定位后将齿形定位件移开，以保证齿形全部加工）。

2) 齿轮机床专用夹具的主要定心或定位件是带端面的心轴、套筒或带凸台和端面的定位盘。

3) 定位基准要精确可靠，心轴和齿坯孔配合间隙要适当。

4) 齿坯的支承表面与切削力着力点之间的距离要尽量小。

5) 过渡法兰盘的直径应略小于齿轮根圆直径，其高度应保证齿轮刀具在切削结束时不与夹具相碰，并留有一定间隙，以免发生干涉。

6) 夹紧用螺纹应采用细牙，以增加自锁能力。

7) 夹具要有足够的刚性和夹紧力，以保证在装夹时不致变形和在加工过程中产生振动而影响齿轮的加工精度。

8) 夹具应考虑在安装时易于校正定位基准与机床回转轴及工作台的位置精度。

7.5.3 齿轮机床专用夹具技术要求

1) 心轴与齿坯孔的配合间隙要适当，通常心轴直径公差取 h6～h7。径向跳动不大于 0.01～0.02mm。

2) 心轴或凸台对支承端面的垂直度应在 0.005～0.01mm 范围内。

3) 夹具定位轴线应与工作台的回转轴线重合。

4) 若夹具心轴以机床主轴锥孔为安装基准时，心轴定位轴颈与锥度要有同轴度要求，且锥度必须与机床锥孔配磨，接触面应大于 80%。

5) 工作台的旋转轴线应与支承端面垂直。

6) 过渡法兰盘的各工作表面、夹紧用的垫圈及压板的两端面要平行，夹紧用螺母的螺纹必须与其端面垂直。

7.5.4 齿轮机床专用夹具典型图例

1. 滚齿夹具

(1) 液性塑料滚齿夹具（图 7-228） 该夹具用

于滚齿机床，滚切盘类齿轮和蜗轮。工件以内孔和端面在薄壁套筒 1 及定位环 6 上定位。拧紧螺钉 4，滑柱 5 挤压液性塑料，迫使薄壁套筒 1 胀开，使工件定心。再用压盘 2 压紧工件。采用回转垫圈 3，以便快速装卸工件。

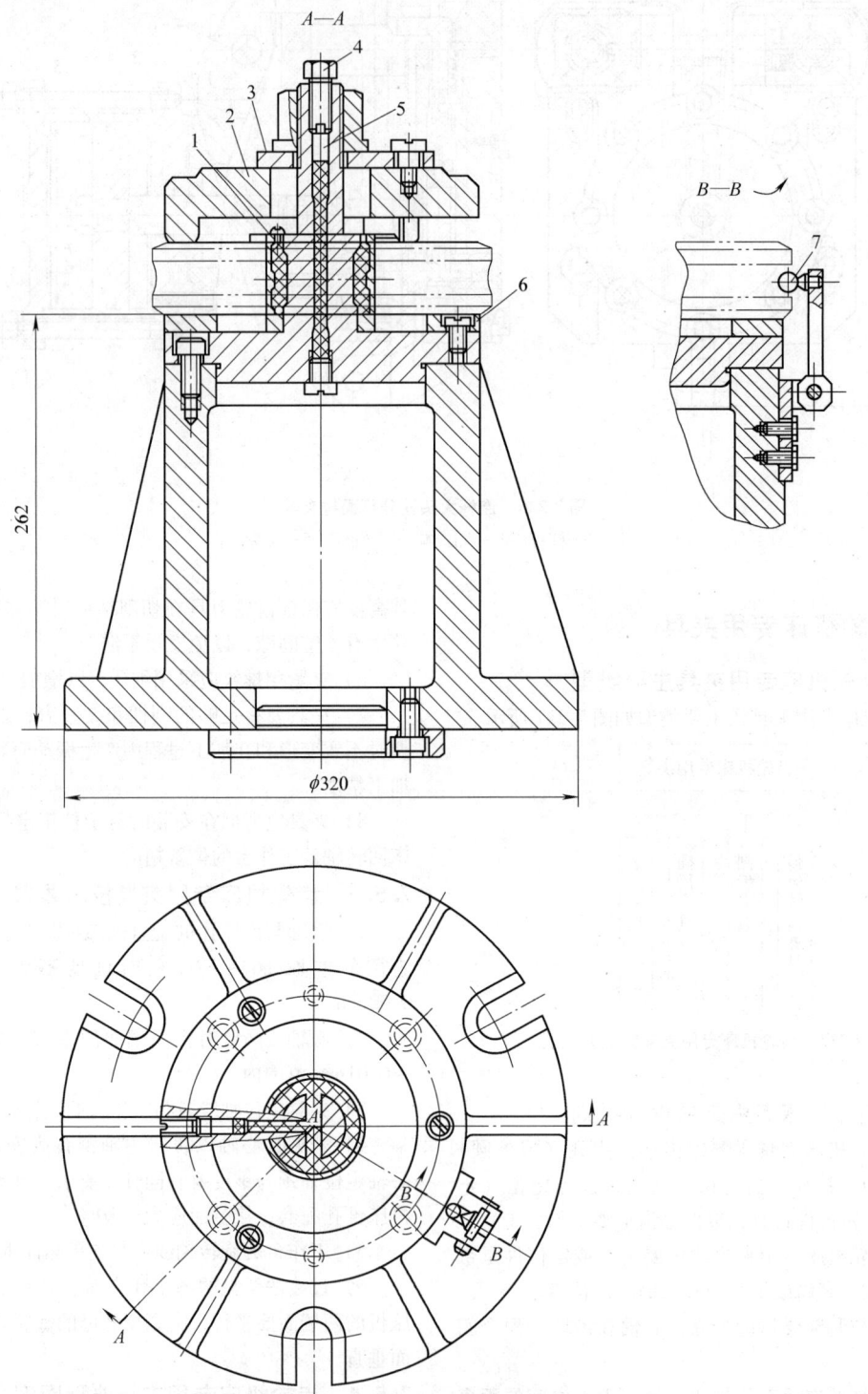

图 7-228　液性塑料滚齿夹具

1—薄壁套筒　2—压盘　3—回转垫圈　4—螺钉　5—滑柱　6—定位环　7—球头

精加工时,采用球头7作角向定位,定位后撤去。

(2) 用于 Y38-1 滚齿机的滚齿夹具（图7-229） 工件以花键孔及端面定位,旋转螺母1通过压套2夹紧工件。

(4) 斜楔内胀滚齿夹具（图7-231） 该夹具用于全自动滚齿机床,加工双联齿轮的齿部。工件以内孔及端面在滑块1和定位盘2上定位。在碟形弹簧的作用下,通过斜楔机构使工件定位并夹紧。

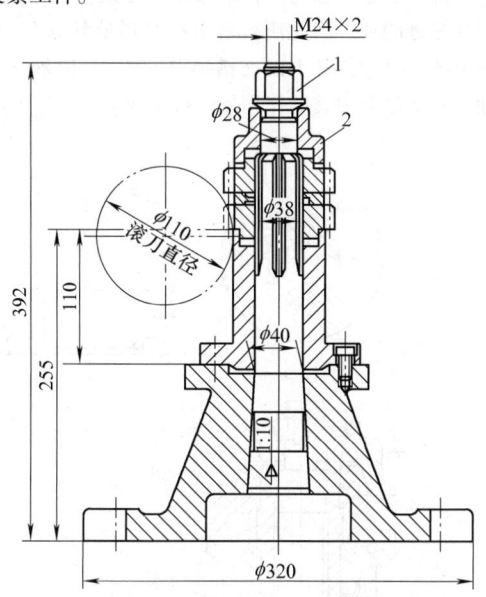

图 7-229 用于 Y38-1 滚齿机的滚齿夹具
1—螺母 2—压套

(3) 用于 L300 滚齿机床的滚齿夹具（图7-230） 工件以中心孔和端面定位。气缸拉动中心定位轴1经三键式垫圈2夹紧工件。

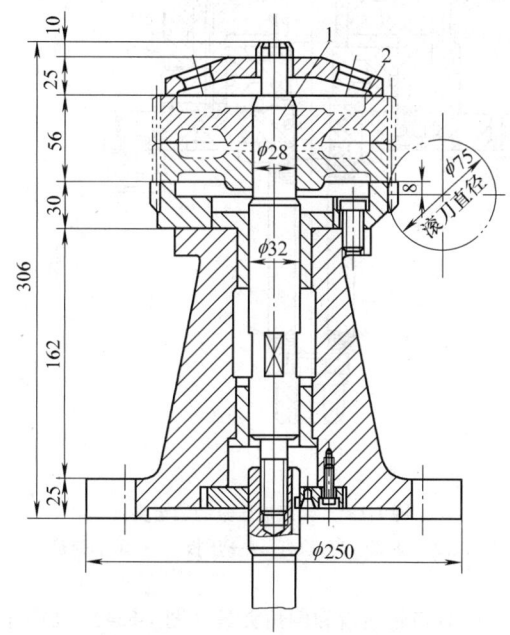

图 7-230 用于 L300 滚齿机床的滚齿夹具
1—中心定位轴 2—三键式垫圈

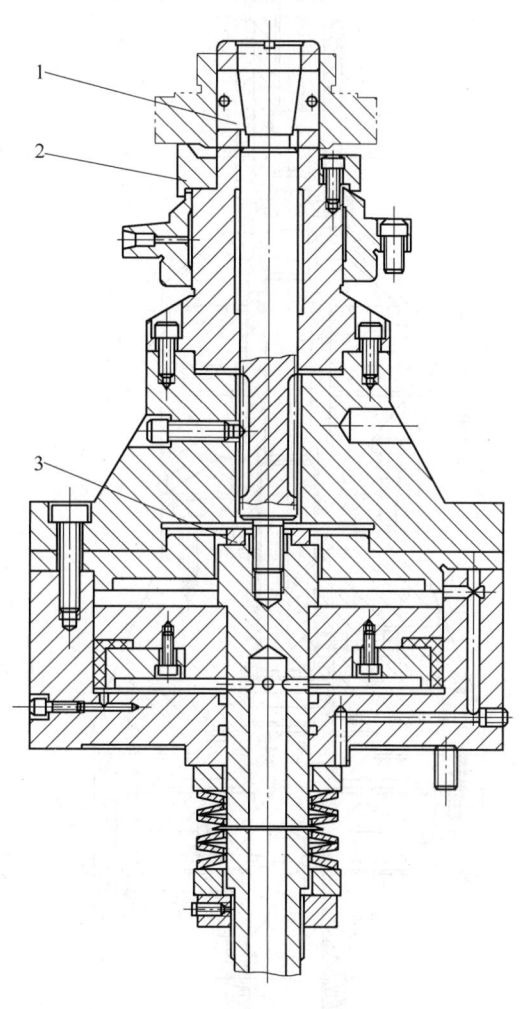

图 7-231 斜楔内胀滚齿夹具
1—滑块 2—定位盘 3—垫圈

工作完毕,液压缸进油压缩碟形弹簧,松开工件。垫圈3用以控制液压缸活塞行程。

(5) 全自动滚齿夹具（图7-232） 该夹具用于全自动滚齿机,加工盘类齿轮。工件以内孔及端面在心轴5和支承座6上定位。工件装入后,压板3随机床上托架向下运动,接触工件后托架继续下移,套筒1则通过斜面推动两压块2,使其收缩抱住拉杆4上的轴颈。此时液压缸卸荷,碟形弹簧使拉杆4下移带动压板3夹紧工件。

(6) 带双液压缸的滚齿夹具（图7-233） 工件以内孔及端面定位，当液压缸进油后两活塞1和2向上移动，推动拉杆3和压板4，使碟形弹簧5压缩，装上工件。由于压板与拉杆均做成三键式，且压板上有一片三键的环，因此压板套上拉杆后旋转60°，使压板上的三键与拉杆上的三槽错开60°，此时液压缸回油，由于碟形弹簧的作用使工件夹紧。

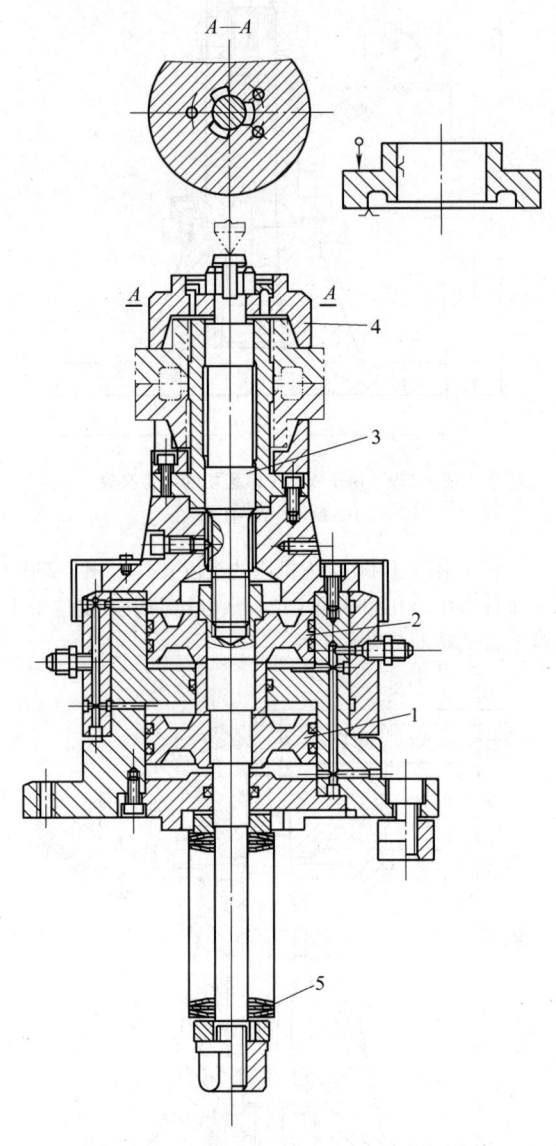

图 7-233 带双液压缸的滚齿夹具

1、2—活塞 3—拉杆 4—压板 5—碟形弹簧

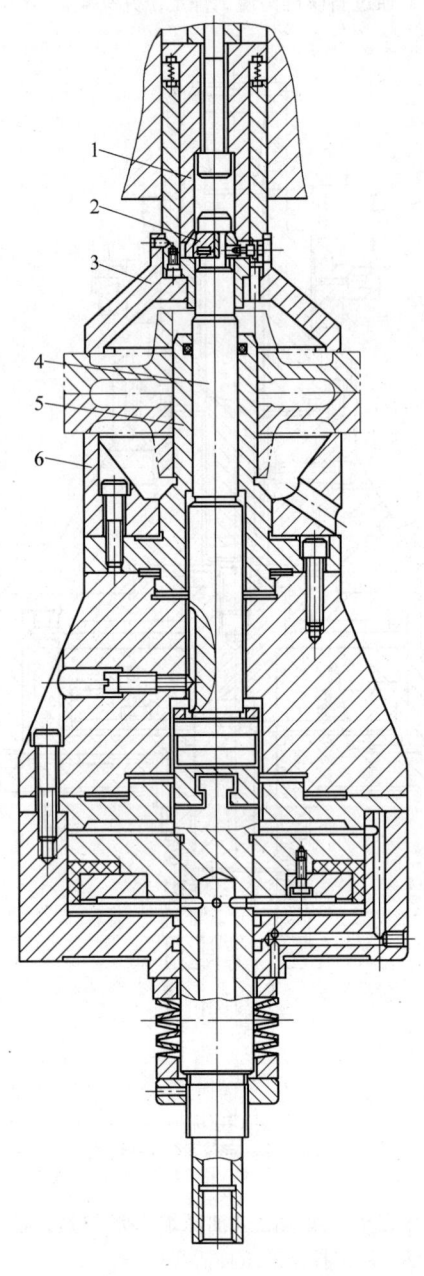

图 7-232 全自动滚齿夹具

1—套筒 2—压块 3—压板 4—拉杆 5—心轴 6—支承座

(7) 齿轮滚齿和倒角夹具（图7-234） 加工前机床滚刀位于A的标准齿廓的包络线上，工件以中心孔和端面定位，放入夹具后用四块压板夹紧。

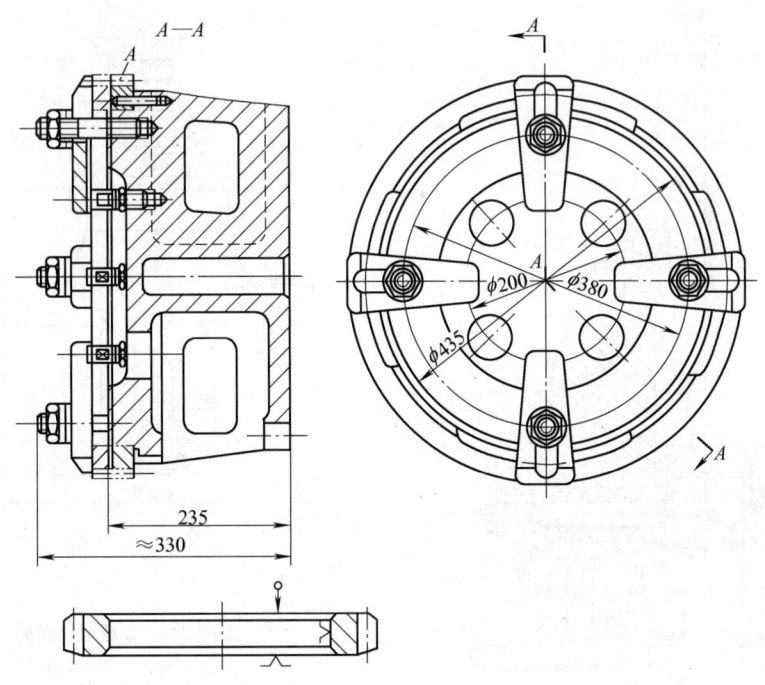

图 7-234 齿轮滚齿和倒角夹具

(8) 齿轮轴液动滚齿夹具（图 7-235） 工件以两端中心孔定位。工作时由碟形弹簧 1 带动活塞杆下移，通过楔块 2 和顶杆 3 推动两杠杆压板 4 夹紧工件。滚切完毕，液压缸进油，活塞推动楔块 2 上移，松开工件。配油环 5 与机床小立柱上的支架固定在一起，不随液压缸回转。

2. 插齿夹具

(1) 双联齿轮插齿夹具（图 7-236） 工件（双联齿轮）以中孔及端面定位，旋转螺母 1 经快卸压板 2 向下夹紧。

(2) 内齿轮插齿夹具（图 7-237） 工件以内孔和端面在法兰 1 上的可胀心轴部分和支承座 2 上定位。开动气源，工作台下部的活塞杆将接杆 3 拉下，通过拉杆 4 使三块均布的楔块 5 将工件定心夹紧。护罩 6 用于保护定心锥孔的清洁。

(3) 齿条插齿夹具（图 7-238） 工件以底面和侧面在溜板 2 上定位。由三块压板 4 夹紧。底座 7 安装在机床台面上，锥套 1 和机床工作台主轴联接。

主轴回转，齿轮 3 和固定在溜板 2 上的齿条 5 相啮合，主轴回转时溜板作直线运动。挡铁 6 用以控制行程。

3. 刨齿夹具

工件（锥齿轮轴）以外圆 A 和 B 及台肩 C 定位，然后由拉紧气缸轴向拉紧弹簧夹头，从而夹紧工件（图 7-239）。

4. 铣齿夹具

(1) 用于 ZFWK 铣齿机床的铣齿夹具（图 7-240） 工件以 $\phi 35$ 外圆及台肩定位。侧面定位插销定在粗铣后的齿槽内。夹紧工件由气缸拉动弹簧夹头来完成。

(2) 圆锥齿轮铣齿夹具（图 7-241） 该夹具用于弧齿锥齿轮铣床，铣削圆锥齿轮的齿部。粗切时，工件以内孔、端面及一小孔在碟形弹簧 3、心轴 4 上的端面及菱形销 2 上定位；精切时，球头销 1 代替菱形销 2 在一齿槽中定位。动力源使拉杆 5 右移压缩碟形弹簧 3，将工件定心夹紧。弹簧的弹性槽中嵌有耐油橡胶材料，以防止切屑或污物落入槽中。

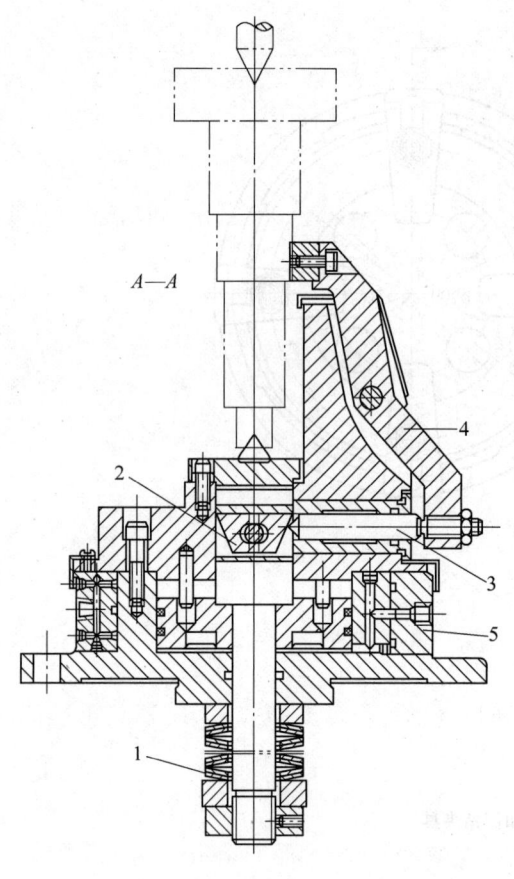

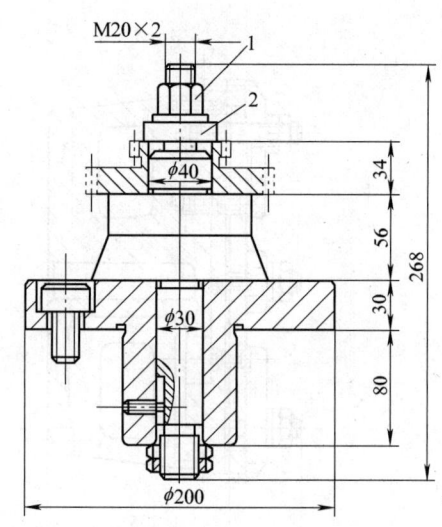

图 7-236 双联齿轮插齿夹具
1—螺母 2—快卸压板

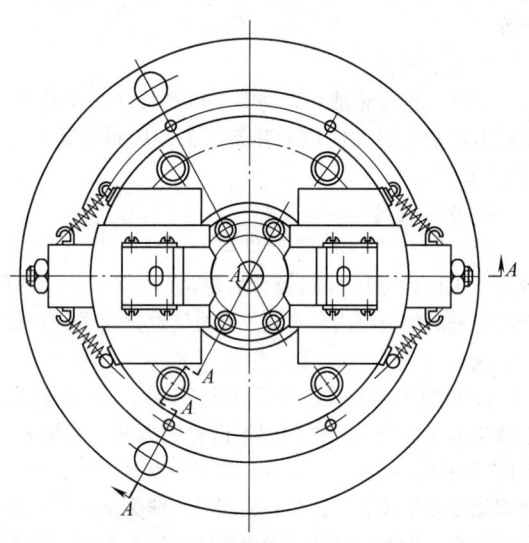

图 7-235 齿轮轴液动滚齿夹具
1—碟形弹簧 2—楔块 3—顶杆
4—杠杆压板 5—配油环

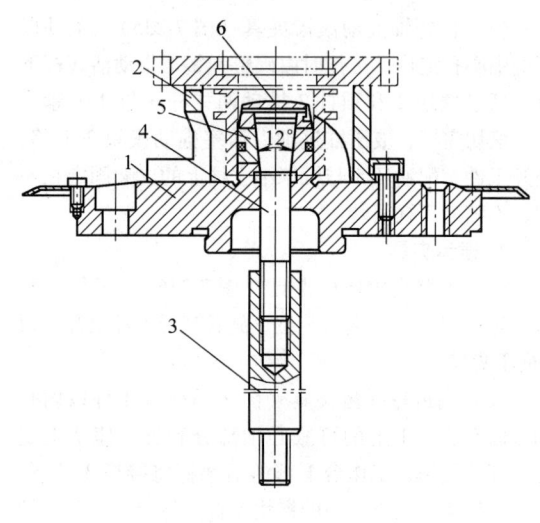

图 7-237 内齿轮插齿夹具
1—法兰 2—支承座 3—接杆
4—拉杆 5—楔块 6—护罩

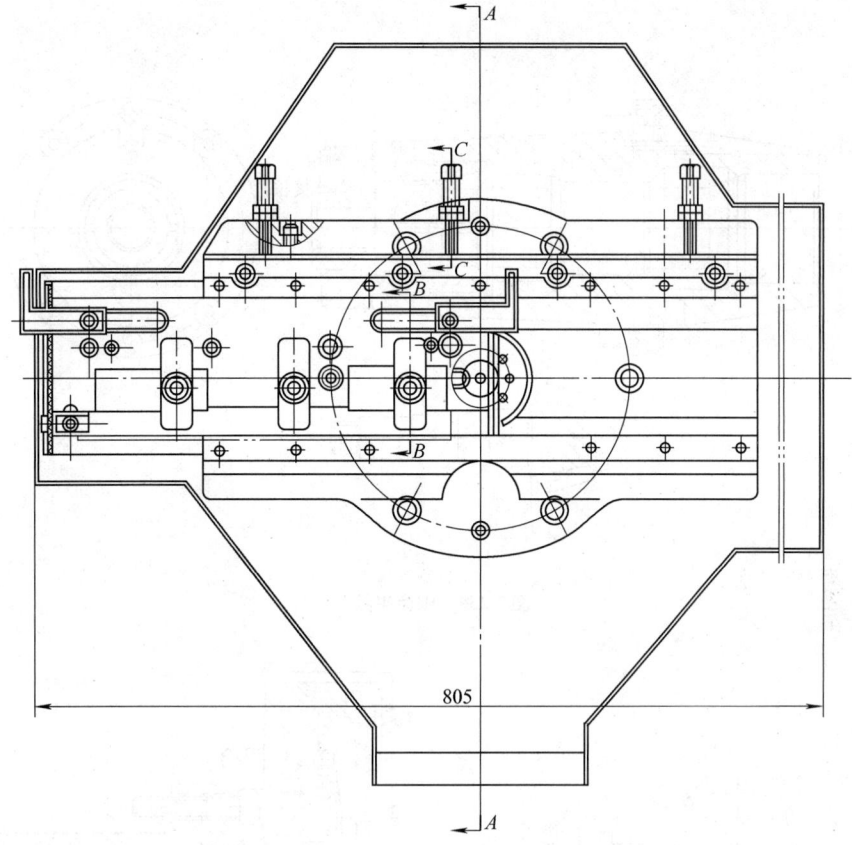

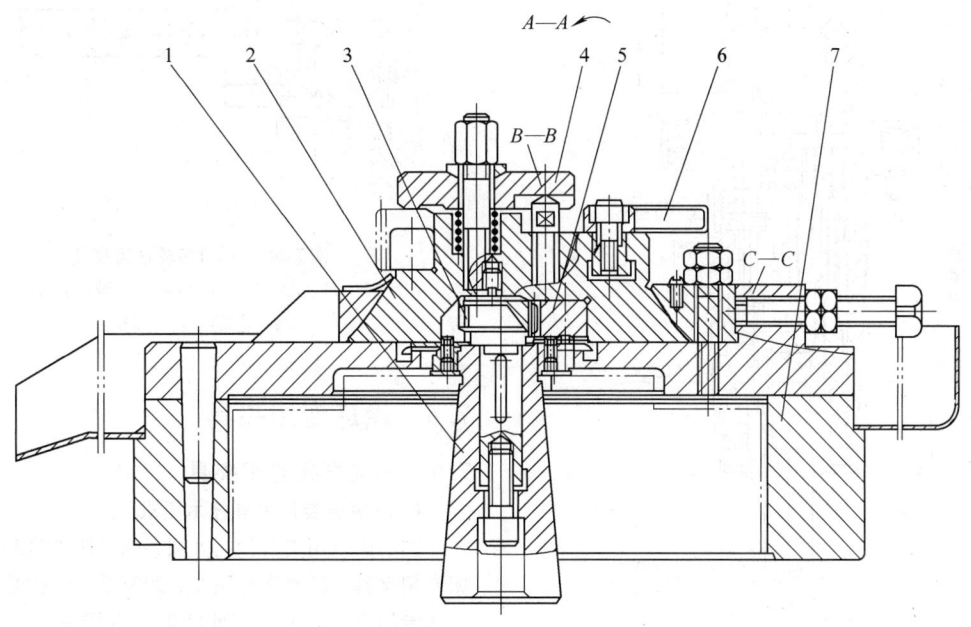

图 7-238 齿条插齿夹具

1—锥套 2—溜板 3—齿轮 4—压板 5—齿条 6—挡铁 7—底座

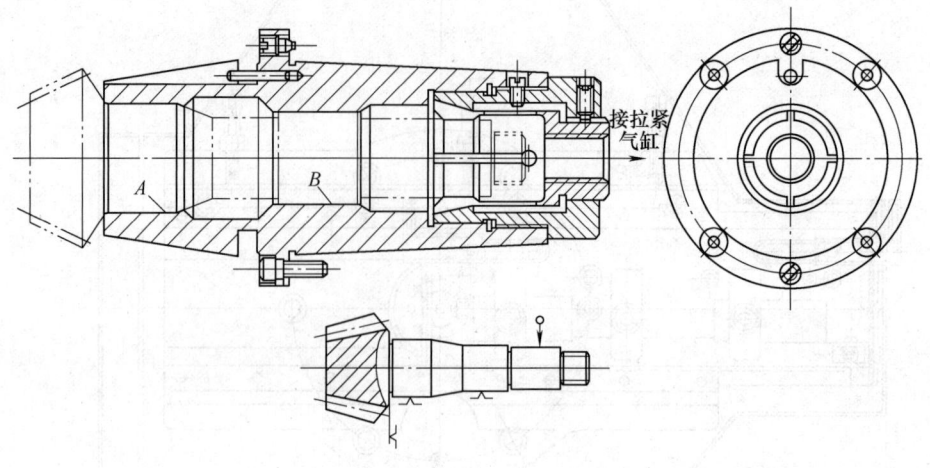

图 7-239 刨齿夹具

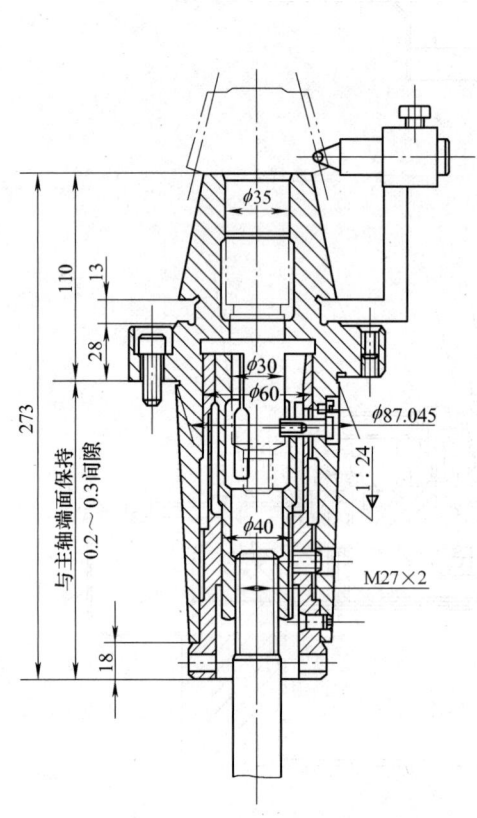

图 7-240 用于 ZFWK 铣齿机床的铣齿夹具

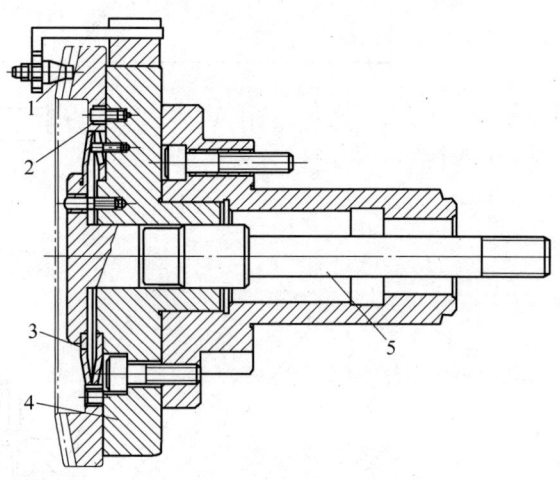

图 7-241 圆锥齿轮铣齿夹具
1—球头销 2—菱形销 3—碟形弹簧
4—心轴 5—拉杆

7.6 磨床专用夹具

7.6.1 圆磨床专用夹具

1. 圆磨床专用夹具技术要求

圆磨床专用夹具包括外圆磨床专用夹具和内圆磨床专用夹具。圆磨床专用夹具的类型和结构基本上与车床专用夹具相同,因此圆磨床专用夹具的设计要则、主要技术条件、磨损极限以及典型图例均可参照车床专用夹具的相应内容,仅在定位元件的精度参数方面根据工件的要求予以适当提高。

2. 圆磨床专用夹具典型图例

(1) 外圆磨床夹具

1) 主动齿轮轴颈液性塑料心轴（图7-242）：工件以内孔和内端面在薄壁套筒4上定位。将心轴安装在两顶尖上，拧动螺钉2，通过柱塞3，液性塑料受压，使薄壁套筒4变形胀开，将工件定心、夹紧。

为便于装卸工件，本心轴可绕销1转动。

2) 凸轮轴偏心磨夹具（图7-243）：工件以两端中心孔、端面和键槽在前、后顶尖套筒4的凸台及插键5上定位。

主动带轮1装于机床主轴内，经带轮13、齿轮14、15、拨盘3和支架6等带动插键5使工件回转（左端）；同时，花键轴7通过花键套8、齿轮副9、拨销11和拨盘10，使偏心轴套12回转（右端）。偏心套2和偏心轴套12有相同的偏心，其偏心距e与工件相同。为了保证工件两端同步，两端的齿轮副速比应一致。

(2) 内圆磨床夹具

1) 圆锥齿轮内孔磨夹具（图7-244）：工件以齿面在圆柱棒2上定位。工件定位后，将快卸压板3装进螺母1内，旋转螺母1，通过快卸压板3将工件夹紧。该夹具结构合理，装卸工件方便，定位精度较高。

2) 弧齿圆锥齿轮内孔磨夹具（图7-245）：工件以齿面在五个定位钢球4上定位。工件定位后，接通动力源，拉杆1向左移动，连接盘2带动拉爪7及压板3将工件压紧。磨削完毕，拉杆右移，在弹簧6的作用下杠杆5使压板3张开卸下工件。

该夹具定位精度较高。利用球面浮动，夹紧可靠，工件安装不需要找正，但由于没有预定心装置托住工件，因此工件在夹紧前需用手扶持。

3) 倒档齿轮内孔磨夹具（图7-246）：该夹具用于半自动内圆磨床。工件以两端齿面和一端面在滚柱8及支承钉4上定位。将工件装入定位环9内，动力源通过推杆和顶套1，使弹性盘3和5产生弹性变形将卡爪7和10（左右各三个）胀开。把已安装工件的定位环9装入夹具，然后关闭动力源，使弹性盘3和5以及卡爪7和10收缩通过滚柱8，将工件定心、夹紧。调整环2和6，供修磨卡爪7和10时使用。

4) 斜楔式齿轮内孔磨夹具（图7-247）：工件（齿轮）以端面在同一平面内的三个支承钉6以及齿面与三个直径相等的定位滚柱5定位，当气缸拉杆向左拉动套筒1时，使三个斜块2与卡爪3一起向左移动。由于斜块与斜块座4之间的斜面作用，使定位滚柱产生径向移动，从而使工件夹紧并定位。

5) 弹性薄膜磨夹具（图7-248）：工件（喷油嘴）以小端锥面及大端外径定位。压力油进入油腔后活塞1向右移动，使弹性薄片2胀开，工件由弹簧座3顶出夹具。当工件由上料机械手定程送入胀套后，活塞向左移动使弹性薄片恢复原状从而夹紧工件，进行中孔及座面的精密同心磨削。

7.6.2 平面磨床专用夹具

1. 平面磨床专用夹具设计要则

1) 平面磨床夹具通常放在机床的磁力吸盘（工作台）上对工件平面进行磨削。为增强磁力吸盘对夹具的吸力，应适当增大夹具本体底面与磁力吸盘的有效接触面积。

2) 小型工件可直接放在磁力吸盘上磨削平面。有关磁力吸盘已在第5章介绍。

3) 非磁性材料的工件（如铜、铝和塑料等）以及薄形工件宜采用真空吸盘来吸夹工件。从第5章可查阅相关内容。

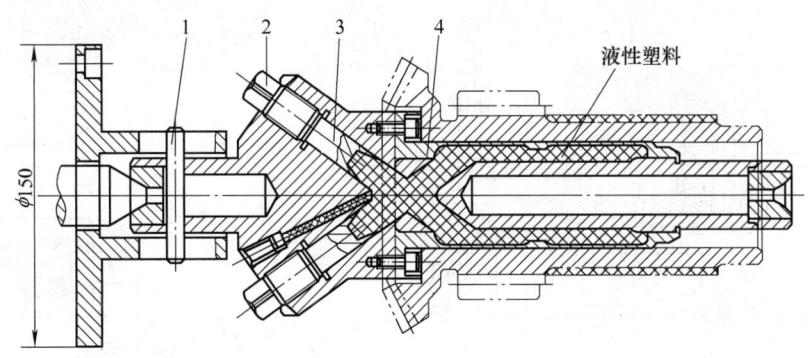

图7-242 主动齿轮轴颈液性塑料心轴
1—销 2—螺钉 3—柱塞 4—薄壁套筒

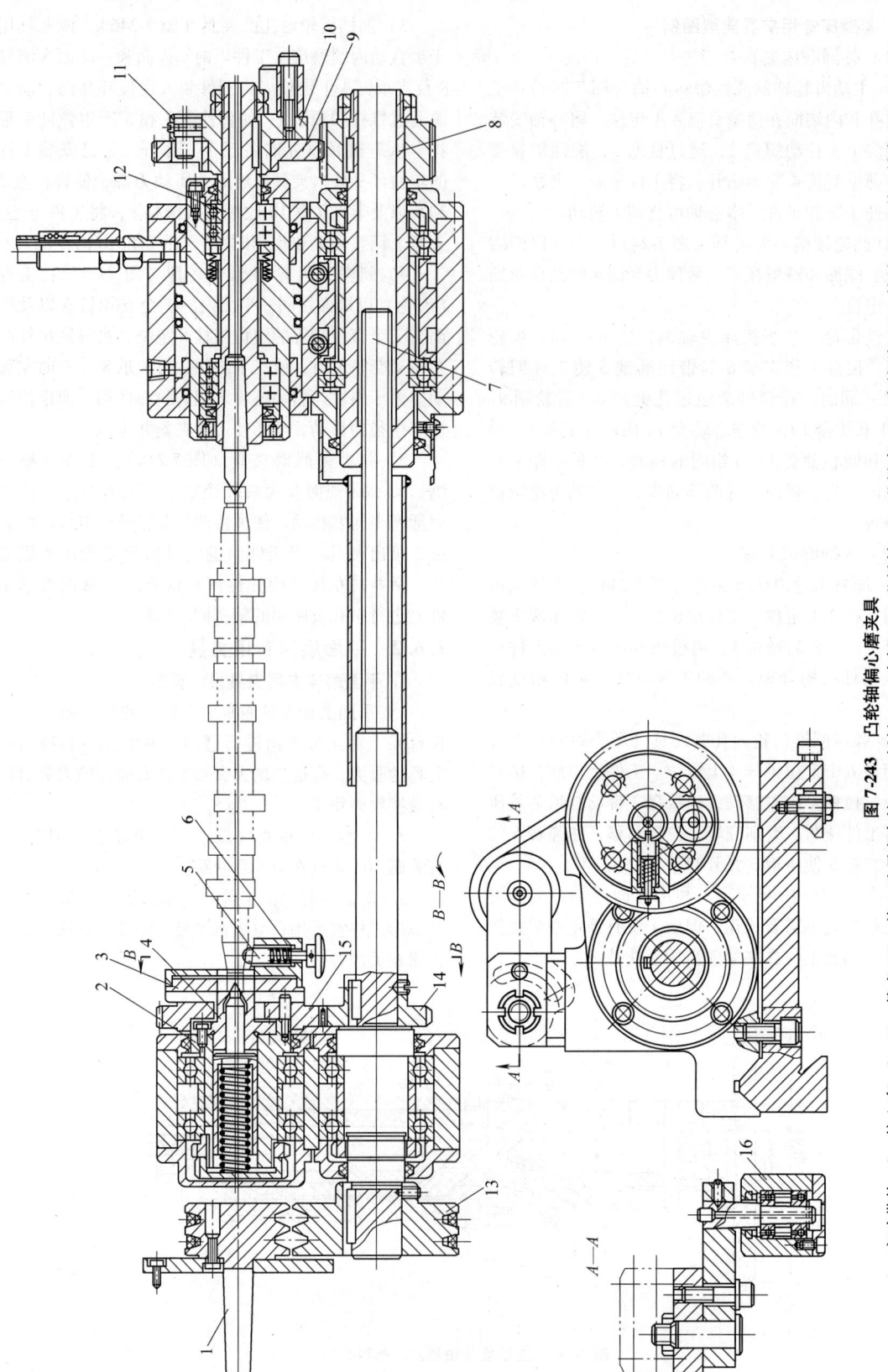

图 7-243 凸轮轴偏心磨夹具

1—主动带轮 2—偏心套 3、10—拨盘 4—前、后顶尖套筒 5—插键 6—支架 7—花键轴 8—花键套 9—齿轮副 11—拨销 12—偏心轴套 13—带轮 14、15—齿轮 16—传动带张紧轮

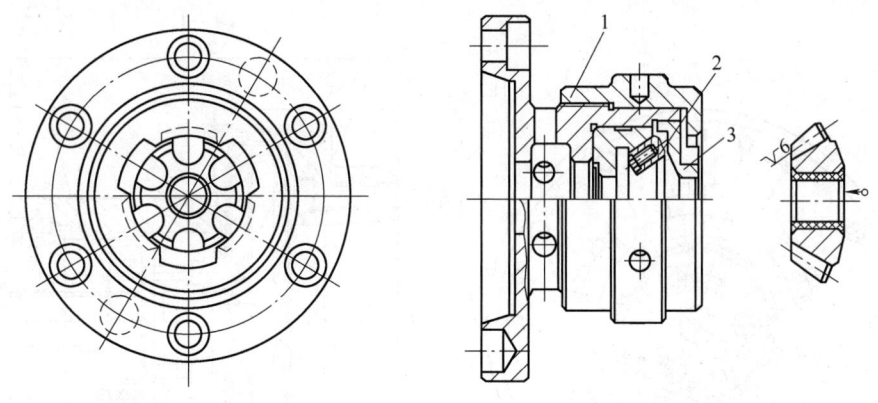

图 7-244 圆锥齿轮内孔磨夹具
1—螺母 2—圆柱棒 3—快卸压板

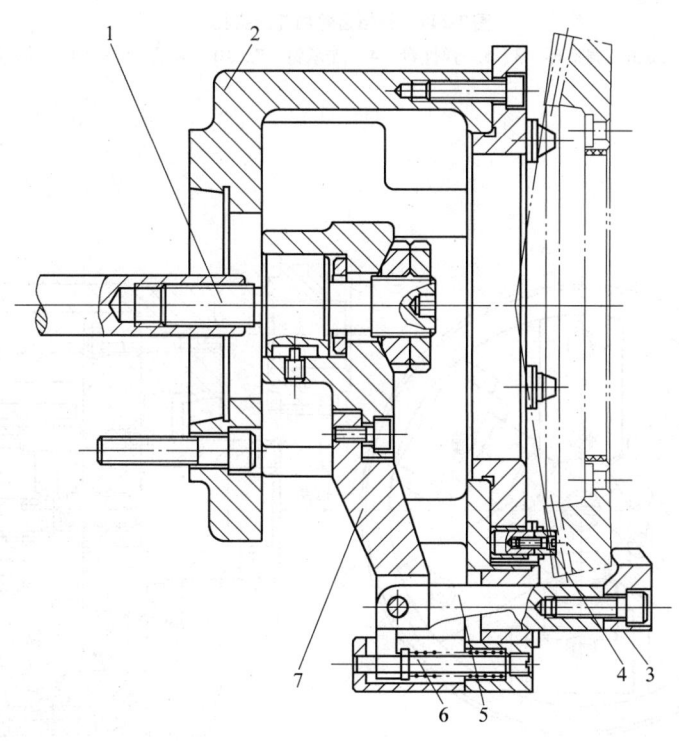

图 7-245 弧齿圆锥齿轮内孔磨夹具
1—拉杆 2—连接盘 3—压板 4—定位钢球
5—杠杆 6—弹簧 7—拉爪

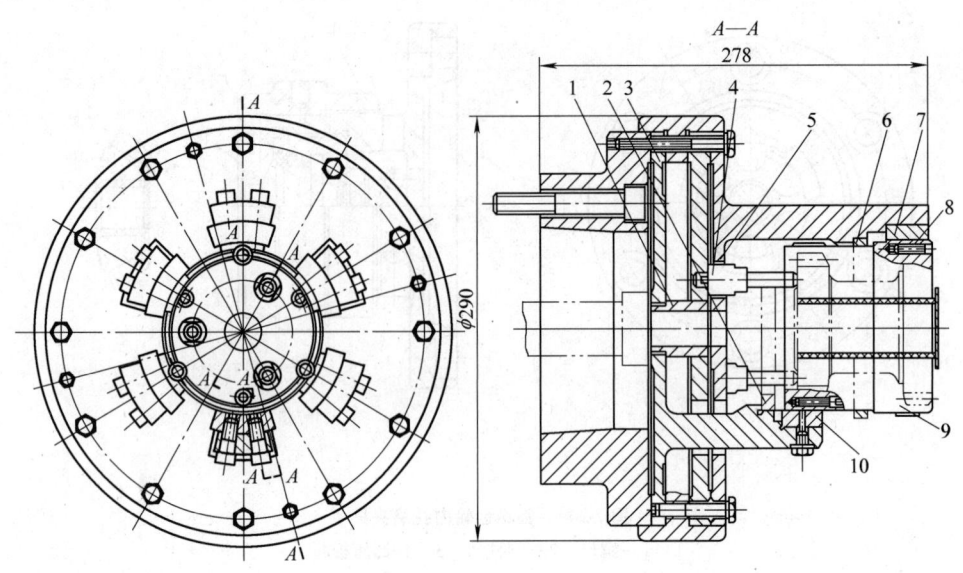

图 7-246　倒档齿轮内孔磨夹具

1—顶套　2、6—调整环　3、5—弹性盘　4—支承钉　7、10—卡爪　8—滚柱　9—定位环

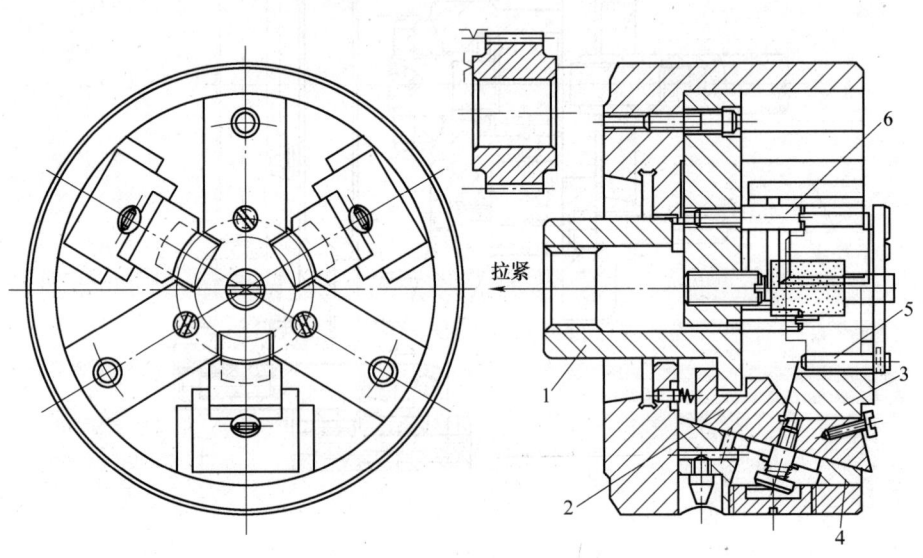

图 7-247　斜楔式齿轮内孔磨夹具

1—套筒　2—斜块　3—卡爪　4—斜块座　5—定位滚柱　6—支承钉

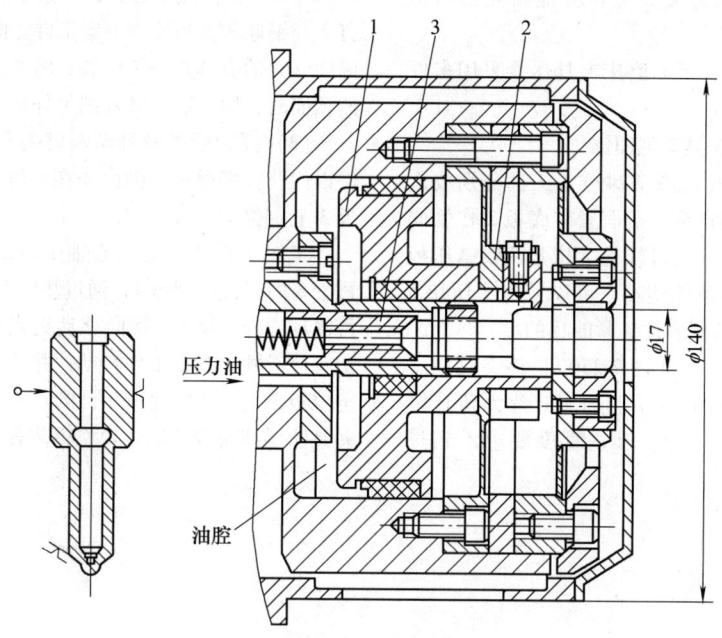

图 7-248 弹性薄膜磨夹具
1—活塞 2—弹性薄片 3—弹簧座

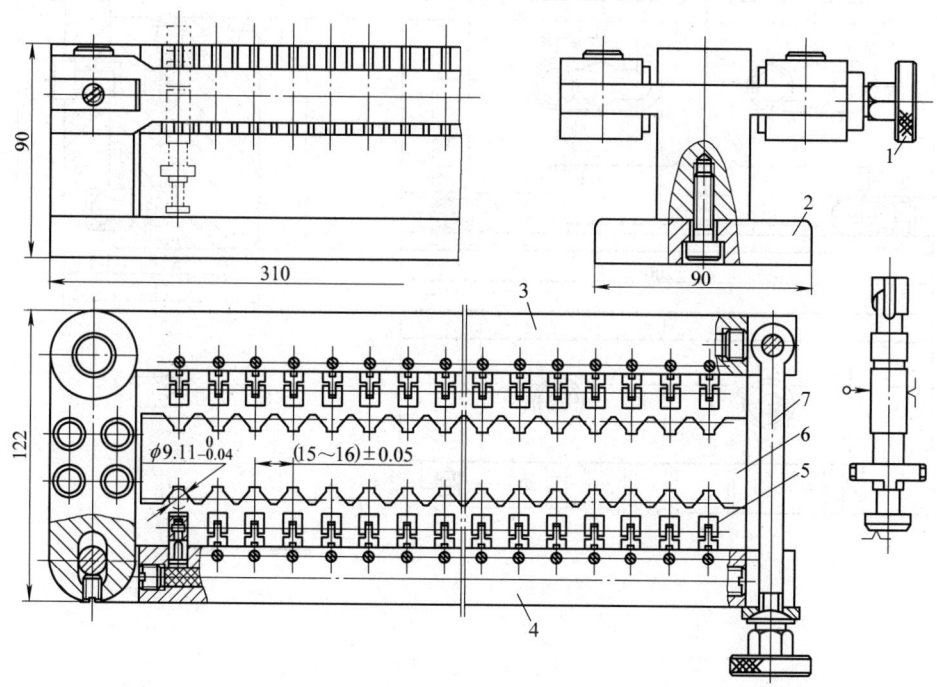

图 7-249 柱塞平磨夹具
1—螺母 2—底板 3、4—压板 5—压块 6—V形块 7—螺栓

4) 对精加工磨削的夹具应相应提高夹具的精度。

5) 为提高生产率, 平面磨床夹具尽量采用多件夹紧结构。

2. 平面磨床专用夹具典型图例

(1) 柱塞平磨夹具 (图 7-249) 工件分别放入 V 形块 6, 由于工件的自重, 端面紧靠底板 2 作轴向定位。然后旋紧螺母 1, 通过螺栓 7 拉紧两铰链压板 3 和 4。因压板内充满液性塑料, 可以使每个压块 5 均匀地紧压工件, 以达到多件夹紧的目的。

(2) 叶片侧面磨夹具 (图 7-250) 该夹具用于磨削 YB 系列油泵叶片的三个侧面。叶片为薄片零件, 三个侧面 a、b 和 c 的相互垂直度要求不超过 0.005mm。工件成组叠齐, 压紧于夹具块 1 上, 旋螺钉 2 经钢球 3 推顶块 4 夹紧工件。图示夹具是磨削上侧面 a 时的夹具块安装位置, 将夹具块装在夹具座 5 的顶面时, 即可磨削叶片的另外两个侧面 b 和 c。

(3) 摇臂圆弧液性塑料磨夹具 (图 7-251) 工件以内孔、端面和一侧面 A 在心轴 1、衬套 8 和定位板 3 上定位。

工件 (六件) 套入心轴 1 后, 将心轴左端插入衬套 8 内, 拧紧螺母 4, 通过垫圈 5 使工件轴向靠紧。再摇动螺杆手柄 6, 横向移动夹紧导轨 7, 通过液性塑料使滑柱 2 推动工件转动, 并使其贴紧于心轴 1 和定位板 3 上, 同时完成工件的定位与夹紧。该夹具在夹具体尾部附有成形砂轮修整装置。

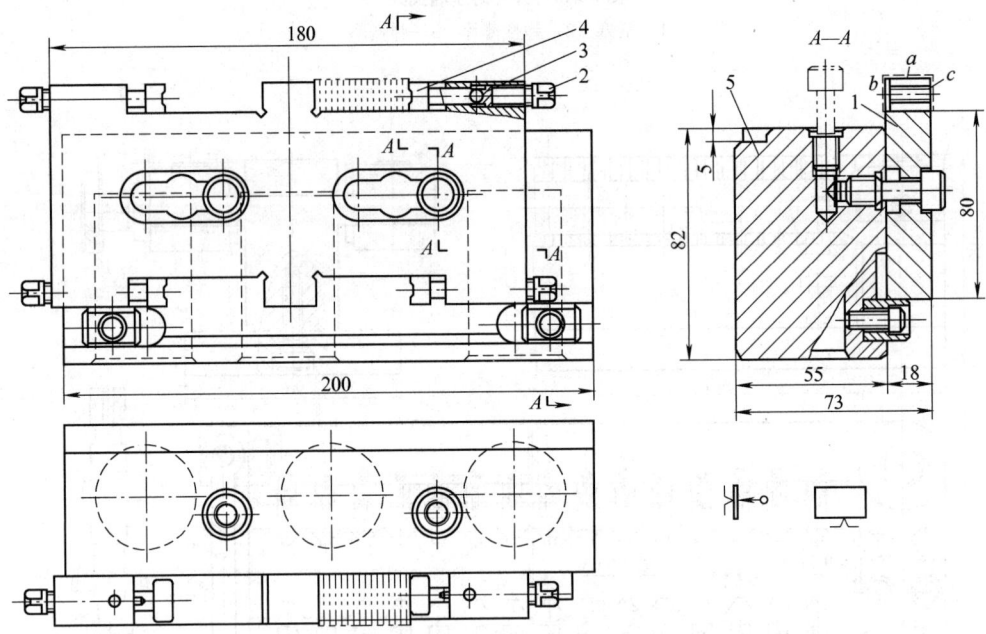

图 7-250 叶片侧面磨夹具
1—夹具块 2—螺钉 3—钢球 4—顶块 5—夹具座

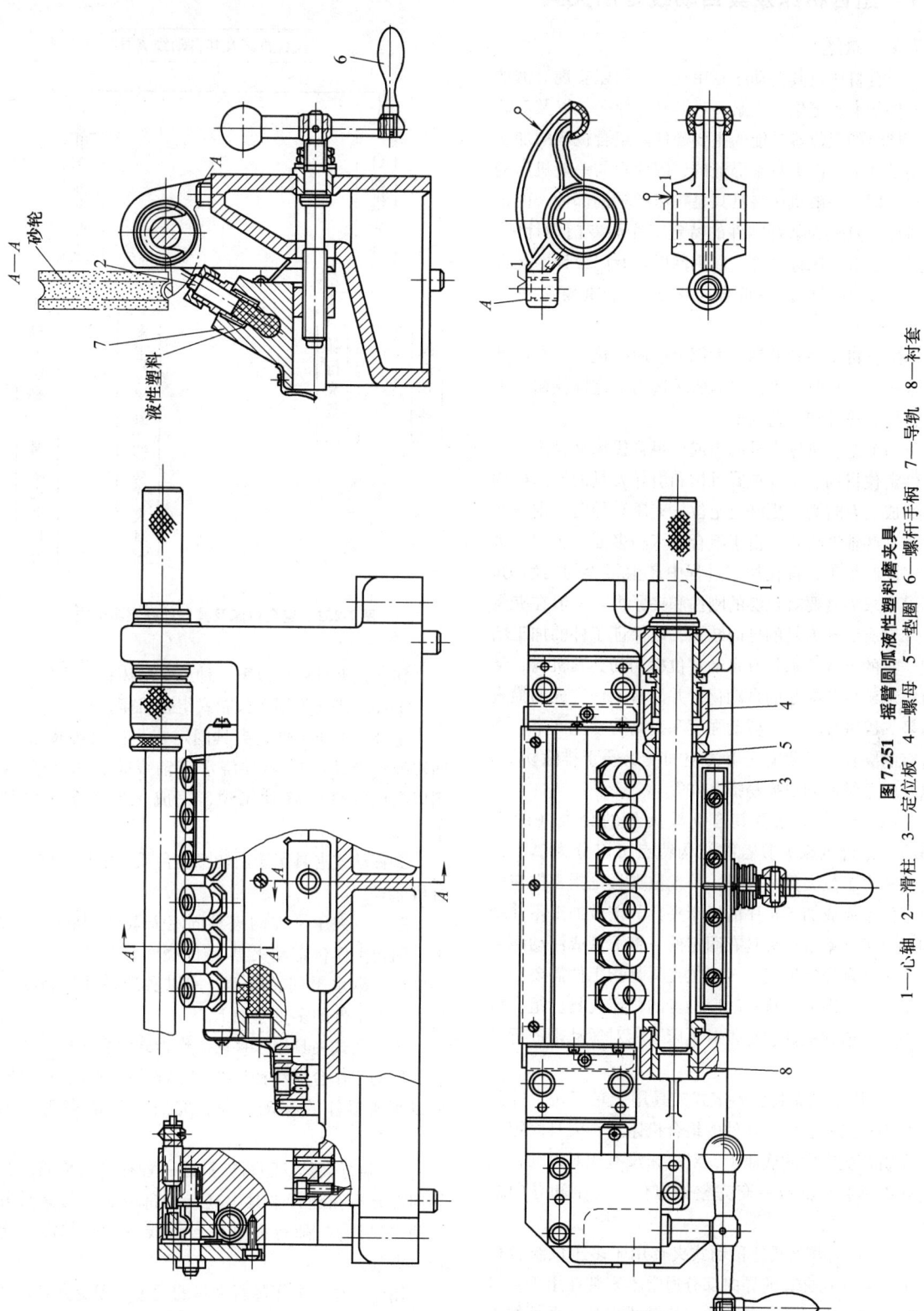

图7-251 摇臂圆弧液性塑料磨夹具

1—心轴 2—滑柱 3—定位板 4—螺母 5—垫圈 6—螺杆手柄 7—导轨 8—衬套

7.7 组合机床及其自动线专用夹具

7.7.1 概述

组合机床及其自动线专用夹具，用以实现对被加工零件的准确定位、夹紧，对刀具的导向，以及对装卸工件时的限位等功能的主要部件。组合机床的加工精度基本上是由夹具来保证的，因此它与一般机床的夹具不同。一般机床夹具只是机床的辅助部件。而组合机床夹具是为某种零件的特定工序而专门设计的，它是由组合机床标准件、通用件以及专门设计的元件构成的专用部件，是组合机床的一个重要组成部分。

组合机床夹具的零件大部分已通用化了，在设计组合机床夹具时，可以根据要求选用，这样就缩短了组合机床设计和制造周期。

(1) 组合机床夹具的组成 组合机床夹具主要由工件定位机构、工件夹紧机构和引导刀具的导向机构等组成。有时为了更好地定位、夹压和导向，则需要增添一些辅助机构。由于组合机床是多面、多刀、多工序同时加工，且在加工过程中产生很大的切削力，所以要求夹具要有足够的刚性和夹紧力。一般在夹具上都设有引导刀具的导向装置，以保证工件的加工精度。有的夹具要求具有自动定位机构和夹紧机构，从而实现定位和夹紧的自动化，并设有动作完成的检查信号，以减轻工人的劳动强度和提高劳动生产率。在所有的夹具上都要有足够的空间，以便于排除切屑，以及便于维修和更换易损零件等。

(2) 组合机床及其自动线夹具的分类（图7-252） 组合机床夹具若按结构特点可以分为单工位夹具和多工位夹具两大类。单工位夹具是指工件在一个工位上完成加工工序的机床夹具。按被加工零件结构和要求，单工位夹具有固定的、带滚道或浮动滚道的、带托盘的等形式。多工位夹具是指工件需要在几个工位上顺序或平行—顺序加工的机床夹具。组合机床夹具，通常根据它是否对机床有相对运动来进行分类：

1) 固定式夹具：固定式夹具用于单工位，并且多是用在只安装一个零件的组合机床上。夹具固定安装在组合机床中间底座上，对机床没有相对运动，固定式夹具通常都有一套完整的定位、夹压和导向机构。

2) 移动式夹具：移动式夹具用于多工位组合机床上。移动式夹具的导向部分通常不安装在用于直接定位、装夹零件的夹具体上。移动式夹具在零件加工过程中，对机床有间歇相对运动，用来实现零件的移动工位，完成工件的多工序加工。

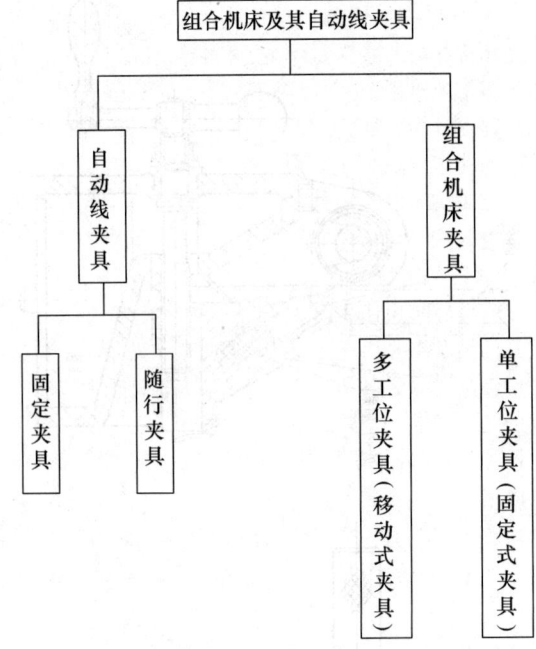

图7-252 组合机床及其自动线夹具分类

移动式夹具用于以下几种组合机床：

①移动式夹具用于鼓轮式组合机床。

定位、夹压零件的夹具固定安装在回转鼓轮上，回转鼓轮带动夹具-零件绕水平轴线间歇回转移动。用以实现零件的移动工位，完成工件的多工序加工。

②移动式夹具用于回转工作台或者中央立柱式组合机床。

定位、夹压零件的夹具固定安装在回转工作台上。回转工作台带动夹具-零件绕回转工作台垂直中心线作间歇水平回转移动，用以实现零件的移动工位，完成工件的多工序加工。

③移动式夹具用于移动工作台式组合机床。

移动工作台带动夹具-零件作直线往返间歇运动，用以实现零件的移动工位，完成工件的多工序加工。

3) 随行夹具：随行夹具是一种移动式夹具。其导向部分不在随行夹具上（导向部分和随行夹具分成两组设计）。随行夹具在自动线各工位都需要定位、夹紧。

用作定位、夹压随行夹具的通过式固定夹具，其结构形式在自动线各工位上基本是一样的。

7.7.2 组合机床及其自动线夹具设计要则

1. 影响组合机床夹具的主要因素

1）生产率：机床生产率要求高时，机床自动化程度相应亦高。移动式夹具用于组合机床自动线上或用于多工位机床上，均可提高生产率。在提高机床自动化程度时，要注意夹具各机构工作的可靠性，保证各机构动作与整机动作循环的互锁并分析其经济效果。

当对机床生产率要求不高时，其自动化程度应相应降低，这样可以降低成本，以保证机床工作的可靠。

2）零件的加工精度：对加工精度要求高的零件，夹具的精度也要相应地提高，这时设计夹具，应着重考虑提高和保证夹具的精度。例如仔细正确地选择工件的定位基准、刀具的导向机构型式、工件的夹压部位及夹压机构等。用于粗加工的夹具，主要应考虑夹具的刚性。一般情况下，固定式夹具比移动式夹具能达到的工件加工精度要高。移动式夹具用于鼓轮式组合机床上比用于其他型式的组合机床上时能达到的工件加工精度要低。

3）零件情况：零件情况通常是指该零件到本机床加工时的零件材料性能、零件刚性、零件轻重、大小、零件加工余量、零件工序内容等。

如果零件材料硬度高、加工余量大，则切削力大、所需的夹紧力也大、要求夹具刚性好。如果零件刚性差，则应考虑工件的夹紧变形问题。必须谨慎选择夹压点或采取多点夹压。如果工件的工序内容多，需要采用移动式夹具时：若工件轻小，则移动式夹具可用于鼓轮式或回转式组合机床；反之，零件比较大，则移动式夹具可用于移动工作台组合机床。零件的加工余量大小、均匀程度直接影响着所采用的加工方法、导向型式、夹具结构等。零件材料、工序内容影响着排屑、冷却和润滑。在设计夹具时，还要考虑装卸零件的方便、更换夹具易损件的方便与否及可能性。

4）夹具制造厂的情况及使用单位的情况：设计夹具时，要考虑到夹具制造厂的加工设备情况、所能达到的加工精度、组装技术水平，以及使用单位的习惯。尽量使所设计的夹具符合制造单位和使用单位的实际。

5）尽量使组合机床夹具结构典型化，扩大夹具零件和小组件的通用化，以提高组合机床通用化程度和使用经济效果。

2. 组合机床及其自动线夹具设计要则

组合机床及其自动线夹具的设计要则与技术条件，除其本身的特殊要求外，可以参照相应的专用夹具设计要则和技术条件。

（1）组合机床夹具设计要则

1）组合机床夹具的技术要求及保证措施见表7-42。

表7-42 夹具的技术要求及保证措施

技术要求	实现要求的措施
定位夹紧可靠，在切削过程中应保证工件不产生移动	1. 在多面组合机床上，夹紧力应按最大切削力或切削力的最大合力考虑，不考虑相对两面切削力的相互抵消作用 2. 最好采用自锁式夹紧机构。夹具受力部位和支承部位做成封闭式结构以提高夹具的刚性 3. 以"一面两销"定位时，可以考虑定位销承受一定的切削力 4. 要确保定位基面的定位精度。高精度组合机床夹具可在定位支承面上设小孔，用气压检查定位情况
保证所加工孔的位置精度与尺寸精度	1. 采用分布合理并有相应精度的导向套 2. 高精度夹具的导向套与夹紧支架分开 3. 高精度镗孔夹具可采用静液压轴承的旋转导向套，高速精镗轻金属工件的夹具可采用气压轴承旋转导向套 4. 提高导向套中心距的制造精度。对高精度中心距公差很小的导向套孔采用坐标磨床来磨制，中心距公差保持 ±0.003～±0.005mm 5. 将导向装置安装在回转工作台面或回转鼓轮上，减少转位误差
工件定位夹紧实行自动化或机械化	1. 用液压缸驱动伸缩式定位销实现工件定位自动化 2. 用气缸、液压缸驱动夹紧机构实现工件夹紧自动化 3. 用连杆及其他机构实现压板自动移动（或回转）撤离工件 4. 用气缸、液压缸升降工件，进行自动让刀，防止退刀时划伤已加工表面 5. 在夹具上装设限位开关和相应的挡铁，实现夹具本身各动作与其他部件动作间的互锁，保证自动工作循环的可靠
为顺利装卸工件创造条件	1. 在夹具上设立限位块或初定位块，便于将工件吊入或推入夹具 2. 工件较重而用手推入夹具时，采用弹簧支承的浮动滚道 3. 对需要推入装料，而又放不稳的工件，采用装料小车（或托板） 4. 采用自动上下料装置
防止切屑堆积影响工件准确定位	1. 将易于堆积切屑的面作成大于30°的倾斜面，实现自动排屑 2. 将工件倾斜安装便于切屑自动排除 3. 支承板上开槽或采用光滑平面的支承板以利于清除切屑 4. 夹具作成敞开式便于清除切屑。采用刚性主轴加工，使夹具敞开便于排屑

2）刀具导向形式的选择：组合机床刀具的导向通常都是布置在组合机床夹具上的，它是组合机床夹具的组成部分，通过导向套与夹具定位元件的位置精度和其自身的结构精度来保证被加工工件的各项尺寸和精度要求。因此，正确选择刀具导向形式是组合机床夹具设计中至关重要的环节。

刀具导向方式有两种：一种是刀具运动直接由导向套来导向，另一种是由导向套限制刀具接杆或镗杆的运动实现刀具的导向。导向套有固定的、滑动的和旋转的三类。通过接杆导向时，杆部的结构形式有开油沟、镶铜条、带直齿、带螺旋齿等四种。滑动导向套的镗杆支承部分可装滑动轴承或滚动轴承、滚锥轴承、滚针轴承。各种导向套的布置和应用范围见表7-43。

表 7-43 各种导向的布置和应用范围

导向类别	工艺方法	加工示意图	导向长度 l_1/mm	导套至工件端面的距离 l_2/mm	推荐的应用直径 /mm	应用速度范围（导向部分的最大线速度）/(m/min)	刀具与主轴的连接形式
固定套导向	钻孔		$(1\sim2.5)d$ 小直径取大值，大直径取小值	钻钢时：$(1\sim1.5)d$ 钻铸铁时：$\approx d$ 过大或过小时，上述规律不适用，应比计算值作适当增减 $l_2 5\sim 35$	≤40	<20	刚性
固定套导向	扩孔或铰孔	后导向　前导向	单导向：$(2\sim4)d$ 双导向：$(1\sim2)d$ 小直径取大值，大直径取小值，前导向可比后导向短些	扩孔：$(1\sim1.5)d$ 铰孔：$(0.5\sim1.5)d$ 直径小加工精度要求高时取小值	开油沟导向≤40 镶铜条导向≤80 直齿导向≤60 螺旋齿导向≤60	<20 <25	刚性或浮动 当导向长度较大和有两个以上导向时，应采用浮动连接
滑动套导向	镗孔或套车外圆		$(2\sim3)d$ 当刀杆悬伸较大时应取大值 双导向加工时，前导向可比后导向短些，前导向可用螺旋导向套	$20\sim50$ 视结构许可而定	装滚动轴承 $d_1>50$ 装滚珠轴承 $d_1>70$ 装滚锥轴承 $d_1>85$ 装滚针轴承 $d_1>55$	$70\sim200$	可用于高速。其速度只受轴承转速及刀具许用切削速度的限制	浮动
旋转套导向	钻、扩、镗		$(2.5\sim3.5)d$		≤80	可用于高速及切削载荷不均匀时	刚性或浮动

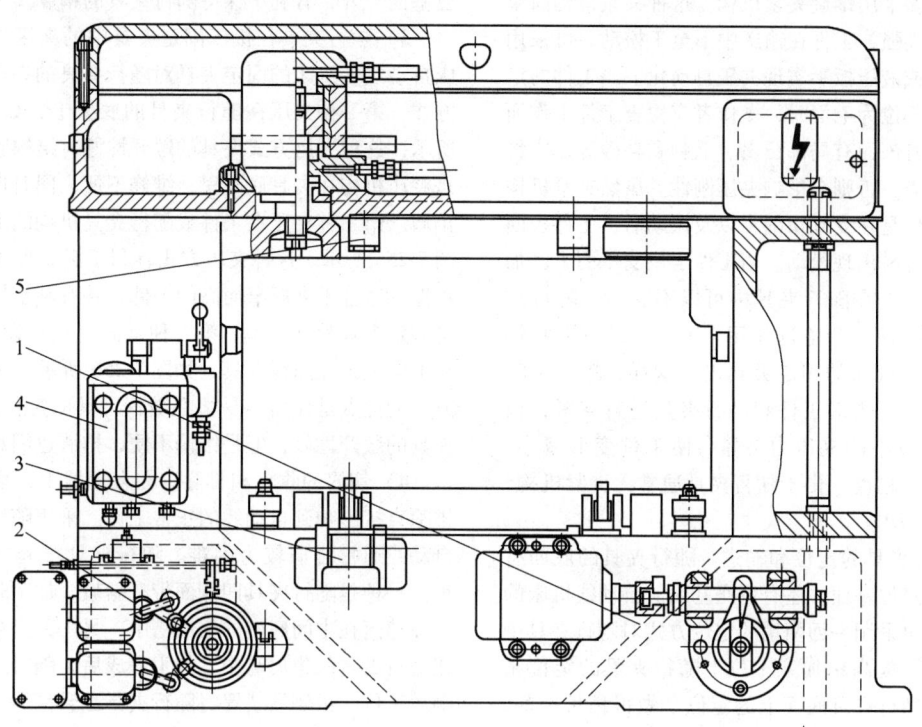

图 7-253　夹具的定位夹紧
1—排屑口　2—行程开关限位挡铁　3—输送带支承滚道　4—润滑泵　5—限位块

(2) 组合机床自动线固定夹具设计要则　组合机床自动线的固定夹具除具备单机组合机床夹具所应具有的功能外,还要适宜自动线加工。

1) 夹具要有良好的通过性。在组合机床自动线上加工的零件,从自动线一端进入,加工完后由另一端出来,工件要顺序地自动进入线上的每一台设备,因此固定夹具要具有良好的通过性,必须在工件的运动方向上是敞开的,保证工件的正常通过。并且要求工件装卸是最简单的运动形式。

2) 夹具的定位夹紧应自动进行。自动线的夹具一般都采用一面两销的定位方式。而夹紧大多采用液压缸夹紧机构或楔铁夹紧机构。定位和夹紧后并能自动发出各种动作的完成和检查信号。为了防止工件定位时被伸缩式定位销抬起,夹具上要设有防止工件抬起的限位板,如图 7-253 所示,因而定位销没有定好位时,就发不出定位信号,避免事故的发生。

3) 排屑方便。自动线都设有自动排屑装置,对加工时产生的切屑,经过固定夹具的排屑口,自动掉入自动线的中间底座,进入设在中间底座或地沟中的排屑装置,由排屑装置将切屑运走。如果切屑堆积在夹具上,自动线就不能正常进行工作。

4) 自动润滑。由于自动线上夹具数量多,要润滑的部位多,因此多采用集中润滑方式,其操纵有手动和自动两种,当采用手动润滑时,由操作工人定时按动手动润滑泵,保证各润滑点的供油。当采用自动润滑时,由全线总操纵台上电气按钮进行统一控制,亦可用单独开关进行控制,使电动润滑泵定期打油进行润滑。操作者应经常检查各润滑部位的润滑情况,避免润滑部位的润滑油溢出或不足。

此外,自动线固定夹具还设有用以支承输送带的支承滚轮。

(3) 组合机床自动线随行夹具设计要则　组合机床自动线的随行夹具,除了完成对工件的定位、支承和夹压外,还把工件输送到各工位上,在工件卸下后,随行夹具又返回到自动线的始端。随行夹具主要用于那些适合组合机床自动线加工,但又无良好输送和定位基面的工件。对一些有色金属工件,为了防止基面划伤和磨损,也可采用随行夹具。由于随行夹具要有返回装置,使自动线结构复杂,成本提高。

设计随行夹具时,应注意如下问题:

1）工件在随行夹具上的装卸、定位和夹压。目前随行夹具多采用螺旋夹紧机构。这种夹紧机构简单可靠，自锁性强，工件在输送中不至于松动。可采用机械、气动或液压扳手实现夹压自动化。当工件的定位面或夹压部位为毛面时，操作者应检查工件工作面是否平整；若该面有局部凸出、毛刺和粘砂等，应将其剔出或修光，否则会影响夹压刚性。虽然夹紧机构已经夹紧，但是在受到切削力以及振动后，工件表面产生变形，容易出现松动。当工件定位支承面为已加工表面时，工件在随行夹具中可以不夹紧，随行夹具只是托住工件起着输送作用。工件、随行夹具将一起被夹压在机床的固定夹具上，这样，粗加工时可用较大的夹压力对工件和随行夹具进行夹紧，精加工时可用较小的夹压力夹紧，使工件变形减小，从而提高加工精度。由于随行夹具通常无夹紧机构，所以结构较简单。

2）随行夹具的定位和输送。随行夹具的底面有定位销孔和定位基面，还有输送基面。自动线机床的固定夹具上也采用一面两销的定位方式对随行夹具进行定位。为了提高精加工工位上随行夹具的定位精度，可以把随行夹具底面上的定位套做得稍长一些，粗加工工位定位时用导套的下面部分，精加工工位定位时，伸缩式定位销伸长一段距离，用导套的上面部分。随行夹具的输送基面容易磨损，将输送基面和定位基面分开，有利于保持随行夹具的精度。

3）随行夹具在机床固定夹具中的夹压。组合机床自动线各机床的固定夹具对随行夹具的夹压有三种方式：第一种夹压在随行夹具的底板上，如图 7-254 所示，这种夹压方式夹具的敞开性好，结构紧凑。但是夹压机构在夹具底座里，维修不便，同时也不利于排屑。第二种夹压在工件或随行夹具机构的上方，如图 7-255 所示。这种夹压方式有利于提高夹压系统的刚性，适合于夹压窄而高的工件，并有利于排屑。但是固定夹具敞开性差。第三种是固定夹具设导向板，从下向上顶住随行夹具，如图 7-256 所示。这种夹紧方式的优点是切屑不易垫在随行夹具的定位基面上，夹具的敞开性好，但是维修不便，排屑也困难。

4）切屑的收集和排除。在自动线上，切屑能否排除直接影响到自动线的正常工作。采用随行夹具的自动线通常排屑较为困难。随行夹具排屑方式有两种：一种是随行夹具四侧面带有斜坡，加工时切屑经斜坡掉落在中间底座的集屑槽中；另一种是把切屑留在随行夹具的集屑盘中，加工完成后，随行夹具到达倒屑工位，由倒屑装置将随行夹具翻转倒屑，然后清洗、吹干，保持随行夹具洁净。

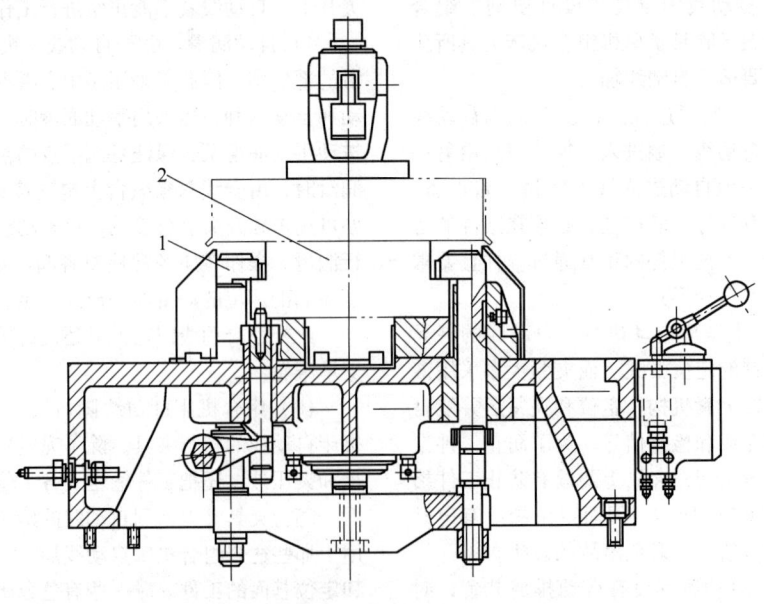

图 7-254　随行夹具在机床固定夹具中的夹压（一）
1—固定夹具的压板　2—随行夹具底板

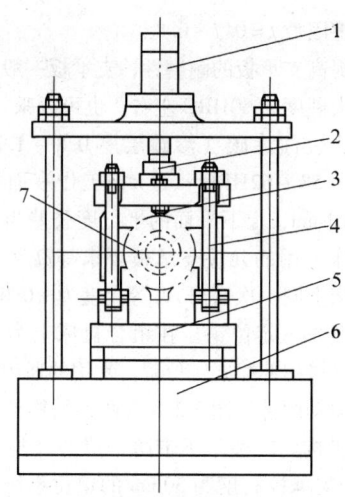

图 7-255 随行夹具在机床
固定夹具中的夹压（二）
1—夹紧液压缸 2—夹紧压块 3—调节螺钉
4—螺栓 5—随行夹具 6—机床夹具 7—工件

(2) 组合机床夹具的技术设计 按照组合机床夹具方案，对夹具各部分的结构、尺寸加以仔细的考虑确定。要注意装配、加工工艺性及使用维修的方便。在一般组合机床设计中，导向部分的结构、尺寸以及夹具的联系尺寸，是组合机床总体设计人员在绘制加工示意图中初步确定。所以在夹具技术设计时，要按加工示意图尺寸来设计（如果有必要修正、改正，也必须征得机床总体设计者的许可，同时修正加工示意图）。对于夹紧力、夹紧机构的强度，作必要的核算。在绘制组合机床夹具总图时，一定要注意它与组合机床其他部件的联系，尤其是与多工位组合机床的各夹具之间的联系等。夹具总图绘制完成后，根据被加工零件的精度要求，制定夹具制造和检验的技术条件。

(3) 组合机床夹具工作设计 把组合机床夹具中的专用零件绘制成工作图（包括技术要求）。把组成夹具的专用件、通用件、标准件分别编入明细表中。

3. 组合机床夹具设计程序

(1) 组合机床夹具方案的制定 组合机床夹具，在很大程度上决定了组合机床的型式。所以在确定组合机床方案时，应对组合机床夹具提出初步方案。

设计组合机床夹具与设计一般专用机床夹具一样，正确的选择定位基准（使零件满足六点定位原则）、夹紧部位，是保证加工精度的重要因素。

另外要注意到组合机床的工作特点，大部分刀具（用于孔加工工艺）在导向套中工作，所以正确选择导向型式，也是保证机床加工精度的重要环节。

定位基准、夹紧部位和导向装置确定后，即可以确定一下夹紧总布局，定位支承板的安装，定位机构、夹紧机构的布置，传动、导向部分的安装，夹具结构的工艺性，夹具的操作方便等。对于复杂的夹具，可以首先进行草图设计，通过草图设计及修改然后决定组合机床夹具方案。

7.7.3 定位、夹紧及刀具导向的结构

1. 工件的定位及其元件

在组合机床上加工的箱体类零件，大多数采用一面两销定位方式，即利用工件上的一个平面和该平面上的两个孔作为定位基准。一个孔插圆柱销，而另一个孔插菱形销。但是实际上在大多数情况下，工件的一个平面，在夹具中不是支承在三个点上，而是支承在四个或更多一些的支承点上，有时还放在两条长的支承板上，这样可以提高"机床-夹具-刀具-工件"系统的刚性，避免夹紧力和切削力超出支承点，引起工件的弹性变形，这种变形不仅影响加工精度，还会引起振动，严重时造成刀具的折断。然而，由于工件基准面的加工误差（一般在 0.05~0.08mm）和支承板的平面度误差（一般在 0.01~0.02mm），工件在夹紧时仍然会产生弹性变形，这种少量的变形在粗加工和半精加工时，只要在加工精度范围内是允许的。

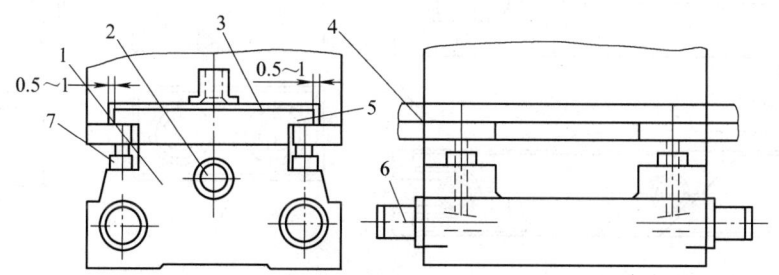

图 7-256 随行夹具在机床固定夹具中的夹压（三）
1—机床夹具 2—定位机构 3—随行夹具 4—中间支承板 5—机床
夹具的支承导向板 6—夹紧液压缸 7—楔铁夹紧机构

在精加工时,夹紧力和切削力都是比较小的,这时可以用短一些的支承板来实现理论上的三点定位。工件在推进推出夹具时必须以底面在支承板上滑动,同时要以底面定位,这时可以把支承板做成在全长上除了三个起定位作用的小平面外,其他部分都降低0.05~0.10mm。

(1) 支承板 支承板的结构如图7-257所示。其中7-257a所示的支承板,上平面为光滑平面,螺栓在支承板两端下方,可以避免因支承板上的螺钉窝积存切屑,工件在其上移动而损伤基准面和影响定位精度。为了防止工件在推进夹具时碰伤基准面,支承板的端部有抛光的倒角。7-257b所示的支承板在上平面上开有斜槽,工件的基准面在支承板上移动时,其上的脏物被刮入槽中。7-257c所示支承板上平面开了90°的齿形槽,在重切削、铣削或工件用非加工表面定位时,夹紧后能增加工件基准面和支承板之间的摩擦力。摩擦系数主要取决于工件与支承板的接触状况。工件与支承板及夹紧元件为光滑表面接触时,摩擦因数$f=0.16~0.25$;支承板表面有交错的齿形沟槽时,摩擦因数$f=0.7~0.8$。

为了提高支承板的耐磨性,支承板一般用T10钢制造,淬火硬度为60HRC左右。也可以采用20Cr钢制造,工作表面渗碳(渗碳层厚0.8~1.2mm)淬火,硬度为58~62HRC。支承板工作表面的平面度公差为0.01mm,上下平面的平行度公差为0.01mm,同一台机床上用的几块支承板要求等高(几块支承板放在磨床上同一次磨出),等高度为±0.01mm。

(2) 伸缩式定位销 在组合机床上为了便于装卸工件,常采用伸缩式定位销。常用的通用结构有手动和液压驱动两种。图7-258为两种结构伸缩式定位销的定位机构。一种是不带防护罩的(规格见表7-44),用于支承板高度为30mm的定位系统,这种定位机构一般设在夹具侧面或顶面定位用;另一种是带防护罩的(规格见表7-45),用于支承板高度为60mm的定位系统,只要是向上插销定位,均采用这种定位机构。这种机构有防护罩,能防止切屑、冷却液、粉尘和油污等进入定位销杆和套的导向部分。只要夹具上空间允许,尽可能用带防护罩的。定位销容

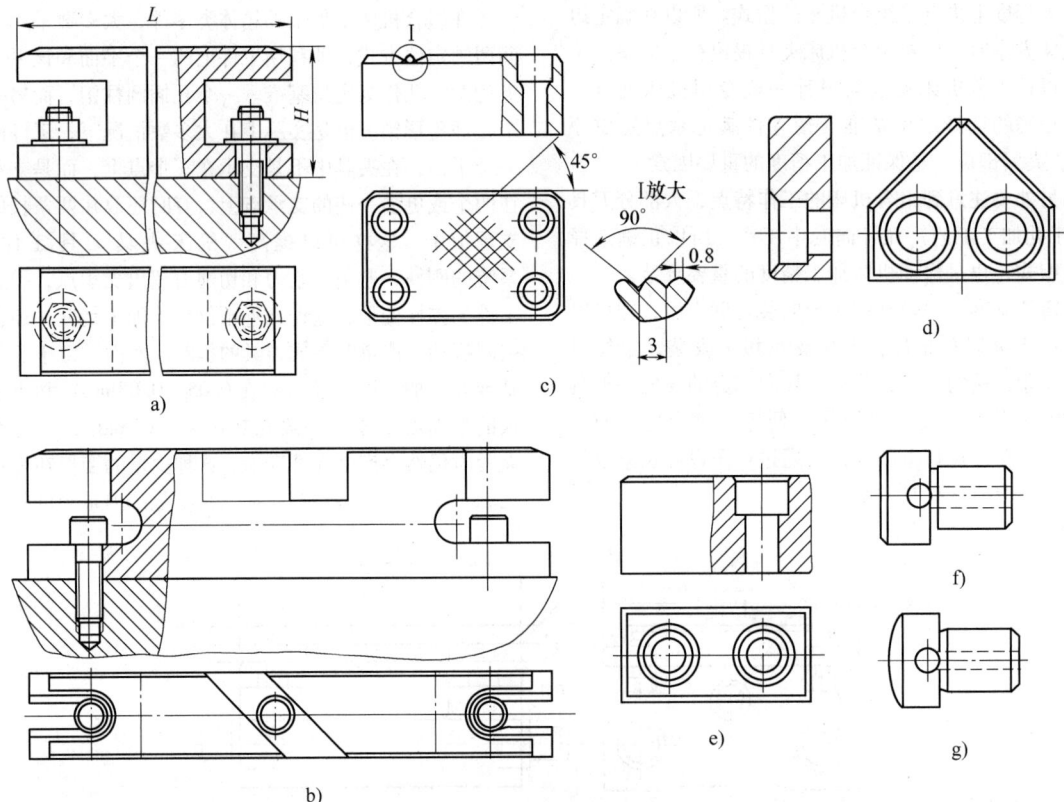

图 7-257 定位支承元件结构

a)~e) 支承板　f)、g) 支承销

易磨损，一般在使用几十万次后就要更换新的定位销。定位销与推杆采用分体结构的，如图 7-258 右边所示定位销 3 具有更换方便的优点，定位销磨损后，只要换下定位销部分即可。但由于增加了螺纹连接部分，使其工艺复杂、精度降低、刚性变差。而采用定位销与推杆连成一体的结构，如图 7-258 左边所示定位销 1 可以克服上述缺点。更换时，定位销与推杆整体更换。其驱动方式：可以安装手柄，用手动驱动；也可以安装液压驱动装置，实现自动驱动。采用自动驱动时，在另一传动轴端应安装电气控制装置，使之发出插销和拔销的电气互锁信号。

手动驱动的伸缩式定位销的手柄如图 7-259 所示。

图 7-260 所示为液压驱动的伸缩式定位销装置。

图 7-261 所示为自动定位用直线运动电气控制装置。

图 7-262 所示为自动定位用回转运动电气控制装置。

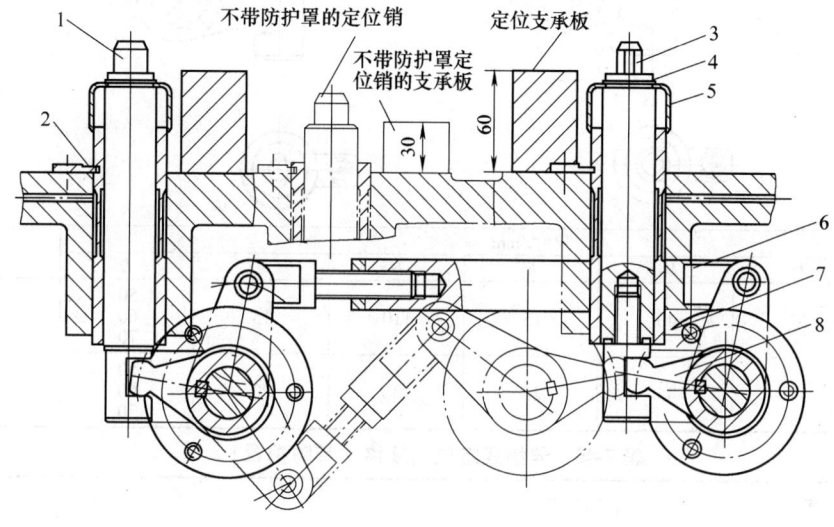

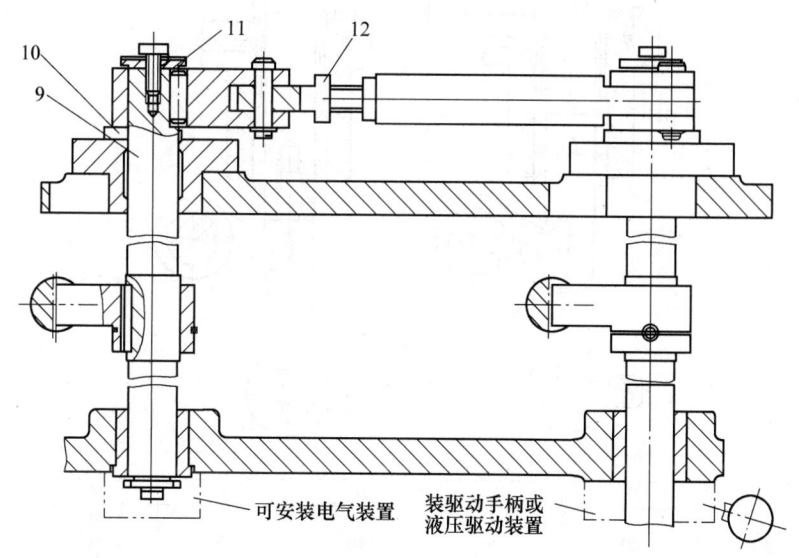

图 7-258　伸缩式定位销定位结构
1—圆柱定位销　2—限位键　3—菱形定位销　4—卡圈　5—防护罩　6—拉杆　7—调整垫
8—推杆杠杆　9—传动轴　10—垫圈　11—端盖　12—调整用铰链杆

表 7-44 伸缩式定位销规格（不带防护罩）

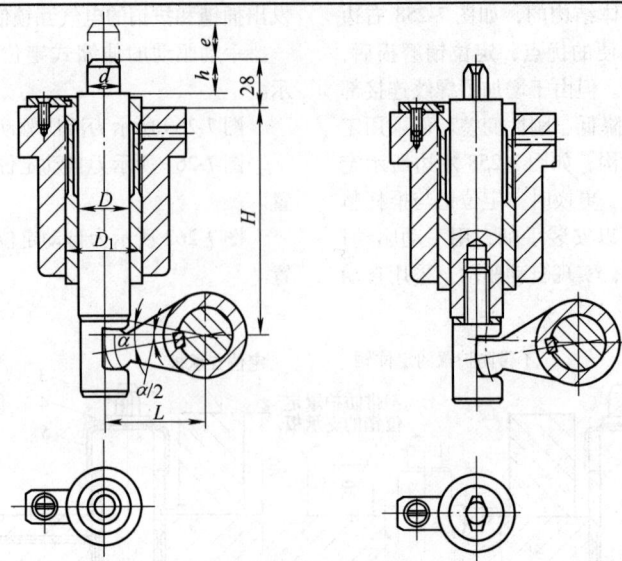

尺寸/mm								α
d	D	D_1	h	H	e	L		
≥12~18	25	40	15	110	15	50 60 70		17° 14° 12°
>18~25	32	45	20	130	20	50 60 70		22° 19° 16°

表 7-45 伸缩式定位销规格（带防护罩）

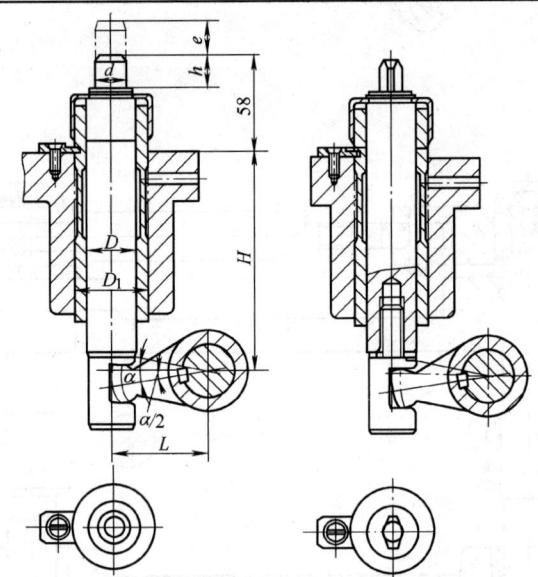

尺寸/mm								α
d	D	D_1	h	H	e	L		
≥12~18	25	40	15	110	15	50 60 70		17° 14° 12°
>18~25	32	45	20	130	20	50 60 70		22° 19° 16°

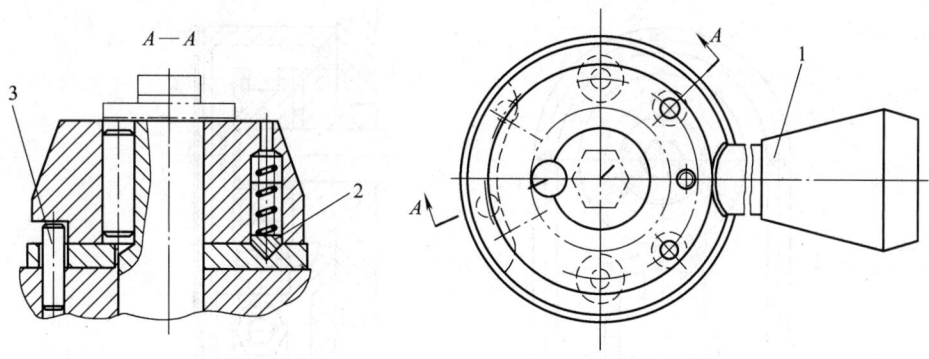

图 7-259 手动驱动伸缩式定位销手柄
1—手柄 2—弹簧销 3—挡销

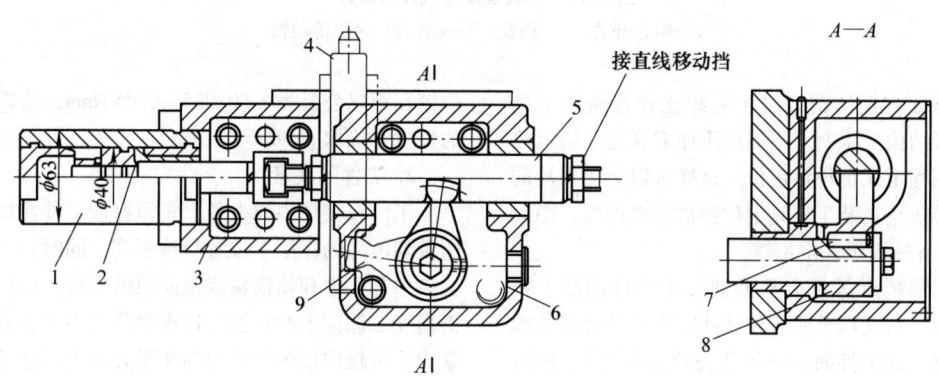

图 7-260 液压驱动伸缩式定位销装置
1—驱动液压缸 2—调整垫 3—液压缸支架 4—伸缩定位销 5—推杆
6—顶丝 7—圆柱销 8—拨杆 9—推杆杠杆

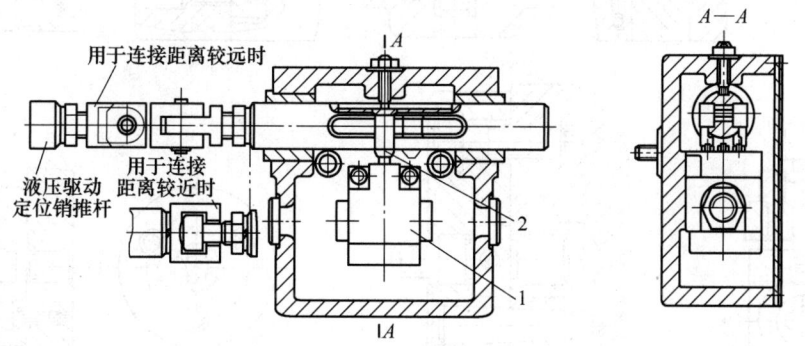

图 7-261 直线运动电气控制装置
1—行程开关 2—行程开关挡铁

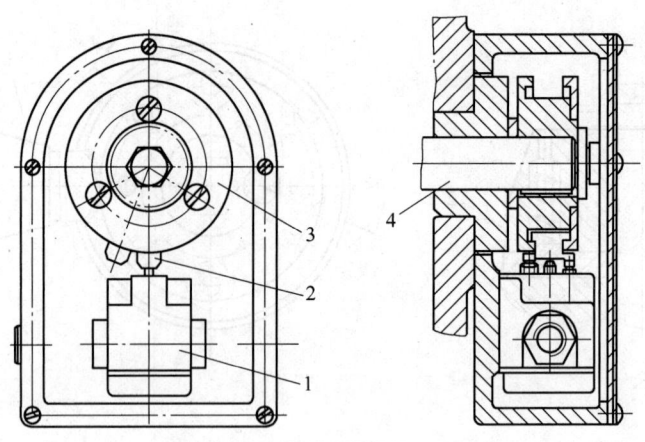

图 7-262　回转运动电气控制装置
1—组合开关　2—挡铁　3—挡铁盘　4—传动轴

（3）固定式定位销　对于装卸比较容易的小型工件，或者结构受限制，不能采用伸缩式定位销定位时，可采用固定式定位销定位。这样可以简化夹具的结构。但要防止在装工件时定位销被工件冲撞。图 7-263 所示为各种固定式定位销。

定位销的精度等级应根据被加工零件的加工精度、定位销孔精度以及两定位销孔距离尺寸公差的大小进行选择。如工件的定位销孔公差为 H7 级，两定位销孔距离公差为 ±(0.035～0.05)mm，通常定位销的精度等级取 g6 或 f7。

2. 工件的夹紧

工件在夹具中的夹紧，必须保证工件在加工过程中及切削力的作用下位置保持不变。同时，夹紧时不应该引起工件和钻模板或镗模架的变形，以免降低加工精度。保证工件在加工过程中位置不变所需要的夹紧力，可根据切削作用力和夹紧方式进行估算。

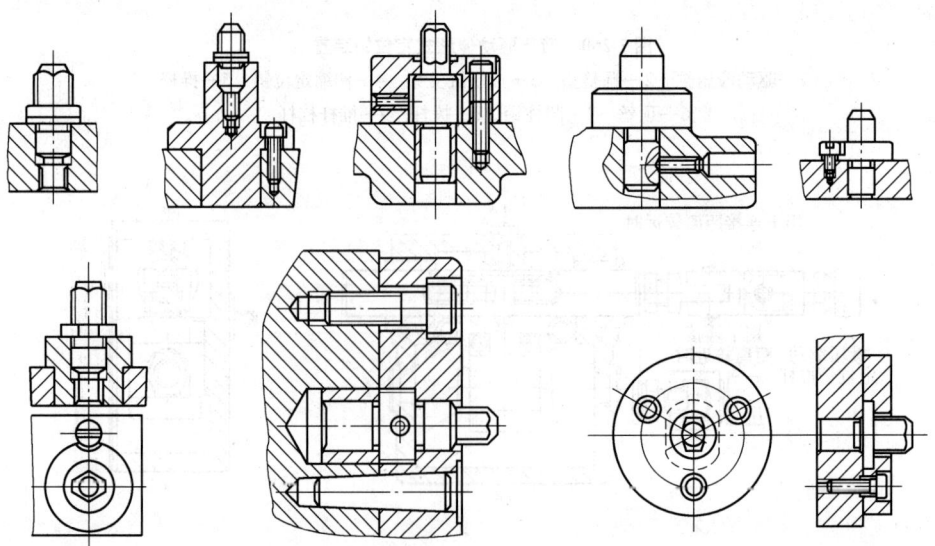

图 7-263　固定式定位销

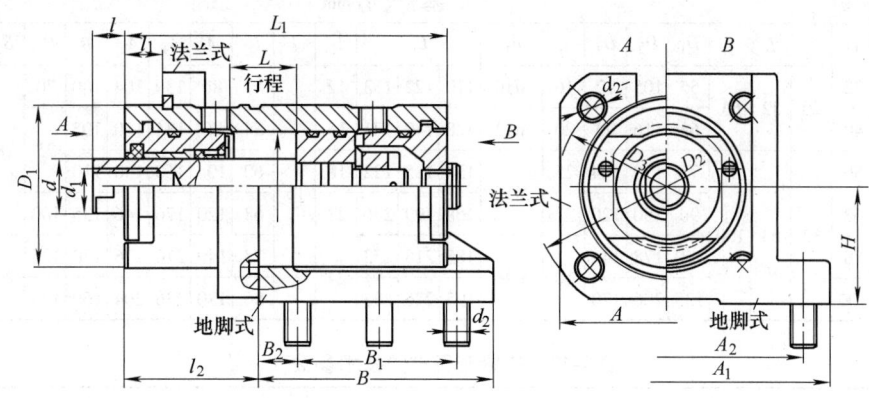

图 7-264 夹紧液压缸

在组合机床上,往往是切削力的作用方向平行于工件的基准面,并垂直于夹紧力的方向。这时,只是由工件和夹具支承板及夹具元件之间的摩擦力来保证加工中工件的位置不发生变动。为此,夹紧元件的结构应在切削力方向具有足够的刚性,以避免在切削时,压板和工件一起移动。

最好能使夹紧产生的摩擦力足以抵消切削力,而使定位销不受载荷。但是在很多情况下由于加大夹紧力受到工件刚性的限制,不得不让定位销承受一部分载荷,使其所产生的挤压力不要超过工件材料允许挤压应力的一半,以避免破坏基准孔,加快定位销孔的磨损和降低加工精度。同时还要考虑到定位销弯曲时对加工精度的影响。

计算切削力时,特别是对于粗加工工序,应考虑到切削余量有可能超过计算值以及材质的不均匀性。因此,夹紧力的实际值应相对于计算值有 1.5~2 的安全系数。如果在加工时,切削力有迫使工件离开支承板的情况,这时夹紧力的安全系数应不小于 2.5,而且夹紧机构应有足够的刚性。在某些情况下,不是用减小夹紧力的办法,而是通过适当地安排多个夹紧力作用点的办法,使工件和夹具的变形不至于影响加工精度。夹紧力最好作用在工件有肋或者有实心凸台等支承的地方,并使力的作用线通过夹具定位面以防止产生颠覆力矩。

组合机床夹具的夹紧传动机构,应保证能够在较大的范围内调整夹紧力,使用液压缸驱动时就比较灵活,只要在液压系统中采用减压阀或安全阀,就可以调整液压缸输出的作用力,这特别适用于夹紧力较小的精加工机床。

(1) 夹紧液压缸 组合机床的夹紧液压缸已有通用化结构,如图 7-264 所示。表 7-46 为夹紧液压缸的基本尺寸参数,表 7-47 为夹紧液压缸的技术参数。这种液压缸的缸体采用无缝钢管,两端的端盖是嵌入式的,在缸体的两端内壁开有环槽,将端盖放入后旋转 90°,端盖的边沿进入缸体两端的环槽中,即可承受轴向力。液压缸和夹具通过两个半圆键用法兰盘连接,可以向前固定,也可以向后固定。采用角铁形式的连接件后,可以变成地脚式的固定。如果将液压缸的后盖更换后,可以组装成双活塞杆的液压缸,如图 7-265 所示。表 7-48 为双活塞杆夹紧液压缸的基本尺寸参数,表 7-49 为双活塞杆夹紧液压缸的技术参数。如在小活塞杆上安装挡铁,碰上行程开关,即可发出电气信号。这种结构的液压缸外形尺寸较小,系列较全,通用化程度高,使用比较灵活,更换密封环时,不用拆卸油管。

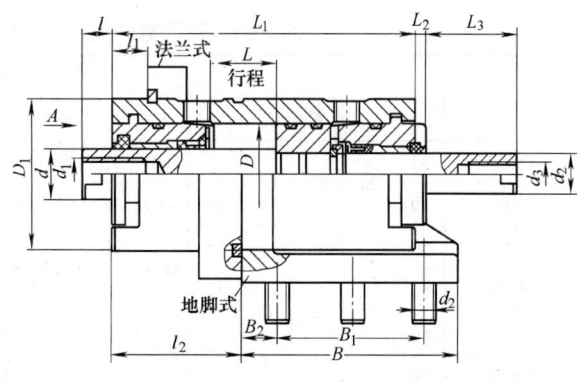

图 7-265 双活塞杆夹紧液压缸

表 7-46　夹紧液压缸的基本尺寸（参照图 7-264）

法兰式	地脚式	基本尺寸/mm																	
型号	型号	D	L	D_1	D_2	D_3	d	d_1	L_1	l_1	l	l_2	A	A_1	A_2	B	B_1	B_2	H	d_2
T5033	T5053	32	20	32	63	55	105	82	16	M10	110	122	153	12		47	80	130	104	100	70		45	M10
T5034	T5054	40				65	116	90	20	M12	128	140	171	15		54	90	134	110	105		75	18	50	
T5035	T5055	50	32	63	100	75	130	104	25	M16	154	185	222	18	15	60	104	160	130	110				55	M12
T5036	T5056	63				90	150	120	32		168	199	236	22		68	120	176	146	135	100			65	
T5037	T5057	80				110	178	144	10	M24	185	216	253	24		78	140	210	176	170	125		25	70	M16
T5038	T5058	100				135	206	170			195	226	263			86	170	236	204	160	135			90	

表 7-47　夹紧液压缸的技术参数

型号	形式	液压缸直径/mm	活塞杆直径/mm	行程/mm	大腔工作面积/cm²	小腔工作面积/cm²	活塞杆推力/kN 油的工作压力/MPa			活塞杆拉力/kN 油的工作压力/MPa		
							3	4	5	3	4	5
T5033 或 T5053	I / II / III	32	16	20 / 32 / 63	8	6	2.4	3.2	4	1.8	2.4	3
T5034 或 T5054	I / II / III	40	20	20 / 32 / 63	12.5	9.4	3.75	5	6.25	2.8	3.75	4.7
T5035 或 T5055	I / II / III	50	25	32 / 63 / 100	19.6	14.7	5.9	7.85	9.8	4.4	5.9	7.25
T5036 或 T5056	I / II / III	63	32	32 / 63 / 100	31	23	9.3	12.4	15.5	6.9	9.2	11.5
T5037 或 T5057	I / II / III	80	40	32 / 63 / 100	50	37.7	15	20	25	11.3	15.1	18.85
T5038 或 T5058	I / II / III	100	40	32 / 63 / 100	78.5	66	23.55	31.4	39.25	19.8	26.4	33

表 7-48　双活塞杆夹紧液压缸基本尺寸（参照图 7-265）

型号	基本尺寸/mm													
	D	L	d	d_1	d_2	d_3	D_1	L_1	L_2	l	l_1	l_2	L_3
T5073	32	20	32	63	16	M10	12	M6	55	110	122	153	2		12	47	25	40	70
T5074	40				20	M12	16	M8	65	128	140	171	7		15	54			
T5075	50	32	63	100	25	M16	20	M12	75	154	185	222	10	15	18	60	40	70	105
T5076	63				32		25		90	168	199	236	12		22	68			
T5077	80				40	M24	32	M16	110	185	216	253	17		24	78			110
T5078	100								135	195	226	263	12			86			

注：液压缸的法兰和地脚固定尺寸见表 7-46。

表 7-49 双活塞杆夹紧液压缸技术参数

型号		液压缸直径/mm	大活塞杆直径/mm	小活塞杆直径/mm	行程/mm	大腔工作面积/cm²	小腔工作面积/cm²	大活塞杆推力/kN 油的工作压力/MPa			大活塞杆拉力/kN 油的工作压力/MPa		
								3	4	5	3	4	5
T5073	Ⅰ Ⅱ Ⅲ	32	16	12	20 32 63	6.9	6	2.05	2.75	3.45	1.8	2.4	3
T5074	Ⅰ Ⅱ Ⅲ	40	20	16	20 32 63	10.6	9.4	3.2	4.25	5.3	2.8	3.75	4.7
T5075	Ⅰ Ⅱ Ⅲ	50	25	20	32 63 100	16.5	14.7	4.95	6.6	8.25	4.4	5.9	7.25
T5076	Ⅰ Ⅱ Ⅲ	63	32	25	32 63 100	26.3	23	7.9	10.5	13.15	6.9	9.2	11.5
T5077	Ⅰ Ⅱ Ⅲ	80	40	32	32 63 100	42.2	37.7	12.65	16.9	21.1	11.3	15.1	18.85
T5078	Ⅰ Ⅱ Ⅲ	100	40	32	32 63 100	70.5	66	21.15	28.2	35.25	19.8	26.4	33

（2）夹紧气缸 在采用机械驱动的动力部件时，若采用液压夹紧，就需要单独增加液压站，从而增加了机床的成本。这时可以考虑利用车间的压缩空气，采用气缸夹紧。图 7-266 为夹紧气缸。

表 7-50 为夹紧气缸的基本尺寸，表 7-51 为夹紧气缸的技术参数。

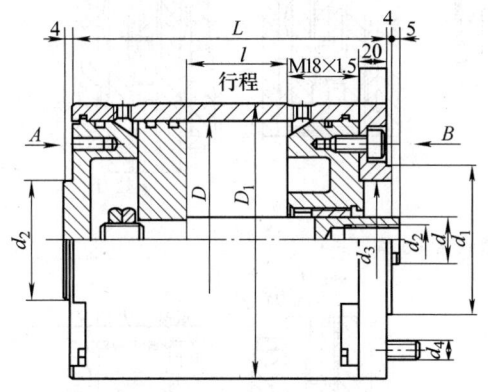
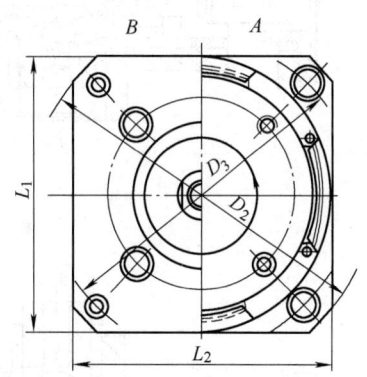

图 7-266 夹紧气缸

表 7-50 夹紧气缸基本尺寸（参照图 7-266）

型号	基本尺寸/mm												
	D	d	l	行程	D_1	D_2	D_3	d_1	d_2	d_3	d_4	L	L_1
T5636	160	32	6.3	100	185	240	210	100	M20	80	M12	214	251	185
T5637	200	40			230	288	255				M16	225	265	230

表 7-51 夹紧气缸技术参数

型号	形式	缸径/mm	活塞杆直径/mm	行程/mm	大腔工作面积/cm²	小腔工作面积/cm²	无负荷时起动压力/MPa	活塞杆推力/kN 气体工作压力/MPa				活塞杆拉力/kN 气体工作压力/MPa			
								0.3	0.4	0.5	0.6	0.3	0.4	0.5	0.6
T5636	Ⅰ Ⅱ	160	32	63 100	201	193	0.02	6	8	10	12	5.75	7.7	9.6	11.55
T5637	Ⅰ Ⅱ	200	40	63 100	314	301.6		9.4	12.5	15.7	18	9	12	15	18

(3) 楔铁夹紧机构 楔铁夹紧机构是组合机床夹具常用的一种增力机构。当其楔角小于或等于摩擦角时，楔铁可以起到自锁作用。由于结构简单，工作可靠和调整方便，在组合机床夹具中得到广泛应用。但在采用楔铁夹紧机构时应注意驱动方式，采用液压缸还是气缸驱动，因为两者所使用的楔紧角度是不同的。

楔铁夹紧机构楔铁的行程较长，但推杆的行程较短，通常仅适用于夹紧方向上尺寸偏差较小的场合。

如图 7-267 所示为楔铁夹紧机构。这种楔铁夹紧机构的动力源，可以是气动，也可以是液压。当与夹紧气缸配套使用时，楔角 α 为 8°，夹紧后推杆处于自锁状态。松开时，在楔铁与气缸活塞杆的连接螺钉处有 15mm 的空行程，利用气缸活塞迅速退回动作时的冲击力，将楔铁松开并退回。当与液压缸配套使用时，由于液压缸无冲击力，并且液压缸的退回腔有活塞杆占有较大截面积，而使液压缸在退回时的作用力减小。因此只能将楔铁的楔角取为 12°，才能使楔铁松开并退回，否则夹紧后不易松开。需要注意的是：楔角取 12°后楔铁机构已无自锁作用，在夹紧状态时，夹紧液压缸的夹紧腔要始终保持一定的压力。

图 7-268 所示的楔铁夹紧机构为气动楔铁夹紧机构，机构上有两个角度，大的楔角为 35°，小的楔角 α 为 8°，增加 35°的楔角是为了用较小的楔铁行程就可以得到较大的推杆工作行程，但楔铁的夹紧自锁范围仍在楔角 8°处。

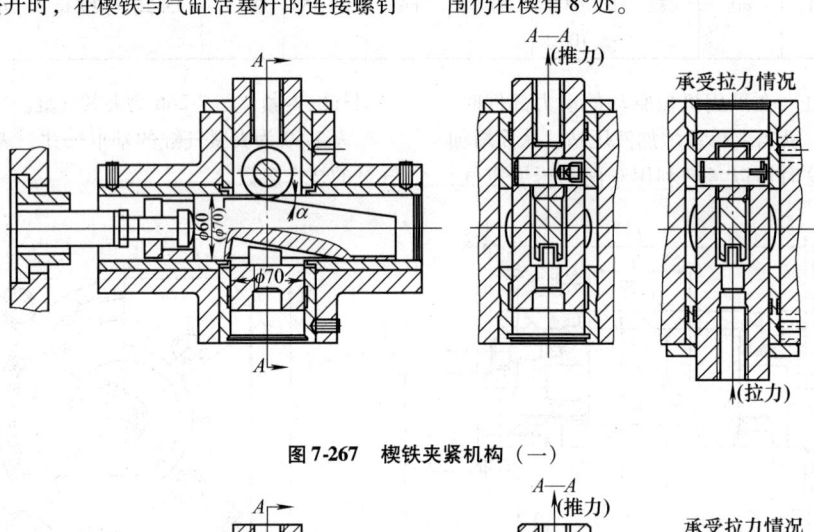

图 7-267 楔铁夹紧机构（一）

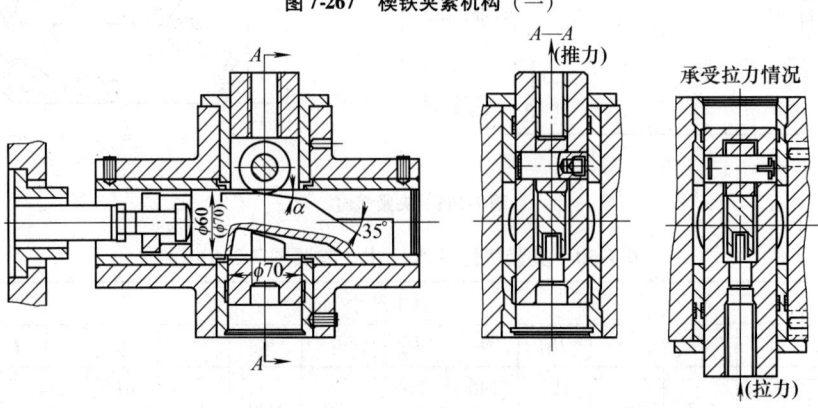

图 7-268 楔铁夹紧机构（二）

3. 刀具的导向

（1）固定式导套　固定式导套在夹具上是固定不动的。通常由中间套、可换导套和压套螺钉组成。参见表 6-11。

可换导套和中间套对于每种规格的孔径 d，都有三种导向长度可供选择，表 7-52 为通用导套的尺寸和规格，表 7-53 为固定导套配合的选择。

表 7-54 为钻孔时，l_1 和 l_2 与 d 的关系式。

表 7-52　通用导套的尺寸规格　　　　　（单位：mm）

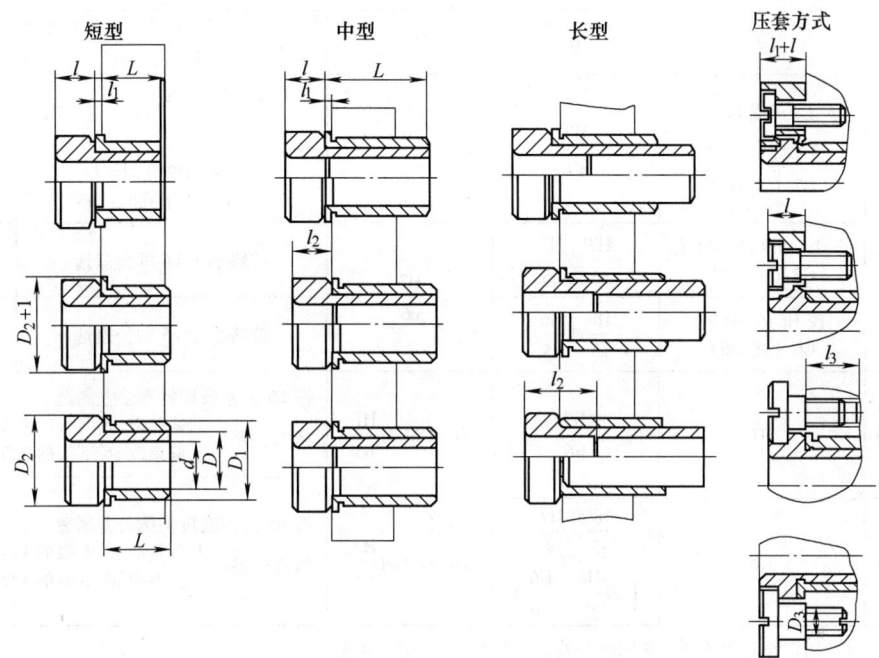

d	D $\dfrac{H7}{h6}$	D_1 $\dfrac{H7}{h6}$	D_2	D_3	L 短	L 中	L 长	l	l_1	l_2 中	l_2 长	l_3	e
~4	8	12	15		10	16	—			6	—		13
>4~6	10	15	18			20	25	8	3		12	12	14.5
>6~8	12	18	22	M6	12					8			16.5
>8~10	15	22	26			28	36				20		18.5
>10~12	18	26	30		16					12			22
>12~15	22	30	34			36	45				25		24
>15~18	26	35	39		20			10	4	16		16	26.5
>18~22	30	40	44	M8		45	55				30		29
>22~26	35	45	50		25					20			32
>26~30	42	55	60			55	65				35		37
>30~35	48	62	67	M10	30			12	5	25		20	42
>35~42	55	70	75										46

注：1. d 的公差可选用 G6、G7、F8，当 d 为整数时，可选用 H7。
　　2. e 为压套螺钉至导套中心距离。

表 7-53 固定式导套配合的选择

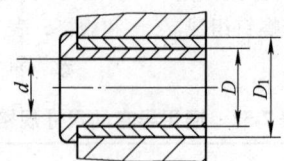

导向类别	工艺方法		d	D	D_1	刀具导向部分外径	
						刀具本身导向	接杆导向
第一类导向	钻孔		G7（或 F8）	$\frac{H7}{g6}$	$\frac{H7}{n6}$	钻头本身导向	
	扩孔		G7（或 H7）			扩 H8，H9 孔时：h6 扩 H11 以下孔时：g6	$\frac{H7}{g6}$
	铰孔	粗铰	铰 H8、H9 或 H11 孔 G7（或 H7）	$\frac{H7}{g6}$ 或 $\frac{H7}{h6}$	$\frac{H7}{n6}$	按略小于 h6 的公差选	$\frac{H7}{g6}$
		精铰	铰 H8 或 H7 孔 G6（或 H6）	$\frac{H6}{g5}$ 或 $\frac{H6}{h5}$		按略小于 h5 的公差选	$\frac{H6}{g6}$
第二类导向	镗孔或套车外圆	粗加工	H7	$\frac{H7}{js6}$	$D_1 \leq 80$ 时 $\frac{H7}{n6}$	按 h6 公差或按特殊公差制造 特殊公差：上偏差取 g6 上限的 1/2 下偏差取 g6 下限的 2/3～4/5	
		精加工	H6	$\frac{H7}{j5}$，$\frac{H7}{js6}$ （或 $\frac{H6}{j5}$，$\frac{H6}{js6}$）	$D_1 > 80$ 时 $\frac{H7}{k6}$	按 h5 公差或按特殊公差制造 特殊公差：上偏差取 g5 上限的 1/4～1/3 下偏差取 g5 下限的 1/2～2/3	

注：精加工时，固定导套内孔 d 的椭圆度公差，可取 H6 公差的 1/4 左右。

对于不同的加工工序，需要正确选择导套的结构形式和确定导套的主要参数及其布置方式，表 7-55 为固定式导套的布置形式。表 7-54 所示的为钻孔精度较高时 l_1 和 l_2 同 d 的关系式。

有时在某些特殊情况下，需要采用特殊形式的导套见表 6-11。

（2）旋转式导向装置 采用固定式导套时，刀具或刀杆本身在导套内既有相对转动，又有相对移动，由于这部分表面润滑困难，工作中又有大量的粉尘和冷却液侵入，所以当刀杆相对于导套的线速度超过 20m/min 时就有"研着"的危险（当刀杆上开排屑槽，减少接触面积后，线速度可提高到 25m/min）。为了避免这种情况，可以采用带滚珠轴承或滚针轴承的旋转式导向装置。旋转部可以做在刀杆上，也可以做在夹具镗模架上。

表 7-56 为设在夹具镗模架上的旋转导向的主要参数。表中推荐的导向长度适用于单导向的悬臂镗孔，其镗杆的悬伸不宜太长。但在某些情况下，如图 7-269 所示，镗杆悬伸长度较长，受到结构的限制，又不得不用单导向悬伸镗孔时，按表 7-56 中推荐的导向长度往往不足以保证镗杆的支撑刚性，此时可根据镗刀开始加工时距离导向部位的最大悬伸长度 l，用以下关系式确定导向长度 L：$L = (1.5 \sim 2)l$。

表 7-54 钻孔时 l_1 和 l_2 同 d 的关系式

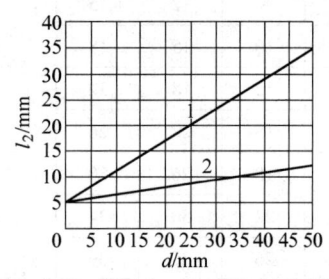

根据 d 选择 l_2 的图表 1—钻钢 2—钻铸铁

l_1	$l < d$ 时	$(0.5 \sim 1.8)\,d$
	$l > 2d$ 时	$(1.2 \sim 2)\,d$
l_2	钻钢	$(0.7 \sim 1.5)\,d$
	钻铸铁	$(0.3 \sim 0.6)\,d$

注：l——钻孔的长度。

在结构允许的条件下，尽可能加大导向装置中两轴承的距离。

表 7-55 固定式导套的布置

导向类别	工艺方法	刀具布置简图	导套长度 l_1	导套至工件端面的距离 l_2	常用导套直径范围 /mm	使用速度范围	刀具与主轴的连接形式
第一类导向	钻孔		$(2~4)\ d$ 小直径取大值 大直径取小值 双导向可比后导向短些	钻钢：$(1~1.5)\ d$ 钻铸铁：$\approx d$ 当 d 过大或过小时，此规律不适用，可参考表 7-54	<40	中低速	刚性
	扩孔		单导向：$(2~4)\ d$ 双导向：$(1~2)\ d$ 小直径取大值 大直径取小值 前导向可比后导向短些	$(1~1.5)\ d$	镶硬质合金 ≤80 螺旋齿 ≤60	中低速 中低速	刚性或浮动
	铰孔			$(0.5, 1.5)\ d$ 直径小、加工精度要求高时，应取小值	开油沟 ≤40 镶硬质合金 ≤80 直齿 ≤60	低速 中低速 低速	当导向长度较大和有两个以上导向时应浮动
第二类导向	镗孔或车外圆		$(2~3)\ d_1$ 当刀具悬伸较大时，取大值。双导向可比前导向比后导向短些	20~50mm 视结构许可而定	装滑动轴承 ≥50 装滚针轴承 ≥55 装滚锥轴承 ≥85 装滚珠轴承 ≥70	中速 中速 中速较高速 中速高速	浮动

注：采用双导向进行加工时，前导向虽可比后导向短些，但必须保证，在刀具开始切削时，其有效导向长度应不小于后导向部分的直径。

表 7-56 旋转导向的主要参数

加工要求	导向长度 L	轴承形式	轴承精度	导向的配合			镗杆导向部分的外径
				D	D_1	d	
粗加工	$(2.5\sim3.5)\,D$	单列向心球轴承 单列圆锥滚子轴承 滚针轴承	F、G	H7	J7	k6	g6 或 h6
半精加工		单列向心球轴承 向心推力球轴承	D、E	H7	J7	k6	h6 或 g5
精加工		向心推力球轴承	C、D	H6	k6	j5、js6 或 k6	h5

注：1. 当精镗孔的位置精度要求很高时，建议镗杆导向外径的公差取为 0.4h5，导套内孔直径的公差取为 1/3H6，或配研至其间隙不大于 0.01mm。
2. 精加工时，导套内孔的椭圆度公差取为镗孔圆柱度公差的 1/5～1/6。

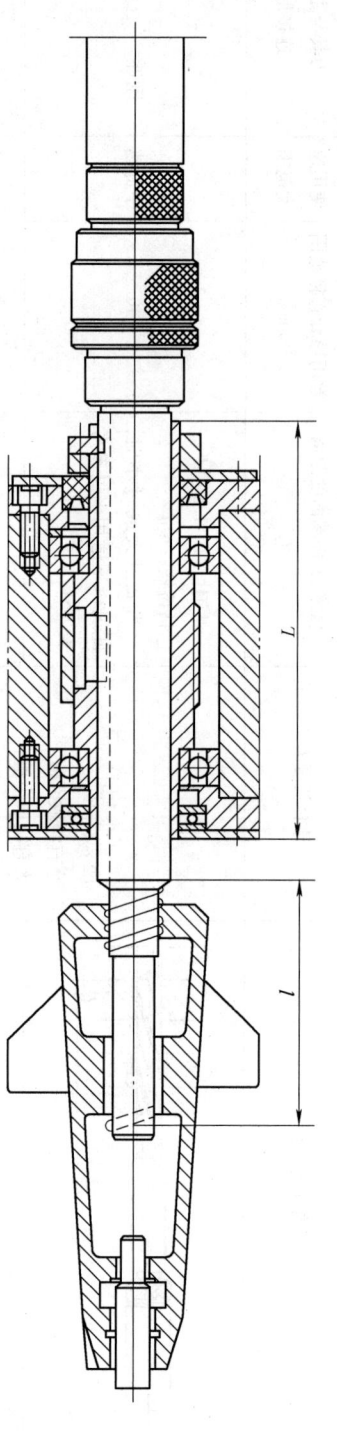

图 7-269 单导向镗孔

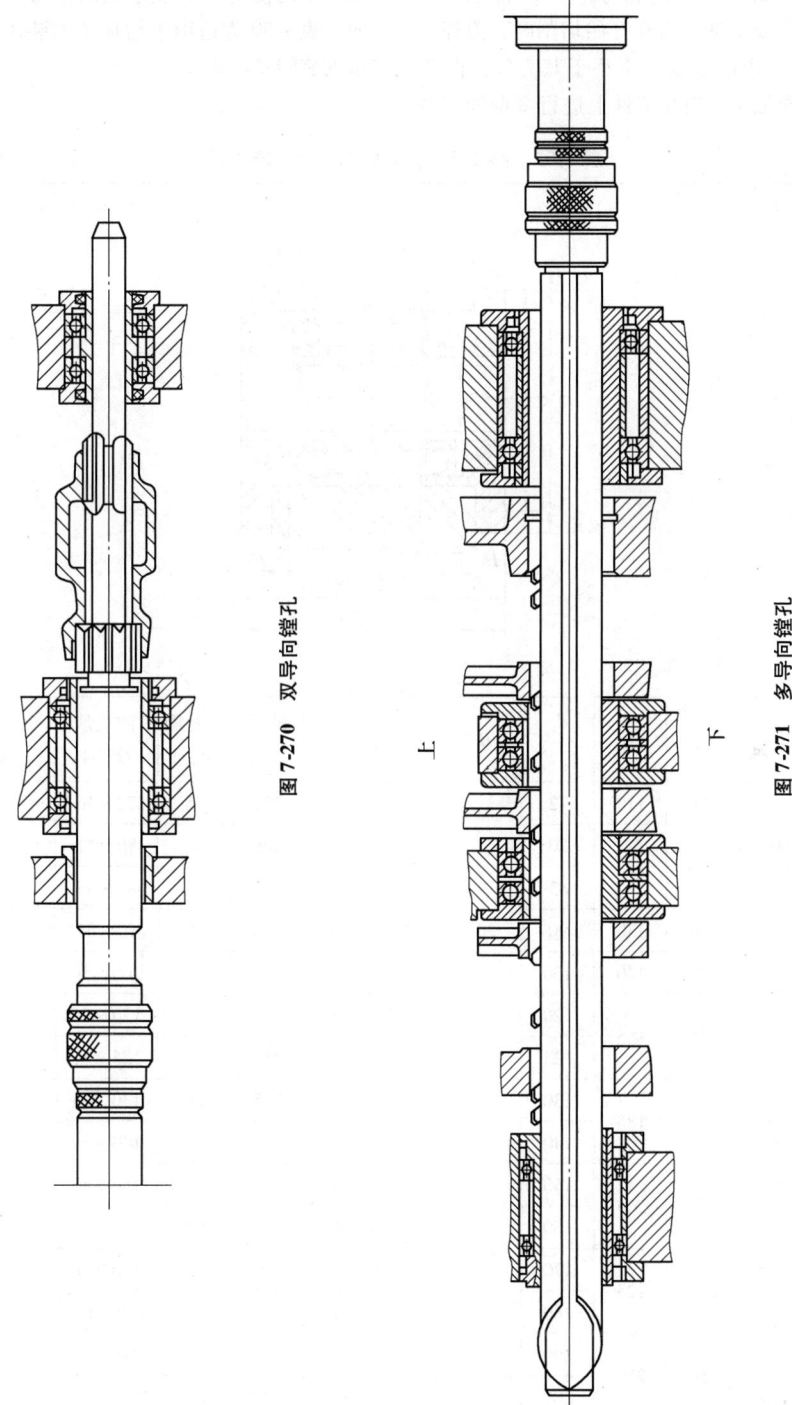

图 7-270 双导向镗孔

图 7-271 多导向镗孔

在工件上相邻较远的两层壁上镗孔，或在位于较深的工件内壁上镗孔时，都应考虑采取双导向进行加工，以保证镗杆工作的稳定性。对于双导向镗孔，其前导向的长度可比表中推荐值小些，通常取 $L=(1.5\sim2)D$，但需要保证镗刀在开始切削时，刀杆导向部分进入导套孔内的长度应不小于其直径。图7-270 所示为双导向加工。当在工件上进行多壁加工时也可采用如图7-271 所示的多层导向装置。

表7-57 为适用于粗加工或半精加工的装单列向心球轴承的旋转导向。表7-58 为适用于切削负荷重而且不均衡场合的装单列圆锥滚子轴承的旋转式导向。表7-59 为适用于精加工的装单列向心推力球轴承的旋转式导向。

表7-57 装单列向心球轴承的旋转式导向 （单位：mm）

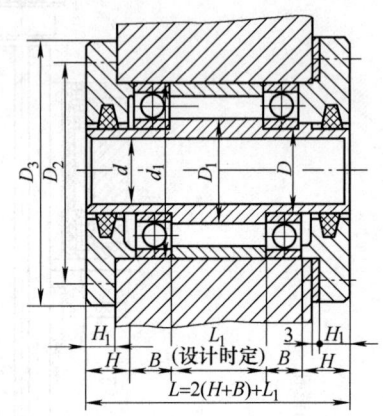

d (H7)	D (k6)	D_1	D_2	D_3	d_1 (J7)	H	H_1	B	轴承型号	毡衬圈 G51-1	法兰盘 Q55-4	螺钉 GB/T 70.1—2000
25	35	42	90	110	72			17	207	35	72×36	
30	40	48	100	120	80			18	208	40	80×41	
35	45	52	100	120	85			19	209	45	85×46	M8×20
40	50	58	110	130	90	20	12	20	210	50	90×51	(4个)
45	55	65	120	140	100			21	211	55	100×56	
50	65	75	145	165	120			23	213	65	120×66	
55	70	80	145	165	125			24	214	70	125×71	
60	75	85	160	185	130			25	215	75	130×76	
65	80	90	160	185	140			26	216	80	140×81	
70	85	95	180	205	150			28	217	85	150×86	
75	90	102	180	205	160	25	17	30	218	90	160×91	M10×25
80	95	108	200	225	170			32	219	95	170×96	(6个)
85	100	112	200	225	180			34	220	100	180×101	
90	105	118	220	250	190			36	221	105	190×106	
95	110	124	220	250	200			38	222	110	200×111	

注：1. 该导向通常用于粗加工或半精加工。
2. 表中螺钉GB/T 70.1—2000 的数量为一个法兰盘所需的数量。
3. 轴承的精度等级选用 D、F 级。

表 7-58 装单列圆锥滚子轴承的旋转式导向　　　　　　　　　　（单位：mm）

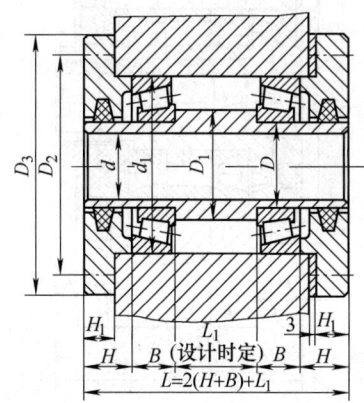

d (H7)	D (k6)	D_1	D_2	D_3	d_1 (J7)	H	H_1	B	轴承型号	毡衬圈 G51-1	法兰盘 Q55-4	螺钉 GB/T 70.1—2000
25	35	42	90	110	72	20	12	18.5	7207	35	72×36	M8×20 (4个)
30	40	48	100	120	80			20	7208	40	80×41	
35	45	52	100	120	85			21	7209	45	85×46	
40	50	58	110	130	90			22	7210	50	90×51	
45	55	65	120	140	100			23	7211	55	100×56	
50	65	75	145	165	120			25	7213	65	120×66	
55	70	80	145	165	125			26.5	7214	70	125×71	
60	75	85	160	185	130	25	17	27.5	7215	75	130×76	M10×25 (6个)
65	80	90	160	185	140			28.5	7216	80	140×81	
70	85	95	180	205	150			31	7217	85	150×86	
75	90	100	180	205	160			33	7218	90	160×91	
80	95	108	200	225	170			35	7219	95	170×96	
85	100	112	200	225	180			37.5	7220	100	180×101	
90	105	118	220	250	190			39.5	7221	105	190×106	
95	110	122	220	250	200			41.5	7222	110	200×111	

注：1. 该导向通常用于切削负荷重而且不均衡的场合。
　　2. 表中螺钉 GB/T 70.1—2000 的数量为一个法兰盘所需的数量。
　　3. 轴承的精度等级选用 F 级。

表 7-59　装单列向心推力球轴承的旋转式导向（毡衬圈密封）　　（单位：mm）

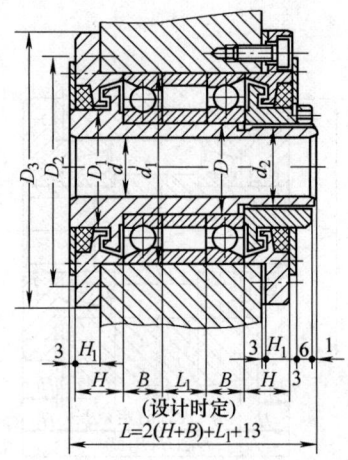

$L=2(H+B)+L_1+13$

d (H6)	d_1 (K6)	d_2	D (j5、js6)	D_1	D_2	D_3	H	H_1	B	轴承型号	毡衬圈 G51-1	螺钉 GB/T 68—2000	螺钉 GB/T 70.1—2000	螺钉 GB/T 73—1985
25	80	M36×1.5	40	55	95	115	20	12	18	36208	55	M5×8 (4个)	M8×20 (4个)	M5×8
30	85	M42×1.5	45	60	100	120			19	36209	60			
35	90	M48×1.5	50	65	105	125			20	36210	65			
40	100	M52×1.5	55	70	115	135			21	36211	70			
45	110	M56×1.5	60	75	125	145			22	36212	75			
50	120	M64×2	65	85	135	155			23	36213	85			
55	125	M68×2	70	90	140	160			24	36214	90			
60	130	M72×2	75	95	145	170	25	17	25	36215	95	M5×8 (6个)	M10×25 (6个)	M6×8
65	140	M76×2	80	100	155	180			26	36216	100			
70	160	M85×2	90	115	175	200			30	36218	115			
75	170	M90×2	95	120	185	210			32	36219	120			
80	180	M95×2	100	125	195	220			34	36220	125			M8×10
85	190	M100×2	105	130	205	230			36	36221	130			
90	200	M105×2	110	135	215	240			38	36222	135			

注：1. 该导向通常用于精加工。

　　2. 轴承的精度等级选用 C 级或 D 级。

　　3. 表中螺钉 GB/T 68—2000 及 GB/T 70.1—2000 的数量为一个法兰盘所需的数量。

4. 活动钻模板和托架

（1）活动钻模板 在某些情况下，钻模板往往不能固定设置在机床夹具上，而是把它连接在多轴箱上，并跟多轴箱一起运动，这种钻模板称为"活动钻模板"。如在多工位组合机床上，由于各工位上加工工序不同，在机床工作过程中，回转工作台或鼓轮将工件依次送到各加工工位，此时如果把导向装置装在夹具上和工件一起移位，同一个导向装置就不能适合各工位上不同直径刀具的需要。因此，需要将导向装置单独作成活动钻模板，并装在多轴箱上。又如在具有固定式夹具的单工位组合机床上，当在工件内壁上钻孔时，为了使导套尽可能地接近加工部位，又不影响工件装卸，也要采用活动钻模板。当在同一工位上用更换主轴箱的方法，完成多工序加工时，一般也都得采用活动钻模板。

图7-272为立式六工位机床用的活动钻模板。活

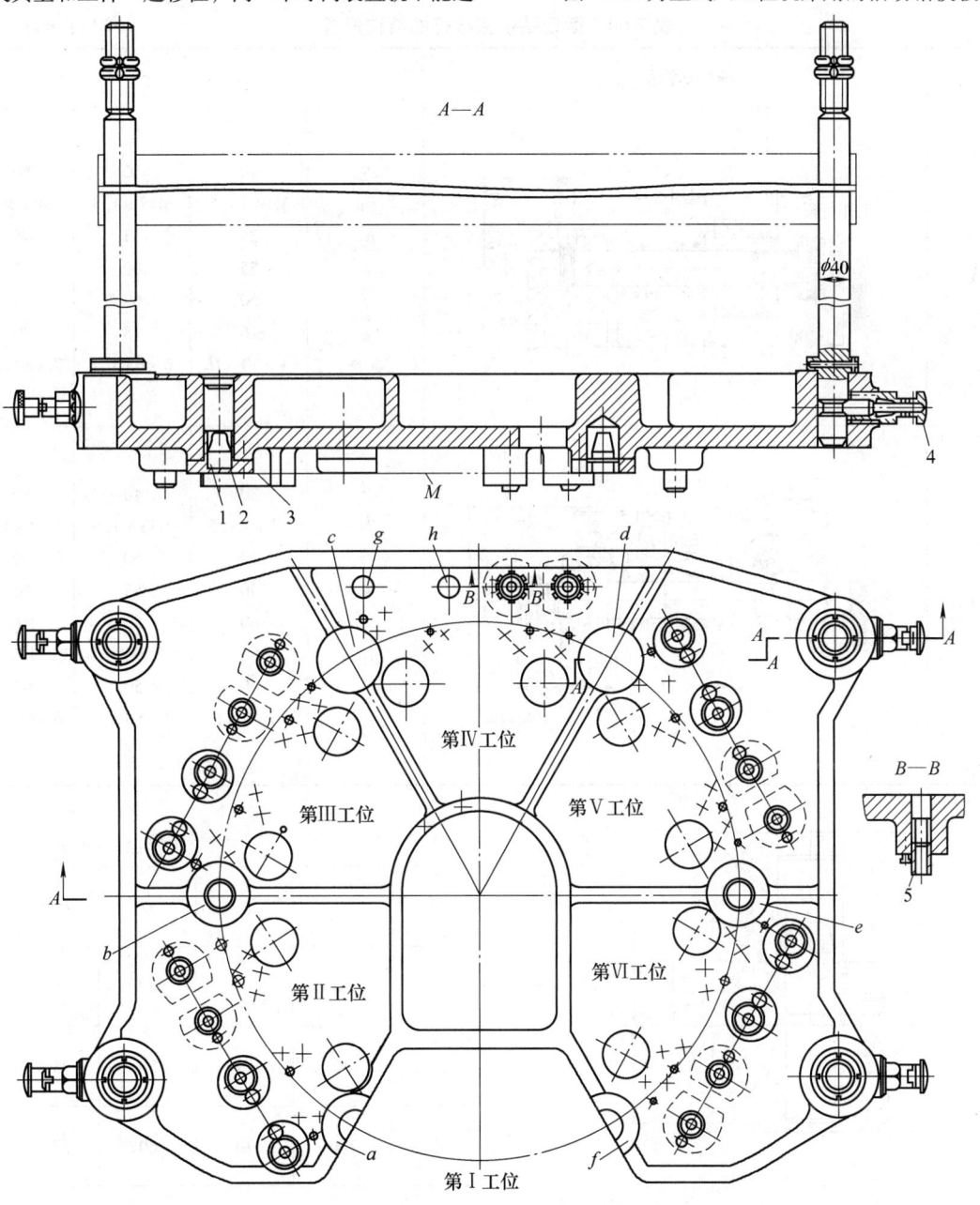

图 7-272　立式六工位机床用的活动钻模板
1—定位销　2—定位套　3—支承块　4—弹簧销

动钻模板借助两个定位套2和由支承块3组成的平面 M 同夹具定位，回转工作台夹具上的相应部位设有定位销和支承块（六工位时，需要各六个分别布置在 a、b、c、d、e、f 位置），工作时只有两个定位销1起定位作用，其余四个定位销均进入钻模板上不装定位套的相应孔中。活动钻模板用两根或四根导杆支承在多轴箱前盖或中间箱体上，在活动钻模板顶上夹具工作时，多轴箱继续向前，这时导杆可以从前面或后面伸出。拔出导杆前端的弹簧销4，可以很快地从多轴箱上卸下钻模板并将它放置在夹具上（卧式机床在夹具上应有螺钉固定钻模板），以便顺利地更换刀具。活动钻模的导杆见表7-60。

图7-273 为钻模板和夹具用的定位装置。图7-274 为钻模板和夹具用的支承块装置。

表 7-60　活动钻模板导杆的结构形式　　　　（单位：mm）

型式	导杆结构简图	结构尺寸			
Ⅰ		d	40	50	60
		d_1	M39×1.5	M48×1.5	M56×2
		d_2	25	35	45
		h	55	60	65
		l	50	60	70
		b	16	18	20
		弹簧	4×50×H	6×65×H	7×80×H
Ⅱ		d	30	40	50
		d_1	M24×1.5	M33×1.5	M42×1.5
		d_2	50	60	70
		h	50	55	60
		l	60	80	100
		l_1	80	90	100
		l_2	40	50	62
		弹簧	3×40×H	4×50×H	6×65×H

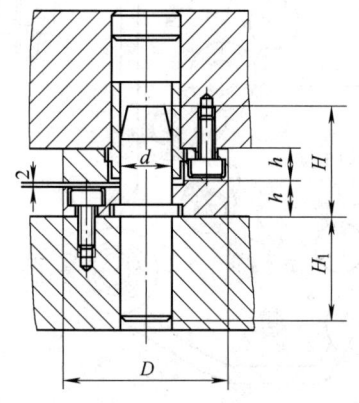

（单位：mm）

d	D	h	H	H_1
16	60	10	40	35
25	80	15	50	45
35	100	20	60	55

图 7-273　钻模板和夹具用的定位装置

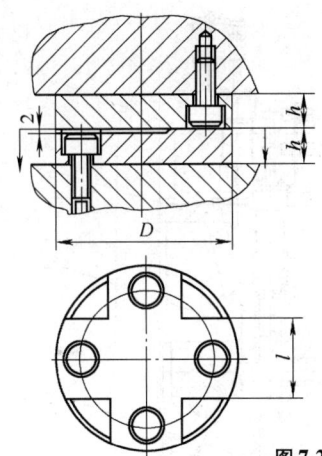

（单位：mm）		
D	h	l
60	10	25
80	15	35
100	20	45

图 7-274 钻模板和夹具用的支承块装置

（2）托架 在卧式机床上，当刀具和主轴之间采用浮动卡头连接时，在动力头退回原位、刀具退离夹具导套的情况下，必须用托架来支承刀杆，以防止刀杆由于重量产生下垂，保证在下一次工作循环时刀具顺利进入导套。

图 7-275 所示为托架的一般结构型式。托架 4 用两根导杆 2 支承在多轴箱体的侧面上。弹簧 3 用来使托架 4 复位。套 5 和 6 用于承托刀杆。机床工作时，托架以两个垫块 1 靠在夹具上，托架与夹具之间没有定位关系。托架上的刀杆支承套不必太长，因为它只起承托作用，不起导向作用，支承套内孔应比刀杆承托部分的直径的基本尺寸大 0.1~0.2mm，由于支承套磨损后不会影响加工精度，一般不进行更换，因此支承套与托架体之间不必采用中间套。当托架承托的刀具数量多、重量大时，应注意采取必要措施来加强托架的支承刚性。

7.7.4 组合机床及其自动线专用夹具典型图例

1. 固定式夹具

（1）用于卧式组合机床的固定夹具

1）图 7-276 所示为精镗气缸体主轴承孔与凸轮轴孔用夹具。

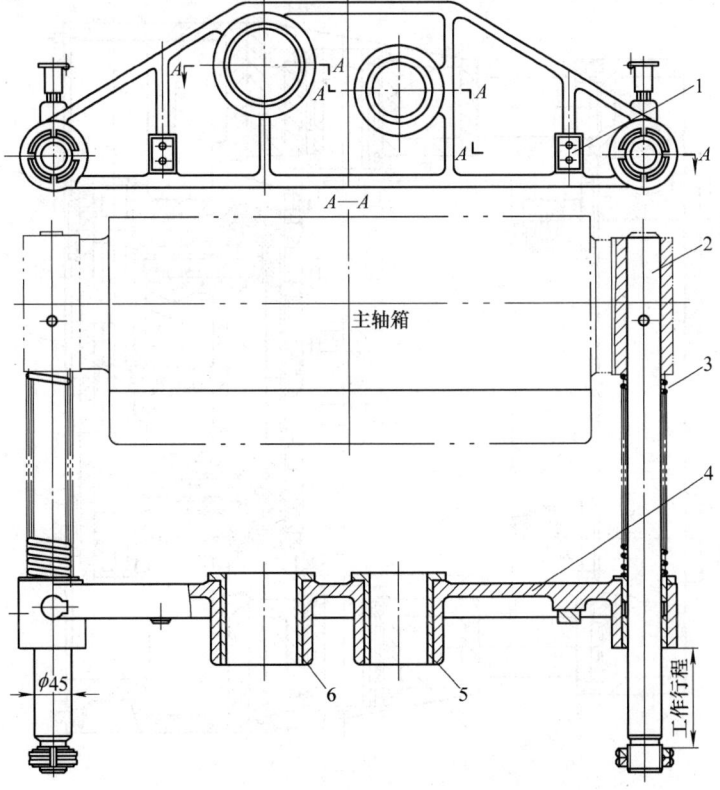

图 7-275 托架

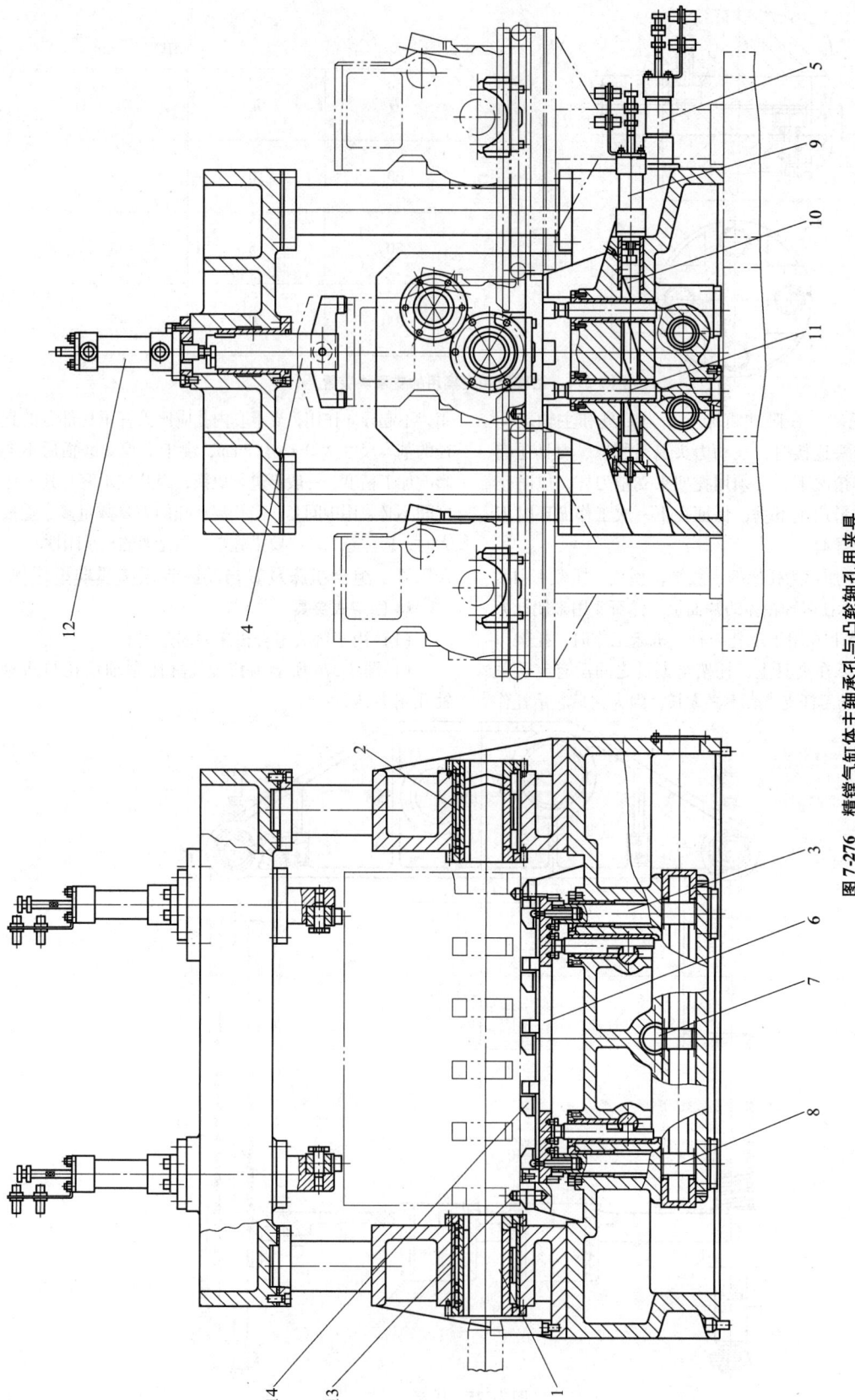

图 7-276 精镗气缸体主轴承孔与凸轮轴孔用夹具
1—前滚动导向 2—后滚动导条 3—升降齿条 4—夹紧推杆 5—升降液压缸 6—托盘 7—齿条 8—齿轮 9—让刀液压缸 10—楔铁机构 11—顶柱 12—夹紧液压缸 13—定位销 14—定位块

① 该夹具用于卧式单面两轴精镗气缸体主轴承孔与凸轮轴孔的组合机床上。

② 该夹具采用前后两段滚动导向机构。

③ 气缸体从上料辊道被送入夹具内的升降托盘 6 上，升降机构由液压缸 5—齿条 7—齿轮 8—齿条 3 机构带着工件落下，直至托盘顶在让刀机构的四根顶柱 11 上，此时夹具的定位销 13 已经插入工件的定位销孔，但工件的定位面（底面）与定位块 14 支承面间还有 1mm 的间隙。此时进给滑台快进，将刀杆定向（刀尖向上）插入工件及滚动导套中。让刀机构由液压缸 9—楔铁机构 10 驱动顶柱 11 落下，工件底面与定位块支承面贴合，并与升降托盘的支承块脱开。工件定位后，夹紧液压缸将工件夹紧。

④ 工件的升降、让刀、刀杆引进、定位、夹紧、主轴回转均有电气互锁。

2）铣削气缸体主轴承半圆孔端面用夹具。图 7-277

① 该夹具用于卧式单面铣削气缸体主轴承半圆孔端面的组合机床上，该机床可以对 2、3、4、5 缸等多种气缸体进行加工。

② 由于该工序属于多刀同时粗加工，产生的切削力较大，所以该夹具采用 C 型本体结构，具有较高的结构刚性和强度。

③ 夹具采用一面两销定位。为了方便工件的上下料，定位销采用伸缩式结构。由于兼容多品种缸体，所以圆形定位销 1 为多品种共用，而菱形定位销 2 设置了四组，对应不同的工件品种分别使用。

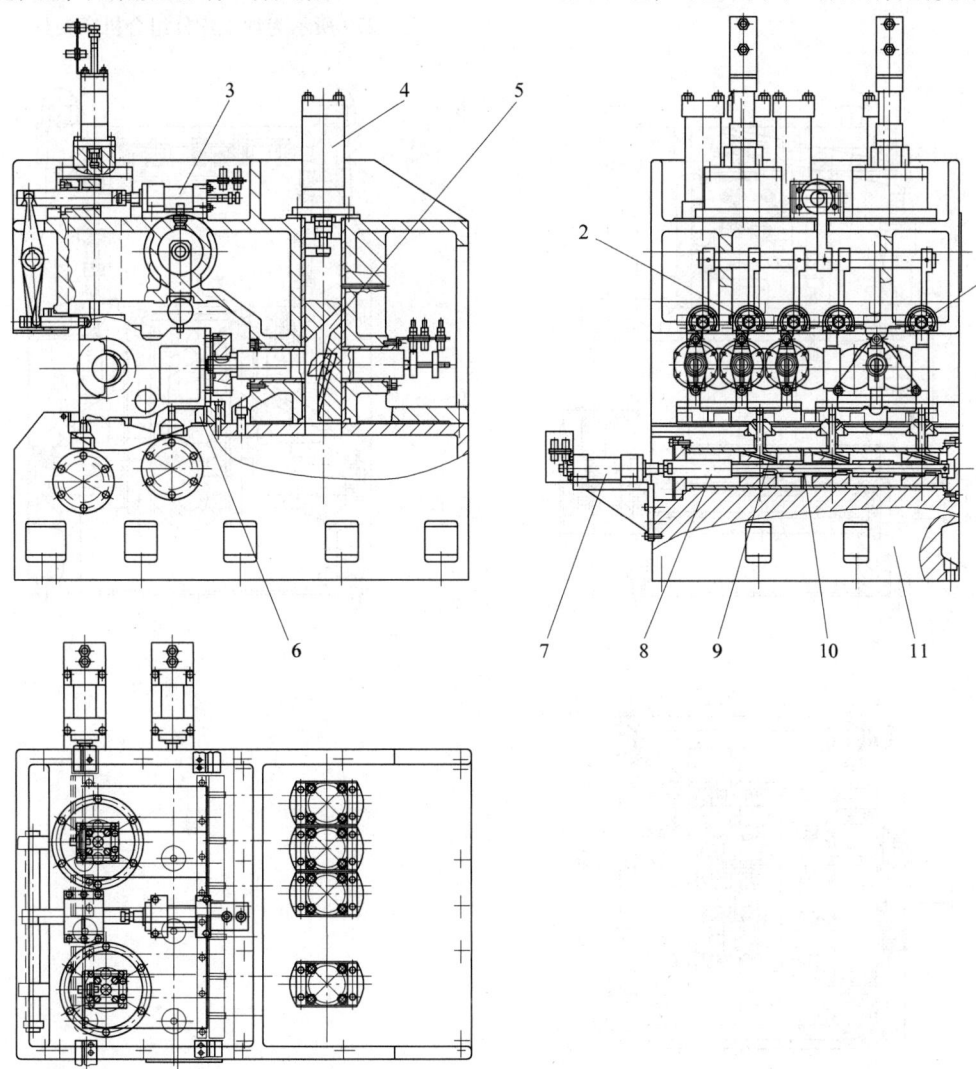

图 7-277　铣削气缸体主轴承半圆孔端面用夹具
1—圆形定位销　2—菱形定位销　3—伸缩销驱动液压缸　4—夹紧液压缸　5—夹紧楔铁机构
6—定位块　7—辅助支承液压缸　8—拉杆　9—辅助支承楔铁　10—弹簧　11—本体

④夹紧机构采用楔铁机构,并且采用两种斜楔角度,夹紧工件时可以自锁,以避免因切削力大而造成夹紧不稳定。

⑤为了避免工件在加工时产生振动,在气缸体的两侧面采用了辅助支承机构。辅助支承机构的支承力由弹簧10的弹簧力提供,并由楔铁机构9形成自锁状态。在加工完成后,由液压缸7驱动拉杆8,对楔铁机构冲击,解除自锁,并克服弹簧力,使辅助支承脱离工件表面。

(2) 用于立、卧式组合机床的固定夹具 图7-278所示为曲轴箱顶面、两端面钻主油道孔及螺纹底孔组合机床夹具。

①该夹具用于三面钻孔的组合机床上,为框型结构。

②夹具采用一面两销定位,定位销为固定式结构,以提高定位精度。

③为了方便工件的装卸,在夹具中设置了升降机构。升降运动由液压缸3—齿条4—齿轮5—齿条6机构实现。

④工件由夹紧液压缸7通过杠杆机构8直接夹紧。

⑤在夹具体的三面体壁上设置了固定钻套9。

组合机床的固定式夹具,由于不受移动或转动的影响,有足够的刚性和稳定的位置精度,所以固定式夹具的组合机床加工精度较高。

2. 移动式夹具

(1) 用于鼓轮式组合机床的移动夹具

1) 图7-279所示为加工连杆组合机床夹具。

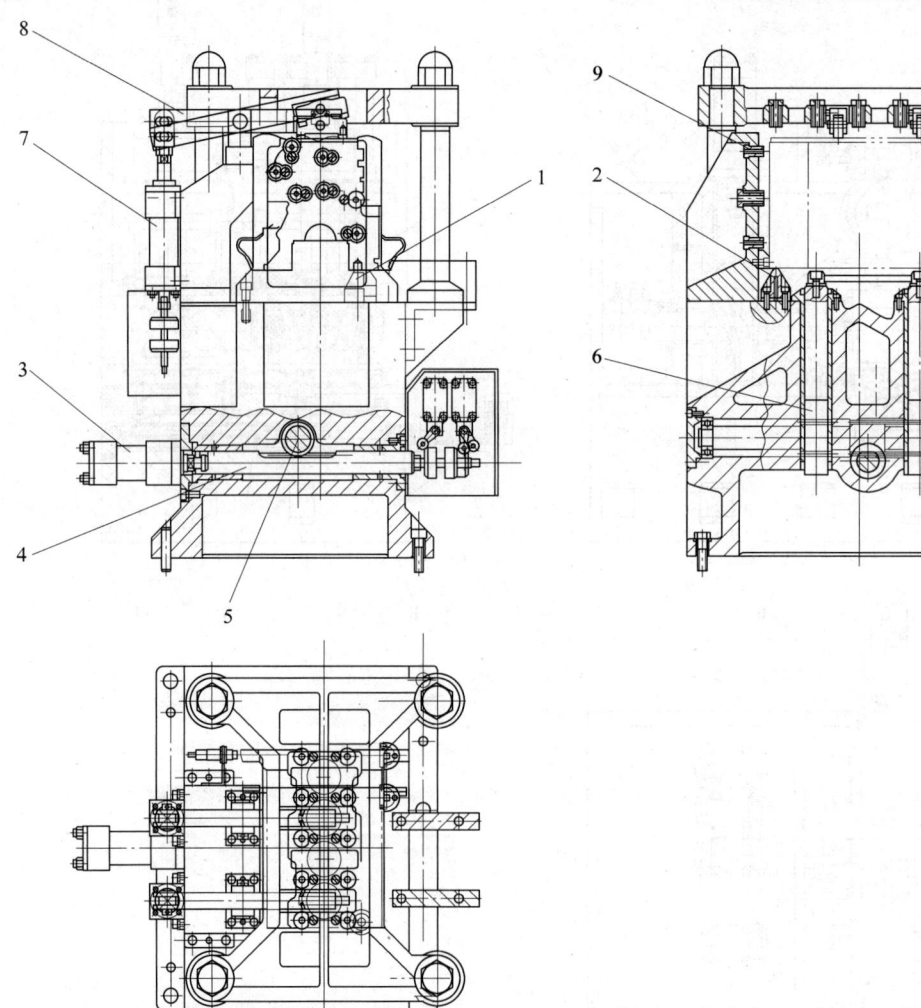

图7-278 三面钻孔用夹具

1—定位销 2—定位块 3—升降液压缸 4—齿条
5—齿轮 6—齿条 7—夹紧液压缸 8—杠杆 9—钻套

第7章 机床专用夹具设计及典型图例

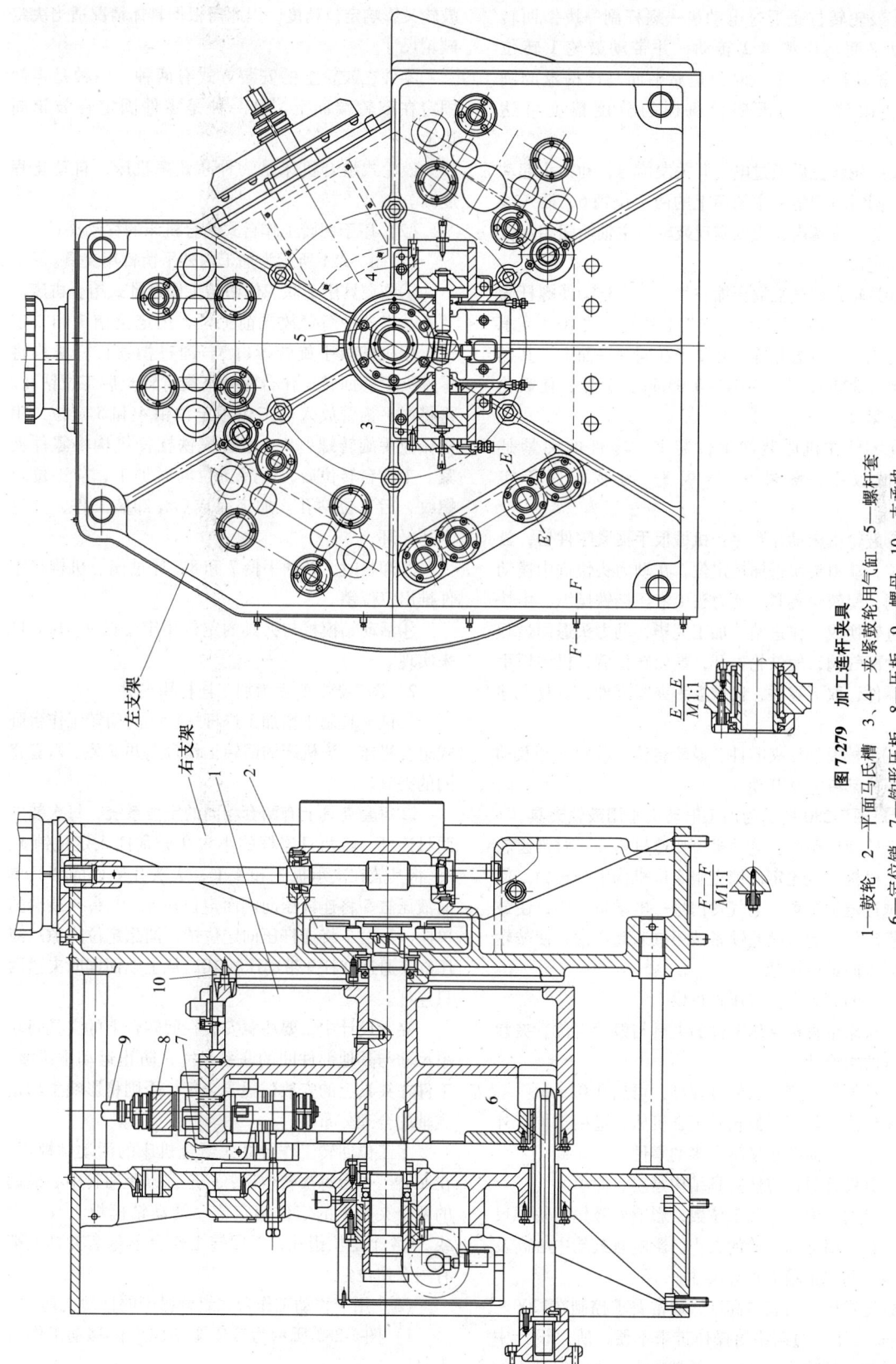

图7-279 加工连杆夹具

1—鼓轮 2—平面马氏槽 3、4—夹紧鼓轮用气缸 5—螺杆套 6—定位销 7—钩形压板 8—压板 9—螺母 10—支承块

①鼓轮转位是通过电动机—蜗杆副—拨销回转—拨动平面马氏槽盘 2 转动，并带动鼓轮 1 转位（当鼓轮转移一个工位时，是靠平面马氏槽盘的圆弧面初限位）。马氏槽盘机构的分度精度可达 ±0.18mm。

②鼓轮转位后通过电气开关发信号，动力头起动快进，同时将固定在主轴箱上的两定位销 6，插入鼓轮 1 上的定位套内，用以实现鼓轮与主轴箱间相互位置的精定位。

③鼓轮夹紧气缸通压缩空气，活塞移动使螺杆套 5 摆动，使鼓轮端面凸块与支架上的支承块 10（支承块数与机床工位数相等，并要求在同一平面上；其摆差在半径 300mm 上 ≤0.04～0.05mm）靠紧，使鼓轮轴向夹紧。

④零件在机床装卸工位装夹。零件的夹紧是用机械扳手—螺母 9—压板 8—钩形压板 7 实现的。

⑤鼓轮机床动作顺序：机械扳手夹紧零件后，鼓轮转位，动力头快进插销定位，在动力头快进中拨动配气阀，使鼓轮夹紧，动力头由液压挡铁操纵，由快进前进转换成工作进给。加工完毕，动力头退回过程中拨动配气阀，使鼓轮松开，鼓轮转位后，机械扳手松开零件，取下零件，机械扳手夹紧零件，重复上述循环。

⑥机械扳手松夹零件、鼓轮转位、鼓轮松开及动力头原位都有电气互锁。

2）图 7-280 所示为加工电动机座用鼓轮夹具。

鼓轮动作顺序：电动机—变速机构——对锥齿轮—鼓轮机构—鼓轮定位销克服定位机构中弹簧力，使鼓轮越过定位位置—电气发信号—电动机反转，使鼓轮反靠定位。此时鼓轮锁紧液压缸通高压油，使鼓轮在圆周方向定位锁紧。

鼓轮的夹紧力由液压缸提供。

该机床中直接夹压零件的夹具与鼓轮定位、夹紧机构分两组设计。

这种鼓轮分度方法精度较高，可达 0.02mm。

移动式夹具用于鼓轮式组合机床，适用于加工外形尺寸较小、而孔数又不太多的零件。

夹具设计时，应使夹具结构紧凑、简单。

夹具的轮廓尺寸和工位数，影响着鼓轮的轮廓尺寸，夹具的高度和鼓轮的大小，影响着鼓轮中心高及机床高度和主轴箱的轮廓尺寸。

鼓轮式机床的装料高度，通常要求控制在 1200～1300mm 以下，过高将给操作带来不便，所以设计中应尽量使鼓轮减小，以便降低鼓轮中心高，但过小的鼓轮又影响定位精度，因此需根据具体情况适当决定鼓轮尺寸。

零件在鼓轮上的安装方式有两种：一种是零件固定在鼓轮端面上，另一种是零件固定在鼓轮周边上。

鼓轮式组合机床是一种高效率机床，自动化程度高。

(2) 用于回转工作台式组合机床的移动夹具

1）图 7-281 所示为加工内外平衡臂用夹具。

①该夹具用于双工位回转工作台卧式组合机床。

②将外平衡臂放入前工位，用定位销 1 和 2 定位，用机械扳手旋转螺钉 3，通过楔铁杠杆机构将零件夹紧。回转工作台将外平衡臂转至后工位钻孔。再将内平衡臂放入前工位用定位销 4 和 5 定位，用机械扳手旋转螺钉 6，通过楔铁杠杆机构将零件夹紧。工作台转位后，前后工位同时加工，前工位攻螺纹，后工位钻孔。加工完成后，卸装工件，重复上述循环。

③卸料时，转动手柄 7 和 8，通过偏心机构将零件推出定位销。

④活动钻模板与夹具的定位用定位销 9、10、11 来实现。

2）图 7-282 所示为加工连杆用夹具。

①该夹具用于精加工连杆螺栓孔的回转工作台卧式组合机床。该机床的回转工作台上共安装了六套相同的夹具。

②每套夹具上有两套相同的定位系统，每次装夹两只连杆。将两只连杆的小头孔分别插入定位销 1、2，将其放在支承板 3 和 4 上，大头孔侧面的两只单向液压缸 5 将连杆压向侧面定位块 6，大头孔顶端的单向液压缸 7 将连杆压向定位销，消除定位间隙。液压缸 8 通过杠杆 9 带动压板 10，从上端面同时夹紧两只连杆。

夹紧设计中，要注意安装在回转台上的夹具间联系尺寸与其他部件间的联系尺寸，防止运动中碰撞。工件在夹具上的安放位置要合理，否则将影响主轴箱主轴的合理分布。

多工位回转工作台立式组合机床的活动钻模板，在回转工作台每次转位后，一般都以距回转中心最远的两个夹具上的定位销定位（活动钻模板上有 2 个或 3～4 个定位销孔，而回转工作台上每套夹具上都有一个定位销）。

(3) 用于移动工作台式组合机床的移动夹具

1）图 7-283 所示为液压驱动四工位移动工作台夹具。

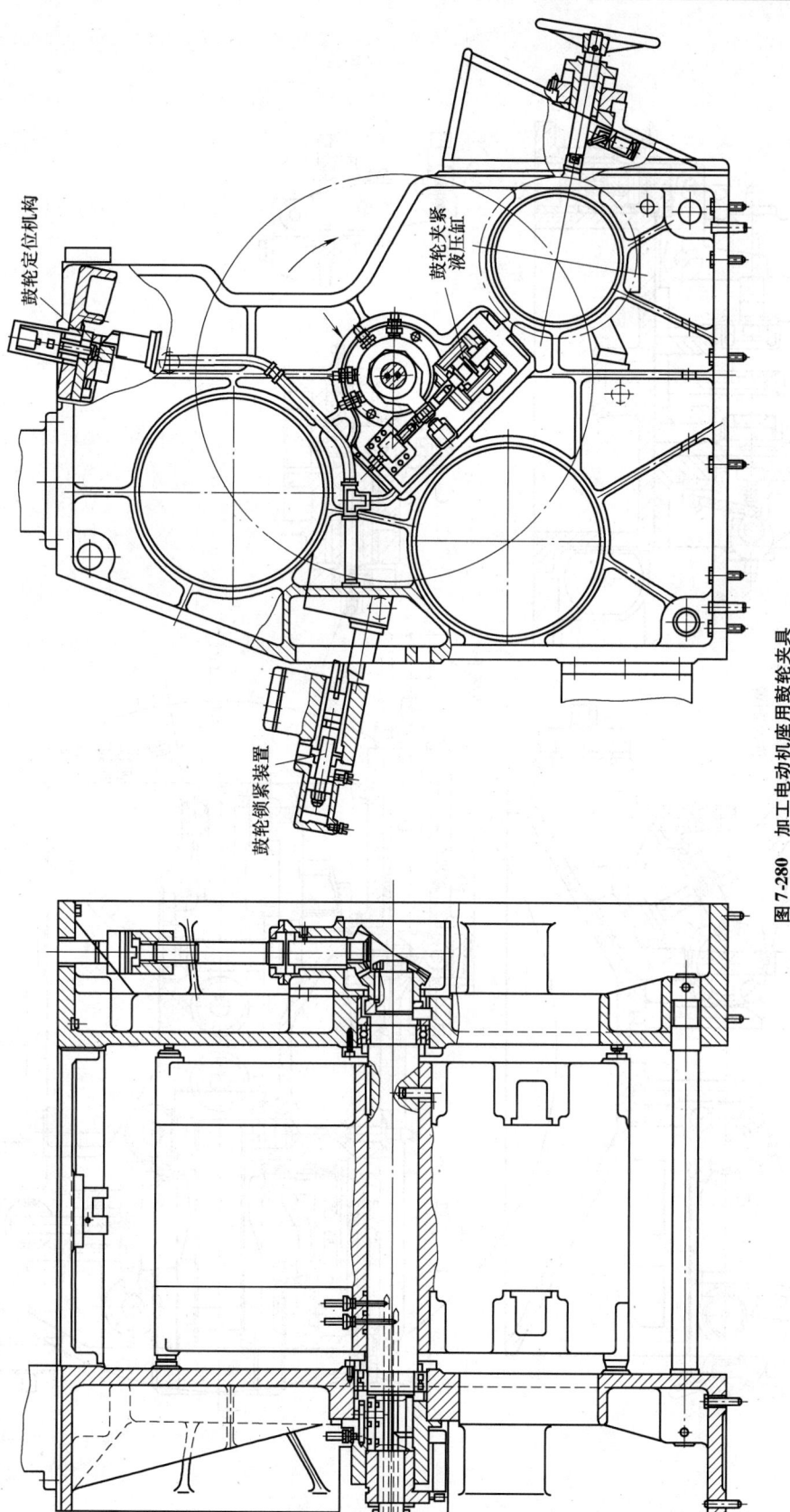

图 7-280 加工电动机座用鼓轮夹具

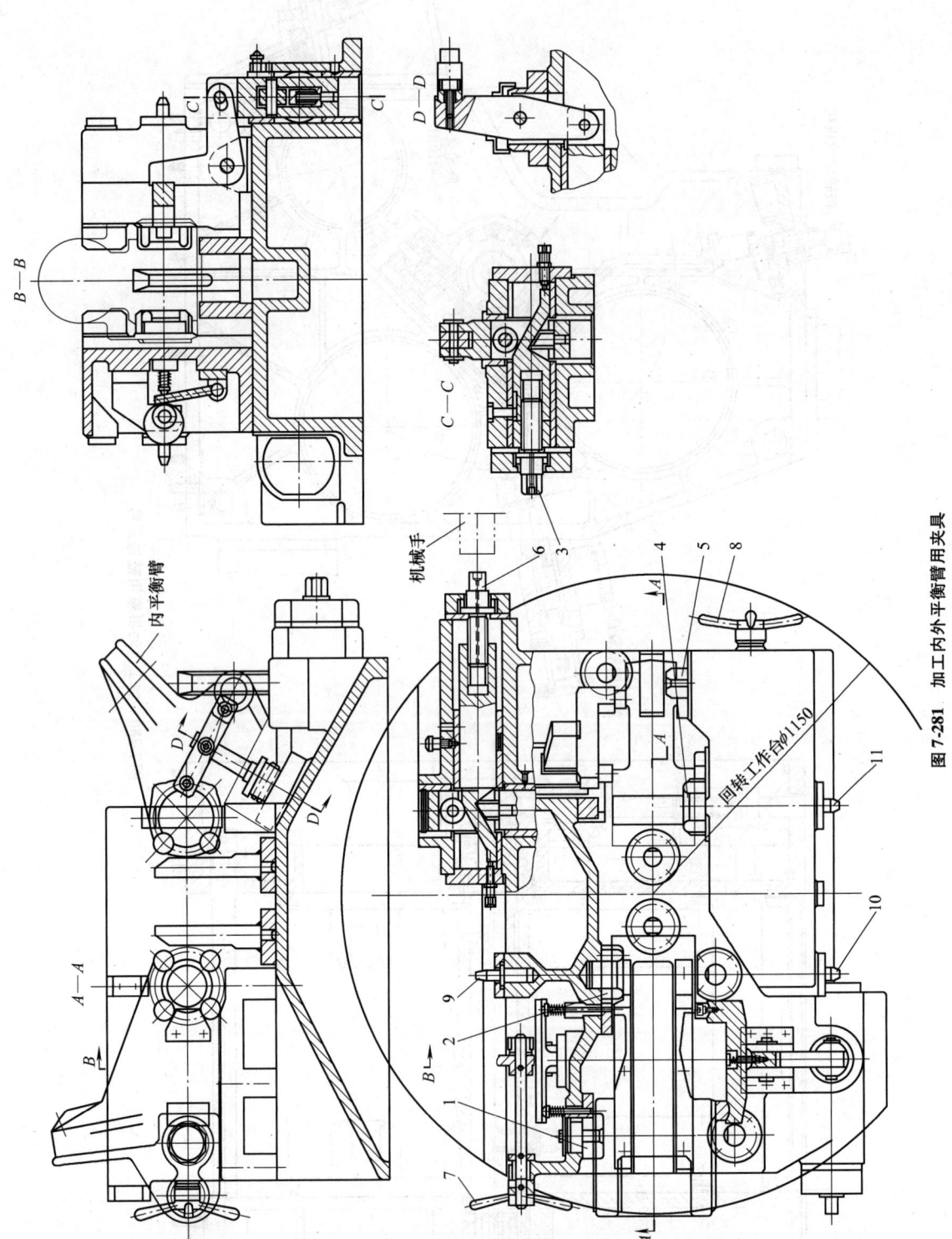

图 7-281 加工内外平衡臂用夹具

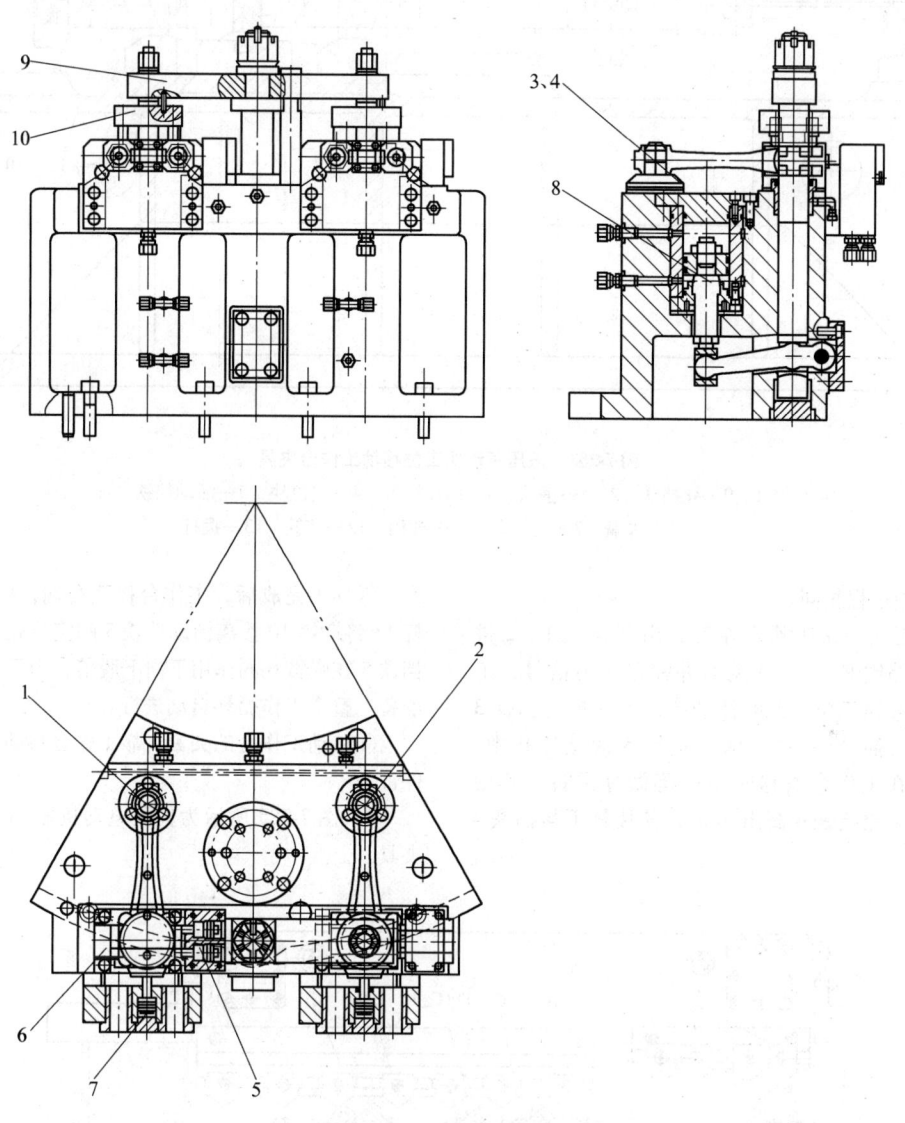

图 7-282　加工连杆用夹具
1、2—定位销　3、4—支承板　5、7、8—液压缸
6—侧定位块　9—杠杆　10—压板

①这个工作台的两端靠在死挡铁1、9，作为第一和第四工位的定程，中间第二、第三工位借助于活动挡铁5反靠定位，图示为第一工位。在挡铁12的作用下，拨杆13已使插销10从活动挡铁5的定位孔中退出。移动时工作台向左移，直至活动挡铁5超过定位块4第一个台阶一小段距离，电气挡铁 D_1 先压下开关 D，而后挡铁 C_1 压下开关 C，见图7-284，同时液压挡铁 A_1 压下行程节流阀 A，工作台反向慢移实现反靠定位。挡铁 E_1 压下开关 E 以及配合压力信号，工作台处于第二加工工位。第三工位移动、定位

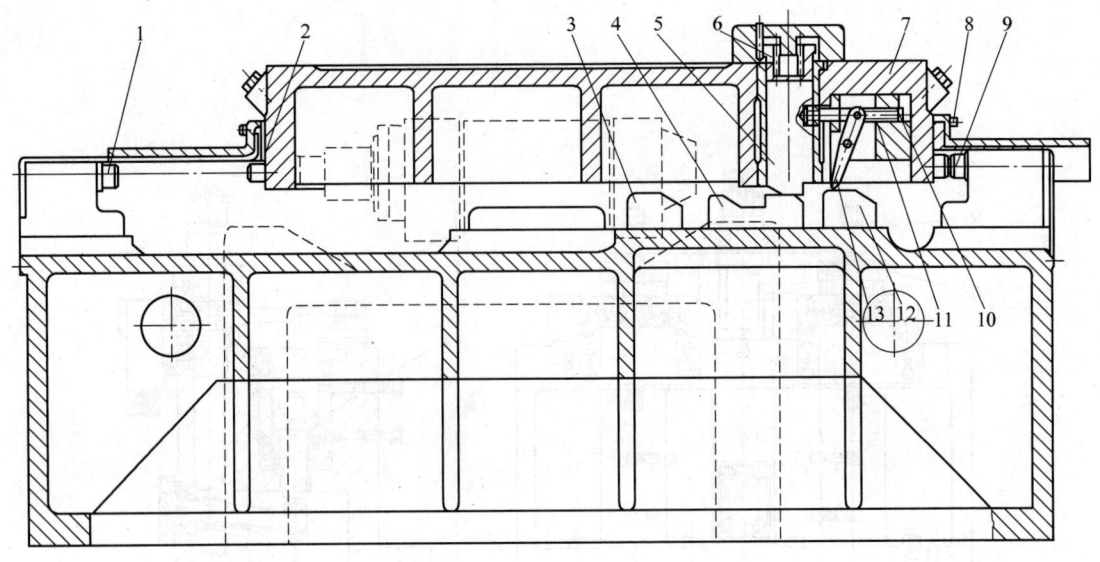

图 7-283 液压驱动四工位移动工作台夹具
1、9—死挡铁　2、8—撞块　3—抬高挡铁　4—定位块　5—活动挡铁
6、11—弹簧　7—工作台　10—插销　12—挡铁　13—拨杆

与第二工位过程相同。

②当最后一次工作台左移，由死挡铁1、2进行定位，挡铁F_3压下开关F并配合压力信号，工作台处于第四工位。此时活动挡铁5在抬高挡铁3的作用下，插销10进入活动挡铁5的定位孔中，为挡铁5在工作台右移时不脱落做好准备。其中挡铁3、12比挡铁4高出6mm，使拨杆不与挡铁4相接触。

③加工完成后，工作台移至右端，挡铁12使拨杆13将插销10拨离活动挡铁5的定位孔，这时活动挡铁5在弹簧6的作用下向下脱落，为下次工作做好准备。整个工作循环自动进行。

④移动工作台的夹紧，靠工作台移动的动力系统保证。

2）图7-285所示为伺服电动机驱动移动工作台夹具。

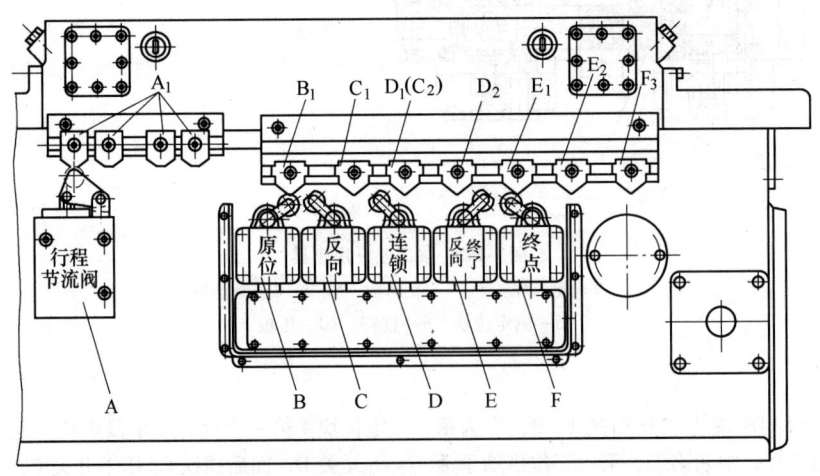

图 7-284 四工位移动工作台的电气挡铁
A—行程节流阀　A_1—液压挡铁　B~F—电气行程开关　B_1~E_1、C_2~E_2、F_3—挡铁

第7章 机床专用夹具设计及典型图例

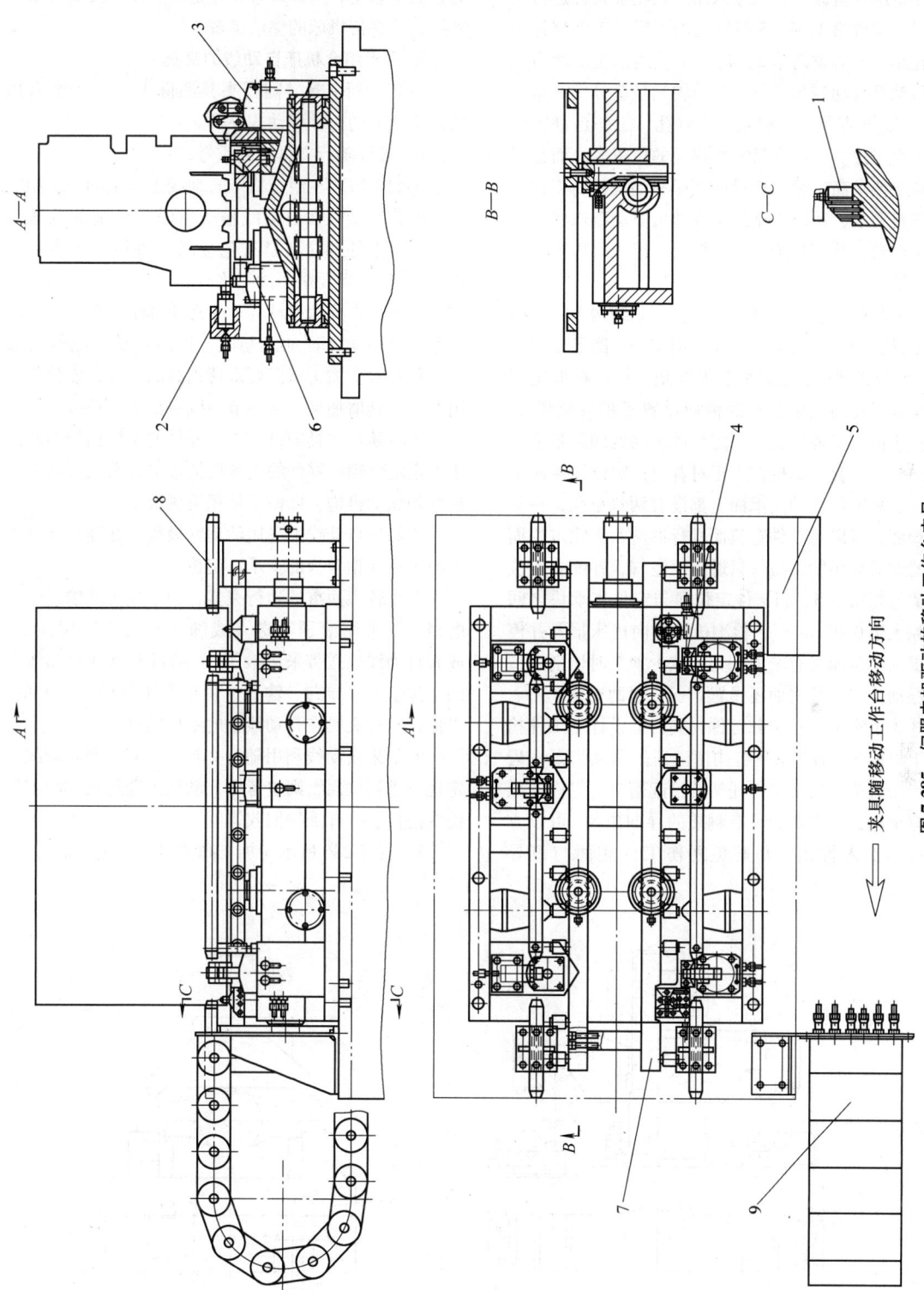

图 7-285 伺服电机驱动的移动工作台夹具

1—圆形定位销 2—推靠装置 3—夹紧机构 4—定位块 5—气隙检测系统 6—辅助支承 7—抬起落下机构 8—导向条 9—拖链

①该夹具用于六缸发动机气缸体缸孔精镗、自动缸孔测量组合机床。该机床采用三只精镗刀杆进行立式加工，完成第1、3、5号缸孔加工后，工件移位一个缸孔距离，再进行第2、4、6缸孔的加工。然后工件再移动至自动测量工位，由单轴测量头分别测量第2、4、6缸孔直径，每测完一个缸孔，工作台都需要移动一个工位。由于夹具需要移动的位置多，而且对定位精度要求高，采用普通的液压驱动的移动工作台很难满足要求，所以采用伺服电动机驱动滚珠丝杠的移动工作台，并配备绝对式光栅尺，组成行程控制的闭环系统。

②夹具安装在移动滑台台面上，其结构形式与固定式夹具类似。夹具采用一面两销定位，圆形定位销1采用可调式结构，通过修整调整垫，可以精调定位销的位置。在两只定位销的侧面设置了推靠装置2，可以减小由于工件定位孔与定位销之间的间隙带来的定位误差。三套夹紧机构3正对着三只定位块4向下夹紧。三只定位块的支承面上都设有两只小孔，一只通冷却液，可以对工件定位面进行冲洗，去除定位面上粘的切屑等污物，另一只通压缩空气，并配有定位面气隙检测系统5，当工件定位面与定位支承块之间的间隙大于0.02mm时，检测机构会向机床报警并停机，提示定位面夹有杂物。为了减少加工时切削力造成的振动，在工件底面还设置了三只辅助支承6。

③为了实现自动装卸工件，夹具上设计了工件抬起落下机构7。抬起落下机构由液压缸驱动齿条—齿轮—齿条机构，实现工件托架的抬起落下。工件托架上设有滚轮，并在侧面设有铜质的导向条8，可以方便工件的推入推出，并避免划伤工件底面与侧导向面。

④由于夹具上有多条油路、气路以及电气电缆，而且需要移动，所以设置了拖链9，可以减少管线的磨损，并保持机床的整洁美观。

3. 用于组合机床自动线的夹具

（1）随行夹具　随行夹具实际上是用于组合机床自动线上的一种移动式夹具。

1）设计随行夹具应着重考虑：

①如果需要在组合机床自动线上加工的中小型零件，形状复杂，在自动线输送中没有合适的输送基面，或者零件的材料是有色金属（直接输送容易磨损），这样就需要采用随行夹具。

②随行夹具的设计，要注意使其结构简单、工作可靠，以利于保证加工精度，提高自动线的经济效果。另外对于加工精度要求特别高的零件，要分析采用随行夹具增加尺寸链环节，以保证加工精度。

③在随行夹具的设计中，零件的定位销较多的采用固定定位销，零件的夹紧机构较多的采用螺旋夹紧机构和联动机构，以便于使用机械扳手。

④如果自动线上采用活动钻模板，在随行夹具上要考虑活动钻模板的支承、定位。

⑤比较大而重的随行夹具，为了减少其输送面的磨损，可采用滚子输送（或随行夹具上采用滚子，或者自动线输送带采用滚子）。随行夹具在自动线上的定位基面、导向、输送、棘爪作用基面是分开的，以保证随行夹具在自动线上的定位精度。

⑥如果自动线利用随行夹具将切屑带到自动线固定地点进行倒屑，则应考虑自动线上随行夹具间容屑槽的搭接、冷却液的回收等问题。

2）图7-286所示为加工阀体用随行夹具。

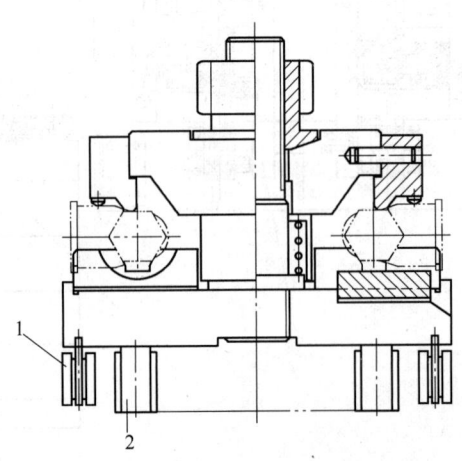
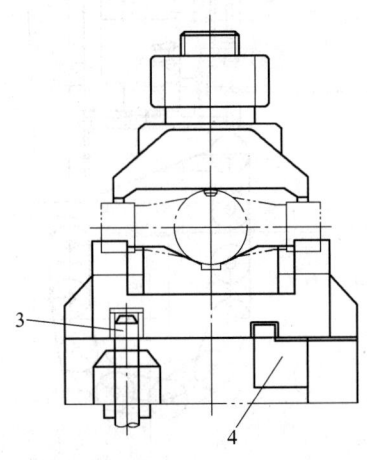

图7-286　加工阀体用随行夹具

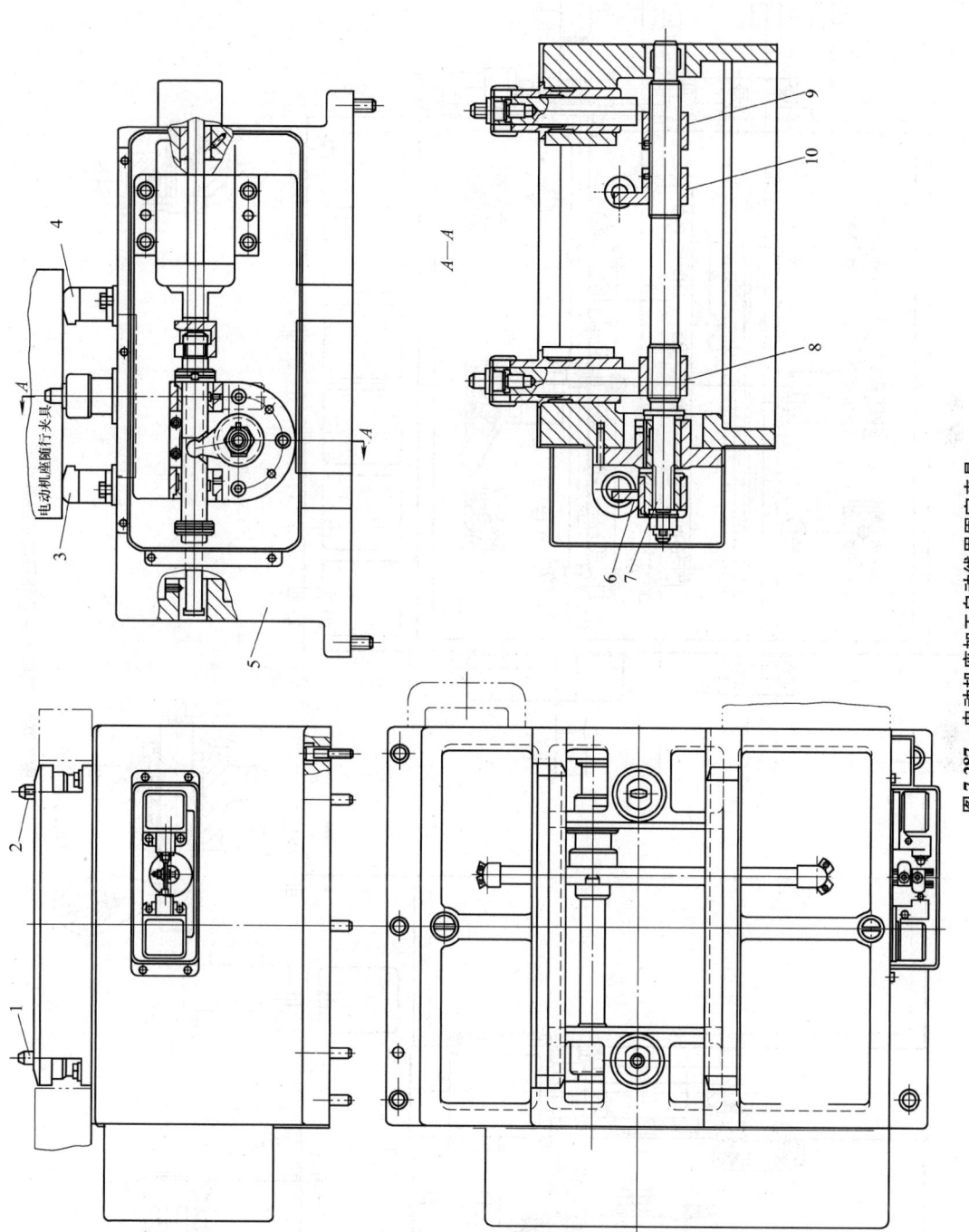

图7-287 电动机座加工自动线用固定夹具

1、2—伸缩定位销 3、4—支承板 5—夹具底座 6、8、9、10—拨叉 7—轴

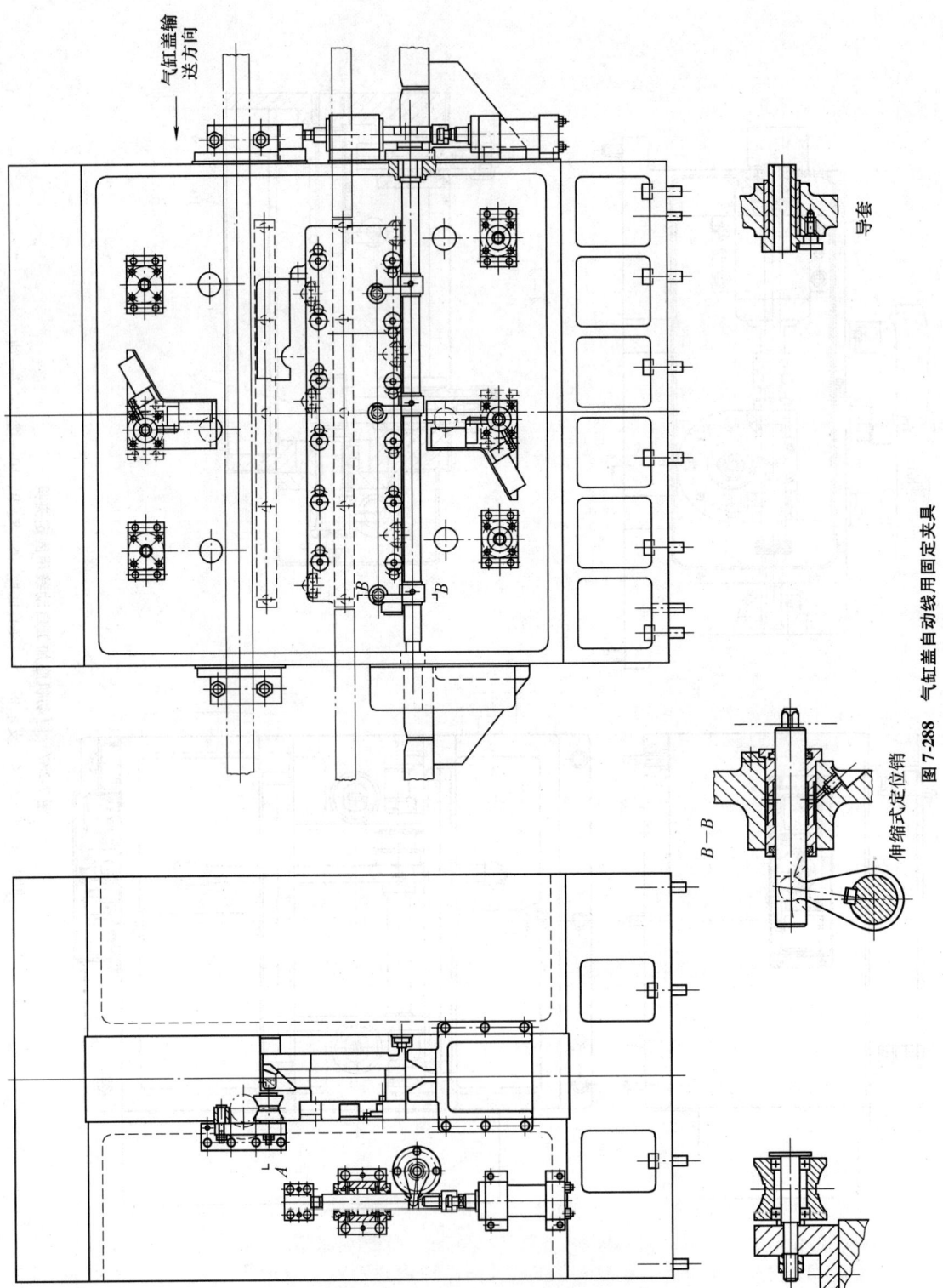

图 7-288 气缸盖自动线用固定夹具

①该夹具用于加工阀体组合机床自动线上的随行夹具。

②每个随行夹具装夹两个零件。

③零件以V形块定位，多点浮动夹紧。

④该夹具在自动线上的输送，是通过输送带上棘爪1推动运输。支承板2和定位销3用于作随行夹具在自动线各工位上的定位。钩形零件4是随行夹具在自动线运行中的限位板。

（2）自动线用固定夹具　自动线夹具是用于组合机床自动线的一种固定式夹具，而且多是通过式固定夹具。

组合机床自动线的固定式夹具除了具备组合机床夹具所应具有的功能外，还要适于自动线加工，其特点如下：

①夹具要有良好的通过性。在组合机床自动线上加工的零件，从自动线的一端进入，加工后从另一端出来，工件要顺序地自动进入线上的每一台设备，因此固定夹具要有良好的通过性，必须在工件的运动方向上是敞开的，以保证工件的正常通过，并且要求工件的装卸是最简单的运动形式。

②夹具的定位夹紧应自动进行。自动线的夹具一般都采用一面两销的定位方式。而夹紧大多采用液压缸夹紧机构或楔铁夹紧机构。定位和夹紧后能自动发出各种动作的完成和检查信号。

③排屑方便。自动线都设有自动排屑装置，对加工时产生的切屑，经过固定夹具的排屑口，自动掉入自动线的中间底座，进入设在中间底座或地沟中的排屑装置，由排屑装置将切屑运走。

④自动润滑。由于自动线上的夹具数量多，要润滑的部位多，因此采用集中润滑方式。采用自动润滑时，由全线总操纵台进行统一控制，使电动润滑泵定期打油进行润滑。操作者按期补充润滑油，并检查各润滑部位的润滑情况，以避免润滑部位的润滑油溢出或不足。

此外，自动线固定夹具还设有用以支承输送带的支承滚轮。

1）图7-287所示为电动机座加工自动线用固定夹具。

①该夹具用于电动机座加工自动线完成16道工序，通过夹具底座5，固定于自动线的加工工位上。

②支承板3、4和通过液压缸—拨叉6—轴7—拨叉8、9操纵的伸缩定位销1、2，用于电动机座随行夹具在自动线上的定位。

③拨叉10操纵电气行程开关，以实现随行夹具在自动线上的定位动作与自动线其他动作的互锁。

④该夹具不包括夹压随行夹具的夹紧部分。

2）图7-288所示为气缸盖加工自动线用固定夹具。

①该夹具用于加工品种为六缸、四缸柴油机缸盖的自动线上的固定式夹具。因为该自动线加工是形状有规则的零件，并有良好的输送基面，所以自动线不采用随行夹具。零件在自动线上的输送是靠步伐式输送机构来实现的。

②零件的定位机构，是用液压缸操纵伸缩定位销来实现，并有行程开关作用使其与自动线其他动作互锁。加工不同品种时，将备用定位销取下来。

③零件的夹紧机构是液压缸驱动压板直接夹紧的。

④该夹具的定位、夹紧机构通过另一组镗模架组合在一起。

7.8　数控机床和加工中心夹具

7.8.1　数控机床和加工中心夹具设计要则

数控机床和加工中心主要应用于单件、多品种和中、小批量的生产。

数控机床和加工中心夹具应适应工件在一次性装夹后高精度高效率地按数字控制程序同时进行多坐标（2坐标、3坐标乃至5坐标）、多方向、多工序加工的特点。

1）数控机床和加工中心夹具上进行孔加工时，夹具不需要刀具的导套（深孔加工除外），孔径由刚性刀具尺寸保证，孔距和孔深由数控坐标准确移动来保证。

2）务必使工件在夹具中所产生的定位、夹紧误差最小，以达到高精度的要求。

3）夹具的整体结构必须具有足够的刚性，用以减轻并缓和刀具切削引起的冲击和振动，从而保证高精度、低粗糙度和提高生产率。

4）为了多品种生产时，快速、便捷地更换不同工件，以及在短时间内提供各种不同工件的夹具，同时为了减少加工后储藏这些夹具的空间，尽量应选用标准化的夹具零部件或组合夹具，这样也可以降低夹具的相关成本。

5）夹具的结构应使工件能在一次性装夹中进行多个表面的多种加工，为此，有时夹具需要将工件托起一定高度的等高垫板。

6）夹具应能在机床上快速进行调整或更换，以适应多品种生产时减少从准备—终结时间。

7）应防止夹具与机床发生空间干涉，以及在进、退刀或变换工位时发生碰撞。

8）在使用具有自动换刀刀库的加工中心的夹具时，还应防止自动换刀机械手和刀具与夹具发生干涉和碰撞。

9）为确保上述5）、7）两项要求，夹具设计人员必要时应使用电脑对夹具和刀具运动轨迹进行三维模拟仿真，以便发现问题，及时对夹具作认真的修改。

10）应仔细确定夹具在机床上的坐标位置，并保证工件装入夹具后在机床坐标系中有明确的位置。

当采用数控机床和加工中心加工工件时，数控程序的编制以及工件、夹具在机床工作台上的定位，经常都要求在工作台上确定一个坐标系统。即在工作台上先确定零（原）点，并建立一个直角坐标系。工作台上安装夹具、工件的定位位置都要从这个原点（即工作台上的零点）起算，标注 X、Y 的坐标值。

例如图7-289为镗箱体孔的数控机床夹具，需在工件6上镗削 A、B、C 三孔。数控机床工作台4左下角的坐标原点1，是机床坐标系统的零点。夹具上也设有坐标原点2，夹具在机床上安装后，夹具坐标原点2相对工作台坐标原点1的坐标为（X_0、Y_0）。工件6在夹具上的定位是通过定位表面和三个定位销钉3完成的。定位基准平面与夹具坐标原点2的坐标位置为（a、b）。加工孔到定位基准面的坐标尺寸分别为 c、d、e、f。因此，三个加工孔相对数控机床工作台的坐标原点1的坐标尺寸分别为

A 孔：$X_A = x_0 + a + c$ ； $Z_A = f$

B 孔：$X_B = x_0 + a + c - d$ ； $Y_B = y_0 + b - e$

C 孔：$X_C = x_0 + a + c + d$ ； $Y_C = y_0 + b - e$

这种以机床工作台设置坐标原点，然后计算出加工位置坐标的编程方法，称为固定零点编程法；编程人员也可选择其他的坐标原点进行编程，称为浮动零点编程。

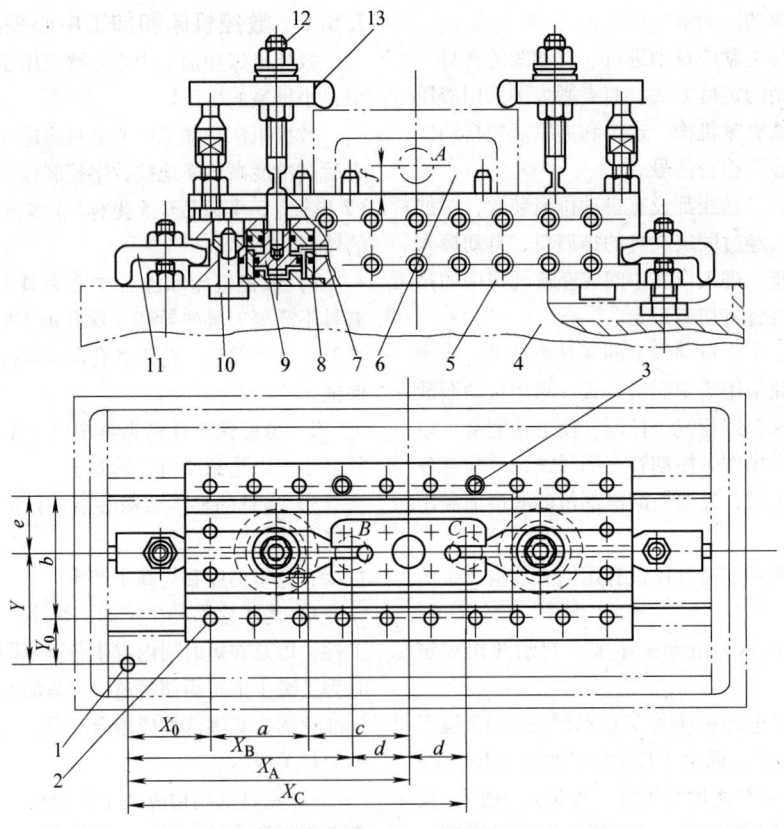

图7-289 数控机床夹具

1、2—坐标原点 3—定位销钉 4—数控机床工作台 5—液压基础平台 6—工件
7—通油孔 8—液压缸 9—活塞 10—定位键 11、13—压板 12—拉杆

7.8.2 数控机床与加工中心夹具典型图例

数控机床主要采用可调夹具、组合夹具、拼装夹具、数控夹具,以及在大批量生产条件下采用专用夹具。

1. 拼装夹具

拼装夹具是 20 世纪 70 年代前苏联设计的基于组合夹具原理,采用标准化、系列化的专用夹具零部件拼装而成的。它有组合夹具的优点,因采用嵌入式液压系统,故兼有结构紧凑、夹紧快捷的特点,因而适合于数控机床高精度、高效率和柔性自动化加工的要求。拼装夹具主要有槽宽 14mm 和 18mm 两个系列,并由以下的元件和合件组成。

(1)基础元件和合件(图 7-290)

1)图 7-290a)为普通矩形平台,只有一个方向的 T 形槽 1,平台有较好的刚性。平台上有定位销孔 2,可用于工件或夹具元件定位,也可作数控编程的坐标原点,$D—D$ 剖面为中央定位孔。基础平台侧面设有紧固螺纹孔系 3,用于拼装元件和合件。两个孔 4($C—C$ 剖面)为连接孔,用于基础平台和机床工作台的连接定位。

2)液压基础平台(参见图 7-289 中件 5)比普通基础平台增加了几个液压缸,用作夹紧机构的动力源,使拼装夹具更具有高效能,其结构和图 7-290 中 $E—E$ 剖面相同。

3)图 7-290b)为液压圆形平台,中央 $E—E$ 剖面为液压缸 10;$F—F$ 剖面为定位槽;另设多条 T 形槽 1;在侧面的安装平台 9 上,设置了两个定位销孔 2 及两个紧固螺纹孔 3,用于拼装元件或组合件;平台底部有两个定位销孔 2,与数控机床工作台连接定位。在普通圆形基础平台上,则没有设置液压缸。

4)图 7-290c)为弯板支承,用来扩大基础平台的使用范围,也可作支承用。

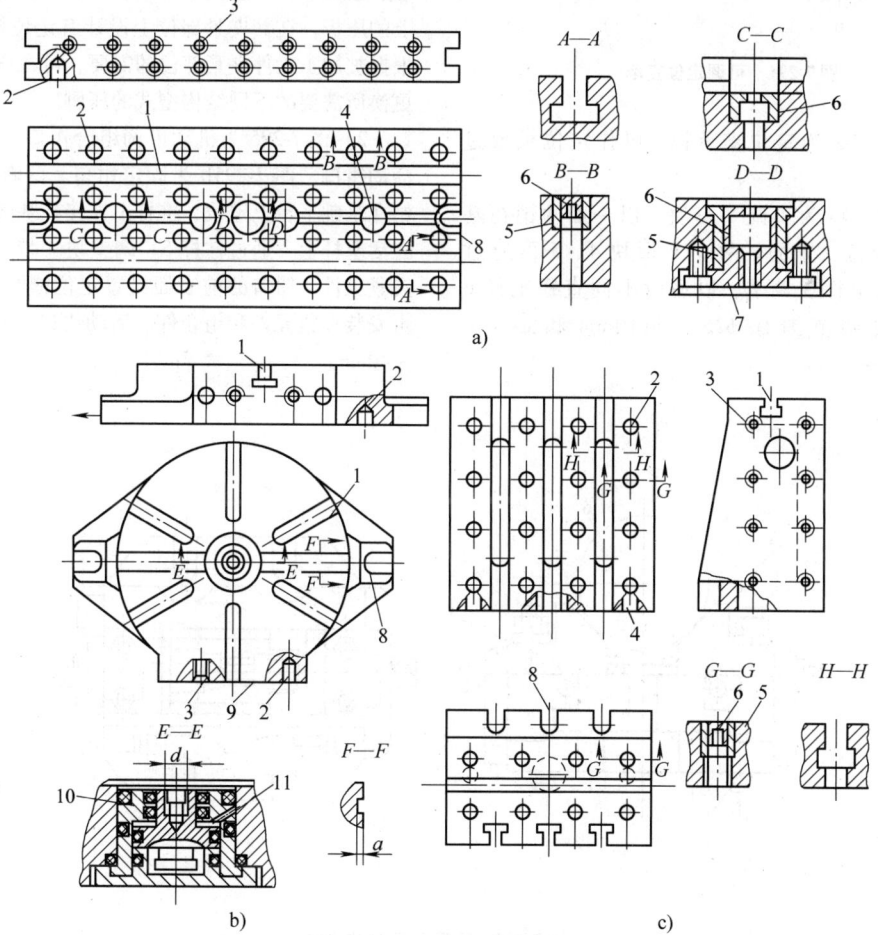

图 7-290　基础元件与合件
a)普通矩形平台　b)液压圆形平台　c)弯板支承
1—T 形槽　2—定位销孔　3—紧固螺纹孔　4—连接孔　5—高强度耐磨衬套
6—防尘罩　7—可卸法兰盘　8—耳座　9—安装平台　10—液压缸　11—通油孔

(2) 定位元件和合件

1) 图 7-291a) 为平面安装可调支承钉；图 7-291b) 为 T 形槽安装可调支承钉；图 7-291c) 为侧面安装可调支承钉。

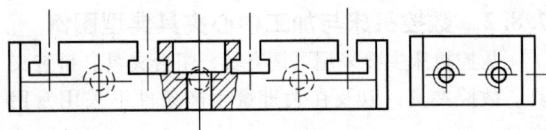

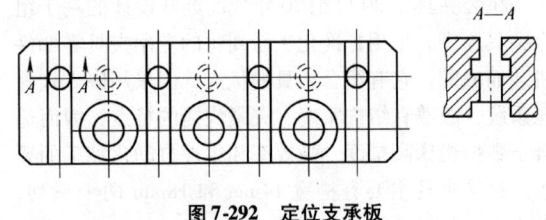

图 7-292 定位支承板

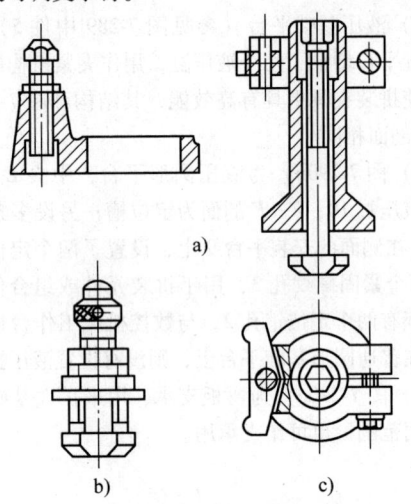

图 7-291 可调定位支承

2) 图 7-292 为定位支承板，可作定位板或过渡板。

3) 图 7-293 为可调 V 形块，以一面两销在基础平台上定位、紧固。两个 V 形块 4、5 可通过左、右螺纹螺杆 3 调节，以适应不同直径工件 6 的定位。可调范围有 $\phi25 \sim \phi110$mm 和 $\phi40 \sim \phi160$mm 两种。

(3) 夹紧元件和合件

1) 图 7-294 为手动可调夹紧压板，均可用 T 形螺栓在基础平台的 T 形槽内连接。其夹紧高度可通过螺旋副调节，一般在 20~60mm 范围以内。图 7-294b 上的压板，在其夹紧部位上设计有定位槽和夹紧孔。根据被加工件夹紧部位的需要，可在压板工作部分更换所需要的不同结构型式的压脚。

2) 图 7-295 为机动可调组合钳口，图 7-295a 为活动钳口，图 7-295b 为固定钳口。两者都以一面两销在基础平台上定位，推杆 1 连接在基础平台的液压缸活塞杆上，通过杠杆 5、调整块 4 带动活动钳口 3 夹紧工件。钳口的前表面设置定位槽 6 和定位销 2，可安装夹紧元件和组合件。活动钳口的调整距离为 0~40mm。

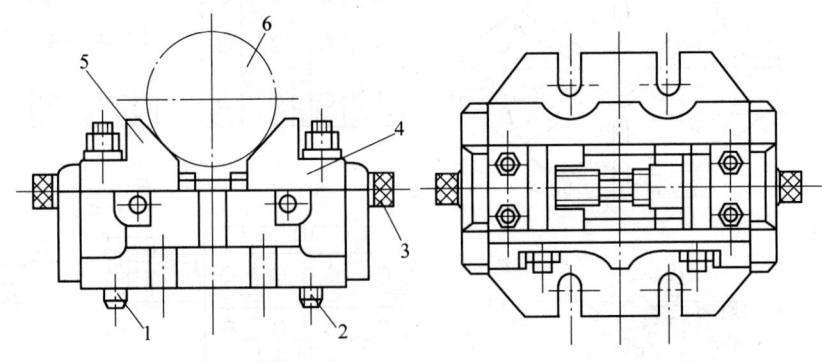

图 7-293 可调 V 形块组合件

1—圆柱销 2—菱形销 3—左、右螺纹螺杆
4、5—左、右活动 V 形块 6—工件

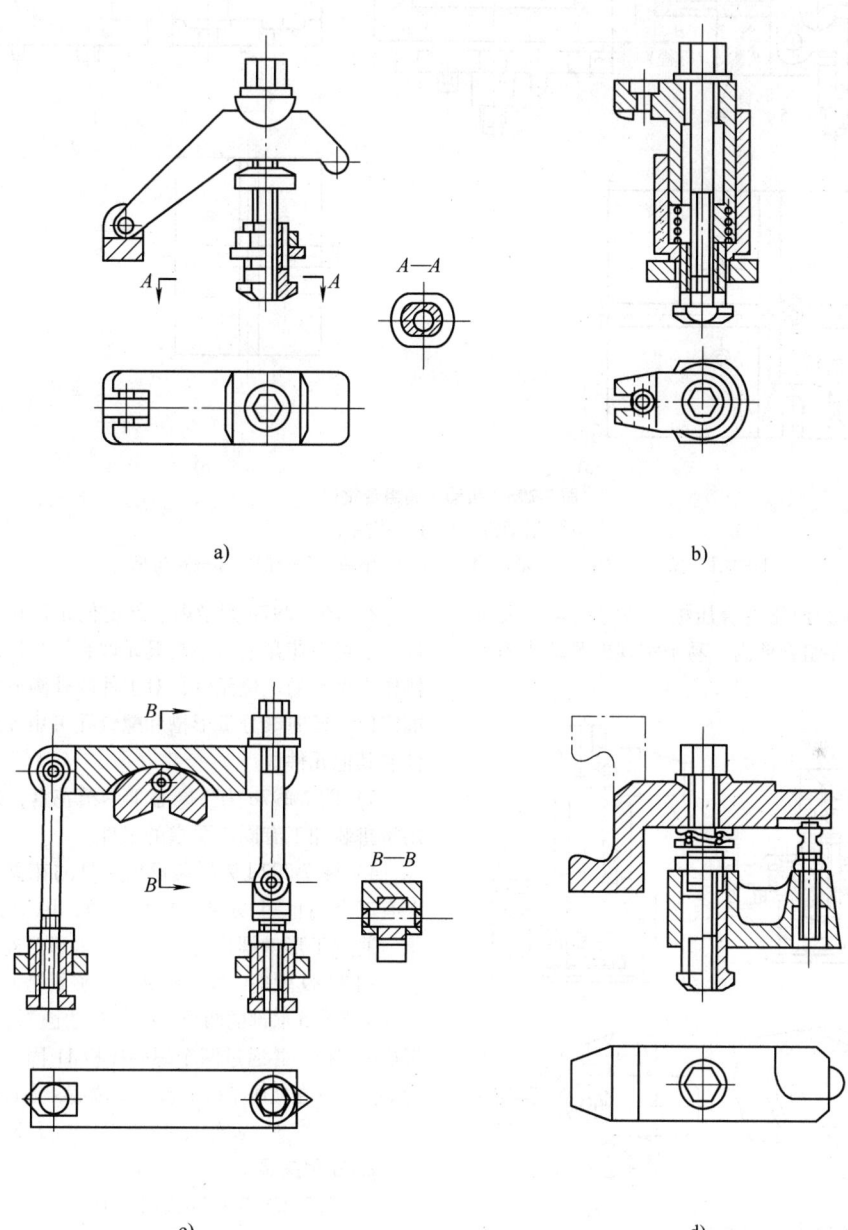

图 7-294 手动可调夹紧压板

a)、c) 铰链式可调夹紧压板组合件　b) 滑柱式可调夹紧压板组合件

d) 杠杆式可调夹紧压板组合件

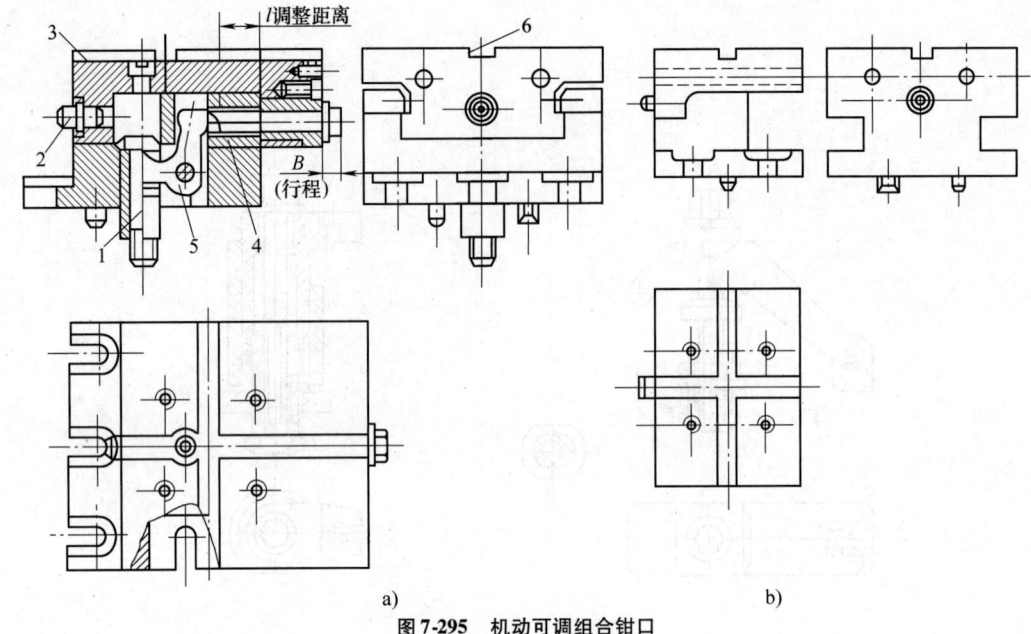

图 7-295 机动可调组合钳口
a) 活动钳口 b) 固定钳口
1—推杆 2—定位销 3—活动钳口 4—调整块 5—杠杆 6—定位槽

3) 图 7-296 为液压组合压板。其特点是把夹紧用的液压缸设计在组合件内，易于实现夹紧动作的机械化与自动化。

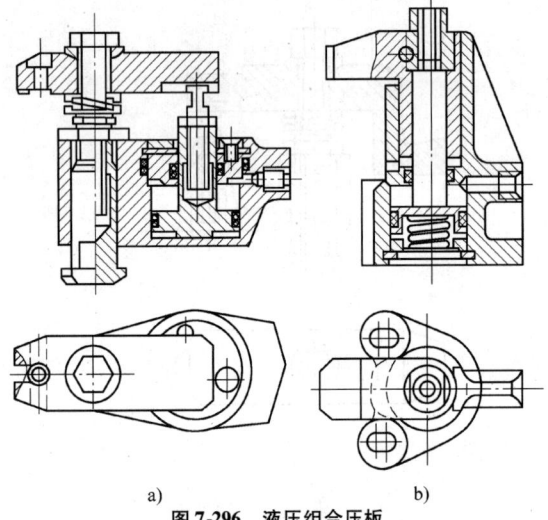

图 7-296 液压组合压板
a) 杠杆式液压组合压板 b) 滑柱式液压组合压板

(4) 回转过渡花盘（图 7-297） 回转过渡花盘是拼装车、磨等回转夹具的基础元件，其常用的结构型式如下：

1) 图 7-297a 为带径向 T 形槽花盘。在圆周上设计了三个向心等分长的 T 形槽和短的 T 形槽。T 形槽的导向槽宽 a 的公差为 IT7 级。

2) 图 7-297b 为带内、外定位止口花盘。这种结构除了可在花盘上拼装夹具元件和组合件外，还可直接作为夹具的定位元件，对工件的外圆或内圆定位基准定位。径向等分 T 形槽和螺纹孔可用于拼装夹紧元件或其他元件。

3) 图 7-297c 为带同心 T 形槽花盘，这种结构是用于拼装加工有同心要求的工件。

4) 图 7-297d 为拼装弯板夹具的花盘。花盘表面上有三个（也可以四个）T 形槽，用于安装弯板支承，通过 T 形槽螺栓与花盘上的 T 形槽连接定位。

图 7-289 就是一种拼装夹具，夹具是通过安装在液压基础平台 5 底部的两个连接孔中的定位键 10 在机床 T 形槽中定位，并通过两个螺旋压板 11 固定在机床工作台上。工件在液压基础平台上定位后，通过基础平台内的两个液压缸 8、活塞 9、拉杆 12、压板 13 将工件夹紧。

2. 专用夹具

1) 图 7-298 为在卧式加工中心上加工的泵壳零件图。该零件加工工序多，精度要求较高，但形状较为规则。在加工中心上若用夹具加工，工件可采用一面两孔的定位方案，先将工件的底平面及其上两孔进行粗、精加工，再在加工中心上完成其他表面的加工。

2) 图 7-299 为泵壳加工专用夹具。工件在支承板 1、圆形销 4 和菱形销 2 上定位，通过开口压板 5 压紧。为了方便加工与底面相交的各侧面，还需在工作台（托板）上加上一个等高垫板。

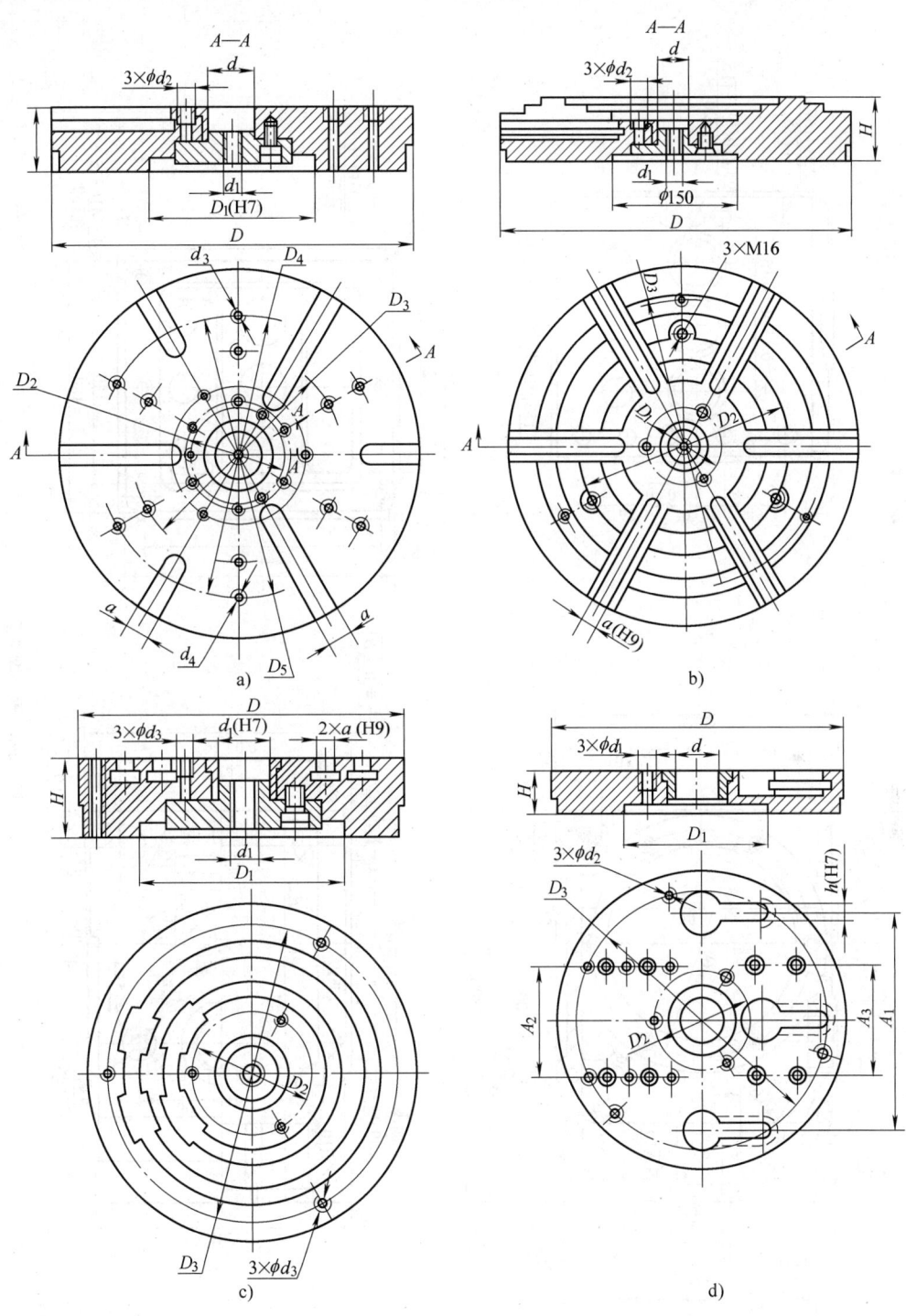

图 7-297 回转过渡光盘

a) 带径向T形槽花盘 b) 带内外定位止口花盘 c) 带同心T形槽花盘 d) 可拼装弯板花盘

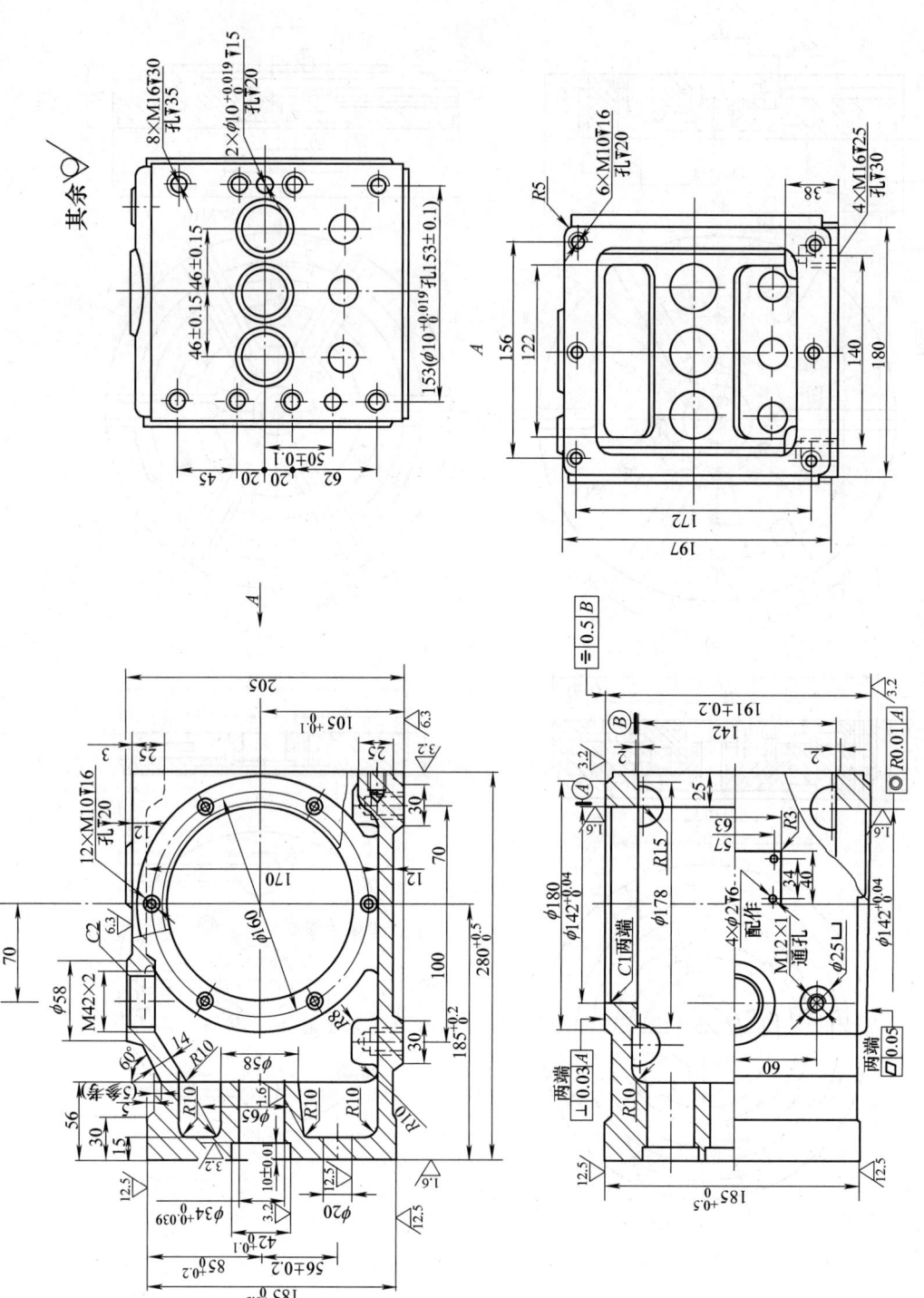

图 7-298 泵壳零件图

技术要求：1. 未注圆角 $R3\sim R5mm$；2. 锐边倒角 $C0.5$；3. 铸件不允许有疏松、缩孔、气孔、夹碴等缺陷，硬度 $180\sim 230HB$；4. 铸件经人工时效处理；5. 内部非加工部位涂内腔黄色油漆。

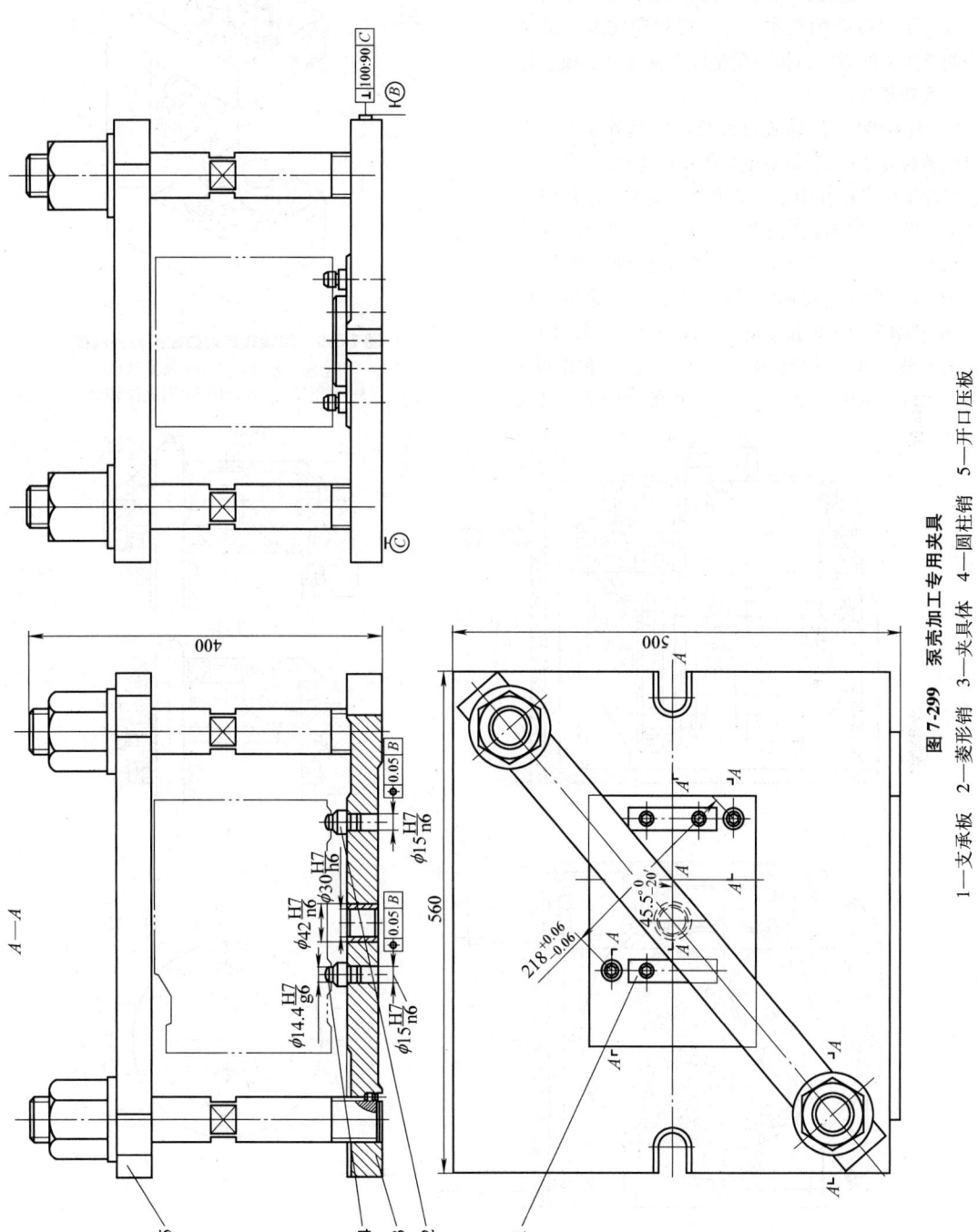

图 7-299 泵壳加工专用夹具

1—支承板 2—菱形销 3—夹具体 4—圆柱销 5—开口压板

3. 数控夹具

数控夹具是指夹具本身具有按数据程序使工件进行定位和夹紧功能的夹具。工件一般采用一面两孔定位，夹具上两个定位销之间距离的调节，以及定位销插入和退出定位孔的动作，均可按程序实现自动调节。调节距离的方式有按直角坐标平移方式、极坐标回转方式和复合式三种。

1）图7-300为回转式自调数控夹具外观图。水平定位转台有2~4个偏心定位轴14，轴端装有定位销，根据工件定位孔中心距的大小，定位销轴可以通过工作台的回转与定位销轴的自转调节到所需的孔距。水平定位回转式自调数控工作台的结构如图7-301a所示，每个定位轴的回转调整，由步进电动机1、小蜗杆副2和3单独驱动。定位轴上下位置（高、低）的调整则可通过步进电动机5、丝杆6和螺母7的传动实现，工件在加工一个面以后的转位是通过大蜗杆副8和9实现的。

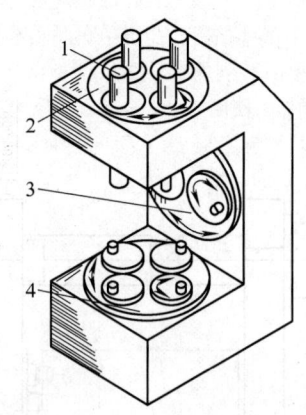

图7-300 回转式自调数控夹具外观图
1—夹紧液压缸 2—夹紧转鼓
3—侧定位转台 4—水平定位转台

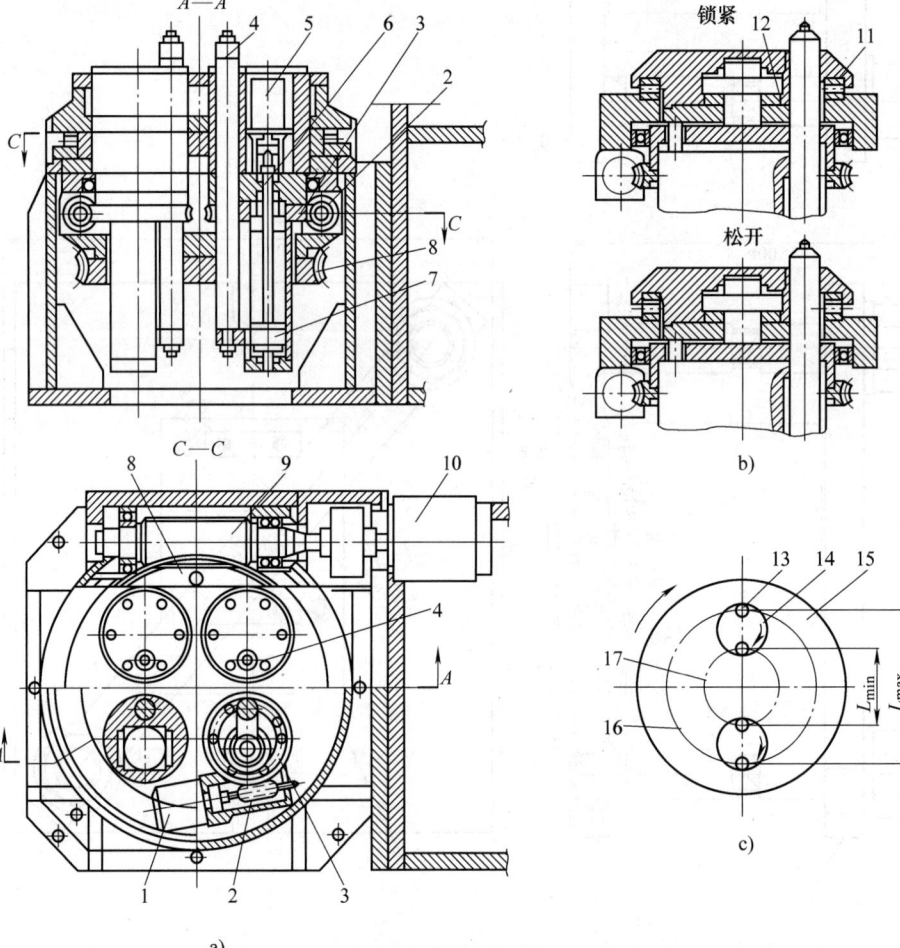

图7-301 水平定位回转式自调数控工作台
1、5、10—步进电动机 2—小蜗杆 3—小蜗轮 4—定位轴 6—丝杆 7—螺母
8—大蜗轮 9—大蜗杆 11—鼠牙盘 12—液压缸 13—定位销 14—回转轴
15—回转台 16—定位销中心距 L 最大变动范围 17—定位销中心距 L 最小变动范围

为使工件定位稳定可靠，每个定位轴设有鼠牙盘式锁紧装置（见图7-301b），当进行回转调整时，先由液压缸12使鼠牙盘11脱开，步进电机驱动小蜗轮副2和3，使定位销4回转到所需位置。调整范围见图7-301，然后液压缸动作，使鼠牙盘啮合达到锁紧状态。

夹具上方的夹紧装置（参见图7-300），其回转动作与水平回转工作台的原理相同，夹紧工件的动作由夹紧液压缸1实现。由于此类数控夹具虽经开发，但因机电结构复杂，成本高昂，使应用范围受限，推广使用不多。

有关可调夹具和组合夹具可查阅本手册第8章和第9章。

第8章 可调夹具和成组夹具

8.1 概述

可调整夹具（简称可调夹具）和成组夹具是在通用夹具和专用夹具的基础上，为适应多品种、中小批量生产要求而发展起来的两种比较先进的新型夹具。其通用化程度介于通用夹具和专用夹具之间。可调夹具和成组夹具在概念、结构、适用条件及其设计和应用方法上，既有相似之处，又有其各自的特点。

8.1.1 可调夹具和成组夹具的定义和分类

1. 定义

1) 可调夹具通常又称通用可调夹具。它是根据一些结构相似、尺寸不同的工件的相似工序，由企业设计、制造，具有一定适用范围的通用性夹具。也可简述为：基于相似工件的相似工序而设计的通用性夹具。相似工件是指一类形状、结构、材料、尺寸等工艺属性相同或相近的被加工零件；相似工序是指相似工件的同名工序，其加工设备、安装方式相同，加工表面形状相同或相似而其尺寸、位置有差异。相对于成组夹具，可调夹具的加工对象品种、数量多而不确定，其调整构件较多，适用范围较广。

2) 成组夹具是按成组技术原理，在零件分类成组的基础上，针对一组（或几组）特定的相似零件的一个（或几个）成组工序而设计、制造的夹具。所谓成组工序是指成组工艺规程中的工序。成组夹具既有专用夹具的某些特点，又有对工件特征在一定范围内变化的适应性。相对于可调夹具，其适用范围较小，加工对象明确（品种及其生产纲领），生产效率和加工精度较高。成组夹具也称之为专业化可调整夹具。

实际生产中从结构上看可调夹具和成组夹具之间的界线是模糊的，其区别主要是通用可调夹具通常由专业夹具制造公司生产后作为商品市售，成组夹具由产品公司自行设计、制作或外包制造，但这些条件也是随机和不确定的。

2. 分类

同其他夹具一样，可调夹具和成组夹具也可以从不同角度，依据不同的属性或特征进行分类。例如：按其使用的机床，可分为车床、铣床、钻床或加工中心可调夹具和成组夹具；按其夹紧力来源，可分为手动、气动或液压可调夹具和成组夹具；按照其一次安装的工件数量，可分为单件或多件可调夹具和成组夹具；按照加工零件的结构类型，可分为回转体类零件、非回转体类零件用的可调夹具和成组夹具等。

8.1.2 可调夹具和成组夹具的结构特点及适用场合

1. 结构特点

可调夹具和成组夹具的结构均由基本或通用部分（如夹具体）和可调整部分（如夹紧装置、定位元件）组成；可调整部分按其调整的方式又分为调整构件和更换构件。各部分均由标准和（或）非标准的零、部件构成。由于两者的适应范围和加工对象的确定性程度不同，成组夹具的结构通常比可调夹具更紧凑、更轻便。

2. 适用场合

可调夹具的加工对象不甚明确，其品种、数量较多，其投产的件数变动较大，且根据调整的方法适用于结构不同的工件，它最适合于品种多、件数少的机修、单件和小批量生产场合。

成组夹具的加工对象及其生产纲领明确，通常多根据更换夹紧或定位元件的方法适用于零件组内的不同工件，以减少辅助时间、保证加工精度，它主要应用于实施成组加工的多品种、中小批量生产企业的成组车间、成组单元或成组单机。

8.1.3 可调夹具和成组夹具的标识方法

可调夹具和成组夹具的标识方法通常可分为两种：专用编号法和分类编码法，分类编码法参见第1章相关内容。

所谓专用编号法，即先按企业现行的专用夹具图样编号规则，对可调夹具或成组夹具的总成（图）及其所属的非标准零、部件图样进行编号，再根据需要适当附加些特定的字符，以示区别。例如：在夹具总图号左边可添加大写汉语拼音缩写字母 KT 或 CZ 表明该夹具为可调夹具或成组夹具；夹具基本部分的零、部件可照用专用夹具现用的编号方法，也可在其非标准零、部件图号的左边添加大写字母 K 或 C 表明其是从属于可调夹具或成组夹具；对调整件和更换件，可在其图号左边添加大写字母 KT 或

KH，表明该零部件为可调件或可换件；为区分在总图中位置、形状相同而仅尺寸、规格不同，适用于不同工件的可调件或可换件，还需要在其图号的右边续加小写英文字母（a、b、c、d…视其件数多少而定），并需填写特制的与所使用工件（图号）相对应的"调整更换件表"。该标识方法符合传统习惯、推行阻力小，在方便应用的前提下，其具体形式可由企业自定；但它也继承了隶属式专用图样编号法的先天弊病，如不利于夹具及其零部件的借用、通用和标准化，助长了非标准夹具及其零、部件的人为多样化。它常用于没有夹具分类代码系统的企业。

8.1.4 可调夹具和成组夹具的应用效果

采用可调夹具和成组夹具的效果，分为可定量描述的技术经济效益和难以计算的非直接经济效益。后者通常指缩短新产品研制周期，提高企业的竞争能力、市场占有率、按期交货率等经营指标。应当指出：从企业长远发展的角度着眼，考虑夹具理念更新及其结构合理化给夹具设计现代化打下的科学基础，及其对促进企业工装准备等领域经营活动科学化的深远影响，可以说，应用可调、成组夹具的长远、巨大效益是在后者和"明天"。

1. 可调夹具和成组夹具的技术经济效益

国内外不同行业的广泛实践表明，在以专用夹具和通用夹具为主的传统制造企业，应用、推广可调夹具和成组夹具，在下述几个方面可取得显著效果。

1）缩短夹具准备周期，充分利用夹具的有效寿命（不因产品换代而报废专用夹具）；
2）降低夹具的原材料消耗（一个专用可换件即可代替一套专用夹具）；
3）降低夹具准备费用（设计、制造工时和材料费）；
4）节省夹具存放面积；
5）提高生产效率，保证加工质量，降低劳动强度；
6）促进夹具及其零、部件的规范化、系列化、标准化。

2. 应用成组夹具的经济效益举例

由于可调夹具加工对象的不确定性，应用的广泛和长期，但不能保证连续使用，致使其应用经济效益难以准确计算。表8-1是20世纪80年代至90年代在全国五个不同地区、不同机械制造企业实施成组技术中应用成组夹具的经济效益汇总。

表8-1 应用成组夹具的经济效益

应用单位	成组夹具/套	替代的专用夹具/套	设计工时节省（%）	制造工时节省（%）	材料消耗节省（%）	库房面积节省（%）	夹具总费用节省（%）
某市	23	595	72.4	68	63.7	70.5	69
某机械厂	36	938	93.3	88.5	89.3	87.2	89
某公司	8	199	90.6	94.2	88.7	92	93.2
某机械厂	7	149	51.3	61.9	79.4	—	60.2
某纺机厂	30	240	70	70	—	—	—
总数或均值	104	2121	75.5	76.5	80.3	83.2	77.9

表8-1的数据表明：虽然基于地域、行业、产品、夹具数量以及具体算法的差别，其相对节省数据有所不同，但与专用夹具比较，成组夹具在设计工时、制造工时、材料消耗、库房面积、夹具总费用各项的节省均值大都在七成以上；每套成组夹具可代替20套左右的专用夹具，且成组夹具的实际获益将随着加工对象品种、件数的增加而增长。

8.2 成组夹具的设计与应用

基于可调夹具加工对象品种多而不确定，其原理、结构与成组夹具无本质差别，本节仅讨论成组夹具，且主要介绍一些与专用夹具设计不同的有关事项。所述内容原则上也适用于可调夹具。

8.2.1 成组夹具的设计依据、原则、程序和附加说明

1. 成组夹具的设计依据

1）成组夹具设计任务书（含夹具名称、编号或编码，动力源形式，机床名称、型号，工件品种及其数量，零件组的工序图等）。
2）该零件组的成组工艺规程。
3）该零件组的全部零件图样。还可参考其原来使用过的专用工艺过程及该工序所使用过的夹具图样等有关工装设计资料。

2. 成组夹具的设计原则

1）能迅速、可靠地安装零件组中任何一种零件；且应力求夹具结构紧凑、调换方便，保证定位准确、操作安全。
2）具有足够的精度、刚度和较长的寿命（特别是通用的基本部分），能满足本组工序所需加工的任一工件的技术要求。
3）具有较好的工艺继承性和体现对产品发展的预见性，以适应不断增加的同组新零件的需要。

4) 夹具与成组生产批量相适应。在考虑成组批量和经济性的前提下，尽量提高成组夹具的生产效率。如采用高效、机动（气动、液压等）、联动夹紧机构和多件安装、快换元件等。

3. 成组夹具的设计程序

图 8-1 是成组夹具的设计程序。它全面、简要地说明了在企业中设计成组夹具的具体流程。成组夹具设计的主要特点和难点是：基于多种工件和长远思考给设计带来的多元分析、综合构思的复杂性。

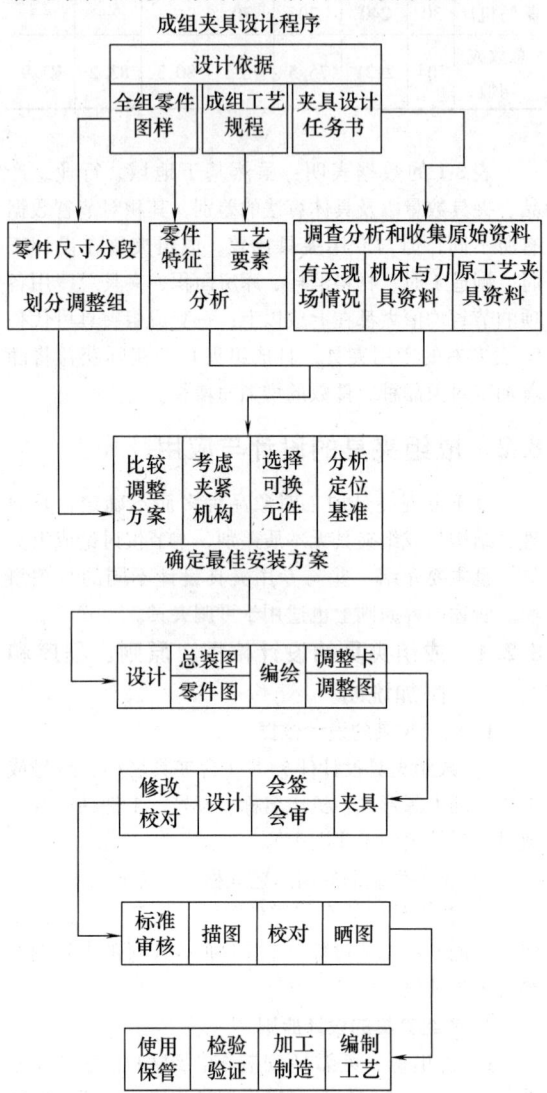

图 8-1 成组夹具的设计程序

4. 成组夹具设计的附加说明

1) 估算最小夹具容量（一套成组夹具加工工件的最少品种数），以保证成组夹具的经济性。即确保使用成组夹具时单个工件的夹具费用低于使用专用夹具的单件夹具费用。最小夹具容量可按下述算法估算：

最小夹具容量 = 成组夹具基本部分成本/（专用夹具成本 - 成组夹具可调换元件成本）

算法中的成本单位相同且均为单套或单件的平均成本。计算分析表明：通常一套成组夹具加工三种以上的工件就能获得经济效益，且其效益随工件品种数的增加而增大。

2) 估算最大夹具容量（一套成组夹具加工工件的最多品种数），以保证足够的生产能力。适当划分尺寸段，保证成组夹具结构的合理性。当成组夹具加工工件的品种和件数太多，用一套夹具可能完不成生产任务时，通常不重复制造多套成组夹具，而是合理划分尺寸段，另外设计结构相似而尺寸不同的成组夹具，以保证其结构紧凑和必要的生产能力。最大夹具容量可按下述算法估算：

最大夹具容量 = 计划期内可利用的工时数/（计划期内一种工件的件数 × 单件工时）

算法中工时的单位相同且工件的件数及其单件工时均为平均值。实践表明：通常用一套成组夹具可加工 10~20 种工件；最大夹具容量与工作班数及产品批量、单台件数、工件复杂性、工序分散程度等多种因素有关。当同组工件尺寸过于分散时，为使夹具结构紧凑、方便应用，有时也采用"尺寸分段法"设计多套结构相似、尺寸不同的成组夹具。为留有余地，通常成组夹具实际加工的工件品种数要小于最大夹具容量。

3) 设计成组夹具的重点是精心设计其基本部分。认真比较、选择其结构方案和妥善处理好其精度、寿命、结构刚度之间的关系，对夹具整体性能有着决定性的影响。例如：为持久保持其高精度，可采取提高表面硬度、镶嵌硬质合金片；为解决轻便、紧凑与刚度的矛盾，可采用高强度材料、壳形本体、设加强肋等措施。

4) 尽量采用快换定位元件和快速、机动、安全的夹紧装置，以保证精度、提高效率、降低劳动强度。对功能结构相同仅尺寸不同的夹具零件（如可换定位件），可采用"填表选用法"快速设计。即只需将其本身的主要尺寸和其应用工件的图号、工序号填入特定表格（有关部门协定），而不必绘制其图样。

5) 为防止相似工件的错装，应采取适当的"防误装"措施。例如：增设"防错装"机构、采用判别标记以及建议修改零件图等。

6) 设计数控、加工中心机床用成组夹具的注意事项：编程员应向夹具设计者提供刀具运动轨迹图；夹具图要按照夹紧和装卸状态 1:1 精确绘制；要绘制充分表示刀具外形的投影和断面图，以防刀具与夹具相干涉；借用或修改已有夹具图样时，编程员与夹具设计者应及时商讨等。

5. 调整件设计

设计成组夹具的关键之一就是可调整部分的快速准确更换和调整,以及各种快速更换机构的设计技巧。虽然成组夹具中的调整件在整个夹具中所占比例不大,但这部分设计的优劣,对成组夹具能否保证精度和正常使用影响很大。

对调整部分和调整件的基本要求是:

1) 结构简单紧凑,调整方便。
2) 调整件装拆迅速、所需时间越短越好。
3) 能保证要求的加工精度。
4) 为便于成组夹具的使用和管理,减少调整件的数量,希望调整件能有一定的通用性和继承性。

成组夹具上调整件的调整方法可以归纳为以下四种:

1) 用移动或调节定位元件的方法。
2) 重新布置或重新固定各定位元件。
3) 全部或局部更换定位或其他需要更换的元件。
4) 同时用调节位置和更换元件的方法。

一般来说,前两种方法调整快,但只适用于基准尺寸相同但结构形状有变化的各种零件。而后两种方法适用于同组零件中基准或结构形状都有一定差别的各种零件。

各种调整件和夹具基体的连接方式,既是调整件设计也是夹具基体设计的重要问题,目前这类连接结构有:T形槽结构;坐标螺孔结构;坐标螺孔和定位槽结构;短T形槽结构(采用特种螺钉);燕尾槽结构等五种方式,如图8-2所示。各种结构各有优缺点,应区别不同情况分别使用。通常,T形槽结构调换调整迅速,如用定位键位置准确,但缺点为夹具体厚度H增加,基体结构笨重。螺孔结构可使夹具体减薄重量减轻,但调整件装拆时,精度不高,切屑清除困难。因此图8-2c带坐标螺孔和定位键槽的结构可弥补前两种结构的部分缺点。图8-2d 短T形槽结构因槽穿通又无底层,故较薄且重量轻,也兼有T形槽和坐标螺孔的优点,但T形槽两头不通,一般槽用螺栓无法从上面装入使装配困难,改用图8-2e结构使槽用螺钉头宽b小于B,装拆就方便了。但短T形槽因槽宽磨削困难,定位精度不如图8-2a高。图8-2f 燕尾槽结构其优缺点和T形槽相似,但厚度H比T形槽小,故重量也可减轻,缺点是为了达到较高的定位精度,燕尾槽的磨削较为困难。

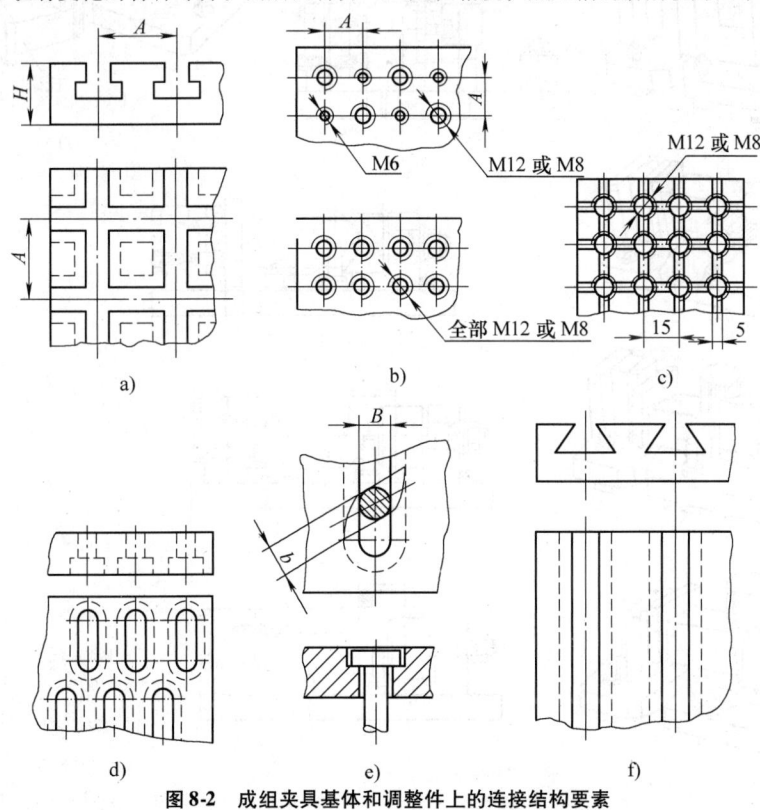

图8-2 成组夹具基体和调整件上的连接结构要素
a) T形槽结构 b) 坐标螺孔结构 c) 坐标螺孔和定位槽结构
d) 短T形槽结构 e) 特种螺钉用于短T形槽 f) 燕尾槽结构

为了减少调整件的数量，也希望调整件能做到一件多用或多次重复使用，这就是设计复合调整件。普通调整件是为一种零件一道工序设计的，而复合调整件既可为同组数个零件所共用，也可为一个零件同一工序的不同工位，或不同工序所共用。现举一些复合调整件的实例。

1) 应用组合化原理，用少数调整件组合成几个工序所需的定位和夹紧。如图8-3f为在台虎钳上铣削托架不同平面的复合调整件实物图。钳口可更换的平口钳是夹具基本部分，不同钳口为调整件。调整件固定在台虎钳的钳口上，调整件总共只有3件，按照定位和夹紧的要求，经过组合，对托架工件在5个工位上实现安装，如图8-3a～图8-3e所示。调整件由两个定位钳口和一个夹紧钳口组成，每个钳口的两面均设有定位或夹紧面。从图8-3f可见，通过改变定位钳口上V形铁的位置，就可得到不同的定位。

2) 改变调整件的位置，使零件得到不同工序的各种安装位置。如图8-4所示，在全部工序中零件的定位基准和夹紧面始终不变，即相对于回转定位板1固定不动。回转定位板可绕定位钳口2的回转轴线回转，并通过定位钳口上的菱形定位销4，使零件得到4种不同的位置来实现各面和孔的加工。图中3为夹紧钳口。

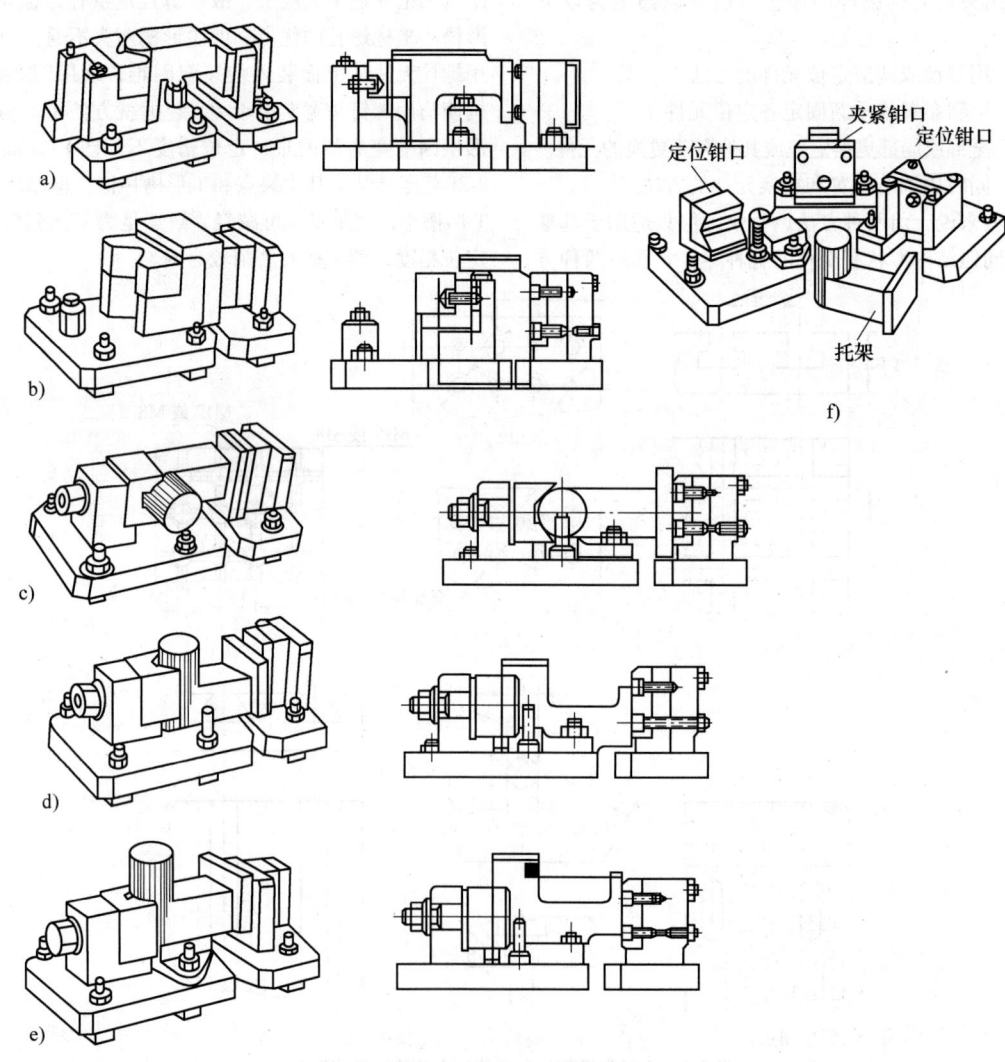

图 8-3 调整件的组合应用

第8章 可调夹具和成组夹具

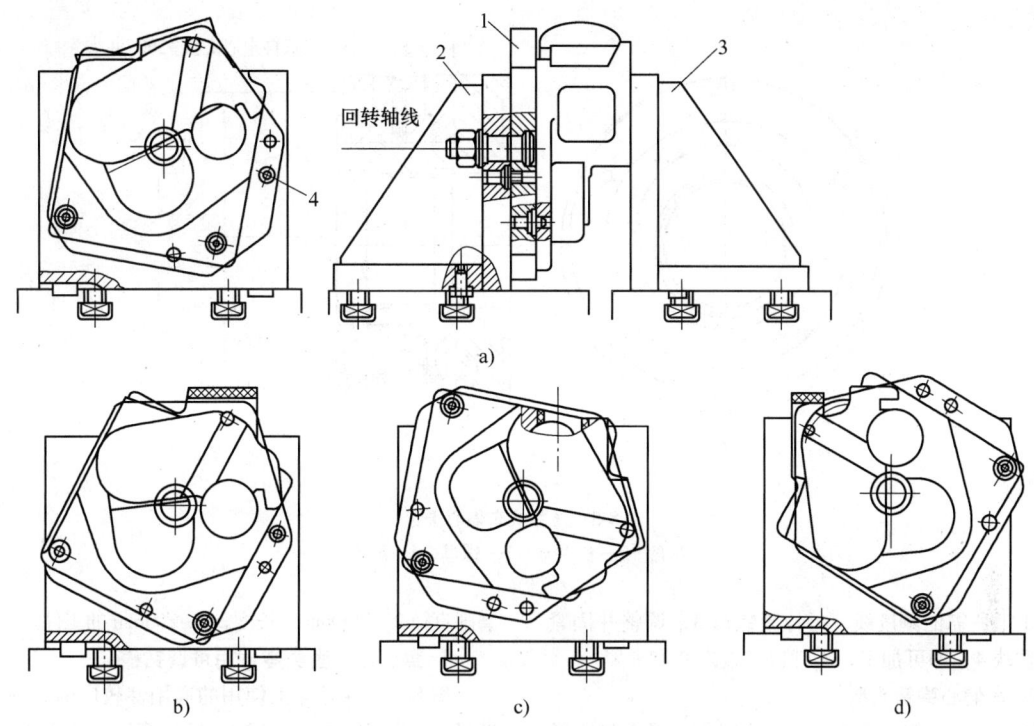

图 8-4　改变调整件位置得到不同安装方案
1—回转定位板　2—定位钳口　3—夹紧钳口　4—菱形定位销

8.2.2 成组夹具的应用与管理

1. 成组夹具的制造、检验

1) 对"填表选用法"设计和常被借用的夹具零件,可按标准化的要求编制典型或标准工艺规程。

2) 将可调换部分安装于基本部分,并在机床上试加工精度要求较高的工件,经检验工件合格之后方准投入生产。

3) 除同专用夹具一样进行周期性鉴定之外,按需要对易磨损的零部件制定专用检测规则。

2. 成组夹具的装调、管理

基于不同的生产组织形式,成组夹具的组装、管理的方式不尽相同。通常可分为两种情况:

1) 在全面实施成组技术、成组加工系统的企业,成组车间的成组加工单元或成组生产组是成组夹具的使用、保管单位。除夹具鉴定需外单位协助之外,成组夹具的安装、调整、维护、保管等有关事务全部由其使用者承担。"责、权、利"的协调统一,可取得简化、经济、方便的效果。

2) 在传统机群式设备布置的车间里进行成组加工(成组单机)时,成组夹具通常是由车间工具室保管,根据生产需要向使用工人出借。成组夹具的组装、调整,可因地制宜地采取适当做法。例如:由工人自行负责;配备高水平的专业装调人员;由车间夹具修理站负责;由厂内夹具装调站或组合夹具站负责等。

实践表明,科学地储存、管理成组夹具对成组夹具的有效应用具有决定性的意义。例如:将成组夹具的基本部分和调换部分,相邻、分格地存放在特制的"多格柜架"中,既可节省库房的空间,又能快速准确地存取。它类似于中药房的"多斗大柜"。夹具的基本部分独居大格且设置在便于存取的部位,而与其配套使用的几种尺寸较小的可换件则分格共置于大格邻侧的小抽屉,且各有其醒目的名目标记。国内实践表明,杂乱堆放形状、尺寸相似的夹具可换件,会造成出错引发严重的质量事故。

8.3 可调夹具示例

8.3.1 回转体类零件用可调夹具示例

1. 法兰式车偏心卡盘

图 8-5 是与三爪自定心卡盘配合使用的车床可调夹具。用以加工具有偏心结构的盘、套和短轴类工件。花盘 1 具有 0°~10°的刻度线,表示偏心距范围为 0~10mm;法兰盘 2 上有"0"度刻线。根据工件偏心距的尺寸,松开螺母 3,将法兰盘 2 的"0"度刻线对准

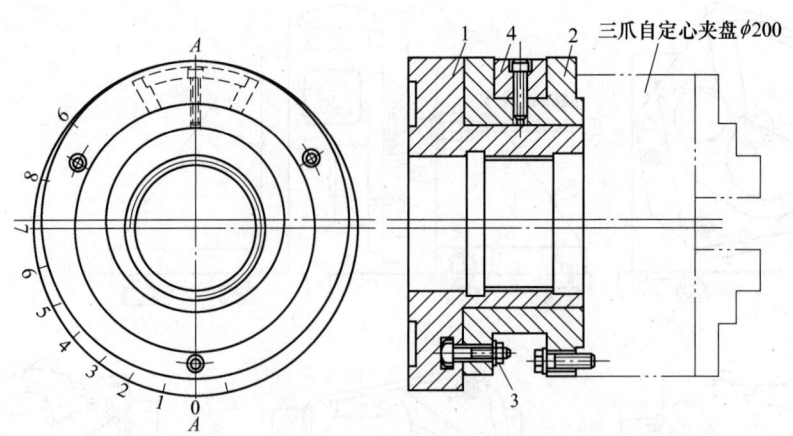

图 8-5 法兰式车偏心卡盘
1—花盘 2—法兰盘 3—螺母 4—配重块

花盘 1 上所需的刻度线，再拧紧螺母 3，调整并固紧好配重块 4，即可加工。工件以卡盘定心和夹紧。

2. 车偏心弹簧夹头

图 8-6 是车偏心弹簧夹头。用以加工具有偏心结构的小型轴、套类工件。松开内六角螺钉 2，借助轴 3 和夹头体侧面的刻线和标尺，调整两个滚花螺钉 1 至所需要的偏心距后，再拧紧内六角螺钉 2；把工件放入弹簧卡头 4 内，拧紧螺母 5 将工件定心、夹紧，即可加工。更换不同的弹簧卡头，即可加工不同直径的工件。

3. 长轴类零件用磨床可调夹具

图 8-7 是用于外圆和内圆磨床上的可调夹具。用以磨削长轴类工件的外圆和内孔。工件由卡盘经万向接头或用拨盘带动旋转。通过更换 V 形块 1 或不同厚度的垫块 2、3、4，以及调整两个 V 形块座之间的距离，可以磨削直径 25～130mm、长度 200～800mm 的工件。

4. 盘、轴、套类零件用可调钻模

图 8-8 是在钻床上使用的通用性较广的一种可调钻模。主要用以加工（钻、扩）盘、套及短轴类工件端面上的等分或不等分辅助孔。在钻模夹具体 1 中安装了回转台 5，其上边可安装夹紧工件的三爪自定心卡盘。当工件以内孔定位时，需取下三爪自定心卡盘，在锥套 8 中装入定位心轴。回转台 5 装有刻度盘 14，可作 360°回转，用以实现任意分度。刻度盘的圆柱部分，带有附加的分度线，与零位刻度盘 13 一起，可实现辅助孔的 2、3、4、6、8、12 等分。由插入分度孔中的对定销 6 保证分度精度。移动、更换钻模板 3 和快换钻套 4，可加工具有不同分度半径和不同孔径辅助孔的工件。图 8-9 是万能可调钻模可以加工的多种工件。

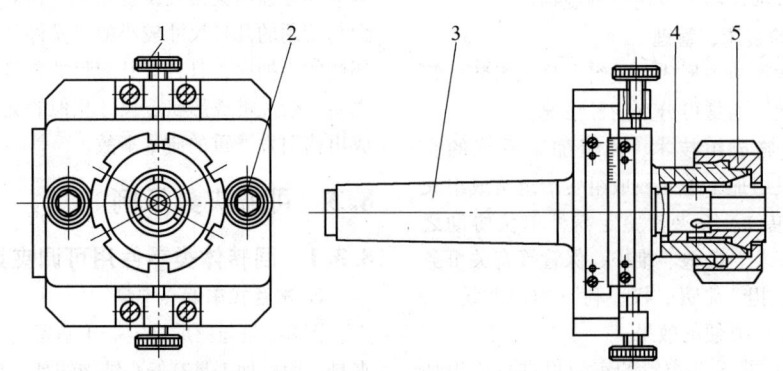

图 8-6 车偏心弹簧夹头
1—滚花螺钉 2—内六角螺钉 3—轴 4—弹簧卡头 5—螺母

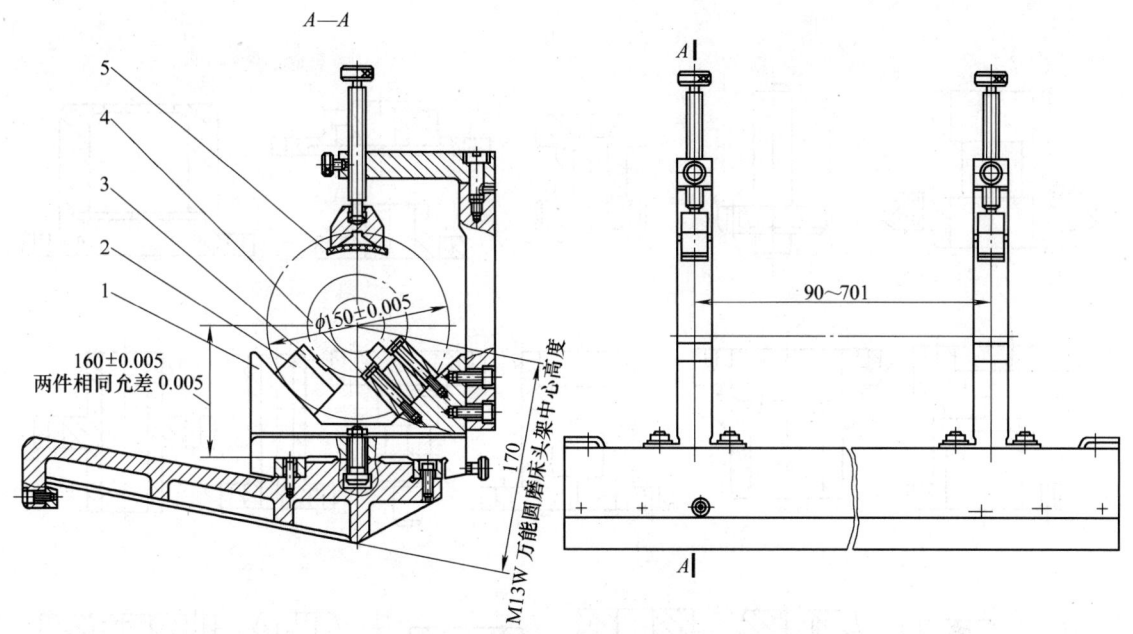

图 8-7 磨长轴内孔或外圆的可调夹具
1—V形块 2、3、4—垫块 5—毡垫

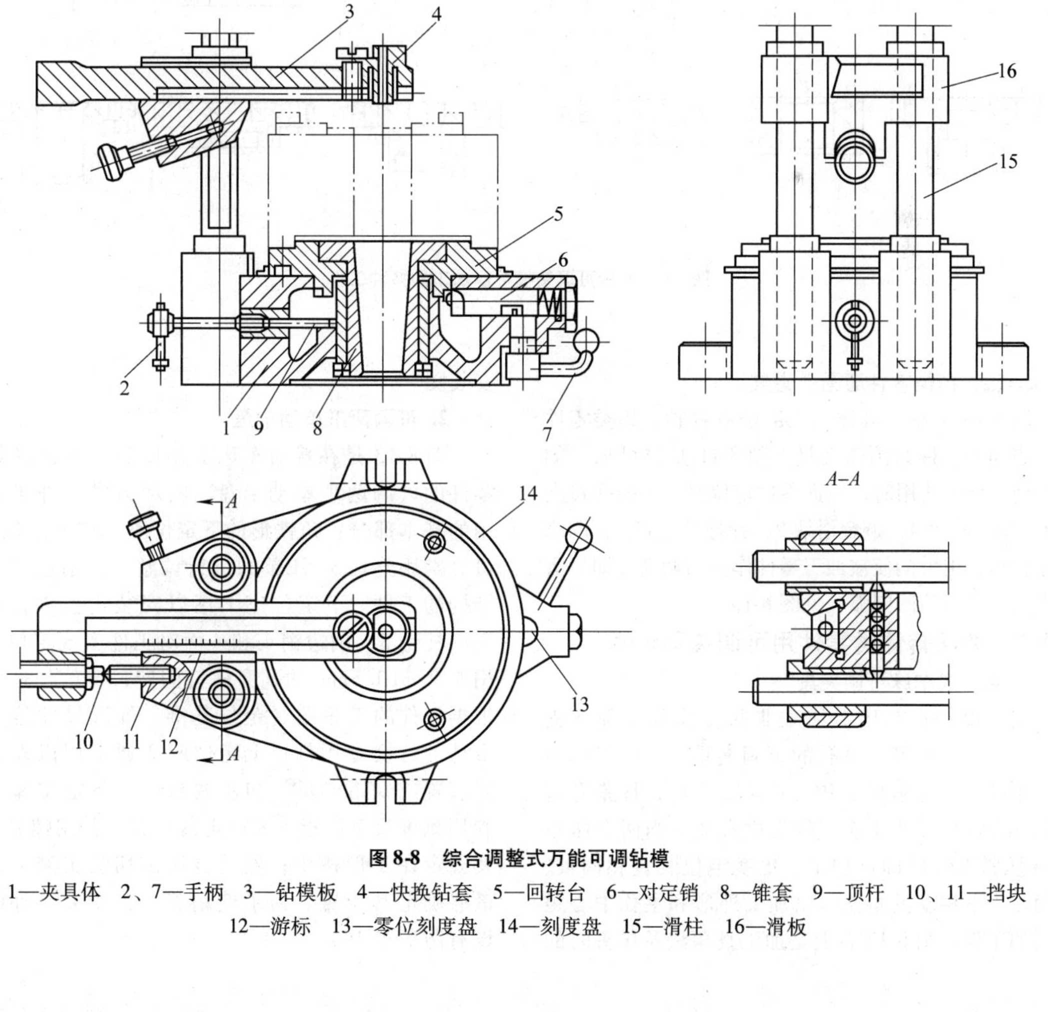

图 8-8 综合调整式万能可调钻模
1—夹具体 2、7—手柄 3—钻模板 4—快换钻套 5—回转台 6—对定销 8—锥套 9—顶杆 10、11—挡块 12—游标 13—零位刻度盘 14—刻度盘 15—滑柱 16—滑板

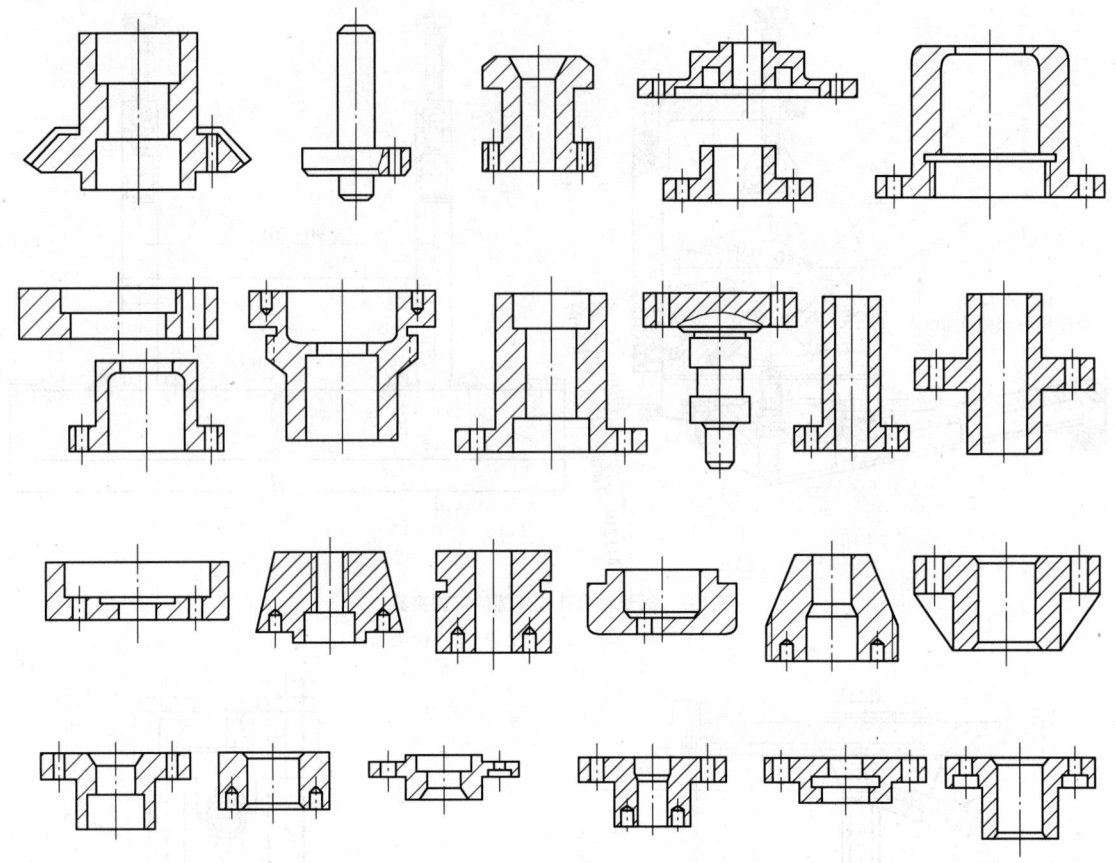

图 8-9 万能可调钻模可以加工的多种工件

5. 轴、销类零件磨圆弧夹具

图 8-10 是在工具磨床上磨削各种轴、销类零件圆弧表面的一种磨圆弧夹具,图 8-11 是其可加工的轴、销零件。使用时,根据零件定位尺寸更换弹簧夹头 1;对照标尺 4,调整滑块 2,并拧紧螺钉 3;围绕图左轴承,用手柄使被加工零件作左右摆动,即可磨削不同尺寸的凸凹圆弧,见图 8-10。

8.3.2 非回转体类零件用可调夹具示例

1. 弯板式车床可调夹具

图 8-12 是在车床上加工非回转体类零件(支座、直角法兰盘等)主孔的可调夹具。工件以底面和一个端面用支承板 1 和支承块 2 定位,拧紧螺钉 3 推动活动 V 形块 4 使工件对中夹紧,当两个压板 5、6 压紧工件后即可加工。更换定位装置和调整、紧固可上下移动的角铁,以加工外形和主孔中心距不同的工件。图 8-12 右上是加工直角法兰接头时的安装图。

2. 可调两爪单动卡盘

图 8-13 是在普通车床上用以加工非回转体类零件的可调两爪单动卡盘。图示为供多种工件通用的基本部分:角铁形的下定位座 1 和上定位座 2 可分别用丝杠 3、4 单独进行调整,以适应非对称结构的工件。下定位座 1 用以安装定位件,可利用圆柱销 5、削边销 6 和 A 面对工件实现定位,利用 4 个 $\phi10.5mm$ 的孔穿螺钉固定;定位件通常是根据工件的工序图(定位基准、外形尺寸等)而设计的可换专用件;上定位座 2 通常用以安装夹紧装置或专用卡爪。初步调整时,下定位座 1 可利用刻度尺 7 和指针 8 确定其位置,并用螺钉 9 将其固定在 T 形槽中;然后再用试切法实测工件以最终确定其位置。为了使用安全,在夹具外圆上设有防护罩 11。

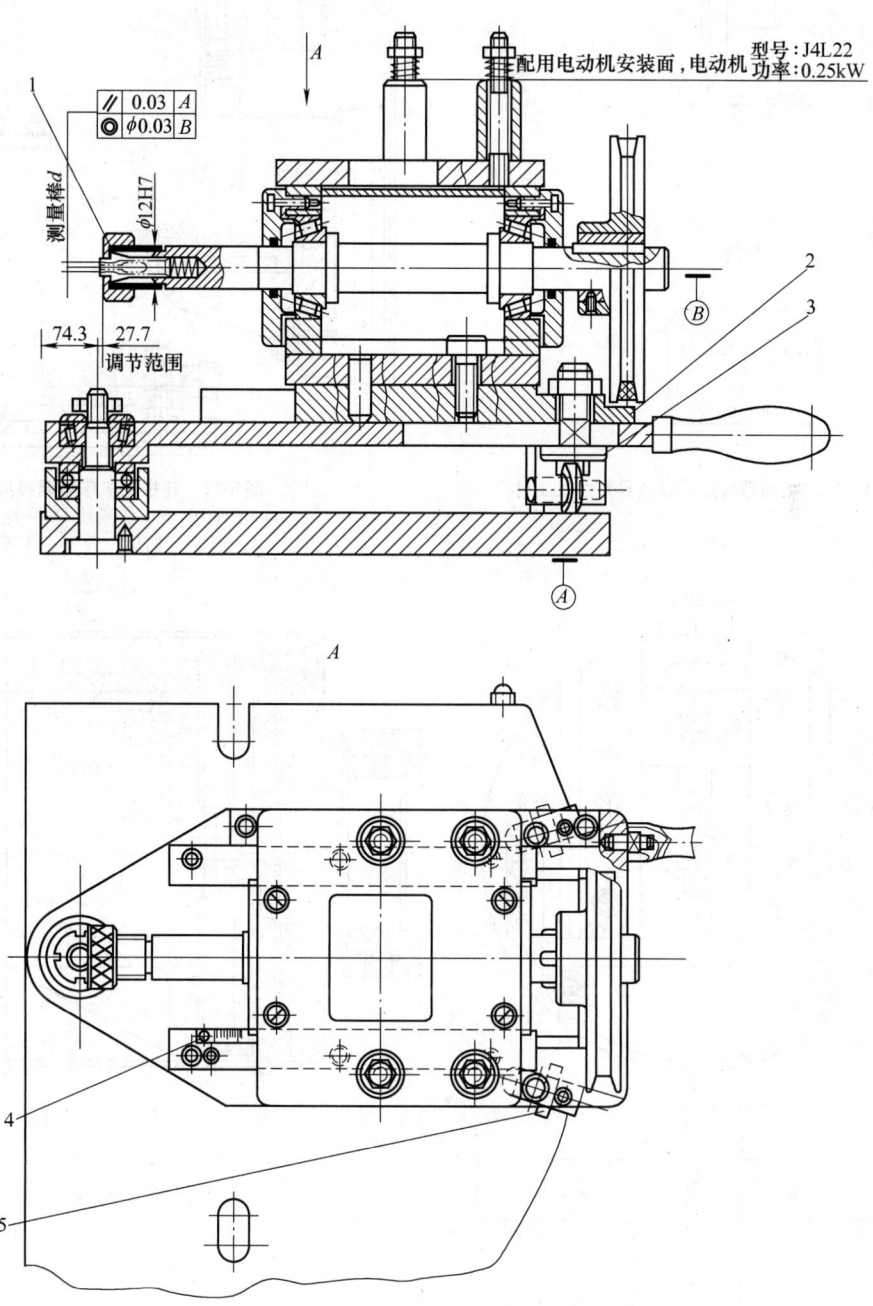

图 8-10 轴、销类零件磨圆弧夹具
1—弹簧夹头 2—滑块 3—螺钉 4—标尺 5—轴承

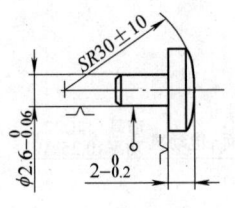
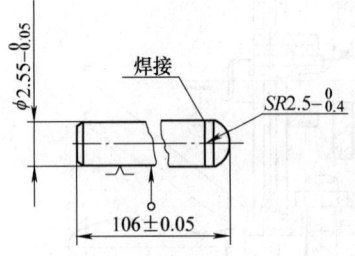

图 8-11 轴、销类零件磨圆弧夹具可加工工件

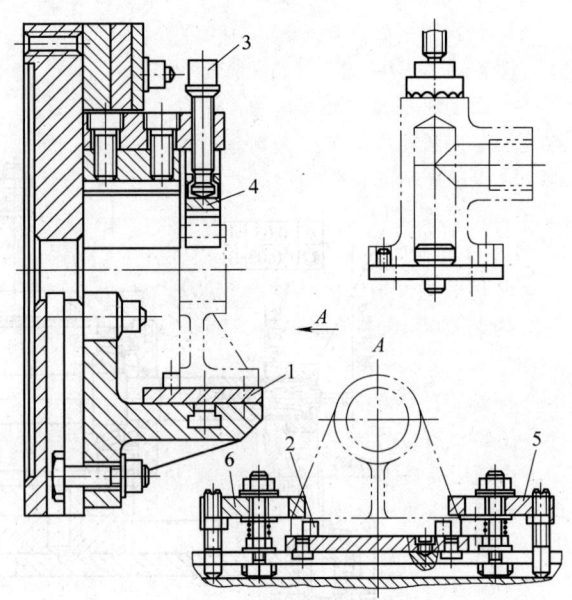

图 8-12 弯板式车床可调夹具
1—支承板 2—支承块 3—螺钉
4—活动V形块 5、6—压板

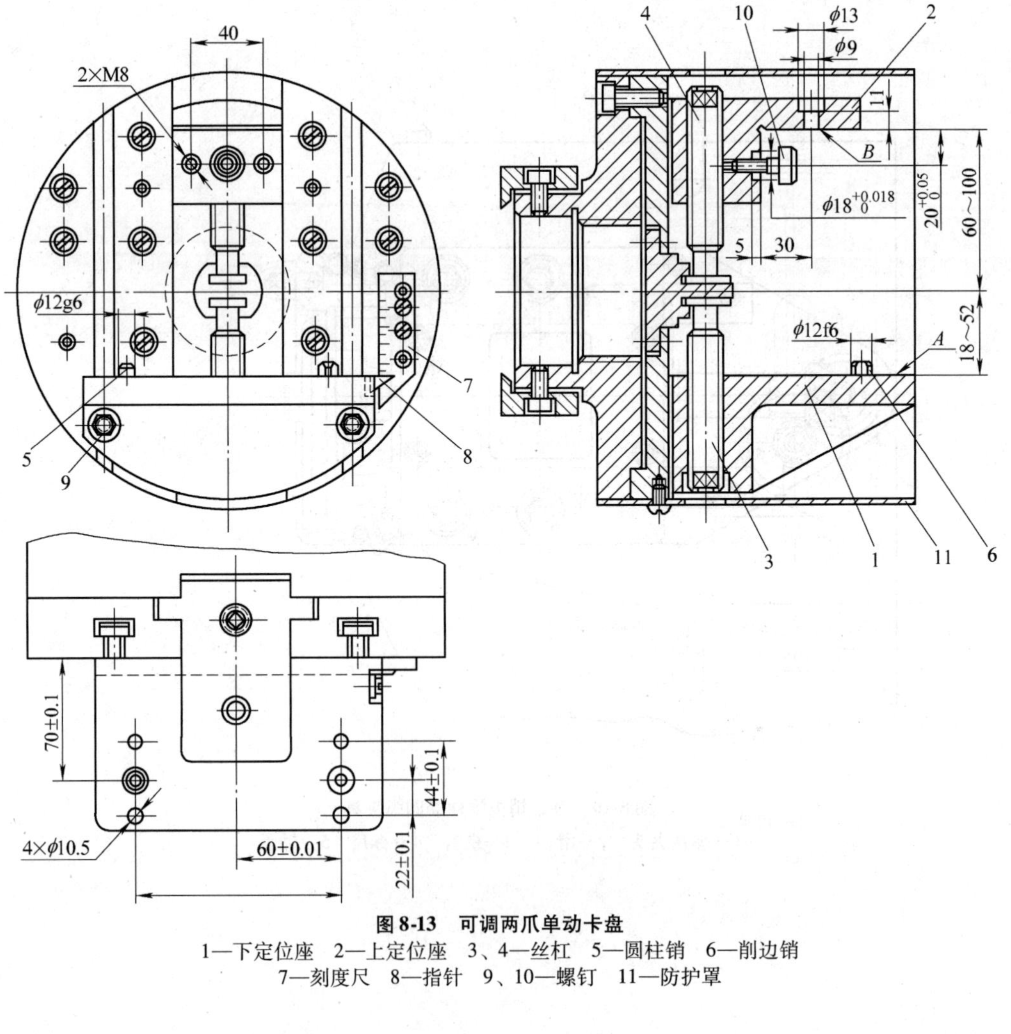

图 8-13 可调两爪单动卡盘
1—下定位座 2—上定位座 3、4—丝杠 5—圆柱销 6—削边销
7—刻度尺 8—指针 9、10—螺钉 11—防护罩

3. 铣拨叉平面可调夹具

图 8-14 是用以铣削拨叉叉脚平行平面的可调夹具。可换定位心轴 6 及其垫圈、螺母作为夹具的主要定位与夹紧元件，可在夹具体的长通槽中上、下调节，以适应不同长度的拨叉；可换对刀块 2 根据拨叉叉脚厚度选择；由弹簧 5、浮动压板 7、压板 8、手柄 4 和切向夹紧套 10 等组成的两个可调节的浮动夹紧机构，用以防止铣削时叉口部分的振动。该机构装在可调支承座 1 上，其位置由定位键 3 确定。

4. 镗销孔可调夹具

图 8-15 是在镗床上镗削叶片榫头销孔的镗床夹具，由通用夹具体和可换部件配套组成。更换可换部件，即可镗各种叶片榫头的销孔。当镗削某种叶片销孔时，设计者按叶片榫头设计可换元件定位块 5、压紧块 4 的结构尺寸和定位销 6 的直径。使用时，先在通用夹具基体端面直径 D 处，安装可换定位元件，用连接环 3 连接好。将被加工零件榫头侧面支靠在可换元件定位块 5 上，以定位销 6 确定零件被镗削孔位置。旋转手柄 2，通过拉杆 1 的作用，使可换元件压紧块 4 固定叶片。

5. 摇臂类零件磨圆弧面夹具

图 8-16 是在平面磨床磨削摇臂类零件圆弧表面的磨圆弧面夹具，可换元件以端面和两定位销孔定位，安装在转轴上。图 8-17 是其可加工的轴、销零件。使用时，被加工零件安装并夹紧在可换元件定位插销上，用手柄均匀摆动转轴 1 磨削圆弧面。转动外刻度盘 2，通过丝杆 3，带动拖板 4，实现进给。

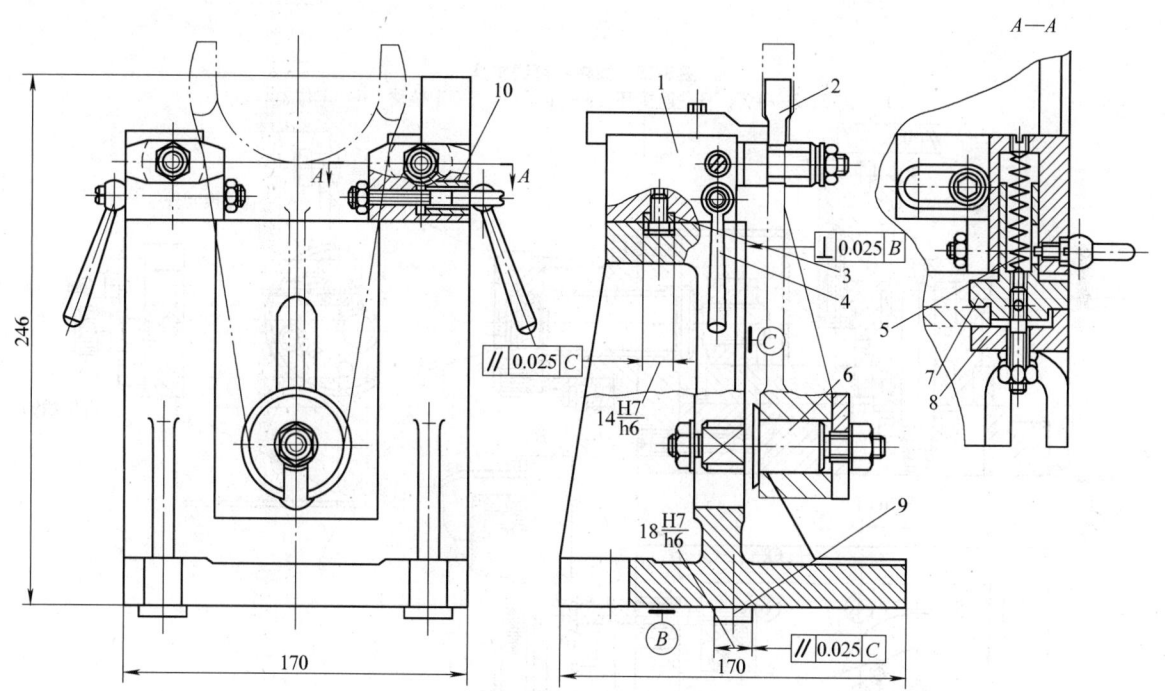

图 8-14　铣拨叉叉脚平面的可调夹具

1—可调支承座　2—可换对刀块　3—定位键　4—手柄　5—弹簧
6—可换定位心轴　7—浮动压板　8—压板
9—定向键　10—切向夹紧套

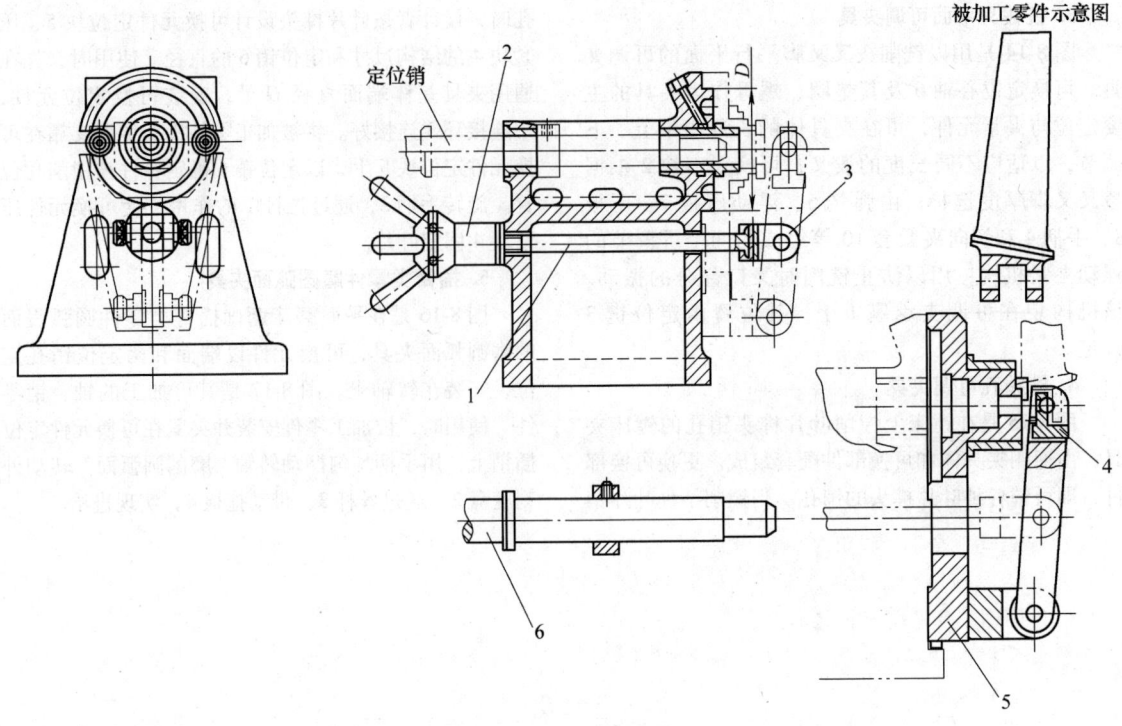

图 8-15 镗销孔可调夹具
1—拉杆 2—手柄 3—连接环 4—压紧块 5—定位块 6—定位销

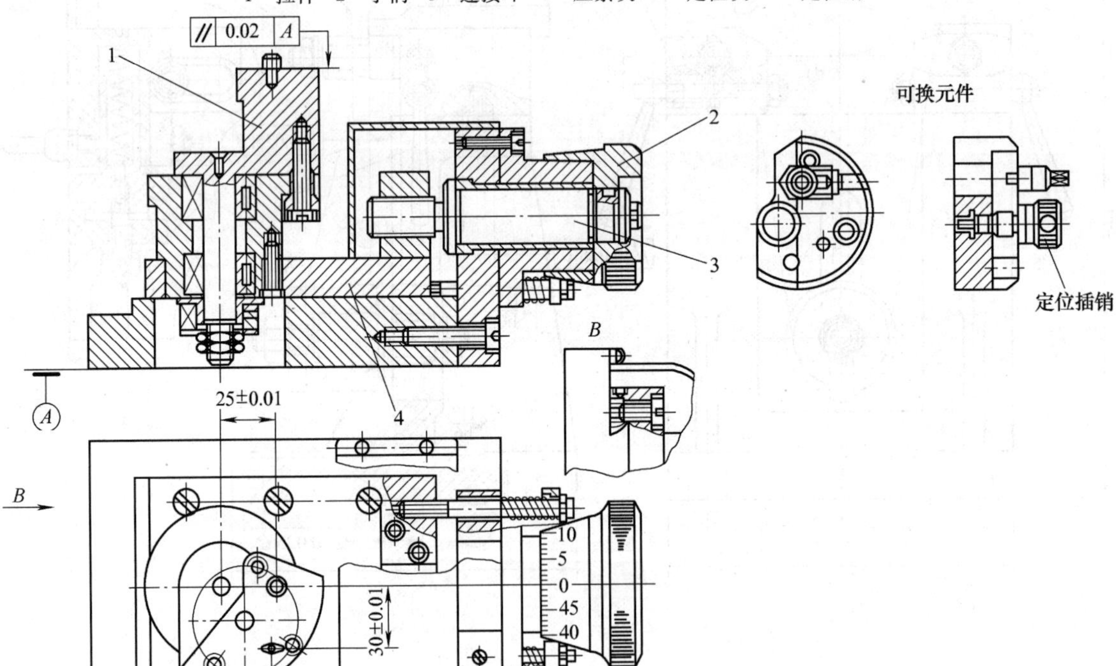

图 8-16 摇臂类零件磨圆弧面夹具
1—转轴 2—刻度盘 3—丝杆 4—拖板

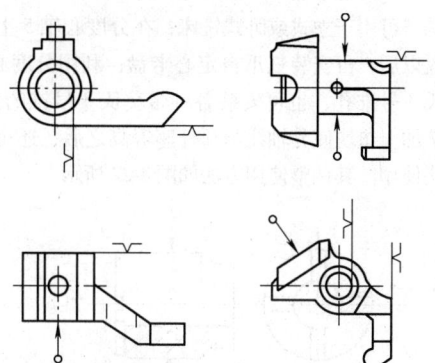

图 8-17 摇臂类零件磨圆弧面夹具可加工工件

8.4 成组夹具示例

8.4.1 回转体零件用成组夹具示例

1. 薄壁环、套零件组用车（磨）床成组夹具

图 8-18 是薄壁环、套零件组车（磨）外圆、端面的工序简图。工件均以其已加工的孔与端面定位，用弹性胀套将工件定心夹紧。其所用成组夹具如图 8-19 所示。该夹具是车床、磨床两用的可换式成组夹具。由于零件组定位孔径 d 变化范围较大（$\phi 26 \sim$ $\phi 50 mm$），故将其划分为五个尺寸段（见图右下方尺寸分组表）。为适应各种工件的安装，除夹具体 1 和传递夹紧动力的接头 2 之外，其余部均设计有与工件基准孔径相对应的若干种可换元件（序号左边加 KH）。

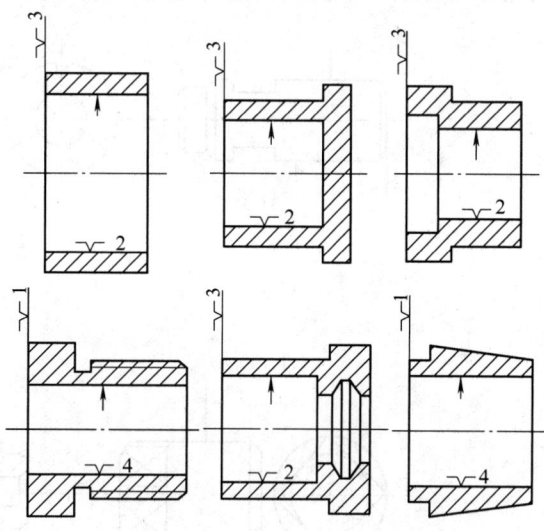

图 8-18 薄壁环套工序简图

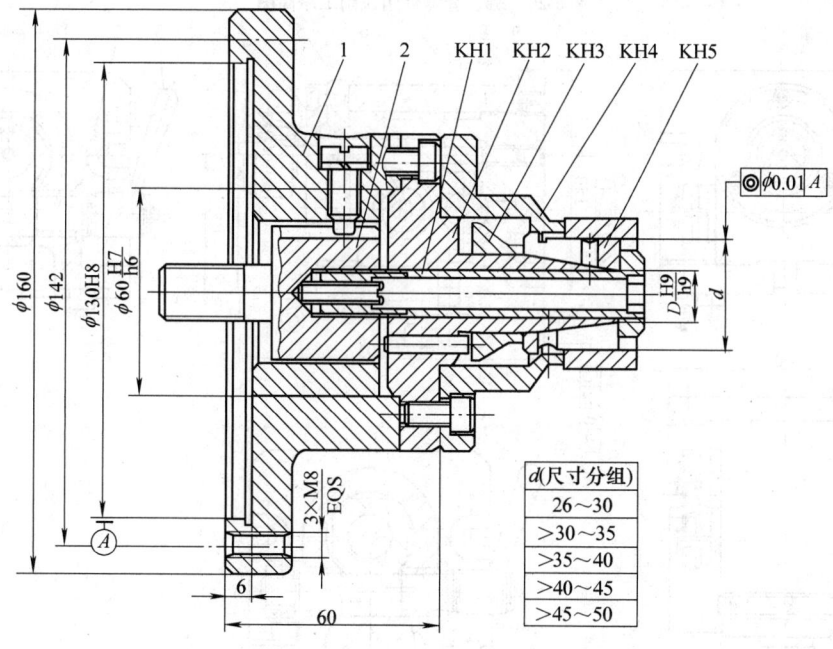

d（尺寸分组）
26～30
>30～35
>35～40
>40～45
>45～50

图 8-19 车（磨）床成组夹具

1—夹具体　2—接头　KH1—夹紧螺栓　KH2—定位锥体　KH3—顶圈
KH4—定位环　KH5—弹性胀套

2. 轴、套零件组铣削用成组夹具

图 8-20 是轴、套零件组铣削等分面的工序简图。图 8-21 是其用以铣削等分表面的成组夹具。利用两个偏心轴 1 和手柄 3 进行分度、锁紧，结构简单、操作方便；可完成 2、3、4、6 等分表面的铣削；底座 7 为卧、立两用结构，可用于立式或卧式铣床；在分度心轴 5 上加装过渡盘以后，可安装三爪自定心卡盘；利用分度心轴 5 的莫氏 3 号锥孔，也可安装各种带莫氏 3 号锥的夹头；底座 7 加上垫块使其轴线与顶针座等高之后，还可代替分度头使用。其调整使用方法如图 8-22 所示。

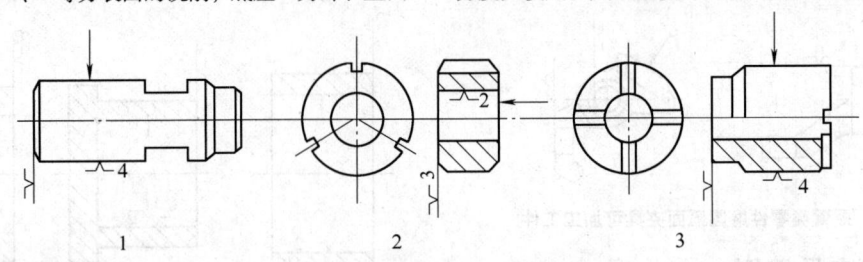

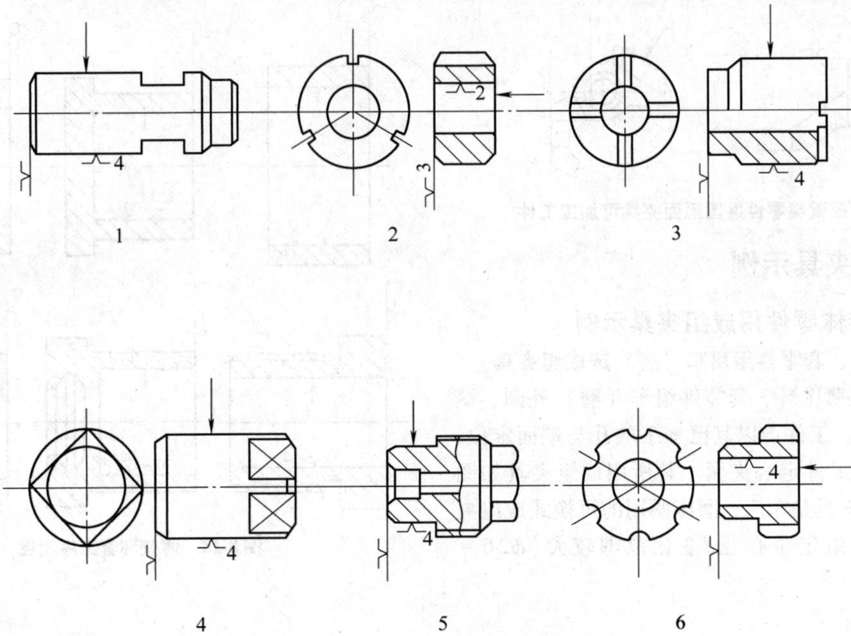

图 8-20　轴、套零件组铣削工序简图

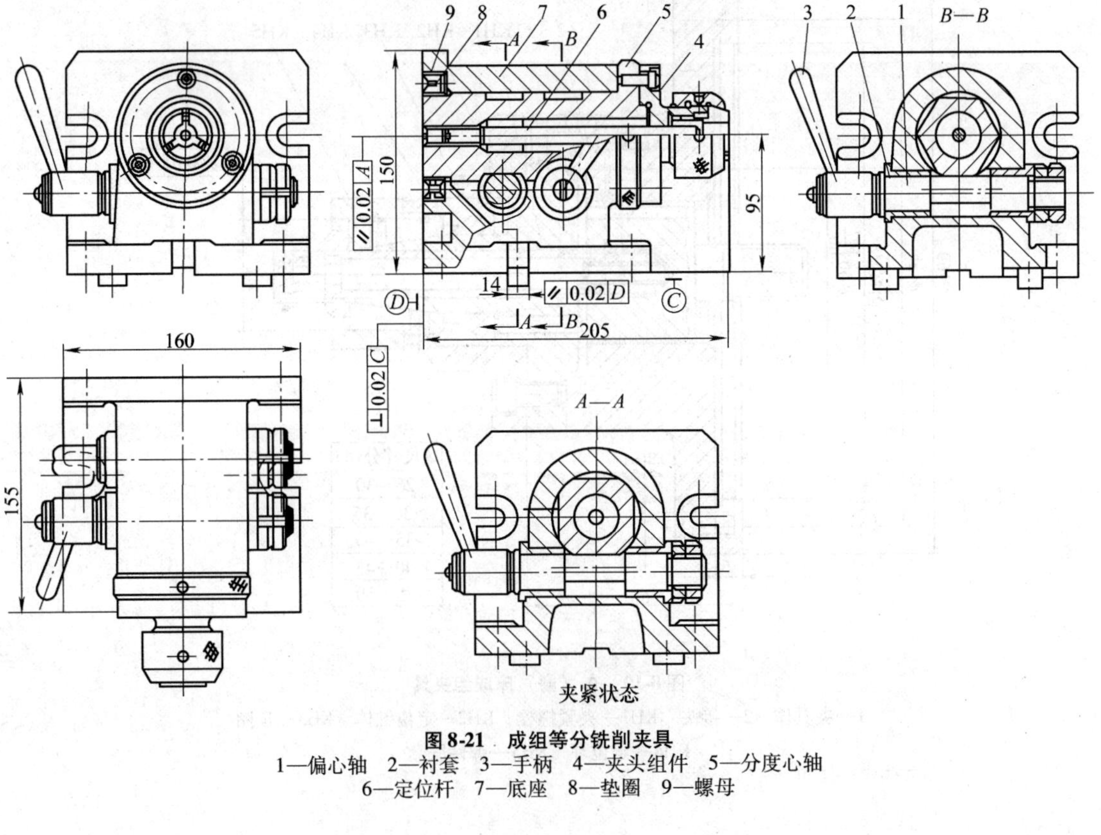

图 8-21　成组等分铣削夹具
1—偏心轴　2—衬套　3—手柄　4—夹头组件　5—分度心轴
6—定位杆　7—底座　8—垫圈　9—螺母

2、4、6等分平面（等分数取决于分度盘4的斜面槽数）。工件以外圆柱面和端面定位，可换件7是能自动定心夹紧的弹性夹头。分度装置的斜槽式分度盘4、凸轮3、棘轮9固连于主轴5；分度销的移动、手柄的摆动受壳体10和主轴5制约。夹具采用膜式可旋转气缸，结构紧凑操作简便。

4. 直管接头用成组车床夹具

图8-24是直管接头零件组的车削工序简图，工件以螺孔（图a、b、c）或外螺纹（图d、e、f）及其端面定位。图8-25为其所用的车床成组夹具，适用于加工面与螺纹轴线有同轴度或垂直度要求的各种直管接头和套类零件。用更换定位件1和垫圈2来适应零件组内不同定位基准类型及尺寸的工件。当旋松螺塞3，拉动销4上移，压缩弹簧使定位件1向外推出，使工件端面与垫圈2分离，工件便可顺利拆卸；旋装好新工件后，旋紧螺塞3，定位件1左移拉紧工件，即可加工。图8-26是该成组夹具的调整方法示例。

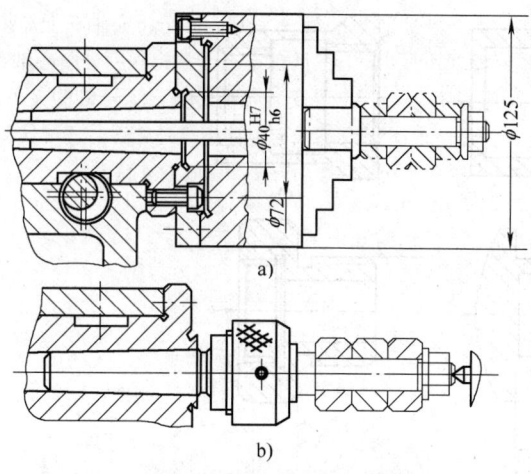

图8-22　成组等分铣削夹具调整使用方法示例
a) 装用三爪自定心卡盘的结构图
b) 装用带莫氏锥柄夹头的结构图

3. 轴、套零件组铣方用气动成组夹具

图8-23是可换式铣方气动成组夹具。用以铣削

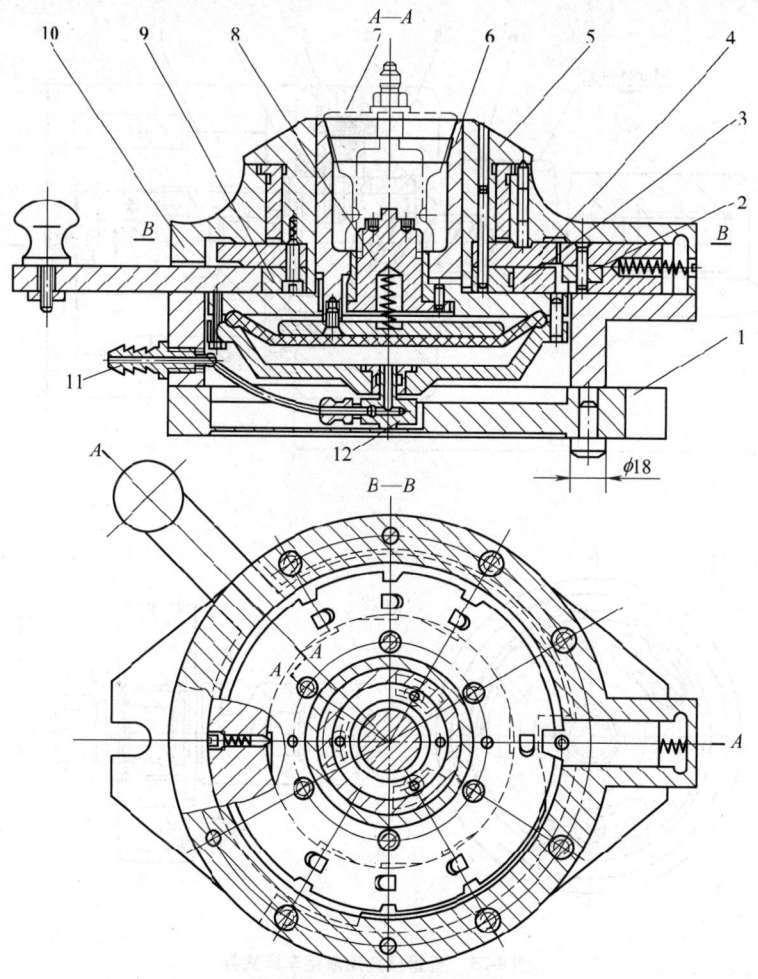

图8-23　铣方气动成组夹具
1—底座　2—滑轮　3—凸轮　4—分度盘　5—主轴　6—套筒　7—可换件　8—心轴
9—棘轮　10—壳体　11—通气管　12—转接管

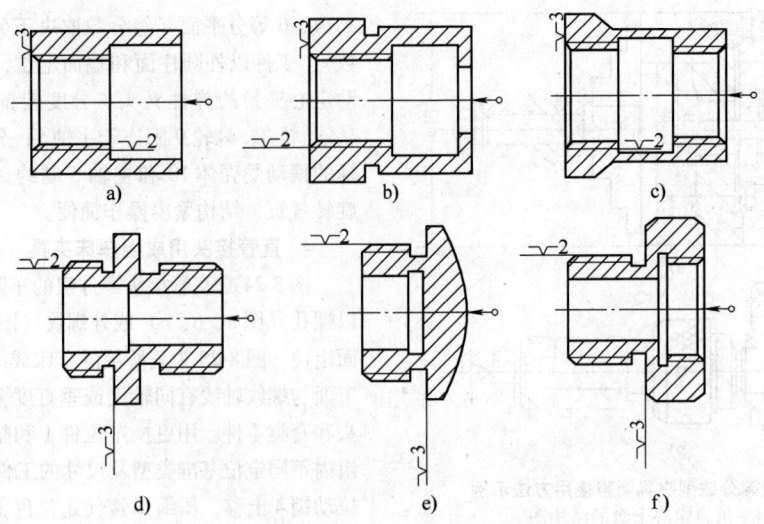

图 8-24 直管接头零件组工序简图
a)、b)、c) 以内螺纹及端面定位 d)、e)、f) 以外螺纹及端面定位

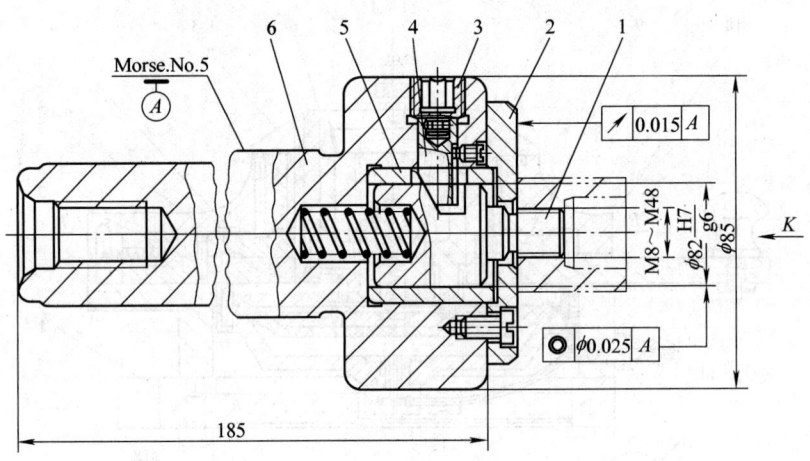

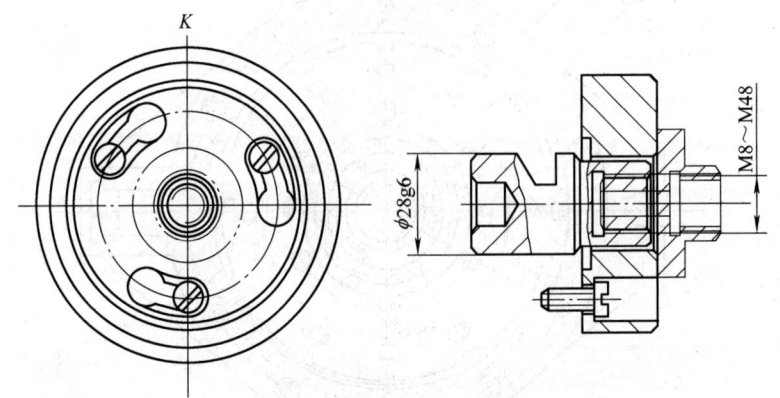

图 8-25 直管接头用成组车床夹具
1—定位件 2—垫圈 3—螺塞 4—销 5—定位衬套 6—基体

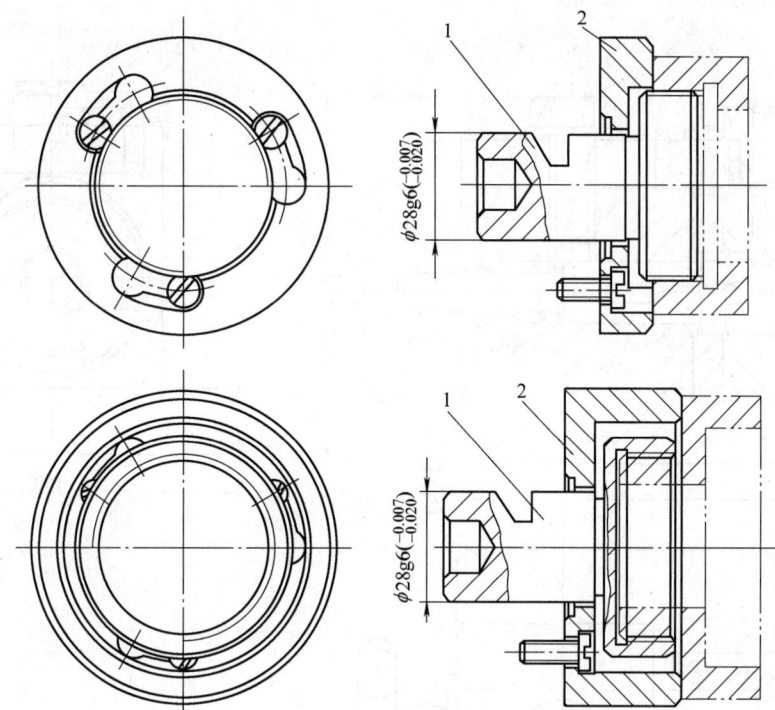

图 8-26 成组夹具调整方法示例
1—定位件 2—垫圈

5. 环套零件组钻径向孔用成组夹具

图 8-27 是零件组钻孔工序简图，工件以孔及其端面定位。图 8-28 是其钻削径向孔用的成组钻模。适用于在台式钻床上钻削环套零件上的单一径向孔。定位心轴 10 随工件定位孔的大小可更换；基准垫 11 是为孔径相同、厚薄不同的工件而设置。该钻模的适用范围：孔径 $d \leq 6\text{mm}$，孔位置 $L = 5 \sim 20\text{mm}$，工件外径 $D = \phi16 \sim \phi50\text{mm}$。

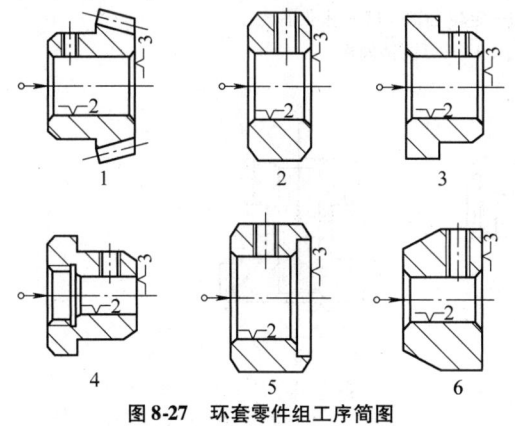

图 8-27 环套零件组工序简图

6. 成组滚齿夹具

图 8-29 是齿轮零件组的滚齿工序简图。图 8-30 是其在滚齿机床上使用的成组滚齿夹具。更换滚齿心轴 4 用以加工不同孔径的齿轮；用更换下垫圈 2 和帽式垫圈 1 的方法适应不同外径的齿轮；加工齿轮的孔径 $d = \phi20 \sim \phi60\text{mm}$。图 8-31 是滚齿夹具的调整方法示例。该成组夹具的结构简单、定位精度高。

7. 成组液压滚齿夹具

图 8-32 是齿轮零件组的滚齿工序简图。图 8-33 是其所用的以液压为夹紧动力源的滚齿夹具。该夹具使用机床和调整方法与图 8-30 基本相同，操作轻便、效率高。其定位心轴 7、下垫圈 6 和压板 4 等可在一定范围内进行更换，加工齿轮的孔径 $d = \phi30 \sim \phi80\text{mm}$，外径 $D = \phi120 \sim \phi220\text{mm}$。

8. 加工中心用成组夹具

图 8-34 是小型盘、套零件组钻孔及铣平面和槽的工序简图，工件以底面和外圆柱面定位。图 8-35 是在钻铣加工中心机床上同时加工八个小型盘、套零件组使用的八工位成组夹具，适用于对工件钻削轴向孔、铣削平面及槽。更换定位块 3 可适应于零件组内不同定位基准类型及定位尺寸的工件，更换通用夹头座 5 内的可换弹簧夹头 2 可适应于零件组内不同直径的工件。将八个工件分别放于各定位块 3 上，两个夹紧气缸 4 通过两套杠杆夹紧机构 6 分别同时带动四个弹簧夹头 2 实现对工件的定心夹紧，即可对八个工件进行加工。

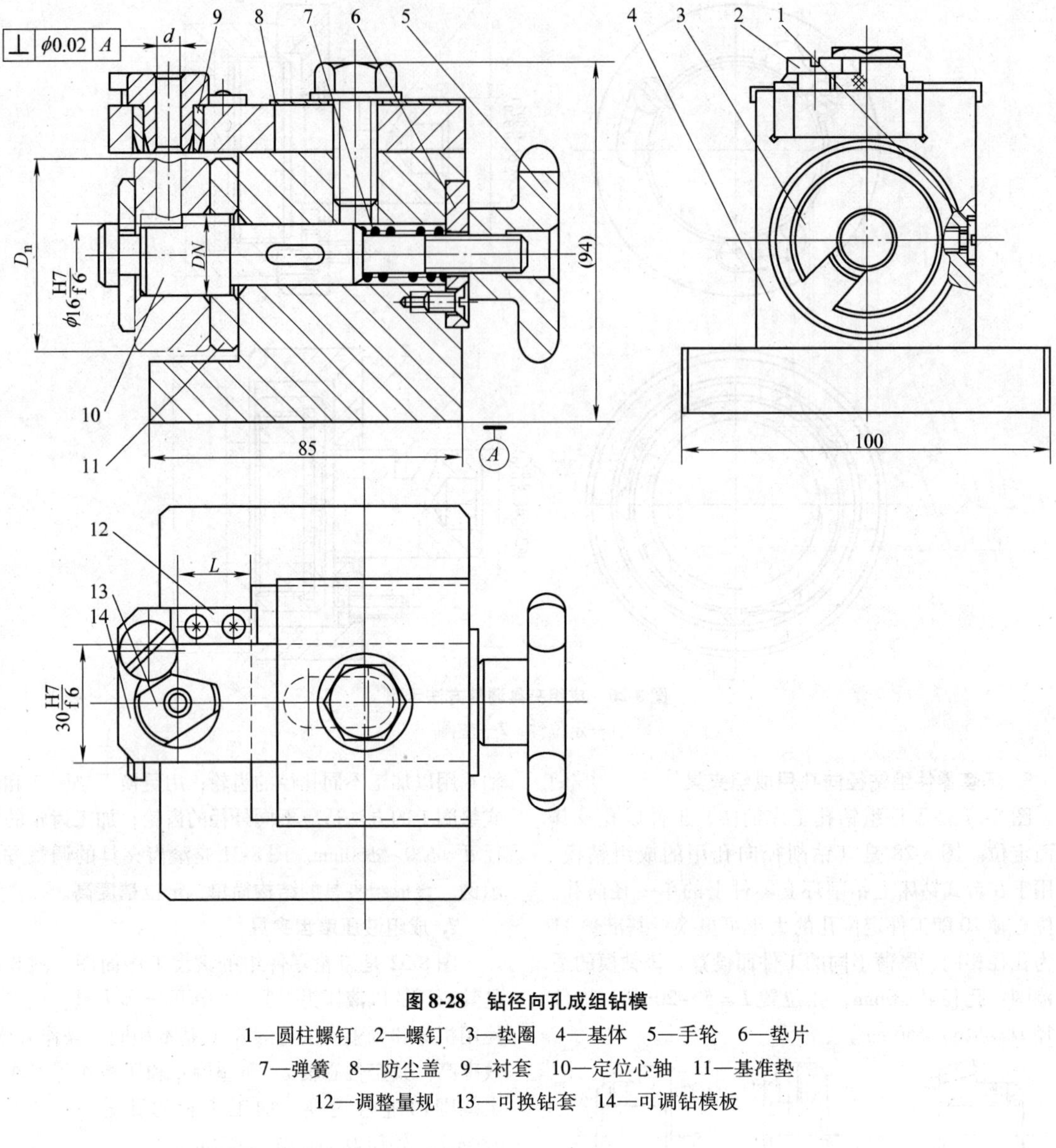

图 8-28 钻径向孔成组钻模

1—圆柱螺钉 2—螺钉 3—垫圈 4—基体 5—手轮 6—垫片
7—弹簧 8—防尘盖 9—衬套 10—定位心轴 11—基准垫
12—调整量规 13—可换钻套 14—可调钻模板

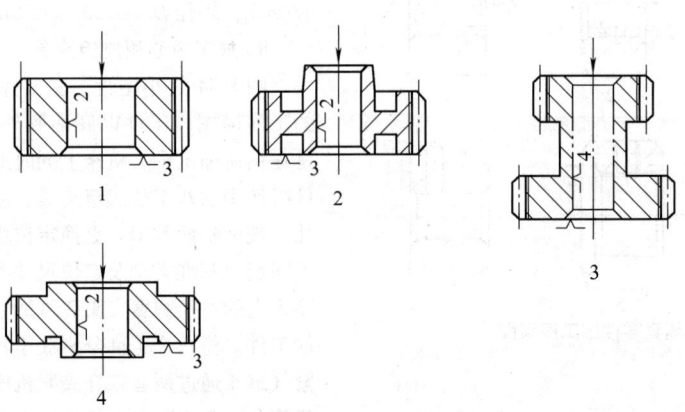

图 8-29 齿轮零件组滚齿工序简图

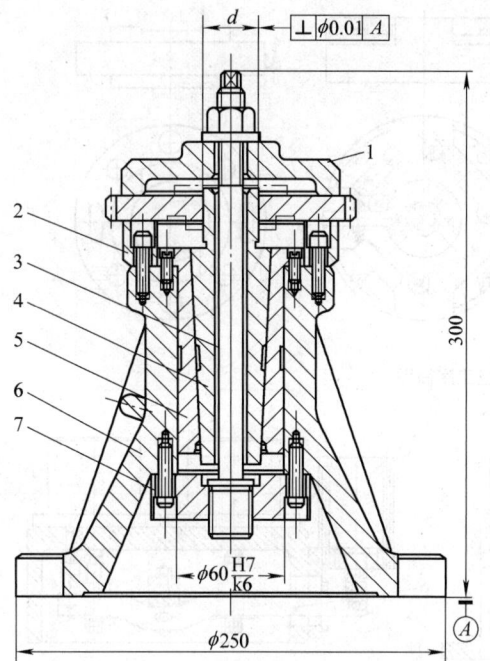

图 8-30　成组滚齿夹具

1—帽式垫圈　2—下垫圈　3—螺杆　4—滚齿心轴
5—钢套　6—底座　7—螺母

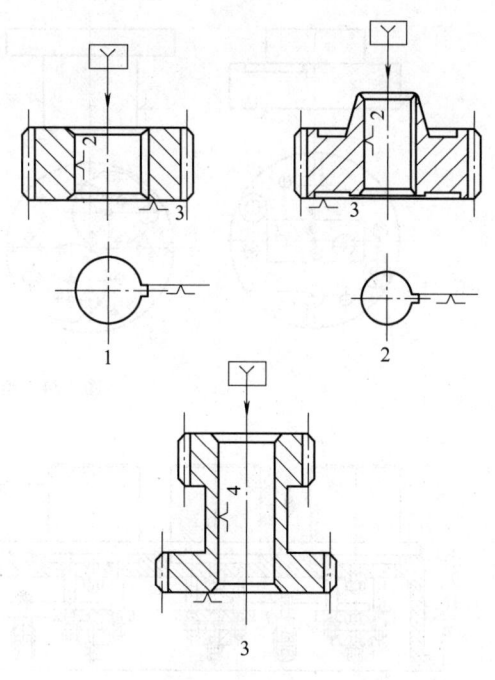

图 8-32　齿轮零件组工序简图

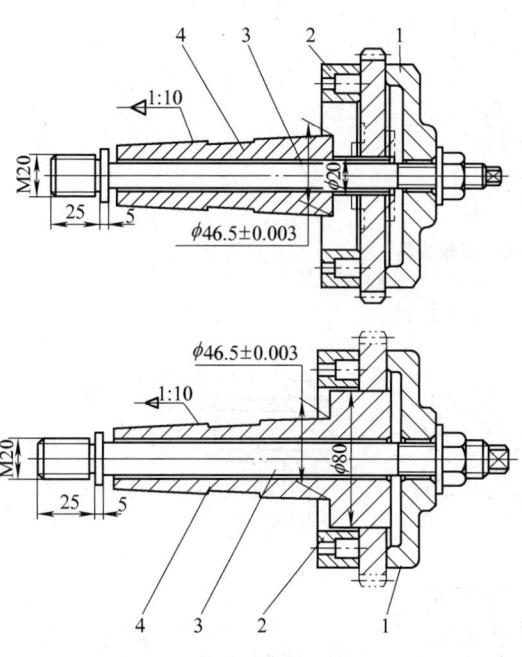

图 8-31　滚齿夹具调整方法示例

1—帽式垫圈　2—下垫圈
3—螺杆　4—滚齿心轴

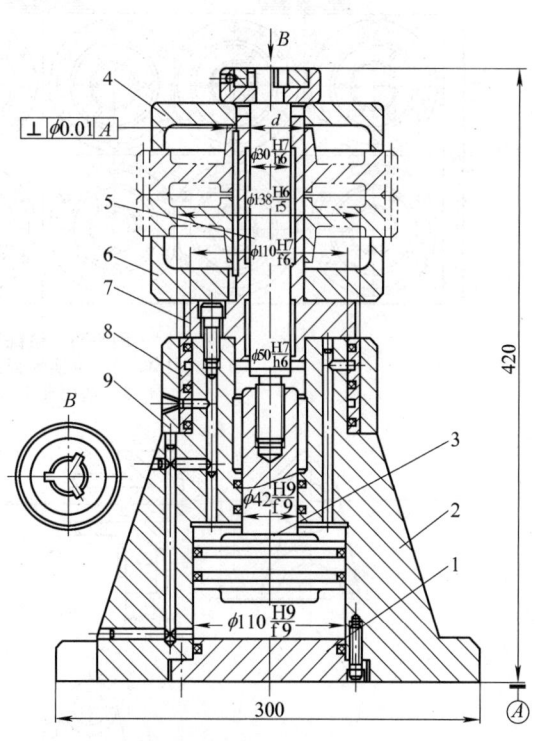

图 8-33　成组液压滚齿夹具

1—缸盖　2—座体　3—活塞　4—压板　5—拉杆
6—下垫圈　7—定位心轴　8、9—配油套

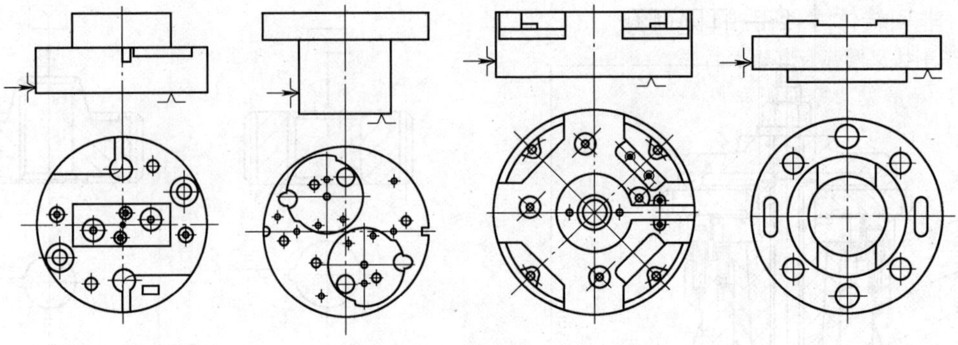

图 8-34 盘、套零件组工序简图

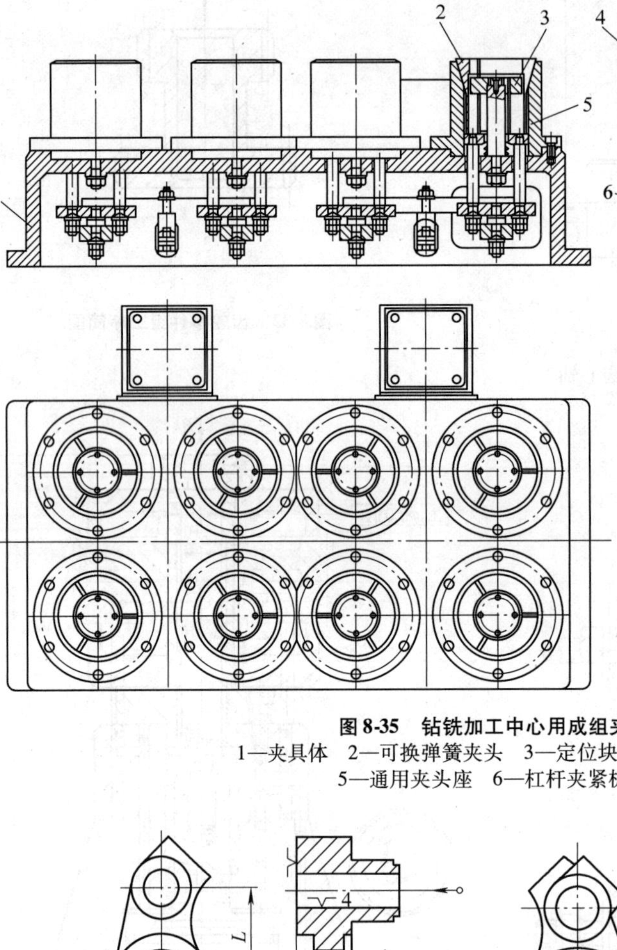

图 8-35 钻铣加工中心用成组夹具
1—夹具体 2—可换弹簧夹头 3—定位块 4—夹紧气缸
5—通用夹头座 6—杠杆夹紧机构

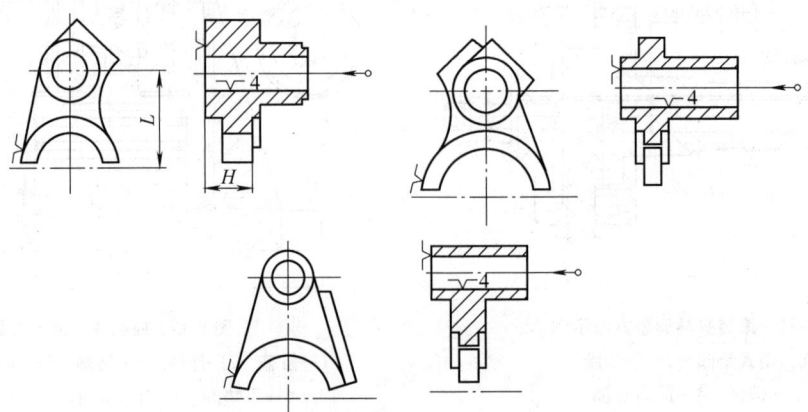

图 8-36 拨叉零件组车削圆弧及其端面的工序简图

8.4.2 非回转体零件用成组夹具

1. 车削拨叉圆弧及其端面用成组夹具

图 8-36 是拨叉零件组车削圆弧面及其端面的工序简图。其所用成组夹具如图 8-37 所示。两个相同工件同时加工；夹具体 1 上有四对定位套 2，可用来安装四种可换定位轴 KH1，用于加工四种

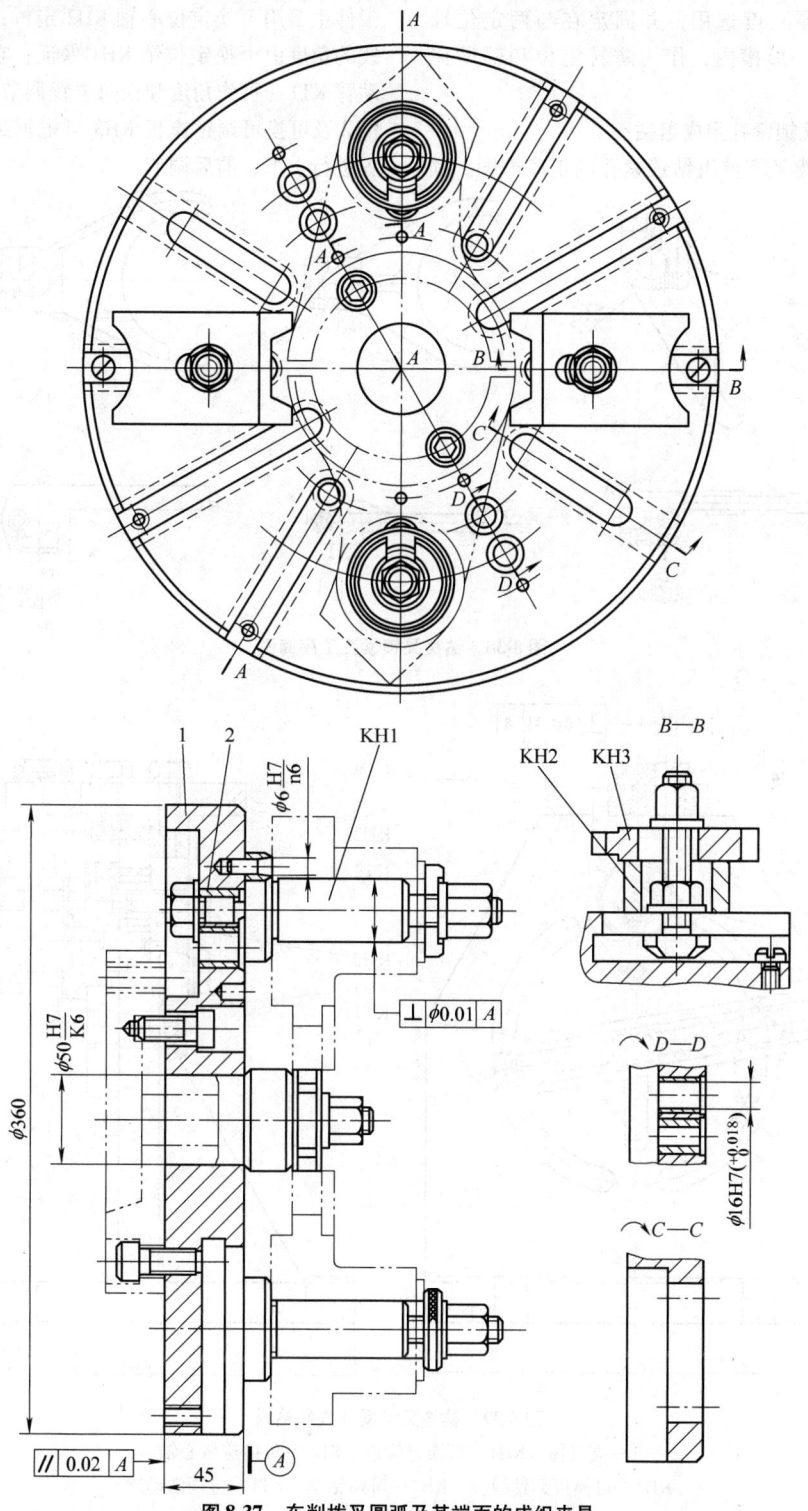

图 8-37 车削拨叉圆弧及其端面的成组夹具
1—夹具体　2—定位套　KH1—可换定位轴　KH2—可换垫套　KH3—可换压板

中心距 L 不同的工件；若将可换定位轴安装在 $C—C$ 断面的 T 形槽内，则可加工中心距在一定范围内变化的工件；可换垫套 KH2 和可换压板 KH3 按工件叉部的高（厚）度选用，并固定在与两定位轴连线相垂直的 T 形槽内，作为防转定位和辅助夹紧用。

紧孔与拨叉主孔轴线偏置距离可以是 0～15mm。其所用成组钻模如图 8-39 所示。该成组夹具由夹具体 1 及若干个可换元件（KH）和可调元件（KT）组成。工件主要用可换定位心轴 KH2 定位；工件绕主孔轴线的角度由可换定位销 KH1 保证，它安装于可调活动臂 KT1（可作角度和径向位置调节）；可调支承板 KT2 及可换可调钻模板 KH3 可根据拨叉锁紧孔的位置进行上下、前后调节。

2. 钻削拨叉锁紧孔用成组钻模

图 8-38 是拨叉零件组钻锁紧孔的工序简图。锁

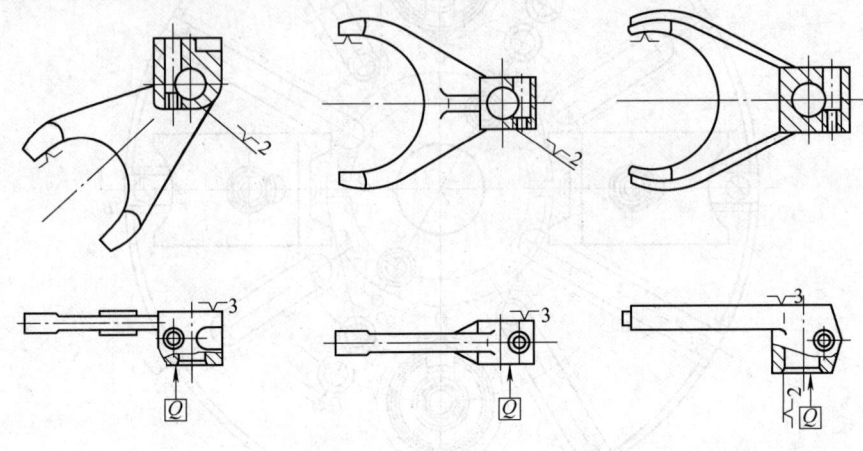

图 8-38　钻拨叉锁紧孔工序简图

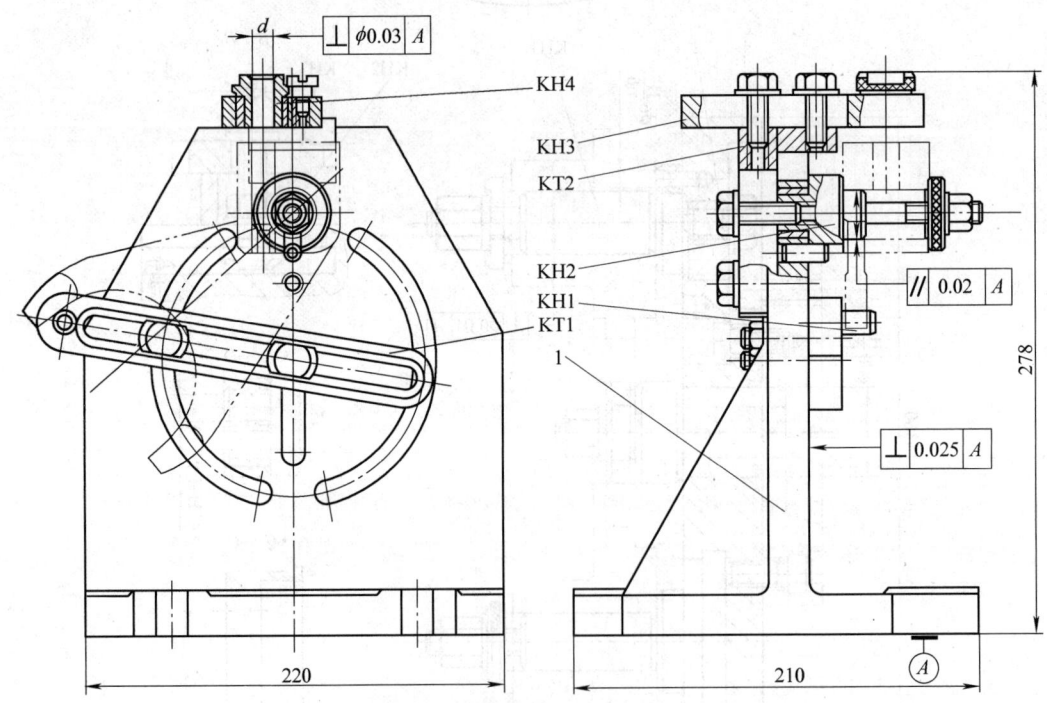

图 8-39　钻拨叉锁紧孔成组钻模

1—夹具体　KH1—可换定位销　KH2—可换定位心轴
KH3—可换可调钻模板　KH4—可换钻套　KT1—可调活动臂
KT2—可调支承板

3. 杆形零件组拉削花键孔用成组夹具

图 8-40 是一种组合式的拉床成组夹具,用于拉削三种杆形工件的花键孔。由于每种工件花键孔的键槽有不同的角度要求,所以在夹具体 1 上同时设置了三个不同角度位置的定位元件——两个菱形定位销 6 和一个定位挡销 4。该成组夹具相当于把三个专用的拉花键夹具组合在一起。拉削三种不同工件的花键孔时,只要分别采用与其相适合的角度定位元件即可。夹具结构简单,保管、使用简便;但应有醒目的"防误装"识别标记。

4. 加工中心用缸盖零件组成组夹具

图 8-41 是铣削 12 缸、8 缸、6 缸系列发动机缸盖结合面的工序简图。图 8-42 是在数控加工中心机床上铣削各系列发动机缸盖零件结合面使用的数控成组夹具,可通过液压控制系统实现对夹紧力的动态调整。由于不同系列发动机缸盖的轮廓尺寸、定位孔尺寸及位置不同,因此在夹具体 4 上设置了便于夹具元件更换和调整的孔、槽。根据不同缸盖定位尺寸更换定位元件(可换菱形销 6、可换支承块 7 和可换圆柱销 8);根据不同夹紧点位置调整夹紧元件(调整块 2 和可换压爪 3)的位置,以便满足系列发动机缸盖的加工要求。该数控成组夹具加工 12 缸缸盖的使用方法如图 8-43 所示。

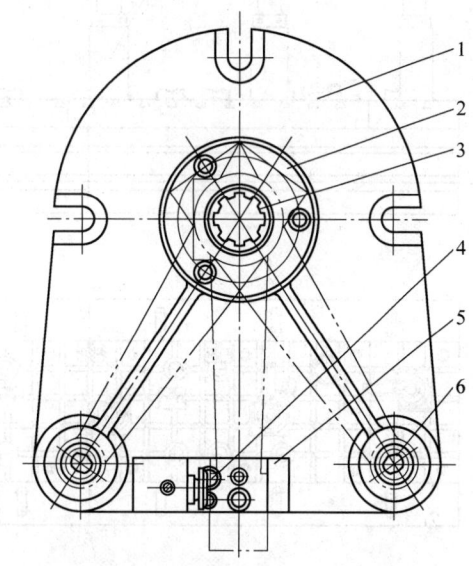

图 8-40 杆类零件拉削花键孔成组夹具
1—夹具体 2—支承法兰盘 3—球面支承套
4—定位挡销 5—支承块 6—菱形定位销

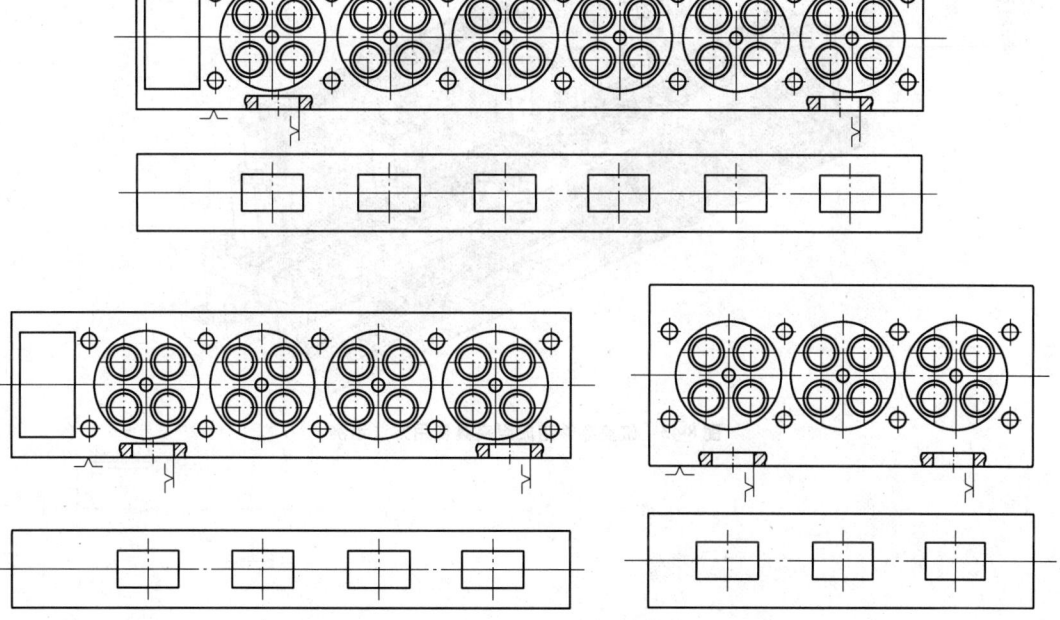

图 8-41 12 缸、8 缸、6 缸发动机缸盖零件组工序简图

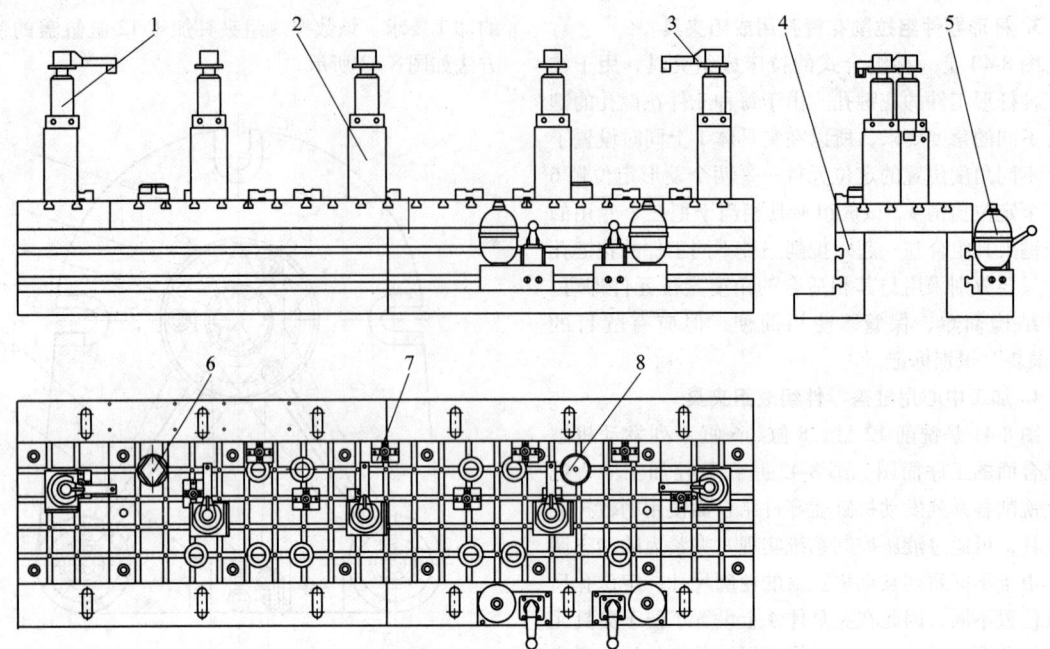

图 8-42 缸盖零件组成组夹具
1—液压缸 2—调整块 3—可换压爪 4—夹具体 5—储能器
6—可换菱形销 7—可换支承块 8—可换圆柱销

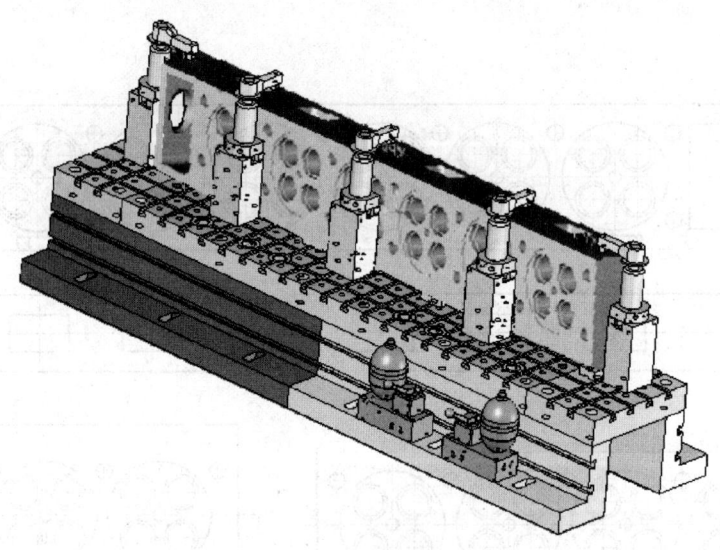

图 8-43 缸盖零件组成组夹具使用方法示例

第9章 组合夹具,数控机床、加工中心、柔性制造系统用夹具

9.1 组合夹具使用特点和发展概况

9.1.1 组合夹具概述

组合夹具是利用预先制造好的系列化、标准化元件,根据零件加工的工艺要求,以搭积木的方法,快速、灵活地组装成加工零件所需要的车、铣、刨、磨、钻、镗和加工中心等机床夹具,以及用于检验、装配或焊接的夹具。夹具使用后拆散元件,又能重新组装新的夹具,如图9-1所示;因此,组合夹具是一种可以多次重复使用的夹具,以其高精度、高硬度和耐磨的组合夹具元件,反复组装的使用寿命可达几十年。其符合当代节约自然资源,推行循环经济的要求。

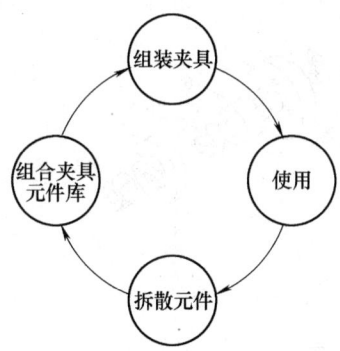

图 9-1 组合夹具使用原理图

组合夹具在我国推广应用已有四十多年的历史,实践证明:组合夹具具有一套元件、多种用途;反复使用、应变无穷;一次投资、长期受益;省工省时、节材、节能的优点。因此,已在机床、纺织、航空、航天、冶金、石化、电子通信、仪器仪表和军工等行业的机械加工中得到广泛应用。当然,购买成套组合夹具的初置费较高可能是当前市场经济条件下的一个缺点,但这仅是过去计划经济环境中设计规划的不足,当前生产企业如能以"小配套"代替昔日的"大配套"设计,就可以解决问题;如再能以昔日行之有效的"组装租赁"形式服务,凭借过去的良好经验则完全可以获得满意的答案。图9-2为我国已使用多年并为广大装备制造企业所熟悉的槽系列组合夹具(图a)及其分解图(图b)。

我国改革开放以后市场经济和科技进步,机械制造进一步向柔性化生产发展,尤其在当前以多品种、小批量、准时制、混流生产模式为主的生产形势下,要求制造企业具备较强的工艺快速应变能力,提高和加快产品创新和开发的速度,才能快速响应市场需求,促进企业发展。组合夹具快速、灵活的可重组性、可重构性和可延伸性的柔性化特点,符合现代化生产对工艺装备快速应变的要求。与专用夹具相比,组合夹具能够大幅度省工、省时,节能、节材,不仅使企业受益,同时创造了社会效益。在全球资源和能源日益紧张的状况下,完全符合现代经济向节约型发展的方向,组合夹具仍大有创新与发展的空间和前景。

9.1.2 我国组合夹具的发展概况

我国 20 世纪 60 年代在原国家机械部的领导下,引进前苏联组合夹具元件,并逐步制定了组合夹具国家标准。先后在天津、上海、沈阳、贵阳等地建立了组合夹具元件制造厂,并在纺织、机床等行业的产品制造中使用。航空、航天等部门也非常重视,相继在保定等处建厂,20 世纪 70 年代末,我国组合夹具元件制造初具规模,年产达近百万元件。相继在天津、北京、沈阳、上海、无锡、杭州、兰州、福州、太原、济南、大连等地建立了城市组合夹具出租站,开展推广应用组合夹具的工作。1981 年组合夹具被列为国家重点新技术推广项目,全国二十几个省市、五百多个企业先后建立了组合夹具室。组合夹具的广泛应用推动了机械制造各行业的发展,形成了遍布全国 30 个省市的、五百多个组合夹具站、室,为群体的行业体系。并成立了全国组合夹具情报网、组合夹具标准化委员会和中国机床工具工业协会组合夹具分会。80 年代后期自主开发成功孔系组合夹具,在槽系组合夹具的基础上延伸,开发了组合冲模和焊接组合夹具,以及系列化多齿分度台和精密平口钳等夹具功能部件新产品。这些组合工艺装备产品的制造精度达到国外同类产品的技术水平,这些产品配合数控机床的发展,促进和支持了数控机床在我国的普及和发展,以及机械制造工艺水平的提高。我国加入 WTO 后,美国、德国、日本、瑞典、瑞士等国的组合夹具更纷纷进入中国市场,在组合夹具市场上呈现百花争艳的局面。

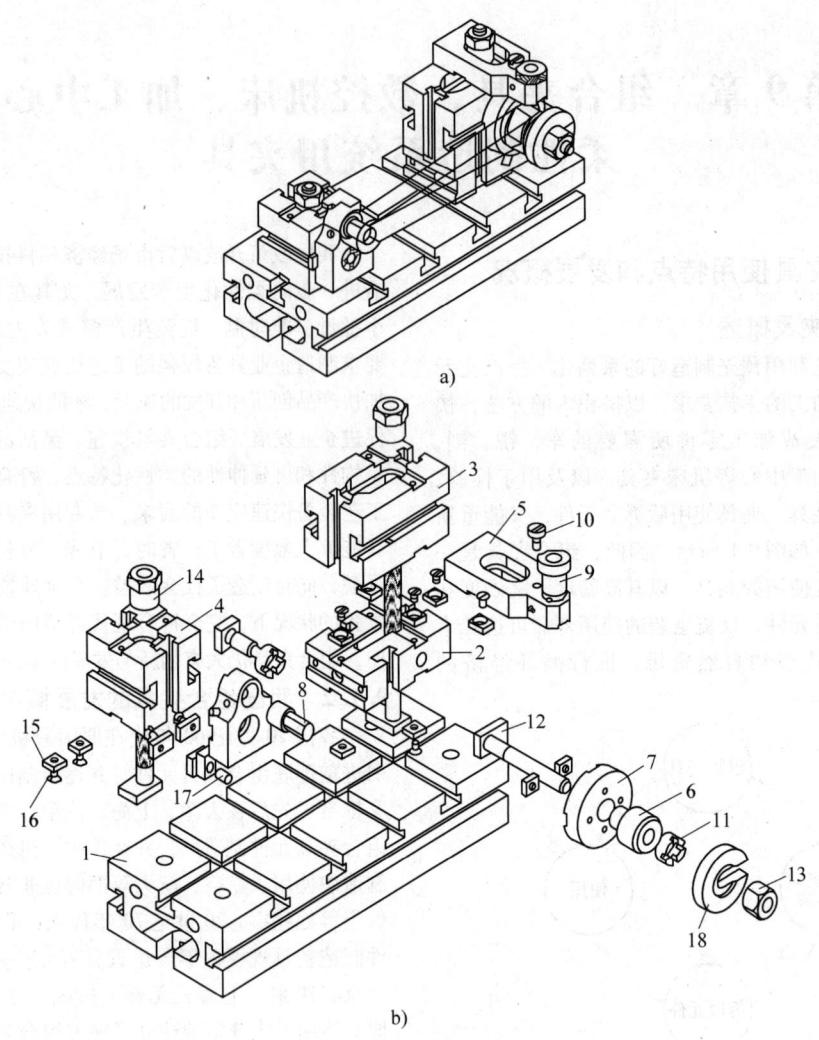

图 9-2 槽系列组合夹具及其分解图
a) 槽系列组合夹具 b) 槽系列组合夹具分解图
1—长方形基础板 2—长方形垫板 3—长方形支承 4—方形支承 5—钻模板
6—圆形定位销 7—圆形定位盘 8—菱形定位销 9—快换钻套 10—钻套螺钉
11—圆螺母 12—槽用螺栓 13—厚螺母 14—特厚螺母 15—定位键
16—沉头螺钉 17—定位螺钉 18—圆形压板

9.1.3 使用组合夹具的实际经济效益

根据我国多年使用组合夹具的经验,通常组合夹具能够大幅度节省夹具设计制造工时 80% 左右,节约钢材可达 90% 以上。具体而言,在生产中应用组合夹具可获得的经济效益及其特征为:

1) 组合夹具不受生产类型的限制随时组装,可以在最短的时间内提供非常有效的生产条件,提高生产中的工艺装备系数,达到最佳的质量控制效果。最适用如下几种情况的生产:新产品的试制,品种多、数量少的单件小批量生产,临时突击性生产,在大规模生产准备完成前的迂回生产,成批生产中工艺更改需要增添夹具等。

2) 可以缩短夹具设计和制造专用夹具的周期及工作量。通常一套比较复杂的专用夹具,经设计到制造完成需要 1~2 个月的时间,而用组合夹具零件组装只要几个小时,大大缩短了生产准备的周期。

3) 可以极大地节约人力物力。由于组合夹具的零件可以长期重复使用,因而可以极大地节省再建项目所需专用夹具的投资成本。对中、小型企业很有实用价值。

4) 在新产品试制或不具备完善生产条件的情况下,先采用组合夹具对提高产品质量能起到非常有效的控制和保证作用。

5) 由于组合夹具的零件可以循环使用,对利用率不高的夹具进行拆卸，将其零件再利用。一方面可以减少逐年积累的专用夹具的数量，减少夹具存放的仓库面积，另一方面可减少专用夹具利用率不高造成的浪费。

6) 按某种产品的某道工序工艺要求组合完成的夹具，其功能和结构仍属于专用夹具，只能专为该道工序的工艺所用。当变换生产产品和变更工艺时，一般需要全部拆卸后，按其工艺重新组装成另外功能结构的夹具，以满足新产品生产的需要。

7) 与专用夹具不一样，组合夹具的最终精度，是靠组成零件的精度直接组合保证的，不允许进行任何补充加工。也可以设计专用元件来满足特殊的需求。通过高超的组装技艺，组合夹具可以达到很高的工件加工精度。

8) 由于组合夹具零件需要循环使用反复拆卸和组装，故零件的结构、形状、机械加工基准、安装基准等设计更多地符合方便装配和保证装配精度的特点。因此，组合夹具的零件尺寸精度、形状和位置精度、表面粗糙度、耐磨等机械性能都比专用夹具零件要求高。重要零件材料都选用优质合金钢制造和热处理方法。导致组合夹具标准零件价格比专用夹具零件价格高。第一次投资比较大，投资的回报必须在以后再建项目中显现。但这一问题已如上述可通过缩小配套和租赁等方法来减少初置费。

9.1.4 组合夹具的分类

组合夹具的分类

(1) 按组合夹具元件的结构和定位方式分类
目前国内外普遍应用的组合夹具有三种系列（见表9-1）。

表 9-1 组合夹具按元件的结构和定位方式分类表

分类名称	定位方式	系列标准	应用范围和说明
槽系列组合夹具	定位键与槽（键槽或T形槽）确定元件之间相互位置	按定位槽的宽度尺寸划分，有 16mm、12mm、8mm 和 6mm 四种型号槽系列组合夹具元件，即大型、中型、小型和微型组合夹具元件	用于组装车、铣、刨、磨、钻、镗等普通机床使用的夹具，以及检验、焊接和装配等夹具。通过对元件的改进与创新，槽系列组合夹具也不断扩大在加工中心和数控机床上的应用
孔系列组合夹具	定位销与定位孔确定元件之间相互位置	按连接螺纹的直径划分为 M16、M12、M8 三种型号，即大、中和小型孔系列组合夹具元件	由于孔心已构成坐标系，零件加工的位置尺寸依靠数控编程易于自动控制，孔系列组合夹具定位精度高，刚性好，组装简单，已成为加工中心、数控机床和柔性生产线的配套夹具，并得到越来越广泛的应用
槽、孔系列结合的组合夹具	可用槽系和孔系两种定位方式，确定元件之间相互位置		槽、孔结合使得元件的定位和组装更加灵活，但元件的制造难度加大，元件成本和价格增高

(2) 按照组合夹具的工艺用途分类 有表9-2所示的五种类型。

表 9-2 组合夹具按工艺用途分类表

分类名称	说明
机床组合夹具	用于普通机床或加工中心与数控机床的组合夹具，以及用于线切割、电火花等机床的组合夹具
检验组合夹具	用于零件某些加工工序或成品检验的夹具，以及三坐标测量机使用的组合夹具
焊接组合夹具	用于几个零件、部件焊接，或产品总成整体焊接的组合夹具。使用组合焊接夹具焊接零件时，需要采取对夹具元件的保护措施，在施焊区域的元件上喷涂专用的焊渣保护剂，既可保护元件表面，避免烧伤，又便于清除焊渣

(续)

分类名称	说明
装配组合夹具	用于几个零件装配或拆卸的组合夹具，组装这种夹具有时需要制造部分专用的元件，如顶杆、拉钩、弹簧等
组合冲模	组合冲模是在组合夹具的基础上派生设计的，利用一整套系列化、标准化的元件，根据冲裁工艺的要求，既可快速地组装成冲孔、落料、剪切、弯曲、翻边等冷冲压模具，模具用后拆散元件，又能组装新的模具。组合冲模属于简易模具，适合中小企业在多品种、小批量冲压加工中使用。20世纪80年代，我国组合夹具行业联合开发成功8mm、12mm和16mm槽系列组合冲模，并在各类机械制造行业推广应用，取得一定的成果

9.2 槽系列组合夹具系统

9.2.1 槽系列组合夹具元件

1. 槽系列组合夹具元件型号系列和使用范围

槽系列组合夹具按定位槽宽度尺寸,划分为6mm、8mm、12mm和16mm四种型号槽系列组合夹具元件,在行业中又称之为微型、小型、中型和大型组合夹具元件。使用单位可根据加工零件的尺寸范围,以及组装的夹具能满足加工要求前提下,选用不同型号的组合夹具元件。槽系列组合夹具元件系列和使用范围见表9-3。

表9-3 槽系列组合夹具元件型号系列和使用范围

槽系列组合夹具元件型号系列	可加工工件最大轮廓尺寸/mm	应用行业
6mm,8mm 系列（微型,小型）	500×250×250	电子电器、仪器仪表行业使用
12mm 系列（中型）	1500×1000×500	航空、纺织、轻工、机床、汽车、农机等行业使用
16mm 系列（大型）	2500×2500×1000	重型机械、冶金设备、船舶、军工等行业使用

2. 我国槽系列组合夹具元件编号

元件分类编号以分数形式表示。

分子表示元件的型、类、组、品种,称为"分类编号"。

元件分大、中、小三个型,即16mm槽系列称大型用D表示;12mm槽系列称中型用Z表示;8mm或6mm槽系列称小型用X表示。

元件的类、组、品种各用一位数字表示。

第一位数字表示元件的"类",按元件用途划分,用数字1~9表示如表9-4所示。

第二位数字表示元件的"组",按元件形状划分,用数字0~9表示。

第三位数字表示元件的"品种",按元件结构特征划分,用数字0~9表示。

分母表示元件的规格特征尺寸,一般用L×B×H(长×宽×高)表示,称"规格"。

3. 槽系列组合夹具元件编号示例

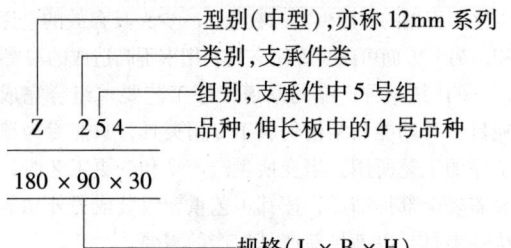

4. 槽系列组合夹具元件分类

按照组合夹具元件的主要用途,槽系组合列夹具元件分为九类（见表9-4）。

表9-4 槽系组合列夹具元件类别及用途

序号	元件类别	作用
1	基础件	夹具的基础元件
2	支承件	作夹具结构骨架的元件
3	定位件	元件间定位和工件正确安装用元件
4	导向件	夹具上确定刀具位置的元件
5	压紧件	作压紧元件或工件的元件
6	紧固件	作紧固元件或工件的元件
7	其他件	夹具中起辅助作用的元件
8	合件	用于分度、导向、夹承等特定功能的组合件
9	组装工具	组装夹具所用各种工具

各类元件按其形状特征划分为不同的组,每组元件设计了不同的规格和尺寸的元件。组合夹具行业制订了元件分类编号的标准。本手册以12mm槽宽的中型组合夹具元件为主,介绍各类元件的结构和使用功能。各种元件详细的规格和尺寸,可通过组合夹具制造厂的产品目录查询选择。各制造厂都是遵照行业的有关标准生产各种元件,不同厂家生产的同一型号的组合夹具元件,完全可以互换组装使用,只是在元件的结构或规格尺寸方面有某些差异。

（1）基础件 基础件用作组装夹具的基础。如表9-5所示,基础件按其形状特征,划分为方形、长方形、圆形、角铁形、T形和方箱六个组别。

表 9-5 基础件结构和组装中的应用

名 称	结构示意图	使用说明
简式方形、长方形基础板	简式方形基础板　简式长方形基础板	简式方形基础板，长×宽为 180mm×180mm，厚度为 30mm±0.02mm。简式长方形基础板，长×宽为 180mm×120mm、240mm×120mm、300mm×120mm，厚度为 30mm±0.02mm，长×宽为 240mm×180mm、300mm×180mm 的高度为 40mm±0.02mm。简式基础板的四侧面均无 T 形槽，只有按 60mm 间隔布置的螺孔，主要用于组装小型工件的夹具，或用于基础件的加长，增大组装面积
方形、长方形基础板	两侧槽方形基础板　四侧槽方形基础板　长方形基础板	方形和长方形基础板的厚度为 $60^{+0.05}_{+0.02}$ mm，底面有方格布置的肋。长方形基础板只在两个长的侧面上，各设置了一条 T 形槽，而方形基础板有两种结构，一种是只在两个侧面设置 T 形槽的两侧槽方形基础板，另一种是四个侧面都设置 T 形槽的四侧槽方形基础板。基础板侧面的 T 形槽中心线与基础板上工作面的距离为 30mm±0.01mm。方形基础板的外廓长×宽×高尺寸可在 180mm×180mm×60mm～720mm×720mm×60mm 范围内选用。长方形基础板可在 180mm×120mm×60mm～900mm×600m×60mm 范围内选用。
条形基础板和单元基础板	条形基础板　单元基础板	利用支承件可将几块基础板拼装成大的夹具基体，条形基础板和单元基础板，更能灵活地组装成各种尺寸和不同定位槽距的基础板，以及框架结构，既经济又灵活
基础角铁	基础角铁　T 形角铁	基础角铁主要用于组装弯板式夹具，以及大型零件的侧面定位结构，增强夹具的强度和刚性。高度为 200mm 基础角铁，其长×宽尺寸有 120mm×90mm 和 180mm×90mm 两种，高度为 300mm 基础角铁，其长×宽尺寸有 120mm×150mm 和 180mm×150mm 两种，共有四个规格

(续)

名 称	结构示意图	使 用 说 明
圆形基础板	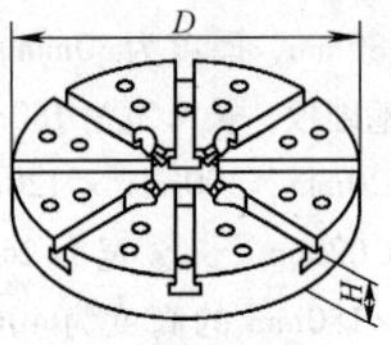 45°圆形基础板 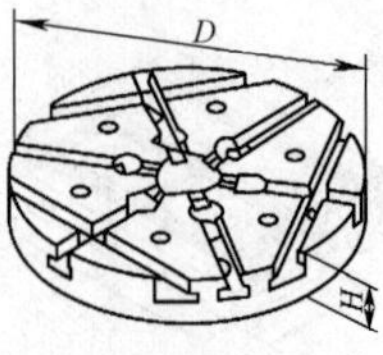　60°圆形基础板 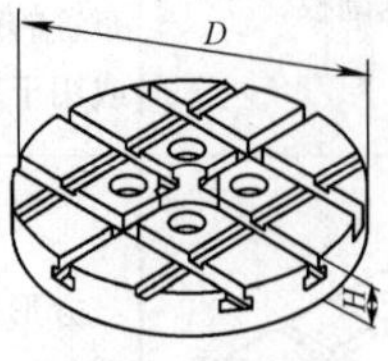　90°圆形基础板	圆形基础板按相邻 T 形槽之间的角度划分为 45°、60°、90°圆基础板和基础环四个组别。圆形基础板直径有 $\phi240mm$、$\phi300mm$、$\phi360mm$、$\phi480mm$ 和 $\phi600mm$ 五种。其主要用于组装加工盘套类零件的夹具，或分度夹具，组装车床夹具大多采用 90°的圆基础板
圆形基础环	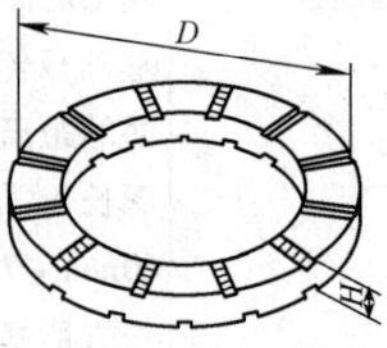 基础环	圆形基础环的外圆直径有 $\phi180mm$ 和 $\phi300mm$ 两种，其厚度均为 30mm。在 $\phi180mm$ 基础环的上面设置了六等分的键槽，下面设置了 18 等分的键槽。在 $\phi300$ 基础环的上面设置了 12 等分的键槽，下面设置了 16 等分的键槽。利用基础环上不同的等分键槽可组装 2、3、4、6、8、12、16 等分的盖式钻模，夹具的组装简单，结构轻巧
T 形双面基础角铁和方箱	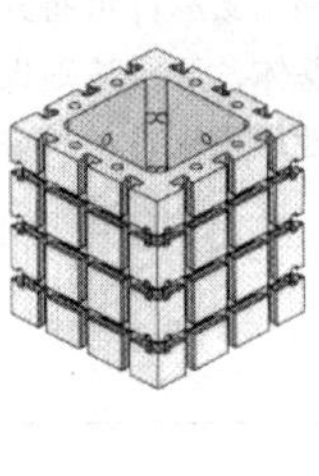 小方箱 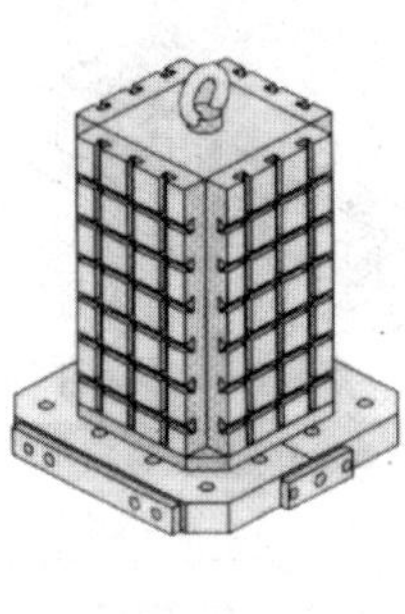　方箱	T 形双面基础角铁和方箱主要用于卧式加工中心，组装多件、多工位加工零件的夹具，提高机床的生产效率，这两种基础件是按卧式加工中心工作台尺寸设计或配套选用

我国组合夹具行业通过"十五"技术改造，基础板的长×宽尺寸提高了一倍，达到 2000mm×700mm。用于加工中心和数控机床的精密型基础板，两相邻定位槽的中心距尺寸由 $60^{+0.05}_{0}$ mm，提高到 $60mm±0.015mm$。超大型基础角铁的长×宽×高尺寸可达 2000mm×500mm×1800mm，如图 9-3 所示。

(2) 支承件　支承件是组装夹具的骨架元件，按照夹具设计和使用要求，采用各种支承件，将定位、夹紧和导向等元件连接固定在基础件上。支承件按其形状特征划分为方形、长方形、空心支承；角铁形和角度支承五个组别。各种支承件见表 9-6。

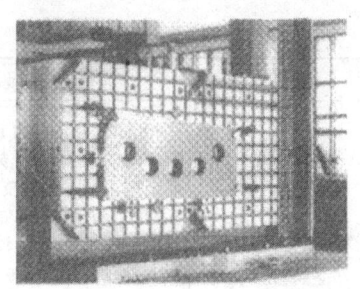

图 9-3 数控机床用超大型的 T 形基础角铁组装的夹具

表 9-6 支承件结构和组装中的应用

名　　称	结构示意图	使　用　说　明
方形和小长方形垫片	方形垫片　小长方形垫片　大长方形垫片	高度 $H \leqslant 5mm$ 的方形支承和大、小长方形支承，因其上下面不能加工出定位键槽，只能是平面，故称其为调整垫片，厚度 $H = 1 \sim 2.5mm$ 的垫片，其尺寸间隔为 0.05mm，厚度 $H > 2.5 \sim 5mm$ 的垫片，其尺寸间隔为 0.5mm。在组合夹具元件配套中，一定数量的垫片是必不可少的
简式方形支承、小长方形支承	简式方形支承　简式长方形支承	60mm×60mm 简式方形支承和 60mm×45mm 简式小长方形支承均无 T 形槽，上、下两面有十字定位键槽，其高度有 10mm、12.5mm、15mm、17.5mm 和 20mm 五个规格，其外廓尺寸精度均为 ±0.01mm。这两种元件是用做调整组装尺寸的垫板
方形支承	对称槽方形支承　直角槽方形支承	60mm×60mm 的方形支承按照元件侧面竖直的 T 形槽的布局，设计了对称槽方形支承和直角槽方形支承两种结构。对称槽方形支承上的两个竖直的 T 形槽，分别布于两个相互平行的侧面。直角槽方形支承上的两个竖直的 T 形槽，分别布于两个相互垂直的侧面
小长方支承和大长方支承	小长方支承　对称槽大长方支承　多槽大长方支承	60mm×45mm 的小长方支承受尺寸限制，只在元件的断面上有一个竖直的 T 形槽。60mm×90mm 的大长方支承设计了对称槽大长方支承和有三个竖直 T 形槽的多槽大长方支承

(续)

名 称	结 构 示 意 图	使 用 说 明
紧固支承	紧固支承	90mm×45mm 的紧固支承，其高度 H 与方形和长方支承的规格相同，但结构不同，紧固支承四侧面均无 T 形槽，只有 φ13mm 的通孔用于连接，元件的强度和刚性较好，在组装铣、刨夹具时应用较多
空心支承	方形空心支承　小长方空心支承　大长方空心支承　加长空心支承	空心支承有四种结构，60mm×60mm 方形、60mm×45mm 小长方和 90mm×60mm 大长方空心支承，这三种元件的高度 H 相同，有 80mm、120mm、150mm、180mm、210mm、240mm、300mm 和 360mm 八个规格，其上、下面有定位键槽，三个侧面只有 φ13mm 的通孔用于连接。120mm×90mm 加长空心支承的高度 H 有 80mm 和 120mm 两种规格，有两个侧面增加了定位键槽，使元件组装的功能性增强。采用空心支承组装夹具，能够减少拼接元件的数量，不仅简化了夹具的结构，而且减轻夹具的重量
伸长板	宽单槽伸长板　60宽单槽伸长板　60宽双槽伸长板　90宽单槽伸长板　四面槽伸长板	单槽伸长板宽度有 45mm、60mm 和 90mm 三种，厚度均为 30mm±0.01mm，长度尺寸可在 120mm、180mm、210mm、240mm、300mm、360mm 和 420mm 范围内选用。60mm 宽双槽伸长板的上、下两面各有一条 T 形槽，厚度增为 45mm±0.01mm，两侧面设有键槽和螺纹孔，长度有 360mm、420mm、480mm、540mm 和 600mm 六个规格。四面槽伸长板的宽度和高度都是 60mm，最大长度为 600mm
角铁形支承件	加肋角铁　宽角铁	直角的角铁形支承件，有等直角边和不等直角边两种结构。加肋角铁是等直角边结构，两个直角边都是 60mm，其长度有 60mm、90mm、120mm、180mm、240mm 和 300mm 六个规格。将等直角边的加肋角铁组装于基础板的侧面，加大基体是常用的组装方法。宽角铁两个直角边分别为 90mm 和 120mm，长度有 180mm、240mm 两个规格。支撑角铁按支撑肋的位置，区分为左、右支撑角铁，底面长×宽为 60mm×60mm 的，其高度有 120mm、180mm；底面长×宽为 90mm×60mm 的，其高度有 240mm、300mm，共四个规格。这几个角铁形支承件，用于组装支高和框架结构，或组装弯板式夹具

(续)

名 称	结构示意图	使用说明
角度垫板	角度垫板	角度支承元件有以槽变换角度和斜面变换角度两种结构。角度垫板的外形和 60mm×60mm×20mm 的方支承相同，只是上、下两面的十字键槽的位置不对称，有一个面的十字键槽扭转了一个角度 α，角度垫板扭转的角度 α 有 15°、30°、45°、60° 和 75° 五个规格。用不同 α 角度的角度垫板，以其上、下两面十字键槽定位连接的元件，相对偏转了 α 角度
角度支承	角度支承 左、右角度支承	角度支承相当于在 60mm×60mm×60mm 的方支承件上，加工出一个带十字键槽的斜面，斜面的长×宽尺寸为 60mm×60mm，在十字键槽的中心有连接螺孔，斜面角度 α 有 15°、30° 和 45° 三个规格。 左右角度支承相当于把左右支撑角铁的铅垂支承面改成为斜面，支承斜面的长度比角度支承长，其宽度均为 60mm，支承斜面长度 120mm 的地脚长度为 90mm，支承斜面长度 180mm 的地脚长度为 120mm，斜面角度 α 同样有 15°、30°、45° 三种，共六个规格。利用角度垫板、角度支承和左右角度支承，可以组装五种 α 角度的定位支承结构，以及大尺寸的 V 形定位结构。角度垫板还可用于组装分度结构

（3）定位件 定位件主要用于保证元件与元件的定位连接和元件与工件的正确定位与安装。按元件的主要定位方式与功能，定位件有槽定位、外圆面定位、孔定位、平面与斜面定位，以及 V 形面定为六种结构，有些定位元件具有多种功能。

定位件包括各种键、定位销、定位盘、角度定位件、定位支承、定位板和 V 形件等，见表 9-7。

表 9-7 定位件结构和组装中的应用

名 称	结构示意图	使用说明
平键和 T 形键	平键 T 形键	键的宽度尺寸均为 12h6。平键主要用于键槽定位，或键槽与 T 形槽将元件相互定位连接，其高度有 5mm、8mm、10mm、12mm、14mm 和 16mm，每种高度都有 13mm、15.5mm、20mm 长度的平键，其中 5mm 高的平键增加了 30mm 和 40mm 长的规格，在两个元件之间有垫片相距稍大时，应用这两种加长的平键 T 形键用 M8 定位螺钉顶紧在 T 形槽内，T 形键可通过元件上两个 T 形槽或 T 形槽与键槽定位，将元件相互定位连接。T 形键有三种长度，20mm 长的有 12mm、15mm、19mm 高三个规格；30mm 长的有 15mm、19mm、22mm 和 30mm 高四个规格；40mm 长的有 15mm、19mm 高两个规格。T 形键一端突出的 5mm，是为了在 T 形槽的端面构成探头键，用于在元件 T 形槽端面上组装元件定位。用 T 形键定位元件时，要根据元件定位和组装的要求，选用不同高度的 T 形键，T 形键可低于或高出 T 形槽的顶面。在组装薄零件的夹具时，有时采用高出 T 形槽顶面的 T 形键作为零件的侧面或端面定位

(续)

名　称	结构示意图	使用说明
偏心键和过渡键	偏心键　　过渡键	长13mm、高5.5mm的偏心键，不仅具有平键定位连接元件的功能，而且能调整元件的相互位置，偏心键调整尺寸的范围是0.5~6mm，每间隔0.5mm为一种规格。使用偏心键应注意，偏移的方向要与元件的T形槽和长圆孔的长度方向相一致，保证连接螺栓能贯通紧固元件的通孔和长圆 过渡键的外形像一个高5mm的T形键，其T形大端宽度尺寸为12h6、高度为2.5mm，T形小端宽度尺寸为8js6，用这种过渡键可以将12mm槽的中型和8mm槽的小型组合夹具元件相互定位，再用过渡螺栓紧固连接，达到用两种型号元件混合组装夹具的目的。还有另一种过渡键，其T形大端宽度尺寸为16h6，T形小端宽度尺寸为12h6，用这种过渡键可以将12mm槽的中型和16mm槽的大型组合夹具元件相互定位，混合组装夹具
圆形定位销和菱形定位销	圆形定位销　　菱形定位销	圆形定位销、菱形定位销主要用于工件的孔定位，其直径在 $\phi 3 \sim \phi 50$ mm 范围内选取。这两种定位销一端设计为 $\phi 18$ h7、长14.5mm，用于定位销与其他元件组装自身定位，另一端根据加工零件定位孔直径按g6精度制造，其长度有10mm和20mm两种规格，其中 $\phi 3 \sim \phi 6$ mm 的定位销只有8mm长
圆形定位盘和菱形定位盘	圆形定位盘　　菱形定位盘	圆形定位盘和菱形定位盘的外圆直径同样按g6精度制造，根据加工零件定位孔的直径，定位盘外圆直径可在 $\phi 45 \sim \phi 120$ mm 范围内选取。定位盘高度为15mm±0.01mm，用位于中心的 $\phi 18$ h7 通孔或底面的十字形槽，可将定位盘与其他元件定位连接。在遇到大孔零件定位时，可用多个小直径的圆定位盘组装成大直径孔的定位盘。用定位销和定位盘也同样能组装成大直径的外圆定位结构。在组装分度、转动结构时，经常要用与钻模板、镗孔支承和定位支承上定位孔相关尺寸的定位销或定位盘
三菱定位支座、方形定位支座和六菱定位支座	三棱定位支座　方形定位支座 六棱定位支座	三棱、六棱、方形（又称四棱）定位支座，及45°的角度支座，是具有孔和面定位连接的元件。从图9-4可以看出，这几个元件中心都有一个H7级的定位孔，用这个中心定位孔和与孔配合的定位销或定位盘，能够组装分度、转动的夹具结构，用三棱、六棱定位支座和45°的角度支座的角度面，可以组装30°、45°和60°的定位或支承结构。三棱、六棱、方形（四棱）定位支座，及45°的角度支座的制造难度大，价格高。方形（四棱）定位支座应用较多，在无特殊要求必须使用的情况下，尽量不用这几种定位支座，可用其他元件替代组装

(续)

名　称	结构示意图	使用说明
无台阶定位板和有台阶定位板	无台阶定位板 有台阶定位板	无台阶定位板相当于在外廓尺寸长×宽×高为 90mm×45mm×20mm 的长方形支承件上，增加了一个 ϕ18H7 的定位通孔。将无台阶定位板局部加高，就成为有台阶定位板，其高度有 40mm、50mm 和 60mm 三种规格，50mm 高的有台阶定位板，定位孔直径为 ϕ26H7，长度加长为 100mm。这两种定位板既可以作为支承件使用，又能够用于组装单个销或一面两销定位，与定位销或定位盘相结合，共同组装大直径工件的外圆定位或孔定位，利用这个元件还可以组装分度、转动等结构
定位接头	定位接头	定位接头相当于在 10mm 厚的长方形支承垫板上，加了一个长 20mm 的 ϕ18g6 定位销，或 ϕ26g6 的定位销。定位接头底板长×宽尺寸为 30mm×45mm 的，定位销直径为 ϕ18g6，底板长×宽尺寸为 30mm×60mm 的，定位销直径有 ϕ18g6 和 ϕ26g6 两种。利用定位接头，可以将元件之间的十字键定位连接，转换为用销与孔定位连接，组装成分度、转动结构的回转中心轴，组装角度结构也可使用定位接头
端孔定位支承，侧孔定位支承和侧中孔定位支承	端孔定位支承　侧孔定位支承 中孔定位支承	端孔和侧孔定位支承是在长方形支承件的基础上改进设计的。将长×宽×高为 90mm×45mm×30mm 和 90mm×60mm×30mm 的大长方形支承上的长圆孔，改为带沉孔的过孔，在其侧面靠外端增加 ϕ18H7 的定位通孔，即成为侧孔定位支承。若在端面中心位置增加 ϕ18H7 的定位不通孔，即成为端孔定位支承。端孔定位支承的规格多，还有 ϕ26H7 定位孔的，其元件的长×宽×高为 60mm×60mm×30mm 和 90mm×60mm×40mm 侧中孔定位支承是在 120mm 长、60mm 宽单槽伸长板的基础上，改进设计的，将该伸长板上的 T 形槽改成键槽，在其侧面的中心位置增加 ϕ18H7 的定位通孔，即成为侧中孔定位支承 这三种定位支承主要用于组装分度、转动、角度结构，以及单个销或一面两销定位。由于定位孔的位置不同，因此要根据组装的实际情况进行选择

（续）

名 称	结构示意图	使用说明
V形板，V形支承和V形角铁	V形板　V形支承　V形角铁	V形板有时当支承件使用，利用V形缺口为加工零件提供进出刀具的空间。V形板的长度都是90mm，宽度有45mm和60mm的，高度有15mm、20mm、25mm和30mm几种，可定位外圆的直径在ϕ60mm以下 当外圆直径的尺寸在60mm<ϕ<150mm时，应选用60mm、75mm、90mm和120mm不同宽度的V形支承定位，这四种宽度的V形支承，可定位外圆的最大直径依次为ϕ75mm、ϕ95mm、ϕ115mm和ϕ150mm。V形支承两个侧面上的键槽和螺孔，主要用于组装工件的自身夹紧结构。另外，键槽的深度是5mm，在组装焊接夹具时，可装入卡兰夹紧工件 V形角铁相当于把V形支承切除一个角，其V形支承面像V形板一样薄，只有10mm或20mm，其宽度有30mm、45mm、60mm和75mm四种，可定位外圆的直径在ϕ100mm以下，该元件在组装中应用更为灵活 在配套元件时，最好成对订购各种规格尺寸的V形板、V形支承和V形角铁。另外，在组装焊接夹具时，轴类和管类零件普遍采用V形铁定位，并用卡兰夹紧的组装方法，为了满足这种组装要求，在V形板和V形角铁两侧面上，分别加工了与卡兰配合连接的键槽，专门用于焊接夹具的组装
左右菱形板和左右角铁	左、右菱形板　左、右角铁	左、右菱形板和左、右角铁上的斜面都是45°的斜面。左、右菱形板长×宽×高尺寸为90mm×45mm×20mm，鳞齿斜面用于零件毛坯面定位。左、右角铁长×宽为60mm×45mm，高度尺寸有52mm和72mm两种规格。这四种元件可用于45°斜面的定位，或成对组装大直径外圆的V形定位。因此，在配套元件时左、右两种元件要成对选购
活动V形铁	活动V形铁	活动V形铁的长×宽×高为30mm×70mm×30mm，利用两端面的12g6的台阶，与T形槽配合移动，在V形面对面的螺孔中拧入螺栓，可执行移动操作

(4) 导向件 导向件包括钻、镗套,各种钻模板和镗孔支承,见表9-8。这类元件主要用来确定刀具与工件的相对位置,加工时起到正确引导刀具的作用,保证加工孔的位置精度。钻模板的设计与无台阶定位板相似,因此也常把钻模板当做定位件使用。

表 9-8 导向件结构和组装中的应用

名 称	结构示意图	使 用 说 明
固定钻套,快换钻镗套	固定钻套　　快换钻套	固定钻套和快换钻套和镗套用工具钢 T10 制造,淬火硬度 60~64HRC,套与钻模板定位孔配合的外圆精度为 g5,引导刀具孔的精度为 F7,专用夹具也可采用组合夹具的钻套 固定钻套按钻模板定位孔直径的大小,设计了 φ12mm、φ18mm、φ26mm、φ35mm 四种外圆直径,快换钻套和镗套按钻模板和镗孔支承的定位孔直径,共设计了 φ12mm、φ18mm、φ26mm、φ35mm、φ45mm、φ58mm、φ70mm、φ90mm 和 φ120mm 九种外圆直径,其规格尺寸见表 9-9 和表 9-10
立式钻模板和左、右偏心钻模板	立式钻模板　　左偏心钻模板 右偏心钻模板	立式钻模板的外形像一把菜刀,用于组装孔中心距比较近的钻夹具,其宽×高尺寸为 18mm×45mm,定位孔直径是 φ12mm,孔长 15mm,定位孔中心与竖直定位键槽的中心距有 60mm、75mm、90mm 和 120mm 四种规格。左、右偏心钻模板的定位孔有 φ12mm 和 φ18mm 两种,定位孔中心与元件上的纵向定位键槽中心线偏离 15mm 或 30mm,这种元件的厚度均为 15mm,定位孔中心与元件后端面的距离有 119mm 和 149mm 两种。左、右偏心钻模板各有八个规格,主要用于组装孔中心距比较近的钻夹具,有时为避免元件之间的干涉,采用左、右偏心钻模板组装
钻模板和双面槽钻模板	钻模板　　双槽钻模板	最常用的钻模板只在其底面有十字定位键槽,该元件有 30mm、45mm 和 60mm 三种宽度。30mm 宽的钻模板厚度是 15mm,有 φ12mm、φ18mm 两种定位孔,定位孔与横向定位键槽的中心距有 60mm、90mm、120mm 三种,共有六个规格 双面槽钻模板的底面和顶面都有定位十字键槽,主要用于组装双导向的钻模,该元件厚度均为 25mm,宽度有 45mm、60mm 两种

（续）

名　称	结构示意图	使用说明
中孔钻模板	中孔钻模板	中孔钻模板的定位孔在元件的中心，主要用于组装框架式钻模，也可当定位支承使用，或用于元件连结与加固。中孔钻模板有45mm、60mm宽，以及加宽的75mm、90mm四种。45mm宽中孔钻模板的定位孔是ϕ18mm，长度有90mm、120mm、150mm、180mm、240mm五个规格。60mm宽中孔钻模板的定位孔有ϕ26mm、ϕ35mm两种，长度有180mm、240mm、300mm、360mm共八个规格。加宽的75mm和90mm中孔钻模板，定位孔分别为ϕ45mm和ϕ58mm，长度有240mm、300mm、360mm有三个规格
导向支承	导向支承	导向支承是将顶面改为导向槽的方形和长方形支承件，底面上的十字键槽仍用于和其他元件连接定位，顶面的导向槽宽度有30H6和45H6与钻模板的宽度尺寸相配合，钻模板以导向槽定位并能沿导向槽移动调整位置。由于钻模板多用键槽定位，因此用钻模板外廓定位的导向支承可酌情使用
角铁形和长方形镗孔支承	角铁形镗孔支承　长方形镗孔支承	直角形镗孔支承的外形像座钟，底面长均为60mm，宽度有45mm和60mm两种。45mm宽的直角形镗孔支承，有ϕ18mm、ϕ26mm两种定位孔，定位孔中心的高为60mm；60mm宽的直角形镗孔支承，有ϕ35mm、ϕ45mm两种定位孔，定位孔中心的高为75mm。以上四种角铁形镗孔支承常用于组装钻夹具 长方形镗孔支承的宽度都是60mm，有ϕ35mm、ϕ45mm、ϕ58mm、ϕ70mm、ϕ90mm五种定位孔，这五种定位孔的长方形镗孔支承，其长×高尺寸依次为 60mm×80mm、70mm×100mm、80mm×105mm、120mm×110mm和120mm×130mm。共有五个规格
侧孔和侧中孔镗孔支承	侧孔镗孔支承 侧中孔镗孔支承	侧孔镗孔支承如同放大相关尺寸的侧孔定位支承，定位孔有ϕ26mm、ϕ35mm、ϕ45mm、ϕ58mm、ϕ70mm、ϕ90mm、ϕ120mm七种。ϕ26定位孔的侧孔镗孔支承，有长×宽×高尺寸为110mm×40mm×40mm和110mm×60mm×40mm两个规格。ϕ35定位孔的侧孔镗孔支承长×宽×高尺寸是90mm×60mm×50mm。ϕ45mm、ϕ58mm、ϕ70mm、ϕ90mm和ϕ120mm定位孔的侧孔镗孔支承，宽度都是60mm，其长×高尺寸依次为120mm×60mm、120mm×90mm、120mm×90mm、150mm×120mm和180mm×150mm，共有八个规格 侧中孔镗孔支承的如同放大相关尺寸的侧孔定位支承，并在两个端面增加了T形槽，其宽度都是60mm，定位孔有ϕ26mm、ϕ35mm、ϕ45mm、ϕ58mm、ϕ70mm和ϕ90mm六种，这六种侧中孔镗孔支承的长×高尺寸依次为120mm×40mm、120mm×50mm、120mm×60mm、150mm×90mm、180mm×100mm和180mm×120mm六个规格

表 9-9　固定钻套尺寸表

（单位：mm）

固定钻套外圆直径	钻孔直径范围	钻套长度
φ12	φ3 ~ φ8	15
φ18	> φ8 ~ φ14	20
φ26	> φ14 ~ φ20	20
φ35	> φ20 ~ φ30	24

表 9-10　快换钻套尺寸表

（单位：mm）

快换钻套或镗套外圆直径	钻孔直径范围	钻、镗套长度
φ12	φ3 ~ φ8	15 和 22
φ18	> φ6 ~ φ13	20 和 30
φ26	> φ13 ~ φ20	20、30 和 45
φ35	> φ20 ~ φ28	30 和 45
φ45	> φ28 ~ φ38	32 和 60
φ58	> φ38 ~ φ48	45 和 60
φ70	镗杆直径 φ58	镗套长度 60
φ90	镗杆直径 φ70	
φ120	镗杆直径 φ90	

通常先配备一些常用的钻螺纹底孔和螺栓、螺钉过孔的钻套，其他钻套可根据使用情况随用随配。铰套和有特殊要求的钻、镗套，如加长钻套、钻斜面孔或斜孔的钻套，可以向组合夹具元件制造厂提出，进行改制或专门订货。

镗孔支承有直角形、长方形、侧孔和侧中孔四种结构，在每个镗孔支承上，都有安装钻套或镗套的定位孔，其直径分别为 φ18mm、φ26mm、φ35mm、φ45mm、φ58mm、φ70mm、φ90mm、φ120mm，定位孔的精度是 H6 级。

φ18mm、φ26mm、φ35mm、φ45mm 和 φ58mm 定位孔的镗孔支承，可用于组装钻夹具。φ70mm、φ90mm 和 φ120mm 定位孔的镗孔支承主要用于组装镗孔夹具。随着加工中心和数控机床的广泛使用，镗孔夹具的应用日趋减少，因此，选用大直径定位孔的镗孔支承也越来越少。

（5）压紧件　表 9-11 所示的平压板、伸长压板、叉形压板、U 形压板、圆形压板、桥形压板、弯压板、回转压板、自适应压板、关节压板和摇板压块、摆动头压块、卡兰等压紧件，主要用于将工件压紧，保证工件在切削力的作用下，始终保持正确的定位，同时要根据零件的结构和工艺要求，选用不同的压紧件，组装成合理的夹紧结构，使得工件的夹紧与装卸快捷方便。

表 9-11　压紧件结构和组装中的应用

名　称	结构示意图	使 用 说 明
平压板，伸长压板和叉形压板	平压板　伸长压板　叉形压板	平压板、伸长压板和叉形压板是常用的压板，可用于组装工件侧面、端面的定位或夹紧的结构
弯压板，圆头压板和 U 形压板	弯压板　圆头压板　U形压板	用弯压板可降低夹紧螺栓的高度，可避免与加工刀具的干涉。圆头压板适合工件内圆弧面的夹紧。有开口的 U 形压板可以从被夹紧的工件上取下
圆形压板，回转压板和关节压板	圆形压板　回转压板　关节压板	圆形压板可以从被夹紧的工件上取下，回转压板、关节压板可以转动打开，因此，用这几种压板装卸工件比较方便

(续)

名称	结构示意图	使用说明
桥形压板和摇板压块	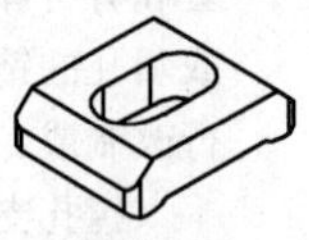 桥形压板；摇板压块 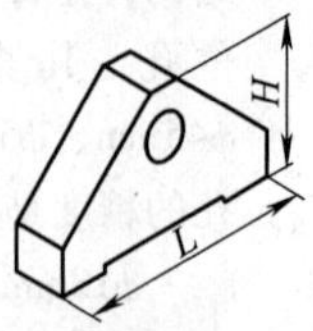	桥形压板可同时夹紧两个相邻的工件。摇板压块须装在关节压板上使用，通过插入摇板压块与关节压板孔中的销轴，摇板压块可摆动调整压紧位置，与被压紧面相适应，压紧工件平稳可靠
摆动头压块、自适应压板和卡兰	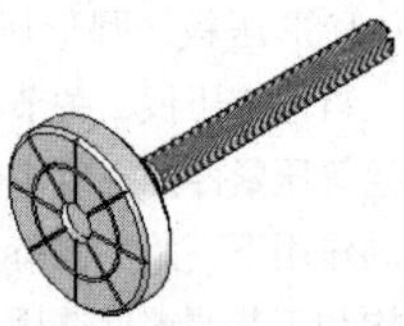 摆动头压块；自适应压板；卡兰 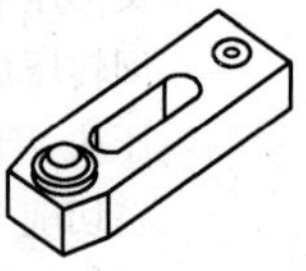 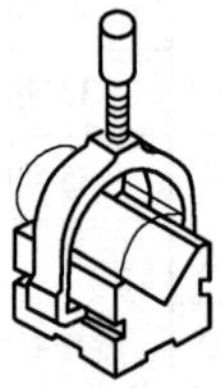	摆动头压块主要用于工件毛面、斜面的夹紧，根据压紧工件的情况，在摆动头压块的孔内，装入适当长度的球头螺钉，通过球头使得摆动头压块可以浮动，能够与工件被压紧面相适应，平稳可靠地压紧工件。用带有浮动球头的自适应压板，同样能达到平稳可靠的压紧工件的效果。卡兰的夹紧力比较小，主要用于组合焊接夹具压紧工件。用卡兰与V形铁将轴类和管类焊接零件定位并夹紧，夹具结构紧凑。工件焊接后，把卡兰从V形铁和工件上拿走，焊接成一体的零件即可方便地从夹具上取出

(6) 紧固件 表 9-12 所示的各种螺母、螺栓、螺钉和垫圈等紧固件，在组装夹具中起到两种作用，一是将组装夹具的元件牢靠地连结紧固成一体，二是与压板组成夹紧结构，将工件压紧固定在夹具上。

表 9-12 紧固件结构和组装中的应用

名称	结构示意图	使用说明
六角螺母，带肩六角螺母，圆螺母和厚六角螺母	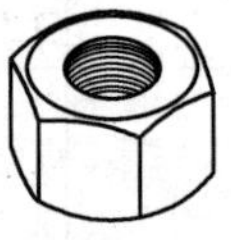 六角螺母；带肩六角螺母；圆螺母；厚六角螺母 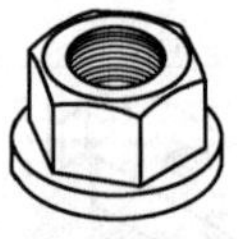 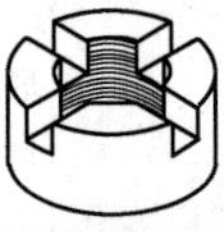 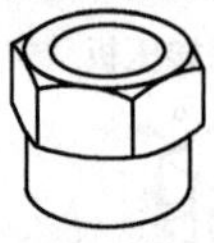	不同厚度的螺母用途不同，6mm 厚的薄六角螺母和 10mm 厚的带肩六角螺母，多用于各种螺栓或螺钉的自身锁紧。14mm 厚的六角螺母和带肩六角螺母，用于元件的紧固和工件的夹紧。 25mm 厚的六角螺母，多用于螺栓的加长连接，或在允许螺母高出元件的情况下，可替代圆螺母紧固元件，紧固元件比圆螺母更可靠。在不允许螺母高出元件的情况下，用外圆为 $\phi22$mm 的圆螺母紧固元件，根据元件沉孔的深度，可选用 10mm、20mm 或 30mm 厚的圆螺母

(续)

名　　称	结构示意图	使用说明
长方螺母，滚花螺母和过渡螺母	长方螺母 滚花螺母　过渡螺母	长方螺母放在 T 形槽内使用，其长×宽×厚有 19mm×19mm×6.5mm 和 45mm×19mm×6.5mm 两种。在组装夹具的过程中，遇到使用槽用螺栓困难，或不适宜的情况下，首先将长方螺母放在 T 形槽内，再拧入双头螺栓或定位螺钉，组成槽用螺栓连接元件。外径 ϕ40mm 的滚花螺母应用很有限，切削力小的磨削夹具有时用滚花螺母手动紧固工件 外螺纹是 M24×1.5、内孔螺纹是 M12×1.5 的过渡螺母，只能在长方形镗孔支承上使用，将过渡螺母拧紧在该元件的 M24×1.5 的螺孔中，即可利用 M12×1.5 内孔螺纹孔连接其他元件
平垫圈，凸凹球面垫圈	平垫圈　凸球面垫圈　凹球面垫圈	平垫圈，凸和凹球面垫圈是借用的标准件。用压板夹紧工件时，借助放在压板和压紧螺母之间的凸和凹两种球面垫圈，压板能够浮动调位与工件压紧面相适应，有利于平稳夹紧工件
槽用螺栓，关节螺栓和过渡螺栓	槽用螺栓　长方头槽用螺栓 关节螺栓　过渡螺栓	槽用螺栓有方头和长方头两种，方头的长×宽×高尺寸为 19mm×19mm×7mm，长方头为 28mm×19mm×7mm，槽用螺栓的长度可在 15～300mm 范围内选取。双头螺栓的长度可在 70～320mm 范围内选取 关节螺栓上有 ϕ12.2mm 的销孔，采用关节压板压紧工件时，要用关节螺栓和 ϕ12mm 直径的销轴组装。关节螺栓长度可在 40～200mm 范围内选取 过渡螺栓有两种，一端为是 M12×1.5 螺纹，另一端是 M8 螺纹的过渡螺栓，用于中型和小型两种组合夹具元件相互连接紧固。一端为是 M12×1.5 螺纹，另一端是 M16×1.5 螺纹的过渡螺栓，用于中型和大型两种组合夹具元件相互连接紧固。过渡螺栓应用较少，只能根据实际组装情况选用或自制
球头螺钉，紧定螺钉，压紧螺钉和双头螺栓	球头螺钉　紧定螺钉 压紧螺钉　双头螺栓	M12×1.5 的球头螺钉的长 50～140mm，可作工件的辅助可调支承，或压板夹紧用的支承螺钉。球头螺钉插入摆动头压块的孔内，可用于压紧工件 紧定螺钉有三种螺纹，M6 的长 10～15mm，M8 的长 18～55mm，这两种紧定螺钉用于紧定固定钻套，M8 的还可用于紧定 T 形键，M12×1.5 的紧定螺钉长 15～80mm，用于元件的连接 压紧螺钉多用于工件的侧面或端面的辅助夹紧，带六方的压紧螺钉可用扳手夹紧，平端的压紧螺钉只能用手动夹紧，有时可当做压板夹紧用的的支承螺钉使用。压紧螺钉长在 50～180mm 范围内选取 双头螺栓用于较长的螺栓，因中部螺纹无用处时的组装连接

配套选用压紧件时,M6、M8 的紧定螺钉、M5 的键用螺钉和垫圈可以用标准件。各种 M12×1.5 的螺栓、螺钉和螺母最好选用组合夹具制造企业专门生产的紧固件,保证元件的质量符合组合夹具元件的技术和质量要求,组装夹具安全可靠。

(7) 其他件 表 9-13 所示的其他件,包括几种支钉与支帽、两爪和三爪支承、支承环、连接板、钻套螺钉、键用螺钉、轴销、顶尖、对定栓、对位轴、空心轴、弹簧、弹簧支座、手柄和平衡铁等元件。

表 9-13 其他件结构和组装中的应用

名 称	结构示意图	使 用 说 明
平面、球头、鳞齿支钉;平面、球面、鳞齿支承帽;自适应支钉;自适应支承帽	平面支钉　球面支钉　鳞齿支钉　平面支承帽 球面支承帽　鳞齿支承帽　自适应支钉　自适应支承帽	平面、球头、鳞齿支钉与支承帽可作为工件的支承,或组装可以调整的辅助支承。其中高度为 20mm±0.01mm 平面支承帽应用较多。自适应支钉和支承帽都装有带平面的、并能转动一定角度的钢球,由于钢球平面可随工件支承表面状况,自动调转到合适的位置,并紧贴工件支承面。因此,用自适应支钉和支承帽支承工件,不仅支承平稳可靠,而且夹紧工件时不会产生夹紧变形和夹紧应力
二爪,三爪支承和支承环	两爪支承　三爪支承　支承环	两爪和三爪支承的外圆直径有 φ35mm、φ45mm、φ58mm 三种,其高度依次为 30mm、35mm、45mm±0.01mm,这两种元件主要用于外形和定位面较小的工件定位,或者需要为工件钻、镗孔提供出刀空间时使用 支承环是用于几种支钉与支承帽、定位销、定位盘的调整垫,其外径有 φ22mm、φ28mm、φ36mm、φ45mm 四种,环的高度有 0.5mm、1mm、2mm、3mm、5mm、10mm、15mm、20mm、40mm 和 50mm,外径较小的 φ22mm 和 φ28mm 支承环有时也可放在两个钻模板侧面,当做调整钻模板孔中心距的垫片使用
销轴,顶尖,对定栓,对位轴和空心轴	销轴　顶尖　对定栓 对位轴　空心轴	销轴的直径为 φ12mm,长度有 40mm 和 45mm 两种。采用关节压板压紧工件时,要用两个销轴把关节压板、摇板压块和关节螺栓连接起来。一个销轴插入关节压板外侧的销孔,并套上关节螺栓,另一个轴销插入关节压板中间的销孔和摇板压块的销孔中,使得关节压板和摇板压块能够绕轴销转动 60°顶尖的外径为 φ18h6,长度有 45mm、90mm、120mm 三种,顶尖可用于组装检验夹具。在工件定位按划线找正时,用顶尖对线确定工件位置,还可当做分度或转动夹具的定位插销 对定栓的外圆尺寸精度是 g6,其直径有 φ6mm~φ20mm 共 15 种规格,φ12mm、φ18mm 的对定栓应用最多,主要用于检测钻模板的位置,也可当做分度、转动或移动夹具的定位插销 φ18mm 对位轴和 φ26mm、φ35mm 空心轴的外圆精度都是 g6,其长度有 90mm、120mm、180mm、240mm、300mm,空心轴还有长 360mm 的。这两种元件用于组装角度结构的定位轴,或转动结构的回转轴

(续)

名称	结构示意图	使用说明
连接板，钻套螺钉和键用螺钉	连接板　钻套螺钉　键用螺钉	连接板中间有长圆孔，一端有 M12×1.5 螺孔，另一端有 φ13mm 过孔。该元件组装的灵活性好，主要用于加强元件的连接强度和刚性，可用于组装定位或夹紧的挡板，有时还可以当压板使用。连接板有 30mm、35mm 和 40mm 宽三种，其厚度依次为 15mm、20mm 和 25mm，长度可在 80~350mm 内选取 M6、M8 和 M12×1.5 的钻套螺钉，用于固定快换钻套或镗套。固定平键的键用螺钉是 M5 沉头螺钉标准件，根据平键的高度，可选用 8mm、11mm、13mm、15mm、17mm、19mm 六种长度的键用螺钉，用以固定键
弹簧，弹簧支座，平衡铁和手柄	弹簧　弹簧支座　平衡铁　手柄	φ1.5mm 钢丝绕制的弹簧，外径是 φ16mm，长度有 15mm、20mm、30mm、40mm 四种，用于托住夹紧压板。应用弹簧支座可以减少采用元件的数量。一端可拧入元件 M12×1.5 螺纹孔的手柄，用来搬动大的元件和夹具。平衡铁用于调整车夹具的动平衡，因平衡铁占的组装面积大，往往用一些元件进行夹具的动平衡

选用配套其他元件时，如钻套螺钉、键用螺钉、销轴、对定栓、对位轴等元件，要结合有关元件的规格和数量进行配套，有些元件或某些规格，根据使用情况可以暂不选购或少选购。

(8) 合件　合件是由几个零件组成的、具有移动或转动调整功能的部件。应用合件能够简化夹具结构，缩短组装时间，提高组合夹具的使用水平。表 9-14 所示的合件，只是部分常用的合件，按合件的使用功能，可划分为支承、定位、分度和夹紧四种类型的合件。

表 9-14　合件结构和组装中的应用

名称	结构示意图	使用说明
微调高度支承和折合板	微调高度支承　折合板	支承合件中微调高度支承是用斜面调整高度的合件，底座和移动支承块的斜面角度小于 4°，具有自锁功能，但调整高度的范围有限。该合件可作为浮动支承，或用于台阶面的支承 折合板上的导向关节板和固定关节板用 φ12mm 销轴连接，像合叶一样可以折合与打开，用一面有十字键槽的固定关节板，可将折合板定位连接在支承件上，在两面都有十字键槽的导向关节板上，可以定位连接钻模板，即组装成能够翻转打开的钻模板，便于工件的装卸。拧紧 φ12mm 销轴上的 M5 沉头螺钉，使销轴张开，可将导向关节板及钻模板固定，防止钻模板在钻孔加工时抖动。折合板也可用于组装角度结构。折合板两个关节板的厚度为 20mm，板侧面上的销孔中心与端面的距离为 70mm，宽度有 45mm 和 60mm 两种规格

(续)

名 称	结构示意图	使用说明
回转支架和正弦规	回转支架　正弦规	支承合件中回转支架是可调角度的支承合件，其外廓尺寸长×宽×高为270mm×60mm×120mm。回转支架按刻度调整半圆块的角度，并用螺栓锁紧，组装成一般精度的角度支承结构 正弦规用尺寸精确的垫块，能够组装高精度的角度夹具结构，主要用于磨夹具。其底面两定位轴中心距为200mm±0.01mm，台面高65mm，宽度有60mm和120mm两种规格尺寸
转位支承，活动定位销座，可调V形铁和顶尖座	转位支承　活动定位销座　可调V形铁　顶尖座	定位合件转位支承相当于在长方形定位支承的定位孔中，安装了一个圆形定位接头，圆形定位接头可以转动，并能用元件侧面的螺钉锁紧。用这个合件能够很方便地组装成角度、转位或翻转的夹具结构 活动定位销座可插入和拔出定位销，主要用于大型工件的销孔定位，或用于焊接夹具的组装，便于工件的安装和取出 可调V形铁可代替活动V形铁，该合件的组装和操作方便，其外廓尺寸长×宽×高有140mm×45mm×35mm和164mm×60mm×40mm两种 顶尖座主要用于组装检验夹具，其底座长×宽尺寸为90mm×60mm，顶尖中心高度为90mm±0.03mm。在选用顶尖座时，尽量挑选顶尖中心高度一致的顶尖座组装检验夹具
插销分度合件和端齿分度台	插销分度合件　45°槽端齿分度台　90°槽端齿分度台	分度合件插销分度合件是用三爪定位夹紧工件，转动带有等分销孔的分度盘，并插销定位，可实现2、3、4、6、8、12等分。也有用齿轮作为分度盘的合件 系列化端齿分度台的工作台直径有$\phi 120$mm、$\phi 240$mm、$\phi 300$mm、$\phi 360$mm、$\phi 480$mm、$\phi 540$mm、$\phi 720$mm、$\phi 960$mm八种，工作台顶面上的T形槽和圆基础板一样，有45°槽和90°槽两种工作台面，在端齿分度台底座的三个侧面上，均有键槽和T形槽，用于组装支承件、钻模板和压紧等元件。$\phi 120$端齿分度台的分度值是3°，$\phi 240$mm、$\phi 300$mm、$\phi 360$mm、$\phi 480$mm分度台的分度值有1°和1.5°的两种，$\phi 540$mm、$\phi 720$mm、$\phi 960$mm分度台的分度值是0.5°。端齿分度台的分度精度有±30″、±10″和±5″三个等级。使用端齿分度台要根据工件的尺寸，分度的数值和加工精度进行选择。另外，45°槽的工作台面适合组装分度钻孔夹具，90°槽的工作台面适合组装卧式分度钻孔或镗孔夹具

(续)

名　称	结构示意图	使用说明
侧支钉，关节接头和钩形压板	侧支钉　　关节接头　　钩形压板	夹紧合件侧支钉由支钉和锁母组成，用于组装工件的侧夹紧。通过拧入侧支钉底部的槽用螺栓和 M20×1.5 的锁紧螺母，将侧支钉固定在元件的 T 形槽上面，选择适当长度的压紧螺钉，拧入侧支钉上面的螺孔，即组装成侧夹紧。也可以用紧定螺钉，将侧支钉固定在元件的螺孔上面 关节接头由叉座、转动插头、M20×1.5 的锁紧螺母、销轴和开口销组成。关节接头与元件的连接固定方式和侧支钉相同，在转动插头的螺孔中拧入双头螺栓或关节螺栓，可以组装斜面的夹紧结构 钩形压板结构紧凑，组装和夹紧操作简便，但夹紧力较小，适用于切削力小或焊接工件的夹紧
平口钳，悬臂式可调夹紧合件	多用平口钳 悬臂式可调夹紧合件	夹紧合件系列化的平口钳有多用平口钳、双向夹紧钳、侧向夹紧钳和精密平口钳等诸多品种。可以更换不同的钳口，如水平方向或铅垂方向的 V 形钳口、鳞齿钳口、台阶钳口和不淬硬的软钳口，夹紧不同形状的零件。精密型的平口钳的精度达到微米级，主要用于磨夹具，或者用于加工中心和数控机床夹具 悬臂式可调夹紧合件及铰链杠杆夹紧合件用于组合焊接夹具压紧工件。悬臂式可调夹紧合件上的压紧臂，可以沿导柱上下调整、旋转或取下，不仅组装方便灵活，而且为装卸焊接工件提供了方便
肘节式快速夹钳	肘节式快速夹钳	肘节式快速夹钳基于连杆机构原理，操作快捷，通过几种连接板，即可将各种铰链夹紧机构与组合夹具元件结合在一起，组装成焊接夹具。肘节式快速夹钳已形成系列化、商品化的产品，有专业生产的厂家提供此项产品，参考本手册第 2 章 2.3.11 节

名　称	结构示意图	使用说明
可调夹紧器和带齿可调夹紧器	可调夹紧器　　带齿可调夹紧器	可调夹紧器和带齿可调夹紧器便于在不同高度处夹紧工件，使用十分方便

选用合件尽量选用一些通用性强、常用、经济的合件。一些价格较高的合件，如：回转支架、顶尖座、正弦规、端齿分度台、精密平口钳等，一定要根据实际使用情况慎重选择，以免闲置、使用率不高。

（9）组装工具　表 9-15 所示的组装工具和辅具制订了 JB/T 3627—1999 行业标准，组合夹具制造厂可成套提供。

表 9-15　组装工具结构和组装中的应用

名　称	结构示意图	使用说明
六角套筒扳手、丁字形四爪扳手、四爪扳手和铜锤	六角套筒扳手　丁字形四爪扳手 四爪扳手　铜锤	六角套筒扳手、丁字形四爪扳手、四爪扳手和铜锤是拆装用工具。
电动扳手六角头、四爪头和拨杆	电动扳手六角头和四爪头　拨杆	使用电动扳手可提高组装效率，减轻组装疲劳；拨杆插入槽中挡在组装工腰上，避免拧紧螺钉螺母时夹具随之转动，用拨杆也可较轻松地挪动、抬起或搬运夹具。
检验棒	钻孔检验棒	钻孔夹具和镗孔夹具检验棒的直径有 $\phi 8 mm$、$\phi 12 mm$、$\phi 18 mm$、$\phi 26 mm$、$\phi 35 mm$、$\phi 45 mm$、$\phi 58 mm$、$\phi 70 mm$、$\phi 90 mm$，精度为 h5。$\phi 70 mm$、$\phi 90 mm$ 的镗孔夹具检验棒是空心的。不同直径的检验棒有不同的长度。配套选用检验棒时，首先根据所用钻模板和镗孔支承的孔径，确定检验棒的直径，再按加工零件的尺寸范围选择检验棒的长度，通常一种直径的检验棒至少要有2件，其长度可以不同

(续)

名称	结构示意图	使用说明
连接盘	连接盘	通过连接盘将组装的车夹具安装在车床上，连接盘的外圆直径有 φ230mm、φ290mm、φ350mm 三种，按不同的车床主轴结构设计制造的连接盘有 A、B、C、D、E、F 六种型号。选用连接盘要根据车床的回转直径，及其主轴的连接结构，确定连接盘的直径与型号。安装车夹具必须先把选用的连接盘安装紧固在车床主轴上，然后在连接盘上精车 4mm 高的定位凸台，凸台直径按组装夹具圆基础板背面的定位止口直径车削，安装 φ240mm 和 φ300mm 圆基础板，定位凸台的直径是 φ120h6，安装 φ360mm、φ480mm 圆基础板定位凸台的直径是 φ180h6。将组装的车夹具以精车的凸台和圆基础板的止口定位，并用螺栓固定于连接盘上。车夹具用完后，若夹具和连接盘全部从车床主轴上卸下，再安装夹具时，须重新精车连接盘上的定位凸台，以保证圆基础板与车床主轴同心。连接盘每安装一次，车掉 5mm 左右，直至太薄不能使用

9.2.2 槽系列组合夹具元件的结构要素和技术条件

1. 槽系列组合夹具元件的结构要素

影响组合夹具元件强度、刚度和互换性的基本结构、相关尺寸与精度，称之为组合夹具元件的结构要素。最新组合夹具元件结构要素的国家标准为 GB/T 2804—2008。该标准对 6mm、8mm、12mm 和 16mm 槽四种型号组合夹具元件的连接螺纹、槽用螺栓，T 形槽、键槽和导向槽，定位轴、孔、过空、沉孔，以及支承件截面尺寸等结构要素制定了标准。具体内容见组合夹具标准附录。与选型有关的组合夹具元件结构要素见表 9-16。

表 9-16 不同型号组合夹具元件的主要结构要素　　　　（单位：mm）

型号	连接螺纹尺寸	T 形槽和键槽宽	基础板 T 形槽距	支承件截面尺寸（宽×长）	
				正方形支承件	长方形支承件
16mm	M16×1.5	16H7	$75^{+0.05}_{0}$	75×75、90×90	75×112.5、60×120、90×120
12mm	M12×1.5	12H7	$60^{+0.05}_{0}$	60×60	45×60、45×90、60×90
8mm	M8	8H7	$30^{+0.05}_{0}$	30×30	30×45
6mm	M6	6H7、8H7		22.5×22.5	22.5×30

2. 槽系列组合夹具元件的技术条件

通过多年的实践，组合夹具行业制订了槽系列组合夹具元件通用技术条件 JB/T 7180—1994 行业标准。该标准规定了 6mm、8mm、12mm 和 16mm 四种型号槽系列组合夹具元件的技术要求，对各种元件的材料、热处理、螺栓强度，元件主要加工部位的尺寸精度、表面粗糙度、角度公差、形位公差，以及 T 形槽和键槽的倒角等作出了规定，是槽系列组合夹具元件设计、制造与成品检验的依据。其详细内容见组合夹具行业标准附录。表 9-17 列出槽系列组合夹具元件选用的材料和热处理。

槽系列组合夹具元件的连接强度，决定于槽用螺栓和 T 形槽唇口的强度。双头螺栓、槽用螺栓、关节螺栓和过渡螺栓用 40Cr 钢制造，淬火硬度 35～40HRC，有较高的强度和寿命。M12×1.5 的螺栓许用拉力不低于 1000kN，细牙螺纹自锁能力强，使得螺纹连接紧固元件牢靠，保证夹具使用安全可靠。

基础板、支承件、和定位件用 20CrMnTi 优质合金钢制造，渗碳、淬火硬度 54～62HRC，保证 T 形槽唇口具有较高的强度和耐磨性，以及一定的韧性。几十年使用的效果证明，只要遵守组装守则，合理使用元件组装的夹具，元件的定位连接可靠，元件的使用寿命可达十几年以上。槽系列组合夹具元件关键加工部位的尺寸精度、表面粗糙度、形位公差和简要说明，见表 9-18 和表 9-19。

表 9-17 槽系列组合夹具元件的材料和热处理

元件的类别或名称	选用材料	热处理
筒式、方形、长方形基础板	20CrMnTi	渗碳深 0.8～1.4mm，淬火 58～62HRC
圆形基础板、基础角铁		渗碳深 0.8～1.4mm，淬火 54～58HRC
支承件、定位件、导向件		渗碳深 0.8～1.2mm，淬火 58～62HRC
合件中用于支承、定位、导向的零件		
平键、T形键、偏心键、过渡键	20	渗碳深 0.8～1.2mm，淬火 50～54HRC
连接板，两、三爪支承、支钉、支承帽		渗碳深 0.8～1.2mm，淬火 50～56HRC
定位销、定位盘、轴销、顶尖、对定栓	T10	淬火 54～58HRC
高度≤3mm 支承环		淬火 50～54HRC
固定和快换的钻、镗套		淬火 60～64HRC
槽用螺栓、双头螺栓、关节螺栓	40Cr	淬火 38～42HRC
厚度≤5mm 支承件（垫片）	45	淬火 40～44HRC
压紧件，螺钉和螺母、手柄、夹紧合件、拨杆		淬火 38～42HRC
平衡铁、连接盘	铸铁	时效处理
钻孔检验棒 φ≤58mm	T8A	淬火 58～62HRC
高度>3mm 支承环、φ70mm 和 φ90mm 空心镗孔检验棒	无缝钢管	渗碳深 0.8～1.4mm，淬火 58～62HRC

表 9-18 槽系列组合夹具元件主要尺寸的精度和表面粗糙度

元件主要尺寸	尺寸公差或极限偏差	表面粗糙度 $Ra/\mu m$	简要说明
键槽、T形槽配合部位	H7	0.8	16mm、12mm、8mm、6mm 槽宽尺寸精度 H7
定位键配合部位	h6，js6	0.4	键宽 16h6、12h6、8js6、6js6
安装定位元件配合孔	H7	0.8	圆基础板中心孔、定位支承定位孔
安装钻套配合孔	H6	0.8	钻模板和镗孔支承安装钻、镗套孔
定位销、盘的外圆直径	g6	0.8	圆形、菱形定位销和定位盘
钻、镗套定位外圆直径		0.4	固定钻套、快换钻套和镗套
钻、镗套刀具导向孔直径	F7	0.8	
检验棒外圆直径	h6	0.4	钻孔和镗孔检验棒
系列支承截面	±0.01	0.4	方形、长方形支承和角度垫板外廓
支承件的槽与基面距离	±0.01	基面的表面粗糙度 0.4	只有伸长板例外，公差为 ±0.025mm
安装定位元件孔与基面距离			所有带 φH7 定位孔的定位件
安装钻、镗套配合孔与基面或与组装定位横向键槽的距离			所有的钻模板和镗孔支承
基础件槽距 普通型（相邻槽距）	≤0.05mm		用于组装普通机床夹具
基础件槽距 精密型（任意槽距）	≤0.03mm		用于组装数控机床夹具或组合冲模

表 9-19 槽系列组合夹具元件的主要位置公差

元件位置公差项目	确定位置公差数值的主参数/mm	公差等级或公差值/mm	简要说明
$Ra=0.4\mu m$ 各工作表面的平行度、垂直度	被测面长度		特殊的见表注,垂直度以小面为基准测量大面
圆形元件 H7 精度的槽对槽平行度、垂直度	被测槽长度	GB 1184,4 级	圆基础板、定位盘、多齿分度台上的槽
H7 精度的槽对 $Ra=0.4\mu m$ 基面的平行度、垂直度			十字槽的基面无垂直度要求,则标注两槽垂直度
H6、H7 精度的孔对 $Ra=0.4\mu m$ 基面的平行度、垂直度	被测孔长度		钻模板、镗孔支承,定位件上和圆基础板中心孔
同一轴线上 IT6、IT7 级精度的孔、轴的同轴度	大直径	>6 GB 1184,7 级	定位销两外圆,定位盘、钻套和镗套的内外圆
		≤6 GB 1184,8 级	
同一中心平面上 H6、H7 精度的孔与 H7 精度槽的对称度	T 形槽键槽宽	>6~10 ≤0.015~0.03	圆基础板、定位盘、中孔钻模板的中心孔与槽
同一中心平面上 H7 精度的槽与槽的对称度		>10~18 ≤0.02~0.04	基础板、伸长板、左右角度支承的上、下槽

注:1. 厚度小于或等于 5mm 的各种垫片、支承环等薄的元件,因加工容易变形,故对其平行度、垂直度不要求,但元件的等厚偏差应在厚度尺寸公差的 1/2 以内。
2. 厚度大于 5mm,小于或等于 12.5mm 的各种垫板、V 形板等元件,在以四个侧面为基准测量上、下两大面的垂直度时,由于侧面窄小,影响垂直度检测的稳定性和准确性,为此,将这些元件的垂直度降低为 GB 1184 的 5 级,平行度可仍为 GB 1184 的 4 级。
3. 两个平面的平行度公差等于或大于两平面距离尺寸公差时,两个平面的平行度由平面距尺寸公差控制,不再标注平行度公差。
4. 根据夹具的使用范围或要求,如组装检测夹具或焊接夹具的元件,需要提高或降低元件的精度,以及改变材质和热处理等,供需双方可以协商解决。

组合夹具元件的精度是比较高的,制造组合夹具元件,需要具备一定的精密加工和专业检测的能力。元件的质量检测与验收,执行已颁布的槽系列组合夹具元件成品检验方法 JB/T 8048—1995 行业标准。该标准规定了槽系列组合夹具元件成品检验方法,量具的选用原则,以及元件有关检测尺寸的换算与验收的规定。标准的详细内容见组合夹具行业标准附录。

9.2.3 槽系列组合夹具的组装和组装守则

1. 组装夹具的步骤

组装夹具是应用组合夹具取得成效的关键,组装夹具一般按下列步骤进行:

1)熟悉并核实加工零件的图样与工艺,构思夹具组装方案。

熟悉加工零件的图样和工艺,核实加工尺寸、精度和技术要求;工件定位、夹紧的方案;以及加工设备。确认用现有的组合夹具元件能够组装,并能保证加工精度,夹具在机床上能够顺利可靠地安装。对于受元件规格尺寸限制,难以组装的加工部位,以及工件定位、夹紧需要特殊解决的工艺问题,必须提出并与工艺人员共同协商解决。最好提供一个前一道工序加工完的工件或毛坯件,以便更直观地考虑工件定位、夹紧和安放,以及进出刀具等问题,利用实物确定夹具组装方案,可以少走弯路。

2)按照构思的夹具组装方案,试装夹具。

按构思的夹具组装方案,将选用的元件不连接紧固,摆放成夹具的"样子"。在通过周密的思考和调整,使得夹具符合如下工艺和使用要求:

①夹具的定位、夹紧、导向合理可靠,完全符合工艺要求,能够保证加工精度。

②元件的连接合理可靠，夹具有足够的刚度，在加工和搬运过程中，元件不会错位或变形，确保使用安全。

③工件在夹具上安装和夹紧操作方便。

④进出刀具符合工艺要求、刀具与工件无干涉现象，清理切屑方便。

⑤夹具在机床上安放顺利可靠，调整找正方便。

⑥在满足以上要求的基础上，尽量使夹具的结构简单、轻巧、灵活。

3) 组装和调整夹具。在确定夹具试装方案后，将选用元件逐个清理干净，用键定位，螺栓、螺母等连接紧固。同时进行有关部分的尺寸的计算与调整，夹具的尺寸公差，一般控制在加工零件尺寸公差的 1/2~1/5 以内。在组装的过程中发现不足之处，及时改进和完善夹具的结构。元件的连接紧固必须遵守组合夹具组装守则。

4) 检验夹具和配带使用的元件。夹具组装完成以后，要进行自检、互检或由专职的检验人员，按照工件的加工工艺和使用要求，对夹具的结构、刚性、夹具的组装尺寸与连接紧固等方面，再一次进行全面的检查。另外，要核对配带使用的元件，例如：钻套、钻套螺钉或顶丝，移动夹具的调整垫块，转动夹具的定位插销，对线定位的顶尖，安装车夹具的连接盘等是否备齐。检验合格的夹具才能交付生产部门加工使用。

2. 组装守则和注意事项

组装夹具需要具有夹具设计、制造工艺的专业知识，使用量具和检测的技能，了解各种刀具和机床的使用等方面的综合知识。另外，还要熟悉各种组合夹具元件的结构、功能和规格尺寸，遵循组合夹具组装守则，合理地使用元件，采用正确的组装方法组装夹具。

组合夹具组装守则 JB/T 7180—1994 行业标准，规定了组装夹具的基本要求，以及合理使用元件和正确的组装方法，标准的详细内容见组合夹具行业标准。根据组装夹具的实践经验，强调和补充如下一些组装夹具的注意事项：

1) 在基础板两 T 形槽十字交叉处、或附近使用 T 形槽螺栓连接紧固其他元件时，特别强调必须遵守《组合夹具组装守则》中 4.2 和 4.3 的规定[3]，以免造成 T 形槽变形或断裂。在受力较小的情况下，可以用长的长方螺母和双头螺栓进行连接，用长方螺母增加与 T 形槽的接触面积，起到减小应力的作用。

2) 组装铣、刨夹具要注意夹具的刚性。组装钻夹具要注意钻套的导向长度，以及钻头的进出刀空间。组装磨夹具要注意夹具的精度，要精选元件进行组装。组装车夹具要注意夹具的安全使用，所有元件都要十字定键，连接紧固可靠，并要做好平衡。

3) 夹紧工件的夹紧力要朝向工件主定位面，尽量采用自身加紧结构，避免支承元件受侧向力变形，影响加工精度。

4) 钻模板悬出比较长时，只用垫圈和螺母紧固钻模板，将导致钻模板向上翘曲。应在钻模板上面，放一个小平压板或垫板，加大压紧面，再用垫圈螺母紧固，这样可消除钻模板向上翘曲的现象。

5) 使用元件既要灵活，又要合理，要注意元件尺寸的精度，例如：压板、连接板的厚度尺寸是自由公差，其高度方向不能直接用于支承定位，只能组装侧定位用。在钻模板和镗孔支承上，安装钻、镗套的孔精度是 H6，而定位支承上安装定位销孔的精度低一级是 H7。因此，不要把定位支承当钻模板或镗孔支承使用。

6) 采用一面两销定位的组合夹具，当工件尺寸较大或较重时，应组装安放工件的初限位结构，控制工件顺利插销定位、平稳安装，避免工件磕碰定位销。

9.2.4 槽系列组合夹具的基本结构

我国槽系列组合夹具系统元件数量众多，在组装成夹具时必须先考虑组装成各种功能合件，将这些合件结构放在基体上就成为夹具。这就像任何一台机器都可以分解成若干功能部件一样，构成了现代化设计中模块化设计的实践基础。多年来我国在组装槽系列组合夹具中已积累了丰富的经验，用元件组装出各种功能合件结构，或称之为基本结构。按基本结构的作用和用途归纳为以下六种：基体结构；支承支高结构；定位结构；角度结构；夹紧结构；导向结构。

以下介绍各种结构中较典型的几种，作组装参考。

1. 基体结构

通常按照工件的外廓尺寸和加工方法，选用不同规格和尺寸的基础件，作为组装夹具的基体。在工件尺寸较大，或用单一基础件组装面积不够的情况下，可以利用基础件与其他元件组装成大的夹具基体、局部加大的基体、弯板基体、辐射基体、框形基体等。当工件尺寸较小时，可用简式基础板、单元基础板、伸长板等轻型元件，作为组装夹具的基体，或用支承件组装基体。各种基体结构及其示例见表 9-20。

第9章 组合夹具，数控机床、加工中心、柔性制造系统用夹具

表 9-20 各种基体结构及其示例

分 类 名 称	结 构 示 例		
平面基体	用伸长板对接两基础板	用方形支承和加肋角铁加大基体	用左、右支撑角铁加宽基体
弯板基体	基础板和支撑角铁组成的弯板	基础板、小长方支承和加肋角铁组成的弯板	圆基础板和宽角铁组成的车夹具弯板
辐射式基体	圆基础板和伸长板组成的辐射基体	方基础板、角度垫板和伸长板组成的辐射基体	六棱定位支座和支承件组成的辐射基体
框形基体	双槽伸长板和方支承组成的框形基体	单槽伸长板和加肋角铁组成的框形基体	方支承件和加肋角铁组成的框形基体
支承件基体	方形支承组成的 L 形基体	多槽大长方形和方支承组成的 T 形基体	左、右支撑角铁和方支承组成的 U 形基体

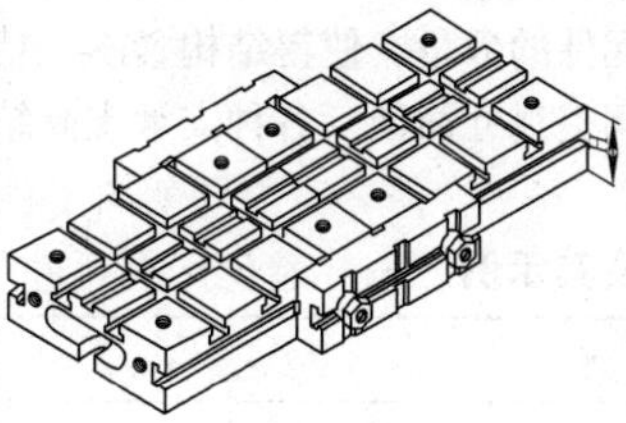

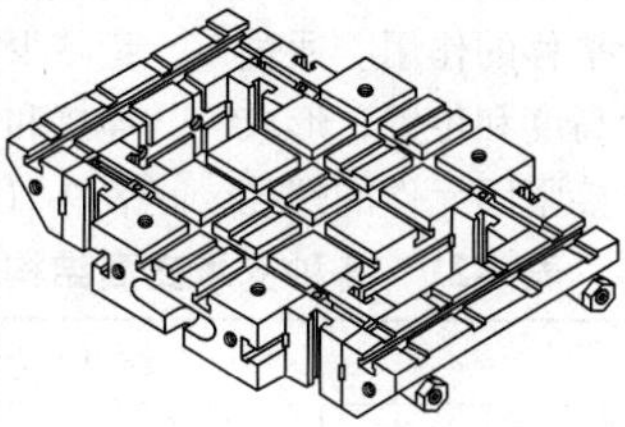

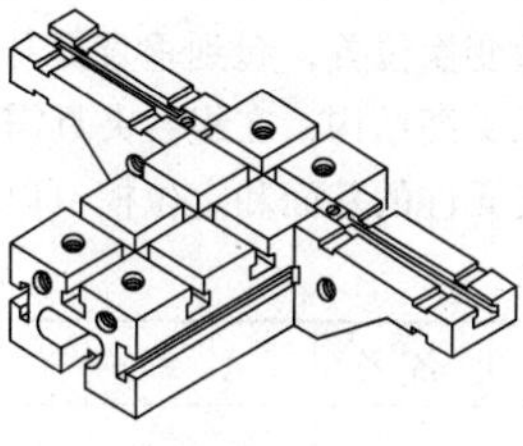

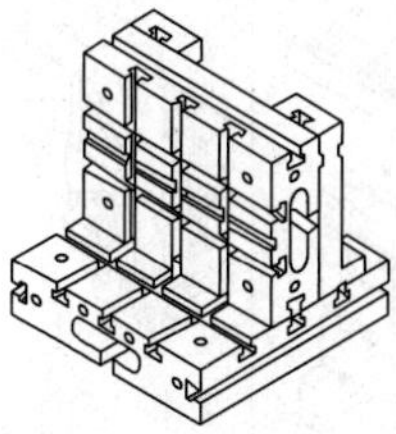

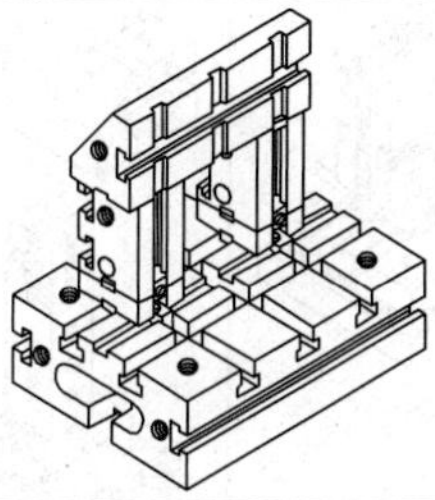

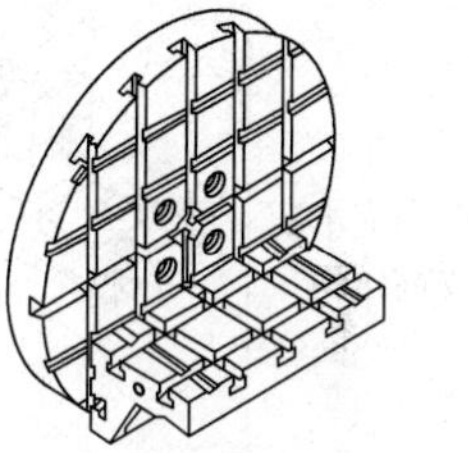

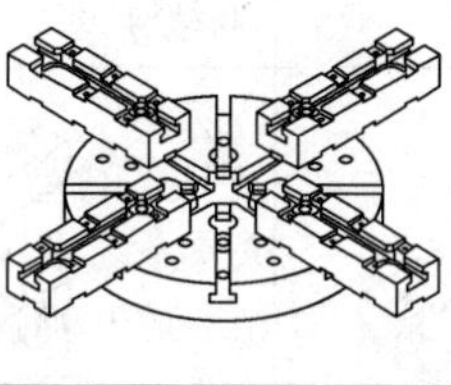

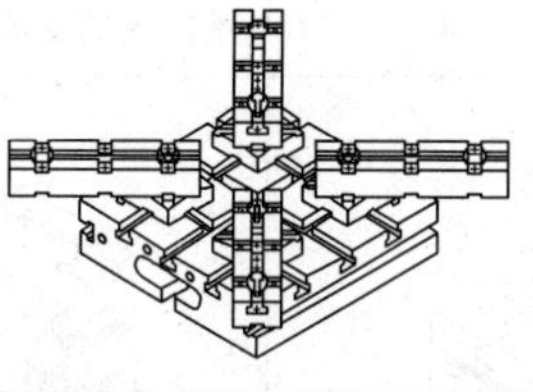

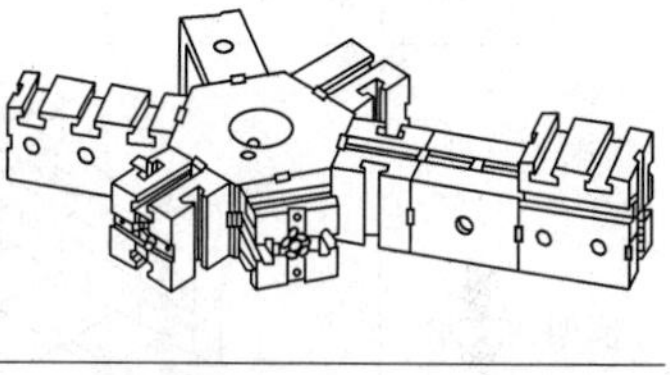

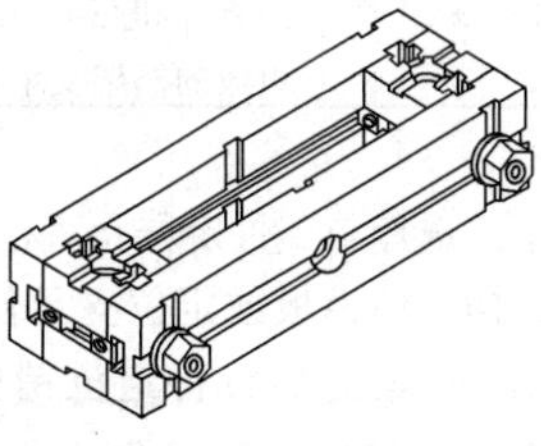

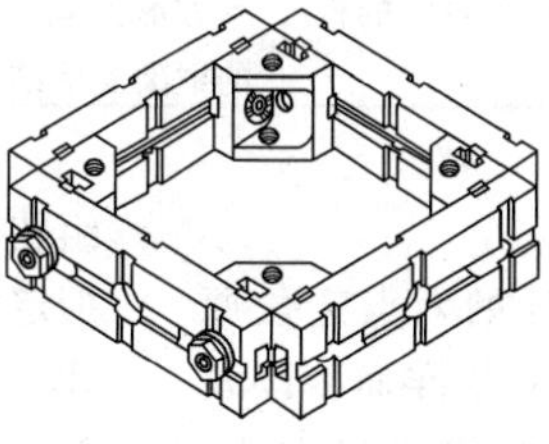

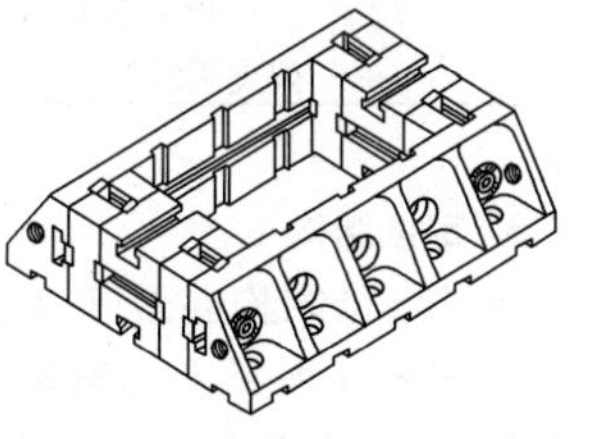

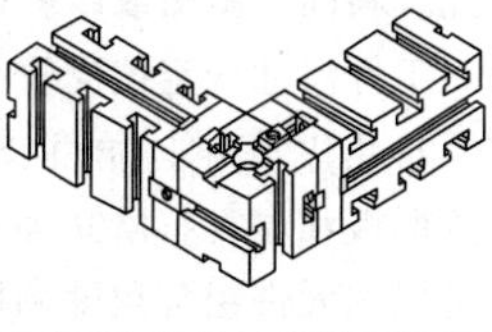

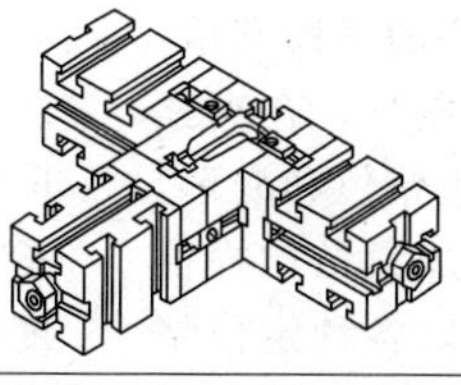

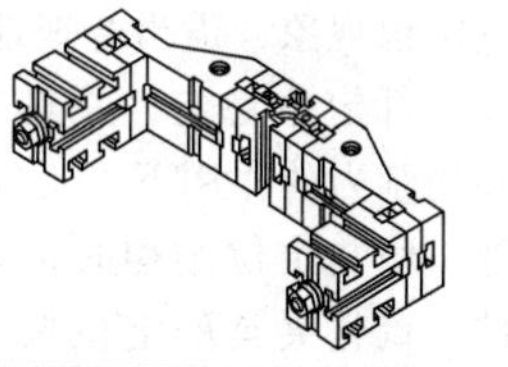

2. 支承支高结构

支承支高结构是夹具的骨架并具有两种作用，一是支承工件起定位作用，二是将基体的定位基面和定位槽变换位置，起到垂直提升或者平移的作用。通过支承支高结构，在组装夹具需要的高度和位置，形成组装元件的基面和定位槽，以及连接紧固元件的螺孔或过孔。组装支承支高结构的灵活性很大，采用不同的元件和组装方法，可以组装成同样使用效果的支承支高结构。在合理使用元件，保证刚性的前提下，尽量减少元件的数量，使得结构紧凑、精度高，元件的连接和调整尺寸简便。各种支承支高结构及其示例见表9-21。

表9-21 各种支承支高结构及其示例

分类名称	结构示例		
常用支承支高结构	方形和长方形支承组成的支承支高结构	方形、长方形支承和空心支承组成的支承支高结构	左、右支撑角铁组成的支承支高结构
框架式支承支高结构	单槽伸长板和加肋角铁组成的框架支承结构	方形支承和单槽伸长板组成的框架支承结构	方形和空心支承与双槽伸长板组成的框架支承结构

3. 定位结构

组装定位结构要遵守夹具设计的六点定位原理，按照零件加工工艺确定的定位基准面，以及定位基面的形状、尺寸，以及零件的加工方法，合理确定零件的三点、两点和一点的定位方式与结构。注意不要产生影响零件加工精度的欠定位或过定位现象，适当合理地布置必要的辅助支承，保证工件定位稳定，并具有足够的刚性，在夹紧力和切削力的作用下，工件不会产生错位和变形。另外，组装定位结构时，要为组装加紧结构提供条件，调整夹具的定位尺寸要方便。各种定位结构及其示例见表9-22。

有关孔定位，因为用一个定位销与工件孔定位的组装很简单。选择与工件定位孔直径一致的圆形或菱形定位销，插入钻模板或定位支承件的 $\phi 18mm$ 定位孔中，再用 M6 紧定螺钉将定位销固定，即完成组装。定位销可以按标准自制。工件定位孔大于 $\phi 45mm$ 时，采用圆形或菱形定位盘定位。

4. 角度结构

加工斜孔、斜面、斜槽或以斜面定位时，需要组装角度结构。工件尺寸或定位面较小时，可直接用角度支承，左、右角度支承，角度支座，三棱定位支承，左、右菱形板和左、右角铁等元件，直接作为角度定位。也可以用元件组装角度结构，作为组装夹具的基体，在其上面组装工件的定位与夹紧。各种角度结构及其示例见表9-23。

表 9-22 各种定位结构及其示例

分类名称	结构示例		
平面定位结构	平压板、双头螺栓和支承帽组成的可调定位	支承件、加肋角铁和支承帽、连接板与支承钉组成的侧面和端面的定位结构	连接板、支承帽和支承环组成的侧面两点定位
工件外圆V形定位的结构	伸长板和角度支承铁组成的外圆定位	伸长板和左、右角铁组成的外圆定位	方形支承件、大长方形支承、V形支承和左、右菱形板组成的外圆定位

(续)

分类名称	结 构 示 例		
用元件组装的外圆定位结构	钻模板和定位销组成的外圆定位（圆形定位销4个）	方形和空心支承、端孔定位支承与定位销组成的外圆定位（圆形定位销4个）	方形支承、端孔定位支承与定位销组成的外圆定位（定位销4个）
一面两销定位结构	方支承、钻模板、端孔定位支承孔与圆形和菱形定位销组成同一直线上的一面两销定位（圆形定位销、菱形定位销、端孔定位支承）	角铁、小长方形支承与圆形和菱形定位盘组成同一直线上的一面两销定位（圆形定位盘、菱形定位盘）	紧固支承、大长方形、钻模板和有台阶定位板与圆形、菱形定位销组成对角布置的一面两销定位（圆形定位销、菱形定位销）

表 9-23 各种角度结构及其示例

分类名称	结构示例		
用带角度的元件组装的角度结构	简式基础板、左角度支承、空心支承和连接板组成的角度结构	伸长板、角度支座和空心支承组成的角度结构	方形支承、角度垫板和无台阶定位板组成的角度结构
用元件组装成任意角度的角度结构	基础板、定位接头、钻模板和方形支承组成的角度结构	基础板、折合板和小长方支承组成的角度结构	

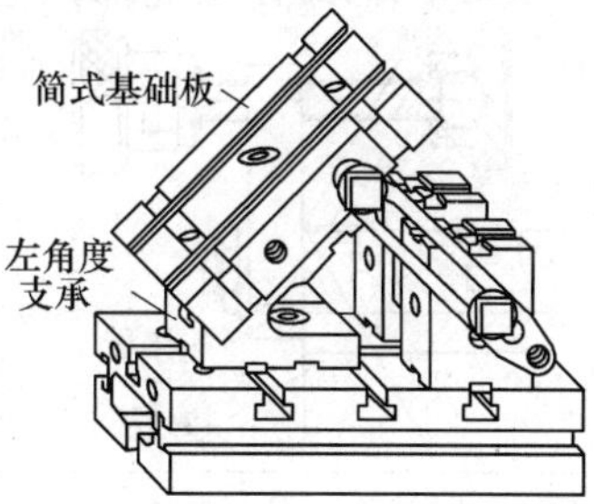

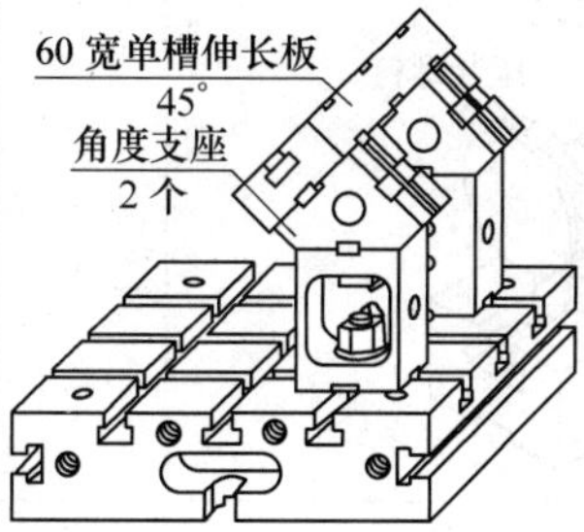

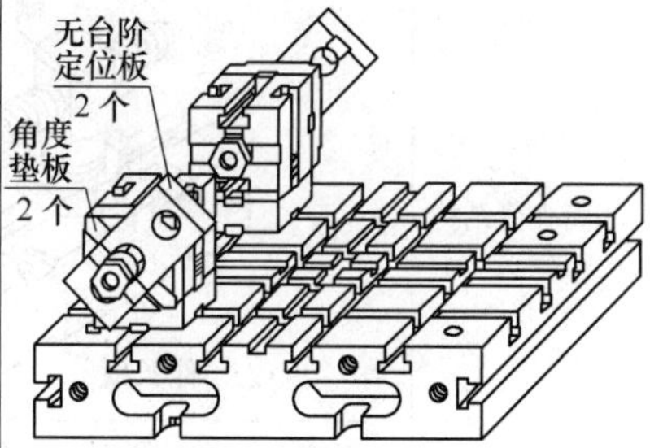

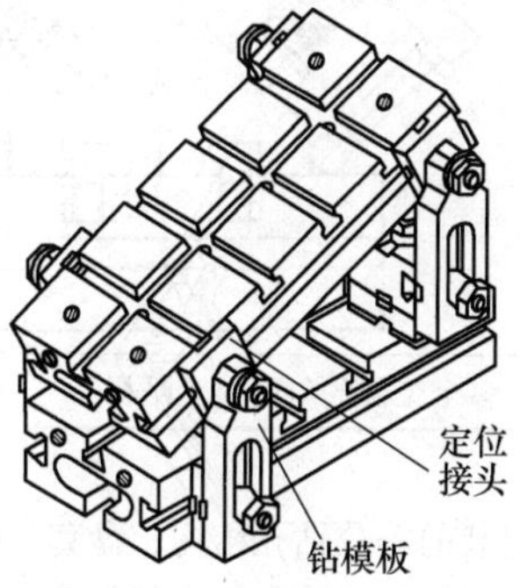

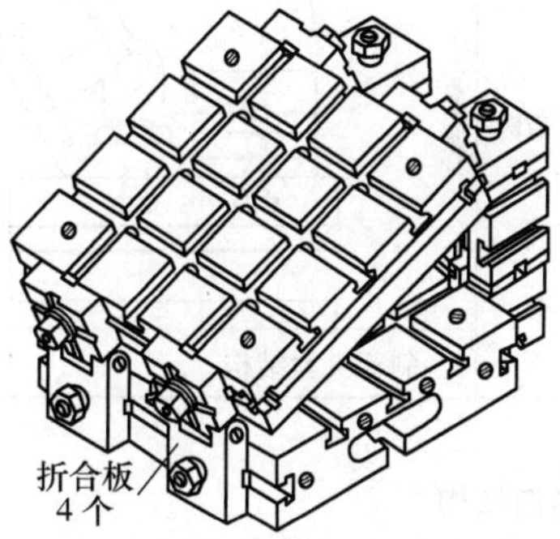

5. 夹紧结构

各种机床使用的组合夹具主要是用螺栓、螺母、压板、压紧螺钉或连接板等元件夹紧工件，或者应用平口钳、钩形压板、可调压板等合件夹紧工件。根据工件的形状和装卸，夹紧点位置、加工方法和切削力的大小等因素，合理地选用压板和确定夹紧结构。压板的压紧点尽量靠近加工部位，不要压空，以免工件压紧后产生变形，影响加工精度。夹紧力的方向要朝向主要定位面，即三点定位面。各种夹紧结构及其示例见表 9-24。

表 9-24 各种夹紧结构及其示例

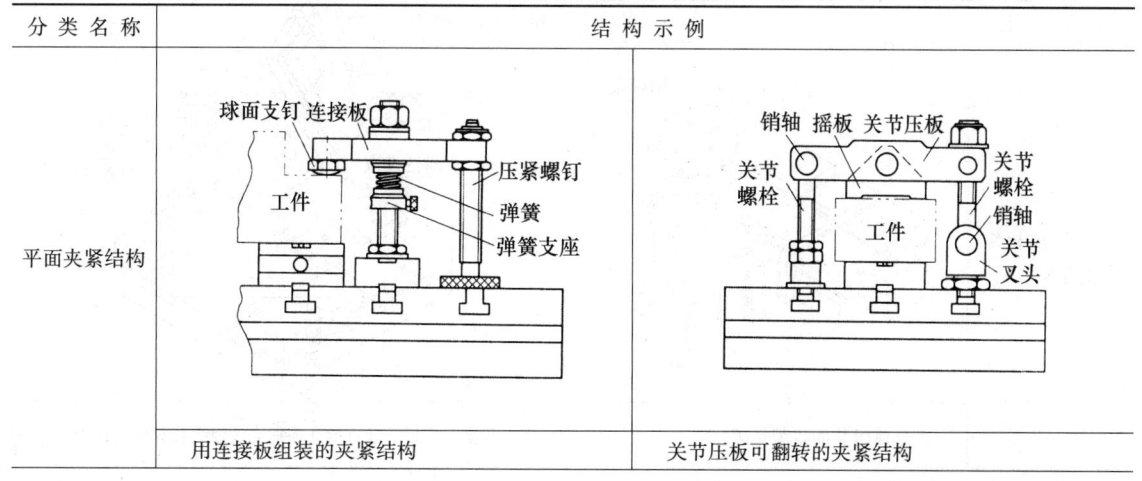

分类名称	结构示例	
平面夹紧结构	用连接板组装的夹紧结构	关节压板可翻转的夹紧结构

(续)

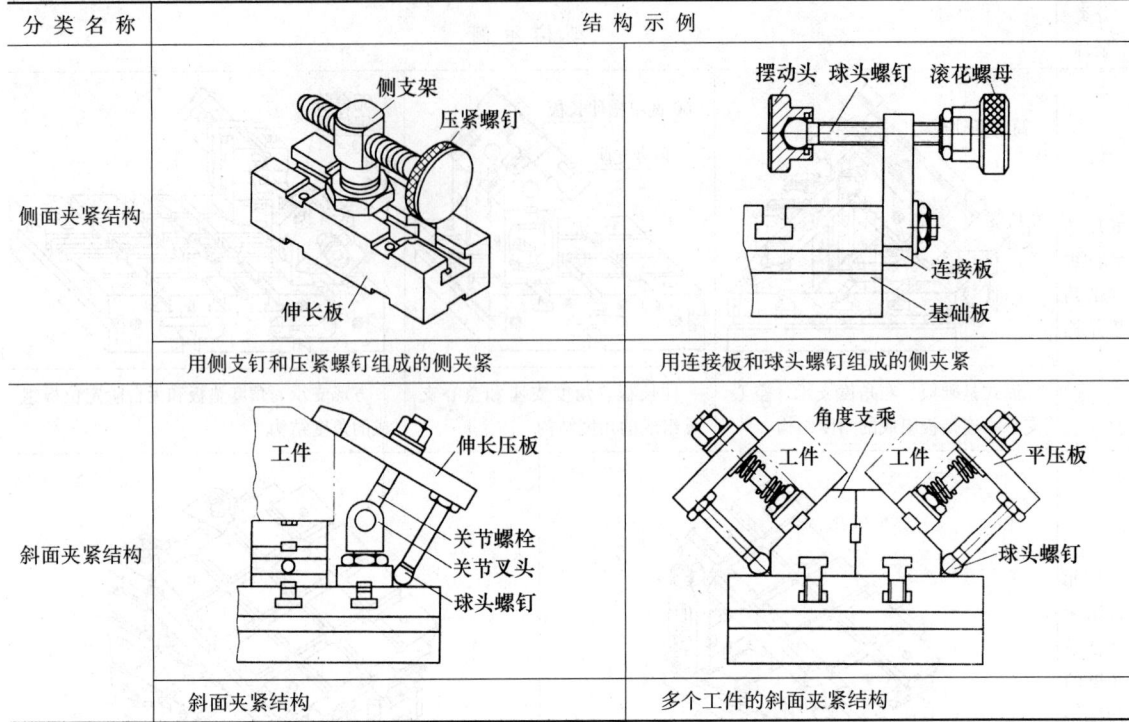

6. 导向结构

导向结构主要用于普通机床上加工孔的组合夹具中，在 NC 机床和加工中心所用夹具中已不用此种结构。各种导向结构及其示例图见表 9-25。

7. 转动、分度和移动结构

转动和分度结构用于组装多工位或分度加工的夹具。采用分度结构，可加工等分或不等分的孔、槽或面。利用转动结构，可将工件转至不同角度的加工位置，铣、刨、磨不同位置的面或钻孔。常用插孔分度合件组装的等分钻孔结构，盘套工件用三爪自定心卡盘定位夹紧，组装和操作都很方便。用端齿分度台组装分度夹具比较普遍，可选用的分度值有 0.5°、1°、1.5°和 3°四种，分度精度最高可达 5″。但在现场缺乏分度合件时也可用元件组装成此种结构便于应急。移动结构常用于钻削成排的孔，铣削多个平行的槽等；由于此类结构较为复杂，需要有较丰富的组装经验和知识才容易完成。表 9-26 各举一例便于初学者参考。

表 9-25　各种导向结构及其示例

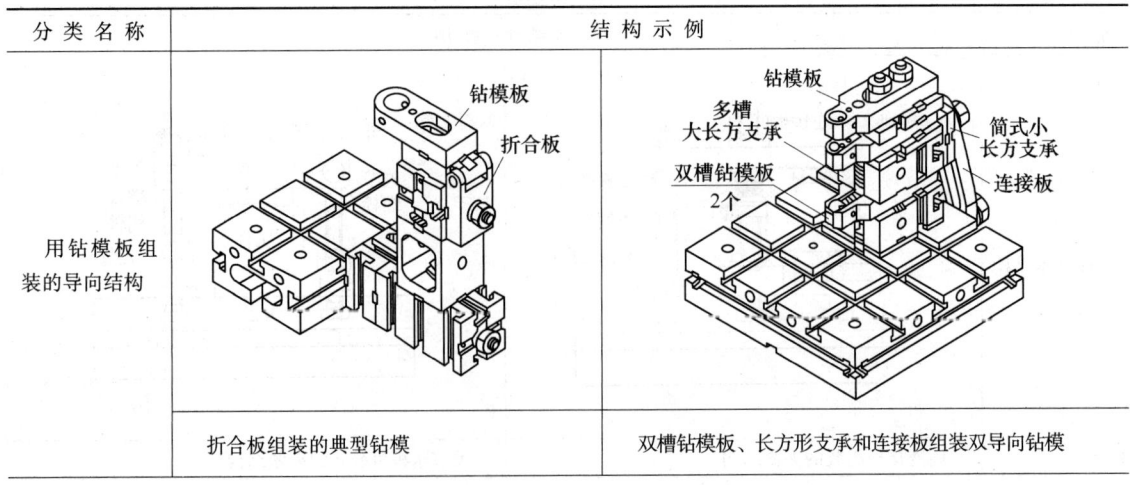

第9章 组合夹具，数控机床、加工中心、柔性制造系统用夹具   ·867·

(续)

分类名称	结构示例
用镗孔支承组装的导向结构	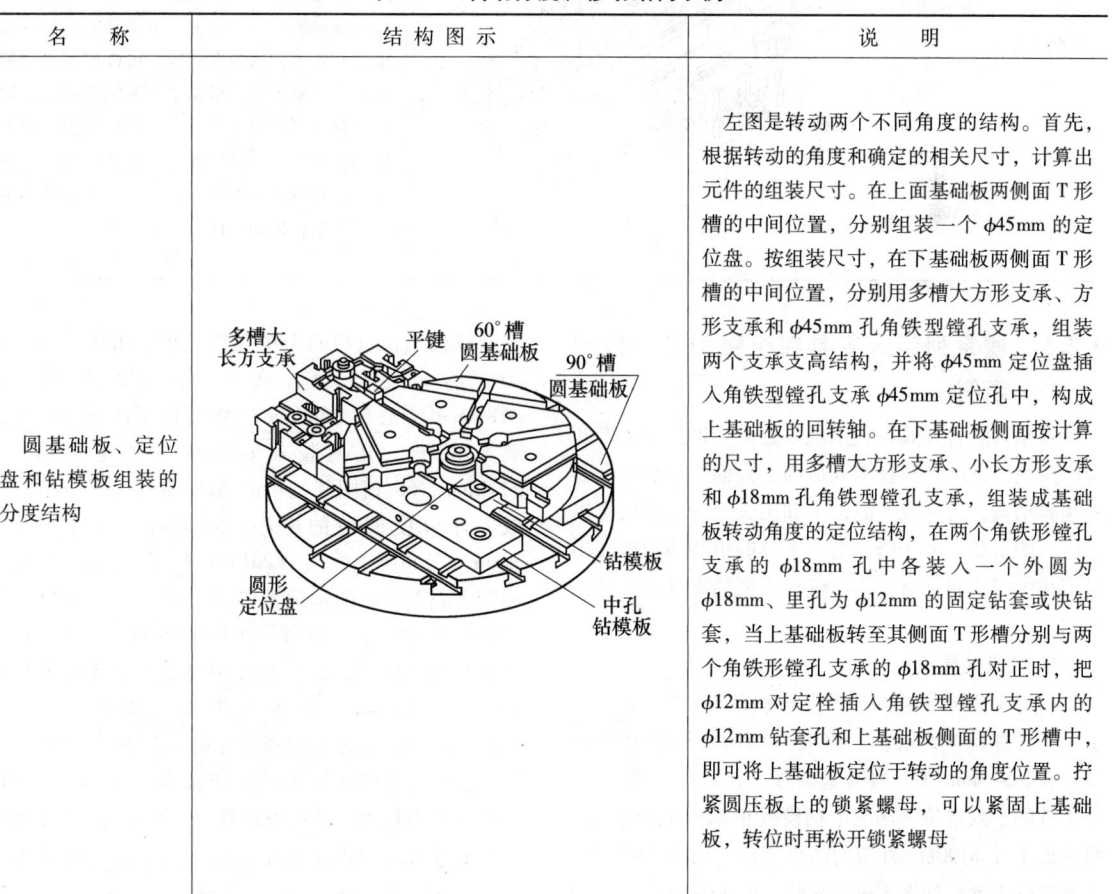
	长方形镗孔支承、空心支承、方支承和左右支撑角铁组成的镗孔导向结构 / 长方形镗孔支承或侧孔镗孔支承、伸长板、空心支承、方支承组成的镗孔导向结构 / 长方形和侧孔镗孔支承、伸长板、空心和长方支承组装的镗孔吊架

表 9-26 转动分度和移动结构示例

名 称	结构图示	说 明
圆基础板、定位盘和钻模板组装的分度结构	（图示：多槽大长方支承、平键、60°槽圆基础板、90°槽圆基础板、钻模板、圆形定位盘、中孔钻模板）	左图是转动两个不同角度的结构。首先，根据转动的角度和确定的相关尺寸，计算出元件的组装尺寸。在上面基础板两侧面T形槽的中间位置，分别组装一个$\phi 45mm$的定位盘。按组装尺寸，在下基础板两侧面T形槽的中间位置，分别用多槽大方形支承、方形支承和$\phi 45mm$孔角铁型镗孔支承，组装两个支承支高结构，并将$\phi 45mm$定位盘插入角铁型镗孔支承$\phi 45mm$定位孔中，构成上基础板的回转轴。在下基础板侧面按计算的尺寸，用多槽大方形支承、小长方形支承和$\phi 18mm$孔角铁型镗孔支承，组装成基础板转动角度的定位结构，在两个角铁形镗孔支承的$\phi 18mm$孔中各装入一个外圆为$\phi 18mm$、里孔为$\phi 12mm$的固定钻套或快钻套，当上基础板转至其侧面T形槽分别与两个角铁形镗孔支承的$\phi 18mm$孔对正时，把$\phi 12mm$对定栓插入角铁型镗孔支承内的$\phi 12mm$钻套孔和上基础板侧面的T形槽中，即可将上基础板定位于转动的角度位置。拧紧圆压板上的锁紧螺母，可以紧固上基础板，转位时再松开锁紧螺母

(续)

名称	结构图示	说明
方形定位支座与定位盘、直角型镗孔支承和侧孔定位支承、支承件组装的转动结构	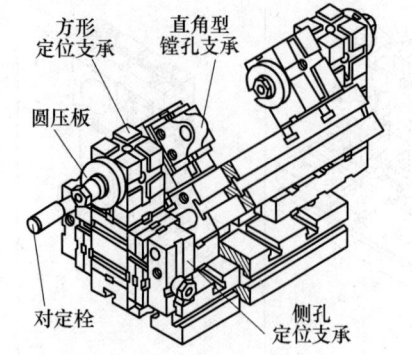	左图是对称转动两个角度的结构。从图可以看出，基础板以两对 $\phi35mm$ 孔方形定位支座，以及组装在孔内的 $\phi35mm$ 定位销构成回转中心。用 $\phi18mm$ 对定栓，插入两边的侧孔定位支承和直角镗孔支承的 $\phi18mm$ 孔中，确定转动的角度。圆压板上的螺母是用于转位后，紧固基础板
长方形基础板移动的结构	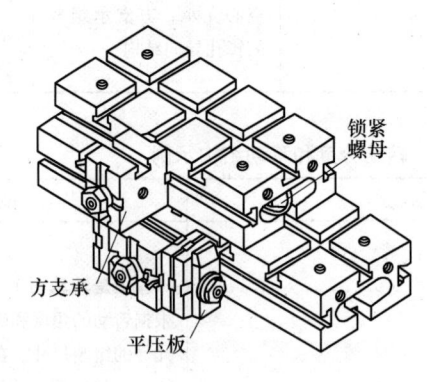	左图是移动基础板和工件的结构，在上基础板底面两端的键槽中，分别装上两个长20mm、厚8mm的平键，上基础板以这两个平键定位，装在下基础板中间T形槽的上面，通过两个平键与下基础板T形槽配合导向，上基础板可以沿T形槽平移。根据加工要求移动的尺寸，在上、下基础板组装的支承件和作为挡板的平压板，可以控制移动的距离，拧紧上基础板扣手中的锁紧螺母，即可将移动到挡板位置的上基础板紧固。在上基础板定位夹紧的工件，与上基础板一起移动，这种移动工件的结构，适合加工尺寸不大，重量较轻的工件

9.2.5 槽系列组合夹具在机械加工中应用示例

槽系列组合夹具在我国经过近半个世纪的生产和推广应用，已由工程技术人员和工人创造出数量众多的优异结构，为完成产品加工和国民经济的发展作出了巨大的贡献。关于槽组合夹具的组装结构也已出版了相关图册和专著，本章仅对典型的夹具结构进行介绍。

1. 车床夹具

（1）分度式车孔和环槽夹具 在图9-4夹具上加工的工件如图9-5所示。该夹具用两块圆基础板组装，在 $\phi240mm$、$60°$ 槽圆基础板上，三个V形板用于工件的三点定位。用三个钻模板和 $\phi20mm$ 定位销，组装成工件 $\phi100H7$ 外圆的两点定位。用两个弯压板可将工件夹紧。如图K—K所示，在 $\phi360mm$、$90°$ 槽圆基础板上，组装两个中孔钻模板，用作 $\phi240mm$、$60°$ 槽圆基础板的支承。在中心槽组装的钻模板，其 $\phi18mm$ 孔中心与 $\phi360mm$、$90°$ 槽圆基础板中心的距离为 30mm，孔内装入 $\phi45mm$ 圆形定位销，与 $\phi240mm$、$60°$ 槽圆基础板的 $\phi45mm$ 中心孔配合，构成工件分度回转的中心，同时将工件上、位于 $\phi60mm$ 分布圆上的三个 $\phi18H9$ 加工孔中心，与车床回转中心重合。图示位置车削加工一个 $\phi18H9$ 孔和 $\phi24mm$ 环槽以后，松开三个压紧 $\phi240mm$、$60°$ 槽圆基础板的平压板，取出装在多槽大长方支承键槽和 $\phi240mm$、$60°$ 槽圆基础板 T 形槽内的平键，将 $\phi240mm$、$60°$ 槽圆基础板和工件一同转动 $120°$，再把平键装入多槽大长方支承键槽和 $\phi240mm$、$60°$ 圆基础板 T 形槽内，并用螺钉紧固。然后，用三个平压板把 $\phi240mm$、$60°$ 槽圆基础板压紧固定，即可加工下一个 $\phi18H9$ 孔和 $\phi24mm$ 环槽。

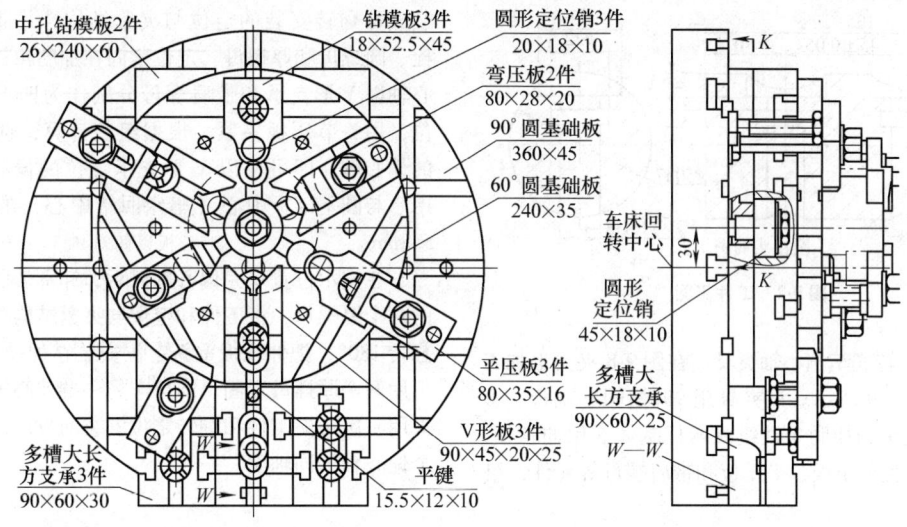

图9-4 分度式车孔和环槽夹具

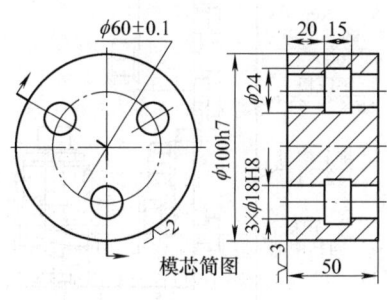

图9-5 工件简图

(2) 移动式车2个台阶孔夹具 在图9-6夹具上加工的工件如图9-7所示。该夹具用两块基础板组装成移动结构。如 K—K 剖视图所示，长方形基础板用装在其底面键槽的两个导向平键，定位于圆基础板中心T形槽，并能沿这个T形槽移动。拧紧装在长方形基础板两端面扣手内的锁紧螺母，可将长方形基础板紧固在圆基础板上。工件定位、夹紧在长方形基础板上，圆形接头以其端面和多槽大长方支承的端面作为三点定位，以 $\phi50h7$ 外圆和两个V形支承作为两点定位，用伸长压板夹紧。利用在圆基础板上组装的多槽大长方支承、对称槽方支承和移动定位平键，控制长方形基础板平移的距离。图示位置车圆接头 $\phi15H8$、$\phi22$ 和 $\phi30H8$ 的孔以后，取下移动定位平键，松开长方形基础板的两个锁紧螺母，将长方形基础板和工件一起平移45mm，再把移动定位平键装在对称槽方支承键槽和长方形基础板T形槽内，并用M5键用螺钉固定。然后，拧紧长方形基础板的两个锁紧螺母将其紧固，即可车圆接头另一个台阶孔。

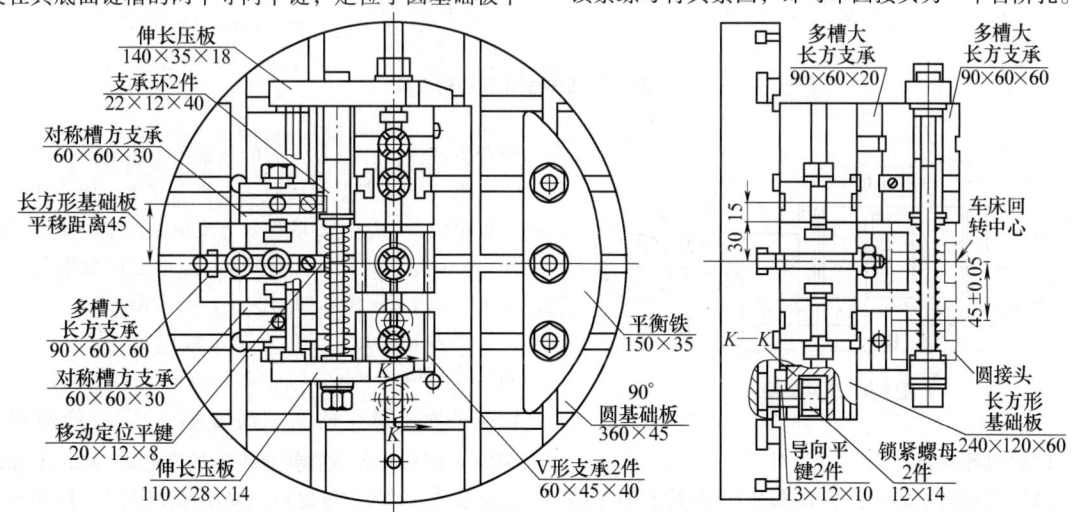

图9-6 移动式车圆接头2个台阶孔夹具

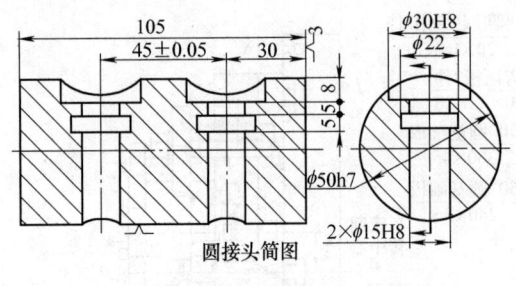

图 9-7 工件简图

(3) 翻转式车偏心轴夹具 在图 9-8 夹具上加工的工件如图 9-9 所示。该夹具用 90°槽圆基础板、多槽大长方支承和加肋角铁组成弯板基体。用伸长板、V 形支承、关节压板、平压板和带肩螺母等元件，组装成可翻转安装的定位与夹紧结构，并通过键、螺栓、圆螺母和厚螺母，定位紧固在加肋角铁上面。偏心轴以 V 形支承和带肩螺母分别作为四点和一点定位，用关节压板夹紧。根据组装计算，选用 3.5mm 的偏心键，即可使以 V 形支承定位的偏心轴 ϕ31h7 中心与圆基础板中心（车床回转中心）的偏心距为 5.8mm。

在图示位置车完偏心轴以后，卸下加肋角铁下面的两个厚螺母，将工件和定位与夹紧结构整体取出并翻转 180°，把伸长板重新定位安装在加肋角铁上面，再用两个厚螺母紧固，即可车另一端偏心轴。该夹具采用一次装夹工件和翻转定位安装的方法，能保证两个偏心轴的同轴度。

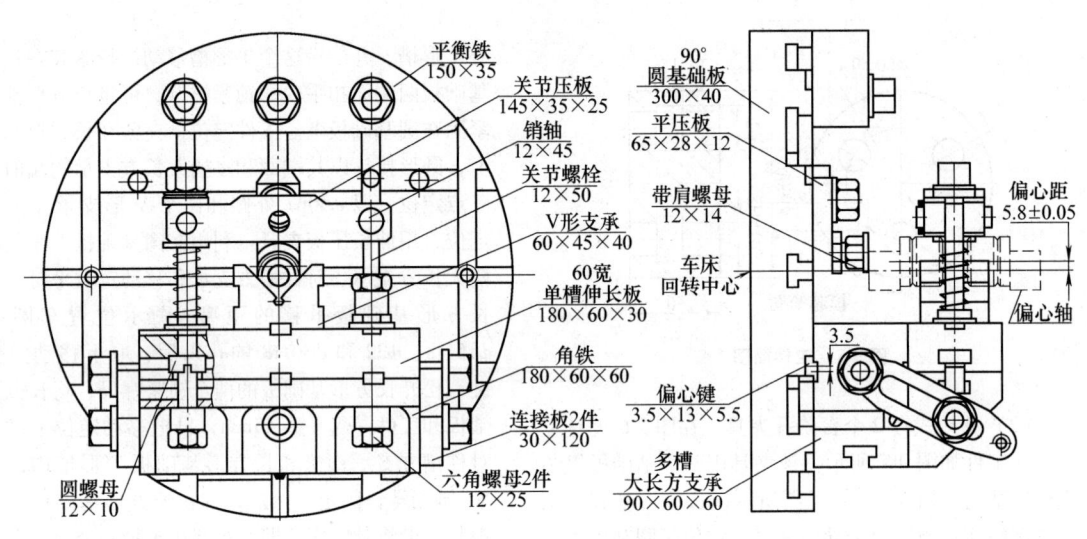

图 9-8 翻转式车偏心轴夹具

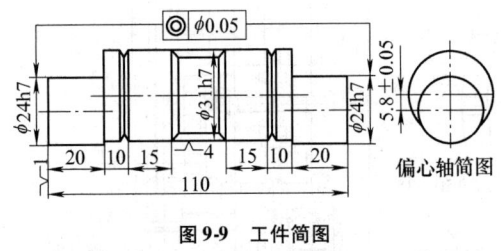

图 9-9 工件简图

2. 铣刨床夹具

(1) 铣台阶平面夹具 在图 9-10 夹具上加工的工件如图 9-11 所示。该夹具用两个长方形基础板组成弯板基体。在垂直安放的基础板上组装的多槽大长方支承、小长方支承和筒式小长方支承，构成托板的三点定位，以装在多槽大长方支承键槽中的平键侧面作为一点定位，用两个 ϕ45mm 圆形定位盘组装成倾斜 12°的两点定位。如图所示，两个圆形定位盘水平中心距为 120mm，一个十字定键固定，另一个按正切公式 120mm × tan12° = 25.51mm 的计算尺寸组装。调准平面支承帽的支承高度 41.99，就能使两个 ϕ45mm 圆形定位盘在铅垂方向的中心距为 25.51mm，即组装成 12°的角度定位。采用两个叉形压板和连接板，以及支承环等组装的自身夹紧结构，夹紧托板合理可靠。图中标注的 4.64 和 14 尺寸用于铣 A、B、C 三个平面的对刀与检验尺寸。

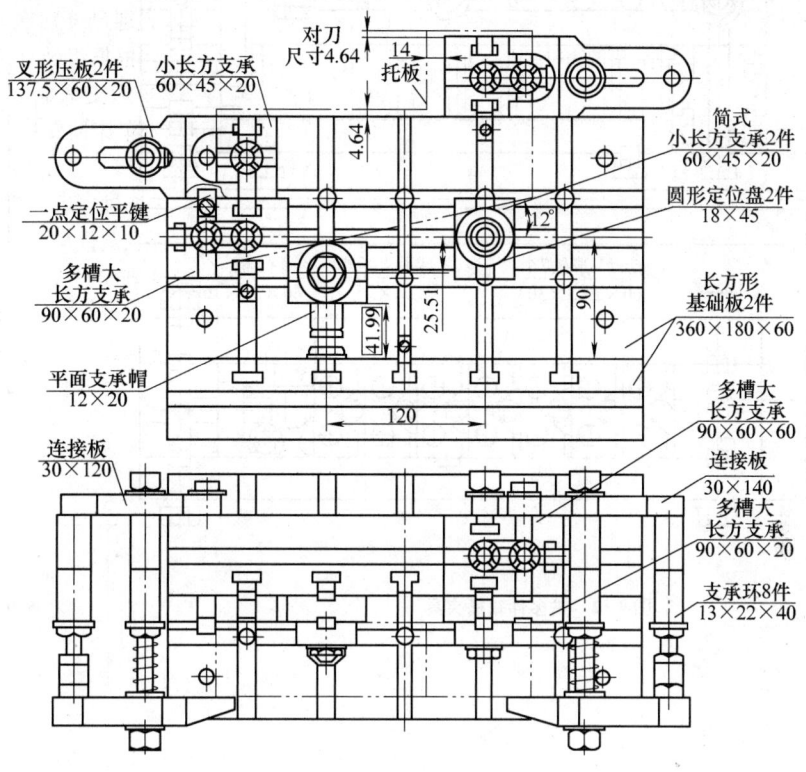

图 9-10 铣台阶平面夹具

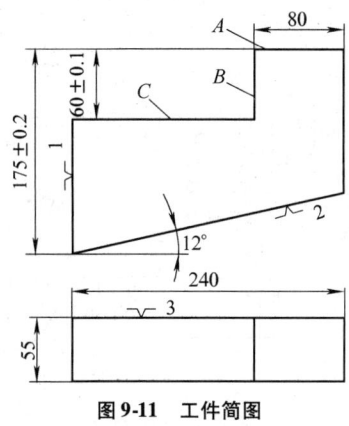

图 9-11 工件简图

(2) 铣多件轴槽夹具 在图 9-12 夹具上加工的工件如图 9-13 所示。该夹具用于铣销轴顶面 6mm 宽、4mm 深的开口槽，一次可装夹 7 个销轴。在长方形基础板上，用对称槽方支承、方形定位支座和单槽伸长板等元件，组装成框架，装在框架中的 7 个活动 V 形铁，以两个单槽伸长板的 T 形槽定位，并可沿 T 形槽移动。销轴以活动 V 形铁四点定位，中孔钻模板作为一点定位。拧紧六角螺母，通过球面支承帽顶紧活动 V 形铁，即可定位和夹紧 7 个销轴。组装夹具时，须调整检验 7 个活动 V 形铁同轴，保证铣槽的对称度。

(3) 刨左、右两个托板斜槽的夹具 在图 9-14 夹具上加工的工件如图 9-15 所示。在该夹具上前后对称装夹左、右托板各一件，两件同时加工可保证刨 16H9 斜槽的尺寸一致。两个 45mm 宽的紧固支承和装于角度支承上面的 45mm 宽小长方支承的两个侧面，分别作为左、右托板的三点定位面。把自制的 $\phi18h7 \times 100$ 专用定位轴插入左、右托板 $\phi18H7$ 孔和侧孔定位支承的定位孔中，将左、右托板两点定位。采用 30°的角度支承和分别装于对称槽方支承侧面的两个 $\phi45mm$ 圆形定位盘，作为左、右托板的一点定位，并按图示计算的尺寸调准，使加工的斜槽处于铅锤位置。插入 U 形压板，手动拧紧滚花螺母使托板与圆形定位盘一点定位面靠紧，再用四个平压板分别将左、右托板夹紧，即可加工。

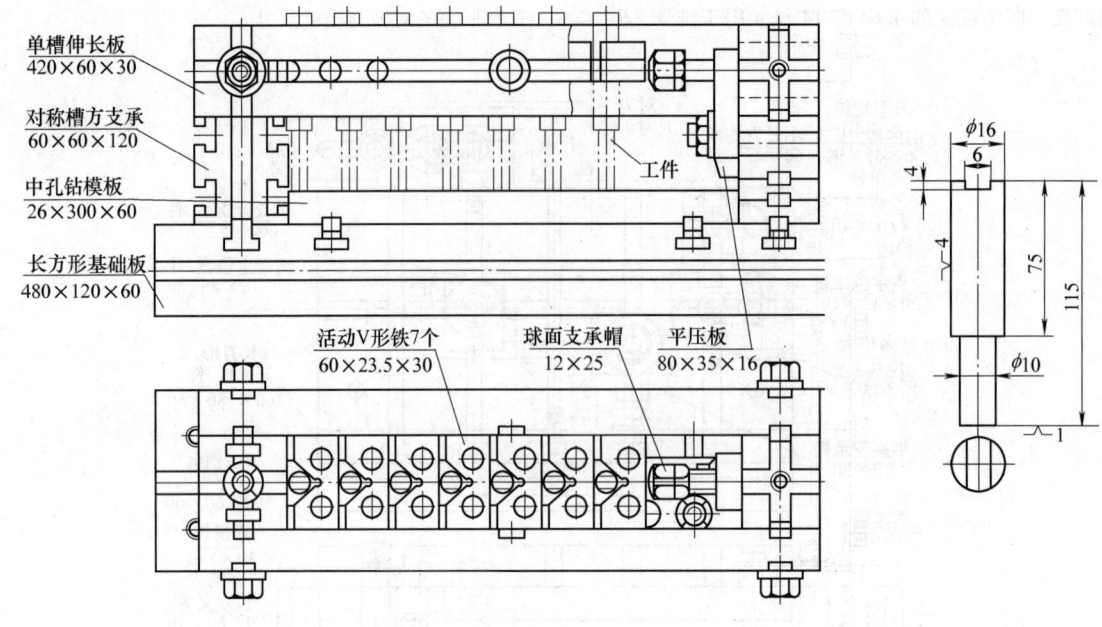

图 9-12 铣多件轴槽夹具　　　　图 9-13 工件简图

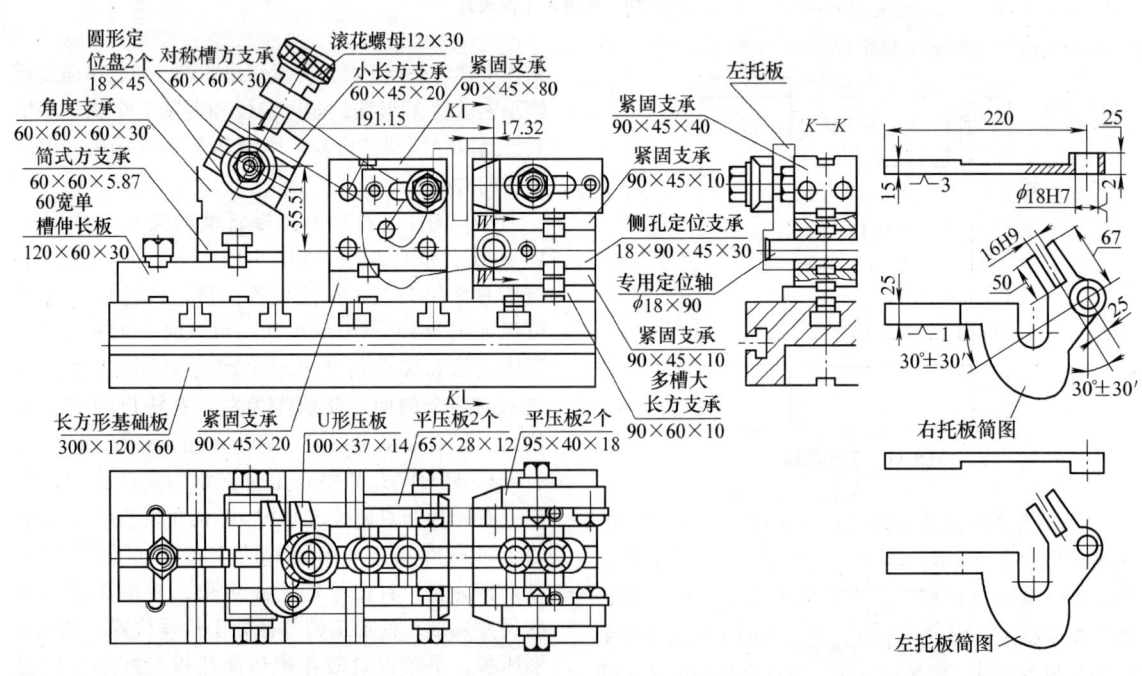

图 9-14 刨左、右两个托板斜槽的夹具　　　　图 9-15 工件简图

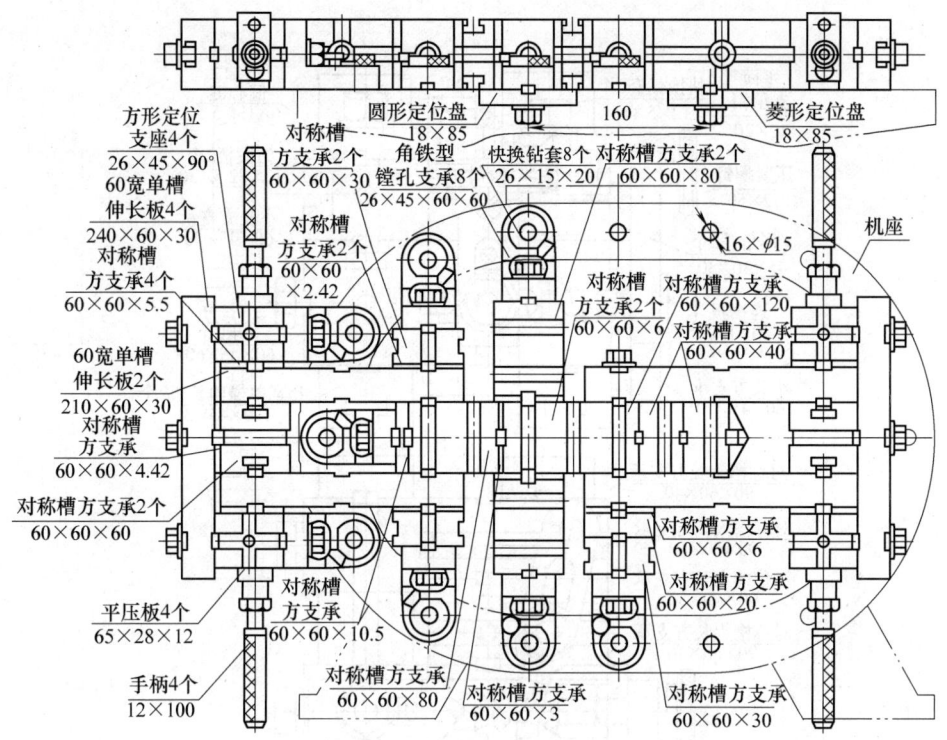

图 9-16 盖板式钻孔夹具

3. 钻孔和镗孔夹具

（1）盖板式钻孔夹具　在图 9-16 夹具上加工的工件如图 9-17 所示。该夹具以夹具的底面和 ϕ85mm 圆形定位盘及菱形定位盘组成的一面两销定位。在机床工作台上把机座垫平，并留出钻头的出刀空间。将夹具放在机座的顶面上，圆形和菱形定位盘分别置于工件的两个 ϕ85H7 孔内定位，然后将工件和夹具整体压紧在机床工作台上，即可钻 8 个 ϕ15mm 的孔。钻孔后把夹具松开，并转位 180°重新定位夹紧，再钻另外 8 个 ϕ15mm 的孔。

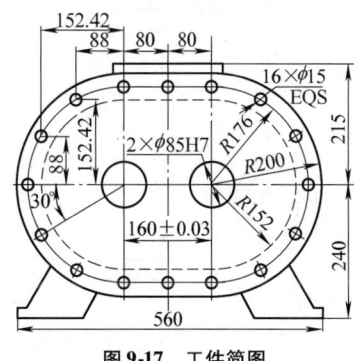

图 9-17 工件简图

（2）翻转式钻孔夹具　在图 9-18 夹具上加工的工件如图 9-19 所示。该夹具不用基础板，利用长方支承、伸长板和中孔钻模板等元件，组成夹具的基体，其结构紧凑重量轻，便于夹具的翻转操作。阀芯以 ϕ14.2h7 外圆和两个 V 形角铁的 V 形定位面构成四点定位，其端面以 60mm×45mm×40mm 小长方支承的侧面作为一点定位。拧紧压紧螺钉，平面支承帽可将一点定位靠紧，再用伸长压板夹紧阀芯。

如夹具主视图所示，以两个伸长板作为夹具的底面，钻两个孔距为 24mm 的 ϕ5 同轴孔。然后，将夹具和工件一起翻转 90°，用两个中孔钻模板作为夹具的底面，即可钻另两个孔边距为 30mm 的 ϕ5mm 同轴孔。

（3）镗孔夹具　在图 9-20 夹具上加工的工件如图 9-21 所示。该夹具用左、右支承角铁和两块基础板组装成 T 形的基体结构。装于 300mm 长基础板上的两个中孔钻模板和两个钻模板的顶面，以及分别装于两个钻模板 ϕ18mm 孔中的 ϕ15mm 圆形定位销和菱形定位销构成传动箱的一面两销定位，再用四个伸长压板夹紧。镗两个 ϕ70mm 同轴孔时，镗杆以在 300mm 长基础板上组装的两个 ϕ58mm 镗套双导向镗孔。在 240mm 方基础板上用两个 ϕ70mm 镗套组装的双导向镗孔结构，用于镗 ϕ90mm 孔的镗杆导向。夹具组装后，要调整和检验两个镗套的同轴度，以及两组镗套的垂直度，保证镗孔的精度符合要求。

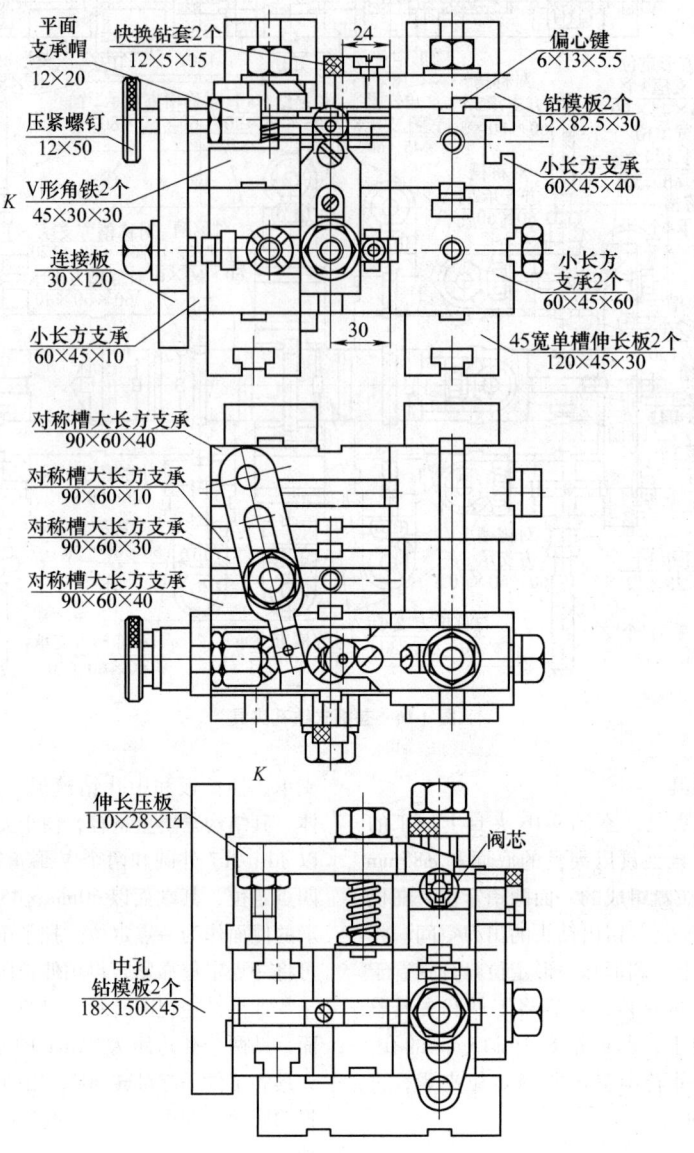

图 9-18 翻转式钻 $4 \times \phi 5$ 孔夹具

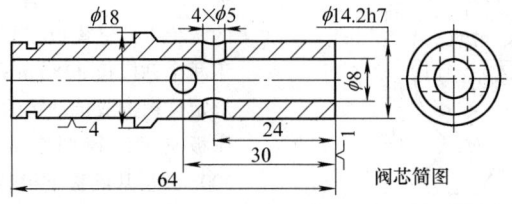

图 9-19 工件简图

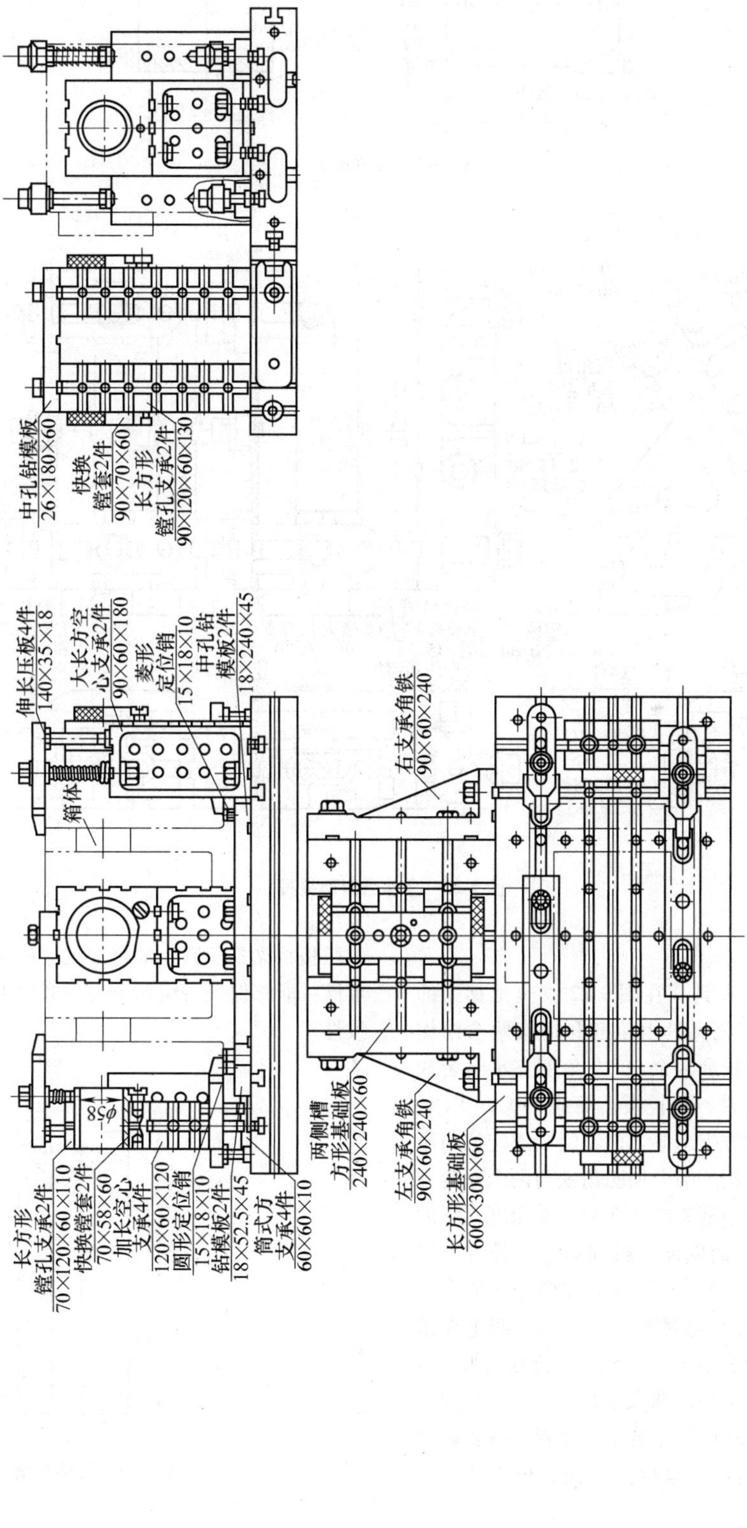

第9章 组合夹具，数控机床、加工中心、柔性制造系统用夹具

图 9-20 镗传动箱三个孔夹具

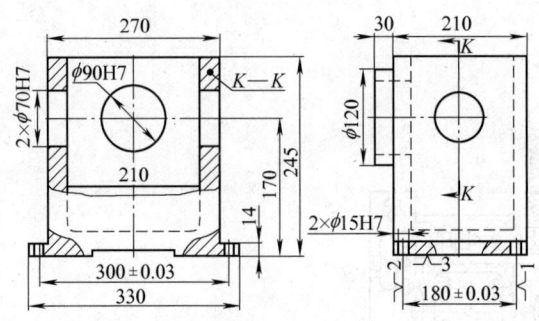

图 9-21 工件简图

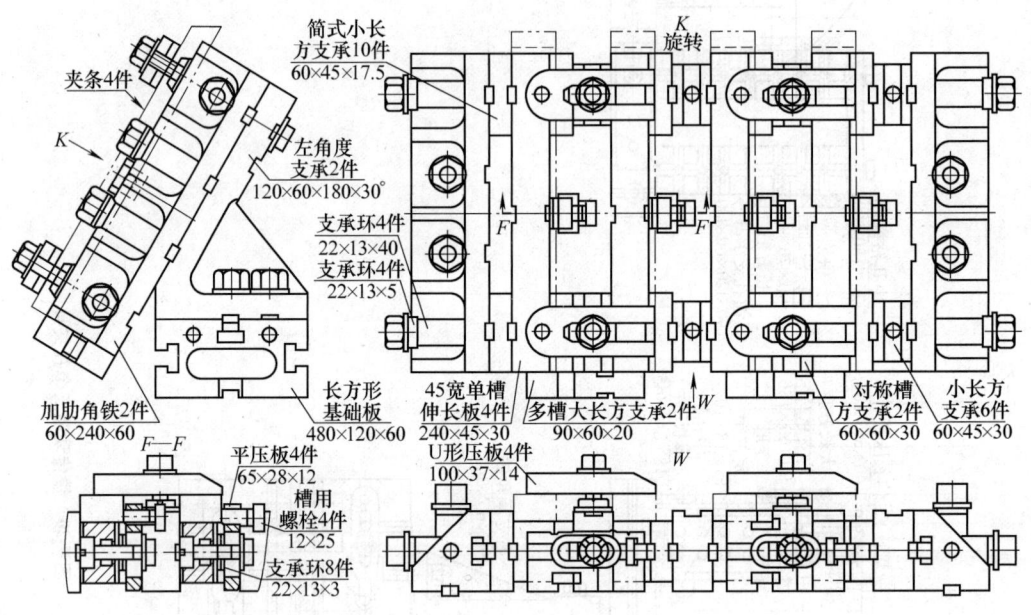

图 9-22 多件磨斜面夹具

4. 磨夹具

(1) 多件磨斜面夹具 在图 9-22 夹具上加工的工件如图 9-23 所示。该夹具由角度和框架两个结构组成,用长方形基础板和两个 30°左角度支承组装成角度结构,用加肋角铁、伸长板、筒式小长方支承、小长方支承和对称槽方支承等元件,组装成定位与压紧四个夹条的框架结构。两个加肋角铁与两个左角度支承定位连接,将整个框架组装在两个左角度支承的 30°斜面上。夹条的底面以伸长板和筒式小长方支承 45mm 宽的侧面三点定位,其下端面以两个多槽大长方支承一点定位。从 W 向视图可以看出,四个夹条的侧面分别以两个筒式小长方支承或小长方支承与对称槽方支承的 60mm 长平面两点定位。如 F—F 剖视图所示,在四个伸长板中间组装了平压板,拧紧装在平压板上的槽用螺栓可顶紧两点定位,再用四个 U 形压板将夹条压紧,即可加工。该夹具装夹四个夹条零件,能够保证一组四个夹条磨加工尺寸和角度的一致性。

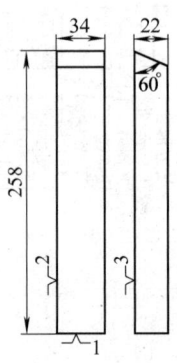

图 9-23 工件简图

第 9 章 组合夹具，数控机床、加工中心、柔性制造系统用夹具

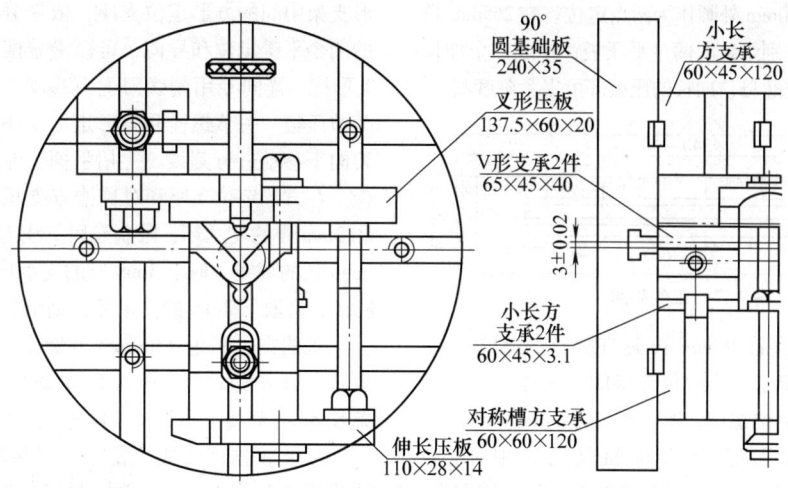

图 9-24 磨偏心轴夹具

（2）磨偏心轴夹具 在图 9-24 夹具上加工的工件如图 9-25 所示。该夹具用于磨偏心轴 $\phi22h7$ 外圆，并保证偏心距尺寸 $3mm \pm 0.05mm$。偏心轴以 $\phi18h7$ 外圆和两个 V 形支承作为四点定位，并以其端面作

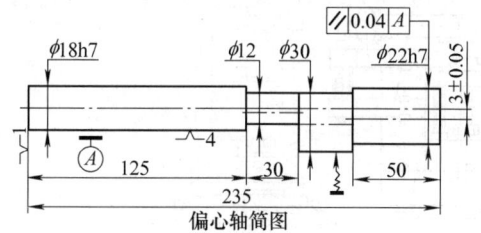

图 9-25 工件简图

为一点定位。按照计算的尺寸组装两个 V 形支承，再用检验棒检测调整，保证 $\phi18h7$ 外圆的中心线与圆基础板的中心的偏心距是 $3mm \pm 0.02mm$。用装于 $\phi18h7$ 外圆上面的叉形压板夹紧偏心轴。另外，用可上下移动的 V 形板辅助支承于偏心轴的 $\phi30mm$ 外圆，并用装在连接板上的压紧螺钉辅助夹紧偏心轴，增加支承的刚性，防止磨削轴时工件颤动。

5. 其他夹具组装示例

（1）刻线夹具 在图 9-26 刻线夹具上刻线的工件如图 9-27 所示。用刻线夹具和自制的专用刻线刀，能手动完成刻度圈的三种刻线。刻度圈以 $\phi360mm$ 多齿分度台的顶面作为三点定位面，以四个 $\phi90mm$ 圆形

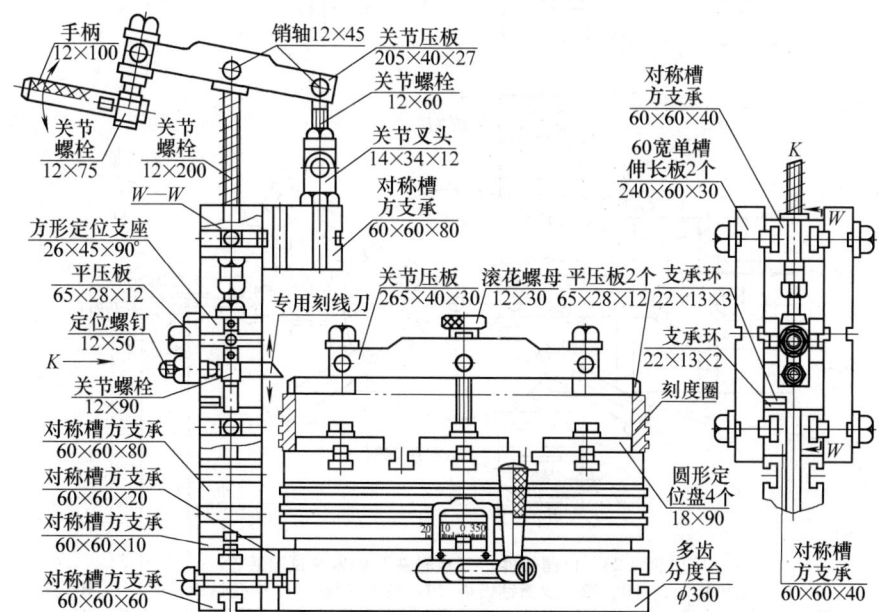

图 9-26 刻线夹具

定位盘组装的 φ330mm 外圆作为两点定位。在 265mm 长的关节压板两端分别组装上两个平压板，构成一个加长的压板，拧紧滚花螺母，加长的压板即可夹紧刻度圈。

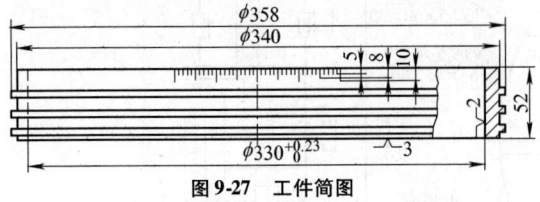

图 9-27　工件简图

专用刻线刀穿在 90mm 长关节螺栓的 φ12.2mm 的通孔中，并固定于方形定位支座的下平面。装于专用刻线刀后端的定位螺钉，可调整专用刻线刀的前后位置，保证刻线的深度。如 K 向视图所示，用两个伸长板和两个对称槽方形支承组装成框形支架，装在框形支架中间的方形定位支座，依靠分别装于其两侧面的四个平键定位和导向，可以沿着两个伸长板内侧的 T 形槽，连同专用刻线刀上下移动。下压手柄，通过关节压板、关节螺栓和方形定位支座，推动专用刻线刀向下移动进行刻线。上抬手柄，专用刻线刀上移复位。在方形定位支座和对称槽方支承之间，放入 3mm 和 2mm 厚的支承环，限制专用刻线刀的行程，即刻出 5mm 长的刻线，取下 3mm 厚的支承环，刻出的线长为 8mm，再取下 2mm 的支承环，刻出的线长为 10mm。

刻线夹具利用 φ360mm 多齿分度台分度确定刻线度数，每分度 1°刻一条长 5mm 刻线，每分度 5°刻一条长 8mm 刻线，每分度 10°刻一条长 10mm 刻线。

（2）仪器部件试验装置　图 9-28 为光学仪器立式比较仪部件"三点触头"的寿命试验装置。

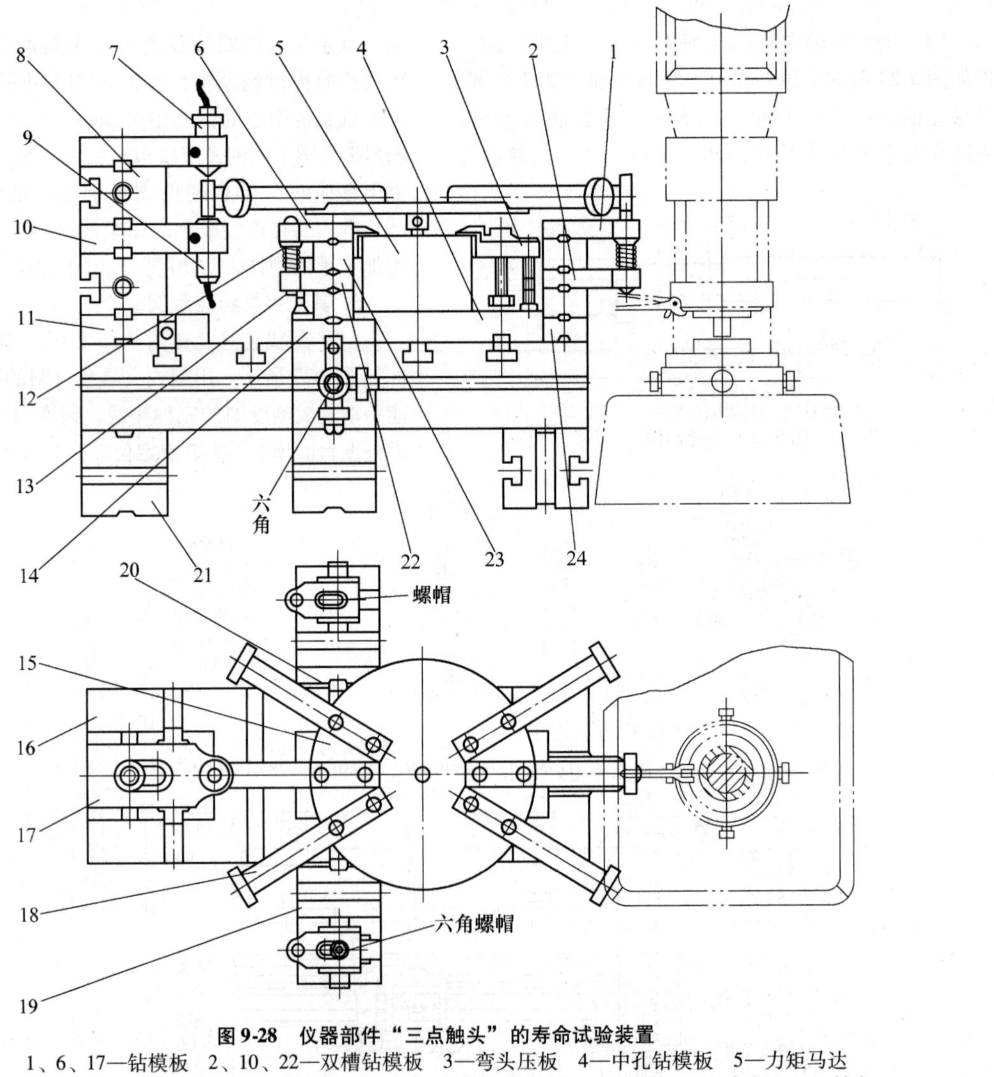

图 9-28　仪器部件"三点触头"的寿命试验装置

1、6、17—钻模板　2、10、22—双槽钻模板　3—弯头压板　4—中孔钻模板　5—力矩马达
7—光源　8—长方支承　9—光电计数器　11、14—长方形垫板　12—弹簧　13—打杆　15—转盘
16—长方形基础板　19—拨杆　19、21、23—方形支承　20—方形垫片　24—方形垫板

槽系组合夹具元件不仅能组装各种类型的夹具，还能在试制、单件小批生产条件下组装出各种非永久使用的形形色色的小型设备，图9-28即为光学仪器立式比较仪部件"三点触头"的寿命试验装置。根据设计要求测头工作50万次以后，其磨损量应小于 $0.1\mu m$，因此仪器出厂前必须抽样试验。立式比较仪正常工作时每作一次测试读数，需要连续三次利用杠杆爪带动测头，所以试验装置也应这样循环工作。

如图9-28所示力矩马达5安装在机座上，带动装有6根拨杆18的转盘15（专用件）旋转。球轴承安装在拨杆头部，在随转盘旋转过程中逐一触动打杆13。打杆13安装于由钻模板22及方形支承23组成的双导向结构中，打杆再牵动仪器杠杆完成一次测试动作。六根拨杆分为两组，每三根一组，每组中拨杆以30°角相间安装在转盘上，两组间相隔120°。调节力矩马达的电压就可控制打杆的动作速度，达到试验要求。

长方基础板16两侧及一端共装有三套带打杆的双孔导向结构，能同时测试三台仪器。为保证试验次数的正确，基础板16左侧由件8、10、11及件17组成另一套双孔导向结构。在钻模板孔内安装光源7和光电计数器9，就可在工作时完成自动计数。

9.3 孔系列组合夹具系统

9.3.1 孔系列组合夹具的特点与发展概况

孔系列组合夹具是数控机床和加工中心大量使用后根据其使用要求，在槽系列组合夹具的基础上，经过多年的研制和改进，逐步成为当代新型的柔性化夹具。孔系列组合夹具不仅具有槽系列组合夹具的灵活多变、快速组装成机床夹具，以及元件反复组装使用，缩短夹具设计制造工期等优点外，而且它的元件以孔和销定位，螺栓连接，元件定位精度高，夹具的组装简便，刚性好，又便于数控机床编制加工程序。因此，特别适合加工中心、数控机床，以及柔性加工单元或柔性生产线使用，作为配套夹具或随机夹具，也可以为普通机床组装铣、磨加工的夹具。

在20世纪60年代初期，欧美工业发达国家开始研制孔系列组合夹具。随着加工中心、数控机床的使用日益增多，推动了国外孔系列组合夹具的应用，促进了孔系列组合夹具元件的开发和组装使用日臻完善，并成为系列化、商品化的夹具产品。1983年天津组合夹具研究所引进了德国blüco公司的孔系列组合夹具元件，在引进和消化吸收国外技术的基础上，并结合使用槽系列组合夹具的经验，自1986年，我国组合夹具行业先后开发成功M16、M12和M8三种型号的孔系组合夹具。通过纺织机械行业率先应用，逐步扩大到机床、轻工、军工、汽车、农机、铁道、工程与通用机械、以及航空航天、仪器仪表等机械加工行业普遍使用。

1. 基础件上孔系的两种布置

（1）定位孔与螺纹孔间隔布置　图9-29是以德国blüco公司和美国QU-CO公司为代表的、定位孔与螺纹孔间隔布置的孔系基础板，其相邻孔的坐标尺寸精度为±0.01mm，定位精度高。定位孔与螺纹孔分开，加工工艺性好，但是组装元件不如定位孔与螺纹孔合一的结构方便。

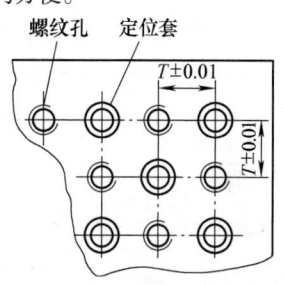

图9-29　定位孔和螺孔间隔布置

（2）定位孔与螺纹纹孔重合布置　图9-30是以美国Yuasa公司和德国Amf公司为代表的、定位孔与螺纹孔重合布置的孔系基础板，定位孔的下面是螺纹孔，具有既可定位，又可连接紧固元件的优点，组装比较方便。但是其相邻孔的坐标尺寸精度降低为±0.02mm。螺纹孔采用螺纹钢丝套，提高螺纹的耐磨性，但是制造成本增加。

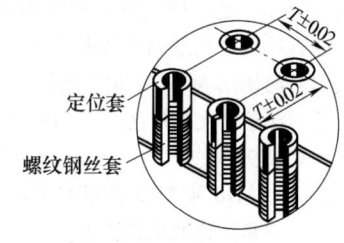

图9-30　定位孔和螺孔重合布置

2. 制造元件的两种工艺

孔系组合夹具元件都是用镶装的定位套作为定位孔，在元件的基体上镶装定位套有两种方法。

（1）在元件上直接镶装定位套　采用精密的数控机床，按孔中心距 $T±0.01mm$，在元件的基体上加工一系列孔，孔的直径精度与镶装的定位套外径紧配合，保证镶装的定位套不会松动，相邻定位套孔的中心距还要达到 $T±0.02mm$。这种制造工艺不仅需要精密的加工设备,而且加工的难度大,制造工时长成本高,致使元件的价格昂贵。

(2) 在元件上粘接镶装定位套　德国 blüco 公司采用了粘接镶装定位套的制造工艺。先制造出高孔距精度的孔系模板,模板上相邻孔中心距的精度要保证粘接镶装定位套的孔中心距精度达到 $T \pm 0.01$mm。

在元件的基体上,按确定的孔中心距尺寸 T,钻加工一系列通孔,孔直径比定位套外径大,钻基体上的孔应用普通机床。将钻完通孔的基体,放在孔系模板上,将定位套放入基体通孔中通过定位销定位,然后在定位套和元件基体通孔的间隙中注入粘接剂,粘接剂固化后就可以保证高精度的孔距。我国天津组合夹具厂也是以这种工艺制造出高质量的孔系列组合夹具元件。

9.3.2 孔系列组合夹具元件的主要技术参数

我国孔系列组合夹具元件通用技术条件 JB/T 6192—1992 行业标准中,对孔系列组合夹具元件的技术要求、验收、标志、防锈与包装作出规定,这是元件的设计、制造与成品检验的依据。孔系列组合夹具元件的主要技术参数见表 9-27。

表 9-27　孔系列组合夹具元件的主要技术参数

项目名称	公差等级或公差值	表面粗糙度 $Ra/\mu m$
定位孔	F6、H6(按 GB 1800)	0.8(按 GB 1031)
定位销	IT5、IT6(按 GB 1800)	0.4(按 GB 1031)
起支承或定位作用的外廓尺寸	±0.01mm	0.8(按 GB 1031)
定位孔中心距尺寸	±0.01 ~ ±0.02mm	
定位孔对基面的平行度、垂直度	4 级(按 GB 1184)	
表面粗糙度 Ra 值为 0.8μm、0.4μm 的工作面相互平行度、垂直度		
单个粘接定位套综合抗剪力不小于	30kN	

我国孔系列组合夹具元件按连接螺纹的直径划分为 M16、M12、M8 三种型号,即大、中和小型孔系列组合夹具元件。由于国外有的孔系列组合夹具元件,定位孔直径是 $\phi 22$mm、连接螺纹的直径是 M16;定位孔直径是 $\phi 16$mm、连接螺纹的直径是 M12;定位孔直径是 $\phi 12$mm、连接螺纹的直径是 M10,因此,用连接螺纹的直径划分孔系列组合夹具元件的型号比较确切。我国目前使用 M16 和 M12 的孔系列组合夹具比较普遍,天津组合夹具厂的孔系列组合夹具元件的结构要素,见表 9-28。

表 9-28　M16 和 M12 孔系列组合夹具元件的结构要素

(单位:mm)

型号 项目	M16(大型)	M12(中型)
连接螺纹	M16(粗牙螺纹)	M12×1.5(细牙螺纹)
定位孔直径	$\phi 16.01$H6($^{+0.011}_{0}$)	$\phi 12.01$H6($^{+0.011}_{0}$)
定位销直径	$\phi 16$k5($^{+0.009}_{+0.001}$)	$\phi 12$k5($^{+0.009}_{+0.001}$)
定位孔中心距尺寸	50±0.01,100±0.01	40±0.01,80±0.01

中型孔系列组合夹具采用 M12×1.5 细牙连接螺纹,与中型槽系列组合夹具相同,这样孔、槽系列两种元件能够结合使用,相互补充优化组装,扩大应用范围。已建立中型槽系列组合夹具站室的单位,购置中型孔系列组合夹具时,压紧件、紧固件可用槽系列的元件替代,能够减少投资。

9.3.3 孔系列组合夹具元件

为了与槽系列组合夹具元件分类基本上相对应,孔系列组合夹具元件也划分为基础件、支承件、定位件、调整件、压紧件、紧固件、其他件、合件及组装工具九大类元件,只是将槽系列组合夹具元件中的导向件改为调整件。因为孔系列组合夹具主要用于数控机床、加工中心,不需要导向件。孔、槽两系列元件分类对应,有利于两种元件相互结合使用,符合我国组合夹具行业制造和使用的国情。下面以 M16(大型)孔系列组合夹具为主,介绍各类元件的结构、规格和组装功能。

1. 基础件

如表 9-29 所示,孔系列组合夹具的基础件按其形状与特征划分,有方形、长方形和圆形基础板;基础角铁、双面 T 形基础角铁和方箱;以及不带定位孔和螺孔的光面基础件,共七个品种。

表 9-29 基础件结构和组装中的应用

名称	结构示意图	使用说明
方形、长方形和圆形基础板	方形基础板　长方形基础板　圆形基础板	方形、长方形和圆形基础板采用 45 钢，调质处理。中型和大型基础板的厚度分别为 40mm±0.02mm 和 50mm±0.02mm。大多数用户都按照机床台面尺寸配套基础板，将基础板固定在机床台面上，就能直接在机床上组装夹具，这样既可减少每次安装调整夹具的时间，又能保护原机床的工作台面。大型机床使用的基础板，可以采取多块基础板对接，组装成所需要的大尺寸基础板。天津组合夹具厂根据用户的要求，用三块长×宽×高为 1800mm×700mm×55mm 的长方形基础板，对接组装成 2100mm×1800mm×55mm 的大型基础板，整个基础板的平行度小于 0.035mm，对接基础板相邻定位孔中心距仍保持 50mm±0.01mm 的精度，完全达到使用要求
基础角铁、双面 T 形基础角铁和方箱	基础角铁　双面 T 形角铁　方箱	基础角铁、双面 T 形基础角铁和方箱的基体是灰铸铁 HT200。基础角铁的最大高度为 1m。双面 T 形基础角铁和方箱既要根据机床工作台面尺寸选用，又要兼顾加工零件与组装的夹具的尺寸不能超出加工中心的最大回转直径。国内提供给用户使用的双面 T 形基础角铁，其长×宽×高最大尺寸为 1400mm×600mm×1100mm。方箱长×宽×高最大尺寸为 500mm×500mm×730mm

名 称	结构示意图	使 用 说 明
光面基础板、双面T形基础角铁和方箱	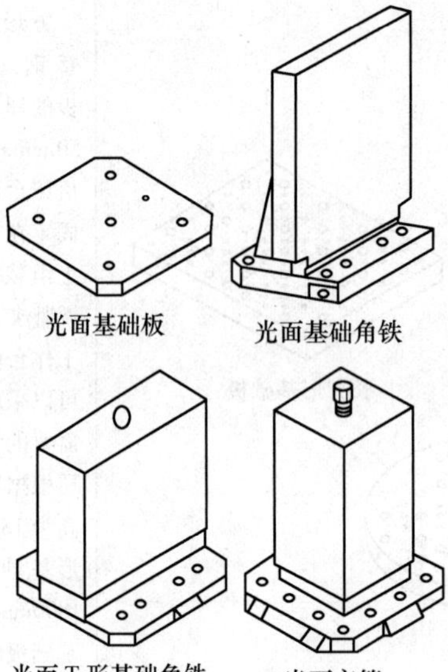 光面基础板　光面基础角铁 光面T形基础角铁　光面方箱	根据市场需求,开发了不带定位孔和螺纹孔的光面基础板、双面T形基础角铁和方箱,为加工中心提供高精度的夹具体。将光面基础件找正安装固定在加工中心工作台面上,按加工零件的定位与夹紧位置,在光面基础件上,用加工中心自己加工定位孔或螺纹孔,利用这些定位孔和螺孔装上定位件和夹紧元件,组装成所需的夹具。加工不同的零件,使用不同的夹具时,再重新加工定位孔或螺纹孔,组装新的夹具。在产品规格和品种较少,使用夹具有限的情况下,采用光面基础件比较经济实用

2. 支承件

孔系列组合夹具的支承件有方形、长方形、L形、角铁形、圆形支承,扇形的角度支承板,以及四面、五面支承和槽孔过渡支承等 22 种,见表 9-30。除宽角铁是铸件以外,其他支承件的材料都用 20CrMnTi,并渗碳淬火,表面硬度 58~62HRC,精磨的支承件外廓尺寸精度为 ±0.01mm,定位孔中心与基面间的尺寸精度 ±0.01mm。表 9-30 所示为支承件结构和组装中的应用。

3. 定位件

孔组合夹具的定位件,按其作用可划分成三种功能的定位件:用于元件与元件定位的定位销;用于工件定位的元件;用于基础板与机床工作台定位和紧固的元件即T形定位键。定位件结构和组装中的应用如表 9-31 所示。

表 9-30 支承件结构和组装中的应用

名 称	结构示意图	使 用 说 明
方形支承	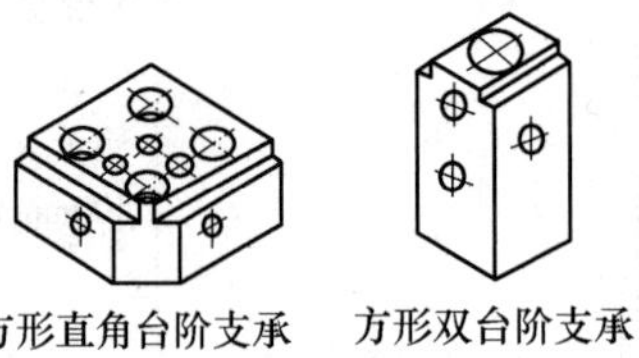 方形直角台阶支承　方形双台阶支承	方形支承有方形直角台阶支承和方形双台阶支承两种,见左图。元件上的台阶可以用于工件的侧面定位。方形直角台阶支承长×宽为 100mm×100mm,高度有 25mm 和 50mm 两种,在 50mm 高的四侧面中间位置,分别增设了一个 M16 的螺纹孔,利用这个螺纹孔可在方形直角台阶支承的四个侧面组装元件,将原来只能沿元件顶面 Z 方向组装元件,扩大为在 X、Y、Z 三个方向都能组装元件 方形双台阶支承长×宽为 50mm×50mm,高度有 75mm 和 100mm 两种。在该元件四个侧面不同的高度上,设置了 M16 螺纹孔,主要用于组装侧定位或侧夹紧

(续)

名　称	结构示意图	使用说明
长方形支承	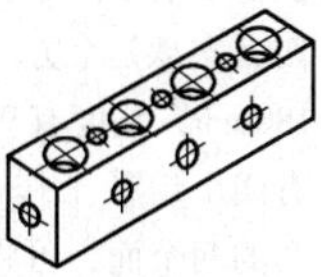 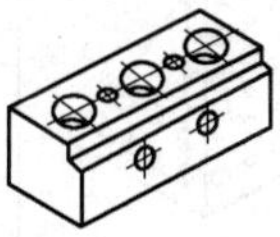 长方形支承　长方形台阶支承 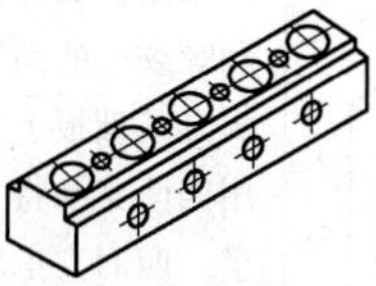 长方形双台阶支承	如左图所示，长方形支承有三种结构。不带台阶的长方形支承宽度为 40mm，长方形台阶支承的宽度为 50mm，长方形双台阶支承的宽度为 60mm。这三种长方形支承的都有 150mm、200mm 和 250mm 长的，高度有 25mm 和 50mm 两种。在三种 50mm 高的长方形支承件的两侧面上，穿插设置了 M16 的螺纹孔或 φ18mm 的过孔，侧面孔的高度是 25mm，相邻孔的中心距为 50mm，增加侧面孔使得元件在 X、Z 两个方向都能组装元件。另外，在长×高为 250mm×50mm 的三种长方形支承件的一个端面上，还增设了一个 M16 的螺孔，利用这个位于元件端面中心的螺孔，以及侧面的螺纹孔或过孔，长×高为 250mm×50mm 的三种长方形支承件可以在 X、Y、Z 三个方向都能组装元件，解决了组装一面两销定位结构的问题
L 形支承	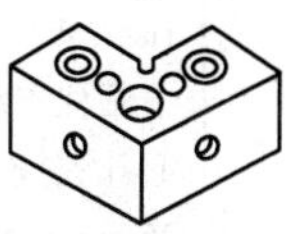 L 形支承	L 形支承相当于将方形直角台阶支承切去 1/4 方块，其直角边尺寸为 100mm×100mm，高度有 25mm 和 50mm 两种。在 50mm 高 L 形支承的两个外侧面中心位置，各有一个 M16 螺纹孔，用于侧装元件，其内侧 50mm×50mm 的直角面可用于方形双台阶支承的定位。这个元件不仅占用的组装面积小，而且为加工零件提供了出刀空间
角铁形支承	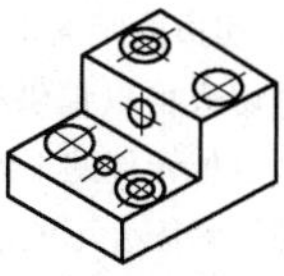 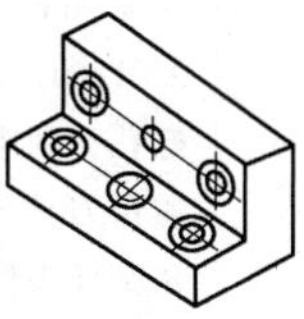 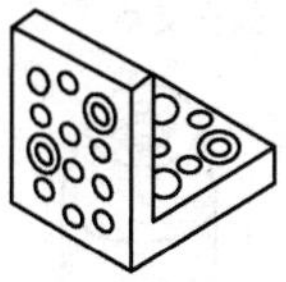 角铁形支承　角铁　支承角铁	角铁形支承件有五种，左图中是尺寸较小的三种。角铁形支承、角铁和支承角铁的长×宽×高外廓尺寸，依次为 124mm×98mm×124mm、148mm×75mm×75mm 和 100mm×80mm×60mm。这三个角铁形支承件主要用于组装工件的侧面两点定位或端断面一点定位结构，角铁常用于和 V 形板组装成形 V 定位结构
扇形左、右角度支承板	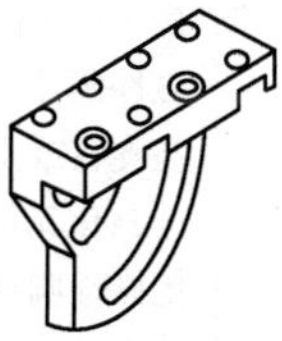 左、右角度支承板	扇形的左、右角度支承板见左图。该元件用于组装角度结构，其外廓尺寸长×宽×高为 200mm×76mm×188mm

名　称	结构示意图	使用说明
大角铁和多面体支承件	左、右支承角铁　宽角铁 四面支承　五面支承	左、右支承角铁有长×宽×高为174mm×98mm×274mm和248mm×98mm×474mm两种，宽角铁的长×宽×高尺寸为448mm×224mm×374mm。这两种角铁形元件用于组装弯板基体结构 四面支承是个方形的元件，其长×高为180mm×180mm，宽度有98mm和148mm两种。这个元件有四个组装工作面，用带有定位孔和ϕ18mm过孔的两个面，可将四面支承插销定位，并用内六角圆柱头螺钉紧固在基础板上，在带有定位孔和螺纹孔的面上，可以组装元件。四面支承起到提升基础板上的定位孔和螺纹孔高度的作用，常用四面支承将工件的安装位置提高，适应加工要求。四面支承增加一个组装工作面，即成为五面支承，其外廓尺寸长×宽×高有200mm×125mm×150mm和350mm×125mm×150mm两种，组装方法和作用与四面支承相同。用四面和五面支承可以组装弯板基体，或方箱式基体
圆形支承	圆柱垫片　圆柱支承 切边圆柱支承　磁性圆柱支承	圆形支承件有圆形垫片、圆柱支承、切边圆柱支承和磁性圆柱支承四种。圆形垫片用于调整组装尺寸，其外圆直径是ϕ45mm、中心孔是ϕ18mm，厚度有1mm、1.5mm、2mm、3mm、5mm、10mm和15mm 圆柱支承的外圆直径是ϕ50mm±0.01mm、中心孔是ϕ16.01H6和ϕ26mm沉孔，其高度有25mm±0.01mm、40mm±0.01mm和50mm±0.01mm。该元件可插圆柱定位销定位，也可用内六角圆柱头螺钉紧固，是组装工件定位应用较多的元件。利用圆柱支承还可以组装大直径的定位盘，或工件的外圆定位结构 切边圆柱支承的外圆直径是ϕ45mm、中心孔是ϕ18mm和ϕ26mm沉孔，其高度是50mm±0.01mm，两切边的距离是40mm，切边平面上有螺孔，利用切边可以提供稍大一些的让刀空间，避免刀具与定位元件的干涉。该元件只能用内六角圆柱头螺钉紧固，不能准确定位。因此，该元件不能组装工件的侧面定位，只能利用切边面上的螺孔组装侧夹紧 磁性圆柱支承的外圆直径是ϕ30mm，高为50mm±0.01mm，顶面中心有螺孔，底面镶装粘接了一个圆形强力磁铁。利用磁铁的吸力，可将磁性圆柱支承组装在任意位置，利用顶面螺孔组装支钉或支承帽，可以调整支承高度。由于磁铁会磁化元件，以及吸附铁屑的弊病，所以尽量不用磁性圆柱支承组装夹具，只有在组装夹具的空间小，用其他元件相互干涉无法组装的情况下，才使用这个元件

(续)

名　称	结构示意图	使 用 说 明
槽孔过渡支承件	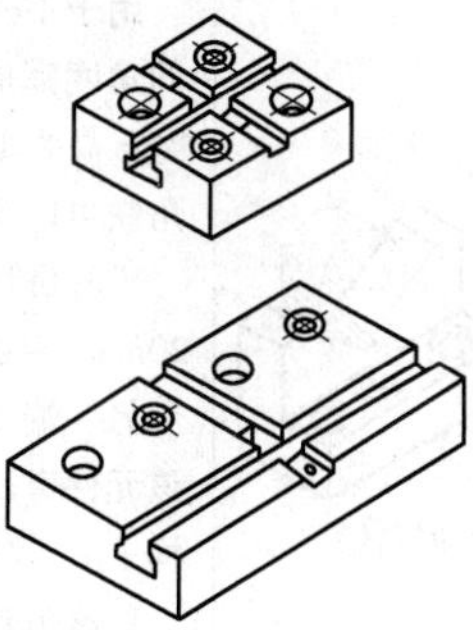	槽孔过渡方形支承是在长×宽×高为 90mm×90mm×30mm 的孔系方形支承的顶面，增设了十字交叉的键槽和 T 形槽，槽宽为 12H7。在长×宽×高为 200mm×105mm×30mm 的槽孔过渡长方形支承上，增设了两种十字交叉的键槽和 T 形槽，一种槽宽为 12H7，用于组装中型槽系元件，另一种槽宽为 16H7 用于组装大型槽系元件

表 9-31　定位件结构和组装中的应用

名　称	结构示意图	使 用 说 明
元件与元件定位的定位销	 元件定位销	元件定位销的直径为 ϕ16k5，长度有 30mm、44mm、54mm、80mm、100mm 和 120mm 六种。根据元件的高度，尽量选择长的定位销插入元件的定位孔中，使得元件的定位可靠。定位销一端有 M8 的螺纹孔，用于拔销器拔销。有时也可以用定位销，组装工件的侧面两点或端面一点定位
圆形、菱形定位销和定位盘	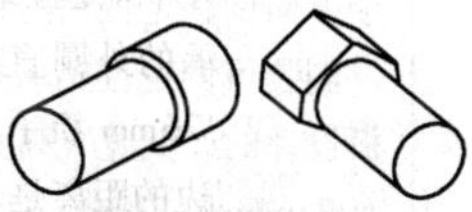 圆形和菱形定位销 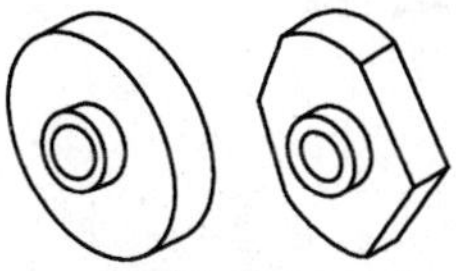　圆形和菱形定位盘	用于工件孔定位。圆形和菱形定位销的长度为 39mm，一端直径是 ϕ16k5，用于插入可调定位支承的定位孔中定位，另一端直径按工件的定位孔直径制造，其尺寸为 ϕ3h6~ϕ25h6，长度是 15mm 工件的定位孔直径大于 ϕ25mm 时，用圆形或菱形定位盘定位，这两个元件高 20mm，按工件的定位孔直径制造的外圆尺寸为 ϕ25h6~ϕ135h6，中心孔的直径为 ϕ16.01H6，用于插定位销将盘定位。在定位盘的底面，有直径为 ϕ25h6、高 5mm 的定位凸台，用于和连接定位盘中心孔配合定位
连接定位盘	 连接定位盘	连接定位盘由高 50mm±0.01mm、外圆直径为 ϕ140h6、中心孔直径为 ϕ25H6 的定位盘座，以及用螺钉装在定位盘座中心孔内的定位销组成。定位销的顶面增加了 M16 螺孔。利用连接定位盘和定位盘组装的孔定位结构，能够从定位盘的中心孔组装夹紧螺栓，即可在工件的定位孔上面，用压板夹紧工件

(续)

名称	结构示意图	使用说明
V形铁	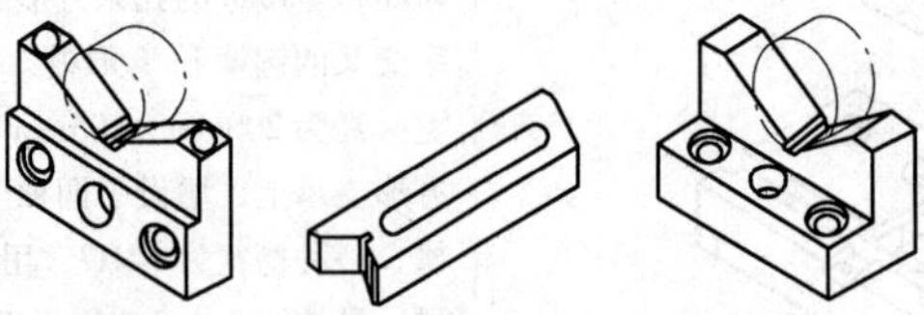 V形板　V形拼块　V形角铁	用于工件外圆定位的V形铁有三种，V形的角度都是120°，如左图所示。V形板长×宽×高为148mm×25mm×92mm，该元件与角铁可以组装成V形角铁 V形拼块长×宽×高为160mm×50mm×20mm，一端V形面用于小直径的外圆定位，用另一端60°斜面可组装大直径外圆定位。该元件有长圆孔，可组装活动的V形定位结构 V形角铁长×宽×高为148mm×70mm×80mm，这个元件组装简便，常用于长轴的双V形定位
可调定位板	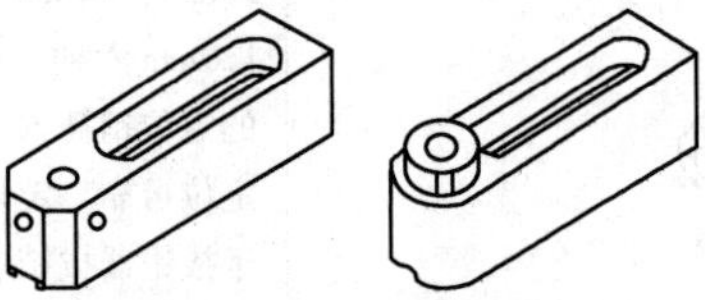 可调定位板　带台可调定位板 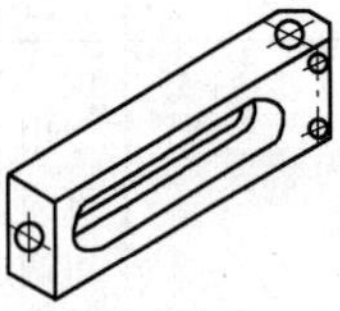　侧装可调定位板	用于组装销定位的可调定位板有三种，如左图所示，在这三个定位板上都有 $\phi16.01H6$ 的定位孔，用于安装定位销，在其侧面拧入M6紧定螺钉即可将定位销固定 可调定位板的宽×高为50mm×50mm，长度有105mm和175mm两种规格 带台可调定位板的长×宽×高为175mm×50mm×60mm，其顶面上有直径为 $\phi40h6$、高10mm的凸台 在这两种可调定位板底面的中间位置，都增加了键槽，槽宽为16H7，槽深5mm。利用键槽和两个定位销也能够将可调定位板纵向定位，用键槽导向定位可以简化组装，不用组装导向定位槽 用可调定位板和带台可调定位板只能在一个方向调整定位销的位置 侧装可调定位支承是借鉴槽系列立式钻模板设计的，其宽×高为30mm×50mm，长度有95mm和170mm两种规格
T形定位键	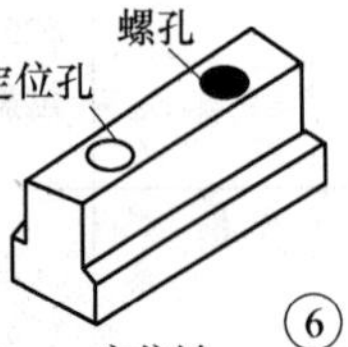 螺孔　定位孔　定位键　⑥	T形定位键是用于基础板与机床工作台定位和紧固的元件，该元件长度为100mm，其余尺寸要按机床工作台的T形槽尺寸制造。T形定位键的键宽与机床工作台T形槽的槽宽尺寸相同，精度为h6，其他尺寸比对应的机床工作台T形槽尺寸小1mm。在T形定位键顶面中间位置，加工了 $\phi16.01H6$ 的定位孔和M16的螺纹孔，两孔的中心距为50mm

4. 调整件

调整件按其功能可划分为螺纹孔调整板、预制调整板和定位连接板三种不同结构的元件。表9-32所示为调整件结构和组装中的应用。调整件的高度尺寸精度都是±0.01mm，因此，调整件可以做支承件使用。

表 9-32 调整件结构和组装中的应用

名 称	结构示意图	使用说明
方形、长方形、扇形和圆形多螺纹孔调整板	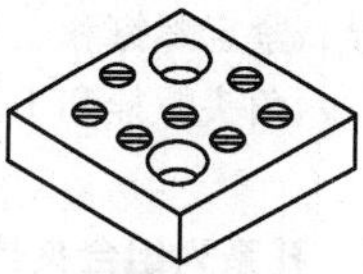 方形螺纹孔调整板 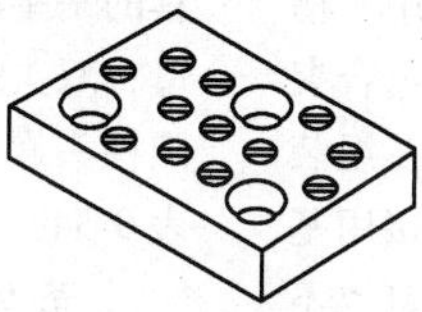　长方形螺纹孔调整板 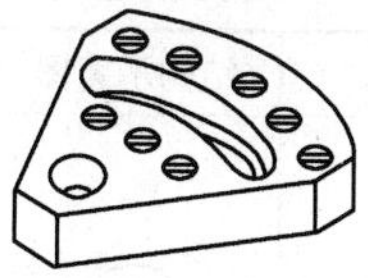　扇形螺纹孔调整板 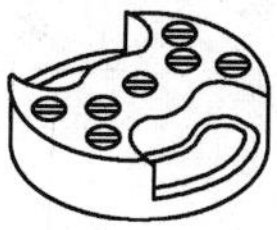　圆形螺纹孔调整板	方形、长方形、扇形和圆形螺纹孔调整板是多螺纹孔调整板，利用这些螺纹孔，以及转动扇形和圆形螺纹孔调整板，可以调整夹具的支承定位点，以及夹紧螺栓的位置。这四种螺纹孔调整板有 25mm 和 40mm 两种高度，方形和长方形螺纹孔调整板的长×宽尺寸依次为 98mm×98mm 和 148mm×98mm。扇形螺纹孔调整板的长×宽尺寸为 135mm×130mm，扇形的夹角是 60°。圆形螺纹孔调整板的外圆直径为 ϕ100mm
单、双螺纹孔调整板	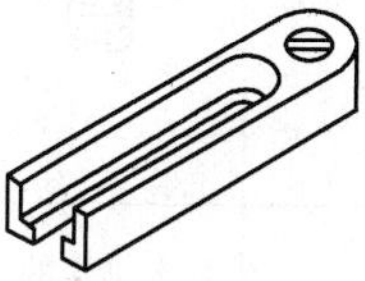 单螺纹孔调整板 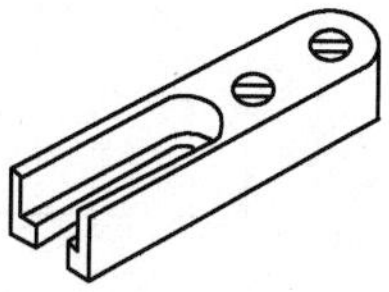　双螺纹孔调整板 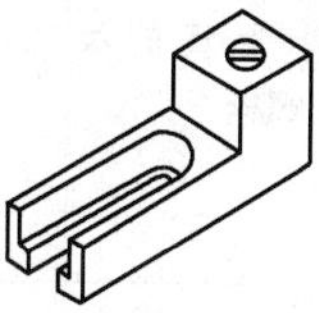　台阶螺纹孔调整板	单螺纹孔、双螺纹孔和台阶螺纹孔调整板，都有长圆台阶的通槽，可以灵活地调整夹具的支承定位点，也可用于组装工件的侧面两点和端面一点定位或夹紧 单螺纹孔调整板的宽×高为 40mm×25mm，长度有 85mm 和 140mm 两种 双螺孔调整板的长×宽×高尺寸为 160mm×40mm×40mm，两螺孔中心距是 40mm，端部螺孔用于组装圆柱支承或支钉、支承帽，作为工件的支承定位元件，另一个螺纹孔用于组装夹紧螺栓 台阶螺纹孔调整板的长×宽×高尺寸为 120mm×40mm×45mm，用于支承定位较高的工件，或提供空刀
方形定位连接板和长方形定位连接板	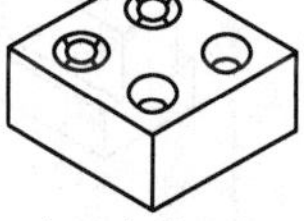 方形定位连接板 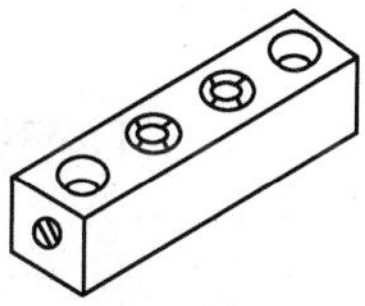　长方形定位连接板	方形定位连接板和长方形定位连接板主要用于两块基础板对接，其结构如左图所示。方形定位连接板长×宽×高尺寸为 100mm×100mm×40mm，长方形定位连接板长×宽×高尺寸为 200mm×50mm×40mm。这两个元件上的定位孔用于基础板连接定位，沉孔用于螺钉紧固基础板
预制调整板和预制调整角铁	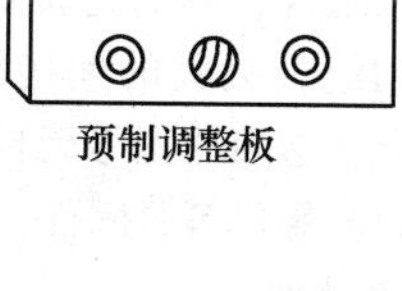 预制调整板 　预制调整角铁	预制调整板和预制调整角铁是不淬火的元件，在这两个元件上都粘接了两个孔距为 100mm±0.01mm 的定位套。根据工件定位或夹紧的位置，将这两个元件插销定位，并用螺栓固定在加工中心孔系基础板上，加工中心按组装夹具的尺寸加工定位孔或螺纹孔，用机床自身加工的定位孔或螺纹孔组装夹具，不仅能够保证夹具精度，而且可以简化夹具的组装结构。预制调整板的长×宽×高尺寸为 198mm×150mm×30mm，预制调整角铁的长×宽×高尺寸为 148mm×75mm×100mm

5. 压紧件

孔系列组合夹具的压紧件与槽系列组合夹具相同，两个系列压紧工件的各种压板可以互换使用。槽系列组合夹具的基础件都是淬火件，而孔系列组合夹具的基础件是调质件，表面硬度不高。因此，在组装孔系列组合夹具的夹紧结构时，应尽量避免直接用基础件的螺纹孔，组装夹紧螺栓，压板的支承螺钉也不要直接压在基础板的表面上。

尽量采用支件或调整件等淬火件的螺孔，组装夹紧螺栓，并用淬火件的表面支承压板，起到保护基础板的螺孔和工作面的作用，延长基础板的使用寿命，见表9-33。

表 9-33　压紧件在孔系夹具中的组装方法

组装方法	图示说明
尽量不用基础板直接组装夹紧	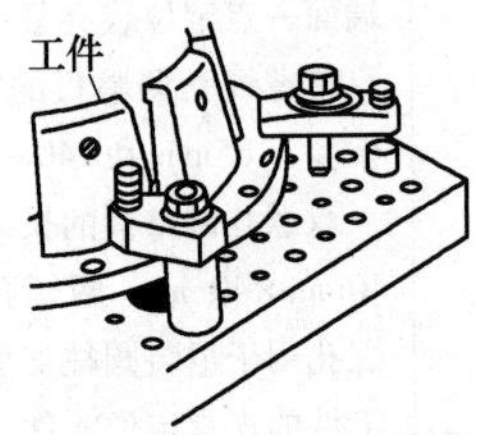 尽量不用基础板直接组装夹紧
用方形螺孔调整板组装夹紧	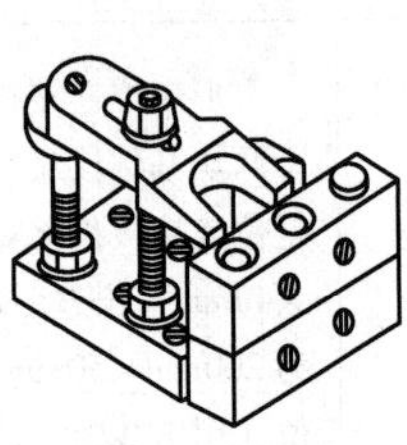 用方形螺纹孔调整板组装夹紧
用支承件和台阶调整板组装夹紧	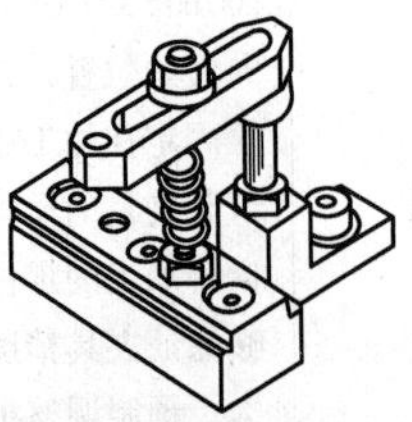 用支承件和台阶调整板组装夹紧

6. 紧固件

孔系列组合夹具的紧固件，借用了槽系列组合夹具的平垫圈、球面垫圈、锥面垫圈、六角螺母、厚螺母、双头螺栓、紧定螺钉和压紧螺钉。增加了内六角圆柱头螺钉、六角头螺栓和T形螺母三种紧固件，见表9-34。

表 9-34　孔系列组合夹具新增三种紧固件结构和组装中的应用

名　称	结构示意图	使用说明
M16 内六角圆柱头螺钉		M16 内六角圆柱头螺钉材料为45钢，淬火38~42HRC，其长度有25mm、45mm、60mm、80mm、100mm、120mm六种。其主要用于紧固元件和基础板，也可用做压板的支承螺钉
M16×55 的六角头螺栓	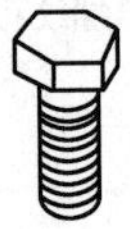	M16×55 的六角头螺栓是标准件，只用于连接固定压板支座
T形螺母	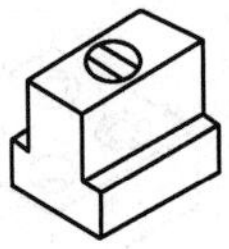	T形螺母用于孔系基础板与机床工作台的紧固，长度为40mm，其余尺寸要按机床工作台T形槽尺寸制造。将T形螺母插入机床工作台的T形槽内，并与固定基础板的沉孔对正，内六角圆柱头螺钉通过基础板上的沉孔，拧入T形螺母的螺纹孔，即可将基础板紧固机床工作台上

中型孔系列和中型槽系列组合夹具的连接螺纹都是M12×1.5，两个系列的紧固件完全通用。由于大型孔系列组合夹具的连接螺纹是M16粗牙螺纹，大型槽系列组合夹具的连接螺纹是M16×1.5细牙螺纹，因此，这两种型号元件的双头螺栓、压紧螺钉、紧定螺钉和螺母等紧固件，不能互换使用。

7. 其他件

孔系列组合夹具的其他件见表9-35。

表 9-35　其他件结构和组装中的应用

名　　称	结构示意图	使 用 说 明
平面、球面和鳞齿支钉		借用了槽系列组合夹具，支钉的高度为 30mm
平面、球面和鳞齿支承帽		借用了槽系列组合夹具，支承帽的高度为 25mm
支承环		借用了槽系列组合夹具，用于调整元件组装尺寸，其外径直径为 $\phi 28$mm，中心孔直径 $\phi 19$mm，高度尺寸有 0.5mm、1mm、2mm、3mm、5mm 和 10mm 六种，高度尺寸精度为 ±0.01mm
连接板		连接板，其宽×高尺寸为 45mm×30mm，长度有 140mm 和 160mm 两种。其用于组装销孔定位结构，把可调定位板与导向定位的支承件连接固定
连接柱		连接柱，其外圆直径为 $\phi 50$mm，高度有 45mm、60mm、90mm 和 140mm 四种。顶面有螺纹孔，底面有 25mm 长的 M16 螺纹。其主要用于调整钩形组合压板的高度。若连接柱直接拧入基础板螺孔中，必须在基础板螺孔上面放一个 $\phi 45$mm 的圆形垫片，起到保护基础板的作用
压板支座	六角头螺钉	压板支座用于组装夹紧结构，其长×宽尺寸为 120mm×40mm，高度有 80mm、100mm 和 125mm，高度尺寸的精度从自由公差改为 ±0.01mm，提高精度的压板支座顶面可作为工件支承定位面，又能组装夹紧结构压紧工件，既增加了元件的组装功能，又简化了夹具的组装结构。当工件压紧位置较高时，可将几个压板支座用六角头螺钉连接固定，组装成夹紧结构，夹紧的刚性和稳定性比用长双头螺栓夹紧好
防尘堵、螺纹堵和密封堵	密封圈	防尘堵和螺纹堵，分别放入基础板中不用的定位孔和螺纹孔中，可防止铁屑进入孔内。使用切削液加工时，在基础板定位孔中放入带密封圈的密封堵，螺孔中拧入螺纹堵，可防止切削液流入基础板定位孔和螺孔中，以免基础板锈蚀。用拔销器可取出密封堵，用磁棒可吸出防尘堵

8. 合件

应用合件可以简化组装结构或夹紧操作,但合件占用的组装空间较大,在组装夹具中受到制约。经过多年的实践和改进,常用的孔系列组合夹具定位合件和夹紧合件见表 9-36。

9. 组装工具

组装孔系列组合夹具除去要用内六角扳手、开口扳手、铜锤等工具,另外还需要表 9-37 所示专用工具:拔销器和磁棒。

表 9-36 合件结构和组装中的应用

名 称	结构示意图	使 用 说 明
回转支架		定位合件孔系回转支架的结构与槽系回转支架基本相同,只是将槽定位改为孔定位,其外廓长×宽×高尺寸为 250mm×109mm×178mm。在立式加工中心上钻斜面上的孔,常用回转支架组装定位工件的角度结构
浮动支承		定位合件浮动支承用于组装工件的辅助支承,其宽×高尺寸为 55mm×31mm,长度有 125mm 和 165mm 两种。在浮动支承的定位销内装有压缩弹簧,在弹簧的作用下,定位销可上下浮动 6mm。利用浮动定位销中心的螺孔,可组装各种支钉或支承帽,选用不同长度的紧定螺钉或双头螺栓,即可调整支承高度,浮动支承的自由高度应高于主定位面 3mm 左右。当工件压紧于主定位面以后,浮动定位销也同时被压缩,并在弹簧的作用下紧靠工件的支承面,锁紧扳手即可紧固浮动定位销支承住工件,不会产生过定位现象,紧固的浮动定位销可承受的压力不低于 2.5kN
三爪自定心夹紧合件		定位合件三爪自定心夹紧合件是将外圆直径为 ϕ160mm 的三爪自定心卡盘,定位安装在孔系连接板上,用连接板上的四个定位孔和过孔,可将该合件插销定位,并用内六角圆柱头螺钉紧固在基础板上。用三爪自定心卡盘定位和夹紧轴类或盘套类工件方便快捷。该合件的外廓长×宽×高尺寸为 250mm×250mm×91.5mm。在基础板上可以组装多个三爪自定心夹紧合件,进行多件加工
偏心夹紧机构		夹紧合件偏心夹紧机构是由一个单螺纹孔连接板,以及装在连接板上面的偏心夹紧支座组成。用手柄转动偏心轮,推动压紧块,即可夹紧工件。偏心夹紧机构的外廓长×宽×高尺寸为 115mm×48mm×45mm,偏心轮的直径为 ϕ46mm,偏心距是 2mm,因此偏心夹紧的行程不能大于 3mm。有时可以不用连接板固定,直接把偏心夹紧支座固定在支承件或调整件上,使得结构紧凑,偏心夹紧机构的夹紧行程和夹紧力都小,只能用于辅助的侧夹紧,或在加工切削力小的情况下夹紧工件。组装时应注意手柄在夹紧位置不能超出机床的最大回转直径或在切削路径之中
夹紧钳		夹紧合件压紧钳用于侧夹紧工件,其外廓长×宽×高尺寸为 95mm×80mm×40mm。用扳手旋转位于后端面的夹紧螺栓,前端的压紧块前后移动,即可夹紧或松开工件,夹紧的行程为 50mm

名 称	结构示意图	使 用 说 明
侧向夹紧钳		外廓尺寸长×宽×高为120mm×148mm×81mm的侧向夹紧钳，由底座、斜面压紧块和斜面支承块组成。拧紧斜面压紧块上的内六角圆柱头螺钉，利用斜面形成的侧推力，使得斜面夹紧块前移夹紧工件，斜面夹紧块的夹紧行程只有6mm。装于底座前端的支承块可作为工件的支承，支承高度为70mm，不用时可以取下
可调夹紧机构		夹紧合件外廓尺寸长×宽×高为155mm×50mm×87mm的可调夹紧机构，由底座、压紧块和压紧块导向支座组成。用内六方扳手，转动压紧块导向支座上的球头内六角紧定螺钉，带动压紧块向前或向后移动，即可夹紧或松开工件，夹紧的行程为12mm。在压紧块导向支座上的台阶面可作为工件的支承，支承高度为70mm。从合件图可以看出，侧向夹紧钳和可调夹紧机构都可以用齿距为2.5mm的端面齿调整夹紧块的位置，这样就不会因夹紧行程短小，造成不能夹紧工件的问题
组合侧向夹紧钳（两件一套）		夹紧合件组合侧向夹紧钳由固定钳口座和夹紧钳座两件组成。用扳手转动夹紧钳座后面的六角螺栓，使得夹紧钳口向下或向上转动，即可夹紧或松开工件。这两个钳座有时也可以单独使用，用外廓尺寸长×宽×高为228mm×135mm×100mm的固定钳口座组装支承，用外廓尺寸长×宽×高为117mm×135mm×100mm的夹紧钳座组装侧夹紧
钩形组合压板	连接柱	用以上夹紧合件侧向夹紧工件时，都有向下压紧工件的分力，迫使工件靠紧夹具的三点定位面，保证工件定位可靠是这三种夹紧合件的优点。但是存在夹紧行程较小，夹紧力有限，以及占用组装空间较大的不足之处。钩形组合压板的结构紧凑，其圆柱底座的直径为φ50mm，高80mm，夹紧行程为10mm，用连接柱可以调整压板的高度。钩形压板可转动，并靠内装弹簧复位，夹紧操作方便，但是夹紧力较小

表9-37 孔系列组合夹具专用组装工具结构和组装中的应用

名 称	结构示意图	使 用 说 明
拔销器	螺纹套　打击锤　手柄　M8螺钉	将拔销器的M8螺钉拧入定位销或密封堵顶面的M8螺孔中，上下移动打击锤，即可把定位销或密封堵从定位孔中拔出
磁棒	磁铁　尼龙手把	磁棒的磁铁吸住防尘堵的顶面，很方便地提取出放入定位孔中的防尘堵。这两种专用工具可向组合夹具元件制造厂订购

9.3.4 孔系列组合夹具的基本结构

孔系列组合夹具主要用于加工中心、数控机床，零件的加工尺寸精度是依靠机床程序控制保证的，组装夹具不需要刀具的导向结构。为此，孔系列组合夹具通常由基体、支承与定位和夹紧结构组成。

1. 基体结构

各种基础件是组装孔系夹具的基体，可根据加工中心或数控机床的工作台面，以及加工零件的尺寸，选用一种基础件作为组装夹具的基体。最好是按照机床工作台面的尺寸，专门制造一块基础板安装在机床台面上，既可作为组装夹具的基体，又能起到保护机床台面的作用。根据工件的实际情况，需要不同的基体结构才能满足组装夹具的要求。表9-38列出孔系组合夹具常用的基体结构可供组装参考。

2. 支承与定位结构

（1）平面定位结构　各种支承件、定位件、调整件、支钉、支承帽和支承环等元件，都可以组装成平面定位结构。用角铁、支承角铁、角铁形支承、左、右支承角铁、以及四面和五面支承，能够组装工件侧面的两点定位或端面的一点定位，各种平面定位结构如表9-39所示。

表9-38　孔系组合夹具常用的基体结构

名　称	结构示意图	使用说明
用方形定位连接板组装的加大基体	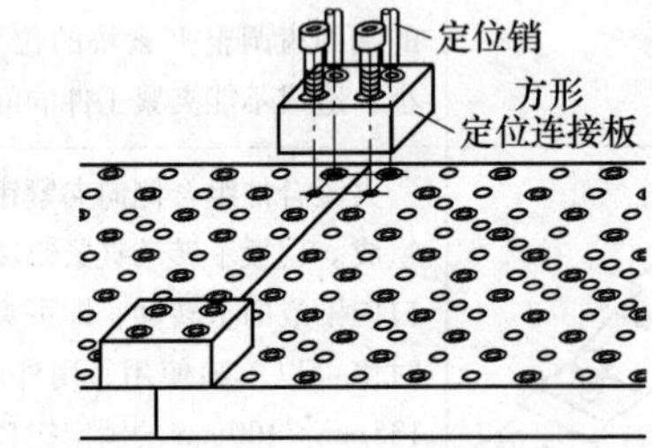	用两个方形定位连接板，将两块基础板连接成加大的基体。由于两个定位连接板装在基础板的上面，使得夹具的组装不太方便，是这种连接方式的缺点
左、右支承角铁和基础板组装的弯板基体	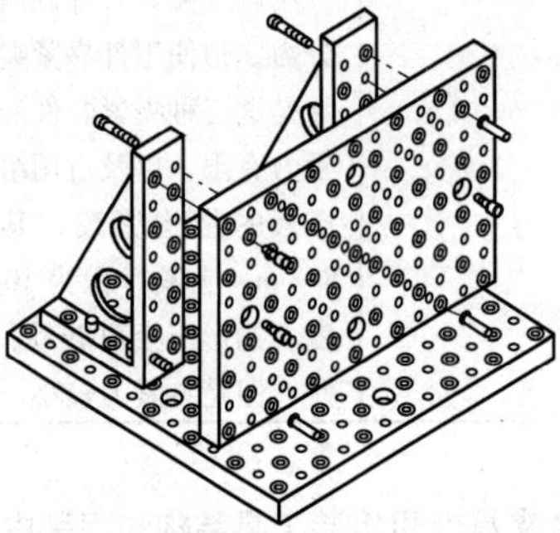	用左、右支承角铁和基础板组装的弯板基体，该结构重量轻。为了组装这种弯板结构，左、右支承角铁最上面和最下面的两个M16螺孔，改为$\phi 18mm$的通孔，以便用内六方圆柱头螺钉紧固基础板
四面支承和宽角铁组装的弯板基体	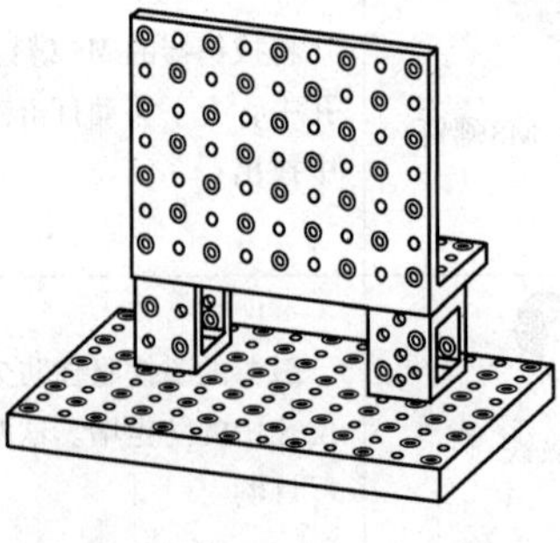	用四面支承和宽角铁组装的弯板基体，适合组装小型零件的夹具

名　称	结构示意图	使用说明
五面支承组装的弯板基体		用五面支承组装的弯板基体，五面支承的侧面和顶面可组装元件，夹具的组装比较方便
回转支架和基础板组装的角度基体		用回转支架和基础板组装的角度基体，用于斜面定位或用立式加工中心加工斜孔

表 9-39　平面定位结构和组装中的应用

名　称	结构示意图	使用说明
方形和 L 形支承组装一点定位		用方形双台阶支承、L 形支承与平面支钉组装的一点定位，50mm 高的 L 形支承也能用两外侧面的螺孔组装一点定位
长方形支承组装两点定位		利用 50mm 高支承件侧面的螺孔，可以组装工件侧面的两点定位或端面的一点定位

(2) 外圆定位结构　用 V 形板、V 形角铁和 V 形拼块可以组装工件的外圆定位，如表 9-40 所示。

(3) 销孔定位结构　用定位板和不同直径的定位销，可以组成各种销孔的定位，大直径孔的定位可用定位板和定位销组装。销孔定位结构和组装中的应用如表 9-41 所示。

表 9-40 外圆定位结构和组装中的应用

名 称	结构示意图	使用说明
用 V 形板和 V 形角铁外圆定位		左图中的 V 形板可以组装在角铁的外侧或里侧，更换 V 形板和角铁之间的垫片，可以调整 V 形板的轴向位置
定位板和定位销组装的外圆定位		将四个可调定位板插销与基础板定位孔定位，并用螺钉紧固。通过更换插入定位板的定位销，即可调整由四个定位销构成的外圆定位直径

表 9-41 销孔定位结构和组装中的应用

名 称	结构示意图	使用说明
带台定位板组装的孔定位		用四个带台可调定位板组成的大直径孔的定位，利用定位板上面四个 $\phi 40mm$ 圆盘内侧形成的外圆直径，可作为大直径的孔定位，四个 $\phi 40mm$ 圆盘外侧形成的外圆直径可作为大直径的销定位。更换不同厚度的定位环，调整四个装在导向槽内的带台可调定位板，可组装成不同直径的孔定位或销定位结构
连接定位盘组装孔定位与夹紧		直径大于 $\phi 25mm$ 的孔可用定位盘和定位连接盘组装销孔定位结构，如左图，将定位连接盘底面的 $\phi 16mm$ 定位销插入基础板的定位孔中，并用四个内六方圆柱头螺钉紧固，定位连接盘的上面，以 $\phi 25mm$ 孔定位装上定位盘，再用拧入定位连接盘中心螺纹孔的紧定螺钉和螺母，将定位盘固定。若定位孔是通孔，可采用双头螺栓、螺母和圆形压板组装成以孔定位和从孔中心端面夹紧的结构

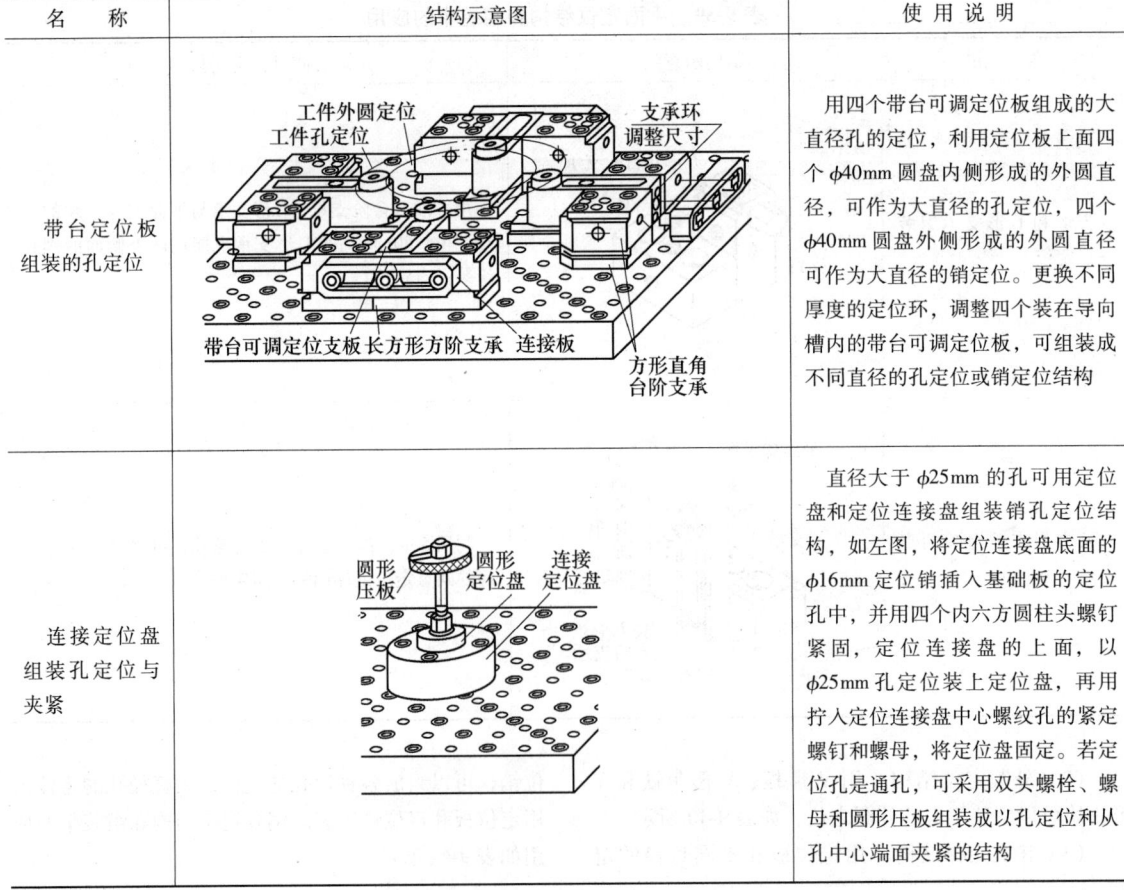

(4) 一面两销定位结构　根据工件两个定位销孔的位置和孔距尺寸，以及工件在机床上安装的位置要求，组装一面两销定位的方法有所不同，如表9-42所示。

表9-42　一面两销定位结构和组装中的应用

名　　称	结构示意图	使用说明
工件两个定位销孔在同一条直线上，两定位销孔的中心距为任意尺寸	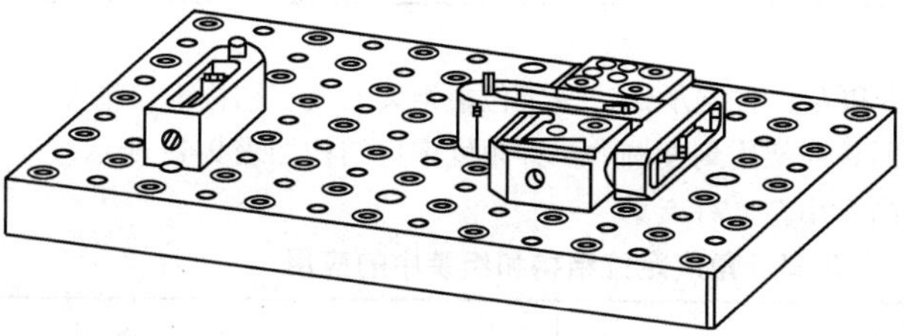	组装一面两销定位需要调整两个定位板的距离，保证组装的圆形和菱形定位销的中心距与工件的尺寸相一致。如左图所示，首先在基础板确定一个定位孔作为基准点，以这个孔定位，组装上定位板和圆形定位销。根据工件两销孔的中心距尺寸，在基础板的适当位置，用两个50mm高的方形直角台阶支承组装成定位板的导向槽，装菱形定位销的定位板可在导向槽内滑动。从左图中可以看出，利用不同厚度的支承环，可以调整定位板的位置，使得圆形和菱形两定位销的中心距与工件尺寸相一致，并通过连接板和内六方圆柱头螺钉，将定位板牢靠地紧固在基础板上。这种以基础板定位孔作为圆形定位销基准点的组装方法比较简单，但是两个定位销与基础板或机床的中心不对称
用侧装定位板组装同一直线上两销定位	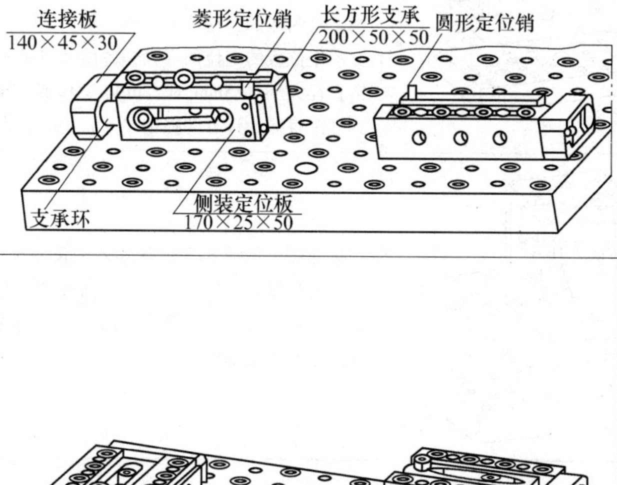 连接板 140×45×30　菱形定位销　长方形支承 200×50×50　圆形定位销　支承环　侧装定位板 170×25×50	应用侧装定位板组装同一直线的两销定位结构。从左图中可以看出，要调准侧装定位板侧面和端面两个方向的定位环的尺寸，才能保证两个定位销中心距的尺寸精度。侧装定位板不用导向槽，占用的组装面积小，结构简化紧凑，适合中、小型零件的定位
两个定位销孔对角布置	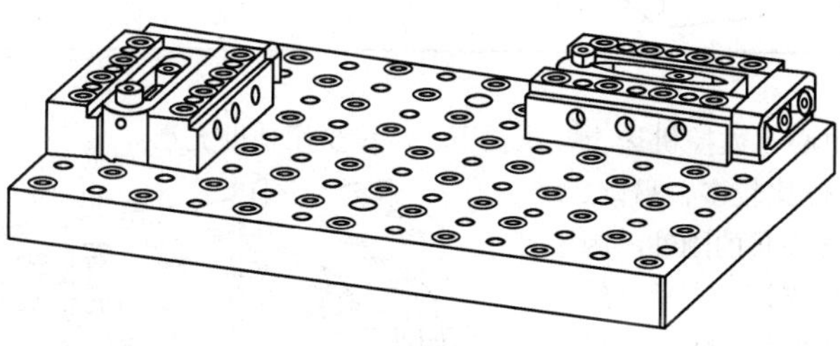	组装对角布置的一面两销定位，需要按照工件两销孔的X和Y坐标尺寸，组装圆形和菱形定位销的位置。有多种组装方法。左图是两销调整的组装方法，首先根据工件两销孔的X和Y坐标尺寸，在选定的基础板位置，用四个长×宽×高为200mm×50mm×50mm的长方形支承，分别组装成X和Y方向的导向槽，在槽内装入定位板。从左图中可以看出，用不同厚度的支承环，分别调整装在两个导向槽中的定位板位置，装有圆形定位销的定位板，调整两定位销在X方向的尺寸，装有菱形定位销的定位板，调整两定位销在Y方向的尺寸。两销调整的组装占用组装面积较大，适合两销孔距离较大的工件定位

(续)

名 称	结构示意图	使 用 说 明
用定位盘和侧装定位板组装的两销定位结构		用圆形定位盘和菱形定位销组成的一面两销定位。用连接定位盘，把定位盘组装在长基础板定位孔内或圆基础板的中心定位孔上，再根据销孔的位置尺寸，用L形支承和侧装定位板，以及垫片和支承环，组装和调准菱形定位销的位置。这种一面两销定位结构，常用于盘套类和连杆类零件的两销孔定位

(5) 角度定位结构 回转支架和左、右支承定位板是用于组装角度定位的元件。回转支架用刻度调整定位角度，组装简便，但精度不高。用左、右支承定位板组装的角度结构不仅精度高，而且刚性好。各种角度定位结构如表9-43 所示。

表 9-43 角度定位结构和组装中的应用

名 称	结构示意图	使 用 说 明
水平组装左、右支承定位板		左、右支承定位板可以组装成水平位置，此时，左、右支承定位板的下铅锤定位面正好与 $\phi16mm$ 元件定位销的外圆靠紧。要调整左、右支承定位板角度，用直径大于 $\phi16mm$ 的各种定位销或定位盘，即可调整左、右支承定位板的角度。通常要根据组装的角度，计算出挡销的直径。按定位销结构和计算的直径，制作一个调整角度的挡销。将制作的挡销插入四面支承的定位孔中，其外圆与右支承定位板的定位面靠紧，并用螺钉紧固。调整角度的挡销直径大于 $\phi25mm$ 时，可以制作成 20mm 高的定位盘，其外圆直径为计算的挡销尺寸，中心孔直径为 $\phi16.01H7$
用挡销组装的角度定位		如左图，用插入定位盘和四面支承定位孔中的 $\phi16mm$ 元件定位销，将定位盘定位，其外圆与左支承定位板的定位面靠紧，并用螺钉紧固。由于定位销的直径范围小，只能用于小角度的组装

(6) 辅助支承 由于在加工中心、数控机床上加工的零件，用毛坯面、台阶面定位比较多，另外，加工的部位多，需要多点定位，加强夹具的刚性。因此，孔系夹具常用浮动支承、螺栓、支钉和支承帽组装成辅助支承。在元件布置十分困难的情况下，才可以用磁性支承组装辅助支承，见图9-31。用浮动支承组装应便于操纵锁紧手把，磁性支承要调准支承高度的尺寸。转动圆形调整板，或用不同位置的螺纹孔，即可调整辅助支承的位置。在保证零件加工精度的前提下，尽量少用辅助支承。

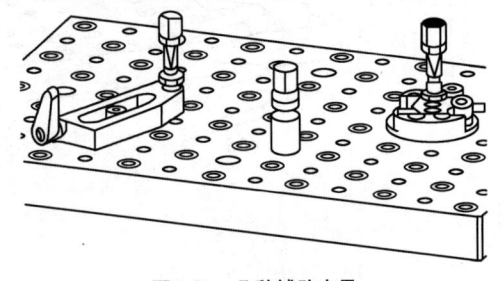

图 9-31 几种辅助支承

3. 夹紧结构

孔系列组合夹具的夹紧结构和槽系列组合夹具的组装基本相同，不再重述。根据孔系列夹具元件的特点，常用的侧向夹紧结构见表9-44所示。

表9-44　常用的侧向夹紧结构和组装中的应用

名　称	结构示意图	使 用 说 明
用切边圆柱支承、方形双台阶支承组装	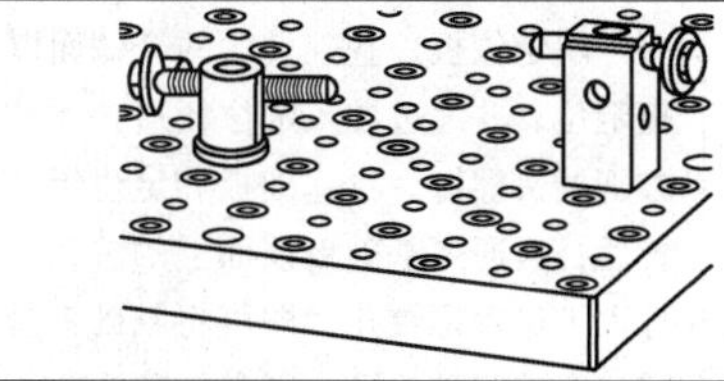	左图是切边圆柱支承和方形双台阶支承组装的侧向夹紧，用不同厚度的垫片，可调整夹紧的高度，转动切边圆柱支承和方形双台阶支承的位置，可以调整侧向夹紧力的方向
用方形、长方形和L形支承组装	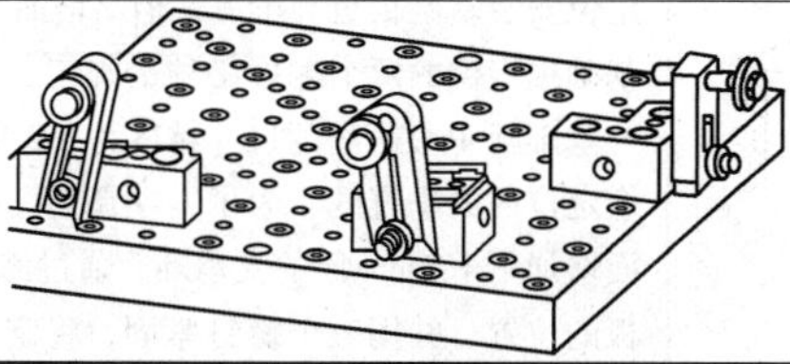	左图是用方形、长方形和L形支承，以及单螺纹孔调整板、平压板和U形压板组装的侧向夹紧。这三种支承件的顶面可作为工件的三点定位面，利用其侧面或端面组装侧夹紧，使得夹具的结构紧凑

9.3.5　孔系列组合夹具的组装步骤和注意事项

1. 在机床工作台上安装孔系基础板

首先要根据加工中心或数控机床的工作台尺寸，选定基础板，并在基础板上按机床工作台T形槽或螺孔的位置尺寸，加工好用于穿螺钉紧固基础板的沉孔，同时按机床工作台的T形槽尺寸或定位孔直径，准备好T形螺母、T形定位键、安装定位盘或定位销。用定位键、定位盘、定位销将基础板定位于机床工作台上，通过加工中心或数控机床自身检验，调准基础板，然后用内六方圆柱头螺钉和T形螺母，将基础板紧固在机床工作台上。数控机床工作台的结构不同，安装基础板有几种不同的方法，其典型者如表9-45所示。

表9-45　孔系基础板在机床工作台上的安装方法

名　称	结构示意图	使 用 说 明
以工作台T形槽定位安装基础板	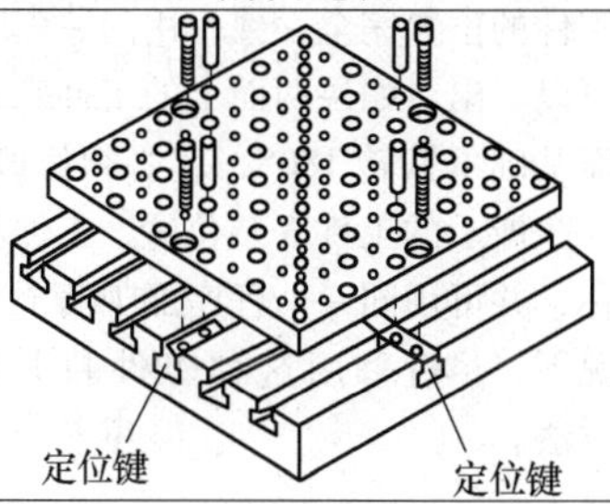	用按机床工作台T形槽尺寸制作的T形定位键和元件定位销定位，再用T形螺母和内六方圆柱头螺钉紧固，即可将孔系基础板定位安装在T形槽工作台上。若位于工作台中心的两个十字交叉的定位键都是T形槽，则四个T形定位键，分别放入T形槽内，用于基础板定位。立式加工中心大都用T形槽定位安装基础板
以工作台两个定位孔定位安装基础板	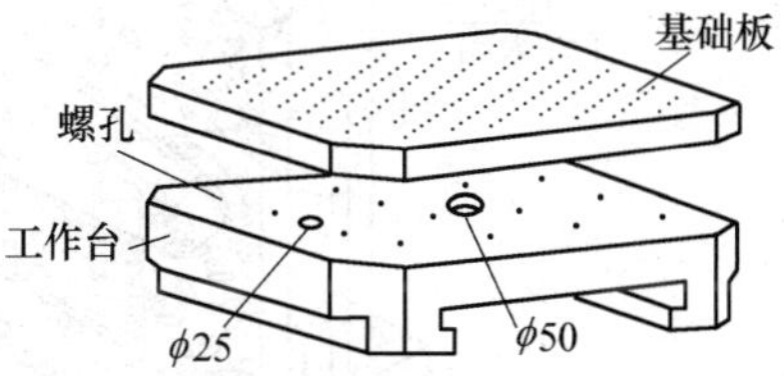	如左图所示，按机床工作台上的φ50H7中心定位孔，及另一个φ25H7定位孔直径，制作两个定位盘，其外径分别为φ50h6和φ25h6，中心孔直径都是φ16.01H7，高度低于两个定位孔深1mm 另外，按工作台两销孔中心距，在基础板上加工一个φ16.01H7的安装定位孔。按工作台螺纹孔的位置尺寸加工出用于穿螺钉紧固基础板的几个沉孔 首先把两个精磨加工的定位盘，装入工作台φ50H6中心定位孔，和φ25H6定位孔中，再放上孔系基础板，并将基础板的中心定位孔与装入工作台φ50H6中心定位孔中的定位盘中心对正，通过插入基础板中心定位孔和φ50h6定位盘的φ16.01H7中心孔中的元件定位销，把基础板与工作台中心定位，同时转动调整基础板，再把基础板用安装的定位孔，与装入工作台φ25H6定位孔中的定位盘中心对正，将元件定位销插入基础板安装定位孔和φ25h6定位盘的φ16.01H7中心孔中，即完成基础板的定位，用拧入基础板沉孔和工作台螺孔中的内六方圆柱头螺钉，将基础板紧固在工作台上

名称	结构示意图	使用说明
以工作台两个定位板定位安装基础板		如左图所示,在机床工作台相互垂直的两侧面上,各装有一块定位板。基础板的两个侧面以工作台上的两个定位板定位,并通过拧入定位板通孔和基础板侧面螺孔的内六方圆柱头螺钉,将基础板和定位板靠紧,调准基础板的位置后,再通过基础板顶面上的沉孔,将内六方圆柱头螺钉拧入工作台螺纹孔,即可将基础板紧固在工作台上。这样定位安装基础板更为牢靠,但是增加了基础板的制造难度。基础板定位的两个侧面必须磨加工,不仅要保证定位侧面与基础板中心距离的尺寸精度为 ±0.01mm,而且要保证两个定位面的垂直度。为了方便调整,在定位板和基础板侧面增加三个5mm厚的支承环,通过修磨支承环,调准基础板的位置,并用三个螺钉紧固,将定位面靠紧。采用松紧定位板螺钉的紧固程度,调整基础板位置的办法是不可靠的

2. 组装孔系夹具

首先,根据工件的加工工艺和定位与夹紧的要求,确定组装夹具的总体方案。然后,选择元件,在基础板上先摆放好工件的定位结构,再摆放上工件的夹紧结构。经过适当调整或更换个别元件,确定合理的夹具组装结构,将元件插销定位,并用螺钉紧固。检验和调整夹具的定位尺寸精度符合要求后,基本上完成了夹具的组装。组装夹具应注意以下事项:

1) 起定位作用的元件必须插销定位,并用螺钉紧固,保证定位准确可靠。夹具的刚性要好,必要时加装辅助支承。

2) 夹具结构力求紧凑,为刀具进出和编程提供方便。要检查元件与加工的刀具是否有干涉现象。转位加工时,要检查夹具元件是否超出机床工作台最大回转直径。用多个交换工作台机床加工零件时,要检查夹具元件是否超出交换工作台进出通过的门口尺寸。

3) 检查工件的定位高度,是否能保证工件的最低加工位置高于机床主轴最低位置,工件的最高加工位置不能超出机床的加工行程。

4) 加工重大零件时,要核实夹具与工件的总重量,不要超过机床允许最大负重的90%。尤其是在机床上已经安装了基础板,其上再组装基础角铁、T形双面基础角铁或方箱等基础件的情况下,必须核实由几个基础件组装的夹具与几个加工零件的总重量,以免机床超重工作,出现故障或损坏。

5) 用T形双面基础角铁或方箱,组装多工位、多件加工的夹具时,注意选好工件在夹具上的安装位置,使得机床转位90°或180°仅用同一个程序加工几个零件,不仅能够简化机床加工编程,而且保证加工精度的稳定性。如图9-32所示的工件安装,T形双面基础角铁转180°,第二个加工零件与第一个加工零件的位置完全一致,用同一程序即可加工。从图中可以看出,如果两面上的工件完全对称安装,T形双面基础角铁转180°,就必须修改加工程序。采用图9-33所示的工件安装位置,工件和组装的夹具完全对称,并可用同一个程序加工两个工件,在条件许可情况下,尽量采用这种工件和夹具完全对称的组装方法。

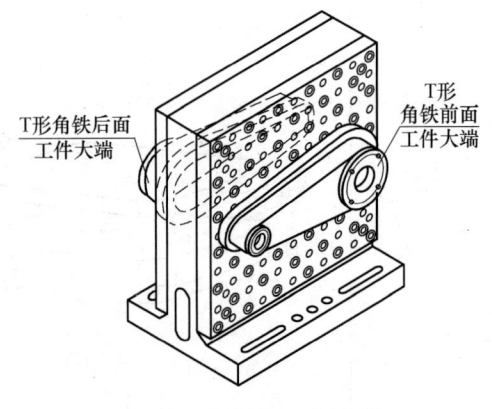

图9-32 两个工件不对称组装

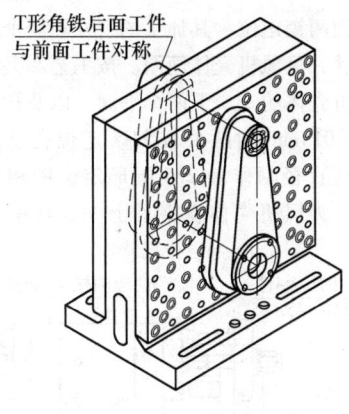

图 9-33　两个工件对称组装

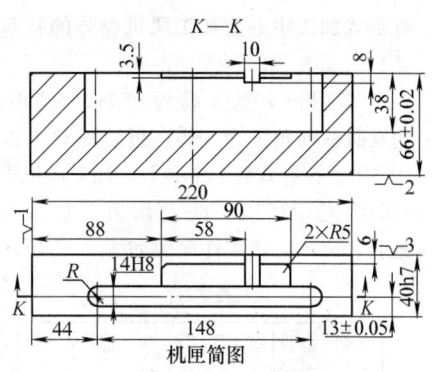

图 9-34　机匣简图

6）遇到工件外廓尺寸较小加工部位又多的情况，组装夹具确有困难时，可灵活地采用预制调整件，利用机床加工定位孔或螺纹孔，以及制作少量的专用件，有效地解决夹具的组装。也可以采用孔、槽元件相结合的办法，解决夹具的组装问题。

9.3.6　孔系列组合夹具在机械加工中应用示例

1. 在立式加工中心上加工两个机匣型腔的孔系组合夹具

该夹具用 M12 中型孔系组合夹具元件组装，在立式加工中心上加工两个机匣的型腔。机匣外廓已加工，其定位面和型腔尺寸见图 9-34 机匣简图。

夹具的组装结构如图 9-35 所示，在基础板左侧组装的一对 160mm×40mm×40mm 长方形支承，以及在基础板右侧组装的一对 120mm×40mm×40mm 的长方形支承，组成弯板基体结构。这两对长方形支承的两个侧面，分别作为前后两个机匣的三点定位。在长方形支承两侧，用内六方圆柱头螺钉固定的四个 ϕ40mm×25mm 圆柱支承，分别作为两个机匣的两点定位。在左侧长方形支承的两侧，组装了两个 80mm×80mm×40mm 的 L 形支承，40mm 高的 L 形支承高于圆柱支承的侧面，分别作为两个机匣的一点定位。利用长方形支承两侧的螺纹孔，组装的四个伸长压板夹紧两个机匣。两个机匣的夹紧力相互平衡，使得工件定位稳定，夹紧可靠。

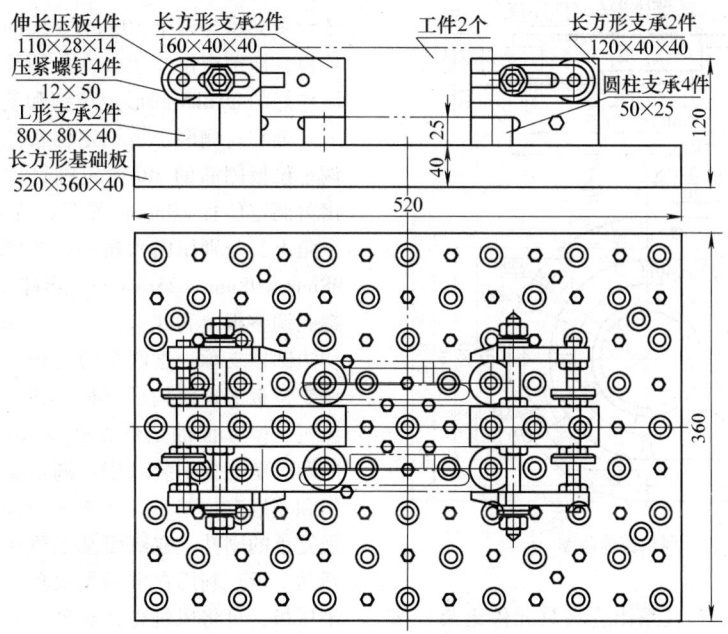

图 9-35　在立式加工中心上加工两个机匣型腔的孔系组合夹具

2. 在卧式加工中心上加工风机壳体的孔系组合夹具

图 9-36 是用长 × 宽 × 高为 650mm × 360mm × 635mm 的双面基础角铁为基体，组装的双工位孔系组合夹具。用于在卧式加工中心上，加工风机壳体的两个 φ180H7 与 φ150mm 的台阶孔，以及 12 个 φ18mm 通孔，风机壳体零件简图如图 9-37 所示，加工时用一面两销定位，其加工的尺寸和两个定位销孔的位置尺寸，见风机壳体简图。按工艺和夹具设计的要求，风机壳体的上、下两个平面，以及孔中心距为 600mm ± 0.015mm 的两个 φ12H7 定位孔已加工，并按定位销孔直径制作 φ12h5 圆形定位销和菱形定位销各一个。为风机壳体在夹具上一面两销定位做好准备。

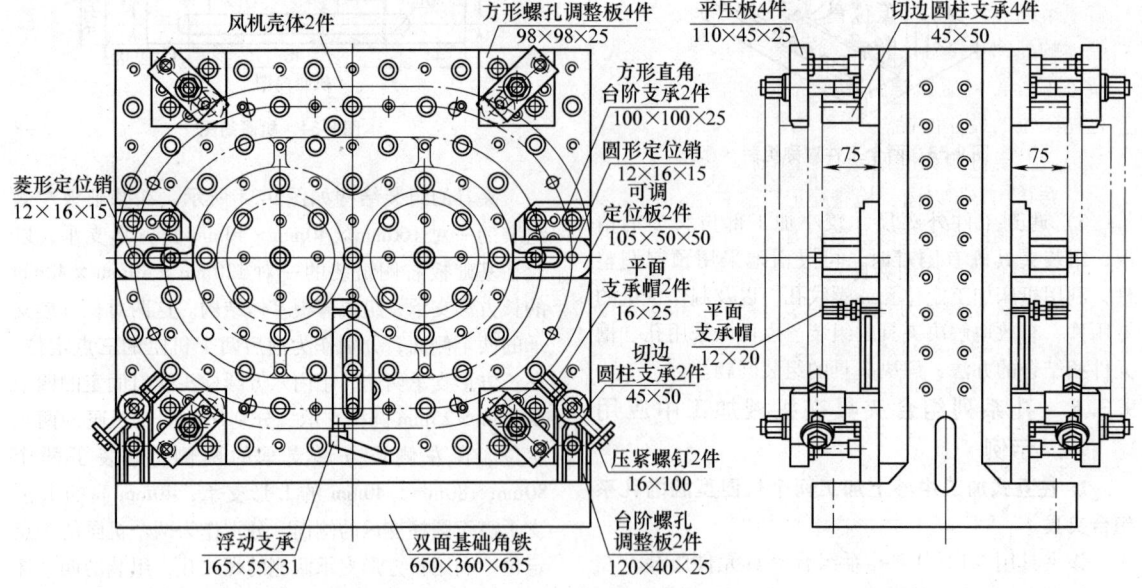

图 9-36 加工风机壳体的孔系组合夹具

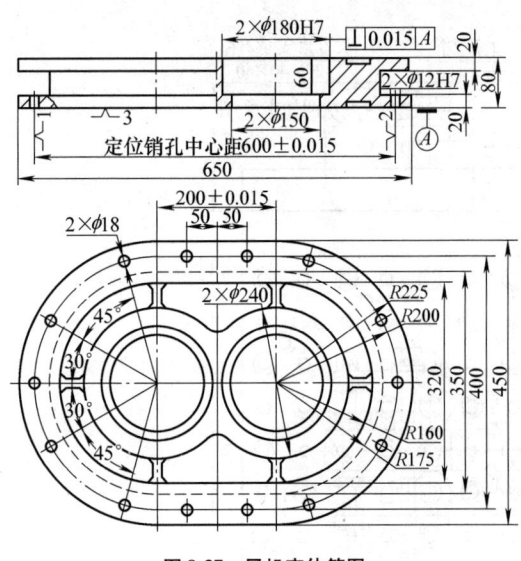

图 9-37 风机壳体简图

该夹具用 M16 大型孔系组合夹具元件组装，如夹具组装图所示，在距双面基础角铁顶面 275mm、与中心定位孔相距为 300mm 的左、右两个定位孔处，分别将两个 100mm × 100mm × 25mm 的方形直角台阶支承与两个 105mm × 50mm × 50mm 的可调定位板，插销定位并用内六角圆柱头螺钉紧固。再把制作好的 φ12h5 圆形定位销和菱形定位销，分别装入左侧和右侧两个可调定位板的定位孔中，并用可调定位板侧面的 M6 紧定螺钉固定，两定位销应高出可调定位板 10mm。然后，在双面基础角铁的四个角上，分别用内六角圆柱头螺钉紧固，组装四个 98mm × 98mm × 25mm 的方形螺孔调整板，每个方形螺孔调整板上再组装一个 φ45mm × 50mm（高）的切边圆柱支承。这四个切边圆柱支承与左右两个可调定位板的顶面构成风机壳体的三点定位面，图示风机壳体 A 面的定位高度为 75mm。再把风机壳体的两个销孔分别装入用可调定位板组装的圆形定位销和菱形定位销中，即构成一面两销定位。为了加强支承的刚性，在双面基础角铁的中间位置组装了浮动支承。利用在方形螺纹孔调整板上组装的四个平压板，可将风机壳体夹紧，再按下手把锁紧浮动支承，即可加工。

为了便于工件的安装和避免磕碰两个定位销，组装了工件的初限位。在双面基础角铁的左、右下角,用内六角圆柱头螺钉紧固,分别组装了两个 120mm×40mm×45mm 的台阶螺孔调整板和 φ45mm×50mm 高的切边圆柱支承。在位于切边圆柱支承侧平面上方的螺孔中拧入 M16×100(长)的压紧螺钉,调整组装在压紧螺钉上的平面支承帽,可确定初限位控制安装工件的位置。首次定位夹紧风机壳体以后,调整压紧螺钉或平面支承帽的高低位置,使得平面支承帽与风机壳体的外廓相接触。然后,把平面支承帽向下调整 1mm 左右,再将压紧螺钉和平面支承帽锁紧,即调整好初限位的最佳位置。

最后,要检测调准两定位销中心距 600mm 的尺寸误差在 0.01mm 以内,检查菱形定位销的长轴要垂直于两定位销的中心连线。首件加工时,要与机床操作人员一起检查工件和夹具元件不能超出机床最大回转直径,夹具元件与刀具进给不能有干涉现象,加工最低孔的位置要高于机床主轴的最低位置,加工的最高位置不能超出机床的行程。机床操作人员确认无误后,方能开机加工。

由于风机壳体两个销孔的中心尺寸 600mm 与相应 M16 大型孔系组合夹具元件的定位孔距一致,该夹具的一面两销定位的组装相对比较简单。另外,浮动支承的连接螺纹是 M12×1.5 的细牙螺纹,因此,要用 M12 中型孔系组合夹具的双头螺栓、螺母和平面支承帽组装浮动支承。

3. 在卧式加工中心上加工支撑座的孔系组合夹具

图 9-38 是在长×宽×高为 550mm×550mm×50mm 的方形基础板上,用 M16 大型孔系夹具元件组装的夹具。用于在卧式加工中心上,加工支承座的两个 φ30H7 和两个 φ35H7 的同轴孔与各孔的外端面,以及六个 M8 螺孔。支承座用一面两销定位,其加工的尺寸和两个定位销孔的位置尺寸,见支承座简图(图 9-39)。按工艺和夹具设计的要求,支承座的底面和宽度为 375mm 的两个侧面,以及孔中心距为 330mm±0.01mm 的两个 φ14H7 定位孔已加工,并制作 φ14h5 圆形和菱形定位销各一个,为支承座在夹具上一面两销定位做好准备。

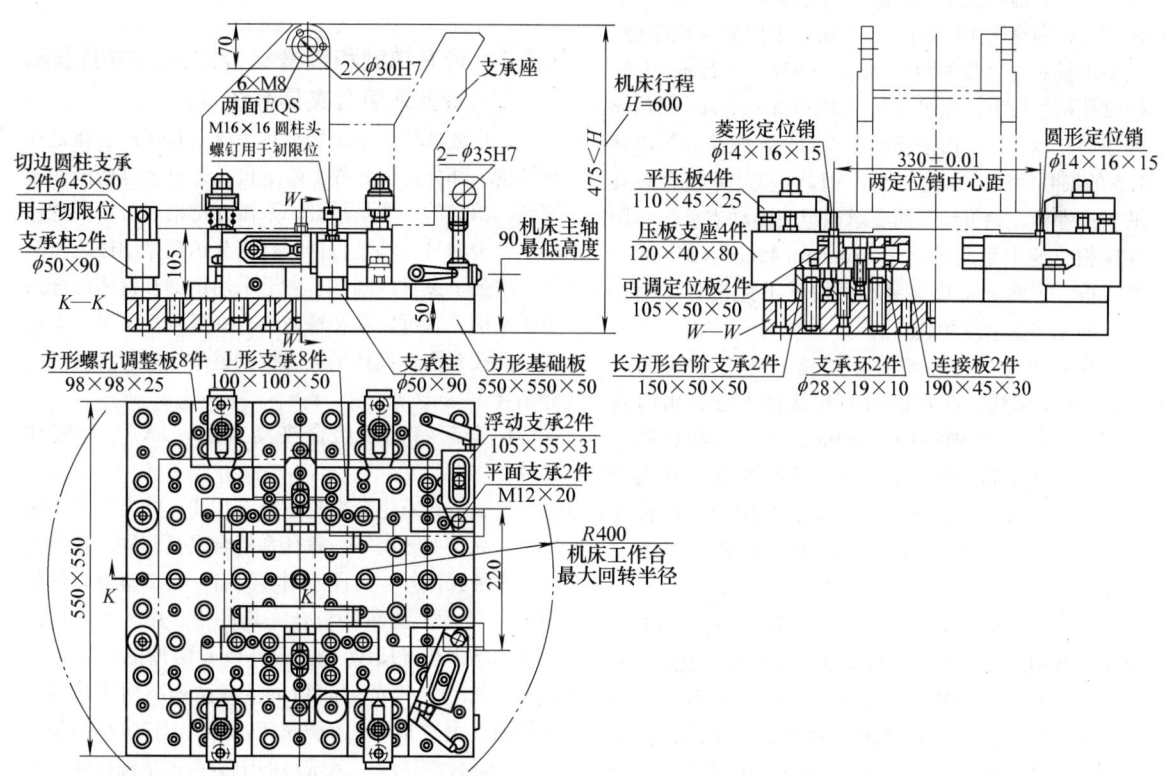

图 9-38 在卧式加工中心上加工支承座的孔系组合夹具

如夹具俯视图所示，在距基础板中心前、后、左、右为100mm的定位孔及其相应位置，将八个L形支承两个为一组分别插销定位，并用内六角圆柱头螺钉紧固，每四个L形支承在基础板的中间位置，形成一个长×宽×高为100mm×50mm×100mm的定位槽。如夹具侧视图所示，将两个150mm×50mm×50mm的长方形台阶支承分别放入两个定位槽中，插销定位并用内六角圆柱头螺钉紧固。然后，把两个105mm×50mm×50mm的可调定位板分别放入两个定位槽中，利用190mm×45mm×30mm的连接板和10mm厚的支承环，确定两个可调定位板的位置，得到两定位销中心距为330mm，再用内六角圆柱头螺钉紧固。把预制的φ14h5圆形和菱形定位销，装入前后两个可调定位板的定位孔中，并用M6紧定螺钉固定。两定位销高出可调定位板15mm。在基础板上用内六角圆柱头螺钉紧固，组装四个98mm×98mm×25mm的方形螺纹孔调整板，每个方形螺纹孔调整板上再组装一个120mm×40mm×80mm的压板支座。四个压板支座的顶面构成支承座的三点定位面，把支承座的两个销孔装入可调定位板上的圆形和菱形两个定位销中，即将支承座一面两销定位于夹具上，支承座的定位高度为105mm。为了加强工件的支承刚性，在基础板右边组装的两个98mm×98mm×25mm方形螺纹孔调整板上，组装了两个105mm×55mm×31mm的浮动支承合件。由于浮动支承的联接螺纹是M12×1.5的细牙螺纹，因此，要用M12中型孔系组合夹具的双头螺栓、螺母和平面支承帽组装浮动支承。利用在压板支座上组装的四个110mm×45mm×25mm的平压板，可将支承座夹紧，再按下手把锁紧浮动支承，即完成支承座的装夹。

在基础板左边和前面分别装上三个φ50mm×90mm的支承柱，在左边两个支承柱上面，用内六角圆柱头螺钉紧固的两个φ45mm×50mm切边圆柱支承，以及紧固在前面支承柱上面的M16×60内六角圆柱头螺钉，组成安装支承座的初限位，保证支承座能顺利插入两销定位，避免工件磕碰两个定位销。

该夹具两个定位销采用与基础板中心对称组装的方法，选用的元件和夹具的总体布局匀称。最后，要检测调准两定位销中心距330mm±0.01mm尺寸，如图9-39所示，菱形定位销的长轴要垂直于两定位销的中心连线。首件加工时必须与机床操作人员一起检查工件和组装的元件，尤其是浮动支承的锁紧手柄不能超出机床的最大回转半径，不能与刀具的进给发生干涉。还要检查加工最低孔的位置必须高于机床主轴的最低位置，加工的最高位置必须在机床的加工行程以内，仔细确认可行后，才能开机加工。

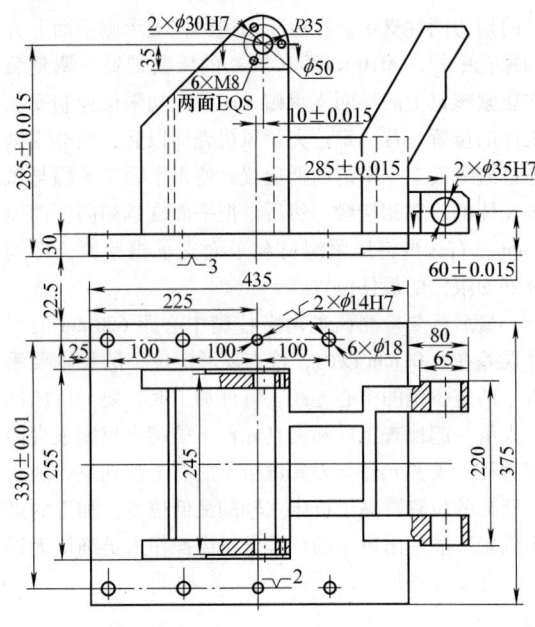

图9-39 支承座简图

9.3.7 带有销键和键槽结合定位结构的蓝新特孔系组合夹具系统（LXT）

北京蓝新特孔系组合夹具系统（LXT）主体是孔系结构，部分定位元件上除定位孔外有短键槽能和键配合，销键的一端是平键，平键在键槽内可以任意移动。销键的另一端是直销，直销与销孔是刚性定位配合，增强了夹具的刚性。由于采用销键和键槽结合的定位结构，它可以弥补槽系组合夹具刚性不足、不稳定，及孔系组合夹具不能连续调整的缺点，将两者优势结合。

1. 蓝新特孔系组合夹具系统（LXT）外观和元件

蓝新特孔系组合夹具系统（LXT）外观如图9-40所示。元件的分类和一般孔系组合夹具相同，除图上所列8种元件外，为便于调整另有一类调整类元件如图9-41所示。蓝新特组合夹具的小、中、大、重四个系列均采用φ12H7销孔及14mm键槽的统一定位结构，孔距为40mm和80mm。各系列所用紧固螺纹孔不同，重型M20、大型M16、中型M12、小型M8，均为普通标准螺纹。最常用的中型系列基础板厚度为30mm，孔距为40mm，螺纹孔12mm；诸孔底孔精加工后压入淬火衬套，最后经坐标磨床精磨孔系，孔距精度达±0.01mm。

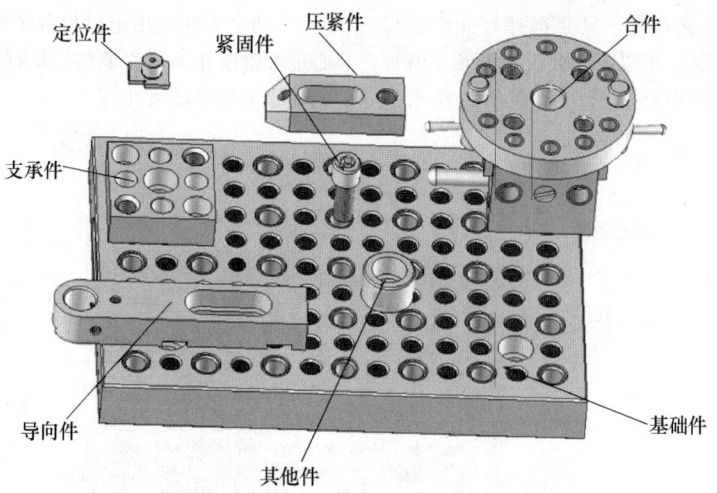

图 9-40　蓝新特孔系组合夹具系统（LXT）外观和元件分类

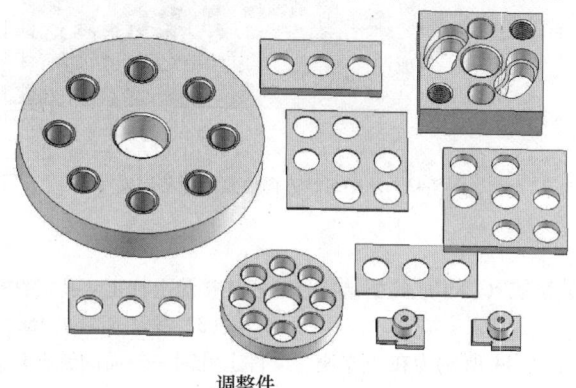

图 9-41　蓝新特孔系组合夹具系统（LXT）调整类元件

2. 蓝新特孔系组合夹具系统（LXT）精密调整特点

LXT 组合夹具元件中有最小 0.01mm 级差的调整垫片和 0.01mm 的偏心销键。用调整垫片可在垂直方向 Z 轴上实现 0.01mm 级差的有级调整。采用元件中移位支承，也可用纵向或横向移位板，再用不同尺寸的偏心销键可在水平面两个方向 X、Y 轴上，实现 0.01mm 级差的有级调整，如图 9-42 所示，选定合适的元件和合件，也可实现以秒（″）为单位的角度调

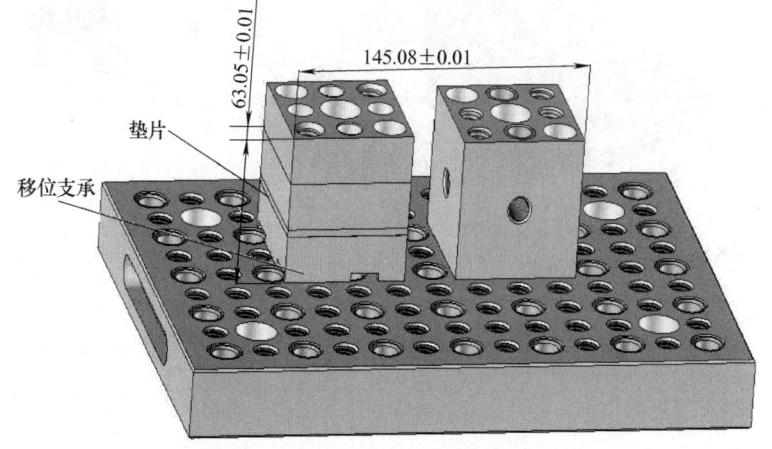

图 9-42　三维方向任意位置的平移调整

整。组装时 LXT 组合夹具时，只要选择好元件的尺寸，即可直接定位安装，可以不需要反复调整，就可完成 ±0.01mm 精度的组装。图 9-43 所示为在水平 X、Y 两个方向上用定位件一个面上的长圆键槽和偏心定位键所作的位移调整，此时只需要置备相应尺寸的偏心定位键即可实现。

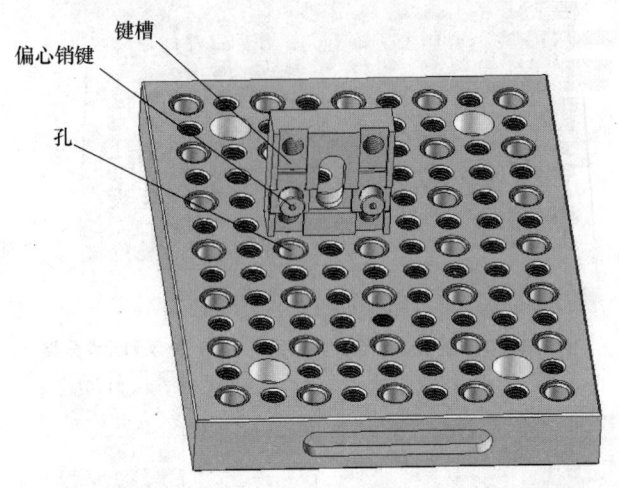

图 9-43　水平二维方向位置的平移调整

3. 蓝新特孔系组合夹具系统（LXT）典型结构示例

（1）车螺纹嘴夹具　如图 9-44 所示为在小支座上加工螺纹嘴所组装的夹具。

（2）连接盘 4 孔钻模　如图 9-45 所示为在小支座连接盘上加工 4 孔的钻模。

（3）铣斜面铣夹具　如图 9-46 所示为在块状工件上铣削一斜面的铣夹具。

（4）加工中心上分度钻斜孔夹具

如图 9-47 所示为在加工中心上分度钻斜孔夹具。

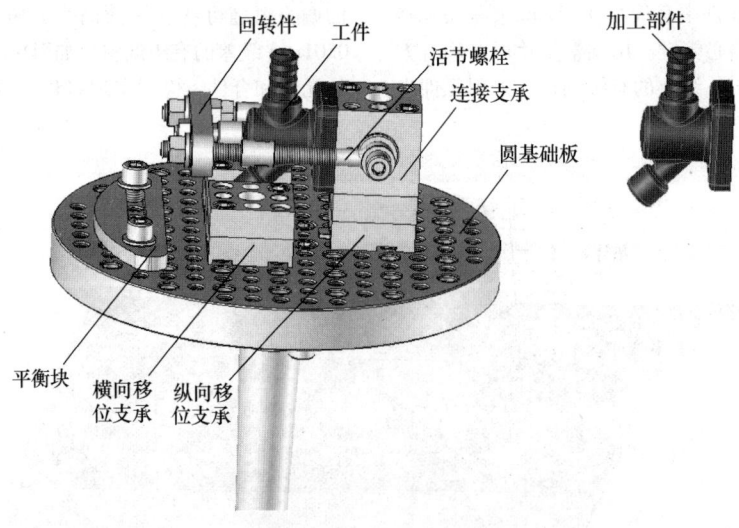

图 9-44　小支座上加工螺纹嘴的夹具

第9章 组合夹具,数控机床、加工中心、柔性制造系统用夹具 ·905·

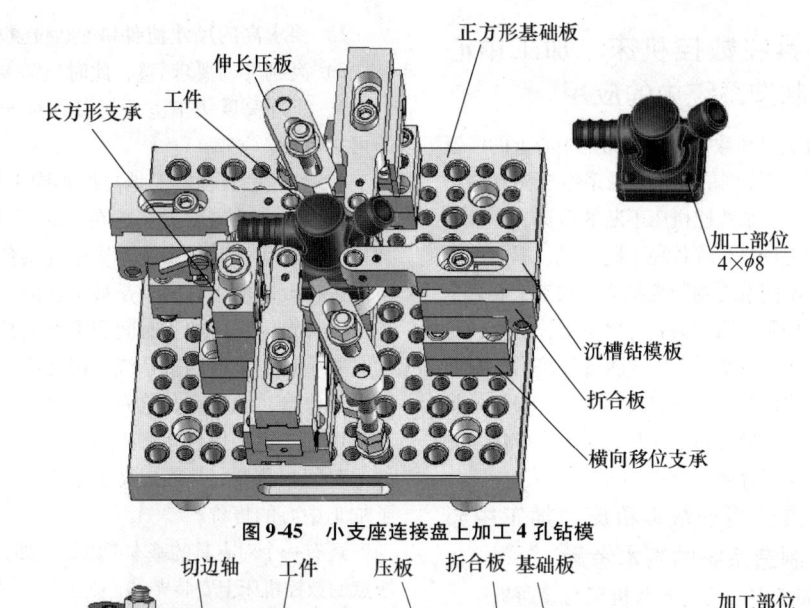

图 9-45 小支座连接盘上加工 4 孔钻模

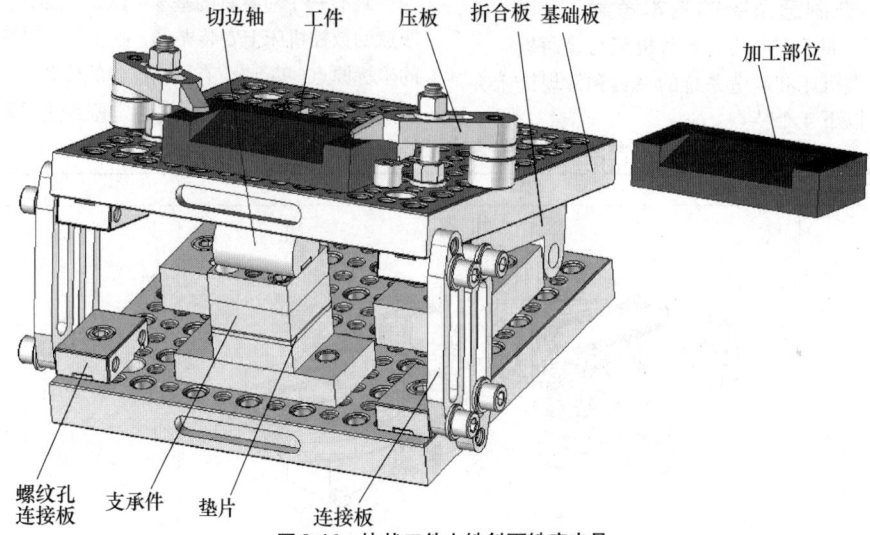

图 9-46 块状工件上铣斜面铣床夹具

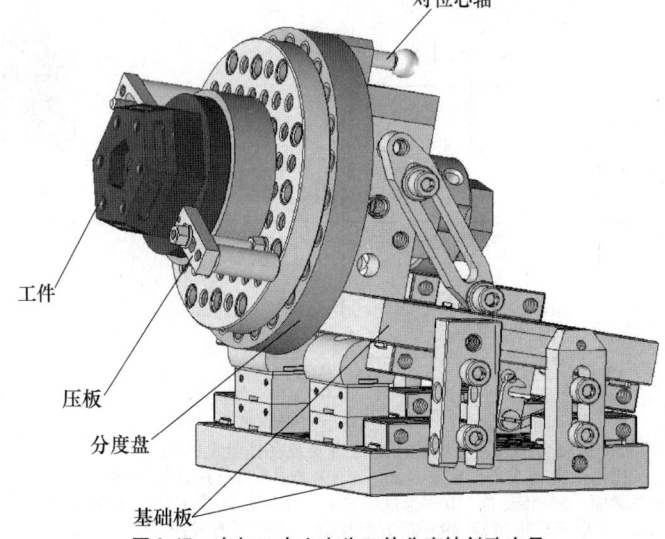

图 9-47 在加工中心上为工件分度钻斜孔夹具

9.4 组合夹具在数控机床、加工中心和柔性制造系统中的应用

对于孔系组合夹具在数控机床、加工中心上的广泛应用,9.3中已作了较详细的介绍,槽系组合夹具同样使用也很普遍。数十年来数控机床不断的改进、开发和换代,当前的生产现场并存着各种不同年代、不同厂家生产的不同类型、不同系统的数控机床、加工中心,也曾经使用过各种类型和结构的夹具。但是随着生产经验的积累、技术的进步,以及生产模式随着经济增长和社会生活的演变,实践证明各种类型夹具中组合夹具是最适合在数控机床、加工中心和柔性制造系统中应用,尤以孔系和孔槽结合系组合夹具为甚。

9.4.1 组合夹具适用于数控机床、加工中心和柔性制造系统的基本考量

数控机床、加工中心的工艺和机床与普通机床比较,适用于这类机床和制造系统的夹具和常规机床夹具相比主要有以下4个特点:

1) 要求高的尺寸精度和形状位置精度。
2) 高刚度的要求。
3) 工序高度集中下任何刀具对任何工件和夹具的可接近性。
4) 快速和方便容易地更换不同工件。

从以上考虑来看无疑能在短时间内为数控机床、加工中心和柔性制造系统,快速提供各式各样能适合不同工件要求的组合夹具是最合适的。

此外,为了使加工时间和更换夹具以及安装工件的时间重合,柔性制造系统采用交换工作台或多工位环形工作台,此类工作台的形式及应用见表9-46所示;用了交换工作台就将机动工作时间和装卸安装工件的时间相重合,从而提高了生产率,当然这也提高了加工中心的售价。

还有一个对夹具的基本考虑是,如在设有坐标系原点的数控机床上安装夹具,则工件的基准相对于机床的坐标原点(零点)应有严格准确的位置,工件在夹具上以及夹具在机床工作台上各种定位方法如表9-47所示。

表9-46 工件自动交换装置在数控机床或加工中心上的应用

图名	图示	说明
加工中心和简单托盘交换器	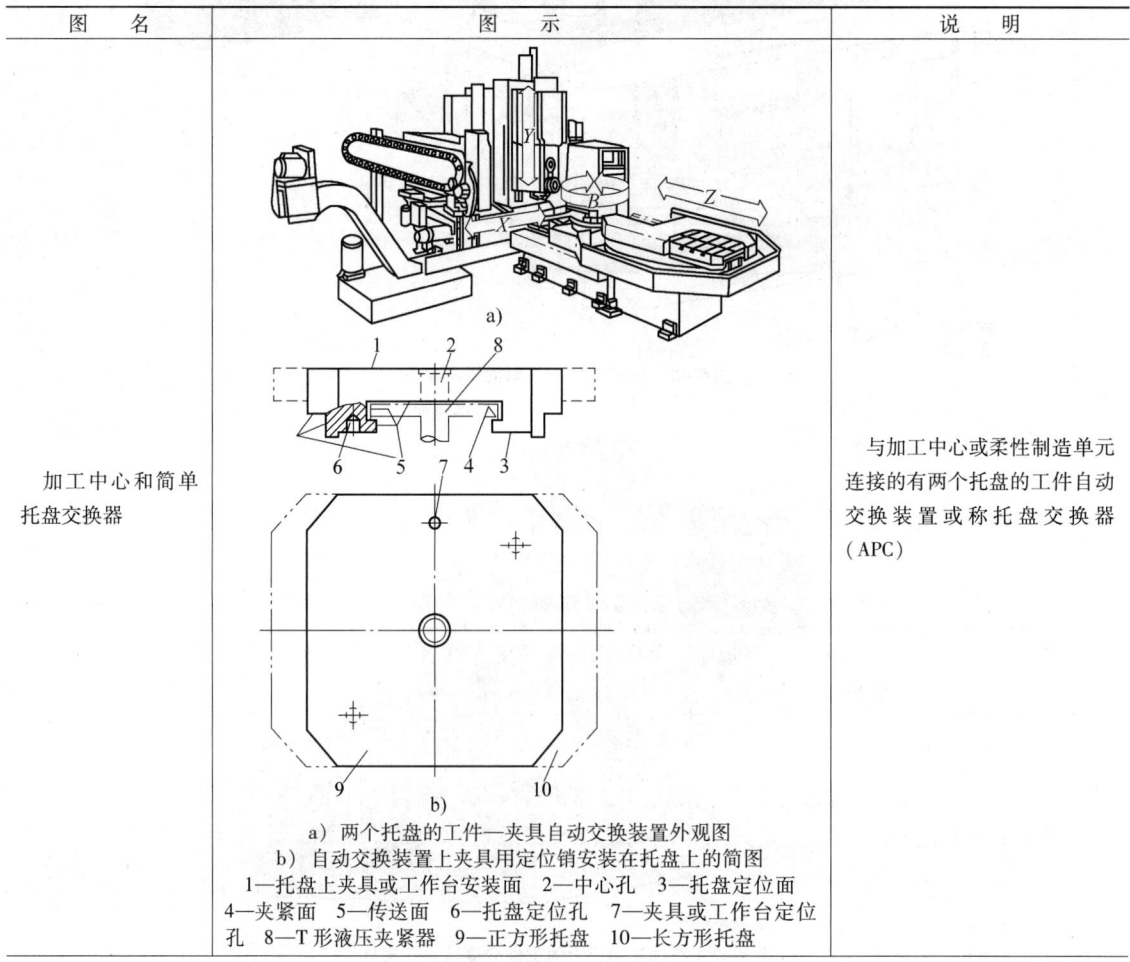	与加工中心或柔性制造单元连接的有两个托盘的工件自动交换装置或称托盘交换器(APC)

a) 两个托盘的工件—夹具自动交换装置外观图
b) 自动交换装置上夹具用定位销安装在托盘上的简图
1—托盘上夹具或工作台安装面 2—中心孔 3—托盘定位面 4—夹紧面 5—传送面 6—托盘定位孔 7—夹具或工作台定位孔 8—T形液压夹紧器 9—正方形托盘 10—长方形托盘

(续)

图　名	图　示	说　明
平面布置的托盘贮存库	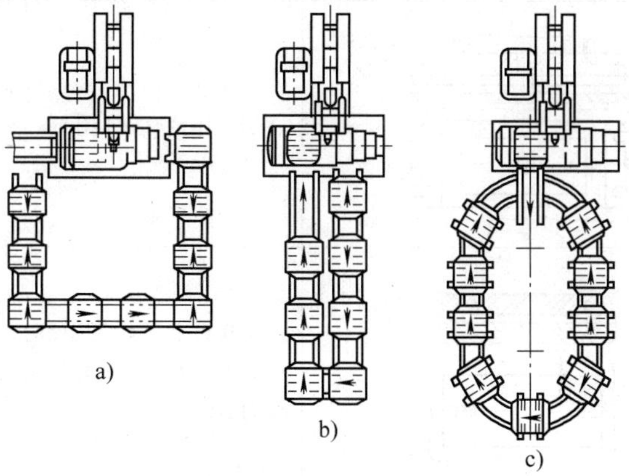 a) 方形托盘存贮库 b) 矩形托盘存贮库 c) 椭圆形托盘存贮库	为提高机床连续工作时间和实现无人化操作，多个托盘组成托盘存贮库
垂直布置的托盘贮存库	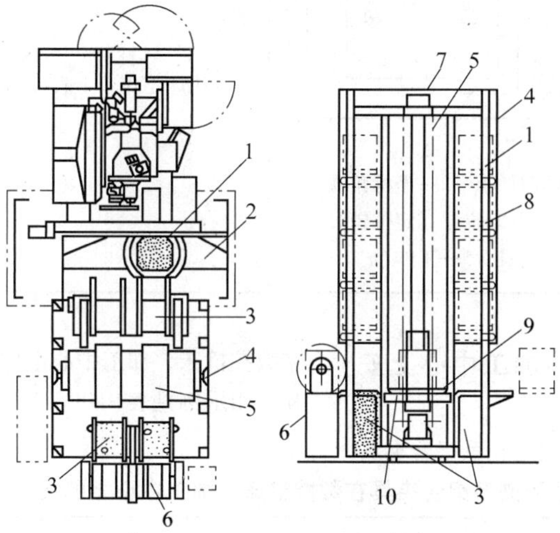 a) 俯视图　b) 侧视图 1—托盘　2—机床工作台　3—托盘移送机构 4—托盘存贮库　5—提升机　6—程序安排工位 7—垂直送给机构　8—托盘放置架 9—移出位置　10—托盘放置台	由于平面布置的托盘贮存库占地面积大，向立体存贮发展，左图为垂直布置的托盘贮存库

表 9-47　工件和夹具在数控机床或加工中心工作台上的定位方法

图　名	图　示	说　明
工件和夹具的完全定位	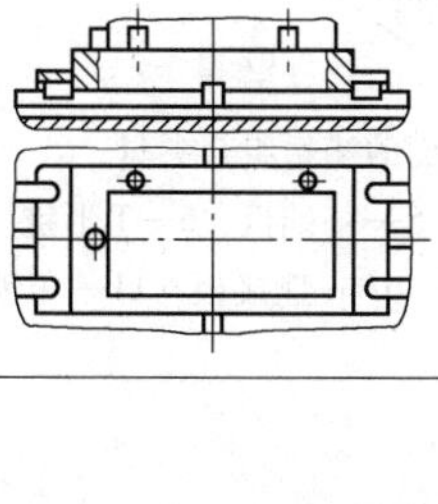	工件以底面、侧面和端面实现完全定位，夹具则以底面和两个纵向键及一个横向键在工作台上实现完全定位

(续)

图 名	图 示	说 明
用工作台中心孔定位		当工作台有中心孔时,夹具可以用一面两销定位
用工作台和夹具共同定位		工作台上只有纵向槽时,夹具先用两个键在槽中定位,然后在加工时用固定在夹具上的角铁对刀块来调整刀具
直接用"坐标角铁"定位	1—坐标起始点 2—坐标角铁 3—夹具上定位点(定位销) 4—夹具 5—工作台	在机床工作台上直接用一个"坐标角铁"定位

9.4.2 组合夹具在数控机床、加工中心上安装应用的各种示例

当前槽系和孔系组合夹具,特别是孔系组合夹具在数控机床、加工中心上应用日益普遍广泛,其安装和应用示例见表9-48。

表9-48 孔系和槽系组合夹具在数控机床、加工中心上的应用示例

采用组合夹具基础件或组合夹具的类别	图 示	说 明
槽系组合夹具和原点块在数控铣床上的应用	a) 原点块 b) 加工工件底面的槽系组合夹具 1、2—小平面 3、4—精密键槽 5—基础板 6—T形键 7—原点块 8—螺栓 9—快卸垫圈 10—连接板 11—角铁	

(续)

采用组合夹具基础件或组合夹具的类别	图 示	说 明
孔槽系基础板固定安装在数控机床工作台上，以便适时装上元件组成夹具	1—T形槽　2—压紧凸台　3—网状定位孔系　4—侧面螺孔系 5—固定基础板在工作台上的辅助孔　6—精密通孔是坐标定位孔系的原点　7—塑料堵塞　8—衬套　9—基础板本体	
将基础角铁安装在基础板上，或直接安装在工作台上，再在角铁上安装元件组成夹具	1—工作台　2—基础板　3—基础角铁　4—夹具元件	
将方箱安装在基础板上，或直接安装在工作台上，再在方箱上安装元件组成夹具	1—方箱　2—夹具元件	
孔系和槽系组合夹具元件的互换组装		使用一种垫板类的过渡件，其一面设有键槽可由键定位，而另一面设有定位孔由定位销定位，如此则孔系和槽系元件可以相互组装成夹具，合理利用企业中现有的元件

采用组合夹具基础件或组合夹具的类别	图示	说明
槽孔过渡方形或长方形支承的应用	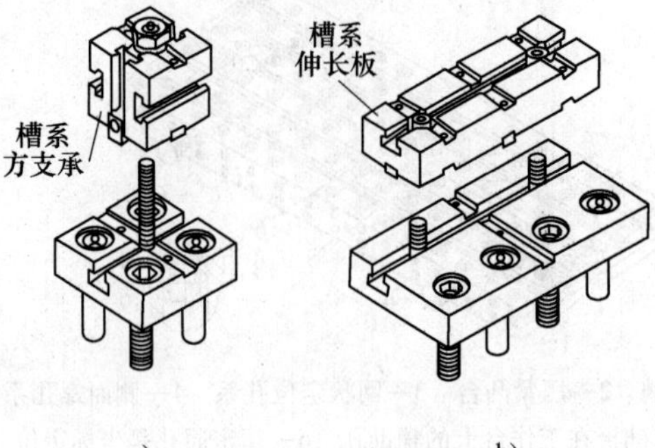 a) b)	我国生产的槽孔过渡方形或长方形支承如左图 a 所示，用插销将其定位并用内六角圆柱头螺钉紧固在孔系基础板上，利用元件顶面十字槽，就可以组装槽系元件；在槽孔过渡长方形支承上可组装槽系伸长板等元件，如图 b 所示
组合夹具加通用液压夹紧系统	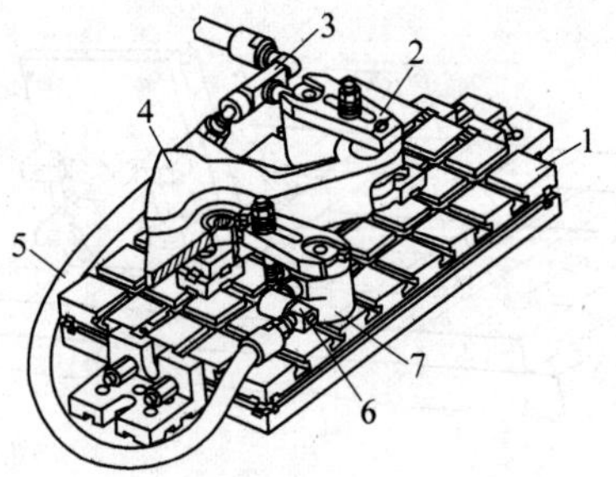 1—基础板 2—压板 3、6—管接头 4—工件即支架 5—软管 7—液压缸	左图为在数控铣床上用槽系组合夹具加工支架成形面的液压夹具，液压部分采用通用液压夹紧系统

第10章 检验夹具

10.1 概述

机械制造业中检验工作量大约占机械加工总工作量的15%，其中绝大部分为尺寸和形位公差的检验。通常，测量工具的总费用大约占工艺装备总费用的20%。一般说来，单件小批生产中常用通用量仪来检查，但在成批生产或批量更大时检验效率就是一个重要的问题，检验夹具正是为提高检测效率而广泛用于成批生产以上中的高效测量工具，特别在大批大量生产而产品精度高的发动机、汽车等生产中获得普遍的应用。本章的目的就是通过对检验夹具基本设计思想及实际中的典型应用，讲解基本概念，了解检验夹具的设计方法。

一般检验夹具以被动测量为主，当前，纯机械式测量在检验夹具中应用仍然占相当大的比例。本章主要阐明检验夹具中目前最常用的利用百分表测量的基本结构和方案。

10.2 检验夹具的组成和分类

10.2.1 检验夹具的概念和适用范围

一般对检验夹具定义为带有定位装置和读数或测量装置的测量工具称为检验夹具。但和机床夹具中的定位有所不同，不少情况下机床夹具上对工件要限制全部6个自由度，而检验夹具上就可以少限制一些，例如检验旋转体工件表面对轴线的径向圆跳动时就要求工件在检验夹具上能转动。量规和检验夹具同为测量工具，量规只能测量极限尺寸，没有读数装置。但现在有的工厂中对大的量规，如孔位量规、带有定位装置的大型界限量规、管子样板等也习惯称为检验夹具。

检验夹具是专用的测量工具，在生产现场使用，既节省时间，减轻劳动强度，又能充分满足产品测量的需要，尤其对于大批量生产的汽车零部件的测量具有十分重要的意义。柔性可调整检验夹具和组合检验夹具也广泛地应用在其他行业。

一般来讲，检验夹具可以测量下列参数：
1) 所有长度尺寸。
2) 所有角度。
3) 绝大部分形状、位置公差。
4) 零部件之间的配合精度。
5) 毛坯的机械加工余量。
6) 其他（压力及转矩等）。

10.2.2 检验夹具的分类

检验夹具按照测量对象、目标以及方法和作用等不同可以作以下分类：

1. 一般检验夹具

1) 检查毛坯用的检验夹具——对锻件、铸件的尺寸、形状、相互位置及机械加工余量进行检验的工具，它还包括冷冲压成形及冷弯成形零件的检验夹具。这类夹具的特点是，大部分不带读数装置，而只是测量其极限尺寸或位置，它的精度比较低，结构相对简单。但对于大型的铸件（如缸体、缸盖、壳体等），因其形状复杂、定位困难、测量点多，结构相对其他检验夹具反而要复杂得多。

2) 机械加工工序间用的检验夹具。这类检验夹具主要是完成产品加工过程中的测量，它的特点是检验夹具机械定位与加工基准重合，测量参数较少，相对比较容易实现。

3) 产品最后检验用的检验夹具。因为是产品最终测量，尤其对于没有进行工序间检测的产品，根据产品的复杂程度和测量项目的多少，一般结构比较庞大，设计制造比较困难。

4) 部件及合件装配用的检验夹具。这类检验夹具大小不一，主要测量装配后的配合精度，如花键配合间隙、齿轮啮合中心距变化量等。

2. 气动或电动测量用的检验夹具

这类检验夹具在现场使用当中一般用于高精度孔径、轴径及位置度的测量，因其测量精度高、显示直观而得到广泛应用。但由于自身成本较高及使用的局限性，其覆盖面较卡规、塞规为少。

3. 主动测量用的检验夹具

它是在零件加工过程中同时进行测量的装置。这类检具大都用于加工轴类零件，原先主动测量检具只是测量加工中的数据，而刀具进给还需要手动完成。目前数控机床上已普遍采用配合机床实现自动进给的方法。

10.2.3 检验夹具的主要组成部分

检验夹具由定位、夹紧、测量、辅助四部分组成。

1. 定位部分

它是放置被测零、部件基准面的部位。它的作用是使被测零件的基准面与测量装置保持一定的相对位置,从而保证测量的合理性和稳定性。定位的稳定性是检验夹具设计中的最关键环节,合理选择定位是保证测量准确性的基础。

检验夹具没有定位就不能工作,定位不合理,也会使检验夹具的测量误差加大,最终导致不能使用。

2. 夹紧装置

在检验夹具中,夹紧装置的作用是保证被测零件相对测量装置定位的可靠性。

检验夹具的夹紧力往往要求很小,甚至有一部分检验夹具根本不需要夹紧。有夹紧装置可以增强定位的可靠性,但如果处理不当,也可以使定位遭到破坏,如零件变形、夹紧力使基准面脱离定位面等。

检验夹具中大多数的夹紧是通过手动来实现夹紧,只是夹紧的位置要充分考虑。既要结构轻巧操作方便迅速,又要夹紧可靠不影响测量结果。夹紧装置较为简单经常纳入辅助部分一起考虑。

3. 测量装置

测量装置是检验夹具中很重要的组成部分,最终测量结果的读取是依靠它来完成。测量装置自身的精度及测量点位置的选择都直接影响测量结果。检验夹具设计中的标准计量工具是百分表和千分表。

测量传递的准确性是减少测量误差提高测量精度的最关键一环,使用方便、示值读取简单明了,同样是设计当中要考虑的问题。

4. 辅助部分

辅助部分一般分为下述几种:

(1) 导向装置 为了使被测零件或测量装置完成测量要求,很多情况下需要使其转动或移动,而对这种运动要求平稳可靠,因此必须有导向部分。导向又可分为圆周导向和直线导向。在图10-1中旋转件需围绕孔中心旋转一周才能满足测量要求,定位心轴的中段即为旋转导向部分。当然导向装置经常是与定位部分分开的。直线部分导向装置可以参看导向部分的结构。

在检验夹具设计中,对导向装置的要求是比较严格的,因为导向装置的误差也直接影响测量结果。如图10-1所示,如果定位心轴的导向部分与定位部分不同心,则其误差全部反映在测量结果中,再有,如果旋转件与心轴的间隙过大,则旋转件不能围绕孔中心稳定旋转,从而使测量结果不稳定。因此保证导向装置的高精度是十分必要的。其实,在大多数情况下,导向装置的精度对测量结果有最直接的影响。

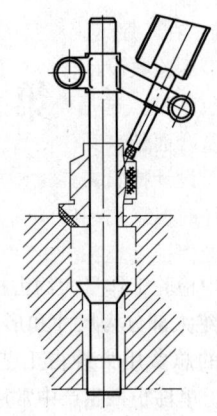

图 10-1 圆周导向示意图

(2) 传动装置 如果出现下列情况,在检验夹具中应增加传动装置。

1) 测量装置无法与被测零件的测量点接触。

2) 需要改变(加大或减小)传动比(实际示值与理论示值的读数值之比)。

在一般情况下,为了减少测量装置测量部位的磨损,在设计中最好都使用传动装置。

传动装置的误差也直接影响测量结果,传动装置的运动状态等都会改变测量结果,因此在设计中同样应充分考虑,尽量避免出现传递误差。

(3) 测量元件的紧固装置 在测量过程中,经常要求测量元件固定在某一合适位置,紧固装置就是为了完成这项任务。

定位部分和测量装置在检验夹具中是必不可少的,其他部分可以按照实际情况决定取舍。

10.3 检验夹具主要组成部分的结构和应用

10.3.1 检验夹具定位部分的原理和结构

1. 基本概念

(1) 定位原则 在检验夹具设计中往往没有必要对6个自由度全部限制,只限制其中与测量有关的自由度即可。但有时出现过定位现象,即对一个或几个自由度出现重复定位,只有在锻、铸毛坯检验中会出现过定位。

(2) 定位基准 在检验夹具设计中,正确选择零件的定位基准是很重要的。因为它直接影响定位方式及定位元件的选取,从而也就影响夹具结构及其测量精度。

定位基准大致可以分为下述几种:

1) 设计基准:在零件或部件设计图样上给定的关键部位。

2）工艺基准：在工序卡上给定的基准。

一般为零件最后验收设计检验夹具时，采用产品设计基准作为定位基准。这是与产品工作要求一致，避免由于基准不重合而带来其他误差。

为工序间检验设计检验夹具时，采用相应的工艺基准，在检验毛坯时要采用相应的机械加工的定位基准。只有这样才能保证毛坯在机械加工时，加工余量的合理分布。

在检验夹具设计中，不得已时也会用辅助测量基准（与设计基准和测量基准都不重合），但由于基准的转换会产生误差，所以尽可能不用。

（3）定位元件

1）定位元件是指检验夹具上直接与被测零件的定位基准接触的零件或部件。它可以分为主要支承和辅助支承两种。主要支承：用来限制被测零件自由度的定位元件。辅助支承：用来增强定位刚度和稳定性的，与限制被测零件自由度无关。这在毛坯用检验夹具上常有应用。

2）对定位元件的要求是耐磨性好、精度高、刚度大。

3）定位元件的误差：定位元件不同所产生的误差就不同，所以在设计检验夹具时定位基准确定之后，要合理选用定位元件，才能提高或保证检验夹具的测量精度。

2. 平面定位的定位原理及结构

以被测零件的平面为定位基准的定位方法及定位元件在检验夹具设计中广泛采用。平面定位可以测量平面度，平行度及直线尺寸。它们的定位元件是平面或三点支承。

（1）定位误差　如图 10-2 所示，以平面为定位基准时在垂直方向上的测量误差为 Δy

$$\Delta y = \Delta_1 + \Delta_2$$

式中　Δ_1——被测零件的定位平面本身的平面度误差；

Δ_2——数个定位元件高度误差组成的平面度误差。

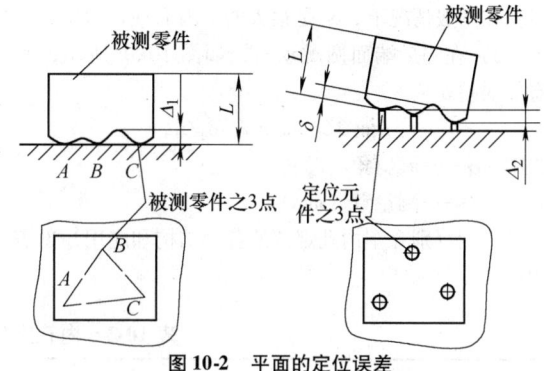

图 10-2　平面的定位误差

（2）定位要求及定位元件的结构　见表 10-1 所示。

表 10-1　平面定位要求及定位元件结构

序号	定位方式	图　示	结构应用说明
1	三点支承	a) b) c)	图 a 平面销，最常应用 图 b 球面销用于毛坯表面定位，定位误差小，但磨损较快 图 c 可换销用于磨损较严重的情况
2	开槽平面或窄平面块	a)	定位元件用开槽平面或窄平面，一般用来检验大型壳体类零件，减少接触面便于制造，减少测量误差，保证定位的稳定性。例如测量气缸体、变速器壳体等零件的高度尺寸
3	完整大平面或开有细槽的平面块	b)	完整平面块一般用于较小的零件且精度要求不高的场合（图 a） 开有细槽的平面块用于测量精度要求很高的零件，如测量发动机活塞的轴向尺寸及顶面的平面度等。开细槽是便于在制造时提高平面精度等级，同时在测量时防止切屑及脏东西影响测量结果，有时也用开网状槽的平面（图 b）

3. 以内孔定位的定位原理和结构

以被测零件的内孔为定位基准的,在检验夹具上应用很多,其定位方法和定位元件也很多。大致可以分为:光滑圆柱心轴,组合心轴,锥度心轴,涨紧心轴,顶尖,外V形等。光滑圆柱心轴是内孔定位最简单和基本的定位元件,但其定位误差也较大,如图10-3所示。有时必须用光滑圆柱心轴又嫌其误差大时,可将心轴分组,即将 δ_0 分成若干份,这样误差减小,但要降低测量效率。

1) 在测量径向圆跳动时,如图10-3a 所示,其定位误差 δ_0 (即最大间隙)

$$\delta_0 = \Delta_1 + \Delta_2 + \delta_1$$

在一般情况下,δ_0 是很大的,因而现在少用。

2) 在测量端面圆跳动时,如图10-3b 所示,其定位误差 δ_α

$$\delta_\alpha = 2L_1 \tan\alpha = 2L_1 \delta_0 / L$$

式中 α ——倾斜角(°);
L——测量臂(mm)。

下面分别介绍内孔定位的各种结构和应用,见表10-2。

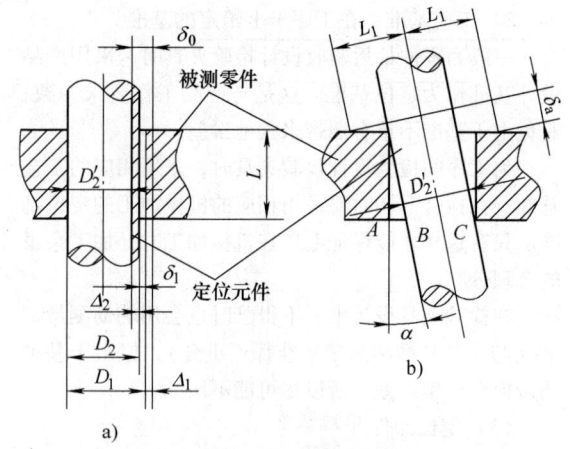

图 10-3 心轴的定位误差
a) 测量径向圆跳动时 b) 测量端面圆跳动时
Δ_1—被测零件孔公差 L—制件孔厚度或接触长度
Δ_2—心轴制造公差 α—最大倾斜角
δ_1—最小间隙 L_1—测量臂
δ_0—最大间隙 δ_α—测量臂为 L_1 时端面的测量误差
D_1—孔的最小尺寸
D_2'—心轴最小极限尺寸
D_2—心轴最大极限尺寸

表10-2 内孔定位的各种结构和应用

序号	定位方式	图 示	应用说明及误差
1	组合心轴	a) 带锥组合心轴 b) 阶梯心轴	组合心轴一般用于定位孔径比较长的情况 图a 带锥组合心轴,下端是光滑圆柱,而上端是圆锥,例如测量缸体气阀座锥面对阀孔跳动的。因为锥轴部分能消除间隙,所以心轴可能产生的最大倾斜角 α: $\tan\alpha = \delta/2L$ 其误差 $\delta_\alpha = D\delta/2L$ 图b 阶梯心轴。由此可见,测量误差 δ_α 与心轴的最大倾斜角 α 有关,而 α 又决定于 $\delta/2$
2	锥度心轴		锥度心轴定位的优点是结构简单,使用方便,定位误差比光滑心轴定位误差小。缺点是定位误差与锥度有关,若提高精度就要减小锥度,从而使心轴长度增加,在孔径较小的情况下应用。当直径大于45mm时,为减轻重量将心轴做成空心,如左图所示。实际生产中当孔公差较大而测量精度较高时,已被高精度弹性涨套取代

(续)

序号	定位方式	图示	应用说明及误差
3	涨紧心轴	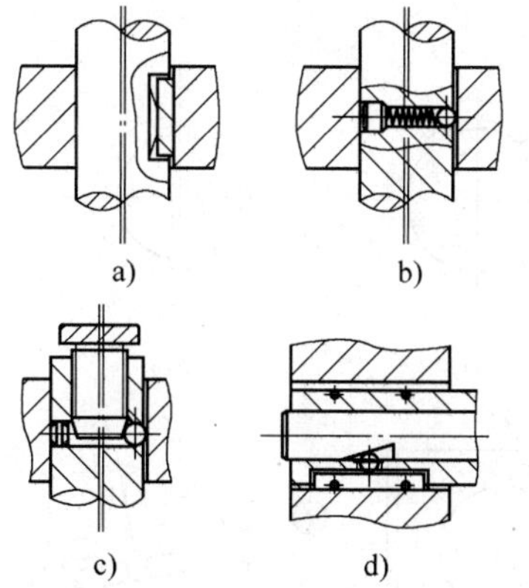 单边涨紧心轴和全面涨紧心轴 a) 涨块弹簧片式　b) 弹簧钢球式 c) 锥面钢球式　d) 斜面钢球涨块式	单边涨紧心轴常见结构有：图 a 涨块弹簧片式，图 b 弹簧钢球式，图 c 锥面钢球式，图 d 斜面钢球涨块式。因结构简单，容易制造，应用较多 　全面涨紧心轴定心作用比较好。其定心的精度主要取决于制造精度 　涨紧心轴用于比较大的孔，孔径小结构不易布置。实际应用中，涨紧精度达到 0.01mm 左右，稳定性不良
		高精度弹性涨套 a) b)	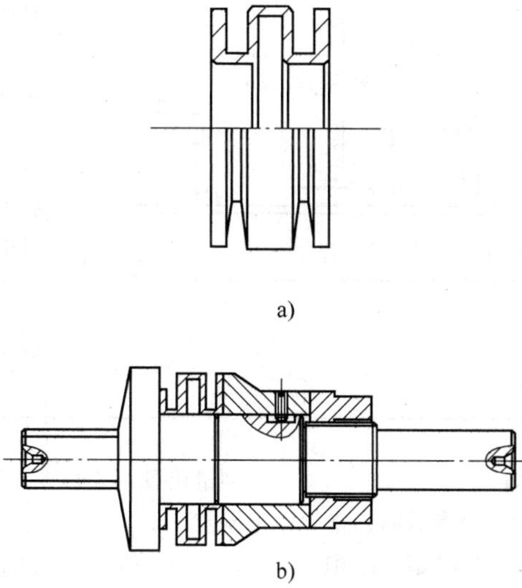 对测量精度较高的孔定位检验夹具，现大量采用高精度弹性涨套，如图 a 为涨套、图 b 为检验夹具，当前设计或制造都没有问题，长孔定位、阶梯孔定位、短孔定位、两端孔定位都可以实现。而且，在孔公差较小时，重复定位精度达到 0.005mm 以下，使用寿命长。由于其结构的限制，孔径在 ϕ20mm 以下时不宜采用

(续)

序号	定位方式	图示	应用说明及误差
4	外V形定位	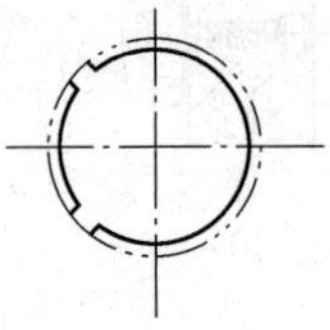 a)  b) 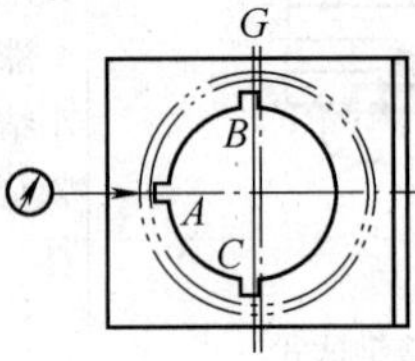 c) 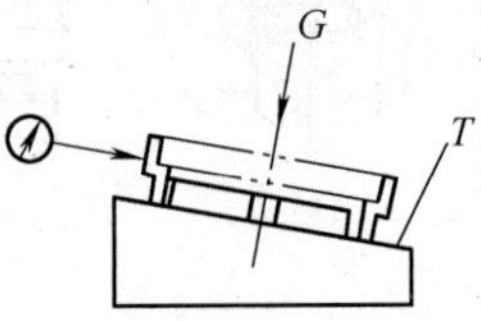 d)	外 V 形不能单独用来定位，总是与端面联合定位。图 a，b 所示结构的误差与单向涨紧心轴的定位误差相似 图 c 是利用此方法定位的检验夹具的常用形式。通常通过测量内外圆壁厚差测量外圆或内孔相对于基准孔的跳动。由于重力作用使零件沿 T 面滑动，一直到与定位元件 A 点接触，因此零件转到任意位置都和 A 点靠紧，此时由表上读数可以看出壁厚变化或外圆对内孔的跳动 此夹具的误差在于零件沿 BC 方向有移动，从而形成摆角，对测量结果有影响。但由于摆角很小，对测量值的影响经常忽略不计。由于使用制造简易，误差不大，在检验夹具设计中被广泛采用 需注意的一点是因为引入产品端面作为辅助定位，所选产品端面相对于基准孔的垂直度要好（图 d），否则对测量结果也产生一定影响
5	双顶尖	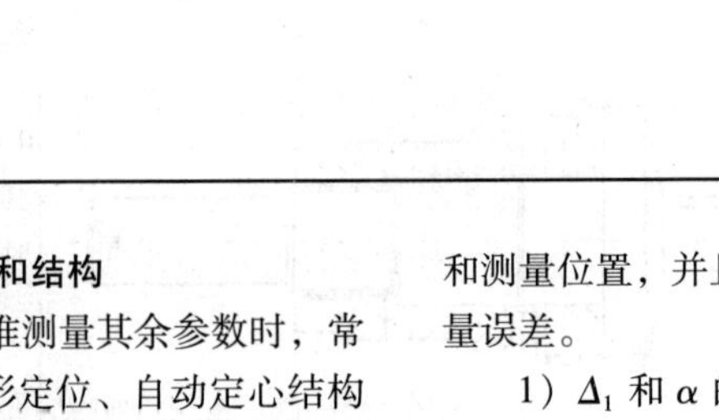	在检验夹具中用零件孔定位后，用双顶尖测量轴向尺寸、端面圆跳动或径向圆跳动、平行度等 用双顶尖定位时，顶尖孔的位置精度对测量结果有影响，而夹具上两顶尖的不同心度也同样的影响。其误差与检验内容和测量方法有直接关系。这是在双顶尖检验夹具设计中要注意的基本问题 常见结构分活顶尖和死顶尖两种。图为典型的带测量表架的死顶尖装置

4. 以外圆定位的定位原理和结构

以零件的外圆作为定位基准测量其余参数时，常用的定位方法有圆孔定位、V 形定位、自动定心结构定位等，其中以 V 形定位用得最为广泛。图 10-4 为 V 形定位误差分析图。

用 V 形铁作为定位元件时，由定位误差产生测量误差的大小取决于零件直径公差 Δ_1、V 形铁开角 α 和测量位置，并且在测量位置不同时，产生不等的测量误差。

1) Δ_1 和 α 的变化引起测量中心位置的定位误差 Δ：

$$\Delta = \frac{\Delta_1}{2}\sin\frac{\alpha}{2}$$

2) Δ_1、α 和测量位置（β）对测量误差 Δ_0 的影响：

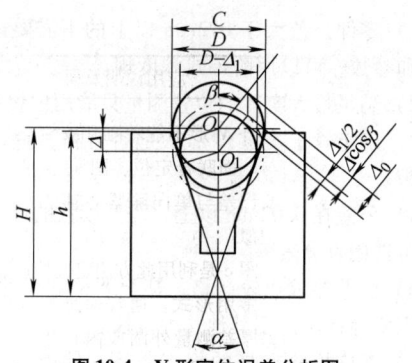

图10-4 V形定位误差分析图

$$\Delta_0 = \Delta_1 \left(1 + \cos\beta / \sin\frac{\alpha}{2}\right)/2$$

当 $\left(1 + \cos\beta / \sin\frac{\alpha}{2}\right) = 0$ 时，$\Delta_0 = 0$，即当 $\alpha = 90°$、$\beta = 135°$ 或 $\beta = 225°$ 时，$\Delta_0 = 0$。在测量中如果要求测量误差最小，则必须选择 $\Delta_0 = 0$ 时的 β 角。如测量直线度、跳动时都应该如此。

从上面公式中也可以看出，不论 α 角有多大，Δ_0 最大值都是在 $\cos\beta = 1$ 的时候，所以 $\beta = 0°$ 时，Δ_0 最大，即从上端垂直测量时，测量误差最大。但在很多情况下，由于零件的圆度误差很小，为了测量上的方便，也经常选择上端即 $\beta = 0°$ 的位置测量。在测量圆度时，经常在上端即 $\beta = 0°$ 或下端即 $\beta = 180°$ 两个位置测量。

零件定位外圆在横断面上有一定圆度误差，如测量时零件表面需要在V形铁上转动，零件圆心产生偏移，又产生定位误差，当作高精度圆度测量时必须将这部分误差考虑在内。

表10-3 介绍最为常用的圆孔定位和V形定位的结构和应用。

表10-3 圆孔定位和V形定位的结构和应用

序号	定位方式	图示	结构、误差及应用说明
1	在圆孔中的定位法		在检验夹具中一般和零件端面作复合定位使用。孔定位在孔位置量规中大量使用，因产品位置一般比较大，零件轴定位基准满足最大实体原则，这种孔定位是恰当而必需的。零件产生的定位误差如左图所示，中心线的最大位移误差 δ_0，$\delta_0 = \Delta_1 + \Delta_2 + \delta_1$ 中心线的最大角度倾斜误差 α，$\alpha = \arctan(\delta_0/H)$ 式中 Δ_2—零件直径公差 Δ_1—圆孔直径公差 δ_1—产品与圆孔之间的最小间隙
2	在V形铁中的定位		用V形铁作为定位元件时，由定位误差引起的测量误差和机床夹具用V形铁定位误差相同。误差计算公式可见第3章 左图列出常用的4种结构及其不同应用： 整体式V形铁（图a），用于测量比较长零件，用两件V形铁共同定心，要求每件V形铁的定位部分不能太宽，以减少定位误差 整体中断V形铁（图b），用于测量稍长零件，中间一定要断开，否则影响定位精度。由于加工容易保证，常用此种V形铁在要求定位中心相对于某一端面严格平行时的检验夹具 表面镶嵌硬质合金V形铁（图c），当要求V形铁特别耐磨而且使用寿命很长时采用 滚柱式V形铁（图d），用于测量零件特别重时，一般滚柱用高精度轴承代替，但这种结构加工比较困难，两个V形铁制造要求对中同心，较少采用

5. 一面两销定位和结构

这种定位方法使用的定位元件是一个圆柱销，一个菱形销。在检验夹具设计中，此类定位方式主要应用定位壳体类零件，如各种箱体、壳体、盖板以及气缸体、气缸盖等，其定位原理、定位元件、定位结构、定位误差计算、菱形销的结构和计算等和第3章中所述完全相同，不再重复，读者需要时可参考第3章中资料。但在检验夹具中应用一面双销定位时，双销定位部分参数的决定和机床夹具有所不同，列出以下各点供设计时参考：

1) 检验夹具两定位销的公称距选取与零件两定位孔的公称距相同，公差取后者的1/5以内。如果零件公差过严，检验夹具公差可以根据实际加工能力适当放宽。

2) 圆柱销的公称直径取零件孔的最小极限直径，公差上偏差取 -0.005mm，下偏差取 -0.01mm。菱形销的直径按第3章中公式进行计算。当零件孔公差较大，圆柱销可改为锥形销，以避免定位误差。

3) 定位销的高度选取不宜太高，要保证零件端面与检验夹具端面良好贴合，以补偿零件孔相对于平面的垂直度公差。

10.3.2 检验夹具测量部分的原理和结构

1. 测量装置的用途和基本类型

测量装置是检验夹具用以指示被测参数和尺寸的实际数值或实际偏差情况的装置。

测量装置是检验夹具中的最重要部分，因为测量装置最终反映出整个检验夹具的工作精度。

检验夹具上所使用的测量装置可以分为两个大类型：

1) 极限式测量装置——这种装置只能确定被检验尺寸是否合格，而不能确定被检验尺寸的数值。

极限式测量装置在检查锻件和铸件的检验夹具中用得最多，在机械加工用的检验夹具中也被用于不需要确定被测尺寸实际数值的场合。

极限式测量装置包括：深度规，孔位量规，管子样板，界限式指示器，电接触式传送器。前三种在检验夹具中最为常用。

2) 读数式测量装置——这种装置带有刻度，用于确定被测尺寸的实际数值。它包括：百分表，千分比较仪，电感式比较仪，气动测量仪器，电动量仪及电转电量仪等。

2. 如何选择检验夹具的测量装置

选择测量装置应根据零件被测参数公差的大小和检验夹具检查的效率。例如：

1) 零件公差大于0.2mm以上的不需要读数的尺寸和参数，可以用阶梯式深度规。

2) 满足最大实体的位置测量只能用位置量规。

3) 确定管子类零件形状是否合格，宜选用管子样板。

4) 公差在0.02mm以上，需要读数的尺寸和参数，可选用百分表。

5) 公差要求比较严格，甚至要根据尺寸分组，可根据实际情况选用其他几种量仪。

6) 考虑检验夹具的检查效率。检查效率不高时，可采用阶梯式深度规、百分表、千分表等，当检查效率比较高时，可采用"灯光信号式"检验夹具甚至自动分选机。

3. 极限式测量装置的结构

检验夹具中最常用的极限式测量装置是阶梯式深度规。其结构如图10-5所示。

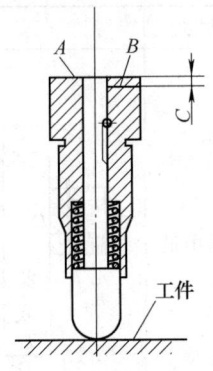

图 10-5　阶梯式深度规

阶梯式深度规仅作极限测量用，它不能确定工件的实际尺寸，一般用于公差大于0.2mm的零件测量。

深度规本体固定在检验夹具上，测杆在本体的孔中移动，弹簧使测杆压在被测零件表面上。在本体的轴肩上磨出两个台阶 A 和 B，距离 C 等于零件的公差值。

安装深度规时应使：

1) 当零件的尺寸最小时，测杆的上端面应与台阶 B 齐平。

2) 当零件的尺寸最大时，测杆的上端面应与台阶 A 齐平。

在使用检验夹具时，检查员应注意测杆的上端面是否在台阶 A 和 B 之间。这种阶梯式深度规结构简单，使用方便，大量用于机加工粗测尺寸及毛坯检验夹具中。

大型零件螺纹孔的位置度测量都采用位置量规

进行测量，按习惯也属于检验夹具。其具体结构和参数计算见相关的位置量规国家标准。

4. 读数式测量装置的应用分类

读数式测量装置按照自身的读数精度大致可分为百分表、千分表、杠杆百分表或杠杆千分表、杠杆齿轮式比较仪、粗测用指示表。该类机械式读数测量装置在检验夹具中大量使用。随着科技的不断进步，各类电子低功耗数显读数头也开始应用于高精度测量中。在测量设备中几乎全部使用各种传感器，经专用量仪或计算机处理后直接显示测量结果。该装置一般用于在线测量、主动测量、高精度综合测量设备等，检验夹具中应用得较少。

在检验夹具中现在已应用比较普遍的是各类量仪。气动量仪、电动量仪、气转电量仪在生产线上已开始大量使用。它具有测量精度高、显示直观、应用方便、成本较低的特点。尤其对于各类高精度孔轴类零件的孔径、轴径测量，选用各种量仪是非常合适的。

10.3.3 检验夹具辅助部分的原理和结构

在检验夹具中，零件的定位部分和测量部分非常重要，但要完成测量，在很多情况下辅助部分也是必不可少的。辅助部分包括传动、导向、夹紧、紧固测量装置等。这些装置不是每套检验夹具上全部都有，有的检验夹具是全有，有的只有其中几项。

1. 传动装置

（1）传动装置的一般介绍

1）传动装置的用途。在采用检验夹具检验零件时，下述情况需要传动装置：

①测量装置无法和被测零件的被测部位接触。

②需要改变真实误差与测量装置读数间的比例。

③不希望测量装置与被测零件直接接触，以防止影响测量装置的精度及产生磨损。

此时经常采用中间传动零件或装置，简称传动装置。

2）传动装置的分类。按照运动的传递方式可以分为下述两类：

①直线传动：与测量装置（或元件）运动方向平行（或重合）时称为直线传动。直线传动不能改变传动比，即不能放大或缩小测量装置的读数。

②角向传动：一般情况下，角向传动是改变测量方向的角向，并且能够改变传动比，即能够放大或缩小测量装置的读数。通常用各种形式的杠杆来实现角向传动。有的情况下，传动杠杆不改变测量方向，而改变测量位置。

（2）直线传动及直线传动装置

1）组成。直线传动装置有测头、传递元件、导向部件及其他辅助部分组成。有时用一个零件来完成两个任务。

①测头：测头与零件直接接触，因而要求硬度较高。大概分四种类型，如图10-6所示。各种测头的应用见表10-4。

表10-4 各种测头及其应用

序号	测头结构	图示	应用说明
1	球测头		用于表面是平面或测量位置可以移动，提高找极限值读数时都采用球测头。这种测头使用最广
2	尖(小球头)测头		用于测量表面很小，用一般球测头会产生干涉的情况，这种尖测头因磨损较快，尽量不用
3	平测头		用于被测表面为球面时，以消除测头中心与被测表面中心的偏差
4	尖劈测头		用于被测表面为柱面时

以上4种测头是测头的基本形式，实际使用中测头的种类和形状还有很多。在检验夹具设计中，测头已作为一种标准结构，测头与传动杆的连接有些已经标准化（厂标）。实际应用时可以根据不同需要选用各类测头。图10-6是测头的几种典型结构。

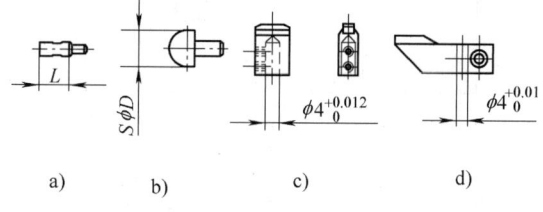

图10-6 测头的典型结构

②传递元件与导向部件：传递元件与导向部件以滑动面外形分类。可以有圆柱形、矩形、V形以及平行弹簧等几类。传递元件有时和测头合成一体。

③其他部件：包括本体操纵部件、调整部件等。

2) 直线传动装置的精度。由于在传递时都是直接接触的直线往复运动，因此又在运动方向上产生误差。这种误差取决于导向部位的大小（或称距离）及精度。情况不同需分别对待。

3) 直线传动装置的基本形式。直线传动装置的几种基本形式如表 10-5 所示。

表 10-5　直线传动装置的基本形式

序号	传动形式	图示	应用说明
1	百分表的直接传动装置	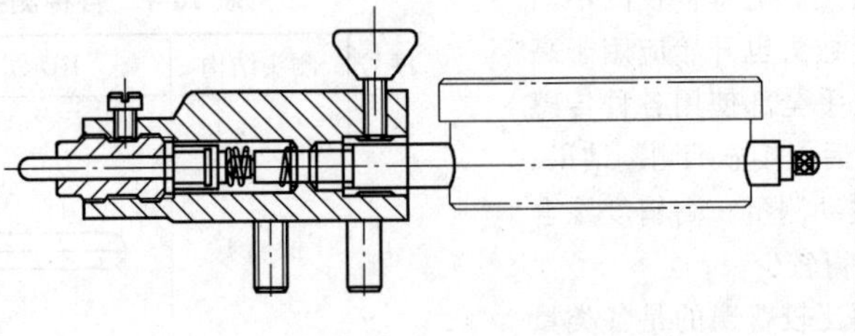	在检验夹具上广泛地采用百分表的直接传动装置，该装置可以作为标准部件使用。这种装置安装在检验夹具中，它的零件可以单独使用，也可以装在各种专用底座上使用。根据不同用途，测头可做成各种不同形状
2	测头可缩回的百分表传动装置	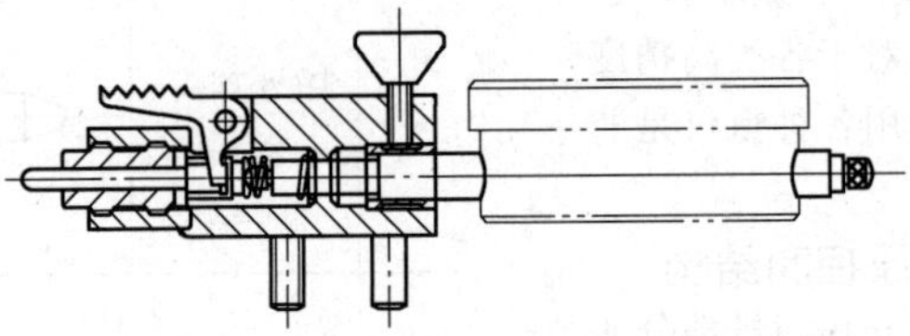	当测销妨碍工件的安装或可能损伤工件时，如工件上有小圆肩或带巴氏合金表面的工件可以采用这种百分表传动装置。将叉状角形杠杆的外臂压下即可将触销退入
3	滚珠套筒式传动装置	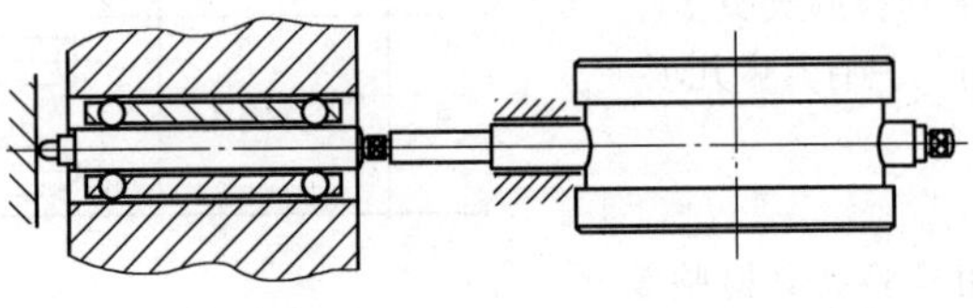	将传动杆装在两头带环形滚珠的套筒里，这种方法精度较高，可以减少摩擦，不过用的不多
4	长测销传动装置	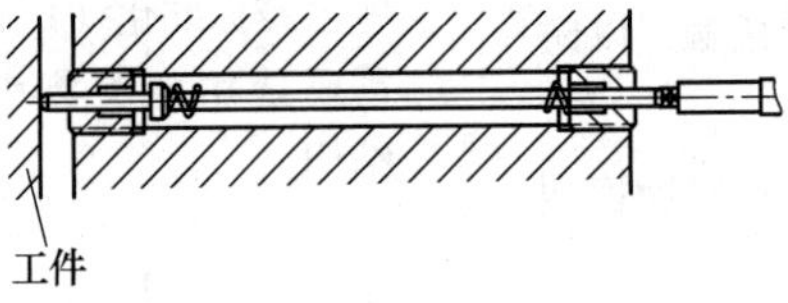	当要求百分表远离受检表面时，可采用长测销。为了避免测销在套筒中卡死，设计中套筒在内径上做成很窄的导向部分，这时甚至在套筒有较大的不同轴度时，也不致影响测销的灵活性
5	带中间杆式传动装置	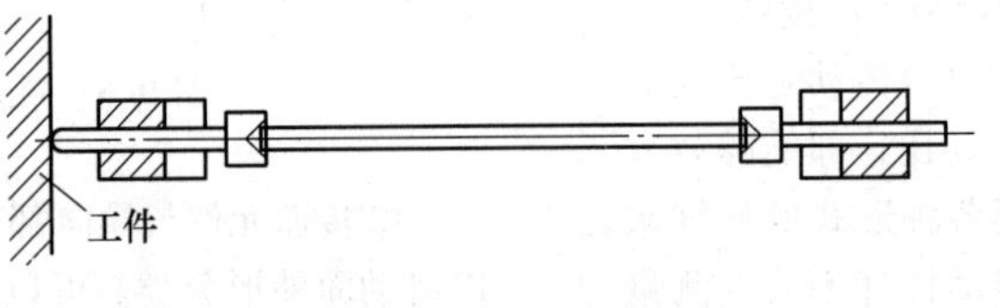	如果衬套的两导向部分相互距离很大，要保证其同轴度较为困难时，最好是用三个较短的杆来代替一个长杆，其中两端的杆移动，中间的杆用锥形顶尖和两端测杆锥孔接触的方法自由地联系起来

(续)

序号	传动形式	图 示	应用说明
6	可拆卸的百分表直接传动装置		长杆式传动装置中装有一个直的测销,它是由两个套筒(螺纹调节套筒和光滑圆定套筒)来导向的。为了避免套筒的不同轴度而可能使测销卡死,在两个套筒中留出较窄的接触部作为导向,同样可以根据不同用途采用各种形状的测销。这部件可以装在夹具的专用支架上,也可以装在百分表支座的支杆上
7	短杆式传动装置		短杆式传动装置的结构和应用与本表序号1百分表的直接传动装置无原则区别,但由于其结构紧凑,所以既可装在座架上,也可装在夹具的本体内
8	矩形杆传动装置	零件1	是百分表挂勾传动装置。零件1是矩形传动杆,在零件槽内左右移动,来达到测量外圆的目的
9	V形滚珠传动装置		是用于检验齿轮时用的,用3个滚珠在V形板内移动,这样传动精度比较高,利用4个滚珠也可以
10	拨杆式传动装置		拨杆式传动器在本体外圆上装有一个卡箍,利用杠杆控制测头升降,用于测量不同尺寸与平行度

序号	传动形式	图示	应用说明
11	片簧百分表直接传动装置		这种装置的优点在于结构中没有能引起磨损的部分，而且根本没有横向间隙。上测量板的移动是依靠薄钢片的弹性变形而产生的。由于弹簧钢片较长而测量板的移动量很小，所以实际上测量板的运动可视为直线运动 Ⅰ型为检验外表面用（图 a）。Ⅱ型检验内表面（图 b）可以越过工件或夹具本身的零件，这在带直测销的传动装置中通常是不可能的，而且要有附加的杠杆传动装置
12	柔性铰链百分表直接传动装置		这种传动装置原理与片簧直接传动装置相似，但为一体化平行机构，由两孔之间或孔边之间薄壁产生弹性变形。它的传递精度非常高。适用于测量高精度的场合（产品公差在微米级或以下）。该柔性铰链制造、热处理困难，而且使用中要有严格的限位，否则极易损坏

(3) 传动杠杆及杠杆传动装置 杠杆机构是实现角向转动的结构，如前所述，它可以改变测量方向或平行转移，又可以改变百分表上的读数与实际误差的比值，即放大或缩小百分表上的读数。

杠杆传动的误差有两种，对于不同的结构或实际情况，应具体分析其误差。一种是杠杆比的误差，另一种是测量方向的误差，二者经常同时出现。

1) 杠杆的结构形式。传动杠杆的形状是多种多样的，如图 10-7 所示，可根据设计方案来选择。为了防止与工件或千分表接触处产生滑动，设计或选用时应尽量使垂直于测量方向的平面通过杠杆中心线，这时实际上只在很小的一段上，杠杆触点运动与百分表上测销的移动方向一致。

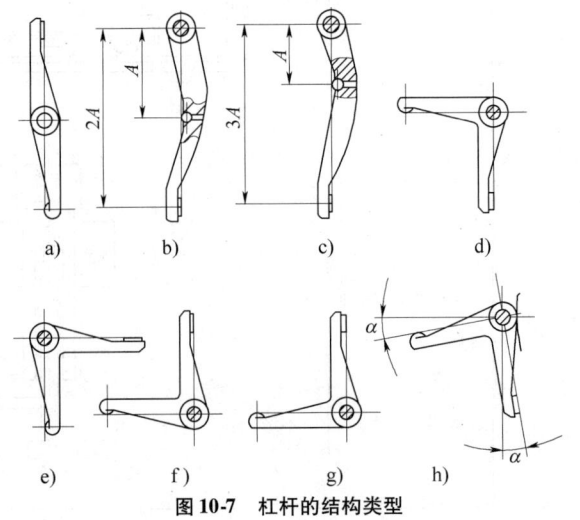

图 10-7 杠杆的结构类型

在许多情况下,根据结构的特点,必须将其中一个触点偏移,因而杠杆另一端也应有同样的偏斜,这时百分表测销移动的方向,测量移动的方向,测量的方向与百分表触点的移动方向各不相同。于是在触点上产生滑动,引起很大的磨损。两个触点偏移应有相等的角度 α,以补偿在相反情况下产生的误差,偏移的方向对测量的结果并没有影响。如果只在杠杆一端有角度 α 偏移就会产生误差。

为了放大百分表的读数,通常采用不等臂杠杆(如图 10-7b、c 所示),其传动比通常采用 1.5∶1,2∶1 以及 3∶1,很少采用 5∶1。

2) 控制杠杆运动的结构形式。各种控制杠杆运动的结构形式如表 10-6 所示。

表 10-6 各种控制杠杆运动的结构形式

序号	形式	图示	应用说明
1	在销子上转动的杠杆	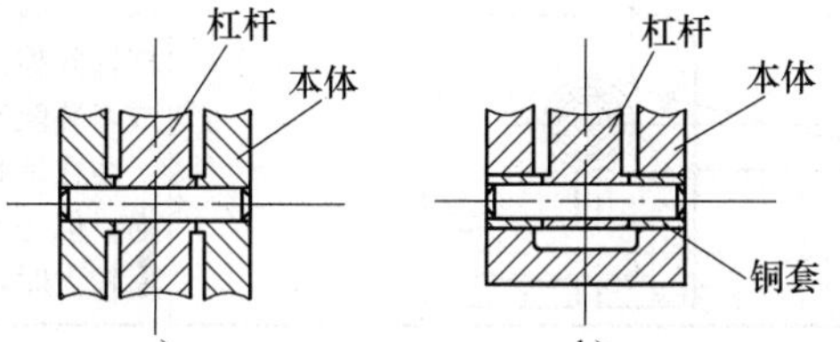 a)、b) 图示	在销子上转动的杠杆机构应用很广,如图 a 所示。这种结构牢靠,紧凑、制造方便,磨损后修理简单。由于其结构紧凑,可用在检验夹具的最窄小的地方。这种杠杆在不动的销子上转动的优点是两个摩擦表面都要经过淬火,所以磨损量很小,因而这种方法应用最广 由于要求杠杆与本体相配合的两端面为很小的间隙配合,在有些情况下,本体不易加工两端面。这时可采用在本体上镶铜套的方法来实现,如图 b 所示。铜套与本体的配合为过渡配合,铜套与转销的配合为间隙配合,转销与杠杆的配合为过渡配合。通过调整铜套的位置实现杠杆端面与本体良好配合
2	在顶尖和滚珠上转动的杠杆	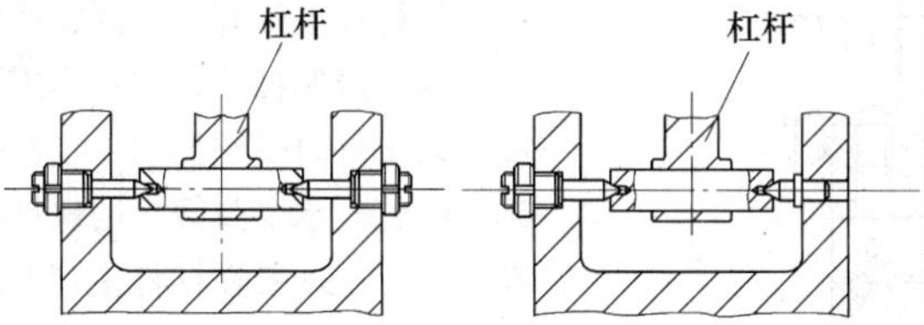 a)、b)、c) 图示 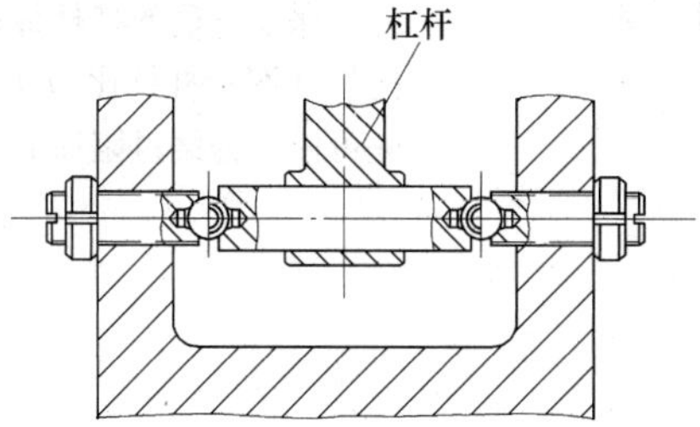	在顶尖上转动的杠杆具有高度灵敏性,适用于高精度测量。由于顶尖可用螺纹来调节,杠杆可得到轻便而实际上是无间隙的配合。顶尖可根据磨损量进行调节,因此可不经修理而大大地增加夹具的使用期限 如果在安装和测量工件时,杠杆可能受到剧烈的冲击,则不应采用装在顶尖上的杠杆 为了保证部件工作的可靠性,顶尖的锥部和杠杆的中心必须经过仔细的研磨。顶尖本身是按螺纹和圆柱体导向部分配合的,螺纹应该做成细牙的,能精确地进行调节。为了保证调整精度,本体内的两孔也必须严格地同心,而顶尖的锥部对圆柱体导向部分的跳动不得超过 0.01mm 在结构上可把两个顶尖做成可调节的(图 a);或一个固定,另一个可调(图 b),此结构仅在某一个顶尖无法调节时才采用 在滚珠上转动的杠杆在应用上与在顶尖上的杠杆相似。这种结构比顶尖上的杠杆灵敏性更高,但其磨损较快。因此,在车间的夹具上最好不用它,常用在计量室的测量仪器上(图 c) 由于装了滚珠可允许有些倾斜,因此调节螺钉用不着圆柱形导向部分,只需拧入螺纹孔内即可,螺钉上的螺纹应制成细牙

序号	形式	图示	应用说明
3	在V形槽中摆动的杠杆		在V形槽中摆动的杠杆可以长期地工作，而不会产生间隙，这是因为杠杆轴能经常地压向V形槽。左图是这种结构的典型应用。 在冲击和振动时，杠杆容易脱离V形槽，这是此结构的缺点。因而在车间检验夹具中较少使用。这种杠杆用于精度比较高的情况
4	在滚珠轴承上摆动的杠杆		在滚珠轴承上摆动的杠杆如左图所示，具有较高的灵敏性，转动起来也非常灵活。因为杠杆转动角极小，滚珠轴承跳动可以忽略不计。为了减少杠杆间隙，应该选用间隙最小的轴承，或者装配时将轴承压紧 装在滚珠轴承上的杠杆最不容易磨损，但是结构笨重，因此仅在杠杆外形较大时才使用

3）杠杆传动装置及其结构。杠杆传动装置是在检验夹具中最常用的部件，其杠杆形式可以多种多样。整个部件的结构形状往往决定于杠杆本身的形状。一般应包括杠杆、百分表紧固件、保证杠杆端头测量力的弹簧及一个或两个限位螺钉，如图10-8所示。

弹簧应保证3～4N的测量力。这时应注意的是在某些情况下，夹具弹簧的压力要加上百分表弹簧的压力，而在另一些情况下，夹具弹簧的压力要减去百分表弹簧的压力。可以采用压力弹簧和拉力弹簧。弹簧最好装成这样，即用不着取下杠杆就可将弹簧取出，并可借助螺塞来调节弹簧的压力。如果没有空间，可将弹簧装在百分表的测杆上。为了避免弹簧移动，在杠杆上做有一个圆柱形定心凸块。

为了限制杠杆在弹簧作用下的行程和不使百分表在安装工件时受到振动，在杠杆传动装置上备有安全调节螺钉。承受弹簧力的螺钉可以装在本体内，或装在杠杆上——装在杠杆主臂上。

下面再介绍一种特殊的杠杆，如图10-9所示。为了保证正确的杠杆传动比，两个杠杆臂长度必须成比例（图示杠杆比为 $A:B$），与杠杆的形状无关。因此可使杠杆绕过阻碍它的夹具零件或工件的一部分。

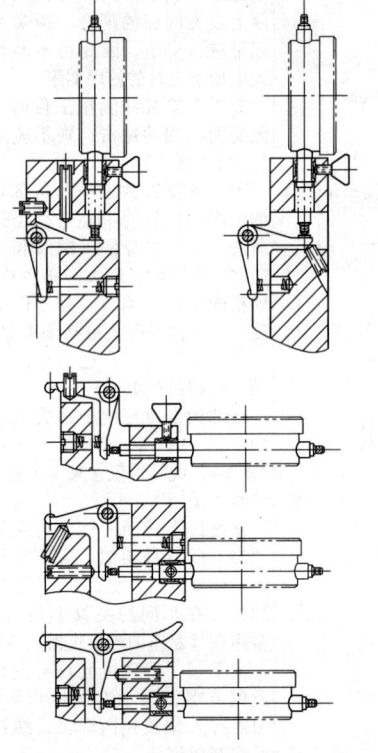

图10-8 杠杆传动装置的各种结构形式

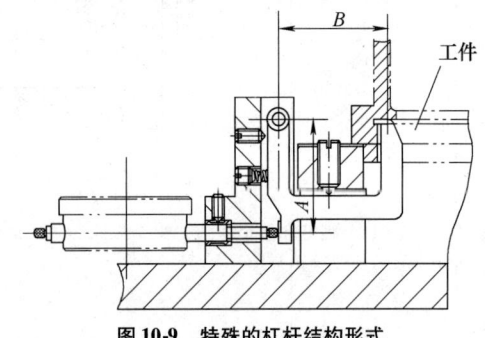

图10-9 特殊的杠杆结构形式

这是从摆动点 O 到百分表接触处的距离 A 和与工件接触处的距离 B 成为测量臂。

这种杠杆的结构很简单，它可以代替由数个构件组成的传动装置。而后者具有很大的误差。

图 10-10 为百分表夹持器。这种百分表夹持器作为一种标准的传动装置，它可以实现百分表相对于测量方向按实际需要偏转若干角度。夹持器前端直线传动部分也可以按需要取不同的长度 L。该装置在检验夹具设计中经常用到。

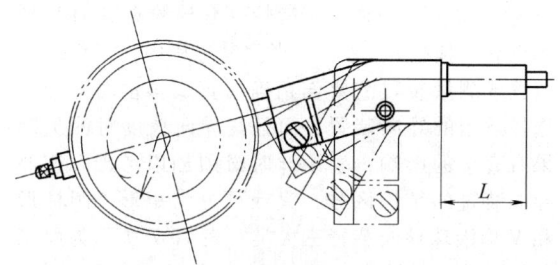

图 10-10　百分表夹持器

当夹具的结构或工件的形状不可能只用一个杠杆时，可采用两个或三个中间销的传动装置。附加的中间销可以放在杠杆和工件之间，见图 10-11a；或置于百分表与杠杆之间，如图 10-11b 所示；也可置于杠杆的两面，见图 10-11c。

中间销的结构简单，但尽可能不采用。因为在百分表和工件之间的每个附加中间环节，都会在测量过程中产生附加的误差，不得已时才应用。

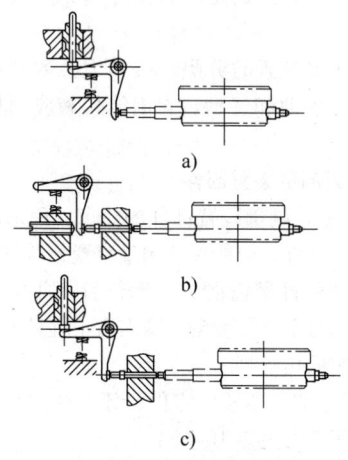

图 10-11　杠杆和多个中间销的传动装置

图 10-12 为一种特殊传动装置的典型应用。检验夹具在测量孔的位置度时，测头必须绕基准轴线旋转。一般结构百分表必须随着测头旋转，这往往不容易读取百分表数值。图示结构依靠测头与传动杆之间的 45°斜面传递测量数值。测量时一个手握住表体，另一只手旋转表体的下部，表体中间垫块保证上下部分旋转灵活且无轴向窜动。

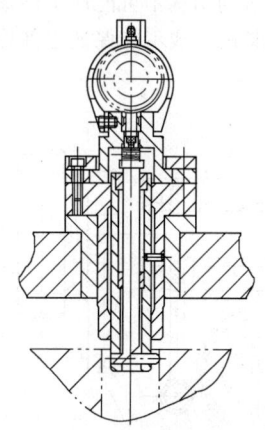

图 10-12　测量孔位置度的
特殊传动装置

利用插入孔内的检验心轴来检验孔中心线对某一基准位置度或角度时，叉形杠杆应用于检验夹具中，其原理如图 10-13 所示。

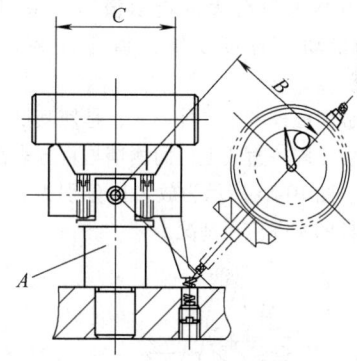

图 10-13　应用叉形杠杆的检验夹具原理图

叉形杠杆的结构要求：夹具定位装置的结构保证使工件通过心轴，亦即工件检验心轴轴线与夹具心轴轴线在同一平面中。

叉形杠杆置于检验心轴的两端。这时杠杆随检验心轴的倾斜而转动，在百分表上读出 B 长度的倾斜度（校准工件，相对测量），该读出数据与尺寸 C 无关。

在设计时必须记住，杠杆的平面 A 应通过转轴中心线，当平面 A 和中心线不重合时，便会引起测量误差，不重合的值愈大，误差也愈大。

图10-14为检验孔角度用的可移动叉形摆动杠杆。利用插入孔内的检验心轴来检验孔中心线对某一基准的角度时，可移动叉形杠杆获得广泛应用。此种叉形摆动杠杆的结构仅在下述情况下采用：由于夹具定位装置的结构不可能使工件通过检验心轴与叉形杠杆相接触，或不能保证工件位置具有足够的刚性时。

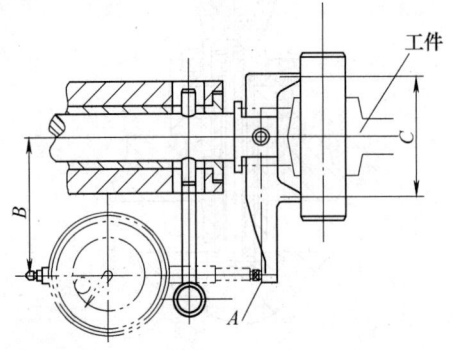

图10-14 应用可移动叉形摆动杠杆的检验夹具

如果在移动心轴的端部再装上另一个百分表测量叉形杠杆主轴的位置，则不仅可检验孔的角度，还可以检验孔沿主轴中心线相对于基准的位置度。

当必须放大百分表的指示值时，采用放大杠杆。这种传动装置可以作为组合件装在检验夹具上。

用做放大杠杆的第二种形式，是使其摆动中心与两个触点位于同一直线上，而测销与百分表都垂直于这一直线。图10-15所示为放大比分别为2:1和3:1的放大杠杆的实际应用情况。

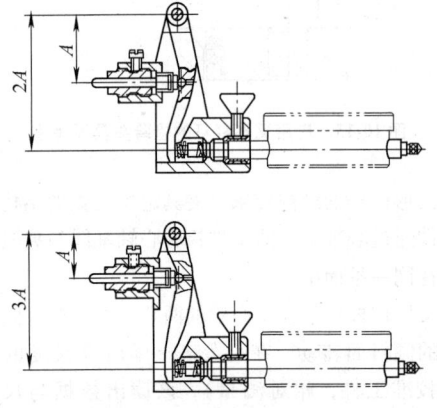

图10-15 放大杠杆的实际应用

2. 导向装置

导向装置在检验夹具中应用很广。当需要测量工件中几个位置不同的表面间的尺寸、位置公差（如平行度、垂直度等）或某一个表面的平面度时，往往需要使工件与测量装置间作相对的直线移动才能实现。有时为了装卸工件的需要，也需要定位装置作精确直线运动，这就必须选择适当的导向装置才能保证测量精度。还有在一些特殊情况下，被测工件的数值变化不能直接用杠杆或其他元件传递出来时，也需要用精确和灵活的导向装置给予传递（如齿轮综合检验夹具的V形滚珠导向拖板）。总之，当测量过程中，工件定位装置或测量装置需要作精确的直线移动时，均需选择适当的导向装置，而且其导向精度对测量结果有直接的影响，故设计时必须加以考虑。按照导向装置的结构区分，大致可分为矩形、圆柱形和V形滚珠导向装置三大类，表10-7所示为此三种导向装置的结构、特点和应用场合。

3. 夹紧装置

（1）夹紧装置的作用及要求　夹紧装置在检验夹具中的作用是保证被检验零件对于测量装置有可靠的定位。由于检验夹具只受极轻微的测量力，故夹紧装置与机床夹具的工作条件有原则上的不同。只要求夹紧装置的重量应该轻，夹紧力不要过大，保证被测零件在任何情况下都不会变形。因为变形后会造成测量误差。被测零件夹紧点的选择非常关键，既要保证零件定位稳定可靠，又要使零件受力均匀。通常情况下选择夹紧点也是定位点。当被测零件在检验夹具上的定位很稳定时，一般不采用夹紧装置。

（2）夹紧装置的分类　按其力源的性质可分为两种类型：手动和气动，常用结构和应用场合见表10-8。

4. 固紧测量装置部件

1）对固紧测量装置部件的要求。用来固紧测量装置的零、部件，应能保证测量装置相对被测量零件和夹具传动构件所需的方向和位置，并保证紧固可靠，在工作时不产生变动。紧固力不宜过大，免得夹死测量装置的传动杆。

2）固紧测量装置的零件、部件结构及在检验夹具上的紧固方法见表10-9。

5. 其他辅助装置

检验夹具上的其他辅助装置见表10-10。

表 10-7　三种导向装置的结构、特点和应用场合

导向装置名称		结构和图示	应 用 说 明
矩形导向装置	单面导向	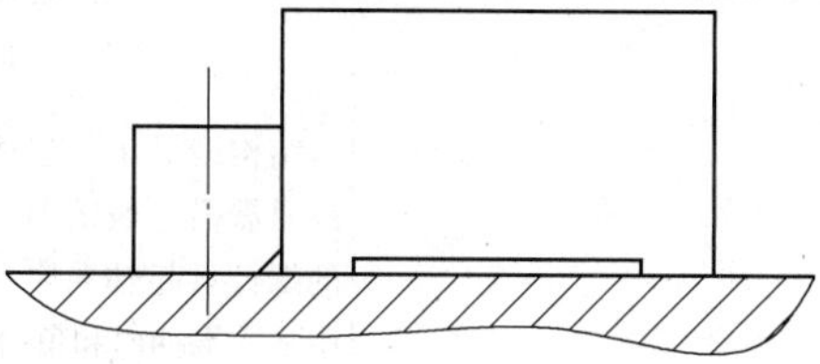	结构简单，使用方便，磨损后修复容易。它特别适用于利用可移动百分表支架测量工件的平行度、尺寸、垂直度或测量过程中被导向件移动距离较大的场合
	双面导向	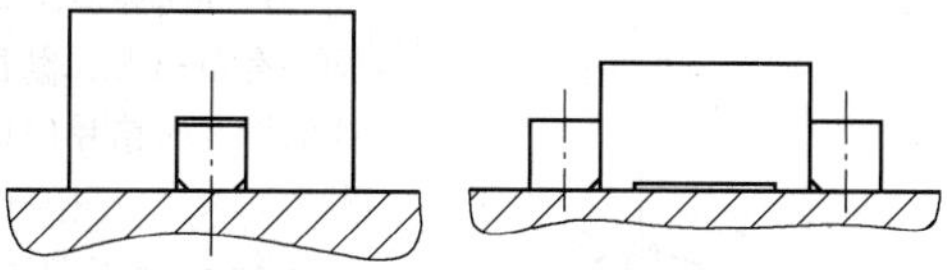	具有与单面导向相同的特点，使用的范围也相似。但对加工和装配要求较高，必须保证适当的配合间隙，否则引起导向不稳，产生误差。同时由于磨损而产生侧隙时，修复比较困难
		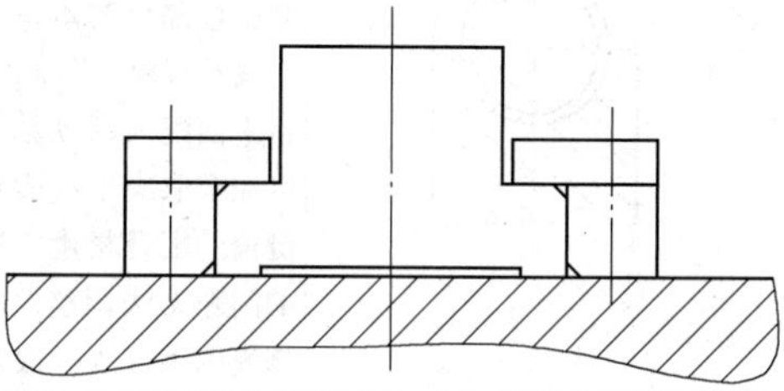	适用于导向精度和灵活性要求不高而且活动部分不需要经常拆卸的检验夹具，其优点是结构简单，缺点是磨损后侧隙不能调整，修复困难
		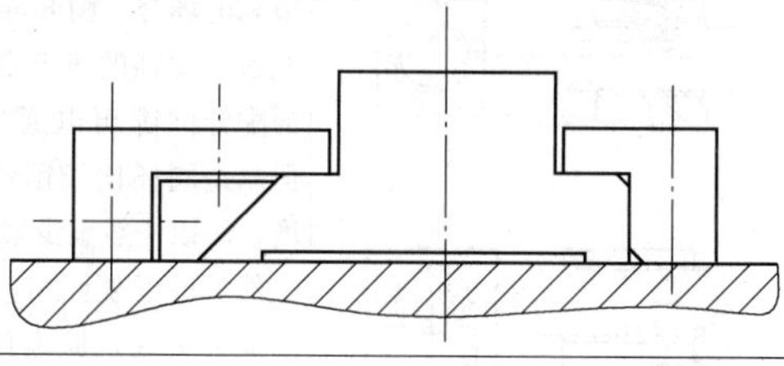	与上图相似，它的优点是采用了楔铁，使导向面的侧隙能够很容易得到调整，这样给制造和修理带来很大的方便，使用寿命可以延长
		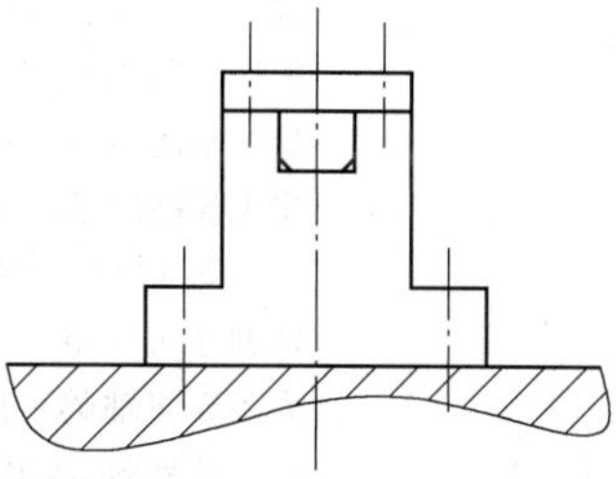 a) 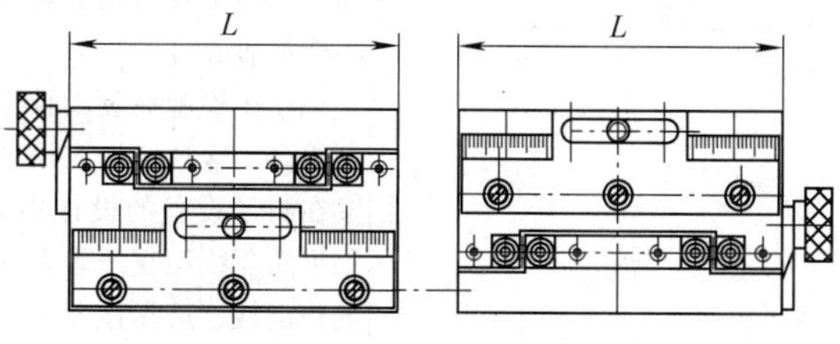 b)	图 a 所示结构广泛应用于导向精度要求较高，而且结构要求比较紧凑的各种测量塞尺和测量传动装置中。它的优点是结构简单导向稳定性好，而且是全隐蔽式的，能有效地防止灰尘或污物落入导轨，故能适用于工作环境较差的地方。但这种结构制造困难，使用磨损后修复困难 对于导向精度要求一般，但需要水平、垂直两个方向移动的测量装置，可以采用双向滑板机构，如图 b 所示。尺寸 L 有各种规格，移动距离有刻度值标示。滑板上可以连接各种定位或测量装置。它的缺点是移动距离较小，一般为 ±10mm，制造调整比较困难。对于单向移动距离较大的情况，可以采用单向滑板机构 对于导向精度要求更高，移动更加灵活，尤其应用于自动化程度较高的测量设备时，一般应外购专业生产厂家生产的高精度导向装置，它们的普遍特点是精度高，运动灵活，品种齐全，例如各种线性直线轴承、各种滚珠滑板等

(续)

导向装置名称	结构和图示	应用说明
圆柱形导向装置	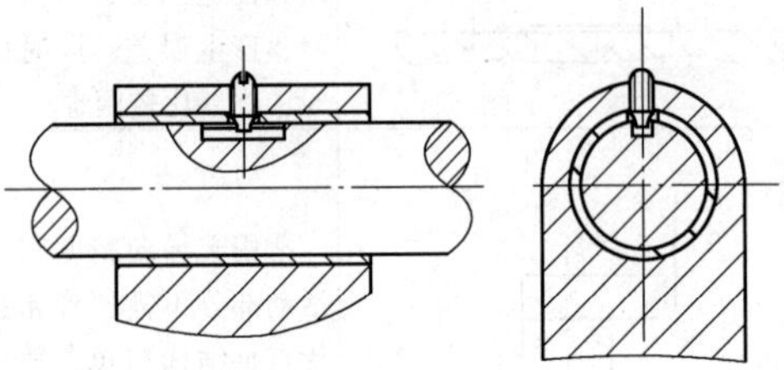 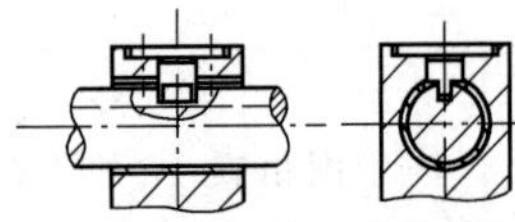 a) 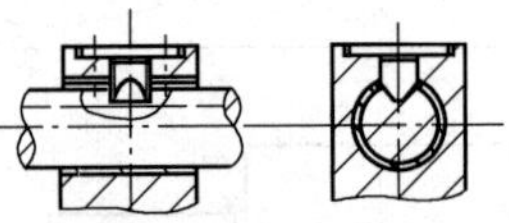 b) 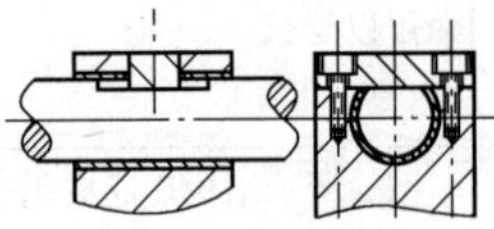 c) 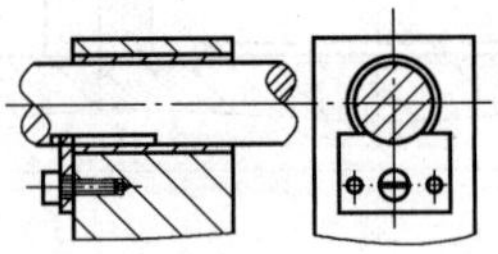 d) 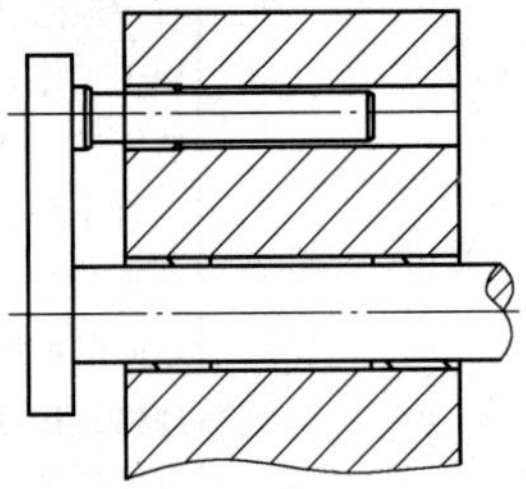 e)	结构最简单，它适用于不需要角向定位或只需很一般的角向定位的场合。装置上的螺钉只起轴向限位，防止导柱工作过程中从一端抽出和角向粗定位作用 当被导向件不仅要求保证直线运动精度，而且有角向定位精度要求时，通常采用这类装置。根据导向键形式不同又有以下四种形式： 如图 a、b 中的导向键都采用圆柱形键，其圆柱部分与本体中的孔精确配合，不得有摆动现象。图 a 的圆柱键尾部磨出两个平行平面配入活动轴的键槽内，它的导向精度完全取决于键槽对轴心的平行度和键与键槽的配合精度。这种结构由于键与键槽的间隙无法调整，因而制造和使用磨损后修复困难，故一般多用于角向精度要求不很高的场合。图 b 导向键的尾部磨成楔形，配入活动轴的 V 形键槽内。虽然键与键槽的配合间隙可以通过调整垫片进行调整，但制造同样比较困难，不容易保证导向精度，所以一般也少采用。图 c 是用镶入本体上的平键下表面与活动轴中磨出的小平面的配合实现角向定位的，它的制造工艺性较好，而且可以用调整垫片调整配合间隙，能保证很高的精度，修复也很方便。在要求导向精度较高时通常采用这种方法。图 d 的结构和图 c 比较类似，只是导向键固定在导向轴的端部，可以通过加工配磨的方法实现较高的导向精度 如图 e 所示的结构是以一主要导向轴和一辅助导向杆组成的双轴导向装置。适当增大两导向轴的距离，能够提高角向定位精度和承受较大的转矩。采用这种结构时必须保证两个导向轴有较高的平行度，否则不能灵活滑动 现在在检验夹具设计中，随着精度的不断提高，这种结构应用的越来越普遍，尤其在测量设备的设计中表现得尤为明显。如果配合线型直线轴承，就可以达到很高的稳定性、可靠性及灵活移动性能。但这种结构对加工和装配的要求较高，除非十分必要，选用此结构要慎重

(续)

导向装置名称	结构和图示	应用说明
滚珠导向装置	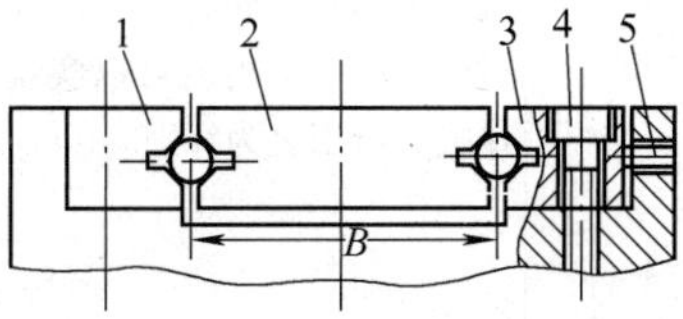 V形滚珠导向装置	V形滚珠导向装置具有很高的灵敏度和导向精度，在检验夹具中应用很广，如各种齿轮综合检验仪、蜗轮蜗杆检验夹具、曲轴主轴颈跳动检验夹具等，都采用了这类导向装置对被测参数实现精确传递。也有时与定位部件装配在一起使用。这种结构不适用于冲击性大的场合。因为滚珠与V形导轨是点接触，大的冲击力会导致导轨的精度下降，从而影响导轨的导向精度 这种导向装置的精度主要取决于V形导轨的精度和滚珠尺寸的挑选精度。严格来讲，所有滚珠直径差应在0.003mm范围内才能保证V形导轨的整体精度。由于制造很困难，往往向专业生产厂家订购 左图即螺钉预紧双V形滚珠导轨。运动件2两侧有V形槽，导向板1固定在本体上，可调导向板3的位置可以在3纵向长度上侧向螺钉5调整导轨的预紧，使各滚珠在全长保持均匀过盈量（约5~6μm），用以保持一定刚度。调好后用螺钉4固定3的位置。在使用中应定期调整。此种结构对两V形槽角度差值的要求不高，工艺性较好，可承受不大的颠覆力矩

表10-8 手动和气动夹紧常用结构和应用场合

分类	结构名称或图示	应用说明
手动夹紧装置	螺旋式夹紧装置	螺旋式夹紧的结构大部分是一个带摆动夹紧顶头的单独螺钉，或做成各种螺旋压板形式。由于螺旋式夹紧效率低，除了检查批量不大的夹具时应用外，这种结构在检验夹具中较少使用。结构和机床夹具中所用相同，可参考本手册第2章
	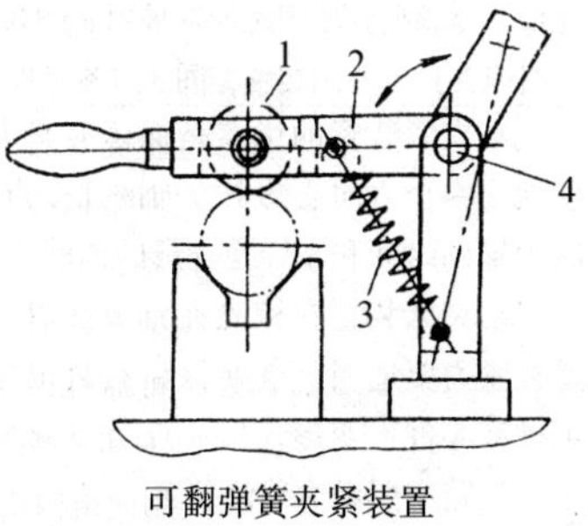 可翻弹簧夹紧装置 1—滚轮 2—杠杆 3—弹簧 4—轴	这种装置结构简单，压紧工件方便，如果在检验时需转动工作，可在夹紧装置上备上滚子或滚动轴承。能够补偿被测零件几何形状误差（零件圆度，直线度，同轴度等）。夹紧力不大，稳定，易于调整

(续)

分类	结构名称或图示	应用说明
手动夹紧装置	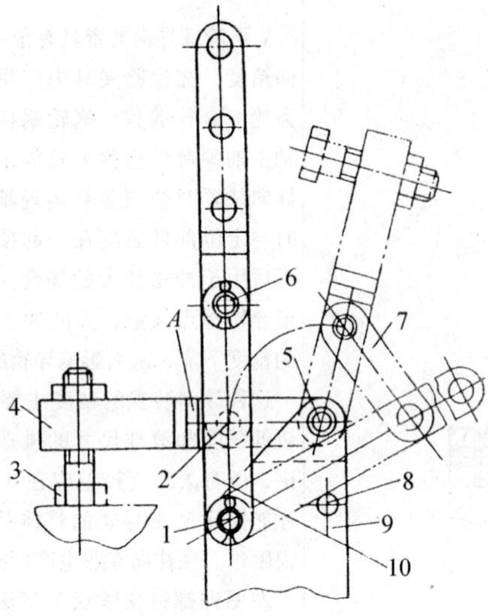 铰链杠杆式夹紧装置 1、2、5、6—轴 3—螺钉 4—压板 7—连接杆 8—销 9—支架 10—手柄	铰链式夹紧装置也称肘节式压板，使用方便，夹紧力使被测零件变形较小，检验夹具中最常应用。通常要实现零件的两点同时夹紧，这时一般采用一个夹紧器再通过一个铰链机构就可以实现。就尺寸而言，较机床或焊接夹紧所用更为纤细
	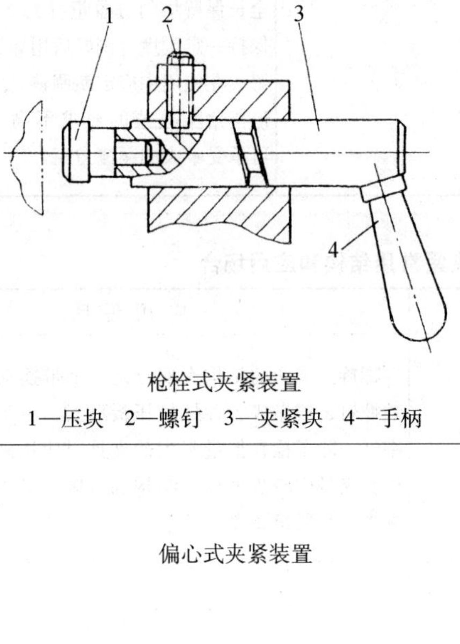 枪栓式夹紧装置 1—压块 2—螺钉 3—夹紧块 4—手柄	枪式夹紧装置有很大的纵向行程，因此不会妨碍零件在夹具上的装卸。一般用在对夹紧力要求不大的夹具上。和机床夹具中所用装置相似，但尺寸较纤细
	偏心式夹紧装置	偏心式夹紧装置一般应用在夹紧行程较小的情况下。在设计中应注意转动180°时最大行程等于偏心率 e 的2倍，使用必须能自锁 圆形偏心轮自锁的性能取决于偏心轮直径 D 与偏心率 e 的比值。检验夹具使用时最好采用 $e=(0.06\sim0.07)D$。其结构和机床夹具中所用装置相同，可参考本手册第2章
	气动夹紧装置	气动夹紧装置的优点是保证夹紧力固定不变，可以方便地在一个方向或几个方向的几个点上同时将零件夹紧，减少辅助时间和减轻检查员的劳动 气动夹紧装置在检验夹具中使用时应注意两点，一点是夹紧力要适当，既要保证夹紧定位稳定可靠，又要保证被测零件不变形，另一点是要减少夹紧时对零件的冲击，气路中要考虑节流装置 气动夹紧装置常与检验夹具的其他气动装置配合使用。其结构和机床夹具中所用装置相似，可参考本手册第5章

表 10-9　固紧测量装置的零部件结构及其在检验夹具上的紧固方法

序号	固紧测量装置方法	图示	应用说明
1	用开口衬套紧固百分表	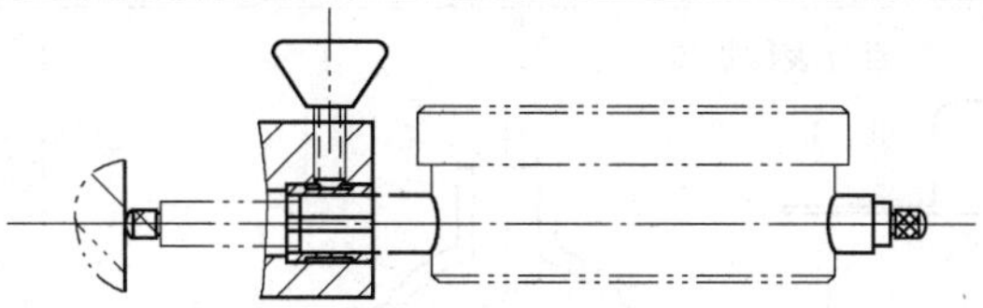	用开口衬套紧固百分表使用方便，可靠，并可在衬套内纵向移动百分表，改变其预压量
2	用开口支柱紧固百分表	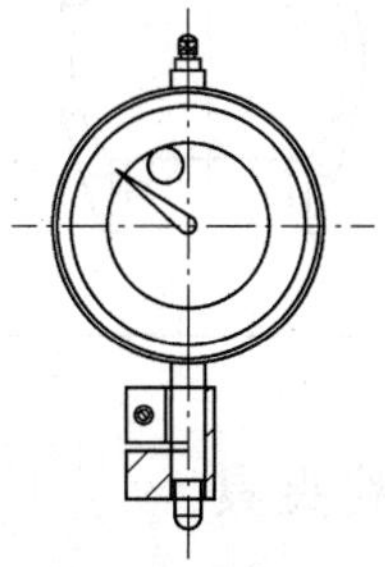	这种紧固方法，多用在当百分表的量杆与被测零件检查表面直接相接触的情况。一般百分表夹持器也用这种结构
3	用螺纹套筒紧固百分表	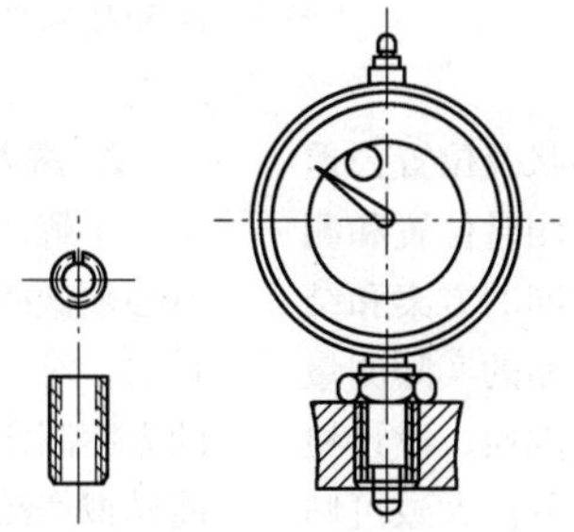	这种方法紧固百分表效果良好，一般用在用上述两种方法较难实现的场合。因为采用螺纹紧固，百分表传动杆受力均匀，调节非常方便

表 10-10　检验夹具上的其他辅助装置

辅助装置类别			应用说明
检验夹具中用的百分表支架	标准活动百分表支架	带正方形平面底座的活动支架	当百分表须沿着检验夹具的平台作很大的移动，并且用一个百分表来检查零件的若干独立尺寸时用标准活动百分表支架，均为常见简单结构，并可从市场购买；需要将百分表在检验夹具上按照不同的高度和伸出位置安置，以及须将百分表拨到一边离开工作位置时用标准回转支柱，这类百分表的支架都有很大的万能性，因为它们能使百分表沿上下和前后方向移动，并能绕垂直支柱和水平夹持器的中心旋转
		带狭长 V 形底座的活动支架	
		标准磁力表架	
	标准回转支柱	不可调式回转支柱 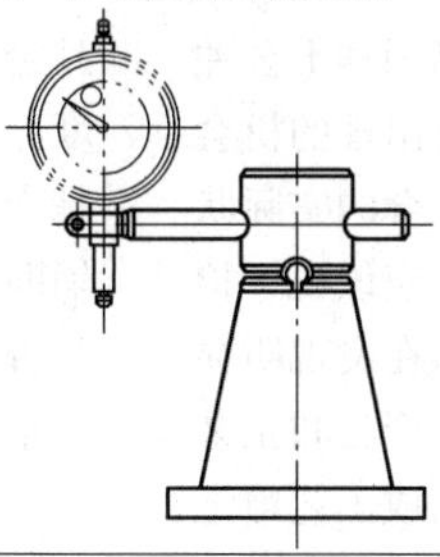	
		可调式标准回转支柱 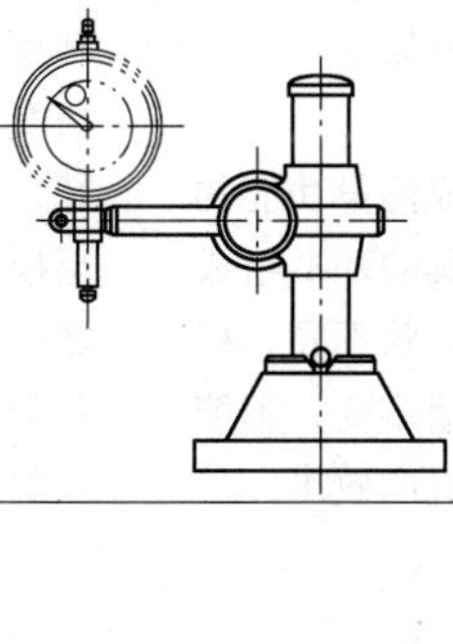	

（续）

辅助装置类别	应用说明
百分表保护罩 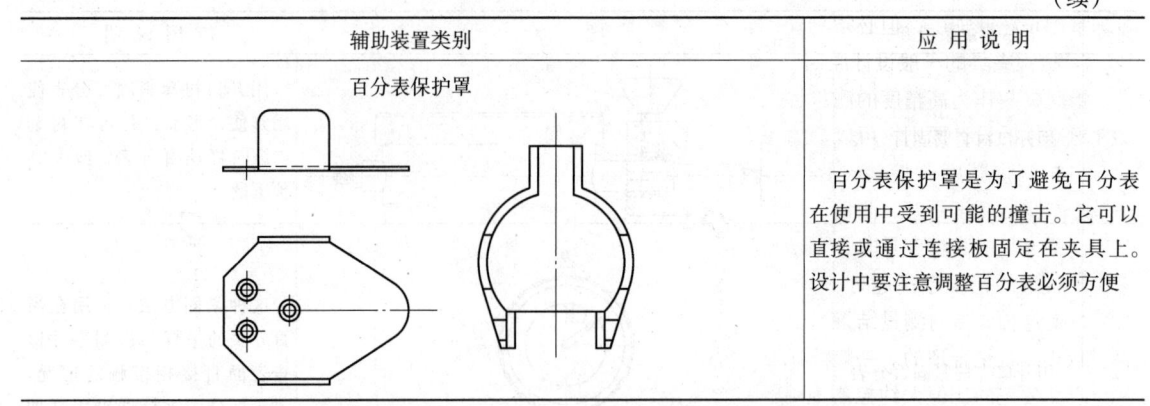	百分表保护罩是为了避免百分表在使用中受到可能的撞击。它可以直接或通过连接板固定在夹具上。设计中要注意调整百分表必须方便

10.4 机械加工和装配过程中检验夹具的典型应用

10.4.1 检验夹具的设计基础

检验夹具通常以测量产品尺寸、形状及位置公差为主，根据产品图样上标注测量基准、测量位置和测量公差的不同要求，检验夹具应选择不同的方案和结构。合理的方案使检验夹具既能满足产品的实际测量需要，又能使功能不产生过多的浪费。因而，设计检验夹具之前，掌握基础知识是十分重要的。大致可归纳为以下几点：

1. 透彻理解公差概念

从事检验夹具设计要对公差，尤其是形状位置公差的概念有十分清晰的认识。另外，对公差的分配原则（相关原则和独立原则）也要有明确的认识，它使我们清楚在设计中是采用读数装置，还是采用量规形式，或是两者均可。

实际上在产品设计中常可能存在产品图样上公差标注不恰当的问题，尤其在新产品图样上出现的机会更多。产品公差的标注应考虑产品之间配合的实际状态，有一些是相关的，有一些是独立的。应该说，检验夹具的设计应尊重产品设计和工艺，但在发现明显错误时，应本着对产品负责的精神，在与产品和工艺人员协商后加以纠正。如果完全按照产品或工艺给定的公差设计，实际测量时就会无形中加严或放宽公差，给产品的加工或使用带来不必要的麻烦。

2. 结构方案是关键

方案结构的选取是保证检验夹具完成测量功能的最基本要求。在上一节中我们对检验夹具的基本组成已有详细的介绍，但实际上因产品零件形状不同，检验事项千差万别，方案结构的选取要灵活多变，不能套用某种固定的模式，否则就达不到应有的效果。但设计经验十分重要。要保证检验夹具总体精度，要从每一个零件的结构和尺寸公差标注做起。总图公差标注和技术要求是最关键的，是最能体现出设计水平之处。

3. 深入了解产品的原理和加工过程

了解产品的使用状态和整个的加工过程是设计人员必须做的工作。满足产品的装配需要是检测的最终目的，对产品的使用做到心中有数，就会对检验夹具的方案制定有积极的帮助。检验夹具在设计中应尽可能模拟产品的实际使用状态。这样才能做到检验夹具测量合格后，装配不会出现问题。

对产品零部件整个的加工过程有所了解，不但是检验中间工序需要，即使是最终工序检查也要查看全部工序加工过程。因为加工中工艺基准往往与产品基准不一致，实际测量时中间工序应尽可能与加工基准一致，即使是最终检验，在不影响产品使用的前提下，有时检验基准也选择与加工基准一致。另外，产品给定的检验基准往往不够，不足以限制产品的自由度，就需要另外引入辅助基准，这时考虑加工基准就是十分必要的。例如孔定位时有时需引入某一端面做辅助定位，端面的选取必须看加工到这一序时该端面是否是与孔一次装夹一起加工出来的，否则就会影响测量精度。

4. 检验夹具设计应具有一定的工艺知识

检验夹具设计的成功与否往往取决于检验夹具的制造精度是否能达到图样上的要求。检验夹具的制造精度又往往决定于结构设计的工艺性，结构工艺性好，加工容易保证，工艺性不好，加工很难保证，甚至根本保证不了。除材料、热处理、基本结构需掌握之外，高精度检验夹具零件的设计必须考虑给定加工基准，否则加工无法保证精度。对于一些非常关键的零部件，例如弹性涨套，材料、加工、热处理都非常重要，甚至要经过大量反复的试验。不要求设计人员熟练掌握工艺及加工，但必须具有一定的工艺知识。

5. 检验夹具的一般设计原则

检验夹具作为高精度的测量装置，在设计过程中要考虑基本的设计原则，可以归纳如下：

（1）测量精度 检验夹具是检验零件精度的，如果它本身的精度不好，测量产品就没有意义。因而保证检验夹具的高精度是非常必要的。但这并不等于说检验夹具的精度越高越好，本身存在误差是正常的，只要这种误差对测量结果的影响可以忽略，这样的检验夹具就是合理的。一般情况下，检验夹具的误差与产品公差的比值大约控制在 10%～15% 就可以。对于产品公差特别严的情况，检验夹具的精度甚至达到产品的 30%，但只要检验夹具能发挥其应有的作用，对指导生产有意义，这样的检验夹具也是可行的。

（2）测量效率 测量效率在设计时必须重视。测量效率与产品的批量、检验的频次有直接的关系，是抽检还是百分之百检验也往往对检验夹具的方案和结构有重要影响。设计中以适应检查频率为最好，能手动的就不用电动。但对于测量频次特别高的检验夹具，甚至是在线测量设备，自动检验也是必要的。

（3）方案结构 检验夹具的方案结构是在充分满足测量精度和效率的前提下产生的。结构简单，注重制造的工艺性是保证检验夹具精度的最有效途径。一般对加工而言，结构的工艺性和刚性是影响检验夹具精度的最关键因素；对设计而言，方案中合理的定位和完善的测量装置对检验夹具精度的影响至关重要。

（4）使用方便 检验夹具的设计一定要考虑使用者的操作是否方便，设计中关注如下各点：

1）应用于生产现场的大多数检验夹具都是由一名检查员操作完成，这就要求检验夹具定位测量要可靠，用两只手完全可以测量。

2）测量结果直观、准确，容易判断是否合格，数据计量示值容易观察。

3）操作简单可靠，定位、测量位置唯一。

4）制造成本低。

10.4.2 检验夹具的典型应用

1. 尺寸公差检验

图 10-16 所示检验夹具用于测量汽车后桥减速器中主动锥齿轮的轮冠距。锥齿轮轮冠距是指锥面交点至轴肩端面的尺寸。因该点加工后很难确定，测量时需引入另一基准。考虑到加工工艺是通过加工锥面 T 保证轮冠距的，因而实际测量时采用该锥面作为测量基准。但设计检验夹具时有两点必须注意：一点是制件径向已由 V 形块定位，检验夹具中的测量定位环不能与 V 形块发生干涉，因而要求测量定位环必须沿径向任意浮动且无轴向窜动；另一点是由锥面定位，锥角误差会影响测量结果。因而要求测量定位环与制件锥面接触区要尽可能地短且距离锥面交点越近越好，这时锥角误差影响最小。该检验夹具需要校准后测量。

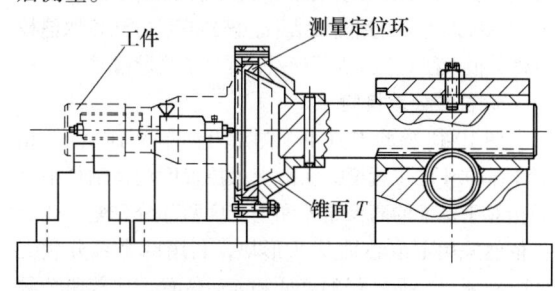

图 10-16　锥齿轮轮冠距检验夹具

2. 角度公差检验

图 10-17 所示检验夹具用于测量传动轴叉子耳孔中心连线与花键孔齿槽对称中心线（基准 A）共面，允差 ±1°。基准 A 采用定位心轴及 V 形块实现，花键孔齿槽对称中心线用测量心轴及垫铁实现。测量端面 T 与测量心轴齿厚对称中心线平行。测量前，用校准件将百分表校零，测量产品时根据产品公差计算出测量臂 H 的变化量。

此检验夹具的优点是测量方便、快捷。尤其产品

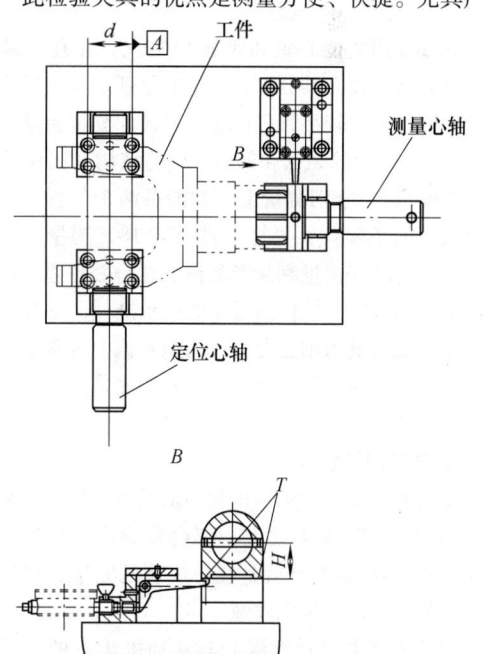

图 10-17　传动轴叉子耳孔中心连线与
键槽中心线相对位置检验夹具

公差比较大时检验夹具的精度比较容易保证。如果产品角度公差比较严,则检验夹具需考虑的测量误差就比较多。因定位、校准件都存在一定的误差,最后累积误差较大,直接影响测量结果的准确性。

如果测量心轴采用两个对称测量面 T,只要保证测量面 T 的连线与齿厚对称中心线平行,并且采用活动百分表支座,移动百分表支座分别测量两侧端面 T。根据差值就可以直接得到测量结果。该种测量方法可取消校准件,很大程度上减少了误差,提高了测量精度。

3. 位置公差检验

图 10-18 检验夹具用于测量万向节叉轴径 ϕd 相对于基准 A 的位置度。实际上该位置度包括轴径中心线相对于基准的高低错差和垂直度两部分公差。孔定位依然采用定位心轴及 V 形块,利用两个百分表支座分别测量产品轴径的高低和前后位置,比较两个测量结果,取偏差较大的作为测量的最终结果。

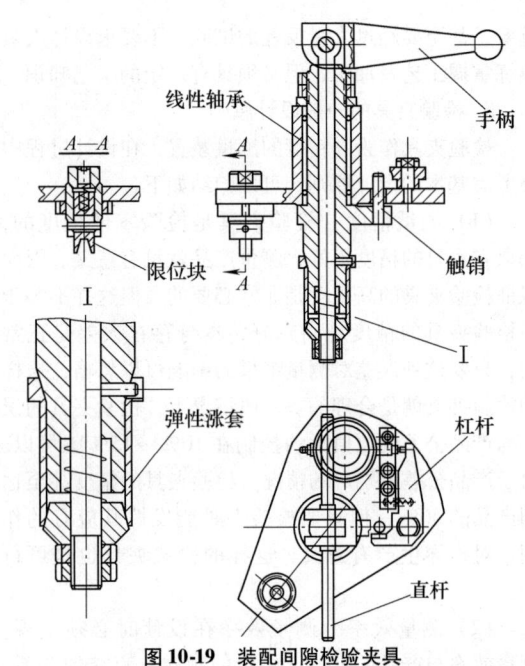

图 10-19 装配间隙检验夹具

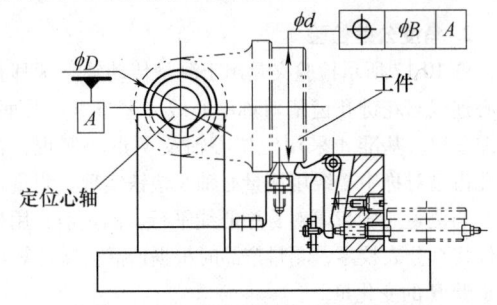

图 10-18 万向节叉轴径位置度检验夹具

孔基准用定位心轴和 V 形块实现,在孔公差较大时可以将定位心轴分组。分组的原则是定位误差相对于被测量公差较小,可以忽略不计。测量装置采用如图 10-18 所示的高低和前后一样的结构(图中前后装置未画出),分别测量上下和前后两个位置,并将百分表分别校零位,再将工件翻转 180°测量,根据百分表各自的变化量判断产品位置度是否超差。

此种测量方法的优点是不需要校准件,基准的孔径公差和被测量的轴径公差作为系统偏差也基本可以消除。测量方便快捷,是交叉中心线测量相互位置度的基本方法。

4. 装配间隙检验

变速器中要求主动锥齿轮与从动锥齿轮的齿侧间隙要适当。间隙太大或太小都会影响产品性能。图 10-19 所示的检验夹具就是在总成装配完毕后用做测量装置主、从动锥齿轮齿侧间隙。

检验夹具中的弹性涨套与从动锥齿轮的孔径配合,转动带有偏心的手柄,通过上下锥面将弹性涨套涨开,保证涨套与从动锥齿轮连成一个整体。利用限位块与总成外表面加强肋卡死,使检验夹具本体不动。转动直杆,弹性涨套带动从动锥齿轮一起转动,使从动锥齿轮的齿侧与主动锥齿轮的齿侧两端分别接触。通过检验夹具的触销及杠杆使百分表发生变化,最终达到测量目的。

这里弹性涨套的涨紧精度不要求很高,它只起连接检验夹具与产品的作用。但要保证涨紧灵活,涨紧力足够大。同时也要保证中间的心轴能灵活转动,因而采用线性轴承。它的优点是结构简单、使用方便、测量准确可靠。检验夹具的难点在于快速涨紧和松开及心轴的灵活转动。该检验夹具是测量装配精度的典型例子。

5. 综合公差检验

被检测的产品是轿车后桥差速器壳体,形状及公差如图 10-20 所示。轿车差速器壳体是整体式结构,而且公差较严,对检验夹具的测量精度要求很高。

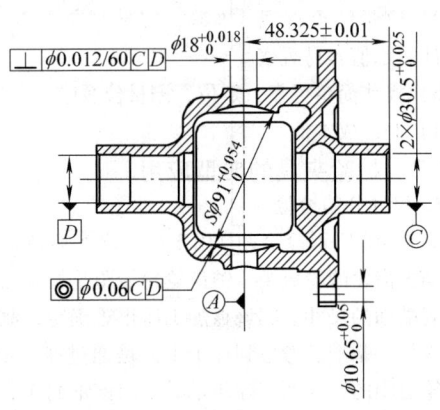

图 10-20 差速器壳体的形位公差要求

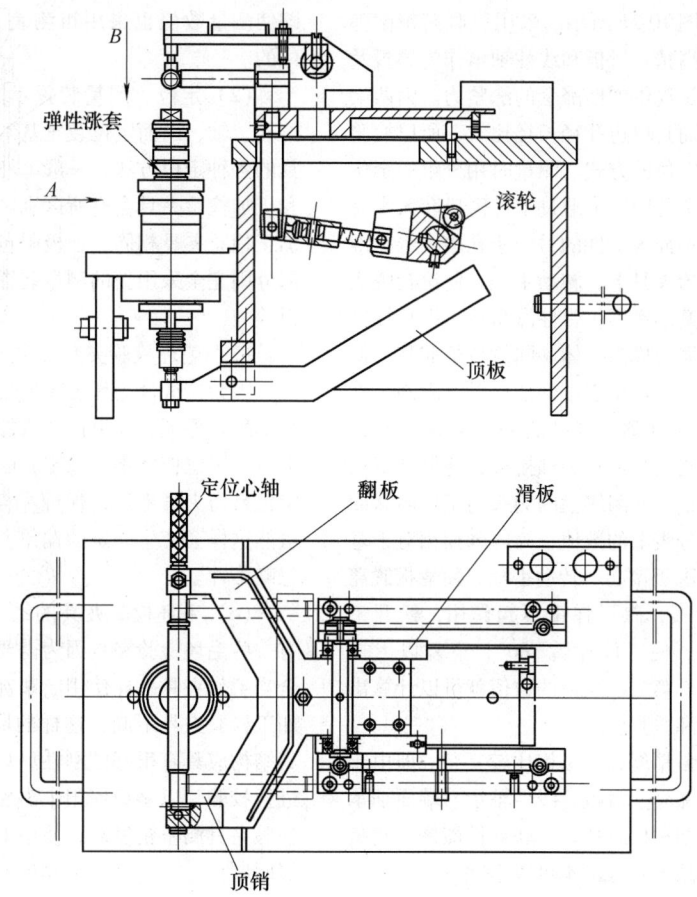
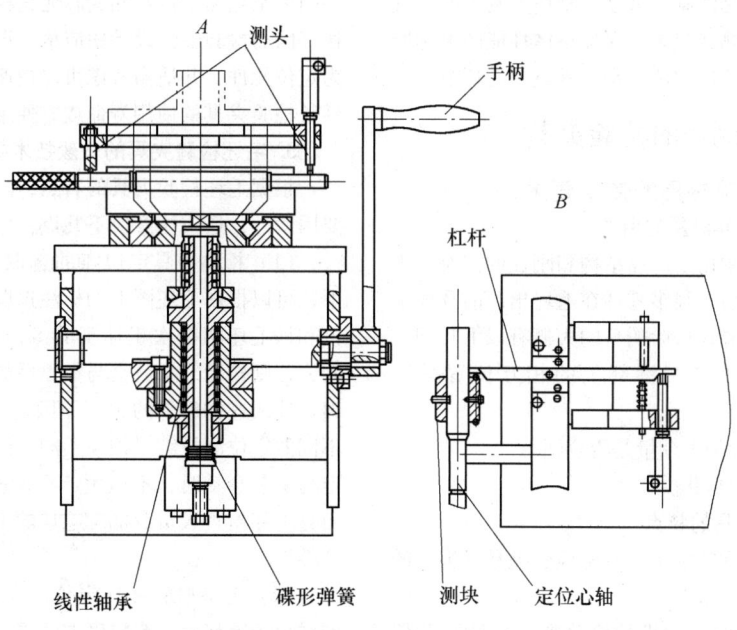

图 10-21 检验夹具

该检验夹具如图 10-21 所示。采用三联高精度弹性涨套定位，选用高精度滑板和线性轴承作为导板及转动转子，碟形弹簧提供弹性涨套的涨紧力。因两端孔径同轴度较高，而且单边孔径长径比大，所以检验夹具采用单边孔径定位的方式。测量时用分组的定位心轴插入工件的一个孔中，再通过工件窗口套入带有键槽的测块，然后再插入工件的另一个孔中。将孔准确定位后再置于检验夹具上，转动手柄，使滚轮脱离顶板。这时碟形弹簧起作用，弹性涨套将工件孔径准确定位，使工件与涨套成为一体。同时滑板前移，使检验夹具的两个顶销与定位心轴保持接触，限制工件角向转动。杠杆同时前移，杠杆测头与测块端面接触。转动翻板，使测头与定位心轴接触，将百分表校零位。转动定位心轴，使测块上的测头与工件内球面接触。读取杠杆百分表上的数值，为内球面相对于基准 A 的同轴度。将翻板掀起，转动手柄，使滑板脱离工件，滚轮压向顶板，碟形弹簧不起作用，松开工件。转动定位心轴，使工件掉转 180°，重复以上操作。各百分表相对于第一次测量的数值就可以计算出产品要求的同轴度和垂直度。

该检验夹具测量精度高，结构比较复杂。但由于采用了高精度弹性涨套、滑板、线性轴承、端面轴承等成熟产品，加之结构构思巧妙，联动性能好，测量结果为相对测量，系统误差基本可以消除。

设计中除必要的精度必须保证外，碟形弹簧的选取和调整、弹性涨套的制造精度、测块上测头的位置以及滑板上顶销的测量状态是保证整体性能的关键所在。该检验夹具制造后的调整是非常重要的环节。

10.5 毛坯检测用的检验夹具

10.5.1 毛坯检验夹具的使用要求

1. 毛坯检验夹具测量的目的

在大批量生产中由于产品结构和刚性的需要，不仅在机加工和装配后，很多零件在毛坯出厂前及加工开始前都要经过检验，检验的目的大概有以下几种：

1）检查毛坯上各关键部位的相互位置是否准确。
2）检查毛坯的加工余量是否合适。
3）检查毛坯的形状。

2. 毛坯检验夹具的特点

毛坯检验夹具和机加工、装配检验夹具有很大的区别，主要为：

（1）测量结果不同　机加检验夹具以读数装置为主，要求量化以便调整机床。毛坯检验夹具因为公差比较大，以定性测量为主，不要求测量具体数值，即使测量数值也采用粗测表，粗测表是以毫米为单位的。

（2）定位、测量装置不同　毛坯不存在精度高的孔、轴，因而定位装置基本不能采用机加工检验夹具的各种定位方法，一般毛坯都有拔模角，定位方式和机加检验夹具会有所区别。有一部分测量装置和机加工检验夹具相同，如极限量规测量毛坯余量。另一部分则完全采用新的测量装置，如顶尖钻、划针、样板等。

（3）毛坯检验夹具必须有夹紧装置且允许过定位　因为铸锻件毛坯公差比较大，各定位区域间的尺寸都很难保证。如果按照机加工检验夹具的定位方法考虑，定位依然不会稳定。因而实际设计中多采用过定位且需夹紧零件，保证零件与定位装置良好贴合。虽然这样会产生一定的偏差，但与产品公差相比可以忽略不计。

（4）毛坯检验夹具的结构应具有更好的刚性　有一些毛坯检验夹具因为需要百分之百检验，因而完全当工作夹具一样使用。和普通大批量生产中所用机加工检验夹具不同，这样的检验夹具使用环境恶劣，其结构应具有很好的刚性。甚至要对关键结构的强度进行校验，以避免使用中出现断裂现象。一般机加工检验夹具测量精度高，使用中轻拿轻放，不会出现类似问题。

（5）抗磨损是对毛坯检验夹具提出的又一要求　因为是毛面定位和测量，尤其检验夹具定位磨损较快。因而检验夹具设计中应尽量选用硬度高的材料作为定位元件，并适当考虑可以快速地更换。这样可以延长检验夹具的使用寿命或方便维修。

3. 毛坯检验夹具的一般技术要求

根据毛坯检验夹具的特点，除设计中要考虑的必要因素外，还应注意以下几点：

（1）检验夹具定位点的选取要合适　一般情况下，可以根据毛坯图上的标注选取定位位置。但更应该和该毛坯第一次粗加工的工作夹具的定位位置相同，否则检验结果就会与加工后的效果出现较大的偏离。造成这样后果的主要原因是毛坯尺寸公差较大，不同的定位测量结果往往不同。因而检验夹具方案选定与工艺会签时，不但生产毛坯的工艺员需要参加，而且毛坯检查人员及加工毛坯的工艺人员同样应参加会签。

（2）毛坯检验夹具定位面大小的选取要适当　同样由于毛坯表面粗糙度差的原因，如果定位面选择不合适，同样可能产生测量误差。定位面大可以造成定位不稳定（如平面的平板定位和轴类的 V 形块定位);定位面太小,磨损太快。因而毛坯检验夹具设计中应根据实际情况确定定位面的尺寸。

(3) 设计中应考虑铸锻件毛坯的拔模角 由于铸锻件毛坯的拔模角很大,检验夹具定位和测量装置中必须予以考虑。一般情况下,定位或测量结构选取和毛坯一样的角度,这样误差最小,磨损最少。

10.5.2 毛坯检验夹具中的定位和测量装置

毛坯检验夹具中的定位和测量装置除与机加工检验夹具相同的部分外还有特殊的部分。表10-11为毛坯检验夹具中使用特殊的定位和测量装置。

表10-11 毛坯检验夹具中使用特殊的定位和测量装置

不同装置	定位方式及图示	应用说明
毛坯检验夹具的定位装置	小平面确定毛坯平面位置	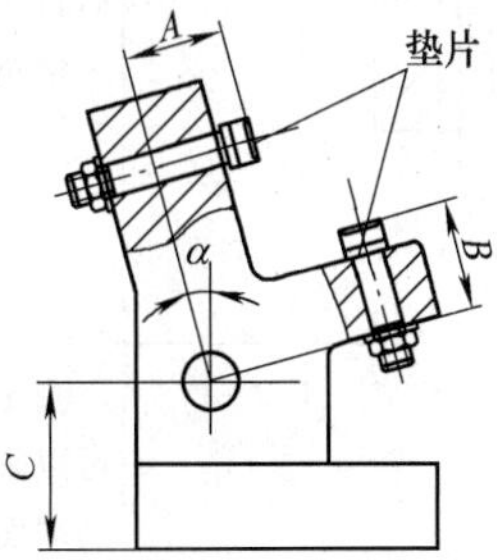 用销钉的小平面确定毛坯的平面位置,尤其是侧向位置经常用到。因定位面大小适中,定位误差小。另外,销钉小平面加工容易保证精度,且更换方便,在毛坯检验夹具中普遍采用。如图所示,为了保证定位精度,可以用垫片调整尺寸,以保证尺寸 A 和 B 的精度要求。螺母连接是为了更换方便
	带有锥角的V形确定轴中心线	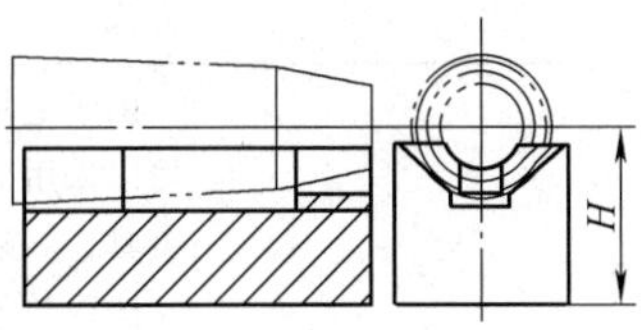 毛坯中的轴类零件定位采用V形块定位的较多。由于轴一般存在拔模角或模锻斜度,因而V形采用带有锥角的结构。如图所示,这种结构适用于只定位轴的径向位置,而对毛坯轴的定位高度要求不高的情况。这主要是因为毛坯轴径公差比较大,轴向窜动会引起毛坯轴高低位置发生变化,从而造成高度的定位误差。确需V形定位又要保证高度的位置尺寸,只能将V形块横置,然后侧向夹紧。但这种定位取放工件不方便
毛坯检验夹具的测量装置	划针测量孔位位置	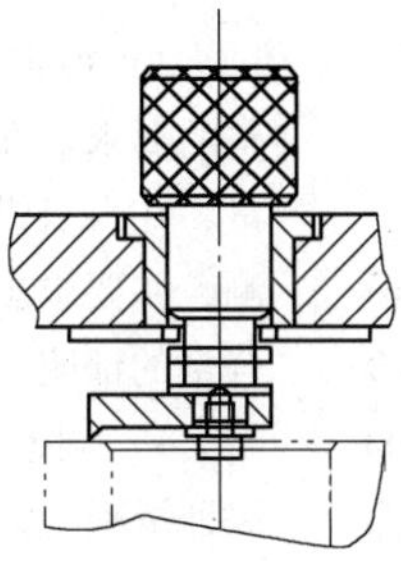 利用划针测量位置是毛坯检验夹具通常采用的一种方法。如图所示,检验夹具要求划针中心线与产品中心线重合,划针半径取孔径加工后的最小尺寸。实际测量时只需在毛坯表面划一圈,就可知道孔位置是否正确(如发动机中缸体缸孔、主轴孔、凸轮轴孔的位置等)
	样板测量位置或形状	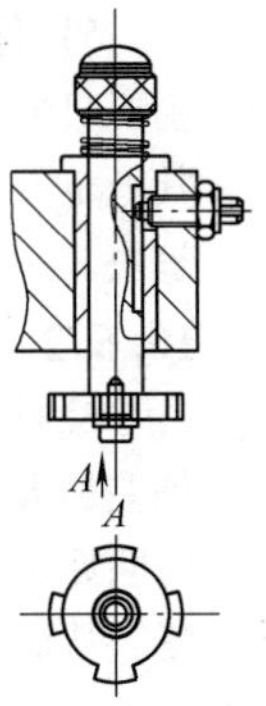 样板测量某一凸台位置或某一端面形状是毛坯检验夹具中最方便快捷的方法之一。如测量圆台位置,则要求样板中心线与产品中心线重合,样板尺寸分别取圆台位置的两个极限尺寸,如图所示。测量产品时只要判定圆台周边位于样板两极限尺寸范围内即为合格。测量端面形状时道理相同,只要将样板按产品形状取两极限位置即可。有时样板按理论尺寸设计,测量时人为判断产品是否合格,如缸体两端面形状测量

(续)

不同装置	定位方式及图示	应用说明
毛坯检验夹具的测量装置	顶尖钻测量轴中心线 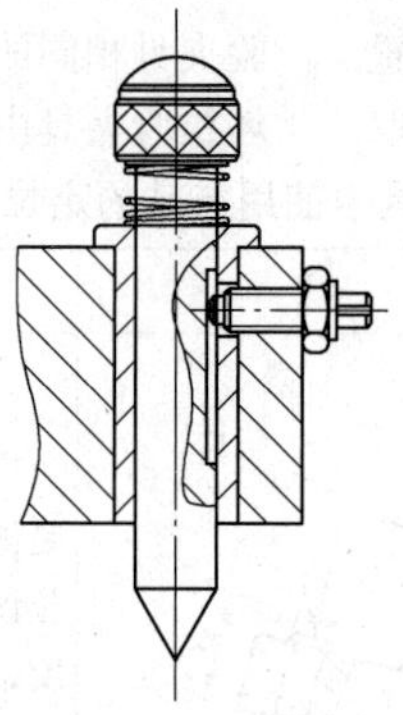	由于轴类零件存在模锻斜度,直接用样板测量并不方便。一般可用顶尖钻打一中心点,然后自己用类似于圆规的划针划线测量位置或加工余量
	塞尺测量加工余量	测量产品端面加工余量是否合适时,通常也可以采用塞尺测量。检验夹具设定一端面与产品端面尺寸相对固定(例如3mm),然后根据其要求的加工余量大小给定两个极限塞尺,利用通止的方法测量加工余量。此种方法类似于测量轿车车身冲压件或焊接合件中型面的测量方式
	刻度尺测量长度尺寸	由于毛坯产品公差较大,在测量长度尺寸时可以采用对比刻度尺的方法。如前轴毛坯检验夹具,一端固定,另一端采用滑板结构靠紧产品读取数值。如检验夹具刻度值零位至某一定位尺寸很难测量时,应设计校准件校准,以便于制造和周期检定

10.6 检验夹具的调整和周期检定

10.6.1 检验夹具的调整

检验夹具作为测量产品质量的专门工具,从设计、制造到管理,应具备一整套完善的运行机制。检验夹具的方案结构和公差标注是非常关键的,正确的制造工艺为保证检验夹具的精度指标提供可靠的保障。检验夹具制造后的调整是用户正常使用的前提。

通常对检验夹具进行调整的目的和要求如下:

1) 检验夹具是针对单个产品的专业计量器具,在设计和制造当中难免会出现一些问题。工作夹具可以在现场调整,检验夹具在现场要直接使用。由于精度较高,现场检查员不能随意调整检验夹具,他们只是使用。因而,堵漏是调整的目的之一。

2) 解决检验夹具与产品的干涉问题,检查检验夹具与实物是否匹配。检验夹具定位、夹紧和测量时,有时会与工件发生干涉,调整中发现问题进行必要的改制可以使问题得到解决。

3) 检定检验夹具的总图尺寸和校准尺寸是对调整的要求。在调整中要对检验夹具进行必要的尺寸测量,在自身没有测量手段时要委托有关部门进行精测,并要求出具具有效力的检定结果报告,作为验收合格的证明。

4) 调整检验夹具,使定位测量环节灵活可靠。保证滑板、活动测销、传动装置等运动灵活,调整弹簧力的大小,保证力量适度是调整中要注意的地方。

5) 保证检验夹具定位和测量的稳定性是调整的主要目的之一。一般最好用产品零件调整,反复测量其稳定性。如不稳定,应分析产生问题的原因并予以解决。

10.6.2 检验夹具的周期检定

检验夹具在使用过程中由于磨损等原因造成测量偏差加大,直接影响产品精度。检验夹具在使用一段时间后进行检定,及时更换磨损的零部件或进行修复,从而保证检验夹具的可靠性是非常重要。

对检验夹具进行周期检定的要求可以归纳为:

1) 按检定卡进行尺寸检定。检验夹具在设计完毕后,由设计者负责书写检验夹具使用说明书和检定卡。检定卡的内容主要包括总图中定位孔或轴的定位尺寸及磨损尺寸;测销的测量尺寸和磨损尺寸;校准件尺寸;定位和测量的带有公差的位置尺寸;总图中标注的形状位置公差尺寸;总图中标明的技术要求等。一般情况下,检验夹具进行周期检定只检定上面提到的前三项,其他检定项目只在检验夹具返修或重新制造后才进行一次性检定。

2) 对投产前的检验夹具进行认定,符合图样要求发放合格证明,允许检查人员使用。

3) 维护检验夹具,保证正常使用。检验夹具使用当中随时提供服务,进行技术指导和简单的维修,保证检验夹具使用状态良好。

4) 根据情况修改检验夹具使用说明书的校对和读数数据。

5) 监督检验夹具的合理使用,不允许检查人员或其他人员擅自改动检验夹具的结构。

6) 对周期检定中超过磨损极限或损坏的检验夹具提出返修要求,退到有关部门返修或重新订货。

7) 对使用中完全磨损没有返修价值的检验夹具,提出整套订货要求。

8) 周期检定的间隔时间完全取决于检验夹具的使用频次及检验夹具的精度等级。易磨损件就需要经常检定以避免检验夹具尺寸超差造成产品误检。

10.7 组合检验夹具

10.7.1 组合检验夹具概述及示例

1. 组合检验夹具概述

以前各节讨论的检验夹具是应用于大批量生产、针对特定零件生产过程检测需要而方便使用的专用检验夹具,这和专用机床夹具的作用完全一样。当产品经常更新或小批量生产时经济上是不可行的。目前,检验夹具的主要部分的零部件都在进行标准化,既加快了生产准备又降低了成本,也是检验夹具的一个发展方向。

组合检验夹具是在组合夹具基础上发展起来的。虽然第9章中的组合夹具在一定生产条件下可以扩大应用,但其各类元件还是以主要用于组装机床夹具为目的而设计的。在检验夹具扩大应用时,势必不能十分完善。为解决这个问题,往往需要增加元件的类型或重新设计,但所设计的新元件的结构要素应与我国组合夹具标准统一,可与组合夹具元件相互通用。此外,日本、瑞士以及前苏联等国还研制了专门用于检验、测量的组合量仪成套元件。我国也在进行这方面的研究。总之,无论是机床夹具,还是其他工艺装备,都在沿着模块化、组合化和调整化的方向发展,其结果必然是产生各式各样的可以重复使用的工艺装备。

采用组合元件组装检验夹具,不仅在大批量生产中也在多品种小批量生产条件下保证了产品的质量,同时提高检测效率。由现行组合夹具元件组装检验夹具时,可以利用现有的通用量具(如千分表等),也可以为此设计制造专用件。国内外都已开始研制为检验某一类零件(如轴类)或某一类产品为对象的组合量仪成套元件,并和现行组合夹具元件配套使用,扩大后者的检测范围和增加使用的灵活性。

组合检验夹具和第9章中所述分类相同,有槽系、孔系和槽孔结合的多种不同系统。目前所用的结构要素标准也相同。在我国组合检验夹具也有习惯称为组合量具。

2. 组合检验夹具应用示例

(1) 用现有槽系组合夹具元件组装成检验夹具的示例

1) 同轴度组合检验夹具 如图10-22所示,通过选件组装后,把定位轴2的ϕ35h7一端插入三棱定位支座5的孔中,用表调整,使由三个ϕ60圆形定位盘8组成的三点定位圆与定位轴2同心。然后把紧固百分表的台阶定位板1套在定位轴2的ϕ26h7一端,用紧固螺钉紧固并使表的测头与ϕ180H7孔壁接触,把指针调到零位。转动工件,使测头与孔壁各点接触,指针的最大读数,即为ϕ180H7孔与定位孔的同轴度误差。再松开台阶定位板1的紧固螺钉,将表架下移,使表的测头与ϕ160H7孔壁接触后紧固,把指针调到零位,仍转动工件,指针的最大读数为ϕ160H7孔与定位孔的同轴度误差。

2) 垂直度组合检验夹具。如图10-23所示,此夹具在组装时,首先用垂直检验棒或表精调,使夹具的三点定位面即端孔定位支承2和多槽大长方支承1的端面,与基础板5的上平面垂直度误差不得大于0.02mm,然后把工件安装好。把表座放在基础板上平面,使表的测头与工件B面接触,把表针调至零位。移动表座,测量B面各点,其最大读数值即为垂直度误差。

(2) 用现有槽系组合夹具元件和通用检验工具组装的组合检验夹具 如图10-24所示为检验连杆小头对大头孔轴线平行度的组合检验夹具。此夹具选用两块槽系方形基础板组成夹具体,并由表中所示各元件组装成夹具。检验工具则用通用的千分表架和千分表组成。检验时千分表架底座在基础板1上移动就可进行测量。

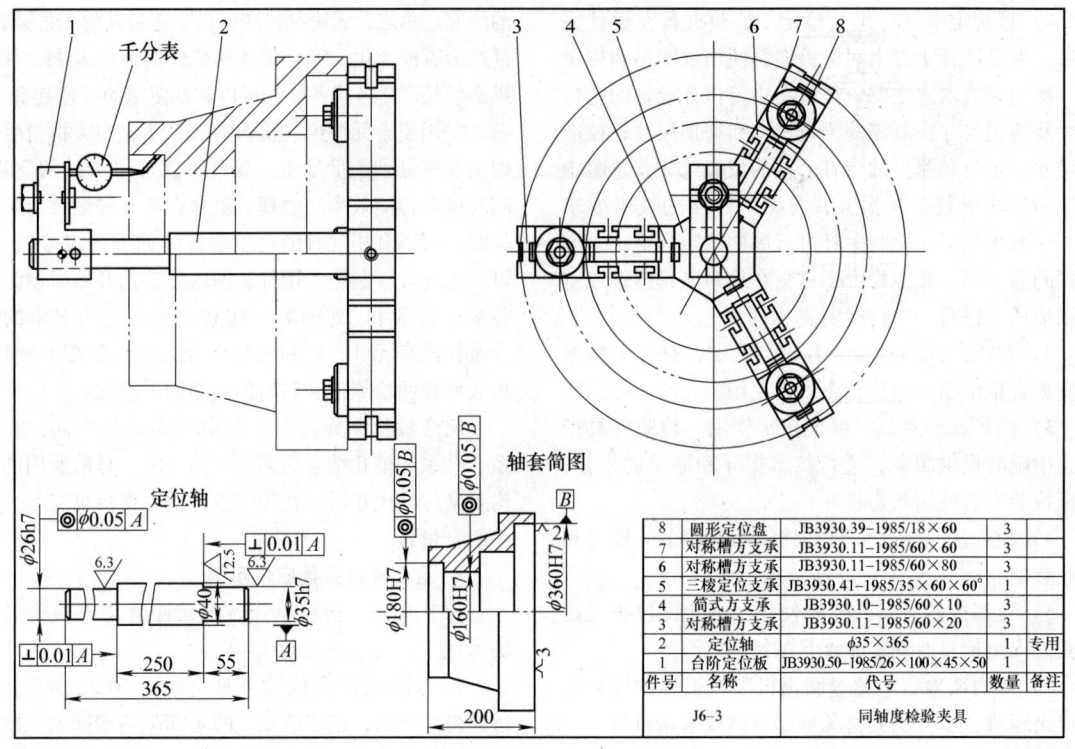

图 10-22 同轴度组合检验夹具

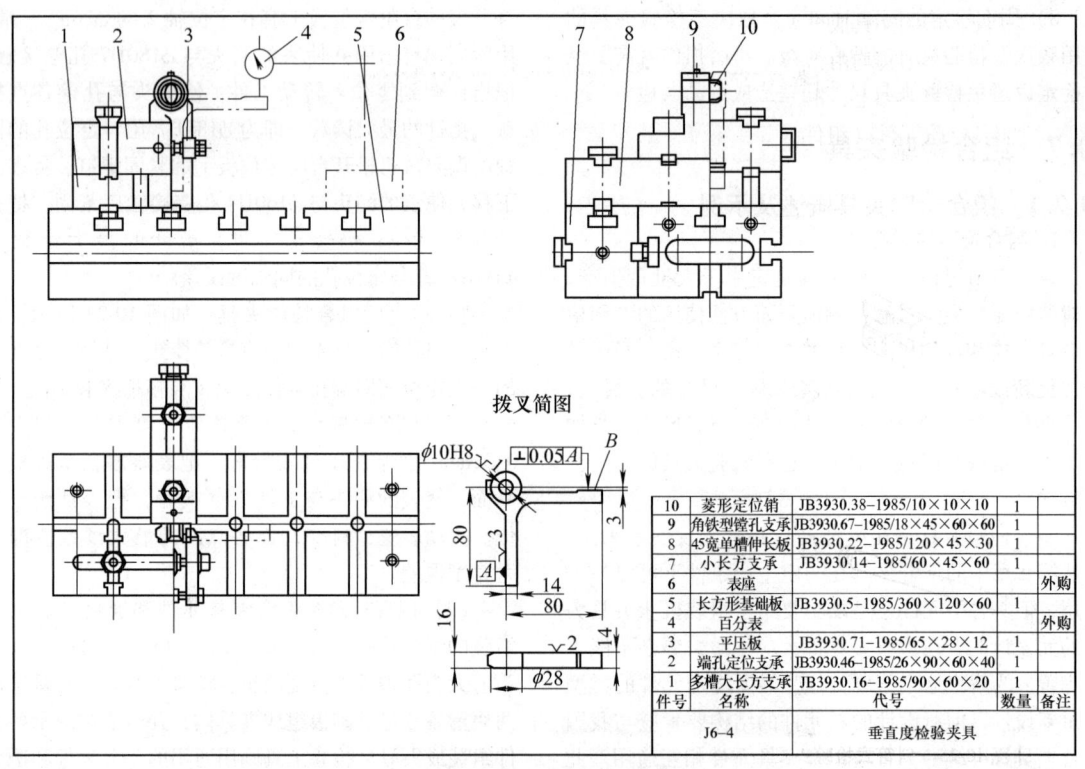

图 10-23 垂直度组合检验夹具

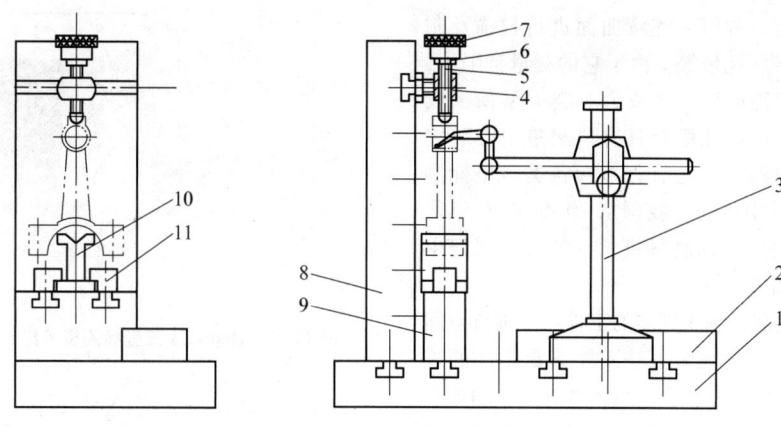

图 10-24 由组合夹具元件和通用检验工具组装的组合夹具
1、8—基础板 2—伸长板 3—表架 4—侧支钉 5—球头螺钉 6—薄螺母
7—滚花螺母 9—支承块 10—V 形块 11—平压板

(3) 用专门设计的成套组合检验夹具元件组装的组合检验夹具 这套由薄壁钢管（厚 1.5~1.8mm）和销轴通过铰链等组合元件，可以组装成各种斜管式检验夹具，是前苏联科技人员设计主要用于机床制造中的测量，也是一套颇具特色的组合量具。这种检验夹具主要由杆件（钢管和轴）、定位元件、固定钢管和轴的元件、固定和可调测量机构的元件组成。在这种组合检验夹具成套元件中，没有起到底座作用的基础件，其结构均由钢管和铰链组成。各种定位元件固定在钢管或轴上，根据需要可设计各种定位元件。常用的定位元件（组件）如图 10-25 所示。各种固定元件用于将钢管连接成统一体，起到桥板、立柱等基础件的作用。固定和调整测量仪表的元件用于安装和调整百分表、水平仪、光学仪器和其他测量装置的工作位置。

图 10-26 所示为组装后用于检测机床导轨平行度的斜管式检验夹具。

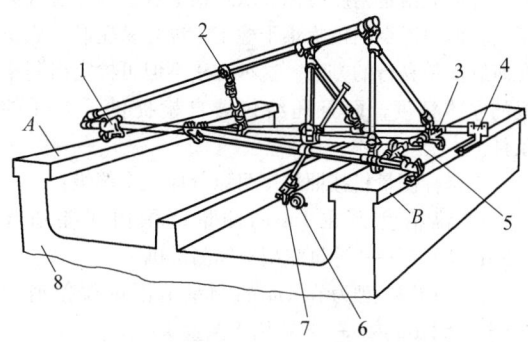

图 10-26 检测机床导轨平行度的斜管式检验夹具
A—水平面 B—垂直面 1、3、4—基准支承
2—铰链 5—三通 6—千分表 7—表杆 8—机床导轨

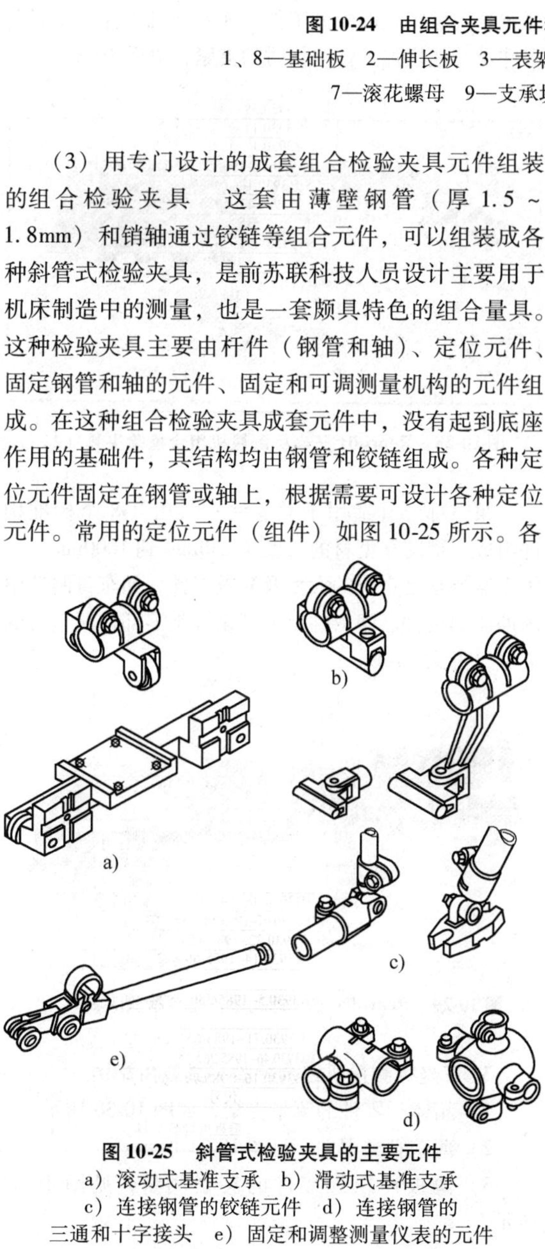

图 10-25 斜管式检验夹具的主要元件
a) 滚动式基准支承 b) 滑动式基准支承
c) 连接钢管的铰链元件 d) 连接钢管的三通和十字接头 e) 固定和调整测量仪表的元件

10.7.2 三坐标测量机组合检验夹具

1. 三坐标测量机概述

三坐标测量机是近年来发展的一种高效率的精密测量仪器。它广泛地用于机械和仪器制造、电子工业、汽车和航空工业中，用做零件和部件的几何尺寸及相互位置的测量。例如箱体、导轨、涡轮和泵的叶片、多边形体、缸体、齿轮、凸轮和飞机型体等空间型面的测量。除此之外，它还可画线定中心孔、钻孔、铣切模型和样板，刻制光栅及线纹尺，

光刻集成线路板等，并可对连续曲面进行扫描及制备数控机床的数字穿孔带等。由于它的测量范围大，精度高，效率快，性能好，已成为一类大型精密仪器。它与数控加工中心相配合具有"测量中心"之称号。据统计，目前国外已有近万台各类三坐标测量机在生产和计量中应用。我国从20世纪70年代开始，引进与研制三坐标测量机，在各工业部门中已得到广泛的应用。

随着生产的发展，越来越多的工件需要进行空间三坐标测量，而传统的测量方法不能满足生产的需要，由于机械加工生产线、数控机床加工及自动加工线的发展，对检验提出了新的要求。对于各类的复杂零件进行首件和中间过程的检测，要求快而精确，检测往往需要在加工车间中进行，或将测量机直接串接到生产线上，检验的零件数量加大，科学化管理程度加强，因此需要各种类型的坐标测量机，至今已逐渐形成以下几个类型：

1) 数字显示及打印型（N）。
2) 带有小型电子计算机进行数据处理（NC）。
3) 计算机数字控制（CNC）。

三坐标精度标定，这是采用空间三坐标精度的直接标定法，即采用空间球模型，直接标定三坐标精度，并以此给定精度指标。从理论上看这种方法直截了当，但由于空间模板难于检定，也容易变形，故正在研制简单易行的方法。这种方法不但可检定出测量机的立体精度，而且还给仪器自检提供了方便的条件。

三坐标测量机按照精度可以分成三个等级：

1) 高精度为在1m的测量范围内误差值在±5μm以下者——计量室型坐标测量机。
2) 中等精度为在1m的测量范围内误差值在±(5~15)μm内——主要用于测量生产工件。
3) 低精度型又称为生产车间型——主要用于测量生产工件。

2. 三坐标测量机组合检验夹具概述

三坐标测量机组合检验夹具元件分为：基础件、支承件、定位件、连接件、压紧件、紧固件、辅助件和合件等八类。

这里以Reprofix三坐标测量机为例，其组合检验夹具元件包括三个部分：

第一部分（适用于小零件）共由87个标准构件组成，底板长×宽：250mm×250mm。适用于需要重复定位精度的小型及轻型工件，如铝铸件、塑料件测量时的夹紧，见图10-27。

第二部分（适用于中型零件）共由193个标准

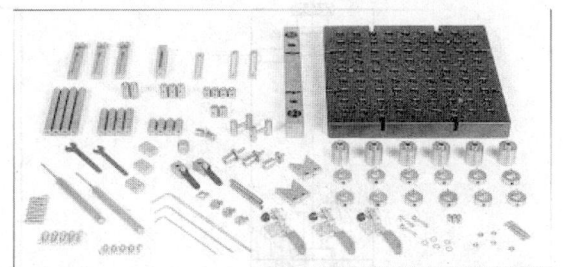

图10-27 Reprofix三坐标测量机组合检验夹具（1）

构件组成，底板长×宽：500mm×400mm。适用于需要重复定位精度的中型工件，如发动机零件，变速器零件及其他机加工件测量时的夹紧，见图10-28。

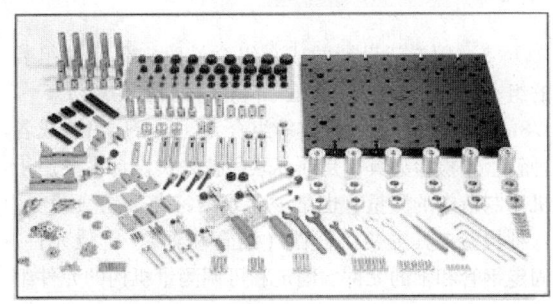

图10-28 Reprofix三坐标测量机组合检验夹具（2）

第三部分（适用于大零件）共由258个标准构件组成，带网孔型材的长度从250mm到1000mm。适用于需要重复定位的大型及笨重工件，如车身制造中的冲压焊接件、塑料件及大型箱体类零部件测量时的夹紧，见图10-29。

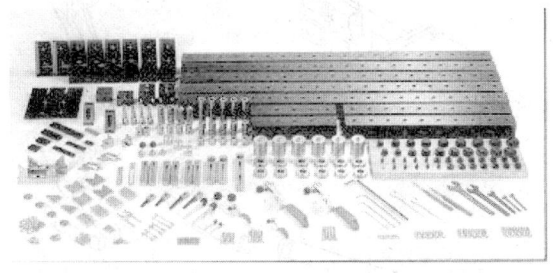

图10-29 Reprofix三坐标测量机组合检验夹具（3）

3. 三坐标测量机组合检验夹具应用举例

1) 箱体类零件的测量支架，如图10-30所示。
2) 薄壁管类零件，见图10-31所示。
3) 薄板冲压焊接件的夹紧测量，见图10-32所示。

图 10-30　箱体类零件的测量支架

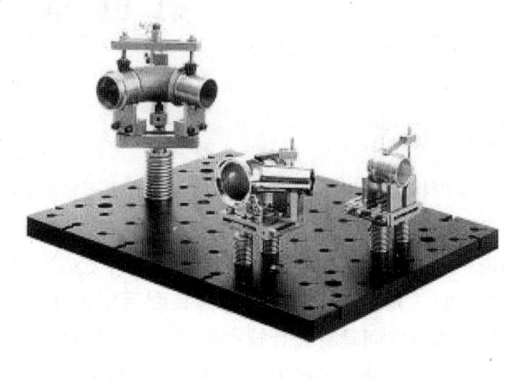

图 10-31　薄壁管类零件

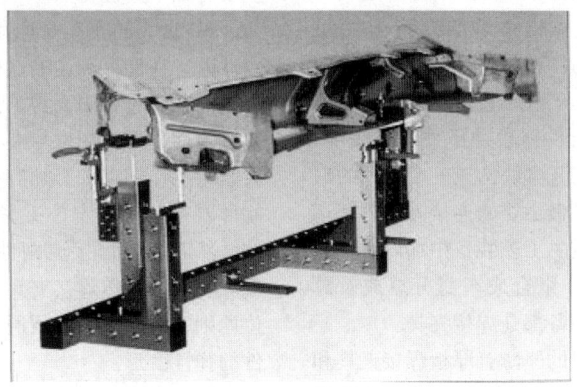

图 10-32　薄板冲压焊接件的夹紧测量

第11章 焊接夹具

11.1 概述

在焊接结构生产中，装配和焊接是两道重要的生产工序，根据焊接工艺的要求通常以两种方式完成这两道工序。一种是先装配后焊接，另一种是边装配边焊接。将预先制作好的结构零件装配后定位并夹紧，使每个焊件之间具有符合技术标准的相对准确位置和几何尺寸，并采取焊接工艺最终将其连接的工艺装备称为焊接夹具。

由于焊接结构在某些方面较之铆接结构有材料省、重量轻、体积小、生产率高和成本低等优点，在汽车、船舶、飞机、石油化工、矿山、冶金、建筑结构、宇航、电子、武器、工程机械等机械装备中大量采用焊接结构。而焊接结构件都是由许多形状各异的零件所构成的。例如：轿车车身，它是具有复杂型面的薄壁壳体零件，是由数百件薄板冲压件通过装配、焊接、铆接或机械连接等工艺方法构成一个完整的白车身车体。其中焊接工艺是最主要的连接方法。把车身各冲压件依次装配在一定的工艺装备中加以定位并夹紧后，焊接后形成整体，组合成车身分总成及总成。此过程所使用的工艺装备都是焊接夹具。

焊接夹具按被焊接材料的厚薄有厚板焊接夹具和薄板焊接夹具之分。从夹具角度看薄板焊接由于薄板刚度低易变形，定位夹紧需要周密考虑，在技术上比厚板焊接更复杂，故本章以薄板焊接为例说明。厚板构件如工程机械中的零部件，通过夹具定位夹紧后先完成装配，再经点焊完成雏形后最终焊接成构件，相对较为简单。

焊接夹具按生产规模分为大批量生产用的专用焊接夹具和单件小批生产用的组合焊接夹具。专用夹具因为产品对象不同而有所不同，而组合夹具具有通用性，和产品无关。本章以其中技术复杂的轿车车身薄板焊接夹具为例作为分析借鉴和重点讨论的对象。

在装配焊接过程中，对有互换要求或有配合关系的焊接结构件，必须用焊接夹具来确定其形状、空间尺寸和相互位置。特别是轿车，轿车是一种典型的焊接结构产品，一辆轿车至少有5000个焊点、焊缝长达40m以上，仅车身就由数百个冲压件按一定空间次序立体排列组合焊接而成。因此，焊接夹具是保障汽车车身生产的主要工艺装备。

11.2 焊接夹具的特点、分类与组成

11.2.1 焊接夹具的特点

制件在夹具中安装包括定位和夹紧两个过程。制件的定位就是使每一个制件依次放入夹具都能占据一个正确的空间位置。焊接夹具是用于制件的装配焊接，机床夹具是用于机械加工，其工艺方法、功能和作用均有不同，有其共性也有其特性。而点焊、多点焊、凸焊、CO_2气体保护焊是轿车车身生产中应用最多的几种方法，几乎达到95%。本章介绍的焊接夹具也是针对这几种工艺方法而言。归纳起来焊接夹具主要有如下共性特点。

1) 因为轿车车身产品均是薄板冲压件组成，其刚性差，在储存和运输过程中易产生弹性变形。在用夹具的装配过程中，为了克服弹性变形，必须用外力使有弹性变形的制件与夹具的定位件紧密贴合，所有夹紧力的作用点都必须有相应的定位块。而且，一个制件要有若干个定位夹紧单元，使之形成一个刚性体，然后才能焊接成刚性较强、尺寸合格的车身总成。所以，虽然焊接夹具的定位原则同样遵循六点定位原则，但是夹具必须通过过定位，来克服薄板冲压件的弹性变形。

2) 焊接夹具是将两个或两个以上的制件准确定位、夹紧后用焊接方法将制件焊成一个整体。在采用双面单点焊接工艺过程中，夹具主要承受焊接应力、夹紧力和焊件自身重力，个别时候承受装配工具的打击力。因此，夹具一般不承受很大的外力。但是，如果采用单面多点焊接工艺或用反作用焊枪焊时，夹具除了要承受焊接应力、夹紧力、焊件自身重力外，还需要承受一把或者多把焊枪的焊接压力。此时，夹具就要承受较大的外力。

3) 由于焊接结构件一般是由多个单一制件焊接而成，操作时制件在焊接夹具中都是按顺序依次进行装配焊接，因此每个制件都要有自身独立的定位、夹紧机构，经焊接后几个制件连成一个整体。此时的结构件变得尺寸较大、自重增加、形状复杂。焊接夹具则应满足制件可单件放入，焊后的整体结构件仍然能从夹具中顺利的取出，不得与任何机构干涉，或者根本无法从夹具中取出。

4) 当焊接结构件是由冲压工艺制成的薄钢板壳

体制件拼焊而成时,如汽车车身多为0.8~1.2mm厚的薄钢板冲压件,均是空间曲面、结构复杂、刚性差、易变形。焊接夹具中为每一个冲压件都设立若干个定位、夹紧机构,以保证制件正确的空间位置。因此,每套焊接夹具的定位夹紧机构都很多,少则几个或十几个,多则几十个,甚至上百个组合在一起。

5)在焊接过程中,由于焊接加热产生的热量传导给焊接结构件,使其产生热变形。当焊接完毕时,焊接结构件又因冷却而收缩,为了减少或者消除焊接变形,焊接夹具要对制件具有反变形的功能,克服焊接变形导致焊接结构件几何尺寸精度和相对位置精度的超差。

6)焊接夹具的定位夹紧机构比机床夹具多几倍甚至几十倍。而这些机构数量和位置的确定是非常有技巧的。对制件的定位夹紧约束要恰好符合焊接结构件的形状位置精度要求。例如为了消除焊接产生的应力变形,对有的制件要约束过量,达到矫枉过正的效果;而有的制件在某一方向上要有伸缩自由度。所以,焊接夹具设计方案的拟定与机床夹具差异很大。焊接结构变形对夹具设计的影响有:设计者的技术水平、设计者对焊接结构件了解的程度、对焊接工艺方法导致结构件变形的情况,还有许多相关的综合因素。

7)焊接夹具的功能上,除了要保证焊接结构件的形状位置精度要求外,还应符合人体工程学的要求,给操作者提供良好的工作条件。例如:

①焊接操作的位置高度要符合操作者的人体高度。

②有足够的焊接空间和较好的焊接接近性和可见性。

③为了方便地装卸制件,夹具要设置与制件轮廓相吻合的限位板,制件沿限位板能方便地放入夹具。对于尺寸较大、自重较重、操作者手工搬运不方便的结构件,夹具要配置手动或气动的制件退出机构,制件能自动从夹具中退出。

8)操作者施焊过程要符合安全操作规程。焊接夹具应保证操作者的操作符合安全法规的要求,要有符合安全操作规程的保障功能,以免出现人身事故。如当夹具焊接内容全部完成要打开夹紧机构时,必须设置人工双手同时按住控制按钮夹紧机构才能打开的控制程序。当焊接时夹具需要转动或者移动,要和变位机构配合使用保证活动平稳自如。当夹具自身运动停止时,要有安全的限位机构。操作者要有足够的操作空间。

9)焊接过程中,焊接夹具往往是焊接电源二次回路的一个组成部分,因此要设置畅通的导电回路、绝缘机构和焊接电极的设计。如果导电回路和绝缘机构处理不当,引起电流分流,电流没达到焊接参数,就会使焊接接头的强度降低,影响焊接质量。焊接电极的设计则要按焊接参数计算确定导电截面。对电极或过热的机构要设置冷却水道,使急剧受热的部位能迅速散热,以保证夹具处于正常的使用状态。

10)焊接过程中会产生一些焊渣粘接在夹具上。因此,焊接夹具的各运动部件和测量基准要设置防护机构,如气缸活塞杆、气缸导向杆、移动夹具体的导轨、测量基准孔和测量基准槽等部位。如果当夹具的功能部件距焊接位置特别近不易设置防护机构时,则夹具的零件材料就要选择不易粘附焊渣的材料或喷涂特种耐火涂料,在相关夹具表面形成保护层,防止焊渣粘接在这些部位,影响夹具的正常使用,保证焊接要求。

11)用于汽车车身生产焊接夹具的基准,必须以车身产品空间坐标相一致的坐标线为夹具的设计、制造、安装、测量和调试基准。因为车身产品的坐标是空间间隔100mm的网格形式,应选择哪条网格线作为夹具的基准,在拟定设计方案时确定。夹具基准的表现形式很多种,如:主基准、副基准、基准面、基准孔、基准销、基准线等。一般要以夹具体与定位夹紧机构连接表面作为基准面,在此基准面上刻有基准线或者加工出基准孔、基准销。这是所有焊接夹具都必须注意的问题。

12)对焊接中无法目视焊接位置,焊接工具无法及时按准确位置焊接时,夹具应该有能示意焊接位置,并能使操作者及时准确定焊接位置的焊接工具定位板。

13)凡是生产轿车车身外表面覆盖件的焊接夹具,为防止在焊接生产时汽车车身外表面覆盖件被夹具划伤,夹具中与制件接触的定位和夹紧型面的材料一律选用聚氨酯或尼龙等非金属材料。其他产品也应注意此类问题。

14)为防止在焊接生产时,由于焊接过程中焊接压力导致轿车车身外表面覆盖件有明显的焊接痕迹,影响美观效果,凡是生产轿车车身外表面覆盖件的焊接夹具,应在焊接位置处设置铜材垫板,使焊接工具在焊接时的压力作用在铜材垫板上,而不直接作用在车身外表面上。垫板选择为铜材是为了导电,此时的垫板是焊接回路的一部分。这样既保证了焊接质量又不影响车身表面的美观。此条件是车身焊接特殊要求,其他非表面焊接件可不考虑。

15)为了充分利用好设备、厂房面积等企业资源，有效组织生产，有些夹具是要可移动的。为方便大夹具移动，一般是在夹具工作台底角处安装四个轮子，其中两个万向轮两个定向轮。在考虑移动方便的同时也要考虑生产时夹具的稳定性和夹具移动时速度平稳。要在夹具的轮子上设置制动固定装置。当夹具移动时，通过行走轮上的制动装置调整和控制速度；当夹具需要固定时，制动装置上的固定机构可将夹具牢牢固定在地面。

16) 有时在一套夹具上装配焊接的零件比较多，而且零件的形状又比较相像，为保证操作者快速准确地装配零件，不发生装配错误，如拿错零件、零件的装配位置不对或装配顺序不对等，在焊接夹具中要有防错装置。例如：在电路或者气路控制系统里，通过加顺序阀顺序实现控制功能，可防止装配顺序错误；在零件外轮廓的位置处，设置若干个限位机构，当零件错装时就会与此机构干涉，零件装不到夹具中去，以此来提醒操作者出现错误必须立即纠正。

17) 当夹具与机器人、自动焊接装置、输送系统、焊接设备、焊接工具等有匹配关系时，夹具的结构布置不能与其运动轨迹干涉。

18) 为提高焊接夹具的设计制造效率、保证良好的互换性，夹具中各功能部件的结构件，尽量采取标准化系列化的处理方法。以角铁形支座为例，支座分别与工作台和定位板连接的安装孔距尺寸为定值，而在支型座高度方向尺寸可以按具体要求成系列变化。

19) 焊接夹具的定位夹紧元件与工件接触部分的型面，接触面积大了容易发生干涉，小了定位不准确会影响焊接总成的几何尺寸。目前，国内外的通行做法是：生产轿车的焊接夹具采用宽度 16mm 的 45 中碳钢板材，生产载重车则采用宽度 19mm 的 45 中碳钢板，特殊情况根据需要采用比 19mm 更宽的钢板。长度方向则根据制件的大小，连续接触长度一般不超过 50mm，如果制件比较大，可以采取几处间断接触。因为连续接触长度越长，定位精度越低。定位夹紧型面与制件的接触面积要大于 80%。当接触面积要小于 80% 时，说明制件没有与定位夹紧型面很好地贴合，20% 以上的面积处于悬空状态，夹具达不到定位精度。焊接后总成的几何尺寸会严重超差。

20) 焊接夹具是焊接电源二次回路的组成部分，因此施焊时，夹具各运动部件的结合处容易起弧。为了避免因起弧而发生工件表面的烧损，应设法使二次回路的一端从离焊件最近的地方引出，即在焊缝始末端分别设置引弧板和引出板，力戒焊接电流从夹具周身流过。

21) 夹具的夹紧机构应该有自锁功能，也就是当动力源的动力取消后，夹具的夹紧机构不因焊件或机构自重的作用而倒转或因夹紧反力的作用而松开。比如：手动夹紧器的四连杆机构在处于夹紧位置要自锁；气动夹紧机构要有保压功能，当切断气源后机构仍然有压力。

22) 焊接过程产生大量的热会导致焊件受热变形，夹具要具有很好的散热性能，尽快将焊件上的热量散发出去。一般按不同情况采用自然冷却或水路冷却系统强制冷却。

23) 焊接夹具应具有良好的通风条件消除烟尘。为此，在焊接烟尘很多、散发很慢时，应安装通风设备或抽气罩。

24) 焊接夹具的结构形式应有利于清除焊渣、焊剂、熔融金属飞溅、铁锈等杂物。避免杂物的积聚影响夹具的使用效果。

25) 夹具上的夹紧机构，不能由于焊接变形产生的阻力使夹紧机构松开时不能复位。

26) 当车身总成是系列产品时，要根据标准白车身平台和系列车身结构特点、组合关系和焊接工艺技术要求，焊接夹具的功能和结构必须要满足柔性混流生产的需要。

27) 具有较好的维修性、保养性，易损件便于更换，运动部分尽量采用自润滑材料，无法自润滑运动部分，采用集中加油进行润滑。

28) 连接夹具的压缩空气、冷却水进口处配有压力计，压力异常时要发出报警。

上述焊接夹具的各种特点，虽为针对轿车车身覆盖件，基本上也符合各种薄壁和厚壁焊接夹具。

11.2.2 焊接夹具的分类

轿车车身制造技术发展到今天，国内外汽车白车身的生产通常都是采用流水生产方式。生产线上有若干个工位，每个工位配备专用的焊接夹具，通过夹具上定位夹紧机构的快速更换，在一条生产线上实现柔性混流生产系列不同规格的白车身总成。由于车型功能、车身结构、生产纲领、焊接工艺等方面的不同，焊接夹具在功能、结构、控制方式、精度等级上有很大的差异。对其他行业的薄板和厚板焊接夹具情况也都如此，但都可以按焊接工艺方法、夹具操作形式、夹具动力源、生产方式等几种形式归纳为以下几类。

1. 按焊接工艺方法的分类（见表 11-1）

(1) 电阻焊夹具 制件在夹具中装配准确定位并夹紧后，采用电流通过焊件时产生的电阻热加热制件进行焊接。此种焊接工艺方法所用的夹具称为电阻焊夹具。用此类焊接方法焊出的焊接结构件焊接变形小，多用于薄板冲压件的焊接。在轿车车身制造中大量地采用了该种工艺方法。

电阻焊夹具的分类见表 11-2 所示。

表 11-1 现代汽车生产采用的焊接工艺方法及典型应用实例

焊接工艺分类Ⅰ	焊接工艺方法			典型应用实例
	焊接工艺分类Ⅱ	焊接设备	焊接工具	
点接触焊	点焊	悬挂点焊机	手工焊钳、手工焊枪、自动化焊接装置、机器人	车身焊接总成及各分总成
		固定点焊机	焊接电极	小型零部件
	多点焊	机床式多点焊机	焊枪	车身地板焊接总成
		C 型多点焊机	焊枪	车门、发动机盖、行李箱盖等分总成
	凸焊	固定凸焊机	焊接电极	制动踢片等支架类零件和螺母
	缝焊	悬挂缝焊机	焊接电极	车身顶盖流水槽
		固定缝焊机	焊接电极	汽油箱总成
	闪光对焊	专用焊机	焊接电极	后桥壳、车轮轮辋钢圈
电弧焊	CO_2 气体保护焊	半自动专用焊机	焊枪	车身总成
		自动焊机	焊枪	后桥壳、消声器等
	氩弧焊	专用焊机	焊枪	车身顶盖后两侧接缝
	焊条电弧焊	专用焊机	焊枪	厚料零部件
	埋弧焊	专用焊机	焊枪	重型后桥壳
气焊	氧乙炔焊	专用焊机	焊枪	车身总成补焊
	钎（铜、银）焊	专用焊机	焊枪	铜和钢件或者银和钢件
特种焊	微弧等离子焊	专用焊机	焊枪	车身顶盖后角板
	电子束焊	专用焊机	电子束枪	齿轮
	激光焊	专用焊机	激光束枪	车身地板、顶盖等焊接总成
	摩擦焊	专用焊机	焊接电极	后桥壳管与法兰转向杆

表 11-2 电阻焊夹具的分类

序号	夹具名称	焊接工艺方法	夹具定义	夹具特点
1	点焊夹具	两焊件压紧于两圆柱形电极之间，通电加热、加压后，在焊件间形成一个焊点连接焊件	焊件在夹具中装配准确定位并夹紧。采用此种焊接工艺方法将被焊件连接起来，所用的夹具称为点焊夹具	1）焊件在夹具中装配准确定位并夹紧。夹具功能和结构要满足点焊工艺的要求 2）有足够的焊接空间、较好的焊接接近性和可见性 3）为防止金属飞溅物粘接在夹具上，夹具的各运动部件和测量基准应设置防护机构。当某些部件不易安装防护机构时，就要选择铸铁、铜材等不易粘接的材料 4）当焊接时操作者无法及时确定准确的焊接位置，夹具应该有能示意焊接位置并能使操作者及时准确定位焊接位置的焊钳定位板 5）夹具结构布置不能与焊接设备、焊接工具、输送系统等有匹配关系的机构干涉 6）夹具应满足焊件可单独放入，焊后也能整体顺利取出

（续）

序号	夹具名称	焊接工艺方法	夹具定义	夹具特点
2	凸焊夹具	1）两圆柱形电极压紧于两焊件预先冲出的凸点之间，通电加热、加压后，在焊件间凸点处形成一个焊点连接焊件 2）焊件所有的凸点必须同时焊接	焊件在夹具中装配准确定位并夹紧。采用此种焊接工艺方法将被焊件连接起来，所用的夹具称为凸焊夹具	1）焊件在夹具中装配准确定位并夹紧。夹具功能和结构要满足凸焊工艺的要求 2）夹具本体强度要很高能承受很大的焊接压力 3）同时焊接时，要有浮动机构使几个电极之间可以独立浮动，保证使每个凸点都有足够的焊接压力和电流 4）夹具是焊接电源二次回路的一个组成部分，要设置电极和畅通的电极导电回路，以减少焊接时的电极发热 5）为及时降低电极的温度，导散焊件表面热量，电极要有循环水冷却系统 6）夹具要有绝缘机构，将导电回路和电极与其他机构绝缘 7）有足够的焊接空间、较好的焊接接近性和可见性 8）焊件在夹具中装配准确定位并夹紧 9）夹具应满足焊件可单独放入，焊后也能整体顺利取出
3	缝焊夹具	两焊件压紧于两旋转的滚盘状电极之间，通电加热、加压后，在焊件间形成一个连续的焊缝来连接焊件	焊件在夹具中装配准确定位并夹紧。采用此种焊接工艺方法将被焊件连接起来，所用的夹具称为缝焊夹具	1）焊件在夹具中装配准确定位并夹紧。夹具功能和结构要满足缝焊工艺的要求 2）有足够的焊接空间、较好的焊接接近性和可见性 3）为防止金属飞溅物粘接在夹具上，夹具的各运动部件和测量基准应设置防护机构。当某些部件不易安装防护机构时，就要选择铸铁、铜等不易粘接的材料 4）夹具结构布置不能与焊接设备、焊接工具等有匹配关系的机构干涉 5）夹具应满足焊件可单独放入，焊后也能整体顺利取出
4	对焊夹具	在接近焊件端面处，焊件分别被两块矩形电极压紧，并使侧端面相互挤靠，通电加热、加压后，把焊件整个侧端面焊接在一起	焊件在夹具中装配准确定位并夹紧。采用此种焊接工艺方法将被焊件连接起来，所用的夹具称为对焊夹具	1）焊件在夹具中装配准确定位并夹紧。夹具功能和结构要满足对焊工艺的要求 2）有足够的焊接空间、较好的焊接接近性和可见性 3）夹具是焊接电源二次回路的一个组成部分，要设置电极和畅通的电极导电回路，以减少焊接时的电极发热 4）为及时降低电极的温度，导散焊件表面热量，电极要有循环水冷却系统 5）夹具要有绝缘机构，将导电回路和电极与其他机构绝缘 6）夹具本体强度要很高能承受很大的焊接压力 7）夹具应满足焊件可单独放入，焊后也能整体顺利取出

（2）摩擦焊夹具　制件在夹具中装配准确定位并夹紧后，采用摩擦焊的工艺方法将被焊件连接起来，所用的夹具称为摩擦焊夹具。

摩擦焊是热源来自两工件的相对运动（通常是相对旋转）。很大的接触压力和高速的相对旋转使焊接界面迅速加热到焊接温度，并产生塑性流动，然后由于相互顶锻而形成牢固的接头。摩擦焊在摩擦过程中能较好地清除氧化层及夹杂物，焊接表面不易被氧化，组织细密，接头质量高，设备功率小，节省电能。焊接过程中，焊件需要一定的摩擦压力及顶锻压力，因此要求夹具有较大的夹紧力。

（3）弧焊夹具　制件在夹具中装配准确定位并夹紧后，采用电弧焊的工艺方法将被焊件连接起来，所用的夹具为弧焊夹具。弧焊过程一般都会产生大量焊渣粘接在夹具上，因此必须考虑夹具的保护，尤其是夹具的活动部分。另外还应考虑导电及引弧条件。

在焊接过程制件的焊缝中受热集中会产生一定的焊接变形，应将变形量预制在夹具上，利用反变形的方法制造出合格的焊接结构件。也可以在工艺参数上采取一定的措施减小其变形，在厚板构件焊接中应用较多。

2. 按夹具的操作特点分类

表11-3中各种夹具除固定式外，大都要和变位机械或专用设备配合使用。以下按动力源和生产方式的分类方法和机床夹具都相同，但表中列出一些焊接夹具的特点可供参考。

表11-3 按夹具的操作特点分类

序号	夹具名称	操作特点
1	旋转式夹具	生产过程中，操作者用手动或者自动方式使夹具体分别绕水平轴或垂直轴转动，也可同时既绕水平轴又绕垂直轴转动。当夹具体转动到最佳的施焊位置时，可停止在此位置，待操作完毕，夹具体可转回原位。此类夹具的操作特点是：操作者固定，夹具转动可停止在多个不同角度位置
2	固定式夹具	生产过程中，夹具体固定不动，操作者在夹具的周围施焊。此类夹具可与自动焊接装置、机器人等自动焊接设备配合使用。此类夹具的操作特点是：操作者移动，夹具固定
3	摆动式夹具	生产过程中，操作者用手动或者自动方式使夹具体摆动到最佳的施焊位置。此类夹具的操作特点是：操作者固定，夹具摆动一般可停止在两个不同角度位置
4	移动式夹具	夹具地脚处装有滚轮。生产过程中，夹具体固定不动，操作者在夹具的周围施焊。生产完毕后，夹具可根据需要不用任何搬运设备就可以移动到任意位置。此类夹具的操作特点是：操作者移动，夹具的移动方便灵活，当对工件施焊时夹具固定不动，焊接完毕后，夹具仍可继续移动，适用于中、小批量生产规模
5	手持式夹具	生产过程中，设备固定不动，操作者手持夹具送入设备施焊。此类夹具可与自动焊接装置、机器人等自动焊接设备匹配使用。此类夹具的操作特点是：操作者手持夹具，设备固定
6	自动焊接装置	生产过程中，焊钳安装在自动化装置上。自动化装置功能和结构实现焊钳转动、移动、摆动、到位等动作，是属于夹具的一部分

3. 按夹具动力源分类（见表11-4）

表11-4 按夹具动力源分类

序号	夹具名称	操作特点
1	手动夹具	夹具中每个夹紧机构夹紧力的动力源来自人力。夹具动力执行元件是手动夹紧器，人工实施控制。其特点是：手动夹紧器的原理是：当人工在夹紧器的手把上施力时，机械四连杆机构将大于手把几倍的力传递给夹压头，实现了扩力的效果。夹具的所有操作全部由操作者手动完成。适用于简单夹具和中、小批量生产规模
2	气动夹具	夹具中每个夹紧机构夹紧力的动力源是有一定压力的压缩空气。夹具动力执行元件是气缸。操作者通过按钮、逻辑气控阀、气控元件等气动控制系统实现若干个夹紧机构有先后次序地夹紧与打开。结构特点是：夹具的每个夹紧机构一般是一个气缸带动一个夹头动作。或者是一个气缸带动一个气缸动作，后动作气缸再带动一个夹头的第一种连动夹紧机构。在特殊情况下，也可处理成一个气缸同时带动多个夹头动作的第二种连动夹紧机构。适用于生产车身总成或分总成这样的大型结构复杂夹具和大、中批量生产规模
3	液压夹具	夹具中每个夹紧机构夹紧力的动力源是由有一定压力的油。夹具动力执行元件是液压缸。操作者通过按钮、逻辑液控阀、液控元件等液压控制系统实现若干个夹紧机构有先后次序地夹紧与打开。结构特点是：夹具的操作件及运动件的动作均由中、高压油作动力，设有独立的液压站。它的压力大、体积小、结构紧凑、动作平稳。适用于生产车身总成这样的大型结构复杂夹具和大批量生产规模
4	磁力夹具	夹具中夹紧机构夹紧力的动力源是由有一定磁力的磁铁。夹具夹紧力的执行元件是磁铁。结构特点是：夹具中制件是靠磁铁的吸力吸附在定位块或者夹紧块上。适用于操作空间非常狭小，结构需要非常紧凑的地方

(续)

序号	夹具名称	操作特点
5	真空吸盘夹具	夹具中夹紧机构的动力执行元件就是真空吸盘。当有一定压力的压缩空气进入真空发生器产生真空,真空吸盘就吸紧制件。该种夹紧机构具有高效、可靠、操作方便的特点。真空吸盘的吸力不但能满足覆盖件外表面质量的要求,而且能在大面积的零件非边缘部位实现单面吸着压紧 目前,先进的真空吸盘技术,被广泛地应用于汽车生产线上车门、顶盖等外覆盖件装配工序和无人操作的冲压线,机器人抓着夹具送料取件
6	混合夹具	在一套夹具中夹紧机构夹紧力的动力源是两种或多种。如:手动夹紧气动松开、气动夹紧电控松开、气动和磁力互相转换、既有气动夹紧又有真空吸盘、气动加液压等。夹具夹紧力的执行元件也是两种或多种

4. 按夹具生产方式分类(见表11-5)

表11-5 按夹具生产方式分类

夹具名称	夹具定义	夹具特点
随行夹具	操作者按焊接工艺内容完成本道工序生产后,夹具带着焊接合件移动到下一工位,直至最后一道工序,操作者才将完成的焊接总成取出夹具。当夹具沿着一个封闭的长环形轨迹移动时。此种生产线称为"长环形装焊流水生产线",该种生产方式的夹具称为"随行夹具"	夹具随生产线移动,每移动到一个工位,操作者便在夹具中依次装配各工序不同的冲压件或焊接件,完成焊接工艺内容。除最后一道工序外,其他工序都只装不卸,生产线每循环一周即可生产出一个车身总成。夹具中每个制件只装夹一次,不会产生由于重复装夹造成的重复定位误差。但是,因为生产方式要求数套夹具的结构形式精度等级完全一样,在每一套夹具上都能生产出符合技术标准的具有互换性的车身总成。则增加了夹具设计、制造、安装、调试的难度
流水生产线夹具	以流水线方式生产车身总成时,若干套结构功能都不一样的夹具按生产工序内容的不同固定排成"一"字形或"L"形,而焊接件则随着生产线上的物流装置移动。此种生产线称为"贯通式装焊流水生产线"。该种生产方式的夹具称为"流水生产线夹具"	在每道工序的夹具上装配不同的冲压件或焊接件,完成焊接工艺内容后,操作者要将焊接合件取出,放置到转运小车或用吊具送入下道工序。各道工序完成的焊接合件依次随生产线走完一个轨迹即可生产出一个车身总成。要求制件从第一工序夹具开始经过若干工序,就应该生产出符合技术标准的具有互换性的车身总成。每个焊接合件在夹具中多次装夹,必然会产生由于重复装夹造成的重复定位误差
装配台式夹具	当汽车生产小批量多品种时,为了充分利用设备减少投资,一般不会选择流水线的方式。而是集中在一套或几套夹具上,完成所有的焊接工艺内容,生产出一个车身总成。该种生产方式的夹具称为"装配台式固定夹具"	将构成车身总成的制件依次放入夹具,边装配边焊接,直至焊接工艺内容全部完成,操作者将车身总成从夹具中取出。从第一个制件放入夹具到最后一个制件焊接完毕,全部生产过程只在一套或几套夹具中完成。那么这套夹具就应该生产出符合技术标准的具有互换性的车身总成。由于要在一套夹具里完成几个制件的装配和焊接,导致夹具设计比较复杂,考虑问题很多。既要布置几十个制件的定位夹紧机构,又要照顾到焊接时不干涉
分总成夹具	一个车型的车身总成一般是由车身下部、左右侧围、前围、后围、顶盖、左右前后车门等分总成组成。在生产这些分总成时所用的夹具称为"分总成夹具"	与流水生产线夹具的特点相同,不需要用任何搬运设备就可以移动到任意位置。此类夹具的操作特点是:操作者移动,夹具固定,夹具的移动方便灵活。适用于中、小批量生产规模

11.2.3 焊接夹具的组成

任何焊接夹具都可分为以下几类功能部件：定位功能部件、夹紧功能部件、夹具体、特种功能部件等。各类部件的功能详细描述如下。

1. 定位功能部件

定位功能部件顾名思义就是起定位作用。其功能是将需要焊接的每一个制件在夹具中都能安放到正确的空间位置。

定位功能部件直接与制件接触，按车身产品的技术要求将制件约束在夹具中，是保证车身产品符合技术标准具有互换性的关键部分。

2. 夹紧功能部件

夹紧功能部件首先是通过动力源使执行元件产生夹紧力，将制件牢固地夹紧在已经占据的正确空间位置上，并保证制件在生产全过程中与定位功能部件之间不能产生相对运动，不能脱离正确的空间位置。其次，克服制件的弹性变形。因为轿车车身产品均是薄板冲压件组成，其刚性差，在储存和运输过程中易产生弹性变形，在夹具装配过程中，为了克服弹性变形，夹紧功能部件的夹紧力必须使制件与定位功能部件紧密贴合。

3. 夹具体

它是焊接夹具的基础部件，不但是定位功能部件设计、加工、安装、测量、调试的基准，而且所有的功能部件和机构都安装在上面，可视为夹具的空间坐标。就其作用和结构而言，对夹具体形状位置精度和精度的稳定性有严格要求。

4. 特种功能部件

焊接夹具中除了定位、夹紧、夹具体等主要功能部件外，还需要许多特种功能部件。虽然它们的功能只起辅助作用，但其重要性也是不言而喻。这些功能部件有：防装错功能部件、制件自动退出夹具功能部件、限位锁紧功能部件、保护功能部件、绝缘功能部件、导电功能部件、移动功能部件、转动及分度限位功能部件等。这些部件对提高装配焊接质量、提高生产效率、保证人身安全、减轻操作者劳动强度等都起到重要作用。这些特殊功能部件主要用于专用焊接夹具，其结构和相关说明见 11.3.4 节。用于单件小批生产的焊接组合夹具或简易的焊接夹具，特种部件部分可以采用通用的焊接变位机械、焊接滚轮架、翻转机、回转台、升降台等。

11.3 焊接夹具功能部件及典型结构

一套焊接夹具是由若干个不同功能部件组成。夹具的功能是通过结构实现。下面就这些部件的分类、功能、形式及典型结构作介绍。

11.3.1 定位功能部件及典型结构

定位功能部件按定位方式分类，可分为定位销、定位面两大类。

1. 定位销功能部件

（1）定位销的功能　通过定位销与制件上孔的公差配合关系，实现对制件在正确空间位置的约束，达到制件在夹具中定位。

（2）定位销的形式　定位销有多种形式：固定销、移动销、拔销、插销、旋转销、圆销、削边销、直销、台阶销等。

（3）定位销的典型结构　定位销的典型结构见表 11-6。

表 11-6　定位销典型结构

名　称	结构举例	说　明
固定销 1	1—定位销(形式 1)　2—定位销(形式 2)　3—支座	定位销安装在固定支座上，位置精度依靠机械加工和安装保证。调整和使用时不易变动

(续)

名 称	结构举例	说 明
固定销2	1—定位销　2—支座　3—垫片　4—连接板	此定位销的安装方式与固定销1有所不同。为了方便调整和使用,一般将定位销安装在带调整垫片的支座上,可根据需要变动垫片的数量达到在水平方向上一维或二维调整销子位置的目的
移动销	1—制件　2—定位销(工作状态)　3—支座 4—可移动装置(气缸)　5—定位销(非工作状态)	定位销的支座安装在可移动装置上,由可移动装置(气缸)带动定位销插入制件孔中,实现定位功能;在非工作状态时,定位销随可移动装置脱离定位制件,目的是方便装卸制件
拔销	1—制件　2—定位销(工作状态)　3—支座 4—导向套　5—定位销(非工作状态)	操作者手持定位销通过制件插入支座上的导向套里,实现定位功能;在非工作状态操作者拔出定位销,使其脱离定位制件,目的是为了方便装卸制件

(续)

名 称	结构举例	说 明
旋转销	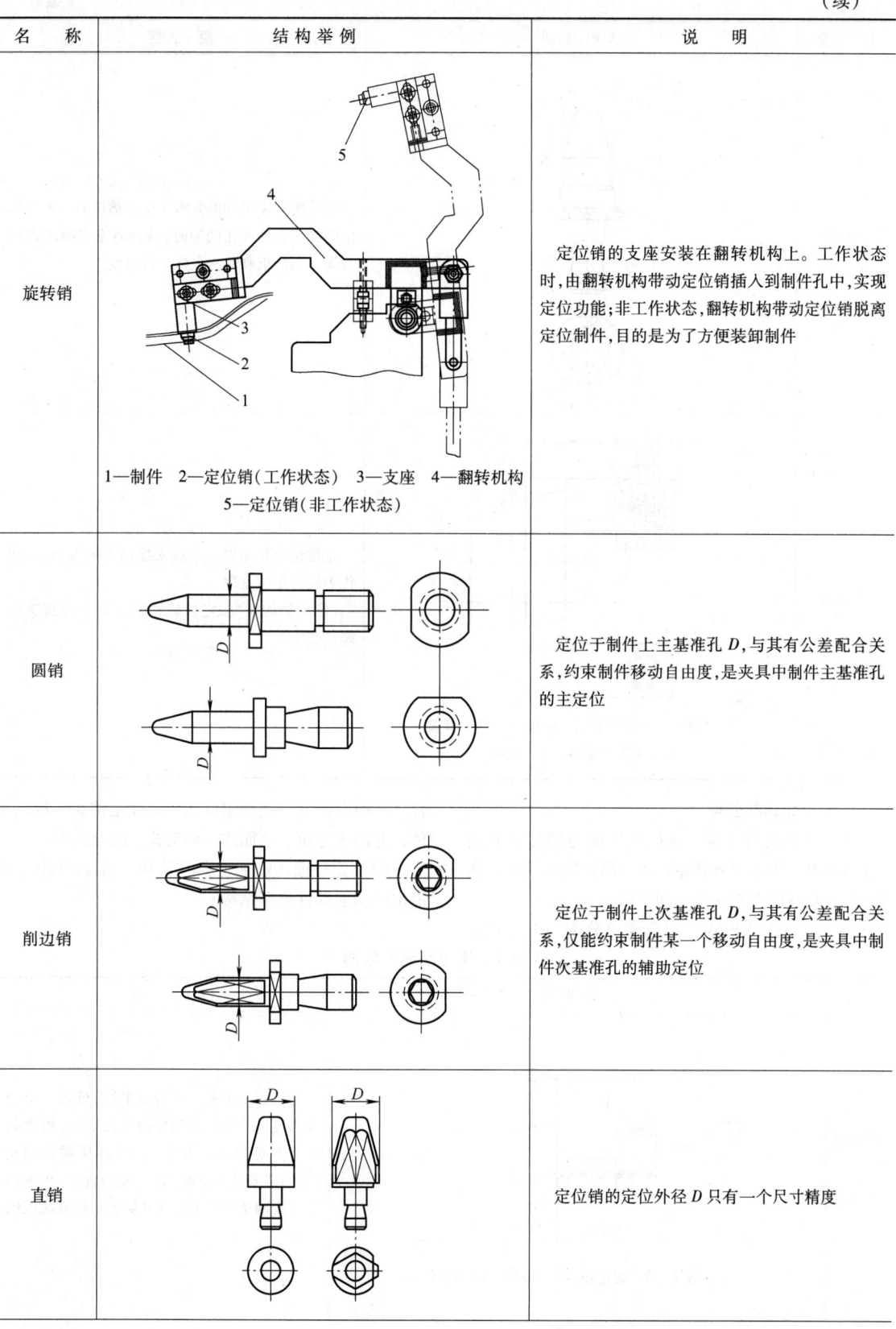 1—制件 2—定位销（工作状态） 3—支座 4—翻转机构 5—定位销（非工作状态）	定位销的支座安装在翻转机构上。工作状态时，由翻转机构带动定位销插入到制件孔中，实现定位功能；非工作状态，翻转机构带动定位销脱离定位制件，目的是为了方便装卸制件
圆销		定位于制件上主基准孔 D，与其有公差配合关系，约束制件移动自由度，是夹具中制件主基准孔的主定位
削边销		定位于制件上次基准孔 D，与其有公差配合关系，仅能约束制件某一个移动自由度，是夹具中制件次基准孔的辅助定位
直销		定位销的定位外径 D 只有一个尺寸精度

(续)

名称	结构举例	说明
台阶销	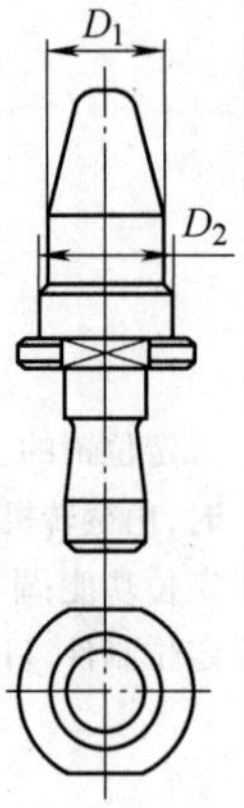	定位销的定位外径有两个尺寸精度 D_1、D_2。定位销在定位制件孔的同时,其台肩也支撑制件的表面。它约束制件三个移动自由度
支撑销	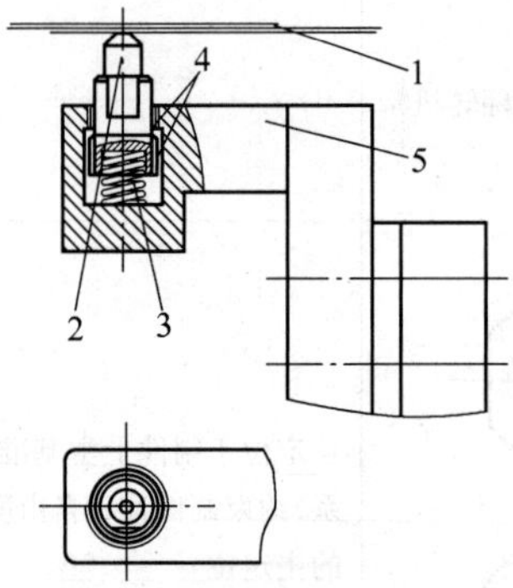 1—制件 2—定位销(工作状态) 3—弹簧 4—两处为螺纹 5—支座	定位销的顶端以一个点支撑制件的表面,一般作为辅助定位支撑 (定位销的装配:定位销沿螺纹部分拧进支座螺纹孔中)

2. 定位面功能部件

(1) 定位面的功能 通过定位面与制件表面的支撑与贴合,实现对制件在正确空间位置的约束,达到制件在夹具中占有正确空间位置。

(2) 定位面的形式 定位面可分为:平面固定式、平面台阶式、侧面定位式、斜面定位式、桥式定位、龙门式定位、曲面式、移动式、组合式等。

(3) 定位面功能部件典型结构 表 11-7 所示为定位面功能部件典型结构。

表 11-7 定位面典型结构

名称	结构举例	说明
平面固定式定位面	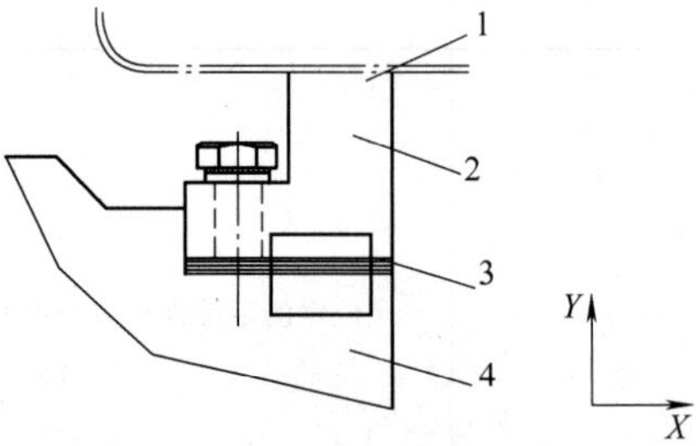 1—制件 2—定位块 3—垫片 4—支座	定位面与水平工作台面平行,只有一个公称高度尺寸支撑在制件的直段部分,约束制件 Y 方向移动自由度。为了方便调整和使用,一般安装在带调整垫片的支座上,可根据需要变动垫片的数量达到调整定位面高度的目的

(续)

名称	结构举例	说　明
平面台阶式定位面	1—制件　2—定位块　3—垫片　4—支座	定位面与水平工作台面平行,此种定位块有两个公称高度尺寸,分别支撑在制件两处直段部分,约束制件 Y 方向移动自由度。为了方便调整和使用,一般安装在带调整垫片的支座上,可根据需要变动垫片的数量达到调整定位面高度的目的
侧定位面	1—制件　2—定位块　3—垫片　4—支座	定位面与水平工作台面垂直,只有一个公称尺寸挡在制件侧面直段部分,约束制件 X 方向移动自由度。为了方便调整和使用,一般安装在带调整垫片的支座上,可根据需要变动垫片的数量达到调整定位面在 X 方向位置的目的
斜定位面	1—制件　2—定位块　3—垫片　4—支座	定位面与水平工作台面成倾斜角度,通过定位块的倾斜角度支撑在制件的斜面部分,分别约束制件 Y 和 X 两个方向移动自由度 为了方便调整和使用,一般安装在带调整垫片的支座上,可根据需要变动垫片的数量达到调整定位面在定位方向上的位置变化
桥式定位面	1—制件　2—定位块　3—垫片　4—支座	此种定位块与台阶式比较接近,定位面与水平工作台面平行,分别支撑在制件两处直段部分,约束制件 Y 方向移动自由度。为了方便调整和使用,一般安装在带调整垫片的支座上,可根据需要变动垫片的数量达到调整定位面高度的目的
龙门式定位面	1—制件　2、5—定位块　3—垫片　4—支座	此种定位块与桥式安装位置相反,它的安装支座在制件的上方,定位面在工作状态时与水平工作台面平行,分别在两处支撑,约束制件 Y 方向移动自由度。定位面在非工作状态时要移动或者转动离开定位的位置。为了方便调整和使用,一般安装在带调整垫片的支座上,可根据需要变动垫片的数量达到调整定位面高度的目的

（续）

名称	结构举例	说　明
曲面式定位面	1—制件　2—定位块　3—垫片　4—支座	通过定位块的曲面支撑在制件的曲面部分,分别约束制件Y和X两个方向移动自由度。为了方便调整和使用,一般安装在带调整垫片的支座上,可根据需要变动垫片的数量达到调整定位面在定位方向上的位置变化
移动式定位面	1—制件　2—定位块(工作状态)　3—定位块(非工作状态)　4—可移动机构　5—支座	无论定位面是平面、斜面、侧面、曲面还是桥式、龙门式,其定位面在工作状态时要约束制件移动自由度,在非工作状态时要通过移动离开定位的位置
转动式定位面	1—制件　2—定位块(工作状态)　3—垫片　4—支座　5—旋转轴　6—定位块(非工作状态)	无论定位面是平面、斜面、侧面、曲面还是桥式、龙门式,其定位面在工作状态时要约束制件移动自由度,在非工作状态时要通过转动离开定位的位置
组合式定位面	1—制件　2、5—定位块　3—垫片　4—支座	将定位块的不同形状,如平面、斜面、侧面、曲面,不同安装方式,如桥式或者龙门式,不同运动方式,如移动或者转动,根据需要进行任意的组合

11.3.2 夹紧功能部件及典型结构

1. 夹紧功能部件的组成

夹紧功能部件一般由夹紧元件、中间力传递机构和动力源机构组成。主要特点是结构简单、动作迅速（夹紧仅需几秒钟）。

2. 夹紧功能部件的功能

夹紧元件的功能：通过它和制件受压面的直接接触来完成夹紧作用，是夹紧部件最终执行元件。

力传递元件的功能：把动力源产生的力传递给夹紧元件，能改变夹紧力的方向和大小；保证夹紧机构的工作安全可靠，必须有自锁性能，以便一旦动力源产生的力消失，仍能使整个系统处于可靠的夹紧状态。

动力源元件的功能：它是产生作用力的动力机构。焊接夹具中常用的动力源是人工、气缸和液压缸等。

3. 夹紧功能部件的分类

夹紧功能部件常用的典型结构可分为手动式、气动式、机械式、电磁式、自动式等几种方式。这些典型结构功能与机床夹具作用相同。

4. 夹紧功能部件典型结构

表 11-8 所示为夹紧功能部件典型结构

表 11-8　夹紧功能部件典型结构

名　称	结构举例	说　明
螺旋夹紧功能部件	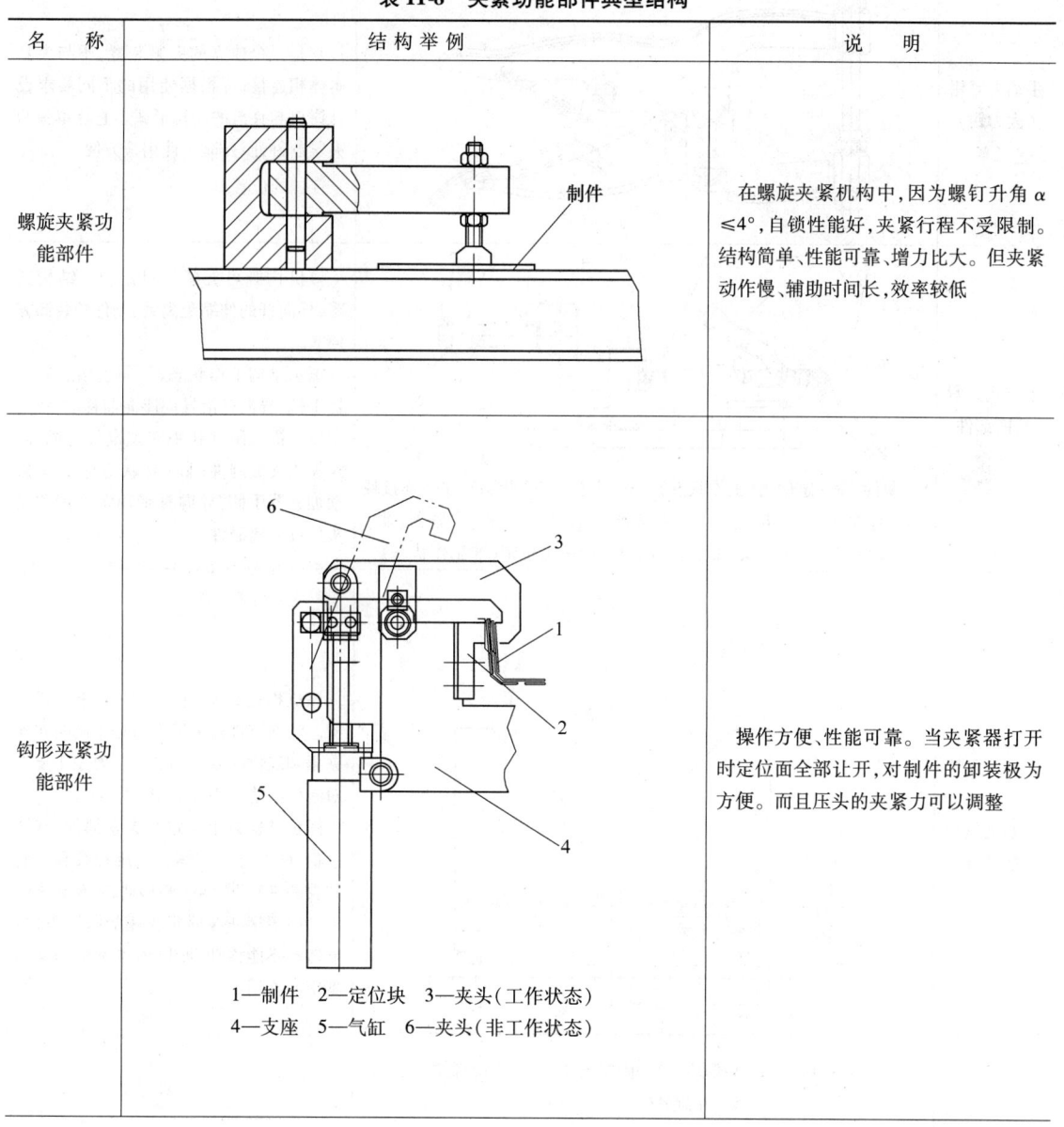 1—制件　2—定位块　3—夹头(工作状态)　4—支座　5—气缸　6—夹头(非工作状态)	在螺旋夹紧机构中，因为螺钉升角 α≤4°，自锁性能好，夹紧行程不受限制。结构简单、性能可靠、增力比大。但夹紧动作慢、辅助时间长，效率较低
钩形夹紧功能部件		操作方便、性能可靠。当夹紧器打开时定位面全部让开，对制件的卸装极为方便。而且压头的夹紧力可以调整

(续)

名 称	结构举例	说 明
铰链式（肘节式快速夹钳）夹紧功能部件	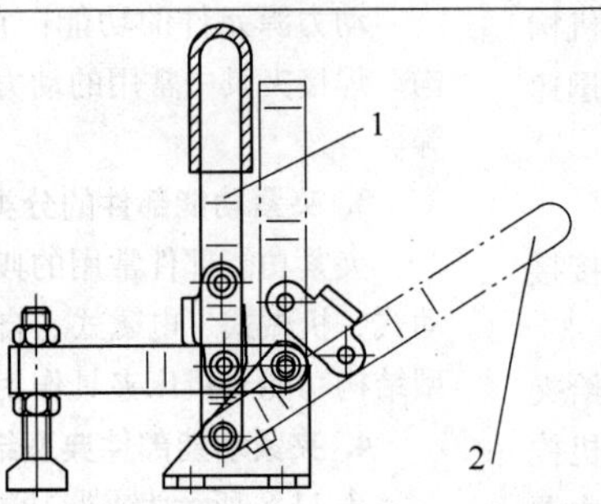 1—夹紧器（工作状态）　2—夹紧器（非工作状态）	夹紧动作迅速、操作方便，压头部分可以调整，夹紧器打开时张开角度大，夹紧力大、有自锁功能、结构可靠
手动夹紧钳（大力钳）	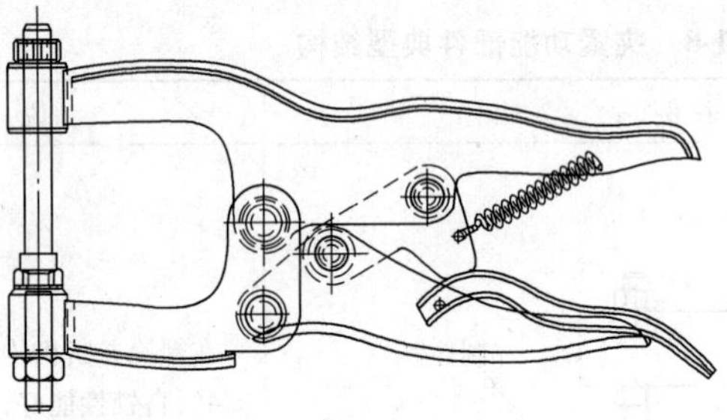	它是一个独立的夹紧装置，不与夹具本体相连接，可根据使用的不同要求设计钳口与夹头的结构形式。它能单独的夹紧制件任意部位，使用很方便
手推式夹紧功能部件	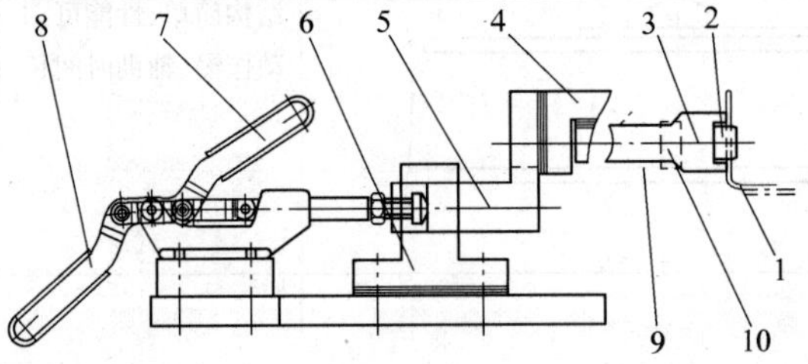 1—制件　2—定位销（工作状态）　3—夹头（工作状态）　4—连接块　5—导向杆　6—导向座　7—夹紧器（工作状态）　8—夹紧器（非工作状态）　9—夹头（非工作状态）　10—定位销（非工作状态）	该机构既可夹紧又可定位。结构紧凑，导向杆的伸缩距离大，制件的装卸方便 图示结构工作状态时，向上搬运夹紧器手柄，导向杆沿导向座向前移动，带动定位销进入制件孔中实现定位功能，同时夹头夹紧制件；非工作状态时，向下搬动加紧器手柄，导向杆带动定位销和夹头后移脱离制件
定心夹紧功能部件	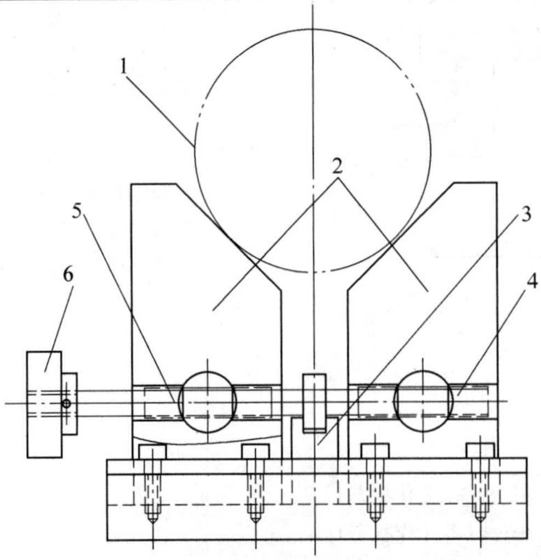 1—制件　2—V形块　3—固定支座　4—右旋螺纹　5—左旋螺纹　6—手柄	该机构是夹具中的一种特殊夹紧机构。它在制件被夹紧的过程中同时实现夹紧和定位的双重功能。主要用于要求对制件准确定心和对中的场合 图示结构为手动定心夹紧部件，旋转手柄，两V形块在螺杆左旋螺纹和右旋螺纹的带动下，向中心移动，直至夹紧制件。由于螺杆在固定支座的限制下，只能转动不能移动，所以该夹紧机构又起到定心作用

(续)

名 称	结构举例	说 明
气动杠杆夹紧功能部件	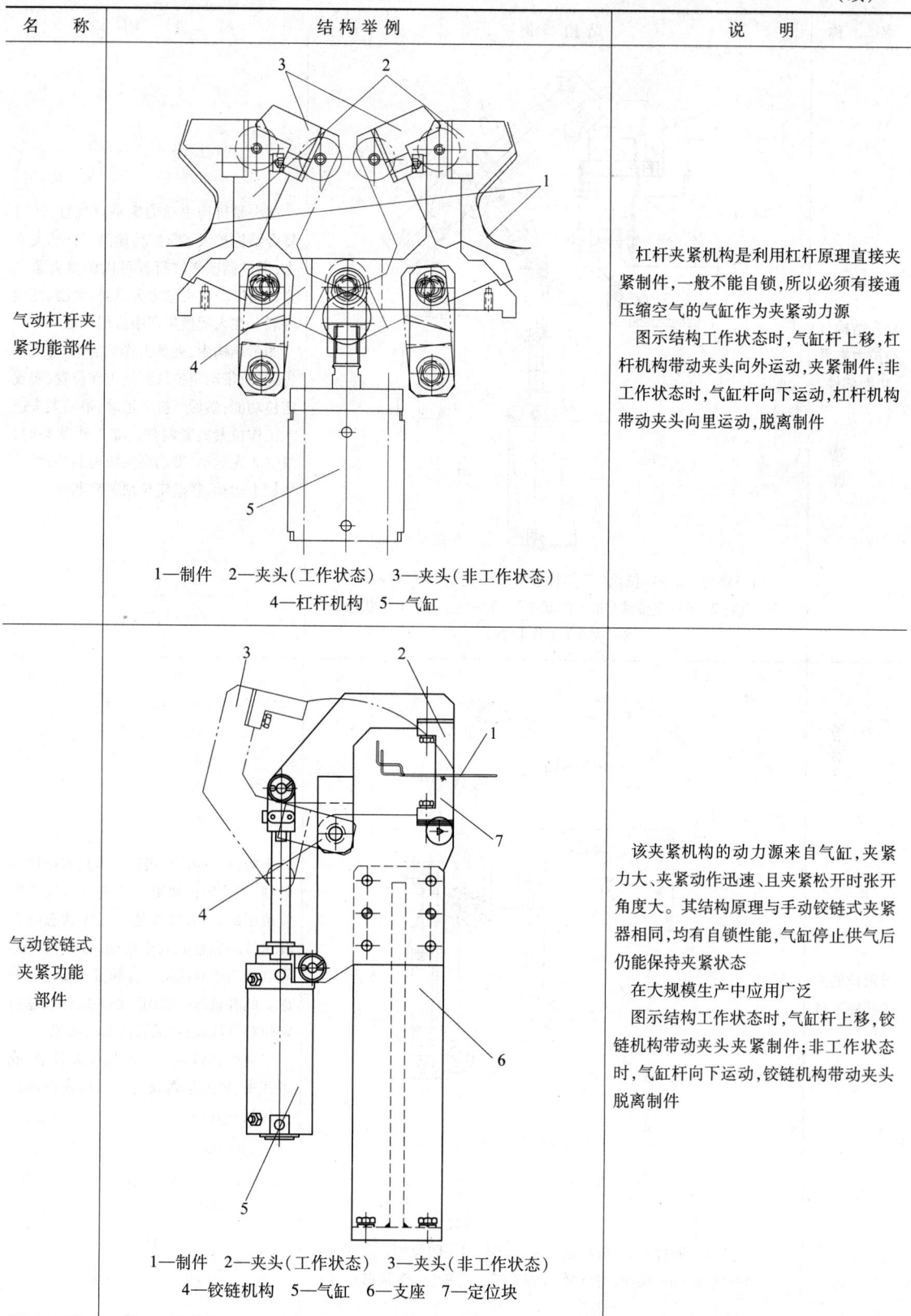 1—制件 2—夹头（工作状态） 3—夹头（非工作状态） 4—杠杆机构 5—气缸	杠杆夹紧机构是利用杠杆原理直接夹紧制件，一般不能自锁，所以必须有接通压缩空气的气缸作为夹紧动力源 图示结构工作状态时，气缸杆上移，杠杆机构带动夹头向外运动，夹紧制件；非工作状态时，气缸杆向下运动，杠杆机构带动夹头向里运动，脱离制件
气动铰链式夹紧功能部件	1—制件 2—夹头（工作状态） 3—夹头（非工作状态） 4—铰链机构 5—气缸 6—支座 7—定位块	该夹紧机构的动力源来自气缸，夹紧力大、夹紧动作迅速、且夹紧松开时张开角度大。其结构原理与手动铰链式夹紧器相同，均有自锁性能，气缸停止供气后仍能保持夹紧状态 在大规模生产中应用广泛 图示结构工作状态时，气缸杆上移，铰链机构带动夹头夹紧制件；非工作状态时，气缸杆向下运动，铰链机构带动夹头脱离制件

（续）

名称	结构举例	说 明
复合结构气动扩力夹紧功能部件	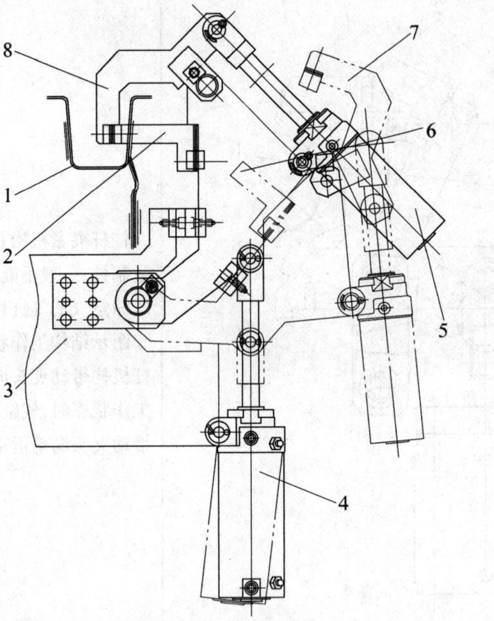 1—制件 2—定位块(工作状态) 3—支座 4—气缸1 5—气缸2 6—定位块(非工作状态) 7—夹头(非工作状态) 8—夹头(工作状态)	该夹紧机构中动力源来自气缸，通过复合结构扩大了气缸传递到压杆的夹紧力，通过调整气缸行程可以调整夹器张开角度。它夹紧力大，结构紧凑、性能可靠。在大规模生产中应用广泛 图示结构中，夹具工作状态时，气缸1先运动，带动定位块到达工作位置，实现定位功能；然后气缸2运动，带动夹头进入工作位置夹紧制件。非工作状态时，气缸2先运动，带动夹头脱离制件；然后气缸1运动，带动定位块脱离制件
带限位的夹紧功能部件	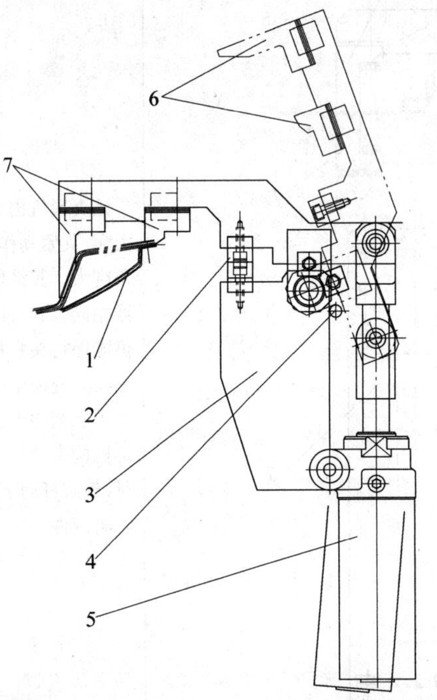 1—制件 2—限位块 3—支座 4—限位销 5—气缸 6—夹头(非工作状态) 7—夹头(工作状态)	夹紧机构的两个极限位置均有限位块限制，到位限位块可以使夹紧机构准确复位率高，夹紧机构处于工作状态时有其定位和夹紧的双重功能，张开位置的限制是出于对机构本身和工人安全的考虑。此种机构一般用于制件刚性较差但定位精度较高，还需要夹紧的部位 多应用在轿车车身的焊接夹具中，或者在中、轻型车驾驶室前围风窗框部位的焊接夹具中

11.3.3 夹具体及典型结构

1. 夹具体的功能

（1）承重和基础功能　夹具全部的功能部件都要安装在夹具体上，所以夹具体是焊接夹具的基础部件。

（2）精度基准功能　一套夹具必须建立设计、制造、安装、调整、测量等精度基准。而这些基准均建立在夹具体上。夹具体又是夹具的基准元件。因此对夹具体形状位置度和表面粗糙度的技术条件为：夹具体主要安装表面的平面度为0.2mm，表面粗糙度为$Ra1.6\mu m$。其他次要安装表面和非安装表面的平面度没有定量数据要求，要求粗糙度为$Ra3.2\mu m$。基准体系设置一般以每隔100mm或200mm刻有互相垂直的与产品坐标相吻合的网格线，作为夹具制造的安装基准和调整用的测量基准。每两根刻线间误差不允许超过0.2mm，若干根刻线间积累误差不允许超过0.5mm。也可以在工作台上安装测量块、加工若干个孔或者以工作台的上表面作为测量基准。

（3）运动功能　因为夹具体是基准元件，因此，夹具中所有需要运动的功能部件均安装在夹具体上，由夹具体带动相应部件运动。

2. 夹具体的分类

夹具体在专用焊接夹具中根据装卸制件和焊接的需要可分为：固定式、移动式、翻转式、水平旋转式、垂直旋转式、组合功能式等多种形式。在单件小批生产中则采用通用的变位机械、翻转机、回转台等协助夹具完成各种运动。

3. 夹具体的典型结构

夹具体的典型结构见表11-9。操作者在焊接时，必须与制件之间处于最佳的焊接位置。夹具初始装配位置要变化为焊接位置，是靠调整夹具体的位置实现的。因此将夹具体设计成可以水平旋转、垂直旋转或者既可水平旋转又可垂直旋转，同时要设计分度装置，使夹具体旋转的角度恰好是焊接位置。

表11-9　夹具体典型结构

名称	结构举例	说　明
固定式夹具体	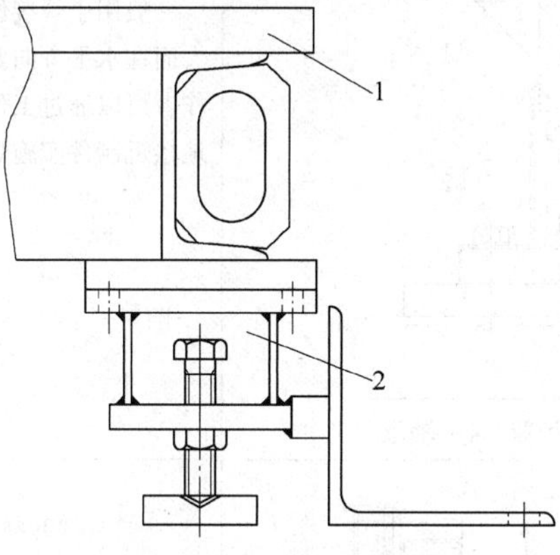 1—夹具平台　2—固定脚座	是一种最常用的形式。它一般用于没有特殊焊接位置要求的分装夹具和有自动输送装置的全自动或半自动生产线上的夹具
移动式夹具体	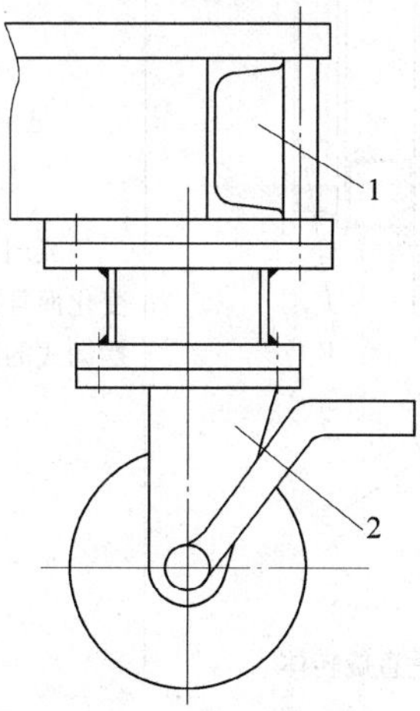 1—夹具平台　2—移动轮	一般用于生产规模较小、生产面积紧张，需要经常更换作业内容的场合

(续)

名称	结构举例	说明
摆动式夹具体	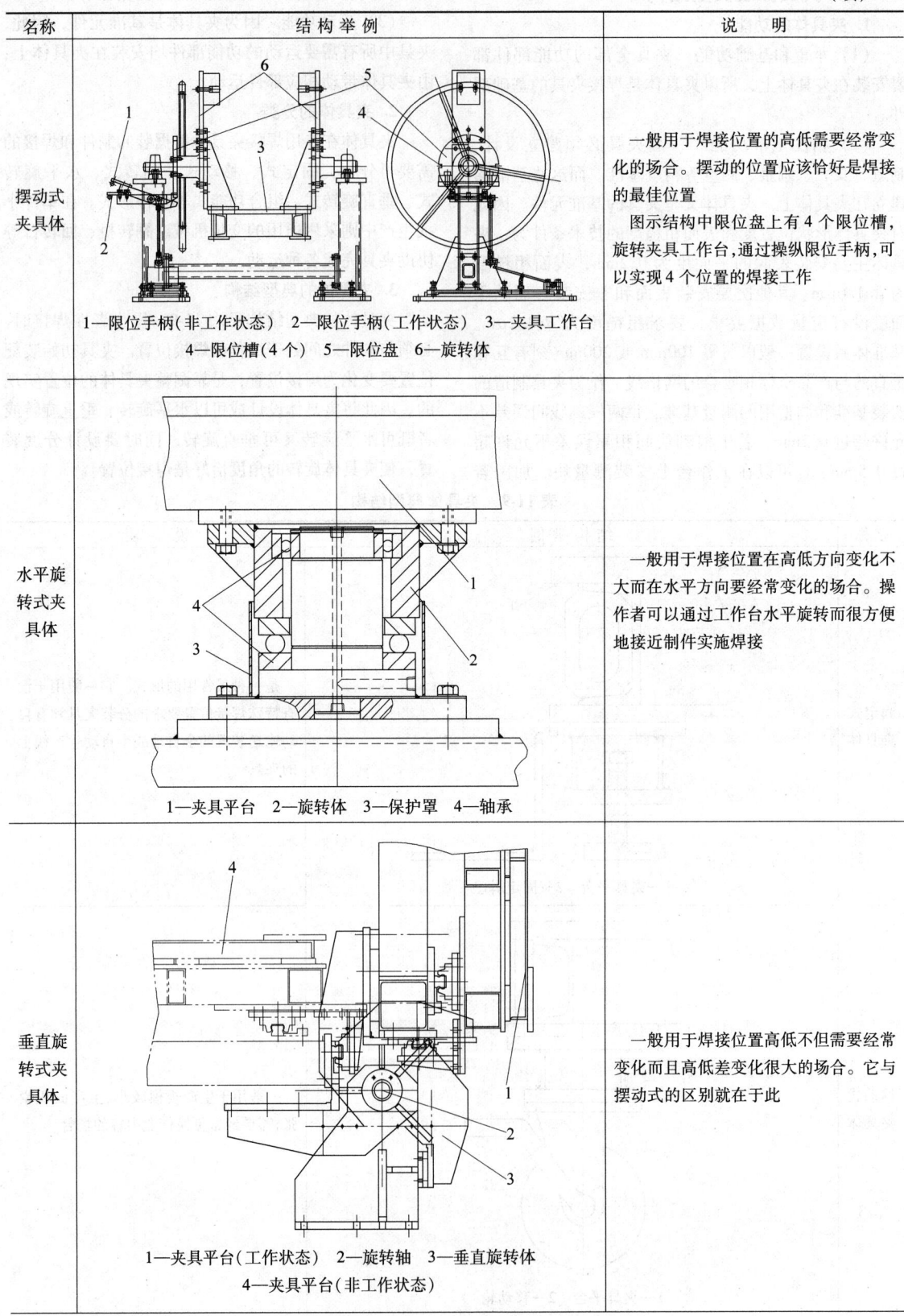 1—限位手柄(非工作状态) 2—限位手柄(工作状态) 3—夹具工作台 4—限位槽(4个) 5—限位盘 6—旋转体	一般用于焊接位置的高低需要经常变化的场合。摆动的位置应该恰好是焊接的最佳位置 图示结构中限位盘上有4个限位槽,旋转夹具工作台,通过操纵限位手柄,可以实现4个位置的焊接工作
水平旋转式夹具体	1—夹具平台 2—旋转体 3—保护罩 4—轴承	一般用于焊接位置在高低方向变化不大而在水平方向要经常变化的场合。操作者可以通过工作台水平旋转而很方便地接近制件实施焊接
垂直旋转式夹具体	1—夹具平台(工作状态) 2—旋转轴 3—垂直旋转体 4—夹具平台(非工作状态)	一般用于焊接位置高低不但需要经常变化而且高低差变化很大的场合。它与摆动式的区别就在于此

(续)

名称	结构举例	说　明
组合功能式夹具体	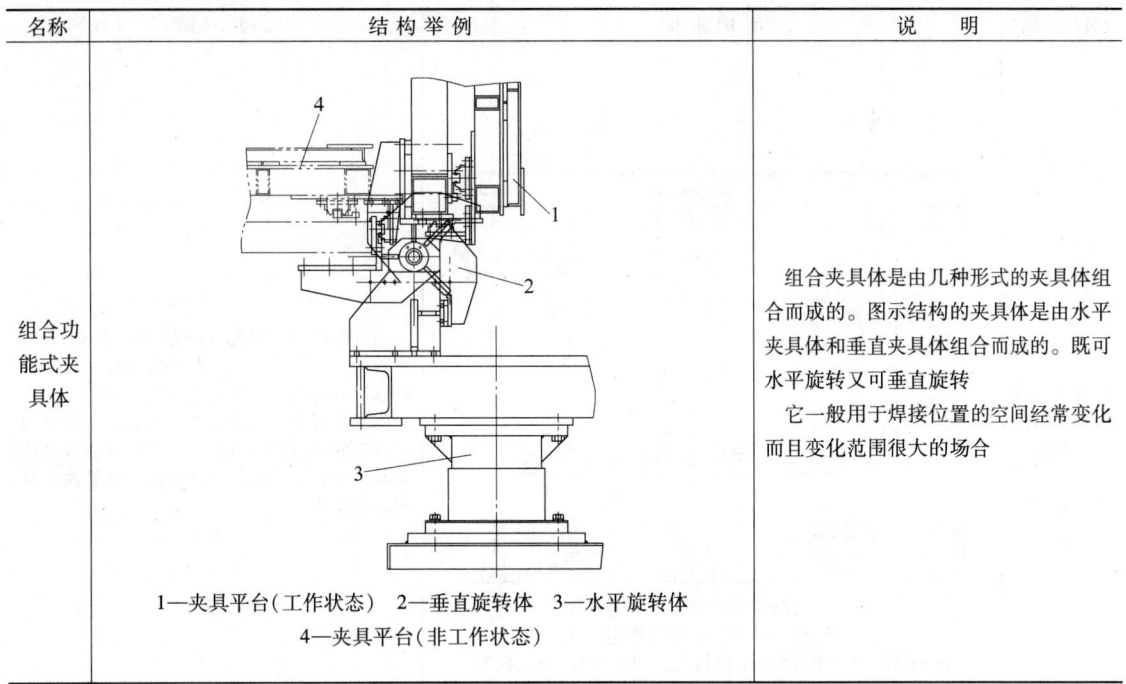 1—夹具平台（工作状态）　2—垂直旋转体　3—水平旋转体 4—夹具平台（非工作状态）	组合夹具体是由几种形式的夹具体组合而成的。图示结构的夹具体是由水平夹具体和垂直夹具体组合而成的。既可水平旋转又可垂直旋转 　　它一般用于焊接位置的空间经常变化而且变化范围很大的场合

不论上述夹具体的功能有什么不同，其结构一般采用型钢构成框架，既可节省材料又可减轻工作台自重。其形状可根据制件的要求和需要设计。

11.3.4　特种功能部件及典型结构

表 11-10 中从结构特点、用途等方面介绍几种常用的典型结构。

表 11-10　特种功能部件典型结构

名　称	结　构　举　例	说　明
防装错功能部件	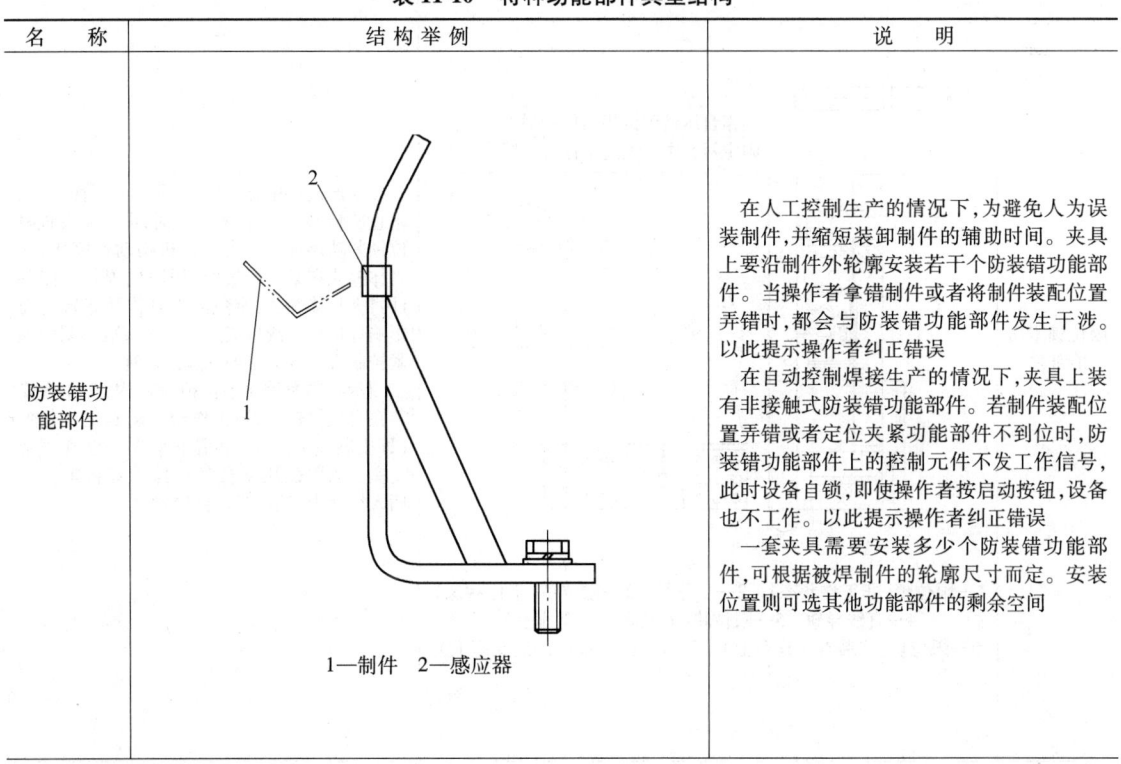 1—制件　2—感应器	在人工控制生产的情况下，为避免人为误装制件，并缩短装卸制件的辅助时间。夹具上要沿制件外轮廓安装若干个防装错功能部件。当操作者拿错制件或者将制件装配位置弄错时，都会与防装错功能部件发生干涉。以此提示操作者纠正错误 　　在自动控制焊接生产的情况下，夹具上装有非接触式防装错功能部件。若制件装配位置弄错或者定位夹紧功能部件不到位时，防装错功能部件上的控制元件不发工作信号，此时设备自锁，即使操作者按启动按钮，设备也不工作。以此提示操作者纠正错误 　　一套夹具需要安装多少个防装错功能部件，可根据被焊制件的轮廓尺寸而定。安装位置则可选其他功能部件的剩余空间

(续)

名称	结构举例	说明
制件自动退出夹具功能部件	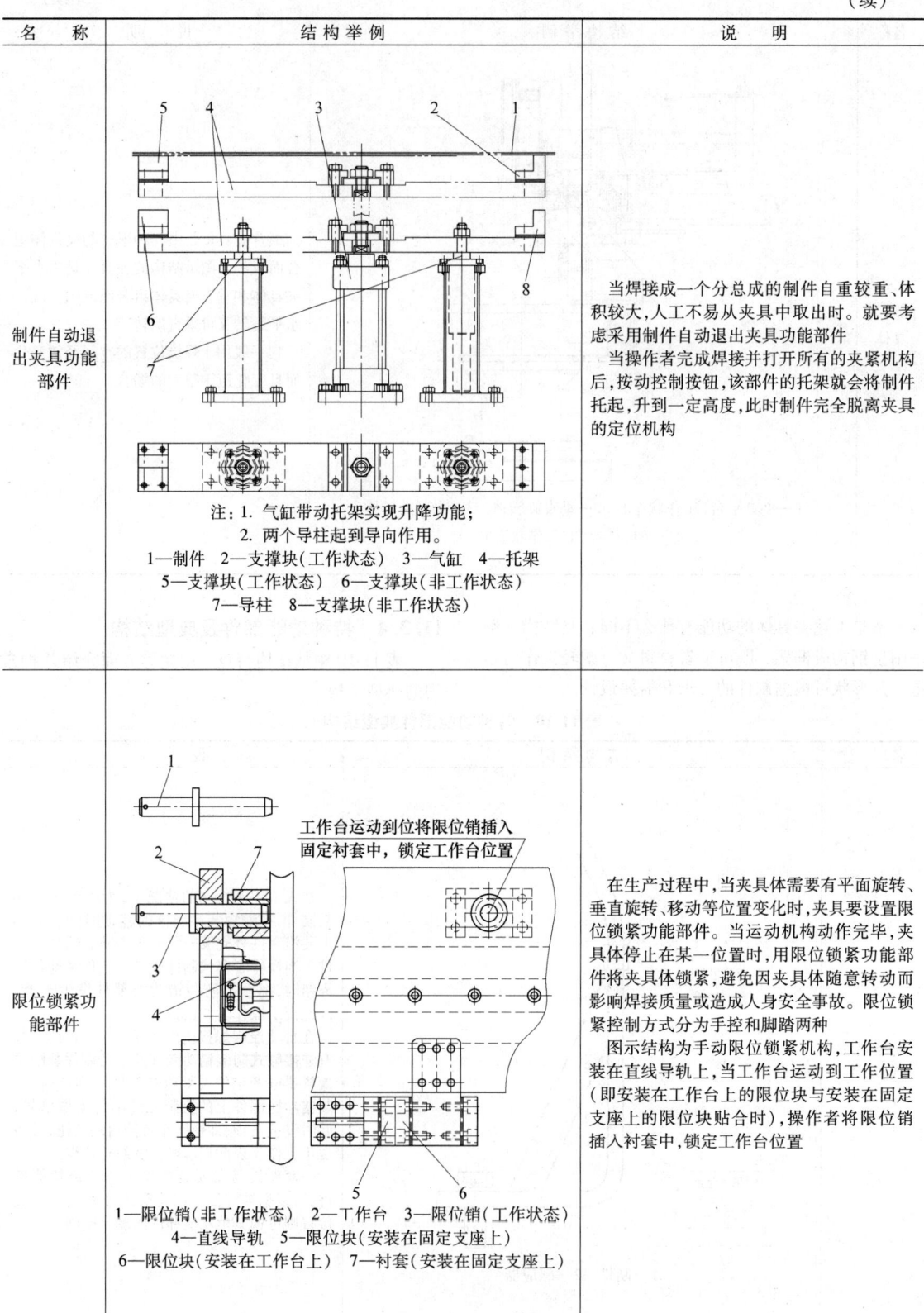 注：1. 气缸带动托架实现升降功能； 2. 两个导柱起到导向作用。 1—制件 2—支撑块(工作状态) 3—气缸 4—托架 5—支撑块(工作状态) 6—支撑块(非工作状态) 7—导柱 8—支撑块(非工作状态)	当焊接成一个分总成的制件自重较重、体积较大，人工不易从夹具中取出时，就要考虑采用制件自动退出夹具功能部件 当操作者完成焊接并打开所有的夹紧机构后，按动控制按钮，该部件的托架就会将制件托起，升到一定高度，此时制件完全脱离夹具的定位机构
限位锁紧功能部件	1—限位销(非工作状态) 2—工作台 3—限位销(工作状态) 4—直线导轨 5—限位块(安装在固定支座上) 6—限位块(安装在工作台上) 7—衬套(安装在固定支座上)	在生产过程中，当夹具体需要有平面旋转、垂直旋转、移动等位置变化时，夹具要设置限位锁紧功能部件。当运动机构动作完毕，夹具体停止在某一位置时，用限位锁紧功能部件将夹具体锁紧，避免因夹具体随意转动而影响焊接质量或造成人身安全事故。限位锁紧控制方式分为手控和脚踏两种 图示结构为手动限位锁紧机构，工作台安装在直线导轨上，当工作台运动到工作位置(即安装在工作台上的限位块与安装在固定支座上的限位块贴合时)，操作者将限位销插入衬套中，锁定工作台位置

(续)

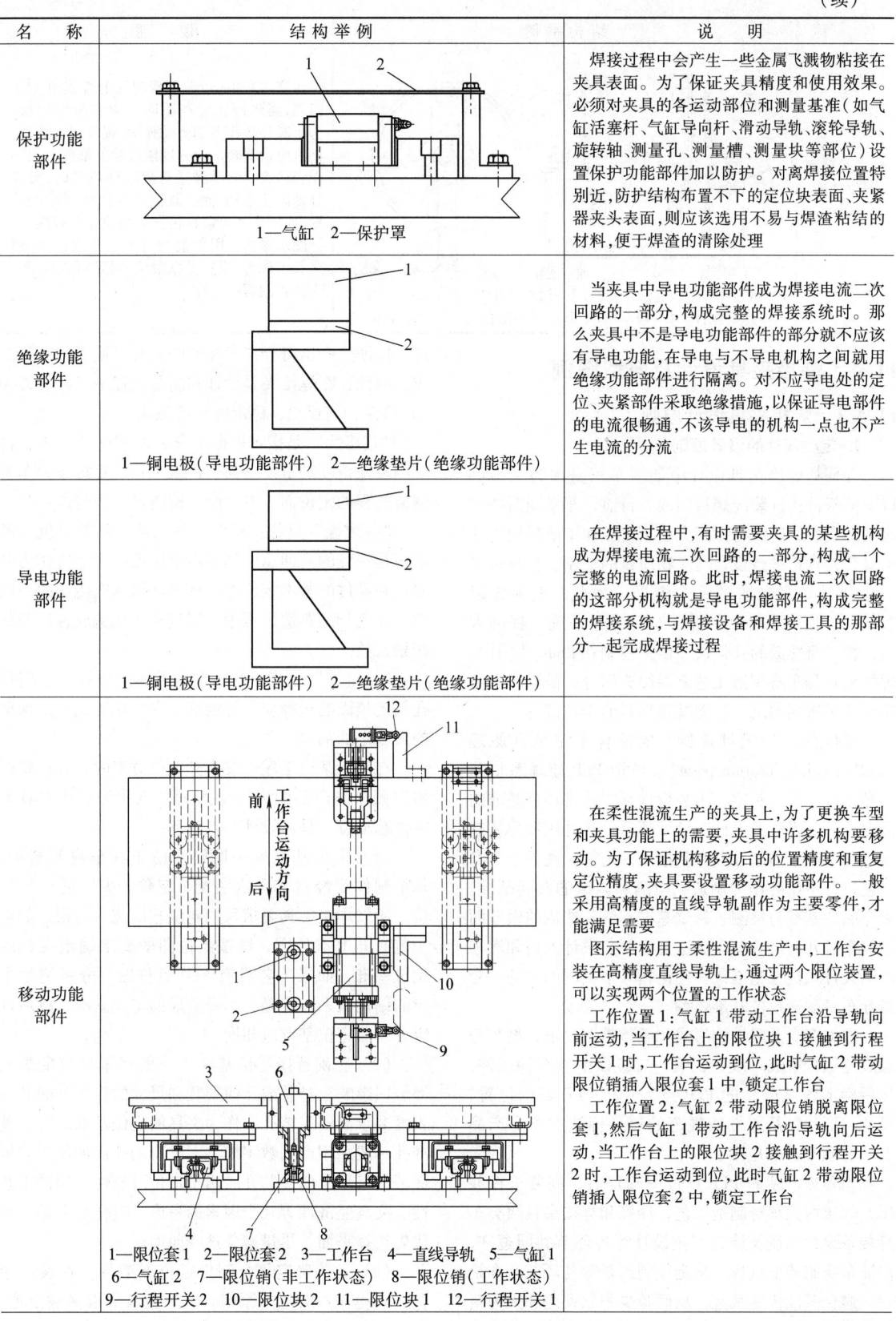

名称	结构举例	说明
保护功能部件	1—气缸 2—保护罩	焊接过程中会产生一些金属飞溅物粘接在夹具表面。为了保证夹具精度和使用效果。必须对夹具的各运动部位和测量基准(如气缸活塞杆、气缸导向杆、滑动导轨、滚轮导轨、旋转轴、测量孔、测量槽、测量块等部位)设置保护功能部件加以防护。对离焊接位置特别近,防护结构布置不下的定位块表面、夹紧器夹头表面,则应该选用不易与焊渣粘结的材料,便于焊渣的清除处理
绝缘功能部件	1—铜电极(导电功能部件) 2—绝缘垫片(绝缘功能部件)	当夹具中导电功能部件成为焊接电流二次回路的一部分,构成完整的焊接系统时。那么夹具中不是导电功能部件的部分就不应该有导电功能,在导电与不导电机构之间就用绝缘功能部件进行隔离。对不应导电处的定位、夹紧部件采取绝缘措施,以保证导电部件的电流很畅通,不该导电的机构一点也不产生电流的分流
导电功能部件	1—铜电极(导电功能部件) 2—绝缘垫片(绝缘功能部件)	在焊接过程中,有时需要夹具的某些机构成为焊接电流二次回路的一部分,构成一个完整的电流回路。此时,焊接电流二次回路的这部分机构就是导电功能部件,构成完整的焊接系统,与焊接设备和焊接工具的那部分一起完成焊接过程
移动功能部件	1—限位套1 2—限位套2 3—工作台 4—直线导轨 5—气缸1 6—气缸2 7—限位销(非工作状态) 8—限位销(工作状态) 9—行程开关2 10—限位块2 11—限位块1 12—行程开关1	在柔性混流生产的夹具上,为了更换车型和夹具功能上的需要,夹具中许多机构要移动。为了保证机构移动后的位置精度和重复定位精度,夹具要设置移动功能部件。一般采用高精度的直线导轨副作为主要零件,才能满足需要 图示结构用于柔性混流生产中,工作台安装在高精度直线导轨上,通过两个限位装置,可以实现两个位置的工作状态 工作位置1:气缸1带动工作台沿导轨向前运动,当工作台上的限位块1接触到行程开关1时,工作台运动到位,此时气缸2带动限位销插入限位套1中,锁定工作台 工作位置2:气缸2带动限位销脱离限位套1,然后气缸1带动工作台沿导轨向后运动,当工作台上的限位块2接触到行程开关2时,工作台运动到位,此时气缸2带动限位销插入限位套2中,锁定工作台

名　称	结构举例	说　明
转动及分度限位功能部件	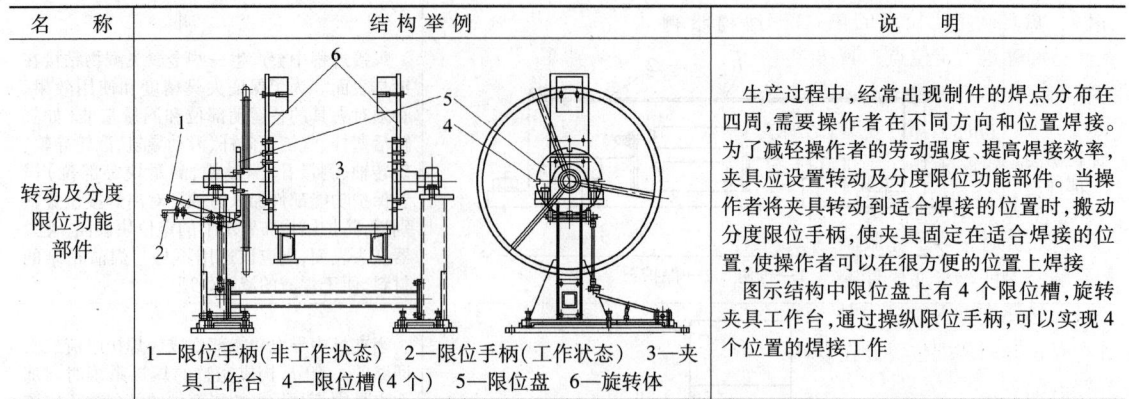 1—限位手柄(非工作状态)　2—限位手柄(工作状态)　3—夹具工作台　4—限位槽(4个)　5—限位盘　6—旋转体	生产过程中,经常出现制件的焊点分布在四周,需要操作者在不同方向和位置焊接。为了减轻操作者的劳动强度、提高焊接效率,夹具应设置转动及分度限位功能部件。当操作者将夹具转动到适合焊接的位置时,搬动分度限位手柄,使夹具固定在适合焊接的位置,使操作者可以在很方便的位置上焊接 图示结构中限位盘上有4个限位槽,旋转夹具工作台,通过操纵限位手柄,可以实现4个位置的焊接工作

11.4　焊接夹具设计及典型图例

11.4.1　焊接夹具设计原则

1. 定位部件的设计原则

在薄壁焊接夹具设计中如轿车车身多为1.5mm以下薄板冲压件装配焊接而成。目前,车身制造技术水平的发展,还没有做到类似于机械加工所采用的几何量公差理论进行设计与实物质量的控制,车身精度的控制是车身制造的一个课题。为此,美国曾以"2mm工程"为题目在研究如何通过系统工程的方法,将车身总成的几何尺寸误差控制在2mm范围内。焊接夹具是车身制造工艺重要组成部分,是影响车身精度的关键因素之一,尤其是夹具的定位部件。

定位部件的设计原则,要符合主定位点原理(PLP principle location point)。所谓PLP原理系指从产品设计、工艺制定、工装设计到制造各环节基准的高度统一。当车身设计时设计师已经将冲压和焊装制造过程中需要的基准孔和基准面确定好,在整个车身制造过程中始终作为制造、检测和调试的共同基准。避免制造基准与检测、调试基准不统一造成的误差而影响车身几何尺寸精度。这是由工艺设计人员和汽车产品设计人员在基准统一理论指导下共同制定的一套指导车身制造定位基准体系。

根据车身总成结构形式和整体精度要求,将车身总成逐级分解成一级、二级、二级以下直至冲压件,然后确定各级产品的PLP点,并将PLP点的位置、尺寸、形状以及属性按规范的符号标注在车身产品上,形成PLP点位图。

当各级产品的PLP点位图确定后,则要求在冲压、焊接两大车身制造工艺,冲模和焊接夹具两类车身装备设计制造及检查工艺设计等各环节共同遵守,保证车身制造全过程,从定位到测量等各环节基准统一。避免基准传递紊乱,从而减少积累误差和人为疏忽,保证生产出符合技术标准的具有互换性的车身总成。因此,在焊接夹具设计和制造过程中,必须遵循"直接性、一致性、稳定性"的原则。

"直接性"是指:根据车身装配精度的要求,将影响装配精度的重要型面、边缘、孔位直接作为车身制造过程的定位面、夹紧面、检测点逐级传递。

"一致性"是指:从白车身到冲压件的定位基准应该是一致的。即总成的基本定位点原则上应作为分总成和零件的基本定位点,从而确保基准传递的一致性。以免产品制造过程中,因基准变化造成各环节的积累误差。

"稳定性"是指:在定位基准体系设计中,定位孔及定位面的选择应尽可能选择在冲压工艺可以保证的最稳定的部位。

在确定某道工序焊接夹具定位方案时,我们要严格遵照车身产品图中确定的PLP点作为焊接夹具的定位基准点。具体设计要点如下:

(1) 定位基准统一原则　由于在车身制造中,每个制件要经过若干次装配、定位、夹紧的重复定位。所以焊接夹具要求采用定位基准统一原则。如果工艺有PLP点位图,则按点位图的要求确定夹具的定位基准,如果工艺没有PLP点位图,分析清楚车身的结构关系,先确定车身总成的定位基准,以后逐级分解而定位基准应相同。

(2) 正确选择定位基准　一般将车身装配重要部位、影响车身总成几何形状和尺寸的重要型面及位置度要求高的工艺孔,作为夹具的定位基准。定位基准孔一般采用产品数字模型上已有的孔或冲压工艺可保证的最稳定的工艺孔。出于定位可靠性、制造工艺性、夹具经济性等几个因素的考虑,定位基准面一般优先选择平面,尽量避免选择曲面。

(3) 正确确定每个制件定位点数量　在设计中仍应该遵守六点定位原则。但为克服薄板弹性变形,保证制件正确定位支撑点，允许出现过定位。

（4）合理确定定位点的位置　首先将定位基准的孔和型面确定为定位点；其次将两个制件搭接处需要焊接的部位确定为定位点；另外将易变形处确定为定位点支撑。同时，部件安装和结构设计要考虑焊钳的接近性，焊钳必须能在指定的焊点位置焊接。

2. 夹紧部件的设计原则

车身装焊时，为了克服制件的弹性变形和其他外力的影响，保证车身冲压件定位基准面与定位块的紧密接触，必须依靠夹紧机构对制件施加夹紧力，保持制件相对正确的装配位置。在设计夹紧部件时，具体设计要点如下：

（1）正确确定夹紧点　当制件正确定位后，就是如何正确确定夹紧点。对于薄板冲压件，夹紧点应作用在定位点上，一般将定位基准面、两个制件搭接处、易变形处的定位支撑点等位置确定为夹紧点。避免在没有支撑处布置夹紧机构，与支撑点形成力偶，破坏制件在夹具中的定位。

（2）正确确定夹紧力的作用方向　制件在夹具中的夹紧和定位是密切相关的。夹紧力的作用方向就是向着定位支撑块。通过定位支撑块的反作用力，使制件与定位块紧密接触。

（3）正确决定夹紧力的大小　夹紧力大小应以能克服制件的弹性变形保证定位准确可靠为宜。夹紧时不应破坏制件定位时所处正确的空间位置，应使制件与定位面或者导电面紧密贴合。夹紧力过大，容易损伤制件表面和产生变形。夹紧力过小，当定位面也为导电面时，制件与导电面间隙大而使焊点不牢或者烧穿制件；还可能造成制件与定位块之间有相对运动，定位不可靠。

（4）夹紧部件结构功能满足使用要求

1）夹紧部件应能保证夹紧力的大小有调整的可能。以便在使用中得到最佳的夹紧力。

2）夹紧部件应动作灵活迅速、操作安全、方便、体积小、机构能调节、有足够的夹紧行程；其结构应简单、紧凑，制造和维修方便。

3）手动夹紧部件应在自锁位置夹紧，压紧面与支撑面距离应为被夹紧零件的板料厚度之和。夹紧松开结构要活动自如、力量均匀。

4）手动夹紧机构应具有自锁性能，在撤掉外力的状态下，保证焊接时制件不脱离定位面。

5）气动夹紧应有一定夹紧行程补偿量。以便调节夹紧力的大小。

3. 夹具体的设计原则

1）夹具体是夹具重要测量基准，因此夹具工作表面应加工出与产品坐标相一致两根垂直的主测量基准线和若干根辅助测量基准线。基准线应做标记，标记应该清晰、明显，不能被覆盖、涂抹。辅助测量基准线与主测量基准线及两根测量辅助基准线之间要有技术要求和公差。夹具体表面要有平面度、表面粗糙度等形状位置技术要求和公差。

2）夹具体要有好的稳定性，有足够的强度和刚度。尤其是采用焊枪焊接的夹具，夹具体除了要承受焊接应力、夹紧力、焊件自重力外，还需要支撑一把或者多把焊枪的焊接压力。所以要求夹具体在工作状态下承受各种外力而不变形，不随意移动或者转动。

3）夹具体要结构简单工艺性好。现在，夹具体一般采用型材和钢板焊接而成，上表面是一块整体平板，下表面在型材结合处有加强板，基本是一个规则的六面体。机械加工的工艺性很好。

4）铸件夹具体不得有砂眼、裂纹以及降低夹具体强度的其他缺陷，铸件表面应光滑平整。非运动表面有砂眼的，应打腻子刮平喷漆。

5）为了夹具搬运方便，夹具体应有搬运方式所需的结构。如：用吊车整体吊装时夹具体应有起重孔；用叉车搬运时夹具体要有叉脚库且作出标记；无搬运设备时夹具体要安装轮子。

6）为了使夹具在工作状态时，夹具体表面相对某参照系平行或垂直，在夹具安装时，对夹具体要进行调整。因此，夹具体上要有调整机构，便于调整。

11.4.2　焊接夹具设计方法

随着汽车产品生产周期的缩短，要求新产品投放市场加快，故在焊接夹具设计制造方面如何加快进度、提高质量、方便调整、降低成本是重要的方向和不断追求的目标。焊接夹具设计方法无论国内外都在广泛采用产品系列化、功能柔性化、结构模块化设计方法。

焊接夹具的组合式设计方法的基础，建立在设计中经常使用经过验证成熟的、规范化的、适用性强、系列化程度高、结构简单可靠、机械加工工艺性好的功能部件。就是将一些以往焊接夹具中常用的定位销、定位面、工作台、支架、垫片等零件，如图 11-1 所列出部分焊接夹具通用件，预先设计成标准化、系列化、通用化程度很高的功能部件。因此，设计时设计者只需选用若干个通用部件任意组合成单元，再由若干个功能部件单元和辅助装置组合成一套完整的焊接夹具。只要熟知各种通用部件的种类、功能、规格及使用原则，在结构设计时，能合理选择组合搭配即可。使焊接夹具的系列化、标准化、通用化达到80%，能满足各种车型各种生产纲领的生产准备的要求。

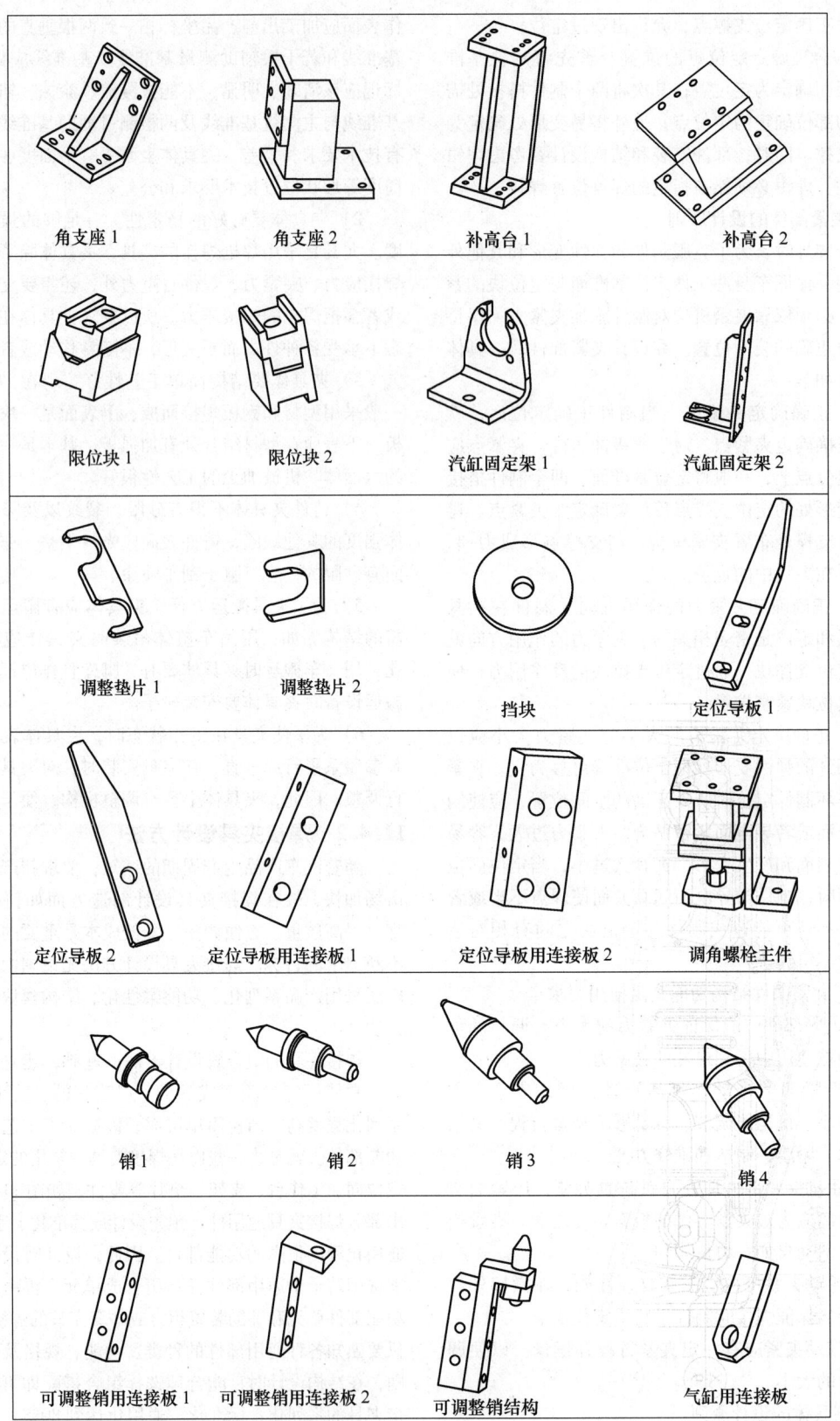

图 11-1　焊接夹具通用件图

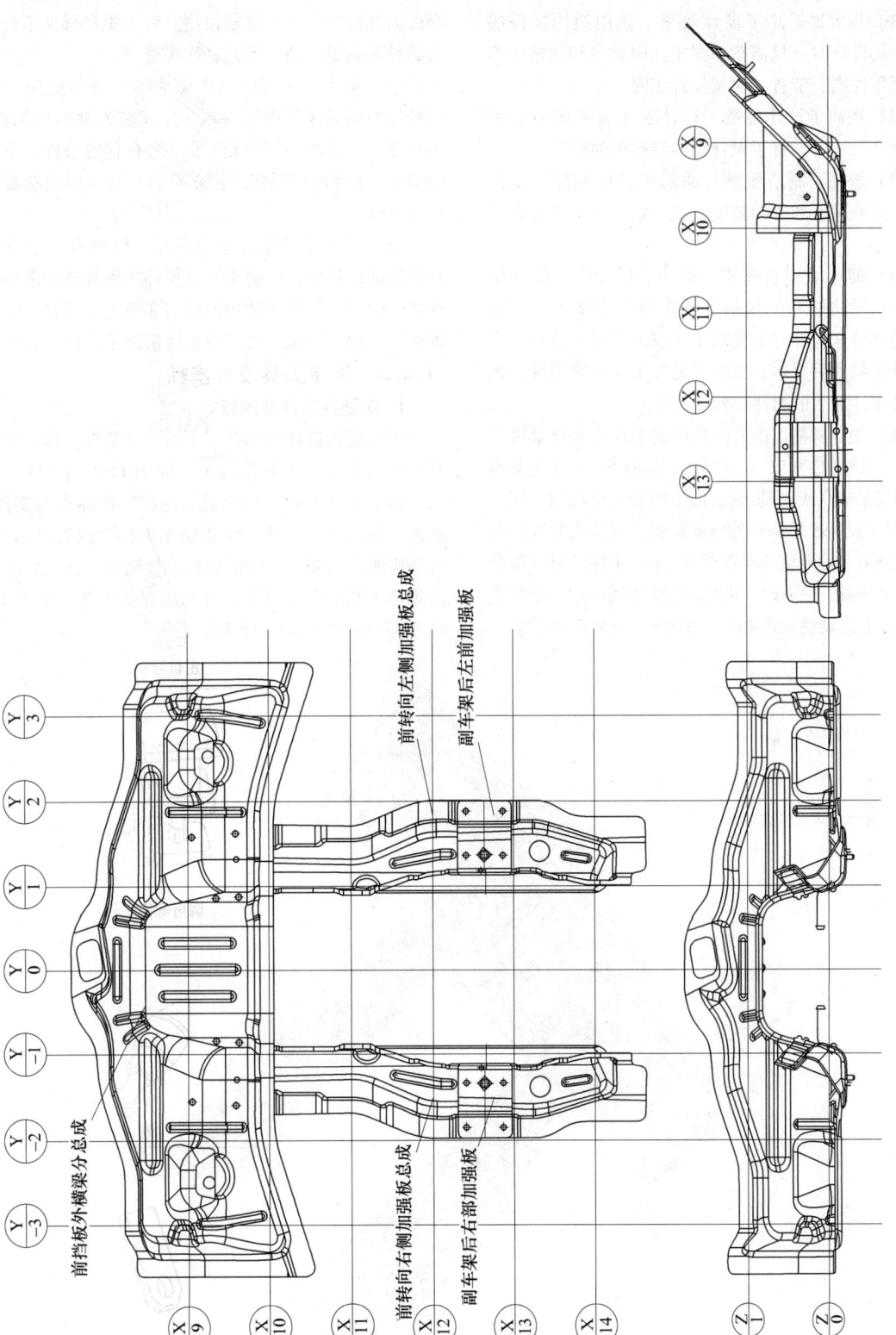

图 11-2 挡板横梁总成产品二维图

这种组合式设计方法具有以下特点：

(1) 极大地提高了设计效率　采用通用部件的焊接夹具设计时，只需在总图中注明型号和规格而不用绘制零件图。节省了大量设计工时。

(2) 提高了设计质量　设计者主要考虑方案和连接配合尺寸，节省了设计具体结构的时间。

(3) 提高了制造质量　通用部件机械加工工艺性好，只要保证部件的精度，就一定能保证整套夹具的精度。

(4) 缩短了制造周期　因为，焊接夹具设计中采用了相同功能和同规格的通用件可占2/3通用部件，还可将这些部件事先加工成成品或者半成品。当承接具体项目后，再补充加工另外1/3非通用件。相当于将零件加工的时间缩短了2/3。

(5) 便于调整　作为夹具体的工作台是整套夹具的设计、机械加工、安装、检测、调试基准。台面上刻有二维测量基准线或者基准孔，便于测量定位块的空间尺寸，也便于校核被焊制件的空间位置。定位夹紧零件与支架之间有三片厚度不等的垫片，并且采用的是三维分体独立式连接。只需改变垫片的数量即可按车身数学模型的数据独立调整三维中某一方向定位夹紧面的尺寸。

(6) 经济性好　极大地降低了项目成本。通用部件的互换性好，可重复使用。对于用户减少了备件的品种和数量，便于维修和库房管理。

(7) 有利于CAD/CAM技术的开发与应用　将已经定型的通用部件以参数化形式装入微机结构库。为焊接工装CAD设计提供了极为有利的条件，也为CAD/CAM技术在焊接工装方面的开发与应用奠定了技术基础。

(8) 有利于设计人才的培养　因为有了一套比较成熟的设计模式。初学者只要熟知各种通用部件的种类、功能、规格及使用原则，在结构设计时，能合理选择、组合搭配，便可以很快掌握结构设计技巧。

11.4.3　焊接夹具设计步骤

1. 焊接夹具设计的原始依据

焊接夹具设计要具备基本的设计条件，其一为产品二维图样或三维数字模型，如图11-2、图11-3所示，即为车身上的"挡板横梁总成"产品作为实例，所谓"挡板横梁总成"是指轿车中位于仪表盘下方，发动机舱与驾驶区之间的挡板焊接构件。其二为该产品焊接工艺即白车身某一分总成焊接工艺，如表11-11所示《焊接装配工序卡》。

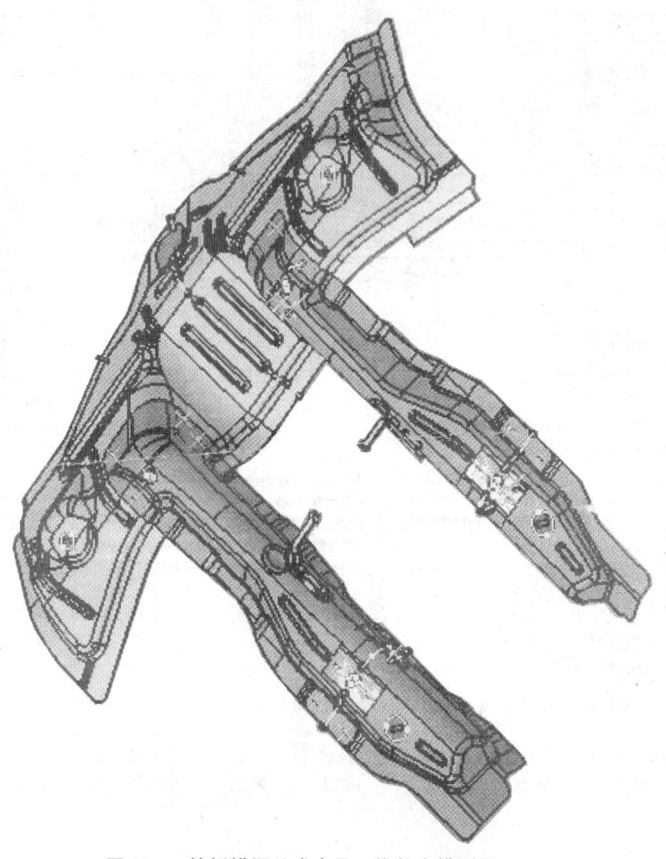

图11-3　挡板横梁总成产品三维数字模型图

表 11-11 焊接装配工序卡

焊接工序卡	车　型			图纸更改标记		合件图号	
	每车数量					合件名称	挡板横梁总成
	共　页　第　页					合件重量	
工序号	简　图						
夹具号	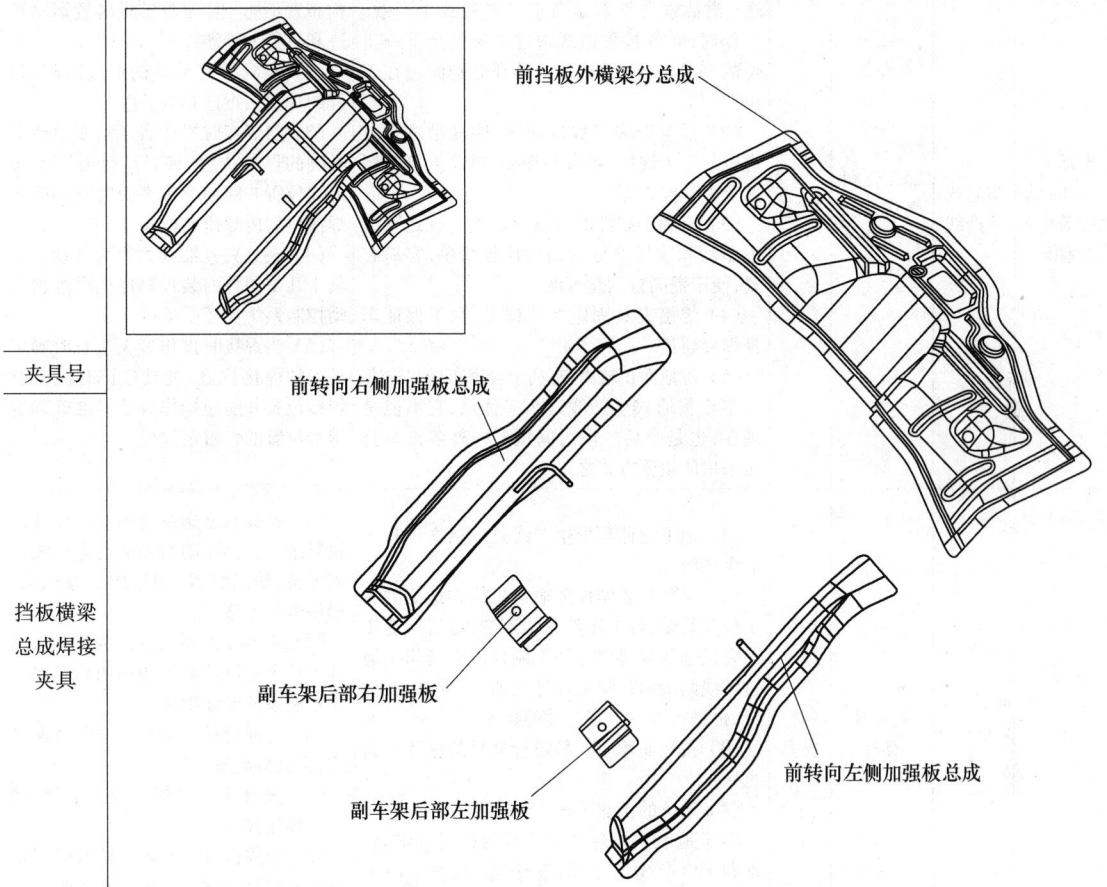						
挡板横梁总成焊接夹具							

1) 在设计夹具之前,首先要通过车身三维数学模型或二维图样,对白车身焊接总成进行分析,熟悉掌握车身产品的结构特征。必须对车身总成结构特点了如指掌。如:各部位总成、分总成、零合件构成及装配关系;其几何形状、轮廓尺寸、功能特点、搭接形式;零合件偏差标准;PLP 基本理论定位点的确定;焊点分布及直径;焊缝位置及长短等各项技术条件。

当轿车车身总成是系列产品时,要全面了解和掌握该款车型平台,标准白车身和系列白车身的结构特点、组合关系、技术要求。

2) 对白车身总成制造工艺过程进行详细全面的分析了解。工艺内容还包括:生产纲领、焊接工艺流程、工艺过程和装备的平面布置、投资概算、焊接设备选型及数量、焊接工具、物流输送方式、钢结构吊架方式、焊接夹具的套数及功能、各条生产线自动化控制方式等。其中生产纲领和焊接工艺流程是影响夹具方案两个最重要的因素,是对夹具诸多因素中影响最大的因素。

生产纲领决定生产节拍和焊接工艺生产方式。不管夹具功能结构如何,满足生产纲领节拍是评价焊接夹具最基本条件。因此要求焊接夹具的设计,除了具备基本的通用的功能外,还必须具备有针对性的特点,满足生产纲领和焊接工艺。

生产方式决定夹具方案特点见表 11-12。

生产线主要包括:夹具、制件输送系统、焊接设备三大部分。夹具与输送系统的相对关系决定于生产线的方式。物流输送方式是焊接工艺流程重要的组成部分,是决定夹具功能结构的主要因素。满足物流输送方式是评价焊接夹具重要内容之一。

物流输送方式决定夹具方案特点见表 11-13。

表 11-12　生产方式决定夹具方案特点

生产纲领	生产线名称	制件输送方式	夹具状态	生产方式特点	夹具特点
3万~10万辆/年属中等生产规模	贯通式生产线	靠工位间输送系统自动输送	固定	(1) 夹具与输送系统成分离状态统称为贯通式生产线。往复杆直送式、升降往复杆输送、滑橇输送等都是典型的贯通式生产线。工作时，制件被贯通式输送系统送至下一工位的夹具中，而所有的夹具都分别固定在工位上 (2) 适用于多点焊机配置，能满足悬挂点焊机的手工焊接、半自动焊接、机器人自动焊接等多种操作方式 (3) 有利于制件的机械化输送。输送系统中驱动和输送部分的结构比较简单，容易布置，便于提高自动化程度 (4) 焊接夹具固定在工位上，利于保证车身焊接质量 (5) 占地面积较小，有利于合理布局和物流 鉴于贯通式生产线这么多优点，它不但是现在，也是今后一段时间里国内外各汽车公司采用的主要方式之一	(1) 夹具固定在各工位地面上，结构布置不能与往复杆输送装置运动轨迹和机器人干涉 (2) 夹具要有足够的焊接空间，较好的焊接接近性和可见性 (3) 当焊接时操作者无法及时确定准确的焊接位置，夹具应该有能示意焊接位置并能使操作者及时准确确定焊接位置的焊钳定位板 (4) 夹具夹紧器动力源为气动。夹具十几个制件的装焊顺序依靠逻辑气动控制系统保证质量 (5) 当焊接时操作者无法及时确定准确的焊接位置，夹具应该有能示意焊接位置并能使操作者及时准确确定焊接位置的焊钳定位板
3万以上	地下立体环形生产线	随夹具移动	随行夹具	(1) 地下立体环形生产线是一条立体封闭的生产线 (2) 夹具带着制件随输送机构在地面的各工位间移动，各工序都只装不卸，最后一道工序完成全部焊接内容卸下制件。夹具均是通过环线两端的升降装置进入地坑返回原始位置，再进行下一个零组件的装配 (3) 占地面积小。是随行夹具的循环方式之一 (4) 地坑的土建工程工作量很大 鉴于地下立体环形生产线的投资成本高，不利于生产线设计、制造、调整、维修。除了我国东风汽车公司车身厂的CA—140生产线为应用实例外。基本没有再应用	(1) 夹具和输送系统的结构设计比较复杂。夹具移动时不能与生产线上的设备、输送装置、钢结构支撑框架、操作者等干涉 (2) 夹具夹紧器动力源为气动。夹具十几个制件的装焊顺序依靠逻辑气动控制系统保证质量 (3) 为保持移动夹具不中断气源供应，夹具要配备储气罐 (4) 夹具要有足够的焊接空间，较好的焊接接近性 (5) 当焊接时操作者无法及时确定准确的焊接位置，夹具应该有能示意焊接位置并能使操作者及时准确确定焊接位置的焊钳定位板
3万以上	椭圆形生产线	随夹具移动	随行夹具	(1) 椭圆形地面环形生产线是一条平面封闭的生产线 (2) 夹具带着制件随链传动输送机构在地面的各工位间移动。是连续循环使用的 (3) 输送传动机构简单，易于制造、调整、维修，但占地面积较大 国内一汽解放公司CA—141的前围总成和后围总成装焊线为应用实例	(1) 夹具和输送系统的结构设计比较复杂。夹具移动时不能与生产线上的设备、输送装置、钢结构支撑框架、操作者等干涉 (2) 夹具夹紧器动力源为气动。夹具十几个制件的装焊顺序依靠逻辑气动控制系统保证质量 (3) 为保持移动夹具不中断气源供应，夹具要配备储气罐 (4) 夹具要有足够的焊接空间，较好的焊接接近性 (5) 当焊接时操作者无法及时确定准确的焊接位置，夹具应该有能示意焊接位置并能使操作者及时准确确定焊接位置的焊钳定位板

(续)

生产纲领	生产线名称	制件输送方式	夹具状态	生产方式特点	夹具特点
3万以上	矩形环形生产线	随夹具移动	随行夹具	矩形地面环形生产线与椭圆形差不多。只不过形状是矩形。这种环形线的随行夹具是通过两端的横移装置返回原始位置的。横移装置和输送装置结构复杂，不利于制造、调整、维修。但是占地面积比椭圆形环线小	(1) 夹具和输送系统的结构设计比较复杂。夹具移动时不能与生产线上的设备、输送装置、钢结构支撑框架、操作者等干涉 (2) 夹具夹紧动力源为气动。夹具十几个制件的装焊顺序依靠逻辑气动控制系统保证质量 (3) 为保持移动夹具不中断气源供应，夹具要配备储气罐 (4) 夹具要有足够的焊接空间、较好的焊接接近性 (5) 当焊接时操作者无法及时确定准确的焊接位置，夹具应该有能示意焊接位置并能使操作者及时准确确定焊接位置的焊钳定位板

表 11-13 物流输送方式决定焊接夹具方案特点

序号	生产纲领	操作方式	输送方式	物流输送方式特点	夹具特点
1	1万辆/年以下属小批量规模	人工焊接	简单设备和人工搬运	(1) 夹具总套数比较少。采用一套或几套装配台式夹具 (2) 工序间物流大总成靠天车、单轨电葫芦、转运车或者简易的手推滚道。小总成手工搬运 (3) 设备较少但多为通用，利用率很高 (4) 生产效率和机械化自动化程度很低。是以人工为主边装边焊的间歇贯通式流水生产方式	(1) 一套夹具上焊接的零件数可多达几十件。不但要实现所有制件的定位夹紧，还要有足够的焊接空间、较好的焊接接近性和可见性。夹具结构比较复杂 (2) 制件在夹具中的装焊质量都由操作者控制。夹紧器的动力源都是人工
2	1万~6万辆/年属中等批量生产规模	人工焊接	链板式输送	(1) 夹具总套数从十几套增加到几十套。在一套夹具上焊接的零件数越来越少，从几十件到十几件 (2) 在链条上铺放链条，构成链板式机械化输送装置。制件在夹具中随着输送线移动。工序间无法储存制件 (3) 多为专用设备，即使有通用设备也要配专用的工艺装备，利用率很高 (4) 生产效率和机械化自动化程度比较高 (5) 是典型的贯通式流水生产方式。适用于各类车身工艺总成 (6) 全线各生产环节均由电器统一控制	(1) 夹具联结在链条上随链条一起移动是一种随行夹具。与输送线匹配的连接结构，不能与之干涉 (2) 夹具要有足够的焊接空间、较好的焊接接近性和可见性 (3) 夹具夹紧器动力源为气动。夹具十几个制件的装焊顺序依靠逻辑气动控制系统保证质量

（续）

序号	生产纲领	操作方式	输送方式	物流输送方式特点	夹具特点
3	1万～3万辆/年 属中等批量生产规模	自动焊接	往复杆直送式	(1) 两条平行的托杆做直线往复运动实现工序间制件输送 (2) 这种输送方式一般与工作台可升降的多点焊机匹配使用 (3) 专用设备自动焊接，焊点位置和直径、焊接强度、焊接金属飞溅程度等焊接质量完全能保证持续稳定 (4) 生产效率和机械化自动化程度比较高 (5) 是典型的贯通式流水生产方式。适用于各类车身工艺总成 (6) 全线各生产环节均由电器统一控制	(1) 夹具安装在固定多点焊机工作台上，结构布置不能与往复杆输送装置运动轨迹干涉 (2) 夹具除了要承受焊接应力、夹紧力、焊件自重力外，还需要支撑若干把焊枪的焊接压力。夹具本体的强度要很高 (3) 夹具是焊接电源二次回路的一个组成部分，要设置电极和畅通的电极导电回路，以减少焊接时的电极发热 (4) 为及时降低下电极的温度，导散制件表面热量，下电极要有循环水冷却系统 (5) 夹具要有绝缘机构，将导电回路和电极与其他机构绝缘
4	3万～10万辆/年 属中等生产规模	人工焊接或者自动焊接	升降往复杆输送	(1) 两条平行托杆做矩形直线往复运动实现工序间制件输送 (2) 能满足悬挂点焊机手工焊接、半自动焊接和机器人自动焊接等多种操作方式 (3) 此种输送方式一般与固定夹具匹配组成装焊线 (4) 生产效率和机械化自动化程度比较高 (5) 全线各生产环节均由电器统一控制 (6) 是典型的贯通式流水生产方式。适用于各类车身工艺总成	(1) 夹具固定在各工位地面上，结构布置不能与往复杆输送装置运动轨迹和机器人干涉 (2) 夹具要有足够的焊接空间、较好的焊接接近性和可见性 (3) 当焊接时操作者无法及时确定准确的焊接位置，夹具应该有能示意焊接位置并能使操作者及时准确确定焊接位置的焊钳定位板 (4) 夹具夹紧器动力源为气动。夹具十几个制件的装焊顺序依靠逻辑气动控制系统保证质量
5	10万～30万辆/年 属大量生产规模	人工焊接或者自动焊接	滑橇输送	(1) 托带制件移动的被称为滑橇的输送装置，带着制件在机动滚道上移动，到了指定工位机动滚道下降，将滑橇落入下夹具定位，与上夹具匹配组合实现焊接总成定位夹紧。当焊接完毕后，机动滚道升起将滑橇托着上升到位后，继续在机动滚道上移动到下一工位，重复上述循环 (2) 这种输送方式实现总成的间歇输送。生产效率和机械化自动化程度比较高。是世界欧、美大汽车公司流行采用的新型输送装置。常用于工位较多、尺寸较大的工艺总成如：轿车地板总成、车身驾驶室总成等 (3) 能满足悬挂点焊机手工焊接、半自动焊接和机器人自动焊接等多种操作方式 (4) 对滑橇制造的精度要求较高，一条装焊线上所有的滑橇定位尺寸都必须保证完全一致，才能获得稳定的产品质量 (5) 全线各生产环节均由电器统一控制	(1) 与夹具匹配关系多，结构比较复杂。夹具要考虑上下两部分的组合精度；下夹具与滑橇的定位精度；结构布置不能与机动滚道和焊接执行者干涉 (2) 夹具要有足够的焊接空间、较好的焊接接近性 (3) 夹具夹紧器动力源为气动。夹具十几个制件的装焊顺序依靠逻辑气动控制系统保证质量 (4) 在焊钳从外部接近不着焊接不了的位置，如：车身总成的地板部分。必须用预先固定安装在此处的自动化装置焊接。自动化装置属于夹具的一部分。它能实现焊钳转动、移动、摆动、到位等动作。在功能和结构上要完全适合于自动焊接的特点

由于在编制焊接工艺时，已经确定了操作方式、焊接设备、焊接工具，那么要求焊接夹具的设计，除了具备基本的通用的功能外，还必须具备有针对性的特点，达到满足焊接工艺的目的。

焊接设备和焊接工具决定夹具方案特点见表11-14。

表 11-14 焊接设备和焊接工具决定夹具方案特点

序号	操作方式	焊接设备名称	焊接工具名称	操作方式、焊接设备、焊接工具的特点	夹具特点
1	人工焊接	悬挂点焊机	人工操作焊钳	(1) 人工手持焊钳操作方式，是靠人来完成部分焊接内容。焊点位置、焊接强度、焊接金属飞溅程度等焊接质量因人的不确定因素，不能保证持续稳定 (2) 由于焊钳的自重并带有笨重的电缆，需要有较好的吊挂平衡系统平衡重量，实现操作者自如的焊接 (3) 焊钳要求故障率低、结构合理、布置紧凑、外型美观、重量轻便、通用性好、便于加工、维修、调整	(1) 有足够的焊接空间、较好的焊接接近性和可见性 (2) 为防止金属飞溅物粘接在夹具上，夹具的各运动部件和测量基准应设置防护机构。当某些部件不易安装防护机构时，就要选择铸铁、铜材等不易粘接的材料 (3) 当焊接时操作者无法及时确定准确的焊接位置，夹具应该有能示意焊接位置并能使操作者及时准确确定焊接位置的焊钳定位板
2	自动焊接	悬挂点焊机	自动化装置焊钳	(1) 焊接过程是靠自动化装置完成的，焊点位置和直径、焊接强度、焊接金属飞溅程度等焊接质量完全能保证持续稳定 (2) 焊钳安装在自动化装置上，由自动化装置实现焊钳转动、移动、摆动、到位等动作。在功能和结构上与人工操作焊钳有较大的差别。完全适合于自动焊接的特点	(1) 夹具结构布置不能与自动化装置和焊钳的运动轨迹干涉 (2) 为防止金属飞溅物粘接在夹具上，夹具的各运动部件和测量基准应设置防护机构。当某些部件不易安装防护机构时，就要选择铸铁、铜材等不易粘接的材料
3	自动焊接	点焊机器人	点焊机器人焊钳	(1) 因为是机器人焊接，焊接的过程是靠机器人操纵自动完成的。焊点位置和直径、焊接强度、焊接金属飞溅程度等焊接质量完全能保证持续稳定 (2) 机器人带着焊钳在移动、转动、到位、回位的运动过程中，为防止与制件碰撞或与夹具干涉，焊钳与机器人不能有相对运动	(1) 有足够的焊接空间、较好的焊接接近性 (2) 为防止金属飞溅物粘接在夹具上，夹具的各运动部件和测量基准应设置防护机构。当某些部件不易安装防护机构时，就要选择铸铁、铜材等不易粘接的材料 (3) 机器人和焊钳焊接要占据一定空间。夹具的结构布置不能与机器人和焊钳的运动轨迹干涉
4	人工焊接	悬挂点焊机	人工操作焊枪	(1) 人工手持焊枪是靠人的控制完成焊接过程。焊点位置和直径、焊接强度、焊接金属飞溅程度等焊接质量因人的不确定因素，不能保证持续稳定 (2) 夹具除了要承受焊接应力、夹紧力、焊件自重力外，还需要支撑一把或者多把焊枪的焊接压力。此时，夹具就要承受较大的外力 (3) 焊枪的工作过程，必须靠人工或焊枪自备支撑板的反作用力加压才能实现焊接。大部分焊枪是不备支撑板的 (4) 焊枪是一极，夹具作为另一极，构成完整的焊接回路，实现焊接过程 (5) 焊接过程中，电极被强烈加热和受压变形。电极要有非常好的冷却条件	(1) 有足够的焊接空间、较好的焊接接近性和可见性 (2) 为防止金属飞溅物粘接在夹具上，夹具的各运动部件和测量基准应设置防护机构。当某些部件不易安装防护机构时，就要选择铸铁、铜材等不易粘接的材料 (3) 当焊接时操作者无法及时确定准确的焊接位置，夹具应该有能示意焊接位置并能使操作者及时准确确定焊接位置的焊钳定位板 (4) 夹具除了要承受焊接应力、夹紧力、焊件自重力外，还需要支撑一把或者多把焊枪的焊接压力。夹具本体的强度要很高 (5) 若选用不备支撑板的焊枪时，夹具要有焊枪反作用力支撑板 (6) 夹具是焊接电源二次回路的一个组成部分，要设置电极和畅通的电极导电回路，以减少焊接时的电极发热 (7) 为及时降低电极的温度，导散焊件表面热量，电极要有循环水冷却系统 (8) 夹具要有绝缘机构，将导电回路和电极与其他机构绝缘

（续）

序号	操作方式	焊接设备名称	焊接工具名称	操作方式、焊接设备、焊接工具的特点	夹 具 特 点
5	自动焊接	多点焊机	若干把焊枪安装于设备本体	（1）专用设备自动焊接，焊点位置和直径、焊接强度、焊接金属飞溅程度等焊接质量完全能保证持续稳定 （2）若干把焊枪安装在焊机本体上，靠焊机本体支撑反作用力实现焊接，同时焊多个点。焊接时，只有加压过程与夹具和制件没有相对运动 （3）焊枪是一极，夹具作为另一极，构成完整的焊接回路，实现焊接过程 （4）焊接过程中，电极被强烈加热和受压变形。电极要有非常好的冷却条件	（1）为防止金属飞溅物粘接在夹具上，夹具的各运动部件和测量基准应设置防护机构。当不易安装时，要选择铸铁、铜材等不易粘接的材料 （2）夹具除了要承受焊接应力、夹紧力、焊件自重力外，还需要支撑若干把焊枪的焊接压力。夹具本体的强度要很高 （3）夹具要设置畅通的下电极导电回路，以减少焊接时的电极发热 （4）为及时降低下电极的温度，导散制件表面热量，下电极要有循环水冷却系统 （5）夹具要有绝缘机构，将导电回路和电极与其他机构绝缘

从具体某套夹具的功能和结构不能完整反映焊接夹具特点和规律。但是通过上面的描述，不难看出产品结构决定焊接工艺流程，流程和生产方式又决定夹具总数、夹具复杂程度、夹具体积、夹具功能、结构、精度、控制方式等。那么在拟订焊接夹具的设计方案之前，了解这些情况是必须的，也是设计的依据和基本条件。

2. 焊接夹具设计应收集的有关资料

产品结构和焊接工艺流程决定夹具主要功能，而完善的夹具除了具备主要功能外，还要具备许多辅助作用的特种功能。这就需要我们收集其他有关资料，首先是关于焊装车间的情况：

①焊装车间厂房条件：厂房（长×宽×高）、厂门尺寸（宽×高）、厂门位置及数量和功能、工位照明条件、物流方式及走向、安装条件等。

②公用动能供给系统情况：电能、冷却循环水、压缩空气等管网线布置、瓶装 CO_2 气体条件等。

职业安全卫生：设备安全、设备消防、机械伤害、电气防爆和安全、通风换气、照明、防护设施、安全标志等。

了解安全法规，使夹具的功能满足安全法规要求。在夹具中设置双按扭、光电保护、安全机械限位装置等保护功能机构。保证操作者不出现安全事故。

当使用电动葫芦作为物流输送系统时，则应该设置高空落物防护网；应具有紧急停车功能，各工位均设置紧急停止按钮。所有安全保护装置灵敏可靠。

当使用机器人系统焊接时，依据安全法规，则应该设置机器人围栏。

所有设备应具有必要的防护装置，无漏电、漏气、漏水现象。

凡是可能发生人员伤害的地方均按国家安全标准设置防护栏、围栏、安全网等设施。无人操作工位还应设置电控安全门，以保证检修安全。采用机电联锁方式以确保生产过程安全。

气体保护焊、打磨工位应设置排烟除尘装置和遮光的塑料防护帘，使操作环境中的 Mn 含量低于国家标准（$0.2g/m^3$）。工位粉尘含量低于中国国家标准（$10mg/m^3$）。

了解环境保护法，使夹具的功能满足环境保护法规要求。是否要设置烟尘排放装置，在生产时将焊接产生的烟尘及时排放到专用的管道中去，减少烟尘在车间空气中的含量。夹具在运行中不能有超过国家标准的噪声。以保证操作者的身体健康。

了解人体工程学，使夹具的功能设置要符合人体工程的规律。最大限度地减轻操作者的劳动强度，使之操作有良好的舒适性更人性化。

这些资料了解的越多夹具设计时考虑的就越全面，夹具的功能就越完善。

3. 确定夹具设计方案

在了解了车身和构件结构、焊接工艺流程和相关资料后，就以这些资料和数据为依据按本章介绍的设计原则和方法，拟订焊接夹具总体设计方案。拟订夹具总体方案图就是确定夹具的主要功能和辅助功能，再通过《焊接夹具设计任务书》这一技术文件描述清楚。每套《焊接夹具设计任务书》都由带标记的焊接总成图和若干个有特定含义符号的车身焊接结构剖面图组成。夹具设计方案的描述方法是：将夹具各部件的每一种功能按标准模板格式，用统一规范的文字、图形、表格、符号标注在车身焊接结构剖面图上加以详细描述。内容包括：夹具要满足单一车型还是系列车型生产；物流输送自动化水平要求夹具的操作高度和操作形式是固定、移动、转动或摆动；夹具动力源是人工还是气动或液压；控制方式是逻辑气控系统还是气电结合控制系统；各部件定位夹紧状态和位置；销定位还是面定位；手动夹紧还是气动夹紧；手动夹紧、松开还是手动夹紧、气动松开；夹具体的基准面及形状；需要哪些特种功能等。都用统一规范的符号标注在车身焊接结构剖面图上，形成《焊接夹具设计任务书》。在《焊接夹具设计任务书》拟订完成后，要邀请夹具设计的校对、审核人员、使用单位的技术人员、操作人员、设备维修人员等相关人员进行详细全面的论证，几次的反复讨论和修改，才最终确定。如图11-4、图11-5 所示为挡板横梁总成焊接夹具列出部分示例，前图为夹具设计方案规划，后图为设计任务书，即制件在夹具上的安装和各功能部件在夹具体上的安装位置，从而描述了焊接夹具设计方案。方案图和任务书中说明"挡板横梁总成"系由"前挡板外横梁分总成"等五件焊接而成，以及此五件焊接时的定位、夹紧位置。图中各 LC 表示型面定位和夹紧，各 P 表示用定位销定位，外有小圆的数字表示各定位、夹紧部分的功能点。各部分和功能点的具体结构可见后续各图。

4. 确定夹具设计结构

当《焊接夹具设计任务书》确定后，就可以开始夹具结构设计。夹具方案设计重点完成的是夹具的功能设计，而结构设计就是按夹具功能要求来确定夹具结构。对于夹具的某一种功能可以用几种甚至十几种结构实现，这需要反复地斟酌推敲。

结构设计按先主要功能部件再辅助功能部件的顺序，即：定位功能部件、夹紧功能部件、主夹具本体、特种功能部件、辅助夹具本体、控制系统等。各种功能部件的结构在本章 11.3 中做了介绍，本节以较完整的部件图为例，再介绍一些结构。图 11-6～图 11-12 系列图所示结构是在设计中常用的、典型的，具有经过验证成熟的、规范化、适用性强、系列化程度高、简单可靠、机械加工工艺性好的特点。各图中 POST 一词即为每个工位的支座，也就是每一功能部件所在的位置。

5. 绘制夹具图样

焊接夹具图样绘制是按先部件图后夹具总图的顺序进行。以已经拟订的《焊接夹具设计任务书》为依据。一个车身构件焊接结构剖面图就是一个功能部件图。部件图绘制顺序按结构设计的顺序。先主要功能部件再辅助功能部件的顺序，即：定位、夹紧、主夹具本体、特种功能部件、辅助夹具本体、控制系统等。焊接夹具绘图顺序，则按设计方案中的定位夹紧单元数，画出全部的定位夹紧部件图；其次将该夹具中所有定位夹紧部件图按夹具整体方案布置夹具总图；各方面相关人员通过绘制的部件图及总图对夹具方案进行反复推敲和协调，做最终确认。之后进行夹具零件图绘制。夹具各部分绘图内容及要求如下：

(1) 夹具部件图绘制内容及要求

1) 功能部件图首先绘制车身焊接总成结构剖面图，并标注相应的图号。然后绘制功能结构件。每一个功能部件一般由定位块、定位块连接板、定位块连接支座、夹紧块或定位销、夹紧块连接板、手动夹紧器或者夹紧气缸、夹具体等零件构成。绘制的具体要求如下：

① 夹具的部件图应绘制车身产品截面图，标注出相应的产品图号。还要标注出与车身产品坐标相吻合的网格线，并在网格线端头处打印坐标数值。

② 在夹具图中，图形的描述和技术要求均应符合国家机械制图标准 GB 4457、GB 4460、GB 4484，几何尺寸和形位公差的标注应符合国家机械制图标准 GB/T 1182—1996、GB/T 1184—1996。除夹具部件外以后的夹具总图、夹具零件图的绘制都要符合相同标准。

③ 夹具中功能部件图的设计坐标基准是车身焊接总成坐标。所有的尺寸标注均以此坐标为标注基准。

2) 所有运动部件均不但要绘制起始及终止两个极限位置图。还要画出运动轨迹线，进行干涉的模拟。

3) 气动夹紧的动力源是气缸，在确定正常行程后，还要考虑整个生产系统调试的需要。设置必要适当的补偿行程。

4) 焊接夹具手动夹紧装置的夹紧、松开要灵活，在夹紧位置时要具有自锁性能。压紧面与支撑面距离应为被夹紧零件的板料厚度之和。手动夹紧器应选择合理的夹紧力，保证活动自如、力量均匀，以不破坏定位的稳定性及不损坏制件表面为原则。

5) 焊接夹具设计时固定座与底板上的螺钉尽量采用相同的品种及规格；尽量不采用盲孔销；螺钉松紧应予留足够的扳手空间。

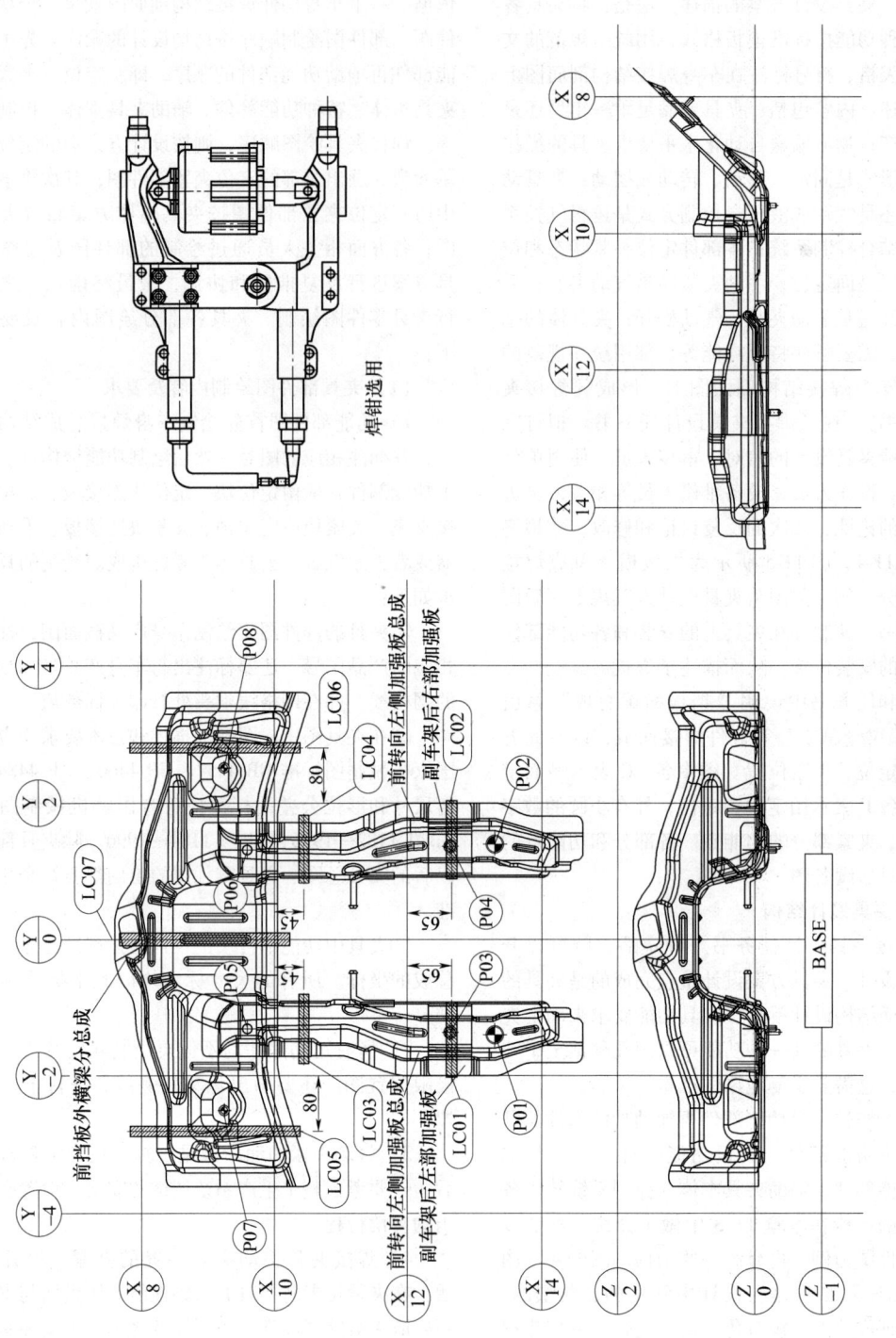

图 11-4 挡板横梁总成焊接夹具设计方案图

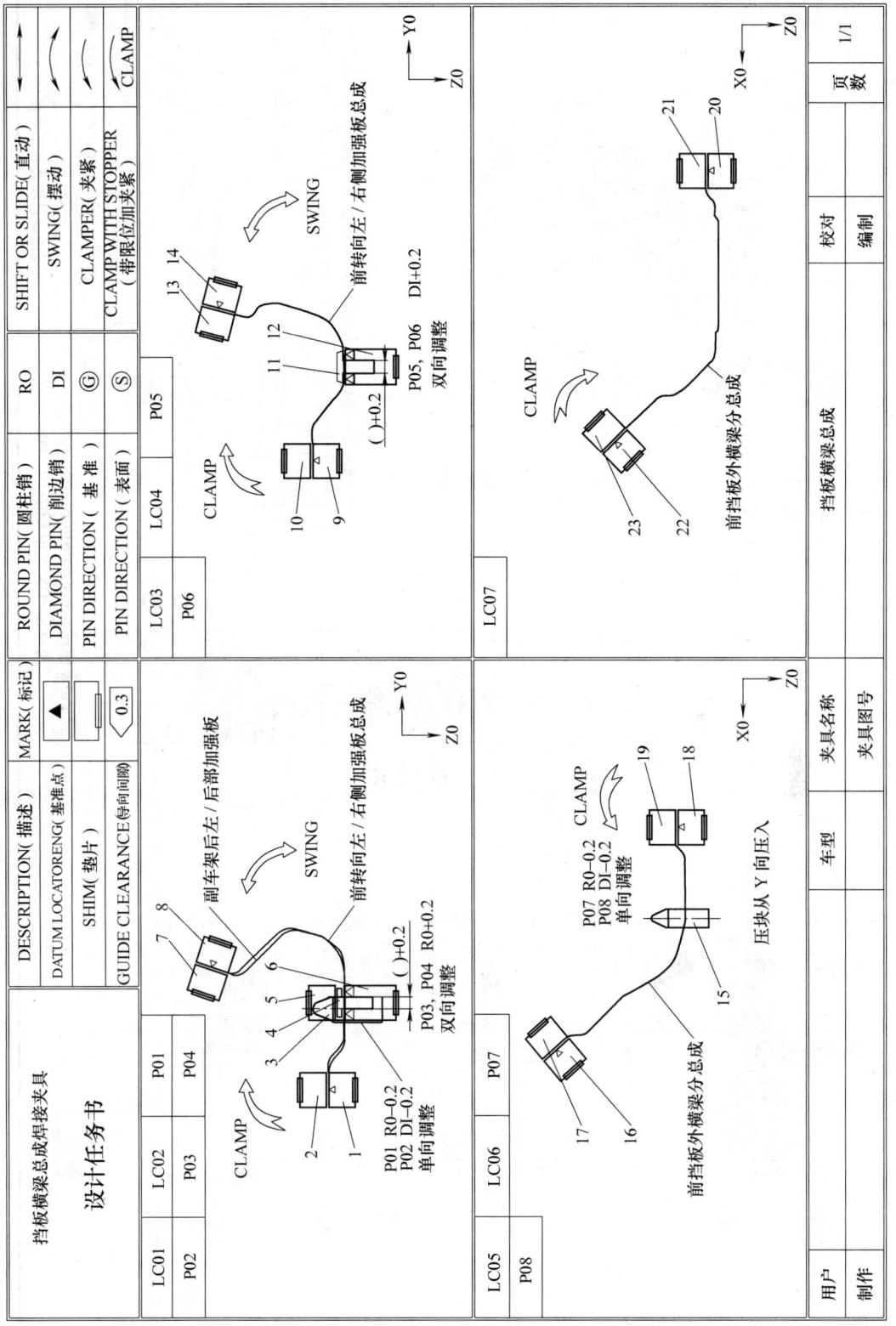

图 11-5 挡板横梁总成焊接夹具设计任务书

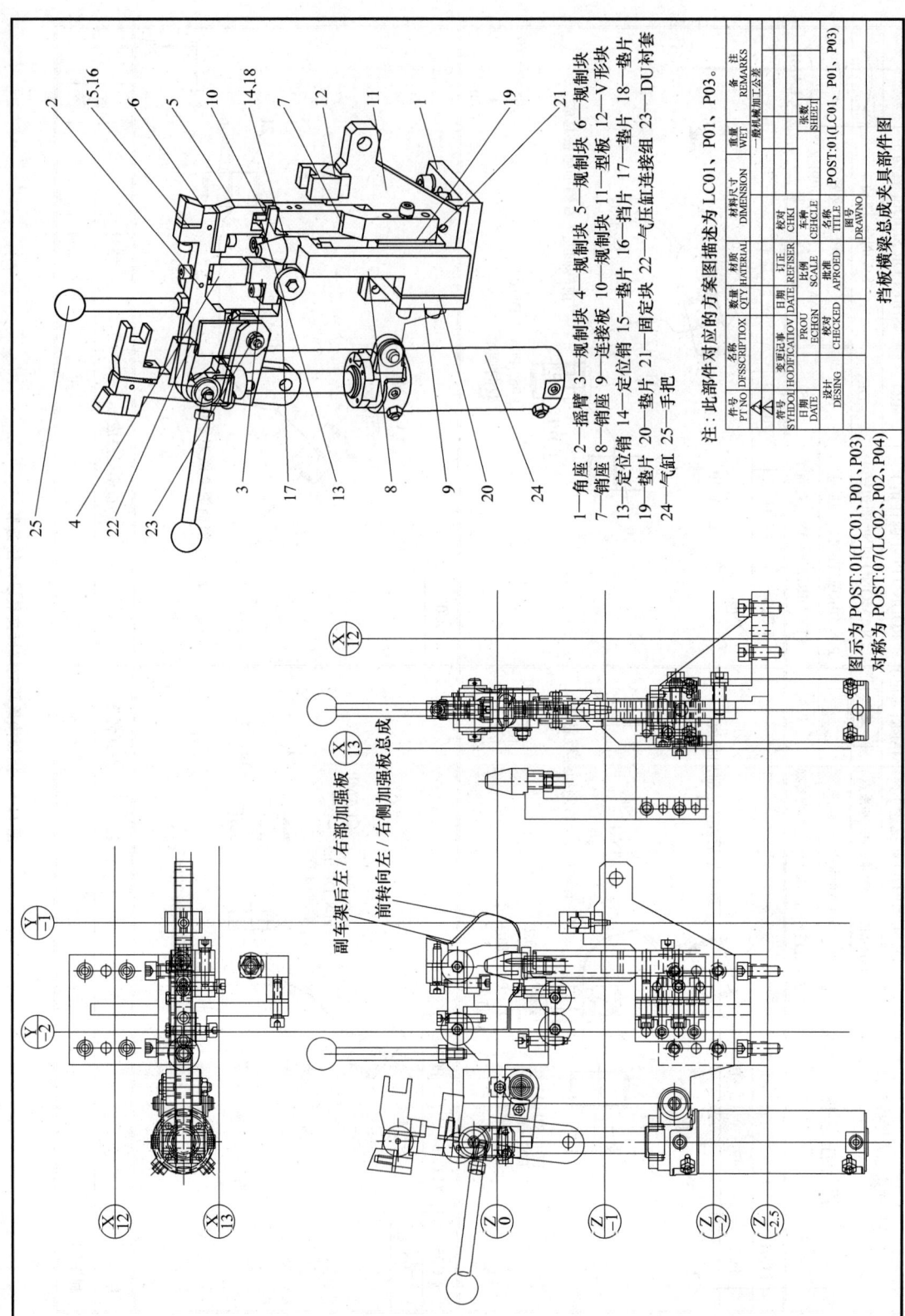

图 11-6 挡板横梁总成焊接夹具部件图之一

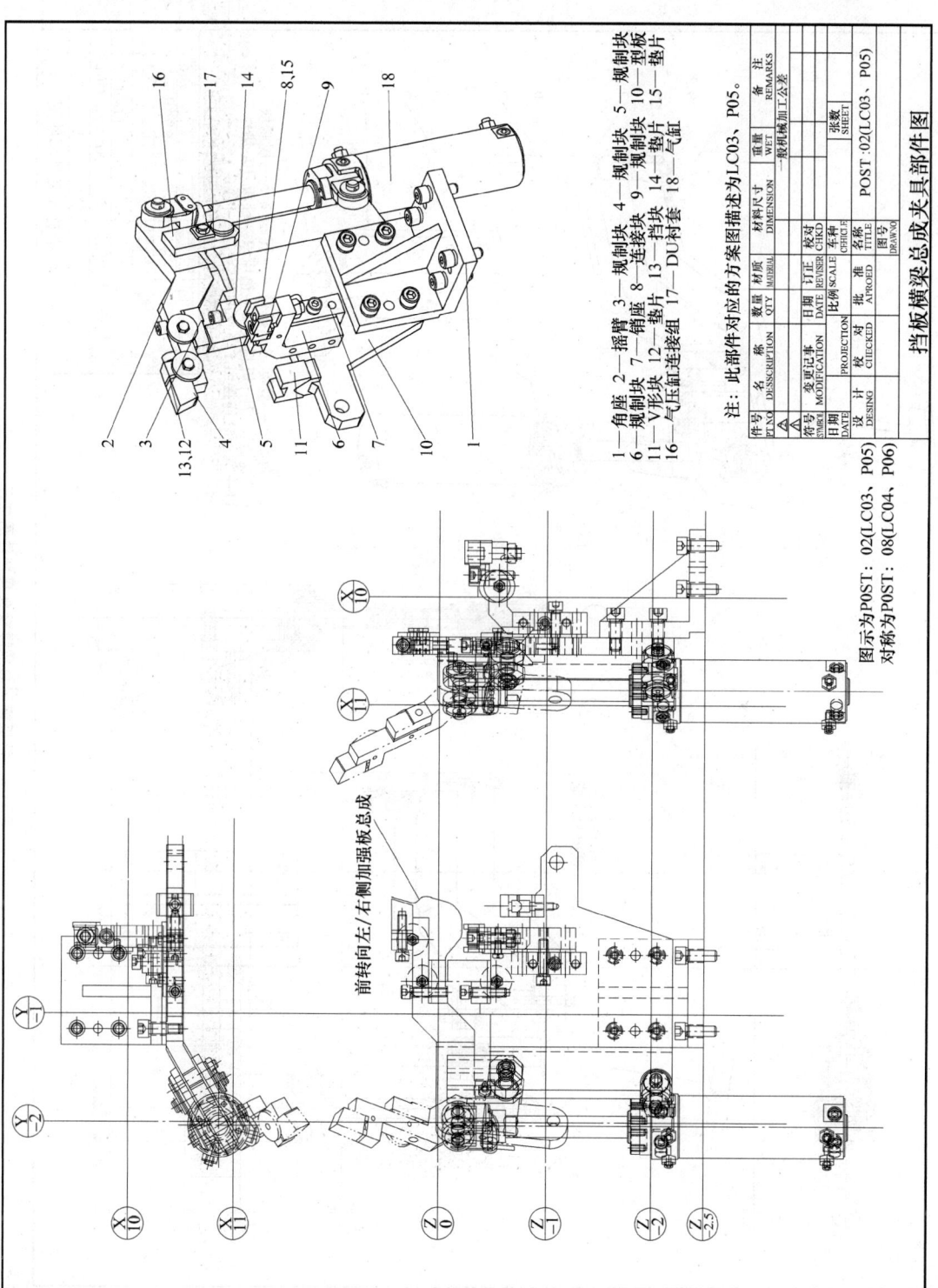

图 11-7 挡板横梁总成焊接夹具部件图之二

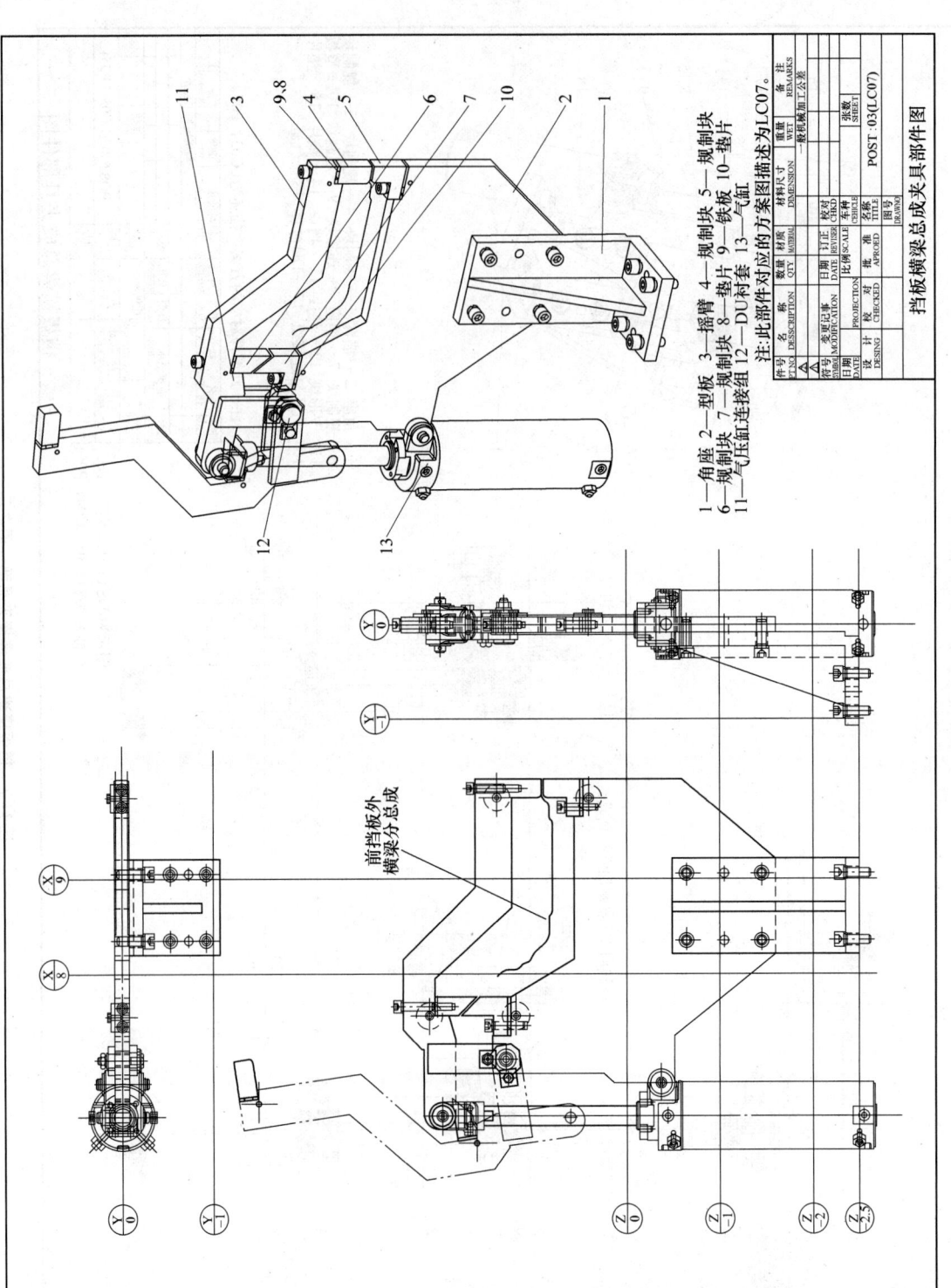

图 11-8 挡板横梁总成焊接夹具部件图之三

第 11 章 焊接夹具

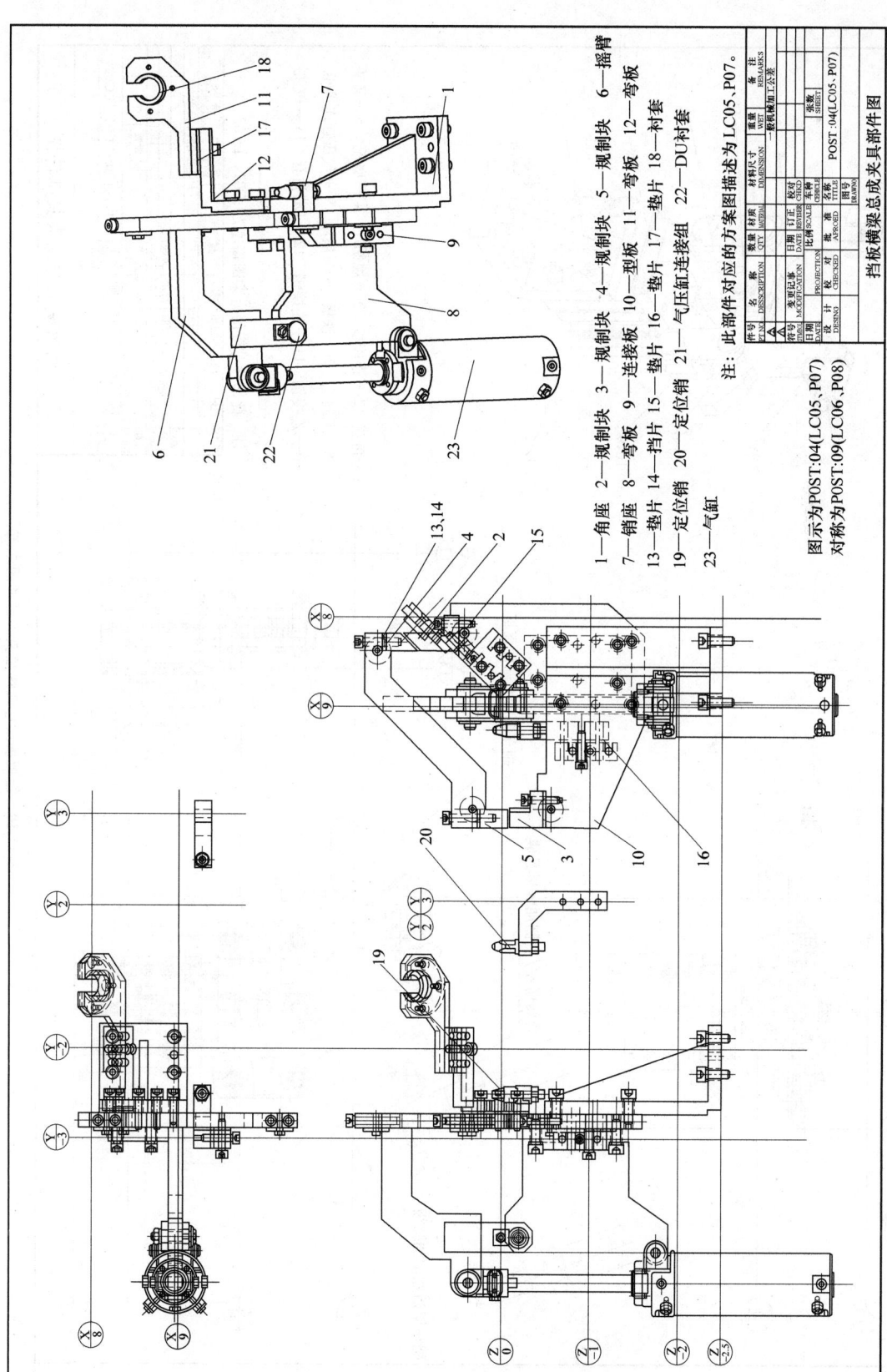

图 11-9 挡板横梁总成焊接夹具部件图之四

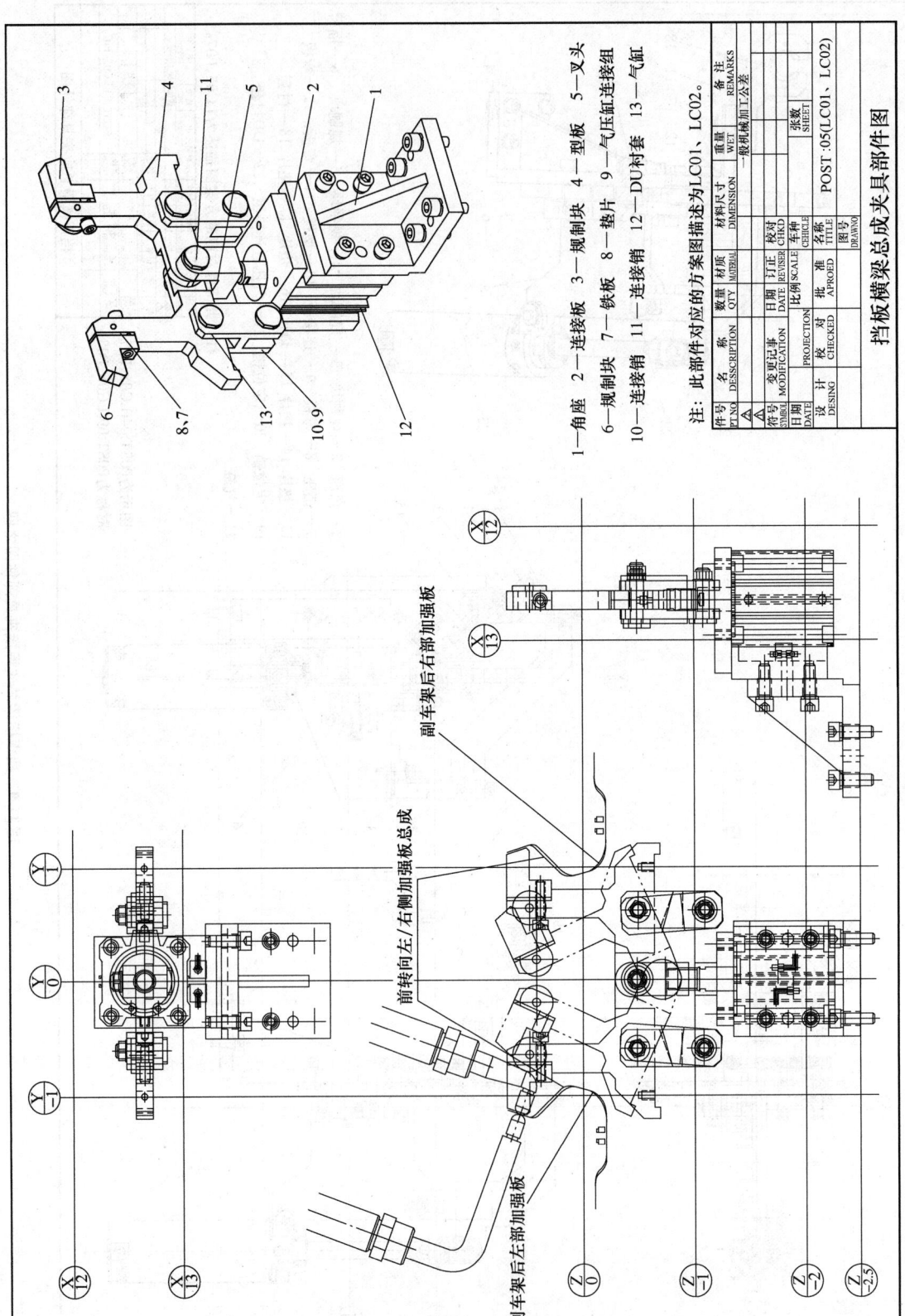

图 11-10 挡板横梁总成焊接夹具部件图之五

第11章 焊接夹具 ·985·

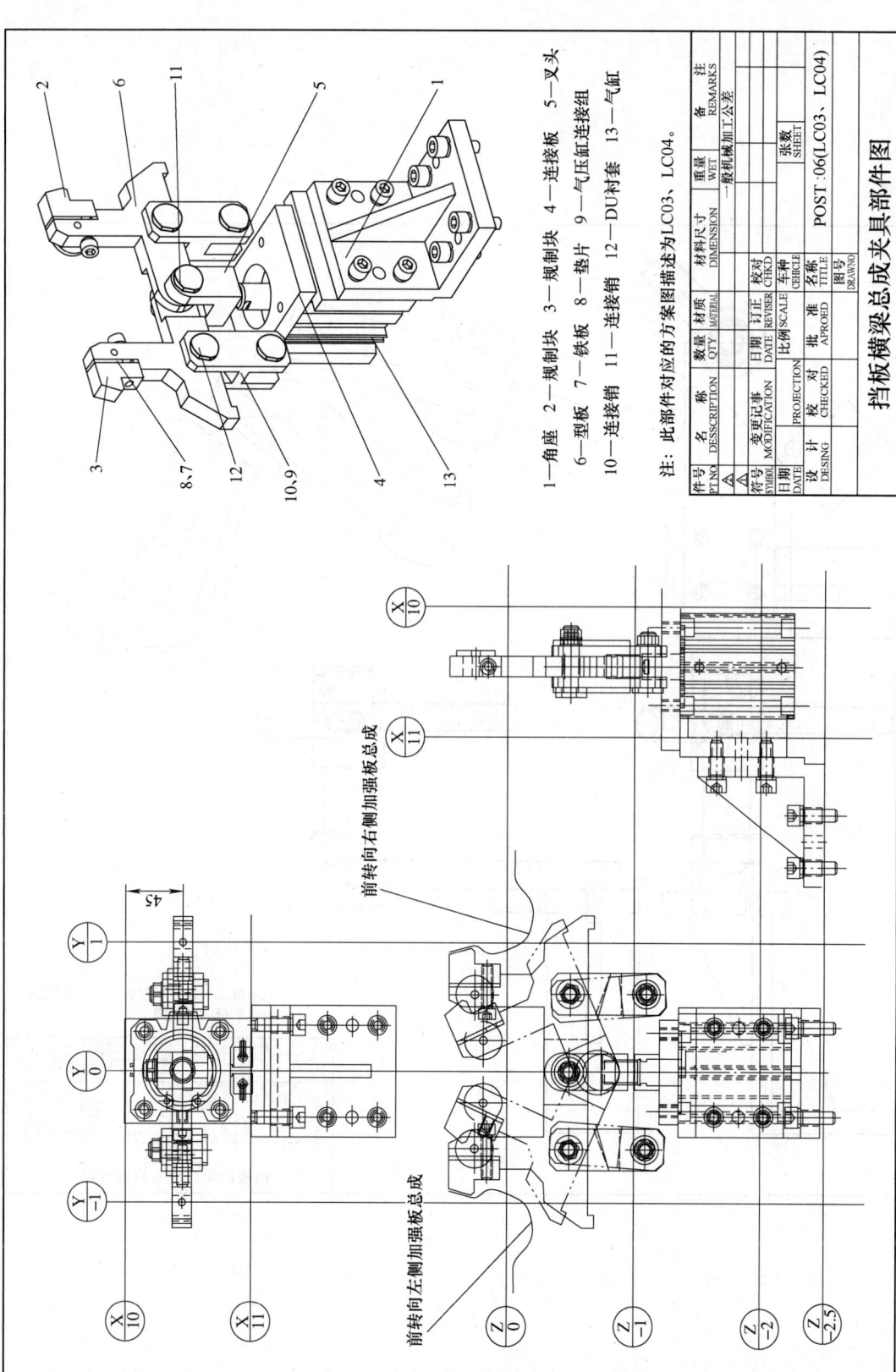

图 11-11 挡板横梁总成焊接夹具部件图之六

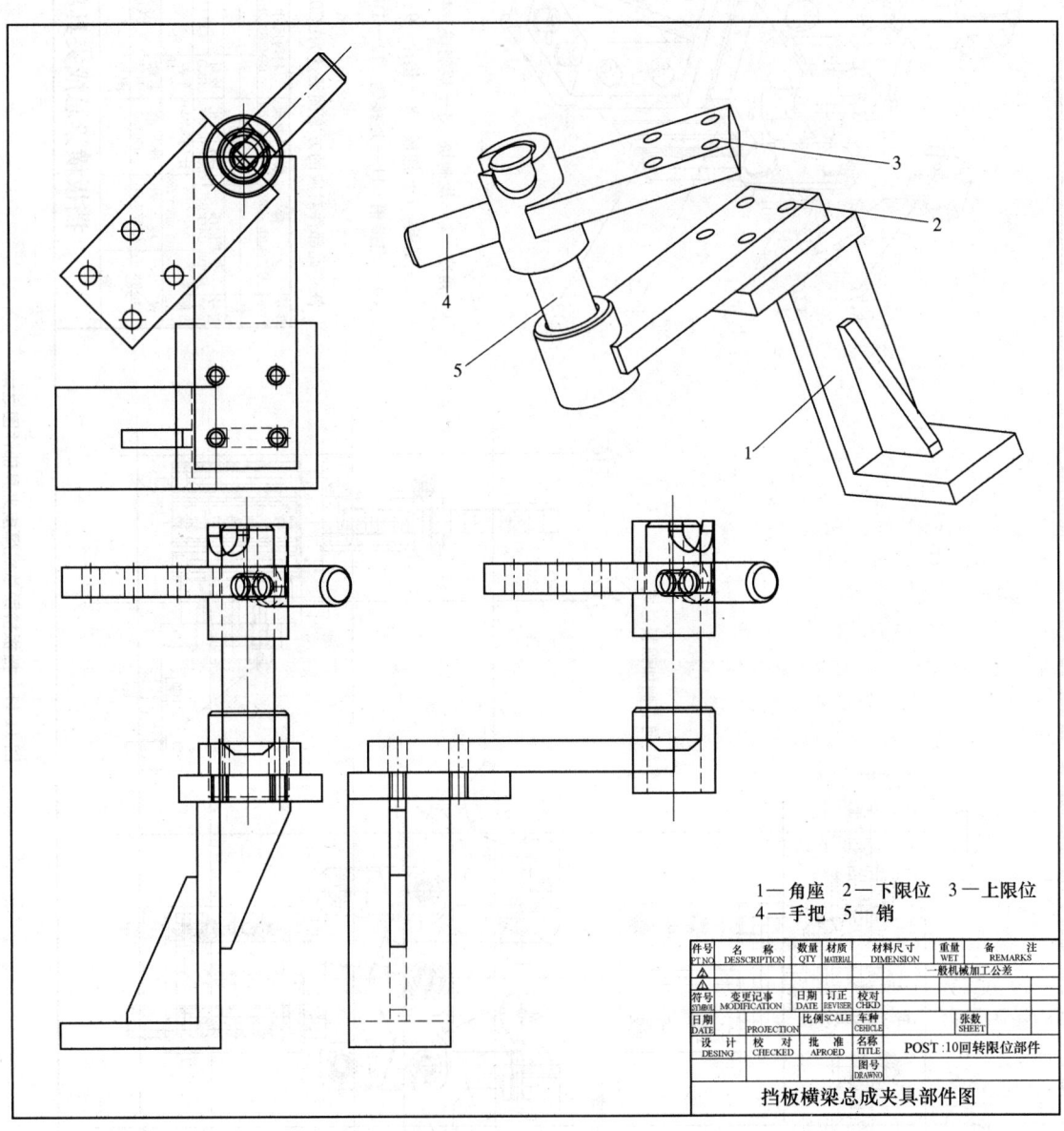

图 11-12　挡板横梁总成焊接夹具部件图之七

6) 功能部件图至少要通过两个视图描述,还可以通过三视图、断面图和向视图共同描述。图形描述执行国家绘图标准。

7) 对于气动或液压夹具,不但要设计控制示意图,还要尽可能的画出管路走线示意图,标明控制阀位置。如画管路图确有困难,应在图样中用语言描述,或在图样中标明制造者在接管路时应与设计者协商字样。

8) 标注零件之间的安装尺寸和配合关系。标题栏中标明机械加工零件、通用件和外购件明细表。

9) 焊接夹具定位夹紧板一般采用16mm厚的钢板,特殊地方根据需要采用19mm或更厚的钢板。各定位型面的装配误差应控制在 ±0.3mm。所有定位型面与产品贴合率需在80%。

10) 夹具体表面应有与车身焊接总成坐标基准相吻合的测量基准槽和坐标基准的标记。这若干根测量基准槽可作为三坐标测量用。除测量基准槽外为了测量方便还可以在夹具体的四个角上分别设置四个测量基准孔,孔径为$\phi 10mm + 0.015mm$。

11) 为方便夹具调整,定位夹紧单元根据情况可设计成三维、二维和一维可调式结构。通过在需要调整的方向上采用2个厚度为1.0mm 和2个厚度为0.5mm,总厚度为3mm的标准系列垫片达到精确量化调整的目的。为更换垫片方便,垫片的形状可设计成一侧开口。只要螺钉稍微松动,垫片就很容易的从侧面取出或装入。定位压紧单元采用标准系列垫片调整形式,方便实现三个方向的可量化调整。垫片厚度为:3mm(1.0 + 1.0 + 0.5 + 0.5)。

(2) 夹具总图绘制内容及要求

将已经设计完成的若干个功能部件图绘制成夹具总图。绘制的具体要求如下:

1) 夹具的总图应绘制车身构件产品图,标注相应的产品图号,还要标注出与车身构件产品坐标相吻合的网格线,并在网格线端头处打印坐标数值。

2) 标注相邻功能部件之间的安装尺寸和配合关系。两个基准定位销整体装配误差应控制在 ±0.1mm 范围内。

3) 菱形定位销安装必须与主定位销之间有正确的方向。即:应该在两定位销对角线方向上起到定位作用。

4) 标题栏中标明所有功能部件明细表。

5) 要完成夹具外购件清单,调试用车身焊接总成清单、通用件清单、三座标检测数据表、夹具技术说明等管理和技术文件。

6) 每套夹具都要有标牌,标牌内容因用户要求而确定。但主要有:夹具名称、车身焊接总成号、设计者确定放置位置。

7) 具有较好的维修性、保养性,易损件便于更换,运动部分尽量采用自润滑材料,无法自润滑运动部分,采用集中加注进行润滑。

8) 与连接夹具的压缩空气、冷却水进口处配有压力计,压力异常时发出报警,手动阀上应标示操作顺序。

9) 定位压紧单元应以数控加工的定位孔为基准进行加工、组装。定位销位置公差 ±0.1mm,定位面位置公差 ±0.2mm;

10) 为保证夹具在生产中保持必要的水平位置,夹具与地面接触的底座应设置水平调节装置。满足随时方便调整。

11) 焊接夹具定位块及压紧块型面的表面粗糙度应不低于 $Ra1.6\mu m$,容易磨损的定位块、压紧块采用45钢。与工件接触部分应表面淬火,热处理硬度32~38HRC,所有的定位销应采用45钢,热处理硬度38~42HRC。

(3) 夹具零件图绘制内容及要求

夹具零件图就是将每个零件的图形、尺寸、技术要求完整的描述标记清楚,达到指导制造的程度。绘制的具体要求如下:

1) 夹具的总图应绘制车身构件产品图,标注相应的产品图号,还要标注出与车身构件产品坐标相吻合的网格线,并在网格线端头处打印坐标数值。

2) 绘制定位块及夹紧块时,坐标基准就是车身构件焊接总成的坐标。均应座标位置并标注相应的产品图号。

3) 定位销尺寸单件定位采用比定位孔小0~0.05mm,公差$\phi 0~0.05mm$,分总成件定位采用比定位孔小0~0.1mm,公差$\phi 0~0.05mm$,总成件定位采用比定位孔小0~0.1mm,公差$\phi 0~0.1mm$。

4) 夹具中与冲压件表面接触的定位夹紧块、销容易磨损应采用45钢中碳钢,还应进行热处理淬火使硬度达到32~38HRC。

5) 焊接夹具定位块及压紧块型面的表面粗糙度应不低于 $Ra1.6\mu m$。余为 $Ra3.2\mu m$。

11.4.4 焊接夹具设计典型图例

图11-13 和图11-14(见全书文后插页)所示为挡板横梁总成焊接夹具总图和气路总图作为典型图例。图中有具体名称、夹具二维和三维图、结构特点、各工位功能部件、分套描述等。

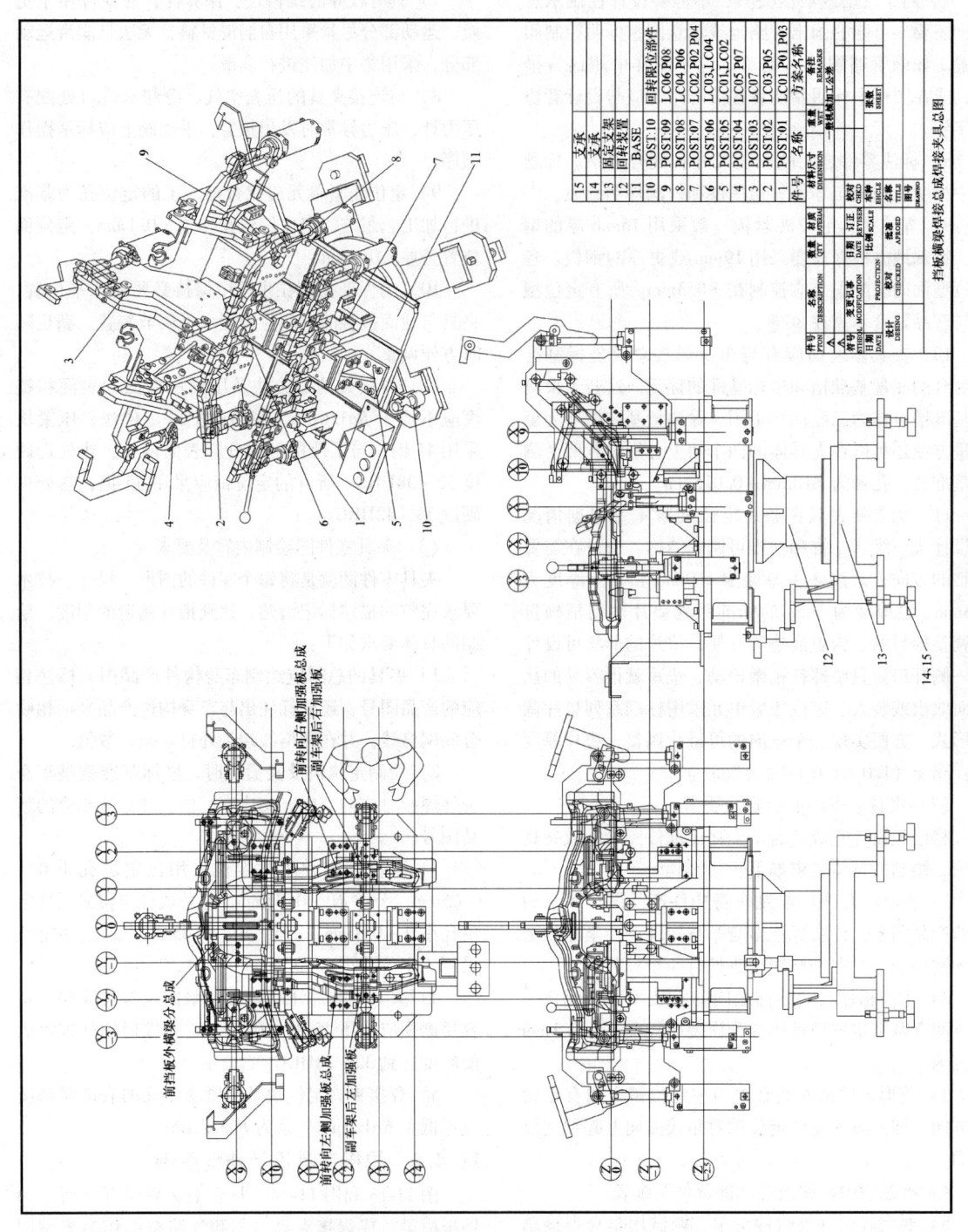

图 11-13 挡板横梁总成焊接夹具总图

11.5 焊接夹具的制造技术与调整

11.5.1 焊接夹具的制造技术

焊接夹具的制造和焊接夹具质量密切相关，除了夹具的精度应严格符合设计图样外。夹具整体的美观感觉（直观视觉效果）也应关注。一套良好的夹具除了与每个零件的表面粗糙度、棱边圆角等细微化处理有关外，还与夹具整体布置、管路排列、电气控系统走线方向等都有关系。

为了保证焊接夹具的制造质量，要达到以下具体要求。

1. 夹具材料、标准件、配套部件的质量

夹具的零件材料、标准件、配套部件都需要采购获取。为了保证其质量要求，要注意以下几点。

1）材料牌号、成分、规格、机械性能等技术条件均应符合国家或者企业标准。有条件企业应对材料成分进行检测确认。

2）对直接用于夹具装配的标准件或者配套部件，在验收时要进行功能、外观、连接尺寸等方面的检查确认后合格后入库。

2. 选用设备的原则

1）加工一般板材、棒材选用通用万能设备。如：车床、铣床、刨床、磨床、镗床、钻床等。加工精度应该达到 $10\mu m/m$。

2）切割一般板材、棒材和型材选用专用设备。如：线切割机床。

3）加工大型夹具本体选用专用设备。如：龙门铣床。加工精度应该达到 $30\mu m/m$。

4）凡是加工测量基准孔、安装工艺孔、定位工艺孔等公差在 $\pm 0.05mm \sim \pm 0.1mm$ 范围内的孔，选用专用设备。如：数控铣床、高精密数控铣床、高精密坐标镗床。加工精度应该达到 $5\mu m/m$。

5）凡是加工有三维数学模型的定位型面，要采用 CAM 方式成型。选用专用设备。如：数控龙门加工中心，精度应该分别达到：定位精度 0.1mm 分辨率 $0.01\mu m$。

3. 保证加工质量

1）零件的机械加工应符合设计图样、工艺文件和国家标准的规定。如：GB/T 158—1996、GB/T 1144—1987、GB/T 1804—1992、GB/T 11334—1989、GB/T 11335—1989 等。

2）零部件的被加工表面应无锈蚀或机械损伤。零件的棱边、尖角处必须要进行倒角、倒钝、修圆弧、去毛刺等处理。

3）需要进行热处理的零件，要严格按规范的热处理工艺操作，确保零件材料金相组织状态符合机械性能要求，且表面发蓝或发黑的色调应光泽均匀一致。

4）零件热处理后，要 100% 的检查。不允许任何有裂纹或者材料金相组织状态不符合机械性能要求的零件留入下道工序。

5）零件热处理后要清除氧化皮、污物和浊垢等，一则满足零件外观质量要求，二则方便后期的加工或装配。

6）需要刻测量基准线的零件，刻线的尺寸要符合图样要求，位置准确、间隔均匀、数字标识清楚，数字在线条的中心对称位置。

7）焊接件焊缝不允许有气孔、杂质、虚焊、漏焊等缺陷，焊后应消除内应力。断续焊接间隔均匀，焊缝光滑、平整、没有焊渣。

8）铸造件不允许出现：裂缝、气孔、砂眼、杂质等，浇口冒口、毛刺应打磨光滑，氧化膜和砂粒应清理干净。

9）锻件无裂缝、起皮、夹层、毛刺等。

10）锻、铸件在机加前，进行时效处理。

11）零件的内外螺纹不应有损伤。

12）被磁盘吸过的零件应进行消磁处理。

13）零件在制造过程中，除了加工工人要过程自检和最终自检外，检查人员要做一定比例的过程检查和 100% 的最终检查，并要有检查记录和合格报告。

4. 保证装配质量

装配过程的规范操作程度对能否保证装配质量影响很大。具体要求归纳有以下几点。

1）装配前，操作者要确认即将装配的每一个零件或部件均做过最终检查，有检查记录和合格报告，且符合图样的技术要求，在确认无误后方可进行装配。

2）夹具装配按技术要求和零件间精度等级不同依次装配。特别注意，越是精度要求高的尺寸，越是需要通过整体调整的方法达到尺寸精度要求。

3）装配前零部件应清理干净。装配过程中，零部件不应磕碰、划伤、锈蚀等缺陷。且外表面没有锉刀不均匀修磨和打磨等不合理处理的痕迹。

4）夹具的固定部分应牢固、坚实，没有松动、脱落等现象。

5）夹具的移动、转动部件装配后，启动平稳、灵活、轻便。变位机构应保证准确、可靠地定位。

6）气缸运动时没有与底板、固定座干涉现象。气缸叉接头与压头幅宽间的间隙均匀，没有压头在宽度方向摆动现象。

7) 装配后的螺栓、螺钉头和螺母的端面应与被紧固的零件平面均匀接触，不应倾斜和留有间隙。装配在同一部位的螺钉，其长度一般应一致。紧固的螺栓、螺钉和螺母不应有松动现象，影响精度的螺钉紧固力应一致。

8) 凡是固定座与工作台连接的螺钉均采用相同的品种及规格。装入沉孔的螺母不应突出零件表面，其头部与沉孔之间不应有明显的偏心。

9) 控制电路有蛇皮管、金属管或标准的走线槽加以保护。设备和控制电箱之间凡是大于 2 个头的导线，均设有分线盒。此系统的装配应符合 GB/T 5226.1—1986 的有关规定。

10) 气动系统的装配应符合 GB/T 9732—1987 的有关规定。手动控制的夹具，控制阀应安装在操作者最安全同时也最方便操作的位置。

11) 气控、电控、水管等线路布置紧凑、排列整齐，明线必须用管夹固定。管子不应该产生扭曲、折叠等现象。易磕碰部位要有必要的保护罩，不能暴露在外。外露部分的软管应有防燃、防磨等保护措施。

12) 气、水管路装配前，为了保证控制的效果和管路的畅通，管内外要清理干净，尤其是管内不能有异物。

13) 气、水管路密封良好，不得有漏气、漏水现象，气、水管路布局装配后，应作相应的气密性试验。软管连接为快换装卸接头或管夹固定。

14) 夹具非工作表面按不同功能喷涂不同颜色的漆。

15) 每套夹具应有标牌。标牌应固定在明显位置，且正确平整牢固、不歪斜。

16) 装配后，固定连接处不应松动。活动连接处灵活、自由。运动连接处加注防锈润滑油，工作时无异常噪声。

5. 保证检测质量

焊接夹具无论结构繁简，尺寸规格大小均按两部分实施质量检验。

(1) 零部件质量检验　零部件是组成焊接夹具的基础，质量状态满足图样要求程度将直接影响整套焊接夹具的质量状态。零件质量检验则伴随在制造过程中进行。即：在零件制造过程中，除了操作者要进行工序间的自检外，检查人员还要做 100% 的最终检查，并有检查记录和合格报告。所有零部件必须做到合格后方可转至夹具装配。

(2) 整套焊接夹具质量检验　整套夹具质量检验要在夹具装配全部完成后进行，为了保证夹具整体几何尺寸精度和外观质量（零件表面粗糙度和直观视觉效果）符合设计要求。检查人员要按夹具图纸标注的尺寸和夹具精度表（见表 11-15）中列出的检测事项进行逐一检测和记录，将检测的实际数值与设计规定的精度值进行比较，判断是否符合要求。对不符合要求的数据做出明显的标记，装配工人进行调整后，再次检测，经过几轮的反复，直至所有检测点数据完全满足要求为止。在此基础上将夹具最终合格状态的检测数据归纳整理形成《夹具精度检测报告》存档备案。这一报告作为技术文件将移交用户。作为项目后期夹具验收、调试及用户正式生产阶段维护夹具精度的重要依据。夹具设计精度表中一般将：夹具坐标系位置、定位面夹紧面四个特征点、接触面积、定位夹紧面倾斜角度、测量基准销和测量基准面的位置等列入检测事项。

11.5.2　焊接夹具调试

轿车车身覆盖件焊接夹具设计和制造的依据是车身的数学模型。车身在生产过程中的质量要受各种因素影响，尤其是钢板材料回弹变形导致冲压件尺寸变化、焊接产生应力释放导致焊接件变形等，都要通过焊接夹具的调试进行矫正克服，焊接夹具不是按车身理论数据设计制造完成就能投入使用，要与整个车身制造系统匹配，经过几轮反复全线模拟生产调试，才能制造出符合车身设计要求的产品。所以，调试是焊接夹具在正式使用前，很重要的一个环节。调试的方法有几种，采用某种方法，主要取决于车身设计依据——车身主模型。车身主模型基本分两种，一种是实物模型，另一种是数学模型。一般当车身主模型是实物模型时，则夹具调试的依据就是车身冲压件。如果车身主模型是数学模型，则夹具调试的依据就是车身设计数据。

1. 用合格车身冲压件调试

在 20 世纪 80 年代以前，当时的车身主模型基本都是实物模型。则车身设计和曲线的描述过程是：模型建立—测量模型—结构分析—修改数据—反复测量—翻制样板—绘制图样。整个过程完全是靠人工完成的，用这种方法完成的车身设计与现在使用的计算机手段相比精度低、周期长、成本高、劳动强度大。受当时车身制造技术发展的限制，焊接夹具的设计依据是二维纸版版车身图样。焊接夹具的调整均应从这一特定条件出发，则调试的依据就是：经车身设计部门认定既符合设计要求又符合生产条件的车身冲压件。

将合格的车身冲压件放入夹具中，首先，依次检查夹具各处定位基准、销、孔、面与冲压件吻合的程度，当有出入时，夹具的位置和尺寸则按冲压件的位置和尺寸调整，直到与之一致为止。其次，检查夹具各定位夹紧型面与冲压件结合面贴合的程度，贴合率应达到80%以上，如果没达到，需要对型面进行精细修磨，直到满足为止。

表 11-15　车身焊接夹具精度标准表　　　　　　　　　（单位：mm）

分　类	项　目		公　差　值	备　注
装配精度	支座	测量法装配精度	±0.20	对基准槽
		对底板的垂直精度	0.05($L=0\sim300$)	
			0.10($L=300\sim600$)	
			0.15($L=600$)	
	定位销	单一间距	±0.10(200以内)	对基准槽
		对称间距	±0.15(200以内)	对X,Y,Z轴对称
	压紧件	测量法装配精度	±0.30	对基准槽
		配作法装配精度	±0.15	对支承件
加工精度	底板	两交叉基准槽垂直度	0.10/1000	
		平面度	$0.15+\dfrac{\text{对角线长度}}{25000}$以内	
		坐标线间隔精度	0.10/100	相邻两坐标线之间
			0.30/全长	最远两坐标线之间
		支撑安装孔位精度	±0.30	
	支撑件压紧件	一般件	±0.30	
		包容件	+0.30	
			+0.15	
		被包容件	-0.15	
			-0.30	
		以样板配作件	<0.20	面接触80%以上

这种调试方法的特点：

1) 因为此调试方法的依据是"合格的车身冲压件"，理论上分析实物依据与数据依据相比存在误差，只不过误差在允许范围。从这一特定条件出发，选择这种调试方法也是一个解决问题的思路。因此，此方法适用于生产经济型商用车车身、经济型乘用车车身内部不重要部位支撑件焊接夹具的调试。

2) 对调试人员综合技能要求比较高。对关键问题不但要能分析原因和提出解决方案，还要能使修磨的型面达到贴合要求。

3) 经济性比较好。调试周期相对比较短，对检测设备配备条件和的精度要求不太高。所以调试成本比较低。

2. 按车身数据调试

目前采用的《车身表面计算机辅助几何设计》方法，使传统的车身设计程序发生了根本的改变。此方法即为：对已获取的几何外形信息（例如用三维坐标测量机测得的数据）通过插值或逼近法处理，并对曲面的连接、过渡、光顺等进行分析和综合后建立车身数学模型。当车身曲面形状完全用数学方程式表示时，焊接夹具的设计制造依据是三维电子版车身数据，则夹具调试的依据就是车身设计数据。

因为夹具设计制造的依据均是数学模型，夹具定位块的空间尺寸是通过CAD/CAM技术设计制造出来的，一般不会出现尺寸偏差。但是整套夹具的装配精度是否符合要求，误差积累反映在什么部位就不得而知了。那么需要通过测量得到数据，经过分析就能确定应该调整的部位了。这种方法比起第一种，调整的工作量要小得多，但是测量的工作量相对大些。调整完毕的夹具定位基准、定位块、定位销空间尺寸公差与车身设计的数据相比应该完全符合。

这种调试方法的特点：

1) 此调试方法的依据是"车身设计理论数据"。基于基准统一原则，从车身设计、冲模设计、焊接夹具设计、夹具调试车身装备设计制造的依据全是一个。则调试出来的夹具精度完全符合车身设计要求。此方法适用于生产高级商用车车身、高级乘用车车身、经济型乘用车车身外覆盖件焊接夹具的调试。

2) 对项目技术总负责人的综合素质要求比较高。对关键问题不但要能分析原因和提出解决方案，对调试人员要求具备一定的操作技能，有较强的处理具体问题的能力。就是要将夹具数据按理论数据调整到车身设计允许的几何尺寸公差范围。

3) 夹具要反复测量多次调整才能达到要求，因此调试周期比较长，对检测设备配备条件和的精度要求比较高，调试成本比较高。

3. 专用车身总成检验夹具调试

对于环行生产线应用的"随行夹具"，一般采用专用车身总成检验夹具调试。因为这类焊接夹具套数与工位数相同且夹具结构功能完全一样，是由一套设计图样，制造若干套相同的夹具。所以用一套专用焊接总成检验夹具作为检验和判断多套焊接夹具调试的依据和标准，才能保证若干套焊接夹具精度都在允许的几何尺寸公差范围。从而生产出符合设计要求具有良好互换性的车身总成。

专用焊接总成检验夹具是以车身焊接总成数学模型为依据制造的。凡是焊接夹具设置的连接基准、定位块、定位销等机构，专用车身总成检验夹具上与之对应的位置也都有测量基准、测量块和测量套。

焊接夹具调试时，将检验夹具放在焊接夹具上，通过两体均有配合精度较高的安装支架，保证检验夹具与焊接夹具之间具有正确空间位置。检验夹具上的测量块和测量套与焊接夹具上的定位块和定位销之间留有定量的测量间隙和合格范围标识，当两者之间的间隙和位置不符合设计定量数据时，就需要调整焊接夹具，直到两者之间相对应位置数据完全一致，则证明焊接夹具定位基准、定位块、定位销的空间位置符合车身数学模型。

检验夹具在功能上必须满足焊接夹具在调试时测量的需要；在精度上应按车身总成公差要求和测量装备等级设计，与焊接夹具有很好的精度配合关系，保证两者之间空间位置准确；在结构上不能与焊接夹具中的结构干涉；应具有很好的机械性能，不能变形；重量应尽量轻，容易搬运，能满足由于反复测量需要经常抬上抬下的需要。在使用前必须经过严格的检验测量，经过有资质的质量部门鉴定，确认已经完全符合车身主模型的技术条件后方可使用。

11.6 焊接组合夹具

11.6.1 概述

以前各节主要讨论了专用的焊接夹具，并以轿车焊接构件所用夹具为例作了介绍。即使大批生产条件下的专用焊接夹具也正朝向模块化、标准化和组合化方向发展。随着机械制造业中采用焊接结构和构件日益增多，例如美国卡特皮勒公司在工程和建设机械的零部件中大量采用焊接件，著名的美国英格索机床公司用焊接结构床身代替铸造床身早已闻名于世。对于多年来成功用于机床和机械加工中的组合夹具虽然也可用于焊接工艺，但毕竟工艺不同对工艺装备要求也不一样，完全照抄搬成套机床组合夹具元件和合件，在不少情况下技术上并非合理，因此要求研发生产满足焊接工艺和生产的成套焊接组合夹具元件和合件。为此俄罗斯（前苏联）、德国和美国等都开发了焊接组合夹具系统。

11.6.2 俄罗斯（前苏联）焊接组合夹具系统简介

俄罗斯（前苏联）在20世纪70、80年代研发的焊接组合夹具系统是借鉴和联系原机床槽系组合夹具系统系列和结构要素基础上开发起来的，为便于元件和合件的借用。相应于适用的焊接部件尺寸，也分为8、12和16三个品种，而实际上生产中采用的仅是槽宽12和16mm的焊接组合夹具成套元件和合件。表11-16所示为俄罗斯焊接组合夹具成套元件的技术特性。

按照功能用途，焊接组合夹具元件和合件可分为若干组，各组典型元件如图11-15所示。还有一些专门的合件如图11-16所示。

表11-16 俄罗斯焊接组合夹具成套元件的技术特性

特性参数	УСПС-8	УСПС-12	УСПС-16
成套元件和合件的品种数量	110	194	369
成套元件和合件的件数	2200	3000	3400
由成套元件每年组装的平均夹具套数	800	700	700
一套夹具的平均组装时间/h	1.5	4.0	5.0
焊接部件的最大轮廓尺寸/mm	800×300×150	2000×1000×800	4000×2000×1500
焊接部件的最大质量/kg	至50	至500	至2500
基本紧固螺栓的直径/mm	8	12	16
夹具可保证的装配（焊接）精度/mm	0.2~0.3	0.3~0.5	0.3~0.8
可同时组装的夹具套数	2~5	1~4	1~4

注：成套元件的使用期限为10年。

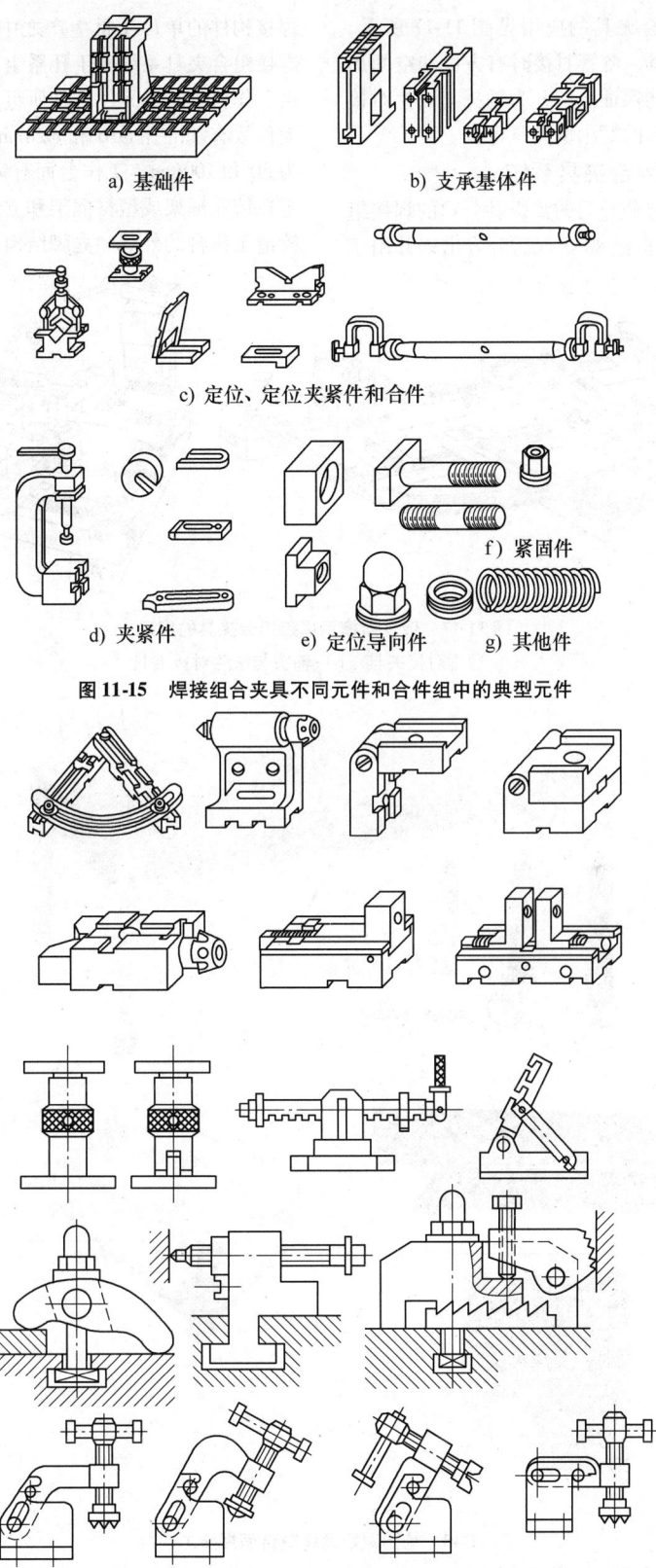

a) 基础件　　　　　b) 支承基体件

c) 定位、定位夹紧件和合件

d) 夹紧件　　e) 定位导向件　f) 紧固件　g) 其他件

图 11-15　焊接组合夹具不同元件和合件组中的典型元件

图 11-16　焊接组合夹具各种合件图

俄式槽系焊接组合夹具的应用见图 11-17 所示。图 a 为弯管对接用夹具，弯管对接时有方位和空间形状要求，通过夹具才能保证。图 b 为轴头与法兰对接用夹具，轴头在法兰上的对中由夹具保证。

11.6.3 德国焊接组合夹具系统

德国和在美国设有分公司的戴姆勒公司的焊接组合夹具系统，早在 20 世纪 80 年代后开发出来并用于焊接构件的单件小批生产之中。戴姆勒（Demmeler）焊接组合夹具系统属于孔系组合夹具系统，由一个焊接工作台和若干元件合件所组成，由于焊接构件都为大件故有基准孔 $\phi16$ 和 $\phi28$mm 两个系列，孔距分别为 50 和 100mm。工作台面有铸铁和钢两种，分别固定在铸铁框架或型材框架和立脚上。图 11-18 为常用铸造工作台的外观和立脚结构。

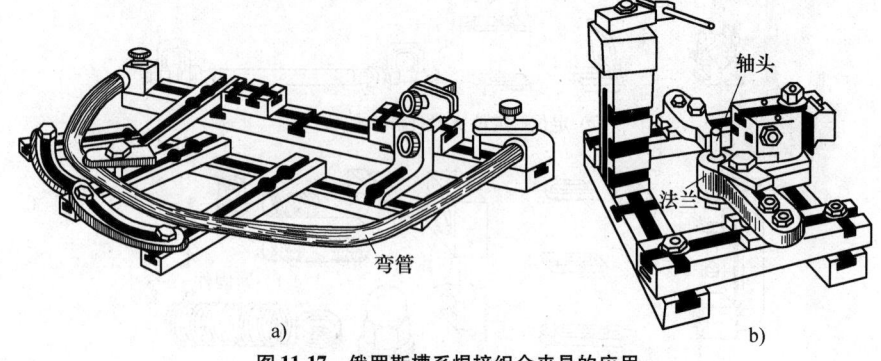

图 11-17 俄罗斯槽系焊接组合夹具的应用
a）弯管对接夹具 b）轴头与法兰对接夹具

图 11-18 德国戴姆勒铸造台面焊接工作台
1—孔系 2—框架底座 3—剪式升降座 4—1mm 刻线 5—坐标指向 6—每 100mm 网格线 7—标准焊接台腿
8—伸缩式焊接台腿 9—带重载滑轮焊接台腿 10—固定支撑腿 11—带筒式外罩可转动微调焊接台腿

图 11-19　戴姆勒焊接组合夹具系统各种典型元件

戴姆勒（Demmeler）焊接组合夹具系统所用元件如图 11-19 所示。这一系统中为了快速简便连接具有相同孔径的若干个结构件，开发出一种快速连接锁销如图 11-20 所示，可以快速、准确地将元件定位或将两元件连接在一起。

除了戴姆勒（Demmeler）孔系焊接组合夹具系统外，德国福斯特（FORSTER）公司新开发了槽系焊接组合夹具系统，也是由窄条钢板组成的工作台和若干元件组成，窄条钢板之间的空间形成空槽可以安装其它元件。全系统如图 11-21 所示。

我国对组合夹具的研发及应用有悠久的历史和经验，对焊接组合夹具系统的研发并非难事，此类为适合我国国情系统的开发已摆在日程上正在行进之中。

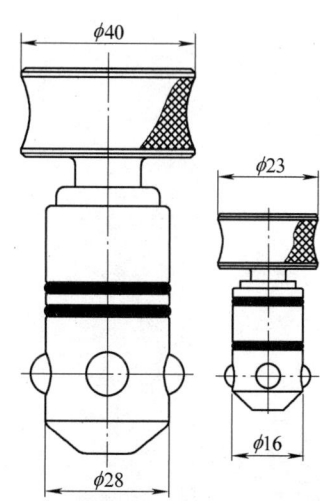

图 11-20　戴姆勒焊接组合夹具系统快速连接锁销图

图 11-21　德国福斯特公司槽系焊接组合夹具系统

第 12 章 计算机辅助夹具设计（CAFD）

12.1 CAFD 在现代制造业中的作用

12.1.1 概述

随着市场竞争日益激烈，制造业中起着重要作用的人工夹具设计已不能满足生产的需要，有着高效快捷特点的计算机辅助夹具设计应运而生。计算机辅助夹具设计经历了不同阶段的发展，技术日渐成熟，并且正在逐步地应用到生产之中，起到缩短生产周期、提高设计质量、降低产品成本、提高设计和生产效率等多方面的作用。

通常，计算机辅助夹具设计的基本方法是针对夹具标准化的特点开发的带图形工具的辅助夹具设计系统。从夹具库中查找到类似的结构，并将检索出来的夹具加以修改，而得到新的夹具结构。

传统夹具设计一般可分为三大阶段：概念设计（初步设计）、技术设计（定位夹紧设计等）、详细设计（结构设计和校验等），计算机辅助夹具设计也是如此，如图 12-1 所示。概念设计为：根据输入的工件、工艺、设备和生产批量信息等，分析设计要求，确定初步设计方案；技术设计为：按照夹具设计的一般步骤，分别设计定位、夹紧方案、对刀导向方案等；详细设计为：按照夹具技术设计要求完成夹具结构设计。然后进行夹具校验工作，主要对定位精度评估和夹紧力的校核，以及其他专项要求。最后输出设计结果，包括元件图、装配图和零件明细表等。

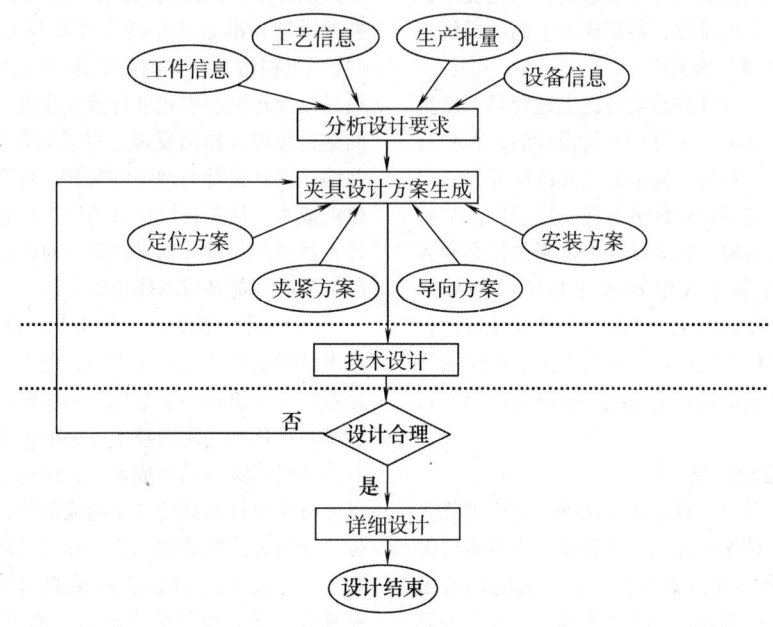

图 12-1 计算机辅助夹具设计的一般过程

12.1.2 发展背景

随着世界经济飞速发展和市场的全球化，制造业的竞争空前激烈，竞争的焦点是以最快的产品上市时间、高质量、低成本、良好的服务赢得市场，其核心问题是上市时间或交货期。而且现代制造业由于市场需求的变化向着多品种、多规格、小批量、高柔性的方向发展，要求加工设备和工艺装备应具有较大的柔性。

传统的制造技术已不能适应高速发展，也不能满足多样性的要求，为了改进传统的制造技术，提高生产效率，使企业在竞争中获胜，世界各国致力于研究和探索适应现代市场和社会需求的先进制造技术，并对工艺装备的柔性化提出了迫切的要求。机械制造业在产品生产过程中按照特定工艺，不论其生产规模如何,都需要种类繁多的工艺装备,夹具则是各类工具中最复杂和随产品不同而专用化程度最高的工艺装备之一。

根据有关资料统计,我国现有工业水平,生产准备周期一般要占整个产品研制周期的50%~70%,而工艺装备的设计制造周期又占生产准备周期的50%~70%,其中工艺装备的准备阶段中要有70%~80%的时间是用于夹具的设计和制造。而且在零件的机械加工、检验、装配及焊接等许多加工过程中,夹具都起着重要的作用。所以夹具设计与制造对于产品的开发周期、产品上市的时间有重大的影响。然而夹具设计工作量大,加之传统夹具设计的许多工作(夹具定位夹紧方案的选取、资料的检索、分析计算、绘图及工艺编制等)都是人工完成的,这就使夹具设计周期长、效率低、成本高、柔性差,并且夹具的质量在很大程度上受夹具设计者的经验和知识水平的限制,所以传统的夹具设计方法已经越来越不能满足现代生产的需求,而且在提高设计效率方面存在很大局限性。因此,夹具设计与制造的自动化实现也就成了企业急于解决的难点,甚至成为了制约现代制造技术发展的"瓶颈"因素之一。

计算机辅助夹具设计技术就是在上述背景下产生的,即利用计算机辅助人工进行夹具设计的一种先进制造技术。最初的CAFD系统是交互式设计界面,可以完成相对复杂的夹具设计任务,在一定程度上节省了设计绘图和修改时间。随着计算机水平的提高和各种理论的成熟,在基于成组技术和知识的基础上CAFD带有了一定的智能性,提高了夹具设计自动化程度。目前的CAFD系统正在向着以实际生产应用为导向的计算机夹具辅助设计上发展,使其更趋向于智能化和自动化。

1. CAFD的理论基础

除了传统的夹具设计理论和方法外,适应现代先进制造技术和计算技术的要求,夹具设计本身需要继续发展二维、三维等几何设计方法,以及应用有限元、人工智能、图论等现代数学理论进一步发展夹具设计的理论和水平。此外,在设计方法上还借鉴如下所述的各种先进的现代设计方法。

(1) 快速设计技术与方法 计算机辅助夹具设计运用各种快速设计技术和方法,如快速原型和虚拟制造技术把夹具实体模型引入到夹具设计阶段,使得夹具设计者在设计过程中通过感性认识不断修改设计方案;当生产需要一种新的夹具时,基于实例推理的技术和方法让设计者每次不用重新设计等。这些技术和方法的引入,避免了设计失误导致返工,节省了设计时间,进而达到快速设计的目的。

(2) 并行协同设计 在并行工程各个环节中CAFD作为重要的一环,一方面在产品设计早期,对产品多层次的概念设计模型进行可装夹性评价,进而对其可制造性进行评价,从而在产品设计早期能够及时发现问题,避免大的返工。同时实现夹具设计、制作与夹具准备的并行,以缩短整个产品开发时间。另一方面,当形成最终产品模型之后,CAFD根据产品的CAD几何信息、CAPP加工工艺信息进行夹具的方案设计、结构设计、夹具元件的选取、夹具的快速三维组建、夹具绘图、生成带有工件的夹具仿真文件以供制造过程仿真(MPS)使用,并在此阶段对CAPP加工工艺中有关定位、夹紧面及切削用量的选取进行评价并产生反馈,以保证工艺设计的合理性。所以CAFD是并行工程中实现工艺早期介入、实现并行工程中各个设计环节真正并行工作、减少产品开发时间的重要手段之一。

面向并行协同设计的计算机辅助夹具设计主要从夹具设计系统的结构模式、夹具系统的设计与分析、夹具设计与准备的并行化以及与CAD、CAPP、MPS(加工过程仿真)等前后端环节的并行工作出发,对夹具设计与制造模式进行重大改进,能迅速地对产品的结构化设计作出反应,以满足加工、装配的要求,并缩短夹具设计与制作的时间,提高夹具质量、降低生产成本。从夹具设计者的反馈信息可以帮助产品设计人员在产品设计的早期阶段对产品的功能、制造性能、装配性能及成本作出评估。

(3) 模块化设计 夹具中的组合夹具早已是机械设计模块化的先行者之一,但因夹具结构简单,不足反映一般机械的复杂性,不能涵盖其全部问题,不能满足当代先进制造技术发展的需要。

从机床夹具的组成来看,在进行夹具设计时,可以先分别设计夹具的各个组成部分,如确定工件的定位、导向方式并选择定位、导向元件,确定工件的夹紧方式、设计夹紧机构等。在此基础上,协调工件与夹具各装置、组件的布局,从而确定夹具的总体结构。在协调过程中,所选择的夹具组件的调整幅度小的、甚至调整与否不影响其他部件的装配关系,可以将其设计为标准模块;调整幅度大而且影响其他件装配的应该设计成专用模块。图12-2表示夹具模块的一般划分,夹具中模块一般也称为组件。

(4) 产品数据管理 产品数据管理(简称PDM)是管理所有与产品相关的信息和产品相关过程的技术。它将与产品有关的数据和过程定义为对象。产品数据管理(PDM)也是产品建模、产品数字化预装

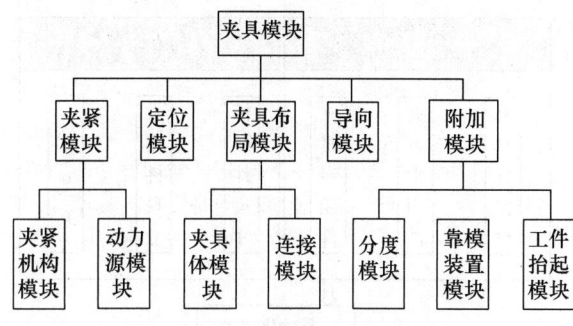

图12-2 表示夹具模块的一般划分

配、产品分类管理和过程管理的集成框架。

产品信息包括：零件信息、产品结构、结构配置、设计文件、工艺文件、CAD 文档等。过程信息包括：工作流程、审批和发放、工程更改等。

CAFD 系统通过 PDM 获取设计信息（形状信息、材料、质量、编码、批量、图号、零件类别、产品名称等）和工艺信息（机床型号、毛坯、工序内容、加工特征面、热处理、定位面、夹紧面、工序图、刀具信息、切削用量等）后，可直接基于 PDM 的夹具实例库进行相似实例的检索、匹配、调整或变异，完成夹具的设计。夹具设计完成后需要输入 PDM 的信息主要有夹具名称、夹具类型、定位方式、夹紧方式、主要定位元件、限制自由度数、支承方式、夹具图、夹具明细表、夹紧位置等。这些信息一方面用于程序编制和加工过程干涉分析，另一方面是为了保存夹具设计知识和经验，提高夹具设计的重复使用度。图12-3 表示信息在集成系统中的流动过程。

2. CAFD 的技术基础

CAFD 系统中用到的 CAD 基础技术包括三维几何造型、参数化技术、数据库技术、网络技术等。

（1）三维几何造型 三维几何造型的理论与技术是计算机科学、计算几何学和交互式图形显示技术的完美结合。三维几何造型主要有实体造型和特征造型。

实体造型主要是用于描述机械产品的造型方法，使用基本体素通过集合运算和基本变形操作建立没有二义性的三维立体模型。

特征具有形状和功能两种属性，一个特征应该具有特定的几何形状、拓扑关系、典型功能、绘图表示方法、制造技术和公差要求。基于特征造型的产品完整技术和生产管理信息建立的产品集成信息模型，包含了产品从设计、工艺、生产准备、加工、检验等各个环节。其有利于成组技术的推广，即按照相似性对其归并成组，推动行业内产品设计到生产管理的规范化、标准化和系列化。特征造型是高层次的设计活动，设计人员的操作对象是产品的功能要素。

三维几何造型 CAD 系统有利于产品转向以模块化设计为基础的变型设计（夹具设计中用到的模块化设计技术），可以帮助工程设计人员直观、方便、形象地建立产品的三维模型（便于夹具的修改）。在工程实践中，三维几何造型系统中所提供的二维工程图模块作为指导设计、制造、装配的重要技术文档，起着不可替代的作用。

（2）参数化技术 参数化设计是一种灵活多变的 CAD 方法，是指零件或部件的形状比较定型，用一组参数约束该几何图形的一组结构尺寸序列，而不必用明确的数值、参数与设计对象的控制尺寸有显式对应关系。当赋予不同的参数序列值时，就可驱动达到新的目标几何图形。也就是说变化一个参数值，将自动改变所有与它相关的尺寸，其设计结果是包含设计信息的模型。

参数化为产品模型的可变性、可重用性、并行设计等提供了手段，使用户可以利用以前的模型方便地重建模型，并可以在遵循原设计意图的情况下方便地

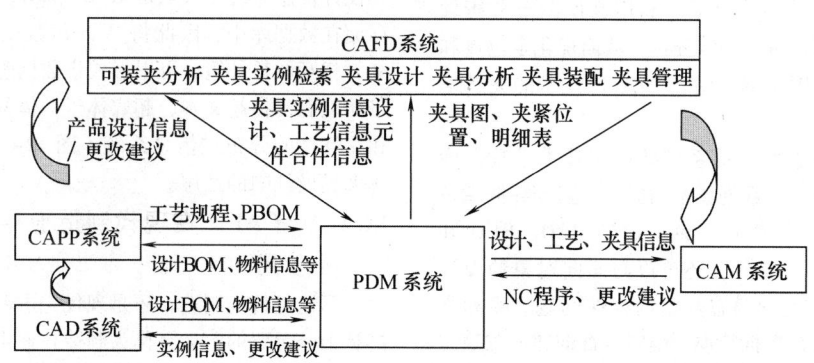

图12-3 集成系统的信息流模型

改动模型,生成系列产品,大大提高了生产效率。参数化概念的引入代表了设计思想上的一次变革,即从避免改动设计到鼓励使用参数化修改设计。参数化设计具有如下特征:

基于特征:将某些具有代表性的几何形状定义为特征,并将其所有尺寸存为可调参数。设计时通过指定参数生成特征实体,并以此为基础构造更为复杂的几何形体。

全尺寸约束:将形状和尺寸联合起来考虑,通过尺寸约束来实现对几何形状的控制。设计时必须以完整的尺寸参数为出发点,不能漏注尺寸和多注尺寸。

尺寸驱动:通过编辑尺寸数值驱动几何形状的改变。

全数据相关:尺寸参数的修改将导致其他模块中相应尺寸的全部更新。

参数化设计能够实现产品全生命周期的计算机辅助设计与制造,加快产品的更新换代速度;能够通过友好的用户界面,改变结构的参数,完成新的设计。参数化设计系统除了提供参数化设计、绘图和装配功能外,还为用户提供参数化图库生成工具,使用者可以运用这种工具建立自己的参数化图库。

基于上述理论,通常参数化夹具设计主要用于夹具元件的设计,其过程如下:在确定了夹具的基本设计准则以后,通过采用模块化和参数化技术,在某软件平台上建立了一个三维的夹具元件参数化图形库。该参数化图形库包括了夹具典型结构中常用的元件,这些元件都按照相应的国家标准或行业标准进行参数化分类,以后用户可以直接调用,并通过修改参数就能得到想要的元件尺寸,同时可以根据需要将该参数库进行扩充,以满足用户进一步的要求。该参数化图形库建立之后,夹具的设计就是从该参数化图形库中进行元件的选用和夹具装置的装配了。这样就可以大大缩短夹具设计时间。然后,利用其他图形分析软件,对被加工零件进行一定分析,从而优化定位点和夹紧点的位置。图 12-4 为基于参数化技术的夹具信息结构图。

(3) 数据库技术 关系型数据库技术是数据库技术的主流,是当前数据技术的标准。当今数据库技术的发展已经非常成熟,除了提供 DAO、RDO 和 ADO 等数据访问方式外,还可以与面向对象的设计技术进行集合,处理动态数据的存储问题。除此之外,数据库技术在数据管理、维护、查询和汇总等方面更是具有无可比拟的优越性,所以能够为夹具设计提供技术上良好的支持。

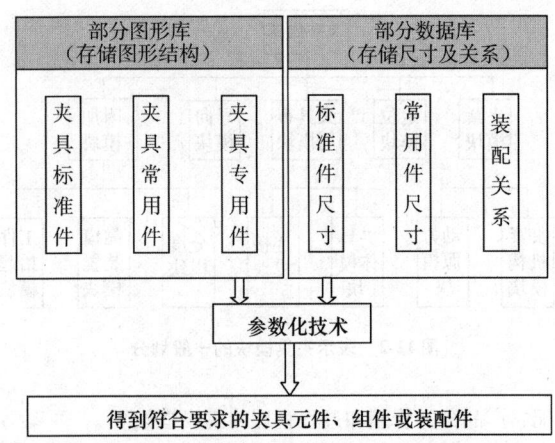

图 12-4 基于参数化技术的夹具信息结构图

数据库对夹具设计的支持体现在两个方面:一是存储夹具设计所用到的各种信息,二是保存夹具设计过程中产生的各种数据。夹具设计所用到的数据主要包括两大类:一类是标准和通用夹具元件的结构尺寸数据,另一类是设计中用到的各种表格数据、公式及图形数据等,还包括设计经验等半结构化数据。图 12-5 为夹具设计的资源库、知识数据库的主要内容。

(4) 网络技术 随着互联网 Internet 的迅猛发展,基于 Web 的信息发布和数据共享技术已经被广泛地应用于各行各业。客户机/服务器(Client/Server, CS)模式和浏览器/服务器(Browser/Server, BS)模式是当今较为流行的分布式处理网络模式,服务器是指提供客户机服务的逻辑系统,而客户机浏览器是指向服务器请求提供服务的逻辑系统。基于 BS、CS 模式下进行夹具设计,可以在服务器端存放数据,而在客户端进行设计。

把网络技术用到夹具的信息资源库中,实现其资源共享,可以为更多的设计使用者提供服务。由于夹具设计信息系统中大量的 CAD、CAPP 数据和信息都存储在数据库中,因此将 Web 与数据库系统结合起来,相互取长补短,可以形成集数据管理、分布式网络功能和支持超文本、超媒体于一体的,具有实时性和交互性的分布式信息系统。图 12-6 表示网络技术在夹具设计中的运用。

12.1.3 CAFD 在现代制造业中的地位和作用

不论是传统制造,还是现代先进制造系统,夹具都是十分重要的。夹具作为制造企业中重要的基础工艺装备,广泛应用于加工、检测和装配等制造过程中,而且加工一个产品零件,有时需要几套甚至几十

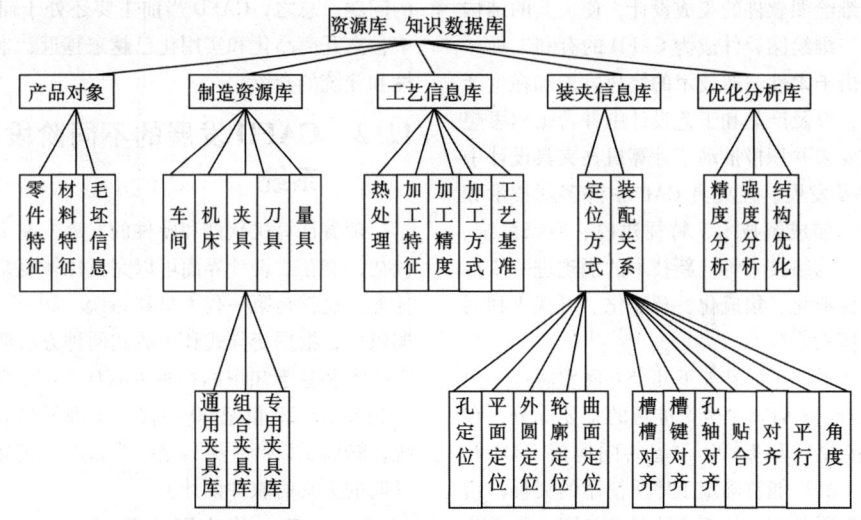

图 12-5　夹具设计的资源、知识数据库

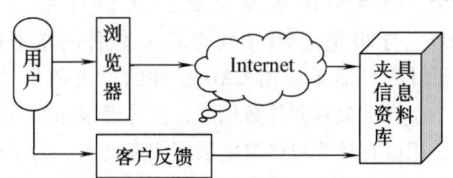

图 12-6　网络技术在夹具设计中的运用

套工装夹具,所以花费在夹具设计和制造上的时间,在生产周期中都占有较大的比重。缩短夹具的设计周期、提高其设计质量将直接关系到产品生产的精度、性能、加工质量、生产率和成本。所以,制造业中对夹具的研究非常重视。

随着计算机技术的飞速发展,计算机辅助夹具设计(CAFD)技术已越来越多地取代传统的手工夹具设计。计算机辅助夹具设计克服了传统夹具设计的缺点,大大地缩短了设计周期,减少了设计人员的劳动,提高了夹具设计的质量。采用 CAFD 不仅可以显著提高夹具的设计效率,缩短夹具设计周期,而且可以提高设计质量,优化制造加工过程,验证制造工艺流程,进一步促进 CAD/CAM 的集成。也使以计算机辅助夹具设计为基础的夹具信息系统构成了 CIMS 中信息继承的一个重要环节。与传统的夹具设计相比,不仅实现了夹具设计全过程的计算机化,而且使得设计者的夹具设计经验和知识水平等能够积累和延续。这是传统夹具设计无法达到的。

计算机辅助夹具设计与传统夹具设计相比,它的优越性主要体现在:

1) 设计者从繁琐的劳动中解放出来,提高了设计的效率和设计质量,使设计者把更多的注意力放在创新性开发上面。

2) 可以把夹具设计人员的经验和智慧存入计算机,构成专家系统,有利于夹具设计技术的继承和发展。

3) 由于计算机辅助夹具设计采用了统一的系统程序,可以获得相对统一的设计与优化结果,有利于实现夹具设计的"三化",即通用化、标准化、系列化。

计算机辅助夹具设计(CAFD)一个关键点就是收集和表达夹具设计人员的经验,这是夹具设计人员通过计算机辅助技术用科学方法进行夹具设计的一种新理念,是对传统夹具设计方法的延伸和发展,是数字化制造技术迅速发展的结果。它围绕提高开发研制产品的速度和快速响应市场,融入现代先进制造技术理念,在计算机技术的强力支持下,在现代制造业中发挥了越来越重要的作用。

12.1.4　CAFD 的发展趋势

随着技术水平的不断提高,在夹具中采用新工艺、新结构、新材料已越来越普遍。由于 CAD/CAM 集成系统的迅速发展以及越来越广泛地使用 CNC 机床,使得对形状复杂工件的设计和加工过程控制的自动化程度要求越来越高,因此对计算机辅助夹具设计提出更高的要求。计算机辅助夹具设计不仅能够解决安装、定位、夹紧等问题或检索类似的结构,直至生成夹具结构,而且要以生成夹具结构为目的,实际生产应用为导向,能将 CAD/CAM 系统有效地联结起来,适用于各种形状的工件。

计算机技术的发展为夹具设计提供了有利的工具。CAFD 系统已经从对二维绘图软件的二次开发发展到实现与三维绘图软件的集成设计，使夹具的结构表达更清晰。三维绘图软件成为 CAFD 的有利工具。

近年来，由于柔性制造技术的快速发展和在生产中的广泛应用，以及产品和工艺设计中并行工程思想的引入，强烈要求并积极推动了计算机在夹具设计中的运用的研究及发展。在夹具 CAD 中许多新技术和新方法被采用，如成组技术、特征建模、专家系统、虚拟现实技术、网络技术等。新技术的涌现进一步推动夹具设计向标准化、集成化、智能化、可视化和网络化方向上的探索。

目前 CAFD 系统正朝着如下几个方面发展：

（1）集成化　CAFD 是生产准备的重要部分，和 CAPP 紧密连接并且和 CAPP 一起共同构成 CAD 和 CAM 的接口。CAFD 能够确定工序所使用的夹具，给出夹具装配图和零件图，便于实施具体加工。集成化是 CAFD 系统发展的必然方向，是企业信息集成的必然要求。

（2）标准化　标准化是提高 CAFD 系统适应性和促进集成的基础。功能模块标准化有利于实现 CAFD 系统与 CAPP 的集成。

（3）并行化　以往的 CAFD 总是在 CAPP 制定完所有工序之后才开始进行，并行化则强调 CAFD 与 CAPP 并行实施。CAFD 并行化的发展将更加提高夹具设计效率，缩短生产准备周期。

（4）智能化　人工智能技术在 CAFD 系统中的最初的主要应用是专家系统。但是，专家系统在知识获取、推理方法等方面还存在较多问题。各种技术的综合应用，如模糊数学与神经网络的结合，将更进一步推进 CAFD 智能化的发展。特别值得一提的是，基于人工智能技术与 CAD 集成系统有机结合的前沿技术——KBE（Knowledge Based Engineering 基于知识的工程）技术的计算机辅助夹具设计正在成为夹具设计的新阶段。KBE 快速设计系统把知识、技能、经验、原理、规范等结合到 CAFD 系统中，使得设计人员只要输入工程参数或应用要求，系统就能依据相关的知识，推理构造出符合特定要求的夹具设计结果，它结合夹具设计的知识将人工智能、三维 CAD 平台、虚拟装配、标准件库、网络化信息管理等技术融合在一起，实现夹具快速设计。但要实现和实用化还有一段漫长的路程。

总之，计算机辅助夹具设计正向着具有更多的通用性、智能化和夹具设计规划（即 CAD/CAPP/CAM 集成）的方向发展。如何使 CAFD 系统更加实用化，能开始在实际工作中使用，并能提供商品化的软件系统，是当前 CAFD 研究者们最为关注和迫切需要解决的问题。总之，CAFD 当前主要还处于研究和开发之中，离开商品化和实用化已越来越近，本章只作概念性和笼统的介绍。

12.2　CAFD 发展的不同阶段和所研究系统

随着计算机软件和硬件的发展，在 20 世纪 80 年代初，交互式设计界面可以完成比较复杂的夹具设计任务，这就是第一代 CAFD 系统。20 世纪 80 年代中期以后，根据变异式和生成式两种方法产生了基于成组技术和基于知识的两种 CAFD 系统，第二代 CAFD 发展起来。20 世纪 90 年代后出现了第三代 CAFD 系统，转向了以产生夹具结构为目的，实际生产应用为导向的夹具的软件设计上。

12.2.1　第一代交互式系统

第一代 CAFD 系统是交互式设计系统（I-CAFD），与 20 世纪 80 年代初 CAD 软件的水平相配合。设计人员简单应用 CAD 软件的二维图形功能，建立一个标准夹具元件数据库，设计者根据经验选择元件，用以在计算机屏幕上装配成夹具图。为了便于建立夹具元件数据库，先行的研究者选择了元件标准化程度最高的组合夹具作为研发的对象，后来开发的 CAFD 系统加上了定位方法选择、工件信息检索、元件选择、元件安装等模块，成为一个独立的系统。提高了 CAFD 系统的实用性。交互式 CAFD 系统的设计步骤与传统的夹具设计步骤相似，组合夹具只是在计算机屏幕上实现虚拟组装，没有利用已有夹具的信息。

1. 总体结构

计算机辅助夹具设计在交互式系统中，大致过程就是工件信息的提取和处理，夹具元件的选择，夹具元件的装配。系统主要包括标准夹具元件图形库和定位方法库，以及定位夹紧方法选择、夹具元件选择、工件信息检索、夹具元件装配等模块。交互式夹具设计系统总体结构如图 12-7 所示。

（1）定位夹紧方法分类库　将一切可能的定位模式分成几类，并用图形表示供用户进行选择。这些图标给用户一种符号性提示，使用户按照工件物理特征选定定位模式十分方便，也使用户无须具备更多夹具设计的经验。

（2）夹具元件图形库　对设计夹具使用的标准夹具元件建库，供用户选择。夹具元件库包括夹具元件基本的几何信息、定位夹紧信息等。

1）定位方法选择模块。按照指示交互选取定位方法、定位表面、定位点、定位销（压板）等。

2) 夹具元件选择模块。各种夹具元件分类，如组合夹具原来就已分成基础板、定位件、压紧件、支承件、紧固件和附件等，在夹具元件选择模块中用图形菜单等交互模式列出。用户从夹具元件选择菜单及其后续图形菜单中容易地决定所用合适的夹具元件。

3) 工件信息检索模块。按照所选的定位夹紧模式和夹具元件，根据工件的具体信息，获取工件信息、定位表面和定位点等装配关系信息，并将这些信息转换成某一格式，使之适合于夹具元件装配成夹具的操作。

4) 夹具元件装配模块。完成选好夹具元件在适当的位置和其他夹具元件的装配，主要是保证表面接触正确和孔对准，确保工件的定位，最终形成合格的夹具设计图。

（3）定位/夹紧结构分类　尽管在工业中有着各种式样的夹具结构，而广泛应用的定位表面和定位方

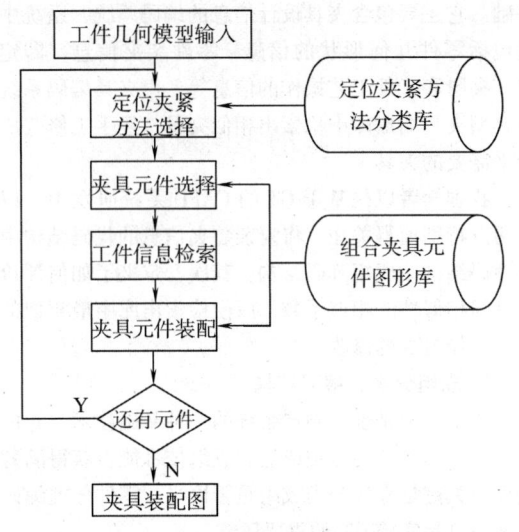

图 12-7　交互式夹具设计系统总体结构

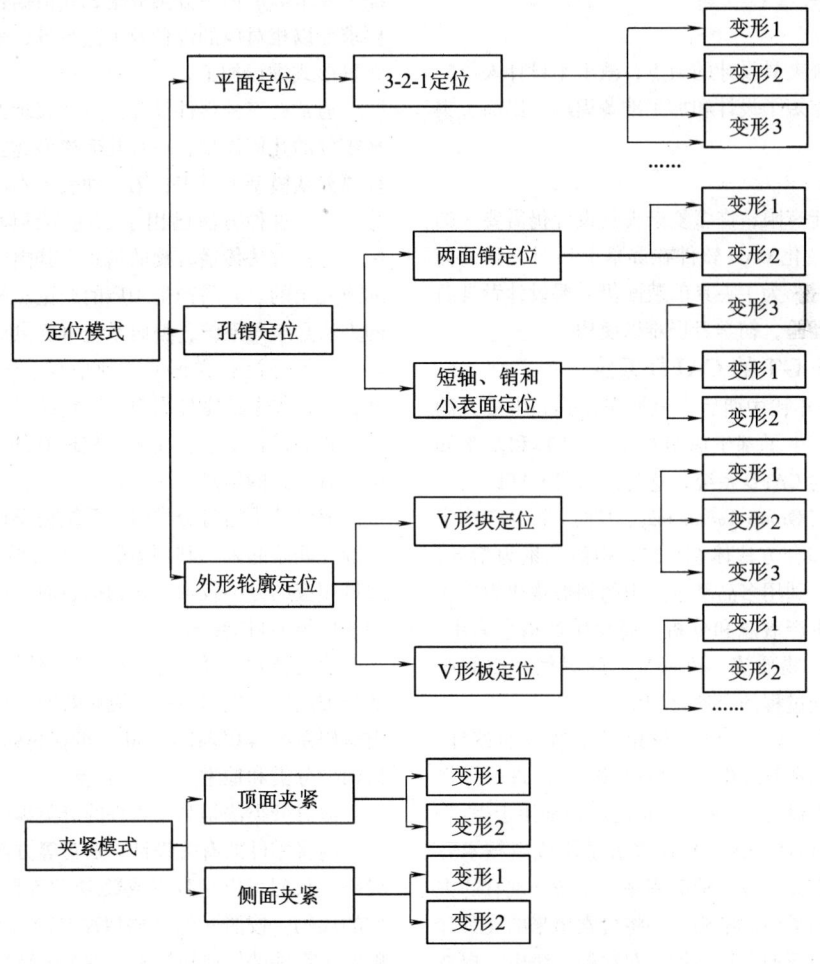

图 12-8　定位与夹紧方式分类图

法还非常有限。为了帮助夹具设计人员选用定位方法，交互式夹具设计系统需要对定位夹紧结构进行合理的分类，使得夹具设计过程更为逻辑化，节省时间和较少依赖设计经验。适合计算机表达的分类结构常见的为树状的层次结构。参考图 12-8 定位与夹紧方式分类图。

定位模式分成三个层次：

1) 工件定位表面主要分为三类，平面、孔销和外形轮廓。

2) 对不同表面的主要定位方法，因所用定位元件的不同类型而分类。

3) 要考虑每一种主要定位方法的变异方式。

夹紧方法的分类包含两个层次：

1) 所有夹紧模式分成两类，即顶面夹紧和侧面夹紧。

2) 对每一类夹紧，还有进一步夹紧方法的变形。

2. 系统特点

优点：

克服了传统夹具设计的缺点，减少了设计人员的劳动，较大地缩短了设计和加工准备周期，提高了夹具设计的质量。

缺点：

自动化功能有限，许多复杂夹具设计仍需要人的干预，现代商品化 CAD 软件在屏幕上针对夹具几何图形的操作费时。为了夹具的装配仍需要设计者具备较丰富的设计经验，初学者仍难以使用。

12.2.2 基于 GT 的 CAFD 系统

20 世纪 80 年代中期后，根据变异式和生成式两种不同的方法产生了基于成组技术（GT）和基于知识的两类主要的 CAFD 系统，这是第二代 CAFD。

成组技术（Group Technology，GT）是生产技术和管理技术的综合方法体系，它以相似理论为指导，以发掘、标识、利用多品种生产中的相似规律为主攻方向，从更新生产观念和分析、简化生产信息入手，通过优化信息、物质流，改善生产的时间和空间组织，实现产品全过程的合理化和优化。

成组技术（GT）现已广泛用于制造业的设计、工艺、生产组织和管理中，特别是按 GT 原理的计算机辅助工艺过程设计（CAPP）也已成功地用于生产。基于成组技术（GT）的 CAFD 方法是用成组技术开发带图形工具的夹具设计辅助程序，以便从现有的夹具结构图中找到类似的结构，并将检索出来的夹具加以修改，以得到新的夹具结构，在这种方法中，提取基于零件设计和工艺的装夹特征是 CAFD 得以成功的基础。它主要包含夹具设计信息的编码系统，系统中应包括零件几何形状的信息，零件装夹信息，即定位、夹紧和工件工艺操作的信息等。由夹具编码系统在典型夹具图形库中检索出相似夹具，经手工修改成合乎需要的夹具。

我国学者以往基于 GT 的 CAFD 系统研发中，以下两点特别值得关注：将复杂装夹信息的代码结构由线性码结构改成矩阵码结构。其次，定义了如何评价夹具间相似性的相似系数，以便检索出库中最相似的夹具，作最少的修改。

1. 成组分类、编码结构

成组技术是现代制造系统的一种基础技术，它的基础是产品零件的分类成组。成组技术能否获得满意效果，关键是零件分类成组是否恰当。零件分类编码系统信息是实施 GT 的重要环节。

成组技术在机械加工领域中，就是通过一定的手段（如零件分类编码系统），将零件按尺寸、材料和加工要求等形似性分类成组，并根据各组零件的工艺要求配以相对应的设备及工艺装备，采用成组单元的布置形式进行加工。

通常有三种零件设计信息的表示方法。首先是机械零件的几何模型，一旦几何模型建立起来，夹具特征要能从模型上辨识；第二种表示零件的方法是用符号表示，这种方法已用于一些夹具设计的专家系统中，这一方法传播含糊的信息，其内容可能是不完整的或冗余的、并易产生矛盾的结论。第三种表示零件的方法是编码系统，编码系统可提供对相似性的量化比较，但是没有详细的几何信息，仅适合简单的零件，对于复杂的零件因限于固定的码位长度，难以表达完整的设计信息，在大多数现有的 GT 编码系统中都没有夹具的信息。

成组技术通过分类编码系统把设计标准化和工艺标准化联系起来，利用事物之间的继承性和相似性，通过相应的分类技术，达到把表面上凌乱的事物各自归并成组的目的。

成组技术尽管可以用"目视法"手工进行零件的分类成组，但基本的、更有效的方法，还是应用分类编码系统（Classing and Coding Systems）进行计算机辅助分类和检索。

编码分类法是利用零件的分类编码系统对零件编码，即将零件的有关设计、加工等方面的信息转译为代码（代码可以是数字或数字、字母兼用），根据零件的代码，按照一定的相似准则对零件分组。然后，确定出零件的特征矩阵和零件组的特征矩阵，将零件特征矩阵和零件组特征矩阵的各元素进行比较，根据相似准则,将零件划分成组。该方法优点是便于计算机识别,但零件组的确定也要依赖于工厂的技术资料,并且计算量较大。采用零件分类编码系统使零件有关信息代码化,将有助于用于基于成组技术的计算机辅助夹具设计的实施。

零件分类编码系统就是用符号(数字、字母等)对产品零件的有关特征,如功能、几何形状、尺寸、精度、材料以及某些工艺特征等进行描述和标识的一套特定的规则和依据。它是标识相似性的重要手段,按一定的分类相似性标准,可将零件分类组成零件组(族)。

当建立一种零件分类编码系统时,有以下几种因素必须考虑:

(1) 编码系统的用途(设计、制造、管理等) 在建立零件分类编码系统之前,必须先完成对所有零件特征的调研分析,而相关特征的选择取决于编码系统的用途。例如,对于设计检索来说,公差是不重要的,但对于制造来说,公差却是一种重要的特征。

(2) 零件类型 零件类型涉及零件形状变化范围。例如,钣金件的特征远比机加工件简单。在机加工件中,被加工表面的种类(表面、圆柱孔、螺纹孔等)和数目,以及对这些表面所提出的精度等要求都比钣金件多。零件包括的特征越多,描述这些特征的编码也就越复杂。

(3) 代码所表示的详细程度 代码的长度主要取决于代码所表示的详细程度。当要求详细描述零件时,通常需要较长的代码。代码究竟应取多长,代码究竟应在多大程度上详细描述零件,最终还是取决于编码系统的用途。

将零件施行分类编码后可以大大地压缩同类零件重复信息的储存容量,并将零件复杂的结构形状转化成数码,也即实现"以数代形"的目的,这样便能充分发挥计算机善于处理数字信息的能力,对零件信息进行检索和存取,有利于信息的管理和使用。同时,根据分类编码系统还可以汇集出相似结构——工艺的零件组,从而提高企业在产品设计和工艺生产准备方面的标准化水平,并有助于工艺装备标准化。

有关夹具系统分类系统编码已在本书第 1 章中有所介绍,此处仅就与 CAFD 系统关系进一步加以阐明。

2. 总体结构

基于成组技术(GT)的 CAFD 方法是用成组技术开发带图形工具的夹具设计辅助程序,以便从现有的夹具结构图中找到类似的结构,并将检索出来的夹具加以修改,以得到新的夹具结构。

基于成组技术的 CAFD 的基础是夹具设计信息编码,包含装夹特征提取功能和相似夹具检索功能。需要对夹具设计过程分析、结构分析、装夹特征分析,把设计过程的信息整理为易于计算机表达的形式。

(1) 夹具结构分析 夹具结构可分解为四个层次,即夹具总体、功能组件、夹具元件和功能表面。带有一定定位顺序与布局的夹具元件构造成总体夹具结构。一个夹具总体结构由若干功能组件组成,包括定位(6 点定位,一面两销等)、夹紧(顶面压紧、侧面压紧等)及其他结构组件,而夹具组件由数个夹具元件组成;而在一个夹具元件上,又可能有数个功能表面。

从数学表达来看,这种夹具结构的分解可表达为

$$F = \{C_{nj}, D_{nml}, P_{nmkt}\} \tag{12-1}$$

式中 F——夹具总体结构;

C_{nj}——组件相对于基础板的方位的功能组件向量;

D_{nml}——组件中具有一定方位的夹具元件向量,包括在局部坐标系中一切所需的几何信息;

P_{nmkt}——夹具元件中的功能表面向量,包括功能类型的信息和定位坐标系中所需的几何信息;

n——功能组件标号;

j——功能组件类型标号;

m——夹具元件标号(在功能组件中的小顺序);

l——夹具元件类型标号;

k——夹具元件的功能表面标号;

t——夹具元件的功能表面类型标号。

在这种表达式中,夹具结构是夹具组件、元件和功能表面之间的一种空间关系的模型。当夹具元件在一定的夹具布局下以特定的顺序置于其中,就产生了总体的夹具结构。功能组件可用不同的方法进行分类,如用定位方法或定位方向,例如,用定位方向分可以有底面定位组件,侧面定位组件,底面支撑组件,侧面支撑组件等。在第二层面上,夹具组件又被分解成几个夹具元件。在第三层面上,夹具元件又由功能表面组成,如平面定位表面,内定位表面,外轮廓面等,只有夹具元件功能表面与工件表面相接触。

当零件的几何形状和装夹要求信息从零件图中识别后,夹具设计就成为一个搜索装夹要求与夹具结构之间相互匹配的过程。工件与夹具之间的界面就是工件定位/加紧表面与夹具元件功能表面,工件表面与表面特征的分析是夹具设计的基础。

(2) 装夹特征分析　夹具设计需要三类信息：零件几何形状信息、工艺信息和装夹特征信息。

零件几何形状信息：零件几何形状是设计夹具的基本信息，然而并非零件的几何信息的一切细节都需要识别。零件几何模型中与夹具设计有关的信息包括：几何形状的类型和外形尺寸（长度、宽度、高度）。

工艺信息：加工精度要求、工件材料、热处理、毛坯形式和金属切除量等；加工类型和机床信息、零件批量和年产量。

装夹特征信息：包括加工表面信息、可定位表面、可定位表面的特征、加紧表面和各表面的相互关系。

装夹特征信息的表达：

为了以计算机兼容的方式，表达装夹特征信息，可利用编码技术中的编码方法对信息作出量化的描述。

装夹特征信息可用线性码与矩阵码来表达，即
$$Fix-Fea = \{G, H, U, V, W, C, D\} \quad (12-2)$$

式中 G 与 H 是线性码（一维），而 U, V, W, C, D 为矩阵码（二维）。

线性结构码（一维）：工件几何形状和工艺信息相对简单，可用线性编码结构来表达。两个线性码向量可设计成 G_i 与 H_i，i 表示特征编号，G_i 与 H_i 值包含了可比较的信息。

矩阵结构码（二维）：装夹特征十分复杂，可用三个可定位表面特征的矩阵码和一个相互关系矩阵码来表达。

1) 可定位平面矩阵码 U_{ij}

i——可定位表面的特征编号；

j——可定位平面的编号，$j = 1, 2, \cdots, p$，p 是可定位平面的总数。

2) 可定位内圆表面矩阵码 V_{ij}

i——可定位孔特征编号；

j——可定位孔的编号，$j = 1, 2, \cdots, q$，q 是可定位孔的总数。

3) 可定位外轮廓面矩阵码 W_{ij}

i——可定位外轮廓面特征编号；

j——可定位外轮廓表面的编号，$j = 1, 2, \cdots, r$，r 是可定位外轮廓面的总数。

4) 定位-加工表面关系矩阵码 C_{ij}

i——加工面编号，$i = 1, 2, \cdots n$（n 是加工面数）；

j——可定位表面编号，$j = 1, 2, \cdots, p+q+r$。

5) 定位面间关系矩阵码 D_{ij}

$i = 1, 2, \cdots, p+r+q$；$j = 1, 2, \cdots, p+r+q$ 是可定位表面编号。

一旦此线性码与矩阵码确定下来，装夹特征信息便由零件图和工艺过程中提取出来，此种量化形式表达的信息，可用于夹具规划和设计中。

(3) 夹具设计相似性分析　传统的夹具设计依靠的是有经验的设计师。当他考虑为工件设计夹具时，通常都搜索和想象过去设计过的类似的夹具。根据统计，在制造业中超过 70% 的夹具设计都是源于对现有的相似夹具修改而成。为了有效利用存在于现有夹具中的专家知识，需要对夹具间的相似性加以识别，由线性码和矩阵码提供的装夹特征信息，可与储存在现有的夹具数据库中的数据加以比较。所以，夹具的相似性由输入夹具的设计要求与现有的装夹特征信息相比较而获得。

我们采用对关键因素的两重加权平均来定义形似系数，这是一种改进了的相似系数法。夹具规划中最重要的因素是定位方法，假如两个夹具的定位方法相同，才有相似性比较的基础，假如定位方法不同，意味着两个夹具完全不一样。

关键因素系数 K_{ij} 定义如下：
$$K_{ij} = \begin{cases} 1 & \text{如两夹具设计的定位方法相同} \\ 0 & \text{两夹具设计的定位方法不同} \end{cases}$$
$$(12-3)$$

两个夹具之间的相似系数由下式定义
$$S_{ij} = K_{ij} \sum_{n=1}^{N} \{W_{ijn} W_{Fn}\} \bigg/ \sum_{n=1}^{N} W_{Fn} \quad (12-4)$$

式中　i, j——两套相比较的夹具的编号；

n——装夹特征编号；

W_{ijn}——夹具 i 和 j 之间在对同一特征编号 n 上的权重平均相似系数；

W_{Fn}——特征编号 n 的权重因素。

权重平均相似系数可被定义为
$$W_{ijn} = \sum_{k=1}^{K} \{[1-|(A_{ink}-A_{jnk})|/R_{nK}]W_{Fnk}\} \bigg/ \sum_{k=1}^{K} W_{Fnk}$$
$$(12-5)$$

式中　A_{ink}——夹具 i 对特征编号 n 在 k 项上的编号值；

A_{jnk}——夹具 j 对特征编号 n 在 k 项上的编号值；

R_{nK}——k 项在特征编号 n 中的范围；

W_{Fnk}——特征编号 n 在 k 项上所赋予的权重因素。

因为采用矩阵码结构，相似系数的表达就变得非

常复杂。在计算因子 $|A_{ink}-A_{jnk}|$ 中,对某一码位,特定的特征属性之间的距离隐含着夹具设计在这一属性上的相似性。因子 $[1-|A_{ink}-A_{jnk}|/R_{nK}]$ 为在夹具 i 与 j 之间对特征编号 n 的 k 项上的相似系数。W_{Fnk} 与 $[1-|A_{ink}-A_{jnk}|/R_{nK}]$ 的乘积,是夹具 i 和 j 对特征编号 n 的 k 项上相似性的权重。

当 A_{ink} 和 A_{jnk} 是不可比较的(如工件材料与热处理),权重平均相似系数可定义为

$$W_{jn} = \sum_{k=1}^{K} \{F_{ijnk}\}/K_n \quad (12-6)$$

式中 F_{ijnk} ——特征 k 的相似性系数,

$$F_{ijnk} = \begin{cases} 1 & 如 A_{ink}-A_{jnk}=0 \\ 0 & 如 A_{ink}-A_{jnk}\neq 0 \end{cases} \quad (12-7)$$

K_n ——夹具在特征编号 n 上的项目数。

对全部特征的 W_{ijn} 和 K_{ij} 的乘积总和得出两套夹具之间的相似系数,即可由式(12-4)计算。

(4)夹具设计的比较——相似夹具识别 在确定了相似特征系数和有关的细节信息后,就可进行夹具设计的相似性分析。根据输入的信息,可分为以下五种相似特征:

1)可比较的一维线性码。
2)不可比较的一维码。
3)第一定位表面特征。
4)第二定位表面特征。
5)第三定位表面特征。

因为在夹具设计中,某些特征比其他特征更加重要,将不同的权重因子赋予这些相似特征。权重因子正好反映了这些差别。权重值可由夹具设计分析和设计人员的经验来决定。

权重因子在两种层次上来考虑。第一层次上,在任何两个夹具设计之间用权重来计算每项相似特征的相似性;在第二层次上,权重因子可用做计算夹具相似系数。

在夹具设计相似性分析中,有七种因素可直接比较,即工件尺寸(长、宽、高),尺寸与形位公差,批量与年产量。故式(12-5)简化为

$$W_{ij1} = \sum_{k=1}^{7} \{[1-|A_{ik}-A_{jk}|/R_K]W_{Fk}\}/\sum_{k=1}^{7} W_{Fk} \quad (12-8)$$

根据在夹具设计中的重要性,给各权重赋值。在这些因素中,最重要的是使用夹具的这一工序中的精度要求,其次是尺寸因素,批量和年产量相对不重要。

W_{Fn} 可确定为

$W_{F1} = W_{F2} = W_{F3} = 0.7$,$W_{F4} = W_{F5} = 1.0$ 以及

$W_{F6} = W_{F7} = 0.5$

其余工艺特征包含四项因素,即工件材料、毛坯、热处理与工艺类型。这些都不是能用数字比较的,故式(12-6)改写为

$$W_{ij2} = \sum_{k=1}^{4} \{F_{ij2k}\}/4 \quad (12-9)$$

基于装夹特征信息,可辨识出可能的定位方法、相应的定位表面以及表面特征,通常每种定位方法规定三个定位表面,这时相似性主要与这三个可定位表面的装夹特征及其空间位置有关。因此,相似性的确定过程成为对选定可定位表面、表面特征及表面之间关系的过程比较,这些用式(12-5)计算评价。假如这些特征的输入细节不能比较,则采用式(12-6)。

用不同的定位方法时,"K"值可能变化,

$$W_{ijn} = \sum_{k=1}^{K} \{F_{ijnk}\}/K \quad n = 3,4,5,6 \quad (12-10)$$

因为要考虑五个相似特征,式(12-4)能写成

$$S_{ij} = K_{ij}\left\{\sum_{n=1}^{5} W_{ijn}W_{Fn}\right\}/\sum_{n=1}^{5} W_{Fn} \quad (12-11)$$

式中 W_{Fn} ——每一相似特征的权重因子,在我们的研究中各权重因子的赋值如下:

$W_{F1} = 1$,$W_{F2} = 0.8$,$W_{F3} = 1$,
$W_{F4} = W_{F5} = 0.7$,$W_{F6} = 0.5$

故 $\sum_{n=1}^{5} W_{Fn} = 4.7$

上述权重因子的大小反映了每一相似特征在夹具设计比较中的不同重要程度。

3. 系统实施

基于成组技术的 CAFD 主要包括设计信息管理模块、夹具设计检索模块和夹具设计信息管理模块等,系统实施的总体结构如图 12-9 所示。

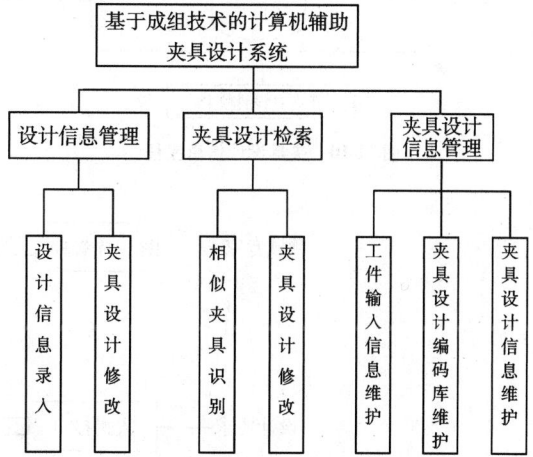

图 12-9 基于成组技术的计算机辅助夹具设计系统结构

（1）设计信息管理模块　负责管理系统夹具设计要求的各类初始信息，包括零件几何形状信息、工艺信息、加工信息、定位信息等，并具有录入和修改两大功能。

（2）夹具设计检索模块　通过相似性分析算法，对最可能的相似夹具进行识别，并具有修改能力，以完成夹具新的设计。

（3）夹具设计信息管理模块　用于实施夹具设计过程中所有数据信息和文件的管理维护工作，包括工件输入信息的修改、删除、输出等，夹具设计代码库的维护，夹具设计信息的维护等。

夹具设计信息流程如图 12-10 所示。

4. 系统特点

可以提供对相似性的量化比较。但对夹具结构相似性的分析没有足够的详细信息表示，只能在夹具设计完成后，才能描述夹具设计的信息。没有详细的几何信息，较适合简单的零件，对于复杂的零件因限于固定的码位长度，难以表达完整的设计信息。

12.2.3　夹具设计的专家系统

专家系统技术是人工智能（AI）在工程领域应用中最为成功的技术之一，可以达到收集、利用、保存专家知识、经验和技巧的目的。夹具设计的专家系统实质就是把夹具设计领域中的专业知识和组合夹具优秀组装工的经验、技巧进行总结归纳，整理成知识库中的各种规则，并把它存储到计算机中去。然后利用这些夹具专家知识规则推理设计出夹具组装方案。这类系统主要解决定位、夹紧方法的选择，位置的确定。有的系统已经搜集和整理了上千条的规则，但因工件的多样性和夹具设计的复杂性，也只能适用于工件形状较为简单的夹具。

1. 总体结构

夹具设计过程是一个选件和拼装的过程，而夹具设计的专家系统是试图通过对夹具领域专家知识的继承，由计算机代替人的思维自动地完成选件和拼装的过程。其设计思路是：由夹具设计人员选择拾取一些必要的设计参数，系统利用这些设计参数，由推理机根据知识库中的规则、知识经过推理，从夹具元件（组件）库中挑选出一定的元件（组件），最后组装成一套夹具。系统的设计水平同知识库中的专家知识、规则密切相关，其知识量的多少直接影响着系统的设计结果。因此，系统中的"知识获取"起着举足轻重的作用。

夹具设计专家系统一般结构如图 12-11 所示。

（1）夹具知识库　用于存放专家所提供的专门知识，这些专门知识包括各种设计标准以及专家凭经验得到的知识。知识库中拥有的知识数量和质量是专家系统性能和问题求解能力的关键因素。

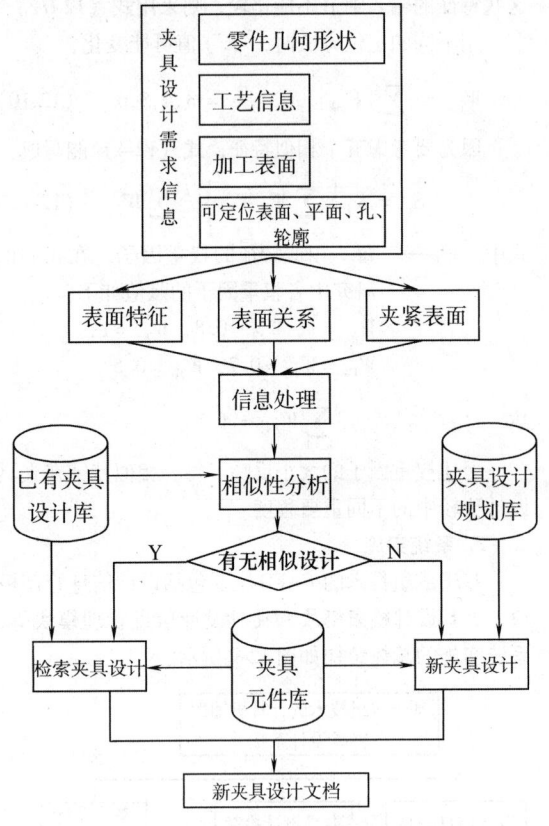

图 12-10　夹具设计信息流程

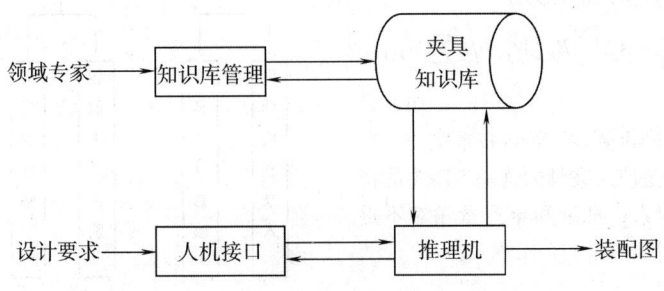

图 12-11　夹具设计专家系统结构图

(2) 推理机 推理机模块是专家系统的执行机构，由它控制协调整个系统。其包括控制机构、推理机、解释机制等子模块。

控制机构控制推理过程及知识源的调度；推理机进行推理；解释机制对推理得出的结论、求解过程以及系统当前的求解状态提供说明。当推理过程中，推理模块接受用户输入的设计申请数据，按照一定的策略调用知识库中的知识，然后进行推理，解决工程设计问题，即它根据动态数据库的信息识别选取知识库中可用的知识进行推理、修改、扩充动态数据库直到形成最终解，同时在推理过程中通过解释机制对推理过程加以记录。

图 12-12 为推理结构图。

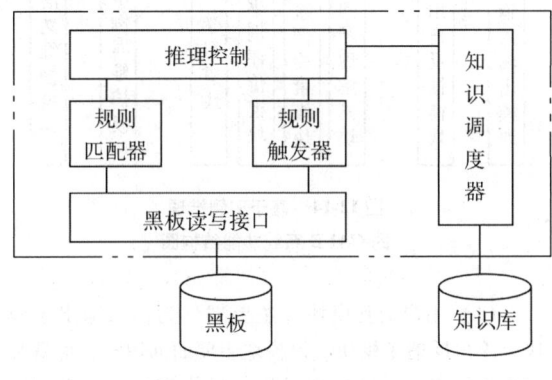

图 12-12 推理结构图

(3) 知识库管理 对知识库数据进行管理，包括知识的增加、删除、修改、保存等。

2. 专家系统的知识库

知识是专家系统的核心，知识的表示不仅与某种类型的推理机制有关，而且影响到知识的利用效率，决定了知识库管理系统的组成。夹具设计专家系统的知识库应该具有确定性知识和非确定性知识。以组合夹具为例，确定性知识由夹具元件库和有关计算方法组成，非确定性知识主要包括组装工作经验、技术和窍门。

知识库中的实体包括变量、事实、规则、知识库、任务和过程等。

变量是用来描述领域概念的基本单元，作为一种最小的知识实体，可以描述任务的目标参数、定义规则、描述事实等。

任务是解决领域问题的另一个知识实体。与顶层问题相对应的任务称为系统目标，也称顶层任务，其他的任务均称为子任务。

规则是构成知识库的主要内容，每一条规则必须属于一个子知识库。描述规则前提、结论的元素是变量，可包含前提不成立时可执行的结论。

对变量赋一定的值及可信度后，就使之成了事实，在一个知识库中，可以定义关于局部变量的事实，形成局部事实，它只在拥有该知识库的子问题求解过程中才有作用，而对于全局变量的全局事实，可以被系统中所有的子问题求解时引用。

过程可以做成一个函数体，用以描述一些具有较强过程性的领域模型以及在任务的前提、初始化、结束动作中，在规则的前提、结论中使用的过程性行为。

使用知识描述语言 KDL 对各个知识实体进行描述。

3. 专家系统的推理决策过程

常见的专家系统采用基于规则的正向推理，即根据当前事实，通过匹配规则条件推断出新的事实，这个过程不断进行，直到推断出结论。在推理过程中，如果出现多条规则与当前事实相匹配时，就要决定首先启用哪一条规则，即冲突消解。而确定规则启用顺序的方法称为冲突消解策略。常见的如下两种冲突消解策略：

(1) 上下文限制 知识库中的规则按其所对应的问题求解状态分组组织。在问题求解的某一状态，只能在与之相对应的规则组中选择可用规则。

(2) 规则权重 预先给每条规则赋予权重。当有多条规则匹配时，选择权重最大的规则为激活规则。

4. 系统特点

基于规则的专家系统的缺陷存在于知识获取、知识表示、进化能力等方面。而且实施专家系统的过程较复杂，需要专门的技术，并经常需要许多人多年的工作、系统运行过程中难于维护等问题。系统特点集中体现在如下几点：

1) 专家系统中推理的依据是一些知识和规则，这些规则和知识的获取完全是依赖技术人员或领域专家通过对经验和先例的分析、综合过程中归纳和提炼出来，并由知识工程师进行模型化表达之后写入知识库。

2) 基于知识和规则的专家系统中，知识和规则的维护和生成一样困难，完全依赖人的抽象逻辑思维来实现。

3) 没有自学习的功能。因工件的多样性和夹具设计的复杂性，虽然在 20 世纪八九十年代曾经做过不少工作但收效甚微，最多也只能设计工件形状简单的夹具，对于复杂夹具的设计，就无能为力了；其中也包括人工智能和专家系统其时刚处于初创阶段，理论和方法尚不成熟之故。

12.2.4 基于实例推理的 CAFD 系统

夹具设计主要源于以前的经验，设计者面对的问题可能与几天或几个月前的问题很相似，如果能够利用以前解决问题的方法，针对具体问题进行改进，则能够提高设计效率，起到事半功倍的效果。对于大多数制造业企业来说，待加工的工件相似性高，因此要设计的夹具只需要在尺寸或结构上进行部分修改，这就使夹具设计中重复性工作增加，需要繁琐的人工绘图工作。如何充分利用已有夹具信息成为 CAFD 系统的关键环节。基于实例推理（CBR，Case Based Reasoning）的技术正是基于这种想法提出的。

基于实例推理是一种以实例为知识载体的知识供应方法，采用类比推理方法，将以前解决问题的经验与当前需要解决的问题联系起来，通过访问知识库中同类问题的解，从而获得当前问题解决方案的一种推理模式。

一个典型的实例推理过程可以归纳如下：根据当前的问题从事例库中检索出相应的事例，调整该事例中的求解方案，使之适合于求解当前问题；求解当前问题并形成新的事例；根据一定的策略将新事例加入到事例库中。它是一种相似推理方法，其设计模式是直接利用以往的设计实例而不是直接利用设计经验的总结。

目前，CBR 过程可以分为四个主要阶段：事例检索（Retrieve）、事例复用（Reuse）、解决方案修正（Revise）和事例保存（Retain）。图 12-13 为基于事例推理的一般结构。

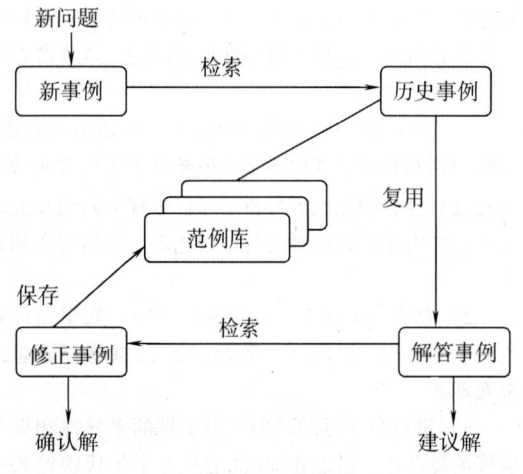

图 12-13 基于实例推理结构示意图

包含各类夹具设计信息的实例通常称之为范例，即对后续相似相关夹具设计起示范指导作用，对应的知识库称之为范例库。

1. 总体结构

基于实例的设计技术应用到夹具设计中，主要是通过对夹具实例的描述、组织、管理等，实现基于实例推理的 CAFD 系统。一般的系统总体结构如图 12-14 所示。

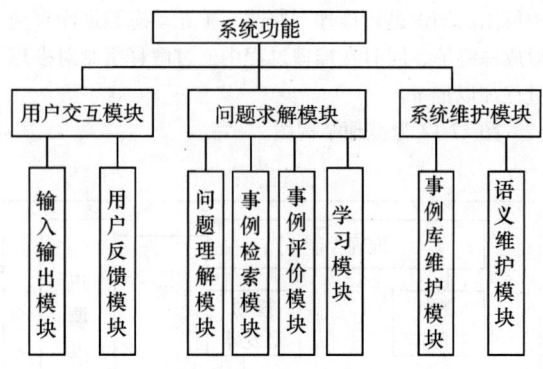

图 12-14 基于实例推理的 CAFD 系统功能结构图

（1）用户交互模块 主要划分为输入输出子模块、用户反馈子模块。该模块主要面向用户，负责与用户进行交互，包括引导用户操作和提出自己的问题，从键盘输入系统工作所需要的问题描述，输出经系统求解的问题结果（解决方案），并根据用户要求进行解释。

（2）问题求解模块 主要功能是完成问题求解，包括问题理解、事例检索、事例评价和学习模块。用户输入的问题经过问题理解处理后，根据理解的结果进行相应的检索。事例评价模块对检索到的事例进行评估，选择最佳事例。方案应用后，根据用户的反馈修改事例，进行存储。

（3）系统维护模块 这一部分面向用户，包括事例库、语义库的维护，它的主要功能是对现有的事例库、语义库进行管理、维护和更新。维护主要包括增加、修改、删除等操作，更新主要指内容上的变动。

基于实例推理的夹具设计的流程为：（工序分析）—定位方案、定位组件设计—夹紧方案、夹紧组件设计—引导和对刀组件设计—分度组件设计—夹具体组件设计—其他组件设计—完成夹具设计。具体过程见基于实例推理设计流程图（图 12-15）。

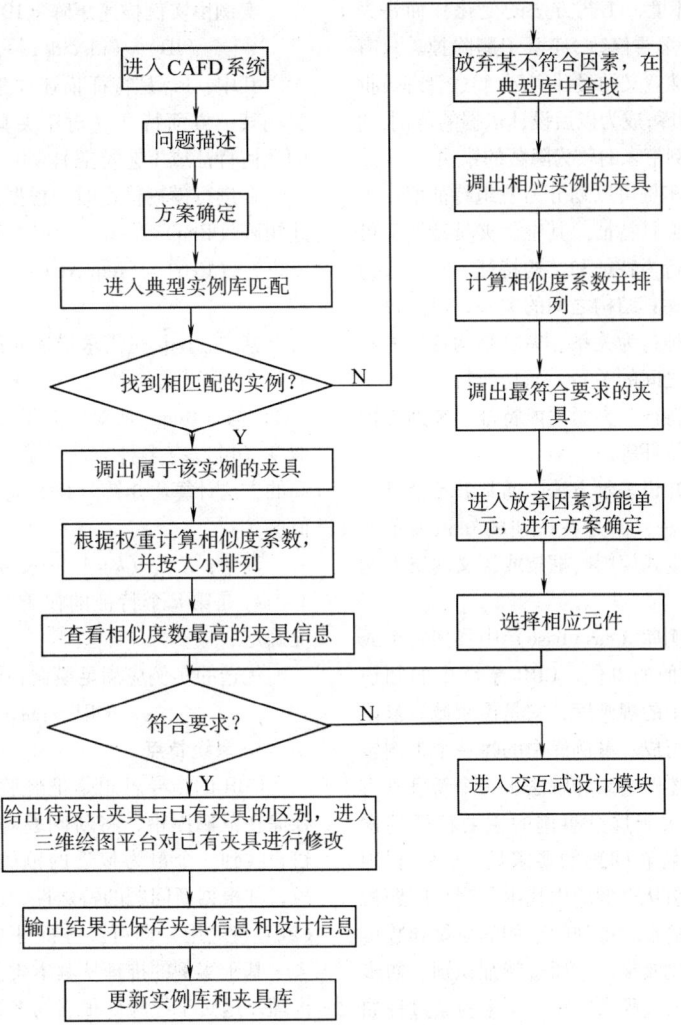

图 12-15　基于实例推理设计流程图

2. 范例库及实例推理

建立一个包含以往各类夹具设计问题的范例库，是利用 CBR 技术进行辅助夹具设计的基础，其表达的内容和方式关系到用它解决问题的质量和效率。范例库的建立要考虑范例的内容、范例的表达和范例库的组织等问题。决定范例应包含的内容时，应考虑到范例的未来作用和信息的易于获取。一般地，范例不仅应包含设计问题描述和设计方案记录，还应有设计过程信息及评价信息。

夹具设计系统的知识被存储在范例库中的范例所表达。一个范例包括两个部分：一是范例或问题的描述，如工件的形状、加工特征、定位夹紧方式、技术要求等；另一个是问题的解决方案，即范例依托的实例本身，也就是具体的夹具设计方案，包括元件清单、元件之间的关系及几何实体图形。

范例可通过人工智能的各种表示方法来表达，如属性值对、文本、面向对象表示、图、多媒体表示等。只有把范例按一定的方式组织起来，才能给范例的检索提供便捷的途径。范例库的组织主要考虑范例库的存储结构，这关系到日后的检索效率，常用的组织方式有：线性组织、层次组织、网状组织和混合组织。

对于夹具设计而言，每个范例主要包括一个夹具装配体的描述以及该范例检索特性的描述，其中检索特性用关键参数组表示。一个实例就是一个问题的解决，即一个夹具设计方案。然而，设计实例并不一定都成为范例，正如不是所有事件均成为有用经验一样。实例不一定是范例的原因是实例不具有典型性，如果将其作为范例，必然增加范例检索、推理的工作量，也会降低系统效率；另外，那些由于情况变化

（如时间推移、制造环境、工艺方法的变化）而丧失价值的范例，需进行必要修改，甚至于删除掉。只有较为典型的以及有特殊意义的设计实例，经过管理员批准同意后，才存入范例库，成为以后设计依据的范例，同时也避免不合格的实例带来的较为隐蔽的错误。

在实例描述中，实例可以划分为三组特征值：工件特征、加工特征和夹具特征。其中，夹具特征又可以划分为功能特征、行为特征和结构特征。夹具行为特征表示夹具功能与夹具结构之间的关系，对于每一类功能，都对应有多种行为关系。夹具结构特征表示夹具组件及其连接件之间的关系。而功能特征可以进一步划分为定位功能特征、夹紧功能特征、辅助支撑功能特征和导引功能特征等。

基于实例推理的知识表示方法，通常并不会是一种全新的知识表示方法，而是在以往的知识表示方法，如一阶逻辑、产生式规则、框架或语义网络上的一级抽象。

事例检索是从事例库（case base）中找到一个或多个与当前问题最相似的事例。CBR 系统中的知识库不是以前专家系统中的规则库，它是由领域专家以前解决过的一些问题组成。事例库中的每一个事例包括以前问题的一般描述即情景和解法。一个新事例入库时，同时也建立了关于这个事例的主要特征的索引。当接受了一个求解新问题的要求后，CBR 利用相似度知识和特征索引从事例库中找出与当前问题相关的最佳事例，由于检索所得到的事例的质量和数量直接影响着问题的解决效果，它通过特征识别、初步匹配、最佳选定三个子过程来实现。整个检索过程如图 12-16 所示。

实例由实例描述矩阵（ID）唯一描述

$$（ID）= (id_1, id_2, \cdots, id_k, \cdots, id_n) \quad (12-12)$$

其中：id_k 是特征描述向量，每一个向量描述了实例某一方面特征（对于夹具来说，是所对应工件的几何特征或工艺特征）。

在进行模糊优选时，根据需求约束，组成需求描述矩阵（Req）

$$（Req）= (req_1, req_2, \cdots, req_k, \cdots, req_n)$$
$$(12-13)$$

其中，req_k 是需求描述向量，描述了待加工工件的某方面的几何特征、工艺特征等。计算出矩阵（ID）与（Req）所对应向量 id_k、req_k 之间的模糊相似度（可以有多种方法计算）S_K，然后通过加权求和的方法计算出矩阵（ID）与（Req）之间的模糊相似度 S

其中：$\lambda_k S_k \ (k = 1, \cdots, n)$

λ_k 是第 k 个特征的权重，应根据设计的实际情况确定。

优选的实例应满足模糊相似度 S 最大，即：

$$OPT = \max(S) \quad (12-14)$$

3. 系统特点

CBR 的指导思想是把经验或先例以范例为单位存储在范例库中，将新问题与这些标准范例进行比较，找到一个最为接近的范例作为解决新问题的模板，并根据新问题的特殊性，进行少量的适应性修改（或直接应用）即可获得新问题的解。

基于实例的推理从其本质上来说就是基于经验的推理，这对于经验性很强的夹具方案设计具有重要的应用价值。基于实例推理的 CAFD 系统的优点为：

1）实例是以往设计问题的优化结果或满意结果，包含了大量的设计经验和知识。实例的产生只需要将经验和先例本身进行描述并写入实例库即可，省去大量的知识获取与表达工作，使得推理更为有效。

2）基于实例的推理方法更加符合设计专家的思维过程。设计专家在设计过程中，总是考虑到以前的设计实例，找出相似的方案进行修改，以获得新的设计方案。

3）系统通过解决新问题来扩展范例库。设计实例完成后，经审查批准存入范例库，其解决方法成为系统的新知识。

由于夹具设计问题的复杂性，单独运用 CBR 仍存在检索数据量大和检索实例不准确等问题。

12.2.5 智能式夹具 CAFD 系统

智能式夹具设计是夹具设计自动化需求之下夹具设计专家系统的更深层次，是基于知识集成的自动化

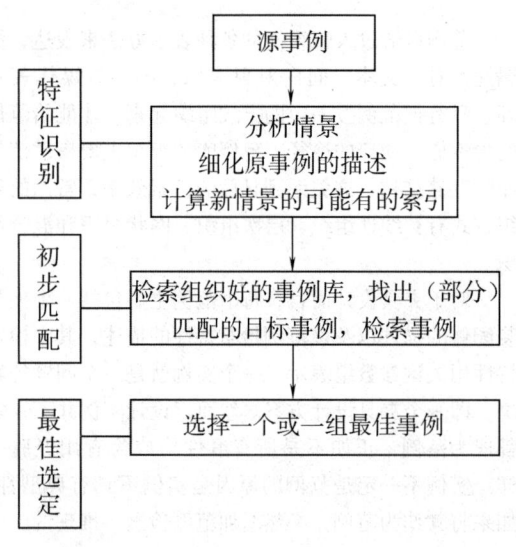

图 12-16　检索过程

系统。

智能式夹具设计，不仅可以实现夹具设计知识和经验的继承和共享，促进夹具设计技术的发展，而且基于CAD技术和人工智能技术的智能式夹具设计系统可以与工件的设计与制造系统集成，促进制造过程自动化的发展。

到目前为止，所研制的夹具设计系统中，夹具元件数据库一般只包含针对元件整体的几何尺寸和功能信息，对夹具元件的描述不完备，在运行夹具设计过程时，需要不时地由人工输入数据，降低了系统智能化和自动化的程度。

目前，智能式夹具设计技术已成为夹具设计研究领域主要研究方向之一，不少国家的专家和学者都对此进行了研究。对于夹具设计系统来说，夹具元件数据库及图形库是其重要的组成部分，尤其对于智能式夹具设计系统，元件数据库与图形库是实现夹具设计自动化的基础。

专家系统是人工智能的理论和方法在解决复杂的现实世界问题的实际应用和体现形式，知识库和推理机制是其核心组成部分。知识驱动的智能式计算机辅助夹具系统，将夹具设计的有关知识用事实和规则表示存贮于知识库中，通过对知识库中知识的推理，引导用户完成夹具的方案设计、结构设计、结构分析、性能评价等全过程，最终完成一套夹具的设计。

夹具设计中，方案设计是最重要的方面，对夹具设计的质量具有决定性的影响。而目前的夹具设计技术尚不能解决方案的自动化设计问题。这是因为方案设计是一种创造性活动，需要综合运用许多学科的专门知识和丰富的经验，经过思考和推理，才能得到正确合理的设计。设计质量则取决于设计者个人的知识水平和经验。因此，采用人工智能技术，实现夹具方案的智能化设计，将会大大提高专用夹具设计的质量和自动化程度。

夹具设计是一个复杂的依赖于设计人员丰富的工艺知识和设计经验的过程，在这个过程中，不仅有许多基于算法的确定性问题的求解，更有许多基于知识和规则的非确定性问题的求解。伴随着CAD技术在夹具设计中的应用，要求计算机代替人来求解夹具设计中的不确定性问题，充分发挥计算机运算速度快、准确、高存储的性能，将人从繁琐的脑力劳动中解脱出来，从事更有意义的研究。人工智能与CAFD的结合，必将促进夹具设计的智能化、求解问题合理化及设计的高效自动化。

1. 总体结构

智能式夹具CAFD系统是在专家系统的基础上，克服专家系统自身的不足，采用混合推理机、模糊评判算法等自动生成夹具。它的基本结构由知识库、推理机、数据库、输入/输出接口等组成。

基于规则和模糊评判算法相结合的方法，通过知识树推理，可自动地推出定位方案、定位基准面，完成定位机构设计（智能化过程）。

（1）模糊逻辑决策过程　模糊逻辑决策的过程由模糊化、模糊推理、逆模糊化三部分组成。输入信息精确量，通过模糊化转化为模糊量，模糊化是通过隶属函数来完成的，正确确定隶属度是至关重要的；模糊推理是通过产生式规则、模糊评判、模糊统计判决等方法来完成的；逆模糊化是将模糊量结论转化为精确量结论，它是采用最大隶属度法（极大平均法）、加权平均法等输出结论的精确量，以便作出评价。

（2）建立混合专家系统　在系统中，有两套独立的推理系统：基于规则的推理系统和基于实例的推理系统。这两个推理系统各自具有自己的知识库（规则库和实例库）。在系统中，最重要的特点是系统通过一个推理机智能判断系统将两个推理系统有机地结合在一起，共同完成设计任务。通过这个智能判别系统，能够通过用户输入的被装配零部件的信息特征进行判别，自动搜寻最佳推理机，来完成系统的推理。

（3）推理机智能判别系统的建立　推理机智能判别系统是建立在模糊数学原理基础之上的。其主要思想就是首先对装配零部件进行分类描述，同时对于每一装配零部件根据其所属分类的层次，分别赋以一定的隶属度。隶属度越大表明推理机选取基于规则推理的可能性越大，同样，隶属度越小，表明推理机选取基于实例推理的可能性就越小。这样，用户输入装配零部件的信息后，推理机智能判别系统首先确定其隶属度的大小，然后，通过其隶属度选取合适的推理机系统。在本系统中装配零部件隶属度的大小是由被装配零部件的特征来决定的。一般来说，当被装夹零部件形状比较规则时，此时这种部件的隶属度就会比较高。这是因为对于形状规则的被装夹零部件，其所需的装配夹具通常也是比较规则的，因而通过规则推理搜寻实例库就可以设计出满足要求的装配夹具。反之，当被装夹零部件形状比较特殊时，此时这种零部件的隶属度就会选取得比较低，应当通过实例推理来设计装配夹具。对实例库中的实例不够满意时，系统则提供修改实例的界面，修改后的实例自动存入到实例库。

2. 系统特点

智能式夹具CAFD系统把依赖于夹具设计人员的经验和技能的夹具设计思路方法，比如优秀的夹具设计结果的一些重要特点，如良好的结构，足够的刚度和强度，操作的方便性等，都积累继承，极大地提高了夹具设计的质量和效率，减轻了劳动强度、缩短生产准备周期和加快产品上市时间。基于 CAD 技术和人工智能技术的智能化夹具设计系统可以很好地与工件的设计与制造系统集成，促进制造过程自动化的发展。

12.2.6 基于图论方法的自动夹具结构生成

用夹具元件的不同组合，能为各式各样工件组装出各种夹具。自动夹具结构生成是夹具结构设计，在 CAFD 范围内商品化实用化中一个最重要和令人感兴趣的问题。由于组合夹具已具备了高度标准化的条件，所以已在自动生成组合夹具的结构设计中取得了进展，研发的主要任务是：

1）选择合适的夹具元件，并将其组装成为需要的功能组件。

2）在基础板上将功能组件安装到适当位置和方位的方法。需要与已安装工件、刀具轨迹包络的空间或下一步需要安装的夹具元件等所有占有的空间不发生干涉。

利用图论等理论方法可以实现自动生成夹具结构。

1. 图论概述

图论是一个应用十分广泛而又极其有趣的数学分支。图论的应用范围很广，它不但能应用于自然科学，也能应用于社会科学。它不但广泛应用于电信网络、电力网络、运输能力、开关理论、编码理论、控制论、反馈理论、随机过程、可靠性理论、化学化合物的辨认、计算机的程序设计、故障诊断、人工智能、印制电路板的设计、图案识辨、地图着色、情报检索，也应用于诸如语言学、社会结构、经济学、运筹学、兵站学、遗传学等方面。

图论是研究由线连接的点集的理论。图（graph），与人们通常所熟悉的图，如圆、四边形、函数图像等是很不相同的。它是指某些具体事物和这些事物之间的联系。如果我们用点来表示事物（如地点、队），用线段来表示两事物之间的联系，那么一个图就是表示事物的点集和表示事物之间联系的线段集合所构成。在图中，结点的位置分布和边的长短曲直都可以任意描画，这并不改变实际问题的性质。我们关心的是它有多少个结点，在哪些结点间有边相连，以及整个线图具有的某些特性。

2. 基于图论自动生成夹具结构原理

应用集合理论，夹具可被分解为夹具元件的集合。

设 F 表示夹具，e_i ($i = 1, 2, \cdots n_e$) 是夹具中夹具元件的编号，即

$$F = \{e_i \mid i \in n_e\} \quad (12\text{-}15)$$

夹具由数个部件所组成，每个部件起到了一个或多个夹具功能（通常是一个）。这类夹具部件被称为夹具功能组件。在一个夹具组件中一切元件彼此直接连接，只有一个元件直接与夹具体或组合夹具的基础板连接。在夹具组件子集中有一个或多个元件直接和工件接触，用作定位件、夹紧件和支承件。

令 U_i 表示夹具中的一个夹具组件，上述可表示为

$$U_i = \{e_{ij} \mid j \in n_{ei}\} \quad (12\text{-}16)$$

式中 n_{ei} 是组件 U_i 中元件数量。

所以夹具在夹具组件层次上可用式（12-17）、式（12-18）表示

$$F = \{U_i \mid i \in n_u\} \quad (12\text{-}17)$$

$$F = \{\{e_{ij} \mid j \in n_{ei}\} \mid i \in n_u\} \quad (12\text{-}18)$$

式中 n_u 是夹具 F 中组件数量。

将夹具结构分成功能组件，并对功能组件作详细分析，这在夹具自动设计中起关键作用。

夹具元件由若干表面组成。这些表面与工件直接接触中，用做定位、夹紧或支承的表面即为夹具功能表面，与其他夹具元件表面直接接触用做支承或被支承的表面为装配功能表面。故一个元件可被表示为

$$e_i = \{S_{ik} \mid k \in n_{si}\} \quad (12\text{-}19)$$

式中 S_{ik} 是夹具元件 i 上的功能表面 k，n_{si} 是元件 i 所包含功能表面的数量。

将式（12-18）和式（12-19）两式综合，在夹具表面这一层次上，夹具可被表达为式（12-20）：

$$F = \{\{\{S_{ijk} \mid k \in n_{sij}\} \mid j \in n_{ei}\} \mid i \in n_u\} \quad (12\text{-}20)$$

这样，夹具结构被分解成组件、元件和功能表面三个层次。概念性的夹具结构分解简图如图 12-17 所示。

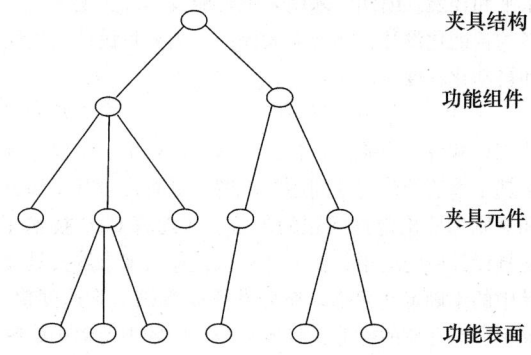

图 12-17 概念性的夹具结构分解

为了夹具结构的自动化设计，结合组合夹具的应用实例，孔系组合夹具结构可以分解为垂直定位组

件、水平定位组件等七种组件类型（子结构）。夹具组件由夹具元件所组成，夹具元件的功能表面完成定位、支承、夹紧的任务。全部上述组件安装在基础板上。

在夹具结构设计中，为了自动选择和组成夹具组件，需要分析夹具元件之间的装配关系并用适用于计算机的格式表达。基于图论的表达就构成了自动生成夹具组件的基础。

为了表示夹具组件中的装配关系，可以基于图的理论建立夹具元件装配关系图。一般而言，夹具元件装配图可被定义为有序图 G，如图 12-18 所示。

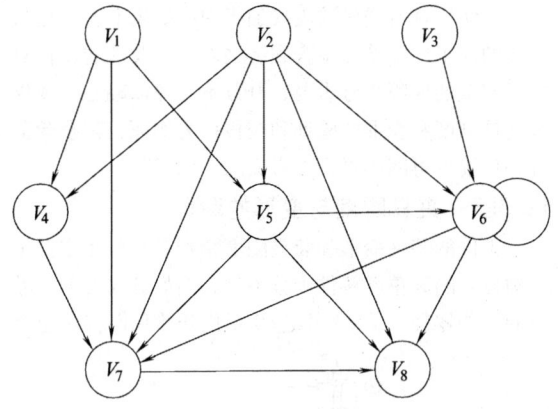

图 12-18 夹具元件装配图简化模型

有序图 G 即为

$$G = (V, E) \tag{12-21}$$
$$V = \{V \mid V \in 夹具元件\} \tag{12-22}$$
$$E = \{e \mid P(v_i, v_f) \wedge (V_i, V_j \in V)\} \tag{12-23}$$

式中 V——夹具元件装配关系图结点的集合，这些元件用于建立一个专门的夹具组件；

E——V 中结点的有向偶组成的集合，也是在夹具元件之间表示装配关系的边（i 和 j）。

边 $e(V_i \xrightarrow{e} V_j)$ 表示夹具元件 V_i 能安装在夹具元件 V_j 上，从其他结点到末结点的边数表示为此结点的入度，而从一个起始结点到其他结点的边数表示此结点的出度。边 $e(V_i \xrightarrow{e} V_j)$ 称为自环，指夹具元件 V_i 能与同类型夹具元件装配。一条边的有向路径是边的顺序，这样就是起始结点的末结点，可以表示建立夹具组件的可能装配关系，一个完整的有向路径表示一种可能形成夹具组件。这样的图就称为组合夹具元件装配图。

一切可能的夹具组件，其装配关系都要与夹具元件装配图对照。借助于搜索树方法，可以设计一种夹具组件生成算法来搜索一切可能的组合，并找出满足作用高度的一切候选夹具组件。

3. 自动生成夹具组件结构的过程

以组合夹具组件生成模块为例加以说明。在输入一个要求的夹具作用高度后，算法中首先挑选定位支承与压板（夹具元件中与工件直接相接触），然后从定位支承紧挨着的夹具元件，到直接安装在基础板上底层元件逐个选出。这就是自顶向下的组件形成算法。假设一个定位支承或压板为 V，从图 G 中获得一子图 G'

$$G' = (V', E') \tag{12-24}$$
$$V' \subseteq V, \ E' \subseteq E \tag{12-25}$$

在 G' 子图中，V_i 是唯一的 0 入度夹具元件，一切有序路径从 V_i 开始，当 V_i 取为定位支承或压板，子图 G' 表示了一切可能的夹具元件装配关系，产生夹具组件的过程就变为在子图 G' 中的搜索过程，寻找的目标是有序路径 $V_i \longrightarrow V_{j1} \longrightarrow V_{j2} \longrightarrow \cdots \longrightarrow V_{jm}$，以便满足作用高度的约束 H

$$H = h(V_i) + \sum_{k=1}^{m} h(V_{jk}) \tag{12-26}$$

式中 $h(V_i)$ 和 $h(V_{jk})$——定位和夹紧元件 V 的作用高度；

H——夹具组件要求的作用高度。

当要求特殊的高精度和刚度时，用最少数量夹具元件构成的夹具组件被优先选出。当要求夹具最轻时，最轻的夹具组件被优先选出。在夹具元件安装过程中，如空间的限制成为一个大问题时，最小体积组件被选中。有关利用图论等理论方法实现自动生成夹具结构的详细方法和实例，有兴趣的读者可查阅参考文献 [5, 33]，本处只作简略的介绍。

12.3 CAFD 中夹具设计的验证

12.3.1 CAFD 中夹具设计验证的必要性

夹具设计是一项十分依赖于经验的过程，对高质量夹具的设计需要有五年以上或更长时间的实践经验，同时它可能也是一项枯燥、耗时的工作。但对生产质量、周期时间和成本又非常重要。尽管夹具能够使用 CAD 功能设计出来，但缺乏对设计性能进行评估的科学工具和系统方法，导致了只能使用试错策略来验证夹具性能，而这又引发了一些问题：①功能上的保守设计，这很普遍但经常破坏夹具的性能（例如，不必要的设计重量）；②在生产之前无法确保其设计质量；③夹具设计、制造和测试需要较长时间周期,往往耗费数周甚至数月;④商用夹具设计缺乏技术评估。在产品和生产设计阶段对快速生成夹具方案设计和详细设计的急迫需求,推动了 CAFD 的发展,从而又为夹具设计、工艺验证以及 CAD/CAM 的系统集成提供了条件。当前机械制造业的生产模式和组织结构相对以往有了很大变化,"大而全"的整机生产模式已不复存在,代之以"供应链"管理模式,互联网的发展使异地设计、制造变得十分轻松,所以夹具设计验证的必要性十分显而易见。在过去 15 年对 CAFD 的研究中,认识到一个完整的 CAFD 系统它应包括夹具规划、夹具设计和装夹验证三个模块。夹具规划模块用来确定工件表面上的定位基准面和定位/夹紧位置,以保证完全约束定位和可靠夹紧。夹具设计模块用来根据产品零件图、不同的生产要求,如生产批量和加工条件,来生成夹具结构,产生装配图样和夹具零件图样或元件明细表。夹具设计验证模块用来分析夹具设计性能用以判断是否满足生产要求,例如精度和操作的便易性等。

12.3.2 CAFD 中夹具设计验证的项目

CAFD 中夹具结构设计完成后需要验证的主要项目计有:

1)零件设计图样中有关尺寸精度和形状位置精度的验证。

2)装夹稳定性校核。

3)夹具刚度和变形的校核。

4)夹具上夹具元件和所用于的机床部件、刀具运动轨迹的干涉性检查。

5)装夹表面可及性的校核。

以上五项的校核验证中以精度和刚度最为重要,特别是加工高精度产品必须特别注意,对于结构复杂定位夹紧较多的安装,装夹稳定性校核也须十分关注。在使用日益增多的现代加工中心机床上由于是封闭式的加工,干涉性检查和装夹表面可及性的校核对加工安全的保障十分重要,万万不能掉以轻心。现仅举夹具刚度和变形的验证和校核作为例证,其余验证有兴趣读者可阅读书后参考文献 [5,33]。

12.3.3 夹具刚度与变形的验证

工件的装夹变形和装夹刚度特别对于产品零件中结构复杂的高精度零件十分关键,例如航空航天产品中的一些零件。从 20 世纪 80 年代开始我们曾对组合

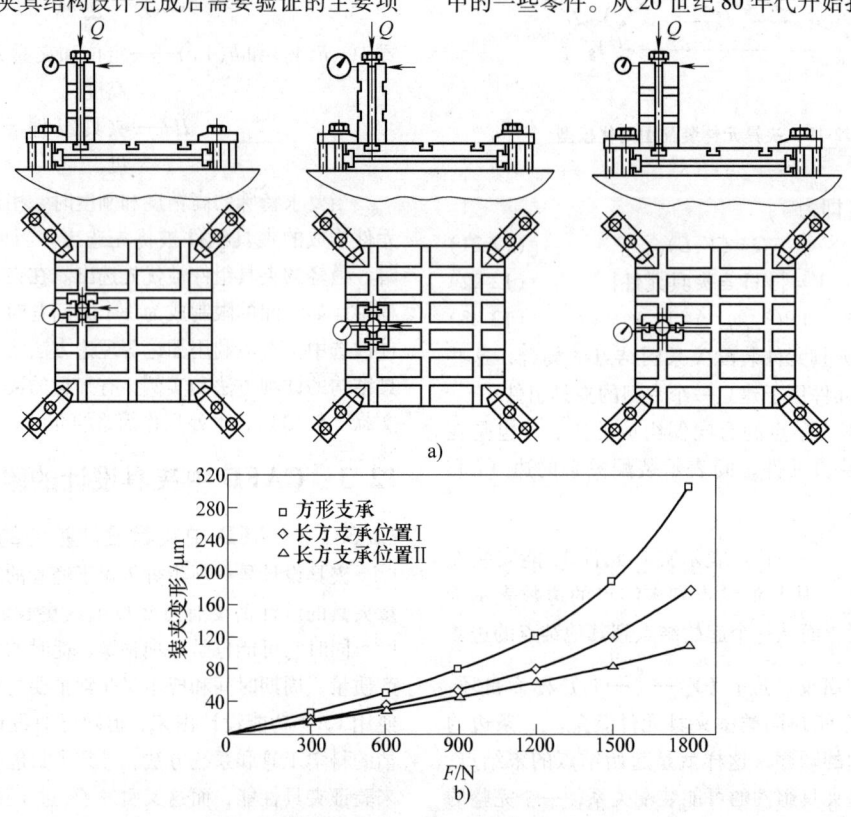

图 12-19 支承件及不同放置方位时的试验变形曲线

a) 支承件类型及位置 b) 试验变形曲线

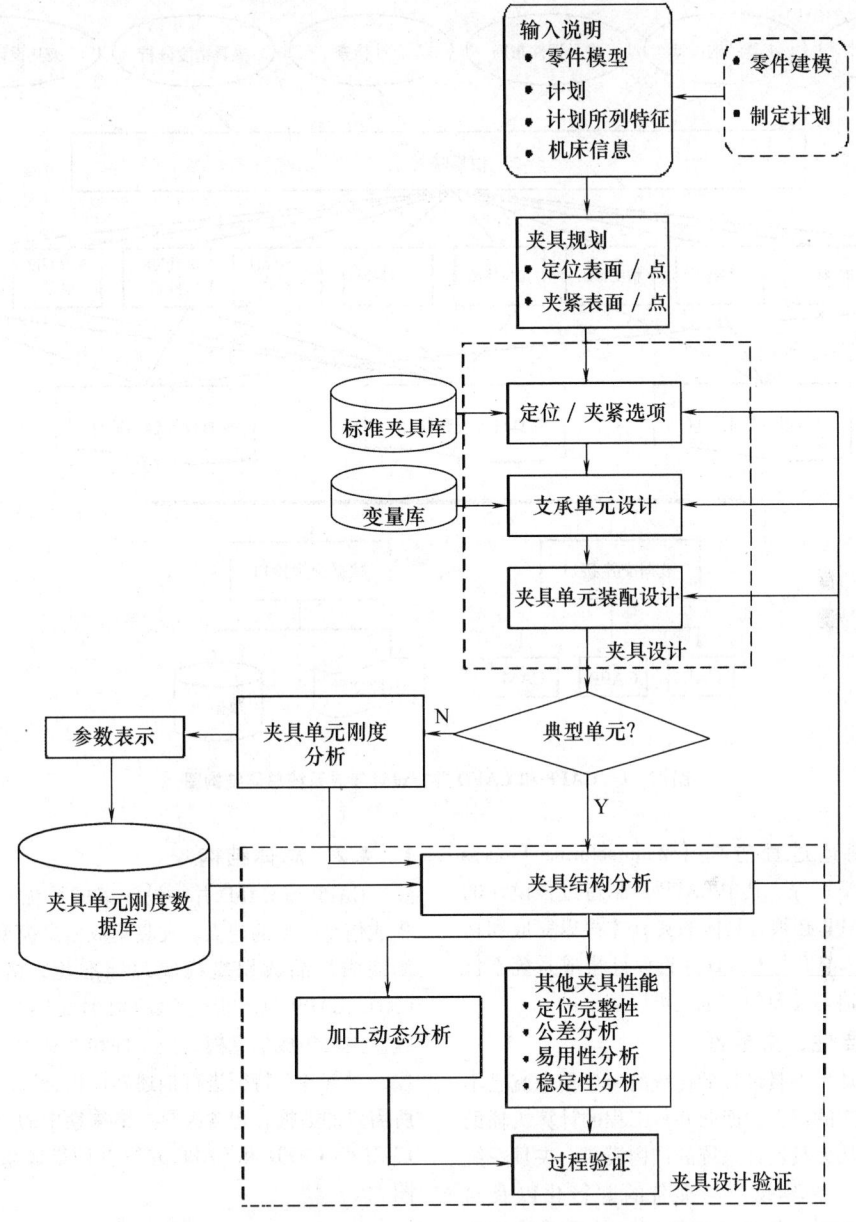

图 12-20 包含刚度及其他验证项目的集成夹具设计系统框图

夹具的刚度和变形作系统的实验研究，积累了一定数量的数据和经验，随着计算技术的快速发展，"有限元"软件已经成熟并商品化，因此完全可以用有限元对夹具的刚度和变形作深入分析，避免以往全用试验的费时、费力和费钱的方法。但是纯粹全部用有限元方法，只能作出相对变形和刚度的比较，和实际的变形尚有差距，所以既用有限元方法又辅以适量的试验是获得可靠有效数据的较好方法。

图 12-19 为用槽系组合夹具时不同支承件及不同放置方位条件下进行试验后，支承件的变形曲线。

在夹具单元刚度的有限元分析的基础上借助 ANSYS 有限元分析软件，可以开发出在夹具设计图形阶段就能预测夹具刚度的计算机程序。图 12-20 为在 CAFD 系统内包含预测夹具刚度和变形以及其他验证项目的，对设计进行验证和评估的系统示意框图。

12.4 CAPP 与 CAFD 并行设计集成系统

制造过程设计包括面向制造的设计（DFM、CAPP、CAM）、后置处理、计算机辅助夹具设计

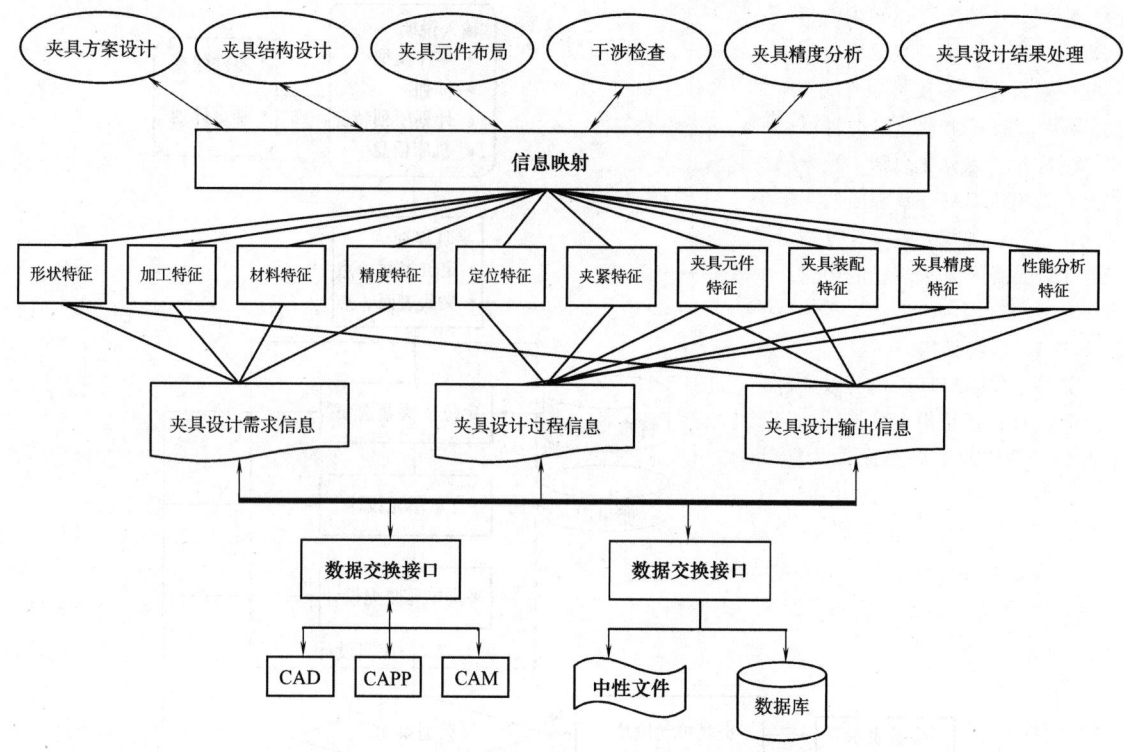

图 12-21 CAPP 和 CAFD 并行设计集成系统总体结构图

（CAFD）和制造过程仿真（Manufacturing Process Simulation，MPS）等，其中 CAPP 是制造过程设计的核心。但是 CAPP 必须有具体的夹具才得以完成和切实可行，因此 CAPP 与 CAFD 并行设计集成系统不仅是现实生产中迫切需要的，也是可以实现的。

12.4.1 重要性、必要性

从产品设计到夹具设计的传统的单项信息流已不能充分满足生产的需要。面向并行工程的计算机辅助夹具设计主要从夹具设计系统的结构模式、夹具系统的设计与分析、夹具设计与准备的并行化以及与 CAD、CAPP、MPS（加工过程仿真）等前后端环节的并行工作出发，对夹具设计与制造模式进行重大改进，可以实现夹具设计与工艺设计、产品设计的并行处理。

CAPP 与 CAFD 并行设计集成的实现，制造工艺阶段可以动态地获取夹具设计的信息或阶段性结果，以及补充及优化工艺设计的内容。CAPP 与 CAFD 系统的信息共享或集成，有利于提高工艺技术准备活动的有效性，使设计者能迅速地对产品的结构化设计做出反应，如较早地发现并克服工艺技术准备活动中的缺陷等，以满足加工、装配的要求，并缩短夹具设计与准备的时间，提高夹具质量，降低生产成本。

12.4.2 总体结构

CAPP 与 CAFD 并行设计集成系统的基础是夹具集成信息模型的建立。夹具集成信息模型使夹具生命周期内产品数据交换实现标准化、格式化，解决 CAD、CAPP、CAFD 之间的数据交换和信息集成问题。夹具集成信息模型把工件和夹具元件作为物理对象，对其各个特征进行描述并提供合适的途径来传递所需要的数据，包含夹具生命周期中的所有信息。图 12-21 为 CAFD 和 CAPP 并行设计集成系统总体结构图。

12.5 已开发并在企业中试用的 CAFD 系统示例

目前世界上尚未有完全成熟的成套商品化夹具软件出售，但不乏积极投入的研发者。下面介绍两种 CAFD 系统，通过示例，读者可见有望于未来面市的 CAFD 系统的一斑。

12.5.1 易博三维 CAFD 系统

"易博三维 CAFD 系统"采用 KBE（Knowledge Based Engineering）知识工程理念，在三维 UG、CATIA、SolidWorks、Pro/E 平台进行二次开发，实现夹具设计知识推理、组件重用和组件参数化驱动。"易博三维 CAFD 系统"以知识库管理系统为核心,在夹具资源共享,知识经验积累、重用的基础上,实现夹具的快速设计,不仅可以在三维 CAD 平台上,提高夹具设计的效率和质量,并且可以作为企业夹具典型化、标准化、系列化总结、积累的工具。

易博三维 CAFD 系统通过几年的自主研发和市场推广,已经在现代夹具设计方面走出了一条适合中国工业企业特点和发展现状的道路,该系统已在航空航天等企业中试用。

12.5.1.1 系统结构

易博三维 CAFD 系统可以进行专用夹具设计和组合夹具设计,系统由夹具设计知识库管理系统、夹具 KBE 设计系统两部分组成。夹具设计知识库管理系统进行夹具标准件库、智能件库、组件库、知识库的维护管理,用户可以自行创建、维护夹具设计知识库,创建、维护图形库,满足不同企业的特殊需求。夹具 KBE 设计系统将夹具的各类设计标准手册、参数、图形、计算公式组织建立在标准件库、智能标准件库、组件库和知识库中,推理设计系统处理存入标准件、智能件、组件知识库的各种参数规则,图形规则,实现夹具参数化结构驱动、图形的快速设计。

易博三维 CAFD 系统将夹具的设计、管理发展到基于知识的设计阶段,推动夹具设计向智能化方向发展,提高了夹具的设计效率,使夹具设计经验得以保存、重用,实现真正意义上的计算机辅助夹具设计,而不再是单纯的用电子图板绘图。系统将夹具设计人员从大量的简单重复的出图工作中解放出来,把更多的精力放在结构参数优化、经验总结等高技术含量的工作上。系统可以帮助企业开展夹具的典型化、标准化工作,使企业在夹具设计方面实现基于知识的快速设计,并提高企业夹具设计管理水平。

系统是一个通用的平台系统,支持 UG、CATIA、SolidWorks、Pro/E 等多种三维 CAD 平台,满足用户进行相似性夹具的设计。系统结构和内容见表 12-1。

表 12-1 易博三维 CAFD 系统结构和内容

夹具设计知识库管理系统								夹具 KBE 设计系统				
标准件管理		组件管理		智能件管理			系统权限管理		专用夹具设计		组合夹具设计		
标准件参数库管理	标准件模型库管理	组件结构知识库管理	组件参数化模型库管理	智能标准件快速打孔装配	智能标准件修改	智能标准件阵列	角色管理	权限管理	身份验证	夹具整体结构参数化设计	夹具部件结构参数化设计	基于智能件的夹具设计	组合元件增强装配功能	槽系、孔系元件结构设计	组合元件与非标件组合设计
UG、CATIA、SolidWorks、Pro/E 等平台及其开发软件															
PDM 集成平台															
分布式关系数据库 ORACLE 或 SQL Server															
Windows 操作系统,TCP/IP															

12.5.1.2 系统设计示例

1. 组合夹具虚拟设计

将槽系、孔系组合夹具元(组)件经过三维 CAD 平台建模,存入易博三维 CAFD 系统的夹具元件库、组件库、知识库,夹具设计师在使用时,从库中提取这些夹具元(组)件进行虚拟装配。易博三维 CAFD 系统已在 UG、CATIA、SolidWorks、Pro/E 等平台上建立了国内完整的槽系、孔系组合夹具元(组)件库。易博三维 CAFD 系统的组合夹具虚拟设计分为:

①使用三维 CAD 平台的装配功能进行组合元件虚拟拼装。

②使用易博增强装配功能进行组合元件虚拟拼装。

通过在 CAD 平台上开发组合夹具增强装配功能,按照组合元件的装配关系,建立组合元件之间的对应关系,实现组合夹具快速拼装设计。当用户选中某个元件、合件、子装配的任意一个面,系统就能识别出元件、合件、子装配的装配特征,当你再次选中另外一个元件、合件、子装配时,系统将自动完成装配。动态的元件(组件)替换及其系列的替换功能,可以在为设计人员展现整个组合夹具结构的同时,进行元件和尺寸系列的替换,直观、快捷、方便操作,从而提高装配速度。

设计师在此基础上可以使用标准件管理系统、组件管理系统、组合夹具知识库管理系统建立组件典型组件结构库,组件库包括:支撑组件、压紧组件、基础组件、定位组件、导向组件等,组件可以是纯装配体,也可是带知识库驱动的组件。

具体应用步骤有:

1)以零件实体模型作为设计依据;

2)按设计需要选用支撑组件、压紧组件、基础组件、定位组件、导向组件等元件、组件:

①元件、组件不带知识库的可以从标准件、组件树上直接下载。

②元件、组件带知识库的,通过组件设计推理,进行组件、元件的推理和系列尺寸驱动,并下载到工作区,进行装配。

3)组件和元件之间的装配。对于已经下载的各类元件和组件,使用三维CAD平台装配功能进行装配,并输出结果,完成整个组合夹具的设计。组合夹具装配示例见图12-22,SolidWorks平台下的增强装配示例见图12-23。

2. 专用夹具设计

对于有重用价值的专用夹具部件,企业可以使用系统建立各类带知识库的典型部件结构库或不带知识库的部件结构模型库。在夹具设计时,系统采用夹具部件结构重用+智能件快速打孔装配的方式进行三维夹具快速设计。带知识库的典型部件结构按照规则进行推理调用,使用时用户可以进行知识推理驱动;不带知识库的部件结构可以直接下载模型驱动使用。

以下是某连杆加工工序专用夹具,具体设计步骤如下:

1)根据被加工零件的尺寸参数及其形状,在基础板库中选择可用基础板或进行基础板建模;连杆被加工零件见图12-24,基础板见图12-25。

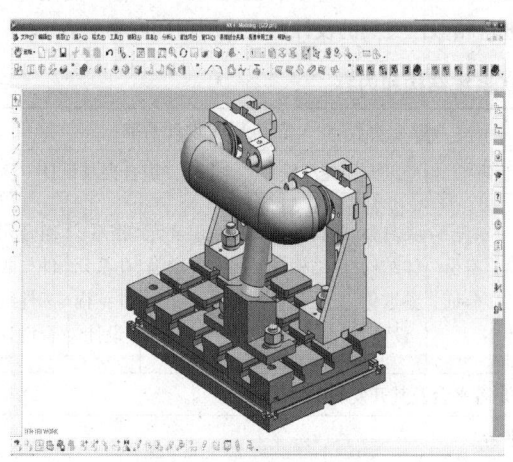

图12-22 组合夹具装配示例

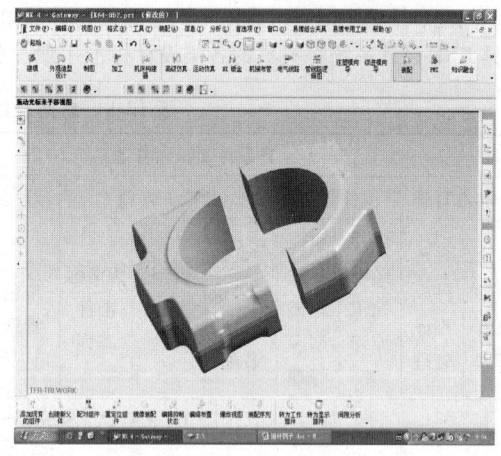

图12-24 连杆被加工零件

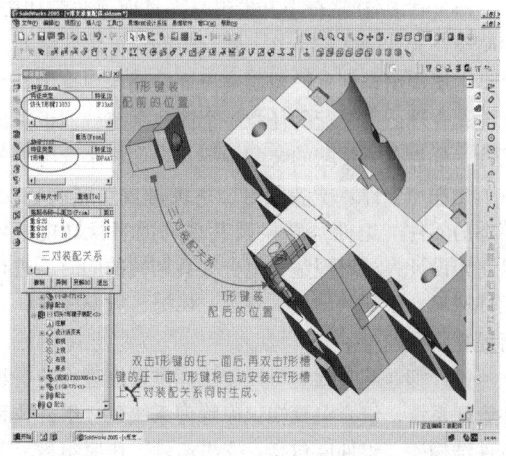

图12-23 SolidWorks平台下的增强装配示例

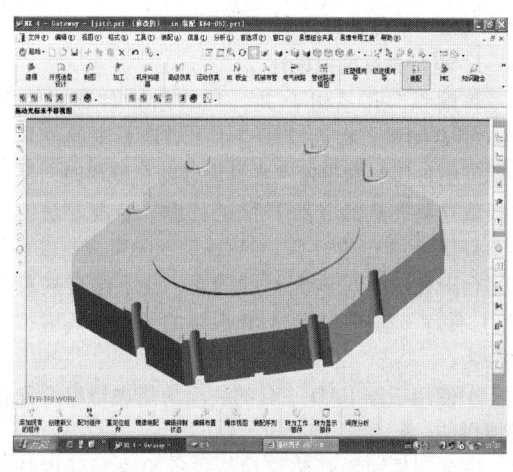

图12-25 基础板

2) 智能件打孔装配加快专用夹具设计。将标准件紧固螺钉、定位销、螺栓、档销等制作成具有装配属性的智能件，这些智能件具有打孔、装配一次性完成功能，并可实现多层板的打孔及各层板的间隙设置。定位销智能件在打孔装配操作后，还具有阵列、删除、修改等功能，如若智能件规格不合适，还可直接进行尺寸系列替换，大大提高了专用夹具的工作效率。挡销智能件见图 12-26，智能件打孔装配及阵列见图 12-27。

识库参数化驱动，并实现组件打孔装配、阵列，提高组件设计效率。压板组件打孔快速装配见图 12-28，压板组件打孔阵列见图 12-29。

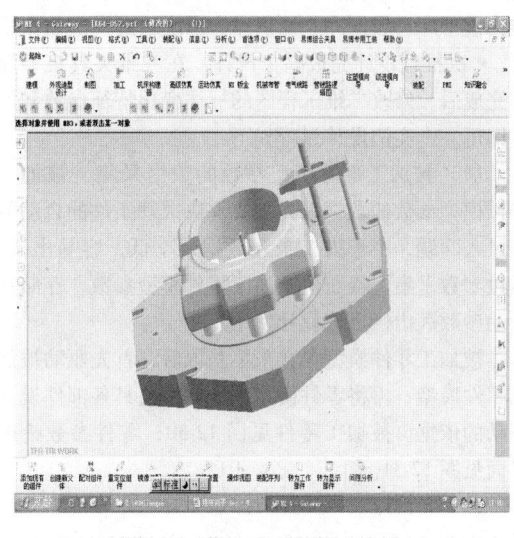

图 12-28　压板组件打孔快速装配

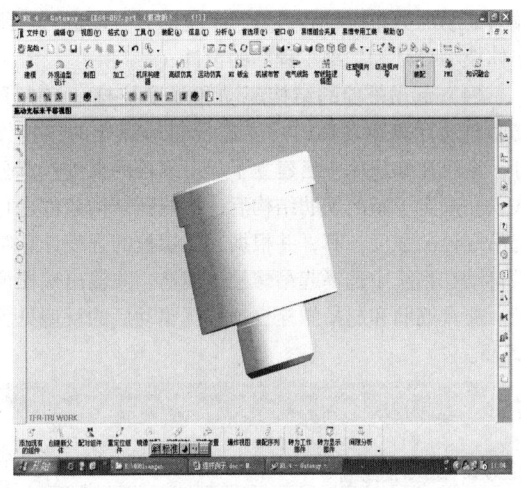

图 12-26　挡销智能件

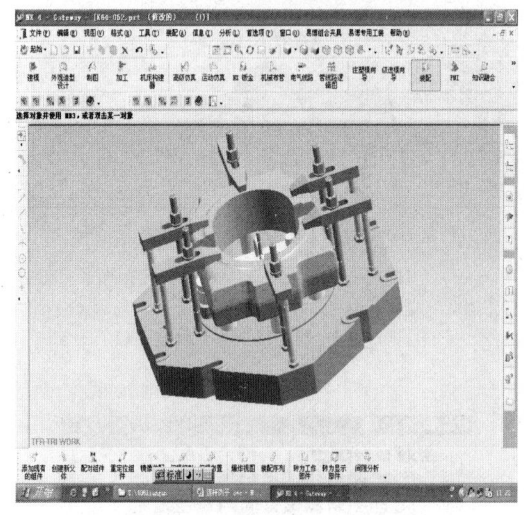

图 12-29　压板组件打孔阵列

3. 夹具典型整体结构设计示例

当夹具具有整体结构重用价值时，系统通过建立夹具典型整体结构参数化模型库、知识库，实现夹具变结构快速设计，在设计环节中如果遇到一些强度计算问题，在建立知识库推理时可以将相应的公式计算（含有限元分析计算结果）整理入库，当再次使用时通过系统进行推理计算以满足快速设计的需要。

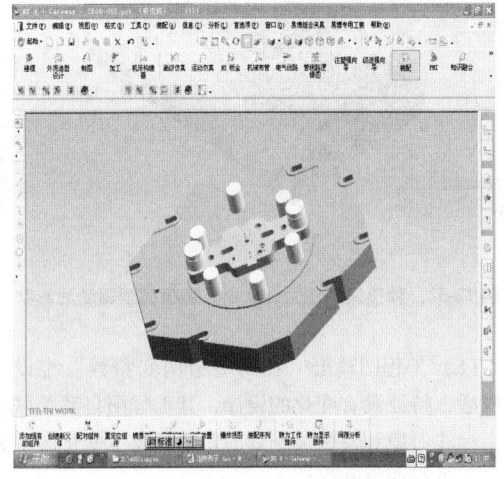

图 12-27　智能件打孔装配及阵列

3) 组件知识库推理及打孔装配。建立夹具组件知识库和智能件，通过采集相关信息，对组件进行知

以下结合某厂焊接夹具设计为例,简述典型整体结构设计过程。通过前期对焊接夹具典型结构的实体模型、设计经验、计算公式、二维工程图等数据、图形的总结整理后,已经建立该类零件的焊接夹具典型结构模型库、数据库、知识库。系统通过4次数据采集,4次推理设计完成整个设计。在三维夹具模型驱动完成后,修改二维工程图的标注变化特征参数和尺寸即可。本实例设计过程如下:

(1) 被加工零件模型参数的数据采集 被加工零件模型参数的数据采集主要解决推理条件的自动数据录入问题,由于人工录入数据效率低,容易出错。通过参数采集直接获取被加工零件模型参数,存储在驱动参数表内供推理设计使用。

被加工零件模型参数采集获取后,首先驱动被加工零件模型,再将零件模型作为焊接夹具各部件设计驱动的依据。被加工零件见图12-30,零件参数拾取界面见图12-31。

(2) 驱动法兰、底板、盖板零件模型 由被加工零件模型的驱动结果作为焊接夹具法兰、底板、盖板零件模型驱动条件,在知识库中自动进行推理驱动,焊接夹具法兰、底板、盖板模型驱动后形状见图12-32。

(3) 筋肋自动计算驱动 焊接夹具的筋肋设计是一项非常繁琐的设计工作,设计员需要反复计算、画图,如果一次计算不合理或因其它原因变化还需反复修改,工作量大。本设计在知识库中建立了推理规则,将筋肋设计经验和算法存入知识库,设计时只需输入筋肋的分布区域和数量,系统即可自动进行三维实体模型设计和二维工程图的设计。

(4) 起吊螺栓的结构驱动和强度校核 当夹具筋肋自动计算驱动后,需要进行起吊螺栓的结构设计。系统在知识库中已建立了起吊螺栓的强度计算公式,在确定了新的筋肋结构后,按照新结构条件进行起吊螺栓的强度计算,并根据起吊螺栓的强度计算结果自动在系统中选择起吊螺栓的规格,并输出螺栓模型。夹具筋肋和起吊螺栓自动计算驱动后的模型见图12-33。

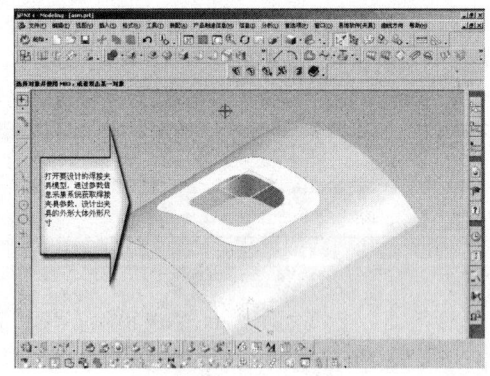

图12-30 被加工零件

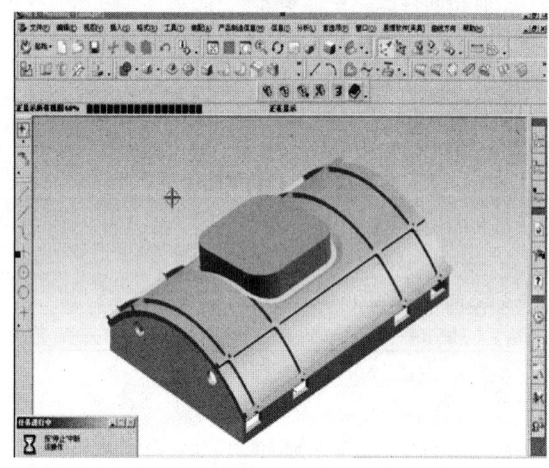

图12-32 焊接夹具法兰、底板、盖板模型驱动后形状

(5) 工程图输出 在典型结构变参数三维设计完成后,特征没有变化的设计,其工程图自动关联驱动,标注习惯和模板是一致的,特征发生变化的部分由人工进行调整和标注。

12.5.2 新迪孔系组合夹具 CAFD 组装设计系统

12.5.2.1 系统介绍

新迪 FixtureWorks 是根据国际上先进的夹具结构自动生成而开发的一个孔系组合夹具设计系统,是

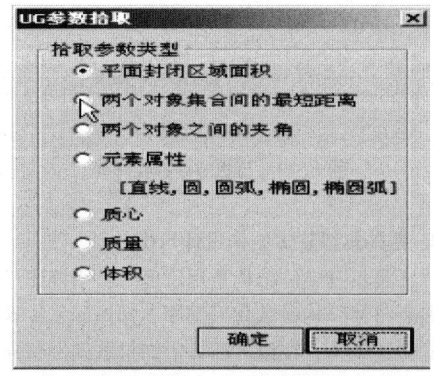

图12-31 零件参数拾取界面

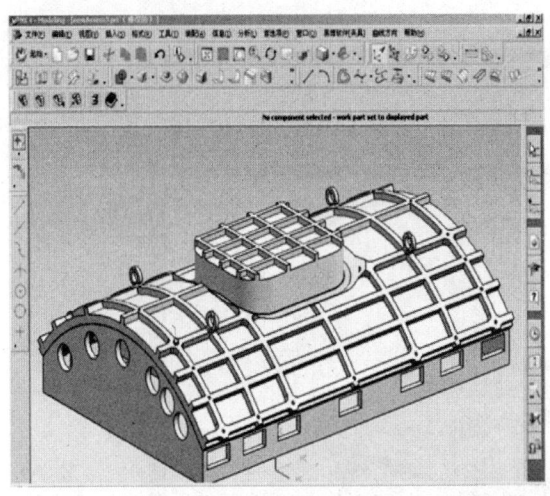

图12-33 夹具肋和起吊螺栓自动计算驱动后的模型

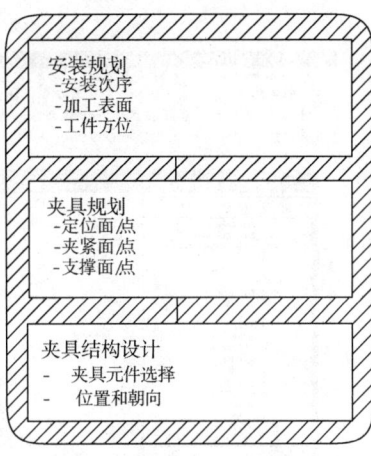

图12-34 夹具设计过程图

SolidWorks 的一个插件程序,主要对孔系组合夹具进行夹具的虚拟装配设计。

FixtureWorks 提供了一个孔系组合夹具设计平台,能够大大提高孔系组合夹具设计效率,缩短组装孔系组合夹具组装过程,并便于初学者也能在短时间内学会孔系组合夹具组装,从而降低有关夹具设计制作的成本。FixtureWorks 的目标是支持目前国际国内的主流孔系组合夹具库,并在将来逐步支持槽系组合夹具库,以及加入专用夹具设计功能。

12.5.2.2 核心原理及流程

(1) 基本原理介绍 根据孔系组合夹具基础结构和常用组合夹具元件的装夹特性,FixtureWorks 使用组合夹具元件装配关系图来表示夹具元件之间的组合关系,并开发出相应的算法来搜索合适的夹具组件。夹具结构被分成组件,元件和功能表面三个层次,成为 FixtureWorks 的底层数据表示。实际的夹具设计过程分为三个步骤(如图12-34)安装规划,夹具规划和夹具结构设计。安装规划的目的是决定需要的安装次数,每次安装中工件的方位和加工的表面。夹具规划用于决定工件表面上定位、支撑和夹紧点。夹具结构设计的任务是选择夹具元件,构造夹具结构,最终定位与夹紧元件。FixtureWorks 完全采用了相同的设计过程,保证了用户设计思想的平稳过渡。

(2) 自动设计操作流程 遵循上图的流程 FixtureWorks 的夹具设计向导一步步引导用户进行夹具设计。该向导包含了以下向导页:

1) 设置装夹工程。设置工程名,默认元件库,文件路径等信息。

2) 载入工件。将工艺流程中零件毛坯的模型文件作为工件载入。

3) 设置加工面和已加工面。可以标示工艺流程中,工件各面的当前状态,便于后续夹具规划。

4) 载入基础板。向导中列出当前选择的元件库中所有的基础板。目前可以使用的夹具库,有 Imao,Bluco 以及天津泽尔等公司。选择了基础板,就相当于确定了后续操作的夹具元件库。

5) 相对于基础板调整工件方向和位置。进行工件的初步定位。便于后续添加定位、夹紧等元件。

6) 夹具规划。通过鼠标选择,确定装夹点的位置和类型,并形成夹具组件节点。

7) 自动生成与安装功能组件。根据装夹点的类型和位置,提供相应的备选方案,并自动完成夹具组件节点。

最后完成的组件会被加入夹具设计树中,成为一个节点(其中包括元件,装夹点等子节点)。如果用户希望修改组件,可以直接对节点及其子节点进行编辑。

(3) 手动设计操作流程 为了弥补自动设计在灵活性上的不足,以及照顾用户的设计习惯。FixtureWorks 提供了手动设计的功能。手动设计完全脱离向导,通过拖拽方式将元件加入。对于已经建立完毕的组件,我们同样可以通过拖拽的方式进行调整,图12-35 为拖拽的过程。

12.5.2.3 实例展示

FixtureWorks 实现的几个简单零件件装夹方案:

1) 用日本 Imao 元件库组装的三种夹具,见图12-36。

2) 用天津泽尔元件组装的夹具,见图12-37。

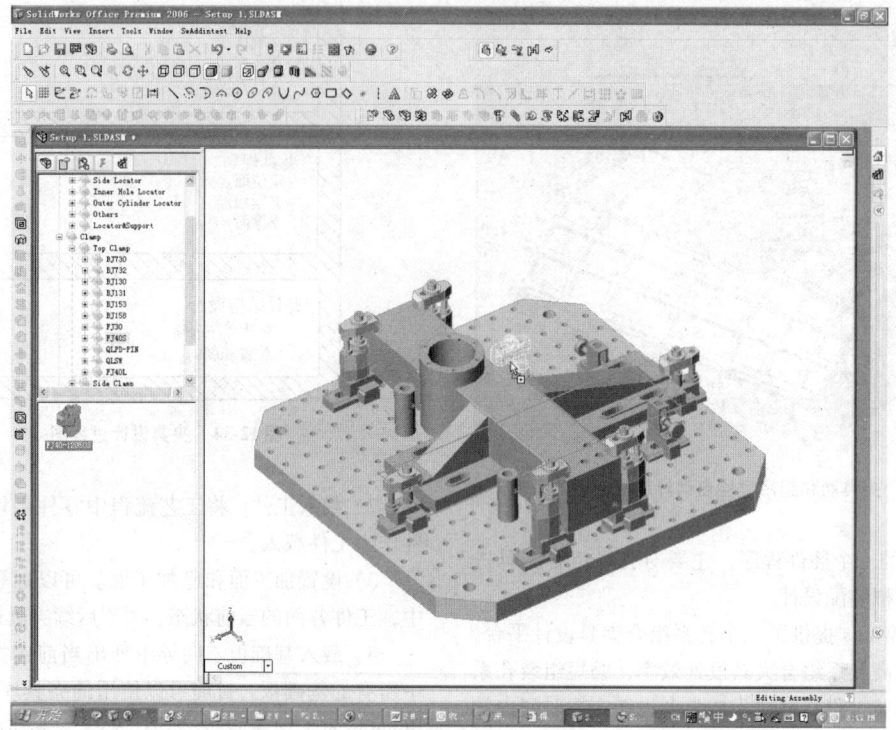

图 12-35　拖拽的过程

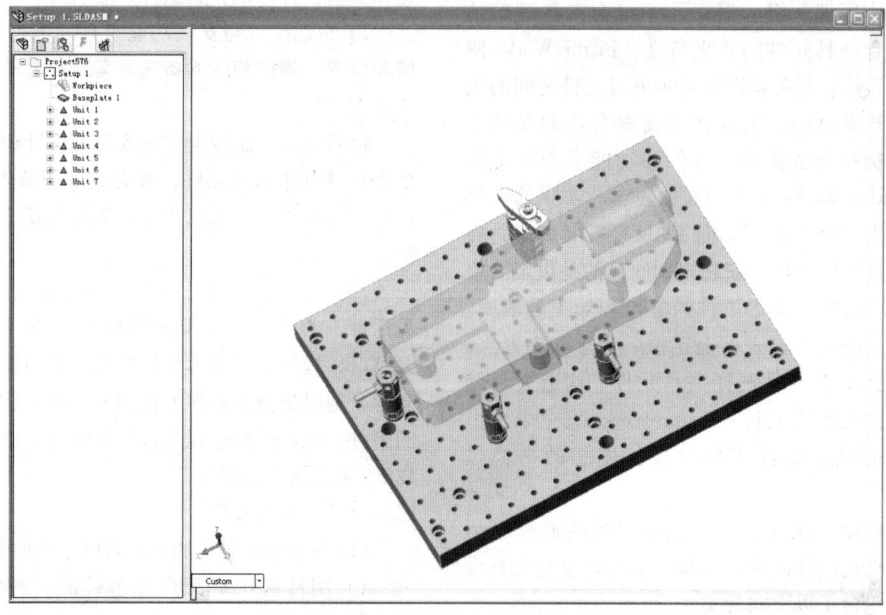

图 12-36　用日本 Imao 元件组装的三种夹具

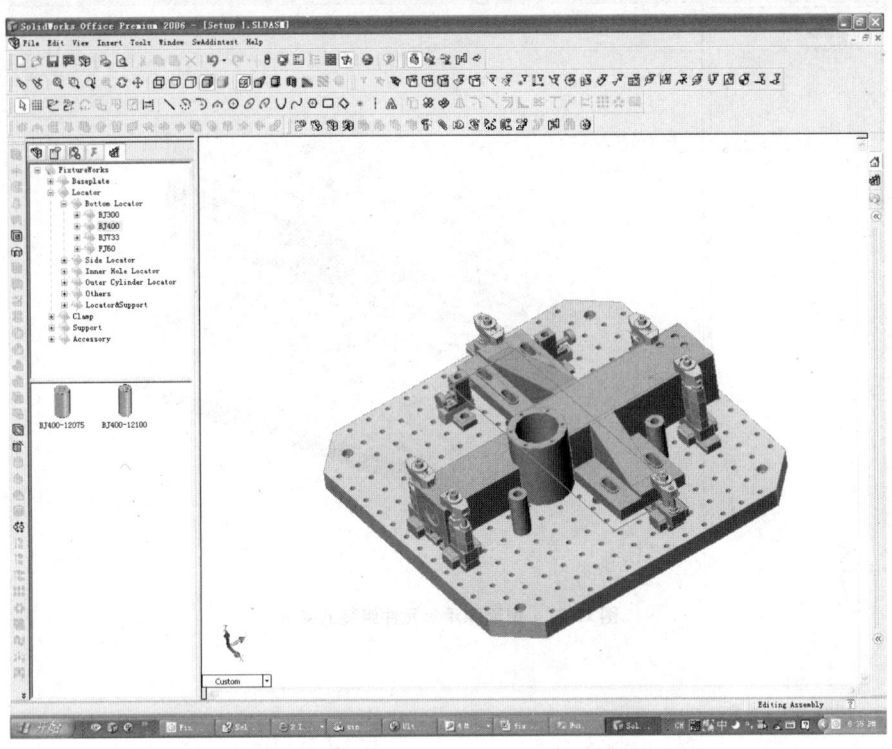

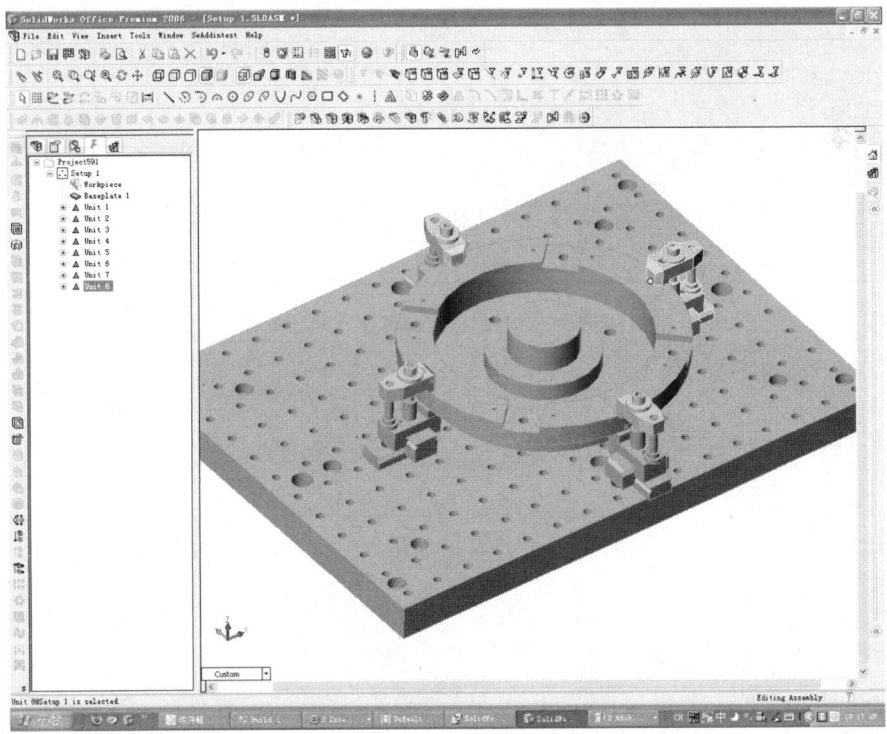

图 12-36　用日本 Imao 元件组装的三种夹具（续）

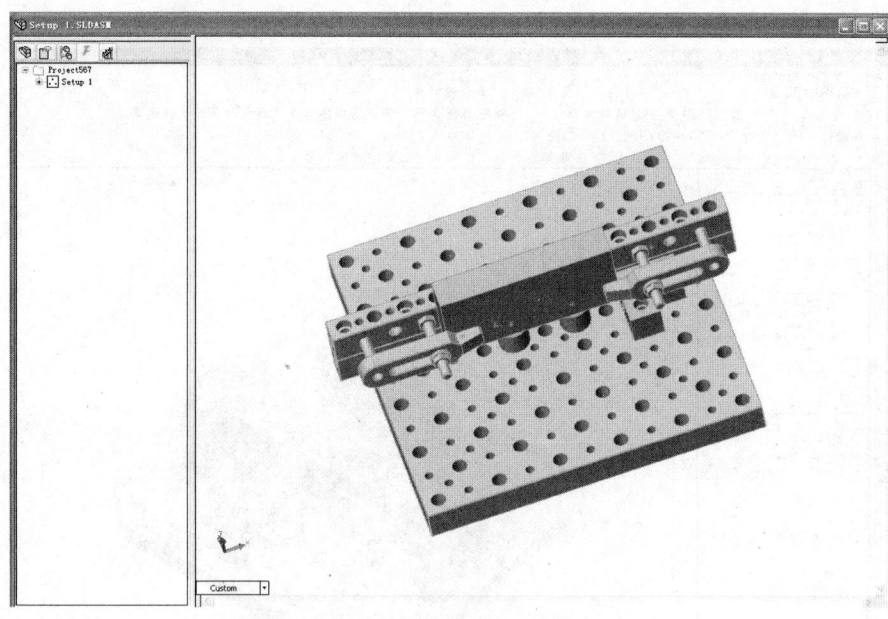

图 12-37 用天津泽尔元件组装的夹具

参 考 文 献

[1] 浦林祥. 金属切削机床夹具设计手册 [M]. 2 版. 北京：机械工业出版社, 1995.
[2] 林文焕, 陈本通. 机床夹具设计 [M]. 北京：国防工业出版社, 1987.
[3] 朱耀祥. 组合夹具——组装. 应用. 理论 [M]. 北京：机械工业出版社, 1990.
[4] 陈心昭. 机械加工工艺装备设计手册 [M]. 北京：机械工业出版社, 1998.
[5] 融亦鸣, 朱耀祥, 罗振璧. 计算机辅助夹具设计 [M]. 北京：机械工业出版社, 2002.
[6] 罗振璧, 朱耀祥. 现代制造系统 [M]. 北京：机械工业出版社, 2004.
[7] 机械工程手册编委会. 机械工程手册：机械制造工艺及设备卷 [M]. 2 版. 北京：机械工业出版社, 1997.
[8] 朱耀祥. 成组技术 [M]. 北京：中国机械工程学会机械工程师进修学院内部教材, 1988.
[9] 许香穗, 蔡建国. 成组技术 [M]. 北京：机械工业出版社, 1987.
[10] 徐发仁. 气动液压机床夹具设计 [M]. 上海：上海科学技术出版社, 1982.
[11] 徐发仁. 机床夹具设计（修订本）[M]. 重庆：重庆大学出版社 1996.
[12] 谢诚. 检验夹具设计 [M]. 北京：机械工业出版社, 2000.
[13] 王政. 焊接工装夹具及变位机械 [M]. 北京：机械工业出版社, 2001.
[14] 王政, 刘萍. 焊接工装夹具及变位机械图册 [M]. 北京：机械工业出版社, 1991.
[15] 汪士治, 等. 通用可调夹具 [M]. 北京：北京市机械工业局技术开发研究所, 1982.
[16] 白成轩. 机床夹具设计 [M]. 北京：机械工业出版社, 1997.
[17] 龚定安, 赵孝昶, 高化. 机床夹具设计 [M]. 西安：西安交通大学出版社, 1992.
[18] 张志和, 邢春和, 徐大方. 成组夹具设计与应用 [M]. 北京：国防工业出版社, 1991.
[19] 特·依·帕列雅可夫, 等. 机械制造业的组合可调整工艺装备 [M]. 朱耀祥, 汪士治, 译. 北京：机械工业出版社, 1987.
[20] 黎自芳, 王海丽, 张宏. 通用调整夹具图册 [M]. 北京：国防工业出版社, 1993.
[21] 王志博, 孙厚芳, 等. 机械加工夹具分类代码系统（WJ/Z319-93）. 北京：兵器工业总公司, 1993.
[22] 《组合机床》编写小组. 组合机床讲义 [M]. 北京：国防工业出版社, 1972.
[23] 大连组合机床研究所. 组合机床设计：机械部分 [M]. 北京：机械工业出版社, 1975.
[24] 金振华. 组合机床及其调整与使用 [M]. 北京：机械工业出版社, 1990.
[25] 浦林祥. 组合机床设计手册 [M]. 上海：商务印书馆, 1974.
[26] 孟少农. 机械加工工艺手册 [M]. 北京：机械工业出版社, 1991.
[27] 吴宗泽. 机械设计师手册 [M]. 2 版. 北京：机械工业出版社, 2009.
[28] 朱奇志. 机床夹具零件及部件生产图册 [M]. 北京：机械工业出版社, 1990.
[29] 徐鸿本. 机床夹具设计手册 [M]. 沈阳：辽宁科学技术出版社, 2004.
[30] 第一汽车制造厂工艺装备设计室. 齿轮传动多轴头设计 [M]. 北京：机械工业出版社, 1979.
[31] 斯·帕·米特洛范诺夫. 机械制造业中的成组技术 [M]. 朱耀祥, 等, 译. 北京：北京市机械工业局技术开发研究所, 1983.
[32] William E Boyes. Handbook of Jig and Fixture Design [M]. 2nd Ed. Dearborn：SME, 1989.
[33] Yiming Rong, Yaoxiang Zhu. Computer-Aided Fixture Design [M]. New York：Marcel Dekker Inc., 1999.
[34] Yiming Rong, Samuel Huang, Zhikun Hou. Advanced Computer-Aided Fixture Design [M]. London：ELSEVIER Academic Press, 2005.
[35] A Y C Nee, K Whybrew, A Senthil kumar. Advanced Fixture Design For FMS, [M]. London：Springer-Verlag London Limitrd, 1995.
[36] A Y C. Nee, Z J Tao, A Senthil kumar. An Advanced Treatise on Fixture Designand Planning [M]. Singapore：World Scientific Publishing Co. Pte. Ltd, 2004.
[37] David Spitler. Fundamentals of Tool Design [M]. 5th Ed. Dearborn：SME, 2003.